Digital Systems
Principles and Applications

RONALD J. TOCCI
NEAL S. WIDMER
GREGORY L. MOSS

제 12판

디지털 시스템
원리 및 응용

김창규 • 노의철 • 성영휘 • 이동욱 • 이종극 • 전흥우 • 최석림 공역

PEARSON
GB 가디언북

역자 소개

김창규 동의대학교 정보통신공학과
노의철 부경대학교 전기공학과
성영휘 금오공과대학교 전자공학부
이동욱 동국대학교 전자전기공학부
이종극 동의대학교 컴퓨터공학과
전흥우 금오공과대학교 전자공학부
최석림 세종대학교 전자공학과

디지털 시스템 원리 및 응용 **제12판**

Digital Systems principles and applications, 12th Edition

발 행 | 2017년 1월 26일

저 자 | Neal S. Widmer, Gregory L. Moss, Ronald J. Tocci
역 자 | 김창규, 노의철, 성영휘, 이동욱, 이종극, 전흥우, 최석림
발행인 | 이상령
발행처 | 가디언북
등 록 | 504-92-02859

주 소 | 대구광역시 북구 대학로 85-1
전 화 | 070-4226-8351(주문 및 고객지원)
팩 스 | 053-722-0667
이메일 | gdpub@naver.com

ISBN 979-11-87021-03-2

정가 38,000원

이 도서의 국립중앙도서관 출판예정도서목록(CIP)은
서지정보유통지원시스템 홈페이지(http://seoji.nl.go.kr)와
국가자료공동목록시스템(http://www.nl.go.kr/kolisnet)에서
이용하실 수 있습니다.
(CIP제어번호: CIP2016030864)

옮긴이 머리말

"반도체 칩의 집적도와 트랜지스터의 개수는 18개월마다 2배로 증가한다"는 무어의 법칙(Moore's Law)은 인류 역사에서 근접한 사례를 볼 수 없는 독특한 현상을 묘사하고 있습니다. 전자식 컴퓨터가 처음 만들어졌을 때는 상상도 하지 못했던 고성능 컴퓨터를 이제는 어느 가정이나 몇 대씩 갖게 된 것은 반도체와 컴퓨터 기술의 발전에 힘입은 것입니다.

반도체 기술의 발전은 새로운 디지털 문명을 가능하게 하고 있습니다. 20세기 중반에 탄생한 디지털 기술은 반도체 기술과 접목되면서 인류 문명을 새롭고 풍요롭게 발전시키고 있습니다. 아날로그 기술의 발전에는 뒤늦었던 우리나라가 디지털 기술의 발전에는 어떤 나라에도 뒤지지 않을 만큼 앞서 나가고 있는 것은 잘 훈련된 고급 디지털 기술진의 노력이 있었기 때문에 가능했다고 봅니다.

지난 50년간 디지털 시스템의 설계 기법은 많은 발전을 보였습니다. 간단한 TTL SSI와 MSI를 회로 기판 가득히 배치하는 것에서 시작하여, 반도체 칩에 셀을 집적하는 ASIC 설계 기법으로, 이제는 레고 블럭을 조립하듯이 반도체 칩 위에 기능 블럭을 집적하는 SOC(System on Chip)로 정신을 차릴 수 없을 정도로 빨리 발전하고 있습니다.

이에 따라 종이와 연필을 사용하는 전통적인 설계 기법은 설 위치를 잃고 컴퓨터와 HDL이 가장 중요한 설계 도구가 되고 있습니다. 이와 같은 설계 환경의 변화는 디지털 기술을 가르치는 교수들에게도 많은 고민을 하게 하고 있습니다. 과거의 설계 기술 중에서 어떤 것을 가르쳐야 할 것인가? 새로운 설계 도구는 언제 교과 과정에 도입해야 할 것인가?

수 년간 이 책은 우리들의 고민을 같이 하면서 설계 환경의 변화를 차츰 책 내부에 반영해 왔습니다. 이 책을 번역하자는 출판사의 제의에 선뜻 응할 수 있었던 것은 이 책이 디지털 기술의 입문서로서 직접 현장에서 가르치는 교수들의 고민을 충분히 반영하고 있기 때문입니다. 번역을 함으로써 원서로는 전달할 수 없는 점이 조금이라도 더 많이 학생들에게 전달되기를 바랍니다.

번역을 하면서 한글 전용 세대에게 좀더 쉽게 전달하기 위해 가능하면 쉬운 한글 용어를 찾아보려고 노력하였습니다. 그러나 아직 한글로는 적절한 용어를 찾기 힘들어 영어를 그대로 사용할 수밖에 없는 경우가 많았습니다. 이 점은 우리 모두가 계속 노력해나가야 할 것입니다.

아직도 부족한 점이 많은 원고를 세상으로 내보낼 수밖에 없는 것이 아쉽습니다. 다음 판을 번역할 때는 좀더 노력을 하겠다는 약속을 덧붙이는 것은 부족한 번역서를 읽어야 하는 독자에 대한 사죄의 표시로 이해해 주시기 바랍니다.

끝으로 이 책을 번역하는데 지원을 아끼지 않았던 가디언북 직원 여러분께 감사드립니다.

2017년 1월
역자 일동

머리말

이 책은 최신 디지털 시스템의 원리와 기법들을 광범위하게 다룬다. 이 책을 통해 디지털 시스템의 기본 원리를 배울 수 있다. 또한 시스템 수준의 프로젝트를 어떻게 실현할지를 포함한 디지털 설계와 개발 방법에 적용되는 기존 및 최신의 방법들이 이 책에서 다루는 내용이다. 이 책은 기술, 공학, 컴퓨터 과학 등의 2년 혹은 4년 과정의 학생을 대상으로 쓰여진 책이다. 기본적인 전자공학에 대한 배경지식이 이 책을 공부하는 데 도움은 되지만 대부분의 내용이 전자공학에 대한 선수학습을 필요로 하지는 않는다. 전자공학에 대한 개념을 사용한 부분은 건너뛰어도 논리 원리들을 이해하는데 그다지 영향을 주지 않는다.

12판에서 새롭게 개선된 내용

다음은 디지털 시스템 12판에서 개선된 것들을 요약한 것이다. 자세한 내용은 이 절의 "구체적인 변경"을 참조하라.

- 모든 장의 모든 절에는 그 절에 대한 예상되는 학습 성과들이 간략하게 제시되었다.
- 1장은 사용자들의 의견을 반영하여 광범위하게 교정되었다.
- 디지털 논리 회로에 적용될 수 있는 체계적인 결함 분리 기법들을 이용하여 시작품 회로를 고장 진단하는 새로운 내용이 4-13절에 추가되었다.
- 정확한 샤프트(shaft) 위치를 구하기 위해 사용되는 직교 위상차 샤프트 인코더는 플립-플롭 응용과 타이밍 한계의 실례로 사용되었다.
- VHDL 데이터 객체들의 동작과 그들이 순차적으로 어떻게 변경되는지를 더 잘 설명하기 위해 더 많은 내용이 추가되었다.
- 본문 전체에 걸쳐 최신 시스템에 적합한 내용만을 제공하기 위해 시대에 뒤진 기술들은 제거되거나 축소되었다. 필요한 경우 더 많은 최신 사례들이 다루어졌다.
- 다소의 새로운 연습문제들이 추가되었으며 진부한 연습문제들은 제외되었다.

일반적인 특징

요즈음 산업체에서는 매우 빠르게 제품을 시장에 내놓는 것이 중요하다. 최신의 설계 도구, CPLD, FPGA를 사용함으로써 엔지니어는 아이디어로부터 동작가능한 IC 제품을 매우 빠르게 얻을 수 있다. 마이크로컨트롤러는 디지털 회로로 구현되었던 많은 응용들을 대체하였으며, DSP는 기존의 많은 아날로그 회로를 대체하고 있다. 마이크로컨트롤러, DSP 그리고 모든 필요한 글루(glue) 논리는 향상된 개발 도구(tool)를 가진 하드웨어 기술 언어를 이용하여 하나의 FPGA에 통합될 수 있다. 이제 학생들은 기초적인 과정에서부터 이러한 최신 도구를 다루게 될 것이다. 졸업생들이 직업 생활에서 마주하게 될 업무에 대비하도록 준비시키기 위한 최선의 방법을 찾는 것은 모든 교육자의 책무이다.

표준 SSI와 MSI 부품들은 40년을 넘는 기간 동안 디지털 시스템을 구성하는데에 소매 거래로 공급되었으나 이제는 시대에 뒤진 물건이 되었으며 보다 덜 사용하게 되었다. 그 동안 배워온 많은 기법들은 이들 구식 소자들로 만들어진 회로를 최적화하는 데 초점을 맞추었다. 오래된 기술을 적용하는 것이 적합하나 새로운 기술을 이해하는 데 기여하지 않는 주제는 덜 강조되었다. 하지만 교육적인 면에서 보면 이러한 작은 IC를 사용하는 것은 디지털 회로를 학습하는 데 유용하며, 브레드보드를 이용하여 이 IC들로 회로를 연결해 보는 것은 가치있는 교육적 훈련이다. 그것들은 매우 간단한 플랫폼을 사용하여 2진 입력과 출력, 물리적인 소자의 동작, 그리고 실제적인 한계 등의 개념을 확고히 하는데 도움이 된다. 그러한 취지로 디지털 회로에 대한 개념적인 서술을 소개하고 기존의 표준 논리 부품을 사용한 실례를 종종 제공할 것이다. SSI 와 MSI 회로를 이용하여 기초에 대한 부분을 가르치고자 하는 강사분들을 위해 이번 판은 과거에 널리 통용되었던 내용들에 대한 것을 유지하고 있다. 많은 하드웨어 설계 도구들은 프로그램 가능한 소자들의 유연성을 포함한 전통적인 표준 부품들의 기능을 사용하는 쉬운 설계 입력 기법을 제공하고 있다. 전통적인 표준 부품과 동일한 미리 만들어진 구성 요소(building block)들을 가진 도식적인 도형을 사용하여 디지털 설계가 기술될 수 있다. 그리고 디지털 설계는 컴파일된 다음에 대상 PLD에 직접적으로 프로그래밍된다. 또한 동일한 개발 도구 내에서 설계를 쉽게 시뮬레이션할 수 있는 기능도 제공된다.

대학원생들은 상위-수준의 기술 방법과 더욱 복잡한 프로그래밍 가능한 소자들을 이용해서 이 책에 제시된 개념을 실제적으로 어딘가는 적용해볼 수 있다고 생각된다. 현장에서의 중요한 변화는 실제 소자의 구조에 초점을 맞추기보다는 기술(description) 방법을 이해할 필요성이 더 커졌다는 것이다. 하드웨어 내부의 동작에 대해 관심을 가질 필요성보다는 무엇이 입력되고 무엇이 출력되며, 그리고 소자가 수행하려고 하는 것을 설계자가 어떻게 기술 할 것인가에 집중할 필요성이 더 클 정도까지 소프트웨어 도구들은 발전되어 왔다. 또한 대학원생은 최신 설계 도구와 하드웨어 해법들을 이용하는 프로젝트에 참여하게 될 것이라고 생각한다.

이 책은 디지털 분야의 초보자에게 하드웨어 기술 언어의 중요한 주제를 가르치는 데 효과적이다. VHDL이 현재 산업계의 표준 언어임은 아무도 부인하지 못할 것이다. 그렇지만 그것은 매우 복잡하고 처음에는 학습해서 사용하기 어려울 수 있다. 초보 학생들은 다양한 데이터 유형의 엄격한 요구조건에 종종 어려움을 느끼고 VHDL의 에지 트리거 사건(event)들을 이해하는데 고심한다. 다행히도 알테라(주)는 VHDL과 같은 개념이면서도 초보자들이 배우기 쉬우며 요구사항이 많지 않은 AHDL를 제공하고 있다. 그러므로 강사분들은 초보 학생들을 가르치기 위해 AHDL을 사용할 것인지, 또는 고급반을 위해 VHDL을 사용할 것인지를 선택할 수 있다. 이번 판은 40개가 넘는 AHDL 실례와 40개의

VHDL 실례를 제공하고 시뮬레이션 테스팅을 위한 많은 실례도 제공하고 있다. 이들 모든 설계 파일은 웹사이트(http://www.pearsonhighered.com/careersresources/)에서 이용 가능하다.

알테라의 최신 소프트웨어 개발 시스템은 Quartus II이다. 이 책에서는 특정 하드웨어 플랫폼을 가르치거나 소프트웨어 개발 시스템의 사용에 대한 자세한 내용을 가르치려고 하지 않는다. 독자에게 그것을 사용하는 방법을 가르치는 것보다는 이 도구가 무엇을 할 수 있는지를 보여줄 것이다.

많은 실험적인 하드웨어 옵션들이 이 책의 사용자들에게 제공된다. 논리 스위치, 누름 버튼, 클럭 신호, LED, 7-세그먼트 디스플레이와 같은 전형적인 유형의 입력과 출력들을 갖는 완전한 개발 보드들이 시판되고 있다. 또한 많은 보드들이 표준 키보드, 컴퓨터 마우스, VGA 비디오 모니터, COM 포트, 오디오 입력/출력 잭과 같은 쉽게 입수가 가능한 컴퓨터 하드웨어용 표준 커넥터와 모든 디지털 주변 장치의 하드웨어에 연결할 수 있는 2개의 범용 I/O 리본(ribbon) 커넥터들을 제공한다.

강사들을 위한 HDL과 PLD에 대한 여러 가지 학습 선택 사항은 다음과 같다.

1. HDL 내용을 완전히 건너 뛰어도 본문의 연속성에 영향을 주지 않는다.
2. HDL은 처음에는 다루지 않고 독립적인 주제로 다룰 수 있으며 추후에 3장, 4장, 5장, 6장, 7장, 9장의 마지막 절과 10장의 내용을 다루면 된다.
3. 각 장의 차례대로 HDL과 PLD의 사용법을 전반적으로 다루면서 강의/실험 경험을 섞어 넣는다.

하드웨어 기술 언어 중 VHDL은 산업계 표준이며 대학원생들이 많이 사용하는 언어이다. 그렇지만 초보 과정에서 VHDL을 가르치는 것은 좀 무리한 계획이다. 구문의 특성, 객체 유형의 미묘한 차이, 상위 수준의 추상화 등은 초보자에게는 어려운 과정일 수 있다. 그래서 알테라의 AHDL을 1학년과 2학년을 위한 추천 초보 언어로써 포함시켰다. 또한 심화 과정 또는 다른 고학년들에 제공하는 도입 과정을 위해서 VHDL도 포함시켰다. 동일 과정에서 두 언어를 모두 다루는 것을 추천하지는 않는다. 이를 위해 한 언어의 특성을 다루는 절은 가장자리에 색깔이 있는 줄로 구분해 놓았다. HDL 코드 그림은 내용 설명 부분의 색깔과 일치하도록 설정해 놓았다. 독자는 선택된 언어에만 집중하고 다른 언어는 건너뛰어도 좋다. 저자는 다양한 관심사를 다루려고 하고 있지만 이 책은 복수의 과정에서 사용될 수 있으며 졸업 후에도 훌륭한 참고서적이 될 수 있을 것이다.

장의 구성

많은 강사분들이 책에 나온 순서 대로 각 장들을 이용하려 하지 않을 수도 있다. 이 책의 대부분은 각 장이 이전 장의 내용을 기반으로 하지만 어느 정도 장의 순서를 변경하는 것이 가능하도록 저술되었다. 6장의 처음 부분(산술 연산)은 2장(수 체계) 직후에 다루어질 수 있다. 단지 6장의 산술 회로까지 긴 간격이 있을 수 있다. 8장의 대부분의 내용 (IC 특성)은 큰 문제 없이 좀더 먼저(예로 4장이나 5장 후에) 다루어질 수 있다.

이 책은 한 학기 과정 혹은 두학기 과정에서 다루어질 수 있다. 한 학기 과정에서는 수업시간에 따라 몇몇 주제는 다루기 힘들 수 있다. 당연히 프로그램이나 과정의 목적 및 학생의 배경지식 등에 따라 어떤 주제를 뺄 것인지를 결정하면 된다. 각 장의 고장진단, PLD, HDL 또는 마이크로컴퓨터 응용을 다루는 각 장의 절들은 심화 과정까지 유예될 수 있다.

연습문제

9-1절

B 9-1. 그림 9-3에서 다음과 같은 입력 조건을 가질 때 각 디코더의 출력 값을 구하라.
(a)*모든 입력이 LOW일때
(b)*E_3 = HIGH를 제외한 모든 입력이 LOW일때
(c) $\overline{E}_1 = \overline{E}_2$ = LOW를 제외한 모든 입력이 HIGH일때
(d) 모든 입력이 HIGH일때

B 9-2.* 64개의 서로 다른 입력 조합이 가능한 디코더의 입력과 출력의 수는 얼마인가?

*로 표시된 연습문제의 해답은 교재의 뒤편에 있다.

그림 P1 알파벳 대문자는 연습문제의 부류를 나타내며 별표는 해당 문제의 해답이 책의 끝에 제공된다는 것을 의미한다.

연습문제 이번 12판에서는 연습문제를 6개의 부류로 나누고 있다. 기본(B), 도전(C), 고장진단(T), 신규(N), 설계(D), HDL(H)이 바로 그것이다. 지정되지 않은 연습문제들은 기본과 도전 사이의 중간 난이도를 가진다. 책의 끝이나 웹 사이트(http://www.pearsonhighered.com/careersresources/)에 해답이 있는 연습문제들은 그림 P1과 같이 별표가 표시되어 있다.

프로젝트 관리와 시스템 수준의 설계 몇 개의 실제적인 사례들이 프로젝트 실현을 위한 기법들을 보여주기 위해 10장에 포함되었다. 이들 응용들은 대부분의 전자공학도 학생들에게는 대체적으로 익숙한 것이고 디지털 시계와 같은 기본적인 실례는 누구에게나 친숙한 것이다. 많은 책이 하향식 설계에 대해서 이야기하고 있다. 이에 본 책에서는 하향식 설계 방법의 중요한 특징과 어떻게 최신 도구들을 사용해서 하향식 설계를 진행할지를 설명한다.

시뮬레이션 파일 12판에서는 Multisim®이라는 시뮬레이션 도구에 적재될 수 있는 시뮬레이션 파일도 포함하고 있다. 이 책의 많은 그림의 회로도는 이 시뮬레이션 도구의 입력 파일을 캡처한 것이다. 각각의 파일은 회로의 동작을 보여주고 그 개념을 이해시키는데 도움

그림 P2 아이콘은 웹의 해당 시뮬레이션 파일을 나타낸다.

그림 9-1 일반적인 디코더 다이어그램.

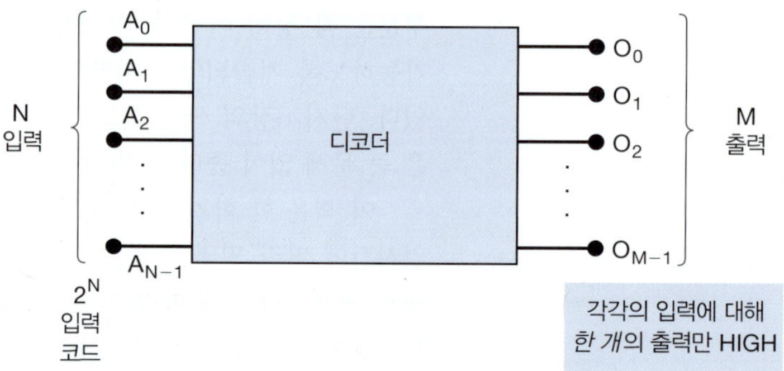

이 된다. 많은 경우 교재의 그림에 나타낸 개념을 설명하기 위해 계측기들이 회로에 부착되고 입력 순차들이 인가되었다. 이러한 회로들은 주제에 대해 부연 설명하거나 학생들을 위한 과제나 지침서를 만들기 위해 원하는대로 변경될 수 있다. 해당 시뮬레이션 파일을 웹사이트에 포함하고 있는 그림들은 그림 P2에 보인 아이콘에 의해서 구분되게 된다.

구체적인 변경

개괄적인 주요한 변경들은 다음과 같다.

- **1장**. 1장은 사용자들의 의견을 반영하여 광범위하게 교정되었다. 그리고 디지털 시스템이 미래의 기술 혁신에 어떻게 영향을 줄 것인가에 대해 강조되었다.

  새로운 내용은 교재 전체에 걸쳐 사용되는 전문용어에 대한 설명과 개념들에 대한 소개에 초점을 맞추었다. 2진 신호들의 기본 개념들이 소개되고 실례들을 통해 설명되었다.

  디지털 파형에 대한 주기적 순환과 측정에 대한 내용이 제시되었으며, 나중의 장에 있는 이들에 대한 문제들을 이해하는데 필요한 내용이 있다. 디지털 신호와 표본추출에 대한 기본이 매우 초보적인 수준에서 설명되었다.

  11판에서 1장은 출판된 이후 이제는 매우 시대에 뒤쳐진 내용을 가지고 있다. 11판에서 사용된 일부 역사적인 유추들은 비효율적이다. 개정판에서는 이들이 대체 또는 제외되었다.
- **2장**. 샤프트의 방향과 각도 회전을 식별할 수 있는 2-비트 그레이 코드 순차를 생성하는 소자인 직교 위상차 인코더의 개념을 소개하기 위해 그레이 코드가 사용된다.
- **3장**. 이 장의 맨 마지막에 있는 새로운 연습문제들은 자동차에서 흔히 볼 수 있는 논리 회로들에 초점을 맞추었다.
- **4장**. PLD 프로그램밍과 개발 소프트웨어를 소개하는 내용이 변경되고 개선되었다. 고장 진단에 관한 절은 시작품 디지털 회로들의 하드웨어 디버깅을 위한 체계적인 문제 해결의 방법을 가르치기 위해 확장되었다. VHDL 내용은 데이터 객체들의 다소 난해하지만 매우 중요한 측면들을 설명하기 위해 향상되었다. 또한 5장의 기반이 되는 기초를 향상시키기 위해 "PROCESS"의 기능이 더 충실하게 포함되었다.
- **5장**. 고속 디지털 시스템은 회로의 타이밍 제한조건에 의해 쉽게 영향을 받는다. 이 장의 새로운 내용은 준비 및 유지 시간에 기인하는 부정적인 영향을 설명한다. 실험 환경에서 재현될 수 있는 사례가 추가되었다. 초점은 D 플립-플롭들의 많은 응용이 있지만 그것은 샤프트가 많은 주기에 걸쳐 앞과 뒤로 회전될 때 확실한 샤프트 위치를 신뢰성 있고 반복적으로 추적해야 하는 직교형 샤프트 인코더에 있다. 4장의 설계 기법들이 시스템의 요구들을 만족시켜야 하는 회로를 설계하기 위해 사용되었다. 최초 회로의 최저한의 성능은 실시간 제약조건들이 고려되지 않은 때에 발생한 것을 나타낸다.
- **6장**. Quartus 소프트웨어의 일부 특징들이 다루어진 11판의 실례는 시대에 뒤쳐졌다. Quartus의 최신 갱신(update)에 맞추기 위해 사례들이 변경되었다.
- **7장**. 7장에서는 매우 적은 최소의 변경이 있었다.
- **8장**. 시대에 뒤진 에미터 결합 논리(ECL)에 대한 절이 삭제되었으며, 다른 최소한의 변경이 있었다.
- **9장**. 얼마나 많은 디지털 신호들이 공통 데이터 경로를 공유할 수 있는지의 실례를 들기 위해 시 분할 다중화의 개념이 추가되었다. 실험 실습으로 쉽게 재현될 수 있는 간단

한 시스템이 제시되었다.

- **10장**. 10장에는 아무런 변경도 없다.
- **11장**. 11장에는 아무런 변경도 없다.
- **12장**. 플래시 메모리의 이면 기술인 부동 게이트 MOSFET의 적용이 추가되었다.
- **13장**. 이 장에서는 CPLD 구식 계열과 FPGA에 관하여 개략적으로 기술하였다.

계속 유지되는 특징

이번 12판은 기존 판들에서 널리 일반적으로 용인된 모든 특징들을 담고 있다. 내부 동작의 너무 자세한 설명으로 독자의 혼동을 유발시키지 않게 기본적인 논리 동작을 블럭도를 가지고 설명하고 있다. 독자들이 논리 원리에 대해서 명확하게 이해할 때까지 논리 IC의 가장 기본적인 전기적인 특성외에는 모두 설명하지는 않을 것이다. 8장에서는 내부 IC 회로가 소개되는데, 이때 독자들은 논리 블럭의 입력과 출력 특성을 해석할 수 있고, 그것을 전체 시스템에 적절하게 적용할 수 있다.

새로운 주제나 소자를 다루는 것은 다음과 같은 과정을 거친다: 동작 원리가 소개된다. 자세하게 설명된 실례와 응용이 제시된다. 이때 종종 실제 IC를 이용하기도 한다. 간단한 학습성과 평가문제가 각 절의 끝에 제시된다. 마지막으로 각 장의 끝에 연습문제가 있다. 이렇게 간단한 문제부터 복잡한 문제까지 추가함으로써 강사들은 학생들의 과제를 다양하게 선택할 수 있다. 이들 문제들은 종종 원리를 단순히 반복해서 설명하지 않고 내용을 보강할 수 있는 좋은 수단이 된다. 그리고 학생들이 원리를 다른 상황에 적용해봄으로써 원리의 이해력을 가늠하도록 한다. 이 방법은 또한 학생이 자신감을 갖도록 하고 내용에 대한 그들의 지식을 확장할 수 있게 해준다.

PLD와 HDL의 내용이 각 응용의 주요 특징들을 강조하는 실례와 함께 본문 전체에 걸쳐 분포되어 있다. 이러한 주제는 각 장의 끝에 포함되어 있으므로 각 주제를 장의 앞 부분에 있는 일반적인 논의와 연관시키거나 일반적인 논의를 PLD/HDL과 분리하여 다루는 것을 수월하게 한다.

광범위한 고장 진단은 4장부터 12장에 걸쳐 전개되어 있으며, 고장 진단 원리와 기법, 사례 분석, 17개의 고장 진단 실례, 그리고 46개의 실제 고장 진단 문제들을 포함하고 있다. 실험 실습이 추가될 때 이 내용들은 효과적인 고장 진단 기술을 키우는 데 도움이 될 것이다.

이번 12판에서는 220개 이상의 풀이가 있는 예제와 660개 이상의 학습성과 평가문제, 640개 이상의 연습/실습문제가 제공되었다.

이들 문제들 중 일부는 그 장에 있는 논리 소자가 어떻게 전형적인 마이크로컴퓨터 시스템에서 사용되는지를 보여주는 응용이다. 대부분의 연습문제에 대한 해답은 용어해설 다음에 있다. 용어해설은 굵은체로 강조된 교재의 모든 용어들에 대한 간결한 정의를 제공한다.

IC의 색인이 책의 끝 부분에 제공되어서 본문에서 인용되거나 사용된 IC에 관한 내용을 독자가 쉽게 찾아볼 수 있다. 마지막 책 커버 안쪽에는 문제를 풀거나 실험을 수행할 때 참조할 수 있는 가장 자주 사용되는 부울 대수 정리, 논리 게이트 요약, 그리고 플립-플롭 진리표가 준비되어 있다.

추가 내용

이 책과 더불어 다양한 교육 및 학습 도구가 개발되었다. 각각의 구성요소는 고유한 기능을 제공하며, 각각은 독립적으로 또는 다른 것들과 함께 사용될 수 있다.

웹 리소스

- **알테라의 Quartus II 웹버전 소프트웨어**. 이 개발 시스템 소프트웨어는 알테라(주)로부터 입수 가능하다.
- **책 그림의 설계 파일**. AHDL과 VHDL 각각의 언어로 기술된 40개 이상의 설계 파일이 본문 전체에 걸쳐 그림에 제시되었다. 학생들은 이들을 알테라 소프트웨어에 적재하여 테스트할 수 있다.
- **선택된 연습문제들에 대한 해답: HDL 설계 파일**. 장의 끝에 제시된 연습문제의 해답들 중 몇몇은 학생들이 이용 가능하다(강사들은 모든 HDL 해답을 강사 리소스 매뉴얼에서 이용할 수 있다). 7장 연습문제의 해답은 책의 뒤편에는 제시되지 않았지만 웹사이트에서 이용 가능한 다소 큰 그래픽(graphic) 및 HDL 파일들을 포함하고 있다.
- **Multisim®에서 제공된 텍스트의 회로**. 학생들은 개념에 대한 이해를 높이고 실험 활동을 준비하기 위해서 거의 100개의 회로들에 대한 파일을 열고 대화식으로 작업할 수 있다. Multisim 회로 파일은 Multisim 소프트웨어를 가진 누구든지 사용할 수 있도록 제공된다.

강사들을 위한 리소스

- ***온라인 강사 리소스 매뉴얼***. 이 매뉴얼은 책의 각 장의 끝에 있는 연습문제들에 대한 풀이가 있는 해답을 담고 있다. (ISBN 0-13-422021-8)
- ***온라인 파워포인트 프레젠테이션***. 책의 그림과 각 장의 강의 노트가 포함되어 있다. (ISBN 0-13-422019-6)
- ***온라인 TestGen***. 전산화된 문제은행을 이용할 수 있다. (ISBN 0-13-422016-1)

추가된 내용을 온라인으로 접근하기 위해서는 강사 접근 코드를 요청해야 한다. **www.pearsonhighered.com/irc**로 가서 강사 접근 코드를 등록할 수 있다. 등록한 지 48시간 내에 강사 접근 코드를 포함한 확인 이메일을 받게 될 것이다. 코드를 한번 받으면 사이트로 가서 로그온을 하면 원하는 내용을 다운로드 받을 수 있다.

감사의 글

11판을 평가하고 광범위한 질문사항에 대해 답변을 주신 모든 분들께 감사드린다.

이분들의 의견과 비판과 제안들이 신중하게 고려되었으며, 12판의 완성된 형태를 결정하는데 큰 역할을 하였다.

또한 변함없이 훌륭하게 강사 리소스 메뉴얼을 제작해주신 Monroe Community College의 Frank Ambrosio 교수에게 감사드린다. 그리고 주제에 대한 기술적인 검토와 개선을 위한 많은 제안을 해주신 Purdue University의 Daniel Leon-Salas 교수에게도 감사드린다.

이러한 대형 저술 프로젝트는 꼼꼼하고도 전문적인 편집 지원이 필요한데 Pearson에서 변함없이 요구에 응해 주셨다. 본 출판을 성공할 수 있게 도움을 준 Pearson 직원들에게 감사드린다.

마지막으로 아내와 아이들과 손자들이 우리에게 보여준 지원과 이해심에 대해 감사드린다. 그리고 저자들도 이번 개정 작업에 공을 들이는 동안에 가족들로부터 떨어져 지낸 모든 시간을 언젠가는 만회할 수 있기를 기대한다.

Neal S. Widmer
Ronald J. Tocci
Gregory L. Moss

차례

CHAPTER 3 논리회로의 묘사 70

CHAPTER 4 조합 논리회로 138

CHAPTER 5 플립플롭과 관련 소자 238

CHAPTER 6 디지털 산술: 연산 및 회로 342

CHAPTER 7 카운터와 레지스터 408

CHAPTER 8 집적회로 논리소자의 종류 552

CHAPTER 9 MSI 논리회로 640

CHAPTER 10 HDL을 이용한 디지털 시스템 프로젝트 742

CHAPTER 11 아날로그 세계와의 접속 794

CHAPTER 12 메모리 소자 866

CHAPTER 13 프로그램 가능한 논리 소자 구조 942

CHAPTER 1

기초 개념

Introductory Concepts

개요

학습목표

이 장을 학습함으로써 다음을 할 수 있다.

- 아날로그와 디지털 표현의 구분
- 단지 1과 0의 두 가지 상태만으로 정보를 나타내는 방법
- 아날로그와 비교한 디지털 기술의 장단점
- 아날로그-디지털 변환기(ADC)와 디지털-아날로그 변환기(DAC)의 사용 목적
- 2진법의 기본 특성 이해
- 2진수의 등가 10진수로의 변환
- 2진수 형태로 계수(count)
- 전형적인 디지털 신호들의 확인
- 타이밍도 확인
- 병렬 전송과 직렬 전송의 차이점
- 기억장치의 특성
- 디지털 컴퓨터의 주요 부분과 기능 이해
- 마이크로컴퓨터, 마이크로프로세서, 마이크로컨트롤러의 구분

서론

오늘날 디지털 회로와 디지털 기술이 생활의 거의 모든 분야—컴퓨터, 자동화, 로봇, 의학, 공학, 수송, 원격 통신, 오락, 우주 탐험 등—에서 폭넓게 사용되기 때문에 디지털(*digital*)이란 말은 우리 일상용어의 한 부분이 되었다. 이제 가장 간단한 ON/OFF 스위치에서 가장 복잡한 컴퓨터까지 모든 디지털 시스템에서 공통적인 기초 이론, 개념, 동작들을 규명하기 위한 흥미진진한 교육 여행을 시작한다.

이 장에서는 디지털 세계를 공부하면서 접하게 되는 많은 개념들을 소개한다. 새로운 용어들과 개념들이 소개되면서, 중요한 점을 깊이 설명하고 명확하게 하기 위해서 교재의 어느 장에서 다루는 지를 알려줄 것이다. 디지털 시스템이 얼마나 깊이 생활에 영향을 주는지를 인식하기를 바란다. 디지털 시스템이 어떻게 동작하고 미래를 보다 좋게 하기 위해서 어떻게 디지털 시스템을 이용할지 궁금해 하길 바란다.

하루를 시작하는 전형적인 예를 살펴보자. 알람시계가 나를 깨우고, 나는 크고 밝은 7-세그먼트 LED(9장 참조)에 표시된 현재 시간을 본다. 디지털 알람은 현재 시간을 내가 설정한 알람시간과 비교해서 시간이 일치하면 알람을 동작시킨다(10장 참조). 알람은 "계속해서 작동(latched)"하고, "끄거나(off)" 혹은 "스누즈(snooze)"를 눌러서 작동을 중지(reset)한다(5장 래치 참조). 욕실로 가서 샤워하기 전에 몸무게를 달기로 한다. 욕실 저울을 발가락으로 건드려서 대기상태에서 깨우고, 디지털 화면을 초기화하면 내가 저울에 오르

기를 기다리게 된다. 저울이 몸무게를 측정하면 몸무게를 화면에 표시한다. 몇 초가 지난다음 저울은 대기 상태로 돌아간다. 충전기에서 무선 면도기를 잡는다. 면도기 내부의 디지털 회로가 충전 주기를 제어하고 있다. 전동 칫솔을 집는다. 전동 칫솔은 버튼을 누르는 횟수에 따라서 3가지 모드 혹은 "상태"로 작동한다(7장의 상태 기계 참조). 칫솔은 또한 이를 닦는 시간을 재면서 2분의 작동 주기 동안 매 30초 마다 신호음을 낸다. 이러한 동작은 칫솔 손잡이 내부에 들어있는 디지털 시스템에 의해서 제어된다. 옷장 등을 켠다. 에너지 절약기능이 있어서, 끄는 것을 잊어도 알아서 꺼진다. 전구 내부에 장착된 작은 디지털 회로 덕택이다(8장의 인터페이싱 참조). 침실로 걸어가서 밝기 조절 스위치를 이용해서 전등을 낮은 밝기로 켠다. 밝기 조절 스위치는 오래된 아날로그 회로이지만, 여전히 새로 나온 LED 전구의 밝기를 조절할 수 있다! LED를 제어하는 LED 전구 내부의 디지털 회로 때문에 가능한 일이다(11장의 펄스폭 변조 참조). 휴대폰(cell phone)을 충전기에서 분리한다. 내 손안에 들고 있는 것은 디지털의 기적이다!

나는 아직 침실을 나가지도 않았고 아내는 이미 7가지의 디지털 시스템을 접했다. 더 나갈 수 있지만, 이미 충분히 이해한다고 생각한다. 디지털 시스템은 여러분 주변 모든 곳에 있고 새로운 응용이 끊임없이 개발되고 있다. 세상의 모든 디지털 시스템은 놀랍게도 적은 수의 기본 회로 즉 빌딩블럭으로 만들어 진다. 대부분의 시스템에서 같은 블럭들이 여러 군데에서 사용되고, 극히 드물게 다른 블럭이 들어있다. 이 책은 여러분에게 그와 같은 기본적인 디지털 회로를 소개하고 각각의 목적, 역할, 성능, 한계를 이해하도록 도울 것이다. 그러면 여러분은 이 책에서 얻은 혁신적인 기술과 지식을 바탕으로 다가오는 새로운 요구에 대응할 수 있을 것이다.

1-1 디지털 1과 0에 대한 소개

학습성과

이 절을 학습함으로써 다음을 할 수 있다.

- 새로운 용어와 정의의 상관관계
- 2 상태 확인과 디지트(digit) 할당
- 주어진 회로에서 각각의 상태와 그것의 표현과의 상관관계
- 주어진 시스템에서 어느 상태가 소자를 동작시키는지 식별
- 다양한 물리적인 조건에서 디지털 신호의 상태 확인
- 디지털 시스템에서 신호에 적합한 이름 할당

디지털 시스템은 두 가지 상태 중에서 어느 하나에 해당하는 것들을 다룬다. 가장 쉬운 예가 온(on) 이거나 오프(off)인 것들이다. 오늘날 많은 장치들을 보면 온/오프 스위치가 하나의 푸시 버튼으로 되어있고 그림 1-1과 같은 심벌로 표시되는 것을 볼 수 있다. 이 아이콘은 1과 0을 나타내고, 숫자 디지트(digit)는 디지털 시스템의 두 가지 상태를 나타낸다. 숫자 디지트 0과 1을 사용해서 각각 오프 상태와 온 상태를 나타낸다. 단지 2개의 디지트만이 있기 때문에, **2진 디지트**(binary digits), 혹은 **비트**(bits)라고 부른다. 종종 디지털 시스템은 1과 0의 덩어리이고 꽤 정확하다고 말한다. 숫자 디지트의 그룹을 구성할 때, 우리는 수 체계(number system)를 만들게 되고 이러한 수 체계는 매우 강력한 방법으로 모든 것을 표현할 수 있다. 우리 주변의 모든 디지털 시스템에서 볼 수 있듯이, 두 개의 상태를 나타내는 회로가 전략적으로 구성이 되어 있을 때에는 단지 두 개의 상태만으로도 많은 것들이 행

그림 1-1 널리 쓰이는 온/오프 심벌.

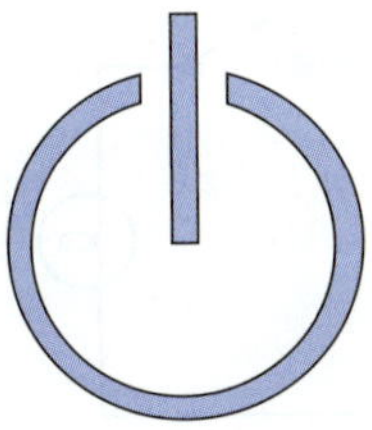

해질 수 있다.

모두에게 친숙한 시스템인 자동차를 가지고 두 가지 상태 중에서 하나로 분류해야 하는 것들을 확인해 보자. 자동차 문은 잠겨있거나 아니면 안 잠겨있다. 부분적으로 잠겨있는 것은 없다. 또한 문이 열려있거나 혹은 닫혀있다고 말할 수 있다. 여기서 문은 부분적으로 열려있을 수 있지만 자동차 시스템에서 중요한 것은 문이 완벽하게 닫혀서 안전하게 걸쇠가 걸린 때이다. 하나의 상태는 닫혀서 걸쇠가 걸린 상태이고, 다른 상태는 조금 열린 것에서부터 넓게 열린 것까지이다. 주차 브레이크는 작동(임의의 정도로 걸림)이거나 해제(완전히 안 걸림)이다. 엔진은 구동 중(임의의 속도로)이거나 정지이다. 트렁크 열림 버튼은 눌려지거나 안 눌려진다. 몇몇 자동차에서는 엔진이 구동 중일 때 트렁크를 열기위해서는 주차 브레이크를 작동하고, 문이 안 잠겨있는 상태에서 트렁크 열림 버튼을 눌러야 한다. 엔진이 정지되어 있을 때에는 문이 안 잠겨있는 상태에서 트렁크 열림 버튼을 누르면 트렁크를 열 수 있다. 디지털 회로는 각각 구성요소의 상태를 관찰하고 트렁크를 열지 말지 "논리적인(logical)" 결정을 내린다. 이와 같은 이유로 이러한 조건은 종종 **논리 상태(logic state)**라고 불린다.

시스템 구성요소의 두 가지 상태를 정의한 다음에는 디지털 값(1 혹은 0) 중 하나를 각각의 상태에 할당한다. 예를 들면, 포드 자동차는 문이 열려있는 상태에 1을 할당(닫힘은 0)하기도 하지만 렉서스 자동차는 문이 열려있는 경우에 0의 상태(닫힘은 1)를 할당할 수도 있다. 3장에서는 시스템에서 1과 0의 의미에 대해서 혼동하지 않도록 도움을 주는 디지털 시스템에 관한 이름 짓기 규약을 다룰 것이다.

1과 0의 상태를 디지털 시스템에서 어떻게 표현하는가? 이것에 대한 답은 전기적 시스템의 기술과 관련되지만 가장 간단한 답은 0은 일반적으로 낮은 전압(0 V에 가까운)으로 나타내고 1은 일반적으로 높은 전압으로 나타낸다는 것이다. 예를 들어서 가정과 자동차에서의 일반적인 전기 회로를 고려하라. 전기 시스템에서는 전압이 완전한 회로에 인가되어 능동 소자를 통해서 전류가 흘러서 "장치를 온 시킨다". 그림 1-2(a)는 가정용에서 사용하는 전구인데 전구를 켜기 위해서는 110 V AC(교류) 전원이 필요하다. 전압이 인가되지 않으면 (0 V AC) 전구는 꺼져있다. 자동차의 전구는 불을 켜기 위해서는 12 V DC(직류)를 필요로 하고, 0 V DC 에서는 불이 들어오지 않는다(그림 1-2(b) 참조). 두 개의 시스템은 매우 유사하지만 시스템에 사용되는 기술은 서로 다르다. 결과적으로 HIGH 상태(즉, 높은 전압)의 표현은 시스템과 매칭이 되어야 한다. 이러한 간단한 배선 예에서, HIGH 전압은 전구에 연결되거나 혹은 연결되지 않는다. 디지털 논리회로의 보다 정확한 모델에서는 출력부가 높은 전압(HIGH 상태) 전원 혹은 낮은 전압(LOW 상태) 전원에 항상 연결되어 있다. 그림 1-2(c)와 (d)는 간단한 전등 회로가 어떻게 표현될지 보여준다. 8장에서 디지털 논리회로가 그림 1-2(a)와 (b)의 가정 혹은 자동차의 간단한 전기 배선 대신에 그림 1-2(c)와 (d)처럼 동작하는 이유를 자세히 설명할 것이다. 주요한 점은 0이 전형적으로 LOW 전압 혹은 0 V에 가까운 값으로 표현된다는 것이다. 1이라고 지정된 상태는 전형적으로

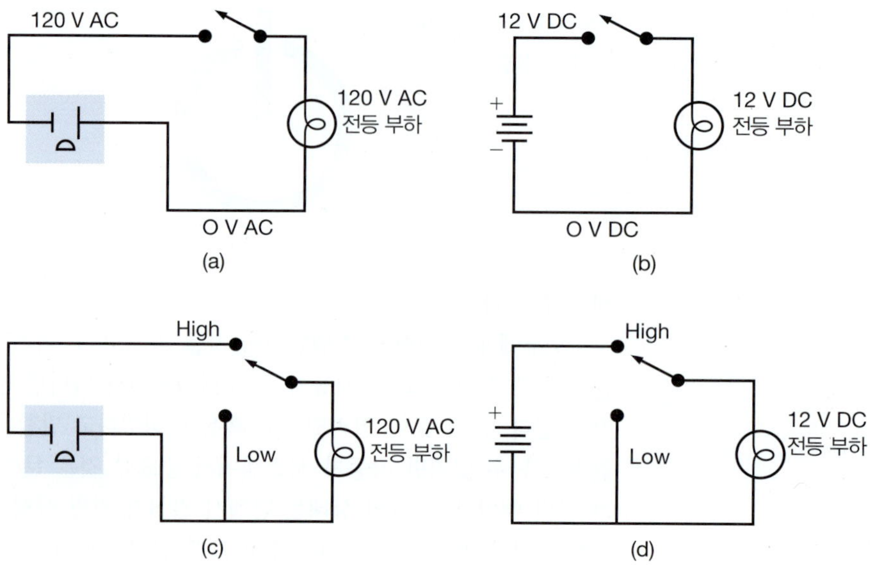

그림 1-2 (a) 전형적인 120 V AC 가정 배선. (b) 전형적인 12 V DC 자동차 배선. (c) 논리회로의 120 V AC 모델. (d) 논리회로의 12 V DC 모델.

HIGH 전압으로 표현되고 전압의 실제 값은 시스템 기술에 따라 다르다. 이러한 HIGH와 LOW 값을 종종 **논리 레벨(logic levels)**이라고 부른다.

몇몇 디지털 소자들이 HIGH를 인가함으로써 동작하는 반면, 다른 소자들은 LOW를 인가함으로써 동작한다. 그림 1-3은 간단한 전등 회로에 대한 두 가지 시나리오를 보여주고 있다. 그림 1-3(a)에서는 배터리로부터 전등으로 전류를 공급해서 불은 켜게 하는 전압원을 연결함으로써 스위치가 HIGH를 공급함에 주목한다. 그림 1-3(b)에서는 불을 켜기 위해서 전등으로부터 배터리로 돌아오는 경로를 연결함으로써 스위치가 LOW를 공급한다. 3장에서 이러한 소자의 활성 HIGH와 활성 LOW 개념에 대해서 깊게 살펴볼 것이다.

디지털 시스템에서 입력으로 사용되는 센서들 역시 다양한 방법으로 결선될 수 있다. 예를 들어, 자동차 키가 점화 스위치에 삽입되어 있는 지를 판단할 수 있는 회로를 고려하자. 종종 우리에게 상기시키듯이, 이러한 정보는 키가 점화장치에 있을 때 자동차 문이 열려있으면 알람을 울리는 데 사용된다. 그림 1-4는 이러한 스위치를 연결하는 두 가지 방법과 각각이 디지털 출력 레벨의 의미에 미치는 영향을 보여 준다. 그림 1-4(a)에서는 접점이 열려있어서 키가 없는 경우에 LOW가 된다. 그림 1-4(b)처럼 키가 삽입되었을 때, 접점이 +12 V에 연결되면 출력은 HIGH가 된다. 이러한 회로에서는 출력 신호에 키_삽입(*key_inserted*) 라벨을 붙이는 것이 좋다. 왜냐하면, 논리 레벨 HIGH가 1 혹은 참(true)을 나타내기 때문이다. 키_삽입은 출력이 HIGH일 때 참이다. 이 회로를 그림 1-4(c)와 대조하면 스위치 접점이 반대로 연결되어 있다. 이러한 경우 키를 제거하면 HIGH가 된다(그림 1-4(c)). 그림 1-4(d)에서는 키를 삽입하면 LOW가 된다. 이러한 신호에는 출력이 HIGH

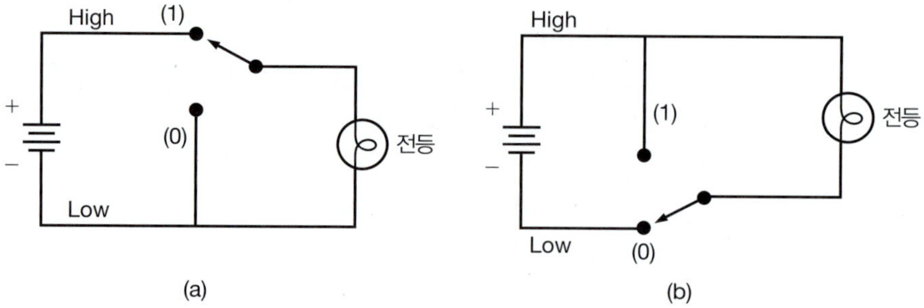

그림 1-3 (a) HIGH를 인가해서 전등을 ON. (b) LOW를 인가해서 전등을 ON.

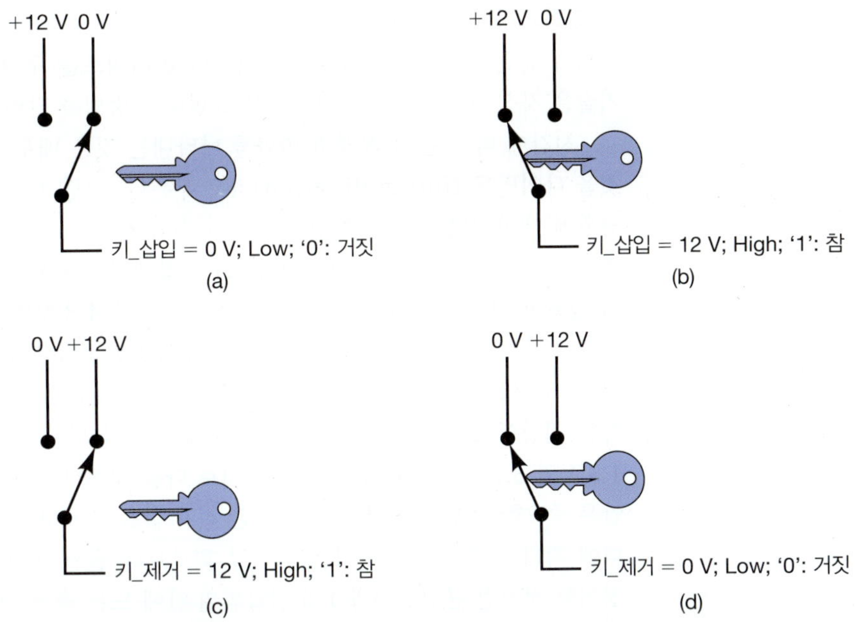

그림 1-4 물리적인 조건, 논리 레벨, 신호 레벨: (a) 키 삽입 거짓, (b) 키 삽입 참, (c) 키 제거 참, (d) 키 제거 거짓.

일 때 키가 제거된 것이 참이기 때문에 키_제거(*key_removed*) 라벨을 붙이는 게 좋다. 신호에 붙이는 이름은 레벨이 HIGH 혹은 1일 때 참이 되는 물리적인 조건을 나타내는 것이 바람직하다. 3장과 4장에서는 다른 회로를 동작시키거나 /동작시키지 않기 위해서 HIGH와 LOW를 사용하는 이러한 개념을 좀 더 다룰 것이다. 이러한 것은 모든 디지털 시스템을 이해하는 기초가 된다.

이제 우리는 1은 HIGH 전압으로 표현되고, 0은 LOW 전압으로 표현된다는 것을 안다. 여전히 얼마나 높은 전압이 1이 되고, 얼마나 낮은 전압이 0이 되는 지를 정의해야 한다. 이러한 문제에 대한 답은 역시 디지털 시스템을 구현하는 데 사용되는 기술에 달려 있게 된다. 전자 디지털 시스템은 기술이 발전함에 따라서 많은 변화를 겪어 왔다. 하지만 1과 0을 표현하는 원리는 변하지 않는다. 모든 시스템에서 높은 전압이라고 정의된 범위는 HIGH(1)로 간주된다. 낮은 전압이라고 정의된 다른 범위는 LOW(0)로 받아 들여 진다. 중간에 낀 범위는 HIGH도 아니고 LOW도 아닌 것으로 간주된다. 이러한 범위의 전압은 유효하지 않은 것으로 간주된다. 그림 1-5는 쌍극 트랜지스터 기술에 기초한 5볼트 논리 시스템에 대한 이러한 개념을 보여준다. 그림 1-5(a)는 이러한 기술을 사용하는 회로가 입력을 '1'로 인식하기 위해서는 전압이 2V 보다는 높고 5V 보다는 낮아야 한다는 것을 나타낸다. 입력 전압이 '0'으로 간주되기 위해서는 전압이 0.8V 보다 낮아야 한다. 디지털 시스템

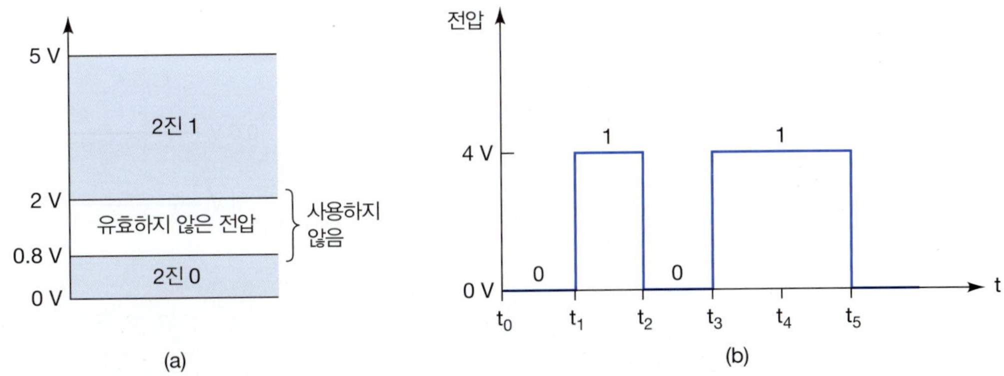

그림 1-5 논리 레벨과 타이밍 (a) 디지털 회로의 주어진 기술에 해당하는 전형적인 전압 범위. (b) 시간에 따라 변하는 신호 레벨 그래프.

의 진화과정에서 전기기계식 스위치(릴레이), 진공관, 쌍극 트랜지스터, MOSFET 트랜지스터와 같은 여러 가지 기술들이 디지털 논리회로를 구현하기 위해서 사용되었고, 각각의 기술은 자신의 특성에 맞게 1과 0을 표현하는 방법을 달리한다.

시간에 따른 논리 레벨의 변화를 나타내는 것은 매우 일반적이고 자주 필요로 한다. 이것을 **타이밍도(timing diagram)**라고 부른다. 그림 1-5(b)는 그림 1-5(a)에 정의된 전압 범위에 대한 전형적인 타이밍도를 나타낸다. 시간 축은 t_1, t_2, … , t_5 처럼 특정한 시간에 라벨이 붙는다. t_1과 t_2 사이의 HIGH 전압레벨이 4 V인 것에 유의해라. 디지털 시스템에서 정확한 전압 값은 중요하지 않다. 3.7 V 혹은 4.3 V와 같은 HIGH 전압은 정확히 동일한 정보를 나타낸다. 마찬가지로 0.3 V의 LOW 전압은 0 V와 동일한 정보를 나타낸다. 이런 것이 아날로그와 디지털 시스템 사이의 가장 큰 차이점이다. 아날로그 시스템에서는 정확한 전압이 중요하다. 예를 들어 센서에서 들어오는 아날로그 전압이 온도와 비례한다면 4.3 V와 3.7 V가 나타내는 온도는 서로 다를 것이다. 다시 말해서 아날로그 시스템에서 전압은 중요한 정보를 전달한다. 정확한 전압 값을 유지하는 회로는 전압이 두 범위 중에서 어디에 속하는 지만을 인지하는 디지털 회로보다 훨씬 복잡하다. 디지털 회로는 그림 1-5에 정의한 것처럼 규정된 0과 1의 전압범위 안에 드는 출력 전압이 나오도록 설계된다. 마찬가지로 디지털 회로는 0과 1 범위로 정의되는 입력 전압들에 대하여 예측 가능하게 응답하도록 설계된다. 이것이 의미하는 바는 디지털 회로가 허용된 0 범위 내에 있는 모든 입력 전압에 대하여 같은 방식으로 응답한다는 뜻이다. 마찬가지로 허용된 1 범위 내에 있는 입력들을 구분하지 않는다. 이를 설명하기 위해 그림 1-6은 입력 v_i와 출력 v_o를 가진 전형적인 디지털 회로를 나타낸다. 2개의 다른 입력 신호 파형에 대한 출력 파형이 주어졌다. 두 입력 파형은 전압 크기가 정확히 일치하지 않아도 같은 2진 레벨에 있기 때문에 두 경우에 대한 출력 v_o가 같음에 주의하라.

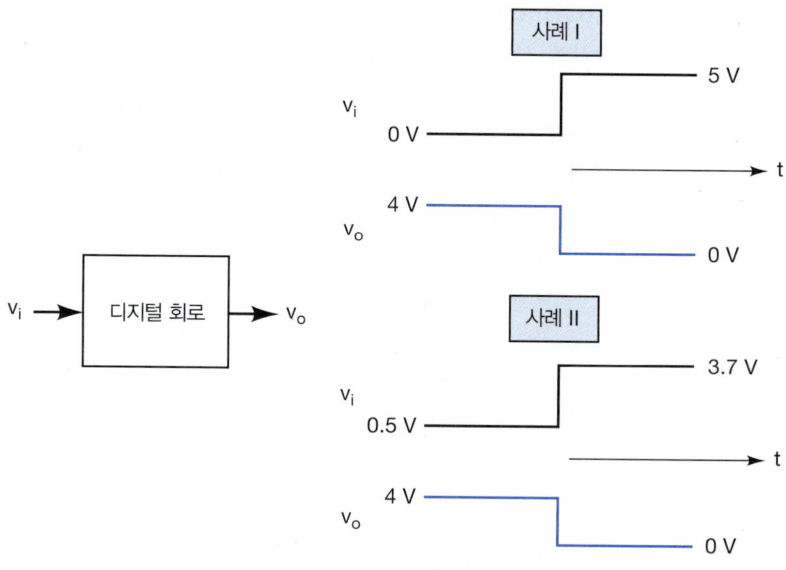

그림 1-6 디지털 회로는 실제 입력 전압이 아니라 입력 2진 레벨(0 또는 1)에 응답한다.

학습성과 평가문제

1. 디지털 시스템에서 상태를 나타내기 위해 사용되는 두 개의 숫자는 무엇인가?
2. 두 개의 논리 레벨을 나타내기 위해서 사용되는 두 개의 용어는 무엇인가?
3. 이진 디지트(binary digit)의 약자는 무엇인가?
4. 전형적으로 낮은 (영에 가까운) 전압을 나타내는 이진 값은 무엇인가?
5. 이진 값 1을 나타내는 전압은 무엇인가?
6. 1 값에 해당하는 논리 레벨은 무엇인가?
7. 그림 1-4(a)에서 키가 제거되었을 때에 해당하는 논리 레벨은 무엇인가?
8. 그림 1-5에서 논리 1로 인식되는 최소 전압은 얼마인가?
9. 그림 1-5에서 논리 0으로 인식되는 최대 전압은 얼마인가?
10. 그림 1-5에서 1.0 V 전압은 어떻게 인식되는가?

1-2 디지털 신호

학습성과

이 절을 학습함으로써 다음을 할 수 있다.

- 파형이 주기 신호인지 아닌지 판별
- 주기와 주파수 측정
- 듀티 사이클(duty cycle) 측정
- 이벤트 식별과 상승 하강 에지 식별
- 유효/무효 입력 인식
- 타이밍도 인식

빛 감지 센서를 이용하여 야간에 가로등을 점등하려고 한다고 가정하자. 이러한 작업을 수행할 수 있는 회로의 예가 그림 1-7(a)에 주어진다. 8장에서 아날로그 비교기에 대하여 보다 자세히 설명할 것이다. 이 회로의 출력은 빛이 없는 경우(암흑)에 논리 1이 된다. 회로는 일정량의 빛이 존재하면 논리 0(0 V)을 출력한다. 센서의 출력신호에 신호이름 라벨을 붙인다. 신호는 항상 1(HIGH) 이거나 0(LOW) 이지만, 사용자들이 신호가 나타내는 물리적인 조건을 알기 쉽게 이름을 짓는다. 예를 들어, 이 센서가 가로등을 제어할 목적이면 출력신호는 "야간_시간" 같은 걸로 이름 짓는다. 신호가 "1"이면 야간시간은 참이 된다. 출력이 "0"이면 야간시간은 거짓이 된다. 3장에서 이러한 라벨 붙이기 기술을 다룰 것이다.

이러한 회로를 운용할 때, 야간에는 출력이 1이고 주간에는 출력이 0이 된다. 해가 뜰 즈음에는 1에서 0으로 출력이 바뀔 것이다. 해질녘에는 0에서 1로 바뀔 것이다. 두 상태 사이의 이러한 천이(transition)를 **에지(edge)**라고 부른다. 해 뜰 무렵, 신호가 *HIGH*에서 *LOW*로 바뀔 때, **하강 에지(*faliing edge*)**, 혹은 **음 에지(*negative edge*)**라고 한다. 시간에 따른 논리 상태를 그래프로 그리는 것은 시스템의 동작에 관하여 무언가를 알려준다. 그림 1-7(b)는 빛 센서 출력의 시간에 따른 그래프이다.

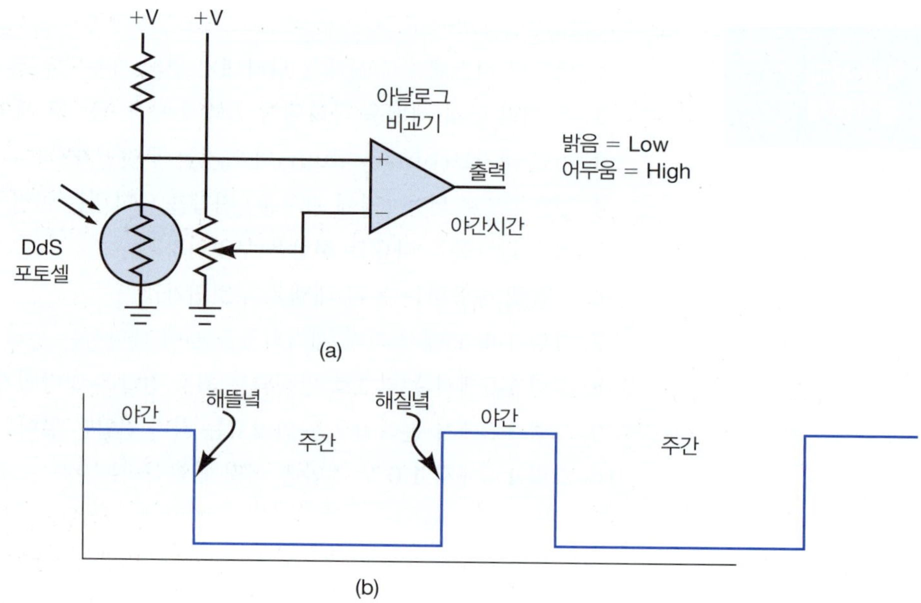

그림 1-7 (a) 암흑 센서. (b) 출력의 타이밍도.

타이밍 필요성

디지털 회로의 입력은 1혹은 0의 두 가지 상태 중에서 어느 하나이다. 출력 역시 1혹은 0이다. 이전 절에서 1과 0은 규정된 전압 값으로 나타내지고 입력 전압 값이 바뀌면 출력 전압이 바뀐다는 것을 배웠다. 시스템의 동작을 설명하기 위해서 입력 변화와 출력 변화 사이의 관계를 보여주는 것은 매우 도움이 된다. 이를 위해서 시간에 따른 논리 상태가 관찰되어야 한다. 타이밍도는 많은 디지털 "신호들" 사이의 시간에 따른 관계를 보여 준다. 디지털 회로에서 타이밍도를 이해하고 물리적인 이벤트(event)와 연관 짓는 것은 매우 중요하다. 예를 들어 그림 1-8의 블럭도로 나타내는 회로가 있다고 가정하자. 이 회로는 새벽에 "에지"를 감지하고 10분을 기다린 다음, 가로등을 소등한다. 그림 1-8(b)는 회로의 입력과 출력을 보여준다. 이러한 다이어그램으로부터 두 신호 사이의 관계를 결정할 수 있다. 구부러진 화살표를 주목하라. 입력과 출력 신호 사이의 원인-영향(cause-and-effect) 관계를 나타내기 위해서 사용되었다.

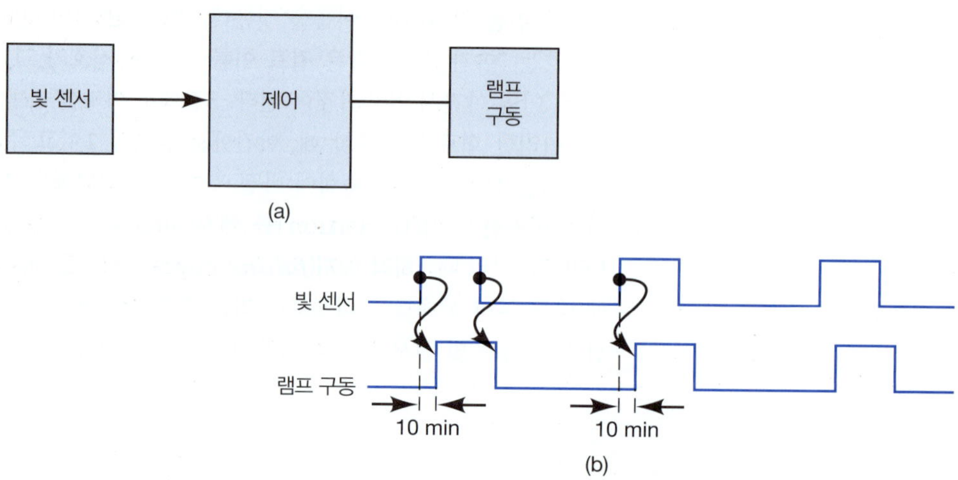

그림 1-8 입력과 출력의 타이밍도.

시간에 따른 High 그리고 Low

우리가 항상 작동시키는 시스템의 평범한 디지털 입력에 대해 생각하자. 전자레인지에는 문의 개폐상태를 알려주는 문 스위치가 있다. 이 스위치는 여러 가지 방법으로 연결될 수 있다. 문이 열려있을 때 스위치가 개방되고, 문이 닫혀 있을 때 닫힌다고 가정하자. 그림 1-9(a)처럼 연결되어 있다. 그림 1-9(b)의 타이밍도는 시간에 따른 문의 상태를 보여준다. 임의의 시간에 다이어그램을 보면 문의 물리적인 상태를 알 수 있게 된다.

주기적/비주기적

전자레인지 문을 열거나 닫는 것은 완전히 비정규적인 간격으로 발생한다. 문이 열려있는 시간을 측정하면, 측정시간이 서로 상이하게 다를 것이다. 문의 열림과 닫힘 사이의 사이클에는 규칙성이 존재하지 않는다. 이벤트들 사이에는 고정된 주기가 없다. 따라서 **비주기적인(aperiodic)** 신호라고 부른다. 이러한 디지털 신호를 가로등을 켜고 끄는 센서와 대비해 보자. 비교할 때 설명을 명확히 하기위해, 날씨의 영향을 무시하고, 구름 한 점 없는 주간을 가정할 것이다. 또한, 센서는 새벽에 한번 천이가 생기고, 해질녘에 한번 천이가 생긴다고 가정한다. 센서는 낮과 밤을 구별해 줄 것이다. 이러한 센서의 타이밍도는 6월(미국 중부)에 그림 1-9(c)처럼 나타날 것이다. 12월에는 센서 타이밍도가 그림 1-9(d)에 보다 가까울 것이다.

주기/주파수

그림 1-9(c)와 (d)의 타이밍 파형에서 유사점과 차이점에 주목하라. 주간 시간의 길이가 6월과 12월이 서로 다르지만, 하루 전체의 시간은 항상 일정하다. 지구는 항상 24시간에 한 바퀴 자전한다. 새벽과 새벽 사이의 시간은 계절에 관계없이 항상 일정하다. 마찬가지로 해

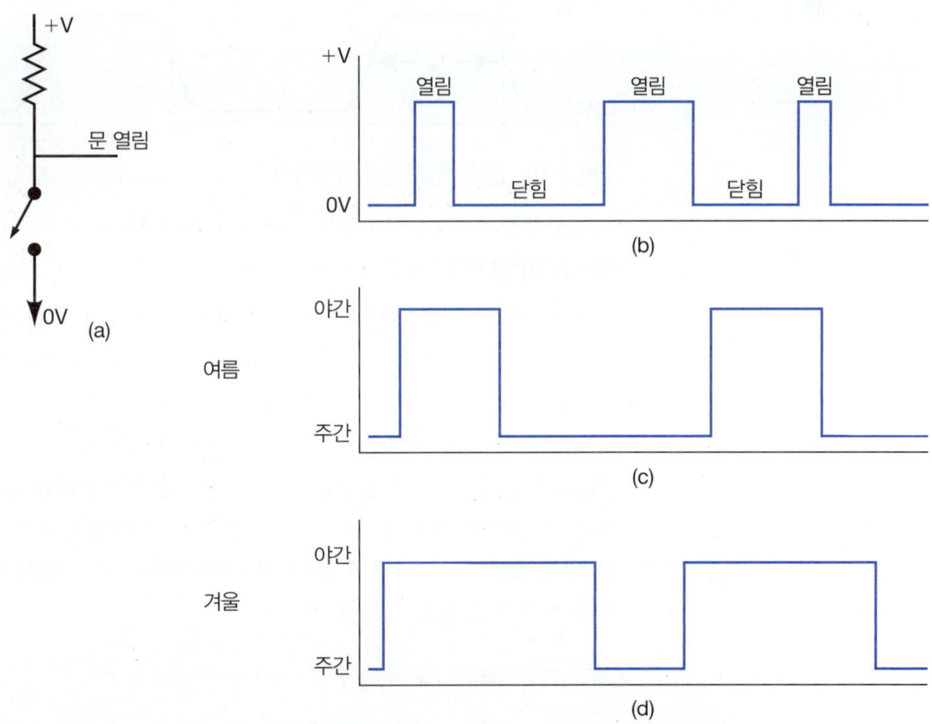

그림 1-9 비주기 신호 대 듀티 사이클을 갖는 주기 신호: (a) 전자레인지 문 센서. (b) 전자레인지 문의 비주기 동작. (c) 밤이 짧은 여름의 주기적인 낮/밤 신호. (d) 낮이 짧은 겨울의 주기적인 낮/밤 신호.

질녘에서 해질녘까지의 시간은 항상 같다. 하나의 완전한 사이클에 소요되는 시간이 항상 일정할 때, 이를 **주기적(*periodic*)** 시스템이라고 부른다. 확실히 지구의 자전은 주기적이고 주기는 항상 24시간이다. 임의의 파형의 주기는 한 사이클에 소요되는 시간(seconds/cycle)으로 정의된다. 주기적 파형의 주파수는 단위 시간당 사이클 수(cycles/second)로 정의된다. 다시 말해서, 주파수(F)와 주기(T)는 역수 관계이다.

$$F = 1/T, \quad \mathrm{T} = 1/F$$

듀티 사이클

주간 시간과 야간 시간의 길이는 계절에 따라서 변하지만, 주기는 변하지 않는다. 디지털 신호가 "활성(active)" 상태인 시간을 측정할 경우에는 디지털 신호의 목적을 고려해야만 한다. 센서 예제에서는 목적이 가로등을 ON 시키는 것이므로, 이 센서는 센서가 HIGH일 때 야간 동안 임무를 수행한다. 가로등의 듀티 사이클은 하루에서 야간이 차지하는 백분율이 된다.

$$\text{듀티 사이클} = (\text{활성 펄스 폭/주기}) \times 100\% = t_w/T \times 100\%$$

천이

밤이 낮으로 순식간에 바뀌지 않는 것처럼, 어느 디지털 신호도 LOW에서 HIGH로 순식간에 바뀔 수 없다. 천이 시간이 존재하게 된다. 신호가 두 상태 사이의 중간에 도달했을 때 천이가 생겼다고 하는 것이 일반적이다. 측정이 파형의 50% 점에서 이루어진다. 예를 들어 HIGH 펄스의 폭은 그림 1-10과 같이 측정된다. 주기 T 역시 그림에서처럼 50% 점에서 측정된다. 5장에서 디지털 파형의 천이 시간과 주기에 대해 좀 더 다룰 것이다.

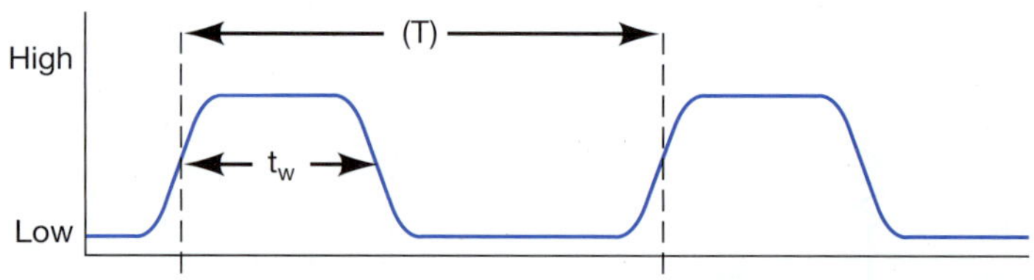

그림 1-10 펄스 폭과 주기 측정하기.

에지/이벤트

단지 두 개의 상태를 갖는 시스템에서 "**이벤트**" 라고 할 수 있는 것은 시스템이 상태를 바꾸는 것이다. LOW에서 HIGH로, 혹은 HIGH에서 LOW로의 천이를 디지털 시스템에서는 "이벤트"로 간주한다. 타이밍도 상에서는 이러한 천이가 급격한 "에지"로 표시된다. 몇몇 이벤트는 상승 에지이고 몇몇은 하강 에지가 된다. 3장에서 HIGH 레벨에서 응답하는(HIGH 활성) 회로와 LOW 레벨에서 응답하는(LOW 활성) 회로가 있다는 것을 배울 것이다. 특정한 레벨에서 응답하는 회로를 종종 **레벨 트리거** 회로라고 한다. 다른 회로들은 상승 에지 혹은 하강 에지에 응답한다. 이러한 회로를 **에지 트리거** 회로라고 부른다. 5장에서 에지 트리거 소자를 소개할 것이다.

학습성과 평가문제

1. 한 주 동안 어떤 사람이 "근무 중"이라는 것을 보여주는 타이밍도를 그려라. 월요일 아침에 시작하라. 타이밍도는 낮/밤 사이클을 나타내는 하나의 입력이 있고(낮과 밤의 길이가 같다고 가정, 오전 6시에 해가 뜨고 오후 6시에 해가 짐) "근무 중"일 때 HIGH가 되는 하나의 출력이 있다. 월요일에서 금요일까지는 8시에서 5시까지 일하고 주말에는 쉰다고 가정하라.
2. 앞의 문제에서 "근무 중"을 나타내는 파형은 주기 함수인가 비주기 함수인가?
3. **그림 1-11**을 참조해서 답하라.
   (a) 입력 파형은 주기 함수인가?
   (b) 입력 파형의 주기는 몇 초인가?
   (c) 입력 파형의 HIGH 활성 듀티 사이클은 얼마인가?
   (d) 입력 파형의 주파수는 몇 헤르츠(Hz)인가?
   (e) 입력의 어떤 이벤트가 출력을 변화 시키는가?
   (f) 출력 파형의 주기는 몇 초인가?
   (g) 출력 파형의 주파수는 몇 헤르츠(Hz)인가?

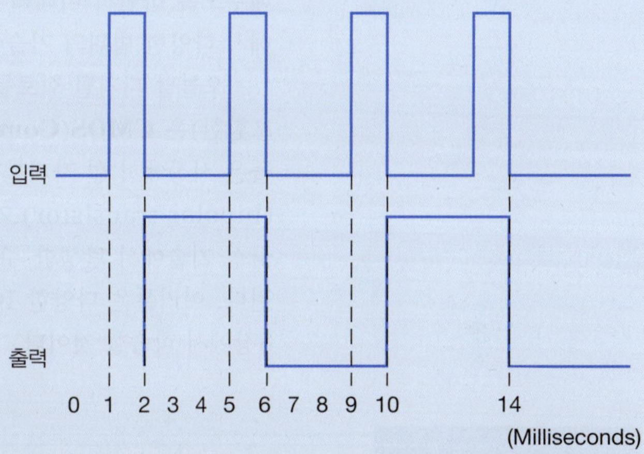

그림 1-11 학습성과 평가문제.

1-3 논리회로와 진화하는 기술

학습성과

이 절을 학습함으로써 다음을 할 수 있다.

- 주어진 기술에서 허용되는 디지털 논리 레벨 식별
- 디지털 회로에서 현재 유행하는 기술과 과거부터 내려온 기술을 나타내는 용어 인식

논리회로

디지털 회로가 입력에 응답하는 방식은 그 회로의 논리(*logic*)로 설명된다. 디지털 회로의 각 형태는 일련의 어떤 논리 법칙에 따른다. 이런 이유로 디지털 회로를 **논리회로(logic circuit)**라고 한다. 이 책에서는 두 용어를 구별 없이 사용한다. 3장에서 회로의 "논리"의

의미를 더욱 상세히 다룰 것이다.

이제부터 디지털 시스템에서 널리 사용되는 모든 형태의 논리회로에 대하여 공부하기로 하자. 먼저 우리는 이들 회로들이 수행하는 논리적 동작, 즉 회로 입력과 출력 사이의 관계에 대하여 관심을 두자. 내부 회로의 동작에 관한 논의는 뒤에서 다루기로 하고 논리회로의 논리적 동작에 관한 이해부터 시작해 보자.

디지털 집적 회로

오늘날의 기술로 만든 디지털 회로는 응용에 적합하도록 전자적으로 구성되거나 특별히 주문한 매우 복잡한 집적 회로(IC)를 사용해서 주로 구현된다. 과거의 많은 기술들은 완전히 시대에 뒤떨어진다. 예를 들어 진공관 논리회로는 오늘날 절대로 사용되지 않는다. 그 이유는 크기가 너무 크고, 전력을 많이 소모하며, 진공관을 구하기가 매우 어렵기 때문이다. 가끔씩은 경제적이면서 부품들이 제품의 생애주기를 넘어선 경우에도 사용가능한 경우에는 성숙한 기술을 사용하는 것이 의미가 있다. 예를 들어 1970년대 디지털 시스템을 구성했던 대부분의 IC들은 더 이상 생산되지 않지만 여전히 시장에서 많은 재고를 가지고 있다. 이러한 소자들은 아주 드물게 새로운 제품에 사용되며 고등학교 혹은 대학의 디지털 교과목의 실험에서 여전히 사용된다. 교재 전반에 걸쳐서 여러분이 과거의 간단한 소자들을 사용해서 배우도록 하면서 미래의 도구들을 사용하는데 필요한 기초지식을 여러분에게 소개하기 위해서 다양한 범위의 기술에 관한 충분한 정보를 제공하도록 노력할 것이다.

오늘날 디지털 회로를 구현하는 데 가장 많이 쓰이는 기술(대다수의 컴퓨터 하드웨어를 포함한)은 **CMOS(Complementary Metal-Oxide-Semiconductor)**이다. 다른 기술들은 시장에서 설 자리를 많이 잃었다. CMOS 기술이 진보하기 전에는 양극성 트랜지스터(bipolar transistor) 기술이 왕좌를 차지했었고 디지털 시스템에 깊은 영향을 주었다. 양극성 기술에서 탄생한 주요한 논리 군은 **TTL(Transistor/Transistor Logic)**이라고 불린다. 여러분은 다양한 IC 기술들, 그들의 특성, 그리고 상대적인 장점과 단점들에 대하여 8장에서 학습할 것이다.

학습성과 평가문제

1. 참 또는 거짓: 입력 전압의 정확한 값은 디지털 회로에서 중요하다.
2. 디지털 회로는 서로 다른 입력 전압과 전류 값에 대해 똑같은 출력 전압을 낼 수 있는가?
3. 디지털 회로는 _______ 회로라고도 한다.
4. 디지털 회로에서 사용되는 가장 유행하는 기술을 줄여서 _______라고 한다.
5. 이 약자는 _______ _______ _______ _______를 나타낸다.
6. 과거부터 내려온 시스템에서 사용된 기술은 줄여서 _______이라고 한다.
7. 과거부터 내려온 시스템에서 사용된 트랜지스터의 형태는 _______ 트랜지스터이다.

1-4 수의 표현

학습성과

이 절을 학습함으로써 다음을 할 수 있다.

- 디지털 표현과 아날로그 표현의 구별
- 각각 표현 형태의 예 식별

과학, 기술, 상업, 그 밖에 인간이 시도하는 거의 모든 분야에서 우리는 끊임없이 양(*quantity*)을 다루고 있다. 양들은 대부분의 물리적인 시스템에서 측정되며 감시, 기록, 관측되거나 산술적으로 조작되며, 몇 가지 다른 방법으로 이용되기도 한다. 이렇게 양을 다룰 때 우리가 그 값을 효율적이고 정확하게 표현해야 한다는 것은 매우 중요하다. 양은 기본적으로 아날로그(*analog*)와 디지털(*digital*) 두 가지 방법으로 수치를 표현할 수 있다.

아날로그 표현

아날로그 표현(analog representation)에서 양은 연속적으로 변화하면서 비례하는 표시기에 의해 표현된다. 예를 들어 1960년대와 1970년대의 고전적이면서 힘이 좋은 자동차들에 사용된 속도계를 들 수 있다. 바늘의 기울기는 자동차의 속도에 비례하고 자동차가 가속 또는 감속할 때 발생하는 변화를 따른다. 구식 자동차의 경우에 유연한 기계적인 샤프트가 트랜스미션을 계기판의 속도계와 연결시켰다. 흥미로운 일은 현대식 자동차의 경우에 비록 속도가 지금은 디지털로 측정됨에도 불구하고 여전히 아날로그 표현을 선호한다는 것이다.

디지털 혁명 이전의 온도계들은 온도를 측정하기 위해서 아날로그 표현을 사용했고 여전히 오늘날 많은 것들이 사용된다. 수은 온도계는 수은주의 높이를 이용하는 데 수은주의 높이는 온도에 비례한다. 이러한 장치들은 환경에 대한 관심이 높아짐에 따라서 시장에서 사라지고 있다. 하지만 그럼에도 불구하고 수은 온도계는 아날로그 표현의 아주 좋은 예이다. 다른 예로 금속 코일이 온도 변화에 따라서 팽창하고 수축하면서 지침의 위치가 눈금판 주위를 회전하는 실외용 온도계를 들 수 있다. 지침의 위치는 온도에 비례한다. 아무리 작은 온도 변화가 있어도 이에 비례하는 지시의 변화가 있을 것이다.

이러한 두 예에서 물리적인 양들(속도와 온도)은 순전히 물리적인 방법으로 지시기와 결합되어 있다. 전기적인 아날로그 시스템에서 측정하고 혹은 처리하는 물리적인 양은 이에 비례하는 전압 혹은 전류(전기적인 신호)로 변환된다. 이러한 전압 혹은 전류는 시스템에 의해서 표시, 처리, 혹은 제어 목적으로 사용된다.

아날로그 양들은 그들이 어떻게 표현되느냐에 관계없이 그들 값이 연속적인 범위를 가지며 변화한다는 중요한 특징을 가진다. 자동차 속도는 0~100 mph 사이의 임의 값을 가질 수 있다. 마찬가지로 아날로그 온도계는 화씨 −20°~120° 사이의 임의 값을 가질 수 있다.

디지털 표현

디지털 표현(digital representation)에서 양은 연속적으로 변하는 표시기에 의해서가 아니라 자릿수(digit)라는 기호에 의해 표현된다. 예를 들어 디지털 실내/실외 온도계를 살펴보자. 온도계는 네 자릿수를 가지며, 0.1°의 변화를 측정할 수 있다. 실제 온도가, 말하자면 72.0에서 72.1까지 서서히 증가하지만 디지털 표현은 72.0에서 72.1로 갑작스럽게 변한다. 다시 말하면 이러한 실외 온도의 디지털 표현은 이산적(discrete)으로 변한다. 이는 온도의 아날로그 표현과 비교된다. 액체 기둥이나 금속 코일로 구성된 아날로그 온도계의 온도는 연속적으로 변화하게 된다.

아날로그와 디지털 양들 사이의 주된 차이점은 다음과 같이 말할 수 있다.

아날로그 ≡ 연속적(continuous)
디지털 ≡ 이산적(discrete, 단계별)

디지털 표현의 이산적 성질 때문에 디지털 양의 값을 읽을 때는 모호함이 없는 반면 아날로그 양의 값은 흔히 계측자의 판단에 따를 수밖에 없다. 실제로 우리가 아날로그 양을 측정할 때 우리는 항상 적당한 수준으로 근사화한다. 다시 말하면 우리는 양을 디지털화한다. 디지털 표현은 연속적으로 변화하는 양을 제한적인 정밀도의 수로 나타낸 결과이다.

우리 주변의 세상은 계속해서 변하는 물리적인 변수들로 가득차있다. 이러한 변수들을 측정하고 디지털 양으로 표현할 수 있다면, 우리는 이러한 양들을 기록하고, 산술적으로 처리하고, 혹은 어떤 다른 방법으로 사물들을 제어할 수 있게 된다.

예제 1-1

다음에서 어느 것이 아날로그 양에 해당되며, 어떤 것이 디지털 양인가?

(a) 사다리를 이용한 높이
(b) 경사판을 이용한 높이
(c) 전기 콘센트에서 모터를 통해서 흐르는 전류
(d) 야드 막대기 자로 잰 어린이의 키
(e) 벽에 표시를 해서 잰 어린이의 키
(f) 양동이에 들어있는 바위의 양
(g) 양동이에 들어있는 모래의 양
(h) 양동이에 들어있는 물의 부피

풀이

(a) 디지털
(b) 아날로그
(c) 아날로그
(d) 디지털: 가까운 1/8 인치로 근사화해서 측정
(e) 아날로그
(f) 디지털: 바위 한 개에 의해서 단지 증가/감소할 수 있다
(g) 디지털: 이산적인 모래 알갱이에 의해서 단지 증가/감소할 수 있다
(h) 아날로그:(나노 기술 레벨로 까지 가지 않는다면)

학습성과 평가문제

1. 이산 단계로 양을 표현하는 방법은?
2. 연속적인 변수로 양을 표현하는 방법은?
3. 다음은 디지털 표현인가 아날로그 표현인가?
   (a) 해시계가 표시하는 시간
   (b) 휴대폰(cell phone)이 표시하는 시간
   (c) 평면 TV의 소리 조절 레벨

(d) 진공관 라디오의 소리 조절 레벨
(e) 농구공의 둘레를 mm 단위로 측정
(f) 농구공의 둘레를 실을 이용하여 둘레를 감싼 후 둘레만큼 길이를 잘라서 측정

1-5 디지털과 아날로그 시스템

학습성과

이 절을 학습함으로써 다음을 할 수 있다.

- 디지털 기술의 장점 식별
- 디지털 기술의 한계 식별

디지털 시스템(digital system)은 디지털 형태로 표현되는, 다시 말해서 이산적인 값의 형태만을 띨 수 있는 물리적인 양이나 정보를 다루기 위해 설계된 장치들의 조합이다. 이 장치들은 대부분이 전자적이지만, 기계적, 자기적 또는 공기압을 사용할 수도 있다. 몇 가지 친숙한 디지털 시스템들로는 디지털 컴퓨터와 계산기, 디지털 오디오, 비디오장치 그리고 원거리 통신시스템 등이 있다.

아날로그 시스템(analog system)은 아날로그 형태로 표현되는 물리적 양을 다루는 장치들을 포함한다. 아날로그 시스템에서 양은 연속적인 범위에 걸쳐 변하는 값들이다. 예를 들어 라디오 수신기의 스피커 출력 신호의 진폭은 0과 최대 허용치 사이의 임의 값을 가진다.

디지털 기술의 장점

다른 기술들과 마찬가지로 전자공학에서 증가되고 있는 대부분의 응용들은 한때 아날로그 방법으로 실행되었던 작업들을 수행하기 위해 디지털 기술을 사용하고 있다. 이와 같이 디지털 기술로 옮겨가는 주된 이유는 다음과 같다:

1. 일반적으로 디지털 시스템은 설계하기 쉽다. 사용되는 회로들이 스위칭 회로로 구성되기 때문에 회로의 전압이나 전류의 정확한 값은 중요하지 않고, 단지 개략적인 범위(HIGH 혹은 LOW)가 중요하다.
2. 정보 저장이 용이하다. 이는 디지털 정보를 원하는 시간 동안 유지시킬 수 있고 적은 공간에 수십억 비트를 저장할 수 있는 특수한 소자나 회로에 의해 구현된다. 이에 반해 아날로그 정보의 저장 능력은 극히 제한적이다.
3. 정확성과 정밀도를 시스템 전체를 통해서 유지하기 쉽다. 일단 신호가 디지털화되면 신호에 포함된 정보는 신호가 전송됨에 따라서 악화되지 않는다. 아날로그 시스템에서는 전압 그리고 전류 신호는 신호를 처리하는 회로의 온도, 습도, 그리고 부품 오차 허용도 변화의 영향에 의해서 왜곡되는 경향이 있다.
4. 동작을 프로그램할 수 있다. 시스템의 동작이 프로그램(program)이라는 일련의 저장된 명령들로 제어되는 디지털 시스템은 설계하기가 매우 쉽다. 아날로그 시스템도 프로그램화될 수는 있으나 이용할 수 있는 동작의 다양성과 복잡성은 어느 정도 제한된다.
5. 디지털 회로는 잡음의 영향을 덜 받는다. 디지털 시스템에서 전압의 불필요한 변동(잡음)

은 전압의 정확한 값이 HIGH와 LOW를 구별하지 못할 만큼 잡음이 충분히 크지 않는 한 중요하지 않기 때문에 심각하지 않다.

6. 많은 디지털 회로 구성이 IC칩으로 제조될 수 있다. 아날로그 회로 구성이 IC기술의 엄청난 발전으로부터 많은 도움이 되었다는 것은 사실이지만 상대적 복잡성이나 경제적으로 집적화(대용량의 커패시터, 정밀저항기, 인덕터, 변압기)할 수 없는 장치들을 사용하기 때문에 고밀도로 집적할 수 없다.

디지털 기술의 한계

디지털 기술을 사용할 때 실제로 두 가지 주된 결점이 있다.

실세계는 아날로그이다.
디지털화된 신호를 처리하는 데 시간이 걸린다.

대부분의 물리적 양은 본래 아날로그이며, 이들 물리적 양은 흔히 시스템에 의해 관측되고 동작되고 제어되는 입출력 수치들이다. 몇 가지 예를 들어 온도, 압력, 위치, 속도, 수위, 유량 등이 있다. 우리는 흔히 온도를 섭씨 64°(더 정확히 할 때는 63.8°)라고 말할 때와 같이, 이 양들을 디지털 방식으로 표현하는 습관이 있다. 즉 우리는 원래의 아날로그 양을 디지털로 근사화하여 사용한다.

아날로그 입력과 출력들을 다룰 때 디지털 기술의 장점을 이용하기 위하여 다음과 같은 4단계를 거쳐야 한다:

1. 물리적인 변수를 전기적인(아날로그) 신호로 변환한다.
2. 전기적인(아날로그) 신호를 디지털 형태로 변환한다.
3. 디지털 정보를 처리(조작)한다.
4. 디지털 출력을 실세계의 아날로그 형태로 다시 변환한다.

1단계 한 가지 만으로도 책 한 권을 쓸 수 있을 정도다. 다양한 물리적인 변수를 전기적인 아날로그 신호로 변환하는 장치들(센서들)은 많은 종류가 있다. 이러한 것들은 우리의 아날로그 실세계에서 발견되는 것들을 측정하는데 쓰인다. 자동차의 경우만 해도 유량(기름탱크), 온도(실내온도조절기, 엔진), 속도(속도계), 가속(에어백 충돌 감지), 압력(다양한 오일), 유동률(연료) 등 셀 수 없을 정도다. 11장에서 아날로그를 디지털로 변환하는 소자를 다룰 것이다.

이러한 접근법을 쓰는 전형적인 시스템을 설명하기 위해서, 그림 1-12는 정밀 온도조절 시스템을 보여준다. 사용자는 원하는 온도를 버튼을 위로 혹은 아래로 누름으로써 0.1°C씩 (디지털 표현) 간격으로 맞춘다. 가열공간에 있는 온도센서는 측정된 온도를 이에 비례하는 전압으로 변환한다. 이 아날로그 전압은 **아날로그-디지털 변환기(Analog-to-Digital Converter: ADC)**에 의해 디지털 양으로 변환된다. 이 값은 원하는 값과 비교되어 얼마나 더 가열이 필요한지를 결정하게 된다. 디지털 값은 **디지털-아날로그 변환기(Digital-to-AnalogConverter: DAC)**에 의해 아날로그 양(전압)으로 변환된다. 이 전압은 가열장치로 보내져서 전압에 따른 가열을 하고 공간의 온도에 영향을 미치게 될 것이다.

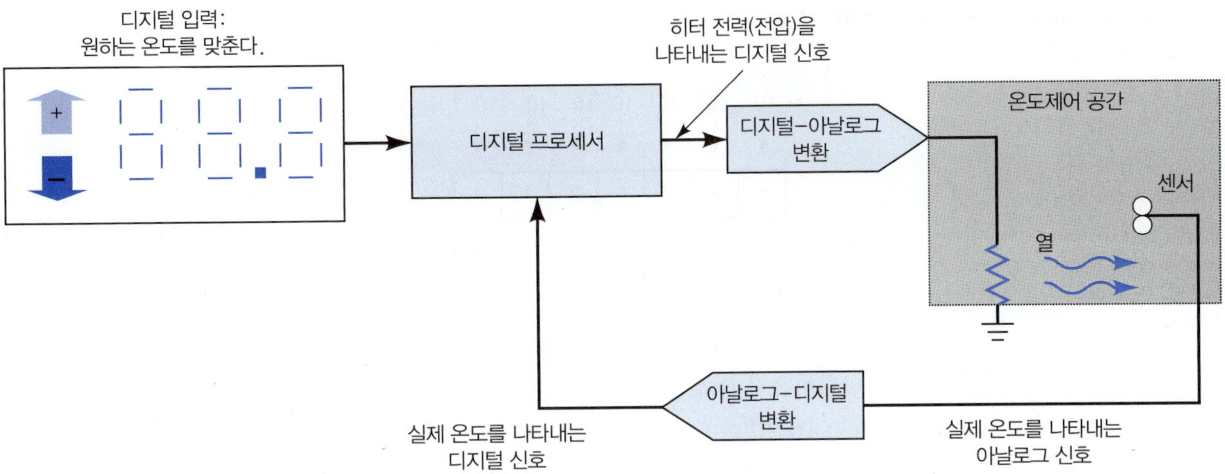

그림 1-12 정밀 디지털 온도 제어 시스템의 블럭도.

학습성과 평가문제

1. 디지털 기술의 세 가지 장점을 열거하시오?
2. 디지털 기술의 두 가지 주요 한계는?

1-6 디지털 수 체계

학습성과

이 절을 학습함으로써 다음을 할 수 있다.

- 각각 2진 자릿수(digit)의 가중치 식별
- 2진 자릿수의 숫자가 주어진 경우, 2진 값 범위 결정
- 2진수를 10진수로 변환
- 2진수 계수

디지털 기술에서는 여러 가지 수 체계가 사용된다. 가장 일반적인 것은 10진법, 2진법, 16진법이다. 인간은 10진수를 사용해서 움직이고, 디지털 시스템은 2진수를 사용해서 움직이고, **16진수(hexadecimal)**는 인간이 2진수를 쉽게 처리할 수 있도록 해주는 수 체계이다. 이러한 세 개의 수 체계 모두 정확히 동일한 방법으로 정의가 되고 작동한다. 10진법을 맨 처음 살펴보기로 하자. 우리에게 너무나 친숙하기 때문에 10진법이 실제로 어떻게 동작하는 지를 생각해 보지도 않는다. 10진법의 특성을 꼼꼼히 조사해 보면 다른 수 체계를 잘 이해하는 데 도움이 될 것이다.

10진법

10진법(decimal system)은 *10*개의 숫자 혹은 기호로 구성된다. 이 10개의 기호는 0, 1, 2, 3, 4, 5, 6, 7, 8, 9이다. 이 기호들을 어떤 숫자의 자릿수로 사용하면 어떤 양도 나타낼 수 있다. 10개의 자릿수를 이용하기 때문에 '기수 *10* 표기법'이라고 하는 10진법은 사람의 손가락이 10개라는 사실에서 출발했다. 사실 *digit*라는 말은 '손가락(finger)'이라는 뜻의

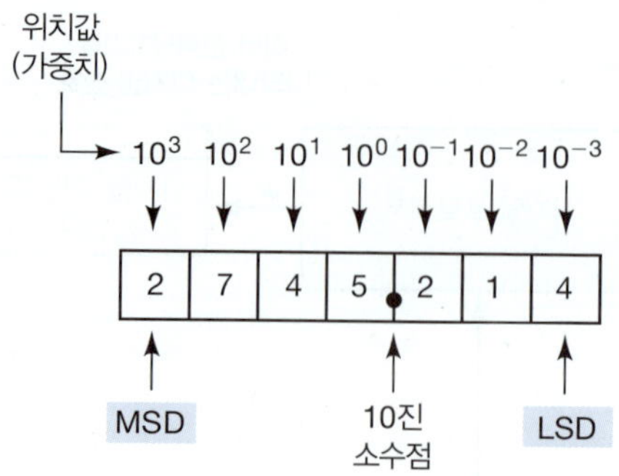

그림 1-13 10진수의 위치 값은 10의 거듭제곱으로 주어진다.

라틴어에서 유래했다.

10진법은 수 값이 위치에 의해 결정되는 위치 값 체계(*positional-value system*)이다. 예를 들어 10진수 453을 생각해 보자. 숫자 4는 실제로 *400*을 나타내고, 5는 *50*을, 3은 *3*을 나타낸다. 본질적으로 4는 세 숫자 중에서 가장 큰 가중치(weight)를 가지는 맨 윗자리 숫자, 즉 최상위수(*Most Significant Digit: MSD*)라고 한다. 그리고 3은 가장 작은 가중치를 가지는 맨 아랫자리 숫자, 즉 최하위수(*Least Significant Digit: LSD*)라 한다.

또 다른 예로 27.35를 생각해 보자. 이 수는 실제로 20 더하기 7 더하기 10분의 3 더하기 100분의 5와 같다. 즉 $2 \times 10 + 7 \times 1 + 3 \times 0.1 + 5 \times 0.01$이다. 소수점은 그 수의 정수와 분수 부분을 구분하기 위해 사용된다.

더 엄밀히 말한다면, 소수점의 여러 가지 위치는 10의 거듭제곱으로 표현되는 가중치를 나타낸다. 이를 그림 1-13에 수 2745.214를 예로 들어 표시하였다. 소수점은 양의 거듭제곱과 음의 거듭제곱을 구분한다. 수 2745.214는 다음과 같다.

$$(2 \times 10^{+3}) + (7 \times 10^{+2}) + (4 \times 10^{+1}) + (5 \times 10^{0}) + (2 \times 10^{-1}) + (1 \times 10^{-2}) + (4 \times 10^{-3})$$

일반적으로 임의의 수는 각 숫자와 위치 값을 곱한 다음 이들을 합한 것이다.

10진 계수

10진법에서 계수(count)를 할 때에는, 일의 자리에서 0으로 시작해서 9가 될 때 까지 매 기호(숫자)를 점진적으로 취한다. 그리고 나서 다음 상위 위치에 1을 더하고 첫 번째 위치에서는 다시 0으로 시작한다(그림 1-14 참조). 이 과정은 99까지 계속된다. 그리고 나서 상

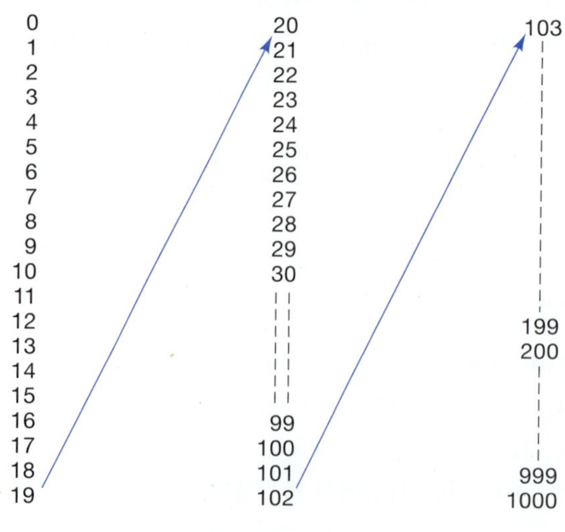

그림 1-14 10진 계수.

위 세 번째 위치에 또 1을 붙이고, 처음 두 위치를 0으로 하여 다시 시작한다. 똑같은 형태로, 계수하고자 하는 높은 자릿수까지 연속적으로 반복한다.

10진 계수에서 단위 위치(LSD)는 매 단계마다 증가하는 수 값으로 바뀌고, 10의 위치는 매 10단계마다 계수가 증가하는 값으로 바뀌며, 100의 위치는 매 100단계마다 계수가 증가하는 값으로 바뀐다는 점에 유의하라.

10진법의 다른 특징은 단 2개의 10진 자리 사용으로 $10^2 = 100$개의 각기 다른 수(0에서 99)*를 계수할 수 있다는 것이다. 3개의 자릿수로 1000개 수(0~999)까지 계수할 수 있다. 일반적으로 N개의 자리는 0을 포함하여 10^N개의 각각 다른 수를 계수할 수 있다. 가장 큰 수는 항상 $10^N - 1$이다.

2진법

불행하게도 10진법은 디지털 시스템에서 편리한 도구가 되지 못한다. 예를 들어 10개의 다른 전위(0~9까지 10진수 중 한 글자는 하나의 전위를 나타낸다)로 동작할 수 있는 전자장치를 설계하기는 매우 어려우나, 단지 2개의 전압 값으로 동작하는 간단하면서도 정확한 전자 회로를 설계하기는 매우 쉽다. 이와 같은 이유로 거의 모든 디지털 시스템에서는 다른 수 체계가 2진수와 함께 쓰이더라도 2진법(기수 2)을 동작의 기본적인 수 체계로 사용한다. 이러한 디지털 시스템을 다루고 사용하는 사람들에게 편리함을 주기 위해서 이진 양을 해석하고 표현하는 데 다른 수 체계가 종종 사용된다.

2진법(binary system)은 단지 2개의 기호 또는 0과 1의 수치를 사용한다. 비록 2개의 수치이지만 2진법은 10진법 혹은 다른 수 체계로 표현될 수 있는 임의의 양을 나타낼 수 있다. 그러나 일반적으로 어떤 양을 표현하기 위해서는 많은 수의 2진 자릿수를 사용해야 한다.

앞에서 10진법에 관하여 언급된 모든 설명이 그대로 2진법에 대해서도 적용된다. 2진수 체계도 위치 값(positional-value) 체계이다. 앞에서도 설명한 바와 같이 각 2진 자릿수는 그 자신의 값을 가지거나 2의 거듭제곱으로 표현되는 가중치를 갖는다. 이를 그림 1-15에 표시하였다. 여기서 2진 소수점(10진 소수점에 해당) 왼쪽의 각 자릿수들은 2의 양의 거듭제곱이고, 오른쪽의 각 자릿수들은 2의 음의 거듭제곱이다. 수 1011.101이 그림에 주어졌다. 이 수를 같은 값의 10진법으로 표현하기 위해, 각 자릿수 값(0과 1)과 그 위치 값의 곱의 합을 취하면 다음과 같다.

그림 1-15 2의 거듭제곱으로 주어진 2진수의 위치 값.

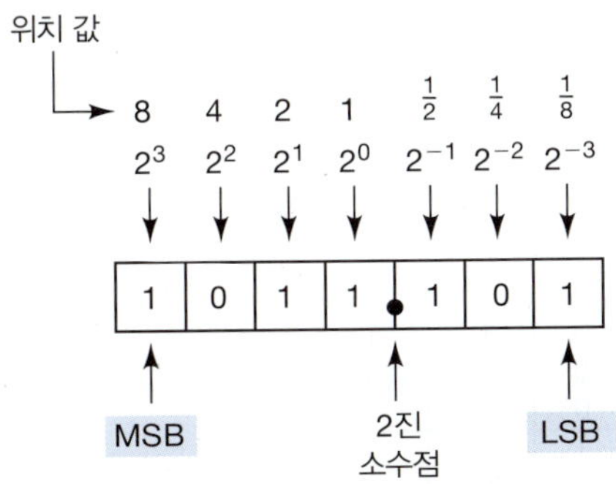

*영(0)도 숫자로 생각한다.

$$\begin{aligned} 1011.101_2 &= (1 \times 2^3) + (0 \times 2^2) + (1 \times 2^1) + (1 \times 2^0) \\ &\quad + (1 \times 2^{-1}) + (0 \times 2^{-2}) + (1 \times 2^{-3}) \\ &= 8 + 0 + 2 + 1 + 0.5 + 0 + 0.125 \\ &= 11.625_{10} \end{aligned}$$

위의 계산에서 첨자(2와 10)들은 그 수가 어느 수의 체계인가를 나타내는 기수로 사용된다는 것에 주의하라. 이것은 하나 이상의 수 체계가 사용될 때 혼동을 피하기 위하여 사용한다.

2진법에서 *2진* 자릿수(*binary digit*)라는 용어는 비트(bit)라는 단어로 약칭하는데 앞으로는 이 단어를 사용하기로 한다. 따라서 그림 1-15에 나타낸 수는 2진 소수점의 왼쪽에 4개 비트가 있어서 그 수의 정수 부분을 나타내고, 2진 소수점의 오른쪽 3개 비트는 분수 부분을 나타낸다. 최상위비트(**Most Significant Bit: MSB**)는 가장 왼쪽의 비트(가장 큰 가중치)이고, 최하위비트(**Least Significant Bit: LSB**)는 가장 오른쪽의 비트(가장 작은 가중치)이다. 이를 그림 1-15에 표시하였다. 여기서 MSB는 2^3이고 LSB는 2^{-3}의 값이다. 각 자릿수의 가중치는 위치가 우측에서 좌측으로 움직임에 따라서 2배씩 증가한다.

2진 계수

2진수를 다룰 때, 보통 특정한 개수의 비트로 제한하고 있다. 이것은 이들 2진수들을 나타내기 위해 사용되는 회로 구성에 근거를 두고 있다. 2진수 계수 방법을 설명하기위해 4비트의 2진수를 사용하기로 하자.

그림 1-16과 같이 계수 순서는 처음에 모든 비트를 0으로 하여 시작한다. 이를 *0*카운트(*zero count*)라 한다. 계수를 시작하면 1의 단위 위치 (2^0)은 토글(*toggle*; 상태 변화)된다. 즉 한 2진 값으로부터 다른 2진 값으로 변한다. 2의 단위 비트가 1에서 0으로 바뀔 때마다 2 위치 (2^1)은 토글된다. 2 위치가 1에서 0으로 바뀔 때마다 4위치 (2^2)은 토글 된다. 마찬가지로 4 위치가 1에서 0으로 바뀔 때마다 8위치 (2^3)은 토글 된다. 만약 2진수가 4비트 이상이라면 똑같은 처리 과정이 상위 비트 위치에서도 계속될 것이다.

2진 계수 순서는 그림 1-16와 같이 중요한 특징을 가진다. 단위 비트(LSB)는 매 계수마다 0에서 1 또는 1에서 0으로 변한다. 두 번째 비트(2위치)는 둘을 세는 동안에는 0이고 그 후에 다시 둘을 세는 동안에는 1, 또 다시 둘을 세는 동안에는 0이다. 세 번째 비트(4위

가중치 → $2^3=8$	$2^2=4$	$2^1=2$	$2^0=1$	등가의 10진수
0	0	0	0	0
0	0	0	1	1
0	0	1	0	2
0	0	1	1	3
0	1	0	0	4
0	1	0	1	5
0	1	1	0	6
0	1	1	1	7
1	0	0	0	8
1	0	0	1	9
1	0	1	0	10
1	0	1	1	11
1	1	0	0	12
1	1	0	1	13
1	1	1	0	14
1	1	1	1	15
			↑ LSB	

그림 1-16 2진 계수의 순서.

치)는 넷을 세는 동안에는 0에, 그 후 넷을 세는 동안에는 1이 되는 과정을 계속한다. 네 번째 비트(8위치)는 여덟을 세는 동안에는 0에, 다시 여덟을 세는 동안에는 1이 된다. 만약 그 이상을 계수하고자 하면, 더 많은 자릿수가 합해져 2^{N-1} 범위 내에서 0과 1들의 반복을 계속할 것이다. 예로서 5개의 2진 자리를 사용하면 다섯 번째 비트는 열여섯을 세는 동안에는 0이고, 그 다음 열여섯을 세는 동안에는 1 등으로 0과 1이 교대로 표시될 것이다.

10진법에서 알 수 있었던 것과 같이 2진법에도 N 비트 혹은 N개의 자리를 사용하므로 2^N까지 계수가 가능하다. 예를 들어 2비트로는 $2^2 = 4$까지(00_2에서 11_2) 계수가 가능하고, 4비트로는 $2^4 = 16$(0000_2에서 1111_2)까지 계수가 가능하며 이 이상의 N비트에서도 2^N까지 계수가 가능하다. 최종의 계수는 항상 모두 1이고, 10진법으로 환산하면 $2^N - 1$이다. 예를 들어 4비트일 때 최종 계수는 $1111_2 = 2^4 - 1 = 15_{10}$이다.

예제 1-2

8비트를 사용할 때 나타낼 수 있는 가장 큰 수는 무엇인가?

풀이

$2^N - 1 = 2^8 - 1 = 255_{10} = 11111111_2$

위의 예제에서는 2진법과 10진법과의 관계를 간단히 알아보았다. 다음 장에서는 이 두 수 체계와 그 이외의 몇 가지 수 체계에 대해 좀 더 공부할 것이다.

학습성과 평가문제

1. 1101011_2와 등가 10진수는 무엇인가?
2. 계수 순서에서 10111_2 다음 2진수는 무엇인가?
3. 12비트를 사용해서 나타낼 수 있는 가장 큰 10진 값은 무엇인가?

1-7 신호를 숫자 양으로 표현

학습성과

이 절을 학습함으로써 다음을 할 수 있다.

- 연속적인 신호를 일련의 측정값으로 표현
- 측정 정확도의 상대적인 영향을 평가
- 측정 빈도의 상대적인 영향을 평가
- 주어진 디지털 시스템에서 1과 0을 나타내는 전압의 허용 범위 식별

이제 아날로그 신호를 일련의 디지털 숫자로 표현하는 것에 관한 개념을 살펴볼 것이다. 앞 절에서 임의의 양을 10진수로 표현하는 것만큼이나 쉽게 2진수로 표현할 수 있다는 것을 배웠다. 과학 실험을 하고 있는 데 장시간 동안 온도 변화를 기록해야 한다고 가정하자. 공기온도가 아날로그 양이며 연속적인 변수라는 것을 알고 있다. 하지만 또한 온도는 일반적으로 다소 느리게 변화한다는 것도 알고 있다. 그래서 현재의 온도를 연속적으로 그래프로 그리기 보다는 매 시간마다 온도를 측정하기로 결정한다.

온도 측정 장치가 다소 조잡해서 10도 간격으로만 측정할 수 있다. 예를 들어, 60도와 69도 (포함) 사이의 온도는 60도로 읽는다. 70도와 79도 (포함) 사이의 온도는 70도로 읽

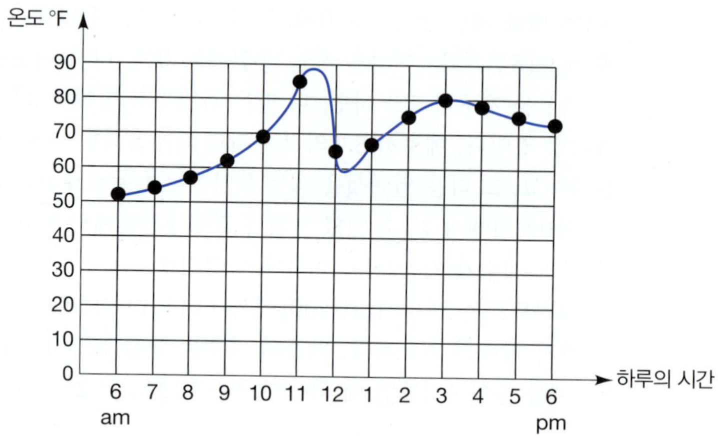

그림 1-17 시간 간격으로 샘플된 온도 데이터. 선은 아날로그를 나타낸다.

는다. 그림 1-17은 초여름의 주간 온도를 연속적으로 나타낸 것으로, 선선하게 시작해서 오전 11시경에는 온도가 급격히 상승한다. 오전 11시 이후에는 폭풍우가 몰아쳐서 온도가 매우 갑자기 급격하게 떨어진다. 그림 1-18(a)는 매시간 정각에 측정한 주간 온도 데이터를 보여준다. 테이블에 있는 숫자를 그림으로 표시하면, 그림 1-18(b)와 같다. 세세하게 천천히 변화하는 것은 알기 어렵지만, 전반적인 모양은 아날로그 신호와 유사하다.

우리가 임의로 오전 6시부터 2시간 간격으로 온도를 측정하기로 했다고 가정하자. 이러한 측정값 역시 그림 1-18(a)에 나타나 있다. 매 2시간 간격으로 측정한 값을 그리면 그림 1-18(c)와 같다. 실제 아날로그 신호와 매우 차이가 많이 난다는 것에 주목하라. 이러한 측정에 기초하면 이날의 온도는 매우 안정적이고 온화한 것처럼 보인다. 이 예는 아날로그 신호를 디지털 양으로 표현하는 것에 관한 몇 가지 사항을 지적하고자 한다.

1. 그 날의 주요한 이벤트(빠른 온도 상승에 따르는 온도의 급격한 하락)는 모두 두 샘플 사이에서 발생했다. 이러한 디지털 신호의 관점에서는 이벤트가 발생하지 않았다.
2. 신호가 일정한 간격을 두고 측정한 값들의 리스트로 나타낸다. 이러한 값을 샘플이라고 부른다.
3. 측정한 값은 샘플을 취한 시점의 실제 값을 정확히 표현하지는 못한다. 왜냐하면 측정 소자의 한계(10도 간격) 때문이다. 이것을 양자화 에러(quantization error)라고 부른다.
4. 얼마나 자주 샘플을 취해야 하는 것은 재생 시의 정확도에 막대한 영향을 미친다.
5. 자주 샘플을 취할수록 신호를 더 정확하게 나타낼 수 있다.

11장에서는 디지털 신호와 어떻게 신호를 처리하는 지에 대해서 좀 더 다룰 것이다.

학습성과 평가문제

1. 디지털 시스템에서 아날로그 신호가 어떻게 표현되는가?

표본 수	1	2	3	4	5	6	7	8	9	10	11	12	13
시각	6	7	8	9	10	11	12	1	2	3	4	5	6
매 시간 측정값	50	50	50	60	60	80	60	60	70	80	70	70	70
매 2시간 간격 측정값	50		50		60		60		70		70		70
이진수 저장값	101	101	101	110	110	1000	110	110	111	1000	111	111	111

(a)

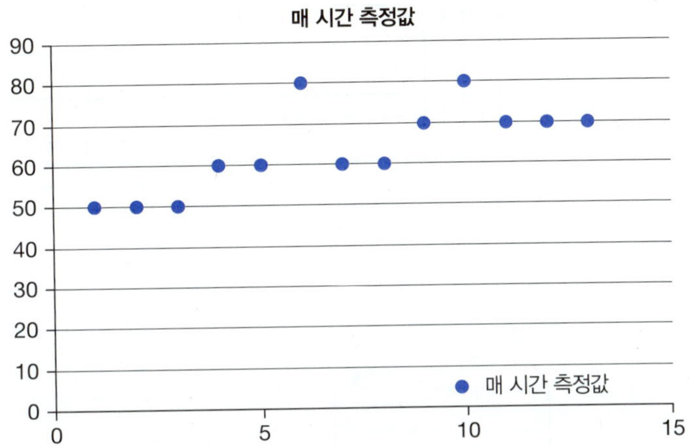

(b)

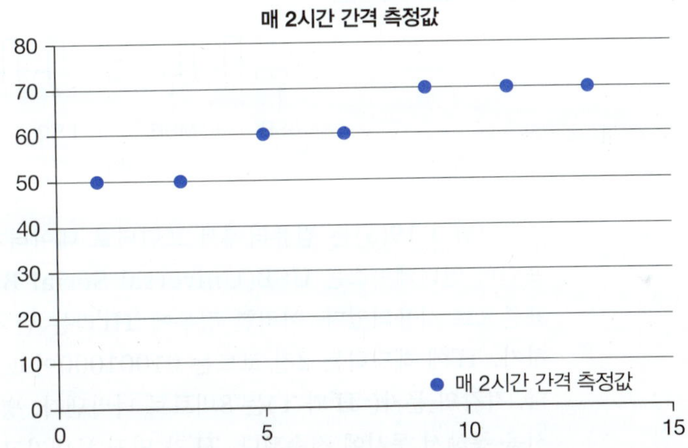

(c)

그림 1-18 온도 측정: (a) 데이터 테이블. (b) 매 시간 간격 샘플의 그래프. (c) 매 2시간 간격 샘플의 그래프.

1-8 병렬과 직렬 전송

학습성과

이 절을 학습함으로써 다음을 할 수 있다.

- 병렬과 직렬 전송의 구별

디지털 시스템에서 나타나는 가장 일반적인 동작 중의 하나는 한 장소에서 다른 장소로의 정보 전송이다. 정보는 동일 회로기판에서 수분의 일 인치에 해당하는 아주 짧은 거리 사이에 전송될 수도 있고, 컴퓨터 터미널 앞의 조작자가 수마일 떨어진 다른 도시의 컴퓨터와 통신할 때와 같이 먼 거리의 전송도 있다. 이때 전송되는 정보는 2진 형태로서, 보통 상대 수신 회로의 입력과 연결된 송신 회로의 출력에서 전압으로 주어진다. 그림 1-19는 디지털 정보 전송을 위한 **병렬(parallel)**과 **직렬(serial)**의 두 가지 기본적인 방법을 나타낸다.

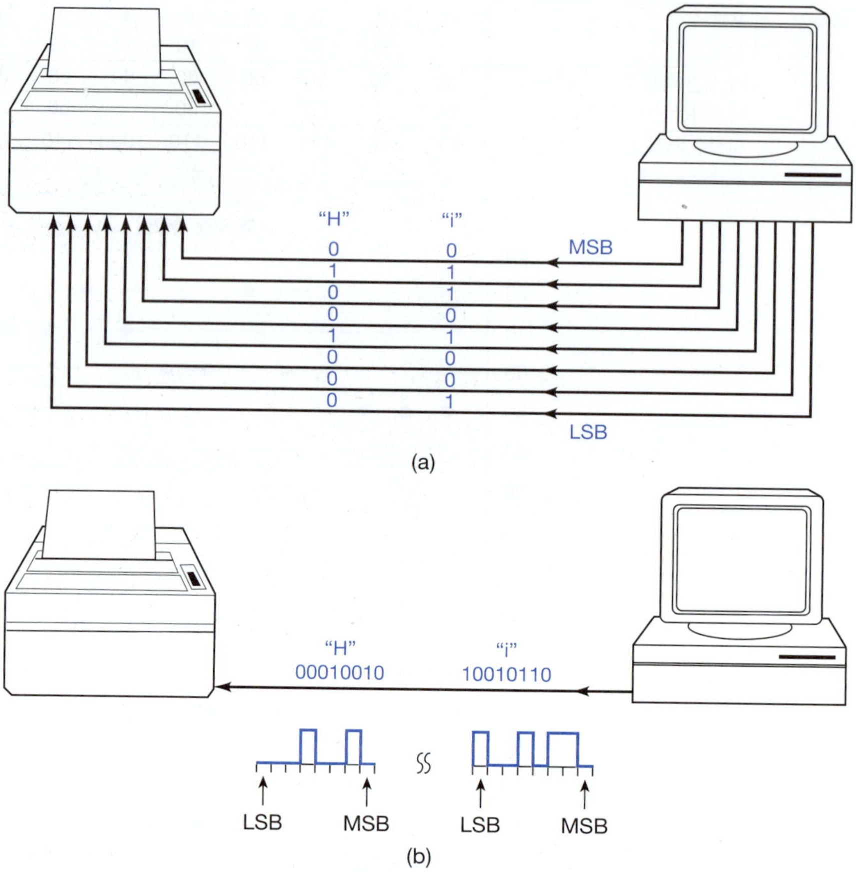

그림 1-19 (a) 병렬 전송은 비트당 1선씩 사용하고 모든 비트는 동시에 전송된다. (b) 직렬 전송은 1개의 신호 선만 사용하며 각 비트는 직렬로 전송된다(한 번에 1비트씩).

그림 1-19(a)는 컴퓨터에서 프린터로 데이터가 병렬 전송되는 방법을 나타낸다. 병렬 프린터 인터페이스는 USB(Universal Serial Bus)가 등장하기 이전에 개인 컴퓨터에서 표준으로 사용되었다. 이러한 경우에 'Hi'라는 단어를 프린터에서 출력하고자 한다고 가정하자. 'H'에 해당하는 2진 코드는 01001000이고 'i'에 해당하는 2진 코드는 01101001이다. 각각의 문자('H'와 'i')는 8비트로 나타낸다. 병렬 전송을 이용해서 모든 8비트가 8개의 선을 통해서 동시에 전송된다. 'H'가 먼저 보내지고 나서 'i'가 보내진다.

그림 1-19(b)는 USB 포트를 사용해서 프린터로 데이터를 보낼 때 컴퓨터에서 사용하는 직렬 전송방법을 나타낸다. USB 포트에서 사용되는 상세한 데이터 형태는 여기서 보인 것보다 훨씬 더 복잡하지만, 데이터는 하나의 선을 통해서 하나의 비트씩 보내진다. 그림에는 실질적으로 전송되는 순서로 비트들을 보여준다. 'H'의 최하위비트(LSB)가 먼저 전송되고, 'i'의 최상위비트(MSB)가 마지막으로 전송된다. 물론 실질적으로 특정 순간에 하나의 비트만이 선을 통해 전송되고, 그래프상에 시간을 표시하는 경우에 왼쪽에서 오른쪽으로 시간축이 움직인다. 이러한 과정의 직렬 통신을 시간 축에 대한 논리 비트들로 표시하게 되는데 이를 타이밍도라고 한다. 이러한 표시에서 유의할 점은 LSB가 먼저 전송되기 때문에 LSB가 왼쪽에 보여진다는 것이다.

병렬 전송과 직렬 전송은 기본적으로 각각 전송 속도와 회로의 단순성이라는 이 점을 맞교환(trade-off)한 것이다. 디지털 시스템의 한 부분에서 다른 부분으로 2진 데이터 전송은 한 번에 한 비트씩 전송하는 직렬 전송에 비하여 모든 비트들이 동시에 전송되는 병렬 전송을 이용함으로써 데이터 전송을 빠르게 수행할 수 있다. 그러나 병렬은 직렬보다 2진 데이터의 송수신기 사이에 연결하는 신호 선이 더 많이 요구된다. 다시 말하면 병렬은 전송

속도가 빠르고 직렬은 신호선이 적다. 2진 정보를 표현하기위한 병렬과 직렬 방법의 비교는 앞으로 이 책에서 여러 번 논의될 것이다.

학습성과 평가문제

1. 2진 데이터에 대한 병렬 및 직렬 전송의 상대적인 장점을 기술하라.

1-9 기억장치

학습성과

이 절을 학습함으로써 다음을 할 수 있다.

- 기억장치가 없는 회로와 기억장치가 있는 회로의 차이점 인식

입력 신호가 대부분의 장치나 회로에 가해졌을 때, 그 출력은 입력에 반응하여 어떤 형태로든 변화하며, 입력 신호가 제거되었을 때 그 출력은 원래 상태로 돌아간다. 이 회로들은 출력이 원래의 상태로 회복되기 때문에 기억장치의 특성을 갖지 못한다. 디지털 회로에서 어떤 형태의 장치나 회로들은 기억장치를 가지고 있다. 이러한 회로에 입력이 가해지면 출력은 그 상태가 변하지만, 입력이 제거된 후에도 출력은 새로운 상태로 유지될 것이다. 순간적인 입력에 대한 응답을 그대로 유지하는 이러한 특성을 **기억장치(memory)**라 한다. 그림 1-20은 기억장치가 없는 회로와 기억장치가 있는 회로의 동작을 나타낸다.

기억장치 소자와 회로는 2진 정보를 일시적 혹은 영구적으로 저장할 수 있고 저장된 정보를 어느 때나 다른 값으로 바꿀 수도 있기 때문에, 디지털 시스템에서는 매우 중요한 역할을 담당하고 있다. 앞으로 살펴보겠지만, 다양한 기억장치 소자에는 자기적 그리고 광학적 형태가 있으며 또 전자 래칭 회로(래치와 플립플롭)를 활용하는 방법이 있다.

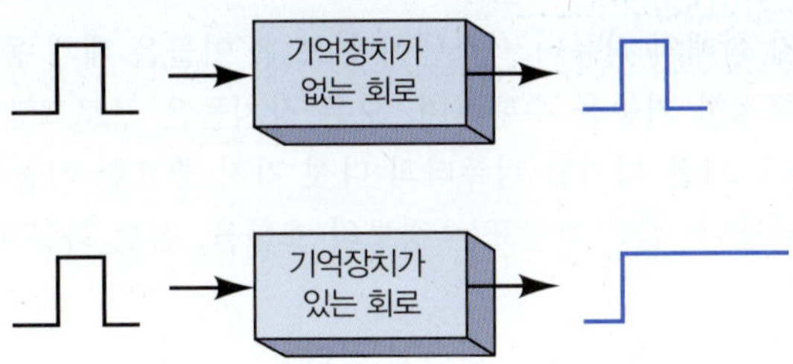

그림 1-20 기억장치가 있는 경우와 없는 경우의 동작 비교.

학습성과 평가문제

1. 기억장치가 없는 회로의 출력은 항상 ________ (과거, 현재, 미래) 입력에 영향을 받는다.
2. 기억장치가 있는 회로의 출력은 ________에 영향을 받는다.

1-10 디지털 컴퓨터

학습성과

이 절을 학습함으로써 다음을 할 수 있다.

- 임의의 컴퓨터의 기능적인 블럭을 말하기
- 중앙처리장치를 구성하는 2개의 블럭을 말하기
- 컴퓨터의 성능/능력을 향상시키기 위한 주된 전략 설명

디지털 기술은 수많은 영역에 적용되고 있지만 **디지털 컴퓨터(digital computer)**의 영역이 가장 주목할 만하다. 디지털 컴퓨터가 우리의 일상생활에 영향을 미치고 있지만 대부분의 사람들이 컴퓨터가 하는 일을 정확히 알고 있지 않다. 컴퓨터를 가장 간단히 표현하면, 산술 동작, 데이터 조작(보통 2진 형태)과 의사 결정을 수행하는 하드웨어 시스템이다.

보통 인간은 컴퓨터가 할 수 있는 것은 무엇이든지 할 수 있으나, 컴퓨터는 모든 계산과 동작을 한 번에 한 단계씩 수행함에도 불구하고 훨씬 빠른 속도와 높은 정확도로 작업한다. 예를 들어 인간이 10개 수를 더하고자 할 때, 10개 수의 목록을 만들어 두고 열들을 더하여 합을 얻는다. 반면에 컴퓨터는 한 번에 단지 두 수만을 더하므로, 목록이 된 10개 수들은 9번의 실질적인 더하기 단계가 필요하다. 물론 한 번 더하는 데 수 나노초가 걸리므로 비효율적인 계산도 매우 빨리 끝낼 수 있다.

컴퓨터는 사람보다 더 빠르고 정확하나, 대부분의 사람들과는 달리 동작의 각 단계에서 정확하게 무엇을 해야 하는지 알려줄 명령들이 주어져야 한다. **프로그램**이라고 하는 이 명령들의 집합은 컴퓨터가 해야 할 각각의 일에 대하여 한 사람 또는 그 이상의 사람들이 만든다. 프로그램은 2진화 코드의 형태로 컴퓨터의 기억장치에 저장되어 있는데, 각 명령은 각각 독특한 코드를 갖는다. 컴퓨터는 기억장치로부터 한 번에 하나씩 이러한 명령 코드들을 읽어내고, 이 코드가 요구하는 동작을 수행한다.

컴퓨터의 주요 부분

여러 가지 형태의 컴퓨터 시스템이 있으나, 이들은 대개 동일한 기능장치를 가지고 있다. 각 장치는 특정한 기능을 수행하며, 모든 장치들은 프로그램에서 주어진 명령을 함께 수행한다. 그림 1-21은 디지털 컴퓨터의 다섯 가지 중요한 기능적인 부분과 그들 사이의 상호 관계를 나타낸다. 실선 화살표는 정보의 흐름을, 점선 화살표는 타이밍과 제어 신호의 흐름을 나타낸다.

각 장치의 주요 기능은 다음과 같다.

1. **입력장치(input unit).** 이 장치를 통해서 일련의 명령과 데이터가 컴퓨터 시스템이나 기억장치에 입력되어 필요한 기간 동안 저장된다. 일반적으로 정보는 키보드 또는 디스크에 의해 입력장치로 입력된다.
2. **기억장치(memory unit).** 기억장치는 입력장치로부터 입력된 명령과 데이터를 저장한다. 그리고 산술 연산으로부터 수신된 산술 연산의 결과를 저장한다. 또한 정보를 출력장치로 공급한다.
3. **제어장치(control unit).** 이 장치는 기억장치에 있는 명령을 한 번에 하나씩 가져와 해독한다. 그리고 나서 실행될 특정한 명령을 수행하도록 다른 모든 장치에 적당한 신호를 보낸다.

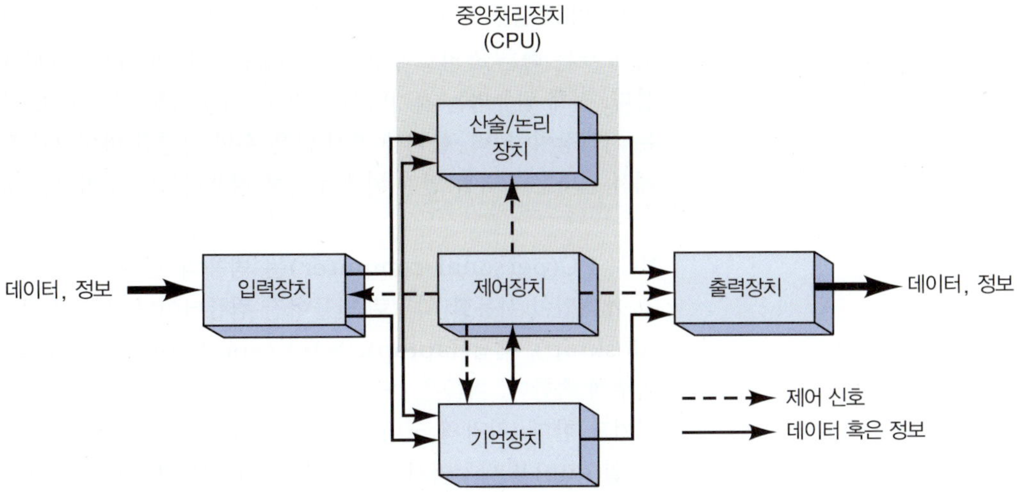

그림 1-21 디지털 컴퓨터의 기능도.

4. **산술/논리장치(arithmetic/logic unit).** 모든 산술 계산과 논리 결정이 이 장치에서 수행된 후, 그 결과를 저장될 기억장치로 보낸다.
5. **출력장치(output unit).** 이 장치는 기억장치로부터 데이터를 가져와 인쇄하고 표시하거나 운영자(프로세스 제어 컴퓨터인 경우에는 프로세스)에게 정보를 제공한다.

그림 1-21의 기능도에서 보는 바와 같이 제어와 산술/논리장치는 **중앙처리장치(Central Processing Unit: CPU)**라는 하나의 단위로도 나타낼 수 있다. 중앙처리장치는 명령어를 불러와서 해석하고 또 명령에 의해 호출되는 여러 동작들의 제어와 수행을 위한 모든 회로들을 포함하고 있다.

컴퓨터의 유형

컴퓨터를 분류하는 방법은 여러 가지가 있고, 매 분류마다 다른 형태의 컴퓨터 이름들이 나타나게 되었다. 몇몇 오래된 용어들이 종종 새로운 형태에 부적합하게 사용되기도 하고, 새로운 용어들이 오래된 형태의 또 다른 이름인 경우도 있다. 우리는 세 가지 범주로 컴퓨터를 분류하고, 각각에 대하여 이름을 붙일 것이다. 기억해야하는 중요한 사실은 이러한 범주에 속하는 모든 시스템들이 우리가 이미 설명한 다섯 개의 주요 부분으로 쪼개 질 수 있다는 것이다. 이러한 부분들은 단순히 특정한 목적에 맞게 시스템을 최적화하기 위해서 다르게 구성된 것이다.

1세대 컴퓨터의 중앙처리장치는 많은 회로보드에 분산된 많은 디지털 회로로 만들어 졌다. 이러한 이유로 1970년대에 중앙처리장치의 모든 부분들이 하나의 꽤 작은 칩으로 "집적화"되어서, "마이크로프로세서(microprocessor)"라고 이름이 붙여진다. 이러한 마이크로프로세서는 기억장치, 입력/출력 장치와 결합하여 "마이크로컴퓨터(microcomputer)"가 만들어 진다. 집적회로 기술의 진보와 더불어 보다 많은 디지털 회로가 보다 작은 패키지에 들어가게 되고, 제조사들은 사물을 쉽게 제어할 수 있도록 특별하게 제작된 하드웨어를 갖는 마이크로컴퓨터를 하나의 IC 칩에 넣기 시작했다. 이러한 것들을 "마이크로컨트롤러(microcontroller)"라고 하게 된다.

최고급 컴퓨터 최고급 컴퓨터는 매우 막강한 시스템으로 많은 업무를 수행하고 매우 빠르게 결과를 낸다. 이러한 컴퓨터 시스템에 붙여지는 이름에는 슈퍼컴퓨터(*super computer*),

클러스터(*cluster*), 서버(*server*), 메인프레임(*mainframe*) 등이 있다. 오늘날 이러한 시스템 모두는 빠른 스피드와 많은 처리량을 위해서 작업을 나누어서 하는 단순한 전략을 사용한다. 전체 컴퓨터는 자기만의 로컬(local) 자원(기억장치, 입력, 출력)과 여럿이 나누어 쓰는 기억장치, 입력, 출력을 가진 많은 수의 막강한 마이크로프로세서들로 구성된다. 다시 말해서 원하는 결과를 얻기 위해서 많은 컴퓨터들이 협업하는 형태로 만들어 진다.

PC PC(personal computer)는 범용의 컴퓨터로 많은 다양한 응용을 수행할 수 있고 개개인이 사용할 의도로 만들어진 컴퓨터이다. 워크스테이션(workstation), 데스크탑(desktop), 랩탑(laptop), 노트북(notebook), 태블릿(tablet), 심지어 스마트폰이 이 범주에 속한다. 이들은 하나의 프로세서를 가지고 있고, 여러 개의 "코어(core)"로 만들어지기도 한다. 각각의 코어는 정말로 CPU 혹은 프로세서로 캐쉬(cache)라고 하는 명령어 열(que)을 나누어서 처리한다. 코어들은 가능한 효율적으로 다음의 명령어를 꺼내오고(fetch), 실행하기 위해서 함께 협업한다.

임베디드 컴퓨터 모든 곳에서 볼 수 있는 최고급 컴퓨터와 PC가 있음에도 불구하고, 가장 많은 컴퓨터 응용분야라고 할 수 있는 범주는 임베디드 컴퓨터 시장이다. 이 것들은 단일 칩 컴퓨터로 사물을 제어하거나 다른 장치와 통신을 효율적으로 하기위한 내장된 디지털 하드웨어를 역시 포함하고 있다. 여기서의 다른 장치는 아날로그-디지털 변환기, 디지털-아날로그 변환기, 펄스폭 변조기, 타이머/카운터, 직렬 인터페이스 회로 등을 포함한다. 이러한 컴퓨터는 너무나 많은 상업용 제품에 들어 있어서 차라리 임베디드 컴퓨터(마이크로컨트롤러)가 들어있지 않은 제품을 찾는 것이 쉬울 정도다. 쥐덫에 사용된 마이크로컨트롤러를 보지 못했을 수도 있지만, 만일 보다 나은 쥐덫을 만들고자 하면 마이크로컨트롤러를 사용할 것이다.

임베디드 컴퓨터의 유일한 특징은 임베디드 컴퓨터가 시스템의 내부 작업을 종합한 부분이라는 것이다. 비록 시스템의 모든 기능의 중심에 있지만 외부에 노출되지 않는다. 설계자가 임베디드 컨트롤러에 하나의 명령어 프로그램을 주면 컨트롤러는 끊임없이 프로그램을 수행하게 된다.

기억 장치

모든 기억장치 소자의 기본적인 목적은 1과 0의 그룹들을 저장하는 것이다. 이러한 사실은 2가지 의문을 낳는다: 하나의 그룹에는 몇 개의 1과 0이 있는가? 기억 장치 소자는 얼마나 많은 수의 그룹을 저장할 수 있는가? 12장에서는 기억 장치 소자의 서로 다른 구성에 대하여 설명할 것이고 요구를 충족하기 위해 필요한 크기/형태를 결정하는 데 도움을 줄 것이다. 모든 기억 장치 소자(그리고 대부분의 다른 전자 부품)의 목표는 작고, 전력 소모가 적고, 빠르고, 가격이 저렴하게 만드는 것이다. 서로 다른 기술을 사용해서 이러한 특성들의 일부를 최적화 할 수 있지만, 어느 기술도 최상이라고 할 수는 없다. 결과적으로 컴퓨터 시스템은 기억 장치 기술들을 서로 조합해서 사용한다. 예를 들어 많은 컴퓨터들이 여전히 장기간 저장을 위해서 기계적인 하드 드라이버를 사용한다. 이 기술은 회전하는 디스크에 자기장을 사용해서 1과 0(데이터)을 저장한다. 새로운 고체(solid-state) 하드 드라이버는 특수한 트랜지스터 위에 플래시(Flash) 기술을 사용하여 데이터를 저장한다. 이러한 소자상의 데이터는 전원이 저장 장치에서 제거가 되어도 기억되어야 한다. 컴퓨터에서 현재 앱들(apps)이 접근해서 활성화된 작동중인 기억 장치는 커패시터에 데이터를 저장하는 다이내믹 RAM 기술을 사용해서 만든다. 작동중인 기억 장치는 매우 많은 수의 비트를 저장해야 한다. 비디오 기억 장치는 속도가 빨라야 한다. 하지만, 전원이 꺼진 경우에는 작동 중인 기억장치와 비디오 기억 장치가 데이터를 잃어버려도 전혀 문제가 되지 않는다.

기억 장치 용어를 이해하기 위해서, 전형적인 기숙사와 호텔이 어떻게 배치되어있는지를 생각해 보자. 각각의 층은 같은 수의 방들로 되어있고, 각각의 방문에는 숫자가 쓰여 있다. 이 숫자(대개 주소라고 말하는)는 기숙사에 있는 모든 방 중에서 특정한 방 하나의 위치를 찾을 때 사용된다. 방 번호의 낮은 자리 수는 주어진 층에서의 방의 위치를 알려주고, 높은 자리 수는 몇 층인지 알려준다. 각 방에 있는 사람의 수, 사람의 특성, 물건의 분류 등이 각기 다르다. 비슷한 방법으로, 기억 장치 시스템은 정보를 저장하기 위한 공간의 배열로 구성된다. 이것들을 기억 장치 위치라고 부르고, 주소를 가지고 식별한다. 주소의 높은 자리 수는 소자의 일반적인 영역을 지정하고, 낮은 자리 수는 그 영역내의 특정한 위치를 알려주게 된다. 임의의 주어진 기억 장치 위치에 들어있는 것은 데이터라고 불리는 2진수일 것이다. 각각 위치에 저장할 수 있는 자리의 수는 모두 같을 것이지만, 저장된 데이터의 값은 유일할 수 있다. 12장에서 기억 장치 소자의 많은 형태를 다룰 것이다.

디지털 진보의 오늘과 내일

이 책의 내용과 디지털 시스템이라는 주제가 왜 여러 분에게 중요해야만 하는가? 이 질문에 답하기 위해서, 2000년 이후에 우리가 일을 하는 방법을 변화시킨 발명에 대하여 생각해보라. 열 가지의 예가 생각나지 않으면, 인터넷으로 21세기의 발명들을 검색하라. 많은 사람들이 작성한 리스트를 보면서 여러분 자신에게 하나의 단순한 질문을 던져라: 이 발명에 디지털 시스템이 들어 있는가? 거의 모든 예에서, 답변은 예(YES)이다. 만일 여러분이 다가올 50년의 위대한 혁신의 일부분이 되기를 원한다면, 디지털 시스템에 관한 지식이 여러분을 도울 것이다. 디지털 시스템을 구성하는 블럭들은 수십 년 동안 알려지고, 이해되어 왔다. 기술이 이러한 빌딩 블럭들을 빠르고, 작고, 저 전력이면서 가격도 저렴하게 만듦에 따라서, 여러분은 세상의 문제를 해결하기 위해서 이것들을 이용하는 새로운 길을 개척할 수 있게 될 것이다.

학습성과 평가문제

1. 컴퓨터의 중요한 다섯 가지 기능 장치들을 설명하라.
2. CPU를 구성하는 두 장치는 어떤 것인가?
3. 컴퓨터 시스템의 성능, 속도, 처리량을 개선하기 위한 주된 전력은 무엇인가?
4. 어느 분류가 가장 많은 컴퓨터 응용 횟수를 자랑하는가?
5. 21세기의 가장 위대한 발명을 발견한다면. 무슨 기술이 반드시 포함될 것인가?

요약

1. 물리 양을 수치로 나타내는 두 가지 기본 방법은 아날로그(연속적)와 디지털(이산적)이다.
2. 실세계의 대부분 양은 아날로그이지만 디지털 기술은 보통 아날로그 기술보다 뛰어나며 대부분의 예측되는 진보 기술은 디지털 영역에 있을 것이다.
3. 2진법(0과 1)은 디지털 기술에서 사용되는 기본 체계이다.
4. 디지털 또는 논리회로는 2진수 0 또는 1로 표현되는 규정 범위 내에 해당되는 전압으로 동작한다.
5. 디지털 정보를 전송하는 두 가지 기본 방법은 병렬(동시에 모든 비트)과 직렬(한 번에 한 비트)이다.
6. 모든 컴퓨터의 주요 구성요소는 입력, 제어, 기억, 산술/논리, 출력장치들이다.
7. CPU(중앙처리장치)는 산술/논리장치와 제어장치의 조합으로 구성된다.
8. 오늘날 범용 컴퓨터 시스템은 함께 일하는 많은 수의 CPU 코어(마이크로프로세서)로 구성된다.
9. 마이크로컨트롤러는 전용(범용이 아닌) 제어 응용을 위해 특별히 설계된 마이크로컴퓨터이다.

주요 용어†

기억(memory)
기억장치(memory unit)
논리 상태(logic states)
논리 레벨(logic level)
논리회로(logic circuits)
듀티 사이클(duty cycle)
디지털 시스템(digital system)
디지털 컴퓨터(digital computer)
디지털 표현(digital representation)
디지털-아날로그 변환기(digital-to-analog converter: DAC)
레벨 트리거(level triggered)
마이크로컨트롤러(microcontroller)
마이크로컴퓨터(microcomputer)
마이크로프로세서(microprocessor)
병렬 전송(parallel transmission)
비주기의(aperiodic)
비트(bit)
산술/논리장치(arithmetic/logic unit)
아날로그 시스템(analog system)
아날로그 표현(analog representation)
아날로그-디지털 변환기(analog-to-digital converter: ADC)
에지(edge)
에지 트리거(edge triggered)
음의 에지(negative edge)
이벤트(event)
입력장치(input unit)
주기(period: *T*)
주기의(periodic)
주파수(frequency: *F*)
제어장치(control unit)
중앙처리장치(central processing unit: CPU)
직렬 전송(serial transmission)
출력장치(output unit)
타이밍도(timing diagram)
하강 에지(falling edge)
2진법(binary system)
2진 숫자(binary digit)

† 이 용어들은 각 장의 본문에 **진하게** 표시되어 있으며, 책의 끝 부분 용어 해설에 정의되어 있다. 이는 모든 장에 똑같이 적용된다.

10진법(decimal system) CMOS
16진법(hexadecimal system) TTL

연습문제

1-1절

1-1. 그림 1-22(a)에서, LED를 켜기 위해 내 보내야 하는 논리 레벨은 무엇인가?

1-2. 그림 1-22(b)에서, LED를 켜기 위해 내 보내야 하는 논리 레벨은 무엇인가?

1-3. 그림 1-22(a)에서, LED를 켜기 위해 어느 스위치가 닫혀야 하는가?

1-4. 그림 1-22(b)에서, LED를 켜기 위해 어느 스위치가 닫혀야 하는가?

그림 1-22 연습문제 1-1.

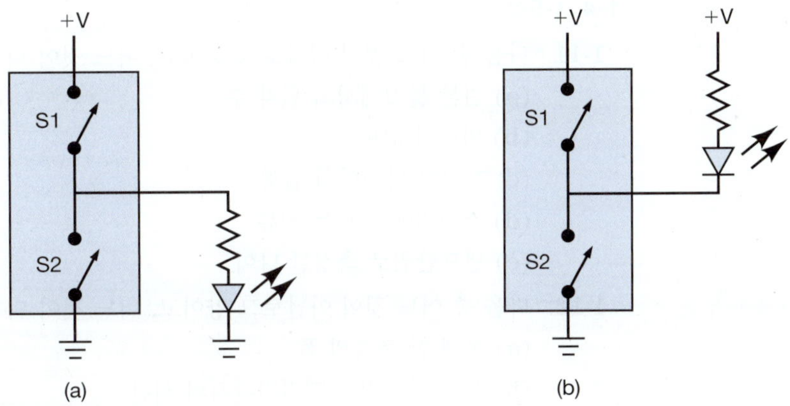

1-2, 1-3절

1-5. 아래에 설명한 각각의 신호에 대하여 좋은 라벨(이름)을 만들어라.
(a)*엘리베이터 문이 닫혀있을 때, 센서가 LOW를 출력한다.
(b) 햇빛을 감지했을 때, 가로등 센서가 HIGH를 출력한다.
(c)*좌석이 비어있을 때, 조수석 좌석 센서는 LOW가 된다.
(d) 라디에이터 용액이 심각하게 뜨거울 때, 온도 센서는 HIGH가 된다.

1-6.*2 ms 동안 0.2 V(2진수 0)이고 4 ms 동안은 4.4 V(2진수 1)로 연속적으로 교번하는 디지털 신호에 대한 타이밍도 2 사이클을 그려라.

1-7.*1-6에서 그린 파형의 주기, 주파수, 듀티 사이클을 측정하라. 파형의 활성 부분은 HIGH라고 가정한다.

1-8. 5 ms 동안 0.3 V(2진수 0)이고 2 ms 동안은 3.9 V(2진수 1)로 교번하는 디지털 신호에 대한 타이밍도 2 사이클을 그려라.

1-9. 1-8에서 그린 파형의 주기, 주파수, 듀티 사이클을 측정하라. 파형의 활성 부분은 LOW라고 가정한다.

1-10. 그림 1-23의 각각 파형에 라벨을 붙여라: 주기의/비주기의. 주기 신호에 대하여 T, F, 듀티 사이클을 측정하라(활성 HIGH를 가정하라).

*가 표시된 문제들에 대한 답은 책의 뒷부분에 있다.

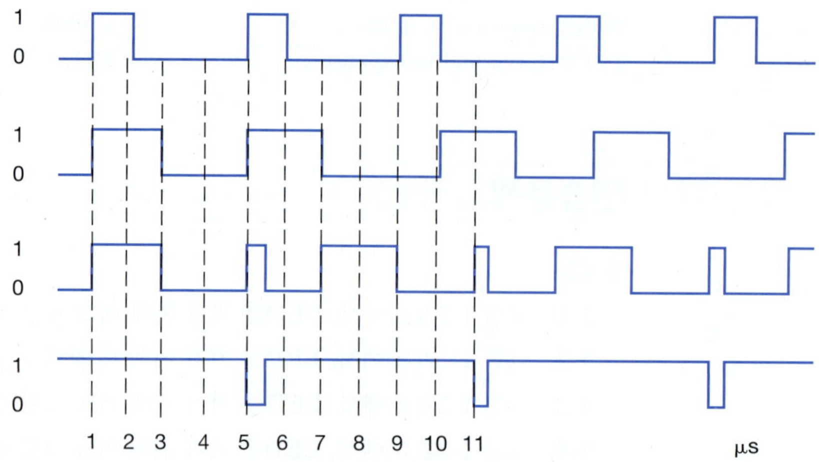

그림 1-23 연습문제 1-10.

1-4, 1-5절

1-11.* 다음 중 어느 것이 아날로그 양이고, 어느 것이 디지털인가?

(a) 견본 물질에서의 원자 수

(b) 비행기 고도

(c) 자전거 타이어의 압력

(d) 스피커에 흐르는 전류

(e) 년도단위로 측정한 나이

1-12. 다음 중 어느 것이 아날로그 양이고, 어느 것이 디지털인가?

(a) 목재 한 조각의 폭

(b) 오븐 타이머가 꺼지기까지의 시간

(c) 수정 시계에 표시되는 하루의 시간

(d) 계단에서 계단수를 측정해서 얻은 고도

(e) 경사의 한 점에서 측정된 고도

1-6절

1-13.* 다음 2진수를 등가인 10진수로 변환하라.

(a) 11001_2

(b) 1001.1001_2

(c) 10011011001.10110_2

1-14. 다음 2진수를 10진수로 변환하라.

(a) 10011_2

(b) 1100.0101_2

(c) 10011100100.10010_2

1-15.* 3비트를 사용해서 000~111까지 2진 계수 순서를 보여라.

1-16. 6비트를 사용해서 000000~111111까지 2진 계수 순서를 보여라.

1-17.* 10비트를 사용해서 계수할 수 있는 최대 수는 얼마인가?

1-18. 14비트를 사용해서 계수할 수 있는 최대 수는 얼마인가?

1-19.* 최대 511까지 계수하기 위해 얼마나 많은 비트 수가 필요한가?

1-20. 최대 63까지 계수하기 위해 얼마나 많은 비트 수가 필요한가?

1-7절

1-21. 다음 중 어느 것이 디지털 신호의 질을 증가/감소 시키는가?
(a) 샘플들 사이의 시간을 증가하기
(b) 각 샘플을 나타내는 비트 수를 증가하기
(c) 샘플링 주파수를 증가하기

1-8절

1-22.*0~15까지의 10진 정수 값이 전송된다고 가정하자.
(a) 병렬 표현이 사용될 때 얼마나 많은 선들이 필요한가?
(b) 직렬 표현이 사용될 때 얼마나 많은 선들이 필요한가?

학습성과 평가문제 해답

1-1절

1. 0과 1 2. LOW와 HIGH 3. 비트 4. 0 5. 시스템의 기술에 달려있다. 6. HIGH 7. LOW 8. 2.0 V 9. 0.8 V 10. 유효하지 않음

1-2절

1. 그림 1-24 참조 2. 비주기 3. (a) 예 (b) 0.004 초 (c) 25% (d) 250 Hz (e) 하강 에지 (f) 0.008 초 (g) 125 Hz

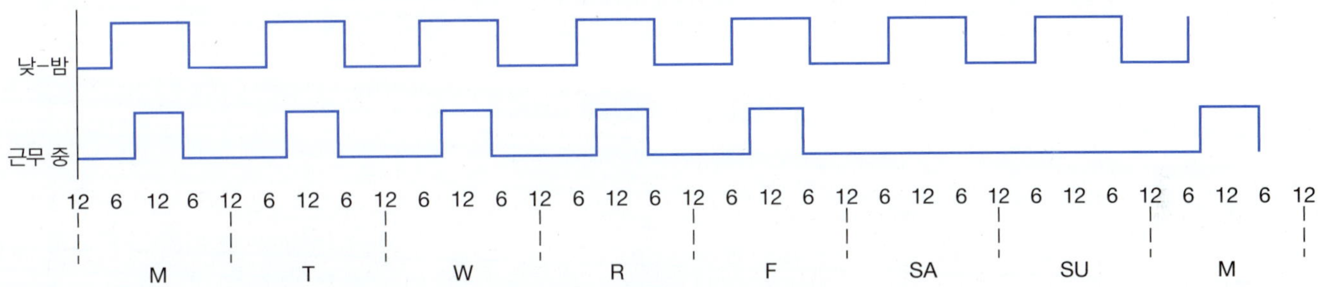

그림 1-24 1-2절 학습성과 평가문제 1-1.

1-3절

1. 거짓 2. 예 3. 논리 4. CMOS 5. Complementary Metal-Oxide Semiconductor 6. TTL 7. 쌍극자

1-4절

1. 디지털 2. 아날로그 3. (a) 아날로그 (b) 디지털 (c) 디지털 (d) 아날로그 (e) 디지털 (f) 아날로그

1-5절

1. 설계하기 쉽고, 정보 저장이 쉽고, 정확도와 정밀도가 높고, 프로그램이 가능하며, 잡음의 영향이 적고, 집적도가 높다. 2. 실세계의 물리적 양은 아날로그이다. 디지털 처리에는 시간이 걸린다.

1-6절

1. 107_{10} 2. 11000_2 3. 4095_{10}

1-7절

1. 일정한 간격에서 측정된 신호의 값을 나타내는 일련의 2진수의 열로 나타낸다.

1-8절

1. 병렬이 빠르다. 직렬은 단지 하나의 신호 선이 필요하다.

1-9절

1. 현재 2. 과거 출력과 현재 입력

1-10절

1. 입력, 출력, 기억, 산술/논리, 제어 2. 제어와 산술/논리

CHAPTER 2

수 체계와 코드

Number Systems and Codes

개요

학습목표

이 장을 학습함으로써 다음을 할 수 있다.

- 한 진법(10진, 2진, 16진)의 숫자를 등가의 다른 진법의 숫자로 변환
- 16진법의 장점
- 16진수의 계수
- 10진수를 BCD 코드로 표현: BCD 사용의 장 · 단점 열거
- BCD 코드와 2진 코드의 차이점을 설명
- ASCII 코드와 같은 알파뉴메릭 코드의 목적을 이해
- 오류 검출을 위한 패리티 방법을 설명
- 디지털 데이터 열에 덧붙일 패리티 비트를 결정

서론

2진법은 디지털 시스템에서 가장 중요한 진법이지만 다른 진법도 중요하다. 디지털 시스템 이외의 분야에서는 수량을 표현하기 위해 10진법이 가장 널리 사용되기 때문에 10진법이 중요하다. 이것은 10진수를 디지털 시스템으로 입력하기 전에 2진수로 변환하여야 한다는 것을 의미한다. 예를 들어 계산기(또는 컴퓨터)에 10진수를 입력하면, 기기 내부의 회로가 입력된 10진수를 2진수로 변환한다.

마찬가지로 디지털 시스템에서 2진수 출력을 외부로 나타내기 위하여 10진수로 변환해야 할 경우도 있다. 예를 들어 계산기(또는 컴퓨터) 내부에서는 문제의 답을 얻기 위하여 2진수로 계산한 후 그 결과를 표시하기 전에 10진수로 변환한다.

큰 2진수 값을 그냥 보기만 하고 상응하는 10진수로 변환하는 것은 쉽지 않다. 키보드에서 1과 0을 잇달아 입력하거나 종이에 큰 2진수 값을 쓰는 것은 따분한 일이다. 또한 다른 사람에게 2진수 값을 대화로 전달하는 것은 매우 어렵다. 2진수의 이러한 단점 때문에 (기수가 16인)16진수가 디지털 시스템에서 숫자를 이용해서 의사소통을 하는 데 표준이 되었다. 16진수의 가장 큰 이점은 2진수와의 상호 변환이 매우 쉽다는 것이다. 소프트웨어 개발자가 프로그램의 문제를 해결하거나 디버깅하는데 사용하는 많은 컴퓨터 툴들에서는 16진수를 사용하여 숫자를 입력하면 컴퓨터 내부에 2진수로 저장되고, 컴퓨터 내부의 2진수를 외부에 표시할 때는 다시 16진수를 사용한다.

진정한 의미의 진법은 아니지만 2진 코드와 10진수 사이의 변환을 쉽게 할 수 있도록 2진수의 코드로 10진수 값을 표현하는 방법이 고안되었다. 이를 BCD(Binary-Coded Decimal)라고 한다. 어떤 시스템 및 그 시스템과 관련된 문서 자료에서 수량과 비트의 패턴은 앞에서 설명한 방법 중 어느 하나로 표시될 수 있다. 따라서 어떤 시스템에서 다루는 값을 적절히 해석할 수 있어야 하고 그 값을 여러 숫자 표현 방법들 중 어떤 것으로도 변환

할 수 있어야 한다. 아스키 코드와 같이 알파벳과 숫자들을 1과 0을 사용하여 표현하는 다른 코드들도 디지털 시스템에서 매우 일반적으로 사용되므로 이 장에서 다룰 것이다.

2-1 2진수를 10진수로 변환

학습성과

이 절을 학습함으로써 다음을 할 수 있다.

- 2진수를 10진수로 변환
- 2진수에서 각 자리의 가중치를 구별

제1장에서 설명했듯이 2진법은 LSB와의 상대적인 위치에 따라 각각의 2진 자릿수(binary digit, bit)가 특정한 가중치를 갖는 체계이다. 2진수는 1이 있는 위치의 가중치를 모두 더함으로써 간단히 등가의 10진수로 변환된다. 다음과 같이 11011_2를 등가의 10진수로 변환해 보자.

$$\begin{array}{lllll} 1 & 1 & 0 & 1 & 1_2 \\ 2^4 + & 2^3 + & 0 + & 2^1 + & 2^0 = 16 + 8 + 2 + 1 \\ & & & & \quad = 27_{10} \end{array}$$

비트수가 더 많은 경우의 예를 들어 보자.

$$\begin{array}{llllllll} 1 & 0 & 1 & 1 & 0 & 1 & 0 & 1_2 = \\ 2^7 + & 0 + & 2^5 + & 2^4 + & 0 + & 2^2 + & 0 + & 2^0 = 181_{10} \end{array}$$

이 과정은 1이 있는 각 비트 위치의 가중치(즉 2의 거듭제곱)를 찾아 모두 더하는 과정임을 유의 하자. 여기서 LSB는 첫 번째 비트로서 가중치가 2^0이 되고, MSB는 8번째 비트로서 가중치가 2^7이 된다는 것에도 유의하자.

2진수를 10진수로 변환하는 다른 방법으로는 double-dabble 방법이 있는데 이는 큰 숫자를 더하는 것과 열의 가중치를 따라가는 것을 피하는 변환 방법이다. 과정은 다음과 같다.

1. 해당 2진수의 가장 왼쪽에 있는 1을 쓴다.
2. 그 수를 2배로 해서 오른쪽에 있는 다음 비트에 더한다.
3. 그 결과를 다음 비트의 아래에 쓴다.
4. 해당 2진수에 대해서 2번과 3번 과정을 끝날 때까지 반복한다.

위의 예에서와 동일한 2진수를 사용해서 이 방법을 검증해 보자.

주어진 수: 1 1 0 1 1_2

결과:

$$\begin{array}{l} 1 \times 2 = 2 \\ \quad \underline{+1} \\ \quad\ 3 \times 2 = 6 \\ \qquad\quad \underline{+0} \\ \qquad\quad 6 \times 2 = 12 \\ \qquad\qquad\quad \underline{+1} \\ \qquad\qquad\quad 13 \times 2 = 26 \\ \qquad\qquad\qquad\qquad \underline{+1} \\ \qquad\qquad\qquad\qquad 27_{10} \end{array}$$

주어진 수:	1	0	1	1	0	1	0	1_2
결과:	1 →	2 →	5 →	11 →	22 →	45 →	90 →	**181_{10}**

학습성과 평가문제

1. 100011011011_2를 가중치를 더하는 방법을 사용하여 등가의 10진수로 변환하라.
2. 16비트 수의 MSB의 가중치는 얼마인가?
3. 문제 1을 double-dabble 방법으로 반복하라.

2-2 10진수를 2진수로 변환

학습성과

이 절을 학습함으로써 다음을 할 수 있다.

- 10진수를 2진수로 변환
- 10진수의 범위가 주어졌을 때 이를 표현하기 위해서 필요한 비트 수 알기
- 주어진 비트 수로 표현할 수 있는 10진수의 범위 알기

10진 정수를 등가의 2진수로 변환하는 방법에는 두 가지가 있다. 첫 번째 방법은 2-1절의 과정을 역으로 하는 것이다. 즉, 10진수를 2의 거듭제곱의 합으로 간단히 표현한 후, 1과 0을 적절한 위치에 기입한다. 예를 들어 다음과 같다.

$$\begin{aligned} 45_{10} = 32 + 8 + 4 + 1 &= 2^5 + 0 + 2^3 + 2^2 + 0 + 2^0 \\ &= 1 \quad 0 \quad 1 \quad 1 \quad 0 \quad 1_2 \end{aligned}$$

모든 비트 위치를 고려해야 하기 때문에 2^1과 2^4 자리에 0이 놓여졌음에 유의하라. 다음은 또 다른 예이다.

$$\begin{aligned} 76_{10} = 64 + 8 + 4 &= 2^6 + 0 + 0 + 2^3 + 2^2 + 0 + 0 \\ &= 1 \quad 0 \quad 0 \quad 1 \quad 1 \quad 0 \quad 0_2 \end{aligned}$$

10진 정수를 변환하는 또 다른 방법은 반복해서 2로 나누는 방법이다. 다음은 25_{10}을 변환하는 예이다. 주어진 10진수를 2로 나누고 나머지를 기록한다. 몫을 2로 다시 나누고 나머지를 기록한다. 이 과정을 몫이 0이 될 때까지 반복한 후, 첫 번째 나머지를 LSB로 마지막 나머지를 MSB로 하면 변환된 2진수가 된다. 그림 2-1의 흐름도에 나타낸 바와 같이 이 과정은 10진수를 다른 어떤 진법의 수로 변환하는 데도 사용할 수 있다.

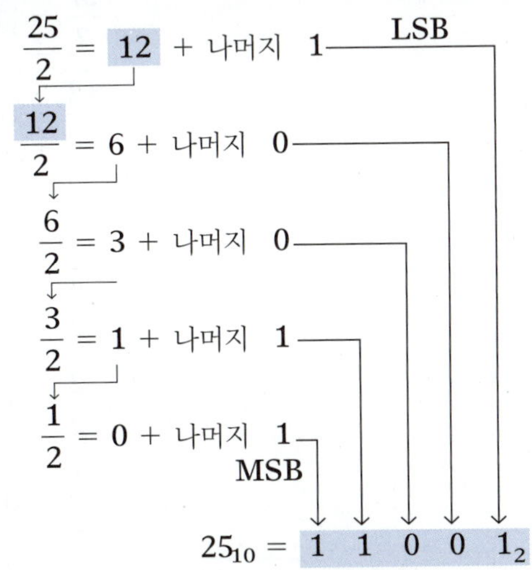

그림 2-1 10진 정수를 2진수로 변환하는 반복 나눗셈법의 흐름도. 10진 정수를 임의의 다른 진법으로 변환 하는 경우에도 동일한 과정을 사용할 수 있다.

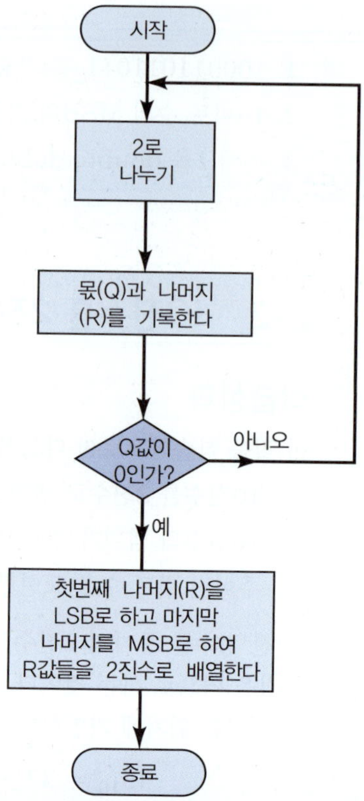

계산기를 사용할 때의 힌트 :

만일 2로 나누는 과정을 계산기로 한다면, 계산 결과에 소수 부분이 있는지 없는지에 따라 나머지가 0인지 1인지 알 수 있다. 예를 들어 계산기를 이용하면 $\frac{25}{2} = 12.5$가 된다. 소수 부분이 있기 때문에(.5) 나머지는 1이 된다. $\frac{12}{2} = 6$ 에서와 같이 소수 부분이 없는 경우에는 나머지가 0이 된다. 예제 2-1의 예시를 보자.

예제 2-1

37_{10}을 2진수로 변환하라.

풀이

$$\frac{37}{2} = 18.5 \longrightarrow \text{나머지} \quad 1\ (\text{LSB})$$

$$\frac{18}{2} = 9.0 \longrightarrow \quad 0$$

$$\frac{9}{2} = 4.5 \longrightarrow \quad 1$$

$$\frac{4}{2} = 2.0 \longrightarrow \quad 0$$

$$\frac{2}{2} = 1.0 \longrightarrow \quad 0$$

$$\frac{1}{2} = 0.5 \longrightarrow \quad 1\ (\text{MSB})$$

따라서 $37_{10} = 100101_2$.

계수 범위

N 비트를 사용할 경우, 0에서 $2^N - 1$ 까지 2^N개의 서로 다른 10진수를 계수할 수 있음을 상기하라. 예를 들어 $N = 4$인 경우, 0000_2부터 1111_2까지 계수할 수 있고 이것은 0_{10}에서 15_{10}까지로 총 16개의 서로 다른 수이다. 여기서 가장 큰 10진수는 $2^4 - 1 = 15$이고 2^4개의 서로 다른 수가 있다.

일반적으로 다음과 같이 말할 수 있다:

N 비트를 사용할 경우, 0에서 $2^N - 1$ 까지 총 2^N개의 서로 다른 10진수를 나타낼 수 있다.

예제 2-2

(a) 8비트로 나타낼 수 있는 10진수의 총 범위는 얼마인가?

(b) 0에서부터 12,500까지의 10진수를 나타내기 위해서는 몇 비트가 필요한가?

풀이

(a) $N = 8$이다. 따라서 10진수로 0에서 $2^8 - 1 = 255$까지 나타낼 수 있다. 2진수 11111111_2가 10진수로 255_{10}인 것으로부터 이를 확인할 수 있다.

(b) 13비트로는 0에서 $2^{13} - 1 = 8191$까지의 10진수를 나타낼 수 있으며, 14비트로는 0에서 $2^{14} - 1 = 16{,}383$까지를 나타낼 수 있다. 분명히 13비트로는 부족하지만 14 비트로는 12,500 이상을 나타낼 수 있다. 따라서 필요한 비트 수는 14이다.

학습성과 평가문제

1. 두 가지 방법을 사용하여 83_{10}을 2진수로 변환하라.
2. 두 가지 방법을 사용하여 729_{10}을 2진수로 변환하라. 다시 10진수로 변환하여 검산하라.
3. 10진수 100만까지 계수하기 위해서는 몇 비트가 필요한가?

2-3 16진법

학습성과

이 절을 학습함으로써 다음을 할 수 있다.

- 16진수에서 각 자리의 가중치를 구별
- 2진법, 10진법, 16진법 사이의 변환
- 16진수의 계수
- 자릿수가 주어졌을 때 (모든 진법에서) 숫자의 범위 구하기
- 숫자의 범위가 주어졌을 때 필요한 자릿수 구하기
- 16진법의 각 자릿수의 값을 2진수와 10진수로 기억하기
- 16진법의 장점 설명

16진법(hexadecimal number system)의 기수는 16이다. 따라서 16개의 자릿수 기호를 사용한다. 16개의 기호로는 0에서 9까지의 숫자와 A, B, C, D, E, F의 문자를 사용한

다. 각 수의 위치 가중치는 10진수에서는 10의 거듭제곱을 사용하는 것과 같이 16진법에서는 16의 거듭제곱을 사용한다.

16^4	16^3	16^2	16^1	16^0	16^{-1}	16^{-2}	16^{-3}	16^{-4}

16진수 소수점

표 2-1은 16진수와 10진수, 그리고 2진수 사이의 관계를 나타낸다. 각 16진수의 한 자릿수는 4비트의 2진수를 나타냄에 유의하라. 16진수 A부터 F까지는 10진수의 10부터 15까지에 해당된다는 것을 기억하라.

표 2-1

16진수	10진수	2진수
0	0	0000
1	1	0001
2	2	0010
3	3	0011
4	4	0100
5	5	0101
6	6	0110
7	7	0111
8	8	1000
9	9	1001
A	10	1010
B	11	1011
C	12	1100
D	13	1101
E	14	1110
F	15	1111

16진수를 10진수로 변환

16진수의 각 자릿수 위치는 16의 거듭제곱인 가중치를 갖고 있다는 점을 이용하여 16진수를 등가의 10진수로 쉽게 변환할 수 있다. LSB는 $16^0 = 1$의 가중치를 가지며 다음 자리는 $16^1 = 16$의 가중치를, 그 다음 자리는 $16^2 = 256$의 가중치를 갖는 방식으로 가중치를 갖는다. 16진수를 10진수로 변환하는 과정은 다음과 같다.

계산기를 사용할 때의 힌트 :

계산기의 y^x계산 기능을 사용하여 16의 거듭제곱을 구할 수 있다.

$$356_{16} = 3 \times 16^2 + 5 \times 16^1 + 6 \times 16^0 \\ = 768 + 80 + 6 \\ = 854_{10}$$

$$2AF_{16} = 2 \times 16^2 + 10 \times 16^1 + 15 \times 16^0 \\ = 512 + 160 + 15 \\ = 687_{10}$$

두 번째 예에서 10진수로 변환하기 위해 A 대신 값 10을, F 대신 값 15를 사용함을 유의하라.

연습을 위해 $1BC2_{16}$이 7106_{10}과 같음을 확인해 보라.

10진수를 16진수로 변환

10진수를 2진수로 변환할 때는 2로 반복해서 나눈 것과 마찬가지로 10진수를 16진수로 변환할 때는 16으로 반복해서 나누면 된다(그림 2-1). 다음 두 예제는 이 변환과정을 보여준다.

예제 2-3

(a) 423_{10}을 16진수로 변환하라.

풀이

$$\frac{423}{16} = 26 + \text{나머지 } 7$$

$$\frac{26}{16} = 1 + \text{나머지 } 10$$

$$\frac{1}{16} = 0 + \text{나머지 } 1$$

$$423_{10} = 1A7_{16}$$

(b) 214_{10}을 16진수로 변환하라.

풀이

$$\frac{214}{16} = 13 + \text{나머지 } 6$$

$$\frac{13}{16} = 0 + \text{나머지 } 13$$

$$214_{10} = D6_{16}$$

나눗셈의 결과 나온 나머지들이 16진수의 자릿수가 된다는 점에 다시 유의하라. 9보다 큰 나머지들은 A부터 F까지의 문자로 표현되는 것에도 유의하라.

계산기를 사용할 때의 힌트 :

변환과정의 나눗셈을 계산기로 하면 나머지 대신에 10진 소수부분이 나올 것이다. 나머지는 그 소수부분에 16을 곱하여 구할 수 있다. 예제 2-3(b)에서 계산기를 이용하면 다음과 같은 결과가 나온다.

$$\frac{214}{16} = 13.375$$

따라서 나머지는 $(0.375) \times 16 = 6$이 된다.

16진수를 2진수로 변환

16진법은 기본적으로 2진수를 "줄여서" 표현하기 위해 사용된다. 16진수를 2진수로 변환하는 것은 비교적 간단하다. 16진수의 각각의 자릿수는 등가의 4비트의 2진수로 변환된다 (표 2-1). $9F2_{16}$을 2진수로 변환하는 과정은 다음과 같다.

$$
\begin{aligned}
9F2_{16} &= \quad 9 \qquad\qquad\quad F \qquad\qquad\quad 2 \\
&\qquad \downarrow \qquad\qquad\quad \downarrow \qquad\qquad\quad \downarrow \\
&= 1\ 0\ 0\ 1 \quad 1\ 1\ 1\ 1 \quad 0\ 0\ 1\ 0 \\
&= 100111110010_2
\end{aligned}
$$

연습을 위해 $BA6_{16} = 101110100110_2$임을 확인해 보라.

2진수를 16진수로 변환

2진수를 16진수로 변환하는 과정은 위의 과정을 역으로 하면 된다. 2진수를 4비트씩 묶고 각 묶음을 등가의 16진수로 변환한다. 필요할 경우 4비트를 맞추기 위해 0을 추가한다 (음영을 넣은 부분).

$$
\begin{aligned}
1110100110_2 &= \underbrace{0\,0\,1\,1}_{3}\ \underbrace{1\,0\,1\,0}_{A}\ \underbrace{0\,1\,1\,0}_{6} \\
&= 3A6_{16}
\end{aligned}
$$

16진수와 2진수를 서로 변환하려면 4비트 2진수(0000에서 1111 사이 값) 및 그와 같은 값의 16진 자릿수를 알아야 한다. 그러나 익숙해진 후에는 다른 계산 없이도 변환을 빠르게 수행할 수 있다. 이런 이유로 큰 2진수를 표현할 때 16진수가 유용하다.

연습삼아, $101011111_2 = 15F_{16}$이 됨을 확인하라.

16진법의 계수

16진법으로 계수할 때 각 자릿수는 0부터 F까지 증가(1씩 증가)된다. 한 자릿수가 F까지 증가되면 그 다음에는 다시 0으로 리셋 되고, 다음 자릿수가 증가한다. 다음은 16진법의 계수 순서를 나타낸 것이다.

(a) 38, 39, 3A, 3B, 3C, 3D, 3E, 3F, 40, 41, 42
(b) 6F8, 6F9, 6FA, 6FB, 6FC, 6FD, 6FE, 6FF, 700

어떤 자릿수에서 9에서 1이 증가되면 A가 되는 것에 유의하라.

16진 자릿수가 N개이면, 10진수로 0에서 $16^N - 1$까지 총 16^N개의 서로 다른 값을 계수할 수 있다. 예를 들어, 16진 자릿수가 3개라면 000_{16}부터 FFF_{16}까지 계수할 수 있다. 이는 서로 다른 값이 0_{10}에서 4095_{10}까지 $4096 = 16^3$개 있다는 것을 의미한다.

16진법의 유용성

16진법은 디지털 시스템에서 비트 열을 "줄여서" 표현하는 데 자주 사용된다. 컴퓨터 작업에서 64비트와 같이 긴 비트열을 사용하는 것은 드문 일이 아니다. 이러한 2진 열들은 항상 수치를 나타내는 것은 아니고, 수치가 아닌 정보를 나타내는 코드의 일종일 수도 있다. 많은 비트 수를 다룰 때에는 2진수를 16진수로 표기하는 것이 편리하고 실수를 방지할 수 있다. 또한 앞에서 다루어 보았듯이 2진수를 16진수로, 또는 역으로 변환하는 것은 상대적으로 쉬운 일이다. 2진 열을 16진수로 표현하면 어떤 장점이 있는지 알아보기 위해 각각 16비트 수로 된 50개의 메모리 내용이 인쇄되어 주어졌다고 생각해 보자. 0110111001100111와 같이 표현된 50개의 숫자를 검사하는 것과 6E67같이 표현된 50개의 숫자를 검사하는 것 중 어느 것이 쉬운가? 또한 어느 쪽이 더 잘 못 읽기 쉬운가? 한편, 16진수로 표현하는 방법이 더 장점이 있지만 디지털 회로의 내부에서는 모든 작업이 2진수로 동작됨을 잊지 말아야 한다. 16진수는 단지 사람들의 편의를 위해 이용되는 것이다. 디지털 시스템에서 16진수를 잘 사용하기 위해서는 각 16진 자릿수에 해당되는 4비트의 2진수 형태를 기억해야 한다.

예제 2-4

10진수 378을 16진수로 변환한 후 16비트의 2진수로 변환하라.

풀이

$$\frac{378}{16} = 23 + \text{나머지} \quad 10_{10} = A_{16}$$

$$\frac{23}{16} = 1 + \text{나머지} \quad 7$$

$$\frac{1}{16} = 0 + \text{나머지} \quad 1$$

따라서 $378_{10} = 17A_{16}$이다. 이 16진수는 쉽게 2진수 000101111010으로 변환된다. 마지막으로 378_{10}은 앞에 4개의 0을 붙여서 16비트의 수로 나타낼 수 있다.

$$378_{10} = 0000 \quad 0001 \quad 0111 \quad 1010_2$$

예제 2-5

$B2F_{16}$을 10진수로 변환하라.

풀이

$$\begin{aligned} B2F_{16} &= B \times 16^2 + 2 \times 16^1 + F \times 16^0 \\ &= 11 \times 256 + 2 \times 16 + 15 \\ &= 2863_{10} \end{aligned}$$

변환 과정 요약

지금 한 가지 진법에서 다른 진법으로 서로 변환하는 모든 방법을 정리하려면 머리가 복잡할 것이다. 사실 계산기의 키를 누르기만 하면 이런 수많은 변환들이 자동적으로 이루어진다. 그러나 그 과정을 이해하기 위해서는 이러한 변환들을 숙지하는 것이 중요하다. 뿐만 아니라 계산기를 사용할 수 없는 경우에는 어찌 하겠는가? 다음의 요약이 도움이 될 것이며 반복적으로 연습하여 숙지하여야 한다.

1. 2진(또는 16진)에서 10진으로 변환할 때에는 각 자릿수의 가중치의 합을 취하는 방법 또는 double-dabble 방법을 사용한다.
2. 10진에서 2진(또는 16진)으로 변환할 때에는 2(또는 16)로 반복 나눗셈을 하고 나머지를 모은다(그림 2-1).
3. 2진에서 16진으로 변환할 때에는 4개의 비트를 한 묶음으로 하고 각 묶음에 해당하는 16진으로 변환한다.
4. 16진에서 2진으로 변환할 때에는 각 자리를 4비트로 변환한다.

학습성과 평가문제

1. $24CE_{16}$을 10진수로 변환하라.
2. 3117_{10}을 16진수로 변환한 후 16진수를 2진수로 변환하라.
3. 1001011110110101_2를 16진수로 변환하라.
4. 다음과 같은 16진수 계수 순서에서 다음에 올 4개의 숫자를 써라.
   E9A. E9B, E9C, E9D, ____, ____, ____, ____.
5. 3527_{16}을 2진수로 변환하라.
6. 4자릿수의 16진수로 나타낼 수 있는 10진수의 범위는 얼마인가?

2-4 BCD 코드

학습성과

이 절을 학습함으로써 다음을 할 수 있다.

- 10진수를 BCD 코드로 변환
- BCD 코드를 10진수로 변환
- BCD 사용의 장단점 기술
- 디지털 시스템에서 BCD를 사용하는 것과 2진수를 사용하는 것의 장단점 기술

숫자, 문자 또는 단어들이 특정한 그룹의 기호들로 표현될 때 이를 인코드(encode)되었다고 하며, 그 기호 그룹들을 코드(*code*)라 한다. 가장 잘 알려진 코드는 알파벳 문자들을 일련의 점(·)과 대시(–)로 나타낸 모스(Morse) 코드일 것이다.

우리는 임의의 10진수가 등가의 2진수로 표현될 수 있다는 것을 알았다. 2진수에서의 0과 1들의 그룹은 10진수를 나타내는 코드라고 생각할 수 있다. 10진수가 등가의 2진수로 표시될 때 이를 **순수한 2진 코딩(straight binary coding)**이라 한다.

모든 디지털 시스템은 내부 동작을 위해 2진수 형태를 사용하지만 외부 세계는 사실상 10진수를 사용한다. 이는 10진법과 2진법 사이의 변환이 자주 실행되고 있다는 것을 의미한다. 앞에서 보았듯이, 큰 수의 경우 10진수와 2진수 간의 변환과정은 길고 복잡하다. 이런 이유로 어떤 경우에는 10진수를 코드화하는데 10진법의 특징과 2진법의 특징을 결합한 코드화(encoding) 방법이 사용된다.

2진화 10진 코드(BCD 코드)

10진수의 각 자릿수를 그와 등가인 2진수로 표현하면 이를 **2진화 10진(binary coded decimal)** 코드라고 한다(줄여서 BCD라 한다). 10진수의 자릿수는 9까지의 값을 가질 수 있으므로 각 자릿수를 코드화하기 위해서는 4개의 비트가 필요하다(9의 2진 코드는 1001이다).

10진수 874를 가지고 BCD 코드를 설명한다. 각 자릿수는 다음과 같이 등가의 2진수로 바뀐다.

$$\begin{array}{cccc} 8 & 7 & 4 & (10\text{진수}) \\ \downarrow & \downarrow & \downarrow & \\ 1000 & 0111 & 0100 & (\text{BCD}) \end{array}$$

또 다른 예로 943을 BCD 코드로 나타내 보자.

9	4	3	(10진수)
↓	↓	↓	
1001	0100	0011	(BCD)

다시 말하면 10진수의 각 자릿수를 등가의 2진수로 직접 변환한다. 10진수의 각 자릿수에 대하여 항상 4비트가 사용됨에 유의하라.

BCD 코드에서는 10진수의 각 자릿수는 4비트의 2진수로 표현된다. 분명한 것은 BCD 코드는 0000에서 1001까지의 4비트 2진수를 사용하지만 1010, 1011, 1100, 1101, 1111은 사용하지 않는다. 다시 말하면 16개의 4비트 2진 코드 중에서 단 10개만 사용한다. 만약 BCD 코드를 사용하는 컴퓨터에서 위에 언급한 "금지된" 4비트 수가 발생되었다면 이는 오류가 발생되었다는 것을 나타낸다.

예제 2-6

0110100000111001(BCD)을 등가의 10진수로 변환하라.

풀이

BCD 수를 4비트 그룹으로 분리하고 각각을 10진수로 변환한다.

0110	1000	0011	1001
6	8	3	9

예제 2-7

BCD 수 011111000001(BCD)을 등가의 10진수로 변환하라.

풀이

0111	1100	0001
7	↓	1

금지된 코드 그룹은 BCD 수에서의 오류를 나타낸다.

BCD와 2진수의 비교

BCD는 2진법, 10진법, 16진법과 같은 또 다른 진법이 아니다. BCD는 사실상 10진법이며 10진수의 각 자릿수를 등가의 2진수로 코드화한 것이다. BCD 숫자는 순수한 2진수와 같지 않다는 것을 이해하는 것이 매우 중요하다. 순수한 2진수는 10진수 수 전체를 2진수로 변환한 것이고, BCD 코드는 10진수의 각 자릿수를 개별적으로 2진수로 변환한다. 예를 들어 10진수 137로 순수한 2진수와 BCD 코드를 비교해 보자.

$137_{10} = 10001001_2$ (2진수)

$137_{10} = 0001\quad 0011\quad 0111$ (BCD)

137을 표현하기 위해 순수한 2진수는 단지 8비트가 필요한 데 비하여, BCD 코드는 12비트가 필요하다. 한 자릿수 이상의 10진수를 표현하기 위해 BCD는 순수한 2진수보다 더 많은 수의 비트가 필요하다. 이는 앞에서 언급했듯이 BCD가 4비트로 표현 가능한 모든 수를 사용하지 않기 때문이며 따라서 다소 비효율적이다.

BCD 코드의 주된 장점은 10진수와 서로 변환하기가 상대적으로 쉽다는 점이다. 즉, 단지 10진수의 0에서 9까지의 자릿수에 해당되는 4비트 코드 그룹만 기억하면 된다. 이러한 변환이 쉽다는 것은 특히 하드웨어 관점에서 중요하다. 왜냐하면 디지털 시스템에서 10진수의 변환은 하드웨어인 전자 논리회로로 실행하기 때문이다.

예제 2-8

은행의 현금인출기(ATM)에서 현금을 인출할 때 10진수 키를 이용하여 원하는 금액을 10진수로 입력한다. 컴퓨터는 이 10진수 값을 순수한 2진수로 변환하는가 아니면 BCD로 변환하는가? 설명하라.

풀이

은행의 계좌에 있는 잔액은 순수한 2진수로 저장되어 있다. 인출금액이 입력되면 이는 잔고에서 감액되어야 한다. 산술연산은 숫자로 수행되므로 두 값(잔고와 인출금액)은 모두 순수한 2진수이어야 한다. 즉 키로 입력된 10진수 값은 순수한 2진수로 변환된다.

예제 2-9

휴대전화에서는 10진수 전화번호를 입력/저장할 수 있다. 휴대전화는 전화번호를 순수한 2진수 와 BCD 중 어느 것으로 저장하는가? 설명하라.

풀이

전화번호는 여러 자리의 10진수 값들이다. 이들 숫자들은 수학적으로 조합할 필요가 없다(즉, 전화번호 2개를 더하거나 하지 않는다). 전화기는 전화번호가 입력되는 순서대로 저장하고, 우리가 통화 버튼을 누를 때 이 번호를 한번에 하나씩 꺼내면 된다. 따라서 휴대전화기의 컴퓨터는 메모리에 전화번호를 BCD로 저장한다.

학습성과 평가문제

1. 10진수 178을 등가의 순수한 2진수로 나타내라. 또한 BCD를 사용하여 인코딩하라.
2. 자릿수가 8개인 10진수를 BCD로 나타내기 위해서는 몇 비트가 필요한가?
3. 순수한 2진수에 비해 BCD로 10진수를 인코딩하는 장점은 무엇이고, 단점은 무엇인가?

2-5 그레이 코드

학습성과

이 절을 학습함으로써 다음을 할 수 있다.

- 2진수에 대한 그레이 코드의 장점 기술
- 그레이 코드와 2진수 사이의 변환
- 그레이 코드의 순서 생성하기

디지털 시스템은 매우 고속으로 동작하며 디지털 입력의 변화에 반응한다. 사람의 인생에서와 똑같이 여러 개의 입력조건이 동시에 변화할 때, 상황이 잘못 해석되어 잘못된 반응을 야기할 수 있다. 2진수를 계수할 때 비트들을 보면 종종 몇 개의 비트들이 동시에 상태를 바꾸어야 하는 경우가 있다. 예를 들어 3비트의 2진수가 3에서 4로 바뀔 때는 3비트 모두가 상태를 바꾸어야 한다.

디지털 회로가 입력 신호의 변화를 잘못 해석할 가능성을 줄이기 위하여 **그레이 코드**

표 2-2 3비트 2진수와 이에 상응하는 그레이 코드.

B2	B1	B0	G2	G1	G0
0	0	0	0	0	0
0	0	1	0	0	1
0	1	0	0	1	1
0	1	1	0	1	0
1	0	0	1	1	0
1	0	1	1	1	1
1	1	0	1	0	1
1	1	1	1	0	0

(**Gray code**)가 개발되어 숫자의 순서를 표현하는 방법으로 사용된다. 그레이 코드의 특이성은 숫자의 순서에서 연속된 두 숫자는 단지 한 비트만 다르다는 것이다. 표 2-2는 3비트 2진수와 이에 상응하는 그레이 코드 값을 나타낸다. 2진수를 그레이 코드로 변환하기 위해서는 우선 그림 2- 2(a)에서와 같이 최상위 비트를 그레이 코드의 MSB로 사용한다. 다음에는 이 MSB를 2진수의 다음 비트(B1)와 비교해서 그 둘이 같으면 G1 = 0이고 그 둘이 다르면 G1 = 1이 된다. G0는 B1과 B0를 비교해서 얻을 수 있다.

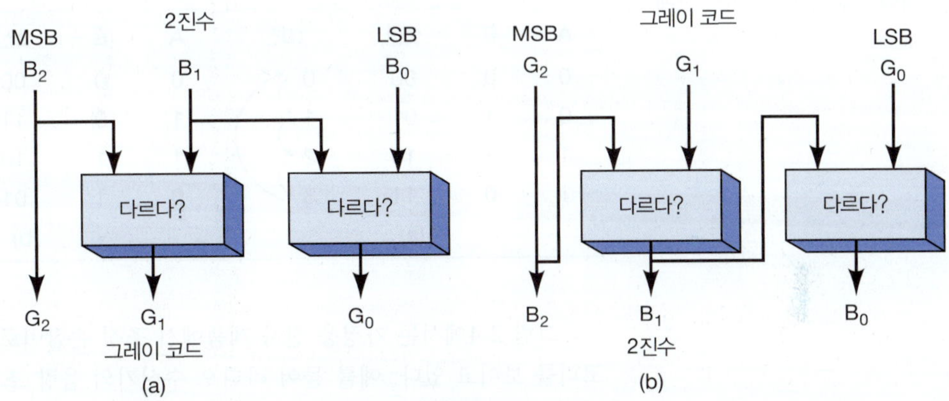

그림 2-2 2진수를 그레이 코드로 변환하기(a), 그레이 코드를 2진수로 변환하기(b).

그레이 코드에서 역으로 2진수로 변환하는 것은 그림 2-2(b)에 나타내었다. 그레이 코드의 최상위 비트를 2진수의 MSB로 사용한다. 즉, 그레이 코드의 MSB는 2진수의 MSB와 항상 같음에 유의하라. 2진수의 다음 비트는 그 자리의 그레이 코드 비트와 그 왼쪽에 있는 2진수 비트를 비교하여 얻는다. 비교 결과가 같으면 0이고 다르면 1이다. 그레이 코드의 가장 일반적인 응용은 그림 2-3에 보인 샤프트 엔코더이다. 이 장치는 회전하는 기계 샤프트(축)의 위치를 나타내는 2진수를 발생시킨다. 실제의 샤프트 엔코더는 3비트 보다 훨씬 많은 비트 수를 사용하며 축의 1회전을 8개 보다 훨씬 많은 부분으로 나눌 수 있어, 매우 작은 회전도 감지할 수 있다.

쿼드러처 엔코더

그레이 코드의 가장 일반적인 응용은 쿼드러쳐 샤프트 엔코더(quadrature shaft encoder)이다. 이 장치는 샤프트가 회전함에 따라 2비트의 그레이 코드를 순차적으로 출력한다. 즉, 시계 방향으로 회전할 때는 표 2-3(a)에 나타낸 순서로 출력하고, 반시계 방향

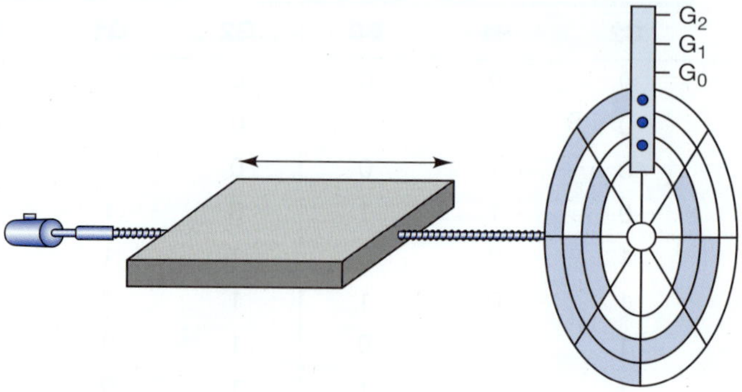

그림 2-3 3비트로 8개의 위치를 나타내는 샤프트 엔코더.

으로 회전할 때는 표 2-3(b)에 나타낸 순서로 출력한다. 그레이 코드 값을 2진수로 변환해 보면 회전 방향에 따라 오름셈을 하거나 내림셈을 한다. 시중에 나와 있는 많은 샤프트 엔코더의 모델에 따라 그레이 코드의 하나의 상태가 나타내는 정밀도 또는 회전 각도의 크기는 달라진다. 샤프트 엔코더의 중요한 특징은 상태의 변화 순서를 사용하여 샤프트의 회전 방향을 알아낼 수 있다는 것이다.

표 2-3 쿼드러쳐 샤프트 엔코더에서 출력되는 2비트 그레이 코드

시계 방향				반시계 방향			
A	**B**	**2진**	**10진**	**A**	**B**	**2진**	**10진**
0	0	00	0	0	0	00	0
0	1	01	1	1	0	11	3
1	1	10	2	1	1	10	2
1	0	11	3	0	1	01	1
		(a)				(b)	

그림 2-4에서는 가정용 전자 제품에서 조정 손잡이로 사용될 수 있는 저가의 샤프트 엔코더를 보이고 있다. 예를 들어 라디오 수신기의 음량 조절 또는 채널 수신 손잡이가 될 수 있다. 이 엔코더에는 세 개의 단자가 있는데 한 단자는 살이 달린 휠에 연결되어 있다. 샤프트가 회전함에 따라 휠 위에 있는 도체인 살은 두 개의 스프링 금속 접점과 맞 비벼지게 된다. 다른 두 단자는 이 두 개의 스프링 금속 접점과 배선되어 있다. 샤프트가 회전함에 따라 하나의 스프링 금속 접점이 다른 하나의 스프링 금속 접점보다 약간 먼저 살과 접촉이 일어나도록 만들어져 있다. 이와 같이(그림 2-5) 연결된 엔코더에서는 샤프트가 시계 방향 또는

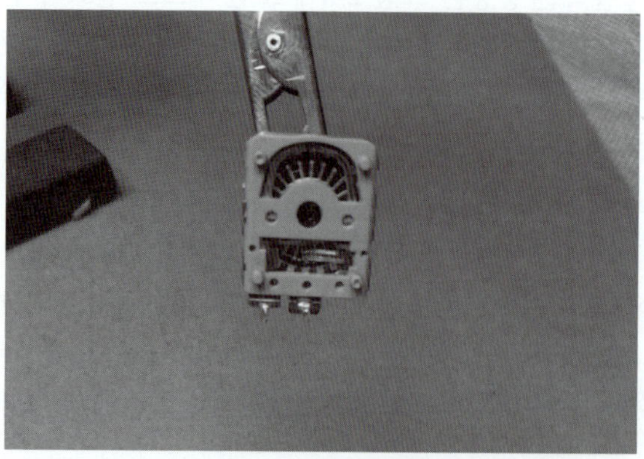

그림 2-4 기계적 접점이 있는 쿼드러쳐 엔코더.

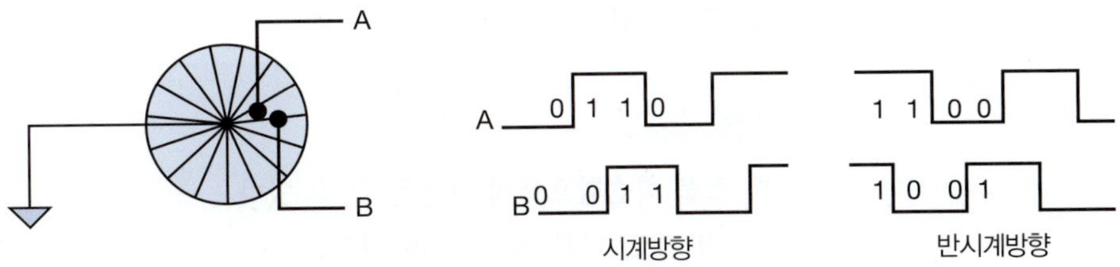

그림 2-5 쿼드러쳐 엔코더의 동작

반시계 방향으로 회전함에 따라 그림에 보인 것과 같은 파형이 발생된다. 이 타이밍도에 나타난 상태는 2비트 그레이 코드의 순서와 같다는 것에 유의하라.

쿼드러쳐 엔코더는 증분형 엔코더라고도 한다. 이에 반해 그림 2-3에서와 같이 샤프트가 어느 위치에 있던지 그 위치를 유일하게 나타내는 그레이 코드를 출력하는 엔코더를 절대형 엔코더라고 한다. 5장에서 샤프트의 절대적인 회전 위치를 알아내기 위해 증분형(쿼드러쳐) 엔코더와 디지털 카운터 회로를 조합하여 사용하는 방법을 보일 것이다.

학습성과 평가문제

1. 0101(2진수)을 그레이 코드로 변환하라.
2. 0101(그레이 코드)을 2진수로 변환하라.

2-6 모든 진법 정리

표 2-4는 1~15까지의 10진수를 2진수, 16진수, BCD 코드 및 그레이 코드로 나타내고 있다. 주의 깊게 살펴보고 이를 구하는 방법을 완벽히 이해해야 한다. 특히 BCD 표현은 각 자릿수에 대하여 항상 4비트를 사용한다는 것에 유의하라.

표 2-4 등가의 진법/코드

10진수	2진수	16진수	BCD	그레이
0	0	0	0000	0000
1	1	1	0001	0001
2	10	2	0010	0011
3	11	3	0011	0010
4	100	4	0100	0110
5	101	5	0101	0111
6	110	6	0110	0101
7	111	7	0111	0100
8	1000	8	1000	1100
9	1001	9	1001	1101
10	1010	A	0001 0000	1111
11	1011	B	0001 0001	1110
12	1100	C	0001 0010	1010
13	1101	D	0001 0011	1011
14	1110	E	0001 0100	1001
15	1111	F	0001 0101	1000

2-7 바이트, 니블, 워드

학습성과

이 절을 학습함으로써 다음을 할 수 있다.

- 바이트, 니블, 워드 용어 정의
- 상황에 맞게 이러한 용어들을 사용
- 상황에 맞게 이러한 용어들을 해석

바이트

대부분의 마이크로컴퓨터는 8비트씩 그룹을 지어 2진 데이터와 정보를 다루고 저장하므로, 이 8비트 열(string)을 **바이트(byte)**라는 특별한 이름으로 부른다. 한 바이트는 항상 8비트로 구성되며 다양한 형태의 데이터 또는 정보를 표현할 수 있다. 다음 예제를 통해 설명한다.

예제 2-10

32비트 열은 몇 바이트인가?

풀이

$\frac{32}{8} = 4$, 따라서 32비트 열은 4바이트이다.

예제 2-11

2바이트를 사용해서 2진수로 표현할 수 있는 가장 큰 10진수는 무엇인가?

풀이

2바이트는 16비트이므로, 16비트로 나타낼 수 있는 가장 큰 2진수에 대응하는 10진수는 $2^{16} - 1 = 65,535$이다.

예제 2-12

10진수 846,569를 BCD로 나타내기 위해서는 몇 바이트가 필요한가?

풀이

10진수의 각 자릿수는 4비트의 BCD 코드로 변환된다. 따라서 6자리 10진수를 BCD로 나타내려면 24비트가 필요하다. 24비트는 3바이트이다. 이를 그림으로 나타내면 다음과 같다.

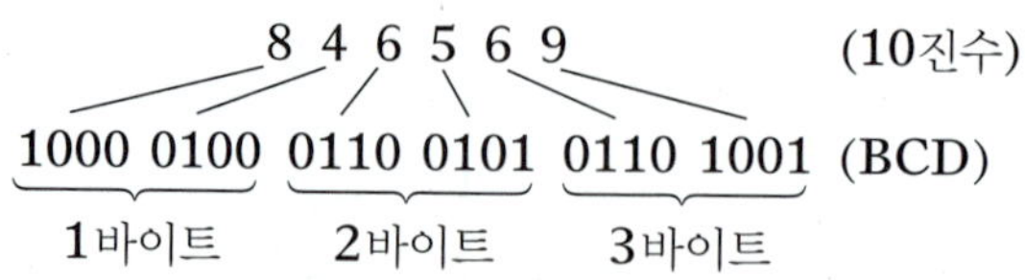

니블

BCD 코드나 16진수 변환에서 보았듯이 2진수는 흔히 4비트씩 구분된다. 초기의 디지털 시스템에서는 4비트 그룹을 지칭하는 용어를 사용했으며, 바이트의 절반 크기를 가지므로

니블(**nibble**)이라 불렀다. 다음 예제를 통하여 니블의 사용을 설명한다.

예제 2-13

한 바이트에는 몇 개의 니블이 있는가?

풀이

2

예제 2-14

2진수 10010101의 최하위 니블의 16진 값은 얼마인가?

풀이

1001 0101

최하위 니블 0101 = 5

워드

비트와 니블, 바이트는 정해진 비트 수를 나타낸다. 컴퓨터 시스템이 발달하면서 2진 데이터를 다루는 용량도 또한 커지고 있다. **워드**(**word**)는 정보의 특정 단위를 나타내는 비트의 집단을 말한다. 워드의 크기는 정보를 사용하는 시스템에서 데이터 통로의 크기에 따라 다르다. **워드의 크기**는 특정한 디지털 시스템이 다루는 2진 워드의 비트 수로 정의할 수 있다. 예를 들어 마이크로웨이브 오븐에 사용하는 컴퓨터는 한 번에 한 바이트씩 정보를 다룰 수 있으며, 이 경우 8비트가 1워드가 된다. 한편 개인용 PC는 한 번에 8바이트를 다루므로, 64비트가 1워드가 된다.

학습성과 평가문제

1. 235_{10}를 2진수로 나타내려면 몇 바이트가 필요한가?
2. 2바이트를 사용하여 BCD 코드로 나타낼 수 있는 가장 큰 10진수는 무엇인가?
3. 하나의 니블로 나타낼 수 있는 16진수의 자릿수는 몇 개인가?
4. 1개의 BCD 자릿수에는 몇 개의 니블이 있는가?

2-8 알파뉴메릭 코드

학습성과

이 절을 학습함으로써 다음을 할 수 있다.

- 표를 활용한 ASCII 코드와 문자 사이의 변환
- ASCII와 같은 알파뉴메릭 코드의 목적을 설명

컴퓨터는 숫자 데이터뿐만 아니라 숫자가 아닌 정보도 다룰 수 있어야 한다. 다시 말하면, 컴퓨터는 숫자뿐만 아니라 알파벳 문자, 구두점 그리고 다른 특별한 문자를 나타내는 코드들을 인식해야 한다. 이 코드들을 **알파뉴메릭 코드**(**alphanumeric code**)라고 한다. 알파뉴메릭 코드는 26개의 소문자, 26개의 대문자, 10개의 숫자, 7개의 구두점과 +, /, #, %, *와 같은 20개 내지 40개의 특수 문자로 구성된다. 알파뉴메릭 코드는 컴퓨터 키보드에서 볼 수 있는 여러 문자와 평션들 모두를 나타낸다고 말할 수 있다.

ASCII 코드

가장 널리 사용되는 알파뉴메릭 코드는 **ASCII(American Standard Code for Information Interchange: 미국 표준 코드)**이다. ASCII("아스키"로 발음) 코드는 7비트 코드로서, $2^7 = 128$개의 코드 그룹을 가지며 (RETURN), (LINEFEED) 등과 같은 제어 기능뿐만 아니라 표준 키보드의 모든 문자를 표현하는 데 충분하다. 표 2-5는 7비트로 이루어진 표준 ASCII 코드를 나타내고 있다. 표에는 각 문자에 대한 16진수와 10진수가 표시되어 있다. 각 문자에 대한 7비트 2진 코드는 16진수를 2진수로 변환하여 얻을 수 있다.

예제 2-15

표 2-5를 사용하여 백슬래쉬 문자(\)에 대한 7비트 ASCII 코드를 구하라.

풀이

표 2-5에서 해당하는 16진수는 5C이다. 16진수의 각 자릿수를 4비트 2진수로 변환하면 0101 1100이 된다. 하위 7비트가 \에 대한 ASCII 코드를 나타내므로 1011100이 된다.

ASCII 코드는 컴퓨터에서 프린터 또는 다른 컴퓨터와 같은 외부 장치와 알파뉴메릭 정보를 전송하는 데 사용된다. 또 컴퓨터 키보드에서 입력되는 정보를 컴퓨터 내부에 저장하기 위해서도 ASCII 코드를 사용한다. 다음의 예제를 통해 이를 설명한다.

예제 2-16

사용자가 마이크로컴퓨터에서 키보드를 통해 C언어 프로그램을 입력하고 있다. 컴퓨터는 각각의 키입력을 해당하는 ASCII 코드로 바꾸어서 메모리에 한 바이트로 저장한다. 사용자가 다음 C언어 문장을 입력하였을 때 메모리에 저장되는 2진 문자열을 구하라.

```
if (x>3)
```

풀이

각 문자(스페이스 포함)를 표 2-5에서 찾아 ASCII 코드를 적으면 다음과 같다.

i	69	0110	1001
f	66	0110	0110
space	20	0010	0000
(	28	0010	1000
x	78	0111	1000
>	3E	0011	1110
3	33	0011	0011
)	29	0010	1001

코드는 바이트(8비트)로 저장되므로 각 ASCII 코드의 맨 왼쪽에 0이 추가됨을 유의하라. 이와 같이 추가 비트를 더하는 것을 "0으로 채운다"고 한다.

표 2-5 표준 ASCII 코드.

문자	16진수	10진수	문자	16진수	10진수	문자	16진수	10진수	문자	16진수	10진수
NUL (null)	0	0	Space	20	32	@	40	64	.	60	96
Start Heading	1	1	!	21	33	A	41	65	a	61	97
Start Text	2	2	“	22	34	B	42	66	b	62	98
End Text	3	3	#	23	35	C	43	67	c	63	99
End Transmit.	4	4	$	24	36	D	44	68	d	64	100
Enquiry	5	5	%	25	37	E	45	69	e	65	101
Acknowlege	6	6	&	26	38	F	46	70	f	66	102
Bell	7	7	`	27	39	G	47	71	g	67	103
Backspace	8	8	(	28	40	H	48	72	h	68	104
Horiz. Tab	9	9	)	29	41	I	49	73	i	69	105
Line Feed	A	10	*	2A	42	J	4A	74	j	6A	106
Vert. Tab	B	11	+	2B	43	K	4B	75	k	6B	107
Form Feed	C	12	,	2C	44	L	4C	76	l	6C	108
Carriage Return	D	13	-	2D	45	M	4D	77	m	6D	109
Shift Out	E	14	.	2E	46	N	4E	78	n	6E	110
Shift In	F	15	/	2F	47	O	4F	79	o	6F	111
Data Link Esc	10	16	0	30	48	P	50	80	p	70	112
Direct Control 1	11	17	1	31	49	Q	51	81	q	71	113
Direct Control 2	12	18	2	32	50	R	52	82	r	72	114
Direct Control 3	13	19	3	33	51	S	53	83	s	73	115
Direct Control 4	14	20	4	34	52	T	54	84	t	74	116
Negative ACK	15	21	5	35	53	U	55	85	u	75	117
Synch Idle	16	22	6	36	54	V	56	86	v	76	118
End Trans Block	17	23	7	37	55	W	57	87	w	77	119
Cancel	18	24	8	38	56	X	58	88	x	78	120
End of Medium	19	25	9	39	57	Y	59	89	y	79	121
Substitue	1A	26	:	3A	58	Z	5A	90	z	7A	122
Escape	1B	27	;	3B	59	[	5B	91	{	7B	123
Form Separator	1C	28	<	3C	60	\	5C	92	|	7C	124
Group Separator	1D	29	=	3D	61	]	5D	93	}	7D	125
Record Separator	1E	30	>	3E	62	^	5E	94	~	7E	126
Unit Separator	1F	31	?	3F	63	_	5F	95	Delete	7F	127

학습성과 평가문제

1. “COST = $72”라는 메시지를 16진 표현을 사용하여 ASCII 코드로 인코딩하라.
2. 다음과 같이 0으로 채워진 ASCII 코드 메시지가 컴퓨터 메모리에 순차적으로 저장되어 있다.

   01010011 01010100 01001111 01010000

무슨 메시지인가?

2-9 오류 검출을 위한 패리티 방법

학습성과

이 절을 학습함으로써 다음을 할 수 있다.

- 짝수 패리티 방법 또는 홀수 패리티 방법을 사용
- 두 방법에서 적절한 패리티 비트를 추가
- 오류 검출을 위한 패리티 방법을 설명
- 두 방법에서 오류가 발생했는지 결정

한 곳에서 다른 곳으로 2진 데이터와 코드를 전송하는 것은 디지털 시스템에서 가장 자주 수행되는 기능이다. 다음은 그 몇 가지 예이다.

- 디지털화된 음성을 마이크로파 통신으로 전송
- 자기디스크, 광디스크와 같은 외부 메모리 장치에 데이터를 저장하고 꺼내는 것
- 전화선(모뎀 이용)을 이용하여, 컴퓨터에서 원거리의 다른 컴퓨터로 디지털 데이터를 전송하는 것. 이는 인터넷에서 정보를 주고받는 주요 방법 중 하나이다.

하나의 장치(송신기)에서 다른 장치(수신기)로 정보가 전송될 때 수신기가 받은 정보가 송신기에서 보낸 정보와 일치하지 않는 등의 오류가 발생할 수 있다. 전송 오류의 주된 원인은 정도의 차이는 있지만 모든 전기 시스템에 존재하는 전압, 전류의 불안정한 변동으로 인한 전기적 잡음(*electrical noise*)때문이다. 그림 2-6은 전송 오류의 간단한 형태를 보인다.

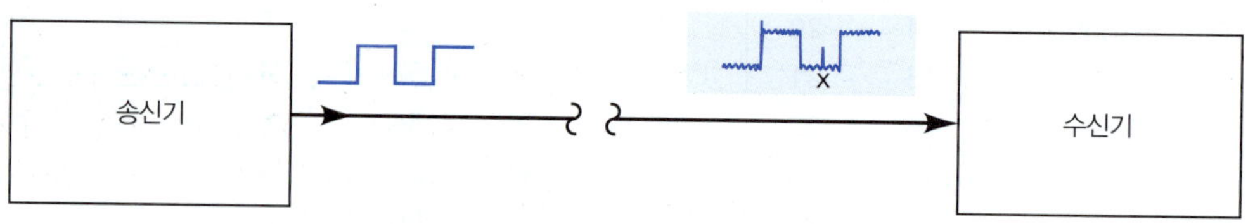

그림 2-6 디지털 데이터 전송 시 오류를 발생시키는 잡음의 예.

송신기는 신호선을 통해 비교적 잡음이 없는 직렬 디지털 신호를 수신기로 보낸다. 그러나 신호가 수신기에 도착할 때는, 원래 신호에 잡음이 어느 정도 섞인다. 종종 잡음의 크기는 그림 2-6에 x 표시된 지점에서처럼 신호의 논리값을 변화시킬 수 있을 정도로 크다. 이런 경우가 발생하면 송신기에서 보낸 값은 논리 0인데, 수신기에서는 해당 비트를 논리 1로 잘못 해석할 수 있다.

요즘 대부분의 디지털 장비는 오류가 없도록 설계되어, 그림 2-6에서 보인 것과 같은 오류가 발생할 확률은 매우 작다. 그러나 디지털 시스템은 초당 수천 비트 또는 수백만 비트를 전송하므로 오류 발생 비율이 낮더라도 가끔 오류를 발생시킬 수 있으며 이런 오류는 치명적이지는 않더라도 문제가 될 수 있다. 이런 이유에서 많은 디지털 시스템은 오류를 검출(때로는 수정)하는 방법들을 채택하고 있다. 오류를 검출하는 간단하고 가장 널리 사용되는 방법 중의 하나가 **패리티 방법**(**parity method**)이다.

패리티 비트

패리티 비트(**parity bit**)는 한 곳에서 다른 곳으로 전송되는 코드 그룹에 덧붙여지는 여분의 비트이다. 패리티 비트는 전송되는 코드 그룹에 들어 있는 1의 개수에 따라 0 또는 1로

정해진다. 여기에는 두 가지 다른 방법이 사용된다.

짝수 패리티(*even-parity*) 방법에서 패리티 비트의 값은 코드 그룹의 1의 개수(패리티 비트도 포함)가 짝수가 되도록 선택한다. 예를 들어 1000011의 그룹을 가정하자. 이는 ASCII 코드의 "C"이다. 코드 그룹에는 1이 3 개 있다. 따라서 패리티 비트를 1로 추가 하여 전체 1의 개수를 짝수로 만든다. 그 결과 패리티 비트를 포함한 새로운 코드 그룹은 다음과 같이 된다.

1 1 0 0 0 0 1 1

↑ 추가된 패리티 비트*

만약 처음에 코드 그룹이 짝수 개의 1을 포함하고 있다면, 패리티 비트는 0이 된다. 예를 들어 코드 그룹이 1000001(ASCII 코드"A")이면 패리티 비트는 0을 할당하여 패리티 비트를 포함한 새 코드는 01000001이 된다.

홀수 패리티(*odd-parity*) 방법은 전체 1의 개수가(패리티 비트도 포함) 홀수가 되도록 패리티 비트를 정하는 것 외에는 짝수 패리티 방법과 똑같다. 예를 들어 코드 그룹 1000001에 대하여 패리티 비트는 1이 되고, 코드 그룹 1000011에 대해서는 패리티 비트는 0이 된다.

짝수 패리티 방법이나 홀수 패리티 방법 모두에서 패리티 비트는 코드 워드의 실질적인 일부분이 된다. 예를 들어 7비트 ASCII 코드에 패리티 비트 하나를 추가하면 8비트 코드가 되고, 추가된 패리티 비트는 코드 내의 다른 비트와 똑같이 취급된다.

패리티 비트는 한 지점에서 다른 지점으로 코드를 전송하는 동안에 발생하는 단일비트 오류를 검출하기 위해 사용된다. 예를 들어 문자 "A"가 홀수 패리티를 사용하여 전송된다고 하면 전송 코드는 다음과 같다.

1 1 0 0 0 0 0 1

수신 회로가 이 코드를 받았을 때, 코드에 포함된 1의 개수(패리티 비트도 포함)가 홀수인지 검사한다. 만약 홀수이면 수신기는 전송된 코드를 정확히 수신한 것으로 간주한다. 이제 어떤 잡음이나 오동작 때문에 수신기가 다음과 같은 코드를 실제로 받았다고 가정하자.

1 1 0 0 0 0 0 0

수신기는 이 코드에 포함된 1의 개수가 짝수라는 것을 발견한다. 수신기는 송신기와 홀수 패리티 비트를 사용하기로 약속했기 때문에 코드에 오류가 발생했음을 알게 된다. 그러나 원래의 코드가 무엇인지 알 수 없으므로, 어느 비트에서 오류가 발생했는지 수신기가 알 수 있는 방법은 없다.

2개의 비트에서 오류가 발생했을 경우에는 이 패리티 방법이 작동되지 않는다는 것은 자명하다. 2개의 오류는 코드에 포함되어 있는 1의 개수의 "홀수 성질" 또는 "짝수 성질"을 변화시키지 않기 때문이다. 실제로 패리티 방법은 1비트 오류 확률이 매우 작고 2비트 오류 확률은 거의 0일 경우에만 사용된다.

패리티 방법을 사용할 때 송신기와 수신기 사이에 짝수 패리티 방법을 쓸 것인지 또는 홀수 패리티 방법을 쓸 것인지를 미리 약속해야 한다. 보통 짝수 패리티 방법이 좀 더 많이 사용되지만 특별히 더 유리한 점은 없다. 송신기는 전송하는 정보의 각 단위에 적절한 패리티 비트를 추가해야 한다. 예를 들어 송신기가 ASCII 코드 데이터를 전송한다면, 각 7비트 ASCII 코드 그룹에 하나의 패리티 비트를 덧붙인다. 수신기가 송신기로부터 수신한 데이

*패리티 비트는 코드 그룹의 양 끝 어디에 두어도 되지만, 보통 MSB 왼쪽에 둔다.

터를 검사할 때 각 코드 그룹을 검사하여 1의 총 개수(패리티 비트도 포함)가 약속한 패리티 방법과 일치하는지 검사한다. 이것을 데이터에 대한 패리티 검사(*checking the parity*)라 한다. 오류를 검출했을 경우 수신기는 송신기에게 마지막에 보낸 데이터 세트를 재전송할 것을 요구하는 메시지를 보낸다. 오류가 검출됐을 경우 다음에 이어지는 정확한 절차는 각 시스템에 따라 달라진다.

예제 2-17

컴퓨터는 종종 전화선을 통해 원거리의 다른 컴퓨터와 통신을 한다. 인터넷에서 전화선을 이용한 통신을 하는 것이 한 예이다. 한 컴퓨터가 다른 컴퓨터로 메시지를 전송할 때 정보는 주로 ASCII 코드로 인코딩된다. 짝수 패리티 방법과 ASCII 코드를 이용하여 HELLO라고 하는 메시지를 전송할 때 실제 전송되는 비트 열은 무엇인가?

풀이

우선 메시지에서 각 문자에 대한 ASCII 코드를 찾는다. 그리고 각 코드에 대해서 1의 개수를 센다. 그 수가 만일 짝수이면 MSB옆에 0을 붙이고, 홀수이면 1을 붙인다. 이와 같이 하여 8비트 코드(바이트)는 모두 짝수 개의 1(패리티 비트도 포함)을 갖게 된다.

추가된 짝수 패리티 비트
↓

		패리티	
H	=	0	1 0 0 1 0 0 0
E	=	1	1 0 0 0 1 0 1
L	=	1	1 0 0 1 1 0 0
L	=	1	1 0 0 1 1 0 0
O	=	1	1 0 0 1 1 1 1

오류 정정

시스템이 오류를 포함한 데이터들을 수신했을 때 "파손된 상품"을 받았다는 것을 안다는 점에서 오류 검출은 유용한 것이다. 이 때 수신측에서 어떤 비트가 잘못되었는지 까지도 알면 좋을 것이다. 하나의 2진 비트가 잘못되었다면 올바른 값은 단지 그 값의 보수이다. 오류 검출 및 정정 작업을 수행하기 위하여 몇 가지 방법이 개발되었다. 이들 방법에서는 전송되는 정보 패킷에 몇 비트의 "오류 검출/정정 코드"를 덧붙인다. 패킷이 수신되면, 디지털 회로에 의하여 오류가(심지어 여러 개의 오류가) 발생하였는지를 검출하고 이를 정정할 수 있다. 이러한 기술은 자기 디스크 드라이브, 플래쉬 드라이브, CD, DVD, 블루레이 디스크, 디지털 TV, 광 대역 인터넷 망과 같이 고속으로 대용량의 데이터를 전송하는 분야에 사용된다.

학습성과 평가문제

1. $ 기호에 대한 ASCII 코드에 홀수 패리티 비트를 붙이고 그 결과를 16진수로 나타내어라.
2. 10진수 69에 대한 BCD 코드에 짝수 패리티 비트를 추가하라.
3. 패리티 비트 방법에서 전송된 데이터에 2비트의 오류가 있는 경우 이를 검출할 수 없는 이유는 무엇인가?

2-10 응용

여기에서는 응용문제들을 통해 이 장에서 다룬 개념들의 일부를 복습한다. 이 문제들을 통해 여러 가지 진법들과 코드들이 어떻게 디지털 세계에서 사용되는지 알게 될 것이다. 장 끝에 있는 연습문제에는 좀 더 많은 응용문제들이 제시되어 있다.

응용 2-1

일반 CD-ROM 한 장은 650 MB(메가바이트)의 디지털 데이터를 저장할 수 있다. 1메가 = 2^{20}이다. CD-ROM 한 장에는 몇 비트의 데이터가 저장될 수 있는가?

풀이

1바이트는 8비트이다. 따라서 650 MB는 $650 \times 2^{20} \times 8$ = **5,452,595,200비트**가 된다.

응용 2-2

많은 마이크로컨트롤러를 프로그램하기 위해서는, PC의 파일에 인텔 헥사 포맷(Intel Hex Format)이라는 특별한 방식으로 2진수로 된 명령어를 저장한다. 16진수의 정보는 ASCII 문자로 코드화되어 PC의 화면에 쉽게 표시되고, 프린터에서 인쇄되고, 표준 PC의 직렬 COM 포트를 통하여 한 번에 한 문자씩 쉽게 전송될 수 있다. 인텔 헥사 포맷 파일의 한 줄이 다음과 같다.

: 10002000F7CFFFCF1FEF2FEF2A95F1F71A95D9F7EA

인텔 헥사 포맷:

이 줄에 있는 데이터의 바이트 수
시작주소
라인 타입
데이터 바이트
첵섬

:10 2000 00 F7 CF FF CF 1F EF 2F EF 2A 95 F1 F7 1A 95 D9 F7 EA

첫 번째 전송되는 문자는 콜론(:)에 대한 ASCII 코드이며, 그 다음에 1이 전송된다. 각각의 문자는 최상위 비트 옆에 짝수 패리티 비트가 추가되어 있다. 2진 비트 패턴이 케이블을 통해 마이크로컨트롤러로 전송될 때 시험 장비를 사용하여 이 2진 비트 패턴을 수집한다고 하자.

(a) 2진 비트 패턴(패리티도 포함)은 어떤 형태인가? (MSB-LSB순)

(b) 콜론 코드 다음의 값 10은 마이크로컨트롤러의 메모리에 저장되는 정보의 바이트 수를 16진수로 표현한 것이다. 저장될 바이트 수는 10진수로 얼마인가?

(c) 숫자 2000은 첫 번째 바이트가 저장될 주소를 나타내는 4 자릿수의 16진수이다. 가장 큰 주소는 얼마인가? 이 주소를 나타내기 위해 몇 비트가 필요한가?

(d) 첫 번째 데이터 바이트 값은 F7이다. 이 바이트의 최하위 니블 값은 2진수로 얼마인가?

풀이

(a) ASCII 코드는 3A(: 에 대해)와 31(1에 대해) 00111010 10110001이다.

짝수 패리티 비트

(b) 10(16진수) = $1 \times 16 + 0 \times 1$ = 16(10진수) 바이트

(c) FFFF가 가장 큰 값, 각 16진 자릿수는 4비트이므로 16비트가 필요하다.

FFFF 1111 1111 1111 1111 16비트

(d) 최하위 니블(4비트)은 16진수로 7로 표시되며, 2진수로는 0111이 된다.

응용 2-3

소형 공정 제어용 컴퓨터는 16비트 메모리 주소를 표현하기 위해 16진 코드를 사용한다.

(a) 메모리 주소를 나타내는 데 필요한 16진 자릿수는 몇 개인가?
(b) 16진법으로 주소의 범위는 어떻게 되는가?
(c) 기억 장소의 총 개수는 몇 개인가?

풀이

(a) 16진수의 한 자릿수를 나타내기 위해 4비트가 필요하므로, 16/4 = 4개의 16진 자릿수가 필요하다.
(b) 2진수로 범위가 0000000000000000_2부터 1111111111111111_2이므로 16진수는 0000_{16}에서 $FFFF_{16}$가 된다.
(c) 4자리 16진수일 때 주소의 총 개수는 16^4 = **65,536**이다.

응용 2-4

마이크로컨트롤러를 기본으로 사용하는 시스템에서 숫자가 BCD로 입력되고 실제 저장되는 형태는 2진수이다. 프로그래머로서, 당신은 메모리 장소로 1바이트 또는 2바이트 중 하나를 결정해야 한다.

(a) 시스템이 2자리 10진수 입력을 사용한다면 몇 바이트가 필요한가?
(b) 3자리 10진수를 입력할 수 있으려면 몇 바이트가 필요한가?

풀이

(a) 2자릿수로는 99($1001\ 1001_{BCD}$)까지 값을 입력할 수 있다. 2진수로 이 값은 01100011이며 8비트 메모리 장소에 들어맞는다. 따라서 1바이트를 사용할 수 있다.
(b) 3자릿수는 999(1001 1001 1001)까지 값을 나타낼 수 있다. 2진수로 이 값은 1111100111(10비트)이며 1바이트로는 부족하고 2바이트가 필요하다.

응용 2-5

2개의 독립된 시스템 사이(컴퓨터와 모뎀 사이 같이)에서 ASCII 문자를 전송할 때, 수신부에 언제 새로운 문자가 도착되는지를 알리는 방법이 있어야 한다. 또한 전송 오류를 검출할 필요도 종종 있다. 전송 방법은 비동기식 데이터 통신이라고 한다. 통신이 시작되기 전 정상적인 휴지 상태일 때 전송 선로의 상태는 논리 1이다. 송신부가 ASCII 문자를 보낼 때는 "프레임 형태"를 갖추어야 수신부가 데이터의 시작과 끝을 알 수 있다. 프레임의 첫 번째 비트는 시작 비트라고 칭하며 항상 논리 0을 가져 데이터의 전송이 시작되는 것을 알 수 있도록 한다. 다음에 ASCII 코드는 LSB가 가장 먼저, MSB가 마지막에 전송된다. MSB 다음에는 전송 오류를 검사하기 위해 패리티 비트가 부가된다. 마지막으로 종료 비트(논리 1)를 보냄으로써 전송이 종료된다. 전형적인 비동기식 통신으로 "#"(16진으로 23)에 대한 7비트 ASCII 코드를 짝수 패리티를 이용하여 전송할 때를 그림 2-7에 보인다.

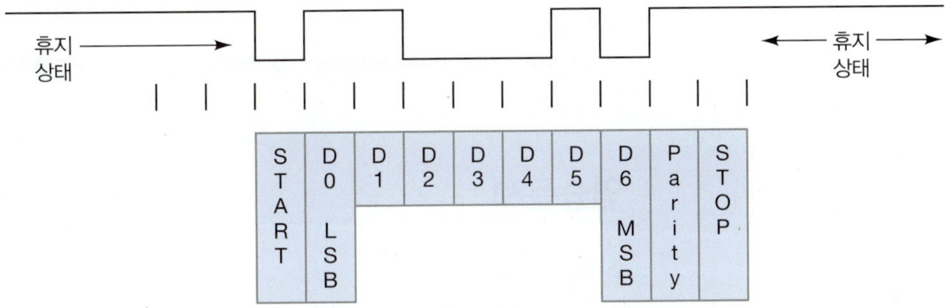

그림 2-7 짝수 패리티를 사용하는 비동기 직렬 데이터.

응용 2-6

PC가 응용프로그램을 수행하다가 오류가 발생하였다. 오류 표시 대화창에 "읽거나 쓸 수 없는 번지"라는 정보가 표시되었다. 번지 영역을 표시하기 위해 어떤 진법을 사용하는가?

풀이

이러한 숫자들은 보통 16진수로 표시된다. 본서에서와 같이 아래 첨자 16을 사용하는 것 외에 16진수를 표시하기 위해 다른 방법들이 사용될 수도 있다(예를 들면, 숫자 앞에 0x를 붙이는 것).

요약

1. 디지털 시스템과 컴퓨터에서 2진수 수량을 효율적으로 나타내기 위해 16진법을 사용한다.
2. 16진수와 2진수 사이의 변환에서, 16진수의 각 자릿수는 4비트의 2진수로 변환된다.
3. 반복 나눗셈 방법은 10진수를 2진수 또는 16진수로 변환하는 데 사용된다.
4. N 비트 2진수를 사용하여, 0에서 2^N-1까지의 10진수를 나타낼 수 있다.
5. 10진수에 대한 BCD 코드는 10진수의 각 자릿수를 등가의 4비트 2진수로 변환하여 구한다.
6. 그레이 코드에서 연속되는 숫자는 단지 한 비트의 값만이 다르도록 되어 있다.
7. 1바이트는 8비트 열이다. 1니블은 4비트이며, 워드의 크기는 시스템에 따라 다르다.
8. 알파뉴메릭 코드는 일반적인 컴퓨터 키보드에 있는 여러 문자와 펑션을 모두 나타내기 위해 비트 그룹을 사용하는 코드이다. ASCII 코드는 가장 널리 사용되는 알파뉴메릭 코드이다.
9. 오류 검출을 위한 패리티 방법에서는 전송할 각각의 비트 그룹에 특정한 패리티 비트를 추가한다.

주요 용어

그레이 코드(gray code)
니블(nibble)
바이트(byte)
순수한 2진 코딩(straight binary coding)
아스키(American Standard Code for Information Interchange, ASCII)
알파뉴메릭 코드(alphanumeric code)
워드(word)
워드 크기(word size)
패리티 방법(parity method)

패리티 비트(parity bit)
16진법(hexadecimal number system)
2진화 10진 코드(binary-coded-decimal(BCD) code)

연습문제

2-1절과 2-2절

2-1. 다음 2진수를 10진수로 변환하라.

(a)*10110	(e)*11111111	(i)*100110
(b) 10010101	(f) 01101111	(j) 1101
(c)*100100001001	(g)*1111010111	(k)*111011
(d) 01101011	(h) 11011111	(l) 1010101

2-2. 다음 10진수를 2진수로 변환하라.

(a)*37	(e)*77	(i)*511
(b) 13	(f) 390	(j) 25
(c)*189	(g)*205	(k) 52
(d) 1000	(h) 2133	(l) 47

2-3. (a)*8비트의 2진수로 표현할 수 있는 가장 큰 10진수는? (b) 16비트 2진수일 때는 어떤가?

2-4절

2-4. 다음의 각 16진수를 등가의 10진수로 변환하라.

(a)*743	(e)*165	(i) E71
(b) 36	(f) ABCD	(j) 89
(c)*37FD	(g)*7FF	(k) 58
(d) 2000	(h) 1204	(l) 72

2-5. 다음 각 10진수들을 16진수로 변환하라.

(a)*59	(e)*771	(i) 29
(b) 372	(f) 2313	(j) 33
(c)*919	(g)*65,536	(k) 100
(d) 1024	(h) 255	(l) 200

2-6. 연습문제 2-4의 각 16진수들을 2진수로 변환하라.

2-7. 연습문제 2-1의 2진수를 16진수로 변환하라.

2-8. 175_{16}부터 180_{16}까지의 16진수를 순서대로 열거하라.

2-9.*큰 10진수를 2진수로 변환하는 경우, 먼저 16진수로 변환한 후 16진수를 2진수로 변환하는 것이 더 쉬울 때가 있다. 이 방법을 이용하여 2133_{10}을 변환해 보고, 연습문제 2-2(h)에서 사용한 방법과 비교하라.

2-10. 20,000까지의 10진수를 표현하기 위해서는 16진 자릿수가 몇 개 필요한가? 40,000까지 표현하기 위해서는 어떠한가?

2-11. 다음 16진수를 10진수로 변환하라.

*가 표시된 문제는 교재 뒤편에 해답이 있다.

(a)*92 (e)*000F (i) 19
(b) 1A6 (f) 55 (j) 42
(c)*315A (g)*2C0 (k) CA
(d) A02D (h) 7F (l) F1

2-12 다음 10진수를 16진수로 변환하라.

(a)*75 (e)*7245 (i) 95
(b) 314 (f) 498 (j) 89
(c)*2048 (g)*25,619 (k) 128
(d) 24 (h) 4095 (l) 256

2-13. 손으로 계산하거나 계산기를 사용하지 말고 다음의 4비트 2진수에 대한 등가의 16진수를 구하라.

(a) 1001 (e) 1111 (i) 1011 (m) 0001
(b) 1101 (f) 0010 (j) 1100 (n) 0101
(c) 1000 (g) 1010 (k) 0011 (o) 0111
(d) 0000 (h) 1001 (l) 0100 (p) 0110

2-14. 손으로 계산하거나 계산기를 사용하지 말고 다음의 16진수에 대한 등가의 4비트 2진수를 구하라.

(a) 6 (e) 4 (i) 9 (m) 0
(b) 7 (f) 3 (j) A (n) 8
(c) 5 (g) C (k) 2 (o) D
(d) 1 (h) B (l) F (p) 9

2-15. 3개의 16진 자릿수로 나타낼 수 있는 최대 숫자는 얼마인가?

2-16.*연습문제 2-11의 16진수를 2진수로 변환하라.

2-17.*280부터 2A0까지의 16진수를 순서대로 나열하라.

2-18. 100만까지의 10진수를 표현하기 위해서는 16진 자릿수가 몇 개 필요한가? 400만까지는 몇 개 필요한가?

2-4절

2-19. 다음 10진수를 BCD코드로 표시하라.

(a)*47 (e)*13 (i)*72
(b) 962 (f) 529 (j) 38
(c)*187 (g)*89,627 (k)*61
(d) 6727 (h) 1024 (l) 90

2-20. (a) 0에서 999까지의 10진수를 순수한 2진 코딩을 사용해 나타내기 위한 필요한 비트 수는? (b) BCD 코드를 사용할 경우에는 몇 비트가 필요한가?

2-21. 다음 수들은 BCD이다. 10진수로 변환하라.

(a)*1001011101010010 (f) 010101010101
(b) 000110000100 (g) 10111
(c)*011010010101 (h) 010110
(d) 0111011101110101 (i) 1110101
(e)*010010010010

2-7절

2-22.*(a) 8바이트는 몇 비트인가?

(b) 4바이트로 나타낼 수 있는 가장 큰 16진수는?

(c) BCD로 표시할 때 3바이트로 나타낼 수 있는 가장 큰 10진수는?

2-23. (a) 표 2-5를 보라. 문자 X에 대한 ASCII 코드에서 최상위 니블은 무엇인가?

(b) 16비트 워드에는 몇 개의 니블을 저장할 수 있는가?

(c) 24비트 워드를 구성하기 위해서는 몇 개의 바이트가 필요한가?

2-8절과 2-9절

2-24. ASCII 코드로 "X = 3 × Y"를 나타내라. 홀수 패리티 비트를 덧붙여라.

2-25.*연습문제 2-24의 ASCII 코드 각각에 짝수 패리티 비트를 덧붙이고 그 결과를 16진수로 나타내라.

2-26. 다음 바이트(16진 표기)는 컴퓨터 메모리에 저장되는 사람 이름을 나타낸다. 각 바이트는 0으로 채워진 ASCII 코드이다. 사람의 이름은 무엇인가?

(a)*42 45 4E 20 53 4D 49 54 48

(b) 4A 6F 65 20 47 72 65 65 6E

2-27. 다음 10진수를 BCD코드로 변환하고 홀수 패리티 비트를 덧붙여라.

(a)*74	(c)*8884	(e)*165	(g) 11
(b) 38	(d) 275	(f) 9201	(h) 51

2-28.*어떤 디지털 시스템에서 000부터 999까지의 10진수가 BCD 코드로 주어졌다. 또한 각 코드 그룹 끝에 홀수 패리티 비트가 포함되어 있다. 아래와 같은 각 코드 그룹들이 전송되었다고 가정하고 각 코드 그룹을 검사하라. 일부 그룹이 오류를 포함하고 있다. 각 그룹은 2개 이하의 오류를 갖는다고 가정한다. 하나의 오류를 갖는 코드 그룹과 분명히 2개의 오류를 갖는 코드 그룹을 찾아라(힌트: BCD 코드임을 기억하라).

(a) 1001010110000

↑MSB LSB↑ ↑—— 패리티 비트

(b) 0100011101100

(c) 0111110000011

(d) 1000011000101

2-29. 수신기가 예제 2–17의 송신기에서 다음과 같은 데이터를 수신했다고 가정하자.

0 1 0 0 1 0 0 0

1 1 0 0 0 1 0 1

1 1 0 0 1 1 0 0

1 1 0 0 1 0 0 0

1 1 0 0 1 1 0 0

수신기는 이 수신된 데이터로부터 어떤 오류가 있다고 판단할 수 있는가?

반복연습문제

2-30.*다음 수를 주어진 진수로 변환하라. 어떤 문제에 대해서는 가장 좋은 방법을 찾기 위해 여러 방법을 시도해도 좋다. 예를 들어, 2진-10진 변환을 직접 해도 좋고 2진-16진 변환 후 16진-10진 변환을 해도 좋다.

(a) 1417_{10} = ________$_2$
(b) 255_{10} = ________$_2$
(c) 11010001_2 = ________$_{10}$
(d) 1110101000100111_2 = ________$_{10}$
(e) 2497_{10} = ________$_{16}$
(f) 511_{10} = ________(BCD)
(g) 235_{16} = ________$_{10}$
(h) 4316_{10} = ________$_{16}$
(i) $7A9_{16}$ = ________$_{10}$
(j) $3E1C_{16}$ = ________$_{10}$
(k) 1600_{10} = ________$_{16}$
(l) $38,187_{10}$ = ________$_{16}$
(m) 865_{10} = ________(BCD)
(n) 100101000111 (BCD) = ________$_{10}$
(o) 465_{16} = ________$_2$
(p) $B34_{16}$ = ________$_2$
(q) 01110100 (BCD) = ________$_2$
(r) 111010_2 = ________(BCD)

2-31.*10진수 37을 다음 방법들로 나타내라.
(a) 순수한 2진수
(b) BCD
(c) 16진수
(d) ASCII 코드(즉, 각 자릿수를 하나의 문자로 취급)

2-32.*빈 칸을 적절한 낱말로 채워라.
(a) 10진수를 ________(으)로 변환하려면 16으로 반복해서 나눈다.
(b) 10진수를 2진수로 변환하려면 ________(으)로 반복해서 나눈다.
(c) BCD 코드에서 각 ________는(은) 등가의 4비트의 2진수로 변환된다.
(d) ________코드는 한 단계에서 다음 단계로 갈 때 한 비트만 변하는 특성이 있다.
(e) 송신기는 코드 그룹에 ________를(을) 붙여 수신기가 ________을(를) 검출할 수 있도록 한다.
(f) ________코드는 컴퓨터 시스템에서 가장 널리 사용되는 알파뉴메릭 코드이다.
(g) ________은(는) 큰 2진수를 나타내는 데 편리한 방법으로 사용된다.
(h) 8비트 열을 ________(이)라 한다.

2-33. 다음 각 수에서 1 증가된 2진수를 적어라.
(a)*0111 (b) 010011 (c) 1011 (d) 1111

2-34. 다음 2진수 값에서 1 감소된 값을 적어라.
(a)*1110 (b) 101000 (c) 1110 (d) 1001 0000

2-35. 다음에 대하여 값이 1 증가할 때의 결과를 적어라.
(a)*7719_{16} (c)*$0FFF_{16}$ (e)*$9FF_{16}$ (g) F_{16}
(b) 9999_{16} (d) 2000_{16} (f) $100A_{16}$ (h) FE_{16}

2-36.*연습문제 2-35에 대하여 값이 1 감소한 것을 적어라.

도전문제

2-37.* 마이크로컴퓨터에서 메모리 장소를 나타내는 주소(address)는 한 바이트가 메모리 회로의 어디에 저장되어 있는지를 알 수 있게 해주는 2진수이다. 주소를 나타내기 위한 비트 수는 메모리 장소가 얼마나 많은 지에 따라 달라진다. 비트 수가 매우 클 수 있기 때문에, 주소는 보통 2진법 대신에 16진법으로 표현된다.

(a) 마이크로컴퓨터가 20비트 주소를 사용한다면 메모리 장소는 몇 개가 되는가?
(b) 메모리 장소의 주소를 표현하기 위해 16진수의 자릿수는 몇 개가 필요한가?
(c) 256번째 메모리 장소의 16진 주소는? (참고: 처음 주소는 항상 0이다.)
(d) 컴퓨터 프로그램이 메모리의 최하위 2 kbyte 블럭에 저장되어 있다. 이 블럭의 시작 번지와 마지막 번지는 무엇인가.

2-38. 오디오 CD에서 오디오 전압 신호는 보통 초당 약 44,000번 샘플링되고 샘플링된 각각의 값은 CD 표면에 2진수로 기록된다. 다시 말해서 기록된 각 2진수는 오디오 신호 파형의 특정 지점에서의 전압을 나타낸다.

(a) 2진수 길이가 6비트일 때 나타낼 수 있는 서로 다른 전압 값은 몇 가지가 되는가? 8비트, 10비트일 때는 어떠한가?
(b) 길이가 10비트인 2진수가 사용된다면 1초 동안에 CD에 기록되는 비트 수는 얼마인가?
(c) CD가 50억 비트를 저장할 수 있다고 하자. 10비트 2진수를 사용한다면 몇 초 동안의 오디오 신호가 기록될 수 있는가?

2-39.* 흑백 디지털 카메라는 이미지를 세밀한 격자(grid)로 나누어 놓고 격자의 각 셀에서 보이는 명암의 정도를 2진수로 나타내어 측정하고 기록한다. 예를 들어, 4비트 수를 사용하면 검은색에 대한 값은 0000으로 흰색에 대한 값은 1111로 주어지고, 나머지는 명암에 따라 0000과 1111 사이의 값을 가진다. 만일 6비트를 사용하면 검은색은 000000, 흰색은 111111이고, 나머지는 명암에 따라 이 둘 사이의 값을 갖는다.

격자의 각 셀에서 254가지의 서로 다른 흑백 명암을 구분하고자 한다. 이때 이 명암 정도를 나타내기 위해서는 몇 비트가 필요한가?

2-40. 3백만 화소의 디지털 카메라는 하나의 화소(픽셀; pixel)에 대하여 빛의 3원색(적색, 녹색, 청색)에 대한 명암을 각각 8비트 수로 저장한다. 모든 비트가(데이터 압축 없이) 저장된다면 128메가바이트 메모리카드에 몇 장의 화면이 저장될 수 있는가? (참고: 디지털 시스템에서 메가(Mega)는 2^{20}을 의미한다.)

2-41. 0에서 15까지의 모든 10진수를 2진수, 16진수, BCD로 표시하는 표를 만들고, 그것을 표 2-4와 비교하라.

학습성과 평가문제 해답

2-1절

1. 2267　　2. 32768　　3. 2267

2-2절

1. 1010011　　2. 1011011001　　3. 20비트

2-3절

1. 9422 2. C2D; 110000101101 3. 97B5 4. E9E, E9F, EA0, EA1
5. 11010100100111 6. 0에서 65,535까지

2-4절

1. 10110010_2; 000101111000(BCD) 2. 32 3. 장점: 변환이 쉬움, 단점: BCD는 더 많은 비트가 필요함

2-5절

1. 0111 2. 0110

2-7절

1. 1 2. 9999 3. 1 4. 1

2-8절

1. 43, 4F, 53, 54, 20, 3D, 20, 24, 37, 32 2. STOP

2-9절

1. A4 2. 001101001 3. 데이터에서의 2개의 오류는 그 데이터에 들어있는 1의 개수가 홀수개인지, 짝수개인지 여부에는 영향을 주지 않는다.

CHAPTER 3

논리회로의 묘사

Describing Logic Circuits

개요

학습목표

이 장을 학습함으로써 다음을 할 수 있다.

- 세 가지 기본 논리 연산 수행
- AND, NAND, OR, NOR 게이트, NOT (인버터) 회로의 동작 설명과 진리표 구성
- 여러 가지 논리회로 게이트의 타이밍 다이어그램 작성
- 논리 게이트와 논리 게이트들의 조합에 대한 부울 표현식 작성
- 기본 AND, OR, NOT 게이트를 사용한 논리회로 구현
- 복잡한 논리회로를 간략히 할 수 있는 부울 대수 활용
- 논리 표현식을 간략하게 하기 위한 드모르간 정리 활용
- 부울 표현식에 의해 표현된 회로를 구현하기 위해 보편 게이트(NAND 또는 NOR) 중 하나를 사용
- 표준 논리 게이트 기호 대신 대안 표시를 사용하여 논리회로도를 구성하는 장점 설명
- LOW 활성과 HIGH 활성 논리 신호의 개념 설명
- 전파 지연 시간 측정과 설명
- 논리회로의 동작을 설명하는 여러 가지 방법 사용
- 하드웨어 기술 언어(HDL)로 정의된 간단한 회로 해석
- HDL과 컴퓨터 프로그램 언어의 차이점 설명
- 간단한 논리 게이트의 HDL 파일 작성
- 중간 값을 갖는 조합 논리회로의 HDL 파일 작성

서론

1장과 2장에서는 논리 값과 논리회로의 개념을 소개했다. 논리에서는 입력이건 출력이건 단 2가지 가능한 경우, 참 또는 거짓만이 존재한다. 2진법에서는 두 가지 디지트, 1과 0만을 사용하므로 논리적인 관계를 설명할 때는 2진법 표현이 아주 적절하다. 디지털 논리회로에서 2진법의 상태를 구분하기 위해서 정해진 전압 범위를 사용한다. 이 개념을 활용한다면 가공된 바다 모래와 전선을 이용하여 일관적이고 지능적이며 논리적인 결정을 하는 회로를 만들 수 있다. 이와 같은 회로의 논리적 결정을 묘사하는 방법이 있어야 한다. 다른 말로 표현한다면, 논리회로의 동작을 나타내는 방법을 알아야 한다. 이 장은 논리회로의 동작을 설명하는 많은 방법을 담고 있다. 각 설명 방법은 기술 문서와 시스템 설명 자료에 많이 나타나고 최신 디자인 및 개발 도구들과 함께 사용되므로 매우 중요하다.

우리의 인생도 두 개의 상태로 이루어진 어떤 환경변화의 연속이라고 볼 수 있다. 예를 들자면, 하나의 생명체를 두고 보면 죽은 상태이거나 아니면 살아 있는 상태, 문은 열려 있거나 닫혀 있거나, 혹은 비가 오거나 아니면 오지 않거나 등 2개의 상태로 볼 수 있다.

1854년에 수학자 조지 부울이라는 사람은 사고의 조사라는 책에서 참과 거짓이라는 2개의 환경 속에서 논리적인 판단을 만들어내는 법을 기술하였다. 현재, 부울 논리로 알려져 있으며 기호와 연산자를 사용하여 판단을 해나가는 시스템을 부울 대수라고 부른다. 이와 같은 방법으로 정규 대수학에서 미지수를 표현하는 방법으로 x, y 같은 기호를 사용하며, 부울 대수에서는 논리적 표현으로 두 개의 값, 참 혹은 거짓으로 표현한다. 이와 같은 논리의 표현은 문이 닫혔음, 버튼이 눌렸음 혹은 연료가 없음 등으로 표현가능하다. 이와 같이 표현하는 것은 사용이 불편하여 차라리 A, B 혹은 C와 같은 문자로 대체하여 사용한다.

논리회로의 출력(판단)과 입력(환경) 사이의 관계를 표현하기 위해서 이와 같은 논리적 표현을 사용한다. 이 장에서 우리는 모든 논리회로와 디지털 시스템을 구성하는 토대를 이루게 되는 가장 기본적인 논리회로—논리 게이트—에 대해 공부하게 된다. 우리는 여러 가지 논리 게이트와 논리 게이트의 조합으로 만들어지는 보다 복잡한 회로의 동작을 부울 대수로 묘사하고 해석하는 방법에 대해 배우게 된다. 우리는 또한 부울 대수를 사용하여 회로의 부울 표현식을 간략히 하여 보다 적은 논리 게이트와 연결선으로 구성하는 법에 대해서 학습하게 될 것이다. 회로의 간략화에 대한 보다 상세한 설명은 제4장에 있다.

부울 대수는 논리 시스템을 해석하고 단순화하는 도구일 뿐 아니라 원하는 입/출력 관계를 나타내는 회로를 만들어내는 도구이기도 하다. 이 과정은 분석과 반대되는 개념으로 논리회로의 합성(synthesis)이라고 부른다. 진리표, 회로 기호, 타이밍 다이어그램, 그리고 마지막이지만 중요성은 전혀 뒤떨어지지 않는 언어 등과 같은 여러 가지 기법을 논리회로와 시스템의 해석, 합성 및 기록을 위한 도구로 사용하고 있다. 이 기법들을 분류한다면 부울 대수는 수학적 방법, 진리표는 자료 구성 도구, 회로 기호는 그리는 도구, 타이밍 다이어그램은 시각화 도구이며 언어는 보편적인 묘사 도구라고 할 수 있다.

오늘날에는 이들 방법 중 어떤 것이든 사용하여 회로의 동작을 컴퓨터에 입력할 수 있다. 컴퓨터는 이런 여러 가지 기술 방법을 단순화하고 다른 방법으로 변환하며 궁극적으로는 디지털 시스템을 구현하는 형태로 출력할 수 있다. 이와 같이 강력한 컴퓨터 소프트웨어의 장점을 살리기 위해서는 컴퓨터가 이해할 수 있는 방법으로 논리 시스템을 기술하는 방법을 완벽하게 이해해야 한다. 이 장에서는 디지털 시스템을 해석하고 합성하는 데 필요한 이와 같은 도구를 공부하기 위한 주춧돌을 놓을 것이다.

분명히 지금 묘사하는 도구들은 디지털 시스템을 기술하고 해석하고 설계하여 구현하는 데 없어서는 안 되는 것들이다. 디지털 업계에서 일하려는 학생이라면 부울 대수와 관련된 도구를 완벽하게 이해하여 편안하게 사용할 수 있어야 할 것이다(장담하건대 부울 대수는 전통적인 대수보다 매우 쉽다). 교수가 내주지 않더라도 모든 예제, 연습 문제를 풀어보라. 문제가 부족하다면 스스로 만들어 보도록 하라. 시간을 많이 쏟을수록 기술이 늘어나고 자신감이 향상되는 것을 느끼게 될 것이다.

3-1 부울 상수와 변수

학습성과

이 절을 학습함으로써 다음을 할 수 있다.

- 부울 상수와 변수의 차이점
- 부울 상수와 변수가 가질 수 있는 값
- 부울 함수의 정의

부울 대수와 일반 대수의 가장 큰 차이점은 부울 상수와 변수는 두 가지 값, 0과 1만을 가질 수 있다는 것이다. 부울 변수는 시간에 따라 0 또는 1 값을 가질 수 있다. 부울 변수는 연결선 또는 회로의 입출력 단자의 전압 수준에 의해 표현된다. 예를 들어, 일부 디지털 시스템에서는 부울 값 0은 0부터 0.8 V 이내의 어떤 값이든 가질 수 있으며 1은 2부터 5 V 이내의 값을 갖는다.*

따라서 부울 값 0과 1은 실제 숫자를 나타내는 것은 아니며 전압 변수 또는 **논리 수준(logic level)**이라고 부르는 전압 변수의 상태를 나타내는 것이다. 디지털 회로의 전압은 그 수치로 표현된 값에 따라 논리 0 수준 또는 논리 1 수준에 있다고 한다. 디지털 논리에서는 0과 1 대신 같은 의미의 다른 용어들이 사용될 수도 있다. 일반적으로 많이 사용되는 예를 표 3-1에 제시했다. 우리는 앞으로 대부분 0/1 또는 LOW/HIGH 정의를 주로 사용할 것이다.

표 3-1 공통 논리 용어

논리 0	논리 1
거짓(False)	참(True)
꺼짐(Off)	켜짐(On)
낮음(Low)	높음(High)
부정(No)	긍정(Yes)
열린 스위치(Open switch)	닫힌 스위치(Closed switch)

서론에서 밝혔듯이, **부울 대수(Boolean algebra)**는 논리회로의 입력과 출력 사이의 관계를 나타내는 방법의 하나이다. 입력 논리 값은 출력 값을 결정하는 논리 변수이다. 향후 영어 기호를 사용하여 논리 변수를 나타내게 될 것이다. 예를 들어, A라는 문자가 디지털 회로의 입력 또는 출력 값을 나타내는 데 사용될 수 있다. 이 경우, $A = 0$ 또는 $A = 1$이다. 즉 만일 0이 아니라면 1이고 1이 아니라면 0이다.

부울 대수는 단지 두 값만 가질 수 있으므로 일반 대수에 비해 다루기 쉽다. 부울 대수에는 분수, 소수, 음수, 제곱근, 세제곱근, 로그 함수, 허수도 없다. 사실상 부울 대수에는 다음 세 가지 기본 연산, 즉 *OR*, *AND*와 *NOT*이 있을 뿐이다.

이들 기본 연산은 논리 연산(*logic operation*)이라고 부른다. 논리 게이트라고 부르는 디지털 회로는 다이오드, 트랜지스터 또는 저항 등을 연결하여 입력에 대하여 기본 논리 연산(*OR*, *AND*, *NOT*)을 행하도록 구성한 것이다. 우선 부울 대수를 사용하여 이들 기본 논리 게이트를 설명하고 분석한 뒤, 이들 논리 게이트를 조합하여 만든 논리회로를 분석하고 설계하도록 할 것이다.

부울 상수는 선택된 한 입력이 한 개의 값으로 고정된 것을 말한다. 달리 표현하면 각 비트는 하드웨어적으로 논리 0 혹은 1로 고정되어 있다는 의미이다. 논리적으로 1이라는 상수를 표현할 때는 보통 VCC 혹은 HIGH로 표시한다. VCC는 논리회로의 전원공급 장치의 양의 전원전압이다. 논리적으로 0이라는 상수를 표현할 때는 보통 LOW 혹은 GND로 표시한다. GND는 접지(ground)를 의미하며 디지털 전원공급장치에서 음의 전원을 표현하는 전압을 말한다. 제1장에서는 이들의 전압수준을 1과 0으로 표현하였다.

* 0.8 V부터 2 V 사이의 전압은 정의되지 않으며(0도 1도 아님) 정상적인 경우에는 일어날 수 없다.

학습성과 평가문제

1. 주어진 응용문제에서 필요한 입력수보다 더 많은 입력 개수가 있다. 여분으로 주어진 입력들이 LOW로 된다면 회로에는 아무런 영향을 주지 않는다. 주어진 입력들을 변수 혹은 상수 중 어느 것으로 처리해야 하는가? 이들 입력에 대한 적당한 변수 이름은 무엇인가?
2. 제2장에서 설명한 2비트 입출력 인코더 (비트 그레이 코드)는 논리회로의 입력에 연결된 2개의 A와 B 채널을 갖는다. 이들 입력이 변수 혹은 상수 중 어느 것으로 처리해야 하는가? 이들 입력에 대한 적당한 변수 이름은 무엇인가?
3. 부울 함수를 정의하라.

3-2 진리표

학습성과

이 절을 학습함으로써 다음을 할 수 있다.

- 진리표의 구성
- 주어진 입력에 대한 정확한 출력 구분
- 변수의 개수에 따른 진리표의 크기 결정

진리표(truth table)는 논리회로의 입력 단자에 가해진 논리 값에 의해 회로의 출력이 어떻게 결정되는지 나타내는 수단이다. 그림 3-1의 (a)는 2 입력 논리회로가 가질 수 있는 진리표의 예이다. 이 표는 입력 A와 B의 조합 가능한 모든 논리 값과 출력 x의 논리 값을 함께 보여주고 있다. 표의 첫 줄은 A와 B 입력이 모두 0일 경우이며, 이 때 출력 x는 1 수준(level) 또는 1 상태(state)에 있다. 표의 두 번째 줄은 입력 B가 1로 바뀐 경우, 즉 $A = 0$이고 $B = 1$일 경우이다. 이 때 출력 x는 0이다. 마찬가지로 이 표는 모든 입력 조합에 대해 출력이 어떤 상태에 있는지 보여준다.

그림 3-1의 (b)와 (c)는 각각 3 입력과 4 입력 논리회로의 진리표이다. 여기서도, 각 표는 입력의 모든 가능한 조합을 왼쪽에 보였고 이에 따른 출력 x의 값을 오른쪽에 보였다.

입력 → A, B; 출력 → x

A	B	x
0	0	1
0	1	0
1	0	1
1	1	0

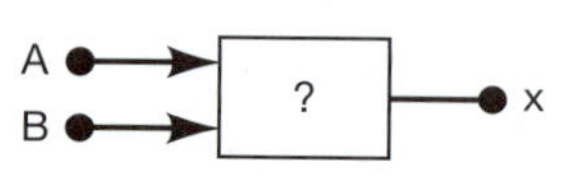

(a)

A	B	C	x
0	0	0	0
0	0	1	1
0	1	0	1
0	1	1	0
1	0	0	0
1	0	1	0
1	1	0	0
1	1	1	1

(b)

A	B	C	D	x
0	0	0	0	0
0	0	0	1	0
0	0	1	0	0
0	0	1	1	1
0	1	0	0	1
0	1	0	1	0
0	1	1	0	0
0	1	1	1	1
1	0	0	0	0
1	0	0	1	0
1	0	1	0	0
1	0	1	1	1
1	1	0	0	0
1	1	0	1	0
1	1	1	0	0
1	1	1	1	1

(c)

그림 3-1 (a) 2 입력, (b) 3 입력, (c) 4 입력 진리표의 예.

물론, x의 값은 논리회로가 어떤 유형인가에 달려 있다.

2 입력 진리표에는 4줄이, 3 입력 진리표는 8줄이, 4 입력 진리표에는 16줄이 있음을 주목하라. N 입력 진리표에는 2^N개의 입력 조합이 있다. 또한 입력의 조합은 2진수를 세어 가는 순서에 따르고 있다. 따라서 한 줄도 빼놓지 않고 입력의 모든 가능한 경우를 써넣는 것은 그리 어려운 일은 아니다.

학습성과 평가문제

1. 그림 3-1의 (c)에 주어진 4 입력 회로에서 B를 제외한 모든 입력이 1일 때 출력 값은?
2. $A = 1$, $B = 0$, $C = 1$, $D = 0$일 경우에 1번 문제의 출력 값은?
3. 5 입력 회로의 진리표는 모두 몇 줄이 필요한가?

3-3 OR 연산과 OR 게이트

학습성과

이 절을 학습함으로써 다음을 할 수 있다.

- OR 논리함수의 정의
- OR 함수의 부울 방정식
- OR 함수의 논리 표현
- OR 함수의 진리표 표현
- OR 함수를 나타내는 타이밍 다이어그램의 표현
- 논리회로에서 입력에 대한 출력의 정확한 관계를 기술하는 방법으로 위의 언급된 항목들의 사용

기본 부울 연산 중에서 **OR 연산(OR operation)**에 대해 먼저 알아보자. 전기오븐을 예로 들어보자. 전기오븐의 동작등은 동작 스위치를 켜거나 오븐의 문이 열리면 불이 들어온다(참 혹은 거짓). 그림에서 A 입력단자는 오븐 스위치를 나타낼 수 있고 B는 문의 개폐를 나타낼 수 있다(참 혹은 거짓). 그림 3-2의 (a)는 두 입력 A와 B가 OR 연산으로 묶여 있을 때 출력 x값이 어떻게 표현되는지 보여주고 있다. 표에서 한 개 이상의 입력이 1이 되면 x값이 1이 되는 것을 보여주고 있다. 두 개의 입력이 모두 0이 되어야만 출력 x가 0이 된다.

OR 연산은 다음과 같은 부울 기호로 표현할 수 있다.

$$x = A + B$$

이 표현에서 + 기호는 일반 덧셈을 의미하는 것이 아니라 OR 연산을 나타내고 있다. OR 연산은 A와 B가 모두 1이 될 경우를 제외하고는 일반 덧셈과 유사하다. 즉 OR 연산 1

OR

A	B	x = A + B
0	0	0
0	1	1
1	0	1
1	1	1

(a)

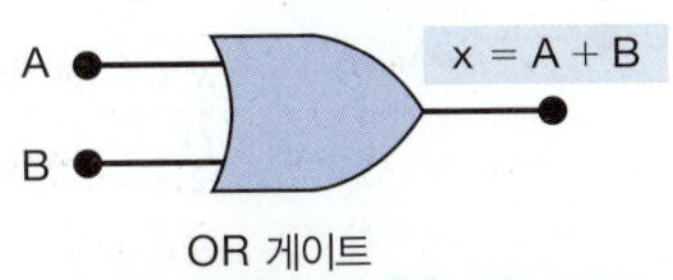

(b)

그림 3-2 (a) OR 연산의 진리표. (b) 2 입력 OR 게이트의 회로 기호.

+ 1 = 2가 아니라 1 + 1 = 1이 된다는 차이가 있다. 부울 대수에서는 1이 가장 큰 값이므로 어떤 경우에도 1보다 큰 값이 존재할 수 없다. 세 개의 입력을 OR 연산으로 묶는 경우에도 마찬가지이다. $x = A + B + C$를 가정해보자. 세 개의 입력이 모두 1이라면 다음과 같다.

$$x = 1 + 1 + 1 = 1$$

$x = A + B$ 표현은 "x는 A OR B이다"라고 읽을 수 있으며 이는 A 또는 B, 또는 A와 B 모두 1일 경우 x가 1이 된다는 것을 의미한다. 마찬가지로 $x = A + B + C$ 표현은 "x는 A OR B OR C이다"라고 읽을 수 있으며 이 때에도 A, B, C 중 하나, 둘 또는 모든 입력이 1일 경우 x가 1이 된다는 것을 의미한다. 이 회로는 우리말로 "*A*가 참*(1)* 또는 *B*가 참*(1)* 또는 *C*가 참*(1)*일 때 *x*가 참*(1)*이다"라고 나타낼 수 있다.

OR 게이트

디지털 회로에서 **OR 게이트(OR gate)***는 두 개 또는 그 이상의 입력을 가지고 있으며 출력이 입력의 OR 조합과 같이 동작하게 만든 회로이다. 그림 3-2의 (b)는 2 입력 OR 게이트의 논리 기호이다. 입력 A와 B는 모두 논리 전압 수준을 갖고 있으며 출력 x의 논리 전압 수준은 입력 A와 B의 OR 연산 결과로 표현된다. 즉 $x = A + B$이다. 다른 말로 표현하자면 OR 게이트는 두 개의 입력 A 또는 B, 또는 모든 입력이 논리 1일 때 출력이 HIGH(논리 1)가 되도록 동작한다. OR 게이트의 출력은 모든 입력이 논리적으로 0 일때 LOW가 출력된다.

입력이 2개보다 많을 경우에도 똑같이 적용할 수 있다. 그림 3-3은 3 입력 OR 게이트와 진리표이다. 이 진리표는 하나 이상의 입력이 1일 경우에 출력이 1이 됨을 보여준다. 이 일반 원리는 입력 개수와 무관하게 모든 OR 게이트에 적용된다.

부울 대수적 표현을 따르자면 출력 x는 $x = A + B + C$로 나타낼 수 있다. 여기서도 +는 OR 연산을 의미한다. OR 게이트의 출력은 일부 입력의 OR 조합으로 나타낼 수 있다. 이는 나중에 논리회로를 분석할 때 다루게 될 것이다.

OR 연산 요약

OR 연산과 OR 게이트에서 기억할 중요한 점은 다음과 같다.

1. OR 연산은 입력 중 어느 하나라도 1이 되면 결과(출력)가 1이 된다. 그렇지 않다면 출력은 0이다.
2. OR 게이트는 회로의 입력에 대해 OR 연산을 하는 논리회로이다.
3. $x = A + B$라는 표현은 "x는 A OR B와 같다"라고 읽는다.

그림 3-3 3 입력 OR 게이트의 기호와 진리표.

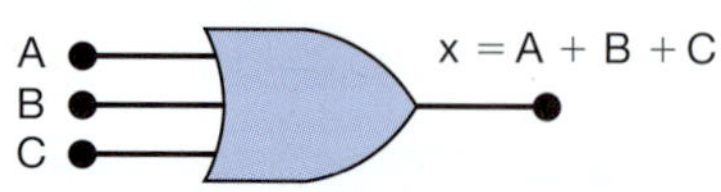

A	B	C	x = A + B + C
0	0	0	0
0	0	1	1
0	1	0	1
0	1	1	1
1	0	0	1
1	0	1	1
1	1	0	1
1	1	1	1

* 게이트 항의 허용/금지 연산에 대한 자세한 내용은 4장에서 설명한다.

예제 3-1

산업용 제어 시스템에서는 여러 입력 중 어느 하나라도 활성화되면 출력 기능을 활성화해야 할 때가 있다. 예를 들어, 화학 공장에서는 공정 중의 온도가 최대 값을 초과하거나 압력이 한계를 넘어설 때 경보를 울려야 할 경우가 있다. 그림 3-4는 이 상황을 블럭 다이어그램으로 보여주고 있다. 온도변환기 회로는 공정 온도에 비례하는 출력 전압을 만들어낸다. 이 전압 V_T를 온도 기준 전압 V_{TR}과 전압 비교 회로에서 비교한다. 비교기 출력 T_H는 정상에서는 낮은 전압(논리 0)이나 V_T가 V_{TR}을 넘어서면, 즉 공정 온도가 너무 높으면 높은 전압(논리 1)으로 바뀐다. 압력 측정기도 구성이 비슷하며, 압력이 너무 높으면 비교기 출력 P_H가 LOW에서 HIGH로 바뀐다. 이 경우에 OR 게이트의 역할이 무엇인가?

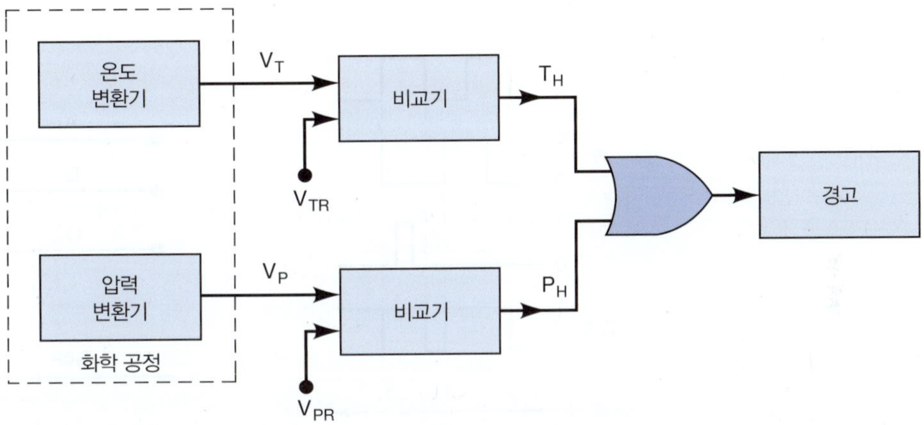

그림 3-4 경보 시스템에서 OR 게이트를 활용한 예.

풀이

온도 또는 압력이 지나치게 높으면 경보가 울려야 하므로, 당연히 두 비교기 출력은 2 입력 OR 게이트에 공급되어야 한다. OR 게이트의 출력은 두 경보 조건 중 어느 쪽이든지 발생하면 HIGH(1)가 되어 경보를 울리게 된다. 두 개보다 많은 공정 변수가 있는 상황에서도 이 경우를 확대하여 적용할 수 있다.

예제 3-2

그림 3-5에서 OR 게이트의 출력을 구하라. OR 게이트의 입력 A와 B는 타이밍 다이어그램에 보인 바와 같이 변하고 있다. 예를 들면, A는 t_0에 LOW로 시작하여, t_1에 HIGH가 된 후 t_3에 다시 LOW로 되는 식이다.

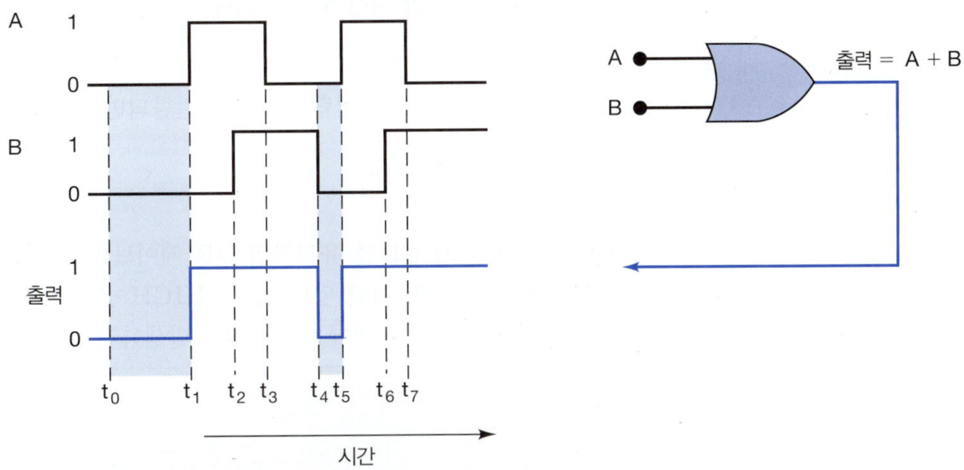

그림 3-5 예제 3-2.

풀이

임의의 입력이 HIGH일 때 OR 게이트의 출력은 늘 HIGH가 된다. t_0과 t_1 사이에서는 두 입력이 다 LOW이므로 출력은 LOW가 된다. t_1 시간에 입력 B는 LOW로 유지되나 입력 A는 HIGH가 된다. 따라서 출력은 t_1에서 HIGH가 된 뒤 t_4까지 HIGH를 유지한다. 왜냐하면 이 기간 동안 하나 또는 두 입력 모두가 HIGH가 되기 때문이다. t_4에 입력 B는 1에서 0으로 변하므로 두 개의 입력이 모두 LOW이며 이 때문에 출력은 다시 LOW가 된다. t_5에 A는 HIGH가 되고 출력은 다시 HIGH가 되어 남은 기간 동안 이 값을 유지한다.

예제 3-3A

그림 3-6의 파형에서 OR 게이트의 출력을 구하라.

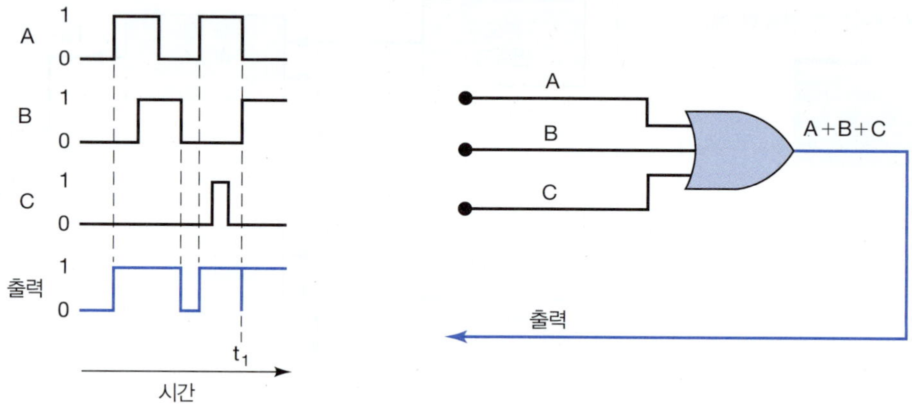

그림 3-6 예제 3-3A와 예제 3-3B.

풀이

3 입력 OR 게이트의 입력 A, B, C는 파형 다이어그램에 보인 바와 같이 변한다. OR 게이트의 출력은 세 개의 입력 중 어느 하나라도 HIGH가 되면 HIGH가 된다. 이를 감안하면 OR 게이트의 출력은 그림에 보인 바와 같다. t_1 시간에 벌어지는 사건에 특히 주목하라. 다이어그램에는 t_1 시간에 입력 A는 HIGH에서 LOW로, 입력 B는 LOW에서 HIGH로 바뀌고 있다. 이 두 입력이 거의 같은 시간에 전환되고 있으며 이 전환에는 시간이 걸리므로 아주 짧은 시간 동안 두 입력이 0과 1 사이의 정의되지 않는 영역에 있는 경우가 있다. 이 상황이 발생하면 OR 게이트의 출력도 정의되지 않는 영역에 존재할 수 있으며 이는 t_1 시간에 짧은 펄스 형태로 나타날 수 있다. 이 글리치(glitch)의 발생여부와 그 크기(진폭과 시간)는 입력의 전환 시간에 달려 있다.

예제 3-3B

그림 3-6에서 t_1 시간에 입력 A와 B가 전환되면서 입력 C가 HIGH 상태를 유지한다면 글리치는 어떻게 되겠는가?

풀이

t_1에 입력 C가 HIGH를 유지하면 OR 게이트의 출력은 다른 입력에 관계없이 HIGH를 유지한다. 왜냐하면, 어떤 입력이든지 HIGH이면 OR 게이트의 출력은 HIGH를 유지하기 때문이다. 따라서 출력에는 글리치가 발생하지 않는다.

학습성과 평가문제

1. OR 게이트의 출력이 LOW를 유지하기 위한 단 한 가지 입력 조건은 무엇인가?
2. 6 입력 OR 게이트 부울 표현식을 써라.
3. 그림 3-6에서 입력 A가 계속 1 수준을 유지한다면 출력파형은 어떻게 되겠는가?

3-4 AND 연산과 AND 게이트

학습성과

이 절을 학습함으로써 다음을 할 수 있다.

- AND 논리함수의 정의
- AND 함수의 부울 방정식
- AND 함수의 논리 표현
- AND 함수의 진리표 표현
- AND 함수를 나타내는 타이밍 다이어그램의 표현
- 논리회로에서 입력에 대한 출력의 정확한 관계를 기술하는 방법으로 위의 언급된 항목들의 사용

기본 부울 연산의 두 번째는 **AND 연산(AND operation)**이다. AND 연산의 사용 예로써 일상적인 빨래조건기를 예로 들어보자(가열, 회전). 타이머가 *0* 이상의 숫자로 설정되고 건조기 문이 닫히면 그때부터 빨래건조기는 동작한다. 이것을 기호로 표현하면 타이머를 설정하는 것을 A라고 하고(T/F) 건조기 문을 닫는 것을 B라고 두면(T/F) x는 히터와 모터가 동작하는 것을 나타낸다(T/F). 그림 3-7의 (a)는 두 입력 A와 B가 AND 연산으로 묶여 출력 x를 만들 경우의 진리표이다. 진리표는 입력 A와 B 모두 논리 1일 때에만 출력 x가 논리 1이 됨을 보이고 있다. 하나의 입력이라도 0이라면 출력이 0이다.

AND 연산의 부울 표현식은 다음과 같다.

$$x = A \cdot B$$

이 표현식에서 · 기호는 부울 AND 연산을 의미하는 것으로서 곱셈이 아니다. 그러나 부울 변수에 대한 AND 연산의 결과는 진리표에 보인 바와 같이 일반 곱셈과 같으므로 두 개가 같은 것이라고 생각해도 된다. AND 연산이 포함된 논리 표현의 값을 구할 때에는 이 특성이 매우 유용하다.

부울 표현식 $x = A \cdot B$는 "x는 A AND B와 같다"고 읽을 수 있으며 이는 A와 B가 모두 1일 때 출력 x가 1이 된다는 것을 의미한다. 종종 · 기호를 빼고 쓰기도 하므로 이럴 경우에 간단히 $x = AB$와 같은 표현을 사용하기도 한다. 세 개의 입력이 AND로 묶여 있는

AND

A	B	x = A·B
0	0	0
0	1	0
1	0	0
1	1	1

(a)

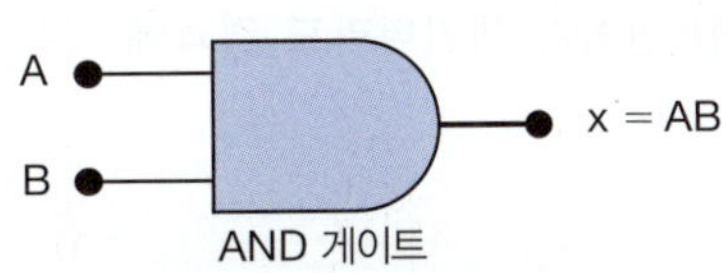

(b)

그림 3-7 (a) AND 연산의 진리표 (b) AND 게이트 기호.

경우에는 $x = A \cdot B \cdot C = ABC$와 같은 표현을 사용한다. 이때 "$x$는 A AND B AND C와 같다"고 읽을 수 있으며 이는 A와 B와 C가 모두 1일 때 출력 x가 1이 된다는 것을 의미한다.

AND 게이트

그림 3-7의 (b)는 2 입력 **AND 게이트(AND gate)**의 논리 기호이다. AND 게이트의 출력은 논리 입력의 AND 곱과 같다. 즉 $x = AB$이다. 달리 표현하자면 AND 게이트는 모든 입력이 HIGH일 때 출력이 HIGH가 되도록 동작하는 회로이다. 여타의 경우에는 AND 게이트의 출력이 LOW이다.

입력이 2개보다 많을 때에도 AND 게이트는 같은 동작 특성을 보인다. 예를 들어, 그림 3-8에 보인 3 입력 AND 게이트와 관련된 진리표를 보자. 여기에서도 $A = B = C = 1$일 때에만 게이트의 출력이 1이 된다. 출력의 표현식은 $x = ABC$이다. 4 입력 게이트에서는 $x = ABCD$이다.

AND 게이트와 OR 게이트 기호의 차이점을 주목하라. 논리회로도에서 AND 게이트가 보인다면 모든 입력이 HIGH일 때에만 출력이 HIGH가 됨을 의미한다. OR 기호가 보인다면 임의의 입력이 HIGH일 때 출력은 HIGH가 된다.

그림 3-8 3 입력 AND 게이트의 진리표와 기호.

A	B	C	x = ABC
0	0	0	0
0	0	1	0
0	1	0	0
0	1	1	0
1	0	0	0
1	0	1	0
1	1	0	0
1	1	1	1

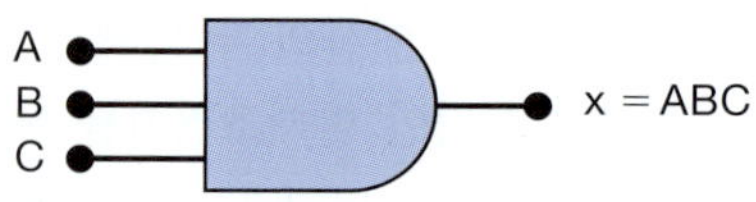

AND 연산 요약

1. AND 연산은 1과 0 사이의 일반 곱셈과 같이 수행된다.
2. AND 게이트는 회로의 입력에 대해 AND 연산을 수행하는 논리회로이다.
3. AND 게이트는 모든 입력이 1일 때에만 출력이 1이 되며, 다른 경우에는 출력이 0이 된다.
4. $x = AB$ 표현식은 "x는 A AND B와 같다"라고 읽는다.

예제 3-4

그림 3-9의 AND 게이트에서 주어진 입력 파형에 대해 출력 x의 파형을 구하라.

풀이

AND 게이트의 출력은 모든 입력이 동시에 HIGH일 때에만 HIGH가 된다. 주어진 입력 파형에서 이 조건을 만족하는 기간은 $t_2 - t_3$일 때와 $t_6 - t_7$일 때 뿐이다. 다른 경우에는 1개 또는 2개의 입력이 모두 0이므로 출력은 LOW이다. 다른 입력이 LOW라면 입력에 어떤 변화가 생기더라도 결과에 아무 영향도 미치지 않는다는 점에 유의하라.

그림 3-9 예제 3-4.

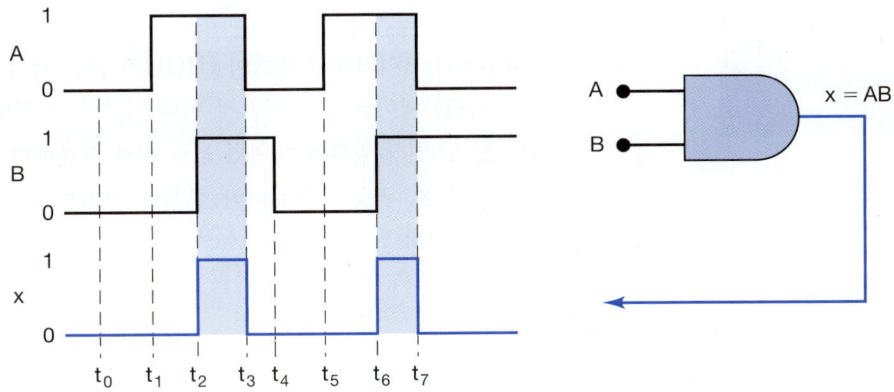

예제 3-5A

그림 3-10과 같은 AND 게이트에 대한 출력 파형을 구하라.

풀이

입력 A와 B가 동시에 HIGH일 때에만 출력 x가 1이 된다. 이 사실을 이용하여 그림에 보인 바와 같이 x의 파형을 구할 수 있다.

그림 3-10 예제 3-5A와 B.

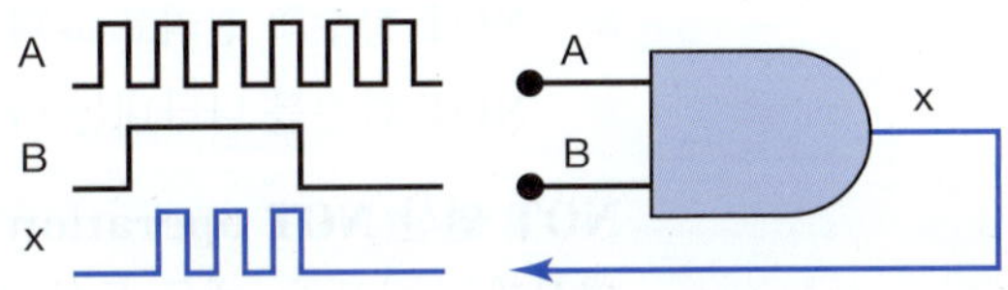

B가 0일 때에는 신호 A와 아무 상관없이 x의 파형이 0이 됨을 주목하라. 그리고 입력 B가 1이 될 때마다 x의 파형은 A와 같아짐을 주목하라. 따라서 입력 B는 자신의 논리 값을 통해 파형 A가 출력 x에 도달하게 할지 말지 결정하는 제어 입력으로 볼 수 있다. 이 상황에서 AND 게이트는 금지 회로(*inhibit circuit*)로 사용되었다. 즉 $B = 0$은 출력 0을 만들어내는 금지 조건이다. 반대로 $B = 1$은 인에이블(*enable*) 상태이다. 즉 입력 A가 출력에 도달하도록 허용하고 있다. 이 금지 동작은 AND 게이트의 중요한 응용의 하나로서 나중에 다시 살펴볼 기회가 있을 것이다.

예제 3-5B

그림 3-10에서 입력 B가 계속 0이라면 출력 파형 x는 어떻게 되겠는가?

풀이

입력 B가 계속 LOW 상태라면 출력 x는 계속 LOW에 머무른다. 이는 두 가지 방법으로 이해할 수 있다. 첫째로, $B = 0$이라면 무엇을 0과 곱하더라도(AND 연산을 하더라도) 0이므로, $x = A \cdot B = A \cdot 0 = 0$이다. 또 다른 방법으로 살펴본다면, AND 게이트에서는 모든 입력이 HIGH일 때에만 출력이 HIGH이므로 B가 LOW 상태라면 출력이 HIGH가 될 수 없다.

학습성과 평가문제

1. 5 입력 AND 게이트에서 출력이 HIGH가 되는 입력의 조합은 무엇인가?
2. 2 입력 AND 게이트에서 만일 첫 번째 입력이 출력에 도달하는 것을 금지시키려면(방지하려면) 두 번째 입력에는 어떤 논리 값을 적용해야 하는가?
3. 다음 문장의 참, 거짓을 구분하라. AND 게이트의 출력은 같은 입력 조건이라면 OR 게이트의 출력과 항상 다르다.

3-5 NOT 연산

학습성과

이 절을 학습함으로써 다음을 할 수 있다.

- NOT 논리함수의 정의
- NOT 함수의 부울 방정식
- NOT 함수의 논리 표현
- NOT 함수의 진리표 표현
- NOT 함수를 나타내는 타이밍 다이어그램의 표현

NOT 연산(NOT operation)은 한 개의 입력에 대해 행해진다는 점에서 OR이나 AND 연산과는 다르다. 예를 들어, 변수 A가 NOT 연산에 포함되었다면, 결과 x는 다음과 같이 나타낼 수 있다. 변수 A의 윗줄은 NOT 연산을 의미한다.

$$x = \overline{A}$$

이 표현식은 "x는 NOT A와 같다" 또는 "x는 A의 역(*inverse*)이다" 또는 "x는 A의 보수(*complement*)이다"라고 읽는다. 이 표현들은 모두 다 널리 사용되며, $x = \overline{A}$의 논리 값은 A 논리 값의 반대라는 것을 의미한다. 그림 3-11의 (a) 진리표는 $A = 0$일 때와 $A = 1$일 때의 경우를 뚜렷하게 보여주고 있다.

$$0\text{은 NOT 1이므로, } 0 = \overline{1}$$
$$1\text{은 NOT 0이므로, } 1 = \overline{0}$$

NOT 연산은 흔히 **역(inversion)** 또는 **보수(complementation)**라고 하며, 이 용어는 이 책에서 구분하지 않고 번갈아 사용될 것이다. 역을 나타내기 위하여 윗줄을 주로 사용하지만, 다음과 같이 프라임 기호 (′)도 역을 나타내기 위해 많이 사용된다.

$$A' = \overline{A}$$

NOT

A	$x = \overline{A}$
0	1
1	0

(a)

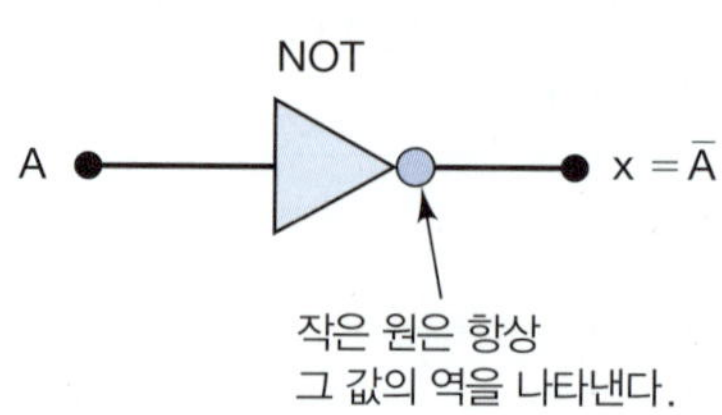

(b)

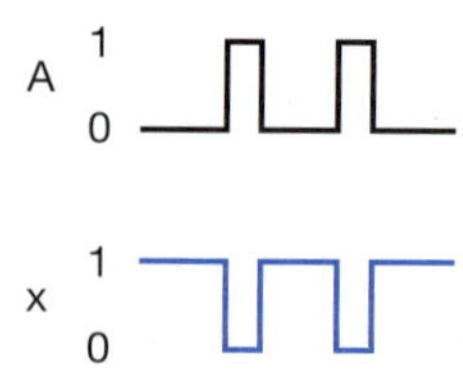

(c)

그림 3-11 인버터(NOT 회로)의 (a) 진리표, (b) 논리 기호, (c) 파형 예.

이 두 가지 모두 역 연산을 나타내기 위해서 사용된다는 것을 명심하라.

NOT 회로(인버터)

그림 3-11의 (b)는 일반적으로 **인버터(INVERTER)**라고 부르는 **NOT 회로(NOT circuit)**의 논리 기호이다. 이 회로는 항상 한 개의 입력을 가지고 있으며 출력은 입력 논리 값의 반대 값을 가지게 된다. 그림 3-11의 (c)는 인버터가 입력 신호에 어떻게 작용하는지 보여주고 있다. 인버터는 입력 신호의 출력을 항상 뒤집으므로 입력 = 0이면 출력 = 1이며 그 반대의 경우도 마찬가지이다.

응용 3-1

그림 3-12는 NOT 게이트의 전형적인 응용을 보여주고 있다. 누름 단추(push button)가 눌릴 때마다 논리 1 (참)을 만들어 내도록 연결되어 있다. 그러나 때로는 단추가 눌러지지 않았다는 것을 알고 싶다. 즉 회로는 단추가 눌러지지 않았을 때 참을 만들어내야 한다.

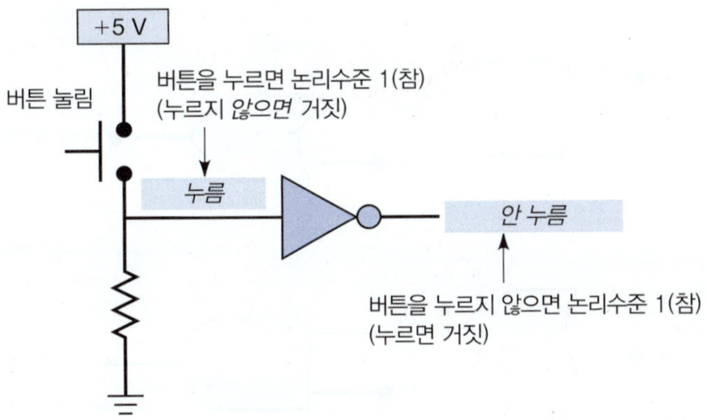

그림 3-12 출력이 참일 때 단추가 눌러지지 않았다는 것을 의미하는 NOT 게이트.

부울 연산 요약

OR, AND, NOT 연산의 규칙은 다음과 같이 요약할 수 있다.

OR	*AND*	*NOT*
$0 + 0 = 0$	$0 \cdot 0 = 0$	$\overline{0} = 1$
$0 + 1 = 1$	$0 \cdot 1 = 0$	$\overline{1} = 0$
$1 + 0 = 1$	$1 \cdot 0 = 0$	
$1 + 1 = 1$	$1 \cdot 1 = 1$	

학습성과 평가문제

1. 그림 3-11에 있는 인버터의 출력은 두 번째 인버터의 입력에 연결되어 있다면 입력 A의 각 레벨에 대해 두 번째 인버터의 출력 값을 구하라.
2. 그림 3-7의 AND 게이트 출력은 인버터의 입력에 연결되어 있다고 가정한다. 입력 A와 B의 모든 조합에 대해 인버터 출력 y 값을 보여주는 진리표를 작성하라.

3-6 논리회로의 부울 대수 표현

학습성과

이 절을 학습함으로써 다음을 할 수 있다.

- 논리회로를 부울 대수로 표현

OR 게이트, AND 게이트, NOT 회로는 디지털 시스템을 구성하는 기본적인 구성 요소이므로 이 세 기본 부울 연산으로 아무리 복잡한 논리회로일지라도 완벽하게 묘사해낼 수 있다. 그림 3-13의 (a)에 보인 예를 보자. 이 회로는 세 개의 입력, A, B, C와 한 개의 출력 x를 가지고 있다. 각 게이트의 부울 연산을 활용하여 출력 표현식을 쉽게 구할 수 있다.

AND 게이트의 출력 표현식은 $A \cdot B$로 쓴다. 이 AND 출력이 OR 게이트에 또 다른 입력 C와 함께 연결되어 있다. 이 OR 게이트는 출력이 입력들의 OR 합으로 나타내도록 동작한다. 따라서 OR 출력을 $x = A \cdot B + C$로 나타낼 수 있다(OR 합에서는 어떤 입력 항을 먼저 적어도 아무 상관없으므로 이 표현식은 $x = C + A \cdot B$로도 나타낼 수 있다).

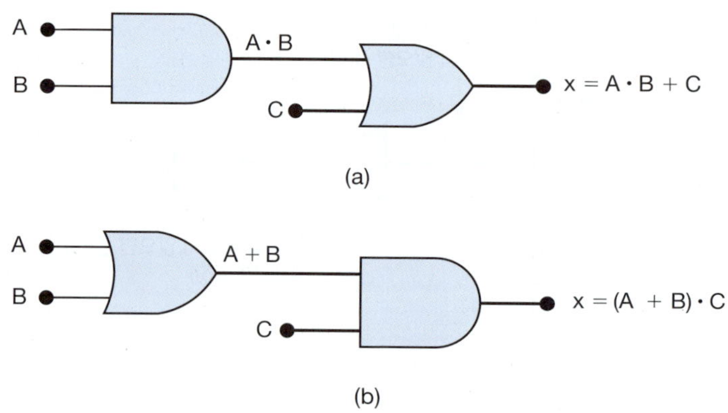

그림 3-13 (a) 논리회로와 이의 부울 표현식. (b) 논리회로의 표현식에 괄호가 필요한 예.

연산 우선순위

때로는, 부울 표현식에서 어떤 연산을 먼저 수행해야 하는지 혼란스러울 때가 있다. $A \cdot B + C$는 아래와 같이 2가지 방법으로 해석할 수 있다. (1) $A \cdot B$를 C와 OR 연산한다. (2) A를 $B + C$와 AND 연산한다. 이와 같은 혼란을 방지하기 위해 표현식에 AND와 OR 연산이 모두 포함되어 있을 때에는 AND 연산을 먼저 수행한다. 다만 표현식에 괄호가 들어 있으면 괄호 안의 연산을 먼저 수행한다. 이는 일반 대수에서의 연산 우선순위와 마찬가지이다.

좀 더 알아보기 위해 그림 3-13의 (b)를 보자. OR 게이트의 출력은 $A + B$로 표현된다. 이 출력은 다른 입력 C와 함께 AND 게이트에 입력되므로, AND 게이트의 출력은 $(A + B) \cdot C$로 나타낼 수 있다. 여기서 괄호는 A와 B의 OR 연산이 먼저 수행되고 OR 합의 결과가 C와 AND 연산된다는 것을 의미한다. 괄호가 없다면 $A + B \cdot C$는 $B \cdot C$ 곱과 A 입력을 OR 연산하는 것으로 잘못 이해될 수 있기 때문이다.

인버터가 포함된 회로

논리회로도에 인버터가 있으면 그 출력은 입력의 표현 위에 윗줄을 그은 것과 같다. 그림 3-14는 인버터를 사용한 2가지 예이다. 그림 3-14의 (a)에서 입력 A는 인버터를 거치므로

그림 3-14 인버터를 사용하는 회로.

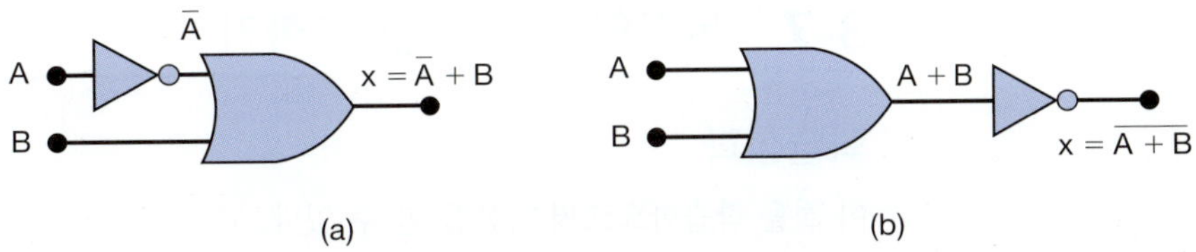

그 출력은 $\overline{A}$이다. 인버터의 출력은 입력 B와 함께 OR 게이트의 입력으로 사용되므로 OR의 출력은 $\overline{A} + B$와 같다. 여기서 윗줄은 입력 A에만 해당되므로 A는 B와 OR되기 전에 먼저 그 값을 역변환해야 한다.

그림 3-14의 (b)에서 OR 게이트의 출력인 $A + B$가 인버터에 입력되고 있다. 따라서 입력 식 전체가 역변환되어야 하므로 인버터의 출력은 $(\overline{A + B})$이다. 여기서 주의할 것은 윗줄이 전체 표현식 $(A + B)$에 걸쳐 있다는 것이다. 이것은 중요하다. 뒤에 다시 보여주겠지만 표현식 $(\overline{A + B})$와 $(\overline{A} + \overline{B})$는 완전히 다르다. $(\overline{A + B})$는 입력 A와 입력 B를 OR 연산한 뒤 OR 합의 결과를 역변환한다는 것이며, $(\overline{A} + \overline{B})$는 A와 B를 각각 역변환하여 그 결과를 OR 연산한다는 것이기 때문이다.

그림 3-15에는 상세하게 알아야 할 두 개의 예가 더 제시되어 있다. 특히 그림 3-15의 (b)에서 두 개의 별도 괄호를 사용하고 있음에 유의하라. 또한 그림 3-15의 (a)에서 입력 변수 A는 두 개의 서로 다른 게이트의 입력으로 사용되고 있음에 유의하라.

학습성과 평가문제

1. 그림 3-15의 (a)에서 AND 게이트를 OR 게이트로 바꾸고, OR 게이트를 AND 게이트로 바꾼 뒤, 출력 x의 부울 표현식을 써라.
2. 그림 3-15의 (b)에서 AND 게이트를 OR 게이트로 바꾸고, OR 게이트를 AND 게이트로 바꾼 뒤, 출력 x의 부울 표현식을 써라.

그림 3-15 추가 예제.

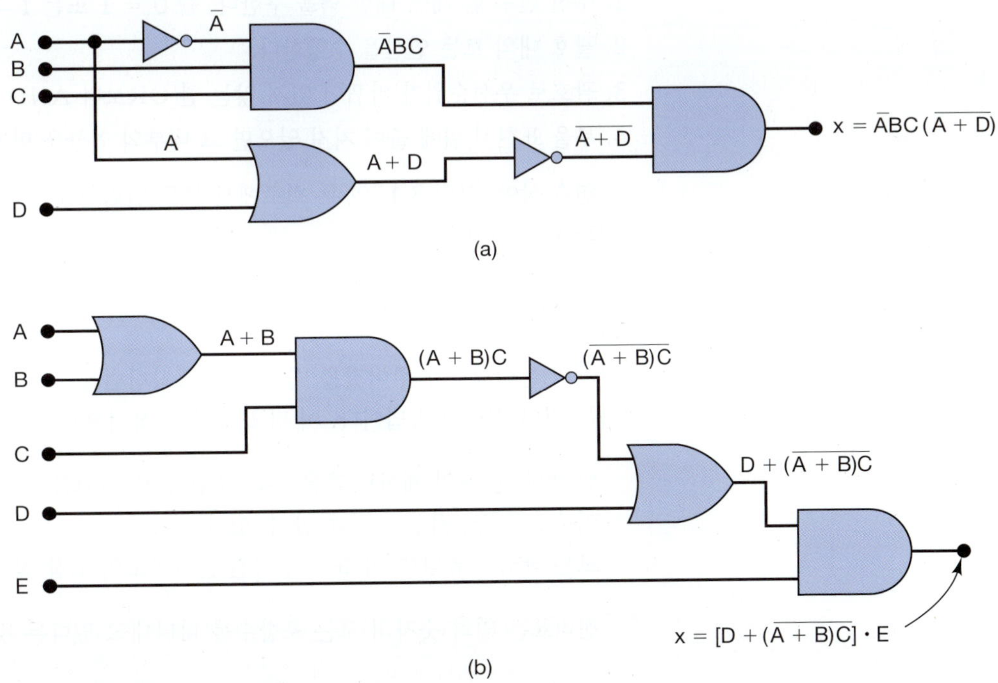

3-7 논리회로 출력 값 구하기

학습성과

이 절을 학습함으로써 다음을 할 수 있다.

- 주어진 입력에 대해서 논리회로 혹은 부울 방정식의 출력 계산
- 논리회로 혹은 부울 방정식을 진리표로 변환

회로의 출력에 대한 부울 표현식을 구하면, 입력 신호 값의 조합에 대하여 출력 신호 값을 결정할 수 있다. 예를 들어, 그림 3-15의 (a)에서 $A = 0$, $B = 1$, $C = 1$, $D = 1$에 대해 출력 x의 논리 값을 구하고자 한다. 일반 대수와 마찬가지로, 수식의 변수에 값을 채워 넣고 아래와 같은 순서대로 연산해 나가면 x의 값을 구할 수 있다.

$$\begin{aligned} x &= \overline{A}BC(\overline{A + D}) \\ &= \overline{0}\cdot 1\cdot 1\cdot(\overline{0 + 1}) \\ &= 1\cdot 1\cdot 1\cdot(\overline{0 + 1}) \\ &= 1\cdot 1\cdot 1\cdot(\overline{1}) \\ &= 1\cdot 1\cdot 1\cdot 0 \\ &= 0 \end{aligned}$$

또 다른 예로서 그림 3-15의 (b)에서 $A = 0$, $B = 0$, $C = 1$, $D = 1$, $E = 1$에 대한 출력 값을 구해보자.

$$\begin{aligned} x &= [D + \overline{(A + B)C}]\cdot E \\ &= [1 + \overline{(0 + 0)\cdot 1}]\cdot 1 \\ &= [1 + \overline{0\cdot 1}]\cdot 1 \\ &= [1 + \overline{0}]\cdot 1 \\ &= [1 + 1]\cdot 1 \\ &= 1\cdot 1 \\ &= 1 \end{aligned}$$

일반적으로 부울 표현식의 값을 구할 때에는 아래의 규칙을 따라야 한다.

1. 우선 변수 한 개에 대한 역을 구한다. 즉 $\overline{0} = 1$ 또는 $\overline{1} = 0$이다.
2. 괄호 내의 모든 연산을 수행한다.
3. 괄호로 우선순위가 바뀌어 있지 않는 한 OR보다 AND 연산을 먼저 수행한다.
4. 부울 표현식 위에 줄이 쳐져 있으면 그 내부의 연산을 먼저 행한 뒤, 결과의 역을 취한다.

연습 삼아, 그림 3-15의 두 회로에서 모든 입력이 1일 때 출력을 결정하라. 답은 각각 $x = 0$과 $x = 1$이다.

표를 이용한 분석

다단계의 논리회로가 주어졌을 때 회로의 동작방법을 알기 위해서는 진리표를 사용하여 분석하는 것이 최선의 방법이다. 이 방법에 대한 장점으로는

한 번에 한 개의 게이트 혹은 논리 조합을 분석한다.
이중으로 확인작업을 쉽게 할 수 있다.
모든 작업이 끝나면 이 표로 주어진 논리회로의 고장 점검을 쉽게 할 수 있다.

진리표는 입력 숫자의 모든 조합수를 나타내고 있다는 것을 기억하라. 그림 3-16(a)에

서 보는 바와 같이 모든 가능한 입력 조합이 진리표에 표현되므로 논리회로에 있어 출력을 포함하여 모든 점(노드)들의 논리 상태를 판단할 수 있다. 주어진 회로에서 입력과 출력을 제외한 여러 개의 중간 단계의 노드들이 있다. 그리고 한 개의 게이트의 출력은 다른 게이트의 입력으로 간단히 연결되며 그림에서 보는 바와 같이 u, v, w의 기호로 표시되어 있다. 그림 3-16(b)의 표에서 보는 것처럼 모든 조합 가능한 입력열 다음에 모든 중간 노드들을 나열한다. 노드 u는 A 입력의 보수로 나타난다.

다음 단계로 그림 3-16(c)에 나타난 것처럼 v열의 값을 채운다. 이 그림에서 $v = \overline{A}B$로 나타낼 수 있다. 즉 노드 v는 입력 $\overline{A}$(노드 u)가 HIGH이고 B가 HIGH일 때 HIGH가 되며 A가 LOW이고 B가 HIGH일 때이다. 다음 단계로는 BC의 논리적 곱으로 w 값을 찾아낸다. 이것은 B가 HIGH이고 C가 HIGH일 때 HIGH이다. 그림 3-16(d)에 잘 나타나 있다. 마지막 단계에서는 x의 값을 예측하기 위해서 v과 w를 논리적으로 조합한다. 그림 3-16(e)에서처럼 $x = v + w$는 x의 출력이 v가 HIGH이거나 혹은 w가 HIGH일 때 HIGH로 표현된다.

만약 회로를 구현했을 때 이 회로가 정상적으로 동작하지 않는다면 문제점을 찾는데 이 표를 사용할 수 있다. 주어진 모든 입력 조합에 따른 논리회로의 출력을 점검하는 것이 일

그림 3-16 진리표를 사용한 회로도 분석.

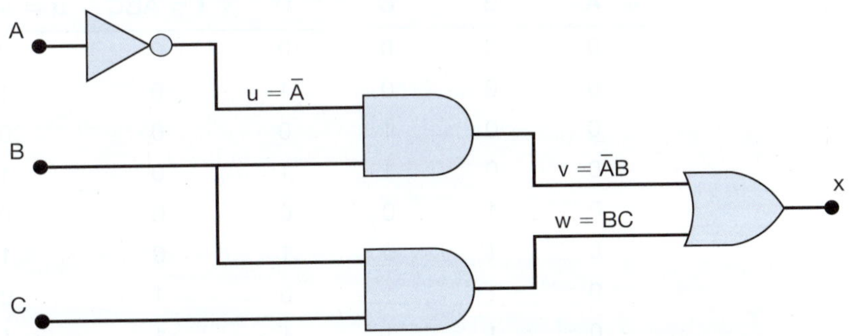

(a)

A	B	C	u=$\overline{A}$	v=$\overline{A}$B	w=BC	x=v+w
0	0	0	1			
0	0	1	1			
0	1	0	1			
0	1	1	1			
1	0	0	0			
1	0	1	0			
1	1	0	0			
1	1	1	0			

(b)

A	B	C	u=$\overline{A}$	v=$\overline{A}$B	w=BC	x=v+w
0	0	0	1	0		
0	0	1	1	0		
0	1	0	1	1		
0	1	1	1	1		
1	0	0	0	0		
1	0	1	0	0		
1	1	0	0	0		
1	1	1	0	0		

(c)

A	B	C	u=$\overline{A}$	v=$\overline{A}$B	w=BC	x=v+w
0	0	0	1	0	0	
0	0	1	1	0	0	
0	1	0	1	1	0	
0	1	1	1	1	1	
1	0	0	0	0	0	
1	0	1	0	0	0	
1	1	0	0	0	0	
1	1	1	0	0	1	

(d)

A	B	C	u=$\overline{A}$	v=$\overline{A}$B	w=BC	x=v+w
0	0	0	1	0	0	0
0	0	1	1	0	0	0
0	1	0	1	1	0	1
0	1	1	1	1	1	1
1	0	0	0	0	0	0
1	0	1	0	0	0	0
1	1	0	0	0	0	0
1	1	1	0	0	1	1

(e)

반적인 하나의 과정이다. 만약 주어진 입력에 대해서 부정확한 출력(결함)이 나왔다면 회로에서 각각의 중간 지점의 실질적 논리 상태의 값을 표에서 입력 조건에 따라 정확한 이론적 값과 비교하라. 만약 중간 지점의 값이 정확하다면 그 다음 오른쪽 노드에 문제가 있다는 것을 알 수 있다. 만약 주어진 어떤 중간 지점의 값이 부정확하다면 그것은 그 노드의 왼쪽 노드에서부터 문제가 있다(혹은 노드가 단락되었다)는 것을 말해준다. 고장 진단 과정과 회로상의 문제점에 대한 기술은 4장에서 보다 자세하게 다루겠다.

예제 3-6

그림 3-15(a)에서 각각의 노드에 대해서 논리 상태를 나타내는 표를 만들어서 회로의 동작을 분석하라.

풀이

$A = 0$ 그리고 $B = 1$ 그리고 $C = 1$일 때 t의 값을 1로 채워라.
$A = 1$ 혹은 $D = 1$일 때 모든 입력 조합에 대해서 u의 값을 1로 채워라.
u 값에 대해서 모든 입력 조합에 대해 보수화된 값을 v에 채워라.
$t = 1$ 그리고 $v = 1$일 때 모든 입력에 대해 x의 값을 1로 채워라.

A	B	C	D	$t = \overline{A}BC$	$u = A + D$	$v = \overline{A + D}$	$x = tv$
0	0	0	0	0	0	1	0
0	0	0	1	0	1	0	0
0	0	1	0	0	0	1	0
0	0	1	1	0	1	0	0
0	1	0	0	0	0	1	0
0	1	0	1	0	1	0	0
0	1	1	0	1	0	1	1
0	1	1	1	1	1	0	0
1	0	0	0	0	1	0	0
1	0	0	1	0	1	0	0
1	0	1	0	0	1	0	0
1	0	1	1	0	1	0	0
1	1	0	0	0	1	0	0
1	1	0	1	0	1	0	0
1	1	1	0	0	1	0	0
1	1	1	1	0	1	0	0

학습성과 평가문제

1. 그림 3-15의 (a)에서 입력 $A = 0$, $B = 1$, $C = 1$, $D = 0$ 조건일 때 부울 표현식을 사용하여 출력 x의 값을 구하라.
2. 그림 3-15의 (b)에서 입력 $A = B = E = 1$, $C = D = 0$ 조건일 때 부울 표현식을 사용하여 출력 x의 값을 구하라.
3. 그림 3-16에서 사용한 것과 같이 각 논리 게이트의 입, 출력 값을 구하는 방법으로 1, 2번 문제의 답을 구하라.

3-8 부울 표현식으로부터 회로 구현

학습성과

이 절을 학습함으로써 다음을 할 수 있다.

- 부울 방정식을 논리회로로 구현

회로의 동작이 부울 표현식으로 정의되기만 하면, 이 표현식에서 바로 논리회로도를 그릴 수 있다. 예를 들어, $x = A \cdot B \cdot C$로 정의된 회로가 필요하다면, 우리는 바로 3 입력 AND 게이트가 필요함을 알 수 있다. $x = A + \overline{B}$인 회로라면, 2 입력 OR 게이트의 한쪽 입력에 인버터를 사용할 것이다. 이와 같은 간단한 논리를 보다 복잡한 회로에도 확장하여 정의할 수 있다.

출력 $y = AC + B\overline{C} + \overline{A}BC$인 회로를 구성하려고 한다고 가정하자. 이 부울 표현식은 3개의 항(AC, $B\overline{C}$, $\overline{A}BC$)이 OR로 묶여 있다. 이는 각 입력이 AC, $B\overline{C}$, $\overline{A}BC$인 3 입력 OR이 필요함을 의미한다. 그림 3-17의 (a)는 각 입력을 AC, $B\overline{C}$, $\overline{A}BC$라고 이름 붙인 3 입력 OR 게이트이다.

각 OR 게이트의 입력은 AND 곱 항이며, 따라서 적절한 입력을 AND 게이트에 연결하여 필요한 이 항들을 만들어내야 한다. 이 처리를 마친 최종 회로도가 그림 3-17의 (b)이다. 이 표현식에서 요구되는 $\overline{A}$와 $\overline{C}$를 만들어내기 위해 인버터를 사용하고 있음을 주목하라.

앞으로는 이와 같은 접근 방법보다 좀 더 효율적인 방법을 사용하겠지만, 지금으로서는 새로 배워야 할 것들을 최소화하기 위해 이와 같은 간단한 방법을 사용한다.

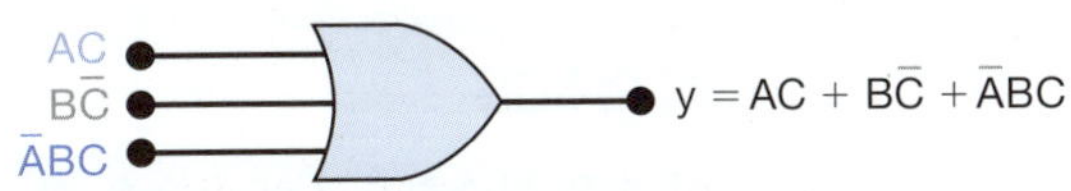

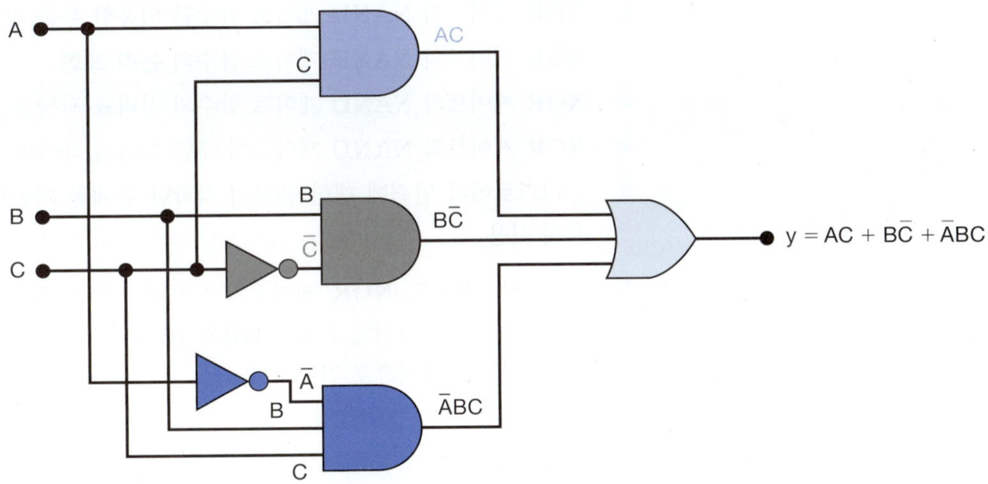

그림 3-17 부울 표현식으로부터 논리회로를 구성하기.

예제 3-7

표현식 $x = (A + B)(\overline{B} + C)$를 수행하는 회로도를 그려라.

풀이

이 부울 표현식은 AND 게이트에 2개의 항 $A + B$와 $\overline{B} + C$가 입력으로 인가되어 있으며,

각 항은 독자적인 OR 게이트에서 만들어진다는 것을 보여주고 있다. 결과는 그림 3-18과 같다.

그림 3-18 예제 3-7.

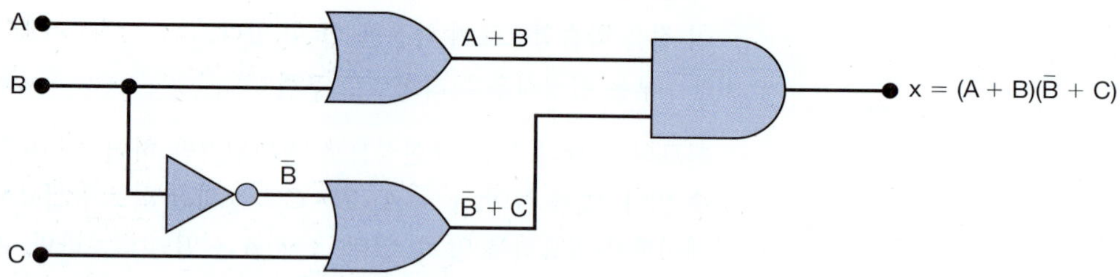

학습성과 평가문제

1. $x = \overline{A}BC(\overline{A + D})$ 표현식을 수행하는 회로를 3 입력 이하의 게이트를 사용하여 회로도로 그려라.
2. $y = AC + B\overline{C} + \overline{A}BC$ 표현식을 위한 회로도를 그려라.
3. $x = [D + (\overline{A + B})C] \cdot E$ 표현식을 위한 회로도를 그려라.

3-9 NOR 게이트와 NAND 게이트

학습성과

이 절을 학습함으로써 다음을 할 수 있다.

- NOR 게이트와 NAND 게이트의 논리함수 정의
- NOR 게이트와 NAND 게이트 함수를 이용한 부울 방정식 작성
- NOR 게이트와 NAND 게이트 함수의 논리 표현
- NOR 게이트와 NAND 게이트 함수의 진리표 작성
- NOR 게이트와 NAND 게이트에 대한 타이밍 다이어그램의 작성
- 논리회로에서 입력에 대한 출력의 정확한 관계를 기술하는 방법으로 위의 언급된 항목들의 사용

또 다른 논리 게이트, NOR 게이트와 NAND 게이트도 디지털 회로에서 많이 사용된다. 이 게이트들은 기본 연산인 AND, OR와 NOT을 조합한 것이며, 따라서 이들의 부울 표현식을 쓰는 것도 상대적으로 간단하다.

NOR 게이트

그림 3-19의 (a)는 2 입력 **NOR 게이트(NOR gate)**를 나타낸 것이다. OR 게이트와 같으나 출력에 작은 원이 붙어 있는 차이가 있다. NOR 게이트는 OR 게이트 뒤에 인버터가 붙은 것이며, 따라서 그림 3-19의 (a)와 (b)는 동일하다. NOR 게이트의 출력 표현식은 $x = \overline{A + B}$이다.

그림 3-19의 (c) 진리표는 NOR 게이트의 출력이 모든 입력 조건에 대해서 OR 게이트 출력과 반대인 것을 보여주고 있다. OR 게이트는 어떤 입력이라도 HIGH가 되면 출

그림 3-19 (a) NOR의 기호. (b) 등가 회로. (c) 진리표.

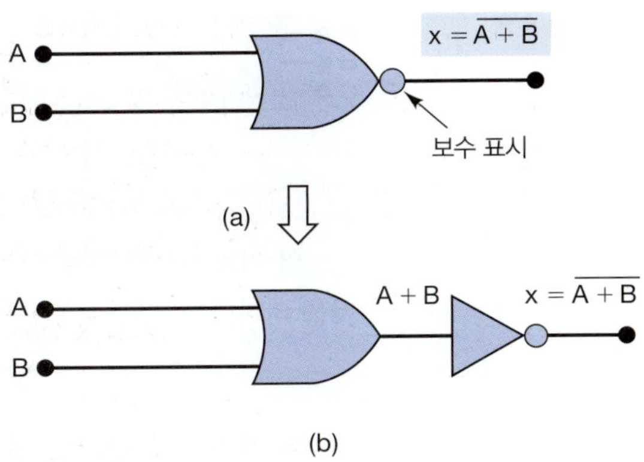

A	B	OR: A + B	NOR: $\overline{A+B}$
0	0	0	1
0	1	1	0
1	0	1	0
1	1	1	0

(c)

력이 HIGH가 되는 것에 비하여, NOR 게이트는 어떤 입력이라도 HIGH가 되면 출력은 LOW가 된다. 이 동작 원리는 2개보다 많은 입력을 가진 NOR 게이트에도 똑같이 적용된다.

예제 3-8

그림 3-20에 보인 입력 파형에 대하여 NOR 게이트의 출력 파형을 구하라.

그림 3-20 예제 3-8.

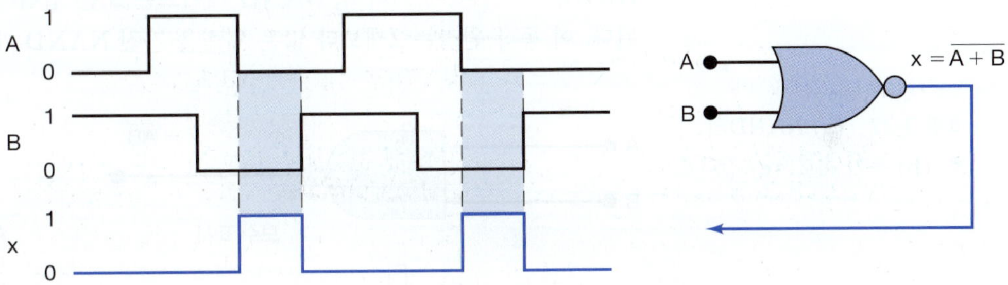

풀이

NOR 게이트의 출력 파형을 구하는 방법의 하나는 OR 게이트의 출력 파형을 구한 뒤 그것을 뒤집는(HIGH을 LOW으로, LOW을 HIGH로 바꾸는) 것이다. 또 다른 방법은 NOR 게이트의 출력은 모든 입력이 LOW일 때에만 HIGH가 된다는 사실을 이용하는 것이다. 따라서 입력 파형을 살펴보고 모든 입력이 LOW인 구간을 찾아내어 이 구간 동안 NOR의 출력을 HIGH로 만들면 된다. 다른 구간에서는 NOR의 출력은 LOW이다. 그 결과 나타난 출력 파형은 그림과 같다.

예제 3-9

3 입력 NOR 게이트 뒤에 인버터가 있는 경우에 대한 부울 표현식을 구하라.

풀이

그림 3-21의 회로도를 참고하라. NOR 게이트의 출력은 $(\overline{A+B+C})$이며 이것이 인버터에 연결되어 있으므로 다음과 같이 쓸 수 있다.

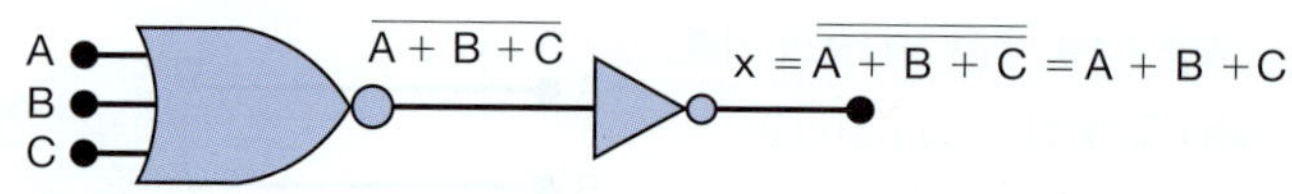

그림 3-21 예제 3-9.

$$x = (\overline{\overline{A + B + C}})$$

역 기호가 2개 겹쳐 있는 것은 $(A + B + C)$을 역변환한 후 그것을 다시 역변환한다는 것을 의미한다. 따라서 $(A + B + C)$는 바뀌지 않는다. 즉 다음과 같이 표현할 수 있다.

$$x = (\overline{\overline{A + B + C}}) = (A + B + C)$$

두 개의 윗줄이 같은 변수 또는 수량 위에 겹쳐 있을 때에는 위에 보인 바와 같이 서로 상쇄된다. 그러나 $\overline{\overline{A} + \overline{B}}$와 같은 경우에는 역 기호가 서로 상쇄되지 않는다. 왜냐하면 짧은 역 기호는 단일 변수 A와 B를 뒤집지만 긴 윗줄은 $(\overline{A} + \overline{B})$의 역을 의미한다. 따라서 $\overline{\overline{A} + \overline{B}} \neq A + B$이다. 마찬가지로 $\overline{\overline{A}\,\overline{B}} \neq AB$이다.

NAND 게이트

그림 3-22의 (a)는 2 입력 **NAND 게이트(NAND gate)**를 기호로 나타낸 것이다. AND 게이트 기호와 같으나 출력에 작은 원이 붙어 있는 차이가 있다. NOR 때와 마찬가지로 이 작은 원은 역 연산을 의미한다. 따라서 NAND 게이트는 AND 게이트 뒤에 인버터가 붙은 것이며 그림 3-22의 (a)와 (b)는 동일하다. NAND 게이트의 출력 표현식은 $x = \overline{AB}$이다.

그림 3-22의 (c) 진리표는 NAND 게이트의 출력이 모든 입력 조건에서 AND 게이트 출력의 반대임을 보여주고 있다. AND 게이트는 모든 입력이 HIGH가 되어야 출력이 HIGH가 되는 것에 비하여, NAND 게이트는 모든 입력이 HIGH가 되면 출력은 LOW가 된다. 이 동작 원리는 2개보다 많은 입력을 가진 NAND 게이트에도 똑같이 적용된다.

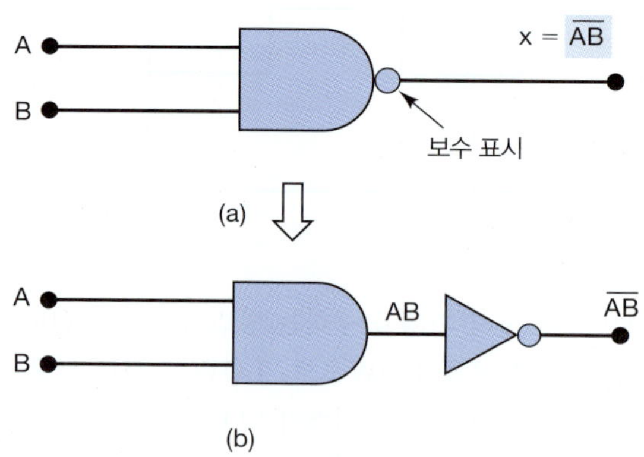

A	B	AND: AB	NAND: $\overline{AB}$
0	0	0	1
0	1	0	1
1	0	0	1
1	1	1	0

(c)

그림 3-22 (a) NAND의 기호. (b) 등가 회로. (c) 진리표.

예제 3-10

그림 3-23의 입력 파형에 대하여 NAND 게이트의 출력 파형을 구하라.

풀이

NAND 게이트의 출력 파형을 구하는 방법의 하나는 AND 게이트의 출력 파형을 구한 뒤 그것을 역변환하는 것이다. 또 다른 방법은 NAND 게이트의 출력은 모든 입력이 HIGH일 때에만 LOW가 된다는 사실을 이용하는 것이다. 따라서 입력 파형을 살펴보고 모든 입력이

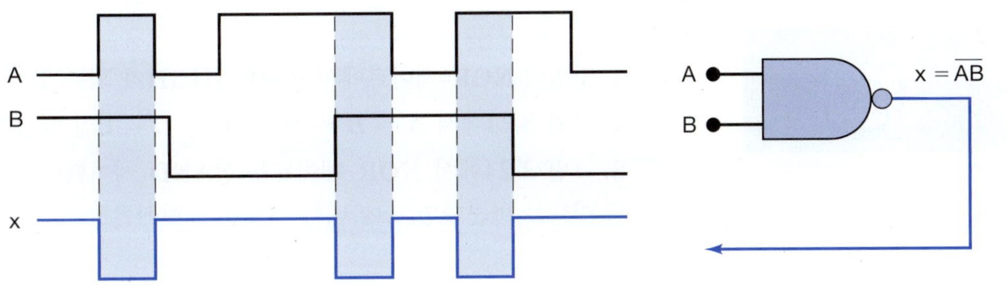

그림 3-23 예제 3-10.

HIGH인 구간을 찾아내어 이 구간 동안 NAND의 출력을 LOW로 만들면 된다. 다른 구간에서는 NAND의 출력이 HIGH가 된다.

예제 3-11

NOR와 NAND 게이트를 사용하여 표현식 $x = \overline{AB \cdot (\overline{C + D})}$에 대한 논리회로를 구현하라.

풀이

$(\overline{C + D})$ 항은 NOR 게이트의 출력이다. 이 항은 입력 A와 B와 함께 AND 연산한 후 그 역을 취하고 있다. 즉 NAND 연산이다. 따라서 회로는 그림 3-24와 같이 구현할 수 있다. NAND 게이트는 A, B, $(\overline{C + D})$ 항을 AND 연산한 후 전체 결과를 역변환하여 완성된다.

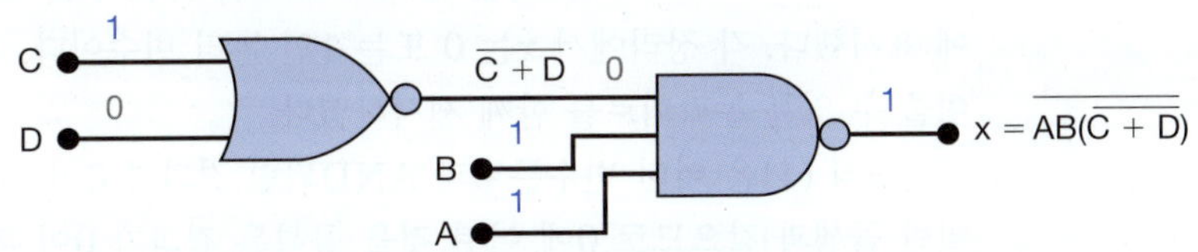

그림 3-24 예제 3-11과 3-12.

예제 3-12

그림 3-24에서 $A = B = C = 1$이고 $D = 0$일 때 출력 파형을 그려라.

풀이

첫 번째로 x에 대한 부울 표현식을 정리하면 다음과 같다.

$$\begin{aligned} x &= \overline{AB(\overline{C + D})} \\ &= \overline{1 \cdot 1 \cdot (\overline{1 + 0})} \\ &= \overline{1 \cdot 1 \cdot (\overline{1})} \\ &= \overline{1 \cdot 1 \cdot 0} \\ &= \overline{0} = 1 \end{aligned}$$

두 번째로 회로도에 입력 논리 값(그림 3-24에서 1로 표시된 것은 모두 입력 논리 값이다)을 쓰고, 이 값이 각 게이트를 거쳐 최종 출력에 이르는 과정을 따라가 본다. NOR 게이트는 입력이 1과 0이므로 출력이 0이다(OR 게이트였다면 출력은 1이었을 것이다). NAND 게이트는 세 입력이 0, 1과 1이므로 출력이 1이 된다(AND 게이트였다면 출력은 0이다).

학습성과 평가문제

1. 3 입력 NOR 게이트에서 출력이 HIGH가 되는 입력 조건은 무엇인가?
2. 그림 3-24에서 $A = B = 1$이고 $C = D = 0$일 때 출력 값을 구하라.
3. 그림 3-24에서 NOR 게이트를 NAND 게이트로 바꾸고 NAND 게이트를 NOR 게이트로 바꾼다면, x에 대한 새로운 표현식은?

3-10 부울 정리

학습성과

이 절을 학습함으로써 다음을 할 수 있다.

- 일반대수 이론을 부울 대수에 적용
- 부울 대수 이론을 이용한 간략화
- 진리표를 통해 부울 대수 표현의 등가성 입증

이제까지 부울 대수를 사용하여 논리회로를 분석하고 연산 과정을 수학적으로 표현할 수 있음을 보았다. 복잡한 논리 표현과 논리회로를 간략히 하는 데 도움을 주는 여러 가지 **부울 정리(Boolean theorems)**를 상세하게 배워보자. 부울 정리 중 첫 번째 그룹을 그림 3-25에 표시했다. 각 정리에서 x는 0 또는 1인 논리 변수이다. 각 정리와 그것이 옳다는 것을 보여줄 수 있는 논리회로를 함께 제시하였다.

정리 (1)은 어떤 변수든 0과 AND되면 결과가 0이 된다는 것이다. 이는 AND 연산이 일반 곱셈과 같으므로 0에 어떤 것을 곱하든 결과가 0이 된다는 사실을 생각하면 기억하기 쉽다. 또한 AND 게이트의 출력은 임의의 한 입력이 0이 되면 다른 입력 값에 관계없이 0이 된다는 사실을 통해도 쉽게 기억할 수 있다.

정리 (2)는 일반 덧셈과 비교하면 당연하다.

정리 (3)은 각각의 경우를 대입해 보면 증명할 수 있다. $x = 0$이면 $0 \cdot 0 = 0$이고, $x = 1$이면 $1 \cdot 1 = 1$이다. 따라서 $x \cdot x = x$이다.

정리 (4)도 같은 방법으로 증명할 수 있다. 또한 어떤 경우에도 $\overline{x}$ 또는 그 역인 x 중 하

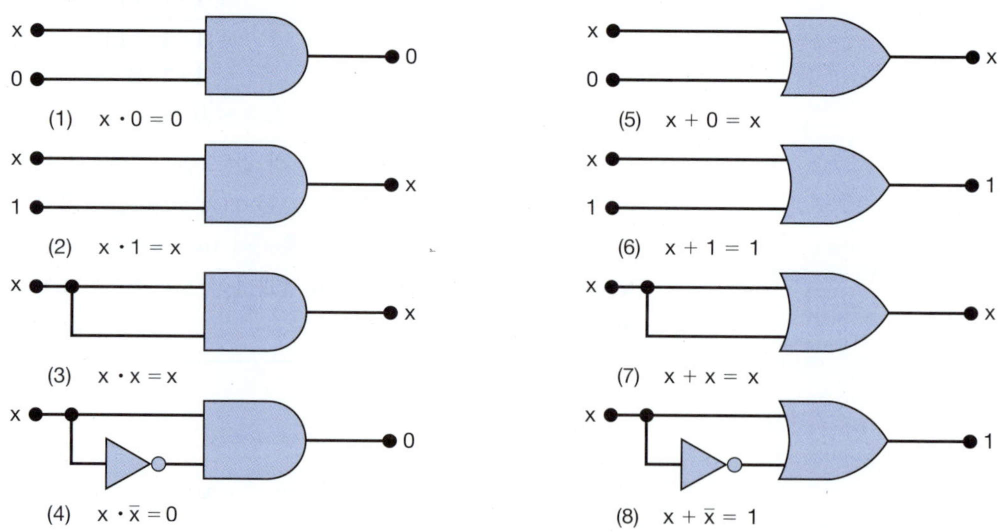

그림 3-25 단일 변수 정리.

나는 0이어야 한다는 사실에서 그들의 AND 곱이 0이어야 한다는 사실을 증명할 수 있다.

정리 (5)는 0을 더하는 것은 일반 덧셈에서든 OR 합에서든 영향을 미치지 않는다는 사실에서 자명하다.

정리 (6)은 어떤 변수든 1과 OR 연산하면 결과는 항상 1이라는 사실을 말하고 있다. x가 가질 수 있는 두 값에 대해서 이 정리를 확인해 보면, $0 + 1 = 1$과 $1 + 1 = 1$이다. 같은 의미로, OR 게이트의 임의의 한 입력이 1이면 다른 입력 값에 관계없이 출력이 1이 된다는 사실을 기억해도 알 수 있다.

정리 (7)은 x가 가질 수 있는 두 값을 점검하여 간단히 증명할 수 있다. $0 + 0 = 0$과 $1 + 1 = 1$.

정리 (8)은 비슷한 방법으로 증명할 수도 있고 $\overline{x}$ 또는 x 중 하나는 1이어야 하고 우리는 늘 0과 1을 OR 연산하므로 결과는 항상 1이라는 사실을 논리적으로 설명할 수도 있다.

더 많은 정리를 소개하기 전에, 정리 (1)부터 (8)을 적용할 때, 변수 x는 사실상 한 개 이상의 변수를 포함하는 표현식이 될 수도 있음을 알아야 한다. 예를 들어, $A\overline{B}(\overline{A\overline{B}})$에서 $x = A\overline{B}$로 대치한 뒤 정리 (4)를 적용할 수 있다. 따라서 $A\overline{B}(\overline{A\overline{B}}) = 0$이라고 할 수 있다. 같은 생각을 위에 보인 어떤 정리에도 적용할 수 있다.

다변수 정리

다음 정리는 2개 이상의 변수에 대한 것이다.

(9) $x + y = y + x$

(10) $x \cdot y = y \cdot x$

(11) $x + (y + z) = (x + y) + z = x + y + z$

(12) $x(yz) = (xy)z = xyz$

(13*a*) $x(y + z) = xy + xz$

(13*b*) $(w + x)(y + z) = wy + xy + wz + xz$

(14) $x + xy = x$

(15*a*) $x + \overline{x}y = x + y$

(15*b*) $\overline{x} + xy = \overline{x} + y$

정리 (9)와 (10)을 교환 법칙(*commutative law*)이라고 부른다. 이 법칙은 OR과 AND 연산에서 두 변수의 순서는 중요하지 않으며, 결과는 항상 같다는 것을 의미한다.

정리 (11)과 (12)는 결합 법칙(*associative law*)이라고 부른다. 이는 AND 표현식이나 OR 표현식에서 변수를 아무 순서대로 묶어도 된다는 것을 의미한다.

정리 (13)은 분배 법칙(*distributive law*)으로서 일반 대수와 마찬가지로 각 항을 곱하여 전개할 수 있다는 것을 의미한다. 이 정리는 부울 표현식의 공통 부분을 인수로 묶어낼 수 있음을 의미하기도 한다. 즉 2개(또는 그 이상)의 항이 덧셈으로 묶여 있고 각 항에 공통 변수가 있다면 일반 대수와 마찬가지로 공통 변수를 인수로 묶어낼 수 있다. 예를 들어, $A\overline{B}C + \overline{A}\,\overline{B}\,\overline{C}$는 다음과 같이 $\overline{B}$로 묶어낼 수 있다.

$$A\overline{B}C + \overline{A}\,\overline{B}\,\overline{C} = \overline{B}(AC + \overline{A}\,\overline{C})$$

또 다른 예로 $ABC + ABD$라는 표현식을 생각해보자. 여기서 변수 A와 B가 공통이므로 두 항을 $A \cdot B$로 묶어낼 수 있다. 그 결과는 다음과 같다.

$$ABC + ABD = AB(C + D)$$

정리 (9)에서 (13)까지는 일반 대수와 마찬가지이므로 기억하여 사용하기 쉽다. 반면에 정리 (14)와 (15)는 일반 대수에 상응하는 규칙이 없다. 이들은 x와 y의 모든 경우를 대입해 봄으로써 증명할 수 있다. 정리 (14)의 경우 다음과 같이 할 수 있다.

x	y	xy	x + xy
0	0	0	0
0	1	0	0
1	0	0	1
1	1	1	1

출력 $x + xy$는 항상 x값과 같다는 것에 주목하라.

정리 (14)는 다음과 같이 인수로 묶어낸 후 정리 (6)과 정리 (2)를 사용하여 증명할 수도 있다.

$$\begin{aligned} x + xy &= x(1 + y) \\ &= x \cdot 1 && \text{[정리 (6) 사용]} \\ &= x && \text{[정리 (2) 사용]} \end{aligned}$$

부울 정리는 논리 표현의 간략화, 즉 표현식에서 항의 수를 줄이는 데 매우 유용하게 사용할 수 있다. 이들 정리를 이용하여 표현식을 간략히 만들면, 원래 부울 표현식의 회로보다 덜 복잡한 회로를 만들 수 있다. 다음 장에서는 많은 부분을 회로 간략화 방법에 할애할 것이다. 지금으로서는 예를 통해 부울 정리가 어떻게 응용되는지 보여주고자 한다. 부울 이론은 이 책 맨 뒷장 안쪽에 서술하였다.

예제 3-13

$y = A\overline{B}D + A\overline{B}\,\overline{D}$를 간략히 나타내어라.

풀이

정리 (13)을 사용하여 공통 변수 $A\overline{B}$를 인수로 묶어낸다.

$$y = A\overline{B}(D + \overline{D})$$

정리 (8)을 사용하면, 괄호 안의 항은 1이 된다. 결과는 다음과 같다.

$$\begin{aligned} y &= A\overline{B} \cdot 1 \\ &= A\overline{B} && \text{[정리 (2) 사용]} \end{aligned}$$

예제 3-14

$z = (\overline{A} + B)(A + B)$를 간략히 나타내어라.

풀이

각 항을 곱하여 표현식을 전개한다[정리 (13)].

$$z = \overline{A} \cdot A + \overline{A} \cdot B + B \cdot A + B \cdot B$$

정리 (4)에 따라 항 $\overline{A} \cdot A = 0$이고, 정리 (3)에 따라 항 $B \cdot B = B$가 된다.

$$z = 0 + \overline{A} \cdot B + B \cdot A + B = \overline{A}B + AB + B$$

변수 B를 인수로 묶어낸다[정리 (13)].

$$z = B(\overline{A} + A + 1)$$

마지막으로 정리 (2)와 (6)을 사용한다.

$$z = B$$

예제 3-15

$x = ACD + \overline{A}BCD$를 간략히 나타내어라.

풀이

공통 변수 CD로 묶어낸다.

$$x = CD(A + \overline{A}B)$$

정리 (15a)를 사용하여 $A + \overline{A}B$를 $A + B$로 대치한다. 결과는 다음과 같다.

$$\begin{aligned} x &= CD(A + B) \\ &= ACD + BCD \end{aligned}$$

학습성과 평가문제

1. 정리 (13)과 (14)를 사용하여 $y = A\overline{C} + AB\overline{C}$를 간략히 나타내어라.
2. 정리 (13)과 (8)을 사용하여 $y = \overline{A}BC\overline{D} + \overline{A}\overline{B}C\overline{D}$를 간략히 나타내어라.
3. 정리 (13)과 (15b)를 사용하여 $y = \overline{A}D + ABD$를 간략히 나타내어라.

3-11 드모르간 정리

학습성과

이 절을 학습함으로써 다음을 할 수 있다.

- 드모르간 정리의 대수적 표현
- 부울 함수를 드모르간 정리를 사용하여 간략화
- 드모르간 정리의 등가회로 작성

부울 대수의 가장 중요한 두 개의 정리는 위대한 수학자 드모르간(DeMorgan)이 제안한 것이다. **드모르간 정리(DeMorgan's theorems)**는 변수의 합 또는 곱의 역을 간략히 표현할 때 매우 유용하다. 두 개의 드모르간 정리는 다음과 같다

$$(16) \quad (\overline{x + y}) = \overline{x} \cdot \overline{y}$$
$$(17) \quad (\overline{x \cdot y}) = \overline{x} + \overline{y}$$

정리 (16)은 두 변수의 OR 합 역변환은, 각 변수를 독자적으로 역변환시킨 후 변환된 변수를 AND 연산하는 것과 같다는 것을 의미한다. 정리 (17)은 두 변수의 AND 곱 역변환은 각 변수를 역변환시킨 뒤 변환된 변수를 OR 연산하는 것과 같다는 것을 의미한다. 각각의 드모르간 정리는 x와 y의 가능한 모든 조합의 경우를 점검하는 것으로 증명할 수 있다. 이는 이 장의 끝에 있는 연습문제로 남겨둔다.

이 정리는 단일 변수 x와 y에 대하여 만들어져 있는 것이지만, x와 y 중의 하나 또는 두 변수 모두가 하나 이상의 변수를 포함하는 표현식일 경우에도 성립한다. 예를 들어, $(\overline{A\overline{B} + C})$에 위의 정리를 적용하면 다음과 같이 나타낼 수 있다.

$$(\overline{A\overline{B} + C}) = (\overline{A\overline{B}}) \cdot \overline{C}$$

여기서는 정리 (16)을 사용하였으며 $A\overline{B}$를 x로, C를 y로 취급하였다. 이 결과 $A\overline{B}$는 다시 한 번 역변환되어 있으므로 더 간략하게 표현할 수 있다. 정리 (17)을 사용하면 이 표현식

은 다음과 같이 나타낼 수 있다.

$$\overline{A\overline{B}}\cdot\overline{C} = (\overline{A} + \overline{\overline{B}})\cdot\overline{C}$$

여기서 $\overline{\overline{B}} = B$이므로 최종적으로 다음과 같이 정리할 수 있다.

$$(\overline{A} + B)\cdot\overline{C} = \overline{A}\,\overline{C} + B\overline{C}$$

이 최종 결과에는 단일 변수만을 역변환시키는 역 기호만 포함되어 있다.

예제 3-16

표현식 $z = \overline{(\overline{A} + C)\cdot(B + \overline{D})}$를 간략히 표현하여 변수들이 한 번만 역변환되는 형태로 만들어라.

풀이

정리 (17)을 사용하되, $(\overline{A} + C)$를 x로, $(B + \overline{D})$를 y로 취급하면 다음과 같이 표현할 수 있다.

$$z = \overline{(\overline{A} + C)} + \overline{(B + \overline{D})}$$

이는 긴 줄의 역 기호를 가운데에서 반으로 나누고 AND 기호 (·)를 OR 기호(+)로 바꾼 것으로 이해할 수 있다. 여기서 $\overline{(\overline{A} + C)}$ 항과 $\overline{(B + \overline{D})}$ 항은 정리 (16)을 사용하여 간략히 나타낼 수 있다.

$$\begin{aligned} z &= \overline{(\overline{A} + C)} + \overline{(B + \overline{D})} \\ &= (\overline{\overline{A}}\cdot\overline{C}) + \overline{B}\cdot\overline{\overline{D}} \end{aligned}$$

여기서 우리는 긴 줄의 역 기호를 중간에서 나누고 (+)를 (·)로 바꾸었다. 역의 역 기호(이중 역 기호)가 상쇄하여 없어지므로 최종적으로 다음과 같은 결과를 구할 수 있다.

$$z = A\overline{C} + \overline{B}D$$

예제 3-16은 드모르간 정리를 사용하여 부울 표현식을 간략히 나타낼 경우, 표현식의 어떤 곳에서건 역 기호를 분해하고 그 지점에서 연산 기호를 반대로(+는 ·으로, · 은 +로) 바꿀 수 있다는 것을 의미한다. 이 절차는 표현식 안의 변수들이 한 번만 역변환되는 형태로 바뀔 때까지 계속할 수 있다. 다음은 그 두 가지 예이다.

예 1

$$\begin{aligned} z &= \overline{A + \overline{B}\cdot C} \\ &= \overline{A}\cdot(\overline{\overline{B}\cdot C}) \\ &= \overline{A}\cdot(\overline{\overline{B}} + \overline{C}) \\ &= \overline{A}\cdot(B + \overline{C}) \end{aligned}$$

예 2

$$\begin{aligned} \omega &= \overline{(A + BC)\cdot(D + EF)} \\ &= \overline{(A + BC)} + \overline{(D + EF)} \\ &= (\overline{A}\cdot\overline{BC}) + (\overline{D}\cdot\overline{EF}) \\ &= [\overline{A}\cdot(\overline{B} + \overline{C})] + [\overline{D}\cdot(\overline{E} + \overline{F})] \\ &= \overline{A}\,\overline{B} + \overline{A}\,\overline{C} + \overline{D}\,\overline{E} + \overline{D}\,\overline{F} \end{aligned}$$

드모르간 정리는 2개보다 많은 변수가 포함된 식에도 쉽게 적용할 수 있다. 예를 들어, 아래와 같은 표현식도 증명 가능하다.

$$\overline{x + y + z} = \overline{x}\cdot\overline{y}\cdot\overline{z}$$
$$\overline{x\cdot y\cdot z} = \overline{x} + \overline{y} + \overline{z}$$

여기서 긴 줄의 역 기호는 표현식의 두 군데에서 분해되었고 연산 기호는 반대로 바뀌었다. 이것은 변수의 개수가 더 많을 때에도 적용 가능하다. 이 때 각 변수는 단일 변수 대신 표현식이 될 수도 있다는 점을 알아야 한다. 여기 또 다른 예가 있다.

$$\begin{aligned} x &= \overline{\overline{AB}\cdot\overline{CD}\cdot\overline{EF}} \\ &= \overline{\overline{AB}} + \overline{\overline{CD}} + \overline{\overline{EF}} \\ &= AB + CD + EF \end{aligned}$$

드모르간 정리의 의미

정리 (16)과 (17)을 논리회로의 관점에서 바라보자. 우선 정리 (16)을 살펴보자.

$$\overline{x+y} = \bar{x}\cdot\bar{y}$$

여기서 등식의 좌변은 입력이 x와 y인 NOR 게이트의 출력이라고 할 수 있다. 등식의 우변은 그와 반대로 x와 y를 각각 역변환시킨 후 AND 게이트에 입력한 것을 의미한다. 이 두 표현은 등가이며, 이것을 그림으로 나타낸 것이 그림 3-26의 (a)이다. 이것이 의미하는 것은 각 입력에 인버터가 붙은 AND 게이트는 NOR 게이트와 같다는 것이다. 사실 두 표현 모두 NOR 기능을 나타내기 위해 사용된다. 이는 일반적으로 그림 3-26의 (b)와 같이 나타내며, 각 입력에 작은 동그라미가 붙어 있는 것은 역 연산이 이루어짐을 의미한다.

정리 (17)을 생각해보자.

$$\overline{x\cdot y} = \bar{x} + \bar{y}$$

등식의 좌변은 입력이 x와 y인 NAND 게이트로 구현할 수 있다. 우변은 입력 x와 y를 역변환시킨 후 OR 게이트에 입력하여 구현할 수 있다. 이 두 등가 표현 방법을 나타낸 것이 그림 3-27의 (a)이다. 각 입력에 인버터가 붙은 OR 게이트는 NAND 게이트와 등가이다. 사실 두 표현 방법은 모두 NAND 기능을 나타내기 위해 사용된다. NAND 기능을 나타내기 위해 입력이 역변환된 OR 게이트를 사용할 때에는 그림 3-27의 (b)에 보인 것과 같이 그린다. 여기서도 작은 동그라미가 역변환을 의미한다.

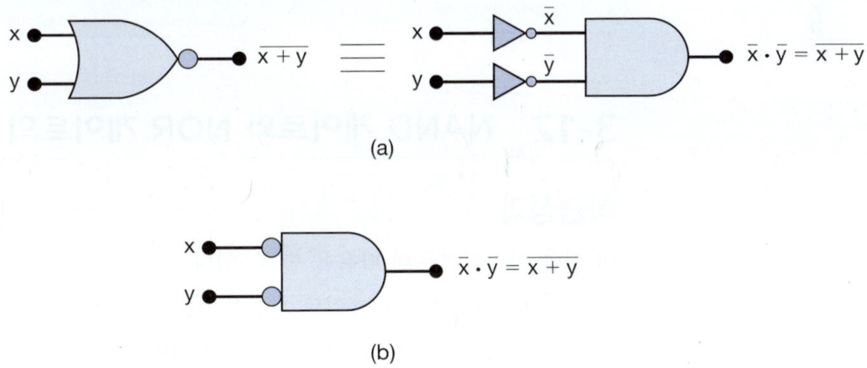

그림 3-26 (a) 정리 (16)을 의미하는 등가 회로. (b) NOR 기능의 대안 표시 기호.

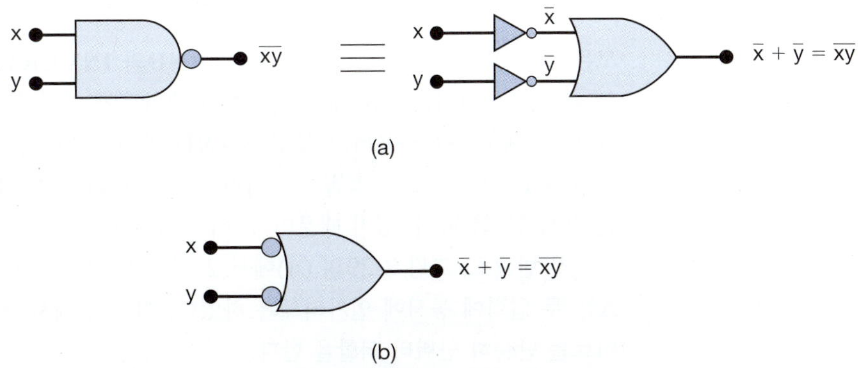

그림 3-27 (a) 정리 (17)을 의미하는 등가 회로. (b) NAND 기능의 대안 표시 기호.

예제 3-17

그림 3-28에 있는 회로의 출력 표현식을 구하고, 드모르간 정리를 사용하여 표현식을 간략히 나타내어라.

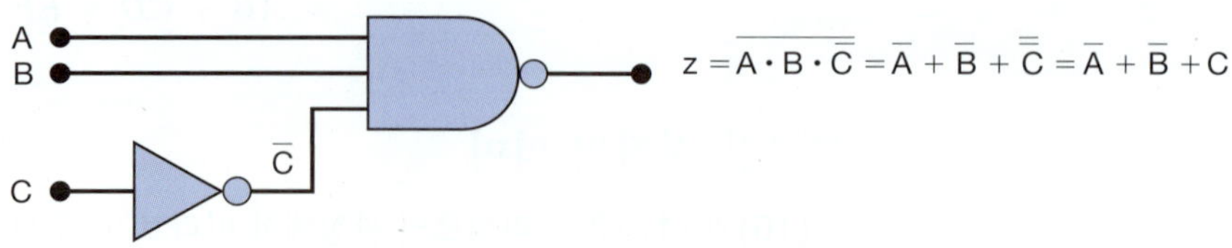

그림 3-28 예제 3-17.

풀이

출력 z의 표현식은 $z = \overline{AB\overline{C}}$이다. 긴 줄의 역 기호를 분해하기 위해 드모르간 정리를 사용한다.

$$z = \overline{A} + \overline{B} + \overline{\overline{C}}$$

C 위의 이중 역 기호는 상쇄되므로 결과는 다음과 같다.

$$z = \overline{A} + \overline{B} + C$$

학습성과 평가문제

1. 드모르간 정리를 사용하여 표현식 $z = \overline{(A + B) \cdot \overline{C}}$를 단일 변수의 역으로만 표현되는 식으로 변환하라.
2. 표현식 $y = \overline{R\overline{S}T + Q}$를 문제 1번과 같이 변환하라.
3. 출력 표현식이 $z = \overline{A\overline{B}C}$인 회로를 NOR 게이트와 인버터만 사용하여 구현하라.
4. 드모르간 정리를 사용하여 $y = \overline{\overline{A} + \overline{B} + \overline{C}D}$를 단일 변수의 역으로만 표현되는 식으로 변환하라.

3-12 NAND 게이트와 NOR 게이트의 범용성

학습성과

이 절을 학습함으로써 다음을 할 수 있다.

- AND, OR, NOT 게이트 기능을 NAND 게이트로 구현
- AND, OR, NOT 게이트 기능을 NOR 게이트로 구현
- DIP 패케이지 논리기술을 사용하여 회로의 IC칩 개수 줄이기

모든 부울 표현식은 기본 연산인 OR, AND와 INVERT의 조합으로 이루어져 있다. 따라서 어떤 표현식이든 OR 게이트, AND 게이트와 인버터의 조합으로 구현할 수 있다. 그러나 다른 게이트를 사용하지 않고 NAND 게이트만으로도 모든 표현식을 구현할 수 있다. 이는 NAND 게이트를 적절히 조합하기만 하면 OR, AND와 INVERT와 같은 부울 연산을 수행하도록 할 수 있기 때문이다. 이를 표현한 것이 그림 3-29이다.

첫 번째로, 그림 3-29의 (a)에서 2 입력 NAND 게이트의 입력이 함께 연결되어 변수 A는 두 입력에 동시에 인가되도록 하였다. 이 구성에서 $x = \overline{A \cdot A} = \overline{A}$이므로 NAND 게이트는 단순히 인버터 역할을 한다.

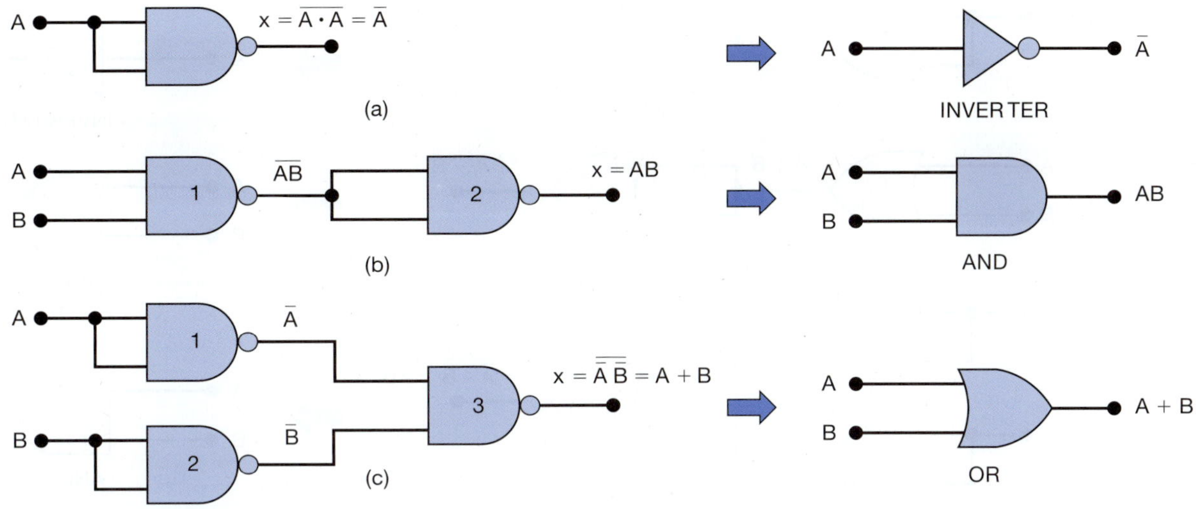

그림 3-29 NAND 게이트를 연결하면 어떤 부울 연산도 수행할 수 있다.

그림 3-29의 (b)에서 두 개의 NAND 게이트는 AND 연산을 수행하도록 연결되었다. 2번째 NAND 게이트는 인버터 역할을 수행하여 $\overline{AB}$을 $\overline{\overline{AB}} = AB$로 변환하는데, 이것이 우리가 원하는 AND 기능이다.

OR 연산은 그림 3-29의 (c)와 같이 NAND 게이트를 연결하여 수행될 수 있다. 여기서 NAND 게이트 1과 2는 인버터 역할을 수행하여 입력을 역변환시킨다. 따라서 최종 출력은 $x = \overline{\overline{A} \cdot \overline{B}}$이며 이를 드모르간 정리를 사용하여 간략하게 표현하면 $x = A + B$가 된다.

같은 방법으로 NOR 게이트만 사용하여 어떤 부울 연산도 수행할 수 있도록 구성할 수 있다. 이를 나타낸 것이 그림 3-30이다. (a)는 NOR 게이트의 입력을 같이 연결하면 출력이 $x = \overline{A + A} = \overline{A}$가 되므로 인버터로서 역할을 수행할 수 있음을 나타내고 있다.

그림 3-30의 (b)는 두 개의 NOR 게이트로 OR 기능을 수행하도록 구성하였다. 여기서 NOR 게이트 2는 인버터 역할을 하며 입력 $\overline{A + B}$를 $\overline{\overline{A + B}} = A + B$로 바꾸는데, 그것이 원하는 OR 기능이다.

AND 기능은 그림 3-30의 (c)와 같이 NOR 게이트들로 구현할 수 있다. 여기서, NOR 게이트 1과 2는 인버터로서 입력을 역변환시키며, 따라서 최종 출력은 $x = \overline{\overline{A} + \overline{B}}$이다. 이를 드모르간 정리로 간략히 표현하면 $x = A \cdot B$로 정리된다.

어떤 부울 연산도 NAND 게이트만 사용하여 구현할 수 있으므로 어떤 논리회로든지 NAND 게이트만 사용하여 만들 수 있다. NOR 게이트도 마찬가지다. NAND와 NOR 게이트의 이런 특징은 논리회로 설계에 매우 유용하다. 이를 보여주는 것이 예제 3-18이다.

예제 3-18

제조 공정에서 특정 조건이 발생하면 컨베이어 벨트가 멈춘다. 이 조건이 발생하는 것은 항상 탐지되고 다음 네 개의 논리 신호에 반영된다. 신호 A는 컨베이어 벨트의 속도가 지나치게 빠르면 HIGH가 된다. 신호 B는 벨트 끝에 있는 부품 수거통이 꽉 차면 HIGH가 된다. 신호 C는 벨트의 장력이 너무 높으면 HIGH가 된다. 신호 D는 수동 정지 신호가 꺼지면 HIGH가 된다.

A와 B 조건이 동시에 HIGH가 되거나 C와 D 조건이 동시에 HIGH가 되면 신호 x가 HIGH가 되는 논리회로가 필요하다. 당연히, 필요한 x에 대한 논리 표현식은 $x = AB + CD$이다. 이 회로를 최소한의 IC를 사용하여 구현하여야 한다. 그림 3-31의 TTL 집적 회

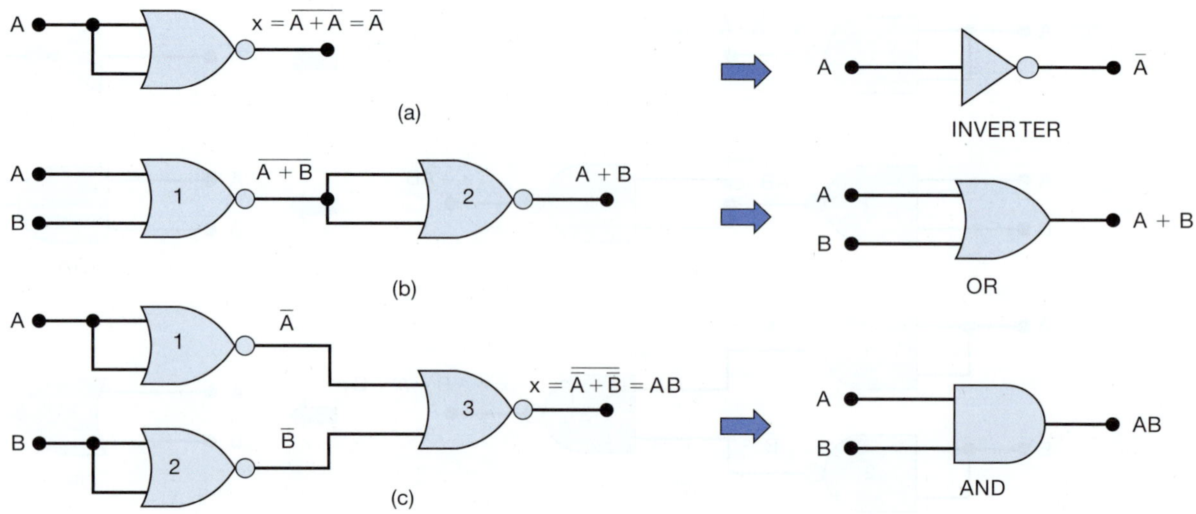

그림 3-30 NOR 게이트를 연결하면 어떤 부울 연산도 수행할 수 있다.

로가 사용 가능하다. 각 IC에는 *4*개의 동일한 게이트가 들어 있다.

풀이

주어진 논리 표현식을 그대로 논리회로로 구현하는 방법은 그림 3-32의 (a)에 보인 것과 같이 2개의 AND 게이트와 OR 게이트를 사용하는 것이다. 이 구현 방법은 74LS08 IC에서 2개의 게이트를, 74LS32 IC에서 1개의 게이트를 사용하는 것이다. 각 입출력 단자의 괄호 안에 들어 있는 숫자는 각 IC의 핀 번호이다. 핀 번호는 논리회로 선 다이어그램에서 항상 쓰게 되어 있다. 회로의 동작을 나타낼 때는 꼭 필요치 않는 경우에는 논리 다이어그램에서는 핀 번호를 나타내지 않기도 한다.

이 회로를 구현하는 또 다른 방법은 그림 3-32의 (a)에 보인 회로의 AND 게이트와 OR 게이트를 그림 3-29에 보인 등가의 NAND 게이트로 대치하는 것이다. 그 결과가 그림 3-32의 (b)이다.

처음 보기에 이 새로운 회로는 7개의 NAND 게이트처럼 보인다. 그러나 NAND 게이트 3~5는 인버터 2개가 직렬로 연결된 모양으로서 NAND 게이트 1의 출력 신호를 두 번 역변환시키는 역할을 수행하므로 회로에서 제거할 수 있다. 마찬가지로 NAND 게이트 4와 6도 제거할 수 있다. 두 개의 직렬 인버터를 모두 제거한 최종 회로는 그림 3-32의 (c)이다.

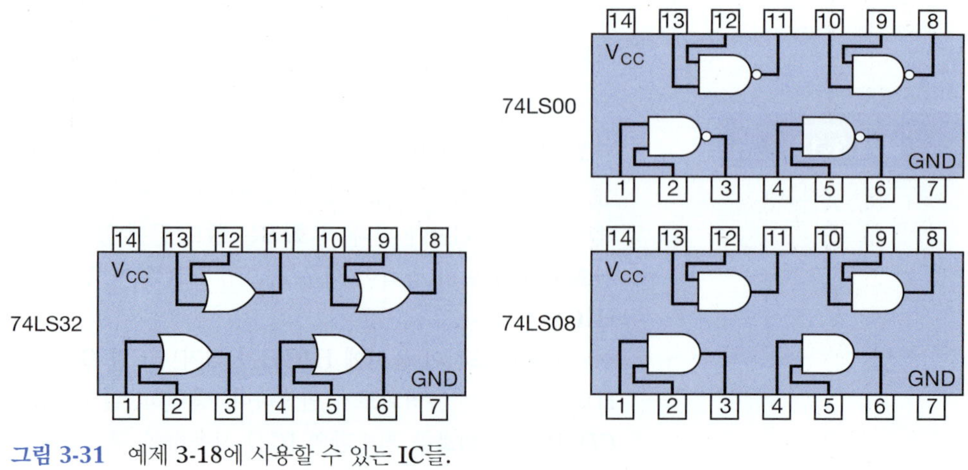

그림 3-31 예제 3-18에 사용할 수 있는 IC들.

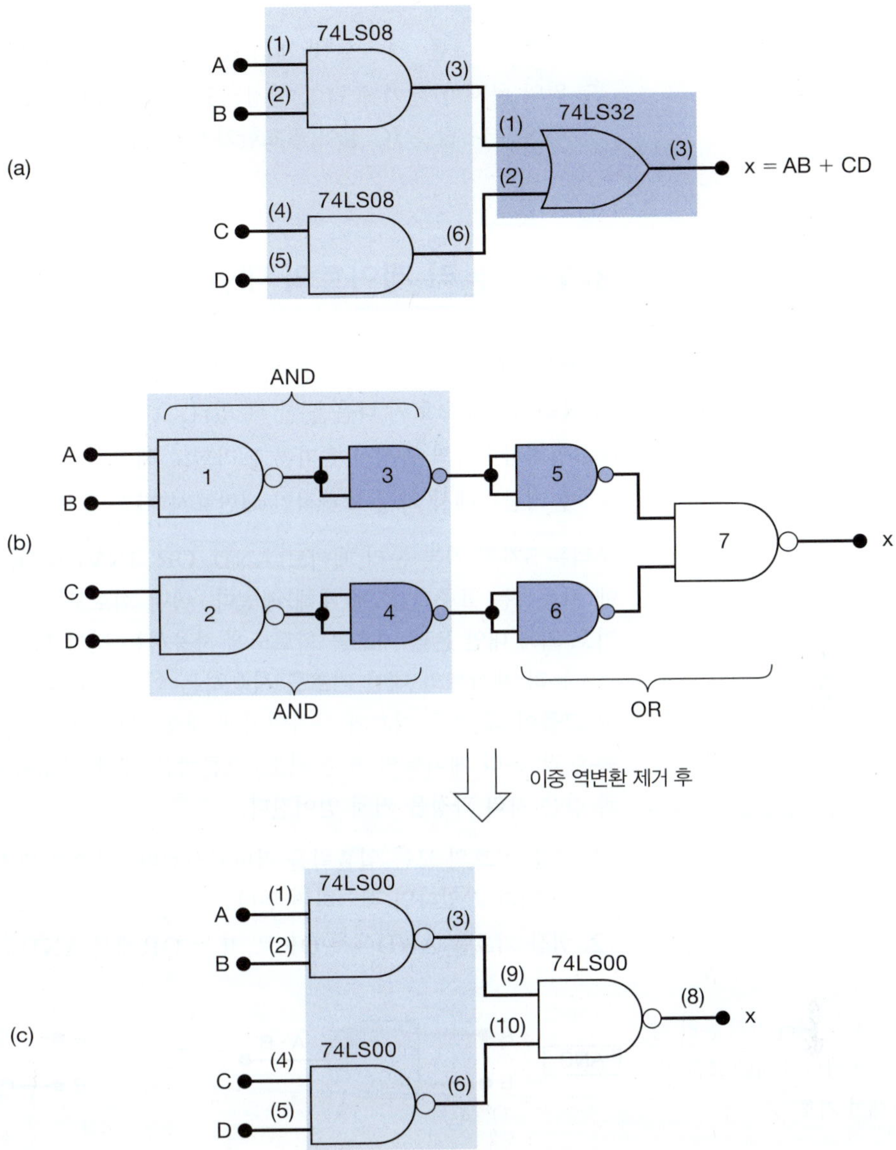

그림 3-32 예제 3-18을 구현하는 여러 방법.

최종 회로는 그림 3-32의 (a) 회로보다 더 효율적이다. 왜냐하면 3개의 2 입력 NAND 게이트는 한 개의 IC, 즉 74LS00으로 구현할 수 있기 때문이다.

학습성과 평가문제

1. 하나의 논리회로에서 역 연산을 구현하는 방법이 몇 가지나 되는가?
2. 표현식 $x = (A + B)(C + D)$를 OR와 AND 게이트로 구현하라. 그리고 그림 3-30에 보인 NOR로 구성하는 방법을 사용하여 각 OR 게이트와 AND 게이트를 NOR 게이트로 변환하여 구현하라. 어떤 회로가 더 효율적인가?
3. 그림 3-32의 (c)에 있는 회로의 출력 표현식을 쓰고, 드모르간 정리를 사용하여 그림 3-32의 (a)에 있는 회로에 대한 표현식과 등가임을 보여라.
4. 그림 3-32(a)에서 만약에 출력 $x = AB + C\overline{D}$로 변경시키면 D의 반전된 입력이 필요

로 한다. 그를 경우에 몇 개의 IC 칩이 필요한가?

5. 위의 문제와 같이 출력이 변경되었을 때 그림 3-32(c)의 NAND 게이트를 사용할 경우 얼마나 많은 IC 칩이 필요한가?

3-13 논리 게이트의 대안 표시

학습성과

이 절을 학습함으로써 다음을 할 수 있다.

- 입력함수들의 활성화에 따른 논리회로 해석
- 논리함수에서 가장 보편적인 대안표시 기호 표현

우리는 5가지 기본 논리 게이트(AND, OR, INVERTER, NAND, NOR)와 논리회로도에 사용하는 표준 기호에 대해 배웠다. 어떤 회로도는 이 표준 기호만 사용하지만 이 표준 기호 외에 **대안 논리 기호**를 회로도에 사용하는 것이 보다 일반적이다.

논리 게이트의 대안 기호를 사용하는 이유를 다루기 전에 각 기호의 대안 표시를 보이고 그들이 왜 표준 기호와 등가인지에 대해 다루기로 하겠다. 그림 3-33을 보라. 그림의 왼쪽은 각 논리 게이트의 표준 기호, 오른쪽은 대안 기호이다. 각 게이트의 대안 기호는 다음과 같은 처리 과정을 거쳐 얻어진다.

1. 표준 기호의 모든 입출력을 역변환시킨다. 입출력 단자에 방울(작은 원)이 없다면 방울을 더하고 있다면 제거하면 된다.
2. 연산 기호를 AND에서 OR로, 또는 OR에서 AND로 바꾼다(인버터의 경우에는 연산

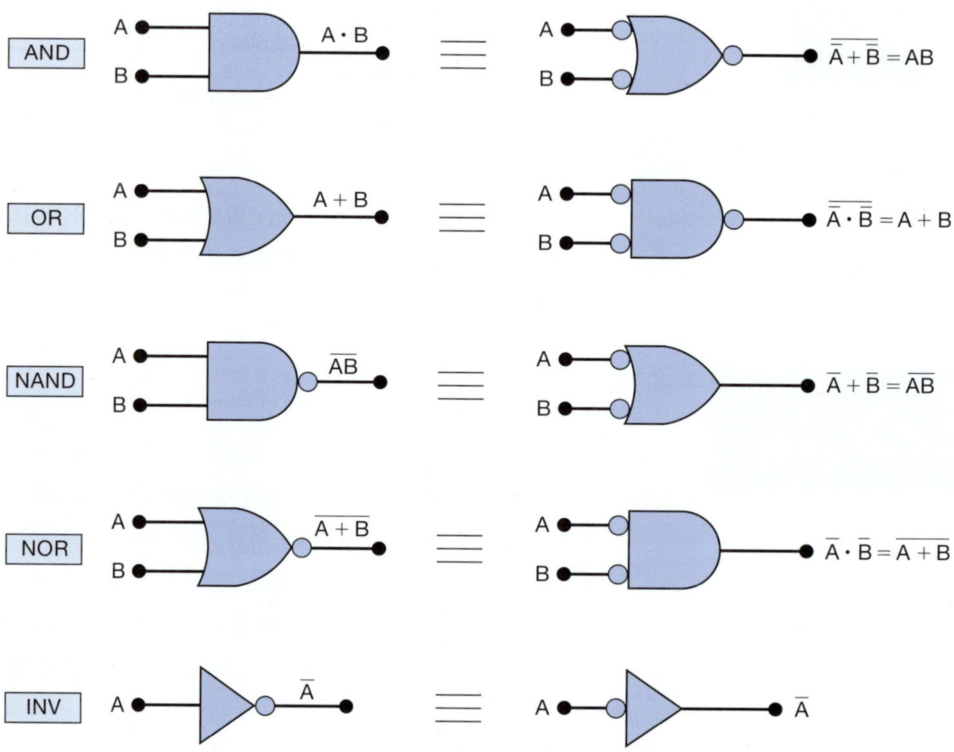

그림 3-33 여러 가지 논리 게이트와 인버터에 대한 표준 기호와 대안 기호.

기호를 바꾸지 않는다).

예를 들어, 표준 NAND 기호는 AND 기호의 출력에 방울이 붙어 있는 경우이다. 위에 보인 처리 단계를 거쳐, 출력으로부터 방울을 제거하고 각 입력에 방울을 추가한다. 그리고 AND 기호를 OR 기호로 바꾼다. 결과는 입력에 방울이 달린 OR 기호가 된다.

이 대안 기호가 표준 기호와 등가라는 것은 드모르간 정리를 사용하고 방울이 역 연산을 의미한다는 사실을 생각해보면 쉽게 증명할 수 있다. 표준 NAND의 출력 표현식은 $\overline{AB} = \overline{A} + \overline{B}$이며 이는 대안 기호의 출력 표현과 같다. 그림 3-33의 모든 기호들에 대해 이 같은 과정을 해볼 수 있다.

논리 기호의 등가에 대해 다음과 같은 점을 강조해둔다.

1. 등가성은 입력 단자의 개수가 더 많을 때에도 성립한다.
2. 표준 기호는 어떤 것도 입력 단자에 방울이 붙어 있지 않으나, 모든 대안 기호는 방울이 달려 있다.
3. 각 게이트의 표준 기호와 대안 기호는 모두 같은 회로를 나타내고 있는 것이다. 두 기호가 표현하는 회로에는 어떤 차이도 존재하지 않는다.
4. NAND와 NOR 게이트는 역 연산 게이트이며 따라서 표준 기호와 대안 기호 모두 입력 또는 출력 한쪽에만 방울이 달려 있다. AND와 OR 게이트는 역 연산이 없는 게이트로서 대안 기호는 입력과 출력 모두에 방울이 달려 있다.

논리 기호의 해석

그림 3-33의 논리 게이트 기호를 보면 게이트가 어떻게 동작하는지에 대해 독특한 해석이 가능하다. 이 해석 방법에 대해 설명하기 전에, 우선 **활성 논리 값(active logic level)**의 개념에 대해 먼저 생각해보자.

논리회로 기호의 입력 또는 출력 단자에 방울이 붙어 있지 않을 때, 우리는 그 단자를 **HIGH 활성(active-HIGH)**이라고 부른다. 입력 또는 출력 단자에 방울이 붙어 있을 때 우리는 그 단자를 **LOW 활성(active-LOW)**이라고 부른다. 방울의 존재 여부가 회로의 입력 또는 출력 단자가 HIGH 활성인지 LOW 활성인지를 결정하며, 또한 회로 동작을 해석하는 데 사용된다.

그림 3-34의 (a)는 NAND 게이트의 표준 기호이다. 표준 기호는 출력에 방울이 붙어 있고 입력에는 방울이 붙어 있지 않다. 따라서 NAND 게이트는 LOW 활성 출력과 HIGH 활성 입력을 가지고 있다. 이 기호가 의미하는 논리 동작은 다음과 같이 해석할 수 있다.

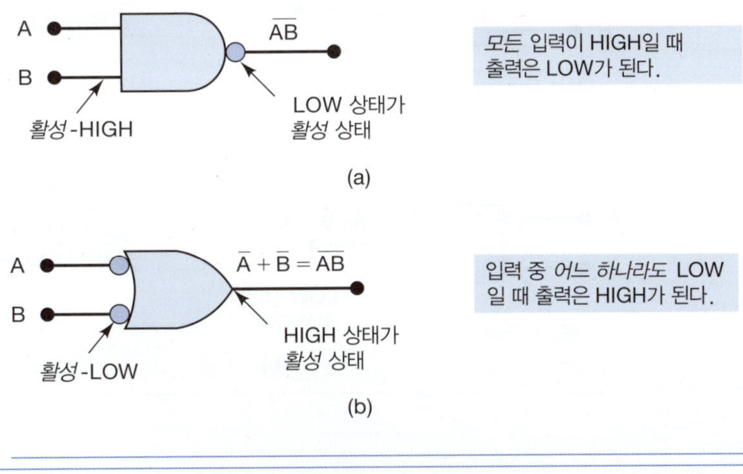

그림 3-34 NAND 게이트의 두 가지 기호 해석.

모든(*all*) 입력이 HIGH일 때만 출력이 LOW가 된다.

이는 모든 입력이 활성 상태일 때에만 출력이 활성 상태가 됨을 의미한다는 점에 유의하라. 여기서 '모든(*all*)'이라는 말은 AND 기호 때문에 사용된 것이다.

그림 3-34의 (b)에 보인 NAND 게이트의 대안 기호는 HIGH 활성 출력과 LOW 활성 입력을 가지고 있다. 따라서 이의 동작은 다음과 같이 해석할 수 있다.

아무(*any*) 입력이든지 LOW가 되면 출력이 HIGH가 된다.

이는 어떤 입력 단자든지 하나만 활성 상태가 되면 출력이 활성 상태가 된다는 것을 말하고 있다. 여기서 '아무(*any*)'라는 말은 OR 기호 때문에 사용된 것이다.

잠시만 생각해보면, 그림 3-34에 보인 NAND 게이트의 두 가지 해석은 같은 것을 보는 두 가지 다른 방법임을 알 수 있을 것이다.

요약

이쯤이 되면 두 가지 논리 기호와 각 논리 게이트를 해석하는 두 가지 방법이 필요한 까닭이 궁금할 것이다. 다음 절을 보면 그 이유를 보다 분명하게 알게 될 것이다. 지금은 논리 게이트 표현 방법에 대한 중요한 점들을 요약해 보자.

1. 각 게이트의 대안 기호를 얻기 위해서는 표준 기호의 연산 기능을 바꾸어야(OR를 AND로, AND를 OR로) 하며 입력과 출력의 방울을 바꾸어야(존재하는 방울을 없애거나 없는 방울을 만들거나) 한다.
2. 논리 게이트의 동작을 해석하기 위해서는 논리 상태 0 또는 1 중에서 어떤 것이 입력 활성 상태이고 어떤 것이 출력 활성 상태인지 주목해야 한다. 그 뒤 출력 활성 상태는 모든 입력이 활성 상태(AND 기호가 사용되었을 때)이거나 아무 입력이든지 활성 상태(OR 기호가 사용되었을 때)일 때 만들어진다는 것을 깨달아야 한다.

예제 3-19

두 OR 게이트 기호를 해석하는 방법을 보여라.

풀이

그 결과가 그림 3-35이다. '아무(*any*)'라는 말은 OR 연산 기호를, '모든(*all*)'이라는 말은 AND 연산 기호를 사용하는 것을 의미한다는 점에 유의하라.

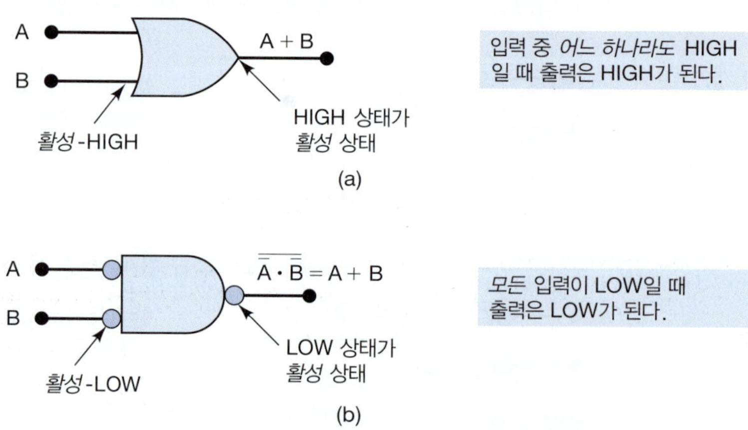

그림 3-35 OR 게이트의 두 가지 기호 해석.

학습성과 평가문제

1. 그림 3-33에서 표준 NOR 게이트 기호의 동작을 해석하는 방법에 대해 적어라.
2. NOR 게이트의 대안 표시에 대해 1번 문제와 같이 적어라.
3. AND 게이트의 대안 표시에 대해 1번 문제와 같이 적어라.
4. AND 게이트의 표준 표시에 대해 1번 문제와 같이 적어라.

3-14 어떤 게이트 표현을 사용할 것인가?

학습성과

이 절을 학습함으로써 다음을 할 수 있다.

- 가장 보편적인 논리 기호 선택
- 논리회로에 기초한 빠른 회로 분석

일부 논리회로 설계자와 교과서는 회로도에 표준 논리 게이트 기호만 사용하기도 한다. 이와 같은 관습이 잘못된 것은 아니지만 회로의 동작을 추적하기에는 쉽지 않다. 회로도에서 대안 게이트 기호를 적절히 사용하면 회로의 동작을 보다 분명하게 나타낼 수 있다. 그림 3-36의 예를 보면 그 점을 쉽게 알 수 있다.

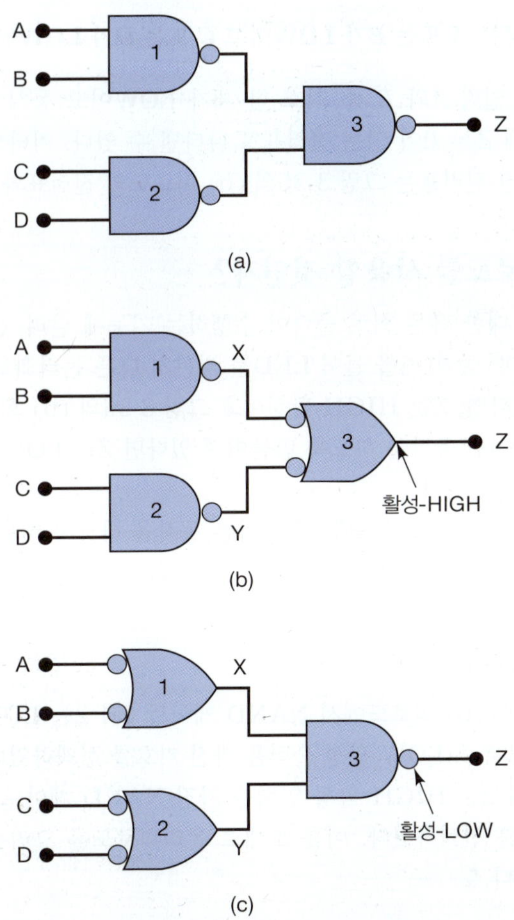

A	B	C	D	Z
0	0	0	0	0
0	0	0	1	0
0	0	1	0	0
0	0	1	1	1
0	1	0	0	0
0	1	0	1	0
0	1	1	0	0
0	1	1	1	1
1	0	0	0	0
1	0	0	1	0
1	0	1	0	0
1	0	1	1	1
1	1	0	0	1
1	1	0	1	1
1	1	1	0	1
1	1	1	1	1

(d)

그림 3-36 (a) 표준 NAND 기호를 사용하는 원래 회로. (b) 출력 Z가 HIGH 활성인 등가 표현. (c) 출력 Z가 LOW 활성인 등가 표현. (d) 진리표.

그림 3-36의 (a) 회로는 3개의 NAND 게이트를 사용하여 입력 *A*, *B*, *C*, *D*에 따른 출력 *Z*를 만들어내고 있다. 회로도는 각 NAND 게이트를 묘사하기 위해 표준 기호를 사용하고 있다. 이 그림은 논리적으로는 옳을지 몰라도, 이 회로가 어떻게 동작하고 있는지 이해시키지는 못하고 있다. 그러나 그림 3-36의 (b)와 (c) 회로도는 회로가 어떻게 동작하는지 분석하기 쉽다.

그림 3-36의 (b)는 원래의 회로도에서 NAND 게이트 3을 대안 기호로 그린 것이다. 이 그림에서 출력 *Z*는 HIGH 활성 출력을 가진 NAND 게이트 기호에서 얻어진다. 따라서 우리는 *X*나 *Y*가 LOW일 때 출력 *Z*가 HIGH가 된다고 말할 수 있다. 이제 *X*와 *Y*는 LOW 활성 출력을 가진 NAND 게이트 출력에서 발생하므로 *X*는 $A = B = 1$일 때에만 LOW, *Y*는 $C = D = 1$일 때에만 LOW가 된다고 할 수 있다. 이를 종합하면 이 회로의 동작은 아래와 같이 설명할 수 있다.

출력 Z는 $A = B = 1$이거나 $C = D = 1$일 때 또는 두 경우 모두 1일 때 HIGH가 된다.

이 설명은 $A = B = 1$일 때와 $C = D = 1$일 때에만 $Z = 1$이 되는 진리표로 나타낼 수 있다. 기타의 경우에는 $Z = 0$이다. 그것에 대한 진리표가 그림 3-36의 (d)이다.

그림 3-36의 (c)는 원래 회로도에서 NAND 게이트 1과 2를 대안 기호로 바꾼 것이다. 이 등가 표시 방법에서 *Z* 출력은 LOW 활성인 NAND 게이트로부터 발생한다. 따라서 *Z*는 $X = Y = 1$일 때에만 *Z*가 LOW가 된다고 할 수 있다. *X*와 *Y*는 HIGH 활성 출력이므로 *A* 또는 *B*가 LOW일 때 *X*가 HIGH가 되고, *C* 또는 *D*가 LOW일 때 *Y*가 HIGH가 된다고 할 수 있다. 이를 종합하면, 회로의 동작은 아래와 같이 요약할 수 있다.

출력 Z는 *A* 또는 *B*가 LOW이고 *C* 또는 *D*가 LOW일 때만 LOW가 된다.

이 설명은 입력 *A*와 *B* 중 최소 한 개가 LOW이고 동시에 입력 *C*와 *D* 중 최소 한 개가 LOW일 때 $Z = 0$이 되는 진리표로 나타낼 수 있다. 기타의 경우에는 *Z*가 1이 된다. 그 결과 만들어진 진리표는 그림 3-36의 (b) 회로도의 진리표와 같다.

어떤 회로도를 사용할 것인가?

이 질문에 대한 답은 회로 출력이 수행하는 기능에 달려 있다. 만일 회로가 출력 *Z*가 1 상태일 때 어떤 동작(예를 들어 LED를 켜든지 다른 논리회로를 활성화시키든지)을 수행하도록 되어 있다면, Z는 HIGH 활성이고 그림 3-36의 (b) 회로도를 사용해야 한다. 반대로 *Z*가 0일 때 어떤 동작을 하도록 만들어져 있다면 Z는 LOW 활성이고 그림 3-36의 (c) 회로도를 사용해야 한다.

물론, 두 출력 상태 모두 서로 다른 동작을 하도록 하는 상황이 있으며 두 상태 모두 활성 상태라고 여길 수 있다. 이 경우에는 두 회로 표현 모두 사용할 수 있다.

방울의 위치

그림 3-36의 (b) 회로도에서 NAND 게이트 1과 2는 LOW 활성 입력을 가진 NAND 게이트 3에 맞추어 LOW 활성 출력을 가진 기호를 선택하였다. 그림 3-36의 (c)에서 NAND 게이트 1과 2는 HIGH 활성 입력을 가진 NAND 게이트 3에 맞추어 LOW 활성 출력을 가진 기호를 선택하였다. 이를 토대로 논리회로도를 그리는 일반적인 규칙을 다음과 같이 만들 수 있다.

가능하다면 방울이 달린 출력은 항상 방울이 달린 입력에 연결하고 방울이 없는 출력은 방울이 없는 입력에 연결하라.

다음 몇 가지 예제는 이 규칙이 어떻게 적용될 수 있는지 보여줄 것이다.

예제 3-20

그림 3-37의 (a) 논리회로도는 출력 Z가 HIGH가 될 때 경보를 울리도록 되어 있다. 이 회로도를 수정하여 회로가 좀 더 효율적으로 동작하게 그려라.

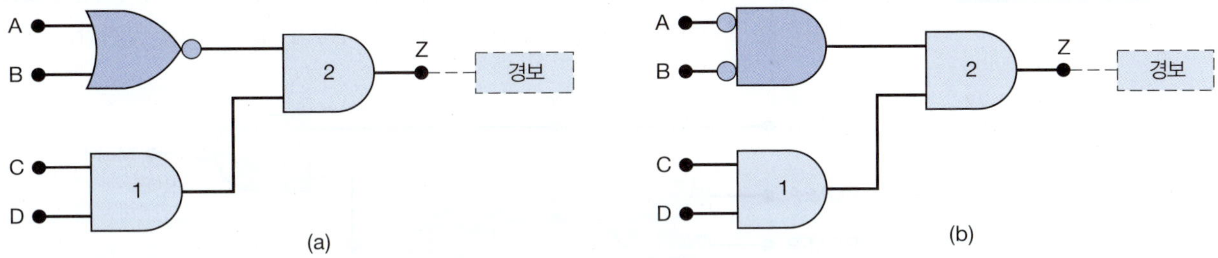

그림 3-37 예제 3-20.

풀이

$Z = 1$일 때 경보가 울리도록 되어 있으므로 Z는 HIGH 활성이다. 따라서 AND 게이트 2는 바꿀 필요가 없다. NOR 게이트 기호는 그림 3-37의 (b)에 보인 것과 같이 AND 게이트 2의 입력에 방울이 없으므로 방울이 없는(HIGH 활성) 출력을 가진 대안 기호로 바꾸어야 한다. 회로는 이제 방울이 없는 출력이 게이트 2의 방울이 없는 입력과 연결되어 있다.

예제 3-21

그림 3-38의 (a) 논리회로 출력이 LOW가 되면 다른 논리회로를 활성화시킨다. 이 회로도를 회로가 좀 더 효율적으로 동작하게 그려라.

그림 3-38 예제 3-21.

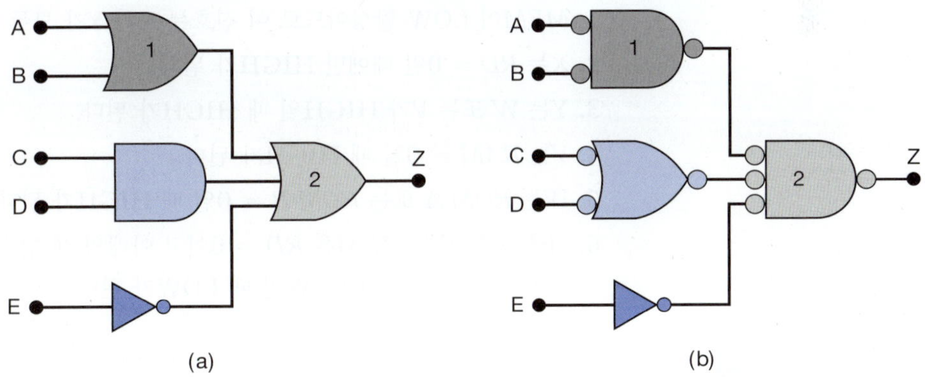

풀이

Z가 LOW 활성이므로 OR 게이트 2의 기호는 그림 3-38의 (b)에 보인 것과 같이 대안 기호로 바꾸어야 한다. 새로운 OR 게이트 2의 기호는 방울이 달린 입력을 가지고 있으므로 AND 게이트와 OR 게이트 1 기호도 그림 3-38의 (b)에 보인 것과 같이 방울 출력을 가진 꼴로 바꾸어야 한다. 인버터는 이미 방울 출력을 가지고 있다. 이제 회로는 모든 방울 출력이 게이트 2의 방울 입력에 연결되어 있다.

회로의 분석

여기 예제에서 따르는 규칙들을 사용하여 논리회로도를 그리면, 기사 또는 기술자(또는 학생)가 회로 신호의 흐름을 따라가거나 출력을 활성화시킬 수 있는 입력 조건을 결정하기 쉽다. 실제 마이크로컴퓨터의 논리회로도에서 찾아낸 회로의 일부를 이용하는 아래의 예제들을 통해 그 점을 분명하게 알 수 있을 것이다.

예제 3-22

그림 3-39의 논리회로는 어떤 마이크로컴퓨터의 메모리칩을 활성화시키는 *MEM*이라는 출력 신호를 만들어낸다. *MEM*을 활성화하는 데 필요한 입력조건을 구하라.

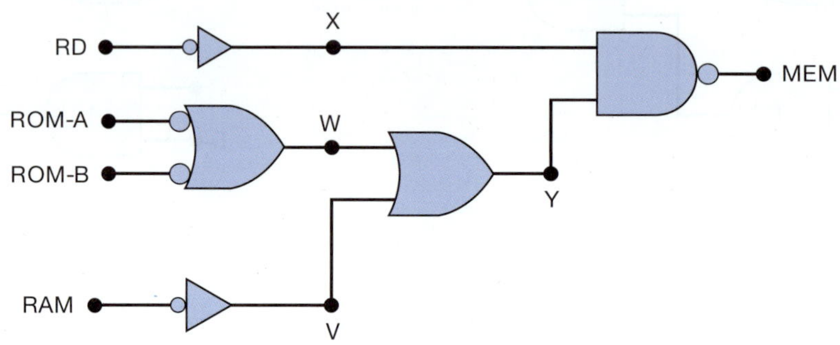

그림 3-39 예제 3-22.

풀이

이 문제를 다루는 방법 중 하나는 *RD*, *ROM-A*, *ROM-B*, *RAM* 입력과 관련된 *MEM*에 대한 표현식을 쓰고 이들 입력의 16가지 모든 조합에 대해 값을 구하는 것이다. 이 방법도 물론 쓸 수 있겠지만 이는 필요 이상의 많은 일을 하는 것이다.

앞의 두 절에서 다루었던 아이디어를 사용하여 회로도를 검토하는 것이 좀 더 효율적인 방법이다. 그 과정은 다음과 같다.

1. *MEM*이 LOW 활성이므로 이 신호는 *X*와 *Y*가 모두 HIGH일 때에만 LOW가 된다.
2. *X*는 *RD* = 0일 때에만 HIGH가 된다.
3. *Y*는 *W* 또는 *V*가 HIGH일 때 HIGH가 된다.
4. *V*는 *RAM* = 0일 때 HIGH가 된다.
5. *W*는 *ROM-A* 또는 *ROM-B* = 0일 때 HIGH가 된다.
6. 이를 종합하면, *MEM*은 *RD* = 0이고 아래의 세 입력 *ROM-A*, *ROM-B*, *RAM* 중 최소한 한 개의 입력이 LOW일 때 LOW가 된다.

예제 3-23

그림 3-40의 논리회로는 마이크로콘트롤러와 LCD 표시장치가 데이터를 주고 받을 때 LCD 화면을 제어하기 위한 것이다. 회로는 *LCD* = 1일 때 동작한다. LCD 표시장치가 동작되기 위한 입력 조건을 구하라.

풀이

다시 한 번, 회로도를 한 단계씩 해석해보자.

1. *LCD*는 HIGH 활성이고, 그 신호는 *X* = *Y* = 0일 때에만 HIGH가 된다.
2. *X*는 *IN* 또는 *OUT*이 HIGH일 때 LOW가 된다.
3. *W* = 0이고 A_0 = 0일 때 *Y*가 LOW가 된다.

그림 3-40 예제 3-23.

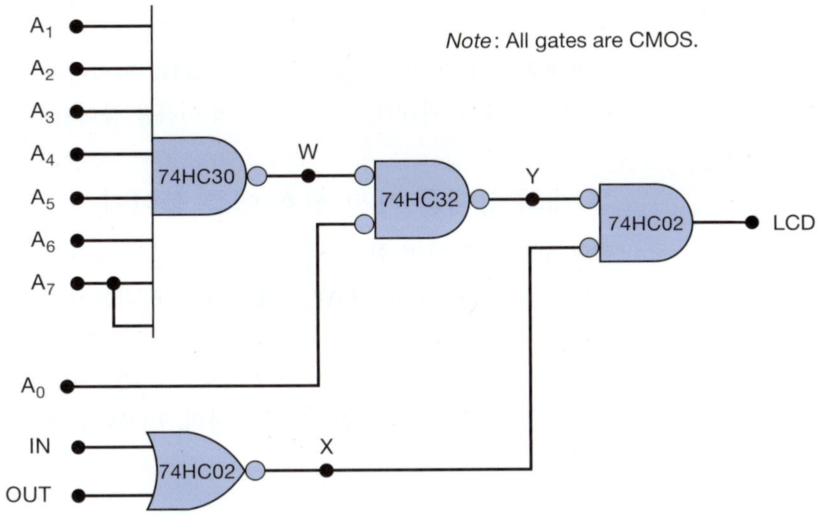

4. A_1부터 A_7까지 신호가 모두 HIGH일 때 W가 LOW가 된다.
5. 이를 종합하면 LCD는 $A_1 = A_2 = A_3 = A_4 = A_5 = A_6 = A_7 = 1$이고 $A_0 = 0$, IN 또는 OUT이 1이거나 모두 1일 때 HIGH가 된다.

특이한 8 입력 CMOS NAND 게이트(74HC30) 기호를 주목하라. 또한 A_7 신호가 NAND 게이트의 2 입력에 동시에 연결되어 있음을 주목하라.

주장하는 값(asserted levels)

지금까지 논리 신호는 LOW 활성 또는 HIGH 활성으로 구분했다. 예를 들어, 그림 3-39의 *MEM* 출력 신호는 LOW 활성이며 그림 3-40의 *LCD* 출력 신호는 HIGH 활성이다. 왜냐하면 이들이 활성 상태일 때 일을 하도록 되어 있기 때문이다. 마찬가지로 그림 3-40에서 A_1부터 A_7까지는 HIGH 활성이고 A_0 입력은 LOW 활성이다.

논리 신호가 활성 상태일 때 이 신호는 '**주장하고(asserted)**' 있다고 말한다. 예를 들어 입력 A_0이 주장하고 있다면 이 신호는 LOW 활성 상태이다. 논리 신호가 활성 상태가 아니면 이 신호는 '**주장하지 않고(unasserted)**' 있다. 따라서 *LCD*가 주장하지 않고 있다면 이 신호는 비활성 상태(LOW)에 있다.

분명히 '주장하는' 것과 '주장하지 않는' 것은 각각 활성과 비활성이라는 말과 같은 뜻이다.

주장하는(asserted) = **활성**(active)
주장하지 않는(unasserted) = **비활성**(inactive)

이들 두 가지 용어는 디지털 설계 환경에서는 많이 사용되므로 논리 신호의 활성 상태를 묘사하는 이 두 가지 용어를 명심해야 한다.

LOW 활성 논리 신호 이름 붙이기

LOW 활성 신호는 이름에 윗줄을 긋는 것이 일반적이다. 윗줄은 신호가 LOW 활성이라는 것을 나타내는 방법이기도 하다. 당연히 윗줄이 없는 것은 신호가 HIGH 활성이라는 것을 의미한다.

예를 들면, 그림 3-39의 모든 신호는 LOW 활성이며 아래와 같이 이름 붙일 수 있다.

$\overline{RD}$, $\overline{ROM\text{-}A}$, $\overline{ROM\text{-}B}$, $\overline{RAM}$, $\overline{MEM}$

기억해 두어야 할 것은 윗줄은 신호가 LOW 활성이라는 것을 강조하기 위한 것이라는 것이다. 앞으로도 이 관례대로 논리 신호의 이름을 붙이기로 하겠다.

두 개의 상태를 가진 신호 이름 붙이기

출력 신호가 두 가지 활성 상태를 가지로 있는 경우가 종종 있다. 즉 HIGH 상태에서도 중요한 기능을 수행하고 LOW 상태에서도 또 다른 기능을 수행하는 경우에 해당된다. 이 경우에는 두 가지 활성 상태가 있다는 것이 분명하게 드러나도록 이름을 붙이는 것이 일반적이다. 많이 보이는 예는 읽기/쓰기 신호로서 $RD/\overline{WR}$가 쓰이는 경우인데, 여기서는 신호가 HIGH일 때 읽기 동작(RD)을 수행하며, LOW일 때 쓰기 동작($\overline{WR}$) 기능을 수행하는 것을 의미한다.

학습성과 평가문제

1. 예제 3-22와 3-23에 있는 방법을 사용하여 그림 3-37의 (b) 회로의 출력을 활성화시키는 데 필요한 조건을 구하라.
2. 그림 3-38의 (b) 회로에 대해 문제 1을 반복하라.
3. 그림 3-39에는 몇 개의 NAND 게이트가 있는가?
4. 그림 3-40에는 몇 개의 NOR 게이트가 있는가?
5. 모든 입력이 활성화 상태일 때 그림 3-38의 (b)의 출력 값은 무엇인가?
6. 그림 3-37의 (b)에서 경보 출력이 활성화 상태가 되게 하기 위한 입력 조건은?
7. 다음 중에서 LOW 활성하는 신호는 어느 것인가? RD, $\overline{W}$, $R/\overline{W}$

3-15 전파 지연

학습성과

이 절을 학습함으로써 다음을 할 수 있다.

- 전파지연에 따른 영향 예측
- 실질적 전파지연 시간 측정
- 전파지연 시간을 표현하는 표준 파라미터

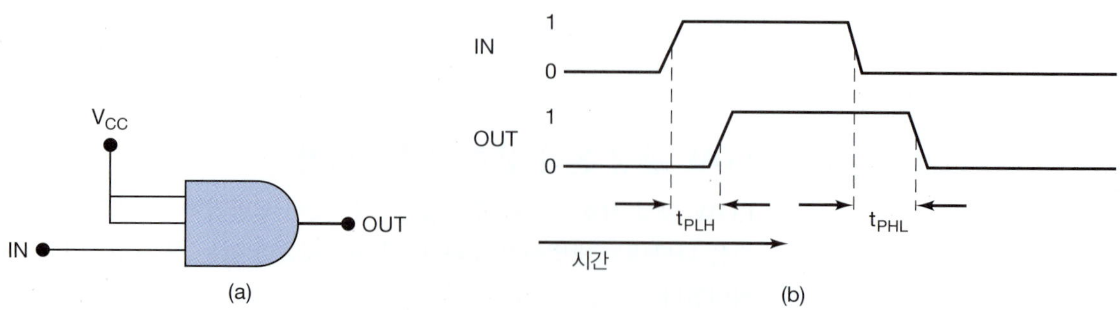

그림 3-41 논리 게이트의 전파 지연 시간 측정.

전파 지연(propagation delay)은 시스템에서 입력이 들어온 후 적절한 출력이 만들어질 때까지의 지연 시간으로 정의할 수 있다. 일반적인 자동판매기에 대해 생각해 보자. 판매기에 돈을 넣고 제품 선택 버튼을 누른다. 그러나 원하는 제품을 즉시 받지 못한다. 선반으로부터 제품이 이동하여 아래로 떨어질 때까지 시간이 걸린다. 이것이 전파 지연 시간이다. 생물학적으로도 예를 찾을 수 있다. 앞 차의 브레이크 전등을 본 후 내 차의 브레이크를 밟는 순간까지의 반사작용 시간 혹은 그때까지 걸리는 시간이다.

이와 마찬가지로 실제 디지털 회로에서도 전파 지연 시간을 측정할 수 있다.설계시 회로와 반도체(트랜지스터) 소자의 경우 전파 지연 시간 때문에 설계할 때와 같이 이상적으로 동작하지 않는다. 논리 IC의 실질적인 내부 작동은 8장에서는 구체적으로 다룬다. 그림 3-41(a)에서 AND 회로의 전파 지연 시간이 존재하고 측정 가능한 것을 보이고 있다.

입력 IN 신호가 High가 될 때 출력 OUT 신호는 일정 시간 늦게 신호가 나온다. 입력 IN 신호가 LOW가 될 때도 마찬가지로 출력 OUT 신호는 일정 시간이 지나야 된다. 그림 3-41(b)의 타이밍 다이어그램에는 2가지 중요한 사실이 있다.

1. 신호의 천이는 갑자기 직각으로 올라갈 수가 없다. 그러므로 입력 신호의 50% 지점과 출력의 50%지점으로 측정한다.
2. 출력이 HIGH로 갈 때 걸리는 시간과 LOW로 갈 때 걸리는 시간은 똑같지는 않다. 이렇게 걸리는 시간을 t_{PLH}(신호가 LOW에서 HIGH로 갈 때 걸리는 지연 시간)과 t_{PHL}(신호가 HIGH에서 LOW로 갈 때의 지연 시간)이라 한다.

논리회로에서 동작속도는 회로의 전파 지연 특성과 관계가 있다. 논리회로를 구성하기 위해서 부품이 선택되면 각각의 부품에 대한 전파 지연 값이 데이터 시트에 잘 기술되어 있다. 이 정보는 설계된 회로가 어느 정도 빠르게 동작 할 수 있는지를 말해준다.

학습성과 평가문제

1. 전파 지연 시간을 측정할 때 신호의 천이가 왜 수직으로 되지 않는가?
2. 신호가 수직으로 천이되지 않을 때 시간 측정을 어느 부분에서 해야 하는가?
3. 입력이 들어온 후 출력이 HIGH에서 LOW로 될 때까지의 시간 측정 변수는 무엇인가?
4. 입력이 들어온 후 출력이 LOW에서 HIGH로 될 때까지의 시간 측정 변수는 무엇인가?

3-16 논리회로 기술 방법 요약

학습성과

이 절을 학습함으로써 다음을 할 수 있다.

- 논리회로 동작을 서술하기 위한 방법 리스트

이 장에서 지금까지 다룬 주제는 AND, OR, NOT이라고 부르는 간단한 논리 기능이었다. 우리는 일상생활에서 결정을 내릴 때 이 논리 함수를 이용하고 있으므로 이 개념은 누구에게나 낯설지 않은 것이다. 여기서 우리가 생각할 수 있는 논리 문제의 예를 살펴보자: 비가 오거나(OR) 신문에서 비가 올 것이라고 예보했다면, 나는 우산을 가지고 간다; 오늘 봉급을 수표로 받고(AND) 은행에 갈 수 있다면, 나는 오늘 저녁에 쓸 돈이 생긴다; 수업에서 합격 점수를 받고(AND) 시험에서 낙제하지 않는다(NOT)면, 나는 디지털 공학 과목을 이수할 것이다. 여기서, 왜 이렇게 잘 알고 있는 개념을 설명하느라고 많은 노력을 들였는지 궁금할 것이다. 답은 다음의 두 가지 점으로 요약할 수 있다.

1. 이 논리 결정을 표현할 수 있어야 한다.
2. 이 논리 기능을 결합시켜 의사 결정 시스템을 구성할 수 있어야 한다.

우리는 기본 논리 기능을 표현하는 다음 방법에 대해 배웠다.

일상용어로 논리 표현
진리표
전통적인 논리 기호
부울 대수 표현식
타이밍 다이어그램(timing diagrams)

예제 3-24

다음 표현은 차에서 안전벨트 경보 신호를 동작시키는 데 필요한 논리회로의 동작원리를 나타내고 있다.

운전자가 승차 상태이고 AND 운전자가 안전벨트를 매지 않았고(NOT) AND 시동을 걸었으면, THEN 경보등을 켜라.

이 회로를 부울 대수의 표현식, 논리 기호를 사용한 회로도, 진리표와 타이밍 다이어그램으로 나타내라

풀이

그림 3-42를 보라.

그림 3-42는 일상용어로 나타낸 예제 3-24의 문제 서술을 논리회로로 표현하는 네 가지 서로 다른 방법을 보여주고 있다. 이 방법 외에도 결정 과정의 논리를 표현하는 많은 방법이 있을 수 있다. 예를 들자면 전혀 새로운 그림 기호, 프랑스어 또는 일본어로 기술하는 것 등을 들 수 있다. 그러나 가장 일반적인 방법은 같은 직업에 종사하는 사람들이 서로 의견 교환할 수 있는 방법이어야 한다. 게다가 상황에 따라서는 한 가지 방법이 다른 방법보다 표현에 유리한 경우도 있다. 경우에 따라서는 그림 한 장이 천 마디 말보다 나은 경우도 있고 말로 표현하는 것이 간단하고 서로 이해하기 쉬울 수도 있다. 중요한 점은 디지털 시스템의 동작을 표현하고 서로 이해할 수 있는 방법이 필요하다는 것이다.

설계자가 회로를 설계할 때 회로를 문서화하고, 시뮬레이션하고, 마지막으로 필요한 기능을 설계할 수 있도록 만들어 주는 서술언어를 다루는 도구들이 많이 개발되어 있다. 여기서 추천하는 도구는 알테라사 것이며 세계적으로 가장 많이 알려진 제품 중 하나다. Quartus II 소프트웨어는 무료로 사용가능하며 웹 사이트로부터 다운받을 수 있다. 특히 사용설명서를 통해서 쉽게 배울수 있으며 본 출판사의 책을 가진 사람은 www.pearsonhighered.com/electronics에서 다운받을 수 있다. Quartus II에서는 논리회로 다이어그램을 그리면 그것을 회로 언어로 바꾸어 준다. 그림 3-42(b)의 논리회로 다이어그램은 Quartus II 프로그램에서 생성된 블록 표현 파일이다(.bdf). 이 다이어그램이 입력 이름부호와 출력 이름부호, 논리회로 기호로 구성된 것에 주목하라. 이런 모든 부호들은 Quartus II 프로그램에 포함된 라이버러리에서 제공되는 것이다. 선을 그리는 도구를 사

부울 표현

$\text{warning\_light} = \text{driver\_present} \bullet \overline{\text{buckled\_up}} \bullet \text{ignition\_on}$

(a)

회로도

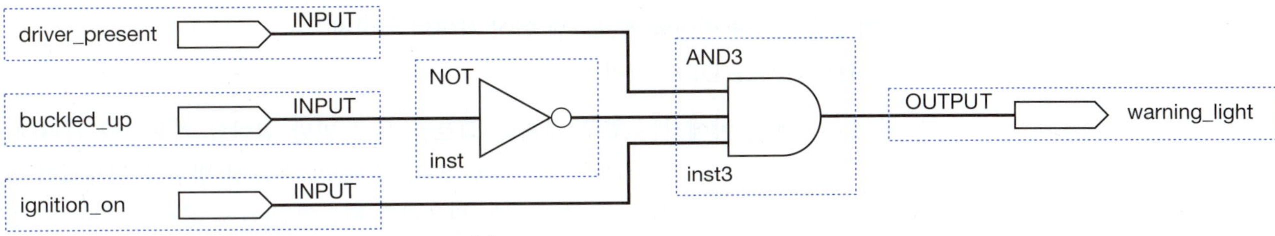

(b)

진리표

driver_present	buckled_up	ignition_on	warning_light
0	0	0	0
0	0	1	0
0	1	0	0
0	1	1	0
1	0	0	0
1	0	1	1
1	1	0	0
1	1	1	0

(c)

타이밍 다이어그램

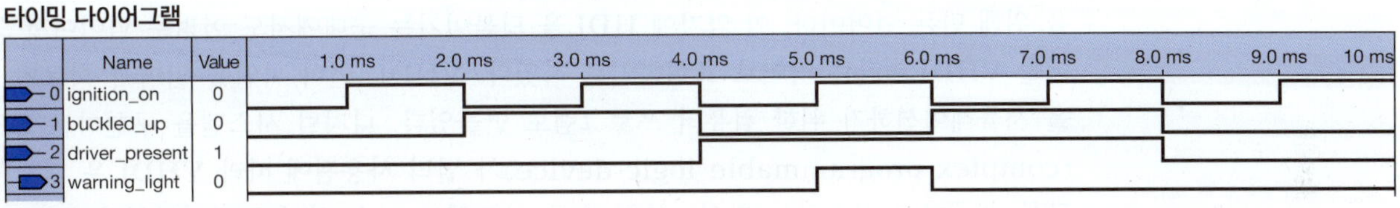

(d)

그림 3-42 논리회로의 묘사 방법. (a) 부울 표현식. (b) 회로도. (c) 진리표. (d) 타이밍 다이어그램.

용하면 이런 컴포넌트들을 쉽게 연결할 수 있다.

설계자는 블럭 표현 파일(.bdf)을 그린 후 타이밍 다이어그램의 형태로 시뮬레이션 파일을 열 수 있다. 입력 파형을 만들면 시뮬레이터는 출력 파형을 그린다. 그림 3-42(d)는 Quartus II의 타이밍 다이어그램의 예를 보여주고 있다.

학습성과 평가문제

1. 논리회로의 동작을 나타내기 위한 다섯 가지 방법을 들어라.
2. Quartus II에서 표현 가능한 2가지 방법을 들어라.

3-17 하드웨어 기술 언어와 프로그램 언어의 비교*

학습성과

이 절을 학습함으로써 다음을 할 수 있다.

- 하드웨어 기술 언어와 프로그램 언어 사이의 차이점
- VHDL과 AHDL의 기원

디지털 시스템 분야에서는 최근 디지털 회로를 문자 기반 언어를 사용하여 나타내는 것을 선호하고 있다. 이미 눈치챘겠지만 그림 3-42에 보인 각 표현 방법을 컴퓨터에 입력하려면 윗줄, 기호, 표 그리기, 선 긋기 등이 필요하기 때문에 만만치 않은 일이다. 이 절에서는 디지털 설계 분야의 전문가들이 자신의 생각을 회로로 구현하기 위해 사용하는 고급 도구에 대해 배우도록 하겠다. 이들 도구는 **하드웨어 기술 언어(Hardware Description Language: HDL)**라고 부른다. 논리회로를 일반 언어로 표현하여 입력한다면 아무리 강력한 컴퓨터라고 할지라도 이해할 수 없다. 컴퓨터는 보다 정형화된 언어가 필요하다. 우리는 이 책에서 두 가지 언어를 사용할 것이다. 하나는 **AHDL (Altera hardware description language)**이고 또 하나는 **VHDL (very high speed integrated circuit (VHSIC) hardware description language)**이다.

VHDL과 AHDL

VHDL이 새로운 언어는 아니다. VHDL은 1980년대 초반 미국 국방성에서 VHSIC (very high speed integrated circuit) 프로그램의 설계를 간결하게 문서화하는 작업을 위해 만든 언어이다. 이 약자에 HDL을 덧붙이기는 군대에서도 어려운 일이어서 그 언어를 VHDL이라는 약어로 표현하기로 하였다. VHDL 언어 파일을 읽어서 회로의 동작을 시뮬레이션하기 위한 컴퓨터 프로그램도 만들었다. 디지털 시스템을 구현하는 CPLD (complex programmable logic device)가 널리 사용됨에 따라 VHDL은 디지털 회로를 설계하고 구현하는(합성) 상위 수준 하드웨어 기술 언어로 발전하였다. VHDL은 IEEE에 의해 표준화되면서 설계자뿐 아니라, 설계 자료를 비트 패턴으로 변화시키는 소프트웨어 도구 제작자들에게도 매력적인 것이 되었다. 비트 패턴은 실제 소자를 프로그램하는 데 쓰인다.

AHDL은 알테라사(Altera Corporation)가 개발하여 소유권을 보유하고 있는 언어이다. 알테라는 전자적으로 재구성할 수 있는 논리 소자를 시장에 내놓은 첫 회사 중 하나이다. 이들 소자는 **프로그램 가능 논리 소자(programmable logic devices: PLD)**라고 부른다. VHDL과는 달리 AHDL은 어떤 논리회로든지 기술할 수 있는 범용 언어로 만든 것이 아니다. AHDL은 VHDL과 유사하면서도 복잡한 디지털 시스템을 알테라사의 PLD로 프로그램할 수 있는, 그러면서도 배우기 쉬운 언어로서 개발된 것이다. 또한 알테라 소자 구조의 장점을 취할 수 있는 기능을 포함하고 있다. 이 책에 포함된 모든 예제는 AHDL과 VHDL 설계 파일을 개발하기 위해 알테라의 Quartus II 소프트웨어를 사용하였다. 실제 소자를 프로그램하기 위해 두 가지 언어를 사용해 보면 알테라의 개발 환경을 사용하는 장점에 대해 이해할 수 있을 것이다. 알테라 시스템은 HDL 설계 파일을 알테라 PLD로 싣기 위한 파일로 전환하는 데 필요한 모든 도구를 다 담고 있기 때문에 회로의 개발이 매우 쉽

---

* 하드웨어 기술 언어에 대한 부분은 3장부터 13장까지의 내용의 연속성

다. 뿐만 아니라 기본 설계 블럭을 회로도, AHDL, VHDL 등의 여러 방법으로 개발한 뒤 이들을 상호 연결하여 완전한 시스템을 만들 수도 있다.

간단한 프로그램 논리 소자를 개발하기에 적합한 다른 HDL들도 있다. 이 책에서 다루고 있는 AHDL과 VHDL의 기본을 배우고 나면 이들 언어를 배우는 것은 매우 쉽다.

컴퓨터 프로그램 언어

하드웨어 기술 언어가 회로의 하드웨어 구성을 나타내기 위한 것이라면 프로그램 언어는 컴퓨터가 필요한 과제를 수행할 수 있도록 명령어의 순서를 나타낸 것이다. 두 경우 모두, 소자를 프로그램(*program*)하기 위해 언어(*language*)를 사용한다는 공통점이 있다. 그러나 컴퓨터는 논리 소자와는 전혀 다른 동작을 한다. 컴퓨터는 과제의 순서를 차례를 따라가며 순차적으로 일을 수행한다. 동작 속도는 컴퓨터가 각 명령어를 얼마나 빨리 수행할 수 있는지에 따라 결정된다. 예를 들어, 컴퓨터에 4개의 입력 장치가 있다면 컴퓨터는 입력이 있는지 검출하고 입력이 바뀌었는지 찾아내는 별도의 명령어가 4개 있어야 한다. 디지털 논리회로는 이와 반대로 입력의 변화에 대해 출력이 얼마나 빨리 반응할 수 있는지에 달려 있다. 모든 입력을 **동시에**(**concurrently**) 관찰하여 어떤 변화에도 즉각적으로 대응할 수 있다.

컴퓨터 동작 원리와 디지털 논리회로의 동작 사이의 차이점, 또는 시스템의 동작을 묘사하기 위한 언어 구성 요소의 역할을 이해하는 데에는 다음의 예가 도움이 될 것이다. 자동차 경기장에서 자동차가 잠시 정비를 위해 섰을 때에 해야 되는 일을 묘사한다고 생각해보자. 만일 한 사람이 모든 일을 다 처리해야 한다면 그 사람은 각각의 일을 빨리 처리해야 할 것이다. 한 순간에 한 가지 일을 처리하되 매우 빨리 처리하는 방법이 컴퓨터가 동작하는 원리에 해당한다. 물론 자동차 경기장에서는 여러 명의 정비사가 한꺼번에 차에 달라붙어서 자신이 맡은 일만을 처리한다. 모든 정비사가 동시에 일하는 것이 디지털 회로가 동작하는 원리에 해당한다. 자, 이제 자동차가 정비를 위해 섰을 때 해야 되는 일을 다른 사람에게 설명해야 한다고 생각해보자. (1) 정비사 1명이 처리할 때, (2) 여러 명의 정비사가 처리할 때. 우리가 일상용어로 설명한다고 할지라도 두 가지 경우는 매우 다를 것이다. 디지털 하드웨어를 묘사하는 언어(HDL)는 컴퓨터 프로그램 언어(예를 들자면 BASIC, C, JAVA)와 매우 유사한 것처럼 보이나 결과적인 동작은 매우 다르다. HDL을 이해하기 위하여 이들 컴퓨터 언어를 미리 알고 있어야 하는 것은 아니다. 중요한 것은, HDL과 컴퓨터 언어를 모두 배운 뒤에는 이들이 디지털 시스템에서 서로 다른 역할을 한다는 것을 이해해야 한다는 점이다.

예제 3-25

$y = AB$의 간단한 논리 연산을 수행할 때 컴퓨터와 논리회로의 동작을 비교하라.

풀이

논리회로는 간단한 AND 게이트이다. 출력 y는 A와 B 입력이 동시에 HIGH가 된 뒤 10 ns (나노 초) 이내에 HIGH가 된다. 그리고 두 입력 중 하나가 LOW가 되고 10 ns 뒤에 y는 LOW가 된다.

컴퓨터는 결정을 하는 명령어들로 이루어진 프로그램을 실행해야 한다. 각 명령어가 20 ns (상당히 빠른 속도임) 정도 소모한다고 생각해보자. 그림 3-43의 순서도를 이루는 각 모양은 명령어 하나에 해당된다. 당연히 입력의 변화에 대응하기 위해서는 최소 두 개 내지는 세 개의 명령어(40~60 ns)가 필요하다.

그림 3-43 컴퓨터 프로그램의 의사 결정 과정.

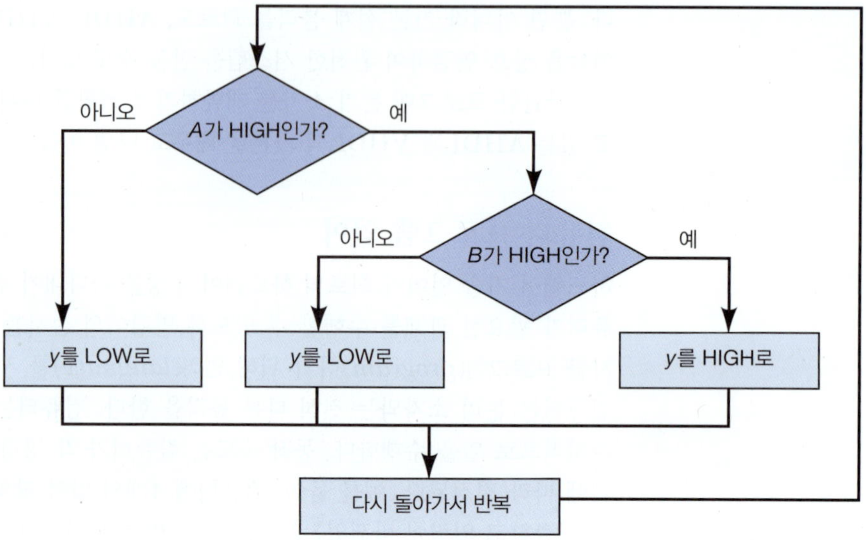

학습성과 평가문제

1. HDL은 무엇의 약자인가?
2. HDL을 사용하는 목적은?
3. 컴퓨터 프로그램 언어를 사용하는 목적은?
4. HDL과 컴퓨터 프로그램 언어의 핵심적인 차이점은 무엇인가?
5. 어디서 AHDL을 만들었는가?
6. 어디서 VHDL을 만들었는가?

3-18 논리회로를 PLD로 구현하는 법

학습성과

이 절을 학습함으로써 다음을 할 수 있다.

- PLD의 정의
- PLD 프로그래밍에 대한 설명
- 컴파일러의 역할

최근 많은 디지털 회로가 프로그램 가능 논리 소자(PLD)에 구현되고 있다. 이들 소자는 마이크로컴퓨터나 마이크로컨트롤러와 같이 명령어 프로그램을 실행하지 않는다. 대신 논리회로를 구현하기 위해 회로를 전자적으로 재구성하고 내부 회로 사이의 배선을 전자적으로 연결한다. 이 프로그램 가능한 배선은 수천 개의 배선이 연결되었거나(1) 끊어진(0) 것으로 볼 수 있다. 그림 3-44는 프로그램 가능한 연결의 작은 부분이다. 줄(가로 선)과 칸(세로 선) 사이의 각 연결점은 프로그램할 수 있는 연결이다. 가로 세로 격자 사이에 1과 0을 수동으로 배치하여 이들을 연결해야 한다면 얼마나 지루한 일일지 상상해보라(이것이 1970년대에 하던 방법이다).

하드웨어 기술 언어는 개인용 컴퓨터가 쉽게 다루고 저장할 수 있는 형식으로 설계자

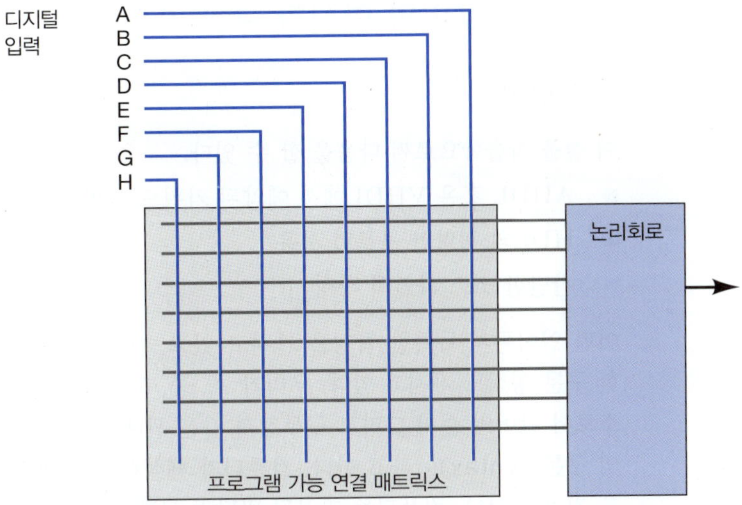

그림 3-44 프로그램 가능한 논리 소자로 하드웨어 연결을 구성하는 법.

가 회로의 동작을 묘사하는 간단하면서도 편리한 방법이다. 컴퓨터는 **컴파일러(compiler)**라고 부르는 특수한 소프트웨어로 하드웨어 기술 언어를 PLD에 실을 수 있는 0과 1의 패턴으로 변환한다. 하드웨어 기술 언어를 잘 사용할 수 있다면 부울 대수, 회로도 또는 진리표보다 PLD를 프로그램하기가 훨씬 쉬워진다. 언어의 사용법을 배우듯 간단한 것을 표현하는 방법에서 시작하여 언어의 좀 더 복잡한 구조에 대해 배우게 된다. 지금은 HDL을 충분히 깊이 배워서 다른 사람과 대화하고 간단한 과제를 수행할 수 있게 하는 것이 목적이다. HDL의 미묘한 문제까지 완벽하게 이해하는 것은 이 책의 범위 바깥이며 HDL을 일상적으로 사용해야 가능한 일이다.

HDL을 다루는 이 책의 다른 부분에서는 AHDL과 VHDL을 동시에 다루되 한쪽을 완전히 건너뛰고 한 가지 언어에만 집중하여도 중요한 정보를 잃지 않도록 구성하였다. 물론, 이런 구성에서는 두 가지 언어에 대한 내용을 같이 공부한다면 중복되는 정보가 있게 마련이다. 그러나 이와 같은 중복이 있기 때문에 두 가지 중 하나를 선택하여 집중하거나 유사 예제를 비교하면서 두 개의 언어를 동시에 공부하는 유연성을 발휘할 수 있다는 장점도 있다. 이 책에서는 둘 중의 하나를 선택하여 집중하기를 권한다. 두 가지 언어에 유창하게 되려면 두 가지 언어가 다 일상적으로 사용되는 환경에서 자라는 것이 유리하다고 한다. 그러나 이 경우 세부적인 문제는 헷갈릴 수가 있으므로 우리는 각 예제를 나누어 독립적으로 다루었다. 이 형식을 따라 이번 기회에 한 가지 언어를 배우고 나중에 경력상 필요할 때 이 책을 참고서 삼아 두 번째 언어를 배우기를 권한다.

학습성과 평가문제

1. PLD는 무엇의 약자인가?
2. PLD에서 회로는 전자회로적으로 어떻게 재구성되는가?
3. 컴파일러가 하는 일은 무엇인가?

3-19 HDL의 형식과 구문 표현

학습성과

이 절을 학습함으로써 다음을 할 수 있다.

- AHDL 혹은 VHDL에서 예약된 키워드 구별
- HDL의 정확한 구문법 사용
- 간단한 소스 파일의 작성

어떤 언어든지 독특한 특징을 가지고 있고, 다른 언어와 비슷하기도 하지만 자신만의 고유한 구문 형식도 가지고 있다. 우리가 초, 중, 고등학교에서 문법을 배울 때에는 문장 내의 요소로서 단어의 순서 그리고 구두점과 같은 관례에 대해 배우게 된다. 이와 같은 것들을 언어의 **구문(syntax)**이라고 한다. 컴퓨터가 해석하고 이해할 수 있는 언어는 엄격한 구문 규칙을 지켜야 한다. 컴퓨터는 가공된 바닷가 모래와 전선을 모아놓은 것에 불과하기 때문에 우리가 말하려고 했던 의도를 알아내지는 못한다. 따라서 컴퓨터가 예상하고 이해하는 정확한 구문 규칙에 따라 명령어를 제시하여야 한다. 하드웨어 회로를 설명하는 기본 형식(어떤 언어든지)은 다음과 같은 핵심적인 요소를 포함하고 있다.

1. 들어가는 것과 나오는 것에 대한 정의(입력/출력 정의)
2. 입력에 대해 출력이 어떻게 반응하는지에 대한 정의(즉 내부 동작)

유능한 엔지니어나 기술자라면 그림 3-45과 같은 회로 설계도를 읽고 이해할 수 있다. 그들은 그림에 있는 각 기호의 의미를 이해하고 있기 때문이다. 각 개체가 어떻게 동작하는지, 그리고 어떻게 연결되어 있는지 이해한다면 회로가 어떻게 동작하는지 이해할 수 있다. 그림의 왼쪽에는 입력, 오른쪽에는 출력이 있다. 중간에 있는 기호가 내부 동작을 정의하고 있다. 문자를 사용하는 언어에서도 같은 정보를 담고 있어야 한다. 모든 HDL은 그림 3-46에 보인 형식을 사용하고 있다.

문자 기반 언어에서는 우선 회로의 이름이 있어야 한다. 입력과 출력(포트라고도 부름)은 이름을 할당받고 포트(port)의 특징에 따라 정의되어야 한다. 똑딱 스위치에서 들어오는 한 비트의 신호인가? 키패드에서 들어오는 4비트의 숫자인가? 문자 기반의 언어는 입력과 출력의 특징도 같이 나타내주어야 한다. 포트의 **모드(mode)**는 포트가 입력, 출력, 또

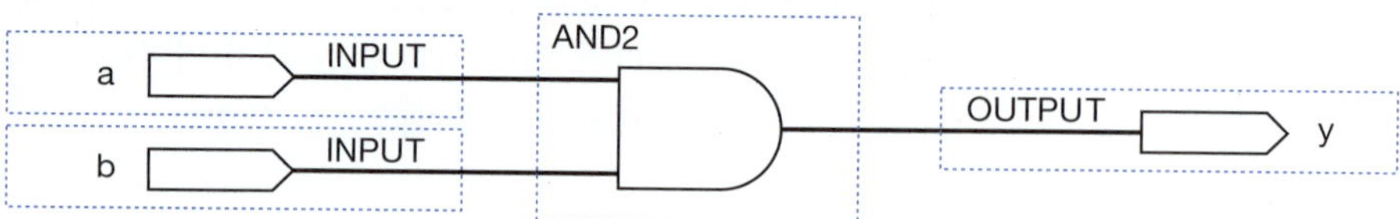

그림 3-45 설계도 그림.

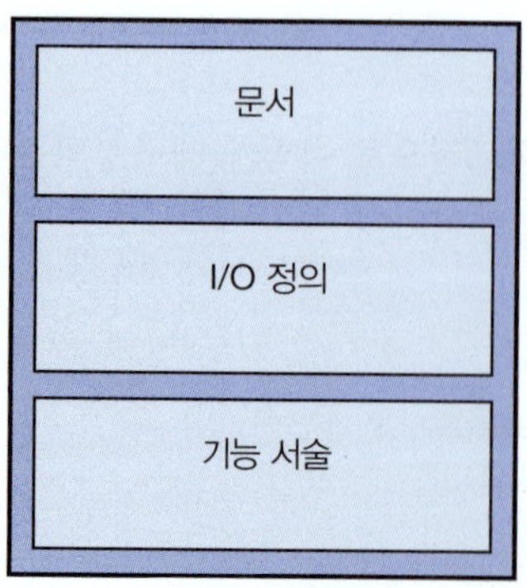

그림 3-46 HDL 파일의 구조.

는 입출력인지 정의한다. 포트의 **유형**(type)은 전체 비트의 개수와 이들이 어떻게 모여 있고 해석되는지 나타낸다. 입력의 유형이 한 비트이면, 그것은 두 가지 값 중의 하나, 0 또는 1을 가질 수 있다. 입력의 유형이 키패드의 4비트 2진수라면, 그것은 16개의 가능한 값 (0000_2~1111_2) 중의 한 가지 값을 가질 수 있다. 유형은 가능한 값의 범위를 나타낸다. 문자 기반 언어에서 회로의 동작은 회로의 입출력(I/O) 정의 뒤에 따라오는 일련의 문장에 담겨 있다. 다음 두 절에는 AHDL과 VHDL의 핵심적인 요소를 예시하기 위하여 그림 3-45에 보인 간단한 회로를 묘사하였다.

AHDL

AHDL을 사용한 부울 연산 표현

그림 3-47을 보라. **SUBDESIGN**이라는 핵심어는 회로 블럭의 이름을 짓기 위하여 사용되며 이 경우에는 *and_gate*가 그 이름이다. 이때 파일 이름도 and_gate.fdf여야 한다. 여기서 SUBDESIGN이라는 핵심어는 대문자로 되어 있음에 유의하라. 필수 사항은 아니지만 대문자 소문자를 항상 가려서 사용하면 프로그램이 훨씬 읽기 쉬워진다. AHDL용 알테라 컴파일러와 같이 제공되는 지도서는 AHDL에서는 핵심어를 대문자로만 쓸 것을 권하고 있다. 설계자가 이름 짓는 변수들은 모두 소문자여야 한다.

SUBDESIGN 부분은 논리회로 블럭의 입력과 출력을 정의하고 있다. 설계의 일부분인 회로의 블럭 다이어그램을 감싸고 있는 것과 마찬가지로 묘사하려고 하는 회로를 무엇인가로 감싸주어야 한다. AHDL에서는 입출력 정의 부분이 괄호로 싸여 있다. 입력 변수 이름들은 쉼표로 나누어져 있으며, 뒤에 :INPUT이라는 말이 따라온다. AHDL에서는 특별히 여러 비트 형이라고 명시하지 않았다면 한 비트 유형이다. 한 비트 출력은 :OUTPUT이라는 모드로 정의된다. 앞으로 필요에 따라 다른 유형의 입력, 출력과 변수를 묘사하는 방법에 대해 배울 것이다.

AHDL 회로의 동작을 묘사하는 명령어들은 BEGIN과 END라는 핵심어 사이의 논리부에 담겨 있다. 문장을 적을 때 마지막에는 반드시 마침표를 찍듯이 END 뒤에는 반드시 세미콜론을 적어야 한다. 이 예문에서는 하드웨어의 동작을 '출력(y)에게 a AND b에 의해 만들어지는 논리 값을 할당한다(=)'는 간단한 부울 대수식으로 묘사하였다. 부울 대수식은 **동시 할당 문장(concurrent assignment statement)**이다. BEGIN과 END 사이의 모든 문장(이 예문에는 하나밖에 없음)은 항상 동시에 계산된다. 내부의 순서는 중요하지 않다. 기본 부울 연산자(Boolean operators)는 다음과 같다.

&	AND
#	OR
!	NOT
$	XOR

그림 3-47 AHDL의 필수 요소.

```
SUBDESIGN and_gate
(
    a, b     :INPUT;
    y        :OUTPUT;
)
BEGIN
    y 5 a & b;
END;
```

학습성과 평가문제

1. SUBDESIGN 뒤에 따라오는 괄호( ) 안에는 무엇이 들어가는가?
2. BEGIN과 END 사이에는 무엇이 들어가는가?

VHDL을 사용한 부울 연산 표현

그림 3-48을 보라. **ENTITY**라는 핵심어는 회로 블럭 이름(이 경우에는 and_gate)을 명명하고 있다. 여기서 ENTITY는 대문자로, and_gate는 소문자로 되어 있음을 알 수 있다. 이는 필수는 아니지만 대문자 소문자를 항상 가려 사용하면 프로그램이 훨씬 읽기 쉬워진다. VHDL용 알테라 컴파일러와 같이 제공되는 지도서는 핵심어를 대문자로만 쓰라고 권하고 있다. 그리고 설계자가 이름 짓는 변수들은 모두 소문자여야 한다.

ENTITY 선언은 블럭 정의 부분에 해당한다. 설계의 일부분인 회로의 블럭 다이어그램을 감싸고 있는 것과 마찬가지로 묘사하려고 하는 회로를 무엇인가로 감싸주어야 한다. VHDL에서는 PORT라는 핵심어가 회로 블럭의 입출력에 해당되는 부분을 보여주고 있다. 입력 변수 이름들(쉼표로 나누어져 있다)을 나열한 뒤에 콜론과 함께 입력의 모드와 유형 정의(:IN BIT;)가 따라온다. VHDL에서는 **BIT** 정의를 통해 이 목록에 있는 각 변수가 한 비트 유형임을 밝히고 있다. 앞으로 필요에 따라 다른 유형의 입출력 및 변수 묘사 방법에 대해 배울 것이다. END and_gate;를 포함하는 행이 ENTITY 선언 부분을 마감하고 있다.

ARCHITECTURE 선언 부분은 블럭 내부의 모든 것에 대한 동작을 묘사하고 있다. 설계자는 ENTITY 블럭 내부의 동작을 이 구조적 설명에 해당하는 이름(이 예문의 *ckt*)을 만들어 내야 한다. 각 ENTITY는 최소한 한 개의 ARCHITECTURE를 가진다. OF와 IS는 이 선언부의 핵심어이다. 구조 선언의 몸체는 BEGIN과 END 핵심어 사이에 담겨 있다. END는 이 구조에 해당하는 이름이 따라와야 한다. 문장을 적을 때 마지막에는 반드시 마침표를 찍듯이 이 줄 뒤에는 반드시 세미콜론을 적어야 한다. 몸체 내부(BEGIN과 END 사이)에 블럭의 동작을 묘사하는 내용이 담겨 있다. 이 예문에서는 '출력(y)에게 a AND b에 의해 만들어지는 논리 값을 할당한다(<=)'는 간단한 부울 대수식으로 하드웨어의 동작을 묘사하고 있다. 부울 대수식은 **동시 할당 문장(concurrent assignment statement)**이다. 즉 BEGIN과 END 사이의 모든 문장은(이 예문에는 하나밖에 없음) 항상 동시에 계산된다. 내부의 순서는 중요하지 않다.

그림 3-48 VHDL의 필수 요소.

```
ENTITY and_gate IS
PORT (   a, b    :IN BIT;
         y       :OUT BIT);
END and_gate;
ARCHITECTURE ckt OF and_gate IS
BEGIN
         y <= a AND b;
END ckt;
```

학습성과 평가문제

1. ENTITY 선언의 역할은 무엇인가?
2. 어느 부분이 회로의 동작을 정의하는 핵심 부분인가?
3. 논리 신호에 값을 할당하는 할당(assignment) 연산자는 무엇인가?

3-20 중간 신호

학습성과

이 절을 학습함으로써 다음을 할 수 있다.

- HDL에서 변수 정의
- HDL 코드에서 변수 사용법
- 소스코드의 문서화

회로를 설계할 때에는 회로 블럭 '내부'에 있는 신호의 이름을 정해 주어야 할 때가 있다. 회로에는 블럭의 입력도 출력도 아니지만 이름을 정해두면 나중에 기준점으로 유용한 곳이 있다. 블럭 내부의 여러 곳에 연결되어야 하는 신호가 그 예가 될 수 있다. 아날로그나 디지털 회로도에서는 이와 같은 곳을 마디(*node*) 또는 검사점(test point)이라고 부른다. HDL에서는 **숨겨진 마디(buried node)** 또는 **국지 신호(local signal)**라고 부른다. 그림 3-49는 *m*이라고 이름을 붙인 중간 신호가 있는 매우 간단한 회로이다. HDL에서는 이 마디(신호)를 입력이나 출력과 함께 정의하지 않고 블럭의 동작을 설명하는 곳에서 정의한다. 입력과 출력은 시스템 내의 다른 회로 블럭에서 사용하는 신호지만 국지적인 신호는 블럭 내부에서만 인정된다.

다음의 예시 프로그램에서 맨 윗부분을 주의해서 보라. 맨 윗부분의 정보는 문서화하기 위한 것이다. 모든 설계를 정확하게 문서로 만드는 것은 매우 중요하다. 최소한 어떤 프로젝트에 사용할 것인지, 누가 썼는지, 만든 날짜 등의 정보는 있어야 한다. 이러한 정보가 모여 있는 것을 머리말(header)라고 한다. 우리는 이 책을 들고 다니기 쉽도록 가볍게 만들기 위해 머리말을 간략하게 만들었지만 메모리는 싸고 정보는 매우 유용하다는 것을 명심하라. 따라서 완벽한 문서를 만드는 것을 겁내지 마라. 이 프로그램 내의 여러 문장 뒤에는 주석(comment)이 있다. 이들 주석은 설계자 자신이 설계 의도를 기억하는 데 도움을 줄 뿐 아니라 다른 사람이 설계자의 의도를 이해하는 데도 도움이 된다.

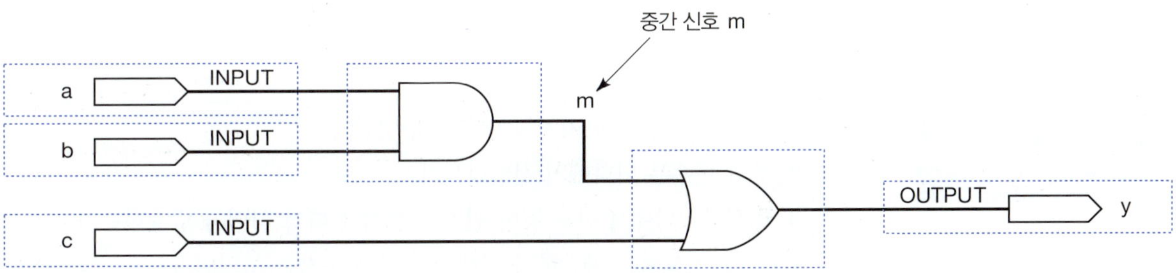

그림 3-49 중간 변수가 있는 논리회로도.

AHDL의 숨겨진 마디

그림 3-50은 그림 3-49의 회로를 묘사하는 AHDL 프로그램이다. AHDL에서 **주석(comments)**은 그림의 1행에서부터 4행 사이에 보인 것과 같이 % 문자로 싸여 있다. 이 부분은 이 파일을 읽는 컴퓨터는 그 내용을 무시하지만 나중에 이 프로그램을 읽고 해독해야 하는 사람들에게는 유용한 정보를 필요한 만큼 많이 저장할 수 있게 한다. 7, 8, 11, 13, 14행 뒤에는 두 개의 대시(--) 뒤에 주석이 있다. 두 대시부터 그 줄의 끝까지 있는 글은 문서화를 위한 것이다. 주석을 위한 두 가지 기호 모두 사용할 수 있으나 % 기호는 주석을 열고 닫기 위해 한 쌍으로 사용되며 두 개의 대시는 한 줄의 끝까지 주석을 넣기 위해 사용된다.

AHDL에서는 국지 신호를 SUBDESIGN 부분과 논리 부분 사이에 있는 VARIABLE 부분에서 정의한다. 중간 신호 m은 **VARIABLE**이라는 핵심어 뒤, 11행에 정의되었다. **NODE** 핵심어가 이 변수의 성격에 대한 명칭이다. 변수 이름과 마디의 정의 사이에는 콜론(:)이 있다. 13행의 하드웨어 설명 부분에서 중간 변수에 일정한 값이 할당되고(연결되어) 있으며(m = a & b;) 14행에 있는 두 번째 문장에서 m을 사용하여 변수 y에 일정한 값을 할당(연결)하고 있다(y = m # c;). 할당(assignment) 명령어는 동시적이며, 따라서 프로그램 내에서의 순서는 아무런 의미가 없다는 것을 기억해 두어야 한다. 다른 사람이 읽기 쉽게 하기 위해서는 여기에서 보인 바와 같이 중간 변수에 먼저 값을 할당하였다가 차후에 사용할 할당 문장에 사용하는 것이 보다 합리적이다.

```
1   %  Intermediate variables in AHDL (Figure 3-49)
2      Digital Systems 12th ed
3      NS Widmer
4      May 27, 2015          %
5   SUBDESIGN fig3_50
6   (
7      a,b,c      :INPUT;    -- define inputs to block
8      y          :OUTPUT;   -- define block output
9   )
10  VARIABLE
11     m        :NODE;       -- name an intermediate signal
12  BEGIN
13     m = a & b;            -- generate buried product term
14     y = m # c;            -- generate sum on output
15  END;
```

그림 3-50 그림 3-49에 묘사한 AHDL의 중간 변수들.

학습성과 평가문제

1. 중간 변수를 위한 지정된 명칭은 무엇인가?
2. 중간 변수는 어디에서 선언하는가?
3. m식과 y식에서 어느 것이 먼저 오는지에 따라 차이가 발생하는가?
4. 주석 한 블럭을 마감하기 위해 사용되는 문자는 무엇인가?
5. 한 줄의 주석을 위해 사용되는 문자는 무엇인가?

VHDL의 국지 신호

그림 3-51은 그림 3-49의 회로를 묘사하는 VHDL 프로그램이다. VHDL의 **주석(comments)**은 두 개의 대시(--) 뒤에 있다. 두 대시부터 그 줄의 끝까지 주석에 해당하는 정보를 담을 수 있다. 주석은 이 파일을 읽는 컴퓨터는 그 내용을 무시하지만 나중에 이 프로그램을 읽고 해독해야 하는 사람들에게는 매우 유용하다.

중간 신호 m은 13행에, SIGNAL이라는 핵심어 뒤에 정의되었다. BIT 핵심어가 이 변수의 성격에 대한 명칭이다. 변수 이름과 마디의 정의 사이에는 콜론(:)이 있다. 16행의 하드웨어 설명 부분에서 중간 변수에 일정한 값이 할당되고(연결되어) 있으며($m <= a$ AND b;) 17행에서 m을 사용하여 변수 y에 일정한 값을 할당(연결)하고 있다($y <= m$ OR c;). 할당(assignment) 명령어는 동시적이며 따라서 프로그램 내에서의 순서는 아무런 의미가 없다는 것을 기억해 두어야 한다. 사람이 읽기 쉽게 하기 위해서는 여기에서 보인 바와 같이 중간 변수에 먼저 값을 할당하였다가 차후에 사용할 할당 문장에 사용하는 것이 보다 합리적이다.

```
1    -- Intermediate variables in VHDL (Figure 3-49)
2    -- Digital Systems 12th ed
3    -- NS Widmer
4    -- May 27, 2015
5
6    ENTITY  fig3_51 IS
7    PORT( a, b, c    :IN BIT;     -- define inputs to block
8    y                :OUT BIT);   -- define block output
9    END fig3_51;
10
11   ARCHITECTURE ckt OF fig3_51 IS
12
13     SIGNAL m       :BIT;        -- name an intermediate signal
14
15   BEGIN
16       m <= a AND b;             -- generate buried product term
17       y <= m OR c;              -- generate sum on output
18   END ckt;
```

그림 3-51 그림 3-49에 묘사한 VHDL의 중간 변수들.

학습성과 평가문제

1. 중간 변수를 위한 지정된 명칭은 무엇인가?
2. 중간 변수는 어디에서 선언하는가?
3. m식과 y식에서 어느 것이 먼저 오는지에 따라 차이가 발생하는가?
4. 한 줄의 주석을 위해 사용되는 문자는 무엇인가?

요약

1. 부울 대수는 디지털 회로의 분석과 설계에 사용되는 수학적 도구이다.
2. OR, AND와 NOT가 기본 부울 연산이다.
3. OR 게이트는 입력이 하나라도 HIGH이면 HIGH 출력이 된다. AND 게이트는 모든 입력이 HIGH일 때 출력이 HIGH가 된다. NOT 회로(인버터)는 입력의 반대인 논리 출력을 만들어낸다.
4. NOR 게이트는 출력이 인버터에 연결되어 있는 OR 게이트이다. NAND 게이트는 출력이 인버터에 연결되어 있는 AND 게이트이다.
5. 부울 정리와 규칙을 사용하여 논리회로의 표현식을 간략히 나타낼 수 있으며 간략히 표현된 식으로 회로를 구현하는 것이 보다 쉬운 방법이다.
6. NAND 게이트는 모든 기본 부울 연산을 구현하는 데 사용할 수 있다. NOR 게이트도 마찬가지이다.
7. 출력이 HIGH 활성, 또는 LOW 활성인지에 따라 논리 게이트의 표준 또는 대안 기호를 사용할 수 있다.
8. 전파 지연 시간은 입력신호의 천이로 부터 회로에서 출력이 나올때까지 걸리는 시간이다.
9. 하드웨어 기술 언어는 디지털 회로를 표현하는 중요한 방법이다.
10. HDL 프로그램은 무엇을 하려고 했는지 나중에 알아볼 수 있도록 핵심 정보를 문서화하는 주석을 담아두어야만 한다.
11. HDL 회로 표현은 입력과 출력의 정의를 담고 있으며 그 뒤에 회로의 동작을 표현하는 내용이 따르게 된다.
12. 입력과 출력 뿐 아니라 회로 내부에 숨겨진 중간 신호들도 이름을 붙일 수 있다. 이들 중간 연결점은 마디 또는 신호라고 부른다.

주요 용어

구문(syntax)
구조(ARCHITECTURE)
국지 신호(local signal)
노드(NODE)
논리 값(logic level)
대안 논리 기호(alternate logic symbols)
동시(concurrent)
동시 할당 문장(concurrent assignment statement)
드모르간 정리(DeMorgan's theorems)
모드(mode)
보수(complementation)
부울 대수(Boolean algebra)
부울 정리(Boolean theorems)
숨겨진 마디(buried nodes)
알테라 하드웨어 기술 언어(Altera hardware description language: AHDL)
역(inversion)
유형(type)
인버터(INVERTER)
전파지연(propagation delay)
주석(comments)
주장하는 값(asserted levels)
주장하지 않는 값(unasserted levels)
진리표(truth table)
컴파일러(compiler)
프로그램 가능 논리 소자(programmable logic devices: PLD)
하드웨어 기술 언어(hardware description languages: HDL)
활성 논리 값(active logic levels)
AND 게이트(AND gate)

AND 연산(AND operation)
BIT
ENTITY
HIGH 활성(active-HIGH)
LOW 활성(active-LOW)
NAND 게이트(NAND gate)
NOR 게이트(NOR gate)
NOT 연산(NOT operation)
NOT 회로(NOT circuit)
OR 게이트(OR gate)
OR 연산(OR operation)
SUBDESIGN
VARIABLE
VHDL (very high speed integrated circuit (VHSIC) hardware description language)

연습문제

문제 앞에는 진하게 표시된 글자로 문제의 유형을 표시하고 있으며, 그 설명은 다음과 같다.

B 기초문제
T 고장해결문제
D 설계 또는 회로 수정 문제
N 책에서 다루지 않은 새로운 개념이나 기법
C 도전문제
H HDL에 관한 문제

3-3절

B 3-1.* (a) 그림 3-52에 보인 OR 게이트의 출력 파형을 그려라.
(b) 그림 3-52의 A 입력이 의도하지 않게 접지(ground)와 연결되었다고 가정할 때 (즉 $A = 0$), 출력 파형을 그려라.
(c) 그림 3-52의 A 입력이 의도하지 않게 5V 전원과 연결되었다고 가정할 때 (즉 $A = 1$), 출력 파형을 그려라.

그림 3-52

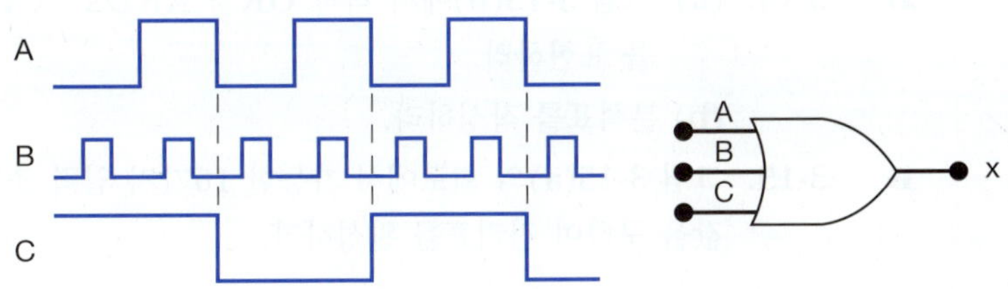

3-2. 3-입력 OR 게이트의 출력이 0으로 출력되어야 하나 출력이 1로 나온다면 3개의 입력 중에 어느 입력이 잘못된 것인지를 어떻게 알 수 있는가?

C 3-3. OR 게이트와 관련된 다음 설명을 읽어라. 처음 읽기에는 맞는 것처럼 들리나 잠시만 생각해보면 둘 다 항상 옳은 것은 아니라는 것을 알게 될 것이다. 각 주장에 대한 반론을 예를 들어 설명해 보라.
(a) 만일 OR 게이트의 출력이 한 개의 입력 파형과 항상 똑같다면 다른 입력은 영구적으로 LOW에 묶여 있는 것이다.
(b) OR 게이트의 출력이 항상 HIGH라면 입력 중 하나는 영구적으로 HIGH에 묶여 있는 것이다.

* 표시된 문제는 교재 뒤편에 해답이 있다.

B 3-4. 5-입력 OR 게이트에서 HIGH를 출력하는 입력의 조합은 몇 가지나 있는가?

3-4절

3-5. 3-입력 AND 게이트의 출력이 1으로 나와야 할 때 출력이 0로 나올 때 3개의 입력 중에 어느 입력이 잘못된 것인지 어떻게 알 수 있는가?

B 3-6. 그림 3-52의 OR 게이트를 AND 게이트로 바꾸어라.

(a)*출력 파형을 그려라.

(b) A 입력이 영원히 접지에 연결되었다고 했을 때 출력 파형을 그려라.

(c) 입력 신호 A가 영구적으로 +5 V로 될때 출력 파형을 그려라.

D 3-7.*그림 3-4를 참조하라. 압력과 온도가 동시에 최대 한계 값을 넘었을 때 경보가 울리도록 회로를 수정하라.

B 3-8.*그림 3-6의 OR 게이트를 AND 게이트로 바꾸고 출력 파형을 그려라.

B 3-9. OR 게이트인지 AND 게이트인지 모르는 2 입력 게이트를 가지고 있다고 하자. 게이트의 입력에 어떤 신호의 조합을 인가해 보면 게이트의 유형을 알 수 있겠는가?

B 3-10. 다음 문장의 참, 거짓을 구분하라. 입력의 개수에 관계없이 AND 게이트는 단 한 가지 입력의 조합에서만 HIGH 출력이 만들어진다.

3-5절~3-7절

B 3-11. 그림 3-23의 A 파형을 인버터의 입력에 인가하고 출력 파형을 그려라. B 파형에 대해서도 같은 과정을 반복하라.

B 3-12. (a)*그림 3-53의 (a)의 출력 x에 대한 부울 표현식을 써라. 모든 입력 조건에 대해 x 값을 구하고 진리표에 그 값을 나열하라.

(b) 그림 3-53의 (b) 회로에 대해서도 같은 과정을 반복하라.

B 3-13.*그림 3-15의 (b) 회로에서 가능한 32가지 입력 조합에 대해 각 게이트의 출력 논리 값을 구하여 진리표를 완성하라.

B 3-14. (a)*그림 3-15(b)에서 각각 OR를 AND로 AND를 OR로 바꿔라. 그리고 출력을 표현하라.

(b) 분석표를 작성하라.

B 3-15. 그림 3-15(a)의 회로에서 가능한 16가지 입력 조합에 대해 각 게이트의 출력 논리 값을 구하여 진리표를 완성하라.

3-8절

B 3-16. 다음의 각 표현식에 대하여 해당하는 논리회로를 AND, OR, 인버터만 사용하여 구현하라.

(a)* $x = \overline{AB(C + D)}$

(b)* $z = \overline{A + B + \overline{C}D\overline{E})} + \overline{B}C\overline{D}$

(c) $y = (\overline{M + N} + \overline{P}Q)$

(d) $x = \overline{W + P\overline{Q}}$

(e) $z = MN(P + \overline{N})$

(f) $x = (A + B)(\overline{A} + \overline{B})$

(g) $g = AC + B\overline{C}$

(h) $h = \overline{\overline{AB} + \overline{CD}}$

그림 3-53

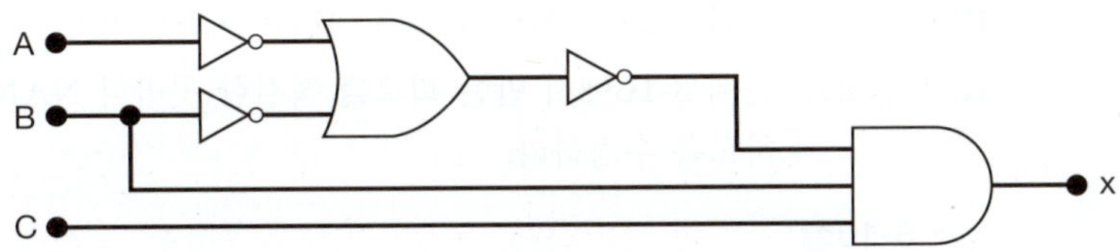

(a)

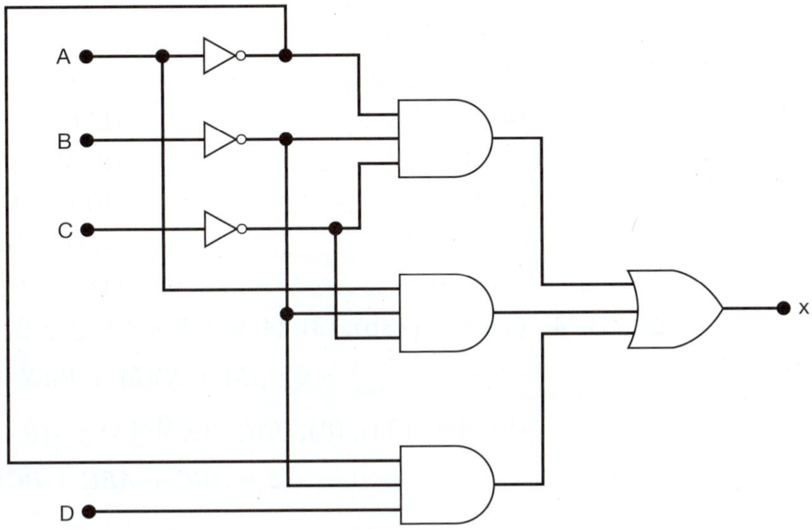

(b)

3-9절

B 3-17.* (a) 그림 3-54의 입력 파형을 NOR 게이트에 입력하고 출력 파형을 그려라.
(b) C가 영원히 LOW에 연결되었을 때에 대해 반복하라.
(c) C가 HIGH에 연결되었을 때에 대해 반복하라.

그림 3-54

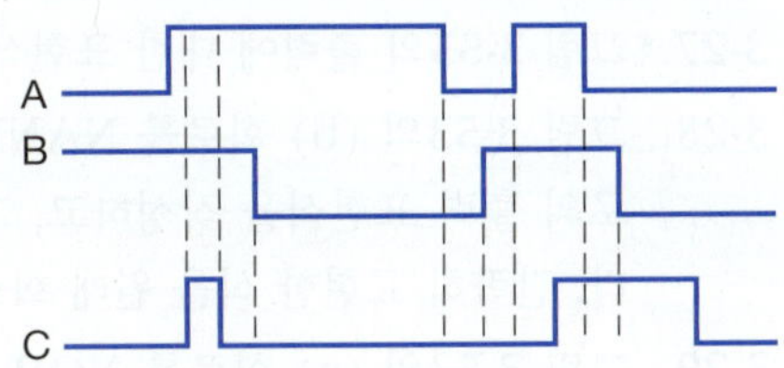

B 3-18. 문제 3-17을 NAND 게이트에 대해 반복하라.

C 3-19.* 그림 3-55의 출력에 대한 부울 표현식을 작성하고 그를 사용하여 완전한 진리표를 만들어라. 그림 3-54의 파형을 회로의 입력에 인가하고 출력 파형을 그려라.

그림 3-55

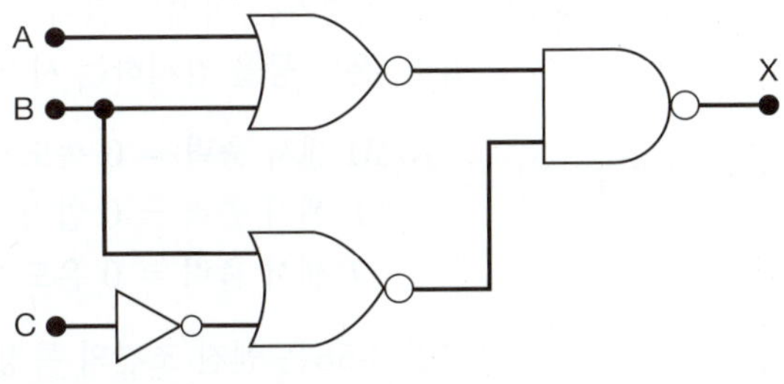

B 3-20. 그림 3-24의 회로에 대해 진리표를 만들어라.

B 3-21. 문제 3-16에서 만든 회로를 적절한 곳마다 NAND 게이트와 NOR 게이트를 사용하도록 수정하라.

3-10절

C 3-22. 모든 가능한 경우를 고려하여 정리 (15a)와 (15b)를 증명하라.

B 3-23.★반복연습문제

각 표현식을 완성하라.

(a) $A + 1 =$ ______ (f) $D \cdot 1 =$ ______

(b) $A \cdot A =$ ______ (g) $D + 0 =$ ______

(c) $B \cdot \overline{B} =$ ______ (h) $C + \overline{C} =$ ______

(d) $C + C =$ ______ (i) $G + GF =$ ______

(e) $x \cdot 0 =$ ______ (j) $y + \overline{w}y =$ ______

C 3-24. (a)★정리 (13b), (3), (4)를 사용하여 다음 식을 간략히 나타내어라.

$$x = (M + N)(\overline{M} + P)(\overline{N} + \overline{P})$$

(b) 정리 (13a), (8), (6)을 사용하여 다음 식을 간략히 나타내어라.

$$z = \overline{A}B\overline{C} + AB\overline{C} + B\overline{C}D$$

3-11과 3-12절

C 3-25. 모든 가능한 경우를 적용하여 드모르간 정리를 증명하라.

B 3-26. 다음 표현식을 드모르간 정리를 사용하여 간략히 나타내어라.

(a)★$\overline{\overline{A}B\overline{C}}$ (d) $\overline{A + \overline{B}}$ (g)★$\overline{A(\overline{B + \overline{C}})D}$

(b) $\overline{\overline{A} + \overline{B}C}$ (e)★$\overline{\overline{AB}}$ (h) $\overline{(M + \overline{N})(\overline{M} + N)}$

(c)★$\overline{AB\overline{CD}}$ (f) $\overline{\overline{A} + \overline{C} + \overline{D}}$ (i) $\overline{\overline{\overline{AB}C}D}$

B 3-27.★그림 3-55의 출력에 대한 표현식을 드모르간 정리를 사용하여 간략히 나타내어라.

C 3-28. 그림 3-53의 (b) 회로를 NAND 게이트만 사용하는 회로로 변환하라. 새로운 회로의 출력 표현식을 작성하고, 그것을 드모르간 정리를 사용하여 간략히 나타내어라. 간략히 표현한 식을 원래 회로의 표현식과 비교하라.

C 3-29. 그림 3-53의 (a) 회로를 NOR 게이트만 사용하는 회로로 변환하라. 새로운 회로의 출력 표현식을 작성하고, 그것을 드모르간 정리를 사용하여 간략히 나타내어라. 간략히 표현한 식을 원래 회로의 표현식과 비교하라.

B 3-30. 2 입력 NOR 게이트로 2 입력 NAND 게이트를 만들 수 있음을 보여라.

B 3-31. 2 입력 NAND 게이트로 2 입력 NOR 게이트를 만들 수 있음을 보여라.

C 3-32. 제트 비행기는 아래와 같이 동작하는 센서를 사용하여 엔진의 분당 회전수(rpm), 압력, 온도 등을 감시하는 시스템을 채용하고 있다.

RPM 센서 출력 = 0 속도가 4800 rpm 이하일 때만

P 센서 출력 = 0 압력이 220 psi 이하일 때만

T 센서 출력 = 0 온도가 200°F 이하일 때만

그림 3-56은 엔진 조건의 특정한 조합에 대해 조종석의 경고등을 제어하는 논리회로이다. 경고등을 켤 때 *W*가 HIGH라고 가정하자.

그림 3-56

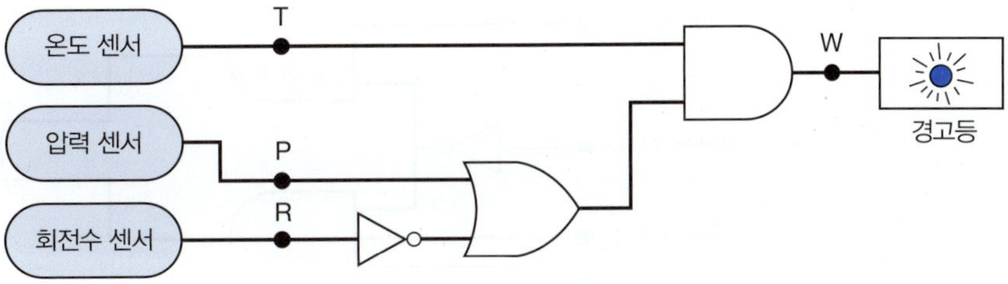

(a)*조종사에게 경고를 주는 엔진 조건을 구하라.

(b) 주어진 회로를 NAND 게이트만 사용하는 회로로 변환하라.

3-33. 요즘 자동차의 트렁크를 여는 방법에는 두 가지가 있다. 하나는 트렁크 열림장치에 붙어있는 버튼을 누르거나 혹은 자동차 스마트키에 있는 트렁크 열림 버튼을 누르면 된다. 그러나 트렁크 덮개는 안전과 보안을 위해 주어진 어떤 조건을 만족할 때만 열린다. 그림 3-57은 트렁크 동작에 대한 회로도를 나타내고 있다.

그림 3-57

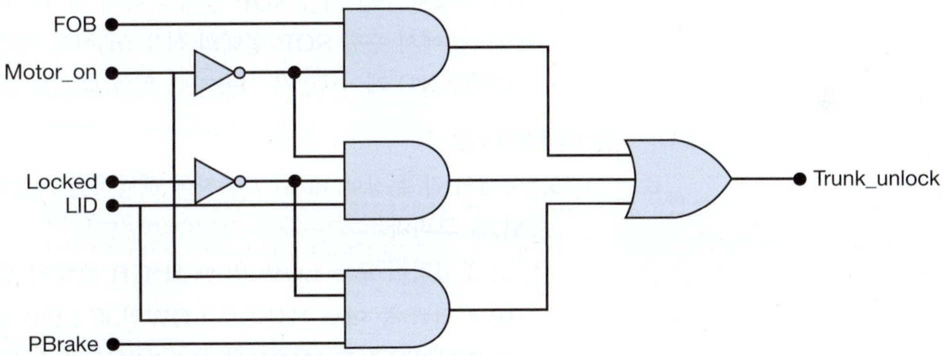

출력은 트렁크 열림 (Trunk_unlock)

HIGH는 래치를 풀고 트렁크를 연다

입력은 다음과 같이 정의한다.

트렁크 열림 버튼	LID	LOW = 안 누름	HIGH = 누름
자동차 스마트키 열림 버튼	FOB	LOW = 안 누름	HIGH = 누름
자동차 문	Locked	LOW = 안 잠김	HIGH = 잠김
주차 브레이크	PBrake	LOW = 풀림	HIGH = 잠김
엔진 상태	Motor_on	LOW = 중지	HIGH = 가동 중

(a) 트렁크가 열리는 조건을 글로 적어라.

(b) 입력신호 변수를 사용하여 출력을 Bool 함수로 적어라.

(c) 위의 회로를 NAND 게이트를 사용하여 다시 그려라(단, 4-입력 NAND 게이트까지 사용 가능 함).

3-34. 자동차는 어떤 주어진 조건에서 원격 시동을 걸 수 있다. 그림 3-58은 그것에 대한 회로도이다. 입력은 다음과 같이 정의된다.

그림 3-58

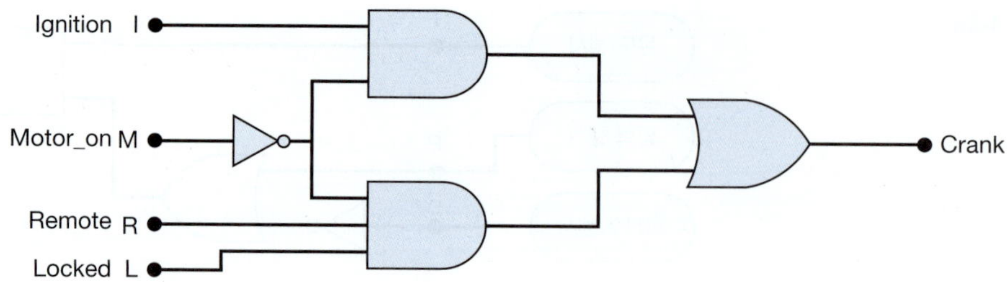

I	Ignition	START 위치에서 시동 스위치 = HIGH
M	Motor_on	엔진 가동 = HIGH
R	Remote	자동차 스마트키의 원격시동 버튼 누름 = HIGH
L	Locked	자동차 문 잠김 = HIGH

(a) 주어진 회로에 대한 Bool 함수를 적어라.

(b) 주어진 회로에 대한 진리표를 적어라.

(c) 위에서 구한 식을 SOP 형태로 다시 적어라.(주어진 모든 변수의 곱의 형태로)

(d) (c)에서 구한 SOP 형태의 식을 (a)식과 맞추기 위해 Bool 대수를 사용하라.

(e) NAND 게이트만을 사용하여 위의 회로를 설계하라.

3-13과 3-14절

B 3-35.* 아래의 각 문장에 대해 그 동작에 해당하는 적절한 논리 게이트 기호(표준 또는 대안)을 그려라.

(a) 3 입력이 모두 LOW 일 때 HIGH 출력이 생긴다.

(b) 4 입력 중 어느 하나라도 LOW일 때 LOW 출력이 생긴다.

(c) 8 입력이 모두 HIGH일 때 LOW 출력이 생긴다.

B 3-36. 기본 논리 게이트들의 표준 기호를 그려라. 대안 표시도 그려라.

C 3-37. 그림 3-55의 회로는 간단한 디지털 조합 자물쇠로서 입력의 한 가지 조합에 대해서만 LOW 활성인 $\overline{UNLOCK}$ 출력 신호를 만들어낸다.

(a)* 회로의 동작을 보다 효율적으로 반영하도록 회로도를 수정하라.

(b) 새로운 회로도를 사용하여 출력을 활성화하는 입력의 조합을 결정하라. 예제 3-22와 3-23에서 했던 바와 같이 게이트 기호의 정보를 사용하여 출력에서부터 되짚어 나오면서 수행하라. 이 결과를 문제 3-19에서 구한 진리표와 비교하라.

C 3-38. (a) 그림 3-37에서 (b)의 출력 Z를 활성화하는 입력 조건을 구하라. 예제 3-22와 3-23에서 했던 바와 같이 출력에서부터 되짚어 나오면서 수행하라.

(b) 경보를 켜기 위해서는 *Z*가 LOW여야 한다고 가정하자. 이를 반영하기 위해 회로도를 수정하고 새로운 회로도를 사용하여 경보가 켜지는 입력 조건을 구하라.

D 3-39. 그림 3-40의 회로도를 $A_1 = 1$ 대신 $A_1 = 0$일 때 $LCD = 1$이 되도록 수정하라.

B 3-40.* 그림 3-59의 출력이 활성 상태가 되는 입력 조건을 구하라.

B 3-41.* (a) 그림 3-59의 출력이 주장하는 상태는 무엇인가?

(b) 그림 3-36의 (c)의 경우는?

B 3-42. 문제 3-40의 결과를 사용하여 그림 3-59의 회로에 대해 진리표를 구하라.

그림 3-59

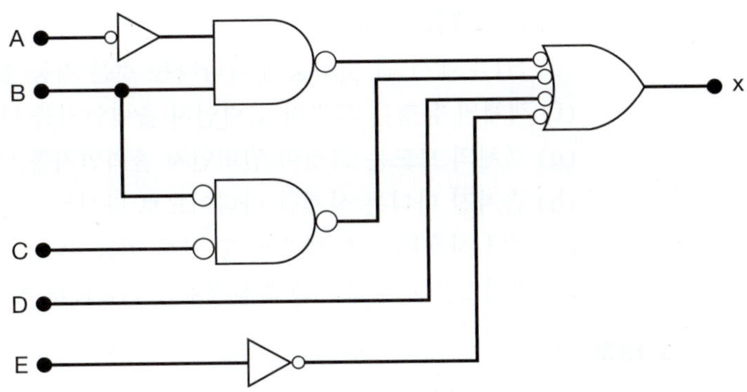

N 3-43.* 그림 3-60은 2개의 서로 다른 스위치로 등을 켜거나 끄는 가정용 2중 스위치의 동작을 논리 게이트로 시뮬레이션한 것이다. 등은 LED로서 NOR 게이트의 출력이 LOW일 때 켜지도록(전류가 흐르도록) 했다. 출력을 $\overline{LIGHT}$라고 명명하여 LOW 활성임을 보였다. LED를 켜기 위한 입력 조건을 구하라. 그리고 스위치 *A*, *B*가 2중 스위치로 동작함을 검증하라(제4장에서는 입력과 출력의 관계를 사용하여 회로를 설계하는 방법에 대해 배울 것이다).

그림 3-60

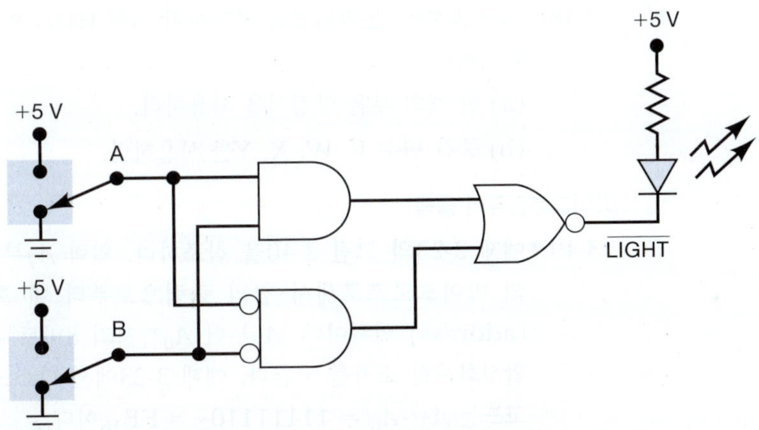

3-15절

B 3-44. 7406 TTL 인버터의 t_{PLH} 최대값은 15 ns이고 t_{PHL} 최소값은 23 ns이다. 100 ns 동안 HIGH를 지속되는 펄스를 입력에 인가했을 때

(a) 입력과 출력 파형을 그려라. 끝나는 시간을 200 ns로 X-축으로 그려라.

(b) 그래프상에 t_{PLH}와 t_{PHL}을 표시하라.

(c) 전파 지연 시간이 최대치일 때 출력 파형의 폭은 얼마인가?

3-17절

HDL 반복연습문제

H 3-45.* 다음 문장의 참, 거짓을 구분하라.

(a) VHDL은 컴퓨터 프로그램 언어이다.

(b) VHDL은 AHDL과 같은 일을 할 수 있다.

(c) AHDL은 IEEE 표준 언어이다.

(d) 줄과 칸의 전선 사이를 연결하거나 끊도록 스위칭 매트릭스의 각 연결점을 프

로그램할 수 있다.

(e) HDL에서 맨 윗부분에 나타나는 것은 기능 설명부이다.

(f) 객체의 유형은 그것이 입력인지 출력인지를 나타낸다.

(g) 객체의 모드는 그것이 입력인지 출력인지를 나타낸다.

(h) 숨겨진 마디는 삭제한 마디이므로 다시는 사용하지 않는다.

(i) 지역 신호는 중간 변수의 또 다른 이름이다.

(j) 머리말은 프로젝트의 핵심정보를 기록해두는 주석이 모여 있는 것이다.

3-18절

B 3-46. 그림 3-44의 프로그램 연결 매트릭스를 다시 그려라. 연결 매트릭스(윗줄부터 아래 줄로)로부터 출력 신호(가로 선)를 AAABADHE와 같이 명명하라. 적절한 접점에 줄과 칸이 단락되었다는 것을 나타내기 위해 X 기호를 그리고 이 연결점을 사용하여 논리회로를 그려라.

H 3-47.* 다음 출력 함수에 해당하는 HDL 프로그램을 원하는 언어를 사용하여 작성하라.

$$X = A + B$$
$$Y = \overline{AB}$$
$$Z = A + B + C$$

H 3-48. 그림 3-39의 논리회로를 구현하기 위한 HDL 프로그램을 원하는 언어를 사용하여 작성하라.

(a) 한 개의 부울 방정식을 사용하라.

(b) 중간 변수 V, W, X, Y를 사용하라.

마이크로컴퓨터 응용

C 3-49.* 예제 3-23의 그림 3-40을 참조하라. 입력 A_7부터 A_0까지는 마이크로컴퓨터 내의 마이크로프로세서 칩의 출력으로부터 이 회로의 입력으로 공급되는 주소(address) 입력이다. A_7부터 A_0까지의 8비트 주소 신호는 마이크로프로세서가 활성화시킬 소자를 고른다. 예제 3-23에서 디스크 드라이브를 활성화시키는 주소 코드는 $A_7 \sim A_0 = 11111110_2 = FE_{16}$이다.

LCD를 활성화시키는 데 필요한 마이크로프로세서의 주소 코드가 $4A_{16}$이 되도록 회로를 수정하라.

도전문제

C 3-50. $x = AB\overline{C}$를 한 개의 2 입력 NOR와 한 개의 2 입력 NAND만 가지고 구현할 수 있음을 보여라.

C 3-51.* $y = ABCD$를 2 입력 NAND 게이트만 사용하여 구현하라.

학습성과 평가문제 해답

3-1절

1. 상수; GND 2. 변수; A, B 3. 용어해설을 보라

3-2절

1. $x = 1$ 2. $x = 0$ 3. 32줄

3-3절

1. 모든 입력이 LOW여야 한다. 2. $x = A + B + C + D + E + F$
3. 항상 HIGH

3-4절

1. 5 입력 모두 1일 경우 2. LOW 입력이어야 LOW 출력이 유지된다.
3. 거짓. 각 게이트의 진리표를 보라.

3-5절

1. 두 번째 인버터의 출력은 입력 A와 같다. 2. y는 $A = B = 1$일 때만 LOW이다.

3-6절

1. $x = \overline{A} + B + C + \overline{AD}$ 2. $x = D(\overline{AB + C}) + E$

3-7절

1. $x = 1$ 2. $x = 1$ 3. 둘 모두 $x = 1$

3-8절

1. 그림 3-15의 (a)를 보라. 2. 그림 3-17의 (b)를 보라. 3. 그림 3-15의 (b)를 보라.

3-9절

1. 모든 입력이 LOW. 2. $x = 0$ 3. $x = \overline{A + B + \overline{CD}}$

3-10절

1. $y = A\overline{C}$ 2. $y = \overline{A}\overline{B}\overline{D}$ 3. $y = \overline{A}D + BD$

3-11절

1. $z = \overline{A}\overline{B} + C$ 2. $y = (\overline{R} + S + \overline{T})Q$
3. NAND 게이트 대신 NOR 게이트로 대체하는 것을 제외하고는 그림 3-28과 같다.
4. $y = \overline{A}B(C + \overline{D})$

3-12절

1. 3가지 2. NOR 게이트를 사용하면 3개만 있으면 가능하기 때문에 더 효율적이다.
3. $x = \overline{(\overline{AB})(\overline{CD})} = \overline{\overline{AB}} + (\overline{\overline{CD}}) = AB + CD$ 4. 3 5. 1

3-13절

1. 입력이 하나라도 HIGH이면 출력은 LOW이다.
2. 입력이 모두 LOW일 때만 출력이 HIGH이다.
3. 입력이 하나라도 LOW이면 출력은 LOW이다.
4. 입력이 모두 HIGH일 때만 출력이 HIGH이다.

3-14절

1. 출력 Z은 $A = B = 0$이고 $C = D = 1$일 때만 HIGH가 된다.
2. 출력 Z은 $A = B = 0$, $E = 1$이고 C와 D 중 하나 또는 둘 모두 0일 경우에만 LOW가 된다.
3. 2개 4. 2개 5. LOW 6. $A = B = 0$, $C = D = 1$ 7. $\overline{W}$

3-15절

1. 시간 축은 나노세컨드이고 상태를 바꾸는 데 많은 시간이 걸린다.
2. 입력의 50%지점에서 출력의 50%지점까지 3. t_{PHL} 4. t_{PLH}

3-16절

1. 부울 방정식, 진리표, 논리도, 타이밍 다이어그램, 프로그래밍 언어
2. .bdf 파일의 스키매틱 entry와 타이밍 다이어그램을 사용한 시뮬레이션

3-17절

1. 하드웨어 기술 언어(hardware description language)
2. 디지털 회로와 그것의 동작을 기술하기 위함이다.
3. 컴퓨터에게 처리할 업무의 순차적인 목록을 주기 위함이다.
4. HDL은 동시에 수행하는 하드웨어 회로를 기술하나, 컴퓨터는 한 번에 하나의 명령을 실행한다.
5. 알테라 회사 6. 미 국방부

3-18절

1. 프로그램 가능한 논리 소자(programmable logic device)
2. 스위칭 매트릭스에서 신호를 연결하거나 끊는 것에 의해 재구성된다.
3. 컴파일러는 스위칭 매트릭스의 구성을 위해 HDL 코드를 비트 유형으로 변환한다.

3-19절

AHDL

1. 입력과 출력을 정의한다. 2. 동작 방법에 대한 묘사

VHDL

1. 회로에 이름을 부여하고 그것의 입출력을 정의하기 위해서이다.
2. ARCHITECTURE 선언부 3. <=

3-20절

AHDL

1. NODE 2. I/O를 정의한 다음과 BEGIN 앞에서 선언한다.
3. 차이가 없다. 4. % 5. --

VHDL

1. SIGNAL 2. BEGIN 앞의 ARCHITECTURE부 안에 선언한다.
3. 차이가 없다. 4. --

CHAPTER 4

조합 논리회로

Combinational Logic Circuits

개요

- 4-1 곱의 합 형식
- 4-2 논리회로의 간략화
- 4-3 대수를 사용한 간략화
- 4-4 조합 논리회로의 설계
- 4-5 카르노 맵 방법
- 4-6 배타적 OR과 배타적 NOR 회로
- 4-7 패리티 발생기와 검사기
- 4-8 인에이블/디스에이블 회로
- 4-9 디지털 IC의 기본 특징
- 4-10 디지털 시스템의 고장 진단
- 4-11 디지털 IC의 내부 고장
- 4-12 외부 고장
- 4-13 시험 제작된 회로의 고장 진단
- 4-14 프로그램 가능 논리 소자
- 4-15 HDL에서의 데이터 표현
- 4-16 HDL을 사용한 진리표
- 4-17 HDL의 의사 제어 구조

학습목표

이 장을 학습함으로써 다음을 할 수 있다.

- 논리 표현식을 곱의 합 형식으로 변환
- 단계별 작업을 수행하여 곱의 합 형식을 가장 간략한 표현식으로 축소
- 부울 대수와 카르노 맵을 도구로 사용하여 논리회로를 간략화하고 설계
- 배타적 OR과 배타적 NOR 회로의 동작 설명
- 진리표를 사용하지 않고 간단한 논리회로를 설계
- 인에이블 회로를 구현하는 방법을 설명
- TTL과 CMOS 디지털 IC의 기본 특성을 설명
- 디지털 시스템의 고장 진단을 위한 기본 규칙 사용
- 관찰 결과로부터 조합 논리회로가 오동작하는 고장 원인 유추
- 프로그램 가능 논리 소자(PLD)의 기본 개념 설명
- 간단한 조합 논리 함수를 수행하도록 PLD를 프로그래밍 하는 것과 관련된 각 단계들에 대한 설명
- 계층적 설계 방법의 설명
- 한 비트, 비트 배열 및 수치 변수에 사용할 적절한 데이터 타입 구별
- HDL에서의 제어 구조인 IF/ELSE, IF/ELSIF 및 CASE 문을 사용하여 논리회로를 기술
- 주어진 문제를 해결하기 위해 적절한 HDL제어 구조를 선택

서론

3장에서는 기본 논리 게이트의 동작을 공부하였고, 논리 게이트의 조합으로 이루어진 회로를 부울 대수를 사용하여 해석하고 설명하였다. 이러한 회로들은 조합(combinational) 논리회로로 분류된다. 왜냐하면 어떤 시점에서든지 출력에서의 논리 값은 입력에 가해진 논리 값들의 조합에 의해 결정되기 때문이다. 조합 논리회로는 기억(memory) 특성이 없으므로, 출력은 오직 입력의 현재 값에 의해서만 정해진다.

이 장에서는 계속하여 조합 회로에 대해 공부한다. 먼저 논리회로를 간략화하는 두 가지 방법으로, 부울 대수의 정리를 이용하는 법과 매핑(mapping) 기법에 대해 자세히 배우게 될 것이다. 또한 주어진 요구 조건들을 만족하는 조합 논리회로를 설계하는 간단한 방법에 대해 공부한다. 논리회로 설계에 대해 완벽하게 다루는 것이 이 책의 목적은 아니지만, 이 책에서 소개하는 방법들은 논리회로 설계를 할 수 있는 좋은 출발점이 될 수 있을 것이다.

이 책의 상당부분에서 고장 진단(troubleshooting)이라는 주제를 다루었다. 고장 진

단은 어떤 시스템에서의 문제점 또는 고장을 분리해내고 그것을 해결하는 방법을 찾아내는 과정을 일컫는다. 고장 진단에서 사용하는 분석 기술과 효율적인 문제 해결 방법은 배관 문제, 자동차 문제, 건강에 관련된 문제이건 또는 디지털 회로이건 간에 모든 문제에 다 똑같이 적용 가능하다. TTL 집적 회로를 사용하여 구현된 디지털 시스템이 발달함에 따라 효율적이고 체계적인 고장 진단 방법에 대해 연구할 수 있는 좋은 수단을 갖게 되었다. 어떤 시스템에서든지 정상상태에서의 동작을 효과적으로 분석하고 문제를 알아내고 수리방법을 제안하기 위해서는 그 시스템을 구성하는 각 요소들의 실제 특성들을 이해해야만 한다. 기초 디지털 교과목의 실험 교육에 아직도 널리 사용되고 있는 TTL과 CMOS 논리 IC들의 기본적인 특성과 전형적인 고장 형태들을 소개하고 이를 이용하여 기본적인 고장 진단 원리를 학습할 것이다.

이 장의 마지막 몇 개의 절에서는 프로그램 가능 논리 소자와 하드웨어 기술 언어에 대해 조금 더 깊이 다룰 것이다. 하드웨어의 연결을 프로그램으로 할 수 있다는 개념을 더 설명하고 개발 시스템의 역할에 대해 더 자세한 내용을 다룰 것이다. 요즘의 디지털 시스템을 설계하고 개발할 때 필요한 각 단계들에 대해 배울 것이다. 이 책의 뒷부분에서 간단한 프로젝트를 다룰 것이며, 그 프로젝트에서 올바른 타입(type)의 데이터 객체(data objects)를 선택할 수 있도록 충분한 정보를 제공할 것이다. 마지막으로 몇 가지 제어 구조(control structures)와 그것들을 적절히 사용하는 것과 관련된 설명을 할 것이다.

4-1 곱의 합 형식

학습성과

이 절을 학습함으로써 다음을 할 수 있다.

- 곱의합(sum-of-products, SOP) 형식을 구별
- 합의곱(product-of-sums, POS) 형식을 구별

논리회로를 간략하게 설계하기 위해서는 논리 표현식을 **곱의 합** 형식으로 나타내어야 한다. 다음은 곱의 합 형식의 예이다.

1. $ABC + \overline{A}B\overline{C}$
2. $AB + \overline{A}B\overline{C} + \overline{C}\overline{D} + D$
3. $\overline{A}B + C\overline{D} + EF + GK + H\overline{L}$

위의 각 곱의 합 표현식은 2개 또는 그 이상의 AND 항(곱)이 서로 OR로 묶여 있다. 각 AND항은 1개 이상의 변수로 이루어져 있는데, 각각의 변수들은 ‾가 붙은 변수의 역의 형태이거나 ‾가 붙지 않은 형태를 갖는다. 예를 들어 곱의 합 표현 $ABC + \overline{A}B\overline{C}$에서 처음의 AND 곱항에서는 변수 A, B, C가 역이 아닌 형태이고, 두 번째 AND 곱항에서는 변수 A와 C가 역의 형태이다. 곱의 합 표현식에서 역 기호가 각 항의 하나의 변수 범위를 넘어서는 안 된다는 것에 주의하라(예를 들어 $\overline{ABC}$, $\overline{RST}$는 안 된다).

합의 곱

논리회로 설계에 자주 사용되는 또 다른 논리 표현식으로는 **합의 곱(Product-Of-Sums: POS)** 형식이 있다. 합의 곱 형식에서는 2개 이상의 OR 항(합, sum)이 AND로 묶여 있다. 각 OR 항은 1개 이상의 변수로 이루어져 있는데, 각각의 변수들은 역이거나 역이 아닌

형태이다. 다음은 합의 곱 표현식의 예이다.

1. $(A + \overline{B} + C)(A + C)$
2. $(A + \overline{B})(\overline{C} + D)F$
3. $(A + C)(B + \overline{D})(\overline{B} + C)(A + \overline{D} + \overline{E})$

이 책에서는 회로를 간략화하여 설계하는 방법으로 곱의 합(SOP) 형식을 사용하므로 합의 곱(POS) 형식에 대해서는 많이 다루지 않을 것이다. 그러나 가끔 특수한 구조를 갖는 일부 논리회로에서 합의 곱 형식이 나타날 것이다.

학습성과 평가문제

1. 다음 표현식 중 곱의 합 형식인 것은?
   (a) $AB + CD + E$
   (b) $AB(C + D)$
   (c) $(A + B)(C + D + F)$
   (d) $\overline{MN} + PQ$
2. 문제 1을 합의 곱 형식에 대해 반복하라.

4-2 논리회로의 간략화

학습성과

이 절을 학습함으로써 다음을 할 수 있다.

- 간략화를 하는 이유를 설명
- 디지털 회로에서 간략화를 하는 두 가지 방법

논리회로에 대한 부울 표현식이 구해지면 그 식을 항의 개수를 줄이거나 항에 포함된 변수의 개수를 줄인 간단한 형식으로 줄일 수 있다. 이 새로운 표현식을 사용하여 원래 회로와 같은 동작을 하면서도 게이트의 개수와 배선을 줄인 회로를 구현할 수 있다.

예를 들어 그림 4-1(a) 회로를 그림 4-1(b) 회로와 같이 간략화 할 수 있다. 두 회로는 같은 논리를 수행하며, 간략화된 회로가 원래의 회로보다 게이트의 개수가 적기 때문에 더 작고 값싼 회로로 만들 수 있어 더 바람직하다. 게다가 연결 배선 수가 더 적어 회로의 결함이 발생할 가능성도 더 낮으므로 회로의 신뢰도도 향상된다.

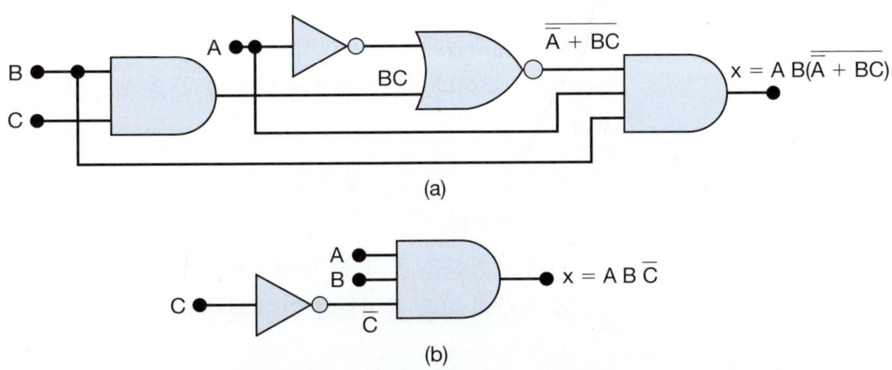

그림 4-1 (a) 부분에 있는 논리회로를 (b)와 같이 간략화하면 좀 더 효율적인 논리회로를 구현할 수 있다.

논리회로를 간략화하여 얻는 또 하나의 전략적 장점은 회로의 동작 속도이다. 앞에서 공부하였던 논리 게이트의 전파 지연을 상기해 보자. 실제 논리 게이트로 구성된 회로에서 입력 논리값이 여러 논리 게이트 층을 통하여 전달된 후 출력이 결정된다면, 동작속도는 게이트 층이 적은 회로일수록 더 빠를 것이다. 그림 4-1(a)와 (b) 회로를 비교해 보자. 그림 4-1(a) 회로에서 가장 긴 신호 경로는 3개의 게이트를 지난다. 그림 4-1(b)에서 가장 긴 신호 경로(C)는 단지 2개의 게이트를 지난다. SOP나 POS 같은 일반적인 형태의 표현식을 사용하면 시스템의 모든 신호에 대해 이러한 전파 지연을 확인할 수 있으며, 시스템의 최대 동작 속도를 구할 수 있다.

다음 절에서는 논리회로를 간략히 하는 두 가지 방법에 대해 공부할 것이다. 한 가지 방법은 부울 대수(Boolean algebra)의 정리를 활용하는 것으로서, 추후 보게 되겠지만 직관과 경험이 많이 필요한 방법이다. 또 다른 방법인 카르노 맵(Karnaugh map: K map)은 체계적인 단계별 접근법이다. 일부 사람들은 이 방법이 어느 정도는 기계적인 방법으로서 부울 대수를 이해하는 데에는 도움이 되지 않는다고 생각하기에 이 부분을 건너 뛰기도 한다. 카르노 맵 부분을 건너 뛰더라도 이 책의 다른 부분을 이해하는 데에는 문제가 없다.

학습성과 평가문제

1. 간략화의 장점 두 가지를 들어라
2. 간략화 방법 두 가지를 들어라

4-3 대수를 사용한 간략화

학습성과

이 절을 학습함으로써 다음을 할 수 있다.

- 부울 대수 표현식을 간략화하기 위하여 부울 대수의 정리와 성질을 적용
- 표현식을 POS 또는 SOP 형태로 변환

3장에서 배운 부울 대수의 정리를 사용하면 논리회로를 나타내는 표현식을 간략화 할 수 있다. 그러나 불행하게도 어떤 정리를 사용해야 가장 간단한 결과를 얻을 수 있는지 알아내는 것은 그리 쉽지 않다. 게다가, 간략하게 만든 표현식이 가장 간략화된 식인지 아니면 아직도 더 간략화될 여지가 있는지를 알 수 있는 쉬운 방법도 없다. 따라서 대수를 사용하는 간략화 방법에서는 시행착오를 겪을 수밖에 없다. 그러나 경험이 많아지면 상당히 좋은 결과를 얻을 정도로 능숙해 질 수 있다.

다음 예제들에서는 표현식을 간략화하기 위하여 부울 대수 이론을 적용하는 여러 방법들을 보일 것이다. 이들 예제는 다음과 같은 핵심적인 두 단계를 거치게 된다는 것에 주목하라.

1. 반복하여 드모르간 정리를 적용하고 각각의 항을 곱하여 원래 표현식을 곱의 합 형식으로 표현한다.
2. 원래 표현식을 곱의 합 형식으로 표현한 후에는, 각 곱항에서 공통 인수를 찾아내어 1개 이상의 항을 줄이도록 인수 분해한다.

그림 4-2 예제 4-1.

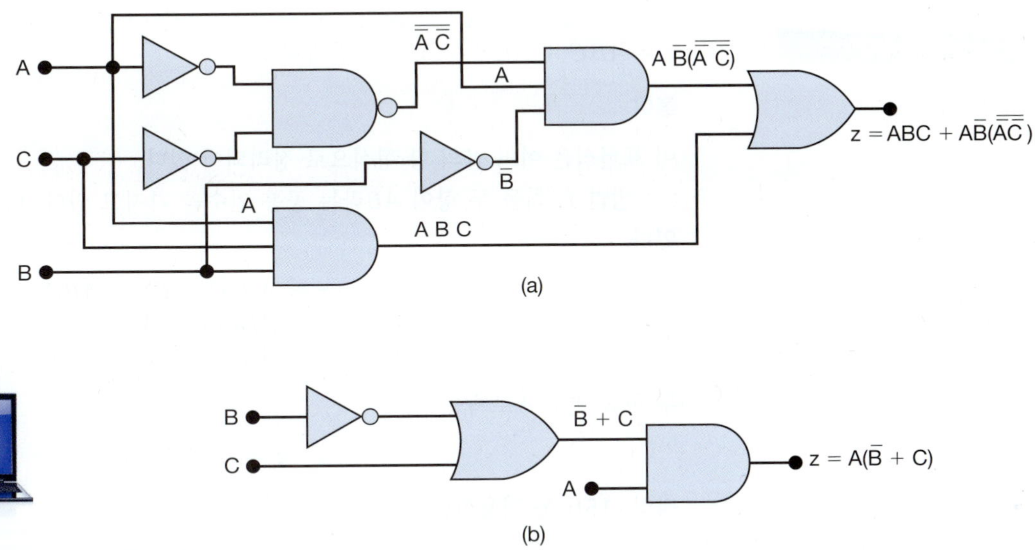

예제 4-1

그림 4-2(a)의 논리회로를 간략화 하라.

풀이

첫 단계는 3-6절에 제시한 방법을 사용하여 출력에 대한 표현식을 구하는 것이다. 결과는 다음과 같다.

$$z = ABC + A\overline{B}\cdot(\overline{\overline{A}\ \overline{C}})$$

일단 표현식이 결정되면 모든 큰 역 기호를 드모르간 정리를 사용하여 작게 나누고 각 항을 곱하는 것이 좋다.

$$\begin{aligned} z &= ABC + A\overline{B}(\overline{\overline{A}} + \overline{\overline{C}}) && [\text{정리}(17)] \\ &= ABC + A\overline{B}(A + C) && [\text{역의 역 기호의 상쇄}] \\ &= ABC + A\overline{B}A + A\overline{B}C && [\text{곱하여 괄호 제거}] \\ &= ABC + A\overline{B} + A\overline{B}C && [A\cdot A = A] \end{aligned}$$

곱의 합 형식으로 표현식이 정리되면 공통 인수로 묶기 위하여 각 항 사이의 공통 변수를 찾는다. 첫 번째 항과 세 번째 항은 AC라는 공통 변수를 가지고 있으므로 이를 인수로 묶어내면 다음과 같다.

$$z = AC(B + \overline{B}) + A\overline{B}$$

B + $\overline{B}$ = 1이므로

$$\begin{aligned} z &= AC(1) + A\overline{B} \\ &= AC + A\overline{B} \end{aligned}$$

이제 두 항을 인수 A로 묶어내면 다음과 같은 결과를 얻을 수 있다.

$$z = A(C + \overline{B})$$

이 결과는 더 이상 간략화 될 수 없다. 이를 회로로 구현한 것이 그림 4-2(b)이다. 당연히 그림4-2(b)의 회로가 원래의 (a) 회로보다 훨씬 간단하다.

예제 4-2

$z = A\overline{B}\,\overline{C} + A\overline{B}C + ABC$를 간략화 하여라.

풀이

이 표현식은 이미 곱의 합 형식으로 정리되어 있다.

방법 *1*: 처음 두 항이 $A\overline{B}$라는 공통 인수를 가지고 있다. 따라서 다음과 같이 나타낼 수 있다.

$$\begin{aligned} z &= A\overline{B}(\overline{C} + C) + ABC \\ &= A\overline{B}(1) + ABC \\ &= A\overline{B} + ABC \end{aligned}$$

두 항을 변수 A로 묶는다.

$$z = A(\overline{B} + BC)$$

정리 (15b)를 적용한다.

$$z = A(\overline{B} + C)$$

방법 *2*: 원래 표현식은 $z = A\overline{B}\,\overline{C} + A\overline{B}C + ABC$이다. 앞의 두 항은 $A\overline{B}$라는 공통 인수를 가지고 있고, 뒤의 두 항은 AC라는 공통 인수를 가지고 있다. 여기서 앞의 두 항을 $A\overline{B}$로 묶어내어야 할까, 아니면 뒤의 두 항을 AC로 묶어내어야 할까? 사실은 $A\overline{B}C$항을 두 번 사용하면 둘 다 할 수 있다. 달리 말하면, 다음과 같이 원래 표현식에 $A\overline{B}C$를 하나 더 추가하여 식을 다시 쓸 수 있다.

$$z = A\overline{B}\,\overline{C} + A\overline{B}C + A\overline{B}C + ABC$$

정리 (7)에서 $A\overline{B}C = A\overline{B}C + A\overline{B}C$이므로 이 변환된 표현식은 옳으며, 표현식의 값도 바뀌지 않는다. 이제 처음 두 항은 공통 인수 $A\overline{B}$로 묶고, 마지막 두 항은 공통 인수 AC로 묶는다.

$$\begin{aligned} z &= A\overline{B}(C + \overline{C}) + AC(\overline{B} + B) \\ &= A\overline{B}\cdot 1 + AC\cdot 1 \\ &= A\overline{B} + AC = A(\overline{B} + C) \end{aligned}$$

물론 이 결과는 방법 1로 구한 결과와 같다. 이와 같이 동일한 항을 두 번 이용하는 기법은 언제든지 사용 할 수 있다. 사실 필요하다면 동일한 항을 세 번 이상 사용해도 된다.

예제 4-3

$z = \overline{A}C(\overline{\overline{A}BD}) + \overline{A}B\overline{C}\,\overline{D} + A\overline{B}C$를 간략화 하여라.

풀이

첫 항에 드모르간 정리를 적용한다.

$$z = \overline{A}C(A + \overline{B} + \overline{D}) + \overline{A}B\overline{C}\,\overline{D} + A\overline{B}C \qquad \textbf{(1단계)}$$

괄호 안의 각 항을 전개한다.

$$z = \overline{A}CA + \overline{A}C\overline{B} + \overline{A}C\overline{D} + \overline{A}B\overline{C}\,\overline{D} + A\overline{B}C \qquad \textbf{(2)}$$

$\overline{A}\cdot A = 0$이므로 첫 항은 소거된다.

$$z = \overline{A}\,\overline{B}C + \overline{A}C\overline{D} + \overline{A}B\overline{C}\,\overline{D} + A\overline{B}C \qquad \textbf{(3)}$$

원하는 곱의 합 형식으로 정리되었다. 이제 각 곱항에서 공통 인수를 찾아보자. 목적은 2개 이상의 곱항에서 가장 큰 공통 인수를 찾아내는 것이다. 예를 들어 첫 항과 마지막 항은 공통 인수 $\overline{B}C$를 가지고 있으며 두 번째와 세 번째 항은 공통 인수 $\overline{A}\overline{D}$를 가지고 있다. 이들 인수로 각 항을 묶어내면 다음의 결과를 구할 수 있다.

$$z = \overline{B}C(\overline{A} + A) + \overline{A}\overline{D}(C + B\overline{C}) \quad (4)$$

여기서 $\overline{A} + A = 1$이고 $C + B\overline{C} = C + B$ [정리 (15a)]이므로 다음 식을 구할 수 있다.

$$z = \overline{B}C + \overline{A}\overline{D}\,(B + C) \quad (5)$$

다른 공통 인수로 정리해도 같은 결과를 구할 수 있다. 예를 들어, 3단계에서 첫 번째, 두 번째와 네 번째 항을 공통 인수 C로 묶을수 있다.

$$z = C(\overline{A}\overline{B} + \overline{A}\overline{D} + A\overline{B}) + \overline{A}B\overline{C}\overline{D}$$

괄호 안의 결과를 더 인수 분해하면 다음과 같다.

$$z = C(\overline{B}[\overline{A} + A] + \overline{A}\overline{D}) + \overline{A}B\overline{C}\overline{D}$$

$\overline{A} + A = 1$이므로, 이 결과는 다음과 같다.

$$z = C(\overline{B} + \overline{A}\overline{D}) + \overline{A}B\overline{C}\overline{D}$$

괄호 안의 항을 전개한다.

$$z = \overline{B}C + \overline{A}C\overline{D} + \overline{A}B\overline{C}\overline{D}$$

이제 두 번째와 세 번째 항을 $\overline{A}\overline{D}$로 묶어내면 다음 식을 구할 수 있다.

$$z = \overline{B}C + \overline{A}\overline{D}(C + B\overline{C})$$

정리 (15a)를 사용하면 괄호 안의 표현식이 $B + C$로 정리되고 따라서 최종적으로 다음의 결과가 얻어진다.

$$z = \overline{B}C + \overline{A}\overline{D}(B + C)$$

이는 앞에서 구한 결과와 같은 것이지만 더 많은 계산과정을 거쳤다. 이것을 보면 왜 가장 큰 공통 인수를 찾아야 하는지 알 수 있다. 그렇게 하면 좀 더 짧은 계산과정을 거쳐 최종 표현식에 도달할 수 있다.

예제 4-3은 부울 대수를 사용하는 간략화 방법이 얼마나 힘든지 보여주고 있다. 두 가지 다른 방법을 사용하여 같은 식(더 이상 간략화하기가 불가능해 보이는)에 도달하였기 때문에 이 최종 식이 가장 간략화된 형태라고 결론 내리는 것이 타당해 보인다. 그러나 사실은 다음의 식이 가장 간략화된 표현이다.

$$z = \overline{A}B\overline{D} + \overline{B}C$$

그러나 단계 5의 식을 더 줄여서 가장 간략화된 이 식에 도달할 수 있는 방법이 눈에 잘 띄지 않는다. 이 예에서는 변환 과정의 초기에 더 간단히 표현할 수 있는 연산을 놓친 것이다. 문제는 "우리가 필요한 단계를 놓쳤다는 것을 어떻게 알 수 있을까?"라는 것이다. 이 장의 뒷부분에서 항상 가장 간단한 곱의 합 형식을 얻을 수 있는 맵을 사용한 기법에 대해 살펴볼 것이다.

예제 4-4

$x = (\overline{A} + B)(A + B + D)\overline{D}$를 간략화 하여라.

풀이

괄호 안의 내용을 전개하면 다음과 같이 곱의 합 형식의 표현식으로 정리할 수 있다.

$$x = \overline{A}A\overline{D} + \overline{A}B\overline{D} + \overline{A}D\overline{D} + BA\overline{D} + BB\overline{D} + BD\overline{D}$$

첫 항은 $\overline{A}A = 0$이므로 소거된다. 마찬가지로 세 번째와 여섯 번째 항도 $D\overline{D} = 0$이므로 없어진다. 다섯 번째 항은 $BB = B$이므로 $B\overline{D}$로 된다. 이를 통해

$$x = \overline{A}B\overline{D} + AB\overline{D} + B\overline{D}$$

의 표현식이 얻어진다. 각 항을 인수 $B\overline{D}$로 묶어내면, 괄호 안의 내용이 1이 되므로 최종 결과 $B\overline{D}$를 구할수 있다.

$$x = B\overline{D}(\overline{A} + A + 1)$$
$$x = B\overline{D}$$

예제 4-5

그림 4-3의 회로 (a)를 간략화 하여라.

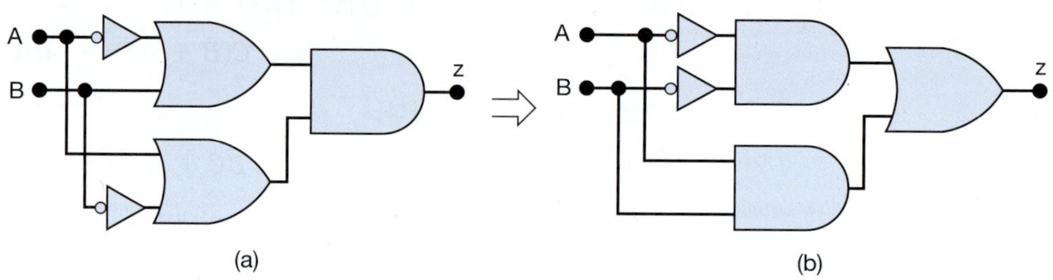

그림 4-3 예제 4-5.

풀이

출력 z의 표현식은 다음과 같다.

$$z = (\overline{A} + B)(A + \overline{B})$$

괄호를 전개하여 곱의 합 형식으로 바꾸면 다음과 같다.

$$z = \overline{A}A + \overline{A}\overline{B} + BA + B\overline{B}$$

$\overline{A}A = 0$과 $B\overline{B} = 0$이 소거되므로 최종적으로 다음을 구할 수 있다.

$$z = \overline{A}\overline{B} + AB$$

그림 4-3의 (b)는 이 표현식을 회로로 구현한 것이다. 원래의 회로와 비교하면 2개의 회로는 같은 개수의 게이트와 연결점을 가지고 있다. 이 경우 간략화 과정을 거쳐서 등가의 회로를 얻었지만 회로가 더 간단해 지지는 않았다.

예제 4-6

$x = A\overline{B}C + \overline{A}BD + \overline{C}\overline{D}$를 간략화 하여라.

풀이

시도해 보라. 하지만 이 식은 더 이상 간략히 표현할 수 없다.

학습성과 평가문제

1. 아래의 표현식 중에서 곱의 합 형식이 아닌 것을 골라라.
   (a) $RS\overline{T} + \overline{R}S\overline{T} + \overline{T}$
   (b) $A\overline{CD} + \overline{A}CD$
   (c) $MN\overline{P} + (M + \overline{N})P$
   (d) $AB + \overline{A}B\overline{C} + A\overline{B}\,\overline{C}D$
2. 그림 4-1(a) 회로를 간략화 하여 그림 4-1(b) 회로가 됨을 보여라.
3. 그림 4-1(a)의 각 AND 게이트를 NAND 게이트로 바꾸어라. 출력 x에 대한 새로운 표현식을 구하고 이를 간략화 하여라.

4-4 조합 논리회로의 설계

학습성과

이 절을 학습함으로써 다음을 할 수 있다.

- 변수의 개수가 최대 4개인 논리 함수를 수행하는 회로를 체계적으로 설계
- 설계 과정의 각 단계를 열거

가능한 모든 입력 조건에 대해 논리회로의 출력 값이 주어지게 되면 결과를 진리표로 간단히 나타낼 수 있고 이 진리표로부터 필요한 회로에 대한 부울 표현식을 이끌어 낼 수 있다. 예를 들어 그림 4-4(a)의 진리표는 두 입력 A, B와 출력 x를 가지고 있다. 이 표에서 $A = 0$이고 $B = 1$일 때에만 출력이 1이 되는 것을 알 수 있다. 이제 어떤 논리회로로 이 동작을 수행 할 것인지 결정하는 일만 남겨두고 있다. 그림 4-4(b)는 가능한 구현 방법중 한 가지를 보여주고 있다. 입력 $\overline{A}$와 B를 AND 게이트를 사용하여 묶었으므로 $x = \overline{A}{\cdot}B$이다. 당연히 AND 게이트의 두 입력이 모두 1일 때에만, 즉 $\overline{A} = 1$(물론 $A = 0$이다)이고 $B = 1$일 때 x가 1이 된다. 다른 A, B 값에서는 x가 0이 된다.

다른 입력 조건에 대해서도 비슷한 방법을 사용할 수 있다. 예를 들어 $A = 1$, $B = 0$일때에만 x가 HIGH가 된다면 A와 $\overline{B}$를 AND 연산한 회로가 될 것이다. 달리 말하면, 4가지 가능한 입력의 조합에 대해 필요한 AND 곱을 만들기 위해 적절한 입력을 AND 게이트에 연결하여 출력 x가 HIGH가 되도록 만들 수 있다. 4개의 다른 경우를 그림 4-5에 보였다. 각 AND 게이트는 한 가지 입력 조건에 대해서만 출력이 HIGH가 되고 다른 조건들에 대해서는 출력이 LOW가 된다. 주어진 조건에서 변수가 갖는 값에 따라 AND 게이트의 입력이 반전되거나 또는 반전되지 않는다는 것에 유의하라. 만일 주어진 조건에서 변수값이 LOW라면 AND 게이트에 입력되기 전에 반전시켜야 한다.

그림 4-6(a) 경우를 생각해 보자. 여기서는 두 가지 입력 조합, $A = 0$, $B = 1$과 $A = 1$, $B = 0$에 대해 출력 x가 1이 되는 진리표를 보여주고 있다. 이것을 어떻게 회로로 구현

A	B	x
0	0	0
0	1	1
1	0	0
1	1	0

(a)

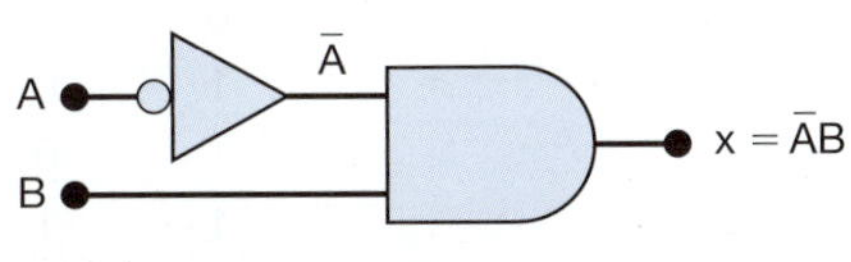

(b)

그림 4-4 $A = 0$, $B = 1$일 때에만 출력이 1이 되는 회로.

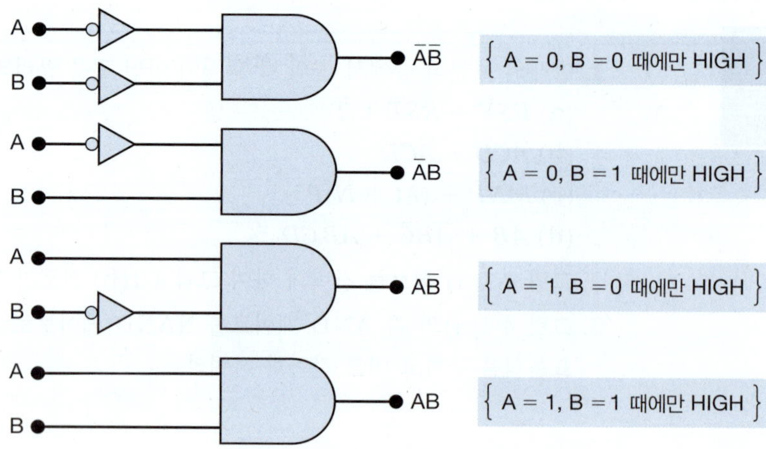

그림 4-5 적절한 입력 회로를 가진 AND 게이트는 특정한 입력 신호에 대해서만 출력이 1이 되게 만들 수 있다.

A	B	x
0	0	0
0	1	1
1	0	1
1	1	0

(a)

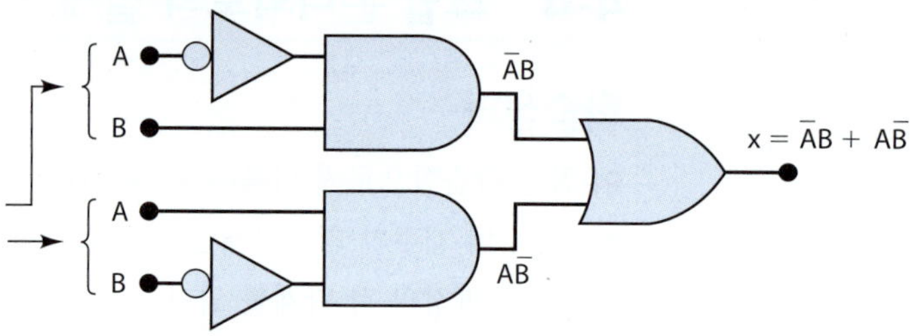

(b)

그림 4-6 출력이 1이 되게 하는 입력 조건 각각을 하나의 AND 게이트로 구현하였다. AND의 출력을 OR에 연결하여 최종 출력을 만들었다.

할 것인가? 우리는 $A = 0$, $B = 1$인 조건에서만 AND 항 $\overline{A}\cdot B$가 1이 되고, $A = 1$, $B = 0$인 조건에서만 AND 항 $A\cdot\overline{B}$가 1이 됨을 알고 있다. 두 조건 중 어느 경우에도 $x = 1$이어야 하므로 원하는 출력 x를 만들기 위해서는 이들 두 항을 OR로 묶어야 한다. 이를 구현한 결과가 그림 4-6(b)이고, 출력 $x = \overline{A}B + A\overline{B}$가 최종 부울 표현식이다.

이 예에서는 진리표에서 출력 x가 1이 되는 각 경우에 대해 AND 항을 만들고 이 AND 게이트의 출력을 OR로 묶어서 두 AND 항 중 어떤 것이든지 1이 되면 출력 x가 1이 되도록 하였다. 이와 같은 과정은 2개보다 많은 입력이 있는 경우에도 확대 적용할 수 있다. 3 입력을 가진 회로의 진리표(표 4-1)를 생각해 보자. 표 4-1은 출력 x가 1이 되는 경우는 세 가지가 있으며, 각 경우에 대해 필요한 AND 항을 보여주고 있다. 여기서도 변수가 0인 경우에는 AND 게이트에 입력하기 전에 반전 시킨다는 것에 유의하라. 3개의 AND 항을 OR로 묶어서 x에 대한 곱의 합 표현식을 만들게 된다.

$$x = \overline{A}B\overline{C} + \overline{A}BC + ABC$$

표 4-1 AND항 만들기

A	*B*	*C*	*x*	
0	0	0	0	
0	0	1	0	
0	1	0	1	$\rightarrow \overline{A}B\overline{C}$
0	1	1	1	$\rightarrow \overline{A}BC$
1	0	0	0	
1	0	1	0	
1	1	0	0	
1	1	1	1	$\rightarrow ABC$

전체 설계과정

모든 논리회로는 다음의 단계를 거쳐 설계할 수 있다.

1. 문제를 분석하고 동작을 표현하는 진리표를 작성한다.
2. 출력이 1이 되는 각 경우에 대해 AND (곱) 항을 작성한다.
3. 출력에 대한 곱의 합(SOP) 형태의 논리식을 작성한다.
4. 가능하다면 출력식을 간략화 한다.
5. 간략화된 최종 표현식을 회로로 구현한다.

다음 예제는 전체적인 설계과정을 보여주고 있다.

예제 4-7

3개의 입력 A, B, C를 가지고 있으며 입력의 과반수가 HIGH일 때 출력이 HIGH가 되는 회로를 설계하라.

풀이

1단계. 진리표를 만든다.

문제에 따르면, 2개 이상의 입력이 1일때 출력 x가 1이 된다. 그 외의 경우에는 출력이 0이 된다(표 4-2).

표 4-2 예제 4-7: 진리표와 AND 항

A	B	C	x	
0	0	0	0	
0	0	1	0	
0	1	0	0	
0	1	1	1	$\rightarrow \overline{A}BC$
1	0	0	0	
1	0	1	1	$\rightarrow A\overline{B}C$
1	1	0	1	$\rightarrow AB\overline{C}$
1	1	1	1	$\rightarrow ABC$

2단계. 출력이 1이 되는 각 경우에 대해 AND 항을 쓴다.

4가지 경우가 있다. 진리표의 오른쪽에 AND 항을 보였다(표4-2). 여기서도 각 AND 항의 모든 입력 변수는 역 또는 역이 아닌 형식을 취하고 있다.

3단계. 출력에 대한 곱의 합 표현식을 쓴다.

$$x = \overline{A}BC + A\overline{B}C + AB\overline{C} + ABC$$

4단계. 출력 표현식을 간략화 한다.

이 표현식을 간략화 하는 방법이 몇 가지 있다. 아마도 가장 빠른 방법은 마지막 항 ABC가 나머지 항들과 각각 2개의 변수를 공유하고 있다는 사실을 알아내는 것이다. 따라서 ABC 항을 각각의 나머지 항과 공통 인수로 묶을 수 있도록 ABC 항을 세번 사용(예제 4-2에서 이미 밝혔듯이 부울 대수에서는 적법한 방법이다)하여 표현식을 다시 작성한다.

$$x = \overline{A}BC + ABC + A\overline{B}C + ABC + AB\overline{C} + ABC$$

적절한 2개의 항씩 공통 인수로 묶어내면, 다음과 같이 정리된다.

$$x = BC(\overline{A} + A) + AC(\overline{B} + B) + AB(\overline{C} + C)$$

괄호 안의 식은 모두 1이므로 다음과 같이 정리된다.

$$x = BC + AC + AB$$

5단계. 최종 표현식을 회로로 구현한다.

그림 4-7은 이 표현식을 회로로 구현한 것이다. 이 표현식은 곱의 합 형식으로 정리되어 있으므로 회로는 AND 게이트 3개의 출력이 1개의 OR 게이트에 입력되는 것으로 구성할 수 있다.

그림 4-7 예제 4-7.

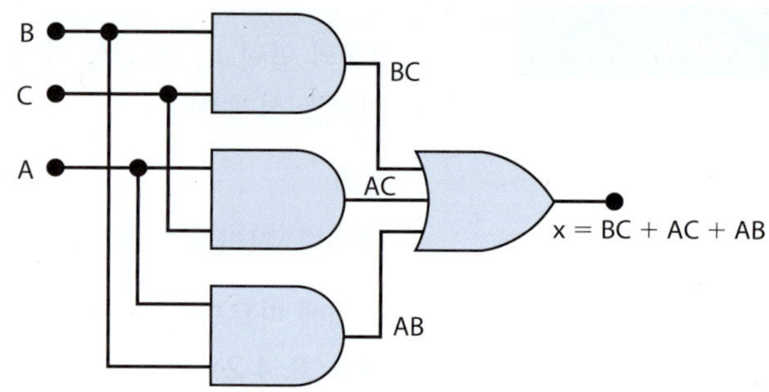

예제 4-8

그림 4-8(a)는 우주선에 사용되는 12 V 축전지의 직류 전압(V_B)을 감시하는 아날로그-디지털 변환기이다. 변환기의 출력은 4비트의 이진수 $ABCD$로서 축전지의 전압을 1 V 단위로 나타내고 있으며 A가 MSB이다. 변환기의 2진 출력은 후속 논리회로의 입력으로 들어가는데, 2진 출력이 $0110_2 = 6_{10}$보다 클 경우, 즉 축전지 전압이 6 V보다 클 경우에는 논리회로가 HIGH를 출력한다. 이 논리회로를 설계하라.

풀이

진리표는 그림 4-8(b)와 같다. 진리표에는 $ABCD$의 조합에 의해 표현된 2진수에 해당하는 10진수 값을 나타내었다.

그림 4-8 예제 4-8.

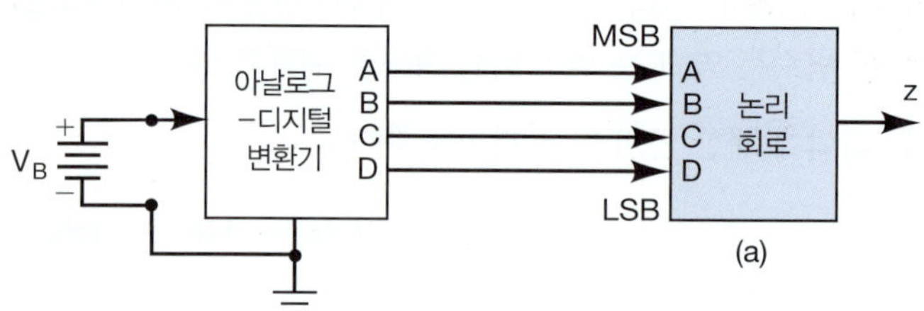

	A	B	C	D	z	
(0)	0	0	0	0	0	
(1)	0	0	0	1	0	
(2)	0	0	1	0	0	
(3)	0	0	1	1	0	
(4)	0	1	0	0	0	
(5)	0	1	0	1	0	
(6)	0	1	1	0	0	
(7)	0	1	1	1	1 →	$\overline{A}BCD$
(8)	1	0	0	0	1 →	$A\overline{B}\overline{C}\overline{D}$
(9)	1	0	0	1	1 →	$A\overline{B}\overline{C}D$
(10)	1	0	1	0	1 →	$A\overline{B}C\overline{D}$
(11)	1	0	1	1	1 →	$A\overline{B}CD$
(12)	1	1	0	0	1 →	$AB\overline{C}\overline{D}$
(13)	1	1	0	1	1 →	$AB\overline{C}D$
(14)	1	1	1	0	1 →	$ABC\overline{D}$
(15)	1	1	1	1	1 →	$ABCD$

(b)

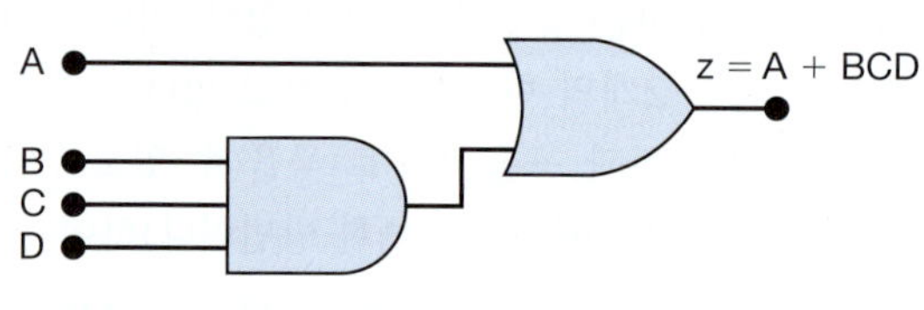

(c)

2진수 값이 0110보다 큰 경우에 출력 z는 1이 된다. 다른 모든 경우에는 z가 0이 된다. 이 진리표에 의해 다음과 같은 곱의 합 표현식을 얻을 수 있다.

$$z = \overline{A}BCD + A\overline{B}\,\overline{C}\,\overline{D} + A\overline{B}\,\overline{C}D + A\overline{B}C\overline{D} + A\overline{B}CD + AB\overline{C}\,\overline{D} + AB\overline{C}D + ABC\overline{D} + ABCD$$

이 표현식을 간략화 하는 것은 만만치 않으나, 조금만 주의한다면 할 수 있는 일이다. 각 단계별로 인수를 묶어내어 $A + \overline{A}$ 형식으로 정리된 항을 소거해 나가면 된다.

$$\begin{aligned} z &= \overline{A}BCD + A\overline{B}\,\overline{C}(\overline{D} + D) + A\overline{B}C(\overline{D} + D) + AB\overline{C}(\overline{D} + D) + ABC(\overline{D} + D) \\ &= \overline{A}BCD + A\overline{B}\,\overline{C} + A\overline{B}C + AB\overline{C} + ABC \\ &= \overline{A}BCD + A\overline{B}(\overline{C} + C) + AB(\overline{C} + C) \\ &= \overline{A}BCD + A\overline{B} + AB \\ &= \overline{A}BCD + A(\overline{B} + B) \\ &= \overline{A}BCD + A \end{aligned}$$

이 식은 정리 (15a)의 $x + \overline{x}y = x + y$를 사용하여 더 간략화 할 수 있다. 이 경우 $x = A$이고, $y = BCD$이므로 정리하면 다음과 같다.

$$z = \overline{A}BCD + A = BCD + A$$

최종 표현식을 그림 4-8(c)에 구현하였다.

이 예제에서 보았듯이, 원래의 표현식에 항이 많을 때에는 대수를 사용하여 간략화 하는 방법은 상당히 긴 과정을 거치게 된다. 나중에 알게 되겠지만 카르노 맵 방법은 그렇지 않다.

예제 4-9

그림 4-9(a)를 보라. 간이 복사기에서 다음 조건 중 하나라도 있을 때, 즉 (1) 급지판에 종이가 없거나 (2) 종이가 지나가는 길목에 있는 2개의 마이크로 스위치가 동시에 활성화되어 종이가 막힌 상태를 표시한다면 기계의 동작을 중지시키고 표시등을 켜기 위해 중지 신호 S를 발생시켜야 한다. 급지장치에 종이가 있는 것은 논리 신호 P를 HIGH로 하여 표시한다. 종이가 각 마이크로스위치 위를 지나가면 마이크로스위치가 활성화되어 논리 신호(Q와 R)가 HIGH가 된다. 앞에 언급한 조건에서 출력 신호 S가 HIGH가 되는 논리회로를 설계하고 이를 2입력 NAND 게이트가 4개 내장된 CMOS 74HC00칩으로 구현하라.

풀이

예제 4-7의 예에서와 같이 5단계의 과정을 거친다. 진리표는 표 4-3과 같다. 급지장치에 종이가 없는 경우, 즉 $P = 0$일 때마다 출력 S는 1이 되어야 한다. Q와 R이 동시에 1이 되어 종이가 막힌 상태를 나타낼 때도 S는 1이 되어야 한다. 진리표에서 볼 수 있듯이 HIGH 출력을 만들어 내는 입력 조건은 다섯 가지이다. **(1단계)**

각 경우에 대한 AND 항을 구한다. **(2단계)**

곱의 합 표현식은 다음과 같이 나타낼 수 있다.

$$S = \overline{P}\,\overline{Q}\,\overline{R} + \overline{P}\,\overline{Q}R + \overline{P}Q\overline{R} + \overline{P}QR + PQR$$ **(3단계)**

이 식을 간략히 하는 것은 1항과 2항을 인수 $\overline{P}\,\overline{Q}$로, 3항과 4항을 인수 $\overline{P}Q$로 묶는 것으로 시작할 수 있다.

$$S = \overline{P}\,\overline{Q}(\overline{R} + R) + \overline{P}Q(\overline{R} + R) + PQR$$

$\overline{R} + R$은 1이므로 소거된다. 따라서 다음과 같이 정리된다.

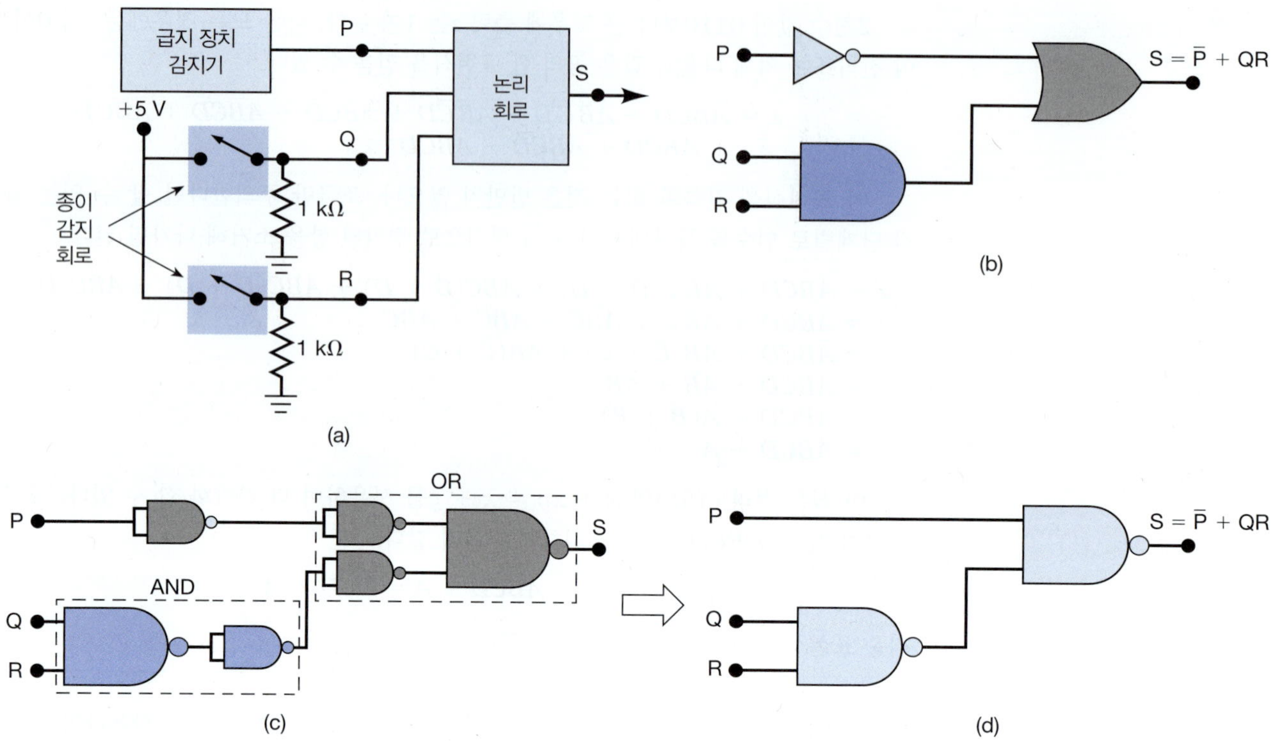

그림 4-9 예제 4-9

표 4-3 예제 4-9: 진리표와 AND 항

P	*Q*	*R*	*S*	
0	0	0	1	$\overline{P}\,\overline{Q}\,\overline{R}$
0	0	1	1	$\overline{P}\,\overline{Q}R$
0	1	0	1	$\overline{P}Q\overline{R}$
0	1	1	1	$\overline{P}QR$
1	0	0	0	
1	0	1	0	
1	1	0	0	
1	1	1	1	PQR

$$S = \overline{P}\,\overline{Q} + \overline{P}Q + PQR$$

위 식의 1항과 2항을 인수 $\overline{P}$로 묶어내면 Q가 소거된다.

$$S = \overline{P} + PQR$$

여기서 정리 (15b)의 ($\overline{x} + xy = \overline{x} + y$)를 적용하면 다음과 같이 된다.

$$S = \overline{P} + QR$$ **(4단계)**

간략화된 이 부울 대수식을 검산하기 위해, 맨처음 출발하였던 진리표와 일치하는지 확인해 보자. 이 식에 의하면 P가 LOW이거나 Q와 R이 모두 HIGH이면 S가 HIGH가 된다. 표 4-3에서 P가 LOW인 네 경우 모두 출력이 HIGH이고, 또한 Q와 R이 모두 HIGH이면 P에 무관하게 S가 HIGH이다. 이것은 4단계에서 구한 식의 내용과 일치한다.

AND/OR를 사용하여 구현한 회로는 그림 4-9(b)와 같다. **(5단계)**

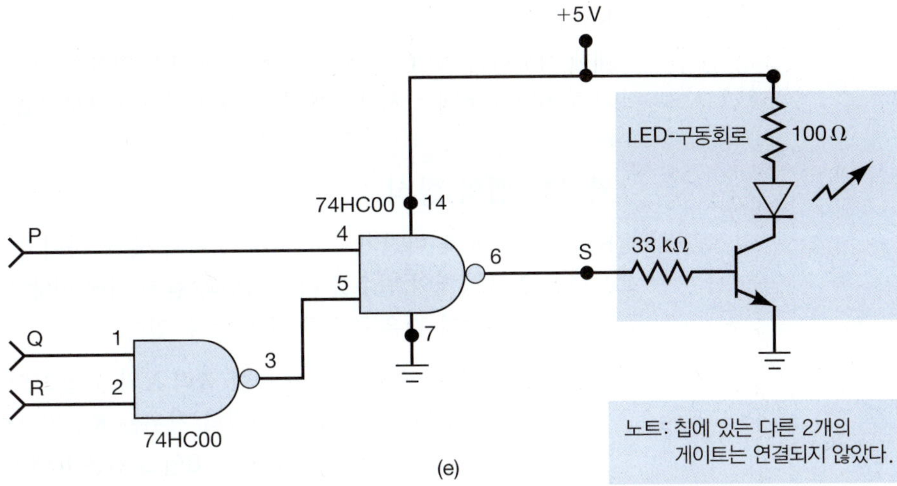

그림 4-10 74HC00 NAND 칩으로 구현된 그림 4-9(d) 회로

이 회로를 2 입력 NAND 게이트 4개가 들어있는 74HC00칩으로 구현하기 위해서는 그림 4-9(c)와 같이 각 게이트와 인버터를 등가의 NAND 게이트(3-12절 참고)로 대체하여야 한다. 당연히 인버터가 2개 겹친 것은 삭제하여 그림 4-9(d)와 같이 NAND 게이트만으로 구현할 수 있다.

최종 회로는 74HC00 칩에서 NAND 게이트 2개를 연결하여 구현할 수 있다. 이 CMOS 74HC00칩은 그림 3-31에 보인 TTL 74LS00 칩과 게이트 구성과 핀 번호가 똑같다. 그림 4-10은 +5 V와 접지 핀까지 포함하여 핀 번호가 표시된 실제 배선된 회로를 보여주고 있다. 또한 출력 *S*의 상태를 표시하기 위한 출력 구동 트랜지스터와 LED도 나타나 있다.

학습성과 평가문제

1. 4개의 입력 중에서 입력 *A*가 LOW인 동시에 단 2개의 다른 입력이 LOW일 때에만 출력이 HIGH가 되는 회로의 곱의 합 표현식을 작성하라.
2. 문제 1에서 구한 표현식을 4 입력 NAND 게이트만을 사용하여 구현하라. 몇 개의 게이트가 필요한가?
3. 체계적인 설계과정의 단계들을 열거하라.

4-5 카르노 맵 방법

학습성과

이 절을 학습함으로써 다음을 할 수 있다.

- "Don't care" 조건을 구별하고 진리표에서 사용
- 진리표로부터 가장 간단한 곱의 합(SOP) 형태를 구하기 위해 K 맵을 사용

카르노 맵(Karnaugh map: K map)은 간단하면서도 체계적인 과정으로 논리식을 간략화 하거나 진리표를 상응하는 논리회로로 변환하는 데 사용하는 그림에 기반한 방법이다.

K맵은 입력 변수의 개수에 관계없이 사용할 수 있으나 현실적으로는 5, 6개 이하의 변수에 대해 사용하는 것이 적당하다. 여기서는 4개 이하의 변수를 가진 문제만 다룬다. 입력 변수가 5, 6개인 문제는 지나치게 복잡 하여 컴퓨터 프로그램으로 하는 것이 낫기 때문이다.

카르노 맵의 형식

K맵은 진리표와 마찬가지로 논리 입력과 출력 사이의 관계를 나타내는 방법이다. 그림 4-11은 2, 3, 4개의 변수를 가진 K맵과 함께 이에 해당하는 진리표를 보여주고 있다. 이 예들을 통해 다음과 같은 중요한 점을 알 수 있다.

1. 진리표는 모든 입력 조합에 대한 출력 X의 값을 보여준다. K맵은 같은 정보를 다른 형식으로 보여준다. 진리표의 각각의 경우는 K맵의 사각형에 해당된다. 예를 들어 그림 4-11(a) 진리표에서 $A = 0, B = 0$인 조건은 K맵의 $\overline{A}\overline{B}$사각형에 해당된다. 진리표에서 이 조건일 때 X = 1이라고 되어 있으므로 $\overline{A}\overline{B}$사각형에 1을 넣는다. 마찬가지로 진리표에서 $A = 1, B = 1$인 조건은 K맵의 AB 사각형에 해당된다. 이 경우 X = 1이므로 AB 사각형에 1을 넣는다. 나머지 사각형들은 0으로 채워 넣는다. 똑같은 발상을 그림 4-11의 3변수 맵과 4변수 맵에도 적용할 수 있다.

그림 4-11 (a) 2변수, (b) 3변수, (c) 4변수의 카르노 맵과 진리표.

A	B	X
0	0	$1 \rightarrow \overline{A}\overline{B}$
0	1	0
1	0	0
1	1	$1 \rightarrow AB$

$$\left\{ X = \overline{A}\overline{B} + AB \right\}$$

	$\overline{B}$	B
$\overline{A}$	1	0
A	0	1

(a)

A	B	C	X
0	0	0	$1 \rightarrow \overline{A}\overline{B}\overline{C}$
0	0	1	$1 \rightarrow \overline{A}\overline{B}C$
0	1	0	$1 \rightarrow \overline{A}B\overline{C}$
0	1	1	0
1	0	0	0
1	0	1	0
1	1	0	$1 \rightarrow AB\overline{C}$
1	1	1	0

$$\left\{ \begin{aligned} X = \overline{A}\overline{B}\overline{C} + \overline{A}\overline{B}C \\ + \overline{A}B\overline{C} + AB\overline{C} \end{aligned} \right\}$$

	$\overline{C}$	C
$\overline{A}\overline{B}$	1	1
$\overline{A}B$	1	0
AB	1	0
$A\overline{B}$	0	0

(b)

A	B	C	D	X
0	0	0	0	0
0	0	0	1	$1 \rightarrow \overline{A}\overline{B}\overline{C}D$
0	0	1	0	0
0	0	1	1	0
0	1	0	0	0
0	1	0	1	$1 \rightarrow \overline{A}B\overline{C}D$
0	1	1	0	0
0	1	1	1	0
1	0	0	0	0
1	0	0	1	0
1	0	1	0	0
1	0	1	1	0
1	1	0	0	0
1	1	0	1	$1 \rightarrow AB\overline{C}D$
1	1	1	0	0
1	1	1	1	$1 \rightarrow ABCD$

$$\left\{ \begin{aligned} X = \overline{A}\overline{B}\overline{C}D + \overline{A}B\overline{C}D \\ + AB\overline{C}D + ABCD \end{aligned} \right\}$$

	$\overline{C}\overline{D}$	$\overline{C}D$	CD	$C\overline{D}$
$\overline{A}\overline{B}$	0	1	0	0
$\overline{A}B$	0	1	0	0
AB	0	1	1	0
$A\overline{B}$	0	0	0	0

(c)

2. K맵의 사각형에서 가로로 이웃하는 사각형들은 1개의 변수만 다르도록 이름이 붙어 있다. 예를 들어 4변수 맵에서 제일 위 왼쪽에 있는 사각형은 $\overline{A}\overline{B}\overline{C}\overline{D}$인데 그 사각형의 바로 오른쪽에 있는 사각형은 $\overline{A}\overline{B}\overline{C}D$로서 변수 D만 다르다. 같은 방식으로 세로로 이웃하는 사각형들도 한 변수만 차이가 난다. 예를 들어 제일 위 왼쪽에 있는 사각형은 $\overline{A}\overline{B}\overline{C}\overline{D}$인데, 바로 밑에 있는 사각형은 $\overline{A}B\overline{C}\overline{D}$로서 변수 B만 다르다.

   주의할 것은 제일 윗줄에 있는 각 사각형은 제일 아래줄의 해당하는 사각형과 이웃하고 있다고 간주한다는 점이다. 예를 들어 제일 윗줄의 $\overline{A}\overline{B}CD$ 사각형은 제일 아래의 $A\overline{B}CD$ 사각형과 이웃하고 있으며 변수 A만 다르다. 맵이 둥그렇게 말려 있어서 윗줄과 아랫줄이 서로 연결되어 있다고 생각하면 될 것이다. 마찬가지로, 가장 왼쪽 줄의 사각형들은 가장 오른쪽 줄의 같은 위치에 있는 사각형들과 이웃하고 있다.

3. 수평, 수직적으로 이웃하고 있는 사각형이 1개의 변수만 다르기 위해서는 위에서 아래로 변수를 이름 붙일 때 $\overline{A}\overline{B}$, $\overline{A}B$, AB, $A\overline{B}$ 순서로 해야 한다. 마찬가지로 왼쪽에서 오른쪽으로 이름 붙일 때는 $\overline{C}\overline{D}$, $\overline{C}D$, CD, $C\overline{D}$ 순서로 해야 한다.

4. 일단 K맵을 0과 1로 채우고 나면, 1로 채워진 사각형을 OR로 묶어서 출력 X에 대한 곱의 합 표현식을 구할 수 있다. 그림 4-11(b)에서 세 변수의 경우에는 $\overline{A}\overline{B}\overline{C}$, $\overline{A}\overline{B}C$, $\overline{A}B\overline{C}$, $AB\overline{C}$ 사각형이 1이므로 $X = \overline{A}\overline{B}\overline{C} + \overline{A}\overline{B}C + \overline{A}B\overline{C} + AB\overline{C}$이다.

고리 묶기

K맵에서 1을 포함하고 있는 사각형을 적절히 조합하면 출력 X에 대한 표현식을 간략화할 수 있다. 이와 같이 1을 포함하고 있는 사각형을 조합하는 과정을 **고리 묶기(looping)**라고 한다.

2개의 모음 묶기(Pairs)

그림 4-12(a)는 3변수 진리표의 K맵이다. 이 맵에는 값이 1인 사각형 2개, 즉 한 쌍(pair)이 위 아래로 이웃하고 있다. 첫 번째는 $\overline{A}B\overline{C}$를 두 번째는 $AB\overline{C}$를 나타낸다. 이 두 항에서 변수 A는 역인 형태와 역이 아닌 형태로 나타나 있고 B와 $\overline{C}$는 변화가 없음을 주목하라. 이 두 항은 서로 묶어서(결합시켜서) 역인 형태와 역이 아닌 형태가 모두 나타난 변수 A를 소거하여 정리할수 있다. 이는 다음과 같이 쉽게 증명할 수 있다.

$$
\begin{aligned}
X &= \overline{A}B\overline{C} + AB\overline{C} \\
&= B\overline{C}(\overline{A} + A) \\
&= B\overline{C}(1) = B\overline{C}
\end{aligned}
$$

이 원칙은 가로 또는 세로로 이웃하고 있는 값이 1인 모든 쌍에도 적용할 수 있다. 그림 4-12(b)에는 가로로 한 쌍의 1이 이웃하고 있는 예를 보였다. 이 두 항도 묶어서 역의 형태와 역이 아닌 형태가 모두 나타난 변수 C를 제거할 수 있으며 결과적으로 $X = \overline{A}B$가 된다.

또 다른 예를 그림 4-12(c)에 보였다. K맵에서는 맨 윗줄과 맨 아랫줄이 이웃하고 있다고 생각해야 한다. 따라서 이 2개의 1은 서로 묶을 수 있으며, 결과적으로 $\overline{A}\overline{B}\overline{C} + A\overline{B}\overline{C} = \overline{B}\overline{C}$가 된다.

그림 4-12(d)는 고리로 묶일 수 있는 쌍이 2개인 K맵을 보여주고 있다. 맨 윗줄에 있는 2개의 1은 가로로 이웃하고 있다. K맵에서는 가장 왼쪽의 줄과 가장 오른쪽의 줄은 이웃하고 있다고 생각해야 하므로 가장 아랫줄에 있는 2개의 1도 이웃하고 있다. 맨 윗줄의 1이 묶이면 변수 D가 제거되어(D와 $\overline{D}$가 모두 나타난다), $\overline{A}\overline{B}C$가 된다. 맨 아랫줄의 2개의

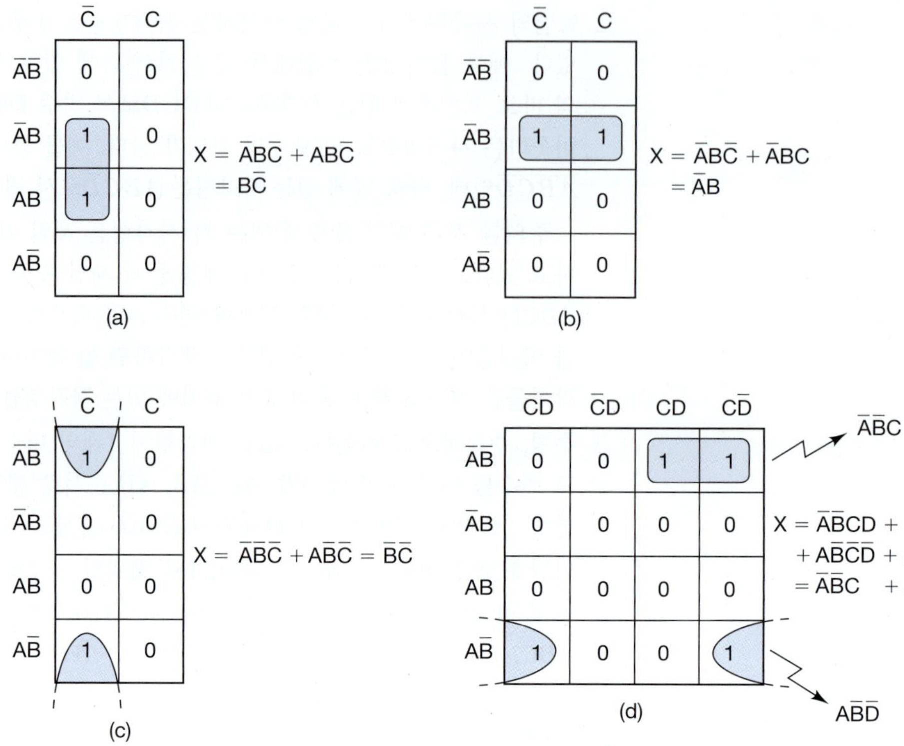

그림 4-12 이웃한 1의 쌍을 고리로 묶는 예.

1을 서로 묶으면 변수 C가 제거되어 $A\overline{B}\,\overline{D}$가 된다. 이 두 항을 OR로 결합하면 X에 대한 최종 결과를 구할 수 있다.

이를 요약하면 다음과 같다:

K맵에서 서로 이웃하고 있는 한 쌍을 고리로 묶으면 역의 형태와 역이 아닌 형태를 모두 취하고 있는 변수 1개를 제거할 수 있다.

4개의 모음 묶기(Quads)

K맵에서 1인 사각형 4개가 서로 이웃하고 있을 수 있다. 이 모음은 4쌍둥이(*quad*)라고 부른다. 그림 4-13에 몇 가지 예를 보였다. 그림 4-13(a)에는 4개의 1이 수직적으로 이웃하고 있으며 4-13(b)에는 수평적으로 이웃하고 있다. 그림 4-13(c)에 있는 K맵은 4개의 1이 정사각형을 이루면서 서로 이웃하고 있다. 그림 4-13(d)에 있는 4개의 1도 이웃하고 있는 것이며 이는 4-13(e)도 마찬가지이다. 이는 이미 앞에서 지적했듯이 맨 윗줄과 맨 아랫줄, 맨 왼쪽 줄과 맨 오른쪽 줄이 이웃하고 있기 때문이다.

4쌍둥이를 묶으면 4개의 사각형 모두에서 형태가 바뀌지 않는 변수만이 결과식에 남게된다. 예를 들어 그림 4-13(a)에는 1이 들어 있는 4개의 사각형은 $\overline{A}\,\overline{B}C$, $\overline{A}BC$, ABC와 $A\overline{B}C$이다. 이 4개의 항에서 그 형태가 바뀌지 않는 것은 변수 C밖에 없다 (A와 B는 모두 역인 형태와 역이 아닌 형태가 나타난다). 결과적으로 X의 표현은 간단히 $X = C$이다. 이는 다음과 같이 증명할 수 있다.

$$
\begin{aligned}
X &= \overline{A}\,\overline{B}C + \overline{A}BC + ABC + A\overline{B}C \\
&= \overline{A}C(\overline{B} + B) + AC(B + \overline{B}) \\
&= \overline{A}C + AC \\
&= C(\overline{A} + A) = C
\end{aligned}
$$

그림 4-13 이웃한 4개의 1(quad)을 고리로 묶는 예.

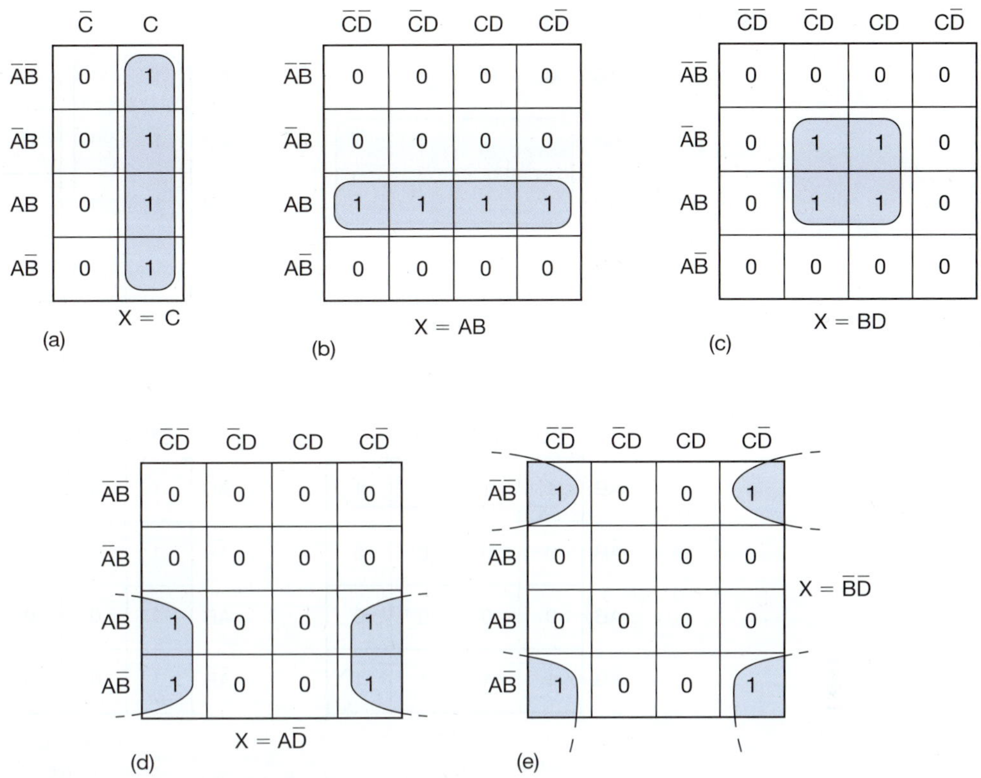

또 다른 예로 그림 4-13(d)에서 1을 포함하고 있는 4개의 사각형은 $AB\overline{C}\overline{D}$, $A\overline{B}\,\overline{C}\,\overline{D}$, $ABC\overline{D}$, $A\overline{B}C\overline{D}$이다. 이들 항을 검토해 보면 변수 A와 $\overline{D}$만 바뀌지 않고 있다. 따라서 X는 다음과 같이 간략화 될 수 있다.

$$X = A\overline{D}$$

이는 앞에서 증명한 것과 같은 방법으로 증명할 수 있다. 독자들은 그림 4-13의 다른경우에 대해서도 X에 대한 표현식을 확인해 보라.

지금까지의 설명을 요약하면 다음과 같다:

K맵에서 서로 이웃하고 있는 4개를 고리로 묶으면 역인 형태와 역이 아닌 형태를 모두 취하고 있는 변수 2개를 제거할 수 있다.

8개의 모음 묶기(Octets)

8개의 1이 서로 이웃하고 있는 것을 *8쌍둥이*(*octet*)라고 한다. 그림 4-14에 이에 해당하는 예를 몇 가지 보였다. 4변수 맵에서 8쌍둥이가 묶이고 나면 1변수만 바뀌지 않고 있기 때문에 4개 중 3개의 변수는 제거된다. 예를 들어 그림 4-14(a)에서 묶여 있는 8개의 모든 사각형에서 변수 B만 같은 형태이고 다른 변수들은 모두 역인 형태와 역이 아닌 형태가 나타나고 있다. 따라서 이 맵에서는 $X = B$이다. 독자들은 그림 4-14의 다른 경우에 대해서도 결과를 확인해 보라.

지금까지의 설명을 요약하면 다음과 같다:

서로 이웃하고 있는 8개를 고리로 묶으면 역인 형태와 역이 아닌 형태를 모두 취하고 있는 변수 3개를 제거할 수 있다.

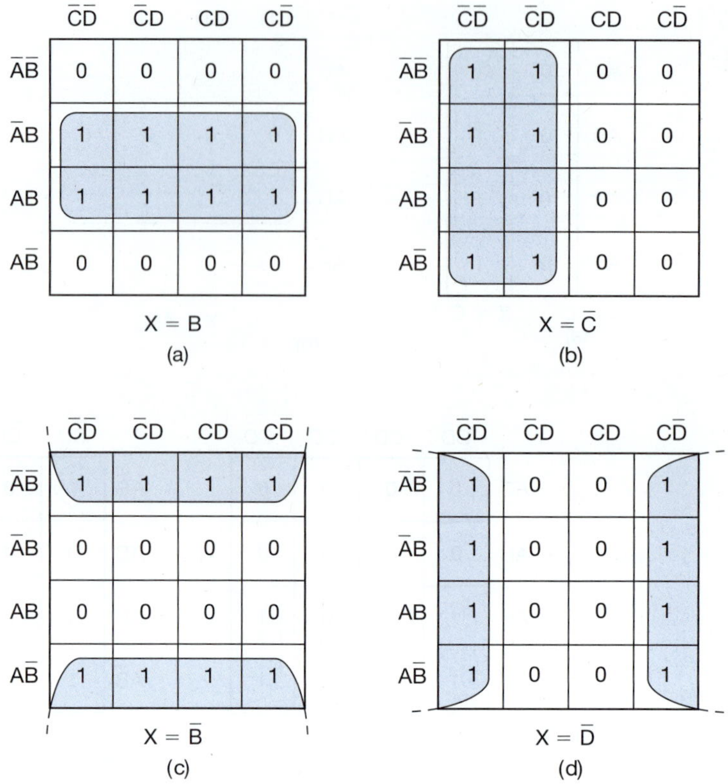

그림 4-14 이웃한 8개의 1(octet)을 고리로 묶는 예.

전체 간략화 과정

K맵에서 2개, 4개, 8개의 사각형을 묶어서 간략화된 표현식을 구할 수 있다는 것을 보았다. 고리로 묶는 규칙은 어떤 크기에 대해서도 다음과 같이 요약할 수 있다:

> **고리 내의 한 변수가 역인 형태와 역이 아닌 형태를 모두 취하고 있을 때 그 변수는 표현식에서 제거된다. 고리 내의 모든 사각형에서 같은 형태로 나타난 변수는 최종 표현식에 남아 있어야 한다.**

묶는 고리가 클수록 보다 많은 변수가 제거되는 것이 당연하다. 좀 더 정확히 표현하자면, 2개가 묶인 고리는 한 변수를, 4개가 묶인 고리는 두 변수를, 8개의 고리는 세 변수를 제거한다. 이 원칙을 사용하여 0과 1의 다양한 조합이 담긴 K맵에서 간략화된 표현식을 구할 수 있다.

이 과정을 우선 개요를 설명한 후 몇 가지 예에 적용해 볼 것이다. K맵을 사용하여 부울 표현식을 간략화 할 때는 다음 단계를 거친다.

1단계 K맵을 그리고 진리표의 출력 값 1에 대응하는 각 사각형에 1을 써 넣는다. 나머지 사각형에는 0을 써 넣는다.

2단계 K맵을 검토하여 다른 어떤 1과도 이웃하지 않은 1을 고리 안에 넣는다. 이들은 고립된 1이라 한다.

3단계 2개만 서로 이웃하고 있는 1을 찾는다. 이 한 쌍의 1을 고리로 묶는다.

4단계 8쌍둥이를 찾아 고리로 묶는다. 이 때 이미 다른 고리에 묶인 1이 포함되어도 관계없다.

5단계 4쌍둥이를 찾아 고리로 묶는다. 이 때 최소 1개 이상의 1은 다른 고리에 묶이지 않았어야 하며 고리의 개수가 최소가 되도록 묶는다.

6단계 아직까지 어떤 고리에도 묶이지 않은 1이 있으면 이 1을 포함하도록 한쌍의 1을 고리로 묶는다. 이 때에도 고리의 개수가 최소가 되도록 묶는다.

7단계 각 고리에서 만들어진 항들의 OR 합을 만든다.

다음 예제에서 이 단계들을 적용하여 보자. 각 예제에서 최종 논리 표현식은 가장 간략화된 곱의 합 형태이다.

예제 4-10

그림 4-15(a)는 4변수를 가진 K맵이다. 1단계는 (문제의 진리표로부터 K맵 완성) 완성된 것으로 가정한다. 각 사각형은 각 고리를 구별하기 쉽도록 번호를 붙여 놓았다. K맵을 간략화하는 2-7단계를 이용하여 간략화된 SOP표현식이 구해진다.

풀이

2단계 4번 사각형의 1은 다른 어떤 1과도 이웃하지 않는 유일한 사각형이다. 이를 고리로 묶고 고리 4라고 이름 붙인다.

3단계 15번 사각형은 11번 사각형하고만 이웃하고 있다. 이 쌍을 고리로 묶고, 고리 11, 15라고 이름 붙인다.

4단계 8쌍둥이는 없다.

5단계 6, 7, 10, 11 사각형이 4쌍둥이다. 이 넷을 묶는다(고리 6, 7, 10, 11). 여기서 11번 사각형은 고리 11, 15에 이미 포함되어 있으나 다시 사용되었다.

6단계 이미 모든 1이 고리에 포함되어 있다.

7단계 X에 대한 표현식에서 하나의 고리가 하나의 항을 만들어 준다. 고리 4는 단순히 $\overline{A}\overline{B}C\overline{D}$이다. 고리 11, 15는 변수 B가 제거되고 ACD로 표현된다. 고리 6, 7, 10, 11은 A와 C가 제거된 BD로 표현된다.

예제 4-11

그림 4-15(b)의 K맵을 보라. 여기서도 1단계는 이미 끝난 상태이다. 간략화하라.

풀이

2단계 고립된 1은 없다.

3단계 3번 사각형은 7번 사각형하고만 이웃하고 있다. 이 쌍을 고리로 묶으면(고리 3, 7) $\overline{A}CD$라는 항이 만들어진다.

4단계 8쌍둥이는 없다.

5단계 2개의 4쌍둥이가 있다. 5, 6, 7, 8번 사각형이 한 개의 4쌍둥이다. 이들을 고리로 묶으면 $\overline{A}B$라는 항이 만들어진다. 두 번째 4쌍둥이는 5, 6, 9, 10번 사각형이다. 이들 넷은 다른 곳에 묶이지 않은 2개의 사각형을 포함하고 있으므로 고리로 묶인다. 이 4쌍둥이를 묶으면 $B\overline{C}$ 항이 만들어진다.

6단계 모든 1이 이미 고리에 포함되어 있다.

7단계 3개의 고리에서 생성된 항들을 OR로 묶으면 X에 대한 표현식이 만들어진다.

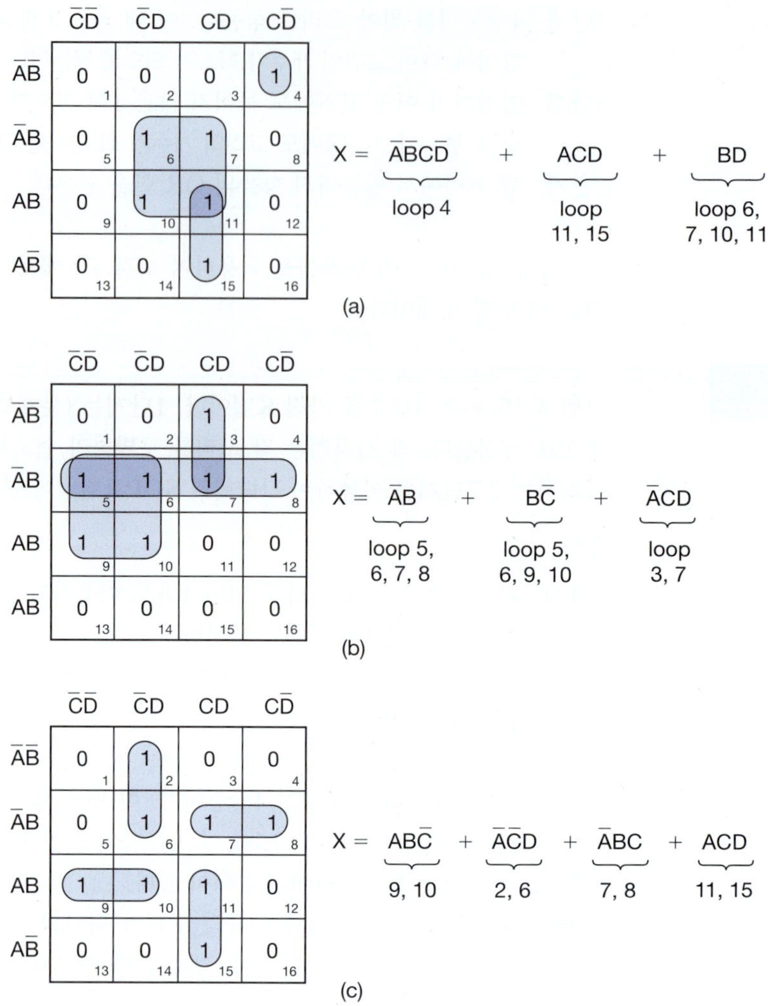

그림 4-15 예제4-10~4-12.

그림 4-15(c)의 K맵을 보라. 간략화 하라.

풀이

2단계 고립된 1은 없다.

3단계 2번 사각형은 6번 사각형하고만 이웃하고 있으므로, 이 쌍을 고리로 묶으면 $\overline{A}\overline{C}D$라는 항이 만들어진다. 마찬가지로, 9번 사각형은 10번 사각형하고만 이웃하고 있다. 이 쌍을 고리로 묶으면 $AB\overline{C}$라는 항이 만들어진다. 마찬가지로, 고리 7, 8과 고리 11, 15로 $\overline{A}BC$와 ACD 항이 각각 만들어진다.

4단계 8쌍둥이는 없다.

5단계 6, 7, 10, 11번 사각형으로 만들어지는 4쌍둥이가 있다. 그러나 이 4쌍둥이는 모든 1이 이미 다른 고리에 포함되어 있으므로 고리로 묶지 않는다.

6단계 모든 1이 이미 고리에 포함되어 있다.

7단계 X에 대한 표현식은 그림에 나타나 있다.

예제 4-13

그림 4-16의 K맵에서 2개의 고리를 살펴보자. 한 쪽이 다른 쪽보다 더 좋은가?

풀이

2단계 고립된 1은 없다.

3단계 단 둘이 이웃하고 있는 1은 없다.

4단계 8쌍둥이는 없다.

5단계 4쌍둥이도 없다.

6, 7단계 1 쌍씩 고리로 묶는 방법이 여러 가지 있다. 모든 1을 다 포함시키되 고리의 개수가 최소가 되도록 하여야 한다. 이 맵에서는 4쌍의 고리로 묶는 방법이 두 가지 있다. 그림 4-16(a)는 한 가지 경우로 그에 해당하는 표현식을 보여주고 있다. 그림 4-16(b)는 또 다른 경우이다. 두 표현식은 복잡한 정도가 같으므로 어느 한쪽이 다른 쪽보다 나은 것은 아니다.

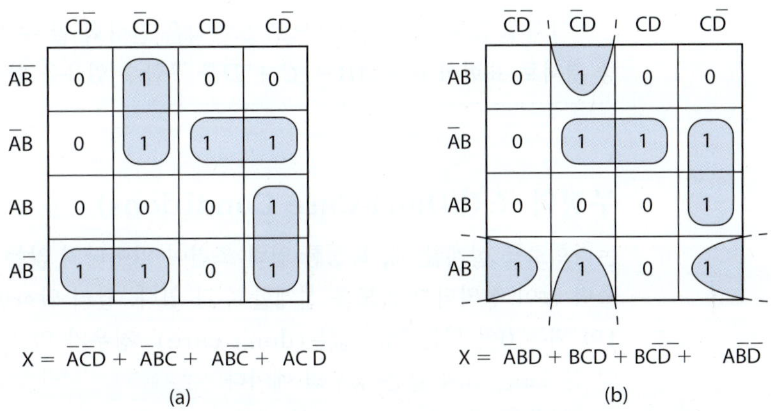

그림 4-16 2개의 똑같은 수준의 해법이 있는 K맵.

출력 표현식으로부터 K 맵 채우기

원하는 출력이 진리표가 아니라 부울 표현식으로 주어졌을 때 다음 단계를 거쳐 K맵을 채울 수 있다.

1. 표현식이 곱의 합 형식이 아니면 곱의 합 형식으로 바꾼다.
2. 곱의 합 표현식의 각 곱 항에 대하여 입력 변수의 조합에 해당하는 K맵의 사각형에 1을 써넣는다. 나머지 사각형에는 0을 써넣는다.

   다음 예제는 이 과정을 보여주고 있다.

예제 4-14

K맵을 사용하여 $y = \overline{C}(\overline{A}\overline{B}\overline{D} + D) + A\overline{B}C + \overline{D}$를 간략화 하여라.

풀이

1. 첫 항의 괄호를 전개하면 곱의 합 표현인 $y = \overline{A}\overline{B}\overline{C}\overline{D} + \overline{C}D + A\overline{B}C + \overline{D}$가 만들어진다.
2. $\overline{A}\overline{B}\overline{C}\overline{D}$ 항에 대해서는 K맵의 $\overline{A}\overline{B}\overline{C}\overline{D}$ 사각형에 1을 써넣으면 된다(그림 4-17). $\overline{C}D$ 항에 대해서는 $\overline{C}D$가 붙어 있는 모든 사각형, $\overline{A}\overline{B}\overline{C}D$, $\overline{A}B\overline{C}D$, $AB\overline{C}D$, $A\overline{B}\overline{C}D$에 1

을 써넣는다. $A\bar{B}C$ 항에 대해서는 $A\bar{B}C$가 붙은 모든 사각형, $A\bar{B}C\bar{D}$, $A\bar{B}CD$에 1을 쓴다. $\bar{D}$ 항을 위해서는 $\bar{D}$가 붙은 모든 사각형, 즉 가장 오른쪽 줄과 가장 왼쪽 줄에 있는 모든 사각형에 1을 써넣는다.

그림 4-17 예제 4-14.

	$\bar{C}\bar{D}$	$\bar{C}D$	CD	$C\bar{D}$
$\bar{A}\bar{B}$	1	1	0	1
$\bar{A}B$	1	1	0	1
AB	1	1	0	1
$A\bar{B}$	1	1	1	1

$y = A\bar{B} + \bar{C} + \bar{D}$

이제 K맵을 모두 채웠으므로 표현식을 간략화 할 수 있다. 고리를 적절히 묶는다면, 최종 결과로 표현식 $y = A\bar{B} + \bar{C} + \bar{D}$를 구할수 있음을 확인하라.

무정의 조건(Don't-Care Conditions)

논리회로를 설계할 때, 특정한 입력 조건이 일어나지 않는 경우에는 이 입력 조건에 대해서 출력 값이 정의되지 않도록 설계할 수가 있다. 달리 말하면, 특정 입력 조합에 대해 출력이 1이 되든 0이 되든 "상관없는(don't care)" 경우가 있을 수 있다는 것이다. 그림 4-18(a)의 진리표는 그와 같은 경우의 예이다.

입력 $A, B, C = 1, 0, 0$일 때와 $A, B, C = 0, 1, 1$일 때에 대해서는 출력 z가 0이 될지 1이 될지 결정되지 않았고, x가 쓰여 있다. 이 x는 **무정의 조건(don't-care conditions)**을 의미한다. 무정의 조건이 나타나는 경우는 몇 가지가 있는데 가장 일반적인 경우는 해당하는 입력의 조합이 절대로 발생하지 않을 때이며, 따라서 이 조건에 대해서는 출력 값을 지정하지 않는 것이다.

그림 4-18 무정의 조건은 가장 간략화된 표현식이 생기도록 K맵 고리를 만들기 위해 0 또는 1로 바꾸어야 한다.

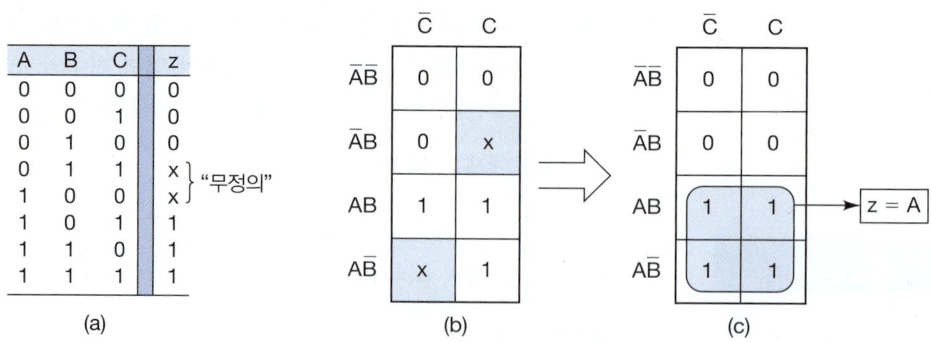

회로 설계자는 가장 간략화된 출력 표현식을 만들기 위해 이 무정의 조건에 자유롭게 0과 1 중에서 선택하여 넣을 수 있다. 예를 들어 이 진리표에 대해 그림 4-18(b)의 K맵에서는 $A\bar{B}\bar{C}$와 $\bar{A}BC$ 사각형에 x가 쓰여 있다. 회로 설계자는 $A\bar{B}\bar{C}$ 사각형을 1로, $\bar{A}BC$ 사각형을 0으로 바꾸는 것이 그림 4-18(c)와 같이 4쌍둥이를 고리로 묶어 $z = A$라는 표현식을 얻을 수 있으므로 가장 현명한 선택이다.

무정의 조건이 발생하면 가장 좋은 K맵의 고리((즉 가장 간략화된 표현식)를 만들기 위해 각각의 x를 0으로 바꿀 것인지 1로 바꿀 것인지 결정해야 한다. 이 결정이 항상 쉬운 것은 아니다. 이 장 끝에 있는 문제들을 통해 무정의 조건을 다루는 연습을 할 수 있을 것이다. 여기 또 다른 예가 있다.

예제 4-15

3층 건물에서 엘리베이터의 문을 제어하는 논리회로를 설계해 보자. 그림 4-19(a)에 있는 회로는 4개의 입력을 가지고 있다. M은 엘리베이터가 움직이는지($M = 1$) 정지해 있는지($M = 0$)를 나타내는 신호이다. *F1*, *F2*, *F3*은 위치를 표시하는 신호로 보통 때는 LOW이나 엘리베이터가 해당하는 층에 위치했을 때 HIGH가 된다. 예를 들어 엘리베이터가 2층에 서 있다면 $F2 = 1$이고 $F1 = F3 = 0$이다. 이 회로의 출력은 *OPEN* 신호이고 보통은 LOW이고 엘리베이터 문을 열어야 할 때 HIGH가 된다.

OPEN 출력을 위한 진리표[그림 4-19(b)]는 아래와 같이 채울 수 있다.

1. 엘리베이터가 동시에 여러 층에 서 있을 수 없으므로 특정 시간에 층에 관한 신호중 한 개만 HIGH이다. 이는 진리표에서 2개 이상의 입력이 1일 경우는 모두 무정의 조건이라는 것을 의미한다. 2개 이상의 F 입력이 1인 8가지 경우에 대해 *OPEN* 출력 신호 열에 x를 채워 넣는다.
2. 나머지 8개의 경우에는 $M = 1$일 때 엘리베이터가 움직이는 중이므로 엘리베이터의

그림 4-19 예제 4-15.

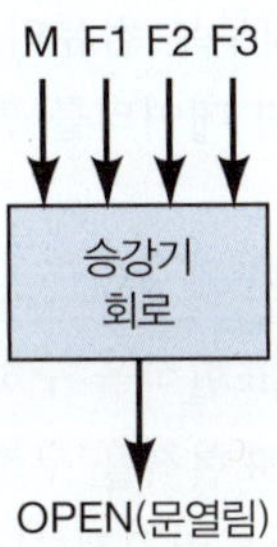

(a)

M	F1	F2	F3	OPEN
0	0	0	0	0
0	0	0	1	1
0	0	1	0	1
0	0	1	1	X
0	1	0	0	1
0	1	0	1	X
0	1	1	0	X
0	1	1	1	X
1	0	0	0	0
1	0	0	1	0
1	0	1	0	0
1	0	1	1	X
1	1	0	0	0
1	1	0	1	X
1	1	1	0	X
1	1	1	1	X

(b)

	$\overline{F2}\,\overline{F3}$	$\overline{F2}\,F3$	$F2\,F3$	$F2\,\overline{F3}$
$\overline{M}\,\overline{F1}$	0	1	X	1
$\overline{M}\,F1$	1	X	X	X
$M\,F1$	0	X	X	X
$M\,\overline{F1}$	0	0	X	0

(c)

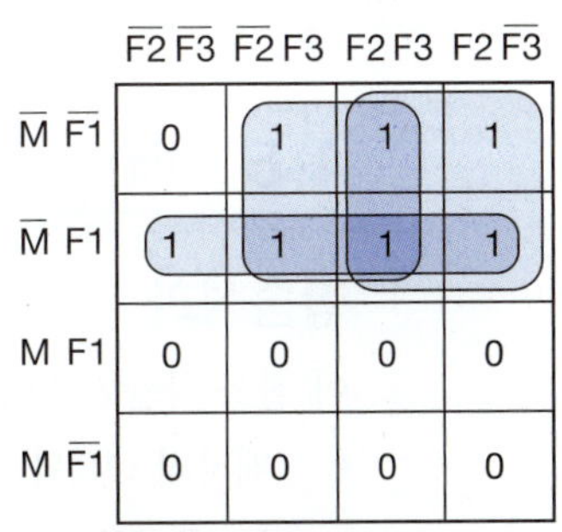

OPEN = $\overline{M}$ (F1 + F2 + F3)

(d)

문이 열려서는 안 된다. 따라서 $OPEN$은 0이어야 한다. $M = 0$ (엘리베이터가 멈추었을 때)이라면 층 신호 중 하나가 1일 때에는 $OPEN = 1$이어야 한다. $M = 0$이고 모든 층 입력이 0이라면 엘리베이터는 멈추었으나 어느 층과도 높이가 맞지 않는 경우이고 문을 닫아두어야 하므로 $OPEN = 0$이어야 한다.

진리표가 완성되었으므로 이 정보를 그림 4-19(c)에 있는 K맵으로 옮겨야 한다. 이 맵에는 1이 되는 경우는 3개, 무정의인 경우는 8개가 있다. 그림 4-19(d)와 같이 이들 무정의 조건 중 네 가지 경우를 1로 바꾸면 원래의 1을 포함한 4쌍둥이 고리를 만들 수 있다. 출력 표현식을 가장 간략화 한다는 점에서 이것이 최선이다. 이와 같은 고리로 묶으면 그림에 보인 바와 같이 출력 $OPEN$에 대한 표현식이 만들어지는 것을 확인해 보아라.

요약

K맵을 사용하는 방법은 부울 대수를 사용하는 방법에 비하여 몇 가지 장점이 있다. K맵 방법은 부울 대수를 사용한 시행착오 과정에 비하여 잘 정의된 단계를 체계적으로 밟아 나갈 수 있다. 특히 많은 항이 포함된 표현식에서 K맵 방법은 더 짧은 단계를 거치며, 항상 최소 표현식을 만들어 낼 수 있다.

한편 대수적 방법은 K맵 방법에 비해 단순한 기계적인 방법이 아니고 부울 대수에 대한 깊이 있는 지식을 공부할 수 있다는 장점이 있다. 각 방법은 각자의 장단점이 있으며 대부분의 논리 설계자라면 두 가지 방법에 모두 능숙하지만 한 가지 방법에만 능숙하더라도 충분히 만족할 만한 결과를 얻을 수 있다.

입력이 4개보다 많은 논리회로를 최소화하는 데는 보다 복잡한 방법이 사용된다. 이 방법은 입력 신호의 개수가 매우 많아서 대수적 방법과 K맵을 사용하기 어려운 회로의 설계에 적합하다. 이와 같은 방법은 대부분 컴퓨터 프로그램을 만들어 진리표나 간략화 하지 않은 부울 표현식으로부터 얻은 입력 데이터를 활용하여 최소화를 수행한다.

학습성과 평가문제

1. K맵을 사용하여 예제 4-7의 표현식을 구하라.
2. K맵을 사용하여 예제 4-8의 표현식을 구하라. 이 예제는 많은 항이 있는 표현식에 대해 K맵을 사용할 때의 장점을 두드러지게 보여줄 것이다.
3. K맵을 사용하여 예제 4-9의 표현식을 구하라.
4. 무정의 조건이란 무엇인가?

4-6 배타적 OR와 배타적 NOR 회로

학습성과

이 절을 학습함으로써 다음을 할 수 있다.

- 배타적 OR와 배타적 NOR 논리 함수를 정의
- XOR/XNOR 함수를 사용하여 부울 대수식을 작성
- XOR/XNOR 함수의 논리 기호 그리기

- XOR/XNOR 함수를 나타내는 진리표를 작성
- XOR/XNOR 함수를 설명하는 타이밍도 그리기
- 논리회로에서 입력이 주어졌을 때 위의 방법들 중 하나를 사용하여 올바른 출력을 추론

디지털 시스템에서 매우 자주 접하는 특별한 논리회로로 배타적 OR와 배타적 NOR 회로가 있다.

배타적 OR

그림 4-20(a) 논리회로를 보자. 이 회로의 출력식은 아래와 같다.

$$x = \overline{A}B + A\overline{B}$$

그림 옆에 있는 진리표는 $A = 0, B = 1$ ($\overline{A}B$ 항)과 $A = 1, B = 0$ ($A\overline{B}$ 항)의 두 경우에만 $x = 1$이 되는 것을 보여주고 있다. 달리 말하면 다음과 같다.

배타적 OR 회로는 두 입력이 서로 다른 값을 가질 때에만 출력이 HIGH가 된다.

이 회로를 **배타적 OR(exclusive-OR)**라 하며 간단히 줄여 쓸 때에는 **XOR**이라고 한다.

그림 4-20(a)와 같이 논리 게이트를 조합한 회로는 상당히 자주 접할 수 있는 것으로서 어떤 응용에서는 매우 유용하다. 사실 XOR 게이트는 그림 4-20(b)와 같은 자신의 기호를 가지고 있다. 이 기호는 XOR 회로가 그림 4-20(a)에 포함된 모든 논리를 담고 있는 것을 나타내며 따라서 진리표와 부울 표현식도 같다. 이 XOR 회로는 XOR 게이트라고 불리며 논리 게이트의 일종으로 간주한다.

XOR 게이트는 입력이 2개 뿐이며, 3 입력 XOR 게이트나 4 입력 XOR게이트는 존재하지 않는다. 이 2 입력이 조합되어 출력 $x = \overline{A}B + A\overline{B}$가 된다. XOR 출력은 다음과 같이 짧게 줄여 나타내기도 한다.

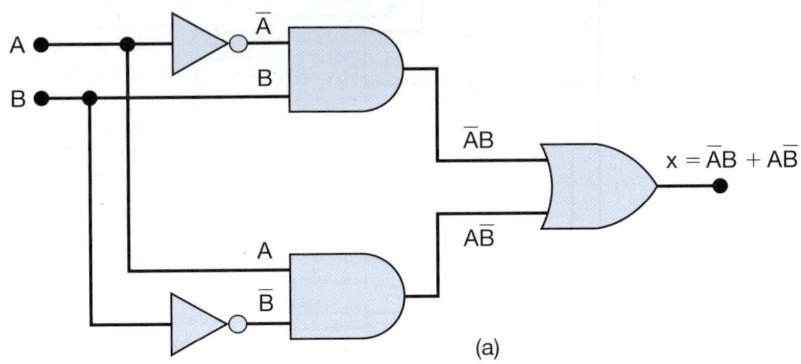

A	B	x
0	0	0
0	1	1
1	0	1
1	1	0

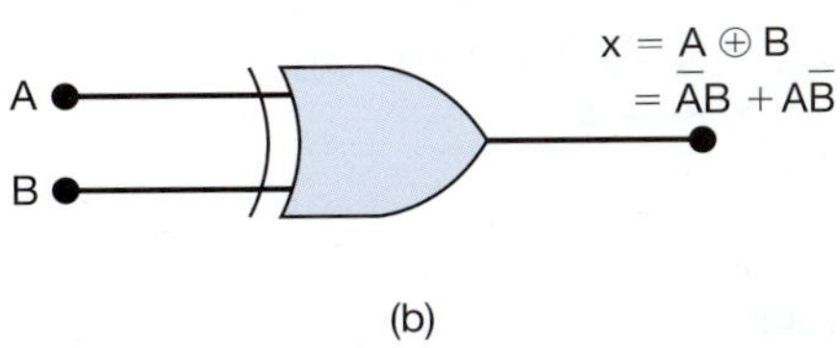

그림 4-20 (a) 배타적 OR 회로와 진리표. (b) 전통적인 XOR 게이트 기호.

$$x = A \oplus B$$

여기서 $\oplus$ 기호는 XOR 게이트 연산을 의미한다.

XOR 게이트의 특성을 요약하면 다음과 같다.

1. 입력은 단지 2개이며 출력은 다음과 같이 나타낸다.

$$x = \overline{A}B + A\overline{B} = A \oplus B$$

2. 2개의 입력이 서로 다른 값을 가질 때에만 출력이 *HIGH*가 된다.

XOR 게이트가 내장된 IC도 있다. 아래 목록은 *4*개의 XOR 게이트가 내장된 XOR (*quad* XOR) 칩이다.

74LS86	Quad XOR(TTL 논리군)
74C86	Quad XOR(CMOS 논리군)
74HC86	Quad XOR(고속 CMOS)

배타적 NOR

배타적 NOR(exclusive-NOR) 회로(간단히 **XNOR**)는 XOR와 완전히 반대로 동작한다. 그림 4-21(a)는 XNOR 회로와 진리표이며, 출력의 표현식은 다음과 같다.

$$x = AB + \overline{A}\overline{B}$$

따라서 출력 x가 1이 되는 경우는 $A = B = 1$ (AB항)이거나 $A = B = 0$ ($\overline{A}\overline{B}$ 항)일 때이다. 달리 말하면 다음과 같다.

XNOR은 두 입력이 같은 값을 가질 때에만 출력이 HIGH가 된다.

그림 4-21 (a) 배타적 NOR 회로와 (b) 전통적인 XNOR 게이트 기호.

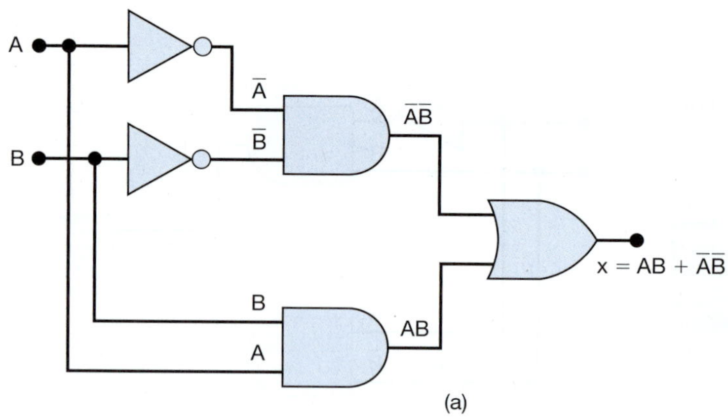

A	B	x
0	0	1
0	1	0
1	0	0
1	1	1

(a)

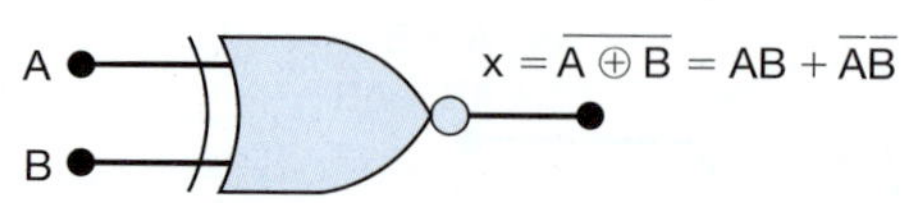

(b)

XNOR 회로의 출력은 XOR 회로의 출력과 정반대이다. XNOR 게이트의 전통적 기호는 그림 4-21(b)와 같이 XOR 기호의 출력 단에 작은 원을 더하기만 하면 된다.

XNOR 게이트도 입력이 2개뿐이며 이를 결합한 출력은 다음과 같다.

$$x = AB + \overline{A}\overline{B}$$

XNOR의 출력 표현식은 다음과 같이 간단히 나타낼 수도 있다.

$$x = \overline{A \oplus B}$$

이것을 보면 XNOR는 XOR 동작이 반전된 것임을 알 수 있다. XNOR 게이트를 아래와 같이 요약할 수 있다.

1. 입력이 2개뿐이며 출력은 다음과 같다.

$$x = AB + \overline{A}\overline{B} = \overline{A \oplus B}$$

2. 2개의 입력이 같은 값을 가질 때에만 출력이 HIGH가 된다.

XNOR 게이트가 내장된 IC도 있다. 아래 목록은 4개의 XNOR 게이트가 내장된 XNOR 칩이다.

74LS266	Quad XNOR(TTL 논리군)
74C266	Quad XNOR(CMOS)
74HC266	Quad XNOR(고속 CMOS)

위의 XNOR 칩들은 특별한 출력 회로를 가지고 있어서 특정 응용 용도로만 쓰인다.

논리회로 설계에서 XOR의 출력을 인버터에 연결하여 XNOR 기능을 만들어 쓰는 것은 매우 흔한 일이다.

예제 4-16

그림 4-22에 주어진 입력 파형에 대해 출력 파형을 구하라.

그림 4-22 예제 4-16

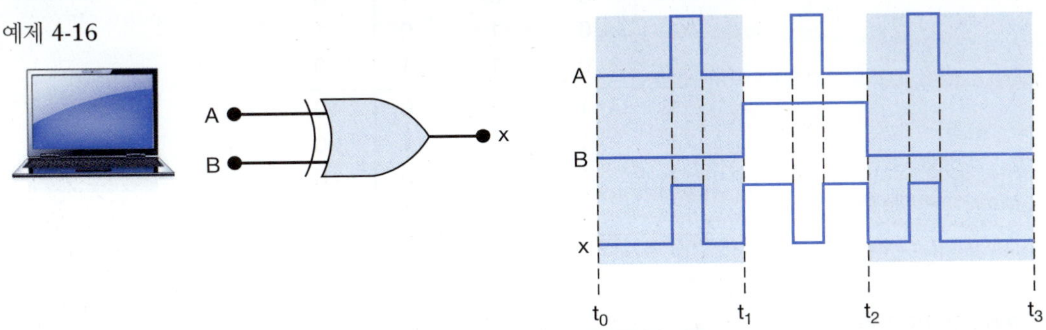

풀이

XOR의 출력 파형은 두 입력이 서로 다른 값을 가질 때에만 HIGH가 된다는 사실을 이용하여 구할 수 있다. 출력 파형의 결과로부터 몇 가지 재미있는 점을 알 수 있다.

1. $B = 0$인 동안 파형 x는 입력 파형 A와 같다. 이는 t_0부터 t_1까지 그리고 t_2부터 t_3 까

지의 기간 동안이다.

2. $B = 1$인 동안 파형 x는 입력 파형 A와 반대이다. 이는 t_1부터 t_2까지의 기간 동안이다.
3. 여기서 XOR 게이트는 제어된 인버터(*controlled INVERTER*)로 사용할 수 있음을 알 수 있다. 즉 한쪽의 입력으로 다른 입력 파형을 반전시킬 것인지 아닌지 제어할 수 있다는 것이다. 이 특성이 어떤 응용에서는 매우 유용하다.

예제 4-17

x_1x_0은 2비트의 2진수로서 00, 01, 10, 11 중의 한 값을 가지게 된다. 예를 들어 $x_1 = 1$이고 $x_0 = 0$라면 2진수는 10이다. 마찬가지로 y_1y_0도 또 다른 2비트의 2진수이다. x_1, x_0, y_1, y_0을 입력으로 사용하여 2개의 2진수 x_1x_0과 y_1y_0이 같을 때 출력이 HIGH가 되는 논리회로를 설계하라.

풀이

첫 단계는 16개의 입력 조건을 가진 진리표(표 4-4)를 만드는 것이다. 출력 z는 x_1x_0 값이 y_1y_0 값과 같을 때, 즉 $x_1 = y_1$이고 $x_0 = y_0$일 때 HIGH가 된다. 진리표를 보면 네 가지 경우가 있다는 것을 알 수 있다. 이 문제를 풀기 위해 z에 대한 곱의 합 표현식을 만들고 이를 간략화한 후 결과를 구현하는 일반적인 과정을 밟을 수도 있다. 그러나 이 문제의 성격상 XNOR게이트를 사용하여 구현하는 방법에 딱 맞아떨어진다. 조금만 생각해 보면 쉽게

표 4-4

x_1	x_0	y_1	y_0	z(출력)
0	0	0	0	1
0	0	0	1	0
0	0	1	0	0
0	0	1	1	0
0	1	0	0	0
0	1	0	1	1
0	1	1	0	0
0	1	1	1	0
1	0	0	0	0
1	0	0	1	0
1	0	1	0	1
1	0	1	1	0
1	1	0	0	0
1	1	0	1	0
1	1	1	0	0
1	1	1	1	1

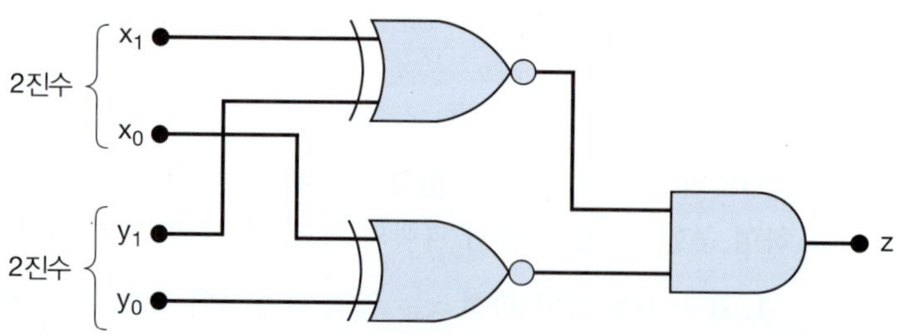

그림 4-23 2개의 2비트 2진수가 동일한지를 검출하는 회로.

간단히 해결할 수 있다. 그림 4-23을 보라. 이 논리회로도에서 x_1과 y_1은 하나의 XNOR에, x_0과 y_0은 또 다른 XNOR에 입력되어 있다. XNOR의 출력은 두 입력이 같을 때에만 HIGH가 된다. 즉 $x_0 = y_0$이고 $x_1 = y_1$일 때 두 XNOR의 출력이 모두 HIGH가 된다. 이 조건은 2개의 2비트의 숫자가 같다는 것을 의미하므로 우리가 찾던 조건이다. AND 게이트의 출력은 이때에만 HIGH가 되어 원하는 출력을 만들어 낸다.

예제 4-18

조합 논리회로의 출력 표현식을 간략화하는 과정에서 공통 인수로 묶어내고 나면 XOR나 XNOR 표현이 나타나는 경우가 있으며 이 때 최종 회로 구현에 XOR이나 XNOR 게이트가 사용되곤 한다. 예를 들어 그림 4-24(a) 회로를 간략화 해보자.

풀이

간략화하지 않은 논리회로 식은 다음과 같이 나타내진다.

$$z = ABCD + A\overline{B}\overline{C}D + \overline{A}\overline{D}$$

처음 2개의 항에서 AD를 공통 인수로 묶어내면 다음과 같다.

$$z = AD(BC + \overline{B}\overline{C}) + \overline{A}\overline{D}$$

얼핏 보면 괄호 안의 표현은 1로 대체할 수 있을 것처럼 보인다. 그러나 이는 $BC + \overline{B}\overline{C}$일 때에만 가능하다. 괄호 안의 표현은 B와 C의 XNOR 조합이므로 이를 활용하면 그림

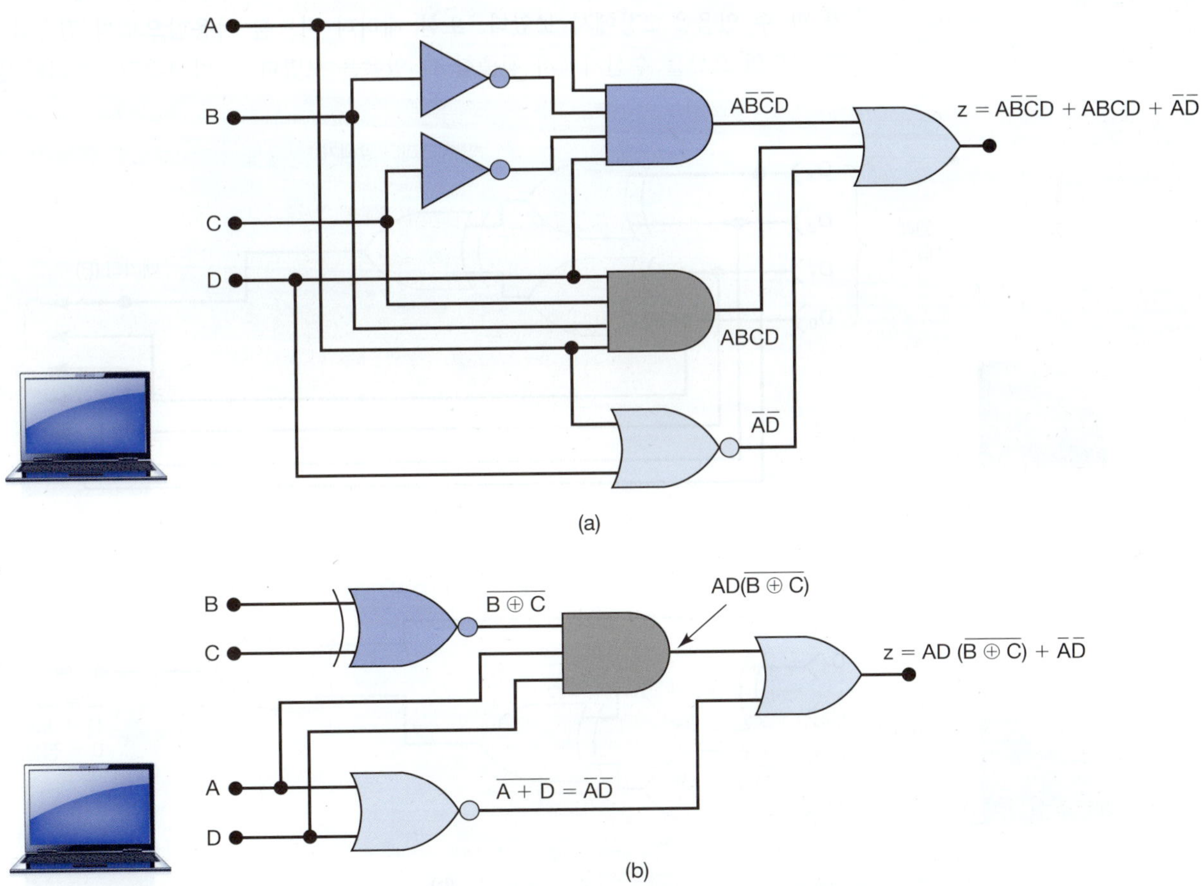

그림 4-24 XNOR 게이트로 회로를 간단하게 구현할 수 있음을 보여주는 예제 4-18.

4-24(b)에 있는 회로로 구현할 수 있다. 이 회로는 게이트의 입력이 더 적고 2개의 인버터가 사라졌으므로 원래 회로보다 훨씬 간단하다.

학습성과 평가문제

1. 부울 대수를 사용하여 XNOR 출력 표현식은 XOR 출력 표현식을 정확히 반전시킨 것이라는 것을 증명하라.
2. XNOR 게이트의 입력에 논리 신호와 그 역의 신호가 연결되었을 때 출력은 무엇인가?
3. 인버터 1개가 필요하다. 그러나 남은 것이라고는 74HC86 칩의 XOR 게이트 하나뿐이다. 칩이 하나 더 필요할까?

4-7 패리티 발생기와 검사기

학습성과

이 절을 학습함으로써 다음을 할 수 있다.

- XOR 게이트를 사용하여 패리티 발생기를 구현
- XOR 게이트를 사용하여 패리티 검사기를 구현

한 세트의 데이터를 수신기로 보내기 전에 송신기에서 이 데이터 세트에 패리티 비트를 추가 할 수 있음을 2장에서 보았다. 또한 패리티 비트를 사용함으로써 전송과정에서 생긴 한 비트의 오류를 수신기에서 검출할 수 있음을 보았다. 그림 4-25는 **패리티 발생(parity**

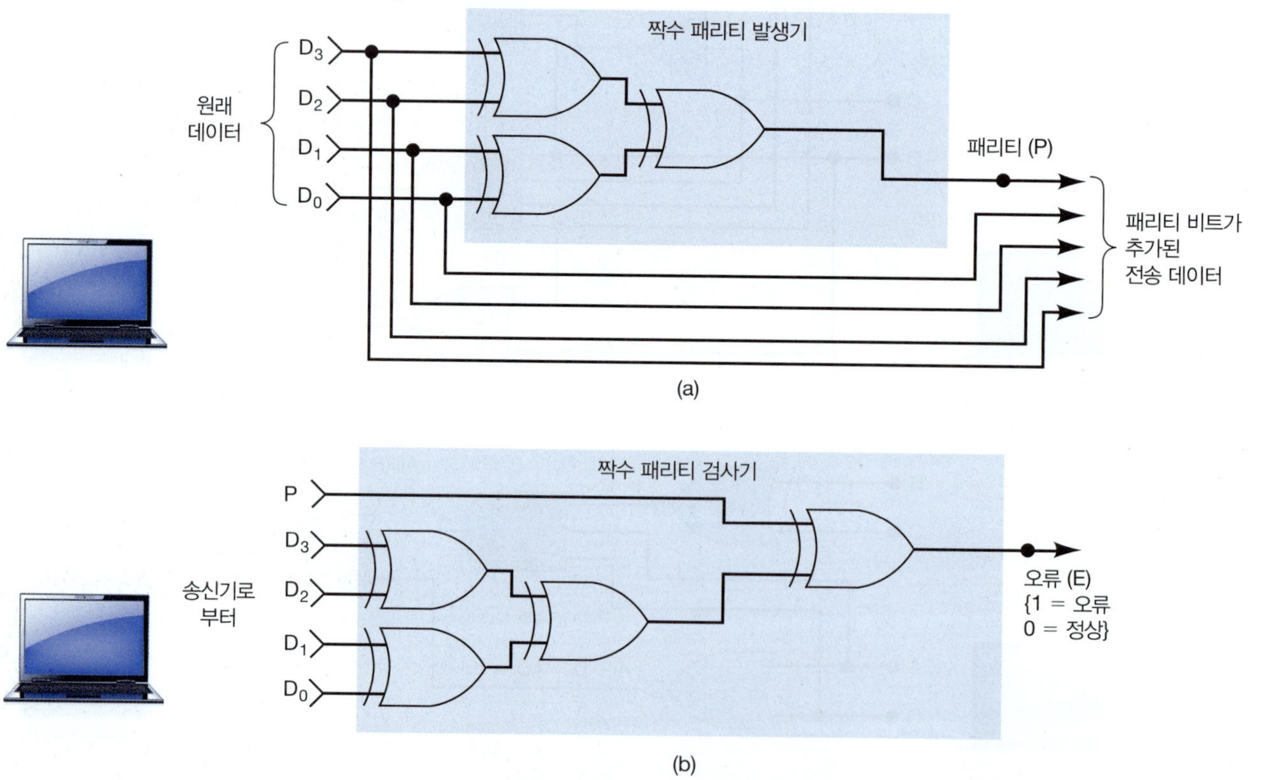

그림 4-25 짝수 패리티 시스템에서 XOR 게이트를 사용하여 구현한 (a) 패리티 발생기, (b) 패리티 검사기.

generation)과 **패리티 검사**(**parity checking**)에 사용할 수 있는 논리회로의 한 예이다. 이 예에서는 데이터를 전송하는 데 4비트를 하나로 묶어 보내며 짝수 패리티 비트를 사용한다. 이 논리회로는 홀수 패리티 비트를 사용하거나 전송할 비트 수가 더 많은 경우에도 쉽게 응용할 수 있다.

그림 4-25(a)에서 전송할 데이터 세트는 패리티 발생 회로에 연결되고, 패리티 발생 회로는 출력으로 짝수 패리티 비트 P를 만들어낸다. 이 패리티 비트는 원래 데이터 비트와 함께 총 5비트로 수신기로 전송된다. 그림 4-25(b)는 이 5비트(데이터+패리티)가 패리티 검사 회로에 입력되어 1비트의 오류가 발생했는지를 나타내는 오류 출력 E를 만든다.

이들 회로가 모두 XOR 게이트를 사용하고 있다는 것은 XOR 게이트 하나가 홀수 개의 입력이 1일 때 출력이 1이 되며 짝수 개의 입력이 1일 때 출력이 0이 된다는 사실을 생각한다면 놀라운 일이 아니다.

예제 4-19

입력 데이터 $D_3D_2D_1D_0$이 (a) 0111, (b) 1001, (c) 0000, (d) 0100과 같을 때 패리티 발생기의 출력 값을 구하라. 그림 4-25(a) 참고하라.

풀이

각 경우에 대하여 패리티 발생기의 입력에 데이터 값을 인가하고 각 게이트의 출력을 구해 나가며 최종 출력값 P를 구한다. 결과는 (a) 1, (b) 0, (c) 0, (d) 1이다. 원래의 데이터에 1의 개수가 홀수개였을 때에만 P가 1이 됨을 주목하라. 따라서 수신기로 보내는 1의 개수의 합(데이터+패리티)은 항상 짝수가 된다.

예제 4-20

다음 데이터가 송신기로부터 전송되었을 때 패리티 검사기의 출력을 구하라. 패리티 검사기의 출력은 그림 4-25(b)를 참고해라.

	P	D_3	D_2	D_1	D_0
(a)	0	1	0	1	0
(b)	1	1	1	1	0
(c)	1	1	1	1	1
(d)	1	0	0	0	0

풀이

각 경우에 대하여 데이터 값을 패리티 검사기의 입력에 인가하고 각 게이트의 출력을 구해 나가며 최종 출력값 E를 구한다. 결과는 (a) 0, (b) 0, (c) 1, (d) 1이다. 패리티 검사기의 입력에 도달한 1의 개수가 홀수일 때에만 E가 1이 되며, 이는 짝수 패리티를 사용하고 있으므로 오류가 발생했다는 것을 의미한다.

학습성과 평가문제

1. 전송할 데이터가 8 비트일 경우 패리티 비트를 발생시키기 위해서 XOR 게이트 몇 개가 필요한가?
2. 수신 받을 데이터가 8 비트인 경우(패리티 비트 1비트를 더해서 총 9 비트) 패리티 비트를 검사하기 위해서 XOR 게이트 몇 개가 필요한가?

4-8 인에이블/디스에이블 회로

학습성과

이 절을 학습함으로써 다음을 할 수 있다.

- 신호의 통과를 선택적으로 인에블/디스에이블 시키기 위해 논리회로를 사용
- 디스에이블 되었을 때 필요한 논리값을 갖도록 적절한 논리 함수를 선택

그림 4-26에 보인 바와 같이 각각의 기본 게이트를 사용하여 입력 논리 신호를 출력으로 보낼지 여부를 제어할 수 있다. 그림에서 논리 신호 A는 각 기본 논리 게이트의 한 입력 단자에 인가되었다. 각 게이트의 또 다른 입력 B는 제어 입력이다. 이 제어 입력의 논리 값이 입력 신호가 출력까지 도달하는 것을 **허용(인에이블, enable)**할지 **차단(디스에이블, disable)**할지를 결정하게 된다. 이와 같은 제어가 이루어지기 때문에 이러한 회로들을 게이트라고 부르는 것이다.

그림 4-26을 보면 반전되지 않은 게이트(AND, OR)가 인에이블 상태일 때는 출력이 신호 A와 정확히 일치한다. 반대로 반전 게이트(NAND, NOR)가 인에이블 상태일 때는 출력은 신호 A가 반전된 것이다.

또한 AND와 NOR 게이트는 디스에이블 상태일 때 출력이 항상 LOW이며 반대로 NAND와 OR 게이트는 디스에이블 상태일 때 출력이 항상 HIGH이다.

디지털 회로 설계에서는 하나 이상의 제어 입력에 가해진 조건에 따라 논리 신호가 통과하는 것을 허용하거나 금지하는 경우가 종종 있다. 다음 예제에서 살펴보자.

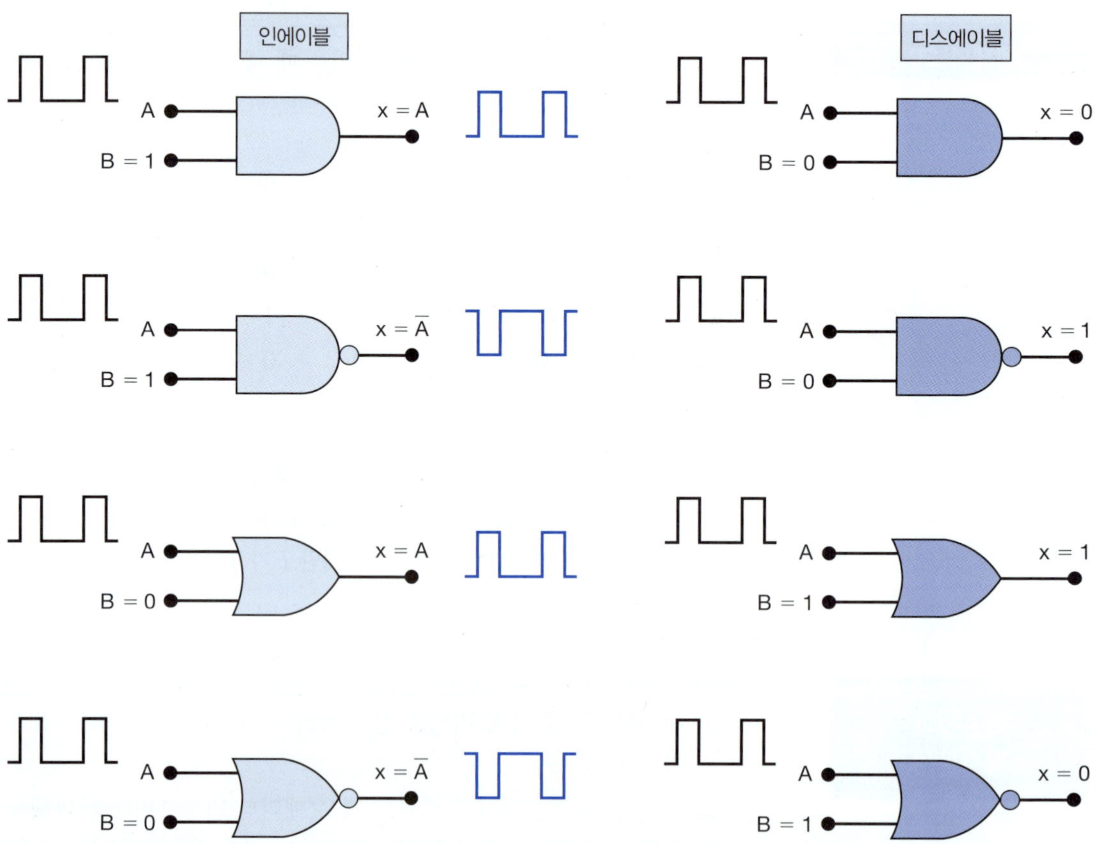

그림 4-26 제어 입력 B의 논리값을 제어하여 입력 신호 A가 인에이블되거나 디스에이블되는 4개의 기본 게이트.

예제 4-21

제어 입력 B와 C가 동시에 HIGH일 때 신호가 출력에 도달할 수 있는 논리회로를 설계하라. 그 이외의 경우에는 출력이 LOW이어야 한다.

풀이

신호가 반전되지 않고 통과되어야 하고 디스에이블 되었을 때의 출력 값이 LOW이어야 하므로 AND 게이트를 사용하여야 한다. 인에이블 상태가 $B = C = 1$일 때에 발생해야 하므로 그림 4-27(a)와 같이 3 입력 AND 게이트를 사용한다.

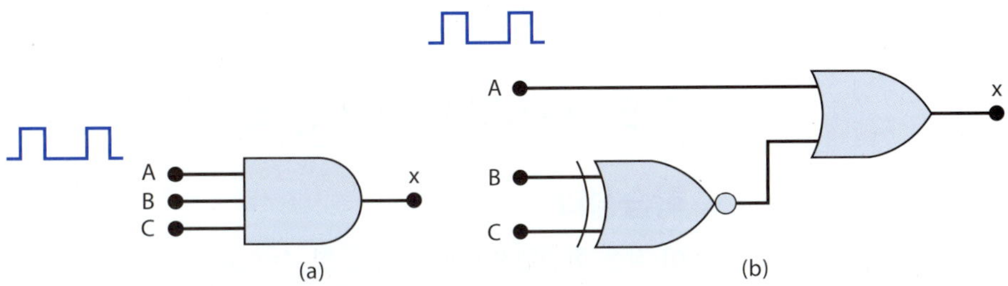

그림 4-27 예제 4-21과 4-22.

예제 4-22

2개 중 하나의 제어 입력이 HIGH일 때만 신호가 출력에 도달하도록 하는 논리회로를 설계하라. 그 이외의 경우에는 출력이 HIGH이어야 한다.

풀이

결과는 그림 4-27(b)와 같다. 디스에이블 상태에서 출력이 HIGH가 되어야 하고, 인에이블 상태에서는 출력이 반전되지 않아야 하므로 OR 게이트를 사용하여야 한다. 제어 입력 B와 C를 XNOR에 입력한다. B와 C가 다를 때에는 XNOR가 LOW 신호를 보내 OR 게이트를 인에이블 시키고, B와 C가 같을 때에는 XNOR가 HIGH신호를 보내 OR 게이트를 디스에이블시킨다.

예제 4-23

입력 신호 A, 제어 신호 B, 출력 X와 Y가 다음과 같이 동작하는 논리회로를 설계하라.

1. $B = 1$이면 출력 X는 입력 A를 따르고, 출력 Y는 0이 된다.
2. $B = 0$이면 출력 X는 0이 되고, 출력 Y는 입력 A를 따른다.

풀이

두 출력은 디스에이블 상태일 때는 0이며 인에이블 상태일 때는 입력 신호와 같다. 따라서 각 출력에 대하여 AND 게이트를 사용해야 한다. $B = 1$일 때 X가 인에이블되어야 하므로 X에 연결된 AND 게이트는 그림 4-28과 같이 B에 의해 제어된다. $B = 0$일 때 Y가 인에이블되어야 하므로 Y에 연결된 AND 게이트는 $\overline{B}$에 의해 제어된다. 그림 4-28의 회로는 입력 B의 값에 따라 입력 펄스를 두 출력 중 하나로 내보내는 역할을 하므로 펄스 조종 회로(*pulse-steering circuit*)라고 한다.

그림 4-28 예제 4-23

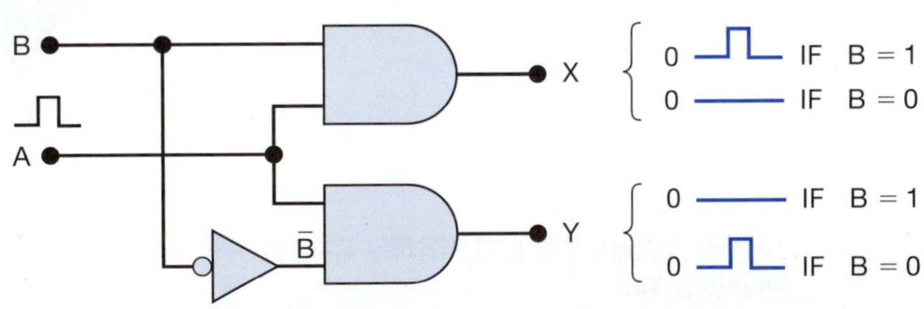

학습성과 평가문제

1. 3개의 입력 A, B, C 중에서 A가 HIGH이고 B와 C가 서로 다를 때 출력이 LOW가 되는 논리회로를 설계하라.
2. B가 HIGH이고 C가 LOW일 때만 신호 A를 통과시키는 회로를 설계하라. 신호 A가 통과되지 못할 때에는 출력은 LOW가 되어야 한다.
3. 어떤 논리 게이트가 디스에이블 상태에서 출력을 1로 만들어 내는가?
4. 어떤 논리 게이트가 인에이블되었을 때 입력 신호가 반전된 신호를 통과시키는가?

4-9 디지털 IC의 기본 특징*

학습성과

이 절을 학습함으로써 다음을 할 수 있다.

- 교육적 목적으로 전래의 기술을 사용
- TTL과 CMOS 회로의 중요한 특성을 구별
- SSI와 MSI IC를 사용하여 논리회로를 구현

디지털 IC는 저항, 다이오드, 트랜지스터를 기판(*substrate*)이라고 부르는 단일의 반도체 재료(보통 실리콘) 위에 제조한 것으로서 흔히 칩(*chip*)이라고 부른다. 칩은 플라스틱이나 세라믹 패키지 안에 내장되어 있으며 IC를 다른 소자와 연결하기 위한 핀이 나와 있다. 가장 흔히 볼 수 있는 패키지가 그림 4-29(a)에 보인 **이중 인라인 패키지(Dual In-line**

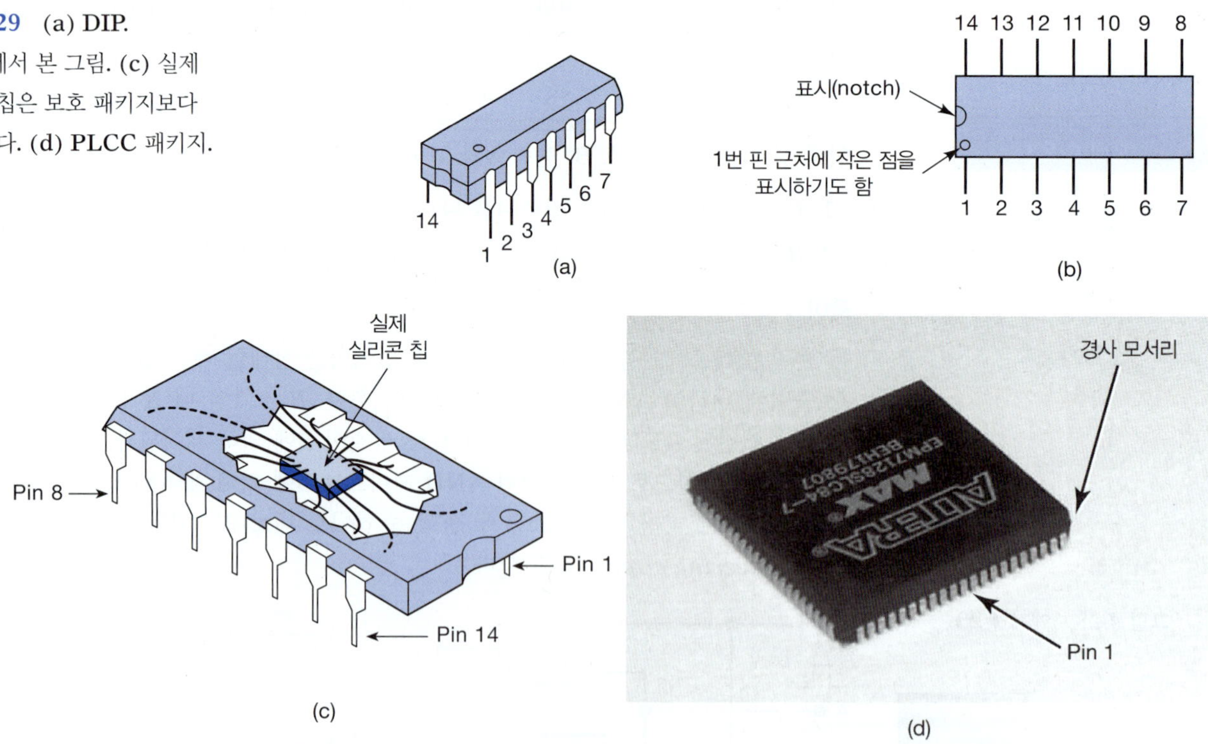

그림 4-29 (a) DIP. (b) 위에서 본 그림. (c) 실제 실리콘 칩은 보호 패키지보다 훨씬 작다. (d) PLCC 패키지.

*이 절은 실험에서 TTL IC를 사용하는 독자들을 위해 포함하였다. 실험에서 FPGA를 사용하는 독자들은 이 절을 건너뛰어도 된다.

Package, DIP)로서 나란한 두 줄의 핀이 있기 때문에 이와 같이 이름 붙여졌다. 핀 번호는 그림 4-29(b)에 보인 것처럼 패키지의 위에서 보았을 때 패키지 한쪽 끝에 있는 표시(notch) 또는 표시점을 기준으로 하여 시계 반대 방향으로 번호를 매긴다. 여기 보인 DIP는 14핀 패키지로서 크기는 0.75인치 × 0.25인치(1.8 cm × 0.6 cm) 정도이다. 16, 20, 24, 28, 40, 64핀 DIP 패키지도 사용된다.

그림 4-29(c)는 실제 실리콘 칩 자체는 DIP보다 훨씬 작다는 것을 보여주고 있는데 일반적으로 크기는 4 mm^2 정도이다. 실리콘 칩은 매우 가는 선(직경 25 μm)으로 DIP의 핀에 연결된다.

DIP는 오래된 디지털 기기에서 가장 흔하게 발견되는 디지털 IC 패키지이지만 요즈음에는 다른 패키지들이 더욱 널리 사용된다. 그림 4-29(d)에 보인 IC는 최근의 디지털 회로에 널리 사용되고 있는 패키지들 중의 하나이다. 이 패키지는 알파벳 J 글자 모양의 단자가 IC 밑으로 구부려져 있다. 다른 패키지 형에 대해서는 8장에서 보게 될 것이다.

디지털 IC는 흔히 기판 위에 얼마나 많은 등가 논리 게이트가 제조되었는지를 나타내는 회로의 복잡도(complexity)에 따라 분류한다. 회로의 복잡도는 흔히 표 4-5와 같이 정의된다.

표 4-5 IC의 분류

집적도	칩의 게이트 수
소규모 집적 회로 (SSI)	12 미만
중규모 집적 회로 (MSI)	12~99
대규모 집적 회로 (LSI)	100~9,999
초대규모 집적 회로 (VLSI)	10,000~99,999
극대규모 집적 회로 (ULSI)	100,000~999,999
기가규모 집적 회로 (GSI)	1,000,000 이상

3장과 이 장에서 언급하고 있는 IC들은 모두 적은 개수의 게이트를 가지고 있는 **SSI** 칩이다. 예전에는 SSI 칩이 가득 꽂혀 있는 여러 개의 회로 기판이 수행했던 기능들의 대부분을 최근에는 중규모 집적회로(**MSI**)와 대규모 집적회로(**LSI, VLSI, ULSI, GSI**)가 수행할 수 있다. 그러나 SSI 칩들도 복잡한 칩들 사이의 "인터페이스" 또는 "접착제"와 같은 역할을 수행하기 위해 아직도 사용되고 있다. 또한 소규모 집적 회로는 디지털 시스템의 기본적인 구성 요소들에 대해 배울 때 매우 유용하다. 결과적으로 많은 실험 교과목에서는 아직도 이들 IC를 이용하여 소규모의 프로젝트를 수행하고 실험하고 있다.

디지털 전자 산업계에서는 최근 어떠한 규모의 디지털 시스템도 구현할 수 있는 프로그램 가능 논리 소자(PLD)를 주로 사용하고 있다. 간단한 PLD는 DIP 패키지로도 생산되지만 보다 복잡한 프로그램 가능 논리 소자는 DIP가 제공할 수 있는 핀보다 훨씬 많은 핀을 필요로 한다. 회로 기판에서 떼어내어 교체해야 하는 큰 집적 회로는 PLCC (Plastic Leaded Chip Carrier) 패키지로 만든다. 그림 4-29(d)는 PLCC 패키지로 되어 있는 알테라(Altera) 사의 EPM 7128SLC84 칩이다. 이 칩의 중요한 특징은 핀 개수가 많고 조밀하게 배치되어 있으며 핀이 칩 주위 전체에 돌아가며 있다는 것이다. DIP와는 달리 1번 핀은 모서리에 있지 않고 패키지의 상단 중앙에 있다. 요즘 사용되는 대부분의 논리회로는 훨씬 더 복잡하고(VLSI 이상) 더 많은 핀을 필요로 한다. 이러한 것들은 실험용 회로 기판에서 교체할 수 없으므로 추후에 다룰 것이다.

양극성 및 단극성 디지털 IC

디지털 IC는 회로에 사용되는 전자 소자의 타입에 따라 분류할 수도 있다. 양극성 *IC* (*bipolar IC*)는 양극성 접합 트랜지스터(NPN과 PNP)를 주요 회로 소자로 사용하고 있다. 단극성 *IC* (*unipolar IC*)는 단극성 전계 효과 트랜지스터(P채널과 N채널 MOSFET)를 주요 소자로 사용한다.

TTL(**Transistor-Transistor Logic**) 계열은 40년 이상 가장 널리 사용되어 온 양극성 디지털 IC 계열이었다. 표준 74계열은 TTL IC의 첫 계열이었다. 그러나 이제 더 이상 새로운 설계에 사용되지는 않고 있으며, 새로운 고성능 TTL 계열로 대체되었다. 그러나 아직도 모든 TTL 계열의 IC는 표준 74계열의 기본 회로 구성을 따르고 있다. 그림 4-30(a)는 표준 TTL 인버터의 회로 구성이다. 회로의 주요 소자로 여러 개의 양극성 트랜지스터가 사용되고 있음을 주목하라.

TTL은 1990년경까지 SSI와 MSI급의 IC 계열을 주도하고 있었다. 그 이후 CMOS 계열의 도전을 받아서 주도권이 CMOS 계열로 넘어갔다. **CMOS** (**Complementary Metal-Oxide-Semiconductor**)는 P채널과 N채널 MOSFET를 핵심 회로 소자로 사용하는 단극성 디지털 IC 계열에 속한다. 그림 4-30(b)는 표준 CMOS 인버터 회로이다. 그림 4-30의 TTL과 CMOS를 비교해 보면 CMOS가 소자를 더 적게 사용하고 있음을 알 수 있다. 이것이 TTL에 대한 CMOS의 장점 중 하나이다.

간단하고 소형인 장점뿐 아니라 다른 우수한 장점도 많기 때문에 최근의 대규모 IC는 주로 CMOS 기술로 만들어진다. 대학교 실험실에서는 내구성이 좋기 때문에 TTL SSI와 MSI를 주로 사용하기는 하지만 CMOS도 사용되고 있다. 8장에서 TTL과 CMOS 회로와 특성에 대해 포괄적으로 공부하도록 하겠다. 지금은 간단한 조합 논리회로의 고장 진단을 다루는데 필요한 기본 특성중 일부에 대해서만 살펴보도록 한다.

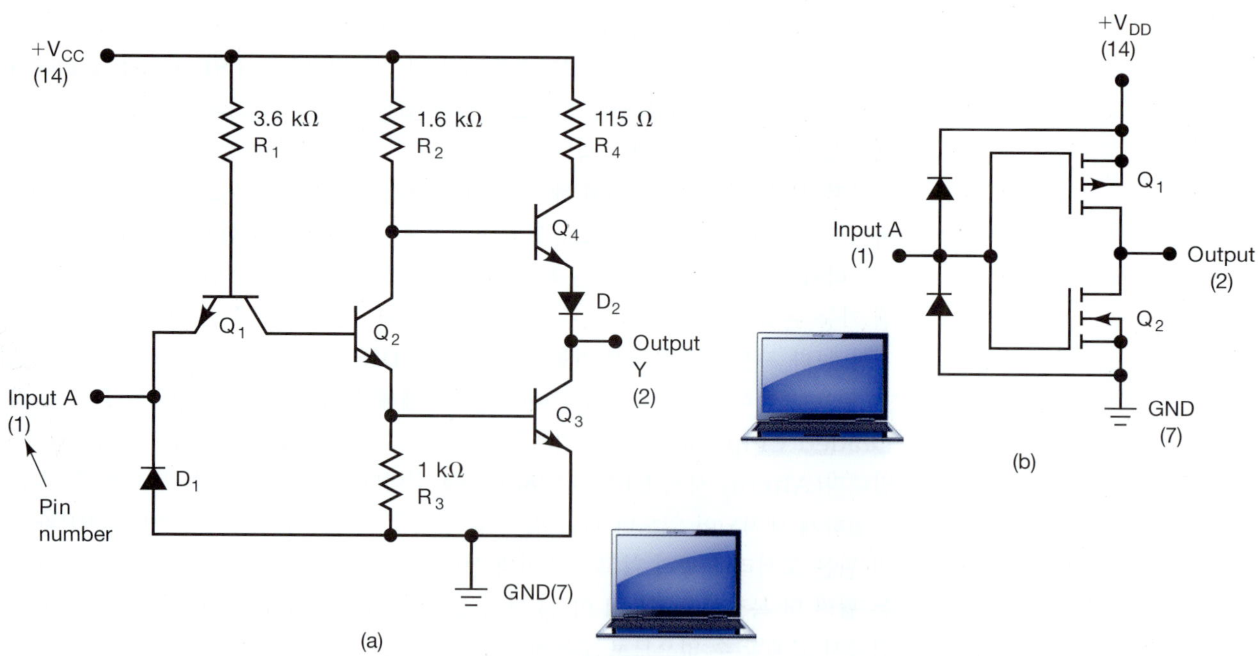

그림 4-30 (a) TTL 인버터 회로. (b) CMOS 인버터 회로. 괄호 안의 숫자는 핀 번호이다.

TTL 패밀리(TTL Family)

TTL 논리 패밀리는 몇 가지 계열로 나누어진다. 표 4-6은 각 TTL 계열의 이름과 함께 각 계열에 속하는 IC를 분류하기 위한 접두어를 보여주고 있다. 예를 들어 표준 TTL계열에 속하는 IC는 분류 번호가 74로 시작한다. 7402, 7438과 74123은 모두 이 계열에 속하는 IC들이다. 마찬가지로 저전력 쇼트키 TTL 계열에 속하는 IC들은 분류번호가 74LS로 시작한다. 74LS02, 74LS38과 74LS123은 74LS 계열에 속하는 소자들이다.

표 4-6 TTL 논리 패밀리 안의 여러 계열.

TTL 계열	분류 번호	IC 예
표준 TTL	74	7404(6입 인버터)
쇼트키 TTL	74S	74S04(6입 인버터)
저전력 쇼트키 TTL	74LS	74LS04(6입 인버터)
고급 쇼트키 TTL	74AS	74AS04(6입 인버터)
고급 저전력 쇼트키 TTL	74ALS	74ALS04(6입 인버터)

여러 가지 TTL 계열은 전력 소비, 동작 속도와 같은 전기적 특성에서 차이가 나지만 핀의 배치와 칩 내의 회로의 논리 동작은 다르지 않다. 예를 들어 7404, 74S04, 74LS04, 74AS04와 74ALS04 칩은 모두 6개의 인버터가 한 칩에 내장된 6입 인버터(hex-INVERTER) IC이다.

CMOS 패밀리(CMOS Family)

몇 가지 CMOS 계열 중 일부를 표 4-7에 나열하였다. 4000 계열은 가장 오래된 CMOS 계열이다. 이 계열은 TTL 계열과 같은 논리 기능을 가지고 있는 것이 많으나 TTL 소자와 핀 배치가 일치하지는 않는다. 예를 들어 4001 4입 NOR 칩은 7402 TTL 칩과 마찬가지로 4개의 2 입력 NOR 게이트가 들어 있으나 CMOS 칩의 게이트의 입출력 핀 번호는 TTL 칩의 입출력 핀 번호와 일치하지는 않는다.

74C, 74HC, 74HCT, 74AC와 74ACT 계열은 새로운 CMOS 계열이다. 처음의 세 계열은 TTL 소자와 핀 배치가 일치한다. 예를 들어 74C02, 74HC02, 74HCT02는 7402, 74LS02와 핀 배치가 같다. 74HC와 74HCT 계열은 74C 계열보다 빠른 속도로 동작한다. 74HCT는 TTL 소자와 전기적으로 호환될 수 있도록 설계되어졌다. 즉 74HCT IC는 인터페이스 회로 없이도 TTL 소자에 바로 연결될 수 있다. 74AC와 74ACT 계열은 고성능 IC이며 TTL과 핀 배치가 일치하지 않는다. 74ACT 소자는 TTL 소자와 전기적으로 호환된다. 여러 가지 TTL과 CMOS 계열에 대해서는 최근의 IC에서 사용되는 최신 저전압 기술과 함께 8장에서 상세하게 살펴보도록 하겠다.

표 4-7 CMOS 논리 패밀리 안의 여러 계열.

CMOS 계열	분류 번호	IC 예
금속 게이트 CMOS	40	4001(4입 NOR 게이트)
금속 게이트, TTL과 핀 호환 가능	74C	74C02(4입 NOR 게이트)
실리콘 게이트, TTL과 핀 호환 가능, 고속	74HC	74HC02(4입 NOR 게이트)
실리콘 게이트, TTL과 핀 및 전기적 호환 가능, 고속	74HCT	74HCT02(4입 NOR 게이트)
고성능 CMOS, TTL과 핀 및 전기적 호환 불가	74AC	74AC02(4입 NOR)
고성능 CMOS, TTL과 핀 호환 불가, 전기적 호환 가능	74ACT	74ACT02(4입 NOR)

전원과 접지

디지털 IC를 사용하기 위해서는 IC 핀에 필요한 연결을 해주어야 한다. 가장 중요한 연결은 직류 전원(*dc power*)과 접지(*ground*)이며 칩 내의 회로가 제대로 동작하기 위해서는 이들을 올바르게 연결해야 한다. 그림 4-30의 TTL과 CMOS 회로 모두에서 직류 전원이 한 핀에, 접지가 또 다른 핀에 연결된 것을 볼 수 있다. TTL 회로의 전원 핀은 V_{CC}, CMOS 회로의 전원핀은 V_{DD}라고 이름이 붙어 있다. TTL 집적 회로와 호환될 수 있도록 설계된 최근의 CMOS 집적 회로는 전원 핀에 V_{CC}라는 이름을 사용하기도 한다.

IC의 전원과 접지 연결 중 어느 하나라도 연결되지 않으면 칩 내의 논리 게이트는 입력 핀의 신호에 대해 제대로 동작하지 않으며 나와야 하는 출력 논리 값이 만들어지지 않는다.

논리값의 전압 범위

TTL 소자에서 V_{CC} 값은 +5 V이다. CMOS 집적 회로의 V_{DD}는 CMOS 집적 회로가 TTL집적회로와 같은 회로에서 사용될 때는 +5 V를 사용하지만 일반적으로는 +3 V부터 +18 V까지이다.

표준 TTL 소자가 인식하는 논리 0과 논리 1의 전압 범위는 그림 4-31(a)와 같다. 논리 0은 0 V부터 0.8 V사이의 어떤 값도 가질 수 있으며, 논리 1은 2 V부터 5 V사이의 어떤 전압도 가질 수 있다. 이 영역 이외의 전압은 **규정되지 않은 영역(indeterminate range)**이며 어떤 TTL 소자의 입력에도 사용되어서는 안 된다. IC를 생산하는 회사에서는 이 규정되지 않은 영역 내(0.8~2.0 V)의 입력 전압에 대해서는 TTL 회로가 어떻게 동작할지 보장하지 않는다.

V_{DD} = +5 V에서 동작하는 CMOS 집적 회로의 논리 입력 전압 영역은 그림 4-31(b)와 같다. 0~1.5 V 범위의 전압을 논리 0, 3.5~5 V의 범위의 전압을 논리 1로 정의하고 있다. 규정되지 않은 영역은 1.5~3.5 V의 전압이다.

연결되지 않은 입력

디지털 IC의 입력을 연결하지 않은 채로 놓아두면 어떤 일이 생길까? 연결되지 않은 입력은 **떠 있는 입력(floating input)**이라고도 한다. 이 질문에 대한 답은 TTL인지 CMOS인

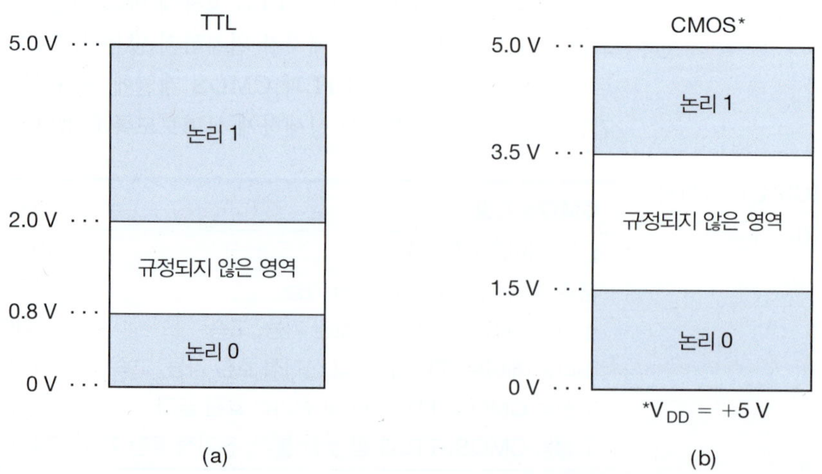

그림 4-31 (a) TTL과 (b) CMOS 디지털 IC의 논리 입력 전압 범위.

지에 따라 다르다.

떠 있는 **TTL** 입력은 논리 1과 똑같이 동작한다. 달리 말하면, **IC**는 입력에 논리 **HIGH**가 인가된 것과 같이 반응한다. 이런 특성은 **TTL**회로를 검사할 때 종종 사용된다. 입력에 논리 **HIGH**를 연결하는 대신 입력을 연결하지 않아도 괜찮을 수 있다. 이런 방법은 논리적으로는 옳을지 모르나 특히 최종 회로 설계에서는 권장하는 방법은 아니다. 왜냐하면 떠 있는 **TTL** 입력이 잡음 신호를 받아들일 가능성이 매우 높고 이는 소자의 동작에 부정적인 영향을 미칠 수 있기 때문이다.

TTL 게이트에서 떠 있는 입력 단자를 테스터나 오실로스코프로 점검해 보면 1.4~1.8 V의 직류전압 값이 측정된다. 이 전압값은 **TTL**에서 규정되지 않은 전압 범위에 있지만 논리 1이 인가된 것처럼 동작한다. **TTL**에서 떠 있는 입력의 이러한 특성은 **TTL** 회로의 고장을 진단할 때 매우 유용하다.

CMOS 입력을 연결하지 않고 놓아두면 치명적인 결과를 일으킬 수 있다. **IC**가 과열되어 파괴될 수도 있다. 이런 이유로 **CMOS** 입력은 반드시 **LOW** 또는 **HIGH**를 연결하거나 다른 **IC**의 출력과 연결하여야 한다. 연결되지 않고 떠 있는 **CMOS** 입력은 특정 직류 전압 값을 가지는 대신 잡음이 유입되어 제멋대로 변동한다. 따라서 논리 1도 논리 0도 아니며 출력에 대한 영향도 예측할 수 없다. 때로는 떠 있는 입력으로 잡음이 유입되어 출력이 발진 현상을 보이기도 한다.

더 복잡하고 정교한 **CMOS IC**는 입력 단자에 특별한 회로를 만들어 놓아서 떠 있는 입력에 의한 파괴 가능성을 줄여 놓았다. 이런 회로가 만들어져 있는 대규모 **IC**에서는 실험할 때 사용하지 않는 핀을 접지시킬 필요가 없다. 그렇지만 최종 회로로 구현할 때에는 사용하지 않는 핀을 **HIGH** 또는 **LOW** (어느 쪽이든 적합한 쪽으로)에 연결하는 것이 바람직하다.

논리회로의 배선도

배선도(**connection diagram**)는 모든 전기적 연결과 핀 번호, **IC** 번호, 요소의 값, 신호의 이름과 전원 전압 등을 보여준다. 그림 4-32는 간단한 논리회로의 전형적인 배선도를 보여주고 있다. 자세히 살펴보고 다음의 중요한 점에 주목하라:

1. 이 회로는 2개의 서로 다른 **IC**에 내장된 논리 게이트를 사용하고 있다. 두개의 인버터는 **Z1**이라고 이름 붙은 **74HC04** 칩의 일부이다. **74HC04**는 6개의 인버터가 들어 있으며 이 중 2개가 이 회로에 사용되었고 각각은 **Z1** 칩의 일부라고 표시되었다. 마찬가

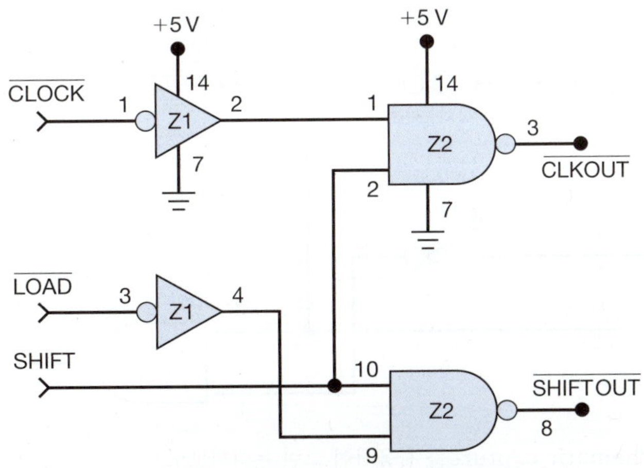

IC	Type
Z1	74HC04 6입 인버터
Z2	74HC00 4입 NAND

그림 4-32 전형적인 논리회로 배선도.

지로 두개의 NAND 게이트는 4개의 NAND 게이트가 들어있는 74HC00 칩의 일부이다. 이 칩의 모든 게이트는 Z2라는 이름이 붙어 있다. 각 게이트를 Z1, Z2, Z3 등으로 이름 붙이면 어떤 게이트가 어떤 칩의 일부인지 추적할 수 있다. 이는 각 칩에 여러 개의 게이트가 내장된 IC가 많이 사용되는 복잡한 회로에서 특히 유용하다.

2. 각 게이트의 입력과 출력 핀 번호가 배선도에 표기되어 있다. 핀 번호와 IC 라벨을 이용하면 회로의 어떤 지점도 쉽게 특정할 수 있다. 예를 들어 Z1 핀 2는 맨 위에 있는 인버터의 출력 단자를 말한다. 마찬가지로 Z1 핀 4가 Z2 핀 9에 연결되었다고 말할 수 있다.
3. 각 IC(각 게이트가 아니라)의 전원과 접지 연결이 배선도에 표시되어 있다. 예를 들어 Z1 핀 14는 +5 V에 연결되며 Z1 핀 7은 접지에 연결되어 있다. 이러한 배선은 Z1에 내장된 6개의 인버터 모두에게 전력을 공급한다.
4. 그림 4-32의 회로에서 입력 신호는 왼쪽에 있고 출력 신호는 오른쪽에 있다. 신호 이름 위의 윗줄은 그 신호가 LOW일 때 활성이라는 것을 의미한다. 회로 기호에 작은 원이 있는 것은 LOW 활성 상태를 의미한다. 이 경우 모든 신호는 한 비트이다.
5. 그림 4-32에는 입력신호와 출력신호가 그림으로 정의되어 있고 신호들 사이의 관계(회로의 동작)는 논리 기호로 연결한 그림으로 설명하고 있다.

전자 부품 회사는 그림 4-32와 유사한 형식의 구체적인 회로도를 제공하는 것이 일반적이다. 이런 배선도는 문제가 있는 회로의 고장 진단을 할 때 실질적으로 꼭 필요한 것이다. 여기서는 각 IC를 Z1, Z2, Z3 등으로 이름 붙였다. 많이 사용되는 다른 명명법으로는 IC1, IC2, IC3 등으로 이름 붙이는 방법과 U1, U2, U3으로 이름 붙이는 방법 등이 있다.

3장에서 알테라의 그래픽 기반 엔트리 도구인 Quartus II 소프트웨어를 소개 하였다. Altera 소프트웨어를 이용하여 그린 논리회로도의 예를 그림 4-33에 보였다. 이와 같은 회로는 SSI 또는 MSI 논리 IC를 이용하여 구현하려고 하는 것이 아니다. 그렇기 때문에 이 회로에는 오직 인스턴스 번호(instance numbers)만 나와 있고 칩 명칭과 핀 번호 등은 없다. 알테라의 소프트웨어가 그래픽으로 기술된 논리 함수를 2진 파일로 변환하고 이 2진 파일은 알테라의 많은 디지털 IC 중의 하나에 논리회로를 만들어 넣는데 사용하게 된다. 이러한 설정 가능 또는 프로그램 가능 논리회로는 이 장의 뒷부분에서 자세히 다루겠다. 또한 입출력 신호의 명칭에 흔히 쓰이는 일반적인 방법에서 신호가 활성-LOW라는 것을 나타낼 때 윗줄 대신에 N자를 끝에 추가한 것에도 유의하라. 예를 들어 LOADN 입력은 LOAD 기능을 수행하려면 LOW가 되어야 한다.

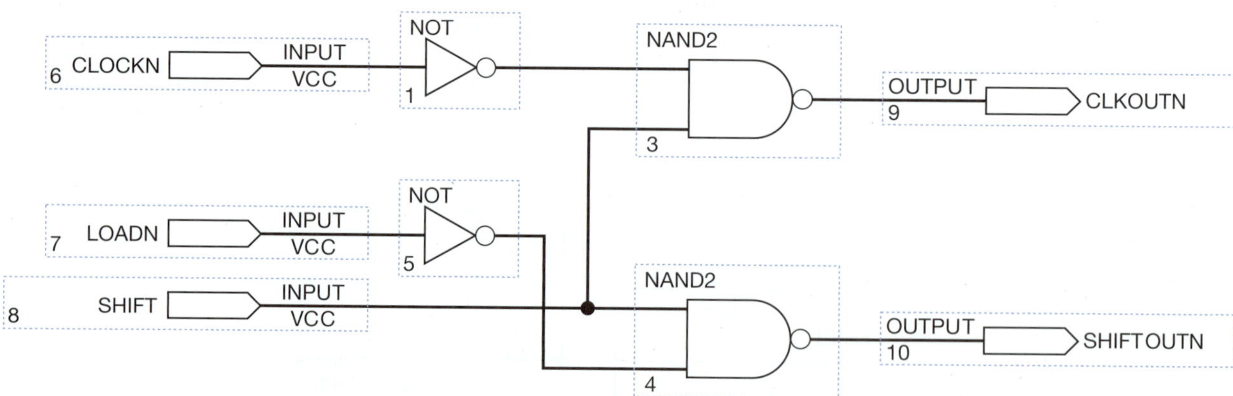

그림 4-33 Quartus II schematic capture를 사용하여 그린 논리회로도.

학습성과 평가문제

1. (a) TTL과 (b) CMOS의 경우에 각각 어떤 형태의 트랜지스터가 사용되는가?
2. 복잡도에 따라 디지털 IC를 분류할 때 6가지 종류의 이름은?
3. 참 또는 거짓 : 74S74 칩은 74LS74칩과 논리와 핀 배치가 똑같다.
4. 참 또는 거짓 : 74HC74 칩은 74AS74칩과 논리와 핀 배치가 똑같다.
5. 어떤 CMOS 계열이 TTL과 핀 배치가 일치하지 않는가?
6. TTL에서 받아들일 수 있는 논리 0 값의 범위는? 논리 1 값의 범위는?
7. V_{DD} = 5 V에서 동작하는 CMOS에 대해 6번 문제를 반복하라.
8. 떠 있는 입력에 대해 TTL 집적 회로가 어떻게 반응하는가?
9. 떠 있는 입력에 대해 CMOS 집적 회로가 어떻게 반응하는가?
10. 인터페이스 회로 없이 TTL과 바로 연결할 수 있는 CMOS 계열은?
11. 논리회로 배선도에서 핀 번호를 붙이는 이유는 무엇인가?
12. 프로그램 가능 논리에서 사용되는 그래픽 설계 파일과 전통적인 논리회로 배선도의 핵심적인 유사점은 무엇인가?

4-10 디지털 시스템의 고장 진단

학습성과

이 절을 학습함으로써 다음을 할 수 있다.

- 시스템의 오류 또는 고장을 고치는데 필요한 세 가지 단계를 서술
- 회로의 특정 부분에서의 논리 값을 결정하기 위해 논리 프루브(probe)를 사용

오류(고장)가 있는 디지털 회로나 시스템을 고칠 때는 다음의 세 가지 기본 단계를 밟는다.

1. 고장 검출. 회로나 시스템의 동작을 관찰하여 기대하는 정상 동작과 비교한다.
2. 고장 분리. 검사를 하고 측정을 하여 고장 부위를 찾아낸다.
3. 고장 수정. 고장 난 부품을 대체하거나 잘못된 배선을 수리하거나 단락된 선을 제거하는 등의 작업을 한다.

이와 같은 단계는 상대적으로 명백하고 간단해 보이지만 실제의 고장 진단 절차는 회로의 종류와 복잡도, 고장 진단 도구의 종류와 사용할 수 있는 데이터 등에 따라 달라진다.

좋은 고장 진단 기술은 실험실에서 많은 실험과 고장난 회로와 시스템을 실제로 수리해 보면서 배울 수 있다. 가능한 한 많은 고장 진단을 해보는 것만이 고장 진단을 잘 할수 있는 길이며 아무리 많은 교과서를 읽는다고 해도 이와 같은 경험을 대체할 수는 없다. 효율적인 고장 진단의 가장 핵심적인 부분인 분석 능력을 개발하도록 이 책이 도와 줄 것이다. 디지털 IC로 구성된 시스템에서 흔히 발생하는 고장의 종류를 설명하고 그것들을 찾아내는 법을 설명할 것이다. 그 다음 고장 진단에 관련된 분석 과정을 예시하기 위한 전형적인 사례 분석을 보여줄 것이다. 또한 이러한 분석 과정을 거쳐 고장 난 디지털 회로의 문제를 파악할 수 있도록 이 장의 끝에 연습 문제를 제시할 것이다.

이 장에서 다루는 고장 진단에 대한 논의 및 연습에 있어서 고장 진단을 하는 사람은 기본 적인 고장 진단 도구들, 즉 논리 프로브(*logic probe*), 오실로스코프(*oscilloscope*), 논리

펄서(*logic pulser*) 등을 가지고 있다고 가정하였다. 물론 가장 중요하며 효율적인 고장 진단 도구는 진단하는 사람의 두뇌이며, 이를 개발하기 위해 고장 진단 원리와 기법, 예제와 문제를 이 장과 이 후의 장에서 제시할 것이다.

고장 진단에 대한 다음 세 절에서는 우리의 두뇌와 그림 4-34와 같은 **논리 프로브(logic probe)**만을 사용할 것이다. 논리 프로브에는 우리가 검사하고 싶은 특정 지점을 찍어볼 수 있도록 뾰족한 금속 탐침이 있다. 그림에서는 IC의 3번 핀을 찍어보고(접촉하고) 있다. 프로브는 그 외에도 인쇄 회로 기판의 연결선, 절연되지 않은 배선, 연결 단자, 트랜지스터와 같은 개별 부품의 납땜 부위 등 회로의 전도성 부분은 어디나 찍어 볼 수 있다. 프로브의 끝이 닿고 있는 부위의 논리 값은 프로브의 표시 LED의 상태로 표시된다. 그림 4-34에는 네 가지 가능한 상태를 보였다. 규정되지 않은 논리 값에서는 불이 켜지지 않음을 주목하라. 이는 회로에서 개방되어(open) 있거나 떠 있는 지점을 접촉하고 있는 경우, 즉 어떤 전압원에도 연결되지 않은 경우도 포함한다. 이와 같은 타입의 프로브는 펄스가 줄지어 들어오는 상태(펄스열)를 표시하기 위한 노란 LED도 부착되어 있다. 상태의 변화(LOW에서 HIGH로 또는 HIGH에서 LOW)가 있으면 노란 LED는 수분의 1초동안 켜졌다가 꺼진다. 만일 이와 같은 상태 변화가 자주 일어난다면 LED는 약 3 Hz의 속도로 깜박인다. 깜박이는 노랑 LED와 함께 초록과 빨강 LED를 관찰하면 신호가 HIGH 쪽에 주로 있는지 LOW 쪽에 주로 있는지 알 수 있다.

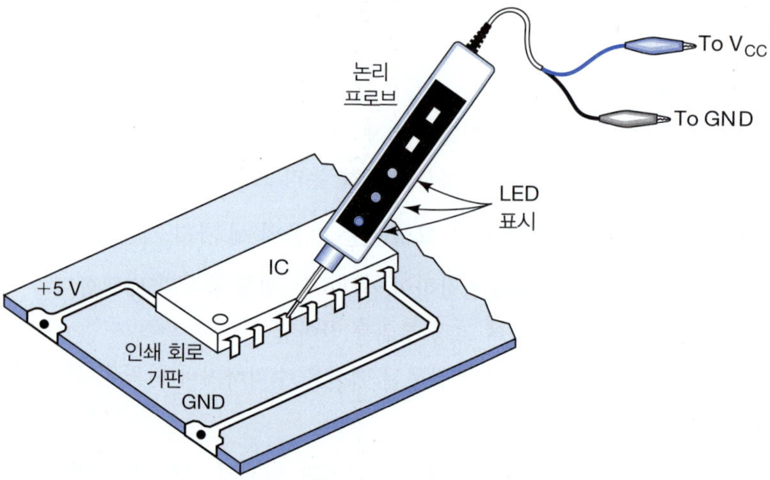

LEDs

빨간색	녹색	노란색	논리 상태
OFF	ON	OFF	LOW
ON	OFF	OFF	HIGH
OFF	OFF	OFF	규정되지 않음*
X	X	깜박임	펄스열

* 개방 또는 떠 있는 입력 상태 포함

그림 4-34 논리 프로브는 IC 핀이나 논리회로의 다른 접촉 가능한 지점의 논리값을 관찰하는 데 사용한다.

학습성과 평가문제

1. 시스템 오류 또는 고장을 고치는데 필요한 세 가지 단계를 열거하라.
2. 논리 프로브에 있는 표시 장치를 열거하라.

4-11 디지털 IC의 내부 고장

학습성과

이 절을 학습함으로써 다음을 할 수 있다.

- 디지털 집적회로의 일반적인 고장 모드를 구별
- 각 고장 모드의 증상을 인지
- 신호의 경쟁을 이해

디지털 IC에서 가장 흔한 내부 고장은 다음과 같은 것들이 있다:

1. 내부 회로의 오동작
2. 입력 또는 출력 단자가 접지 또는 V_{CC}에 단락
3. 입력 또는 출력 단자가 개방
4. (접지나 V_{CC}가 아닌) 2개의 핀이 단락

이들 각각의 고장 종류에 대해 설명한다.

내부 회로의 오동작

이 경우는 내부의 소자가 완전히 고장 나거나 정해진 규격 범위 밖에서 동작할 경우에 생기는 것이 일반적이다. 이 경우, IC의 출력은 IC 입력 신호에 제대로 반응하지 않는다. 어떤 내부 소자가 고장 났는지에 따라 다르기 때문에 출력이 어떻게 반응할지 예측할 수 있는 방법은 없다. 예를 들어 그림 4-30(a)의 TTL 인버터에서 트랜지스터 Q_4의 베이스와 에미터가 단락되었거나 저항 R_2가 매우 큰 값을 가지게 된 경우를 들 수 있다. 이와 같은 IC 내부의 고장은 다음 세 가지 경우에 비해 자주 발생하지 않는다.

입력 단자가 내부적으로 접지나 전원에 단락

이러한 종류의 내부 고장은 IC의 입력이 LOW나 HIGH에 고정되도록 한다. 그림

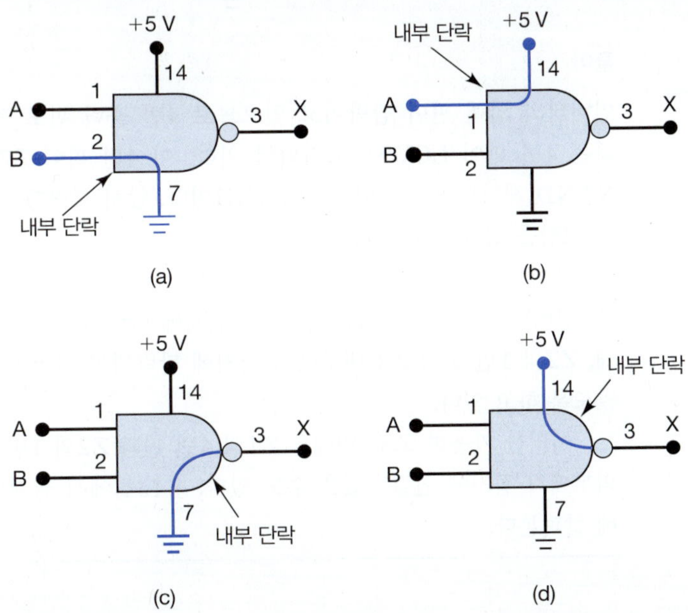

그림 4-35 (a) IC의 입력이 내부적으로 접지에 단락된 경우, (b) IC의 입력이 내부적으로 전원전압에 단락된 경우. 이 두 가지 고장은 단락 된 핀의 입력 신호가 항상 같은 상태에 있게 만든다. (c) IC의 출력이 내부적으로 접지에 단락된 경우, (d) 출력이 내부적으로 전원전압에 단락 된 경우. 이 두 가지 고장은 IC 입력에서의 신호에는 영향을 미치지 않는다.

4-35(a)에는 NAND 게이트의 2번 입력핀이 IC 내부에서 접지에 단락되어 있는 경우를 보였다. 이와 같이 되면 2번 핀은 항상 LOW 상태가 된다. 이 입력 핀이 논리 신호 *B*에 의해 구동될 때, 이 핀은 신호 *B*를 접지에 연결시켜 버린다. 따라서 이러한 타입의 고장은 신호 *B*를 만들어 내는 장치의 출력에 영향을 미친다.

마찬가지로 그림 4-35(b)와 같이 IC 입력핀이 +5 V에 내부적으로 단락될 수도 있다. 이는 입력 핀을 HIGH 상태에 고정시켜 버린다. 이 입력 핀이 논리 신호 *A*에 의해 구동될 때, 이핀은 신호 *A*를 +5 V에 연결시켜 버린다.

출력 단자가 내부적으로 접지나 전원에 단락

이 종류의 내부 고장은 IC의 출력이 LOW나 HIGH에 고정되도록 한다. 그림 4-35(c)는 NAND 게이트의 3번 핀이 IC 내부에서 접지에 단락되어 있는 경우이다. 이 출력은 LOW에 고정되고 입력 핀 1과 2에 신호가 가해진다고 해도 반응하지 않는다. 다시 말하면 논리 입력 *A*와 *B*는 출력 X에 전혀 영향을 미치지 않는다.

그림 4-35(d)와 같이 IC 출력 핀이 IC 내부에서 +5 V에 단락될 수도 있다. 이는 입력 핀에 가해지는 신호의 상태와 관계없이 3번 출력 핀을 HIGH 상태에 고정시킨다. 이러한 종류의 고장은 IC의 입력에 가해지는 논리 신호에는 영향을 미치지 않음에 유의하라.

예제 4-24

그림 4-36의 회로를 보라. 기술자가 여러 IC 핀에서의 상태를 논리 프로브로 점검하고 그 결과를 그림에서와 같이 기록하였다. 이 결과를 보고 이 회로가 제대로 동작하고 있는지 판단하라. 제대로 동작하고 있지 않다면 가능한 고장 원인을 제시하라.

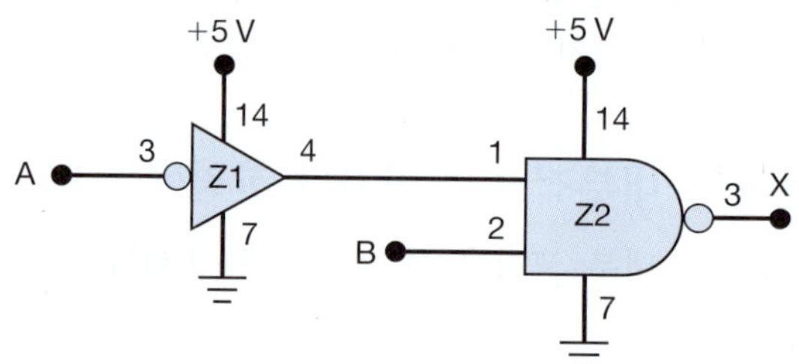

핀	상태
Z1-3	펄스열
Z1-4	LOW
Z2-1	LOW
Z2-2	HIGH
Z2-3	HIGH

그림 4-36 예제 4-24.

풀이

인버터의 입력 핀이 깜박이고 있으므로 4번 출력 핀도 깜박여야 한다. 그러나 기록된 결과는 4번 핀이 LOW에 고정되어 있다. 이 4번 핀이 Z2의 1번 핀에 연결되어 있으므로 NAND 게이트의 출력이 항상 HIGH이다. 앞서 설명했듯이 이러한 동작이 발생하는 세 가지 고장을 생각할 수 있다.

첫째, 인버터 내부 소자의 고장으로 인해 인버터가 입력에 제대로 반응하지 않는다. 둘째, 인버터의 4번 핀이 Z1 내부에서 접지에 단락되어 항상 LOW 상태로 고정되어 있다. 셋째, Z2의 1번 핀이 Z2 내부에서 접지에 단락되어 있어 인버터의 출력 핀의 신호가 바뀌지 않도록 하고 있다.

이러한 가능한 고장 외에도 Z1의 4번 핀과 Z2의 1번 핀을 연결하는 경로 중 어딘가가 외부에서 접지에 연결되었을 수도 있다. 4-13절에서 실제의 고장을 찾아 처리하는 법에 대해 살펴본다.

입력 또는 출력 단자에서의 개방회로

IC의 내부 회로와 IC 핀 사이를 연결하는 매우 가는 도선이 끊어져 개방 회로가 될 때도 있다. 예제 4-25의 그림 4-37에는 입력(13번 핀)과 출력(6번 핀)에서 회로가 개방된 경우를 보였다. 신호가 13번 핀에 입력되어도 NAND-1 게이트의 입력에 도달하지 못하고 따라서 NAND-1의 출력에 영향을 미치지 못한다. 개방된 게이트 입력은 떠 있는 상태가 된다. 앞에서 밝혔듯이 떠 있는 입력은 TTL 소자에서는 논리 1로 동작하지만 CMOS 소자에서는 불규칙하게 동작하며 과열이 발생하여 파손될 수도 있다.

NAND-4의 출력이 개방되어 있으므로 IC의 6번 핀으로 신호가 도달하지 않으며 따라서 그 핀에는 안정된 전압이 존재하지 않는다. 이 핀이 다른 IC의 입력에 연결되어 있으면 그 입력은 떠 있는 상태가 된다.

예제 4-25

그림 4-37의 13번 핀과 6번 핀에 논리 프로브를 대면 어떤 반응이 나타나겠는가?

그림 4-37 내부적으로 개방된 입력을 가진 IC는 그 입력 핀에 가해진 신호에 대해 반응하지 않는다. 내부적으로 개방된 출력은 그 출력 핀에 예상할 수 없는 전압을 만들어 낸다.

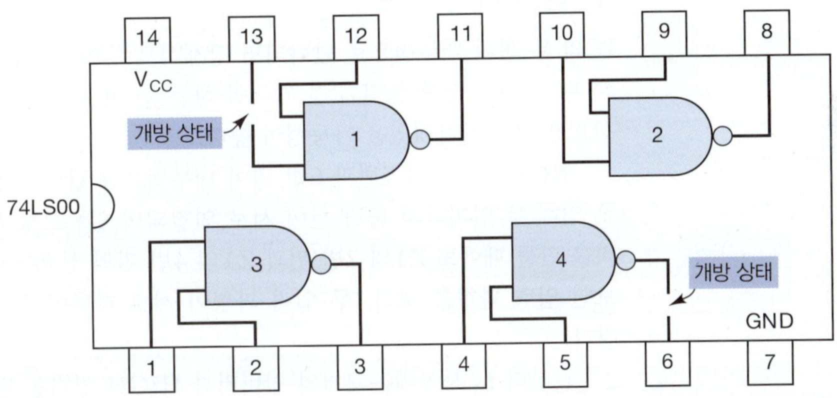

풀이

논리 프로브는 13번 핀에 연결된 외부 신호(이 그림에는 나타나 있지 않는)의 논리값이 표시된다. 6번 핀에는 NAND의 출력이 6번 핀에 도달하지 않으므로 아무 LED도 켜지지 않으며 규정되지 않은 논리값임을 나타낸다.

예제 4-26

그림 4-38의 회로와 기록된 논리 프로브의 값을 참고하라. 이와 같은 결과를 만들어 낼 수 있는 가능한 고장은 무엇인가? 이 IC들은 TTL이라고 가정한다.

풀이

기록된 결과를 살펴보면 인버터는 제대로 동작하고 있는 것처럼 보이나 NAND의 출력은

그림 4-38 예제 4-26

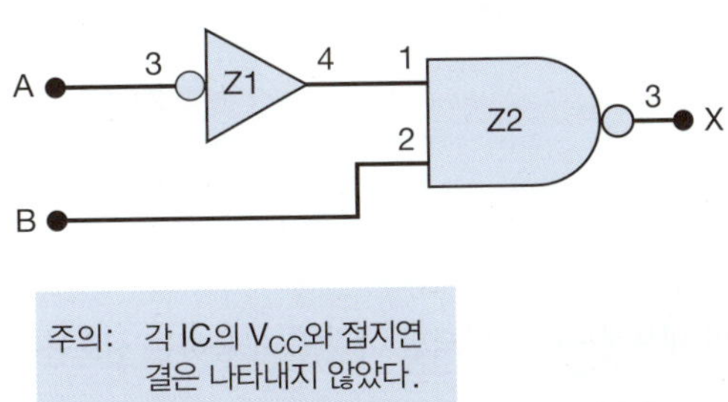

핀	상태
Z1-3	HIGH
Z1-4	LOW
Z2-1	LOW
Z2-2	펄스열
Z2-3	펄스열

입력과 맞지 않는다. NAND의 출력은 입력핀 1이 LOW이므로 HIGH이어야 한다. 입력핀 1이 LOW이므로 NAND 게이트는 2번 핀의 펄스열에 반응하지 않아야 한다. 내부적으로 개방된 상태여서 이 LOW가 NAND 게이트의 내부 회로에 도달하지 못하는 것일 수도 있다. IC가 TTL이므로 이 개방 회로는 1번 핀에 HIGH 값이 인가된 것과 동일한 영향을 미치게 된다. IC가 CMOS였다면 1번 핀의 내부 개방 상태가 규정되지 않은 출력 값을 만들어냈을 수 있고, 과열과 칩의 파괴에까지 이르렀을 수도 있다.

TTL에서의 개방된 입력에 대하여 앞에서 언급한 것으로부터 Z2의 1번 핀이 1.4~1.8 V 영역에 있을 것이고, 따라서 논리 프로브에 규정되지 않은 값으로 나타날 것이라고 예상했을 수도 있다. 만일 개방 회로가 NAND칩의 외부였다면 이것이 사실이었을 것이다. 하지만 Z1의 4번 핀과 Z2의 1번 핀 사이에는 개방 회로가 없고 따라서 Z1의 4번 핀의 전압은 Z2의 1번 핀에 도달하나 NAND 칩의 내부에서 연결이 끊어진 것이다.

두 핀 사이의 단락

IC의 두 핀이 내부적으로 단락되면 강제적으로 이 두 핀의 논리 신호가 항상 같은 값을 갖게 된다. 서로 다른 논리 값을 가져야 하는 두 신호가 같은 논리 값을 가지고 변화한다면 두 신호가 서로 단락되었을 가능성이 높다.

NOR 게이트의 5번과 6번 핀이 내부적으로 단락되어 있는 그림 4-39를 보라. 단락으로 인해 두 인버터의 출력 핀이 서로 연결되어 있으므로 두 인버터의 입력 신호가 다른 출력을 만들 때에도 Z1의 2번 핀과 Z1의 4번 핀의 신호는 똑같아야 한다. 예를 들어 그림에 보인 입력 파형을 보라. 두 입력 파형이 서로 다름에도 불구하고 Z1-2와 Z1-4의 출력은 같다.

t_1부터 t_2 사이에는 2개의 인버터가 HIGH 입력을 받고 있으므로 출력을 LOW로 만들려고 하며, 이 경우에는 서로 단락되어 있어도 결과에는 차이가 없다. t_4부터 t_5 간격에서도 두 인버터는 LOW 입력을 받고 있으므로 HIGH 출력을 만들고 서로 단락되어 있어도 영향이 없다. 그러나 t_2부터 t_3, t_3부터 t_4 사이에서 한 인버터는 HIGH 출력을, 다른 인버터는 LOW 출력을 만들어 내려고 하고 있다. 두 신호가 서로 "싸우고" 있으므로 이 현상을 신호의 **경쟁**(**signal contention**)이라고 부른다. 이 현상이 생기면 단락된 출력에 나타나는 실제 전압은 IC 내부 회로 구성에 따라 달라진다. TTL소자에서는 규정되지 않은 범

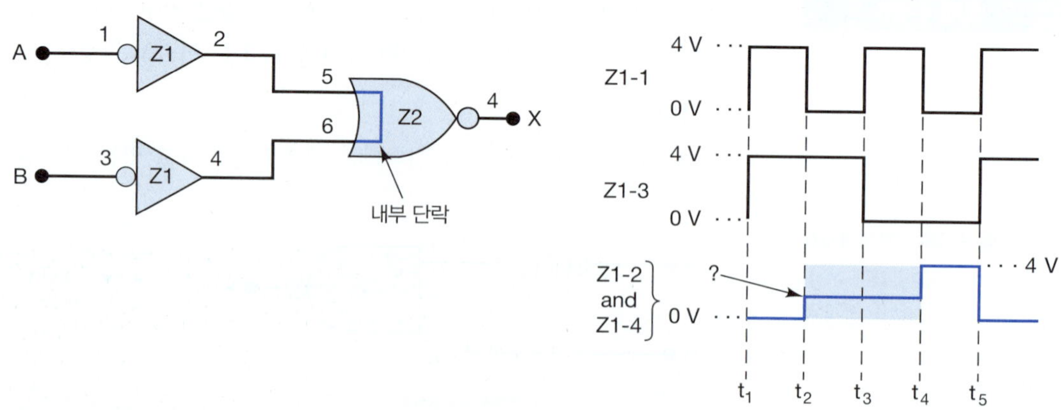

그림 4-39 두 입력핀이 내부적으로 단락되면 이 핀을 구동하는 신호들은 같아져야 하고 대개는 3개의 전압값을 가지게 된다.

위에 있을 수도 있지만 대체로 논리 0 영역의 위쪽 끝단 전압(0.8 V 근처)이 된다. CMOS 소자에서는 규정되지 않은 범위의 전압을 갖는다.

그림 4-39의 Z1-2, Z1-4 신호에서와 같이 3개의 전압값을 갖는 파형을 보게 되면 두 출력 전압이 단락되었을 수도 있다는 것을 의심해야 한다.

학습성과 평가문제

1. 디지털 IC의 내부 고장의 종류를 나열하라.
2. IC 내부의 어떤 고장이 나면 세 가지 전압 값을 보이는가?
3. 그림 4-39에서 $A = 0$, $B = 1$이라면 Z1-2와 Z1-4에서 논리 프로브는 어떤 상태를 나타내는가?
4. 신호의 경쟁이란 무엇인가?

4-12 외부 고장

학습성과

이 절을 학습함으로써 다음을 할 수 있다.

- 회로 기판과 시스템에 관련된 일반적인 고장 유형을 구별
- 각 고장 유형의 증상을 인지
- 고장 유형을 진단하는 일반적인 방법을 사용
- 디지털 회로에서 과부하 효과를 이해

디지털 IC 내부의 여러 가지 고장때문에 발생하는 영향을 알아보는 법을 공부하였다. IC 외부에는 잘못될 수 있는 것이 더 많다. 가장 일반적인 것을 이 절에서 설명한다.

개방된 신호선

전압값 또는 신호를 한 점에서 다른 점으로 전달하는 도선의 경로가 끊기거나 단절이 생기는 고장이 여기에 해당된다. 개방 신호선(open signal line)이 생기는 원인은 다음과 같다:

1. 선의 끊어짐
2. 납땜 연결 불량 또는 소켓핀에 전선을 감은 연결(wire wrap)이 느슨할 경우
3. 인쇄 회로 기판에 금이 갔거나 갈라졌을 경우(머리카락 굵기의 미세한 금은 확대경 없이는 찾아내기 힘들다.)
4. IC의 핀이 굽어졌거나 부러졌을 경우
5. IC의 핀이 소켓과 제대로 연결되지 않는 등의 IC 소켓 불량

이와 같은 회로의 불량은 조심스럽게 육안으로 검사하여 찾아낸 뒤 회로에서 전원을 분리하고 문제의 두 지점 사이가 연결되었는지를 저항계로 검사하여 확인한다.

예제 4-27

그림 4-40의 CMOS 회로와 논리 프로브의 표시를 보라. 회로 불량의 원인으로 가장 가능성이 높은 것은 무엇인가?

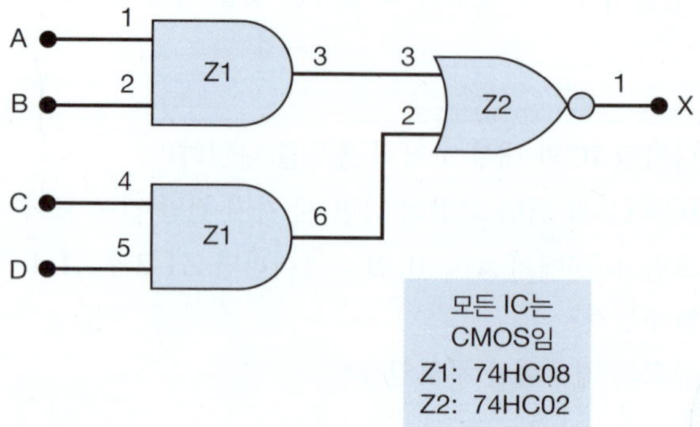

그림 4-40 예제 4-27.

핀	상태
Z1-1	펄스열
Z1-2	HIGH
Z1-3	펄스열
Z1-4	LOW
Z1-5	펄스열
Z1-6	LOW
Z2-3	펄스열
Z2-2	규정되지 않음
Z2-1	규정되지 않음

풀이

NOR 게이트 출력이 규정되지 않은 값인 이유는 2번 핀의 입력이 규정되지 않은 값이기 때문이다. Z1-6이 LOW이기 때문에 Z2-2도 LOW이어야 한다. 분명히 Z1-6의 LOW 값이 Z2-2에 도달하지 않고 있으며 따라서 두 지점 사이의 신호 경로에 개방된 부분이 있어야 한다. 어디에서 개방회로가 발생되었는지는 Z1-6에서 Z2-2에 이르는 신호선을 따라가며 논리 프로브로 찍어보아 LOW값이 규정되지 않은 전압값으로 바뀌는 곳을 찾으면 된다.

단락된 신호선

이 종류의 고장은 IC 핀 사이가 내부적으로 단락된 것과 같은 효과를 미친다. 이것에 의해 두 신호가 완전히 똑같아진다(신호의 경쟁). 신호선은 또 다른 신호선뿐만 아니라 접지나 VCC에도 단락될 수 있다. 이 경우 신호는 강제로 LOW나 HIGH 상태에 머무르게 된다. 회로의 두 지점 사이에 불의의 단락이 생기는 주요 원인은 다음과 같다:

1. 부주의한 배선. 예를 들어 매우 가까이 붙어 있는 전선들의 절연 피복을 너무 많이 벗겨내어 단락이 발생하는 경우를 들 수 있다.
2. 납땜 불량. 납땜 방울이 떨어져 2개 이상의 점을 연결해버린 경우를 들 수 있다.
   한 칩의 인접한 핀 사이와 같이 매우 가까운 점 사이에서 흔히 발생한다.
3. 불완전한 식각. 인쇄 회로 기판에서 이웃하는 도선 경로사이의 구리가 완전히 녹여지지 않은 경우를 들 수 있다.

이와 같은 타입의 고장도 주의 깊게 육안으로 검사하여 찾아낼 수 있고, 저항계를 사용하면 회로 내의 두 지점이 단락되었는지 확인할 수 있다.

전원전압의 고장

디지털 시스템에는 칩에 필요한 V_{CC} 또는 V_{DD} 전압을 공급하는 1개 이상의 직류 전원이 있다. 고장 난 전원 전압 또는 과부하가 걸린 전원(정격 전류 이상의 전류를 흘리고 있는)은 불안정한 전압을 IC에 공급하게 되며 IC는 동작하지 않거나 비정상적으로 동작하게 된다.

전원 회로 내부의 고장에 의해, 또는 전원으로부터 전류를 공급받는 회로가 규정 이상의 전류를 사용하고 있기 때문에 정해진 전압 범위를 벗어나게 된다. 이러한 일은 칩이나 부품에 고장이 있어 정상일 때보다 훨씬 많은 전류를 사용하는 경우에 발생할 수 있다.

고장 점검을 위해서는 시스템의 각 전원 전압이 규정된 범위 내에 있는지 점검하는 것이 좋다. 또한 직류 전압에 지나치게 큰 교류 파동(ripple)은 없는지, 그리고 시스템이 동작 하는 동안 전압 값이 규정 범위 내에 있는지를 오실로 스코프로 점검하는 것이 좋다.

전원 전압에 오류가 있다는 것을 나타내는 가장 일반적인 증상은 1개 이상의 칩이 비정상적으로 동작하든지 전혀 동작하지 않는다는 것이다. 일부 IC는 전원 전압의 변동에 대해 좀 더 내구성이 있어서 정상적으로 동작할 수도 있으나 대부분은 그렇지 않다. 어떤 IC가 잘 못 동작하는 것 같을 때는 그 IC의 전원과 접지의 전압 값을 점검하여야 한다.

출력의 과부하

디지털 IC의 출력이 너무 많은 IC의 입력에 연결되면 출력 정격 전류보다 큰 전류가 흐를 수 있으며 출력 전압이 규정되지 않은 범위의 전압으로 떨어질 수 있다. 이러한 현상을 출력 신호에 부하(*loading*)가 걸렸다고 하며(사실은 과부하(overloading)) 이는 대부분 미숙한 설계 또는 잘못된 연결 때문에 발생한다.

예제 4-28

그림 4-41의 회로를 보라. 출력 Y는 다음 조건에서 HIGH가 되어야 한다.

1. $A = 1$, $B = 0$이고 C에 무관
2. $A = 0$, $B = 1$, $C = 1$

이 결과를 스스로 확인해보라.

회로를 검사하는 과정에서 A가 HIGH이거나 C가 HIGH일 때 입력 B에 관계없이 Y가 HIGH가 되는 것을 관찰할 수 있었다. $A = B = 0$, $C = 1$인 조건에서 논리 프로브로 측정해 본 결과 그림 4-41과 같은 결과를 얻었다.

기록된 전압을 검토해 보고 오동작의 원인을 밝혀라. 그리고 정확한 고장을 밝혀내기 위한 단계별 접근법을 개발하라.

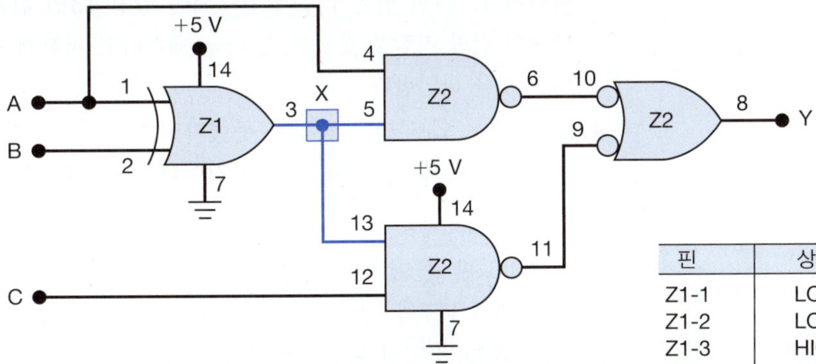

IC는 TTL임
Z1: 74LS86
Z2: 74LS00

핀	상태
Z1-1	LOW
Z1-2	LOW
Z1-3	HIGH
Z2-4	LOW
Z2-5	HIGH
Z2-6,10	HIGH
Z2-13	HIGH
Z2-12	HIGH
Z2-9,11	LOW
Z2-8	HIGH

그림 4-41 예제 4-28.

풀이

모든 NAND 게이트의 출력은 입력에 대해 옳은 결과이다. 그러나 XOR 게이트는 입력이 모두 LOW이므로 출력 3번 핀에 LOW가 만들어져야 한다. 입력에 의해 LOW를 만들어야 함에도 불구하고 Z1-3은 HIGH 상태에 묶여 있는 것처럼 보인다. 이에 대한 가능한 원인을 몇 가지 들면 다음과 같다:

1. Z1 내부 부품의 고장으로 인해 출력이 LOW가 되지 않는다.
2. 마디 X(그림에서 연한 색깔로 표시한 부분)에 연결된 도선 중 어느 곳에서 V_{CC}에 단락되어 있다.
3. Z1의 3번 핀이 내부적으로 V_{CC}에 단락되어 있다.
4. Z2의 5번 핀이 내부적으로 V_{CC}에 단락되어 있다.
5. Z2의 13번 핀이 내부적으로 V_{CC}에 단락되어 있다.

첫 번째를 제외한 나머지 가능성은 마디 X(그리고 이와 연결된 모든 IC핀이)가 V_{CC}에 직접 연결된 것이다.

다음의 절차를 통해 고장 위치를 찾아낼 수 있다. 이 절차만 사용할 수 있는 것은 아니며 앞에서도 밝혔듯이 실제의 고장 진단 절차는 어떤 실험 기기를 사용할 수 있는지에 달려 있다.

1. Z1의 전원과 접지 핀에서 전압을 검사한다. 전원과 접지에서의 전압이 잘못되었다고 해서 Z1-3이 HIGH에 묶여 있을 가능성은 적지만 잘못된 출력을 만들어 내는 IC에서는 이 검사를 수행 하는 것이 좋다.
2. 회로의 전원을 끄고 저항계를 사용하여 마디 X와 V_{CC}에 연결된 어떤 점이든지 (Z1-14 또는 Z2-14와 같은) 그 사이가 단락되었는지(저항이 1Ω이하인지) 점검한다. 단락이 없다면 위의 목록에서 마지막 네 가지 가능성은 없다고 할 수 있다. 그렇다면 Z1 내부의 고장일 가능성이 많으므로 Z1을 바꾸어야 한다.
3. 만일 2단계에서 마디 X와 V_{CC} 사이에 단락이 있는 것이 확인되면, 육안으로 회로 기판을 꼼꼼히 검사하여 회로를 잘못 연결한 납땜이 있는지, 식각되지 않고 남은 구리 조각이 있는지, 절연이 벗겨진 선이 서로 연결되었는지 등 V_{CC}와 외부에서 단락될 가능성을 찾는다. 납땜이 잘 못 연결될 가능성이 있는 부위는 서로 인접한 Z2의 13번과 14번 핀 사이이다. 14번 핀은 V_{CC}에 연결되어 있고 13번 핀은 마디 X에 연결되어 있다. 만일 외부의 단락 지점을 찾으면, 단락을 제거하고 저항계로 마디 X가 V_{CC}에 단락되지 않았다는 것을 확인한다.
4. 3단계에서 외부 단락을 찾지 못했다면 나머지 세 가지 가능성은 Z1-3, Z2-13, Z2-5에서 V_{CC}로 내부적으로 단락된 것이다. 이들 중 어느 하나가 마디 X를 V_{CC}에 단락시키고 있다.

이들 IC 핀 중 어떤 것이 범인인지를 찾아내기 위해서 이들을 한 번에 하나씩 마디 X에서 떼어내고 V_{CC}와 단락되었는지 다시 검사한다. 내부적으로 V_{CC}에 단락된 핀이 떼내어지면 마디 X는 더 이상 V_{CC}에 연결되어 있지 않게 된다.

의심이 되는 핀을 마디 X로부터 떼어내는 작업은 회로를 어떻게 구성하였는가에 따라 쉬울 수도 어려울 수도 있다. 만일 IC가 소켓에 꼽혀 있다면 IC를 소켓에서 뽑아내어 의심되는 핀을 구부린 뒤 IC를 소켓에 다시 끼워 넣기만 하면 된다. IC가 인쇄회로 기판에 납땜이 되어 있다면 핀과 연결한 배선을 잘라야 하며 작업이 끝난 후 자른 곳을 다시 연결해야 한다.

예제 4-28은 매우 간단하기는 하지만 고장 난 부위를 찾아내기 위해서 어떻게 생각해야 하는지를 보여준다. 고장진단 능력을 개발할 수 있도록 장 끝에 **T**자(Trouble-shooting)가 붙은 문제를 제시하였다.

학습성과 평가문제

1. 외부 고장의 가장 일반적인 종류는 어떤것인가?
2. 회로의 신호선이 개방된 원인 몇 가지를 들어라.
3. 고장 난 전원에 의한 증상은 무엇인가?
4. 과부하가 걸리면 IC의 출력 전압은 어떻게 되는가?

4-13 시험제작된 회로의 고장 진단

학습성과

이 절을 학습함으로써 다음을 할 수 있다.

- 설계된 회로를 시험하거나 제작할 때 효율적으로 고장을 분리시키기 위해서 체계적인 고장 진단 기술을 개발
- 시험제작된 회로에서 자주 발생하는 특유한 고장을 인식

회로의 고장 진단은 다음의 두개의 큰 부류로 나눌 수 있다.

1. 전에는 동작하던 시스템에서의 고장 찾기(즉, 수리)
2. 처음으로 시험하는 시스템에서의 고장 찾기(즉, 시험제작된 시스템)

이 두 가지 부류에서의 고장 진단에 필요한 대부분의 기술들은 같지만 몇 가지 중요한 차이가 있다. 시험제작된 회로는 설계가 잘 되었는지 검증되지 않았기 때문에 가능한 고장의 종류가 훨씬 더 많다. 잘못된 설계에 기초하여 회로를 제작하면 큰 어려움을 겪게 되기 때문에 회로를 시험제작하기 전에 설계가 잘 되었는지를 검증하기 위하여 가능한 모든 작업을 하는 것이 필요하다. 예를 들어 간략화 과정(부울 대수 또는 K 맵)에서 실수를 하였다면 잘못된 표현식이 만들어 졌을 것이다. 만일 이 실수를 알지 못하고 회로를 시험제작 하였다면 나중에는 배선을 새로 하는 것만으로 문제가 해결되지 않는다. 더 많은 IC 또는 빵판이나 회로기판 등이 필요할 수도 있어 회로를 시험 제작하는데 많은 노력이 낭비될 수 있다.

이런 이유로 회로를 시험제작하기 전에 회로 설계를 분석하는 것이 매우 중요하다. 이러한 분석은 단순히 문제를 거꾸로 거슬러 다루는 것을 의미할 수도 있다. 다시 말하면, 설계를 끝내고 제작하려는 회로의 동작을 분석하여 진리표를 작성한다. 이 결과가 설계 때 사용한 진리표와 일치한다면 설계에서 근본적인 오류는 없다고 확신할 수 있다. 하지만 아직도 전파 지연이나 글리치(glitch)와 같은 문제를 유발하는 실제 회로의 제한점을 간과했을 수도 있다. 이런 문제점을 해결하기 위하여 컴퓨터에서 실행되는 회로 시뮬레이터가 매우 인기를 끌고 있다. 대부분의 시뮬레이터는 소자의 많은 현실적인 제한 사항을 설계 단계에서 고려할 수 있도록 해 주며 하드웨어로 구현하기 전에 문제를 알 수 있도록 해 준다.

설계를 완벽하게 분석하고 검증한 경우에도 회로를 시험제작하는 과정에서 오류가 발

생할 가능성은 매우 많다. 회로에서 선이 엇갈릴 수도 있고 잘못된 점에 연결될 수도 있으며 IC가 잘못된 곳에 삽입될 수도 있다. 회로도에서 핀 번호가 잘못된 경우는 특히 문제가 심각하다. 아무도 고의로 이런 실수를 저지르지 않기 때문에 이러한 오류는 찾아내기가 매우 어렵다. 체계적인 과정을 따르면 고장이 발생할 수 있는 곳을 매우 좁은 영역으로 한정시켜서 당신의 이런 잘못된 실수를 찾아낼 수 있다. 이 좁은 영역에서 몇 가지 간단한 시험을 함으로써 실제의 고장을 명확히 알 수 있다. 어떤 회로가 틀림없이 동작하여야 한다고 확신하는데 그 회로가 제대로 동작하지 않는다면 분명히 잘못된 가정을 하고 있다는 것을 기억하라. 당신이 참이라고 알고 있는 무언가가 사실은 거짓이거나 또는 거짓이라고 생각한 것이 참일 수 있다.

이 기법의 첫 번째 원칙은 고장이 일어날 수 있는 위치를 가능한 많이 제거하는 것이다. 그리고 제거되지 않은 부분에 집중한다. 두 번째 원칙은 가정하고 시험하는 과학적 방법이다. 조합 논리회로의 고장 진단을 한다는 것은 이 두 가지의 매우 중요한 문제 해결 기술을 연습하고 익혀나가는 과정이다.

이 과정을 예시하기 위해서 설계가 끝났고 이 설계가 우리가 예상한대로 동작할 것이라는 것을 분석과 시뮬레이션을 통해 검증했다고 가정하자. 그림 4-42는 이러한 설계의 결과이다. 이 회로를 제작하였고 실험을 통해 많은 출력들은 설계 시의 진리표와 일치하였으나 어떤 것들은 일치하지 않다는 것을 발견했다. 이 시점에서 이 회로에 있는 오류의 실제 예를 제시하지는 않을 것이며 어떤 오류에 대해서도 적용될 수 있는 과정을 설명할 것이다. 목표는 문제를 빨리 효율적으로 분리시키는 것이라는 것을 기억하라. 오류를 분리시키는 법을 보이기 위해 몇 가지 일반적인 실수들에 대해 이러한 기법을 적용할 것이다.

1. 표에서 잘못된 출력을 발생시킨 첫 번째 입력 조합을 보라. 고장을 찾기 위해서 입력값들을 이 상태와 같게 해주어야 한다. 이 시점에서 두 가지 가능성이 있다: OR게이트의 출력이 LOW 이어야 하는데 HIGH가 되었거나 HIGH가 되어야 하는데 LOW가 되었다.
2. 진리표에 따르면 출력이 HIGH가 되어야 하는데 LOW가 되었다면 NOR게이트의 기본 성질을 이용하여 문제를 분리할 수 있다. NOR 게이트는 모든 입력이 LOW일 때에만 출력이 HIGH가 되므로 NOR 게이트 출력이 HIGH인 것은 NOR 게이트의 독특한 상태라고 생각할 수 있다. 만일 NOR 게이트 입력 중의 하나가 실제로는 HIGH라

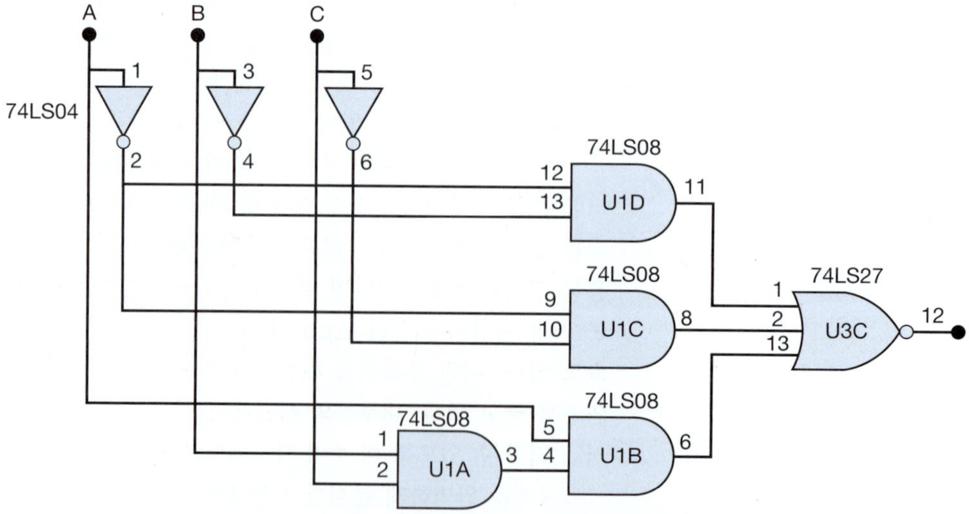

그림 4-42 시험제작된 회로의 고장진단을 위한 예

면 회로의 그 지선 쪽에 문제가 있다는 것을 알 수 있게 되고 회로의 나머지 $\frac{2}{3}$를 제거할 수 있다. AND 게이트 출력 중의 하나가 LOW를 공급해야 하는데 HIGH를 공급하고 있다고 가정해보자. 논리 프로브를 사용하여 IC U3C의 핀 1, 2, 13번을 검사한다. 만일 이들이 모두 LOW라면 우리의 가정이 틀렸다는 것이고 이것은 NOR 게이트에 문제가 있다는 것을 의미한다. 이전의 절에서 설명한 시험방법들을 사용하여 NOR 게이트 내의 어디에 문제가 있는지를 알아낼 수 있다. 반면에 U3C의 입력 핀 중의 하나가 HIGH라면 그 이유를 알아내야 한다. 어느 경우이던지 고장이 발생한 영역은 많이 줄어들었다.

3. NOR게이트의 핀 중의 하나(예를 들어 핀 13)가 HIGH라고 가정하자. 회로도를 보면 U1B AND 게이트의 핀 6이 NOR 게이트의 핀 13을 구동한다는 것을 알 수 있다. U1B의 출력(핀 6)이 HIGH라고 가정하는 대신 로직 프로브를 사용하여 검사한다. 만일 이 출력이 LOW인데 선의 다른 쪽 끝이 HIGH라면 이 두 지점 사이에는 연결이 없다는 것이다. 이러한 것이 시험제작된 회로에서 전형적으로 발생하는 오류이다. 두 지점 사이의 회로를 검사하여 문제가 어디에 있는지 알 수 있다.
4. U1B AND 게이트의 출력 핀 6이 HIGH라고 가정하고(이 입력들에 대해서는 LOW이어야함을 기억하라) 입력에서의 논리값을 검사해 보아야 한다. 가설에 근거하면 이 AND 게이트의 입력 중에 적어도 하나는 LOW이어야 한다. 그러나 어느 것이 LOW인가? 이를 발견하는 방법은 현재의 입력 조합을 검사하고 LOW인 입력을 찾고 회로도를 보아 이 입력이 어느 핀에 연결되어야 하는지 결정하는 것이다. 프로브를 이용하여 그 입력 핀이 LOW인지 검사한다. 입력을 HIGH, LOW, HIGH, LOW로 변화시키며 프로브로 검사한다. 이를 통해 입력이 게이트에 잘 배선되었는지를 검사한다. 문제가 없다면 AND 게이트의 다른 입력에 프로브를 대고 입력값을 변화시키며 검사한다. AND 게이트의 입력 중에서 그 입력을 구동하는 논리회로에 적절하게 응답하지 못하는 것을 찾는다. 만일 모두 잘못이 없고 입력중 적어도 하나가 LOW이면, AND 게이트가 고장났거나 과부하가 걸린 것이다. AND 게이트의 출력에 프로브를 대고 이 출력이 구동하는 선을 끊는다. 논리값이 변하였는가? 만일 변하였다면 과부하 문제를 찾는다. 만일 변하지 않았다면 AND 게이트 칩의 고장을 점검한다.(프로브로 V_{CC}와 접지를 검사하여 문제가 없다면 IC를 교체한다.)

이제 진리표로 돌아가 보자. 이러한 결과가 발생한 원인이 될 수 있는 두 가지 가능성을 탐구하고 위에서 설명한 접근법이 이 둘을 구별할 수 있는지 살펴볼 것이다.

고장 시나리오 #1: U1B 핀 5가 실제로는 A가 아니라 $\overline{A}$에 연결되었다.

그림 4-43(a)는 이 회로 설계에서 나와야 하는 결과와 실제 측정한 결과를 보이고 있다.

그림 4-43 그림 4-42 시험 결과: (a) 고장 시나리오 1; (b) 고장 시나리오 2.

A	B	C	나와야 할 결과	측정 결과
0	0	0	0	0
0	0	1	0	0
0	1	0	0	0
0	1	1	1	0
1	0	0	1	1
1	0	1	1	1
1	1	0	1	1
1	1	1	0	1

(a)

A	B	C	나와야 할 결과	측정 결과
0	0	0	0	0
0	0	1	0	0
0	1	0	0	0
0	1	1	1	0
1	0	0	1	1
1	0	1	1	1
1	1	0	1	1
1	1	1	0	0

(b)

문제를 분리하기 위한 고장 진단 단계.

1. 표의 4번째 줄에 오류가 있다. 입력 스위치를 조정하여 $A = 0$, $B = 1$, $C = 1$이 되도록 한다.
2. U3C NOR 게이트의 출력을 프로브로 검사한다. 이 값은 HIGH가 되어야 하지만 LOW이다.
3. NOR 게이트의 입력을 검사하라. 핀 13이 HIGH이다.(하지만 LOW가 되어야 한다.)
4. U1B AND 게이트의 핀 6이 HIGH이다.
5. 스위치를 보면, A가 LOW이므로 U1B의 핀 5는 LOW이어야 한다. U1B의 핀 5를 프로브로 검사하면 HIGH이다. A를 HIGH로 만들면 핀 5는 LOW가 된다.
6. 결론: U1B의 핀 5는 A와 같지 않다; A의 역이다. 배선을 따라가며 점검해 보면 $\overline{A}$(인버터의 핀 2)에 잘못 연결되어 있다. 이 문제를 해결하면 진리표의 마지막 줄의 문제도 해결된다는 것에 유의하라.

고장 시나리오 #2. IC U1을 시험 보드에 삽입할 때, 핀 13이 IC의 밑으로 구부러지고 말려서 핀 14와 접촉하게 되었다. 겉으로 보기에는 이상이 없어 보이나 전기적으로는 U1의 핀 13이 V_{CC}에 단락되었다.

그림 4-43(b)는 이 회로 설계에서 나와야 하는 결과와 실제 측정한 결과를 보이고 있다.

문제를 분리하기 위한 고장 진단 단계.

1. 표의 4번째 줄에 오류가 있다. 입력 스위치를 조정하여 $A = 0$, $B = 1$, $C = 1$이 되도록 한다.
2. U3C NOR 게이트의 출력을 프로브로 검사한다. 이 값은 HIGH가 되어야 하지만 LOW이다.
3. U3C의 어떤 입력도 HIGH가 되어서는 않된다. 프로브로 검사해보면 핀 1이 HIGH이다.
4. U1D AND 게이트의 핀 11이 HIGH이다.
5. 스위치를 보면, B가 HIGH이므로 U1D의 핀 13은 LOW이어야 한다. U1D의 핀 13을 프로브로 검사하면 HIGH이다. B를 LOW로 만들면 핀 13에 아무 영향이 없이 HIGH로 남아있으며 이는 잘 못된 것이다.
6. 입력 B에 대한 인버터의 출력 핀 4를 프로브로 검사해보면 HIGH와 LOW를 오가며 스위치 B의 역과 같다는 것을 알 수 있다. 이는 잘못된 것이다.
7. 결론: 인버터의 핀 4에서 나온 선이 U1D의 핀 13에 배선도에서와 같이 연결되지 않았음이 틀림없다. 눈으로 검사해서는 그 선이 적절히 연결된 것으로 보이지만 IC U1C의 핀 13이 항상 HIGH인 것으로 보인다. 시험보드에서 핀 13의 반대편 구멍에서 프로브로 점검해보면 신호가 정상인 것을 나타낸다.(B의 역) 시험 보드와 IC 사이의 연결이 끊어져 있음에 틀림없다. 칩을 빼 내보면 문제는 명확해진다: 핀 13이 굽어져 있어서 회로 기판과 접촉이 되지 않았다.

일반화: 논리 게이트의 출력이 특유의 상태(한 가지의 입력 조합에 대해서만 이 상태가 될 때)가 되어야 하는데 실제로는 다른 상태가 되었다면 게이트의 입력 중의 하나가 잘못된 상태에 있는 것이고 찾아내기가 쉽다. 다른 입력들과 그 입력들을 구동하는 회로

를 제거하며 문제를 풀어라

예시를 위하여 AND 게이트의 출력이 HIGH이어야 하는데 LOW라 가정하자.

가설: 입력중 하나가 반드시 LOW이어야 한다. 이 가설을 검사하라.

거짓이라면(모든 입력이 실제로 HIGH), 게이트 자체 또는 과부하가 문제이다.
참이라면, LOW인 입력을 찾고 이유를 알아내라.

어떤 게이트의 출력이 특유의 상태에 있지 않아야 하는데 그 상태에 있다면 그 게이트의 입력 중 어느 하나가 잘못 되었을 수 있다. 예를 들어, AND 게이트의 출력이 LOW이어야 하는데 실제로는 HIGH라면(모든 입력이 HIGH일 때만 HIGH가 된다) 어떤 입력이 LOW가 되어야 하는지 명확하지 않다. 이런 경우에는 현재의 조건하에서 어떤 입력이 LOW가 되어야 하는지 찾고 그 입력을 구동하는 회로 부분까지 점검하며 찾아 나간다.

예시를 위하여 AND 게이트의 출력이 LOW이어야 하는데 HIGH라고 가정하자.

가설: 모든 입력이 반드시 HIGH이어야 한다. 이 가설을 검사하라.

거짓이라면(입력 중 하나가 실제로 LOW), 게이트 자체 또는 과부하가 문제이다. 이 IC가 가지고 있는 잠재적 문제에 집중한다.

참이라면(모든 입력이 HIGH), 입력 중 적어도 하나가 잘못되었고 LOW이어야 한다. 어떤 입력이 LOW가 되어야 하는지 결정하기 위하여 각 입력을 구동하는 논리를 살펴본다. 이 구동 회로의 문제에 집중한다.

어떤 마디가 잘못 되었다고 판단되면 이 마디를 구동하는 게이트의 출력까지 거슬러 가면서 문제를 찾는다. 도선의 양쪽 끝의 전압이 다르다면 배선 오류를 찾는다. 구동하는 게이트의 출력과 구동되는 게이트의 입력이 일치한다면 구동하는 게이트의 입력은 올바르다는 것이 입증된 것이다. 그 입력들이 올바르다고 가정하고 구동하는 게이트의 출력에서 부하를 떼어내고 과부하 문제 혹은 V_{CC}나 접지로 단락되지 않았는지를 검사한다. 구동하는 게이트의 출력에서 부하를 떼어내었는데도 출력에서의 전압 값이 적절하지 않다면 구동하는 게이트에 고장이 있는 것이다.

이러한 접근법을 반복하여 적용하며 최종 출력에서부터 시작하여 고장에 의해 영향을 받는 회로의 가지 부분까지를 거꾸로 거슬러가며 검사하여 효과적이고 체계적으로 문제를 분리할 수 있다.

학습성과 평가문제

1. AND 게이트 출력의 특유의 상태는 무엇인가?
2. AND 게이트의 출력이 특유의 상태에 있어야 하는데 그렇지 않다면 어떤 문제일 가능성이 가장 높은가?
3. OR 게이트 출력의 특유의 상태는 무엇인가?
4. OR게이트의 출력이 특유의 상태에 있어야 하는데 그렇지 않다면 어떤 문제일 가능성이 가장 높은가?
5. 회로의 마디가 잘못된 논리값을 갖는다면 왜 그 마디를 구동하는 도선의 다른 쪽 끝을 검사하는가?
6. 부하 문제(구동하는 회로에서의) 때문에 어떤 출력이 부적절한 값을 갖는 것으로 의심된다면 어떻게 그것을 입증하겠는가?

4-14 프로그램 가능 논리 소자*

학습성과

이 절을 학습함으로써 다음을 할 수 있다.

- PLD를 "프로그램"하면 그 내부에서 어떤 일이 발생하는지 설명
- PLD를 프로그램하는 과정을 수행하기 위해 사용하는 방법을 설명
- PLD 개발과 관련된 일반적인 용어를 정의
- 계층적 설계 기법을 정의

앞 절에서는 프로그램 가능 논리 소자라고 알려진 IC들이 있다는 것에 대해서만 언급 하였다. 3장에서는 하드웨어 기술 언어를 사용하여 회로의 동작을 기술한다는 개념을 소개하였다. 이 절에서는 이 주제를 더 파고들어 PLD를 사용하여 디지털 시스템을 개발하고 구현하는 이 분야의 도구를 사용할 수 있도록 하겠다. 디지털 회로의 기본을 이해하기 전에 PLD의 동작 원리라는 복잡한 세부 사항을 이해하기는 불가능할지도 모른다. 새로운 기본 개념을 다루면서 PLD와 프로그래밍 방법에 대한 이해를 확장시켜 갈 것이다. PLD에 관심이 없는 사람은 이 절들에 있는 내용을 건너뛰어도 논리회로의 기본 원리를 이해하는 데는 아무 지장이 없다.

조합 논리회로를 설계하는 과정에 대해 앞에서 배운 내용을 복습해 보자. 각각의 입력 소자를 구분하여 *A*, *B*, *C*, 또는 *LOAD*, *SHIFT*, *CLOCK*과 같은 이름을 부여한다. 마찬가지로 출력 소자에 *X*, *Z* 또는 *CLOCK_OUT*, *SHIFT_OUT*과 같은 이름을 부여한다. 그 다음 진리표를 만들어 모든 가능한 입력 조합을 나열하고 각 입력 조합에 대해 발생되어야 하는 출력의 상태를 모두 정리해 둔다. 진리표는 회로의 동작을 설명하는 한 방법이고 또 다른 방법은 회로의 동작을 부울 대수 표현식으로 나타내는 것이다. 이후 설계자는 부울 대수 표현식을 간략화한 후 회로를 구현하기 위해 디지털 IC를 선택하여 배선해야 한다. 설계 경험이 있다면 이 마지막 단계가 가장 지루하고, 시간이 많이 걸릴 뿐 아니라 실수하기도 쉬운 부분이라는 것을 알고 있을 것이다.

프로그램 가능 논리 소자를 사용할 때는 이 마지막 지루한 단계의 대부분을 컴퓨터와 *PLD* 개발 소프트웨어(*development software*)로 자동화할 수 있다. 즉 프로그램 가능 논리 소자를 사용하면 설계와 개발과정의 효율을 높일 수 있다. 당연히 최근 대부분의 디지털 시스템은 이러한 방식으로 구현되고 있다. 회로설계자가 하는 일은 입력과 출력을 구분하고 논리 관계를 가장 편리한 방법으로 상세하게 나타낸 뒤, 가장 저렴한 비용으로 회로를 구현할 수 있는 프로그램 가능 논리 소자를 선정하는 것이다. 프로그램 가능 논리 소자의 개념은 간단하다. 많은 논리 게이트를 하나의 IC에 집어넣고 이 게이트 사이의 배선을 전자적으로 제어하는 것이다.

PLD 하드웨어

3장에서 오늘날 많은 디지털 회로가 프로그램 가능 논리 소자(PLD, Programmable Logic Device)로 구현되고 있다고 하였다. 이러한 소자들은 전기적으로 구성이 결정되며 전기적으로 내부 회로를 서로 연결하여 논리회로를 만든다. 이러한 프로그램 가능 배선은 수많은 접점이 서로 연결되거나(1) 연결되지 않은(0) 상태로 존재하는 것으로 이해할 수

* PLD를 다루는 모든 절은 건너뛰어도 연속성의 문제가 없다.

있다. 수동으로 격자에 1과 0을 배치하는 방법으로 이들 소자의 구성을 바꾸려 한다면 매우 지루할 것이다. 따라서 다음 질문은 "PLD에 들어있는 게이트들의 상호 연결을 어떻게 전자적으로 제어하는가?"라는 것이다.

네트워크에 들어오는 많은 신호들 중 하나를 네트워크를 빠져나오는 많은 신호선 중의 하나와 연결하는 일반적인 방법은 스위칭 매트릭스(switching matrix)이다. 이 개념을 소개하였던 그림 3-44를 참고하라. 매트릭스는 단순히 도전체(전선)를 행과 열의 격자 형태로 배치한 것이다. 입력 신호는 매트릭스의 열에 연결하고 출력은 매트릭스의 행에 연결한다. 각 행과 열이 교차하는 곳에는 행과 열을 전자적으로 연결할 수 있는 스위치를 배치한다. 행과 열을 연결하는 스위치는 기계적인 스위치, 녹여 끊을 수 있는 링크, 전자기 스위치(릴레이) 또는 트랜지스터 등이다. 이것이 많은 응용 영역에서 사용되는 일반적인 구조이며 12장에서 메모리 소자를 배울 때 더 깊이 탐구하게 될 것이다.

PLD는 또한 프로그램 가능 배열이라고 불리는 스위칭 매트릭스를 사용한다. 어떤 교차점을 연결하고 어떤 교차점을 연결하지 않을지를 결정함으로써 입력과 출력이 연결되는 경로를 "프로그램"할 수 있다. 그림 4-44에는 각 AND 게이트의 입력을 선택하는데 프로그램 가능 배열을 이용하였다. 이 간단한 매트릭스로 변수 A, B의 임의의 논리곱의 조합을 만들어 임의의 AND 게이트 출력으로 내 보낼 수 있다. 이 그림에 보인 것과 같은 매트릭스 또는 프로그램 가능 배열을 사용하여 AND 출력들을 OR 게이트에 입력할 수 있다. 여러 가지 PLD의 구조에 대해서는 13장에서 보다 상세하게 다루어질 것이다.

PLD를 프로그램하기

PLD IC를 프로그램하는 데는 두 가지 방법이 있다. 프로그램이라 함은 배열에 실제 연결을 하는 것이다. 달리 말하면 이들 배선 중 어떤 것을 열림(0) 또는 닫힘(1) 상태로 만들어야 하는지를 결정하는 것이다. 첫 번째 방법은 PLD IC 칩을 회로 기판에서 떼어낸 뒤 다목

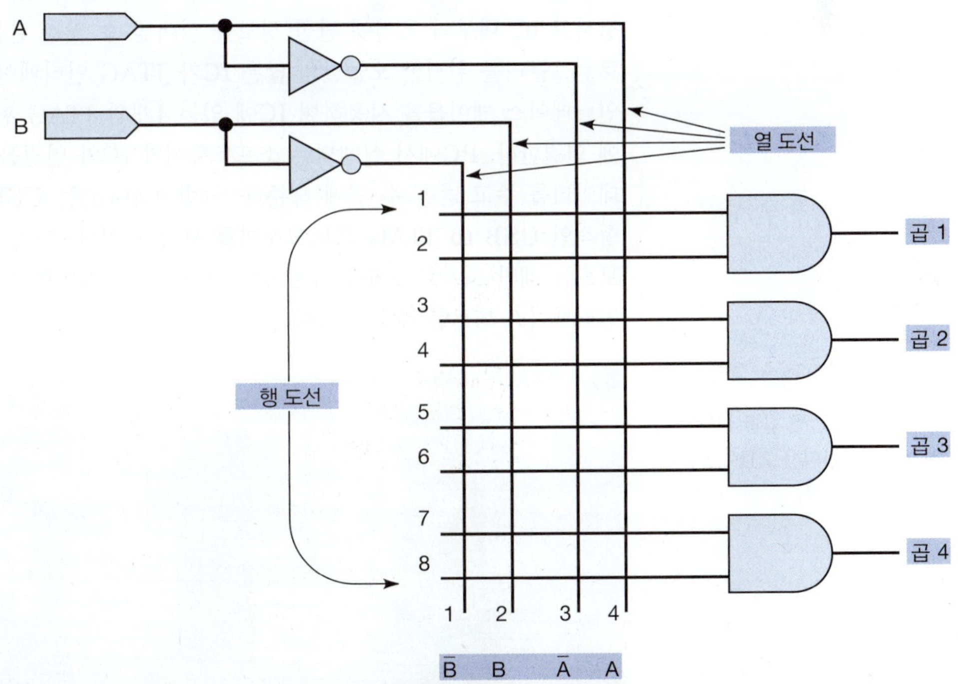

그림 4-44 입력을 곱항으로 선택할 수 있는 프로그램 가능 배열.

적 **프로그래머**(all-purpose **programmer**)라고 불리는 특수한 기기에 꽂는 것이다. 대부분의 최신 프로그래머는 PC에 연결하여 사용하며 PC에서 실행되는 프로그래밍 소프트웨어는 많은 종류의 프로그램 가능 소자에 대한 정보를 라이브러리로 가지고 있다.

프로그래밍 소프트웨어를 PC에서 불러내어 실행시키면 프로그래머와 통신을 할 수 있게 된다. 이 소프트웨어는 사용자가 프로그램할 소자의 종류를 프로그래머에 설정할 수 있게 하고, 소자의 내용이 비었는지 검사하고, 소자 내의 프로그램가능한 연결의 상태를 읽고 칩을 프로그램하기 위한 명령을 제공한다. 최종적으로는 칩을 놓고 각 핀을 접점에 조일 수 있는 특별한 소켓에 부품을 고정시킨다. 이 소켓을 **ZIF 소켓**(**Zero Insertion Force socket**)이라고 한다. 그림 4-45는 DIP와 PLCC 패키지에 사용되는 전형적인 ZIF 소켓을 보여준다. 많은 제조사에서 어떤 타입의 프로그램 가능 소자든지 프로그램할 수 있는 범용 프로그래머(*universal programmer*)를 판매하고 있다.

다행스럽게도, 프로그램 가능 부품이 점점 더 널리 사용되기 시작함에 따라, 제조사들은 핀의 배치와 프로그래밍 방법을 표준화해야 할 필요성을 느꼈다. 그 결과 **JEDEC**(**Joint Electronic Device Engineering Council**)이 결성되었고 여기에서 PLD 제조사나 프로그래밍 소프트웨어에 관계없이 PLD의 프로그래밍 데이터를 전송하기 위한 형식인 JEDEC 표준 3을 만들었다. 여러 가지 IC 패키지의 핀 배치도 표준화되어 범용 프로그래머 자체도 덜 복잡하게 되었다. 결과적으로 프로그래밍 장치도 여러 타입의 PLD를 프로그램할 수 있게 되었다. 설계자가 PLD의 구성을 결정하도록 해주는 소프트웨어는 JEDEC 표준에 맞는 출력 파일만 만들면 된다. 이 출력 파일은 JEDEC 표준에 맞는 어떤 PLD 프로그래머에도 다운로드하여 원하는 타입의 PLD를 프로그램할 수 있다.

최근에 좀더 널리 쓰이는 방법은 **인-시스템 프로그래밍**(**ISP**)이라는 것이다. 이름에서도 알 수 있듯이 칩에 프로그램 정보를 저장하기 위해 회로로부터 떼어낼 필요가 없다. 이 표준 인터페이스는 **JTAG**(**Joint Test Action Group**)에 의해 개발되었다. 이 인터페이스는 IC의 모든 핀에 검사 장비를 실제로 연결하지 않고도 IC를 검사할 수 있게 하기 위해 개발되었으나 이를 사용하여 내부 프로그래밍도 할 수 있다. IC의 4개의 핀이 데이터를 저장하고 IC 내부의 조건에 관한 정보를 읽어낼 수 있는 관문으로 사용된다. PLD와 마이크로컨트롤러를 위시한 오늘날의 많은 IC가 JTAG 인터페이스를 포함하도록 제조되고 있다. 인터페이스 케이블을 사용하여 IC에 있는 4개의 JTAG 핀을 PC의 출력 포트(보통 USB)에 연결한다. PC에서 실행되는 소프트웨어가 IC와 연결을 하도록 해주고 적절한 형식으로 데이터를 주고 받을 수 있게 해준다. 그림 4-46(a)는 USB와 JTAG을 연결할 수 있는 전형적인 USB to JTAG 프로그래머를 보이고 있다. 그림 4-46(b)에 보인 것과 같은 개발 보드는 개발 소프트웨어를 사용하여 쉽게 프로그래밍할 수 있도록 해주는 USB to JTAG 인터페이스 회로를 갖추고 있다.

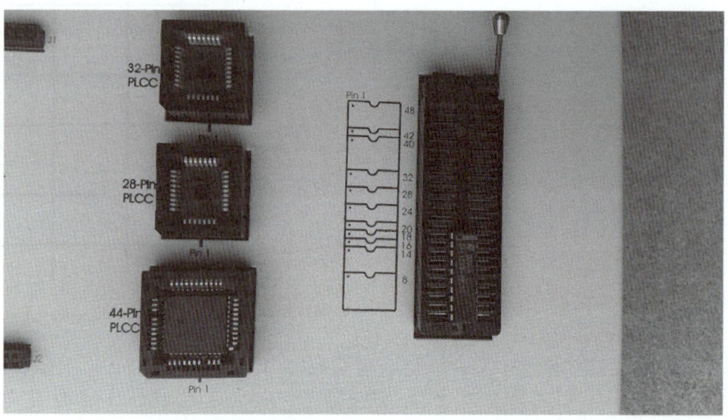

그림 4-45 범용 프로그래머에서 흔히 볼 수 있는 DIP와 PLCC 패키지용 ZIF 소켓

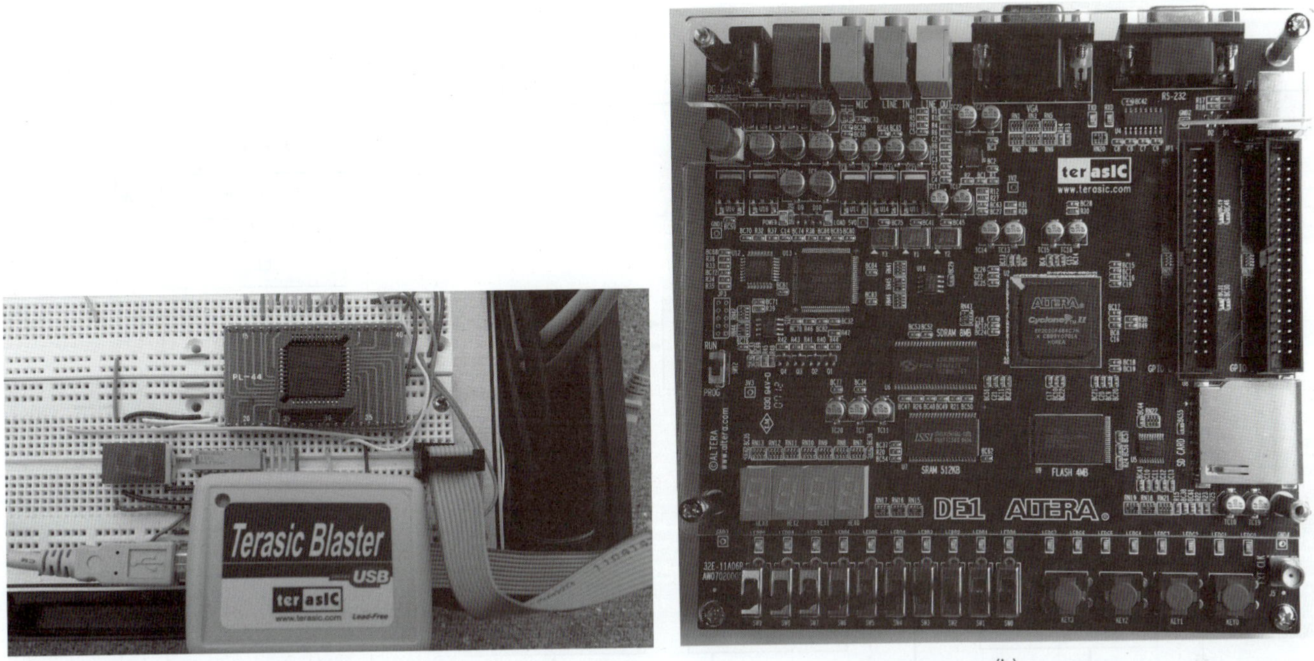

(a) (b)

그림 4-46 JTAG 프로그래밍: (a) 전형적인 USB-JTAG 프로그래밍 인터페이스; (b) USB to JTAG 인터페이스를 갖추고 있는 전형적인 개발 보드

개발 소프트웨어

회로도 그리기, 논리식, 타이밍도, 진리표와 HDL과 같이 논리회로를 기술하는 몇 가지 방법에 대해 공부하였다. 또한 논리회로를 원하는 대로 연결하기 위해 PLD IC에 1과 0을 저장하는 기본적인 방법에 대해 설명하였다. PLD를 프로그램할 때 가장 큰 어려움은 논리회로에 대한 기술이 어떤 것이던지 이것을 받아들여 1과 0의 배열로 변환하는 것이다. 다행스럽게도 개발 소프트웨어를 탑재한 컴퓨터만 있으면 이 작업을 쉽게 할 수 있다. 이 책

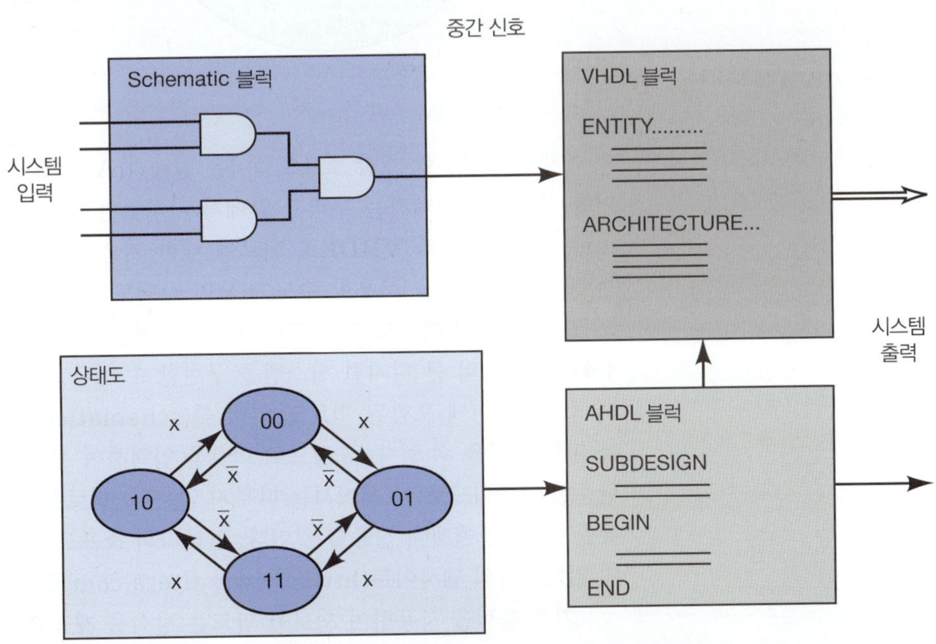

그림 4-47 서로 다른 논리 기술 방법을 사용하여 개발된 블럭의 결합

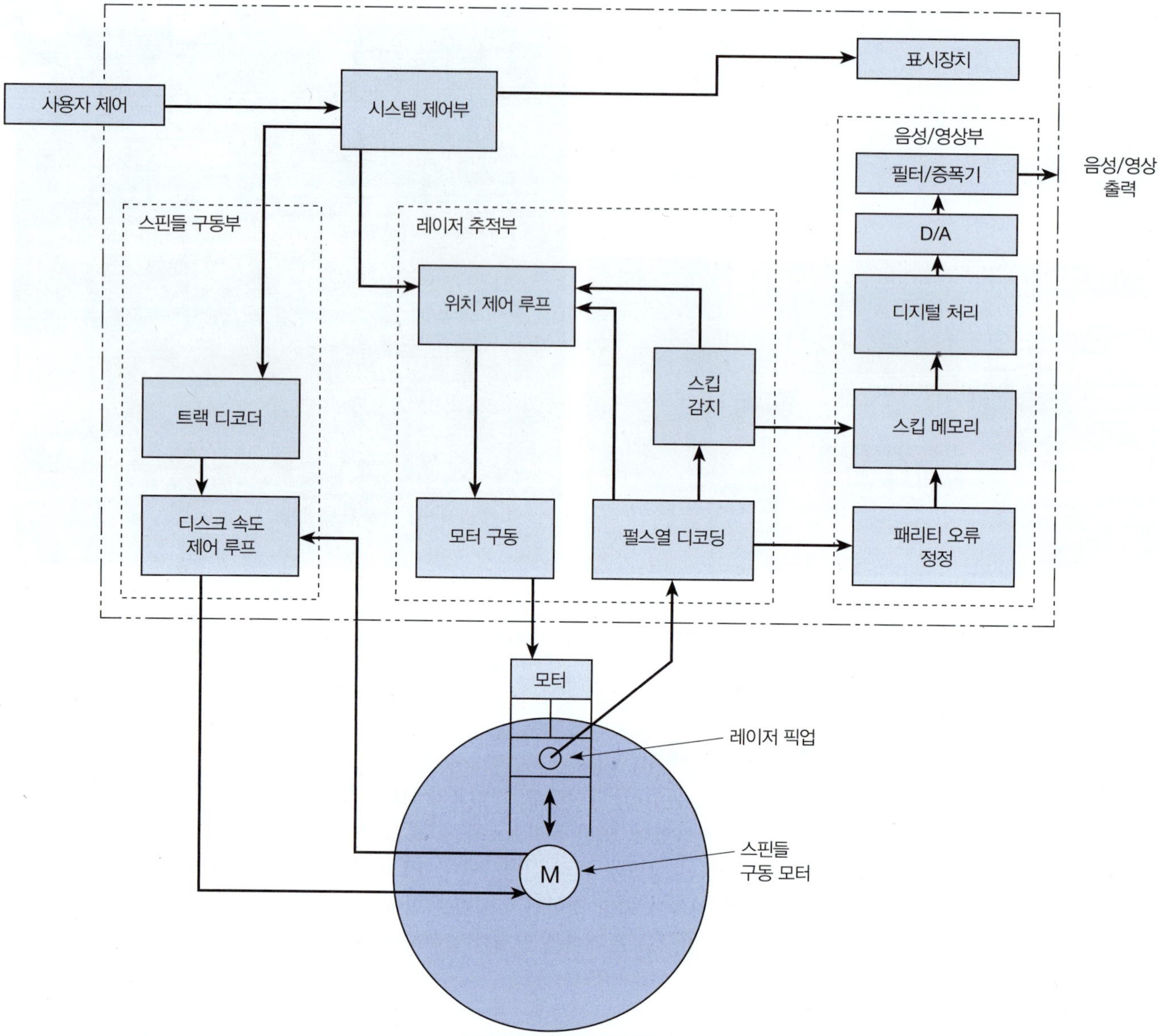

그림 4-48 DVD 플레이어의 블럭도.

의 예제에서 사용할 개발 소프트웨어는 알테라(Altera)사에서 개발한 것이다. 이 소프트웨어를 사용하여 설계자는 우리가 앞에서 다루었던 많은 방법들, 즉 그래픽 설계 파일(schematic), AHDL과 VHDL로 회로에 대한 기술을 입력할 수 있다. 베릴로그(Verilog)라는 또 다른 HDL을 사용할 수도 있으며 상태도와 같은 다른 방법으로도 회로를 기술할 수도 있다. 어떤 방법으로 회로 블럭이 기술되었건 간에 이 회로 블럭을 서로 "연결"하여 그림 4-47과 같이 더 큰 디지털 시스템을 구현할 수 있다. 이 책에 보인 모든 논리도는 알테라사의 소프트웨어에 포함된 회로도 입력 툴(schematic entry tool)로 다시 그려서 그림 설계 파일로 만들 수 있다. 그림으로 회로를 입력하여 설계하는 실험실에서 쉽게 익힐 수 있는 단순한 기술이므로 이 책에서는 다루지 않는다. 회로를 기술하는 다른 방법으로 HDL을 사용할 수 있는 예제에 집중할 것이다. 알테라의 소프트웨어에 대해서 더 많은 정보가 필요하면 알테라사의 웹사이트(http://www.altera.com)를 방문하라.

기본 블럭을 사용하여 회로를 만드는 방식을 **계층적 설계**(**hierarchical design**)라고 한다. 무슨 방법이 되었든 가장 편리한 방법(그래픽, HDL, VHDL 등)으로 작지만 유용한 논리회로를 정의하고 이를 다른 회로와 결합하여 프로젝트의 큰 부분을 형성한다. 이와 같이 형성된 부분은 또 다른 부분과 결합되고 연결되어 전체 시스템을 구성 한다. 그림 4-48은 블럭도를 사용하여 DVD 플레이어의 계층적 구조를 보여주고 있다. 바깥부분의 네모는 전체 시스템을 나타낸다. 점선 안의 부분이 각각의 주요 부분이며 각 부분은 개별적인 회로를 포함하고 있다. 이 그림에는 나타나 있지 않지만 각 회로는 일반적인 디지털 회로의 작은 기본 구성 블럭으로 만들어져 있을 수 있다. 알테라사의 개발 소프트웨어를 사용하여 이와 같이 모듈을 사용한 계층적 구조 설계와 개발을 쉽게할수 있다.

설계와 개발과정

방금 설명한 DVD 플레이어와 같은 시스템의 계층 구조를 볼 수 있는 방법을 그림 4-49에 나타내었다. 최상위 계층은 전체 시스템을 의미하며 3개의 세부 부분으로 이루어져 있다. 각각의 부분은 그림에 보인 바와 같이 좀 더 작은 규모의 회로로 이루어져 있다. 이 그림은 시스템에서 신호가 어떻게 흐르는지를 보여주고 있지는 않지만 프로젝트의 계층구조에서 각각의 계층을 보여주고 있다.

이런 종류의 그림은 가장 일반적인 설계법 중의 하나인 **하향식(top-down)** 설계를 보여주고 있다. 이 설계 방법에서는 그림 4-49의 맨 위의 네모와 같이 전체 시스템에 대한 전반적인 기술에서 시작하고 그 다음에 시스템을 구성하는 각 세부 부분을 정의한다. 각 세부 부분은 서로 연결된 개별적인 회로의 형태로 더 구체화한다. 모든 계층의 각 블럭은 입력, 출력과 동작이 정의되어있고, 서로 연결되기 전에 개별적으로 검사될 수 있다.

하향식으로 블럭을 정의하고 나면, 전체 시스템을 상향식(bottom-up)으로 제작할 수 있다. 이 시스템 설계에서 각 블럭은 그 블럭을 기술하는 설계 파일이 있다. 최하위 수준의 블럭은 설계 파일을 열어 블럭의 동작을 기술하도록 작성한다. 설계된 블럭은 개발 도구로 컴파일한다. 컴파일 과정에서 파일에 문법(syntax) 오류가 있는지 알 수 있다. 문법에 오류가 없어야 설계 파일을 적절한 형식으로 변환할 수 있다. 문법 오류가 없이 컴파일이 끝나면 제대로 동작하는지 검사해야 한다. 개발 시스템에는 PC에서 돌아가는 시뮬레이터 프로그램이 있으며 회로가 입력에 대해 어떻게 반응하는지 시뮬레이션할 수 있다. 시뮬레이터

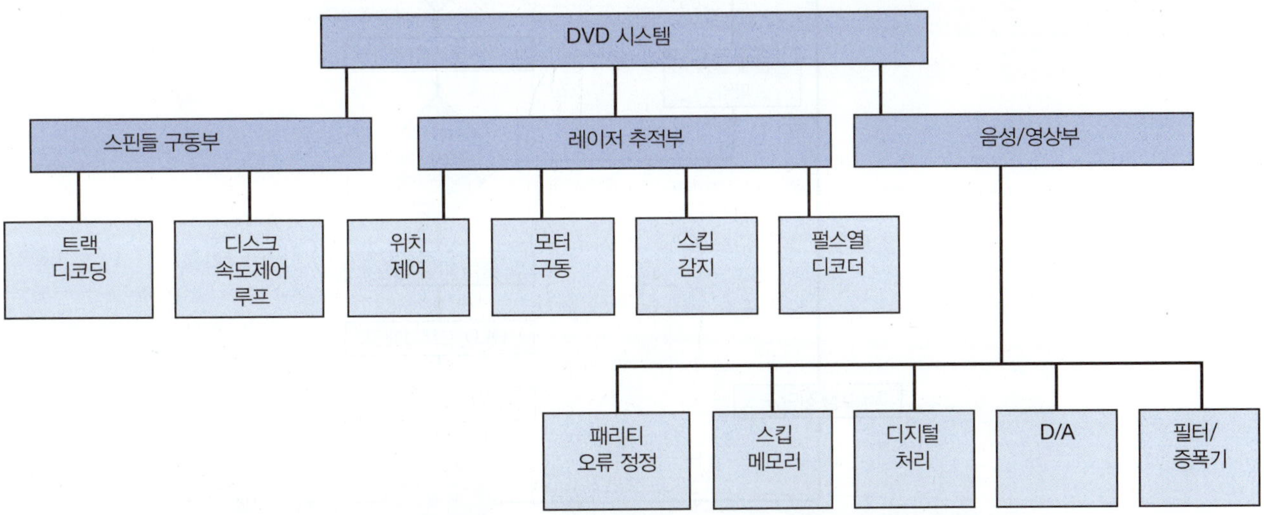

그림 4-49 구조적 계층도.

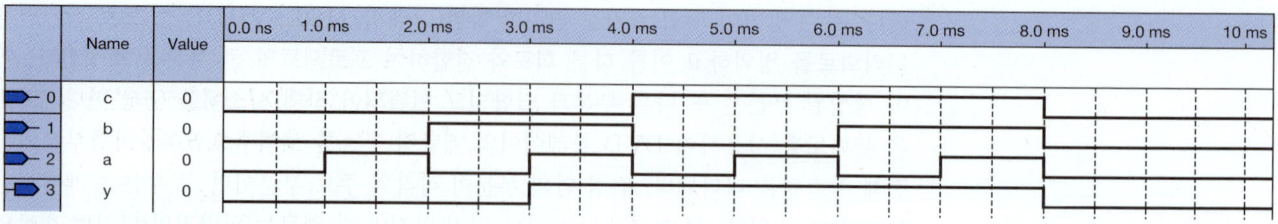

그림 4-50 HDL로 기술된 회로의 타이밍 시뮬레이션.

는 논리회로에 대한 기술과 현재의 입력을 토대로 올바른 출력 논리 값을 계산하는 컴퓨터 프로그램이다. 가상적인 입력과 입력에 대한 출력 값을 비교하여 블럭이 예상한 대로 동작하는지 검증할 수 있다. 이 가상적인 입력을 **테스트 벡터(test vector)**라고 부르기도 한다. 시뮬레이션을 통해 철저하게 검사하면 최종 시스템이 제대로 동작할 가능성이 높아진다. 그림 4-50은 3장의 그림 3-13(a)에 기술한 회로에 대한 시뮬레이션 파일의 내용이다. 입력 a, b, c는 테스트 벡터로 입력한 것이며 y는 시뮬레이션 결과이다.

설계가 제대로 동작한다고 생각되면 실제 칩을 프로그램하고 검사하여 설계가 제대로 되었는지 검증한다. 복잡한 PLD에서는 개발 시스템을 사용하여 핀을 할당하고 최종 회로 기판을 그에 맞추어 배치할 수도 있고, 소프트웨어 내의 기능을 사용하여 각 신호마다 핀을 지정할 수도 있다. 컴파일러가 핀을 할당한다면, 그 할당 결과는 구현된 설계에 관한 세부 사항들을 보여주는 리포트 파일 또는 핀-아웃(pin-out) 파일에 들어 있다. 설계자가 핀을 지

그림 4-51 PLD 개발 주기의 순서도.

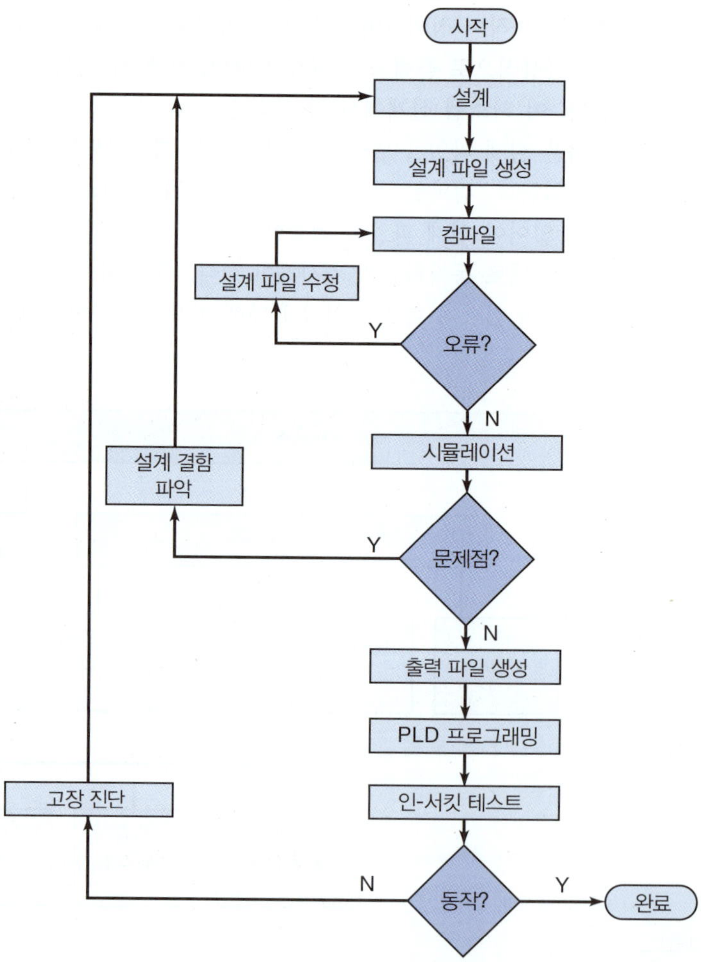

정한다면 칩의 구조가 가진 제약 사항과 한계를 미리 알고 있어야 한다. 이러한 세부 사항은 13장에서 다룰 것이다. 그림 4-51의 순서도는 각 블럭을 설계하는 과정을 요약한 것이다.

세부 블럭 내의 각 회로를 검사한 후, 이 회로들을 결합한다. 회로를 검사하는 것과 똑같은 과정을 따라 세부 블럭을 검사한 후, 각 세부 블럭을 결합하여 전체 시스템을 검사한다. 이와 같은 접근법은 여러 사람이 일을 분담하여 자신의 회로와 블럭을 개발한 후 나중에 이들을 모아서 전체 시스템을 완성하는 일반적인 프로젝트 환경에 알맞다.

학습성과 평가문제

1. PLD에 "프로그램한다"는 것은 사실상 무엇을 의미하는가?
2. 곱 1 = AB를 만들려면 그림 4-44에서 어떤 비트(열, 행)를 연결해야 하는가?
3. 곱 3 = $A\overline{B}$를 만들려면 그림 4-44에서 어떤 비트(열, 행)를 연결해야 하는가?
4. 계층적 설계를 정의하라
5. 대부분의 요즘의 PLD는 ________ 표준 인터페이스를 이용하여 회로 내에서 칩을 빼내지 않은 채로 프로그램된다.

4-15 HDL에서의 데이터 표현

학습성과

이 절을 학습함으로써 다음을 할 수 있다.

- AHDL과 VHDL에서 데이터 값을 나타내기 위해 사용할 수 있는 진법을 열거
- AHDL과 VHDL의 문법을 올바르게 사용
- AHDL과 VHDL에서의 비트 어레이를 사용
- AHDL과 VHDL에서 비트 어레이를 선언
- VHDL에서 올바른 데이터 타입을 선택
- IEEE 표준 데이터 타입을 적절히 사용

여러 가지 방법으로 수치 데이터를 나타낼 수 있다. 16진법을 사용하는 것이 비트 패턴을 주고받는 데 편리하다는 것을 이미 배웠다. 사람들은 수치 데이터를 사용할 때 10진법을 선호하나 앞에서 이미 배웠듯이 컴퓨터와 디지털 시스템은 2진수로만 동작한다. HDL을 사용할 때 가끔 다양한 수 체계를 사용할 필요가 있으므로 컴퓨터에게 우리가 어떤 진법을 사용 하고 있는지 알려 주어야 한다. 지금까지 이 책에서는 진법을 표시하기 위해 아래첨자를 사용했다. 예를 들어 101_2는 2진수, 101_{16}은 16진수, 101_{10}은 10진수이다. 모든 프로그래밍 언어와 HDL은 어떤 진법을 사용하고 있는지 구분하는 특유의 방법을 가지고 있다. 일반적으로는 접두어로 진법을 표시한다. 대부분의 언어에서, 특별한 접두어가 없으면 10진수이다. 숫자를 나타내는 특별한 기호를 보면 이 기호를 2진수 비트 패턴을 나타내는 것으로 생각해야 한다. 이들 수치는 스칼라(scalar) 또는 **리터럴(literal)**이라고 부른다. 표 4-8에는 AHDL과 VHDL에서 2진수, 16진수와 10진수를 나타내는 방법을 요약하였다.

표 4-8 HDL에서 진법을 표시하기.

진법	AHDL	VHDL	비트 패턴	등가의 10진수
2진법	B"101"	B"101"	101	5
16진법	H"101"	X"101"	100000001	257
10진법	101	101	1100101	101

예제 4-29

다음 비트 패턴의 수치 값을 AHDL과 VHDL의 표기법으로 2진, 16진, 10진수로 나타내라.

11001

풀이

2진수는 AHDL과 VHDL 모두 **B"11001"**이다.
2진수를 16진수로 변환하면 19_{16}가 된다.
AHDL 표기: **H"19"**
VHDL 표기: **X"19"**
2진수를 10진수로 변환하면 25_{10}이 된다.
10진수는 AHDL과 VHDL 모두 25로 표기한다.

비트 배열/비트 벡터

3장에서는 간단한 논리회로의 입력과 출력에 이름을 부여하였다. 이들은 비트, 즉 1개의 2진 숫자이다. 만일 여러 비트로 구성된 입력과 출력, 신호를 나타내고 싶다면 어떻게 할까? HDL에서는 신호의 타입과 허용할 수 있는 범위를 정의해야한다.

HDL에서 사용되는 개념을 이해하기 위하여 먼저 일반적인 디지털 시스템에서 비트로 구성된 2진 워드(word)를 나타내는 방법에 대해 생각해 보자. 현재의 온도를 나타내는 데 8 비트의 숫자를 사용한다고 가정하고, 그림 4-52와 같이 P1로 이름 붙인 입력 포트를 통해 디지털 시스템으로 숫자가 들어온다고 가정해 보자. 이 포트의 각각의 비트는 가장 낮은 자릿수의 비트를 P1 비트 0, 가장 높은 자릿수의 비트를 P1 비트 7 등으로 구별하여 부를 수 있다.

또한 이 포트를 7번부터 0번까지의 비트를 가진 P1이라고 기술할 수 있다. **비트 배열**(bit array)과 **비트 벡터**(bit vector)라는 용어는 이러한 타입의 데이터 구조를 나타내기 위해 종종 사용된다. 이는 단순히 전체 데이터 구조(8비트 포트)는 이름(P1)을 가지고 있으며 각각의 구성 요소(비트)는 전체 구조에서의 비트의 위치(가중치일 수도 있음)를 나타내는 고유의 **지수**(index) 번호(0~7)를 가지고 있다는 것을 의미한다. HDL과 컴퓨터 프로그램 언어는 이 용어의 장점을 이용한다. 예를 들어 오른쪽에서 세 번째 비트는 P1[2]라 표시하고 할당 연산자(assignment operator)를 사용하여 다른 신호 비트에 연결할 수 있다.

그림 4-52 비트 배열 표기법.

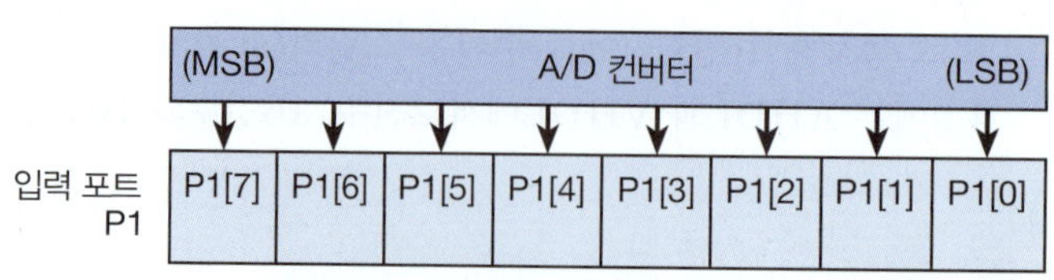

예제 4-30

그림 4-52에 보인 것과 같이 P1이라고 이름 붙인 8비트 배열이 있으며 또 다른 4비트의 배열은 P5라고 이름이 붙어 있다.

(a) P1의 최상위 비트를 비트 기호로 나타내라.
(b) P5의 최하위 비트를 비트 기호로 나타내라.
(c) P5의 최하위 비트가 P1의 최상위 비트를 구동하도록 하는 표현식을 써라.

풀이

(a) 포트의 이름은 P1이며 최상위 비트는 비트 7이다. P1 비트 7을 나타내는 적절한 비트 기호는 P1[7]이다.
(b) 포트의 이름은 P5이며 최하위 비트는 비트 0이다. P5 비트 0을 나타내는 적절한 비트 기호는 P5[0]이다.
(c) 구동하는 신호(source)는 할당 연산자의 오른쪽에 위치하고, 구동되는 신호(destination)는 왼쪽에 위치한다: P1[7] = P5[0];.

AHDL

AHDL에서의 비트 어레이 선언

AHDL에서는 그림 4-52의 포트 *p1*은 8비트 입력 포트로 정의되고 이 포트의 값은 16진, 2진, 10진수 등 어떤 진법으로 나타내어도 된다. AHDL에서는 비트 벡터의 이름을 먼저 쓰고 지수의 범위를 대괄호 안에 나타낸다. 이 선언은 SUBDESIGN 부분에 포함시킨다. 예를 들어 *p1*이라는 8비트로 구성된 입력 포트는 다음과 같이 선언할 수 있다.

```
p1[7..0] :INPUT; --define an 8-bit input port
```

예제 4-31

*keypad*라고 이름 붙은 4비트의 입력을 AHDL로 선언하라.

풀이

```
keypad[3..0] :INPUT;
```

중간 변수들도 비트 배열로 선언할 수 있다. 한 비트의 경우와 마찬가지로 SUBDESIGN의 입출력 선언 바로 뒤에 선언하면 된다. 예를 들어 8비트의 온도 포트 *p1*은 *temp*라고 이름 붙은 마디에 다음과 같이 할당(연결)할 수 있다.

```
VARIABLE temp[7..0] :NODE;
BEGIN
    temp[] = p1[];
END;
```

입력 포트 *p1*에는 데이터가 입력된 상태이며 *temp*라고 이름 붙은 신호선을 구동하고 있음을 주목하라. 등가 기호(=)의 오른쪽은 데이터의 소스이며 왼쪽은 목적지이다. 대괄호 안이 비어 있는 것은 두 배열 내의 같은 위치의 비트끼리 서로 연결된다는 것을 의미한다. 대괄호 내의 비트를 지정하여 개별 비트를 "연결"할 수도 있다. 예를 들어 p1의 최하위 비트를 temp의 최하위 비트에 연결하려면 temp[0] = p1[0];이라는 문장을 사용하면 된다.

VHDL

VHDL에서의 비트 어레이 선언

VHDL에서는 그림 4-52의 포트 *p1*은 8비트의 입력 포트로 선언되고 이 포트의 값은 2진수 리터럴(literal)만을 사용할 수 있다. VHDL의 문법에서는 비트 벡터의 이름 뒤에 모드(:IN), 타입(**BIT_VECTOR**), 그리고 괄호 내에 지수의 범위를 나타내도록 되어 있다. 이 선언은 ENTITY 부분에 포함된다. 예를 들어 *p1*이라는 8비트의 입력 포트는 다음과 같이 선언한다.

```
PORT (p1 :IN BIT_VECTOR (7 DOWNTO 0);
```

예제 4-32

*keypad*라고 이름 붙은 4비트의 입력을 VHDL로 선언하라.

풀이

```
PORT(keypad :IN BIT_VECTOR (3 DOWNTO 0);
```

중간 신호도 비트의 배열로 선언할 수 있다. 한 비트의 경우와 마찬가지로 이들도 ARCHITECTURE 정의 내부에서 선언한다. 예를 들어 포트 *p1*에 입력된 8비트의 온도는 *temp*라고 이름 붙은 신호에 다음과 같이 할당(연결)할 수 있다.

```
SIGNAL      temp :BIT_VECTOR (7 DOWNTO 0);
BEGIN
    temp <= p1;
END;
```

입력 포트 *p1*에는 데이터가 입력된 상태이며 *temp*라고 이름 붙은 신호선을 구동하고 있음을 주목하라. 비트 벡터 내의 요소가 지정되지 않으면 모든 비트들이 연결된다는 것을 의미한다. 괄호 내의 비트 번호를 지정하여 개별 비트를 "연결"할 수도 있다. 개별 비트는 괄호 내에 비트의 번호를 지정하고 신호를 할당하는 방법으로 "연결" 될 수 있다. 예를 들어 *p1*의 최하위 비트만을 *temp*의 최하위 비트에 연결하려면 temp(0) <= p1(0);라는 문장을 사용하면 된다.

VHDL 데이터 객체

VHDL에서 반드시 알아두어야 하는 매우 중요한 부분이 데이터 객체의 사용이다. 이름에서 알 수 있듯이 데이터 객체는 "데이터"라고 하는 값을 할당받을 수 있다. VHDL에서 각 데이터 객체의 속성과 목적은 매우 중요하며 특정한 "타입"을 할당받아야 한다. 데이터 객체의 예는 신호, 변수, 상수 등이 있다.

신호는 하드웨어 회로에서의 도선과 같으며 1또는 0의 값을 가질 수 있다. 하지만 회로에서의 도선과는 달리 신호의 값은 명백하게 갱신되기 전까지 "기억"된다. 이 기억의 개념은 1장에서 소개되었었고 다음 장에서 하드웨어와 관련된 사항을 더 명확하게 설명할 것이다. 지금으로서는 어떤 값을 할당 받은 신호는 다른 값이 할당되지 않으면 그 값을 계속 가지고 있다고 말하는 정도로 충분하다. 할당되지 않은 신호는 디폴트값 1 또는 0을 갖지 않는다. 신호에 값을 할당하는데 사용하는 연산자는 "<="이다.

VHDL에서의 변수는 다른 컴퓨터 언어에서의 변수와 비슷하다. 변수는 이름이 붙어 있는 장소로 값이 변할 필요가 생긴 다음 시점(이벤트)까지 값을 "저장"한다. 변수는 항상

"PROCESS"내에서 선언되고 수정된다. 변수에 값을 할당하는데 사용하는 연산자는 ":=" 이다.

상수는 단순히 어떤 값을 나타내기 위해 할당해 놓은 변하지 않는 이름이다. 상수를 사용하면 프로그램 코드를 이해하기가 훨씬 쉽다.

각 데이터 객체는 데이터 "타입"을 할당 받아야 한다. VHDL에서 데이터 타입에는 BIT, BIT_VECTOR, INTEGER가 있다. 하나의 BIT는 0 또는 1의 값을 가질 수 있다. 하나의 BIT_VECTOR는 비트의 모음으로 각각의 비트는 0 또는 1의 값을 가질 수 있다. 하나의 INTEGER는 임의의 부호 있는 정수값(예를 들어, -3, -2, -1, 0, 1, 2, 3...)을 가질 수 있다.

VHDL은 각 데이터 객체의 타입을 정의 하는데 매우 까다롭다. "bit_vector" 타입은 개별 비트의 배열을 의미한다. 이것은 **정수(integer)** 타입인 8비트 2진수(스칼라 양이라고 부르는)와는 다르게 해석된다. 불행하게도, VHDL에서는 정수값을 BIT_VECTOR 신호에 직접 할당할 수 없다. 왜냐하면 이 둘은 같은 "타입"이 아니기 때문이다. 데이터는 표 4-9에 보인 어떤 타입으로도 표시될 수 있지만, 데이터의 할당과 연산은 같은 타입의 객체 사이에서만 할 수 있다. 예를 들면, 컴파일러는 정수로 선언한 keypad에서 숫자를 받아서 BIT_VECTOR출력으로 선언된 4개의 LED에 연결하는 것을 허용하지 않는다. 표 4-9의 가능한 값 열을 보면 개별 BIT와 STD_LOGIC 데이터 **객체**(신호, 변수, 입력, 출력 등)가 가질 수 있는 값은 작은따옴표로 표시되고 BIT_VECTOR와 STD_LOGIC_VECTOR 타입에 할당되는 값은 각 비트가 가질 수 있는 값들을 큰따옴표로 표시한다.

표 4-9 VHDL의 일반적인 데이터 타입.

데이터 타입	선언 예	가능한 값	사용 예
BIT	y :OUT BIT;	'0' '1'	y <= '0';
STD_LOGIC	driver :STD_LOGIC	'0' '1' 'z' 'x' '-'	driver <= 'z';
BIT_VECTOR	bcd_data :BIT_VECTOR (3 DOWNTO 0);	"0101" "1001" "0000"	digit <= bcd_data;
STD_LOGIC_VECTOR	dbus :STD_LOGIC_VECTO (3 DOWNTO 0);	R "0Z1X"	IF rd ='0'THEN dbus <= "zzzz";
INTEGER	z:INTEGER RANGE −32 TO 31;	−32.. −2, −1,0,1,2 ... 31	IF z > 5 THEN ...

VHDL은 **라이브러리(library)** 안에 들어 있는 논리 함수를 사용할 때 필요한 표준 데이터 타입들을 제공한다. 라이브러리란 하드웨어를 기술할 때 이미 있는 프로그램 모듈을 다시 프로그램하지 않고 단지 불러다 쓸 수 있도록 VHDL 코드들을 모아 놓은 것이다. 이들 라이브러리에는 이 책에 나오는 표준 TTL을 VHDL로 표현한 것과 같이 편리한 **매크로 함수(macrofunction)** 또는 **맥스플러스2(maxplus2)** 함수가 들어있다. 이미 잘 알고 있는 TTL 소자에 대해서 VHDL로 새로 표현하는 것보다 라이브러리에서 제공하는 매크로 함수를 사용하면 된다. 물론 사용하는 매크로 함수의 입출력 신호들이 정해져야 하고, 이 신호는 다른 신호의 데이터 타입과 일치하여야 한다. 이것은 모든 사람이 같은 표준 데이터 타입을 사용해야 한다는 것을 의미한다.

IEEE에서 VHDL을 표준화할 때, 많은 데이터 타입이 동시에 만들어졌다. 이 책에서는 BIT 타입이 확장된 **STD_LOGIC** 타입, BIT_VECTOR 타입이 확장된 **STD_LOGIC_VECTOR** 타입 두 가지를 사용할 것이다. BIT 타입은 '0'과 '1'값만을 가질 수 있다는 것을 상기하라. IEEE 라이브러리 안에 정의된 이러한 표준 논리 타입은 가질 수 있는 값의 범위가 더 넓다. STD_LOGIC 타입 또는 STD_LOGIC_VECTOR의 요소가 가질 수 있는 값들을 표 4-10에 보였다. 8장에서 논리회로의 특성을 배우고 나면 이들 타입의 이름의 의미를 좀 더 명확히 알 수 있을 것이다. 지금으로서는 '0'과 '1'값만을 사용하는 예제만 보일 것이다.

표 4-10 STD_LOGIC 값.

'1'	논리 1(BIT 타입과 동일)
'0'	논리 0(BIT 타입과 동일)
'z'	높은 저항값*
'-'	무정의(K맵에서 쓴 것과 동일)
'U'	초기화되지 않음
'X'	신호값 모름
'W'	약한 신호값 모름
'L'	약한 '0'
'H'	약한 '1'

* 3상태 논리에 대해서는 8장에서 배운다.

학습성과 평가문제

1. push_buttons라고 이름 붙은 6비트의 입력 배열을 (a) AHDL, (b) VHDL로 선언하라.
2. 문제 1의 배열에서 최상위 비트(MSB)를 한 비트의 출력 포트 *z*에 보내려면 어떤 문장이 필요한가? (a) AHDL, (b) VHDL을 사용하라.
3. VHDL에서 BIT 타입과 동등한 IEEE 표준 타입은 무엇인가?
4. VHDL에서 BIT_VECTOR 타입과 동등한 IEEE 표준 타입은 무엇인가?
5. AHDL과 VHDL에서 사용할 수 있는 진법을 나열하라.

4-16 HDL을 사용한 진리표

학습성과

이 절을 학습함으로써 다음을 할 수 있다.

- 하드웨어의 동작을 기술하는 대부분의 프로그램 언어가 공통으로 가지고 있는 의사 제어 구조(decision control constructs)를 사용
- 정확한 문법을 사용
- VHDL의 설계과정을 적용

진리표는 회로 블럭의 동작을 표현하는 방법 중 하나라는 것을 배웠다. 진리표는 가능한 모든 입력 조합에 대한 회로의 출력을 나타낸다. 4-4절에서 보았듯이 설계자는 회로가 어떻게 동작해야하는지를 정의하기 위해 진리표에서부터 시작한다. 그 다음에 진리표에서 부울 표현식을 유도하고 K맵이나 부울 대수를 사용하여 간략화 한다. 이와 같은 중간 단계 없이 진리표에서 바로 최종 회로로 갈 수 있다면 얼마나 좋겠는가? 진리표를 HDL로 입력하면 바로 그렇게 할 수 있다.

AHDL을 사용한 진리표

그림 4-53의 프로그램은 AHDL을 사용하여 회로를 구현하고 회로의 동작을 진리표로 기술한 것이다. 이 설계를 위한 진리표는 예제 4-7에 있다. 이 예제의 핵심은 AHDL에서 TABLE이라는 키워드를 사용한다는 것이다. 이 기능을 사용하여 진리표를 사용하는 것과 똑같이 회로의 동작을 나타낼 수 있다. TABLE 이라는 글자 다음 첫 줄에서 입력 변수(*a*, *b*, *c*)를 진리표의 머릿줄에 만드는 것과 똑같이 나열하였다. 3개의 2진 변수를 괄호 안에 포함시킨 것은 이 세 비트를 하나의 모음으로 사용하고 이들을 3비트의 2진수 또는 비트 패턴으로 다루겠다는 것을 컴파일러에게 지시한 것이다. 이 비트 패턴의 특정 값이 이 모음의 아래에 나열되어 있고 2진 실제값(literal)을 나타낸다. 진리표에서 특별한 연산자(=>)가 입력과 출력(*y*)을 구분하기 위해 사용되었다.

그림 4-53의 TABLE은 HDL 프로그램과 진리표의 관계를 보여주기 위한 것이다. 일반적으로 *a*, *b*, *c*와 같이 입력데이터를 나타내기 위해서는 비트 배열을 사용한다. 이 방법은 다음과 같이 BEGIN행 앞에 비트 배열을 선언하면 된다:

```
VARIABLE in_bits[2..0]     :NODE;
```

핵심어 TABLE 바로 앞에 입력비트들을 배열 *inbits[ ]*에 할당할 수 있다.

```
in_bits[] = (a,b,c);
```

3개의 독립적인 비트들을 이와 같은 순서로 묶는 것을 **사슬잇기(concatenating)**라고 하며 개별 비트를 비트 배열로 연결하기 위해 흔히 사용하는 방법이다. 이 경우, 입력비트 모음에 대한 표의 머리글은 *in_bits[ ]*로 나타낼 수 있다. 여기서 입력의 가능한 조합을 나타낼 때 몇 가지 선택을 할 수 있음에 주목하라. 1과 0의 모음을 그림 4-53에서와 같이 괄호에 넣을 수도 있고 같은 비트 패턴을 등가의 2진수, 16진수, 또는 10진수로 나타낼 수도 있다. 설계자는 입력 변수가 무엇을 나타내는지에 따라 가장 적절한 형식을 선택하면 된다.

그림 4-53 그림 4-7의 AHDL 설계 파일.

```
SUBDESIGN Figure 4-53
(
      a,b,c  :INPUT;              --a is most significant
      y      :OUTPUT;             --define block output
)
BEGIN
      TABLE
            (a,b,c)               =>   y;     --column headings
            (0,0,0)               =>   0;
            (0,0,1)               =>   0;
            (0,1,0)               =>   0;
            (0,1,1)               =>   1;
            (1,0,0)               =>   0;
            (1,0,1)               =>   1;
            (1,1,0)               =>   1;
            (1,1,1)               =>   1;
      END TABLE;
END;
```

VHDL을 사용한 진리표: 선택적 신호 할당

그림 4-54의 프로그램은 VHDL을 사용하여 회로를 구현한 것인데, 회로의 동작을 기술하기 위하여 **선택적 신호 할당**(selected signal assignment)을 사용하고 있다. 이를 사용하여 설계자는 진리표를 사용하는 것과 똑같이 회로의 동작을 나타낼 수 있다. 이 설계의 진리표는 예제 4-7에 주어진 것이다. 이 예제의 핵심은 VHDL에서 "WITH 신호 이름 SELECT"문장을 사용한다는 것이다. 두 번째 점은 선택적 신호 할당과 함께 편리하게 사용할 수 있는 형식에 맞게 데이터를 입력하는 법을 보여주는 것이다. 입력 신호는 ENTITY 선언부 안에 세 개의 독립적인 비트 a, b, c로 선언되었다는 것에 주목하라. 이 선언에는 어떤 비트가 다른 비트보다 자릿수가 높다는 것이 없다. 나열된 순서도 중요하지 않다. 이 3개의 비트의 현재값과 조합가능한 각각의 값을 비교하면 된다. 진리표를 만들 때에 어떤 비트가 가장 왼쪽(MSB), 또는 어떤 비트가 가장 오른쪽(LSB)에 올지 결정하면 된다. VHDL에서는 **사슬잇기**(순서대로 연결하기) 기능으로 비트 변수들을 하나의 비트 벡터로 만들 수 있다. 사슬잇기 연산자는 "&"이다. 신호를 BIT_VECTOR로 선언하여 순서대로 나열된 입력 비트의 모음을 받아들이고 입력 값과 따옴표 내의 실제값(string literal)를 비교하는데 사용한다. 출력 (y)에는 한 비트 값('0'또는'1')을 할당하고(<=) WHEN *in_bits*에는 큰따옴표에 들어있는 값을 써 준다.

신호, 변수, 상수, 리터럴과 같은 객체를 할당하고 비교할 때 VHDL은 매우 엄격한 규칙을 적용한다. 출력 y가 BIT이므로 '0'또는'1'값이 할당되어야 한다. SIGNAL in_bits가 3비트의 BIT_VECTOR이므로 3비트 열의 실제값과 비교되어야 한다. VHDL에서는 BIT_VECTOR인 *in_bits*는 X "5"와 같은 16진수, 또는 3과 같은 10진수와 비교할 수 없다. 이들 스칼라 양은 정수를 할당하거나 비교할 때에만 유효하다.

```
ENTITY Figure 4-54 IS
PORT(
      a,b,c :IN BIT;             --a is most significant
      y     :OUT BIT);
END Figure 4-54;
ARCHITECTURE truth OF Figure 4-54 IS
       SIGNAL in_bits :BIT_VECTOR(2 DOWNTO 0);
       BEGIN
       in_bits <= a & b & c;      --concatenate input bits into bit_vector
              WITH in_bits SELECT
              y    <=      '0' WHEN "000",        --Truth Table
                           '0' WHEN "001",
                           '0' WHEN "010",
                           '1' WHEN "011",
                           '0' WHEN "100",
                           '1' WHEN "101",
                           '1' WHEN "110",
                           '1' WHEN "111";
END truth;
```

그림 4-54 그림 4-7의 VHDL 설계 파일.

예제 4-33

too_hot, *too_cold*, *just_right*라고 이름 붙은 한 비트 신호를 VHDL에서 선언하라. 이 3비트를 묶어서(사슬잇기) 뜨거운 것은 왼쪽, 차가운 것은 오른쪽에 있는 *temp_status*라는 3비트의 신호를 만들어라.

풀이

1. 우선 신호를 Architecture 부에서 선언한다.

```
SIGNAL too_hot, too_cold, just_right :BIT;
SIGNAL temp_status :BIT_VECTOR (2 DOWNTO 0);
```

2. BEGIN과 END 사이에 동시 할당 문장(concurrent assignment statement)을 쓴다.

```
temp_status <= too_hot & just_right & too_cold;
```

학습성과 평가문제

1. 세 비트 x, y, z를 *omega*라는 3비트의 배열에 어떻게 나열하는가? AHDL과 VHDL을 사용하라.
2. AHDL에서 진리표를 어떻게 구현하는가?
3. VHDL에서 진리표를 어떻게 구현하는가?

4-17 HDL의 의사 제어 구조

학습성과

이 절을 학습함으로써 다음을 할 수 있다.

- 요구되는 바에 따라 회로를 기술하기 위하여 최적의 의사 제어 구조를 선택
- 동시 연산과 순차적 연산 사이의 차이를 구별

이 절에서는 우리가 일상생활에서 매일 하는 것과 같이 디지털 시스템이 "논리적인" 결정을 하도록 만드는 방법에 대해 다룰 것이다. 동시 할당 문장이 수행될 때 그 문장이 씌여진 순서는 회로에 아무 영향을 미치지 않는다는 것을 3장에서 배웠다. **의사 제어 구조(decision control structure)**를 사용할 때에는 질문을 던지는 순서에 따라 결과가 달라진다. HDL 문서에서 사용되는 용어로 이 개념을 정리하자면 어떤 순서에 따라 써도 관계없는 문장은 **병렬 수행(concurrent)**이지만 쓰인 순서에 따라 수행되는 문장은 **순차적(sequential)**이다. 순차적 문장의 순서는 회로의 동작에 영향을 미친다.

지금까지 다루었던 예제는 개별 비트에 관계된 것이었다. 많은 디지털 시스템은 수치값을 나타내는 입력을 필요로 한다. 축전지의 전압을 A/D 변환기로 감시하는 논리회로에 대한 예제 4-8을 다시 살펴보자. 디지털 값은 A/D에서 논리회로로 가는 4비트의 숫자이다. 이 입력은 독립적인 2진 변수들이라기보다는 축전지의 전압을 나타내는 4개의 2진자리를 갖는 숫자들이다. 이 데이터에 올바른 타입을 부여해야 이들을 숫자로 사용할 수 있다.

IF/ELSE

진리표는 독립적인 변수들의 모든 가능한 조합을 나열할 때는 편리하지만 수치 데이터를 다룰 때에는 좀 더 나은 방법이 있다. 예를 들어 아침에 학교나 직장으로 떠날 때 코트를 입을지 말지에 대해 논리적인 결정을 해야 한다고 생각해 보자. 현재의 온도만 보고 결정을 해야 한다면 얼마나 많은 사람이 아래와 같이 결판단하겠는가?

온도가 0이라면 코트를 입겠다.
온도가 1이라면 코트를 입겠다.
온도가 2라면 코트를 입겠다....
온도가 55라면 코트를 입겠다.
온도가 56이라면 코트를 입지 않겠다.
온도가 57이라면 코트를 입지 않겠다.
온도가 58이라면 코트를 입지 않겠다....
온도가 99라면 코트를 입지 않겠다.

이 방법은 결정을 내리는 과정이 진리표와 유사하다. 모든 가능한 입력에 대해 어떤 출력이 되어야 할지를 결정하고 있다. 물론 실제로는 다음과 같이 결정을 하는 것이 일반적일 것이다.

온도가 화씨 56도보다 낮으면 코트를 입겠다.
그렇지 않다면, 코트를 입지 않겠다.

HDL에도 이와 같은 형태의 추론에 따라 논리회로를 기술하는 방법이 있다. 우선 입력을 '주어진 범위 내의 숫자'로 나타내고, 들어오는 숫자의 값에 따라 출력을 어떻게 할지 결정하는 문장을 쓴다. HDL뿐 아니라 모든 프로그램 언어에서는 이와 같은 결정을 IF/THEN/ELSE 제어 구조에 따라 한다. 무엇을 하거나 하지 않거나를 결정할 때는 **IF/THEN** 구조를 사용한다. IF 핵심어 뒤에는 참 또는 거짓인 문장이 나온다. "IF 그 문장이 참이면, THEN 무엇이든 지정된 것을 한다." 그 문장이 거짓이면 "아무런 일도 하지 않는다." 그림 4-55(a)는 이 결정이 어떻게 내려지는가를 그림으로 보여주고 있다. 마름모 모양은 그 내부에 있는 문장을 판단하여 내려지는 결정을 나타낸다. 모든 결정은 참 또는 거짓의 두 가지 가능한 결론이 있다. 이 예에서는 문장이 거짓이면 아무런 행동도 취하지 않는다.

어떤 경우에는 무엇을 하거나 하지 않거나 만의 결정으로는 충분치 못하고, 두 가지 다른 행동 중 하나를 선택해야 한다. IF/THEN 문을 이용해 코트를 입을지 말지를 결정하는 예에서, 결정을 내리는 단계에서 그 사람은 처음에는 코트를 입지 않고 있다고 가정하고 있다(하루를 시작할 때이기 때문에). 만약 결정을 내리는 단계에 이미 그 사람이 코트를 입고 있었다면(예컨대 한낮), 날이 더워도 코트를 벗게 할 방법이 없다.

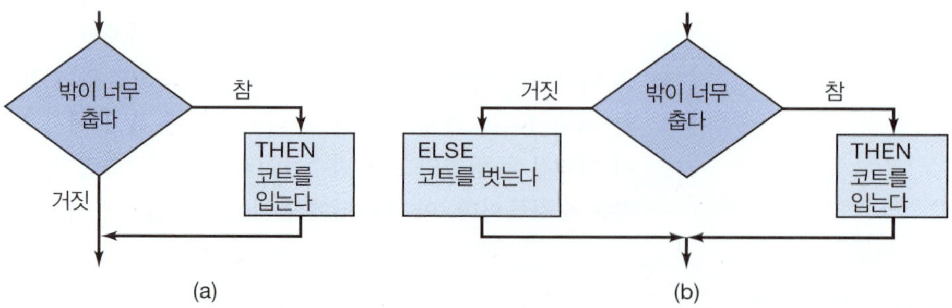

그림 4-55 (a) IF/THEN과 (b) IF/THEN/ELSE 구조의 논리 흐름.

결정 과정이 두 가지 행동 중 하나를 선택하는 것이라면 그림 4-55(b)와 같은 IF/THEN/ELSE 제어 구조를 사용한다. 여기서도, 문장이 참인지 거짓인지를 먼저 평가한다. 차이점은 문장이 거짓이라면 다른 행동을 취하게 된다는 것이다. 이 구조에서는 두 행동 중 하나를 반드시 취해야 한다. 말로 표현하자면 "IF 문장이 참이면 THEN 이것을 하고 ELSE 저것을 한다."와 같다. 코트 예제로 다시 돌아가 본다면 그 사람이 처음에 코트를 입고 있던 입고 있지 않던간에 이 제어 구조는 제대로 동작하게 된다.

예제 4-8은 A/D 변환기의 배터리 전압을 나타내는 수치를 입력으로 갖는 논리회로의 간단한 예이다. 입력 *A*, *B*, *C*, *D*는 4비트 숫자에서의 2진 자릿수로서 *A*가 MSB이고 *D*가 LSB이다. 그림 4-56은 입력을 4비트 숫자인 *digital_value*라고 이름 붙인 같은 회로이다. 비트 사이의 관계는 다음과 같다:

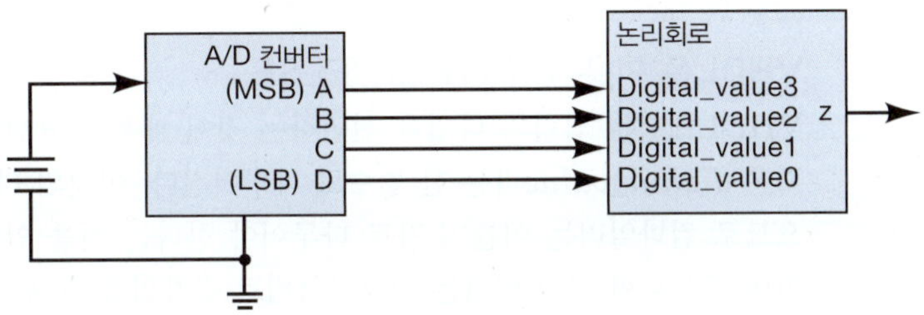

그림 4-56 예제 4-8과 유사한 논리회로.

A	*digital_value[3]*	digital_value의 비트 3 (MSB)
B	*digital_value[2]*	digital_value의 비트 2
C	*digital_value[1]*	digital_value의 비트 1
D	*digital_value[0]*	digital_value의 비트 0 (LSB)

입력 변수를 적절한 타입으로 지정하면 입력을 0부터 15까지의 값는 10진수로 다룰 수 있다.

AHDL을 사용한 IF/THEN/ELSE

AHDL에서 입력은 여러 비트로 구성된 이진수로 지정할 수 있는데, 그림 4-57에서와 같이 변수 이름 뒤에 비트 위치를 나열하여 나타낼 수 있다. 그림에서 이름은 *digital_value*이며 비트 위치는 3부터 0까지이다. 이 방법을 IF/ELSE 구조와 같이 사용하면 프로그램이 얼마나 간단해지는지 주목하라. IF 뒤에 나오는 문장은 전체 4비트 입력 변수의 값과 숫자 6을 비교하는 문장이다. 물론 6은 스칼라 양을 10진수로 나타낸 것이고 *digital_value[ ]*는 실제로는 2진수를 나타낸다. 컴파일러는 어떤 진법의 숫자도 해석할 수 있으며 따라서 *digital_value*의 2진 값과 6에 대한 2진 값을 비교하여 이 문장이 참인지 거짓인지 판단하는 논리회로를 만든다. 만일 참이라면 THEN 다음 문장(z = VCC)을 사용하여 z에 값을 할당한다. AHDL에서는 한 비트에 논리 값을 할당할 때에는 논리 1을 위해 VCC를, 논리 0을 위해 GND를 사용해야 함을 주목하라. *digital_value*가 6 이하일 때는 ELSE 다음 문장(z = GND)장이 수행된다. END_IF;는 제어 구조를 끝낸다.

그림 4-57 AHDL을 이용한 예.

```
SUBDESIGN Figure 4-57
(
   digital_value[3..0]    :INPUT;    -- define inputs to block
   z                      :OUTPUT;   -- define block output
)
BEGIN
   IF digital_value[] > 6 THEN
         z = VCC;                    -- output a 1
    ELSE z = GND;                    -- output a 0
   END IF;
END;
```

VHDL

VHDL을 이용한 IF/THEN/ELSE

VHDL에서는 입력의 타입을 선언하는 것이 매우 중요한 문제이다. 그림 4-58을 보라. 입력은 *digital_value*라는 한 변수로 다루어진다. 이것의 타입이 INTEGER로 선언되어 있으므로 컴파일러는 이를 숫자로 다루어야 한다는 것을 안다. 범위를 0부터 15사이로 지정하여 줌으로써, 컴파일러는 이것이 4비트 숫자임을 알게 된다. RANGE는 비트 벡터의 지수를 표시하는 것이 아니라 정수 수치의 한계값을 표시하는 것이다. VHDL에서 정수는 비트 배열(BIT_VECTOR)과는 다르게 다루어진다. 정수는 부등 연산자로 다른 숫자와 비교할 수 있다. BIT_VECTOR는 부등 연산자와는 같이 사용할 수 없다.

VHDL에서 가장 어려운 부분은 "PROCESS"라는 제어 구조를 이해하는 것일 것이다. VHDL은 하드웨어 회로의 동작을 기술하기 위한 언어이며 컴퓨터를 사용하여 회로를 시뮬레이션 또는 설계하는데 사용하기 위한 언어이다. VHDL에서 PROCESS는 프로그램 코드의 일부로서 컴퓨터 프로그램의 특성를 가졌으나 그 목적은 디지털 시스템에서 순차적인 이벤트(event)를 기술하는 것이다. PROCESS 내에 기술한 동작이 회로에서 실제로 어떻게 발생하는지 이해하는 것이 매우 중요하다.

그림 4-58 VHDL을 이용한 예.

```
ENTITY Figure 4-58 IS
PORT( digital_value  :IN INTEGER RANGE 0 TO 15; -- 4-bit input
      z              :OUT BIT);
END Figure 4-58;

ARCHITECTURE decision OF Figure 4-58 IS

BEGIN
   PROCESS (digital_value)
      BEGIN
         IF (digital_value > 6) THEN
               z <= '1';
         ELSE
               z <= '0';
      END IF;
END PROCESS;
END decision;
```

PROCESS는 항상 활성이 아니다. 즉 항상 발생하는 것이 아니다. 그 대신에, PROCESS는 하나(또는 그 이상)의 입력에 변화가 생겼을 때 회로가 어떻게 반응하는가를 기술하는 프로그램 코드의 일부이다. **PROCESS** 내에 기술된 변화를 일으키는 이러한 입력들은 **감지 목록(sensitivity list)**에 들어있다. 이 감지 목록은 핵심어 PROCESS 뒤에 괄호 안에 들어 있다. PROCESS 내에 있는 문장의 해석(이것은 회로 내의 변화를 야기한다.)은 동시적이 아니고 순차적이다. 다시 말하면, 문장이 나타나는 순서가 회로의 동작에 영향을 미친다.

변수들은 "PROCESS" 안에서 선언되고 수정되며 그 값은 즉시 갱신된다. 다시 말하면 감지 목록에 있는 입력의 변화에 의해 PROCESS가 활성화될 때, PROCESS내에 있는 논리에 따라 새로운 값이 변수에 할당되고 즉시 효력을 미친다. 따라서 이 변수들은 PROCESS 내에서 문장이 기술된 순서대로 갱신된다. 반면에 PROCESS내에서 변경된 SIGNALS는 프로세스의 끝에서 변경된 값이 반영된다.

예제 4-34

다음에서 ex1과 ex2의 VHDL 프로그램의 일부를 비교하라. 두 예제 모두 신호 *sig*, 변수 *var*, 입력 *a*, 출력 *ledseg*와 *ldevar*을 사용한다. 이들 모두는 TYEP :BIT이다.

```
SIGNAL sig          :BIT ;
ex1: PROCESS   (a)
     VARIABLE var    :BIT:= '0' ; -- results do not depend on this
                                     init value
     BEGIN
          var := a;               -- var takes the value of input
                                     a immediately
          sig <=  var;            -- lone assignment to sig re-
                                     sults in a wire from a
          var := not sig;         -- var is updated w/ complement
                                     of input a
          ledvar <= var;          -- result: ledvar is driven by
                                     NOT input a
     END PROCESS;
     ledsig <= sig;               -- result: ledsig is driven by
                                     input a
ex2: PROCESS   (a)
     VARIABLE var    :BIT:= '0' ;  -- results do not depend on
                                      this init value
     BEGIN
          sig <= a;               -- the first signal assignment is
                                     evaluated at end of process
          var :=  sig;            -- var is assigned by sig but
                                     sig is not finalized yet
          sig <= not var;         -- this signal assignment is
                                     wired, not the first line
                                     (sig<=a)
          ledvar <= var;          -- result: ledvar is driven by
                                     nothing!
     END PROCESS;
     ledsig <= sig;               -- result: ledsig is driven  by
                                     NOT ledvar
```

결과:

할당의 순서에 따라 결과로 나타나는 하드웨어는 매우 큰 차이가 생긴다. 첫 번째 예제(ex1)에서는 legsig가 입력 a에 연결되고 ledvar이 NOT a에 연결된다. 두 번째 예제(ex2)의 결과는 무의미한 회로가 된다. ledsig는 NOT ledvar에 의해 구동되는데 ledvar은 입력 A에 연결되지 않았다. ledvar은 아무 신호로도 구동되지 않는다. 하드웨어에서 ledsig와 ledvar은 둘 다 논리 1이 된다. 타이밍 시뮬레이션에서는 ex2의 두 개의 출력은 규정되지 않은 값이다. 이는 신호의 할당이 프로세스의 끝에서 결정되고 마지막에 할당된 값이 포트로 연결되기 때문이다.

VHDL에서 IF/THEN/ELSE 제어 구조를 사용하기 위해서는 프로그램 코드를 PROCESS 안에 넣어야 한다. 예를 들어 그림 4-58에서 *digital_value*가 변할 때마다 프로세스의 코드가 다시 실행되어 포트 *z*가 새로운 값을 할당받는다. 우리는 *digital_value*가 실제로 4비트의 2진수라는 것을 알지만 컴파일러는 0부터 15 사이의 등가 10진수로 값을 계산한다. (IF)괄호 내의 문장이 참이면, (THEN)다음 문장이 수행된다(*z*에 논리 1 값이 할당된다). 이 문장이 참이 아니면, 논리 구조는 ELSE 문장으로 가서 *z*에 논리 0 값을 할당한다. END IF;가 제어 구조를 끝내며 END PROCESS;가 순차적 문장의 수행을 끝낸다.

ELSIF

상황에 따라 여러 가지 가능한 행동 중에서 선택해야 할 경우가 있다. IF 구조는 어떤 행동

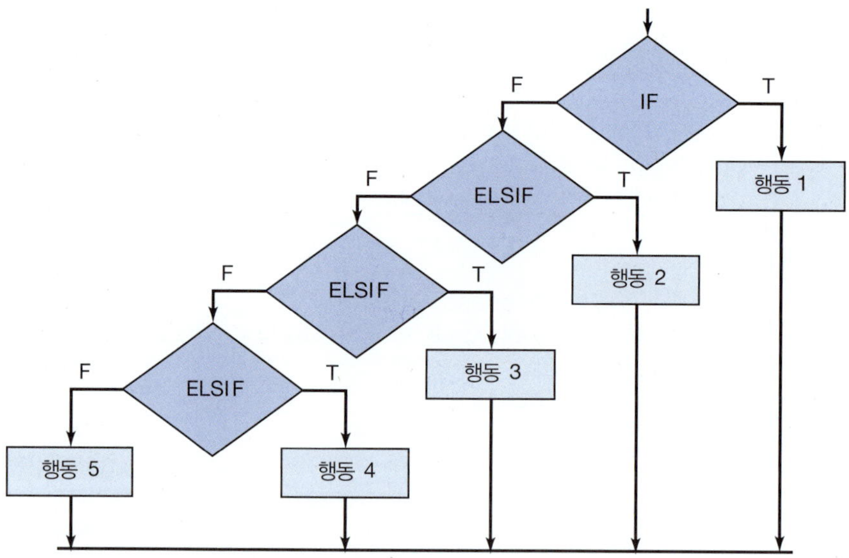

그림 4-59 IF/ELSIF를 사용하여 다중 의사 결정을 하는 순서도.

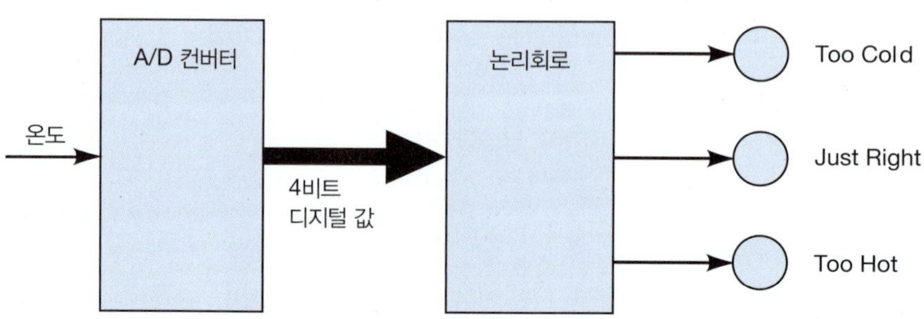

그림 4-60 온도 범위 표시 회로.

들을 행할지 말지를 선택한다. IF/ELSE 구조는 두 개의 가능한 행동 중에서 하나를 선택한다. IF와 ELSE를 결합하여, **ELSIF**라는 제어 구조를 만들어 많은 가능한 결과 중에서 하나를 선택할 수 있다. 이 결정 구조는 그림 4-59와 같다.

각 조건을 판단할 때마다, 참이면 한 행동을 하고 아니면 다음 조건을 판정하게 된다. 각 행동은 한 조건에 연관 지어져 있으며 한 행동만을 선택할 수 있다. 적절한 행동을 하도록 결정하는 조건은 참 또는 거짓 판정을 할 수 있는 어떠한 표현이어도 된다. 그렇기 때문에 부등 연산자를 사용하여 입력 변수의 범위에 따라 행동을 선택하도록 할 수 있다. 이를 응용한 예로 그림 4-60에서와 같이 A/D 변환기를 사용한 온도 측정 시스템을 생각해 보자. 온도를 너무 차가움(Too Cold), 딱 맞음(Just Right), 너무 뜨거움(Too Hot) 중어떤 범위인지 나타내고 싶다고 가정해 보자.

온도의 디지털 값과 범위에 대한 관계는 다음과 같다.

디지털 값	범위
0000 – 1000	Too Cold
1001 – 1010	Just Right
1011 – 1111	Too Hot

이 논리회로의 의사 결정 과정을 다음과 같이 표현할 수 있다:

IF 디지털 값이 8 이하이면, THEN Too Cold 등만을 켠다.
ELSE IF 디지털 값이 8보다 크고 AND 11 보다 작으면, Just Right 등만을 켠다.
ELSE Too Hot 등만을 켠다.

AHDL을 이용한 ELSIF

그림 4-61의 AHDL 프로그램 코드는 4비트의 2진수를 입력으로 정의하고 있다. 출력은 3개의 개별적인 비트로서 3개의 범위 표시등을 구동한다. 이 예에서는 중간 변수(*status*)를 사용하여 *too_cold*, *just_right*, *too_hot* 세 가지 상태를 나타내는 비트 패턴을 할당할 수

```
SUBDESIGN Figure 4-61
(
   digital_value[3..0]             :INPUT; --define inputs to block
   too_cold, just_right, too_hot  :OUTPUT;--define outputs
)
VARIABLE
status[2..0]    :NODE;--holds state of too_cold, just_right, too_hot
BEGIN
   IF       digital_value[] <= 8 THEN status[] = b"100";
   ELSIF    digital_value[] > 8 AND digital_value[] < 11 THEN
         status[] = b"010";
   ELSE  status[] = b"001";
   END IF;
   (too_cold, just_right, too_hot) = status[];  -- update output bits
END;
```

그림 4-61 AHDL에서 ELSIF를 사용한 온도 범위 예.

있다. 이 코드의 순차적인 부분은 IF, ELSIF, ELSE를 사용하여 온도가 어떤 범위에 있는 지 판정하고 *status*에 적절한 비트 패턴을 할당한다. 마지막 문장에서, status의 비트들이 실제 출력 포트의 비트들과 연결된다. 이 비트들의 그룹 내에서의 순서는 *status*[ ]에 할당된 비트 패턴과 연관되도록 되어 있다. 또한 다음과 같이 3개의 병렬 수행 문장으로 써도 된다: statements: too_cold = status[2]; just_right = status[1]; too_hot = status[0];.

VHDL

VHDL을 이용한 ELSIF

그림 4-62의 VHDL 프로그램 코드는 4비트의 정수로 입력을 정의하고 있다. 출력은 3개의 개별적인 비트로서 3개의 범위 표시등을 구동한다. 이 예에서는 중간 신호(*status*)를 사용하여 *too_cold*, *just_right*, *too_hot* 세 가지 상태를 나타내는 비트 패턴을 할당할 수 있다.

이 프로그램 코드의 프로세스(process) 부분은 IF, ELSIF, ELSE를 사용하여 온도가 어떤 범위에 있는지 판정하고 *status*에 적절한 비트 패턴을 할당한다. 마지막 세 문장에서 *status*의 각 비트를 적절한 출력 포트의 비트와 연결한다.

```
ENTITY Figure 4-62 IS
PORT(digital_value:IN INTEGER RANGE 0 TO 15;     -- declare 4-bit input
      too_cold, just_right, too_hot :OUT BIT);
END Figure 4-62;

ARCHITECTURE howhot OF Figure 4-62 IS
SIGNAL status    :BIT_VECTOR (2 downto 0);
BEGIN
   PROCESS (digital_value)
      BEGIN
         IF (digital_value <= 8) THEN status <= "100";
         ELSIF (digital_value > 8 AND digital_value < 11) THEN
               status <= "010";
         ELSE status <= "001";
       END IF;
      END PROCESS;
   too_cold    <= status(2);       -- assign status bits to output
   just_right  <= status(1);
   too_hot     <= status(0);
END howhot;
```

그림 4-62 VHDL에서 ELSIF를 사용한 온도 범위 예.

CASE

현재의 조건에 따라 행동을 선택하는 데 유용한 제어 구조가 하나 더 있다. 프로그램 언어에 따라 여러 가지 이름으로 부르기는 하지만 **CASE**라는 단어가 들어 있다는 공통점이 있다. 이 구조는 표현식 또는 객체의 값을 결정하고 그 표현식 또는 객체가 가질 수 있는 값들(cases)의 목록을 조사한다. 각 경우(case)에 따라 수행해야할 행동의 목록이 있다. CASE 구조는 객체 하나의 값을 하나의 행동 목록에 관련시킨다는 점에서 IF/ELSIF 구조와는 다르다. IF/ELSIF 구조는 참 인 문장을 하나의 행동 목록에 관련시킨다. CASE 문장에서는 한 가지 경우에만 일치할 수 있다. IF/ELSIF에서는 참인 문장이 하나 이상일 수 있으나 첫 번째 참인 문장과 관련된 행동만을 수행한다.

그림 4-63~4-67에 보인 HDL 예에서 또 하나의 중요한 점은 여러 개의 독립 변수를 비트들의 모음, 즉 비트 벡터로 결합할 필요가 있다는 점이다. 여러 비트를 특정한 순서에 따라 묶는 것을 사슬잇기(*concatenation*)라고 했던 것을 기억하라. 이는 비트 패턴을 비트들을 특정 순서로 모아 놓은 것으로 간주할 수 있게 해 준다.

AHDL을 사용한 CASE

그림 4-63의 AHDL 예제는 그림 4-9의 회로(표 4-3도 참고)를 case 구조로 구현한 예이다. 이 예제에서는 개별 비트를 입력으로 사용하고 있다. BEGIN 뒤의 첫 문장에서 이들 비트를 서로 이어서 *status*라고 부르는 중간 변수에 할당하였다. CASE 문장은 변수 *status*를 계산하고 *status*의 값과 일치하는 비트 패턴(핵심어 WHEN 뒤에 있는)을 찾는다. 그 다음에 => 뒤에 기술되어 있는 행동을 수행하게 된다. 이 예에서는 세 가지 특정한 케이스(case)에 대해서는 단순히 출력에 논리 0을 할당한다. 모든 다른(*other*) 케이스에 대해서는 출력에 논리 1을 할당한다.

```
SUBDESIGN Figure 4-63
(
   p, q, r              :INPUT;        -- define inputs to block
   s                    :OUTPUT;       -- define outputs
)
VARIABLE
  status[2..0]          :NODE;
BEGIN
   status[]= (p, q, r); -- link input bits in order
   CASE status[] IS
      WHEN b"100"       => s = GND;
      WHEN b"101"       => s = GND;
      WHEN b"110"       => s = GND;
      WHEN OTHERS       => s = VCC;
  END CASE;
END;
```

그림 4-63 AHDL로 나타낸 그림 4-9.

VHDL을 사용한 CASE

그림 4-64의 VHDL 예제는 그림 4-9의 회로(표 4-3도 참고)를 case 구조로 구현한 예이다. 이 예제에서는 개별 비트를 입력으로 사용하고 있다. BEGIN 뒤의 첫 문장에서 이들 비트를 &연산자를 사용하여 서로 이어서 *status*라고 부르는 중간 변수에 할당하였다. VHDL에서 Case 문장은 PROCESS 안에 있어야 한다. CASE 문장은 변수 *status*를 계산하고 *status*의 값과 일치하는 비트 패턴(핵심어 WHEN 뒤에 있는)을 찾는다. 그 다음에 => 뒤에 기술되어 있는 행동을 수행하게 된다. 이 예에서는 세 가지 특정한 케이스

그림 4-64 VHDL로 나타낸 그림 4-9.

```
ENTITY Figure 4-64 IS
PORT( p, q, r           :IN bit;         --declare 3 bits input
   s                    :OUT BIT);
END Figure 4-64;

ARCHITECTURE copy OF Figure 4-64 IS
SIGNAL status           :BIT_VECTOR (2 downto 0);
BEGIN
   status <= p & q & r;                 --link bits in order
   PROCESS (status)
      BEGIN
         CASE status IS
            WHEN "100"   =>  s <= '0';
            WHEN "101"   =>  s <= '0';
            WHEN "110"   =>  s <= '0';
            WHEN OTHERS =>  s <= '1';
         END CASE;
      END PROCESS;
END copy;
```

(case)에 대해서는 단순히 출력에 논리 0을 할당한다. 모든 다른(*other*) 케이스에 대해서는 출력에 논리 1을 할당한다.

예제 4-35

자동판매기의 동전 감지기는 쿼터, 다임 그리고 니클을 받아들이고, 정상적인 동전이 확인될 때만 그에 해당되는 디지털 신호(Q, D, N)를 발생시킨다. 여러 개의 동전이 동시에 투입되는 것은 물리적으로 불가능하다. 디지털 회로는 Q, D, N 신호를 입력으로 사용하여야 하며, 그림 4-65에 나타낸 것과 같이 동전의 액수를 나타내는 2진수를 발생시킨다. AHDL과 VHDL코드를 작성하라.

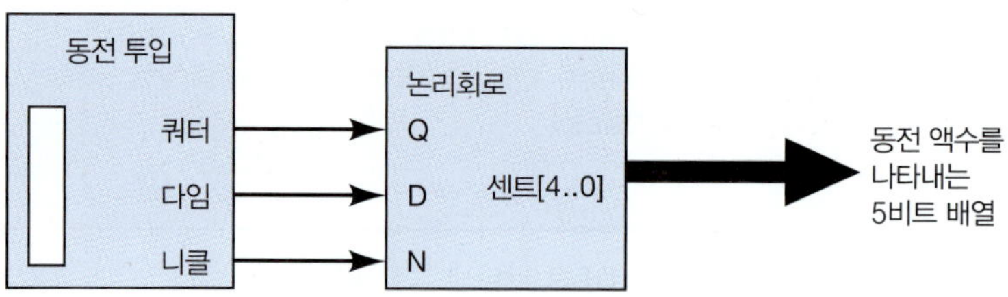

그림 4-65 자동판매기의 동전 감지기 회로.

풀이

이것은 정상적인 동작을 기술하기 위해 CASE 구조를 사용할 수 있는 좋은 예제이다. 25센트까지 나타낼 수 있도록 출력은 5비트 수로 선언되어야 한다. 그림 4-66은 AHDL 풀이, 그림 4-67은 VHDL 풀이이다.

AHDL

```
SUBDESIGN Figure 4-66
(
   q, d, n          :INPUT;      -- define quarter, dime, nickel
   cents[4..0]      :OUTPUT;     -- define binary value of coins
)
BEGIN
   CASE (q, d, n) IS             -- group coins in an ordered set
      WHEN b"001" => cents[] = 5;
      WHEN b"010" => cents[] = 10;
      WHEN b"100" => cents[] = 25;
      WHEN others => cents[] = 0;
   END CASE;
END;
```

그림 4-66 AHDL 동전 감지기.

VHDL

```
ENTITY   Figure 4-67 IS
PORT( q, d, n:IN BIT;                        -- quarter, dime, nickel
      cents  :OUT INTEGER RANGE 0 TO 25);    -- binary value of coins
END Figure 4-67;
ARCHITECTURE detector of Figure 4-67 IS
   SIGNAL coins :BIT_VECTOR(2 DOWNTO 0);-- group the coin sensors
   BEGIN
      coins <= (q & d & n);                  -- assign sensors to group
      PROCESS (coins)
         BEGIN
            CASE (coins) IS
               WHEN "001"  => cents <= 5;
               WHEN "010"  => cents <= 10;
               WHEN "100"  => cents <= 25;
               WHEN others => cents <= 0;
            END CASE;
         END PROCESS;
   END detector;
```

그림 4-67 VHDL 동전 감지기.

학습성과 평가문제

1. 어떤 제어 구조가 행동을 할 것인지 하지 않을 것인지를 결정하는가?
2. 어떤 제어 구조가 이것을 할 것인지 저것을 할 것인지 결정하는가?
3. 어떤 제어 구조(들)가 여러 가지 다른 행동 중에서 한 가지를 행할 것인지 선택하는가?
4. 참 또는 거짓: VHDL에서 IF/THEN/ELSE와 CASE구조는 반드시 프로세스(process)안에서 사용되어야 한다.
5. 참 또는 거짓: IF/THEN/ELSE구조는 AHDL의 병렬 수행 부분(concurrent section)에서 사용될 수 있다.

요약

1. 논리 표현식을 나타내는 가장 일반적인 두가지 형태는 합의 곱 형태와 곱의 합 형태이다.
2. 조합 논리회로를 설계하는 방법 중 하나는 (1) 진리표를 만들고 (2) 진리표를 곱의 합 표현식으로 바꾸고 (3) 이 표현식을 부울 대수나 K맵을 사용하여 간략화 하고 (4) 최종 표현식을 구현하는 것이다.
3. K맵은 회로의 진리표를 나타내고 회로 출력에 대한 간략화된 표현식을 만들어 내는 그림을 사용하는 방법이다.
4. 배타적 OR 회로의 표현식은 $x = A\overline{B} + \overline{A}B$이다. 출력 x는 두 입력 A, B가 서로 다른 논리 값을 가질 때만 HIGH가 된다.
5. 배타적 NOR 회로의 표현식은 $x = \overline{A}\overline{B} + AB$이다. 출력 x는 두 입력 A, B가 서로 같은 논리 값을 가질 때만 HIGH가 된다.
6. 각 기본 게이트 (AND, OR, NAND, NOR)는 입력 신호를 출력으로 보내는 것 을 인에이블 또는 디스에이블하기 위해 사용될 수 있다.
7. 디지털 IC의 주요 기술은 TTL과 CMOS이다. 디지털 IC는 복잡도(칩 내의 게이트 수) 차이에 따라 기본적인 것에서 매우 복잡한 논리 기능을 가지는 것까지 넓은 범위가 있다.
8. 기본적인 고장 진단을 위해서는 최소한 회로의 동작에 대한 이해, 가능한 고장의 종류에 대한 지식, 완전한 논리회로 배선도와 논리 프로브를 가지고 있어야 한다.
9. 프로그램 가능 논리 소자(PLD)는 내부의 배선을 사용자가 프로그램하여 원하는 대로 입력과 출력 사이의 논리 관계를 만들 수 있도록 많은 논리 게이트가 내장된 IC이다.
10. PLD를 프로그램하려면 컴퓨터, PLD 개발 소프트웨어, PLD 칩에 실제 프로그램 을 하는 장치인 프로그래머로 구성된 개발 시스템이 필요하다.
11. 알테라 시스템을 사용하면 다양한 종류의 하드웨어 기술 방법을 사용하여 편리한 계층적 설계 기법으로 설계할 수 있다.
12. HDL 컴파일러가 표현할 숫자의 범위를 알 수 있도록 데이터 객체의 타입을 정해주어야 한다.
13. HDL의 기능을 사용하여 진리표를 소스 파일에 직접 입력할 수 있다.
14. IF, ELSE, CASE와 같은 논리 제어 구조를 사용하여 논리회로의 동작을 기술하면 프로그램과 문제의 해법이 훨씬 간단해진다.

주요 용어

감지 목록(sensitivity list)
객체(objects)
경쟁(contention)
계층적 설계(hierarchical design)
고리 묶기(looping)
곱의 합(SOP)
규정되지 않은(indeterminate)
논리 프로브(logic probe)
떠있는(floating)
라이브러리(libraies)
리터럴(literals)
매크로 함수(macrofunction)
맥스플러스2(maxplus2)
무정의 조건(dont-care condition)
배타적 NOR(exclusive-NOR: XNOR)
배타적 OR(exclusive-OR: XOR)

병렬 수행(concurrent)
비트 배열(bit array)
비트 벡터(bit vector)
사슬잇기(concatenate)
선택적 신호 할당(selected signal assignment)
순차적(sequential)
의사제어구조(decision control structure)
이중 인라인 패키지(Dual-in-line package, DIP)
인-시스템 프로그램(ISP)
인에이블/디스에이블(enable/disable)
정수(integer)
지수(index)
카르노맵(Karnaugh map, K map)
테스트 벡터(test vectors)
패리티 검사기(parity checker)
패리티 발생기(parity generator)
프로그래머(programmer)
하향식(top-down)
합의 곱(POS)
BIT_VECTOR
CASE
CMOS(complementary metal-oxide semiconductor)
ELSE
ELSIF
IF/THEN
JEDEC
JTAG(Joint Test Action Group)
PROCESS
SSI, MSI, LSI, VLSI, ULSI,GSI
STD_LOGIC
STD_LOGIC_VECTOR
TTL(transistor-transitor logic)
ZIF 소켓(zero insertion force socket)

연습문제

4-2절, 4-3절*

B 4-1.*다음 표현식을 부울 대수를 사용하여 간략화 하여라.

(a) $x = ABC + \bar{A}C$

(b) $y = (Q + R)(\bar{Q} + \bar{R})$

(c) $w = ABC + A\bar{B}C + \bar{A}$

(d) $q = \overline{RST}\,\overline{(R + S + T)}$

(e) $x = \bar{A}\bar{B}\bar{C} + \bar{A}BC + ABC + A\bar{B}\bar{C} + A\bar{B}C$

(f) $z = (B + \bar{C})(\bar{B} + C) + \overline{\bar{A} + B + \bar{C}}$

(g) $y = (\overline{C + D}) + \bar{A}C\bar{D} + A\bar{B}\bar{C} + \bar{A}\bar{B}CD + AC\bar{D}$

(h) $x = AB(\overline{\bar{C}D}) + \bar{A}BD + \bar{B}\bar{C}\bar{D}$

B 4-2. 그림 4-68의 회로를 부울 대수를 사용하여 간략화 하여라.

B 4-3.*문제 4-2의 모든 게이트를 NOR 게이트로 바꾸고 부울 대수를 사용하여 회로를 간략화 하여라.

4-4절

B, D 4-4.*표 4-11에 보인 진리표에 해당하는 논리회로를 설계하라.

B, D 4-5. 입력 A, B, C 중 다수의 입력이 LOW일 때에만 출력이 HIGH가 되는 논리회로를 설계하라.

D 4-6. 업무 종료 시간을 알리기 위해 경적을 울리는 공장이 있다. 경적은 다음 조건 중 하나가 만족되었을 때 울려야 한다:

1. 5시 이후이고 모든 기계가 정지하였다.

*가 표시된 문제들은 책의 뒤편에 해답이 있다.

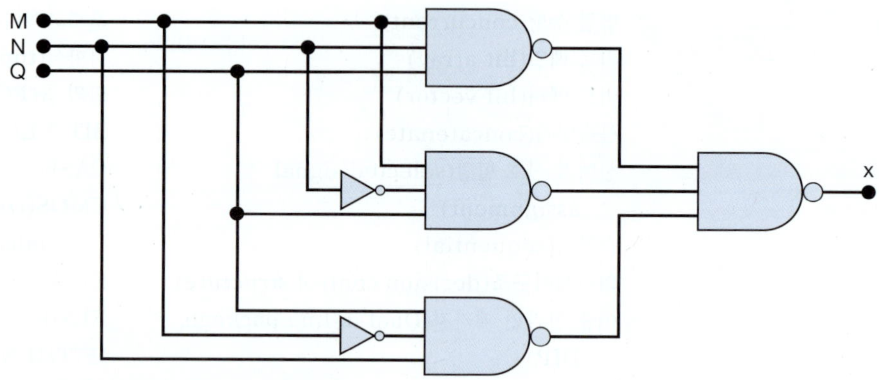

그림 4-68 문제 4-2와 문제 4-3

표 4-11

A	B	C	x
0	0	0	1
0	0	1	0
0	1	0	1
0	1	1	1
1	0	0	1
1	0	1	0
1	1	0	0
1	1	1	1

2. 금요일이고 그날의 생산이 모두 끝났고 모든 기계가 정지하였다.

경적을 제어하는 논리회로를 설계하라. (힌트: 여러 조건을 나타내기 위해 4개의 논리 입력 변수를 사용하라. 예를 들어 입력 A는 그날의 시간이 5시 이후일 때만 HIGH가 된다.)

D 4-7.* 4비트의 2진수가 $A_3A_2A_1A_0$으로 나타내진다. 여기서 A_3, A_2, A_1, A_0은 개별 비트이고 A_0이 LSB이다. 2진수가 0010보다 크고 1000보다 작을 때 HIGH 출력이 나오는 논리회로를 설계하라.

D 4-8. 그림 4-69는 원하지 않는 조건을 탐지하는 자동차 경보 신호 회로도이다. 이 세 개의 스위치는 운전석 문의 상태, 시동 상태, 전조등의 상태를 각각 나타내고 있다. 이 3개의 스위치를 입력으로 사용하여 다음 조건 중 어느 하나라도 발생하면 경보를 울리는 논리회로를 설계하라:

- 시동이 꺼진 상태에서 전조등이 켜져 있다.
- 시동이 켜진 상태에서 문이 열려 있다.

4-9.* 문제 4-4의 회로를 NAND 게이트만 사용하여 구현하라.

4-10. 문제 4-5의 회로를 NAND 게이트만 사용하여 구현하라.

4-5절

B 4-11. 그림 4-70의 각 K맵의 최소 표현을 구하라. (a)의 맵에서는 5단계에 특히 주의하라.

B 4-12. 아래 진리표에 대한 2 × 2 K맵을 그리고 간략화하라. 구한 논리식이 진리표의 각 항의 동작과 일치하는지 다시 한번 확인하라.

그림 4-69 연습문제 4-8.

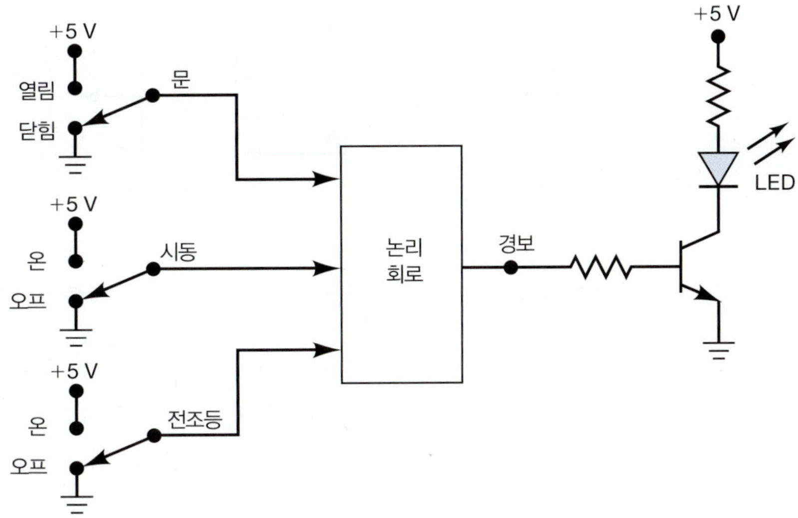

그림 4-70 연습문제 4-11.

	$\bar{C}\bar{D}$	$\bar{C}D$	CD	$C\bar{D}$
$\bar{A}\bar{B}$	1	1	1	1
$\bar{A}B$	1	1	0	0
AB	0	0	0	1
$A\bar{B}$	0	0	1	1

(a)*

	$\bar{C}\bar{D}$	$\bar{C}D$	CD	$C\bar{D}$
$\bar{A}\bar{B}$	1	0	1	1
$\bar{A}B$	1	0	0	1
AB	0	0	0	0
$A\bar{B}$	1	0	1	1

(b)

	$\bar{C}$	C
$\bar{A}\bar{B}$	1	1
$\bar{A}B$	0	0
AB	1	0
$A\bar{B}$	1	X

(c)

A	*B*	*y*
0	0	1
0	1	1
1	0	0
1	1	0

B 4-13. 표 4-11의 진리표에서 K맵을 이용하여 간략화된 SOP식을 구하라.

B 4-14. 다음의 간략화된 식을 구하라.

(a)*문제 4-1(e)에서 K맵을 이용하라. (b) 문제 4-1(g)에서 K맵을 이용하라. (c)*문제 4-1(h)에서 K맵을 이용하라.

B 4-15.*K맵을 이용하여 문제 4-7의 출력식을 구하라.

C, D 4-16. 그림 4-71은 카운터의 입력에 들어온 펄스의 개수를 4비트의 BCD 코드로 출력하는 *BCD* 카운터를 보여주고 있다. 예를 들어 4개의 펄스가 들어오고 나면 카운터의 출력은 $DCBA = 0100_2 = 4_{10}$이다. 카운터는 10번째 펄스가 들어오면 0000으로 리셋되고 다시 계수를 시작한다. 즉 *DCBA* 출력은 $1001_2 = 9_{10}$보다 큰 수는 나타나지 않는다.

(a)*입력이 2, 3, 9일 때 HIGH 출력이 되는 논리회로를 설계하라. K맵을 사용하고 무정의 조건을 활용하라.

그림 4-71 연습문제 4-16

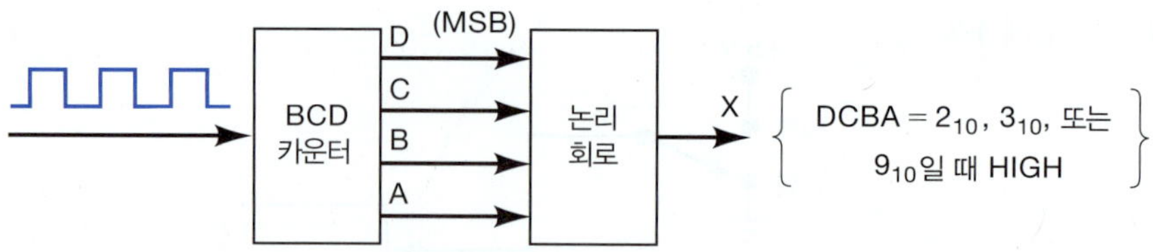

(b) $DCBA$ = 3, 4, 5, 8일때 x = 1이 되도록 설계하라.

D 4-17.* 그림 4-72에는 복사기의 제어 회로의 일부인 4개의 스위치가 있다. 이 스위치는 종이가 복사기를 지나가는 동안 복사지가 지나는 경로 중 여러 곳에 설치된 것이다. 각 스위치는 보통 상태에는 열려 있으나 종이가 스위치 위를 지나갈 때 닫힌다. SW1과 SW4는 동시에 닫힐 수 없다. 2개 이상의 스위치가 동시에 닫힐 때 HIGH 출력이 나오는 논리회로를 설계하라. K맵을 사용하고 무정의 조건을 활용하라.

그림 4-72 연습문제 4-17

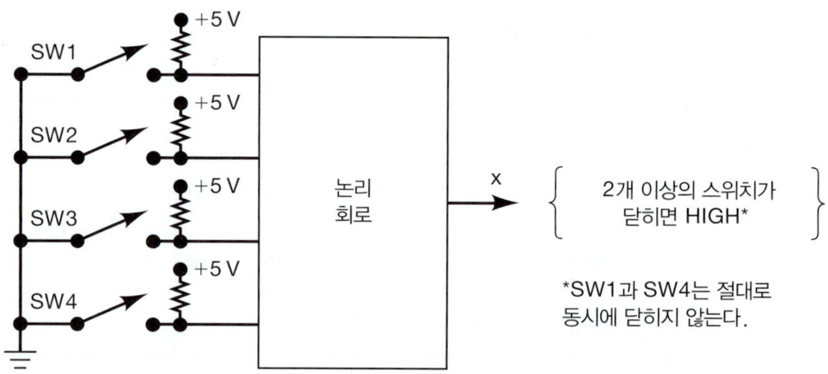

B 4-18.* 예제 4-3은 대수적 간략화 방법을 보여주고 있다. 3단계에서는 곱의 합 형식의 표현식 $z = \overline{A}\overline{B}C + \overline{A}C\overline{D} + \overline{A}B\overline{C}\overline{D} + A\overline{B}C$가 만들어진다. K맵을 사용하여 이 식을 예제에서 보인 답보다 더 간략히 나타낼 수 있음을 보여라.

C 4-19. 부울 대수를 사용하여 문제 4-18에서 K맵을 사용하여 얻은 결과와 같은 결과를 얻어라.

4-6절

B 4-20. (a) 그림 4-73의 회로에 대한 출력 파형을 구하라.
(b) 입력 B가 LOW에 묶여 있을 때에 대해 반복하라.
(c) 입력 B가 HIGH에 묶여 있을 때에 대해 반복하라.

그림 4-73 연습문제 4-20

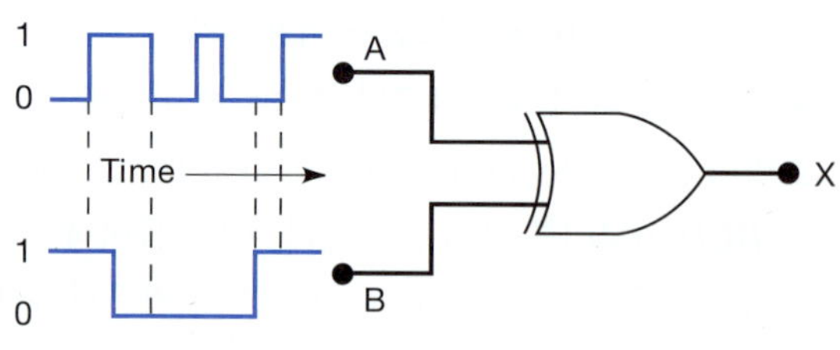

B 4-21.* 그림 4-74에서 x = 1을 만들기 위한 입력 조건을 결정하라.

B 4-22. 3개의 입력 모두가 같은 상태일 때만 HIGH 출력을 발생시키는 회로를 설계하라.
(a) 진리표와 K맵을 이용하여 SOP를 구하라.

그림 4-74 연습문제 4-21

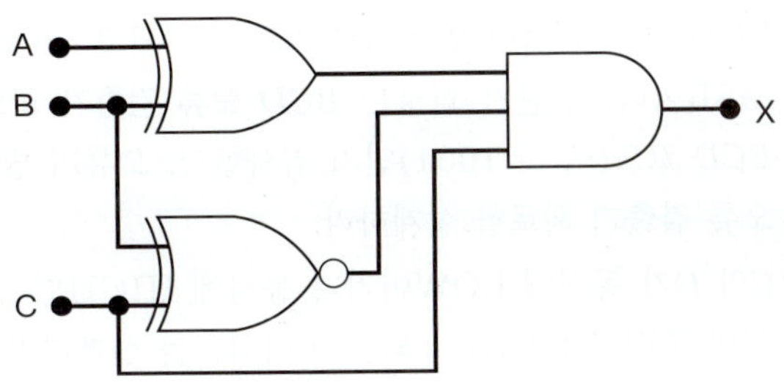

(b) 2입력 XOR 게이트와 다른 게이트를 이용하여 구성하라.
(힌트: 부울대수에서 천이정리(transitive) "$a = b$이고 $b = c$이면 $a = c$이다."이용)

B 4-23.* 7486칩은 4개의 XOR 게이트가 내장되었다. 7486칩 하나만 사용하여 XNOR 게이트를 만들 수 있음을 보여라. (힌트: 예제 4-16을 보라)

B 4-24.* 그림 4-23의 회로를 수정하여 2개의 4비트 숫자를 비교하여 2개의 숫자가 정확히 일치할 때 HIGH 출력이 나오는 회로를 구성하라.

B 4-25. 그림 4-75는 2개의 3비트 2진수 $x_2x_1x_0$과 $y_2y_1y_0$을 비교하여 같은지, 같지 않다면 어떤 쪽이 큰지를 찾아내는 상대적 크기 비교기(*relative magnitude detector*)를 보여주고 있다. 3개의 출력은 다음과 같이 결정된다:

1. 2개의 입력이 같을 때만 $M = 1$
2. $x_2x_1x_0$이 $y_2y_1y_0$보다 클 때만 $N = 1$,
3. $y_2y_1y_0$이 $x_2x_1x_0$보다 클 때만 $P = 1$,

이 비교기의 논리회로를 설계하라. 이 회로는 6개의 입력과 3개의 출력이 있으므로 이를 진리표로 다루기에는 너무 복잡하다. 예제 4-17을 힌트로 참고하여 이 문제 해결의 실마리를 잡도록 하라.

그림 4-75 연습문제 4-25

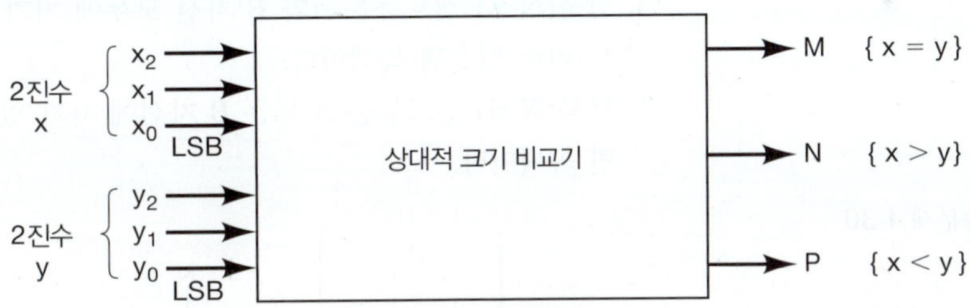

추가설계문제

C, D 4-26.* 그림 4-76은 2비트 2진수 x_1x_0과 y_1y_0을 받아들여 이들의 대수곱에 해당하는 2진수 출력 $z_3z_2z_1z_0$을 만들어 내는 곱셈 회로이다. 이 곱셈회로의 논리회로를 설계하라. (힌트: 이 논리회로는 4개의 입력과 4개의 출력이 있다.)

그림 4-76 연습문제 4-26

D 4-27. BCD 코드가 멀리 있는 수신기로 송신되고 있다. A_3, A_2, A_1, A_0 비트에서 A_3이 MSB이다. 수신기 회로는 *BCD* 오류 검출기 회로가 있어서 수신된 코드가 옳은 *BCD* 코드(즉 ≤ 1001)인지 검사한다. 오류가 발생했을 때 HIGH 출력이 나오는 오류 검출기 회로를 설계하라.

D 4-28.* *C*와 *D*가 동시에 LOW이거나 동시에 HIGH인 상태에서 *A*와 *B*가 동시에 HIGH이면 출력이 HIGH가 되는 논리회로를 설계하라. 진리표를 사용하지 말고 설계하라. 설계된 회로로부터 진리표를 만들어 결과가 문제의 요구조건과 일치하는지 확인하라.

D 4-29. 화학 공장에 4개의 큰 탱크가 있으며 안에는 가열되는 다른 종류의 액체가 들어 있다. 액체의 높이를 검출하는 센서가 탱크 *A* 또는 탱크 *B*의 높이가 정해진 높이 이상으로 높아지는지 검출한다. 탱크 *C*와 탱크 *D*의 온도 센서는 탱크 *C*와 탱크 *D*의 온도가 정해진 온도 이하로 내려가는지 검출한다. 액체 높이 센서의 출력 A와 B는 높이가 높지 않을 때 LOW이며 높이가 너무 높으면 HIGH이다. 온도 센서의 출력 *C*와 *D*는 온도가 낮지 않을 때 LOW이며 너무 낮으면 HIGH가 된다. 탱크 *A* 또는 *B*의 높이가 너무 높은 것과 동시에 탱크 *C* 또는 탱크 *D*의 온도가 너무 낮을 경우를 검출하는 논리회로를 설계하라.

C, D 4-30.* 그림 4-77은 주고속도로와 2차 진입로가 만나는 교차로이다. 자동차 감지 센서가 주도로의 *C*와 *D* 차선과 2차 진입로의 *A*와 *B* 차선에 설치되어 있다. 이 센서의 출력은 차가 없을때 LOW (0)이며 차가 있으면 HIGH (1)이다. 교차로의 신호등은 다음 논리에 따라 제어된다.

1. 동서(E-W) 신호등은 *C*와 *D* 차선 모두에 차가 있으면 녹색이다.
2. 동서(E-W) 신호등은 *C* 또는 *D* 차선에 차가 있고 *A*와 *B* 차선이 한 차선이라도 비어 있으면 녹색이다.
3. 남북(N-S) 신호등은 *A*와 *B* 차선 모두에 차가 있고 *C*와 *D* 차선이 한 차선이라도 비어 있으면 녹색이다.
4. 남북(N-S) 신호등은 *A* 또는 *B* 차선에 차가 있고 *C*와 *D* 차선 모두에 차가 없으면 녹색이다.

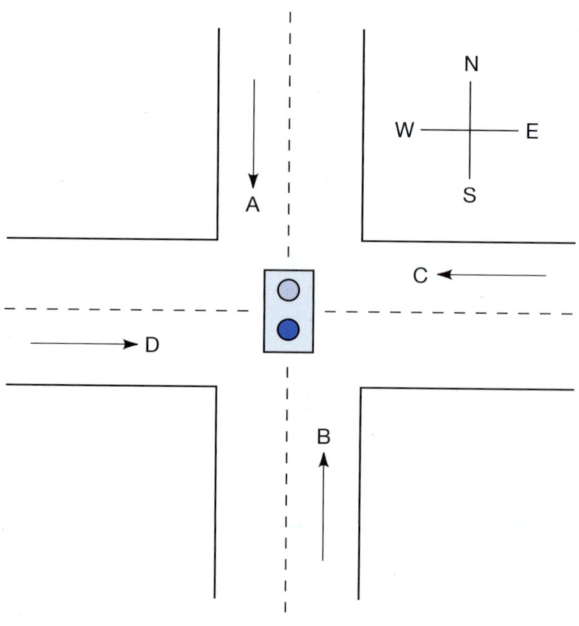

그림 4-77 연습문제 4-30

5. 동서(E-W) 신호등은 차가 없을 때면 녹색이다.

센서 출력 *A*, *B*, *C*, *D*를 입력으로 사용하여 신호등을 제어하는 논리회로를 설계하라. 2개의 출력 N-S와 E-W는 해당 신호등이 녹색일 때 HIGH이다. 가능한 한 회로를 간략화 하고 각 단계를 보여라.

4-7절

D 4-31. 그림 4-25의 패리티 발생기와 검사기를
(a) 홀수 패리티를 사용하도록 다시 설계하라. (힌트: 데이터 비트의 세트가 같을 때 홀수 패리티 비트와 짝수 패리티 비트 사이에는 어떤 관계가 있는가?)
(b) 데이터비트가 8 비트일 때 동작하도록 다시 설계하라.

4-8절

B 4-32. (a) OR게이트는 어떤 조건에서 출력으로 나가는 논리 신호가 바뀌지 않고 통과하도록 하는가?
(b) AND 게이트에 대해 (a)를 반복하라.
(c) NAND 게이트에 대해 반복하라.
(d) NOR 게이트에 대해 반복하라.

B 4-33.* (a) 인버터를 인에이블/디스에이블 회로로 쓸 수 있는가? 설명하라.
(b) XOR 게이트를 인에이블/디스에이블 회로로 쓸 수 있는가? 설명하라.

D 4-34. 제어 입력 *B*가 LOW이고 제어 입력 *C*가 HIGH일 때에만 입력 신호 *A*가 출력으로 나가는 논리회로를 설계하라. 다른 경우에는 출력은 LOW이다.

D 4-35.* 제어 입력 *B*, *C*, *D*가 모두 HIGH일 때만 입력 신호가 통과하는 것을 디스에이블 하는 회로를 설계하라. 디스에이블 상태에서 출력은 HIGH이다.

D 4-36. 다음 요구 사항에 따라 신호 *A*의 통과를 제어하는 논리회로를 설계하라.
1. 제어 입력 *B*와 *C*가 같을때 출력 *X*는 *A*와 같다.
2. *B*와 *C*가 다르면 *X*는 HIGH이다.

D 4-37. 두 신호 입력 A_1과 A_0, 제어 입력 *S*가 있으며 그림 4-78에 주어진 요구 사항에 따라 동작하는 논리회로를 설계하라(이와 같은 회로는 멀티플렉서라고 하며 9장에서 다룰 것이다).

그림 4-78 연습문제 4-37

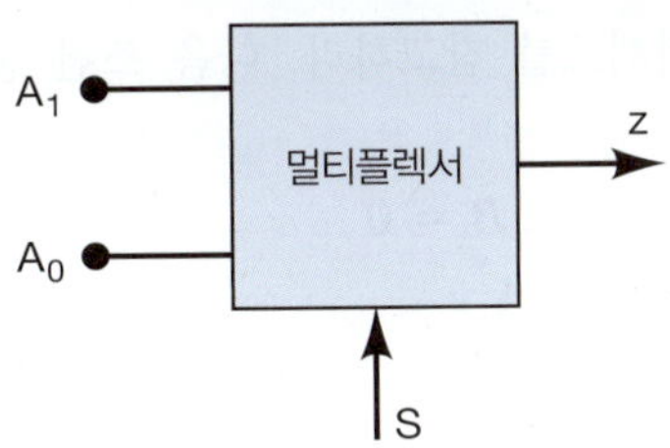

S	z
0	$= A_0$
1	$= A_1$

D 4-38.* K맵을 사용하여 예제 4-17의 요구 사항을 만족하는 회로를 설계하라. 이 회로를 그림 4-23의 해법과 비교하라. 이를 통해 K맵 방법은 XOR와 XNOR 게이트 논리의 장점을 살리지 못한다는 것을 알 수 있을 것이다. 설계자는 언제 이런 게이트를 적용할 수 있는지 알 수 있어야 한다.

4-9~4-13절*

T* 4-39. (a) 논리회로를 검사하는 기술자가 한 인버터가 입력에는 펄스열이 입력되는데 출력은 LOW에 묶여 있는 것을 보았다. 이 고장의 원인이 될 만한 것을 모두 나열하라.
(b) 인버터의 출력이 규정되지 않은(indeterminate) 논리 값에 묶여 있을 때에 대해 (a)를 반복하라.

T 4-40.* 그림 4-79에 보인 신호가 그림 4-32의 회로의 입력에 가해진다. Z1-4에 내부 개방 회로가 있다고 가정해 보자.
(a) Z1-4에서 논리 프로브가 나타내는 것은?
(b) Z1-4에서 직류 전압을 잰다면 어떤 값이 읽히겠는가? (모든 IC는 TTL이라는 것을 기억하라.)
(c) $\overline{CLKOUT}$과 $\overline{SHIFTOUT}$ 신호가 어떻게 보일지 그려라.
(d) Z1-4에서 개방이 된 대신 Z2의 9번과 10번 핀이 내부적으로 단락되었다고 가정하자. Z2-10, $\overline{CLKOUT}$과 $\overline{SHIFTOUT}$ 신호가 어떻게 보일지 그려라.

그림 4-79 연습문제 4-40

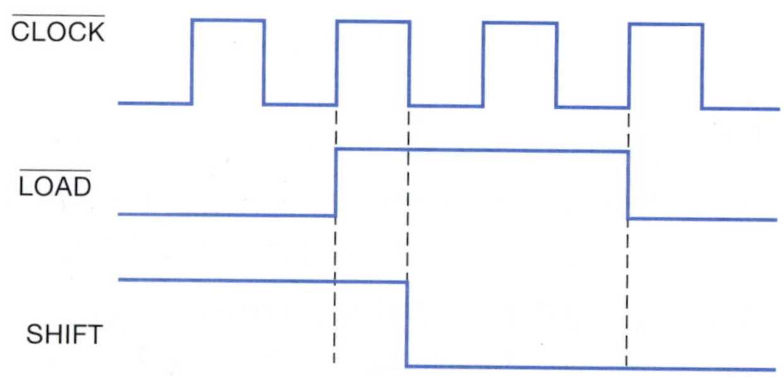

T 4-41. 그림 4-32의 IC가 CMOS라고 가정해 보자. Z2-2와 Z2-10을 연결하는 도체에서 개방된 회로가 발생한다면 회로가 어떻게 동작하겠는가?

T 4-42. 예제 4-24에서 그림 4-36의 상황에 발생할 수 있는 세 가지 고장을 열거하였다. 이 중 어떤 것이 실제로 발생했는지 어떤 절차를 통해 밝힐 수 있겠는가?

T 4-43.* 그림 4-38의 회로를 참고하라. 이 소자가 CMOS라고 가정하자. Z2-3을 찍은 논리 프로브의 표시가 '펄스열'이 아닌 "규정되지 않은 상태'라고 하자. 가능한 고장을 나열하고 실제 고장이 무엇인지 밝힐 수 있는 절차에 대해 써라.

T 4-44.* 그림 4-41의 논리회로를 참고하라. 다음 조건 중 하나가 발생했을 때 출력 Y가 HIGH여야 한다:
1. C에 관계없이 $A = 1, B = 0$
2. $A = 0, B = 1, C = 1$
이 회로를 검사할 때, 기술자는 첫 번째 조건에서는 Y가 HIGH가 되나 그 외의 입력 조건에서는 LOW임을 발견하였다. 다음에 나열한 가능한 고장을 보고, 각각에 대하여 그것이 실제 고장일수 있을지 아닐지를 나타낼 수 있도록 '예', '아니오'를 써라. 아니라고 답한 경우 그렇게 생각한 이유에 대해서도 써라.
(a) Z2-13에서 접지에 내부적으로 단락
(b) Z2-13으로의 연결이 개방
(c) Z2-11이 내부적으로 V_{CC}에 단락

*T는 고장 진단에 대한 연습문제이다.

(d) Z2와 VCC 연결이 개방
(e) Z2-9에서 내부적으로 개방
(f) Z2-11에서 Z2-9로의 연결이 개방
(g) Z2의 6번 핀과 7번 핀 사이에 납땜 연결

T 4-45. 문제 4-44에서 나타낸 오동작을 일으킬 수 있는 고장을 찾아내는 절차를 설명하라.

T 4-46.*그림 4-41의 모든 게이트가 CMOS라고 가정하자. 기술자가 회로를 검사할 때, 다음 조건 외에는 정상적으로 동작하는 것을 확인하였다:

1. $A = 1, B = 0, C = 0$
2. $A = 0, B = 1, C = 1$

이들 조건에 대해 논리 프로브로 검사한 결과 Z2-6, Z2-11, Z2-8이 규정되지 않은(indeterminate) 값을 나타내었다. 이 회로의 가능한 고장 원인은 무엇이겠는가. 그렇게 판단한 이유를 설명하라.

T 4-47. 그림 4-80은 운전자나 승객이 탑승하고 안전벨트를 매지 않은 채 시동을 걸면 경보를 울리는 조합 논리회로이다. HIGH 활성 신호인 DRIV와 PASS는 각각 운전자와 승객이 탑승했음을 나타내며 좌석에 있는 압력 구동 스위치에서 신호가 발생된다. 신호 IGN은 시동 스위치가 켜졌음을 알리는 활성 HIGH 신호이다. $\overline{BELTD}$는 운전석에 안전벨트가 채워지지 않았음을 알리는 활성 LOW 신호이며, $\overline{BELTP}$는 승객석에 안전벨트가 채워지지 않았음을 알리는 활성 LOW 신호이다. 경보는 시동이 걸린 상태에서 두 좌석 중의 하나에 사람이 앉았으나 안전벨트를 채우지 않았을 때 울린다(LOW).

(a) 회로가 설명한 대로 동작한다는 것을 확인하라.
(b) Z1-2가 내부적으로 접지에 단락되면 이 경보 시스템이 어떻게 동작할지 설명하라.
(c) Z2-6에서 Z2-10으로의 연결선이 개방되면 어떻게 동작할지 설명하라.

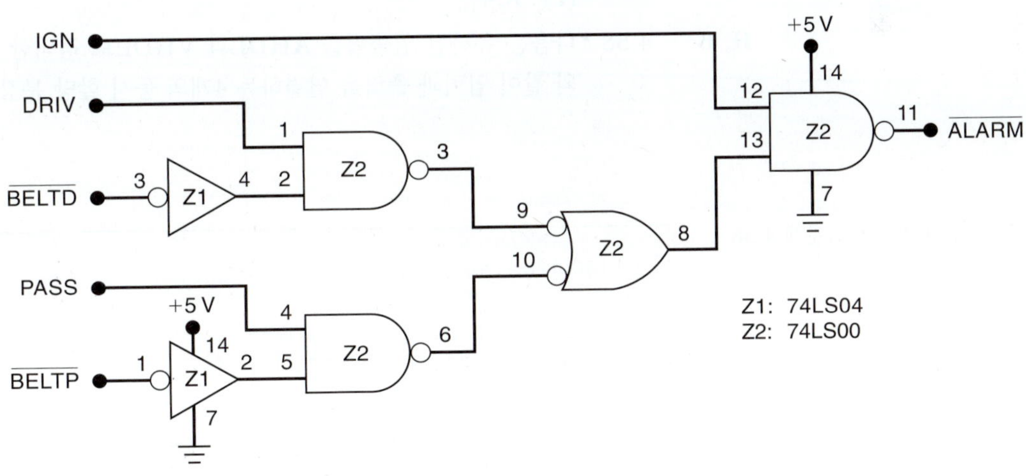

그림 4-80 연습문제 4-47, 4-48, 4-49.

T 4-48.*그림 4-80의 시스템이 운전자나 승객이 앉은 상태에서 시동을 걸면 안전벨트를 채우든 말든 경보가 울린다고 가정해 보자. 가능한 고장은 무엇인가? 실제 고장을 찾아내기 위해 어떤 절차를 따라야 하는가?

T 4-49.*그림 4-80의 시스템이 시동을 걸기만 하면 다른 입력에 관계없이 경보가 울린다고

가정해 보자. 가능한 고장을 나열하고 고장을 찾아내기 위한 절차에 대해 써라.

PLD에 대한 반복연습문제(50~55번)

4-50.* 다음 문장의 참, 거짓을 구분하라.

(a) 하향식 설계는 전체 시스템과 그 규격에 대한 전반적인 기술로부터 시작된다.

(b) JEDEC 파일을 프로그래머의 입력 파일로 사용할 수 있다.

(c) 입력 파일이 오류 없이 컴파일되면, PLD 회로가 정상적으로 동작할 것이라는 것을 의미한다.

(d) 컴파일러는 문법 오류가 있어도 프로그램을 해석할 수 있다.

(e) 테스트 벡터는 소자를 시뮬레이션을 하고 검사하기 위해 사용된다.

H, B 4-51. AHDL 설계 파일에서 % 글자는 무엇을 위해 사용되는가?

H, B 4-52. VHDL 설계 파일에서 주석은 어떻게 나타내는가?

B 4-53. ZIF 소켓은 무엇인가?

B 4-54.* 회로에 대한 기술을 PLD 개발 소프트웨어에 입력하는 세 가지 모드는 무엇인가?

B 4-55. JEDEC과 HDL은 무엇의 약자인가?

4-15절

H, B 4-56. 다음 데이터 객체를 AHDL과 VHDL로 선언하라.

(a)* *gadgets*라고 이름 붙인 8개 출력 비트의 배열

(b) *buzzer*라고 이름 붙인 한 비트의 출력

(c) *altitude*라고 이름 붙인 16비트의 수치 입력 포트

(d) 하드웨어 기술 파일 내의 *wire2*라고 이름 붙인 한 비트의 중간 신호

H, B 4-57. 다음의 리터럴 수치를 AHDL과 VHDL 문법으로 16진, 2진, 10진수로 표현하라.

(a)* 152_{10}

(b) 1001010100_2

(c) $3C4_{16}$

H, B 4-58.* 다음은 유사한 입출력을 AHDL과 VHDL로 정의한 것이다. 그림 4-81에 보인바와 같이 입력과 출력을 연결하는 4개의 동시 할당 문장을 써라.

그림 4-81 연습문제 4-58

```
SUBDESIGN hw
(
    inbits[3..0]    :INPUT;
    outbits[3..0]   :OUTPUT;
)
```

```
ENTITY hw IS
PORT (
     inbits    :IN BIT_VECTOR (3 downto 0);
     outbits   :OUT BIT_VECTOR (3 downto 0)
     );
END hw;
```

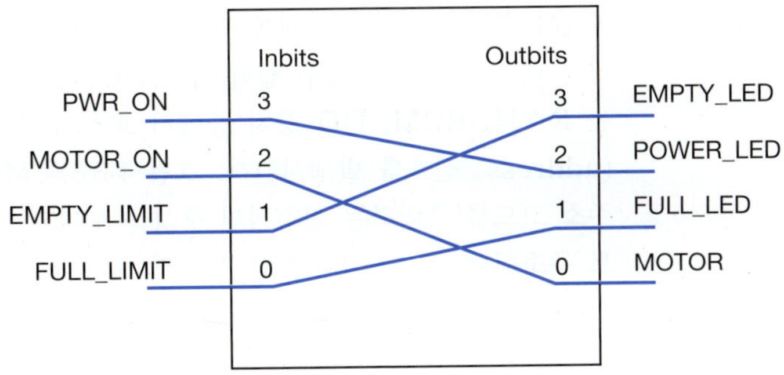

4-16절

H, D 4-59. 그림 4-53의 AHDL 진리표를 $AB + A\overline{C} + \overline{A}B$를 구현할 수 있도록 수정하라.

H, D 4-60.* 그림 4-57의 AHDL 설계를 수정하여 디지털 값이 1010_2보다 작을 때만 $z = 1$이 되도록 하라.

H, D 4-61. 그림 4-54의 VHDL 진리표를 $AB + A\overline{C} + \overline{A}B$를 구현할 수 있도록 수정하라.

H, D 4-62.* 그림 4-58의 VHDL 설계를 수정하여 디지털 값이 1010_2보다 작을 때만 $z = 1$이 되도록 하라.

H, B 4-63. (a) 그림 4-57 또는 (b) 그림 4-58의 코드를 수정하여 digital_value가 6이상 11이하일 때만 출력 z가 LOW가 되도록 구성하라.

H, D 4-64. (a)그림 4-63의 AHDL 설계를 수정하여 표 4-1을 구현하고 (b) 그림 4-64의 VHDL 설계를 수정하여 표 4-1을 구현하도록 구성하라.

H, D 4-65.* 예제 4-9를 구현하는 하드웨어 기술 언어 설계 파일의 부울 식을 써라.

4-66. 그림 4-25의 (a)의 4비트 패리티 발생기를 구현하는 하드웨어 기술 언어 설계 파일의 부울식을 써라.

반복연습문제

B 4-67. 다음 각 용어를 정의하라.

(a) 카르노 맵(Karnaugh map)
(b) 곱의합 형태(sum-of-products form)
(c) 패리티 발생기(parity generator)
(d) 8쌍둥이(octet)
(e) 인에이블 회로(enable circuit)
(f) 무정의 조건(don't-care condition)
(g) 떠 있는 입력(floating input)
(h) 규정되지 않은 전압 값(indeterminate voltage level)
(i) 경쟁(contention)
(j) PLD
(k) TTL
(l) CMOS

마이크로컴퓨터 응용

C 4-68. 마이크로컴퓨터에서 마이크로프로세서 유닛(MPU)은 항상 다음 중 하나와 교신 중이다: (1) 언제든지 바뀔 수 있는 프로그램과 데이터를 저장하는 RAM (2) 바뀌

지 않는 프로그램과 데이터를 저장하는 ROM (3) 키보드, 표시장치, 프린터, 디스크 드라이브와 같은 외부 입력/출력(I/O) 장치. 프로그램을 실행시키면서 MPU는 RAM, ROM, I/O 장치 중에서 교신이 필요한 소자를 선택하기 위해 주소(address) 신호를 발생시킨다. 그림 4-82은 MPU가 A_{15}부터 A_8까지 8비트의 주소 코드를 출력하는 전형적인 구성을 보이고 있다. 사실, MPU의 출력은 16비트 주소이나, 아래의 8비트인 A_7부터 A_0은 소자 선택과정에 사용하지 않는다. 주소 코드를 논리회로에 입력시켜 소자 선택 신호, $\overline{RAM}$, $\overline{ROM}$, $\overline{I/O}$를 만들어 낸다.

그림 4-82 연습문제 4-68과 4-69

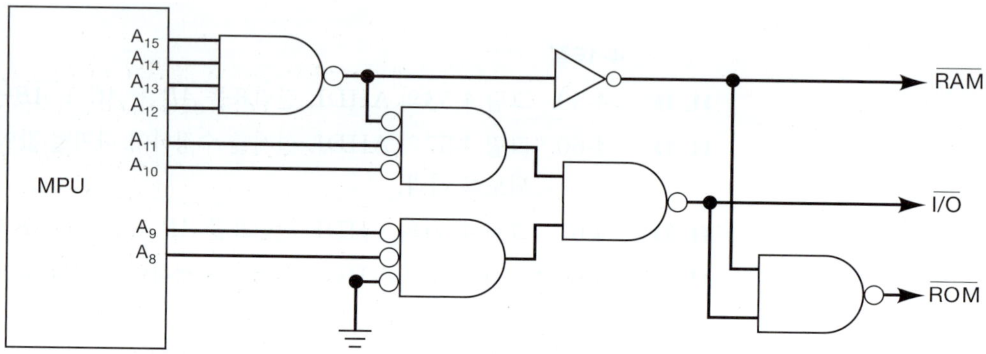

이 회로를 분석하여 다음을 결정하라.

(a)*$\overline{\text{RAM}}$을 활성화시키는 A_{15}부터 A_8까지 주소의 범위

(b) $\overline{\text{I/O}}$를 활성화시키는 주소의 범위

(c) $\overline{\text{ROM}}$을 활성화시키는 주소의 범위

주소는 2진수와 16진수로 나타내라. 예를 들어 (a)의 답은 A_{15}~A_8 = 00000000_2~11101111_2 = 00_{16}~EF_{16}

C, D 4-69. 일부 마이크로컴퓨터는 다른 소자가 RAM, ROM, I/O를 제어하는 짧은 시간 동안 MPU가 디스에이블될 수 있다. 이 시간 동안 특별한 제어 신호($\overline{DMA}$)가 MPU에 의해 활성화되고 이 신호를 사용하여 $\overline{\text{RAM}}$, $\overline{\text{ROM}}$, $\overline{\text{I/O}}$가 모두 비활성 상태에 있도록 소자 선택 논리를 금지(비활성)시킨다. 그림 4-82의 회로를 수정하여 $\overline{DMA}$가 활성이 되면 주소 코드의 상태에 상관없이 $\overline{\text{RAM}}$, $\overline{\text{ROM}}$, $\overline{\text{I/O}}$가 비활성화 되도록 하라.

학습성과 평가문제 해답

4-1절

1. (a) 2. (c)

4-2절

1. 더 작다. 회로를 구현하는데 비용이 적게든다.
2. 모든 회로에서 전파 지연을 균일하게 유지한다.

4-3절

1. 표현식 (b)는 $A\,C\,D$ 항에서 변수 역 기호가 C와 D 모두에 걸쳐 있기 때문에 곱의 합 형식이 아니다(즉, $A\overline{CD}$ 항). 논리 식 (c)는 $(M + \overline{N})P$ 항 때문에 곱의 합 형식이 아니다.

2. 예제 4-1의 해 참고　　3. $x = \overline{A} + \overline{B} + \overline{C}$

4-4절

1. $x = \overline{A}\overline{B}\overline{C}D + \overline{A}\overline{B}C\overline{D} + \overline{A}B\overline{C}\overline{D}$
2. 8개: A, B, C, D에 4개, SOP에 4개 사용
3. 진리표를 작성하고, 곱항을 찾아서 SOP를 만들어 낸다.

4-5절

1. $x = AB + AC + BC$　　2. $z = A + BCD$　　3. $S = \overline{P} + QR$
4. 입력 조건에 대해 요구된 출력 조건이 지정되지 않은 경우로, 출력 조건은 자유롭게 0 또는 1을 선택할 수 있다.

4-6절

2. 항상 LOW　　3. 필요없다. XOR 게이트는 한 쪽 입력에 HIGH를 연결하여 인버터처럼 사용할 수 있다(예제 4-16 참고).

4-7절

1. 7　　2. 8

4-8절

1. $x = \overline{A(B \oplus C)}$　　2. $x = AB\overline{C}$　　3. OR, NAND　　4. NAND, NOR

4-9절

1. (a) 양극성 접합 트랜지스터(bipolar junction transistors) (b) 단극성 금속 산화물 반도체 전계효과 트랜지스터((MOSFETs)
2. SSI, MSI, LSI,VLSI, ULSI, GSI　　3. 참　　4. 참　　5. 40, 74AC, 74ACT 계열
6. 0~0.8 ; V, 2.0~5.0 V　　7. 0~1.5 ; V, 3.5~5.0 V
8. 입력이 HIGH인 것처럼 반응한다.
9. 예측할 수 없다. 회로가 과열, 파손될 수도 있다.　　10. 74HCT와 74ACT
11. 회로를 배치하기 위하여 칩들을 어떻게 연결할 것인가와 고장 진단을 위해서 핀 번호를 붙인다.
12. 입력과 출력이 정의되고, 논리적 관계가 기술된다.

4-11절

1. 개방 입력 또는 개방 출력; VCC에 단락된 입력 또는 출력; 접지에 단락된 입력 또는 출력; 핀들 사이의 단락, 내부 회로의 파손　　2. 핀끼리 단락된다.
3. TTL은 LOW, CMOS는 예측할 수 없다.　　4. 둘 또는 더 많은 출력이 서로 연결된다.

4-12절

1. 개방된 신호선, 단락된 신호선, 고장난 전원, 출력 과부하　　2. 끊어진 선, 납땜 연결 불량, 금이가거나 파손된 회로기판, 굽거나 부러진 IC 핀, 고장난 IC 소켓　　3. IC는 비정상적으로 동작하든지, 아예 동작하지 않게 된다.　　4. 규정되지 않은 논리 값을 갖는다.

4-13절

1. HIGH　　2. 입력중 하나가 LOW　　3. LOW　　4. 입력 중 하나가 HIGH
5. 일치하지 않으면 단순한 배선 문제이다.
6. 출력에서 선을 떼어낸 후 출력이 정상이면 과부하가 문제이다.

4-14절

1. 전기적으로 제어된 연결은 열림(0) 또는 닫힘(1) 상태로 프로그램된다.
2. (4, 1) (2, 2) 또는 (2, 1) (4, 2) 3. (4, 5) (1, 6) 또는 (4, 6) (1, 5)
4. 용어해설을 보라 5. JTAG

4-15절

1. (a) push_buttons[5..0] :INPUT; (b) push_buttons :IN BIT_VECTOR (5 DOWNTO 0), 2. (a) z = push_buttons[5]; (b) z <= push_buttons(5);
3. STD_LOGIC 4. STD_LOGIC_VECTOR 5. 10진법, 2진법, 16진법

4-16절

1. (AHDL) omega[ ] = (x, y, z); (VHDL) omega <= x & y & z;
2. 핵심어 TABLE을 사용한다.
3. 선택적 신호 할당(selected signal assignments)을 사용한다.

4-17절

1. IF/THEN 2. IF/THEN/ELSE 3. CASE 또는 IF/ELSIF 4. 참
5. 참

CHAPTER 5

플립플롭과 관련 소자

Flip-Flops and Related Devices

개요

학습목표

이 장을 학습함으로써 다음을 할 수 있다.

- NAND나 NOR 게이트로 래치 플립플롭을 구성하고 동작 분석
- 동기 시스템과 비동기 시스템의 차이 설명
- 에지 트리거 플립플롭의 동작 이해
- 제작 업체가 정한 플립플롭의 여러 가지 시간 변수를 분석하고 응용
- 병렬 방식과 직렬 방식의 데이터 전송의 차이점 이해
- 입력 신호에 대한 여러 가지 플립플롭의 출력 신호 그리기
- 상태 천이도를 이용하여 계수기의 동작을 설명
- 동기 회로에서의 플립플롭 사용법
- 데이터 전송 회로로서의 시프트 레지스터의 결선 방법
- 플립플롭을 사용한 주파수 분배기와 카운터
- 슈미트-트리거 회로의 전형적 특성 이해
- 회로 설계에서 두 종류의 단안정 멀티바이브레이터 응용
- 555 타이머를 이용한 발진기 설계
- 동기 회로에서 클럭 스큐 효과의 이해와 예측
- 여러 가지 플립플롭 회로의 고장 진단
- 회로도 입력을 이용하여 PLD로 순차 회로 생성
- 래치를 HDL 코드로 표현
- HDL 코드로 기본 논리, 컴포넌트, 라이브러리 이용하기
- 컴포넌트로부터 구조 레벨의 회로 꾸미기

서론

지금까지 다루어 온 논리 회로들은 조합 논리 회로로서 어느 한 순간의 출력이 그 순간의 입력에 의해서 정해지는 것이었다. 그 이전의 입력들은 현재의 출력에 영향을 주지 못하는데 이것은 조합 논리 회로에는 기억 소자가 없기 때문이다. 대부분의 디지털 시스템은 조합 논리 회로와 기억 소자로 구성된다.

그림 5-1은 기억 소자와 조합 논리 회로가 결합된 일반적인 디지털 시스템을 나타낸다. 조합 회로 부분은 외부 입력과 기억 소자의 출력으로부터 논리 신호를 받아들인다. 이러한 입력으로부터 조합 회로는 여러 출력 신호를 만들어 내며, 이 출력 신호의 일부는 기억 소자에 저장되는 2진수 값을 결정하는 데 사용된다. 기억 소자의 몇몇 출력들은 다시 조합 회로의 논리 게이트 입력으로 들어간다. 이 과정은 디지털 시스템의 외부에 나타나는 출력이 외

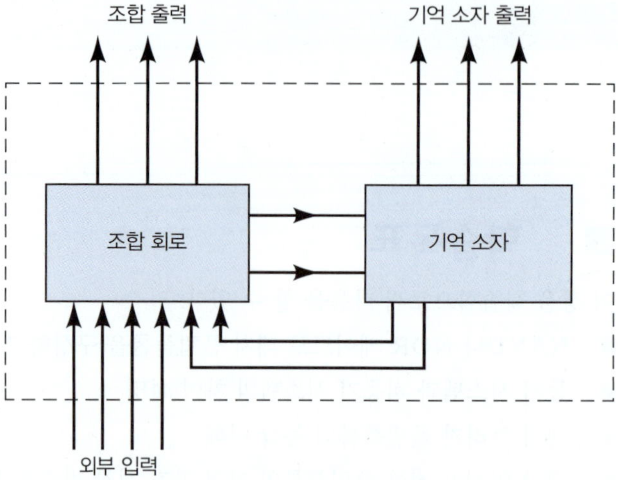

그림 5-1 일반적인 디지털 시스템.

부에서 들어온 입력과 기억 소자에 저장된 정보의 함수임을 나타낸다.

가장 중요한 기억 소자는 논리 게이트의 조합으로 구성되는 플립플롭(Flip-Flop: FF)이다. 비록 논리 게이트 그 자신은 저장 능력을 가지고 있지 않지만, 몇 개를 연결하면 정보를 저장할 수 있도록 만들 수 있다. 메모리 소자는 **피드백(feedback)**이라는 개념을 적용해서 만들어질 수 있다. 피드백은 게이트의 출력이 게이트의 입력으로 연결됨으로써 구성된다. 피드백은 많은 전자 응용례에서 찾아볼 수 있는 중요한 개념이다. 여러 다른 게이트 연결 배열이 플립플롭을 생성하는 데 쓰이고 있다.

그림 5-2(a)는 플립플롭에 사용되는 일반적인 기호이다. 서로 반대의 값을 갖는 2개의 출력 Q와 $\overline{Q}$를 갖는다. $Q/\overline{Q}$는 플립플롭의 출력으로 사용되는 가장 보편적인 명칭이다. 때때로, 논리 회로에서 다른 플립플롭을 구별하기 편리하도록 $X/\overline{X}$ 또는 $A/\overline{A}$와 같은 다른 명칭을 사용하기도 한다.

출력 Q를 보통 정상(*normal*) 플립플롭 출력이라고 하고, 출력 $\overline{Q}$를 반전(*inverted*) 플립플롭 출력이라고 한다. 우리가 보통 플립플롭의 상태를 말할 때는 플립 플롭의 정상 출력(Q)을 두고 말하며, 이때 반전 출력($\overline{Q}$)은 역변환된 상태 값을 가지게 된다. 예를 들어 플립플롭이 HIGH (1) 상태에 있다고 말하는 것은 $Q = 1$을 의미하고, 플립플롭이 LOW (0) 상태에 있다는 것은 $Q = 0$을 의미한다. 물론, $\overline{Q}$는 항상 Q의 역변환된 상태가 된다.

플립플롭의 두 가지 동작 상태를 그림 5-2(b)에 요약하였다. HIGH 또는 1 상태($Q = 1/\overline{Q} = 0$)를 **세트(SET)** 상태라고 말한다. 즉 플립플롭의 입력이 $Q = 1$인 상태가 되도록 할 때, 우리는 플립플롭이 세트되었다고 한다. 비슷하게, LOW 또는 0 상태($Q = 0/\overline{Q} = 1$)를 **CLEAR** 또는 **RESET** 상태라고 한다. 즉 플립플롭의 입력이 $Q = 0$ 상태가 되도록 할 때, 우리는 플립플롭을 클리어 또는 리셋시킨다고 말한다. 또는 플립플롭이 클리어 또는

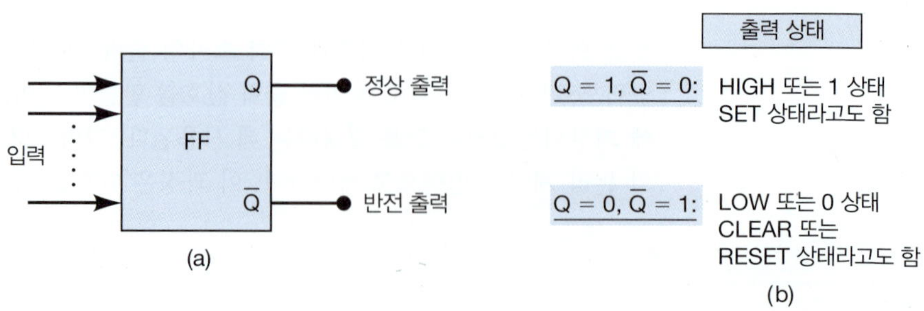

그림 5-2 일반적인 플립플롭과 두 가지 출력 상태의 정의.

리셋되었다고 한다. 나중에 살펴보겠지만, 대부분의 플립플롭은 원하는 출력의 상태를 갖도록 하는 데 사용되는 **SET** 입력 또는 **CLEAR(RESET)** 입력을 가진다.

그림 5-2(a)에서와 같이 플립플롭은 1개 또는 여러 개의 입력을 가질 수 있다. 이러한 입력은 플립플롭의 출력 상태를 결정하고 변화시키는 데 사용된다. 대부분의 플립플롭 입력은 플립플롭 출력 상태를 변화시키기 위하여 잠시 동안만 활성화해주면 되며, 출력은 입력 펄스가 없어진 후에도 새로운 출력 상태를 유지하는데, 이는 플립플롭이 그 상태를 기억하는 특성 때문이다.

플립플롭은 래치(*latch*) 또는 쌍안정 멀티바이브레이터라는 다른 이름으로도 불린다. 래치라는 용어는 앞으로 다룰 플립플롭의 한 종류이다. 쌍안정 멀티바이브레이터라는 호칭은 플립플롭보다 기술적인 이름이지만, 일반적으로 잘 사용하지 않는다.

5-1 NAND 게이트 래치

학습성과

이 절을 학습함으로써 다음을 할 수 있다

- 래치나 FF의 SET와 RESET 상태 정의
- NAND 래치의 입력의 변화에 따른 출력 상태 예측
- Active-HIGH와 Active-Low 제어신호의 구분

가장 기본적인 플립플롭 회로는 2개의 NAND 게이트 또는 2개의 NOR 게이트로 구성될 수 있다. NAND 게이트를 이용한 래치를 **NAND 게이트 래치** 또는 간단히 **래치**라고 하고, 그림 5-3(a)에 나타내었다. 2개의 NAND 게이트는 입력과 출력이 상호 연결되어 있는 형태를 취한다. 즉 NAND-1의 출력이 NAND-2의 입력 중 하나와 연결되어 있고, NAND-2의 출력은 NAND-1의 입력 중 하나에 연결되어 있다. Q와 $\overline{Q}$로 명명된 게이트 출력은 래치의 출력이 된다. 일반적인 조건에서 이 출력들은 항상 서로 반대의 값을 갖는다. 그리고, 2개의 래치 입력을 갖는데, SET 입력은 출력 Q를 1인 상태로 만드는 입력이고, RESET 입력은 출력 Q를 0인 상태로 만드는 입력이다.

NAND 게이트 래치에서 SET와 RESET 입력들은 보통 HIGH 상태로 유지하고 있고, 래치 출력들을 변화시키고자 할 때에는 두 입력 중 하나에 LOW 펄스를 인가한다. SET와 RESET가 모두 1일 때는 두 가지의 출력 상태가 동등하게 나타날 수 있음을 예를 들어 설명하겠다. 첫 번째의 경우를 그림 5-3(a)에 나타내었다. 여기서 $Q = 0$, $\overline{Q} = 1$이다. Q가 0이므로 NAND-2의 입력은 0과 1이고, $\overline{Q} = 1$을 출력한다. $\overline{Q} = 1$이 되므로

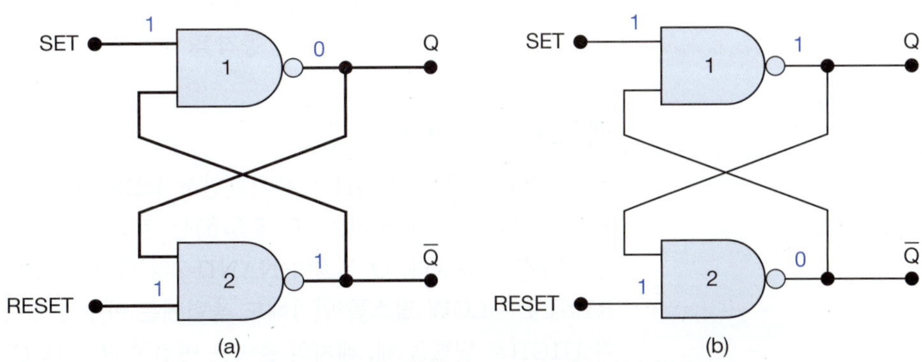

그림 5-3 SET = RESET = 1일때 NAND 래치는 2개의 가능한 상태를 가진다.

NAND-1의 두 입력은 1이고, 출력 Q를 0으로 만든다. 결과적으로, NAND-1의 LOW 출력은 NAND-2의 출력을 HIGH로 만들고, NAND-2의 HIGH 출력이 NAND-1의 출력을 LOW로 유지시킨다.

두 번째의 경우를 그림 5-3(b)에 나타내었다. 여기서는 $Q = 1, \overline{Q} = 0$이다. NAND-1의 HIGH 출력이 NAND-2의 LOW 출력을 만들고, 이것이 다시 NAND-1 출력을 HIGH로 유지시킨다. 이와 같이 SET = RESET = 1일 때는 두 종류의 출력 상태가 모두 가능하다. 앞으로 공부하겠지만, 어떤 출력 상태가 되느냐는 그 이전의 입력에 의존하게 된다.

래치(FF)의 세트

RESET 입력이 HIGH이고, SET 입력이 잠깐 동안 LOW로 변할 때, 플립플롭에서 일어나는 상황을 알아보자. 그림 5-4(a)는 펄스가 인가되기 전에 $Q = 0$이었을 경우를 나타낸다. 임의 시간 t_0에서 SET 입력을 LOW로 변화시키면, 출력 Q는 HIGH 상태가 되고, 이 HIGH 출력이 $\overline{Q}$를 LOW로 변화시켜서 NAND-1은 2개의 LOW 입력을 가지게 된다. 그러므로 t_1 시간에서 SET 입력이 HIGH 상태로 복귀되었을 때, NAND-1의 출력은 HIGH 상태로 유지(*remain*)되고, NAND-2의 출력은 LOW로 유지된다.

그림 5-4(b)는 SET 펄스를 인가하기 전에 $Q = 1$이고 $\overline{Q} = 0$인 경우의 변화를 나타낸다. $\overline{Q} = 0$이 이미 NAND-1의 출력을 HIGH로 유지하고 있기 때문에, SET 입력에 LOW 펄스를 가해도 어떤 변화도 일어나지 않는다. 이후 SET 입력을 HIGH로 다시 바꾸어도, 래치의 출력은 여전히 $Q = 1, \overline{Q} = 0$이다.

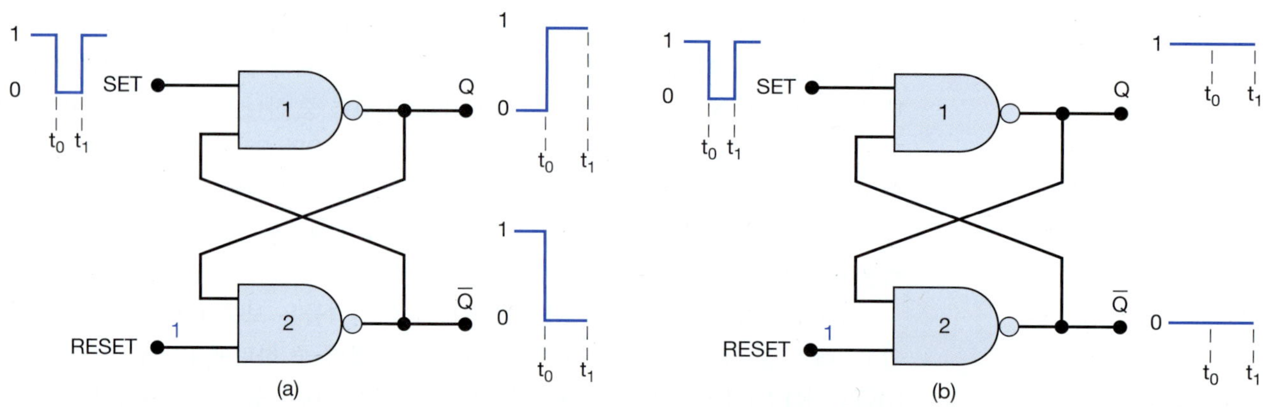

그림 5-4 SET 입력에 0 펄스를 인가할 때 (a) SET 펄스 인가 전에 $Q = 0$인 경우. (b) SET 펄스 인가 전 $Q = 1$인 경우. 두 경우, 모두 Q가 HIGH로 됨을 주목하라.

그림 5-4를 한 마디로 설명하면 SET 입력에 LOW 펄스가 인가하면, 항상 래치는 $Q = 1$ 상태가 된다는 것이다. 이런 동작을 래치 또는 플립플롭을 세트(*set*)시킨다고 한다.

래치(FF)의 리세트

이제 SET 입력을 HIGH로 유지하면서 RESET 입력에 LOW 펄스를 인가했을 때 생기는 현상을 고려해 보자. 그림 5-5(a)는 펄스를 인가하기 전의 상태가 $Q = 0, \overline{Q} = 1$인 경우를 나타낸다. $Q = 0$이 NAND-2의 출력을 이미 HIGH로 유지하고 있기 때문에, RESET에 LOW 펄스를 인가해도 출력에는 아무런 영향도 미치지 않는다. 다시 RESET가 HIGH로 변했을 때, 래치의 출력은 여전히 $Q = 0, \overline{Q} = 1$이다.

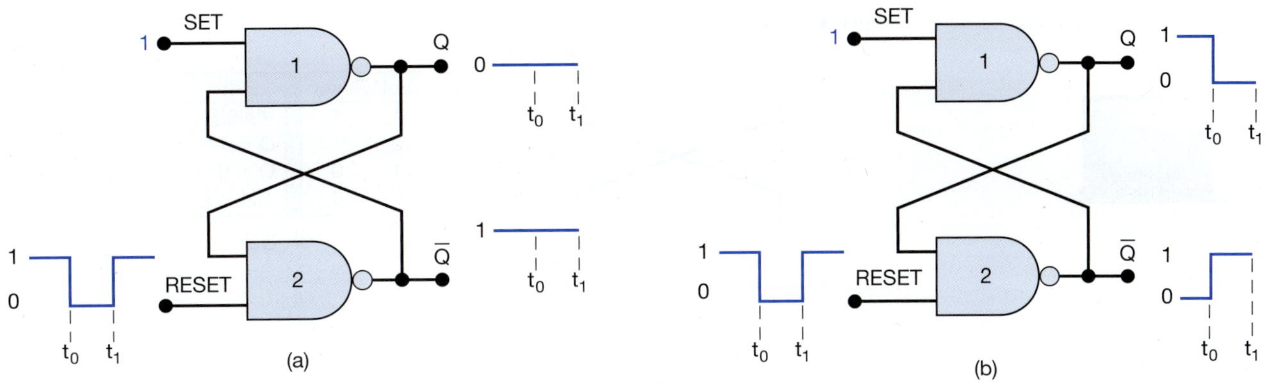

그림 5-5 RESET 입력에 0 펄스를 인가할 때 (a) RESET 펄스 인가 전에 $Q = 0$ 인 경우. (b) RESET 펄스 인가 전 $Q = 1$인 경우. 두 경우, 모두 Q가 LOW로 됨을 주목하라.

그림 5-5(b)는 RESET 입력에 펄스를 인가하기 전의 상태가 $Q = 1$인 경우를 나타낸다. t_0에서 RESET 입력에 LOW를 인가하면, $\overline{Q}$는 HIGH가 될 것이고, 이 HIGH 출력은 Q를 LOW 상태로 변화시켜서 NAND-2가 2개의 LOW 입력을 갖도록 한다. 따라서 RESET가 t_1 시간에 HIGH로 다시 돌아가도 NAND-2 출력은 HIGH로 유지하며, 이는 NAND-1 출력을 LOW로 유지시킨다.

그림 5-5를 한 마디로 설명하면 RESET 입력에 LOW 펄스를 인가하면, 항상 래치는 $Q = 0$ 상태가 된다는 것이다. 이런 동작을 래치의 클리어(*clear*) 또는 리세트(*reset*)라고 한다.

동시적인 세트와 리세트

마지막으로 고려해야 할 경우는 SET와 RESET 입력에 동시에 LOW가 인가되었을 경우이다. 이 때에는 2개의 NAND 출력이 HIGH가 되어 $Q = \overline{Q} = 1$인 경우가 된다. 분명히, 이러한 상태는 2개의 출력이 서로 반대이어야 한다는 가정에 어긋나므로 원하지 않는 상태이다. 게다가 SET나 RESET 입력이 HIGH로 다시 변할 때, 어떤 입력이 먼저 HIGH로 변하는가에 따라 그 출력 결과가 결정된다. 입력 값이 동시에 HIGH로 되면 출력 값을 예측할 수 없다. 이런 이유 때문에 SET = RESET = 0인 조건은 일반적으로 NAND 래치에서는 사용되지 않는다.

NAND 래치의 요약

위에서 서술한 논리 동작을 그림 5-6의 함수표에 나타내었고, 이를 다음과 같이 요약할 수 있다.

1. SET = RESET = 1. 이 경우는 보통 부동 상태(resting state)로, 출력 상태에 아무런 영향도 미치지 않는다. Q와 $\overline{Q}$ 출력은 입력이 들어가기 전의 상태를 유지한다.
2. SET = 0, RESET = 1. 이 경우는 출력을 항상 $Q = 1$인 상태로 만들며, 여기서 다시 SET 입력이 HIGH로 되어도 출력은 변하지 않는다. 이것을 래치의 세트 상태이라 한다.
3. SET = 1, RESET = 0. 이 경우는 출력을 항상 $Q = 0$인 상태로 만들며, 여기서 RESET 입력이 다시 HIGH로 변하여도 출력은 변하지 않는다. 이것을 래치의 클리어

그림 5-6 (a) NAND 래치. (b) 함수표.

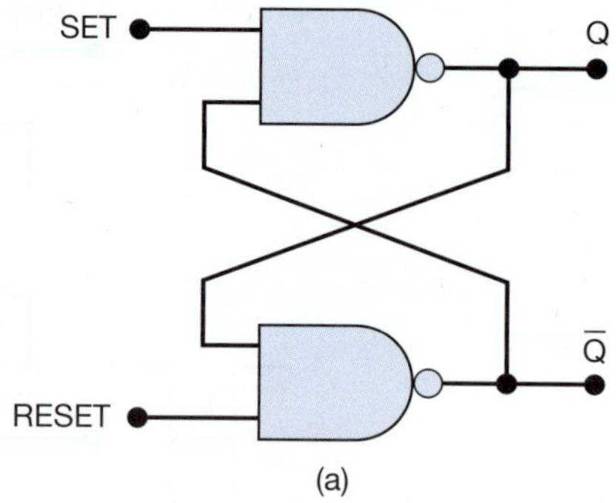

Set	Reset	출력
1	1	변화없음
0	1	Q = 1
1	0	Q = 0
0	0	사용 안됨*

*$Q = \overline{Q} = 1$을 생성

(b)

또는 리세트 상태라고 한다.

4. SET = RESET = 0. 이 조건은 래치의 세트와 리세트를 동시에 하려는 것으로, $Q = \overline{Q} = 1$의 출력을 낸다. 만일 입력이 동시에 1로 돌아가면 출력 값을 예측할 수 없게 된다. 이 입력 조건은 사용하지 않는다.

등가 표현

앞에서 살펴본 것처럼 NAND 래치 동작에서 SET가 RESET 입력이 LOW 활성(active-LOW)이어야 함은 명백하다. SET가 LOW로 될때 $Q = 1$이 되고, RESET가 LOW 상태로 될 때 $Q = 0$이 된다. 이러한 이유로 NAND 래치를 그림 5-7(a)와 같이 NAND 게이트의 등가 표현으로 나타내기도 한다. 입력에 표시된 방울(bubble)과 입력 신호 이름인 $\overline{SET}$과 $\overline{RESET}$는 이들 입력이 LOW 활성임을 나타낸다(3-13절과 3-14절 참고).

그림 5-7(b)는 간략화된 기호로서 이 책에서도 자주 사용될 것이다. 블럭 안의 문자 S와 R은 SET와 RESET 입력을 나타내고, 방울은 이 신호들이 LOW 활성임을 나타낸다. 앞으로 NAND 래치를 나타낼 때는 이 기호를 사용할 것이다. 이 NAND 래치와 5-2절에 제시된 NOR 래치를 공통적으로 **S-R 래치**라고 한다.

용어

플립플롭 또는 래치를 리세트시키는 동작을 클리어라도 하며, 두 용어는 서로 바꾸어 사용할 수 있다. 실제로, RESET 입력을 CLEAR 입력이라고 말하기도 한다. 그리고 SET-RESET 래치를 SET-CLEAR 래치라고도 한다.

그림 5-7 (a) NAND 래치 등가 표현. (b) 간략화된 기호.

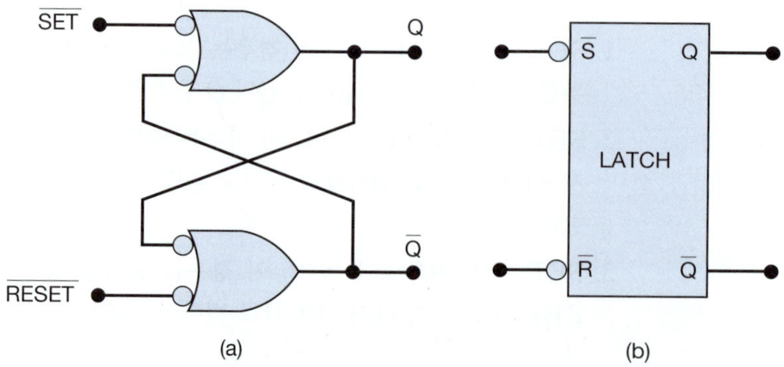

예제 5-1

그림 5-8의 파형이 그림 5-7의 래치의 입력으로 인가되었다. 초기 값을 $Q = 0$이라 가정하고, Q의 파형을 구하라.

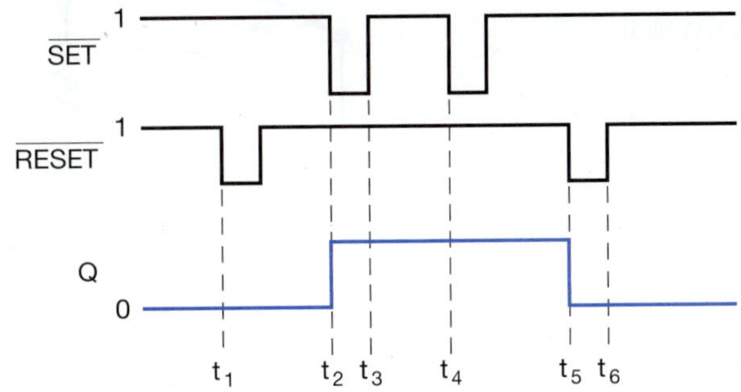

그림 5-8 예제 5-1.

풀이

초기에는 $\overline{\text{SET}} = \overline{\text{RESET}} = 1$이므로 Q는 LOW를 유지한다. 이미 Q는 클리어(0)되어 있기 때문에, t_1의 시간에 $\overline{\text{RESET}}$ 입력에 인가된 LOW 펄스는 아무런 영향을 끼치지 않는다.

출력 Q가 1 상태로 되기 위한 유일한 방법은 LOW 펄스가 $\overline{\text{SET}}$ 입력에 인가되는 것이다. 이러한 변화는 t_2 시점에서 $\overline{\text{SET}}$가 먼저 LOW로 전환될 때 발생된다. t_3 시점에서 $\overline{\text{SET}}$가 HIGH로 다시 복귀될 때도, Q는 이 갱신된 HIGH 상태를 유지한다.

t_4 시점에서 다시 $\overline{\text{SET}}$에 LOW가 인가될 때, Q는 이미 1의 상태에 있으므로 아무런 영향을 미치지 못한다.

Q를 다시 0 상태로 바꾸기 위한 유일한 방법은 $\overline{\text{RESET}}$ 입력에 LOW 펄스를 인가하는 것이다. 이것은 t_5 시점에서 발생한다. t_6에서 $\overline{\text{RESET}}$가 다시 1이될 때, Q는 계속 LOW 상태를 유지한다.

예제 5-1은 래치 출력은 그 출력을 활성화시키는 마지막 입력을 "기억"하고, 반대 입력이 인가되기 전까지 그 상태를 유지함을 나타낸다.

예제 5-2

접촉 바운스(contact bounce) 현상 때문에 기계적 스위치에서는 "깨끗한" 전압 천이를 얻는 것이 거의 불가능하다. 이러한 현상은 그림 5-9(a)에서 볼 수 있다. 즉 기계적 스위치가 접점 1에서 2까지의 움직이는 동작은 스위치가 접점 2에 완전히 안착하기 전까지 스위치의 바운스 현상(접점 2에 여러 번 붙었다 떨어지는 현상) 때문에 여러 번의 출력전압 천이를 발생시킨다.

출력 신호의 다중 천이 현상은 길어야 몇 ms이지만, 많은 응용 분야에서 허용될 수 없는 현상이다. NAND 래치는 접촉 바운스 현상이 출력에 영향을 미치는 것을 막는 데 사용될 수 있다. 그림 5-9(b)에 있는 "스위치 디바운싱(switch debouncing)" 회로의 동작에 대하여 설명하라.

풀이

$\overline{\text{RESET}}$ 입력이 LOW이고, $Q = 0$이 되도록 스위치가 접점 1에 있다고 가정하자. 스위치가 접점 2로 움직이면 HIGH로 움직이고, $\overline{\text{SET}}$에 LOW 값이 나타난다. 이것은 수 ns(NAND 게이트 응답시간) 내에 $Q = 1$이 되게 한다. 만약 접점 2에서 스위치가 바운

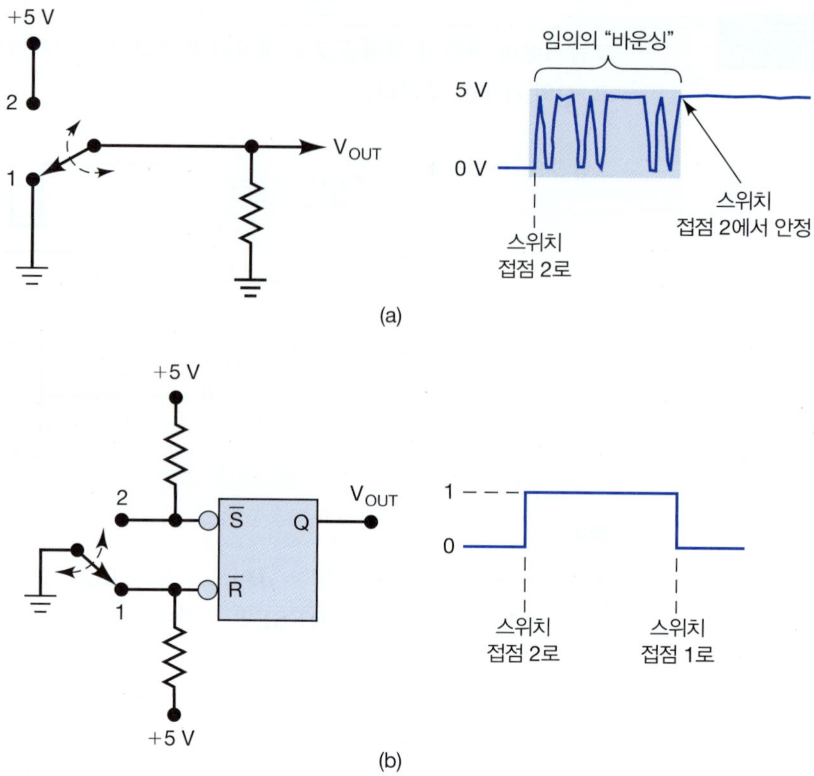

그림 5-9 (a) 기계적 접촉 바운스로 야기되는 다중 천이 현상. (b) 기계적 스위치의 바운스 현상 방지를 위해 사용되는 NAND 래치.

스되어 떨어지면, $\overline{\text{SET}}$와 $\overline{\text{RESET}}$ 모두 HIGH가 되고, Q는 아무런 영향을 받지 않아 HIGH 상태를 유지한다. 스위치가 접점 2에 안정되기 전까지 바운스 현상이 나타나도 Q는 아무런 영향을 받지 않을 것이다.

마찬가지로, 스위치가 접점 2에서 접점 1로 다시 움직일 때, 첫 번째 접촉에서 $\overline{\text{RESET}}$에 LOW가 나타난다. 이것은 Q를 LOW 상태로 클리어한다. 여기서 스위치가 접점 1에 완전히 안정되기 전에 몇 번 바운스될지라도 Q는 그 상태를 그대로 유지한다.

그러므로 스위치가 한 접점에서 다른 접점으로 움직일 때마다 Q의 출력은 하나의 천이를 갖는다.

학습성과 평가문제

1. 래치의 $\overline{\text{SET}}$와 $\overline{\text{RESET}}$ 입력의 평소 상태는 무엇인가? 각 입력의 활성 상태는 무엇인가?
2. 플립플롭이 리세트(클리어)된 후 Q와 $\overline{Q}$의 상태는 무엇인가?
3. 참 또는 거짓: $\overline{\text{SET}}$ 입력은 결코 $Q = 0$으로 만들 수 없다.
4. 어떤 플립플롭에 전원을 처음 인가하였을 때, 출력 Q와 $\overline{Q}$의 초기 상태를 예측하는 것은 불가능하다. NAND 래치가 항상 $Q = 1$의 초기 상태에서 동작하도록 하기 위한 방법은 무엇인가?

5-2 NOR 게이트 래치

학습성과

이 절을 학습함으로써 다음을 할 수 있다

- NOR래치의 입력 변화에 따른 출력상태의 변화 예측
- Active-HIGH와 Active-LOW 제어신호의 구분

입출력이 상호 연결된 2개의 NOR 게이트는 **NOR 게이트 래치(NOR gate latch)**로 사용될 수 있다. 그림 5-10(a)에 나타낸 배치는 Q와 $\overline{Q}$ 출력의 위치가 바뀌었다는 것을 제외하고는 NAND 래치와 비슷하다.

NOR 래치의 동작 해석은 NAND 래치에서와 같은 방법으로 할 수 있다. 그 결과는 그림 5-10(b)의 함수표에 주어져 있고, 다음과 같이 요약할 수 있다.

1. SET = RESET = 0. 이것은 NOR 래치에 대하여 일반적인 부동 상태이고, 출력 상태에 아무런 영향을 주지 않는다. Q와 $\overline{Q}$는 이 입력이 인가되기 이전의 상태를 그대로 유지한다.
2. SET = 1, RESET = 0. 이것은 항상 Q = 1로 만든다. SET 신호가 0으로 돌아온 후에도 그대로 그 값을 유지한다.
3. SET = 0, RESET = 1. 이것은 항상 Q = 0으로 만든다. RESET 신호가 0으로 돌아온 후에도 그 값을 그대로 유지한다.
4. SET = 1, RESET = 1. 이 조건은 동시에 래치를 세트와 리세트를 하게 되고, $Q = \overline{Q}$ = 0을 발생시킨다. 만약 입력들이 동시에 0으로 되돌아오면, 그 결과 출력 상태는 예측할 수 없다. 그러므로 이러한 입력 조건은 사용되지 않는다.

SET와 RESET가 LOW 활성(active-LOW)이 아니라 HIGH 활성(active-HIGH)*인 것을 제외하고, NOR 게이트 래치는 NAND 게이트 래치와 똑같이 동작하고, SET = RESET = 0이 부동 상태(resting state)이다. SET 입력에 HIGH 펄스가 인가되면, Q는 HIGH로 SET되고, RESET 입력에 HIGH 펄스를 인가하면, Q는 LOW로 RESET된다. 그림 5-10(c)의 NOR 래치에 대한 간략화된 기호는 입력 S, R에 방울이 없는데, 이것은 입력들이 HIGH 활성임을 가리킨다.

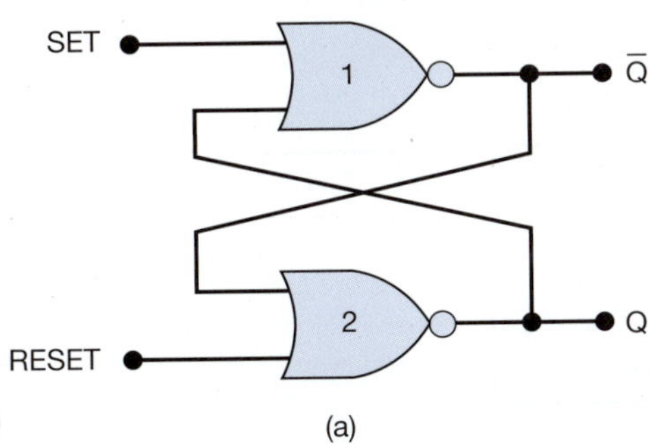

(a)

Set	Reset	출력
0	0	변화없음
1	0	Q = 1
0	1	Q = 0
1	1	사용 안됨*

*$Q = \overline{Q}$ = 0을 생성

(b)

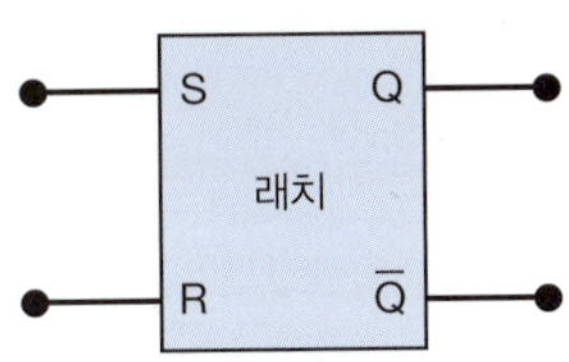

(c)

그림 5-10 (a) NOR 게이트 래치. (b) 함수표. (c) 간략화된 기호.

---

* 입력 신호가 HIGH일 때, 활성화됨을 의미한다.

예제 5-3

초기 값이 $Q = 0$이라고 가정하고, 그림 5-11의 NOR 래치 입력에 대한 출력 Q의 파형을 구하라.

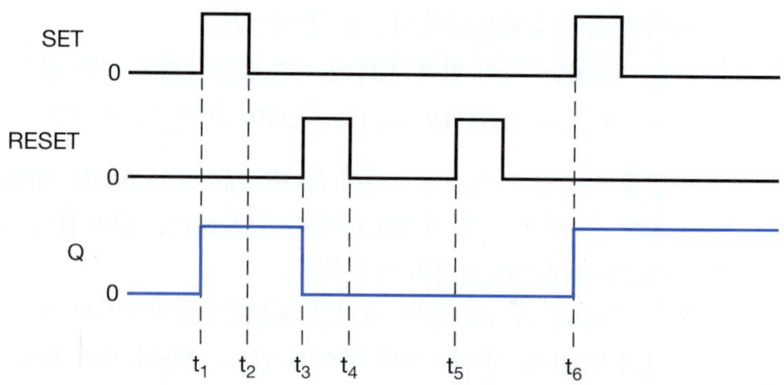

그림 5-11 예제 5-3.

풀이

초기에는 출력 Q에 아무런 영향을 미치지 않는 SET = RESET = 0이어서, Q는 LOW를 유지한다. 시간 t_1에서 SET 입력이 HIGH로 가면, 출력 Q는 1 상태가 된다. 그리고 시간 t_2에서 SET 입력이 0으로 다시 복귀하여도 출력 Q는 그 상태를 그대로 유지한다. 시간 t_3에서 RESET 입력이 HIGH로 가고, 출력 Q는 0 상태로 클리어된다. 그리고 시간 t_4에서 RESET 신호가 LOW로 다시 복귀하여도, 출력 상태는 그대로 유지된다.

t_5에서 RESET 펄스는 Q가 이미 LOW이므로, Q에 아무런 영향을 미치지 않는다. t_6에서 SET 펄스는 Q를 다시 1 상태로 환원시키며 그 상태를 유지한다.

예제 5-3은 래치가 마지막으로 활성화된 입력만 "기억"하고, 반대 입력이 활성화되기 전까지 그 상태를 유지함을 나타낸다.

예제 5-4

그림 5-12는 빛의 단락을 검출하는 간단한 회로이다. 빛은 스위치로 사용하는 에미터 공통 구조에 연결된 포토트랜지스터에 입사된다. SW1을 잠시 열어서 래치의 초기 상태를 0으로 만들었다고 하자. 이때 만약 빛이 잠시 차단된다면, 어떤 현상이 일어나는지를 기술하라.

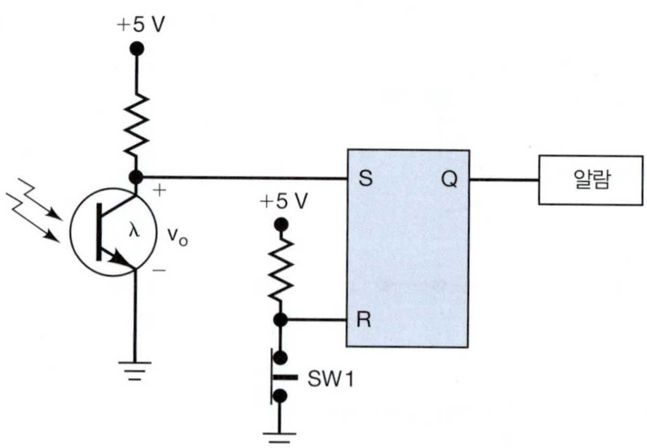

그림 5-12 예제 5-4.

풀이

포토트랜지스터에 빛을 쪼이면, 컬렉터와 에미터의 저항이 매우 작아지므로, 완전 전도 된다고 가정할 수 있다. 그러므로 v_0은 0 V에 가깝게 된다. 따라서 래치의 SET 입력이 LOW 상태가 되어, SET = RESET = 0이 된다.

빛이 차단되면 포토트랜지스터는 OFF되고, 에미터와 컬렉터사이의 저항은 매우 큰 값을 갖는다(연결이 끊어졌다고 보면 된다). 이 때문에 v_0 전압은 약 5 V까지 상승하여 SET 입력이 활성화되고, 따라서 Q가 HIGH로 세트되어 경고음이 울린다.

v_0가 다시 0 V로 돌아와도(즉 빛이 단지 잠시 동안만 차단될 경우) Q는 HIGH 상태를 그대로 유지할 것이다. 즉 SET와 RESET 입력이 모두 LOW이기 때문에, 출력 Q에 아무런 영향을 미치지 않는다.

이 예제에서는 래치의 기억 특성을 이용하여 순간적인 입력 변화(빛의 차단 등과 같은)를 일정한 출력으로 변환하였다. SW1을 오픈하고 RESET 입력을 HIGH로 저항을 이용하여 세팅함으로써 래치가 리셋될 때 알람(Alarm)은 비활성화된다. 빛이 차단된 동안 래치를 리셋하려고 하면 SET과 RESET이 허용되지 않는 상태를 야기한다. 그러므로 알람 래치를 리셋하기 위해서 빛이 다시 들어올 때까지 SW1을 유지하는 것이 필요하다.

전원을 인가하였을 때 플립플롭의 상태

회로에 전압을 인가했을 때, SET와 RESET 입력이 비활성 상태(NAND 래치에서는 $S = R = 1$이고, NOR 래치에서는 $S = R = 0$이다)에 있다면, 플립플롭 출력의 초기 상태를 예측할 수 없다. 초기 상태가 $Q = 1$ 또는 $Q = 0$이 되는가 하는 것은 내부의 전파 지연(propagation delay), 기생 정전 용량(parasitic capacitance), 그리고 외부 부하와 같은 여러 가지 요소에 의존한다. 만약 래치 또는 플립플롭 회로의 적절한 동작을 보장하기 위하여 특별한 초기 상태를 만들어야 한다면, 회로의 동작 초기에 순간적으로 SET나 RESET 입력을 활성화시킴으로써 그 상태를 맞추어야 한다. 이것은 입력에 적당한 펄스를 인가함으로써 구현된다.

학습성과 평가문제

1. NOR 래치 입력의 부동 상태는 무엇인가? 그리고, 활성 상태는 무엇인가?
2. 래치가 세트 상태로 되면 Q와 $\overline{Q}$의 상태는 무엇인가?
3. NOR 래치에서 출력 Q를 1에서 0으로 변화시키는 방법은 무엇인가?
4. 그림 5-12의 NOR 래치가 NAND 래치로 대치되었을 때, 회로가 잘 동작하지 않은 이유는 무엇인가?

5-3 고장 진단 연구

다음 두 가지 예제들은 래치를 포함하는 회로의 점검에 이용되는 고장 추측 방법을 나타낸 것이다.

예제 5-5

그림 5-13에 보인 회로의 동작을 기술하고 분석하라.

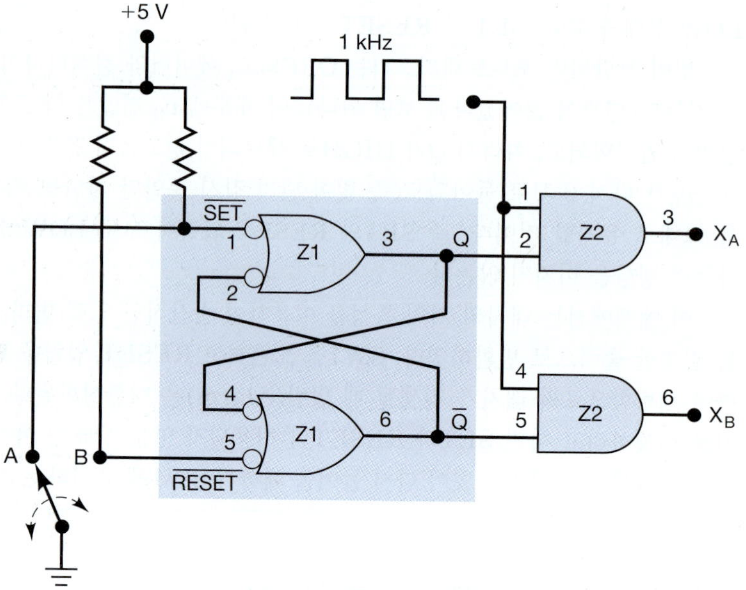

스위치 위치	X_A	X_B
A	펄스	LOW
B	LOW	펄스

그림 5-13 예제 5-5와 5-6.

풀이

출력 Q와 $\overline{Q}$에서 바운스가 없는 깨끗한 출력을 발생하기 위하여, 스위치가 NAND 래치를 세트 또는 클리어시키는 데 사용되었다. 이 래치의 출력은 1 kHz 펄스 신호가 AND 출력 X_A와 X_B를 통과하는 것을 제어한다.

스위치가 접점 A로 움직이면, 래치는 $Q = 1$로 세트된다. 따라서 1 kHz 펄스는 X_A로 통과할 수 있게 된다. 반면에 이때 $\overline{Q}$는 LOW이므로, $X_B = 0$을 유지한다. 스위치가 접점 B로 움직이면, 래치 출력 $Q = 0$으로 클리어되어 $X_A = 0$이 되고, $\overline{Q}$가 HIGH가 되어 펄스 신호는 X_B로 통과할수 있게 된다.

예제 5-6

한 기술자가 그림 5-13의 회로를 점검하여, 관찰 결과를 표 5-1에 기록하였다. 그는 스위치가 접점 B에 있을 때는 회로가 정확하게 동작하지만 접점 A에 있을 때는 래치가 $Q = 1$ 상태로 세트되지 않는 것을 알아냈다. 이러한 오동작을 발생시키는 결함은 무엇인가?

표 5-1

스위치 위치	$\overline{SET}$ (Z1-1)	$\overline{RESET}$ (Z1-5)	Q (Z1-3)	$\overline{Q}$ (Z1-6)	X_A (Z2-3)	X_B (Z2-6)
A	LOW	HIGH	LOW	HIGH	LOW	펄스
B	HIGH	LOW	LOW	HIGH	LOW	펄스

풀이

여러 가지 가능성이 존재한다.

1. Z1-1이 내부적으로 개방되어 있는 경우이다. 이 경우는 $\overline{SET}$ 입력이 출력 Q에 영향을

줄 수 없게 된다.

2. NAND 게이트 Z1의 내부 소자에 결함이 있으면 적절한 동작을 방해한다.
3. 출력 Q가 LOW로 묶여 있는 경우, 이 경우는 아래와 같은 원인에 기인한다.
   (a) Z1-3이 내부적으로 접지와 단락된 경우
   (b) Z1-4가 내부적으로 접지와 단락된 경우
   (c) Z2-2가 내부적으로 접지와 단락된 경우
   (d) 노드 Q가 외부적으로 접지와 단락된 경우

   저항계로 노드 Q에서 접지까지를 점검하면 이런 경우가 존재하는지 알 수 있다. 또 육안 검사를 통하여 외부적인 단락을 살필 수 있다.

$\overline{Q}$가 내부적으로 또는 외부적으로 V_{CC}와 단락되어 있는 것은 아닐까? 조금만 생각하면 그러한 결함은 아니라는 것을 알 수 있다. $\overline{Q}$가 V_{CC}와 단락되었어도, $\overline{\text{SET}}$가 LOW가 될 때 출력 Q가 HIGH로 되는 것을 막는 것은 아니다. Q가 HIGH로 되지 않는 것이 문제이므로, 이것은 결함의 원인이 될 수 없다. $\overline{Q}$가 HIGH로 묶여 있는 것처럼 보이는 것은 Q가 LOW에 묶여 있어서 이것이 아래쪽의 NAND 게이트를 통해 $\overline{Q}$를 HIGH로 만들고 있는 것이다.

5-4 디지털 펄스

학습성과

이 절을 학습함으로써 다음을 할 수 있다

- 신호의 active상태 확인
- Positive 펄스와 negative 펄스 구분
- 펄스 파형의 일반적인 용어들을 정의(positive/negative 펄스, 리딩/트레일링 에지, 상승시간, 하강시간 등)
- 타이밍도나 파형에서 펄스 특성 측정

S-R 래치의 설명에서 보았듯이, 디지털 시스템에서는 한 신호가 정상적인 비활성 상태에서 반대 상태(활성 상태)로 변하며 회로에 영향을 주고, 그 후 원래의 비활성 상태로 돌아가도 그 신호가 만든 영향은 시스템에 남아 있는 경우가 있다. 이런 신호를 **펄스(pulse)**라고 부르며, 펄스와 펄스 파형에 관한 용어를 이해하는 것이 매우 중요하다. HIGH로 변할 때 원하는 기능을 수행하는 펄스를 양(*positive*) 펄스라고 부르고, LOW로 변할 때 기능을 수행하는 펄스를 음(*negative*) 펄스라고 부른다. 실제 회로에서는 펄스 파형이 1개의 레벨에서 다른 레벨로 변할 때 시간이 걸리게 된다. 이때의 천이 시간(transition time)들을 상승시간(rise time, t_r)과 하강 시간(fall time, t_f)이라고 하며, 그림 5-14(a)의 양 펄스에서 보인 것처럼 펄스 전압이 HIGH 레벨 전압의 10%에서 90% 사이에 변하는 시간으로 정의된다. 펄스의 시작 부분의 천이를 리딩 에지(leading edge)라고 하고 펄스의 끝에 있는 천이를 트레일링 에지(trailing edge)라고 한다. 펄스의 유지시간(폭, t_w)은 리딩 에지와 트레일링 에지가 HIGH 레벨 전압의 50%가 되는 두 점 사이에 시간으로 정의된다. 그림 5-14(b)에는 LOW 활성 또는 음 펄스를 보였다.

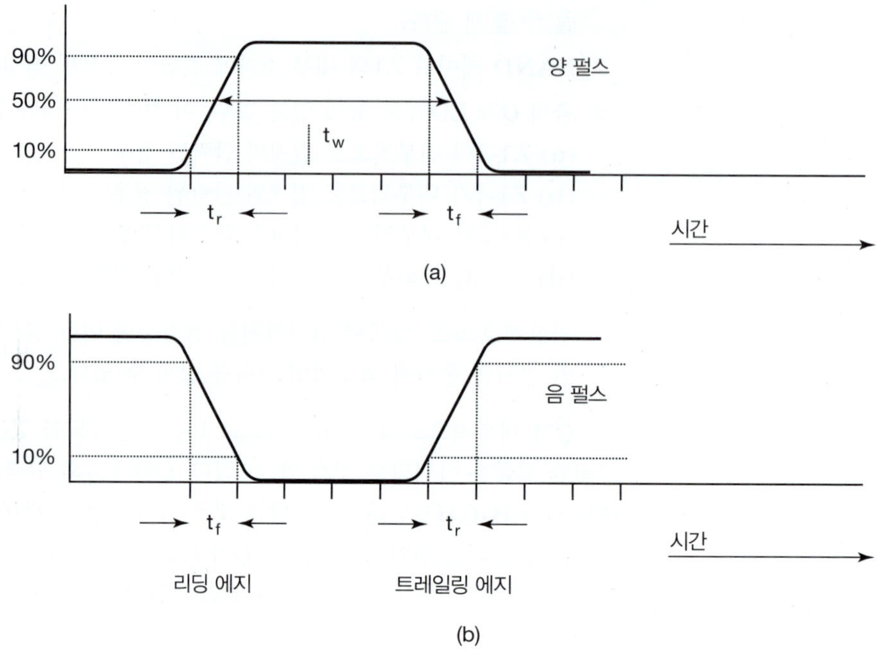

그림 5-14 (a) 양(positive) 펄스. (b) 음(negative) 펄스.

예제 5-7

마이크로컨트롤러가 외부 메모리에 있는 데이터를 읽으려고 할 때, $\overline{RD}$(read)라는 Low 활성 출력 핀을 활성화한다. 데이터 책에 따르면 $\overline{RD}$펄스는 일반적으로 펄스 폭 t_w가 50 ns, 상승 시간 t_r이 15 ns, 하강 시간 t_f가 10 ns으로 되어 있다. 스케일에 맞추어 $\overline{RD}$ 펄스를 그려라.

풀이

그림 5-15에 펄스의 그림을 보였다. $\overline{RD}$펄스는 LOW 활성 펄스이므로, 리딩 에지는 t_f로 측정되는 하강 에지이고 트레일링 에지는 t_r로 측정되는 상승 에지이다.

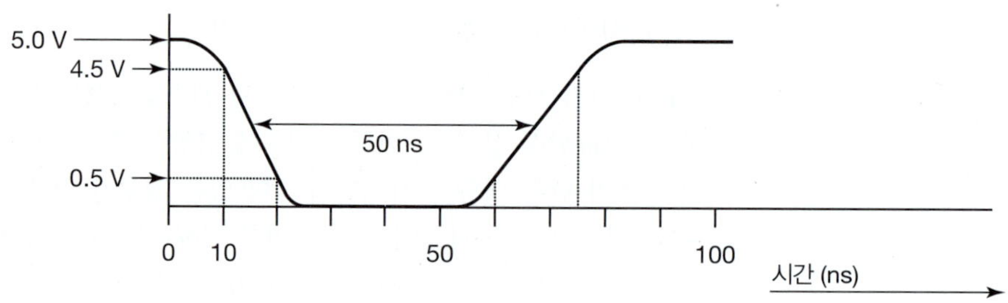

그림 5-15 예제 5-7.

학습성과 평가문제

1. 다음을 정의하여 보라: 상승시간, 하강시간, 상승에지, 하강에지, 리딩에지, 트레일링에지, positive 펄스, negative 펄스, 펄스폭
2. 펄스폭은 어디서 측정하는가?
3. 상승시간은 어디서 측정하는가?
4. 하강시간은 어디서 측정하는가?

5-5 클럭 신호와 클럭 입력을 갖는 플립플롭

학습성과

이 절을 학습함으로써 다음을 할 수 있다

- 플립플롭에서 동기와 비동기신호의 구분
- 에지 트리거의 정의
- 셋업시간 정의
- 홀드시간 정의
- FF에서 준안정성 정의

디지털 시스템은 동기(*synchronously*) 또는 비동기적(*asynchronously*)으로 동작할 수 있다. 비동기 시스템에서는 하나 또는 그 이상의 입력이 변하면 언제라도 논리 회로의 출력 상태는 변할 수 있다. 비동기 시스템은 동기 시스템보다 설계나 고장 진단이 일반적으로 더 어렵다.

반면에 동기 시스템에서는 보통 **클럭(clock)**이라고 칭하는 신호에 의하여 출력 단의 변화 시점이 정확하게 결정된다. 이 클럭 신호는 그림 5-16에 나타낸 것과 같이 보통 사각형의 펄스열, 즉 구형파이다. 클럭 신호는 시스템의 거의 모든 부분에 전달되며, 클럭이 천이할 때에만 출력 단의 상태가 변할 수 있다. 그림 5-16에 천이(에지)를 나타내었다. 클럭이 0에서 1로 변할 때, 이를 **Positive-Going Transition (PGT)**라 하고, 반대로 1에서 0으로 변할 때, 이를 **Negative-Going Transition (NGT)**라 한다. 앞으로 PGT와 NGT라는 약어로 많이 사용될 것이다.

대부분의 디지털 시스템은 기본적으로 동기 시스템이다(일부분의 비동기 부분이 있을 수 있다). 동기 시스템은 회로의 설계 및 고장 진단이 보다 쉽기 때문이다. 회로의 출력이 특정 순간에만 변화하기 때문에 고장 진단하기가 쉬운 것이다. 다시 말해서, 거의 모든 것이 클럭 신호에 동기되어 있는 것이다.

클럭 신호의 동기는 클럭의 두 가지 천이 중의 하나에서 그 상태를 변화시키는 **클럭 입력을 갖는 플립플롭(clocked flip-flop)**을 이용함으로써 구현할 수 있다.

동기식 디지털 시스템이 동작하는 속도는 클럭 주기에 의존한다. 클럭의 주기는 한 PGT부터 다음 PGT까지 또는 한 NGT부터 다음 NGT까지로 측정된다. 클럭이 한 번 순환을 하는 시간(second/cycle)을 **주기(Period, *T*)**라고 하며 그림 5-16(b)에 보였다. 디지털 시스템의 속도는 일반적으로 1초 동안 일어나는 클럭의 주기수(cycles/ second)로 나타내며 클럭의 **주파수(Frequency, *f*)**라고 부른다. 주파수의 표준 단위는 헤르츠이며, 1 헤르츠는 (1 Hz = 1 cycle/second)이다.

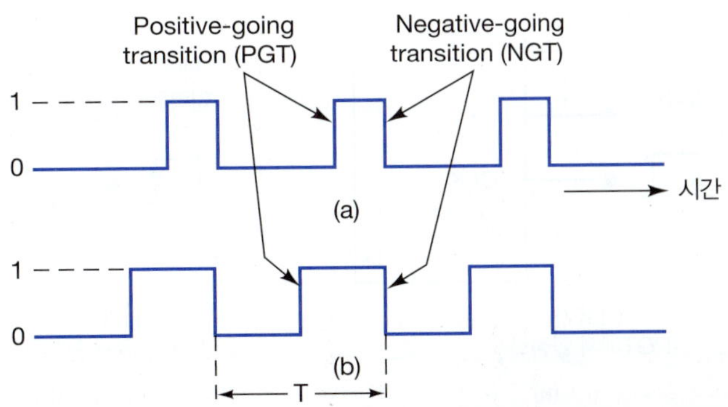

그림 5-16 클럭 신호.

클럭 입력을 갖는 플립플롭

많은 응용 분야에서 클럭 입력을 갖는 여러 종류의 플립플롭이 사용된다. 클럭 입력을 갖는 여러 종류의 플립플롭에 대한 공부를 시작하기 전에, 이들의 일반적인 기본 원리에 대하여 알아보자.

1. 클럭 입력을 갖는 플립플롭은 *CLK*, *CK*, 또는 *CP*라고 명명된 클럭 입력을 가진다. 본서에서는 그림 5-17에 나타낸 바와 같이 보통 *CLK*를 사용할 것이다. 클럭 입력을 갖는 대부분의 플립플롭에서 *CLK* 입력은 **에지 트리거(edge-triggered)**이다. 이는 클럭 신호의 에지에서 플립플롭이 동작함을 의미한다. 이를 *CLK* 입력 단의 작은 삼각형으로 표시한다. 이것은 래치의 레벨 트리거(level-trigger)와는 대조된다.

   그림 5-17(a)에 플립플롭의 클럭 입력 단에 조그만 삼각형 표시가 있는데, 이것은 이 *CLK* 입력은 PGT가 발생했을 때에만 활성화되고, 그 이외의 시간에서는 아무런 영향을 미치지 않는 것을 의미한다. 그림 5-17(b)에서 플립플롭은 *CLK* 입력에 작은 삼각형 외에 방울 표시도 있는데, 이것은 이 *CLK* 입력이 NGT에 의해서만 활성화되고, 그 이외의 시간에서는 아무런 영향을 미치지 않는 것을 의미한다.

2. 클럭 입력을 갖는 플립플롭은 하나 이상의 **제어 입력(control input)**을 가지고, 이 제어 입력은 기능에 따라 여러 가지 이름을 갖는다. 이 제어 입력은 클럭 에지가 발생하기 전까지 출력 *Q*에 아무런 영향을 미치지 않는다. 다시 말해서 *CLK* 입력에 인가된 신호에 플립플롭이 동기된다는 것을 의미한다. 이러한 제어 입력을 **동기 제어 입력(synchronous control input)**이라고 한다.

   예를 들면, 그림 5-17(a)에서 플립플롭의 제어 입력은 클럭 신호의 PGT가 발생할 때까지는 출력 *Q*에 영향을 미치지 못한다. 마찬가지로, 그림 5-17(b)에서의 플립플롭의 제어 입력도 클럭 신호의 NGT가 발생하기 이전에는 출력에 영향을 미치지 못한다.

3. 요약하면, 제어 입력은 플립플롭의 출력이 변화할 준비를 시키고, 실제 트리거의 변화는 *CLK* 입력의 활성 천이(active transition)에 의해 기동된다. 제어 입력은 '무엇'(즉, 출력이 어느 상태로 변할 것인지)을 결정하고, *CLK* 입력은 '언제'를 결정한다.

셋업(setup)과 홀드(hold) 시간

정확하게 트리거된 플립플롭은 액티브 클럭의 에지에서 입력을 읽고, 예측가능한 전달 지연 시간 후에 그 출력을 알맞게 변화시킨다. 이 절에서는 플립플롭이 정확하게 트리거되기 위해 필요한 타이밍 조건을 살펴본다. 부정확한 트리거는 출력을 잘못된 상태로 만들 수 있다.

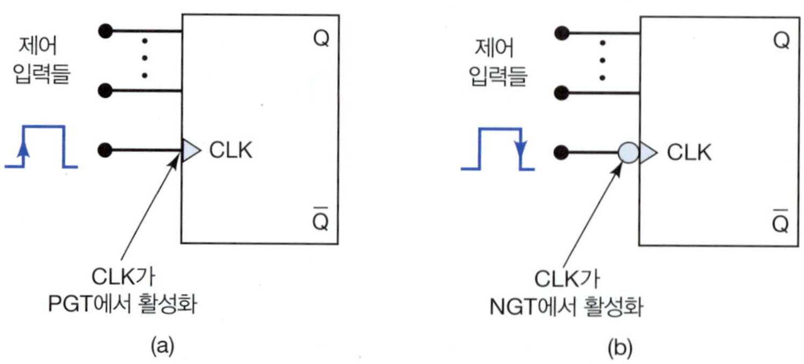

그림 5-17 (a) PGT 또는 (b) NGT에서 활성화되는 클럭 입력을 갖는 플립플롭. 제어 입력은 활성화시키는 클럭 에지의 효과를 결정한다.

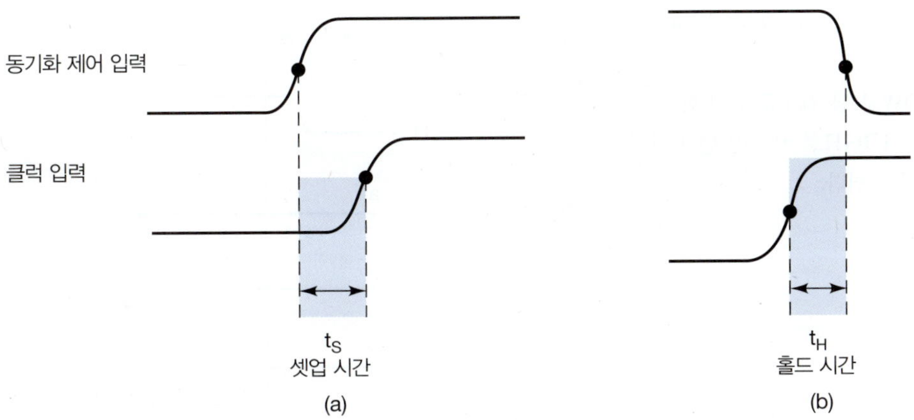

그림 5-18 제어 입력은 (a) 클럭 천이 전의 시간 t_S와 (b) 클럭 천이 후의 시간 t_H 동안 안정화되어야 한다.

예를 들어 플립플롭이 초기에 리세트 상태로 있다고 하자. 제어 입력의 데이터를 클럭 에지에서 너무 가까운 때에 변화 시키면, 플립플롭을 세트 상태로 가도록 명령했을지라도 그냥 리세트 상태로 남아있을 수 있다. 다른 가능성은 플립플롭이 HIGH나 LOW상태로 안정되기 전에 허용될 수 없는 동작을 할 수 있다는 것이다. 다시말하면 짧은 시간 동안 출력에 비정상적인 전압이 나타날 수 있다. 이를 준안정 상태(metastable state)라고 한다. 출력이 원래 상태에서 반대 상태로 변하기 시작했다가 다시 원래 상태로 돌아 가는 것이다. 세번째 가능성은 출력이 변화를 시작했다가 중간에 잘못된 영역에서 멈추었다가 반대 상태로 진행하는 것이다. 어느 경우이던 준안정성은 다른 논리회로들을 혼란스럽게하여 시스템의 오동작을 일으킨다.

CLK 신호의 활성 천이가 발생하였을 때, 클럭 입력을 갖는 플립플롭이 제어 입력에 따라 신뢰성 있게 동작하기 위해서는 두 가지 요구 시간이 만족되어야 한다. PGT로 트리거되는 플립플롭에 대한 이러한 요구 조건을 그림 5-18에 나타내었다.

셋업 시간(setup time), t_S는 *CLK* 신호의 활성 천이가 발생하기 전 제어 입력이 일정한 레벨을 유지해 주어야 하는 시간을 말한다. IC 제작자는 보통 최소 허용 셋업 시간 t_S(min)를 규정해 준다. 만약 이런 시간을 만족하지 않는다면, 플립플롭은 클럭 에지가 발생하더라도 신뢰성 있는 동작을 하지 않는다.

홀드 시간(hold time), t_H는 *CLK* 신호의 활성 천이가 발생한 다음, 동기 제어 신호가 적정한 레벨을 유지해야 하는 시간을 말한다. IC 제작자들은 최소 허용 홀드 시간 t_H(min)을 규정한다. 만약 이러한 요구 조건을 만족시키지 못하면, 플립플롭은 정확하게 트리거되지 않는다.

그림 5-19는 어느 플립플롭에서 제시된 셋업시간과 홀드시간을 어겼을 때 나타날 수 있는 네가지 결과를 보였다. 결과 (a)는 출력이 HIGH입력에 전혀 반응하지 않은 것이다. (b)는 출력이 HIGH로 변화하려고 하다가 다시 LOW로 돌아온 것이고, (C)는 출력이 HIGH로 변화하다가 중간에 잘못된 영역에서 멈췄다가 HIGH로 변화하는 것이다. (d)는 플립플롭이 원래 의도한대로 HIGH로 간 경우이다.

그러므로 클럭 입력을 갖는 플립플롭이 클럭의 에지가 발생하였을 때 적절하게 반응하는 것을 보장하기 위해서는 제어 입력이 적어도 클럭 천이 전 t_S와 클럭 천이 후 t_H 시간 동안 변하지 않아야 한다

IC 플립플롭은 ns 수준의 최소 허용 t_S와 t_H를 가진다. 셋업 시간은 보통 5~50 ns 정도이고, 홀드 시간은 0~10 ns이다. 이러한 시간은 천이의 50% 지점에서 측정되었음을 주목하라. 이들 시간 간격은 플립플롭 소자의 동작을 제어하는 내부 게이트의 전파 지연을 허

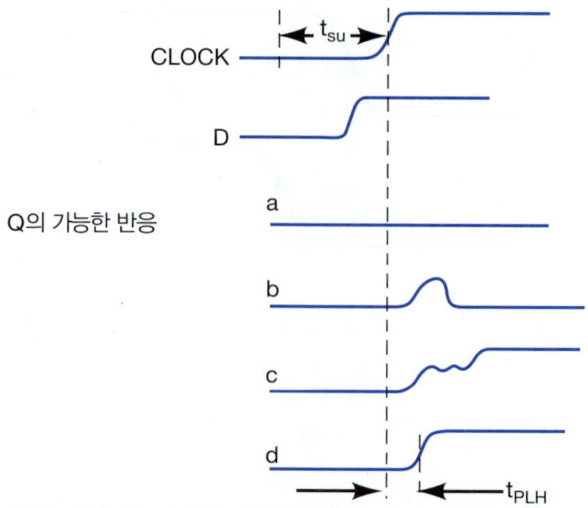

그림 5-19 (a) Q가 변하지 않는다. (b) 준안정 반응, Q가 LOW로 됨. (c) 준 안정 반응 Q가 HIGH로 됨. (d) Q가 원한대로 변화.

용하기 위해 요구된다.

이러한 타이밍 요구 조건은 동기 시스템에서는 매우 중요하다. 왜냐하면 플립플롭의 동기 제어 입력은 *CLK* 입력과 거의 같은 시간에 변하는 경우가 많기 때문이다.

학습성과 평가문제

1. 클럭 입력을 갖는 플립플롭의 두 가지 종류의 입력에는 어떤 것들이 있는가?
2. '에지 트리거'란 용어는 무엇을 의미하는가?
3. 참 또는 거짓: *CLK* 입력은 제어 입력에 활성 천이가 발생했을 때에만 플립플롭의 출력에 영향을 미친다.
4. 플립플롭에서 셋업 시간과 홀드 시간에 대하여 정의하라.
5. 참 또는 거짓: 준안정 상태는 클럭 플립플롭을 사용하는 중요한 장점이다
6. 무엇이 플립플롭을 준안정 상태로 만드는가?

5-6 클럭 입력을 갖는 S-R 플립플롭

학습성과

이 절을 학습함으로써 다음을 할 수 있다

- *S*, *R*, 클럭의 어떤 신호 변화를 주면 출력 *Q*를 예측할 수 있다.
- 입력변화에 대해 결과 출력 상태를 보여주는 타이밍도를 그릴 수 있다.

그림 5-20(a)는 클럭 신호의 PGT에 의하여 동작하는 **클럭 입력을 갖는 S-R 플립플롭(Clocked S-R flip-flop)**의 논리 기호를 나타낸 것이다. 이것은 클럭 입력에 인가된 신호가 0에서 1로 변할 때에만 플립플롭의 상태가 변할 수 있다는 것을 의미한다. *S*와 *R* 입력은 앞 절에서 서술한 NOR 게이트 래치와 같은 방법으로 플립플롭의 출력 상태를 결정하지만, 클럭 신호의 PGT가 발생할 때까지는 이들 입력에 대하여 플립플롭은 응답하지 않는다.

그림 5-20(b) 함수표는 *S*와 *R*의 여러 가지 조합과 *CLK* 입력의 PGT에 대하여 플립플롭의 출력이 어떻게 반응하는지 나타낸다. 이 진리표에 새로운 기호가 등장했는데, 위를 향한 화살표(↑)는 *CLK* 신호에 PGT가 필요함을 의미한다. Q_0은 PGT가 발생하기 전의

그림 5-20 (a) PGT에서 반응하는 클럭 입력을 갖는 S-R 플립플롭. (b) 함수표. (c) 신호 파형.

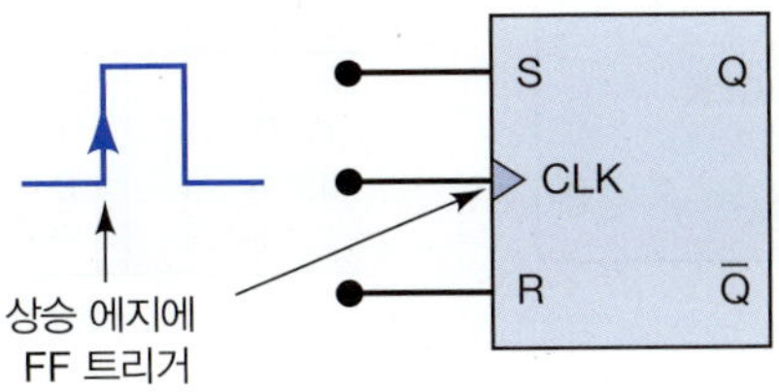

(a)

입력			출력
S	R	CLK	Q
0	0	↑	Q_0 (변화없음)
1	0	↑	1
0	1	↑	0
1	1	↑	모호한 상태

Q_0는 CLK의 상승 에지전의 출력 레벨이다.
CLK 하강 에지에는 아무런 Q 값의 변화가 없다.

(b)

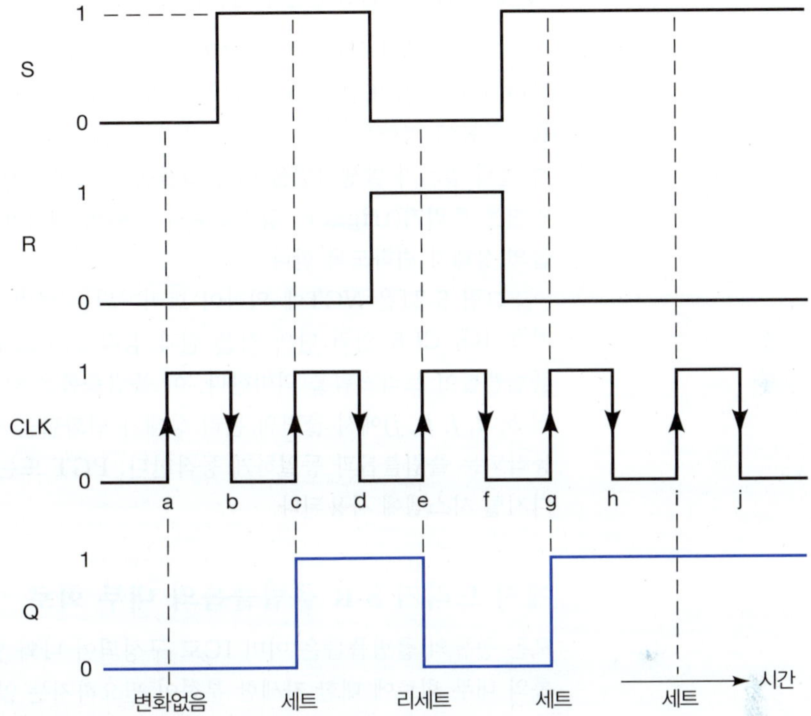

(c)

상태 Q를 의미한다. 이 기호는 IC 제작자에 의하여 IC 자료집에서 때때로 사용된다.

그림 5-20(c)의 파형은 클럭 입력을 갖는 S-R 플립플롭의 동작을 나타낸 것이다. 셋업과 홀드 시간 조건이 모든 경우에 대하여 잘 만족한다고 가정하면, 이러한 파형은 다음과 같이 분석할 수 있다.

1. 초기에 모든 입력은 0 상태이고, Q 출력도 0 상태라고 가정한다. 즉 $Q_0 = 0$이다.
2. 시점 a에서 첫 번째 클럭 펄스의 PGT가 발생하였을 때, S와 R 입력 모두가 0 상태 이므로, 플립플롭의 출력에는 영향을 미치지 않아 $Q = 0$ 상태를 유지한다(즉, $Q = Q_0$).
3. 시점 c에서 두 번째 클럭 펄스의 PGT가 발생하였을 때, S 입력이 HIGH이고, R 입력은 LOW이다. 그러므로 플립플롭은 이 클럭 펄스의 상승 에지에서 1 상태로 세트된다.
4. 시점 e에서 세 번째 클럭 펄스의 상승 에지가 발생할 때, $S = 0$이고, $R = 1$이므로, 플립플롭은 0 상태로 클리어된다.
5. 시점 g에서 $S = 1$, $R = 0$이고, 네 번째 클럭 펄스의 상승 에지가 발생하므로, 플립플롭은 다시 $Q = 1$ 상태로 세트시킨다.
6. 다섯 번째 펄스의 PGT가 발생할 때, $S = 1$, $R = 0$이다. 그러나 이미 $Q = 1$이므로

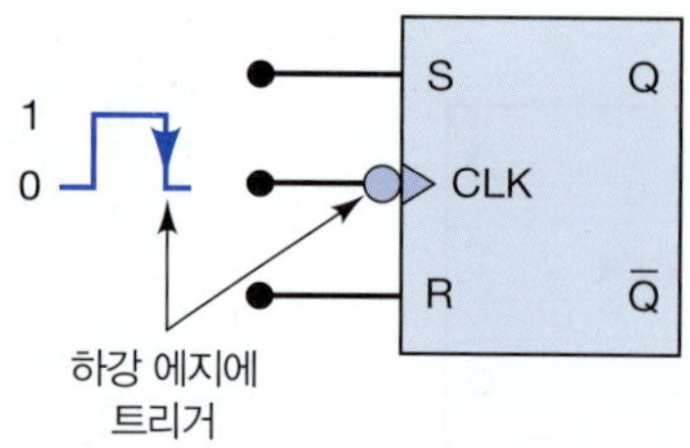

입력			출력
S	R	CLK	Q
0	0	↓	Q_0 (변화없음)
1	0	↓	1
0	1	↓	0
1	1	↓	모호한 상태

그림 5-21 클럭이 NGT에서만 트리거되는 클럭 입력을 갖는 S-R 플립 플롭.

그 상태를 그대로 유지한다.

7. $S = R = 1$인 조건은 플립플롭의 출력 상태를 모호하게 만들기 때문에 사용하면 안 된다.

이 파형에서 클럭 펄스의 NGT에 의하여 플립플롭의 논리 상태가 변화되지 않음을 주목하여야 한다. 또한 입력 S, R의 레벨은 클럭 펄스의 PGT가 발생하는 경우를 제외하고는 플립플롭에 영향을 주지 못하는 것에 주목하여야 한다. S와 R 입력은 동기 제어 입력이다. 즉 클럭 펄스가 발생하였을 때 플립플롭의 출력 상태가 어떻게 변할 것인지 결정한다. *CLK* 입력은 **트리거(trigger)** 입력으로서 클럭의 에지가 발생할 때, S와 R 입력에 따라 플립플롭의 상태가 변하도록 한다.

그림 5-21은 *N*GT에 의하여 트리거되는 클럭 입력을 갖는 S-R 플립플롭의 함수표와 기호이다. *CLK* 입력 단의 작은 원과 삼각형은 *CLK* 입력이 1에서 0 상태로 변화될 때만 플립플롭이 트리거됨을 의미한다. 이 플립플롭은 클럭 펄스의 하강 에지(그림 5-20에서 시점 b, d, f, h, j)에서 출력의 논리 상태가 변화함을 제외하고는 상승 에지 클럭 펄스에 의해 동작되는 플립플롭과 동일하게 동작한다. PGT 또는 NGT를 사용하는 플립플롭은 둘 모두 디지털 시스템에 사용된다.

에지 트리거 S-R 플립플롭의 내부 회로

모든 종류의 플립플롭은 이미 IC로 구성되어 나와 있기 때문에, 클럭 입력을 갖는 플립 플롭의 내부 회로에 대한 자세한 분석이 필요하지는 않다. 비록 우리가 플립플롭의 외부 동작에 주된 관심을 갖고 있지만, 플립플롭의 간략한 내부 회로를 살펴보는 것이 플립플롭의 외부 동작을 이해하는 데 많은 도움이 될 것이다. 그림 5-22는 에지 트리거 S-R 플립플롭의 내부를 나타낸 것이다.

이 회로는 세 부분으로 구성되어 있다.

1. NAND-3과 NAND-4로 구성된 기본적인 NAND 게이트 래치
2. NAND-1과 NAND-2에 의한 **펄스 구동 회로(pulse-steering circuit)**
3. **에지 검출 회로(edge-detector circuit)**

그림 5-22에서 나타낸 바와 같이, 에지 검출 회로는 *CLK* 입력 펄스의 활성 천이가 발생하는 동시에 매우 폭이 좁은 상승 펄스(CLK^*) 신호를 발생한다. 펄스 구동 회로는 S와 R에 인가되는 신호에 따라 각각 래치의 $\overline{\text{SET}}$와 $\overline{\text{RESET}}$ 입력에 펄스를 전달한다. 예를 들어 $S = 1$, $R = 0$일 때, CLK^* 신호는 NADN-1을 통과하여 반전되면서 래치의 $\overline{\text{SET}}$ 입력에 LOW 펄스를 발생시키며 $Q = 1$로 세트한다. $S = 0$, $R = 1$일 때, CLK^* 신호는 NADN-2을 통과하여 반전되면서 래치의 $\overline{\text{RESET}}$ 입력에 LOW 펄스를 발생시키며 $Q = 0$으로 리세트한다.

그림 5-23(a)는 PGT로 구동되는 에지 트리거 플립플롭에 대하여 CLK^* 신호가 어떻게 발생하는지 나타낸다. 회로 중의 인버터는 *CLK*의 조금 후에 $\overline{CLK}$가 발생하도록 수 ns

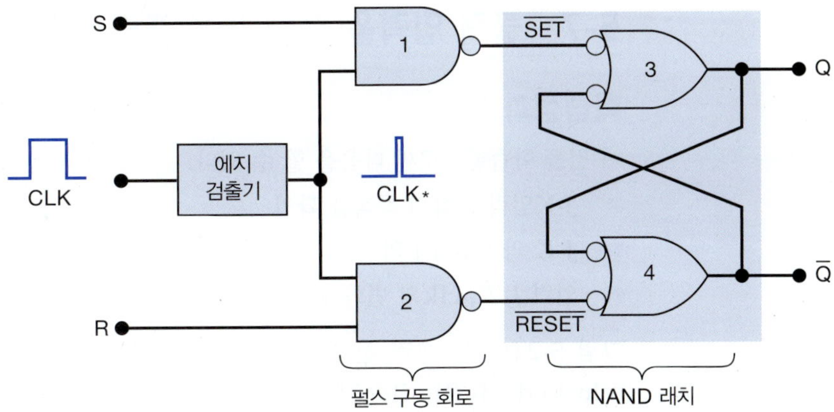

그림 5-22 에지 트리거 S-R 플립플롭에 대한 단순화된 내부 회로.

의 지연을 발생한다. AND 게이트는 *CLK*와 $\overline{CLK}$가 모두 HIGH인 수 ns 동안만 HIGH의 펄스를 발생한다. 그 결과 *CLK*의 PGT에서 매우 좁은 펄스 신호 *CLK**가 발생한다. 그림 5-23(b)의 그림은 NGT에 의하여 트리거되는 플립플롭을 위해 *CLK*의 NGT에서 위와 비슷한 방법으로 *CLK**를 발생시키는 회로이다.

*CLK** 신호는 단지 수 ns 동안 HIGH이므로, *CLK*의 활성 천이가 발생한 후의 짧은 시간 동안만 *S*와 *R*에 의하여 출력 *Q*가 영향을 받는다. 이것은 에지 트리거 플립플롭의 특성이다.

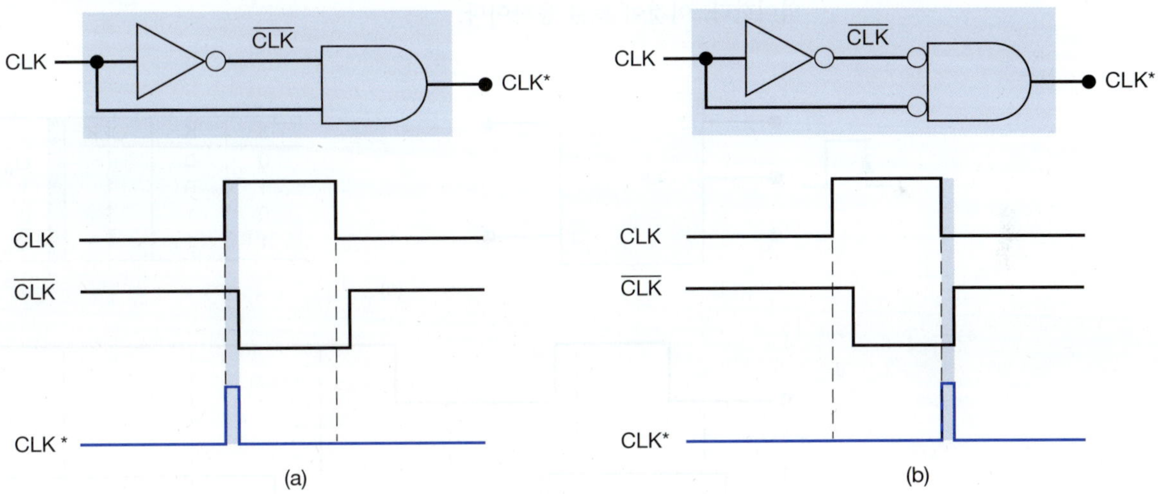

그림 5-23 에지 트리거 플립플롭에 사용되는 에지 검출 회로의 구현: (a) PGT. (b) NGT, *CLK** 펄스폭은 대략 2~5 ns 정도이다.

학습성과 평가문제

1. 그림 5-20(c) 파형이 그림 5-21의 플립플롭 입력에 적용된다면, 시점 *b*에서 *Q*는 어떻게 되겠는가? 시점 *f*와 *h*에서는 어떻게 되는가?
2. *S*와 *R*의 입력이 *CLK*의 활성 천이 동안만 *Q*에 영향을 미치는 이유를 설명하라.

5-7 클럭 입력을 갖는 J-K 플립플롭

학습성과

이 절을 학습함으로써 다음을 할 수 있다.

- J-K입력 조합의 목적을 확인
- J-K 와 S-R FF의 차이
- 입력 *J*, *K*, clk의 변화에 따른 출력 예측

그림 5-24(a)는 클럭 신호의 PGT에 의해 트리거되는 **클럭 입력을 갖는 J-K 플립플롭(clocked J-K flip-flop)**을 나타낸다. *J*와 *K* 입력은 $J = K = 1$인 조건에서 모호한 출력 상태를 갖지 않는다는 큰 차이를 제외하고는 클럭 입력을 갖는 S-R 플립플롭과 동일한 방법으로 플립플롭의 상태를 제어한다. $J = K = 1$ 인 조건에서 플립플롭은 클럭 신호의 PGT에서 항상 출력 값을 반전시킨다. 이것을 플립플롭의 **토글 모드(toggle mode)**라고 한다. 이 모드에서, *J*와 *K*가 모두 HIGH 상태로 존재하면, 플립플롭은 클럭 입력의 각 PGT에서 그 상태가 반전(toggle)된다.

그림 5-24(a)의 함수표는 *J*와 *K*의 각 조합에 대해 J-K 플립플롭이 클럭 신호의 PGT에 어떻게 반응하는지 나타낸다. 이 진리표는 $J = K = 1$인 조건을 제외하고는 클럭 입력을 갖는 S-R 플립플롭과 같은 동작(그림 5-20참고)을 수행함을 주목하라. $J = K = 1$일 때는 $Q = \overline{Q}_0$이 되는데, 이것은 새로운 값 *Q*는 PGT가 발생하기 전의 값을 반전한 값임을 의미한다. 이것이 토글 동작이다.

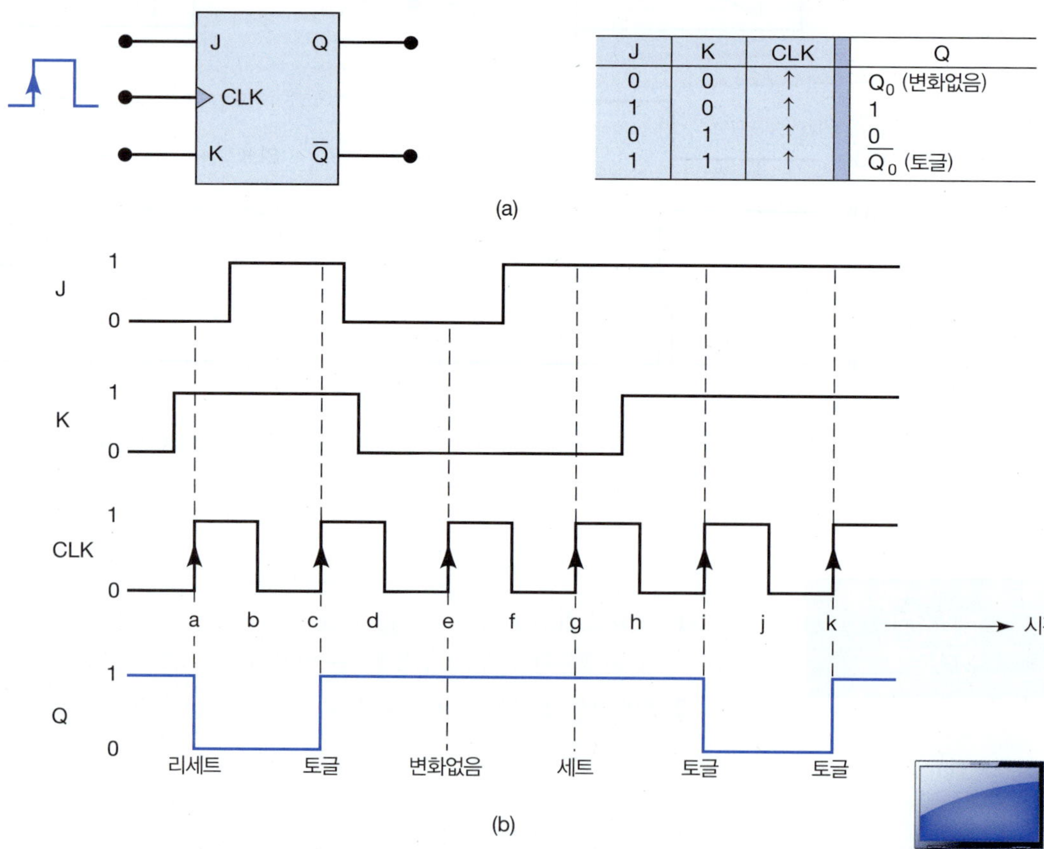

J	K	CLK	Q
0	0	↑	Q_0 (변화없음)
1	0	↑	1
0	1	↑	0
1	1	↑	$\overline{Q}_0$ (토글)

(a)

(b)

그림 5-24 (a) 클럭의 PGT에서만 동작하는 클럭 입력을 갖는 J-K 플립플롭. (b) 파형도.

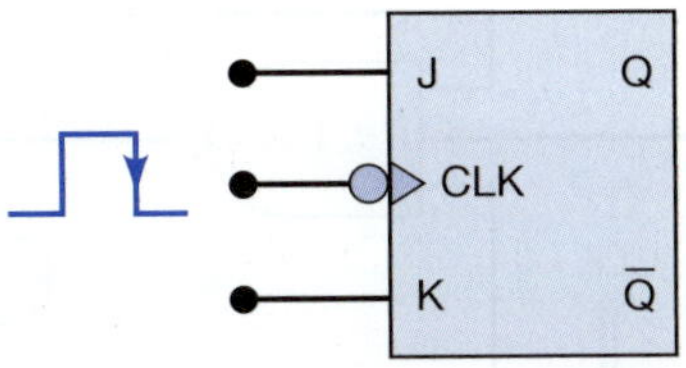

J	K	CLK	Q
0	0	↓	Q_0 (변화없음)
1	0	↓	1
0	1	↓	0
1	1	↓	$\overline{Q_0}$ (토글)

그림 5-25 NGT에 의하여 트리거되는 J-K 플립플롭.

이 플립플롭의 동작은 그림 5-24(b)의 파형으로 설명한다. 여기서 셋업과 홀드 시간에 대한 요구 조건은 만족한다고 가정한다.

1. 초기에 모든 입력은 0이고, 출력 Q는 1이라고 가정한다. 즉 $Q_0 = 1$이다.
2. 시점 a에서 $J = 0$, $K = 1$의 조건이므로, 첫 번째 클럭 펄스의 PGT가 발생하면, 플립플롭은 $Q = 0$ 상태로 클리어된다.
3. 시점 c에서는 $J = K = 1$이므로 두 번째 클럭 펄스의 PGT가 발생하면, 플립플롭은 $Q = 1$의 상태로 토글된다.
4. 클럭 파형의 시점 e에서 $J = K = 0$이므로, 플립플롭은 클럭 신호의 에지에서 그 상태를 변화시키지 않는다.
5. 시점 g에서, $J = 1$과 $K = 0$이다. 이것은 Q를 1 상태로 세트시킨다. 그러나 이미 1 상태이므로, 그 값은 변하지 않는다.
6. 시점 i에서, $J = K = 1$이고, 플립플롭은 반대 상태로 토글된다. 이와 같은 과정은 시점 k에서도 발생한다.

클럭 펄스의 NGT에서는 플립플롭의 논리 상태가 변화되지 않음에 유의하라. 또한 클럭 펄스의 PGT가 발생하는 순간을 제외하고는 입력 J와 K는 플립플롭의 논리 상태에 영향을 미치지 않는다. J, K 입력만으로는 플립플롭의 상태 변화에 영향을 미치지 않는다.

그림 5-25에 클럭 펄스의 NGT에 의해 트리거되는 J-K 플립플롭의 기호를 나타내었다. *CLK* 입력 단의 작은 원은 *CLK* 입력이 1에서 0 상태로 변화할 때, 플립플롭이 트리거됨을 의미한다. 이 플립플롭은 클럭 신호의 NGT(시점 b, d, f, h, j)에서 출력 상태가 변하는 것을 제외하고는 그림 5-24에 보인 PGT에서 동작하는 플립플롭과 유사하게 동작한다. 이 두 종류의 J-K 플립플롭은 모두 일반적으로 많이 사용된다.

J-K 플립플롭이 S-R 플립플롭보다 더 많이 사용되는데, 그 이유는 모호한 출력 상태가 없기 때문이다. 토글 동작을 하는 $J = K = 1$인 조건은 모든 형태의 2진 카운터에 많이 사용된다. 본질적으로, J-K 플립플롭은 S-R 플립플롭이 할 수 있는 모든 동작을 할 수 있으며, 부가적으로 토글 기능을 갖고 있다.

에지 트리거 J-K 플립플롭의 내부 회로

에지 트리거 J-K 플립플롭(edge-triggered J-K flip-flop)의 간단한 내부 회로를 그림 5-26에 나타내었다. 이것은 에지 트리거 S-R 플립플롭(그림 5-22)과 같이 세 부분으로 나눌 수 있다. 사실, 이 두 회로의 차이점은 출력 Q와 $\overline{Q}$가 펄스 구동 NAND 게이트로 귀환 연결되어 있다는 것뿐이다. 이 귀환 연결이 $J = K = 1$인 조건에서 J-K 플립플롭이 토글될 수 있게 한다.

CLK 펄스가 발생하였을 때, $J = K = 1$이고 Q가 LOW 상태라고 가정하고, 토글 상태에 대하여 좀 더 자세히 알아보자. $Q = 0$, $\overline{Q} = 1$ 상태에서 NAND1 게이트는 뒤에 있는 NAND 래치의 $\overline{\text{SET}}$ 입력에 *CLK**(반전된 상태)를 인가하여 $Q = 1$을 만든다. *CLK*

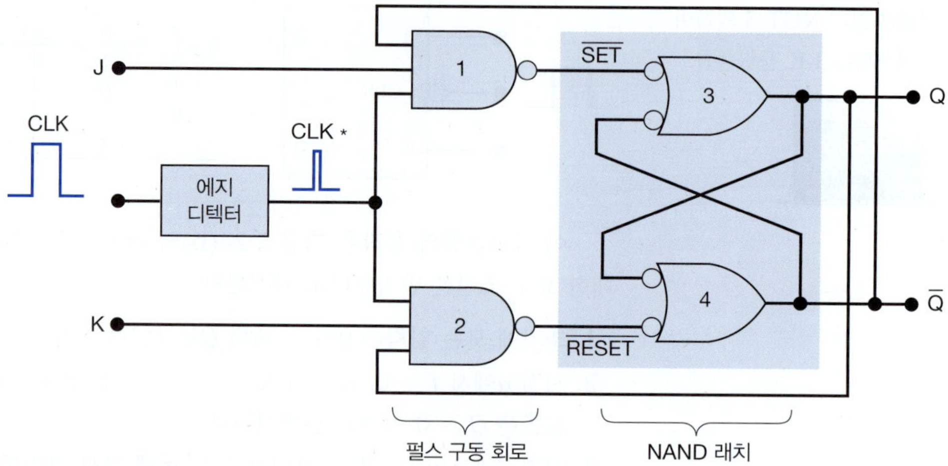

그림 5-26 에지 트리거 J-K 플립플롭의 내부 회로.

펄스가 발생할 때, Q가 HIGH라면, NAND 2 게이트는 래치의 $\overline{\text{RESET}}$ 입력에 $CLK^\star$를 인가하여 $Q = 0$을 발생시킨다. 그러므로 Q는 항상 반대 상태가 된다. 앞에서 설명한 토글 동작을 위하여 $CLK^\star$ 펄스폭이 매우 좁아야 한다. 출력 Q와 $\overline{Q}$가 새로운 값으로 토글되기 전에 0 상태로 되돌아와야 한다. 만약 그렇지 않으면, 출력 Q와 $\overline{Q}$의 새로운 값은 $CLK^\star$ 펄스가 래치 출력을 다시 토글시키도록 하는 원인이 된다.

학습성과 평가문제

1. 참 또는 거짓: J-K 플립플롭은 S-R 플립플롭으로 사용할 수 있으나, S-R 플립플롭은 J-K 플립플롭으로 사용될 수 없다.
2. J-K 플립플롭은 애매모호한 입력 상태를 가지는가?
3. *J-K* 플립플롭의 어떤 입력 조건이 활성 *CLK* 입력이 발생할 때, *Q*를 항상 세트시키는가?

5-8 클럭 입력을 갖는 D-플립플롭

학습성과

이 절을 학습함으로써 다음을 할 수 있다

- D FF의 입력 변화에 대한 출력 예측
- 클럭이 있는 FF의 동작을 보여주는 타이밍도를 만들거나 해석

그림 5-27(a)는 PGT로 트리거되는 **클럭 입력을 갖는 D-플립플롭(clocked D flip-flop)**의 기호와 함수표이다. S-R이나 J-K 플립플롭과는 달리, 이 플립플롭은 오직 하나의 동기식 제어 입력 *D*를 갖는다. 여기서 *D*는 데이터(*data*)를 의미한다. D-플립플롭의 동작은 매우 간단하다. *Q*는 PGT의 *CLK* 입력이 발생하였을 때, *D* 입력의 상태와 같은 값을 출력한다. 다시 말해서, PGT가 발생하는 순간의 *D* 논리 값이 플립플롭에 저장되는 것이다. 그림 5-27(b)의 파형이 이 동작을 설명한다.

*Q*의 초기 값이 HIGH라 하자. 첫 번째 PGT가 시점 *a*에서 발생하였을 때, *D* 입력은 LOW이다. 그러므로 출력 *Q*는 0 상태가 된다. 입력 *D*의 논리 상태가 시점 *a*와 *b*사이에서 변하더라도, *Q*에는 아무런 영향을 미치지 않는다. 시점 *a*에서 LOW 상태를 가진 *D*가

그림 5-27 (a) PGT에서만 동작하는 D-플립 플롭. (b) 파형도.

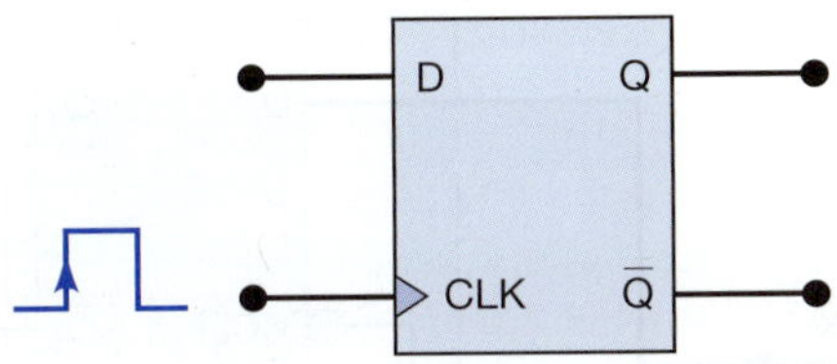

D	CLK	Q
0	↑	0
1	↑	1

(a)

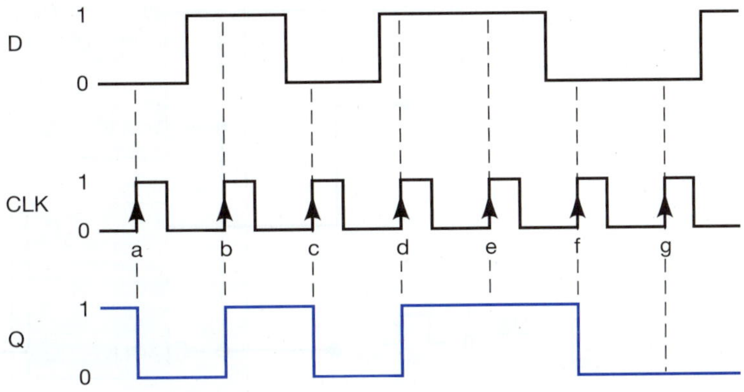

(b)

Q에 저장되어 있는 것이다. PGT가 b에서 발생하였을 때, D가 HIGH이므로 Q는 HIGH 상태로 변한다. 시점 c에서 Q의 값을 LOW로 변하도록 하는 PGT가 발생할 때까지 Q는 HIGH를 저장한다. 같은 방법으로, 시점 d, e, f, g에서 PGT가 발생하면, 그 시점의 D 값이 출력 Q로 전송된다. 시점 e에서 D의 값은 여전히 HIGH이므로, 출력 Q는 HIGH로 유지한다.

PGT가 발생할 때만 출력 Q가 변함을 기억하기 바란다. PGT 사이의 구간의 D 입력은 아무런 영향을 미치지 않는다.

NGT D-플립플롭은 *CLK* 신호의 NGT가 발생할 때 D의 값이 Q로 전송되는 것을 제외하고 앞에서 기술한 것과 같은 방법으로 동작한다. NGT D-플립플롭의 기호는 *CLK* 입력 단에 방울로 표시한다.

D-플립플롭의 구현

에지 트리거 D-플립플롭은 그림 5-28에 나타낸 것처럼 J-K 플립플롭에 1개의 인버터를 더함으로써 쉽게 구현할 수 있다. 이 회로에 두 종류의 D 값을 대입해보면 PGT가 발생하였을 때, 출력 Q는 D의 값을 갖는 것을 알수 있다. 같은 방법으로 S-R 플립플롭으로도 D-플립플롭을 만들 수 있다.

그림 5-28 J-K 플립플롭으로 구현한 에지 트리거 D-플립 플롭.

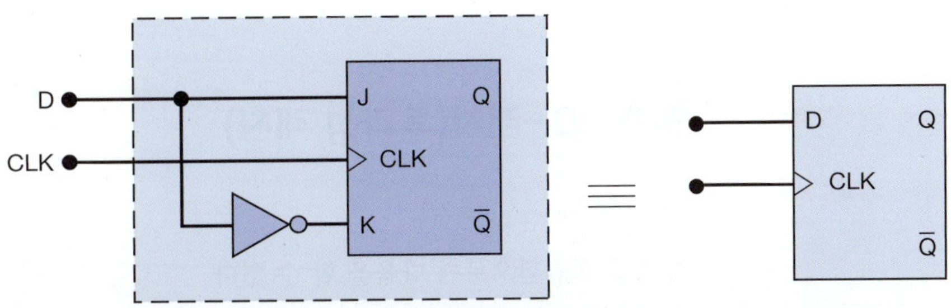

(a) (b)

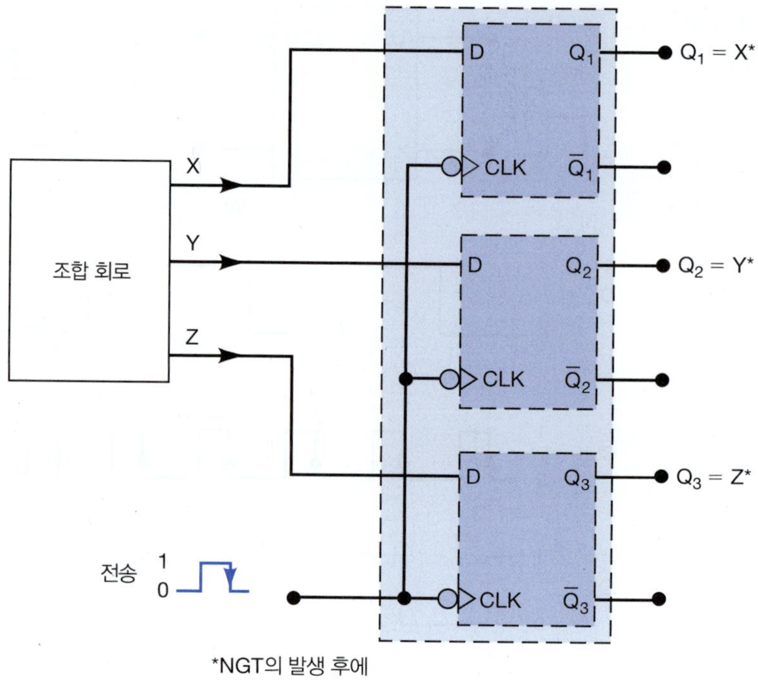

그림 5-29 D-플립플롭을 이용한 2진수의 병렬 전송.

병렬 데이터 전송

이 시점에서 출력 Q의 값이 입력 D와 같게 나타나는 D-플립플롭의 유용성에 대하여 의구심을 가질 수도 있다. 출력 Q는 정의된 시간에서만 D의 값을 가지므로, 입력 D와 항상 같은 값을 갖는 것이 아니다(그림 5-27 파형 참고).

D-플립플롭의 대부분 응용에서 출력 Q는 정확하게 정의된 시간에서만 입력 D의 값을 가지도록 하여야 한다. 이러한 한 예를 그림 5-29에 나타내었다. 논리 회로의 출력 X, Y, Z가 각각 플립플롭의 Q_1, Q_2, Q_3에 전달되어 저장되는 회로이다. D-플립플롭을 이용함으로 공통 *CLK* 입력에 TRANSFER 펄스가 인가될 때 X, Y, Z의 논리 값이 Q_1, Q_2, Q_3에 각각 전달된다. 플립플롭은 다음의 단계의 처리를 위해 그 값들을 저장할 수 있다. 이 회로는 2진 **데이터의 병렬 전송(parallel data transfer)**의 한 예이다. 즉 3비트의 X, Y, Z가 동시에 전송된다.

학습성과 평가문제

1. 입력 D가 영구적으로 LOW로 묶여 있다면, 그림 5-27(b) 파형 Q는 어떻게 되겠는가?
2. 참 또는 거짓: 출력 Q는 모든 시간에 걸쳐 입력 D와 같은 값을 가질수 있다.
3. 병렬 전송을 위하여 J-K 플립플롭을 사용할 수 있는가?

5-9 D-래치(투과성 래치)

학습성과

이 절을 학습함으로써 다음을 할 수 있다

- D 래치와 D FF의 동작 차이 구분

- D 래치의 래치와 투과 동작 조건 구분
- D 래치의 래치와 투과 모드에서 입력 변화에 대한 출력 예측

에지 트리거 D-플립플롭은 클럭이 인가될 때에만 입력 D에 의하여 출력이 응답하도록 에지 검출 회로를 사용한다. 만약 이 에지 검출 회로를 사용하지 않는다면, 결과적으로 회로는 앞에서 설명한 바와 다소 다르게 동작할 것이다. 이 회로를 **D-래치**라고 하며, 그림 5-30(a)에 나타냈다.

이 회로는 NAND 래치와 에지 검출 회로가 없는 펄스 구동 NAND 게이트 1과 2로 구성된다. 구동 게이트의 공통 입력 신호는 클럭 입력이라기 보다는 인에이블 입력(enable input: *EN*)이라고 부르는데, 이것은 이 신호가 출력 *Q*와 $\overline{Q}$에 영향을 주는 것이 에지가 발생하는 순간에만 국한되지 않기 때문이다. D-래치의 동작은 아래와 같이 나타낼 수 있다.

1. *EN*이 HIGH일 때, *Q*가 *D*와 같은 논리를 가지도록 입력 *D*는 NAND 래치의 $\overline{\text{SET}}$ 또는 $\overline{\text{RESET}}$ 입력에 LOW를 발생시킨다. 만약 *EN*이 HIGH일때 *D*가 변한다면 *Q*는 정확하게 그 변화를 따른다. 다시 말해서, *EN* = 1인 동안 출력 *Q*가 *D*와 정확히 같아 보인다. 즉 이 상태에서, D-래치는 "투과성"인 것이다.
2. *EN*이 LOW일 때, 2개의 구동 게이트의 출력이 HIGH로 유지되기 때문에 입력 *D*는 NAND 래치에 영향을 미치지 못한다. 그러므로 출력 *Q*와 $\overline{Q}$는 *EN*이 LOW로 변하기 전에 가졌던 값을 유지한다. 다시 말해, *EN*이 LOW인 동안에 입력 *D*가 변해도 출력은 "변하지 않고, 현재의 값을 유지한다(latched)."

이러한 동작을 그림 5-30(b) 함수표에 요약하였다. D-래치의 논리 기호는 그림 5-30(c)에 나타내었다. *EN* 입력이 에지 트리거 플립플롭의 *CLK* 입력과 비슷하게 동작하지만, *EN* 입력 단에는 작은 삼각형 기호가 없다. 작은 삼각형 기호는 입력 신호의 에지가 발생할 때만 출력의 논리 상태를 변화시키는 입력에 대해서만 사용할 수 있기 때문이다. D-래치는 에지 트리거가 아니다.

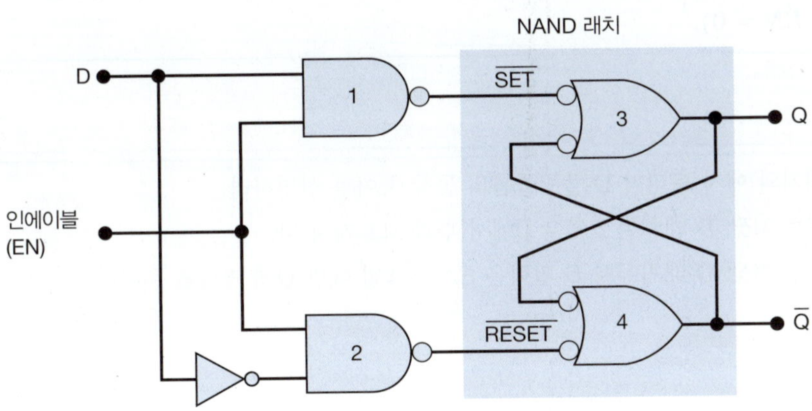

(a)

입력		출력
EN	D	Q
0	X	Q_0 (변화없음)
1	0	0
1	1	1

"X"는 don't care를 가리킨다.
Q_0는 단지 EN이 LOW로 가기 바로 이전의 Q의 상태이다.

(b)

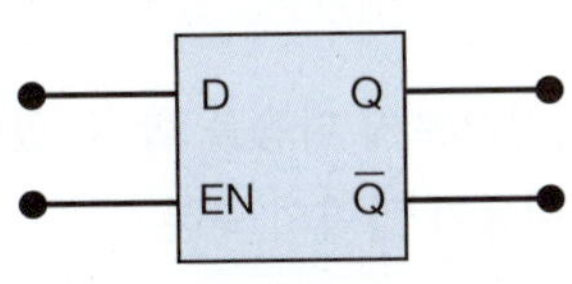

(c)

그림 5-30 D-래치의 (a) 구조, (b) 함수표, (c) 논리 기호.

예제 5-8

초기 값이 $Q = 0$이라고 가정하였을 때, 그림 5-31의 입력 EN과 D를 갖는 D-래치에 대한 Q의 파형을 구하라.

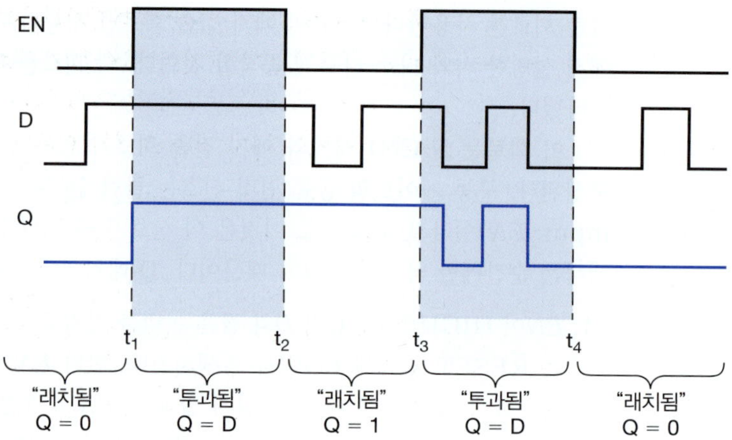

그림 5-31 예제 5-8에 대한 D-래치의 두 가지 동작 모드를 나타낸 출력 파형.

풀이

시간 t_1 이전에는 Q가 현재의 0 레벨로 "래치되어" 있고, D의 변화에 대하여 아무런 변화도 일으키지 않는다. t_1에서 t_2 동안에, EN이 HIGH이므로 출력 Q는 D의 나타나는 신호를 따라갈 것이다. 그러므로 Q는 t_1에서 HIGH로 변하고, D가 변하지 않으므로 그 값을 그대로 유지한다. t_2에서 EN이 LOW로 다시 복귀할 때, Q는 t_2에서 가지고 있던 값인 HIGH로 래치되고, EN이 LOW인 동안에 그 값을 유지한다.

t_3에서 EN이 다시 HIGH로 변하면, Q는 EN이 LOW로 변하는 t_4 전까지 입력 D의 변화를 그대로 따른다. t_3에서 t_4 동안에 D-래치는 D의 변화가 출력 Q를 통하여 그대로 전송되기 때문에 "투과성"이 된다. t_4에서 EN이 LOW로 변하면, Q는 t_4에서 논리 값인 0을 래치한다. t_4 이후에 D의 변화는 출력 Q가 래치되어 있기 때문에 아무런 영향을 미치지 못한다(즉, $EN = 0$).

학습성과 평가문제

1. D-래치와 에지 트리거 D-플립플롭의 동작 차이를 설명하라.
2. 참 또는 거짓: D-래치는 $EN = 0$에서 투과 모드가 된다.
3. 참 또는 거짓: D-래치에서 D 입력은 $EN = 1$일 때만 Q에 영향을 준다.

5-10 비동기 입력

학습성과

이 절을 학습함으로써 다음을 할 수 있다

- 동기와 비동기 입력의 구분
- 어느 동기나 비동기 입력의 변화에 대한 출력 Q 예측

지금까지 배운 클럭 입력의 플립플롭에서 *S*, *R*, *J*, *K* 및 *D* 입력들은 제어 입력이라고 한다. 이 입력들은 *CLK* 입력에 동기되어서 플립플롭 출력에 영향을 주기 때문에 동기 입력(synchronous input)이라고도 불린다. 즉 동기 제어 입력들은 플립플롭을 트리거하기 위하여 클럭 신호와 결합되어 사용되어야 한다.

대부분의 플립플롭들은 동기 입력과 클럭 입력에 독립적으로 동작하는 하나 또는 그 이상의 **비동기 입력(asynchronous input)**을 갖는다. 다른 입력 조건과 무관하게 이러한 비동기 입력들은 임의의 시간에서 플립플롭을 1 또는 0 상태로 세트 또는 클리어시키기 위하여 사용될 수 있다. 다른 방법으로 기술하면, 비동기 입력은 플립플롭을 1 또는 0 상태로 만들기 위하여 다른 모든 입력을 무시하고 사용되는 **우선 입력(override input)**이다.

그림 5-32는 $\overline{\text{PRESET}}$과 $\overline{\text{CLEAR}}$로 명시된 2개의 비동기 입력을 가진 J-K 플립플롭을 나타낸다. 플립플롭의 비동기 입력 단의 방울은 LOW 활성 입력임을 나타낸다. 같이 있는 함수표에 이들 입력이 어떻게 동작하는지 요약되어 있다. 여러 가지 경우를 조사해 보자.

- $\overline{\text{PRESET}} = \overline{\text{CLEAR}} = 1$. 비동기 입력들은 비활성이고, 플립플롭은 *J*, *K* 및 *CLK* 신호들에 의하여 동작하게 된다. 다시 말해서, 클럭에 따른 동기식 동작이 이루어진다.
- $\overline{\text{PRESET}} = 0$, $\overline{\text{CLEAR}} = 1$. $\overline{\text{PRESET}}$ 입력이 활성화되고, 출력 *Q*는 *J*, *K* 및 *CLK*의 현재 조건에 무관하게 즉시 1로 세트된다. *CLK* 입력은 $\overline{\text{PRESET}} = 0$인 동안 플립플롭에 아무런 영향을 미치지 못한다.
- $\overline{\text{PRESET}} = 1$, $\overline{\text{CLEAR}} = 0$. $\overline{\text{CLEAR}}$ 입력이 활성화되고, 출력 *Q*는 *J*, *K* 및 *CLK*의 현재 조건에 무관하게 즉시 0으로 클리어된다. *CLK* 입력은 $\overline{\text{CLEAR}} = 0$인 동안 플립플롭에 아무런 영향을 미치지 못한다.
- $\overline{\text{PRESET}} = \overline{\text{CLEAR}} = 0$. 이 조건은 애매모호한 결과를 발생시키므로 사용하지 않는다.

이런 비동기 입력들이 dc 값에 응답하는 것을 이해하는 것이 중요하다. 이것은 만약 $\overline{\text{PRESET}}$ 입력이 0 상태에 묶여 있다면, 플립플롭은 다른 입력에 상관없이 $Q = 1$로 머물게 된다는 것을 의미한다. 마찬가지로, $\overline{\text{CLEAR}}$ 입력이 계속 LOW를 유지하면 플립플롭은 $Q = 0$ 상태에 묶인다. 그러므로 비동기 입력은 원하는 기간 동안 플립플롭을 특별한 상태로 유지시키는 데 사용될 수 있다. 그러나 대부분의 경우 비동기 입력들은 순간적인 펄스에 의하여 플립플롭을 원하는 상태로 세트 또는 클리어시키는 데 사용된다.

IC 형태의 플립플롭들은 대부분 이러한 두 종류의 비동기 입력들을 가지며, 어떤 것들은 $\overline{\text{CLEAR}}$ 입력만 갖는 것도 있다. 어떤 플립플롭은 LOW 활성보다는 HIGH 활성인 비동기 입력을 채택하는 경우가 있다. 이런 HIGH 활성 비동기 입력은 플립플롭의 비동기 입력 단에 방울을 그려 넣지 않는다.

그림 5-32 비동기 입력을 갖는 J-K 플립플롭.

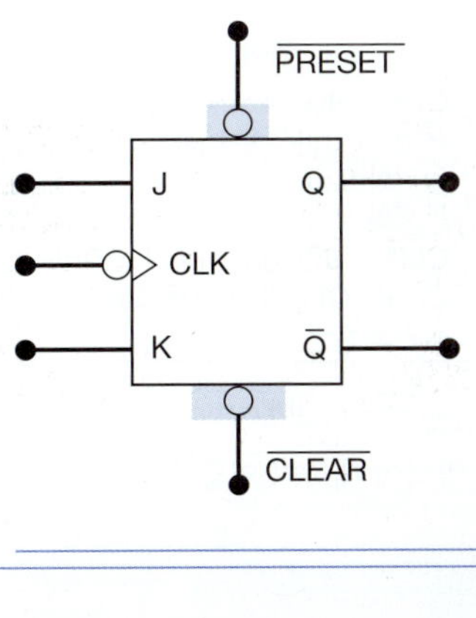

J	K	Clk	$\overline{\text{PRE}}$	$\overline{\text{CLR}}$	Q
0	0	↓	1	1	Q (변화없음)
0	1	↓	1	1	0 (동기 리세트)
1	0	↓	1	1	1 (동기 세트)
1	1	↓	1	1	$\overline{Q}$ (동기 토글)
x	x	x	1	1	Q (변화없음)
x	x	x	1	0	0 (비동기 클리어)
x	x	x	0	1	1 (비동기 프리셋)
x	x	x	0	0	(허용 안됨)

비동기 입력의 표기법

IC 제작자들이 이런 비동기 입력의 표기에 대해 일치를 보지 못하고 있지만, 가장 일반적인 표기법은 *PRE*(PRESET의 약자)와 *CLR*(CLEAR의 약자)이다. 이런 라벨은 동기 SET와 동기 RESET 입력과 분명하게 구별된다. 다른 표기법 S_D(direct SET)와 R_D(direct RESET) 표기도 사용된다. 지금부터 비동기 입력을 가장 많이 사용하는 *PRE*와 *CLR*로 나타낼 것이다. 이들 비동기 입력이 LOW 활성일 때는, 일반적으로 LOW 활성 상태를 나타내기 위하여 사용하는 윗줄을 사용한다. 즉, $\overline{PRE}$와 $\overline{CLR}$이다.

대부분의 IC 플립플롭들은 1개 이상의 비동기 입력을 갖지만, 실제 응용 분야에서 사용되지 않는 경우도 있다. 이러한 경우에는 이 입력들을 영구적으로 비활성 레벨에 묶어두어야 한다. 이후부터는 플립플롭의 사용되지 않는 비동기 입력들은 표시하지 않을 것이며, 이 입력들은 비활성 논리 값에 영구히 연결되었다고 가정한다.

예제 5-9

그림 5-33(a)는 LOW 활성 비동기 입력을 갖는 NGT J-K 플립플롭을 나타낸다. 외부 LOW 활성 비동기 입력은 $\overline{PRE}$와 $\overline{CLR}$로 표기되어 있지만, 기억하여야 할 중요한 점은 입력 단에 방울이 존재하는 것은 LOW 신호 입력에 출력이 반응한다는 것이다.

이 예제에서 *J*와 *K* 입력은 HIGH에 묶여 있다. 그림 5-33(a)에 보인 입력파형에 대해 출력 *Q*를 정하라. *Q*의 초기 값은 HIGH로 가정한다.

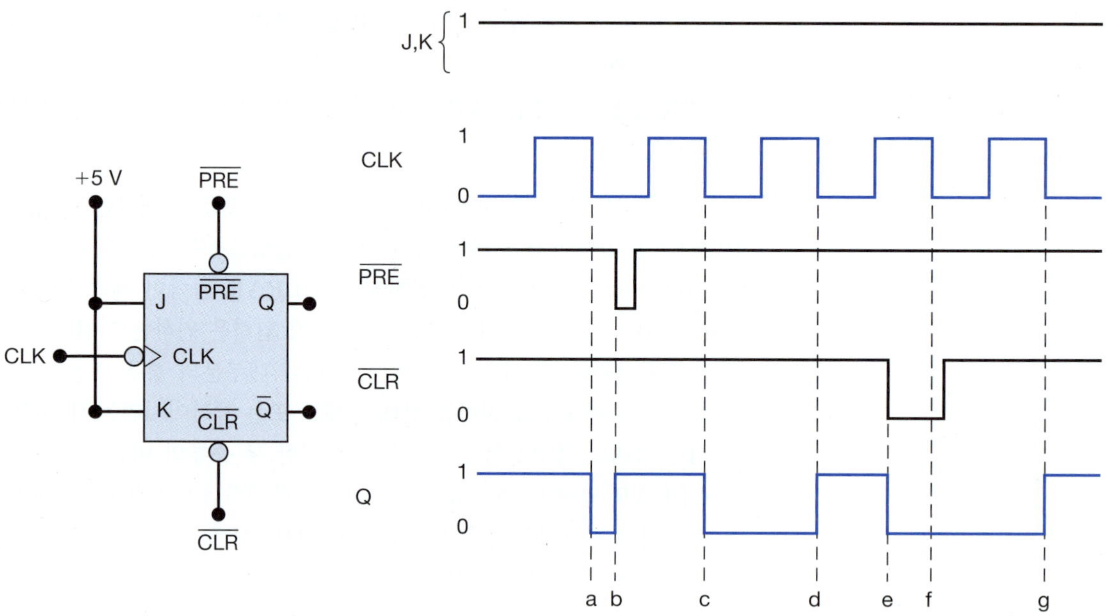

(a)

위치	동작
a	CLK의 NGT에서 동기화 토글
b	$\overline{PRE}$ = 0인 경우 비동기 세트
c	동기화 토글
d	동기화 토글
e	$\overline{CLR}$ = 0인 경우 비동기 클리어
f	$\overline{CLR}$은 CLK의 NGT를 오버라이드한다
g	동기화 토글

(b)

그림 5-33 예제 5-9에서 플립플롭이 비동기 입력에 대하여 어떻게 동작하는가를 나타내는 파형.

풀이

초기 값으로 $\overline{PRE}$와 $\overline{CLR}$은 HIGH 상태에 있기 때문에, Q에는 아무런 영향을 주지않는다. 그러므로 시점 a에서 CLK신호의 첫 번째 NGT가 발생하였을 때, Q는 반대 상태로 토글된다. J = K = 1일 때 토글 동작을 수행함을 기억하라.

시점 b에서 $\overline{PRE}$ 입력을 LOW 활성 상태로 만드는 펄스가 인가된다. 그 즉시, $Q = 1$로 세트된다. $\overline{PRE}$는 $\overline{CLK}$가 NGT되는 것을 기다리지 않고 $Q = 1$을 만든다. 비동기 입력은 CLK에 독립적으로 동작한다.

시점 c에서 CLK의 NGT는 Q를 반대 상태로 다시 토글시킨다. 시점 c가 되기 전에 $\overline{PRE}$가 비활성화 상태로 돌아가 있음에 유의하라. 시점 d에서 CLK의 NGT가 Q를 토글시켜 다시 HIGH 상태로 만든다.

시점 e에서 $\overline{CLR}$ 입력에 LOW 활성 상태를 만드는 펄스가 인가되고, 그 즉시 $Q = 0$으로 클리어된다. 이 동작은 CLK에 독립적이다.

시점 f에서 $\overline{CLR}$ 입력이 여전히 활성화되어 있기 때문에, CLK의 NGT는 Q를 토글시킬 수 없다. $\overline{CLR}$에 인가되어 있는 LOW 입력이 CLK 입력보다 우위에 있기 때문에 $Q = 0$을 유지한다.

시점 g에서 CLK의 NGT가 발생하였을 때, 그 시점에서 비동기 입력이 활성화되어 있지 않으므로 Q를 HIGH 상태로 토글시킬 수 있다.

이러한 단계를 그림 5-33(b)에 요약하였다.

학습성과 평가문제

1. 비동기 입력은 동기 입력과 어떻게 다르게 동작하는가?
2. D-플립플롭은 $\overline{PRE} = 1$일 때, D와 CLK 입력에 대하여 반응할 수 있는가?
3. LOW 활성 비동기 입력을 갖고 PGT에서 동작하는 J-K 플립플롭이 반대 상태로 토글하기 위해 필요한 조건들을 써라.

5-11 플립플롭의 타이밍 고찰

학습성과

이 절을 학습함으로써 다음을 할 수 있다

- 동작속도와 신뢰성을 제한하는 플립플롭의 변수들 정의
- 주어진 플립플롭의 안정적 동작을 위한 시스템 신호의 한계 정의

IC 플립플롭 제작자들은 플립플롭이 어떤 회로에 이용되기 전에 고려하여야 할 여러 가지의 중요한 타이밍 파라미터와 특성에 대하여 명시한다. TTL이나 CMOS 논리 계열의 특정 IC 플립플롭의 예를 들고, 중요한 점들에 대해서 논할 것이다.

셋업과 홀드 시간

셋업과 홀드 시간(setup and hold times)은 이미 설명되었기 때문에, 확실한 플립플롭의 트리거를 위해 만족해야 하는 조건을 설명한 5-5절을 참고하기 바란다. 제작자의 IC 자료집에는 항상 t_S와 t_H의 최소값이 규정되어 있다.

전파 지연

한 신호가 플립플롭 출력의 상태를 변화시킬 때마다, 신호가 인가된 시점으로부터 출력이 변화할 때까지 걸리는 시간의 지연이 존재한다. 그림 5-34는 *CLK* 입력이 HIGH로 변할 때 발생되는 **전파 지연**(**propagation delays**)을 나타낸다. 이러한 지연 시간은 입출력 파형의 50%인 점에서 측정된 값임에 유의하라. 같은 형식의 지연이 플립플롭의 비동기 입력(RESET, CLEAR)상의 신호에 대해서도 발생한다. 자료집에는 보통 모든 입력 신호에 대한 전파 지연을 명시하는데, 일반적으로 t_{PLH}와 t_{PHL}의 최대값을 표시하고 있다.

최신 플립플롭 IC에서 전파 지연 시간은 수 ns에서 100 ns 정도의 범위를 갖는다. t_{PLH}와 t_{PHL}의 값은 일반적으로 같지 않고, 출력 *Q*에 의하여 구동되는 부하의 수에 비례하여 증가한다. 플립플롭의 전파 지연은 앞으로 다루게 될 어떤 상황에서 중요한 역할을 담당하게 될 것이다.

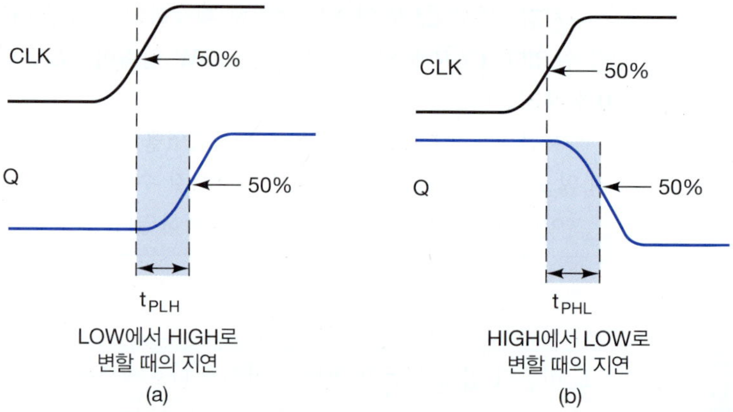

그림 5-34 플립플롭 전파 지연.

최대 클럭 주파수, f_{MAX}

이것은 플립플롭의 *CLK* 입력에 인가할 수 있는 최대 주파수로 플립플롭이 안정되게 트리거될 수 있는 최대 클럭 주파수이다. f_{MAX}의 한계치는 플립플롭에 따라 다르며, 같은 디바이스 번호를 가질지라도 다르다. 예를 들어, 7470 J-K 플립플롭 제작자가 이 플립플롭들을 여러 개 검사하여 f_{MAX}가 20~35 MHz의 범위를 가짐을 알았다고 하자. 그러면 20 MHz을 최소 f_{MAX}로 명기한다. 이것은 다소 혼란스럽지만 조금만 생각하면, 우리가 회로에서 사용하는 7470 플립플롭이 20 MHz 이상에서는 동작하는 것을 보장하지 않는다는 것을 제작자가 명백히 말하고 있음을 알 수 있다. 즉 대부분의 칩들이 동작하겠지만, 그렇지 않은 것도 있다는 것이다. 그러나 20 MHz 이하에 구동시킨다면, 모든 동작은 보장된다.

클럭 펄스의 HIGH와 LOW 시간

제작자들은 또한 *CLK* 신호가 HIGH로 되기 전에 LOW 상태를 유지하는 최소 시간 $t_W(L)$과 LOW로 다시 되돌아오기 전에 HIGH로 유지하는 최소 시간 $t_W(H)$을 규정하고 있다. 이러한 시간들을 그림 5-35(a)에 나타내었다. 만약 이 최소 시간이 만족되지 않으면 플립플롭이 정확하게 트리거되지 않는다. 이러한 시간은 신호의 변화 과정에서 1/2인 점에서 측정한 값임을 기억하기 바란다.

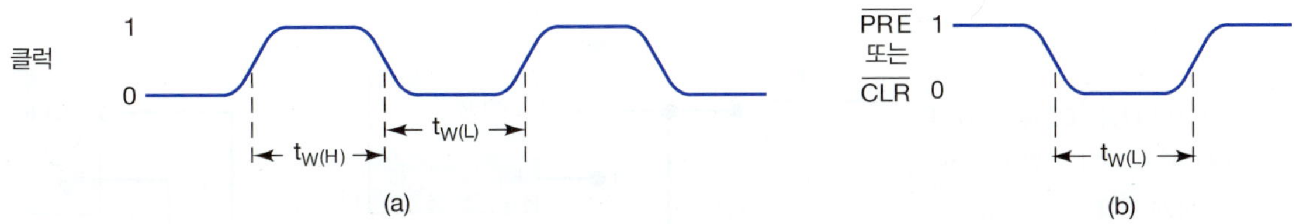

그림 5-35 (a) 클럭 LOW와 HIGH 시간. (b) 비동기 펄스의 폭.

비동기 펄스의 폭

제작자는 또한 PRESET 또는 CLEAR 입력이 플립플롭을 신뢰성 있게 세트 또는 클리어시키기 위해 활성 상태를 유지해야 되는 최소 시간을 규정하고 있다. 그림 5-35(b)는 LOW 활성 비동기 입력에 대한 $t_W(L)$을 나타내었다.

클럭의 천이 시간

신뢰성 있는 트리거를 위하여 클럭파형의 천이 시간(상승 또는 하강 시간)이 매우 짧아야 한다. 클럭 신호가 한 레벨에서 다른 레벨로 천이되는 시간이 매우 길면, 플립플롭은 오동작을 일으키거나 전혀 동작이 안될 것이다. 대개 제작자들은 각 플립플롭에서 요구되는 최대 천이 시간을 적어 놓지는 않지만, 대신에 주어진 논리 회로의 모든 IC에 대한 일반적인 조건으로 기록하여 둔다. 예를 들어 TTL IC의 천이 시간은 일반적으로 50 ns보다 작고, CMOS의 경우는 200 ns보다 작아야 한다. 이러한 조건은 제작자마다 다르고, TTL과 CMOS의 논리 계열에 따라 또한 다르다.

학습성과 평가문제

1. 입력에 의하여 출력 Q가 반응하는 시간을 나타내는 플립플롭의 타이밍 파라미터들은 어느 것인가?
2. 참 또는 거짓: 25 MHz의 f_{MAX}를 갖는 플립플롭은 25 MHz 아래의 주파수를 갖는 *CLK* 펄스에 의하여 신뢰성 있게 트리거될 수 있다
3. 클럭 에지가 발생하기 전에 제어 입력이 안정된 상태를 유지해야 하는 최소시간을 무엇이라 부르는가?
4. 클럭 에지가 발생한 후에 제어 입력이 안정된 상태를 유지해야 하는 최소시간을 무엇이라 부르는가?
5. 참 또는 거짓: 클럭의 파형의 상승시간이나 하강 시간이 너무 길면 플립플롭을 안정되게 트리거할 수 없다.

5-12 플립플롭 회로에서의 잠재적인 타이밍 문제

학습성과

이 절을 학습함으로써 다음을 할 수 있다

- 제어입력의 타이밍 파형을 보고 출력 Q를 예측
- 동기회로의 타이밍 제약을 적용

그림 5-36 Q_2의 홀드시 클럭 간 요구 t_H가 Q_1의 전파 지연 이하라면 Q_2는 *CLK*의 NGT 전 Q_1에 나타나는 값에 대해 적절하게 반응할 것이다.

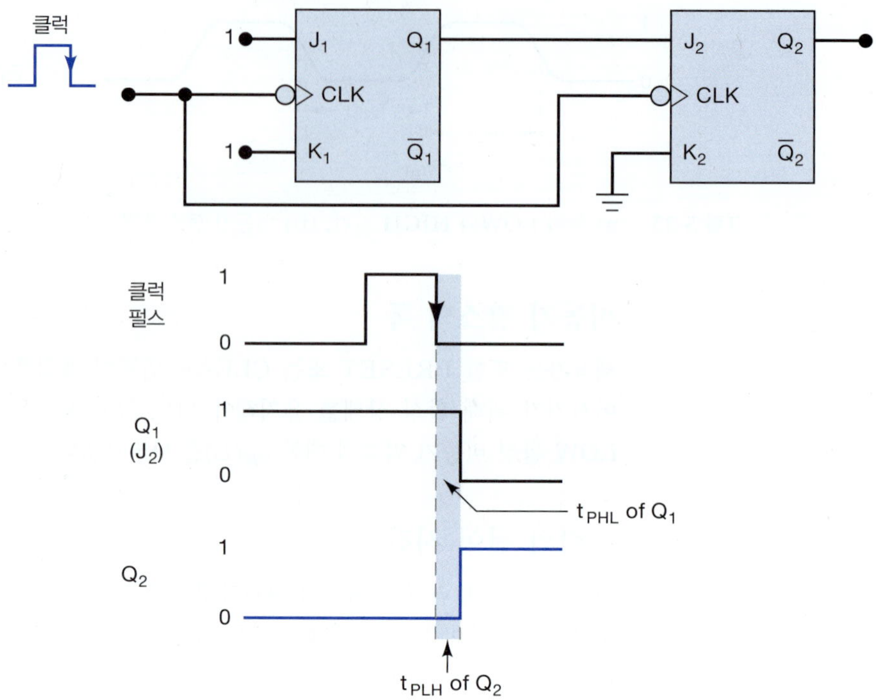

대부분의 디지털 회로에서 플립플롭의 출력은 다른 플립플롭의 입력에 직접 또는 논리 게이트를 통하여 연결되고, 이 플립플롭들은 같은 클럭 신호에 의해서 트리거된다. 이러한 경우에 잠재적인 타이밍 문제가 있다. 그림 5-36에 전형적인 예를 나타내었다. 여기서 Q_1 출력은 Q_2의 입력 J에 연결되어 있고, 이 플립플롭들의 *CLK* 입력에는 같은 클럭 신호가 인가된다.

클럭의 NGT에서 출력 Q_1이 변하고, 따라서 Q_2의 입력 J_2가 같은 NGT 동안에 변하므로 잠재적인 타이밍 문제가 발생한다. 이것은 Q_2에서 예기치 않은 응답을 이끌어낼 수 있다.

초기 값을 $Q_1 = 1$, $Q_2 = 0$이라고 가정하자. Q_1 플립플롭은 $J_1 = K_1 = 1$이고, 클럭의 NGT 전에 Q_2는 $J_2 = Q_1 = 1$, $K_2 = 0$을 갖는다. NGT가 발생했을 때, Q_1은 LOW 상태로 토글될 것이지만, 실제로는 전파 지연 t_{PHL}이 지날 때까지는 LOW 상태로 변하지 않는다. 이 t_{PHL}이 Q_2의 입력이 필요로 하는 홀드 시간보다 크다면 동일한 NGT는 신뢰성 있게 Q_2을 HIGH 상태로 변화시킬 수 있다. 만약 이 조건을 만족하지 않는다면, Q_2의 반응은 예측하기 어렵다.

다행히 최근의 에지 트리거 플립플롭들은 5 ns보다 적은 홀드 시간 조건을 가지며, 대부분은 $t_H = 0$의 조건을 갖는다. 이것은 홀드 시간에 대한 제약이 없다는 것이며, 이런 플립플롭에서는 그림 5-36과 같은 상황은 문제가 되지 않는다.

별도의 언급이 없는 한 본문에서 접하는 모든 플립플롭 회로들에서는 아래의 규칙을 만족시킬 만큼 충분히 짧은 홀드 시간을 갖는다고 가정하자.

플립플롭의 출력은 활성 클럭 천이가 나타나기 직전에 동기 제어 입력에 인가되어 있는 논리 신호에 의하여 결정된다.

그림 5-36에 이 규칙을 적용한다면, Q_2는 클럭 펄스의 NGT 전에 인가된 입력 조건 $J_2 = 1$, $K_2 = 0$에 의하여 결정될 것이다. 같은 NGT에 대한 응답으로 J_2가 변한다는 사실에는 아무런 영향을 미치지 않는다.

예제 5-10

그림 5-37에 나타낸 입력파형에 대한 NGT J-K 플립플롭의 출력 Q를 구하라. 단 $t_H = 0$이고, 초기에 $Q = 0$이다.

그림 5-37 예제 5-10.

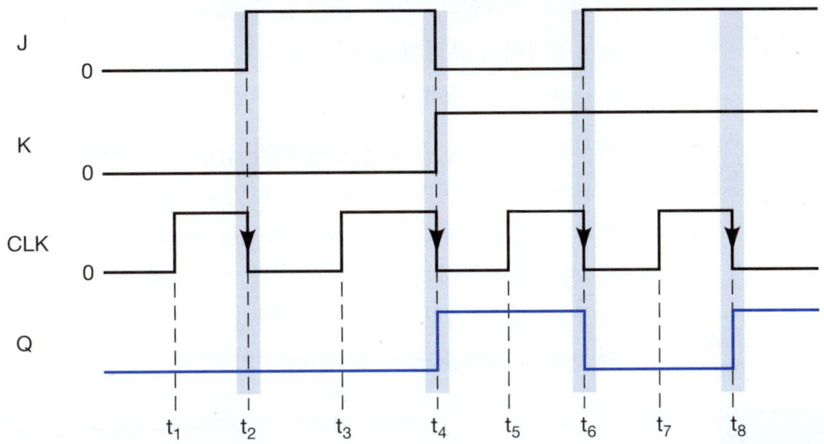

풀이

플립플롭은 시점 t_2, t_4, t_6 그리고 t_8에서만 응답할 것이다. t_2에서 Q는 t_2 전의 입력 조건인 $J = K = 0$에 대하여 응답할 것이다. t_4에서 Q는 t_4 전의 입력 조건인 $J = 1$, $K = 0$에 대하여 동작할 것이며, t_6에서 Q는 t_6 직전의 입력 조건인 $J = 0$, $K = 1$에 대하여 동작을 할 것이다. t_8에서 Q는 $J = K = 1$의 조건에 대하여 동작한다.

학습성과 평가문제

1. 참 또는 거짓: 동기 회로는 출력이 활성 클럭 에지에서 변하므로 언제나 세트와 홀드 시간 조건을 위반한다.
2. 참 또는 거짓: 동기 플립플롭이 안정되게 동작하려면 전파지연 시간이 홀드 시간 조건보다 길어야한다.
3. 동기 회로를 분석하기 위해서 출력 변화를 정하는 제어입력은 어디서 찾아야 하는가?

5-13 플립플롭의 응용

에지 트리거 플립플롭은 다용도 소자로서, 계수를 하거나, 2진 데이터를 저장하거나, 2진 데이터를 한 곳에서 다른 곳으로 전송할 때 등의 넓은 응용 분야에서 사용될 수 있다. 이런 대부분의 응용에서는 플립플롭의 클럭 동작을 사용한다. 이것은 대부분 **순차 회로(sequential circuits)**라 불리는 응용 분야에 해당한다. 순차 회로는 미리 정해진 상태(state)를 따라 순차적으로 출력이 변하는 것으로, 클럭이 발생할 때마다 새로운 상태로 변하게 된다. 다시 피드백의 개념이 적용되지만 FF 메모리 소자를 만드는 것에만 해당되는 것이 아니다. FF의 출력은 FF의 동작을 제어하는 순차 회로의 게이트들의 입력으로 피드백된다. 그래서 다음 클럭 사이클에 다른 상태가 결정되게 된다. 다음 절에서 기본적인 몇 가지 응용을 소개하고, 이후 장에서 좀 더 설명한다.

5-14 플립플롭의 동기화

학습성과

이 절을 학습함으로써 다음을 할 수 있다.

- 동기화가 유리한 상황을 파악
- DFF을 사용하여 외부 신호를 클럭에 동기

대부분의 신호가 클럭 천이에 따라 상태를 변화시킨다는 점에서 대부분의 디지털 시스템은 기본적으로 그 동작들이 동기되어 있다. 그러나 많은 경우에 있어서 클럭에 동기되지 않은 외부 신호가 존재한다. 즉 비동기(asynchronous) 신호가 있는 것이다. 비동기 신호는 클럭 신호와 무관하게 사용자가 입력 스위치를 조작한 결과로 발생하는 경우가 많다. 이러한 불규칙성은 예기치 못한 결과를 발생시킨다. 다음의 예제를 통해 플립플롭을 사용하여 어떻게 비동기 입력을 동기시키는지 알아보자.

예제 5-11

그림 5-38(a)는 운영자에 의해 작동된 디바운스된 스위치로부터 입력 신호 A가 발생하였을 경우를 나타내고 있다(디바운스된 스위치는 예제 5-2에서 처음 소개하였다). 입력 신호 A는 운영자가 스위치를 올렸을 때 HIGH가 되고 내렸을 때 LOW가 된다. 입력 신호 A는 클럭 신호가 AND 게이트를 통과하는 것을 제어하기 위하여 사용되며, 입력 신호 A가 HIGH인 동안에만 클럭 신호가 출력 X에 나타난다.

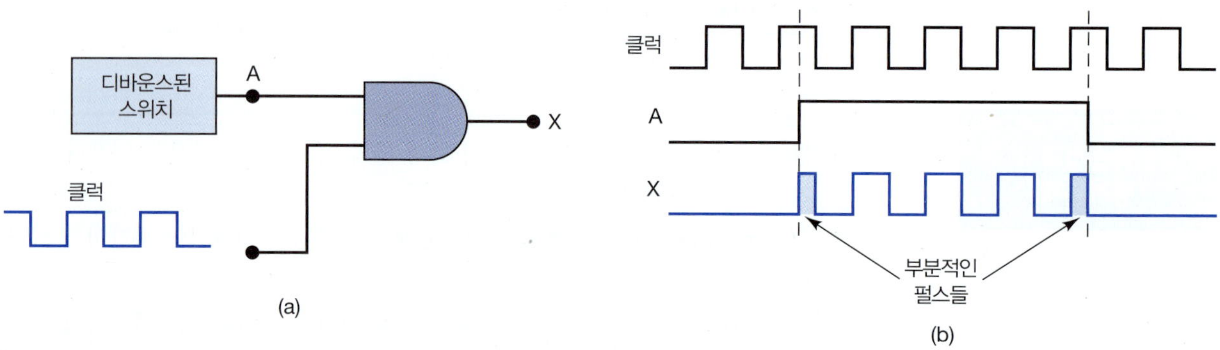

그림 5-38 비동기 신호 A는 X에서 부분적인 펄스를 발생시킬 수 있다.

이러한 회로가 갖는 문제점은 A가 비동기된 신호라는 것이다. 이것은 운영자가 스위치를 올리고 내리는 것이 본질적으로 불규칙하기 때문에 클럭 신호에 비하여 임의의 시간에 그 상태가 변할 수 있음을 의미한다. 이것은 그림 5-38(b)의 파형에 나타낸 것과 같이 클럭 신호가 HIGH인 동안에 A의 천이가 발생한다면, 출력 X에 부분적인 클럭 펄스(*partial* clock pulse)가 발생할수 있다.

이러한 형태의 출력은 많은 경우 허용되지 않는다. 그래서 출력 X에 클럭의 일부분이 나타나는 것을 방지하기 위한 방법을 모색하여야 한다. 한 가지 방법을 그림 5-39(a)에 보였다. 어떻게 이 회로가 문제점을 해결할 수 있는지 설명하고, 그림 5-38(b)와 같은 상황의 출력파형 X를 그려라.

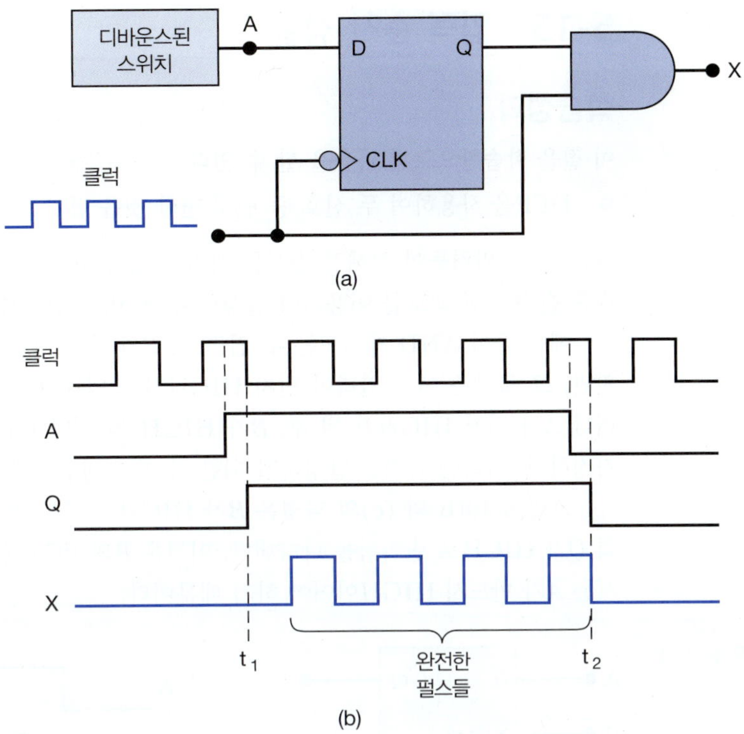

그림 5-39 클럭의 NGT에서 AND 게이트가 인에이블되는 것을 동기시키기 위하여 사용된 에지 트리거 D-플립플롭.

풀이

A 신호는 플립플롭의 입력 D에 연결되어 있다. 이 플립플롭은 클럭 신호의 NGT에 의하여 트리거된다. 그러므로 A가 HIGH로갈 때, Q는 t_1에서 다음 클럭의 NGT가 발생할 때까지 HIGH로 변하지 않는다. 그림 5-39(b)에 나타낸 바와 같이 Q에서의 HIGH는 완전한 클럭 펄스가 출력 X로 통과하도록 AND 게이트를 인에이블시킨다.

A가 다시 LOW로 돌아오면 Q는 t_2에서 클럭의 다음 NGT가 발생할 때까지 LOW로 변하지 않는다. 그러므로 AND 게이트는 t_2에서 끝나는 클럭 펄스가 출력 X를 완전히 통과할 때까지 열려 있다. 따라서 출력 X에는 완전한 펄스만이 나타난다.

이 회로에는 잠재적인 문제가 있다. A가 어느 순간에나 HIGH로 변할수 있기 때문에 플립플롭의 셋업 시간 조건을 어길 수 있다. 다시 말해 A의 천이가 클럭의 에지와 아주 가깝게 발생해서 Q출력에 불안정한 반응(glitch)을 만들 수 있는 것이다. 이것을 막으려면 좀 더 복잡한 동기 회로가 필요하다.

학습성과 평가문제

1. 동기화회로는 어느 경우에 사용되어야 하는가?
2. 신호들을 동기시키기 위해 DFF을 어떻게 사용하는가?

5-15 입력 순차 검출

학습성과

이 절을 학습함으로써 다음을 할 수 있다

- DFF을 사용하여 두 신호 중 먼저 변한 것을 탐지.

많은 경우, 입력들이 정해진 순서를 따라 활성화되어야 출력이 활성화되는 경우가 있다. 이것은 순수 조합 회로를 이용하여 달성할 수 없고, 플립플롭의 저장 특성을 요구한다.

예를 들어 AND 게이트는 두 입력 *A*, *B*가 모두 HIGH인지 알아내는 데 사용할 수 있지만, 그 출력은 어느 입력이 먼저 HIGH가 되었는지 상관없이 똑같이 응답할 것이다. 그러나 *A*가 먼저 HIGH가 된 후, *B*가 HIGH 될 때만 HIGH 출력을 발생하기를 원한다고 가정하자. 이러한 목적을 달성하기 위한 한 가지 방법을 그림 5-40(a)에 나타내었다.

그림 5-40(b)와 (c)의 파형은 *B*가 HIGH로 가기 전에 *A*가 먼저 HIGH로 가야만 출력 *Q*가 HIGH로 변화됨을 나타낸다. 이것은 *B*의 PGT에서 출력 *Q*가 HIGH로 되기 위해서는 *A*가 반드시 HIGH이어야 하기 때문이다.

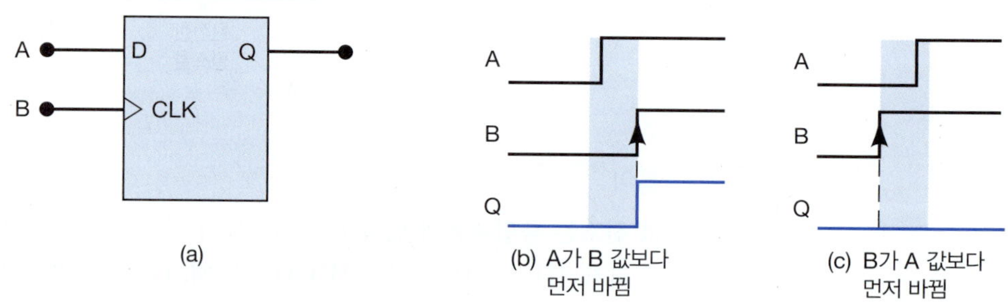

그림 5-40 입력의 특정 순서에 따라 반응하는 D 플립플롭.

회로가 적절히 동작하기 위해서는 *A*가 *B*보다 적어도 플립플롭의 셋업 시간만큼은 먼저 HIGH로 되어야 한다.

예제 5-12

2-5절에 구적 축 인코더 신호에 관련된 내용을 보라. 구적 축 인코더는 90도 움직인 두개의 출력 신호를 발생함을 기억하라. 만일 축이 한 방향으로 회전한다면 출력 *A*가 출력 *B*보다 앞설 것이다. 다른 방향으로 회전하면 출력 *A*가 출력 *B*보다 늦을 것이다. DFF을 사용하여 어느 방향으로 축이 회전하는지 정하시오

풀이

그림 5-41을 보라. 두 개의 출력을 그림처럼 입력 *A*를 *D*에 입력 *B*를 클럭에 연결했다. 타이밍도의 처음 반은 시계방향으로 회전할 때의 신호이고 나머지 반은 반시계방향으로 회전

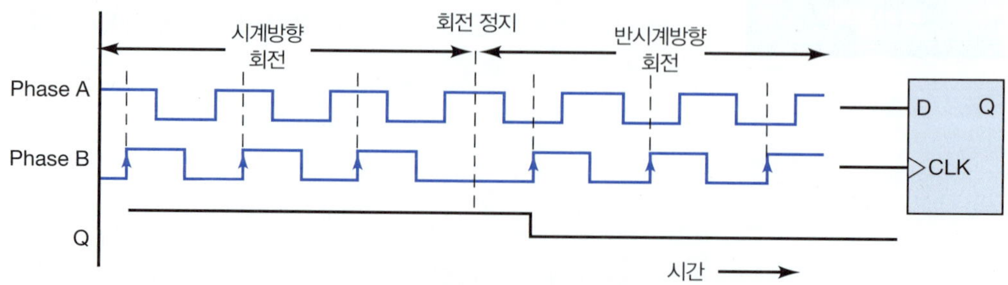

그림 5-41 회전 방향을 정하는 인코더 신호 열. DFF이 이 열을 탐지한다.

할 때의 신호이다.

학습성과 평가문제

1. DFF은 어느 입력이 먼저 변하는지를 어떻게 확인하는가?

5-16 천이 또는 "이벤트" 검출

학습성과

이 절을 학습함으로써 다음을 할 수 있다

- DFF과 XOR 게이트를 사용한 이벤트 검출
- 주어진 신호에 대해서 이벤트 검출기의 출력 예측

논리상태의 변화(LOW에서 HIGH로 변하든, HIGH에서 LOW로 변하든)를 표현하기 위해 여러 용어들을 사용하여 왔다(즉 천이, 에지, 이벤트). 이것이 발생하였을 때 디지털 회로가 이에 반응하는 것이 매우 중요하다. 동기식 클럭이 있는 회로에서는 클럭의 에지에서만 변화가 발생한다. 따라서 입력신호(그 신호의 변화에 우리가 관심있는 신호)가 지난번 클럭 에지 후에 변화할 때마다 HIGH출력을 내는 회로가 필요하다. D 플립플롭을 이 목적에 사용할 수 있는데, *D*입력의 논리 레벨과 *Q*출력의 논리레벨을 비교하는 것이다. 그림 5-42의 간단한 회로가 이 응용을 보여주고 있다. t_1, t_2, t_3 시간에 신호는 LOW이며 지난번 클럭 에지부터 입력은 변하지 않았다. t_3와 t_4사이에서 입력신호가 변했지만 플립플롭의 출력 *Q*는 LOW를 유지하고 있다(지난 번 클럭이 들어왔을 때의 값). XOR게이트가 그의 입력들이 서로 다른 것을 탐지하여, 지난 번 클럭 에지 이후로 입력 신호가 변하였음을 나타낸다. t_4에서 *Q*출력이 HIGH로 변화되어 입력과 출력이 다시 같아진다. "Edge"라고 명명된 출력 펄스의 폭은 신호 천이와 클럭 에지간의 시간이 얼마인가에 따라 결정된다. t_6에서 보이듯이 아주 좁은 출력 펄스가 만들어질 수도 있다.

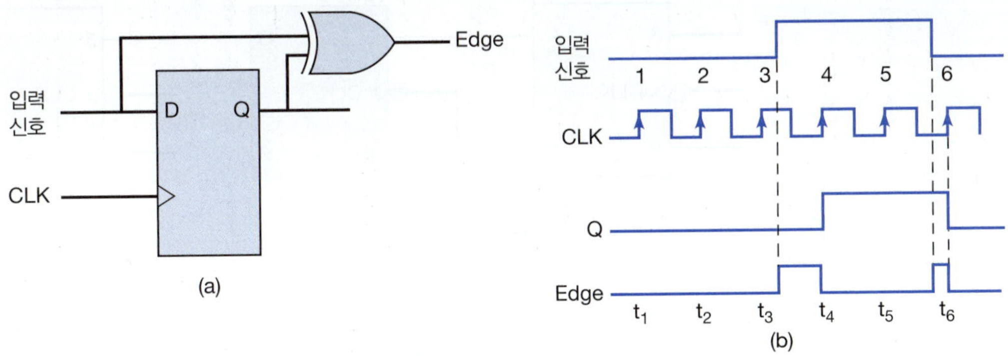

그림 5-42 에지 탐지: (a) 회로 (b) 타이밍 예.

학습성과 평가문제

1. 이벤트 탐지회로에서 XOR게이트의 목적은 무엇인가?
2. CLK가 1MHz이고 듀티비가 50%라고 가정하자. 만일 입력 신호가 CLK의 하강 에지에서 상태가 바뀌었다면, 출력 *EDGE*신호는 어떻게 나올까?

5-17 데이터의 저장과 전송

학습성과

이 절을 학습함으로써 다음을 할 수 있다

- 플립플롭을 사용하여 데이터를 한 곳에서 다른 곳으로 전송
- 동기식 전송과 비동기식 전송의 구분

플립플롭의 가장 일반적인 사용처는 데이터나 정보 저장이다. 데이터는 숫자 값을 나타낼 수도 있고(2진수나 BCD로 코딩된 10진수 등), 2진으로 부호화된 여러 종류의 데이터일 수도 있다. 이러한 데이터는 일반적으로 **레지스터(registers)**라고 불리는 플립플롭의 그룹에 저장된다.

데이터를 플립플롭 또는 레지스터에 저장하기 위하여 수행하는 동작을 **데이터 전송(data transfer)**이라 한다. 이러한 동작은 1개의 플립플롭 또는 레지스터에서 다른 곳으로 전송하는 과정을 말한다. 그림 5-43은 클럭 입력을 갖는 S-R, J-K, D-플립플롭을 사용하여 두 플립플롭 사이에 데이터 전송이 어떻게 이루어지는지 나타낸다. 각 경우에서 플립플롭 *A*에 현재 저장되어 있는 논리 값이 TRANSFER 펄스의 NGT에서 플립플롭 *B*로 전송된다. 그러므로 이 NGT 후에 *B*의 출력은 *A*의 출력과 같아진다.

그림 5-43의 전송 동작은 **동기 전송(synchronous transfer)**의 예이다. 이는 동기 제어 신호와 *CLK* 신호가 전송을 수행하는 데 이용되기 때문이다. 또한 플립플롭의 비동기 입력을 이용하여도 전송 동작을 구현할 수 있다. 그림 5-44는 여러 가지의 플립플롭의 PRESET과 CLEAR 입력을 이용하여 **비동기 전송(asynchronous transfer)**을 어떻게 구현하는지 나타낸다. 여기서 비동기 입력은 LOW에서 동작한다. 전송 활성 신호가 LOW일 때, 2개의 NAND 출력은 HIGH를 유지하므로 플립플롭의 출력에는 아무런 영향을 미치지 않는다. 전송 활성 신호가 HIGH일때 NAND 출력 중의 하나는 출력 *A*와 $\overline{A}$의 상태에 따라 LOW로 변할 것이다. 이 LOW 값은 플립플롭 *A*와 같은 값을 갖도록 플립플롭 B를 세트 또는 클리어시킬 것이다. 이 비동기 전송은 플립플롭의 동기 입력과 *CLK* 입력에

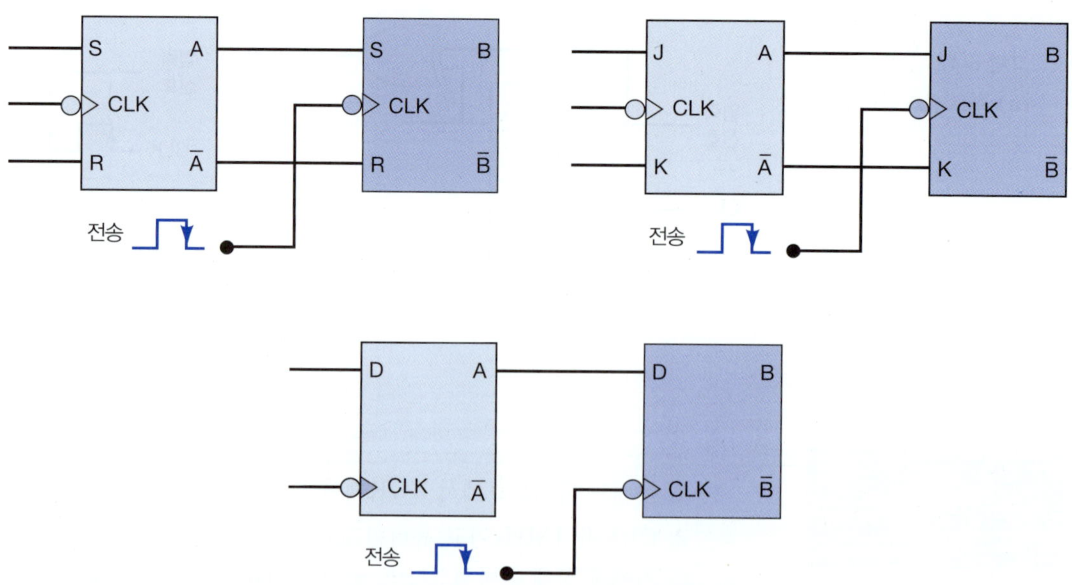

그림 5-43 클럭 입력을 갖는 여러 플립플롭에 의해 실행되는 동기 데이터 전송.

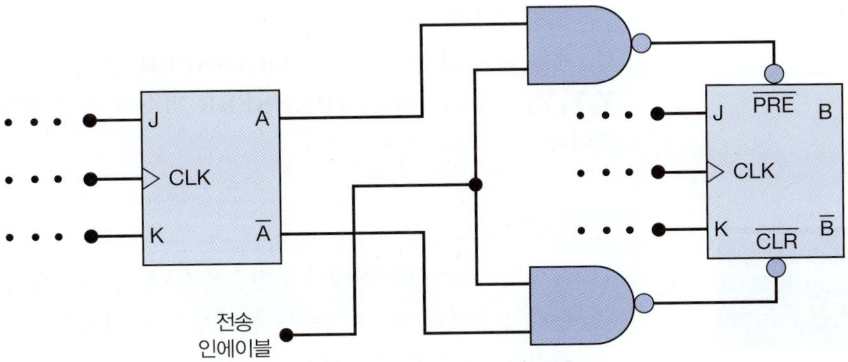

그림 5-44 비동기 데이터 전송 동작

의존하지 않는다. 비동기 전송은 동기 입력이 활성화될지라도 플립플롭 B에 데이터가 "강제 전송"되므로 **잼 전송**(**jam transfer**)이라고도 한다.

병렬 데이터 전송

그림 5-45는 D-플립플롭을 이용하여 한 레지스터에서 다른 레지스터로 데이터를 전송하는 것을 보여준다. 레지스터 X는 플립플롭 X_2, X_1, X_0으로 구성되고, 레지스터 Y는 플립플롭 Y_2, Y_1, Y_0으로 구성된다. TRANSFER 펄스의 PGT가 인가되면 X_2에 저장되어 있던 논리 값은 Y_2로, X_1는 Y_1로, X_0은 Y_0으로 전송된다. 레지스터 X에서 레지스터 Y로의 데이터 전송은 동기 전송이다. X_2, X_1, X_0의 내용이 동시에 Y_2, Y_1, Y_0로 전송되기 때문에 이러한 형태의 전송 방식을 병렬 전송이라고도 한다. 레지스터 X의 내용이 한 번에 1비트씩 레지스터 Y로 전송되는 방식을 **직렬 데이터 전송**(**serial data transfer**)이라고 한다. 이것은 다음 절에서 다룬다.

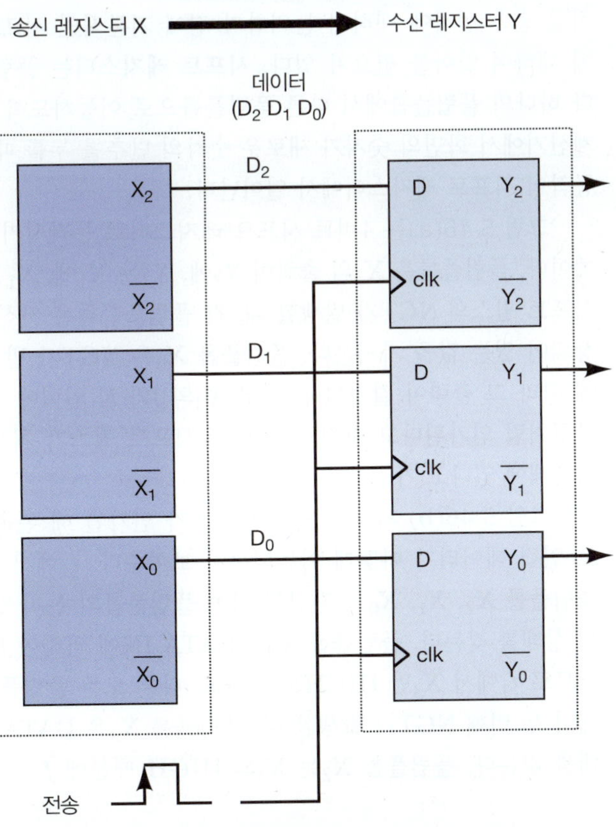

그림 5-45 레지스터 X에서 레지스터 Y로의 병렬 전송.

병렬 전송은 송신 측의 레지스터 내용은 변하지 않는다는 것을 이해하는 것이 중요하다. 예를 들어 그림 5-45에서 TRANSFER 펄스가 인가되기 전에 $X_2X_1X_0 = 101$이고, $Y_2Y_1Y_0 = 011$이라면, TRANSFER 펄스의 인가 후에 두 레지스터는 모두 101을 가질 것이다.

학습성과 평가문제

1. 참 또는 거짓: 비동기 데이터 전송은 *CLK* 입력을 이용한다.
2. 동기 전송에서 하나의 플립플롭에서 다른 플립플롭으로 연결선을 최소화하기에 적합한 플립플롭은 어떤 것인가?
3. 그림 5-45의 레지스터에서 J-K 플립플롭을 이용한다면 레지스터 *X*에서 레지스터 *Y*로 얼마나 많은 결선이 필요한가?
4. 참 또는 거짓: 동기 전송은 비동기 전송보다 회로가 적다.

5-18 직렬 데이터 전송, 시프트 레지스터

학습성과

이 절을 학습함으로써 다음을 할 수 있다

- 직렬 전송과 병령 전송의 장단점 비교
- 다른 입력의 논리 레벨이 주어졌을 때 각 클럭 에지후에 시프트레지스터 내의 각 플립플롭들의 값 예측

직렬 전송 동작에 대하여 논의하기 전에 기본적인 시프트 레지스터(*shift register*)의 구조에 대하여 알아볼 필요가 있다. **시프트 레지스터**는 플립플롭에 저장된 2진수를 매 클럭마다 하나의 플립플롭에서 다른 플립플롭으로 이동하도록 결선된 플립플롭의 집합이다. 전자계산기에서 화면의 숫자가 새로운 숫자의 단추를 누를 때마다 옆으로 이동되는데 이와 같은 동작이 시프트 레지스터에서 일어난다.

그림 5-46(a)는 4비트 시프트 레지스터로 동작시키기 위한 J-K 플립플롭을 배열한 한 예이다. 플립플롭은 X_3의 출력이 X_2에, X_2는 X_1에, X_1은 X_0에 전송되도록 연결되어 있다. 시프트 펄스의 NGT가 발생할 때, 각 플립플롭들은 자신의 왼쪽에 존재하는 플립플롭에 저장되어 있는 값을 가져온다. 플립플롭 X_3은 NGT가 발생할 때 자신의 J와 K 입력의 상태에 따라 그 출력이 결정된다. 지금 X_3의 J와 K 입력에 그림 5-46(b)에 나타낸 DATA IN 파형처럼 인가된다고 가정하자. 또한 시프트 펄스가 처음 인가 되기 전에 모든 플립플롭은 0 상태에 있다고 가정하자.

그림 5-46(b) 파형은 시프트 펄스가 인가될 때 왼쪽 플립플롭에서 오른쪽 플립플롭으로 입력 데이터가 어떻게 이동되는지 보여준다. t_1에서 첫 번째 NGT가 발생하면, 각각의 플립플롭 X_2, X_1, X_0은 자신의 왼쪽 플립플롭의 논리 상태에 의하여 $J = 0$, $K = 1$인 입력 상태를 갖는다. 플립플롭 X_3은 DATA IN에 의하여 $J = 1$, $K = 0$인 상태를 갖는다. 그러므로 t_1에서 X_3만 HIGH로 변하고, 다른 모든 플립플롭들은 LOW 상태를 유지한다. t_2에서 두 번째 NGT가 발생할 때, 플립플롭 X_3은 DATA IN에 의하여 $J = 0$, $K = 1$인 상태를 갖는다. 플립플롭 X_2는 X_3의 HIGH 때문에 $J = 1$, $K = 0$을 갖는다. 플립플롭 X_1

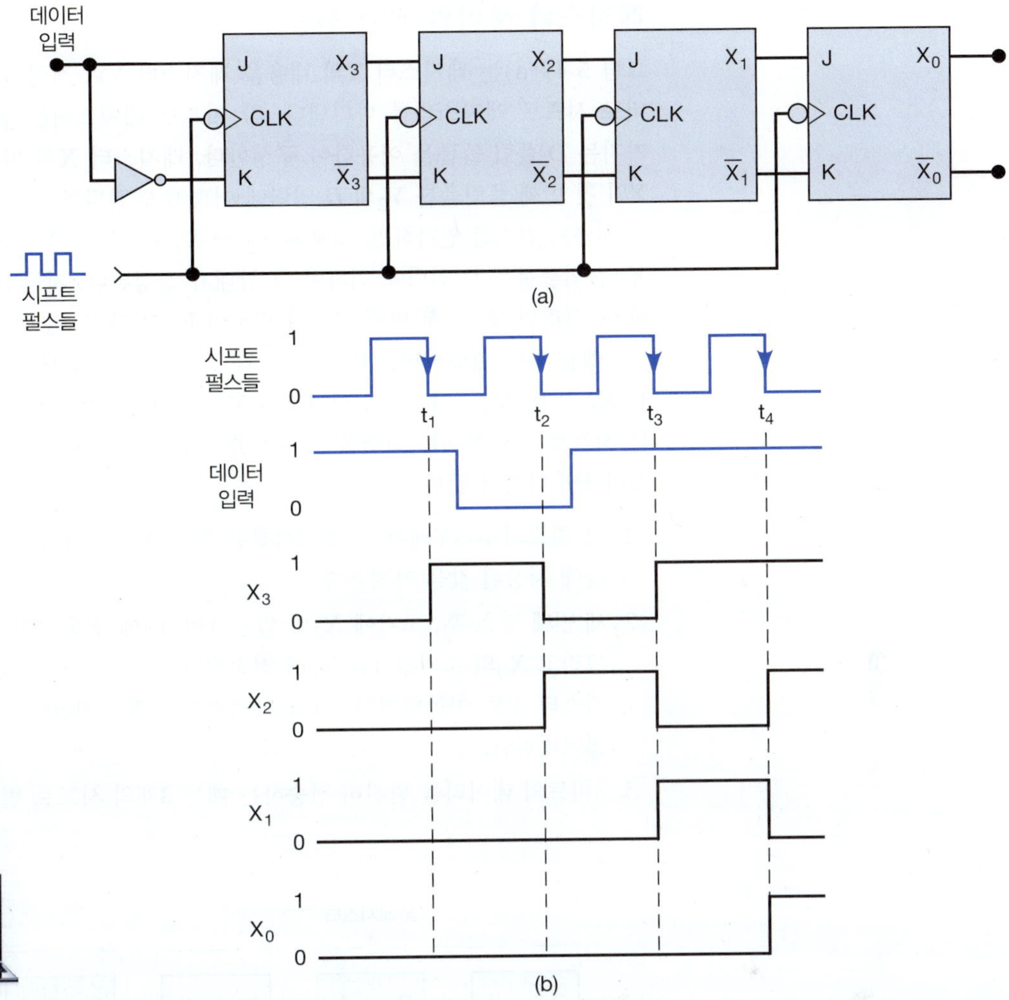

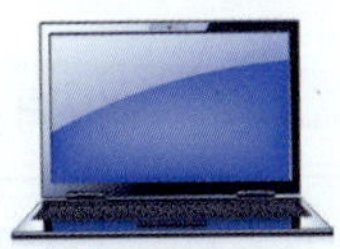

그림 5-46 4비트 시프트 레지스터.

과 X_2는 지난번처럼 $J = 0$, $K = 0$ 상태를 유지한다. 그러므로 t_2에서는 플립플롭 X_2만이 HIGH로 변하며, X_3은 LOW로 변하고, 그리고 플립플롭 X_1과 X_0은 계속 LOW를 유지한다.

유사한 방법으로 t_3과 t_4에서도 출력파형의 변화를 추측할 수 있다. 시프트 펄스의 각 NGT에서 각 플립플롭의 출력은 NGT가 발생하기 전에 바로 왼쪽의 플립플롭의 출력을 가져온다는 것에 유의하라. 물론 X_3은 NGT 발생 바로 전의 DATA IN 값을 취한다.

홀드 시간 조건

이런 시프트 레지스터 연결에서는, J, K 입력이 CLK 천이와 거의 같은 시간에 변하는 경우가 있기 때문에 플립플롭들은 매우 작은 홀드 시간을 가질 필요가 있다. 예를 들어 X_3의 출력은 t_2에서의 NGT에 대한 반응으로 1에서 0으로 스위치되며, 이것은 X_2의 J, K입력이 CLK 입력이 변하는 동안 변하도록 한다. 그러나 실제로는 X_3의 전파 지연 때문에 X_2의 J, K 입력은 NGT 발생후 짧은 시간 동안 변하지 않는다. 이러한 이유로, 시프트 레지스터는 CLK에서 출력까지의 전파 지연보다 작은 t_H 값을 갖는 에지 트리거 플립플롭을 사용하여 구현한다. 대부분의 최근 에지 트리거 플립플롭은 이 조건을 만족한다.

레지스터 사이의 직렬 전송

그림 5-47(a)는 레지스터 *X*의 내용을 레지스터 *Y*로 직렬 전송(시프트)하기 위한 2개의 3비트 시프트 레지스터를 나타낸다. 각 시프트 레지스터는 J-K 플립플롭보다 적은 결선을 가지는 D-플립-플롭을 이용하여 구성한다. 레지스터 *X*의 마지막 플립플롭 X_0가 레지스터 *Y*의 첫 번째 플립플롭 Y_2의 *D* 입력에 어떻게 연결되어 있는지 주목할 필요가 있다. 그러므로 시프트 펄스를 인가하면, 정보는 $X_2 \rightarrow X_1 \rightarrow X_0 \rightarrow Y_2 \rightarrow Y_1 \rightarrow Y_0$의 순서로 전송된다. X_2 플립플롭은 *D* 입력에 의하여 그 상태가 결정된다. 지금 *D*가 LOW에 묶여 있다고 가정하자. 그러면 X_2는 첫 번째 펄스에 의하여 LOW가 되고, 이 상태를 유지한다.

예를 들어 설명하면, 시프트 펄스가 인가되기 전에 레지스터 *X*의 내용이 101(즉 $X_2 = 1$, $X_1 = 0$, $X_0 = 1$)이고, 레지스터 *Y*는 000 상태에 있다고 가정하자. 그림 5- 47(b) 표는 시프트 펄스를 인가하였을 때, 각 플립플롭의 상태가 어떻게 변하는지 보여 준다. 이를 정리하면 다음과 같다.

1. 각 펄스의 NGT에서 각 플립플롭은 펄스가 발생하기 전의 자신의 왼쪽에 있는 플립플롭에 저장된 값을 가져온다.
2. 세 번째 펄스 후, 초기에 X_2의 있던 1이 Y_2에 전송되어 있고, X_1의 초기값 0은 Y_1에, 그리고 X_0의 초기값 1은 Y_0에 전송된다. 다시 말하면, 레지스터 *X*에 저장된 101은 레지스터 *Y*로 이동하였다. 그리고 레지스터 *X*는 000 상태를 가지고, 원래의 데이터를 잃어버린다.
3. 3비트의 데이터를 완전히 전송하는 데는 3개의 시프트 펄스가 필요하다.

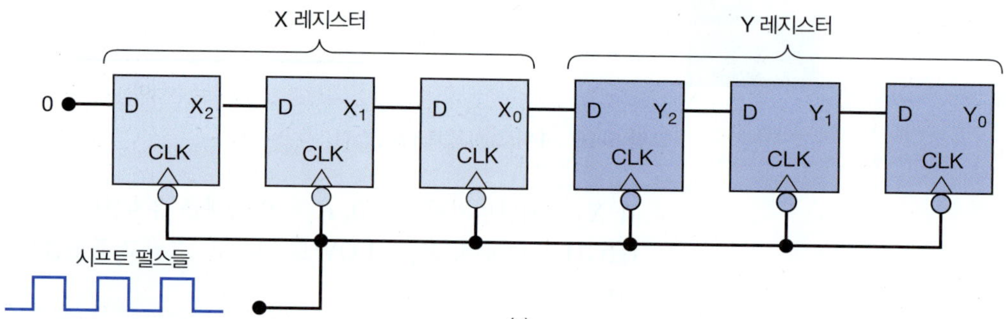

(a)

X_2	X_1	X_0	Y_2	Y_1	Y_0	
1	0	1	0	0	0	← 펄스 인가 전
0	1	0	1	0	0	← 첫 번째 펄스 후
0	0	1	0	1	0	← 두 번째 펄스 후
0	0	0	1	0	1	← 세 번째 펄스 후

(b)

그림 5-47 레지스터 *X*에서 레지스터 *Y*로 정보의 직렬 전송.

예제 5-13

그림 5-47에서와 같은 초기 값을 갖는 레지스터 *X*와 *Y*를 가정하자. 여섯 번째의 시프트 펄스가 발생한 후의 각 플립플롭은 어떤 값을 갖는가?

풀이

그림 5-47(b)에 보인 과정처럼 3개의 시프트 펄스를 인가하는 과정을 계속한다면, 여섯 번째 펄스 후의 모든 플립플롭은 0 상태를 가질 것이다. 이러한 결과는 다음과 같은 방법으로도 추측해낼 수 있다. 즉 X_2의 *D* 입력에 항상 0을 입력시키면, 매 펄스마다 새로운 0이 입력된다. 그러므로 여섯 번째의 펄스 후에 레지스터에는 0으로 가득 찬다.

좌측 시프트 동작

그림 5-47의 플립플롭들은 오른쪽에서 왼쪽으로 정보를 시프트할 수 있도록 쉽게 결선할수 있다. 어느 한 방향으로 시프트하는 것이 다른 방향으로 시프트하는 것보다 이점이 있는 것은 아니다. 시프트 방향은 논리 설계자들에 의하여 응용 분야에 따라 결정되는데 앞으로 보게 될 것이다.

병렬및 직렬 전송 비교

병렬 전송(parallel transfer)에서 모든 정보는 전송되는 비트가 얼마이든 관계없이 *1*개의 전송 펄스(그림 5-45)가 발생할 때 동시에 전송된다. 그림 5-47에서 예를 들은 바와 같이 직렬 전송에서 *N*비트의 정보를 완전히 전송하기 위해서는 *N*개의 클럭 펄스가 필요하다(3비트는 3개의 펄스가, 4비트는 4개의 펄스가 요구됨). 그러므로 병렬 전송은 시프트 레지스터를 이용한 직렬 전송보다 훨씬 빠르게 동작함을 알 수 있다.

병렬 전송에서 레지스터 *X*의 각 플립플롭의 출력은 레지스터 *Y*의 입력에 각각 연결된다. 그러나 직렬 전송에서는 레지스터 *X*의 마지막 플립플롭만이 레지스터 *Y*에 연결된다. 일반적으로, 송신 레지스터(*X*)와 수신 레지스터(*Y*) 사이에 연결되는 결선은 직렬 전송보다 병렬 전송이 더 많이 필요하다. 이러한 차이점은 전송되는 정보의 양이 매우 많을 때에는 더 중요한 고려 사항이 된다. 특히 송신과 수신 레지스터가 서로 멀리 떨어져 있을 때 정보의 전송을 위하여 필요한 결선의 수는 매우 중요한 고려 사항이다.

병렬 전송이나 직렬 전송에 대한 선택은 시스템의 응용 분야와 규격에 의존한다. 때때로, 병렬 전송의 장점인 전송 속도와 직렬 전송의 장점인 경제성과 간략한 회로를 위해서 두 가지 형태의 조합이 사용된다. 정보의 전송에 대해서는 후에 더 다룬다.

학습성과 평가문제

1. 참 또는 거짓: 하나의 레지스터에서 다른 레지스터로 데이터를 가장 빠르게 전송하는 방법은 병렬 전송이다.
2. 병렬 전송에 비해 직렬 전송의 가장 큰 장점은 무엇인가?
3. 그림 5-47에서 레지스터의 초기 값이 $X_2 = 0$, $X_1 = 1$, $X_0 = 0$, $Y_2 = 1$, $Y_1 = 1$, $Y_0 = 0$이고, X_2의 *D* 입력이 HIGH라고 가정하자. 네 번째 시프트 펄스가 발생한 후 각 플립플롭 출력을 구하라.
4. 데이터의 전송 형태 중에서 송신 측이 데이터 값을 잃어버리지 않는 전송 형태는 무엇인가?

5-19 주파수 분할과 카운터

학습성과

이 절을 학습함으로써 다음을 할 수 있다

- 클럭 주파수를 2의 승수로 나누기
- 플립플롭을 이용하여 2진 카운터 만들기
- 카운터의 MOD수 정의
- 카운터의 각 출력의 주파수 결정

그림 5-48(a)에서, 각 플립플롭의 J와 K 입력이 1을 가지므로, CLK 입력 신호가 HIGH에서 LOW로 변할 때마다 출력 상태가 토글된다. 클럭 펄스는 플립플롭 Q_0의 CLK 입력에만 인가된다. 출력 Q_0은 플립플롭 Q_1의 CLK 입력에 연결되었고, 출력 Q_1은 플립플롭 Q_2의 CLK 입력에 연결되었다. 그림 5-48(b) 파형은 펄스를 인가하였을 때, 플립플롭의 출력 상태가 어떻게 변하는지 보여준다. 몇 가지 주목할 점들을 다음에 정리해 놓았다.

1. 플립플롭 Q_0은 각 입력 클럭 펄스의 NGT가 발생할 때마다 토글된다. 그러므로 Q_0의 출력파형은 클럭 펄스 주파수의 정확한 1/2 주파수를 갖는다.
2. 플립플롭 Q_1은 출력 Q_0이 HIGH에서 LOW로 변할 때마다 토글된다. Q_1 출력 파형은 Q_0출력의 1/2 주파수를 가지며, 클럭 주파수의 1/4이 된다.
3. 플립플롭 Q_2은 출력 Q_1이 HIGH에서 LOW로 변할 때마다 토글된다. Q_2 파형은 Q_1의 1/2 주파수를 가지며, 클럭 주파수의 1/8 주파수를 가진다.

그림 5-48 3비트 2진 카운터 (MOD-8)로 결선된 J-K 플립플롭.

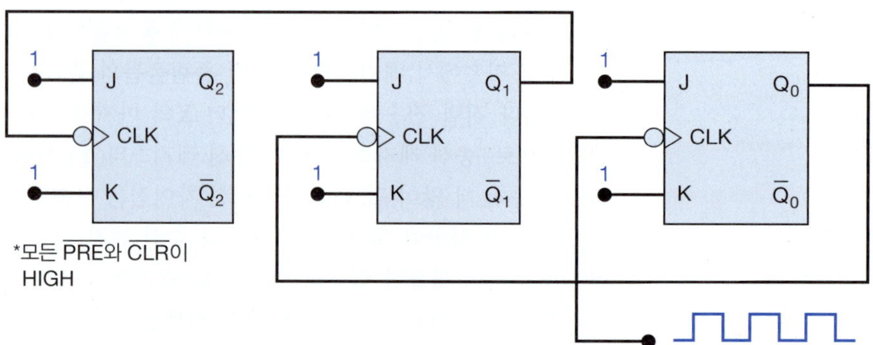

(a)

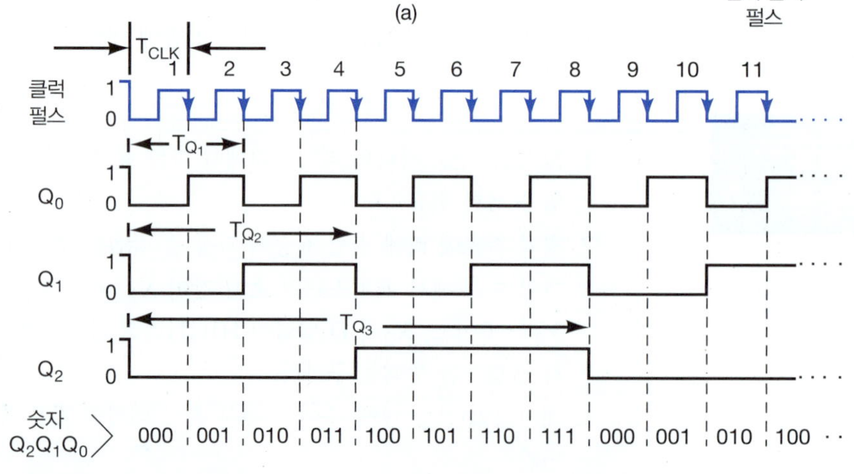

(b)

4. 각 플립플롭의 출력은 구형파이다(즉 각 출력의 HIGH 기간은 그 주기의 반이다).

위에서 언급한 바와 같이, 각 플립플롭은 입력 주파수를 2로 나눈다. 그러므로 4개의 플립플롭으로 회로를 구성하면, 이 회로는 클럭 주파수의 1/16 주파수를 가진다. 적당한 개수의 플립플롭을 이용하면 이 회로는 2의 제곱 배수로 클럭 주파수를 나눌 수 있다. 즉 N개의 플립플롭을 사용하면 최종 플립플롭의 출력 주파수는 입력 주파수의 $1/2^N$과 같다. 이러한 플립플롭의 응용 방법을 **주파수 분할(frequency division)**이라고 한다. 많은 분야에서 주파수 분할이 필요하다. 예를 들어 대부분의 손목시계는 "수정 진동" 시계(quartz watch)이다. 수정 진동 시계는 매우 안정된 진동 주파수를 발생시키기 위하여 수정을 사용한다. 시계에 사용되는 수정의 공진 주파수는 보통 1 MHz 이상이다. 매 초마다 "초침"이 한 번씩 전진하기 위하여, 발진기의 주파수는 매우 안정되고 정확하게 1 Hz의 출력 주파수를 발생시킬 수 있도록 분할되어야 한다.

카운트 동작

그림 5-48의 회로는 주파수 분할 기능뿐만 아니라 **2진 카운터(binary counter)**로서 동작한다. 이것은 클럭 펄스가 발생한 후에 플립플롭들의 상태 변화를 조사함으로써 알수 있다. 그림 5-49에 **상태표(state table)**를 나타내었다. $Q_2Q_1Q_0$ 값은 2진수를 나타내는데, Q_2는 2^2 자리를, Q_1은 2^1 자리를, Q_0은 2^0 자리를 나타낸다. 상태표에서 처음 8개의 $Q_2Q_1Q_0$ 상태는 000에서 111까지의 2진 카운터의 상태를 나타낸다. 첫 번째 NGT 후에 플립플롭들은 001 상태에 있고($Q_2 = 0$, $Q_1 = 0$, $Q_0 = 1$), 이는 001_2 (10진수로 1과 같음)을 나타낸다. 두 번째 NGT 후에 플립플롭들은 010_2 상태를 나타내고, 이는 2_{10}와 같다. 세 번째 펄스 후에 $011_2 = 3_{10}$ 상태를 갖는다. 네 번째 펄스 후에는 $100_2 = 4_{10}$ 상태를 갖는다. 일곱 번째 펄스 후에는 $111_2 = 7_{10}$ 상태를 취한다. 여덟 번째 NGT 후에 플립플롭들은 다시 000 상태로 되돌아오고, 연속적인 펄스에 대하여 위의 2진 순차과정을 반복한다.

그러므로 처음 일곱 번째 입력 펄스에 대하여 이 회로는 2진 카운터로 동작하고, 플립플롭의 상태는 인가된 펄스의 수와 같은 2진수를 나타낸다. 이 카운터는 $111_2 = 7_{10}$까지 카운터하고, 다시 000 상태로 돌아간다.

그림 5-49 2진 카운트 과정을 나타내는 플립플롭 상태표.

2^2 Q_2	2^1 Q_1	2^0 Q_0	
0	0	0	클럭 펄스를 가하기 전
0	0	1	펄스 #1 후
0	1	0	펄스 #2 후
0	1	1	펄스 #3 후
1	0	0	펄스 #4 후
1	0	1	펄스 #5 후
1	1	0	펄스 #6 후
1	1	1	펄스 #7 후
0	0	0	펄스 #8 000으로 리사이클 후
0	0	1	펄스 #9 후
0	1	0	펄스 #10 후
0	1	1	펄스 #11 후
.	.	.	. . .
.	.	.	. . .
.	.	.	. . .

상태 천이도

클럭 펄스를 인가하였을 때, 플립플롭의 상태가 어떻게 변하는지 나타내기 위한 다른 방법으로는 그림 5-50에 나타낸 **상태 천이도(state transition diagram)**가 있다. 각 원 안에는 2진수로 표시되는 한 가지의 상태가 있다. 예를 들어 100을 포함하는 원은 100 상태($Q_2 = 1$, $Q_1 = Q_0 = 0$)를 나타낸다.

하나의 원에서 다른 원으로 연결된 화살표는 클럭 펄스가 인가되었을 때 하나의 논리 상태에서 다른 상태로 변하는 과정을 나타낸다. 어느 특정한 상태의 원을 관찰하면, 이전 상태와 이후의 상태를 알 수 있다. 예를 들어 000 상태를 보면 111 상태에 있을 때 클럭 펄스가 인가되면 언제나 000 상태에 도달한다. 이와 같이 000 상태의 다음 상태는 001 상태가 된다.

카운터나 다른 순차 회로를 설계, 분석하고 설명하는 데 상태 천이도를 이용할 것이다.

그림 5-50 클럭 펄스에 의하여 카운터의 논리 상태의 변화를 나타내는 상태 천이도.

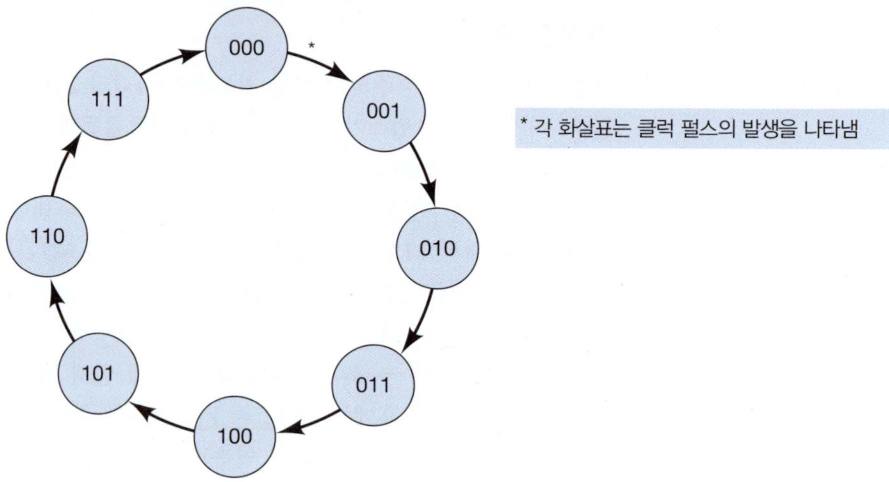

모드 수

그림 5-48의 카운터는 $2^3 = 8$개의 다른 상태를 가진다(000에서 111까지). 카운트 순서에 있는 논리 상태의 수를 **모드 수(MOD number)**라고 하는데, 이 회로를 *MOD-8* 카운터라고 한다. 만약 4개의 플립플롭을 사용한다면, 논리 상태는 전체 16개의 상태, 즉 0000에서 1111까지의 2진수를 카운트할 수 있다. 이 회로는 *MOD-16* 카운터라고 한다. 일반적으로 N개의 플립플롭으로 그림 5-48과 같은 카운터를 구성한다면, 이회로는 2^N개의 논리 상태를 가지며, MOD-2^N 카운터라고 한다. 이 회로는 $2^N - 1$까지 카운트한 다음 0 상태로 되돌아온다.

카운터의 모드 수는 마지막 플립플롭에서 얻어지는 주파수 분할을 나타내기도 한다. 예를 들어 4비트 카운터는 4개의 플립플롭을 갖는데, 각 플립플롭은 1개의 2진 숫자를 나타내어서 MOD-2^4 = MOD-16 카운터가 된다. 따라서 이 카운터는 15($= 2^4 - 1$) 까지 카운트할 수 있다. 또한 이것은 입력 펄스를 16(모드 수)으로 나눌 수 있다.

지금까지 단지 기본적인 플립플롭 2진 카운터를 공부하였다. 7장에서 카운터에 대한 더 자세한 내용을 공부하기로 하자.

예제 5-14

그림 5-48의 MOD-8 카운터가 101 상태에 있다고 가정하자. 13번째의 펄스가 인가된 후 카운터의 상태는 어떠한가?

풀이

상태 천이도에서 101 상태를 찾는다. 상태 천이도를 따라 여덟 번의 상태가 변하면, 101 상태로 되돌아온다. 여기서 다시 5번의 상태를 변화시키면(총 13번), 010 상태로 끝난다.

이 회로는 8개의 논리 상태를 갖는 MOD-8 카운터이기 때문에 처음 상태로 되돌 아오기 위해서는 8번의 상태 천이가 필요하다.

예제 5-15

6개의 플립플롭(Q_5, Q_4, Q_3, Q_2, Q_1, Q_0)을 이용하여 그림 5-48과 같이 구성된 회로를 고려해 보자.

(a) 카운터의 모드 수를 구하라.

(b) 1 MHz의 입력 클럭 주파수를 인가하였을 때 마지막 플립플롭(Q_5)의 출력 주파수를 구하라.

(c) 이 카운터의 카운트 상태의 범위는?

(d) 초기 상태가 000000라고 할 때, 129번째 펄스 후의 카운터 상태는 무엇인가?

풀이

(a) 모드 수 $= 2^6 = 64$

(b) 마지막 플립플롭의 출력 주파수는 입력 클럭 주파수를 모드수로 나눈 것과 같다.

$$f(\text{at } Q_5) = \frac{1\ \text{MHz}}{64} = 15.625\ \text{kHz}$$

(c) 이 카운터는 총 64개의 상태, 즉 000000_2에서 111111_2까지 카운트한다(0에서 63_{10}까지). 논리 상태의 수는 모드 수와 같음에 유의하라.

(d) 이 회로는 MOD-64 카운터이므로 매 64클럭마다 초기 상태로 되돌아온다. 그러므로 128번째 펄스 후 카운터는 0 상태로 되돌아온다. 129번째 펄스는 카운터를 000001 상태로 변화시킨다.

학습성과 평가문제

1. 20 kHz 클럭 신호를 $J = K = 1$인 J-K 플립플롭에 인가하였을 때, 플립플롭의 출력 주파수는 얼마인가?
2. 0에서 255_{10}까지 카운트하는 데 필요한 플립플롭의 수는 몇 개인가?
3. 2번 질문의 카운터의 모드 수는 얼마인가?
4. 입력 클럭 주파수가 512 kHz일 때, 여덟 번째 플립플롭의 출력 주파수는 얼마인가?
5. 이 카운터가 00000000 상태에서 출발할 때, 520번째 펄스 후의 논리 상태는 무엇인가?

5-20 타이밍 제약이 있는 플립플롭 응용

학습성과

이 절을 학습함으로써 다음을 할 수 있다.

- 플립플롭의 공통적인 응용
- 타이밍 한계와 성능 문제의 연관

2-3절에서 축 인코더를 소개하였고 예제 5-12에서 시퀀스를 탐지하는 능력을 선보였다. 이 예제를 잘 살펴보면 회전축을 추적하기위해 단순한 D플립플롭을 사용하는 것은 부적절하다는 것을 알 수 있다. 원하는 것은 축의 물리적 위치를 항상 나타내는 카운터의 2진 출력을 얻는 것이다. 개념적으로 말하면 그림 5-51처럼 시계방향으로 회전할 때는 상승 카운트하고 반시계방향으로 회전할 때는 하강 카운트하면 달성할 수 있다. 그러나 실제에서는 회전축이 타이밍상에서 언제나 방향을 바꿀 수 있어서 카운트 값과 축의 위치가 일치하지 않게 된다. 시간 t_1은 축 인코더가 회전방향을 바꾸면 어떤 일이 일어나는지 보여준다. t_2에서 B의 상승 에지는 시퀀스 탐지기 DFF과 카운터의 클럭 에지이다. 이 클럭 에지에서 카운터는 반전하지 않고 하강 카운트를 계속한다. 카운터는 B의 다음번 상승 에지까지 반전하지 않는다. 더 큰 불일치는 t_3에서 일어날 수 있다. B의 천이점에서 아주 가까운 곳에서 축이 멈춘 예이다. 만일 축에 약간의 진동이 있다면(전형적으로 그렇다), B는 LOW와 HIGH를 반복할 것이다. 이 결과 파형은 축이 회전하지 않음에도 카운트가 계속되는 심각한 오류를 만든다. 분명히 이 간단한 시퀀스 탐지기는 쿼드라춰 인코더의 축 인코더 절대 위치를 추적하는데 적합하지 않다.

카운터와 축의 위치를 일치시키기위해 필요한 것은 phase A나 phase B의 모든 천이에서 카운터가 업데이트되고, 모든 천이가 나타내는 방향을 항상 알고 있어야 한다는 것이다. 예를 들면 그림5-51의 t_3처럼 인코더가 B의 천이에서 아주 가깝게 정지했다면, 카운터는 B가 LOW에서 HIGH로 변할 때마다 상승 카운트해야 하고, B가 HIGH에서 LOW로 변할 때마다 하강 카운트해야 한다. 이를 위해 우리는 지난 장에서 나온 디지털 회로 설계 기술을 사용해야 하고 실제 플립플롭의 타이밍 제약을 알고 있어야 한다. 또한 시스템의 모든 것을 동기적으로 제어하는 클럭 입력을 검토해야 한다. 이 클럭은 입력신호의 주파수보

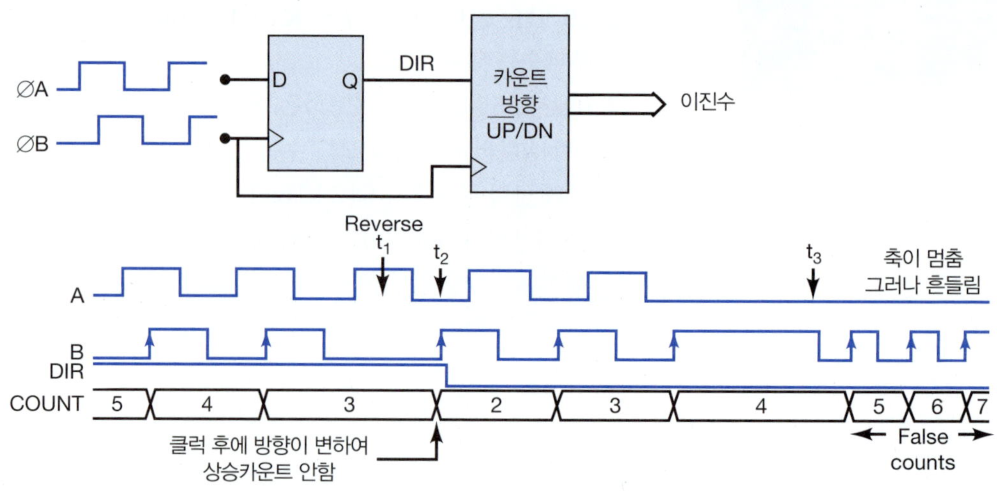

그림 5-51 단순한 시퀀스 탐지기를 사용하여 절대 축 인코더를 만들 때 문제.

다 훨씬 높은 주파수에서 동작해야 한다.

이 예제는 7장에서 좀 더 자세히 다룰 카운터의 기능을 사용한다. 이 단계에서는 이 카운터들을 기능 블럭으로 취급하여, 이들 카운터의 전형적인 제어만 제공한다. 다음에 주어진 제어 입력을 보라.

Clk 클럭	카운터는 클럭의 상승 에지에서 출력을 업데이트한다. 다른 입력들(enable, direction)은 클럭 에지가 발생할 때 카운터가 어떻게 업데이트할 것인지를 제어한다.
Enable	enable입력은 카운터가 상승 또는 하강 카운트를 하기위해서 활성화되어야 한다. Enable이 활성화되지 않으면 카운터는 현재 값을 유지한다.
Direction	이 입력은 카운터가 인에이블되었을 때 매 클럭마다 진행할 방향(상승, 하강)을 제어한다. 예로 direction = 0이면 상승 카운트하고 dir = 1이면 하강 카운트한다.

요약하면, 이 카운터는 인에이블되지 않으면(enable = 0), 현재 상태를 유지한다. 인에이블되면 다음번 상승 클럭 에지에서 상승 카운트하거나(direction = 0) 또는 하강 카운트(direction = 1)한다. Pahse A나 B에서 에지가 발생할 때마다 한 클럭동안만 카운터를 인에블한다면 높은 클럭 주파수를 사용할 수 있다.

그림 5-52는 이 시스템의 블럭도를 보여준다. 전체 블럭은 인코더 phase A와 B 그리고 클럭을 입력으로 받는다. 클럭은 대단히 높은 주파수여야 한다. 예를 들면 한 50MHz 정도. 출력은 축의 위치를 나타내는 이진수이다. 서브 블럭을 주목해보라. 두개의 천이 탐지기 블럭은 동일한 것이며 A나 B에서 언제 천이가 일어나는지를 인식하기위해 쓰인다. OR게이트는 카운터의 인에이블 제어에 연결되어 있고, A나 B에 천이가 있을 때 활성화된다. 그림의 중앙에 있는 블럭은 쿼드라춰 신호를 감시하여 축의 회전방향을 결정하는 역할을 한다. 이 블럭의 입력을 이해하는데 가장 좋은 방법은 쿼드라춰 신호의 타이밍도를 살펴보는 것이다. 축이 어느 방향으로 회전하는지 알아내려면, 어떤 위상이 변했고, 그것이 어느 방향으로 변했고, 또한 다른 위상의 논리 레벨은 무엇인지를 알아야 한다. 방향 디코더 회로의 4개 입력을 주목하라. 그것들은 A와 B의 현재 상태와 지난 클럭 에지에서의 논리 상태 값(Q_A와 Q_B)이다. 위상의 상태가 변할 때마다 방향 디코더 블럭은 축이 어느 방향으로 움직였는지를 결정하고 카운터에 다음 클럭 에지에서 어느 쪽으로 카운트할지를 알려주어야 한다.

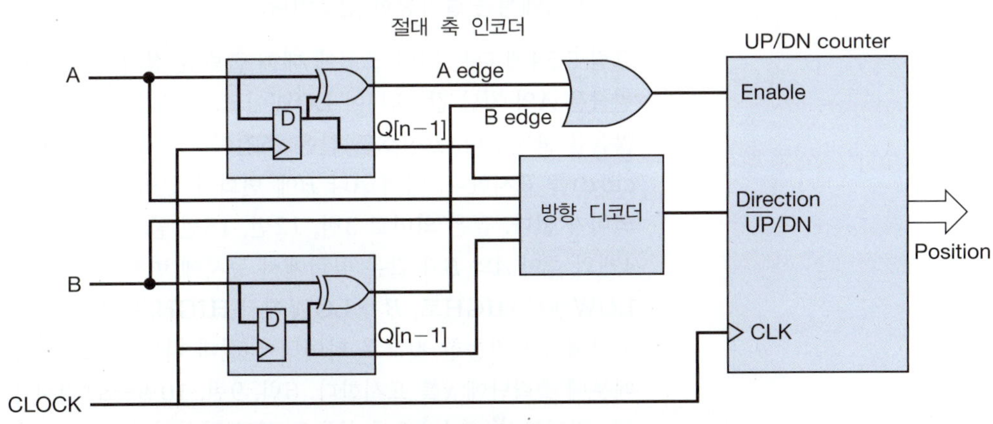

그림 5-52 절대 축 위치 시스템의 블럭도.

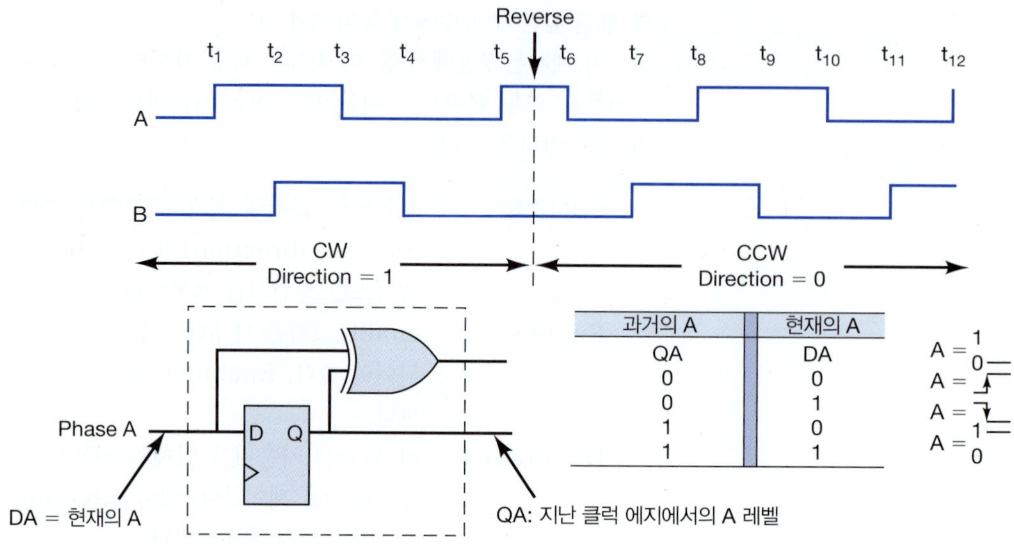

그림 5-53 방향 디코더 입력 정의.

방향 디코더 회로를 설계하는 것은 실제 문제를 진리표로 변환하는 연습을 할 수 있는 좋은 기회이다. 방향 디코더의 4개 입력의 각 조합에 대해, 어떤 일이 일어났고(만일 일어났다면) 어느 방향의 회전을 나타내는지를 결정하여야 한다. 쿼드라춰 신호의 타이밍도를 보면 상당히 복잡해보이지만, 진리표를 한 줄씩 채워가면 체계적으로 정의할 수 있다. 이런 문제의 진리표를 만드는데는 많은 방법이 있지만 이 경우에는 각 플립플롭의 출력을 그 입력과 그룹으로 만드는 것이 좋은 방법으로 보인다. 진리표를 채우는데 사용되는 변수들의 의미를 설명하는 그림 5-53을 보라. 출력 Q는 지난 클럭 에지에서의 쿼드라춰 인코더 신호의 레벨을 나타낸다. 이것은 신호의 지난번 논리 레벨로 볼 수 있다. 플립플롭의 D 입력은 실제 인코더가 연결되어 있다. 이것은 신호의 현재 논리 레벨로 볼 수 있다.

다음 단계는 진리표를 채우는 것이다. 이 진리표에 표시된 것 중에 2가지 경우는 신경쓰지 않아도 되는 경우이다. 카운터가 상승 카운트하든 하강 카운트하든 상관 없는 경우이다.

1. A신호나 B신호에서 변화가 없다(즉 $QA = DA$, $QB = DB$). 이 경우 카운터는 인에이블되지 않는다.
2. A신호와 B신호 모두에서 변화가 있다(즉 $QA = \overline{DA}$, $QB = \overline{DB}$). 이것은 쿼드라춰 인코더에서는 불가능한 신호이다.

그림 5-54에 다른 입력 조건에 대해 출력을 정의한 진리표를 보였다. 예를 들면 진리표의 0번줄은 A의 지난 값(QA)이 LOW이고, 현재 값(DA)도 LOW인 경우로 아무 것도 변하지 않음을 표시한다. B신호도 같은 조건이다. 따라서 방향을 위한 진리표 출력칸에 x(don't care)를 표시한다. 입력 A나 B에 변화가 있어야만 카운터가 인에이블되기 때문에 방향은 의미가 없다. 같은 의미로 3번, 12번, 15번 줄에도 신호 A와 B에 변화가 없다. 진리표에서 4개의 줄이 A와 B가 같은 클럭에서 동시에 변하는 것을 나타낸다. 예를 들면, 5번줄은 A가 LOW에서 HIGH로, B가 LOW에서 HIGH로 변하는 것을 표시한다. 이것은 쿼드라춰 인코더에서 불가능한 것으로 타이밍에 절대 나타나지 않는다. 이 조건은 절대 발생하지 않기 때문에 출력난에 x를 표시한다. 6번, 9번, 10번줄도 역시 불가능하다.

진리표의 나머지 8개 항목은 입력 파형의 중요한 지점을 나타내며 카운터의 올바른 방

그림 5-54 방향 디코더 진리표.

	Q_A	D_A	Q_B	D_B	DIRECTION
(0)	0	0	0	0	X
(1)	0	0	0	1	0
(2)	0	0	1	0	1
(3)	0	0	1	1	X
(4)	0	1	0	0	1
(5)	0	1	0	1	X
(6)	0	1	1	0	X
(7)	0	1	1	1	0
(8)	1	0	0	0	0
(9)	1	0	0	1	X
(10)	1	0	1	0	X
(11)	1	0	1	1	1
(12)	1	1	0	0	X
(13)	1	1	0	1	1
(14)	1	1	1	0	0
(15)	1	1	1	1	X

향을 정해야 한다. 그림 5-53에서 보인 쿼드라춰 신호의 타이밍 샘플을 보자. 진리표의 1번 줄은 A가 변하지 않고 A값은 LOW이나, B는 LOW에서 HIGH로(상승 에지) 변했음을 나타낸다. 그림 5-53의 파형에서 이 조건이 어디에 존재하는지 찾아보자. 다이아그램 오른쪽의 t_7에서 발생함을 알 수 있다(direction = 0). 진리표의 다음 줄(2번 줄)은 A가 변하지 않고 A값은 LOW이나, B는 HIGH에서 LOW로(하강 에지) 변했음을 나타낸다. 타이밍도의 왼쪽부분 t_4에서 이 조건을 찾을 수 있으며 direction = 1이 된다. 이 방법을 이용하여 4, 7, 8, 11, 13, 14번 줄의 direction출력을 예측하여 진리표를 완성한다.

이 진리표의 간략화되지 않은 SOP식은 다음과 같다(모든 x는 0으로 간주).

$$\text{Direction} = \overline{QA}\,\overline{DA}\,QB\,\overline{DB} + \overline{QA}\,DA\,\overline{QB}\,\overline{DB} + QA\,\overline{DA}\,QB\,DB + QA\,DA\,\overline{QB}\,DB$$

그림 5-55에 이 진리표에 대한 카르노맵을 보였다. 그룹화를 하면 간략화된 SOP 표현은 다음과 같다.

$$\text{Direction} = DA\,\overline{QB} + \overline{DA}\,QB$$

Exclusive OR를 사용하면 더 간략화된다.

그림 5-55 K-map, 간략화된 부울 식, 방향 디코더를 위한 논리회로.

	$\overline{QB}\,\overline{DB}$	$\overline{QB}\,DB$	$QB\,DB$	$QB\,\overline{DB}$
$\overline{QA}\,\overline{DA}$	X	0	X	1
$\overline{QA}\,DA$	1	X	0	X
$QA\,DA$	X	1	X	0
$QA\,\overline{DA}$	0	X	1	X

$$\text{DIRECTION} = DA\,\overline{QB} + \overline{DA}\,QB = DA \oplus QB$$

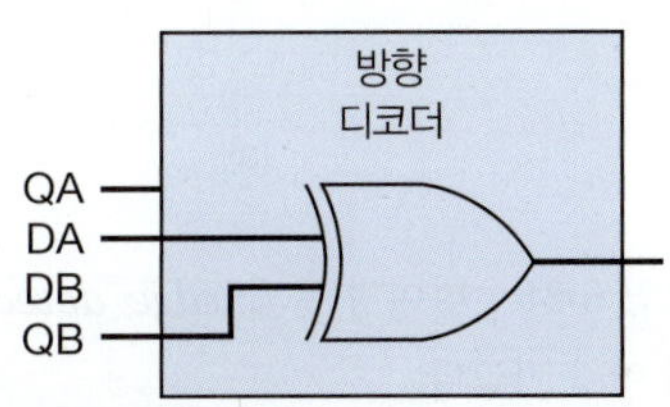

$$\text{Direction} = DA \oplus QB$$

디코더 회로의 4개의 가능한 입력중(진리표에 보인대로)에 원하는 결과를 만들기 위해 단지 2개만 사용된다. 이것이 부울 간략화의 힘이다. K맵에서 다른 방법으로 그룹화 할 수 있는 방법이 있음을 알 수 있는데, 그렇게하면 결과 식은 다른 2항을 사용하게 된다. 두 결과 모두 같은 동작을 한다.

$$\text{Direction} = (\overline{QA}\,\overline{DB}) + (QADB) = (\overline{QA \oplus DB}) \text{ Exclusive NOR 함수}$$

타이밍 문제

이 설계 예제의 중요 목표는 (1) 플립플롭의 응용, (2) 조합회로 설계 기술, (3) 실제 타이밍 제약들을 보여주는 것이다. DFF을 사용하여 천이를 탐지하였고 방향 디코더 블럭을 설계하고 간단한 XOR 게이트로 간략화함으로써 처음 두개의 목표는 달성되었다. 타이밍 문제를 보여주기 위해서는 몇가지 실험 작업이 필요하다. 여러분이 직접 해볼 수도 있지만 여기 우리가 한 결과를 보인다. 그림 5-52에 보인 회로를 20 종류의 다른 FPGA보드에 구현해보면, 몇 개의 보드는 완벽하게 동작하지만 몇 개의 보드는 반복성에서 문제를 보일 것이다. 이 실험을 명확하게 하기위해, 축 인코더는 기준지점으로 돌려놓고 카운터는 0으로 리셋했다고 가정하자. 축이 시계방향으로 어느 각도 회전하고 다시 반시계 방향으로 회전하여 정확히 기준 지점으로 돌아왔을 때, 카운터는 다시 0이 되어야 한다. 만일 0에서 한개나 두개 멀어졌다면, 회로는 모든 에지에서 완벽하게 응답하지 못한 것이다. 당신의 자동차를 용접하는 로봇 팔의 위치를 측정하기 위해 이 축 인코더가 사용되는 경우, 결국 로봇 팔은 용접할 곳을 벗어나 엉뚱한 곳을 용접할 것이다.

이 설계가 어떤 회로에서는 일관되게 동작하는데 다른 회로에서는 그렇지 않은 이유가 무엇일까? 답은 디지털 시스템을 구현하는 회로의 실제 타이밍 제약에 있다. 지난 절에서

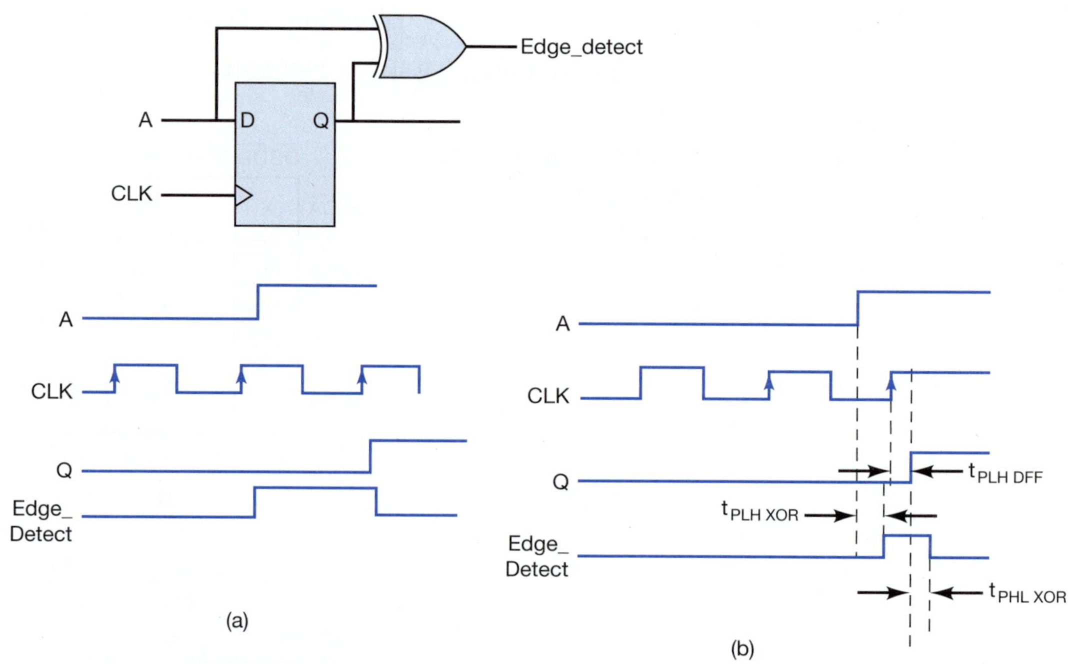

그림 5-56 타이밍 문제: *edge_detect* 펄스가 (a) 한 클럭 주기 만큼 넓거나 (b) 아주 좁고 다음 클럭의 PGT에 아주 가깝다.

논의하였던 전파지연시간, 셋업시간, 홀드시간, 최소 펄스폭의 타이밍 제약을 기억해 보라. 신호의 동기화를 위해 플립플롭의 사용이 필요하다는 것도 설명하였다. 이런 문제들을 염두에 두고 이 회로의 동작을 분석해 보자.

문제는 입력 장치와 에지 탐지 회로의 성질에서 시작된다. 이 예제에서 50 MHz의 클럭이 사용되었는데, 이 것은 매 20 ns 마다 클럭 에지가 발생한다는 것을 뜻한다. 축 인코더에서 오는 펄스는 어느 순간에도 발생할 수 있으므로, *A*와 *B*의 천이 중 적어도 몇 개는 클럭 에지에서 아주 가깝게 발생할 수 있다. 한 가지 문제는 플립플롭의 셋업시간을 지키지 못하여, 이 천이를 다음번 클럭까지 기록하지 못하는 것이다. 이 예에서는 한 클럭 지연은 시스템의 동작에 영향을 주지 않는다. 그러나 그림 5-56에서 보이듯이 인코더가 클럭 에지에서 아주 가깝게 상태가 변하면 에지 탐지(출력) 펄스가 얼마나 좁게 되는지 고려해보라. 이 경우 카운터 회로의 인에이블 입력이 아주 좁게, 카운터 클럭 에지에 아주 가깝게 만들어진다. 만일 이 인에이블 신호가 셋업과 홀드시간 조건을 만족하지 못한다면, 카운터는 인에이블되지 못하고, 그 천이는 원하는 대로 카운터를 상승/하강시키는데 실패할 것이다. 카운터는 이 천이를 놓칠 것이고, 카운트 1개만큼 벗어나게 된다. 이 천이중 몇 개는 클럭 에지에서 아주 가깝게 나타날 확률이 있는데 왜 어느 FPGA는 일관되게 동작하는 것일까? 제시되는 타이밍 제약은 만들어진 모든 부품에 대해 모든 변수를 고려한 최악의 성능이다. 이 부품 중 일부는 아주 좁은 펄스에도 응답하고 아주 낮은 셋업과 홀드시간 타이밍 특성을 가져서 카운트를 거의 놓치지 않는다. 다른 것들은 제시된 한계에 가까워서 좀더 많은 오류를

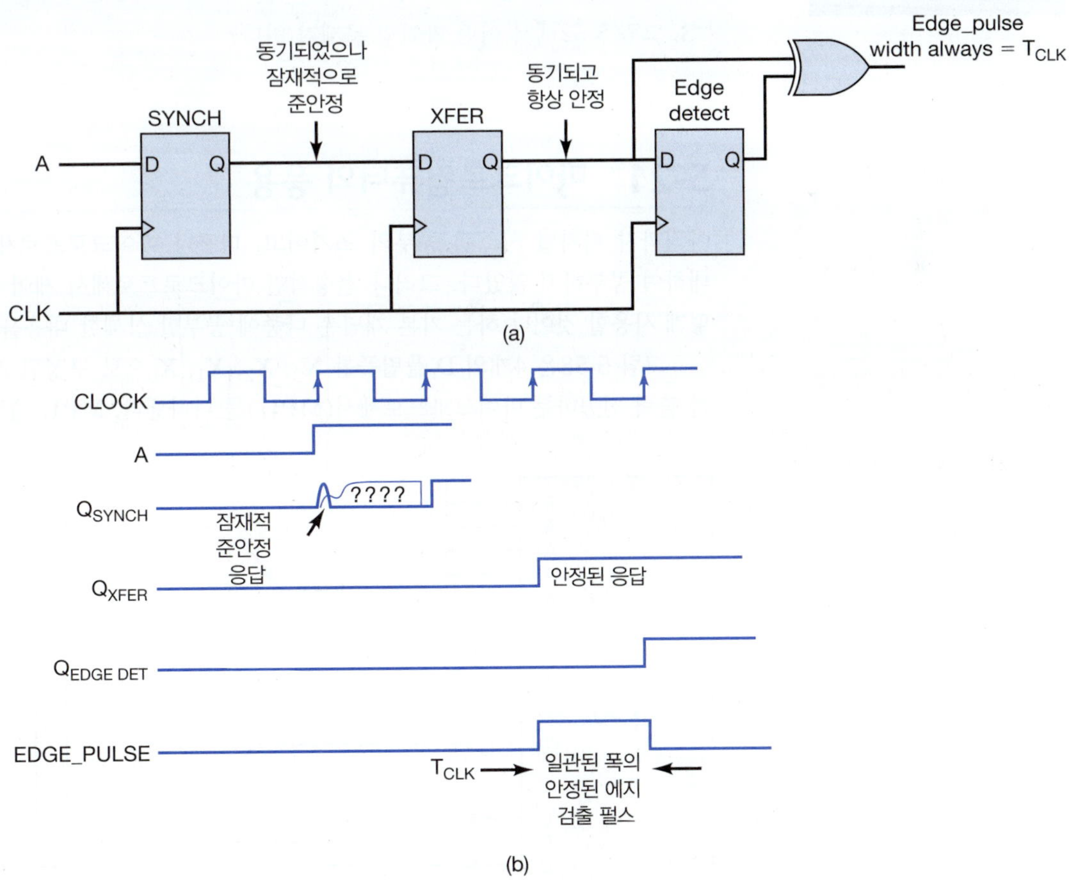

그림 5-57 개선된 쿼드라춰 인코더 회로: (a) 동기화와 데이터 전송 플립플롭 추가 (b) 타이밍도로 나타낸 안정된 동작

보인다.

개선된 설계는 최악의 타이밍 특성을 갖는 부품이 사용되어도 이런 오류의 가능성을 제거할 것이다. 문제를 해결하기 위하여 두 가지의 플립플롭 응용을 설계에 추가할 것이다: 동기화와 데이터 전송이다. 그림 5-57(a)에서 첫번째 플립플롭(synch로 표시된 맨 왼쪽 것)은 동기화 목적으로 사용된다. 랜덤하게 발생하는 A의 천이는 클럭 에지 직후에 이 플립플롭의 출력 Q에 나타난다, 따라서 이것은 클럭에 동기되었다고 할 수 있다. 그러나 A의 에지의 발생이 동기용 DFF의 셋업 시간 조건을 위반하는 것이 여전히 가능하며, 출력 Q가 준안정상태라 불리는 원하지 않는 반응을 만들어 낼 수 있다. 이것은 짧은 가짜 펄스를 만들거나, 새로운 상태로 천이가 지연되게 할 수 있다. 둘 다 다른 논리 회로의 성능에 악영향을 줄 수 있다.

두 번째 플립플롭(*XFER*)은 입력(*D*)에서 출력(*Q*)로 데이터를 단순히 전송한다. sync 플립플롭으로부터의 어떤 부정확한 반응도 *XFER* 플립플롭에 저장되기 전에 올바른 논리값으로 안정화될 것이다. 이것이 그림 5-57(b)에 보이듯이 클럭 에지의 한 클럭 전에 깨끗한 천이를 edge-detect 플립플롭의 입력이 받도록 보장해준다. *edge_pulse* 출력이 언제나 한 클럭 넓이라는 사실이 동기 카운터회로의 안정된 *enable*과 *direction*신호를 보장한다.

학습성과 평가문제

1. 쿼드라춰 인코더 시스템에서 사용된 플리플롭 공통 응용 세가지는?
2. 왜 단일 DFF은 시퀀스 탐지기로 사용되는데 부적합한가?
3. 그림 5-52에서 어떤 타이밍 문제가 있나?

5-21 마이크로컴퓨터의 응용

아직까지 디지털 시스템 공부의 초기이고, 더구나 마이크로프로세서나 마이크로컴퓨터에 대하여 공부하지 않았다. 그러나 전형적인 마이크로프로세서 제어 응용에서 플립플롭을 어떻게 사용할 것이냐 하는 기본 개념은 나중에 공부할 상세한 내용을 모르고도 배울 수 있다.

그림 5-58은 4개의 D-플립플롭 X_3, X_2, X_1, X_0으로 구성된 레지스터 X에 2진데이터를 출력 전송하는 마이크로프로세서(MPU)를 나타낸다. MPU 출력 중의 한 포트는 8개의

그림 5-58 외부 레지스터로 2진 데이터를 전송하는 마이크로프로세서의 예.

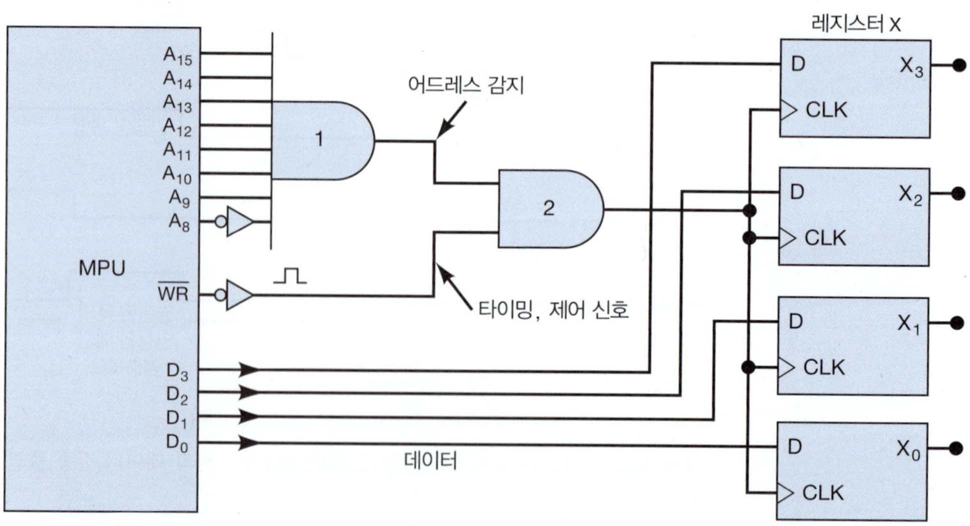

출력, 즉 A_{15}, A_{14}, A_{13}, A_{12}, A_{11}, A_{10}, A_9, A_8로 구성된 주소 코드이다. 대부분의 MPU는 적어도 16개의 주소 출력을 가지지만 이것들을 항상 다 사용하는 것은 아니다. MPU의 두 번째 출력 포트는 4개의 데이터 선 D_3, D_2, D_1, D_0으로 구성된다. 대부분의 MPU는 적어도 8개의 데이터 출력을 가진다. MPU의 다른 출력으로는 타이밍 제어 신호인 $\overline{WR}$신호가 있으며, 이 신호는 MPU가 쓸 준비가 되었을 때 LOW로 된다.

MPU는 마이크로컴퓨터의 중앙처리장치이고, 그 주된 기능은 컴퓨터의 메모리에 저장된 명령 프로그램을 실행한다는 것을 상기하기 바란다. 수행하는 명령 중의 하나는 MPU 내의 저장 레지스터에서 외부 레지스터 X로 2진수를 전송하는 것이다. 이것을 쓰기 사이클(*write* cycle)이라고 부른다. 이 명령을 실행하기 위하여 MPU는 다음과 같은 과정을 수행한다.

1. 2진수를 D_3에서 D_0까지의 데이터 출력 포트로 출력한다.
2. 데이터를 수신하는 레지스터 X를 선택하기 위하여 적당한 주소를 A_{15}에서 A_8까지의 포트로 출력한다.
3. 데이터와 주소 출력이 안정화되면, MPU는 외부 레지스터 X로 쓰기 펄스 WR을 발생시켜 이 레지스터에 클럭을 제공하고, 레지스터 X로 데이터를 병렬 전송한다.

MPU는 보통 프로그램의 명령을 받아서 외부 이벤트를 제어하기 위하여 외부 레지스터로 데이터를 보내는 일을 수행하는 경우가 많다. 예를 들어 레지스터의 각 플립플롭은 솔레노이드, 계전기, 모터 등과 같은 전기 기계 소자의 ON/OFF 상태를 제어할 수 있다(물론 적절한 인터페이스 회로를 통하여 제어한다). MPU에서 레지스터로 보내지는 데이터는 이러한 디바이스의 ON이나 OFF를 결정한다. 또 다른 예로는 디지털-아날로그 변환기(Digital-to-Analog Converter: DAC)의 입력을 위해 2진수를 사용하는 레지스터를 들 수 있다. MPU는 레지스터로 2진수를 보내고, DAC는 이 2진수를 CRT 화면의 전자 빔의 위치나 전동기의 속도와 같은 값을 제어하기 위하여 사용하는 아날로그 전압으로 변환한다.

예제 5-16

(a) 그림 5-58의 MPU가 데이터를 레지스터 X로 전송하기 위하여 발생하는 주소 코드는?
(b) $X_3 - X_0 = 0110$, $A_{15} - A_8 = 11111111$, $D_3 - D_0 = 1011$이라고 가정하자. $\overline{WR}$ 펄스가 발생한 후의 레지스터 X의 값은 무엇인가?

풀이

(a) 데이터를 레지스터 X로 전송하기 위하여 클럭 펄스는 AND 게이트 2를 통해 플립플롭의 *CLK* 입력으로 전달되어야 한다. 이것은 AND 게이트 2의 위쪽 입력이 HIGH일 때만 이루어진다. 이것은 AND 게이트 1의 모든 입력이 HIGH여야 한다는 뜻이다. 즉 A_{15}에서 A_9까지의 값들이 1이어야 하고, A_8은 0이어야 한다. 그러므로 주소 11111110을 주면 데이터가 레지스터 X로 전송되도록 한다.
(b) $A_8 = 1$일 때, AND 게이트 1을 LOW로 만들고, 이는 $\overline{WR}$이 AND 게이트 2를 통하여 전달되는 것을 막는다. 그러므로 플립플롭은 아무런 동작을 하지 않는다. 즉 레지스터 X의 내용은 0110에서 변하지 않는다.

5-22 슈미트-트리거 소자

학습성과

이 절을 학습함으로써 다음을 할 수 있다

- 천천히 변하는 입력에 대해 일반 논리 IC의 출력 결과를 예측
- 천천히 변하는 입력에 대해 슈미트 트리거의 출력 결과를 예측

슈미트-트리거 회로(schmitt-trigger circuit)는 플립플롭으로 분류되지 않는다. 그러나 어떤 특수한 상황에서 유용하게 쓰일 수 있는 일종의 기억 특성을 가지고 있다. 이러한 상황 중의 하나를 그림 5-59(a)에 나타냈다. 여기서는 표준 인버터가 비교적 느린 천이 속도를 갖는 논리 입력으로 구동된다. 이러한 신호의 천이가 최대 허용치(특정 논리 군에 따라 다름)를 초과하면, 입력이 결정되지 않는 범위를 통과할 때 논리 게이트와 인버터의 출력이 발진하게 된다. 이런 입력 조건은 플립플롭에도 적절하지 못한 트리거를 일으킬 수 있다.

입력 단에 슈미트-트리거를 갖는 소자는 천천히 변하는 신호를 입력받을 수 있도록 설계되었고, 발진하지 않는 출력을 발생한다. 이 출력은 대개 입력 신호의 특성에 무관하게 매우 빠른 천이 시간(보통 10 ns)을 갖는다. 그림 5-59(b)는 슈미트-트리거 인버터를 나타내고, 느린 변화를 갖는 입력에 대한 동작을 나타낸다.

그림 5-59(b)의 파형을 살펴보면, 입력이 상승 문턱 전압(*positive-going threshold* voltage) V_{T+}을 초과할 때까지 출력이 HIGH에서 LOW로 변하지 않음을 알 수 있다. 출력이 일단 LOW로 변하면, 입력이 다시 V_{T+} 아래로 다시 떨어지더라도 출력은 변하지 않으며 입력이 하강 문턱 전압(*negative-going threshold* voltage) V_{T-}까지 내려가야 변한다(이것이 기억 특성이다). 2개의 문턱 전압 값은 논리 군마다 조금씩 다르지만, 항상 V_{T-}가 V_{T+}보다 작다.

슈미트-트리거 인버터와 슈미트-트리거 입력 단을 갖는 다른 디바이스들은 그림 5-59(b)에 나타낸 독특한 기호를 사용하는데, 이는 느리게 변하는 입력 신호에 신뢰성있게 동작함을 나타낸다. 논리 회로 설계자는 느리게 변하는 입력 신호를 표준 IC의 입력 단을 구동할 수 있는 깨끗하고 빠른 천이를 갖는 신호로 변환하기 위하여 슈미트- 트리거 입력을 갖는 IC를 사용한다.

슈미트-트리거 입력 단을 갖는 여러 가지 IC가 있다. 예를 들면 7414, 74LS14, 그리고 74HC14는 슈미트-트리거 입력 단을 갖는 인버터 6개가 있는 IC이다. 7413, 74LS13, 그리고 74HC13은 슈미트-트리거 입력 단을 갖는 2개의 4입력 NAND 게이트를 가진다.

학습성과 평가문제

1. 느린 속도로 변하는 입력을 표준 논리 IC에 인가하였을 때 어떤 일이 발생하는가?
2. 슈미트-트리거 논리 소자는 표준 논리 소자와 어떻게 다르게 동작하는가?

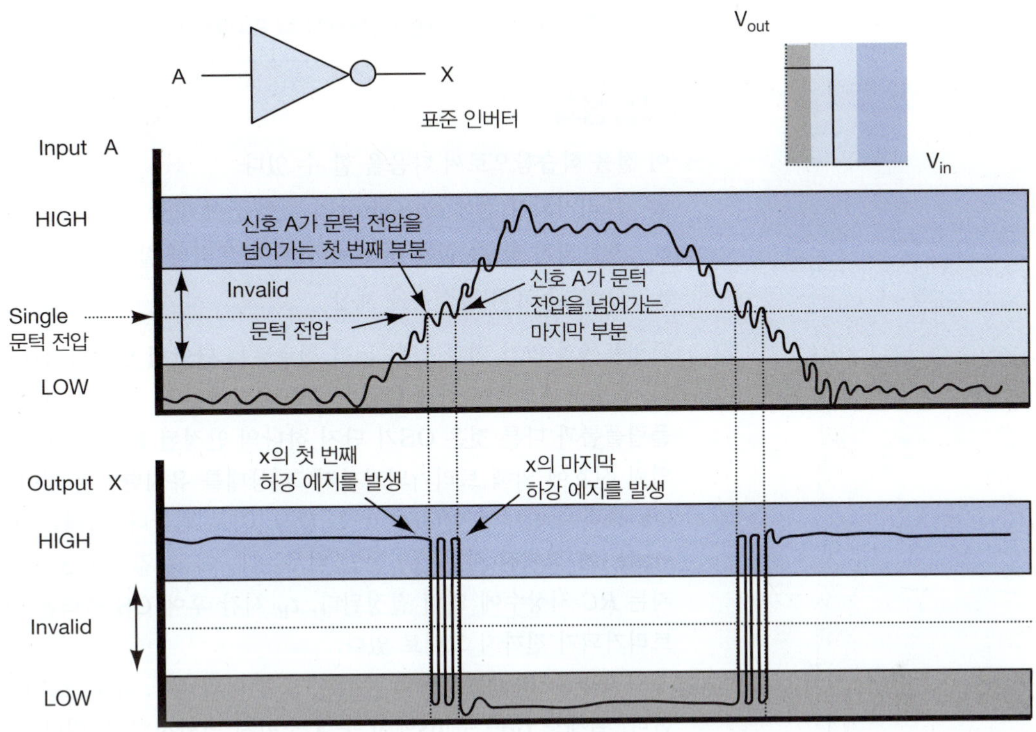

(a)

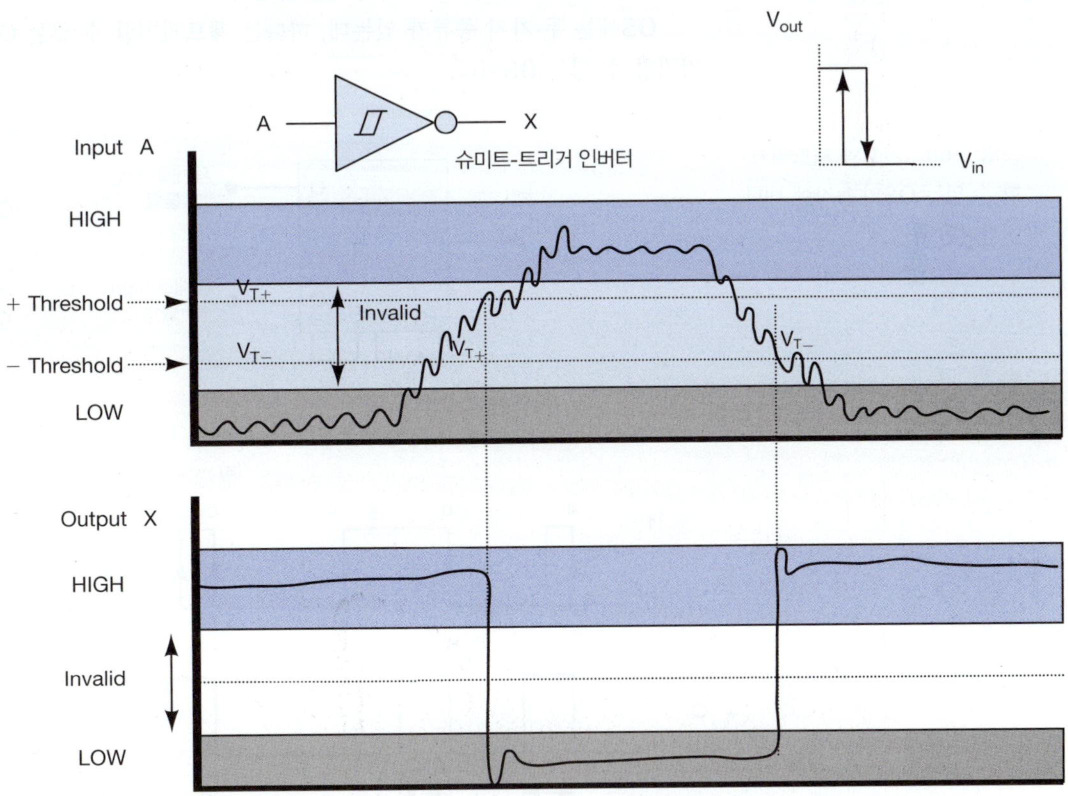

(b)

그림 5-59 (a) 느린 잡음 입력에 대한 표준 인버터 출력. (b) 느린 잡음 입력에 대한 슈미트-트리거 출력.

5-23 단안정 멀티바이브레이터

학습성과

이 절을 학습함으로써 다음을 할 수 있다

- 트리거되기 전에 one-shot의 출력을 예측
- 재트리거 할 수 없는 one-shot과 재트리거 할 수 있는 것을 구분
- One-shot의 펄스폭을 계산

플립플롭과 약간 연관 있는 논리 회로로는 **단안정 멀티바이브레이터(One-Shot: OS)**가 있다. 플립플롭과 비슷하게 OS는 서로 반대의 논리 상태를 갖는 2개의 출력 Q와 $\overline{Q}$를 가진다. 플립플롭과 다른 것은 OS가 단지 하나의 안정된 출력 상태를 가지고(보통 $Q = 0$, $\overline{Q} = 1$) 입력 신호에 의해 트리거되기까지 그 상태를 유지한다는 것이다. 입력이 한 번 트리거되면, OS 출력은 반대의 상태($Q = 1$, $\overline{Q} = 0$)로 변한다. 출력은 이 **준안정 상태(quasi-stable state)**에 정해진 시간(t_P) 동안 머무는데, 이 t_P 값은 OS 외부에 연결된 소자에 의해 정해지는 RC 시상수에 의해 결정된다. t_P 시간 후에 OS 출력은 안정 상태로 되돌아오며, 다시 트리거되기 전까지 그대로 있다.

그림 5-60(a)는 OS의 논리 기호를 나타낸다. 때로, t_P의 값을 OS 기호 속에 나타내곤 한다. 실제로 t_P는 수 ns에서 수십 초까지 변화시킬 수 있다. 정확한 t_P의 값은 변화시킬 수 있고, 외부 소자 R_T와 C_T에 의하여 결정된다.

OS에는 두 가지 종류가 있는데, 하나는 **재트리거할 수 없는 OS**이고, 다른 하나는 **재트리거할 수 있는 OS**이다.

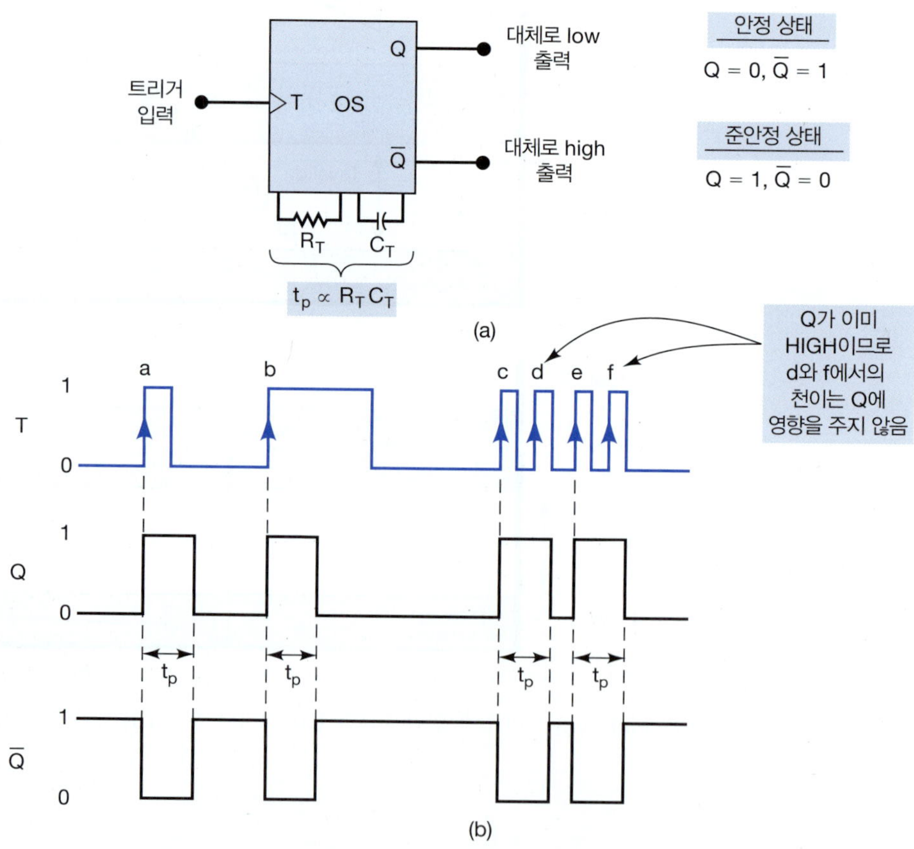

그림 5-60 기호와 재트리거 할 수 없는 OS의 동작에 대한 전형적인 파형.

재트리거할 수 없는 OS

그림 5-60(b) 파형은 트리거 입력(T)이 PGT로 트리거되는, 재트리거할 수 없는 OS의 동작을 나타낸다. 그 중요한 점은 다음과 같다.

1. a, b, c, e 시점의 PGT는 t_P 시간 동안 OS를 준안정 상태로 트리거시키고, 다시 안정 상태로 되돌아간다.
2. d와 f 시점에서의 PGT는 이미 OS가 준안정 상태에 있기 때문에 OS에 아무런 영향을 미치지 않는다. OS는 트리거되기 전에 반드시 안정 상태로 되돌아와 있어야 한다.
3. OS 출력 펄스의 폭은 입력 펄스의 폭에 무관하게 언제나 일정하다. 위에서 언급한 바와 같이, t_P는 R_T와 C_T, 그리고 OS 내부 회로에만 의존한다. 일반적으로 OS의 t_P는 $0.693R_TC_T$로 주어진다.

재트리거할 수 있는 OS

재트리거할 수 있는 OS는 다음의 중요한 차이를 제외하곤 재트리거할 수 없는 OS와 거의 유사하다. 재트리거할 수 있는 *OS*는 준안정 상태에서도 다시 트리거될 수 있고, 준안정 상태는 새로운 t_P 기간 동안 연장된다. 그림 5-61(a)는 t_P가 2 ms인 두 가지 OS 의 반응을 비교한 것이다. 두 파형을 비교해 보자.

두 종류의 OS는 $t = 1$ ms의 첫 번째 트리거 펄스에 의하여 2 ms 동안 HIGH로 변한 후에 다시 LOW 상태로 돌아온다. $t = 5$ ms에서의 두 번째 트리거 펄스는 이 두 개의 OS를 HIGH 상태로 트리거시킨다. $t = 6$ ms의 세 번째 펄스는 재트리거할 수 없는 OS에는 아무런 영향을 미치지 않는다. 이것은 재트리거할 수 없는 OS가 이미준 안정 상태에 있기 때문이다. 그러나 이 트리거 펄스는 새로운 $t_P = 2$ ms 동안 재트리거 할수 있는 OS을 다시 트리거한다. 그러므로 이 세 번째 트리거 펄스 후 2 ms 동안 HIGH 상태가 연장된다.

사실상 재트리거할 수 있는 OS는 트리거 펄스가 인가될 때마다 출력의 현재 상태와 무관하게 새로운 t_P 시간 동안 출력을 발생한다. 사실, 이 트리거 펄스는 OS가 t_P 시간 전에 다시 트리거될 수 있도록 충분히 빠르게 인가될 수 있고, 그러면 출력은 HIGH 상태로 유지된다. 이것을 그림 5-61(b)에 나타내었다. 여기서 1 ms마다 8개의 트리거 펄스가 인가된다. Q는 마지막 트리거 펄스 후 2 ms까지 LOW 상태로 되돌아오지 않 는다.

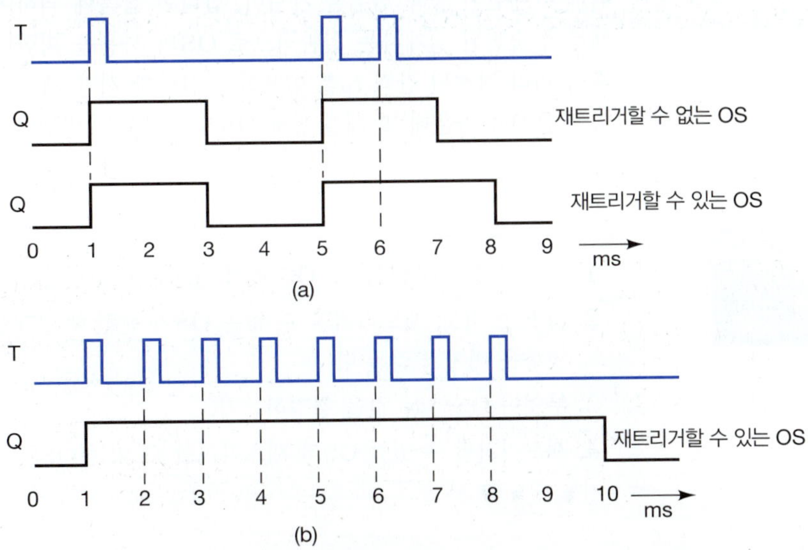

그림 5-61 (a) 재트리거할 수 없는 OS와 재트리거할 수 있는 OS의 비교. (b) 재트리거할 수 있는 OS는 트리거 펄스를 수신하면 새로운 t_P 기간 동안 출력을 연장한다.

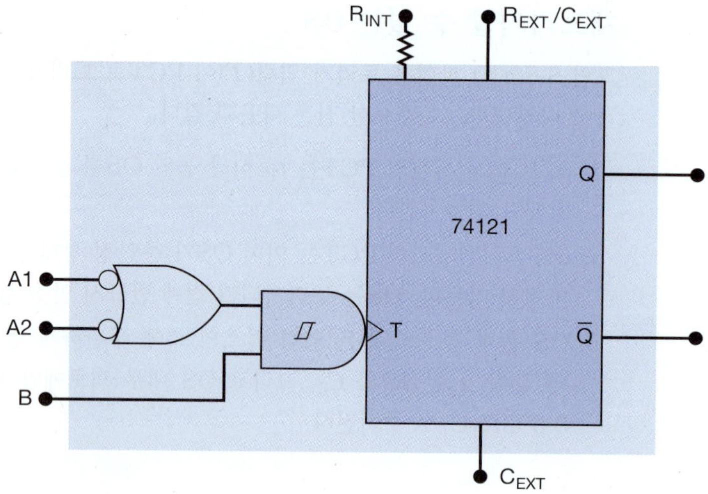

그림 5-62 74121 재트리거할 수 없는 OS의 논리 기호.

실제 디바이스

재트리거할 수 있는 OS와 재트리거할 수 없는 OS의 기능을 갖는 IC는 여러 가지가 있다. 74121은 하나의 재트리거할 수 없는 OS가 들어 있는 IC이다. 74221, 74LS221, 74HC221은 2개의 재트리거할 수 없는 OS를 포함하는 IC이다. 74122, 74LS122는 하나의 재트리거할 수 있는 OS를 포함하는 IC이다. 74123, 74LS123, 74HC123은 2개의 재트리거할 수 있는 OS를 포함하는 IC이다.

그림 5-62는 74121 재트리거할 수 없는 OS IC의 전통적인 기호이다. 이것은 여러 가지의 방법으로 OS를 트리거하기 위한 입력 A_1, A_2 그리고 B를 가지는 논리 회로를 포함하고 있다. B 입력은 느린 천이 시간을 갖는 신호로도 OS를 확실히 트리거할 수 있는 슈미트-트리거 입력 단이다. R_{INT}, R_{EXT}/C_{EXT}, C_{EXT} 핀은 원하는 출력 펄스의 길이를 구현하기 위한 외부 저항과 캐패시터를 연결하기 위하여 사용된다.

단안정 멀티바이브레이터

OS의 다른 이름은 단안정 멀티바이브레이터(*monostable multivibrator*)이다. 이것은 단지 하나의 안정된 상태를 가지기 때문에 붙여진 이름이다. OS는 대부분의 클럭 제어 시스템에서 제한된 응용 범위를 가지며, 잡다한 잡음에 의하여 잘못된 트리거가 발생하기 쉽기 때문에 숙련된 설계자는 일반적으로 OS의 사용을 피한다. 이러한 OS를 사용할 경우에는 흔히 미리 결정된 간격 t_P를 이용하는 간단한 시간 제어 응용 분야에 이용된다. 이 장 끝에 있는 문제들 가운데 몇 개를 통해 OS가 사용되는 방법을 다룬다.

학습성과 평가문제

1. 트리거 펄스가 없을 때, OS 출력 상태는 어떠한가?
2. 참 또는 거짓: 재트리거할 수 없는 OS가 준안정 상태에서 트리거되면, 출력에는 아무런 영향을 미치지 않는다.
3. 무엇이 OS의 t_P 값을 결정하는가?
4. 재트리거할 수 있는 OS가 재트리거할 수 없는 OS와 어떻게 달리 동작하는지 설명하라.

5-24 클럭 발생 회로

학습성과

이 절을 학습함으로써 다음을 할 수 있다

- RC발진기와 크리스털-제어 발진기의 동작 설명
- 슈미트-트리거 발진기의 주파수 계산
- 555 타이머 발진기의 주파수와 듀티비 계산

플립플롭은 2개의 안정된 상태를 가진다. 그러므로 쌍안정 멀티바이브레이터(*bistable multivibrator*)라고 한다. OS는 하나의 안정된 상태를 가지므로, 단안정 멀티바이브레이터라고 한다. 멀티바이브레이터의 세 번째 종류는 안정된 상태를 가지고 있지 않는 형태인데, 이것을 **비안정** 또는 **발진 멀티바이브레이터(astable or free-running multivibrator)**라고 한다. 이러한 형태의 논리 회로는 2개의 불안정한 출력 상태 사이를 왕복(발진)한다. 보통 이 회로는 동기식 디지털 회로에서 클럭 신호를 발생시키는 데 유용하게 사용된다.

몇 가지 형태의 비안정 멀티바이브레이터는 많이 사용된다. 이들 중 세 가지 형태에 대하여 여기서는 이들의 동작을 해석하지 않고 기술한다. 만약 여러분이 실험에서 프로젝트나 디지털 회로 검사를 위해 필요하다면 클럭 발생 회로를 꾸밀 수 있도록 여기에 보인다.

슈미트-트리거 발진기

그림 5-63는 슈미트-트리거 인버터로 발진기를 구성한 것이다. V_{OUT} 신호는 R과 C 값에 의해 주파수가 결정되는 구형파가 된다. 세 가지의 다른 슈미트-트리거 인버터에 대한 주파수와 RC 값 사이의 관계를 그림 5-63의 표에 나타내었다. 각 디바이스에 대해 저항 값에 최대 제한 값이 있음에 유의하라. 만약 R이 이 범위를 넘는다면, 회로는 제대로 동작하지 않는다.

그림 5-63 7414 인버터를 이용한 슈미트-트리거 발진기. 7413 슈미트-트리거 NAND를 사용할 수도 있다.

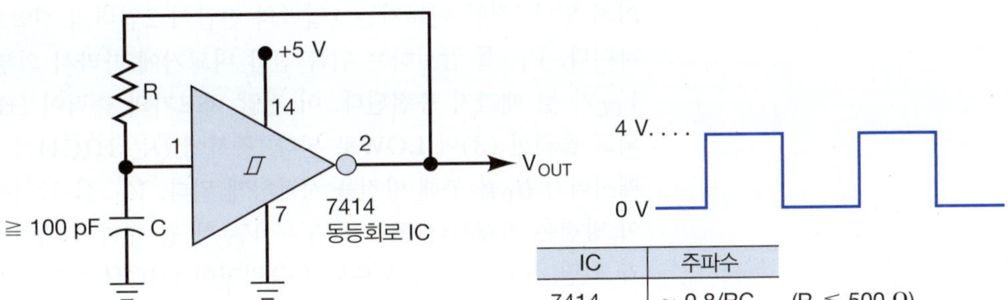

IC	주파수	
7414	≈ 0.8/RC	(R ≦ 500 Ω)
74LS14	≈ 0.8/RC	(R ≦ 2 kΩ)
74HC14	≈ 1.2/RC	(R ≦ 10 MΩ)

비안정 멀티바이브레이터로 사용되는 555 타이머

555 타이머(555 timer) IC는 여러 가지 다른 동작을 수행할수 있는 TTL 호환 디바이스이다. 그림 5-64은 발진기로 동작시킬 때 555 타이머에 외부 소자를 어떻게 연결하는지 나타낸다. 그 출력은 두 논리 상태를 사이를 왕복하는 반복되는 구형파이며, 각 논리 값의 간격은 R과 C 값에 의하여 결정된다.

555 타이머는 그림 5-64에서 보였듯이 2개의 전압 비교기와 1개의 S-R 래치로 이루

그림 5-64 비안정 멀티 바이브레이터로서 사용되는 555 타이머 IC.

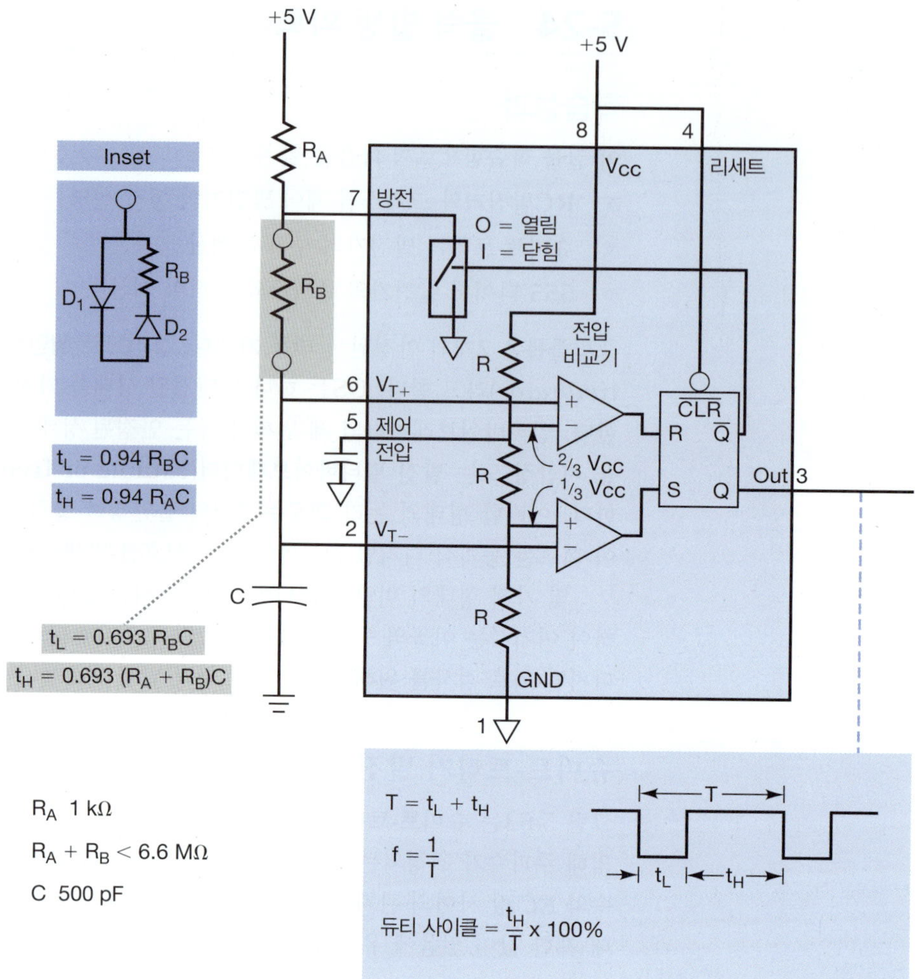

어져 있다. 전압 비교기는 1입력의 전압이 2입력의 전압보다 크면 HIGH를 출력 하는 소자이다. V_{T+}를 감시하는 위쪽 전압 비교기에 따라서 외부 커패시터(C)는 그 전압이 $2/3 \times V_{CC}$가 될 때까지 충전된다. 이 전압 비교기의 출력이 HIGH가 되면, S-R 래치가 리세트되고 출력핀 (3)이 LOW로 된다. 동시에 $\overline{Q}$는 HIGH가 되어 방전 스위치를 닫게 되며 커패시터가 R_B를 통해 방전을 시작하게 된다. V_{T-}를 감시하는 아래쪽 전압 비교기에 따라서 이 방전은 커패시터 전압이 $1/3 \times V_{CC}$가 될 때까지 계속 된다. 이 비교기의 출력이 HIGH가 되면, S-R 래치가 세트되고 출력핀이 HIGH가 되고 방전 스위치가 열리어 커패시터는 다시 충전을 시작한다.

이들 시간 간격 t_L과 t_H, 그리고 전체 발진 주기 T에 대한 공식은 그림에서와 같이 주어진다. 물론, 발진기의 주파수는 발진 주기 T의 역수이다. t_L과 t_H를 같게 하는 것은 디바이스에 과전류를 흘리지 않는 한 불가능하다. 이것은 정확한 50%의 듀티사이클을 갖는 구형파를 발생시키는 것이 이 회로로는 불가능하다는 것을 의미한다. 그러나 $R_B >> R_A$(단, $R_A > 1\ \text{k}\Omega$)가 되도록 만듦으로써 50% 듀티 사이클에 매우 접근할 수 있다. 즉 $t_L \approx t_H$ 되게 할수 있다.

예제 5-17

$C = 0.001\ \mu\text{F}$, $R_A = 2.2\ \text{k}\Omega$, 그리고 $R_B = 100\ \text{k}\Omega$일 때, 555 비안정 멀티바이브레이터 출력의 듀티 사이클과 주파수를 계산하라.

풀이

$$t_L = 0.693(100\ \text{k}\Omega)(0.001\ \mu\text{F}) = 69.3\ \mu\text{s}$$
$$t_H = 0.693(102.2\ \text{k}\Omega)(0.001\ \mu\text{F}) = 70.7\ \mu\text{s}$$
$$T = 69.3 + 70.7 = 140\ \mu\text{s}$$
$$f = 1/140\ \mu\text{s} = 7.29\ \text{kHz}$$
$$\text{듀티 사이클} = 70.7/140 = 50.5\ \%$$

R_B가 R_A보다 매우 크기 때문에 거의 50 %의 듀티 사이클을 가짐에 유의하라. R_B가 R_A보다 더욱 크게 만듦으로써 50% 듀티 사이클에 더욱 근접할 수 있다. 이를테면 R_A를 1 kΩ (최소 허용치)으로 바꾸면, 주파수 f = 7.18 kHz이고, 듀티 사이클은 50.3 %가 된다.

이 회로를 조금 수정하면 듀티 사이클이 50% 이하가 되게 할 수 있다. 즉 커패시터가 충전은 R_A를 통해서만 하고 방전은 R_B를 통해서만 하도록 만드는 것이다. 그림 5-64의 작은 박스에서 보였듯이 1개의 다이오드(D_2)를 R_B와 직렬로 붙이고 또 다른 다이오드(D_1)를 이와 병렬로 붙이는 것이다. 이 회로를 원래의 R_B 자리에 붙이면 된다. 다이오드는 전류가 기호에서 화살표로 표시된 방향으로만 흐르게 한다. 다이오드 D_1은 R_A를 통해 오는 충전 전류가 R_B를 건너뛰게 하고, D_2는 충전전류가 R_B를 통과하지 못하게 한다. 방전 스위치가 닫히면 모든 방전 전류는 D_2와 R_B를 통해 흐른다. 이 회로에 대한 공식은 다음과 같다.

$$t_L = 0.94\ R_B C$$
$$t_H = 0.94\ R_A C$$

주의: 0.94는 V_{CC} = 5 V일 때만 유효하다.

예제 5-18

그림 5-64처럼 R_B와 함께 다이오드를 사용하여, 555의 출력파형이 1 KHz에 25% 듀티 사이클이 되도록 R_A와 R_B 값을 계산하라. C는 0.1 μF 이다.

풀이

$$T = \frac{1}{f} = \frac{1}{1000} = 0.001\,\text{s} = 1\,\text{ms}$$
$$t_H = 0.25 \times T = 0.25 \times 1\,\text{ms} = 250\,\mu\text{s}$$
$$R_A = \frac{t_H}{0.94 \times C} = \frac{250\,\mu\text{s}}{0.94 \times 0.1\,\mu\text{F}} = 2.66\ \text{k}\Omega \cong 2.7\ \text{k}\Omega\ (5\%\ \text{허용오차})$$
$$R_B = \frac{t_L}{0.94 \times C} = \frac{750\,\mu\text{s}}{0.94 \times 0.1\,\mu\text{F}} = 7.98\ \text{k}\Omega \cong 8.2\ \text{k}\Omega\ (5\%\ \text{허용오차})$$

수정-제어 클럭 발진기

클럭 발진 회로의 출력 주파수는 저항과 커패시터의 값에 의존함을 앞에서 보였다. 그러므로 이러한 회로는 정확하지 않고 불안정해질 수 있다. 가변 저항을 사용함으로써 원하는 주파수를 저항 값의 "미소 변화(tweaking)"로 조절할 수 있다. 그러나 주변 온도의 변화에 의한 R과 C 값의 변화는 조절된 주파수의 이동 원인이 된다. 안정되고 정확한 주파수가 꼭 필요하다면, **수정-제어 클럭 발진기(crystal-controlled clock generator)**와 같은 다른 방법을 사용하여 클럭 주파수를 발생시켜야 한다. 이것은 수정 진동자라는 매우 안정되고 정확한 소자를 사용하고 있다. 수정 진동자 조각은 온도와 시간에 대하여 극히 안정된 정확한 주파수로 진동(공명)하도록 특정한 모양과 크기로 잘라낼 수 있고, 10 kHz에서 80 MHz까지의 주파수를 발생시킬 수 있다. 수정 진동자로 회로를 구성하면, 수정 진동자의 공진 주파수와 동일한 정확하고 안정된 주파수를 발생시킬 수 있다. 수정 진동자는 IC패키지 형태로 주어진다.

수정 진동자 클럭 발진 회로는 모든 마이크로프로세서 시스템과 마이크로컴퓨터, 그리고 정확한 시간 간격으로 발생하도록 클럭 신호가 쓰이는 응용 분야에 사용된다. 이러한 응용의 몇 가지를 다음 장에서 보게 될 것이다.

학습성과 평가문제

1. $R = 10\ \text{k}\Omega$, $C = 0.005\ \mu\text{F}$와 74HC14를 이용한 슈미트-트리거 발진기의 발진 주파수를 구하라.
2. $R_A = R_B = 2.2\ \text{k}\Omega$, $C = 2000\ \text{pF}$을 갖는 555 발진기의 주파수와 듀티 사이클을 계산하라.
3. 수정 진동자 클럭 발진기가 *RC*-제어 발진기에 비해 장점은 무엇인가?

5-25 플립플롭 회로의 고장 진단

학습성과

이 절을 학습함으로써 다음을 할 수 있다

- 플립플롭 회로의 일반적인 고장 확인
- 클럭 스큐와 그 효과를 설명

플립플롭 IC들은 조합 논리 회로에서 발생하는 것과 같은 종류의 내외부적인 결함이 발생할수 있다. 제4장에서 논의한 모든 고장 진단 방법은 논리 게이트와 마찬가지로 플립플롭을 포함하는 회로에서도 적용될 수 있다.

플립플롭의 메모리 특성과 클럭을 사용하는 특징 때문에, 플립플롭 회로는 조합 회로에서 발생하지 않는 결함과 이에 따른 징후들을 나타낸다. 특히 조합 회로에서는 일반적으로 문제가 되지 않는 타이밍 문제가 플립플롭 회로에서는 민감하다. 이러한 것에 대한 몇 가지를 다음에 나타내었다.

입력 개방

어떤 논리 회로에서든지 부동 입력 또는 연결되지 않는 입력들은 잡음(*noise*)과 같은 불필요한 전압 변동에 매우 민감하다. 잡음의 진폭이 충분히 크고 지속 시간이 충분히 길면 논리 회로의 출력은 잡음에 의하여 그 상태가 변할 것이다. 논리 게이트에서는 잡음이 없어지면 출력은 원래의 상태로 되돌아온다. 그러나 플립플롭에서 출력은 메모리 특성 때문에 새로운 상태에서 그 값을 유지한다. 그러므로 어떤 개방된 입력에 섞여 있는 잡음의 영향은 일반적으로 논리 게이트보다 플립플롭이나 래치에서 더욱 치명적이다.

가장 민감한 플립플롭의 입력은 *CLK*, PRESET, 그리고, CLEAR와 같이 플립플롭을 다른 상태로 트리거하는 입력들이다. 엉뚱한 상태로 변한 플립플롭 출력이 나올 때마다 이러한 입력들 중의 하나가 개방되었을 가능성을 고려하여야 한다.

예제 5-19

그림 5-65에는 TTL 플립플롭으로 구성된 3비트 시프트 레지스터를 나타내었다. 초기 값으로, 클럭이 인가되기 전에 플립플롭의 모든 입력은 LOW 상태에 있다고 하자. 클럭이 인가되었을 때, 각 PGT는 각 플립플롭에서 오른쪽 플립플롭으로 정보를 이동하게 한다. 각 클럭 펄스 후에 "예상되는" 플립플롭의 상태 순서를 그림에 나타내었다. $J_2 = 1, K_2 = 0$일 때, 플립플롭 X_2는 클럭 펄스 1에서 HIGH로 변하고, 다음 모든 펄스에 대하여 그 상태를 그대로 유지한다. 이 HIGH 신호는 각각 클럭 펄스 2와 3에서 X_1과 X_0으로 이동한다. 그러므로 세 번째 펄스 후에 모든 플립플롭은 HIGH 상태이고, 연속적으로 인가되는 펄스에서도 이 상태를 유지한다.

이제 플립플롭 상태의 "실제" 변화가 그림에 나타낸 것과 같다고 가정하자. 처음 세 번째 클럭 펄스에 대하여 플립플롭은 예상대로 동작한다. 그 후부터 플립플롭 X_0이 HIGH로 유지되어야 하는데, HIGH와 LOW를 번갈아 발생시킨다. 이러한 동작을 일으키는 회로의 결함은 어떤 것이 있는가?

풀이

두 번째 펄스에서 X_1이 HIGH로 변한다. 이것은 $J_0 = 1, K_0 = 0$으로 만든다. 그러므로 다음에 계속해서 인가되는 모든 펄스는 $X_0 = 1$로 세트시켜야 한다. 그러나 실제 동작에서 X_0은 두 번째 이후의 모든 펄스에 대해 출력 상태를 토글시킨다. 이러한 토글 동작은 J_0과 K_0이 HIGH일 때 일어난다. 그러므로 가장 가능성이 큰 결함은 X_1과 K_0 사이의 연결이 끊어진 것일 것이다. TTL 디바이스에서 개방된 입력은 HIGH 논리와 같음을 상기하면, K_0이 개방된 것은 HIGH 논리와 같다.

그림 5-65 예제 5-19.

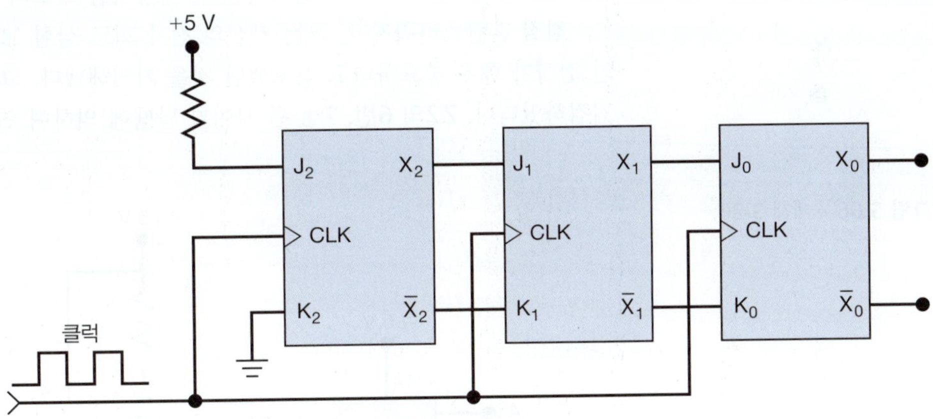

클럭 펄스 수	예상치			실제치		
	X_2	X_1	X_0	X_2	X_1	X_0
0	0	0	0	0	0	0
1	1	0	0	1	0	0
2	1	1	0	1	1	0
3	1	1	1	1	1	1
4	1	1	1	1	1	0
5	1	1	1	1	1	1
6	1	1	1	1	1	0
7	1	1	1	1	1	1
8	1	1	1	1	1	0

단락된 출력

아래의 예는 플립플롭 회로의 결함이 오해를 일으킬 만한 증상을 일으켜서, 실제 결함을 찾는 것을 어떻게 지연시키는지 보여준다.

예제 5-20

그림 5-66의 회로를 생각해 보자. 논리 검사 결과를 표에 나타내었다. 플립플롭의 D 입력이 LOW이고, CLK 입력에 펄스를 인가할 때, 출력 Q는 LOW 상태로 변하지 않는다. 이 회로를 검사하는 기술자는 아래의 결함 가능성을 고려한다.

1. Z2-5가 내부적으로 V_{CC}에 단락되어 있다.
2. Z1-4가 내부적으로 V_{CC}에 단락되어 있다.
3. Z2-5 또는 Z1-4가 외부적으로 V_{CC}에 단락되어 있다.
4. Z2-4가 내부적으로 또는 외부적으로 접지와 단락되어 있다. 이것은 $\overline{PRE}$를 활성화시키고, CLK 입력을 무시할 것이다.
5. Z2 내부에 결함이 있어서 입력에 대해 출력 Q가 적절하게 반응하지 못한다.

기술자는 저항계로 검사한 후에 처음 네 가지의 가능성을 배제시켰다. 그는 또한 Z2의 V_{CC}와 접지 단자를 검사하고, 적절한 전압에 있는 것을 확인하였다. 그는 결함이라고 확신할 때까지는 Z2를 회로로부터 떼어내고 싶지 않았기 때문에, 클럭 신호에 관심을 돌렸다. 그는 오실로스코프를 사용하여 클럭 신호의 진폭, 주파수, 펄스폭, 그리고 천이 시간 등을 검사하였다. 그리고 검사 결과들이 74LS74의 규격 안에 있음을 알았다. 결국, 그는 Z2가 결함을 가지고 있다고 판단했다.

그는 74LS74를 제거하고 다른 것으로 대체하였다. 실망스럽게도 새로운 칩을 장착한 회로가 정확하게 전과 같은 방식으로 동작하는 것이다. 머리를 긁은 후에, 이유는 모르지만 NAND 게이트를 바꾸기로 결심하였다. 예상처럼 회로의 동작이 변화가 없음을 알았다.

점점 혼란스러워지자, 그는 자신의 전자 회로 실험 교수가 회로 기판에 대한 완벽한 육안 검사가 매우 중요하다고 강조했던 것을 기억해냈다. 그래서 다시 주의 깊게 회로 기판을 점검하였더니, Z2의 6번, 7번 핀 사이가 납땜에 의하여 연결되어 있음을 찾아냈다. 그는 이

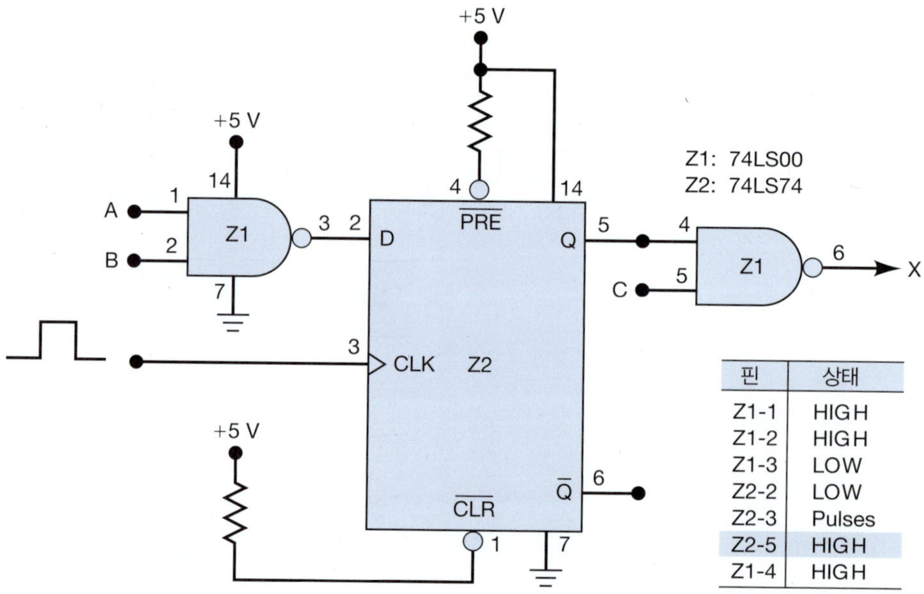

핀	상태
Z1-1	HIGH
Z1-2	HIGH
Z1-3	LOW
Z2-2	LOW
Z2-3	Pulses
Z2-5	HIGH
Z1-4	HIGH

그림 5-66 예제 5-20.

것을 제거하고 회로를 다시 테스트하였고, 회로가 정확하게 동작하는 것을 확인하였다. 관찰된 회로의 동작을 발생시킨 이 결함을 어떻게 설명할 수 있는가?

풀이

이 납땜에 의한 연결은 출력 $\overline{Q}$에서 접지로 연결되어 있었다. 이것은 $\overline{Q}$가 LOW로 영구적으로 묶여 있었다는 것을 의미한다. 모든 래치와 플립플롭에서 출력 $\overline{Q}$와 Q는 하나의 출력이 다른 출력에 영향을 미치도록 내부적으로 상호 연결되어 있다. 예를 들어 그림 5-26의 J-K 플립플롭에 대한 내부 회로를 보면 알 수 있다. $\overline{Q}$에서 고정된 LOW는 NAND 게이트 3의 하나의 입력을 LOW로 유지한다. 그러므로 Q는 J, K, CLK의 입력에 관계없이 HIGH를 유지한다.

기술자는 플립플롭 회로의 고장 진단에 대하여 값진 경험을 얻었다. 그는 플립플롭 출력이 다른 디바이스에 연결되어 있지 않더라도 두 출력 모두의 결함을 검사해야 한다는 것을 배웠다.

클럭 스큐

동기 회로에서 가장 보편적인 타이밍 문제 중의 하나는 **클럭 스큐(clock skew)**이다. 클럭 스큐 중의 하나는 전파 지연 때문에 다른 플립플롭의 CLK 입력에 클럭 신호가 원래 발생한 시점보다 다른 시간에 도달할 때 발생한다. 대부분의 경우, 이 클럭 스큐는 플립 플롭이 잘못된 상태로 변하는 원인이 된다. 다음의 예는 이러한 경우를 잘 나타내고 있다. 그림 5-67(a)를 참고하면, $CLOCK1$ 신호는 플립플롭 Q_1에 직접 연결되어 있고, NAND 게이트와 인버터를 통하여 Q_2에 간접 연결되어 있다. 이 2개의 플립플롭들은 X가 HIGH이면 $CLOCK1$의 NGT에 의해 동시에 클럭되도록 되어 있다. 만약 초기 값이 $Q_1 = Q_2 = 0$이고, $X = 1$이라고 가정하면, $CLOCK1$의 NGT는 $Q_1 = 1$로 세트시키고, Q_2에는 영향을 주지 않는다. 그림 5-67(b)는 클럭 스큐가 Q_2를 어떻게 잘못 트리거 하는지 보여준다.

NAND 게이트와 인버터의 전파 지연이 합쳐져서, $CLOCK2$ 신호의 천이는 $CLOCK1$에 비하여 시간 t_1만큼 지연된다. $CLOCK2$의 NGT는 Q_1의 CLK 입력에 나타나는 $CLOCK1$의 NGT보다 t_1만큼 늦게 Q_2의 CLK 입력에 나타난다. 이 t_1이 바로 클럭 스큐 이다. $CLOCK1$의 NGT는 Q_1의 t_{PLH} 전파 지연과 동일한 t_2 시간 후에 Q_1을 HIGH로 변하도록 한다. 만약 t_2가 클럭 스큐 t_1보다 작다면, Q_1은 $CLOCK2$의 NGT 발생할 때 HIGH로 된다. 만약 이것이 셋업 시간 조건 t_S를 만족한다면 $Q_2 = 1$로 잘못 세트시킨다. 예를 들어 클럭 스큐가 40 ns이고, Q_1의 t_{PLH}가 25 ns라고 가정하자. 그러면 Q_1은 $CLOCK2$의 NGT의 15 ns 전에 HIGH가 된다. 만약 Q_2의 셋업 시간 조건이 15 ns 보다 작다면, Q_2는 $CLOCK2$의 NGT가 발생할 때 D 입력의 HIGH에 대하여 동작하고, Q_2는 HIGH 상태가 된다. 물론 이것은 Q_2의 예상치 못한 동작이다. Q_2는 LOW 상태를 유지해야 했다.

클럭 스큐에 의한 영향은 작동하는 플립플롭의 응답이 간헐적으로 잘못 동작하기 때문에, 항상 쉽게 검출되는 것은 아니다. 이것은 온도, 결선의 길이, 전원 전압, 그리고 부하에 의하여 변하는 플립플롭의 타이밍 파라미터와 회로의 전파 지연에 의존하기 때문이다. 때때로, 오실로스코프의 탐침을 플립플롭이나 게이트의 출력에 직접 접촉하는 것이 충분한 부하 커패시터를 더하게 되어 디바이스의 전파 지연을 증가시키고, 회로는 정확하게 동작하게 되는 경우가 있다. 그러나 탐침을 제거하면 부정확한 동작이 다시 일어난다. 이것은 몇몇의 초

그림 5-67 클럭 스큐는 동시에 클럭된다고 가정한 2개의 플립플롭에서 두 번째 플립플롭에 클럭 신호가 지연되어서 도착하는 것 때문에 두 플립플롭이 약간 다른 시간에 클럭되는 것 때문에 발생한다. (a) 추가 된 게이트 때문에 일어나는 클럭 스큐. (b) CLOCK2가 늦게 도착하는 것을 보여주는 타이밍.

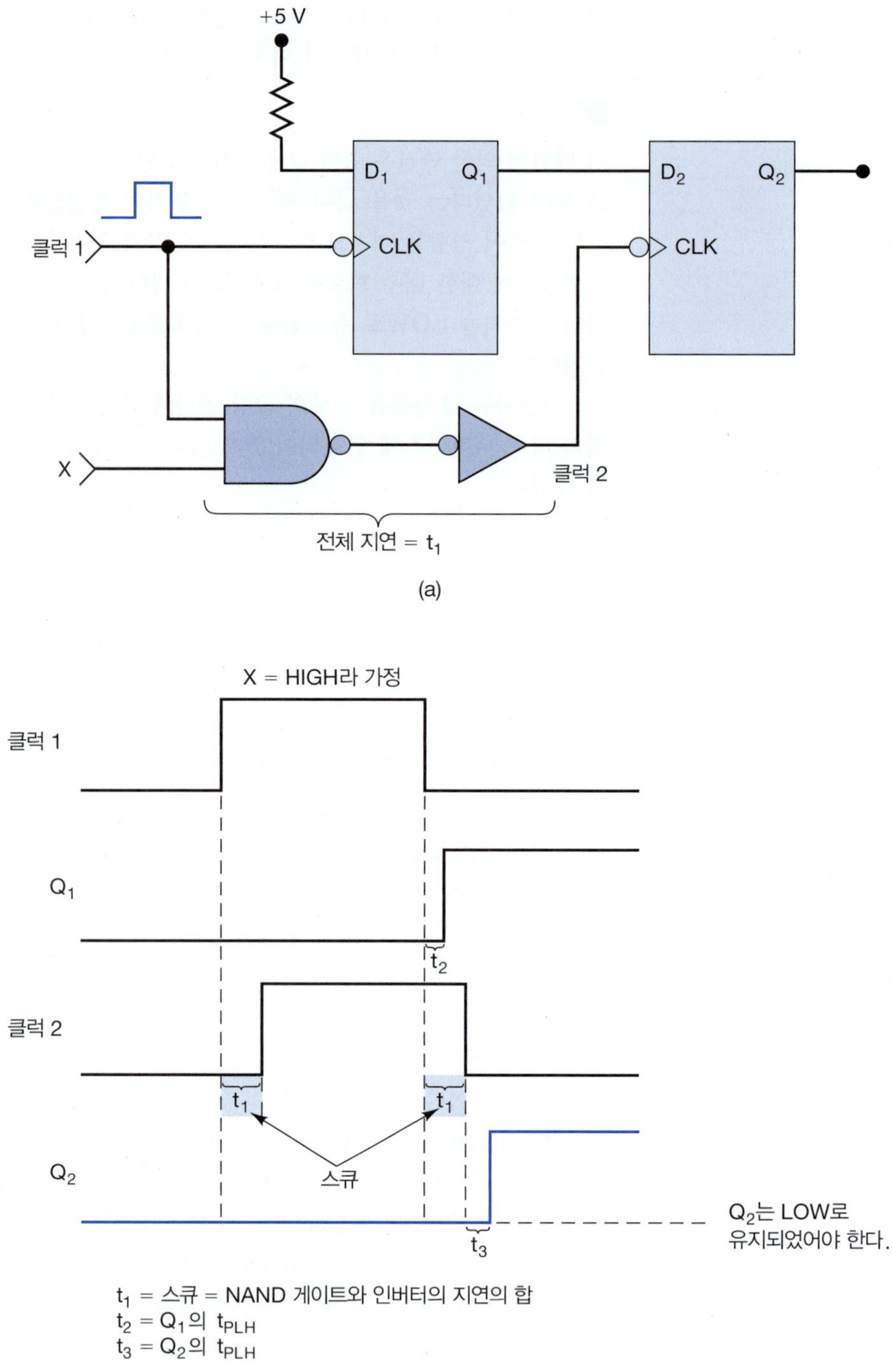

보 기술자가 겪는 어려움 중의 하나이다.

클럭 스큐에 의해 발생하는 문제는 거의 같은 시간에 각 플립플롭에 도달하는 클럭 신호의 여러 가지 경로의 지연을 동일하게 함으로써 제거할 수 있다. 이것을 연습문제 5-52에서 다루었다.

학습성과 평가문제

1. 클럭 스큐란 무엇인가? 이것이 어떻게 문제를 일으키는가?

5-26 회로도 입력을 이용한 PLD의 순차 회로*

학습성과

이 절을 학습함으로써 다음을 할 수 있다

- Quartus에서 회로 입력 도구를 사용 순차회로를 구성
- Quartus에서 공통 빌딩 블럭 기호가 있는 라이브러리 확인

플립플롭과 래치들을 사용하는 논리 회로들은 PLD를 사용하여 구현 가능하다. 알테라의 QuartusII 개발 시스템 소프트웨어는 설계자가 회로도를 사용해 원하는 회로의 기술을 가능하게 해준다. Quartus는 회로도를 생성하는 데 필요한 플립플롭과 래치 소자들을 담고 있는 컴포넌트 라이브러리를 제공한다. 이러한 라이브러리들은 **프리미티브(primitive)**, **maxplus2**, 그리고 **megafunction**등이 있다. 프리미티브 라이브러리는 기본 논리 게이트와 표준 플립플롭과 래치 저장 소자들을 포함한다. 이미 이 라이브러리를 조합 회로의 회로도를 생성하는 데 사용하고 있는 것인데 이러한 사용가능한 저장 요소들은 dff, jkff, srff, tff와 latch가 있다.

알테라는 이미 PLD 설계 회로도에서 사용하는 흔하디 흔한(또한 구식의) 74xxx 표준 논리 칩의 동일 버전을 구현해 놓았다. 이 블럭은 **maxplus2** 라이브러리에 있으며 SSI 칩에 포함된 논리 소자들을 포함하고 있으며 MSI 칩에 구현된 복잡한 공용의 논리 함수군을 포함하고 있다. 다양한 제조회사로부터의 동등한 칩에 대해(웹이나 데이터 북에서) 관련된 데이터시트를 검색함으로써 macrofunction이라 불리는 **maxplus2** 컴포넌트의 기능을 발견할 수 있다. 74112(JK 플립플롭), 74175(4비트 레지스터), 74375(4비트 래치)가 그 예라 할 수 있다. 알테라는 Quartus 사용자에게 이렇게 말하고 있다. "일반적으로 모든 새로운 프로젝트에서는 동등한 macrofunction을 사용하기 보단 megafunction을 사용하는 것을 추천한다. Megafunction은 다른 크기로 변경하는 것이 유용하고 더욱 효과적으로 논리 합성과 소자 구현을 가능하게 한다. QuartusII 소프트웨어는 다른 EDA 툴로 생성된 설계에 대해 하위 호환성(backward compatibility)을 제공한다."

Megafunction 라이브러리는 논리 설계를 생성하는 데 필요한 다양한 상위 수준의 모듈을 가지고 있다. 몇몇 포함된 컴포넌트를 **LPM**이라 하는데 이는 **파라미터 모듈 라이브러리(library of parameterized modules)**임을 의미한다. 이 함수들은 맥스플러스 2 라이브러리에 소자와 같은 특정한 표준 IC의 모방이 아닌 디지털 시스템에서 유용한 다양한 논리 함수를 위한 포괄적인 해법을 제공한다. 어떤 라이브러리로부터 함수를 불러와 사용할 때 원하는 회로에 대한 어떤 특성을 정의하기 위해 파라미터를 명시하는 것을 파라미터화(parameterized)라고 한다. Quartus에서는 MegaWizard Manager라는 프로그램을 사용해서 원하는 특성이나 크기등을 다양한 블럭에 적용할 수 있다. 그러므로 어플리케이션에 사용되는 모듈을 설정시 필요한 소자 특성을 설계자가 쉽게 명시할 수 있다. Megafunction/LPM에의 Help 메뉴에서 다양한 LPM을 찾아볼 수 있다. LPM 저장 요소는 **LPM_FF, LPM_LATCH, LPM_SHIFTREG**가 있다. 이것들 모두 MegaWizard Manager의 Plug-In 리스트의 Storage 폴더에서 찾아볼 수 있다.

물론 QuartusII 시뮬레이터는 조합 회로에서 했던 것처럼 PLD를 프로그래밍하기 전에 회로도 형태로 표현된 순차 회로를 검증하는데 사용될 수 있다.

---

* PLD와 HDL에 관련된 절은 연관성에 문제가 없다면 건너뛸 수 있다.

예제 5-21

Quartus 기능 시뮬레이터를 이용해서 레벨 인에이블(level-enabled) D-래치와 에지 트리거 D 플립플롭의 동작을 비교하라.

풀이

그림 5-68은 테스트될(프리미티브 라이브러리부터의) 래치와 플립플롭을 포함한 Quartus 회로도를 보여준다. 이 논리 프리미티브들은 bdf canvas를 더블 클릭하여 다음의 라이브러리 박스를 보면 찾을 수 있다.

/quartus/libraries/primitives/storage/

프리미티브들의 이름은 DLATCH와 DFF이다. 그림 5-69는 래치와 플립플롭사이의 동작 차이를 나타낸 시뮬레이션 리포트이다. 래치는 하이 레벨로 인에이블된 경우 "투과"를 하고 있으며 인에이블이 로우인 경우는 "래치"동작을 구현한다. 래치 인에이블이 하이인 경우 출력은 *D* 입력을 따라간다. 한편 플립플롭은 클럭의 상승 에지에서 *D* 입력을 읽고 저장하게 된다.

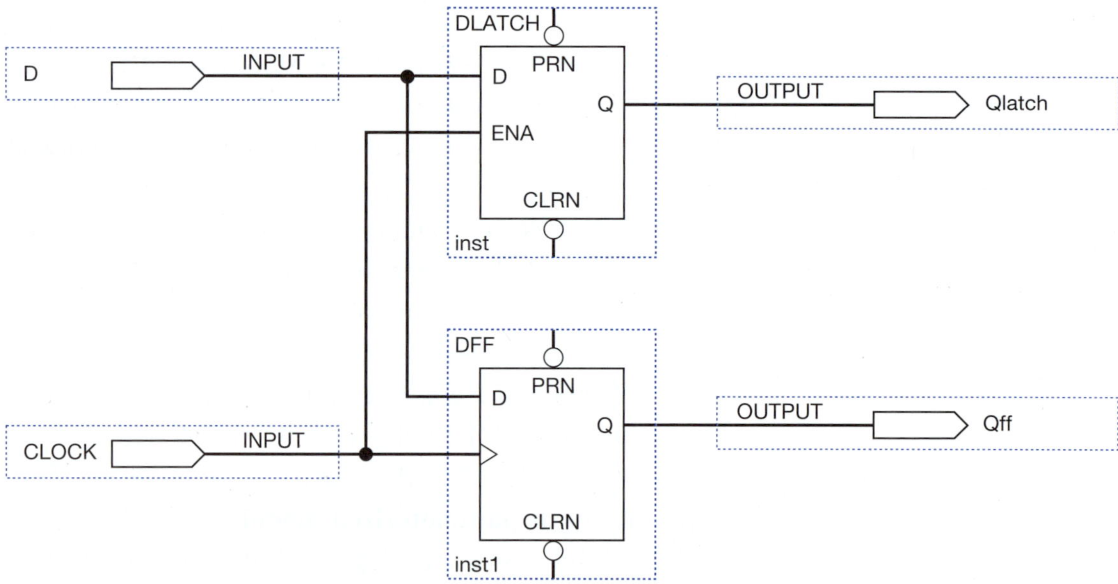

그림 5-68 D-래치와 D 플립플롭 회로도.

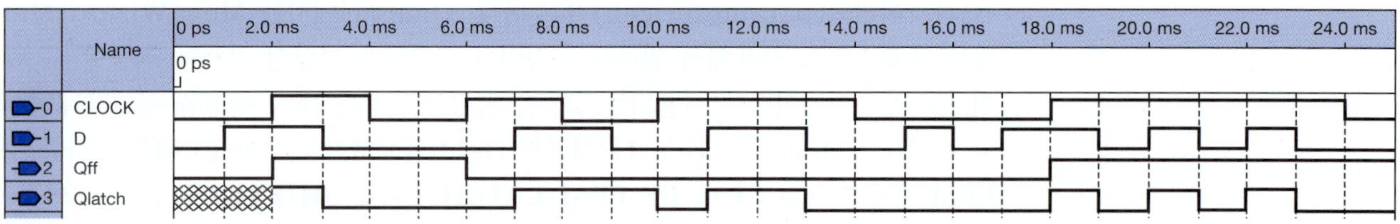

그림 5-69 D-래치와 D 플립플롭 시뮬레이션 리포트.

예제 5-22

DFF 프리미티브를 사용하여 4개의 D 플립플롭으로 이루어진 레지스터의 bdf(block description file)를 만들어라. 이 BDF 파일로부터 블럭 심벌을 만들고 이것을 새 디자인에 포함하라. 새 디자인의 입력 이름은 Q[3…0], TRANSFER (클럭 입력), D[3…0]이다. 그림 5-70에 보이는 입력 신호가 가해질 때의 동작을 결정하라. Quartus를 가지고 레지스터를 기능적으로 시뮬레이션해서 예측한 것과 맞는지를 확인하라.

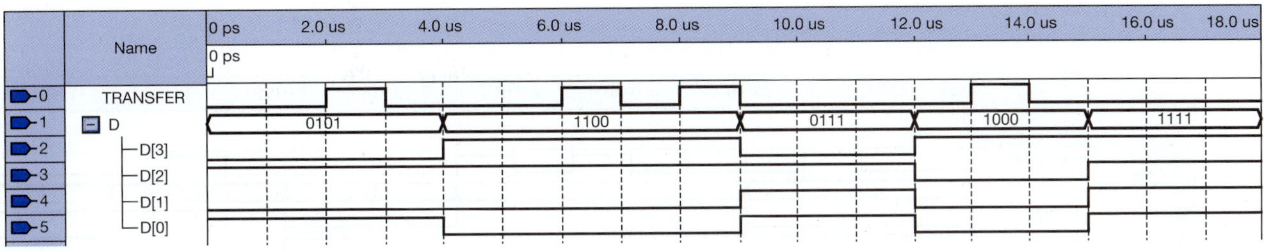

그림 5-70 예제 5-22의 입력 신호들.

풀이

그림 5-71에 reg4bit라고 이름지어진 디자인 파일을 보였다. 4비트 레지스터를 DFF프리미티브를 사용하여 만들었다. Quartus메뉴에서 다음을 선택하라.

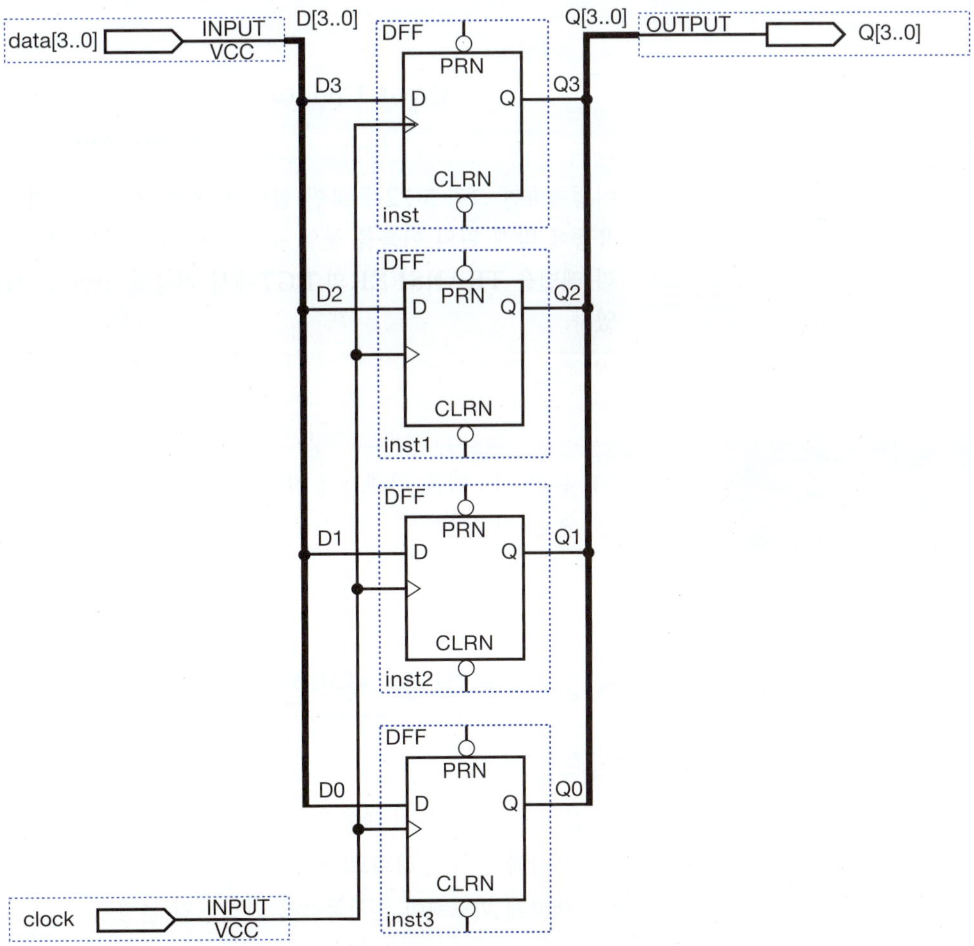

그림 5-71 4비트 레지스터를 구성하기 위한 DFF 프리미티브의 그래픽 연결.

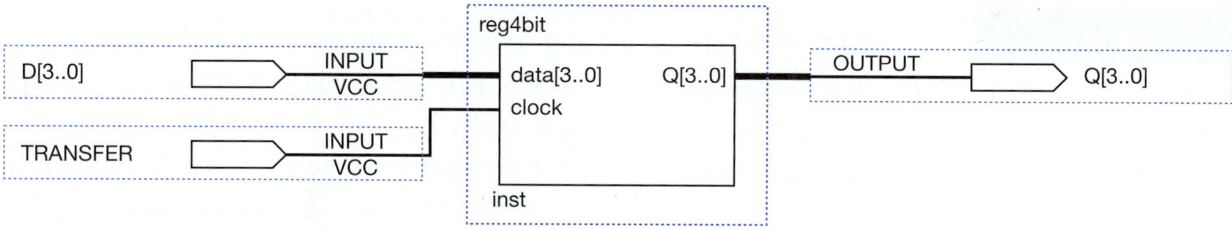

그림 5-72 블럭 심벌을 사용한 4비트 DFF 레지스터 회로도.

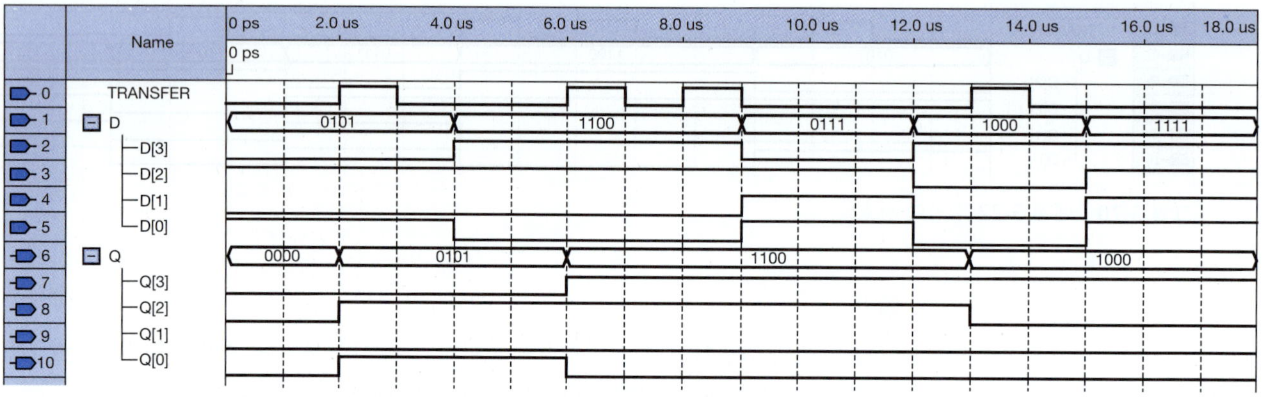

그림 5-73 예제 5-22를 위한 기능 시뮬레이션 결과.

>File

>Creat/Update

>Creat symbol files for current file

이렇게하면 그림 5-72에 보인 심벌이 생성된다. 이 디자인 파일에서 블럭 심벌의 이 특정한 응용에 맞게 핀의 이름을 붙일 수 있음에 유의하라. 4개의 D플립플롭은 각각의 *D* 입력 논리 레벨을 TRANSFER의 PGT에서 저장할 것이다. 시뮬레이션 결과를 그림 5-73에 보였다.

학습성과 평가문제

1. 논리 시스템을 위해 유용한 함수를 가지고 있는 세 가지의 Quartus 라이브러리의 이름은 무엇인가?

5-27 HDL을 사용한 순차 회로

학습성과

이 절을 학습함으로써 다음을 할 수 있다

- 조합과 순차 논리회로 구분
- 어떻게 피드백이 순차동작을 만드는지 설명

AHDL과 VHDL을 사용한 순차 논리회로 표현

3, 4장에서 간단한 조합 논리 회로를 HDL을 사용하여 프로그램하였다. 이 장에서는 클럭의 에지에 따라 여러 상태를 순차적으로 움직이는 래치와 플립플롭을 공부하였다. 이러한 래칭과 순차 회로는 PLD를 사용함으로써 구현할 수 있으며 HDL로 표현할수 있다.

이 장의 5-1절에서 NAND 게이트 래치를 설명하였다. 이 회로의 독특한 점은 그 출력이 서로 교차하여 게이트의 입력에 연결되어 있다는 것이다. 이것 때문에 이 회로는 현재 출력 상태가 무엇이냐에 따라 다르게 동작한다. 출력이 입력으로 피드백되어 있는 회로를 부울 방정식이나 HDL로 표현하려면 표현의 조건부 부분에 출력 변수를 사용하여야 한다. 부울 방정식에서는 출력항이 식의 오른편에 나타나는 것을 의미한다. IF/THEN 구조를 쓸 때는 IF문 속에 출력 변수가 들어가는 것을 의미한다. 대부분의 PLD들은 래치 기능을 지원하기 위해 출력 신호를 입력 회로에 피드백시킬 수 있는 기능이 있다.

피드백을 사용하는 방정식을 쓸 때, 어떤 언어(예를 들어, VHDL)는 출력 포트에 대해 특별한 표기를 요구하기도 한다. 이 경우 포트 비트(port bit)는 단순한 출력이 아니라 피드백이 달린 출력이다. 차이를 그림 5-74에 보였다.

래치의 동작을 부울 방정식으로 표현하기보다는 래치가 어떻게 동작하는지를 표현 하는 행동(behavioral) 표현을 생각해 보자. 우리가 언급할 필요가 있는 경우는 SBAR 가 활성화 될 때와 RBAR가 활성화될 때, 그리고 둘 모두가 비활성일 때이다. 두 입력이 모두 활성화되면 유효하지 않은 상태가 됨을 기억하라. 입력이 둘 모두 활성화되었을 때 그 중에 하나를 언제나 승자로 선택하는 회로를 표현할 수 있으면, 유효하지 않은 입력조건을 갖는 것을 피할 수 있을 것이다. 그런 회로를 표현하기 위해 어떤 조건에서 래치가 세트(Q = 1) 되어야 하는지 생각해 보자. 당연히 SET 입력이 활성화될 때 래치는 세트되어야 한다. 그러나 SET 입력이 원래의 비활성 상태로 돌아간 후에는 어떻게 할 것인가? 어떻게 래치가 SET 상태에 머물러야 하는 것을 알까? 표현식은 미래의 출력 조건을 알기 위해 현재의 출력 조건을 사용하여야 한다. 다음 문장이 S-R 래치에서 출력을 HIGH로 만드는 조건을 표현한 것이다:

IF *SET* is active, THEN *Q* should be HIGH.

출력을 LOW로 만들기 위한 조건은 무엇일까?

IF *RESET* is active, THEN *Q* should be LOW.

어느 입력도 활성화되어 있지 않다면 출력은 변하지 않아야 하고 $Q = Q$로 표현할 수 있다. 이 표현은 입력 조건과 결합되어 다음 출력이 어떻게 될지를 결정하기 위한 출력 상태의 피드백을 제공한다.

그림 5-74 3개의 입력/출력 모드.

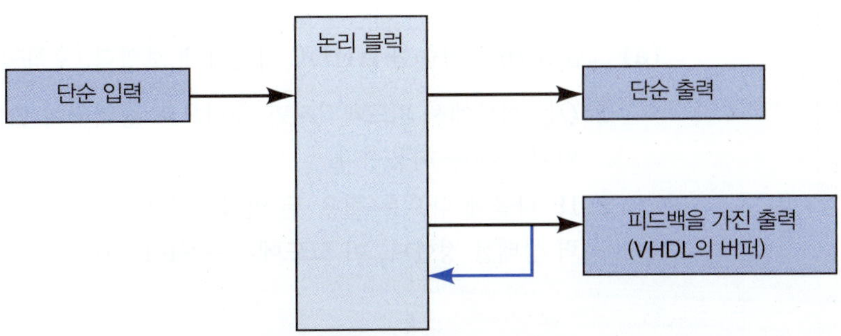

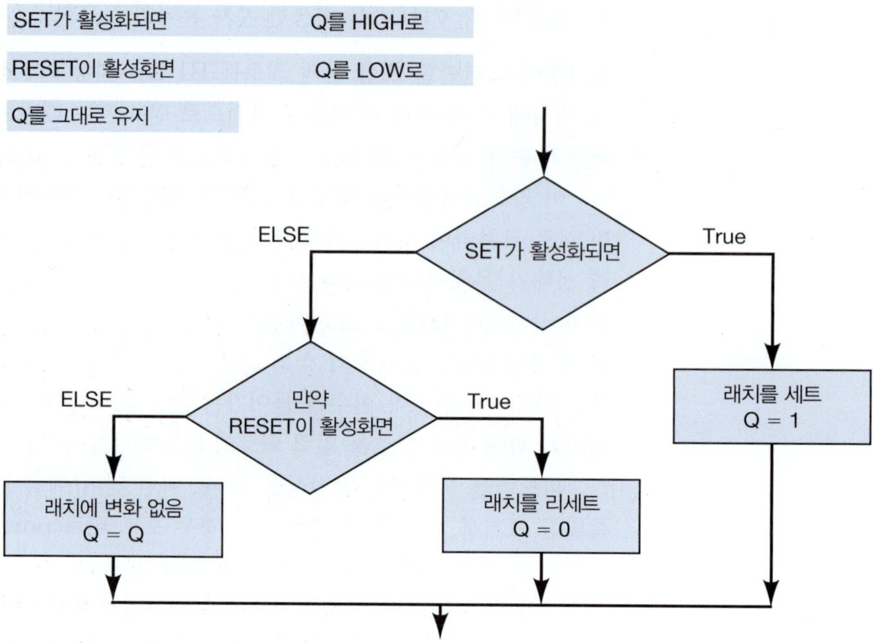

그림 5-75 S-R 래치의 동작 표현을 위한 논리.

2개의 입력이 모두 활성화되면 어떻게 할까(즉, 유효하지 않은 입력 조건이면)? 그림 5-75에 보인 IF/ELSE 결정 구조는 래치가 두 입력에 같이 반응하는 것을 막는다. SET가 활성화되면 RESET에 상관없이 출력은 HIGH가 된다. 유효하지 않은 입력은 언제나 세트 조건으로 여겨지는 것이다. ELSEIF문은 SET가 비활성일 때만 고려된다. 피드백 항($Q = Q$)은 두 입력이 모두 비활성일 때만 동작에 영향을 미친다.

출력 값을 입력에 피드백하는 순차 회로는 불안정한 시스템이 될 가능성이 있다. 출력 상태의 변화는 입력에 피드백되고, 이것이 다시 출력을 변화시키고, 이 출력이 다시 입력에 피드백되고, 이것이 다시 출력을 변화시킨다. 이런 발진은 분명히 바람직한 것이 아니므로, 출력과 입력을 연결할 때는 이런 일이 일어나지 않도록 주의하여야 한다. 주의 깊은 분석, 시뮬레이션, 테스트를 통하여 설계한 회로가 모든 입력 조건에서 안정되게 동작하는 것을 확인하여야 한다.

예제 5-23

LOW 활성 입력을 갖는 S-R 래치를 표현하라. 입력 이름은 SBAR, RBAR이고 1개의 출력은 Q이다. NAND 래치의 함수표(그림 5-6)를 따라야 하고 유효하지 않은 입력에 대해서는 $Q = 1$이 되어야 한다.

(a) AHDL을 사용하라.

(b) VHDL을 사용하라.

풀이

(a) 그림 5-76에 가능한 AHDL 답을 1개 보였다. 주목할 점은 다음과 같다.

1. Q는 회로에서 피드백되지만 출력으로 정의되어 있다. AHDL은 출력이 회로로 피드백되는 것을 허용한다.
2. IF 다음에 나오는 절은 두 입력이 모두 활성화될 때(유효하지 않은 입력 상태)의 출력 상태를 정한다. 이 코드에서는 SET 된다.

3. 등가임를 평가하기 위해 2개의 equal 기호를 사용했다. 다시 말해 SBAR == 0은 SBAR가 활성(LOW)일때 TRUE가 된다.

```
SUBDESIGN fig5_76
(
     sbar, rbar                  :INPUT;
     q                           :OUTPUT;
)
BEGIN
     IF    sbar == 0   THEN  q = VCC;     -- set or illegal command
     ELSIF rbar == 0   THEN  q = GND;     -- reset
     ELSE                    q = q;       -- hold
     END IF;
END;
```

그림 5-76 AHDL로 표현한 NAND 래치.

(b) 그림 5-77에 가능한 VHDL 답을 1개 보였다. 주목할 점은 다음과 같다.

1. Q가 피드백되는데도 불구하고 OUT으로 정의되었다. VHDL은 하드웨어 기술 언어 코드 내에서 OUT 모드인 포트를 읽도록 허용하지 않는다.
2. PROCESS는 sensitivity list(SBAR, RBAR) 내의 값이 변할 때 일어날 일을 표현한다.
3. IF 다음에 나오는 절은 두 입력이 모두 활성화될 때(유효하지 않은 입력 상태)의 출력 상태를 정한다. 이 코드에서는 SET 된다.
4. VHDL에서는 데이터 래치(저장)는 IF 문에서 ELSE 선택을 뺌으로써 야기된다. 컴파일러는 제어 입력들이 활성화(LOW)된 경우 출력이 변하지 않는다고 이해하게 되며 이를 통해서 현재 데이터 비트 결과가 저장되게 된다.

```
ENTITY fig5_77 IS
PORT (sbar, rbar             :IN BIT;
        q                    :OUT BIT);
END fig5_77 ;

ARCHITECTURE behavior OF fig5_77 IS
BEGIN
PROCESS (sbar, rbar)
BEGIN
   IF sbar = '0' THEN q <= '1';      -- set or illegal command
   ELSIF rbar = '0' THEN q <= '0';   -- reset
   END IF;                           -- hold implied
END PROCESS;
END behavior;
```

그림 5-77 VHDL로 표현한 NAND 래치.

D-래치

투과성 D-래치도 HDL로 쉽게 구현할수 있다. 알테라 소프트웨어는 LATCH라는 라이브러리 프리미티브(primitive)가 있다. 라이브러리는 논리 회로를 구성하는 데 적용되는 디지털 요소들의 기능 정의들을 담고 있다. 프리미티브 소자들은 다양한 게이트, 플립플롭, 래치들의 기본적인 구성 블럭들이다. 아래에 보인 AHDL 모듈이 LATCH 프리미티브를 사용한 것을 보여주고 있다. VARIABLE 부분에 *q*라고 이름 붙여진 래치가 선언되어 있다. *q*가 SUBDESIGN의 출력으로써 정의되었기 때문에 래치의 출력은 출력 포트에 자동으로 연결된다. 프리미티브의 enable(*.ena*)와 data(*.d*) 포트를 적당한 모듈 시그널에 연결하면 된다(표 5-2의 프리미티브 메모리 소자의 표준 포트 리스트를 참조). 아래에 보인 VHDL 모듈은 *D*-래치 함수의 행동 표현을 보여준다. VHDL 언어는 다른 방법으로 데이터 비트의 저장을 처리한다. 플립플롭이나 래치를 문자화하여 선언하는 대신에 메모리는 완전하지 않은 IF 문에 의해서 처리 생성이 일어 나게 된다. (ELSE 절을 IF 문에서 뺀 경우를 주의) VHDL 컴파일러는 *q*에 대한 신호 할당에서 아무런 변화가 없으면 IF에 대해서 잘못된 테스트 결과를 해석하고 메모리 요소가 생성되게 된다.

AHDL D-래치

```
SUBDESIGN dlatch_ahdl
(enable, din                    :INPUT;
   q                            :OUTPUT;)

VARIABLE
   q                            :LATCH;
BEGIN
   q.ena = enable;
   q.d = din;
END;
```

VHDL D-래치

```
ENTITY  dlatch_vhdl  IS
PORT  (enable, din              :IN BIT;
        q                       :OUT BIT);
END  dlatch_vhdl;

ARCHITECTURE v OF dlatch_vhdl IS
BEGIN
       PROCESS (enable, din)
       BEGIN
          IF  enable = '1'  THEN
             q <= din;
          END IF;
       END PROCESS;
END v;
```

표 5-2 알테라 프리미티브 포트 구분자.

표준 부분 기능	프리미티브 포트 이름
클럭 입력	clk
비동기 프리세트(활성화-LOW)	prn
비동기 클리어(활성화-LOW)	clrn
J, K, S, R, D 입력	j, k, s, r, d
레벨 트리거 인에이블 입력	ena
출력 Q	q

학습성과 평가문제

1. 래칭 논리 회로의 특별한 하드웨어적 특징은 무엇인가?
2. 순차 회로의 주된 특징은 무엇인가?

5-28 에지 트리거 소자

학습성과

이 절을 학습함으로써 다음을 할 수 있다.

- Quartus가 사용하는 logic primitive 용어 정의
- Quartus 시스템에서 프리미티브 리스트 확인
- 프리미티브 사용이 허용되는 기능과 문법 상세 설명
- AHDL에서 에지-트리거 프리미티브의 사용
- VHDL에서 에지-트리거 플립플롭 사용

이번 장의 서두에서 클럭 입력이 "에지"일 때 입력에 대해 출력이 반응하는 에지 트리거 소자를 소개했다. 에지는 HIGH에서 LOW로 변하거나 혹은 그 반대를 의미하며, 때로는 이벤트라고 불리기도 한다. 코드에서 동시에 작동하는 문장들을 작성할 때, 어떻게 클럭 입력이 에지 이벤트를 감지했을 때만 출력이 변하게 할 수 있는가? 이 질문에 대한 답은 사용하는 HDL에 따라 다르다. 여기서는 HDL을 사용한 가장 간단한 형태의 클럭 논리 회로에 집중하고자 한다. 이번 장의 서두에서 보인 J-K 플립플롭과 관계된 많은 예제를 사용할 것이다.

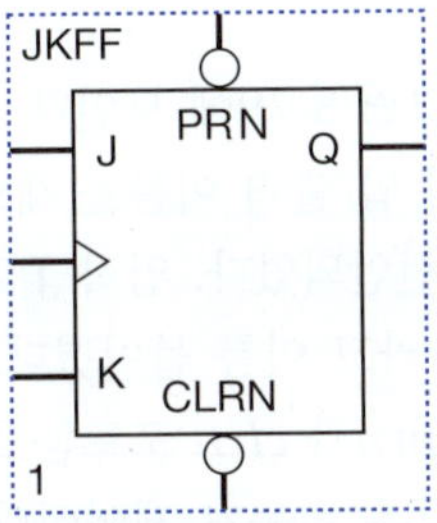

그림 5-78 J-K 플립플롭의 논리 프리미티브

J-K 플립플롭은 **논리 프리미티브(logic primitive)**로 알려진 클럭된 (순차) 논리 회로의 표준 구성 블럭이다. 가장 일반적인 형태로 그림 5-78에 보인 것처럼 5개의 입력과 1개의 출력을 가진다. 입/출력 이름은 우리가 이러한 기초적인 혹은 근본적인 회로의 연결을 참고할 수 있도록 표준화될 수 있다. 실제 기초 회로의 동작은 컴포넌트 라이브러리에 정의되어 있다. AHDL은 플립플롭 동작을 표현하기 위해 논리 프리미티브를 사용한다. VHDL은 비슷한 것을 제공하기는 하지만 설계자가 클럭된 논리 회로의 동작을 명시적으로 표현하게 할 수도 있게 해준다.

AHDL 플립플롭

플립플롭은 레지스터를 선언함으로써 AHDL에서 사용될 수 있다(1개의 플립플롭일지라도 레지스터라고 불린다). JKFF, DFF, SRFF, 래치 같은 여러 다른 종류의 레지스터 프리미티브가 AHDL에서 사용 가능하다. 각기 다른 타입의 레지스터 프리미티브는 이 프리미티브의 포트(port)를 위해 공식적인 자신만의 식별자(알테라 소프트웨어에 따라)를 가진다. 식별자는 알테라 소프트웨어에 있는 도움말 메뉴를 사용하여 프리미티브를 찾아보면 알 수 있다. 표 5-2는 몇 개의 식별자를 나타내고 있다. 이러한 프리미티브를 사용하는 레지스터는 코드의 VARIABLE 영역에서 선언된다. 이전 예에서 매개 변수 혹은 매몰 노드에 이름을 붙일 때처럼 레지스터는 인스턴스 이름을 갖게 된다. 그러나 노드로서 선언하는 것 대신 레지스터 프리미티브 타입으로 선언된다. 예를 들어 J-K 플립플롭은 다음과 같이 선언된다.

```
VARIVABLE
        ff1 : JKFF;
```

인스턴스 이름은 ff1(당신이 지은 이름)이고 레지스터 타입은 JKFF(알테라가 지정한 이름)이다. 일단 레지스터를 선언하면, 표준 포트 이름을 사용해서 설계 안의 다른 논리에 연결된다. 플립플롭의 포트(혹은 핀)는 특정 입/출력을 의미하는 점 확장자와 인스턴스 이

```
1  %     J-K flip-flop circuit    %
2  SUBDESIGN fig5_79
3  (
4        jin, kin, clkin, preset, clear  :INPUT;
5        qout                            :OUTPUT;
6  )
7  VARIABLE
8  ff1         :JKFF;        -- define this flip-flop as a JKFF type
9  BEGIN
10       ff1.prn = preset;   -- these are optional and default to vcc
11       ff1.clrn = clear;
12       ff1.j = jin;        -- connect primitive to the input signal
13       ff1.k = kin;
14       ff1.clk = clkin;
15       qout = ff1.q;       -- connect the output pin to the primitive
16 END;
```

그림 5-79 VHDL로 표현한 단일 J-K 플립플롭.

름을 사용하여 참고된다. 예를 들어 AHDL의 JK 플립플롭은 그림 5-79에 보인다. 프리미티브 포트 식별자로부터 구별하기 위하여 SUBDESIGN에서의 입/출력 이름을 새로 만들었음을 주목하라. 전에 설명한 것처럼 1개의 플립플롭이 8행에 선언되었다. 입력 J 혹은 이 소자에 대한 포트는 *ff1.j*, 입력 K는 *ff1.k*, 클럭 입력은 *ff1.clk*라고 이름 붙여졌다. 각 포트 할당 명령어로 이 설계 블럭에서 필요한 연결이 이루어진다. *prn*과 *clrn* 포트는 둘 모두 LOW 활성이고, 표준 플립플롭에서 일반적으로 보이는 것과 같은 비동기 제어이다. 사실 이 플립플롭 프리미티브의 비동기 제어들은 그림 5-76에 보인 코드보다 더 효율적으로 S-R 래치를 구현하는 데 사용할 수 있다. *prn*과 *clrn* 제어는 AHDL에서 선택 사항이며, 논리 영역에서 생략되었다면 디스에이블(논리 1 값)로 된다. 즉 만약 10행과 11행이 지워진다면 *ff1*의 *prn*과 *clrn* 포트는 자동적으로 V_{CC}에 묶일 것이다.

VHDL 라이브러리 컴포넌트

알테라 소프트웨어는 설계자가 사용할 수 있는 많은 컴포넌트와 프리미티브의 라이브러리를 가지고 있다. 그림 5-80(a)에 알테라 라이브러리에 있는 JKFF 컴포넌트의 그래픽 표현을 보였다. 워크시트에 컴포넌트를 배치한 후에 각각의 포트들은 모듈의 입력과 출력에 연결된다. 이 개념은 VHDL에서도 라이브러리 컴포넌트를 사용하여 구현될 수 있다. 이 라이브러리 컴포넌트의 입출력은 도움말의 프리미티브 메뉴를 보면 알 수 있다. J-K 플립플롭 프리미티브의 VHDL **컴포넌트** 선언을 그림 5-80(b)에 보였다. 주목할 점은 컴포넌트의 이름(JKFF)과 포트의 이름들이다. 이들은 그림 5-80(a)의 그래픽 기호에서 사용한 이름과 같은 것이다. 또한 입력과 출력 변수들의 타입이 STD_LOGIC임도 주목하라. 이것은 라이브러리에서 정의된 IEEE 표준 데이터 타입 중의 하나이며 라이브러리 상의 많은 컴포넌트들에서 사용된다.

그림 5-81에서는 그림 5-80(a)의 그래픽 설계와 동등한 회로를 만들기 위해 VHDL 라이브러리의 JKFF 컴포넌트를 사용한다. 처음 두 라인은 컴파일러에게 std_logic 데이터 타입의 정의를 찾기 위해서 IEEE 라이브러리를 사용하라는 것을 알려준다. 다음의 두 라인은 이후의 코드에서 사용되는 표준 라이브러리 컴포넌트를 위해 알테라 라이브러리를

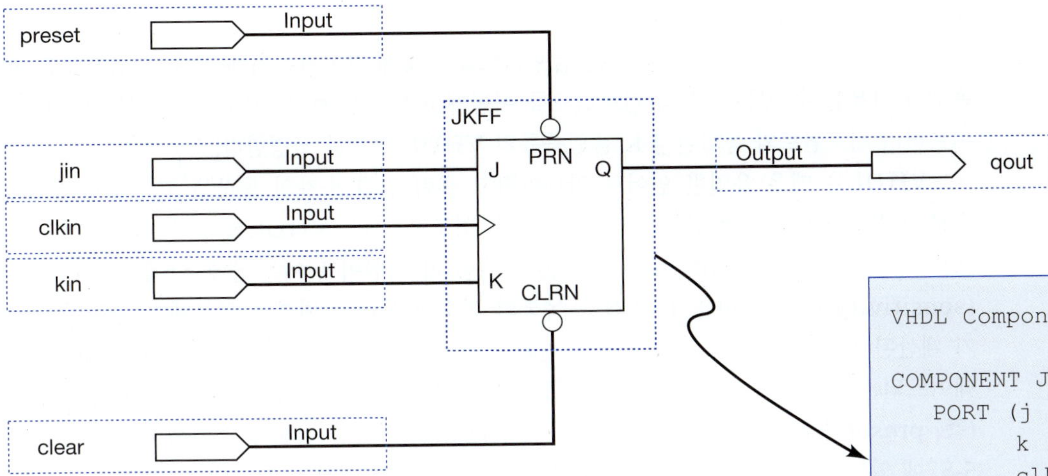

(a)

```
VHDL Component Declaration:

COMPONENT JKFF
   PORT (j    : IN STD_LOGIC;
         k    : IN STD_LOGIC;
         clk  : IN STD_LOGIC;
         clrn: IN STD_LOGIC;
         prn  : IN STD_LOGIC;
         q    : OUT STD_LOGIC);
END COMPONENT;
```

(b)

그림 5-80 (a) 컴포넌트를 사용하는 그래픽 표현. (b) VHDL 컴포넌트 표현.

사용하라고 컴파일러에 알려준다. 모듈의 입출력은 타입이 BIT가 아니고 STD_LOGIC이라는 것을 빼고는 이전의 예제처럼 선언되었다. 이것은 모듈의 포트 타입과 컴포넌트의 포트 타입이 일치해야 하기 때문이다. 아키텍처 부분에서 JKFF 컴포넌트의 인스턴스에게 (ff1)의 이름을 주었다. **PORT MAP**이라는 키워드 뒤로는 컴포넌트 포트에 연결되어야 하는 연결 리스트가 있다. 컴포넌트 포트(즉, clk)는 기호 =>의 왼쪽에 있고 이들이 연결된 오브젝트(즉, clkin)는 오른쪽에 있음을 주목하라.

```
LIBRARY ieee;
USE   ieee.std_logic_1164.all;          --defines std_logic types
LIBRARY  altera;
USE      altera.maxplus2.all;           -- provides standard components

ENTITY fig5_81 IS
PORT( clkin, jin, kin, preset, clear      :IN std_logic;
      qout                                :OUT std_logic);
END fig5_81;

ARCHITECTURE a OF fig5_81 IS
BEGIN
   ff1:  JKFF PORT MAP (   clk    => clkin,
                          j      => jin,
                          k      => kin,
                          prn    => preset,
                          clrn   => clear,
                          q      => qout);
END a;
```

그림 5-81 VHDL를 사용한 J-K 플립플롭.

VHDL 플립플롭

이제 우리는 라이브러리에 있는 표준 컴포넌트를 어떻게 사용하는지 보았다. 다음으로는 계속해서 사용할 수 있는 자신의 컴포넌트를 어떻게 만드는지 보자. 비교를 위해서 JKFF 라이브러리 컴포넌트와 동일한 J-K 플립플롭의 VHDL 코드를 설명한다.

VHDL은 매우 유연한 언어로 만들어졌고 클럭 입력 소자의 동작을 코드에서 명시적으로 논리 프리미티브에 의존 없이 정의할 수 있도록 한다. VHDL에서 에지 트리거 순차회로의 요점은 PROCESS이다. 전에 본 것처럼 이 핵심어 뒤에는 괄호 안에 민감한 목록(sensitivity list)이 따른다. 민감한 목록의 변수의 상태가 변화면 프로세스 블럭의 코드가 계산된다. 이것은 클럭 입력이 상태 변화할 때까지 아무것도 하지 않고 입력과 출력이 업데이트되는 시점에서 계산되는 플립플롭과 거의 같다. 만약 플립플롭이 클럭이 아닌 입력(즉, preset와 clear)에 반응하는 것이 필요하다면, 민감한 목록에 추가될 수 있다. 그림 5-82에 있는 코드는 VHDL로 기록된 J-K 플립플롭을 설명하는 것이다.

그림의 9행에서 *qstate*라는 이름의 signal이 선언되었다. signal은 회로 표현에서 2개의 점을 연결하는 선으로 생각할 수 있으나, 또한 메모리를 의미하는 특성을 가지기도 한다. 이것은 값이 일단 signal에 할당되면, 코드에서 다른 값을 할당받을 때까지 유지한다는 것을 뜻한다. VHDL에서 VARIABLE은 종종 메모리의 이러한 특성을 구현하기 위해 사용된다. 하지만 변수는 같은 설명 블럭에서 선언되고 사용되어야 한다. 이 예제에서 만약 *qstate*가 VARIABLE로 선언되었다면 PROCESS 안에서 (11행 뒤) 선언되는 것이 필요하고 PROCESS가 끝나기 전(21행)에 *q*에 할당받아야만 된다. 이 예제에서는 구조 설명 전체에 걸쳐 선언되고 사용될 수 있는 SIGNAL을 사용했다.

민감한 목록은 비동기 preset과 clear 신호를 포함함을 주목하라. 플립플롭은 이들 입

```
1   -- J-K Flip-Flop Circuit
2   ENTITY jk IS
3   PORT(
4         clk, j, k, prn, clrn :IN BIT;
5         q                    :OUT BIT);
6   END jk;
7
8   ARCHITECTURE a OF jk IS
9   SIGNAL qstate :BIT;
10  BEGIN
11     PROCESS(clk, prn, clrn)  -- respond to any of these signals
12     BEGIN
13        IF prn = '0' THEN qstate <= '1'; -- asynch preset
14        ELSIF clrn = '0' THEN qstate <= '0'; -- asynch clear
15        ELSIF clk = '1' AND clk'EVENT THEN -- on PGT clock edge
16           IF j = '1' AND k = '1' THEN qstate <= NOT qstate;
17           ELSIF j = '1' AND k = '0' THEN qstate <= '1';
18           ELSIF j = '0' AND k = '1' THEN qstate <= '0';
19           END IF;
20        END IF;
21     END PROCESS;
22     q <= qstate;          -- update output pin
23  END a;
```

그림 5-82 VHDL로 표현한 단일 J-K 플립플롭.

력이 활성화(LOW)가 되자마자 이들 입력에 반응해야 하고, *J*, *K*와 클럭 입력을 무시해야 한다. 이것이 이루어지기 위해서 IF/ELSE 구조의 순차적인 특성을 사용할 것이다. 첫째로 PROCESS는 3개의 신호—*clk*, *prn*, *clrn*—중에 1개의 상태가 변할 때만 실행될 것이다. 이 예에서 최상위의 우선순위 입력은 13행에서 처음 계산되는 *prn*이다. 만약 이것이 참이라면 *qstate*는 HIGH로 바뀌고 다른 입력들은 else 분기 안에 있기 때문에 계산되지 않을 것이다. 만약 *prn*이 HIGH라면, *clrn*은 LOW인지 아닌지 알기 위해서 14행에서 계산될 것이다. 만약 그렇다면 플립플롭은 클리어되고 PROCESS에서는 아무것도 계산되지 않을 것이다. 15행은 *prn*과 *clrn* 모두 HIGH 일 때만 계산된다. 15행의 *clk*' **EVENT**는 오직 *clk*이 변할 때만 TRUE이다. 또한 *clk* ='1'는 TRUE이기 때문에, 이 조건은 오직 클럭의 상승 에지에만 반응한다. 다음 16, 17, 18행의 세 가지 조건은 *clk*의 상승 에지를 따를 때만 계산되고 플립플롭의 상태를 업데이트한다. 즉 15행의 ELSIF 안에 **내재(nested)**한다. 토글, 세트, 리세트를 위한 JK 입력만이 16~18행의 IF/ELSE에 의해 처리된다. 물론 JK에는 네 번째 명령인 홀드가 있다. 이 "실종된" ELSE 조건은 주어진 JK 조건이 모두 TRUE가 아닐 경우 현재(PRESENT) 상태를 유지하는 기억 소자로 VHDL에 의해 해석될 것이다. 각 IF/ELSE 구조는 END IF 명령어를 가진다. 19행은 set, clear, toggle을 결정하는 구조의 끝이다. 20행은 preset, clear, 클럭 에지 반응을 정하는 IF/ELSE 구조의 끝이다. PROCESS가 끝나자마자 플립플롭의 상태는 출력 포트 *q*로 전달된다.

AHDL을 사용하든 혹은 VHDL을 사용하든, 회로의 적절한 동작은 시뮬레이터를 이용해서 검증할 수 있다. 시뮬레이터를 이용해 검증을 행할 때 가장 중요하고 어려운 부분은 회로가 의도하는 모든 동작을 행한다는 것을 증명할 수 있는 가상 입력 조건 조합을 만들어 내는 것이다. 여기에는 여러 방법이 있으며 어느 것이 최선인지는 설계자가 결정할 일이다. JKFF 프리미티브의 동작을 검증하기 위한 시뮬레이션을 그림 5-83 에 보였다. *preset* 입력은 초기에 활성화되었고, t_1시점에 *clear* 입력이 활성화된다. 이 테스트는 *preset*과 *clear*가 비동기 입력임을 확인한다. *jin* 입력이 t_2시점에서 HIGH이고, *kin*은 t_3에서 HIGH다. 이 두 지점 사이에 *jin*과 *kin*입력이 둘 다 LOW이다. 이 부분의 시뮬레이션은 set, hold, reset의 동기 모드를 실험한다. t_4부터 $jin = kin = 1$로 토글입력을 실험한다. t_5에서 *preset*이 활성화(LOW)되는데, 이는 *preset*이 토글명령보다 우선하는지를 실험한다. t_6이후 출력은 토글을 다시 시작하고, t_7에서는 *clear* 입력이 동기입력보다 우선함을 보인다. 시뮬레이션을 할 때는 모든 동작 모드와 많은 입력 간의 상호작용을 테스트하는 것이 매우 중요하다.

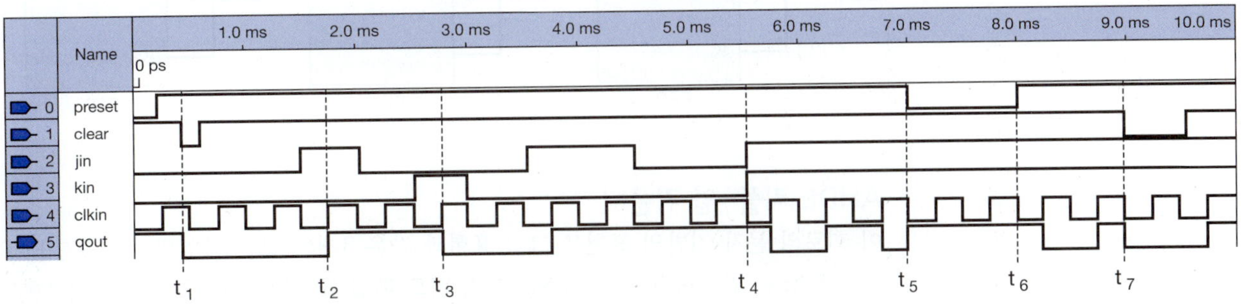

그림 5-83 J-K 플립플롭의 시뮬레이션.

학습성과 평가문제

1. 논리 프리미티브란 무엇인가?
2. 논리 프리미티브를 사용하기 위해서 설계자가 알아야 할 것은 무엇인가?
3. 알테라 시스템에서 프리미티브와 라이브러리 함수의 정보를 어디서 찾을 수 있는가?
4. 클럭 입력이 있는 논리 회로의 명시적인 표현을 허락하는 VHDL 요소는 무엇인가?
5. 어떤 라이브러리가 std_logic 데이터 타입을 정의하는가?
6. 어떤 라이브러리가 논리 프리미티브와 공통 컴포넌트를 정의하는가?

5-29 다중 컴포넌트를 가진 HDL 회로

학습성과

이 절을 학습함으로써 다음을 할 수 있다.

- HDL에서 컴포넌트를 정의하고 선언
- HDL을 사용 컴포넌트를 상호 연결
- HDL 디자인에서 컴포넌트의 여러 인스턴스를 만들고 사용

우리는 래치를 공부하면서 이번 장을 시작했다. 래치는 플립플롭을 만들기 위해서 사용 되었고, 플립플롭은 2진 카운터를 포함한 많은 회로를 만들기 위해서 사용되었다. 그림 5-84에 간단한 2진 up 카운터의 그래픽 표현(논리 다이어그램)을 보였다. 이 회로는 2진 카운터의 수치적 값을 좀 더 쉽게 시각화시키기 위해 오른쪽에 LSB를 그린 그림5-48과 기능적으로 같다. 회로는 좀 더 일반적인 형식의 신호 흐름을 보여주기 위해 입력이 왼쪽 출력이 오른쪽에 가도록 여기서 다시 그렸다. 또한 이러한 논리 기호들은 네거티브 에지 트리거인 것을 주목하라. 또한 이 플립플롭들은 비동기 입력인 prn과 clrn이 없다. 우리의 목표는 같은 J-K 플립플롭의 새 인스턴스를 연결함으로 이 카운터를 HDL로 표현하는 것이다.

그림 5-84 3비트 2진 카운터.

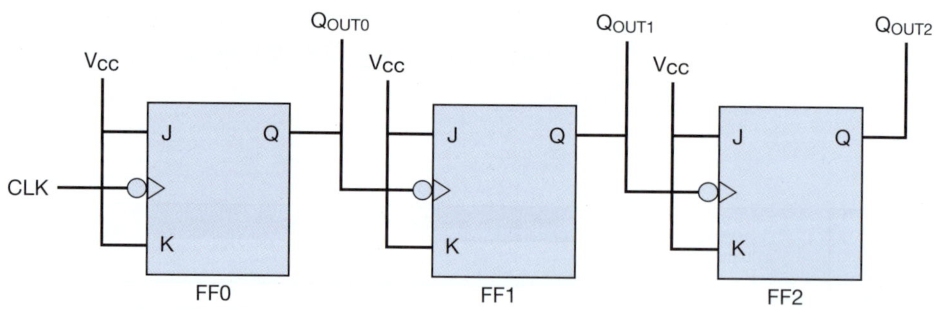

AHDL

AHDL 리플-업 카운터

이 회로의 문자 기반의 표현은 그림 표현과 같은 3개의 같은 타입의 플립플롭을 요구한다. 그림 5-85을 참고하라. 그림의 8행에서, 비트 배열 표기법이 3개의 J-K 플립플롭 레지스터를 선언하기 위해서 사용된다. 이 레지스터의 이름은 출력 포트와 같은 q이다. AHDL은 각 플립플롭의 출력이 출력 포트에 연결되어야 한다는 것을 의미하는 것으로 해석할 수 있다. 배열 q의 각 비트는 JKFF 프리미티브의 모든 속성을 가진다. AHDL은 이와 같은 인덱스

```
1  % MOD 8 ripple up counter. %
2  SUBDESIGN fig5_85
3  (
4       clock                   :INPUT;
5       q[2..0]                 :OUTPUT;
6  )
7  VARIABLE
8       q[2..0]:JKFF;           -- defines three J-K FFs
9  BEGIN
10                              -- note: prn, clrn default to vcc!
11      q[2..0].j = VCC;        -- toggle mode J=K=1 for all FFs
12      q[2..0].k = VCC;
13      q[0].clk = !clock;
14      q[1].clk = !q[0].q;
15      q[2].clk = !q[1].q;     -- connect clocks in ripple form
16 END;
```

그림 5-85 AHDL MOD-8 리플 카운터.

된 집합의 사용에 매우 유연하다. 이 집합의 표기법의 사용 예로써 플립플롭의 모든 J와 K 입력이 어떻게 11행과 12행에서 VCC와 묶이는지 주목하라. 만약 플립플롭이 비트 배열을 사용하는 대신 A, B, C라고 이름 붙여졌다면, 각각의 J 와 K 입력에 할당이 필요할 것이며 코드 길이가 훨씬 길어질 것이다. 다음으로, 리플-업 카운터를 만들기 위해서 플립플롭 사이에서 주요 내부 연결을 만든다. 클럭 신호는 반전되고 FF0 클럭 입력(13행)에 할당되며, FF0의 Q 출력은 반전되고 FF1 클럭 입력(14행)에 할당된다. 이와 같이 하여 리플 카운터를 형성한다.

VHDL 리플-업 카운터

그림 5-82에 프리셋과 클리어 제어가 있는 포지티브 에지 트리거의 JKFF를 위한 VHDL 코드를 보였다. 그림 5-84의 카운터는 네거티브 에지 트리거이며 비동기 프리셋과 클리어를 요구하지 않는다. 우리 목표는 VHDL 코드로 이 플립플롭을 표현하고, 같은 플립플롭 3개의 인스턴스를 나타내고, 포트들을 연결하여 카운터를 만드는 것이다. 그림 5-86에 보인 VHDL 표현을 18행부터 검토하자. 이 VHDL 모듈 코드는 단일 J-K 플립플롭의 동작을 묘사하고 있다. 컴포넌트의 이름은 neg_jk(18행)이고, 이것은 입력 *clk*, *j*, *k*(19행)과 출력 *q*(20행)을 가지고 있다. *qstate*라는 signal이 플립플롭의 상태를 유지하고 그것을 출력 *q*와 연결하기 위해 사용된다. 25번 행에서 PROCESS는 센시티비티 리스트에 *clk*만을 가지고 있어서, *clk*이 변할 때(PGT와 NGT)에만 반응한다. 이 플립플롭을 네거티브 에지 트리거로 만드는 것은 27번 행에 보였다. IF (*clk*' EVENT AND *clk* ='0') 이 TRUE이면 *clk*의 에지가 방금 발생했고, *clk*가 LOW라는 것으로 *clk*의 NGT를 의미한다. 뒤이어진 IF/ELSE 판단은 J- K 플립플롭의 4개 상태를 구현한 것이다.

이제 1개의 플립플롭 neg_jk가 어떻게 동작하는지 알았고, 이제 이것을 회로에서 3번 사용하고 모든 포트들을 함께 연결하는 법을 알아보자. 1번 행에 3비트 카운터가 될 ENTITY를 정의했다. 2~3행은 입출력의 정의가 있다. 출력은 3비트 어레이(bit vector) 형태임을 주목하라. 6번 행의 SIGNAL *high*는 회로의 한 점을 V_{CC}에 연결하는 선이라고 생각하면 된다. 7번 행은 neg_jk라는 이름의 컴포넌트를 우리 설계에 사용할 예정인 것을

```
1  ENTITY fig5_86 IS
2  PORT (   clock         :IN BIT;
3           qout          :BUFFER BIT_VECTOR (2 DOWNTO 0));
4  END fig5_86;
5  ARCHITECTURE counter OF fig5_86 IS
6     SIGNAL high           :BIT;
7     COMPONENT neg_jk
8     PORT (   clk, j, k    :IN BIT;
9              q            :OUT BIT);
10    END COMPONENT;
11 BEGIN
12    high <= '1';       -- connect to Vcc
13 ff0:  neg_jk   PORT MAP (j => high, k => high, clk => clock,  q => qout(0));
14 ff1:  neg_jk   PORT MAP (j => high, k => high, clk => qout(0),q => qout(1));
15 ff2:  neg_jk   PORT MAP (j => high, k => high, clk => qout(1),q => qout(2));
16 END counter;
17
18 ENTITY neg_jk IS
19 PORT (   clk, j, k       :IN BIT;
20       q                  :OUT BIT);
21 END neg_jk;
22 ARCHITECTURE simple of neg_jk IS
23    SIGNAL qstate         :BIT;
24 BEGIN
25    PROCESS (clk)
26    BEGIN
27       IF (clk'EVENT AND clk = '0') THEN
28          IF j = '1' AND k = '1'  THEN qstate <= NOT qstate; -- toggle
29          ELSIF j ='1' AND k = '0'    THEN qstate <= '1';    -- set
30          ELSIF j = '0' AND k = '1'  THEN qstate <= '0';     -- reset
31          END IF;
32       END IF;
33    END PROCESS;
34    q <= qstate               -- connect flip-flop state to output
35 END simple;;
```

그림 5-86 VHDL MOD-8 리플 카운터.

선언하는 것으로 매우 중요하다. 이 예에서는 실제 코드가 같은 페이지 밑에 쓰여졌지만, 이것은 별도의 파일이나 심지어 라이브러리에 있어도 된다. 이 선언은 컴포넌트와 그의 포트 이름들에 관한 모든 중요 사항을 컴파일러에게 알려준다. 12~15행은 동시 동작 부분이다. 먼저 12행에서 *high* 신호가 V_{CC}에 연결된다. 다음 3줄은 플립플롭 컴포넌트의 인스턴스이다. 3개의 인스턴스의 이름은 ff0, ff1, ff2이다. 각 인스턴스 뒤로 PORT MAP이 따라오는데 여기서 컴포넌트의 포트와 모듈 내에서 무엇과 연결되는지를 알려준다.

HDL을 사용해서 컴포넌트들을 함께 연결하는 것은 어렵지 않지만 매우 지루한 작업이다. 여러분도 알듯이 매우 간단한 회로의 파일이 매우 길 수 있다. 회로를 설명하는 이러한 방법은 **구조적 수준 추상화(structural level of abstraction)**라고 불린다. 이것은 설계자가 각 컴포넌트의 각 핀에 대한 설명과 컴포넌트를 연결하기 위한 각 선에 대한 신호를 정의할 것을 요구한다. 회로 설명을 위해 논리도를 사용하는 것에 익숙한 사람은 일반적으로 구조적 레벨을 쉽게 이해하겠지만, 논리 회로도만큼 쉽지는 않을 것이다. 만약 표현의 구조적 레벨이 사용 가능한 모든 것이라면, 대부분의 사람들은 HDL보다 그래픽 표현(회로도)을 사용하는 것을 선호할 것이다. HDL의 진정한 장점은 고수준의 추상성 사용과 프로젝트의 필요성에 맞게 컴포넌트를 정확하게 수정할 수 있는 능력에서 찾을 수 있다. 다음 장에서 우리는 이러한 방법을 찾아보고 모듈을 연결하기 위한 그래픽 도구를 살펴볼 것이다.

학습성과 평가문제

1. 동일한 회로에서 동일한 컴포넌트가 한 번 이상 사용될 수 있는가?
2. AHDL에서 컴포넌트의 다중 인스턴스는 어디서 선언하는가?
3. 컴포넌트의 다중 인스턴스를 어떻게 구별하는가?
4. AHDL에서 신호들의"연결"을 위해 사용되는 것은 무슨 연산자인가?
5. VHDL에서 컴포넌트들을 연결하는"와이어"역할을 하는 것은 무엇인가?
6. VHDL에서 컴포넌트의 인스턴스에 대해 연결이 명시되어 있는 코드 부분을 확인하는 예약어는 무엇인가?

요약

1. 플립플롭은 입력 펄스에 의하여 Q와 $\overline{Q}$ 출력이 새로운 상태로 변하고, 입력 펄스가 종료된 후에 새로운 상태를 유지하는 메모리 특성을 갖는 논리 회로이다.
2. NAND 래치와 NOR 래치는 SET과 CLEAR 입력 단의 논리 값에 의하여 동작하는 간단한 플립플롭들이다.
3. 플립플롭을 클리어시키는 것은 그 출력이 $Q = 0/\overline{Q} = 1$ 상태로 종료하는 것을 의미한다. 플립플롭을 세트시키는 것은 $Q = 1/\overline{Q} = 0$ 상태로 종료하는 것이다.
4. 클럭 입력을 갖는 플립플롭은 에지 트리거되는 클럭 입력(CLK, CP, CK)을 가진다. 이것은 클럭의 PGT 또는 NGT에서 플립플롭이 트리거된다는 것을 의미한다.
5. 에지 트리거되는 플립플롭들은 플립플롭의 동기 제어 입력(S, R 또는 J, K 또는 D)의 상태에 따라 클럭 입력의 활성화된 에지에 의해 새로운 상태로 트리거된다.
6. 대부분의 클럭 입력을 갖는 플립플롭들은 클럭 입력에 무관하게 플립플롭을 세트 또는 클리어시키는 비동기 입력을 가진다.
7. D-래치는 NAND 래치를 수정한 것으로, 에지 트리거되지 않는 것을 제외하고는 D-플립플롭과 같은 동작을 수행한다.
8. 플립플롭은 기본적으로 데이터의 저장, 전송, 데이터 시프트, 카운터, 주파수 분할 등에 사용된다. 이것은 사전에 결정된 상태들의 순서에 따라 움직이는 순차 회로에서 사용된다.
9. OS(One-Shot)은 정상 안정 상태($Q = 0$)에서 트리거된 상태($Q = 1$)로 트리거 될 수 있는 논리 회로이다. 여기서 이 상태는 RC 시상수에 비례한 시간 간격 동안 유지된다.
10. 슈미트-트리거 입력 단을 갖는 회로는 느리게 변하는 신호에 대하여 신뢰성 있게 동작하고, 예리한 에지를 갖도록 깨끗한 파형을 발생한다.
11. 슈미트-트리거 발진기, 555 타이머, 그리고 수정 진동자 발진기를 포함하는 여러 회로들은 원하는 주파수에서 클럭 신호들을 발생하는 데 사용할 수 있다.
12. 여러 가지의 플립플롭에 대한 완벽한 요약은 뒤 표지 안쪽에 정리되어 있다.
13. 프로그램 가능한 논리소자(PLD)들은 래칭 회로와 순차 회로로 동작하도록 프로그램될 수 있다.

14. 실제 큰 시스템들을 구현하는 데 도움을 주도록 알테라 라이브러리에서 논리 프리미티브라 불리는 기본적인 빌딩 블럭들이 이용 가능하다.
15. 클럭 입력을 갖는 플립플롭들은 논리 프리미티브로 이용 가능하다.
16. VHDL 코드는 논리 프리미티브를 사용하지 않고도 클럭된 논리를 명시적으로 표현하기 위해 사용될 수 있다.
17. VHDL은 HDL 파일들을 큰 시스템들에서 컴포넌트로써 사용하도록 할 수 있다. 사전에 만들어진 컴포넌트들은 알테라 라이브러리에 들어 있다.
18. 그래픽 회로 포착 툴과 같은 방식으로 HDL은 상호 연결된 컴포넌트들을 설명하기 위해 사용될 수 있다.

주요 용어

구조적 수준 추상화(structural level of abstraction)
내재(nested)
논리 프리미티브(logic primitive)
단안정 멀티바이브레이터(one-shot, OS)
데이터 전송(data transfer)
동기 전송(synchronous transfer)
동기 제어 입력(synchronous control inputs)
듀티 사이클(duty cycle)
레지스터(register)
모드 수(MOD number)
병렬 데이터 전송(parallel data transfer)
비동기 (잼) 전송(asynchronous (jam) transfer)
비동기 입력(asynchronous inputs)
비안정 멀티바이브레이터(astable multiibrator)
상승 천이(positive-going transition, PGT)
상태 천이도(state transition diagram)
상태표(state table)
셋업 시간(setup time, t_S)
수정 제어 클럭 발진기(crystal-controlled clock generator)
순차 회로(sequential circuits)
슈미트-트리거 회로(Schmitt-trigger)
시프트 레지스터(shift register)
에지 검출 회로(edge-detector circuit)
에지 트리거(edge-triggered)
우선 입력(override input)
재트리거할 수 없는 OS(nonretriggerable OS)
재트리거할 수 있는 OS(retriggerable OS)
잼 전송(jam transfer)
전파 지연(propagation delay)
접촉 바운스(contact bounce)
제어 입력(control inputs)
주기(period)
주파수(frequency)
주파수 분할(frequency division)
준안정 상태(quasi-stable state)
직렬 데이터 전송(serial data trasnfer)
클럭 스큐(clock skew)
클럭 입력을 갖는 D-플립플롭 (clocked D flip-flop)
클럭 입력을 갖는 J-K 플립플롭(clocked J-K flip-flop)
클럭 입력을 갖는 S-R 플립플롭(clocked S-R flip-flop)
클럭 입력을 갖는 플립플롭(clocked flipflop)
클럭(clock)
토글 모드(toggle mode)
트리거(trigger)
파라미터 모듈 라이브러리(library of parameterized modules, LPM)
펄스 구동 회로(pulse-steering circuit)
펄스(pulses)
프리미티브(primitive)
플립플롭(Flip-flop)
피드백(feedback)
하강 천이(negative-going transition, NGT)
홀드 시간(hold time, t_H)
2진 카운터(binary counter)
555 타이머(555 timer)
CLEAR 상태/입력(CLEAR states/inputs)
COMPONENT

D-래치(D latch)
EVENT
LPM_FF
LPM_LATCH
LPM_SHIFTREG
maxplus2
megafunction
NAND 게이트 래치(NAND gate latch)
NOR 게이트 래치(NOR gate latch)
PORT MAP
RESET 상태/입력(RESET states/inputs)
SET상태/입력(SET states/inputs)
S-R 래치(S-R latch)

연습문제

5-1~5-3절

B 5-1.* 초기 값이 $Q = 0$이고, NAND 래치의 SET과 RESET 입력에 그림 5-87의 x와 y 파형을 인가한다고 가정할 때, Q와 $\overline{Q}$파형을 구하라.

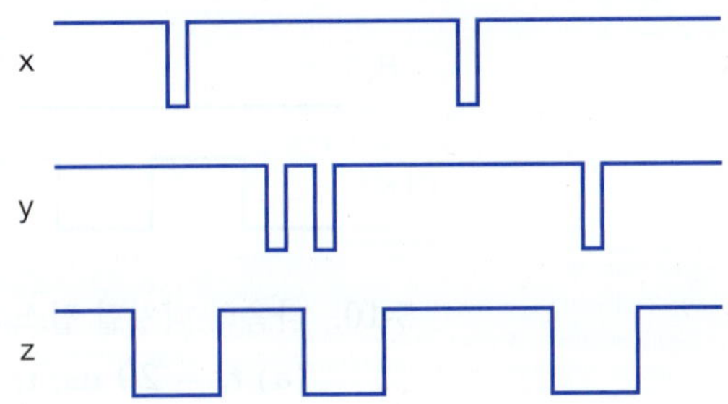

그림 5-87 연습문제 5-1에서 5-3까지.

B 5-2. 그림 5-87의 x와 y의 파형을 반전시키고, NOR 래치의 SET과 RESET 입력에 인가할 때, Q와 $\overline{Q}$의 파형을 구하라. 단, 초기 값은 $Q = 0$이다.

5-3.*그림 5-87의 파형이 그림 5-88의 회로에 인가된다. 초기 값이 $Q = 0$이라고 가정할 때, Q의 파형을 구하라.

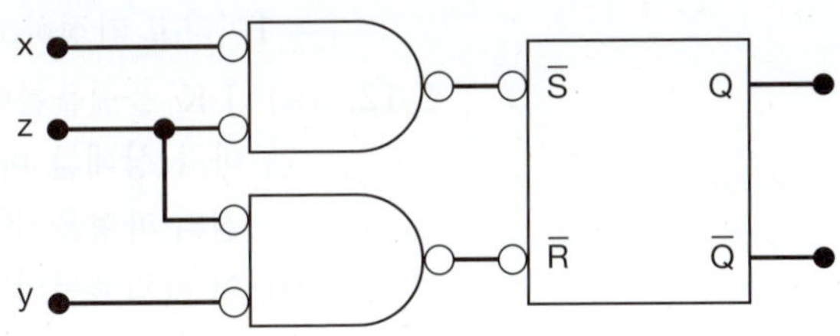

그림 5-88 연습문제 5-3.

D 5-4. 그림 5-9의 회로를 NOR 게이트 래치를 이용하여 수정하라.

D 5-5. 그림 5-12의 회로를 NAND 게이트 래치를 이용하여 수정하라.

T 5-6.*그림 5-13의 회로에서 기술자는 스위치를 A에서 B로 옮긴 동안, 저장 오실로 스코프를 이용하여 출력을 관찰함으로써 회로의 동작을 검사하였다. 스위치를 A에서 B로 옮길 때, X_B의 스코프 화면은 그림 5-89에 나타낸 것과 같이 나타났다. 어떤 회로의 결함이 이러한 결과를 나타내는가?(힌트: NAND 래치의 기능은 무엇인가?)

*가 표시된 문제는 교재 뒤편에 해답이 있다.

그림 5-89 연습문제 5-6.

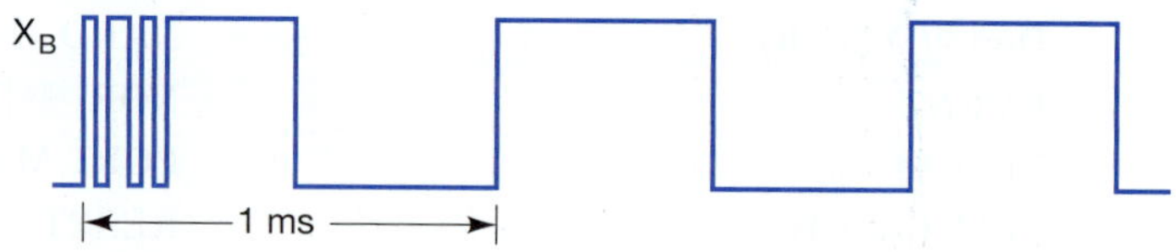

5-4 ~5-6절

B 5-7. 임의의 클럭 입력을 갖는 플립플롭이 최소 t_S = 20 ns와 t_H = 5 ns를 가진다. 클럭 천이가 활성화되기 전에 얼마 동안 제어 입력이 안정화되어야 하는가?

B 5-8. 그림 5-21의 플립플롭에 그림 5-20의 *S*, *R*과 *CLK* 파형을 인가하라. 그때, *Q*의 파형을 구하라.

B 5-9.* 그림 5-90의 파형을 그림 5-20의 플립플롭에 인가한 후 *Q* 지점의 파형을 구하라. 그림 5-21의 플립플롭에 대하여 반복하라. 처음에 Q = 0으로 가정하라.

그림 5-90 연습문제 5-9.

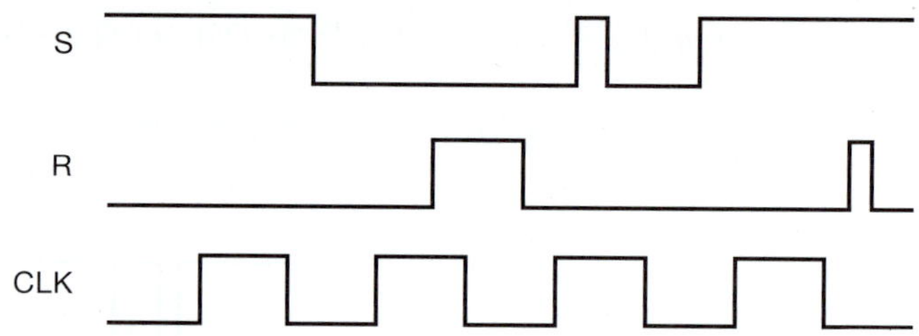

5-10. 다음의 디지털 펄스 파형을 그려라. t_r, t_f, t_w, 리딩 에지, 트레일링 에지를 표시하라.
(a) t_r = 20 ns, t_f = 5 ns, t_w = 50 ns인 네거티브 TTL 펄스
(b) t_r = 5 ns, t_f = 1 ns, t_w = 25 ns인 포지티브 TTL 펄스
(c) 리딩 에지가 5 ms마다 발생하는 t_w = 1 ms인 포지티브 펄스. 이 파형의 주파수도 구하라.

5-7절

B 5-11.* 그림 5-24의 J, K, CLK 파형을 그림 5-25의 플립플롭에 인가하라. 초기 값이 Q = 1이라고 가정하고, 출력 *Q*의 파형을 구하라.

D 5-12. (a)* J-K 플립플롭이 토글-플립플롭으로 어떻게 동작하는지 보여라(매 클럭 펄스마다 상태를 바꿈). 그때, *CLK* 입력에 10 kHz 클럭 신호를 인가하고, *Q* 지점의 파형을 구하라.
(b) 이 플립플롭의 출력 *Q*를 $J = K = 1$을 가지는 두 번째 J-K 플립플롭의 *CLK* 입력에 인가하라. 이 플립플롭의 출력에서 신호의 주파수를 결정하라.

B 5-13. 그림 5-91에 나타난 파형들을 두 가지 서로 다른 플립플롭에 공급한다:
(a) 상승 에지 트리거(PGT) J-K 플립플롭
(b) 하강 에지 트리거(NGT) J-K 플립플롭
초기 조건이 Q = 0이고, 각 플립플롭이 t_H = 0을 갖는다고 가정할 때, 이들 각 플립플롭의 파형 *Q*를 그려라.

5-8 절

5-14. 때때로, D-플립플롭은 2진 파형을 지연시키기 위하여 사용된다. 그러므로 *D* 입력에 인가되는 2진 정보는 일정한 시간 후 출력에 나타난다.
(a)* 그림 5-92에서 파형 *Q*를 결정하고, 그것을 입력 파형과 비교하라. 입력 신호

그림 5-91 연습문제 5-13.

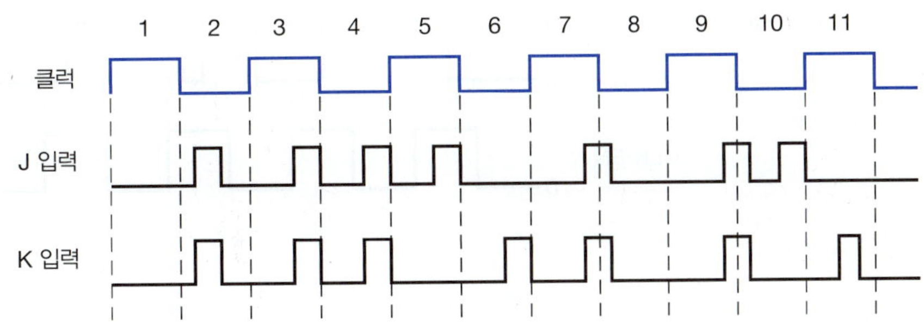

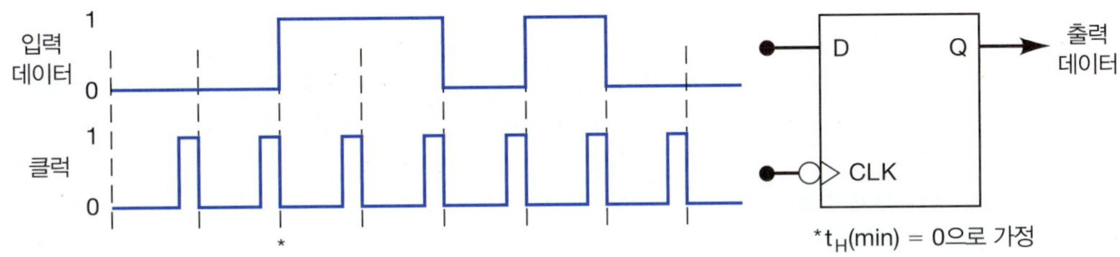

그림 5-92 연습문제 5-14.

로부터 한 클럭 주기만큼 지연됨에 유의하라.

(b) 2개의 클럭 주기만큼의 지연을 얻기 위해서 어떻게 하여야 하나?

B 5-15. (a) 그림 5-90의 *S*와 *CLK* 파형을 PGT 트리거형의 D-플립플롭의 *D*와 *CLK* 입력으로 인가하라. 그때 *Q* 지점의 파형을 결정하라.

(b) 그림 5-90의 *C* 파형을 *D* 입력으로 하여 반복하라.

B 5-16.* 에지 트리거 D-플립플롭은 그림 5-93에 나타낸 것처럼 회로를 연결함으로써 토글 모드에서 동작하도록 만들 수 있다. 초기 값으로 $Q = 0$라고 가정하고, 파형 *Q*를 구하라.

그림 5-93 토글하기 위하여 연결된 D-플립플롭(연습문제 5-16).

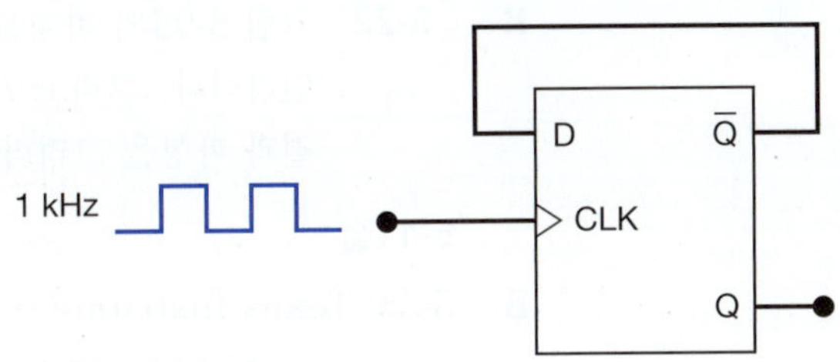

5-9 절

B 5-17. (a) 그림 5-90의 *S*와 *CLK* 파형을 D-래치의 *D*와 *EN* 입력으로 각각 인가하라. 그리고 *Q* 지점의 파형을 결정하라.

(b) *C* 파형을 *D*에 인가하여 반복하라.

5-18. 그림 5-94의 파형을 D 래치와 하강 에지 트리거 D-플립플롭에 인가하여 동작을 비교하고 파형 *Q*를 구하라.

5-19. 문제 5-16에서 에지 트리거 D-플립플롭이 어떻게 토글 모드에서 동작하는지 보았다. D-래치는 왜 이와 같은 동작을 수행하지 못하는지 설명하라.

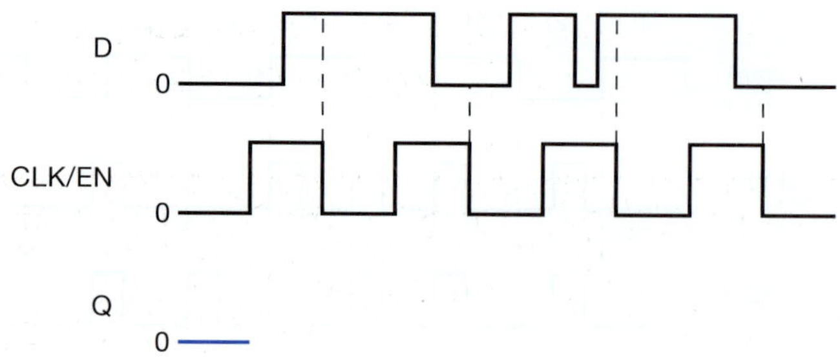

그림 5-94 연습문제 5-18.

5-10절

B 5-20. 그림 5-95에서 플립플롭에 대한 파형 Q를 구하라. 초기 값으로 $Q = 0$이고, 비동기 입력이 다른 모든 입력보다 우선한다는 것을 기억하라.

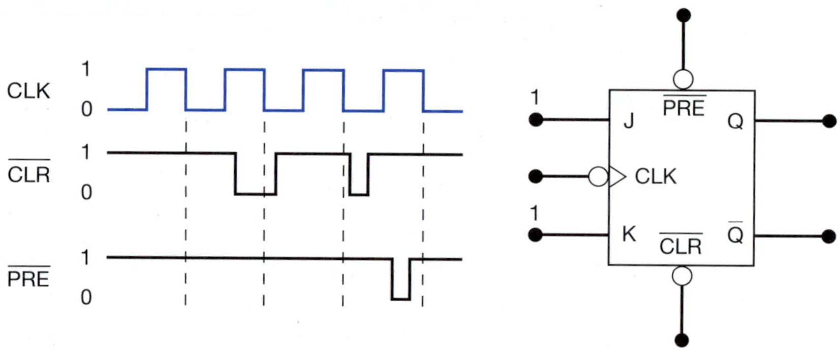

그림 5-95 연습문제 5-20.

B, N 5-21.* 그림 5-33의 CLK, $\overline{PRE}$ 그리고 $\overline{CLR}$ 파형이 LOW 활성 비동기 입력들을 갖는 상승 에지 트리거(PGT) D-플립플롭에 인가된다. D는 HIGH에 묶여있고, Q가 초기 값으로 LOW라고 가정한다. 파형 Q를 구하라.

B 5-22. 그림 5-95의 파형을 NGT 트리거형이고 LOW 활성 비동기 입력인 D 플립플롭에 인가하라. 그리고 D는 LOW를 유지하고 Q는 초기에 HIGH라고 가정하라. Q의 결과 파형을 그려라.

5-11절

B 5-23. Texas Instrument사의 웹사이트에서 74ALS74A DFF를 찾아 사용하라.

(a)* 74ALS74A의 출력 Q가 활성 CLK 천이에 응답하여 0에서 1로 스위칭하는 데 걸리는 시간은 얼마인가?

(b)* 74ALS74A가 활성 클럭 에지를 받기 전에 얼마동안 D입력이 안정되어야 하는가?

(c) 74ALS74A FF의 $\overline{PRE}$에 인가될 수 있는 가장 폭이 좁은 펄스는 무엇인가?

B 5-24. Texas Instrument사의 웹사이트에서 74ALS112A DFF를 찾아 사용하라..

(a) 74ALS112를 비동기로 클리어시키는 데 얼마나 걸리나?

(b) 74ALS112를 비동기로 세트시키는 데 최대로 얼마나 걸리나?

(c) 74ALS74A에서 활성 클럭 천이 사이의 최소 간격은 얼마인가?

(d) 74ALS112A의 J 입력이 활성 클럭 에지보다 15 ns 먼저 HIGH가 되었다. K입력은 0이다. 플립플롭은 정상적으로 세트되나?

(e) 클리어된 74ALS74A D 플립플롭에 1을 동기식으로 저장하기 위해서는 클럭

에지가 발생한 후 얼마나 걸리나?

5-14~5-15절

D 5-25.* J-K 플립플롭을 사용하여 그림 5-39의 회로를 수정하라.

D 5-26. 그림 5-96의 회로에서 입력 A, B 그리고 C가 모두 초기값으로 LOW이다. A, B, C가 정해진 순서에 따라 HIGH로 갈 때만, 출력 Y는 HIGH로 간다고 가정하자.
(a) Y가 HIGH로 가도록 하는 순서를 결정하라.
(b) START 펄스가 필요한 이유를 설명하라.
(c) D-플립플롭을 이용하여 이 회로를 수정하라.

그림 5-96 연습문제 5-26.

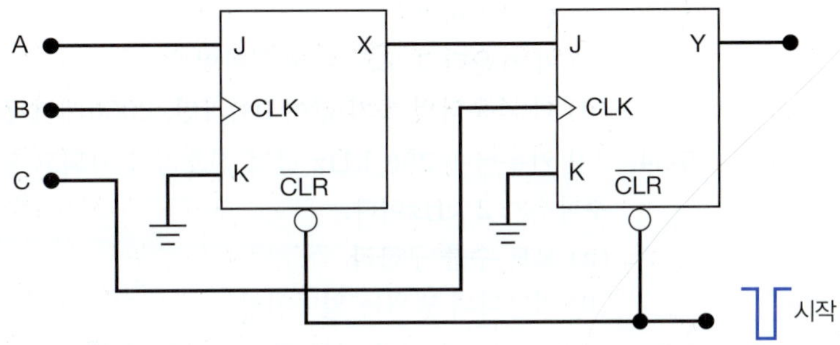

5-16~5-17절

D 5-27.*(a) J-K 플립플롭을 이용하여 1개의 3비트 레지스터로부터 다른 레지스터로 데이터의 동기 병렬 전송을 위한 회로도를 그려라.
(b) 비동기 병렬 전송에 대하여 반복하라.

D 5-28. 반복 순환 시프트 레지스터는 클럭 펄스가 인가될 때 2진 정보가 레지스터를 통하여 순환하는 시프트 레지스터이다. 그림 5-46의 시프트 레지스터는 X_0을 DATA IN 단자에 연결함으로써 순환 레지스터로 만들 수 있다. 이때, 외부 입력은 사용되지 않는다. 이 순환 레지스터는 1011 상태($X_3 = 1, X_2 = 0, X_1 = 1, X_0 = 1$)에서 동작하기 시작한다고 가정하자. 8개의 펄스가 인가할 때, 레지스터 플립플롭의 변화하는 상태 순서를 기술하라.

D 5-29.* 그림 5-47에서 레지스터 X에 저장된 3비트의 수는 레지스터 Y로 직렬 이동한다. 회로를 어떻게 수정하면, 전송이 종료된 후에 X에 저장된 원래의 수가 두 레지스터 안에 존재할 수 있는가? (힌트: 문제 5-28 참고)

5-18절

B 5-30. 그림 5-48의 카운터 회로를 참고하여 다음에 답하라:
(a)* 카운터가 000에서 시작한다면 13개의 클럭 펄스 후의 계수는 무엇인가? 99 펄스 후는? 256 펄스 후는?
(b) 카운터가 100에서 시작한다면 13 펄스 후의 계수는 얼마인가? 99 펄스 후는? 256 펄스 후는?
(c) 이 카운터에 네 번째 J-K 플립플롭(X_3)을 추가시키고, 이 4비트 카운터에 대한 상태 천이도를 작성하라. 만일 입력 클럭 주파수가 80 MHz이면 X_3에서의 파형은 어떻게 되나?

B 5-31. 그림 5-48의 2진 카운터에서 $\overline{X}_0$을 플립플롭 X_1의 CLK에 연결하고, $\overline{X}_1$을 플립플

롭 X_2의 CLK에 연결하라. 모든 플립플롭이 1 상태에서 동작을 시작하고, 16개의 입력 펄스에 대한 여러 플립플롭(X_0, X_1, X_2)의 출력파형을 그려라. 그리고 그림 5-49처럼 플립플롭의 상태 순서를 작성하라. 이 카운터를 하강 카운터라 한다. 이유는?

B 5-32. 이 하강 카운터에 대한 상태 천이도를 그리고, 이를 그림 5-50의 상태 천이도와 비교하라. 어떻게 다른가?

B 5-33.* (a) 0에서부터 1023까지 카운트하는 2진 카운터를 만드는 데 필요한 플립플롭은 몇 개인가?
(b) 2 MHz의 입력 클럭 주파수에 대한 이 카운터의 최종 플립플롭의 출력 주파수를 결정하라.
(c) 이 카운터의 모드 수는 얼마인가?
(d) 이 카운터의 초기 값이 0이라면, 2060개의 펄스 후 카운터의 값은 얼마인가?

B 5-34. 2진 카운터에 256 kHz 클럭 신호가 인가되고 있다. 마지막 플립플롭의 출력에서 주파수가 2 kHz이다.
(a) 모드 수를 구하라.
(b) 카운터의 범위는 얼마인가?

B 5-35. 광검출 회로가 어떤 시설 안으로 손님이 들어올 때마다 펄스를 발생시키는 데 사용되고 있다. 이 펄스는 8비트 카운터에 공급된다. 가게 안에 얼마나 많은 손님이 들어왔는지 판단하기 위해 이 카운터는 펄스를 카운트하는 데 사용된다. 가게가 문을 닫은 후, 주인은 카운터를 조사하고, $00001001_2 = 9_{10}$의 카운터 값을 가짐을 알았다. 그는 그의 가게에 아홉 사람보다 훨씬 많은 사람이 들어왔었기 때문에 이 카운터가 잘못되어 있음을 알았다. 이 카운터 회로가 정상적으로 동작하였다고 가정하면, 위의 사항이 모순되는 이유는 무엇인가?

5-19절

D 5-36.* 주소 번지가 10110110일 때만 데이터가 레지스터 X에 전송되도록 하기 위하여 그림 5-58의 회로를 수정하라.

T 5-37. 그림 5-58의 회로는 데이터가 주소 번지 11111110 또는 11111111인 동안에 데이터가 X로 전송하는 오동작을 수행한다고 가정하자. 이것을 발생시키는 결함으로는 어떤 것이 있는가?

D 5-38. 많은 마이크로컨트롤러들이 하위 주소의 출력과 데이터의 전송에 같은 핀을 공유한다. 데이터가 전송될 때 주소를 일정하게 유지하기 위해서 그림 5-97에 보인 것처럼 ALE(address latch enable) 제어 신호에 의해 활성화되는 래치에 주소가 저장된다. ALE가 HIGH일 때는 하위 주소와 데이터라인에 있는 것을 받지만, ALE가 LOW가 되면 하위 주소만 저장하도록 래치를 마이크로컨트롤러에 연결하라.

D 5-39. MPU가 8비트의 데이터를 2개의 74HC175 IC로 구성된 8비트 레지스터로 전송하기 위하여 연결되어 있는 8비트 데이터 출력을 가지도록 그림 5-58의 회로를 수정하라. 모든 회로의 결선을 나타내어라.

5-21절

B 5-40. 그림 5-61(a) 파형을 참고하라. OS 펄스 구간을 0.5 ms로 변경하라. 그리고 두 가지 OS에 대하여 Q 출력을 구하라. 또 OS 펄스 구간을 1.5 ms로 하여 반복하라.

그림 5-97 연습문제 5-38.

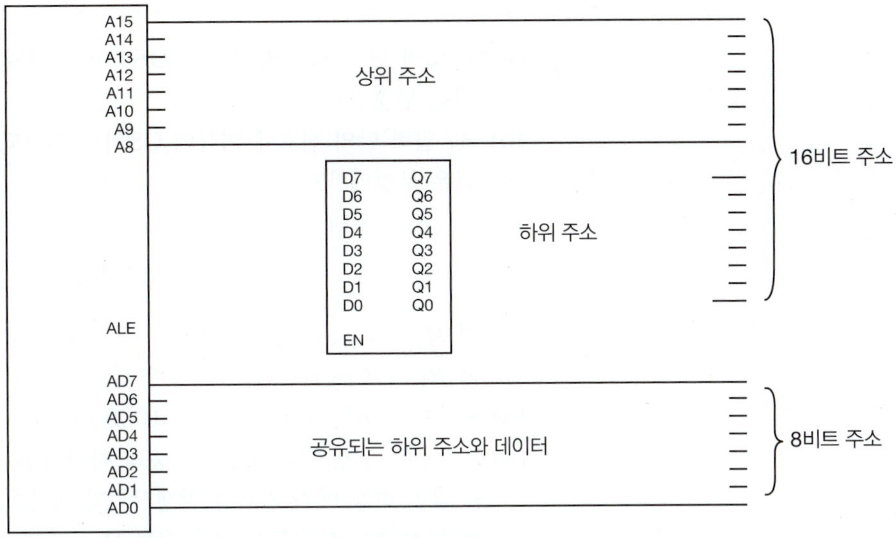

5-41.* 그림 5-98은 순차 출력 펄스를 발생시키기 위해 3개의 재트리거할 수 없는 OS가 타이밍 체인으로 연결된 것을 나타낸다. 재트리거할 수 없는 동작을 나타내기 위하여 OS 기호 위의 펄스 전방에 "1"을 표시했다. 입력 펄스와 3개의 OS 출력 사이의 관계를 나타내는 타이밍도를 그려라. 입력 펄스 구간을 10 ms로 가정하라.

그림 5-98 연습문제 5-41.

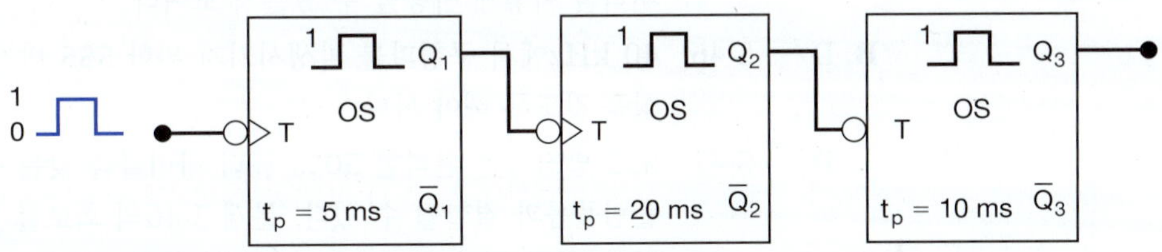

5-42. 재트리거할 수 있는 OS는 펄스 입력의 주파수가 미리 설정된 값 이하일 때 검출하는 펄스-주파수 검출기로 사용된다. 이러한 응용의 간단한 예를 그림 5-99에 나타내었다. 스위치 SW1이 닫히는 순간에 동작을 시작한다.

(a) 입력 주파수가 1 kHz 이상에서 이 회로는 어떻게 동작하는가?

(b) 입력 주파수가 1 kHz 이하에서 이 회로는 어떻게 동작하는가?

(c) 입력 주파수가 50 kHz 이하로 떨어졌을 때 검출하기 위해서는 이 회로를 어떻게 수정하여야 하는가?

그림 5-99 연습문제 5-42.

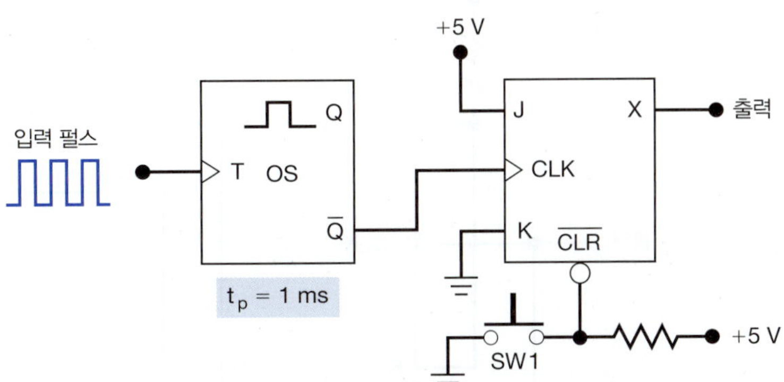

5-43. 그림 5-62의 74121 재트리거할 수 없는 OS에 대한 기호를 참고하라.

(a)*B 입력 단의 신호에 의하여 OS가 트리거되도록 하기 위하여 필요한 입력 조건은 무엇인가?

(b) A_1 입력 단의 신호에 의하여 OS가 트리거되도록 하기 위하여 필요한 입력 조건은 무엇인가?

C, D 5-44. 74121 OS의 출력 펄스 폭은 다음과 같은 근사식으로 주어진다.

$$t_p \approx 0.7\ R_T C_T$$

여기서 R_T는 R_{EXT}/C_{EXT} 단자와 V_{CC} 사이에 연결된 저항 값이고, C_T는 C_{EXT} 단자와 R_{EXT}/C_{EXT} 단자 사이에 연결된 커패시터의 용량이다. R_T의 값이 2~40 kΩ 사이에서 변할 수 있고, C_T는 1000 μF만큼 클 수 있다.

(a) 2개의 논리 신호(E 또는 F) 중의 하나가 NGT를 발생할 때마다, 5 ms의 폭을 갖는 하강 에지 펄스를 발생시키기 위하여, 74121을 어떻게 연결하는지 보여라. E 또는 F 모두는 보통 HIGH 상태에 있다.

(b) 제어 입력 신호 G가 E 또는 F에 무엇이 발생하든지 관계없이 OS 출력 펄스를 디스에이블시키도록 회로를 수정하라.

5-22절

B, D 5-45.*10 kHz의 주파수를 갖는 구형파를 발생시키기 위하여 74LS14 슈미트-트리거 인버터를 어떻게 사용할 수 있는지 보여라.

B, D 5-46. 40 kHz에서 구형파를 발생시키기 위한 555 발진기를 설계하라. C가 500 pF 이상을 갖도록 해야 한다.

D 5-47. 555 발진기는 완벽한 50% 듀티 사이클을 갖는 구형파를 발생시키기 위하여 J-K 플립플롭과 결합될 수 있다. 문제 5-46의 회로를 J-K 플립플롭을 포함하도록 수정하라. 최종 출력이 40 kHz 구형파가 되도록 하라.

5-48. 10% 듀티 사이클에 5 KHz 파형을 만드는 555 타이머 회로를 설계하라. 커패시터는 500 pF보다 커야 하고 저항은 100 kΩ보다 작아야 한다. 핀 번호를 붙여서 회로를 그려라.

C 5-49. 그림 5-100의 회로는 동일한 주파수에서 서로 겹치지 않는 2개의 클럭 신호를 발생시키기 위해 사용될 수 있다. 이러한 클럭 신호는 내부 동작을 동기시키기 위한 4개의 다른 클럭 천이를 필요로 하는 마이크로프로세서 시스템에 사용된다.

그림 5-100 연습문제 5-49.

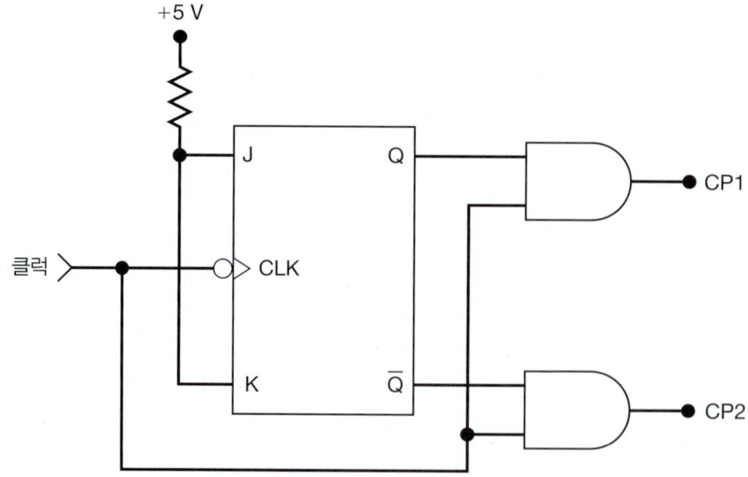

(a) *CLOCK*이 1 MHz 구형파라면, CP1과 CP2의 타이밍 파형을 그려라. 단, t_{PLH}와 t_{PHL}은 플립플롭에 대해서 20 ns이고, AND 게이트에 대해서는 10 ns라고 가정하자.

(b) 만약 *CLK*의 PGT에 응답하는 플립플롭으로 바꾼다면, 이 회로는 문제점을 가질 것이다. 이 상황에 대한 CP1과 CP2 파형을 그려라. 글리치를 일으키는 조건에 특히 주의하라.

5-23절

T 5-50. 그림 5-48의 카운터 회로를 보라. 모든 비동기 입력들이 V_{CC}에 연결되어 있다고 가정하자. 회로를 점검할 때, 회로의 파형이 그림 5-101에 나타낸 것과 같이 나타났다. 아래의 결함 가능성을 고려해 보자. 각각에 대하여, 관찰된 결과의 원인이 될 수 있는지 “예”, “아니오”로 답하라. 그리고 그 이유를 기술하라.

(a)⋆X_2의 *CLR* 입력이 개방되어 있다.

(b)⋆X_1 출력의 천이 시간이 매우 길다. 이것은 아마 부하에 기인한 것이다.

(c) X_2 출력은 접지와 단락되어 있다.

(d) X_2의 홀드 시간 요구 조건을 만족하지 않는다.

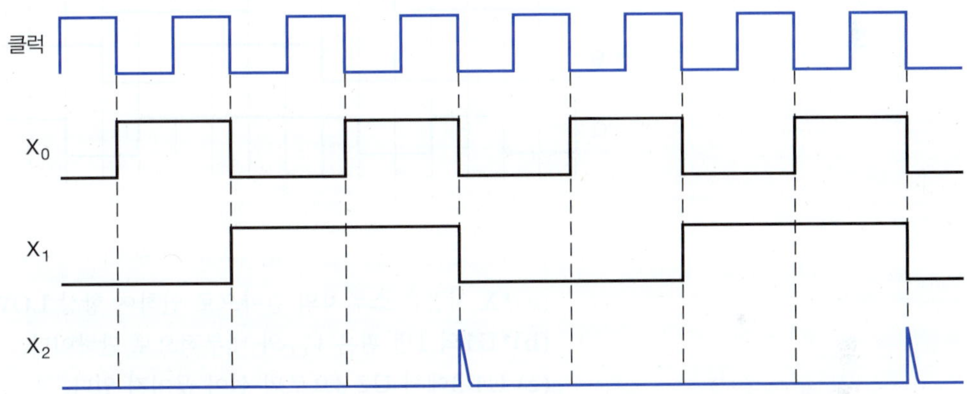

그림 5-101 연습문제 5-50.

C, T 5-51. 아래의 각 타이밍 값에 대한 그림 5-67의 상태를 고려해 보자. 각 경우에 대하여 플립플롭 Q_2가 정확히 동작할 것인지 나타내어라.

(a)⋆각 플립플롭: $t_{PLH} = 12$ ns, $t_{PHL} = 8$ ns, $t_S = 5$ ns, $t_H = 0$ ns

(b) *NAND* 게이트 : $t_{PLH} = 8$ ns, $t_{PHL} = 6$ ns

(c) 인버터: $t_{PLH} = 7$ ns, $t_{PHL} = 5$ ns

(d) 각 플립플롭: $t_{PLH} = 10$ ns, $t_{PHL} = 8$ ns, $t_S = 5$ ns, $t_H = 0$ ns

(e) *NAND* 게이트 : $t_{PLH} = 12$ ns, $t_{PHL} = 10$ ns

(f) 인버터: $t_{PLH} = 8$ ns, $t_{PHL} = 6$ ns

D 5-52. 2개의 인버터를 적당히 삽입함으로써 그림 5-67의 클럭 스큐 문제를 어떻게 제거할 수 있는지 보이고 이를 설명하라.

T 5-53. 그림 5-102의 회로에서 IC들은 TTL 논리 계열이라고 가정하자. *Q* 파형은 스위치를 “up” 위치에 놓고, 주어진 입력 신호를 가하여 회로를 검사하여 얻은 것이다. 이것은 정확하지 않다. 아래의 결함들을 고려하고, 각 경우에 대하여 실제 결함인지를 “예” 또는 “아니오”로 답하라. 그리고 그렇게 답한 이유를 기술하라.

그림 5-102 연습문제 5-53.

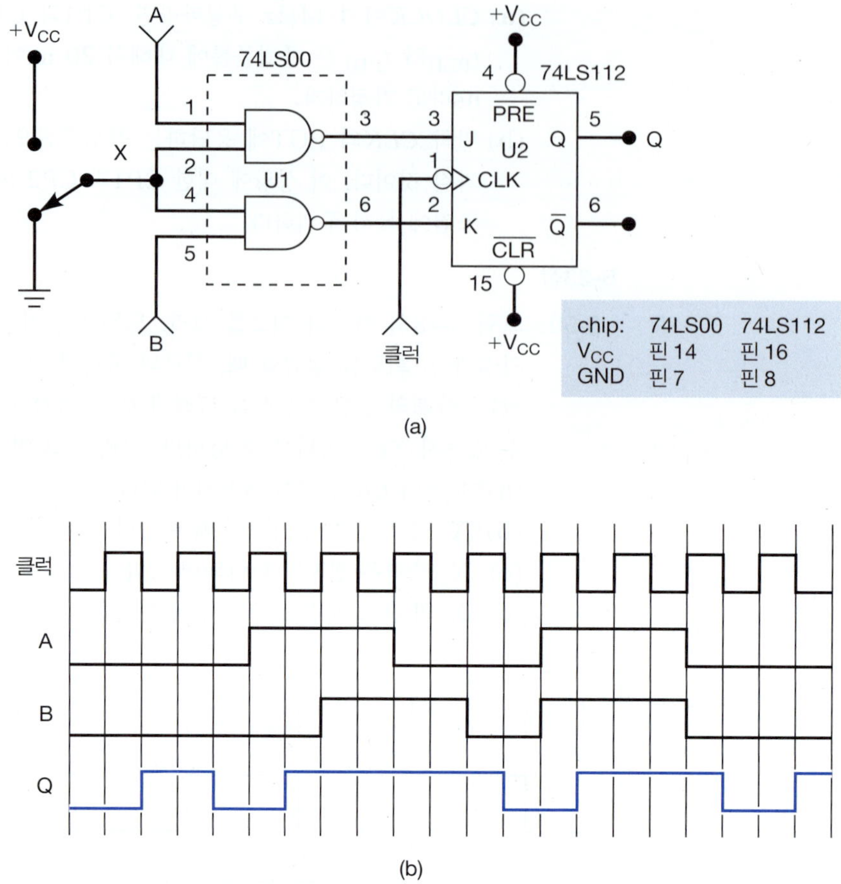

(a)⋆X 지점은 스위치의 결함으로 인하여 항상 LOW이다.

(b)⋆U1의 1번 핀은 V_{CC}와 내부적으로 단락이다.

(c) U1-3에서 U2-3으로의 선이 끊어져 있다.

(d) U1의 6번과 7번 핀 사이가 납땜에 의하여 연결되어 있다.

C 5-54. 그림 5-103의 회로는 순차 조합 자물쇠로서 동작한다. 열쇠로 동작시키기 위하여 다음과 같은 과정을 거친다:

1. RESET 스위치를 잠깐 활성화시킨다.
2. SWA, SWB, 그리고 SWC 스위치를 조합의 첫 번째 조건으로 세트시킨다. ENTER 스위치를 앞뒤로 순간적으로 토글시킨다.
3. 스위치를 조합의 두 번째 조건으로 세트시키고, ENTER을 다시 토글시킨다. 그러면 Q_2 지점에서 HIGH가 발생하여 자물쇠가 열려야 한다.

이들 단계에서 부정확한 조합이 들어온다면, 사용자는 이 과정을 처음부터 다시 시작하여야 한다. 회로를 분석하고, 자물쇠가 열릴 수 있는 조합의 정확한 순서를 결정하라.

C, T 5-55.⋆그림 5-103의 조합 자물쇠를 검사할 때, 들어온 정확한 조합에 대하여 자물쇠가 열리지 않는다는 것을 알았다. 정확한 첫 번째 조합의 입력은 Q_1을 HIGH로 세트시키고, 두 번째 조합은 Q_2에 단지 순간적인 펄스만을 발생시킴을 논리 검사기가 나타내었다. 아래의 각 결함에 대하여 고려하고, 관측된 동작을 발생시키는 것을 가려내어라. 또 각 경우에 대하여 설명하라.

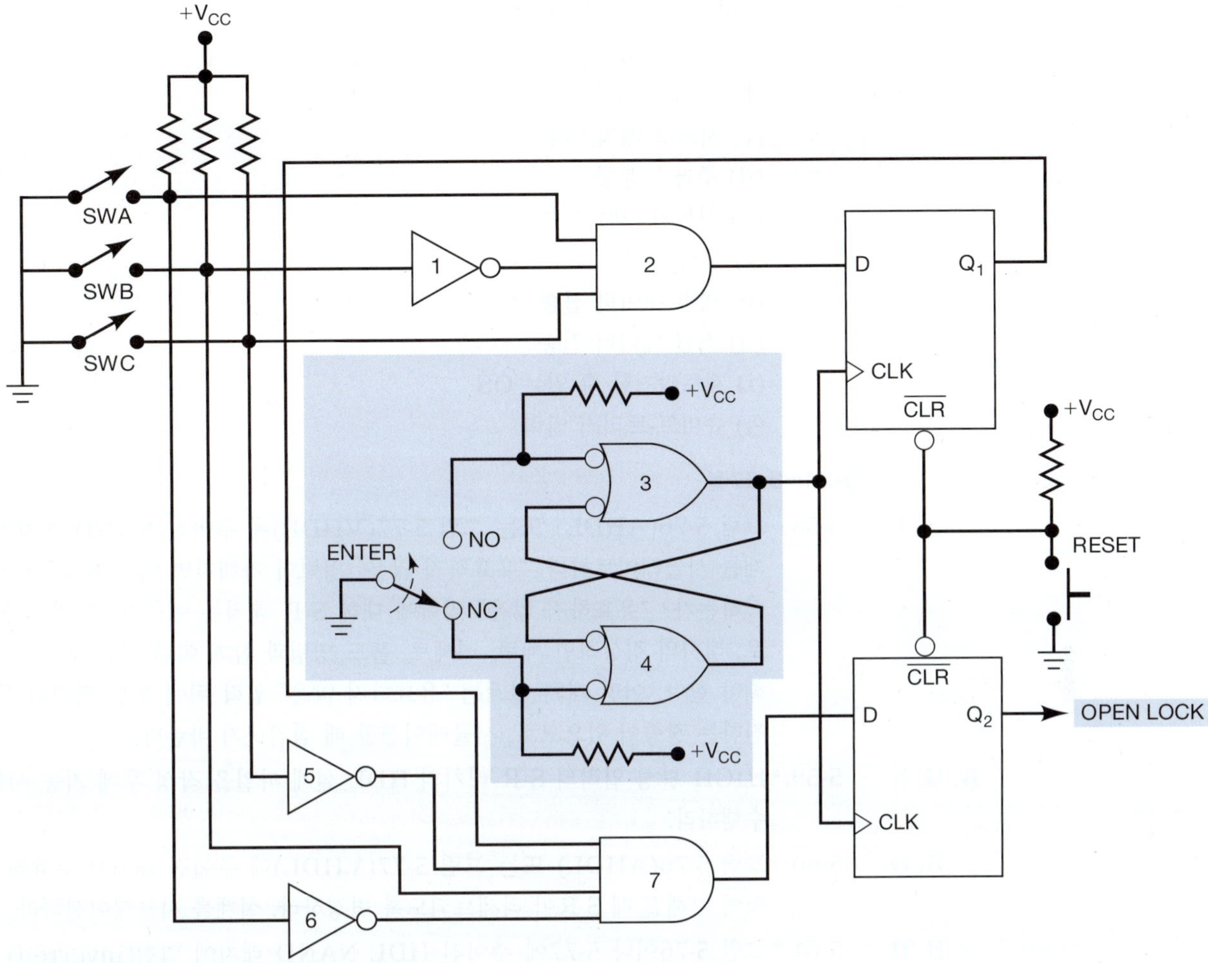

그림 5-103 연습문제 5-54, 5-55, 5-69.

(a) SWA, SWB, SWC에서 스위치 바운스가 생겼다.
(b) Q_2의 *CLR* 입력이 개방되었다.
(c) NAND 게이트 4의 출력에서 NAND 게이트 3의 입력으로의 결선이 개방되었다.

반복연습문제

B 5-56. 다음의 각 내용이 나타내고 있는 플립플롭의 형태는 무엇인가?
(a)*SET과 CLEAR 입력은 있지만 *CLK* 입력은 없다.
(b)*제어 입력들이 모두 HIGH일 때, 각 *CLK* 펄스마다 토글된다.
(c)**CLK* 입력 대신에 ENABLE 입력을 가진다.
(d)*하나의 플립플롭 레지스터에서 다른 쪽으로 데이터를 쉽게 전송하는 데 사용된다.
(e) 단지 하나의 제어 입력을 가진다.
(f) 서로 상반된 2개의 출력을 가진다.
(g) *CLK*의 활성 천이에서만 상태를 변화시킨다.
(h) 2진 카운터에 사용된다.

B 5-57. 아래의 용어를 정의하라.
(a) 비동기 입력
(b) 에지 트리거
(c) 시프트 레지스터
(d) 주파수 분할
(e) 비동기 (잼) 전송
(f) 상태 천이도
(g) 병렬 데이터 전송
(h) 직렬 데이터 전송
(i) 재트리거할 수 있는 OS
(j) 슈미트-트리거 입력

5-24~5-27절

B 5-58. 그림 5-76(AHDL) 또는 그림 5-77(VHDL)에 주어진 NAND 래치의 HDL 설계를 시뮬레이트하라. "유효하지 않은" 입력이 가해지면 이 S-R 래치는 어떻게 동작하는가? "유효하지 않은" 입력에 대해 S-R 래치는 예측할 수 없는 동작을 함으로, 래치의 정상적인 세트, 리세트, 홀드 명령과 함께 이런 입력 조건도 시뮬레이션해야 한다. 어떤 래치 설계는 "유효하지 않은" 입력 뒤에 홀드 명령이 들어오면 발진하는 경향이 있으므로, 시뮬레이션할 때 점검하기 바란다.

B, H, N 5-59.* HIGH 활성 입력의 S-R 래치의 HDL 설계 파일을 작성 후에 기능 시뮬레이션을 수행하라.

B, H 5-60. 그림 5-76(AHDL) 또는 그림 5-77(VHDL)에 주어진 래치를 유효하지 않은 입력이 가해질 때 S-R이 리세트되도록 변경하라. 설계를 시뮬레이션하라.

B, H 5-61.* 그림 5-76이나 5-77에 주어진 HDL NAND 래치에 역전(inverted) 출력을 추가하라. 시뮬레이션을 통해 올바르게 동작하는지 검증하라.

B 5-62. AHDL이나 VHDL로 5-25절에 주어진 D-래치를 시뮬레이션하라.

D, H, N 5-63. 1개의 *enable*입력을 갖는 4비트 투과성 래치를 만들어라. 디자인을 시뮬레이션(기능적)하라.
(a) 회로 설계 파일에서 프리미티브 DLATCH를 사용하라.
(b) 회로 설계 파일에서 LPM_LATCH를 사용하라.
(c) HDL 설계 파일을 사용해라, 데이터 입력과 출력을 위한 배열을 사용해서 5-25절에 주어진 D-래치 설계를 수정하라.

D, H, N 5-64. 토글(T) 플립플롭은 하나의 제어 입력(T)을 가진다. T = 0일 때, 상태 변화가 없는데 플립플롭은 J = K = 0을 갖는 J-K 플립플롭과 유사하고, T = 1일 때, 토글 모드에서 플립플롭은 J = K = 1을 갖는 J-K 플립플롭과 유사하다. T 플립플롭에 대한 HDL 설계를 생성하고 기능적인 시뮬레이션을 수행하라.

H, N 5-65. (a) 그림 5-46(a)에서 보여준 4비트 시프트 레지스터를 LPM_FF megafunction을 사용해서 스케메틱을 생성하고 기능 시뮬레이션을 수행하라.
(b) 그림 5-46(a)에서 보여준 4비트 시프트 레지스터를 HDL로 설계하고 기능 시뮬레이션을 수행하라.

H, N 5-66.* 그림 5-47에 보여진 두 레지스터 회로를 생성해라. X 레지스터에 직렬 입력 *data_in*을 포함하고 기능적인 시뮬레이션을 수행하라.

(a) 두개의 LPM_SHIFTREG megafunction을 스케메틱에서 이용
(b) HDL을 사용

H 5-67. (a) 그림 5-67에서 보여준 플립플롭 회로의 AHDL 설계 파일을 작성하라.
(b) 그림 5-67에서 보여준 플립플롭 회로의 VHDL 설계 파일을 작성하라.

5-68. 문제 5-67의 회로의 동작(타이밍)을 시뮬레이션하라. 시뮬레이션 결과는 그림 5-67의 결과와 일치해야 한다.

H 5-69. (a) 그림 5-103의 전체 회로를 구현하기 위해 AHDL 설계 파일을 작성하라.
(b) 그림 5-103의 전체 회로를 구현하기 위해 VHDL 설계 파일을 작성하라.

학습성과 평가문제 해답

5-1절

1. HIGH, LOW 2. $Q = 0, \overline{Q} = 1$ 3. 참
4. $\overline{\text{SET}}$ 입력에 순간적으로 LOW를 인가한다.

5-2절

1. LOW, HIGH 2. $Q = 1, \overline{Q} = 0$
3. RESET = 1로 만든다.
4. 보통 $\overline{\text{SET}}$과 $\overline{\text{RESET}}$ 모두 LOW 활성 상태에 있다.

5-4절

1. 용어 해설 참조.
2. 리딩 에지의 50%와 트레일링 에지의 50% 사이 시간
3. HIGH 레벨 전압의 10에서 90% 사이 시간
4. HIGH 레벨 전압의 90에서 10% 사이 시간

5-5절

1. 동기식 제어 입력과 클럭 입력
2. 플립플롭의 출력은 적절한 클럭 천이가 발생할 때만 변한다.
3. 거짓
4. 셋업 시간이란 *CLK* 신호의 활성 천이 바로 전에 제어 입력이 안정된 상태에 유지하도록 요구되는 시간을 말한다. 홀드 시간이란 *CLK* 신호의 활성 천이 바로 후에 제어 입력이 안정된 상태에 유지하도록 요구되는 시간을 말한다.
5. 거짓
6. 셋업이나 홀드 시간 제약을 위반함

5-6 절

1. HIGH, LOW, HIGH. 2. 수 ns 동안만 *CLK**이 HIGH이기 때문이다.

5-7 절

1. 참 2. 아니오 3. $J = 1, K = 0$

5-8 절

1. *a* 시점에서 *Q*는 LOW로 변하고, 그 값을 유지한다.
2. 거짓, *Q*는 활성 *CLK* 에지에서만 변하기 때문에 입력 *D*는 *Q*에 영향을 미치지 않고 변화시킬 수 있다.

3. 예, D 플립플롭으로 변화시킨다(그림 5-28).

5-9절

1. D-래치에서 출력 Q는 EN이 HIGH인 동안에 변한다. D-플립플롭에서 출력은 CLK의 활성 천이에서만 변한다.
2. 거짓 3. 참

5-10절

1. 비동기 입력은 CLK 입력에 독립적으로 움직인다.
2. 예, $\overline{PRE}$는 LOW 활성이기 때문이다.
3. $J = K = 1$, $\overline{PRE} = \overline{CLR} = 1$, 그리고 CLK의 PGT

5-11절

1. t_{PLH}와 t_{PHL}
2. 거짓, 파형은 $t_{\text{W}}(L)$과 $t_{\text{W}}(H)$ 요구 사항을 동시에 만족시켜야 한다.
3. 셋업 시간 t_{s} 4. 홀드 시간 t_{h} 5. 참

5-12절

1. 거짓 2. 참 3. 클럭 에지 전의 입력 레벨이 Q의 반응을 정한다.

5-14절

1. 랜덤한 외부 신호가 플립플롭의 동기 제어 입력에 가해질 때 마다
2. 랜덤 신호를 D에, 시스템 클럭을 clk에 연결하고, Q를 동기된 신호로 사용

5-15절

1. Q가 HIGH로 가면, clk가 HIGH로 갈 때 D는 이미 HIGH라는 의미: D는 클럭을 앞섬. Q가 LOW면 clk가 D를 앞섬

5-16절

1. XOR 게이트를 사용하여 D입력(현재 신호 레벨)이 Q출력(가장 최근 신호 레벨)과 다른지 확인
2. 500 ns의 positive pulse

5-17절

1. 거짓 2. D-플립플롭 3. 6 4. 참

5-18절

1. 참 2. 레지스터 사이의 적은 결선 수
3. $X_2X_1X_0 = 111$, $Y_2Y_1Y_0 = 101$ 4. 병렬

5-19절

1. 10 kHz 2. 8 3. 256 4. 2 kHz 5. $00001000_2 = 8_{10}$

5-20절

1. 동기화(그림 5-57의 첫번째 DFF), 데이터 전송(그림 5-57의 두번째 DFF), 에지 탐지(그림 5-57의 세번째 DFF), 카운팅(카운터 블럭에 포함)
2. 그림 5-51에 보이 듯이, 시스템은 방향을 바꿀 때마다 카운트의 정확도를 잃는다.
3. A와 B신호는 비동기신호다. 이 신호들은 클럭에 너무 가까이 도착해서 셋업 시간과 최소 펄스폭을 위배할 수 있다.

5-22절

1. 출력이 발진할 수 있다.
2. 천천히 변하는 입력 신호에 대해서도 깨끗하고 빠른 출력 신호를 발생한다.

5-23절

1. $Q = 0, \overline{Q} = 1$ 2. 참 3. 외부 R과 C 값
4. 재트리거할 수 있는 OS에서는 출력 Q의 상태와 관계없이, 새로운 트리거 펄스는 출력에 새로운 t_p 시간 동안의 신호를 발생시킨다.

5-24절

1. 24 kHz 2. 109.3 kHz, 66.7% 3. 주파수의 안정성

5-25절

1. 클럭 스큐는 다른 플립플롭의 *CLK* 입력에 클럭 신호가 다른 시간에 도착하는 것을 말한다. 이것은 플립플롭들을 비정상적인 상태로 변화시키는 원인이 된다.

5-26절

1. 프리미티브, maxplus2, megafunction

5-27절

1. 피드백(feedback): 출력의 다음 상태를 정하기 위해 출력이 입력에 합쳐진다.
2. 입력 클럭 신호에 반응하여 미리 정해진 상태들의 순서를 따라 동작한다.

5-28절

1. 기본적인 논리 기능을 실행하는 구성 요소들의 라이브러리의 표준 구성 블럭
2. 각 입출력 이름과 개발 시스템에 의해 인식되는 프리미티브 이름
3. HELP 메뉴 아래
4. PROCESS가 순차적인 IF 구성을 허락하고 EVENT attribute가 천이를 탐지한다.
5. ieee.std_logic_1164
6. altera.maxplus2

5-29절

1. 예 2. VARIABLE 영역 3. 각각은 변수명이 할당된다.
4. = 5. SIGNAL 6. PORT MAP

CHAPTER 6

디지털 산술: 연산 및 회로

Digital Arithmetic: Operations and Circuits

개요

학습목표

이 장을 학습함으로써 다음을 할 수 있다.

- 두 2진수에 대한 2진 덧셈, 곱셈 및 나눗셈의 수행
- 16진수의 더하기와 빼기
- 2진 덧셈과 OR 덧셈의 차이점 설명
- 부호가 있는 2진수의 세 가지 표현법의 장단점 비교
- 2의 보수를 이용한 부호있는 2진수의 처리
- BCD 덧셈 과정의 설명
- 산술/논리 장치의 기본 연산에 대한 설명
- 병렬 2진 가산기 설계에서 전가산기의 활용
- 자리올림 예견 특징을 적용한 병렬 가산기의 장점 열거
- 병렬 덧셈/뺄셈 회로의 연산에 대한 설명
- ALU 집적 회로를 사용한 입력 데이터에 대한 다양한 논리 및 산술 연산 수행
- 덧셈/뺄셈 회로의 고장 진단에 대한 분석
- 라이브러리 디지털 함수를 이용한 보다 복잡한 회로의 구현
- 부울식 형태의 표현을 사용한 전체 비트들의 조합에 대한 연산 수행
- 소프트웨어 공학 기술의 적용을 통한 하드웨어 표현 능력의 증대

서론

디지털 컴퓨터와 계산기는 2진 형태의 수에 대해 다양한 산술 연산을 수행한다. 만일 우리가 모든 다양한 계산 방법과 이들에 대한 이론을 이해하려 한다면 디지털 산술은 매우 복잡할 것이다. 다행히도 이러한 지식은 대부분의 기술자들에게는 그들이 숙련된 컴퓨터 프로그래머가 되기 전까지는 필요하지 않다. 이 장에서는 디지털 기기(즉 컴퓨터)들이 기본적인 산술 연산을 수행하는 데 필요한 기본 이론들을 집중 공부하기로 한다.

우선 "종이와 연필"로 2진수에 대한 여러 가지 산술 연산 방법을 다루고 난 후, 디지털 시스템에서 이러한 연산을 수행하는 실제 회로를 학습할 것이다. 최종적으로 HDL을 사용하여 이들 회로들을 기술하는 방법들을 배울 것이다. 또한 이들 회로들의 용량을 확장할 수 있는 여러 가지 방법들에 대해서도 역시 다루게 될 것이다. 이때 HDL 기초에 중점을 두며, 산술 회로를 예로써 사용한다. 더 고급 과정에서는 HDL이 PLD 하드웨어와 결합되어 훨씬 더 복잡한 산술 회로에 대한 연구, 설계 및 실험의 토대를 제공할 것이다.

6-1 2진 덧셈 및 뺄셈

학습성과

이 절을 학습함으로써 다음을 할 수 있다.

- n-비트 2진수의 합 계산
- n-비트 2진수의 차 계산

가장 간단한 산술연산인 두 2진수의 덧셈 및 뺄셈의 수행을 살펴보는 것으로부터 시작해보자.

2진 덧셈

두 2진수의 덧셈은 10진수의 덧셈 방법과 똑같다. 실제로 2진 덧셈은 숙지해야 할 경우가 더 적기 때문에 더 간단하다. 먼저 10진 덧셈을 살펴보자.

$$\begin{array}{r} 3\ 7\ 6 \\ +4\ 6\ 1 \\ \hline 8\ 3\ 7 \end{array} \quad \text{LSD}$$

최하위 자릿수(LSD)를 먼저 계산하면 합이 7이 된다. 그리고 두 번째 자릿수 합은 13이 되어 세 번째 자릿수로 **1 자리올림**이 발생한다. 세 번째 자릿수 합은 8이 된다.

2진 덧셈도 같은 과정으로 계산한다. 그러나 어떤 자리에 있는 두 2진 숫자(비트)의 덧셈에 있어서 다음의 네 가지 경우만 일어난다.

$$0 + 0 = 0$$
$$1 + 0 = 1$$
$$1 + 1 = 10 = 0 + \text{다음 자리로 1 자리올림}$$
$$1 + 1 + 1 = 11 = 1 + \text{다음 자리로 1 자리올림}$$

마지막의 경우는 두 비트가 1이고, 앞에서 자리올림이 있을 때 일어난다. 다음에 두 2진수 덧셈의 예가 주어졌다(괄호 안은 등가의 10진수이다).

$$\begin{array}{r} 011\ (3) \\ +\ 110\ (6) \\ \hline 1001\ (9) \end{array} \qquad \begin{array}{r} 1001\ (9) \\ +\ 1111\ (15) \\ \hline 11000\ (24) \end{array} \qquad \begin{array}{r} 11.011\ (3.375) \\ +\ 10.110\ (2.750) \\ \hline 110.001\ (6.125) \end{array}$$

모든 디지털 시스템에서 실제 덧셈을 수행하는 회로는 한 번에 2개의 2진수만을 처리하기 때문에, 동시에 2개 이상의 2진수 덧셈은 고려할 필요가 없다. 2개 이상의 숫자를 더하고자 할 때는 2개 숫자를 먼저 더하고 이 합을 세 번째의 수와 더하는 방식을 계속한다. 현대 디지털 컴퓨터는 덧셈을 보통 수 나노 초(nanosecond) 이내에 수행하기 때문에 이 방법은 심각한 문제가 되지 않는다.

디지털 시스템에서 덧셈은 가장 중요한 산술 연산이다. 현대의 대부분 디지털 컴퓨터나 계산기에서 실행되는 뺄셈, 곱셈, 나눗셈의 연산은 실제로 기본 동작인 덧셈만을 이용하여 수행된다.

2진 뺄셈

마찬가지로 2진 뺄셈도 10진수의 뺄셈처럼 수행된다. 2진수의 어떤 자리에서의 한 비트의 뺄셈에는 단 4가지의 경우만이 있을 수 있다.

$$0 - 0 = 0$$
$$1 - 1 = 0$$
$$1 - 0 = 1$$
$$0 - 1 \Rightarrow \text{빌림이 필요함} \Rightarrow 10 - 1 = 1$$

마지막 경우는 0에서 1을 뺄 때, 왼쪽 자리에서 빌림이 필요함을 설명하고 있다. 몇 가지 뺄셈의 예를 보자(괄호 안은 등가의 10진수).

```
  110 (6)          11011 (27)        1000.10 (8.50)
- 010 (2)        - 01101 (13)      - 0011.01 (3.25)
---------        ------------      ----------------
  100 (4)           1110 (14)         101.01 (5.25)
```

학습성과 평가문제

1. 다음 2진수의 덧셈을 실행하라.
   (a) 10110 + 00111
   (b) 011.101 + 010.010
   (c) 10001111 + 00000001
2. 다음 2진수의 뺄셈을 실행하라.
   (a) 101101 − 010010
   (b) 10001011 − 00110101
   (c) 10101.1101 − 01110.0110

6-2 부호 있는 수의 표현

학습성과

이 절을 학습함으로써 다음을 할 수 있다.

- 부호/크기의 개념 기술
- 2진수에 대한 1의 보수 변환
- 2진수에 대한 2의 보수 변환
- 부호 있는 정수를 표현하기 위한 2의 보수 방법의 이용
- 주어진 범위에 필요한 비트 수의 결정
- 주어진 비트 수에 대한 범위의 결정
- 부호 있는 2진수 범위의 확장
- 2의 보수 부호 있는 정수의 부정

디지털 컴퓨터에서 2진수는 2진 기억 소자(예, 플립플롭)들의 조합으로 표현된다. 각 소자는 한 비트를 나타낸다. 예를 들어 6비트 플립플롭 레지스터는 000000부터 111111까지의 2진수를 저장한다(10진수로 0~63). 이것은 수의 크기(*magnitude*)를 나타낸다. 대부분의 디지털 컴퓨터와 계산기는 양수뿐만 아니라 음수도 다루기 때문에 수의 부호(+ 또는 −)를 나타낼 수 있는 방법이 필요하다. 보통 **부호 비트(sign bit)**라고 하는 또 다른 비트를 수에 붙여서 처리한다. 일반적으로 부호 비트 0은 양수, 부호 비트 1은 음수를 나타

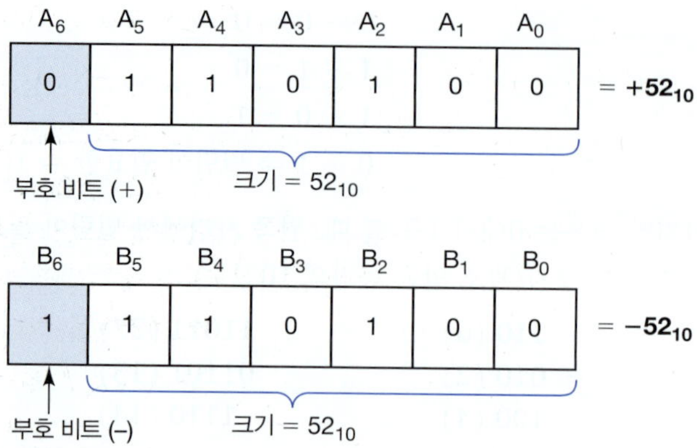

그림 6-1 부호-크기 형태의 부호 있는 수의 표현.

낸다. 이런 상태를 그림 6-1에 표현하였다. 레지스터 A는 비트 0110100을 가진다. 맨 왼쪽 비트(A_6) 자리의 0은 +를 나타내는 부호 비트이다. 다른 6개의 비트들은 10진수 52인 110100_2의 크기를 나타낸다. 따라서 A 레지스터에 저장된 수는 +52이다. 마찬가지로 B 레지스터에 저장된 수는 부호 비트가 −를 나타내는 1이므로 −52이다.

부호 비트는 저장된 2진수의 양 또는 음의 성질을 표시하는 데 사용된다. 그림 6-1의 수는 부호 비트와 6개의 크기 비트로 구성되어 있다. 크기 비트들은 표시되는 10진수와 등가인 순수한 2진수이다. 이런 표기법을 부호 있는 2진수 표기를 위한 **부호-크기 체계(sign-magnitude system)**라고 한다.

비록 부호-크기 체계가 간단함에도 불구하고 회로의 구현이 다른 체계보다 더 복잡하기 때문에 계산기나 컴퓨터에서는 일반적으로 사용되지 않는다. 부호를 갖는 2진수를 표현하기 위해 가장 널리 사용되는 체계는 **2의 보수 체계(2's-complement system)**이다. 2의 보수 체계의 연산에 앞서, 2진수의 1의 보수와 2의 보수 형태에 대해서 알아보자.

1의 보수 형태

2진수의 1의 보수는 각 0은 1로, 1은 0으로 바꿈으로써 얻어진다. 즉 숫자의 각 비트를 보수로 바꾸는 것이다. 그 과정이 아래에 주어졌다.

1 0 1 1 0 1	원래의 2진수
↓ ↓ ↓ ↓ ↓ ↓	
0 1 0 0 1 0	1의 보수 형태를 위한 각 비트의 보수

따라서 101101의 1의 보수는 010010이다.

2의 보수 형태

2진수의 2의 보수는 숫자의 1의 보수를 취하고, LSB에 1을 더하여 얻는다. $101101_2 = 45_{10}$를 예로 들어 이 과정을 아래에 설명했다.

1 0 1 1 0 1	45의 2진 등가
0 1 0 0 1 0	1의 보수 형태를 위한 각 비트의 보수
+ 1	1을 더하여 2의 보수 형태로 취한다.
0 1 0 0 1 1	원래의 2진수에 대한 2의 보수

따라서 101101의 2의 보수 표현은 010011이다.

아래는 2진수를 2의 보수 표현으로 변환하는 또 다른 예이다.

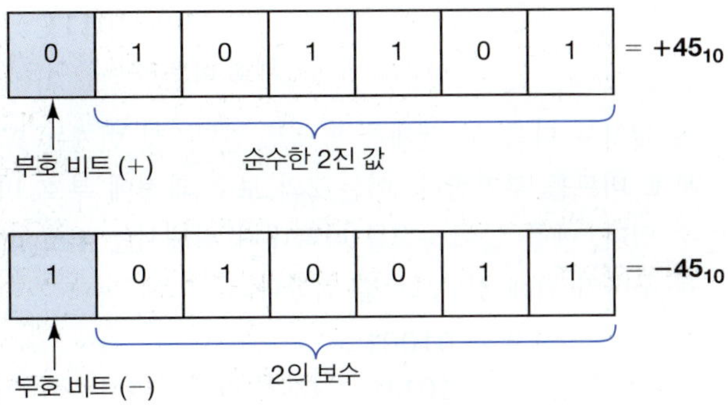

그림 6-2 2의 보수 체계에서 부호 있는 수의 표현.

	101100	원래의 2진수
	010011	1의 보수
+	1	1을 더한다.
	010100	원래의 2진수에 대한 2의 보수

2의 보수를 사용한 부호 있는 수의 표현

부호 있는 수의 표현을 위한 2의 보수 체계는 다음과 같다.

- 수가 양수이면 크기는 순수한 2진 형태와 똑같이 표현되고, 부호 비트 0을 최상위 비트(MSB) 앞에 둔다. 그림 6-2는 $+45_{10}$에 대해 이와 같은 방식으로 나타낸 것이다.
- 수가 음수이면 크기는 2의 보수 형태로 표현되며, 부호 비트 1을 최상위 비트 앞에 둔다. 그림 6-2는 -45_{10}에 대해 나타낸 것이다.

2의 보수 체계는 실제로 덧셈을 수행함으로써 뺄셈을 처리할 수 있기 때문에 부호 있는 수를 표현하기 위하여 사용된다. 디지털 컴퓨터가 덧셈과 뺄셈에 같은 회로를 사용함으로써 하드웨어를 줄일 수 있기 때문에 이는 중요한 의미를 갖는다.

예제 6-1

다음의 각 부호 있는 10진수를 2의 보수 체계로 부호 있는 2진수로 표현하라. 부호 비트를 포함하여 총 5비트를 사용하라.

(a) +13 (b) −9 (c) +3 (d) −2 (e) −8

풀이

(a) 양수이므로 크기 (13)는 실제-크기로 표현되며 $13 = 1101_2$이 된다. 부호 비트 0을 부가하면, 다음과 같다.

$$+13 = 01101$$

부호 비트 (첫 번째 0을 가리킴)

(b) 음수이므로 크기 (9)는 2의 보수 형태로 표현되어야 한다.

	$9_{10} = 1001_2$	
	0110	(1의 보수)
+	1	(LSB에 1을 더한다)
	0111	(2의 보수)

부호 비트 1을 붙이면 완전한 부호 있는 수는 다음과 같다.

$$-9 = 10111$$

부호 비트 ⟶ (부호 비트는 맨 앞의 1)

이 절차는 다음 두 단계를 필요로 한다. 첫 번째는 크기의 2의 보수를 구하고 그 다음 부호 비트를 부가한다. 이는 2의 보수 과정에 부호 비트를 포함시키면 한 번에 처리할 수 있다. 예를 들어 −9를 나타내기 위해서는 부호 비트를 포함한 +9를 표현하고, −9를 구하기 위해 2의 보수를 취한다.

+9 =	01001	
	10110	(부호 비트를 포함하여 각 비트의 1의 보수)
+	1	(LSB에 1을 더한다)
−9 =	10111	(−9의 2의 보수 표현)

물론 결과는 이전과 동일하다.

(c) 10진수 3은 2비트만을 사용하여 2진수로 표현할 수 있다. 그러나 문제에서는 부호 비트를 가진 4비트 크기가 요구된다. 따라서 결과는 다음과 같다.

$$+3_{10} = 00011$$

여러 경우에서 비트 수는 2진수를 가지는 레지스터의 크기에 의해 결정되므로 요구되는 비트 위치 수를 채우기 위해 0을 덧붙여야 한다.

(d) 먼저 5비트를 사용하여 +2로 시작한다.

+2 =	00010	
	11101	(1의 보수)
+	1	(1을 더한다)
−2 =	11110	(−2의 2의 보수 표현)

(e) +8로 시작한다.

+8 =	01000	
	10111	(각 비트의 보수)
+	1	(1을 더한다)
−8 =	11000	(−8의 2의 보수 표현)

부호 확장

예제 6-1에서 부호 있는 수를 나타내기 위해서 총 5비트가 필요하였다. 레지스터의 크기(플립플롭의 수)는 각 수를 저장할 2진 자릿수를 결정한다. 최근의 대부분의 디지털 시스템에서는 수를 4비트의 짝수 배수가 되는 크기의 레지스터에 보관한다. 즉 저장 레지스터는 4, 8, 12, 16, 32 또는 64비트이다. 8비트 수를 저장하는 시스템에서 7비트는 크기를 나타내고 MSB는 부호를 나타낸다. 8비트 레지스터에 5비트 양수를 저장해야 하는 경우에는 단순히 앞자리에 0을 붙이면 된다. MSB(부호 비트)는 여전히 0으로 양수임을 나타낸다.

0000 1001

앞에 0을 붙임 (000) 9에 해당되는 2진수 (01001)

5비트 음수를 8비트 레지스터에 저장할 때는 어떻게 해야 할까? 앞절에서 보았듯이 −9의 5비트 2진 보수는 10111이다.

1 0111

앞에 0을 붙인다면, 8비트 형식에서는 더 이상 음수가 되지 않는다. 음수의 확장은 수 앞에 1을 붙이면 된다. 그러므로 음수 9가 저장되는 형태는

111 1 0111

2의 보수 크기

5비트 형식에서 부호

8비트 형식으로 부호 확장

부정

부정(**negation**)이란 양수를 음수의 등가로 또는 음수를 양수의 등가로 바꾸는 동작이다. 부호 있는 2진수가 2의 보수 체계로 주어질 때, 부정은 2의 보수 동작을 수행함으로써 간단히 얻을 수 있다. 예를 들어 8비트 2진수로 나타낸 +9로 시작해 보자. 이것의 부호 있는 수 표현은 00001001이다. 이것에 대해 2의 보수를 취하면 11110111이며 , 그것은 부호 있는 수 −9를 나타낸다. 같은 방법으로 −9인 11110111에서 시작해 보자. 2의 보수를 취하면 +9인 00001001이 된다. 이 단계들을 아래에 나타내었다.

시작	00001001	+9
2의 보수(부정)	11110111	−9
다시 부정	00001001	+9

따라서 부호 있는 2진수의 부정은 부호 있는 2진수에 대해 2의 보수를 취하는 것이다.

이 부정은 수를 반대 부호 등가로 바꾼다. 예제 6-1의 (d)와 (e)의 단계에서 부정을 사용하여 양수를 음수의 등가로 변환하였다.

예제 6-2

다음은 2의 보수 체계로 된 5비트 부호 있는 2진수이다. 각각의 10진 값을 구하여라.

(a) 01100 (b) 11010 (c) 10001

풀이

(a) 부호 비트가 0이므로 양수이고 나머지 4비트는 숫자의 실제 크기를 나타낸다. 즉 $1100_2 = 12_{10}$이다. 따라서 10진수는 +12 이다.

(b) 11010의 부호 비트가 1로 음수이지만 크기가 얼마인지 알 수 없다. 수에 부정(2의 보수)을 취하여 양의 등가로 변환함으로써 크기를 알 수 있다.

	11010	(원래의 음수)
	00101	(1의 보수)
+	1	(1을 더한다)
	00110	(+6)

부정을 취한 결과가 00110 = +6이므로, 원래의 수 11010은 −6과 등가임에 틀림없다.

(c) 예제 (b)에서와 같은 절차에 따르면, 10001 = −15이다.

$$
\begin{array}{rl}
10001 & \text{(원래의 음수)} \\
01110 & \text{(1의 보수)} \\
+\underline{\quad\quad 1} & \text{(1을 더한다)} \\
01111 & (+15)
\end{array}
$$

2의 보수 표현에서의 특별한 경우

부호 있는 수의 부호 비트가 1이고, 크기 비트가 모두 0일 때, 그것의 10진 등가는 -2^N이며 여기서 N은 크기의 비트 수이다. 예를 들면 다음과 같다.

$$1000 = -2^3 = -8$$
$$10000 = -2^4 = -16$$
$$100000 = -2^5 = -32$$

이와 같은 특별한 경우, 이들에 대한 2의 보수를 구하면 다시 시작했던 수가 됨에 주의해야 한다. 그 이유는 그 비트로 나타낼 수 있는 음수 한계 값에 와 있기 때문이다. 만약 이러한 특별한 수에 대해 부호를 확장시키면 정상적인 부정의 과정을 거쳐 적절한 결과가 얻어진다. 예를 들어 1000(−8)을 11000(음수 8의 5비트 표현)로 확장시키고 2의 보수를 구하면 01000(8)이 되어 음수가 갖고 있던 크기를 나타내게 된다.

따라서 N개의 크기 비트를 갖는 2의 보수 체계에서 표현할 수 있는 값의 전체 범위는 다음과 같다.

$$-2^N \sim +(2^N - 1)$$

결국 0을 포함하여 모두 2^{N+1}개의 다른 값들이 있다.

예를 들어 표 6-1에는 2의 보수 체계를 사용하여 4비트로 표현될 수 있는 모든 부

표 6-1

10진수	2의 보수를 이용한 부호 있는 2진수
$+7 = 2^3 - 1$	0111
+6	0110
+5	0101
+4	0100
+3	0011
+2	0010
+1	0001
0	0000
−1	1111
−2	1110
−3	1101
−4	1100
−5	1011
−6	1010
−7	1001
$-8 = -2^3$	1000

호 수를 나열하고 있다(크기 비트가 3개이므로 N = 3임을 유의하라). 이 수열은 $-2^N = -2^3 = -8_{10} = 1000_2$에서 시작하여 업(up) 카운터처럼 각 단계에서 0001씩 더해 가면 $+(2^N - 1) = +2^3 - 1 = +7_{10} + 0111_2$까지 연속된다.

예제 6-3

1바이트(byte)로 표현할 수 있는 부호 없는 10진수의 범위는 얼마인가?

풀이

1바이트는 8비트를 지칭하며 부호 비트가 없으므로 8비트 모두 크기를 나타낸다. 그러므로 값의 범위는 다음과 같다.

$$00000000_2 = 0_{10}\text{에서}$$

$$11111111_2 = 255_{10}\text{까지}$$

모두 256개의 다른 값이 있으며, $2^8 = 256$이므로 그것을 예상할 수 있다.

예제 6-4

1바이트로 표현될 수 있는 부호 있는 10진수의 범위는 얼마인가?

풀이

MSD가 부호 비트로 사용되므로 크기는 7비트가 된다. 최대 음수는 다음과 같다.

$$10000000_2 = -2^7 = -128_{10}$$

또한 최대 양수는 다음과 같다.

$$01111111_2 = +2^7 - 1 = +127_{10}$$

따라서 범위는 −128에서 +127까지이다. 0을 포함하여 총 256개의 다른 값이 있다. 즉 크기 비트(N = 7)가 7이므로 $2^{N+1} = 2^8 = 256$개의 다른 값이 존재한다.

예제 6-5

어떤 컴퓨터가 2의 보수 체계를 사용하여 메모리에 다음 2개의 부호 있는 수를 저장하고 있다.

$$00011111_2 = +31_{10}$$
$$11110100_2 = -12_{10}$$

프로그램 실행 중에, 컴퓨터는 각 숫자를 반대 부호로 바꾸도록 명령을 받았다. 즉 +31은 −31로, −12는 +12로 바꾼다. 컴퓨터는 이 명령을 어떻게 수행하는가?

풀이

이것은 부호 비트를 포함하는 전체 수에 대한 2의 보수 동작을 수행해서 부호 변화를 하는 단순한 부정 동작이다. 컴퓨터 회로는 메모리로부터 부호 있는 수를 가져와 2의 보수를 구하고 그 결과를 메모리에 재저장시킨다.

학습성과 평가문제

1. 다음 값들을 2의 보수 체계로 된 8비트 부호 있는 수로 표현하라.
   (a) +13 (b) −7 (c) −128
2. 다음은 2의 보수 체계로 된 부호 있는 2진수이다. 각각의 10진 등가를 구하라.
   (a) 100011 (b) 1000000 (c) 01111110
3. 12비트로(부호 비트 포함) 나타낼 수 있는 부호 있는 10진수의 범위는 얼마인가?
4. 10진수 −50에서 +50까지의 범위를 나타내기 위해 몇 비트가 필요한가?
5. 2바이트로 표현될 수 있는 음의 최대 10진수는 무엇인가?
6. 다음 각각에 대한 2의 보수를 구하라.
   (a) 10000 (b) 10000000 (c) 1000
7. 부정 연산을 정의하라.

6-3 2의 보수 체계에서의 덧셈

학습성과

이 절을 학습함으로써 다음을 할 수 있다.

- 어떤 2개의 부호 있는 정수의 합을 2의 보수 형태로 계산
- 합의 부호와 크기 해석

이제 음수에 대해서 2의 보수 체계를 사용하는 디지털 기기에서 덧셈과 뺄셈 연산이 어떻게 수행되는지를 알아본다. 고려해야 할 여러 경우에서, 각 수의 부호 비트가 크기 비트와 같은 방법으로 연산되는 것에 유념해야 한다.

경우 I: 두 양수 두 양수의 덧셈은 간단하다. +9와 +4의 덧셈을 생각해 보자.

```
+9 →  0  1001     (피가수)
+4 →  0  0100     (가수)
─────────────
      0  1101     (합 = +13)
      ↑
      └ 부호 비트
```

피가수(augend)와 **가수(addend)**의 부호 비트가 둘 다 0이고, 합의 부호 비트도 0이며 합이 양수임을 나타낸다는 것을 유의하라. 또한 피가수와 가수는 같은 수의 비트로 구성됨에 유의하라. 이는 항상 2의 보수 체계에서 수행되어야 한다.

경우 II: 양수와 크기가 더 작은 음수 +9와 −4의 덧셈을 생각해 보자. −4는 2의 보수 형태임을 기억하자. 따라서 +4(00100)는 −4(11100)로 변환되어야 한다.

```
        ┌ 부호 비트
        ↓
+9 →    0  1001     (피가수)
−4 →    1  1100     (가수)
───────────────
     1̸  0  0101
     ↑
     └ 이 자리올림은 무시한다. 결과는 00101(합 = +5)이다.
```

이 경우에서 가수의 부호 비트는 1이다. 부호 비트 역시 덧셈 과정에 포함된다. 실제로 자

리올림은 덧셈의 마지막 자리에서 발생한다. 이 자리올림은 항상 무시하며 그 결과 최종 합은 00101이 되어 +5와 등가이다.

경우 III: 양수와 크기가 더 큰 음수 −9와 +4의 덧셈을 생각해 보자.

```
−9 →   10111
+4 →   00100
       -----
       11011     (합 = −5)
       ↑
       └── 음의 부호 비트
```

여기서 합은 음수를 나타내는 부호 비트 1을 가진다. 합이 음수이기 때문에 2의 보수 형태가 되어 마지막 4비트 1011는 실제 합의 2의 보수를 나타낸다. 합의 실제 크기를 구하기 위해 11011의 부정(2의 보수)을 수행한다. 결과는 (00101) = +5이다. 따라서 11011은 −5를 나타낸다.

경우 IV: 두 음수

```
−9 →   10111
−4 →   11100
       -----
     1̸ 10011
     ↑ ↑
     │ └── 부호 비트
     └──── 이 자리올림은 무시한다. 결과는 01101(합 = −13)이다.
```

이 최종 결과는 다시 음수가 되고 부호 비트가 1인 2의 보수 형태로 된다. 이 결과에 부정을 취하면 01101 = +13이 된다.

경우 V: 크기는 같고 부호가 반대인 두 수

```
−9 →   10111
+9 →   01001
       -----
  0  1̸ 00000
     ↑
     └──── 이 자리올림은 무시한다. 결과는 00000(합 = +0)이다.
```

예상한 대로 결과는 분명히 +0이다.

학습성과 평가문제

2의 보수 체계로 가정하고 두 질문에 답하라.

1. 참 또는 거짓: 부호 있는 두 2진수의 합의 부호 비트가 1을 가질 때, 그 합의 크기는 2의 보수 형태이다.
2. 다음의 두 부호 있는 수를 더하라. 합을 부호 있는 2진수와 10진수로 나타내라.
   (a) 100111 + 111011 (b)100111 + 011001

6-4 2의 보수 체계에서의 뺄셈

학습성과

이 절을 학습함으로써 다음을 할 수 있다.

- 어떤 2개의 부호 있는 정수의 차를 2의 보수 형태로 계산

- 차의 부호와 크기 해석
- 산술 넘침 현상 인지

2의 보수 체계를 이용한 뺄셈 동작은 실제로는 덧셈 동작을 포함하고 6-3절에서 고려한 여러 경우의 덧셈과 다를 것이 없다. 하나의 2진수(**피감수**)에서 다른 2진수(**감수**)를 뺄셈을 하고자 할 때 다음 절차를 따른다.

1. 감수에 부정을 취한다. 이는 감수를 반대 부호의 등가로 바꾼다.
2. 이것을 피감수에 더한다. 이 덧셈의 결과는 피감수와 감수의 차를 나타낸다.

또한 모든 2의 보수 산술 연산과 같이 두 수의 표현은 같은 수의 비트를 가져야 한다.

+9에서 +4를 빼는 경우를 생각해 보자.

피감수 (+9) → 01001
감수 (+4) → 00100

감수에 부정을 취하면 −4를 나타내는 11100이 된다. 이제 이를 피감수에 더한다.

```
    01001   (+9)
  + 11100   (−4)
  1 00101   (+5)
  ↑ 무시하면, 결과는 00101 = +5가 된다.
```

감수에 2의 보수를 취하면 −4가 되고 −4와 +9를 더하면 이는 +9에서 +4를 뺄셈한 것과 같다. 이는 6-3절의 경우 II와 같다. 뺄셈 연산은 실제로 2의 보수 체계가 사용될 때 덧셈 연산이 된다. 뺄셈과 덧셈이 동일한 회로로 연산을 수행할 수 있기 때문에 2의 보수 체계는 가장 널리 사용되고 있다.

다른 예로 −4에서 +9를 빼는 경우를 보자.

```
    11100   (−4)
  − 01001   (+9)
```

감수 (+9)에 부정을 취하면 10111(−9)이 된다. 이를 피감수 (−4)에 더한다.

```
    11100   (−4)
  + 10111   (−9)
  1 10011   (−13)
  ↑ 무시하면 결과는 10011 = −13이 된다.
```

다음 뺄셈에 대해서 상기 과정을 사용하여 결과를 증명하라. (a) +9 − (−4), (b) −9 − (+4), (c) −9 − (−4), (d) +4 − (−4). 결과가 1의 부호 비트를 가지면 음수이며, 2의 보수 형태임을 기억하라.

산술 넘침(Overflow)

앞의 뺄셈과 덧셈의 예에서, 더해지는 수는 부호 비트와 4개의 크기 비트로 구성되었다. 답 또한 하나의 부호 비트와 4개의 크기 비트가 된다. 여섯 번째 비트 위치의 자리올림은 무시되었다. 고려해야 할 모든 경우에서, 답의 크기는 4비트에 적합하도록 충분히 작다. +9와 +8의 덧셈을 보자.

$$\begin{array}{r|c|l} +9 \rightarrow & 0 & 1001 \\ +8 \rightarrow & 0 & 1000 \\ \hline & 1 & \underbrace{0001} \end{array}$$

틀린 부호 ↑ ↑ 틀린 크기

답은 음의 부호 비트를 가지는데, 이는 두 양수를 더했기 때문에 분명히 틀린 것이다. 답은 +17이지만 17의 크기는 4비트 이상을 요구하므로 부호 비트 위치로 넘침이 발생한다. **넘침** 조건은 2개의 양수 또는 2개의 음수를 합할 때만 발생될 수 있으며, 넘침이 발생되면 항상 틀린 결과가 나타난다. 넘침은 결과의 부호 비트가 더해지는 수들의 부호 비트들과 같은지를 검사하여 검출할 수 있다.

2의 보수 체계에서의 뺄셈은 감수를 보수화(부정화)하여 피감수와 더함으로써 수행된다. 그러므로 넘침은 감수와 피감수가 서로 다른 부호일 때만 발생될 수 있다. 예를 들어 +9에서 −8을 빼면, −8의 부정은 +8이 되고 +9에 더해지기 때문에 앞의 경우처럼 된다. 결국 넘침이 발생되어 틀린 음수의 값이 얻어지고 그 이유는 크기가 너무 크기 때문이다.

컴퓨터에는 두 수를 더하거나 뺄 때 넘침 조건을 검출하는 특별한 회로가 있어야 한다. 검출 회로는 넘침이 발생하였으며 틀린 결과임을 컴퓨터의 제어부에 신호하게 된다. 이 장의 끝부분에 있는 문제 6-23에서 이러한 회로에 대하여 학습하게 될 것이다.

수의 순환과 2진 산술

부호 수 산술과 넘침에 대한 개념은 표 6-1의 수를 "구부려" 그림 6-3과 같은 수의 순환으로 만들어 설명할 수 있다. 이 순환을 보는 두 가지 방법이 있음에 유의한다. 우선 최소값 0과 최대값 15를 갖는 부호 없는 수의 순환(바깥쪽 원)으로 생각할 수 있다. 또는 최대 7과 최소 −8을 갖는 부호 있는 2의 보수의 순환(안쪽 원)으로 생각할 수 있다. 수의 순환을 이용하여 덧셈을 하려면 우선 피가수값에서 시작하여 가수값 만큼 수의 순환을 시계방향으로 진행한다. 예를 들면 2 + 3 덧셈은 2(0010)에서 시작하여 시계방향으로 3만큼 더 진행하면 5(0101)가 된다. 넘침은 합이 너무 커서 4비트 부호 있는 수 체제 한계를 넘어설 때 발생된다. 즉 최대 7이 초과될 때이다. 수의 순환에서 2개의 양수를 더하여 0111(최대 양수)과 1000(최대 음수) 사이의 선을 넘어설 때 발생된다.

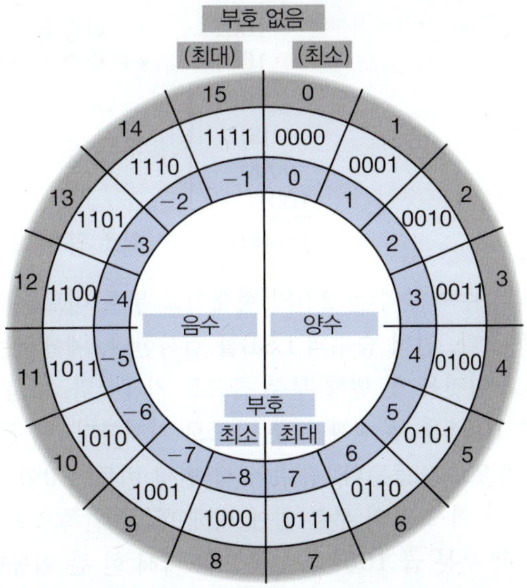

그림 6-3 4비트 수의 순환

2의 보수의 뺄셈이 어떻게 동작되는지도 수의 순환으로 설명된다. 예를 들어 3에서 5를 뺀다고 가정하자. 답이 −2임은 자명하지만 이 문제를 수의 순환을 이용하여 풀어보자. 먼저 수의 순환을 3(0011)에서 시작한다. 가장 명확한 방법은 수의 순환을 반시계방향으로 5칸을 진행하면 1110(−2)에 도달한다. 2의 보수 산술을 설명하는데 그렇게 명확하지 않은 연산은 3에 −5를 더하는 것이다. 음수 5(0101의 2의 보수)는 1011이며 부호 없는 2진수로 인식되어 10진수 11을 나타낸다. 3(0011)에서 시작하여 시계방향으로 11칸을 이동하면 역시 1110(−2)에 도달하며 정확한 답을 나타내게 된다.

서로 다른 부호를 가진 4비트 수 사이의 뺄셈 연산 결과가 7보다 크거나 −8보다 작으면 4비트 형식에 넘침이 발생되어 틀린 답이 얻어진다. 예를 들어 3에서 −6을 빼면 답은 9이지만 3에서 6칸 시계방향으로 이동하면 부호 있는 수 −7에 도달한다. 즉 넘침 조건이 발생되어 틀린 답이 얻어지는 것이다.

학습성과 평가문제

1. 2의 보수 체계를 사용하여 다음의 부호 있는 2진수 쌍에 대한 뺄셈을 하라.
   (a) 01001 − 11010 (b) 10010 − 10011
2. 부호 있는 수를 더할 때 또는 뺄 때 산술 넘침은 어떻게 검출되는가?

6-5 2진 곱셈

학습성과

이 절을 학습함으로써 다음을 할 수 있다.

- 2개의 부호 있는 2진수의 곱 계산
- 부호 있는 2진수의 곱셈으로 부호 있는 곱을 구하는 과정 설명

2진수의 곱셈은 10진수의 곱셈과 같은 방법으로 한다. 승수의 숫자가 0 또는 1이어서 다른 숫자 없이 0 또는 1만을 곱하기만 하므로 실제로 더 간단하다. 다음의 예는 부호 없는 2진수의 경우를 나타낸다.

```
      1001    ← 피승수 = 9₁₀
      1011    ← 승수 = 11₁₀
   -------
      1001  ⎫
     1001   ⎪
    0000    ⎬  부분 곱
   1001     ⎭
   -------
   1100011 }   최종 곱 = 99₁₀
```

이 예에서 피승수와 승수는 2진의 형태이고 부호 비트는 사용되지 않는다. 처리 과정은 10진 곱셈과 똑같다. 먼저 승수의 LSB를 검사한다. 예에서는 1이다. 이 1을 피승수에 곱하면 1001이 되고 이것을 첫 번째 부분 곱으로 기재한다. 다음에 승수의 두 번째 비트를 검사한다. 1이므로 1001을 두 번째 부분 곱으로 기재한다. 이 두 번째 부분 곱은 첫 번째 것에 비해 한 칸 왼쪽으로 이동된다. 승수의 세 번째 비트는 0이므로 0000을 세 번째 부분 곱으로 기재한다. 이것 역시 앞의 부분 곱에 비해 한 칸 왼쪽으로 이동된다. 네 번째 승수 비트는 1이므로 마지막 부분 곱 1001을 왼쪽으로 다시 한 칸 이동한다. 그리고 최종 곱을 구하기 위

해 이 4개의 부분 곱을 더한다.

대부분의 디지털 기기는 한 번에 단지 2개의 2진수만을 덧셈한다. 그러므로 곱셈을 하는 동안에 만들어진 부분 곱은 동시에 모두가 서로 더해질 수 없다. 즉 한 번에 2개씩 더하게 된다. 첫 번째는 두 번째에 더해지고, 그 합이 다시 세 번째에 더해지는 방법을 계속 취한다. 위의 예에 대한 이러한 과정은 다음과 같다.

```
       {    1001   ← 첫 번째 부분 곱
더하기 {   1001    ← 왼쪽으로 이동된 두 번째 부분 곱
          -------
       {   11011   ← 첫 번째 2개 부분 곱의 합
더하기 {  0000     ← 왼쪽으로 이동된 세 번째 부분 곱
          -------
       {  011011   ← 첫 번째 3개 부분 곱
더하기 { 1001      ← 왼쪽으로 이동된 네 번째 부분 곱
          -------
         1100011   ← 최종 전체 곱인 4개 부분 곱의 합
```

2의 보수 체계에서의 곱셈

2의 보수 표현을 사용하는 컴퓨터에서, 곱셈은 피승수와 승수가 순수한 2진 형태를 취하면 위에서 설명한 것과 같은 방법으로 수행된다. 곱하고자 하는 두 수가 양수이면 이들은 이미 순수한 2진 형태이며, 있는 그대로 이들이 곱해 진다. 물론, 곱의 결과는 양수이고 0의 부호 비트가 주어진다. 두 수가 음수일 때, 이들은 2의 보수 형태가 될 것이다. 각각을 양수로 변환하기 위해서 2의 보수를 취한 후 두 수를 곱한다. 곱은 양수이고 0의 부호 비트가 주어진다.

두 수 중에 하나는 양수이고 나머지가 음수일 때, 음수는 먼저 2의 보수를 취함으로서 양의 크기로 변환된다. 결과는 순수한 크기 형태로 될 것이다. 그러나 원래의 수가 반대 부호를 가지므로 곱은 음수이어야 한다. 따라서 곱은 2의 보수 형태로 변환되고 1의 부호 비트가 주어진다.

학습성과 평가문제

1. 무부호 수 0111과 1110을 곱하라.

6-6 2진 나눗셈

학습성과

이 절을 학습함으로써 다음을 할 수 있다.

- 2개의 부호 없는 2진수의 몫과 나머지 계산

한 2진수(피제수)를 다른 2진수(제수)로 나누는 과정은 10진수 방법과 같으며 그것을 "장제법(long division)"이라고 한다. 실제 과정은 제수가 피제수에 몇 번 "포함되는가"를 검사할 때 단지 2개의 가능성 0 또는 1만 있게 되기 때문에 더 간단하다. 설명을 위해 다음의 간단한 나눗셈 예를 고찰하자.

$$
\begin{array}{r}
0011 \\
11\overline{)1001} \\
\underline{011} \\
0011 \\
\underline{11} \\
0
\end{array}
\qquad\qquad
\begin{array}{r}
0010.1 \\
100\overline{)1010.0} \\
\underline{100} \\
100 \\
\underline{100} \\
0
\end{array}
$$

첫 번째 예에서 1001_2를 11_2로 나누었다. 이는 10진수로 9 ÷ 3과 같다. 몫은 $0011_2 = 3_{10}$이다. 두 번째 예에서 1010_2는 100_2으로 나누었으며 10진으로 10 ÷ 4이다. 결과는 $0010.1_2 = 2.5_{10}$이다.

대부분의 현대 디지털 기기에서 나눗셈 연산의 주요 부분인 뺄셈은 보통 2의 보수 뺄셈을 사용하여 수행된다. 즉 감수의 2의 보수를 취한 후 더한다.

부호 있는 수의 나눗셈은 곱셈과 같은 방법으로 이루어진다. 음수는 보수를 취함으로서 양수로 만들고, 그 다음에 나눗셈이 실행된다. 만일, 피제수와 제수가 반대 부호이면, 몫은 2의 보수를 취함으로서 음수로 바뀌고 1의 부호 비트가 주어진다. 만일 피제수와 제수가 같은 부호이면, 몫은 양수로써 남겨두고 0의 부호 비트가 주어진다.

6-7 BCD 덧셈

학습성과

이 절을 학습함으로써 다음을 할 수 있다.

- BCD 수의 합 계산
- 결과를 10진으로 해석

2장에서 컴퓨터와 계산기는 10진수를 표현하기 위하여 BCD 코드를 사용한다고 했다. 이 코드는 각 10진 숫자를 0000에서 1001까지의 4비트 코드로 표현됨을 상기하라. BCD 형태의 10진수의 덧셈은 두 10진 숫자가 더해질 때 발생할 수 있는 두 가지 경우를 고려함으로써 가장 잘 이해될 수 있을 것이다.

합이 9 이하

BCD로 각 10진 숫자를 표현하여 5와 4를 더하는 경우를 고려하자.

$$
\begin{array}{r}
5 \\
+\underline{4} \\
9
\end{array}
\qquad
\begin{array}{rl}
0101 & \leftarrow \text{5의 BCD} \\
+\ \underline{0100} & \leftarrow \text{4의 BCD} \\
1001 & \leftarrow \text{9의 BCD}
\end{array}
$$

덧셈은 전형적인 2진 덧셈으로 수행되고, 합은 1001이 되어 9의 BCD 코드가 된다. 다른 예로 45와 33을 더해 보자.

$$
\begin{array}{r}
45 \\
+\underline{33} \\
78
\end{array}
\qquad
\begin{array}{rl}
0100\ 0101 & \leftarrow \text{45의 BCD} \\
+\ \underline{0011\ 0011} & \leftarrow \text{33의 BCD} \\
0111\ 1000 & \leftarrow \text{78의 BCD}
\end{array}
$$

이 예에서 5와 3의 4비트 코드가 2진으로 더해져서 1000이 되어 8의 BCD가 된다. 마찬가지로 두 번째 자리 10진 숫자가 더해져 0111이 되어 7의 BCD를 나타낸다. 총합은 01111000이고 이는 78의 BCD 코드이다.

위의 예에서는 10진수들의 합이 9를 초과하지 않는다. 따라서 *10*진 자리올림은 발생하지 않는다. 이 경우에 BCD 덧셈 과정은 간단하고 실제로 2진 덧셈과 같다.

합이 9를 초과

BCD로 6과 7의 덧셈을 하는 것을 고려해 보자.

10진수	BCD	
6	0110	← 6의 BCD
+7	+ 0111	← 7의 BCD
+13	1101	← BCD에 유효하지 않는 코드 그룹

합 1011은 BCD 코드에 존재하지 않는다. 이는 6개의 금지 또는 유효하지 않는 4비트 그룹 중 하나이다. 이것은 두 숫자의 합이 9를 초과하기 때문에 발생되었다. 이때는 6개의 유효하지 않은 코드 그룹을 건너뛰도록 합에 6(0110)을 더하여 보정해야만 한다.

	0110	← 6의 BCD
	+ 0111	← 7의 BCD
	1101	← 유효하지 않는 합
	0110	← 보정을 위해 6을 더함
0001	0011	← 13의 BCD
1	3	

위에 나타난 것과 같이 0110이 유효하지 않은 합에 더해져 올바른 BCD 결과를 만든다. 두 번째 10진 자리로 자리올림이 발생한다는 점에 유의하라. 이 0110의 덧셈은 두 10진 자릿수의 합이 9보다 클 때만 실행되어야 한다.

또 다른 예로, BCD로 47 + 35를 계산해 보자.

10진수			
47	0100	0111	← 47의 BCD
+35	+ 0011	0101	← 35의 BCD
82	0111	1100	← 첫 번째 숫자는 유효하지 않는 합
	1←	0110	← 보정을 위해서 6을 더함
	1000	0010	← 올바른 BCD의 합
	8	2	

7과 5 숫자에 대한 4비트 코드 덧셈은 유효하지 않은 합을 만들기 때문에 0110을 더함으로써 보정된다. 이것은 자리올림 1을 발생시켜 두 번째 자리 숫자의 BCD 합에 더해진다.

59와 38의 BCD 덧셈을 생각해 보자.

10진수			
	1		
59	0101	1001	← 59의 BCD
+38	+ 0011	1000	← 38의 BCD
97	1001	0001	← 덧셈의 수행
		0110	← 보정을 위해서 6을 더함
	1001	0111	97의 BCD
	9	7	

여기서 최하위 숫자(LSD)의 덧셈은 17 = 10001의 합을 만든다. 이것은 다음 자릿수로 자리올림을 발생시키고 5와 3의 코드에 더해진다. 17 > 9이기 때문에, 보정 계수 6이 LSD 합에 더해져야 한다. 이 보정 덧셈은 자리올림을 발생시키지 않는다. 자리올림은 이미 원래의 덧셈에서 발생되었다.

BCD 덧셈 과정을 요약하면

1. 일반 2진 덧셈을 사용하여 각 자리 수에 대하여 BCD 코드 그룹을 더한다.
2. 합이 9 이하인 자리에서는 보정이 필요 없다. 합은 적절한 BCD의 형태가 된다.
3. 두 숫자의 합이 9보다 클 때는, 적절한 BCD 결과를 얻기 위해서 합에 0110의 보정 계수를 더해야 한다. 이 경우는 원래의 덧셈(단계 1) 또는 보정 계수 덧셈을 통해 항상 다음 자리로 자림올림을 발생시킨다.

BCD 덧셈 과정은 단순한 2진 덧셈보다는 분명히 더 복잡하다. 이것은 또한 다른 BCD 산술 연산에도 마찬가지이다. 직접 275 + 641의 덧셈을 해보고 아래와 비교해 보라.

275	0010	0111	0101	← 275의 BCD
+641	+ 0110	0100	0001	← 641의 BCD
916	1000	1011	0110	← 덧셈의 수행
	+	0110		← 두 번째 숫자를 보정하기 위해 6을 더함
	1001	0001	0110	← 916의 BCD

BCD 뺄셈

BCD 수의 뺄셈 과정은 덧셈보다 더 어렵다. 이 과정은 2의 보수 방법과 유사한 보수 동작과 함께 덧셈 과정이 포함된다. 이 책에서는 BCD 뺄셈 과정은 다루지 않는다.

학습성과 평가문제

1. BCD 덧셈에서 보정이 요구될 때는 언제인가?
2. 10진수 135_{10}와 265_{10}를 BCD로 나타내고 BCD의 덧셈을 수행하라. 결과를 10진수로 변환하여 작업을 검토하라.

6-8 16진 산술

학습성과

이 절을 학습함으로써 다음을 할 수 있다.

- 2개의 16진수의 합 계산
- 2개의 16진수의 차 계산
- 16진수로 표현될 때 수의 부호 인지

16진수는 기계어 컴퓨터 프로그래밍과 컴퓨터 메모리(즉, 주소)와 관련하여 널리 사용되고 있다. 이러한 분야에서 작업할 때는 16진수의 덧셈과 뺄셈을 수행해야 할 상황이 발생된다.

16진 덧셈

16진수의 덧셈에서는 가장 큰 16진 숫자는 9 대신 F라는 것만 알면 10진 덧셈과 똑같다. 다음의 절차가 필요하다.

1. 두 16진 숫자를 10진 방식으로 더하고 9보다 큰 숫자에 대하여는 10진 등가를 삽입한다.
2. 만약 합이 15 미만이면, 그것은 16진 숫자로 직접 표현된다.
3. 만약 합이 16보다 크거나 같으면 16을 빼고, 다음의 자리로 자리올림 1을 한다.

이 과정은 다음 예제에 잘 나타나있다.

예제 6-6

16진수 58과 24를 더하라.

풀이

$$\begin{array}{r} 58 \\ +\underline{24} \\ 7C \end{array}$$

LSD(8과 4)를 더하면 12가 되어, 16진수 C가 된다. 다음 자리로 자리올림은 없다. 5와 2를 더하면 7이 된다.

예제 6-7

16진수 58과 4B를 더하라.

풀이

$$\begin{array}{r} 58 \\ +\underline{4B} \\ A3 \end{array}$$

8과 B를 더하는데, B 대신 10진수 11을 대입한다. 이는 합이 19가 된다. 19는 16보다 크기 때문에, 16을 빼면 3을 얻는다. 3을 기재하고, 다음 자리로 자리올림 1을 한다. 이 자리올림은 5와 4에 더해져서 합이 10_{10}이 되며, 이것은 16진 A로 변환된다.

예제 6-8

3AF과 23C을 더하라.

풀이

$$\begin{array}{r} 3AF \\ +\underline{23C} \\ 5EB \end{array}$$

F와 C의 합은 $15 + 12 = 27_{10}$로 간주된다. 이것은 16보다 크기 때문에 16을 빼면 10진수 11_{10}이 되고, 이것은 16진 B가 되며 두 번째 자리로 자리올림 1을 한다. 이 자리올림을 A와 3에 더하면 E를 얻는다. MSD 자리로 자리올림은 없다.

16진 뺄셈

16진수는 2진수를 표현하기에 아주 효율적인 방법임을 상기하자. 따라서 2진수에서 사용한 것과 같은 방법으로 16진수를 뺄셈할 수 있다. 16진 감수의 2의 보수를 취하고 그 다음에 피감수에 더한 후 MSD 자리에서 발생되는 자리올림은 무시한다.

16진수의 2의 보수는 어떻게 구하는가? 한 방법은 그것을 2진수로 변환하여 2의 보수를 취한 후, 다시 16진수로 변환하는 것이다. 이 과정은 다음과 같이 설명된다.

	73A		← 16진수
0111	0011	1010	← 2진으로 변환한다.
1000	1100	0110	← 2의 보수를 취한다.
	8C6		← 16진수로 변환한다.

더 빠른 수행 과정이 있다. F에서 각 16진 숫자를 뺀다. 그리고 1을 더하라. 위 예와 같은 16진수에 대하여 이 방법을 적용해 보자.

F	F	F	
−7	−3	−A	← F에서 각 16진 자릿수를 뺀다.
8	C	5	
		+1	← 1을 더한다.
8	C	6	← 16진수의 등가 2의 보수

16진수 E63에 대해서 위 방법 중 어느 한 방법을 적용해 보자. 정확한 2의 보수 결과는 19D이다.

계산기를 사용할 때의 힌트 :

16진 계산기로 F 문자열에서 16진 숫자 뺄셈을 한 후 1을 더하거나, F 문자열에 1을 더한 후 빼면 된다. 예를 들면 FFF_{16}에 1을 더하면 1000_{16}이 된다. 16진 계산기에 다음과 같이 입력한다.

1000 − 73A =   답은 8C6

예제 6-9

16진수 592_{16}로부터 $3A5_{16}$을 빼라.

풀이

먼저 감수(3A5)를 위 방법 중 하나를 사용해서 2의 보수로 변환한다. 결과는 C5B이다. 그리고 이를 피감수(592)에 더한다.

```
   592
 + C5B
  1̸1ED
  ↑
  └── 자리올림은 무시한다.
```

MSD의 덧셈에서 발생하는 자리올림을 무시하면 결과는 1ED이다. 1ED에 3A5를 더하여 592_{16}가 되는 것을 검사해 봄으로써 이것이 정확하다는 것을 증명할 수 있다.

부호 있는 수의 16진 표현

마이크로컴퓨터의 내부에서 동작하는 메모리나 하드디스크, 또는 CD ROM에 저장되는 데이터는 보통 바이트(8비트 그룹)로 저장된다. 특정 기억 장소에 저장된 데이터 바이트는 대체로 16진수로 표현된다. 그것이 2진으로 표현하는 것보다 더 효율적이고 오류 발생이 적기 때문이다. 데이터가 부호 있는 수로 구성되면 어떤 16진수가 양수인지 음수인지 인식하는 데 유용하다. 예를 들어 표 6-2는 주소 4000에서 시작하는 메모리의 작은 구획에 저장되어 있는 데이터의 목록이다.

표 6-2

16진 주소	2진 저장 데이터	16진수	10진수
4000	00111010	3A	+58
4001	11100101	E5	−27
4002	01010111	57	+87
4003	10000000	80	−128

각 기억 장소는 1바이트(8 비트)를 저장하며, 그것은 부호 있는 10진수의 2진 등가이다. 표에는 각 바이트의 16진 등가도 나타내었다. 음의 데이터 값을 갖는 경우에는 2진수의 부호 비트(MSB)는 1이 된다. 이것은 16진수의 MSD는 8이나 그 이상의 수가 되게 할 것이다. 데이터 값이 양일 경우에는 부호 비트는 0이고, 16진수의 MSD는 7이나 그 이하일 것이다. *MSD*가 *8* 혹은 그 이상이면 수는 음수이고, *MSD*가 *7* 이하이면 양수이다.

학습성과 평가문제

1. 67F + 2A4를 계산하라.
2. 67F − 2A4를 계산하라.
3. 다음 중 어느 것이 양의 값을 나타내는가?
   2F, 77EC, C000, 6D, FFFF?

6-9 산술 회로

학습성과

이 절을 학습함으로써 다음을 할 수 있다.

- 컴퓨터에서 산술을 수행하는 하드웨어를 기능 블럭 수준에서 기술

대부분의 컴퓨터와 계산기에서 하나의 필수 기능은 산술 연산의 수행이다. 이 연산은 컴퓨터의 산술/논리 장치에서 수행되며, 장치에서는 논리 게이트와 플립플롭이 2진수 더하기, 빼기, 곱하기 그리고 나누기를 할 수 있도록 결합된다. 이 회로는 사람의 능력으로는 불가능한 속도로 산술 연산을 수행한다. 보통 덧셈 연산은 100 ns(나노 초) 이하에서 처리된다.

앞에서 논의되었던 산술 연산을 수행하는데 사용되는 기본적인 산술 회로에 대해 학습해 보자. 어떤 경우에는 회로가 IC 형태로 시판되고 있음에도 불구하고 더 많은 경험을 위해 제4장에서 다루었던 기술을 이용한 실제 설계 과정을 살펴본다.

산술/논리 장치

모든 산술 연산은 컴퓨터의 **산술/논리 장치**(**Arithmetic-Logic Unit: ALU**)에서 일어난다. 그림 6-4는 전형적인 ALU를 포함한 주요 요소를 나타내는 블럭 다이어그램이다. ALU의 주 목적은 메모리에 저장되어 있는 2진 데이터를 받아들이고, 제어 장치로부터의 명령에 따라 이 데이터에 산술과 논리 연산을 실행하는 것이다.

산술/논리 장치는 최소한 2개의 플립플롭 레지스터를 포함한다. 그것은 **누산기 레지스터**(**accumulator register**)와 *B* 레지스터이다. 또한 *B* 레지스터와 누산기에 저장된 2진

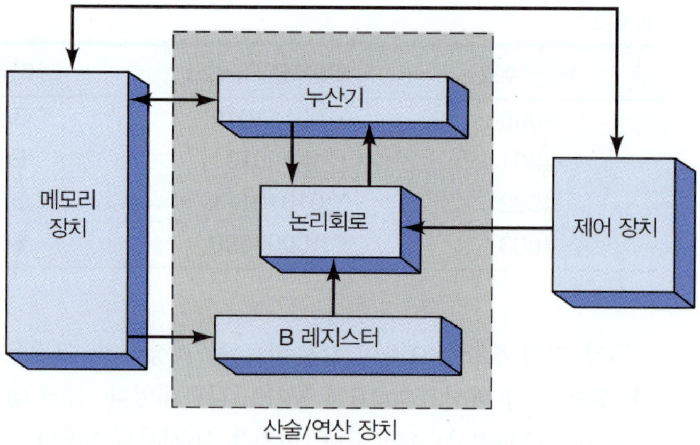

그림 6-4 ALU의 기능부.

수에 대한 산술과 논리 연산을 수행하는 조합 논리 회로도 포함한다. 연산의 일반적인 순서는 다음과 같다.

1. 제어 장치는 특정 기억 장소(주소)에 저장된 수가 누산기 레지스터에 현재 저장된 수에 더해져야 한다는 것을 명시하는 명령(메모리 장치로부터)을 받는다.
2. 더해지는 수는 메모리로부터 *B* 레지스터로 전송된다.
3. *B* 레지스터의 수와 누산기 레지스터의 수는 논리 회로에서 서로 더해진다(제어부로부터의 명령에 의해). 결과의 합은 저장을 위해 누산기로 보내진다.
4. 누산기의 새로운 수는 또 다른 수가 그것에 더해질 수 있도록 그곳에 남아 있거나, 또는 만일 특정한 산술 과정이 완료되면, 저장을 위해 메모리로 전송된다.

이 단계들은 어떻게 누산기 레지스터라는 이름을 얻게 되었는지 분명하게 해준다. 이 레지스터는 메모리로부터 가져온 새로운 수와 그 전에 누적된 합 사이에서 연속적인 덧셈을 수행할 때 발생하는 합을 "누적"한다. 사실 몇 가지 단계를 포함하는 모든 산술 문제에 대해서 누산기는 문제가 완료되었을 때의 최종 결과뿐만 아니라 중간 단계의 결과도 일반적으로 포함한다.

학습성과 평가문제

1. 산술 논리 장치를 구성하는 3개의 블럭은 무엇인가?
2. 누산기와 *B*는 레지스터이다. 어떤 기본 블럭이 이들 레지스터로 구성되는가?
3. *A* 레지스터를 누산기라고 하는 이유는 무엇인가?

6-10 병렬 2진 가산기

학습성과

이 절을 학습함으로써 다음을 할 수 있다.

- 2진 가산기를 하나의 비트를 더하는 기본 블럭(전가산기)으로의 분해
- 임의의 크기를 갖는 2진 가산기를 구성하기 위한 전가산기 블럭의 연결
- 가산기 회로에서 어떤 지점의 논리 값 예측

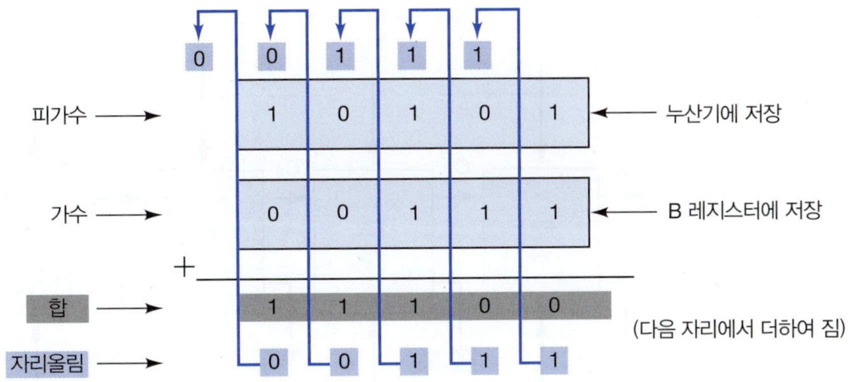

그림 6-5 전형적인 2진 덧셈 과정.

컴퓨터와 계산기는 한 번에 2개의 2진수로 덧셈 연산을 수행한다. 각 2진수는 여러 개의 2진 숫자를 갖는다. 그림 6-5는 2개의 5비트 수들의 덧셈을 나타낸다. 피가수는 누산기 레지스터에 저장된다. 즉 누산기는 5개의 플립플롭을 가지며 연속적인 플립플롭에 10101의 값을 저장한다. 마찬가지로 피가수에 더해질 가수는 *B* 레지스터에 저장된다(이 경우에 00111).

덧셈 과정은 피가수와 가수의 LSB들을 더함으로써 시작된다. 따라서 1 + 1 = 10이며 이는 그 자리에서의 합은 0이고, 자리올림 1을 발생한다.

이 자리올림 1은 다음 자리에서 그 자리의 피가수와 가수와 함께 더해 진다. 따라서 두 번째 자리에서, 1 + 0 + 1 = 10이 되며 다시 합은 0이고 자리올림 1을 발생한다. 이 자리올림은 다음 자리에서 그 자리의 가수, 피가수 비트와 함께 더해지며 그림 6-5처럼 나머지 자리에서도 반복된다.

이 덧셈 과정의 각 단계에서 피가수 비트, 가수 비트, 앞 자리로부터의 자리올림 비트의 3비트 덧셈을 수행한다. 이 3비트 덧셈의 결과는 합 비트와 다음 자리에 더해지는 자리올림 비트의 2비트를 발생시킨다. 각 비트에 대하여 같은 과정이 계속되는 것은 명백하다. 따라서 만약 이 과정을 반복할 수 있는 논리 회로를 설계한다면, 각 비트 위치에 대해 동일한 회로를 사용하면 된다. 이를 그림 6-6에서 설명한다.

그림에서 변수 A_4, A_3, A_2, A_1, A_0은 누산기(*A* 레지스터라고도 한다)에 저장된 피가수 비트들을 나타낸다. 변수 B_4, B_3, B_2, B_1, B_0은 *B* 레지스터에 저장된 가수의 비트들을 나타낸다. 변수 C_4, C_3, C_2, C_1, C_0은 대응되는 위치로의 자리올림 비트들을 나타낸다. 변수 S_4, S_3, S_2, S_1, S_0은 각 위치에 대한 합 출력 비트들이다. 피가수와 가수의 대응하는 비트들은 앞 자리로부터의 자리올림 비트와 함께 **전가산기(FA)**라고 하는 논리 회로에 공급된다. 예를 들어 A_1과 B_1비트들은 A_0과 B_0비트들의 덧셈에 의해 발생된 자리올림 비트 C_1과 함께 전가산기 1에 공급된다. 비트 A_0과 B_0는 C_0과 함께 전가산기 0에 공급된다. 비트 A_0과 B_0은 피가수와 가수의 LSB이므로 C_0은 그 자리로의 자리올림이 없어서 항상 0이 된다. 그러나 C_0가 1이 될 수 있는 경우도 있을 수 있다는 것을 보게될 것이다.

각 자리에서 사용되는 전가산기는 3개의 입력 *A*비트, *B*비트, *C*비트를 가진다. 또한 2개의 출력 합 비트와 자리올림 비트를 산출한다. 예를 들어 전가산기 0은 입력 A_0, B_0과 C_0를 가지며 출력 S_0과 C_1을 발생한다. 전가산기 1은 입력 A_1, B_1과 C_1를 가지며 출력 S_1과 C_2를 발생하며, 계속해서 같은 식으로 반복한다. 이 배열은 피가수와 가수의 자릿수만큼 반복된다. 비록 이 예에서는 5비트에 한정하였지만, 현대 컴퓨터에서 숫자들은 보통 8에서 64비트 범위에 있다.

그림 6-6의 배열은 피가수와 가수의 모든 비트들이 주어지고, 그들이 가산기 회로에 동

그림 6-6 전가산기를 사용한 5비트 병렬 가산기 회로의 블럭 다이어그램.

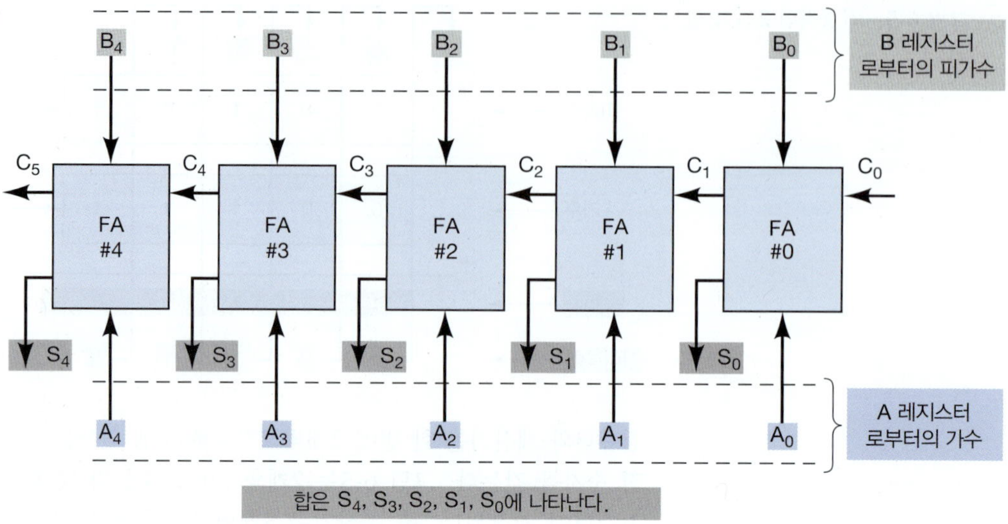

시에 공급되기 때문에 **병렬 가산기(parallel adder)**라 한다. 이는 각 자리에서 덧셈이 동시에 일어남을 의미한다. 이것은 우리가 LSB로부터 시작하여 한 번에 한 자리씩 계산하는 종이에서 덧셈하는 방법과는 다르다. 분명히 병렬 덧셈은 대단히 빠르다. 나중에 더 많은 내용에 대하여 설명할 것이다.

학습성과 평가문제

1. 전가산기의 입력은 몇 개인가? 출력은 몇 개인가?
2. 그림 6-6의 입력 값이 다음과 같다고 가정하자.
   $A_4A_3A_2A_1A_0 = 01001$, $B_4B_3B_2B_1B_0 = 00111$, $C_0 = 0$
   (a) FA #2의 출력에서 논리 값은 무엇인가?
   (b) C_5 출력에서 논리 값은 무엇인가?

6-11 전가산기의 설계

학습성과

이 절을 학습함으로써 다음을 할 수 있다.

- 전가산기를 블럭 다이어그램으로 표현
- 전가산기의 기능을 진리표를 사용하여 기술
- 일반적인 조합논리 설계 기법 사용을 사용한 덧셈 논리 회로 제작

이제, 전가산기의 기능을 알고 있으므로 이 기능을 수행하는 논리 회로를 설계할 수 있다. 먼저, 여러 개의 입력과 모든 가능한 경우에 대한 출력을 나타내는 진리표를 작성하여야 한다. 그림 6-7은 3개의 입력 A, B, C_{IN}과 2개의 출력 S와 C_{OUT}을 가지는 진리표를 나타낸다. 3개의 입력에 대하여 여덟 가지의 경우가 있고, 각 경우에 대한 원하는 출력을 나타내었다. 예를 들어 $A = 1$, $B = 0$, $C_{IN} = 1$인 경우를 생각해 보자. 전가산기(FA)는 이들 비트들을 더하여 0의 합(S)과 1의 자리올림(C_{OUT})을 발생시킨다. 확실히 이해할 수 있도록, 다른 경우들도 검토해 보라.

그림 6-7 전가산기에 대한 진리표.

피가수 비트 입력	가수 비트 입력	캐리 비트 입력	합 비트 입력	캐리 비트 출력
A	B	C_{IN}	S	C_{OUT}
0	0	0	0	0
0	0	1	1	0
0	1	0	1	0
0	1	1	0	1
1	0	0	1	0
1	0	1	0	1
1	1	0	0	1
1	1	1	1	1

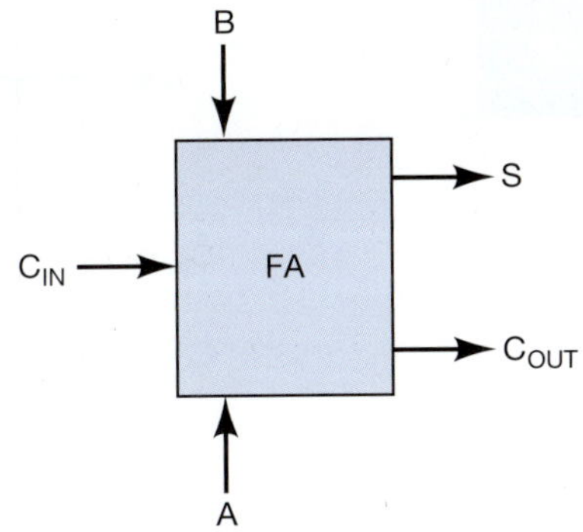

전가산기는 2개의 출력을 가지기 때문에, 각각의 출력에 대하여 독립적으로 회로를 설계할 수 있다. 먼저, 출력 S부터 시작하자. 진리표에서 4가지의 경우에 S가 1이 될 수 있음을 알 수 있다. 곱의 합 방법을 이용하여, S에 대한 표현식을 다음과 같이 쓸 수 있다.

$$S = \overline{A}\overline{B}C_{IN} + \overline{A}B\overline{C}_{IN} + A\overline{B}\overline{C}_{IN} + ABC_{IN} \tag{6-1}$$

인수분해를 통하여 이 식을 간략화할 수 있다. 불행하게도, 이 식의 어떤 항도 다른 항들과 공통되는 2개의 변수를 가지고 있지 않다. 그러나 $\overline{A}$는 첫 번째 두 항으로부터 인수분해될 수 있고, A는 나머지의 두 항으로부터 인수분해될 수 있다.

$$S = \overline{A}(\overline{B}C_{IN} + B\overline{C}_{IN}) + A(\overline{B}\overline{C}_{IN} + BC_{IN})$$

첫 번째 괄호 안의 항은 B와 C_{IN}의 배타적(exclusive) OR 조합으로 볼 수 있고, 이는 $B \oplus C_{IN}$으로 나타낼 수 있다. 두 번째 괄호 안의 항은 B와 C_{IN}의 배타적 NOR로 볼 수 있고, 이는 $\overline{B \oplus C_{IN}}$으로 나타낼 수 있다. 그러므로 S에 대한 표현식은 다음과 같다.

$$S = \overline{A}(B \oplus C_{IN}) + A(\overline{B \oplus C_{IN}})$$

여기서 $X = B \oplus C_{IN}$이라고 두면, 이 식은 다시 다음과 같이 나타낼 수 있다.

$$S = \overline{A} \cdot X + A \cdot \overline{X} = A \oplus X$$

이것은 단순히 A와 X의 배타적 OR이다. X에 대한 표현식을 바꾸면 다음과 같다.

$$S = A \oplus [B \oplus C_{IN}] \tag{6-2}$$

지금부터 그림 6-7의 진리표에서 출력 C_{OUT}을 구하면, 다음과 같이 곱의 합 논리식으로 쓸 수 있다.

$$C_{OUT} = \overline{A}BC_{IN} + A\overline{B}C_{IN} + AB\overline{C}_{IN} + ABC_{IN}$$

이 표현식은 인수분해를 통하여 간략화될 수 있다. 4장에서 소개한 요령을 이용하여 다른 각 항들과 공통 인수인 ABC_{IN}를 세 번 사용한다. 결과는 다음과 같다.

$$\begin{aligned} C_{OUT} &= BC_{IN}(\overline{A} + A) + AC_{IN}(\overline{B} + B) + AB(\overline{C}_{IN} + C_{IN}) \\ &= BC_{IN} + AC_{IN} + AB \end{aligned} \tag{6-3}$$

이 표현식은 더 이상 간략화되지 않는다.

표현식 (6-2)와 (6-3)은 그림 6-8과 같이 구현될 수 있다. S와 C_{OUT}에 대한 같은 표현식을 산출하기 위해 사용될 수 있는 여러 가지 구현 방법이 있지만, 거기에 특별한 장점은 없다. 입력 A, B, C_{IN}과 출력 S, C_{OUT}을 갖는 완전한 회로는 전가산기를 나타낸다. 그림

그림 6-8 전가산기 논리 회로.

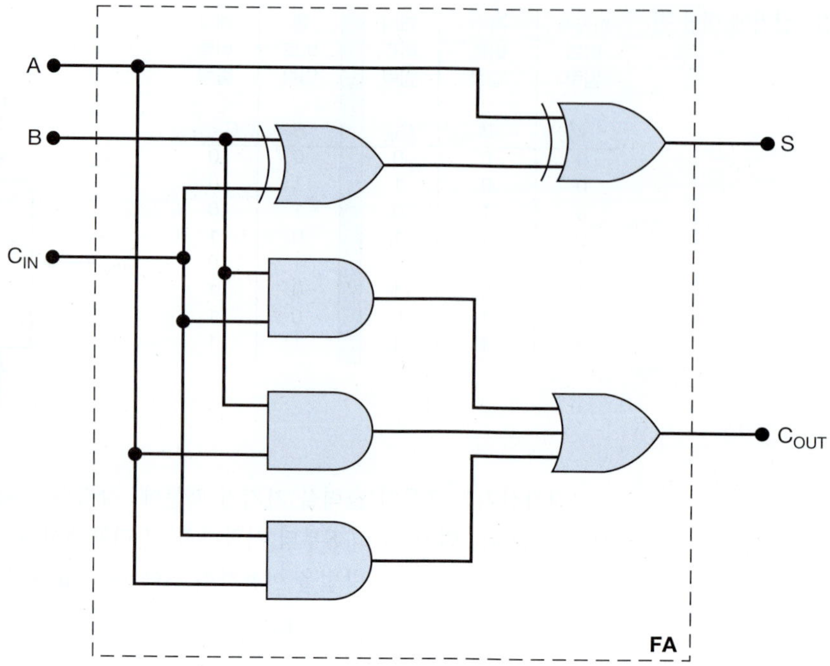

6-6에 있는 각 FA들은 이와 동일한 회로(또는 그의 등가)를 포함한다.

K맵을 이용한 간략화

대수적인 방법을 이용하여 S와 C_{OUT}에 대한 표현식을 간략화하였지만, K맵 방법도 이용할 수 있다. 그림 6-9(a)는 S 출력에 대한 K맵을 나타낸다. 이 맵은 인접한 1이 없다. 따라서 쌍이나 4개의 묶음이 존재하지 않는다. 그러므로 S에 대한 표현식은 K맵을 이용하여 간략화될 수 없다. 이것은 대수적인 방법과 비교하였을 때 K맵 방법의 한계를 나타낸다. 인수분해와 배타적 XOR와 배타적 XNOR 연산을 이용하여 S에 대한 표현식을 간략화할 수 있다.

출력 C_{OUT}에 대한 K맵을 그림 6-9(b)에 나타내었다. 묶여진 3개의 쌍은 대수적 방법에 의하여 얻어진 식과 같은 표현식을 갖는다.

그림 6-9 전가산기에 대한 K맵.

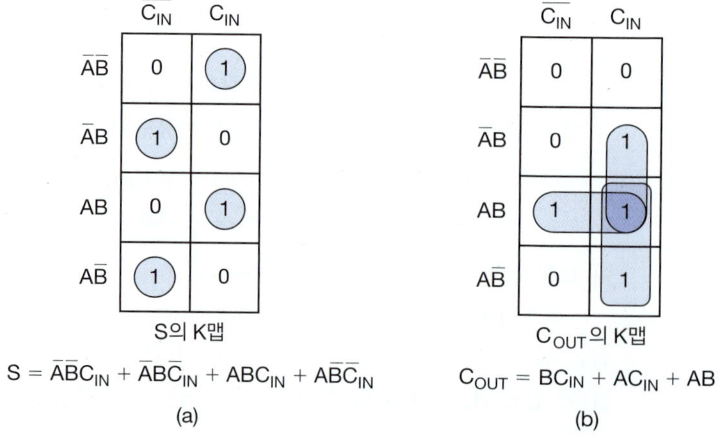

반가산기

FA는 3개의 입력에 작용하여 합과 자리올림을 발생시킨다. 어떤 경우에는 단지 2개의 입력 비트를 더하여 합과 자리올림을 발생시키는 회로가 필요하다. 더해질 자리올림이 없는 두 2진수의 LSB 자리의 덧셈이 그 예이다. 이 특별한 논리 회로는 2개의 입력 비트 A와 B를 받아드려 합(S)과 자리올림(C_{OUT}) 출력을 발생하도록 설계될 수 있다. 이 회로를 **반가산기(Half Adder: HA)**라고 한다. 이 회로의 동작은 단지 두 비트에 대하여 동작하는 것을 제외하고는 전가산기의 동작과 비슷하다. HA에 대한 설계는 이 장 마지막 부분에서 연습문제로 다룬다.

학습성과 평가문제

1. 교재를 참고하지 말고 전가산기와 반가산기 회로의 설계를 반복하라.

6-12 레지스터를 갖는 완전한 병렬 가산기

학습성과

이 절을 학습함으로써 다음을 할 수 있다.

- 5장의 플립플롭과 조합 논리 회로를 사용한 가수 (B) 레지스터와 피가수/누산기 레지스터를 갖는 산술 덧셈 회로의 설계
- 산술 연산 장치의 연산을 타이밍도로 표현
- 임의의 입력에 대한 산술 장치의 출력 예측

컴퓨터에서 더해질 수들은 플립플롭 레지스터에 저장된다. 그림 6-10은 저장 레지스터를 포함하는 4비트 병렬 가산기의 도형을 나타낸다. A_3에서 A_0까지의 피가수 비트는 누산기(A 레지스터)에 저장된다. B_3에서 B_0까지의 가수 비트는 B 레지스터에 저장된다. 이들 각 레지스터는 데이터의 손쉬운 전송을 위하여 D 플립플롭으로 구성된다.

A 레지스터의 내용(즉, A_3에서 A_0까지 저장된 2진수)은 4개의 FA에 의하여 B 레지스터의 내용과 더해지고, 합은 S_3에서 S_0까지의 출력에서 발생한다. C_4는 네 번째 FA의 자리올림 출력이고, 이것은 다섯 번째 FA의 자리올림 입력으로 사용되거나 합이 1111을 초과함을 나타내는 넘침 비트로 사용될 수 있다.

합 출력들은 A 레지스터의 D 입력에 연결되어 있음을 주목하라. 이것은 합이 TRANSFER 펄스의 양의 천이(PGT)에서 A 레지스터로 병렬 전송되도록 한다. 이러한 방법으로 A 레지스터에 합이 저장될 수 있다.

또한 B 레지스터의 입력 D는 컴퓨터의 메모리로부터 들어오며, 메모리로부터 들어오는 2진수는 LOAD 펄스의 PGT에서 B 레지스터로 병렬로 전송됨을 주목하라. 대부분의 컴퓨터에는 메모리로부터 누산기(A 레지스터)로 2진수를 병렬 전송하기 위한 장치도 존재한다. 간략화를 위하여 이러한 전송을 수행하기 위한 회로는 이 도형에 나타내지 않았다. 이것은 이 장의 연습문제에서 다룬다.

마지막으로, A 레지스터 출력은 다른 컴퓨터의 레지스터나 컴퓨터의 메모리와 같은 다른 위치로의 전송에 이용할 수 있음을 주목하라. 이것은 덧셈 회로가 새로운 수를 받아들일 수 있게 한다.

레지스터 표기법

이 회로가 두 2진수를 더하는 완전한 과정을 논의하기 전에, 레지스터의 내용과 데이터 전송 동작을 쉽게 기술하기 위한 몇 가지 표기법을 소개하는 것이 도움이 될 것이다.

현재의 논리 값을 레지스터의 각 플립플롭 또는 출력 그룹의 각 출력에 부여하고자 할 때 다음과 같이 괄호를 이용한다.

$$[A] = 1011$$

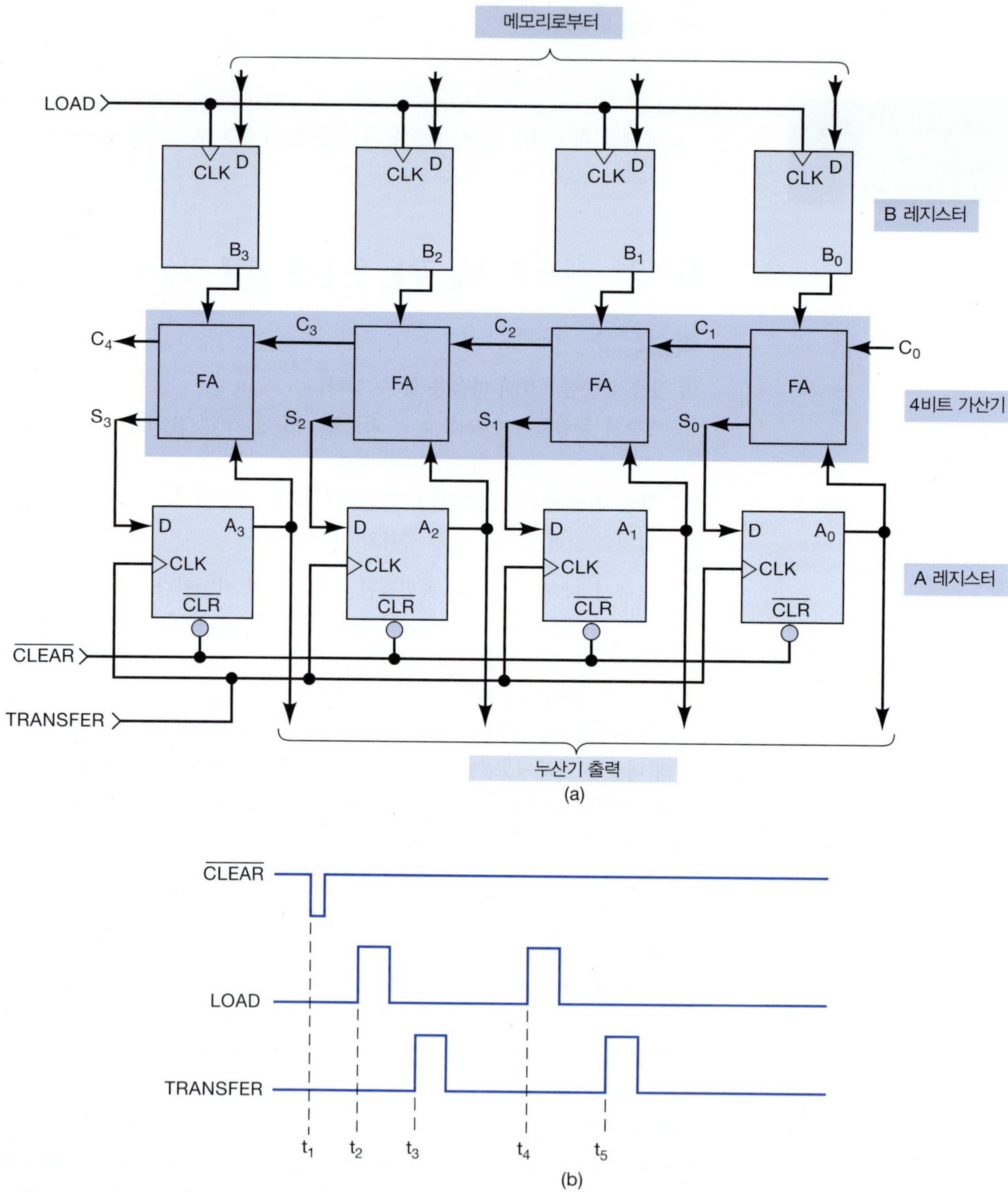

그림 6-10 (a) 레지스터를 갖는 4비트 병렬 가산기. (b) 메모리로부터 2진수를 넣고 누산기에 그들의 합을 저장하기 위해 사용되는 신호.

이것은 $A_3 = 1, A_2 = 0, A_1 = 1, A_0 = 1$과 같다. 다시 말해서 $[A]$는 "레지스터 A의 내용"을 나타낸다.

레지스터로의 전송 또는 레지스터로부터의 전송을 나타낼 때, 아래와 같이 화살표를 사용한다.

$$[B] \rightarrow [A]$$

이것은 B 레지스터의 내용이 A 레지스터로 전송됨을 의미한다. A 레지스터의 이전 내용은 이 동작으로 그 값을 잃어버리고, B 레지스터의 내용은 변화가 없다. 이러한 표기법은 매우 일반적이며 특히 마이크로프로세서 또는 마이크로컨트롤러의 동작에서 흔하다. 이것은 여러 가지 면에서 하드웨어 기술 언어를 사용하여 비트-배열 데이터 객체를 조회하는데 사용되는 표기법과 매우 유사하다.

동작 순서

지금부터 그림 6-10의 회로에서 2진수 1001과 0101을 더하는 과정을 설명해 보자. $C_0 = 0$, 즉 LSB 자리로의 자리올림은 없다고 가정하자.

1. $[A] = 0000$. $\overline{\text{CLEAR}}$펄스를 레지스터 A에 있는 각 플립플롭의 비동기식 입력($\overline{CLR}$)에 인가한다. 이것은 t_1에서 일어난다.
2. $[M] \rightarrow [B]$. 첫 번째 2진수는 메모리(M)로부터 레지스터 B로 전송된다. 이 경우 2진수 1001은 t_2의 LOAD 펄스의 PGT에서 레지스터 B로 적재된다.
3. *$[S] \rightarrow [A]$. $[B] = 1001$과 $[A] = 0000$일 때 FA는 합 1001을 출력한다. 즉 $[S] = 1001$. 이 합 출력은 t_3의 TRANSFER 펄스의 PGT에서 A 레지스터로 전송된다. 이것은 $[A] = 1001$을 형성한다.
4. $[M] \rightarrow [B]$. 두 번째 2진수, 0101은 t_4의 두 번째 LOAD 펄스의 PGT에서 메모리로부터 레지스터 B로 전송된다. 이것은 $[B] = 0101$을 형성한다.
5. $[S] \rightarrow [A]$. $[B] = 0101$과 $[A] = 1001$일 때, FA는 $[S] = 1100$을 발생한다. 이 합 출력은 두 번째 TRANSFER 펄스가 t_5에서 발생할 때 A 레지스터로 전송된다. 따라서 $[A] = 1110$이다.
6. 이런 점에서 두 2진수의 합은 누산기에 존재한다. 대부분의 컴퓨터에서 누산기의 내용, $[A]$는 보통 컴퓨터의 메모리로 전송되고, 덧셈 회로는 새로운 수에 대하여 사용될 것이다. 이 $[A] \rightarrow [M]$ 전송을 수행하는 회로는 그림 6-10에 나타내지 않았다.

학습성과 평가문제

1. 4개의 다른 4비트 수를 메모리로부터 가져와서, 그림 6-10의 회로에서 더해진다고 가정하자. $\overline{\text{CLEAR}}$펄스는 몇 개가 필요한가? 또 TRANSFER 펄스와 LOAD 펄스는 몇 개가 필요한가?
2. 다음 동작 후에 A 레지스터의 내용은 무엇인가?
   $[A] = 0000, [0110] \rightarrow [B], [S] \rightarrow [A], [1110] \rightarrow [B], [S] \rightarrow [A]$

* S가 레지스터는 아니지만, S 출력 그룹을 나타내기 위해 $[S]$를 사용할 것이다.

6-13 자리올림 전파

학습성과

이 절을 학습함으로써 다음을 할 수 있다.

- n 비트 덧셈에 대한 최대 지연 계산
- 이들 지연을 감소시키기 위한 기법 기술

그림 6-10의 병렬 가산기는 각 자리의 비트가 동시에 더해지기 때문에, 비교적 빠른 속도로 덧셈을 수행한다. 그러나 **자리올림 전파(carry propagation)** 또는 **자리올림 리플(carry ripple)**이라는 효과에 의하여 그 속도가 제한된다. 아래의 덧셈을 통해 그것을 알아보자.

$$\begin{array}{r} 0111 \\ +\ \underline{0001} \\ 1000 \end{array}$$

LSB 자리의 덧셈은 두 번째 자리로 자리올림을 일으킨다. 이 자리올림은 두 번째 자리의 비트에 더해질 때, 세 번째 자리로 자리올림을 일으킨다. 후자의 자리올림은 세 번째 자리의 비트에 더해질 때, 마지막 자리로 자리올림을 일으킨다. 이 예에서 주목할 것은 마지막 자리(MSB)에서 발생한 합 비트는 첫 번째 자리(LSB)의 덧셈에 의하여 발생한 자리올림에 의존한다는 것이다.

그림 6-10 회로의 관점에서 보면, 마지막 FA의 S_3 출력은 첫 번째 FA의 C_1 출력에 의존한다. 그러나 C_1 신호는 S_3를 발생시키기 전에 3개의 FA를 통하여 전파되어야 한다. 이것은 C_1이 중간의 FA들을 통하여 전파될 때까지 S_3 출력은 정확한 값에 도달하지 못한다는 것을 의미한다. 이것은 FA에서 발생하는 전파 지연에 의존하는 시간 지연을 나타낸다. 예를 들어 각 FA가 40 ns의 전파 지연을 가진다면, C_1이 발생한 후 120 ns까지 S_3은 정확한 값에 도달하지 못한다. 이것은 피가수와 가수가 레지스터의 플립플롭에 나타난 후 160 ns가 될 때까지 덧셈 명령 펄스가 인가될 수 없다는 것을 의미한다(여분의 40 ns은 LSB FA의 지연 때문이고, C_1을 발생한다).

명백히 이러한 상황은 더 큰 비트의 수를 더하는 덧셈 회로에서는 더욱 심각해진다. 만약 가산기가 32비트 수를 처리한다면, 자리올림의 전파 지연은 1280 ns = 1.28 μs이다. 덧셈 펄스는 수들이 레지스터에 나타난 후 적어도 1.28 μs가 되어야 인가될 수 있다.

지연의 크기는 고속 컴퓨터에서는 바람직하지 않다. 다행히도, 논리 설계자들은 이러한 지연을 줄이기 위한 여러 가지의 설계 방법을 고안하였다. 그 설계 방법 중의 하나는 **자리올림 예견(look-ahead carry)** 방법이다. 이것은 높은 자리의 자리올림이 발생되는지 알아보기 위하여 피가수와 가수의 낮은 자리의 비트를 관찰하는 논리 회로를 이용한다. 예를 들어 입력으로서 B_2, B_1, B_0, A_2, A_1, A_0과 출력으로 C_3을 갖는 논리 회로를 만들 수 있다. 이 논리 회로는 FA을 통한 자리올림의 지연보다 더 짧은 지연을 가진다. 이 방법은 고속 가산기를 만들기 위해 여분의 큰 회로를 필요로 한다. 집적 회로의 형태로 이용되는 대부분의 고속 가산기는 전체 지연을 감소시키기 위해 자리올림 예견 회로나 비슷한 기술을 이용한다.

학습성과 평가문제

1. 입력이 변경된 후 전가산기의 출력이 안정화 되는데 2 ns가 걸린다고 가정하자. 16비트 가산기에서 두 수를 더하는데 걸리는 최대 시간(최악의 경우)은 얼마인가?
2. 가산기 레지스터가 동작할 수 있는 최대 주파수는 얼마인가?
3. 가산기가 더 높은 주파수에서 어떻게 동작할 수 있는가?

6-14 집적 회로 병렬 가산기

학습성과

이 절을 학습함으로써 다음을 할 수 있다.

- 표준 기능 블럭을 조합하여 임의 크기의 가산기 구성
- 최대 연산 속도 계산
- 회로의 임의 지점에서의 논리 상태 예측

여러 가지 병렬 가산기들이 IC화되어 있다. 가장 보편적인 것은 4개의 상호 연결된 FA와 고속 연산을 위한 자리올림 예견 회로를 포함한 4비트 병렬 가산기 IC이다. 7483A, 74LS83A, 74LS283 그리고 74HC283은 모두 4비트 병렬 가산기 칩이다.

그림 6-11의 (a)는 74HC283 4비트 병렬 가산기에 대한 기호이다. 이 IC의 입력은 2개의 4비트 수, $A_3A_2A_1A_0$과 $B_3B_2B_1B_0$ 그리고 LSB 자리로의 자리올림, C_0이 있다. 출력으로는 합 비트와 MSB 자리로부터의 자리올림, C_4가 있다. 합 비트는 $\Sigma_3\Sigma_2\Sigma_1\Sigma_0$으로 표시하였다. 여기서 Σ는 그리스 대문자 시그마(*sigma*)이다. 이 기호는 합 비트에 대한 S 표기의 가장 보편적인 다른 표현이다.

종속 연결된 병렬 가산기

2개 또는 그 이상의 IC 가산기는 더 큰 2진수의 덧셈을 하기 위하여 종속적으로 연결될 수 있다. 예를 들어 그림 6-11(b)는 2개의 74HC283 가산기가 2개의 8비트 수 $A_7A_6A_5A_4A_3A_2A_1A_0$와 $B_7B_6B_5B_4B_3B_2B_1B_0$를 더하기 위하여 어떻게 연결되는지 나타내고 있다. 오른쪽의 가산기는 4개의 하위 4비트를 더한다. 왼쪽의 가산기는 4개의 상위 4비트, 그리고 낮은 자리 가산기의 C_4 자리올림 출력을 더한다. 8개의 합 출력은 2개의 8비트 수의 합의 결과를 나타낸다. C_8은 MSB 자리의 자리올림 출력이다. 이것은 더 큰 2진수들을 더할 경우 3번째 가산기로의 자리올림 입력으로 사용된다.

74HC283의 자리올림 예견(look-ahead carry) 기능은 이와 같은 2단 가산기의 연산 속도를 높여준다. 왜냐하면 낮은 자리 가산기의 자리올림 출력 C_4에서의 논리 값이 자리올림 예견 회로가 없을 때 보다 빨리 생성되기 때문이다. 이것은 높은 자리 가산기가 그의 합 출력을 더 빨리 발생하도록 한다.

예제 6-10

72_{10}에 137_{10}을 더할 때, 그림 6-11(b) 8비트 가산기의 입력과 출력에서의 논리 값을 구하라.

그림 6-11 (a) 74HC283 4비트 병렬 가산기에 대한 블럭도. (b) 2개의 74HC283의 종속 연결.

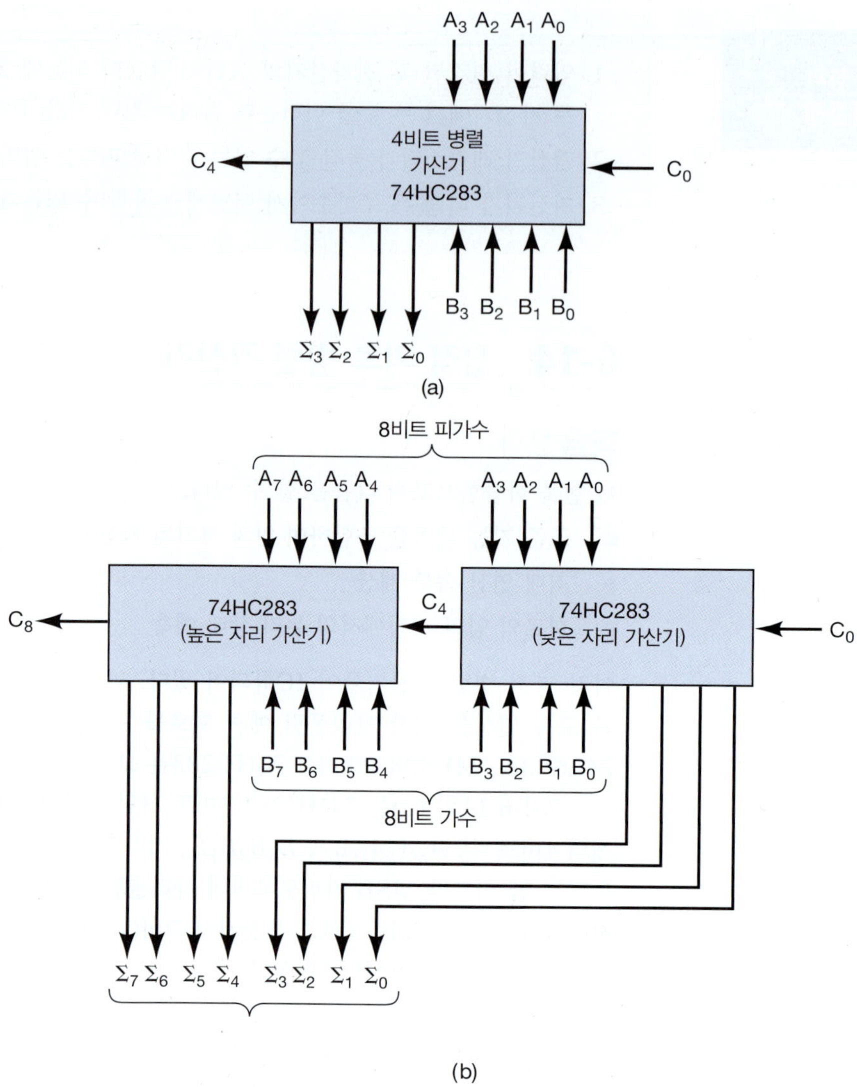

풀이

첫 번째로 각 수를 8비트 2진수로 변환한다.

$$137 = 10001001$$
$$72 = 01001000$$

이 2개의 2진수는 A와 B 입력에 인가된다. 즉 입력 A는 왼쪽부터 오른쪽으로 10001001이고, 입력 B는 왼쪽부터 오른쪽으로 01001000이다. 가산기는 두 수의 2진수 합을 발생한다.

$$[A] = 10001001$$
$$[B] = \underline{01001000}$$
$$[\Sigma] = 11010001$$

두 수의 2진수 합 출력은 왼쪽부터 오른쪽으로 11010001로 되고, C_8 비트로의 넘침은 없다. 즉 C_8은 0이다.

학습성과 평가문제

1. 2개의 20비트 2진수를 더하기 위하여 필요한 74HC283는 몇 개인가?
2. 74HC283이 C_0에서 C_4까지 30 ns의 최대 전파 지연을 가진다면, 74HC283으로 구성된 32비트 가산기의 전체 전파 지연은 얼마인가?
3. 예제 6-10에서 C_4의 논리 값을 구하라.

6-15 2의 보수 회로

학습성과

이 절을 학습함으로써 다음을 할 수 있다.

- 표준 가산기 블럭을 조합 회로와 레지스터와 결합하여 가산기/감산기를 구성
- 시스템의 임의 지점에서의 논리 값 예측
- 결과를 부호 있는 정수로 설명

대부분의 컴퓨터는 음수를 나타내거나, 뺄셈을 수행하기 위하여 2의 보수 체계를 사용한다. 2의 보수 형태를 사용하여 음수를 나타낸다면, 부호 있는 수의 덧셈과 뺄셈 연산은 단지 덧셈 연산만을 이용하여 수행될 수 있다.

덧셈

부호 비트를 포함하는 양수와 음수는 음수가 2의 보수 형태로 주어질 때, 기본 병렬 가산기를 이용하여 함께 더해질 수 있다. 이것은 −3과 +6의 덧셈에 대한 그림 6-12에서 설명될 수 있다. −3은 2의 보수 형태로 나타내면 1101이다. 여기서 첫 번째 1은 부호 비트이다. +6은 부호 비트로 0을 갖는 0110으로 나타내어진다. 이 수들은 각각의 레지스터에 저장된다. 4비트 병렬 가산기는 0011의 합 출력을 발생하고, 이것은 +3을 나타낸다. C_4 출력은 1이지만, 2의 보수 방법에서는 무시된다.

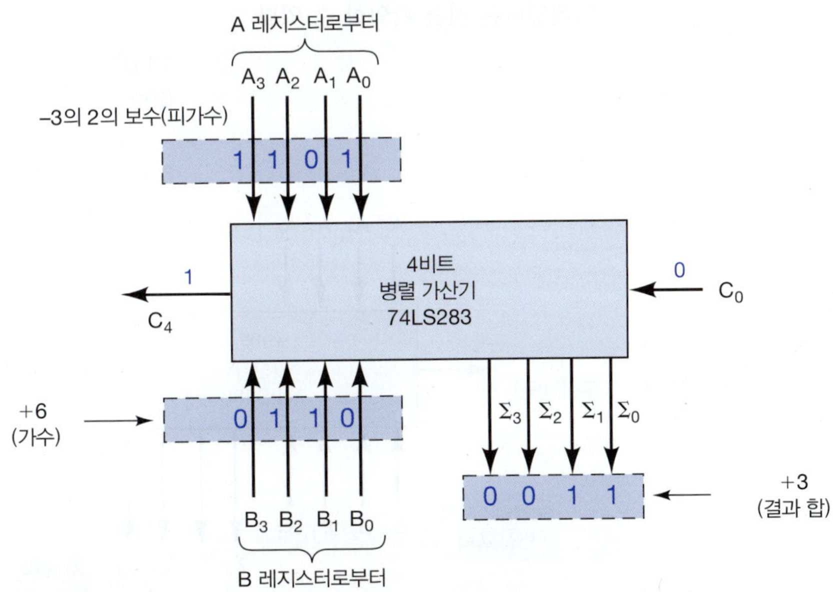

그림 6-12 2의 보수 체계에서 수의 덧셈과 뺄셈에 사용되는 병렬 가산기.

뺄셈

2의 보수 체계를 사용할 때, 감수를 2의 보수로 바꾸어 피감수에 더한다. 예를 들어 피감수가 이미 누산기(A 레지스터)에 저장되어 있다고 가정하자. 감수는 B 레지스터에 위치하고 (컴퓨터에서 그것은 메모리로부터 전송될 것이다), A 레지스터의 수와 더해지기 전에 2의 보수 형태로 바뀐다. 이제 가산기의 합 출력은 피감수와 감수의 차를 나타낸다.

레지스터 B의 2의 보수를 취한다면, 우리가 논의했던 병렬 가산기를 뺄셈에 적용할 수 있다. 2진수의 2의 보수는 각 비트의 보수를 취한 후에 LSB에 1을 더함으로써 얻을 수 있다. 그림 6-13은 이것을 수행하는 과정을 나타낸다. B 레지스터의 보수 출력이 정상 출력 대신에 사용된다. 즉 $\overline{B}_0$, $\overline{B}_1$, $\overline{B}_2$, $\overline{B}_3$이 가산기의 입력에 인가된다(여기서 B_3은 부호 비트임을 기억하라). 이것은 B 수의 각 비트에 대한 보수를 취한 것이다. 또한 C_0가 논리 1이 되도록 하여 가산기의 LSB에 여분의 1을 더하게 한다. 이것은 2의 보수를 만들기 위하여 B 레지스터의 LSB에 1을 더하는 효과와 같다.

Σ_3에서 Σ_0까지의 출력은 뺄셈 연산의 결과를 나타낸다. 물론 Σ_3은 이 연산 결과의 부호 비트이며 그 결과가 +/−인지 나타낸다. 자리올림 출력 C_4는 다시 무시된다.

이 연산을 명백히 이해하기 위하여 +4에서 +6을 빼는 아래의 과정을 보자.

1. +4는 A 레지스터에 0100으로 저장된다.
2. +6은 B 레지스터에 0110으로 저장된다.
3. B 레지스터 FF의 보수 출력(1001)은 가산기에 인가된다.
4. 병렬 가산기는 LSB로의 자리올림 $C_0 = 1$와 함께 $[A] = 0100$에 $[\overline{B}] = 1001$을 더한다. 아래는 이 연산을 나타낸 것이다.

$$\begin{array}{rl} 1 & \leftarrow C_0 \\ 0100 & \leftarrow [A] \\ +\ \underline{1001} & \leftarrow [\overline{B}] \\ 1110 & \leftarrow [\Sigma] = [A] - [B] \end{array}$$

합 출력은 1110이다. 이것은 실제로 A 레지스터의 수와 B 레지스터의 수 사이의 차($[A] - [B]$), 즉 뺄셈 연산의 결과를 나타낸다. 부호 비트가 1이기 때문에 결과는 음수이고, 이것은 2의 보수 형식이다. 결과에 대한 2의 보수를 취하여 $+2_{10}$를 얻음으로써 1110은 -2_{10}을 나타낸다는 것을 확인할 수 있다.

$$\begin{array}{rl} 1110 & \\ 0001 & \\ +\ \underline{\quad 1} & \\ 0010 & = +2_{10} \end{array}$$

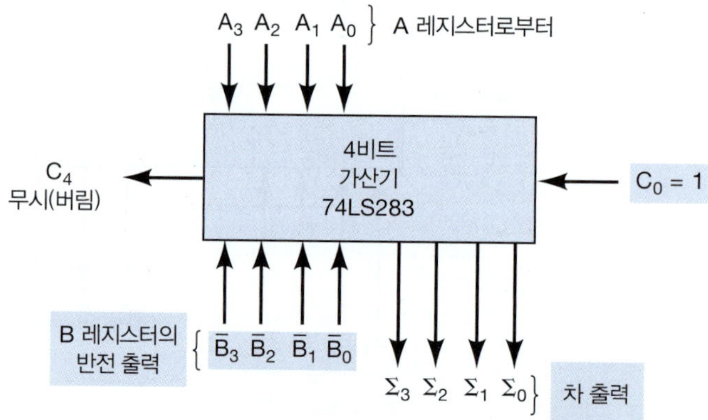

그림 6-13 2의 보수 체계를 이용하여 뺄셈($A - B$)을 수행하기 위한 병렬 가산기. 감수(B)의 각 비트를 반전시키고, 2의 보수를 만들기 위하여 $C_0 = 1$을 입력한다.

덧셈과 뺄셈의 결합

기본적인 병렬 가산기는 B의 수가 변경되지 않고 그대로 인가 또는 2의 보수로 변환되었는가에 따라서 덧셈 또는 뺄셈을 수행하는 데 사용될 수 있다. 2의 보수 체계에서 덧셈과 뺄셈을 모두 수행할 수 있는 완전한 회로를 그림 6-14에 나타내었다.

이 **덧셈/뺄셈 회로**는 2개의 제어 신호 ADD와 SUB에 의하여 제어된다. ADD 신호가 HIGH일 때, 이 회로는 A와 B 레지스터에 저장된 수들의 덧셈을 수행한다. SUB 신호가 HIGH일 때, 이 회로는 A 레지스터의 수에서 B 레지스터의 수를 뺀다. 이 연산 과정을 아래에 나타내었다.

1. ADD = 1, SUB = 0이라고 가정하자. SUB = 0은 AND 게이트 2, 4, 6, 8의 출력을 0으로 만든다. ADD = 1은 AND 게이트 1, 3, 5, 7의 출력으로 B_0, B_1, B_2, B_3을 각각 통과시킨다.
2. B_0에서 B_3까지의 논리 값은 A_0에서 A_3까지의 비트와 더해지기 위하여 OR 게이트를 통하여 4비트 병렬 가산기로 들어간다. 합은 Σ_0에서 Σ_3까지의 출력에 나타난다.
3. SUB = 0은 가산기로의 자리올림 C_0 = 0의 원인이 됨을 주목하라.
4. 이제 ADD = 0, SUB = 1이라고 가정하자. ADD = 0은 AND 게이트 1, 3, 5, 7의 출력을 0으로 만든다. SUB = 1은 AND 게이트 2, 4, 6, 8을 활성화시키고, $\overline{B}_0$, $\overline{B}_1$,

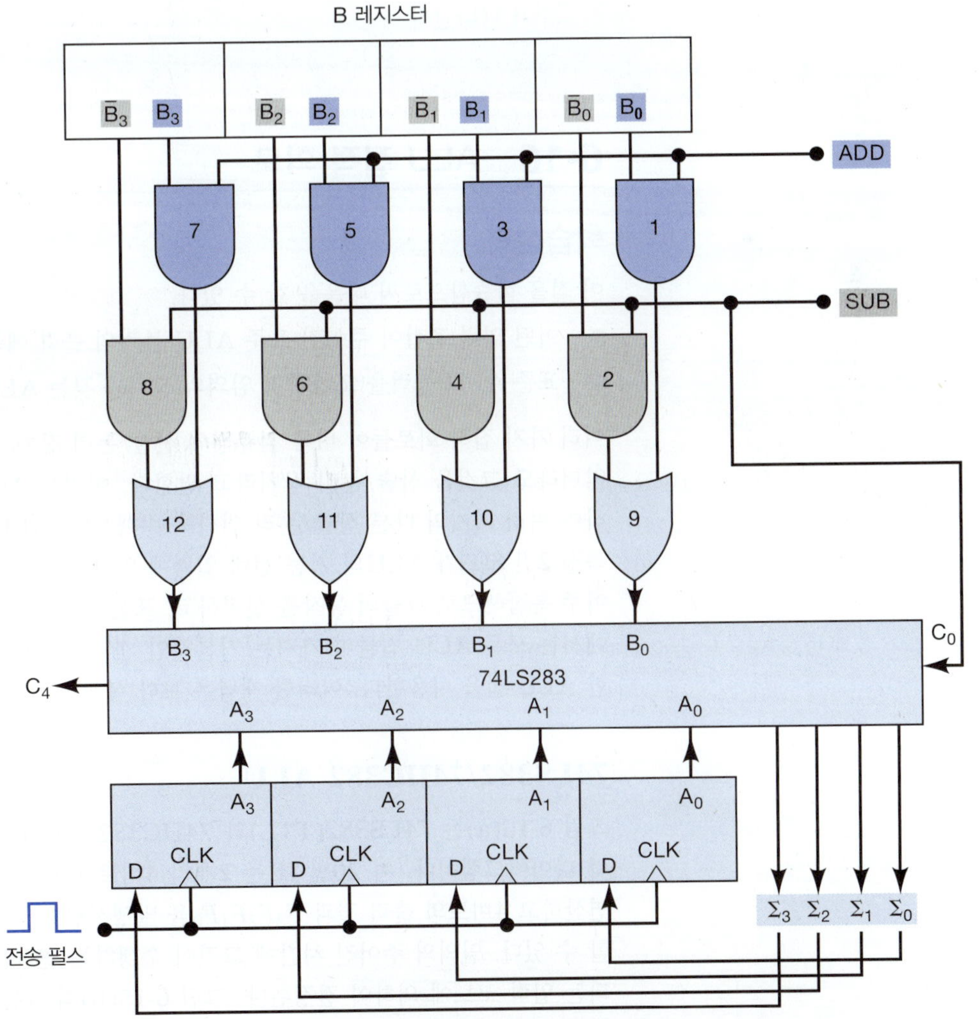

그림 6-14 2의 보수 체계를 이용한 병렬 가산기/감산기.

$\overline{B}_2$, $\overline{B}_3$의 논리 값을 각각 출력으로 통과시킨다.

5. $\overline{B}_0$에서 $\overline{B}_3$까지의 논리 값은 A_0에서 A_3까지의 비트와 더해지기 위하여 OR 게이트를 통하여 가산기로 전달된다. 또한 C_0는 이번엔 1임을 주목하자. 그러므로 B 레지스터의 수는 본질적으로 2의 보수로 변환된다.
6. 차는 출력 Σ_0에서 Σ_3에 걸쳐서 나타난다.

그림 6-14의 가산/감산기와 같은 회로는 부호 있는 2진수를 더하고 빼기 위한 비교적 간단한 방법을 제공하기 때문에 컴퓨터에서 사용된다. 대부분의 컴퓨터에서 덧셈 또는 뺄셈의 결과가 항상 A 레지스터에 저장되도록 Σ 출력은 보통 A 레지스터(누산기)로 전달된다. 이것은 A 레지스터의 CLK 입력에 전송 펄스를 인가함으로써 수행된다.

학습성과 평가문제

1. 그림 6-13의 덧셈 회로를 뺄셈 회로로 사용하기 위하여 C_0가 1이 되어야만 하는 이유는 무엇인가?
2. 그림 6-14에서 $[A] = 0011$, $[B] = 0010$라고 가정하자. ADD = 1, SUB = 0이라면 OR 게이트의 출력의 논리 값은?
3. ADD = 0, SUB = 1에 대하여 문제 2를 반복하라.
4. 참 또는 거짓: 덧셈/뺄셈 회로를 뺄셈에 사용할 때, 가산기의 입력에는 피가수의 2의 보수가 나타난다.

6-16 ALU 집적 회로

학습성과

이 절을 학습함으로써 다음을 할 수 있다.

- 어떤 입력 조합이 주어진 표준 ALU 블럭의 출력 예측
- 표준 ALU 블럭을 조합하여 임의의 크기를 갖는 ALU 구성

여러 가지 집적 회로들이 비록 컴퓨터의 산술/논리 장치(ALU)의 모든 기능을 가지고 있지 않더라도 그것을 산술/논리 장치라고 말한다. 이러한 ALU 칩들은 2진 데이터 입력에 대하여 여러 가지의 다른 산술/논리 연산을 수행한다. ALU IC들이 수행하는 특정한 연산은 특정 2진 코드가 ALU의 기능 선택 입력에 인가됨으로써 결정된다. ALU IC들 중 몇몇은 아주 복잡하므로 그들의 동작을 설명하고, 표현하는 데 많은 시간과 공간이 필요하다. 이 절에서는 모든 ALU 칩들이 가지는 기본적인 개념을 설명하기 위하여 비교적 간단하고 유용한 ALU 칩을 사용한다. 이러한 개념은 보다 복잡한 소자로 확장될 수 있다.

74LS382/74HC382 ALU

그림 6-15(a)는 74LS382(TTL)와 74HC382(CMOS)와 같이 입수 가능한 ALU의 블럭 다이어그램이다. 이 20핀 IC는 2개의 4비트 입력, $A_3A_2A_1A_0$과 $B_3B_2B_1B_0$에 대하여 연산하고 4비트의 출력 결과 $F_3F_2F_1F_0$을 발생시킨다. 이 ALU는 *8*개의 다른 연산을 수행할 수 있다. 임의의 주어진 시간에 그것이 수행하는 연산은 기능 선택 입력, $S_2S_1S_0$에 인가되는 입력 코드에 의하여 결정된다. 그림 6-15(b)의 표는 8개의 연산 동작을 나타낸다. 이

제부터 이들 각각의 연산에 대해 살펴본다.

클리어 연산 $S_2S_1S_0$ = 000일 때, ALU는 F 출력의 모든 비트를 클리어시킨다. 즉 $F_3F_2F_1F_0$ = 0000이다.

덧셈 연산 $S_2S_1S_0$ = 011일 때, ALU는 $A_3A_2A_1A_0$과 $B_3B_2B_1B_0$을 더하고 $F_3F_2F_1F_0$에 이들의 합을 출력한다. 이 연산에서 C_N은 LSB 자리로 들어가는 자리올림이고, 이것은 0이어야 한다. C_{N+4}는 MSB 자리로부터의 자리올림 출력이다. *OVR*은 넘침 표시 출력이다. 이것은 부호 있는 수가 사용될 때 넘침을 검출한다. 덧셈 또는 뺄셈 연산의 결과가 부호 비트를 포함하여 4비트로 나타낼 수 없는 큰 수를 출력할 때 *OVR*은 1이 된다.

뺄셈 연산 $S_2S_1S_0$ = 001일 때, ALU는 *B* 입력에서 *A* 입력을 감산한다. $S_2S_1S_0$ = 010일 때, ALU는 *A* 입력에서 *B* 입력을 감산한다. 어느 경우에든 차는 $F_3F_2F_1F_0$에 나타난다. 뺄셈 연산에서 C_N의 입력은 1이어야 함을 유의하기 바란다.

XOR 연산 $S_2S_1S_0$ = 100일 때, ALU는 *A*와 *B* 입력의 각 비트에 대한 XOR 연산을 수행한다. $A_3A_2A_1A_0$ = 0110과 $B_3B_2B_1B_0$ = 1100의 경우에 대해 아래에 나타내었다.

$$
\begin{aligned}
A_3 \oplus B_3 &= 0 \oplus 1 = 1 = F_3 \\
A_2 \oplus B_2 &= 1 \oplus 1 = 0 = F_2 \\
A_1 \oplus B_1 &= 1 \oplus 0 = 1 = F_1 \\
A_0 \oplus B_0 &= 0 \oplus 0 = 0 = F_0
\end{aligned}
$$

결과는 $F_3F_2F_1F_0$ = 1010이다.

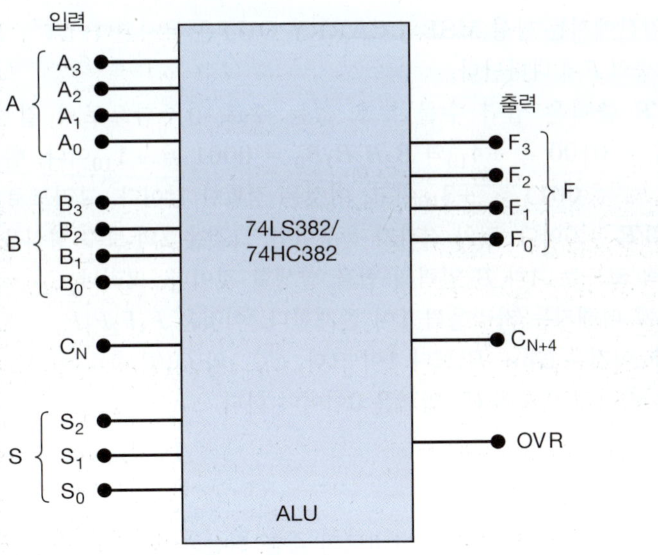

A = 4비트 입력 수
B = 4비트 입력 수
C_N = LSB 자리로의 자리올림
S = 3비트 연산 선택 입력
F = 4비트 출력 수
C_{N+4} = MSB 자리로부터의 자리올림
OVR = 넘침 표시

(a)

기능표

S_2	S_1	S_0	연산	비고
0	0	0	CLEAR	$F_3F_2F_1F_0$ = 0000
0	0	1	B minus A	Needs C_N = 1
0	1	0	A minus B	Needs C_N = 1
0	1	1	A plus B	Needs C_N = 0
1	0	0	A ⊕ B	Exclusive-OR
1	0	1	A + B	OR
1	1	0	AB	AND
1	1	1	PRESET	$F_3F_2F_1F_0$ = 1111

주목: S 입력은 연산을 선택한다.
부호 있는 수의 넘침에 대해 OVR = 1이다.

(b)

그림 6-15 (a) 74LS382/HC382 ALU 칩에 대한 블럭 기호. (b) 선택 입력 (*S*)가 *A*와 *B* 입력에 대하여 어떤 연산이 수행되어야 하는지 결정하는 방법을 보여주는 기능표.

OR 연산 $S_2S_1S_0$ = 101일 때, ALU는 A와 B 입력의 각 비트에 대한 OR 연산을 수행한다. 예를 들어 $A_3A_2A_1A_0$ = 0110과 $B_3B_2B_1B_0$ = 1100일 때, ALU는 $F_3F_2F_1F_0$ = 1110의 결과를 출력한다.

AND 연산 $S_2S_1S_0$ = 110일 때, ALU는 A와 B 입력의 각 비트에 대한 AND 연산을 수행한다. 예를 들어 $A_3A_2A_1A_0$ = 0110과 $B_3B_2B_1B_0$ = 1100일 때, ALU는 $F_3F_2F_1F_0$ = 0100의 결과를 출력한다.

프리셋 연산 $S_2S_1S_0$ = 111일 때, ALU는 출력의 모든 비트를 세트시킨다. 즉 $F_3F_2F_1F_0$ = 1111이다.

예제 6-11

(a) 다음의 입력에 대한 74HC382의 출력을 구하라.

$S_2S_1S_0 = 010$, $A_3A_2A_1A_0 = 0100$, $B_3B_2B_1B_0 = 0001$, $C_N = 1$

(b) 선택 코드를 011로 바꾸어 반복하라.

풀이

(a) 그림 6-15(b)의 표로부터 010은 $(A - B)$ 연산을 선택한다. ALU는 B의 보수를 취하고, 이것을 A와 C_N에 더함으로써 2의 보수 감산을 수행한다. C_N = 1은 실제로 B의 2의 보수를 구하는 데 필요하다.

$$\begin{array}{rl} 1 & \leftarrow C_N \\ 0100 & \leftarrow A \\ +\ \underline{1110} & \leftarrow \overline{B} \\ 10011 & \end{array}$$

C_{N+4} ← (MSB), $F_3\ F_2\ F_1\ F_0$ ← (나머지 4비트)

2의 보수 감산에서는 항상 MSB의 CARRY OUT은 무시된다. $(A - B)$ 연산의 정확한 결과는 출력 F에 나타난다.

OVR 출력은 입력 수를 부호 있는 수로 간주함으로써 결정된다. 따라서 $A_3A_2A_1A_0 = 0100 = +4_{10}$와 $B_3B_2B_1B_0 = 0001 = +1_{10}$이다. 뺄셈 연산의 결과는 $F_3F_2F_1F_0 = 0011 = +3_{10}$이고, 이것은 정확한 값이다. 그러므로 넘침은 발생하지 않고, OVR = 0이다. 만약 결과가 음수이면, 그것은 2의 보수 형식을 취할 것이다.

(b) 011의 선택 코드는 A와 B 입력의 합을 발생할 것이다. 그러나 C_N = 1이기 때문에 LSB 자리에 더해지는 자리올림 1이 존재한다. 이것은 $F_3F_2F_1F_0$ = 0110의 결과를 발생시킨다. 이것은 $(A + B)$보다 1이 크다. C_{N+4}와 OVR 출력은 모두 0이다. 정확한 합이 F에 나타나기 위하여 C_N 입력은 0이어야 한다.

ALU의 확장

하나의 74LS382 또는 74HC382는 4비트의 수를 연산한다. 이들 칩들은 2개 이상을 함께 연결하여 더 큰 수들을 연산할 수 있다. 그림 6-16은 2개의 8비트 수, $B_7B_6B_5B_4B_3B_2B_1B_0$과 $A_7A_6A_5A_4A_3A_2A_1A_0$을 더하고 합의 출력 $\Sigma_7\Sigma_6\Sigma_5\Sigma_4\Sigma_3\Sigma_2\Sigma_1\Sigma_0$을 발생하기 위하여 2개 4비트 ALU를 어떻게 연결하는지 보여준다. 회로도를 살펴보고 다음의 사항들에 대하여 주목하라.

1. Z1은 2개의 입력 수의 하위 4비트를 연산하고, Z2는 상위 4비트를 연산한다.
2. 합은 Z1과 Z2의 F 출력에 나타난다. 하위 비트는 Z1에 나타내고, 상위 비트는 Z2에

나타낸다.

3. Z1의 C_N 입력은 LSB 자리로의 자리올림이다. 덧셈 연산에서 이것은 0이다.
4. Z1의 자리올림 출력 [C_{N+4}]은 Z2의 자리올림 입력 [C_N]에 연결된다.
5. Z2의 *OVR* 출력은 부호 있는 8비트의 수가 사용될 때의 넘침 표시이다.
6. 두 칩의 대응되는 선택 입력은 Z1과 Z2가 항상 동일한 연산을 수행하도록 하기 위하여 서로 함께 연결된다. 덧셈에서 선택 입력은 011이다.

예제 6-12

그림 6-16의 회로를 $(B - A)$ 연산을 수행하도록 바꾸어라.

풀이

선택 입력 코드를 001로 바꾸고[그림 6-15(b)의 표를 참고], Z1의 입력 C_N을 1이 되게 한다.

기타 ALU

74LS181/74HC181은 또 다른 4비트의 ALU이다. 이것은 16개의 다른 연산 중 임의의 하나를 선택할 수 있는 4개의 선택 입력을 가지고 있다. 또한, 논리 연산과 산술 연산(덧셈, 뺄셈)간을 전환할 수 있는 모드 입력 비트를 가지고 있다. 이 ALU는 A와 B 입력의 크기를 비교하는 데 사용되는 $A = B$ 출력을 가지고 있다. 두 입력의 수가 정확히 같을 때 $A = B$ 출력은 1이고, 그렇지 않은 경우에는 0이다.

74LS881/74HC881은 181 칩과 비슷하다. 그러나 이것은 몇 가지의 부가적인 논리 연산을 수행할 수 있는 성능이 있다.

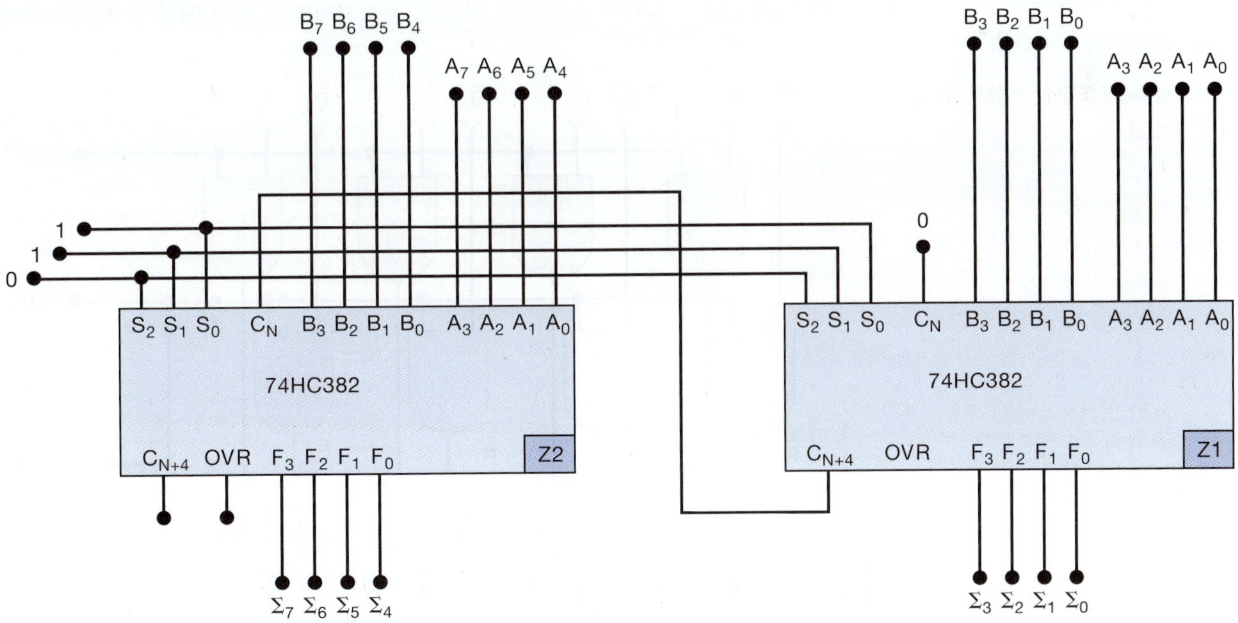

주의: Z1 낮은 자리 덧셈
Z2 높은 자리 덧셈
$\Sigma_7 - \Sigma_0$ = 8비트 합
Z2의 OVR은 8비트 넘침 표시

그림 6-16 8비트 가산기로 연결된 2개의 74HC382 칩.

학습성과 평가문제

1. 그림 6-15의 ALU에 아래의 입력을 인가하고, 출력을 구하라.
   $S_2S_1S_0 = 001,\ A_3A_2A_1A_0 = 1110,\ B_3B_2B_1B_0 = 1001,\ C_N = 1$
2. 선택 코드와 C_N을 각각 011과 0으로 바꾸고, 문제 1을 반복하라.
3. 선택 코드를 110으로 바꾸고, 문제 1을 반복하라.
4. 그림 6-16의 회로에 아래의 입력을 인가하고, 출력을 구하라.
   $B = 01010011,\ A = 00011000$
5. 선택 코드를 111로 바꾸고, 문제 4를 반복하라.
6. 32비트의 두 수를 더하는 데 74HC382는 몇 개가 필요한가?

6-17 고장 진단

학습성과

이 절을 학습함으로써 다음을 할 수 있다.

- 실례들을 고찰함으로써 고장 진단 기술 향상

기술자가 그림 6-17의 병렬 가산기/감산기를 시험하고 여러 가지 연산 모드에 대한 아래의 시험 결과를 기록하였다.

모드 1: ADD = 0, SUB = 0 합의 출력은 A 레지스터의 수에 1을 더한 것과 항상 같다. 예를 들어 $[A] = 0110$일 때 합은 $[\Sigma] = 0111$이다. 이 동작 모드에서 OR 출력과 C_0은 $[\Sigma] = [A]$를 출력하기 위하여 모두 0이어야 하기 때문에 이것은 부정확하다.

그림 6-17 병렬 가산기/감산기 회로.

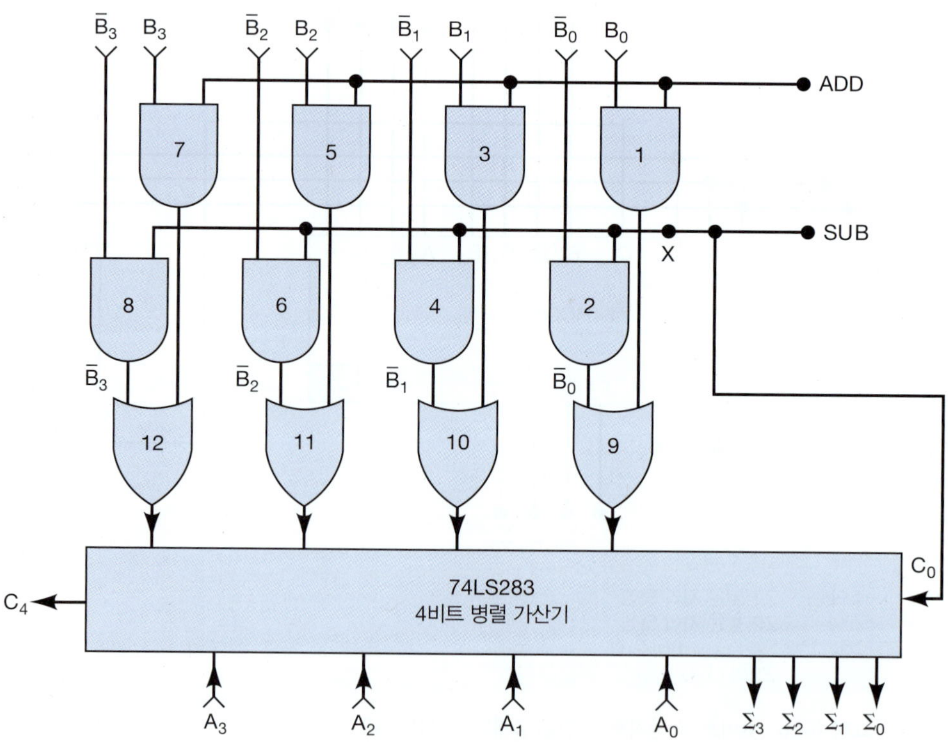

모드 2: ADD = 1, SUB = 0 합은 정확한 합보다 항상 1이 크다. 예를 들어 [A] = 0010과 [B] = 0100일 때, 합의 출력은 0110 대신에 0111이다.
모드 3: ADD = 0, SUB = 1 Σ 출력은 예상대로 [A] − [B]와 항상 같다.

이 시험 결과를 검토하였을 때, 기술자는 첫 번째 두 가지의 연산 모드에 대하여 합 출력이 예상 결과보다 1을 초과한다는 것을 알았다. 먼저 가산기로의 LSB 입력 중 하나에 결함이 있을 것이라고 생각하였다. 그러나 뺄셈 연산이 정확하게 동작하기 때문에 이 생각을 버렸다. 왜냐하면 그와 같은 결함은 뺄셈 모드에도 영향을 미치기 때문이다. 결국 뺄셈 연산에서 오류를 일으키지 않고 첫 번째 두 모드에 대한 결과에 여분의 1을 더할 수 있는 다른 결함이 존재한다는 것을 깨달았다.

뺄셈 모드에서 [B]에 대한 2의 보수 연산의 일부로 C_0이 1이 됨을 상기하라. 다른 모드에서 C_0은 0이다. 기술자는 *SUB* 신호와 가산기로의 C_0 입력 사이의 결선을 점검하였고, 납땜 불량으로 이 두 지점 사이가 개방되어 있음을 알아냈다. 이 결선의 개방이 관찰된 결과의 이유임을 설명할 수 있다. 그 이유는 TTL 가산기는 C_0가 항상 논리 1인 것처럼 반응하며, 그것은 여분의 1이 모드 1과 2의 결과에 더해지는 원인이 되기 때문이다. 결선의 개방은 C_0로 되어 있기 때문에 모드 3에는 영향을 미치지 않는다.

예제 6-13

가산기/감산기 회로를 다시 생각해 보자. 그림 6-17의 X 지점에서 SUB 입력과 AND 게이트 사이의 연결 경로가 끊어져 있다고 가정하자. 이 결선의 개방이 각 모드에 대한 회로의 동작에 미치는 영향을 설명하라.

풀이

첫째 이 결함은 영향을 받는 AND 게이트 2, 4, 6, 8의 입력에 논리 1을 발생시킴을 알 수 있다. 이것은 $\overline{B}$ 입력이 다음의 OR 게이트로 통과할 수 있도록 이들 AND 게이트를 영구히 활성화시킨다.

모드 1: ADD = 0, SUB = 0 이 결함은 대체로 회로가 감산을 수행하도록 하는 원인이 된다. [B]의 1의 보수는 OR 게이트의 출력에 도달하고, [A]와 함께 가산기에 인가된다. C_0 = 0이므로 [B]의 2의 보수는 완전하지 않고 1이 적다. 그러므로 가산기는 [A] − [B] − 1을 출력한다. 예를 들어 [A] = +6 = 0110이고, [B] = +3 = 0011이라고 하자. 가산기는 아래처럼 연산할 것이다.

[B]에 대한 1의 보수 = 1100
[A] = 0110
결과 = ~~1~~0010
↑ 자리올림 무시

그 결과 정상적인 감산의 해답 0011 = +3 대신에 0010 = +2이다.

모드 2: ADD = 1, SUB = 0 ADD = 1일 때, AND 게이트 1, 3, 5, 7은 B 입력을 다음의 OR 게이트로 전달한다. 따라서 각 OR 게이트는 입력으로 $\overline{B}$와 B를 가지기 때문에 1 출력을 발생한다. 예를 들어 OR 게이트 9로의 입력들은 결함때문에 AND 게이트 2로부터 들어오는 $\overline{B}_0$과 ADD = 1이기 때문에 AND 게이트 1로부터 들어오는 B_0이다. 따라서 OR 게이트 9는 $\overline{B}_0 + B_0$의 출력을 발생하고, 그것은 항상 논리 1이다.

가산기는 OR 게이트로부터 들어오는 1111을 [A]에 더하고, [A]보다 1이 적은 합을 출력한다. 이유는 $1111_2 = -1_{10}$이기 때문이다.

모드 3: ADD = 0, SUB = 1 이 모드는 SUB = 1이 AND 게이트 2, 4, 6, 8을 활성화시키는 것으로 되어 있기 때문에 정확하게 동작한다.

6-18 알테라 라이브러리 함수 이용

학습성과

이 절을 학습함으로써 다음을 할 수 있다.

- Quartus 소프트웨어의 라이브러리에 있는 표준 기능 블럭(메크로 함수) 검색
- 임의의 함수에 대한 파라미터 설정
- 임의의 회로 요구조건을 충족시키기 위한 블럭의 생성

이 장에서 다루는 가산기와 ALU IC는 수십 년간 디지털 시스템의 구성 요소로 사용된 많은 MSI 칩들의 일부이다. 기술 발전은 그것을 그렇게 오랫동안 유용하게 사용되는데 기여하였으며, 그것을 사용하는 분야와 사람들에게 지속적인 영향을 주었다. TTL 집적 회로는 분명히 이러한 범주에 속하며, 현재도 다양한 형태로 지속적으로 개발되고 있다. 경험 있는 엔지니어와 기술자는 표준 부품들에 익숙하다. 동일한 기본 회로들이 VLSI PLD에 구현될 수 있으면 그들을 사용하여 기존의 설계가 다시 제조되거나 개선될 수 있다. 이들 부품에 대한 데이터 시트는 쉽게 구할 수 있으며, 시대에 뒤진 TTL 부품에 대해 공부하는 것은, 이들 부품을 새로운 설계에서 사용하는 것이 오늘날 일반적인 관행은 아닐지라도, 디지털 시스템의 기본에 대해 학습하는 데는 좋은 방법이 될 것이다.

그래서 알테라 개발 소프트웨어에는 사용자를 위해 maxplus2 라이브러리에 매크로 함수를 제공하고 있다. 매크로함수는 논리 회로를 모든 입력과 출력, 그리고 규정된 동작 특성으로 완벽하게 기술한 것이다. PLD로 많은 종래의 TTL MSI 소자들의 동작을 에뮬레이션하는 데 필요한 코드를 기술하는데 어려움이 많았다. 그래서 모든 설계자들은 그것을 시스템의 나머지 부분으로 끌어들이는 방법을 알 필요가 있다. 도형 캡쳐로 설계하기 위해 maxplus2 라이브러리의 표준 MSI 부품을 사용하는 방법의 예를 보도록 하자.

74382 산술 논리 장치(ALU)는 아주 복잡한 IC이다. HDL 코드로 그의 연산을 기술하는 것은 어렵지만 도전해볼 만하다. 6-16절에서 다룬 이 IC와 그 기능에 대한 예를 다시 참고할 것이다. 특히 그림 6-16을 보라. 그것은 2개의 4비트 ALU 칩을 종속으로 연결하여 8비트 ALU를 만드는 것을 보여주는데 그것은 마이크로컨트롤러의 중앙처리장치(CPU)의 핵심으로 사용된다. 그림 6-18은 알테라 블럭 다이어그램 파일과 부품 라이브러리의 매크로함수 블럭을 이용하여 8비트 회로를 기술하는 그래픽 방법이다. 74382 기호는 maxplus2 라이브러리의 목록에서 간단히 선택되며 화면에 배치된다. 약간의 경험이 있으면 이들 칩들을 연결시키는 것은 간단하며 직관적이지만 메가함수 LPM이라는 더 쉬운 방법이 있다.

산술회로를 위한 메가함수 LPM

5장에서는 도식적 캡처(schematic capture)를 이용할 때 논리 소자 선택에 대해서 살펴 보았다. 병렬 가산기를 구현할 때, 기본 라이브러리(primitive library)의 논리 게이트를 사용하면 매우 적은 수의 게이트가 필요하기 때문에, MSI 칩을 에뮬레이트 하는 MAX-plus2 매크로함수 또는 메가함수 LPM을 사용하는 것이 좋을 것이다.

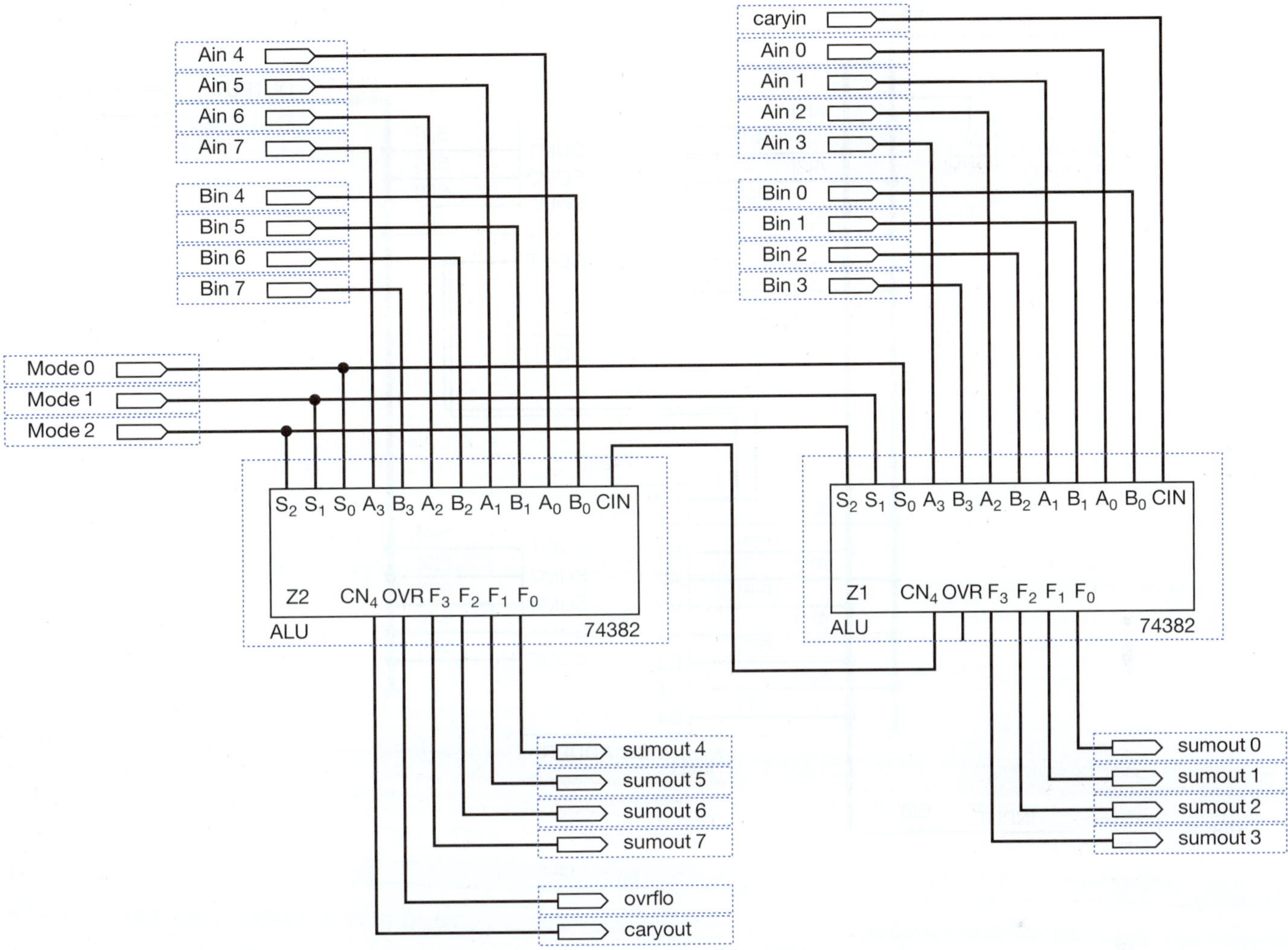

그림 6-18 8비트 ALU의 블럭 다이어그램 파일.

8비트 병렬 가산기를 설계하기 위한 이들 두 가지 선택에 대해서 비교해 보자. 8비트 병렬 가산기는 8비트 값 *A[8..1]*과 *B[8..1]*을 더하여 9비트의 합 *S[9..1]*을 출력한다. 74283 매크로함수를 사용하는 것이 한 가지 방법이다. 74283은 4비트 병렬 가산기이기 때문에 8비트 피연산자를 더하기 위해서는 이들 2개의 블럭을 종속 연결해야한다[그림 6-11(b) 참고]. 그림 6-19(a)는 이 회로를 구성하기 위한 적절한 결선을 보여준다. 버스는 두 개의 입력 데이터 버스 각각을 위해 따로 분리되며, 그리고 버스들은 출력 데이터 버스를 위해 합체된다는 것을 주목하자. 버스를 분리하고 합체하는 데는 버스와 신호선들을 구분하기 위하여 명칭(label)을 붙인다. 또 다른 방법으로는 메가함수 라이브러리 Arithmetic 폴더로부터 **LPM_ADD_SUB**를 사용할 수 있다. 가변성의 8비트 입력 버스들과 부호 없는 합산만을 위한 이 LPM을 구성하기 위해 MegaWizard Manager를 사용할 것이다. 이때 캐리 입력을 포함할 필요가 없지만, 합의 9번째 비트를 위한 캐리 출력을 필요로 한다. 그림 6-19(b)는 결과로 생긴 도식이다. 두 회로는 모두 같은 기능을 수행할 것이다.

6-5절에서 2진수 곱셈 과정을 설명하였다. 부호 없는 4비트 수 곱셈을 수행하는 논리 회로를 구현하기 위한 도식적 설계들을 비교해 보자. 하나는 max plus2 매크로함수를 이용하는 것이고, 또 하나는 LPM 메가함수를 이용하는 것이다. 매크로함수 설계는 그림 6-20(a)와 (b)에 제시되어있다. 그림 6-20(a)는 4개의 AND 게이트로 구성된 4개의

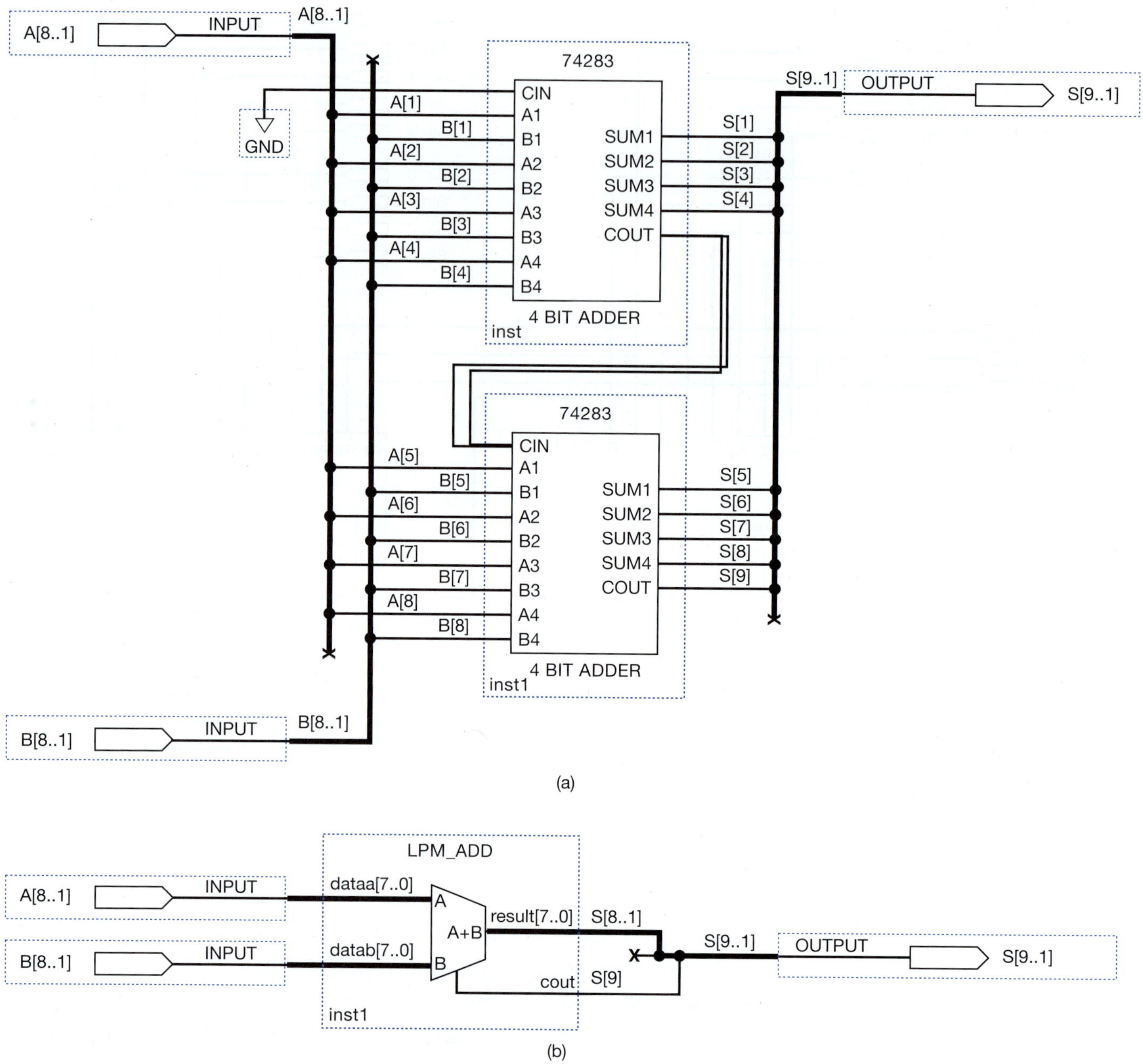

그림 6-19 (a) 74283 매크로함수를 이용한 8비트 병렬 가산기. (b) LPM_ADD_SUB 메가함수를 이용한 8비트 병렬 가산기.

집단으로 구현되어있고, *b* 입력 비트 각각에 대한 1개의 집단은 4개의 부분 곱들을 생성한다. 라인과 버스의 명칭들은 Quartus 도식에서 올바른 배선의 연결을 위해서 사용된다. 이 기법은 훨씬 더 정연한 도식을 가능하도록 한다. 그림 6-29(b)에서 4개의 부분 곱들이 74283 매크로함수를 이용하여 더해진다. 이때 4개의 부분 곱들이 적절하게 정렬되었는지 확인하라. "wire" 기호는 도식에서 *pp0[0]/product[0]* 라인에 대해 2개의 다른 명칭을 갖도록 허용한다. 그림 6-20(c)의 기능적인 시뮬레이션 결과는, 비록 이 방법이 다소 힘들기는 하였지만, 회로를 올바르게 배선하였다는 것을 확인시켜 준다. 그림 6-20(d)는 **LPM_MULT**를 사용한 다른 해법을 보여준다. 회로의 결과 값은 동일하게 출력된다. 그렇다면 어느 방법을 선호하겠는가?

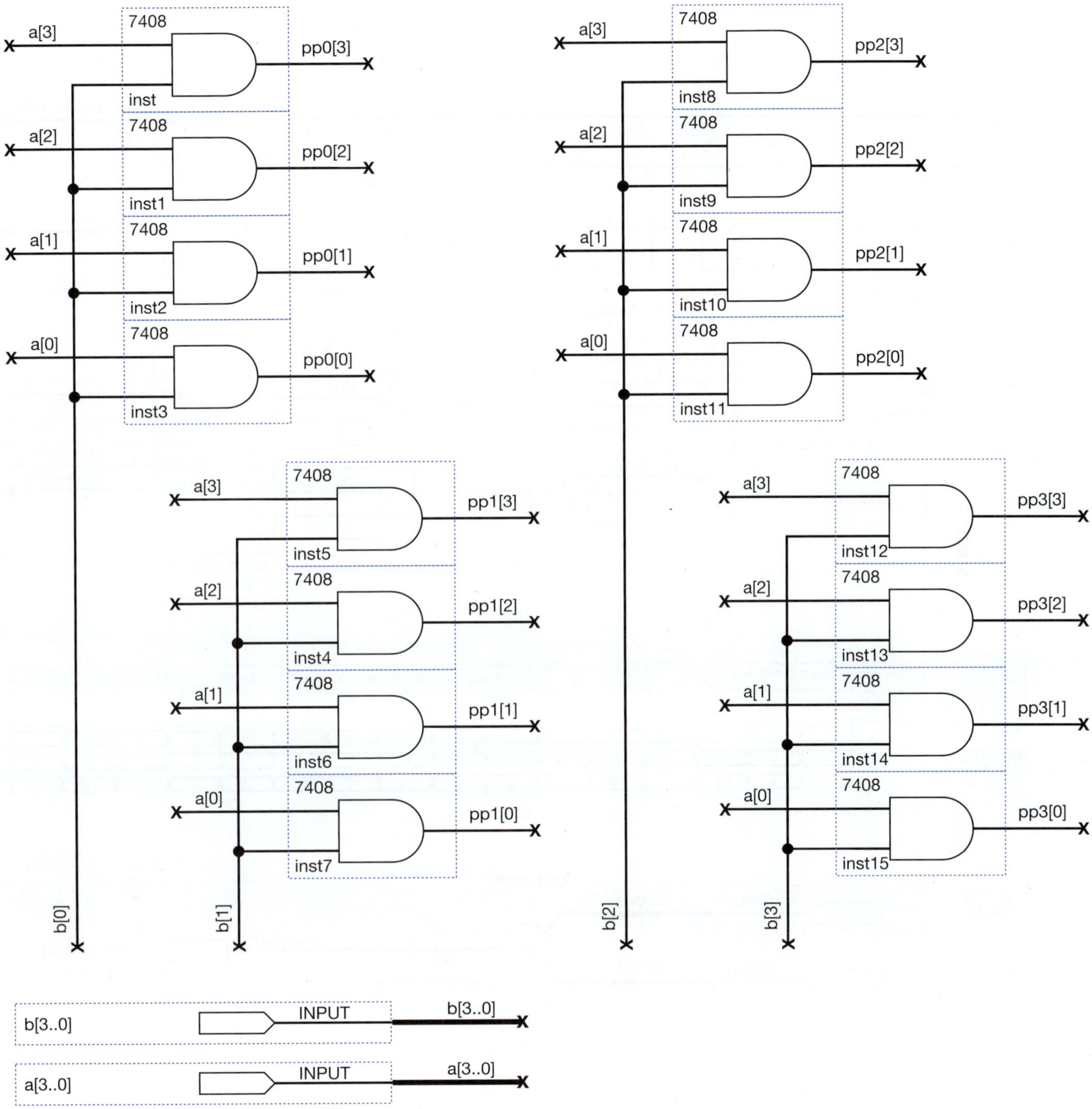

(a)

그림 6-20 (a) 7408을 이용한 부분 곱 AND 게이트.

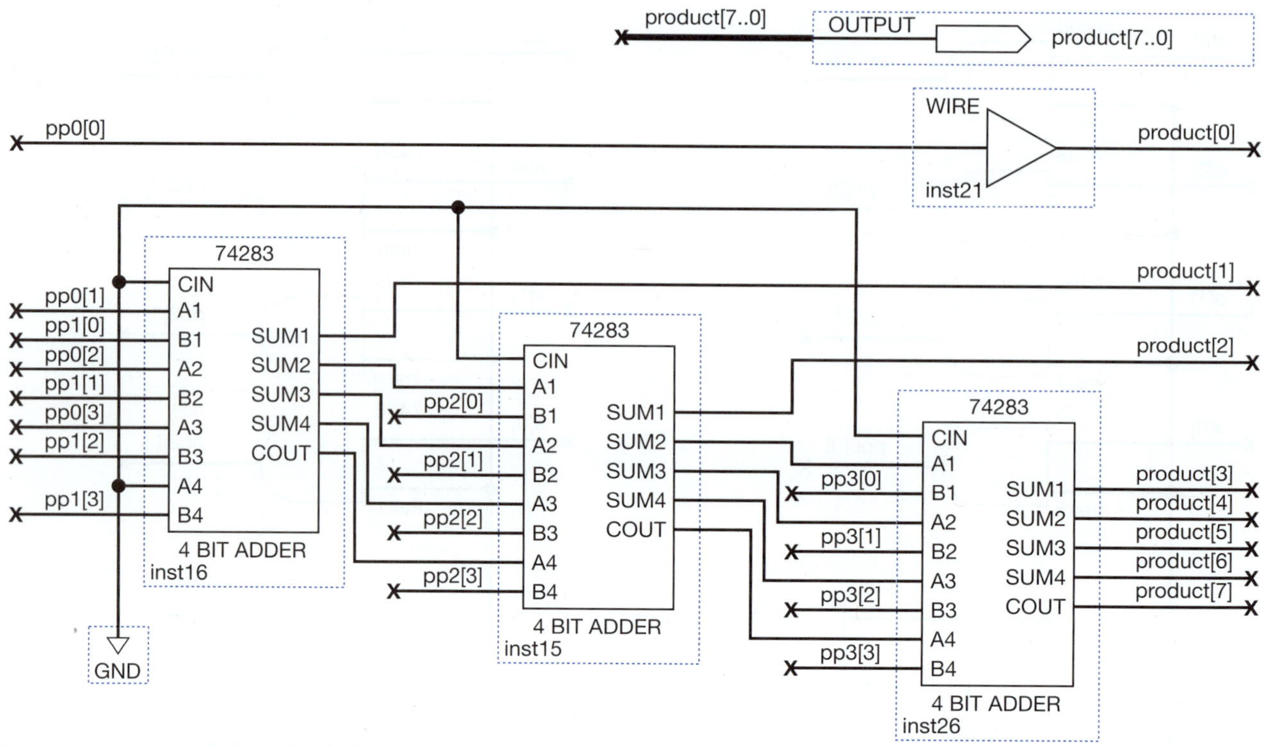

(b)

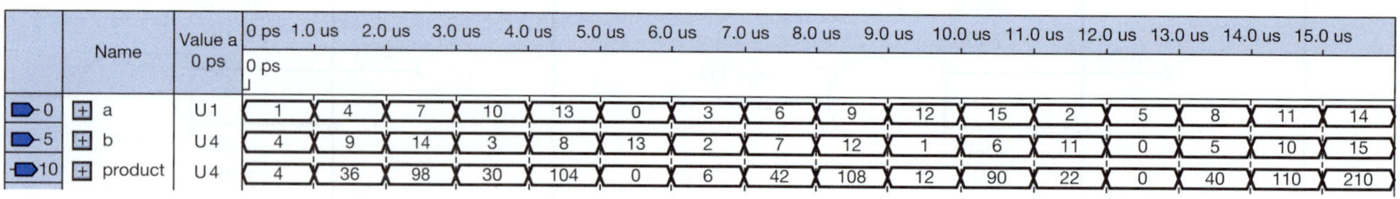

(c)

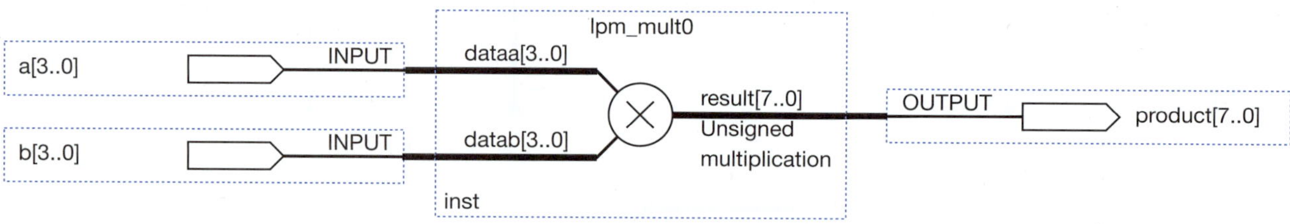

(d)

그림 6-20 (계속) (b) 74283 매크로함수를 이용한 부분 곱 가산기. (c) 함수 시뮬레이션 결과. (d) LPM 멀티플라이어 (해답)

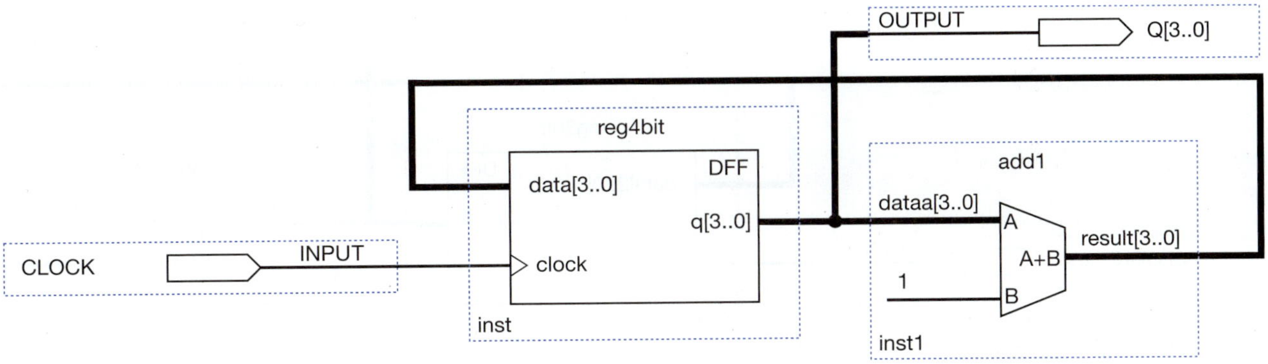

(a)

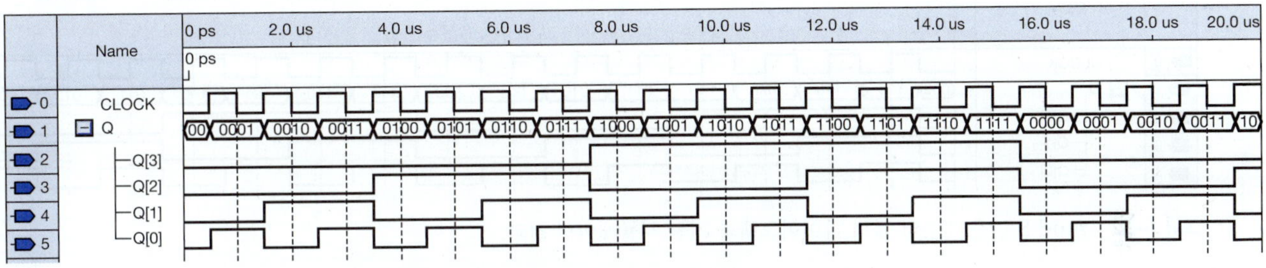

(b)

그림 6-21 2진 업 카운터. (a) LPM을 이용한 블럭 다이어그램. (b) 시뮬레이션 결과.

병렬 가산기를 이용한 계수

5-18절에서 2진 계수 기능을 수행하는데 몇 개의 플립플롭이 사용되는지를 살펴보았다. 상향 계수의 과정은 레지스터에 저장된 현재 값에 단순히 1을 더하는 것이다. 그러므로 2진 카운터를 만들기 위해서는 레지스터와 가산기를 연결시키면 될 것이다. 그것은 그림 6-21(a)과 꼭 같다. 레지스터는 메가함수 LPM_FF를 이용하였고, 가산기 블럭은 메가함수 LPM_ADD_SUB을 이용하였다. reg4bit에 대한 블럭 기호는 5장의 예제 5-22와 같이 4개의 D 플립플롭으로 만들었다. 이 블럭의 기능을 AHDL, VHDL, maxplus2 매크로함수 또는 메가함수를 이용하여 기술하는 많은 다른 방법이 있다. add1 블럭은 LPM_ADD_SUB 메가함수를 이용하여 만들어졌다. 파라미터를 설정하기 위해 MegaWizard Plug-in Manager가 사용되었다. 파라미터는 다음과 같다: 4비트 입력 버스, 덧셈 만, datab를 1의 상수 값으로 설정, 부호 없는 덧셈, 선택 입력 또는 출력 없음, 파이프라인 없음. 결과는 1의 상수 값(입력 B)을 reg4bit로부터의 4비트 값(가산기 입력 A)에 더하는 기호이다. 그림 6-21(b)에 주어진 기능 시뮬레이션 결과는 0000부터 1111까지 총 16개 상태의 재순환 계수 순차이며, 이 설계가 MOD-16 업(up) 카운터임을 보이고 있다.

예제 6-14

레디스터는 블럭 기호, 감산기는 LPM 블럭을 이용하여 mod-8 다운(down) 카운터를 만들어라.

풀이

LPM 설계와 기능 시뮬레이션 결과는 그림 6-22와 같으며, 이 설계는 mod-8 다운 카운터임을 알 수 있다.

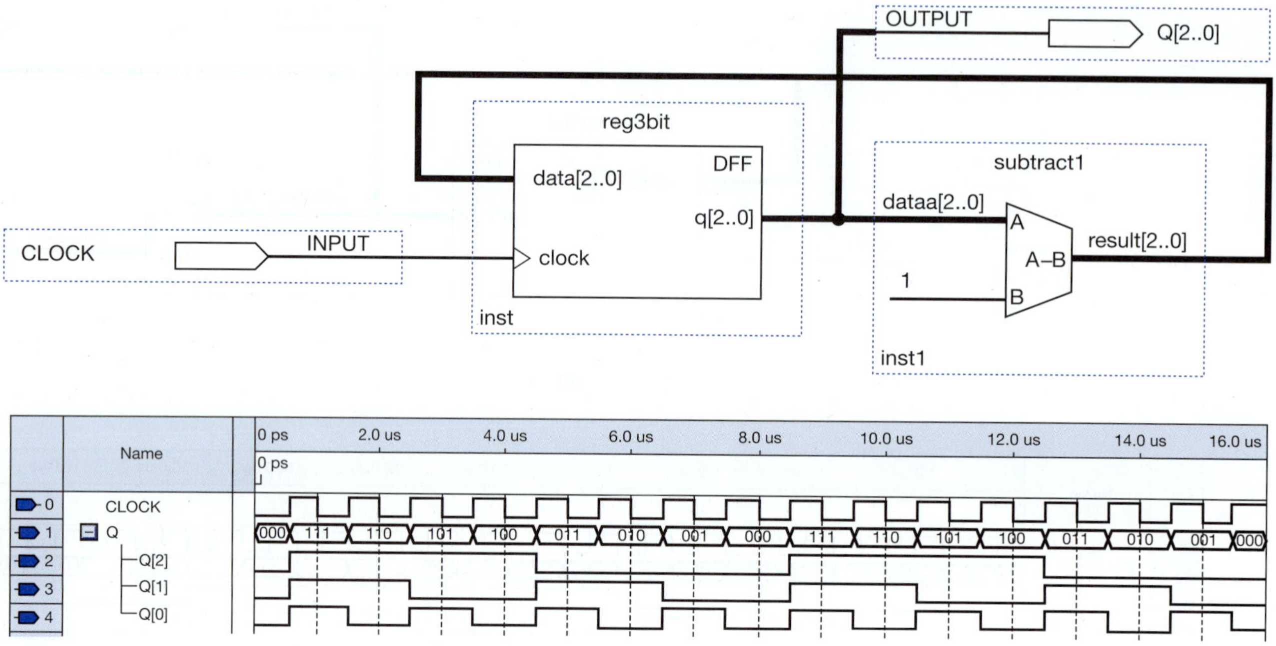

그림 6-22 mod-8 다운 카운터 블럭 다이어그램과 기능 시뮬레이션 결과.

> **학습성과 평가문제**
>
> 1. 도식적 설계에서 74283 병렬 가산기 매크로함수를 이용하였다는 자료를 어디서 찾을 수 있는가?
> 2. 매크로함수는 무엇인가?

6-19 HDL에서 비트 배열의 논리 연산

학습성과

이 절을 학습함으로써 다음을 할 수 있다.

- 주어진 HDL의 적절한 구문의 논리 연산자를 이용한 비트 배열의 조합
- 비트 배열의 논리 조합 결과 예측

6-16절에서 2진 입력 데이터에 대하여 산술 및 논리연산을 수행할 수 있는 ALU 칩을 다루었다. 이제 비트 배열로 그러한 논리연산을 수행하는 HDL 코드를 살펴본다. 이 절에서는 2가지 주된 분야에서의 HDL 기술에 대한 이해를 넓힌다. 그것은 비트들의 그룹을 배열로 명시하는 것과 부울식을 이용하여 비트 배열을 조합하는데 논리 연산을 이용하는 것이다.

6-12절에서는 레지스터의 내용과 다중비트로 구성된 신호의 기술을 쉽게 해주는 레지스터 표기법을 설명하였다. HDL에서는 신호를 기술하기 위해 4장에서 다루었던 것과 유사한 표기법의 비트 배열을 사용한다. 예를 들면, AHDL에서는 d로 이름 붙여진 4비트 신호가 다음과 같이 정의된다.

```
VARIABLE d[3..0] :NODE.
```

VHDL에서는 동일한 형태의 데이터를 다음과 같이 표현한다.

```
SIGNAL d :BIT_VECTOR (3 DOWNTO 0).
```

이들 데이터 유형에 있는 각 비트는 구성 성분 수로 설계된다. *d*로 명명된 비트 배열 예에서 비트는 d3, d2, d1, d0로 조회될 수 있다. 비트들은 **조합**(set)으로 그룹화될 수도 있다. 예를 들어, *d*의 최상위 비트 3개를 조회하려면, AHDL에서는 d[3..1]로 표현하고, VHDL에서는 d(3 DOWNTO 1)로 표현한다. 값이 배열에 할당되고 요구되는 비트들의 조합이 확인되면, 논리 연산은 전체 비트들의 조합에 대해 실행될 수 있다. 조합들이 동일한 크기(동일한 수의 비트)이면 신호 변수들을 논리식으로 결합시키는 것과 같이 2개의 조합은 논리식으로 결합될 수 있다. 두 조합에서 대응되는 비트 쌍 각각은 논리식으로 나타낸 것처럼 결합된다. 이것은 하나의 식이 조합의 각 비트에 대해 수행되는 논리 연산을 기술하도록 한다.

예제 6-15

D_3, D_2, D_1, D_0이 1011의 값을 갖고 G_3, G_2, G_1, G_0이 1100의 값을 갖는다. D = [D_3, D_2, D_1, D_0]와 G = [G_3, G_2, G_1, G_0]를 정의한다. 또한 Y = [Y_3, Y_2, Y_1, Y_0]를 정의한다. 여기서 Y는 다음과 같다.

$$Y = D \cdot G;$$

이 연산 후 Y의 값은 얼마인가?

풀이

D_3, D_2, D_1, D_0	1 0 1 1	
↕ ↕ ↕ ↕	↕ ↕ ↕ ↕	같은 위치의 각 비트를 AND 연산한다.
G_3, G_2, G_1, G_0	1 1 0 0	
Y_3, Y_2, Y_1, Y_0	1 0 0 0	

그러므로 Y는 1000의 값을 갖는 4비트의 조합이다.

예제 6-16

예제 6-15에서 기술된 레지스터의 값을 각각 *d*, *g*와 *y*로 선언하고, 그때 모든 비트에 대해 AND 연산을 하는 것을 HDL 중에서 하나를 사용하여 표현하라.

풀이

```
SUBDESIGN bitwise_and
(     d[3..0], g[3..0]          :INPUT;
      y[3..0]                   :OUTPUT;)
BEGIN
      y[] = d[] & g[];
END;
```

```
ENTITY bitwise_and IS
PORT(d, g              :IN BIT_VECTOR (3 DOWNTO 0);
     y                 :OUT BIT_VECTOR (3 DOWNTO 0));
END bitwise_and;
ARCHITECTURE a OF bitwise_and IS
BEGIN
      y <= d AND g;
END a;
```

학습성과 평가문제

1. $[A]$ = 1001이고 $[B]$ = 0011이면 (a) $[A] \cdot [B]$와 (b) $[A] + [B]$의 값은? (·는 AND, +는 OR를 의미한다는 것에 주의한다.)
2. $A[7..0]$ = 1010 1100이면, (a) $A[7..4]$와 (b) $A[5..2]$의 값은?
3. AHDL로 다음의 객체가 선언되었다: toggles[7..0]: INPUT. AHDL 구문을 사용하여 최하위의 4개의 비트를 표현하라.
4. VHDL로 다음의 객체가 선언되었다: IN BIT_VECTOR(7 DOWNTO 0). VHDL 구문을 사용하여 최하위의 4개의 비트를 표현하라.
5. 예제 6-15의 2개 레지스터를 OR한 결과는 무엇인가?
6. 두 객체 d와 g를 OR하는 HDL 문장을 작성하라. HDL 중 하나를 사용하라.
7. d의 최상위 비트 2개와 g의 최하위 비트 2개를 XOR 하고 결과를 x의 중간 2개 비트에 넣는 HDL 문장을 작성하라.

6-20 HDL 가산기

학습성과

이 절을 학습함으로써 다음을 할 수 있다.

- AHDL 또는 VHDL을 이용하여 대조되는 연산을 수행하는 회로 기술

이 절에서는 HDL 언어를 이용한 8비트 병렬 가산기의 생성을 살펴본다. 병렬 가산기는 8비트 값 *A[8...1]*와 *B[8...1]*를 더하여 9비트 합 *S[9...1]*을 생성한다. 9비트 합에서 9번째 비트는 자리올림 부분이다. 4비트 병렬 가산기에 대한 HDL 설계파일을 만드는 한 가지 방법은 Quartus를 이용하여 대응되는 블럭 기호를 만들고, 블럭 편집기를 이용하여 그림 6-19(a)와 매우 유사한 도식을 그리는 것이다(필경 HDL 블럭 기호에서 배열 입력과 출력을 사용할지라도). 그러나 HDL 설계 파일에서 단순히 각 피연산자와 출력 변수의 크기를 증가시키는 것은 훨씬 더 쉽고, 그렇게 시행된다.

AHDL

AHDL 8비트 가산기

그림 6-23 세부 설계의 3, 4행에서는 8비트 피연산자를 명시하고, 5행에서는 9비트 출력 배열을 만든다. AHDL코드의 8, 9행에서는 *aa*와 *bb*라는 두 개의 변수 비트 배열을 선언하였다. 이들 9비트 배열은 이 세부 설계 내에 있고, 입력 또는 출력 포트로써 세부 설계 밖에서는 나타나지 않으므로 "숨겨진" 마디로 기술되어 있다. 9비트 배열을 정의하는 이유는 합의 비트 수와 일치시켜 합의 9번째 비트(자리올림 비트)도 출력시키기 위한 것이다. 11, 12행에는 앞에 0이 붙고 그 뒤에 적절한 8비트 입력 값이 따라붙는 두 개의 숨겨진 배열이 있다. 두 할당문은 각각 0과 데이터 입력 값을 연결시킨다. 9비트 출력 합은 13행에서 두 개의 내부 변수 *aa* 및 *bb*를 더하여 만들어진다. 13행의 양쪽 9비트 배열의 부호가 같아 컴파일이 간편하다.

```
SUBDESIGN fig6_23
(
a[7..0]       :INPUT;                -- 8-bit augend
b[7..0]       :INPUT;                -- 8-bit addend
s[8..0]       :OUTPUT;               -- 9-bit sum
)
VARIABLE
aa[8..0]      :NODE;                 -- expanded augend
bb[8..0]      :NODE;                 -- expanded addend
BEGIN
aa[8..0] = (GND,a[7..0]);            -- concatenate leading zero
bb[8..0] = (GND,b[7..0]);            -- to both operands
s[8..0] = aa[8..0] + bb[8..0];           -- add expanded operands
END;
```

그림 6-23 8비트 AHDL 가산기.

VHDL 8비트 가산기

그림 6-24의 개체(entity) 선언에서 3행과 4행은 8비트 입력 신호를 준비시키고, 5행에서는 9비트 출력신호를 생성시킨다. VHDL 코드에서 입력과 출력 포트(3행~5행)는 정수 데이터 유형으로 선언되었음에 유의한다. VHDL에서 BIT_VECTOR 데이터 유형은 배열과 연관된 수치값이 없는 비트들의 배열로만 취급된다. 반면에 INTEGER 데이터 유형은 그것으로 산술연산을 할 수 있도록 수치값을 나타낼 것이다. 8비트 2진 정수는 0부터 255까지, 9비트 정수는 0부터 511사이의 값을 가질 수 있다. 12행의 신호 할당 문장은 입력 피연산자 *a*와 *b*의 합을 생성시키며, 출력 포트 *s*에 할당된다.

```
1   ENTITY fig6_24 IS
2   PORT (
3        a      :IN INTEGER RANGE 0 TO 255;        -- 8-bit augend
4        b      :IN INTEGER RANGE 0 TO 255;        -- 8-bit addend
5        s      :OUT INTEGER RANGE 0 TO 511        -- 9-bit sum
6   );
7   END fig6_24;
8
9   ARCHITECTURE parallel OF fig6_24 IS
10
11  BEGIN
12       s <= a + b;                               -- add operands
13  END parallel;
```

그림 6-24 8비트 VHDL 가산기.

학습성과 평가문제

1. 4비트 병렬 가산기를 생성하도록 그림 6-23의 AHDL 코드를 수정하라.
2. 4비트 병렬 가산기를 생성하도록 그림 6-24의 VHDL 코드를 수정하라.

6-21 회로 비트 용량의 파라미터 처리

학습성과

이 절을 학습함으로써 다음을 할 수 있다.

- 상수 기술
- HDL 코드에 상수 사용
- 상수를 포함하는 식에 대한 컴파일러의 해석 예측

회로 용량 확장방법은 6-18절에서 74283 병렬 가산기와 74382 ALU를 가지고 했던 것처럼 회로를 종속적으로 연결하는 것이었다. 이것은 알테라 블럭 설계 파일 방법(그림 6-18 처럼)을 사용하거나 문자-기반 HDL 방법을 사용하면 될 것이다. 어떤 방법이든 모든 입력, 출력, 그리고 블럭 사이의 상호연결을 명시할 필요가 있다. 바로 앞 절에서, 응용에 필요한 병렬 가산기의 비트 수를 변경하기 위해 입력과 출력을 선언할 때 각각의 피연산자 변수의 크기를 단순히 변경하는 것은 매우 쉽다는 것을 알 수 있었다. 4-비트, 8-비트, 12-비트 혹은 어떠한 크기의 가산기를 원하든지 간에 회로 논리를 정의하는 코드는 실질적으로 같다. 단지 입력과 출력의 크기만이 바뀔 것이다. 이는 HDL이 제공하는 효율성 증진에 관한 아주 작은 예시일 뿐이다. 하지만 설계자들은 코드를 유심히 관찰하고, 응용에서 요구되는 크기로 적절히 변경해야 한다.

소프트웨어 공학에서 중요한 정의는 코드에서 사용되는 **상수**의 기호 표현이다. 상수는 단지 이름(기호)으로 표현되는 고정 숫자이다. 소스 코드 제일 위에서 전체 비트 수의 값이 할당된 기호를 정의하고(즉, 이름을 만들고), 이 기호(이름)을 코드에 사용하면 회로를 변경하는 것은 훨씬 더 쉽다. 회로의 용량을 확장하기 위해 코드의 한 행만을 변경하면 된다. 다음의 예는 가산기/감산기 회로에 대한 HDL 코드에 이러한 특징을 적용시킨다. add_sub로 명명된 하나의 입력은 가산기/감산기의 기능을 결정한다. 이 회로는 *add_sub*가 0일 때는 두 개의 피연산자들을 더하고, *add_sub*가 1일 때는 *a*에서 *b*를 뺀다.

AHDL

AHDL 가산기/감산기

AHDL에서 상수의 사용은 그림 6-25의 1행에서 보는 것과 같이 매우 간단하다. 핵심어 CONSTANT 뒤에는 기호 이름과 그것에 할당된 값이 나타난다. 컴파일러는 간단한 수학적 계산으로 또 다른 하나의 상수를 기본으로 하나의 상수에 대한 값을 설정한다. 5행, 6행, 8행과 22행과 같이 코드에서 상수를 조회할 때 이러한 특징을 이용할 수 있다. 예를 들면 *c[n]*으로 *c[7]*을 조회할 수 있으며 *c[n+1]*으로 *c[8]*을 조회할 수 있다. 이 가산기/감산기의 크기를 바꾸려면 단순히 선언된 상수 n의 값을 원하는 비트의 수로 바꾸고, 다시 컴파일하면 된다.

새로운 3개의 숨겨진 비트 배열의 조합이 12~14행에서 정의되었다. 이들 변수 각각은 병렬 가산기의 크기로 1행에 주어진 비트 수보다 1비트 크다. 이 여분의 비트는 두 피연산자를 가/감산할 때 생성되는 자리올림/내림 출력을 처리하기 위한 것이다. 2개의 확장된 피연산자(12 및 13행)가 있는 이유는 AHDL 컴파일러가 합(19행) 또는 차(20행)를 계산할 때 등호 양쪽에 있는 변수들의 비트 수가 같을 것을 요구하기 때문이다. 16행과 17행에서 0이 각 데이터 입력 앞에 연결되고 확장된 변수에 할당된다. 출력 결과(*result*)는 22행의 연산으로부터 낮은 쪽 *n*비트가 할당되며, 올림빌림(*carryborrow*)은 여분 비트의 값이 할당된다. 올림빌림 출력은 합 연산 $(a + b)$이 최종 올림을 생성하거나, 감산 연산 $(a - b)$

```
CONSTANT n = 6;          -- user gives number of input bits

SUBDESIGN figure6_25     -- addsub
(
     a[n-1..0]          :INPUT;          -- n-bit augend
     b[n-1..0]          :INPUT;          -- n-bit addend
     add_sub            :INPUT;          -- add or subtract
     result[n-1..0]     :OUTPUT;         -- n-bitanswer
     carryborrow        :OUTPUT;         -- carry out
)
VARIABLE
     aa[n..0]           :NODE;           -- expanded augend
     bb[n..0]           :NODE;           -- expanded addend
     rr[n..0]           :NODE;           -- expanded result
BEGIN
     aa[] = (GND,a[]);                   -- leading zero
     bb[] = (GND,b[]);                   -- leading zero
     IF add_sub == GND THEN              -- add if add_sub = 0
            rr[] = aa[] + bb[];          -- calculate sum
     ELSE   rr[] = aa[] - bb[];          -- calculate difference
     END IF;
     result[] = rr[n-1..0];              -- get n-bit answer
     carryborrow = rr[n];                -- get carry or borrow out
END;
```

그림 6-25 AHDL을 이용한 n비트 가산기/감산기 서술.

에서 a가 b보다 작아서 존재하지 않는 원천으로부터 빌림이 필요할 때 HIGH가 된다. 피연산자가 부호 없는 2진수이고 올림빌림 출력이 HIGH이면 n 비트 결과는 틀린 것이다. 이 상황은 올바른 합을 위해서 n비트 이상이 필요하거나, 작은 수에서 큰 수를 빼는 경우를 나타낸다. 6-3과 6-4절에서 본 바와 같이 부호있는 수를 사용할 때는, 올림빌림 출력이 무시되고, n비트 결과 역시 부호있는 수가 된다. 또한 부호있는 수의 연산에서는 넘침을 점검해야 한다.

VHDL 가산기/감산기

VHDL에서 상수의 이용은 다소 더 복잡하다. 상수는 그림 6-26의 1~6행에서 보는 바와 같이 **PACKAGE**에 포함되어야 한다. PACKAGE는 설계 파일의 모든 개체(entities)에서 이용하여야 하는 구성요소(component)의 정의와 다른 정보를 포함하는데도 사용된다. 8행에서 핵심어 USE는 이 설계 파일 전체에 걸쳐 package에 있는 정의를 사용한다는 것을 나타낸다. PACKAGE에서 핵심어 **CONSTANT** 다음에 기호 이름, 기호 이름의 유형, 그리고 := 연산자를 사용하여 이름에 할당되는 값이 따라온다. 또 3행에서 간단한 수학적 계산으로 또 다른 하나의 상수를 기본으로 하나의 상수에 대한 값을 설정한다. 또한 12, 13, 15, 23 및 32행에서 본 바와 같이 코드에서 상수를 조회할 때 이러한 특성을 이용할 수 있다. 이 가산기/감산기의 크기 변경은 단순히 선언된 변수 n의 값을 원하는 비트 수로 바꾸어 주고, 다시 컴파일하기만 하면 된다.

23행에서 정의된 국부적(local) 변수 rr은 입력 피연산자 크기의 2배까지(2의 1승 더 큰) 포함하기 때문에 2행에 주어진 병렬 가산기의 비트 수보다 1비트 더 크다. 이 여분

```
1  PACKAGE const IS
2     CONSTANT n   :INTEGER   := 6;     -- user gives number of input bits
3     CONSTANT m   :INTEGER   := 2**n;  -- compute combinations = 2 to the n
4     CONSTANT p   :INTEGER   := n+1;   -- add extra bit
5     CONSTANT q   :INTEGER   := 2**p;  -- compute combinations = 2 to the p
6  END const;
7
8  USE work.const.all;
9
10 ENTITY fig6_26 IS
11 PORT(
12    a            :IN INTEGER RANGE 0 TO m-1;      -- augend
13    b            :IN INTEGER RANGE 0 TO m-1;      -- addend;
14    add_sub      :IN BIT;                         -- add or subtract
15    result       :OUT INTEGER RANGE 0 TO m-1;     -- answer
16    carryborrow  :OUT BIT                         -- carry borrow out
17 );
18 END fig6_26;
19
20 ARCHITECTURE parameterized OF fig6_26 IS
21 BEGIN
22 PROCESS (a, b, add_sub)
23    VARIABLE rr :INTEGER RANGE 0 TO q-1;    -- result with carry borrow
24 BEGIN
25    IF add_sub = '0' THEN                    -- add if add_sub = 0
26          rr := a + b;                       -- calculate sum
27    ELSE  rr := a - b;                       -- calculate difference
28    END IF;
29    IF rr < m THEN                        -- test if extra bit was needed
30          result <= rr;                      -- get answer
31          carryborrow <= "0";                -- get carry borrow out
32    ELSE  result <= rr-m;                    -- get answer
33          carryborrow <= "1";                -- get carry borrow out
34    END IF;
35 END PROCESS;
36 END parameterized;
```

그림 6-26 **VHDL**을 이용한 *n*비트 가산기/감산기 서술

의 비트는 두 피연산자를 더하거나 뺄 때 발생되는 올림 또는 빌림을 처리하기 위해 추가된다. 25행에서 28행 사이에서 선택된 덧셈 또는 뺄셈 계산의 결과 값을 이 국부적 변수가 갖고 있다. 이 결과 값이 입력 피연산자와 같은 범위 내에 있다면 출력 결과는 30행에 있는 계산 결과이 할당되고, 올림빌림은 0의 비트 값이 할당된다(31행). 만약 계산 결과가 피연산자의 범위보다 크면(즉 29행의 IF문이 거짓이면) 다음 높은 자리의 가중치를 *rr*의 값에서 빼고(32행), 올림빌림 출력은 1이 할당된다(33행). 합 연산 $(a + b)$이 최종 올림을 만들거나, 차 연산 $(a - b)$에서 작은 수 a에서 큰 수 b를 빼게 되어 존재하지 않는 원천으로부터의 빌림이 필요하면 올림빌림 출력은 HIGH가 된다. 피연산자가 부호가 없는 2진수이고 올림빌림 출력이 HIGH이면 *n*비트 결과는 틀린 것이다. 이 상황은 올바른 합을 위해서 n비트 이상이 필요하거나, 작은 수에서 큰수를 뺀다는 것을 나타낸다. 6-3절과 6-4절에서 본 것과 같이 부호 있는 수를 사용할 때는 올림빌림 출력이 무시되고, *n*비트 결과 값 역시 부호 있는

수가 된다. 더욱이 부호 있는 수의 연산에 대한 넘침을 점검할 필요가 있다.

학습성과 평가문제

1. 정수에 기호 이름을 할당하기 위해 어떤 핵심어가 사용되는가?
2. AHDL에서, 상수는 어디에서 정의되는가? VHDL에서는 어디에서 정의되는가?
3. 상수가 유용한 이유는?
4. 만약 상수 max_val 127의 값을 갖는다면, 컴파일러는 max_val −5를 어떻게 해석하는가?

요약

1. 2진수에서 부호 있는 수를 표현하기 위하여 부호 비트를 MSB에 붙인다. + 부호는 0이고, − 부호는 1이다.
2. 2진수의 2의 보수는 각 비트의 보수를 취하고, 그 결과에 1을 더하여 얻는다.
3. 부호 있는 2진수를 표현하는 2의 보수 방법에서, 양수는 0의 부호 비트 다음에 순수한 2진 형태의 크기를 붙여 나타낸다. 음수는 1의 부호 비트 다음에 2의 보수 형식의 크기를 붙여서 나타낸다.
4. 부호 있는 2진수는 부호 비트를 포함하여 그 수의 2의 보수를 취함으로써 부정 연산(같은 값이지만 반대 부호의 수로 변경)된다.
5. 부호 있는 2진수에 대한 뺄셈은 감수를 부정 연산하고(2의 보수를 취하고), 이를 피감수에 더함으로써 수행된다.
6. BCD 덧셈에서, 각 자릿수의 합이 9(1001)를 초과할 때마다 특별한 보정 단계가 필요하다.
7. 부호 있는 2진수를 16진수로 나타낼 때, 그 수가 음수이면 16진수의 MSD가 8 이상이고 양수이면 7 이하이다.
8. 컴퓨터의 ALU는 메모리에 저장된 2진수에 대한 산술 연산과 논리 연산을 수행하는 데 필요한 회로를 포함한다.
9. 누산기는 ALU에 있는 레지스터이다. 이것은 연산되는 2진수 중의 하나를 보관하고, 또한 연산 결과를 저장하는 장소이다.
10. 전가산기는 두 비트와 자리올림 입력에 대한 덧셈을 수행한다. 병렬 2진가산기는 전가산기를 종속 연결하여 구성한다.
11. 자리올림의 전파에 의한 과도한 지연 문제는 자리올림 예견(look-ahead carry) 논리 회로에 의하여 줄일 수 있다.
12. 74LC83/74HC83과 74LS283/74HC283과 같은 IC 가산기들은 고속 병렬 가산기와 감산기를 구성하는 데 사용된다.
13. BCD 가산 회로는 특별한 보정 회로를 필요로 한다.
14. ALU 칩은 2개의 입력에 대한 광범위한 산술 및 논리 연산을 수행하는 데 이용된다.
15. 미리 만들어진 함수는 알테라 라이브러리에서 입수할 수 있다.
16. 라이브러리 부품과 HDL 회로는 도해(graphic) 또는 HDL 기법을 이용하여 연결될

수 있다.

17. 부울식을 이용하여 조합(set)의 모든 비트에 대해 논리 연산이 수행될 수 있다.
18. 효과적인 소프트웨어 공학 기법, 특히 기호를 사용한 상수의 표현을 훈련하면 전가산기와 같은 회로의 코드 변경과 비트 용량의 확장이 용이하다.
19. 파라미터로 나타낸 모듈 라이브러리(LPM)는 다양한 유형의 디지털 회로에 대해 융통성 있고, 쉽게 변경되거나 확장되는 방법을 제공한다.

주요 용어

가산기/감산기(adder/subtractor)
가수(addend)
감수(subtrahend)
넘침(overflow)
누산기 레지스터(accumulator register)
매크로함수(macrofunction)
반가산기(half adder: HA)
병렬 가산기(parallel adder)
부정(negation)
부호-크기 체계(sign-magnitude system)
부호 비트(sign bit)
산술/논리 장치(arithmetic/logic unit: ALU)
상수(constants)
자리올림(carry)
자리올림 예견(look-ahead carry)
자리올림 전파(carry propagation, carry ripple)
전가산기(full adder: FA)
조합(sets)
피가수(augend)
피감수(minuend)
2의 보수 체계(2's-complement system)
LPM_ADD_SUB
LPM_MULT
PACKAGE

연습문제

6-1절

B, N 6-1. 아래의 2진수에 대한 덧셈 또는 뺄셈을 하라. 2진수를 10진수로 변환하여 계산하고 그 결과를 검사하라.

(a)*1010 + 1011
(b)*1111 + 0011
(c)*1011.1101 + 11.1
(d) 0.1011 + 0.1111
(e) 10011011 + 10011101
(f) 1010.01 + 10.111
(g) 10001111 + 01010001
(h) 11001100 + 00110111
(i) 110010100011 + 011101111001
(j)*1010 − 0111
(k)*101010 − 100101
(l)*1111.010 − 1000.001
(m) 10011 − 00110
(n) 11100010 − 01010001
(o) 100010.1001 − 001111.0010
(p) 1011000110 − 1001110100

6-2절

B 6-2. 아래의 부호 있는 10진수를 2의 보수 체계로 표현하라. 부호 비트를 포함하여 전체 8비트를 사용하라.

*가 표시된 문제의 해답은 교재의 뒤편에 있다.

(a)★+32 (e)★+127 (i) −1 (m) +84
(b)★−14 (f)★−127 (j) −128 (n) +3
(c)★+63 (g)★+80 (k) +169 (o) −3
(d)★−104 (h)★−55 (l) 0 (p) −190

B 6-3. 아래의 수들은 부호 있는 10진수를 2의 보수 체계로 나타낸 것이다. 각 경우에 대하여 10진 값을 구하라(힌트: 음수를 양수로 바꾸기 위해 부정을 사용하라).
(a)★01101 (d)★10011001 (g) 11111111 (j) 11011001
(b)★11101 (e)★01111111 (h) 10000001
(c)★01111011 (f) 10000000 (i) 01100011

6-4. (a) 부호 비트를 포함한 12비트를 이용하여 나타낼 수 있는 부호 있는 10진수의 범위는?
(b) −32,768에서 +32,767 범위의 10진수를 표현하기 위해서 몇 비트가 필요한가?

6-5.★2의 보수 체계를 이용하여 5비트로 표현될 수 있는 모든 부호 있는 수를 순서대로 나열하라.

6-6. 아래의 10진 값을 8비트의 부호 있는 2진 값으로 각각 표현하고, 각각을 부정하라.
(a)★+73 (b)★−12 (c) +15 (d) −1 (e) −128 (f) +127

6-7. (a)★10비트로 표현될 수 있는 부호 없는 10진 값의 범위는? 같은 수의 비트를 사용하여 나타낼 수 있는 부호 있는 10진 값의 범위는?
(b) 8비트를 사용하여 동일한 두 가지 문제를 반복하라.

6-3~6-4절

6-8. 부호 있는 수를 표현하기 위한 부호−크기 방법(sign-magnitude method)이 대부분의 컴퓨터에서 사용되지 않는 이유는 아래를 수행함으로써 설명될 수 있다.
(a) 부호−크기 방법을 이용하여 +12를 8비트로 나타내라.
(b) 부호−크기 방법을 이용하여 −12를 8비트로 나타내라.
(c) 위의 두 2진수를 더하라. 그리고 그 합이 전혀 0으로 보이지 않음을 주목하라.

N 6-9. 아래의 연산을 2의 보수 체계로 수행하라. 각각의 수에 대하여 8비트(부호 비트를 포함하여)를 사용하라. 2진 결과를 다시 10진으로 변환하여 결과를 검토하라.
(a)★+9 더하기 +6 (g) +47 빼기 +47
(b)★+14 더하기 −17 (h) −15 빼기 −36
(c)★+19 더하기 −24 (i) −17 빼기 +17
(d)★−48 더하기 −80 (j) −17 빼기 −17
(e)★+17 빼기 +16 (k) +68 더하기 +45
(f) −13 빼기 +21 (l) +77 빼기 −50

6-10. 아래와 같은 경우에 대해 문제 6-9를 반복하고, 넘침이 발생하는지 확인하라.
(a) +37 더하기 +95 (c) −37 더하기 −95
(b) −95 빼기 +37 (d) +95 빼기 −37

6-5~6-6절

B, N 6-11. 다음 2진수 쌍을 곱셈한 후, 10진수로 곱셈을 하여 결과를 검사하라.

(a)*111 × 101 (d) .1101 × .1011
(b)*1011 × 1011 (e) 1111 × 1011
(c) 101.101 × 110.010 (f) 10110 × 111

B, N 6-12. 다음 나눗셈을 수행하라. 10진수로 나눗셈을 하여 결과를 검사하라.
(a)*1100 ÷ 100 (d) 10110.1101 ÷ 1.1
(b)*111111 ÷ 1001 (e) 1100011 ÷ 1001
(c) 10111 ÷ 100 (f) 100111011 ÷ 1111

6-7~6-8절

B, N 6-13. 다음 10진수를 BCD 코드로 변환한 후에 덧셈을 수행하라.
(a)*74 + 23 (e) 998 + 003
(b)*58 + 37 (f) 623 + 599
(c)*147 + 380 (g) 555 + 274
(d) 385 + 118 (h) 487 + 116

B, N 6-14. 다음 16진수 쌍의 합을 구하라.
(a)*3E91 + 2F93 (e) FFF + 0FF
(b)*91B + 6F2 (f) D191 + AAAB
(c)*ABC + DEF (g) 5C74 + 22BA
(d) 2FFE + 0002 (h) 39F0 + 411F

B, N 6-15. 다음 16진수 쌍에 대하여 뺄셈을 수행하라.
(a)*3E91 − 2F93 (e) F000 − EFFF
(b)*91B 2− 6F2 (f) 2F00 − 4000
(c)*0300 − 005A (g) 9AE5 − C01D
(d) 0200 2− 0003 (h) 4321 − F165

6-16. 소형 마이크로컴퓨터가 0200에서 03FF와 4000에서 7FD0까지의 16진 어드레스 영역의 메모리를 사용한다고 사용자 설명서에 기술되어 있다. 이용 가능한 전체 메모리 영역은 얼마인가?

6-17. (a)*어떤 8비트 메모리 영역에 16진 데이터 77이 들어있다. 이것이 부호 없는 수로 표현된 것이라면 10진 값으로는 얼마인가?
(b)*이것이 부호 있는 수이면, 10진 값으로는 얼마인가?
(c) 데이터 값이 E5일 때, (a)와 (b)를 반복하라.

6-11절

6-18. 그림 6-8의 FA 회로를 모두 NAND 게이트로 바꾸어라.

6-19.*반가산기에 대한 기능표를 작성하라(입력 A와 B, 출력 SUM과 CARRY). 기능표로부터 반가산기로 동작하는 논리 회로를 설계하라.

6-20. 전가산기는 여러 가지의 다른 방법으로 구현될 수 있다. 그림 6-27은 2개의 반가산기로 어떻게 전가산기를 구성하는지 나타낸다. 이 구성에 대한 기능표를 만들고, 그것이 전가산기로 동작함을 증명하라.

6-12절

6-21.*그림 6-10에서 다음의 연산 순차 후에 A 레지스터의 내용을 구하라.
$[A] = 0000$, $[0100] \rightarrow [B]$, $[S] \rightarrow [A]$, $[1011] \rightarrow [B]$, $[S] \rightarrow [A]$

그림 6-27 연습문제 6-20.

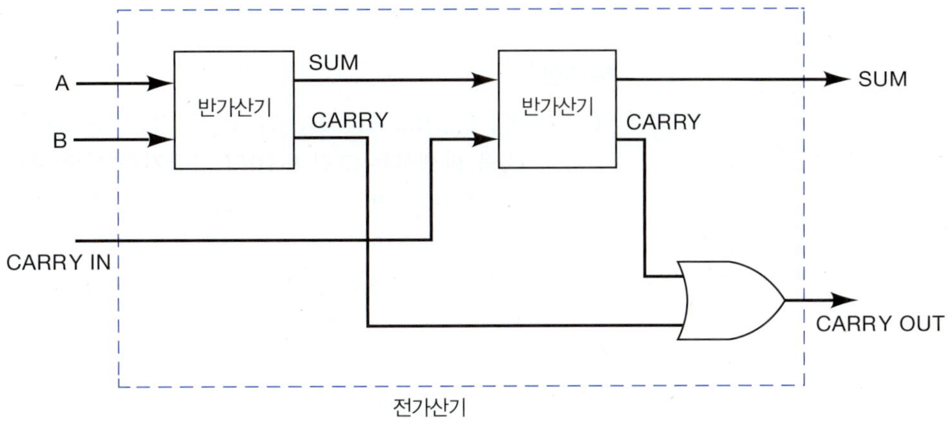

6-22. 그림 6-10에서 각 플립플롭은 $t_{PLH} = t_{PHL} = 30$ ns과 $T_S = 10$ ns이고, 각 FA는 40 ns의 전파 지연이 있다고 가정하자. 적절한 동작을 위한 LOAD 펄스의 PGT와 TRANSFER 펄스의 PGT 사이에 허용되는 최소의 시간은 얼마인가?

D 6-23. 이 장에서 논의된 가산기와 감산기 회로에서는 넘침에 대한 가능성을 고려하지 않았다. 두 수를 더하거나 뺄 때, 누산기의 용량보다 큰 비트를 가지는 연산 결과가 발생하면, 넘침이 발생한다. 예를 들면 부호 비트를 포함하여 4비트의 레지스터를 사용하면, +7에서 −8(2의 보수 체계로)까지의 범위를 갖는 수를 저장할 수 있다. 그러므로 덧셈 또는 뺄셈의 결과가 +7 또는 −8을 초과한다면, 넘침이 발생하였다고 말할 수 있다. 넘침이 발생할 때, 결과를 누산기 레지스터에 정확하게 저장할 수 없으므로 그 결과 값은 쓸모가 없다. 예를 들어 +5(0101)와 +4(0100)를 더하면, 그 결과가 1001이다. 이 1001은 부호 비트 자리 1이 있기 때문에 음수로 잘못 해석된다.

컴퓨터와 계산기에는 일반적으로 넘침 조건을 검출하기 위한 회로가 있다. 넘침 조건을 검출하기 위한 여러 가지 방법이 있다. 2의 보수 체계에서 동작하는 가산기에 사용될 수 있는 한 가지의 방법은 다음과 같다.

1. 더해지는 두 수의 부호 비트를 조사한다.
2. 결과의 부호 비트를 조사한다.
3. 더해지는 수가 모두 양수이고, 그 결과의 부호 비트가 1이거나, 수가 모두 음수이고, 그 결과의 부호 비트가 0일 때, 넘침이 발생한다.

이 방법은 여러 가지의 예를 통하여 증명된다. 다음의 경우를 조사해 보자: (1) 5 + 4, (2) −4 + (−6), (3) 3 + 2. (1)과 (2)의 경우는 넘침이 발생하고, (3)의 경우는 그렇지 않다. 그러므로 부호 비트를 조사함으로써 넘침 조건이 발생할 때마다 1 출력을 발생하는 논리 회로를 설계할 수 있다. 그림 6-10의 가산기에 대한 넘침 회로를 설계하라.

C, D 6-24. 메모리로부터 *A* 레지스터로 데이터를 전송시키는데 필요한 논리 회로를 그림 6-10에 첨가하라. 메모리로부터의 데이터 값은 첫 번째 TRANSFER 펄스의 PGT에서 *A* 레지스터의 *D* 입력을 통하여 *A* 레지스터로 들어간다. FA의 합 출력으로부터의 데이터는 두 번째 TRANSFER 펄스의 PGT에서 *A* 레지스터에 적재된다. 다시 말해서 메모리로부터 *B* 레지스터에 적재, 메모리로부터 *A* 레지스터에 적재, 그들의 합을 *A* 레지스터로 전송하는 완전한 순차를 수행하기 위하여 2개의 TRANSFER 펄스 후에 LOAD 펄스가 필요하다(힌트: 어떤 데이터가 누산기의

D 입력으로 적재되게 할 것인가를 조절하기 위해서는 플립플롭 X를 사용하라).

6-13절

C, D 6-25.* A_0, B_0, C_0, A_1, B_1, A_2, B_2를 기반으로 MSB 자리의 FA로 인가되는 자리올림 C_3을 발생하는 그림 6-10의 가산기를 위한 자리올림 예견 회로를 설계하라. 다시 말해서, A_0, B_0, C_0, A_1, B_1, A_2, B_2 항으로 C_3의 표현식을 유도하라(힌트: A_0, B_0, C_0 항으로 C_1에 대한 표현식을 유도함으로서 시작하자. 그리고 A_1, B_1, C_1의 항으로 C_1에 대한 표현식을 쓴다. C_1에 대한 표현식을 C_2에 대한 표현식 안에 대입한다. 그리고 A_2, B_2, C_2의 항으로 C_3에 대한 표현식을 쓴다. C_2에 대한 표현식을 C_3에 대한 표현식에 대입한다. C_3에 대한 최종 표현식을 간략화하고, 곱의 합 형식으로 정리한다. 그리고 이 표현식에 대한 회로를 구현한다).

6-14절

N 6-26. EC_{16}이 43_{16}에 더해질 때, 그림 6-11(b)의 입력과 출력의 논리 값을 각각 구하라.

6-15절

6-27. 그림 6-14의 회로에서, 아래 경우에 대한 합 출력을 구하라.
(a)* A 레지스터 = 0101(+5), B 레지스터 = 1110(−2);
SUB = 1, ADD = 0
(b) A 레지스터 = 1100(−4), B 레지스터 = 1110(−2);
SUB = 0, ADD = 1
(c) ADD = SUB = 0일 때, 문제 (b)를 반복하라.

6-28. 그림 6-14의 회로에서, 아래 경우에 대한 합 출력을 구하라.
(a) A 레지스터 = 1101(−3), B 레지스터 = 0011(+3);
SUB = 1, ADD = 0.
(b) A 레지스터 = 1100(−4), B 레지스터 = 0010(+2);
SUB = 0, ADD = 1.
(c) A 레지스터 = 1011(−5), B 레지스터 = 0100(+4);
SUB = 1, ADD = 0.

6-29. 문제 6-27의 각 계산에서 넘침이 발생되는지 판정하라.

6-30. 문제 6-28의 각 계산에서 넘침이 발생되는지 판정하라.

D 6-31. 3개의 74HC00 칩을 이용하여 그림 6-14의 개이트들을 구현하라.

D 6-32.* ADD와 SUB 입력 대신에 하나의 제어 입력 X를 사용하여 그림 6-14의 회로를 변경하라. 이 회로는 X = 0일 때 가산기로 동작하고, X = 1일 때 감산기로 동작한다. 그리고 각 게이트의 사용을 최소화하라(힌트: 이제 각 게이트들의 조합은 제어용 인버터로써 동작함을 유의하라).

6-16절

B 6-33. 아래의 입력들이 74LS382에 인가될 때, 각 경우에 대한 F, C_{N+4} 그리고 OVR을 구하라.
(a)* $[S]$ = 011, $[A]$ = 0110, $[B]$ = 0011, C_N = 0
(b) $[S]$ = 001, $[A]$ = 0110, $[B]$ = 0011, C_N = 1
(c) $[S]$ = 010, $[A]$ = 0110, $[B]$ = 0011, C_N = 1

D 6-34. 74HC382를 사용하여 $[F] = [\overline{A}]$를 출력시키는 방법을 보여라(힌트: XOR 게이

트의 동작 특성을 상기하라).

6-35. 아래의 입력에 대한 그림 6-16의 Σ 출력을 구하라.

(a)*[S] = 110, [A] = 10101100, [B] = 00001111

(b) [S] = 100, [A] = 11101110, [B] = 00110010

C, D 6-36. A의 2진수와 B의 2진수가 정확히 같을 때마다 하나의 HIGH 출력을 발생시키는 논리 회로를 그림 6-16에 추가하라. 적절한 선택 입력 코드를 인가하라(3개의 코드를 사용할 수 있다).

6-17절

T 6-37. 그림 6-10의 회로에서 A_2 출력이 LOW에 고정되어 있다고 가정하자. 아래의 각 경우에 대하여 두 수를 연산 순차에 따라 더하고, 두 번째 TRANSFER 펄스 후에 A 레지스터에 나타나는 결과를 구하라. 수가 10진수로 주어지고, 첫 번째 수가 첫 번째 LOAD 펄스에 의하여 B로 적재됨을 유의하라.

(a)*2 + 3

(b) 3 + 7

(c) 7 + 3

(d) 8 + 3

(e) 9 + 3

T 6-38. 기술자가 그림 6-14의 가산기/감산기를 브레드보드에 구성하였다. 시험 중 덧셈이 수행될 때마다 결과는 예상 결과보다 1이 큰 값을 가지며, 뺄셈이 수행될 때는 예상 결과보다 1이 작은 값을 가지는 것을 확인하였다. 이 회로를 연결하는데 있어서 기술자가 범할 가능성이 있는 오류는 무엇인가?

6-39.* 그림 6-14의 회로에서 ADD와 SUB 선이 단락되었다면, 아래의 각 지점에서 발생되는 증상에 대하여 기술하라.

(a) 74LS283 IC의 B[3..0] 입력

(b) 74LS283 IC의 C_0 입력

(c) SUM(Σ) [3..0] 출력

(d) C_4

6-18절

N 6-40. 아래에 주어진 8비트 가산기를 기능적으로 시뮬레이션(15개 시험 사례로)하라.

(a) 그림 6-19(a) (b) 그림 6-19(b)

N, D 6-41. LPM_FF 및 LPM_ADD_SUB 메가함수를 이용하여 mod-16 2진 업/다운 카운터를 설계하라. 계수 방향은 UP_DN으로 명명된 입력으로 조정된다. 설계 결과를 기능적으로 시뮬레이션하여 정상적인 동작 여부를 검증하라.

6-19절

문제 6-42~6-47는 동일한 2개의 배열 a와 b를 다룬다. 그것은 HDL 소스 파일에에 정의되어 있으며, [a] = [10010111], [b] = [00101100]의 값을 갖는다고 가정한다. 출력 배열 [z]도 8비트 배열이다. 이 자료를 이용하여 문제 6-42~6-47에 답하라.(z에서 정의되지 않은 비트는 0이라고 가정하라.)

B, H 6-42. 선호하는 HDL 구문을 이용하여 데이터 객체(objects)를 선언하라.

B, H 6-43. 다음의 각 표현에 대해 z의 값을 구하라(동일한 AHDL 및 VHDL 표현이 주어졌다).

(a)*z[] = a[] & b[]; z <= a AND b ;
(b)*z[] = a[] # b[]; z <= a OR b ;
(c) z[] = a[] $!b[]; z <= a XOR NOT b ;
(d) z[7..4] = a[3..0] & b[3..0];
z(7 DOWNTO 4) <= a(3 DOWNTO 0) AND b(3 DOWNTO 0);
(e) z[7..1] = a[6..0];z[0] = GND;
z(7 DOWNTO 1) <= a(6 DOWNTO 0); z(0) <= '0';

6-44. 다음 각각의 값은 무엇인가?

(a) a[3..0]	a(3 DOWNTO 0)
(b) b[0]	b(0)
(c) a[7]	b(7)

B, H 6-45. 다음 각각의 값은 무엇인가?

(a)*a[5]	a(5)
(b)*b[2]	b(2)
(c)*b[7..1]	b(7 DOWNTO 1)

H 6-46.*[a]의 모든 비트를 오른쪽으로 한 자리 이동시키는 하나 또는 그 이상의 문장을 HDL로 작성하라. LSB는 MSB 자리로 이동하고 순환된 데이터는 z[]에 머문다.

6-47. b의 상위 4비트를 선택하여 z의 하위 4비트에 배치하는 하나 또는 그 이상의 HDL 문장을 작성하라. z의 상위 4비트는 0으로 한다.

D, H 6-48. 문제 6-23을 참조하라. 그림 6-23 또는 그림 6-24의 코드를 변경하여 넘침 출력을 추가하라.

6-20절

B, H 6-49. 그림 6-23 또는 그림 6-24를 변경하여 12비트 가산기를 만들어라. 이때, 상수는 사용하지 말아라.

B, H 6-50. 그림 6-23 또는 그림 6-24를 변경하여 다목적 n비트의 가산기 모듈을 만들어라. 이때, 비트의 수를 정의하는 상수를 사용하라.

D, C, H 6-51. 74382 ALU의 등가를 만드는 HDL 파일을 작성하라. 이때, 내장 매크로함수는 사용하지 말아라.

반복연습문제

6-52. 다음 용어를 설명하라.

(a) 전가산기	(e) 넘침	(h) 자리올림 예견
(b) 2의 보수	(f) 누산기	(i) 부정
(c) 산술/논리 장치	(g) 병렬 가산기	(j) B 레지스터
(d) 부호 비트		

마이크로컴퓨터 응용

C, D 6-53.*전형적인 마이크로프로세서 ALU에서, 모든 산술 연산의 결과는 그림 6-10, 그림 6-14와 같이 누산기 레지스터에 보통 전송된다(항상은 아님). 또한 대부분의 마이크로프로세서 ALU에서 각 산술 연산의 결과는 플래그(*flag*)라고 하는 여러 개의 특별한 플립플롭의 상태를 제어하기 위해 사용된다. 이 플래그들은 어떤 유형의 명령들이 실행되는 동안 마이크로프로세서가 결정을 내릴 때 마이크로프로세서에 의

해 사용된다. 가장 대표적인 세 가지의 플래그는 다음과 같다.

S(부호 플래그): 이 플립플롭은 ALU로부터의 마지막 결과의 부호와 항상 같은 상태를 갖는다.

Z(0 플래그): 이 플립플롭은 ALU로부터의 연산 결과가 정확히 0일 때마다 1로 세트된다. 다른 경우에는 0으로 클리어된다.

C(자리올림 플래그): 이 플립플롭은 ALU의 MSB로부터의 자리올림과 항상 같은 상태를 갖는다.

그림 6-14의 가산기/감산기를 ALU로서 이용하여 이들 플래그를 실행하는 논리회로를 설계하라. 합 출력과 C_4 출력은 전송 펄스가 발생할 때 각 플래그의 상태를 제어하는 데 사용된다. 예를 들어 합이 정확히 0(즉, 0000)이라면 Z 플래그는 전송 펄스의 PGT에 의하여 세트(1)될 것이다. 다른 경우에는 클리어(0)된다.

6-54.* 마이크로컴퓨터로 작업을 하는 경우에 종종 8비트 레지스터로부터의 2진수를 16비트 레지스터로 이동시킬 필요가 있다. 2의 보수 체계에서 +73과 −82을 각각 나타내는 01001001과 10101110을 고려해 보자. 이들 10진수에 대한 16비트 표현을 구하라.

6-55. 문제 6-54에서 +73에 대한 8비트와 16비트 표현을 비교하라. 그리고 −82에 대한 두 표현을 비교하라. 8비트로부터 16비트 표현으로 쉽게 변환할 수 있는 일반적인 법칙을 찾아라. 그것은 8비트 수의 부호 비트와 관계가 있다.

학습성과 평가문제 해답

6-1절

1. (a) 11101 (b) 101.111 (c) 1001000
2. (a) 011011 (b) 01010110 (c) 00111.0111

6-2절

1. (a) 00001101 (b) 11111001 (c) 10000000
2. (a) −29 (b) −64 (c) +126
3. −2048에서 +2047까지 4. 7 5. −32768
6. (a) 10000 (b) 10000000 (c) 1000 7. 본문 참고.

6-3절

1. 참 2. (a) $100010_2 = -30_{10}$ (b) $000000_2 = 0_{10}$

6-4절

1. (a) $01111_2 = +15_{10}$ (b)$11111_2 = -1_{10}$
2. 합의 부호 비트와 더해지는 수들의 부호 비트를 비교함으로써 알 수 있다.

6-5절

1. 1100010

6-7절

1. 적어도 하나의 10진 숫자 자리의 합이 1001(9)보다 더 크다.
2. 보정 계수가 1과 10의 숫자 자리 모두에 더해진다.

6-8절

1. 923 2. 3DB 3. 2F, 77EC, 6D

6-9절

1. 누산기 레지스터, B 레지스터, 산술 논리 회로
2. 누산기는 덧셈 이전에 입력(피가수)을 저장하고, 덧셈 후에 합(피가수 + 가수)를 저장한다.

6-10절

1. 3, 2 2. (a) $S_2 = 0$, $C_3 = 1$ (b) $C_5 = 0$

6-11절

1. 결과를 본문 6-11절과 비교하라.

6-12절

1. 1, 4, 4 2. 0100

6-13절

1. 16개 가산기 × 2 ns = 32 ns
2. F = 1/T = 1/32 ns = 31.25 MHz
3. 논리 회로를 사용하여 자리올림 "예견"을 예상

6-14절

1. 5개의 칩 2. 240 ns 3. 1

6-15절

1. B 레지스터의 수를 2의 보수 표현으로 나타내기 위하여 1을 더하는 것이 필요하다.
2. 0010 3. 1101
4. 거짓. 1의 보수가 나타난다.

6-16절

1. F = 1011, $OVR = 0$, $C_{N+4} = 0$
2. F = 0111, $OVR = 1$, $C_{N+4} = 1$
3. F = 1000
4. $\Sigma = 01101011$, $C_{N+4} = OVR = 0$
5. $\Sigma = 11111111$
6. 8

6-18절

1. MSI 74283칩의 데이터 시트를 찾아 보시오.
2. 라이브러리에서 사용 가능한 표준 IC의 HDL 표현

6-19절

1. (a) 0001 (b) 1011
2. (a) 1010 (b) 1011
3. toggles[3..0]
4. toggles(3 DOWNTO 0)
5. $[X] = [1,1,1,1]$

6. AHDL: xx[] = d[]# g[]; VHDL: x <= d OR g;
7. AHDL: xx[2..1] = d[3..2] $ g[1..0]; VHDL: x(2 DOWNTO 1) <= d(3 DOWNTO 2) XOR g(1 DOWNTO 0)

6-20절

1. 비트 배열 범위에서 8을 4로, 그리고 9를 5로 대체
2. 정수 범위에서 255를 15로, 511을 31로 대체

6-21절

1. CONSTANT
2. AHDL에서는 소스 파일의 시작 위치 부분, VHDL에서는 소스 파일의 시작 부분의 PACKAGE에서 정의된다.
3. 코드 전체를 통하여 사용된 기호의 값을 전체적으로 바꿀 수 있게 해준다.
4. max_val −5는 수 122로 처리된다.

CHAPTER 7

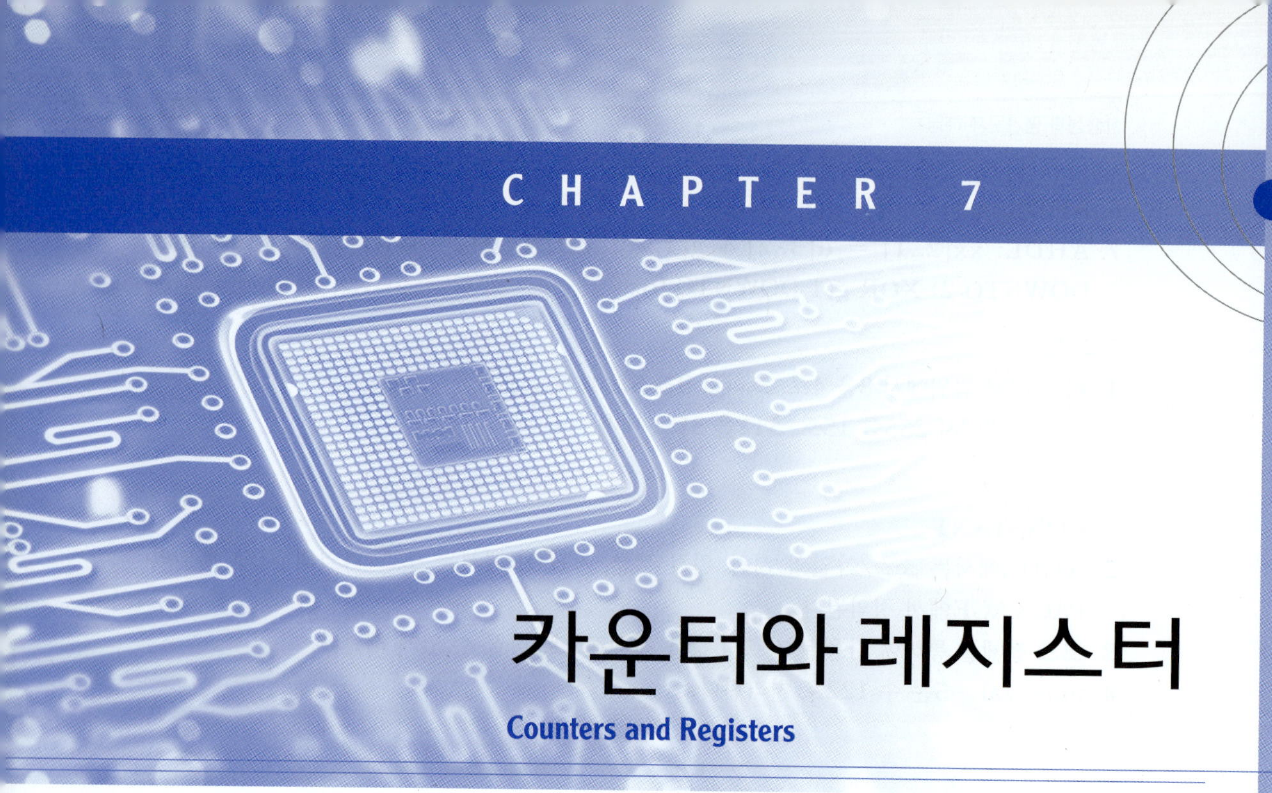

카운터와 레지스터

Counters and Registers

개요

학습목표

이 장을 학습함으로써 다음을 할 수 있다.

- 동기식 · 비동기식 카운터의 동작과 특성 이해
- 2^N보다 작은 MOD 수를 갖는 카운터의 구성
- 업 카운터와 다운 카운터의 구성
- 다단 카운터의 연결
- 여러 종류의 카운터에 대한 해석 및 평가
- 임의의 순차를 갖는 동기식 카운터의 설계
- 다양한 형태의 카운터를 분석하는 데 이용되는 여러 가지 방법의 이해
- HDL로 다양한 추상화 단계로 카운터 회로 설계
- 시프트 레지스터 카운터 구성
- 다양한 형태의 레지스터 IC들의 동작 이해
- HDL을 사용한 시프트 레지스터와 시프트 레지스터 카운터의 이해
- 조합 논리 시스템에 사용되는 고장 진단 방법을 순차 논리 시스템의 고장 진단에 응용

서론

5장에서, 플립플롭이 카운터와 레지스터 기능을 갖기 위해 어떻게 연결되어야 하는지 알아보았으며 설명의 편의상 간단한 카운터와 레지스터 회로에 대해 살펴보았다. 디지털 시스템은 이러한 간단한 회로들이 다양하게 결합되어 구성되는데, 표준 IC칩에서 프로그래밍 가능소자 또는 커스텀 IC들을 사용하여 회로를 구성한다. 이 장에서는 다양한 종류의 카운터와 레지스터에 대해 자세하게 살펴보고자 한다. 우선 플립플롭들이 카운터나 레지스터 기능을 갖도록 하기 위해서 논리 게이트들이 플립플롭들을 어떻게 제어하는지 알아보고 나서 HDL로 구현하는 방법도 알아보기로 한다. 카운터나 레지스터 회로의 동작을 설명하기 위해서 타이밍도를 사용한다. 타이밍도는 디지털 시스템에서 신호들의 연관 관계를 도식화하여 보여주는 매우 효과적인 방법이다. 디지털 회로 시뮬레이터는 회로 분석 결과를 타이밍도로 보여주기 때문에 회로설계가 제대로 되었는지의 여부를 쉽게 판단할 수 있도록 해준다. 타이밍 이슈는 고속 디지털 시스템을 다룰 때 더 중요해진다. 저속에서는 충분히 동작하던 시스템들이 고속에서는 잘 안되는 경우가 있다. 타이밍도로부터의 정보를 정확히 분석할 필요가 있다.

이 장에는 관련된 주제가 상당히 많기 때문에 두 개의 파트로 구성하였다. **파트 1**에서는 카운터 동작의 원리, 여러 형태의 카운터 회로 구성, 대표적인 IC 카운터에 대해 다루고, **파트 2**에서는 몇 가지 형태의 IC 레지스터, 시프트 레지스터 카운터, 고장 진단 등을 다룬다. 각 파트에는 카운터와 레지스터에 대한 HDL 구현 방법이 소개되어 있다. 또한 중요한

용어와 요약을 각 파트에 정리하였으며 연습문제는 이 장의 마지막부분에 수록하였다.

이 장을 공부하려면 앞에서 배운 내용을 충분히 알고 있어야 하므로 필요시 앞부분을 복습하면 학습에 유익하다.

파트 1

7-1 비동기식(리플) 카운터

학습성과

이 절을 학습함으로써 다음을 할 수 있다.

- 비동기식 2진 카운터를 위한 플립플롭들의 다단계 접속
- 카운터의 타이밍도 그리기
- 임의의 카운터에 대한 MOD 수 결정
- 2의 멱수로 클럭 주파수 분주를 위한 MOD 2^N 카운터 사용
- Mod # $< 2^N$인 경우 출력파형의 주파수와 듀티사이클에 미치는 영향 평가

그림 7-1은 5-18절에서 설명한 3비트 2진 카운터와 유사한 4비트 2진 카운터이다. 이 카운터 동작의 주요 내용은 다음과 같다.

1. 클럭 펄스는 플립플롭 A의 *CLK* 입력에만 인가된다. 그러므로 플립플롭 A는 클럭 펄스의 매 하강 천이 때(High에서 Low로) 반전(상태가 이전 상태와 반대로 바뀜)된다. 이때 모든 플립플롭의 $J = K = 1$이다.
2. 플립플롭 A의 정상 출력은 플립플롭 B의 *CLK* 입력이 된다. 따라서 *A*의 출력이 1에서 0으로 변할 때마다 플립플롭 B는 반전된다. 마찬가지로 *B*가 1에서 0으로 변할 때마다 플립플롭 C는 반전되고, *C*가 1에서 0으로 변할 때마다 플립플롭 D는 반전된다.
3. 플립플롭의 출력 *D*, *C*, *B*, *A*는 *D*를 MSB로 갖는 4비트 2진수를 나타낸다. 모든 플립플롭이 0 상태로 초기화(CLEAR 입력은 나타내지 않았다)되었다고 가정하면 그림 7-1의 파형은 클럭 펄스가 연속적으로 인가될 때마다 0000에서 1111까지의 연속적인 2진 계수 값을 나타낼 것이다.
4. 15번째의 하강 천이 클럭 펄스(NGT)가 발생한 후에, 카운터 플립플롭은 1111 상태가 된다. 16번째의 하강 천이 클럭 펄스(NGT)가 발생하면, 플립플롭 A는 1에서 0으로 변한다. 이것은 플립플롭 B를 1에서 0으로 변하게 하며, 이런 식으로 계속되어 카운터는 0000 상태가 된다. 다시 말하면, 카운터는 하나의 완 주기(0000부터 1111까지)를 계수한 후 0000 상태로 돌아가서 다시 카운팅을 시작한다.

이 카운터에서는 각각의 플립플롭의 출력이 다음 플립플롭의 *CLK* 입력으로 인가되는데, 이런 형태의 카운터를 **비동기식 카운터(asynchronous counter)**라고 한다. 이유는 플립플롭 A만이 클럭 펄스에 동기되어 동작하고 나머지 플립플롭들의 동작은 클럭 입력과 정확히 동기되지 않기 때문이다. 플립플롭 B는 플립플롭 A의 상태가 바뀔 때까지 기다린 다음 상태가 반전된다. 마찬가지로 플립플롭 C는 플립플롭 B의 출력이 바뀔 때까지 기다려야 한다. 즉, 각각의 플립플롭의 입력과 출력신호 사이에는 약간의 시간 지연이 있기 때문인데, 이러한 시간 지연은 보통 플립플롭당 5~20 ns 정도가 된다. 앞으로 알게 되겠지만 어떤 경우에는 이런 시간 지연이 오동작을 일으킬 수 있다. 이러한 형태의 카운터를 보통 **리플 카운터**

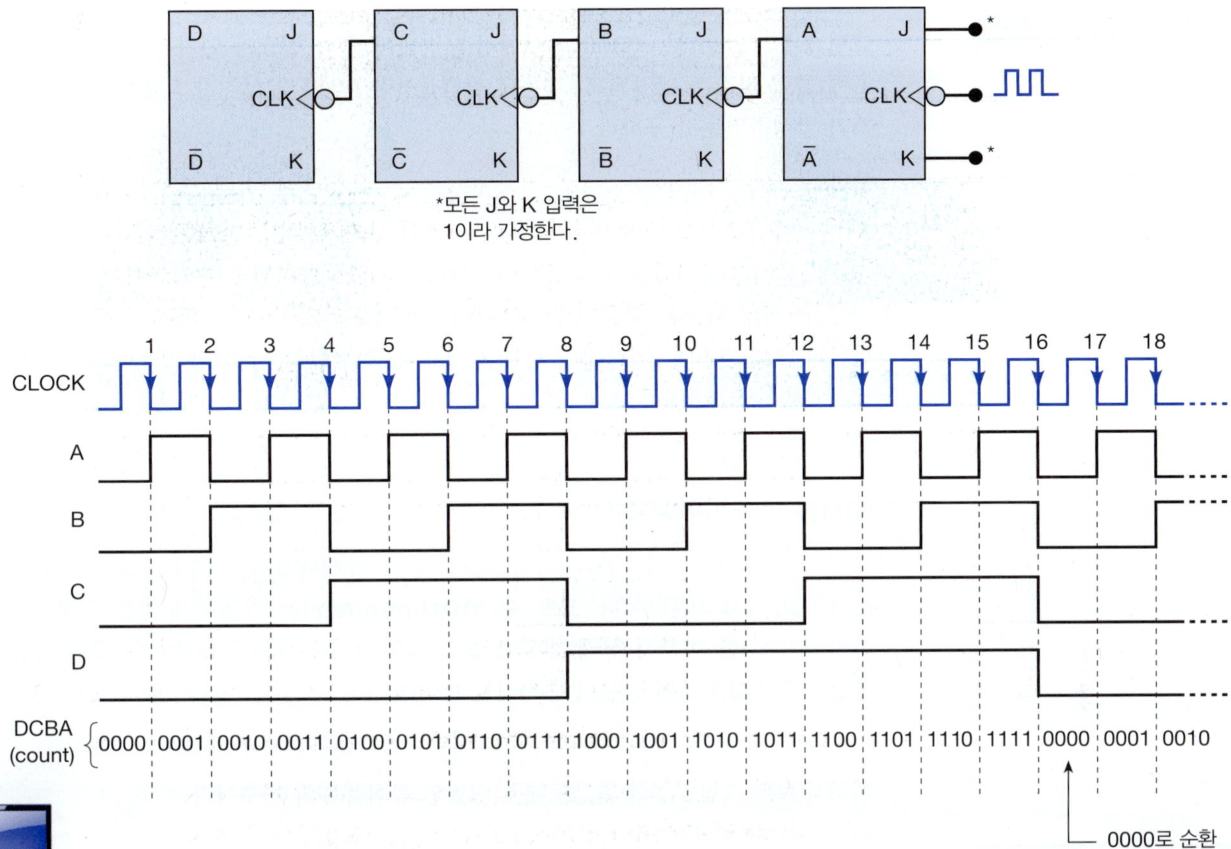

그림 7-1 4비트 비동기식(리플) 카운터.

(ripple counter)라고도 한다. 그 이유는 플립플롭들이 동작하는 방식이 물결 효과(ripple effect)와 같기 때문이다. 리플 카운터와 비동기식 카운터는 동일한 의미로 사용된다.

신호흐름

회로를 그릴 때 (가능하다면) 신호가 왼쪽에서 오른쪽으로 흐르도록 하여 입력은 왼쪽에, 출력은 오른쪽에 위치하도록 하는 것이 일반적인 방법이다. 그러나 이 장에서는 특히 카운터 회로에서는, 이러한 관례를 종종 벗어날 것이다. 예를 들어 그림 7-1에서 각 플립플롭의 *CLK* 입력은 오른쪽에 있고 출력은 왼쪽에 있으며, 클럭 입력 신호는 오른쪽에서 입력되는 것으로 나타나 있다. 이렇게 나타내면 카운터의 동작을 좀 더 쉽게 이해할 수 있다(이유는 카운터의 계수 값을 2진수로 표현할 때의 각 비트의 순서와 플립플롭의 순서가 같기 때문이다). 다시 말해서 (LSB를 나타내는) 플립플롭A는 가장 오른쪽의 플립플롭이며, (MSB를 나타내는) 플립플롭 D는 가장 왼쪽의 플립플롭이다. 만일 기존의 관례대로 왼쪽에서 오른쪽으로 흐르는 신호의 방식을 고집한다면, 2진 카운터 값의 순서와 반대되는 위치, 즉 플립플롭 A는 왼쪽에 그리고 플립플롭 D는 오른쪽에 놓게 된다. 이 장의 후반부에서는 일부 카운터에 대하여 기존의 관례인 왼쪽에서 오른쪽으로의 신호 흐름을 사용하여 여러분이 보기에 익숙하도록 할 것이다.

예제 7-1

그림 7-1의 카운터는 0000 상태에서 시작하여 클럭 펄스가 인가된다. 약간의 시간이 지난 후에 클럭 펄스는 제거되고, 카운터 플립플롭은 0011의 상태가 되었다. 그동안 몇 개의 펄스가 발생하였는지 구하라.

풀이

2진수 0011은 3과 같으므로 발생한 클럭 펄스의 수는 3이다. 하지만 주어진 정보만으로는 카운터가 재순환하였을지 모르므로 19개의 펄스가 들어왔을 수도 있다. 19개 펄스의 경우 처음 16개의 펄스는 카운터의 상태를 0000으로 되돌리고, 나머지 3개의 펄스는 0011을 만든다. 마찬가지로 35개(2번 순환 후 3개의 클럭 펄스)나 51개 또는 그 이상의 펄스가 입력되었을 수도 있다.

MOD 수

그림 7-1의 카운터는 16가지의 각각 다른 상태(0000~1111)를 갖는다. 그러므로 *MOD-16* 리플 카운터이다. **모드 수(MOD number)**는 카운터가 처음 상태로 되돌아가기까지 한 주기를 이루는 상태 개수와 같다. MOD 수는 식 (7-1)에서와 같이 카운터에 플립플롭을 추가함으로써 간단히 증가시킬 수 있다.

$$\text{MOD 수} = 2^N \tag{7-1}$$

여기서 N은 그림 7-1의 회로도에서 연결된 플립플롭의 개수이다.

예제 7-2

카운터를 이용하여 컨베이어 벨트를 통과하는 물건의 개수를 계수하려고 한다. 광 센서와 광원을 결합하여 이 사이를 물건이 통과할 때마다 펄스를 발생하도록 하였다. 카운터가 1000개의 품목을 계수하려면, 몇 개의 플립플롭이 필요한가?

풀이

$2^N \geq 1000$이 되는 N을 구하면 된다. $2^9 = 512$이기 때문에 9개의 플립플롭은 충분하지 못하다. $2^{10} = 1024$이므로 10개의 플립플롭을 사용하여 $1111111111_2 = 1023_{10}$을 계수할 수 있는 카운터를 만들 수 있다. 그러므로 10개 이상의 플립플롭을 이용할 수 있으나, 10개면 충분하다.

주파수 분할

5-18절에서 기본적인 카운터의 경우 플립플롭의 출력 파형은 *CLK* 입력 주파수의 정확히 절반을 갖는 파형이라는 것을 알았다. 여기서 다시 한 번 확인하기 위하여 그림 7-1에서의 클럭 펄스가 16 kHz라고 가정하자. 그림 7-2는 플립플롭의 출력 파형을 나타낸다. 출력 A에서의 파형은 8 kHz의 구형파이고, 출력 B에서는 4 kHz, 출력 C에서는 2 kHz, 출력 D에서는 1 kHz가 된다. 플립플롭 D의 출력은 원래 클럭 주파수를 16 분주한 것과 같다는 점을 주목하라.

일반적으로 어떤 카운터든지 마지막 플립플롭(즉 MSB)의 출력 주파수는 입력 클럭 주파수를 카운터의 MOD 수로 나눈 값과 같다.

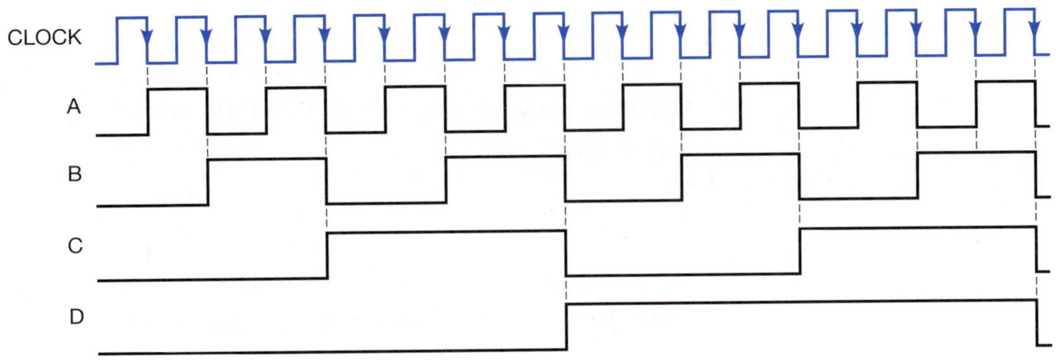

그림 7-2 각 플립플롭의 주파수가 2분할됨을 보여주는 카운터 파형.

예를 들어 MOD-16 카운터에서 마지막 플립플롭의 출력 주파수는 입력 클럭 주파수의 1/16이다. 따라서 *16*분할 카운터(*divide-by-16 counter*)라고도 한다. 마찬가지로 모드-8 카운터는 입력 주파수의 1/8의 출력 주파수를 가지며, 이는 *8*분할 카운터(*divide-by-8 counter*)이다.

예제 7-3

디지털 시계를 만드는 첫 번째 단계는 그림 7-3과 같이 60 Hz 신호를 슈미트-트리거(Schmitt-trigger) 회로를* 통과시켜서 60 Hz의 구형파를 생성하는 것이다. 60 Hz 구형파가 MOD-60 카운터에 인가되면 60 Hz 주파수를 정확히 60으로 나눈 1 Hz의 파형이 생성된다. 이렇게 만들어진 1 Hz의 파형을 시, 분, 초를 계수하는 일련의 카운터에 입력시키면 된다. MOD-60 카운터를 만들기 위해서는 몇 개의 플립플롭이 필요한가?

그림 7-3 예제 7-3.

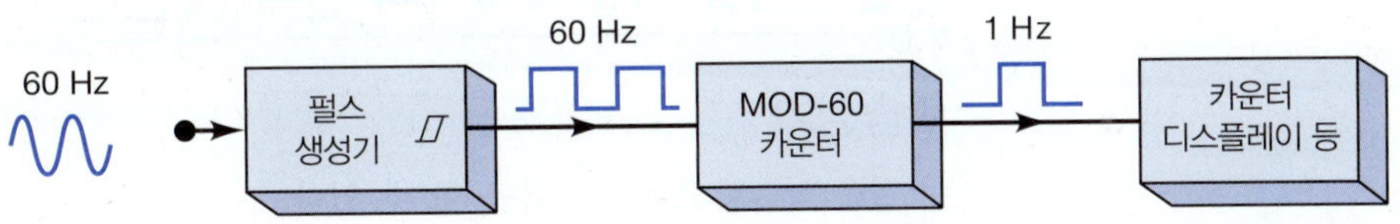

풀이

2의 N 제곱이 60이 될 수 있는 N 값은 없다. 가장 근접한 것은 $2^6 = 64$이다. 6개의 플립플롭을 사용한 카운터는 MOD-64로 동작한다. 그러나 이렇게 해서는 원하는 60개를 계수할 수 없다. 따라서 그림 7-1과 같은 카운터를 직접 사용할 수는 없고 약간 변형된 형태의 카운터를 사용해야 하는데 이것에 대해서는 7-4절에서 자세히 설명하기로 한다.

듀티 사이클

그림 7-2에서 보았듯이 클럭의 하강 천이에 FF의 출력 A가 반전된다. 일정한 주파수의 클럭이 가해지는 경우, 파형 *A*가 *CLOCK*의 주기와 같은 시간 동안 LOW로 유지되고 이후 같은 시간 동안 HIGH로 유지될 것이다. 신호가 HIGH로 유지되는 시간을 펄스폭 t_w라 한다. 플립플롭 *A*는 반복적인 파형을 생성하기 때문에 주기적인 출력 파형을 생성하게 된다. 파형 *A*의 주기는 LOW와 HIGH의 시간 폭의 합이다. 마찬가지로 신호 *A*는 플립플롭 B를 클럭킹하는 데 사용되어 출력 *B*는 출력 *A*의 주기와 동일한 시간에 LOW 또는 HIGH

*5-20절 참고.

로 설정되게 된다. 플립플롭 C와 D도 같은 방법이 적용된다. 이런 이진 카운터에서의 각 출력 신호에 대한 펄스 폭은 정확히 그 파형의 주기의 절반이 된다. 주기적인 파형의 **듀티 사이클**(**duty cycle**)은 펄스 폭과 주기 T 사이의 비로 표현되며 퍼센티지로 다음과 같이 나타내질 수 있다.

$$\text{듀티 사이클} = \frac{t_W}{T} \times 100\% \tag{7-2}$$

그러므로 MOD = 2^N인 2진 카운터는 50%의 듀티 사이클을 항상 출력하게 된다. 뒤에 설명하겠지만 카운터의 MOD 숫자가 2^N보다 작으면 어떤 플립플롭 출력은 듀티 사이클이 50%가 될 수 없다. 실제로 어떤 플립플롭의 출력은 정해진 듀티 사이클을 가질 수 없는데 그 이유는 파형이 단순하게 주기적인 패턴을 가지지 않기 때문이다. MOD < 2^N인 축약화된 카운터에서는 카운트 시퀀스, 출력 신호 주기, 파형 듀티 사이클 등을 결정하기 위해 카운터의 동작을 분석하는 것이 필요하다.

학습성과 평가문제

1. 참 또는 거짓: 비동기식 카운터에서 모든 플립플롭의 상태는 동시에 변한다.
2. 그림 7-1의 카운터가 0101 값을 현재 가지고 있다고 가정하면, 27개의 클럭 펄스가 인가된 후에는 어떤 값이 되는가?
3. 그림 7-1의 카운터에 만일 3개의 플립플롭이 추가된다면 MOD 수는 얼마인가?

7-2 리플 카운터에서의 전파 지연

학습성과

이 절을 학습함으로써 다음을 할 수 있다.

- 리플카운터에서의 전파지연
- 카운트시 비정상 상태 분석
- 플립플롭의 개수와 전파지연을 고려한 최대 동작주파수 결정

리플 카운터는 주어진 계수 동작을 하기 위해 최소한의 회로 소자로 구성할 수 있기 때문에 가장 간단한 2진 카운터의 형태이다. 그러나 각각의 플립플롭은 앞 단의 플립플롭의 출력값이 변화할 때 동작할 수 밖에 없으므로 한가지 단점을 갖는다. 이를 자세히 살펴보면, 각각의 플립플롭은 고유의 전파지연시간(t_{pd})이 있어서 출력 펄스가 인가되더라도 출력이 바로 나오지 않고 t_{pd} 만큼의 시간이 경과된 이후에 나오게 된다.

그림 7-4의 3비트 리플카운터를 예로 들어 설명하면 다음과 같다. 그림 7-4(a)의 첫 번째 파형은 입력 펄스가 1000 ns(클럭 주기 T = 1000 ns)마다 발생하는 것을 보이며, 각각의 플립플롭은 50 ns의 전파 지연을 갖는다고 가정한다(t_{pd} = 50 ns). A 플립플롭의 출력은 입력 펄스의 하강 천이(NGT) 후 50 ns 후에 반전된다. 마찬가지로 B는 A가 1에서 0으로 변한 후, 50 ns 이후에 변환하고, B가 1에서 0으로 변한 후, 50 ns 이후에 C가 반전된다. 결과적으로 입력 클럭 펄스의 4번째 하강 천이가 발생할 때, 출력 C는 150 ns의 지연이 있은 후에 HIGH로 변한다. 이런 경우에는 전파지연시간이 클럭주기에 비해 매우 작기 때문에 2진 카운터로 사용하는데 별 문제는 없다. 그러나 입력 클럭 펄스의 주파수가 매

그림 7-4 입력 펄스에 대한 전파 지연의 영향을 나타낸 3비트 리플 카운터의 파형.

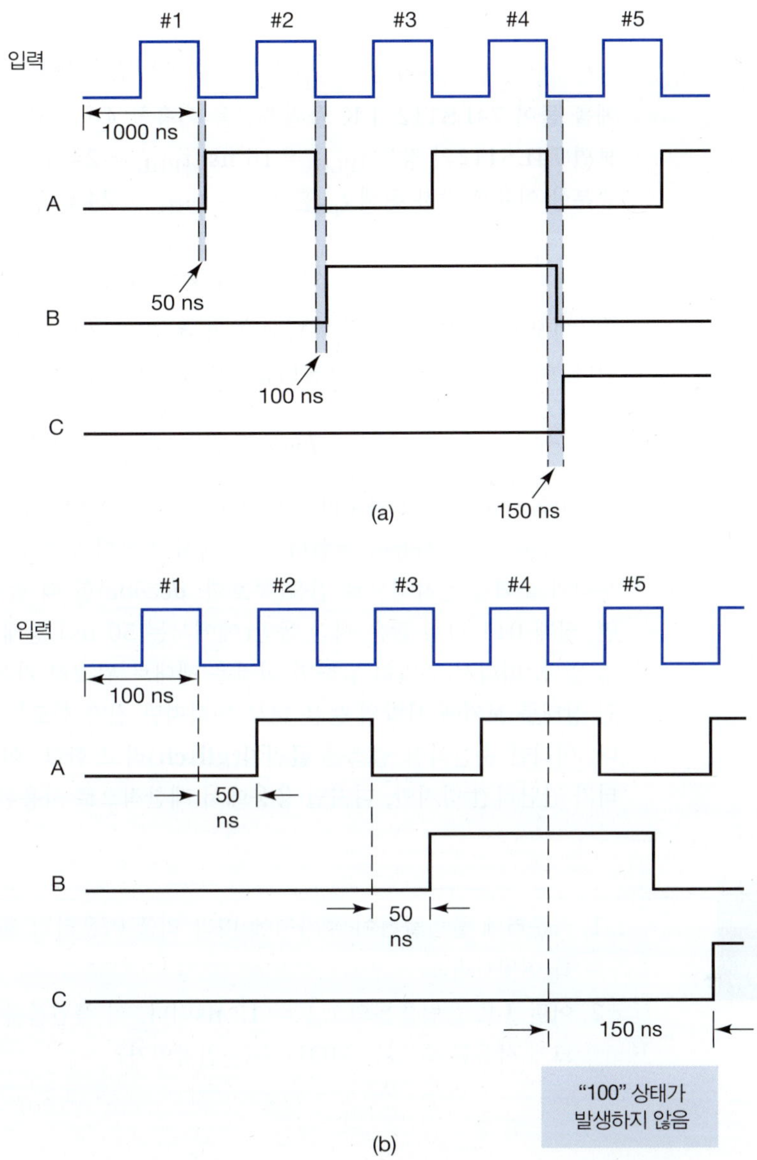

우 높아지면 상황은 달라진다.

그림 7-4(b)의 파형은 입력 펄스가 100 ns마다 한 번씩 발생하는 경우를 보인다. 각 플립플롭의 출력은 *CLK* 입력이 1에서 0으로 변한 후 50 ns이후에 변한다(그림 7-4(a)에 비해 주파수가 10배 높아져서 시간축 스케일이 달라졌음). 4번째 입력 펄스의 하강시점 이후를 자세히 살펴보자. *4*번째 입력 펄스가 하강한 후, 150 ns가 지나서 *C*출력은 HIGH로 되었다. 그런데 이 사이에 *5*번째 입력 펄스가 들어와서 *A*출력은 HIGH로 바뀐다. 이렇게 되니 $C = 1, B = A = 0$이 되는 상태(계수 100)는 결코 만들 수 없어서 제대로 된 2진 카운터가 될 수 없다. 디지털 시스템에서 여러 동작을 제어하는 데 이러한 상황이 발생하면 심각한 문제가 된다. 이와 같은 문제를 해결하기 위해서는 입력 펄스 간의 주기를 카운터의 전체 전파 지연 시간보다 길게 해야 한다. 즉

$$T_{\text{CLOCK}} \geq N \times t_{\text{pd}} \tag{7-3}$$

여기서 *N*은 플립플롭의 수이다. 따라서 사용가능한 입력 클럭 주파수의 최대값은 다음과 같다.

$$f_{max} = \frac{1}{N \times t_{pd}} \tag{7-4}$$

예를 들어 74LS112 J-K 플립플롭을 이용한 4비트 리플 카운터를 생각해보자. 표 5-2를 보면 74LS112의 경우 t_{PLH} = 16 ns, t_{PHL} = 24 ns임을 알 수 있다. f_{max}를 계산하는데 충분한 여유를 갖기 위해 t_{pd}를 $t_{pd} = t_{PHL}$ = 24 ns로 한다.

$$f_{max} = \frac{1}{4 \times 24 \text{ ns}} = 10.4 \text{ MHz}$$

카운터의 비트 수가 증가함에 따라 총 전파 지연은 증가하므로 f_{max}는 감소할 수 밖에 없다. 예를 들어, 6개의 74LS112 플립플롭을 사용한 리플 카운터의 f_{max}는 다음과 같다.

$$f_{max} = \frac{1}{6 \times 24 \text{ ns}} = 6.9 \text{ MHz}$$

따라서 비동기식 카운터는 매우 높은 주파수에는 적절치 않으며, 특히 많은 비트 수를 갖는 카운터에는 사용이 어렵다. 비동기식 카운터의 전파 지연으로 인한 또 다른 문제는 카운터의 출력을 전자적으로 검출(부호화; *decode*)할 때 발생한다. 그림 7-4(a)를 자세히 보면, 상태 011 직후 짧은 시간 동안(예에서는 50 ns) 상태 100전에 상태 010이 있음을 알 수 있다. 따라서 엄밀히 말하면 이것은 제대로 된 2진 카운터라 할 수 없다. 이러한 순간적인 상태를 보기에 사람의 눈은 너무 느리지만 전자 회로는 이것을 감지할 만큼 충분히 빠르다. 이러한 순간적인 펄스를 **글리치(glitch)**라고 한다. 이러한 문제 때문에 비동기식 카운터가 간단하긴 하지만, 디지털 응용에서 제한적으로 사용된다.

학습성과 평가문제

1. 카운터에 플립플롭이 추가됨에 따라 리플 카운터의 최대 주파수 한계가 감소하는 이유를 설명하라.
2. 어떤 J-K 플립플롭의 t_{pd} = 12 ns이다. 이 플립플롭이 10 MHz까지 동작할 때 가장 크게 사용할 수 있는 MOD 수는 얼마인가?

7-3 동기식(병렬) 카운터

학습성과

이 절을 학습함으로써 다음을 할 수 있다.

- 동기식으로 동작하는 순차회로 작성
- 동기식 카운터의 최대 주파수 계산

리플 카운터의 문제점은 플립플롭의 전파 지연이 누적된다는 것이다. 즉, 플립플롭에서 모든 상태가 입력 펄스에 동기되어 동시에 변하지 않는다는 것이다. 이러한 문제점은 모든 플립플롭이 입력 클럭 펄스에 의해서 동시에(병렬로) 기동(trigger)되는 **동기식(synchronous)** 또는 **병렬 카운터(parallel counter)**를 사용함으로써 해결할 수 있다. 모든 플립플롭에 입력 펄스가 인가되기 때문에, 각 플립플롭이 입력 클럭 펄스에 의하여 반전되거나 또는 현 상태를 유지할 수 있도록 하는 회로가 추가되어야 한다. 이는 *J*, *K* 입력을 사용함으로써 가능한데, 그림 7-5에 4비트 MOD-16 동기식 카운터를 보이고 있다.

이러한 동기식 카운터 회로와 그림 7-1의 비동기식 카운터 회로를 비교하여 보면 다음과 같은 두드러진 차이점을 발견할 수 있다.

- 모든 플립플롭의 *CLK* 입력은 함께 연결되어 있어서 각 플립플롭에 동시에 인가된다.
- LSB인 플립플롭 A만 *J*, *K* 입력이 HIGH 상태를 항상 유지하고 있으며, 다른 플립플롭의 *J*, *K* 입력은 플립플롭 출력의 적절한 조합으로 구동된다.
- 동기식 카운터는 비동기식 카운터보다 더 많은 회로 소자가 필요하다.

회로동작

이 회로가 카운터로서 동작하려면 각 플립플롭의 입력이 $J = K = 1$인 상태를 적절히 만들어줘야 한다. 그림 7-5(b) 계수 순서를 보면서 살펴보기로 한다.

계수 순서를 보면 클럭의 각 하강 천이마다 플립플롭 A의 상태가 바뀌는 것을 알 수 있다. 따라서 클럭 입력의 하강 천이 때 반전될 수 있도록 *J*와 *K* 입력은 항상 HIGH가 되어

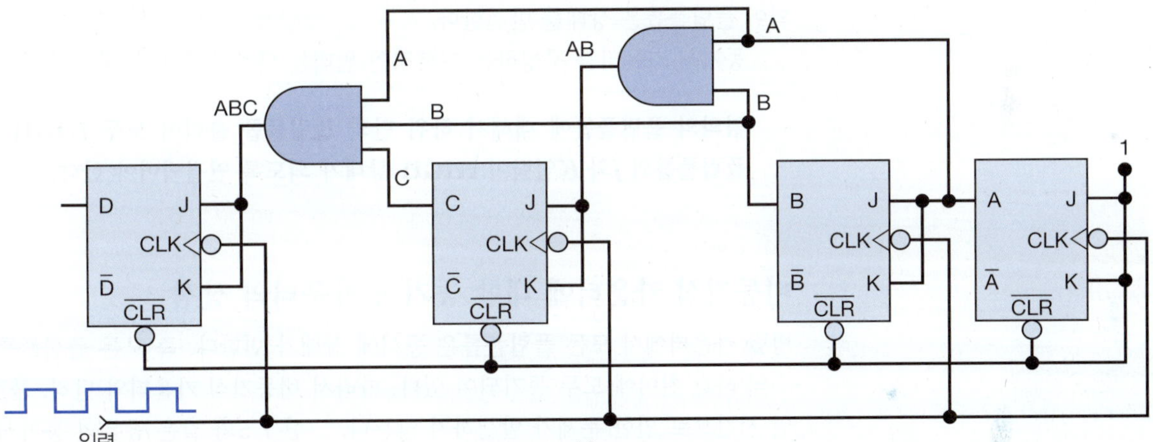

(a)

계수	D	C	B	A
0	0	0	0	0
1	0	0	0	1
2	0	0	1	0
3	0	0	1	1
4	0	1	0	0
5	0	1	0	1
6	0	1	1	0
7	0	1	1	1
8	1	0	0	0
9	1	0	0	1
10	1	0	1	0
11	1	0	1	1
12	1	1	0	0
13	1	1	0	1
14	1	1	1	0
15	1	1	1	1
0	0	0	0	0
.	.	.	.	.
.	.	.	.	.
.	.	etc.	.	.

(b)

그림 7-5 동기식 MOD-16 카운터. 각각의 플립플롭은 클럭 입력의 하강 천이에 클럭킹되어 모든 플립플롭의 천이가 동시에 일어난다.

야 한다.

계수 순서를 보면 $A = 1$인 동안 클럭의 각 하강 천이 때마다 플립플롭 B의 상태가 반전됨을 알 수 있다. 즉, 계수가 0001일 때 다음 클럭의 하강 천이 때 B는 1로 반전되며 계수 0011일 때 다음 클럭의 하강 천이 때 B는 0상태로 반전된다. 이러한 동작이 되도록 하기 위해서 A의 출력을 플립플롭 B의 J와 K 입력에 연결하면 $A = 1$일 때 $J = K = 1$이 된다.

계속해서 $A = B = 1$인 동안 클럭의 각 하강 천이 때마다 C의 상태가 바뀌고 있음을 알 수 있다. 예를 들어 계수가 0011일 때 다음 클럭의 하강 천이 때 C는 1 상태로 반전되며, 계수가 0111일 때 다음 클럭의 하강 천이 때 C는 0 상태로 반전된다. 이런 조건을 만들기 위해 논리 신호 AB (A AND B)를 플립플롭 C의 J와 K 입력에 연결하면 $A = B = 1$일 때 $J = K = 1$이 되어 이 플립플롭은 상태를 반전한다.

동일한 방법으로 $A = B = C = 1$일 때에 플립플롭 D는 클럭의 하강 천이 때마다 반전함을 알 수 있다. 0111일 때 다음 클럭의 하강 천이 때 D는 1상태로 반전하며 계수가 1111일 때 다음 클럭의 하강 천이 때 D는 0 상태로 반전된다. 논리 신호 ABC (A AND B AND C)를 플립플롭 D의 J와 K 입력에 연결하면 $A = B = C = 1$일 때만 $J = K = 1$이 되어 플립플롭은 상태를 반전한다.

동기식 카운터를 구성하는 기본적인 원리는 다음과 같이 설명될 수 있다.

임의의 플립플롭에 대해서 하위 단의 플립플롭 출력이 모두 HIGH일 때에만 그 플립플롭의 J와 K입력이 HIGH 상태가 되도록 연결되어야 한다.

비동기식 카운터에 대한 동기식 카운터의 장점

병렬 카운터에서 모든 플립플롭은 동시에 상태가 변한다. 즉 모든 플립플롭은 입력 클럭 펄스의 하강 천이에 모두 동기되어 있다. 따라서 비동기식 카운터와 달리, 플립플롭의 전파 지연 시간으로 인한 문제가 발생하지 않는다. 그림 7-5와 같은 종류의 동기식 카운터의 총 응답 시간은 하나의 플립플롭의 반전 시간과 하나의 AND 게이트를 통과하여 J, K까지 도달하는 시간의 합이다. 즉 동기식 카운터에 있어서

$$\text{총 지연 시간} = \text{FF } t_{\text{pd}} + \text{AND 게이트 } t_{\text{pd}} \quad (7\text{-}5)$$

카운터 내의 플립플롭 수가 몇 개이든 총 지연 시간은 모두 같으며, 또한 같은 수의 플립플롭을 갖는 비동기식 카운터 경우보다 훨씬 짧다. 그러므로 동기식 카운터는 훨씬 더 높은 입력 주파수를 사용하는 곳에서도 사용 가능하다. 물론 동기식 카운터의 회로는 비동기식 카운터보다 더 복잡하다.

상용 IC

TTL과 CMOS 논리류에는 많은 동기식 IC가 있으며, 이를 일반적으로 많이 사용되는 것은 다음과 같다.

- 74ALS160/162, 74HC160/162: 동기식 10진 카운터
- 74ALS161/163, 74HC161/163: 동기식 MOD-16 카운터

예제 7-4

(a) 그림 7-5(a)의 카운터에 대하여 각 플립플롭의 t_{pd}가 50 ns이고, 각 AND 게이트의 t_{pd}가 20 ns일 때 f_{max}를 구하라. MOD-16 리플 카운터의 f_{max} 값과 비교하라.

(b) 이 카운터를 MOD-32 카운터로 변환하기 위해서는 어떻게 해야 하는가?

(c) MOD-32 병렬 카운터의 f_{max}를 구하라.

풀이

(a) 입력 클럭 펄스 사이에 허용된 총 지연 시간은 플립플롭의 t_{pd} + AND 게이트의 t_{pd}와 같다. 즉 $T_{clock} \geq 50 + 20 = 70$ ns이므로

$$f_{max} = \frac{1}{T} = \frac{1}{70\text{ ns}} = 14.3\text{ MHz (병렬 카운터)}$$

MOD-16 리플 카운터는 $t_{pd} = 50$ ns인 플립플롭을 4개 사용한다. 식 7-3에서 $T_{clock} \geq N \times t_{pd}$이므로 리플 카운터의 f_{max}는 다음과 같다.

$$f_{max} = \frac{1}{T} = \frac{1}{4 \times 50\text{ ns}} = 5\text{ MHz (리플 카운터)}$$

(b) $2^5 = 32$이기 때문에 5번째 플립플롭이 추가되어야 한다. 이 플립플롭의 CLK 입력은 또한 입력 펄스에 연결된다. J, K 입력들은 A, B, C, D를 입력으로 하는 4 입력 AND 게이트의 출력에 연결된다.

(c) 병렬 카운터에서 f_{max}는 플립플롭의 수와 무관하게 (a)에서 구한 값과 같다. 따라서 f_{max}는 14.3 MHz이다.

학습성과 평가문제

1. 비동기 카운터에 대한 동기식 카운터의 장점은 무엇이며, 단점은 무엇인가?
2. MOD-64 병렬 카운터를 구성하기 위해서는 몇 개의 논리 소자가 필요한가?
3. 문제 2번의 카운터에서 MSB 플립플롭의 J, K 입력을 구동하기 위한 논리 신호는 무엇인가?

7-4 MOD 수가 2^N보다 작은 카운터

학습성과

이 절을 학습함으로써 다음을 할 수 있다.

- 2^N 보다 작은 임의의 정수인 MOD #를 위한 n-비트 이진 카운터의 변형
- 임시 상태를 포함하는 임의의 카운터의 타이밍 그리기
- 임의의 카운터에 대한 상태 천이도 그리기
- 각 출력 Q가 주기적인 경우 주기와 주파수 결정

그림 7-5의 기본 동기식 카운터는 MOD 수의 한계가 2^N이다. 여기서 N은 플립플롭의 개수이다. 이 값은 실제로 N개의 플립플롭을 이용하여 얻을 수 있는 최대 MOD 값이다. 기본 카운터에서 순차적으로 계수되는 상태의 일부를 무시하고 건너뜀으로서 값 2^N 이하의 MOD 수를 갖도록 할 수 있다. 이렇게 하는 가장 일반적인 방법 중의 하나를 그림 7-6의 3

비트 카운터로 보여준다. 잠시 NAND 게이트를 무시하고 보면 카운터는 000에서 111을 연속적으로 계수할 수 있는 MOD-8 2진 카운터임을 알 수 있다. 그러나 NAND 게이트를 사용하면 계수 숫자는 다음과 같이 변경된다.

1. NAND 출력은 각 플립플롭의 비동기 클리어 ($\overline{CLR}$) 입력에 연결된다. NAND의 출력이 HIGH로 있는 한, 카운터의 출력에 영향을 주지 않는다. 그러나 LOW로 변할 때 모든 플립플롭은 클리어되고 카운터는 즉시 000의 상태가 된다.
2. NAND 게이트의 입력은 플립플롭 B와 C의 출력이므로 $B = C = 1$일 때 NAND의 출력이 LOW가 된다. 이러한 조건은 6번째 입력 펄스의 하강 천이 시 카운터가 101 상태로부터 110 상태로 변할 때 발생한다. 카운터가 110 상태로 되는 순간 NAND 출력은 바로 LOW가 되어 카운터를 000 상태로 클리어시킨다(일반적으로 몇 ns 이내). 일단 플립플롭이 클리어되면 $B = C = 1$의 조건이 더 이상 존재하지 않기 때문에 NAND 출력은 HIGH로 되돌아간다.
3. 계수 순서는 다음과 같다.

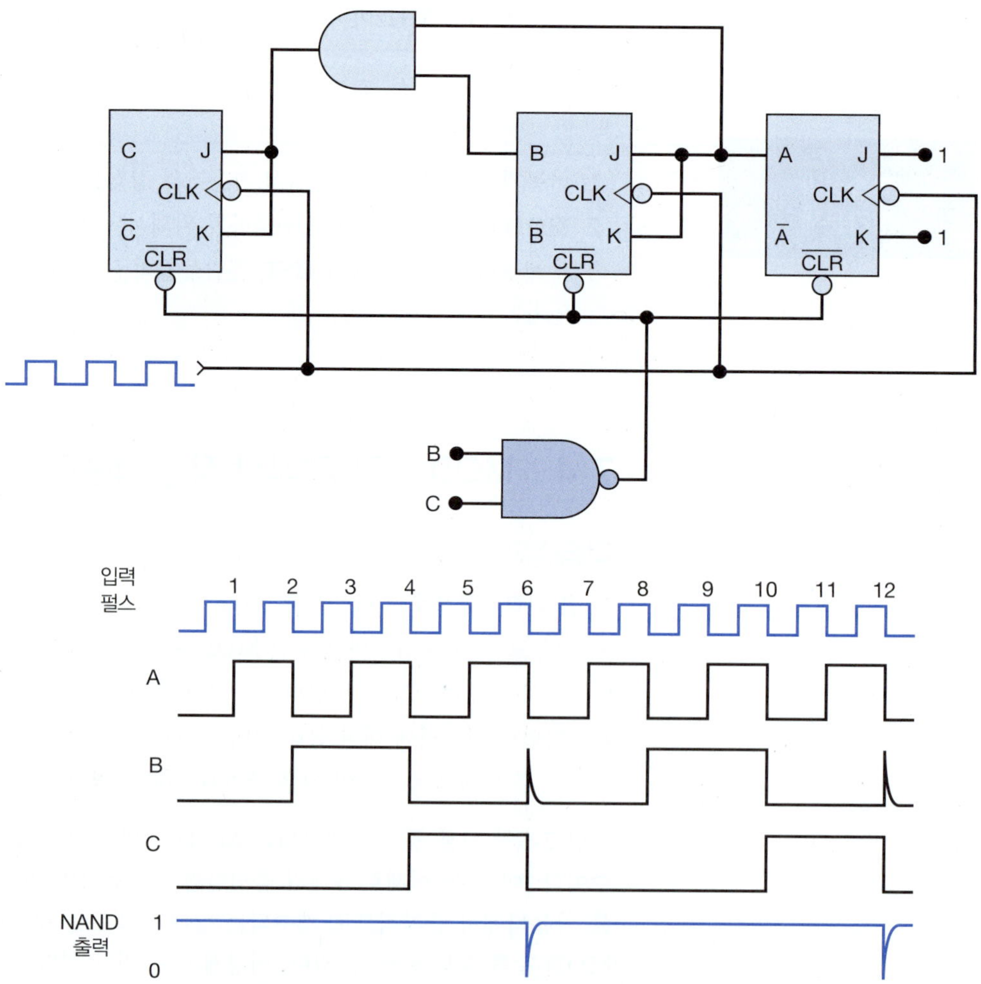

그림 7-6 MOD-8 카운터가 6(110)을 계수할 때 초기화시켜 만든 MOD-6 카운터.

```
CBA
000 ←┐
001  │
010  │
011  │
100  │
101  │
110 →┘ (카운터를 클리어시키기 위한 순간 상태)
```

카운터가 110 상태로 되자마자 000으로 되돌아가는데 걸리는 시간은 수 ns에 지나지 않는다. 따라서 카운터는 000(0)에서 101(5)까지 계수하고 다시 000으로 되돌아간다고 볼 수 있다. 결론적으로 110과 111은 계수하지 않고 6개의 서로 다른 상태만을 나타내므로, MOD-6 카운터가 된다. 110과 같은 순간적인 카운트 상태를 **과도상태 (transient state)**라 한다.

*B*의 출력파형에는 110의 상태에서 클리어되기 전에 순간적으로 일어나는 스파이크(*spike*) 또는 글리치(*glitch*) 신호가 포함되어 있다. 이러한 글리치는 그 펄스폭이 매우 좁기 때문에 신호 LED나 숫자 표시장치에 나타나지는 않는다. 그러나 출력 *B*가 카운터의 외부 회로를 구동하는 데 이용된다면 문제가 될 수 있다. *C*의 출력 주파수는 입력 주파수의 1/6이다. 이러한 MOD-6 카운터는 입력 주파수를 6으로 나누며 *C*의 출력파형은 대칭형 구형파(50% 듀티 사이클)가 아니다. 왜냐하면, 4 사이클 동안 LOW를 유지하다가 단지 두 클럭 사이클 동안만 HIGH를 유지하기 때문이다.

상태 천이도

그림 7-7(a)는 그림 7-6의 MOD-6 카운터의 상태 천이도이며, 플립플롭 A의 *CLK* 입력에 펄스가 입력될 때마다 플립플롭 C, B, A의 상태가 변하는 것이 보여준다. 각각의 원은 카운터의 가능한 상태 중 하나를 나타내며, 화살표는 입력 클럭 펄스에 따라 하나의 상태에서 다른 상태로 어떻게 변하는지 나타내고 있다.

그림에서 카운터의 시작을 000이라고 할 때, 상태가 101이 될 때까지는 순차적으로 계수하는 상태를 보여준다. 101에서 다음 클럭이 발생하면, 카운터는 000이 되기 전에 일시적으로 110의 상태를 거친다. 점선은 110을 거쳐 가는 일시적인 상태를 나타낸다. 앞서 말했듯이 이 임시 상태 기간은 매우 짧으므로, 101에서 바로 000으로 간다고 해도 무방하다(실선 화살표).

또한 정상적인 동작에서 카운터는 111 상태가 될 수 없으므로, 111 상태로 가는 화살표는 없다. 그러나 전원이 투입되는 순간에는 플립플롭들이 임의의 상태에 있을 수 있으므로 111 상태가 발생할 수도 있다. 이 경우 상태 111은 NAND 게이트 출력을 LOW로 만들게 되며 카운터를 즉시 000 상태로 클리어시키므로 111 상태 또한 000으로 가기까지의 일시적인 상태가 된다.

카운터의 상태 표시

카운터의 정상 동작 여부를 확인하거나 동작검사를 위하여 입력 펄스에 대해 카운터의 상태가 어떻게 변하는지 시각적으로 볼 필요가 있다. 이러한 표시 방법에 대해서는 나중에 자세

그림 7-7 (a) 그림 7-6의 MOD-6 카운터의 상태 천이도. (b) 카운터의 상태를 표시하기 위한 LED 구동 회로도.

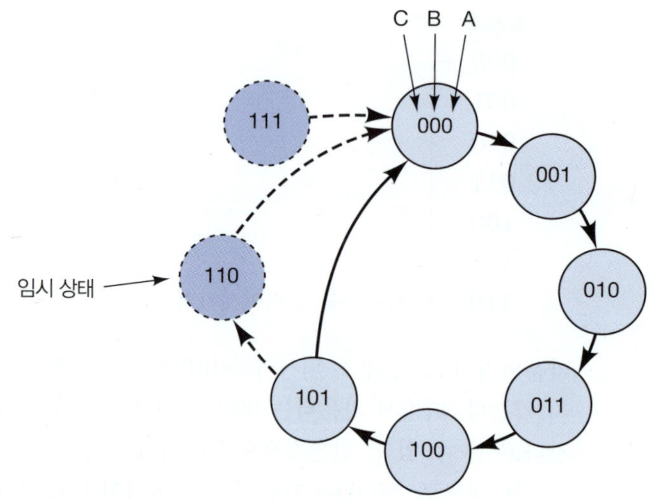

(a)

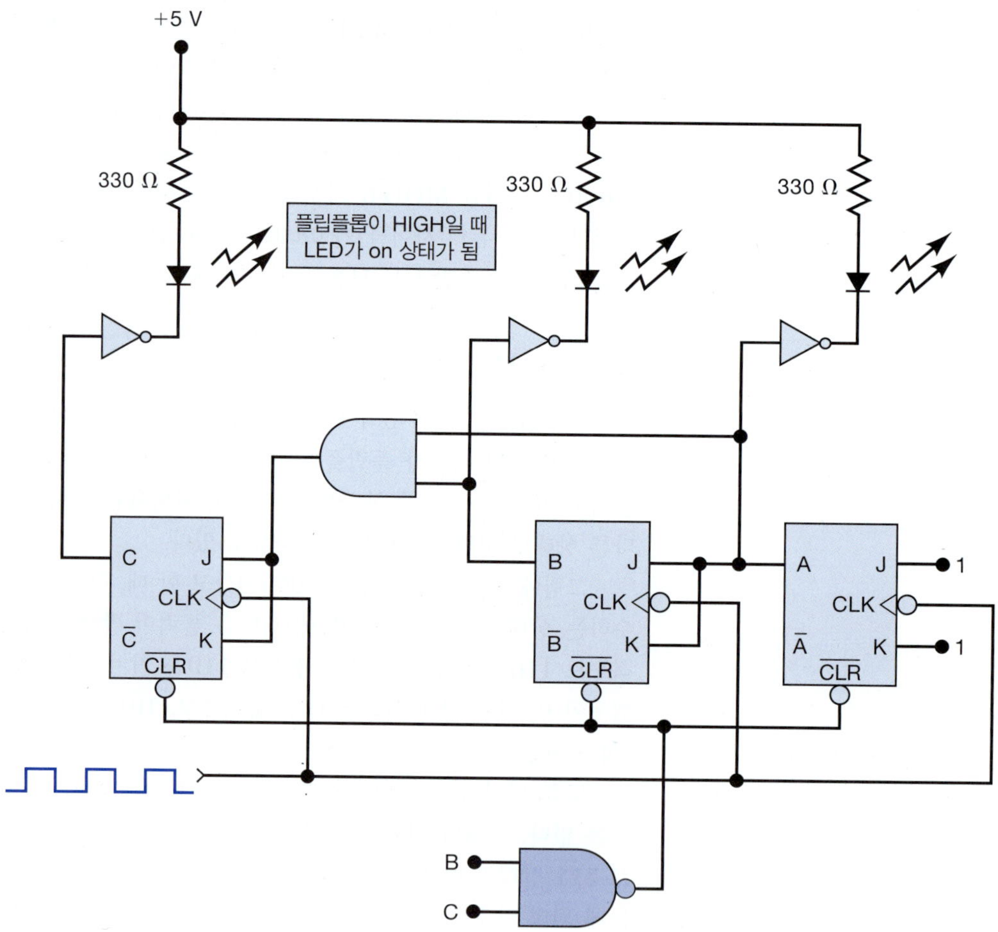

(b)

히 설명하겠지만 여기서는 그림 7-7(b)와 같이 각각의 플립플롭 출력에 개별적으로 LED를 부착하는 간단한 방법을 소개한다. 각각의 플립플롭 출력은 INVERTER에 연결되고 그 출력은 LED의 애노드에 연결된다. 예를 들어 출력 A가 HIGH일 때 INVERTER의 출력은 LOW가 되어 LED가 켜진다. 켜진 LED는 $A = 1$의 상태를 나타낸다. 출력 A가 LOW이면 INVERTER 출력은 HIGH가 되어 LED는 꺼진다. 꺼진 LED는 $A = 0$을 나타낸다.

예제 7-5

(a) 그림 7-7(b)에서 카운터가 5를 유지하는 동안 LED의 상태는 어떠한가?
(b) 카운터가 1 kHz 클럭 입력으로 동작할 때 LED는 무엇을 표시하고 있는가?
(c) LED에서 110의 상태는 볼 수 있는가?

풀이

(a) $5_{10} = 101_2$이므로, $2^0(A)$과 $2^2(C)$를 나타내는 LED는 켜지고, $2^1(B)$나타내는 LED는 꺼진다.
(b) 1 kHz로 카운터가 동작할 때 LED는 켜졌다가 꺼지는 동작을 빠르게 반복한다. 따라서 인간의 눈에는 항상 상태 밝기의 1/2 정도로 항상 켜진 것처럼 보여준다.
(c) 아니오. 110 상태는 단지 수 ns 동안만 지속되다가 바로 000 상태로 돌아가므로 인간의 눈으로는 볼 수 없다.

MOD 수의 변화

그림 7-6과 7-7의 카운터는 NAND 게이트의 입력으로 B와 C의 출력을 선택했으므로 MOD-6 카운터가 된다. 그런데 이들 입력을 변화시킴으로써 원하는 다른 MOD 수를 얻을 수 있다. 예를 들어 A, B, C 3개의 입력을 갖는 NAND 게이트를 이용하면 카운터는 111 상태가 될 때까지 정상적으로 동작하다가 이 상태에 도달하는 즉시 카운터는 000 상태로 리셋된다. 매우 일시적인 상태인 111 상태의 발생을 무시하면, 카운터는 000에서 110까지 순차적으로 카운트한 다음 000으로 되돌아감으로써 결과적으로 MOD-7 카운터(7개의 상태)가 된다.

예제 7-6

그림 7-8(a) 카운터의 MOD 수를 구하라. 또한 출력 D에서의 주파수를 구하라.

풀이

이것은 0000부터 1111까지 계수할 수 있는 4비트 카운터이다. 그런데 NAND 입력이 B, C, D이므로 카운터가 1110(10진 14)이 되는 즉시 0000으로 리셋됨을 알 수 있다. 따라서 카운터는 0000으로부터 1101까지 안정된 14개의 상태를 가지므로 *MOD-14* 카운터이다. 입력 주파수는 30 kHz이기 때문에, D의 출력 주파수는 다음과 같다.

$$\frac{30\text{ kHz}}{14} = 2.14\text{ kHz}$$

일반적인 처리절차

0부터 시작해서 MOD 값 X까지 카운트하는 카운터의 구성 절차는 다음과 같다.

1. $2^N \geq X$를 만족하는 플립플롭의 최소 개수를 결정하고, 플립플롭이 카운터가 되도록 연결한다. 만약에 $2^N = X$라면, 단계 2와 3은 필요 없다.
2. 모든 플립플롭의 비동기 CLEAR 입력에 NAND 게이트의 출력을 연결한다.
3. 카운트 X에서 어떤 플립플롭들이 HIGH 상태가 되는지 확인한다. 그리고 이들 플립플롭들의 출력을 NAND 게이트의 입력에 연결한다.

예제 7-7

0000(0)부터 1001(9)까지 계수하는 MOD-10 카운터를 설계하라.

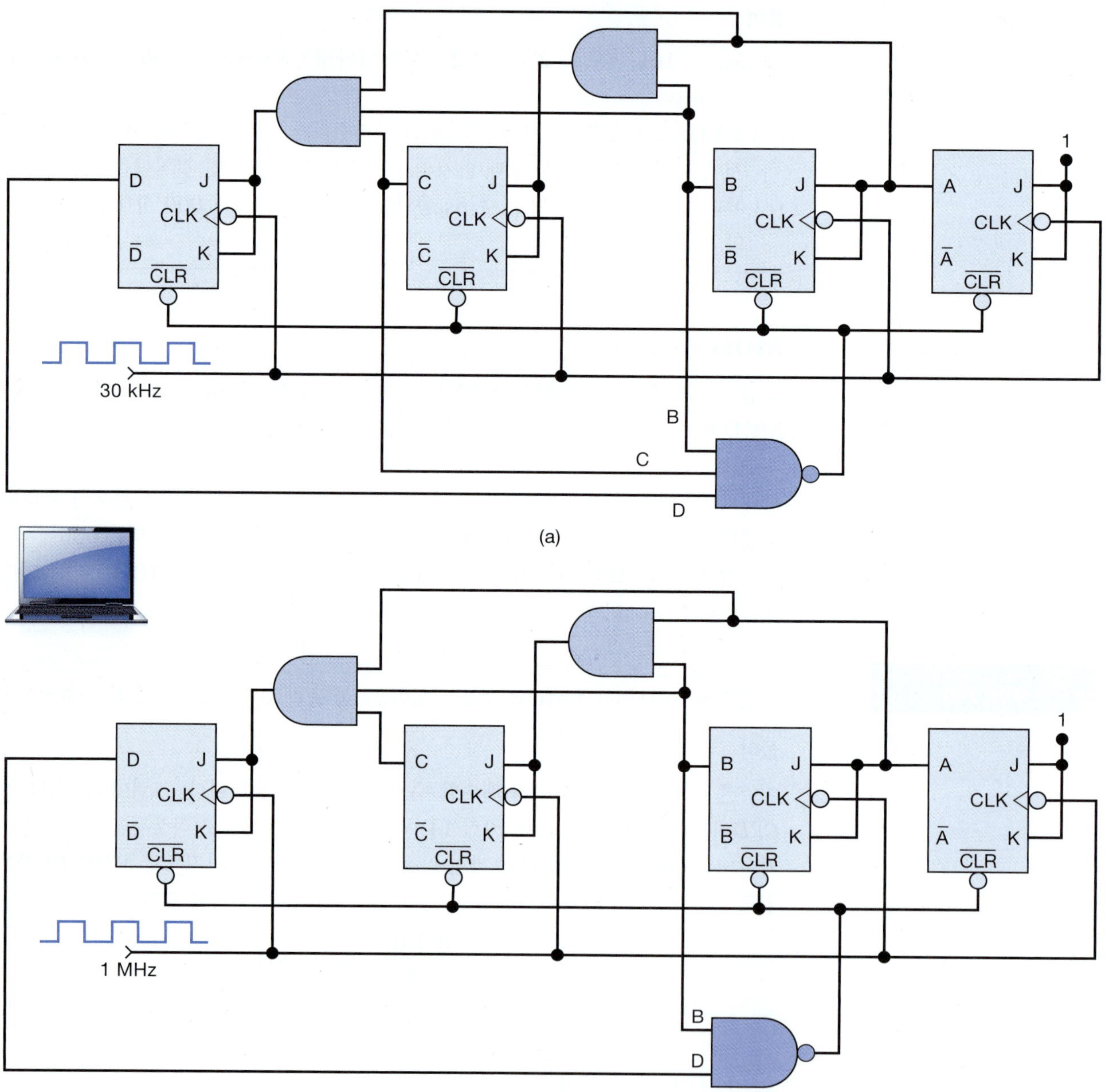

그림 7-8 (a) MOD-14 카운터. (b) MOD-10(10진) 카운터.

풀이

$2^3 = 8$, $2^4 = 16$이므로 4개의 플립플롭이 필요하다. 카운터가 1001까지는 안정된 동작을 해야 하고, 1010이 되면 0으로 리셋되어야 한다. 그러므로 플립플롭의 출력 D와 B를 NAND 입력에 연결해야 한다. 연결 상태는 그림 7-8(b)와 같다.

10진 카운터/BCD 카운터

예제 7-7의 MOD-10 카운터는 **10진 카운터(decade counter)**라고도 한다. 사실 10진 카운터는 계수 순차가 어떻게 되든 상관없이 10개의 독립된 상태를 가지면 된다. 그림 7-8(b)와 같이 0000(0)부터 1001(10진 9)까지 계수하는 10진 카운터를 보통 **BCD 카운터(BCD counter)**라고 한다. 왜냐하면 이것은 0000, 0001, . . . , 1000, 그리고 1001의 10개의 BCD 부호만을 사용하기 때문이다. 다시 말해서 어떤 MOD-10 카운터도 10진 카운터가 되며, 이들 중 2진수 0000에서 1001까지 계수하는 10진 카운터를 BCD 카운터라고 하는 것이다.

10진 카운터, 특히 BCD 카운터는 펄스 또는 사건의 수를 계수하고, 그 결과를 10진수의 숫자 형태로 표시하는 응용분야에 널리 사용된다. 자세한 내용은 나중에 설명할 것이다. 또한 10진 카운터는 펄스 주파수를 정확히 10으로 나누기 위하여 자주 사용된다. 입력 펄스가 모든 클럭 입력에 병렬로 동시에 인가되면 플립플롭 D의 출력에는 입력 신호 주파수의 1/10인 주파수를 갖는 펄스 신호를 얻을 수 있다.

예제 7-8

예제 7-3에서 제기되었듯이 60 Hz 전원의 상용 주파수를 1 Hz로 분할하기 위해서는 MOD-60 카운터가 필요하다. 적당한 MOD-60 카운터를 구상하라.

풀이

$2^5 = 32$, $2^6 = 64$이다. 따라서 그림 7-9과 같이 6개의 플립플롭이 필요하다. 이 카운터는

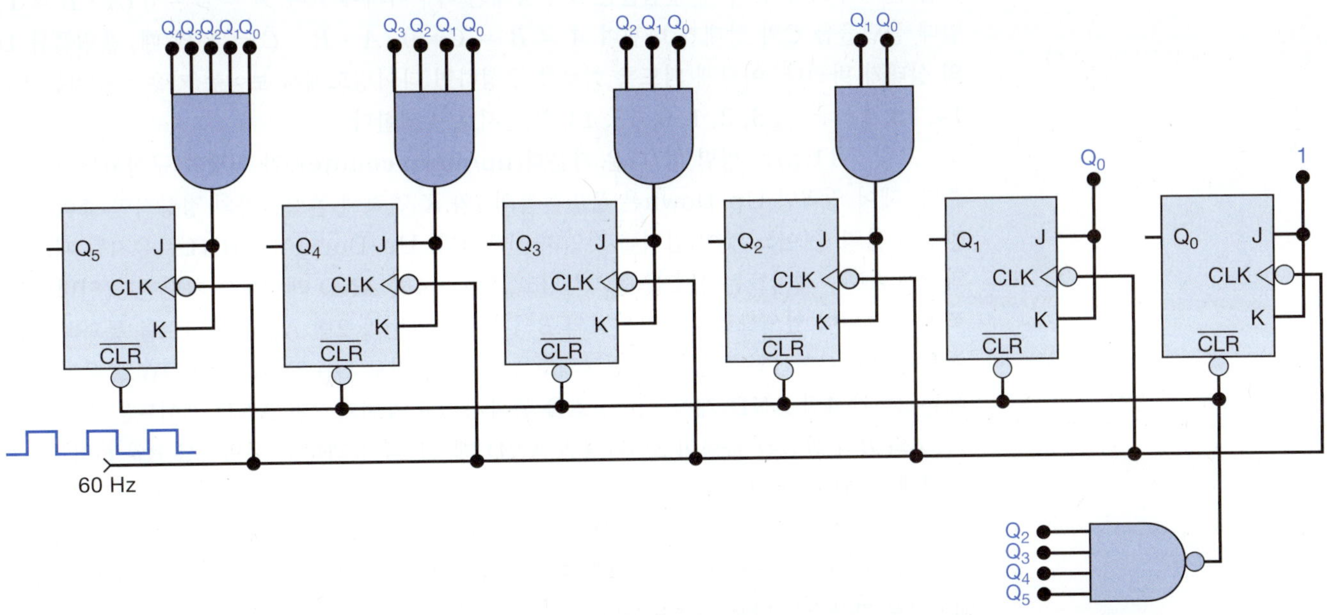

그림 7-9 MOD-60 카운터.

계수가 60(111100)이 되면 클리어되어야 한다. 그러므로 플립플롭 Q_5, Q_4, Q_3, Q_2의 출력이 NAND 게이트의 입력에 연결되어야 한다. 그러면 플립플롭 Q_5의 출력은 1 Hz의 주파수를 갖는다.

학습성과 평가문제

1. MOD-13 카운터를 구성하기 위해서는 어떤 플립플롭의 출력들이 NAND 게이트 입력에 연결되어야 하는가?
2. 참 또는 거짓: "모든 BCD 카운터는 10진 카운터이다."
3. 50 kHz 신호가 클럭으로 인가된 10진 카운터의 MSB 출력 주파수는 얼마인가?

7-5 동기식 다운 카운터와 업/다운 카운터

학습성과

이 절을 학습함으로써 다음을 할 수 있다.

- 업/다운 카운트를 할 수 있는 카운터 설계
- 업/다운 카운터의 동작을 기술하기 위한 상태 천이도 사용법

7-3절에서 각 플립플롭의 상태 반전을 제어하기 위해 하위 플립플롭의 출력을 사용하면 동기식 **업 카운터(up counter)**를 만들 수 있음을 알았다. 동기식 **다운 카운터(down counter)**도 비슷한 방법으로 만들 수 있는데, 상위 플립플롭의 J, K 입력을 제어하는 데 플립플롭의 반전된 출력을 사용한다는 점이 다르다. 그림 7-10의 MOD-16 다운 카운터와 그림 7-5의 업 카운터를 비교해 보면 A, B, C 대신 이에 상응하는 반전된 플립플롭 출력으로 대체하기만 하면 된다는 것을 알 수 있다. 다운 카운트 순차를 위해서도 최하위 플립플롭(A)는 클럭 입력 신호의 매 하강 천이마다 상태가 반전해야 한다. $A = 0$ ($\overline{A} = 1$) 일 때 다음 클럭의 하강 천이 때 플립플롭 B의 상태는 바꾸어져야 한다. $A = B = 0$ ($\overline{A} \cdot \overline{B} = 1$) 일때 플립플롭 C의 상태가 바뀌며 $A = B = C = 0$ ($\overline{A} \cdot \overline{B} \cdot \overline{C} = 1$)일 때, 플립플롭 D의 상태가 바뀐다. 이렇게 되도록 회로를 구성하면 타이밍도에서 보이듯 카운트 순차는 15, 14, 13, 12, . . . , 3, 2, 1, 0, 15, 14 의 순서로 발생한다.

그림 7-11(a)는 병렬 **업/다운 카운터(up/down counter)**가 어떻게 구성되는지 보여준다. 제어 입력인 Up/$\overline{\text{Down}}$은 플립플롭의 J와 K 입력에 플립플롭의 정상적인 출력 또는 반전된 출력 중 어느 것이 입력될 것인지 선택한다. Up/$\overline{\text{Down}}$이 HIGH로 유지될 때, 1번과 2번 AND 게이트는 신호를 통과시키고, 3번과 4번 AND 게이트는 차단한다(인버터 출력에 연결되어 있으므로). 이것은 A와 B의 출력이 1번과 2번 AND 게이트를 통과하여 플립플롭 B와 C의 J와 K 입력에 연결되도록 한다. 반대로 Up/$\overline{\text{Down}}$이 LOW로 유지될 때에는 3번과 4번 AND 게이트는 신호를 통과시키고, 1번과 2번 AND 게이트는 차단한다. 즉, A와 B의 반전된 출력이 3번과 4번 AND 게이트를 통과하여 플립플롭 B와 C의 J와 K 입력에 연결되도록 한다.

그림 7-11(b)의 파형은 이러한 동작을 보여주고 있다. 첫 5개의 클럭 펄스 동안 Up/$\overline{\text{Down}}$ = 1이므로 카운터는 업 카운트를 하며, 마지막 5개의 펄스 동안에는 Up/$\overline{\text{Down}}$ = 0이므로 카운터는 다운 카운트한다.

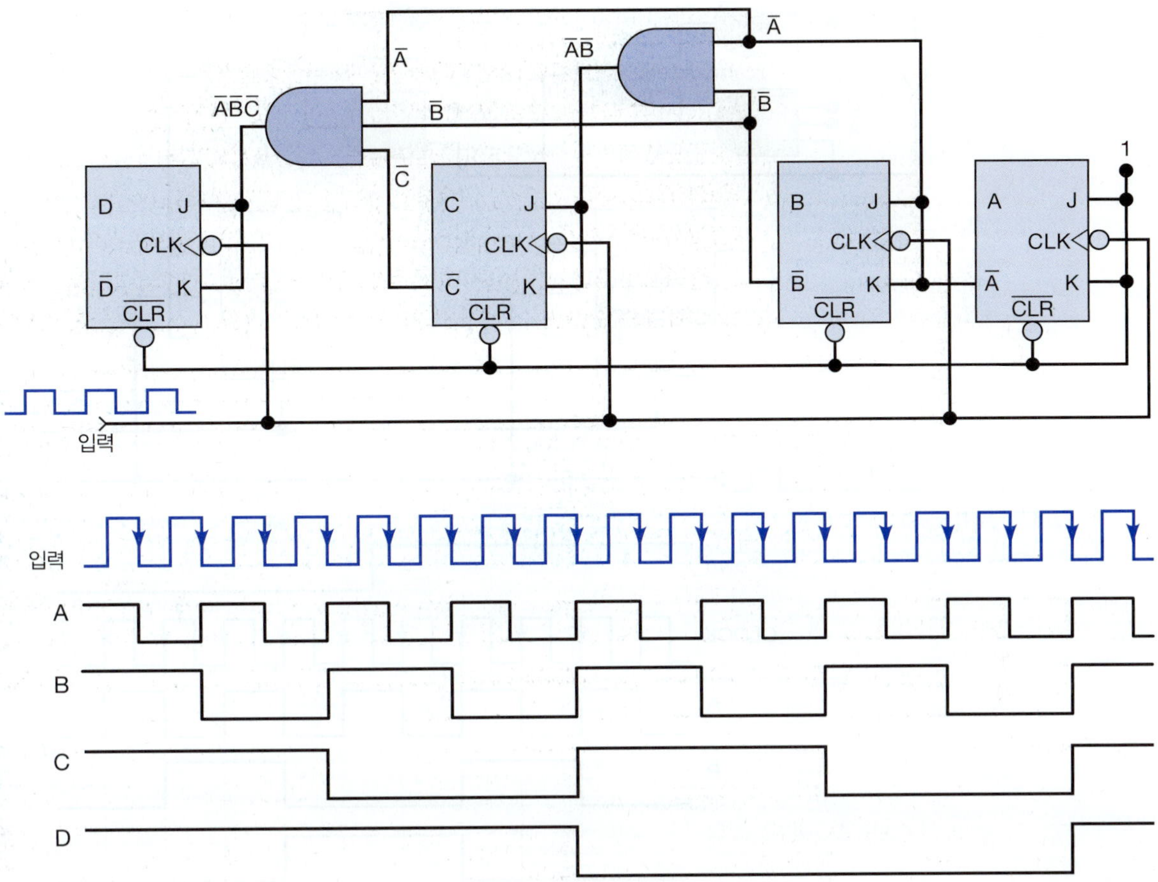

그림 7-10 MOD-16 동기식 다운 카운터와 출력 파형.

그림 7-11(c)에 이 카운터의 상태 천이도를 나타내었다. 화살표들은 클럭 신호의 NGT에서 일어나는 상태 천이를 의미한다. 두 개의 화살표가 각 상태의 원으로부터 출발하고 있다. 이러한 것을 **조건 천이(conditional transition)**라한다. 카운터의 다음 상태는 제어 입력인 Up/$\overline{\text{Down}}$에 가해지는 논리 레벨에 따라 바뀌게 된다. 각 화살표는 가리키는 천이를 생성하는 데 필요한 논리 레벨을 가지도록 레이블이 붙어있다. 상태 천이도 우측 상단에 제어 신호의 이름을 나타내었다.

제어 신호(Up/$\overline{\text{Down}}$)에 사용된 표기법은 제어 신호가 카운터에 어떤 영향을 주는지를 명백하게 나타내도록 표기되었다. HIGH 활성일 때, 업 카운트 동작을 하며 LOW 활성일 때 다운 카운트 동작을 한다.

예제 7-9

그림 7-11(b)에서 만일 Up/$\overline{\text{Down}}$ 신호가 클럭의 하강 천이에서 변한다면 무슨 문제가 발생할까?

풀이

플립플롭에서 *CLK*의 하강 천이가 발생하는 시점과 동시에 *J*, *K* 입력이 변한다면 플립플롭들의 동작은 예측할 수 없다. 그러나 그림 7-11(a)에서 보듯이 제어 신호의 변화는 *J*와 *K* 입력에 도착하기 전에 2개의 게이트를 통과하여야 하므로 전파 지연이 발생한다. 따라서 플립플롭들은 *CLK*의 하강 천이 이전의 *J*, *K* 값에 따라 예상했던 대로 동작한다.

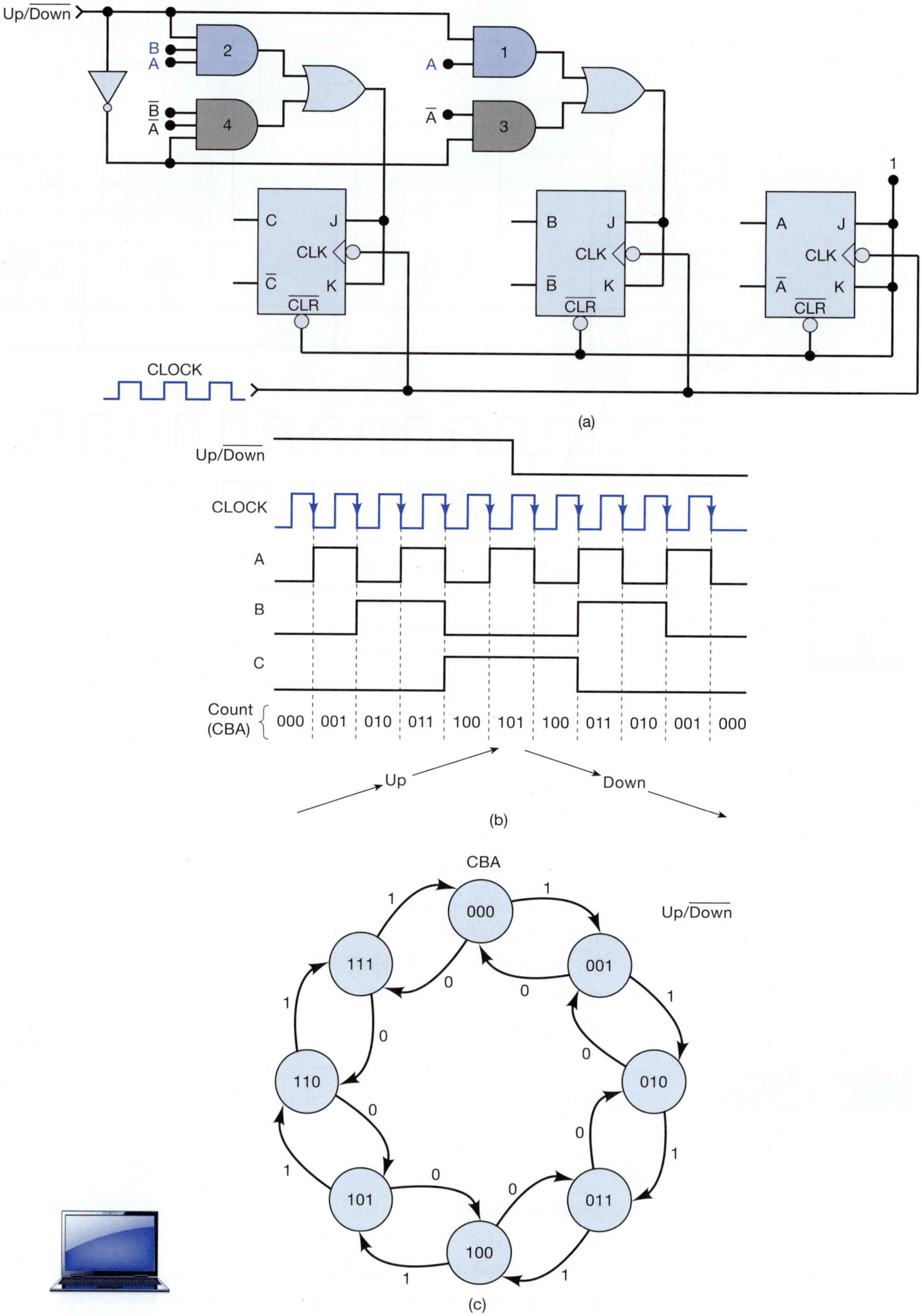

그림 7-11 MOD-8 동기식 업/다운 카운터: (a) 회로도. (b) 샘플 타이밍도. (c) 상태 천이도.

학습성과 평가문제

1. 업 카운터와 다운 카운터 사이의 차이점은 무엇인가?
2. 동기식 2진 업 카운터를 2진 다운 카운터로 변환하고자 한다. 회로를 어떻게 변경하면 되는가?

7-6 프리셋 카운터

학습성과

이 절을 학습함으로써 다음을 할 수 있다.

- 임의의 *n*-비트 카운터의 초기화 (로딩)
- 로딩과정에서 동기식과 비동기식 제어의 구분

IC로 나와 있는 많은 동기식(병렬) 카운터는 **프리셋이 가능**(**presettable**)하도록 설계되어 있다. 다시 말해 이것들은 클럭 신호에 비동기(클럭 신호에 무관함), 또는 동기(클럭 신호에 동기됨)되어 원하는 초기 계수 값을 미리 정할 수 있다. 이러한 프리셋 동작은 카운터의 **병렬 로딩**(**parallel loading**)이라고도 한다.

그림 7-12는 3비트 프리셋 가능한 병렬 업 카운터의 논리 회로를 보여준다. 여기서 *J*, *K* 그리고 *CLK* 입력은 병렬 업 카운터로 동작하도록 연결되어 있다. 그리고 비동기

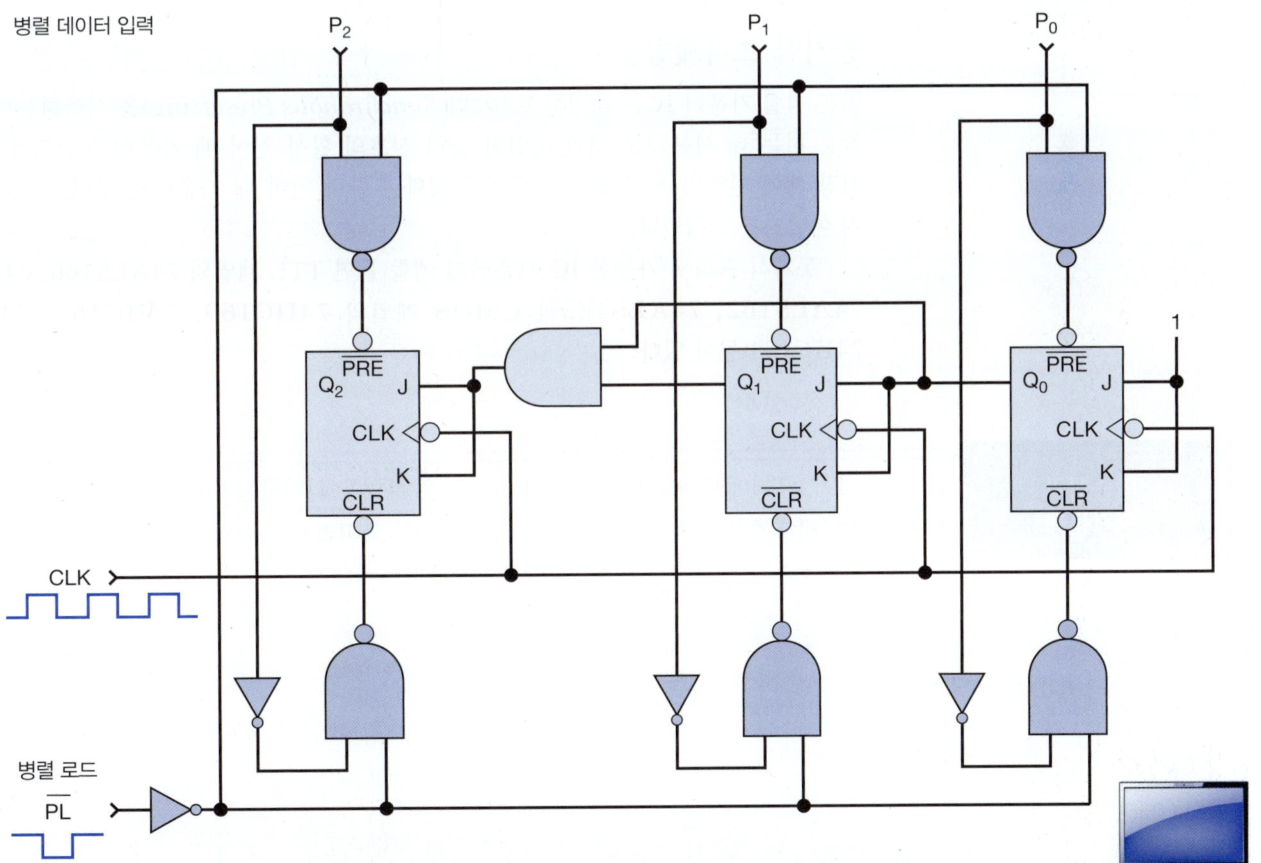

그림 7-12 비동기식 병렬 저장기능을 갖는 동기식 카운터.

PRESET과 CLEAR 입력은 비동기적으로 프리셋되도록 연결되어 있다. 프리셋 과정은 다음과 같다.

1. 병렬 데이터 입력 P_2, P_1, P_0에 원하는 계수 값을 인가한다.
2. 병렬 로드(PARALLEL LOAD) 입력 $\overline{PL}$에 LOW 펄스를 인가한다.

이렇게 하면 P_2, P_1, P_0의 값을 플립플롭 Q_2, Q_1, Q_0에 각각 비동기적으로 전달하게 된다(5-16절 참조). 이러한 전송(*jam transfer*)은 J, K 그리고 CLK의 입력과 관계없이 이루어진다. CLK 입력의 영향은 $\overline{PL}$이 LOW 활성 상태에 있는 한 차단되어 있다. 왜냐하면 각 플립플롭은 $\overline{PL} = 0$인 동안 인가된 비동기 입력들 중 하나를 갖게 되기 때문이다. 일단 $\overline{PL}$이 HIGH로 되면 플립플롭은 CLK 입력에 따라 작동하고 카운터로 저장된 계수 값을 시작으로 하여 업 카운트 동작을 계속하게 된다.

예를 들어 $P_2 = 1$, $P_1 = 0$, $P_0 = 1$이라 하자. $\overline{PL}$이 HIGH일 때, 이 병렬 데이터 입력은 아무런 영향이 없다. 클럭 펄스가 있으면, 카운터는 정상적인 업 카운트 동작을 한다. 카운터 계수 값이 010일 때 $\overline{PL}$가 LOW로 변한다고 가정하자(즉 $Q_2 = 0$, $Q_1 = 1$, $Q_0 = 0$). $\overline{PL}$이 LOW가 되면, Q_1의 $\overline{CLK}$ 입력을 LOW, Q_2와 Q_0의 $\overline{PRE}$ 입력을 모두 LOW로 되게 해서 카운터는 CLK 입력에 상관없이 101 상태로 된다. $\overline{PL}$이 HIGH로 비활성화되기 전까지 계수 값 101이 계속 유지되며, $\overline{PL}$이 HIGH가 되는 순간 카운터는 계수 값 101부터 업 카운트를 계속한다.

이런 비동기식 프리셋 IC로는 74ALS190, 74ALS191, 74ALS192, 74ALS193(TTL계열)과 74HC190, 74HC191, 74HC192, 74HC193(CMOS 계열) 등이 있다.

동기식 프리세팅

많은 병렬 카운터 IC는 동기식 프리세팅(*Synchronous Presetting*)을 사용하는데, 계수 동작을 하는 데 사용되는 것과 동일한 클럭 신호의 활성 천이 때 카운터가 프리셋된다. 병렬 저장 제어 입력의 논리 값은 다음번 활성화된 클럭 천이 때 카운터가 입력값으로 프리셋될지 아닐지를 결정한다.

동기식 프리셋 가능한 IC 카운터의 예를 들면 TTL 계열의 74ALS160, 74ALS161, 74ALS162, 74ALS163과 CMOS 계열의 74HC160, 74HC161, 74HC162, 74HC163 등이 있다.

학습성과 평가문제

1. 카운터에서 프리셋이 가능하다는 것은 무엇을 의미하는가?
2. 비동기식 프리세팅과 동기식 프리세팅의 차이점을 설명하라.

7-7 동기식 카운터 IC

학습성과

이 절을 학습함으로써 다음을 할 수 있다.

- 카운터에서의 공통 제어 특성 파악
- 동기식과 비동기식 제어 입력의 구분
- 카운터 회로의 동작해석, 타이밍 예측, 순차, 모듈러스, 상태 천이도
- 다단계 접속 카운터 블럭

74ALS160-163/74HC160-163 계열

그림 7-13은 TTL 카운터 IC(74ASL160~74AL163) 및 CMOS 카운터 IC(74HC160~74HC163)들의 논리기호, MOD 값, 함수표를 보이고 있다. 순환 반복하는 이 4비트 카운터의 출력은 *QD*, *QC*, *QB*, *QA*로 표시되며 *QA*가 LSB이며 *QD*가 MSB이다. 이들은 *CLK*에 인가된 클럭의 상승 천이 때 동작한다. 그림 7-13(b)에서 보이듯이, 2개의 카운터(74ALS160과 74ALS162)는 MOD-10 카운터이고 다른 2개(74ALS161, 74ALS163)는 MOD-16 카운터이다. 그림 7-13(c)를 보면 74ALS160과 74ALS161은 비동기식 클리어 입력을 갖는다. 이는 $\overline{CLR}$ 신호가 LOW로 되자마자(네 가지 IC 모두 $\overline{CLR}$ 신호는 활성 LOW이다) 카운터의 출력이 0000로 리셋된다는 것을 의미한다. 반면에 74ALS162와 74ALS163 카운터 IC는 동기식으로 클리어된다. 이들 카운터를 동기식으로 클리어시키기 위해서는 $\overline{CLR}$ 입력이 LOW이어야 하고, 클럭 입력에 상승 천이 펄스가

그림 7-13 74ALS160-74ALS163 계열 동기식 카운터: (a) 논리기호. (b) 계수. (c) 기능표.

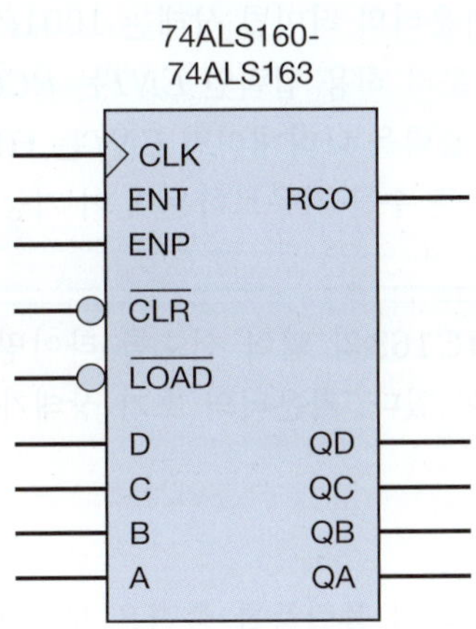

(a)

부품 이름	계수
74ALS160	10
74ALS161	16
74ALS162	10
74ALS163	16

(b)

74ALS160-74ALS163 기능표

$\overline{CLR}$	$\overline{LOAD}$	ENP	ENT	CLK	기능	부품 번호
L	X	X	X	X	비동기식 클리어	74ALS160 & 74ALS161
L	X	X	X	↑	동기식 클리어	74ALS162 & 74ALS163
H	L	X	X	↑	동기식 저장	All
H	H	H	H	↑	업 카운터	All
H	H	L	X	X	변화 없음	All
H	H	X	L	X	변화 없음	All

(c)

인가되어야 한다. 이 계열 카운터 IC에서는 클리어 입력이 다른 입력보다 가장 우선순위가 높다. 클리어 신호는 다른 어떤 제어 입력들보다 우선처리된다. 이는 그림 7-13(c)의 기능표에서 *X*들로 표시되어 있다.

이 계열 카운터 IC에서 두 번째로 우선순위가 높은 기능은 카운터의 플립플롭들에 병렬로 데이터를 로딩하는 기능이다. 데이터 값을 프리셋하기 위하여, 클리어 입력을 비활성화(HIGH)시키고, 원하는 4비트 값을 데이터 입력된 *D*, *C*, *B*, *A*(*A*가 LSB, *D*가 MSB이다)에 인가하고, $\overline{LOAD}$ 입력 제어 신호를 LOW로 만들고, 상승 천이 클럭 펄스를 인가한다. 로딩 기능은 동기식이며 카운트 동작보다 높은 우선순위를 갖는다. 따라서 어떤 논리 값이 *ENT*와 *ENP*에 인가되든 상관없다. 프리셋된 상태에서부터 카운트를 시작하기 위해서는 로딩 기능을 금지(HIGH)시키고, 계수 기능을 허용해야한다. 로딩 기능이 비활성화되면 데이터 입력 핀에 어떤 값이 인가되든 상관없다.

카운터 동작을 시작하려면, 이는 가장 낮은 우선순위를 가지므로, $\overline{CLR}$와 $\overline{LOAD}$ 제어 입력 2개가 모두 비활성화되어야 한다. 이외에도 2개의 HIGH 활성 신호인 카운터 허용 제어 신호 *ENT*, *ENP*가 있다. *ENT*와 *ENP*는 카운터 기능을 제어하기 위해 기본적으로 AND기능으로 묶여 있다. 만일 **카운터 허용 신호** 둘 중 하나 또는 둘 모두 비활성화(LOW)되면, 카운터는 현재의 상태에 머물러 있게 된다. 따라서 *CLK*의 매 상승 천이마다 계수 값을 증가시키기 위하여, 4개의 제어 입력 모두가HIGH이어야 한다. 카운트동작을 할 때 10진 카운터(74ALS160과 74ALS162)는 상태 1001(9) 다음에 자동적으로 0000으로 재순환되며, 2진 카운터(74ALS161과 74ALS163)는 1111(15) 다음에 자동적으로 재순환된다.

이 계열의 카운터 칩 IC에는 *RCO*라는 출력 핀이 하나 더 있다. 이 출력은 HIGH가 활성 상태이며 카운터의 마지막 가장 큰 값, 즉 터미널 상태를 검출(디코드)하는 기능을 갖는다. 10진 카운터의 터미널 상태는 1001(9)이며 MOD-16 카운터의 터미널 상태는 1111(15)이다. 카운터 허용 입력인 *ENT*는 *RCO*의 동작도 제어한다. 카운터의 최종 상태를 나타내는 *RCO* 출력을 나타내려면 *ENT*는 HIGH가 되어야 한다. 2개 이상의 카운터를 다단계로 연결하여 큰 수를 카운트하는데 이 기능이 매우 유용하게 사용된다.

예제 7-10

그림 7-14에 74HC163의 입력 신호를 타이밍도상에 나타내었다. 병렬 데이터 입력은 1100으로 고정되어 있다. 카운터의 초기 상태가 0000라고 가정하고 카운터 출력 파형을 그려라.

풀이

초기에(t_0 때) 카운터의 플립플롭 출력은 모두 LOW이다. 따라서 카운터의 터미널 상태가 아니므로 *RCO* 출력은 LOW이다. t_1에서 *CLK* 입력의 상승 천이 때, 모든 제어 입력이 HIGH이므로, 카운터는 0001로 증가한다. 카운터는 t_2에 도달할 때까지 상승 천이 때마다 업 카운트를 계속하게 된다. t_2에서 $\overline{CLR}$ 입력이 LOW이므로 카운터를 0000으로 동기식 리셋이 된다. t_2 후에 $\overline{CLR}$ 입력은 비활성화(HIGH)가 되므로 카운터는 다시 0000부터 업 카운트하게 된다. t_3에서 LOAD 입력이 LOW이므로 1100(12)를 t_3의 클럭신호에 동기화하여 로딩하게 한다. t_3 후에, $\overline{LOAD}$ 신호가 비활성화(HIGH)되면 카운터는 1100부터 업 카운터를 계속하여 t_4때까지 계속한다. 카운터 출력은 t_4 또는 t_5가 되어도 변하지 않는 것을 알 수 있는데 이유는 *ENP* 또는 *ENT*(카운터 허용입력) 중 하나가 LOW이기 때문이다. 따라서 카운터는 1110(14)값을 유지한다. t_6이 되면 *ENT*와 *ENP*가 모두 HIGH이

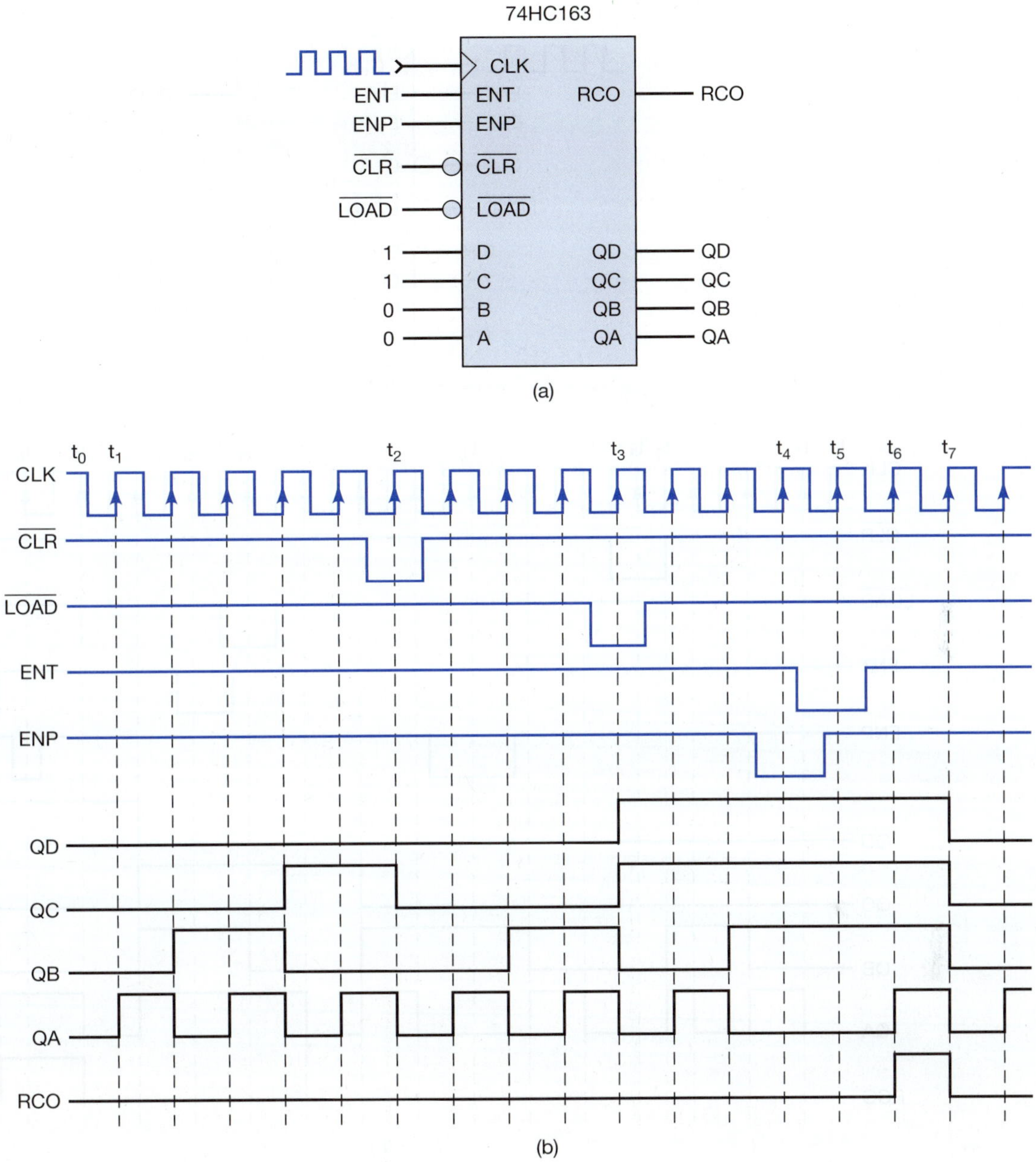

그림 7-14 예제 7-10.

므로 카운터는 다시 허용되고 터미널 상태인 1111(15)까지 업 카운트된다. 이때 *RCO* 출력이 HIGH가 된다. t_7에서 카운터를 0000로 되돌리며, *RCO*의 출력은 LOW가 된다.

예제 7-11

그림 7-15에 74HC160의 입력 신호를 타이밍도상에 나타내었다. 병렬데이터 입력은 0111으로 고정되어 있다. 카운터의 초기 상태가 0000이라고 가정하고 카운터 출력 파형을 구하라.

풀이

초기에(t_0에) 카운터의 플립플롭은 모두 LOW이다. BCD 카운터의 터미널 상태가 아니므로 출력 *RCO* 역시 LOW이다. t_1에서 *CLK* 입력에 첫 번째 상승 천이가 발생하면, 모든 제

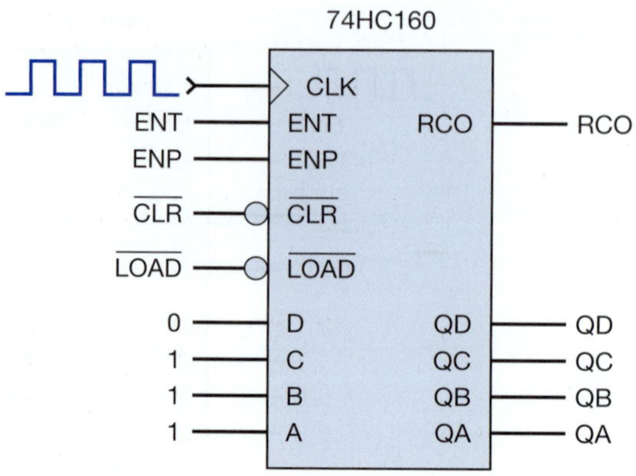

(a)

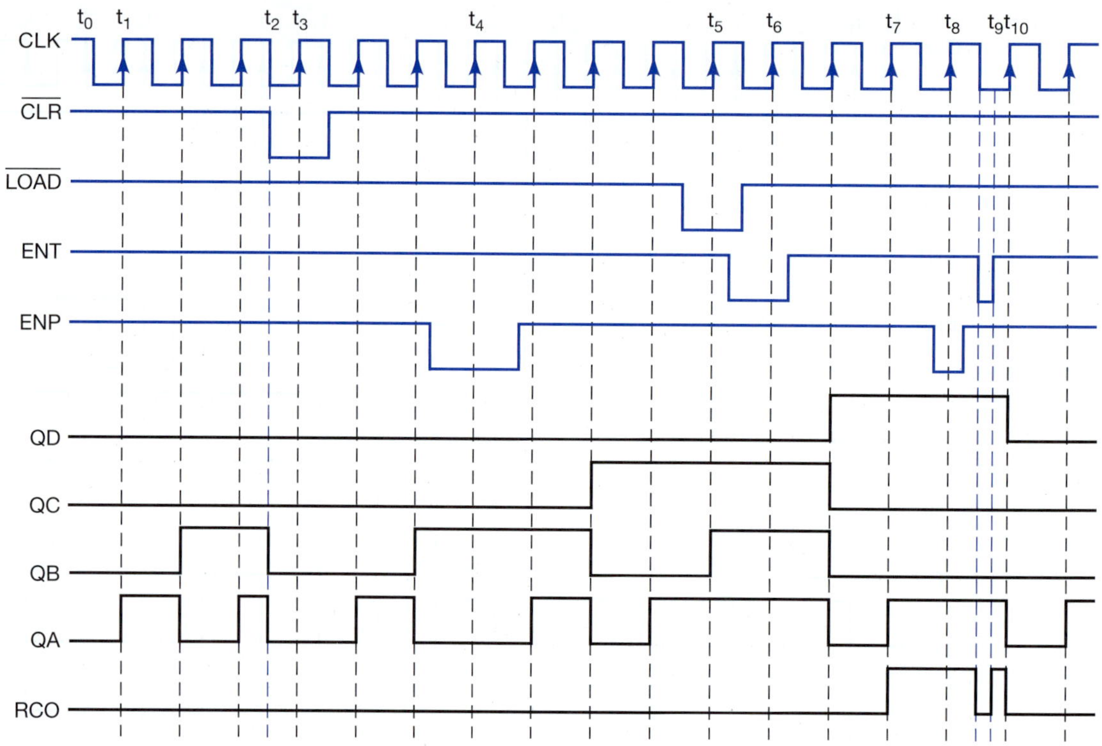

(b)

그림 7-15 예제 7-11.

어 입력이 HIGH이기 때문에 카운터는 0001로 증가한다. t_2 때까지 카운터는 업 카운트를 계속한다. t_2에 비동기 $\overline{CLR}$ 입력이 LOW가 되므로 이때 카운터는 0000로 즉시 리셋된다. t_3에서 $\overline{CLR}$는 아직 활성화(LOW)되어있으므로 CLK 입력의 상승 천이도 무시되어 카운터는 0000를 유지하게 된다. 이후에 $\overline{CLR}$ 입력이 다시 비활성화되면 카운터는 0001로 상승되고 0010으로 상승한다. t_4에서 카운터 허용 ENP가 LOW가 되어있으므로 카운터는 0010을 유지한다. t_4 다음의 클럭에서는 ENP가 HIGH이므로 카운터가 허용되어 t_5 때까지 업 카운트된다. t_5에서는 $\overline{LOAD}$ 입력이 LOW이므로 인가된 데이터 값 0111(7)을 카운터에 동기식으로 로딩한다. t_6에서 카운터 허용 ENT는 LOW이므로 카운터는 0111을 유지한다. t_6 이후 2개의 상승 천이 동안에 카운터가 다시 허용되어 업 카운트를 계속한다. t_7에서 BCD 카운터는 최종 값 1001(9)에 도달하고 RCO 출력도 HIGH가 된다. t_8에서

*ENP*가 LOW가 되면 카운터는 계수를 중지한다(1001을 유지함). t_9에서 *ENT*가 LOW인 동안 카운터가 아직 터미널 상태 (1001)에 있지만 *RCO* 출력은 LOW로 된다. *ENT*만 *RCO* 출력을 제어한다는 것을 상기하자. 카운터가 터미널 상태에 있는 동안 *ENT*가 HIGH로 돌아가면 *RCO*는 다시 HIGH로 된다. t_{10}에서 카운터가 허용되고 0000으로 순환되며 마지막 클럭 상승 천이 때 0001 계수 값이 된다.

74ALS190-191/74HC190-191 계열

그림 7-16은 74ALS190과 74ALS191 계열의 카운터 IC(이에 상응하는 CMOS 소자는 74HC190과 74HC191)의 논리 기호, MOD값, 그리고 기능표를 보여준다. 이 순환되는 4비트 카운터의 출력은 *QD*, *QC*, *QB*, *QA*이며 *QA*가 LSB이고 *QD*가 MSB이다. *CLK*에 인가되는 클럭의 상승 천이에 의하여 동작한다. 두 IC의 유일한 차이점은 MOD 값이다. 74ALS190은 MOD-10의 카운터이고 74ALS191은 MOD-16의 2진 카운터이다. 두 칩 모두 업/다운 카운터이며 비동기식 LOW 활성되는 로딩 입력을 가지고 있다. 이는 $\overline{LOAD}$가 LOW 되자마자 카운터는 *D*, *C*, *B*, *A* (*A*가 LSB, *D*가 MSB) 입력 핀의 병렬 데이터 값으로 프리셋됨을 의미한다. 로딩 기능이 비활성화되면 데이터 입력 핀에 무슨 값이 인가되든 아무런 영향이 없다. 로딩 입력은 카운터 기능보다 우선순위가 높다.

카운터 동작을 하기 위해서는 $\overline{LOAD}$ 제어 입력이 비활성화되어야(HIGH) 하며 카운터 허용 제어 신호 $\overline{CTEN}$이 LOW가 되어야 한다. 카운트되는 방향은 $D/\overline{U}$ 제어 입력으로 제어된다. $D/\overline{U}$가 LOW이면, *CLK*의 매 상승 천이 때마다 계수는 증가하며 $D/\overline{U}$가 HIGH일 때 계수는 감소한다. 두 카운터 칩 모두 어떤 영향으로 카운트되든 자동적으로 재순환된다. 10진 카운터는 업 카운터일 경우는 1001(9) 상태 다음에 0000상태로 순환하며, 다운 카운터일 경우는 0000 상태 다음에 1001 상태로 순환한다. 2진 카운터는 업 카운트일 경우는 1111(15) 상태 다음에 0000 상태로 순환하며, 다운 카운트 때 0000상태 다음에 1111 상태로 순환한다.

이 카운터 칩들에는 *MAX*/*MIN*과 $\overline{RCO}$ 출력이 더 있다. *MAX*/*MIN*은 HIGH가 활성인 출력으로 카운터의 터미널 상태를 검출(디코드)한다. 이들은 업/다운 카운트이기 때문에, 계수 방향에 따라 터미널 상태가 다르다. 두 가지 카운터 모두 다운 카운트일 때 터미널 상태 (MIN)는 0000(0)이며, 업 카운트일 때, 10진 카운터의 터미널 상태(MAX)는 1001(9)이고 MOD-16 카운터의 터미널 상태 (MAX)는 1111(15)이다. *MAX*/*MIN* 신

74ALS190-
74ALS191

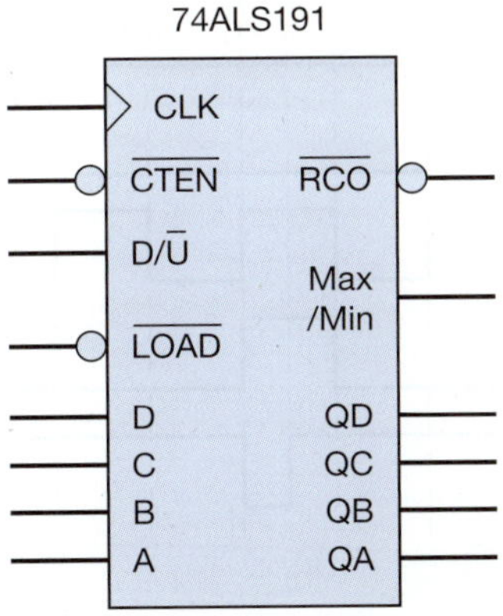

(a)

부품 번호	계수
74ALS190	10
74ALS191	16

(b)

74ALS190-74ALS191 기능표

$\overline{LOAD}$	$\overline{CTEN}$	$D/\overline{U}$	CLK	기능
L	X	X	X	비동기. 저장
H	L	L	↑	업 카운터
H	L	H	↑	다운 카운터
H	H	X	X	변화 없음

(c)

그림 7-16 74ALS190-74ALS191 계열 동기식 카운터: (a) 논리기호. (b) 계수. (c) 기능표.

호는 계수 순차에서 단지 하나의 상태만을 검출하며, 이는 업 카운트인지 다운 카운트인지에 따라 달라진다는 것을 유의하기 바란다. LOW 활성 신호인 $\overline{RCO}$ 출력도 카운터의 최종값 근접 상태를 검출하지만 좀 더 복잡하다. 우선 이 신호는 $\overline{CTEN}$이 LOW일 때만 허용된다. 또한, *CLK* 입력이 LOW인 동안에도 $\overline{RCO}$는 LOW값만 갖는다. 결론적으로 말하면 카운터가 허용된 동안 터미널 상태 동안에만 $\overline{RCO}$신호는 *CLK* 파형과 동일하다.

예제 7-12

그림 7-17에 74HC190의 입력 신호가 타이밍도상에 나타나있다. 병렬 데이터 입력은 0111로 고정되어 있다. 카운터의 초기 상태가 0000일 때, 카운터의 출력 파형을 나타내어라.

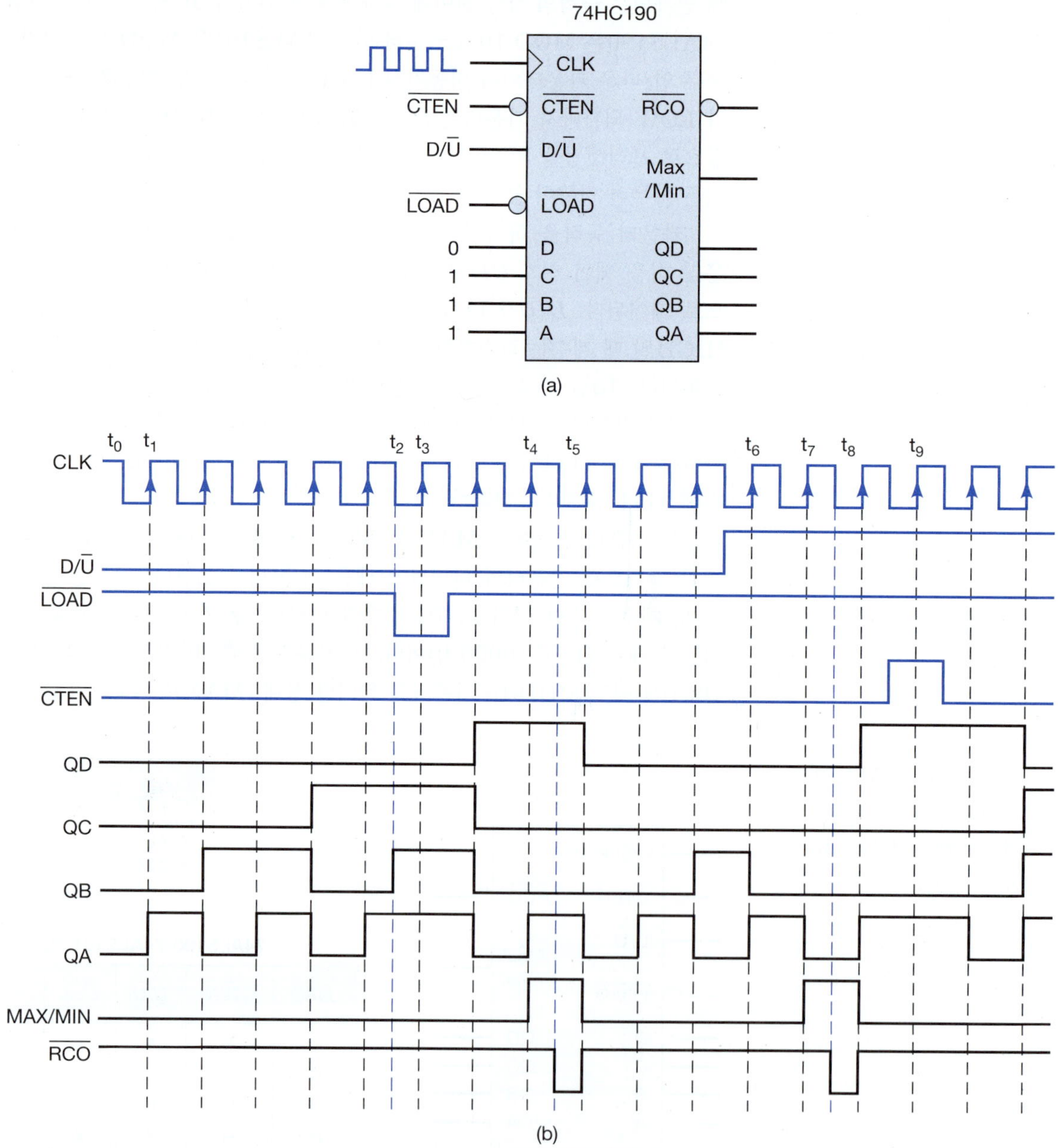

그림 7-17 예제 7-12.

풀이

초기에(t_0) 카운터의 플립플롭은 모두 LOW이다. 카운터가 허용($\overline{CTEN}$ = 0)되었고 계수 방향 제어 신호 $D/\overline{U}$ = 0 이므로, BCD 카운터는 t_1에서 CLK에 인가되는 첫 상승 천이일 때 업 카운트를 시작하며 카운터가 0101의 값에 다다르는 t_2 때까지 매 상승 천이 때마다 업 카운트를 계속한다. t_2에서 비동기식 $\overline{LOAD}$ 입력 신호가 LOW로 되면 0111 값을 카운터에 즉시 로딩한다. t_3에서 입력은 여전히 활성화(LOW)되어 있어서 CLK입력의 상승 천이는 무시되며 카운터는 0111 값을 유지한다. 이후 $\overline{LOAD}$ 입력이 다시 HIGH가 되면, 카운터는 다음 상승 천이 때 1000으로 업 카운트한다. t_4에서 카운터는 1001로 증가하는데, 이 상태는 BCD 업 카운트의 터미널상태이며 MAX/MIN 출력이 HIGH가 된다. t_5 동안에, 카운터가 터미널 상태에 있고 CLK입력이 LOW가 되어 $\overline{RCO}$ 신호가 LOW가 된다. 이어지는 클럭신호에 의해 카운터는 0000으로 순환하여 t_6 때까지 계속 업 카운트 기능을 수행한다. t_6 직전에 $D/\overline{U}$ 제어 신호가 HIGH로 변하였다. 이는 카운터를 t_6에서 다운 카운트로 동작하게끔 하며 t_7에서 0000 상태가 되는데 이는 터미널 상태에 해당하므로 MAX/MIN 출력은 HIGH가 된다. t_8 동안에 CLK 입력이 LOW가 되고 $\overline{RCO}$ 출력이 다시 LOW가 된다. t_9에서 $\overline{CTEN}$ =1 신호에 의해 카운터가 금지되고 카운터는 1001 값을 유지한다. 이어지는 CLK 펄스에 따라서 카운터는 다운 카운트를 계속한다.

예제 7-13

동기식 로딩신호를 갖는 카운터와 비동기식 로딩신호를 갖는 카운터의 동작을 비교해보자. 그림 7-18(a)에서 74ALS163과 74ALS191은 2진 업 카운트를 하기 위해 비슷한 방식으로 결선되었음을 보여준다. 두 칩 모두 동일한 클럭 신호로 구동되며 QD와 QC 출력은 각각 NAND에 연결되어 각각의 $\overline{LOAD}$ 입력 제어 신호를 제어하도록 하였다. 두 카운터 모두 초기에는 0000 상태라고 가정한다.

(a) 각 카운터에 대하여 출력 파형을 나타내어라.

(b) 각 카운터에 대한 재순환 계수 순차와 MOD 값은 얼마인가?

(c) 왜 서로 다른 계수 순차를 갖는가?

(d) 각각의 카운터에 대해서 완전한(모든 16개의 상태를 포함한) 상태 천이도를 그려라.

풀이

(a) 0000 상태에서 시작하여 그림 7-18(b)에서 보인 바와 같이 각 카운터는 1100(12) 상태에 도달할 때까지 업 카운트 동작을 한다. 각 NAND 게이트의 출력은 이때 각각의 $\overline{LOAD}$ 입력에 인가된다. 74ALS163은 동기식 $\overline{LOAD}$ 신호를 가지며 CLK의 다음 번 상승 천이 때까지 기다렸다가 데이터 입력 0001을 카운터에 로딩한다. 74AL191은 비동기 $\overline{LOAD}$ 신호를 가지며 데이터 입력 0001을 즉시 로딩한다. 따라서 74ALS191에서 1100 상태가 일시적으로 나타난다. 이러한 과도상태는 매우 빠른 전후 스위칭 때문에 카운터의 출력에 글리치(glitch 또는 spike) 발생을 초래한다.

(b) 74ALS163 회로는 0001부터 1100까지 순환되는 계수 시퀀스를 가지며 MOD-12의 카운터이다. 74ALS191 회로는 0001부터 1011까지 순환되는 계수 순차를 가지며 MOD-11의 카운터이다. 카운터의 MOD 값을 정하는 데 과도 상태는 포함되지 않았다.

(c) 하나는 동기식 로딩신호를 가지고 다른 하나는 비동기식 로딩신호를 가지고 있으므로 두 카운터의 계수 순차는 다르다.

(d) 상태 천이도는 그림 7-18(c)에 나타내었다. 각 카운터들은 1100의 상태에 도달할 때

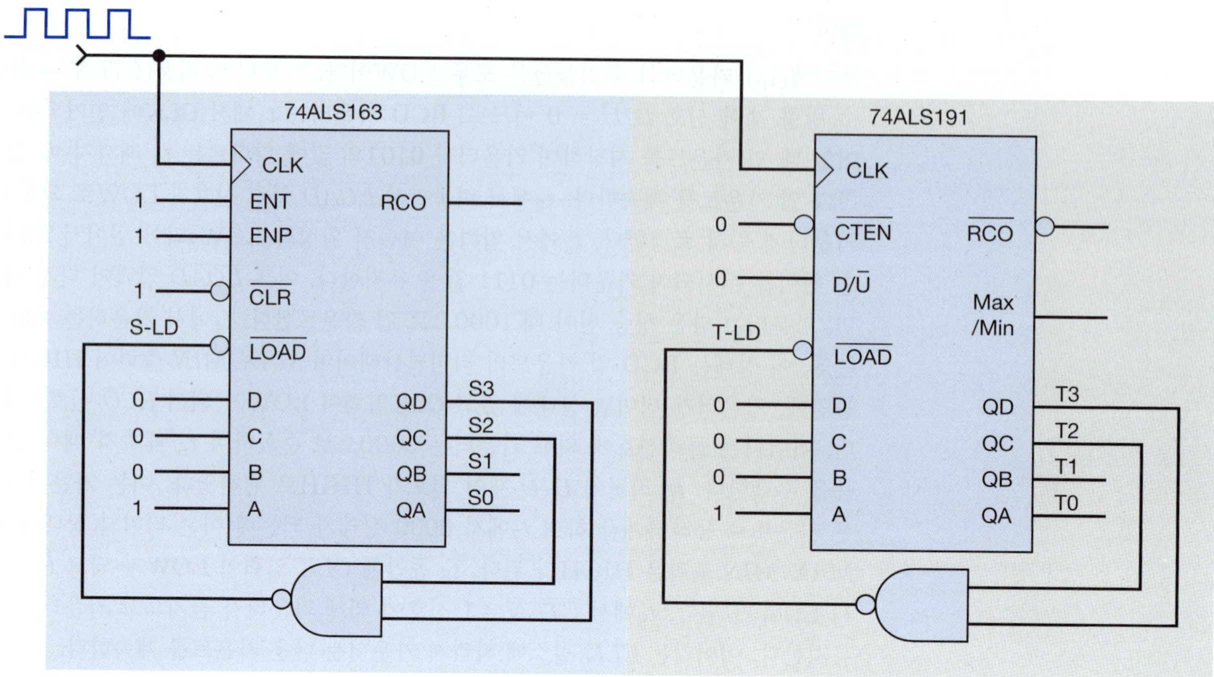

(a)

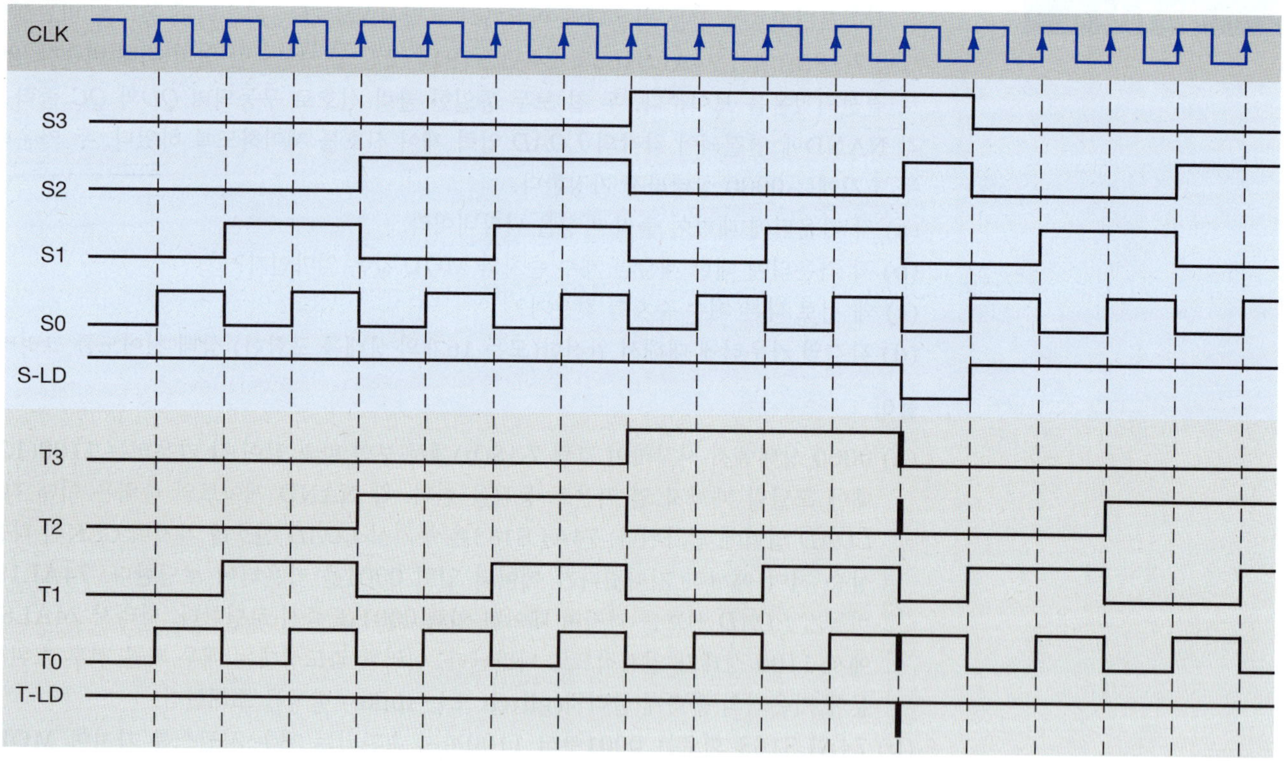

(b)

그림 7-18 예제 7-13.

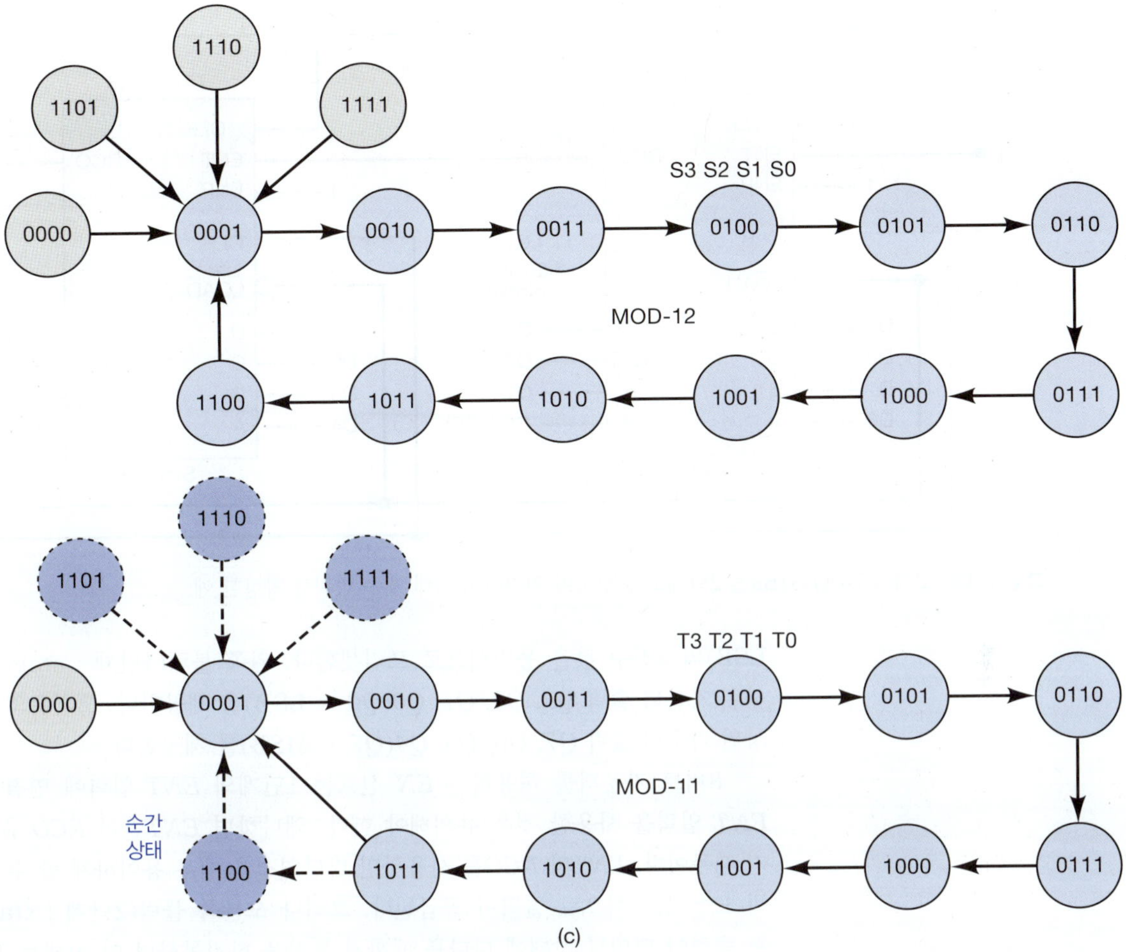

그림 7-18 (계속)

까지 업 카운팅을 수행한다. 1100 상태에서는 NAND 게이트가 $\overline{LOAD}$ 신호를 인에이블하게 된다. 74ALS163에서는 다음 상태는 클럭이 입력되면서 0001이 된다. NAND 게이트는 서로 다른 3개의 상태 (1101, 1110, 1111)을 동일하게 처리하고 다음 클럭에서 0001을 로딩하게 해준다. 74ALS191에 대한 LOAD 함수는 비동기화되어 있기 때문에 NAND 게이트에 의해 검출되는 각각의 4개의 상태 (11XX)는 카운터에 0001을 즉시 로딩하게 된다. 따라서 이 상태는 순간적으로 발생한다. 순간적인 상태를 점선으로 상태 천이도에 나타내었다. 상태 0000은 각 카운터의 카운트 순서에서 다시 발생하지 않음을 주목할 필요가 있다.

다단계 연결

카운터 IC들은 여러 개의 칩을 연결하여 더 큰 계수 범위를 갖는 회로를 만들기에 용이하도록 설계되어 있다. 본 절에서 다루는 모든 카운터 칩들은 **다단계(multistage 또는 cascade)**로 연결하기 용이하다. 그림 7-19에 2개의 74ALS163이 2단계 카운터로 연결되어 0부터 255 사이를 2진 순차로 순환하며 최대 MOD값이 256인 카운터를 보이고 있다. $\overline{CLR}$ 입력에 LOW 신호를 인가하여 두 카운터를 동기식으로 클리어하며 $\overline{LD}$ 입력에 LOW 신호를 인가하여 8비트 카운터에 입력 $D7, D6, D5, D4, D3, D2, D1, D0(D0 =$

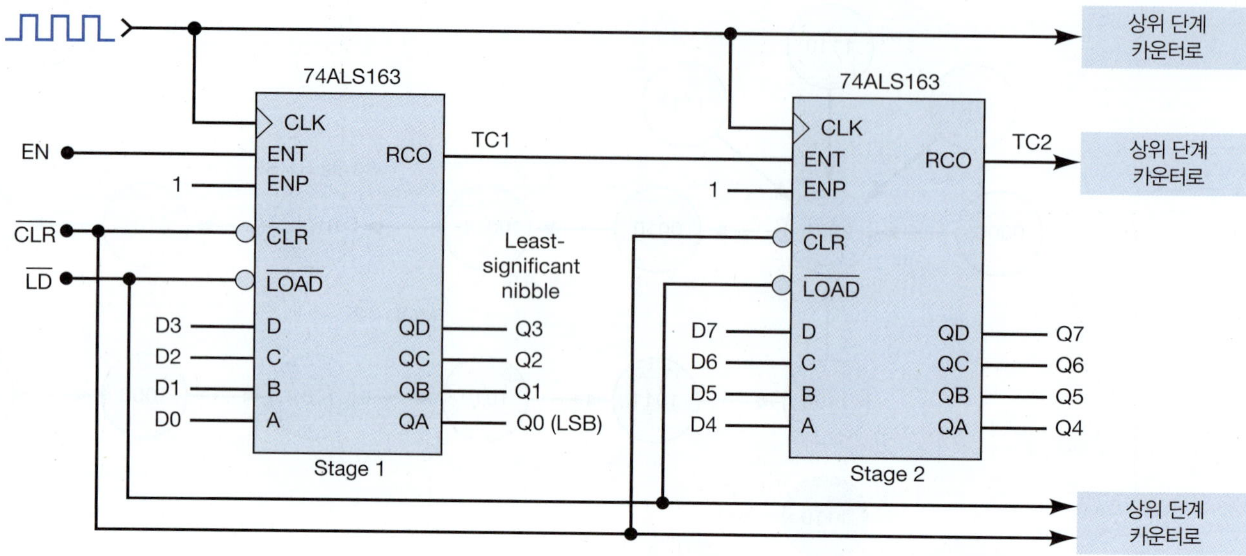

그림 7-19 2개의 74ALS163를 2단계로 구성하여 연결하여 최대 계수 범위를 확장한 예.

LSB)의 2진수 값을 동기식으로 프리셋한다. 왼쪽 블럭(1단계 : stage 1)은 하위 단계로 하위 카운터 출력 *Q3*, *Q2*, *Q1*, *Q0*(*Q0* = LSB)을 제공한다. 오른쪽의 2단계(stage 2)는 상위 카운터 출력 *Q7*, *Q6*, *Q5*, *Q4*(*Q7* = MSB)를 제공한다.

8비트 카운터를 허용하는 *EN* 신호는 1단계의 *ENT* 입력에 연결된다. *ENP*가 아닌 *ENT* 입력을 사용한 것을 유의해야 한다. 왜냐하면 *ENT*만이 *RCO* 출력을 제어할 수 있기 때문이다. *ENT*와 *RCO*를 사용하면 다단연결을 매우 용이하게 할 수 있다. 두 카운터 블럭 모두 동기식으로 클럭이 공급된다. 그러나 오른쪽 블럭(2단계 : stage 2)은 하위 4비트 출력이 터미널 상태에 다다를 때까지 동작을 하지못하며 이 상태는 *TC1* 출력에 표시된다. *Q3*, *Q2*, *Q1*, *Q0*이 1111이 되고, *EN* 신호가 HIGH이면 *TC1*의 출력은 HIGH가 된다. 이는 클럭의 다음 상승 천이 때에 두 카운터 모두 하나씩 업 카운트하도록 한다. 1단계는 0000으로 순환되고 2단계는 이전 출력 상태에서 하나 증가한다(1단계가 더 이상 터미널 상태가 아니므로). *TC1*는 LOW가 된다. 이어지는 출력 펄스마다 *EN* = 1이면 1단계는 업 카운트를 1111이 될 때까지 계속하며 이 과정을 반복한다. 8비트 카운터가 11111111이 되면 다음 클럭 펄스 때 00000000으로 순환된다.

같은 방법으로 74ALS163 카운터 칩을 하나 더 다단연결할 수 있다. *TC2*는 다음 칩의 *ENT* 제어 신호에 연결된다. *Q3*, *Q2*, *Q1*, *Q0*가 1111이고 *EN*이 HIGH일 때 *TC1*이 HIGH이듯 *Q7*, *Q6*, *Q5*, *Q4*가 1111이고 *TC1*도 HIGH이면 *TC2*는 HIGH가 될 것이다. 이러한 다단연결법은 TTL이든 CMOS이든 관계없이 이 계열의 모든 IC들을 사용하여 구성할 수 있으며 BCD 카운터 구성에도 적용된다. 74ALS190-191(또는 74HC190-191) 계열도 LOW 활성화 신호인 $\overline{CREN}$과 $\overline{RCO}$ 입력을 사용해서 이와 비슷하게 다단계로 연결할 수 있다. 이런 식으로 연결된 74ALS190-191 칩을 이용한 다단계 카운터는 업 카운트와 다운 카운트 모두 가능하다.

학습성과 평가문제

1. 입력 $\overline{LOAD}$와 D, C, B, A의 기능을 설명하라.
2. $\overline{CLR}$ 입력의 기능을 설명하라.
3. 참 또는 거짓: $\overline{CLR}$이 비활성화되어 있는 동안 74HC161을 프리셋되지 못한다.
4. 74ALS162가 *CLK*의 펄스를 계수하려면 각각의 제어 입력들의 논리 레벨은 어떻게 되어야 하나?
5. 74HC190이 *CLK*의 펄스로 다운 카운트 기능을 하기 위해서는 각각의 제어 입력들의 논리 레벨은 어떻게 되어야 하나?
6. 74HC163 IC들로 구성한 4단계 카운터의 최대 계수 범위는? 74ALS190 IC들로 구성하였을 경우 최대 계수 범위는?

7-8 카운터의 부호화(Decoding)

학습성과

이 절을 학습함으로써 다음을 할 수 있다.

- 디코딩 동작 분석
- 카운터의 임의의 상태를 디코드함
- 액티브-HIGH 또는 액티브-LOW를 갖는 출력 로직

디지털 카운터는 플립플롭의 상태로 표현되는 계수 값을 표시하는 응용분야에 주로 이용된다. 카운터의 내용을 표시하는 데 가장 간단한 방법 중의 하나는 각 플립플롭의 출력에 작은 LED를 연결하는 것이다(그림 7-7(b) 참조). 이러한 방법으로 플립플롭의 상태는 LED(켜짐 1, 꺼짐 0)에 의해서 시각적으로 표시될 수 있으며, 계수 값은 LED의 2진 상태를 암산으로 **부호화(decoding)**하여 결정된다. 이 표시 방법을 BCD 카운터에 이용한다고 가정하면, LED의 상태가 각각 꺼짐-켜짐-켜짐-꺼짐일 때. 이는 0110을 나타내는데, 암산으로 10진수 6으로 부호화할 수 있다. LED 상태를 다르게 조합하면 또 다른 계수 값을 나타낼 수 있다.

LED를 사용한 표시 방법(indicator LED method)은 카운터의 크기(비트 수)가 증가함에 따라 표시된 결과를 사람이 암산으로 부호화하기 어려워서 불편하다. 이러한 이유로, 카운터 내용을 전자적으로 부호화하고 그 결과를 암산하지 않고 즉시 알 수 있도록 하는 방법을 개발할 필요가 있었다.

카운터를 전자식으로 부호화(electronic decoding)하는 보다 중요한 이유는 많은 응용 분야에 사람이 개입하지 않고 자동으로 동작의 타이밍 또는 순서를 제어하는 데 카운터가 많이 사용되기 때문이다. 예를 들어 카운터가 101100(44_{10})에 이르렀을 때 어떤 시스템이 동작을 개시한다고 보자. 이 특정한 계수 값에 도달하였을 때 이 상태를 검지하여 부호화하여 동작을 시작하도록 하는 논리 회로를 구성할 수 있다. 디지털 시스템에서는 많은 동작들이 이러한 방법으로 제어된다. 이러한 처리과정에서 극단적으로 느린 시스템을 제외하고는 인간의 개입은 거의 필요하지 않다.

HIGH가 활성인 부호화

MOD-X 카운터는 X개의 서로 다른 상태를 가지며, 각각의 상태는 카운터 플립플롭에 저장된 0과 1의 특정 형태이다. 디코딩 회로는 X개의 출력을 생성하는 논리 회로이며, 각 출력은 카운터의 특정 상태를 검출(부호화)한다. 디코더 출력은 특정 상태가 검출되었을 때 HIGH나 LOW가 되도록 설계될 수 있다. HIGH가 활성인 디코더는 검출이 된 것을 알리기 위해서 HIGH 출력을 발생시킨다. 그림 7-20은 MOD-8 카운터에서 완료한 HIGH가 활성인 디코더 논리 회로를 나타낸다. 디코더는 8개의 3-입력 AND 게이트로 구성된다. 각 AND 게이트는 카운터의 하나의 특정한 상태에 대하여 HIGH 출력을 발생한다.

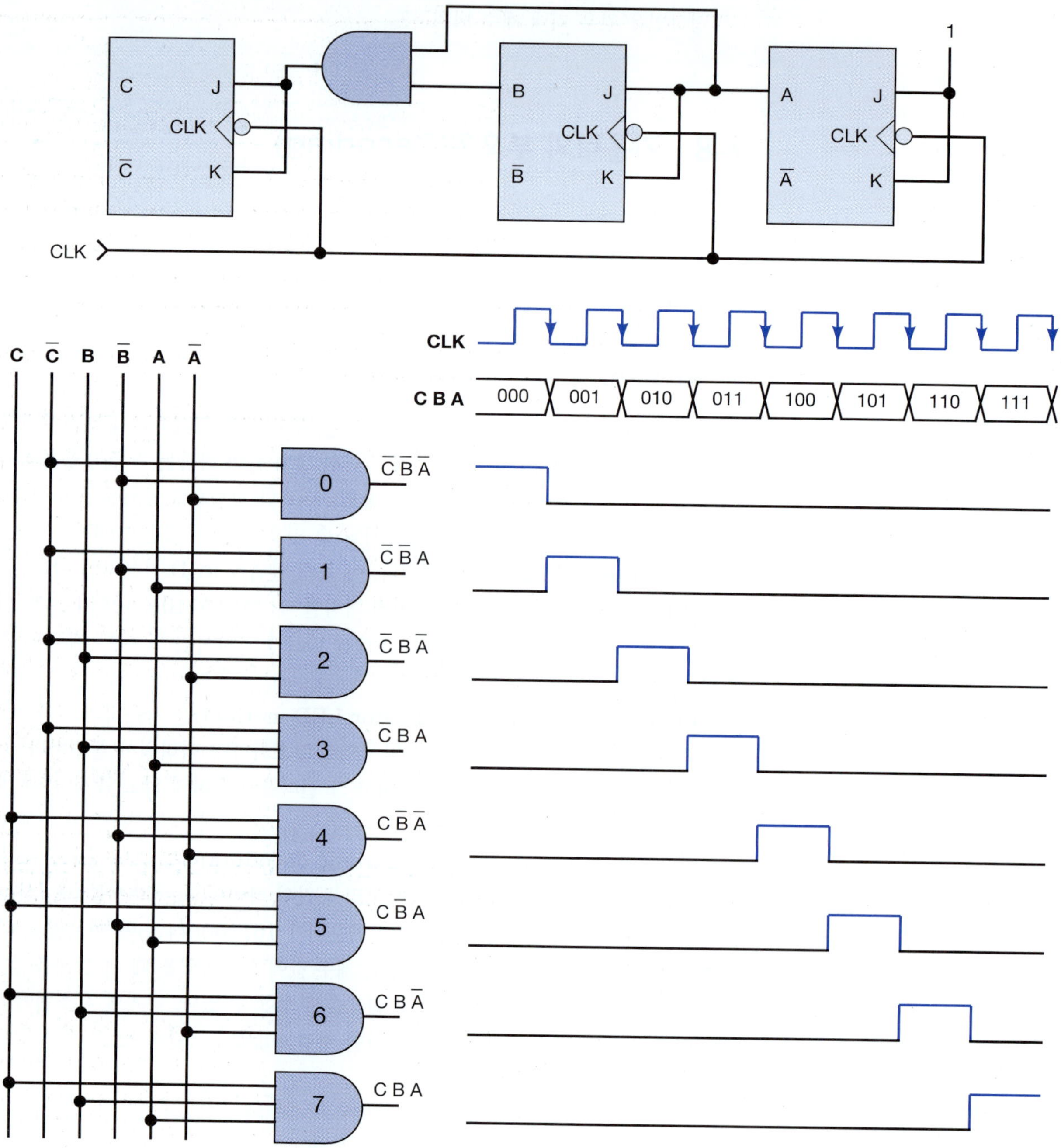

그림 7-20 MOD-8 카운터 디코딩을 위해 사용된 AND 게이트.

예를 들어 AND 게이트 0은 플립플롭의 출력 $\overline{C}$, $\overline{B}$, $\overline{A}$를 입력으로 갖는다. 따라서 그 출력은 $A = B = C = 0$ 상태, 즉 000(0)의 계수 값일 때만 제외하고는 항상 LOW이다. 마찬가지로 AND 게이트 5는 플립플롭 출력 C, $\overline{B}$, A를 입력으로 가지며, $C = 1$, $B = 0$, $A = 1$인 경우, 즉 계수 값이 $101(5_{10})$ 상태일 때만 그 출력이 HIGH가 된다. 나머지 계수 값에 대하여, 나머지 AND 게이트도 같은 방법으로 동작한다. 어떠한 순간에도, 오직 1개의 AND 게이트 출력이 HIGH가 되며 이때 그 AND 게이트는 카운터의 특정 값을 부호화한다. 그림 7-20의 파형은 이를 명확히 보여준다.

8개의 AND 출력은 8개의 서로 다른 LED 표시를 제어하는 데 사용될 수 있으며, 이것은 10진수 0부터 7까지를 나타낸다. 주어진 시간에 단지 1개의 LED만이 적정 계수 값을 나타낸다.

AND 게이트 디코더는 카운터의 상태가 매우 많은 경우로도 확장할 수 있다. 다음의 예제를 살펴보자.

예제 7-14

MOD-32 2진 카운터의 모든 상태를 디코딩하기 위해서는 몇 개의 AND 게이트가 필요한가? 또한 계수 값 21을 디코딩하는 게이트의 입력은 무엇인가?

풀이

MOD-32 카운터는 32개의 가능한 상태를 갖는다. 각 상태마다 디코드하기 위하여는 각각 1개의 AND 게이트가 필요하다. 따라서 전체적으로 32개의 AND 게이트가 필요하다. $32 = 2^5$이므로 카운터는 5개의 플립플롭을 가지기 때문에, 각 게이트는 각각의 플립플롭으로부터 1개씩, 모두 5개의 입력을 가질 것이다. 계수 값 21 (10101_2)을 부호화하기 위해서는 E, $\overline{D}$, C, $\overline{B}$, A의 5개를 AND 게이트 입력으로 필요하며, 여기서 E는 MSB 플립플롭이다.

LOW가 활성화인 디코딩

만일 AND 게이트 대신 NAND 게이트가 사용된다면, 디코더 출력은 평상시 HIGH 출력을 내고 있다가 해당 숫자가 될 때 LOW 출력을 나타낸다. 디코더 출력에 의해 구동되는 회로의 종류에 따라 두 가지 형태의 디코더가 사용될 수 있다.

예제 7-15

그림 7-21은 모터, 솔레노이드 밸브 혹은 히터와 같은 제어 장치에서 이용되는 제어 파형을 만드는 데 사용되는 카운터를 보여준다. MOD-16 카운터는 계수 순서 동안 순환하고 또 재순환한다. 그림에서 계수가 8(1000)이 될 때마다, 위쪽의 NAND 게이트는 LOW 출력을 발생하여 플립플롭 X를 HIGH 상태로 만들고, 14(1110)이 될 때 아래쪽 NAND 게이트는 이를 부호화하여 LOW 출력을 발생하여 X를 0의 상태로 클리어한다. 따라서 X의 출력은 카운터의 매 사이클마다 계수 8과 14 사이 값에 대하여 HIGH가 된다.

BCD 카운터의 디코딩

BCD 카운터는 10개의 상태를 가지며 앞에서 설명한 기술을 이용하여 부호화할 수 있다. BCD 디코더는 플립플롭의 상태로 표시되는 10진수 0~9에 대하여 상응하는 10개의 출력을 가진다. 이 10개의 출력은 10개의 개별 LED의 시각적 표시를 제어하기 위하여 이용할 수 있다. 10개의 각각의 LED를 이용하는 대신에 종종 하나의 디스플레이 소자로 10

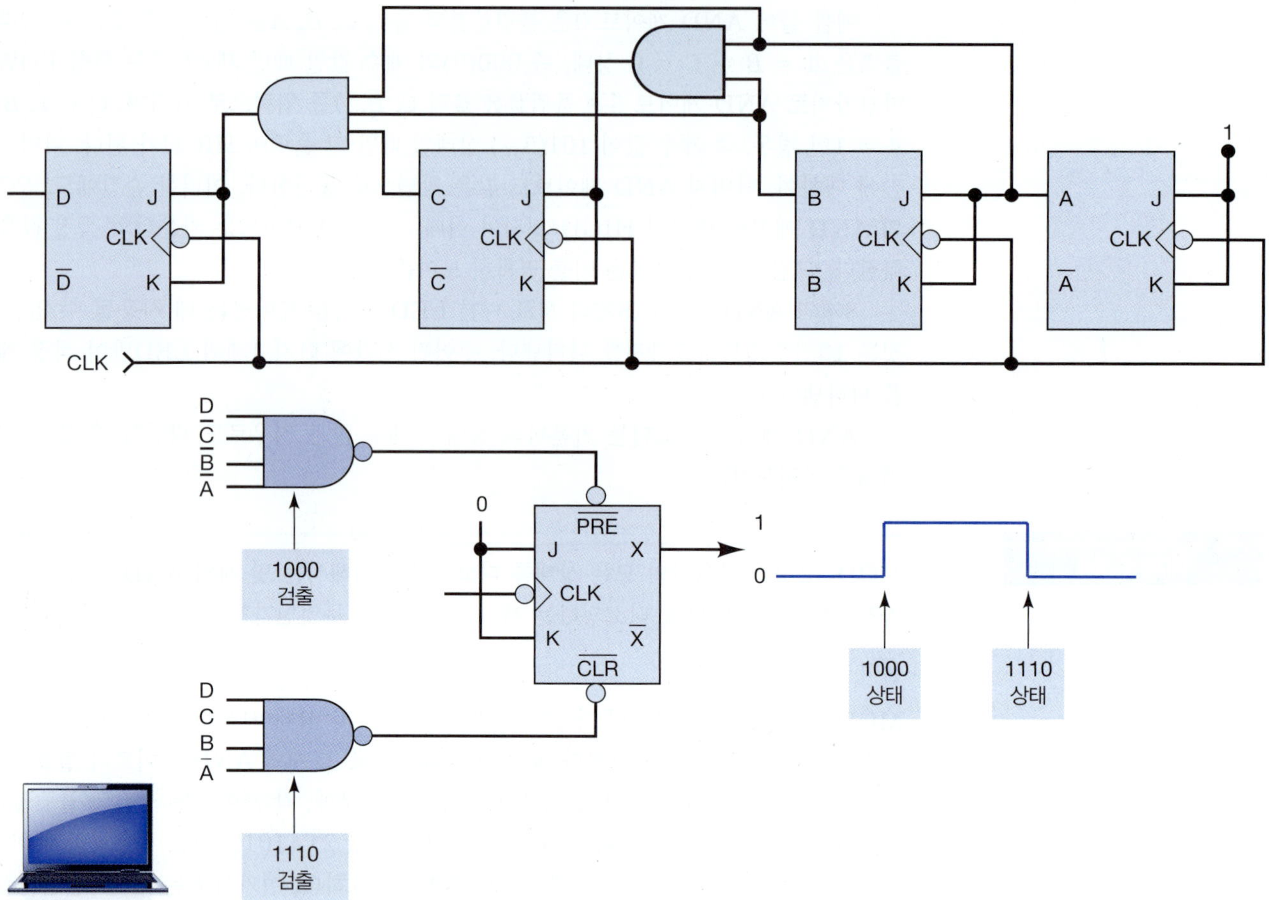

그림 7-21 예제 7-15.

진수 0~9까지를 표시하기도 한다. 10진 표시기 중 한 가지만은 빛을 내거나 주변의 빛을 반사하는 물질(보통 LED 또는 LCD)로 만들어진 7개의 작은 세그먼트가 있다. BCD 디코더의 출력은 10진수 중 한 숫자의 형태를 나타내도록 어떤 세그먼트가 켜질지를 제어한다. 9장에서 이러한 종류의 디코더와 디스플레이에 관련하여 상세하게 접할 것이다. 그러나 BCD 카운터와 디코더에 관련된 것과 디스플레이는 매우 일반적인 내용이기 때문에, BCD 카운터의 내용을 10진수로 시각적으로 표시하는 데 이용되는 전체 회로를 보이기 위하여 디코더/디스플레이(그림 7-22)를 이용하고자 한다.

그림 7-22 하나의 디스플레이 소자에 계수 값을 나타낸 BCD 카운터.

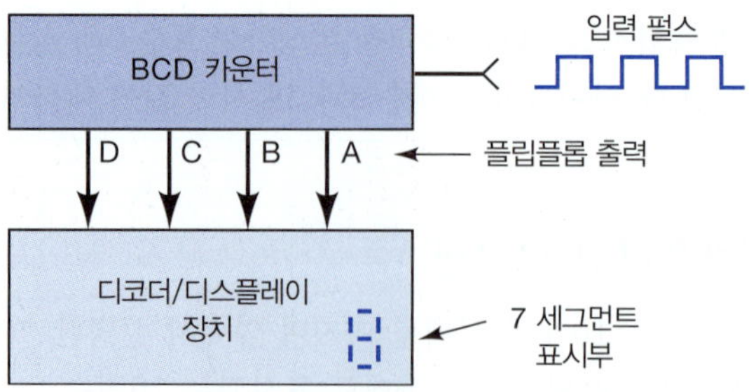

학습성과 평가문제

1. 6비트 카운터를 전부 부호화하기 위해서는 몇 개의 게이트가 필요한가?
2. MOD-64 카운터에서 계수 값이 23일 때 LOW 출력을 발생시키기 위하여 필요한 부호화 게이트를 그려라.

7-9 동기식 카운터 분석

학습성과

이 절을 학습함으로써 다음을 할 수 있다.

- 플립플롭 회로를 위한 현재/다음 상태표 작성
- 플립플롭 회로 해석을 위한 현재/다음 상태표 사용법
- 회로의 타이밍도 그리기
- 회로의 상태 천이도 그리기

동기식 카운터는 원하는 임의의 카운트 순차를 발생시키기 위해 주문자 방식의 설계도 가능하다. 카운트 순차를 발생하려면 개별 플립플롭에 인가된 동기식 입력을 적절히 제공하면 된다. 카운터의 순차를 바꾸기 위하여 클리어 신호와 같은 비동기식 플립플롭 제어신호를 사용하지 않으면, 일시적인 상태인 과도상태와 출력 파형에서 발생할 수 있는 글리치를 다룰 필요가 없다. 다음 절에서는 완전히 동기식인 카운터를 설계하는 과정을 다루게 된다. 우선, 카운터의 각 상태에 대한 플립플롭의 제어 입력을 예측함으로 이런 형태의 카운터 설계를 어떻게 분석하는지 보기로 하자. **현재 상태/다음 상태표**가 분석과정에서 매우 유용한 도구가 된다. 첫 번째 단계는 각 플립플롭의 제어 입력에 대한 논리 식을 쓰는 것이다. 현재에는 카운터의 다음 상태를 가정하고 그 비트들의 조합을 제어논리 식에 적용하는 것이다. 제어식의 출력에서 각 플립플롭에 대한 명령과 클럭 후 카운터의 다음 상태 결과를 예측할 수 있다. 전체 계수 순차를 결정할 때까지 분석 과정을 반복한다.

그림 7-23은 7-3절에서 다루었던 보통의 2진 업 카운트와는 약간 다른 J와 K 입력을 갖는 동기식 카운터이다. 이처럼 제어 회로를 약간 변경하면 카운터가 다른 계수 순차를 발생하게 할 수 있다. 이 카운터에 대한 제어 입력식은 다음과 같다.

$$J_C = A \cdot B$$
$$K_C = C$$
$$J_B = K_B = A$$
$$J_A = K_A = \overline{C}$$

카운터의 현재 상태를 CBA = 000이라고 가정하자. 이 조합을 위의 제어식에 적용하면 J_CK_C = 0 0, J_BK_B = 0 0 그리고 J_AK_A = 1 1이 된다. 이러한 제어 입력은 플립플롭 C와 B는 현재 값을 유지하도록 하며 플립플롭 A는 CLK의 다음 상승 천이 때 상태를 반전하도록 한다. CBA에 대하여 예측되는 다음 상태는 001이다. 이 정보는 표 7-1에서 보이는 현재 상태/다음 상태 표에 첫 번째 행에 채워진다. 다음에 001을 현재 상태라고 할 수 있다. 이 새로운 조합에 대한 제어식을 분석하면 J_CK_C = 0 0, J_BK_B = 1 1, J_AK_A = 1 1이라는 값을 얻을 수 있으며 이에 따라 플립플롭 C는 현재 값을 유지하고 플립플롭 B와 A는 상태를 반전한다. 따라서 CBA의 다음 상태는 010이 된다. 이 과정을 계속하면, 000, 001,

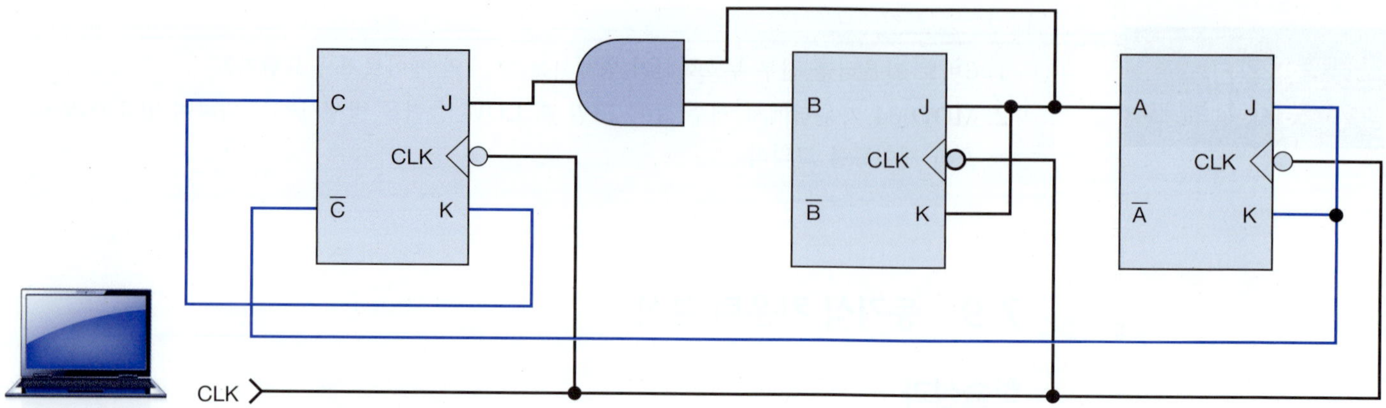

그림 7-23 서로 다른 제어 입력을 갖는 동기식 카운터.

010, 011, 100, 000의 계수 순차를 반복할 수 있다. 이는 MOD-5 계수 순차이다. 같은 방법에 의하여 남은 세 가지 상태조합에 대하여 다음 상태를 예측할 수 있다. 이런식으로 분석해보면 카운터 설계가 자가교정식인지 아닌지 판별할 수 있다. **자가교정 카운터(self correcting counter)**라는 것은 미사용 상태가 항상 어떻게든 정상 계수 순차로 돌아가는 카운터이다. 만일 미사용 상태 중 어느 하나라도 정상 순차로 돌아갈 수 없다면, 그 카운터는 자가교정식이라고 하지 않는다. 모든 가능한 상태에 대하여 우리가 추정하는 다음 상태가 표 7-1과 같이 채워졌다. 표 7-1의 하위 3개 행에 음영처리한 부분은 이 카운터 설계가 자가교정되도록 이루어졌다는 것을 표시한다. 이 카운터에 대한 전체 상태 천이도와 타이밍도는 그림 7-24와 같다.

마찬가지로 카운터의 현재 상태를 저장하는 데 D 플립플롭을 사용한 카운터 회로의 동작을 분석할 수 있다. 동일한 계수 순차를 발생하기 위한 D 타입의 제어 회로는 JK타입의 등가의 카운터보다 더 복잡하다. 그러나, 제어하기 위한 동기식 입력 개수는 절반이다. 대부분의 PLD들은 메모리 소자를 위하여 D 플립플롭을 이용하며 이러한 형식의 카운터 회로를 분석해 보면 PLD 내에 실제로 카운터가 어떻게 프로그램되어 있는지를 알게 된다.

그림 7-25에 D 플립플롭을 이용한 동기식 카운터 설계를 보여준다. 첫 단계는 D입력에 대한 논리 식을 다음과 같이 쓰는 것이다.

$$D_C = C\overline{B} + C\overline{A} + \overline{C}BA$$
$$D_B = \overline{B}A + B\overline{A}$$
$$D_A = \overline{A}$$

표 7-1 그림 7-23을 위한 현재 상태/다음 상태 분석표.

현재 상태			제어 입력						다음 상태		
C	B	A	J_C	K_C	J_B	K_B	J_A	K_A	C	B	A
0	0	0	0	0	0	0	1	1	0	0	1
0	0	1	0	0	1	1	1	1	0	1	0
0	1	0	0	0	0	0	1	1	0	1	1
0	1	1	1	0	1	1	1	1	1	0	0
1	0	0	0	1	0	0	0	0	0	0	0
1	0	1	0	1	1	1	0	0	0	1	1
1	1	0	0	1	0	0	0	0	0	1	0
1	1	1	1	1	1	1	0	0	0	0	1

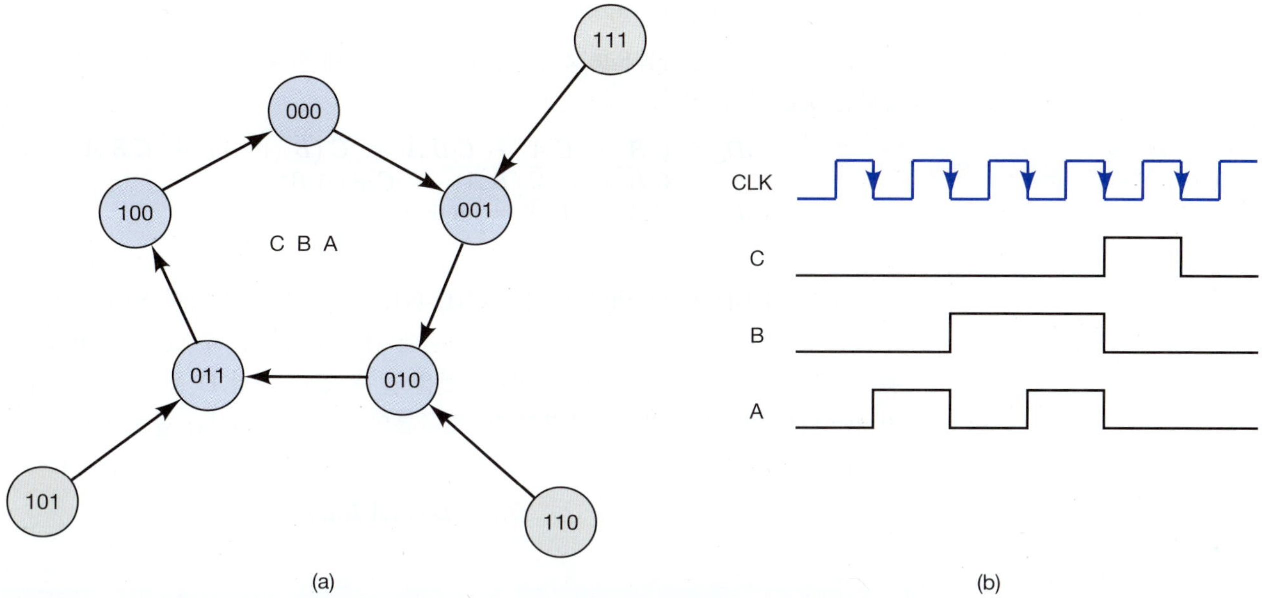

그림 7-24 (a) 상태 천이도. (b) 그림 7-23의 동기식 카운터에 대한 타이밍도.

그림 7-25 D 플립플롭을 사용하는 동기식 카운터.

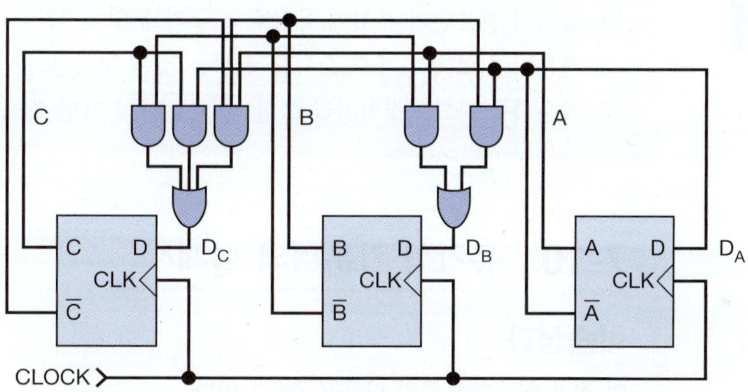

다음 단계는, 위의 식을 이용하여 카운터 회로에 대한 현재 상태와 다음 상태를 표로 만든다. 초기 카운터 상태를 CBA = 000이라 두면, $D_C = 0$, $D_B = 0$, $D_A = 0$임을 알 수 있다. 클럭의 상승 천이 때 플립플롭은 001 값을 "지정"하며 이 값은 카운터의 다음 상태가 된다. 001을 현재 상태로 하면 입력 값 $D_C = 0$, $D_B = 0$, $D_A = 0$가 되고 다음 상태를 010이 되며, 이런 식으로 반복된다. 완성된 현재 상태/다음 상태는 표 7-2와 같으며 이 회

표 7-2 그림 7-25을 위한 분석표.

현재 상태			제어 입력			다음 상태		
C	***B***	***A***	D_C	D_B	D_A	***C***	***B***	***A***
0	0	0	0	0	1	0	0	1
0	0	1	0	1	0	0	1	0
0	1	0	0	1	1	0	1	1
0	1	1	1	0	0	1	0	0
1	0	0	1	0	1	1	0	1
1	0	1	1	1	0	1	1	0
1	1	0	1	1	1	1	1	1
1	1	1	0	0	0	0	0	0

로는 순환하는 MOD-8 2진 카운터임을 나타낸다. 아래와 같이 간단한 부울 대수를 입력식에 적용하면, D 플립플롭으로 2진 카운터를 만드는 데 실제로 꽤 간단한 회로로 구현할 수 있다는 것을 알 수 있다.

$$\begin{aligned} D_C &= C\overline{B} + C\overline{A} + \overline{C}BA = C(\overline{B} + \overline{A}) + \overline{C}BA \\ &= C\overline{BA} + \overline{C}(BA) = C \oplus (AB) \\ D_B &= \overline{B}A + B\overline{A} = B \oplus A \\ D_A &= \overline{A} \end{aligned}$$

대부분 PLD IC의 내부구조는 AND-OR 게이트를 사용하여 Sum of Product (SOP) 논리 식을 구현해놓은 형태이다. 그런데 위의 식에서 알 수 있듯이 XOR 기능을 이용하면 논리 식이 더 간단해질 수 있다는 것을 알 수 있다. 또한 D 플립플롭 MOD-16의 2진 카운터를 만들기 위해서는 4번째 D플립플롭의 입력은 아래식과 같아야 한다는 것을 쉽게 예측할 수 있다.

$$D_D = D \oplus (A\,B\,C)$$

학습성과 평가문제

1. 카운터에서 왜 비동기식 제어 신호를 피하는 것이 바람직한가?
2. 동기식 카운터의 분석에 유용한 도구가 무엇인가?
3. 카운터 회로에서 계수 순차를 정하는 것은 무엇인가?
4. 카운터를 자가교정식이라고 할 때 카운터의 어떤 특성을 말하는 것일까?

7-10 동기식 카운터의 설계*

학습성과

이 절을 학습함으로써 다음을 할 수 있다.

- 임의의 순차를 갖는 카운터 설계
- 현재/다음상태 여기표 작성
- 스텝모터 구동을 위한 시퀀스 작성

많은 종류의 카운터들이 IC 형태로 나와 있으며, 이들의 비동기, 동기, 비동기/동기 조합 등이 있다. 정상적으로 대부분은 2진 또는 BCD 순차로 계수하지만, 74ALS160-163과 74ALS190-191 계열의 IC에서 보였듯이 클리어와 로딩 기능을 이용하여 계수 순차를 바꿀 수 있다. 그러나 보통 2진 카운터가 사용하지 않는 순차(예: 000, 010, 101, 001, 110, 000, . . .)를 계수로 요구하는 주문자형 카운터도 있다.

임의의 순차대로 카운트하는 카운터 설계에는 다양한 방법이 있다. J-K 플립플롭을 이용하여 동기식 카운터를 구성하는 일반적인 방법을 자세히 설명하기로 한다. D 플립플롭을 사용한 설계에도 이와 유사한 방법이 적용될 수 있다. 이러한 기술은 디지털 회로 설계 분야의 여러 가지 설계 기법 중 하나이며, **순차 회로 설계**(**sequential circuit design**)라고 한다.

* 이 주제는 책의 나머지 부분과의 연관성에 영향을 미치지 않으므로 생략할 수도 있다.

기본개념

동기식 카운터에서 모든 플립플롭은 동시에 클럭이 입력된다. 클럭이 인가되기 전에 카운터의 모든 플립플롭의 *J*, *K* 입력 단은 적절한 입력 값을 가지고 있어야 각 플립플롭은 그에 따른 상태를 갖는다. 예를 들어 카운터 CBA 상태가 101에서 011로 변하는 경우를 보자. 다음 클럭 펄스가 발생할 때 플립플롭 C는 1에서 0으로, 플립플롭 B는 0에서 1로, 플립플롭 A는 1에서 1(변화 없음)로 변하도록 플립플롭들의 *J*, *K* 입력은 적절한 값을 가지고 있어야 한다.

결국 동기식 카운터 설계 과정은 카운터의 여러 가지 상태를 디코딩하여 각 *J*, *K* 입력 단에 적절한 논리 값을 제공하는 논리 회로를 설계하는 것이다. 디코딩 회로의 입력은 1개 혹은 그 이상의 플립플롭의 출력에서 나온다. 그림 7-5의 동기식 카운터를 보면 플립플롭 C의 *J*, *K* 입력은 플립플롭 A, B의 두 출력을 디코딩하여 AND 게이트를 통하여 공급된다. 마찬가지로 플립플롭 D의 *J*, *K* 입력은 플립플롭 A, B, C 세 출력을 디코딩하여 AND 게이트를 통해 공급된다.

J-K 천이 표

각 *J*, *K* 입력을 위한 디코더 회로의 설계를 시작하기 전에, 여기표(*excitation table*)(표 7-3)라고 하는 또 다른 접근법을 사용하여 J-K 플립플롭의 동작을 복습해 보자. 이 표의 가장 왼쪽 열은 각 플립플롭의 가능한 출력 천이 값의 목록이다. 두 번째 열은 플립플롭의 현재 상태로 Q_n 기호로 표시하고, 세 번째 열은 다음 상태로 Q_{n+1}로 표시한다. 마지막 두 열은 *J*와 *K*의 입력 값으로 각각에 대한 천이를 만들기 위한 값이다. 각 경우를 살펴보자.

표 7-3 J-K 플립플롭 여기표.

플립플롭 출력 천이	현재 상태 Q_n	다음 상태 Q_{n+1}	J	K
0 → 0	0	0	0	*x*
0 → 1	0	1	1	*x*
1 → 0	1	0	*x*	1
1 → 1	1	1	*x*	0

0 → 0 천이. 플립플롭의 현재 상태는 0이고 클럭 펄스가 인가될 때 0으로 유지된다. 이것은 플립플롭의 J, K 입력은 $J = K = 0$(변화 없는 조건)이거나, $J = 0$, $K = 1$(클리어 조건)일 때 발생한다. 따라서 *J*는 0이어야 하고, *K*는 어떤 값을 갖든지 상관없다. 표에서 $J =$ "0"이고 $K =$ "*x*"임을 나타낸다. 여기서 "*x*"는 don't care을 나타낸다.

0 → 1 천이. 현재 상태 0이 1로 바뀌는 것이다. 이것은 $J = 1$, $K = 0$(셋 조건)이나 $J = K = 1$(반전 조건)일 때 발생한다. 결국 $J = 1$이며, *K*는 어떤 값을 갖든지 이러한 천이가 발생한다.

1 → 0 천이. 현재 상태가 1에서 0으로 변하는 것이다. 이것은 $J = 0$, $K = 1$이거나, $J = K = 1$일 때 발생한다. $K = 1$이고, *J*는 어떤 값을 가져도 좋다.

1 → 1 천이. 현재 상태가 1인데 1로 그대로 유지되는 것이다. 이것은 $J = K = 0$이거나 $J = 1$, $K = 0$의 상태일 때 발생한다. *K*는 0이어야 하고, *J*는 어떤 값을 갖든지 상관없다.

표 7-3의 **J-K 여기표**를 사용하는 것이 동기식 카운터 설계과정에서 중요한 부분이다.

설계 순서

동기식 카운터 설계의 전 과정을 다루어 보자. 여기서 다루는 계수 순서와 다른 순서를 원할 경우에도 같은 단계를 따라가면 된다.

표 7-4 원하는 상태들의 순차.

C	*B*	*A*
0	0	0
0	0	1
0	1	0
0	1	1
1	0	0
0	0	0
0	0	1
	etc.	

1단계. 비트 수(플립플롭 수)를 결정하고 계수 순차를 정한다.

표 7-4에 나타낸 순차로 계수하는 3비트 카운터를 설계한다. 이 순차에 101, 110, 111 상태는 포함하지 않음에 유의하라. 이런 상태를 원하지 않는 상태(*undesired state*)라 한다.

2단계. 원하지 않는 순차도 포함하는 모든 가능한 상태의 상태 천이도를 그려라.

이 예제에 대한 상태 천이도를 그림 7-26에 나타내었다. 000에서 100 상태는 원래 의도했던 순서로 연결되었다. 여기서 각각의 원하지 않는 상태마다 다음(NEXT) 상태를 정의하고 천이도에 포함시켰다. 이는 전원이 인가되거나 잡음 등으로 인하여 카운터가 우연히 원하지 않은 상태들 중 하나로 되는 경우를 처리하기 위함이다. 회로 설계자는 이러한 원하지 않는 상태들을 다음 클럭이 인가될 때 다음 상태를 어떤 상태로든지 정할 수도 있고 정하지 않을 수도 있다. "don't care" 설계방법을 사용하면 회로는 더 간단해지지만 이들 카운터가 사용되는 응용 분야에서 문제를 일으킬 가능성이 있다. 여기서는 모든 원하지 않은 상태들의 다음 상태는 000이 되도록 한다. 따라서 오동작을 스스로 교정하는 자가교정 카운터가 되므로 7-9절에서 설명한 MOD-5 카운터와는 약간 달라진다.

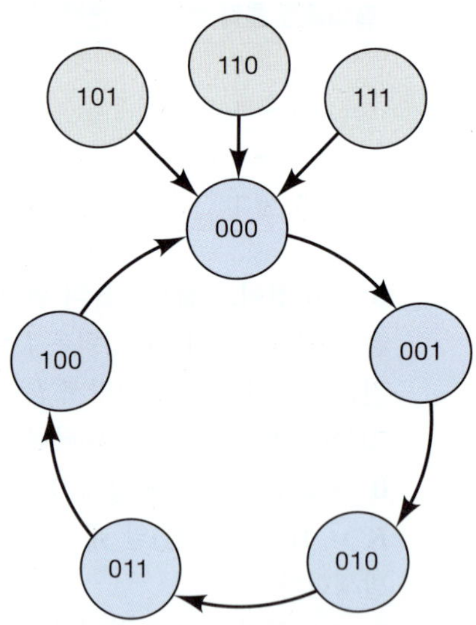

그림 7-26 동기식 카운터 설계 예제에 대한 상태 천이도.

3단계. 모든 현재 상태와 이에 대한 다음 상태가 표시된 표를 상태 천이도를 사용하여 작성하라.

이에 대한 표를 표 7-5에 나타내었다. 표의 왼쪽 부분은 순차에 들어 있지 않은 상태까지도 포함한 모든 가능한 상태를 나타낸 것이며, 현재 상태(PRESENT state)라 한다. 표의 오른쪽 부분은 현재 상태 각각에 대한 다음 상태를 보여준다. 이들은 모두 그림 7-26의 상태 천이도에서 얻어진다. 예를 들어 표에서 1행은 현재 상태 000이 다음 상태 001로 바

표 7-5 현재 상태/다음 상태.

	현재 상태			다음 상태		
	C	*B*	*A*	*C*	*B*	*A*
행 1	0	0	0	0	0	1
2	0	0	1	0	1	0
3	0	1	0	0	1	1
4	0	1	1	1	0	0
5	1	0	0	0	0	0
6	1	0	1	0	0	0
7	1	1	0	0	0	0
8	1	1	1	0	0	0

뀌고, 5행은 현재 상태 100이 다음 상태 000으로 바뀌는 것을 나타낸다. 6, 7, 8행은 원하지 않는 현재 상태 101, 110, 111 모두가 다음 상태 000으로 바뀌는 것을 나타낸다.

4단계. 3단계 표에 각 *J*, *K* 입력에 대한 열을 추가한다. 현재 상태 각각에 대하여 다음 상태로 천이하기 위하여 *J*, *K* 입력이 각각 무엇인지를 구하라.

이 설계에는 3개의 플립플롭(C, B, A)을 사용하며 각 플립플롭은 *J*와 *K*입력을 하나씩 가지고 있다. 그러므로 표 7-6에 나타낸 것처럼 새로운 열을 6개 추가해야 한다. 이렇게 해서 완성된 표를 **회로 여기표(circuit excitation table)**라고 한다. 6개의 새로운 열은 각 플립플롭의 *J*, *K* 입력을 나타낸다. 각각의 *J*, *K*에 해당하는 입력은 앞에서 만든 표 7-3의 J-K 플립플롭 여기표를 사용하여 얻을 수 있다. 몇 가지 경우를 살펴보자.

표 7-6의 첫 번째 행에서 현재 상태 000이 클럭 펄스가 발생하면 다음 상태는 001로 변한다. 플립플롭 C는 0에서 0으로 변한다. J-K 플립플롭 여기표로부터 J_C는 0이고, K_C = "*x*"가 되어야 이러한 천이가 일어남을 알 수 있다. B 플립플롭 역시 0에서 0으로 변하므로 $J_B = 0$, $K_B = x$가 된다. A 플립플롭은 0에서 1로 변하므로 표 7-3의 여기표에서 $J_A = 1$, $K_A = x$가 됨을 알 수 있다.

표 7-6의 네 번째 줄에서 현재 상태는 011이고 다음 상태는 100이다. 이 상태 천이에서 플립플롭 C는 0에서 1로 변하므로, $J_C = 1$, $K_C = x$이어야 한다. 플립플롭 B와 A는 둘 모두 1에서 0으로 간다. 따라서 J-K 플립플롭 여기표로부터 이 두 플립플롭은 $J = x$이고, $K = 1$이 되어야 이처럼 천이가 될 수 있다.

표 7-6 회로 여기표.

	현재 상태			다음 상태								
	C	*B*	*A*	*C*	*B*	*A*	J_C	K_C	J_B	K_B	J_A	K_A
열 1	0	0	0	0	0	1	0	*x*	0	*x*	1	*x*
2	0	0	1	0	1	0	0	*x*	1	*x*	*x*	1
3	0	1	0	0	1	1	0	*x*	*x*	0	1	*x*
4	0	1	1	1	0	0	1	*x*	*x*	1	*x*	1
5	1	0	0	0	0	0	*x*	1	0	*x*	0	*x*
6	1	0	1	0	0	0	*x*	1	0	*x*	*x*	1
7	1	1	0	0	0	0	*x*	1	*x*	1	0	*x*
8	1	1	1	0	0	0	*x*	1	*x*	1	*x*	1

그림 7-27 (a) 각각의 현재 상태에 대한 J_A의 회로 여기표. (b) J_A 식은 간략하게 표현하기 위한 K-맵.

현재 값			
C	B	A	J_A
0	0	0	1
0	0	1	x
0	1	0	1
0	1	1	x
1	0	0	0
1	0	1	x
1	1	0	0
1	1	1	x

(a)

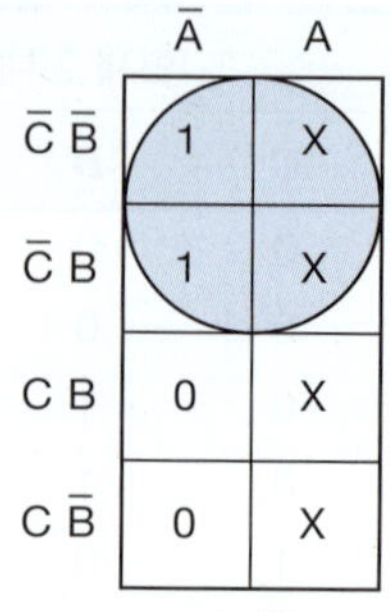

$J_A = \overline{C}$

(b)

마찬가지 방법으로 표 7-6의 다른 행의 J, K 값도 구할 수 있다.

5단계. 각 J와 K 입력에 필요한 원하는 값을 출력하는 논리 회로를 설계하라.

표 7-6의 회로 여기표에 6개의 J, K 입력(J_C, K_C, J_B, K_B, J_A, K_A)이 표시되어 있다. 이들 각각은 플립플롭 C, B, A의 출력을 입력으로 갖는 회로를 구성하는데 사용된다. J_A 입력에 대한 회로를 설계해 보자.

이를 위하여 C, B, A의 현재 상태와 다음 상태 각각의 경우에 대한 J_A 값을 알아야 한다. 이것은 표 7-6의 회로 여기표를 보면 알 수 있고, 그림 7-27(a)에 나타내었다. 여기서 진리표는 현재 상태 각각의 경우에 대한 J_A의 값을 보여준다. 물론 어떤 경우에 대해서 J_A의 값은 don't care이다. J_A에 대한 논리 회로를 구하기 위해 C, B, A로 표현해야 한다. 이를 위하여 진리표를 3 변수 K-맵으로 변환하고, K-맵을 최소화하여 7-27(b)처럼 만든다.

이 K-맵에는 1이 단지 2개뿐이며, $\overline{A}\overline{C}$ 항으로 묶을 수 있다. 그러나 don't care인 $A\overline{B}\,\overline{C}$와 $AB\overline{C}$를 1로 생각한다면, $\overline{C}$ 항으로 더 간단히 묶을 수 있다. 따라서 최종 표현식은 다음과 같다.

$$J_A = \overline{C}$$

이제 K_A를 살펴보자. 이것도 J_A와 같은 방법으로 하면 된다. 그런데 회로 여기표에서 K_A입력을 보면 단지 1과 don't care만이 존재한다. 모든 don't care을 1로 가정한다면 K_A는 항상 1이다. 따라서 최종 표현식은 다음과 같다.

$$K_A = 1$$

같은 방법으로 J_C, K_C, J_B, K_B에 대한 식을 구할 수 있다. 이 식들에 대한 K-맵은 그림 7-28에 보여준다. 회로 여기표와 비교 검사하여 정확한지 확인해 볼 수 있다.

그림 7-28 (a) J_B와 K_B 논리회로에 대한 K-맵. (b) J_C와 K_C 논리회로에 대한 K-맵.

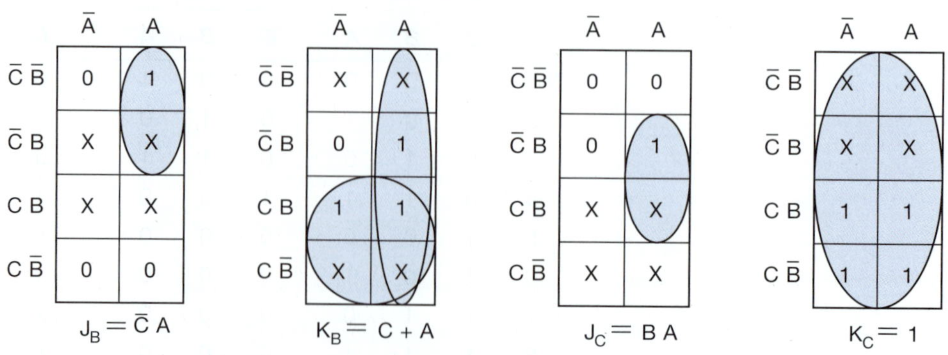

(a) (b)

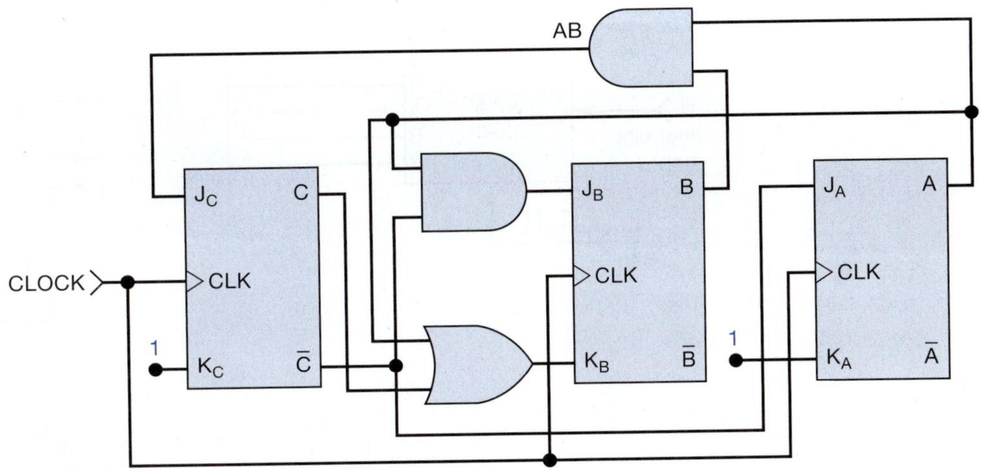

그림 7-29 동기식 카운터 설계의 완성도.

6단계. 최종 표현식을 구현하라.

각각의 J, K 입력에 대한 논리 회로는 K-맵에서 구한 식으로 구현된다. 완성된 동기식 카운터는 그림 7-29와 같다. 모든 플립플롭에 클럭이 병렬로 연결되어 있다. 각 J, K 입력에 대한 논리 회로가 그림 7-27 및 그림 7-28의 식과 일치함을 확인해보자.

스텝 모터 제어

지금까지의 설계 과정을 실제 상황(스텝 모터 구동)에 적용해보자. 스텝 모터(*stepper motor*)는 연속적으로 회전하지 않고 각 스텝당 15°씩 회전하는 전동기이다. 전동기 내부의 자기 권선(magnetic coil) 또는 권선(winding)에 정해진 순서에 따라 에너지를 인가하거나 또는 인출하여 이러한 스텝 동작이 이루어지도록 한다. 전동기 각 권선의 전류를 제어하기 위해 일반적으로 디지털 신호를 사용한다. 스텝 모터는 자기 디스크의 읽기/쓰기 헤드의 위치 선정, 프린터의 프린트 헤드제어, 로봇 등의 정밀한 위치 제어 분야에 폭넓게 사용된다.

그림 7-30(a)는 4개의 권선을 갖는 전형적인 스텝 모터의 구조도이다. 모터가 정상적인 회전을 하기 위하여 권선 1과 2는 항상 반대 상태에 있어야만 한다. 즉 권선 1에 에너지를 인가할 때 권선 2의 에너지는 인출되어야 한다. 이와 유사하게 권선 3과 4도 항상 반대 상태에 있어야 한다. 4개 권선의 전류를 제어하기 위해 2비트 동기식 카운터의 출력을 사용한다. A와 $\overline{A}$는 권선1과 2를 제어하며, B와 $\overline{B}$는 권선 3과 4를 제어한다. 여기서 플립플롭 출력의 전류용량은 매우 작아서 권선이 필요로 하는 전류량을 공급할 수 없기 때문에 전류 증폭기(current amplifier)가 사용된다.

이 스테핑 전동기는 시계 방향(CW) 또는 반시계 방향(CCW)으로 회전할 수 있기 때문에 회전 방향 제어를 위한 방향 입력 D를 가진다. 그림 7-30(b)에 두 가지 경우에 대한 상태도를 나타내었다. 시계 방향 회전을 하려면 $D = 0$이어야 하며, 스텝 입력 신호를 클럭으로 하여 카운터 BA의 상태는 11, 10, 00, 01, 11, 10, . . . 의 순차를 가져야 한다. 반시계 방향으로 하려면 $D = 1$이 되어야 하며, 카운터는 11, 01, 00, 10, 11, 01, . . . 의 순차를 가진다.

앞에서 살펴보았던 동기식 카운터 설계를 위한 6단계를 따라해 보자. 단계 1, 2는 이미 완료하였고, 3, 4 단계를 해 보자. 표 7-7은 D, B, A의 모든 가능한 현재 상태와 그에 대한

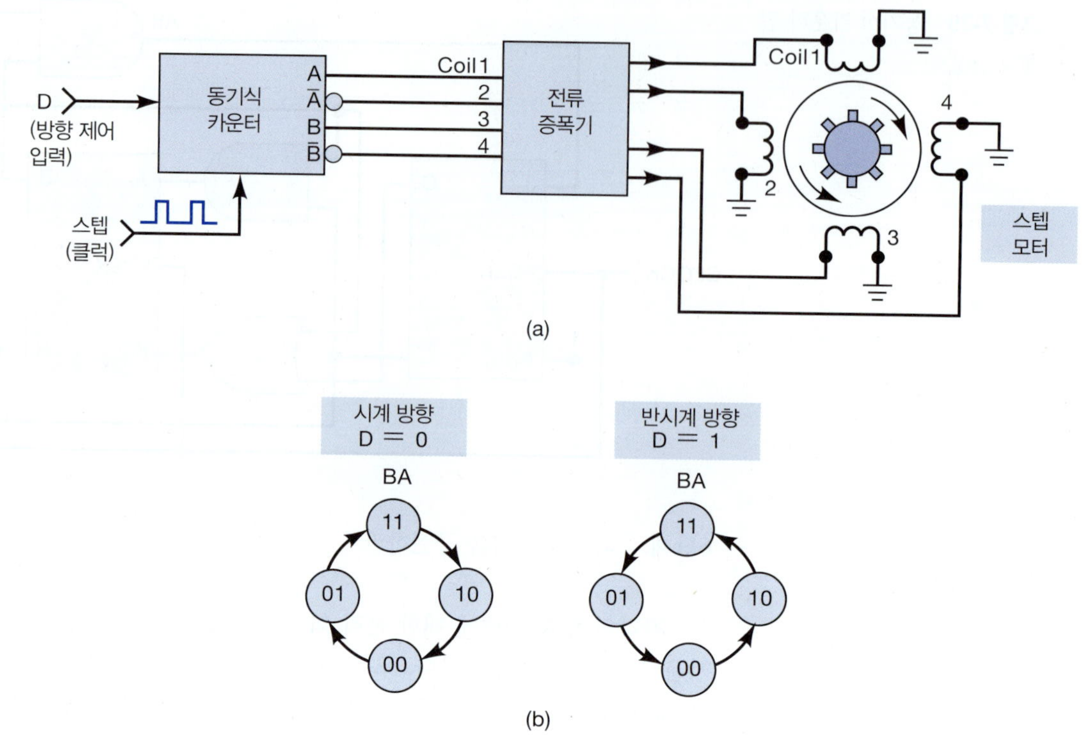

그림 7-30 (a) 동기식 카운터가 스텝 모터를 구동하기 위해 적절한 순차 출력을 발생시킴. (b) 방향 입력 *D*의 두 가지 상태에 대한 상태 천이도.

표 7-7 스텝 모터에 대한 여기표.

현재 상태			다음 상태		제어 입력			
D	B	A	B	A	J_B	K_B	J_A	K_A
0	0	0	0	1	0	x	1	x
0	0	1	1	1	1	x	x	0
0	1	0	0	0	x	1	0	x
0	1	1	1	0	x	0	x	1
1	0	0	1	0	1	x	0	x
1	0	1	0	0	0	x	x	1
1	1	0	1	1	x	0	1	x
1	1	1	0	1	x	1	x	0

다음 상태 그리고 상태 천이를 만들기 위한 각 *J*, *K* 입력을 나타낸다. 다음 상태에는 *D*가 없는데 *D*는 독립적인 입력으로 회전방향에 따라 LOW 또는 HIGH를 유지하기 때문이다.

설계 과정의 단계 5는 그림 7-31에 나타낸 것처럼 표 7-7의 정보가 K-맵으로 변환되고, 여기서 각 *J*, *K* 신호가 *D*, *B*, *A*의 현재 상태와 어떻게 연관되어 있는지를 보여준다. K-맵에서 적절하게 묶음으로써 *J*, *K* 각각의 신호에 대한 논리식이 간단하게 얻어진다.

마지막 단계는 그림 7-32에 보이듯이, K-맵으로부터 얻어진 *J*, *K* 표현식을 사용하여 2 비트 동기식 카운터를 구현한 것이다.

그림 7-31 (a) J_B와 K_B에 대한 K-맵. (b) J_A와 K_A에 대한 K-맵.

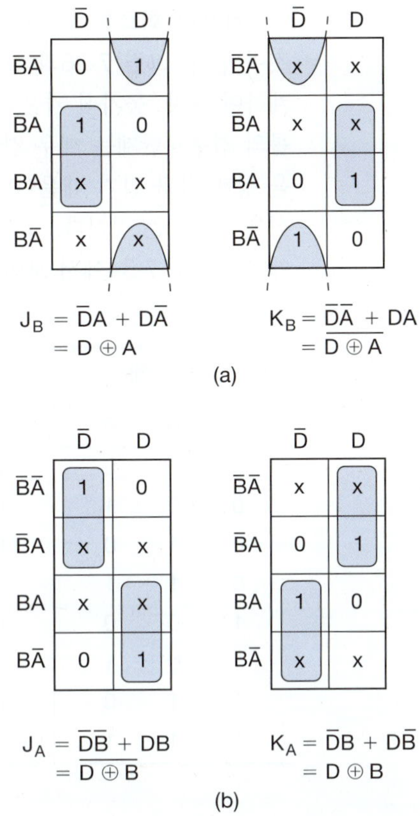

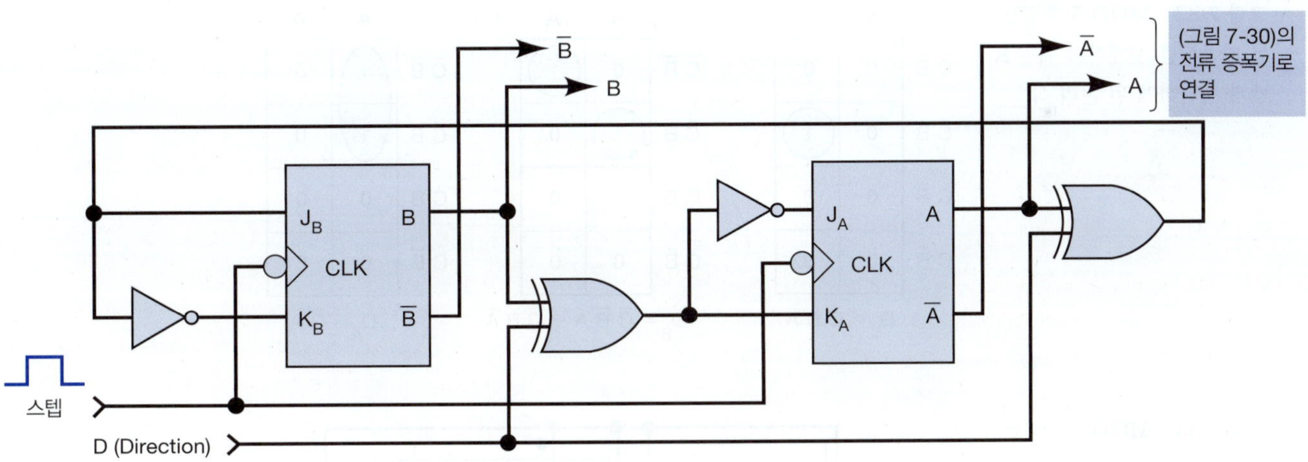

그림 7-32 *J*, *K* 식을 사용하여 구현한 동기식 카운터.

D 플립플롭을 사용한 동기식 카운터 설계

지금까지 J-K 플립플롭을 사용하여 동기식 카운터를 설계하는 과정을 자세히 살펴보았다. 과거에는 카운터를 구현하는 데 J-K 플립플롭이 사용되었는데 그 이유는 *J*와 *K* 입력에 필요한 논리 회로가 D 플립플롭을 이용하여 만든 등가의 동기식 카운터를 제어하기 위한 논리 회로보다 더 간단하기 때문이다. 그러나 PLD를 이용하여 카운터를 구현하는 경우에는 일반적으로 게이트가 충분히 많으므로, J-K 대신 D 플립플롭을 사용하는 것이 편리하다. D 플립플롭을 이용한 동기식 카운터의 설계를 살펴보자.

카운터 회로를 설계하는 데 J-K플립플롭을 사용하는 것보다 D 플립플롭을 사용하는 것이 쉽다. 그림 7-26과 같은 계수 순차를 갖는 카운터를 D 플립플롭 회로를 이용하여 설계하여 보자. 동기식 카운터 설계의 첫 세 가지 단계는 J-K 기법 때와 동일하다. D 플립플롭의 경우 4단계는 매우 간단히 처리되는데 그 이유는 필요한 D 입력은 표 7-8과 같이 다음 상태 값과 같기 때문이다. 5단계는 *D* 입력에 대하여 현재 상태/다음 상태 표에서 논리식을 생성하는 것이다. 그림 7-33에 K-맵과 간단하게 된 식을 보여준다. 최종적으로, 6단계에서는 그림 7-34에서 보이듯이 D 플립플롭을 이용한 카운터 회로가 구성된다.

표 7-8 D 플립플롭을 사용한 여기표.

현재 상태			다음 상태			제어 입력		
C	B	A	C	B	A	D_C	D_B	D_A
0	0	0	0	0	1	0	0	1
0	0	1	0	1	0	0	1	0
0	1	0	0	1	1	0	1	1
0	1	1	1	0	0	1	0	0
1	0	0	0	0	0	0	0	0
1	0	1	0	0	0	0	0	0
1	1	0	0	0	0	0	0	0
1	1	1	0	0	0	0	0	0

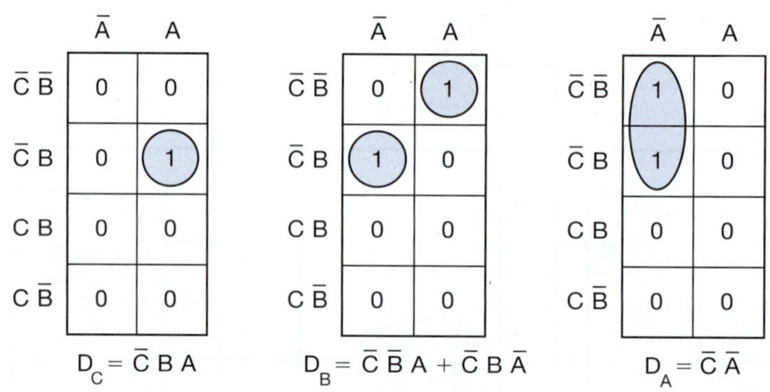

그림 7-33 MOD-5 플립플롭 카운터를 설계하기 위한 K-맵과 간단하게 된 논리 식.

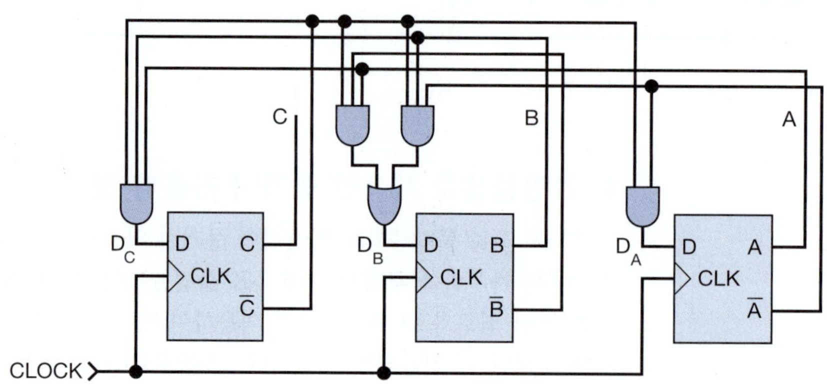

그림 7-34 MOD-5 플립플롭 카운터 설계 회로의 구현.

학습성과 평가문제

1. 동기식 카운터를 설계하는 6개 단계를 나열하라.
2. 현재 상태/다음 상태 표에는 어떤 정보를 포함하는가?
3. 회로 여기표는 어떤 정보를 포함하는가?
4. 참 또는 거짓: 동기식 카운터 설계 과정을 사용하여 다음과 같은 순차를 갖는 카운터를 설계할 수 있다: 0010, 0011, 0100, 0111, 1010, 1110, 1111, 이후 이 시퀀스 반복.

7-11 카운터를 위한 알테라 라이브러리 기능

학습성과

이 절을 학습함으로써 다음을 할 수 있다.

- 알테라의 LPMs(library of parameterized modules) 배정
- 카운터의 변수 지정
- 시스템의 기능을 만족시키는 모듈 생성

Quartus Block Editor를 사용해서 앞에서 다루었던 플립플롭과 게이트를 이용한 다양한 카운터에 대한 PLD를 프로그램할 수 있다. 5장과 6장에 보았듯이 알테라의 Quartus II 소프트웨어는 공통되는 디지털 구현 블럭의 라이브러리를 포함하고 있다. 이는 74160-74163과 74190-74191 시리즈와 같은 "기존 형태의" MSI 소자들과 기능적으로 동등하다. 이러한 매크로 기능들은 maxplus2 라이브러리에서 찾아볼 수 있다. 이를 이용하면 그림 7-18(a)나 7-19와 같은 회로도를 쉽게 생성할 수 있다. 더욱 다양한 카운터 옵션은 megafunction **LPM_COUNTER** (Plug-Ins Arithmetic 폴더에 있다)에서 제공하고 있다. MegaWizard Manager는 카운터를 빠르고 쉽게 설계할 수 있게 해준다. 원하는 특성과 비트의 수 및 모듈러스 (modulus)를 선택하면 된다. 다기능 MOD-16 업/다운 카운트(모든 가능한 옵션을 사용하지는 않았음)가 그림 7-35에 예시되어 있다. 카운터는 HIGH가 활성인 인에이블 제어 기능을 가지고 있고 *UP_DN* = 1인 경우에 증가 방향으로 카운트되며 *UP_DN* = 0인 경우에 감소 방향으로 카운트된다. 카운트는 동기화되어 클리어될 수 있고 *DATA[3..0]*이라 명명된 포트에 입력되는 데이터가 병렬화되어 저장된다. 캐리 출력 (*cout*)은 감소 방향으로 카운트될 때 0이거나 증가 방향 카운트될 때 15인 경우에

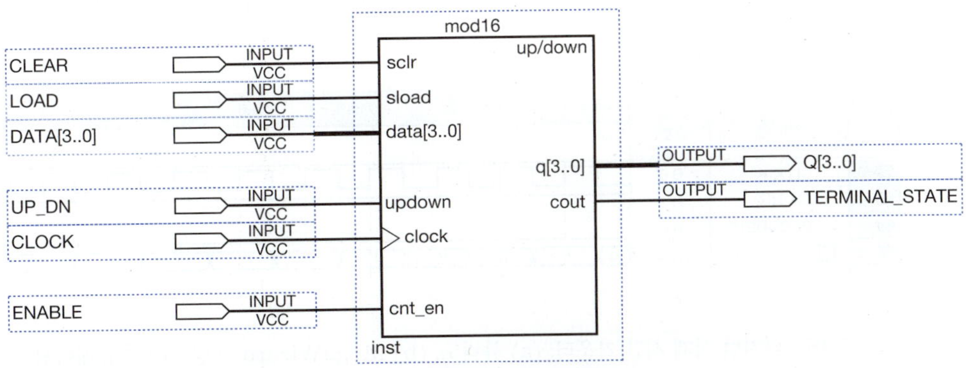

그림 7-35 다기능 MOD-16 카운터.

카운터의 터미널 상태를 디코드하여 나타낸다. 이러한 다기능은 자동적으로 단지 Wizard에 대해 입력함으로써 생성된다.

예제 7-16

디지털 시계의 시간과 분을 나타내기 위한 카운터를 설계하라. 시간을 위해서는 이진 카운터를, 분을 위해서는 BCD 카운터를 사용하라. 디지털 시계의 분과 초에 해당되는 블럭은 MOD-60 카운터를 필요로 하므로 시계의 두 부분에 대해서 동일한 설계 결과를 이용할 수 있을 것이다. 각각의 카운터 블럭에 활성화 신호를 제공하여 동기화되어 연결될 수 있도록 해라.

풀이

LPM 설계의 시간에 대한 카운터는 그림 7-36(a)에 예시되어 있다. *EN_HR*은 입력이 분에 해당되는 카운터 블럭에 의해 제어된다. 분에 해당되는 카운터가 59라는 터미널상태에 다다랐을 때 시간 카운터는 활성화되고 시간 카운터와 분에 대한 카운터가 동시에 상태가

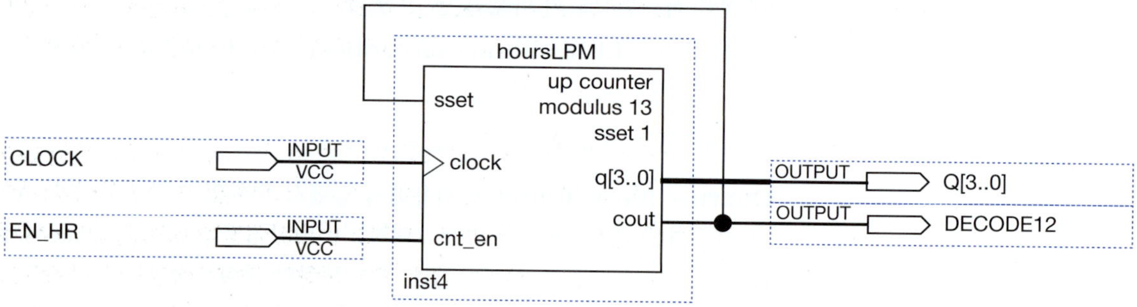

(a)

LPM parameter decisions:

How wide should the 'q' output bus be? 4

What should the counter direction be? Select UP only

Which type of counter do you want? Select Modulus with a count modulus of 13

Do you want any optional additional ports? Select Count Enable and Carry-out

Do you want any optional inputs?

Synchronous inputs: Select Set => Set to 1 Asynchronous: none

(b)

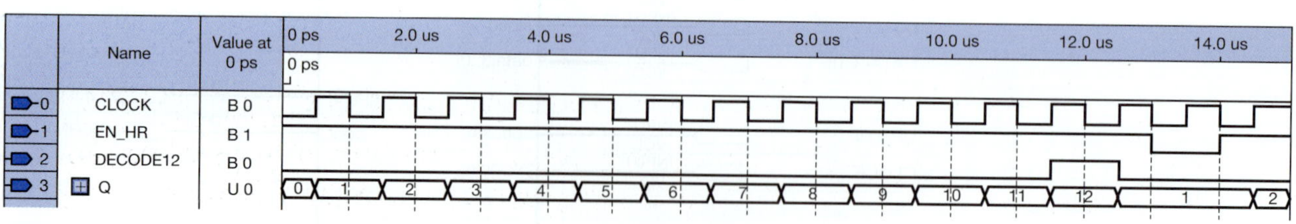

(c)

그림 7-36 디지털 시계 시간 카운터: (a) 블럭도. (b) MegaWizard 세팅. (c) 시뮬레이션 결과.

바뀌게 된다. 시간 카운터 블럭에 대한 MegaWizard 세팅은 그림 7-36(b)에 나타나 있다. 시간 카운터에 대한 원하는 순환하는 이진 카운트 시퀀스는 1에서 12가 된다. 그래서 MOD-12 카운터가 필요하게 된다. 그러나 Wizard에 입력되는 계수는 13이 되는데 이는 LPM 카운터가 자동으로 0으로 순환하기 때문이다. 원하는 것은 12까지 상승 방향으로 카운트되는 것이고 그래서 12대신 13개의 상태가 되는 것이다. 카운터는 0이 아닌 1에서 순환하도록 되어야 하는데 *DECODE12*라는 터미널 상태 디코딩 값을 가지고 *sset* 입력을 제어하여(그리고 1이라는 데이터 값을 명시함으로써) 가능하다. 이 프로젝트에는 명시되지 않았지만 디코더의 출력으로 AM/PM 플립플롭을 제어하는 것이 가능하다. 시뮬레이션 결과는(임의의 시간 축이 사용되었음을 염두에 두기 바란다) 그림 7-36(c)에 제시되었다.

분에 대한 카운터는(그림 7-37) MOD-60 카운터를 두 개의 LPM 카운터 블럭으로 나누어서 BCD 카운트 순서를 제공하도록 설계되었다. 이는 디지털 디스플레이에 대한 인터페이스에 유리하다(디스플레이 회로에 대한 자세한 내용은 9장을 참조). *onesLPM* 블럭은 MOD-10 카운터로 분에 대한 카운터를 위한 LSD(least significant digit)를 출력하며 *tensLPM* 블럭은 MOD-6 카운터를 가지고 MSD(most significant digit)를 출력한다. 캐리 입력 (*cin*)이 활성화되며 이에 따라 각각의 카운터의 터미널 상태를 디코딩해서

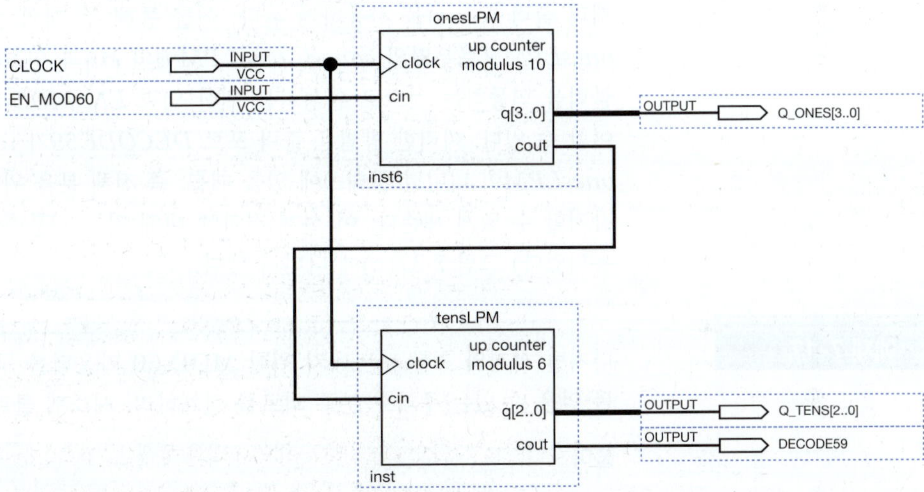

(a)

LPM parameter decisions:

Ones_LPM

Which type of counter do you want? Select Modulus with a count modulus of 10

Do you want any optional additional ports? Select Carry-in and Carry-out

Tens_LPM

Which type of counter do you want? Select Modulus with a count modulus of 6

Do you want any optional additional ports? Select Carry-in and Carry-out

(b)

그림 7-37 디지털 시계의 분을 위한 카운터: (a) 블럭도. (b) onesLPM (왼쪽)과 tensLPM (오른쪽)을 위한 MegaWizard 세팅.

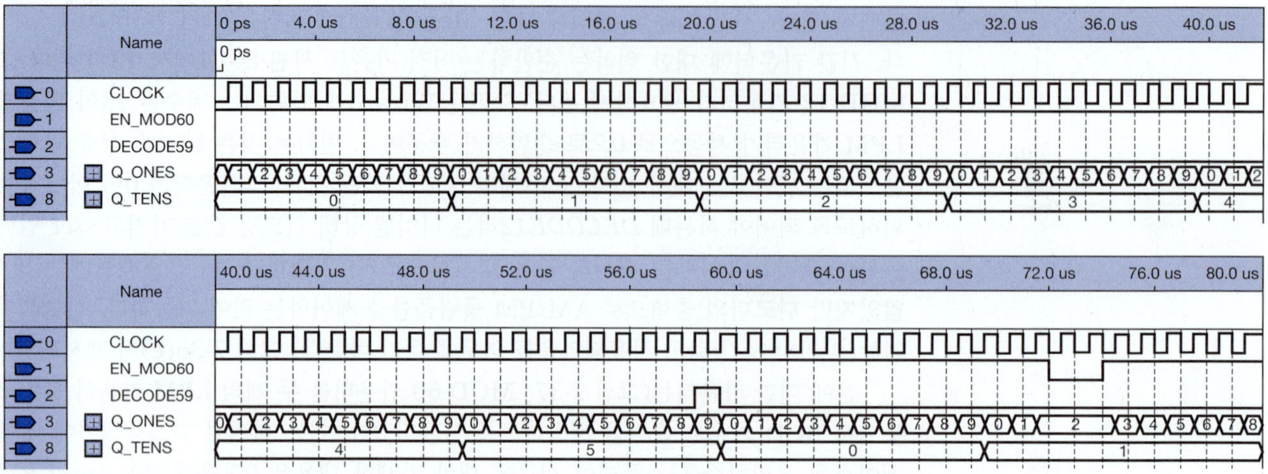

(c)

그림 7-37 (계속) (c) 시뮬레이션 결과.

캐리 출력 (*cout*)을 사용하게 된다. 이를 통해 두 개의 블럭이 동기화되어 연동이 되는데 *onesLPM*으로부터의 *cout*을 *tensLPM*에의 *cin*과 연결함으로써 가능한 것이다. 두 개의 블럭을 연동하는 것으로 활성화를 위한 입력 *EN_MOD60*은 전체 분을 위한 카운터를 제어할 수 있다. 이러한 방법은 출력 포트 *DECODE59*가 *tensLPM*이 터미널 상태 5에 있고 *onesLPM*이 터미널 상태 9에 있을 때를, 즉 전체 분을 위한 카운터가 상태 59에 있을 때를 감지할 수 있게 해준다. 이 설계 결과에 대해 기능 시뮬레이션 결과가(임의의 시간 축이 사용되었다) 그림 7-37(c)에 나타나 있다.

예제 7-17

디지털 시계의 초를 나타내기 위한 MOD-60 카운터를 구동하기 위한 올바른 클럭 주파수를 얻을 수 있는 주파수 분주 회로를 설계하라. 시스템 클럭 주파수는 1 kHz이다.

풀이

초를 나타내기 위한 카운터는 1 Hz이어야 한다. 그러므로 1 kHz의 신호를 1000만큼 분주하여 알맞은 주파수를 생성할 수 있다. 계수가 1000인 LPM_COUNTER 블럭이 이를 위해 생성되었다(그림 7-38 참조하기 바란다). MSB 출력은 카운터의 계수와 동일한 주파수 분할량을 제공해야 한다. *Q[9]*의 주파수는 1000으로 나눠는 입력 주파수와 동일할 것이다. 단지 필요한 출력 신호는 *Q[9]*이므로 출력 버스는 나뉘어서 이 신호만 얻도록 하면 된다. 버스가 나뉠 때에는 버스와 나뉘어진 신호들은 어떤 이름을 가지고 있어야 한다. 특정 클럭 주파수(1 kHz)를 시뮬레이션에 적용하였고 기능 시뮬레이션의 결과는 1 kHz 클럭이 카운터에 적용될 때 1초에 해당되는 주기를 가지게 된다. 그림 7-38(c)는 주기를 나타낼 수 있도록 확대된 결과이고 이는 Quartus의 두 시간 측정 바에 의해서 측정되었다(첫 번째 시간 측정 바 후에 +1.0 ms의 시간 마크가 나타나있는 것을 유념하기 바란다). 출력 신호의 주기는 그림 7-38(d)에서도 측정된다.

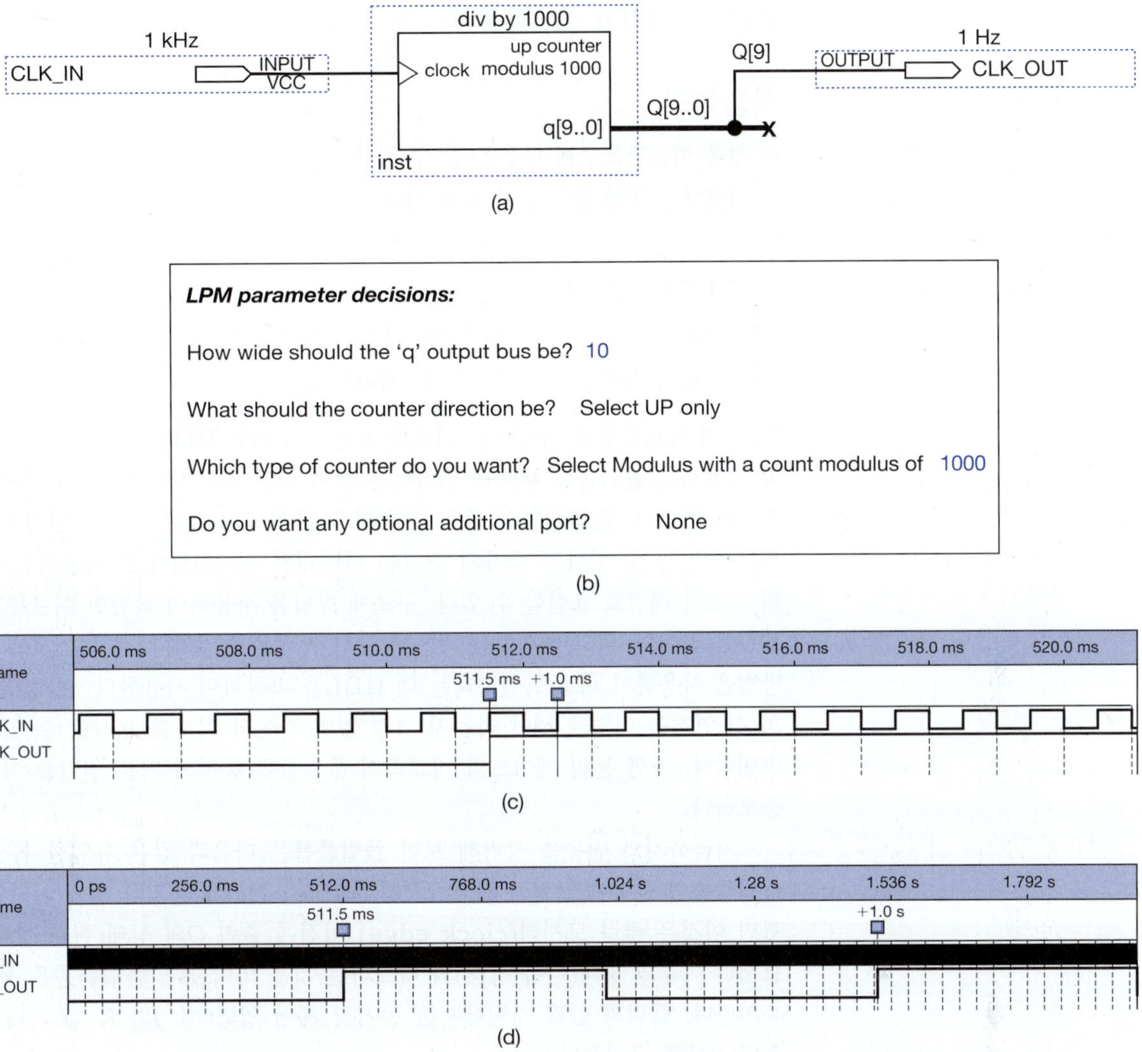

그림 7-38 클럭 주파수 분주기: (a) 블럭도. (b) MegaWizard 세팅. (c) 두 개의 시간 측정 바에서 측정된 시뮬레이션 입력 주기. (d) 시뮬레이션 결과를 위한 출력 주기 측정.

학습성과 평가문제

1. LPM_COUNTER를 포함하고 있는 알테라의 megafunction 라이브러리 폴더는 어떤것인가?
2. LPM_COUNTER의 기능과 계수를 어떻게 정의하는가?
3. 동기화된 클리어 신호와 비동기화된 클리어 신호의 차이점에 대해서 설명하라.
4. LPM_COUNTER를 위한 *cout*은 어떤 기능을 가지고 있는가?
5. LPM_COUNTER의 카운팅은 *cnt_en* 또는 *cin*으로 활성화되거나 비활성화 될 수 있다. 이 두 제어 방법의 차이는 무엇인가?

7-12 HDL을 사용한 카운터

학습성과

이 절을 학습함으로써 다음을 할 수 있다.

- HDL을 사용한 카운터 동작 기술
- AHDL의 레지스터 사용
- VHDL의 프로세스 사용
- HDL을 사용한 동기식 및 비동기식 동작 기술
- HDL을 사용한 상위/우선순위 제어의 결정

5장에서 플립플롭과 플립플롭 회로를 표현하기 위한 HDL에 대해 공부하였다. 5장의 마지막 절에서는 플립플롭 부품을 연결하는 것이 직접 회로처럼 서로 연결하는 것과 같다는 것을 예시하였다. 플립플롭의 출력 Q를 다음 단의 플립플롭의 클럭 입력에 연결하여 카운터 회로를 만들 수 있다는 소자의 연결을 나타내기 위해 HDL을 사용하는 것은 추상적 개념의 구조적 레벨로 표현할 수 있다. 구조체 방법을 사용하여 복잡한 회로를 구성하는 것은 지루한 작업이며, 읽고 해석하는 것은 상당히 어려운 작업이다. 본 절에서는 좀 더 고차원적인 방법을 사용하여 회로를 설명하는 데 HDL을 확장하여 사용한다. 이 방법은 플립플롭 회로의 선 연결을 어떻게 해야 하는지 걱정 없이 카운터 회로를 묘사할 수 있는 간결하고 쉬운 방법이다. 조합 논리 게이트와 비교하여 플립플롭 동작의 기본 원리를 이해하는 것은 매우 중요하다.

지금까지의 내용을 상기해 보면 플립플롭은 다음과 같은 유일한 특성을 가지고 있다. 플립플롭의 출력이 클럭의 활성 모서리(*active edge*)에 동기식 제어 입력의 조건에 따라 바뀌면 이것은 클럭 모서리(clock edge) 이전에 출력 Q의 상태(현재 상태)가 있으면 클럭 모서리 이후의 상태(다음 상태)와 다르다는 것을 의미한다. 플립플롭은 상태를 "기억" 또는 유지한다. 클럭과 클럭 사이에서는 동기식 제어 입력(예: J와 K 입력)의 변화에 관계없이 출력 상태를 유지한다.

HDL을 사용한 카운터 회로는 클럭 모서리의 발생에 만들어지는 순차 상태를 갖는 회로의 기본 개념을 갖는다. 리플 카운터는 해석하고 이해하기 쉬운 회로이다. 리플 카운터는 플립플롭과 게이트를 이용하여 만들기에 같은 종류의 동기식 회로보다 훨씬 덜 복잡하다. 리플 카운터가 가지고 있는 문제는 전파 지연과 카운터의 상태가 변할 때 순간적인 글리치 발생이다. 설계된 회로를 PLD를 사용하여 구현하고자 할 때는 회로의 연결에 초점을 맞추기보다는 회로의 동작을 간단명료하게 표현하는 데에 초점을 맞추는 것이 더 바람직하다. 결론적으로 말해 HDL을 사용하여 카운터 회로를 표현하는 방법에서는 기본적으로 동기식 방법을 사용하는 데 같은 클럭의 발생에 맞추어 모든 플립플롭의 상태가 변한다. 계수 순차의 모든 비트는 현재 상태에서 다음 상태로 동시에 변하므로 어떤 중간에 불안전한 상태를 배제한다.

상태 천이 표현법

검증할 필요가 있는 회로를 표현하는 또 다른 방법은 표를 사용하는 것이다. 이 방법은 소자의 연결 포트에는 관심이 없고, 오히려 포트, 신호, 변수들과 같은 객체에 값을 부여하는 데에 관심이 있다. 다시 말해, 출력 데이터가 회로에서 입력 데이터와 어떻게 연관되는지 표현하는 것이다. 우리는 이러한 방법을 3장과 4장에서 진리표의 형태로 이미 사용하였다. 순차 카운터 회로에서는 진리표와 대응하는 것이 이전 절에서 보였던 현재 상태/다음 상태 표이며 7-10절에서 표준 논리 소자로 설계하듯 부울 방정식을 만드는 따분한 일을 할 필요가 없게 된다.

AHDL에서 상태 표현

간단한 카운터 회로의 예를 들어 그림 7-26의 MOD-5 카운터를 AHDL로 구현해보자. 입력과 출력은 그림 7-39의 SUBDESIGN 부분에서 정의된다. 7행의 VARIABLE 부분에서 *count[ ]*는 D 플립플롭의 3비트 배열로 정의된다. 이 배열은 기본적으로 하나의 3비트 레지스터로 간주되며 매번 다음 상태에 어떤 값이 저장되어야 하는지 결정할 것이다. 이 회로는 동기식 카운터이기 때문에 D 플립필롭 *clk* 입력 모두를 SUBDESIGN의 *clock* 입력에 연결하며, AHDL에서는 아래와 같은 문장으로 표현된다.

```
count[ ].clk = clock;
```

AHDL에서 주어진 기본적인 플립플롭은 "포트"라고 하는 표준 입력과 출력을 갖는다. 이 포트들은 플립플롭의 이름이 붙은 표준 포트명으로 명명된다. 표 5-2에서 클럭포트의 이름은 *.clk*, *D* 입력이름은 *.d*, 플립플롭의 출력은 *.q*로 명명된다. 현재 상태/다음 상태 표를 구현하기 위해서는 CASE 구문이 사용된다. 레지스터 *count[ ]*의 가능한 값의 각각에 대해 플립플롭의 *D* 입력에 주어질 값을 결정하면, 카운터의 다음 상태가 결정될 것이다. 21행의 문장은 *count[ ]* 값을 출력 핀에 배정하는 명령이며 이 행이 없으면 카운터는 SUBDESIGN 내부에 "묻혀 있으며" 외부에서는 그 존재를 알 수가 없다.

그림 7-40에서 또 다른 설계 해법을 보였다. 여기에는 그림 7-39에 비해 두 가지 변경

```
1   SUBDESIGN fig7_39
2   (
3         clock           :INPUT;
4         qout[2..0]      :OUTPUT;
5   )
6   VARIABLE
7         count[2..0]     :DFF;        --create a 3-bit register
8   BEGIN
9           count[].clk = clock;     --connect all clocks in parallel
10
11              CASE count[].q IS
12  --                Present            Next
13  -----------------------------------------------------------
14                      WHEN  0       =>    count[].d = 1;
15                      WHEN  1       =>    count[].d = 2;
16                      WHEN  2       =>    count[].d = 3;
17                      WHEN  3       =>    count[].d = 4;
18                      WHEN  4       =>    count[].d = 0;
19                      WHEN OTHERS   =>    count[].d = 0;
20               END CASE;
21        qout[] = count[].q;        --assign register to output pins
22   END;
```

그림 7-39 AHDL MOD-5 카운터.

```
1  SUBDESIGN fig7_40
2  (
3      clock     :INPUT;
4      q[2..0]   :OUTPUT;
5  )
6  VARIABLE
7     q[2..0]     :DFF;    -- create a 3-bit register
8  BEGIN
9     q[].clk = clock;     -- connect all clocks in parallel
10    TABLE
11       q[].q => q[].d;
12       0     => 1;
13       1     => 2;
14       2     => 3;
15       3     => 4;
16       4     => 0;
17       5     => 0;
18       6     => 0;
19       7     => 0;
20    END TABLE;
21 END;
```

그림 7-40 그림 7-26의 MOD-5 카운터의 다른 버전.

된 부분이 있다. 첫 번째는 7행에서 보이듯, D 플립플롭 열의 이름은 SUBDESIGN에서 출력 포트와 같다. 이는 플립플롭의 출력을 SUBDESIGN의 출력에 자동적으로 연결시키므로 첫 해법의 21행처럼 할당하는 구문을 포함할 필요가 없다는 것이다. 두 번째 변경된 점은 그림 7-39에서 CASE 구문 대신 AHDL 표를 사용한다는 것이다. 11행에서 D 플립플롭 열 *q[ ]*의 포트 *.q*는 표에서 현재 상태를 나타내고 *q[ ]*에 대한 포트 *.d*는 다음 상태를 나타내며 이 값은 클럭에 상승 천이 펄스가 인가될 때 플립플롭 열의 *D* 입력에 넣을 값이다.

VHDL을 사용한 상태 기술

간단한 카운터 회로의 예를 들어 그림 7-26의 MOD-5 카운터를 VHDL로 구현해 보자. 이 예의 목적은 현재 상태/다음 상태 표와 유사한 제어 구조를 사용하여 카운터를 설명하기 위한 것이다. VHDL에서 2개의 핵심 작업(원하는 클럭 에지의 검출과 카운터에 적당한 다음 상태 배정)이 완성된다. 플립플롭을 배울 때 PROCESS 문장은 입력신호의 천이에 반응하기 위해 사용될 수 있다는 것을 상기하라. 또한 CASE 구조문은 임의의 유효한 입력 값에 대한 수식을 평가하고 또 다른 신호에 대응되는 값을 배정할 수 있다는 것을 배웠다. 그림 7-41의 프로그램은 카운터를 구현하기 위해 PROCESS와 CASE 구문을 사용하고 있다. 입력과 출력은 이전처럼 ENTITY 선언에서 정의되고 있다.

카운터를 기술하기 위해VHDL을 사용할 때 클럭 펄스 사이(즉 플립플롭의 동작 시기)의 카운터 상태를 "저장"하기 위한 방법을 알아야 한다. 이것은 SIGNAL 문장이나 VARIABLE 문장 중 하나를 사용하면 된다. 동시에 동작했던 이것의 예에서는 SIGNAL을 주로 사용했었다. VHDL에서 SIGNAL 문장은 플립플롭처럼 할당된 값을 유지하고 있다. 따라서 카운터 값을 표현하기 위해 SIGNAL 문장을 사용할 수 있다. SIGNAL 문장은

```
1  ENTITY fig7_41 IS
2  PORT (
3          clock      :IN BIT;
4          q          :OUT BIT_VECTOR(2 DOWNTO 0)
5      );
6  END fig7_41 ;
7
8  ARCHITECTURE a OF fig7_41        IS
9  BEGIN
10     PROCESS (clock)                              -- respond to clk input
11     VARIABLE count: BIT_VECTOR(2 DOWNTO 0);      -- create a 3-bit register
12     BEGIN
13        IF (clock = '1' AND clock'EVENT) THEN     -- rising edge trigger
14        CASE count IS
15 --        Present                 Next
16 ------------------------------------------------------------------
17           WHEN "000"     =>    count := "001";
18           WHEN "001"     =>    count := "010";
19           WHEN "010"     =>    count := "011";
20           WHEN "011"     =>    count := "100";
21           WHEN "100"     =>    count := "000";
22           WHEN OTHERS    =>    count := "000";
23        END CASE;
24        END IF;
25        q <= count;                   -- assign register to output pins
26     END PROCESS;
27 END a;
```

그림 7-41 MOD-5 카운터에 대한 VHDL.

아키텍처 서술 시 카운터 값을 다른 소자에 연결하기 위해 사용할 수 있다.

본 설계에서는 카운터 값을 저장하기 위해 SIGNAL 문장 대신 **VARIABLE**문을 사용하였다. VARIABLE문은 설계의 여러 부분을 연결하는 데 사용하지 않기 때문에 SIGNAL문과 같지 않다. 대신 하나의 값을 "저장"하기 위한 지역 변수로 사용된다. 이 때 변수들은 선언된 PROCESS 내에서만 인식되기 때문에 지역 변수로만 취급된다. 그림 7-41의 11행에서 변수 count는 PROCESS문 내에서 BEGIN문 전에 선언되어 있다. 이런 형태는 출력 포트 *q*와 같다. 10행의 핵심어 PROCESS문은 입력 신호 클럭을 포함하는 반응할 신호 목록(sensitivity list)을 동반한다. 클럭이 변할 때면 언제나 PROCESS문은 활성화되며, PROCESS 안에 있는 명령어가 수행되어 결과를 발생한다.' EVENT'("tick-event"로 읽음)는 바로 앞에 기술된 신호의 상태가 변화하면 TRUE 값을 갖는다. 13행은 *clock* 신호가 금방 변하고 그 값이 '1'이 되는 상승 모서리를 의미한다. 현재 상태/다음 상태 표를 구현하기 위해 CASE 구조문이 사용된다. 변수 count의 가능한 값들 각각에 대해 카운터의 다음 상태를 결정한다. 이때 연산자 :=는 변수에 값을 할당하기 위해 사용됨을 유의하라. 25행은 *count*에 지정된 값을 출력핀에 할당한다. 왜냐하면 *count*는 지역 변수이기 때문에 26행의 END PROCESS 문장을 수행하기 전에 할당작업이 이루어져야 한다.

동작 서술(Behavioral Description)

동작적 수준 추상화(behavioral level of abstraction)이란 우리가 사용하는 일반 언어로 회로의 동작을 묘사하는 방법과 유사하게 회로의 동작을 서술하는 하나의 방법이다. 카운터 회로의 동작을 플립플롭이나 논리 회로에 대하여 모르는 사람이 어떻게 표현할지 표현하는 방법을 생각해 보자. 아마도 그 사람은 "카운터 입력이 LOW에서 HIGH로 변할 때 카운터 출력은 1 증가된다"라고 서술할 것이다. 이러한 수준의 표현은 선 연결이나 데이터 흐름보다는 원인과 결과 관계에 더 치중된 표현이다. 그러나 우리는 회로의 동작을 서술하기 위해 언어적 표현을 그대로 사용할 수 없다. HDL의 제한 속에 적절한 문법을 사용해야 한다.

AHDL

AHDL로 회로를 기술하는 과정 중 처음으로 중요한 과정은 카운터 출력 핀을 적절하게 선언하는 것이다. 이들은 각각의 비트를 a, b, c, d 등 선언하지 않고 비트 배열 형태로 선언되어야 하며, 인수는 왼쪽에서 오른쪽으로 감소하고 배열에서 최소의 인수는 0이 되어야 한다. 이런 식으로 비트 배열 이름과 연관되는 숫자 값은 2진수로 해석되며 그에 따라 어떤 산술 연산이 수행될지 정해진다. 예를 들어 그림 7-42에서 보인 비트 배열 *count*는 2진수 1001으로 표현되며, AHDL 컴파일러는 이것을 10진수에서 9에 해당하는 값으로 해석한다.

MOD-5의 카운터를 AHDL로 만들기 위해, 현재 카운터 값을 저장할 3비트 레지스터가 필요하다. 이 3비트 배열 *count* 그림 7-43의 7행에서 보인 것처럼 D 플립플롭을 이용하여 선언된다. 그림 7-40으로부터 플립플롭 배열의 이름은 출력 포트 *q[2..0]* 이름과 같도록 할 수 있음을 상기하면 15행을 제거할 수 있고 논리 부분 전부에서 *count[ ]*를 *q[ ]*로 바꿀 수 있다. 다시 말하면 7행의 명령은 아래와 같이 변경될 수 있다.

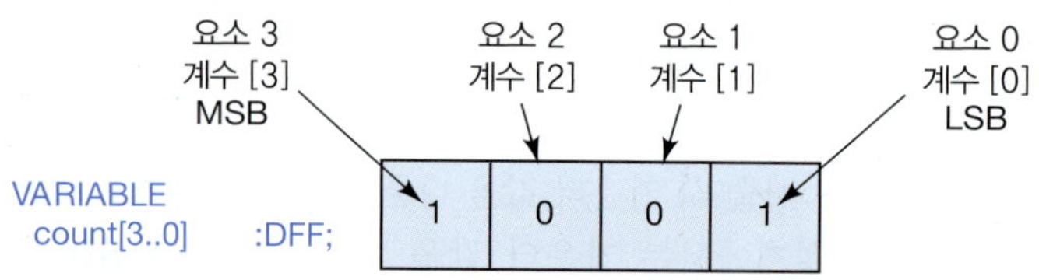

그림 7-42 9를 저장하고 있는 D 레지스터.

```
1   SUBDESIGN fig7_43
2   (
3      clock     :INPUT;
4      q[2..0]   :OUTPUT;   -- declare 3-bit array of output bits
5   )
6   VARIABLE
7      count[2..0]  :DFF;   -- declare a register of D flip flops.
8
9   BEGIN
10     count[].clk = clock;   -- connect all clocks to synchronous source
11     IF count[].q < 4 THEN      -- note; count[] is the same as count[].q
12        count[].d = count[].q + 1;  -- increment current value by one
13     ELSE count[].d = 0;          -- recycle to zero: force unused states to 0
14     END IF;
15     q[] = count[].q;           -- transfer register contents to outputs
16  END;
```

그림 7-43 카운터의 AHDL 동작 서술.

```
q[2..0] :DFF;
```

이렇게 되면, 그 *count*를 참조하는 모든 것들은 *q*로 바뀌게 되며 프로그램의 길이가 작아지나, 범용 **HDL**개념을 명확히 예시하는 것은 아니다. **AHDL**에서 모든 클럭 신호들은 함께 묶일 수 있으며, **10**행의 문장, 즉 *count[ ].clk* = *clock*을 사용하여 공통 클럭 신호에 연결될 수 있다. 이 예에서 *count[ ].clk*는 *count*라 명명된 배열에서 각 플립플롭의 클럭 입력을 나타낸다.

이러한 카운터의 동작 서술은 매우 간단하다. 카운터의 현재 상태는 **11**행의(*count[ ].q*)에서 검사되어, 이 값이 원하는 최대 값보다 작다면 *count[ ].d* = *count.q* + **1**을(**12**행) 수행한다. 이것은 *D* 입력의 현재 상태가 *Q* 출력의 현재 상태보다 **1**만큼 더 커야한다는 것을 의미한다. 카운터의 현재 상태가 원하는 최대 값에(또는 **2** 이상 값에) 도달했을 때 *IF* 문장의 검사결과는 거짓이 되고 다음 상태의 입력 값은 **0**으로 초기화(**13**행)되어 카운터를 순환시킨다. **15**행의 마지막 명령은 단순히 카운터 값을 소자의 출력 핀에 연결하는 것이다.

VHDL

VHDL로 회로를 서술하는 방법에서 첫 번째 중요한 과정은 그림 **7-44**에 보인 것처럼 카운터 출력 포트를 적절하게 선언하는 것이다. 출력 포트의 데이터 형(**3**행)은 카운터 변수의 형(**9**행)과 일치해야 하며, 산술 연산이 가능한 형이 되어야 한다. **VHDL**에서 **BIT_VECTORS**를 **2**진수 값이 아닌 비트 열로 취급한다는 것을 상기하라. 신호를 숫자 값으로 인식하기 위해서는 데이터가 **INTEGER**로 선언되어야 한다. 컴파일러는 **3**행에서 **RANGE 0 TO 7**이라는 부분을 보고 카운터에 **3**비트가 필요함을 인지한다. 이와 유사한 선언이 업 카운트가 이루어질 **9**행의 레지스터 변수에 대해서도 필요하다. 이는 *count*로 선언되었다. **PROCESS**문 내의 **BEGIN** 이후 첫 번째 문장은 이전에 보였던 예에서처럼 클럭의 상승 모서리에 반응한다. 카운터가 클럭의 모서리에 반응하는 것을 정의하기 위하여

```
1   ENTITY fig7_44 IS
2   PORT( clock:IN BIT;
3         q :OUT INTEGER RANGE 0 TO 7 );
4   END fig7_44;
5
6   ARCHITECTURE a OF fig7_44 IS
7   BEGIN
8       PROCESS (clock)
9       VARIABLE count: INTEGER RANGE 0 to 7;  -- define a numeric VARIABLE
10          BEGIN
11            IF (clock = '1' AND clock'EVENT) THEN    -- rising edge?
12               IF count < 4 THEN              -- less than max?
13                  count := count + 1;         -- increment value
14               ELSE                           -- must be at max or bigger
15                  count := 0;                 -- recycle to zero
16               END IF;
17            END IF;
18      q <= count;                  -- transfer register contents to outputs
19      END PROCESS;
20  END a;
```

그림 7-44 카운터의 VHDL 동작 기술.

동작 서술 방법을 사용한다. 만일 카운터가 최대 값(12행)에 도달하지 못하면, 계수 값은 증가해야 한다(13행). 그렇지 않으면(14행) 카운터를 0으로 초기화한다(15행). 18행의 마지막 명령은 카운터 값을 단순히 소자의 출력 핀에 연결시킨다.

기본 카운터 시뮬레이션

MOD-5 카운터 설계에 대한 시뮬레이션을 하는 것은 꽤 간단하다. 카운터는 단 하나의 입력 비트 (*clock*)와 3개의 출력 비트(*q2 q1 q0*)를 시뮬레이션에서 보여준다. 클럭 주파수는 지정되지 않았으므로 기능 시뮬레이션에서는 우리가 원하는 임의의 주파수를 사용할 수 있지만 전파지연 효과를 검사하는 것이 아니라면 굳이 주파수를 높게할 필요는 없다. 우리가 결정해야 할 것은 몇 개의 클럭 펄스를 인가하느냐 하는 것이다. 카운터가 MOD-5 카운터이므로, 적어도 다섯 클럭 펄스를 인가해야 HDL 설계가 올바른 계수 효과를 가지며 순환하는지를 확인할 수 있다. 알테라의 PLD는 전원 투입 시 리셋되는 기능을 내장하고 있으므로 시뮬레이션은 초기 상태 000에서 시작한다. 미사용 상태는 어느 것도 검사해 볼 수 없는데, 그 이유는 HDL 설계로는 카운터를 어떠한 미사용상태로 미리 정할 방법이 없기 때문이다. MOD-5 카운터의 HDL 설계에 대한 시뮬레이션 결과를 그림 7-45에서 보여준다.

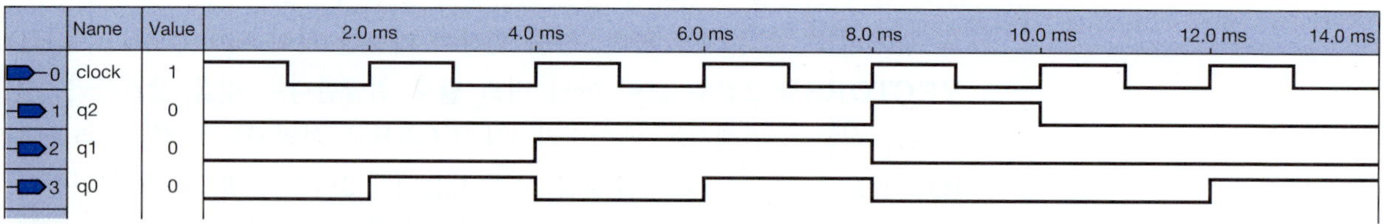

그림 7-45 MOD 값이 5인 카운터의 HDL설계에 대한 시뮬레이션 결과.

HDL로 구현한 다기능 카운터

우리가 선택한 예에서 사용한 카운터는 기본적인 카운터로 4까지 계수하고 0으로 돌아가는 기능만을 수행한다. 일반적으로 사용되는 IC 카운터는 여러 가지 디지털 응용에 유용한 여러 가지 기능을 가지고 있다. 예를 들어 7-7절에서 설명한 74161과 74191 IC에 대해 알아보자. 이 소자는 카운트 허용하고 업 카운트와 다운 카운트를 할 수 있으며, 미리 설정된 값으로 초기화하거나 기억된 값을 지울 수 있다. 또한 이들 카운터는 동기식으로 다단계로 접속하여 더 큰 카운터를 만들 수 있다. 본 절에서는 HDL을 사용하여 이러한 기능을 갖는 카운터를 구현하는 방법에 대해 알아볼 것이다. 우리가 설계할 카운터는 74161이나 74191보다 많은 기능을 갖는다. 이 예를 사용하여 우리가 필요로 하는 기능을 만족하는 카운터를 설계하는 방법을 보이게 된다. HDL을 이용하여 디지털 설계를 할 때, IC에 포함된 기능에 한정되지는 않는다.

좀 더 복잡한 카운터 예제의 규격을 살펴보자. 순환하는, MOD-16 2진 카운터는 카운터 허용신호가 HIGH일 때 클럭 입력의 상승 모서리 때 상태를 변화한다. 방향 제어 입력이 LOW일 때는 업 카운트, HIGH일 때는 다운 카운트 동작을 한다. 카운터는 HIGH가 활성 상태인 비동기식 clear 신호를 가지며 이 제어 입력이 활성화되면 카운터는 즉시 리셋된다. 카운터는 저장 제어 신호가 HIGH일 때 동기식으로 데이터입력 핀의 값을 저장할 수 있다. 입력 제어 기능의 우선순위는, 가장 높은 것에서 가장 낮은 순으로, 클리어 기능, 저장 기능, 그리고 카운트 기능이다. 마지막으로 카운터 기능이 허용되었을 때 카운터의 터미널 상태를 검출하여 HIGH가 활성화되는 출력을 역시 갖는다. 터미널 상태는 카운터의 방향에 따라 달라진다는 것을 기억하자. 앞으로 알게 되겠지만, 이들 기능이 정상적으로 동작하는지는 우리가 HDL 코드를 작성하는 방법에 의하여 결정되므로 자세한 사항까지도 매우 주의 깊게 살펴보아야 한다.

AHDL로 구현한 다기능 카운터

그림 7-46의 코드는 이전에 설명한 다기능 카운터를 구현한 것이다. 이 카운터는 4비트 카운터이며, 간단히 확장될 수 있다. 3행과 4행의 입력과 출력에 대하여 읽고 각각 무슨 일을 하는지 확실히 이해해야 한다. 그렇지 않으면 이 절의 앞부분을 다시 읽기 바란다. 7행은 카운터를 구성할 D 플립플롭의 4비트 레지스터를 정의한 문장이며, 이 레지스터는 출력 변수 (q)와 같은 명칭을 사용할 수 있다. 회로의 포트(입력과 출력)의 이름과 회로 내에서 동작하는 소자의 이름은 다르게 코드가 작성된다. 10행에서 클럭 입력은 모든 D 플립플롭의 *clk* 입력 모두에 연결되어 있다. 11행에서 D 플립플롭의 LOW 활성 초기화 입력(*clrn*)은 모두 *clear* 입력 신호의 보수 값에 연결되어 있다. *clear* 입력이 HIGH로 되면 즉시 플립플롭을 즉시 클리어시킨다. 이유는 플립플롭의 *prn*과 *clrn* 입력을 클럭과 무관하기 때문이다(즉 이들은 비동기식이다).

저장 기능을 동기식으로 만들기 위해서 플립플롭 *D* 입력을 제어하여 저장신호가 HIGH일 때 입력 데이터 (*din*)가 D 입력에 존재하도록 제어해야 한다. 이렇게 하여, 다음 활성화 클럭 모서리가 발생할 때, 데이터는 카운터에 저장된다. 이러한 동작은 카운터가 허용되든 아니든 관계없이 이루어져야 한다. 결과적으로 12행의 첫 번째 조건결정인 (IF) 문장은 저장 입력을 검사한다. 4장에서 IF/ELSE 결정 구조는 참인 조건을 먼저 검사한다.

```
1   SUBDESIGN fig7_46
2   (
3      clock, clear, load, cntenabl, down, din[3..0]      :INPUT;
4      q[3..0], term_ct :OUTPUT;    -- declare 4-bit array of output bits
5   )
6   VARIABLE
7      count[3..0]  :DFF;          -- declare a register of D flip flops
8
9   BEGIN
10     count[].clk = clock;        -- connect all clocks to synch source
11     count[].clrn= !clear;       -- connect for asynch active HIGH clear
12     IF load THEN count[].d = din[]; -- synchronous load
13        ELSIF !cntenabl THEN count[].d = count[].q; -- hold count
14        ELSIF !down THEN count[].d = count[].q + 1; -- increment
15        ELSE count[].d = count[].q - 1;             -- decrement
16     END IF;
17     IF ((count[].q == 0) & down # (count[].q == 15) & !down)& cntenabl
18     THEN  term_ct = VCC;         -- synchronous cascade output signal
19     ELSE term_ct = GND;
20     END IF;
21     q[] = count[].q;             -- transfer register contents to outputs
22  END;
```

그림 7-46 AHDL로 기술된 다기능 카운터.

이유는 조건이 참이면 다음에 오는 ELSE문의 조건을 검사하지 않기 때문이다. 이 경우, 저장신호가 활성화되면, 카운트가 허용되든 말든 카운트가 업이든 다운이든 관계없다는 의미이다. 이때 다음 클럭 모서리에 병렬 저장 기능을 수행한다.

저장신호가 활성화되지 않았다면 13행의 ELSIF문은 카운터가 동작 금지 상태인지를 검사한다. AHDL에서 출력 *Q*가 입력 *D*로 궤환되어 다음 클럭 모서리에 레지스터는 이전 값을 유지한다는 사실은 매우 중요하다. 이 구문을 넣지 않으면 *D* 입력은 기본적으로 0이 되어 카운터를 리셋하게 된다. 만일 카운터가 허용되면 14행의 ELSIF 문장은 주어진 조건을 검사하고 *count*를 증가시키거나(14행) 감소시킨다(15행). 이 결정문들을 요약하면 다음에는 데이터를 저장할 것인지를 결정하고, 다음에는 카운트 값을 유지할 것인지 변화시킬 것인지를 결정하고, 그 다음에는 업카운트인지 다운카운트인지를 결정한다.

다음에 서술된 기능은 최종 카운트의 검출이다. 17~20행의 문장은 업 카운트 또는 다운 카운트 동안 최종 카운트 최종 값이 도달했는지를 결정한다. 이중 등호 (= =) 연산자는 연산자 양 끝의 표현식이 같은지를 검사하는 기호이다. 최종 상태가 어떤 계수 상태인지는 카운트 방향에 달려 있다. 이를 결정하기 위하여 적절한 최종 상태인 0 또는 15와 표현식 *down* 또는 *down*!을 AND 연산한다. 최종 상태에 제대로 도달하면 *Term_ct* 출력이 HIGH가 될 것이고 그렇지 않으면 LOW가 된다. 21행에서 *count*의 출력을 SUBDESIGN의 출력 핀에 연결한다.

HDL을 사용하는 핵심 개념은 논리모듈의 크기를 확정하기 보통 매우 쉽다는 것이다. 이 AHDL 설계를 MOD 값 256의 2진 카운터로 확정시킬 때 무엇을 변경할 필요가 있는지 보자. $2^8 = 256$이므로 비트 수를 8개로 변경한다. 카운터 MOD 값을 변경하기 위해 그림 7-46에서 다음 4줄만 변경하면 된다.

행번호	변경내용
3	din[~~3~~ 7 . . 0]
4	q[~~3~~ 7 . . 0]
7	count[~~3~~ 7 . . 0]
17	(count[ ].q = = ~~15~~ 255)

다기능 카운터의 VHDL

그림 7-47의 코드는 우리가 논의한 모든 기능을 구현하였다. 이것은 4비트 카운터이지만 크기를 쉽게 책정할 수 있다. 2~5행의 입력과 출력에 대하여 읽고 각각 무슨 일을 하는지 확실히 이해해야 한다. 그렇지 않으면 이 절의 앞 부분을 다시 읽기 바란다. 10행의 PROCESS 구문은 VHDL로 서술된 모든 클럭 구동되는 회로의 핵심이지만 회로가 그 입력에 대하여 동기식 또는 비동기식 중 어느 쪽으로 반응하는지 결정하는 데 중요한 역할을 한다. 우리는 이 회로가 *clock*, *clear*, *down* 입력 신호가 변할 때 즉시 반응하기를 원한다. 이들 신호를 반응할 신호 목록으로 하여 이들 입력 중 어느 하나라도 상태가 변하면 PROCESS 내의 코드가 이를 검사하도록 확인한다. 변수 *count*는 11행에서 INTEGER로 정의되어 있으며 용이하게 증가, 감소할 수 있다. 변수는 PROCESS 내에서 정의되고 PROCESS 내에서만 사용될 수 있다.

13행의 첫 번째 IF 문에서 *clear* 입력이 우선 검사된다. 4장에서 IF/ELSE 결정구조는 참인 조건을 먼저 검사한다. 이유는 조건이 참이면 다음에 오는 ELSE문의 조건을 검사하지 않기 때문이다. 이 경우 *clear* 신호가 활성화되면 다른 조건은 아무런 관계가 없다. 출력은 0이 될 것이다. *load* 기능을 동기식으로 동작하도록 하기 위해, 클럭 모서리를 검출한

```
1  ENTITY fig7_47 IS
2  PORT( clock, clear, load, cntenabl, down   :IN BIT;
3        din        :IN INTEGER RANGE 0 TO 15;
4        q          :OUT INTEGER RANGE 0 TO 15;
5        term_ct    :OUT BIT);
6  END fig7_47;
7
8  ARCHITECTURE a OF fig7_47 IS
9     BEGIN
10       PROCESS (clock, clear, down)
11       VARIABLE count :INTEGER RANGE 0 to 15;    -- define a numeric signal
12          BEGIN
13             IF clear = '1' THEN count := 0;         -- asynch clear
14             ELSIF (clock = '1' AND clock'EVENT)  THEN  -- rising edge?
15                IF load = '1' THEN count := din;      -- parallel load
16                ELSIF cntenabl = '1' THEN             -- enabled?
17                   IF down = '0' THEN count := count + 1;   -- increment
18                   ELSE           count := count - 1;  -- decrement
19                   END IF;
20                END IF;
21             END IF;
22             IF (((count = 0) AND (down = '1')) OR
23                ((count = 15) AND (down = '0'))) AND cntenabl = '1'
24                THEN  term_ct <= '1';
25             ELSE     term_ct <= '0';
26             END IF;
27             q <= count;    -- transfer register contents to outputs
28          END PROCESS;
29       END a;
```

그림 7-47 VHDL로 기술된 다기능 카운터.

다음에 *load* 신호를 검사해야 한다. 14행에서 클럭 모서리가 검출되고 회로는 즉시 *load* 신호가 활성화되었는지 검사한다. *load* 신호가 활성화되면 카운트가 허용되든 금지되든 *count*는 *din* 값을 저장한다. 그 결과, 15행의 조건 결정(IF)은 *load* 입력을 검사하며 비활성되었을 때, 16행에서 카운트가 허용되었는지 검사한다. 카운터가 허용되면 *count*는 증가 또는 감소한다(각각 17, 18행).

다음 문제는 최종 카운트를 검출하는 것이다. 22~25행은 최대 또는 최소 최종 카운트에 도달하였는지를 결정하고 출력에 적절한 값을 발생한다. 여기서 결정을 내리는 구도는 매우 중요하다. 그 비유는 결정을 내리는 과정이 시작되는 요인이 *clock*, *clear* 또는 *down* 중 어느 것이든지 관계없이 이 상황을 검사하고자 하기 때문이다. 이 결정은 이런 IF 결정들의 또 다른 ELSE 분기점이 아니며 클리어 기능이나 카운트 기능 이후에 PROCESS문의 반응할 신호 목록의 각각의 신호에 대하여 결정된다는 것을 유의하기 바란다. 이 모든 결정이 내려진 뒤, *count*는 레지스터 내에 적정한 값을 가지며 27행에서 실제로 레지스터를 출력 핀에 연결한다.

HDL을 사용하는 핵심 개념은 보통 논리 모듈의 크기를 확정하기 매우 쉽다는 것이다. 이 VHDL 설계를 MOD 값 256의 2진 카운터로 확정할 때 무엇을 할 필요가 있는지 보자. 카운터 MOD 값을 변경하기 위해 그림 7-47에서 단지 다음 4줄만 변경하면 된다.

행번호	변경내용
3	RANGE 0 TO ~~15~~ 255
4	RANGE 0 TO ~~15~~ 255
11	RANGE 0 TO ~~15~~ 255
23	(count = ~~15~~ 255)

다기능 카운터의 시뮬레이션

다기능 카운터 설계의 시뮬레이션을 위하여 적절한 입력 파형을 발생하는 약간의 계획이 필요하다. 생각할 수 있는 모든 입력 조건에 대하여 집중적으로 시뮬레이션을 할 필요는 없지만, 가능한 입력 조건에 대하여 충분히 검사해야 잘 동작한다고 확신할 수 있다. 이 실제 견본 설계를 검사하는 데에도 바로 이렇게 해야 한다. 카운터는 5개의 서로 다른 입력 신호(*clock*, *clear*, *load*, *cntenabl*, 그리고 *din*)과 2개의 서로 다른 출력신호(*q*와 *term_ct*)를 가지며 이 신호들은 시뮬레이션에서 표시한다. 입력 신호 중 하나와 출력 신호 중 하나는 실제로 4비트이다. 카운터의 기능 시뮬레이션에 지정되지 않았으므로 우리에게 편리한 클럭 주파수를 선정한다. 몇 가지 동작조건을 관찰하기 위해 충분한 클럭 펄스를 제공할 필요가 있다. 시뮬레이션은 카운터 허용과 금지 기능, 업 카운트와 다운 카운트, 카운터의 클리어 기능, 카운터에 값을 저장하는 기능, 그 값에서 부터 카운트를 시작하는 기능 그리고 최종 계수 상태 검출 기능을 검사해야 한다.

입력 파형을 만들 때 고려해야 할 일반적인 시뮬레이션 요소가 있다. 타깃 PLD는 전원 투입 시 리셋되므로, 시뮬레이션은 초기 출력 상태 0000에서 시작한다. 따라서 출력의 변화를 보기 위해 클리어 입력을 인가하기 전에 계수가 또 다른 상태에 도달할 때까지 기다리는 것이 더 낫다. 마찬가지로 카운터의 NEXT 상태와 동일한 값을 저장하는 것은 *load* 신호가 제대로 동작한다고 실제로 확신할 수 없다. 클럭 신호의 모서리와 동시에 입력 제어 신호를 변경하면 셋업 시 문제를 발생할 수 있으며 이상한 결과를 발생할 수 있다. 비동기 신호는 클럭 신호의 모서리와 다른 때에 인가되어야 그 결과 회로가 즉시 작동하며 클럭에 의존하지 않게 된다. 일반적으로, 입력 파형을 발생하는 데 상식적으로 해야 하며 시뮬레이션으로 우리가 시도하는 바를 확보해 봐야 한다. 입력 조건을 적절하게 인가하고, 그 결과를 냉정하게 검사할 때만 설계 과정에서 시뮬레이션이 가치가 있다.

그림 7-48에서 다기능 카운터의 시뮬레이션 결과의 일부를 보여준다. 4비트 입력 din과 4비트 출력 *q*를 16진수로 보여준다. 초기에 카운터는 허용되고(*cntenabl* = 1) 업 카운트되면(*down* = 0) 출력이 0, 1, 2, 3, 4, 5로 증가하는 것을 볼 수 있다. t_1에 카운터는 *load* 입력에 HIGH가 인가되었을 때 동기식으로(즉 *clock*의 상승 천이)반응한다. 카운터는 병렬 데이터 입력 (*din*) 값 8로 설정된다. 저장신호와 이 카운트신호가 모두 활성화되어 있지만 저장 기능이 이 카운트 기능보다 우선순위가 높다는 것도 보여준다. t_1 후에 저장신호가 다시 LOW되면 8부터 카운터를 계속한다. *cntenabl*에 LOW 입력 신호가 되면 추가로 클럭 사이클에도 카운터는 9 상태를 유지한다. *cntenable*이 다시 HIGH가 되면 t_2 때까지 카운터는 계속되며 t_2 때 카운터는 비동기식으로 클리어된다. 카운터를 즉시 클리어하는 기능 때문에 출력 상태 A 시간이 짧아진 것을 유의한다. 상태 A가 표시된 것을 실제로 보기 위해서는 확대해야 한다. 또한 *clear*, *load*, *cntenabl*의 세 가지 제어 신호가 동시에 HIGH일 때 클리어 기능이 가장 높은 우선순위를 가짐을 볼 수있다. 업 카운트 순차는 계속되어 F 상태 다음에 0으로 순환되므로 카운터가 MOD-16 2진 카운터임을 확인한다. 업 카운트일 때 t_3에 카운터가 터미널 상태 F에 도달하고 *term_ct* 출력이 HIGH가 된다. t_4

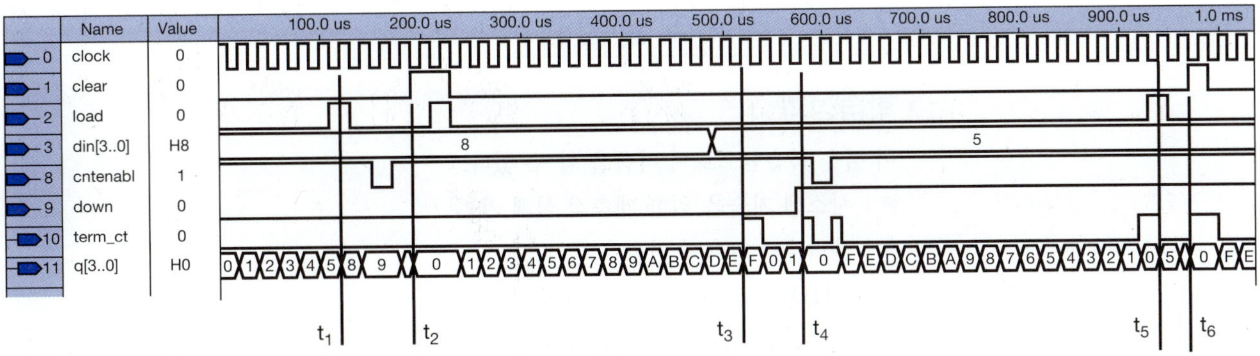

그림 7-48 다기능 카운터의 HDL 설계에 대한 시뮬레이션 결과.

에 *down* 신호가 HIGH로 되었으므로 카운터는 다운 카운트를 시작한다. 다시 다운 카운트 때의 터미널 상태인 상태 0에 카운트가 도달하였으므로 *term_ct* 출력은 HIGH가 된다. *term_ct*의 동작을 보면 입력 *down*에 의해서 업, 다운이 제어되는 카운터의 카운트 방향에 따라 터미널 상태가 달라진다는 것을 유의한다. *cntenabl* 신호가 LOW가 되면 추가되는 클럭 주기에 대하여 카운트는 0 상태를 유지한다. *cntenabl*이 0인 동안 출력 *term_ct*도 역시 금지된다. *cntenabl*이 다시 HIGH가 되면 다운 카운트 순차는 정상적으로 계속된다. t_5에 카운터는 병렬 데이터 값 5를 동기식으로 저장한다. t_6에 카운터는 비동기식으로 클리어된다. 또다시 다운 카운트 기능보다 저장 기능 또는 클리어 기능이 더 우선순위가 높음이 t_5와 t_6에서 확인된다. 규격과 비교해서 설계한 것이 정상적으로 동작함을 확인하였는가? 잘해왔지만 완결하기 위해 몇 가지 시험조건이 추가될 수 있다. *cntenable*이 LOW일 때 카운터는 클리어 또는 저장될까? 이것을 확인하지 못한 것 같다. 여러분이 알 수 있듯이 복잡한 설계는 시뮬레이션 또는 실험대에서 검사하여 그 동작을 적절하게 확인하기 위해서는 많은 생각을 해야 한다. 우리가 해야 할 다른 검사를 생각해 볼 수 있는가?

학습성과 평가문제

1. 카운터의 동작을 서술하기 위해 사용하는 표는 무엇인가?
2. D 플립플롭으로 카운터를 설계할 때, 다음 활성화 클럭 모서리에 카운터를 다음 상태로 구동하기 위하여 어떤 값이 D 입력에 인가되어야 하는가?
3. 클럭의 상승 모서리 대신 하강 모서리에 저장 소자(플립플롭)를 트리거하기 위한 HDL 서술문을 작성하라.
4. 원인-결과 관계를 사용하여 회로의 동작을 기술하는 방법은 무엇인가?
5. 비동기식 클리어와 동기식 저장의 차이점은 무엇인가?
6. HDL에서 비동기식 클리어 기능을 어떻게 만들 수 있는가?
7. 카운터의 HDL 서술에서 기능들의 우선순위를 어떻게 만들 수 있는가?
8. 어떤 방법이 원인과 결과의 관계를 사용해서 회로의 동작을 기술할 수 있는가?

7-13 HDL 모듈 연결

학습성과

이 절을 학습함으로써 다음을 할 수 있다.

- 시스템 기술을 위한 계층적 설계 기법
- 블럭들의 그래픽 결합
- VHDL을 이용한 블럭들의 결합

앞의 두 절에서 HDL을 이용하여 카운터의 공통 특성을 어떻게 구현하는지 살펴보았다. 이제 이 카운터 회로를 다른 디지털 모듈과 연결하여 더 큰 시스템을 만들 수 있는지 살펴보자. 커다란 디지털 시스템은 시스템이 더 작고 더 다루기 용이한 모듈로 나뉘어져서 서로 연결되어 있다면 훨씬 설계하기 쉽다. 이것이 **계층적 설계**(**hierarchical design**) 개념의 핵심이며, 10장에서 예제를 다루면서 그 장점을 알아보기로 한다. 이제 모듈을 서로 연결하는 기본적인 기법을 알아보자.

AHDL에 의한 MOD-5 카운터 디코딩

7-8절에서 카운터를 디코딩하는 아이디어를 간단히 살펴보았다. 디코딩 회로는 카운터의 각 상태의 특유한 비트 형태에 의하여 카운터의 상태를 검출한다. 그림 7-39(또는 그림 7-40)의 MOD-5 카운터 설계도에 디코더 회로를 연결하는 것을 보자. 이후에 설계할 전체 회로를 위하여, 카운터의 SUBDESIGN 이름을 블럭도에서 좀 더 상세히 설명이 되도록 명칭을 mod5로 변경한다. 3비트 카운터에 대하여 카운터는 8가지 모든 경우의 상태를 발생하지 않으므로 그림 7-49의 디코더 설계에서는 사용되는 상태(000부터 100)만 디코드하기로 한다. 3번째 줄에서 선언된 3개의 입력 비트 (c = MSB)는 나중에 MOD-5 카운터의 출력에 연결된다. 4번째 줄에서는 디코더의 출력 5개가 상태 0부터 상태 4가 정의되었다. 7~14줄까지의 CASE 명령문은 디코더의 동작을 설명하는 데 $c\ b\ a$ 입력 조합을 검사하여 디코더의 출력 중 어느 것이 HIGH가 될 것인지 결정한다. $c\ b\ a$ 입력이 000이면 상태(*0*) 출력만 HIGH되며, $c\ b\ a$가 001이면 상태(*1*) 출력만 HIGH가 되며, 이런 식으로 계속된다. 100보다 큰 입력 값은 OTHERS에 포함되며 여기서는 실제로 발생하지 않으며, 모든 출력에 LOW를 발생한다.

```
1   SUBDESIGN decode5
2   (
3        c, b, a              : INPUT;
4        state[0..4]          : OUTPUT;
5   )
6   BEGIN
7        CASE (c,b,a) IS            -- decode binary value
8             WHEN B"000"    =>    state[] = B"10000";
9             WHEN B"001"    =>    state[] = B"01000";
10            WHEN B"010"    =>    state[] = B"00100";
11            WHEN B"011"    =>    state[] = B"00010";
12            WHEN B"100"    =>    state[] = B"00001";
13            WHEN OTHERS    =>    state[] = B"00000";
14       END CASE;
15  END;
```

그림 7-49 AHDL MID-5 디코더 카운터 모듈.

알테라 소프트웨어를 통해 2개의 설계 파일 mod5(이전 설계 파일 선택 부분에서 결정된 내용이 있는 이름을 사용)와 decode5에 대한 기호를 생성해 보자. 이를 이용하면 그림 7-50처럼 블럭도를 그릴 수 있고 두 모듈, 입출력 포트, 그리고 이들을 연결하는 선으로 전체 회로를 그릴 수 있다. 각각의 심볼은 mod5 또는 decode5라는 SUBDESIGN 이름을 가지고 있다. 몇 개 선은 굵은 선으로 그려진 것을 유의한다. 이는 버스를 나타내며 여러 신호 선을 묶은 것이다. 가는 선은 개별 신호 선이다. 알테라에 의하여 만들어진 기호는 자동적으로 포트에 개별 신호 선인지 버스인지를 나타낸다. 이는 SUBDESIGN 부분에서 신호를 정의할 때 결정된다. 그룹 이름을 가진 포트는 버스로 그려진다. 카운터 출력은 버스이고 디코더 입력 포트는 개별 신호이기 때문에 두 모듈을 함께 연결하기 위해 버스에서 개별 신호를 분리할 필요가 있다. 버스가 분리될 때는 버스의 그룹 신호 이름과 사용되는 개별 신호의 이름을 모두 표시해야 한다. 이 블럭도에서는 버스는 *q[2..0]*로 명명하였고 이의 개별 신호는 *q[2]*, *q[1]*, *q[0]*로 명명하였다. 이 카운터와 디코더 회로에 대한 시뮬레이션 결과는 그림 7-51에서 보여준다.

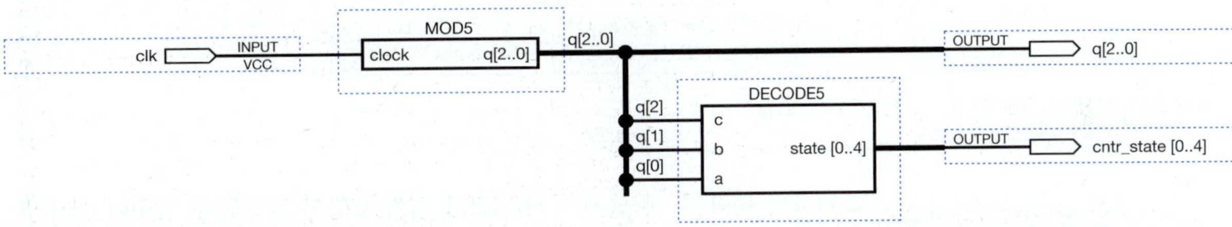

그림 7-50 MOD-5 카운터와 디코더 회로를 위한 블럭도 설계.

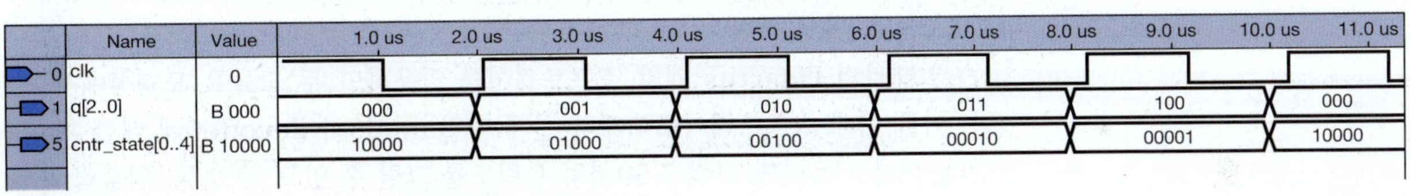

그림 7-51 MOD-5 카운터와 디코더 회로의 시뮬레이션.

VHDL에 의한 MOD-5 카운터 디코딩

7-8절에서 카운터를 디코딩하는 아이디어를 간단히 살펴보았다. 디코딩 회로는 카운터의 각 상태의 특유한 비트 형태에 의하여 카운터의 상태를 검지한다. 그림 7-41의 MOD-5 카운터 설계에 디코더 회로를 연결하는 것을 보라. 전체 회로에서 모듈을 구분하기 쉽도록 카운터의 ENTITY 이름을 mod5로 변경한다. 이 카운터는 3비트 카운터의 여덟 가지 상태를 모두 발생하지는 않기 때문에 그림 7-52의 디코더 설계에서는 사용되는 상태인 000부터 100까지의 상태만 디코드한다. 3번째 줄에서 선언된 3개의 입력 비트 (c = MSB)는 나중에 MOD-5 카운터의 출력에 연결될 것이다. 디코더의 5개 출력 상태로 불리며 4번째 줄에 비트 벡터로 표시된다. 입력으로 명명된 내부 비트 벡터 신호는 9번째 줄에 정의되어 있다. 11번째 줄에서는 3개의 입력 포트 비트(c b a)가 같이 묶여서 비트벡터를 이루며 입력으로 정의되며 나중에 14~21번째 줄에서 CASE 명령문에 의하여 각각의 경우를 판단한다. 입력 비트 중 어느 하나가 논리 값이 변하면 PROCESS문이 작용하여 그 결과 출력 값을 결정한다. CASE문은 디코더의 동작을 설명하며, 입력의 조합(c b a로 표현)을 검사하

```
ENTITY  decode5  IS
PORT (
        c, b, a     : IN BIT;
        state       : OUT BIT_VECTOR (0 TO 4)
);
END decode5;

ARCHITECTURE a OF decode5 IS
SIGNAL    input      : BIT_VECTOR (2 DOWNTO 0);
BEGIN
     input <= (c & b & a);     -- combine inputs into bit vector
     PROCESS (c, b, a)
     BEGIN
          CASE input IS
               WHEN "000" =>          state <= "10000";
               WHEN "001" =>          state <= "01000";
               WHEN "010" =>          state <= "00100";
               WHEN "011" =>          state <= "00010";
               WHEN "100" =>          state <= "00001";
               WHEN OTHERS =>         state <= "00000";
          END CASE;
     END PROCESS;
END a;
```

그림 7-52 VHDL MOD-5 디코더 카운터 모듈.

고 디코더 출력 중 어느 것이 HIGH가 되어야 할지 결정한다. 입력이 000이면 상태(*0*) 출력만 HIGH가 되며 입력이 001이면 상태(*1*) 출력만 HIGH가 되며, 이런 식으로 계속된다. 100보다 큰 입력 값은 OTHERS에 포함되며 여기서는 실제로 발생하지 않으며 모든 출력이 LOW를 발생한다.

알테라의 Quartus 개발 소프트웨어를 사용하면 두 모듈을 도형상에서 연결할 수 있다. 이를 위해 소프트웨어로 2개의 설계 파일 mod5와 decode5에 대한 기호를 생성해야 한다. 이를 이용하면 그림 7-50처럼 블럭도를 그릴 수 있고 두 모듈, 입출력 포트 그리고 이들을 연결하는 선으로 전체 회로를 그릴 수 있다. 몇 개 선은 굵은 선으로 그려진 것을 유의하자. 이는 버스를 나타내며 여러 신호 선을 묶은 것이다. 가는 선은 개별 신호 선이다. 알테라에 의하여 만들어진 기호는 자동적으로 포트에 개별 신호 선인지, 버스인지를 나타낸다. 이는 ENTITY에서 각 포트의 데이터 형태를 정의할 때 결정된다. BIT_VECTOR 포트는 버스로 그려지고 BIT형 포트는 개별 신호 선으로 그려진다. 카운터의 출력 포트는 버스이고 디코더 입력 포트는 개별 신호이기 때문에 두 모듈을 함께 연결하기 위해 버스에서 개별 신호를 분리할 필요가 있다. 버스가 분리될 때는 버스의 그룹 신호 이름과 사용되는 개별 신호의 이름을 모두 표시해야 한다. 이 블럭도에서는 버스는 *q[2...0]*로 명명하였고 이의 개별 신호는 *q[2]*, *q[1]*, *q[0]*로 명명하였다. 이 카운터와 디코더 회로에 대한 시뮬레이션 결과는 그림 7-51에서 보여준다.

설계 모듈을 연결하기 위한 표준 VHDL 기법(알테라 소프트웨어의 대체)은 VHDL을 이용하여 모듈 간의 연결을 문자 파일로 서술하는 것이다. 필요한 모듈은 이미 상위레벨의 설계 파일에 나타나며 COMPONENT문에서는 모듈의 PORT가 정의된다. 모듈이 사용되는 예마다 결선 상황은 PORT MAP에 나열되어 있다. 그림 7-53에 mod5 모듈과 decode5 모듈을 서로 연결하는 VHDL 파일을 보여준다. *q*가 상위레벨 설계 파일에서는 출력 포트이지만 4번째 줄에서는 BUFFER로 되어 있는데 이유는 *decode5* COMPONENT의 PORT MAP의 입력에 비트 벡터 열을 "읽어들일" 필요가 있기 때문

```
1   ENTITY mod5decoded1 IS
2   PORT (
3         clk             :IN BIT;
4         q               :BUFFER BIT_VECTOR (2 DOWNTO 0);
5         cntr_state      :OUT BIT_VECTOR (0 TO 4)
6         );
7   END mod5decoded1;
8
9   ARCHITECTURE toplevel OF mod5decoded1 IS
10  COMPONENT mod5
11        PORT (
12              clock     :IN BIT;
13              q         :OUT BIT_VECTOR (2 DOWNTO 0)
14              );
15  END COMPONENT;
16  COMPONENT decode5
17  PORT (
18              c, b, a   :IN BIT;
19              state     :OUT BIT_VECTOR (0 TO 4)
20              );
21  END COMPONENT;
22  BEGIN
23  counter:  mod5        PORT MAP (clock => clk, q => q);
24  decoder:  decode5     PORT MAP
25        (c => q(2), b => q(1), a => q(0), state => cntr_state);
26  END toplevel;
```

그림 7-53 Mod5와 decode5를 서로 연결하는 고레벨 VHDL파일.

이다(25번째 줄). VHDL에서는 출력 포트를 입력으로 사용하는 것을 허용하지 않는다. BUFFER 데이터 형태는 입력과 출력으로 모두 사용하는 포트를 정의한다. mod5 모듈은 10부터 15번째 줄에서 정의되어 있고 decode5 모듈은 16부터 21번째 줄에서 정의되어 있다. mod5와 decode5의 ENTITY/ARCHITECTURE 서술문은 상위레벨의 설계 파일에 포함될수 있으며, 혹은 여기에서처럼 같은 폴더 내에 상위레벨 파일로 저장되어 있을 수 있다. 모듈의 각 예시에 대한 PORT MAP이 23, 24, 25번째 줄에 나타나 있다. 콜론의 왼쪽 이름은 각 예시마다 특유의 이름을 가지며, 모듈의 이름은 오른쪽에 있고, 그 다음에 PORT MAP 용어가 오고 마지막에 괄호 속의 설계상 신호와 포트 간의 연계 관계를 보여준다. => 연산자는 모듈의 어느 포트(왼쪽)가 상위레벨 시스템의 어느 신호(오른쪽)과 연결되는지 나타낸다. 이 회로의 시뮬레이션 결과는 그림 7-51에서 보여준다.

MOD-100 BCD 카운터

재순환되며 동기식 클리어 신호를 갖는 MOD-100 BCD 카운터를 설계하고자 한다. 가장 쉬운 방법은 MOD-10 BCD 카운터 모듈을 만들고 상위레벨 설계 파일에서 이 모듈을 2개를 동기식으로 연결하는 것이다. 두 MOD-10 모듈의 클럭 입력은 둘 모두 시스템 클럭에 함께 연결하여 2개의 카운터 모듈이 동기적으로 연결되게 한다. 비동기식 클럭 기법보다 동기식 카운터 설계를 이용하는 것이 훨씬 더 이점이 크다는 것을 기억하기 바란다. 또한 동기식 클럭을 사용하지 않으면, 동기식 클리어 동작도 제대로 작동하지 않는다. 회로 설계 사양에 카운트 허용, 또는 (MOD-100 카운터의) 최종 카운트 검출을 요구하지 않더라도, 이들 기능을 설계에 포함시킬 필요가 있다. 2개의 카운터를 동기적으로 연결시키기 위하여 카운트 허용, 디코딩 기능이 필요할 것이다. 카운트 허용 입력은 이 신호가 허용되지 않으면, 카운터가 클럭을 무시하게 한다. 최종 카운트 출력은 계수 순차가 끝에 도달하여 다음 클럭에 다시 재순환한다는 것을 표시한다. 카운터를 동기적으로 다단연결하기 위하여 최종 카운트 출력은 다음 상위 단계의 허용입력에 연결된다. 이처럼 최종 카운트의 디코딩을 제어하기 위해 카운트 허용신호를 이용하면, MOD-10 모듈을 이용하여 더 큰 BCD 카운터도 만들 수 있다.

AHDL에 의한 다단 BCD 카운터

그림 7-54에서 MOD-10 BCD 카운터의 SUBDESIGN 내용을 보여준다. BCD 카운터의 터미널 상태는 9이다. 10~13번째 줄에서, 카운터 허용신호가 HIGH일 때 이 터미널 상태를 검출한다. 디코딩 기능에서 허용 신호를 AND함으로써 2개 이상의 카운터 모듈을 동기식으로 다단연결할 수 있으며 mod10 설계가 더욱 다양하게 사용되게 한다. 클리어 기능은 AHDL에서 동기식으로 동작하는 데 이는 14~15번째 줄에서 IF문에 포함되어 있다. 클리어 신호가 비활성화되면 다음으로 카운터가 허용되었는지를 검사한다(16번째 줄). 허용신호가 HIGH이면, 17~21번째 줄의 반복된 IF문을 통하여, 마지막 상태인 9에 도달하였는지 카운터가 검사한다. 상태 9 다음에, 카운터는 동기식으로 0으로 재순환된다. 그렇지 않으면 카운트는 하나 증가할 것이다. 카운터가 금지되면, 22~23번째 줄에서, 현재의 출력을 카운터의 입력에 제한시킴으로 현재 카운트값을 유지한다. MOD-100 카운터에서 1자리가 계수 순차를 진행하는 동안 10자리가 현재 상태를 유지하는 데 이러한 유지 기능이 필요하다. 이 모듈을 더 복잡한 회로에 응용하기 전에 제대로 동작하는지 보기 위하여 시뮬레이션 하는 것이 적절한 설계 방법이다. 그림 7-55에서 주어진 mod10에 대한 시뮬레이션 결과에서, 계수 순차가 정상이며, 클리어 신호가 동기식이며 우선권을 가지고 있고, 허용신호는 계수 기능과 tc 디코딩 출력을 모두 제어하고 있음을 보이고 있다.

mod10 카운터 모듈의 기본 기호를 만든 후, MOD-100 BCD 카운터에 응용하기 위한 블럭도를 그릴 수 있다. 입력 포트, 출력 포트, 연결선이 그림 7-56의 설계와 같이 추가

```
1  SUBDESIGN  mod10
2  (
3      clock, enable, clear            :INPUT;
4      counter[3..0], tc               :OUTPUT;
5  )
6  VARIABLE
7      counter[3..0]                   :DFF;
8  BEGIN
9      counter[].clk  = clock;
10     IF counter[].q == 9 & enable == VCC  THEN
11               tc = VCC;                 -- detect terminal count
12     ELSE      tc = GND;
13     END IF;
14     IF  clear  THEN
15          counter[].d = B"0000";         -- synchronous clear
16     ELSIF  enable  THEN                 -- clear has priority
17          IF counter[].q == 9   THEN     -- check for last state
18               counter[].d = B"0000";
19          ELSE
20               counter[].d = counter[].q + 1;       -- increment
21          END IF;
22     ELSE                            -- hold count when disabled
23          counter[].d = counter[].q;
24     END IF;
25 END;
```

그림 7-54 AHDL에서 MOD-10 BCD 카운터.

되었다. 1과 10자리를 나타내는 카운터 출력은 버스로 그려졌음을 유의한다. mod10 모듈들은 동기식으로 클럭된다. 다단연결에서 1자리의 최종 카운트 출력은 10자리의 카운트 허용 입력을 제어하도록 한다. 입력 포트 *en*은 MOD-100 카운터 회로 전체를 허용/금지 한다. BCD 카운터를 확장하려면 mod10 단계를 추가할 때 각 자릿수마다 출력 *tc*를 다음 단계의 *enable* 입력에 연결하면 된다. 시뮬레이션 결과 샘플을 그림 7-57에서 보여준다. 시뮬레이션에서 MOD-100 카운터가 정상적인 BCD 계수 순차를 가지며 동기식으로 클리어됨을 보여준다.

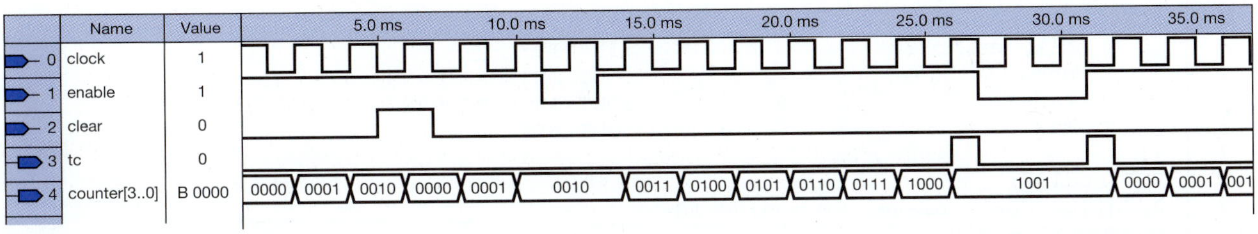

그림 7-55 MOD-10 시뮬레이션 결과.

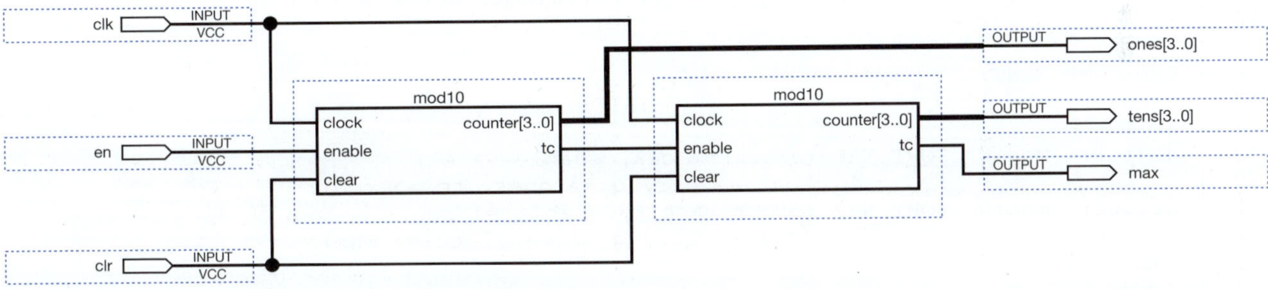

그림 7-56 MOD-100 BCD 카운터의 블럭도 설계.

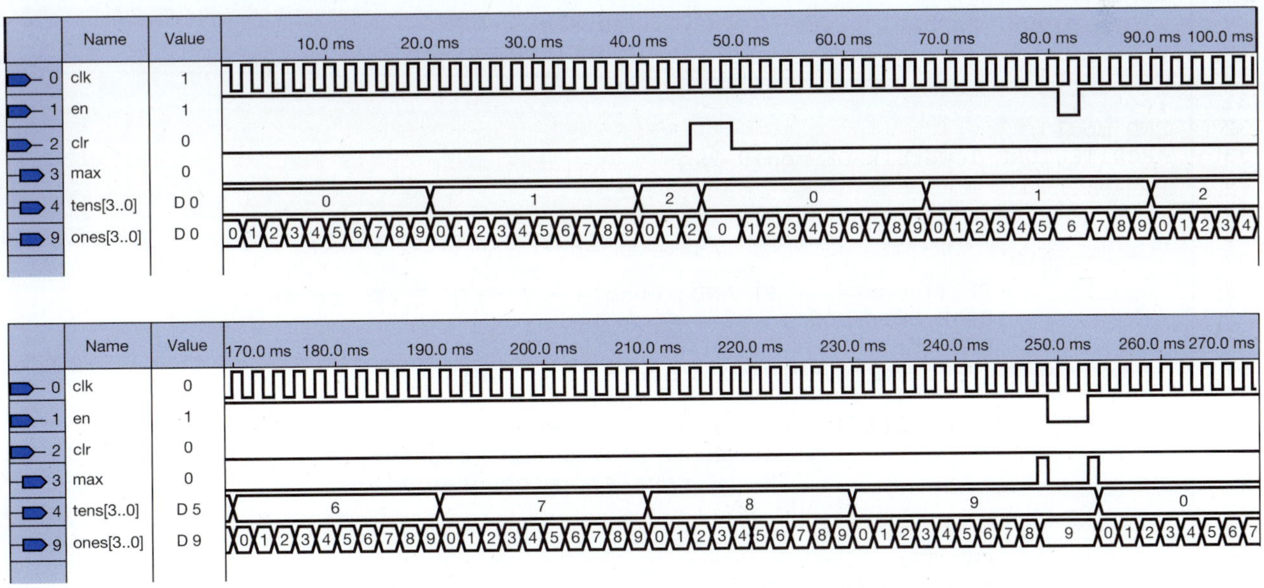

그림 7-57 MOD-100 BCD 카운터 설계의 시뮬레이션 결과.

VHDL을 이용한 BCD 카운터의 다단연결

MOD-10 BCD 카운터에 대한 ENTITY와 ARCHITECTURE가 그림 7-58의 26~51번째 줄에서 보여준다. BCD 카운터의 터미널 상태의 9이다. 38~40번째 줄에서 카운터 허용신호가 HIGH일 때 이 터미널 상태를 검출한다. 디코딩 기능에서 허용신호를 AND함으로써 2개 이상의 카운터 모듈을 동기식으로 다단연결할 수 있으며 mod10 설계가 더욱

```
1   ENTITY mod100 IS
2   PORT (
3         clk, en, clr                    :IN BIT;
4         ones                            :OUT INTEGER RANGE 0 TO 15;
5         tens                            :OUT INTEGER RANGE 0 TO 15;
6         max                             :OUT BIT
7   );
8   END mod100;
9   ARCHITECTURE toplevel OF mod100 IS
10  COMPONENT mod10
11        PORT (
12              clock, enable, clear      :IN BIT;
13              q                         :OUT INTEGER RANGE 0 TO 15;
14              tc                        :OUT BIT
15              );
16  END COMPONENT;
17  SIGNAL rco                            :BIT;
18  BEGIN
19  digit1:  mod10  PORT MAP (clock => clk, enable => en,
20                      clear => clr, q => ones, tc => rco);
21  digit2:  mod10  PORT MAP (clock => clk, enable => rco,
22                      clear => clr, q => tens, tc => max);
23  END toplevel;
24
25
26  ENTITY mod10 IS
27  PORT (
28        clock, enable, clear            :IN BIT;
29        q                               :OUT INTEGER RANGE 0 TO 15;
30        tc                              :OUT BIT
31  );
32  END mod10;
33  ARCHITECTURE lowerblk OF mod10 IS
34  BEGIN
35        PROCESS (clock, enable)
36              VARIABLE  counter         :INTEGER RANGE 0 TO 15;
37        BEGIN
38              IF ((counter = 9) AND (enable = '1'))  THEN  tc <= '1';
39              ELSE tc <= '0';
40              END IF;
41              IF (clock'EVENT AND clock = '1')  THEN
42                    IF (clear = '1')  THEN  counter := 0;
43                    ELSIF  (enable = '1')  THEN
44                          IF (counter = 9)  THEN  counter := 0;
45                          ELSE     counter := counter + 1;
46                          END IF;
47                    END IF;
48              END IF;
49              q <= counter;
50        END PROCESS;
51  END lowerblk;
```

그림 7-58 VHDL로 표현한 MOD-100 BCD 카운터.

다양하게 사용된다. 클리어 기능은 VHDL에서 동기식으로 동작하는 데 이는 41번째 줄에서 클럭이 검출된 다음에 반복된 IF문(42번째 줄)에 있다. 클리어 신호가 비활성화되면, 다음으로 카운터가 허용되었는지를 검사한다(43번째 줄). 허용신호가 HIGH이면, 44~46번째 줄의 또 다른 반복된 IF문을 통하여 마지막 상태인 9에 도달하였는지 카운터가 검사한다. 상태 9 다음에, 카운터는 동기식으로 0으로 재순환된다. 그렇지 않으면 카운트는 하나 증가할 것이다. 카운터가 금지되면 VHDL은 자동적으로 현재 카운트 값을 유지한다. MOD-100 카운터에서 1자리가 계수 순차를 진행하는 동안 10자리가 현재 상태를 유지하는 데 이러한 유지 기능이 필요하다. 이 모듈을 더 복잡한 회로에 응용하기에 제대로 동작하는지 보기 위하여 이 모듈을 각각의 ENTITY의 시뮬레이션하는 것이 적절한 설계 방법이다. 그림 7-55에서 주어진 mod10 ENTITY에 대한 시뮬레이션 결과에서 계수 순차가 정상이며, 클리어 신호가 동기식이며, 우선권을 가지고 있고, 허용신호는 계수 기능과 디코딩 출력을 모두 제어하고 있음을 보이고 있다.

MOD-100 카운터를 구현하는 데 두 가지 방법이 있다. 한 가지 방법은 그림 7-56처럼 설계를 블럭도로 도형화하는 것이다. mod10 카운터 모듈, 입력 포트, 출력 포트, 연결선이 추가되어 MOD-100 카운터를 만들었다. 1과 10자리를 나타내는 카운터 출력은 버스로 그려졌음을 유의한다. mod10 모듈들은 동기식으로 클럭된다. 다단계연결에서 1자리의 최종 카운트 출력은 10자리의 카운트 허용 입력을 제어하도록 한다. 입력 포트 *en*은 MOD-100 카운터 회로 전체를 허용/금지 한다. BCD 카운터를 확정하려면 mod10 단계를 추가할 때, 각 자릿수마다 출력 *tc*를 다음 단계의 *enable* 입력에 연결하면 된다. 시뮬레이션 결과 샘플을 그림 7-57에서 보여준다. 시뮬레이션에서 MOD-100 카운터가 정상적인 BCD 계수 순차를 가지며 동기식으로 클리어됨을 보여준다.

MOD-100 카운터를 만드는 두 번째 기법은 VHDL로 회로 구조를 서술함으로써 설계 모듈 간에 필요한 연결을 하는 것이다. 이러한 시스템 설계 파일 내용이 그림 7-58에 보여준다. ENTITY/ARCHITECTURE 서술 부분에서 mod100 전체 설계 파일(또는 이 프로젝트 폴더 내에 다른 파일에) mod10의 서브블럭이 포함되어 있다. 이 mod100 설계 파일은 이런 시스템의 계층적 설계에서 상위레벨에 있다. 하위레벨의 서브블럭에는 실제로 하위레벨 mod10 카운터가 2개가 복사되어 포함하고 있다. mod10의 COMPONENT는 상위레벨 설계 파일에 정의되어 있다(10~16번째 줄). 모듈들이 사용되는 예시에서 선로연결은 PORT MAP에 보이고 있다. mod10을 두 예시에서 사용하므로 각 예시마다 PORT MAP이 있다(19~20번째 줄, 21~22번째 줄). 각 예시는 특유의 이름(*digit1*과 *digit2*)을 가지며 서로 구분된다. PORT MAP에는 왼쪽의 하위레벨 모듈 포트와 연결된 오른쪽의 상위레벨의 신호 사이 연관관계를 보이는 이름들을 포함한다. 이 회로는 그림 7-57과 동일한 시뮬레이션 결과를 보여준다.

학습성과 평가문제

1. 디지털 시스템을 구성하는 데 HDL 모듈이 어떻게 연결되는지 서술하라.
2. 버스는 무엇이며 알테라 설계 파일에서 블럭도를 도형으로 표현할 때 어떻게 표시되는가?
3. 카운터 모듈을 동기식으로 다단연결할 때 카운터의 어떤 기능이 포함되어야 하는가?

7-14 상태 기계

학습성과

이 절을 학습함으로써 다음을 할 수 있다.

- 상태 기계의 밀리 및 무어 모델
- 카운터와 상태 기계의 차이점 및 각각을 기술하는 방법
- HDL을 이용한 상태 기계의 밀리 및 무어모델 작성

상태 기계(state machine)란 클럭과 다른 입력 신호들에 의하여 제어되는 미리 정해진 상태들을 순차적으로 처리하는 회로이다. 따라서 7장에서 다루었던 카운터 회로는 일종의 상태 기계이다. 일반적으로 카운터라는 용어는 일정한 숫자 계수 순차를 갖는 순차 회로에 사용한다. 카운터는 업 카운트 또는 다운 카운트할 수 있으며, 2^N 값 또는 $a < 2^N$ 값을 MOD 값으로 가지며, 순환하거나 어떤 미리 정해진 상태에 자동적으로 멈출 수 있다. 카운터란, 그 이름에서 의미하듯이, 어떤 것을 계수하는 데 사용된다. 카운터가 실제로는 클럭 펄스들의 개수를 카운트 하지만, 펄스는 여러 가지 종류의 사건을 표현할 수 있다. 예를 들어 주파수 분주기의 어떤 신호의 주파수일 수도 있고 디지털 시계의 초, 분, 시가 될 수도 있다. 또한 공장에서 컨베이어 벨트를 타고 움직이는 물건 또는 고속도로에서 자동차가 특정 위치를 지나는 것을 나타낼 수도 있다.

상태 기계란 용어는 또 다른 종류의 순차 회로를 서술하는 데 종종 사용된다. 여기에는 7-10절의 스텝 모터 제어 회로처럼 일정하지 않은 계수 형태가 있을 수도 있다. 그러한 설계의 목적은 정밀한 각도 스텝으로 회전하는 스텝 모터를 구동하는 것이다. 제어 회로는 필요한 특정 상태 순차로 움직이도록 하는 것이지 숫자를 세는 것이 아니다. 또한 원하는 특정 상태를 구분하고 원하는 출력 신호를 발생하기 위해서 적절한 디코딩 로직을 이용할 것이기 때문에 각 상태에 대한 특정 2진수 값에 관심이 없는 응용분야도 많이 있다. 카운터는 보통 사건을 계수하는 데 사용되며 상태 기계는 보통 사건을 제어하는 데 사용된다는 차이가 있다. 순차 회로를 어떻게 사용하고자 하는가에 따라 적절한 용어를 선택한다.

그림 7-59의 블럭도는 상태 기계 또는 카운터를 의미한다. 7-10절에서 고전적인 순차 회로 설계 과정은 몇 개의 플립플롭이 필요한가를 파악하고 그 다음에 원하는 순차를 발생하기 위한 조합 회로를 결정하는 것이었다. 카운터 또는 상태 기계에서 발생되는 출력은 플립플롭의 직접 출력일 수도 있고 필요한 일부 게이트 회로일 수도 있으며 이는 블럭도에 표시되어 있다. 순차 회로에 대하여 두 가지 다른 서술 방법이 있는데 **밀리 모델(Mealy model)**과 **무어 모델(Moore model)**이다. 밀리 모델에서 출력 신호는 추가적인 입력 신호에 의하여 제어되지만 무어 모델에서는 출력 신호에 대하여 어떠한 외부 제어 신호도 없다. 무어 출력은 현재 플립플롭 상태만으로 이루어진 함수이다. 무어 설계의 예제는 7-13절의 디코드된 MOD-5 회로이다. 한편 같은 절의 BCD 카운터 설계는 밀리형 설계인데 이유는 외부 입력(*enable*)이 터미널 상태 디코딩 출력(*tc*)을 제어하기 때문이다. 이 애매한 설계 방법들의 한 가지 뚜렷한 결론은 Moore형 회로의 출력은 회로의 클럭에 완전히 동기식이며, Mealy형 회로의 출력은 비동기식으로 변할 수 있다는 것이다. MOD-10 설계에서 enable 입력은 시스템 클럭과 동기되지 않는다.

이러한 상황에서 HDL 기술은 쉽고 직관적으로 상태 기계를 만들 수 있다. 간단한 예를 들어 전형적인 세탁기를 4개의 상태로 서술하는 것을 살펴보자. 실제의 세탁기는 이보다 훨씬 더 복잡하겠지만 기본 개념을 파악하기에는 충분하다. 세탁기는 시작 버튼이 눌려지기

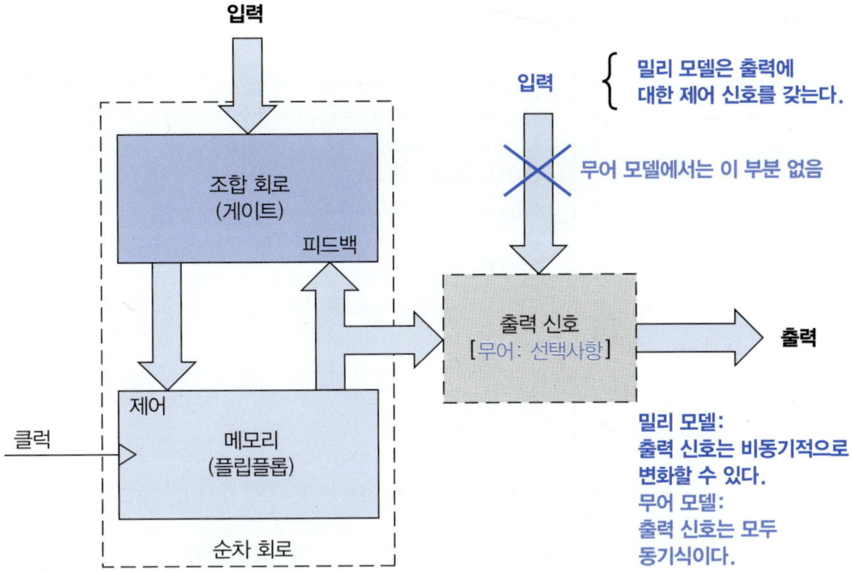

그림 7-59 카운터와 상태 기계에 대한 블럭도.

전까지 정지 상태에 있으며, 시작 버튼이 눌러지면 물통이 채워질 때까지 물이 흘러들어가고, 타이머가 종료되기까지 세탁통이 동작한다. 마지막으로 물이 다 소모될 때까지 세탁통은 돌아가고 나서 정지 상태로 돌아온다. 이 예의 요점은 2진수로 정의되지 않는 상태를 사용했다는 것이다. 카운터 변수의 이름은 *wash*이며, 이에 대한 상태는 *idle*, *fill*, *agitate*, *spin* 중 어느 하나가 된다.

AHDL로 기술된 상태 기계

그림 7-60의 AHDL 코드는 6, 7행에서 명명된 상태를 가지는 카운터를 선언하는 구문을 보이고 있다. 카운터의 이름은 *cycle*이고, AHDL에서 *cycle*을 상태 기계로 정의하기 위해 **MACHINE**이라는 핵심어가 사용된다. 명명된 상태를 만들기 위해 이 카운터에 필요한 비트 수는 컴파일러에 의해 결정된다. 7행에서 사용될 상태는 명명되나 각 상태에 대한 2진수는 컴파일러가 결정하도록 남겨 놓는다는 것을 유의하라. 설계자는 이 정도 수준에 신경쓸 필요 없다. 11~25행의 CASE 구조문과 27~33행에서 출력을 구동하는 디코딩 논리는 이름에 의해서 그 상태를 나타낸다. 이렇게 하면 AHDL 서술문을 읽기 쉽게 만들며, 컴파일러로 하여금 자유롭게 회로를 최소화시킬 수 있도록 한다. 만일 설계에서 상태 기계가 출력 포트에 연결될 필요가 있다면 6행은 아래와 같이 바뀔 수 있다.

```
cycle: MACHINE OF BITS (st[1..0])
```

출력 포트 *st[1..0]*는 SUBDESIGN 부분에 추가될 수 있다. 상태 기계의 가용한 2번째 선택 사항은 설계자가 각 상태에 2진수를 정의할 수 있다는 것이다. 이것은 7행을 아래와 같이 바꾸면 된다.

```
WITH STATES (idle = B"00", fill B"01", agitate = B"11",
spin = B"10");
```

그림 7-60 AHDL을 사용한 상태 기계 예.

```
SUBDESIGN fig7_60
(  clock, start, full, timesup, dry      :INPUT;
   water_valve, ag_mode, sp_mode         :OUTPUT;
)
VARIABLE
cycle:   MACHINE
          WITH STATES (idle, fill, agitate, spin);
BEGIN
cycle.clk = clock;

   CASE cycle IS
      WHEN idle =>IF start THEN cycle = fill;
                  ELSE     cycle = idle;
                  END IF;
      WHEN fill =>IF full THEN cycle = agitate;
                  ELSE     cycle = fill;
                  END IF;
      WHEN agitate => IF timesup THEN cycle = spin;
                  ELSE     cycle = agitate;
                  END IF;
      WHEN spin => IF dry THEN cycle = idle;
                  ELSE     cycle = spin;
                  END IF;
      WHEN OTHERS => cycle = idle;
   END CASE;

   TABLE
      cycle     => water_valve,     ag_mode,  sp_mode;
      idle      => GND,             GND,      GND;
      fill      => VCC,             GND,      GND;
      agitate   => GND,             VCC,      GND;
      spin      => GND,             GND,      VCC;
   END TABLE;
END;
```


VHDL로 기술된 상태 기계

그림 7-61의 VHDL 코드는 상태 이름을 가지는 카운터 선언을 위한 구문을 보이고 있다. 6행에서 데이터 객체는 *state_machine*이라는 이름으로 선언된다. TYPE라는 핵심어를 주목하라. 이것은 VHDL에서 **숫자열거형(enumerated type)**이라고도 불리며, 설계자는 기호명에 의하여 모든 가능한 값들을 나열하는데 신호, 변수, 포트는 허용되는 타입으로 선언된다. 6행에서 사용될 상태가 명명되지만, 각 상태에 대한 2진수는 컴파일러가 결정하도록 남겨두었다는 것을 유의하라. 설계자는 이 정도 수준에 관해 신경 쓸 필요가 없다. 12~29행에서 CASE 구조문과 31~ 36행에서 출력을 구동하는 디코딩 논리는 이름에 의해서 그 상태를 나타낸다. 이렇게 하면 VHDL 서술문을 읽기 쉽게 만들며, 컴파일러로 하여금 자유롭게 회로를 최소화시킬 수 있도록 한다.

```
ENTITY  fig7_61  IS
PORT (   clock, start, full, timesup, dry         :IN BIT;
      water_valve, ag_mode, sp_mode               :OUT BIT);
END fig7_61;
ARCHITECTURE  vhdl  OF  fig7_61  IS
TYPE  state_machine  IS  (idle, fill, agitate, spin);
BEGIN
   PROCESS (clock)
   VARIABLE  cycle              :state_machine;
   BEGIN
   IF (clock'EVENT  AND  clock = '1')  THEN
      CASE  cycle  IS
         WHEN idle =>
            IF start = '1' THEN       cycle := fill;
            ELSE                      cycle := idle;
            END IF;
         WHEN fill =>
            IF full = '1' THEN        cycle := agitate;
            ELSE                      cycle := fill;
            END IF;
         WHEN agitate =>
            IF timesup = '1' THEN     cycle := spin;
            ELSE                      cycle := agitate;
            END IF;
         WHEN spin =>
            IF dry = '1' THEN         cycle := idle;
            ELSE                      cycle := spin;
            END IF;
      END CASE;
   END IF;
   CASE  cycle  IS
      WHEN idle    =>  water_valve <= '0';  ag_mode <= '0';  sp_mode <= '0';
      WHEN fill    =>  water_valve <= '1';  ag_mode <= '0';  sp_mode <= '0';
      WHEN agitate =>  water_valve <= '0';  ag_mode <= '1';  sp_mode <= '0';
      WHEN spin    =>  water_valve <= '0';  ag_mode <= '0';  sp_mode <= '1';
   END CASE;
   END PROCESS;
END vhdl;
```

그림 7-61 VHDL을 사용한 상태 기계 예.

상태 기계의 시뮬레이션

HDL 설계를 확인하기 위하여 시뮬레이터를 사용한 결과가 그림 7-62에서 나타나 있다. 알테라 시뮬레이터를 사용하면 설계 모듈의 중간 노드도 시뮬레이션할 수 있다. *cycle*이라 명명된 "내장된" 상태 기계를 시뮬레이션에 포함하여 제대로 동작하는지 확인하였다. cycle에 대한 결과가 두 번 표시된 이유는 두 가지 HDL에 대하여 다르게 표시되기 때문이다. 시뮬레이터는 실제로 AHDL과 VHDL의 시뮬레이션을 동시에 보여줄 수는 없다. 두 번째 내장된 노드에 대한 정보는 단지 복사되어 이 그림에 붙여진 것이다. AHDL에서는 상태 기계 이름이 표시되며 VHDL에서는 컴파일러가 부여한 숫자열거형 상태 이름에 대한 값이 대신 표시된다.

교통 신호 제어장치의 상태 기계

좀 더 복잡한 교통 신호 제어등에 대한 상태 기계설계를 다루어 보자. 그림 7-63에 블럭도를 보이고 있다. 이 간단한 제어기는 주 도로와 덜 혼잡한 지선 도로의 교차로에서 교통량

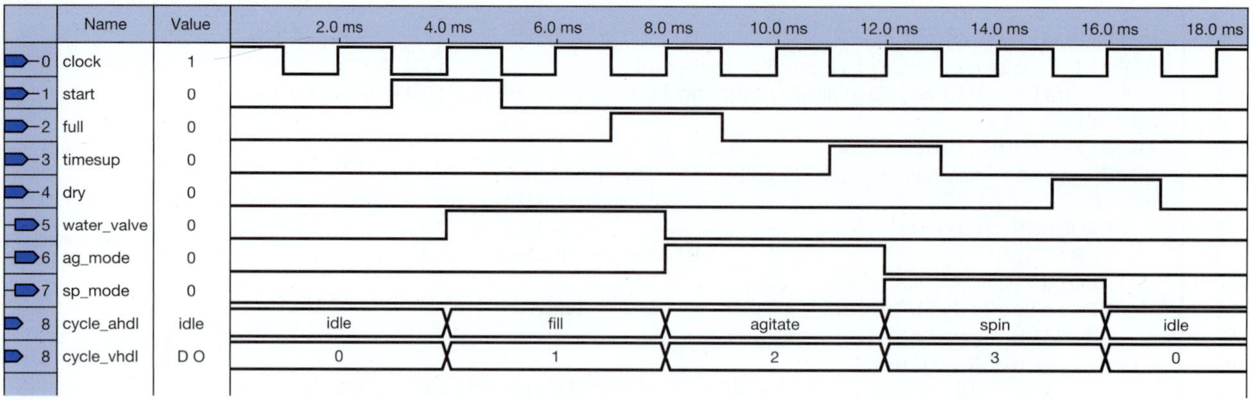

그림 7-62 세탁기의 상태 기계에 대한 HDL 설계의 시뮬레이션.

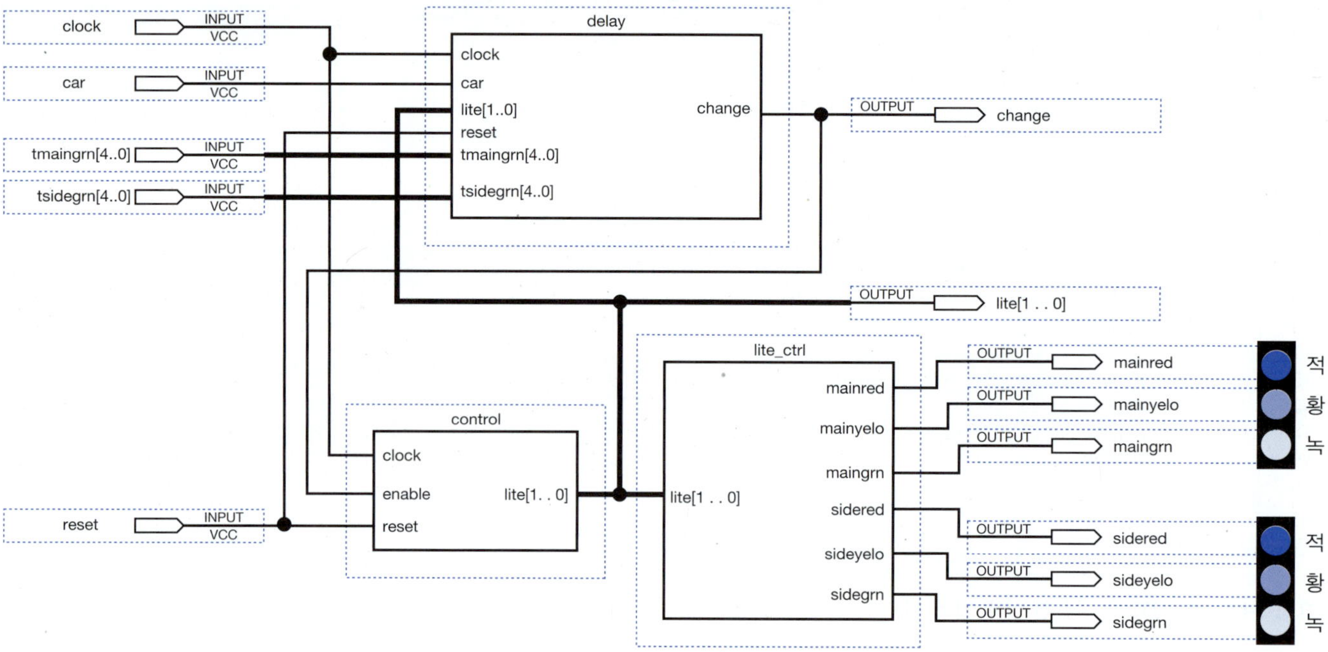

그림 7-63 교통 신호 제어등.

을 제어하기 위해 설계되었다. 지선 도로에 차가 있지 않으면(*car*로 명명된 입력 신호로 표시) 주 도로의 차량은 녹색 신호등에 의하여 정지되지 않고 계속 지나간다. *tmaingrn*으로 명명된 5비트 2진 입력으로 지정된 시간 지연 후에 주 도로의 신호등은 황색으로 변경된다. *tmaingrn*의 시간 지연은 신호등의 각 주기마다 녹색 신호에게 주어지는 최소한의 시간이다. 황색 신호등은 HDL설계시 지정된 고정 시간 값만큼 지속되고 그 다음에 적색으로 된다. 주 도로 신호등이 적색이면 지선 도로 신호등은 녹색이 된다. 지선 도로의 녹색 시간은 *tsidegrn*으로 명명된 5비트 2진 입력에 의해 설정된다. 다시 동일한 고정 시간 값만큼 황색 신호등이 지속되고 적색으로 변경되며 주 도로 신호등은 다시 녹색이 된다. 지연 모듈은 각 신호등의 시간 주기를 제어한다. 실제 시간 지연은 시스템 클럭 주기에 단위지역시간을 곱한 값이다. 제어 모듈은 교통 신호 제어기의 상태를 결정한다. 네 가지 신호등 조합이 있으며 주 도로 녹색/지선 도로 적색, 주 도로 황색/지선 도로 적색, 주 도로 적색/지선 도로 녹색, 그리고 주 도로 적색/지선 도로 황색—따라서 제어를 위해 4개의 상태가 필요하다.

교통 신호등 상태는 적절한 on-off 패턴을 신호등 6쌍에 대하여 발생하며 이는 lite_ctrl 모듈에서 수행된다. 출력 신호 *change*와 *lite*는 진단용으로 만들어졌다. *Reset*은 두 순차 회로 각각을 초기화하는 데 사용된다.

교통 신호 제어기의 AHDL

AHDL 교통 신호 제어기를 위한 3개의 설계 모듈이 그림 7-64에 보이고 있다. 이는 실제 3개의 분리된 설계 파일로 그림 7-63의 블럭도 설계처럼 서로 연결된다. 지연 모듈(1~23행)은 기본적으로 *mach*로 명명된 다운 카운터를 내장하고 있는데(20행), *mach*는 주 도로가 녹색 신호(*lite* = 0)일 때 0값에서 대기하고 있다가 차량 센서(13행) 트리거 신호에 의하여 14행에서 지연 요소 값 *tmaingrn*-1으로 저장된다. 카운터는 0을 향해 줄곧 감소하므로 각 지연도 값에서 1씩 감소하여 지연 카운터의 MOD 값이 지연 요소 값과 같도록 한다. 예를 들어 지연 요소 값이 25이면 카운터는 24부터 0까지 다운 카운트한다. 지연 요소 값으로 표현되는 실제 시간 길이는 클럭 주파수에 달려 있다. 1 Hz의 클럭 주파수의 경우, 주기는 1초이며 지연 요소는 초 단위가 된다. 22행에서는 *change*라고 명명된 출력 신호를 정의하며 이 신호는 *mach*가 1이 되는 때를 검출한다. 검사 조건이 참이면 *change*는 HIGH가 되며 이는 제어 모듈에서 상태 기계가 클럭이 발생할 때 다음 상태로(*lite* = 1) 될 수 있도록 허용하는 데에서 주 도로는 황색 신호등이 된다. 지연 카운터 *mach*가 다운 카운트하여 0에 도달하면, CASE문은 *lite*가 새로운 값을 가지며 황색 신호등을 위하여 고정된 시간 지연 요소 5(실제는 앞에서 논의한대로 5보다 하나 작은 수)를 다음 클럭에 *mach*(16행)에 저장한다. 카운트는 이 새로운 지연 시간 값부터 다운 카운트하여 *mach*가 1일 때, *change*는 다시 제어 모듈이 다음 상태로 갈 수 있도록(*lite* = 2) 허용하여 그 결과 지선 도로에 대하여 녹색신호가 되도록 한다. *mach*가 다시 0이 되면, 지선 도로의 녹색 신호에 대한 시간 지연(*tsidegrn*-1) 값이 다운 카운트에 저장된다(17행). *change* 값이 다시 활성화되면, *lite*는 지선 도로에 황색 신호를 만들기 위해 상태 3으로 된다. mach 값이 순환되어 18행에서 4(5-1)가 되며 이는 황색신호에 대한 고정된 시간 지연 값이다. 이번에 *change*가 활성화되면, 제어 모듈은 *lite* = 0 상태(주 도로에 녹색 신호)가 된다. 이번에는 *mach* 값이 감소하여 최종 값(0)이 되면 13~15행에서 센서 *car* 입력의 상태에 따라, 또 다른 차량을 기다릴 것인지, 아니면 주 도로의 녹색 신호의 지연 요소 값(*tmaingrn*-1)을 저장하고 주기를 다시 시작할 것인지를 결정한다. 지선 도로에 차량이 계속 이어진다 해도 주 도로는 최소한 이 시간 길이만큼 녹색 신호를 유지한다. 물론 이 설계를 개선할 수 있으나 그럴 경우 설계 또한 복잡해진다.

제어 모듈은(25~40행) *Light*가 명명된 상태 기계를 포함하고 있으며 이는 교통신호 제어등의 조합에 대한 4개의 상태를 순차적으로 거친다. 상태 기계의 비트들은 이름이 부여되고 이 모듈의 출력 모드로 연결된다(27, 29행). *period light*의 4개의 상태는 30행에서 *mgrn*, *myel*, *sgrn*, *syel*로 명명된다. 각 상태는 주 도로 또는 지선 도로 중 어느 길에 녹색 또는 황색 신호등이 켜지는 것을 표현한다. 녹색 또는 황색 신호가 켜지지 않는 다른길은 적색 신호등이 켜진다. 제어 모듈의 각 상태에 대한 값은 30행에서 지정되었으며, 이들은 다른 2개의 모듈, 즉 지연(delay) 모듈과 lite_ctrl 모듈(신호등 제어)에 대한 입력으로 정할 수 있다. *enable* 입력은 delay 모듈에서 만들어지는 *change* 출력와 연결된다. *enable* 신호가 허용되면 *light* 상태 기계는 클럭이 발생할 때마다 다음 신호 상태로 이동하며 이는 34~39행의 CASE와 반복된 IF 구문으로 서술된다. 그렇지 않으면 *light*는 현재 상태를 유지한다.

```
SUBDESIGN  delay
(  clock, car, lite[1..0], reset            :INPUT;
   tmaingrn[4..0], tsidegrn[4..0]           :INPUT;
   change                                   :OUTPUT;  )
VARIABLE
   mach[4..0]                               :DFF;
BEGIN
   mach[].clk = clock;                             -- with 1 Hz clock, times in seconds
   mach[].clrn = reset;
   IF  mach[] == 0  THEN
      CASE  lite[]  IS                             -- check state of light controller
         WHEN 0 =>
            IF  !car  THEN  mach[].d = 0;          -- wait for car on side road
            ELSE  mach[].d = tmaingrn[] - 1;       -- set time for main's green
            END IF;
         WHEN 1 => mach[].d = 5 - 1;               -- set time for main's yellow
         WHEN 2 => mach[].d = tsidegrn[] - 1;      -- set time for side's green
         WHEN 3 => mach[].d = 5 - 1;               -- set time for side's yellow
      END CASE;
   ELSE  mach[].d = mach[].q - 1;                  -- decrement timer counter
   END IF;
   change = mach[] == 1;                           -- change lights on control module
END;
-------------------------------------------------------------------------------
SUBDESIGN  control
(  clock, enable, reset    :INPUT;
   lite[1..0]              :OUTPUT;  )
VARIABLE
   light:    MACHINE OF BITS (lite[1..0])      -- need 4 states for light combinations
             WITH STATES (mgrn = B"00", myel = B"01", sgrn = B"10", syel = B"11");
BEGIN
   light.clk = clock;
   light.reset = !reset;           -- MACHINEs have asynchronous, active-high reset
   CASE  light  IS            -- wait for enable to change light states
      WHEN mgrn     =>    IF enable THEN light = myel;  ELSE light = mgrn;  END IF;
      WHEN myel     =>    IF enable THEN light = sgrn;  ELSE light = myel;  END IF;
      WHEN sgrn     =>    IF enable THEN light = syel;  ELSE light = sgrn;  END IF;
      WHEN syel     =>    IF enable THEN light = mgrn;  ELSE light = syel;  END IF;
   END CASE;
END;
-------------------------------------------------------------------------------
SUBDESIGN lite_ctrl
(  lite[1..0]                       :INPUT;
   mainred, mainyelo, maingrn       :OUTPUT;
   sidered, sideyelo, sidegrn       :OUTPUT;  )
BEGIN
   CASE lite[]       IS              -- determine which lights to turn on
      WHEN B"00"    =>    maingrn = VCC; mainyelo = GND; mainred = GND;
                          sidegrn = GND; sideyelo = GND; sidered = VCC;
      WHEN B"01"    =>    maingrn = GND; mainyelo = VCC; mainred = GND;
                          sidegrn = GND; sideyelo = GND; sidered = VCC;
      WHEN B"10"    =>    maingrn = GND; mainyelo = GND; mainred = VCC;
                          sidegrn = VCC; sideyelo = GND; sidered = GND;
      WHEN B"11"    =>    maingrn = GND; mainyelo = GND; mainred = VCC;
                          sidegrn = GND; sideyelo = VCC; sidered = GND;
   END CASE;
END;
```

그림 7-64 교통 신호 제어기를 위한 AHDL 설계 파일.

신호등 제어(lite_ctrl) 모듈(42~57행)은 *lite[1...0]*를 입력으로 받아들이는데 이 입력은 제어 모듈의 *light* 상태 기계의 상태를 나타내며, 주 도로와 지선 도로에 대하여 녹색, 황색, 적색 신호등을 적절히 조합하여 점등하는 신호를 출력한다. 신호등 제어(lite_ctrl) 모듈의 각각의 출력은 실제로 전등 구동 회로에 연결되어 교통 신호등의 실제 전등에 필요한 높은 전압과 전류를 제어한다. 47~55행의 CASE 구문은 *light*의 각 상태에 따라 주 도로/지선 도로에 어떤 신호등 조합을 점등할지를 결정한다. 신호등 제어(lite_ctrl) 모듈의 기능은 디코더와 매우 유사하다. 이는 *lite*의 각 상태의 조합을 디코드하여 한쪽 길에는 녹색 또는 황색 등을 점등하고 다른 길에는 적색 등을 점등한다. 각 입력 상태마다 특유의 출력 조합이 만들어진다.

교통 신호등 제어기의 VHDL

교통 신호등 제어기의 VHDL 설계는 그림 7-65에서 보여진다. 상위레벨의 설계는 1~34행에서 구조적으로 서술되었다. 3개의 COMPONENT 모듈이 선언되었다(10~24행). PORT MAP에서는 각 모듈과 상위레벨의 설계 사이의 상호연결을 26~33행과 같이 보여준다.

지연 모듈(36~66행)은 기본적으로 정수 변수 *mach*로 만들어진 다운 카운트를 내장하고 있는데 *mach*는 주 도로가 녹색 신호(*lite* = "00")일 때 0 값에서 대기하고 있다가 차량 센서(52행)에 의하여 트리거되어 53행에서 지연 요소 값 *tmaingrn*-1으로 저장된다. 카운터는 0을 향해 줄곧 감소하므로, 각 지연 요소 값에서 1씩 감소하여 지연 카운터의 MOD 값이 지연 요소 값과 같도록 만든다. 예를 들어 지연 요소 값이 25이면 카운터는 24부터 0까지 다운 카운트한다. 지연 요소 값으로 표현되는 실제 시간 길이는 클럭 주파수에 달려 있다. 1 Hz의 클럭 주파수의 경우, 주기는 1초이며, 지연 요소는 초 단위가 된다. 62~64행은 *change*라고 하는 출력 신호를 정의하는데 이 신호는 *mach*가 1이 되는 때를 검출한다. 검사 조건이 참이면 *change*는 HIGH가 되며 이는 제어 모듈에서 클럭이 발생할 때 상태 기계가 다음 상태 (*lite* = "00")가 되도록 허용하는데, 이 상태에서 주 도로는 황색 신호등이 된다. *mach*가 0이 되면, CASE문에서 *lite*가 새로운 값을 가지며 황색 신호등을 위하여 고정된 시간 지연 요소 5(실제는 앞에서 논의한 대로 이보다 하나 작은 수)를 다음 클럭에 *mach*(55행)에 저장한다. 카운트는 이 새로운 지연시간 값부터 다운 카운트하여 *change*는 다시 제어 모듈이 다음 상태로 살 수 있도록(*lite* = "00") 허용하여 그 결과 지선 도로에 대하여 녹색 신호가 되도록 한다. *mach*가 다시 0이 되면, 지선 도로의 녹색 신호등에 대한 시간 지연(*tsidegrn*-1) 값이 다운 카운터에 저장된다(56행). *change* 값이 다시 활성화되면, *lite*는 지선 도로에 황색 신호를 만들기 위해 "11"로 된다. *Mach* 값이 순환되어 57행에서 4(5-1)가 되는데 이는 황색 신호에 대한 고정된 시간 지연 값이다. 이번에 *change*가 활성화되면, 제어 모듈은 *lite* = "00" 상태(주 도로에 녹색 신호)가 된다. 이번에는 *mach* 값이 감소하여 최종 값(0)이 되면, 52~54행에서 *car* 센서 입력의 상태에 따라, 또 다른 차량을 기다릴 것인지, 아니면 주 도로의 녹색 신호의 지연 요소 값(*tmaingrn*-1)을 저장하고 주기를 다시 시작할 것인지를 결정한다. 지선 도로에 차량이 계속 이어진다 해도 주 도로는 최소한 이 시간 길이만큼 녹색신호를 유지한다. 물론 이 설계를 개선할 수 있으나 그럴 경우 설계 또한 복잡해진다. 제어 모듈(68~96행)은 *light*와 명명된 상태 기계를 포함하고 있으며 이는 교통 신호 제어등의 조합에 대한 4개의 상태를 순차적으로 거친다. *lights*의 네 가지 상태는 *mgrn*, *myel*, *sgrn*, *syel*이다(73, 76행). 각 상태는 주 도로 또는 지선 도로 중 어느 길에 녹색 또는 황색 신호등이 켜지는 것을 표현한다. 녹

```
ENTITY  traffic  IS
PORT  (   clock, car, reset                   :IN BIT;
          tmaingrn, tsidegrn                  :IN INTEGER RANGE 0 TO 31;
          lite                                :BUFFER INTEGER RANGE 0 TO 3;
          change                              :BUFFER BIT;
          mainred, mainyelo, maingrn          :OUT BIT;
          sidered, sideyelo, sidegrn          :OUT BIT);
END traffic;
ARCHITECTURE  toplevel OF  traffic  IS
COMPONENT delay
   PORT ( clock, car, reset                   :IN BIT;
          lite                                :IN INTEGER RANGE 0 TO 3;
          tmaingrn, tsidegrn                  :IN INTEGER RANGE 0 TO 31;
          change                              :OUT BIT);
END COMPONENT;
COMPONENT control
   PORT ( clock, enable, reset                :IN BIT;
          lite                                :OUT INTEGER RANGE 0 TO 3);
END COMPONENT;
COMPONENT lite_ctrl
   PORT ( lite                                :IN INTEGER RANGE 0 TO 3;
          mainred, mainyelo, maingrn          :OUT BIT;
          sidered, sideyelo, sidegrn          :OUT BIT);
END COMPONENT;
BEGIN
module1:  delay      PORT MAP (clock => clock, car => car, reset => reset,
                     lite => lite, tmaingrn => tmaingrn, tsidegrn => tsidegrn,
                     change => change);
module2:  control    PORT MAP (clock => clock, enable => change, reset => reset,
                     lite => lite);
module3:  lite_ctrl  PORT MAP (lite => lite, mainred => mainred, mainyelo => mainyelo,
                     maingrn => maingrn, sidered => sidered, sideyelo => sideyelo,
                     sidegrn => sidegrn);
END toplevel;
-------------------------------------------------------------------------------------
ENTITY  delay  IS
PORT  (   clock, car, reset          :IN BIT;
          lite                       :IN BIT_VECTOR (1 DOWNTO 0);
          tmaingrn, tsidegrn         :IN INTEGER RANGE 0 TO 31;
          change                     :OUT BIT);
END delay;
ARCHITECTURE  time  OF delay  IS
BEGIN
   PROCESS (clock, reset)
   VARIABLE  mach                    :INTEGER RANGE 0 TO 31;
   BEGIN
   IF  reset = '0'  THEN  mach := 0;
   ELSIF (clock = '1' AND clock'EVENT)  THEN   -- with 1 Hz clock, times in seconds
      IF mach = 0  THEN
         CASE lite  IS
            WHEN "00"
               IF car = '0'  THEN  mach := 0;          -- wait for car on side road
               ELSE                mach := tmaingrn - 1;  -- set time for main's green
               END IF;
            WHEN "01"    =>    mach := 5 - 1;          -- set time for main's yellow
            WHEN "10"    =>    mach := tsidegrn - 1;   -- set time for side's green
            WHEN "11"    =>    mach := 5 - 1;          -- set time for side's yellow
         END CASE;
      ELSE  mach := mach - 1;                          -- decrement timer counter
      END IF;
   END IF;
```

그림 7-65 교통 신호등 제어기를 위한 VHDL 설계.

```
    IF  mach = 1  THEN  change <= '1';                  -- change lights on control
    ELSE  change <= '0';
    END IF;
    END PROCESS;
END time;
-------------------------------------------------------------------------------------
ENTITY  control  IS
PORT  (   clock, enable, reset      :IN BIT;
          lite                      :OUT BIT_VECTOR (1 DOWNTO 0));
END control;
ARCHITECTURE  a  OF  control  IS
TYPE  enumerated  IS (mgrn, myel, sgrn, syel); -- need 4 states for light combinations
BEGIN
    PROCESS (clock, reset)
    VARIABLE  lights :enumerated;
    BEGIN
       IF  reset = '0'  THEN  lights := mgrn;
       ELSIF (clock = '1' AND clock'EVENT)  THEN
           IF  enable = '1'  THEN               -- wait for enable to change light states
               CASE  lights  IS
                   WHEN  mgrn        =>      lights := myel;
                   WHEN  myel        =>      lights := sgrn;
                   WHEN  sgrn        =>      lights := syel;
                   WHEN  syel        =>      lights := mgrn;
               END CASE;
           END IF;
       END IF;
       CASE  lights  IS                         -- patterns for light states
           WHEN  mgrn =>   lite <= "00";
           WHEN  myel =>   lite <= "01";
           WHEN  sgrn =>   lite <= "10";
           WHEN  syel =>   lite <= "11";
       END CASE;
    END PROCESS;
END a;
-------------------------------------------------------------------------------------
ENTITY  lite_ctrl  IS
PORT  (  lite                            :IN BIT_VECTOR (1 DOWNTO 0);
         mainred, mainyelo, maingrn      :OUT BIT;
         sidered, sideyelo, sidegrn      :OUT BIT);
END lite_ctrl;
ARCHITECTURE  patterns  OF  lite_ctrl  IS
BEGIN
    PROCESS (lite)
    BEGIN
    CASE  lite  IS   -- control state determines which lights to turn on/off
        WHEN "00" => maingrn <= '1';     mainyelo <= '0';     mainred <= '0';
                     sidegrn <= '0';     sideyelo <= '0';     sidered <= '1';
        WHEN "01" => maingrn <= '0';     mainyelo <= '1';     mainred <= '0';
                     sidegrn <= '0';     sideyelo <= '0';     sidered <= '1';
        WHEN "10" => maingrn <= '0';     mainyelo <= '0';     mainred <= '1';
                     sidegrn <= '1';     sideyelo <= '0';     sidered <= '0';
        WHEN "11" => maingrn <= '0';     mainyelo <= '0';     mainred <= '1';
                     sidegrn <= '0';     sideyelo <= '1';     sidered <= '0';
    END CASE;
    END PROCESS;
END patterns;
```

그림 7-65 (계속)

색 또는 황색 신호등이 켜지지 않는 길에는 녹색 신호등이 켜진다. *enable* 입력은 지연 모듈에서 만들어진 *change* 출력 신호와 연결된다. *enable* 신호가 허용되면 *light* 상태 기계는 클럭이 발생할 때마다 다음 상태로 이동하며 이는 79~88행의 반복된 IF와 CASE 구문으로 서술된다. 그렇지 않으면 *light*는 현재 상태를 유지한다. 89~94행의 CASE문에서 *lights*의 각각의 상태에 따라 출력 포트 *lite*의 비트 형태가 정해지며 이는 다른 두 모듈 지연(delay)과 신호등 제어(lite_ctrl) 모듈에 대한 입력으로 정할 수 있다.

신호등 제어 모듈(98~118행)은 *lite*를 입력으로 받아들이는데, 이 입력은 제어 모듈의 *light* 상태 기계의 상태를 나타내며 주 도로와 지선 도로에 대하여 녹색, 황색, 적색 신호등을 적절히 조합하여 점등하는 신호를 출력한다. 신호등 제어 모듈의 각각의 출력은 실제로 전등 구동 회로에 연결되어 교통 신호등의 실제 전등에 필요한 높은 전압과 전류를 제어한다. 107~116행의 CASE구문은 *lite* 입력이 변할 때 구동되는데 *lights*의 각 상태에 따라 주 도로/지선 도로에 어떤 신호등 조합을 점등할지를 결정한다. 신호등 제어 모듈의 기능은 디코더와 매우 유사하다. 이는 *lite*의 각 상태의 조합을 디코드하여 한쪽 길에는 녹색 또는 황색등을 점등하고 다른 길에는 적색 등을 점등한다. 각 입력 상태마다 특유의 출력 조합이 만들어진다.

HDL 코딩 방식 선택

논리 회로를 서술하는 데 왜 이렇게 많은 방법이 있는가 하는 의문을 가질 것이다. 어떤 방법이 다른 것보다 쉽다면 그 쉬운 방법만 익히면 되는 것 아닌가? 그렇지 않다. 경우에 따라서는 각각의 축약 레벨이 다른 방법에 비해 장점이 있기도하기 때문이다. 구조적 방법은 상호연결을 통하여 가장 완전한 제어를 제공한다. 부울 공식, 진리표, 현재 상태/다음 상태 표는 HDL을 사용하여 데이터가 회로를 흘러가는 경로를 서술할 수 있도록 한다. 마지막으로 행동적 방법은 회로의 동작을 원인과 결과로 더 함축하여 서술할 수 있다는 것이다. 실제로, 각각의 소스 파일(source)은 각각 함축되는 레벨에 따라 분류될 수 있는 부분이 있다. 코드를 작성할 때 적절한 레벨을 선택한다는 것은 옳고 그름의 문제가 아니라 스타일과 선호도의 문제이다.

어떤 과제를 해결하는데 있어서 제어 구조를 선택하는 관점에서도 역시 몇 가지 방법이 있다. 선택된 신호 할당과 부울 공식 중 어느 것을 사용할 것인지, IF/ELSE와 CASE 중 어느 것을 사용할 것인지, 순차 프로세서와 동시 구문 중 어느 것을 사용할 것인지, 매크로함수 또는 메가함수 중 어느 것을 사용할 것인지 등을 선택해야 한다. 우리가 직접 코드를 작성해야 하는가? 이들 질문에 대한 대답은 궁극적으로 여러분 자신의 문제를 푸는 개인적 방식에 달려 있다. 어느 방법이 더 좋은지에 대한 판단력은 수많은 실무와 경험을 통해서 얻게 될 것이다.

학습성과 평가문제

1. 카운터와 상태 기계의 근본적인 차이점은 무엇인가?
2. HDL로 카운터를 서술하는 것과 상태 기계를 서술하는 데 있어서의 차이점은 무엇인가?
3. 상태 기계의 실제 2진 상태가 HDL 코드에서 정의되지 않으면 어떻게 이들의 값을 지정할 것인가?
4. 상태 기계 서술법을 사용하는 장점은 무엇인가?

파트 1 요약

1. 비동기식(리플) 카운터에서 클럭 신호는 LSB 플립플롭의 클럭 단자에 인가되고, 나머지 모든 플립플롭의 클럭 단자에는 앞 단 플립플롭의 출력이 연결된다.
2. 카운터의 MOD 수는 계수 주기 내의 안정된 상태의 개수이며, 또한 최대 주파수 분주율(maximum frequency-division ratio)과 같다.
3. 카운터의 일반적인(최대) 모드 수는 2^N이며, 카운터의 모드 수를 바꾸는 한 방법은 카운터가 마지막 계수 값에 도달하기 전에 한 주기를 순환하는 회로를 추가하는 것이다.
4. 카운터는 계수 범위와 주파수 분주율을 더 크게 하기 위하여 다단계로 연결하여 사용할 수 있다.
5. 동기식(병렬) 카운터에서 모든 플립플롭들은 입력 클럭 신호에 의하여 동시에 클럭 신호를 받는다.
6. 비동기식 카운터의 최대 클럭 주파수 f_{max}는 비트 수가 증가함에 따라 감소하고, 동기식 카운터의 최대 클럭 주파수 f_{max}는 비트 수에 관계없이 항상 일정하다.
7. 10진 카운터는 MOD-10 카운터이고, BCD 카운터는 10개의 BCD 코드(0~9)를 계수로 하는 10진 카운터이다.
8. 프리셋 기능을 갖는 카운터는 임의의 원하는 초기 계수 값을 저장할 수 있다.
9. 업/다운 카운터는 업 카운트 동작 또는 다운 카운트 동작을 하도록 명령할 수 있다.
10. 카운터의 모든 상태 또는 임의의 상태를 검출하기 위해 논리 게이트들이 추가되어 사용될 수 있다.
11. 동기식 카운터의 계수 순차는 현재 상태/다음 상태 표를 사용하면 쉽게 결정되며 이 표는 모든 가능한 상태, 플립플롭의 입력 제어 정보, 그리고 그에 따른 다음 상태 목록을 나열하고 있다.
12. 임의의 계수 순차를 갖는 동기식 카운터는 표준화된 설계 과정에 의해 구현될 수 있다.
13. 카운터는 MegaWizard Manager를 이용하여 LPM_COUNTER megafunction을 사용하든지 HDL을 사용한 동작 표현으로 쉽게 구현할 수 있다.
14. 여러 가지 표준 IC들이 가지고 있는 기능들, 즉 비동기식 또는 동기식 저장, 클리어, 카운트 허용, 최종 계수 디코딩 등은 HDL을 사용하여 기술할 수 있다. HDL 카운터는 더 큰 MOD 값을 갖거나 제어를 위한 활성 레벨을 변경하기 위해 쉽게 변경 가능하다.
15. 디지털 시스템은 더 작은 모듈 또는 블럭으로 나누어질 수 있는데 이들 모듈과 블럭들은 계층적 설계법으로 서로 연결될 수 있다.
16. 상태 기계는 상태의 숫자적 순차보다는 오히려 각 상태를 서술하는 이름을 사용하여 HDL로 표현될 수 있다.

파트 1 주요 용어

계층적 설계(hierarchical design)
과도 상태 (transient state)
글리치, 순간변동(glitch)
다단연결(cascading)
다단 카운터(multistage counter)
다운카운터(down counter)
동기식 카운터(synchronous counter)
동작적 수준 추상화(behavioral level of abstraction)
듀티 사이클 (duty cycle)
디코딩(decoding)
리플 카운터(ripple counter)

모드 수(MOD number)
병렬 저장(parallel load)
비동기식 카운터(asynchronous ripple counter)
상태 기계(state machine)
순차 회로 설계(sequential circuit design)
십진 카운터(decade counter)
업/다운 카운터(up/down counter)
업카운터(up counter)
열거형(enumerated type)
자가교정 카운터(self-correcting counter)
카운트 허용(count enable)
프리셋 카운터(presettable counter)
현재 상태/다음 상태 표(PRESENT state/NEXT state table)
회로 여기표(circuit excitation table)
BCD 카운터(BCD counter)
J-K 여기표(J-K excitation table)
LPM_COUNTER
MACHINE
Mearly 모델(Mearly Model)
Moore 모델(Moore Model)
VARIABLE

파트 2

7-15 레지스터 데이터 전송

학습성과

이 절을 학습함으로써 다음을 할 수 있다.

- 레지스터 전송을 위한 입출력 모드 분류

레지스터는 데이터가 레지스터에 저장되는 방법과 데이터가 레지스터로부터 출력되는 방법에 따라서 아래와 같이 4가지로 분류된다. 그림 7-66은 이들에 대한 회로를 나타내고 있다.

1. 병렬 입력/병렬 출력(PIPO)
2. 직렬 입력/직렬 출력(SISO)
3. 병렬 입력/직렬 출력(PISO)
4. 직렬 입력/병렬 출력(SIPO)

레지스터를 통한 직렬 데이터의 흐름을 시프팅이라 한다. 그리고 데이터는 왼쪽 또는 오른쪽으로 시프팅된다. 직렬 출력 데이터가 동일한 레지스터의 직렬 입력으로 궤환되는 경우를 데이터 순환이라 한다. 병렬 입력은 레지스터의 로드(load)로 종종 기술된다. 어플리케이션에 따라 적절한 레지스터를 선택하면 된다.

7-16 레지스터 IC

학습성과

이 절을 학습함으로써 다음을 할 수 있다.

- 레지스터 동작을 위한 공통 제어 정의
- 입력들의 조합에 대한 출력 예측
- 타이밍도를 사용한 레지스터 동작 표현
- 각 레지스터 구성을 위한 기능 블럭을 플립플롭과 제어로직 군으로 분해

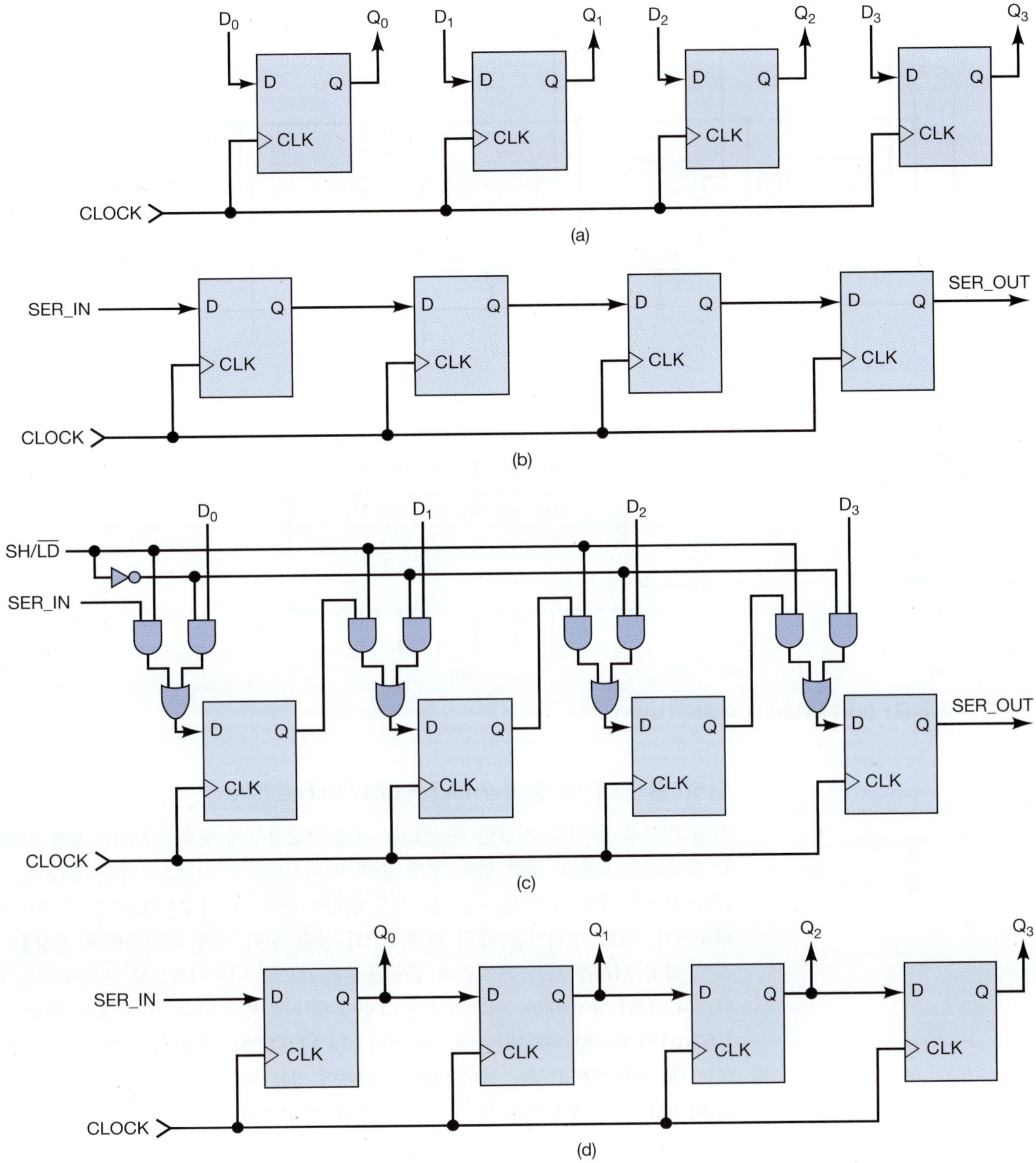

그림 7-66 데이터 전송 회로: (a) PIPO. (b) SISO. (c) PISO. (d) SIPO.

그동안 많은 표준 레지스터 IC들이 개발되어 왔다. 데이터 흐름의 분류에 따라 다양한 레지스터가 있으며 더 큰 사이즈의 레지스터를 생성하기 위해 몇 개가 서로 연결될 수도 있다. 논리 회로 설계자들은 주어진 어플리케이션에 대해서 요구되는 것이 무엇인지 정확히 파악해야 한다. 그러면 데이터 흐름에 따른 분류에 따라 대표적인 IC들에 대해서 살펴보도록 하자.

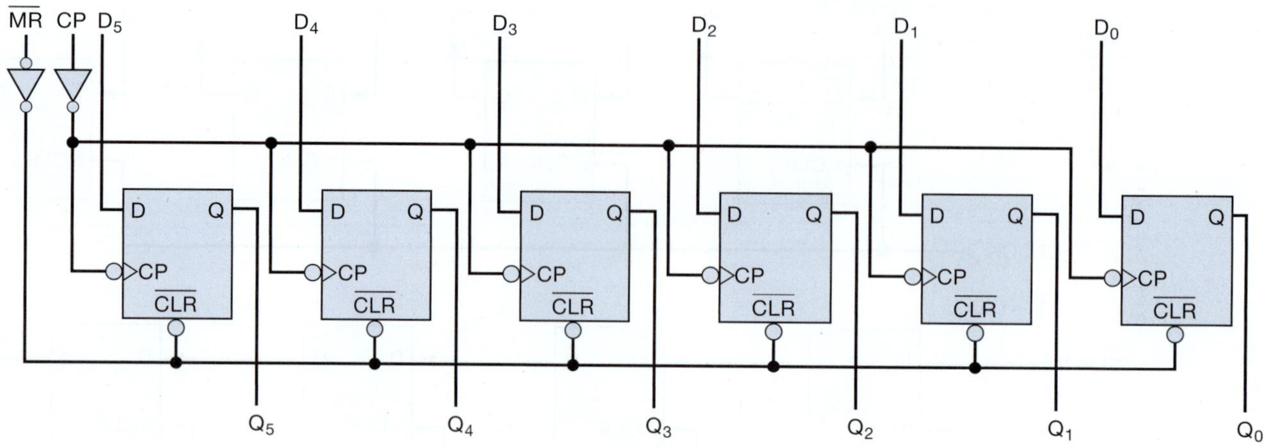

(a)

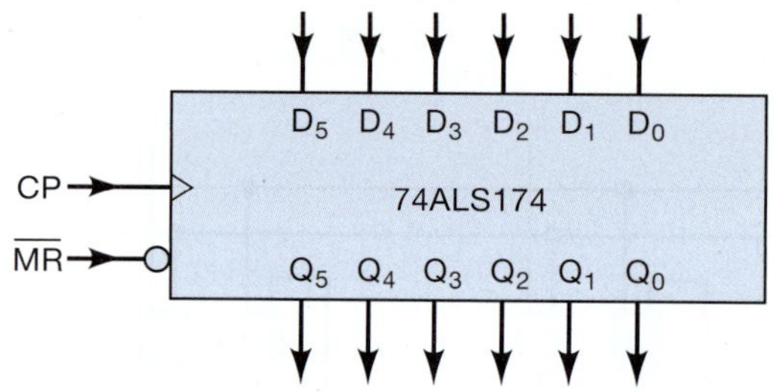

(b)

그림 7-67 (a) 74ALS174 회로도. (b) 논리 기호.

병렬 입력/병렬 출력-74ALS174/74HC174

여러 비트를 동시에 저장할 수 있고, 저장된 2진수의 모든 비트를 직접 사용할 수 있는 플립플롭 모음을 **병렬 입력/병렬 출력** 레지스터라고 한다. 그림 7-67(a)는 병렬 입력(D_0~D_5)과 병렬 출력(Q_0~Q_5)을 가진 6비트 레지스터인 74ALS174(74HC174)의 논리도이다. 병렬 데이터는 클럭 입력 CP의 상승 천이 때에 레지스터에 저장된다. 마스터 리셋 입력 $\overline{MR}$은 모든 레지스터 플립플롭을 0으로 비동기적으로 초기화하는 데 이용된다. 74ALS174에 대한 논리 기호는 그림 7-67의 (b)와 같다. 이 기호는 회로도에서 그림 7-67(a)의 회로를 나타내는 데 사용된다. 74ALS174는 동기식 병렬 데이터 전송에 사용하는 데, 클럭 CP의 상승 천이 때에 D 입력에 있는 논리 신호가 출력 Q로 전송된다. 그러나 이 IC는 다음에 보이는 몇 개의 예와 같이 직렬 데이터 전송을 위해 사용되기도 한다.

예제 7-18

74ALS174를 어떻게 연결하여야 CP의 각 상승 천이 때에 다음과 같은 데이터 이동을 하는 직렬 시프트 레지스터로 동작하는지 보여라. 다시 말해 직렬 데이터가 D_5로 입력되고 Q_0으로 출력되도록 하라.

$$\text{직렬 입력} \rightarrow Q_5 \rightarrow Q_4 \rightarrow Q_3 \rightarrow Q_2 \rightarrow Q_1 \rightarrow Q_0$$

풀이

그림 7-67(a)의 회로에서 각 플립플롭의 6개의 플립플롭이 직렬 시프트 레지스터로 동작하기 위하여 Q 출력을 다음의 D 입력에 연결하여 결선하면 데이터가 원하는 형태로 전송된

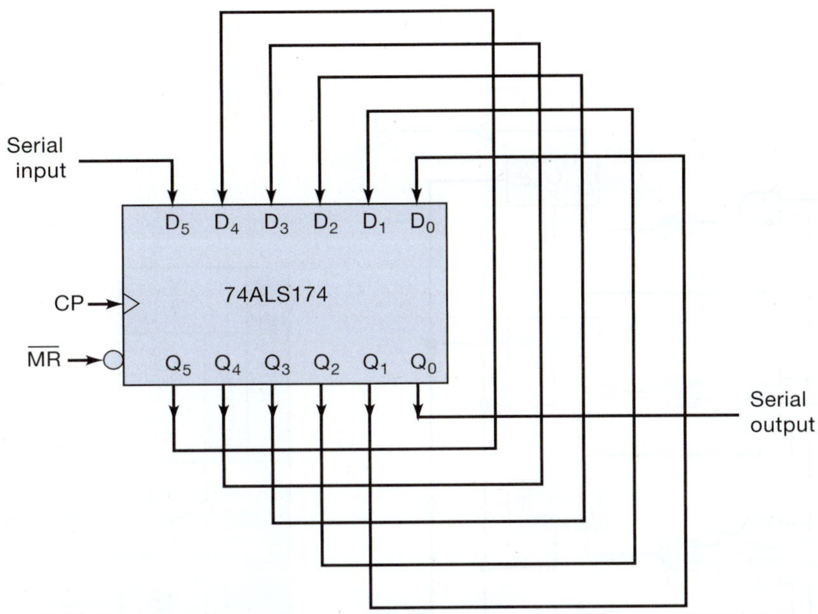

그림 7-68 예제 7-18 시프트 레지스터로 결선된 74ALS174.

다. 그림 7-68에 이에 대한 결선도를 나타내었다. 그림에서 데이터가 입력 D_5에 인가되면 왼쪽에서 오른쪽으로 데이터가 이동하여 출력이 Q_0에 나타난다.

예제 7-19

2개의 74ALS174를 어떻게 연결하여야 12비트 시프트 레지스터로 동작시키는가?

풀이

두 번째의 74ALS174 IC를 시프트 레지스터로 연결한다. 이때 첫 번째 IC의 Q_0을 두번째 IC의 D_5에 연결한다. 또한 두 IC의 *CP* 입력을 함께 연결하여 동일한 신호에 동작하도록 한다. MR 입력도 같이 연결하여 비동기 리셋으로 사용되도록 한다.

직렬 입력/직렬 출력-74ALS166/74HC166

직렬 입력/직렬 출력 시프트 레지스터는 한 번에 한 비트씩 데이터가 저장된다. 매 클럭 펄스 때마다 데이터는 한 비트씩 플립플롭들을 통과하여 레지스터의 다른 쪽 끝으로 이동한다. 계속 클럭이 발생하면, 데이터는 처음에 저장되는 순서대로 한 번에 한 비트씩 레지스터를 빠져나간다. 74HC166(74ALS166 역시)는 직렬 입력/직렬 출력 레지스터로 사용될 수 있다. 74HC166의 논리도와 회로 기호가 그림 7-69에 나타나 있다. 이는 8비트 시프트 레지스터로 플립플롭 QH만 사용 가능하다. 직렬 데이터는 *SER*로 입력되며 플립플롭 QA에 저장된다. 직렬 출력은 시프트 레지스터의 다른 편 끝인 Q_H에서 얻어진다. 이 시프트 레지스터에 대한 그림 7-69(c)의 기능표에서 볼 수 있듯이 병렬 데이터를 동기식으로 저장할 수도 있다. $SH/\overline{LD}$ = 1이면 레지스터 기능은 직렬 시프트 기능이며 LOW이면 *A*부터 *H* 입력을 통해 병렬 데이터를 저장한다. *CLK INH* 제어 입력에 HIGH를 인가하면 동기식 직렬 시프트 기능과 병렬 저장 기능이 금지(불가)된다. 이 레지스터는 활성 상태가 LOW이며 비동기식인 클리어 입력($\overline{CLR}$)도 가지고 있다.

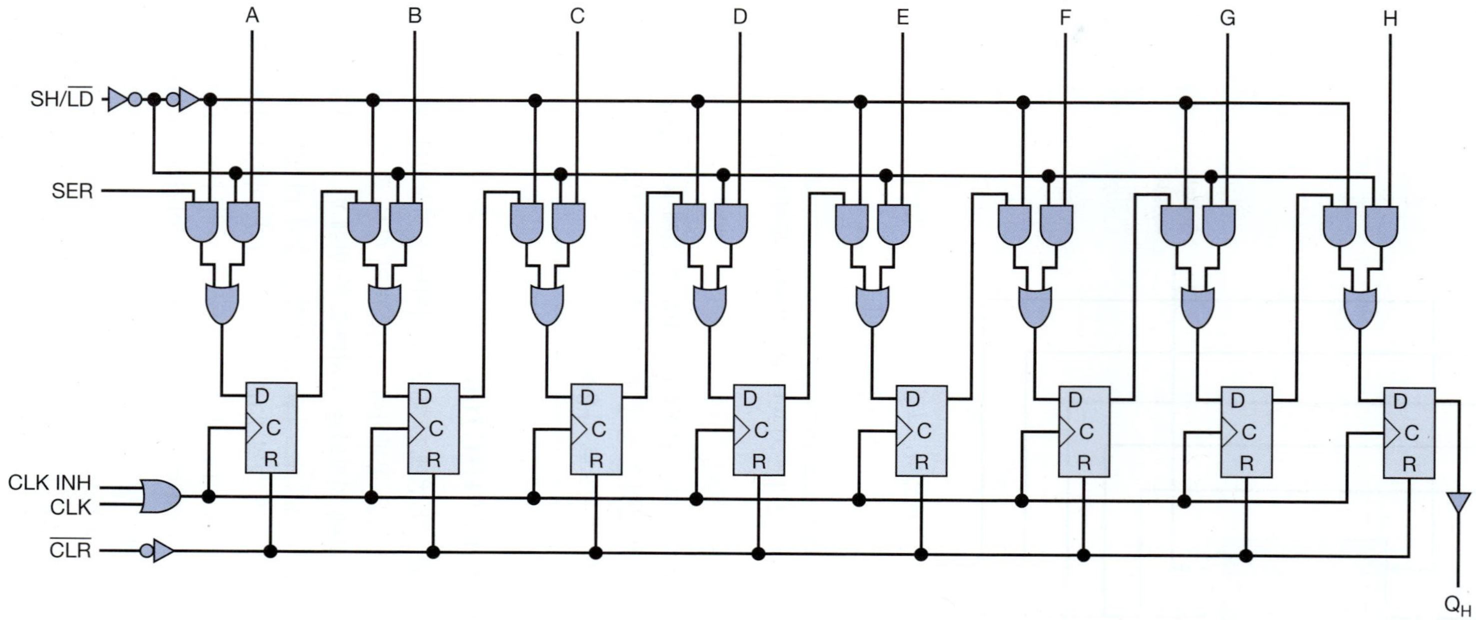

(a)

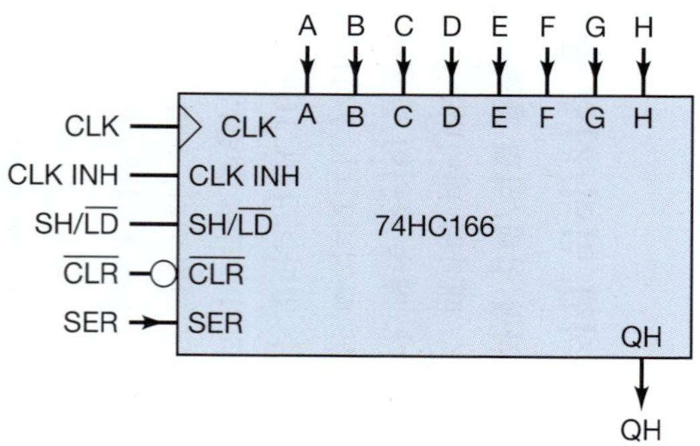

(b)

INPUTS						OUTPUTS		
						INTERNAL		
$\overline{CLR}$	SH/$\overline{LD}$	CLK INH	CLK	SER	PARALLEL A . . . H	Q_A	Q_B	Q_H
L	X	X	X	X	X	L	L	L
H	X	L	L	X	X	Q_{A0}	Q_{B0}	Q_{H0}
H	L	L	↑	X	a . . . h	a	b	h
H	H	L	↑	H	X	H	Q_{An}	Q_{Gn}
H	H	L	↑	L	X	L	Q_{An}	Q_{Gn}
H	X	H	↑	X	X	Q_{A0}	Q_{B0}	Q_{H0}

(c)

그림 7-69 (a) 74HC166의 회로도. (b) 논리 기호. (c) 기능표.

그림 7-70 예제 7-20

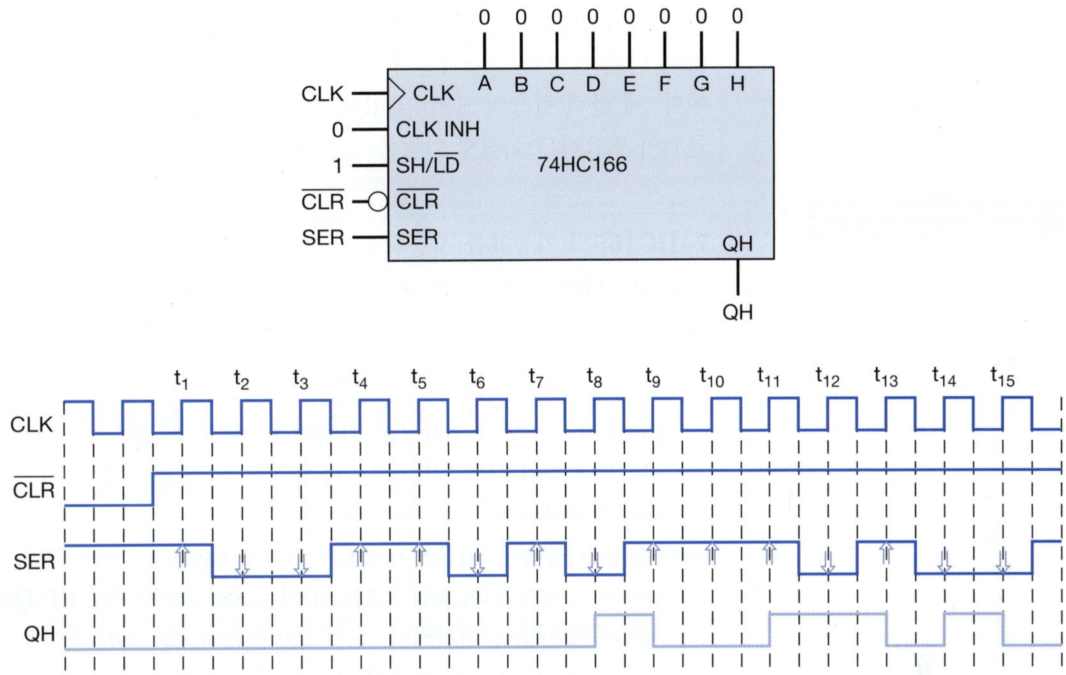

예제 7-20

시프트 레지스터는 종종 디지털 신호를 클럭 사이클의 정수만큼 지연시키는 방법으로 사용된다. 디지털 신호는 시프트 레지스터의 직렬 입력에 인가되고 연속되는 클럭 펄스에 의하여 시프트 레지스터를 직렬 이동하며 통과하여 시프트 레지스터의 끝에 도달하여 출력 신호가 된다. 이런 식으로 디지털 신호를 지연시키는 효과는 디지털 통신분야에서는 통상적이다. 예를 들어 오디오 신호를 디지털화한 것을 디지털 신호로 하여 이것이 전송되기 전에 지연시키는 것이다. 그림 7-70의 입력 파형이 74HC166에 인가된다. 출력 결과의 파형을 구하라.

풀이

*QH*는 LOW에서 시작한다. 이유는 타이밍도의 초기에 비동기식 $\overline{CLR}$ 입력에 LOW를 인가함으로 모든 플립플롭이 초기에 클리어되기 때문이다. t_1에 시프트 레지스터는 *SER*에 인가된 현재 비트 값을 입력한다. 이는 QA에 저장된다. t_2에 첫 번째 비트가 QB로 이동하고 *SER*의 두 번째 비트가 QA에 저장된다. t_3에 첫 번째 비트는 QC로 이동하고 *SER*의 세 번째 비트가 QA에 저장된다. 첫 번째 데이터 입력 비트는 마지막으로 t_8에 *QH*에 출력에 보여준다. *SER*에 이어지는 입력 비트는 여덟 클럭 사이클이 지연되어 *QH*에 나타난다.

병렬 입력/ 직렬 출력-74ALS165/74HC165

74HC165에 대한 논리 기호를 그림 7-71(a)에 나타내었다. 이 IC는 8비트 **병렬 입력/직렬 출력** 레지스터이다. 이것은 D_S를 통해 직렬 데이터를 입력하고 P_0~P_7을 통하여 병렬 데이터가 입력된다. 이 레지스터는 8개의 플립플롭 Q_0~Q_7을 가지며 이들은 내부적으로 시프트 레지스터로 연결되어 있으며 외부에서 사용 가능한 플립플롭 출력은 Q_7과 $\overline{Q}_7$뿐이다. *CP*는 시프트 동작을 위해 사용되는 클럭이다. 클럭 금지 입력(*CP INH*)는 *CP* 입력의 효력을 차단하는 데 사용한다. 시프트/로드 입력(*SH*/$\overline{LD}$)은 직렬 및 병렬 입력 중 어떤 동작을

수행할지 선택한다. 그림 7-71(b)의 기능표(function table)는 여러 가지 입력 조합에 대하여 어떤 동작이 수행되는지 보여준다. 병렬 입력은 비동기식이며 시프트 동작은 동기식이다. 매 클럭 펄스의 모서리(edge)에서 입력 데이터가 한 비트씩만 움직이도록 하기 위해 클럭이 필요하므로 직렬 이동은 항상 동기식이다.

예제 7-21

74HC165의 기능표를 사용하여 (a) 레지스터에 병렬 데이터를 저장하기 위한 필요한 조건을 결정하라. (b) 시프트 동작을 하기 위한 필요한 조건을 결정하라.

풀이

(a) 표의 첫 행에서 보이듯이 병렬 데이터 저장 기능을 수행하기 위해 $SH/\overline{LD}$ 입력은 LOW이어야 한다. $SH/\overline{LD}$ 입력이 LOW일 때 *P* 입력의 데이터는 레지스터 플립플롭에 *CP*와 *CP INH* 입력과 무관하게 비동기식으로 저장된다. 물론 마지막 플립플롭 Q_7의 출력만 외부에서 사용가능하다.

(b) $SH/\overline{LD}$ 입력이 HIGH이고 *CP INH*가 LOW인 동안 *CP*의 상승 천이 때에만 시프트 동작이 이루어진다(그림 7-71(b) 기능표의 4번째 행). *CP INH*가 HIGH일 때에 클럭 펄스의 영향을 중지시킨다. 또한 *CP* 입력과 *CP INH* 입력은 IC 내부에서 OR로 연결되어 있기 때문에, 두 역할이 조건이 바뀌어도 시프트 동작을 할 수 있다(기능표의 마지막 행).

그림 7-71 (a) 병렬 입력/직렬 출력 레지스터 74HC165에 대한 논리 기호. (b) 기능표.

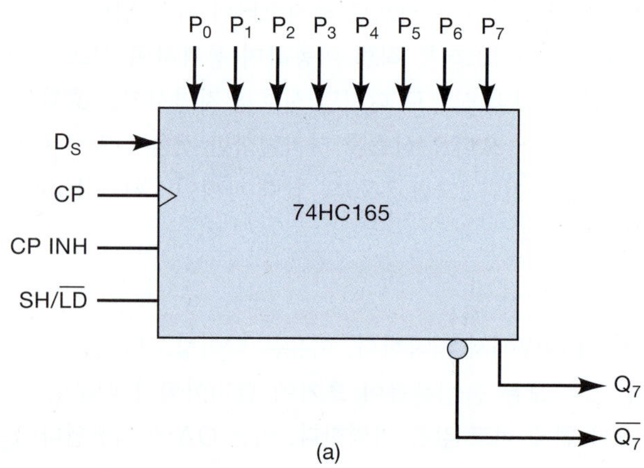

(a)

기능표

입력			
SH/$\overline{LD}$	CP	CP INH	동작
L	X	X	병렬 저장
H	H	X	변화 없음
H	X	H	변화 없음
H	↑	L	시프팅
H	L	↑	시프팅

H = high 레벨
L = low 레벨
X = 결정된 값 없음
↑ = 상승 천이

(b)

예제 7-22

74HC165 $D_S = 0$ 그리고 $CP\ INH = 0$이 되도록 연결하고 그림 7-72과 같이 입력파형을 인가하면 Q_7에서 출력 신호는 어떠한가? $P_0 \sim P_7$은 $P_0P_1P_2P_3P_4P_5P_6P_7$의 병렬 데이터를 나타낸다.

풀이

8개 모든 플립플롭에 대한 타이밍도를 그려서, Q_7만 가용하지만 다른 신호들도 추적할 수 있다. $SH/\overline{LD}$ 신호가 LOW가 되자마자 병렬 저장은 비동기식으로 수행된다. $SH/\overline{LD}$ 신호가 HIGH가 되면 레지스터에 저장되었던 데이터는 CP의 상승 천이 때마다 오른쪽(Q_7 방향쪽)으로 이동한다.

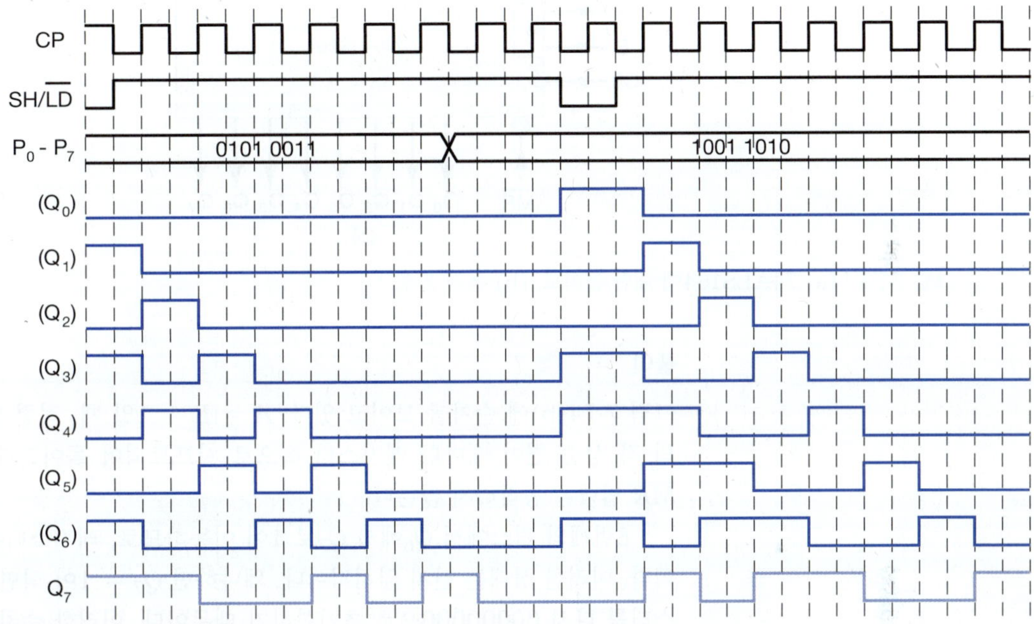

그림 7-72 예제 7-22.

직렬 입력/병렬 출력-74ALS164/74HC164

74ALS164의 논리도는 그림 7-73(a)와 같다. 이것은 8비트 **직렬 입력/병렬 출력(serial in/parallel out)** 시프트 레지스터이며 각 플립플롭의 출력을 외부에서 사용할 수 있다. 하나의 직렬 입력 대신에 입력 A, B가 AND 게이트 출력을 통하여 플립플롭 Q_0에 직렬 입력으로 사용된다. 시프트 동작은 클럭 입력 CP의 상승 천이에서 발생한다. $\overline{MR}$ 입력은 LOW 값일 때 모든 플립플롭을 비동기적으로 리셋한다.

74ALS164에 대한 논리 기호는 그림 7-73(b)와 같다. 블럭 안에 사용된 &기호는 입력 A와 B가 IC 내부에서 AND게이트에 연결되어 있다는 것을 의미하며 이 AND 게이트 출력은 Q_0의 D 입력에 인가된다.

예제 7-23

그림 7-74(a)에서 74ALS164 레지스터의 초기 값을 00000000이라고 가정하자. 클럭 펄스가 인가될 때마다의 상태 변화하는 순서를 구하라.

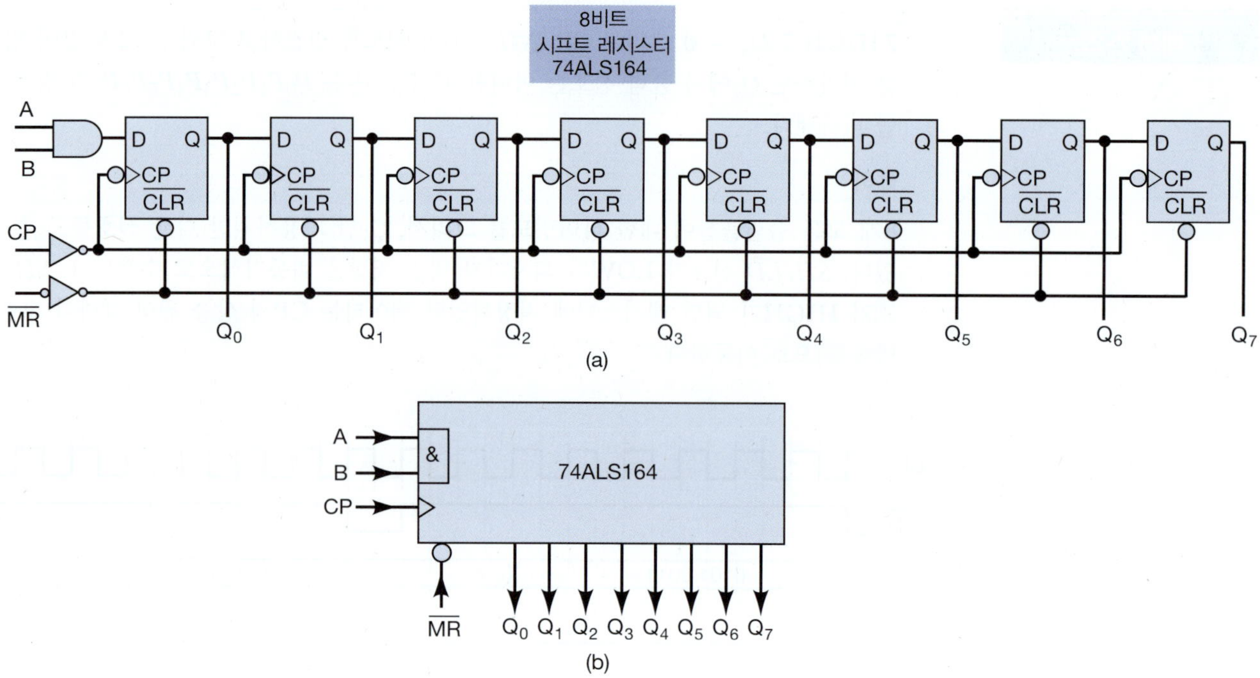

그림 7-73 (a) 74ALS164에 대한 논리도. (b) 논리 기호.

풀이

그림 7-74(b)에 순차를 보이고 있다. $A = B = 1$일 때, 직렬 입력은 1이며, 1 값들이 CP의 각 상승 천이 때마다 레지스터 속으로 시프트되어 들어간다. Q_7의 초기 값은 0이므로 $\overline{MR}$ 입력은 동작하지 않는다.

8번째의 펄스에서 Q_6에서 Q_7로 1이 이동하므로, 레지스터는 11111111 상태가 될 것이다. 이러한 상태는 단지 일시적이다. 왜냐하면 $Q_7 = 1$이 되면 $\overline{MR}$이 즉시 동작되어 레지스터를 다시 00000000으로 초기화하기 때문이다. 이러한 순차는 다음 8개의 클럭 펄스마다 반복된다.

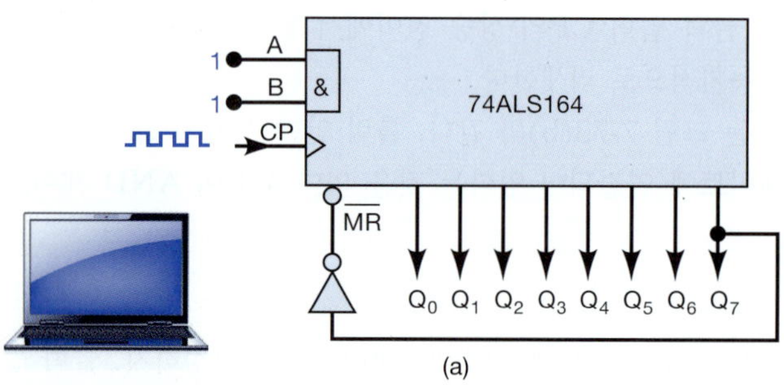

(a)

입력 펄스 번호	Q_0	Q_1	Q_2	Q_3	Q_4	Q_5	Q_6	Q_7
0	0	0	0	0	0	0	0	0
1	1	0	0	0	0	0	0	0
2	1	1	0	0	0	0	0	0
3	1	1	1	0	0	0	0	0
4	1	1	1	1	0	0	0	0
5	1	1	1	1	1	0	0	0
6	1	1	1	1	1	1	0	0
7	1	1	1	1	1	1	1	0
8	1	1	1	1	1	1	1	1

순환

임시 상태

(b)

그림 7-74 예제 7-23.

학습성과 평가문제

1. 한 동작으로 2진수 전체를 동시에 저장할 수 있고, 입력한 2진수를 한 번에 한 비트씩 이동시키면서 출력할 수 있는 레지스터의 종류는 무엇인가?
2. 참 또는 거짓: 직렬 입력/병렬 출력 레지스터는 동시에 모든 비트를 표시할 수 있다.
3. 한 번에 단지 1비트의 데이터가 입력되고, 모든 데이터 비트가 한꺼번에 출력되는 형태의 레지스터는 무엇인가?
4. 한 번에 한 비트를 저장하고 한 번에 하나의 출력만 사용 가능한 레지스터 형태는 무엇인가?
5. 74165와 74174의 병렬 데이터 입력 방법이 어떻게 다른가?
6. 74ALS165의 *CP INH* 입력은 어떤 동작을 하는가?
7. 그림 7-72의 $P_0 - P_7$의 값을 바꾸어 보아라. 즉 01010011과 10011010을 서로 바꾸고 각 Q에 대한 출력타이밍 결과를 다시 그려라.

7-17 시프트 레지스터 카운터

학습성과

이 절을 학습함으로써 다음을 할 수 있다.

- 링카운터와 존슨카운터
- 링카운터와 존슨카운터의 상태 특성

5-17절에서 여러 개의 플립플롭을 연결하여 시프트 레지스터를 만드는 방법과 한 번에 한 비트씩 왼쪽에서 오른쪽 또는 반대 방향으로 데이터를 직렬로 이동하는 것을 알아보았다. 시프트 레지스터 카운터(shift register counter)는 피드백(*feedback*)을 이용하는데 시프트 레지스터의 마지막 플립플롭 출력이 첫 번째 플립플롭에 연결된다는 것을 의미한다.

링 카운터

가장 간단한 시프트 레지스터 카운트는 **순환 시프트 레지스터(circulating shift register)**이며 마지막 플립플롭의 값이 처음 플립플롭으로 시프트되어 입력되도록 연결된다. D 플립플롭(J-K 플립플롭이 이용될 수도 있다)을 이용한 이런 구조를 그림 7-75에 나타내었다. 플립플롭은 정보가 왼쪽에서 오른쪽으로 Q_0에서 Q_3으로 이동하면서 한 바퀴 순환하도록 연결되어 있다. 대부분의 경우 레지스터에는 단지 1개의 1이 존재하고, 이것이 클럭 펄스가 인가되는 한 계속 레지스터를 돌아 순환한다. 이러한 이유로 이를 **링 카운터(ring counter)**라고 부른다.

그림 7-75의 파형, 순차표 그리고 상태도는 펄스가 인가된 후 플립플롭의 여러 가지 상태를 나타내는 데 초기 상태는 $Q_3 = 1, Q_2 = Q_1 = Q_0 = 0$이라고 가정한다. 처음 펄스 이후 1은 Q_3에서 Q_2로 이동하여 카운터가 0100 상태가 되도록 한다. 두 번째 펄스는 0010의 상태를 만들고, 세 번째 펄스는 0001 상태를 만든다. 네 번째 펄스는 1이 Q_0에서 Q_3으로 이동하여 그 결과 초기 상태인 1000의 상태로 되돌아간다. 펄스가 계속 가해지면 이러한 순차가 반복된다.

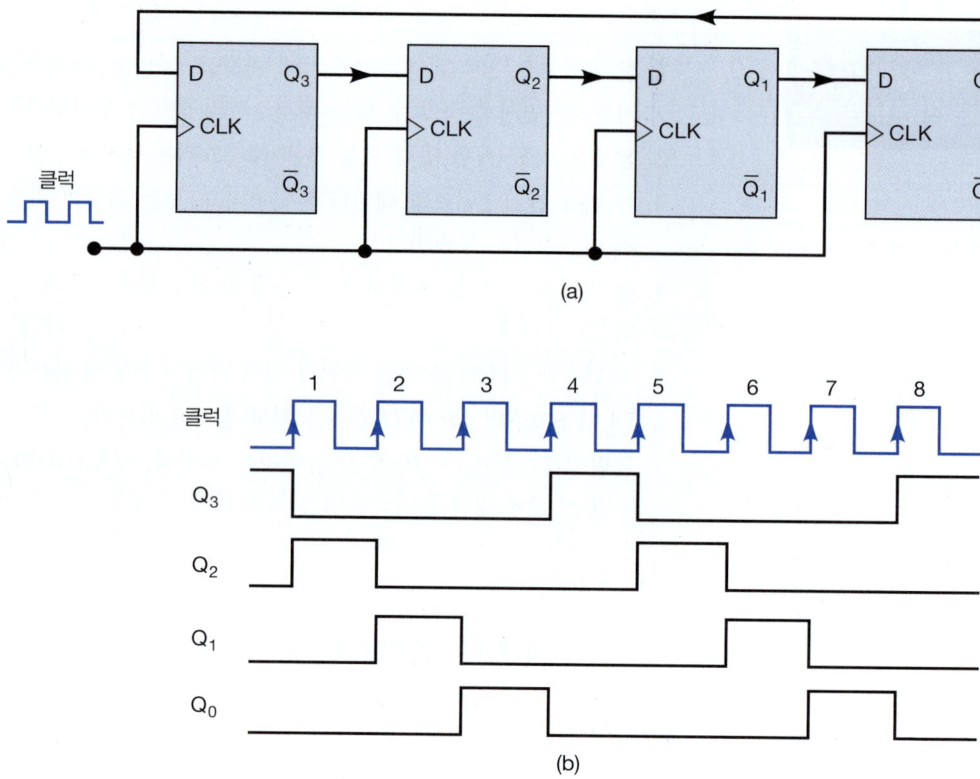

Q_3	Q_2	Q_1	Q_0	클럭 펄스
1	0	0	0	0
0	1	0	0	1
0	0	1	0	2
0	0	0	1	3
1	0	0	0	4
0	1	0	0	5
0	0	1	0	6
0	0	0	1	7
.	.	.	.	.
.	.	.	.	.

(c)

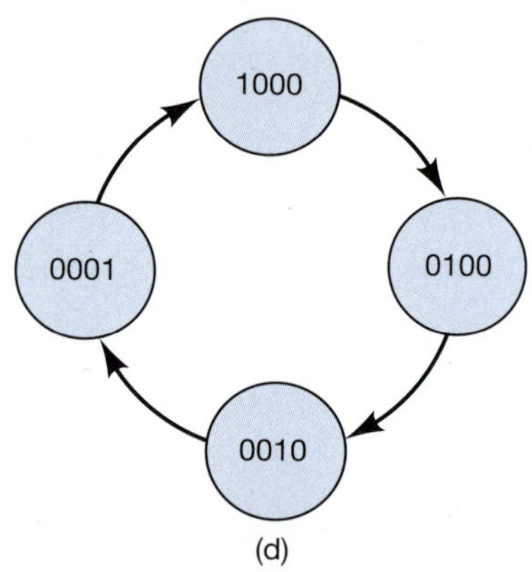

그림 7-75 (a) 4비트 링 카운터. (b) 파형. (c) 순차표. (d) 상태도.

이 카운터는 MOD-4 카운터의 기능을 갖는다. 왜냐하면 순차를 반복하기 전에 4개의 독립된 상태를 가지기 때문이다. 이러한 회로는 보통의 2진 카운터 순서처럼 진행되지는 않지만 각 계수가 플립플롭의 특정 상태에 상응하기 때문에 이 역시 카운터라고 본다. 이것이 MOD-4 링 카운터이기 때문에 각 플립플롭의 출력 파형은 클럭 주파수의 1/4과 같은 주파수를 갖는다.

링 카운터는 어떠한 MOD 값도 갖을 수 있도록 구성할 수 있다. MOD-N 링 카운터는 그림 7-75에 있는 4개의 플립플롭 대신에 N개의 플립플롭을 연결하면 된다. 동일한 MOD 값에 대하여 일반적으로 링 카운터는 2진 카운터보다 더 많은 수의 플립플롭을 필요로 한다. 예를 들어 MOD-8 2진 카운터가 3개의 플립플롭이 필요한 반면에 MOD-8 링 카운터는 8개의 플립플롭이 필요하다.

플립플롭을 사용하는 것이 효율적이지 못함에도 불구하고, 링 카운터는 디코딩 게이트를 사용하지 않고도 디코딩할 수 있기 때문에 유용하다. 각 상태에 대한 디코딩 신호는 그 신호에 상응하는 플립플롭의 출력에서 얻어진다. 그림 7-20에서 링 카운터의 플립플롭 파형과 디코딩 파형을 비교해보기 바란다. 어떤 경우에 링 카운터는 디코딩 게이트를 연결하여 사용하는 2진 카운터보다 많이 쓰일 수도 있다. 특히 카운터가 시스템의 동작 순서를 제어하는 응용분야에서는 더욱 그러하다.

링 카운터의 초기화

정상적으로 동작하기 위하여, 링 카운터는 1개의 플립플롭만이 1을, 나머지 플립플롭은 0인 상태에서 시작해야 한다. 전원이 회로에 처음 인가되었을 때, 플립플롭의 상태를 예측하기 어려우므로, 클럭 펄스가 공급되기 이전에 카운터를 필요한 초기 상태로 사전 설정해야 한다. 이것을 수행하는 한 가지 방법은 1개의 플립플롭에는 비동기식 *CLR* 입력에 펄스를 잠시 인가(즉 그림 7-75의 Q_3)하고, 나머지 다른 플립플롭들에는 *PRE* 입력을 잠시 인가하는 것이다. 또 다른 방법은 그림 7-76에서 보여준다. 전원이 인가되면 커패시터는 서서히 $+V_{CC}$ 값으로 충전될 것이다. 커패시터 전압이 인버터 1 입력의 상승 문턱 전압(positive-going threshold voltage, V_{T+}, 약 1.7 V)을 넘어서기 전까지 슈미트-트리거 인버터 1과 인버터 2의 출력은 각각 HIGH와 LOW 상태를 유지할 것이다. 이렇게 하면 전원이 인가된 후 충분히 긴 시간 동안 Q_3의 $\overline{PRE}$ 입력과 Q_2, Q_1, Q_0의 $\overline{CLR}$ 입력에 LOW 값을 제공하여 카운터의 초기 상태인 1000을 확실하게 만든다.

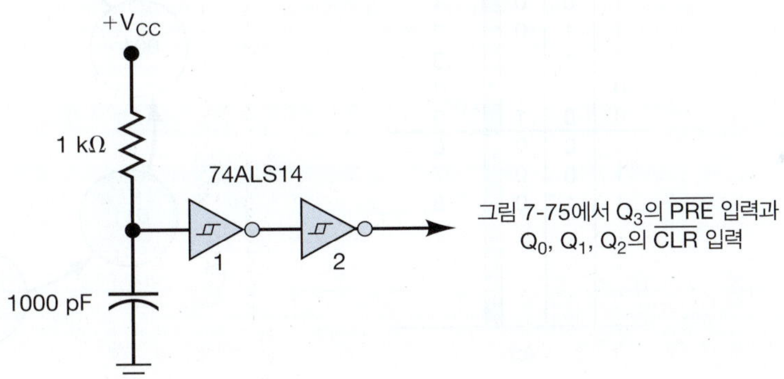

그림 7-76 그림 7-75의 링 카운터에 전원 인가 시 초기 상태를 1000으로 만들기 위한 회로.

존슨 카운터

기본적인 링 카운터를 약간 변형하면 또 다른 형태의 시프트 레지스터를 만들 수 있는데 **존슨(Johnson)** 또는 **트위스트된 링 카운터(twisted-ring counter)**는 마지막 플립플롭의 반전 출력이 처음 플립플롭 입력에 연결되는 것을 제외하고는 정상적인 링 카운터와 똑같이 구성된다. 그림 7-77에 3비트 존슨 카운터를 보여준다. 출력 $\overline{Q}_0$이 Q_2의 입력 D에 연결됨에 주목하라. 이것은 Q_0로 저장된 값의 반전된 값이 클럭 펄스에서 Q_2에 전송됨을 의미한다.

각 클럭 펄스 상승 천이 때마다 Q_2의 값에서 Q_1으로, Q_1의 값에서 Q_0로, Q_0 값의 반전된 신호가 Q_2로 이동되는 것을 이해한다면 존슨 카운터를 분석하는 것은 매우 쉽다. 이러한 개념을 이용하여, 플립플롭이 초기에 0이라고 가정한다면, 그림 7-77과 같은 파형과 순차표, 상태도가 만들어질 수 있다.

이 파형과 순차표를 자세히 검토해 보면 다음과 같은 중요한 점들이 발견된다:

그림 7-77 (a) 모드-6 존슨 카운터. (b) 파형. (c) 순차표. (d) 상태도.

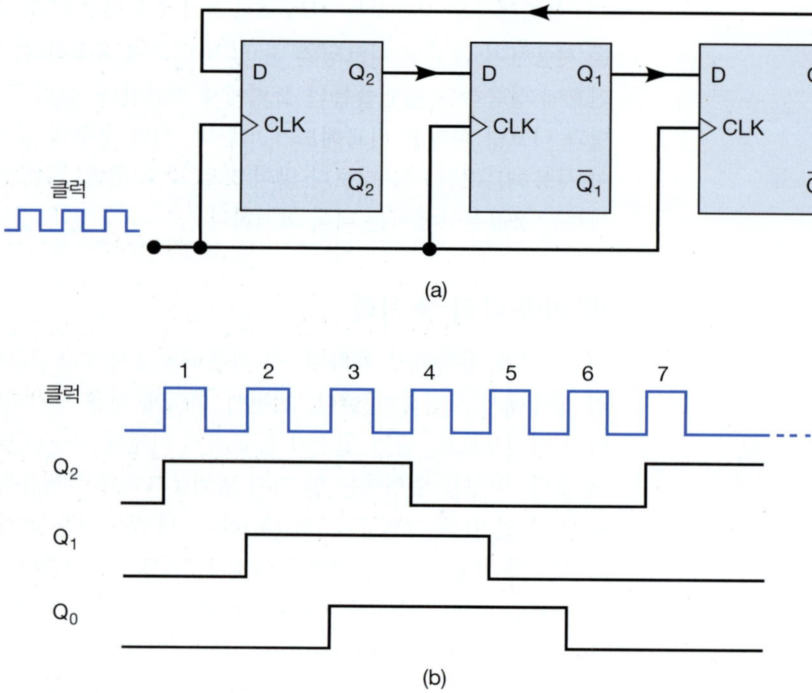

Q_2	Q_1	Q_0	클럭 펄스
0	0	0	0
1	0	0	1
1	1	0	2
1	1	1	3
0	1	1	4
0	0	1	5
0	0	0	6
1	0	0	7
1	1	0	8
.	.	.	.
.	.	.	.
.	.	.	.

(c)

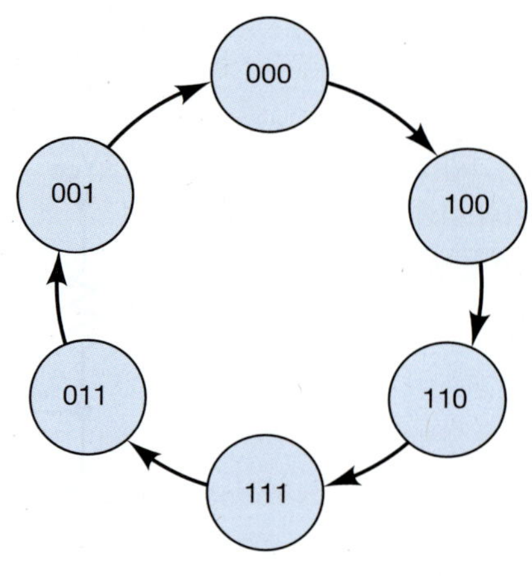

(d)

1. 이 카운터는 순차를 반복하면서 000, 100, 110, 111, 011, 001인 6개의 개별 상태를 갖는다. 따라서 MOD-6의 존슨 카운터이다. 이것은 정상적인 2진수 순차대로 계수하지 않는다.
2. 각 플립플롭의 파형은 클럭 주파수의 1/6을 갖는 구형파(50% 듀티 사이클)이다. 또한 각 플립플롭의 파형은 하나의 클럭 주기만큼씩 이동한다.

존슨 카운터의 모드 수는 항상 플립플롭 수의 두 배와 같다. 예를 들어 그림 7-77와 같이 5개의 플립플롭을 연결하였다면, 그 결과는 MOD-10 존슨 카운터로서 각 플립플롭의 출력 파형은 클럭 주파수의 1/10이고, 구형파이다. 그러므로 존슨 카운터의 구성의 $N/2$개의 플립플롭을 연결함으로써 MOD-N 카운터(N은 짝수)를 구성할 수 있다.

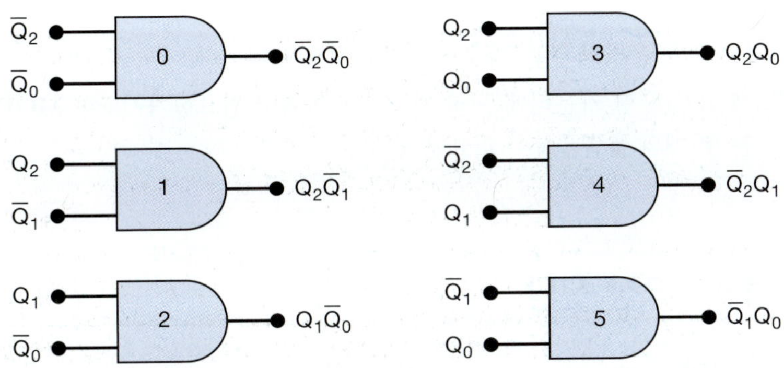

Q_2	Q_1	Q_0	활성화되는 게이트
0	0	0	0
1	0	0	1
1	1	0	2
1	1	1	3
0	1	1	4
0	0	1	5

그림 7-78 MOD-6 존슨 카운터의 디코딩 논리.

존슨 카운터의 디코딩

주어진 MOD 값에 대하여 존슨 카운터는 링 카운터가 필요로 하는 플립플롭 수의 절반만이 필요하다. 그렇지만 링 카운터에서 필요 없는 디코딩 게이트를 존슨 카운터는 요구한다. 2진 카운터와 마찬가지로 존슨 카운터는 각 계수를 디코드하기 위해서 1개의 논리 게이트를 사용하며 각 게이트는 플립플롭의 수에는 상관없이 단지 2개의 입력만을 필요로 한다. 그림 7-78은 그림 7-77의 존슨 카운터의 여섯 가지 상태를 디코딩하는 게이트를 보여준다.

카운터에는 3개의 플립플롭이 있음에도 불구하고, 각 디코딩 게이트는 단지 2개의 입력만을 갖는다. 그 이유는 3개의 플립플롭 중 2개만이 독특한 상태로 조합을 갖기 때문이다. 예를 들어 $Q_2 = Q_0 = 0$의 조합은 계수 값이 0일 때, 단 한번만 발생한다. 이것은 디코딩하기 위해 입력이 $\overline{Q}_2$와 $\overline{Q}_0$인 AND 게이트 0이 사용될 수 있다. 이와 같은 특징은 다른 모든 순차들의 상태에서 대하여도 마찬가지이다. 존슨 카운터의 크기가 얼마가 되든 디코딩 게이트는 단지 2개의 입력을 갖는다.

존슨 카운터는 링 카운터와 2진 카운터의 중간이다. 존슨 카운터는 2진 카운터보다 플립플롭의 수가 적으나 일반적으로 링 카운터보다는 많으며 링 카운터보다 더 많은 디코딩 회로를 가지나 2진 카운터보다는 적다. 따라서 응용에 따라 적절한 선택이 필요하다.

IC시프트 레지스터 카운터

링 카운터나 존슨 카운터 전용 IC는 거의 없다. 그 이유는 시프트 레지스터 IC를 링 카운터나 존슨 카운터로 만드는 것이 매우 간단하기 때문이다. CMOS 존슨 카운터 IC(74HC4017, 74HC4022)는 칩 내에 디코딩 회로를 포함하고 있다.

학습성과 평가문제

1. MOD 값이 주어질 때 어떤 시프트 레지스터 카운터가 가장 많은 플립플롭을 필요로 하는가?
2. 어떤 시프트 레지스터 카운터가 가장 많은 디코딩 회로를 필요로 하는가?
3. 링 카운터가 어떻게 존슨 카운터로 변환될 수 있는가?
4. 참 또는 거짓:
   (a) 링 카운터의 출력은 항상 구형파이다.
   (b) 존슨 카운터의 디코딩 회로는 2진 카운터의 디코딩 회로보다 더 간단하다.

(c) 링 카운터와 존슨 카운터는 동기식 카운터이다.

5. MOD-16 링 카운터에는 몇 개의 플립플롭이 필요한가? 또한 MOD-16 존슨 카운터에는 몇 개의 플립플롭이 필요한가?

7-18 고장 진단

학습성과

이 절을 학습함으로써 다음을 할 수 있다.

- 고장진단 분석기법 향상

플립플롭, 카운터, 레지스터는 **순차 논리 시스템**(**sequential logic system**)의 주요 부품들이다. 순차 논리 시스템은 기억 소자를 갖고 있기 때문에, 시스템의 출력과 동작 순서는 이전에 발생한 입력과 현재의 입력에 의해 결정된다. 일반적으로 순차 논리 시스템이 조합 논리 시스템보다 더 복잡하지만 고장 진단 과정은 두 시스템에 동일하게 적용된다. 순차 시스템도 조합 시스템과 마찬가지로 단선, 단락, 내부 IC의 고장 등과 같은 원인에 의해 고장을 일으킨다.

조합 시스템에서 고장을 찾기 위해 사용되는 여러 가지 처리과정들은 순차 시스템에도 같이 적용할 수 있다. 고장을 수리하기 위한 가장 효과적인 방법들 중 하나는 먼저 시스템 동작을 관찰한 후 고장 원인을 파악하고 분석한다. 그리고 나서 측정 장비를 사용하여 고장을 정확히 파악한다. 다음의 예제는 순차 시스템을 고장 진단하는 첫 단계인 원인 분석을 설명한다.

예제 7-24

그림 7-79(a)는 MOD-12 카운터로 74ALS161을 보이고 있다. 그러나 이 카운터의 계수 순차는 그림 7-79(b)와 같다. 회로가 오동작하는 이유를 파악하라.

풀이

QB와 QA 출력은 정상적으로 동작하는 것 같으나 QC와 QD는 LOW를 유지하고 있다. 고장에 대한 첫 번째 예측으로 QC가 접지와 단락이 되어 있을 것이라 가정하자. 그러나 저항계로는 이것을 확인할 수 없다. 74ALS161 내부에 고장이 있어서 0011보다 큰 수를 카운트하지 못하는 것으로 보인다. 따라서 7400 NAND 칩을 소켓에서 제거하고 $\overline{CLR}$ 핀을 HIGH로 연결해 본다. 이 때 카운터가 정상적으로 MOD-16 계수를 카운터하면 적어도 카운터의 출력에는 문제가 없다고 보면 된다. 다음에는 NAND를 $\overline{CLR}$ 핀과 다시 연결하고 "펄스를 포착"할 수 있는 논리 프로브를 사용하여 $\overline{CLR}$ 핀이 펄스를 받아들이고 있는지 관찰해 본다. 스코프를 NAND 출력에 연결하면 카운터가 7-79(c)와 같은 파형을 보여주고 있음을 알 수 있다. 카운터가 0100 상태가 되야 하는데 QC에 순간적 이상이 관찰된다. 이는 일시적인 상태로 0100인 것을 보이는데, 실제로 일시적인 상태로 될 값은 1100이다. 이제 QD와 NAND 게이트의 연결이 의심되면 2번 핀을 검사하기 위해 논리 프로브를 사용한다. 2번 핀에 논리 신호가 전혀 나타나지 않으면, 고장은 QD 출력과 NAND의 2번 핀 사이에 단선임을 의미한다. NAND 입력이 연결된 곳 없이 HIGH로 떠 있으면(float) 원래는 1100 상태를 검출해야 하는 데 이를 못하고 대신 0100 상태를 검출하게 된다.

그림 7-79 예제 7-24.

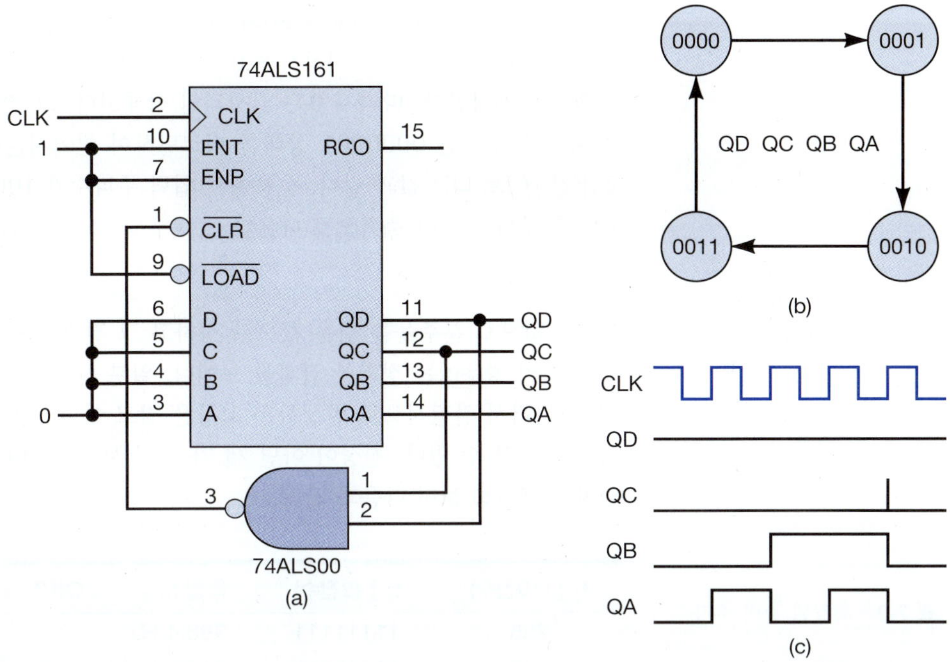

예제 7-25

어떤 가변 주파수 분주기가 어떨 때는 정상동작을 하다가 어떨 때는 오동작을 하고 있다. 이와 같이 간헐적으로 발생하는 고장 문제는 해결하기가 가장 어려운 문제이다. 이 문제를 풀

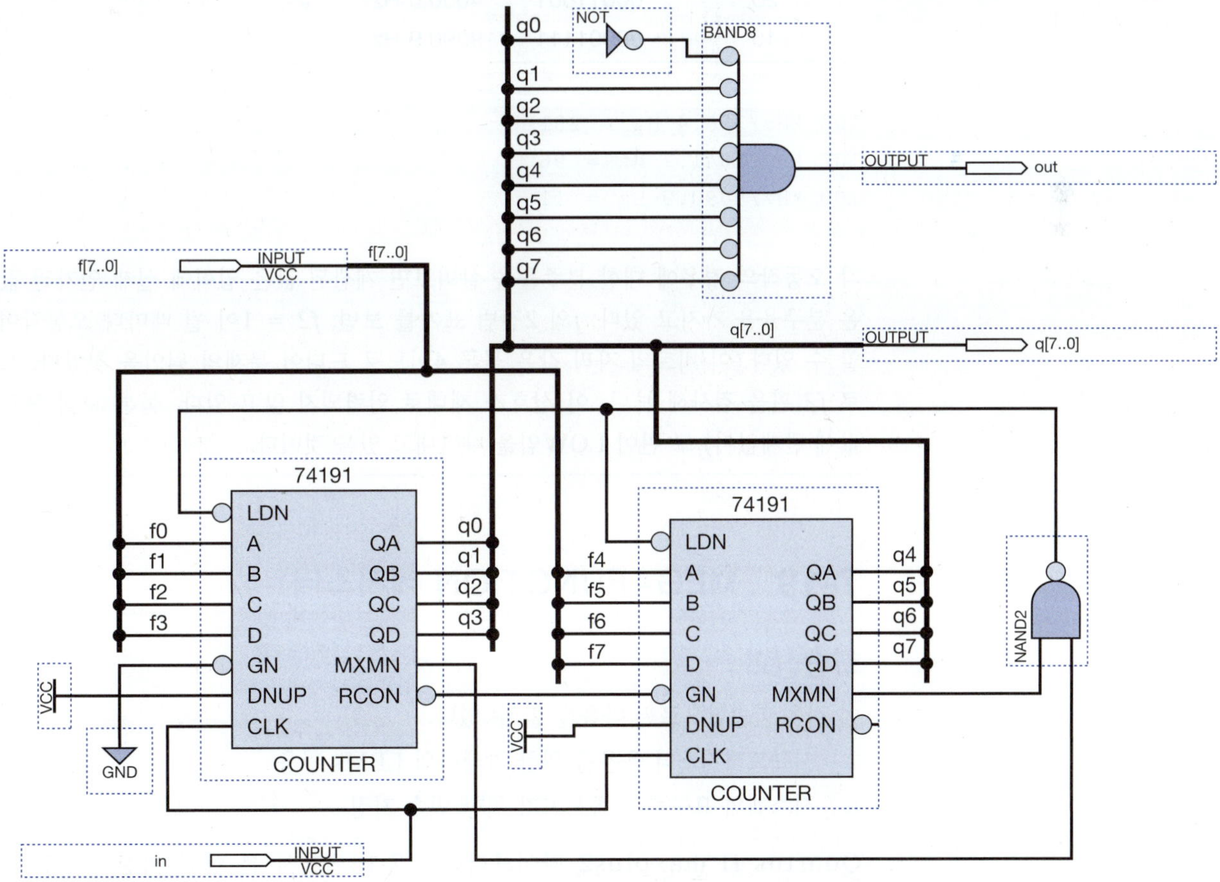

그림 7-80 예제 7-25.

어보자. 회로 블럭도는 그림 7-80과 같다. *f[7..0]*필요한 분주율 값은 2진수로 하여 입력 8 비트 카운터는 이 값에서 시작하여 0이 될 때까지 다운 카운트하며 0이 되면 *f[ ]* 값을 비동기적으로 저장한다. 따라서 0은 일시적인 상태이다. 그 결과 MOD값은 *f[ ]* 값과 같다. 출력 주파수 신호는 0000001 상태를 디코딩하여 얻어지는데, 출력 주파수는 입력 주파수를 2진 값 *f[ ]*로 나눈 값과 같다. 응용에서 입력 주파수가 100 kHz일 때 *f[ ]* 값을 변화시키면 새로운 주파수 값이 출력으로 나온다.

풀이

먼저 *f* 값으로 분주율을 쉬운 값으로 정하고 그 결과를 표 7-9에 기록해보자. 이 회로가 일부 시험의 경우에는 정확한 결과를 보이나, 일부 시험에서는 부정확한 결과를 보임을 알 수 있다. 따라서 간헐적으로 발생하는 고장은 결코 아니라는 것을 알 수 있다. 즉, *f* 값에 따라 달라짐을 알 수 있다. 정상이 아닌 세 가지 경우에 대하여 입력 주파수와 출력 주파수 간의 관계를 계산해 보면 다음과 같다.

표 7-9 측정된 출력 주파수.

f[ ] (10진수)	f[ ] (2진수)	측정 f_{out}	OK?
255	11111111	398.4 Hz	
240	11110000	416.7 Hz	✓
200	11001000	500.0 Hz	✓
100	01100100	1041.7 Hz	
50	00110010	2000.0 Hz	✓
25	00011001	4000.0 Hz	✓
15	00001111	9090.9 Hz	

```
100 kHz/398.4 Hz = 251
100 kHz/1041.7 Hz = 96
100 kHz/9090.9 Hz = 11
```

각 오동작의 경우에 대한 분주율을 살펴보면 계산된 값은 입력에 실제 인가된 값보다 4 적은 분주율을 가지고 있다. *f*의 2진법 표기를 보면, *f2* = 1이 될 때마다 오동작이 발생함을 알 수 있다. 이 비트의 자리 값은 물론 4이므로 드디어 문제의 원인을 찾았다. 로직 프로브로 *f2* 핀을 검사해 보니, 이 신호가 제대로 입력되지 않고 있다. 물론 로직 프로브는(*f2*의 값에 관계없이) 그 핀이 LOW임을 나타내고 있을 것이다.

7-19 MEGAFUNCTION 레지스터

학습성과

이 절을 학습함으로써 다음을 할 수 있다.

- 시프트레지스터 응용을 위한 알테라의 LPMs 활용
- 시스템의 요구를 충족시키기 위한 변수 지정

Quartus II maxplus2 라이브러리는 7-16절에서 본 예와 마찬가지로 이전 방식의 MSI 레지스터 칩과 기능적으로 동일한 버전의 요소들을 가지고 있다. Megafunction

LPM_SHIFTREG (MegaWizard Manager의 Plug-Ins Storage 폴더에서 찾을 수 있다.)는 설계 시에 레지스터를 구현하는 데 유용한 선택사항을 제공한다.

그림 7-81(a)는 LPM_SHIFTREG megafunction을 가지고 생성한 다목적의 8비트 시프트 레지스터의 예이다. 이 레지스터로 모든 4가지의 데이터 이동을 가능하게 할 수 있다. 데이터는 직렬이나 병렬로 입력될 수 있고 출력 또한 직렬이나 병렬로 설정할 수 있다. 직렬 시프팅은 *CLOCK*의 상승 천이에 따라 *Q0*에 입력되는 새로운 데이터를 가지고 왼쪽이나 *Q7*으로 수행된다. 레지스터에 대한 *SISO* 동작은 그림 7-81(b)에 예시되어 있다. 직렬 입력 데이터가 *SER_IN*에 가해지고 직렬 출력이 *SER_OUT*(또는 *Q[7]*)로 출력된다. 8비트 레지스터이기 때문에 8비트의 새로운 데이터를 직렬로 레지스터에 저장하기 위

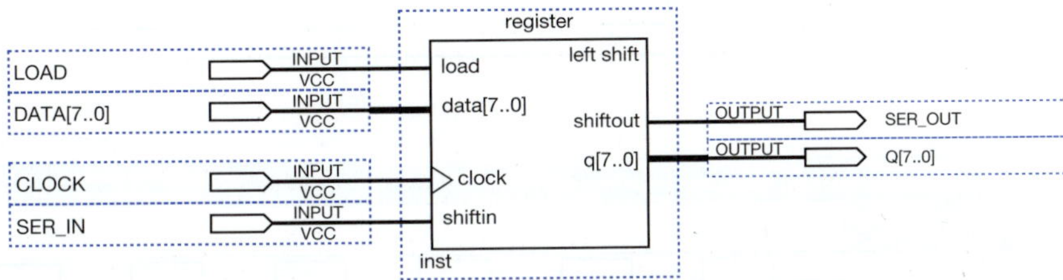

LPM parameter decisions:

How wide should the 'q' output bus be? 8

Which direction do you want the register to shift? Left

Which outputs do you want (select at least one)?

Select both: Data output

Serial shift data output

Do you want any optional inputs?

Select Serial shift data input

Parallel data input (load)

(a)

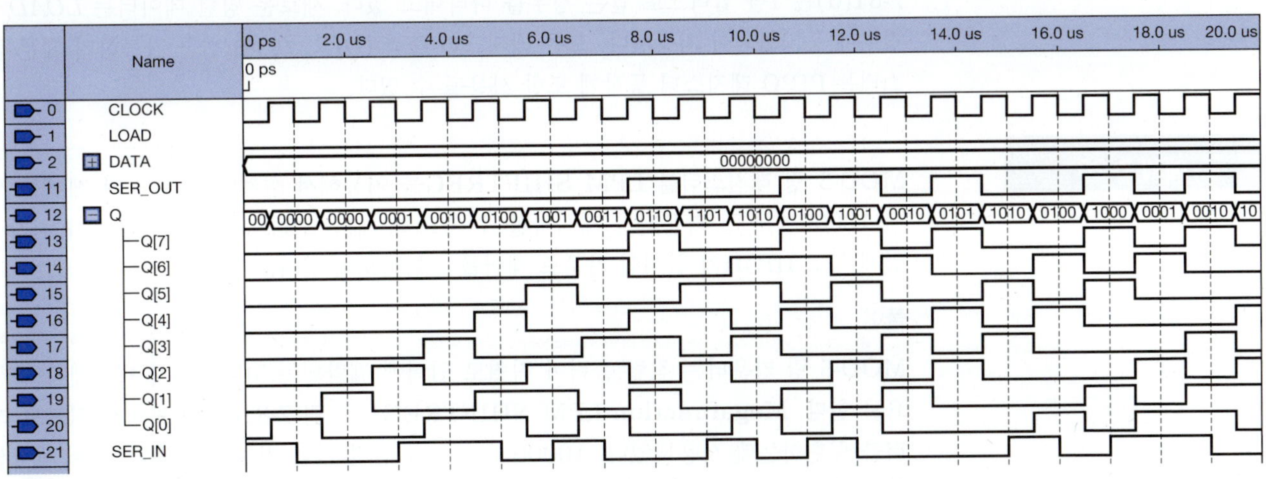

(b)

그림 7-81 다기능 시프트 레지스터: (a) 블럭도와 MegaWizard 세팅. (b), (c), (d) 기능 시뮬레이션 결과.

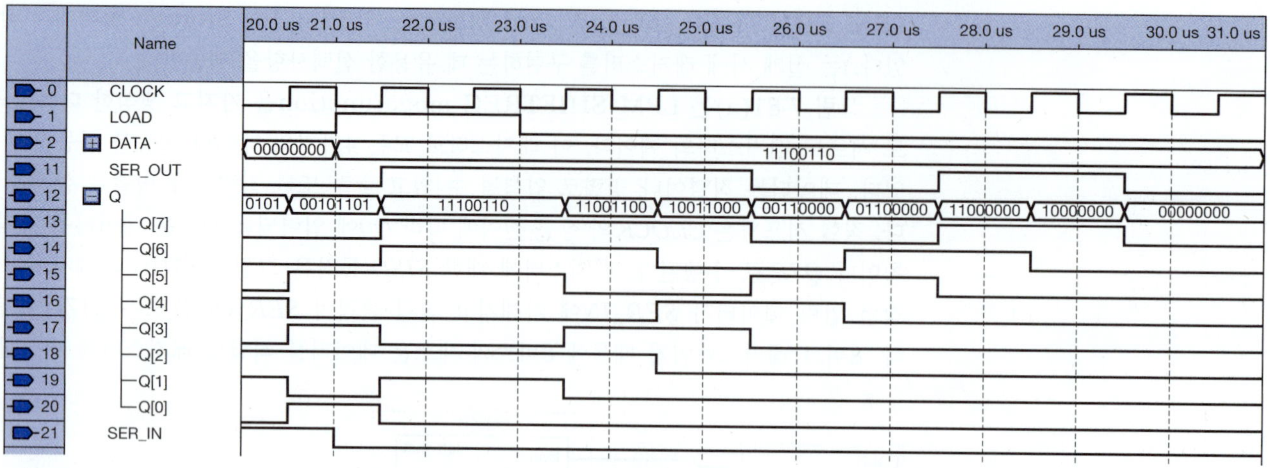

(c)

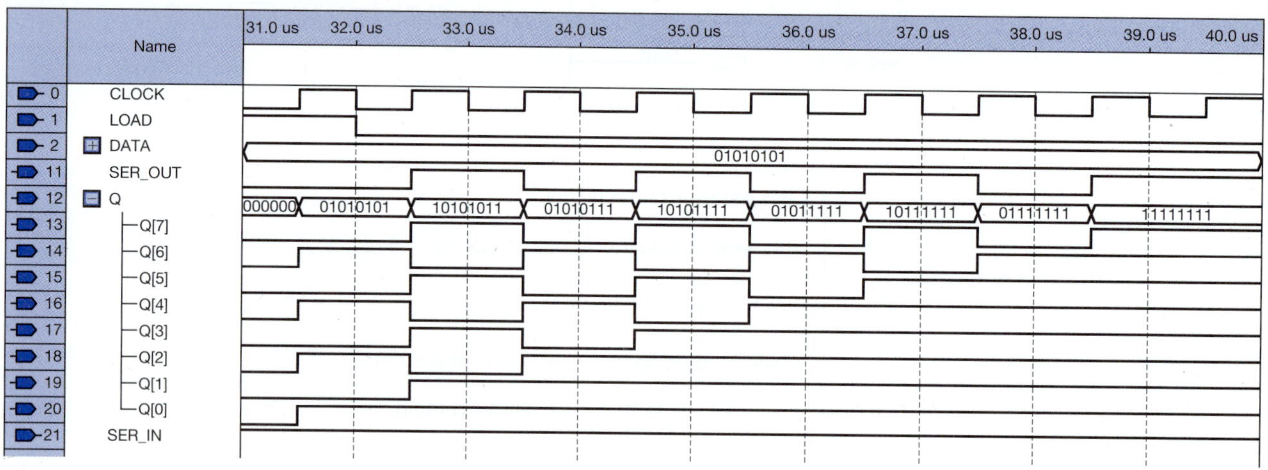

(d)

그림 7-81 (계속)

해서는 8 클럭의 펄스가 요구된다. 이후에 SIPO 레지스터 동작에 대해서 병렬 출력이 가능하다. 그림 7-81(c)는 *SER_IN* = 0인 경우의 PISO 레지스터 동작을 나타내고 있으며 7-81(d)는 1을 입력으로 받는 경우를 나타내고 있다. 새로운 병렬 데이터는 *LOAD*가 1인 경우에 동기화되어 저장된다. 모든 레지스터 출력 (*Q[7...0]*)에 접근 가능하기 때문에 레지스터는 PIPO 레지스터 동작에 또한 사용될 수 있다.

예제 7-26

MOD-5 링 레지스터를 LPM_SHIFTREG를 이용해서 설계하라. 비동기 제어를 사용해서 10000에서 링 카운터를 재시작할 수 있도록 해서 알맞은 순서에 카운트가 시작 될 수 있게 하고 HIGH가 활성인 카운트 제어를 포함하도록 한다.

풀이

MOD-5 링 카운터는 직렬 출력이 직렬로 입력에 궤환되는 5비트의 시프트 레지스터를 필요로 한다. Megafunction LPM_SHIFTREG는 그림 7-82(a)에 보여진 시프트 레지스터를 구현하는데 사용되었다. 10000의 고정된 입력 값을 가지는 비동기 세트 제어신호가 링 카운터를 재시작하는 데 사용되었다. 기능 시뮬레이션 결과는 그림 7-82(b)에 제시되어 있다.

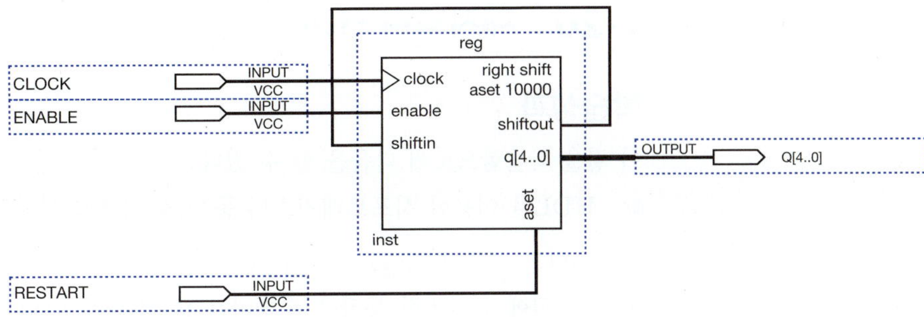

LPM parameter decisions:

How wide should the 'q' output bus be? 5

Which direction do you want the register to shift? Right

Which outputs do you want (select at least one)?

Select both: Data output

Serial shift data output

Do you want any optional inputs?

Select Clock Enable input

Serial shift data input

Asynchronous inputs: Select Set to 10000

(a)

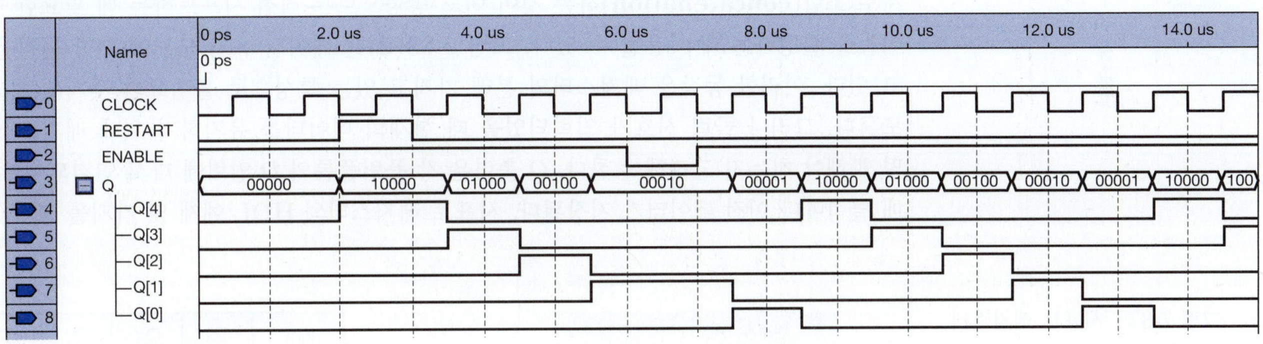

(b)

그림 7-82 MOD-5 링 카운터: (a) 블럭도와 MegaWizard 세팅. (b) 기능 시뮬레이션 결과.

학습성과 평가문제

1. LPM_COUNTER megafunction을 사용한 시프트 레지스터로 구현할 수 있는 데이터 이동의 분류에는 어떤 것들이 있는가?

7-20 레지스터 HDL

학습성과

이 절을 학습함으로써 다음을 할 수 있다.

- HDL을 이용한 시프트레지스터 동작 및 입출력 전송모드 작성

레지스터를 사용한 직렬/병렬 데이터 전송의 여러 가지 방법에 대해 7-15절에서 살펴보았고 7-16절에서 이러한 동작을 수행하는 IC에 대한 여러 가지 예를 보였다. 레지스터를 기술하기 위해 HDL을 사용하는 것의 장점은 간단히 몇 개의 문장을 변경하면 여러 방법 중 하나를 선택이 가능하고, 필요한 만큼의 비트를 사용할 수 있다는 것이다.

HDL 기법에서는 레지스터의 데이터를 서술하고, 데이터를 병렬 또는 직렬 형태로 전송하기 위해 비트 행열(array)을 사용한다. HDL에서 데이터가 이동하는 방법을 이해하기 위해 그림 7-83에서 4개의 플립플롭으로 병렬 저장, 오른쪽 시프트, 왼쪽 시프트, 데이터 유지라는 전송하는 수행을 보여준다. 이 그림에서 모든 비트들은 하나의 클럭 모서리에 동시에 이동하는 동기식으로 전송된다. 그림 7-83(a)에서 레지스터에 병렬로 저장될 데이터는 입력 *D*에 주어지고, 다음 클럭 펄스에 출력 *q*로 전송된다. 오른쪽 시프트 동작은 각 비트들이 오른쪽으로 한 자리씩 이동하고, 가장 왼쪽 끝은 새로운 비트가 들어오며, 오른쪽 끝의 비트는 빠져나가는 것을 의미한다. 이러한 상황은 그림 7-83(b)에 보이고 있다. 다음 상태에 만들어지는 데이터는 새로운 직렬 입력과 현재 상태의 4비트 중 3비트로 구성된다. 이 데이터는 단순히 이동하여 레지스터의 4개의 데이터 비트에 덧쓰면 된다. 그림 7-83(c)에 보인 그림은 왼쪽으로 이동하는 것만 다르고 나머지는 동일하다. 레지스터 내용을 오른쪽 또는 왼쪽으로 시프트하는 핵심은 현재 상태의 3비트와 직렬 입력 비트의 순서를 잘 맞추어서 그 4비트를 레지스터에 병렬로 저장하는 것이다. 필요한 데이터 비트를 주어진 순서로 **조합(concatenation)**하는 것이 어느 방향으로든 직접 시프트하는 데 필요한 데이터 이동을 설명하는 데 사용될 수 있다. 그림 7-83(d)는 데이터 유지 모드에 대한 동작을 보이고 있다. 이러한 동작은 레지스터의 본래 가지고 있는 특성으로 불필요한 것처럼 보일지도 모른다. 그러나 클럭 신호가 입력되었을 때 현재의 데이터를 유지하기 위해 레지스터를 어떻게 해야 하는지 고려해야 한다. *Q* 출력은 각 플립플롭의 *D* 입력에 다시 연결되어야 하며, 매 클럭마다 이전 데이터가 저장된다. 시프트 레지스터의 HDL 예제 몇 가지를 보자.

그림 7-83 시프트 레지스터의 데이터 전송.

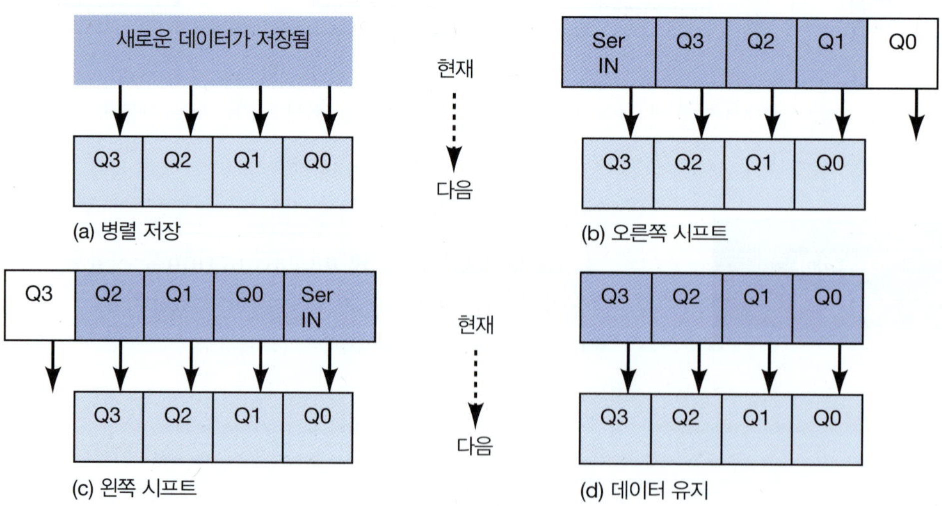

SISO 레지스터의 AHDL

4비트 직렬 입력/직렬 출력(SISO) 레지스터에 대한 AHDL이 그림 7-84에 나타나 있다. 4개 플립플롭 열이 7번째 줄에 예시되어 있으며 마지막 플립플롭 *q0*(10번째 줄)에서 직렬 출력을 얻는다. *shift* 제어 신호가 HIGH이면 *serial_in* 값이 레지스터로 시프트되어 들어가고 다른 비트들은 오른쪽으로 이동한다(11~15번째 줄) *serial_in* 비트와 플립플롭 출력 비트 *q3*, *q2*, *q1*의 비트 순서를 적절하게 만들어서 오른쪽으로 시프트하는 데이터 입력 형태를 만든다(12번째 줄). *shift* 제어 신호가 LOW이면, 레지스터는 현재 데이터를 유지한다(14번째 줄). 그림 7-85에 시뮬레이션 결과를 보여준다.

```
1   SUBDESIGN   fig7_84
2   (
3         clk, shift, serial_in            :INPUT;
4         serial_out                       :OUTPUT;
5   )
6   VARIABLE
7         q[3..0]                          :DFF;
8   BEGIN
9         q[].clk = clk;
10        serial_out = q0.q;                             -- output last register bit
11        IF (shift == VCC)  THEN
12              q[3..0].d = (serial_in, q[3..1].q);     -- concatenates for shift
13        ELSE
14              q[3..0].d = (q[3..0].q);                 -- hold data
15        END IF;
16  END;
```

그림 7-84 AHDL을 사용한 직렬 입력/직렬 출력 레지스터.

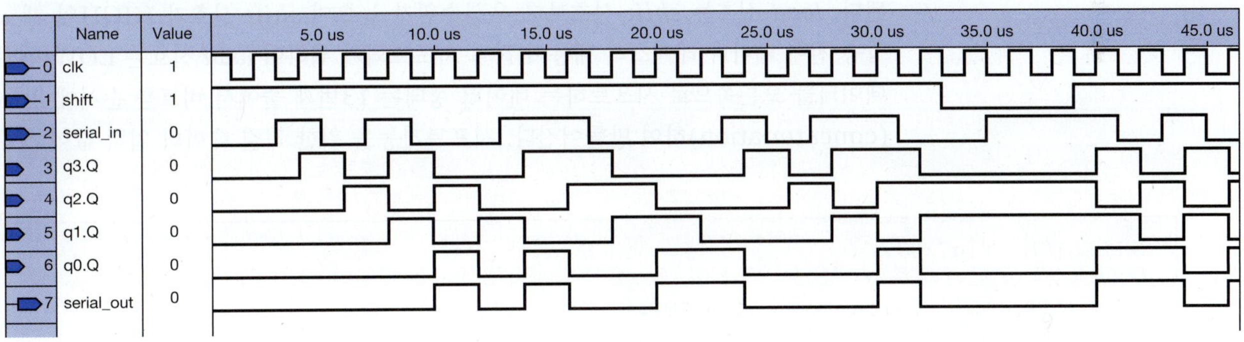

그림 7-86 SISO 레지스터 시뮬레이션.

SISO 레지스터의 VHDL

4비트 직렬 입력/직렬 출력(SISO) 레지스터에 대한 VHDL이 그림 7-86에 나타나 있다. 8번째 줄에서 변수 *q*에 대한 선언으로 레지스터가 만들어지고 직렬 출력은 레지스터의 마지막 비트 *q(0)*에서 얻는다(10번째 줄). shift 제어 신호가 HIGH이면, *serial_in* 값이 레지스터로 시프트되어 들어가고 다른 비트들은 오른쪽으로 이동한다(12~14번째 줄). *serial_in* 비트와 레지스터 비트 *q(3)*, *q(2)*, *q(1)*의 비트 순서를 적절하게 만들어 오른쪽으로 시프트하는 데이터 입력 형태를 만든다(13번째 줄). *shift* 제어 신호가 LOW이면

VHDL에서 변수는 같은 값을 유지하며 현재 데이터를 유지한다. 그림 7-85에 시뮬레이션 결과를 보여준다.

```
ENTITY  fig7_86  IS
PORT (       clk, shift, serial_in            :IN BIT;
             serial_out                       :OUT BIT     );
END fig 7-86;
ARCHITECTURE  vhdl  OF  fig 7-86  IS
BEGIN
PROCESS  (clk)
      VARIABLE  q                          :BIT_VECTOR (3 DOWNTO 0);
      BEGIN
      serial_out <= q(0);                              -- output last register bit
      IF (clk'EVENT AND clk = '1')   THEN
            IF (shift = '1')   THEN
                  q := (serial_in & q(3 DOWNTO 1));  -- concatenate for shift
            END IF;                                    -- otherwise, hold data
      END IF;
END PROCESS;
END vhdl;
```

그림 7-86 VHDL을 사용한 직렬 입력/직렬 출력 레지스터.

PISO 레지스터의 AHDL

4비트 병렬 입력/직렬 출력(PISO) 레지스터에 대한 AHDL이 그림 7-87에서 나타나 있다. 8번째 줄에서 4개의 D 플립플롭을 이용하여 *q*라고 명명한 레지스터를 만들고 *q0*로부터 직렬 출력이 11번째 줄에 서술되었다. 레지스터에서 병렬 *load*와 직렬 *shift* 제어 신호는 각각 분리되어 있다. *load* 신호가 HIGH이면 외부 입력 *data[3...0]*는 동기식으로 저장된다. *load* 신호는 *shift* 신호보다 우선순위가 높으며 *shift* 신호가 HIGH일 때 *clk*의 매 상승 천이 때마다 레지스터 내용이 직렬 시프트되기 위하여 *load* 신호는 LOW이어야 한다. 데이터를 오른쪽으로 시프트하는 데이터 형태는 13번째 줄에서 비트를 순서에 맞추어 조합(concatenation)하여 만들어진다. 시프트기능을 위한 직렬 데이터 입력 값이 상수 LOW

```
1   SUBDESIGN  fig7_87
2   (
3         clk, shift, load          :INPUT;
4         data[3..0]                :INPUT;
5         serial_out                :OUTPUT;
6   )
7   VARIABLE
8         q[3..0]                   :DFF;
9   BEGIN
10        q[].clk = clk;
11        serial_out = q0.q;                         -- output last register bit
12        IF (load == VCC)  THEN  q[3..0].d = data[3..0];       -- parallel load
13        ELSIF (shift == VCC)  THEN  q[3..0].d = (GND, q[3..1].q);  -- shift
14        ELSE  q[3..0].d = q[3..0].q;                                -- hold
15        END IF;
16  END;
```

그림 7-87 AHDL을 사용한 병렬 입력/직렬 출력 레지스터.

임을 유의한다. 저장과 시프트신호 어느 것도 HIGH가 아닐 때, VHDL의 원래 동작에 따라 레지스터는 현재 데이터 값을 유지한다(14번째 줄). 그림 7-88에 시뮬레이션 결과를 보여준다.

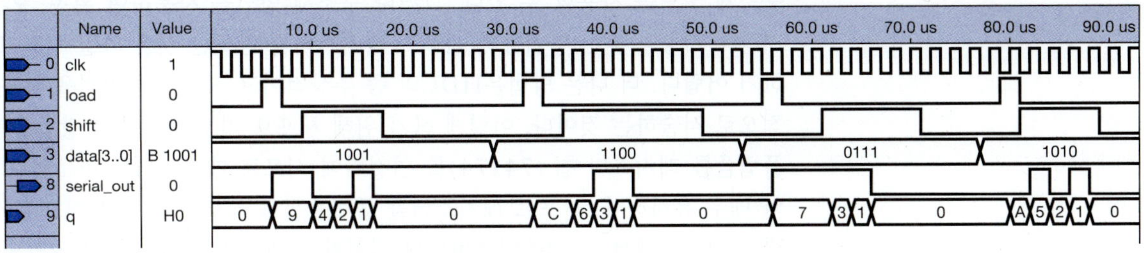

그림 7-88 PISO 레지스터 시뮬레이션.

PISO 레지스터의 VHDL

4비트 병렬 입력/직렬 출력(PISO) 레지스터에 대한 VHDL을 그림 7-89에 보인다. 11번째 줄에서 변수 *q*에 대한 선언으로 레지스터가 만들어지고 *q(0)*로부터의 직렬 출력은 13번째 줄에 서술된다. 레지스터에서 병렬 *load*와 직렬 *shift* 제어 신호는 각각 분리되어 있다. 레지스터의 기능은 14~18번째 줄에 정의되어 있다. *load* 신호가 HIGH이면 외부 입력 *data*가 동기식으로 저장된다. *load* 신호는 *shift* 신호보다 우선 순위가 높으며 *shift* 신호가 HIGH일 때 *clk*의 매 상승 천이 때마다 레지스터 내용이 직렬 시프트되기 위하여 *load* 신호는 LOW이어야 한다. 데이터를 오른쪽으로 시프트하기 위한 데이터 형태는 16번째 줄에서 비트를 순서에 맞추어 조합(concatenation)하여 만들어진다. 시프트 기능을 위한 직렬 데이터 입력 값이 상수 LOW임을 유의한다. *load*와 *shift*신호 어느 것도 HIGH가 아닐 때 VHDL의 원래 동작에 따라 레지스터는 현재 값을 유지한다. 그림 7-88에 시뮬레이션 결과를 보여준다.

```
1   ENTITY  fig7_89  IS
2   PORT (
3         clk, shift, load          :IN BIT;
4         data                      :IN BIT_VECTOR (3 DOWNTO 0);
5         serial_out                :OUT BIT
6   );
7   END fig 7-89;
8   ARCHITECTURE vhdl OF fig 7-89 IS
9   BEGIN
10  PROCESS (clk)
11        VARIABLE  q       :BIT_VECTOR (3 DOWNTO 0);
12        BEGIN
13        serial_out <= q(0);                      -- output last register bit
14        IF (clk'EVENT AND clk = '1')  THEN
15              IF (load = '1')  THEN  q := data;  -- parallel load
16              ELSIF (shift = '1')  THEN  q := ('0' & q(3 DOWNTO 1));  -- shift
17              END IF;                            -- otherwise, hold
18        END IF;
19  END PROCESS;
20  END vhdl;
```

그림 7-89 VHDL을 사용한 병렬 입력/직렬 출력 레지스터.

예제 7-27

4대의 동기식 동작 모드(홀드 데이터, 왼쪽 시프트, 오른쪽 시프트, 병렬 로드)를 가지는 4비트 시프트 레지스터를 HDL로 설계하고자 한다. 2비트 입력은 클럭의 각 상승 모서리에 동작 모드를 선택한다. 시프트 레지스터를 구현하기 위한 플립플롭의 연결을 기술하기 위해 구조체 코드를 사용할 수 있다. 그러나 구조체 방법을 사용하여 왼쪽, 오른쪽 시프트, 병렬 저장의 기능을 갖는 다기능의 시프트 레지스터를 만드는 것은 파일이 길어지며 따라서 해석하기 어렵다. 더 나은 방법은HDL의 좀 추상적이고 직관적인 방법을 사용하여 회로를 함축적으로 서술하는 것이다. 이렇게 하기 위해 시프트 기능을 수행할 방법을 만들어야 한다. D 플립플롭 레지스터 칩 (74174)를 연결하여 시프트 레지스터를 만들었던 예제7-18의 경우와 매우 유사하다. 시프트 레지스터를 플립플롭을 직렬로 연결한 것으로 생각하는 대신, 병렬 레지스터에서 그 내용에 1비트씩 위치가 바뀐 비트들이 병렬로 전달되는 것으로 생각한다. 그림 7-83은 설계에 필요한 각각의 전송에 대한 개념을 보여준다.

풀이

설계의 첫 번째 과정은 동작 모드를 0, 1, 2, 3으로 지정하기 위해 *mode*로 명명된 2비트 입력을 정의하는 것이다. 다음의 목표는 HDL을 사용하여 네 가지 동작들을 어떻게 선택할 것인지를 결정하는 것이다. 여기서 몇 가지 방법이 가능하다. CASE 구조문은 가능한 모든 동작 모드 값에 대하여 각기 다른 HDL 명령을 사용할 수 있게 하므로 CASE 구조문을 선택한다. 현재의 동작 모드 세팅이나 모드 값이 겹치는 영역을 검사하는 데 관련하여 우선순위가 없으므로, IF/ELSE문의 장점이 필요치 않다. HDL에 대한 풀이는 그림 7-90과 7-91에 주어져 있다. 각 경우에 대하여 동일한 입출력들(클럭, 4비트 병렬 로드, 레지스터로의 1비트 직렬 입력, 모드 선택을 위한 2비트, 4비트의 출력)이 정의되어 있다.

```
SUBDESIGN fig7_90
(
   clock        :INPUT;
   din[3..0]    :INPUT;    -- parallel data in
   ser_in       :INPUT;    -- serial data in from Left or Right
   mode[1..0]   :INPUT;    -- MODE Select: 0=hold, 1=right, 2=left, 3=load
   q[3..0]      :OUTPUT;
)
VARIABLE
   ff[3..0]:DFF;           -- define register set
BEGIN
   ff[].clk = clock;       -- synchronous clock
   CASE mode[] IS
      WHEN 0  => ff[].d      = ff[].q;        -- hold shift
      WHEN 1  => ff[2..0].d  = ff[3..1].q);   -- shift right
                 ff[3].d     = ser_in;        -- new data from left
      WHEN 2  => ff[3..1].d  = ff[2..0].q;    -- shift left
                 ff[0].d     = ser_in;        -- new data bit from right
      WHEN 3  => ff[].d      = din[];         -- parallel load
   END CASE;
   q[] = ff[].q;                  -- update outputs
END;
```

그림 7-90 범용 시프트 레지스터의 AHDL 코드.

```
ENTITY  fig7_91  IS
PORT (
   clock          :IN BIT;
   din            :IN BIT_VECTOR (3 DOWNTO 0);    -- parallel data in
   ser_in         :IN BIT;                        -- serial data in L or R
   mode           :IN INTEGER RANGE 0 TO 3;       -- 0=hold 1=rt 2=lt 3=load
   q              :OUT BIT_VECTOR (3 DOWNTO 0));
END fig7_91;
ARCHITECTURE a  OF fig7_91  IS
BEGIN
   PROCESS (clock)                               -- respond to clock
   VARIABLE  ff    :BIT_VECTOR (3 DOWNTO 0);
   BEGIN
      IF (clock'EVENT AND clock = '1')  THEN
         CASE mode  IS
            WHEN 0  => ff := ff;                                 -- hold data
            WHEN 1  => ff(2 DOWNTO 0)  := ff(3 DOWNTO 1);    -- shift right
                       ff(3) := ser_in;
            WHEN  2 => ff(3 DOWNTO 1)  := ff(2 DOWNTO 0);    -- shift left
                       ff(0) := ser_in;
            WHEN  3 => ff := din;                              -- parallel load
         END CASE;
      END IF;
   q <= ff;                                      -- update outputs
   END PROCESS;
END a;
```

그림 7-91 범용 시프트 레지스터의 VHDL 코드.

AHDL 풀이

그림 7-90의 AHDL 풀이의 10행을 보면 레지스터의 현재 상태를 나타내는 *ff*라는 명칭으로 선언된 D 플립플롭으로 구성된 레지스터를 사용한다. 모든 플립플롭은 동일한 클럭을 (동기식으로) 입력받아야하기 때문에 12행에서 플립플롭의 모든 클럭 입력은 *clock*에 연결된다. CASE 구조문은 *mode* 입력의 각각의 값에 대해 각각 다른 전송방식을 선택한다. 모드 0(데이터 유지)은 현재 상태와 동일한 다음 상태를 만들기 위해 현재 상태 값을 같은 위치의 D 입력으로 직접 병렬 전송한다. 15, 16행에서 서술된 모드 1(오른쪽 시프트)은 비트 3, 2, 1을 비트 위치 2, 1, 0으로 전송하고, 직렬 입력을 통해 비트 3의 새로운 값을 받아들인다. 17, 18행에서 기술된 모드 2(왼쪽 시프트)는 반대 방향으로 유사한 동작을 수행한다. 모드 3(병렬 저장)은 병렬 데이터 입력이 레지스터의 다음 상태로 되도록 이 값을 전송한다. 이와 같은 코드에 의하여 만들어진 회로는 실제 레지스터의 이러한 논리 기능 중 하나를 선택할 수 있으며, 다음 출력에 적절한 데이터를 출력 핀에 전송한다. 15, 16행의 명령을 아래와 같이 *ser_in* 비트와 3개의 데이터 비트의 순서를 적절히 포함하고 4비트로 그룹화함으로써 하나의 문장으로 줄일 수 있다.

```
WHEN 1 => ff[ ].d (ser_in, ff[3..1].q);
```

17, 18행의 명령도 다음의 문장으로 대체할 수 있다.

```
WHEN 2 => ff[ ].d (ff[2..0].q,ser_in);
```

VHDL 풀이

그림 7-91의 VHDL 풀이의 12행에서 레지스터의 현재 상태를 나타내기 위해 *ff*라는 내부 변수가 선언되어 있다. 모든 전송 동작은 클럭의 상승 모서리에 이루어지기 때문에 입력 신호를 *clock*으로 갖는 PROCESS 구문을 사용한다. CASE 구조문은 *mode* 입력의 각각의 값에 대해 서로 다른 전송 형태를 선택한다. 모드 0(데이터 유지)은 다음 상태를 현재 상태와 동일하게 만들기 위해 현재 상태 값을 같은 비트 위치로 직접 병렬 전송한다. 17행에서 서술된 모드 1(오른쪽 시프트)은 3, 2, 1번 위치의 비트 값을 2, 1, 0번 비트 위치로 전송하고, 직렬 입력을 통해 비트 3의(18행) 새로운 값을 받아들인다. 모드 2(왼쪽 시프트)는 반대 방향으로 유사한 동작을 수행한다. 모드 3(병렬 저장)은 병렬 데이터 입력을 레지스터의 다음 상태로 만들기 위해 이 값을 전송한다. 실제 레지스터에서 이들 동작을 선택한 후 데이터는 출력 핀으로 도달된다(24행). 17, 18행의 명령어를 *ser_in* 비트와 3개의 데이터 비트의 순서를 적절히 조합하고 4비트 그룹화함으로써 아래와 같이 하나의 문장으로 줄일 수 있다.

```
WHEN 1 => ff := ser_in & ff(3 DOWNTO 1);
```

19, 20행의 명령도 다음의 문장으로 대체할 수 있다.

```
WHEN 2 => ff := ff(2 DOWNTO 0) & ser_in;
```

학습성과 평가문제

1. 직렬 입력 *dat*와 8비트 배열 *reg[7..0]*의 왼쪽 시프트를 구현하는 HDL 문장을 작성하라.
2. 시프트 레지스터에서 데이터 유지 모드 동안 현재 데이터를 재입력해야 하는 이유는 무엇인가?

7-21 링 카운터 HDL

학습성과

이 절을 학습함으로써 다음을 할 수 있다.

- HDL을 이용한 링카운터 동작 작성
- HDL을 이용한 링카운터의 셀프스타트

7-17절에서 하나의 활성화된 논리 레벨만이 모든 플립플롭을 통과하여 순환하는 카운터를 만들기 위해서 시프트 레지스터를 사용하였다. 이를 링 카운터라 하였다. 링 카운터의 특징 중 하나는 MOD 값이 레지스터를 구성하는 플립플롭의 수와 같으며, 그래서 항상 많은 미사용 상태와 유효하지 않은 상태가 존재한다. 우리는 이미 현재 상태와 다음 상태의 천이를 지정하기 위해 CASE 구조문을 사용하여 카운터를 기술하는 방법에 대해 공부하였다. 그 예제에서, 유효하지 않은 상태를 "다른" 상태에 포함시켜서 처리하였다. 이 방법은 링 카운터에 대해서도 적용할 수 있다. 그러나 이번 절에서는 시프트 카운터를 기술하는 데 좀 더 직관적인 방법을 찾을 것이다.

이 방법은 매 클럭마다 레지스터를 한 번씩 이동시키기 위한 방법으로 7-20절에서 설명한 방법과 동일하다. 이 회로 설계의 주요 기능은 시프트 레지스터의 *ser_in*을 구동해서 "링"을 완성하는 것이다. 또한 초기 값에 관계없이 카운터를 원하는 순차대로 동작하도록 해야한다. 그림 7-75(d)에 보인 상태도와 같이 동작하는 링 카운터의 설계를 예를 들어 다시 만들어보자. 카운터를 자동으로 시작하도록 하기 위해 비동기식 입력을 사용하지 않고 IF/ELSE 구조문을 사용하여 시프트 레지스터의 *ser_in* 신호를 제어한다. 카운터의 상위 3비트가 모두 LOW일 때 최하위 비트가 HIGH라고 가정하면 다음 클럭에서 HIGH 값을 *ser_in*에 직렬 입력하고자 한다. 그 이외의 상태(승인, 유효하지 않은 상태)에 대해서는 LOW를 직렬 입력하고자 한다. 카운터는 초기화된 값에 관계없이, 결국 0으로 채워지며, HIGH 값이 직렬 입력되면 링 순차가 시작된다.

링 카운터 AHDL

그림 7-92의 AHDL 코드는 이미 익숙하다. 11, 12행의 문장은 앞에서 설명한 방법으로 직렬 입력을 제어한다. 11행의 (==) 연산자의 사용을 주목하라. 이 연산자는 양쪽의 수식이 동일한지 검사한다. (=) 연산자는 하나의 대상을 다른 쪽에 할당(연결)하는 연산자임을 기억하라. 14행의 문장은 이전 절에서 설명한 오른쪽 시프트 동작을 기술한 것이다. 시뮬레이션 결과를 그림 7-93에 보이고 있다.

그림 7-92 4비트 링 카운터의 AHDL.

```
1   SUBDESIGN fig7_92
2   (
3      clk          :INPUT;
4      q[3..0]      :OUTPUT;
5   )
6   VARIABLE
7      ff[3..0]     :DFF;
8      ser_in       :NODE;
9   BEGIN
10     ff[].clk = clk;
11     IF ff[3..1].q == B"000" THEN ser_in = VCC;  -- self start
12     ELSE ser_in = GND;
13     END IF;
14     ff[3..0].d = (ser_in, ff[3..1].q);          -- shift right
15     q[] = ff[].q;
16  END;
```

그림 7-93 HDL 링 카운터의 시뮬레이션.

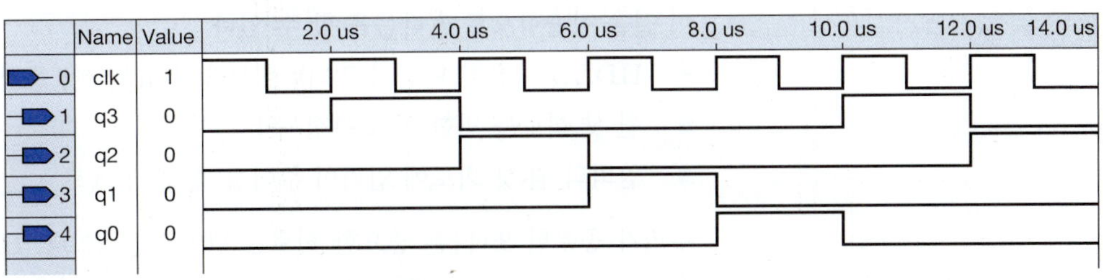

링 카운터 VHDL

그림 7-94의 VHDL 코드를 살펴보자. 12, 13행의 문장은 앞에서 설명한 방법으로 직렬 입력을 제어한다. 16행의 문장은 이전 절에서 설명한 오른쪽 시프트 동작을 기술한 것이다. 시뮬레이션 결과는 그림 7-93에 나타나 있다.

```
1   ENTITY  fig7_94  IS
2   PORT (      clk             :IN BIT;
3               q               :OUT BIT_VECTOR (3 DOWNTO 0));
4   END fig7_94;
5
6   ARCHITECTURE vhdl OF fig7_94 IS
7   SIGNAL  ser_in              :BIT;
8   BEGIN
9   PROCESS (clk)
10     VARIABLE  ff             :BIT_VECTOR (3 DOWNTO 0);
11     BEGIN
12        IF (ff(3 DOWNTO 1) = "000")  THEN   ser_in <= '1';        -- self-start
13        ELSE  ser_in <= '0';
14        END IF;
15        IF (clk'EVENT AND clk = '1')  THEN
16           ff(3 DOWNTO 0) := (ser_in & ff(3 DOWNTO 1));           -- shift right
17        END IF;
18     q <= ff;
19  END PROCESS;
20  END vhdl;
```

그림 7-94 4비트 링 카운터의 VHDL.

학습성과 평가문제

1. 링 카운터가 자동 시작한다는 것이 의미하는 것은 무엇인가?
2. 그림 7-92에서 어떤 행의 문장이 링 카운터를 자동 시작하게 하는가?
3. 그림 7-94에서 어떤 행의 문장이 링 카운터를 자동 시작하게 하는가?

7-22 단안정펄스의 HDL

학습성과

이 절을 학습함으로써 다음을 할 수 있다.

- HDL을 이용한 단안정 멀티바이브레이터(원-샷) 동작 작성
- 원-샷 회로를 위한 동작 특성 구분
- 임의의 원-샷 회로에 입력이 주어질 때 출력 예측

우리가 공부한 또 다른 중요한 회로는 단안정펄스이다. HDL을 이용하여 **디지털 단안정펄스(digital one-shot)**를 구현하는 데 카운터의 개념을 응용할 수 있다. 5장에서 단안정펄스는 트리거 입력이 활성화될 때마다 정해진 폭을 갖는 하나의 펄스를 만드는 소자임을 다루었다. 재트리거 할 수 없는 단안정펄스 회로는 출력 펄스가 활성화된 동안에는 트리거 입력

을 무시한다. 재트리거 할 수 있는 단안정펄스는 트리거에 대하여 펄스를 시작하며 펄스가 끝나기 전에 트리거 천이가 있을 때마다 내부 펄스 타이머를 재시작한다. 우리가 다루는 첫 번째 예제는 재트리거 하지 않으며, HIGH 레벨에서 트리거 하는 디지털 단안정펄스이다. 5장에서 다룬 단안정펄스는 내부 펄스 타이밍 구조로 저항과 커패시터를 사용한다. HDL 기법을 이용하여 단안정펄스를 만들기 위해 4비트 카운터를 사용하여 펄스의 폭을 결정한다. 입력은 클럭 신호, 트리거, 클리어 그리고 펄스 폭값이다. 유일한 출력은 펄스 출력 Q이다. 아이디어는 매우 간단하다. 트리거 신호를 검출할 때마다 펄스가 HIGH되도록 하고 펄스 폭 입력 값을 다운 카운터에 저장한다. 이 값이 클수록 0으로 다운 카운터하는 데 더 오랜 시간이 걸린다. 이러한 단안정펄스의 장점은 카운터에 저장되는 값을 변화시킴으로 펄스 폭을 쉽게 변화시킬 수 있다는 것이다. 아래 절을 읽으면서 다음과 같은 질문을 생각해 보자. "무엇이 이 회로를 다시 트리거 하지 않도록 하며, 무엇이 그것을 레벨 트리거시키는가?"

간단한 단안정펄스의 AHDL

재트리거할 수 없는, 레벨에 변화하는 단안정펄스에 대한 AHDL 서술문이 그림 7-95에 있다. 8번째 줄에서 4개의 플립플롭으로 레지스터를 만들었으며 이는 펄스가 존재하는 동안 다운 카운트하는 카운터이다. 10번째 줄에서 클럭은 모든 플립플롭에 병렬로 연결되어 있다. 11번째 줄에서는 *reset* 제어 신호를 각 플립플롭의 비동기식 클리어 입력에 직접 연결함으로 리셋 기능이 구현되었다. 이렇게 부여한 다음, 가장 먼저 시험되는 조건은 트리거이다. 계수 값이 0(즉 이전 펄스가 완료되었다.)인 동안에 아무 때에 트리거가 활성화(HIGH)되면, 지연 값이 카운터에 저장된다. 14번째 줄에서, 카운터가 0까지 감소되었는지 검사함으로써 펄스가 종료되었는지 검사한다. 그렇다면, 카운터는 다시 시작하지 않고 0에 머물러 있어야 한다. 카운트가 0이 아니면 카운트는 계속되어야 하며 15번째 줄에서 다음 클럭에 플립플롭이 하나 감소되도록 해야 한다. 마지막으로 17번째 줄에서, 출력 펄스를 발생한다. 이에 대한 부울 표현식은 다음과 같이 생각될 수 있다. "*count* 값이 0이 아닌 값일 때 펄스(Q)를 HIGH로 만든다."

그림 7-95 재트리거할 수 없는 단안정펄스의 AHDL.

```
1  SUBDESIGN fig7_95
2  (
3     clock, trigger, reset     : INPUT;
4     delay[3..0]               : INPUT;
5     q                         : OUTPUT;
6  )
7  VARIABLE
8     count[3..0]       : DFF;
9  BEGIN
10    count[].clk = clock;
11    count[].clrn = reset;
12    IF trigger & count[].q == b"0000" THEN
13          count[].d = delay[];
14    ELSIF count[].q == B"0000" THEN count[].d = B"0000";
15    ELSE count[].d = count[].q - 1;
16    END IF;
17    q = count[].q != B"0000";  -- make output pulse
18 END;
```

간단한 단안정펄스의 VHDL

다시 트리거 하지 않으며, 레벨에 변화하는 단안정펄스에 대한 VHDL 서술문이 그림 7-96에 있다. 3~5번째 줄에서 앞서 말했듯이 입력과 출력을 보여준다. 구조 서술문에서는 입력 신호를 클럭과 리셋으로 갖는 PROCESS문(11번째 줄)을 사용하였다. 이 PROCESS 안에서 변수(variable)는 카운터 값을 나타낸다. 앞서 발생한 신호보다 우위에 있는 입력은 *reset* 신호이다. 이것이 가장 먼저(14번째 줄) 검사되어 단일 활성화되면 *count* 값은 즉시 클리어된다. 16번째 줄에서는 트리거를 검사한다. 카운트 값이 0(즉 이전 펄스가 종료되었다)인 동안 어느 때든지 트리거가 활성화되면, 펄스폭에 대한 값이 카운터에 저장된다. 18번째 줄에서 카운터가 감소하여 0에 이르렀는지를 검사함으로 펄스가 종료되었는지 검사한다. 그렇다면, 카운터는 다시 시작하지 않고 0에 머물러 있어야 한다. *count*가 0가 아니면, 카운트를 계속해야 하며 19번째 줄에서 다음 클럭에 플립플롭이 하나 감소하도록 해야 한다. 마지막으로, 22~23번째 줄에서 출력 펄스를 발생한다. 이에 대한 부울 표현식은 다음과 같이 생각될 수 있다. "카운트값이 0이 아닌 값일 때, 펄스(q)를 HIGH로 만든다."

```
1   ENTITY fig7_96 IS
2   PORT (
3         clock, trigger, reset      :IN BIT;
4         delay                      :IN INTEGER RANGE 0 TO 15;
5         q                          :OUT BIT
6         );
7   END fig 7_96;
8
9   ARCHITECTURE vhdl OF fig7_96 IS
10  BEGIN
11     PROCESS (clock, reset)
12     VARIABLE count          : INTEGER RANGE 0 TO 15;
13     BEGIN
14        IF reset = '0' THEN count := 0;
15        ELSIF (clock'EVENT AND clock = '1' ) THEN
16           IF trigger = '1' AND count = 0 THEN
17              count := delay;                          -- load counter
18           ELSIF count = 0 THEN count := 0;
19           ELSE count := count - 1;
20           END IF;
21        END IF;
22        IF count /= 0 THEN q <= '1';
23        ELSE q <= '0';
24        END IF;
25     END PROCESS;
26  END vhdl;
```

그림 7-96 재트리거할 수 없는 단안정펄스의 VHDL.

재트리거할 수 없는 단안정펄스 시뮬레이션

이제 단안정펄스에 대한 서술 코드를 복습해 보았으니, 그 성능을 평가해 보자. 통상적으로 아날로그 회로를 디지털 회로로 변화하는 데는 몇 가지 장점과 함께 몇 가지 단점이 있다. 표준 단안정펄스 칩에서는 트리거 신호 직후에 출력 펄스가 시작된다. 여기서 서술한 단

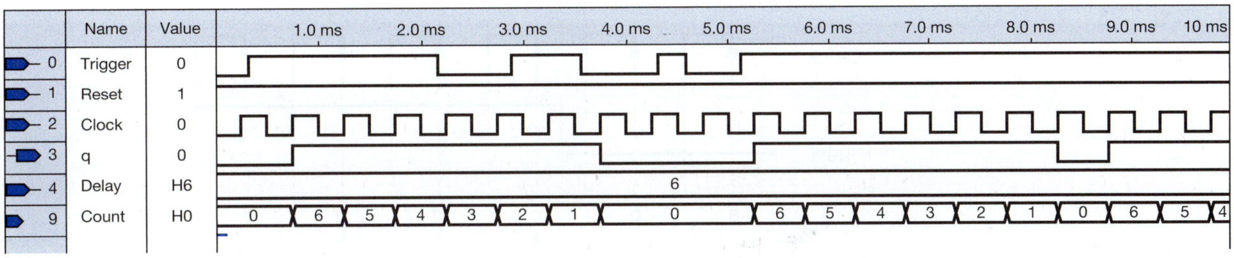

그림 7-97 재트리거할 수 없는 단안정펄스의 시뮬레이션.

안정펄스는 다음 클럭의 모서리에서 시작하여 카운터가 0보다 큰 동안 이를 계속 유지한다. 그림 7-97의 시뮬레이션 초기 몇 ms 동안 이 경우를 보여준다. 트리거 신호가 q 출력이 반응하기 거의 0.5 ms 전에 HIGH로 되는 것을 유의하기 바란다. 다운 카운트하는 동안 또 다른 트리거 신호가 발생하면(3 ms 이전과 같이) 이는 무시된다. 이것이 다시 트리거되지 않는 특성이다.

이 디지털 단안정펄스의 또 하나의 포인트는 트리거펄스는 충분히 길어서 클럭의 상승 천이 때 HIGH이어야 하는 것이다. 4.5 ms 근처에서 트리거 입력에 펄스가 발생했지만 클럭의 상승 천이 이전에 LOW로 돌아갔다. 이전 입력에 대하여 이 회로는 반응을 보이지 않는다. 5 ms를 바로 지나서, 트리거 신호가 HIGH가 되고 이를 유지하고 있다. 이 펄스는 정확히 6 ms 동안 유지되지만, 트리거 입력이 HIGH를 유지하기 때문에 한 클럭 뒤에는 또 다른 출력 펄스에 반응한다. 이런 일이 발생하는 이유는 이 회로가 대부분의 일상적인 단안정펄스 IC처럼 레벨에 의하여 트리거되는 회로이며 모서리에 의해 트리거되는 회로가 아니기 때문이다.

재트리거할 수 있는 모서리에 의하여 트리거되는 단안정펄스의 HDL

단안정펄스 회로가 응용되는 많은 경우에서 회로가 레벨보다는 모서리에 반응하기를 요구한다. 어떻게 HDL 코드를 사용하여 회로가 트리거 입력의 매 상승 천이 때마다 한 번씩 반응하게 만들 수 있을까? 여기에 서술되는 기법은 모서리 트래핑(*edge-trapping*)이라고 하며 수년간 마이크로컨트롤러를 프로그래밍하는 데 매우 유용한 도구가 되어 왔다. 앞으로 보게 되겠지만 이는 또한 HDL을 이용하여 디지털 회로의 모서리 트리거를 설명하는 데 유용하다. 이 절에서는 다시 트리거할 수 있는 단안정펄스의 예를 보이며 한편(다른 많은 경우에 유용한) 모서리 트래핑의 예시를 보여준다.

이러한 재트리거할 수 있는 단안정펄스의 일반적인 동작을 하기 위하여 트리거 입력의 상승 모서리에 반응하도록 해야 한다. 모서리가 검출되자마자, 펄스 타이밍을 시작한다. 디지털 단안정펄스에서, 이는 트리거 모서리 후에 가능한 빨리 카운터의 값을 저장하고 0까지 다운 카운트를 시작한다는 것을 의미한다. 펄스가 종료되기 전에 또 다른 트리거 신호(상승 모서리)가 발생하면, 카운터는 즉시 값을 다시 저장하며 펄스 타이밍은 처음부터 시작하며 따라서 펄스를 유지한다. 어느 때든지 클리어 신호를 활성화시키면 카운터를 0으로 만들며 펄스를 종료시킨다. 출력 펄스폭의 최소값은 단순히 펄스폭 입력에 인가된 값에 클럭 주기를 곱한 것이다.

단안정펄스를 위한 모서리 트래핑의 배경 전략은 그림 7-98에서 예시로 보여준다. 매번 활성화된 클럭 모서리마다 필요한 두 가지 중요한 정보가 있다. 첫 번째는 현재의 트리거 입력 상태이며 두 번째는 마지막 활성 클럭 모서리가 발생했을 때의 트리거 입력 상태이다.

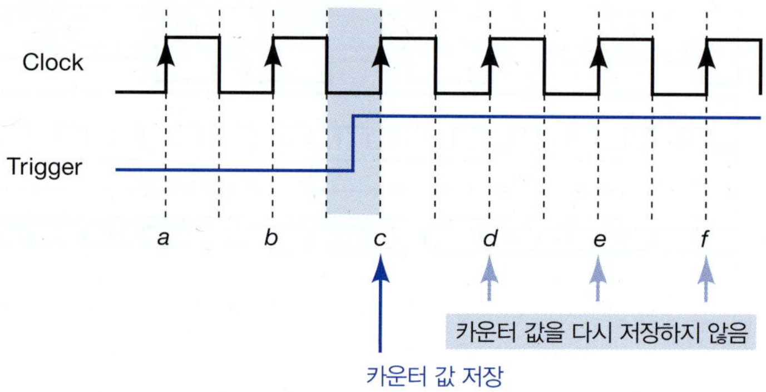

그림 7-98 모서리 감지.

그림 7-98에서 *a*점부터 시작하여 이 두 가지 값을 정하고 그 다음엔 *b*점으로 이동하여 같은 과정을 반복하는 식이다. 이 일을 끝내면, *c*점에서 특유한 결과를 얻는다는 것을 결론짓게 된다. 현재 트리거는 HIGH이지만 마지막 활성 클럭 모서리 때는 LOW였다. 이것이 트리거 모서리를 검출하는 포인트이다.

마지막 확성 클럭 모서리에 트리거가 어떤 값이었는지 알기 위해, 시스템은 그 당시 트리거가 가진 값을 기억해야 한다. 이는 플립플롭에 트리거 비트 값을 저장하면 된다. 제5장에서 순차를 검출하기 위해 플립플롭을 이용하는 것에 대하여 언급할 때 비슷한 개념을 다루었던 것을 기억하기 바란다. 단안정펄스를 위한 코드는 트리거 입력에서 상승 모서리가 검출된 다음에만 카운터 값이 저장되도록 작성된다.

재트리거할 수 있는 모서리에 의하여 트리거되는 단안정펄스의 AHDL

그림 7-99의 처음 5줄은 이전의 다시 트리거될 수 없는 단안정펄스의 예와 동일하다. AHDL에서, 이전에 얻은 값을 기억하는 유일한 방법은 그 값을 플립플롭에 저장하는 것

그림 7-99 모서리 트리거 신호를 가지며 재트리거할 수 있는 단안정펄스에 대한 AHDL.

```
SUBDESIGN fig7_99
(
   clock, trigger, reset  : INPUT;
   delay[3..0]            : INPUT;
   q                      : OUTPUT;
)
VARIABLE
            count[3..0]   : DFF;
            trig_was      : DFF;
BEGIN
   count[].clk = clock;
   count[].clrn = reset;
   trig_was.clk = clock;
   trig_was.d = trigger;

   IF trigger & !trig_was.q THEN
         count[].d = delay[];
   ELSIF count[].q == B"0000" THEN count[].d = B"0000";
   ELSE count[].d = count[].q - 1;
   END IF;
   q = count[].q != B"0000";
END;
```

이다. 이 절에서는 *trig-was*(9번째 줄)과 명명된 플립플롭을 사용하여 마지막에 활성화된 클럭 모서리 때 트리거에 있던 값을 저장한다. 이 플립플롭에서 트리거 신호가 플립플롭의 *D* 입력(14번째 줄)에 연결되고, 클럭은 *clk* 입력(13번째 줄)에 연결되도록 간단히 구성되어 있다. *trig_was*의 *Q* 출력은 다음 클럭 모서리 때까지의 *trigger* 값을 저장한다. 여기서 16번째 줄에서 트리거 신호의 모서리가 발생하였는지 본다. 만일 *trigger*(지금의) 값이 HIGH지만, *trigger*의(마지막 클럭) 값이 LOW였다면, 카운터에 값을 저장할 때인 것이다(17번째 줄). 18번째 줄은 *count*가 0에 도달하면 새로운 트리거 신호가 올 때까지 0을 유지한다는 것을 확인하는 부분이다. 19번째 줄에서는 조건이 맞으면 카운터에 값이 저장되고, 그 값이 zero가 아니면, 하나 감소하게 된다. 마지막으로 이미 본 바와 같이 출력 펄스는 카운터에 0000가 아닌 어떤 경우에도 HIGH이다.

재트리거할 수 있는 모서리에 의하여 트리거되는 단안정펄스 VHDL

그림 7-100의 ENTITY 서술문은 이전의 재트리거할 수 없는 단안정펄스의 예와 동일하다. 사실, 이 예와 그림 7-96에서 보이는 것의 유일한 차이점은 결정 과정의 논리와 관계가 있다. VHDL에서 어떤 값을 기억해야 할 때 이는 VARIABLE에 저장되어야 한다. PROCESS에 대하여, 신호 목록의 신호가 값이 변할 때마다 무슨 일이 발생하는지를 서술하는 것으로 생각할 수 있음을 상기하기 바란다. 한 과정(프로세스)과 다음 과정(프로세스)

```
ENTITY fig7_100 IS
PORT (  clock, trigger, reset           : IN BIT;
        delay                           : IN INTEGER RANGE 0 TO 15;
        q                               : OUT BIT);
END fig7_100;

ARCHITECTURE vhdl OF fig7_100 IS
BEGIN
   PROCESS (clock, reset)
   VARIABLE count          : INTEGER RANGE 0 TO 15;
   VARIABLE trig_was       : BIT;
   BEGIN
      IF reset = '0' THEN count := 0;
      ELSIF (clock'EVENT AND clock = '1' ) THEN
         IF trigger = '1' AND trig_was = '0' THEN
            count := delay;             -- load counter
            trig_was := '1';            -- "remember" edge detected
         ELSIF count = 0 THEN count := 0; -- hold @ 0
         ELSE count := count - 1;         -- decrement
         END IF;
         IF trigger = '0'  THEN trig_was := '0';
         END IF;
      END IF;
      IF count /= 0 THEN q <= '1';
      ELSE q <= '0';
      END IF;
   END PROCESS;
END vhdl;
```

그림 7-100 모서리 트리거 신호를 가지며 재트리거할 수 있는 단안정펄스에 대한 VHDL.

이 수행되는 사이에 VARIABLE은 마지막에 할당된 값은 유지된다. 이런 점에서 이는 플립플롭과 같다. 단안정펄스에서, 마지막 활성화된 클럭의 모서리 때 트리거 값을 저장할 필요가 있다. 11번째 줄은 이 용도로 사용될 변수의 비트를 정의한다. 첫 번째 결정(13번째 줄)은 *reset* 입력을 검사하여 이에 반응하는 가장 우선권이 높은 결정이다. 이것은 비동기식 제어 신호임을 유의하자. 이유는 이 값은 14번째 줄에서 클럭 모서리가 검출되기 전에 결정되기 때문이다. 14번째 줄은 클럭의 상승 모서리가 발생하였음을 결정하며, 이 과정(프로세스)의 주 논리는 15~20번째 줄이다.

클럭 모서리가 발생하면 다음 세 가지 조건 중 하나가 존재하게 된다:

1. 트리거 신호의 모서리가 발생하였으며 카운터에 값을 저장해야 한다.
2. 카운터가 0이며, 이것을 유지할 필요가 있다.
3. 카운터가 0이 아니며, 카운터 값을 하나 감소할 필요가 있다.

질문들이 제기된 순서와 VHDL PROCESS에서 값이 할당되는 순서를 고려하는 것이 매우 중요하다는 것을 상기하기 바란다. 그 이유는 그 순서는 우리가 서술하고 있는 회로의 동작에 영향을 주기 때문이다. *trig_was* 변수 값을 갱신하는 명령은 이전 조건에 대하여 결정한 다음에 위치해야 한다. 이런 이유로, 트리거의 상승 모서리를 검출하는 데 필요한 조건들은 15번째 줄에서 결정된다. 모서리가 발생하면, 카운터에 값이 저장되고(16번째 줄), 다음번에 이것을 기억하기 위해 변수 값이 갱신된다(17번째 줄). 트리거 신호의 모서리가 발생하지 않으면, 0을 유지하거나(18번째 줄), 다운 카운트(19번째 줄) 명령이 수행된다. 21번째 줄은 트리거 입력이 LOW가 되자마자 변수 *tirg_was* 값은 이를 기억하여 리셋되는 것을 확인한다. 마지막으로, 24~25번째 줄에서는 카운터가 0가 아닌 동안 출력 펄스를 생성한다.

재트리거할 수 있는 모서리에 의해 트리거되는 단안정 펄스 시뮬레이션

마지막 예제보다 이번 단안정펄스에서 개선된 두 가지는 모서리에 트리거되는 것과 다시 트리거될 수 있는 기능이다. 그림 7-101에서 새로운 성능을 평가한 결과를 보여준다. 타이밍도의 첫 1 ms 동안에 트리거 모서리가 검출되지만 이에 대한 응답은 즉시 이루어지지는 않는다. 출력 펄스는 다음 클럭 모서리 때 HIGH가 된다. 이것은 디지털 단안정펄스의 단점이다. 다시 트리거될 수 있는 기능은 2 ms 표시 부근에서 보여준다. 트리거 신호가 다음 클럭 모서리 때 HIGH가 되고, *count*가 5에서 다시 시작하며, 출력 펄스를 유지함을 유의하기 바란다. 또한 *q* 출력 펄스가 종결된 다음에도 트리거는 아직 HIGH이며 단안정펄스는 다음 펄스를 시작하지 않음을 유의해야하는 데, 그 이유는 이것이 레벨에 의하여 트리거되는 것이 아니라 상승 모서리에 의하여 트리거되기 때문이다. 6 ms 표시에서, 짧은 트리거 신호가 발생하지만 다음 클럭 때까지 HIGH를 유지하지 않으므로 무시된다. 한편, 7 ms 표시 직후 더 짧은 트리거펄스가 발생하는데 이는 클럭의 상승 모서리동안에 존재하므로 단안정펄스를 발생시킨다. 그 결과 출력 펄스는 정확히 5 클럭 사이클 동안 유지되는데 이유는 이 기간 다른 트리거 신호가 발생하지 않기 때문이다.

트리거 모서리에 대하여 지연된 응답 효과와 너무 짧은 트리거 모서리를 놓칠 수 있는 가능성을 최소화하기 위해, 매우 간단하게 이 회로를 개선할 수 있다. 이는 최소 트리거 펄스 폭을 줄일 때, 클럭 주파수와 지연 값을 저장하기 위해 사용되는 비트 수를 증가하여 펄스 폭의 범위를 갖도록(즉 더 세밀하게 제어하도록) 하는 것이다. 이 문제를 완전히 해결하기 위해 단안정펄스는 트리거 입력과 동기식으로 반응해야 한다. 이는 AHDL과 VHDL에

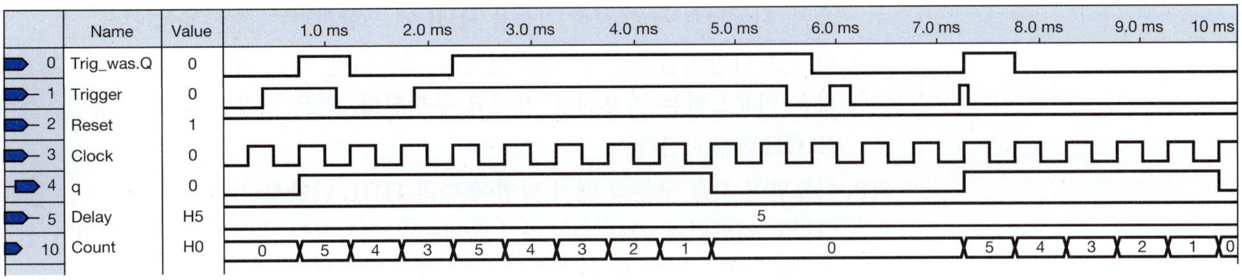

그림 7-101 모서리에 트리거되고, 재트리거할 수 있는 단안정펄스의 시뮬레이션.

서 모두 가능하지만 펄스 폭이 한 클럭 주기까지 변동할 수 있다.

학습성과 평가문제

1. 각 단안정펄스 서술문에서 어느 제어 입력 신호가 가장 높은 우선순위를 갖는가?
2. 디지털 단안정펄스가 얼마 동안 유지되는지를 결정하는 두 가지 요소를 말하라.
3. 이 절에서 보인 단안정펄스에 대하여 카운터 값은 동기식으로 저장되는가 비동기식으로 저장되는가?
4. 카운터 값을 동기식으로 저장하는 것의 장점은 무엇인가?
5. 카운터 값을 비동기식으로 저장하는 것의 단점은 무엇인가?
6. 모서리를 검출하는 데 필요한 두 가지 정보는 무엇인가?

파트 2 요약

1. 여러 가지 IC 레지스터들은 그들의 입력이 병렬(모든 비트가 동시에 들어온다)인지 또는 직렬(한 번에 한 비트씩)인지 아니면 직·병렬인지에 따라 분류될 수 있으며, 이와 유사하게 병렬(모든 비트들이 동시에 나간다) 또는 직렬(한 번에 한 비트씩) 출력을 가질 수 있다.
2. 순차 논리 시스템은 플립플롭, 카운터, 레지스터, 그리고 이들과 연결된 부가적 논리 게이트로 구성되며, 출력과 동작 순차는 현재와 과거의 입력에 의존한다.
3. 순차 논리 시스템의 고장 진단은 먼저 시스템 동작을 관찰한 후, 오동작의 가능한 원인을 파악할 수 있는 분석적 추론을 하고, 최종적으로 결함 위치를 찾기 위한 시험 측정 순으로 진행된다.
4. 링 카운터는 실제적으로 하나의 1을 연속적으로 재순환시키는 *N*-비트 시프트 레지스터로 MOD-*N* 카운터로 동작하며, 존슨 카운터는 MOD-2*N* 카운터로 동작하도록 변형된 링 카운터이다.
5. 시프트 레지스터는 사용자에 의한 동작 기술을 통해 HDL로 구현할 수 있다.
6. LPM_SHIFTREG megafunction은 데이터 전송 선택사항에 따라 시프트 레지스터를 구현하기 위한 회로도에서 사용될 수 있다
7. 비트 배열/비트 벡터와 이들에 대한 표기의 이해는 시프트 레지스터의 동작을 기술하는 데 매우 중요하다.
8. 존슨 카운터나 링 카운터와 같은 시프트 레지스터 카운터는 HDL로 쉽게 구현될 수 있

으며, 디코딩과 자동 시작 기능을 HDL에 포함시키는 것도 용이하다.

9. 디지털 단안정펄스는 트리거 입력이 검출되면 지연 값을 카운터에 저장하고 0으로 다운 카운트하는 카운터를 가지고 구현된다. 다운 카운트를 하는 동안, 출력 펄스는 HIGH로 유지된다.
10. 하드웨어 서술 구문의 배치 방법에 따라 HDL 단안정펄스는 모서리 또는 레벨 트리거, 그리고 리트리거 가능/리트리거 불가능하도록 만들 수 있다. 또한 트리거 신호에 동기식 또는 비동기식으로 반응하는 출력 펄스를 생성한다.

파트 2 주요 용어

디지털 단안정펄스(digital one-shot)
링 카운터(ring counter)
병렬 입력/병렬 출력(parallel in/parallel out)
병렬 입력/직렬 출력(parallel in/serial out)
비트 순서를 적절히 조합(concatenate)
순차 논리 시스템(sequential logic system)
순환 시프트 레지스터(circulating shift register)
존슨 카운터[Johnson counter(트위스트 된 링 카운터)]
직렬 입력/병렬 출력(serial in/parallel out)
직렬 입력/직렬 출력(serial in/serial out)
LPM_SHIFTREG

연습문제

파트 1

7-1절

B 7-1.*그림 7-1의 카운터 회로에 또 다른 플립플롭 E를 추가하고, 8 MHz 구형파의 클럭 신호를 인가하라.
- (a) 플립플롭 E 출력의 주파수는 얼마인가? 이 신호의 듀티 사이클은 얼마인가?
- (b) 클럭 신호가 20%의 듀티 사이클을 갖는 경우에 대해 (a)를 반복하라.
- (c) 플립플롭 C 출력의 주파수는 얼마인가?
- (d) 이 카운터의 MOD 값은 얼마인가?

B 7-2. 64 kHz 펄스 신호를 1 kHz 구형파로 변환하는 2진 카운터를 구성하라.

B 7-3.*5비트 2진 카운터가 00000 상태에서 시작하였다고 가정하고, 144개 입력 펄스 후 카운터의 상태를 구하라.

B 7-4. 10비트 리플 카운터에 256 kHz 클럭 신호가 인가되었다.
- (a) 이 카운터의 MOD 값은 얼마인가?
- (b) MSB 출력의 주파수는 얼마인가?
- (c) MSB 신호의 듀티 사이클은 얼마인가?
- (d) 카운터가 0에서 시작했다고 가정한다. 1000개의 입력 펄스 후 16진수로 카운트는 얼마일까?

7-2절

7-5.*4비트 리플 카운터는 20 MHz의 클럭 신호에 의해 구동된다. 각각의 플립플롭이 t_{pd} = 20 ns를 갖는다면 각 플립플롭 출력의 파형을 그려라. 전파 지연 때문에 발

*가 표시된 문제는 교재 뒤편에 해답이 있음.

생하지 않을 카운터의 상태를 구하라.

7-6. (a) 문제 7-5의 카운터에 사용될 수 있는 최대 클럭 주파수를 구하라.
(b) 카운터가 6비트로 확장된다면 f_{max}의 값은 얼마인지 구하라.

7-3, 7-4절

B 7-7.*(a) MOD-32 동기식 카운터의 회로도를 그려라.
(b) 각 플립플롭의 t_{pd} = 20 ns이고 각 게이트의 t_{pd} = 10 ns일 때 이 카운터의 f_{max}를 구하라.

B 7-8. (a) MOD-64 동기식 카운터의 회로도를 그려라.
(b) 각 플립플롭의 t_{pd} = 20 ns이고, 각 게이트의 t_{pd} = 10 ns일 때 이 카운터의 f_{max}를 구하라.

B, N 7-9. 그림 7-8(b)의 10진 카운터에 1 kHz의 클럭이 가해지고 있다.
(a) 각각의 플립플롭의 출력을 그리고 글리치가 발생하는지를 보여라.
(b) *D* 출력에 있는 신호의 주파수를 결정하라.
(c) 카운터가 초기에 상태 1000에 있다면 14 클럭 펄스가 가해진 후에는 어떤 상태가 될까?
(d) 카운터가 초기에 상태 0101에 있다면 20 클럭 펄스가 가해진 후에는 어떤 상태가 될까?

B 7-10. 70 kHz의 클럭에 대해서 그림 7-8(a)의 카운터에 대해서 문제 7-9를 반복하라.

7-11.*카운터가 입력주파수를 50분주 하도록 그림 7-9의 NAND 게이트 입력 부분을 각각 수정하라.

D 7-12. 1 MHz 클럭이 인가될 때 10 kHz 신호를 출력하는 동기식 카운터를 그려라.

7-5, 7-6절

B 7-13.*MOD-32, 동기식 다운 카운터를 그려라.

B 7-14. MOD-16, 동기식 업/다운 카운터를 그려라. 계수 방향은 *dir*에 의하여 결정된다. (업 카운트 시 *dir* = 0).

C, T 7-15.*그림 7-11의 업/다운 카운터에서 INVERTER 출력이 HIGH로 고정되었을 때 계수 순차를 정하라. 카운터는 000에서 시작한다고 가정한다.

7-16. 그림 7-12의 프리셋 가능한 카운터에 대하여 그림 7-102의 타이밍도를 완성하라. 카운터 초기 조건은 타이밍도에 주어져 있다.

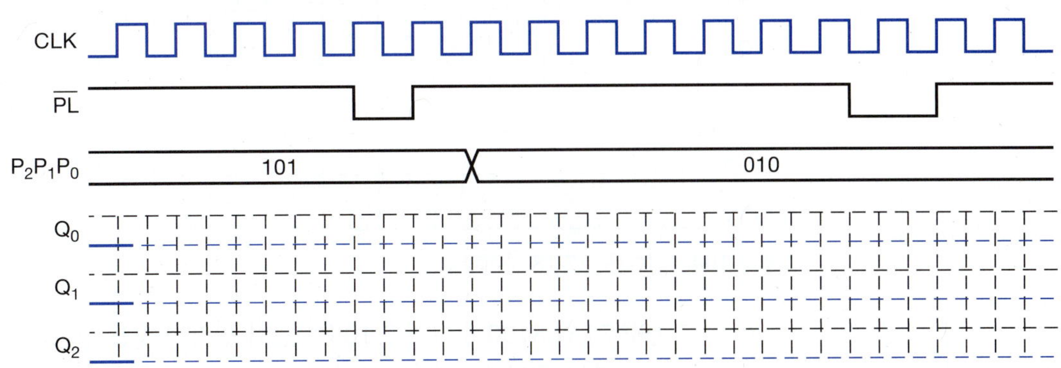

그림 7-102 연습문제 7-16 타이밍도.

7-7절

7-17.*74ALS161에 그림 7-103과 같이 입력 파형을 인가하였을 때 타이밍도를 완성하라. 초기 상태는 0000이라 가정한다.

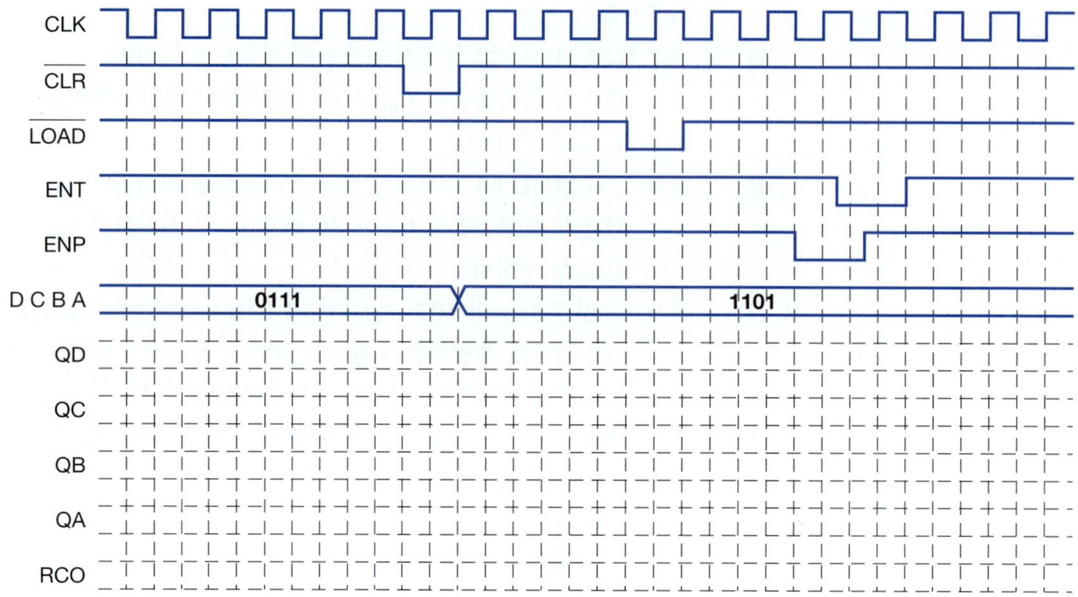

그림 7-103 연습문제 7-17 타이밍도.

7-18. 74ALS162에 그림 7-104와 같이 입력 파형을 인가하였을 때 타이밍도를 완성하라. 초기 상태는 0000이라 가정한다.

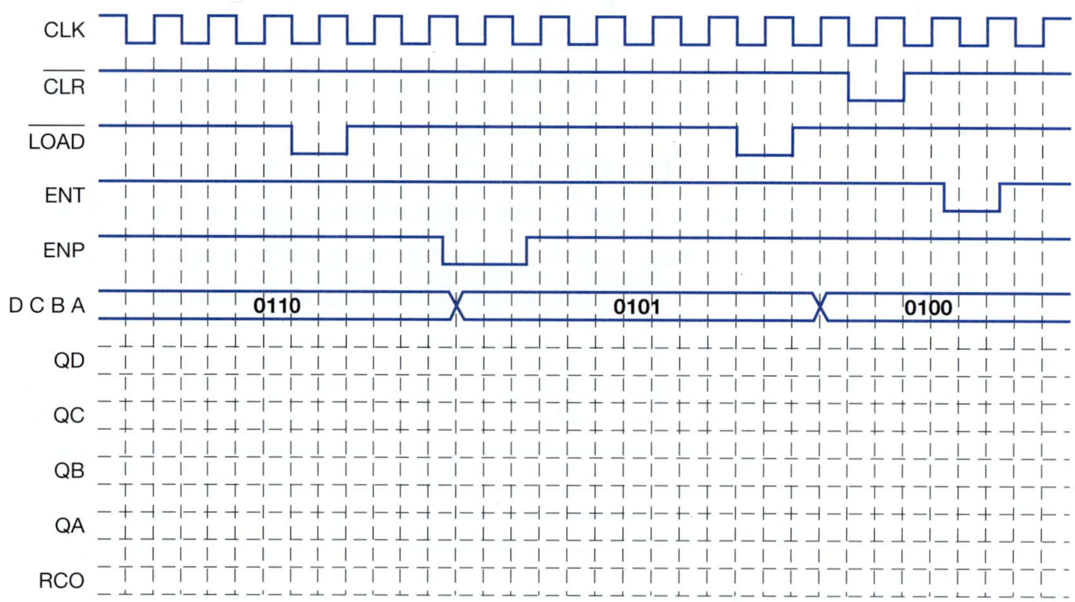

그림 7-104 연습문제 7-18 타이밍도.

7-19.*74ALS190에 그림 7-105와 같이 입력 파형을 인가하였을 때 타이밍도를 완성하라. *DCBA* 입력은 0101이다.

7-20. 74ALS191에 대하여 문제 7-19를 반복하라. *DCBA* 입력은 1100이다.

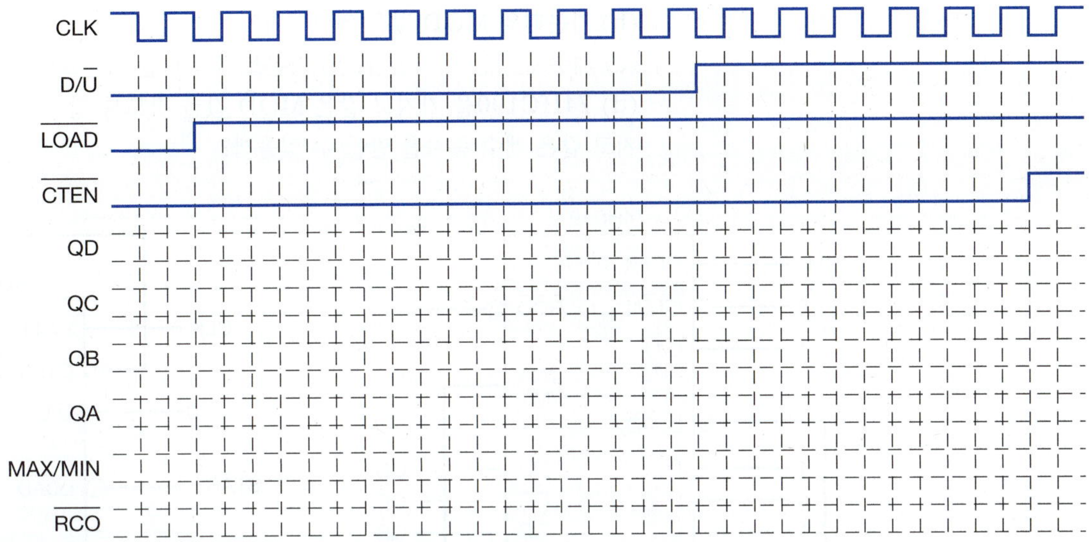

그림 7-105 연습문제 7-19, 7-20 타이밍도.

B 7-21.* 그림 7-106(a)의 카운터 회로 IC를 참고하라:

(a) 카운터의 *QD*, *QC*, *QB*, *QA* 출력에 대한 상태 천이도를 그려라.

(b) 카운터의 MOD 값을 정하라.

(c) 입력 *CLK*의 주파수에 대한 MSB의 출력 주파수의 관계는 어떠한가?

(d) MSB의 출력 파형의 듀티 사이클은 얼마인가?

B 7-22. 그림 7-106(b)의 카운터 회로 IC에 대하여 문제 7-21을 반복하라.

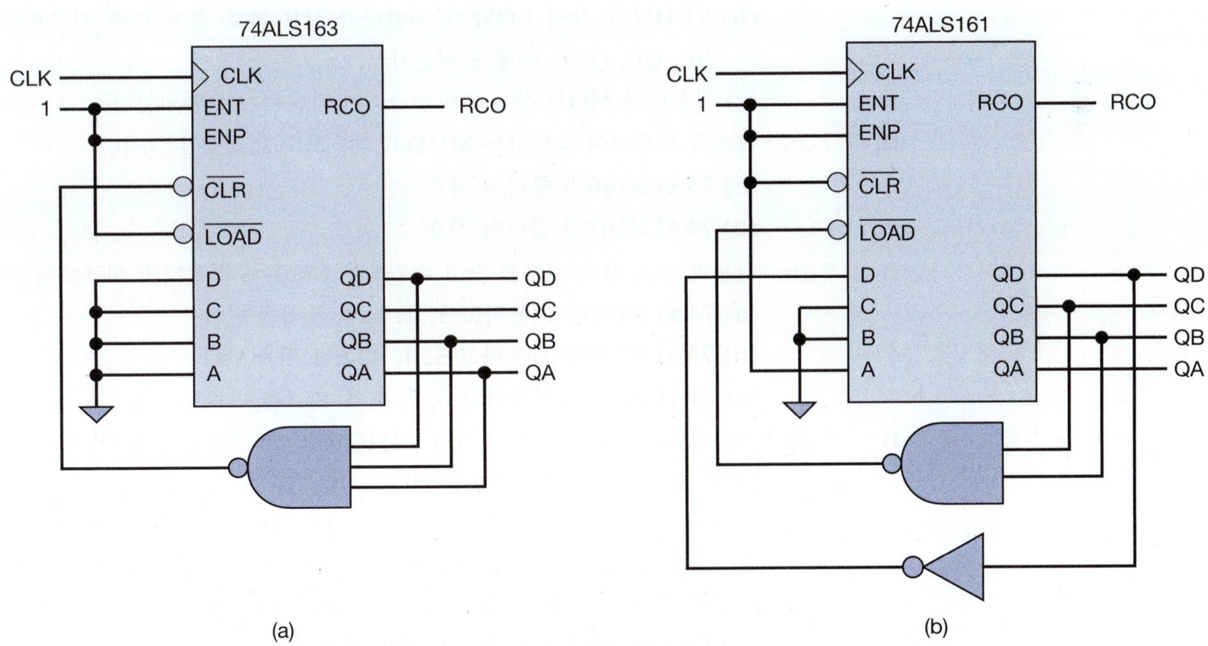

그림 7-106 연습문제 7-21, 7-22.

B 7-23.* 그림 7-107(a)의 카운터 회로 IC를 참고하라.

(a) 출력 *QD*, *QC*, *QB*, *QA*의 타이밍도를 그려라.

(b) 카운터의 MOD 값은 얼마인가?

(c) 계수 순차는 어떠한가? 업 카운트인가 다운 카운트인가?

(d) 74HC190을 가지고 같은 MOD 값을 갖도록 할 수 있을까? 74HC190을 가지고 같은 계수 순차를 만들 수 있을까?

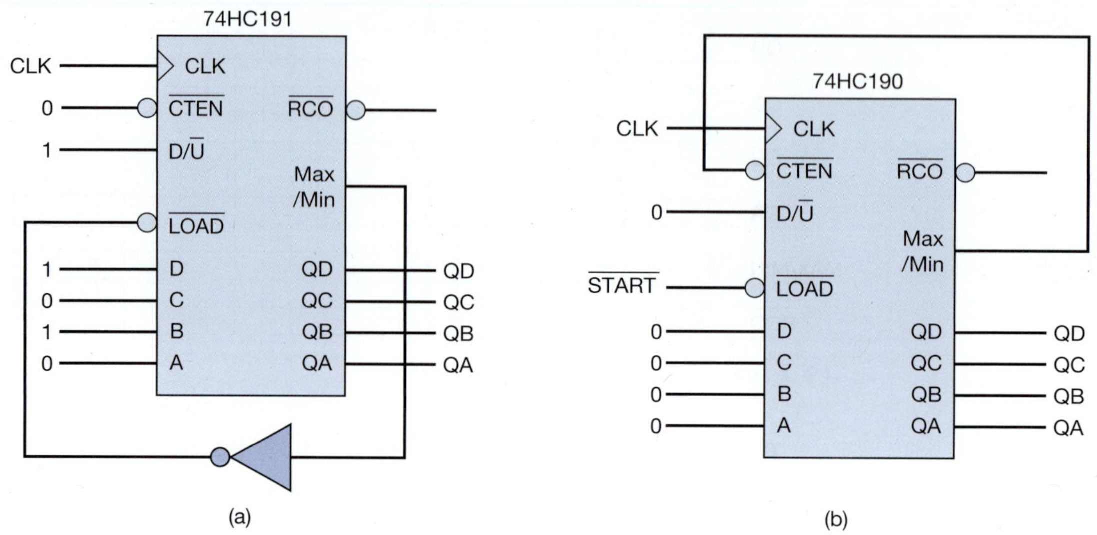

그림 7-107 연습문제 7-23, 7-24.

7-24. 그림 7-107(b)의 카운터 회로 IC를 참고하라:

(a) $\overline{START}$가 LOW일 때 카운터의 출력 *QD*, *QC*, *QB*, *QA*는 어떻게 되는가?

(b) $\overline{START}$가 잠시 LOW가 되었다가 HIGH로 돌아갈 때 카운터의 출력 *QD*, *QC*, *QB*, *QA*는 어떻게 되는가?

(c) 카운터의 MOD 값은 얼마인가? 이 카운터는 순환되는가?

D 7-25.* 다음을 사용하여 순환하는 MOD-6 카운터의 회로도를 그려라.

(a) 74ALS160과 클리어 신호

(b) 74ALS162와 클리어 신호

D 7-26. 다음과 같은 계수 순차를 갖고 순환되는 MOD-6 카운터의 회로도를 그려라.

(a) 74ALS162를 사용하고 1, 2, 3, 4, 5, 6을 반복

(b) 74ALS190을 사용하고 5, 4, 3, 2, 1, 0을 반복

(c) 74ALS190을 사용하고 6, 5, 4, 3, 2, 1을 반복

D 7-27.* 2개의 74HC161 또는 2개의 74HC163 칩 그리고 필요한 게이트를 사용하여 MOD-100의 2진 카운터를 설계하라. IC 카운터 칩들을 동기식으로 다단연결하여 0~99까지 계수하는 2진 카운터를 만든다. MOD-100 카운터에는 2개의 제어 입력이 있는데 활성화 신호가 LOW인 카운트 허용($\overline{EN}$)과 활성화 신호가 LOW인 비동기식 클리어($\overline{CLR}$)이다. 카운터 출력은 *Q0*, *Q1*, *Q2*... 식으로 명명하고 *Q0* = LSB이다. MSB되는 출력은 어떤 것인가?

D 7-28. 2개의 74HC160 또는 2개의 74HC162 칩 그리고 필요한 게이트를 사용하여 MOD-100의 2진 카운터를 설계하라. IC 카운터 칩들을 동기식으로 다단연결하여 0 ~ 99까지 계수하는 2진 카운터를 만든다. MOD-100 카운터에는 2개의 제어 입력이 있는데 활성화 신호가 HIGH인 카운트 허용(EN)과 활성화 신호가

HIGH인 동기식 저장(LD)이다. 카운터 출력은 *Q0*, *Q1*, *Q2*... 식으로 명명하고 *Q0* = LSB이다. 10자리를 나타내는 출력들은 어떤 것인가?

B 7-29.* 74ALS163에 6 MHz 클럭을 인가하고 4개 제어 입력이 모두 HIGH일 때 (*RCO*를 포함한) 5개 출력 각각의 출력 주파수와 듀티 사이클을 구하라.

B 7-30. 74ALS162에 6 MHz 클럭을 인가하고 4개 제어 입력이 모두 HIGH일 때 *QA*, *QC*, *QD*, *RCO* 각각의 출력 주파수와 듀티 사이클을 구하라. *QB* 출력에서 발생하는 파형의 형태에서 특이한 것은 무엇인가? 이 형태 특성은 그 결과로 정의되지 않은 듀티 사이클을 갖는다.

B 7-31.* 그림 7-108에서 f_{in}의 주파수는 6 MHz이다. 2개의 카운터 칩 IC는 비동기식으로 다단연결되어 있으며 그 결과 카운터 U1에서 발생하는 출력 주파수는 카운터 U2의 입력 주파수이다. f_{out1}과 f_{out2}의 출력 주파수를 구하라.

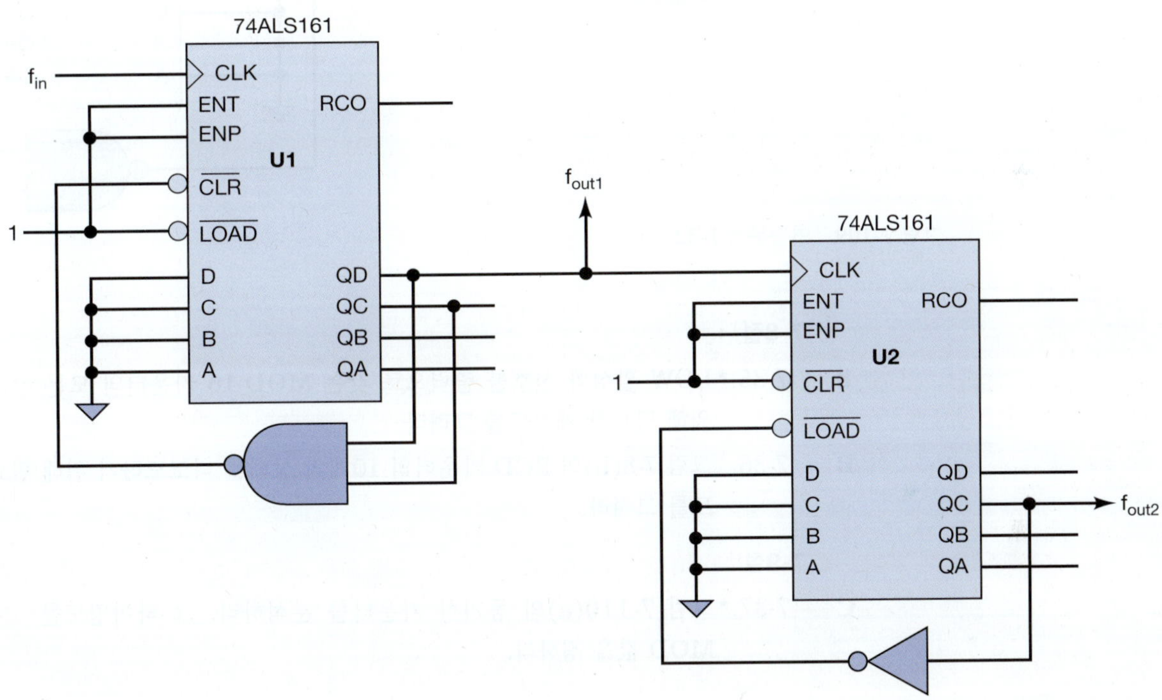

그림 7-108 연습문제 7-31.

B 7-32. 그림 7-109에서 f_{in}의 주파수는 1.5 MHz이다. 2개의 카운터 칩 IC는 비동기식으로 다단연결되어 있으며 그 결과 카운터 U1에서 발생하는 출력 주파수는 카운터 U2의 입력 주파수이다. f_{out1}과 f_{out2}의 출력 주파수를 구하라.

D 7-33.* 다음 세 가지 출력 신호 주파수를 발생하는 주파수 분주 회로를 설계하라: 1.5 MHz, 150 kHz, 100 kHz. 74HC162와 74HC163 카운터 칩과 필요한 게이트를 사용하라. 입력 주파수는 12 MHz이다.

D 7-34. 다음 세 가지 출력 신호 주파수를 발생하는 주파수 분주 회로를 설계하라: 1 MHz, 800 kHz, 100 kHz, 74HC160와 74HC161 카운터 칩과 필요한 게이트를 사용하라. 입력 주파수는 12 MHz이다.

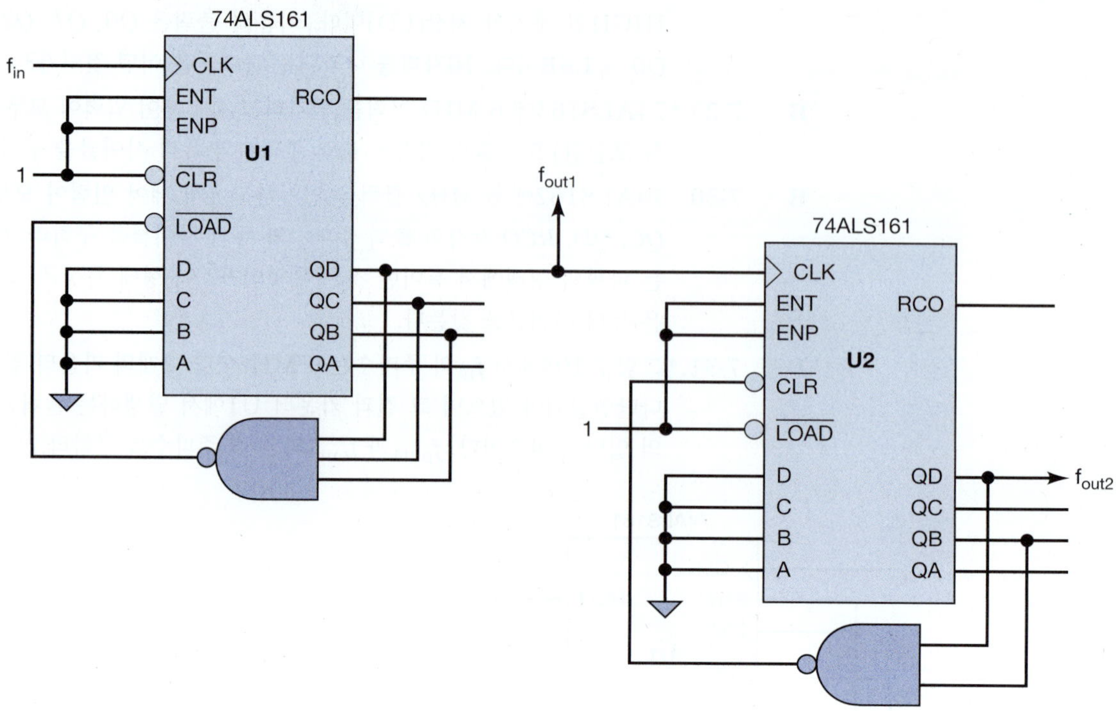

그림 7-109 연습문제 7-32.

7-8절

B 7-35.* LOW 활성화 신호를 출력으로 갖는 MOD-16 카운터의 모든 상태를 디코드하기 위해 필요한 게이트를 그려라.

B 7-36. 그림 7-8(b)의 BCD 카운터의 10개의 상태를 디코드하기 위해 필요한 AND 게이트를 그려라.

7-9절

C 7-37.* 그림 7-110(a)의 동기식 카운터를 분석하라. 그 타이밍도를 그리고, 카운터의 MOD 값을 정하라.

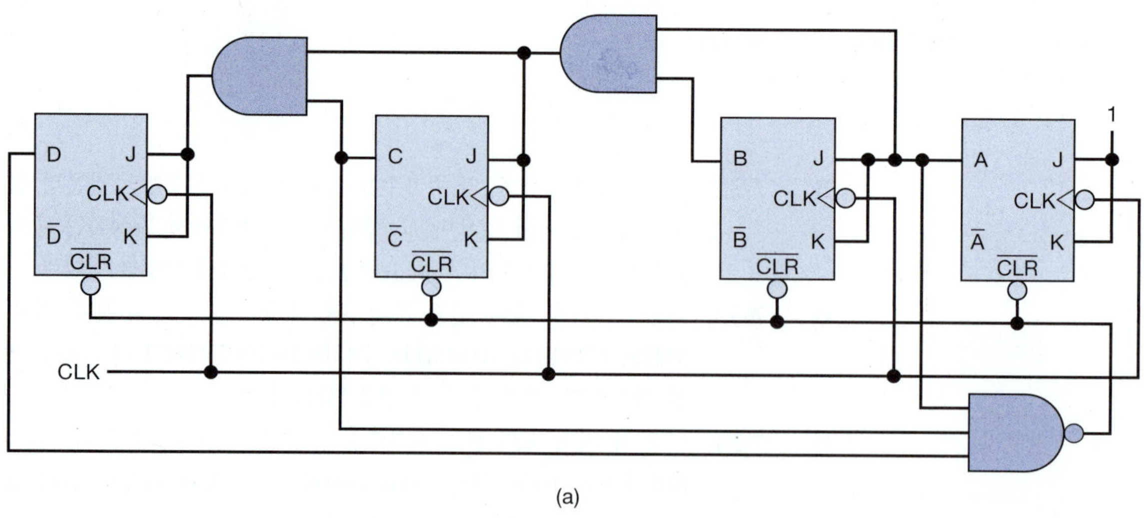

그림 7-110 연습문제 7-37, 7-38.

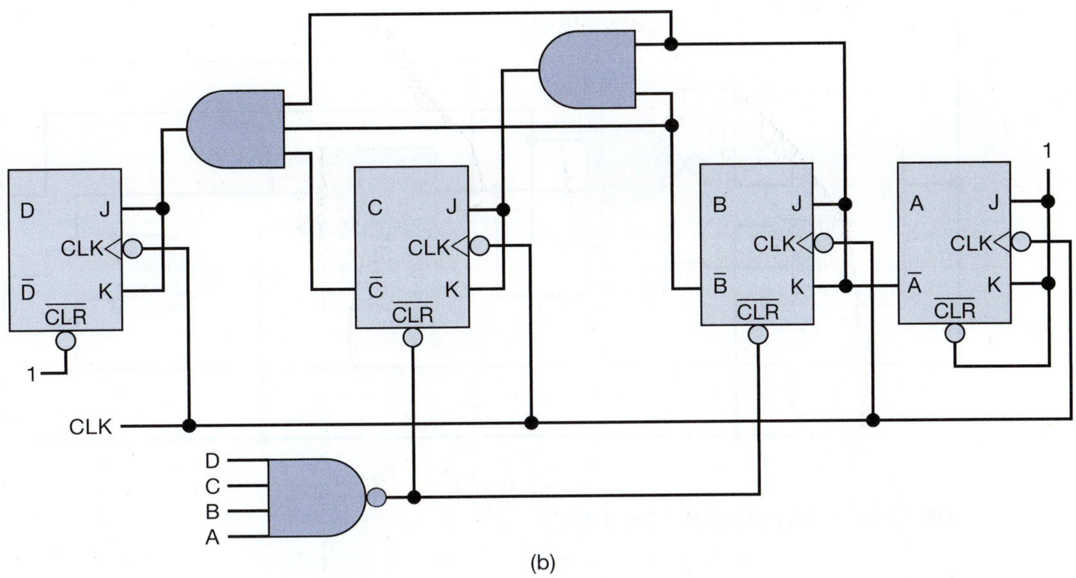

그림 7-110 (계속) 연습문제 7-37, 7-38.

C 7-38. 그림 7-110(b)에 대하여 문제 7-37을 반복하라.

C 7-39.* 그림 7-111(a)의 동기식 카운터를 분석하라. 그 타이밍도를 그리고, 카운터의 MOD 값을 정하라.

C 7-40. 그림 7-111(b)에 대하여 문제 7-39를 반복하라.

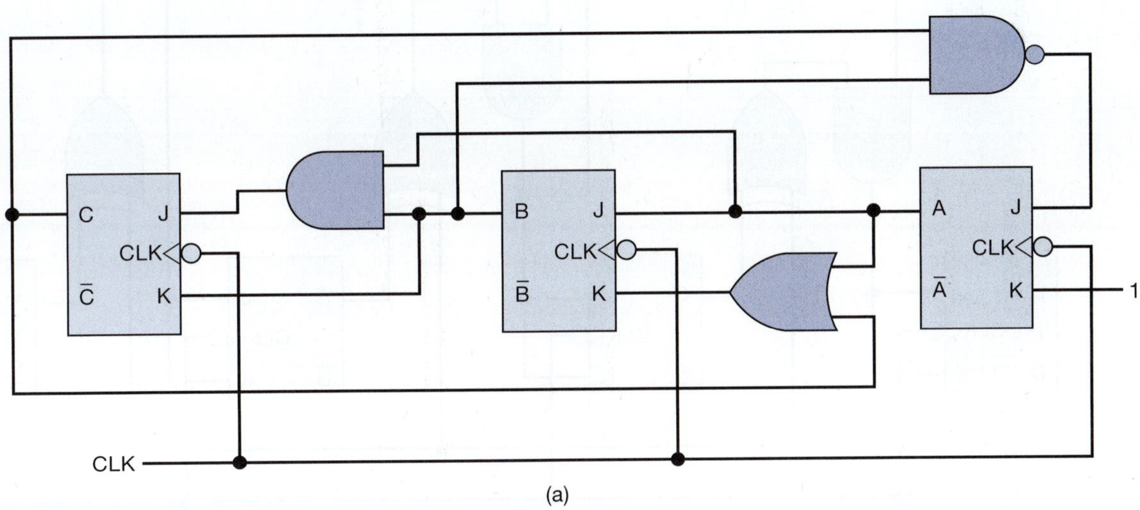

그림 7-111 연습문제 7-39, 7-40.

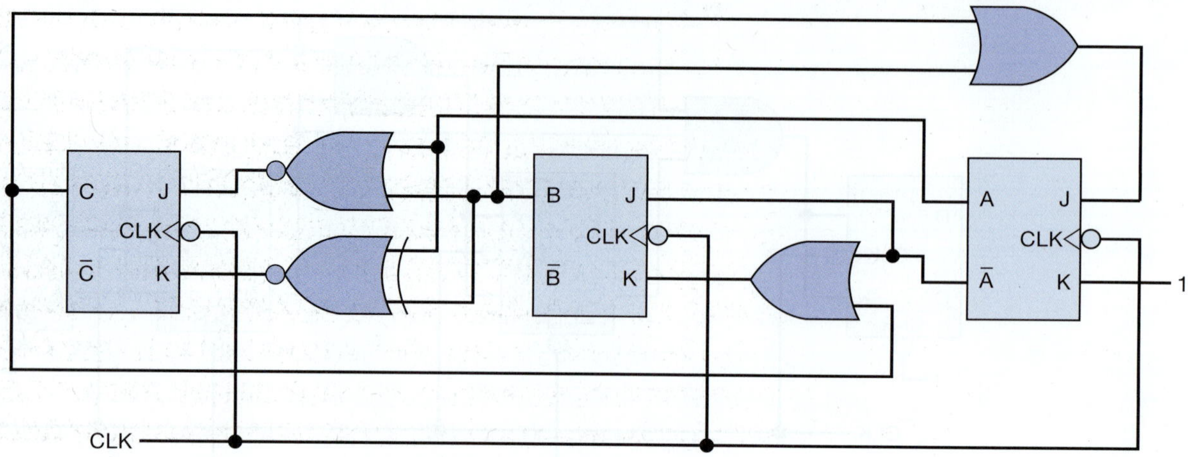

(b)

그림 7-111 (계속) 연습문제 7-39, 7-40.

C 7-41.* 그림 7-112(a)의 동기식 카운터를 해석하라. F는 제어 입력이다. 상태 천이도를 그리고, 카운터의 MOD 값을 정하라.

C 7-42. 그림 7-112(b)의 동기식 카운터를 해석하라. 상태 천이도를 그리고, 카운터의 MOD 값을 정하라. 이 카운터는 자가교정이 되는가?

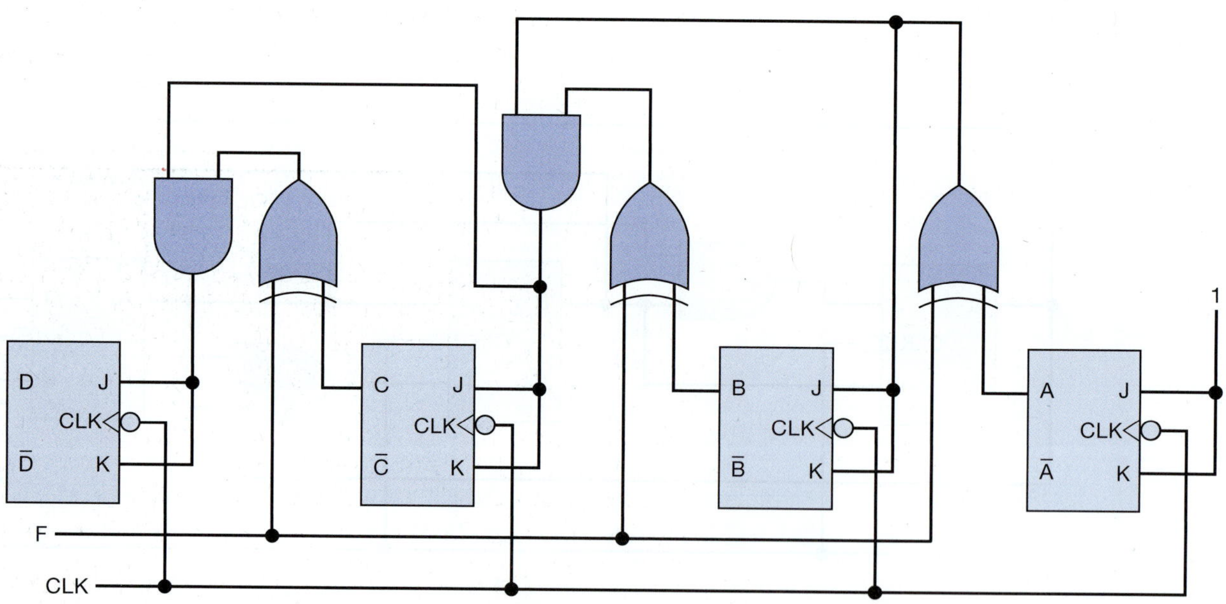

(a)

그림 7-112 연습문제 7-41, 7-42.

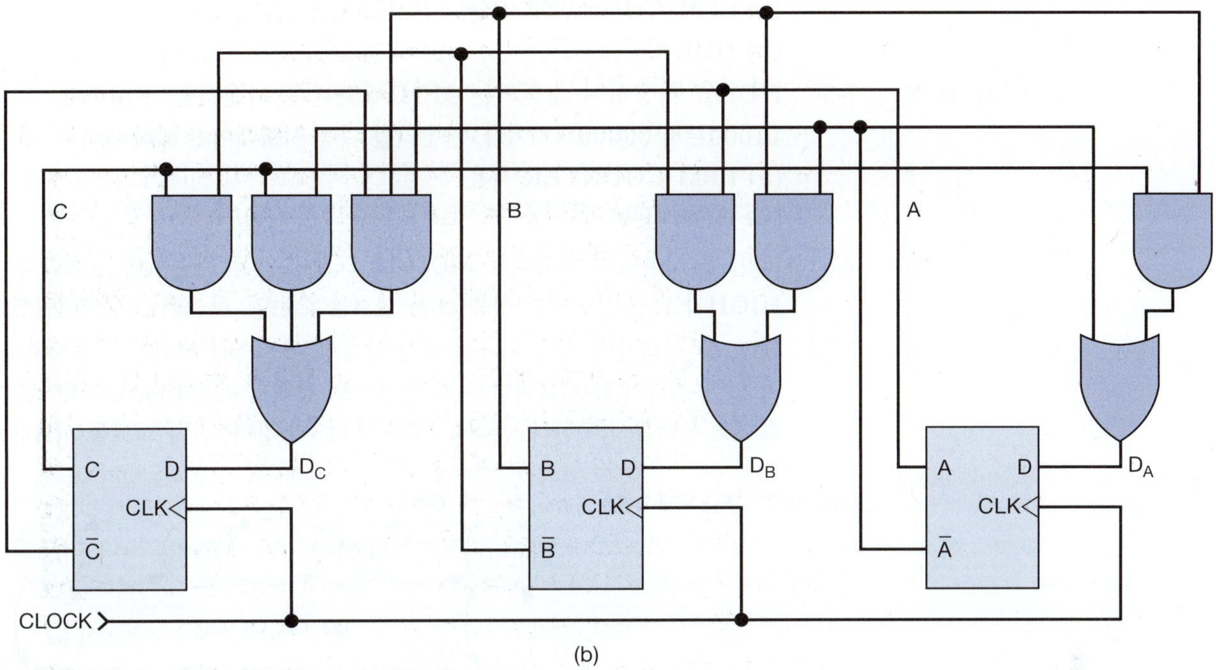

그림 7-112 (계속) 연습문제 7-41, 7-42.

7-10절

D 7-43.*(a) J-K 플립플롭을 이용하여 다음의 순차를 갖는 동기식 카운터를 설계하라. 000, 010, 101, 110을 반복함. 불필요(미사용)한 상태인 001, 011, 100, 111은 다음 클럭 필드에 항상 000 상태로 되어야 함.

(b) (a)의 카운터를 다시 설계하되, 미사용 상태에 대한 아무런 요건이 없다. 즉 다음 상태는 don't care가 될 수 있다. (a) 설계와 그 결과를 비교하라.

D 7-44. 계수가 100, 011, 010, 001, 000을 반복하는 동기식, 순환되는 MOD-5 카운터를 설계하라. J-K 플립플롭을 사용하라.

(a) 미사용 상태들이 다음 클럭 펄스 때 000이 되도록 하라.

(b) 미사용 상태에 대해 다음 상태로 don't care 상태를 사용하라. 이 설계는 자가교정형인가?

D 7-45.*다음 상태로 don't care 상태를 사용하여 J-K 플립플롭으로 동기식, 순환되는 BCD 다운 카운터를 설계하라.

D 7-46. J-K 플립플롭으로 동기식, 순환되는 MOD-7 업/다운 카운터를 설계하라. 카운터에서 000 상태부터 110 상태까지 사용하라. 카운트 방향을 D 입력으로 제어하라 ($D = 0$일 때 업 카운트, $D = 1$일 때 다운 카운트).

D 7-47.*D 플립플롭으로 동기식, 순환되는 MOD-8, 2진 다운 카운터를 설계하라.

D 7-48. D 플립플롭으로 동기식, 순환되는 MOD-12 카운터를 설계하라. 카운터에서 0000부터 1011까지의 상태들을 사용하라.

7-11, 7-12절

H, D, N 7-49.*HDL을 사용하여 순환되는 MOD-13 업 카운터를 설계하라. 계수 순차는 0000부터 1100까지이다. 카운터를 기능 시뮬레이션을 하라.

(a) LPM_COUNTER 사용
(b) HDL 사용

H, D, N 7-50. HDL을 사용하여 순환되는 MOD-25 다운 카운터를 설계하라. 계수 순차는 11000부터 00000까지이다. 카운터를 기능 시뮬레이션을 하라.
(a) LPM_COUNTER 사용
(b) HDL 사용

H, D 7-51.*HDL을 사용하여 순환되는 MOD-16 그레이 코드 카운터를 설계하라. 카운터는 HIGH가 활성화 상태인 허용(*cnt*) 신호를 갖는다. 카운터를 시뮬레이션하라.

H, D 7-52. HDL을 사용하여 스텝 모터를 위한 양방향 하프스텝 제어기를 설계하라. 방향 제어 입력(*dir*)이 HIGH이면 시계 방향으로 상태를 이동하며, LOW이면 반시계 방향으로 상태를 이동한다. 순차는 그림 7-113과 같다. 순차 회로를 시뮬레이션하라.

그림 7-113 연습문제 7-52.

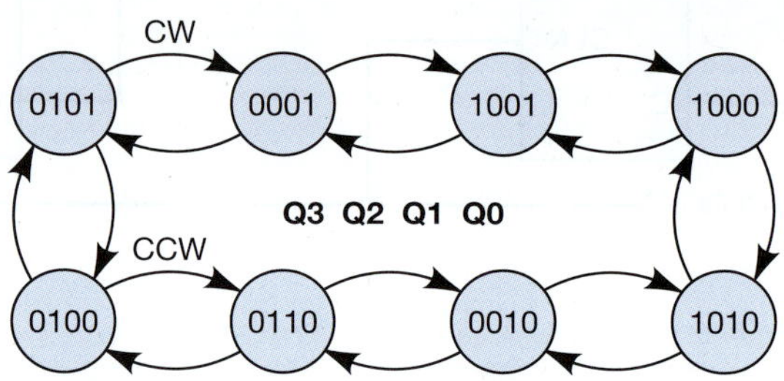

H, D, N 7-53.*HDL을 사용하여 100 kHz 신호를 출력하는 주파수 분주 회로를 설계하라. 입력 주파수는 5 MHz이다. 카운터를 기능 시뮬레이션을 하라.
(a) LPM_COUNTER 사용
(b) HDL 사용

H, D, N 7-54. HDL을 사용하여 두 가지 주파수 신호 중 하나를 출력하는 주파수 분주 회로를 설계하라. 출력 주파수는 제어 입력 *fselect*에 의하여 선택된다. *fselect* = 0일 때 분주기의 출력은 5 kHz이며 *fselect* = 1일 때 출력은 12 kHz이다. 입력 주파수는 60 kHz이다. 카운터를 시뮬레이션하라.
(a) LPM_COUNTER 사용. 힌트: 터미널 상태에 도달한 후에 (*fselect*에 의해서 결정되는) 적절한 값을 재저장하는 다운 카운터를 생성하라. 또한 하나의 논리 게이트가 필요로 할 것이다.
(b) HDL 사용

H, B 7-55.*7-12절의 다기능 HPL 카운터를 MOD-256 카운터로 확장하라. 카운터를 시뮬레이션하라.

H, B 7-56. 7-12절의 다기능 HPL 카운터를 MOD-1024 카운터로 확장하라. 카운터를 시뮬레이션하라.

H, D, N 7-57.*HDL을 이용하여 순환되는 MOD-16 다운 카운터를 설계하라. 카운터는 다음과 같은 제어 신호를 갖는다(낮은 순위부터 높은 순위로 우선순위를 부여하면): LOW가 활성화 상태인 카운트 허용 (*en*), HIGH가 활성화 상태인 동기식 클리어 (*clr*), LOW가 활성화 상태인 동기식 저장(*ld*). *en*에 의하여 허용될 때 최종 계수를 디코드하라. 카운터를 기능 시뮬레이션 하라. 디코더의 동작이 검증되어야 한다.
(a) LPM_COUNTER 사용. 필요로 하면 논리 게이트를 사용하라.
(b) HDL 사용

H, D, N 7-58. HDL을 이용하여 순환되는 MOD-10 업/다운 카운터를 설계하라. *up* = 1일때 업카운트, *up* = 0일 때 다운카운트한다. 카운터는 다음과 같은 제어 신호를 갖는다(낮은 순위부터 높은 순위로 우선순위를 부여하면): HIGH가 활성화 상태인 카운트 허용(*enable*), HIGH가 활성화 상태인 동기식 저장(*load*), LOW가 활성화 상태인 클리어(*clear*). *enable*에 의하여 허용될 때 최종 계수를 디코드하라. 카운터를 기능 시뮬레이션을 하라.

(a) LPM_COUNTER 사용. 필요로 하면 논리 게이트를 사용하라.

(b) HDL 사용

7-13절

H 7-59.* HDL BCD 카운터 모듈(7-13절에 설명됨)을 3개를 다단계로 연결하여 MOD-1000 BCD 카운터를 만들어라.

H 7-60. 다기능 MOD-16, HDL 카운터 모듈(7-12절에 설명됨) 2개를 다단계로 연결하여 MOD-256 2진 카운터를 만들어라. 카운터를 시뮬레이션하라.

H, D, N 7-61.* MOD-10과 MOD-5 카운터의 HDL 설계를 다단계로 연결하여 MOD-50 BCD 카운터를 만들어라. MOD-50 카운터는 활성화 상태가 HIGH인 카운트 인에이블(*enable*) 신호와 활성화 상태가 LOW인 동기식 클리어(*clrn*) 신호를 갖는다. 1자릿수와 10자리가 다단계로 연결되도록 최종 카운트 검출 기능을 포함하라. 카운터를 기능 시뮬레이션하라.

(a) LPM_COUNTER 사용. 필요로 하면 논리 게이트를 사용하라.

(b) HDL 사용

H, D, N 7-62. 2개의 MOD-10 HDL 다운 카운터 모듈을 다단연결하여 동기식, MOD-100, BCD 다운 카운터를 설계하라. MOD-100 카운터는 동기식 병렬 저장(*load*) 신호를 갖는다. 카운터를 기능 시뮬레이션을 하라.

(a) LPM_COUNTER 사용.

(b) HDL 사용

7-14절

H 7-63.* 그림 7-60 또는 7-61의 HDL 서술문을 변경하여 옷이 세탁된 다음 헹굼 과정이 추가되도록 하라. 이때 새로운 상태 기계의 순차는 다음과 같다: *idle* → *wash_fill* → *wash_agitate* → *wash_spin* → *rinse_fill* → *rinse_agitate* → *rinse_spin* → *idle*. 세탁 시에는 뜨거운 물을 사용하고 헹굼 시에는 찬물을 사용한다(두 가지 물의 밸브를 제어하기 위한 출력 비트를 추가하라.) 변경된 HDL 설계를 시뮬레이션 행하라.

H 7-64. 7-14절에서 제시된 교통 신호등에 제어기의 HDL에 대하여 시뮬레이션 하라.

파트 2

7-15~7-16절

B 7-65.* 74ALS174 레지스터 세트가 그림 7-114과 같이 연결되어 있다. 각 레지스터에서 어떤 형태의 데이터 전송이 이루어지는가? $\overline{MR}$ 펄스가 잠시 LOW 되었을 때, 표 7-10에서 매 클럭 펄스(CP#)후에 펄스가 발생 후 각 레지스터의 출력을 정하라. *I5-I0*의 입력 데이터가 *Z5-Z0*에 나타날 때까지 몇 개의 클럭 펄스가 인가되어야 하는가?

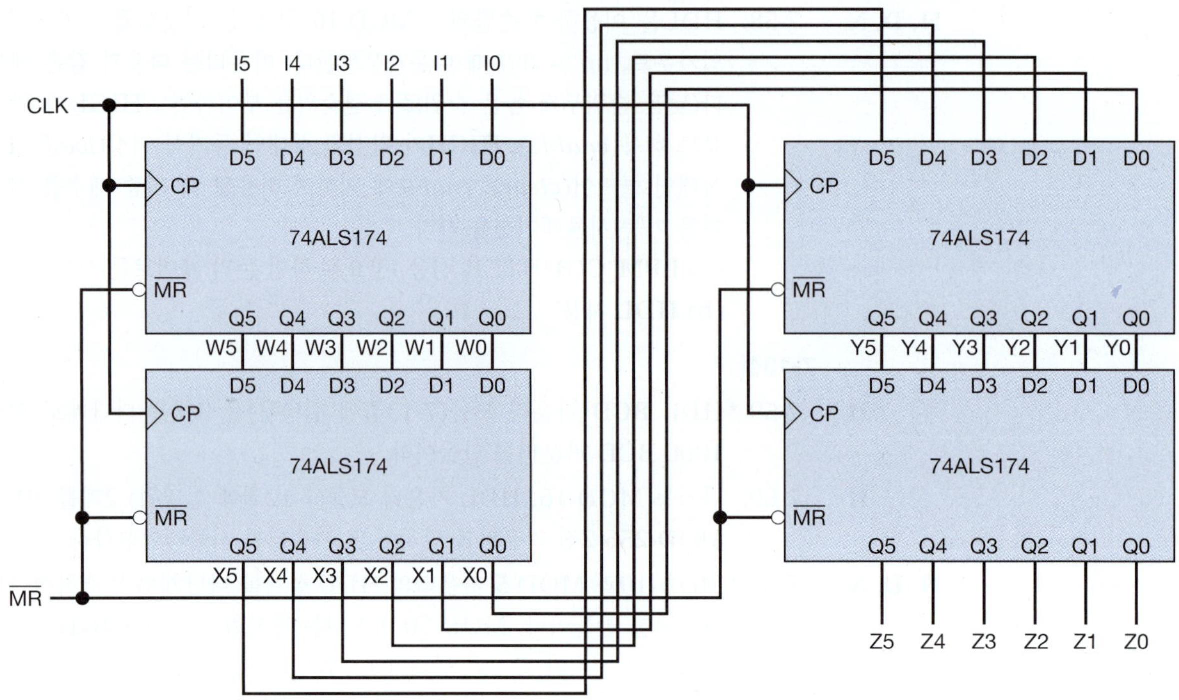

그림 7-114 연습문제 7-65.

표 7-10

↑CLK	$\overline{MR}$	I5–I10	W5–W0	X5–X0	Y5–Y0	Z5–Z0
X	0	101010				
CP1	1	101010				
CP2	1	010101				
CP3	1	000111				
CP4	1	111000				
CP5	1	011011				
CP6	1	001101				
CP7	1	000000				
CP8	1	000000				

B 7-66. 74HC174에 대하여 그림 7-115의 타이밍도를 완성하라. 타이밍도에서 마스터 리셋이 비동기식임을 어떻게 보여주는가?

B 7-67.*74ALS166에 8비트의 직렬 데이터를 완전히 저장하기 위해 몇 개의 클럭 펄스가 필요한가? 이 값은 레지스터 내의 플립플롭 수와 어떤 관계가 있는가?

B 7-68. 그림 7-116의 입력 파형에 대하여 예제 7-20을 반복하라.

7-69.*그림 7-117의 입력 파형과 $D_S = 1$일 때 예제 7-22을 반복하라.

7-70. 그림 7-118의 입력 파형을 74ALS166에 인가하고 출력을 구하라.

B 7-71.*어떤 장비의 일부에 해당하는 회로도를 검사하다 보면 종종 낯선 IC와 마주치게 된다. 그런 경우에는 소자의 규격을 파악하기 위해 제조사의 데이터 시트를 참고하게 된다. 74ALS194 양방향 시프트 레지스터의 데이터 시트를 살펴보고 다음의 질문에 답하라:

(a) $\overline{CLR}$ 입력은 비동기식인가 동기식인가?

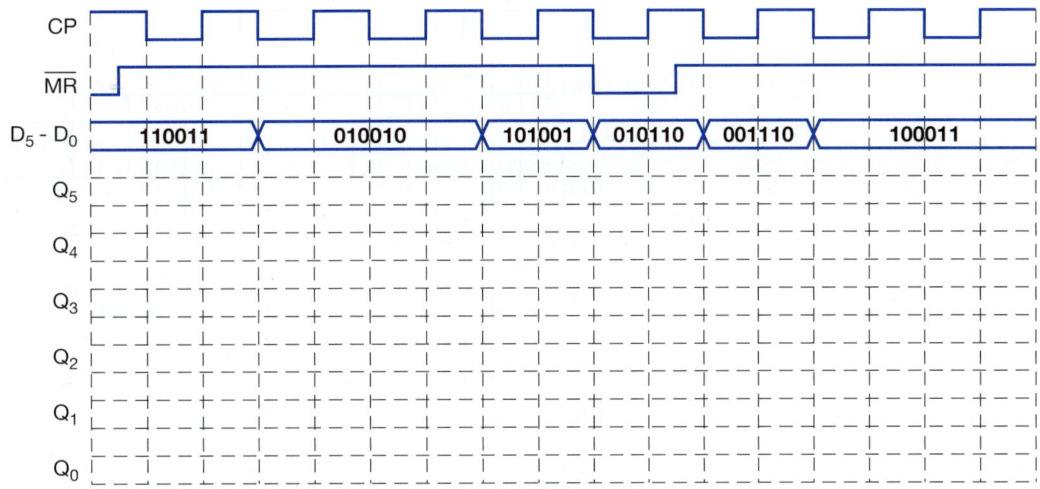

그림 7-115 연습문제 7-66.

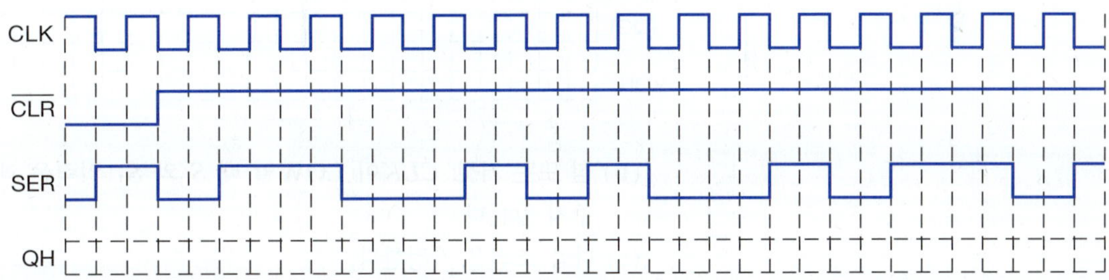

그림 7-116 연습문제 7-68.

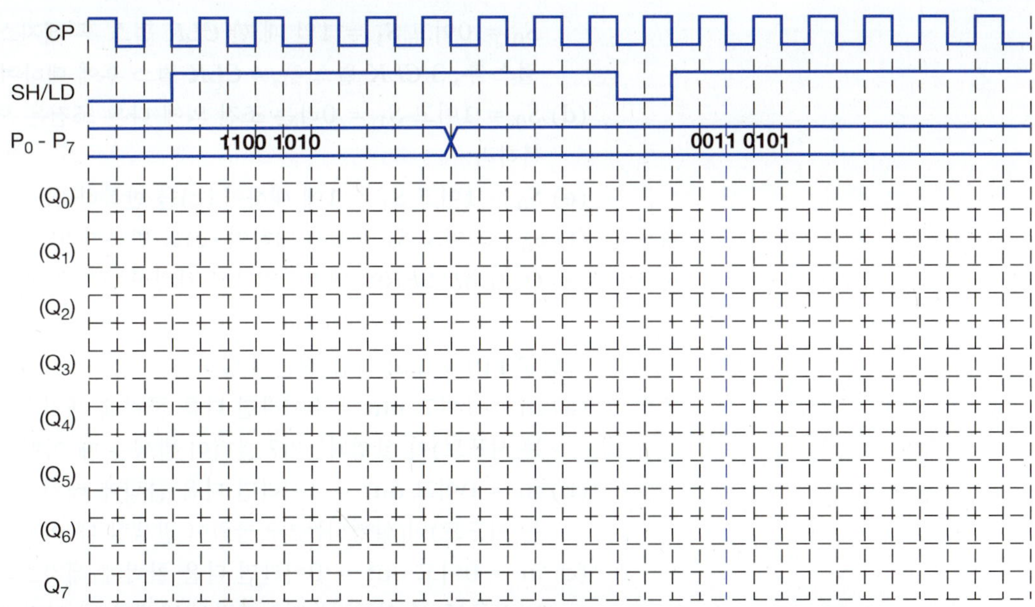

그림 7-117 연습문제 7-69.

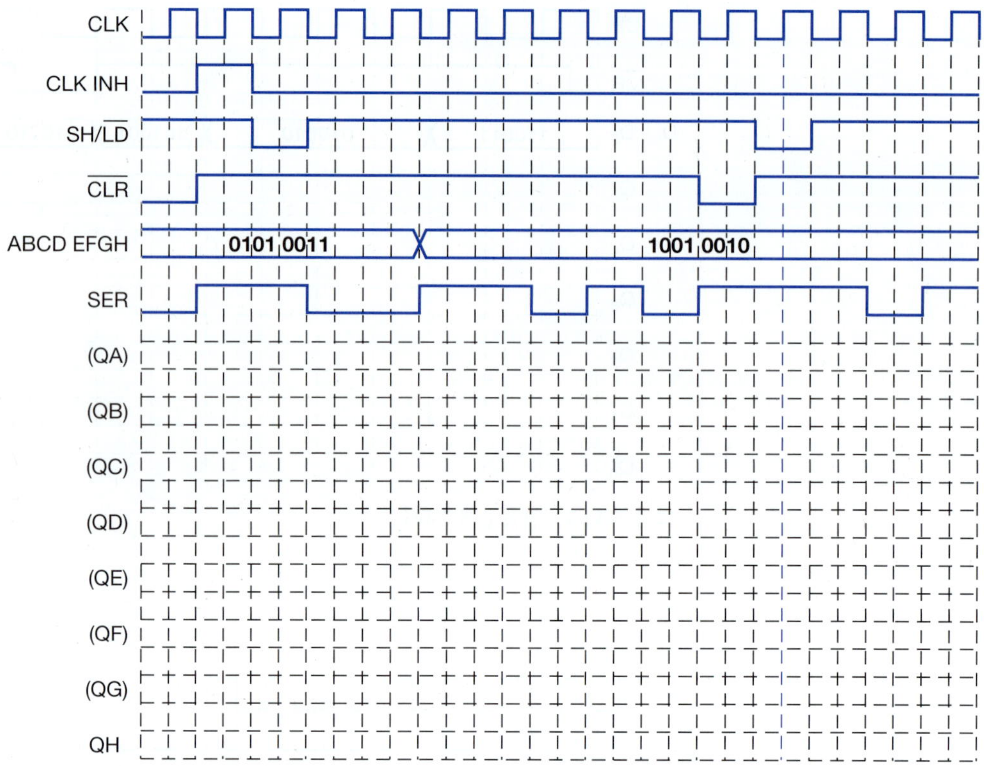

그림 7-118 연습문제 7-70.

(b) 참 또는 거짓: *CLK*이 LOW일 때 S_0와 S_1 입력은 레지스터에 아무런 영향을 주지 않는다.

(c) 다음 조건을 가정한다.

$$Q_A\ Q_B\ Q_C\ Q_D = 1\ 0\ 1\ 1$$
$$A\ B\ C\ D = 0\ 1\ 1\ 0$$
$$\overline{CLR} = 1$$
$$SR\ SER = 0$$
$$SL\ SER = 1$$

$S_0 = 0$이고 $S_1 = 1$일 때 한 *CLK* 펄스 후 레지스터 출력을 구하라. 두 *CLK* 펄스 후, 3 *CLK* 펄스 후, 4 *CLK* 펄스 후에 대하여도 레지스터 출력을 구하라.

(d) $S_0 = 1$이고 $S_1 = 0$라는 조건 외에 다른 조건은 모두 같은 조건으로 (c)를 반복하라.

(e) $S_0 = 1$이고 $S_1 = 1$에 대하여 (c)를 반복하라.

(f) $S_0 = 0$이고 $S_1 = 0$에 대하여 (c)를 반복하라.

(g) Q_A가 *SL SER*에 연결되었다고 가정하는것 외에 다른 모든 조건은 (c)와 같은 조건을 사용한다. 4 *CLK* 펄스 후 레지스터 출력은 어떠한가?

C 7-72. 그림 7-119를 보고 다음 질문에 답하라.

(a) in = 1이고 out = 0이라면 다음 클럭에 레지스터 기능에서 어느 것(저장 또는 시프트)이 실행되는가? 클럭이 발생할 때 어떤 데이터 값이 입력되는가?

(b) in = 0이고 out = 1이라면 다음 클럭에 레지스터 기능에서 어느 것(저장 또는 시프트)이 실행되는가? 클럭이 발생할 때 어떤 데이터 값이 입력되는가?

(c) in = 0이고 out = 0이라면 다음 클럭에 레지스터 기능에서 어느 것(저장 또는 시프트)이 실행되는가? 클럭이 발생할 때 어떤 데이터 값이 입력되는가?

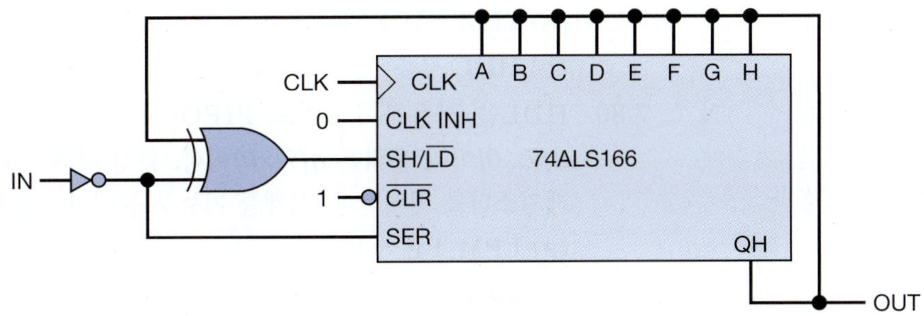

그림 7-119 연습문제 7-72.

(d) in = 1이고 out = 1이라면 다음 클럭에 레지스터 기능에서 어느 것(저장 또는 시프트)이 실행되는가? 클럭이 발생할 때 어떤 데이터 값이 입력되는가?

(e) 결국에는 어떤 입력 조건이(몇 클럭 펄스 후) 출력의 상태를 바뀌게 하는가?

(f) 출력 논리 레벨을 변하도록 하기 위해 적어도 몇 클럭 펄스 동안 새로운 입력조건이 유지되어야 하는가?

(g) 입력 신호의 레벨이 변했다가 (f)에서 지정한 클럭 펄스 이전에 원래의 논리레벨로 되돌아갔다면, 출력 신호가 어떻게 되는가?

(h) 이 회로가 왜 디바운스(debounce) 스위치로 사용될 수 있는지 그 이유를 설명하라.

7-17절

B 7-73.* J-K 플립플롭을 이용하여 MOD-5 링 카운터 전원이 인가될 때 적절한 계수 수열을 확실히 시작하도록 하라.

7-74. 문제 7-73의 MOD-5 링 카운터에 J-K 플립플롭을 하나 더 사용하여 MOD-10 카운터로 변환하라. 이 카운터의 상태 순차를 정하라. 이것은 BCD 카운터가 아닌 10진 카운터의 예이다. 이 카운터의 디코딩 회로를 그려라.

B 7-75.* 74HC164를 사용하여 MOD-10 존슨 카운터 회로를 그려라. 전원이 인가될 때 적절한 계수 수열을 확실히 시작하도록 하라. 이 카운터의 계수 수열을 정하고 10개 각각의 상태를 디코딩하는 데 필요한 회로를 그려라. 이것은 BCD 카운터가 아닌 또 다른 10진 카운터의 예이다.

7-76. 문제 7-75의 존슨 카운터의 클럭 입력은 10 Hz이다. 각 카운터 출력들의 주파수와 듀티 사이클은 얼마인가?

7-18절

T 7-77.* 그림 7-8(b)의 MOD-10 카운터는 계수 순차 0000, 0001, 0010, 0011, 0100, 0101, 0110, 0111을 반복한다. 이런 결과를 발생하는 몇 가지 고장 조건을 나타내라.

T 7-78. 그림 7-8(b)의 MOD-10 카운터는 계수 순차 0000, 0101, 0010, 0111, 1000, 1101, 1010, 1111을 반복한다. 이런 결과를 발생하는 몇 가지 고장 조건을 나타내라.

7-19, 7-20절

N 7-79.* HDL을 사용하여 8비트 SISO 시프트 레지스터를 만들어라. 직렬 입력은 *ser*이며 직렬 출력은 *qout*이다. 활성 상태가 LOW인 허용(*en*) 신호는 시프트 레지스터를 제어한다. 설계를 시뮬레이션하라.

(a) LPM_SHIFTREG 사용. 필요로 하면 논리 게이트를 사용하라.
(b) HDL 사용

N 7-80. HDL을 사용하여 8비트 PIPO 시프트 레지스터를 만들어라. 데이터 입력은 *d[7...0]*이며 출력은 *q[7...0]*이다. 활성 상태가 HIGH인 저장(*ld*) 신호는 시프트 레지스터를 제어한다. 설계를 기능 시뮬레이션을 하라.
(a) LPM_FF 사용
(b) HDL 사용

N 7-81.* 8비트 PISO 시프트 레지스터를 만들어라. 데이터입력은 *d[7...0]*이며 출력은 *q0*이다. 시프트 레지스터 기능은 *sh_ld*로 제어된다(*sh_ld* = 0이면 동기식 병렬저장 기능이고 *Sh_ld* = 1이면 직렬 시프트기능이다). 레지스터는 활성 상태가 LOW인 비동기식 클리어(*clrn*) 신호가 있다. 설계를 기능 시뮬레이션하라.
(a) LPM_SHIFTREG 사용. 필요로 하면 논리 게이트를 사용하라.
(b) HDL 사용

N 7-82. 8비트 SIPO 시프트 레지스터를 만들어라. 데이터 입력은 *ser_in*이며 출력은 *q[7...0]*이다. 시프트 레지스터 기능은 활성 상태가 HIGH인 제어 신호로 *shift*이다. 시프트 레지스터는 우선순위가 가장 높으며 활성 상태가 HIGH인 동기식 클리어 (*clear*) 신호를 가진다. 설계를 기능 시뮬레이션 하라.
(a) LPM_SHIFTREG 사용. 필요로 하면 논리 게이트를 사용하라.
(b) HDL 사용

H 7-83.* 예제 7-27의 다기능 시프트 레지스터 설계를 시뮬레이션하라.

H 7-84. 예제 7-27의 모듈 2개를 다단계로 연결하여 8비트 다기능 시프트 레지스터를 만들어라. 설계를 시뮬레이션하라.

7-21절

H, D 7-85.* HDL을 사용하여 MOD-10이고 자동 시작하며 활성 상태가 HIGH인 비동기식 리셋(reset) 신호를 갖는 존슨 카운터를 설계하라. 설계된 내용을 시뮬레이션 하라.

H, D 7-86. 종종 디지털 응용에서, 하나의 1대신 하나의 0을 재순환하는 링 카운터가 필요할 때가 있다. 이러한 링 카운터는 활성 상태가 HIGH 대신 LOW인 출력을 가질 수 있다. HDL을 사용하여 MOD-8이고 자동 시작하며 활성 상태가 LOW인 출력을 갖는 링 카운터를 설계하라. 이 링 카운터는 계수동작을 금지하기 위하여 활성 상태가 HIGH인 *hold* 제어 신호를 갖는다. 설계를 시뮬레이션하라.

7-22절

H 7-87.* 알테라 사의 시뮬레이터를 이용하여 그림 7-95 (AHDL)이나 그림 7-96 (VHDL) 등 하나의 재트리거할 수 없는 레벨에 따라 동작하는 단안정펄스 설계 예제를 검사하라. 시뮬레이션에서 1 kHz 클럭을 이용하여 10 ms 출력 펄스를 만들라. 다음의 내용을 확인하라:
(a) 트리거될 때 정확한 펄스 폭이 만들어지는지
(b) 리셋 입력 시 출력이 조기 종료될 수 있는지
(c) 단안정펄스 설계는 재트리거할 수 없으며 타임아웃되기 전에는 리트리거될 수 없다.
(d) 클럭이 트리거 신호를 잡을 수 있도록 트리거 신호는 충분히 오래 유지되어야 한다.

(e) 펄스폭은 다른 값으로 변경될 수 있다.

H 7-88. 그림 7-95 (AHDL)이나 그림 7-96 (VHDL) 중 하나의 재트리거할 수 없고 레벨-센시티브한 단안정펄스 설계 예제를 변경하여 단안정펄스가 레벨-센시티브하고 재트리거 가능하도록 변경하라. 설계를 시뮬레이션하라.

반복연습문제

B 7-89.* 다음 각각의 문장과 관련이 있는 카운터 종류를 표시하라.

(a) 각각의 플립플롭은 동시에 클럭된다.
(b) 각각의 플립플롭은 CLK 입력 주파수를 2로 나눈다.
(c) 계수 순차는 111, 110, 101, 100, 011, 010, 001, 000이다.
(d) 카운터는 10개의 서로 다른 상태를 갖는다.
(e) 총 스위칭 지연은 각각의 플립플롭 지연의 합이다.
(f) 이 카운터는 디코딩 논리가 필요 없다.
(g) MOD 값은 항상 플립플롭 개수의 2배이다.
(h) 이 카운터는 입력 주파수를 카운터의 MOD 값으로 분주한다.
(i) 이 카운터는 어떠한 원하는 출발 상태에서도 계수 순차 동작을 시작할 수 있다.
(j) 이 카운터는 어떤 방향으로든지 카운트 가능하다.
(k) 이 카운터는 그 전파 지연 때문에 글리치 신호도 디코딩되는 문제가 있다.
(l) 이 카운터는 단지 0부터 9까지만 계수한다.
(m) 이 카운터는 각 플립플롭의 동기식 제어 입력에 필요한 논리 회로를 결정함으로써 임의의 순차로 계수하도록 설계할 수 있다.

학습성과 평가문제 해답

파트 1

7-1절

1. 거짓　2. 0000　3. 128

7-2절

1. 각 플립플롭은 클럭 펄스에 대한 반응으로 전파 지연을 합하여 전체 카운터 지연에 더한다.
2. MOD-256

7-3절

1. 더 높은 클럭 주파수에서 동작할 수 있으며 더 복잡한 회로를 갖는다.
2. 6개 플립플롭과 4개의 AND 게이트
3. ABCDE

7-4절

1. D, C와 A
2. 참. 이유는 BCD 카운터는 10개의 서로 다른 상태를 가지므로
3. 5 kHz

7-5절

1. 업 카운터에서 매 클럭 펄스마다 1씩 증가한다. 다운 카운터에서 매 클럭 펄스마다 1씩 감소한다.

2. Qs 대신 각 반전된 출력에 연결한다.

7-6절

1. 시작 카운트 값을 어떤 원하는 상태로도 설정할 수 있다.
2. 비동기식 설정은 클럭 입력과 관계 없으며, 동기식 설정은 클럭 신호의 활성화 모서리 때 이루어진다.

7-7절

1. $\overline{LOAD}$는 데이터 입력 $D\ C\ B\ A$를 병렬로 저장하는 것을 허용하는 제어 신호이다(A = LSB).
2. $\overline{CLR}$는 카운터를 0000으로 리셋하는 것을 허용하는 제어 신호이다.
3. 참
4. 74162의 모든 제어 입력($\overline{CLR}$, $\overline{LOAD}$, ENT, ENP)는 HIGH가 되어야 한다.
5. $\overline{LOAD} = 1$, $\overline{CTEN} = 0$ 그리고 $D/\overline{U} = 1$이어야 됨.
6. 74HC163 : 0부터 65,535; 74ALS190 : 0부터 9999 또는 9999부터 0

7-8절

1. 64　　2. 6-입력 NAND 게이트. 각각의 입력은 $A, B, C, \overline{D}, E, \overline{F}$.

7-9절

1. 천이 상태와 출력 파형에 발생할 수 있는 글리치 신호를 다룰 필요 없다.
2. 현재 상태/다음 상태 표
3. 게이트는 계수 순차를 제어한다.
4. 미사용 상태는 카운터의 계수 순차로 모두 돌아간다.

7-10절

1. 본문을 참조하기 바람
2. 모든 현재 상태와 이에 대한 원하는 다음 상태가 연관됨
3. 카운터의 상태 천이를 발생하기 위한 각 플립플롭의 동기식 입력에 필요한 레벨을 보여준다.
4. 참

7-11절

1. Arithmetic
2. MegaWizard Manager를 사용
3. 비동기 클리어는 제어 신호가 활성화되었을 때 짧은 지연을 거친 후에 바로 수행되는 데 반해서 동기 클리어는 제어 신호가 활성화되고 나서 다음 클럭 에지에 일어나게 된다.
4. *Cout*은 자동으로 마지막(또는 터미널) 상태를 카운트 순서에 따라서 디코드한다.
5. *Cin*은 *cout* 신호를 활성화하거나 비활성화한다.

7-12절

1. 현재 상태/다음 상태 표　　2. 원하는 다음 상태
3. AHDL :

```
ff[ ].clk = !clock
```

VHDL :

```
IF (clock = '0' AND clock'EVENT) THEN
```

4. 행동 서술(behavioral description)

5. 비동기식 클리어 기능은 카운터를 즉시 클리어한다. 동기식 저장 기능은 다음 활성화된 클럭 모서리에 실행된다.
6. AHDL: 플립플롭의 포트에 .clrn을 사용한다.
   VHDL: 클럭 모서리를 검사하기 전에 클리어 기능을 정의한다.
7. IF문의 검사 순서대로

7-13절

1. 두 가지 HDL 모두 모듈을 연결하기 위해 블럭도를 사용한다. VHDL은 부품을 연결하는 데 텍스트 파일을 사용하기도 한다.
2. 버스는 신호 선의 묶음이며 도식적으로는 굵은 실선으로 표시된다.
3. 카운트 허용과 최종 계수 디코딩

7-14절

1. 카운터는 보통 사건을 계수하는 데 사용되는 반면, 상태 기계는 보통 사건을 제어하는 데 사용된다.
2. 상태 기계는 실제 2진 상태보다는 상태를 나타내는 기호를 사용하여 표시된다.
3. 회로를 최소화하기 위하여 컴파일러는 최적 값을 부여한다.
4. 서술 형태가 작성하고 이해하기 훨씬 쉽다.

파트 2

7-16절

1. 병렬 입력/직렬 출력　　2. 참　　3. 직렬 입력/병렬 출력　　4. 직렬 입력/직렬 출력
5. 74165는 비동기식 병렬 데이터 전송 방식을 사용하며 74174는 동기식 병렬 데이터 전송 방식을 사용한다.
6. CP 신호가 HIGH가 되면 시프트 기능을 금지한다.

7-17절

1. 링 카운터　　2. 존슨 카운터
3. 마지막 플립플롭의 반전된 출력이 첫 플립플롭의 입력에 연결된다.
4. (a) 거짓 (b) 참 (c) 참
5. 16, 8

7-19절

1. PIPO, SISO, PISO, SIPO (모두 4가지)

7-20절

1. AHDL:
```
reg[].d = (reg[6..0], dat)
```
   VHDL:
```
reg := reg(6 DOWNTO 0) & dat
```
2. 데이터를 유지하는 동안에도 레지스터는 클럭 모서리를 계속 받을 수 있기 때문이다.

7-21절

1. 어떤 상태에서 출발하든 결국 원하는 링 순차로 된다.
2. 11행, 12행
3. 12행, 13행

7-22절

1. 리셋 입력
2. 클럭 주파수 그리고 카운터에 저장되는 지연 값
3. 동기식으로
4. 출력 펄스폭은 매우 일정하다.
5. 출력 펄스는 트리거 신호 모서리에 즉시 반응한다.
6. 현재 클럭 신호 모서리에서의 트리거 신호 상태와 앞선 클럭 신호 모서리에서의 트리거 신호 상태

CHAPTER 8

집적회로 논리소자의 종류

Integrated-Circuit Logic Families

개요

8-1 디지털 IC의 용어
8-2 TTL 논리군
8-3 TTL 자료
8-4 TTL 계열의 특성
8-5 부하와 팬 아웃
8-6 다른 TTL 특성들
8-7 MOS 기술
8-8 상보형 MOS 논리
8-9 CMOS 계열의 특성
8-10 저전압 기술
8-11 개방-컬렉터/개방-드레인 출력
8-12 3상태 논리 출력
8-13 고속 버스 인터페이스 논리
8-14 CMOS 전송 게이트 (양방향 스위치)
8-15 IC 인터페이스
8-16 혼합 전압 인터페이스
8-17 아날로그 전압 비교기
8-18 고장 진단
8-19 FPGA의 특성

학습목표

이 장을 학습함으로써 다음을 할 수 있다.

- 제조회사의 자료집에 명시된 디지털 IC의 용어를 읽고 이해
- 표준 TTL과 다양한 TTL 계열의 특성을 비교
- 특정 논리 소자에 대한 팬 아웃을 결정하는 방법
- 개방-컬렉터 출력을 갖는 논리 소자 사용
- 3상태 소자를 포함한 회로를 분석
- 디지털 시스템이 아날로그 신호를 제어할 수 있도록 하는 CMOS 양방향 스위치를 사용하는 회로 해석
- TTL, ECL, MOS, CMOS 논리군의 주 특성과 차이점을 이해
- 다른 논리군의 디지털 회로들을 서로 연결할 때 요구되는 다양한 고려 사항들을 이해
- 디지털 시스템이 아날로그 신호에 의해서 제어되도록 하는 전압 비교기를 이해
- 디지털 회로의 고장 진단 도구로서 사용되는 논리 펄스 발생기와 논리 프로브를 이해

서론

4장에서 설명한 것처럼, 디지털 IC 기술은 하나의 칩당 12개 이하의 게이트를 갖는 SSI (Small-Scale Integration)로부터 칩당 12~99 게이트의 MSI(Medium-Scale Integration), 칩당 수만 개의 게이트를 갖는 LSI와 VLSI(Very Large-Scale Integration), 그리고 칩당 10만 개 이상의 게이트를 갖는 ULSI, 100만 개 이상의 게이트를 갖는 GSI(Giga-Scale Integration)에 이르기까지 빠르게 발전되어 왔다.

오늘날 디지털 시스템에 집적 회로를 사용하는 이유는 명백하다. IC는 작은 패키지 내에 많은 회로를 구성할 수 있다. 그래서 거의 모든 디지털 시스템의 크기를 줄일 수 있다. 또한 유사한 소자를 대량 생산함으로써 비용을 크게 줄일 수 있다. 몇몇 다른 장점들은 그렇게 명확하지는 않다.

IC들은 회로소자들 사이의 외부 연결선 수를 줄임으로써 신뢰도가 더 높은 디지털 시스템을 구성할 수 있게 한다. IC를 만들기 전에 모든 회로들은 개별적인 소자(트랜지스터, 다이오드, 레지스터 등)와 다른 소자들 간의 연결로 이루어진다. 지금은 대부분의 연결선이 IC 내부에서 이루어지므로, 회로 보드의 연결선이 조잡한 납땜이나 파손, 끊어짐, 그리고 그 밖의 물리적인 문제로부터 영향을 받지 않는다. IC에 의해 소형화된 회로들은 같은 기능을 갖는 개별 소자를 이용하여 만들어진 회로 보드에 비해 저전력을 사용하므로 주어진 기능을 수행하는 데 필요한 전력을 크게 줄일 수 있다. 전력 공급의 절약, 소비 전력의 감소는 시스템의 냉각에 필요한 비용을 감소시켰다.

하지만 IC를 사용하지 못하는 경우가 있다. IC는 고전류 또는 고전압 경우를 다룰 수

없는데, 이것은 작은 공간에서 발생하는 열이 한계 이상으로 올라가기 때문이다. 게다가 IC들은 인덕터, 변압기, 대용량 커패시터와 같은 전기장치들을 쉽게 구현하기 어렵다. 이러한 이유 때문에 IC는 보통 정보 처리라고 불리는 저전력 회로 동작 수행에 사용된다. 이런 것들이 정확히 우리가 공부하는 디지털 논리회로가 하는 일이다. 디지털 회로는 주어진 입력의 조건에 따라서 결정을 내릴 것이다. 고전력 레벨을 요구하는 소자들이 논리회로에 의해 제어되어야 할 때에는 적당한 인터페이스 회로가 필요할 것이다. 인터페이스 회로는 보통 개별 소자들 혹은 특별한 전력 IC칩들을 사용한다.

IC들이 널리 사용됨에 따라서 가장 일반적인 IC 논리군들의 전기적, 시간적 특성을 알고 이해할 필요가 있다. 다양한 논리군마다 그것들이 회로 소자에 사용되는 주요 소자가 다르다는 것을 기억하라. TTL과 ECL은 주 회로 요소로 양극성 트랜지스터들을 사용하고, PMOS, NMOS, 그리고 CMOS 경우에는 단극형 MOSFET 트랜지스터를 주 회로 소자로 사용한다. 이러한 다양한 논리군들은 서로 다른 전기적인 특성들을 가지며 디지털 시스템을 설계할 때에는 반드시 고려되어야 한다. 논리군의 전기적인 특성들은 트랜지스터 형태와 칩들의 내부 회로에 따라서 달라진다. 많은 수의 디지털 IC 하위군들이 시스템 전력 소모와 속도를 개선하기 위해서 꾸준히 개발되어 왔다. 고전력/저속 소자들이 저전력/고속 칩들로 발전하는 연속적인(계속되는) 혁명을 목격하고 있다.

이 장에서는 각 IC군과 그 하위군의 중요한 특성을 설명한다. 가장 중요한 점은 각 논리군의 입력 회로와 출력 회로의 특성 이해이다. 이들을 이해한다면, 분석이나 고장 진단 그리고 IC군들의 조합으로 구성된 디지털 회로를 설계하기가 좀 더 쉬워진다. IC 군의 구성원들의 중요한 특성을 전달하기 위한 가장 간단한 회로를 가지고 매 IC 군에 속하는 소자들의 내부 동작을 공부할 것이다.

8-1 디지털 IC의 용어

학습성과

이 절을 학습함으로써 다음을 할 수 있다.

- 자료집으로부터 통상적으로 사용되는 파라미터와 파라미터 명칭의 정의, 해석, 측정
- 자료집으로부터 성능 정보를 찾고 해석

많은 디지털 IC 제조회사들이 있지만 용어의 대부분은 표준화되어 있다. 가장 많이 사용하는 용어들은 다음과 같다.

전류와 전압 파라미터(그림 8-1 참고)

- **V_{IH}(min)—고수준 입력 전압.** 입력에서 논리 1이 되기 위해 요구되는 최소 전압 수준. 논리 회로에서 이 수준 이하의 전압은 HIGH로 받아들이지 못한다.
- **V_{IL}(max)—저수준 입력 전압.** 입력에서 논리 0이 되기 위해 요구되는 최대 전압 수준. 논리 회로에서 이 수준 이상의 전압은 LOW로 받아들이지 못한다.
- **V_{OH}(min)—고수준 출력 전압.** 출력에서 논리 1의 상태를 나타내는 최소 전압 수준. 이 값은 일반적으로 정의되어 있다.
- **V_{OL}(max)—저수준 출력 전압.** 출력에서 논리 0의 상태를 나타내는 최대 전압 수준. 이 값은 일반적으로 정의되어 있다.

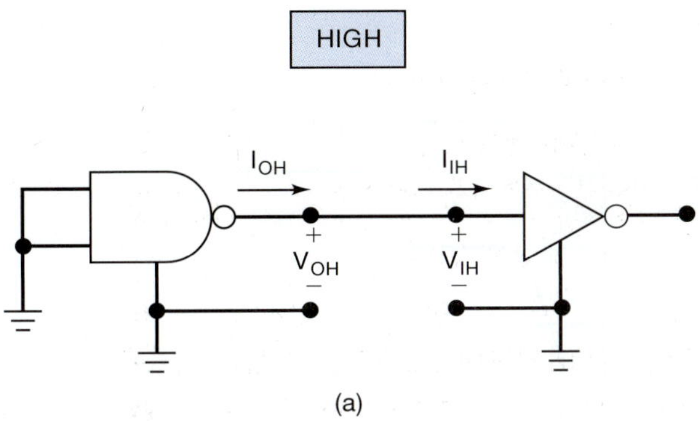

그림 8-1 두 논리 상태에서 전류와 전압.

- I_{IH}—**고수준 입력 전류.** 고수준 전압이 인가되었을 때 입력으로 흐르는 전류.
- I_{IL}—**저수준 입력 전류.** 저수준 전압이 인가되었을 때 입력으로 흐르는 전류.
- I_{OH}—**고수준 출력 전류.** 특정 부하 상태에서 논리 1 상태일 때 출력으로 흐르는 전류.
- I_{OL}—**저수준 출력 전류.** 특정 부하 상태에서 논리 0 상태일 때 출력으로 흐르는 전류.

주의: 논리군에 따라 실제 전류의 방향은 그림 8-1과 반대일 수도 있다. 여기서는 모든 전류의 흐름 방향은 일반적인 전류 방향(높은 전위에서 낮은 전위로)을 따른다. 대부분의 자료집에서는 노드나 소자의 안쪽으로 흐르는 전류 방향은 (+), 노드나 소자의 외부 쪽으로 흐르는 전류 방향은 (−)로 취급하고 있다.

팬 아웃

일반적으로 논리 회로의 출력은 몇 개의 논리 입력을 구동하여야 한다. 가끔은 디지털 시스템에 사용되는 모든 IC들이 동일한 논리군으로 이루어지기도 하지만 대부분의 경우에는 다른 논리군들과 혼용하여 사용된다. **팬 아웃(fan-out,** 또는 로딩 요소라 불린다)은 출력이 신뢰성을 유지하며 구동할 수 있는 논리 입력의 최대 수로 정의된다. 예를 들어 10개의 팬 아웃을 갖는 논리 게이트는 10개의 표준 논리 입력을 구동시킬 수 있다. 만약에 이 수를 넘으면 출력 논리 레벨 전압은 보장할 수 없다. 명백히 팬 아웃은 출력과 연결되는 입력장치의 특성에 의존하게 된다. 부하 소자가 다른 논리군이라고 명시되지 않으면 팬 아웃은 구동 출력으로 동일한 군의 부하 소자를 의미하는 것으로 가정한다.

전파 지연

논리 신호는 회로를 통과할 때 항상 지연이 발생하게 된다. 두 개의 전파 지연(propagation delay) 시간이 다음과 같이 정의된다.

- t_{PLH}: 논리 0 상태에서 1 상태로 전이될 때의 지연시간(LOW → HIGH)
- t_{PHL}: 논리 1 상태에서 0 상태로 전이될 때의 지연시간(HIGH → LOW)

그림 8-2는 인버터(INVERTER)의 전파 지연을 보여주고 있다. t_{PHL}은 HIGH에서 LOW로 될 때 출력 응답에서 지연을 나타내고 있다. 이것은 입력과 출력 전이의 50%되는 점에서 측정된다. t_{PLH} 값은 LOW에서 HIGH로 될 때 출력에서의 응답 지연이다.

일부 논리회로에서 t_{PHL}과 t_{PLH}는 같은 값은 아니다. 하지만 부하 상태에 따라 변한다.

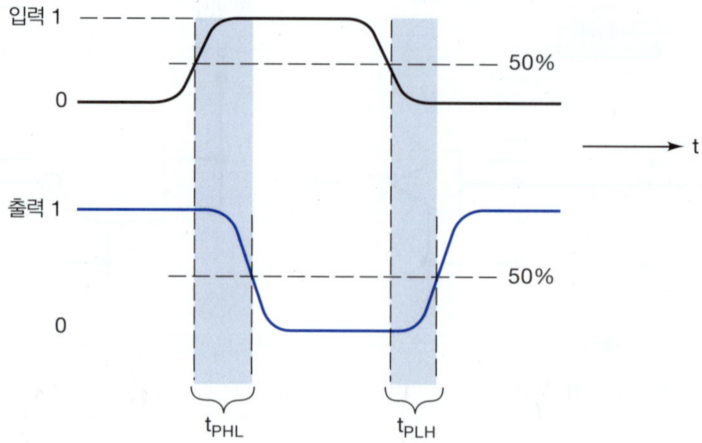

그림 8-2 전파 지연.

전파 시간은 논리 회로의 상대적 속도의 척도로서 사용된다. 예를 들면 10ns 값인 논리 회로는 특정 부하 상태에서 20ns의 값보다 훨씬 더 빠른 논리 회로가 된다.

전력 요구량

모든 IC들을 동작시키기 위해서는 어느 정도의 전력이 필요하다. 이 전력은 칩의 전력 핀에 연결된 하나 또는 그 이상의 전원에 의해 공급받으며, V_{CC}(TTL인 경우) 또는 V_{DD}(MOS인 경우)로 표시된다.

IC가 요구하는 전력량은 V_{CC}(또는 V_{DD})에서 공급되는 전류 I_{CC}(또는 I_{DD})에 의해서 결정되고, 실제의 전력은 $I_{CC} \times V_{CC}$ 값이 된다. 많은 IC에서 전원으로부터 공급되는 전류는 칩 내 회로의 논리 상태에 따라 변할 수 있다. 예를 들면 그림 8-3(a)는 모든 게이트 출력이 HIGH인 NAND 칩이다. 이 경우 V_{CC}에서 공급되는 전류를 I_{CCH}라 한다. 그림 8-3(b)는 모든 게이트 출력이 LOW일 때의 전류를 보여준다. 이 전류를 I_{CCL}이라 한다. 부하의 크기 역시 I_{CCH}에 영향을 미치므로 이 값은 항상 출력 개방회로(부하가 없을 때)에서 측정 된다.

일부 논리 회로에서, I_{CCH}와 I_{CCL}은 다른 값을 가진다. 이러한 소자들에 대하여 평균 전류 값은 게이트 출력이 LOW 상태의 반주기와 HIGH 상태에서의 반주기로 가정하여 계산한다. 평균 전류 값은 다음과 같다.

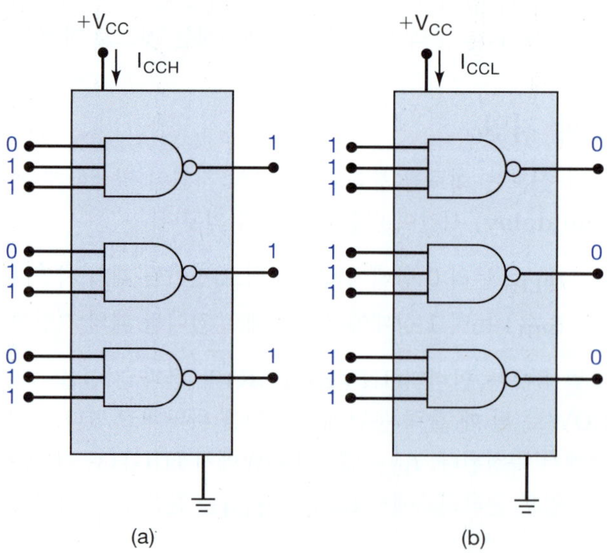

그림 8-3 I_{CCH}와 I_{CCL}.

$$I_{CC}(\text{avg}) = \frac{I_{CCH} + I_{CCL}}{2}$$

이 식은 평균 전력 소모를 계산하기 위한 식으로 다시 작성할 수 있다.

$$P_D(\text{avg}) = I_{CC}(\text{avg}) \times V_{CC}$$

잡음 내성

전기와 자계의 산란은 논리 회로 사이의 연결 선의 전압을 일으킬 수 있다. 이러한 원하지 않은 신호를 잡음이라 하고, 때때로 논리 회로 입력 단에서 V_{IH}(min) 이하 또는 V_{IL}(max) 이상의 전압을 발생시켜, 예기치 않은 동작을 발생시킬 수 있다. 논리 회로에서 **잡음 내성(noise immunity)**이란 입력 단에서 잡음 전압을 보상할 수 있는 회로의 능력을 말한다. 잡음 내성을 측정하는 척도를 **잡음 여유(noise margin)**라 하고, 그림 8-4에 설명되어 있다.

그림 8-4(a)는 논리 회로 출력에서 일어나는 전압의 변화를 보여주고 있다. V_{OH}(min)보다 큰 전압은 논리 1이고, V_{OL}(max) 이하의 전압은 논리 0이다. 중간 범위의 전압은 정상 상태에서 논리 회로의 출력에 나타나서는 안 된다. 그림 8-4(b)는 회로 입력에서 요구되는 전압을 보여주고 있다. 논리 회로 V_{IH}(min) 이상의 입력에 대해 논리 1로 응답하고, V_{IL}(max) 이하의 입력에 대해서는 논리 0으로 응답한다. 중간 범위의 전압은 예기치 않은 응답을 일으키므로 사용해서는 안 된다.

HIGH 상태의 잡음 여유 V_{NH}는 다음과 같고 그림 8-4에 설명하였다.

$$V_{NH} = V_{OH}(\text{min}) - V_{IH}(\text{min}) \tag{8-1}$$

V_{NH}는 가능한 최소 HIGH 출력과 HIGH 상태를 위한 최소 입력 전압의 차이다. HIGH 논리 출력이 논리 회로 입력을 구동시킬 때 V_{NH}보다 큰 음의 잡음이 신호 선에 나타나면 중간 전압 범위로 전압을 떨어뜨리는 예측할 수 없는 동작이 발생한다.

LOW 상태의 잡음 여유 V_{NL}은 다음과 같이 정의된다.

$$V_{NL} = V_{IL}(\text{max}) - V_{OL}(\text{max}) \tag{8-2}$$

그림 8-4 DC 잡음 여유.

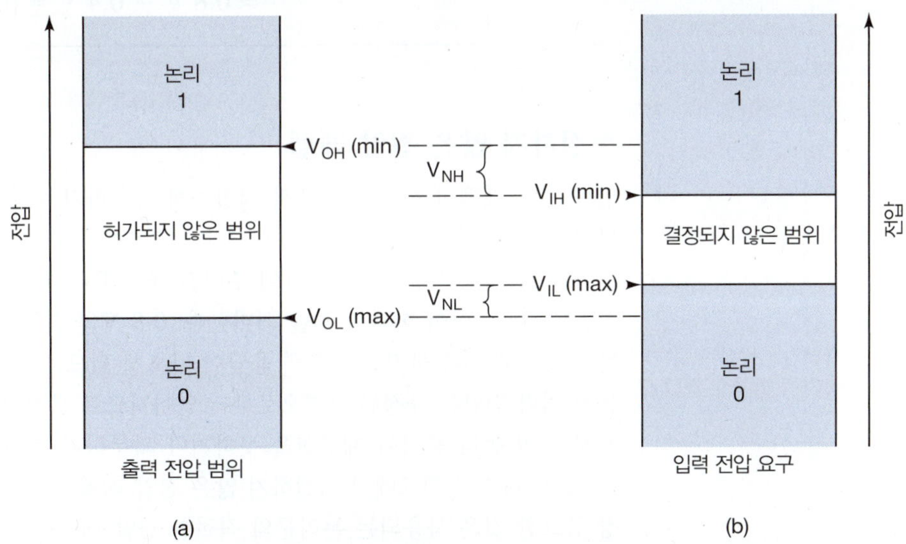

이것은 가장 큰 가능한 LOW 출력과 LOW 상태를 위한 최대 전압의 차이다. LOW 논리 출력이 논리 입력을 구동시킬 때 V_{NL}보다 큰 양의 잡음이 나타나면 중간 범위로 전압을 증가시킨다.

예제 8-1

표준 TTL 군에 대한 입출력 전압 명세를 표 8-1에 표시하였다. 이 값들을 이용하여 다음을 결정하라.

(a) HIGH 출력이 입력을 구동하고 있을 때 허용할 수 있는 최대 잡음 크기

(b) LOW 출력이 입력을 구동하고 있을 때 허용할 수 있는 최대 잡음 크기

표 8-1 I/O 전압 사양.

파라미터	최소(V)	보통(V)	최대(V)
V_{OH}	2.4	3.4	
V_{OL}		0.2	0.4
V_{IH}	2.0*		
V_{IL}			0.8*

* 일반적으로 최소값 V_{IH}와 최대값 V_{IL} 값만 주어진다.

풀이

(a) HIGH 출력일 때 $V_{OH}(\text{min}) = 2.4$ V까지 낮아질 수 있다. 입력이 HIGH로 응답하는 최소 입력 전압은 $V_{IH}(\text{min}) = 2.0$ V이다. 만약 음 잡음 스파이크가 아래보다 크면 실제 전압을 2.0 V 아래로 끌어 내릴 수 있다.

$$V_{NH} = V_{OH}(\text{min}) - V_{IH}(\text{min})$$
$$= 2.4\text{ V} - 2.0\text{ V} = 0.4\text{ V}$$

(b) LOW 출력일 때 $V_{OL}(\text{max}) = 0.4$ V까지 높아질 수 있다. 입력이 LOW로 응답하는 최대 입력 전압은 $V_{IL}(\text{max}) = 0.8$ V이다. 만약 양 잡음 스파이크가 아래보다 크면 실제 전압을 0.8 V 위로 끌어 올릴 수 있다.

$$V_{NL} = V_{IL}(\text{max}) - V_{OL}(\text{max})$$
$$= 0.8\text{ V} - 0.4\text{ V} = 0.4\text{ V}$$

적절하지 않은 전압 레벨

입력 전압 레벨이 논리 회로에서 적절하게 작동하기 위해서는 그림 8-4(b)에서 보이는 불확정 범위 이외의 값을 유지하여야 한다. 그것은 $V_{IL}(\text{max})$보다 낮거나 $V_{IH}(\text{min})$보다는 높아야 한다는 것이다. 예제 8-1에 주어진 표준 TTL에서는 입력 전압이 0.8 V보다 낮거나 2.0 V보다 높아야 한다는 것을 의미한다. 0.8 V와 2.0 V 사이의 입력 전압은 적절하지 않은 전압으로 예측 불가능한 출력 응답이 나오게 되므로 피해야 한다. 정상적인 동작을 할 때 논리 입력 전압은 규정된 출력으로부터 얻어지므로 부적절한 범위로 떨어지지 않을 것이다. 하지만 이 논리 출력이 제구실을 못하거나 과부하가 걸린다면 전압은 부적절한 범위가 될 수 있다. 디지털 회로에서 적절하지 않은 전압 레벨은 또한 전원이 원인이 될 수도 있다. 가장 중요한 것은 사용되는 논리군의 적절한 전압 레벨을 알아내어 테스트 또는 고장 진단을 할 때 적절하지 않은 조건을 인지할 수 있어야 한다.

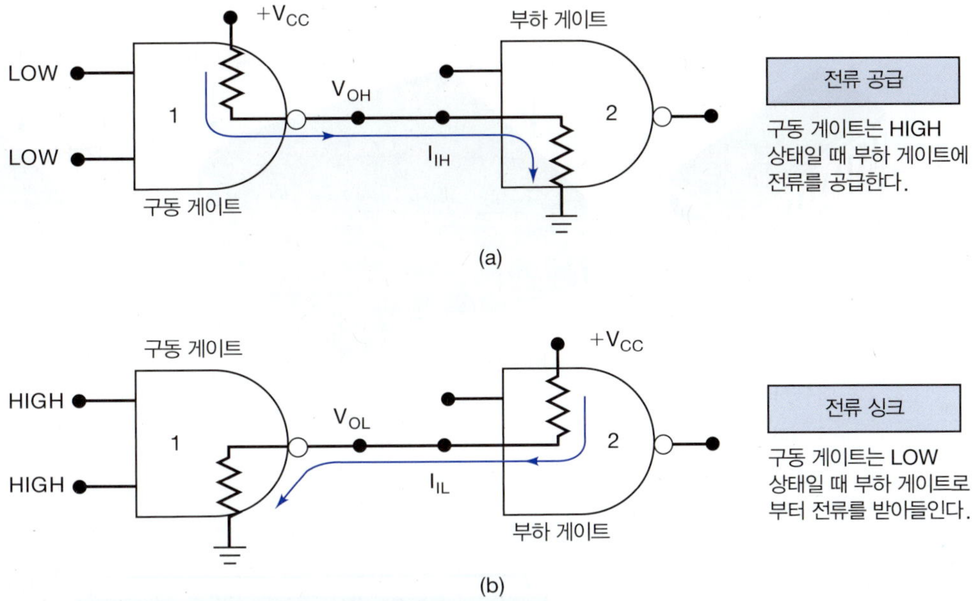

그림 8-5 전류 공급 및 전류 싱크 동작 비교.

전류 공급 및 전류 싱크 동작

논리군들은 논리 회로의 출력과 다른 논리 회로의 입력 사이에 전류의 흐름이 어떤가에 따라 나누어질 수 있다. 그림 8-5(a)는 **전류 공급(current-sourcing)** 논리 회로를 나타낸다. 게이트 1의 출력이 HIGH 상태일 때, 이것은 전류 I_{IH}를 접지된 저항으로 작용하는 게이트 2의 입력으로 전달된다. 그러므로 게이트 1의 출력은 게이트 2의 입력에 대한 전류의 공급원으로 작용하게 된다. 우리는 물의 공급원이 수도꼭지인 것과 같이 생각할 수 있다.

전류 싱크(current-sinking)는 그림 8-5(b)에서 보이고 있다. 여기서 게이트 2의 입력 회로는 전원의 양극 단자인 $+V_{CC}$에 묶인 저항으로 표시된다. 게이트 1의 출력이 그림 8-6 일반적인 IC 패키지들 LOW 상태일 때, 전류는 화살표 방향과 같이 뒤쪽의 게이트 2 입력 회로에서 게이트 1의 출력 저항을 지나서 접지로 흘러간다. 바꿔 말하면 LOW 상태에서 게이트 2의 입력을 구동시키는 회로는 입력으로부터 나오는 전류 I_{IL}을 싱크해야 한다. 이것은 마치 물이 흘러들어가는 싱크처럼 동작하는 것으로 생각할 수 있다.

전류 공급과 전류 싱크의 구별은 중요하다. 이것은 다양한 논리군을 조사해 보면 더욱 분명히 알 수 있는 중요한 사항이다.

IC 패키지

IC 기술 개발, 발전은 급속히 진전되고 있다. IC 패킹 기술도 마찬가지로 급속하게 발전하고 있다. 물리적 크기, 소자가 신뢰성 있게 작동될 수 있는 환경과 전력 소비 조건, 그리고 IC 패키지가 회로 보드에 장착되는 방법에 따라서 다양한 형태의 패키지가 존재한다. 그림 8-6은 대표적인 IC 패키지 7가지를 보여주고 있다.

그림 8-6(a)의 패키지는 오랫동안 사용되어온 **DIP**(Dual-In-line Package)이다. 핀들은 직사각형 패키지의 2개의 긴 면 아래로 향하게 만들어져 있다. 이것은 24핀 DIP을 보여주고 있다. 끝 쪽에 홈이 있는 쪽이 1번 핀이다. 어떤 DIP은 패키지의 표면에 작은 점이 있는 쪽이 1번 핀이 되기도 한다. 이들 핀은 아래쪽으로 곧게 향하여 IC 소켓이나 기판의 구멍에 꽂을 수 있게 되어 있다. **핀 사이 간격(lead pitch)**은 보통 100 mils(2.54 mm)이다.

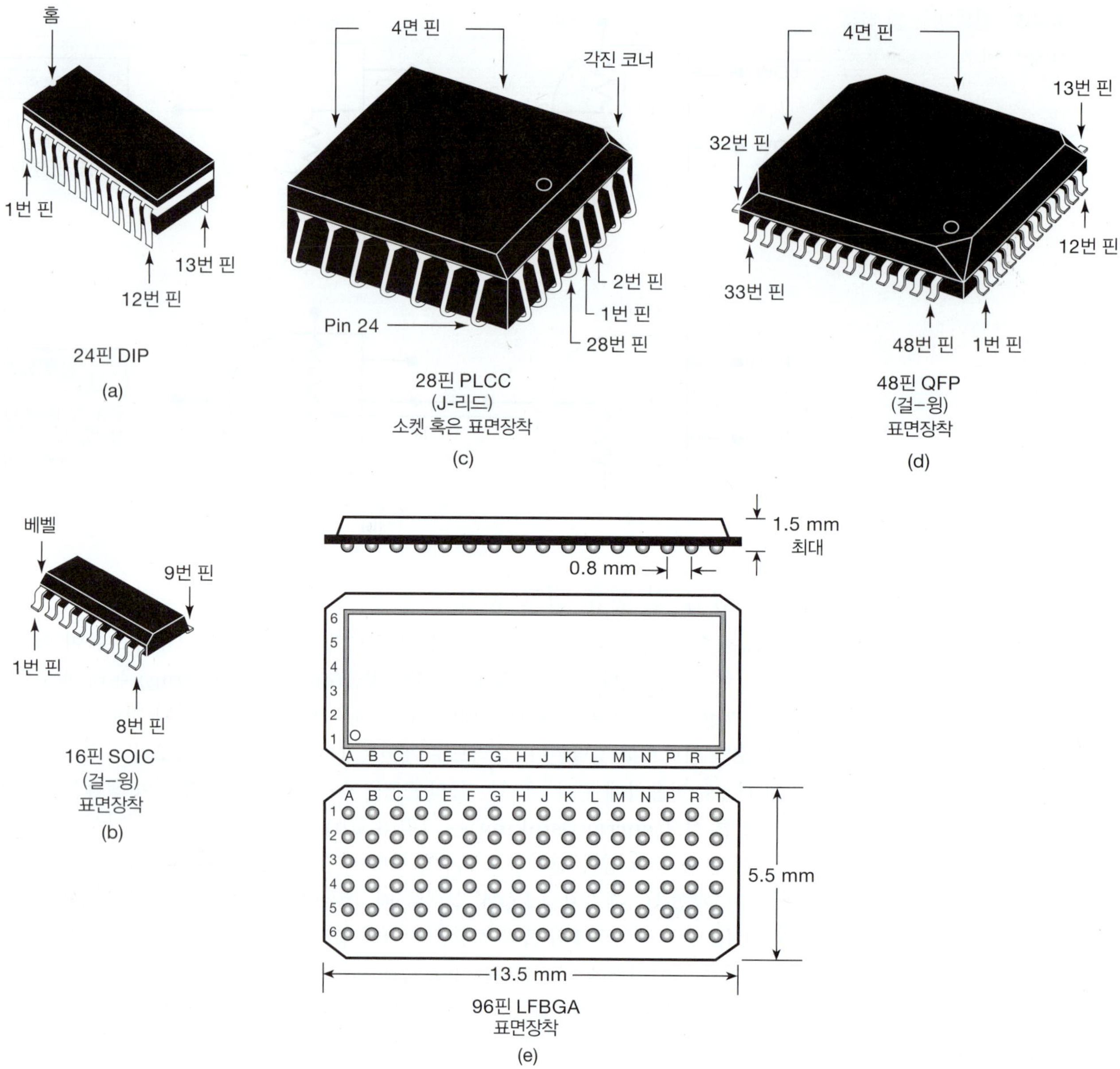

그림 8-6 일반적인 IC 패키지들.

자동화된 제조 장비를 사용하여 생산하는 모든 새로운 회로 기판은 납을 회로 기판 구멍에 삽입하는 DIP 패키징 사용을 줄어들게 하고 있다. 현재의 제조방법들은 **표면 장착 기술(Surface-Mount Technology: SMT)**을 사용하는데, 이 방법은 회로 기판 표면의 전도성 패드에 IC를 위치시킨다. 납땜용 합금(solder paste)을 이용하여 고정시키고, 전체 보드가 가열되면서 납땜이 이루어진다. 원하는 위치에 소자를 놓는 장비(placement machine)가 대단히 정밀해서 아주 좁은 핀 간격이 가능해 진다. 이러한 표면 장착 패키지에 달려있는 리드(lead)들은 플라스틱 케이스로부터 구부러져있다. 이러한 리드들의 모양 때문에 '걸-윙(gulls-wing)' 패키지라는 별명을 갖게 되었다. 많은 다양한 패키지들이 표면 장착 소자들에 사용된다. 논리 IC들이 가장 보편적으로 사용하는 패키지들의 일부가 그림 8-6에 나타나 있다. 가장 오래된 표면 장착 패키지의 형태들은 그림 8-6(b)의 스몰-아우트라인 IC(Small-Outline Integrated Circuit: SOIC)와 같은 다양한 스몰-아우트라인

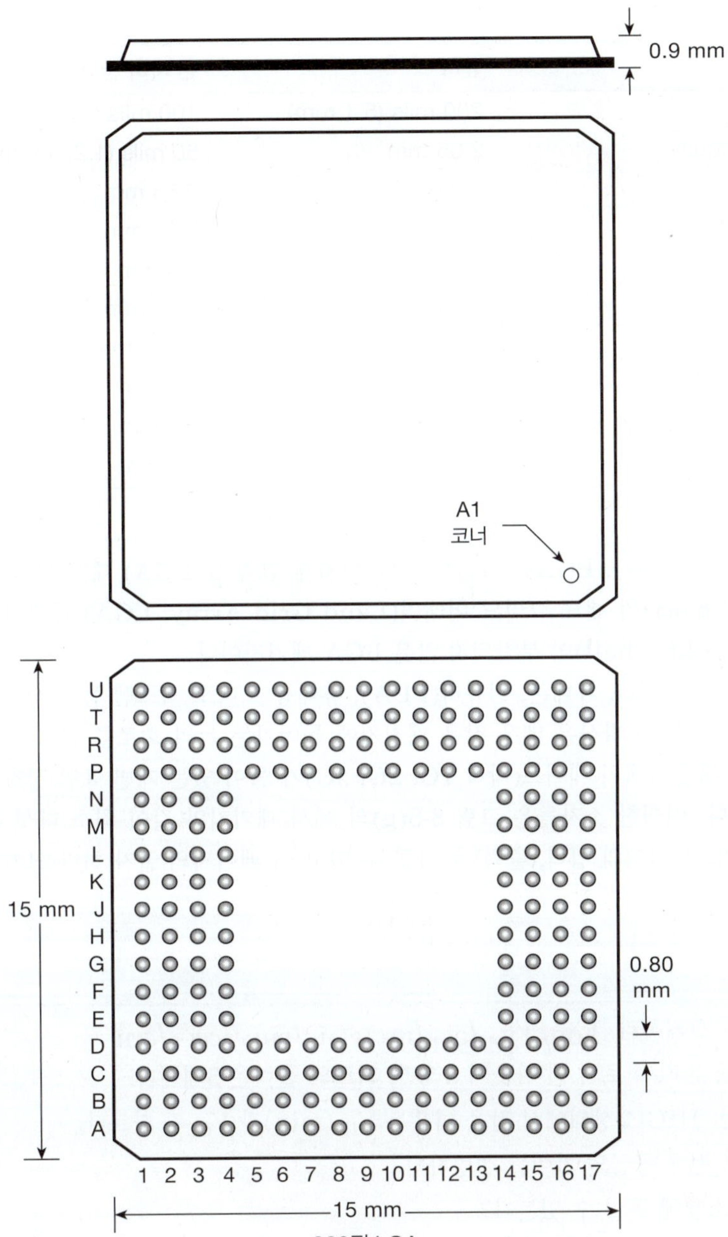

208핀 LGA
표면장착
(f)

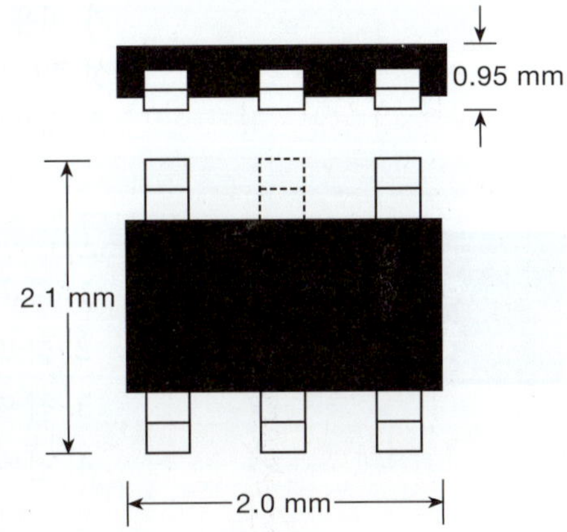

5 혹은 6핀 SC-70
표면장착
(g)

그림 8-6 (계속)

패키지들이다. 표 8-2는 약자들의 정의와 치수를 보여주고 있다.

점점 더 복잡한 IC들을 연결하기 위해서 칩의 4면에 핀을 가지는 것이 매우 대중적인 패키지이다. 그림 8-6(c)에 보이는 IC는 핀 아래가 꺾인 형태인 J 모양의 PLCC이다. 이것은 회로 보드의 표면에 장착할 수 있으나, 특별한 PLCC 소켓이 필요하다. 이것은 PLD 혹은 컴퓨터의 중앙처리장치와 같이 업그레이드하거나 수리하기 위해서 교체에 필요한 구성 요소로 보통 사용된다. QFP와 TQFP 패키지는 그림 8-6(d)와 같이 걸-윙 표면 장착 패키지 내의 4면 모두에 핀을 가지고 있다. 그림 8-6(e)에서 보여주는 볼 그리드 어레이(Ball Grid Array: BGA)는 보다 높은 밀도를 제공할 수 있는 표면 장착 패키지이다. 핀 그리드 어레이(Pin Grid Array: PGA)는 부품이 쉽게 제거되도록 소켓에 들어 있는 경우에 사

표 8-2 IC 패키지들.

약자	패키지 이름	높이	핀 사이 간격
DIP	Dual-in-line package	200 mils (5.1 mm)	100 mils (2.54 mm)
SOIC	Small outline integrated circuit	2.65 mm	50 mils (1.27 mm)
SSOP	Shrink small outline package	2.0 mm	0.65 mm
TSSOP	Thin shrink small outline package	1.1 mm	0.65 mm
TVSOP	Thin very small outline package	1.2 mm	0.4 mm
PLCC	Plastic leaded chip carrier	4.5 mm	1.27 mm
QFP	Quad flat pack	4.5 mm	0.635 mm
TQFP	Thin quad flat pack	1.6 mm	0.5 mm
LFBGA	Low-profile fine-pitch ball grid array	1.5 mm	0.8 mm
LGA	Land grid array	0.9 mm	0.8 mm

용하는 비슷한 패키지이다. PGA는 그리드의 매 위치에 접촉 볼(BGA) 대신에 긴 핀을 가지고 있다. 그림 8-6(f)의 랜드 그리드 어레이(Land Grid Array: LGA) 패키지는 근본적으로 납땜 볼(solder ball)이 부착되지 않은 BGA 패키지이다.

디지털 비디오 카메라, 휴대폰, 컴퓨터(PDA), 휴대용 오디오 시스템 등의 작고 손안에 들어가는 소비자 장비의 확산은 매우 작은 패키지에 들어가는 논리 회로를 필요로 하게 되었다. 1개, 2개, 혹은 3개의 게이트(각각 1G, 2G, 3G)가 들어 있는 개별 표면 장착 패키지가 이용 가능하다. 이러한 소자들은 그림 8-6(g)의 예시 패키지와 같이 최소 다섯 혹은 여섯 핀(전원, 접지, 2~3개의 입력, 출력)을 가질 수 있고 이 페이지의 글자 하나 크기보다 작은 공간을 차지한다.

학습성과 평가문제

1. 다음 각각을 정의하라. V_{OH}, V_{IL}, I_{OL}, I_{IH}, t_{PLH}, t_{PHL}, I_{CCL}, I_{CCH}
2. 참 또는 거짓: 논리 회로의 팬 아웃이 5라면, 회로의 출력은 5개이다.
3. 참 또는 거짓: HIGH 상태에서 잡음 여유는 V_{IH}(min)과 V_{CC}가 다르다.
4. 전류 싱크와 전류 공급의 차이를 설명하라.
5. 어떤 IC가 소켓에 꽂힐 수 있는가?
6. 다리가 IC 아래로 구부러진 패키지는 어느 것인가?
7. DIP와 표면 장착 패키지는 어떻게 다른가?
8. 표준 TTL 소자는 1.7 V의 입력 레벨에서 동작하는가?

8-2 TTL 논리군

학습성과

이 절을 학습함으로써 다음을 할 수 있다.

- 양극성 트랜지스터 기술과 회로 구성을 TTL 동작 특성과의 관계
- 논리 함수와 양극성 트랜지스터 회로를 사용하는 회로 동작과의 관계

이 책을 쓰고 있는 현 시점에도, 많은 소규모에서 중규모까지의 IC(SSI, MSI)들은 45년 이상 사용해 온 표준 **TTL** 기술 계열에서 얻을 수가 있다. 이러한 TTL군의 초기 계열과 후속 계열들은 오늘날의 모든 논리 소자들의 특성에 지대한 영향을 주었다. TTL 논리군의 잇따른 세대들은 약 20년에 걸쳐서 개발되었고, 매 세대는 속도와 전력소모에서 점진적인 개선을 가져왔다. 전체적으로는 양극성 TTL군이 내리막길을 걷고 있지만, 우리는 디지털 기술의 틀을 만든 TTL군을 필두로 논리 IC들에 대해 논할 것이다.

기본 TTL 논리 회로는 그림 8-7(a)에서 보여주는 바와 같이 NAND 게이트이다. 비록 표준 TTL이 거의 구식이 되었지만, 가장 간단한 형태의 초기 회로를 공부함으로써 현대의 논리 소자들에 대해 더 많은 것을 배울 수 있다. TTL 입력 특성은 트랜지스터 Q_1의 다중 이미터(다이오드 접합) 구성에 의해서 결정된다. 이들 다이오드 접합에 하나 혹은 두 개 모두 순방향 바이어스를 하면 Q_1이 ON 된다. 모든 접합이 역방향으로 바이어스 될 경우에만 OFF된다. 이 다중 이미터(*multiple-emitter*) 입력 트랜지스터는 8개 입력 NAND 게이트에 대해 8개까지 이미터를 가질 수 있다.

또한 회로의 출력 측에 있는 트랜지스터 Q_3, Q_4는 **토템폴(totem-pole)** 배열이다. 토템폴은 2개의 트랜지스터 스위치 Q_3과 Q_4에 의해 이루어진다. Q_3이 동작할 때는 출력 단자가 V_{CC}에 연결되어 HIGH 상태가 된다. Q_4가 동작할 때는 출력 단자가 접지에 연결되어 LOW 상태가 된다. 우리가 잠시 후에 보게 될 것처럼, 정상 동작에서, Q_3, Q_4 중 하나는 출력의 논리 상태에 따라 전도가 될 것이다.

회로 동작—LOW 상태

이 회로가 비록 대단히 복잡하게 보이지만, 그림 8-7(b) 처럼 다중 이미터 트랜지스터 Q_1의 다이오드 등가 회로를 사용하면 회로해석이 다소 간단해질 수 있다. 다이오드 D_2와 D_3은 Q_1의 두 E-B 접합을 표시하고, D_4는 컬렉터-베이스(C-B) 접합이다. 다음 분석에서 우리는 Q_1의 등가회로를 사용할 것이다.

첫 번째, 출력이 LOW인 경우를 생각해 보자. 그림 8-8(a)에서는 입력 A, B 모두 +5 V인 경우를 나타낸다. D_2, D_3의 캐소드에서 +5 V인 경우는 다이오드를 OFF시킬 것이고

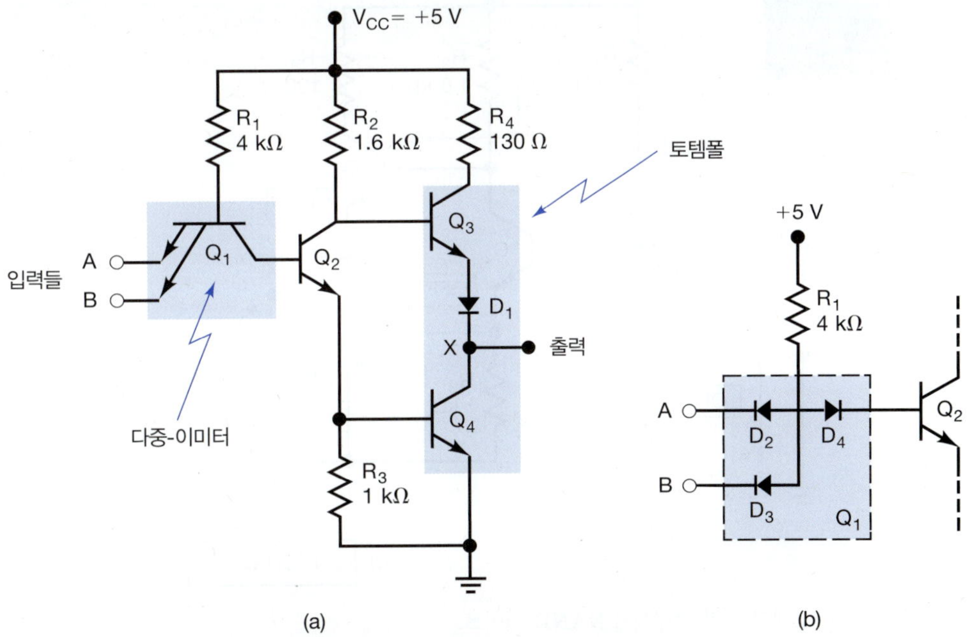

그림 8-7 (a) 기본 TTL NAND 게이트. (b) Q_1에 대한 다이오드 등가.

전류는 거의 흐르지 않을 것이다. +5 V의 전원은 R_1과 D_4를 통해 ON 상태가 되는 Q_2의 베이스에 전류를 보낼 것이다. Q_2의 이미터로부터의 전류는 Q_4의 베이스로 흘러들어 Q_4를 ON시킬 것이다. 동시에, Q_2 컬렉터 전류는 R_2에 전압 강하를 일으켜서 Q_2 컬렉터 전압을 낮은 값으로 감소시켜 Q_3이 ON으로 전도되는 것을 방해한다.

Q_2의 컬렉터 전압은 대략 0.8 V임을 알 수 있다. 이것은 Q_4의 E-B 순방향 전압 때문에 Q_2의 이미터 전압은 접지로부터 0.7 V이고, Q_2의 컬렉터 전압은 V_{CE}(sat) 때문에 이미터에 대하여 Q_2의 컬렉터 전압은 0.1 V이다. Q_3의 베이스 전압 0.8 V는 Q_3의 E-B 접합과 다이오드 D_1을 순방향 바이어스를 하기에 충분하지 못하다. 사실 이러한 상황에서 Q_3을 OFF 상태로 유지하기 위해서는 D_1이 필요하게 된다.

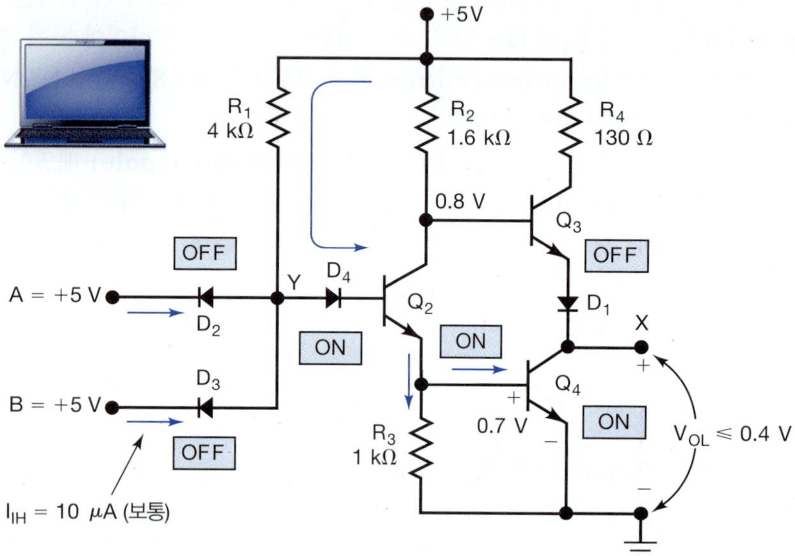

입력 조건	출력 조건
A, B 모두 HIGH (≥ 2 V)	Q_3 OFF
입력 전류 매우 낮음 I_{IH} = 10 μA	Q_4 ON 따라서 V_X는 LOW (≤ 0.4 V)

(a) LOW 출력

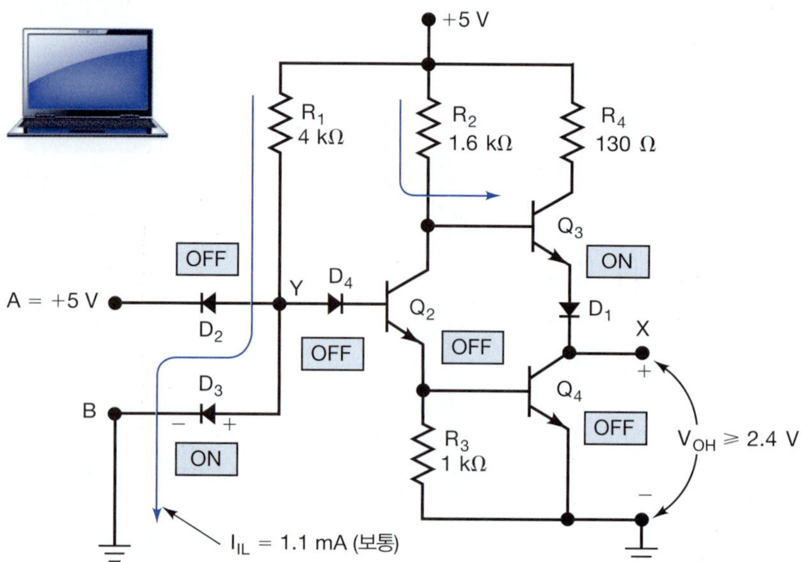

입력 조건	출력 조건
A, B 모두 LOW (≤ 0.8 V)	Q_4 OFF
LOW 입력 단자를 통해서 전류가 접지로 흐른다. I_{IL} = 1.1 mA	Q_3는 이미터 폴로어로 동작하고 V_{OH} ≥ 2.4 V, 보통 3.6 V

(b) HIGH 출력

그림 8-8 2개의 출력 상태에서 NAND 게이트.

Q_4가 ON 상태에서는 저항이 낮으므로(1~25Ω), Q_4가 ON 상태인 출력 단자 X는 매우 낮은 전압을 가지게 될 것이다. 실제로, 출력 전압 V_{OL}은 Q_4가 전도하는 컬렉터 전류의 양에 의존하게 된다. Q_3이 OFF가 되면, +5 V 단자로부터 R_4로 흐르는 전류는 없다. 앞으로도 알게 되겠지만 Q_4의 컬렉터 전류는 단자 X가 연결된 TTL 입력으로부터 전해질 것이다.

중요한 것은 A와 B의 HIGH 입력은 반드시 매우 작은 다이오드 누설 전류를 공급한다는 것이다. 일반적으로, 이러한 전류 I_{IH}는 실온에서 대략 10 μA 정도이다.

회로 동작-HIGH 상태

그림 8-8(b)는 회로 출력이 HIGH인 상황을 보여주고 있다. 이 상황은 LOW 입력을 둘 중하나 혹은 모두에 연결함으로써 발생하게 된다. 여기서 입력 B는 접지에 연결되어 있다. 이것은 D_3에 순방향 바이어스를 걸어서 전류가 +5 V의 전원으로부터 R_1, R_3과 단자 B를 통해 접지로 흘러가도록 할 것이다. D_3을 지나는 순방향 전압은 Y점에서 대략 0.7 V일 것이다. 이 전압은 D_4와 Q_2의 E-B 접합에 순방향 바이어스를 걸어서 전도시키기에 충분하지 않다.

Q_2가 OFF가 되면, Q_4의 베이스에는 전류가 흐르지 않아 OFF가 된다. Q_2의 컬렉터 전류가 없기 때문에 Q_3의 베이스에서 전압은 Q_3과 D_1을 순방향 바이어스시키기에 충분하다. 그렇기 때문에 Q_3이 전도될 것이다. 실제 Q_3은 이미터 폴로어로 동작하는데, 이것은 출력 단자 X가 그것의 이미터이기 때문이다. 점 X와 접지 사이에 부하가 연결되어 있지 않을 경우에는, V_{OH}는 Q_3에 가해진 5 V에서 두 개의 0.7 V 다이오드 전압 강하치를 뺀 3.4 V~3.8 V 정도가 된다. 이 전압은 부하가 Q_3로부터 이미터 전류를 끌어오기 때문에 부하 전압 이하로 감소하게 될 것이다. 그리고 R_2를 통해서 베이스 전류가 흐르기 때문에 R_2에 걸리는 전압 강하는 증가하게 된다.

무엇보다 중요한 것은 B가 LOW 상태로 유지될 동안 입력단자 B와 접지 간에 실제적 전류 흐름이 있다는 것이다. 이러한 전류 I_{IL}은 저항 R_1 값에 의해서 결정되며, 표준 TTL인 경우 전류 I_{IL}은 1.1 mA 정도이다. LOW B 입력은 이 전류에 대해 접지로 싱크(*sink*)하는 것처럼 작동한다.

전류 싱킹 동작

TTL 출력은 구동하고 있는 게이트의 입력으로부터 전류를 받기 때문에 LOW 상태에서는 전류 싱크로 작동한다. 그림 8-9는 두 출력 전압 상태에 대해 다른 게이트의 입력을 구동하는 TTL게이트를 보이고 있다. 그림 8-9(a)에서 설명된 LOW 상태 출력에서 트랜지스터 Q_4는 ON 상태가 되고 접지로 가는 X점을 접지로 단락시킨다. X점에서 이 LOW 전압은 Q_1의 이미터-베이스 접합을 순방향 바이어스하고 보는 바와 같이 전류는 Q_4를 흐른다. 즉, Q_4는 부하 게이트의 입력 전류(I_{IL})로부터 그것의 전류를 유도하는 전류 싱크 작용을 한다. 보통 이것을 **전류 싱킹 트랜지스터(current-sinking transistor)**라 하거나, 또는 출력 전압을 LOW 상태로 떨어뜨리기 때문에 **풀다운 트랜지스터(pull-down transistor)**라고도 한다.

전류 공급 동작

TTL 출력은 HIGH 상태에서 전류원으로 동작한다. 이것을 그림 8-9(b)에 나타내었다. Q_3 트랜지스터는 부하 게이트의 Q_1 트랜지스터가 요구하는 입력 전류 I_{IH}를 공급한다. 위

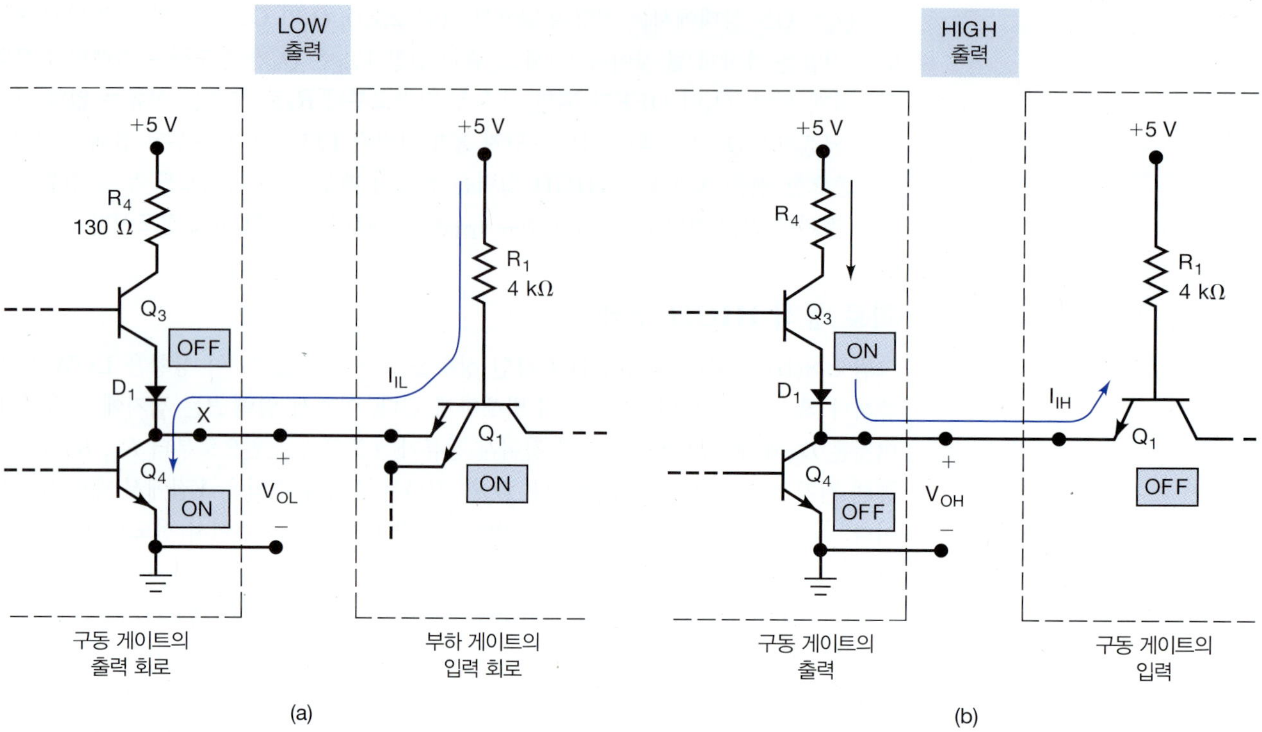

그림 8-9 (a) TTL 출력이 LOW 상태일 때, Q_4는 부하로부터 하강 전류를 얻는 것처럼 동작한다. (b) 출력이 HIGH 상태에 있을 때, Q_3은 부하 게이트에 전류를 제공하는 전류원처럼 동작한다.

에서 말한 바와 같이 이 전류는 작은 역방향 바이어스 누설 전류이다.(보통 10 μA) 보통 Q_3을 **전류 공급 트랜지스터**(**current-sourcing transistor**) 또는 **풀업 트랜지스터**(**pull-up transistor**)라 한다. 근래의 TTL 계열들의 풀업 회로는 트랜지스터와 다이오드 결합보다 두 개의 트랜지스터로 만들어진다.

토템폴 출력 회로

그림 8-9에 보여 지는 TTL 출력 회로의 토템폴 배열에 관련해서 몇 가지 점을 언급하고 지나가야만 한다. 그 이유는 왜 토템폴이 사용되어야 하는지가 명백하지 않기 때문이다. Q_3과 D_1을 제거하고 Q_4의 컬렉터에 R_4를 연결함으로써 같은 논리가 수행될 수 있다. 그러나 이것은 Q_4의 포화 상태에서 과도한 전류(5V/130 Ω ≈ 40 mA)를 전도한다는 것을 의미한다. 회로에서 Q_3를 이용하면, LOW 상태에서 출력은 R_4를 통해 흐르는 전류는 없을 것이다. 이것은 회로의 전력을 절감시키기 때문에 중요하다.

이러한 배열의 또 다른 장점은 HIGH 상태에서 나타난다. Q_3이 LOW 출력 임피던스(보통 10 Ω)를 갖는 이미터 폴로어로서 동작하고 있다. 이 낮은 출력 임피던스는 짧은 시간에 출력의 용량 부하를 축적하도록 한다. 이러한 행위(보통 능동 풀업이라 한다)는 TTL 출력에서 매우 빠른 상승 시간 파형을 제공한다.

토템폴 출력 배열의 단점이 LOW에서 HIGH로 바뀌는 동안에 발생한다. 불행하게도 Q_4는 Q_3이 ON되는 것보다 늦게 OFF된다. 그로 인해 두 트랜지스터가 전도되는 데 수 ns의 시간이 필요하고 5 V의 전원으로부터 큰 전류(30~40 mA)가 유도될 것이다. 이러한 문제점에 대해서는 나중에 언급된다.

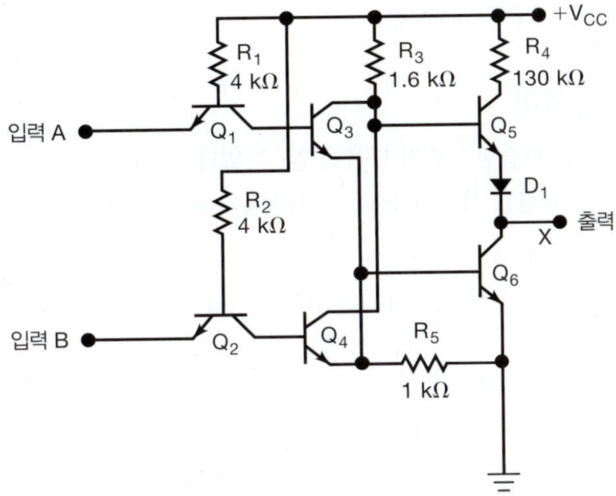

그림 8-10 TTL NOR 게이트 회로.

TTL NOR 게이트

그림 8-10은 TTL NOR 게이트의 내부 회로이다. 우리는 이 회로에 대한 세부적인 분석은 하지 않을 것이다. 하지만 그림 8-8 NAND 회로와 비교하는 것은 중요하다. 입력 측에서 NOR 회로는 다중 이미터 트랜지스터를 사용하지 않았음을 볼 수 있다. 대신에 각 입력을 분리된 트랜지스터의 이미터로 연결하였다. 출력 측에서 NOR 회로는 NAND 회로와 같이 동일한 토템폴 출력단을 사용한다.

요약

모든 TTL 회로는 유사한 구조를 가지고 있다. NAND와 AND 게이트는 다중 이미터 트랜지스터 입력을 사용하고 NOR와 OR 게이트는 트랜지스터 입력을 분리하여 사용한다. 두 경우 모두 입력은 P-N 접합의 캐소드(N-영역)가 될 것이다. 그래서 HIGH 입력 전압이 접합(junction)을 멈추게 하고 단지 작은 누설 전류(I_{IH})만이 흐를 것이다. 바꾸어 말하면, LOW 입력 전압은 접합을 동작시키고 상대적으로 큰 전류(I_{IL})가 신호원을 통해 흐를 것이다. 대부분이 그런 것은 아니지만 TTL 회로는 토템 폴 출력 형태를 가지게 될 것이다. 몇 가지 예외적인 것은 나중에 논할 것이다.

학습성과 평가문제

1. 참 또는 거짓: TTL 출력은 LOW 상태에서 전류 싱크로 동작한다.
2. 어떠한 TTL 입력 상태에서 가장 많은 입력 전류가 흐르는가?
3. 토템폴 출력의 장점과 단점을 설명하라.
4. NAND 회로에서 어떤 TTL 트랜지스터가 풀업 트랜지스터인가?
5. NOR 회로에서 어떤 TTL 트랜지스터가 풀다운 트랜지스터인가?
6. TTL NOR 회로가 NAND 회로와 다른 점은 무엇인가?

8-3 TTL 자료

학습성과

이 절을 학습함으로써 다음을 할 수 있다.

- 자료집을 사용한 논리 소자의 동작 특성 확인

1964년에 텍사스 인스트루먼트사(Texas Instruments)에서 표준 TTL IC가 처음 소개되었다. 가장 널리 사용되는 IC군은 54/74 계열이다. 우리는 간단히 이를 74 계열이라 한다. 54 계열과 74 계열 사이에 가장 중요한 차이점은 54 계열의 소자는 넓은 범위의 온도와 전원 전압에서 동작한다는 것이다. 많은 반도체 제작자들은 여전히 TTL IC를 생산한다. 반도체 제작자들은 TTL IC를 생산하는데 동일한 번호 시스템을 사용하고 있다. 하지만 각 제작자들은 보통 IC 번호에 고유 접두어를 붙인다. 예를 들어 텍사스 인스트루먼트는 접두어 SN을 사용하고, 내셔널 세미콘턱터(National Semiconductor)는 DM을 사용하고, 시그네틱스(Signetics)는 S를 사용한다. 제작회사에 따라 DM7402, SN7402, S7402 또는 다른 유사한 명칭으로 붙여진 사각형의 NOR 게이트를 볼 수 있다. 중요한 것은 모든 제작회사에서 동일한 7402를 사용한다는 것이다.

제4장에서 공부한 것처럼, TTL 논리 소자군에는 몇 가지 계열(74, 74LS, 74S 등)이 있다. 초기의 표준 계열들과 직접적인 후속 계열들(74, 74LS, 74S)은 제작자들이 새로운 설계에 사용되는 것을 더 이상 추천하지 않는다. 그럼에도 불구하고 시장에서는 이것들을 필요로 한다. 어떠한 논리 소자의 능력과 한계를 알고 특성을 이해하는 것이 중요하다. 이 장에서는 ALS(Advanced Low-power Schottky) 계열의 특성과 전형적인 자료를 이해할 수 있도록 도움을 줄 것이다. 그리고 나중에 다른 계통의 TTL 계열을 설명하고 그들의 특성을 비교할 것이다.

임의의 IC에 대한 모든 정보를 특정 IC 군에 대한 제작자들의 출판된 자료에서 얻을 수 있다. 이러한 자료는 데이터 북(data book), CD ROM, 혹은 제작자의 인터넷 웹사이트에서 얻을 수 있다. 그림 8-11은 74ALS00 NAND 게이트 IC의 동작 조건, 전기적 특성, 스위치 특성을 나타내는 제작자들의 자료이다. 다음 절에서 논의될 대부분의 특성들을 이 자료에서 찾을 수 있을 것이다. 우리가 매 특성을 논의함에 있어 정보가 어디에서 나왔는지를 알기 위해서는 자료를 참조해야만 할 것이다.

공급전압과 온도 범위

74ALS 계열과 54ALS 계열 모두 5V의 공급 전원(V_{CC})을 사용하지만 4.5V~5.5V의 공급 전원 변화를 극복할 수 있다. 74ALS 계열은 0°C~70°C의 온도 범위에서 적절하게 동작되도록 설계되었지만, 54ALS 계열은 −55°C~125°C에서 동작할 수 있도록 설계되었다. 54ALS 계열은 전압과 큰 온도차의 변화에도 불구하고 정상 동작을 할 수 있기 때문에 값이 더 비싸다. 그것은 극한의 상태 변화에 대해 믿을 수 있는 동작이 필요로 하는 응용 분야에 사용된다. 예를 들어 군사와 우주의 응용 분야에 사용된다.

전압 레벨

74ALS 계열의 입출력 논리 전압 레벨을 그림 8-11의 자료에서 찾을 수 있을 것이다. 표 8-3에 이것들을 요약하여 표시하였다. 이 표의 최소, 최대 값은 전력 공급, 온도, 부하 상태

Recommended Operating Conditions		54ALS00 Min	54ALS00 Nominal	54ALS00 Max	74ALS00 Min	74ALS00 Nominal	74ALS00 Max	Unit
V_{CC}	Supply voltage	4.5	5	5.5	4.5	5	5.5	V
V_{IH}	High-level input voltage	2			2			V
V_{IL}	Low-level input voltage			0.8			0.8	V
I_{OL}	Low-level output current			4			8	mA
I_{OH}	High-level output current			−0.4			−0.4	mA
T_A	Operating free-air temperature	−55		125	0		70	°C

Electrical Characteristics			54ALS00			74ALS00			Unit
Parameter	Test Conditions		Min	Typical	Max	Min	Typical	Max	
V_{IK}	V_{CC} = 4.5 V	I_I = −18 mA			−1.2			−1.5	V
V_{OH}	V_{CC} = 4.5 V	I_{OH} = −0.4 mA	$V_{CC}-2$			$V_{CC}-2$			V
V_{OL}	V_{CC} = 4.5 V	I_{OL} = 4 mA		0.25	0.4		0.25	0.4	V
		I_{OL} = 8 mA					0.35	0.5	
I_I	V_{CC} = 5.5 V	V_I = 7 V			0.1			0.1	mA
I_{IH}	V_{CC} = 5.5 V	V_I = 2. 7 V			20			20	uA
I_{IL}	V_{CC} = 5.5 V	V_I = 0.4 V			−0.1			−0.1	mA
I_O	V_{CC} = 5.5 V	V_O = 2.25 V	−20		−112	−30		−112	mA
I_{CCH}	V_{CC} = 5.5 V	V_I = 0 V		0.5	0.85		0.5	0.85	mA
I_{CCL}	V_{CC} = 5.5 V	V_I = 4.5 V		1.5	3		1.5	3	mA

Switching Characteristics			V_{CC} = 4.5 V to 5.5 V C_L = 50 pF R_L = 500Ω $T_{A\,=\,MIN\ to\ MAX}$				Unit
			54ALS00		74ALS00		
Parameter	From (input)	To (output)	Min	Max	Min	Max	
t_{PLH}	A or B	Y	3	15	3	11	ns
t_{PHL}			2	9	2	8	ns

그림 8-11 74ALS00 NAND 게이트 IC에 대한 자료그림(텍사스 인스트루먼트사 제공).

표 8-3 74ALS 계열 전압 레벨.

	최소	보통	최대
V_{OL} (V)	—	0.35	0.5
V_{OH} (V)	2.5	3.4	—
V_{IL} (V)	—	—	0.8
V_{IH} (V)	2.0	—	—

가 최악일 경우를 나타낸다. 표에서는 논리 0이 되는 최대 출력전압 V_{OL} = 0.5 V를 표시하는데, 이는 논리 0을 위해 입력에서 필요로 하는 전압 V_{IL} = 0.8 V보다 300 mV 작다. 이것은 LOW 상태 dc 잡음 여유가 300 mV임을 의미한다. 이것을 식으로 표현하면 다음과 같다.

$$V_{NL} = V_{IL}(\max) - V_{OL}(\max) = 0.8\text{ V} - 0.5\text{ V} = 0.3\text{ V} = 300\text{ mV}$$

이와 유사하게 논리 1을 위한 출력 V_{OH}는 최소 2.5 V 이상이다. 이는 논리 1을 위해 입력전압 V_{IH} = 2.0 V에서 요구하는 것보다 500 mV 더 크다. 그러므로 HIGH 상태에서 dc

잡음 여유는 500 mV이다.

$$V_{NH} = V_{OH}(\min) - V_{IH}(\min) = 2.5\ \text{V} - 2.0\ \text{V} = 0.5\ \text{V} = 500\ \text{mV}$$

그러므로, 74ALS 계열에서 보장된 최악의 경우(*guaranteed worst-case*)의 dc 잡음 여유는 모두 300 mV이다.

최대 전압 정격

표 8-3에 있는 전압 값에는 IC가 손상될 수 있는 절대 최대 전압 값은 포함되지 않았다. 절대 최대 동작 조건들은 일반적으로 자료 상단에 주어진다(그림 8-11에는 나타나 있지 않음). 이런 계열 IC의 입력에 인가되는 전압은 결코 +7.0 V를 초과할 수 없다. 입력 이미터에 +7.0 V보다 큰 전압이 인가되면 Q_1의 E-B 접합에서 역방향 브레이크다운(reverse breakdown)이 발생할 수 있다.

TTL 입력에 인가될 수 있는 최대 음 전압에도 한계가 있다. 이 한계는 −0.5 V로서 TTL 회로가 각 입력에서 보호 션트 다이오드를 사용하는 것이 원인이다. 이러한 다이오드는 정상적인 회로 동작으로 들어가지 못하기 때문에, 이전 분석에서는 생략하였다. 그들은 논리 신호가 과도하게 초과될 경우에 흔히 일어나는 음 입력 전압을 제한하도록 각각의 입력에서 접지까지 연결되어 있다. 이러한 다이오드는 입력에 −0.5 V 이상 공급할 수 없다. 왜냐하면 보호 다이오드가 전도되어 많은 양의 전류가 흐르기 시작하면, 다이오드가 단락되어 영구적으로 잘못된 입력을 초래할 수 있기 때문이다.

전력 소모

ALS TTL NAND 게이트의 평균 전력 소모는 2.4 mW이다. 이것은 $I_{CCH} = 0.85$ mA와 $I_{CCL} = 3$ mA의 결과이며 $I_{CC}(\text{avg}) = 1.93$ mA와 $P_D(\text{avg}) = 1.93\ \text{mA} \times 5\ \text{V} = 9.65$ mW를 발생시킨다. 이 9.65 mW는 칩에 있는 4개의 게이트에 의해 요구되는 전체 전력이다. 그러므로 하나의 NAND 게이트에서 요구되는 평균 전력은 2.4 mW이다.

전파 지연

자료에는 최소 및 최대 전파 지연 시간이 주어진다. 전형적인 값은 중간 값을 취하므로 평균 전파 지연은 $t_{PLH} = 7$ ns와 $t_{PHL} = 5$ ns일 경우 중간 값 $t_{pd}(\text{avg}) = 6$ ns가 된다.

예제 8-2

그림 8-11에서 74ALS00 쿼드 2 입력 NAND IC에 대한 자료를 참고하여 한 게이트의 최대 평균 전력 소비와 최대 평균 전파 지연을 구하라.

풀이

최대 I_{CCH}와 I_{CCL}에 대한 전기적 특성을 고려해 볼 때, 이 값은 0.85 mA와 3 mA이다. 평균 I_{CC}는 1.9 mA이다. 평균 전력은 V_{CC}를 곱함으로써 얻어진다. 자료는 이러한 I_{CC} 값은 V_{CC}가 최대 값일 때(5.5 V, 74ALS 계열) 얻어진다는 것을 나타낸다. 따라서 다음과 같다.

$$P_D(\text{avg}) = 1.9\ \text{mA} \times 5.5\ \text{V} = 10.45\ \text{mW}$$

이것은 완전한 IC에 의해 얻어지는 전력이다. 이것을 4로 나눔으로써 NAND 게이트 전압 드레인을 구할 수 있다.

$$P_D(\text{avg}) = 2.6\ \text{mW}(\text{각 게이트마다})$$

이 평균 전력 드레인은 최대 전류와 최대 전압 값을 사용하여 계산된다. 74ALS00 NAND 게이트의 최대 평균 전력은 최악의 상태에서 끌어낼 수 있다. 설계자는 종종 회로가 모든 상태 하에서 동작하도록 확신하는 최악의 값을 사용한다.

74ALS00 NAND 게이트의 최대 전파 지연은 다음과 같다.

$$t_{PHL} = 11 \text{ ns} \qquad t_{PLH} = 8 \text{ ns}$$

그러므로 최대 평균 전파 지연은 다음과 같다.

$$t_{pd}(\text{avg}) = \frac{11 + 8}{2} = 9.5 \text{ ns}$$

다시 말해 이것이 최악의 경우 최대 가능한 평균 전파 지연이다.

학습성과 평가문제

1. 74ALS00 출력이 유효한 논리 1을 유지하면서 부하에 전달할 수 있는 최대 전류는 얼마인가?
2. 74ALS00 입력이 논리 1이 되기 위한 최대 유효 전압은 얼마인가?
3. 74ALS00 입력이 LOW가 된 후, 출력이 HIGH가 되기까지 걸리는 최대 시간은 얼마인가?
4. 74ALS00 IC 출력이 모두 LOW인 경우, IC의 전원에서 뽑아 쓰는 최대 전류는 얼마인가?

8-4 TTL 계열의 특성

학습성과

이 절을 학습함으로써 다음을 할 수 있다.

- TTL 군의 다양한 기술 계열 사이의 성능 장단점 평가
- 특수한 특성을 최적화하기 위한 최상의 계열 확인

표준 TTL 74 계열 IC들은 몇몇 다른 계열들로 발전되었다. 이들 모든 계열들은 SSI에서는 다양한 종류의 게이트들과 플립플롭, MSI에서는 카운터, 레지스터, 디코더/인코더 그리고 다른 논리 함수들을 제공한다. 다음의 TTL 계열은 종종 '하위군'이라 부르며 속도와 전력의 성능 면에서 다양성을 제공한다.

표준 TTL, 74 계열

TTL 논리의 초기 표준 74 계열은 8-2절에서 다루어졌다. 이러한 소자들이 여전히 사용가능하지만, 대부분의 경우에 보다 싼 가격에 성능이 좋은 다른 소자들이 나와 있어서 새로운 설계에 더 이상 사용되지 않는다.

쇼트키 TTL, 74S 계열

7400 계열은 전도될 때 많은 트랜지스터가 포화 상태에 있게 되는 포화 스위칭을 사용하

여 동작한다. 이 동작은 트랜지스터가 ON에서 OFF될 때 저장 시간 지연(storage-time delay) t_S를 발생시키며, 회로의 스위칭 속도를 제한하게 된다.

74S 계열은 트랜지스터가 포화 상태로 완전히 들어가는 것을 허용하지 않으므로 이 저장 시간 지연을 줄일 수 있다. 그것은 그림 8-12(a)에 보이는 것과 같이 트랜지스터의 컬렉터와 베이스 사이에 연결된 쇼트키 장벽 다이오드(Schottky Barrier Diode: SBD)를 사용하여 구현된다. SBD는 0.25 V의 순방향 전압을 갖는다. 그러므로 C-B 접합이 포화 상태에서 순방향 바이어스가 될 때 SBD는 베이스로부터 떨어져 나간 입력 전류의 일부분을 분기시키고 전도할 것이다. 이것은 과도한 베이스 전류를 줄이고 OFF 시 저장시간 지연을 줄일 것이다.

그림 8-12(a)에서 트랜지스터/SBD 조합은 특별한 심벌이 주어진다. 이 심벌은 그림 8-12(b)의 74S00 NAND 게이트에 대한 회로도 내의 모든 트랜지스터에 사용된다. 이 74S00 NAND 게이트는 평균 전파 지연 3 ns를 가진다. 이것은 74H00보다 두 배 빠르다. 션트 다이오드 D_1과 D_2는 음의 입력 전압을 제한하기 위한 것이다.

74S 계열 내의 회로는 스위칭 시간 개선을 돕기 위해서 더 작은 저항 값을 사용한다. 이것은 74 계열과 거의 동일한 약 20 mW의 평균 전력 소모를 증가시킨다. 74S 회로는 또한 달링턴 트랜지스터(Q_3과 Q_4)를 사용하는데, 이것은 ON에서 OFF로 스위칭할 때 더 빠른 출력 상승 시간을 제공하기 위함이다.

저전력 쇼트키 TTL, 74LS 계열(LS-TTL)

74LS 계열은 더 낮은 전력, 더 느린 속도 버전이다. 이것은 쇼트키 클램프 트랜지스터를 사용하지만, 74S 계열보다 더 큰 저항 값을 이용한다. 74S 계열보다 더 큰 저항 값은 회로가 요구하는 전력을 감소시키는 반면 스위칭 시간이 길어지게 했다. 74LS 계열의 NAND

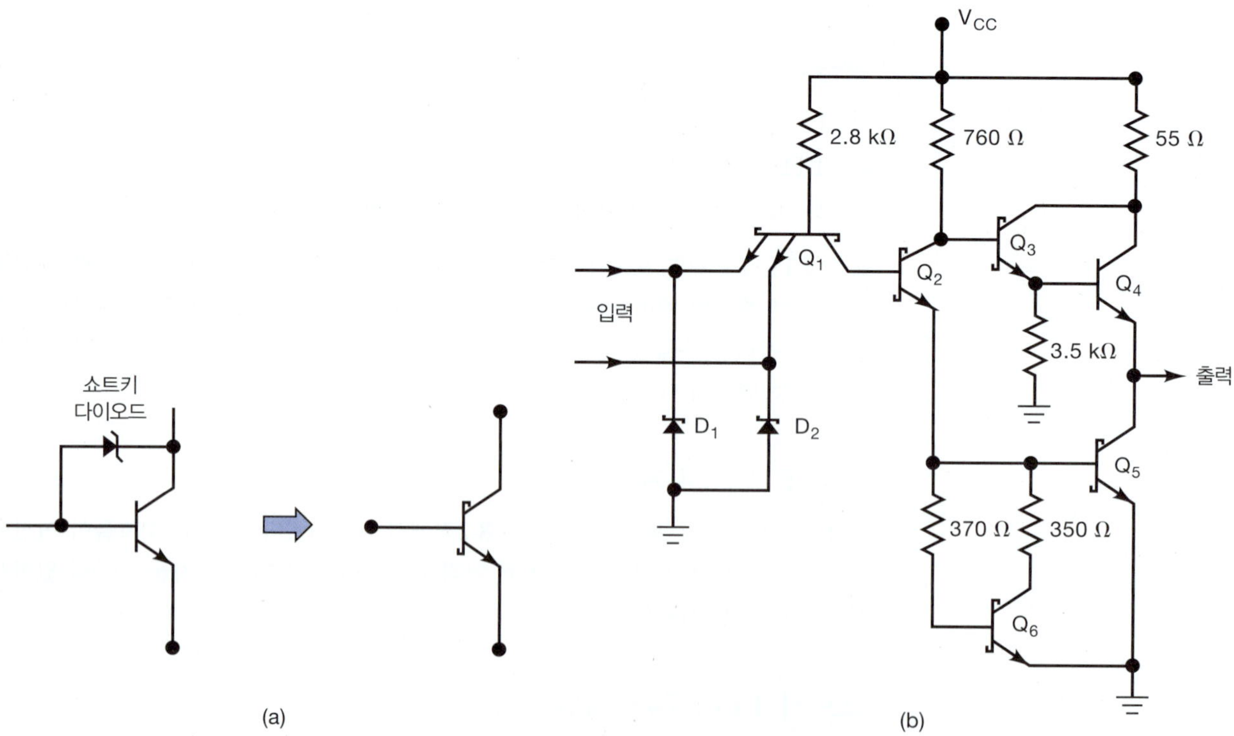

그림 8-12 (a) 쇼트키 클램프 트랜지스터. (b) S-TTL 계열에 있는 기본 NAND 게이트.

게이트의 평균 전파 지연시간은 9.5 ns를 가지며 평균 소비 전력은 2 mW를 가진다.

개선된 쇼트키 TTL, 74AS 계열(AS-TTL)

집적 회로 설계에서 최근 변혁은 새롭게 개선된 두 가지 TTL 계열의 개발을 유도하였다. 그것은 개선된 쇼트키(74AS)와 개선된 저전력 쇼트키(74ALS)이다. 74AS 계열은 더 낮은 소비 전력으로 74S 계열보다 속도에서 상당히 개선되었음을 보인다. 표 8-4는 각 계열의 NAND 게이트의 비교를 나타내고 있다. 이 비교는 74AS 계열의 장점을 분명히 나타내고 있다. 그것은 가장 빠른 TTL 계열이고, 그것의 속도-전력 곱은 확실하게 74 계열보다 적다. 74AS는 입력 전류 요구(I_{IL}, I_{IH})가 보다 작고 74S 계열보다 더 큰 팬 아웃을 가지도록 향상되었다.

개선된 저전력 쇼트키 TTL, 74ALS 계열

이 계열은 74LS 계열에서 속도와 전력 소비 모두 개선된 것이다. 이것은 표 8-5에 나타내었다. 74ALS 계열은 TTL 계열 중 가장 낮은 속도-전력 곱을 가지고 있고, 또한 가장 낮은 게이트 전력 소모를 갖는다.

표 8-4 S와 AS 계열의 속도와 전력.

	74S	74AS
전파 지연	3 ns	1.7 ns
소비 전력	20 mW	8 mW

표 8-5 LS와 ALS 계열의 속도와 전력.

	74S	74AS
전파 지연	9.5 ns	4 ns
소비 전력	2 mW	1.2 mW

74F—고속 TTL(74F—Fast TTL)

이 계열은 상호 소자 간에 커패시턴스를 줄이고 전파 지연시간을 감소시킬 수 있는 새로운 집적 회로 제작 기술을 사용한다. 보통 NAND 게이트는 3 ns의 평균 전파 지연시간을 가지고 6 mW의 전력 소비를 갖는다. 이런 종류의 IC들은 부품 넘버로 F 문자를 쓴다. 예를 들어 74F04는 6쪽 인버터(hex-inverter) 칩이다.

표 8-6 전형적인 TTL 계열 특성.

	74	74S	74LS	74AS	74ALS	74F
성능 평가						
전파 지연(ns)	9	3	9.5	1.7	4	3
소비 전력(mW)	10	20	2	8	1.2	6
최대 클럭률 (MHz)	35	125	45	200	70	100
팬 아웃(동일 계열)	10	20	20	40	20	33
전압 변수						
V_{OH}(min) (V)	2.4	2.7	2.7	2.5	2.5	2.5
V_{OL}(max) (V)	0.4	0.5	0.5	0.5	0.5	0.5
V_{IH}(min) (V)	2.0	2.0	2.0	2.0	2.0	2.0
V_{IL}(max) (V)	0.8	0.8	0.8	0.8	0.8	0.8

TTL 계열 특성 비교

표 8-6은 TTL 계열 각각의 중요한 특성에 대한 일반적인 값을 나타내고 있다. 최대 클럭률을 제외하고는 대부분의 수행 성능은 각 계열에서 NAND 게이트를 위한 것이다. 최대 클럭률은 J-K 플립플롭이 토글되도록 사용되는 최대 주파수이다. 이것은 각 IC 계열이 동작할 수 있는 주파수 범위를 아는데 유용하다.

예제 8-3

표 8-6을 이용하여 일반적인 74LS IC에 대한 dc 잡음 여유를 구하라. 이것이 표준 TTL 잡음 여유와 어떻게 비교되는가?

풀이

74LS

$$V_{NH} = V_{OH}(\text{min}) - V_{IH}(\text{min}) = 2.7\text{ V} - 2.0\text{ V} = 0.7\text{ V}$$

$$V_{NL} = V_{IL}(\text{max}) - V_{OL}(\text{max}) = 0.8\text{ V} - 0.5\text{ V} = 0.3\text{ V}$$

74

$$V_{NH} = 2.4\text{ V} - 2.0\text{ V} = 0.4\text{ V}$$

$$V_{NL} = 0.8\text{ V} - 0.4\text{ V} = 0.4\text{ V}$$

예제 8-4

TTL계열 중 어느 것이 동일한 계열의 가장 많은 소자 입력들을 구동시킬 수 있는가?

풀이

74AS 계열은 가장 높은 팬 아웃(40)을 가지고 있다. 이것은 74AS00 NAND 게이트가 74AS 소자들의 40개 입력을 구동시킬 수 있음을 의미한다. 출력을 구동할 수 있는 다른 TTL 계열의 입력의 수를 구하려면, 두 계열에 대한 입출력 흐름을 알 필요가 있다. 이것은 다음 장에서 다룬다.

학습성과 평가문제

1. (a) 어떤 TTL 계열이 고주파수에서 가장 좋은가?
   (b) 어떤 TTL 계열이 가장 큰 HIGH 상태 잡음 여유를 가지는가?
   (c) 실질적으로 사용되지 않는 계열은 어떤 것인가?
   (d) 스위칭 시간을 줄이기 위해 특별한 다이오드를 사용한 계열은?
   (e) 어떤 계열이 10 MHz에서 건전지-충전 회로 동작에 적합한가?
2. 각각에 대한 가격은 같다고 가정하고, 40 MHz 클럭으로부터 동작하는 회로에서 74LS193이나 74AS193에 74LS193 카운터를 사용하는 이유는 무엇인가?
3. 그림 8-12에 있는 74S 회로에 대한 풀업과 풀다운 트랜지스터를 식별하라.

8-5 부하와 팬 아웃

학습성과

이 절을 학습함으로써 다음을 할 수 있다.

- 부하의 한계를 결정하기 위한 내부 회로 지식 적용
- 출력에 의해서 구동될 수 있는 입력(임의의 계열의) 수 결정

IC 출력의 팬 아웃 혹은 부하 구동 용량을 무엇이 결정짓는가를 이해하는 것은 중요하다. 그림 8-13(a)는 여러 개의 표준 TTL 입력을 동작시키기 위해 연결된 LOW 상태의 표준 TTL 출력을 나타내고 있다. 트랜지스터 Q_4는 ON이고, 각 입력에서 들어오는 I_{IL} 전류의 합인 I_{OL} 전류량에 대하여 전류 싱크처럼 동작한다. ON 상태에서 Q_4의 컬렉터-이미터 저항은 매우 작지만, 0은 아니며 전류 I_{OL}은 V_{OL}의 전압 강하를 일으킨다. 이 전압은 IC의 한계인 V_{OL}을 초과해서는 안 된다. 이것은 I_{OL}의 최대 값을 제한하게 되고, 따라서 구동할 수 있는 부하의 수를 제한한다.

이와 같은 설명을 위해 74 계열 IC의 각 I_{IL}을 1.6 mA로 가정한다. 표 8-6으로부터 74계열은 $V_{OL}(\text{max}) = 0.4$ V와 $V_{IL}(\text{max}) = 0.8$ V임을 알 수 있다. 또한 Q_4가 출력전압이 $V_{OL}(\text{max}) = 0.4$ V에 이를 때까지 16 mA까지 전류를 싱크할 수 있다고 가정한다. 이것은 Q_4가 16 mA/1.6 mA = 10 부하까지 전류를 싱크할 수 있다는 것을 의미한다. 만약 부하가 10개 이상으로 걸려 있다면, I_{OL}은 증가하고 V_{OL}이 0.4 V 이상으로 증가하는 원인이 된다. 이것은 일반적으로 IC 입력에서 잡음 여유[$V_{NL} = V_{IL}(\text{max}) - V_{OL}(\text{max})$임을 기억하라]를 감소시키기 때문에 바람직하지 않다. 사실 V_{OL}이 $V_{IL}(\text{max}) = 0.8$ V 이상 올라간다면 애매한 영역(indeterminate range)에 들어가게 될 것이다.

비슷한 상황이 그림 8-13(b)에 나타낸 것처럼 HIGH 상태에서 발생한다. 여기서 Q_3은 다른 TTL 입력의 전류 I_{IH}의 합인 I_{OH}를 공급하는 이미터 폴로어로서 동작하고 있다. 만일 너무 많은 부하가 걸리면, I_{OH} 값이 충분히 커져서 Q_3의 이미터-베이스 접합의 저항

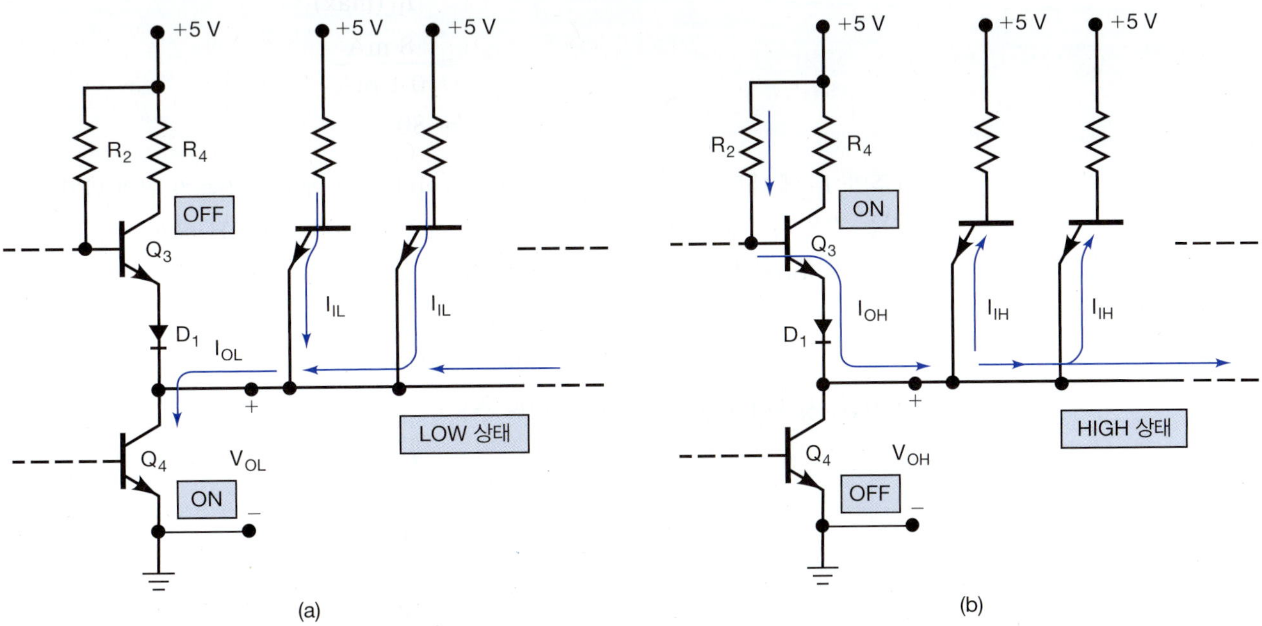

그림 8-13 TTL출력이 여러 입력들을 구동할 때의 전류 상태.

R_2와 D_1서 전압강하가 발생하고 V_{OH}를 $V_{OH}(\text{min})$ 이하로 끌어내리는 원인이 될 것이다. 이것 역시 HIGH 상태 잡음 여유를 줄이고, 심지어 V_{OH}가 애매한 영역으로 가기 때문에 바람직하지 않다.

이것은 TTL 출력이 LOW 상태에서 그것이 얼마나 많은 전류를 싱크할 수 있는지에 대한 한계[$I_{OL}(\text{max})$]를 가지고 있다는 것을 의미한다. 그것은 또한 HIGH 상태에서 그것이 얼마나 많은 전류를 공급할 수 있는지에 대한 한계[$I_{OL}(\text{max})$]를 가진다. 이러한 출력 전류 한계는 출력 전압 레벨이 특정 범위 내에서 유지되려면 초과되지 않아야 한다.

팬 아웃 결정

얼마나 많은 입력이 한 IC출력에 의해 구성될 수 있는지 결정하기 위하여 출력의 전류 구동 용량[$I_{OL}(\text{max})$와 $I_{OH}(\text{max})$]과 각각의 입력이 요구하는 전류량(I_{IL}과 I_{IH})을 알 필요가 있다. 이러한 정보는 항상 제작자들의 IC 자료 혹은 웹 페이지에 어떤 형태로든 주어진다. 다음 예제는 이러한 상황의 한 가지 형태를 설명할 것이다.

예제 8-5

74ALS00 NAND 게이트 출력이 구동할 수 있는 74ALS00 NAND 게이트 입력은 몇 개인가?

풀이

그림 8-14에서 LOW 상태를 생각하고, 그림 8-11의 74ALS00 자료를 참고하라.

$$I_{OL}(\text{max}) = 8\text{ mA}$$
$$I_{IL}(\text{max}) = 0.1\text{ mA}$$

이것이 뜻하는 것은 74ALS00 출력이 최고치 8 mA까지 싱크할 수 있고, 개개의 74ALS00 입력은 구동 게이트의 출력을 통해 최대 0.1 mA까지 공급된다는 것이다. LOW 상태에서 구동될 수 있는 입력 수는 다음과 같이 구할 수 있다.

$$\text{팬 아웃(LOW)} = \frac{I_{OL}(\text{max})}{I_{IL}(\text{max})} = \frac{8\text{ mA}}{0.1\text{ mA}} = 80$$

(주의: I_{IL}에 대한 입력은 실제로 -0.1 mA이다. 음의 부호는 전류가 입력 단자로부터 흐른다는 것을 나타내며, 여기서 음의 부호는 무시할 수 있다.) HIGH 상태는 같은 방법으로 분석되며, I_{OH}와 I_{IH} 값은 자료를 참조하라. 단, 음의 부호는 무시한다.

$$I_{OH}(\text{max}) = 0.4\text{ mA} = 400\,\mu\text{A}$$
$$I_{IH}(\text{max}) = 20\,\mu\text{A}$$

HIGH 상태에서 구동될 수 있는 입력 수는

$$\text{팬 아웃(HIGH)} = \frac{I_{OH}(\text{max})}{I_{IH}(\text{max})} = \frac{400\,\mu\text{A}}{20\,\mu\text{A}} = 20$$

그림 8-14 예제 8-5.

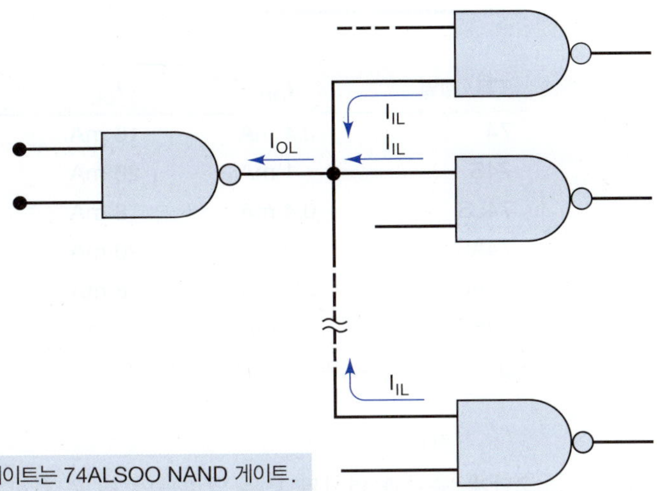

만일 팬 아웃(LOW)과 팬 아웃(HIGH)이 같지 않다면, 흔히 일어날 수 있는 것으로 팬 아웃은 둘 중 작은 것으로 선택된다. 그래서 74ALS00 NAND 게이트는 20개의 다른 74ALS00 NAND 게이트를 구동할 수 있다.

예제 8-6

표 8-7에 주어진 자료를 참조해서 얼마나 많은 74AS20 NAND 게이트가 다른 74AS20의 출력에 의해서 구동될 수 있는지를 결정하라.

풀이

74AS20 자료에 따르면,

$$I_{OH}(\text{max}) = 2\text{ mA}$$
$$I_{OL}(\text{max}) = 20\text{ mA}$$
$$I_{IH}(\text{max}) = 20\,\mu\text{A}$$
$$I_{IL}(\text{max}) = 0.5\text{ mA}$$

첫째로 HIGH 상태를 고려하면

$$\text{팬 아웃(HIGH)} = \frac{2\text{mA}}{20\,\mu\text{A}} = 100$$

LOW 상태를 고려하면

$$\text{팬 아웃(LOW)} = \frac{20\text{ mA}}{0.5\text{ mA}} = 40$$

이런 경우에 전체 팬 아웃은 40을 선택한다. 왜냐하면 두 값 중 적은 값이기 때문이다. 그래서 74AS20은 40개의 다른 74AS20입력을 구동할 수 있다.

오래 된 장비에서 논리 IC들의 대부분이 종종 동일한 논리 군으로부터 선택되었다. 요즘의 디지털시스템은 여러 논리 군들의 조합일 가능성이 더 많다. 결과적으로 부하와 팬 아웃의 계산은 한 번에 곧바로 되지 않는다. 디지털 출력의 부하를 결정하는 좋은 방법은 다음과 같다:

1단계. 출력과 연결된 모든 입력들의 I_{IH}를 합한다. 이 합은 출력의 I_{OH} 명세보다 작아야

표 8-7 TTL 계열 논리게이트의 전류 등급.

	출력		입력	
TTL 계열	I_{OH}	I_{OL}	I_{IH}	I_{IL}
74	−0.4 mA	16 mA	40 mA	−1.6 mA
74S	−1 mA	20 mA	50 mA	−2 mA
74LS	−0.4 mA	8 mA	20 mA	−0.4 mA
74AS	−2 mA	20 mA	20 mA	−0.5 mA
74ALS	−0.4 mA	8 mA	20 mA	−0.1 mA
74F	−1 mA	20 mA	20 mA	−0.6 mA

*일부 소자들의 경우에는 입력이나 출력 전류 등급이 다를 수도 있다. 늘 해당 자료를 참고하라.

한다.

2단계. 출력과 연결된 모든 입력들의 I_{IL}을 합한다. 이 합은 출력의 I_{OL} 명세보다 작아야 한다.

표 8-7은 여러 TTL 계열에 대한 간단한 논리 게이트들의 입출력 전류에 대한 제한적인 명세들을 나타내고 있다. 이들 전류의 값 중 어느 것은 음수로 주어진 것을 알 수 있다. 이것은 편의상 전류 흐름의 방향을 보여주기 위해 사용한 것이다. 양의 값은 입력 또는 출력에서 지정된 노드로 전류가 들어가는 것을 가리킨다. 음의 값은 입력 또는 출력에서 지정된 노드로부터 전류가 나가는 것을 가리킨다. 따라서 모든 I_{OH} 값들은 전류의 흐름이 출력(전류원)으로 나가기 때문에 음의 값을 가지고, 모든 I_{OL} 값들은 부하 전류가 접지로(싱킹 전류) 가는 경로에 있는 출력 핀으로 흐르기 때문에 양의 값을 가진다. 마찬가지로 I_{IH}는 양(+), I_{IL}은 음(−)의값을 가진다. 위에서 언급한 것처럼 부하와 팬 아웃을 계산할 때, 이러한 부호는 무시할 수 있다.

예제 8-7

74ALS00 NAND 게이트 출력이 3개의 74S 게이트 입력과 하나의 7406 입력을 구동한다. 표 8-7의 데이터를 사용하여 부하 문제가 있는지를 결정하라.

풀이

1. I_{IH} 값을 모두 더한다.

$$3\cdot(74\text{S의 } I_{IH}) + 1\cdot(74\text{의 } I_{IH})$$
$$\text{합계} = 3\cdot(50\,\mu\text{A}) + 1\cdot(40\,\mu\text{A}) = 190\,\mu\text{A}$$

74ALS 출력에 대한 I_{OH}는 부하들(190 μA)의 합보다도 큰 400 μA(최대)이다. 이것은 출력이 HIGH일 때 아무런 문제가 되지 않는다.

2. I_{IL} 값들을 모두 더한다.

$$3\cdot(74\text{S의 } I_{IL}) + 1\cdot(74\text{의 } I_{IL})$$
$$\text{합계} = 3\cdot(2\text{ mA}) + 1\cdot(1.6\text{ mA}) = 7.6\text{ mA}$$

74ALS 출력에 대한 I_{OH}는 부하들(7.6 mA)의 합보다도 큰 8 mA(최대)이다. 이것은 LOW일 때 아무런 문제가 되지 않는다.

예제 8-8

예제 8-7에서 74ALS00 NAND 게이트 출력은 예제 8-7에서 기술된 입력 부하를 추가하는 데 있어 74ALS 입력들을 구동하기 위해 사용되었다. 74ALS 입력들을 추가하여 과부하 없이 몇 개의 출력을 구동할 수 있는지 계산하라.

풀이

예제 8-7의 계산으로부터, 단지 LOW 상태에서 과부하에 가깝다. 74ALS 입력이 0.1 mA의 I_{IL}을 가진다. 최대 흐를 수 있는 전류(I_{OL})는 8 mA이고, 부하 전류는 7.6 mA(예제 8-7의 계산 결과)이다. 따라서 출력이 흐를 수 있는 추가 전류는 다음과 같다.

$$\text{추가 전류} = I_{OLmax} - \text{부하 전류의 합}(I_{IL}) = 8\text{ mA} - 7.6\text{ mA} = 0.4\text{ mA}$$

이 출력은 0.1 mA의 I_{IL}을 가지는 74ALS 입력을 4개 더 구동할 수 있다.

예제 8-9

74AS04 인버터의 출력은 74AS74 D 플립플롭으로 구성되는 병렬 레지스터에 CLEAR 신호를 제공한다. 이 게이트가 구동할 수 있는 FF $\overline{CRL}$ 입력의 최대 수는 몇 개인가?

풀이

플립플롭 입력들에 대한 입력 명세들은 동일 군 내에서 논리 게이트 입력에 대한 명세들과 항상 같지 않다. www.ti.com에 있는 74AS74A 자료를 참고하라. 클럭과 D 플립플롭 입력들은 표 8-7에 있는 게이트 입력들과 유사하다. 반면 $\overline{PRE}$와 $\overline{CRL}$ 입력들이 I_{IH} = 40 μA와 I_{IL} = 1.8 mA의 명세 값을 가진다. 74AS04는 I_{OH} = 2 mA와 I_{OL} = 20 mA의 명세 값을 가지고 있다.

$$\text{입력의 최대수(HIGH)} = 2\text{ mA}/40\,\mu\text{A} = 50$$
$$\text{입력의 최대수(LOW)} = 2\text{ mA}/1.8\text{ mA} = 11.11$$

팬 아웃을 11개 $\overline{CRL}$ 입력으로 제한해야 한다.

학습성과 평가문제

1. 소자의 I_{OL}(max)을 결정하는 요인은 무엇인가?
2. 7407 입력들이 얼마나 많은 74AS 칩을 구동할 수 있는가?
3. 만일 TTL 출력이 출력 정격 특성보다 많은 게이트 입력에 연결되어 있다면 무슨 일이 일어나겠는가?
4. 74LS04 출력에 의해서 얼마나 많은 74S112 CP 입력들을 구동할 수 있는가? 74F00 출력에 의해서는?

8-6 다른 TTL 특성들

학습성과

이 절을 학습함으로써 다음을 할 수 있다.

- TTL 기술 IC의 일반적인 특성 확인
- 일반적인 디자인 이슈를 현명하게 다루기 위한 내부 회로 지식 이용
- 신뢰성을 보장하기 위해서 TTL 기술에서 요구하는 디자인 기술 적용

디지털 시스템 응용에서 TTL을 현명하게 사용하려면, TTL 논리의 몇몇 다른 특성들을 이해해야만 한다.

연결되지 않은 입력(플로팅)

TTL 회로에서 연결되지 않은(개방된) 입력은 논리 '1'을 인가한 것과 정확히 같게 동작한다. 그 이유는 어느 경우든지 입력에서의 E-B 접합이나 다이오드가 순방향 바이어스되지 않기 때문이다. 모든 TTL IC에 대하여 입력이 임의의 논리 신호 혹은 접지와 연결되어 있지 않다면, 이것은 모든 입력이 '1'임을 뜻한다. 입력이 연결되어 있지 않을 때를 '**플로팅**(**floating**)'이라고 한다.

사용되지 않은 입력

빈번히 TTL IC에서의 모든 입력이 특별한 응용에서 모두 사용되지는 않는다. 가장 흔한 예는 요구되는 논리 함수를 위해 논리 게이트의 모든 입력이 필요하지 않은 경우이다. 구되는 논리 기능을 위해 논리 게이트로의 모든 입력이 필요하지 않은 경우이다. 예를 들어, 논리 $\overline{AB}$가 필요하고 3개의 NAND 게이트를 가지고 있는 칩을 사용한다고 가정하자. 이에 대한 가능한 방법들을 그림 8-15에 나타내었다.

그림 8-15(a)는 사용되지 않은 입력을 연결되지 않은 상태로 남겨둔다. 이것은 논리 1의 동작을 의미한다. 그러므로 NAND 게이트 출력은 $x = \overline{A \cdot B \cdot 1} = \overline{A \cdot B}$이며, 이 값이 원하는 결과이다. 비록 논리가 맞다 하더라도 입력을 연결하지 않고 남겨두는 것은 매우 부적절하다. 왜냐하면 게이트를 부적절하게 구동시키는 원인이 되는 떠돌아다니는 복사 신호를 취하기 쉬운 안테나와 같이 동작할 수 있기 때문이다. 좀 더 나은 기술을 그림 8-15(b)에 나타내었다. 여기서 사용되지 않은 입력은 1kΩ저항을 통하여 +5V와 연결되어 있다. 그래서 논리적으로 '1'이다. 1kΩ저항은 단순히 전원 선에 스파이크가 발생한 경우 게이트 입력의 이미터-베이스 접합의 전류 보호를 위한 것이다. 이러한 동일한 기술은 사용하지 않은 입력상의 '1'은 출력에 영향을 주지 않기 때문에 AND 게이트에 대해서 사용할 수 있다. 30개의 미사용 입력이 V_{CC}에 연결된 1kΩ저항을 공유할 수 있다.

그리고 그림 8-15(c)에서는 사용되지 않은 입력을 사용된 입력에 묶었다. 이것은 회로 구동 입력 B가 팬 아웃을 초과하지 않는다는 조건하에서이다. 이 기술은 임의의 형태의 게이트에 사용할 수 있다. OR 게이트와 NOR 게이트에서, 다른 입력과는 무관하게 일정한 출력 논리 레벨(OR에서는 '1', NOR에서는 '0')을 생산하기 때문에, 미사용 입력은 연결되지 않거나 5 V에 연결된 상태로 남겨질 수 없다. 대신, 이러한 게이트에서 미사용 입력은 논리 '0'을 위해 접지에 연결하거나, 그림 8-15(c)처럼 사용된 입력에 연결한다.

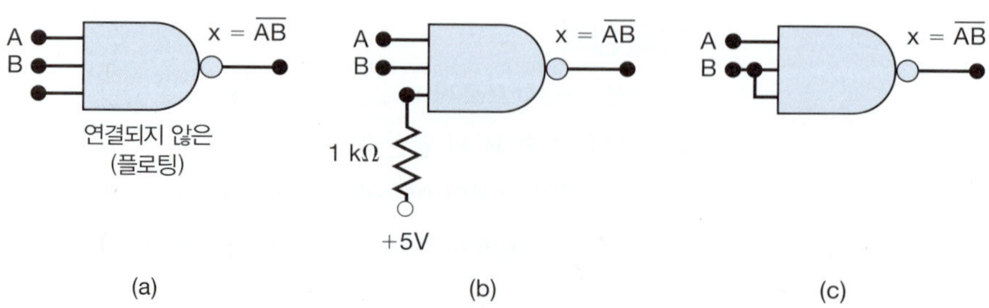

그림 8-15 사용하지 않은 입력을 다루는 세 가지 방법.

함께 묶인 입력

2개 이상의 TTL 게이트의 입력이 그림 8-15(c)에서처럼 공통 입력 형태로 함께 연결되면, 공통 입력은 일반적으로 각각 개별 입력의 부하 전류를 합한 부하로 나타낼 수 있다. 오직 NAND와 AND 게이트는 예외이다. 이들 게이트 경우는 LOW 상태 입력 부하는 하나의 입력(*single input*)과 동일하게 취급되므로 많은 입력들을 함께 묶어도 아무런 문제가 없다.

그림 8-15(c)에서 3입력 NAND 게이트의 각 입력은 I_{IL}이 0.5 mA, I_{IH}가 20 μA라고 가정하자. 공통 *B* 입력은 HIGH 상태에서 40 μA의 입력 부하를 나타내지만, LOW 상태에서는 단지 0.5 mA만을 나타낸다. 이것은 AND 게이트 경우라도 똑같이 된다. 만약 OR 또는 NOR 게이트라면, 공통 *B* 입력은 HIGH 상태에서 40 μA, LOW 상태에서 1 mA의 입력 부하를 나타낸다.

이러한 특성에 대한 근거는 그림 8-8(b)에서 TTL NAND 게이트의 회로도를 보면 찾을 수 있다. 전류 I_{IL}은 저항 R_1에 의해 제한된다. 비록 *A*와 *B*가 똑같이 접지되어 있을 경우에도, 이 전류는 변하지 않는다. 그것은 단지 다이오드 D_2와 D_3에 의해 제공된 병렬 경로를 통해 흐르게 된다. 이런 상황은 OR과 NOR 게이트에서 다르게 되는데, 그 이유는 그림 8-10처럼 다중 이미터 트랜지스터를 사용하지 않고 각각의 입력에 대한 별도의 입력 트랜지스터를 가지기 때문이다.

예제 8-10

그림 8-16에서 *X* 출력이 구동할 수 있는 부하를 계산하라. 각 게이트는 I_{IH} = 20 μA와 I_{IL} = 0.4 mA를 가진 74LS 계열 소자라고 가정한다.

풀이

게이트 1의 출력에서 부하는 HIGH 상태에서 74LS 입력 부하 6개와 같고, LOW 상태에서 74LS 입력 부하 5개와 같다. 이러한 이유는 NAND 게이트가 LOW 상태에서 오직 하나의 입력 부하를 나타낸다.

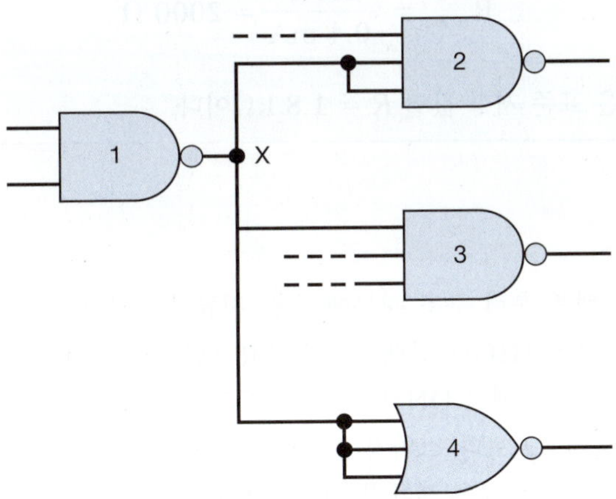

게이트의 출력에서 부하			
HIGH		LOW	
부하 전류	게이트	부하 전류	게이트
40 μA	2	0.4 mA	2
20 μA	3	0.4 mA	3
60 μA	4	1.2 mA	4
120 μA	합계	2.0 mA	합계

그림 8-16 예제 8-10

TTL 입력 LOW 바이어스

TTL입력이 정상적으로 LOW 상태를 유지해야하지만, 기계적 스위치 동작에 의해서 HIGH로 되는 상황이 때때로 발생한다. 이런 상황이 그림 8-17에서 OS(one-shot)의 입

그림 8-17

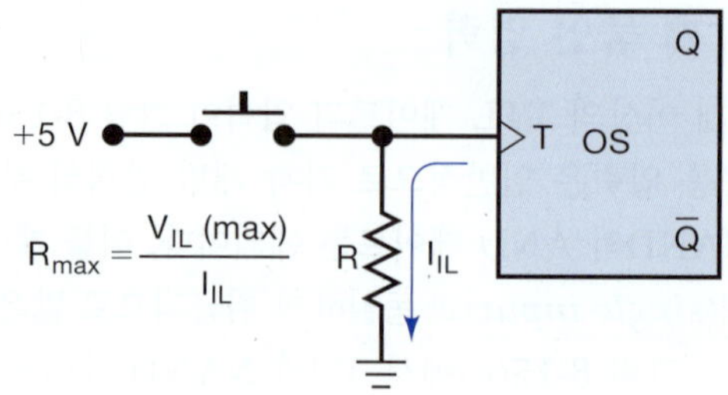

력에 대해서 설명된다. 이 OS는 스위치가 순간적으로 닫힐 때 생기는 PGT에 트리거한다. 저항 R은 스위치가 개방 상태에 있는 동안 T 입력이 LOW를 유지하도록 한다. OS 입력으로부터 접지까지 흐르는 전류 I_{IL}에 따른 전압이 V_{IL}(max)를 초과하지 않도록 하기 위해 R의 값을 충분히 작게 유지시켜야 한다. R의 최대치는 다음과 같이 계산된다.

$$I_{IL} \times R_{max} = V_{IL}(\text{max})$$

$$R_{max} = \frac{V_{IL}(\text{max})}{I_{IL}} \tag{8-3}$$

R의 최소치는 스위치가 닫힐 때 5 V 전원에서 전류 드레인에 의해 결정된다. 실제로, 이 전류 드레인은 R_{max} 이하로 R을 유지시킴으로써 최소화할 수 있다.

예제 8-11

그림 8-17에서 OS가 0.4 mA의 I_{IL}의 입력 정격을 갖는 74LS TTL IC일 경우에 적당한 R 값을 구하라.

풀이

I_{IL}의 값은 0.4 mA가 최대치가 될 것이다. 이 최대치는 R_{max}를 계산하는 데 이용된다. 표 8-6으로부터, 74LS 계열에서 V_{IL}(max) = 0.8 V이다. 따라서,

$$\text{R}_{max} = \frac{0.8\text{ V}}{0.4\text{ mA}} = 2000\ \Omega$$

여기서 최선의 선택은 표준 저항 값인 R = 1.8 kΩ이다.

순간 전류

TTL 논리 회로는 토템폴 출력 구조 때문에 순간 전류나 스파이크가 내부적으로 발생된다. 출력이 LOW 상태로부터 HIGH 상태로 바뀔 때(그림 8-18), 두 출력 트랜지스터는 다음과 같이 변한다. Q_3이 OFF에서 ON으로, Q_4가 ON에서 OFF로 바뀐다. Q_4가 포화 조건으로부터 변하기 때문에, Q_3보다 스위칭 시간이 훨씬 길게 될 것이다. 그러므로 두 트랜지스터가 전도되고 상대적으로 많은 전류량(30~50mA)이 +5 V 전원으로부터 공급되는 스위칭 천이 동안 짧은 시간(2 ns) 간격이 있다. 이 순간 전류의 지속 시간은 회로 출력상의 임의의 부하 커패시턴스 영향에 의해서 길어진다. 이 부하 커패시턴스는 표유 와이어 커패시턴스와 임의 부하 회로의 입력 커패시턴스로 구성되며, HIGH 상태 출력 전압으로 충전되어야 한다. 이런 전체적인 영향은 다음과 같이 요약될 수 있다:

토템 폴 TTL 출력이 LOW에서 HIGH로 될 때마다, 고진폭 전류 스파이크가 V_{CC} 전원으로부터 유기된다.

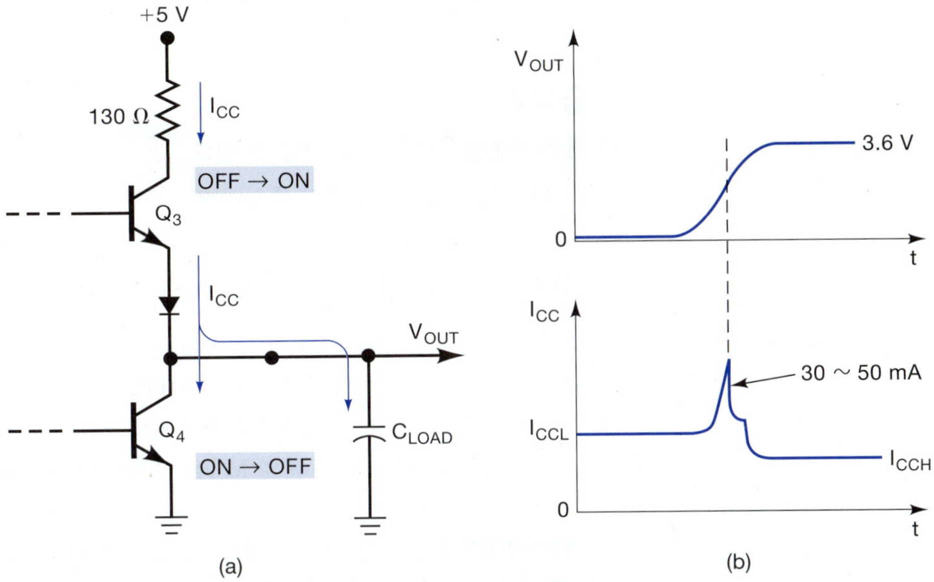

그림 8-18 토템폴 출력 스위치가 LOW에서 HIGH로 바뀔 때 V_{CC}로부터 유기되는 커다란 전류 스파이크.

복잡한 디지털 회로나 시스템에서 각각 전원으로부터 전류의 좁은 스파이크를 유기시키는 많은 TTL 출력 스위칭 상태가 동시에 발생할 수 있다. 이러한 전류 스파이크들의 누적 효과는 공통 V_{CC} 선 상의 전압 스파이크를 발생시키는데, 전원 선 상의 [인덕턴스에 대해 $V = L(di/dt)$임을 기억하라. di/dt는 2 ns 전류 스파이크에 대해서 대단히 크다] 배분된 인덕턴스에 기인한다. 이러한 전압 스파이크는 어떤 형태의 필터링을 사용하지 않으면 스위칭 변환 동안에 심각한 장애를 일으키는 원인이 될 수 있다. 가장 보편적인 기술은 이러한 고주파 스파이크를 근본적으로 제거하기 위하여 V_{CC}에서 접지(ground)로 연결된 적은 라디오-주파수 커패시터를 사용한다. 이것을 **전원 공급 디커플링(power-supply decoupling)**이라 한다.

회로 보드에 각각의 TTL IC근처의 V_{CC}와 접지 사이에 세라믹 디스크 커패시터인 0.01 μF 또는 0.1 μF 저-인덕턴스를 연결하여야 한다. 커패시터 리드는 계열 인덕턴스를 최소화하도록 매우 짧게 유지되어야 한다. 부가하여, I_{CC}의 큰 변동에 의한 저주파 변동을 필터링시켜 제거하기 위해 각 보드상 V_{CC}와 접지 사이에 큰 단일 커패시터(2~20 μF)를 연결시키는 것은 기본이다.

학습성과 평가문제

1. 모두 연결되지 않은 입력을 갖는 TTL NAND 게이트의 논리 출력은 어떻게 되는가?
2. AND 게이트로의 미사용 입력을 조절하는 적합한 두 가지 방법은 무엇인가?
3. NOR 게이트에 대해서도 1, 2번을 반복하라.
4. 참 또는 거짓: NAND 게이트 입력이 같이 묶여져 있을 때, 언제나 신호원 상의 단일 부하로 취급된다.
5. 전원 공급 디커플링이란 무엇인가? 왜 사용하는가?

8-7 MOS 기술

학습성과

이 절을 학습함으로써 다음을 할 수 있다.

- TTL 기술 IC의 일반적인 특성 확인
- 일반적인 디자인 이슈를 현명하게 다루기 위한 내부 회로 지식 이용
- 신뢰성을 보장하기 위해서 TTL 기술에서 요구하는 디자인 기술 적용

MOS(Metal-Oxide-Semiconductor) 기술은 반도체 기판 산화막 위에 금속 전극의 기본 MOS 구조로부터 유래된 이름이다. MOS 기술의 트랜지스터는 MOSFET라 하는 전계 효과 트랜지스터이다. 이것은 산화막의 금속 전극 쪽에서의 전계가 기판의 저항에 영향을 미친다는 것을 의미한다. 대부분의 MOS 디지털 IC는 MOSFET로만 구성되며 다른 소자는 포함되지 않는다.

MOSFET의 주요한 장점은 상대적으로 간단하고 싸며, 소형인 데다 저전력을 소비한다는 것이다. MOS IC 제작은 양극성 IC(TTL, ECL 등)보다 1/3 정도밖에 복잡하지 않다. 게다가 MOS 소자는 양극성 트랜지스터보다 칩의 공간을 적게 차지한다. 더 중요한 것은 MOS 디지털 IC에서는 양극성 IC에서 많은 공간을 차지하는 저항 소자를 사용하지 않는다.

이것은 MOS IC가 양극성 IC보다 하나의 칩에 많은 수의 회로 소자를 집적시킬 수 있음을 말한다. 이 장점으로 인해 MOS IC는 LSI, VLSI 영역에서 양극성 IC를 대체해 왔다. MOS IC의 고패킹 밀도는 마이크로프로세서나 메모리 칩과 같은 복잡한 IC에 적합하다. MOS IC 기술은 전류 구동 특성(전력 소모면)에서는 74, 74LS, 74ALS TTL보다 빠르게 발전해 왔다. 그 결과로서, MOS 소자(특히 CMOS)는 SSI와 MSI 시장을 빠르게 지배해 왔다. 74AS TTL군은 MOS 소자들보다 여전히 스위칭 속도가 빠르지만, 가격에 비해서 전력 손실이 매우 크다.

MOS 소자의 주요 단점은 정전기 손상이다. 비록 정전기 손상을 취급과정에서 적절하게 최소화시킨다고 할지라도 TTL은 실험실 실험용으로 여전히 각광을 받을 것이다. 결론적으로 TTL 소자를 이용할 수 있는 한 교육에서는 TTL 소자를 계속하여 사용할 것이다.

MOSFET

MOSFET에는 공핍형(*depletion*)과 증가형(*enhancement*)의 두 가지 일반적인 형태가 있다. MOS 디지털 IC는 전적으로 증가형 MOSFET를 사용한다. 그래서 앞으로는 오직 증가형 MOSFET만 다루기로 한다. 그리고 MOSFET를 ON/OFF 스위치 동작에만 관심을 두고 다룰 것이다.

그림 8-19는 N-채널과 P-채널 증가형 MOSFET의 기호를 나타낸다. 여기서 화살표의 방향은 P-채널 또는 N-채널을 나타낸다. 이 기호는 일반적으로 이 전극 간에 전도 채널이 없음을 나타내기 위해 소스(*Source*)와 드레인(*Drain*) 사이사이에 점선으로 나타낸다. 이 기호에서 게이트와 채널 사이 산소층의 고저항(10^{12} Ω 정도)을 나타내기 위해서 게이트 단자와 다른 단자 사이를 분리 표시하였다.

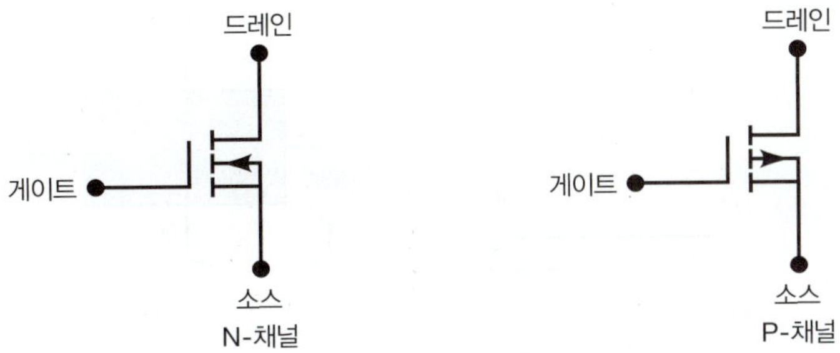

그림 8-19 증가형 MOSFET에 대한 기호.

기본 MOSFET 스위치

그림 8-20은 N-채널의 MOSFET의 스위칭 동작을 나타낸다. N-채널 MOSFET는 **N-MOS** 소자군의 기본 요소이다. N-채널의 소자에서 드레인은 항상 소스에 대하여 양(positive) 바이어스 상태이다. 게이트-소스 전압 V_{GS}는 입력 전압이고, 이것은 드레인과 소스(즉, 채널 저항) 사이의 저항을 제어하기 위해 사용되며, 소자의 ON 또는 OFF 상태를 결정한다.

그림 8-20(b)처럼 $V_{GS} = 0$ V일 때 소스와 드레인 간의 전도 채널이 형성 되지 않아, 소자는 OFF 상태가 된다. 전형적으로 OFF 상태에서 채널 저항은 10^{10} Ω이고 개방 회로 상태가 된다. V_{GS}가 0 또는 음인 한, MOSFET는 OFF 상태를 유지할 것이다. V_{GS}가 양(게이트 소스가 양)이고 문턱 전압(V_T)에 도달하게 되면, 소스와 드레인 사이에 전도 채널이 형성되기 시작한다. 전형적으로 N-MOSFET에 대해 $V_T = +1.5$ V이고 $V_{GS} \geq 1.5$ V이면 MOSFET는 전도된다. 일반적으로 MOSFET를 ON시키기 위한 V_{GS}는 V_T보다 훨씬 커야 한다. 그림 8-20(b)에서처럼, $V_{GS} = +5$ V일 때 소스와 드레인 사이의 채널 저항은 $R_{ON} = 1000$ Ω으로 떨어진다.

본질적으로 N-MOS는 게이트 전압이 저전압에서 고전압으로 바뀌는 것처럼 고저항에서 저저항으로 변환된다. MOSFET를 소스와 드레인 사이를 ON이나 OFF 시키는 단순

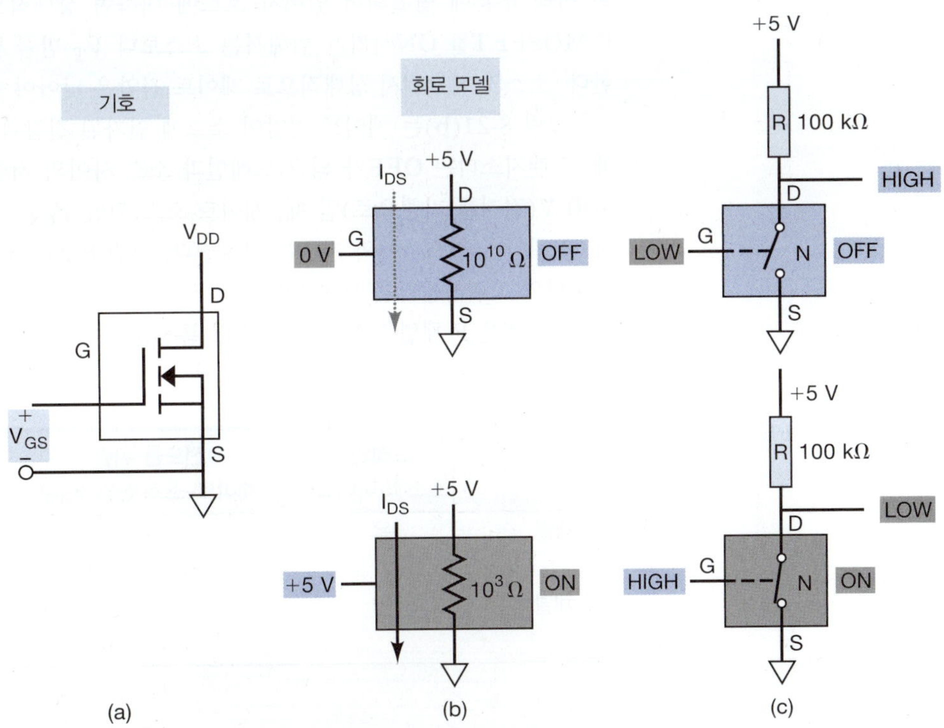

그림 8-20 스위치로 사용된 N-채널 MOSFET: (a) 기호. (b) 회로 모델. (c) N-MOS 인버터 동작.

그림 8-21 스위치로 사용된 P-채널 MOSFET: (a) 기호. (b) OFF/ON 회로 모델. (c) P-MOS 인버터 회로.

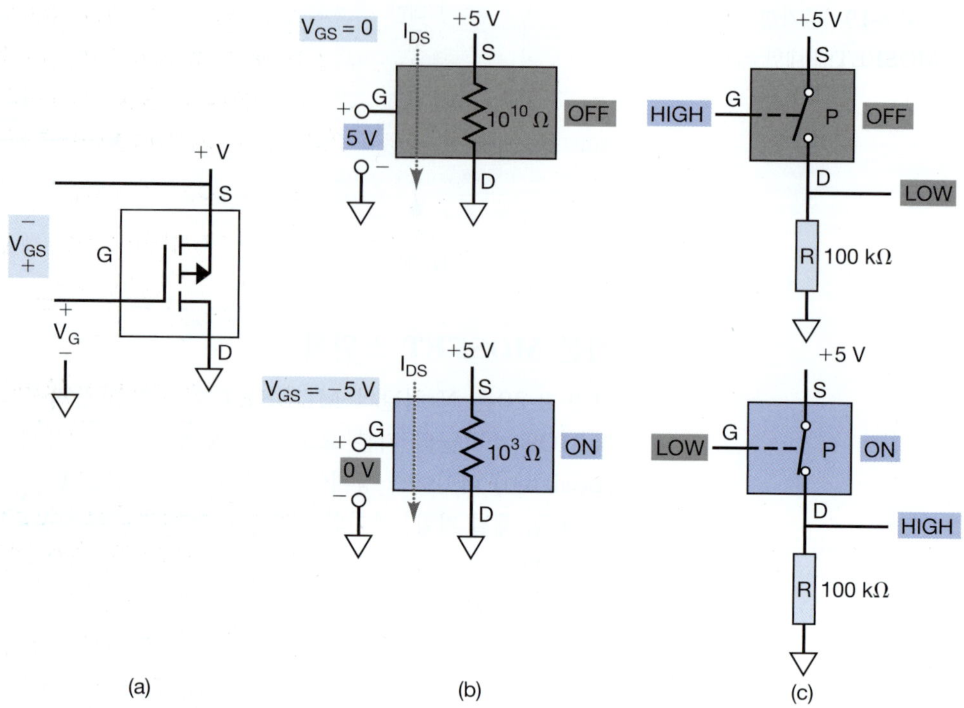

한 스위치로 생각하면 된다. 그림 8-20(c)는 N-MOS 트랜지스터를 스위치로 사용한 인버터를 보여준다. 초기의 논리 N-MOS 소자들이 이러한 방식으로 만들어 졌다. TTL과 비교할 때 이러한 회로의 단점은 트랜지스터가 ON일 때 전원에서 접지로 항상 전류가 흘러서 열을 발생시킨다는 것이다.

그림 8-21(a)의 P-채널 MOSFET 혹은 **P-MOS**는 반대 극성의 전압을 사용한다는 것을 제외하고는 N-채널과 같은 방법으로 동작한다. P-MOSFET에서 드레인은 회로의 아래 부분에 연결되어 있어서 소스에 대하여 상대적으로 보다 음으로 바이어스 된다. P-MOSFET를 ON시키기 위해서는 소스보다 V_T 만큼 낮은 전압이 게이트에 인가되어야 한다. 소스와 비교해서 상대적으로 게이트 전압은 낮아야 한다.

그림 8-21(b)는 게이트 전압이 소스에 인가된 전압과 동일한 5 V(접지를 기준으로)일 때, 트랜지스터는 OFF가 되고 드레인과 소스 사이의 저항은 매우 높게 된다. 게이트 전압이 0 V(접지를 기준으로)일 때, 게이트-소스 전압 $V_{GS} = -5$ V이고 트랜지스터는 ON된다. 드레인과 소스사이의 저항은 낮아진다. 그림 8-21(c)의 회로는 P-MOS 논리를 이용한 인버터의 스위칭동작을 보여준다.

표 8-8은 P-채널과 N-채널 스위칭 특성을 요약한 것이다.

표 8-8 MOSFET 특성.

	드레인 소스 바이어스	전도를 위한 게이트-소스 전압(V_{GS})	R_{ON}(Ω)	R_{OFF}(Ω)
P-채널	음	보통 −1.5 V 이하	1000 (보통)	10^{10}
N-채널	양	보통 +1.5 V 이상	1000 (보통)	10^{10}

학습성과 평가문제

1. 아래의 값들 중에서 ON 상태의 MOSFET의 드레인과 소스간의 저항에 가장 가까운 것은?
   1 Ω, 1 KΩ, 1 MΩ, 1GΩ
2. 아래의 값들 중에서 OFF 상태의 MOSFET의 드레인과 소스간의 저항에 가장 가까운 것은?
   1 Ω, 1 KΩ, 1 MΩ, 1GΩ
3. MOSFET의 게이트가 나타내는 기본적인 전기 부품은 어느 것인가?

8-8 상보형 MOS 논리

학습성과

이 절을 학습함으로써 다음을 할 수 있다.

- MOS 트랜지스터 기술 및 회로 구성과 CMOS 동작 특성과의 관계
- 논리 함수와 CMOS 기술 회로를 사용하는 회로 동작과의 관계

P-MOS와 N-MOS 논리 회로는 TTL 회로와 비교할 때 적은 수의 부품을 사용하고 제작이 간단하다. 결과적으로 1970년대와 1980년대의 LSI와 VLSI 시장을 지배하게 되었다. 이러한 시기에 동일한 논리 회로에 P-MOS 트랜지스터(높은 쪽 스위치로서)와 N-MOS 트랜지스터(낮은 쪽 스위치로서)를 동시에 사용하는 새로운 기술이 등장하게 되었다. 이것이 상보형 MOS(**CMOS**) 기술이다. CMOS 논리 회로는 P-MOS나 N-MOS처럼 매우 간단하고 제작이 용이하지는 않지만, 빠르고 적은 양의 전력을 소모하는 오늘날 시장을 지배하는 기술이다.

CMOS 인버터

기본적인 CMOS 인버터의 회로는 그림 8-22에 나타내었다. 이 그림에서 기본적인 MOSFET 기호인 P-MOSFET와 N-MOSFET의 기호를 P와 N의 블럭 라벨로 대체하였다. 이것은 단지 회로 분석을 용이하게 하기 위함이다. CMOS 인버터는 직렬로 연결한 소스가 $+V_{DD}$(양전압)에 연결된 P-채널 소자와 소스가 접지된 N-채널 소자를 갖는다.* 두 개의 소자 게이트는 모두 공통 입력으로 연결되어 있다. 두 소자의 드레인은 공통 출력으로 연결되어 있다.

CMOS에 관한 논리 레벨은 기본적으로 $+V_{DD}$일 때 논리 1이고, 0 V일 때 논리 0이다. 첫째로 $V_{\text{IN}} = +V_{DD}$에서 생각해 보자. 이러한 상황에서 Q_1(P-채널) 게이트는 Q_1의 소스에 의해서 0 V이다. 그러므로 Q_1은 $R_{\text{OFF}} \approx 10^{10}$ Ω이 되고 OFF 상태가 된다. Q_2(N-채널) 게이트는 소스에 대해서 $+V_{DD}$이다. 그러므로 Q_2는 $R_{\text{ON}} = 1$kΩ이 되고 ON이 된다. Q_1의 R_{OFF}와 Q_2의 R_{ON}의 전압 분배기는 $V_{\text{OUT}} \approx 0$ V가 된다.

다음으로 $V_{\text{IN}} = 0$ V인 경우를 생각하자. Q_2는 $V_{GS} = 0$ V가 되고, Q_1의 게이트는 Q_2의 소스에 대해서 음의 전압 값을 가지게 된다. 그러므로 Q_1은 $R_{\text{ON}} = 1$ kΩ이 되어

*대부분의 제조사들은 이 단자를 V_{SS}로 표시한다.

그림 8-22 기본적인 CMOS 인버터.

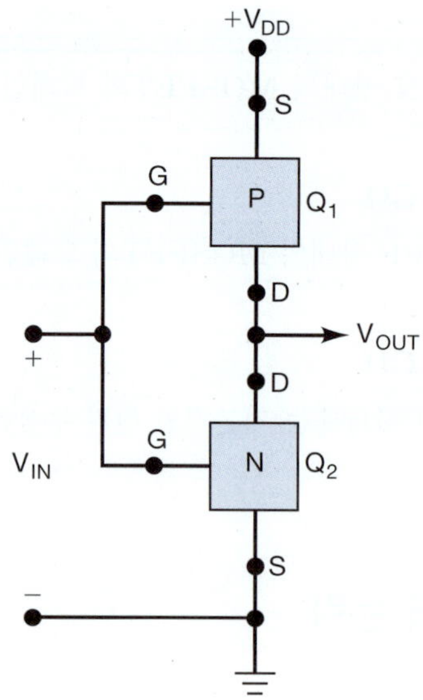

V_{IN}	Q_1	Q_2	V_{OUT}
$+V_{DD}$ (logic 1)	OFF $R_{OFF} = 10^{10}\ \Omega$	ON $R_{ON} = 1\,k\Omega$	$\simeq 0$ V
0 V (logic 0)	ON $R_{ON} = 1\,k\Omega$	OFF $R_{OFF} = 10^{10}\ \Omega$	$\simeq +V_{DD}$

$V_{OUT} = \overline{V_{IN}}$

ON이고, Q_2는 $R_{OFF} = 10^{10}\ \Omega$이 되어 OFF가 된다. 그래서 V_{OUT}은 근사적으로 $+V_{DD}$가 된다. 이러한 논리 인버터에 대한 두 가지 동작 상태를 그림 8-22에 기술하였다.

CMOS NAND 게이트

다른 논리 기능은 기본적인 인버터를 변형시켜 구성할 수 있다. 그림 8-23은 기본적인 인버터에 병렬 P-채널 MOSFET와 직렬 N-채널 MOSFET를 추가하여 구성한 NAND 게이트를 나타낸다. 이 회로를 분석하면 0 V 입력에 대해서는 P-MOSFET는 ON, N-MOSFET는 OFF가 된다. 그리고 $+V_{DD}$ 입력에 대해서는 그 역이 성립한다. 따

그림 8-23 CMOS NAND 게이트.

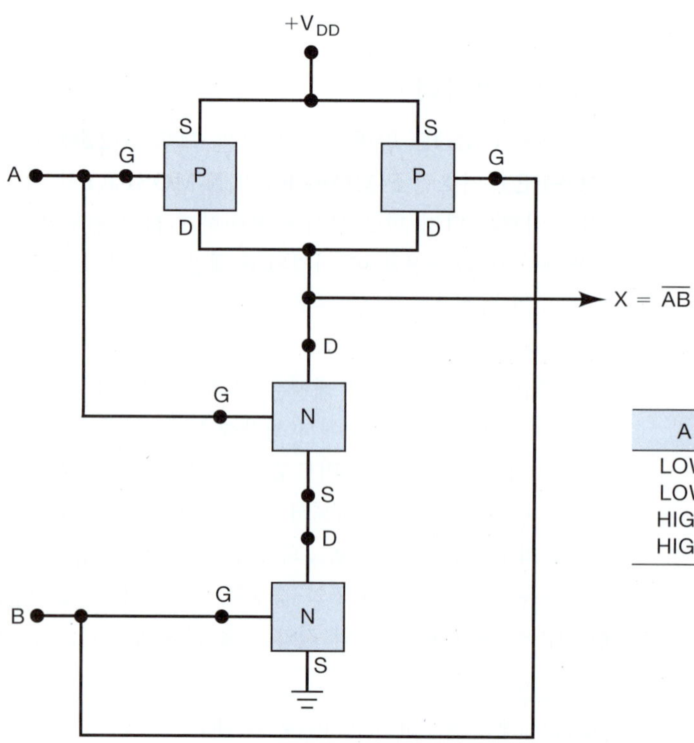

A	B	X
LOW	LOW	HIGH
LOW	HIGH	HIGH
HIGH	LOW	HIGH
HIGH	HIGH	LOW

라서 입력 A와 B가 모두 HIGH($+V_{DD}$)일 때만 N-MOSFET는 ON되어 출력 단자와 접지 사이의 저항치가 낮아져서 LOW 출력이 된다. 모든 다른 입력 조건에서, 하나의 P-MOSFET가 '0'이 될 경우에 적어도 하나의 N-MOSFET가 OFF될 것이다. 이는 출력을 HIGH로 만든다.

CMOS NOR 게이트

CMOS NOR 게이트는 그림 8-24에서 보여주는 것처럼 기본적인 인버터에 P-MOSFET는 직렬로, N-MOSFET는 병렬로 연결함으로써 만들어진다. 이 회로는 임의의 입력에 LOW가 인가되면 P-MOSFET는 동작(ON)되고, N-MOSFET는 차단(OFF)된다. HIGH 입력에 대해서는 그 역이 성립한다. 이 회로가 NOR 게이트로서 동작하는 것을 증명하는 것은 독자에게 맡긴다.

CMOS AND와 OR 게이트는 NAND와 NOR에 인버터를 연결함으로써 구성할 수 있다.

CMOS SET-RESET 플립플롭

2개의 CMOS NOR 게이트 또는 NAND 게이트를 대각으로 연결하여 간단한 SET-RESET 플립플롭을 구성할 수 있다. 게이트 회로를 추가하여 기본적인 SET-RESET 플립플롭을 클럭이 있는 D와 J-K 플립플롭으로 만들 수 있다.

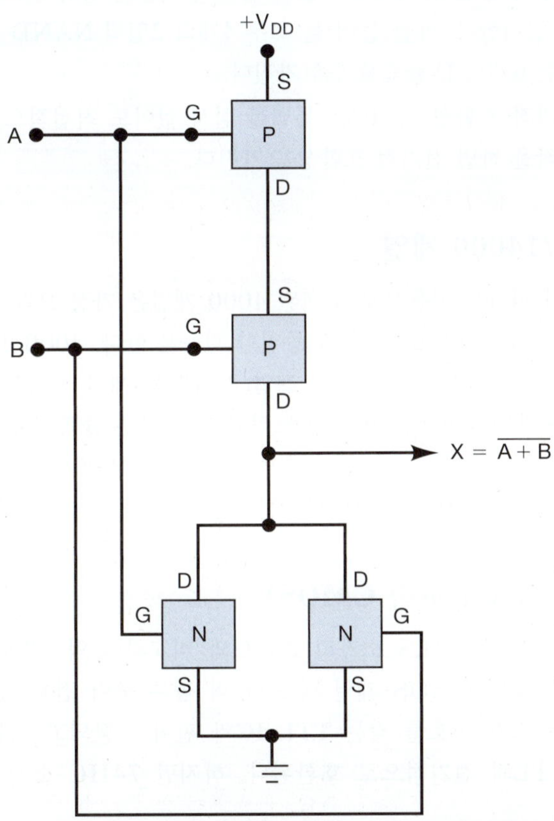

A	B	X
LOW	LOW	HIGH
LOW	HIGH	LOW
HIGH	LOW	LOW
HIGH	HIGH	LOW

그림 8-24 CMOS NOR 게이트.

학습성과 평가문제

1. CMOS 내부 회로와 N-MOS와의 차이점은?
2. CMOS 인버터에는 몇 개의 P-채널 MOSFET가 있는가?
3. 3개의 입력 CMOS NAND 게이트에는 몇 개의 MOSFET가 있는가?

8-9 CMOS 계열의 특성

학습성과

이 절을 학습함으로써 다음을 할 수 있다.

- CMOS 계열과 TTL 계열 부품들의 호환성 평가
- CMOS 계열 확인과 그들의 성능 특성 파악
- CMOS 기술 논리 회로의 일반적인 특성 확인

CMOS IC는 TTL이 가능한 논리 함수뿐만 아니라 TTL이 불가능한 특정 목적의 논리 함수도 구현이 가능하다. 각각의 다른 CMOS 계열은 향상된 수행 특성을 가지도록 제작자들이 시간을 들여 개발해왔다. 다양한 CMOS 계열을 사용하기 전에 서로 다른 군이나 계열의 IC들을 함께 사용하거나 다른 것과 대체할 때에 사용되는 몇 가지 용어를 정의하면 도움이 될 것이다.

- **핀의 호환성.** 두 IC들의 핀들은 동일한 핀 배치일 때 서로 호환성을 가진다. 예를 들어 핀 7은 둘 다 접지(GROUND), 핀 1은 둘 다 첫 번째 인버터로 가는 입력이다.
- **함수의 동일성.** 두 IC의 논리 함수적 기능은 정확히 그 논리 함수들이 동일하게 수행할 때 일치한다. 예를 들어 둘 모두 4개의 2입력 NAND 게이트 또는 양의 에지 트리거가 있는 6개의 D-플립플롭을 가진다.
- **전기적 호환성.** 두 IC는 특별한 검사 없이도 직접적으로 서로 연결되었을 경우 적절한 동작을 하면 전기적 호환성을 가진다.

4000/14000 계열

RCA에 의하여 처음으로 소개된 4000 계열은 가장 오래 된 CMOS 계열이다. 그리고 그것은 모토로라 14000 계열과 동일한 기능을 한다. 4000/14000 소자 계열은 매우 적은 전력소모를 가지며 넓은 영역의 전압(3~15 V)에서 동작이 가능하다. 그들은 TTL과 다른 CMOS 계열과 비교하여 매우 느리고 매우 낮은 출력 전류를 가진다. 그들은 다른 TTL 계열과 전기적 호환성이나 핀의 호환성이 없다. 4000/14000 계열 소자는 다른 계열에서는 없는 특별한 목적의 IC들이 사용될 때를 제외하곤 새로운 설계에는 거의 사용되지 않는다.

74HC/HCT(고속 CMOS)

74HC 계열은 74LS 소자의 스피드와 비교하여 약 10배 증가된 스위칭 속도를 가지고, 초기의 7400 CMOS 계열 IC보다 더 높은 출력 전류 용량을 가진다. 74HC/HCT IC는 같은 소자 번호를 갖는 TTL IC와 핀이 호환되고 기능적으로 동일하다. 74HCT 소자는 TTL과 전기적으로 호환된다. 하지만 74HC 소자는 호환되지 않는다. 예를 들어

74HCT04 16진수 인버터 칩은 74LS04 칩과 대체가 가능하고 그 역도 성립한다는 것을 의미한다. 그것은 또한 74HCT IC는 다른 TTL IC와 직접 연결이 가능하다는 것을 의미한다.

74AC/ACT(진보된 CMOS)

이 계열은 종종 ACL(Advanced CMOS Logic)이라고 불린다. 이 계열은 기능적으로는 다양한 TTL 계열과 같지만 TTL과의 핀의 호환성은 없다. 그 이유는 74AC 또는 74ACT 칩의 핀 배치가 잡음 내성을 증가시키도록 설계되어서 소자 입력들이 다른 IC 핀들에서 생기는 신호변화에 덜 민감하기 때문이다. 74AC는 TTL과 전기적 호환성이 없다. 그러나 74ACT 소자는 TTL과 직접 연결될 수 있다. ACL는 HC 계열보다 잡음 내성, 전파 지연, 최대 클럭 스피드 측면에서 더 좋은 특성을 가진다.

이 계열에 대한 소자 번호는 TTL, 74C 그리고 74HC/HCT 번호와 약간의 차이가 있다. 이것은 5개의 숫자로 되어 있는데 11로 시작한다. 다음 예를 보자.

74AC11 004 ≡ 74HC 04
74ACT11 293 ≡ 74HCT 293

74AHC/AHCT(진보된 고속 CMOS)

이 계열의 CMOS 소자는 빠르고 저전력을 소모하며, 저구동 응용 때문에 HC 계열에서 이쪽으로 자연스럽게 이동하고 있다. 이 계열의 소자는 3배 빠르고 HC 계열 소자와 직접 대체하여 사용할 수 있다. 이것은 HC와 필적할 만한 속도와 높은 구동 특성을 제공하면서 오버슈트(overshoot)/언더슈트(undershoot) 문제없이 HC와 비슷한 잡음 내성을 제공한다.

BiCMOS 5-V 논리

몇몇 IC 제조업자들은 BiCMOS 논리라 불리는 양극성과 CMOS 논리의 장점을 결합한 논리 계열(logic series)을 개발해 왔다. CMOS의 저전력 소비 특성과 양극성의 고속성을 결합한 저전력 고속의 논리 계열을 만들었다. BiCMOS IC는 거의 모든 SSI, MSI의 기능이 가능한 것은 아니고 마이크로프로세서와 메모리 응용, 버퍼, 드라이버, 트랜시버(transceiver) 등과 같은 버스 인터페이싱 응용 분야에 제한적으로 사용된다. 74BCT(BiCMOS 버스 인터페이스 기술) 계열은 75% 감소된 전력 소비로 74F 군의 속도와 드라이브 특성에 유사한 성능을 제공한다. 이 계열의 소자는 기본적으로 5 V 논리 레벨에서 동작하고 기본적으로 TTL 제조 부품과 핀의 호환성을 갖는다. 74ABT(진보된 BiCMOS 기술) 계열은 BiCMOS 버스 인터페이스 소자의 두 번째 시대의 계열이다. 상세한 버스 인터페이싱 논리에 대해서는 8-13절에서 설명할 것이다.

전원 전압

4000/14000 계열과 74C 계열은 3~15 V 범위의 V_{DD} 값에서 동작하므로 매우 유용하다. 기본적으로 저전압 배터리에서 동작하는 회로, 표준 5 V 회로, 고잡음 환경에서 동작하기 위한 잡음 여유를 얻기 위해 사용되는 높은 공급 전원이 필요한 회로에서 사용할 수 있다. 74HC/HCT, 74AC/ACT 그리고 74AHC/AHCT 계열은 일반적으로 2~6 V의 전원 전압 범위에서 동작한다.

보다 낮은 전압(예: 2.5 V 혹은 3.3 V)에서 동작하도록 설계된 논리 계열 역시 이용 가능하다. 서로 다른 전원 전압을 사용하는 장치들이 동일한 디지털 시스템에서 서로 연결되는 경우에는 특별한 주의가 필요하다. 저전압 소자와 특별한 인터페이싱 기술은 8-10절에서 다루게 된다.

논리 전압 레벨

입력과 출력 전압 레벨은 CMOS 계열마다 다르다. 표 8-9 목록은 TTL 계열뿐만 아니라 서로 다른CMOS 계열의 전압 값을 나타낸다. 표의 값의 목록은 5 V 전원 전압으로 동작하는 모든 소자 그리고 모든 소자의 같은 논리군의 입력에 대한 출력이다.

이 표를 살펴보면 몇 가지 중요한 점을 알 수 있다. 첫 번째, CMOS 소자의 V_{OL}은 0 V에 아주 가깝고, V_{OH}는 5 V에 아주 가깝다. 왜냐하면 CMOS 출력은 소스나 싱크의 영향을 거의 받지 않는다. CMOS 입력은 매우 높은 입력 저항(10^{12} Ω)을 가지므로 전류의 양이 상당히 낮아지기 때문이다. 74HCT와 74ACT는 예외이다. CMOS는 TTL보다 더 큰 입력 레벨을 요구한다. 74HCT와 74ACT는 TTL과 전기적으로 호환되도록 설계되어 있어 TTL의 입력 전압 레벨과 비슷할 수 있음을 알 수 있다.

잡음 여유

각 계열에 대한 잡음 여유도가 표 8-9에 주어졌다. 이는 다음과 같이 계산된다.

$$V_{NH} = V_{OH}(\text{min}) - V_{IH}(\text{min})$$
$$V_{NL} = V_{IL}(\text{max}) - V_{OL}(\text{max})$$

일반적으로 CMOS는 TTL보다 훨씬 큰 잡음 여유를 가진다. CMOS 소자가 5 V보다 큰 전원 전압에서 동작할 경우에는 그 차이는 더욱 커진다.

전력 소모

CMOS 논리 회로가 정적인 상태일 때, 전력 소모는 극히 낮다. 우리는 그림 8-22에서 8-24까지 보여주는 각 회로를 살펴봄으로써 그 이유를 알 수가 있다. 출력의 상태에 관계없이, 전류 경로에서 MOSFET는 항상 OFF에 놓여 있기 때문에 V_{DD} 단자와 접지 사이는 매우 높은 저항이 존재한다는 것을 주의해라. 이것은 V_{DD} = 5 V일 때 전형적인 CMOS DC 전력 소모는 게이트당 단지 2.5 nW의 소모 결과가 얻어진다. 심지어는 V_{DD} =10 V일 때에도 이러한 전력은 단지 10 nW까지만 증가한다. PD에 대한 이러한 값들은, CMOS

표 8-9 $V_{DD} = V_{CC} = +5$ V를 갖는 입력/출력 레벨.

	CMOS							TTL			
파라미터	4000B	74HC	74HCT	74AC	74ACT	74AHC	74AHCT	74	74LS	74AS	74ALS
V_{IH}(min)	3.5	3.5	2.0	3.5	2.0	3.85	2.0	2.0	2.0	2.0	2.0
V_{IL}(max)	1.5	1.0	0.8	1.5	0.8	1.65	0.8	0.8	0.8	0.8	0.8
V_{OH}(min)	4.95	4.9	4.9	4.9	4.9	4.4	3.15	2.4	2.7	2.7	2.5
V_{OL}(max)	0.05	0.1	0.1	0.1	0.1	0.44	0.1	0.4	0.5	0.5	0.5
V_{NH}	1.45	1.4	2.9	1.4	2.9	0.55	1.15	0.4	0.7	0.7	0.7
V_{NL}	1.45	0.9	0.7	1.4	0.7	1.21	0.7	0.4	0.3	0.3	0.4

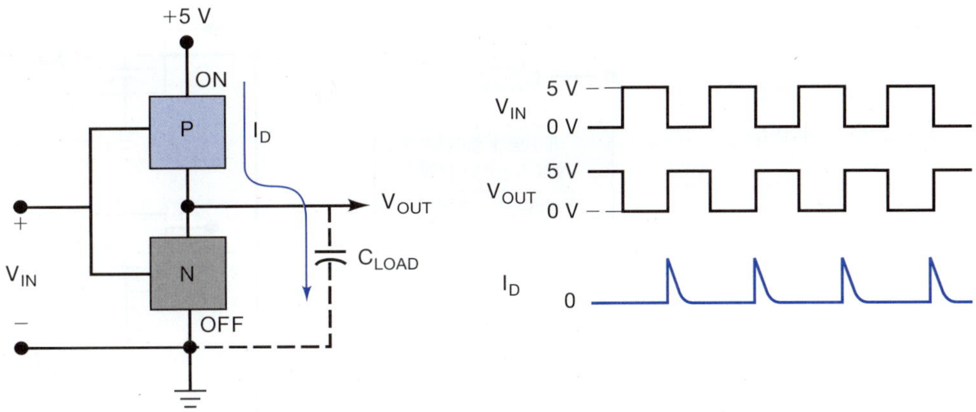

그림 8-25 전류 스파이크는 매번 출력 스위치가 LOW에서 HIGH로 바뀔 때 V_{DD} 전원으로부터 발생한다.

가 왜 전원을 충전용 건전지를 사용하는 응용에 적합한지를 쉽게 이해할 수 있다.

주파수에 따른 P_D 증가

CMOS IC의 전력 소비는 그것의 DC 상태가 길면 길수록 매우 낮을 것이다. 유감스럽게도 P_D는 그 회로가 스위칭 상태가 어느 쪽이든 주파수에 비례하여 증가할 것이다. 예를 들어 DC 상태 하에 P_D = 10 nW를 가지는 CMOS NAND 게이트는 100 kpps의 주파수에 P_D = 0.1 mW를, 그리고 1 MHz일 때 1 mW가 된다. 이렇게 주파수에 의존하는 이유는 그림 8-25에서 설명하였다.

매번 LOW에서 HIGH로 CMOS 출력이 전환될 때마다, 천이 충전 전류(transient changing current)가 부하 커패시턴스에 공급되어야만 한다. 이 커패시턴스는 구동을 위한 임의의 부하와 결합된 입력 커패시턴스와 소자 자체의 출력 커패시턴스로 구성된다. 이러한 전력 스파이크는 V_{DD}에 의해 공급되고 전형적으로 5 mA의 크기와 20 ns에서 30 ns의 간격을 가진다. 분명히, 스위칭 주파수가 증가하면 초당 발생하는 전류 스파이크는 보다 많아질 것이며, V_{DD}로부터 흐르는 평균 전류는 증가할 것이다. 심지어 매우 낮은 커패시턴스 부하인 경우에도 두 개의 출력 트랜지스터가 부분적으로 켜져 있을 때는 LOW에서 HIGH로 혹은 HIGH에서 LOW로 변하는 짧은 순간이 존재한다. 이러한 것이 전원과 그라운드 사이의 저항을 효과적으로 낮추어서 역시 전류 스파이크가 생기게 한다.

그래서 높은 주파수일 때, CMOS는 다른 논리 군에 비해 장점의 무언가를 잃기 시작한다. 일반적으로, CMOS 게이트는 2에서 3 MHz 근처의 주파수일 때 74LS 게이트와 같은 평균 P_D를 가질 것이다. 이 주파수 이상에서는 TTL 전력은 부하 커패시턴스에 충전을 위한 전류가 필요하기 때문에 주파수가 증가함에 따라 역시 전력도 증가하게 된다. MSI 칩에서의 상황은 약간 더 복잡하고, CMOS가 특별한 동작 주파수에서 전력 소모에 장점을 갖는지의 여부를 논리 설계자는 상세하게 분석해야 한다.

팬 아웃

N-MOS와 P-MOS처럼, CMOS 입력은 신호원으로부터 전류의 흐름이 거의 없을 정도로 상당히 큰 저항(10^{12} Ω)을 가지고 있다. 그러나 각 CMOS 입력은 일반적으로 접지에 5 pF 부하가 걸린다. 이 입력 커패시턴스는 하나의 CMOS 출력이 구동할 수 있는 CMOS 입력의 수를 제한한다.(그림 8-26 참조.) CMOS 출력은 출력 스위칭 시간이 구동되는 부하 수에 비례하여 증가하도록 모든 입력 커패시턴스의 병렬 결합으로 충전하거나 방전시켜

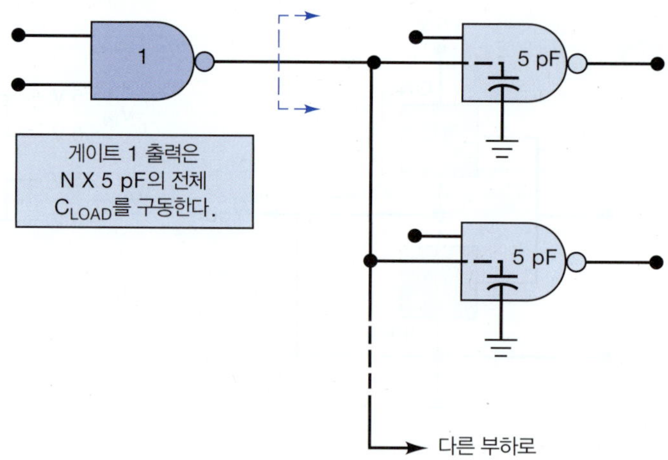

그림 8-26 각 CMOS 입력은 구동 게이트들의 출력에 의해서 나타나는 전체 부하 커패시턴스에 더해진다.

야 한다. 전형적으로 각 CMOS 부하는 구동 회로의 전파 지연을 3 ns 증가시킨다. 예로서 그림 8-26에서 NAND 게이트 1이 부하 없이 구동된다면 25 ns의 t_{PLH}를 가질 것이다. 이것은 *20*개의 부하가 연결되었다면 25 ns + 20(3 ns) = 85 ns로 증가한다는 것을 뜻한다.

그래서 CMOS 팬 아웃은 허용 최대 전파 지연에 의존한다. 일반적으로 CMOS 출력은 저주파(≤1 MHz)에서 50의 팬 아웃으로 제한된다. 물론 고주파수에서 동작할 경우에는 팬 아웃이 보다 작아지게 된다.

스위칭 속도

N-MOS와 P-MOS처럼 CMOS는 비교적 큰 부하 커패시턴스를 구동해야 하지만, 스위칭 속도는 각 상태에서 저출력 저항 때문에 다소 빠르다. N-MOS 출력은 비교적 큰(100kΩ) 저항을 통해서 부하 커패시턴스를 충전하여야 한다는 사실을 생각해 보자. CMOS 회로에서 HIGH 상태에서의 출력 저항은 전형적으로 1kΩ 또는 그 이하인 P-MOSFET의 RON이다.

4000 계열 NAND 게이트는 일반적으로 V_{DD} = 5 V일 때 50 ns의 평균 t_{pd}를 갖고, V_{DD} = 10 V일 때 25 ns일 것이다. V_{DD}가 증가됨으로써 t_{pd}가 짧아지는 이유는 확연히 높은 전원 전압일 때 MOFET의 R_{ON}이 감소하기 때문이다. 그러므로 고주파수에서 V_{DD}가 가능한 큰 값을 갖도록 만들어져야 할 것이다. 물론, V_{DD}가 커지면 전력 소비가 증가한다.

74HC 또는 74HCT 계열에서의 전형적인 NAND 게이트는 V_{DD} = 5 V에서 동작될 때 8 ns 정도의 평균 t_{pd}를 갖는다. 74AC/ACT NAND 게이트는 평균 t_{pd}가 4.7 ns 정도를 가지고 있다. 74AHC NAND 게이트는 평균 t_{pd}가 4.3 ns 정도이다.

사용되지 않은 입력

CMOS 입력을 연결되지 않은 상태로 두면 절대로 안 된다. 모든 CMOS 입력은 고정된 전압(0 V 또는V_{DD})이나 다른 입력에 연결되어야만 한다.

이러한 규칙은 심지어 칩에 여분으로 있는 사용되지 않은 논리 게이트 입력에도 적용된다. 연결되지 않은 CMOS 입력은 전도 상태에서 P-채널과 N-채널 MOSFET를 모두 쉽게 바이어스시킬 수 있는 잡음과 정전하를 일으킬 수 있다. 그 결과로 전력 소모가 커지고 과열(overheating)될 가능성이 있다.

정전 감도

모든 전자 소자들은 정전기(static sensitivity)에 의한 손상에 민감하다. 인체는 상당한 전기적인 전하의 저장소이다. 예를 들어 카펫 위를 걸으면 30,000 V가 넘는 정전기가 신체에 생긴다. 만약 전자 소자에 닿으면 이러한 방대한 전하는 그 소자의 상태를 바꾸어 놓을 수 있다. MOS 논리군(그리고 모든 MOSFET)은 정전하 손상에 민감하다. 이와 같은 모든 전위차(정적 전하)는 산화막 층에 가해지지만 절연층 막에 의해서 전위차는 극복된다. 산화막(절연체)이 파괴될 경우에는, 전류의 흐름(방전)은 번개를 일으키는 것처럼, 산화막 층에 홀이 급격하게 끌어들이게 되어 소자는 영구적으로 손상을 입는다.

정전 방전(ElectroStatic Discharge: ESD)은 매년 수많은 전자 장비 손상의 원인이 되고, 장비 업체들은 모든 전자 소자와 회로에 대한 특별한 조작 처리 개발에 상당한 주의를 기울이고 있다. 현재의 IC들이 입력과 출력을 ESD 효과로부터 보호하기 위해서 칩상에 레지스터-다이오드 회로를 내장했음에도 대부분 회사의 공학연구실, 생산 장비, 그리고 서비스 출장소에 다음과 같은 처방을 하고 있다:

1. 모든 실험 장비의 새시, 납땜 인두 끝, 작업대(만일 금속이면)를 접지(즉 120 V AC 플러그의 뾰족한 끝)에 연결한다. 그것은 특정 회로 보드나 IC 칩에 정전기가 생성되는 것을 예방한다.
2. 특별한 손목밴드를 채워서 사람 자체를 접지에 연결되도록 한다. 이것은 잠재적으로 위험한 전하를 신체에서 지상으로 방전시킬 것이다. 작업시 장비를 우연히 만지게 되는 경우를 대비하여 이 손목밴드에는 전류를 위험한 값 이하로 제한하기 위해 1 MΩ 저항이 있다.
3. 기포 고무나 알루미늄박에 IC(특히 MOS)를 보관한다. 이런 조치는 핀들 간에 위험한 전압이 일어나는 것을 방지하기 위해서 모든 IC 핀들을 단락 상태를 유지하게 하는 것이다.
4. IC를 보호 운반체로부터 빼낸 후에는 IC 핀을 건들지 말고 회로에 즉시 삽입한다.
5. PC 보드를 이동하거나 운반할 때 PC 보드의 모서리 컨넥터에 단락시키는 끈을 놓는다. 모서리 컨넥터 끝을 건드리지 않는다. 전도성 플라스틱 혹은 금속 봉투에 PC 보드를 저장한다.
6. 사용되지 않은 IC 입력을 연결되지 않은 상태로 남겨두지 않는다. 왜냐하면 개방된 입력은 가끔 정전하를 발생시킬 수 있는 경향이 있기 때문이다.

래치업

불필요한 기생 PNP와 NPN 트랜지스터가 CMOS IC 기판 상에 필연적으로 생성되기 때문에, **래치업(latch-up)**이라 알려진 조건이 어떤 환경에서 발생할 수가 있다. CMOS 칩상의 이들 기생 트랜지스터들이 전도되어 동작한다면, 그들은 래치업(영구히 'ON' 상태)이 되어 매우 큰 전류가 흐르게 되어 IC가 파괴될 것이다. 대부분 현재의 CMOS IC들은 래치업을 방지하기 위한 보호 회로가 있지만, 그러나 소자의 최대치 전압 비 이상으로 초과했을 경우에는 여전히 발생할 수 있다. 래치업은 소자의 입력과 출력에서 고전압 스파이크나 링잉(ringing)에 의해서 일어날 수 있다. 클램핑 다이오드를 외부에 연결해서 이와 같은 천이로부터 소자를 보호할 수 있다. 래치업은 디바이스의 입력과 출력에서 고전압 스파이크나 출력에 의해서 일어날 수 있다. 특히 고전압이나 고전류 부하 스위칭(모터 컨트롤러, 릴레이 등)이 일어날 수 있는 산업 환경에서 사용되는 IC들은 클램핑 다이오드를 사용한다. 성능이 좋은 전원은 V_{DD} 선상에서 스파이크를 최소화시킬 수 있다. 역시 전원 전류를 제한할 수 있으면 래치업을 일으킬 수 있는 전류를 제한할 수 있다. 현대 CMOS 가공 기술은 래치업으로 인한 IC의 민감성을 상당히 감소시키고 있다.

학습성과 평가문제

1. CMOS 계열에서 TTL과 핀의 호환성을 가지는 것은 어느 것인가?
2. CMOS 계열에서 TTL과 전기적으로 호환성을 가지는 것은 어느 것인가?
3. CMOS 계열에서 TTL과 기능적으로 동등한 것은 어느 것인가?
4. CMOS와 양극성 회로의 좋은 특징만을 결합한 논리는 무엇인가?
5. CMOS 팬 아웃을 제한하는 요인은 무엇인가?
6. CMOS 소자를 취급할 때 취할 수 있는 예방책은 무엇인가?
7. 어떤 IC 계열(CMOS, TTL)이 건전지로 동작하는 회로에 적합한가?
8. 참 또는 거짓:
   (a) CMOS 전력 드레인은 동작 주파수에 비례하여 커진다.
   (b) 사용되지 않는 CMOS 입력은 비연결 상태로 둘 수 있다.
   (c) TTL은 높은 잡음 환경에서의 동작은 CMOS보다 더 적절하다.
   (d) CMOS 스위칭 스피드는 동작 주파수에 비례하여 커진다.
   (e) CMOS 스위칭 스피드는 전원 전압에 비례하여 커진다.
   (f) 래치업 상태는 TTL보다 CMOS에 유리하다.

8-10 저전압 기술

학습성과

이 절을 학습함으로써 다음을 할 수 있다.

- 저전압에서 동작하는 논리소자와 기술 계열 확인

IC 제조업자들은 칩의 밀도를 증가시키기 위해서, 칩에 반도체 소자(다이오드, 저항, 트랜지스터 등)들을 더 가까이 집적시킬 수 있는 방법을 계속하여 연구하고 있다. 높은 집적 밀도는 적어도 두 가지 이점을 가진다. 첫째, 칩에 더 많은 회로를 집적시킬 수 있고, 둘째, 회로를 더 가까이 집적함으로서 하나의 회로에서 다른 회로로 전달하기 위한 신호 전파 시간이 감소할 것이다. 그러므로 전체적으로 회로의 동작 속도가 향상된다. 보다 칩 밀도를 증가시키는 데도 역시 단점이 있다. 회로들을 매우 가까이 배치할 경우에 회로 간의 격리(상호간섭 억제)를 위한 절연 물질의 폭은 매우 좁게 해야 한다. 이것은 절연체 파괴가 발생되기 전까지 견딜 수 있는 전압의 세기를 감소시킨다. 칩 밀도 증가는 전체적인 칩 전력 소모를 증가시켜서 정상 동작을 위해서 허용된 최대 수준 이상으로 칩 온도를 상승시킬 수 있다.

이러한 결점들은 보다 낮은 저전압 레벨에 칩을 동작시키면 해소할 수 있다. 그것으로 인해 전력 소비가 줄어들었다. 시중에 있는 몇몇 논리 계열들은 3.3 V에 동작한다. 보다 새로운 계열들은 2.5 V에서 동작하도록 최적화 되어있다. 이러한 저전압 기술은 디지털 장비 분야에서의 점진적인 변화의 시작을 아주 잘 알릴 것이고 궁극적으로 모든 디지털 IC들은 새로운 저전압 표준에 따라서 동작을 할 것이다.

저전압 소자는 일반적으로 전자 게임에서부터 엔지니어링 워크스테이션까지 응용을 할 수 있도록 설계되고 있다. 최근의 CPU들은 2.5 V 소자이고 3.3 V DRAM은 컴퓨터용 메모리 모듈로 이용되고 있다.

여러 저전압 논리 계열이 현재 이용 가능하다. 모든 생산자들의 모든 군과 계열을 다루는 것은 불가능하다. 그래서 텍사스 인스트루먼트사가 현재 제공하는 것들을 설명할 것이다.

CMOS 논리군

- *74LVC*(저전압 *CMOS*) 계열은 버퍼, 래치, 드라이버 등 많은 버스 인터페이스 소자들과 함께 5 V군의 MSI 함수들과 SSI 게이트 군과 구별되며 가장 폭넓은 범위까지 포함하고 있다. 이 계열은 5 V 논리 레벨의 입력을 취급할 수 있다. 그래서 5 V 시스템에서 3 V 시스템까지 변환 가능하다. 출력 전압이 허용 한계 내에 유지되기에 충분할 정도로 전류 구동이 낮게 유지될 수 있으면, 74LVC는 역시 5 V TTL 입력을 구동시킬 수 있다. 74HC/AHC와 같은 5 V CMOS 일부에서 요구되는 VIH 입력은 이것을 구동하기 위한 LVC 소자를 허용하지 않는다.
- *74ALVC*(진보된 저전압 *CMOS*) 계열은 현재 가장 좋은 성능을 제공한다. 이 계열에 속하는 소자들은 오직 3.3 V 논리에 사용되는 버스-인터페이스 응용에 국한(제한)하고 있다.
- *74LV*(저전압) 계열은 CMOS 기술과 8진법 버퍼, 래치, 그리고 플립플롭들과 같은 일반 SSI 게이트들과 MSI 논리 기능들을 제공하고 있다. 다른 3.3 V 소자들과만 동작하도록 되어 있다.
- *74AVC*(진보된 초저전압 *CMOS*) 계열은 미래의 시스템에 도입될 것이다. 이것은 2.5 V 시스템에 최적화되었지만 1.2 V 미만이나 3.3 V 이상의 전압에서도 동작할 수 있다. 이러한 폭넓은 전압 사용은 혼용 전압 시스템에 유용하다. 전파 지연은 74AS 양극성 소자와 거의 같은 수준인 2 ns 이하이다. BiCMOS 계열의 버스 인터페이스 특징은 많이 갖고 있어서 앞으로 저전압 워크스테이션, PC, 네트워크, 통신 장비 등에 사용될 것이다.
- *74AUC*(진보된 극초저전압 *CMOS*) 계열은 1.8 V 논리 레벨에서 동작하도록 최적화되어 있다.
- *74AUP*(진보된 극초저전력) 계열은 산업체 최저 전력 논리 계열이고 배터리로 동작하는 휴대용 응용에 사용된다.
- *74CBT*(크로스바 기술) 계열은 인에이블된 경우에 빠르게 스위치할 수 있고, 디스 에이블된 경우에 버스에 부하를 걸지 않는 고속 버스-인터페이스 회로를 제공한다.
- *74CBTLV*(크로스바 기술 저전압)는 74CBT 계열의 3.3 V용이다.
- *74GTLP*(거닝 트랜시버 논리 플러스) 계열은 고속 병렬 백플레인 응용을 위해 만들어졌다. 이 계열은 다음 절에서 다룰 것이다.
- *74SSTV*(스텝 계열 터미네이티드 논리)는 오늘날 컴퓨터의 고속 개선 메모리 시스템에 유용하다.
- *TS* 스위치(*TI* 신호 스위치) 계열은 혼합 신호 응용을 위해 만들어졌고 몇 가지의 아날로그 디지털 스위칭과 멀티플렉싱 솔루션을 제공한다.
- *74TVC*(변환 전압 꺾쇠) 계열은 버스 선의 전압 초과량으로부터 민감한 소자의 입력과

표 8-10 저전압 계열의 특성.

	LV	ALVC	AVC	ALVT	ALB
V_{CC} (권장)	2.7~3.6	2.3~3.6	1.65~3.6	2.3~2.7	3~3.6
t_{pd} (ns)	18	3	1.9	3.5	2
V_{IH} (V)	2~V_{CC} + 0.5	2.0~4.6	1.2~4.6	2~7	2.2~4.6
V_{IL} (V)	0.8	0.8	0.7	0.8	0.6
I_{OH} (mA)	6	12	8	32	25
I_{OL} (mA)	6	12	8	32	25

출력을 보호하는 데 사용된다.

BiCMOS 논리군

- *74LVT*(저전압 *BiCMOS* 기술)은 BiCMOS 일부로서 8비트 및 16비트 버스-인터페이스 응용에 적용시킬 수 있다. LVC 계열과 마찬가지로 입력을 5 V 논리 레벨로 취급할 수 있고 3 V에서 5 V까지 받아들일 수 있다. 출력 레벨은 [V_{OH}(min)와 V_{OL}(max)]은 TTL 레벨과 같기 때문에 TTL과는 전기적으로 완전히 호환된다. 표 8-10은 여러 가지 특징을 비교한 것이다.
- *74ALVT*(진보된 저전압 *BiCMOS* 기술) 계열은 LVT 계열을 개선한 것이다. 이것은 3 ns에서 3.5 V나 2.5 V에서 동작하고 기존의 ABT와 LVT 계열과 핀은 호환성을 갖는다. 역시 버스-인터페이스 응용을 위해 사용될 것이다.
- *74ALB*(진보된 저전력 *BiCMOS*) 계열은 3.3 V 버스-인터페이스 응용을 위해 설계되었다. 출력 구동을 위해 25 mA가 제공되고, 전파 지연은 오직 2.2 ns 이다.
- *74VME*(*VERSA* 모듈 유로카드) 계열은 표준 VME 버스 기술과 함께 동작하도록 설계되었다.

디지털 기술자와 엔지니어는 더 이상 디지털 회로, 시스템 혹은 장비의 일부에 들어 있는 모든 IC가 5V에서 동작한다고 가정하지 않는다. 그들은 혼합 전압 시스템에서 필요한 인터페이스를 고려할 수 있도록 준비되어야 한다. 이 장에서 배운 인터페이스 기술은 저전압 시스템이 보편화됨에 따라서 여러분이 무엇을 개발할지 몰라도 이러한 것을 달성하도록 허락할 것이다.

모바일 소자들의 지속적인 발전은 저전압/저전력 회로를 요구해왔다. 오늘날 여전히 시장에서는 5 V, 3.3 V, 2.5 V, 1.8 V, 그리고 심지어 1.5 V 기술 부품들이 혼용된다.

학습성과 평가문제

1. 고밀도 IC의 두 가지 장점은 무엇인가?
2. 결점은 무엇인가?
3. 74LVT 입력 시에 최소 HIGH 전압은 얼마인가?
4. 다른 저전압 계열 IC와 함께 유일하게 동작시킬 수 있는 저전압 계열은 어떤 것인가?
5. TTL과 완전히 전기적으로 호환이 되는 저전압 계열은 어떤 것인가?

8-11 개방–컬렉터/개방–드레인 출력

학습성과

이 절을 학습함으로써 다음을 할 수 있다.

- 내부회로로 개방-컬렉터/개방-드레인 정의
- 개방-컬렉터/개방-드레인 출력 회로를 디자인 필요에 맞게 적용
- 개방-컬렉터/개방-드레인 출력을 갖는 회로 확인

몇몇 디지털 소자들은 가끔 신호를 다른 소자에 전송하기 위해 마치 여러 이웃이 동일한 길을 함께 사용하는 것과 마찬가지로 한 선을 서로 공유해야만 할 때가 있다. 이것은 여러 소자의 출력이 동일한 선에 연결되어있음을 의미하고 본질적으로 모든 소자가 서로 연결되게 된다. 이것은 우리가 지금까지 다루었던 모든 논리 소자들에 대하여 문제를 야기 시킨다. 각각의 출력은 HIGH와 LOW 두 상태를 갖는다. 이 중 하나의 출력이 HIGH이고 다른 출력이 LOW일 때 출력들이 서로 연결되어 있으면 HIGH/LOW 충돌이 생긴다. 어느 것이 승리할까요? 마치 팔씨름과 마찬가지로 둘 중에서 힘이 센 것이 이기게 된다. 이 경우에 가장 낮은 ON 저항을 갖는 출력 트랜지스터가 있는 트랜지스터 회로가 자기 방향으로 출력 전압을 끌어 올릴 것이다.

그림 8-27은 두 논리 소자의 출력들이 공통 선(common wire)으로 연결되어진 일반적인 블럭 다이어그램이다. 만일 두 논리 소자가 CMOS일 경우에 풀업 회로가 ON 저항(pull-up, ON 상태)이면 출력은 HIGH가 되고 풀다운 회로가 ON 저항이면 출력은 LOW가 된다. 공통 선의 전압은 전원 전압이 약 1/2이 된다. 이 전압은 대부분의 CMOS 계열에서는 애매모호한 전압이므로 CMOS 구동 입력용으로 받아들일 수 없다. 더군다나 두 도전된(conducting) MOSFET를 통해서 흐르는 전류는 정상전류보다 크기 때문에 IC에 손상을 입힐 수도 있다.

일반적인 CMOS 출력들은 함께 연결할 수가 없다.

그림 8-28처럼 2개의 장치가 토템폴 출력이면 비슷한 상황이 발생하지만 출력 회로의 차이 때문에 다른 결과가 생긴다. 만약 게이트 A의 출력이 HIGH 상태(Q_{3A} ON, Q_{4A}

그림 8-27 공통 선으로 연결된 두 논리 소자 그림.

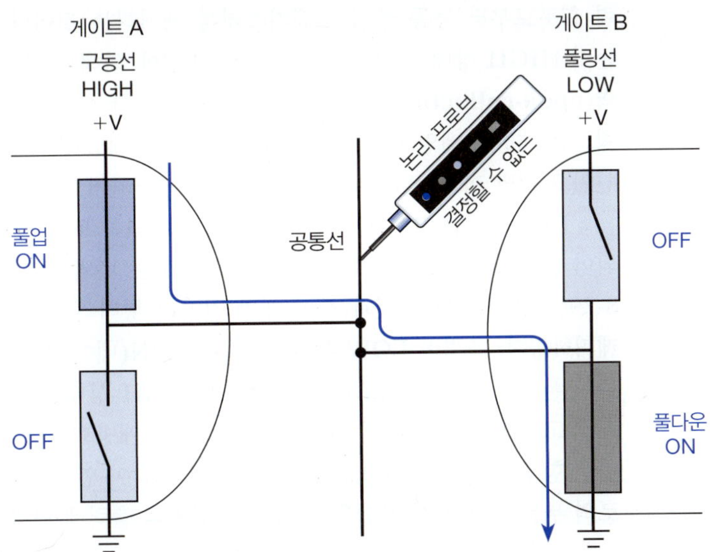

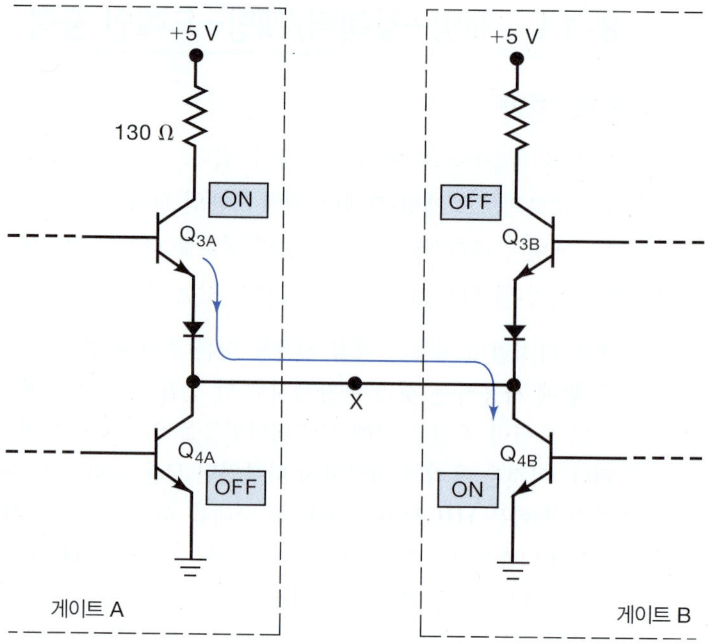

그림 8-28 토템폴 출력이 함께 연결될 경우에는 Q_4를 통하여 해로운 전류가 생성될 수 있다.

OFF)이고, 게이트 B의 출력이 LOW 상태(Q_{3B} OFF, Q_{4B} ON)라고 가정하자. 이 상태에서 Q_{4B}는 Q_{3A}에 의해 매우 작은 저항 부하로 걸려 있고 다룰 수 있는 정격보다 훨씬 큰 전류가 흐를 것이다. 이 전류는 Q_{3B} 또는 Q_{4A}에 즉시 손상을 주지는 않으나, 시간 주기가 지나면 성능 저하와 과열을 일으킬 수 있고 종종 소자 오류를 발생시킨다.

Q_{4A}를 통해서 비교적 높은 전류가 흐름으로써 야기되는 또 다른 문제는 트랜지스터 컬렉터-이미터에 매우 큰 전압 강하(V_{OL} = 0.5~1 V)가 일어나는 것이다. 이것은 허용된 V_{OL}(max)보다 크다. 이런 이유 때문에

TTL 토템 플 출력들은 함께 연결될 수 없다.

개방-컬렉터/개방-드레인 출력

게이트들 사이를 공통 선으로 연결하는 문제를 해결하기 위한 한 가지 방법은 각 게이트 출력 회로로부터 능동 풀업 트랜지스터를 제거하는 것이다. 이렇게 함으로써 모든 게이트가 논리 HIGH 상태가 될 수 없다. 이런 방법에 의해서 변형된 TTL 출력을 **개방-컬렉터 출력(open-collector outputs)**이라 한다. 또한 이런 방법에 의해서 변형된 CMOS 출력 회로를 개방-드레인 출력이라 한다. 출력은 N-채널 풀다운(pull-down) MOSFET의 드레인이고 개방 회로이다.(임의 다른 회로와 연결되어 있지 않다.)

TTL 출력인 경우에도 토템폴 출력이 아래쪽 트랜지스터 컬렉터가 출력 핀과 직접 연결되어 있기 때문에 그림 8-29(a)에서 보여주는 바와 같이 개방-컬렉터 출력이라 한다. 그림 8-29(a)에서 나타낸 것과 같이 개방 컬렉터 형태의 회로는 풀업 트랜지스터 Q_3, D_1, R_4를 제거하였다. 출력이 LOW 상태에서 Q_4는 ON(베이스 전류는 흐르고 컬렉터와 이미터 사이는 근본적으로 단락 회로)되고, 출력이 HIGH 상태에서는 Q_4는 OFF(베이스전류는 흐르지 않고 컬렉터와 이미터 사이는 근본적으로 개방회로)된다. 적절한 동작을 위하여 외부 풀업 저항 R_P는 그림 8-29(b)에 나타낸 것과 같이 연결되어야 한다. 이 저항은 TTL 내부 회로의 부분이 아니라, 저항은 반드시 그 장치의 출력에 연결되어야 하는 분리된 저항이다.

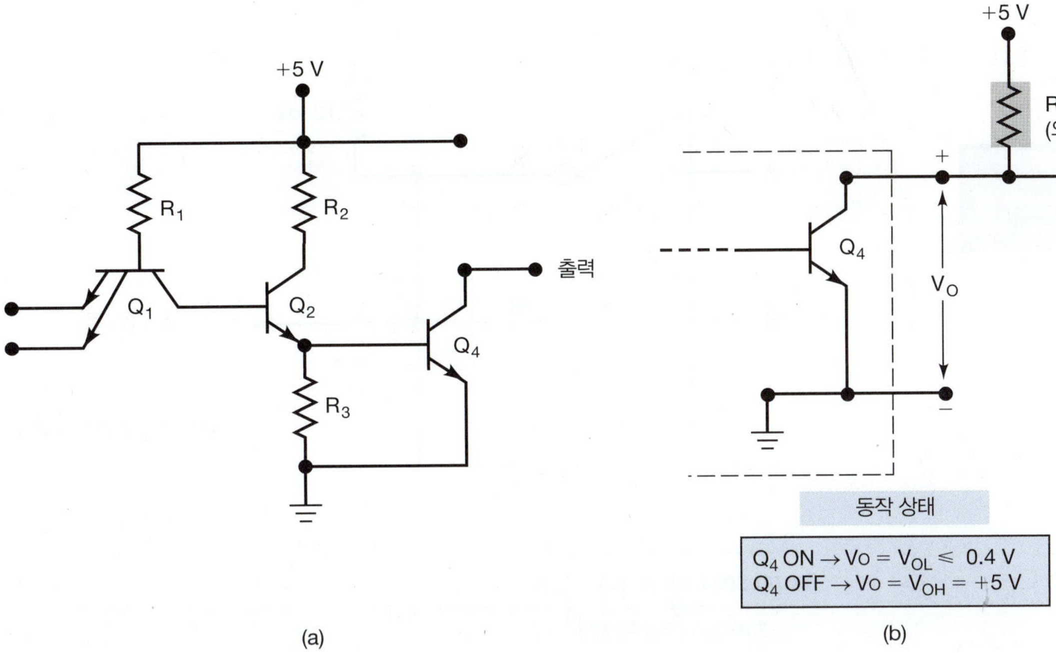

그림 8-29 (a) 개방 컬렉터 TTL 회로. (b) 외부 풀업 저항을 포함.

Q_4가 ON될 때, R_P는 출력 전압을 LOW 상태로 끌어내리고 Q_4가 OFF될 때는 출력 전압을 HIGH로 끌어 올려준다. 풀업 저항이 없다면, 출력 전압은 부정확한 상태(floating)가 됨을 주목해야 한다. 이것이 풀업 저항이 사용되는 바로 그 이유이다. 이 저항의 값은 일반적으로 10 kΩ으로 선택된다. 이 값은 부하 전류가 출력 전압을 TTL 최소치 이하로 떨어뜨리지 않고 전압이 HIGH 상태로 전압 강화를 이룰 수 있는 충분히 작은 값이다. 또한 이 값은 Q_4를 통해서 흐르는 전류가 I_{OL}(max) 이하 값으로 제한하여 LOW 상태를 유지할 수 있는 충분히 큰 값이다.

여러 개의 개방 컬렉터나 개방 드레인 게이트들이 그림 8-30처럼 공통 선으로 연결할 경우 풀업 저항 때문에 공통 선은 HIGH가 된다. 게이트 출력 중 임의 하나 이상이 LOW가 될 경우에 5 V가 되어 공통 연결 선은 LOW 상태가 된다. 모든 출력들이 HIGH 상태일 경우만 공통 출력이 HIGH 상태가 되기 때문에 논리 AND 기능을 수행한다. 그러므로 이와 같은 연결을 **와이어드 AND(wired-AND)** 연결이라 한다. 이것은 점선으로 된 AND 게이트 심볼로 보여 진다. 실질적인 AND 게이트가 있는 것은 아니다. 이 와이어드 *AND*는 개방-컬렉터 *TTL* 그리고 개방-드레인 *CMOS* 논리 소자들만을 가지고 구현될 수 있다.

요약하면, 개방-컬렉터/개방-드레인 회로는 출력을 HIGH로 능동적으로 만들지는 못한다. 단지 출력을 LOW로 할 수 있다. 이러한 특징은 여러 소자들이 다른 소자로 동일한 선을 공유해서 논리 레벨을 전송하고 논리 AND 함수에서 소자들의 출력을 효과적으로 묶는 것을 가능하게 한다. 이미 언급한 것과 같이 전통적인 게이트 출력회로의 능동 풀업 트랜지스터의 목적은 부하 캐패시턴스를 빠르게 충전하고 스위칭 속도를 빠르게 하는 것이다. 개방-컬렉터 그리고 개방-드레인 소자들은 LOW에서 HIGH로의 스위칭 속도가 매우 느려서 결과적으로 고속 응용에는 사용되지 않는다.

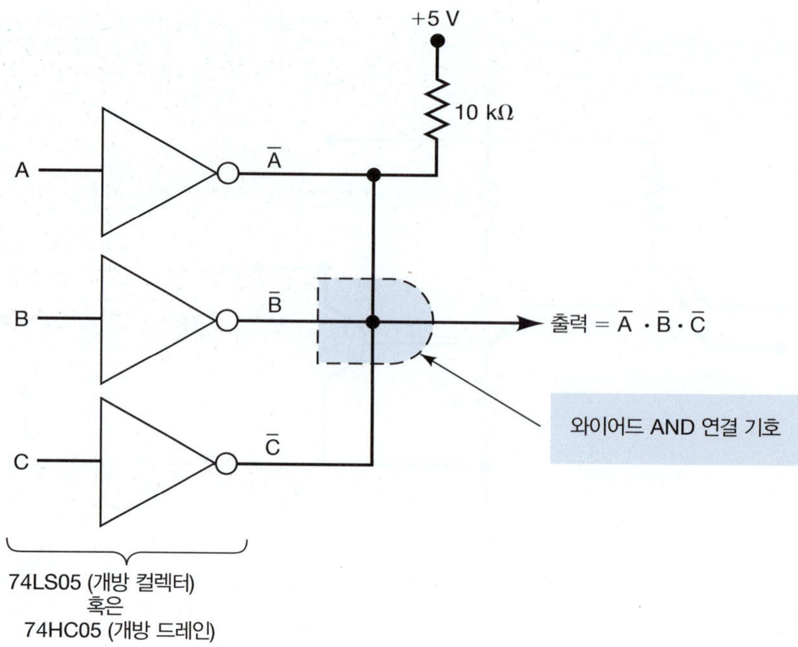

그림 8-30 개방-컬렉터 게이트를 사용한 와이어드 AND 동작.

개방-컬렉터/개방-드레인 버퍼/드라이버

개방-컬렉터/드레인 출력들의 응용은 오늘날보다 논리 회로 초창기에 널리 사용되었다. 지금은 이들 회로가 **버퍼/드라이버**로 보다 일반적으로 사용된다. 버퍼나 드라이버는 보통 논리 회로보다 출력 전류나 전압 용량을 보다 크게 하는 논리 회로이다. 개방-컬렉터/드레인 회로는 버퍼/드라이버와 같이 독특한 유연성을 제공한다.

버퍼/드라이버의 높은 I_{OL}과 V_{OH} 때문에 7406과 7407은 TTL의 유일한 표준이고 새로운 설계를 위하여 여전히 권장되고 있다. 7406은 LOW 상태에서 40 mA까지 싱킹(singking)시킬 수 있는 개방 컬렉터 출력 단을 가진 6개의 인버터를 포함한 개방 컬렉터 버퍼/드라이버 IC이다. 게다가 7406은 HIGH 상태에서 30 V까지 출력 전압을 조절할 수 있다. 이것은 출력을 5 V보다 큰 전압에 작용하는 부하에 연결할 수 있다는 것을 의미한다. 이것을 그림 8-31에 보여주고 있으며, 여기서 7406은 74LS112 플립플롭과 백열 지시 램프 사이에서 24 V, 25 mA가 되도록 버퍼로 사용되었다. 7406은 플립플롭 출력 Q의 상태를 나타내기 위해 램프의 ON/OFF 상태를 제어한다. 램프는 +24 V의 전원에 연결되고, 개방컬렉터 출력을 위한 풀업 레지스터로 동작함을 주목해야 한다.

$Q = 1$일 때, 7406 출력은 LOW가 되고, 출력 트랜지스터에는 24 V 전원으로부터 램프에 25 mA 전류가 흘러 들어오게 되며 램프는 켜진다. $Q = 0$일 때, 7406 출력 트랜지스터는 차단되어 전류가 흘러갈 경로가 없어지게 되어 램프는 켜진다. 이 상태에서, 24 V는 OFF 출력 트랜지스터에 나타나므로 $V_{OH} = 24$ V가 된다. 이것은 7406의 최대 V_{OH}율보다 낮다.

개방 컬렉터 출력은 그림 8-32(a)에 나타낸 것처럼 지시 LED를 구동시키는 데 종종 사용된다. 저항은 전류를 안정한 값으로 제한하는 데 사용된다. 인버터 출력이 LOW이면, 그의 출력 트랜지스터는 LED 전류를 위해 접지로 낮은 저항 통로를 제공할 것이고, 그래서 LED는 켜진다. 인버터 출력이 HIGH이면, 그의 출력 트랜지스터는 OFF가 되어, LED에는 전류가 흐르지 않는다. 이 상태에서 LED는 꺼진다.

7407은 개방 컬렉터로서, 7406과 마찬가지로 동일한 전압과 전류 정격을 갖는 비반전

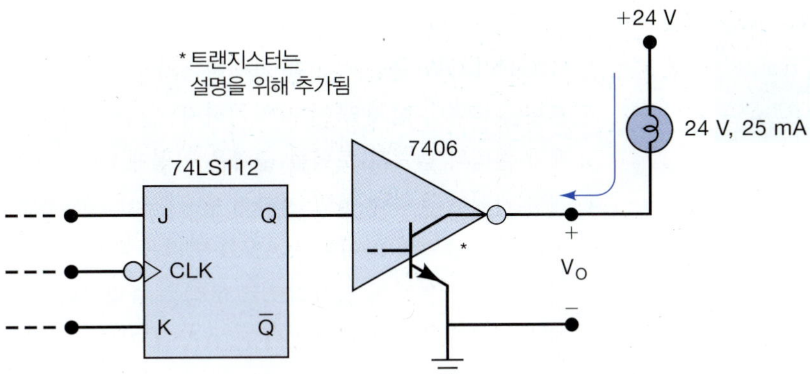

그림 8-31 개방-컬렉터 버퍼/드라이버는 고전류, 고전압 부하를 구동한다.

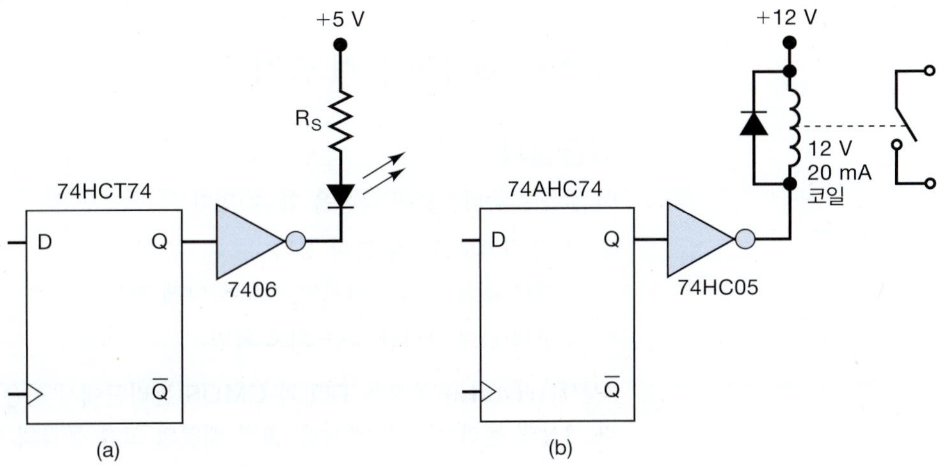

그림 8-32 (a) 개방-컬렉터 출력은 LED 지시기를 구동시키는 데 사용할 수 있다. (b) 개방-드레인 CMOS 출력.

버퍼이다.

74HC05는 25 mA 전류 싱크 용량을 갖는 개방-드레인 hex 인버터이다. 그림 8-32(b)는 74AHC74 D-FF과 제어 릴레이와의 인터페이스 방법을 보여주고 있다. 제어 릴레이는 전자기적 스위치이다. 코일을 통해서 전류가 흐를 경우 자기적으로 접점(contact)이 닫힌다. 74HC05는 74AHC74 출력이 ON/OFF 릴레이 동작을 할 수 있도록 비교적 큰 전류와 전압을 유지시켜 줄 수 있다.

개방-컬렉터/드레인 출력에 대한 IEEE/ANSI 기호

새로운 IEEE/ANSI 부호는 개방-컬렉터/드레인 출력을 분명하게 구분하기 위해서 사용한다. 그림 8-33는 개방-컬렉터/드레인 출력에 대한 표준 IEEE/ANSI 기호를 보여주고 있다. 그것은 밑줄 친 다이아몬드이다. 비록 이 책에서 완전한 IEEE/ANSI 기호가 정상적으로 사용되지 않더라도, 이 밑줄 친 다이아몬드를 개방 컬렉터 출력을 지시하는 것으로 사용할 것이다.

그림 8-33 개방-컬렉터 출력에 대한 IEEE/ANSI 기호.

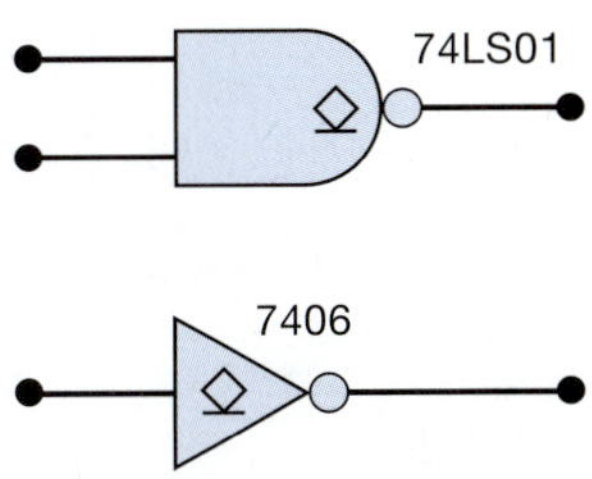

학습성과 평가문제

1. HIGH/LOW 충돌은 언제 발생하는가?
2. 토템폴 출력이 함께 묶이지(일치하지) 않는 이유는 무엇인가?
3. 개방-컬렉터 출력과 토템폴 출력은 어떻게 다른가?
4. 개방-컬렉터 출력에 풀업 저항이 필요한 이유는 무엇인가?
5. 6개 7406출력의 와이어드 AND 연결을 위한 논리 표현은 무엇인가?
6. 개방-컬렉터 출력이 일반적으로 토템폴 출력보다 느린 이유는 무엇인가?
7. 개방-컬렉터 출력에 대한 IEEE/ANSI 기호는 무엇인가?

8-12 3상태 논리 출력

학습성과

이 절을 학습함으로써 다음을 할 수 있다.

- 내부회로로 3상태 논리 정의
- 3상태 출력 회로를 디자인 필요에 맞게 적용
- 3상태 논리 출력을 갖는 회로 확인

3상태(**tristate**) 구성은 TTL과 CMOS 논리군에서 사용되는 출력 회로의 세 번째 형태이다. 3상태 논리는 풀업/풀다운 출력 배열의 고속 동작의 장점이 있고, 출력들은 공통 선에 공동으로 연결할 수 있다. 출력 상태가 HIGH, LOW, 고임피던스(Hi-Z) 3가지 상태가 존재하기 때문에 3상태라 불린다. Hi-Z 상태는 풀업/풀다운 트랜지스터 모두가 OFF된 조건으로서 출력 단자는 접지와 전원(+V)에 대하여 매우 높은 임피던스 상태이다. 그림 8-35는 간단한 인버터 회로에 대한 이들 3가지 상태를 설명하고 있다.

3상태 출력을 갖는 소자는 인에이블(*enable*) 입력을 갖는다. 인에이블 표시는 E 또는 출력 인에이블 OE로 표현한다. 그림 8-34(a)와 (b)에서처럼 $OE = 1$인 경우 OE에서의 HIGH 논리값이 출력을 인에이블 시키기 때문에 인버터가 정상 동작한다. 출력은 입력에 따라 HIGH나 LOW가 될 것이다. 그림 8-34(c)처럼 $OE = 0$인 경우 출력회로는 디스에이블된다. 두 트랜지스터는 도통 상태가 되지 않아 Hi-Z 상태가 된다. 이 상태에서 출력 단자는 개방회로가 된다.

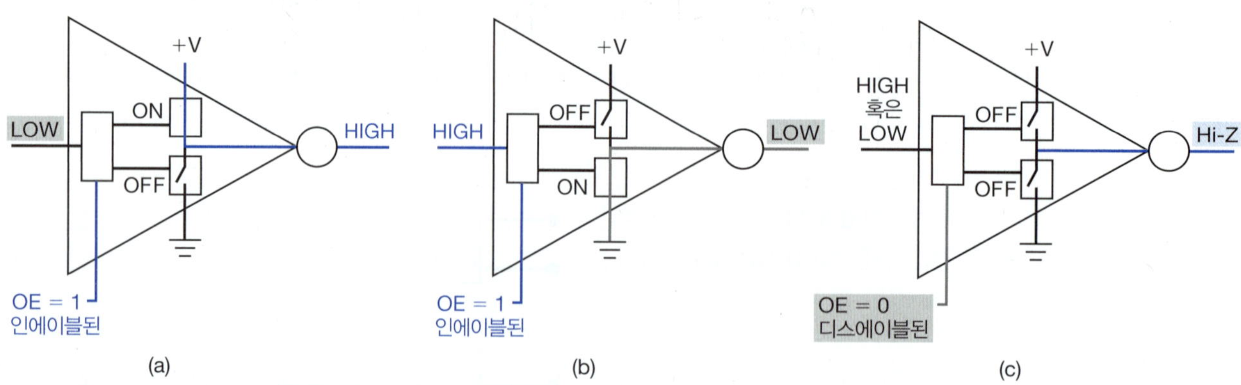

그림 8-34 3상태의 3가지 출력 조건.

3상태의 장점

3상태 IC의 출력은 3상태 출력 특성 때문에 스위칭 속도 저하 없이 공통 선으로 함께 연결할 수가 있다. 인에이블인 경우 저임피던스, 고속 특성을 가질 수 있도록 풀업/풀다운 CMOS 출력이 활성화되거나 TTL인 경우 토템 폴과 같이 동작한다. 중요한 것은 3상태 출력이 함께 연결되었을 경우에는 이들 중 오직 하나만이 인에이블 된다는 점이다. 그렇지 않으면 두 개의 활동 중인 출력들이 공통 선의 제어를 다투게 되어 우리가 이미 언급했듯이 손상을 주는 전류를 흐르게 해서 유효하지 않은 논리 레벨이 생기게 한다.

개방-컬렉터/개방-드레인과 3상태 회로를 논의할 때 다른 디바이스에 정보를 전송하기 위해서 여러 개의 소자 출력들을 한 개의 선에 연결하는 것에 대하여 언급하였다. 공통 선은 버스처럼 사용될 수 있다. 버스를 공통으로 사용하여 두 개 이상 소자들 간에 디지털 정보를 전달하는 데 사용하기 위해서 전체적인 버스는 여러 개의 선으로 만들어진다.

3상태 버퍼

3상태 버퍼(*tristate buffers*)는 입력에서 출력으로 논리 신호의 통과를 제어하는 데 사용되는 회로이다. 또한 어떤 3상태 버퍼는 신호가 통과할 때 신호를 반전시킨다. 그림 8-34 회로는 반전 3상태 버퍼라고 할 수 있다.

일반적으로 널리 사용되는 3상태 버퍼 IC는 74LS125와 74LS126 두 가지이다. 2개 모두 그림 8-35에 나타낸 것처럼 4개의 비반전 3상태 버퍼를 가진다. 74LS125와 74LS126은 그들의 인에이블 입력의 활성 상태(active state)에서만 다르다. 74LS125는 $\overline{E} = 0$일 경우에만 입력 신호 A가 출력으로 전달되고, 반면에 74LS126은 $E = 1$일 때 입력이 출력으로 전달된다.

3상태 버퍼는 여러 신호를 공통 선(버스)에 연결하는 회로에서 많이 응용된다. 앞으로 제9장에서 이러한 응용들을 검토하겠지만, 그림 8-36(a)로부터 기본 아이디어를 얻을 수 있다. 그림에는 74LS126 3상태 버퍼를 통하여 공통 버스 선에 연결되는 세 개의 논리 신호 A, B, C가 있다. 이러한 배열은 적당한 버퍼를 인에이블시켜 줌으로써 이 신호 중 하나를 버스 선을 통해서 다른 회로로 전송할 수 있도록 해준다.

예를 들어, $E_B = 1$이고 $E_A = E_C = 0$인 그림 8-36 (b)의 경우를 생각해 보자. 이 상태는 위와 아래 버퍼를 동작시키지 않으므로 그들의 출력은 Hi-Z 상태이고, 근본적으로 버스로부터 개방된다. 이것은 다이어그램에 X로 표시한다. 중간 버퍼는 동작되므로, 그의 입력 B는 출력을 통과하고 버스에 실리는데, 이것은 버스에 연결된 다른 회로가 있는 곳으로

그림 8-35 3상태 비반전 버퍼.

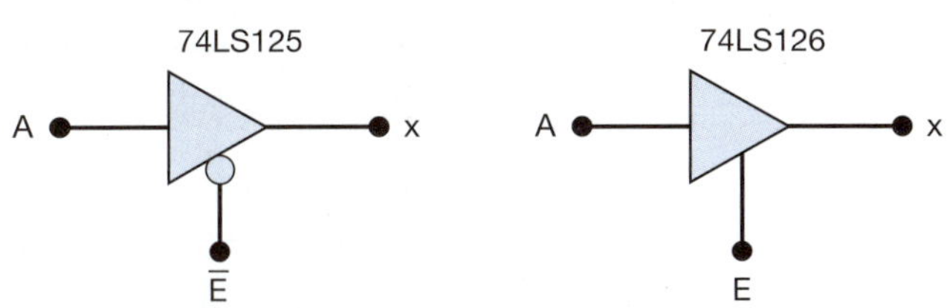

$\overline{E}$	x
0	A
1	Hi-Z

(a)

E	x
0	Hi-Z
1	A

(b)

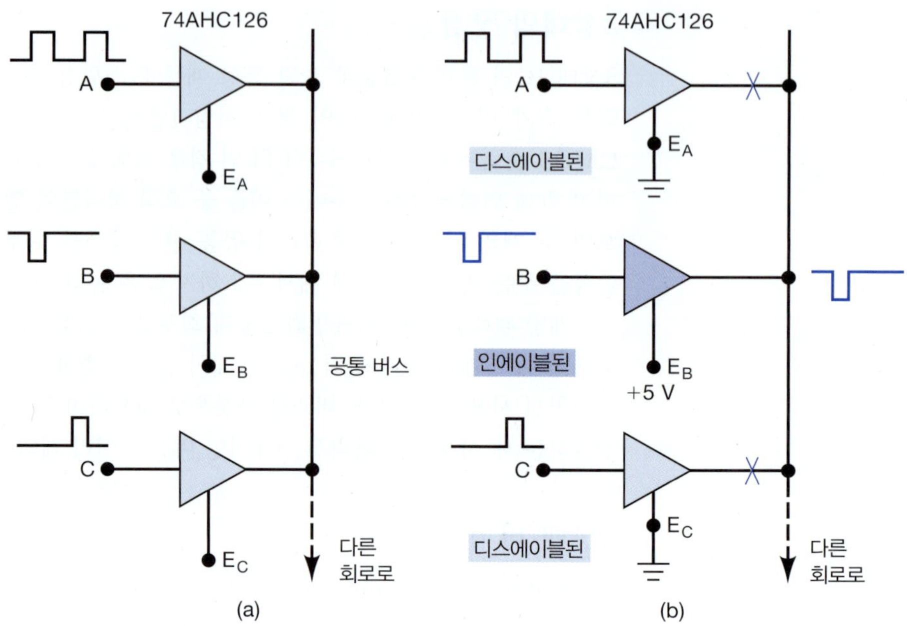

그림 8-36 (a) 3상태 버퍼는 일반 버스 선에 여러 신호들을 연결하는 데 이용. (b) 버스에 *B*를 전달하기 위한 조건들.

간다. 3상태 출력이 그림 8-36에서처럼 연결되어 있을 때, 단 하나의 출력만이 한 번에 여기됨을 중요하게 기억해야 한다. 그렇지 않으면, 2개 또는 그 이상의 능동 토템 폴 출력이 연결될 것이고 손실 전류를 발생시킨다. 비록 손실이 일어나지 않더라도, 이 상태는 버스에 1개 이상의 신호의 조합을 만든다. 이것은 보통 **버스 충돌(bus contention)**이라 한다. 그림 8-37은 동시에 출력 *A*와 *B*가 인에이블되는 효과를 보여주고 있다. 그림 8-36에서 입력 *A*와 *B*가 서로 반대 상태가 되었을 경우, 버스 제어가 힘들게 된다(상태를 결정하기가 힘들다). 즉 버스 상의 결과적인 전압은 논리 상태를 결정할 수 없다. 3상태 버스 시스템에서 설계자는 버스 충돌이 일어나지 않도록 인에이블 신호 제어를 확실히 해야 한다.

3상태 IC

3상태 버퍼 외에도 3상태 출력을 가지도록 설계된 많은 IC가 있다. 예를 들어 74LS374는 3상태 출력을 가진 8개의 *D*-타입 플립플롭 레지스터 IC이다. 이것은 그의 출력이 3상태 버퍼에 연결된 *D* 플립플롭으로 만들어진 8비트 레지스터임을 의미한다. 이 레지스터 버스 위에 데이터를 효과적으로 전송하기 위해 다른 유사한 장치로부터 출력을 다른 공통 버스 선에 연결할 수 있다. 제9장에서 이 3상태 데이터 버스 배열을 살펴볼 것이다. 3상태 출력을 가지고 있는 다른 형태의 논리장치에는 디코더, 멀티플렉서, A/D변환기, 메모리 칩, 마이크로프로세서가 있다.

3상태 출력에 대한 IEEE/ANSI 기호

일반적인 논리 회로 기호 사용법에서는 3상태 출력을 위하여 정의된 특별한 기호는 없다. 그림 8-38는 3상태 출력을 표시하기위해 IEEE/ANSI 기호에서 사용하는 표기법을 보여준다. 이것은 꼭지점이 아래로 향하는 삼각형이다. 비록 이것이 전통적인 기호가 아니더라도, 이 책의 나머지 부분에 걸쳐 3상태 출력을 표시할 때 이 삼각형을 사용할 것이다.

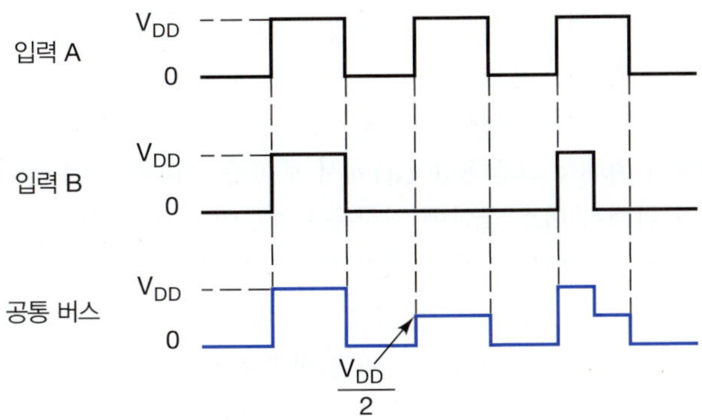

그림 8-37 만약 두 개의 인에이블된 CMOS 출력이 서로 연결된다면, 그 출력들이 다른 전압을 가지려 할 때 그 버스는 대략 $V_{DD}/2$가 될 것이다.

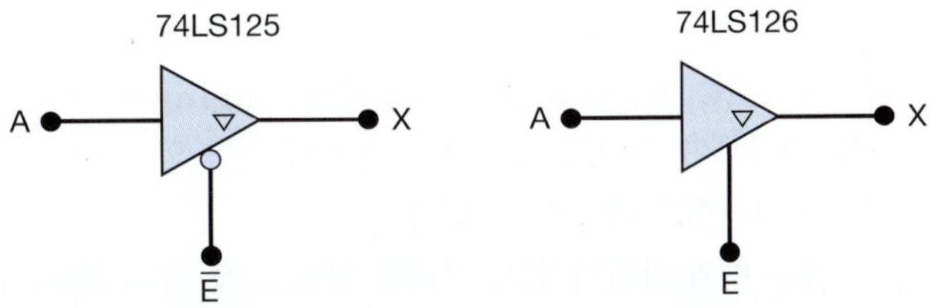

그림 8-38 3상태 출력에 대한 IEEE/ANSI 표기.

학습성과 평가문제

1. 3상태 IC의 3개의 가능한 출력 상태는 무엇인가?
2. 디스에이블 되었을 때 3상태 출력은 어떤 상태인가?
3. 버스 충돌이란 무엇인가?
4. 그림 8-36에서 버스 상에서 신호 C를 전달하는 데 필요한 조건은 무엇인가?
5. 3상태 출력에 대한 IEEE/ANSI 표기는 무엇인가?

8-13 고속 버스 인터페이스 논리

학습성과

이 절을 학습함으로써 다음을 할 수 있다.

- 매우 높은 주파수에서 아날로그 회로 이슈(R, L, C)와 논리회로와의 관계
- 매우 높은 주파수에서 동작할 수 있는 기술 확인

많은 디지털 시스템들은 디지털 신호와 데이터를 전송하기 위해서 공통 버스를 사용한다. CMOS 기술 개발을 논의할 때 보았듯이 시스템들이 점점 더 빨라지고 있다. 많은 새로운 고속 논리 회로들은 3상태 버스 시스템과 인터페이스할 수 있도록 설계된다. 이들 계열 내의 구성요소들(components)은 기본적으로 3상태 버퍼, 양방향 트랜시버, 래치, 고전류 라인 드라이버이다.

이러한 시스템에서 종종 구성요소들이 상당한 거리를 두고 물리적으로 떨어져 있게 된다. 이 간격이 약 4인치보다 클 경우 그들 간의 버스 선들은 전송선과 같이 취급할 수 있다. 비록 전송선 이론이 책 한권 전체를 채울 수 있고, 이 교재의 범위를 벗어나지만, 일반적인 아이디어는 매우 단순하다. 선들은 인덕턴스(L), 커패시턴스(C), 저항(R)을 가지고 있어서 변화하는 신호(ac)에 대해서 특성임피던스를 갖는다. 이러한 특성임피던스는 한쪽 단에 놓

인 신호에 영향을 줄 수 있고 신호가 다른 쪽 단에 도달했을 때 왜곡이 생길 수 있게 한다. 우리가 말하는 고속에서 전송시간과 반사파(메아리와 같은)와 링잉의 영향은 매우 중요한 관심거리가 된다. 전송선과 관련된 문제들을 해결하는 방법이 있다. 반향되는 펄스파를 방지하기 위해서 그림 8-39(a)에서 보여주는 바와 같이 라인 임피던스(약 50 Ω)와 등가로 만들기 위해서 버스 끝단에 저항을 단다. 이 방법은 저저항에 논리 레벨 전압을 유지하도록 하기 위해서는 너무 많은 전류가 요구되기 때문에 유용하지 않다. 또 다른 방법은 라인이 변하지 않을 경우 DC 전류를 차단하기 위해서 커패시터를 사용하는 것이다. 그러나 상승 혹은 하강 펄스에 바로 저항 성분처럼 영향을 미친다. 이런 방법은 그림 8-39(b)에 나타나 있다.

그림 8-39(c)와 같이 선보다 큰 저항을 갖는 전압 분배기를 사용한다면 임피던스는 반향을 감소시키는 데 도움을 주지만, 수백 개의 개별 버스 선이라면 시스템에 과부하를 만들어낼 것이다. 그림 8-39(d)에 보여주는 다이오드 연결은 단순히 클리프를 제거하나 라인의 리액턴스 LC 특성에 의해서 울림 현상(ringing)이 일어난다. 그림 8-39(e)처럼 직렬로 소스에 연결하면 스위칭 속도가 느려져서, 버스의 주파수 제한이 감소하여 부분적으로 버스 신호의 신뢰성을 개선할 수 있다.

아는 바와 마찬가지로, 이러한 방법들 중 어느 것도 이상적이지 않다. IC 제조업자들이 이러한 문제들 중 많은 것을 해결하기 위해서 새로운 계열의 논리 회로를 설계하고 있다. 텍사스 인스트루먼트(TI)의 버스 인터페이스 논리 계열은 새로운 출력 회로를 제공한다. 빠른 천이 시간을 위해서 신호 천이 동안에 출력 임피던스를 동적으로 낮게 하고, 정상 상태에서는 버스 선상의 울림 현상과 반향을 줄이기 위해서 임피던스를 증가시킨다. 버스 인터페이스 소자의 GTLP(Gunning Transceiver Logic Plus) 계열은 대규모 디지털 시스템의 모듈들을 연결하는 상대적으로 긴 버스를 구동하기 위해서 특별히 설계된다. 백플레인(backplane)은 산업 표준 19인치 선반 장착 시스템의 뒤에서 모듈들을 서로 연결하는 것을 말한다.

그림 8-39 버스 터미네이션 기법.

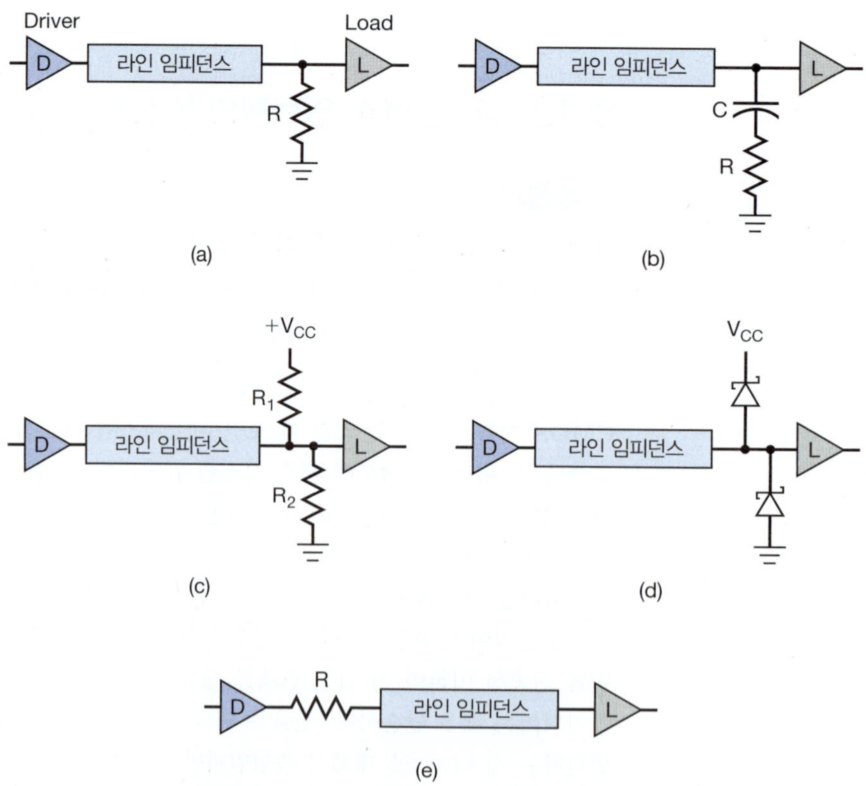

초고속 버스-인터페이스 영역에서 또 다른 역할을 하는 것이 **저전압 차등 신호법(Low-Voltage Differential Signaling: LVDS)**이다. 매 신호에 선을 2개 사용한다. 차등 신호법은 두 선의 전압 차이에 반응하는 것을 말한다. 원하지 않는 잡음 신호는 일반적으로 두 선 모두에 존재하고, 두 선의 전압 차이를 구하면 없어진다. 2개의 논리 상태를 표시하기 위해서 LVDS는 비록 작은 전압 폭을 사용하지만 1과 0을 명확히 구별하기 위해서 서로 다른 극성을 사용한다.

학습성과 평가문제

1. 전송선 효과를 무시하기 위해서는 구성요소들 간의 간격이 얼마 이상이 되어야 하는가?
2. 전달되는 신호를 왜곡시키는 데 기여하는 실제 선로의 세 가지 특성은 무엇인가?
3. 버스 터미네이션(bus termination)의 목적은 무엇인가?

8-14 CMOS 전송 게이트(양방향 스위치)

학습성과

이 절을 학습함으로써 다음을 할 수 있다.

- CMOS 양방향 스위치 확인 및 적용
- CMOS 양방향 스위치의 동작 설명

TTL이나 ECL 계열에는 없는 특별한 CMOS 회로는 **전송 게이트** 또는 **양방향 스위치(bilateral switch)**이며, 이것은 입력 논리 레벨에 의해 제어되는 단일-스로우 스위치(single-throw)나 단일-폴(single-pole)에서 동작한다. 이 전송 게이트는 양방향으로 신호를 통과시킬 수 있으며, 디지털이나 아날로그 응용에 유용하게 사용된다.

그림 8-40(a)는 양방향 스위치의 기본 회로이다. P-MOSFET와 N-MOSFET를 병렬로 연결하였기 때문에 입력 전압의 두 극성은 변환될 수 있다. 제어 입력과 그것의 역은 스위치의 개폐에 이용한다. 즉 제어가 HIGH일 때는 양 MOSFET가 ON되고 스위치가 닫힌다. 제어가 LOW일 때는 양 MOSFET가 OFF되고 스위치가 열린다. 이상적으로 이 회로는 전기적인 릴레이와 같이 작동한다. 그러나 실제로는 스위치가 닫혀 있다 하더라도 완전한 단락 회로가 되지 못하며, 스위치 저항 R_{ON}은 보통 200 Ω 정도이다. 개방된 상태에서 스위치 저항은 매우 크며 보통 10^{12} Ω 정도이다. 그림 8-40(b)의 기호는 양방향 스위치를 나타낼 때 사용된다.

이 회로는 양방향 스위치라고 한다. 왜냐하면 입력과 출력 단자를 교환할 수 있기 때문이다. 이 스위치에 인가된 신호는 아날로그나 디지털신호이며, 이러한 신호는 0에서 V_{DD}의 전압 범위에 속해야 한다.

그림 8-41(a)는 4016 쿼드 양방향 스위치 IC의 일반적인 논리 회로도이며, 74HC 계열에서는 74HC4016에 해당한다. 이것은 위에서 설명한 것처럼 동작하는 4개의 양방향 스위치를 포함한다. 각각의 스위치는 독립적으로 자신의 제어 입력에 의해 제어된다. 예를 들어 제일 위쪽 스위치의 ON/OFF 상태는 입력 $CONT_A$에 의해 제어된다. 스위치가 양방향이기 때문에 스위치 단자는 표시된 것처럼 입력이나 출력으로 사용될 수 있다.

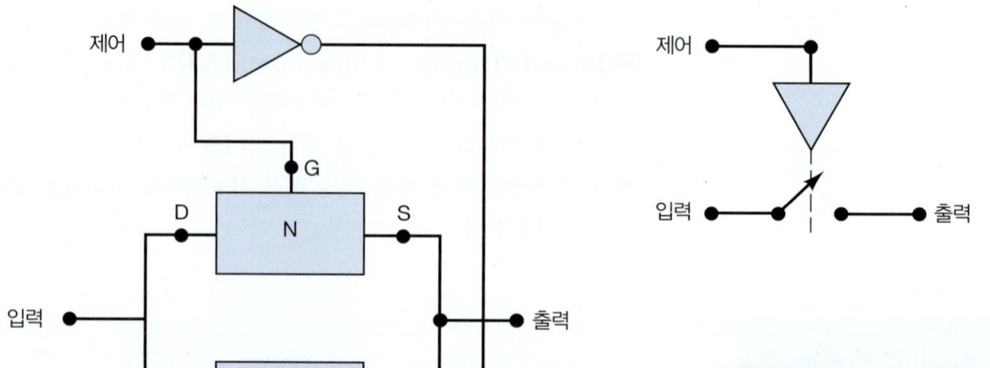

제어 입력	스위치
0 V	개방 (OFF)
$+V_{DD}$	닫음 (ON)

그림 8-40 CMOS 양방향 스위치(전송 게이트).

그림 8-41 4016/74HC4016 쿼드 양방향 스위치.

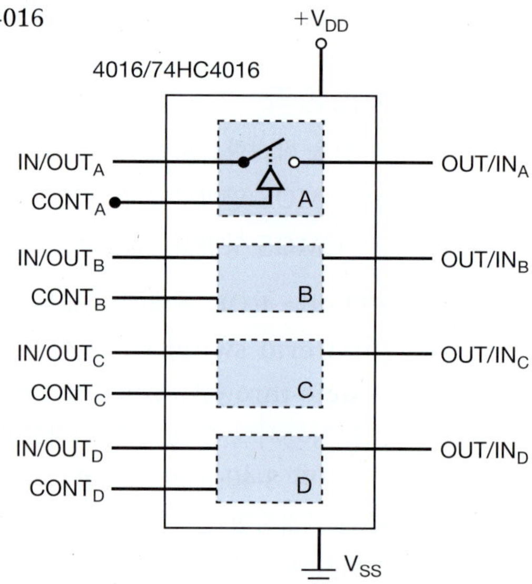

예제 8-12

그림 8-42 회로의 동작을 설명하라.

풀이

2개의 양방향 스위치는 공통 아날로그 입력 신호가 출력 선택 입력의 논리 상태에 따라서 출력 X나 Y에 스위칭 될 수 있도록 연결되어 있다. 출력 선택이 LOW일 때, 상단 스위치는 닫히고, 하단 스위치는 개방되어 있으므로 V_{IN}이 출력 X에 연결되어 있다. 출력 선택이 HIGH일 때 상단 스위치는 개방되고 하단 스위치는 닫히므로 V_{IN}이 출력 Y에 연결된다. 그림 8-42(b)는 몇 개의 전형적인 파형을 나타낸다. 적절한 동작을 위해 V_{IN}은 0 V~$+V_{DD}$의 범위 내이어야만 한다.

4016/74HC4016 양방향 스위치는 0 V~V_{DD} 사이에 놓여 있는 입력 전압에서만 스위칭 할 수 있으며, 접지를 기준으로 한 양과 음인 신호들에 대해서는 사용할 수 없다. 4316과 74HC4316 IC는 양극성 아날로그 신호를 스위칭 할 수 있는 양방향 스위치이다.

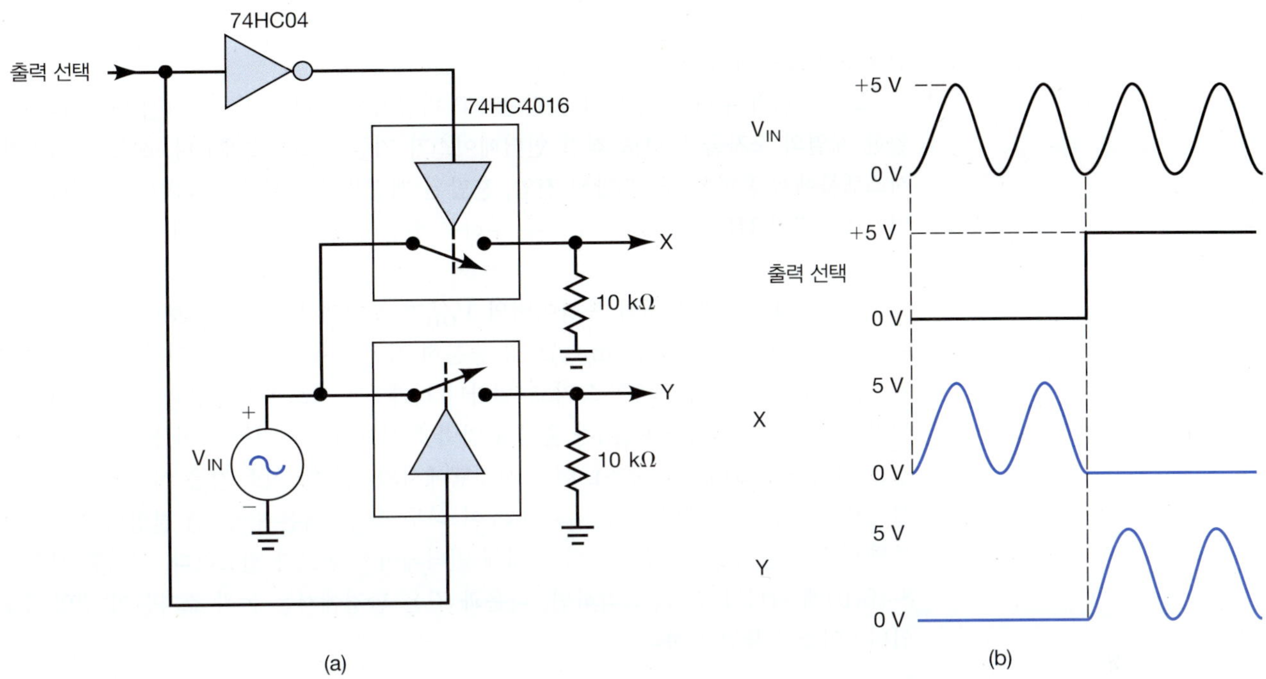

그림 8-42 예제 8-12: 74HC4016 양방향 스위치는 아날로그 신호를 스위칭 하여 두 개의 다른 출력을 얻는 데 이용.

이러한 소자들은 접지에 대해 음일 수 있는 V_{EE}라 하는 두 번째 전원 단자를 가진다. 이것은 V_{EE}에서 V_{DD}까지 범위의 입력 신호를 허용한다. 예를 들어 $V_{EE} = -5$ V, $V_{DD} = +5$ V인 아날로그 입력 신호는 -5 V~$+5$ V 어디에서나 있을 수 있다.

학습성과 평가문제

1. CMOS 양방향 스위치의 동작을 설명하라.
2. 참 또는 거짓: TTL 양방향 스위치는 없다.

8-15 IC 인터페이스

학습성과

이 절을 학습함으로써 다음을 할 수 있다.

- 다양한 특성을 가진 여러 논리 군들을 서로 인터페이스 하는 어려움 확인 및 극복

인터페이싱(interfacing)이란 어떤 회로나 시스템의 출력을 전기적 특성에서 차이가 있는 다른 회로나 시스템의 입력에 연결함을 의미한다. 대개 직접 연결은 불가능하다. 왜냐하면 출력 신호를 공급하는 구동 회로나 신호를 받는 부하 회로 사이의 전기적 특성이 다르기 때문이다. 인터페이스 회로는 드라이버와 부하 사이에 그림 8-43과 같이 연결되어 있다. 인터페이스 회로의 기능은 구동 출력 신호를 가지고, 조절하여 부하의 요구조건에 맞게 하는 것이다. 디지털 시스템에서는 이러한 과정이 매우 단순하다. 왜냐하면 매 소자가 on 아니며 off 상태이기 때문이다. 인터페이스는 드라이버 출력이 HIGH일 때 부하가 HIGH라고 감

지하는 신호를 받도록 해야 하고, 드라이버 출력이 LOW일 때 부하가 LOW라고 감지하는 신호를 받도록 해야 한다.

드라이버와 부하 사이의 가장 간단하고 바람직한 인터페이스는 직접 연결이다. 물론 동일한 계열의 소자들은 서로 직접 인터페이스가 가능하도록 설계된다. 오늘날 하지만 많은 시스템들에서 혼합된 군, 혼합된 전압, 혼합된 계열을 사용한다. 이러한 시스템에서 드라이버가 LOW와 HIGH 상태에서 모두 부하를 일관성 있게 작동시키게 하는 것은 쉬운 일이 아니다.

그림 8-43(a)에서 처럼 드라이버의 V_{OH}가 부하의 V_{OH}(min)보다 충분히 크고, 드라이버의 V_{OL}이 부하의 V_{OL}(max)보다 충분히 작은 경우에는 직접 연결이외의 인터페이스가 필요 없다. '얼마나 크게?' 그리고 '얼마나 작게?'는 시스템의 잡음의 크기에 관련된 질문이다. 잡음 여유(V_{NH}와 V_{NL})가 출력과 입력 특성사이의 이러한 차이를 나타내는 척도라는 것을 기억하라(그림 8-4 참조). 어떤 시스템에서의 가능한 최소 잡음 여유의 크기는 시스템 설계자가 판단할 문제이다. V_{NH}와 V_{NL}이 너무 작게 (혹은 음수로) 결정되면, 드라이버와 부하가 함께 동작할 수 있도록 하기 위해 인터페이스 회로가 필요하다. 이러한 상황이 그림 8-46(b)에 나타나 있다. 요약하면, 다음과 같은 환경에서는 논리 소자들이 전압 호환이고 인터페이스가 불필요 하다:

드라이버	부하
$V_{OH}(\text{min})$	$> V_{IH}(\text{min}) + V_{NH}$
$V_{OL}(\text{max}) + V_{NL}$	$< V_{IL}(\text{max})$

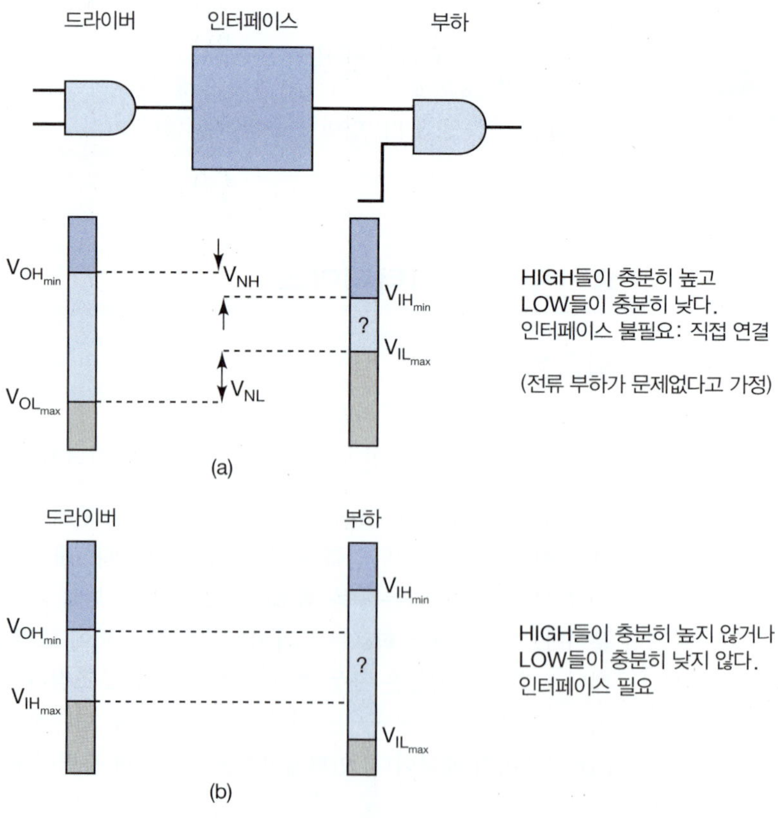

그림 8-43 인터페이싱 논리 IC들: (a)인터페이스 불필요. (b) 인터페이스 필요.

우리는 또한 특히 오래된 군의 소자들을 사용할 때 드라이버와 부하의 전류(전압이 아니라) 특성도 맞춰야 한다는 것에 주의해야 한다. 드라이버의 I_{OH}가 부하에서 필요한 I_{IH}를 충분히 공급할 수 있어야 하고, 드라이버의 I_{OL}은 부하의 I_{IL}을 받아들일 수 있어야 한다. 이 문제는 팬 아웃을 다룬 8-5절에서 다루었다. 대부분의 현대 논리 소자들은 충분히 큰 출력 드라이브와 충분히 작은 입력 전류를 가지고 있어서 부하에 관련된 문제가 거의 발생하지 않는다. 하지만 모터, 조명등, 혹은 난방기 같은 외부 입/출력 장치들과 인터페이싱 하는 경우에는 대우 중요하다. 전류 부하 요건을 요약하면:

드라이버	**부하**
$I_{OH}(\text{max})$	$> I_{IH}(\text{total})$
$I_{OL}(\text{max})$	$> I_{IL}(\text{total})$

표 8-11은 디지털 소자들의 서로 다른 군과 계열에 따른 값들을 나타낸다. 매 군내에서 이렇게 나열된 값들에는 예외가 있을 수 있어서, 실질적으로 취급하고자 하는 특정한 IC에 대한 자료집을 찾는 것은 매우 중요하다. 편리함을 위해서 우리는 아래의 예에서 표에서 준 값들을 사용할 것이다.

5-V TTL과 CMOS 인터페이싱

다른 종류의 IC들을 인터페이스 할 때, 구동 소자가 부하 소자의 전류와 전압 요구량을 만족시키는지 알아보아야 한다. 표 8-11를 예를 들어 보면 CMOS의 입력 전류 값이 각 TTL 계열의 출력 전류 용량에 비해 상당히 낮다. 그래서 TTL은 CMOS의 입력 전류 요구량을 만족시키는 데 아무런 문제가 없다.

그러나 TTL의 출력 전압과 CMOS의 입력 요구 전압을 비교하였을 때 문제가 있다. 표 8-9에서 보면 각 TTL 계열의 $V_{OH}(\text{min})$ 값이 4000B나, 74HC, 74AC 계열의 요구 $V_{IH}(\text{min})$ 값에 비해 현저히 낮음을 알 수 있다. 이런 경우를 위해 CMOS가 허용할 수 있는 단계까지 TTL의 출력 전압을 상승시켜야 한다.

이러한 인터페이스 문제의 가장 일반적인 해법은 그림 8-44에서 보여주는 바와 같이 TTL의 출력에 +5 V에 풀업 저항을 연결해 주는 것이다. 이 풀업 저항은 HIGH 상태에서 TTL 출력을 약 5 V까지 증가시켜서 CMOS에 적절한 입력 전압 레벨을 제공한다. 74HCT나 74ACE 등의 CMOS 소자에서는 표 8-9에서처럼 TTL의 출력을 직접 받아들이도록 설계되었기 때문에 이런 풀업 저항은 필요하지 않다.

표 8-11 5 V의 전원 전압을 가진 표준 소자의 입력/출력 전류.

	CMOS				TTL				
파라미터	4000B	74HC/HCT	74AC/ACT	74AHC/AHCT	74	74LS	74AS	74ALS	74F
$I_{IH}(\text{max})$	1 mA	1 mA	1 mA	1 mA	40 A	20 mA	20 mA	20 mA	20 mA
$I_{IL}(\text{max})$	1 mA	1 mA	1 mA	1 mA	1.6 mA	0.4 mA	0.5 mA	100 mA	0.6 mA
$I_{OH}(\text{max})$	0.4 mA	4 mA	24 mA	8 mA	0.4 mA	0.4 mA	2 mA	400 mA	1.0 mA
$I_{OL}(\text{max})$	0.4 mA	4 mA	24 mA	8 mA	16 mA	8 mA	20 mA	8 mA	20 mA

그림 8-44 외부 풀업 저항은 TTL이 CMOS를 구동할 때 사용된다.

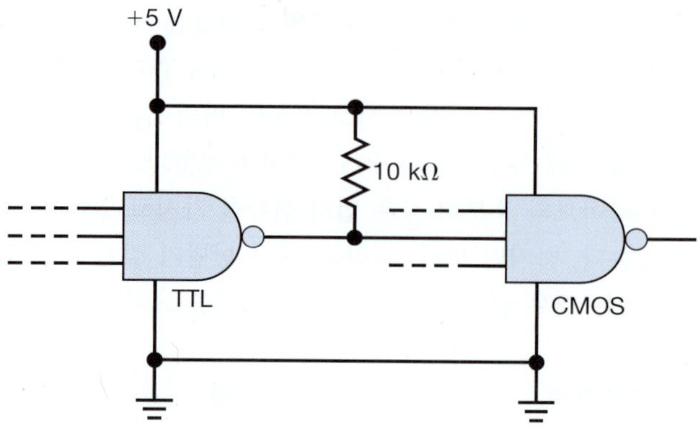

CMOS 구동 TTL

CMOS 출력과 TTL 입력 간의 인터페이스 문제를 고려하기 전에, 두 논리 상태에 대한 CMOS의 출력 특성을 다시 조사해 보는 것이 도움이 될 것이다. 그림 8-45(a)는 HIGH 상태에서 등가 출력 회로를 나타낸다. P-MOSFET의 R_{ON}은 출력 단자를 V_{DD}에 연결한다.(N-MOSFET는 OFF) 그래서 CMOS 출력 회로는 저항 R_{ON}을 가진 V_{DD}처럼 동작한다. 일반적으로 R_{ON}의 값은 100~1000 Ω의 범위에 있다.

그림 8-45(b)는 LOW 상태에서 등가 출력 회로를 나타낸다. N-MOSFET의 R_{ON}은 출력 단자와 접지 사이에 연결된다.(P-MOSFET는 OFF) 그래서 CMOS 출력은 낮은 저항이 접지처럼 동작한다. 즉, 전류 싱크처럼 동작한다.

그림 8-45 두 논리 상태에 대한 CMOS 출력의 등가 회로.

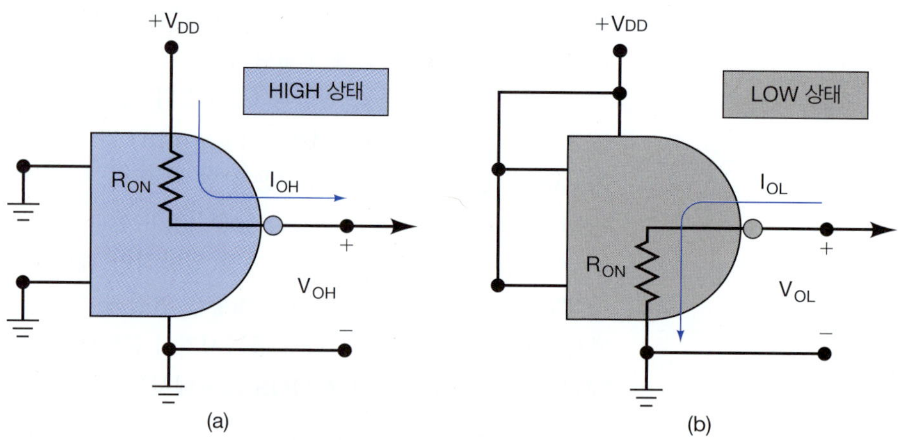

HIGH 상태에서 CMOS 구동 TTL

표 8-9에서 알 수 있듯이 CMOS 출력이 HIGH 상태(V_{IH})에서 CMOS 출력이 TTL 입력 허용 값을 만족시키는 충분한 전압(V_{OH})을 쉽게 공급할 수 있다. 표 8-11에서 CMOS 출력은 TTL 입력 요구량(I_{IH})을 만족시키기 위한 필요한 전류(I_{OH})보다 더 많은 양을 공급할 수 있다. 그래서 HIGH 상태에서는 특별히 고려할 사항은 없다.

LOW 상태에서 CMOS 구동 TTL

표 8-11에서 알 수 있듯이, TTL 입력이 LOW 상태에서 상대적으로 높은 입력 전류를 가지는 것을 알 수 있으며, 그 범위는 100 μA에서 2 mA까지이다. 74HC와 74HCT 계열은

그림 8-46 (a) HC계열 인터페이스 IC 사용. (b) 부하를 분배하기 위해 유사한 게이트 사용.

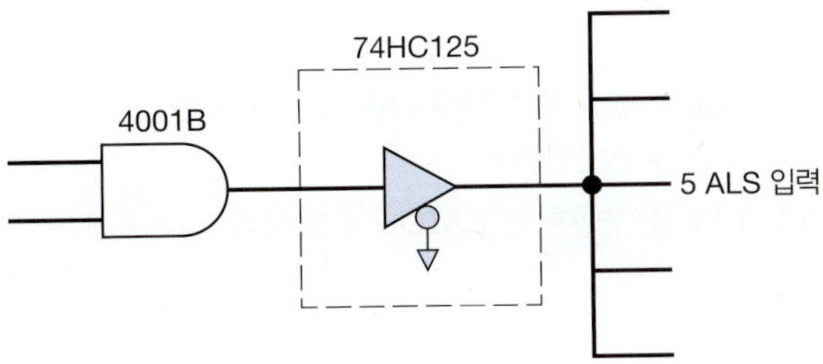

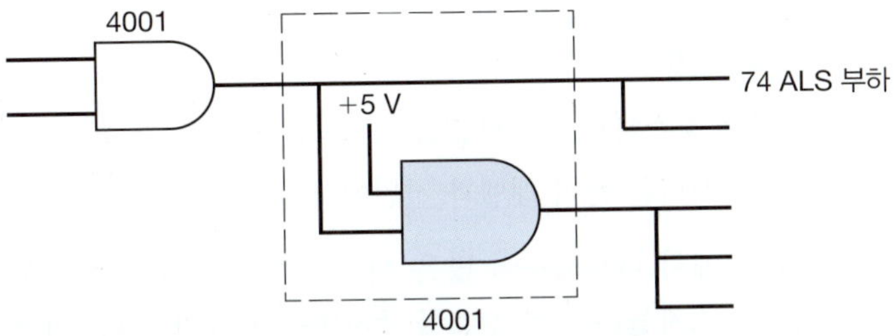

4 mA까지 전류를 흐르게 할 수 있다. 그래서 이들은 어떤 계열의 단일 TTL을 구동시키는 데는 문제가 없다. 그러나 4000B 계열은 더 많이 제한된다. 낮은 I_{OL}은 74나 74AS 계열의 1개의 입력을 구동하기에도 불충분하다. 74HC 계열은 74LS 계열 정도의 출력을 가지고 있다.

드라이버가 부하에 충분한 전류를 공급하지 못하는 경우의 인터페이스 해법은 드라이버와 호환이 가능한 입력 사양을 갖고 부하에 충분한 전류를 공급할 수 있는 버퍼를 선택하는 것이다. 그림 8-46(a)는 이러한 상황의 예를 보여준다. 4001B의 최대 출력 전류는 5개의 ALS 입력들을 구동하기에는 부족하다. 74HC125를 먼저 구동하고, 차례로 다른 입력들을 구동할 수 있다. 그림 8-46(b) 역시 가능한 해법이다. 부하가 여러 개의 4001계열 부분들로 분산되어서 어느 출력도 3개 이상의 부하를 구동할 필요가 없게 하는 것이다.

예제 8-13

74HC 출력이 3개의 7406 입력을 구동하고 있다. 이것이 좋은 설계인가?

풀이

아니다! 74HC00은 4 mA를 흐르게 할 수 있다. 하지만 7406 입력 I_{IL}은 1.6 mA이다. 전체 부하 전류는 LOW일 때 1.6 mA × 3 = 4.8 mA가 된다. 과부하 전류가 된다.

예제 8-14

4001B 출력이 3개의 74LS 입력을 구동하고 있다. 이것이 잘 설계된 회로인가?

풀이

아니다! 4001B는 0.4 mA를 흐르게 할 수 있다. 하지만 3개의 74LS 입력들은 0.4 mA × 3 = 1.2 mA를 필요로 한다. 과부하 전류가 된다.

학습성과 평가문제

1. V_{DD} = +5 V일 때 74AC나 74HC의 입력에 표준 TTL 출력을 인터페이스하기 위한 방법은 무엇인가?
2. TTL을 구동하는 CMOS의 일상적인 문제점은 무엇인가?

8-16 혼합 전압 인터페이스

학습성과

이 절을 학습함으로써 다음을 할 수 있다.

- 서로 다른 논리 레벨과 전원에서 동작하는 논리 소자들의 효과적인 인터페이스

8-10절에서 다루었듯이 많은 새로운 논리 소자들이 5 V 이하에서 동작한다. 많은 경우에 이러한 소자들은 서로 신호를 주고받을 필요가 있다. 이 절에서는 특별히 서로 다른 전압 표준에서 동작하는 논리 소자들을 인터페이스 하는 방법을 알아볼 것이다.

저전압 출력 구동 고전압 부하

몇몇 경우에 드라이버의 V_{OH}가 부하가 그 값을 HIGH로 인식하기에 조금 낮을 수 있다. 이러한 상황은 TTL 출력을 5 V CMOS 입력에 인터페이스 할 때 다루었다. 유일하게 필요한 인터페이스 부품은 10 kΩ 풀업 저항이다. 이 저항은 출력이 HIGH일 때 TTL 출력 전압을 3.3 V 이상으로 키운다.

드라이버와 부하가 다른 전압으로 전원을 공급받기 때문에 보다 근본적인 전압 변동이 필요한 경우 **전압 레벨 변환기(voltage level translator)** 인터페이스 회로가 요구된다. 이러한 예가 저전압(1.8 V) CMOS 소자가 5 V CMOS 입력을 구동하는 경우이다. 드라이버는 HIGH로 최대 1.8 V 정도 밖에 내보내지 못하지만 부하 게이트는 HIGH로 3.33 V를 요구한다. 우리는 1.8 V 논리 레벨을 받아서 5 V CMOS 레벨로 변환하는 인터페이스가 필요하다. 이를 위한 가장 간단한 방법은 그림 8-47(a)에 나타난 74LVC07같은 개방 드레인을 가진 버퍼를 사용하는 것이다. 풀업 저항이 5 V 전원에 연결되어 있고 인터페이스 버퍼의 전원은 1.8 V임에 주의하시오. 그림 8-47(b)의 74AVC1T45와 같은 이중 전원 레벨 변환기를 이용하는 것이 또 다른 해법이 된다. 이 소자는 2개의 다른 전압의 전원을 사용하는데, 하나는 입력으로 다른 하나는 출력으로 해서 두 레벨을 변환시킨다.

고전압 출력 구동 저전압 부하

고전압 전원에 동작하는 논리 회로가 저전압 전원에 동작하는 논리 회로를 구동해야 하는 경우에 드라이버의 출력 전압이 부하 게이트가 견딜 수 있는 안전 범위를 종종 초과한다. 이러한 상황에서는 그림 8-47(b)에서처럼 이중 전원 레벨 변환기를 사용할 수 있다. 이 문제에 대한 또 다른 일상적인 해법은 높은 입력 전압에 견딜 수 있는 계열의 버퍼를 사용하여 인터페이스하는 것이다. 그림 8-48은 5 V CMOS 부품이 1.8 V AUC 계열 입력을 구동하는 방법을 보여준다. AUC 입력(부하 게이트)이 감당할 수 있는 최고 전압은 3.6 V이다. 하지만 74LVC07A는 1.8 V에서 동작함에도 불구하고 손상 없이 5.5 V의 입력까지 감당할 수 있다. 그림 8-48은 5 V 논리 레벨을 1.8 V 논리 레벨로 변환하기 위해서

그림 8-47 (a) 고전압으로 올리기 위한 개방 드레인 사용. (b) 전압 레벨 변환기 사용.

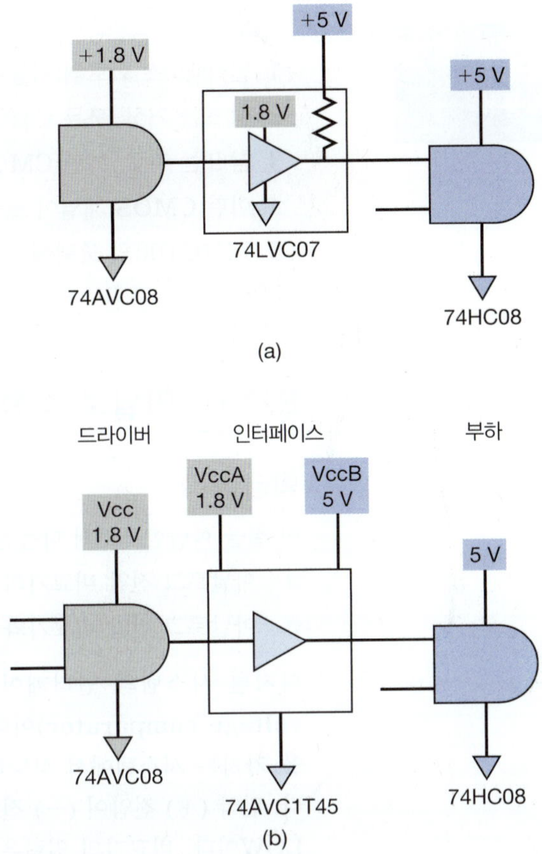

74LVC07A의 고전압 내성을 이용하는 것을 보여준다.

이 시점에서 여러분은'왜 사람들이 서로 호환되지 못하는 부품들을 사용하는 것을 선택하지?'라고 의문점을 가질 것이다. 대형 시스템을 고려하고 성능과 비용의 균형을 맞추도록 노력한다면 그 해답이 보인다. 예를 들어 컴퓨터 시스템에서는 동일한 어미기판(mother board)에 2.5 V CPU, 3.3 V 메모리 모듈, 5 V 하드 드라이브 제어기가 모두 작동한다. 저전압 부품들은 원하는 성능을 얻기 위하여 필요할 수 있지만 5 V 하드 드라이브는 가장 값이 싸거나 유일하게 구할 수 있는 것일 수 있다. 드라이버나 부하 소자들은 표준 논리 게이트가 아닐 수 있지만 우리 시스템에서는 VLSI 부품일 수 있다. 그러한 소자들의 자료집을 이용해서 출력 특성을 찾고, 소개된 기술들을 이용하여 소자들을 인터페이스해야 한다. 논리 표준이 계속해서 진화함에 따라서 우리에게 사용가능한 다양한 부품들을 이용하여 시스템을 동작시키는 것이 중요하다.

그림 8-48 인터페이스로 사용된 5 V 입력에 견디는 저전압 계열.

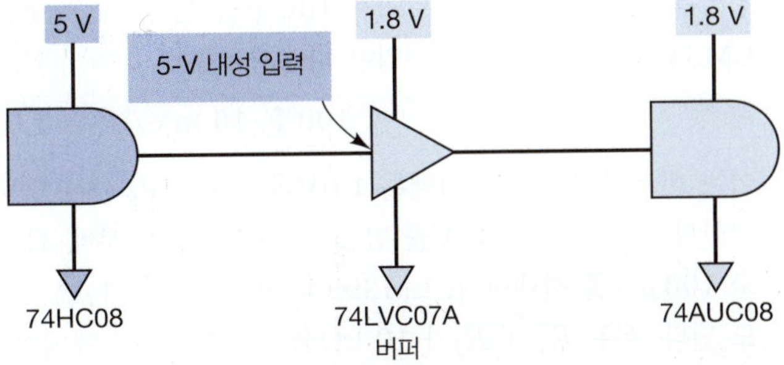

학습성과 평가문제

1. 인터페이스 회로의 기능은 무엇인가?
2. 참 또는 거짓: 모든 CMOS 출력은 HIGH 상태에서 TTL을 구동할 수 있다.
3. 참 또는 거짓: 어떤 CMOS 출력도 단일 TTL 입력을 구동할 수 있다.
4. 어떤 CMOS 계열이 풀업 저항 없이 TTL을 구동할 수 있는가?
5. 74HCT00의 출력에 의해 구동되는 7400의 입력 수는 얼마인가?

8-17 아날로그 전압 비교기

학습성과

이 절을 학습함으로써 다음을 할 수 있다.

- 아날로그 전압 비교기의 동작 정의
- 아날로그 전압 비교기와 다른 논리 군/계열과의 인터페이스

디지털 시스템의 인터페이싱에 매우 유용한 소자는 **아날로그 전압 비교기(analog voltage comparator)**이다. 그것은 디지털 구성 부품에서처럼 두 개의 아날로그 전압을 가지는 시스템에서 상당히 유용하다. 아날로그 전압 비교기는 두 개의 전압을 비교한다. 만약 (+) 전압이 (−) 전압보다 크다면 출력은 HIGH로 나타난다. 그 반대이면 출력은 LOW이다. 비교기의 입력은 아날로그가 가능하지만 출력은 항상 HIGH 아니면 LOW이다. 이런 이유로 비교기는 종종 1비트의 A/D 변환기로 쓰인다. 11장 A/D변환기에서 상세하게 다룰 것이다.

LM339는 선형 아날로그 IC로 4개의 전압 비교기를 가지고 있다. 각 비교기의 출력은 개방 컬렉터 TTL 출력과 같은 개방-컬렉터 트랜지스터이다. V_{CC}는 2 V~36 V까지 상관없지만 비교하려는 아날로그 입력 전압보다 약간은 커야 한다. 풀업 저항은 디지털 회로가 사용하는 같은 전원에 연결되어야 한다.(일반적으로 5 V)

예제 8-15

인큐베이터가 위험 수준의 온도를 넘으면 비상벨이 울려서 경고를 해야 한다고 가정하자. 온도 계측 장치는 온도에 직접 비례하는 전압을 발생하는 LM34로 되어 있다. 온도 1°F당 출력이 10 mV 상승한다. 디지털 알람 시스템은 100°F가 넘으면 벨을 울려야 한다. 온도 센서와 디지털 회로 간의 인터페이스 회로를 구현하라.

풀이

우리는 고정된 문턱 전압과 센서로부터의 전압을 비교할 필요가 있다. 먼저 고유의 문턱 전압을 계산해야 한다. 온도가 100°F를 넘을 때 비교기의 출력은 HIGH로 가야 한다. LM34의 100°F일 때의 전압은 다음과 같다.

$$100°\text{F} \cdot 10\ \text{mV}/°\text{F} = 1.0\ \text{V}$$

이는 비교기의 (−) 입력에는 1.0V를 연결하고, (+) 입력에는 LM34를 연결해야 함을 의미한다. 기준 전압 1.0 V를 만들기 위해서 전압 분배 회로를 사용할 수 있고 바이어스 전류로 100 μA를 선택한다. LM399의 입력 전류는 1 μA보다 작기 때문에 상대적으로 무시해도 된다. 이는 $R_1 + R_2$가 10 kΩ을 의미한다. 이 예에서 모든 동작은 +5 V의 전압원에서

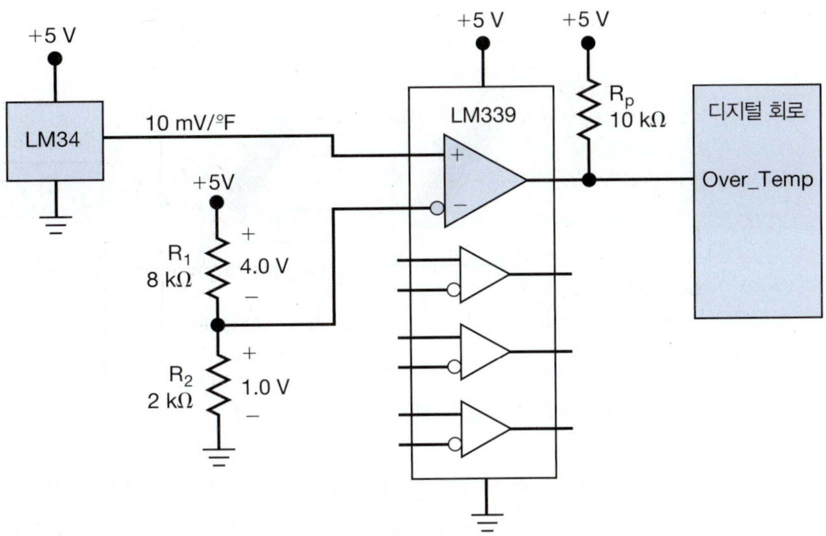

그림 8-49 LM339 아날로그 전압 비교기를 이용한 온도 제한 검출기.

동작할 수 있다. 그림 8-49는 완성된 회로를 보여준다. 계산은 다음과 같다.

$$V_{R2} = V_{CC}\cdot\frac{R_2}{R_1 + R_2}$$

$$R_2 = V_{R2}\cdot(R_1 + R_2)/V_{CC}$$

$$= 1.0\text{ V}(10\text{ k}\Omega)/5\text{ V} = 2\text{ k}\Omega$$

$$R_1 = 10\text{ k}\Omega - 2\text{ k}\Omega = 8\text{k}\Omega$$

학습성과 평가문제

1. 비교기의 출력이 논리 HIGH로 되는 상태는 무엇인가?
2. 비교기의 출력이 논리 LOW로 되는 상태는 무엇인가?
3. LM339 출력은 TTL 토템폴과 개방 컬렉터 출력 중 어느 것에 더 가까운가?

8-18 고장 진단

학습성과

이 절을 학습함으로써 다음을 할 수 있다.

- 디지털 회로의 결함을 찾기 위한 논리 펄스 발생기와 논리 프로브의 사용

논리 펄스 발생기(logic pulser)는 버튼을 눌러 짧은 기간 동안 펄스를 발생시켜 회로의 시험과 고장 진단을 하는 장치이다. 그림 8-50에서 보여주는 논리 펄스 발생기는 펄스가 통과하는 회로 노드를 찍는 침이 있다. 논리 펄스 발생기는 존재하는 전압의 레벨을 감지할 수 있고, 반대 방향의 전압 펄스를 발생할 수 있도록 설계되었다. 다시 말하면, 만약 노드가 LOW라면, 논리 펄스 발생기는 좁은 양의 펄스를 만들어낸다. 만약 노드가 HIGH라면, 논리 펄스 발생기는 좁은 음의 펄스를 만들어낸다.

다른 장치의 출력이 같은 노드에 연결되어 있어도 논리 펄스 발생기는 순간적으로 회로 노드에서 논리 레벨을 변화시킨다. 그림 8-50에서 논리 펄스 발생기가 NAND게이트의 출

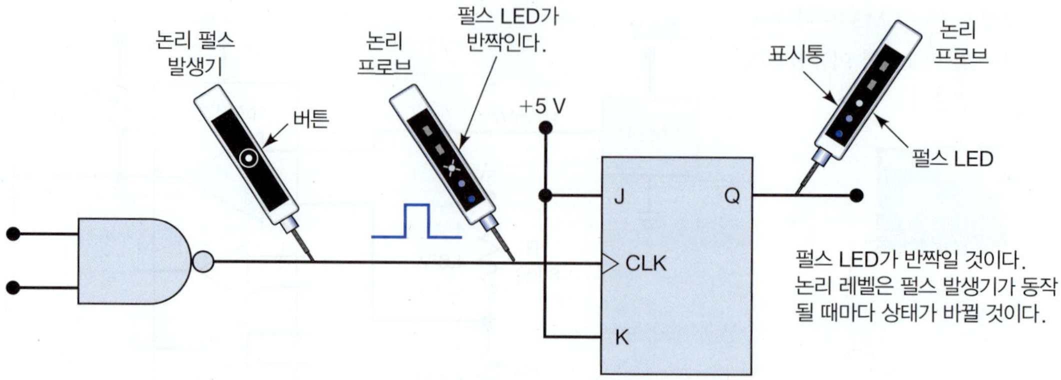

그림 8-50 논리 펄스 발생기는 단락되지 않은 접지나 V_{CC}의 한 노드에서 펄스를 주사할 수 있다.

력 단에 접속하고 있다. 논리 펄스 발생기는 매우 낮은 임피던스(보통 2 Ω 또는 보다 적은)를 가지므로, NAND 게이트의 출력 값을 능가할 수 있으며 노드에서 전압을 변화시킬 수 있다. 하지만 논리 펄스는 V_{CC}나 접지에 직접적으로 연결된 노드에서는 전압 펄스를 만들 수 없다.

논리 펄스 발생기와 프로브를 이용한 회로 검사

논리 펄스 발생기는 펄스나 연속된 펄스를 회로의 응답을 검사하기 위해서 회로에 수동으로 직접 주사(inject)하여 사용할 수 있다. 논리 프로브는 항상 논리 펄스 발생기에 대한 회로의 응답을 검사하는 데 사용된다. 그림 8-50에서, J-K 플립플롭의 토글 동작은 논리 프로브를 써서 Q를 검사하거나, 논리 펄스 발생기로부터 펄스를 인가시켜 실험할 수 있다. 이 논리 펄스 발생기/논리 프로브의 조합은 회로가 선으로 연결된 논리 장치의 동작을 검사하는 데 매우 유용하게 사용된다. 논리 펄스 발생기는 노드를 구동하는 NAND 게이트의 출력 연결을 끊지 않고 회로 노드에 적용됨을 주목하라. 프로브를 펄스 발생기처럼 동일 노드 상에 위치할 경우, 논리 레벨 지시기는 변하지 않는다.(이 예에서는 LOW) 그러나 펄스 발생기 버튼을 누를 때마다 노란 펄스 지시기에는 불이 들어온다. 프로브가 출력 Q 상에 위치할 경우에는 펄스 LED는 한 번 불이 들어오고, 논리 레벨 지시기는 펄스 발생기 버튼을 누를 때마다 상태가 변한다.

단락된 노드의 발견

그림 8-51처럼 논리 펄스 발생기와 논리 프로브는 직접적으로 접지나 V_{CC}에 연결된 노드를 검사할 때 사용할 수 있다. 논리 펄스 발생기와 논리 프로브를 같은 노드에 대고 논리 펄스 발생기의 버튼을 누른다. 그때 논리 프로브는 노드에서 펄스의 발생을 가리킨다. 그림 8-51(a)에서 보여주는 바와 같이 만약 프로브가 일정한 LOW를 지시하면 펄스 LED가 켜지지 않고 노드는 접지에 연결되어 있음을 가리킨다. 그림 8-51(b)에서 보여주는 것처럼 만약 프로브가 계속해서 HIGH를 가리키고 펄스 LED가 깜박거리지 않으면 노드는 V_{CC}에 단락되어있다.

그림 8-51 논리 펄스 발생기와 논리 프로브는 단락된 노드를 추적하는 데 이용될 수 있다.

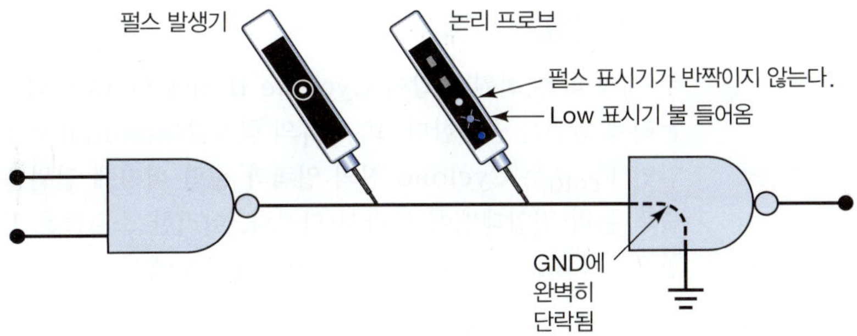

(a)

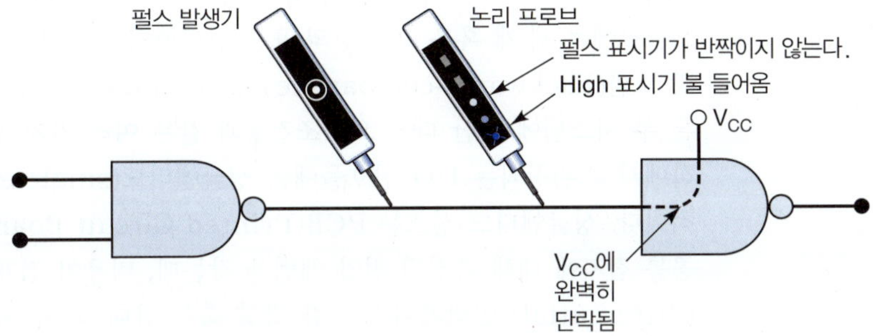

(b)

학습성과 평가문제

1. 논리 펄스 발생기의 기능은 무엇인가?
2. 참 또는 거짓: 논리 펄스 발생기는 임의의 노드에 전압 펄스를 만들어낼 수 있다.
3. 참 또는 거짓: 논리 펄스 발생기는 늘어난 주기로 인해서 노드를LOW나 HIGH 상태로 바꿀 수 있다.
4. 논리 프로브가 어떠할 때 논리 펄스 발생기가 반응하는가?

8-19 FPGA의 특성

학습성과

이 절을 학습함으로써 다음을 할 수 있다.

- 매우 다양한 디지털 회로 기술을 인터페이스 하기 위한 FPGA 특징 사용

앞 장들에서 PLD들을 사용하여 디지털 회로를 구현하는 방법을 보였다. 디지털 설계에 유연성을 주는 이러한 현대의 경이로움과도 같은 PLD들은 CMOS 기술을 사용한다. 하지만, 그들의 전기적인 특성에서 많은 선택권이 역시 주어진다. 하나의 PLD 군을 예로 들어 전기적인, 시간적인 특성을 살펴보자. 산업과 교육 분야에서 인기 많은 소자군인 알테라 Cyclone™ II를 선택해서 검토한다. 이러한 소자들은 FPGA(Field Programmable Gate Array)라고 불리는데 PLD 소자들의 하위범주에 속한다. 다른 PLD 범주와 구조들에 내용은 13장에서 다룬다.

전원 전압

두 개의 다른 전원 전압이 Cyclone II 칩에 인가되어야 한다. 하나는 V_{CCINT}로 칩의 내부 논리에 전원을 공급한다. V_{CCINT}의 공칭값(nominal value)은 1.2V이다. 별도의 공급 전압인 V_{CCIO}는 Cyclone 칩의 입력과 출력 버퍼에 전원을 공급한다. V_{CCIO}의 값은 원하는 출력 논리 전압레벨에 따라서 다르다. 이러한 소자들은 V_{CCIO}에 적당한 공급 전압을 인가함으로써 3.3 V, 2.5 V, 1.8 V, 혹은 1.5 V에서 동작할 것이다.

논리 전압 레벨

과거에는 하나의 시스템에 단지 하나 혹은 두 개의 I/O 표준 인터페이스가 있었다. 하지만 오늘날에는 세 개 혹은 그 이상의 표준 인터페이스를 보는 것이 당연하다. 이러한 경향은 후방 호환(backwards-compatible) 설계, 새로운 시스템의 복잡성과 크기, 시스템내의 다른 부 시스템에 대한 다른 요구조건등과 같은 여러 가지 요인들에 기인한다. 300MHz 이하에서 스위칭되는 I/O 신호들에는 싱글엔디드(single-ended) 인터페이스가 매우 일반적이다. 싱글엔디드 신호는 PCB(Printed Circuit Board)상에 하나의 선만을 요구하며, 공통 접지에 대해 측정된 전압 레벨을 갖는데, 비용이 적게 들고 사용하기 쉽다. 반면 차등(differential) 인터페이스는 한 방향 혹은 반대 방향으로 전류가 흐르며 전류 루프를 형성하는 두 개의 신호 통로를 사용하는데, 보다 낮은 전압 신호에 동작하고 보다 높은 주파수에서 스위칭할 수 있다. 차등 신호전송은 또한 공통 모드 잡음 제거가 가능해서 회로 설계에서 보다 나은 잡음 내성을 제공한다. 차등 인터페이스를 사용함에 있어서 가장 주된 단점은 두 개의 칩 핀과 각각 신호에 대한 PCB상의 두 개의 매치드 선(matched trace)들로 인한 추가적인 비용이다.

Cyclone 소자들은 다양한 입력/출력 표준을 제공하므로 설계자들이 디지털 시스템을 설계함에 있어 필요한 유연성을 주게 된다. 표 8-12에 가장 일반적인 싱글엔디드 범용 I/O 표준이 입력과 출력 전압 파라미터와 함께 나열되어 있다. Cyclone 소자들은 몇몇 다른 싱글엔디드 인터페이스 조건에 맞게 프로그램 될 수 있다. 게다가 Cyclone 군은 많은 차등 I/O 표준을 지원해서 향상된 잡음 내성, 더 낮은 전자파장해(EMI) 발생, 전력 소모 감소를 제공할 수 있다.

전력 소모

Cyclone 소자가 CMOS 기술을 사용하기 때문에 칩의 전력 소모가 낮다. 다른 CMOS 소자들과 마찬가지로 전력 양은 전압 레벨, 주파수, I/O 신호에 대한 부하에 따라 다르

표 8-12 범용 I/O 표준을 사용한 알테라 Cyclone II 특성.

	I/O 표준				
파라미터	3.3-V LVTTL	3.3-V LVCMOS	2.5-V LVTTL & LVCMOS	1.8-V LVTTL & LVCMOS	1.5-V LVTTL & LVCMOS
V_{IL}(max) (V)	0.8	0.8	0.7	$0.35 \times V_{CCIO}$	$0.35 \times V_{CCIO}$
V_{IH}(min) (V)	1.7	1.7	1.7	$0.65 \times V_{CCIO}$	$0.65 \times V_{CCIO}$
V_{OL}(max) (V)	0.45	0.2	0.4	0.45	$0.25 \times V_{CCIO}$
V_{OH}(min) (V)	2.4	$V_{CCIO} - 0.2$	2.0	$V_{CCIO} - 0.45$	$0.75 \times V_{CCIO}$

다. Cyclone II 소자가 무수히 많은 서로 다른 회로 설계에 쓰일 수 있기 때문에 특정 Cyclone 소자에 대한 전력 소모 양을 단순히 말하기는 불가능하다.

Quartus II 소프트웨어는 특정 응용에 대한 전력 사용을 예측하는 두 개의 도구를 가지고 있다. PowerPlay Early Power Estimator는 전형적으로 소자 전력의 크기를 예측하기 위해서 설계의 초기 단계에서 사용된다. PowerPlay Power Analyzer는 설계 과정의 후반에 사용되는 데, 종종 표본 테스트 벡터를 가지고 보다 정확한 전력 소모 예측을 한다. 두 경우 모두 전력 예측치 이지만, 설계자에게 목표로 하는 FPGA 소자의 전력 소모 양에 대한 아이디어를 주게 된다.

최대 입력 전압과 출력 전류 정격

최대 DC 입력 신호 전압은 4.6 V 이다. Cyclone II 소자의 각 출력 핀은 40 mA까지 싱크하거나 25 mA까지 공급할 수 있다.

스위칭 속도

Cyclone II 칩은 세 가지 다른 속도 등급으로 제공된다. −6(dash 6), −7, −8이며 −6이 가장 빠르다. 응용 속도는 응용에 따라서 프로그램 되는 소자에 어떻게 구현되느냐에 따라서 다를 것이다. 표 8-13은 Cyclone II 소자의 세 가지 속도 등급의 각각을 사용하여 16 비트와 64 비트 이진 카운터를 LPM 구현하는 경우에 대한 최대 클럭 주파수를 비교한 것이다.

표 8-13 알테라 Cyclone II 카운터 성능 비교.

응용	−6 속도 등급	−7 속도 등급	−8 속도 등급
16 비트 카운터	401.6 MHz	349.4 MHz	310.65 MHz
64 비트 카운터	157.15 MHz	137.98 MHz	126.27 MHz

요약

1. 모든 디지털 논리 소자들은 본래 특성은 비슷하다. 그러나 그들 특성을 면밀히 조사해 보면 상당히 다르다. 이들 특성을 설명하기 위해 사용되는 항목을 이해하는 것도 중요하고 선행된 비교와 대조가 필요하다. 각 종류의 소자들의 용량과 제한점들을 이해함으로서 우리는 각 소자를 조합하여 신뢰할 수 있는 시스템을 만들 수 있다.
2. TTL 계열의 논리 소자는 30년 이상을 사용하여 왔다. 회로는 양극성 트랜지스터를 사용한다. 이 계열은 많은 SSI 논리 게이트와 MSI 소자를 제공한다. 유사한 숫자의 많은 계열은 개선된 특성이 제공된 기술로 개발되고 발전되었다.
3. 소자를 서로 연결할 경우에 주어진 출력으로 신뢰성을 손상시키지 않고 얼마나 많은 입력들을 구동시킬 수 있는지를 알고 있어야 한다. 이것을 팬 아웃이라고 한다.
4. 개방-컬렉터의 출력을 wired-AND기능을 실현하기 위해서 함께 선으로 연결한다. 3 상태 출력은 버스라고 알려진 공통 데이터 경로를 공유할 수 있게 수많은 소자를 함께 선으로 연결할 수 있다. 이러한 경우에는 한 번에 오직 한 소자만이 버스에 논리 레벨

전달을 허용한다.

5. 가장 빠른 논리 소자는 이미터 결합 논리(ECL)를 사용하는 논리 계열이다. 이 기술은 양극성 트랜지스터를 사용하지만 불편한 입/출력 특성 때문에 TTL처럼 폭넓게 사용되지는 않았다.
6. MOSFET 트랜지스터도 역시 논리 함수를 실현하는 데 사용되어 왔다. MOS 논리의 중요한 장점은 낮은 전력 소모와 높은 패킹 밀도이다.
7. 보수(complementary) MOSFET의 사용은 CMOS 논리 계열로 만들어졌다. CMOS의 기술이 사용되는 이유는 매우 낮은 소비 전력과 빠른 스위칭 속도 때문이다.
8. 전력과 크기를 줄임으로 소자의 동작은 3.3 V와 2.5 V에서 동작되는 새로운 소자들이 출현 가능해졌다.
9. 여러 가지 기술을 사용하여 만들어지는 논리 소자를 항상 직접 연결할 수 없다.(항상 신뢰성 있게 동작되지 않는다.) 입/출력의 전압과 전류의 특성을 고려하여 적절한 동작이 보장되도록 해야 한다.
10. CMOS 기술은 디지털시스템에 전송 게이트라고 하는 제어 아날로그 스위치를 출현하게 만들었다. 이 소자는 그것을 제어하는 디지털 논리의 레벨에 따라 아날로그 신호를 통과 또는 차단할 수 있다.
11. 아날로그 전압 비교기는 아날로그 신호와 디지털 신호 간에 가교 역할을 제공한다. 이런 소자들은 아날로그 전압과 디지털 논리 레벨 출력을 비교한다. 이것은 아날로그 시스템이 디지털 시스템을 제어할 수 있도록 한 것이다.
12. 많은 FPGA들이 다양한 입력/출력 표준을 지원하는 CMOS기술을 사용하고 서로 다른 속도 등급을 가지고 있다.

주요 용어

개방-컬렉터 출력(open-collector output)
논리 펄스 발생기(logic pulser)
래치업(latch-up)
버스 연결(bus contention)
버퍼/드라이버(buffer/driver)
아날로그 전압 비교기(analog voltage comparator)
양방향 스위치(bilateral switch)
와이어드AND(wired-AND)
이미터 결합 논리(emitter-coupled logic)
인터페이싱(interfacing)
잡음 내성(noise immunity)
잡음 여유(noise margin)
저전압 차등 신호법(Low Voltage Differential Signaling: LVDS)
전류 공급원(current sourcing)
전류 싱킹(current sinking)
전송 게이트(transmission gate)
전압-레벨전송기(voltage-level translator)
전원-공급 디커플링(power-supply decoupling)
정전기의 방전(ElectroStatic Discharge: ESD)
토템 폴(totem pole)
트랜지스터 로직(TTL)
팬 아웃(fan-out)
표면 장착 기술(surface mount technology)
풀다운 트랜지스터(pull-down transistor)
풀업 트랜지스터(pull-up transistor)
플로팅 입력(floating inputs)
피치 사이 간격(lead pitch)
3상태(tristate)
CMOS
DIP(dual-in-line package)
MOSFET
N-MOS
P-MOS

연습문제

8-1~8-3절

B 8-1.★2개의 논리 회로가 표 8-14와 같은 특징을 갖는다.

(a) 어떤 회로가 가장 좋은 LOW 상태의 DC 잡음 내성을 갖고 있는가? 그리고 가장 좋은 HIGH 상태의 DC 잡음 내성은 무엇인가?

(b) 어떤 회로가 보다 높은 주파수에서 동작할 수 있는가?

(c) 어떤 회로가 더 많은 공급 전류를 흘리는가?

표 8-14

	회로 *A*	회로 *B*
V_{supply} (V)	6	5
V_{IH}(min) (V)	1.6	1.8
V_{IL}(max) (V)	0.9	0.7
V_{OH}(min) (V)	2.2	2.5
V_{OL}(max) (V)	0.4	0.3
t_{PLH} (ns)	10	18
t_{PHL} (ns)	8	14
P_D (mW)	16	10

B 8-2. IC 자료를 참조하고, 최대치를 이용하여 다음 TTL IC들의 각각에 대해 한 게이트의 P_D(avg), t_{pd}(avg)를 구하라 (8.3절 예제 8-2 참조).

(a)★7432

(b)★74S32

(c) 74LS20

(d) 74ALS20

(e) 74AS20

8-3. 임의의 논리군이 다음과 같이 전압 파라미터를 가진다.

$$V_{IH}(\text{min}) = 3.5\text{ V} \qquad V_{IL}(\text{max}) = 1.0\text{ V}$$
$$V_{OH}(\text{min}) = 4.9\text{ V} \qquad V_{OL}(\text{max}) = 0.1\text{ V}$$

(a)★극복할 수 있는 가장 큰 양 방향 잡음 스파이크는 무엇인가?

(b) 극복할 수 있는 가장 큰 음 방향 잡음 스파이크는 무엇인가?

반복연습문제

B 8-4.★다음의 각 문장에서 기술되어 있는 용어나 파라미터를 설명하라.

(a) 입력에 논리 1이 가해질 때 입력에서의 전류

(b) 모든 출력이 LOW일 때 V_{CC} 소스로부터 흐르는 전류

(c) 출력이 1에서 0인 상태로 스위치 되는데 필요한 시간

(d) 이상 동작이 일어나지 않으면서 HIGH 입력에서 견딜 수 있는 전압 스파이크의 크기

(e) PC 보드에 구멍을 낼 필요가 없는 IC 패키지

(f) LOW 출력이 구동하는 회로의 입력으로부터 전류를 받을 때

★가 표시된 문제들은 책의 뒷부분에 답이 있다.

(g) 하나의 출력이 안전하게 구동할 수 있는 입력 수
(h) 표준 TTL 회로에서 출력 트랜지스터의 배열
(i) 풀다운 트랜지스터 Q_4를 기술하는 다른 용어
(j) TTL에서 허용하는 V_{CC} 값의 범위
(k) 74ALS 계열에 대한 V_{OH}(min)과 V_{IH}(min)
(l) 74ALS 계열에 대한 V_{IL}(max)와 V_{OL}(max)
(m) HIGH 출력이 부하에 전류를 공급할 때

8-4절

8-5.* (a) 표 8-6으로부터 74LS 소자가 74ALS 입력을 구동하고 있을 때 잡음 여유를 구하라.
(b) 74ALS로 74LS를 동작할 때에 대하여 (a)를 반복하라.
(c) 74LS와 74ALS 회로가 조합되어 사용하는 논리 회로의 전체 잡음 여유는 무엇인가?
(d) 어떤 논리 회로에서 V_{IL}(max) = 450 mV이다. 어떤 계열의 TTL이 이 회로에 사용될 수 있는가?

8-5~8-6절

B 8-6. 반복연습문제
(a) 팬 아웃을 정의하라.
(b)*LOW 상태에서 함께 묶인 입력이 항상 하나의 부하로 되는 것은 어떤 형태의 게이트인가?
(c)*플로팅 입력을 정의하라.
(d) TTL에서 전류 스파이크가 일어나는 이유는 무엇인가? 그것들이 일으킬 수 있는 나쁜 효과는 무엇인가? 이 효과를 줄일 수 있는 방법은 무엇인가?
(e) TTL 출력이 TTL 입력을 구동할 때, I_{OL}은 어디서 오며, I_{OH}는 어디로 가는가?

8-7. 표 8-11을 사용하여 두번째 논리군을 구동하기 위한 첫번째 논리군 인터페이싱에 대한 팬 아웃을 구하라.
(a)*74AS~74AS
(b)*74F~74F
(c) 74AHC~74AS
(d) 74HC~74ALS

B 8-8. 74LS112 J-K 플립플롭 자료를 참고하라.
(a) J와 K 입력에서 HIGH와 LOW 부하 전류를 구하라.
(b) 클럭과 클리어 입력에서 HIGH 와 LOW 부하 전류를 구하라.
(c) 하나의 74LS112의 출력에 얼마나 많은 74LS112 클럭 입력을 연결할 수 있는가?

B 8-9.*그림 8-52(a)는 출력이 총 8개의 표준 TTL입력을 구동해야하는 74LS112 J-K 플립플롭을 나타내고 있다. 이 숫자는 74LS112의 팬 아웃을 초과하므로 어떤 형태로든 버퍼가 필요하다. 그림 8-52(b)는 74LS112보다 더 많은 팬 아웃을 가지는 74LS37 쿼드 NAND 버퍼의 NAND 게이트중 하나를 사용하여 문제를 해결할 수 있다는 가능성을 보여준다. 그것은 74LS112보다 더 높은 팬 아웃을 가지고

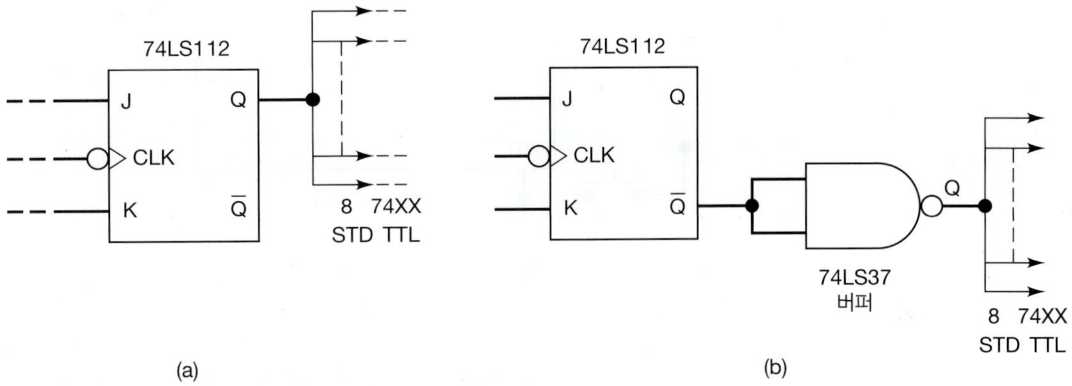

그림 8-52 연습문제 8-9, 8-10.

있다. NAND가 인버터로 동작하고 있기 때문에 $\overline{Q}$가 사용되고 있다는 점에 주의해라. 74LS37에 대한 자료를 참고하라.

(a) 표준 TTL로의 최대의 팬 아웃을 구하라.

(b) LOW 상태에서 최대 싱크 전류를 구하라.

D 8-10. 버퍼 게이트는 보통의 게이트보다 더 비싸다. 그리고 때로는 그림 8-52(a)에서처럼 부하 문제를 해결하는 데 사용될 수 있는 몇 개의 게이트들이 사용되지 않고 있다. 이 문제를 해결하기 위해 어떻게 74LS00 NAND 게이트들이 사용될 수 있는지 보여라.

B 8-11.* 그림 8-53의 논리도를 참고하라. 74LS86 배타적 OR 출력이 여러 개의 74LS20 입력을 구동하고 있다. 74LS86의 팬 아웃이 초과되는지 아닌지를 결정하고 설명

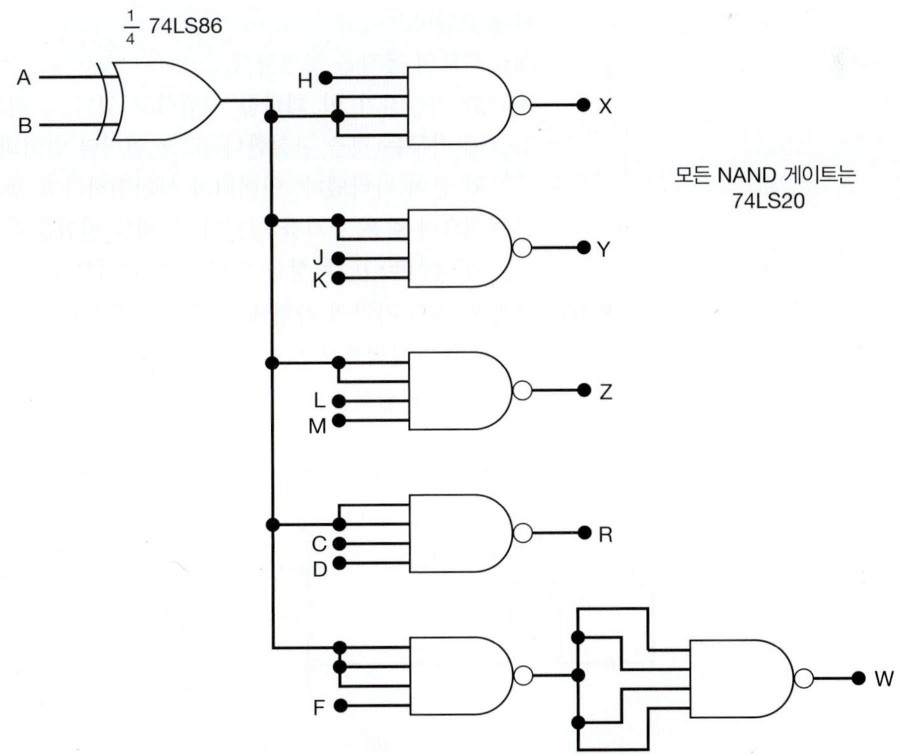

그림 8-53 연습문제 8-11, 8-13.

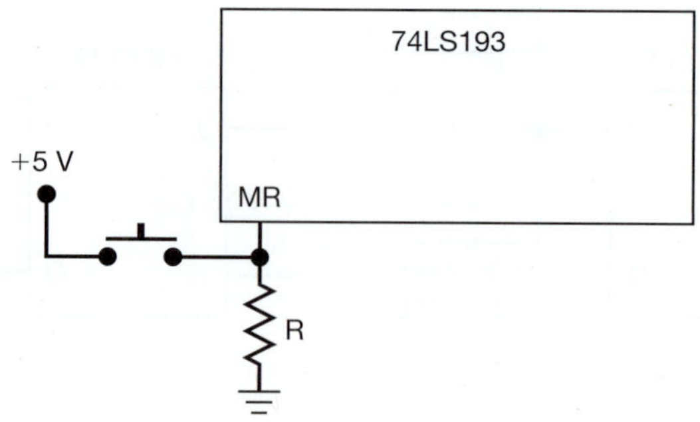

그림 8-54 연습문제 8-14.

하라. 모든 74AS 소자들에 대해서도 반복하라. 표 8-7을 이용하라.

B 8-12. 입력에 상승 에지가 걸릴 때 전형적인 74LS04의 출력의 상태가 변하는 데 걸리는 시간은 얼마인가?

C 8-13.* 그림 8-53의 회로에서 입력 *A*에서의 변화가 출력 *W*에 나타나는 데 걸리는 최장 시간을 구하라. 모든 최악의 경우의 조건과 게이트 전송 지연의 최대치를 사용하라. (힌트: NAND 게이트는 인버팅 게이트라는 것을 기억하라). 모든 74ALS 소자에 대해서도 반복하라.

8-14. (a)* 그림 8-54는 푸시-버튼 스위치로 동작되는 HIGH 활성 마스터 리셋 입력을 가진 74LS193 카운터를 나타내고 있다. 저항 *R*은 스위치가 개방되어 있는 동안 *MR* LOW 상태를 유지하는 데 쓰인다. 사용가능한 *R* 값의 최대치는 얼마인가?

(b) 74ALS193에 대하여 (a)를 반복하라.

C, T 8-15. 그림 8-55(a)는 60 Hz 사인파를 플립플롭과 카운터들을 신뢰성 있게 동작시키는 60 pps 신호로 바꾸는 회로를 나타내고 있다. 이런 형태의 회로는 주로 디지털 클럭에 쓰인다.

(a) 회로의 동작을 설명하라.

(b)* 한 기술자가 이 회로를 시험하고 있다. 그리고 74LS14 출력이 LOW 상태에 머무는 것을 관찰한다. 그는 인버터 입력의 파형을 체크하여 그림 8-55(b)와 같이 나타냈다. 인버터가 불완전하다고 생각한 그는 칩을 대체시켜서 관찰했으나 같은 결과를 얻었다. 문제의 원인은 무엇이고, 이것을 어떻게 고치겠는가? (힌트: v_x 파형을 주의 깊게 살펴보라.)

T 8-16. 그림 8-56의 각각의 파형에 대하여 이것을 *CLK* 입력으로 사용하면, 74LS112 플립플롭을 안정적으로 트리거할 수 없는 이유를 설명하라.

T 8-17. 한 기술자가 실험을 하기 위해서 논리 회로를 브래드보드(breadbord)에 올려놓

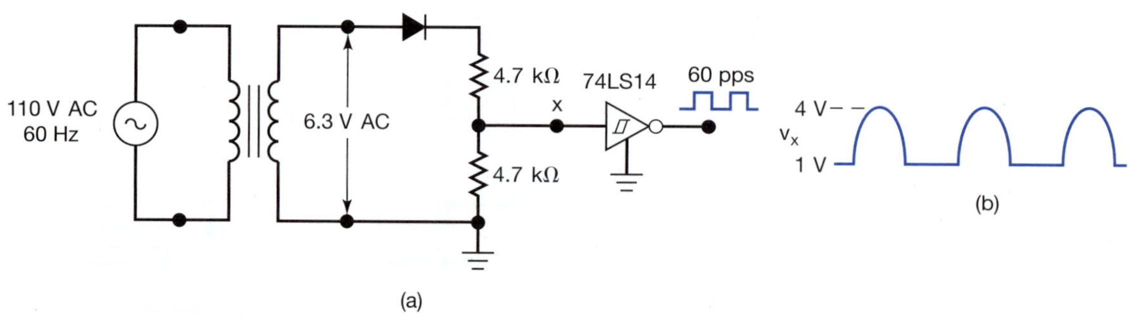

그림 8-55 연습문제 8-15.

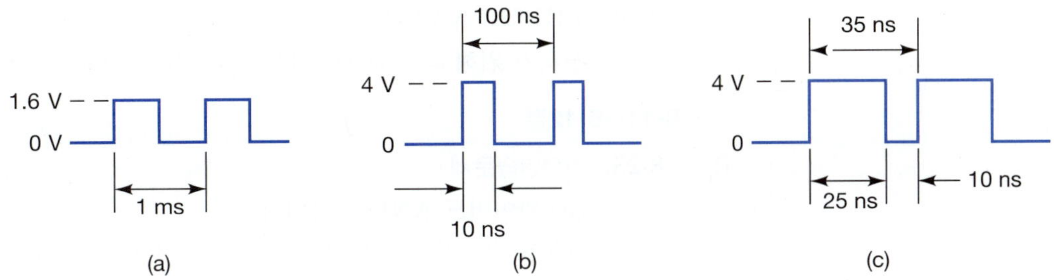

그림 8-56 연습문제 8-16.

그림 8-57 연습문제 8-17.

았다. 그는 회로의 동작을 실험하면서 플립플롭과 카운터들이 불규칙하게 작동하는 것을 알아내었다. 다른 훌륭한 기술자들처럼, 그는 DC 메타로 V_{CC} 선을 조사하여 4.97 V를 읽었다, 이것은 TTL에 적합한 것이다. 그는 회로의 모든 선들을 조사하고 각각의 IC들을 하나씩 대체해 보았다. 그러나 문제는 지속되었다. 결국 그녀는 스코프로 V_{CC}를 관찰하기로 결정하고, 그 결과를 그림 8-57에 나타내었다. V_{CC} 잡음의 원인은 무엇인가? 그 기술자가 회로 구성시에 포함시켜야 할 것을 잊어버린 것은 무엇인가?

8-7~8-10절

B 8-18. 다음 조건에 의해서 동작 ON되는 MOSFET는 어떤 종류인가?
(a) 게이트에 5 V, 소스에 0 V
(b) 게이트에 0 V, 소스에 5 V

B 8-19.* CMOS가 일반적으로 TTL에 비해 유용한 것은 다음 중 어떤 것인가?
(a) 더 큰 패킹 밀도
(b) 보다 빠름
(c) 더 큰 팬 아웃
(d) 더 낮은 출력임피던스
(e) 간단한 구조 공정
(f) LSI에 보다 적합
(g) 더 낮은 P_D(1 MHz 이하)
(h) 단자 회로 소자로서만 트랜지스터 사용
(i) 더 낮은 입력 커패시턴스
(j) 보다 적은 ESD

8-20. 다음의 어떤 동작 조건이 한 CMOS 논리 시스템에 대한 최소 평균 P_D를 만들게 되는가? 설명하라.
(a) $V_{DD} = 5$ V, 스위칭 주파수 $f_{max} = 1$ MHz
(b) $V_{DD} = 5$ V, $f_{max} = 10$ MHz
(c) $V_{DD} = 10$ V, $f_{max} = 10$ MHz

C 8-21.* 74LS04 IC의 각 인버터 출력이 2개의 74HCT08의 입력으로 연결되어 있다. 각 인버터의 입력은 시간의 99% 이상 LOW이다. 74LS04 칩의 최대 전력 소모량은 얼마인가?

8-22. 표 8-9의 값들을 이용하여 74HC 게이트가 표준 74LS 입력으로 연결되었을 때 HIGH 상태에서의 잡음 여유를 계산하라.

8-23. CMOS IC에서 래치업이 일어나는 이유는 무엇인가? 이러한 조건에서 발생하는 것은 무엇인가? 래치업을 막기 위한 예방책은 무엇인가?

8-24. 74HC20 NAND 게이트 IC에 대한 자료를 참고하라. P_D(avg), t_{pd}(avg)를 계산하기 위해 최대치들을 사용하라. 문제 8-2에서 계산된 값들과 비교하라.

8-11~8-12절

B 8-25. 반복연습문제
(a) 와이어드 AND를 정의하라.
(b) 풀업 저항이란 무엇인가? 이것이 사용되는 이유는 무엇인가?
(c) 안전하게 함께 묶일 수 있는 TTL 출력들은 어떤 형태인가?
(d) 버스 충돌이란 무엇인가?

D 8-26. 74LS09 TTL IC는 개방-컬렉터 출력을 가지고 있는 쿼드 2 입력 AND이다. 다음 동작 $x = A \cdot B \cdot C \cdot D \cdot E \cdot F \cdot G \cdot H \cdot I \cdot J \cdot K \cdot M$을 수행하는데 74LS09들이 어떻게 사용될 수 있는지 보여라.

B 8-27.* 그림 8-58에서 출력 X에 대한 논리적 표현을 구하라.

그림 8-58 연습문제 8-27.

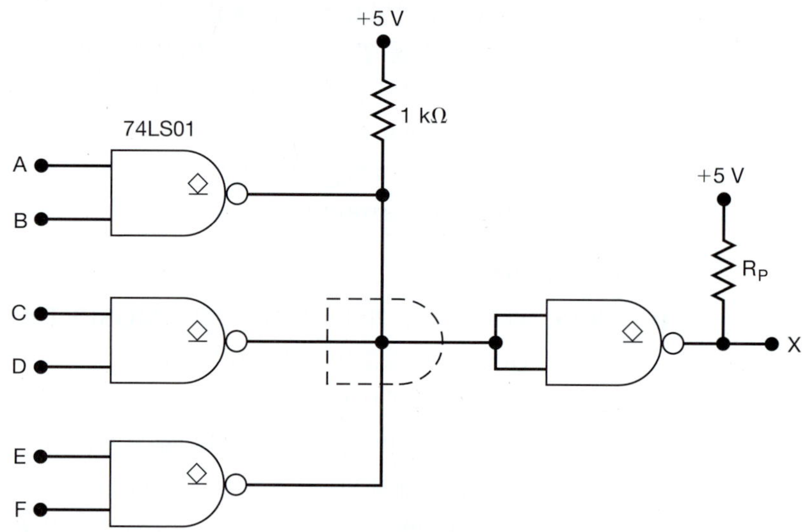

C 8-28. 다음 중 HIGH에서 LOW로 전환되는 동안에 TTL 토템폴 출력을 파괴하기 가장 좋은 것은 무엇인가?
(a) +5 V에 출력을 연결
(b) Ground에 출력을 연결
(c) 입력에 7 V를 공급
(d) 다른 TTL 토템 풀 출력에 출력을 연결

D 8-29.* 그림 8-59의 (a)는 플립플롭의 출력 Q의 상태를 나타내기 위한 LED의 ON/OFF를 제어하는 데 사용되는 7406 개방-컬렉터 인버팅 버퍼를 나타낸다. LED의 명세는 $V_F = 2.4$ V, $I_F = 20$ mA, 그리고 $I_F(\text{max}) = 30$ mA이다.
(a) $Q = 0$일 때 7406에는 어떤 전압이 나타날 것인가?
(b) 정상적인 동작을 위해 필요한 적당한 직렬 저항 값을 선택하라.

8-30. 그림 8-59(b)에서 7406의 출력을 릴레이에 전류 스위치로 사용하였다.
(a)* $Q = 0$일 때 7406 출력에서의 전압은 얼마인가?
(b)* 사용 가능한 가장 큰 전류 릴레이는 얼마인가?
(c) 7407을 사용할 경우에는 이 회로를 어떻게 변경하면 되는가?

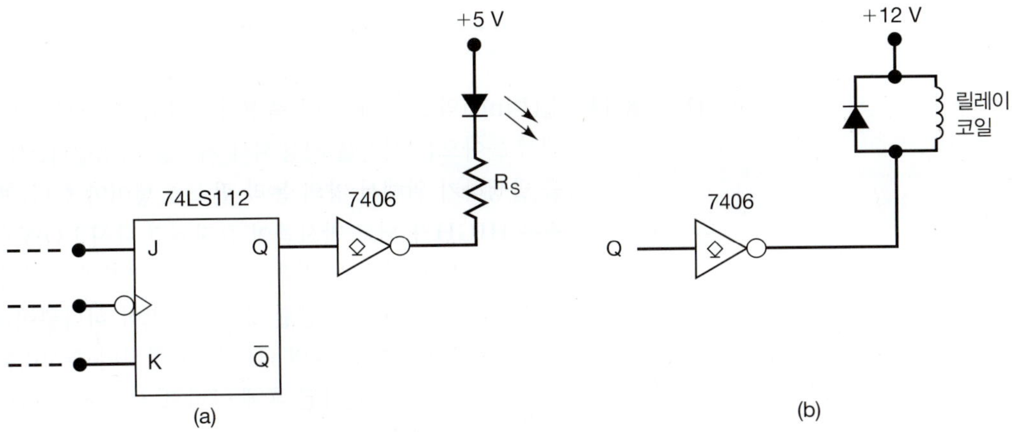

그림 8-59 연습문제 8-29, 8-30.

그림 8-60 연습문제 8-31.

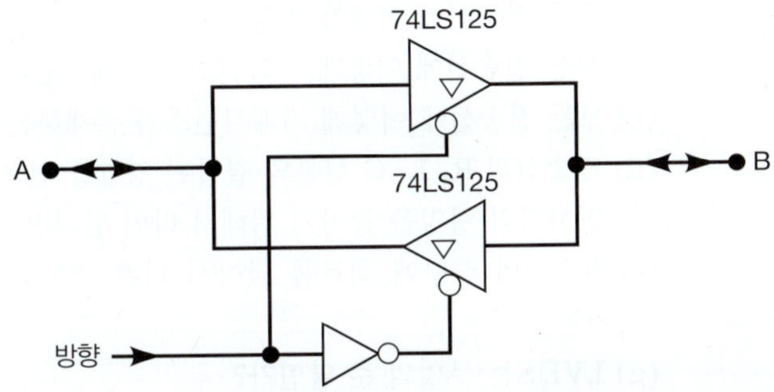

8-31. 그림 8-60은 디지털 데이터가 한쪽 방향(A에서 B, 또는 B에서 A)으로 전송되는 양방향 트랜시버(*transceiver*)를 구성하기 위해 두 3상태 버퍼가 어떻게 사용될 수 있는지 보여주고 있다. 방향 입력의 두 상태에 대한 회로 동작을 기술하라.

8-32. 그림 8-61의 회로는 그림 8-36의 회로를 위한 인에이블 입력을 제공하기 위해 사용된다.

(a) 입력 x, y의 각 조합에 따라서 어떤 데이터 입력(A, B 또는 C)이 버스에 나타나게 되는지 구하라.

(b) NOR가 XNOR로 바뀌면 회로가 동작하지 않는 이유를 설명하라.

그림 8-61 연습문제 8-32.

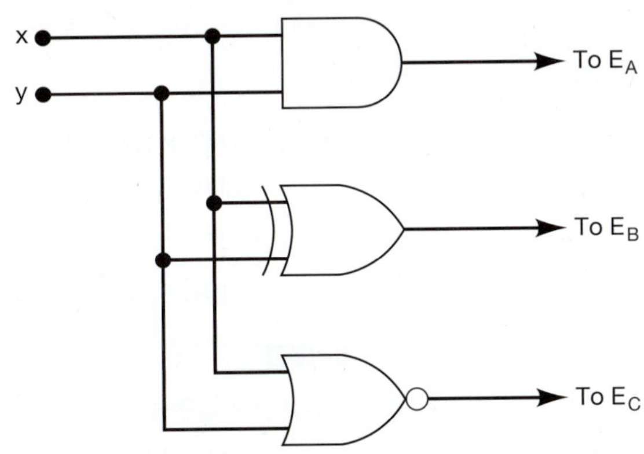

8-33.* 그림 8-36에서 오직 하나의 버퍼만 인에이블 상태로 제어할 수 있는 카운터 회로 종류(제7장에서)는 무엇이며, 버퍼들은 순차적으로 인에이블 되는가?

D 8-34. 핑(Ping)의 초음파 거리 측정기는 소리가 물체에 도달하는 시간과 반사음이 물체에서 돌아오는 시간을 사용해서 거리를 측정한다. 사용자는 작은 폭발음 뱅(bang)을 발생하기 위해서 양의 논리 펄스를 넣어야 한다. 뱅이 발생한 다음, 측정기의 출력은 HIGH가 되고 반사음이 감지되면 다시 LOW가 된다. 출력 펄스가 HIGH가 되는 시간은 반사음을 발생시키는 물체까지의 거리에 비례한다. 하지만, 핑 측정기는 입력과 출력으로 사용할 수 있는 핀이 하나뿐이다. 3상태 버퍼와 필요한 논리 게이트를 사용하여 하나의 HIGH가 활성인 푸시버튼 입력이 신호 핀에 펄스를 인가하고, 이 펄스가 인가된 후에 곧바로 신호 핀이 출력을 구동할 수 있도록 한다.

8-13절

8-35. 반복연습문제

(a) 모든 전송선에 어떻게 저항이 존재하는가?
(b) 모든 전송선에 어떻게 인덕턴스가 존재하는가?
(c) 모든 전송선에 어떻게 커패시턴스가 존재하는가?
(d) 전송선의 R, L, C 성분의 결합된 영향을 선로의 무엇이라고 하는가?
(e) 반사파와 링잉을 줄이기 위해서 라인 임피던스를 무엇과 매칭 해야 하는가?
(f) 전송선의 끝단에 회로를 달아서 나쁜 영향을 최소화하는 것을 무엇이라 하는가?
(g) LVDS는 무엇의 준 말인가?
(h) LVDS에서 두 개의 논리 레벨이 어떻게 구분하는가?

8-14절

8-36.* 그림 8-62의 제어 입력의 두 가지 상태에 대한 V_{OUT}의 근사값을 구하라.

그림 8-62 연습문제 8-36.

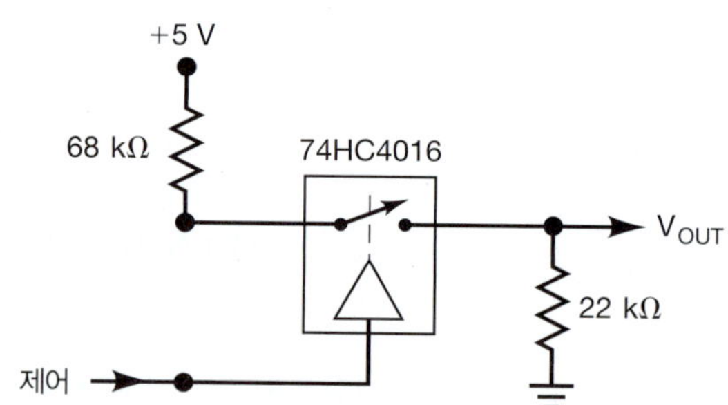

8-37.* 그림 8-63에서 주어진 입력 파형으로 출력 X의 파형을 구하라. 양방향 스위치에 대해 $R_{ON} \approx 200\ \Omega$을 가정한다.

D, C 8-38.* 이득 선택 입력의 두 가지 상태에 대해서 그림 8-64 연산 증폭기 회로의 이득을 구하라. 이 회로는 디지털적으로 제어되는 신호 증폭기의 기본 원리를 나타낸다.

8-15절

B 8-39.* 반복연습문제

(a) TTL 출력으로부터 바로 구동되는 입력을 가질 수 있는 CMOS 계열은 어떤 것인가?

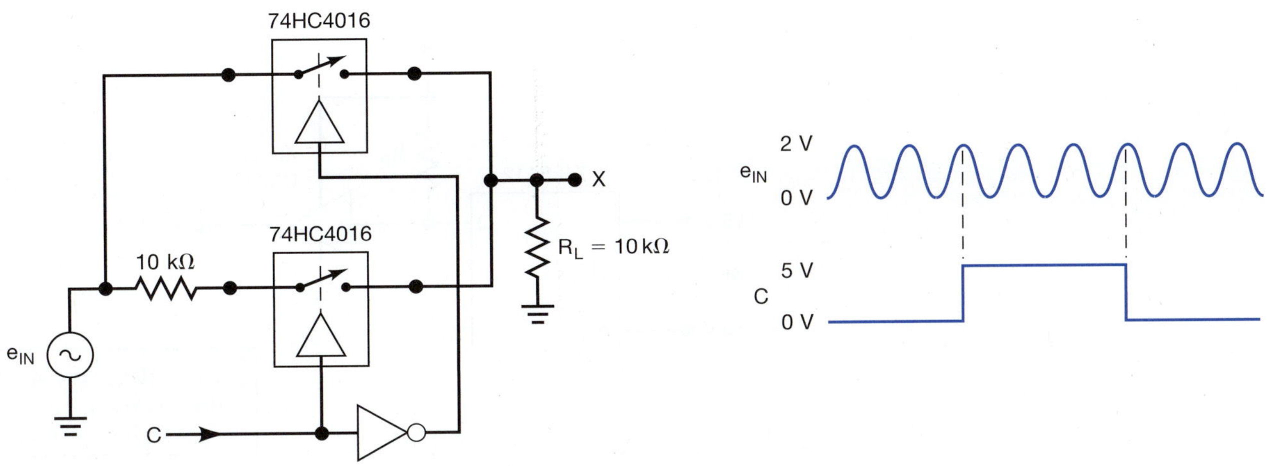

그림 8-63 연습문제 8-37.

그림 8-64 연습문제 8-38.

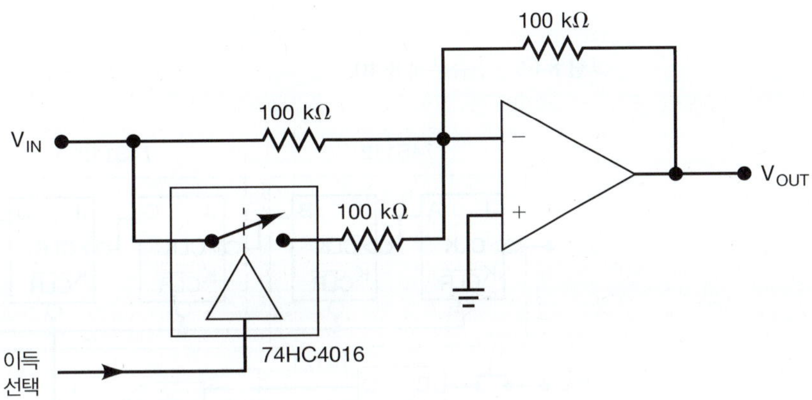

(b) 레벨 변환기의 기능은 무엇인가? 언제 이것을 사용하는가?

(c) CMOS 출력들과 TTL 입력들 사이에 하나의 버퍼가 필요한 이유는 무엇인가?

(d) 다음 문장의 참, 거짓을 구분하라. 대부분의 CMOS 출력들은 TTL HIGH 상태 입력 전류를 제공하는 데 문제가 있다.

T 8-40. 그림 8-65(a)을 참조하라. 74LS TTL 출력 Q가 V_{DD} =10 V에서 CMOS 인버터를 동작시키고 있다. Q와 X에서의 파형을 그림 8-65의 (b)에 나타내었다. 다음 중 어느 것이 X가 HIGH 상태로 되는 원인인가?

(a) 10 V 전원이 잘못이다.

(b) 풀업 저항이 너무 크다.

(c) 74LS112 출력이 10V보다 훨씬 작은 값에서 떨어지고, HIGH 상태에서 5.5 V 레벨을 유지한다. 이것은 CMOS 입력에 대해 결정되지 않은 범위이다.

(d) CMOS 입력이 TTL 출력의 부하를 줄인다.

8-41. (a)*표 8-11을 이용하여, 얼마나 많은 74AS 입력들이 4000B 출력에 의해 구동될 수 있는지를 구하라.

(b) 74HC 출력에 대해 (a)를 반복하라.

T 8-42. 그림 8-66은 잘못 설계된 논리 회로이다. 이 회로는 최소 8군데에서 IC들의 특성이 적절하게 고려되지 않았다. 가능한 많은 곳을 찾아라.

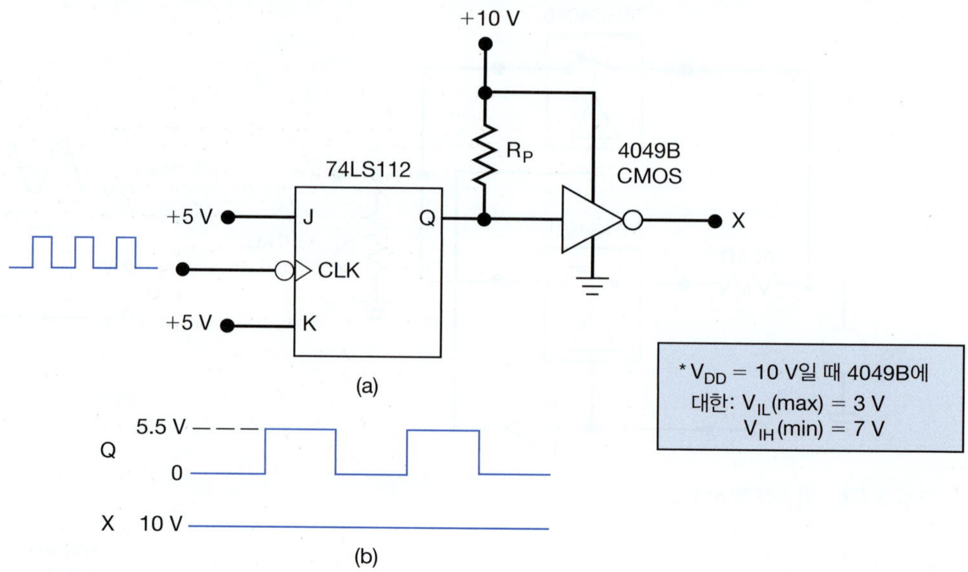

그림 8-65 연습문제 8-40.

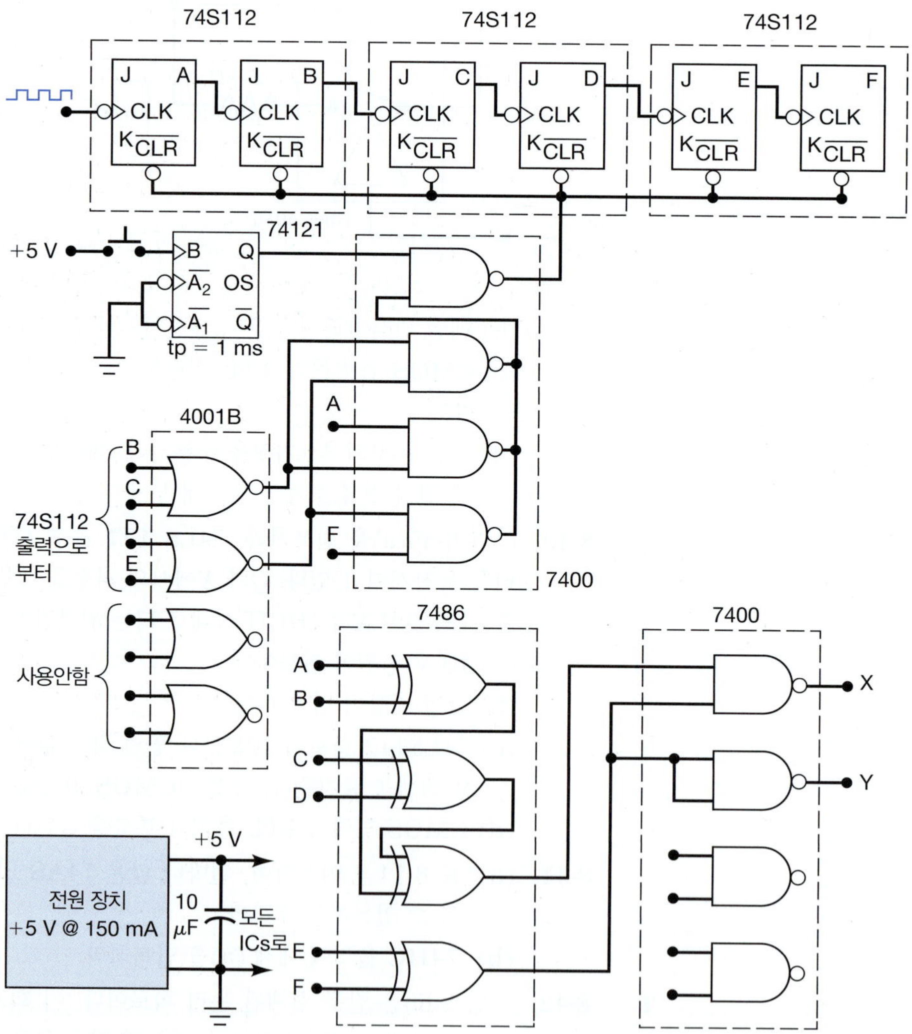

그림 8-66 연습문제 8-42, 8-43.

T 8-43. 회로를 다음과 같이 바꾸고 문제 8-42를 반복하라.

- 각 TTL IC를 74LS 등가로 바꾼다.
- 4001B를 74HCT02로 바꾼다.

8-44.* 표 8-11을 사용하여 그림 8-67의 회로가 동작하지 않는 이유를 설명하라. 문제점을 고칠 수 있는 방법은 무엇인가?

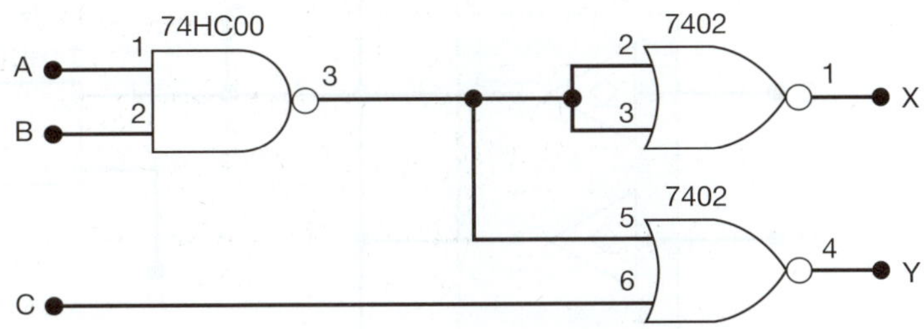

그림 8-67 연습문제 8-44.

8-17절

D 8-45. 자동차의 가스탱크에 연료를 공급하는 장치가 있다. 이것은 전위계(potentiometer)처럼 작동한다. 연료의 정도에 따라 부표가 위와 아래로 움직이면서 가변 저항을 맞추고 연료 정도에 비례하는 전압을 산출한다. 탱크가 완전히 채워지면 12 V, 탱크가 비워졌으면 0 V를 나타낸다. LM339를 사용하여 공급 장치의 전압이 0.5 V 이하가 될 때 '연료 없음' 지시등이 켜지는 회로를 설계하라.

D 8-46.* 그림 8-49에 있는 초과-온도 비교기 회로에서 LM34 온도 센서와 LM35로 대체시킨다. 이것의 출력 전압은 섭씨 1도당 10 mV이다. 온도가 38°C가 넘으면 경보가 여전히 울리게 된다. 변경을 위한 R_1 값과 R_2 값을 다시 계산하라.

8-18절

T 8-47. 그림 8-68의 회로는 6개의 개방-드레인 인버터를 가진 74HC05 IC를 사용한다. 인버터들은 와이어드 AND로 연결되었다. A에서 H까지의 입력에 관계없이 NAND 게이트의 출력은 항상 HIGH이다. 논리 프로브와 펄스 발생기를 사용하여 결함을 격리시키는 과정을 기술하라.

T 8-48. 그림 8-50의 회로는 NAND 게이트의 출력과 플립플롭 입력 사이의 어디인가에 접지시키는 납땜불량이 있다. 결함이 회로 보드에 있고 아마도 NAND나 FF IC들에 있지 않다는 것을 보이기 위해서 수행할 수 있는 테스트 과정을 기술하라.

T 8-49.* 그림 8-44에서 논리 프로브가 풀업 저항의 낮은 끝이 LOW 상태에 있다고 지시한다. 다음 중 어느 것이 일어날 수 있는 결함인가?

(a) TTL 게이트의 전류 공급 트랜지스터가 개방된다.
(b) TTL 게이트의 전류 싱킹 트랜지스터는 컬렉터-이미터가 단락되었다.
(c) R_P로부터 CMOS 게이트의 연결에 끊어짐이 있다.

마이크로컴퓨터 응용

C 8-50.* 5장에서 마이크로프로세서(MPU)가 소프트웨어의 제어로 어떻게 데이터를 외부 레지스터로 전송하는지 설명했다. 그 회로도를 그림 8-69에 다시 나타냈다. 일단 데이터가 레지스터 안에 들어가면, 그들은 그곳에 저장되어 요구되는 어떤 목적에

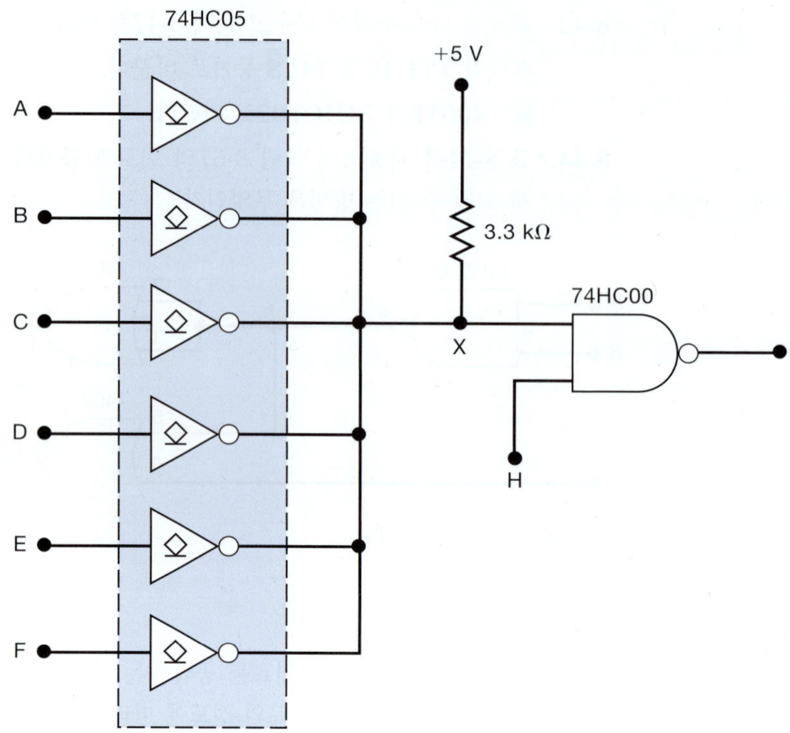

그림 8-68 연습문제 8-47.

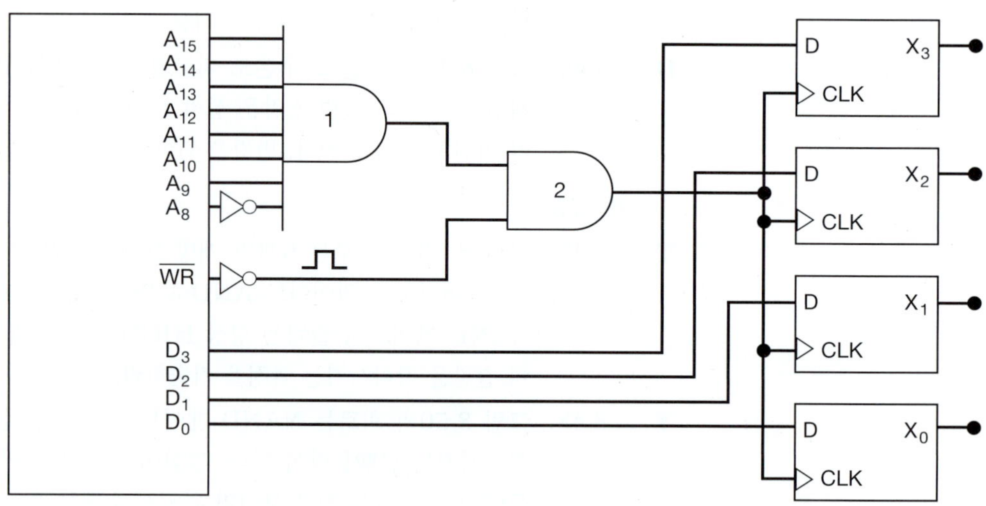

그림 8-69 연습문제 8-50.

도 사용된다. 때때로, 레지스터 안에서 각 개개의 비트는 독특한 동작을 갖는다. 예를 들어 자동차 컴퓨터에서 각 비트는 MPU에 의해 조정되는데 다른 물리적 변수의 상태를 나타낼 수 있다. 한 비트는 엔진 온도가 너무 높을 때 표시된다. 다른 비트는 오일 압력이 너무 낮을 때 신호를 나타낸다. 다른 응용에서, 레지스터 안의 비트들은 다양한 전압 레벨들의 아날로그 입력을 요구하는 장치들을 구동하는 데 쓰일 수 있는 아날로그 출력을 만드는 데 사용된다.

그림 8-70은 그림 8-69로부터 레지스터 데이터를 취하여, 증폭기에 입력들을 제어하기 위해 사용함으로써, 어떻게 MPU를 아날로그 전압을 발생시키는 데 사

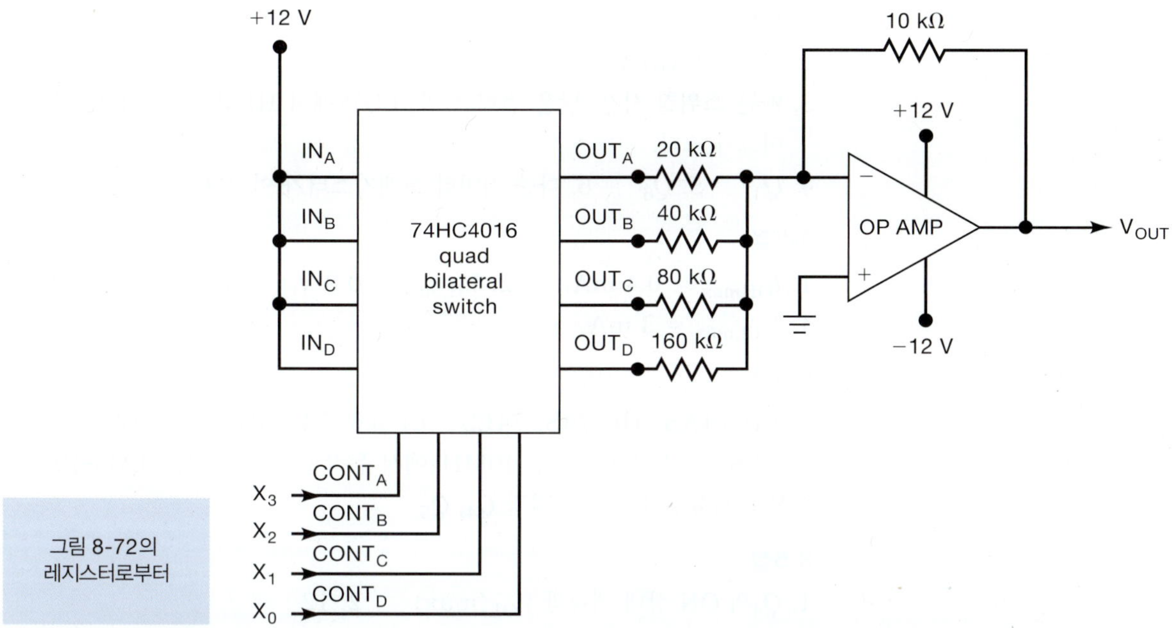

그림 8-70 연습문제 8-50.

용할 수 있는지 나타내고 있다. 다음 표 8-15에 따라 10 μs마다 레지스터로 새로운 데이터의 집합이 전송되는 프로그램을 MPU가 실행하고 있다고 가정하자. V_{OUT}의 파형을 그려라.

표 8-15 연습문제 8-50.

시간 (μs)	MPU 데이터
0	0000
10	0010
20	0100
30	0111
40	1010
50	1110
60	1111
70	1111
80	1110
90	1100
100	1000

학습성과 평가문제 해답

8-1절

1. 본문 참조. 2. 거짓 3. 거짓, V_{NH}는 $V_{OH}(min)$과 $V_{IH}(min)$ 간의 차이다.

4. 전류 싱킹: 회로 구동부의 입력으로부터 실제로 유입되는 출력 전류.
전류 전원: 회로 구동부로 제공되는 전류

5. DIP 6. J-lead 7. 구부러지게 한다. 8. 아니오.

8-2절

1. 참 2. LOW
3. 빠른 스위칭 시간, 낮은 전력 소비; LOW에서 HIGH로 스위칭 하는 동안에 전류 스파이크가 크다.
4. Q_3 5. Q_6 6. 다중 이미터 트랜지스터가 아니다.

8-3절

1. $I_{OHmax} = 0.4$ mA. 2. $V_{ILmax} = 0.8$ V. 3. $t_{PLHLmax} = 11$ ns.
4. $I_{CCLmax} = 3$ mA.

8-4절

1. (a) 74AS (b) 74S, 74LS (c) 표준 74 (d) 74S, 74LS, 74AS, 74ALS (e) 74ALS 2. 3가지 모두 40MHz에서 동작할 수 있지만, 74ALS193이 전력 소모가 적으므로 사용된다. 3. 각각 Q_4, Q_5

8-5절

1. Q_4의 ON 상태 저항과 V_{OL}(max) 2. 12
3. 그 출력 전압은 허용된 논리 0과 1 범위 내에 유지되지 않는다. 4. 2, 5

8-6절

1. LOW 2. 1kΩ 저항을 통해 $+V_{CC}$에 연결한다. 또 다른 사용 입력에 연결한다.
3. 접지에 연결한다; 또 다른 사용 입력에 연결한다. 4. 거짓. LOW 상태일 때
5. 출력이 LOW에서 HIGH로 변하는 동안 급격한 전류 변화에 의해 야기는 전압 스파크를 여과하기 위해 V_{CC}와 각 TTL IC 근처의 접지 사이에 작은 RF 커패시터를 연결한다.

8-7절

1. 1 kΩ 2. 1 GΩ 3.. 커패시터

8-8절

1. CMOS는 P-채널과 N-채널의 MOSFET를 모두 사용한다.
2. 1 3. 6

8-9절

1. 74C, HC, HCT, AHC, AHCT 2. 74ACT, HCT, AHCT
3. 74C, HC/HCT, AC/ACT, AHC/AHCT 4. BiCMOS
5. 최대 허용 전파 지연, 각 부하단의 입력 커패시턴스
6. 본문 참조 7. CMOS
8. (a) 참 (b) 거짓 (c) 거짓 (d) 거짓 (e) 참 (f) 거짓

8-10절

1. 칩에 더 많은 회로집적, 보다 빠른 속도
2. 높은 전압들을 취급할 수 없다. 전력 소모 증가는 칩을 과열시킬 수 있다.
3. 표준 TTL과 같다: 2.0 V 4. 74ALVC, 74LV 5. 74LVT

8-11절

1. TTL의 출력들이 함께 연결될 때
2. 손상 전류(damaging current)가 흐를 수 있다. V_{OL}은 V_{OL}(max)를 초과한다.
3. 전류 싱킹 트랜지스터 Q_4의 컬렉터가 연결되어 있지 않다.(Q_3이 없다.)

4. V_{OH} 레벨을 얻기 위해서이다. 5. $\overline{A}\ B\ \overline{C}\ \overline{D}\ E\ \overline{F}$
6. 동적 풀업 트랜지스터가 없기 때문이다. 7. 그림 8-33 참조

8-12절

1. HIGH, LOW, Hi-Z 2. Hi-Z
3. 2개 혹은 그 이상의 3상태 출력이 공통 버스에 묶였을 때 동시에 인에이블되는 것을 말한다.
4. $E_A = E_B = 0, E_C = 1$ 5. 그림 8-38 참조

8-13절

1. 4인치 이하 2. 저항, 커패시턴스, 인덕턴스
3. 반향 감소와 라인의 울림 현상

8-14절

1. 제어 입력의 논리적 레벨은 아날로그 신호를 통과시킬 수 있는 양방향 스위치의 개방/폐쇄 상태를 제어한다. 2. 참

8-15절

1. 풀업 저항은 TTL 출력 단자 +5 V에 연결되어야 한다.
2. CMOS I_{OH} 혹은 I_{OL}이 너무 낮다.

8-16절

1. 드라이버 회로로부터 출력을 받아 그 출력을 조절하여 부하의 입력 요구와 일치시키는 기능이다.
2. 참 3. 거짓. 예를 들어, 4000B 계열은 74 혹은 74AS 소자의 I_{IL}을 싱크할 수 없다.
4. 74HCT와 ACT 5. 2

8-17절

1. $V^{(+)} > V^{(-)}$ 2. $V^{(-)} > V^{(+)}$ 3. 개방 컬렉터

8-18절

1. V_{CC} 혹은 접지에 단락되지 않은 노드에서 선택된 극성의 전압 펄스를 인가한다.
2. 거짓 3. 거짓
4. 발생기가 동작될 때마다 펄스 LED의 불이 켜진다.

CHAPTER 9

MSI 논리회로

MSI Logic Circuits

개요

학습목표

이 장을 학습함으로써 다음을 할 수 있다.

- 다양한 회로 응용에 있어서 디코더와 인코더의 분석 및 이해
- LED와 LCD의 장단점 비교
- 디지털 회로의 고장 진단을 위한 분석과 진단 기술의 배양
- 회로에서 멀티플렉서와 디멀티플렉서의 동작 분석
- 비교기 회로를 사용하여 2개의 2진수를 비교하는 방법 이해
- 코드 변환기의 기능과 동작의 이해
- 데이터 버스의 개념을 사용한 디지털 회로 접속시 고려해야 할 예방 조치의 이해
- MSI 등가 논리회로의 HDL 구현

서론

디지털시스템은 여러 가지 방식으로 정보와 2진 부호 데이터를 얻는데, 그 방법으로는 (1) 디코딩과 인코딩, (2) 멀티플렉싱, (3) 디멀티플렉싱, (4) 비교, (5) 코드 변환, (6) 데이터 버싱 등이 있다. MSI(medium-scale-integration) 범주에 있는 수많은 IC들의 가용성 덕택에 이런 많은 작업들이 가능하게 되었다.

이 장에서는 여러 가지 많은 공통된 기능 설계 블럭들을 공부한다. 각각의 블럭 종류에 대해서 공부하고 기본적인 동작 원리를 고찰하고 설계 예제들을 소개한다. 그리고 이들 기능 블럭의 사용 방법과 응용 분야에서 다른 블럭과 결합해서 사용하는 방법을 설명할 것이다.

9-1 디코더

학습성과

이 절을 학습함으로써 다음을 할 수 있다.

- 디코더의 용어 정의
- 디코더의 입력과 출력의 역할
- 디코더의 인에이블 입력의 역할

디코더(decoder)는 2진수를 대표하는 일련의 입력을 얻는 논리회로이며 그 입력 번호에 대응하는 출력만을 활성화시킨다. 즉, 디코더는 입력을 보고 어느 2진수가 현재 활성화되어 있는지 나타내며 그 2진수에 대응하는 출력을 구동시킨다. 이 때 다른 모든 출력은 비활성 상태가 된다. 그림 9-1은 N개의 입력과 M개의 출력을 가지고 있는 일반적인 디코더이다. 입력 N은 각각 0 또는 1의 값이므로, 2^N개의 입력 조합 또는 코드가 가능하다. 입력 조합

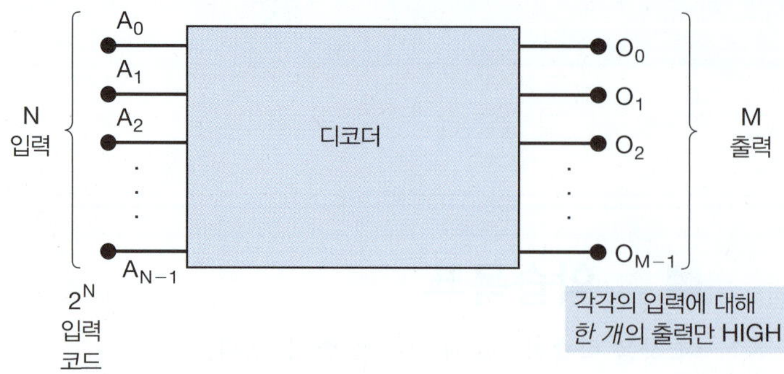

그림 9-1 일반적인 디코더 다이어그램.

에 대해서 M개의 출력단자 중 1개만 활성 HIGH가 되고, 다른 나머지 단자는 LOW가 된다. 대부분의 디코더는 LOW 상태를 이루도록 설계되어 있고, 선택된 출력단자가 LOW이면 다른 모든 단자는 HIGH가 된다. 이 상황은 디코더 다이어그램의 출력 선에 작은 원으로 표시된다.

일부 디코더는 2^N개의 입력 코드를 모두 활용하는 것이 아니라 그 중 일부만 활용한다. 예를 들어 BCD-10진 디코더는 0000에서 1001까지의 *10*개의 BCD 코드에 상응하는 4비트의 입력, 그리고 *10*개의 출력 선을 가진다. 이러한 유형의 디코더들은 사용되지 않는 어떠한 코드들이 입력되면, 어떤 출력도 활성화되지 않도록 설계되는 경우가 많다.

7장에서 카운터의 여러 가지 상태를 검출하기 위해 카운터와 결합하여 사용되는 방식을 기술하였다. 여기서 카운터의 플립플롭은 디코더의 2진 입력 코드를 발생시키며 이와 같은 기본적인 디코더 회로는 입력 단자에 아무런 문제가 없다. 그림 9-2는 3개의 입력과 $2^3 = 8$개의 출력을 갖는 디코더의 회로를 나타내고 있다. 이것은 모두 AND 게이트를 사용하고 있으며 출력은 활성 상태인 HIGH가 된다. 주어진 하나의 입력 코드에 대하여 활성 HIGH가 되는 유일한 출력은, 2진 입력 코드와 등가인 10진수에 대응하는 출력이라는 점에 유의하라($CBA = 110_2 = 6_{10}$일 때 출력 O_6은 HIGH가 된다).

이러한 디코더는 여러 가지로 불릴 수 있다. *3선~8선* 디코더라고 불릴 수 있는데, 그 이유는 3개의 입력 선과 8개의 출력 선을 가지고 있기 때문이다. 이것은 또한 *2진-8진*(*binary-to-octal*) 디코더 또는 변환기라고도 불릴 수 있는데, 그 이유는 한 개의 3비트 2진 입력 코드에 대해서 그 코드에 상응하는 8개의 출력 가운데 하나만을 활성화시키기 때문이다. 또한 *1-of-8* 디코더라고도 불리는 이유는 8개의 출력 단자 중 한 번에 하나만 활성화되기 때문이다.

인에이블 입력

일부 디코더는 디코더 동작을 제어하는 데 사용되는 하나 또는 여러 개의 인에이블 입력(ENABLE Inputs)을 갖고 있다. 예를 들어 그림 9-2의 디코더를 보면 각각의 게이트의 4개의 입력 단자에 공통 인에이블 선으로 연결된 것을 볼 수 있다. 이 인에이블 선이 HIGH이면 디코더는 정상적으로 동작하고 A, B, C 입력 코드에서 어떤 출력이 HIGH가 되는지 결정하게 된다. 그러나 이 인에이블 선이 LOW이면 A, B, C 입력에 관계없이 모든 출력은 LOW 상태로 유지된다. 따라서 디코더는 인에이블 선이 HIGH일 때만 동작한다.

그림 9-3의 (a)는 74ALS138 디코더 논리도이다. 이 논리도를 자세히 살펴보면 이 디코더가 어떻게 움직이는지 정확하게 규정할 수 있다. 먼저, 주의할 것은 NAND 게이트로 구성되어 있으며, 출력이 LOW가 된다는 것이다. 또 $\overline{O}_7$, $\overline{O}_6$, $\overline{O}_5$와 같은 표시는 활성 LOW 출력을 나타낸다.

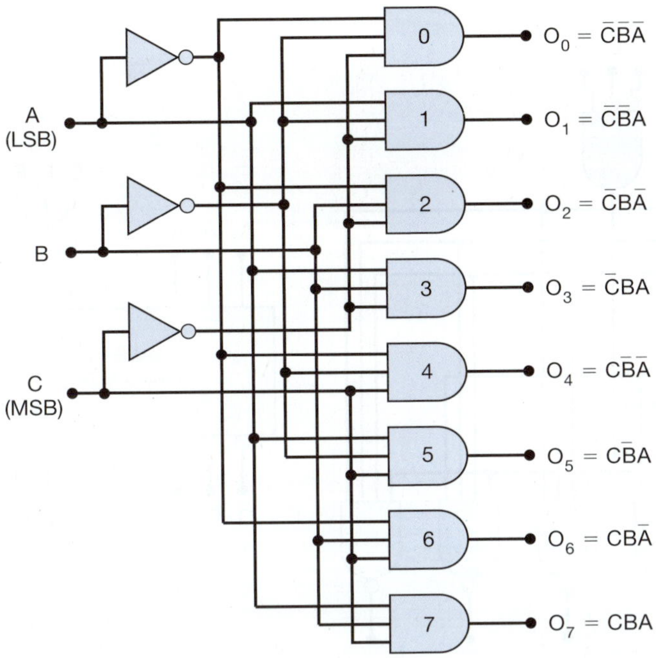

C	B	A	O_7	O_6	O_5	O_4	O_3	O_2	O_1	O_0
0	0	0	0	0	0	0	0	0	0	1
0	0	1	0	0	0	0	0	0	1	0
0	1	0	0	0	0	0	0	1	0	0
0	1	1	0	0	0	0	1	0	0	0
1	0	0	0	0	0	1	0	0	0	0
1	0	1	0	0	1	0	0	0	0	0
1	1	0	0	1	0	0	0	0	0	0
1	1	1	1	0	0	0	0	0	0	0

그림 9-2 3선 대 8선(1-of-8) 디코더.

입력 코드는 A_2, A_1, A_0에서 A_2는 MSB이며 3개의 입력과 8개의 출력을 갖는 디코더를 3선-8선 디코더 또는 1-of-8 디코더라 한다.

입력 $\overline{E}_1$, $\overline{E}_2$, E_3은 AND 게이트와 연결된, 분리되어 있는 인에이블 입력 단자이다. 입력 모두 $A_2A_1A_0$에 대응하여 출력 NAND 게이트를 인에이블시키기 위해서는 이 AND 게이트 출력이 HIGH가 되어야 하며 이러한 경우는 $\overline{E}_1 = \overline{E}_2 = 0$, $E_3 = 1$일 때 발생하게 된다. 다시 말해서 $\overline{E}_1$, $\overline{E}_2$가 활성 LOW이고, E_3이 활성 HIGH일 때 디코더의 출력은 활성이 된다. 만약 인에이블 입력의 하나 또는 그 이상이 비활성 상태인 경우 AND의 출력은 LOW가 되고, 모든 NAND의 출력은 입력 코드와 관계없이 부동의 HIGH가 된다. 이러한 동작을 나타낸 것이 그림 9-3의 (b) 진리표이며, 여기에서 X는 무정의 조건(don't care)을 의미한다.

그림 9-3의 (c)는 74ALS138의 논리 기호이다. 활성 LOW 출력과 인에이블 입력이 어떻게 표시되는지 살펴보라. AND 게이트는 디코더 블럭 외부에 표시되어 있지만 IC 내부 회로의 일부분이다. 74HC138은 이 디코더의 고속 CMOS인 셈이다.

이전 장에서 설명한 Quartus II 소프트웨어와 MegaWizard Plug-In 매니저 도구를 사용하여 디코더 같은 기능 블럭을 만들 수 있다. wizard에서는 입력의 수, *ENABLE* 입력의 존재 여부 그리고 디코더된 출력의 기능 블럭에 포함할 것인가? 등 다양한 선택을 할 수 있다. 그림 9-3d는 74138 디코더와 유사한 megafunction 블럭을 보여 주고 있다. 이들 두 megafunction 디코더의 차이점은 *ENABLE* 입력(HIGH시 활성)이 HIGH시 활성된 출력을 가진다는 것이다.

예제 9-1

74ALS138에서 다음과 같은 입력들에 대한 출력은 어떻게 되는가?

(a) $E_0 = \overline{E}_2 = 1, \overline{E}_1 = 0, A_2 = A_1 = 1, A_0 = 0$

(b) $E_3 = 1, \overline{E}_2 = \overline{E}_1 = 0, A_2 = 0, A_1 = A_0 = 0$

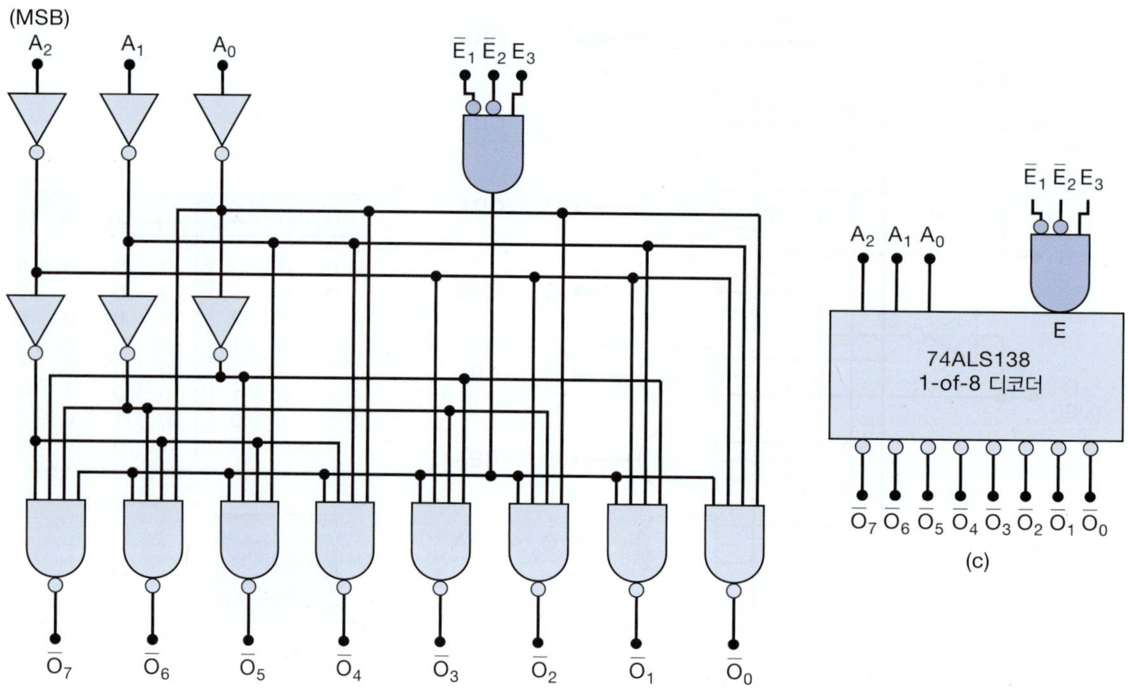

$\overline{E}_1$	$\overline{E}_2$	E_3	출력
0	0	1	입력 $A_2A_1A_0$에 응답
1	X	X	비활성 – 모두 HIGH
X	1	X	비활성 – 모두 HIGH
X	X	0	비활성 – 모두 HIGH

(b)

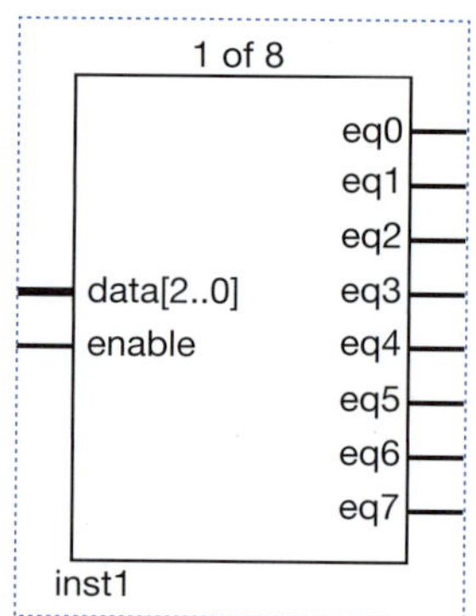

그림 9-3 (a) 74ALS138 디코더의 논리도. (b) 진리표. (c) 논리 기호. (d) Quartus II megafunction.

풀이

(a) $\overline{E}_2 = 1$일 때 디코더는 동작하지 않으며, 모든 출력은 비활성 HIGH 상태가 된다. 이는 진리표나 회로 논리를 통하게 되는 입력 레벨에 의해서 결정된다.

(b) 모든 인에이블 입력이 활성 상태가 되고, 디코더 부분도 동작 상태가 된다. 입력 코드가 $011_2 = 3_{10}$이면 출력 $\overline{O}_3$이 활성 상태가 되어 $\overline{O}_3$은 LOW가 되고 나머지 출력은 HIGH가 된다.

예제 9-2

그림 9-4의 (a)는 4개의 74ALS138과 인버터를 사용하여 1-of-32 디코더를 구성하는 방법을 보여주고 있다. 각 디코더는 Z_1에서 Z_4로 표시되어 있으며, 각각 8개의 출력씩 모두 32개의 출력을 구성하고 있다. Z_1의 출력은 $\overline{O}_0$에서 $\overline{O}_7$까지이고, Z_2는 $\overline{O}_8$에서 $\overline{O}_{15}$까지, Z_3은 $\overline{O}_{16}$에서 $\overline{O}_{23}$까지, 그리고 Z_4는 $\overline{O}_{24}$에서 $\overline{O}_{31}$까지 표시되어 있다. 5비트의 입력 코드 $A_4A_3A_2A_1A_0$은 가능한 입력 코드 32개에 대해 32개의 출력 중 하나만 동작시킨다.

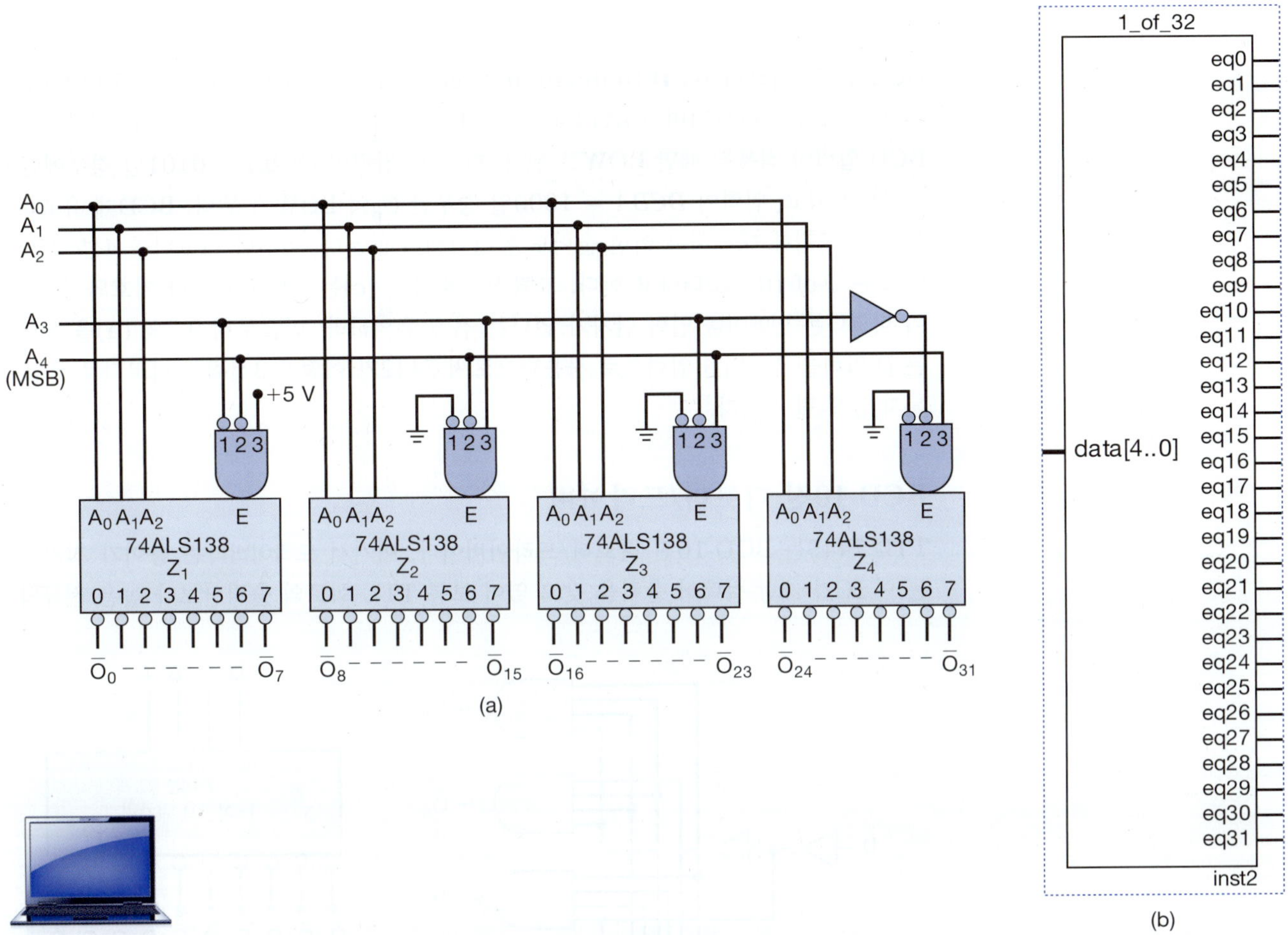

그림 9-4 (a) 4개의 74ALS138로 구성된 1-of-32 디코더. (b) 1-of-32 디코더 megafunction.

(a) $A_4A_3A_2A_1A_0$ = 01101일 경우 어느 출력이 동작하는가?

(b) Z_4의 칩을 동작시키는 입력 코드들의 범위는?

(c) 그림 9-4(b)에 있는 디코더를 MegaWizard Plug-in 매니저를 사용하여 설계하라.

풀이

(a) 5비트의 입력 코드는 두 부분으로 구성되어 있다. A_4, A_3 비트는 Z_1에서 Z_4까지의 디코더 칩 중 어느 하나를 인에이블할지 결정하고, $A_2A_1A_0$는 선택된 칩 내에서 어느 출력을 활성화할 것인지 결정한다. A_4A_3 = 01이면 Z_2만 자체의 모든 인에이블 입력을 활성화한다. 따라서 Z_2는 $A_2A_1A_0$ = 101 코드에 응답하여 출력 $\overline{O}_5$를 활성화한다. 따라서 10진수 13과 같은 입력 코드 01101은 출력 $\overline{O}_{13}$이 LOW가 되도록 하고 다른 모든 것은 그대로 HIGH로 남는다.

(b) Z_4를 인에이블하기 위해서는 A_4와 A_3이 HIGH이어야 한다. 따라서 11000 (24_{10})에서부터 11111(31_{10})에 이르는 모든 입력 코드들은 Z_4를 활성화할 것이며 출력은 $\overline{O}_{24}$에서 $\overline{O}_{31}$이다.

(C) MegaWizard Plug-In 매니저를 사용하여 그림 9-4(b)를 만들어라.

BCD-10진 디코더

BCD-10진 디코더(BCD-to-decimal decoders)인 그림 9-5의 (a)는 7442 BCD-10진 디코더의 논리도이며 74ALS42와 74HC42의 두 가지 종류가 있다. 각각의 출력은 BCD 입력이 적용될 때만 LOW로 된다. 한 예로 입력이 $DCBA$ = 0101일 경우에만 $\overline{O}_5$는 LOW가 되고, 입력이 $DCBA$ = 1000일 경우만 $\overline{O}_8$이 LOW가 된다. BCD에 유효하지 못한 입력 조합에 대해서는 어떤 출력도 활성화되지 않는다. 이러한 디코더를 *4*선~*10*선 디코더 또는 *1-of-10* 디코더라고 한다. 그림 9-5의 (b), (c)는 7442의 논리 기호와 진리표이며 이 디코더는 인에이블 입력 단자가 없다는 점에 유의하라. 연습문제 9-7의 (a)을 통해 우리는 D 입력을 인에이블 입력으로 사용함으로써 7442가 어떻게 3선-8선 디코더로 쓰일 수 있는지 알게 될 것이다.

BCD-10진 디코더/드라이버

TTL 7445는 BCD-10진 디코더/**드라이버**이다. 여기서 드라이버라는 용어가 첨가된 이유는 이 IC가 개방-컬렉터 출력을 갖고 있어 보통 TTL 회로의 출력단보다 높은 전류와 전압

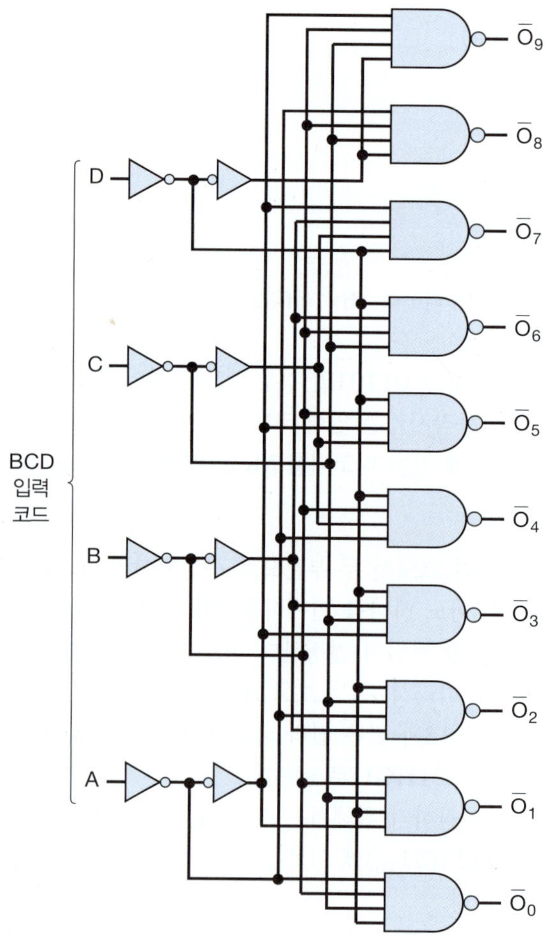

(a)

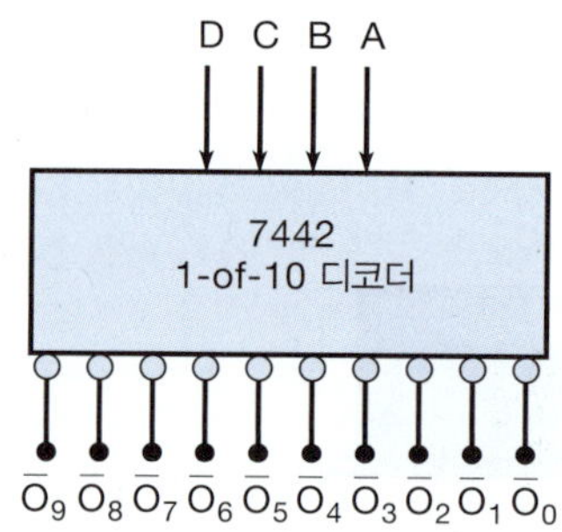

(b)

입력

D	C	B	A	활성출력
L	L	L	L	$\overline{O}_0$
L	L	L	H	$\overline{O}_1$
L	L	H	L	$\overline{O}_2$
L	L	H	H	$\overline{O}_3$
L	H	L	L	$\overline{O}_4$
L	H	L	H	$\overline{O}_5$
L	H	H	L	$\overline{O}_6$
L	H	H	H	$\overline{O}_7$
H	L	L	L	$\overline{O}_8$
H	L	L	H	$\overline{O}_9$
H	L	H	L	None
H	L	H	H	None
H	H	L	L	None
H	H	L	H	None
H	H	H	L	None
H	H	H	H	None

H = HIGH 전압
L = LOW 전압

(c)

그림 9-5 (a) 7442 BCD-10진 디코더 논리도. (b) 논리 기호. (c) 진리표.

한계치에서 작동할 수 있기 때문이다. 7445의 출력은 LOW 상태에서 80 mA까지 급강하하고, HIGH 상태에서 30 V까지 급상승한다. 이런 특징 때문에 이 IC는 LED 표시기나 지시등, 계전기, 또는 모터를 직접 구동하는 데 적당하다.

디코더 응용

디코더는 입력 레벨에서 특정 조합이 이루어질 경우에 언제라도 하나의 출력이나 출력 집단을 활성화해야 할 때 사용된다. 이러한 입력 레벨은 카운터나 레지스터의 출력에 의해 제공된다. 연속적인 펄스를 갖는 카운터로부터 입력이 제공되면, 디코더의 출력은 순차적으로 동작되고, 소자를 특별한 시간에 ON/OFF할 수 있다. 그림 9-6은 74ALS293 카운터와 7445 디코더/드라이버를 사용하여 구현한 예이다.

예제 9-3

그림 9-6의 (a) 동작을 설명하라.

풀이

이 카운터는 1 pps(pulse per second) 펄스가 발생하므로 1초당 1개의 펄스 비율로 2진 카운트를 한다. 카운터의 플립플롭 출력은 디코더의 입력에 연결되어 있다. 7445의 개

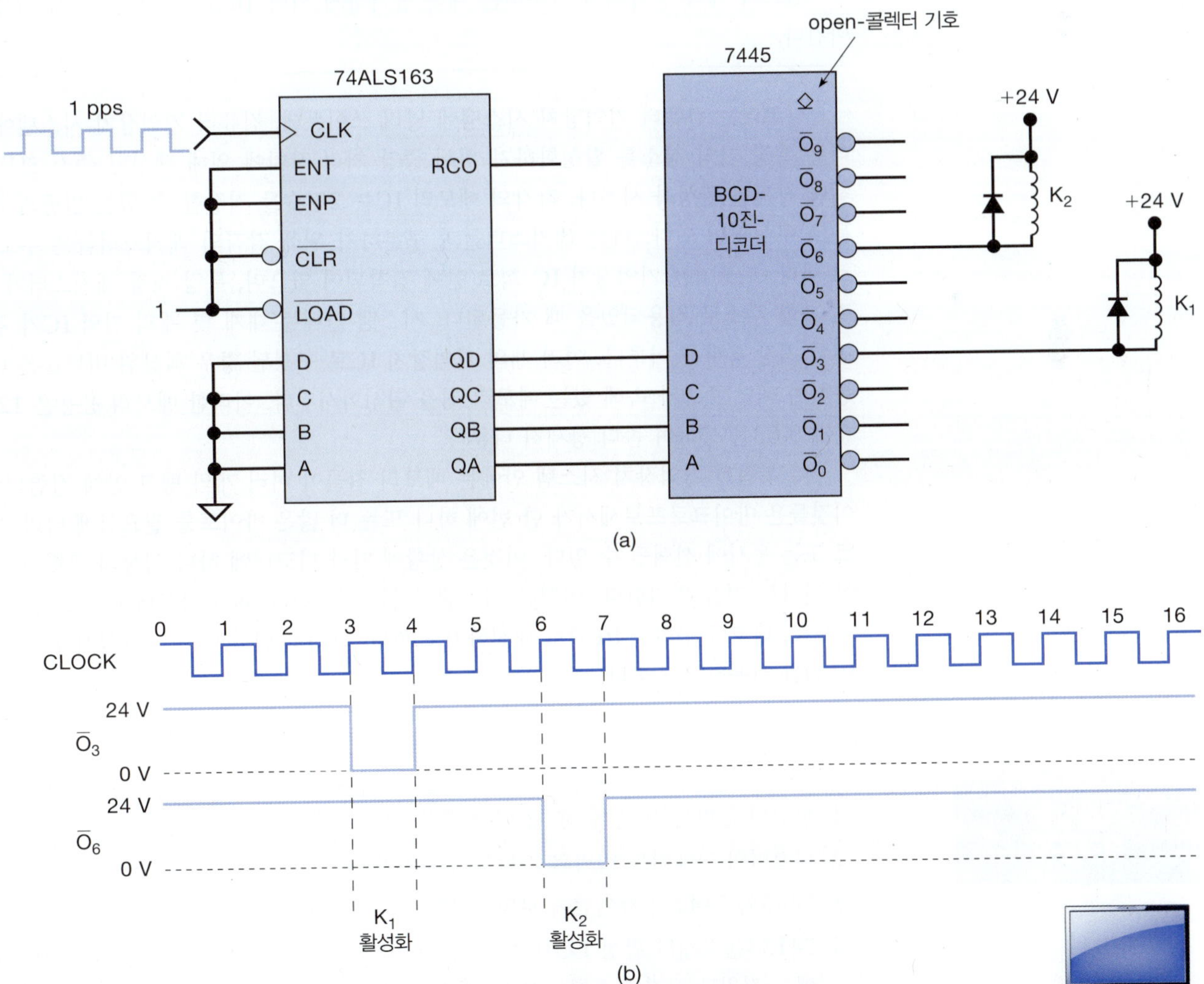

그림 9-6 예제 9-3: 타이밍과 순차 동작을 구현하기 위해 사용되는 카운터/디코더의 조합.

방-컬렉터 출력 $\overline{O}_3$과 $\overline{O}_6$은 릴레이 스위치 K_1, K_2의 ON/OFF를 위해 사용된다. 예를 들면 $\overline{O}_3$이 비활성 HIGH 상태일 때 출력 트랜지스터는 OFF가 되므로, K_1을 통해 흐르는 전류가 없으며 릴레이는 동작하지 않는다. $\overline{O}_3$이 비활성 LOW 상태일 때, 출력 트랜지스터는 ON되고, K_1을 통해서 전류가 흐르므로 릴레이가 동작하게 된다. 릴레이의 구동 전압은 +24 V이고 또한 릴레이 코일과 병행하여 다이오드가 달려 있다. 이는 코일 전류가 갑자기 중단될 때 발생되는 큰 "유도 충격 전압"으로부터 디코더의 출력 트랜지스터를 보호하기 위함이다.

그림 9-6의 (b) 타이밍 다이어그램은 동작 발생 순서를 나타내고 있다. 시간 0에서 카운터가 0000 상태라고 가정하면, 출력 $\overline{O}_3$과 $\overline{O}_6$은 비활성 HIGH 상태로 초기화되고, 출력 트랜지스터는 OFF되며, 양쪽 릴레이는 동작하지 않는다. 클럭 펄스가 공급되면 카운터는 초당 하나씩 증가한다. 3번째 펄스(시간 3)의 NGT 상에서 카운터는 0011(3) 상태가 될 때 디코더 출력 $\overline{O}_3$이 동작되고 K_1 릴레이가 동작한다. 4번째 펄스의 NGT 상에서 카운터가 다음 0100(4) 상태로 되면 이는 $\overline{O}_3$이 동작되지 않고(0 상태) K_1 릴레이는 동작하지 않는다.

마찬가지로 6번째에서 카운터가 0110(6) 상태가 되면, $\overline{O}_6 = 0$이 되고 K_2가 동작한다. 7번째에서 카운터는 0111(7)이 되고, K_2가 동작하지 않도록 $\overline{O}_6$이 1이 된다.

펄스가 계속 공급되면 카운터는 계속 증가하게 되며 16펄스 이후는 다시 처음으로 돌아간다.

디코더는 컴퓨터 기억장치 시스템에 널리 쓰이는데, 컴퓨터 기억장치 시스템에서 디코더는 특정 기억 장소를 활성화하기 위해 중앙 처리 장치에 의해 생성된 주소 코드에 따라 해당 장치를 활성화 시킨다. 각각의 메모리 IC는 2진수를 저장할 수 있는 일종의 레지스터들로 구성되어 있다. 다른 레지스터들과 구분하기 위해 각각의 레지스터들은 주소를 필요로 한다. 디코더는 기억장치 IC 회로 안에 장착되어 있으며, 특정 저장 레지스터가 해당 입력 조합 주소로 적용되었을 때 가동된다. 시스템 안에는 대개 몇 개의 기억 IC가 결합되어 전체 저장 용량을 이룬다. 여러 개의 기억장치 IC로 구성된 경우 최상위 비트들은 디코더를 통하여 해당 주소가 속해 있는 메모리 칩을 활성화시킨다. 이러한 메모리 응용은 12장 연습문제 9-63을 통하여 좀더 상세히 다룬다.

더 복잡한 기억장치 시스템 안에는 메모리 칩들이 여러 개의 뱅크 안에 정렬되어 있다. 이것들은 마이크로프로세서가 한 번에 하나 또는 더 많은 바이트를 필요함에 따라 개별적으로 또는 동시에 선택될 수 있다. 이것은 상황에 따라 디코더에 하나 이상의 출력이 시동되어야 한다는 것을 의미한다. 이러한 시스템에서는 간단한 1-of-8 디코더 하나로는 충분치 못하므로, 디코더 구현을 PLD로 대신하기도 한다. 그리고 별도의 디코더 설계가 필요한 경우 PLD를 사용하기도 한다.

학습성과 평가문제

1. 디코더 출력은 한 번에 한 개 이상 활성화될 수 있는가?
2. 디코더의 인에이블 입력의 기능은 무엇인가?
3. 7445와 7442의 차이점이 무엇인가?
4. 74154는 2개의 활성 LOW 인에이블 입력을 가진 4선-16선 디코더이다. 이 집적회로에는 전원과 접지를 포함해서 몇 개의 핀이 있는가?

9-2 BCD-7-세그먼트 디코더/드라이버

학습성과

이 절을 학습함으로써 다음을 할 수 있다.

- 10진 숫자의 형태로 각각의 LED를 구동하는 방법
- 공통 애노드 LED와 공통 캐소드 LED 표시기의 차이점
- LED 표시기의 디코더/드라이버를 이용한 구성

대부분의 디지털 장비는 사용자나 운영자가 쉽게 이해할 수 있는 형태로 정보를 표시하기 위해 여러 종류의 수단을 가지고 있다. 이 정보는 대부분 산술 데이터이지만 알파뉴메릭(숫자와 문자)도 포함될 수 있다. 산술 숫자를 표시하는 가장 간단하고 자주 사용하는 방법은 7-세그먼트 구성[그림 9-7의 (a)]을 이용하여 0에서 9까지의 10진 문자, 그리고 때로는 A에서 F까지 포함한 16진 문자를 만들어내는 것이다. 한 가지 일반적인 방법은 각각의 세그먼트에 LED를 이용하는 것이다. 각각의 LED에 흐르는 전류를 제어함으로써 일부 세그먼트는 밝아지고 다른 세그먼트들은 어두워지면 원하는 문자 형태가 생성되는 것이다. 그림 9-7의 (b)에 여러 숫자의 모양을 나타내고 있다. 한 예로 "6"은 a, c, d, e, f, g를 밝게 하고 세그먼트 b는 불이 들어오지 않게 함으로써 나타낼 수 있다.

BCD-7-세그먼트 디코더/드라이버(BCD-to-7-segment decoder/driver)는 4비트 BCD 입력에 대한 출력을 10진수로 표시하기 위해 적당한 세그먼트에 전류를 통하게 한다. 이 디코더의 논리는 하나 이상의 입력 조합에 의한 각각의 출력이 이루어지기 때문에 앞의 경우보다 더 복잡하다. 예를 들어 e 세그먼트는 0, 2, 6, 8의 숫자를 표시할 때 즉, BCD 입력이 0000, 0010, 0110, 1000일 때 ON되어야 한다.

그림 9-8의 (a)는 7-세그먼트 LED를 구동시키기 위해서 사용한 BCD-7-세그먼트 디코더(TTL 7446 또는 7447)이다. 각각의 세그먼트는 하나 또는 2개의 LED로 구성되어 있으며, LED의 애노드(anode)는 V_{CC} (+5 V)에 연결되어 있다. LED의 캐소드(cathode)는 전류 제한(current-limiting) 저항을 통해 적절한 디코더/드라이버의 출력과 연결되어 있다. 이 디코더/드라이버는 활성 LOW 출력을 갖고 있고, 개방-컬렉터 드라이버 트랜지스터이며 매우 큰 전류를 제어할 수 있다. 왜냐하면 LED 판독은 형태나 크기에 따라 세그먼트당 10 mA~40 mA의 전류를 필요로 하기 때문이다.

이러한 회로의 동작을 설명하기 위해 10진수로 5인 BCD 입력이 $D = 0$, $C = 1$, $B = 0$, $A = 1$이라고 가정하자. 이 입력에 대한 디코더/드라이버의 출력은 전류가 $\overline{a}$, $\overline{f}$, $\overline{g}$, $\overline{c}$,

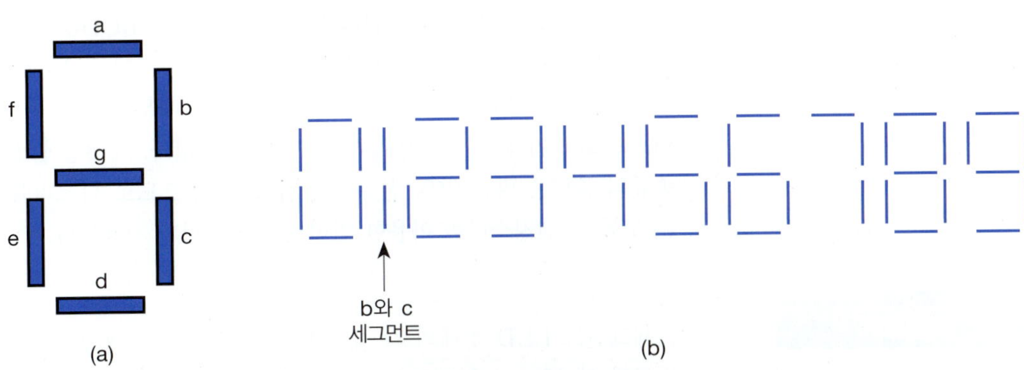

그림 9-7 (a) 7-세그먼트 배열. (b) 각 숫자에 대한 활성 세그먼트.

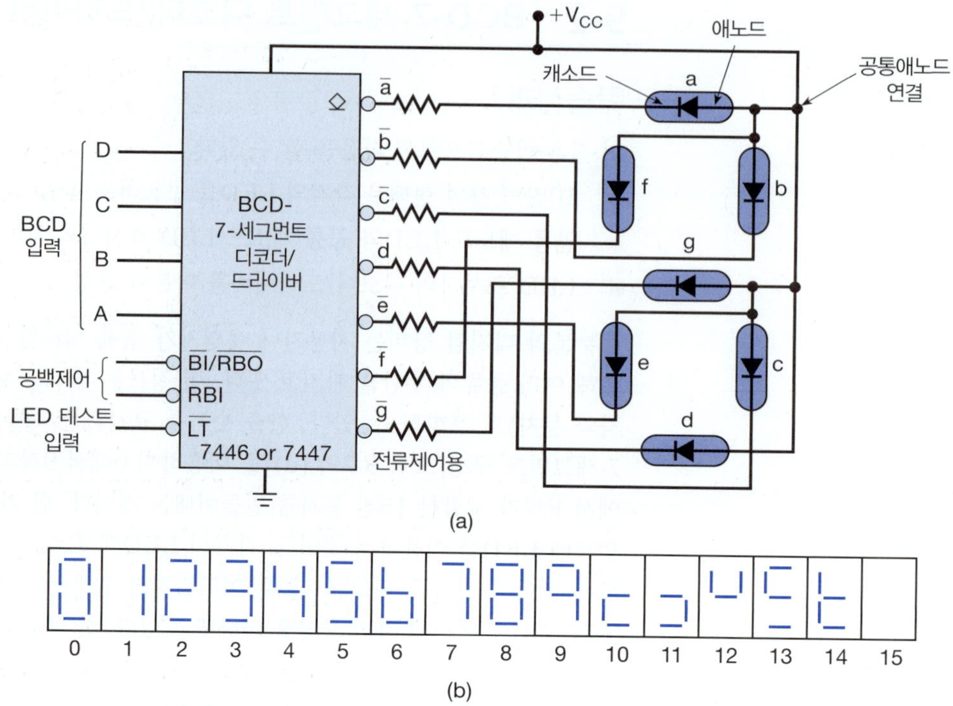

그림 9-8 (a) 공통-애노드 7-세그먼트 LED 구동을 표시한 BCD-7-세그먼트 디코더/드라이버. (b) 가능 입력 코드에 대한 세그먼트 모양.

$\bar{d}$ 세그먼트에 흘러 a, f, g, c, d는 ON 상태가 되고 $\bar{b}$, $\bar{e}$의 출력은 HIGH 상태가 되며 세그먼트 b와 e는 OFF되어 5라는 숫자를 나타낸다.

7446과 7447 디코더/드라이버는 특별히 non-BCD 입력 코드(1001보다 큰 수)에서도 동작하도록 설계되어 있다. 그림 9-8의 (b)는 0000에서 1111까지의 가능한 모든 입력 코드에 대한 활성화된 세그먼트 패턴이다. 단, 입력 코드가 1111(15)일 경우 모든 세그먼트는 OFF된다.

7446/47과 같이 7개의 세그먼트 디코더/드라이버는 디코더 회로가 각각의 입력 조합에 대한 단 하나의 출력만 동작시킨다는 규칙에 대해 예외이다. 게다가 이는 각각의 입력 조합에 대한 유일한 출력 패턴을 동작시킨다.

공통 애노드 대 공통 캐소드 LED 표시

그림 9-8에 사용된 LED 표시는 모든 세그먼트의 애노드들이 V_{CC}에 묶여 있기 때문에 **공통 애노드(common-anode)** 방식이라 하고 다른 형태의 7-세그먼트 LED로는 세그먼트의 캐소드가 서로 묶어서 접지되어 있는 **공통 캐소드(common-cathode)** 방식이 있다. 이런 종류의 표시기는 활성 HIGH 출력을 가지는 BCD-7-세그먼트 디코더/드라이버는 각 세그먼트가 구동되도록 애노드에 높은 전압이 인가된다. LED의 각 세그먼트를 ON시키기 위해서는 10~20 mA의 큰 전류가 필요하기 때문에 TTL이나 CMOS 소자는 보통 공통 캐소드 표시기에는 직접 연결하여 사용할 수 없다. 제 8장에서 서술했듯이 TTL과 CMOS 종류의 출력은 많은 양의 전류를 공급할 수 없으므로 디코더와 공통 캐소드 표시기 사이에는 보통, 트랜지스터를 이용한 인터페이스 회로가 사용된다.

예제 9-4

7-세그먼트 LED 형태의 각 세그먼트는 정상 밝기 때 2.7 V, 10 mA에서 동작된다. 세그먼트당 약 10 mA을 만드는 데 필요한 전류-제한 저항 값을 구하라.

풀이

그림 9-8의 (a)에서와 같이 직렬 저항에 걸리는 전압은 V_{CC} = 5 V에서 세그먼트에 걸리는 2.7 V를 뺀 전압이 걸릴 것이다. 그러므로 전류 제한 저항에 걸리는 전압 2.3 V가 되므로 약 10 mA의 전류를 만들기 위한 저항 값은 다음과 같다.

$$R_S = \frac{2.3\text{ V}}{10\text{ mA}} = 230\ \Omega$$

그러므로 230 Ω에 근사한 표준 저항 220 Ω을 선택하는 게 좋다.

학습성과 평가문제

1. 디코더/드라이버 입력이 1001일 때 LED의 어느 세그먼트가 ON되는가?
2. 다음 문장의 참, 거짓을 구분하라. BCD-7-세그먼트 디코더/드라이버의 출력은 한 번에 하나 이상 출력이 활성화될 수 있다.

9-3 액정 표시 장치(LCD)

학습성과

이 절을 학습함으로써 다음을 할 수 있다.

- LCD의 동작 원리
- LCD의 반사경과 백라이트와의 차이점
- LCD 기술과 관련 용어
- 컬러 LCD 기술의 동작원리

LED 표시는 각각의 세그먼트를 통해 전류를 흘려줌으로써 빛 에너지를 생성하고 방출한다. 이와 달리 액정 표시 장치(liquid-crystal dispaly: **LCD**)는 주위의 실내 조명이나 햇빛 같은 빛이 표시 장치에 비춰질 때 반사를 이용함으로써 표시한다.(반사 LCD) 혹은 표시 장치 유니트 내에 작은 조명을 내장하여 사용하기도 한다. 반사 LCD는 이 방법을 이용한 경우이다. LCD는 특히 계산기, 전자 시계, 휴대용 전자 측정 기구와 같이 건전지로 작동하는 장비에 많이 사용된다. 그러나 반사 LCD는 어두운 곳이나 빛이 없는 곳에서는 표시 장

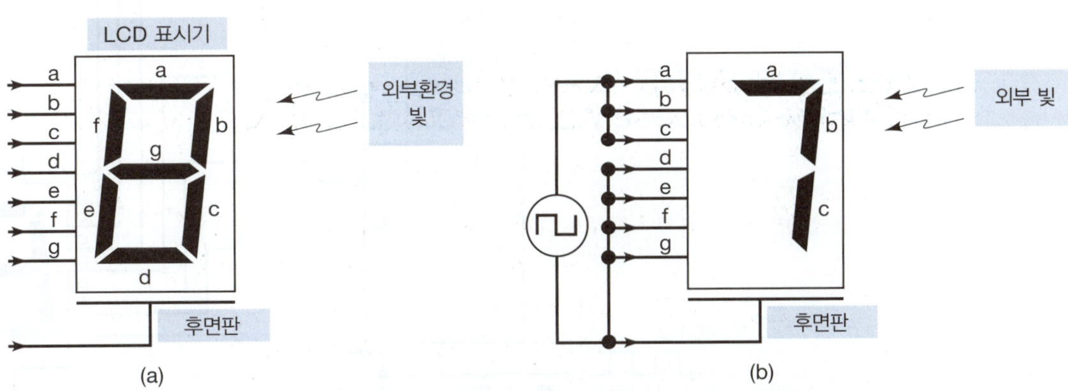

그림 9-9 액정 표시 장치. (a) 기본 액정 배열. (b) 각 세그먼트와 후면판 사이에 전압 인가시 ON, 0 V시 OFF.

치를 읽을 수 없는 데 비해 LED는 자체 세그먼트가 빛을 발산함으로 유리한 점이 있다.

일반적으로 LCD는 저전압(전형적으로 3~15 V rms), 저주파수(25~60 Hz)에서 동작하며 전류는 거의 흐르지 않는다. 그림 9-9의 (a)는 숫자 판독을 위해 7-세그먼트 표시로 배열된 것이다. 세그먼트를 동작시키기 위해 교류 전압이 모든 세그먼트에 대해 공통인 **후면판**(**backplane**)과 각 세그먼트 사이에 인가된다. 낮은 주파수가 인가되는 커패시터로 이루어진 세그먼트와 후면판에는 거의 전류가 흐르지 않는다. 일반적으로 낮은 주파수에서는 시각적으로 깜박임이 일어날 수 있어 보통 25Hz 이상의 높은 주파수를 사용한다.

LCD가 어떻게 작동하는지를 간단히 설명하면 다음과 같다. 세그먼트와 후면판 사이에 전압이 인가되지 않을 때 그 세그먼트는 비활성(OFF)이라고 한다. 그림 9-9의 (b)에서 세그먼트 *d*, *e*, *f*, *g*는 OFF이고 이들이 후면판에 보이지 않도록 하기 위해 입력된 빛을 반사한다. 적정한 교류전압이 세그먼트 *a*, *b*, *c*에 인가되어 활성화(ON)되고, 입사한 빛을 반사하지 않으므로 후면판에는 어둡게 보인다.

LCD 구동

LCD 세그먼트는 세그먼트와 후면판에 교류 전압이 공급되면 ON되고, 전압이 공급되지 않으면 OFF된다. 원하는 교류 신호보다 오히려 구형파(square wave) 교류 전압이 공급되는 경우가 많은데, 그림 9-10의 (a)에서 한 세그먼트에 대한 동작을 보여주고 있다. 40 Hz 직각 파형이 후면판에 직접 인가되고 CMOS 74HC86 XOR 게이트에 입력되며

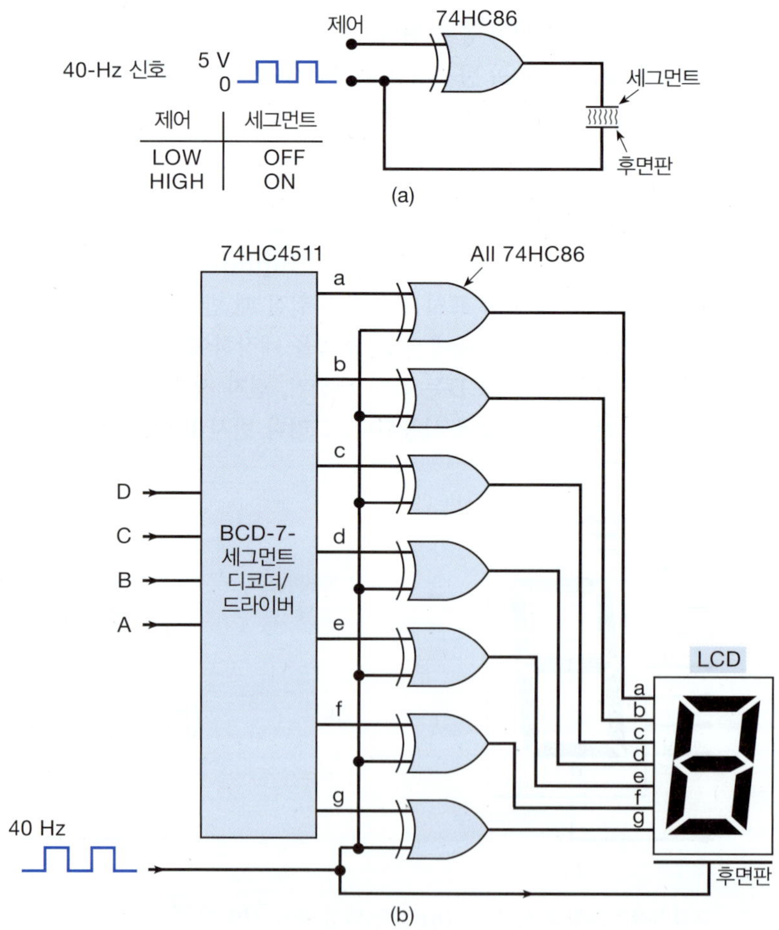

제어	세그먼트
LOW	OFF
HIGH	ON

그림 9-10 (a) LCD 세그먼트 구동법. (b) 7-세그먼트 LCD를 구동시키는 방법.

XOR 게이트의 다른 입력 단자에는 CONTROL을 입력한다. CONTROL 입력은 각 세그먼트를 ON/OFF시키는 제어 입력이 된다.

제어 입력이 LOW일 때 XOR의 출력은 정확히 40 Hz이므로, 신호는 세그먼트와 후면판에 동일하게 공급되는데 전압 차가 없으므로 세그먼트가 OFF된다. 제어 입력이 HIGH일 때 XOR은 40 Hz의 역구형파가 출력되므로, 세그먼트에 공급되는 신호는 후면판에 인가되는 신호를 초과하게 된다. 따라서 세그먼트 전압은 후면판에 비해 +5 V와 −5 V로 반복 발생하며 이 교류 전압은 세그먼트를 ON시킨다.

이와 동일한 개념은 그림 9-10의 (b)에 나타낸 7-세그먼트 LCD에 확장될 수 있다. CMOS 74HC4511 BCD-7-세그먼트 디코더/드라이버에서 7-세그먼트에 대해 각각 7개의 XOR에 제어 신호가 공급된다. 74HC4511은 활성 HIGH를 출력으로 취하고 있으므로, 세그먼트를 ON시키기 위해 HIGH가 필요하다. 그림 9-10(b)의 디코더/드라이버와 XOR 게이트는 한 개의 칩으로 가능하며, CMOS 74HC4543은 그러한 소자이다. 이것은 BCD 입력 코드를 갖고 직접 LCD 세그먼트를 작동시키기 위해 출력을 제공한다.

일반적으로 LCD를 구동하는 데 있어서 CMOS 소자를 사용하는 것은 다음과 같은 두 가지 이유 때문이다. (1) TTL보다 소비 전력이 적고, 건전지로 동작하는 여러 응용에서는 LCD를 표시 장치로 사용하는 것이 유리하다. (2) TTL LOW 상태 전압은 정확히 0 V가 아니라 0.4 V 정도의 전압을 가지므로 이는 세그먼트와 후면판 사이에 dc 성분을 생성하는데, 이것은 LCD의 수명을 단축시킨다.

LCD의 종류

액정은 7-세그먼트를 사용한 여러 자리의 10진수 표시 장치로 쓰일 수 있다. 표시 장치는 다양한 크기 및 특수 문자들을 표시한다. 예를 들어 시계의 표시에 쓰이는 콜론(:), 전압 표시기에 쓰이는 +/− 인디케이터, 계산기에 쓰이는 소수점, 그리고 대부분의 액정 표시 장치들이 건전지를 전원으로 사용하기 때문에 쓰이는 건전지 용량 표시 등이 있다. 이런 표시 장치들은 74HC4543 같은 디코더/드라이버에 의해 구동되어야 한다.

더욱 복잡하지만 쉽게 구할 수 있는 LCD는 바로 문자 숫자식 LCD 모듈이다. 이것은 많은 회사에서 16자 1줄 형식에서 40자 4줄 형식까지 다양한 형식으로 이용된다. LCD 모듈을 어떠한 제조업자들이라도 같은 신호와 데이터 형식을 쓰도록 하기 위해서 이 모듈의 인터페이스는 규격화되었다. 모듈들은 이 장치를 쓰기 쉽도록 하기 위해 VLSI 칩이 내장되어 있다. 어떠한 ASCII 코드도 표시할 수 있도록 사용되며, 이 데이터들은 LCD 명령 레지스터에 특별한 제어 코드를 전송하기도 한다. 세 개의 다른 입력들(레지스터 선택, 읽기/쓰기, 인에이블)은 데이터 전송의 장소, 방향과 타이밍을 제어하는 데 쓰인다. 기호들이 모듈로 보내지면, 모듈은 그 기호들을 자체 메모리 안에 저장하고 표시판에 나타낸다.

다른 LCD 모듈들은 **화소(pixels)**라 불리는 각각의 점들을 이용하여 그림을 표시할 수 있도록 해준다. 커다란 LCD 패널은 고출력으로 주사될 수 있고, 고품질의 동영상을 만들어 낸다. 이런 표시에서 제어 선들은 행과 열로 구성되어 있다. 각 행과 열의 교차점은 전지를 통해 전해지는 빛의 양을 조절하기 위해 전력으로 열림과 닫힘을 조절하는 '창' 혹은 '문'과 같은 역할을 한다. 행에서부터 열까지의 전압은 각 화소의 밝기를 결정한다. 노트북 컴퓨터에서는 각 화소의 2진수들이 "영상(video)" 메모리에 저장되어 있다. 이 숫자들은 표시판에 나오는 전압으로 전환된다.

컬러 표시판의 화소들은 다시 세 개의 작은 화소들로 이루어져 있다. 이 작은 화소들은 각 화소들의 색깔을 내기 위해 빨강, 녹색 또는 파랑색 필터 사이로 지나가는 빛을 제어한다. 640*480 LCD 화면에서 열은 640 × 3이고, 행은 480이므로 LCD에는 총 2,400개의 연결이 있다. 당연히 이러한 장치의 드라이버 회로는 아주 복잡한 VLSI 회로이다.

LCD 표시 기술의 발전으로 화소의 ON/OFF되는 속도가 향상되고 있다. 이전의 화면은 트위스트 네매틱(Twisted Nematic) 혹은 슈퍼 트위스트 네매틱(Super Twisted Nematic)으로 불린다. 이들 표시 장치들은 수동 LCD라고 불린다. 이들 장치들은 7-세그먼트 LCD 표시기처럼 균일한 후면판을 사용하는 대신 두 개의 유리 조각으로 된 병렬 선으로 전도한다. 두 개의 조각판은 서로 직각으로 행과 열을 구성하는 격자 도선이 있으며, 그 사이에는 액체 결정체가 들어 있다(그림 9-11). 그리고 행과 열이 교차하는 지점이 화소가 된다. 표시 장치의 행과 열에 연결된 IC 드라이버는 전류의 흐름을 끊거나 잇는 스위치 역할을 한다.

수동 매트릭스 표시기는 천천히 ON/OFF되므로 표시기에 그려진 물체의 그림자가 남겨지지 않게 하기 위해서는 ON/OFF 속도에 제한을 받는다. 새롭게 개발된 표시기로는 능동 매트릭스 TFT LCD가 있다. 능동 매트릭스란 표시기의 화소를 ON/OFF시키는 스위치 소자가 능동 소자로 이루어져 있다는 뜻이다. 능동 소자는 한쪽의 유리 조각 위에 직접 만들어지며 이것을 박막 트랜지스터(Thin Film Transistor: TFT)라고 한다. 그리고 유리 조각의 다른 한쪽은 후면판을 만들기 위해 균일하게 코팅시킨다. 이를 트랜지스터의 제어 선은 각 화소의 행과 열에 연결되어 있다. 노트북 컴퓨터의 화면을 구성하는 데 이 기술이 사용되고 있다. 그리고 폴리 실리콘 기술을 이용해 복잡한 회로 연결 선 문제를 줄일 수 있고, LCD 둘레 주위 공간을 거의 차지하지 않도록 화면 표시기 내에 드라이버를 집적할 수 있다.

진공 형광과 가스 방전 프라즈마, 전자 발광 같은 표시기는 많은 제한 요소를 가지고 있다. 이전 종류의 표시기를 구동시키는 방법은 모두 광 물리학을 이용하고 있다.

그림 9-11 수동 매트릭스 LCD 표시기.

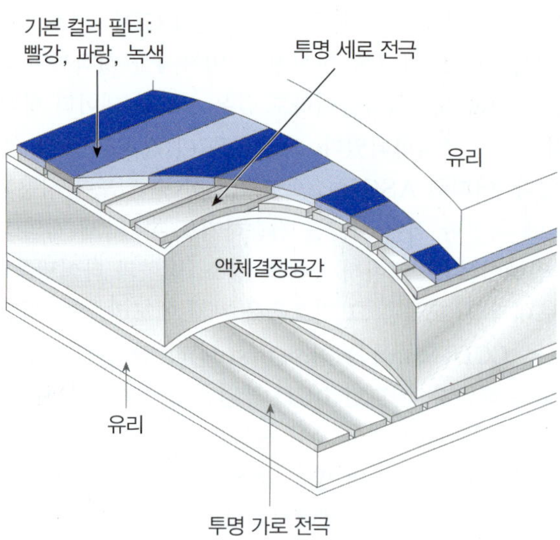

학습성과 평가문제

1. 아래 설명 중 LCD 표시 장치에 관한 것과 LED 표시 장치에 관한 것을 구분하라.
   (a) 빛을 방출한다.
   (b) 주위 빛들을 반사시킨다.
   (c) 저전력 응용에 가장 적합하다.
   (d) 교류 전압을 사용한다.
   (e) 자릿수를 만들기 위해 7-세그먼트 배열을 필요로 한다.
   (f) 전류 제한 저항기를 필요로 한다.
2. 아래 표시장치에 보내지는 데이터 형식은 무엇인가?
   (a) 디코더/드라이버가 갖춰진 7-세그먼트 LCD 표시 장치
   (b) 영숫자 LCD 모듈
   (c) LCD 컴퓨터 표시 장치

9-4 인코더

학습성과

이 절을 학습함으로써 다음을 할 수 있다.

- 인코더의 용어 정의
- 인코더의 입력과 출력의 역할
- 인코더의 응용 사례

디코더는 입력 코드를 받아들여 하나의 출력 선에 HIGH(또는 LOW)를 출력한다. 다시 말해, 디코더는 특정 코드를 검출, 인식, 식별한다고 할 수 있다. 이러한 디코딩의 반대 과정을 **인코딩**(**encoding**)이라 하고, 이런 논리회로를 **인코더**(**encoder**)라 한다. 인코더는 여러 개의 입력 선을 갖고 이 중 하나가 주어진 시간에 동작되고, 동작되는 입력에 따라 *N*비트의 출력 코드가 생성된다. 그림 9-12는 *M*개의 입력과 *N*개의 출력을 가진 일반적인 인코더 다이어그램이다. 여기서 입력들은 활성 HIGH인데, 그것은 그들이 정상적으로 LOW가 됨을 의미한다.

3선~8선 디코더는 3비트의 입력 코드를 받아들여, 그 코드에 상응하는 8개의 출력 선 중 하나를 가동시킨다. *8선~3선* 인코더는 이와 반대의 기능을 한다. 즉 8개의 입력 선을 받아들여 입력 동작에 따라 3비트의 입력 코드를 생성한다. 그림 9-13은 활성 LOW인 8진-2

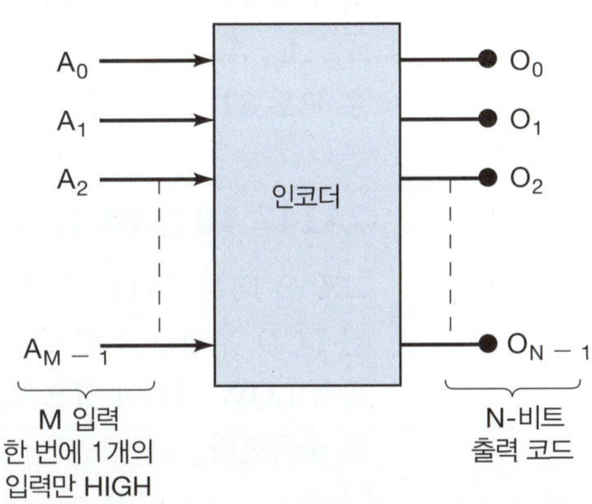

그림 9-12 일반적인 인코더 다이어그램.

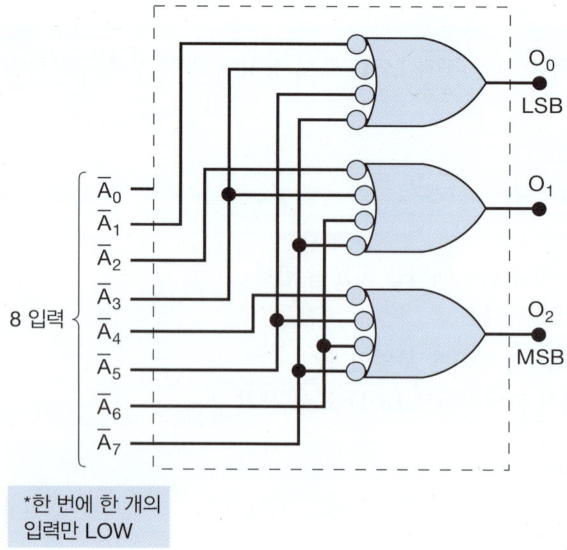

입력								출력		
$\overline{A}_0$	$\overline{A}_1$	$\overline{A}_2$	$\overline{A}_3$	$\overline{A}_4$	$\overline{A}_5$	$\overline{A}_6$	$\overline{A}_7$	O_2	O_1	O_0
X	1	1	1	1	1	1	1	0	0	0
X	0	1	1	1	1	1	1	0	0	1
X	1	0	1	1	1	1	1	0	1	0
X	1	1	0	1	1	1	1	0	1	1
X	1	1	1	0	1	1	1	1	0	0
X	1	1	1	1	0	1	1	1	0	1
X	1	1	1	1	1	0	1	1	1	0
X	1	1	1	1	1	1	0	1	1	1

그림 9-13 8진-2진 인코더의 논리회로. 입력에 대해 한 번에 하나의 입력만 동작된다.

진 인코더의 논리회로와 진리표이다. 이 같은 논리에 따라 임의의 입력이 LOW일 때, 그 입력에 대응하는 2진 출력이 생성된다. 예로서 $\overline{A}_3$가 LOW(다른 입력은 모두 HIGH)일 때 3에 대한 2진 코드 $O_2 = 0$, $O_1 = 1$, $O_0 = 1$이 생성된다. 주의할 점은 입력 $\overline{A}_1$에서 $\overline{A}_7$까지 모두 LOW가 아닐 때, 인코더의 출력은 000으로 출력되므로 $\overline{A}_0$은 논리 게이트에 연결되지 않는다는 것이다.

예제 9-5

그림 9-13에서 $\overline{A}_3$과 $\overline{A}_5$가 동시에 LOW일 때 인코더의 출력을 구하라.

풀이

논리 게이트에 따라 2개의 입력이 LOW일 때 각각의 해당되는 출력은 HIGH가 된다. 즉 출력은 2진 코드 111이 된다. 이것은 입력에 대한 정확한 출력이 아니다.

우선순위 인코더

마지막 예제에서 보듯이 한 번에 하나 이상의 입력이 활성화될 때, 단순 인코더는 이를 허용하지 않는다. 이를 개조한 회로를 **우선순위 인코더(priority encoders)**라 한다. 이는 2개 이상의 입력이 동작할 때, 출력 코드가 상위 비트 입력에 대응하는 출력을 발생시키는 논리가 요구된다. 한 예로서 $\overline{A}_3$과 $\overline{A}_5$ 모두 LOW일 때 출력 코드는 101 (5)이다. 마찬가지로 $\overline{A}_2$, $\overline{A}_6$, $\overline{A}_0$ 모두 LOW일 때 출력 코드는 110 (6)이다. 74148, 74LS148, 74LHC148은 모두 8진-2진 우선 순위 인코더이다.

74147 10진-BCD 우선순위 인코더

그림 9-14는 74147(74LS147, 74HC147)에 대한 논리 기호와 진리표로서, 이들은 10진-BCD 우선순위 인코더의 기능을 갖는다. 이것은 10진수 1~9를 나타내기 위한 9개의 활성 LOW 입력이 있으며, 활성화된 입력 중 최상위 비트 입력에 대응한 역변환 BCD 코드를 출력한다.

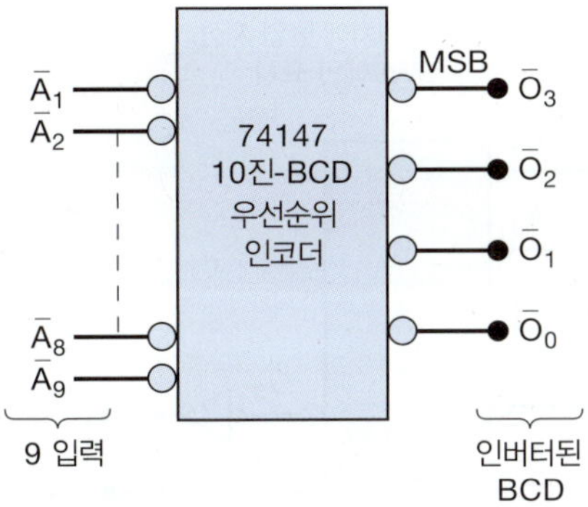

$\bar{A}_1$	$\bar{A}_2$	$\bar{A}_3$	$\bar{A}_4$	$\bar{A}_5$	$\bar{A}_6$	$\bar{A}_7$	$\bar{A}_8$	$\bar{A}_9$	$\bar{O}_3$	$\bar{O}_2$	$\bar{O}_1$	$\bar{O}_0$
1	1	1	1	1	1	1	1	1	1	1	1	1
X	X	X	X	X	X	X	X	0	0	1	1	0
X	X	X	X	X	X	X	0	1	0	1	1	1
X	X	X	X	X	X	0	1	1	1	0	0	0
X	X	X	X	X	0	1	1	1	1	0	0	1
X	X	X	X	0	1	1	1	1	1	0	1	0
X	X	X	0	1	1	1	1	1	1	0	1	1
X	X	0	1	1	1	1	1	1	1	1	0	0
X	0	1	1	1	1	1	1	1	1	1	0	1
0	1	1	1	1	1	1	1	1	1	1	1	0

X = 0 혹은 1

그림 9-14 74147 10진-BCD 우선 순위 인코더.

이와 같은 집적 회로의 동작에 대한 진리표를 살펴보자. 표의 첫 번째 줄은 모든 입력단이 비활성 HIGH 상태임을 나타내고 있다. 이러한 조건에서 출력은 0000의 역인 1111이 된다(BCD 코드에 대해 0). 이 표의 두 번째 줄은 $\bar{A}_9$이 LOW를 나타내고,다른 입력 상태를 무시하여 1001의 역이 되며, BCD 9인 0110의 출력 코드가 생성된다. 세 번째 줄은 $\bar{A}_8$이 LOW이고 $\bar{A}_9$는 HIGH로 1000의 역이며, BCD로서 8인 0111의 출력 코드가 생성된다.이런 방법으로 나머지 줄에서 임의의 입력단이 LOW이고, 상위 비트의 입력은 HIGH 상태를 이룸으로써 정상적인 BCD의 역코드가 출력된다.

74147에 어떤 입력도 인가되지 않을 때 인코더의 출력은 HIGH이다. 이는 10진수의 입력 조건 0에 상응한다. 인코더의 모든 입력이 HIGH일 때, 10진수 0의 상태로 가정하기 때문에 $\bar{A}_0$의 입력은 연결되지 않는다. 74147 역변환 BCD 출력들은 각각을 인버터에 통과시킴으로써 정상적인 BCD로 바꿀 수 있다.

예제 9-6

그림 9-14에서 $\bar{A}_5$, $\bar{A}_7$, $\bar{A}_3$가 LOW이고 다른 모든 입력이 HIGH일 때 출력 상태를 나타내어라.

풀이

진리표에서 $\bar{A}_7$이 LOW일 때 $\bar{A}_5$, $\bar{A}_3$의 입력은 문제되지 않는다. 따라서 출력은 각각 0111(7)의 역인 1000이 된다.

스위치 인코더

그림 9-15는 74147이 스위치 인코더(*switch encoder*)로 사용되고 있다. 10개의 스위치는 계산기에서 숫자 0부터 9까지 나타내는 키보드 스위치이다. 스위치는 보통 개방 형태로 구성되어 있어 인코더의 입력은 모두 HIGH이고 BCD의 출력은 0000이다. 숫자 키를 누르면 회로는 숫자에 해당하는 BCD 코드를 생성한다. 74S147이 상위 인코더이므로, 동시에 키가 눌려지면 높은 숫자에 대해 BCD 코드가 발생된다.

그림 9-15의 스위치 인코더는 BCD 데이터가 디지털 시스템에 입력되어야만 사용할 수 있다. 이러한 예가 전자계산기이며, 여러 개의 키보드 스위치를 누르면 이것은 10진수로 입력된다. 각 10진수에 대한 BCD 코드의 기본적인 계산이 4비트 저장 레지스터에 입력된다. 즉 첫 번째 키가 눌려지면 다른 4비트 플립플롭 레지스터에 숫자에 대한 BCD 코드가 보내진다. 두 번째 스위치가 눌려지면 다른 4비트 플립플롭 레지스터에 숫자에 대한 BCD

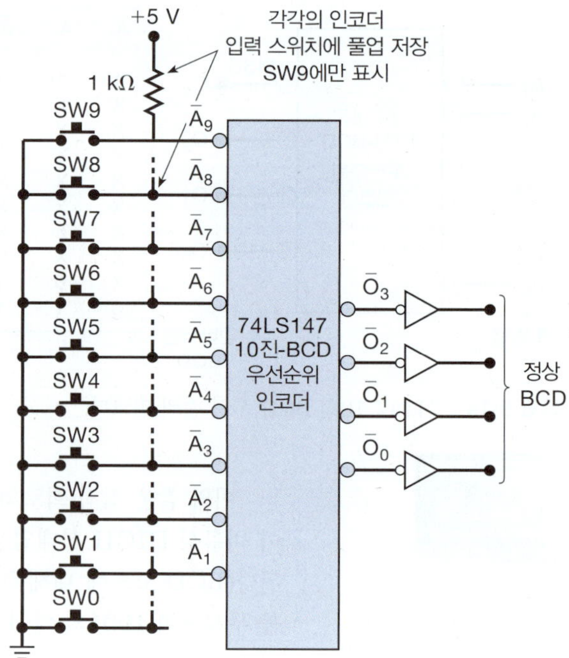

그림 9-15 10진-BCD 스위치 인코더.

코드가 보내진다. 그러므로 8자리를 이용하는 계산기는 2자릿수에 대응하는 BCD 코드를 저장하기 위한 8개의 4비트 레지스터를 가지게 된다. 4비트 레지스터는 디코더/드라이버와 숫자표시기를 구동시키므로 8자리 숫자를 표시할 수 있다.

위에서 설명한 동작은 그림 9-16에 표시된 회로로 구현할 수 있다. 이 회로는 순차적으로 키보드로부터 10진수 3개를 받아들여 BCD 상태의 코드를 부여하고, 3개의 플립플롭 출력 레지스터에 이 BCD 값을 저장한다. Q_0에서 Q_{11}까지 12개의 D-플립플롭은 숫자에 대해 BCD 코드를 받아 저장한다. Q_8에서 Q_{11}까지는 키보드에서 첫 번째로 들어오는 MSD(Most Significant Digit)를 BCD로 저장한다. Q_4에서 Q_7까지는 두 번째로 입력된 숫자를 저장하고, Q_0에서 Q_3까지는 세 번째로 입력된 숫자를 저장한다. 플립플롭 *X*, *Y*, Z는 인코더 출력을 적당한 출력 레지스터로 보내기 위해 링 카운터(7장)를 구성하고 있다. OR 게이트는 눌려진 키에 대해 HIGH 출력을 생성한다. 이 출력은 스위치가 눌려질 때 스위치 접점 사이에서 순간적으로 HIGH 상태로 되기 전에 여러 개의 펄스를 생성한다(바운스 현상). 이는 OS의 사용으로 없앨 수 있다. 맨 첫 번째 OR 게이트로부터 양의 전압으로 전이할 때 입력을 받아 출력을 20 ms 동안 유지하여 준다. OS의 출력은 링 카운터를 동작시킨다.

이 회로의 동작은 10진수 309가 입력된 경우에 대해서 기술하였다.

1. 클리어 키가 눌려진다. 그러면 모든 플립플롭 Q_0에서 Q_{11}까지 0으로 지워진다. 또한 플립플롭 *X*, *Y*가 지워지고, 플립플롭 Z는 1이 된다. 그러므로 링 카운터는 001 상태로 시작된다.
2. 클리어 키가 해제되고 "3"을 누른다. 인코더 출력 1100은 BCD 코드로 3을 나타내는 0011로 변환한다. 이 2진 데이터는 3개의 4비트 출력 레지스터의 *D* 입력단으로 전송된다.
3. OR 출력은 HIGH가 되고(2개의 입력이 HIGH이므로), 20 ms 동안 OS의 출력 *Q* = 1이 유지되고, 20 ms 후 *Q*는 LOW가 되고, 링 카운터의 클럭은 100 상태가 된다(X는 HIGH). X에서 양방향 천이가 Q_8에서 Q_{11}까지의 플립플롭의 *CLK*에 입력되고

인코더의 출력은 이 플립플롭들에 전송된다. 즉 $Q_{11} = 0, Q_{10} = 0, Q_9 = 1, Q_8 = 1$이 된다. CLK 입력이 양방향 천이의 영향을 받지 않으므로, Q_0에서 Q_7까지의 플립플롭은 이전의 상태를 유지한다.

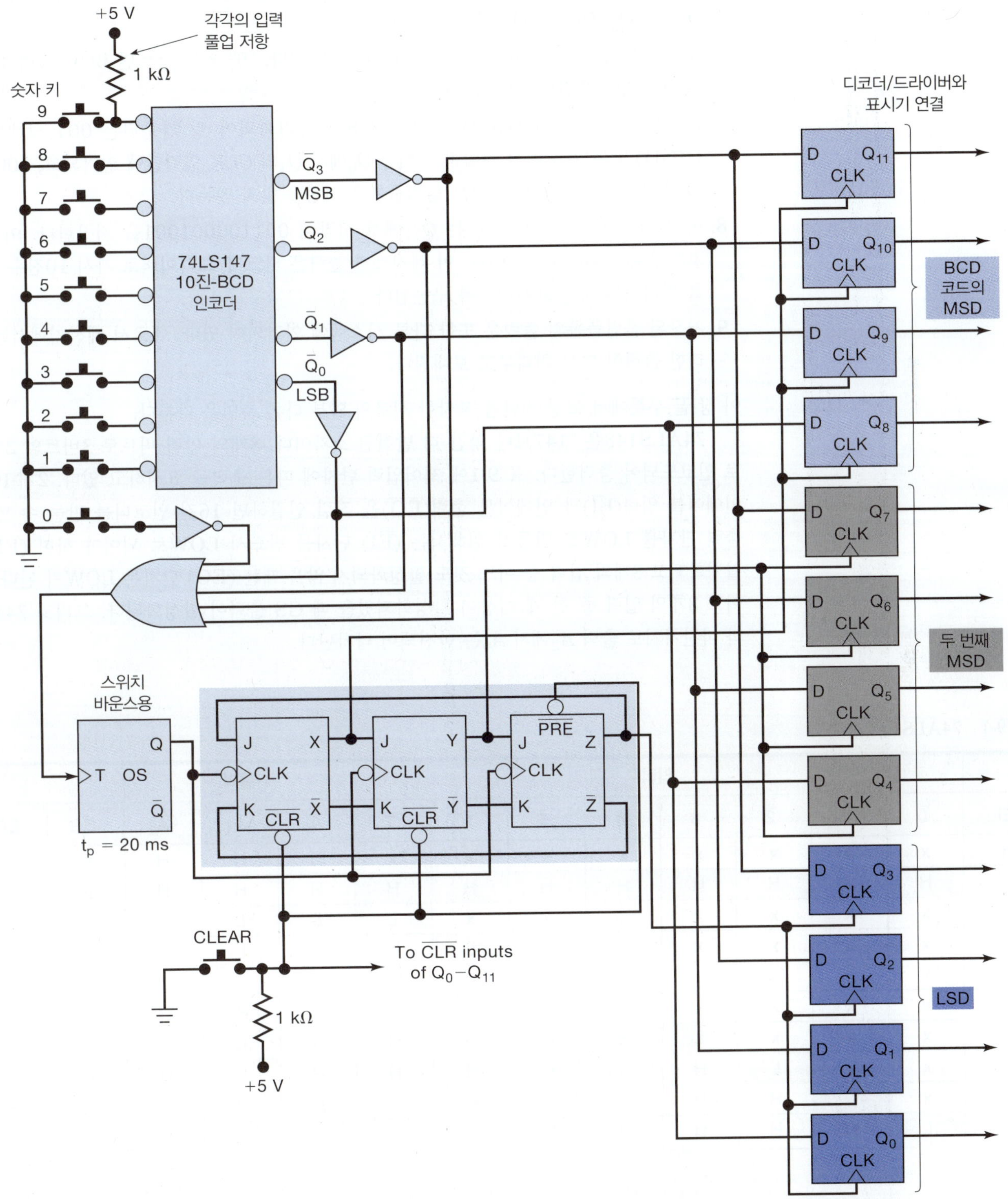

그림 9-16 3개의 숫자가 키보드에 의해 레지스터에 저장되는 회로.

4. "3" 키가 해제되고 OR 출력은 다시 LOW가 된다. '0' 키를 누른다. 그럼 0000의 BCD 코드가 생성되고 3개의 레지스터의 입력으로 전송된다.
5. "0" 키에 대한 OR 출력(인버터)은 HIGH가 되고 20 ms 동안 OS를 트리거한다. 20 ms 후 링 카운터는 010 상태로 옮겨진다(Y는 HIGH가 된다). Y에서의 양방향 천이는 Q_4에서 Q_7의 CLK 입력단에 인가되고, 이 플립플롭으로 0000이 전송된다. 역시 Q_0에서 Q_3, Q_8에서 Q_{11}까지는 Y의 천이에 영향을 받지 않는다.
6. "0" 키가 해제되고 OR 출력은 다시 LOW가 된다. "9" 키를 누르면 BCD 출력 1001이 생성되어 플립플롭에 저장된다.
7. OR의 출력은 다시 HIGH가 되고, OS가 동기화되어 링 카운터는 001 상태(Z는 HIGH)가 된다. Z에서 양방향 천이는 Q_0에서 Q_3의 CLK 입력단에 인가되고, 1001은 이 플립플롭에 전송된다. 다른 플립플롭은 영향을 받지 않는다.
8. 이 시점에서 저장 레지스터는 Q_{11}에서 시작해 001100001001을 저장한다. 이것은 309에 대한 BCD 코드이다. 이 레지스터 출력은 디코더/드라이버로 가서 10진수 309를 가리키는 것을 표시하도록 구동된다.
9. 저장된 플립플롭의 출력은 또한 다른 시스템에 연결되어 있다. 예로서 계산기에서는 이러한 출력이 연산 처리부로 보내진다.

이 장 끝 부분에서 고장 진단을 포함한 회로의 일부 다른 측면을 다룬다.

74ALS148은 "147보다 약간 더 발전된 소자이다. 8개의 입력 비트로 3비트의 2진수로 인코드되어 출력한다. 표 9-1에 제어입력 단자에 따른 출력을 표시하고 있다. 2개 IC의 인에이블 입력($\overline{EI}$)과 인에이블 출력($\overline{EO}$)을 직렬 연결하면 16진 인코더를 만들 수 있다. 출력 단자를 LOW로 만들기 위해서는 ($\overline{EI}$) 단자를 반드시 LOW로 되어야 하며 ($\overline{EI}$)가 활성화되고 8개의 입력 중 어느 것도 활성화되지 않을 때는 ($\overline{EO}$) 단자는 LOW가 된다. 적어도 8개의 입력 중 한 개 이상이 활성화되었을 때 $\overline{GS}$ 출력이 활성화된다. 그리고 74147과 마찬가지로 출력 A_2에서 A_0는 반전되어 나타난다.

표 9-1 74ALS148 함수표.

	입력								출력				
$\overline{EI}$	$\overline{0}$	$\overline{1}$	$\overline{2}$	$\overline{3}$	$\overline{4}$	$\overline{5}$	$\overline{6}$	$\overline{7}$	$\overline{A}_2$	$\overline{A}_1$	$\overline{A}_0$	GS	EO
H	x	x	x	x	x	x	x	x	H	H	H	H	H
L	H	H	H	H	H	H	H	H	H	H	H	H	L
L	x	x	x	x	x	x	x	L	L	L	L	L	H
L	x	x	x	x	x	x	L	H	L	L	H	L	H
L	x	x	x	x	x	L	H	H	L	H	L	L	H
L	x	x	x	x	L	H	H	H	L	H	H	L	H
L	x	x	x	L	H	H	H	H	H	L	L	L	H
L	x	x	L	H	H	H	H	H	H	L	H	L	H
L	x	L	H	H	H	H	H	H	H	H	L	L	H
L	L	H	H	H	H	H	H	H	H	H	H	L	H

학습성과 평가문제

1. 인코더는 디코더와 무엇이 다른가?
2. 일반적인 인코더와 비교해서 우선순위 인코더는 어떻게 다른가?
3. SW6, SW5, SW2가 모두 단락일 때 그림 9-15의 출력은 무엇인가?
4. 그림 9-16의 회로에서 키보드 회로의 다음 각 부분의 기능을 설명하라.
   (a) OR 게이트 (d) X, Y, Z 플립플롭
   (b) 74147 인코더 (e) Q_0에서 Q_{11}까지의 플립플롭
   (c) One-shot
5. 74148 인코더의 각각의 제어 입력과 출력의 목적은 무엇인가?

9-5 고장 진단

학습성과

이 절을 학습함으로써 다음을 할 수 있다.

- 고장 진단 기술과 능력 향상

회로와 시스템이 복잡해질수록 오작동할 경우가 많아지므로, 고장을 찾아내고 수정하는 절차가 필요하다. 회로가 복잡해질수록 고장을 찾기 위한 관찰과 수리를 위한 분석 과정은 매우 중요하다. 고장 진단은 좁은 영역이나 고장이 국소적일 때 쉽게 수정이 가능하기 때문이다. 관찰과 분석을 통해서 테스트 과정과 결과 분석을 현저히 줄일 수 있다. 회로 동작과 고장 증상을 관찰하고 원인을 이해함으로써 수리공은 논리 프로브나 오실로스코프를 이용하여 점검하기 전에 고장의 상태를 예측할 수 있다. 이런 **관찰/분석(observation/analysis)**과정은 경험이 없는 수리공의 경우에는 주저하게 만든다. 다양하고 사용 가능한 현대적인 테스트 장비가 많이 있기 때문이다. 인간의 추론능력과 분석 기술을 사용하기보다 테스트 장비에 쉽게 의존하게 만든다.

다음의 예제는 이러한 관찰과 분석이 어떻게 이루어지는지 보여준다. 또한 이 장 끝에 있는 고장 진단 관련 문제들을 통해 이 과정을 적용하는 기술을 개발할 수 있을 것이다.

문제점 해결에서 또 다른 중요한 방법은 **분할과 정복(divide-and-conquer)**이다. 관찰과 분석을 통해 몇 가지 가능성을 만들어 낸 뒤에 분할과 정복을 이용하여 문제의 위치를 파악하게 된다. 비효율적인 방법을 사용한다면 하나하나 가능한 원인을 일일이 찾아나가는 방법일 것이다. 반면에 분할과 정복은 회로 안에 포인트를 찾아낸다. 그러므로 가능한 원인의 수를 반으로 줄인다. 간단한 시스템에서는 이것의 필요성을 느끼지 못한다. 그러나 시스템이 복잡해지면서 가능한 원인도 늘어난다. 만약 여덟 개의 가능한 원인이 있다면, 테스트를 통해 네 개를 없앨 수 있다. 다음 테스트에서는 두 개를 없앨 수 있고 세 번째에는 문제점을 찾아낼 수 있을 것이다.

예제 9-7

기술자가 A_0~A_4의 입력 코드에 스위치의 집합을 이용하여 그림 9-4를 테스트하였다. 회로가 작동하는지 알기 위해, 가능한 입력 코드를 통해 실행시키고 대응하는 디코더 출력을 진단한 결과 모든 홀수 출력이 정상적으로 응답하고 있음을 확인했다. 그러나 코드가 적용될 때 짝수의 모든 출력은 응답하지 않았다. 가장 가능성이 높은 결함은 무엇인가?

그림 9-17 예제 9-7의 고장 진단 회로.

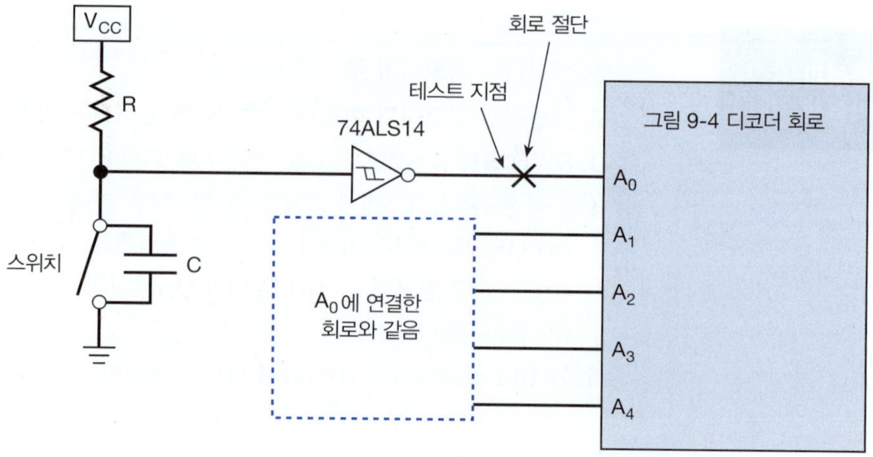

풀이

표 9-2 예제 9-7에 대한 데이터

출력	입력 코드
$\overline{O}_0$	00000
$\overline{O}_4$	00100
$\overline{O}_{14}$	01110
$\overline{O}_{18}$	10010

많은 출력이 제대로 동작되지 않을 때, 각각의 출력에 대한 원인을 찾는다는 것은 좋은 방법이 아니다. 몇몇 결점이 있는 입력 조건이 출력 결함을 일으킨다는 것이 훨씬 더 가능성이 높다. 모든 짝수 입력에 대해서도 같은 영향을 미치는가? 그것에 대한 몇 개의 입력 코드가 표 9-2에 열거되어 있다.

명백히 짝수의 출력이 동작하기 위해서 $A_0 = 0$인 입력 코드가 필요하다. 따라서 가장 가능성이 높은 결점은 A_0가 LOW로 가지 못하는 것이다. 이는 다음의 경우에 발생한다.

1. 결함 있는 스위치가 A_0의 출력과 연결
2. 스위치와 A_0 선과의 단락
3. A_0 선과 V_{CC}와의 외부 단락
4. 어느 한 개의 디코더 칩의 A_0 입력이 V_{CC}와 내부적으로 단락

관찰과 분석을 통해 기술자들은 몇 가지 가능한 원인들을 찾아냈다. 가능한 원인 1과 2는 주소를 발생하는 스위치 안에 있다. 원인 3과 4는 디코더 회로 자체 안에 있다. 그림 9-17에서 보는 바와 같이 최하위 스위치와 A_0 입력 사이의 연결이 끊어짐으로써 회로가 분리될 수 있다. 논리 프로브는 스위치가 LOW와 HIGH 둘 다 발생시킬 수 있는지 여부를 알아보기 위해 쓰인다. 결과에 상관없이 네 가지 중 두 가지 원인이 제거되었다.

따라서 회로의 특정 영역으로 결함의 범위를 축소할 수 있다. 이미 살펴본 실험이나 측정 기술과 같은 유사한 방법으로 정확한 결함을 찾을 수 있다.

예제 9-8

기술자는 BCD 카운터에서 디코더/드라이버의 입력으로 그림 9-8처럼 출력을 연결하였다. 그리고 낮은 주파수의 펄스를 인가하여 아래 그림에 나타난 것과 같이 LED 표시 장치에 관측되었다. 이와 같은 관측 순서를 주의 깊게 점검하여 가장 가능성이 높은 결함을 예측하라.

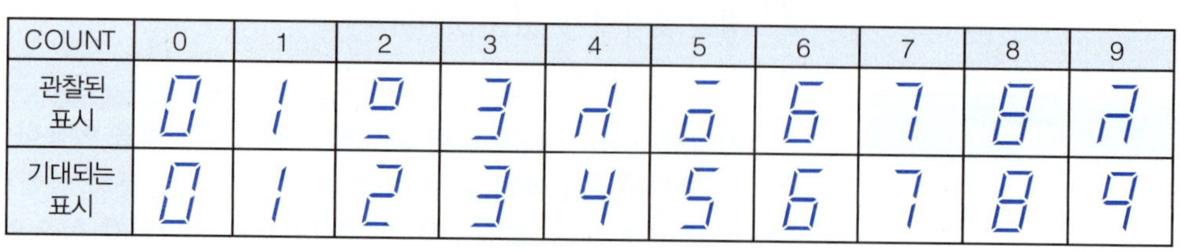

풀이

각각의 카운트에 대해 예상 표시를 관찰하여 비교하면 다음과 같은 중요한 점을 알 수 있다.

- 관찰된 표시 장치의 내용이 정확하지 않다. 1001보다 큰 숫자에 상응하는 세그먼트 패턴이 관찰되지 않았다.
- 이것은 카운터로부터 디코더/드라이버까지의 잘못된 연결이 되었다거나 카운터가 잘못이라는 것은 제외된다.
- 정상적인 세그먼트 패턴(0, 1, 3, 6, 7, 8)은 세그먼트 *e*와 *f*가 모두 ON이거나 모두 OFF되는 공통된 특성을 가진다.
- 부정확한 세그먼트 패턴은 세그먼트 e와 f의 반대 상태에서 비롯되고 이 두 개의 세그먼트의 상태를 서로 교환하면 정상적인 패턴을 얻을 수 있다.

여기에 몇몇 지적한 사항을 통해 기술자가 *e*와 *f* 세그먼트 연결을 서로 "교차시켰다"고 결론 내릴 수 있다.

학습성과 평가문제

1. 이 절에서 배운 두 가지 고장진단 기술에 대해서 설명하라.
2. 첫 번째 기술에서 무엇이 관찰되고 그리고 무엇이 분석되었는지 설명하라.
3. 두 번째 기술에서는 어떻게 나누어지는지 설명하라.

9-6 멀티플렉서(데이터 선택기)

학습성과

이 절을 학습함으로써 다음을 할 수 있다.

- 멀티플렉서의 용어 정의
- 멀티플렉서의 입력과 출력의 역할
- 멀티플렉서의 인에이블 입력의 역할

현대의 가정용 스테레오 시스템에는 4개의 소스(카세트테이프, 콤팩트디스크, 라디오, DVD) 중 하나에서 음악을 들을 수 있도록 선택할 수 있는 스위치가 있다. MP-3 플레이어, TV, 라디오 혹은 오디오. 스위치는 이 4개의 소스 중 하나의 신호를 선택한다. 그리고 이것을 전력증폭기나 스피커로 보낸다. 간단하게 표현하면 이것이 바로 **멀티플렉서**(**MUX**)가 하는 역할이다. 그것은 여러 개의 입력 신호 중 하나를 선택하고 그것을 출력으로 보낸다.

디지털 멀티플렉서 또는 데이터 선택기(*data selector*)는 여러 개의 데이터 입력을 받아 그 중 하나를 선택하여 출력하는 논리회로이다. 출력할 데이터의 입력 루틴은 선택 입력(흔히 ADDRESS 입력으로 지칭됨)에 의해 제어된다. 그림 9-18은 일반적인 멀티플렉서(MUX)의 기능을 나타내고 있다. 이 그림에서 입력과 출력은 선이 아닌 큰 화살표로 표시되어 있는데, 이는 하나 이상의 신호 선을 의미한다.

멀티플렉서는 디지털 제어 다중 위치 스위치 같이 동작하는데, 여기서 디지털 코드는 선택 입력에 인가되고, 이것은 입력 데이터를 출력 단자에 연결시키는 데 있어서 제어 기능을 담당한다. 예를 들어, 출력 Z는 특정 선택 입력 코드에 대해 입력 데이터 I_0와 같게 된다.

그림 9-18 디지털 멀티플렉서(MUX)의 기능 다이어그램.

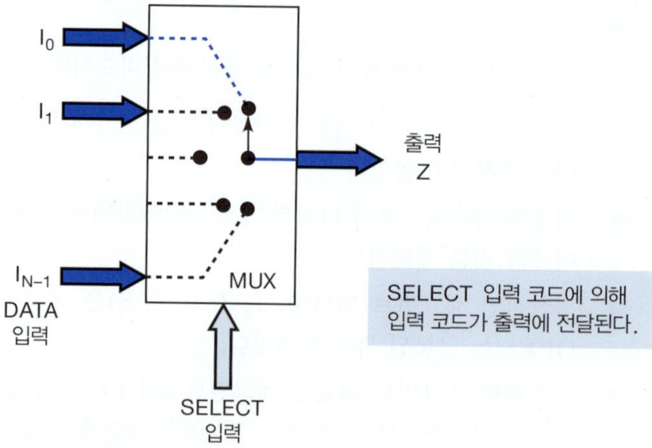

Z는 다른 선택 입력 코드에 대해 I_1과 같게 된다. 다시 말해서 N개의 입력 데이터 중 하나를 선택하고, 멀티플렉서는 선택된 자료를 하나의 출력 채널에 전송한다. 이를 **멀티플렉싱(multiplexing)**이라 한다.

기본 2 입력 멀티플렉서(Basic Two-Input Multiplexer)

그림 9-19는 데이터 입력 I_0, I_1과 선택 입력 S를 갖는 2 입력 멀티플렉서의 논리회로를 나타내고 있다. S 입력에 따라 두 개의 AND 게이트 중 어느 게이트를 선택할 것인가를 결정하고 그 결정된 AND 게이트를 통해 해당 입력 값을 출력으로 전달한다. 부울 연산식을 사용하면 출력은 다음과 같다.

$$Z = I_0\overline{S} + I_1S$$

$S = 0$이면, 출력 Z는 입력 신호 I_0과 같게 된다.

$$Z = I_0 \cdot 1 + I_1 \cdot 0 = I_0 \qquad \text{[게이트 2 인에이블]}$$

$S = 1$이면, 출력 Z는 입력 신호 I_1과 같게 된다.

$$Z = I_0 \cdot 0 + I_1 \cdot 1 = I_1 \qquad \text{[게이트 1 인에이블]}$$

2개의 입력 MUX가 사용될 수 있는 예는 2개의 다른 MASTER CLOCK 신호, 즉 하나는 고속 클럭(이를테면 10 MHz), 또 하나는 저속 클럭(이를 테면 4.77 MHz)을 사용

그림 9-19 2 입력 멀티플렉서.

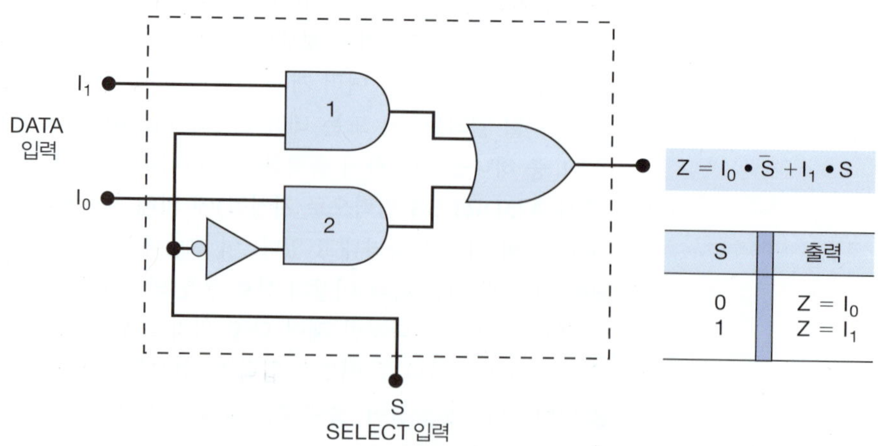

S	출력
0	$Z = I_0$
1	$Z = I_1$

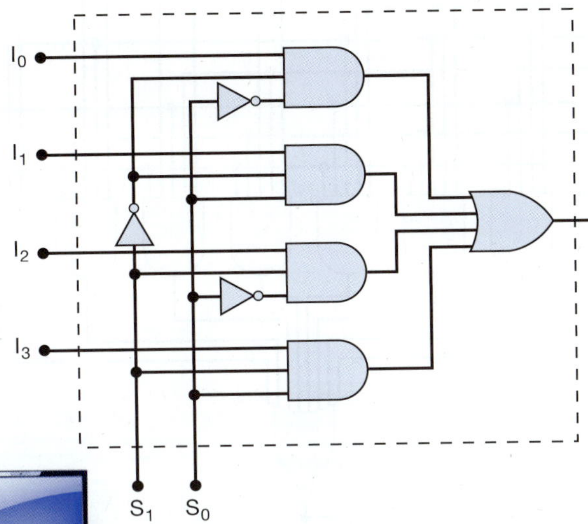

S_1	S_0	출력
0	0	$Z = I_0$
0	1	$Z = I_1$
1	0	$Z = I_2$
1	1	$Z = I_3$

(a)

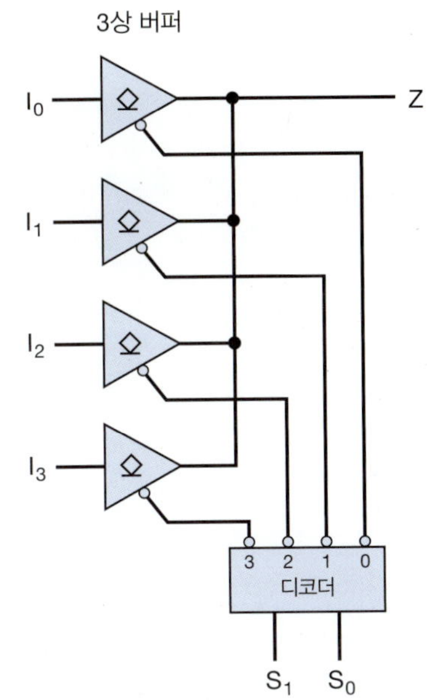

(b)

그림 9-20 4입력 멀티플렉서. (a) 곱의 합 논리 사용. (b) 3상 버퍼 사용.

하는 디지털 시스템에 있다. 그림 9-19의 회로를 사용하여 10 MHz 클럭은 I_0에 연결되고 4.77 MHz 클럭은 I_1에 연결되었다. 컴퓨터 제어 논리 선택으로부터의 신호는 다른 컴퓨터 회로의 라우팅에 대해 출력 Z에서 나타나는 클럭 신호를 제어하기 위해 SELECT 입력을 사용한다.

4 입력 멀티플렉서(Four-Input Multiplexer)

동일한 기본적인 개념을 그림 9-20(a)에 나타난 4 입력 멀티플렉서에 적용할 수 있다. 여기서 4개의 입력은 선택 입력 S_1S_0의 4개의 가능한 조합에 따라서 출력 단자가 선택적으로 전송된다. 각각의 데이터 입력은 서로 다른 선택 입력 레벨의 조합에 의해 이루어진다. I_0은 $\overline{S}_1\overline{S}_0$이 각각 0일 때 출력 Z는 AND 게이트를 통한다. 그림에서 서로 다른 3개의 입력 선택 코드에 대한 출력을 표에 나타내었다. 똑같은 기능을 수행하는 다른 회로를 그림 9-20(b)에 나타내었다. 이 회로는 신호 중에서 하나를 선택하기 위해서 3상 버퍼를 사용하였다. 디코더는 한 번에 한 개의 버퍼만 활성화해야 한다. 입력 신호를 버퍼를 통해 출력으로 보내기 위해서 S_1과 S_0를 사용한다.

2, 4, 8, 16 입력 멀티플렉서는 TTL과 CMOS 논리군으로 구현되어 있다. 이런 기본적인 집적회로는 많은 입력을 멀티플렉싱하기 위해 사용한다.

8 입력 멀티플렉서(Eight-Input Multiplexer)

그림 9-21(a)는 74ALS151(74HC151)과 같은 8 입력 멀티플렉서의 논리 다이어그램을 나타내고 있다. 이 멀티플렉서는 인에이블 입력 $\overline{E}$가 있어 정상 또는 역출력을 발생시킨다. $\overline{E}$ = 0일 때 선택 입력 $S_2S_1S_0$ 입력 데이터(I_0에서부터 I_7까지) 중 하나를 선택해서 출력 Z에 보낸다. $\overline{E}$ = 1일 때 선택 입력 코드와 관계없이 Z = 0이다. 이러한 동작을 그림 9-21(b)에 요약하였고, 74151 논리 기호를 9-21(c)에 나타내었다. 그림 9-21(d)는

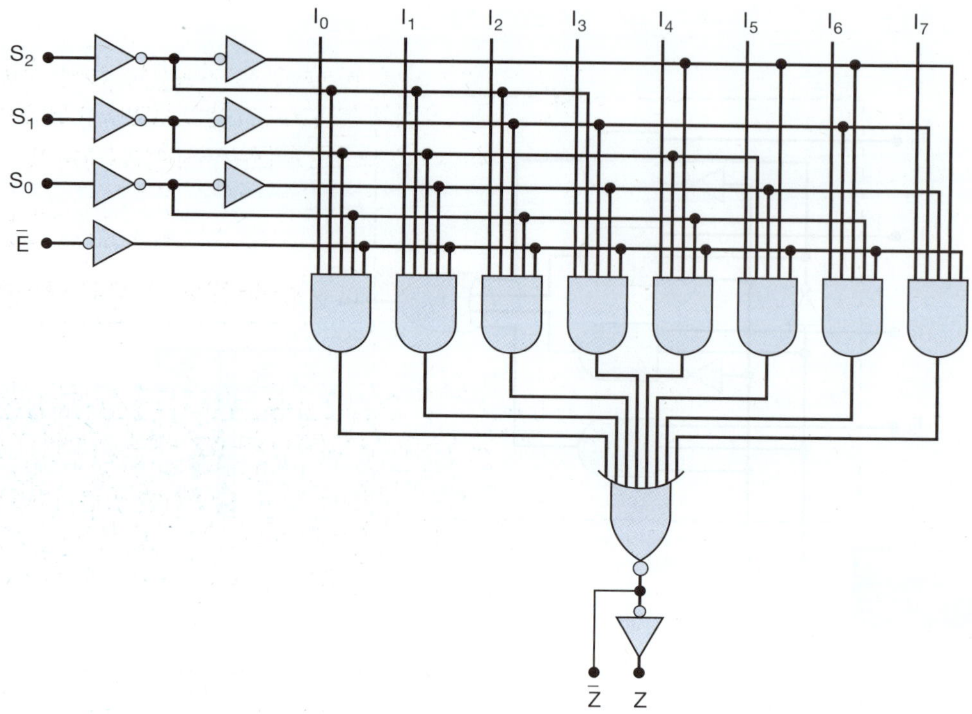

(a)

입력				출력	
$\bar{E}$	S_2	S_1	S_0	$\bar{Z}$	Z
H	X	X	X	H	L
L	L	L	L	$\bar{I}_0$	I_0
L	L	L	H	$\bar{I}_1$	I_1
L	L	H	L	$\bar{I}_2$	I_2
L	L	H	H	$\bar{I}_3$	I_3
L	H	L	L	$\bar{I}_4$	I_4
L	H	L	H	$\bar{I}_5$	I_5
L	H	H	L	$\bar{I}_6$	I_6
L	H	H	H	$\bar{I}_7$	I_7

(b)

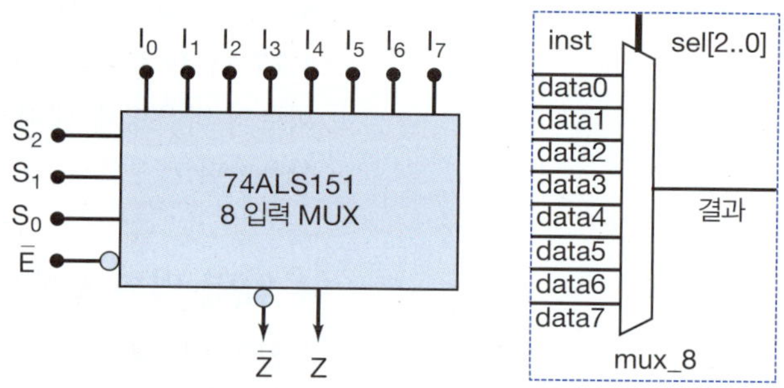

(c) (d)

그림 9-21 (a) 74151 멀티플렉서의 논리 다이어그램. (b) 진리표. (c) 논리 기호. (d) 유사 MUX megafunction.

Altera의 등가 megafunction에 대한 표현이다.

예제 9-9

그림 9-22(a)의 회로는 2개의 74HC151, 1개의 인버터, 하나의 OR 게이트로 구성된다. 이 회로의 동작을 설명하라.

풀이

이 회로는 전부 16개의 데이터 입력이 있고, 각각의 멀티플렉서에 8개씩 인가된다. OR 게이트에 연결된 2개의 멀티플렉서는 하나의 출력 X를 발생시킨다. 이 회로는 16 입력 멀티플렉서의 기능을 가진 회로이다. 4개의 선택 입력 $S_3S_2S_1S_0$는 16개의 입력 중 1개를 선택하여 X를 출력시킨다.

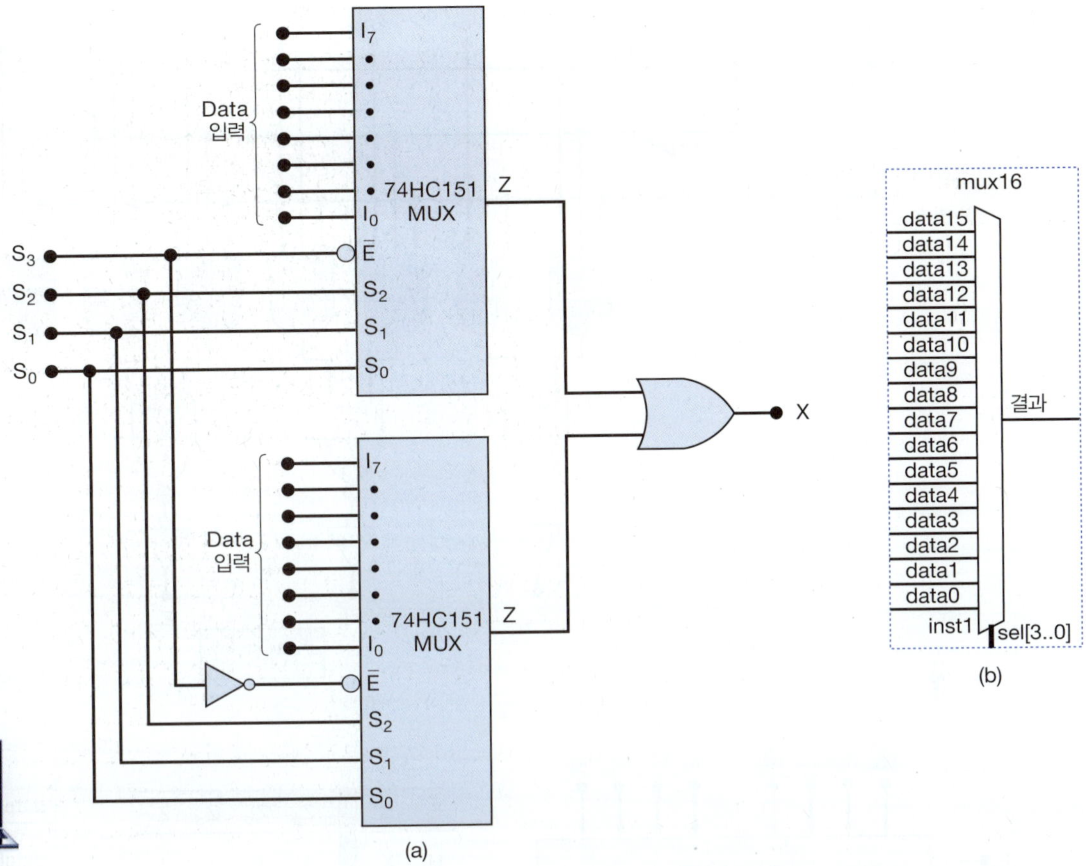

그림 9-22 예제 9-9: (a) 16입력 멀티플렉서를 구성하기 위해 결합된 2개의 74HC151 MUX. (b) 유사 megafunction.

S_3 입력은 어느 멀티플렉서를 인에이블할지 결정한다. S_3 = 0이면 위의 멀티플렉서가 인에이블되고, $S_2S_1S_0$ 입력은 입력 데이터 중에서 어느 한 개를 OR 게이트를 통해 X로 출력할 것인가를 결정한다. S_3 = 1이면 아래의 멀티플렉서가 인에이블되고, $S_2S_1S_0$ 입력은 입력 데이터 중 어느 한 개가 출력될 것인가를 결정한다.

그림 9-22(b)는 작은 2개의 조합논리회로 모듈을 결합한 것이며 Altera megafunction에서는 입력을 추가함으로써 같은 기능을 간단하게 표현 가능하다.

2 입력 쿼드 멀티플렉서(74ALS157/HC157)

그림 9-19에서처럼 74ALS157은 8입력 멀티플렉서로 일반적으로 사용하는 집적 회로이다. 74ALS157에 대한 논리 다이어그램을 그림 9-23의 (a)에 나타내었다. 여기에서 주의할 것은 데이터의 입력과 출력 표시이다. a, b, c, d 첨자는 4비트 2진수를 나타낸다. I_1과 I_0는 2개의 입력 수를 나타내며 Z는 4비트 출력을 나타낸다. 그림 9-23(b)는 출력 S에 대한 신호의 연결을 표시하는 논리 기호를 나타내고 (c)는 기능표를 나타낸다. 그림 9-23(d)처럼 쉽게 megafunction을 만들 수 있다

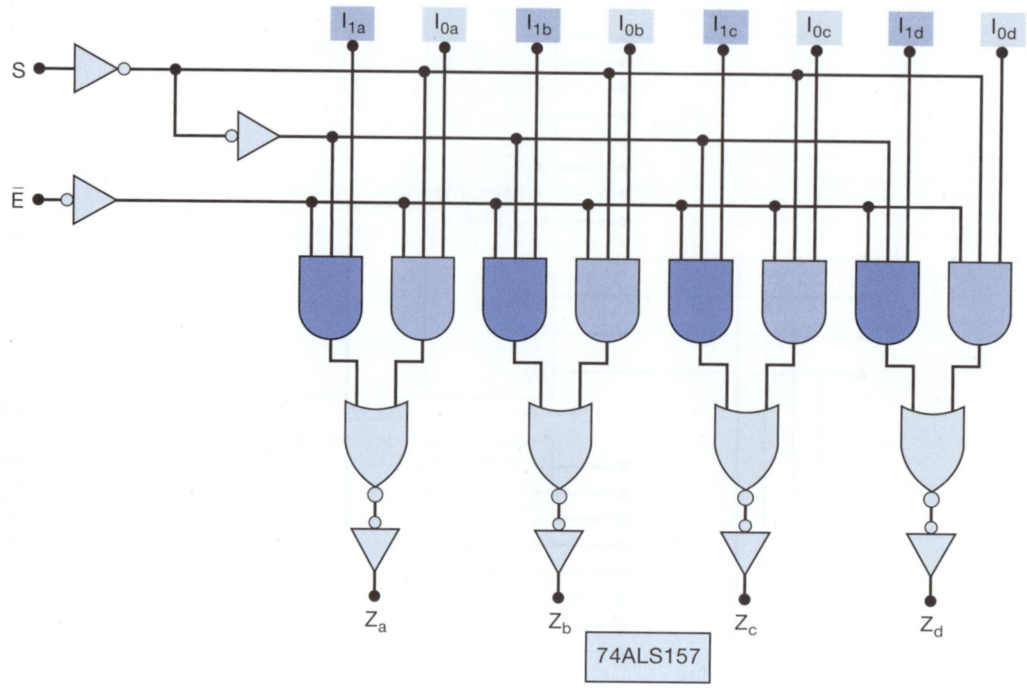

(a)

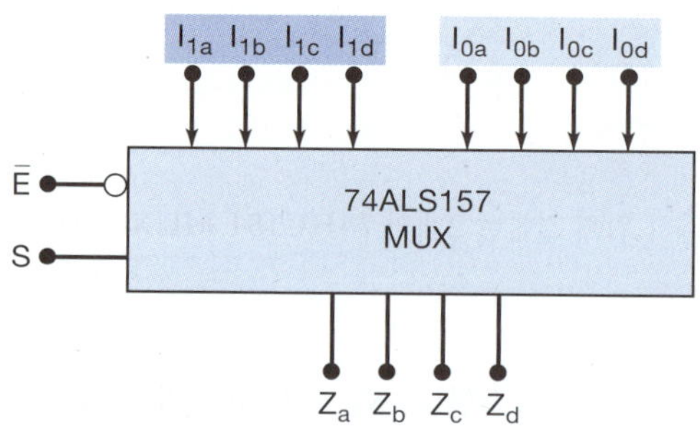

(b)

$\overline{E}$	S	Z_a	Z_b	Z_c	Z_d
H	X	L	L	L	L
L	L	I_{0a}	I_{0b}	I_{0c}	I_{0d}
L	H	I_{1a}	I_{1b}	I_{1c}	I_{1d}

(c)

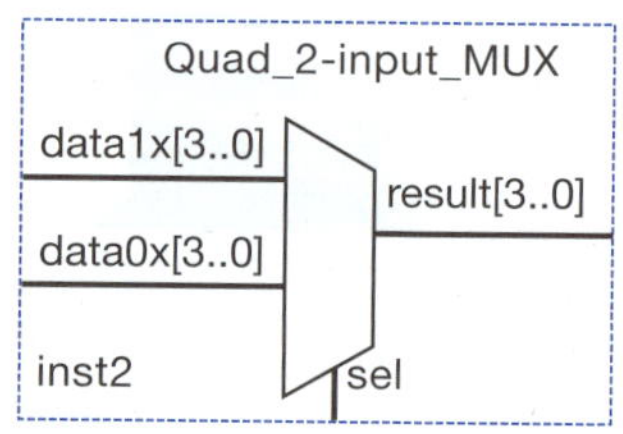

(d)

그림 9-23 (a) 74ALS157 멀티플렉서의 논리 다이어그램. (b) 논리 기호. (c) 진리표. (d) 4비트 2 입력 채널의 MUX megafunction.

예제 9-10

그림 9-23에서 각각의 출력 Z가 입력 I_0에 일치하는 논리 레벨을 가지도록 입력의 조건을 구하라. 그리고 I_1에 대해서도 반복하라.

풀이

우선 인에이블 입력이 동작 상태이어야 한다. 즉 $\overline{E} = 0$이다. Z_a가 I_{0a}와 같게 하기 위해서 입력의 선택 단자가 LOW이어야 한다. 이와 같은 조건은 $Z_b = I_{0b}$, $Z_c = I_{0c}$, $Z_d = I_{0d}$ 결과를 출력시킨다.

$\overline{E} = 0$이고 $S = 1$이면 출력 Z는 입력 I_1에 따른다. 즉 $Z_a = I_{1a}$, $Z_b = I_{1b}$, $Z_c = I_{1c}$, $Z_d = I_{1d}$이다.

$\overline{E} = 1$일 때 출력은 비활성화되며 모두 LOW이다.

이러한 멀티플렉서는 2 입력 멀티플렉서로 간주하면 편리하다. 각 입력은 4개의 선을 갖고 출력 또한 4개의 선을 갖는다. 4개의 출력선은 입력제어에 따라 2세트의 4개의 입력

선을 앞뒤로 연결시킨다.

학습성과 평가문제

1. 멀티플렉서의 선택 입력의 기능은 무엇인가?
2. 어떤 멀티플렉서는 32개의 데이터 입력 중 하나를 출력으로 스위칭한다. 이런 MUX가 가지고 있는 입력은 몇 가지인가?

9-7 멀티플렉서 응용

학습성과

이 절을 학습함으로써 다음을 할 수 있다.

- 멀티플렉서의 응용 사례
- 주어진 MUX의 응용 사례에서 입력에 대한 적절한 회로 동작

멀티플렉서 회로는 모든 형태의 디지털 시스템에 다양하게 응용된다. 이러한 응용에는 데이터 선택, 데이터 라우팅, 처리 순서, 병렬에서 직렬로의 변환, 파형 발생, 논리 기능 발생 등이 있다. 여기서 이러한 응용 중 몇 가지를 살펴보고 이 장 끝에 있는 연습문제를 통해 몇 가지 더 살펴본다.

데이터 라우팅(data routing)

멀티플렉서는 데이터를 여러 소스 중 하나로부터 하나의 목적지로 이동시킬 수 있다. 멀티플렉서의 한 전형적인 응용은 하나의 디코더/드라이버와 LED 표시 장치를 이용하여 2개의 BCD 카운터 중 하나의 내용을 선택하고 표시하는 74ALS157 멀티플렉서를 사용하는 것이다. 이러한 회로는 그림 9-24에 나타내었다.

2개의 직렬접속(cascaded) BCD 단으로 구성된 각각의 카운터는 자체의 클럭 신호에 의해 구동된다. COUNTER SELECT 선이 HIGH일 경우, 카운터 1의 출력은 멀티플렉서를 통해 LED에 표시하기 위해 디코더/드라이버로 전달된다. COUNTER SELECT = 0일 경우 카운터 2의 출력은 멀티플렉서를 지나 표시 장치들로 전달된다. 이러한 방법으로 하나의 카운터나 또 다른 카운터의 10진 내용은 COUNTER SELECT 입력의 제어하에 표시된다. 이러한 것은 디지털 시계에서 일반적으로 사용된다. 디지털 시계 회로는 초, 분, 일, 월, 경보 세팅(alarm setting) 등을 기억하고 있는 많은 카운터와 레지스터를 포함한다. 이런 멀티플렉싱 구조는 제한된 표시 장치에 여러 개의 데이터를 나타내기 위해 사용된다.

여기에서 사용된 것처럼 멀티플렉싱 기법의 목적은 디코더/드라이버들을 시분할하는 것이다. 두 개의 카운터의 내용을 표시 장치에 나타내기 위해서는 각각의 표시 장치 드라이버 회로가 필요하지만 멀티플렉싱 기술을 통해 한 개의 표시 장치에 두 개의 다른 내용을 시분할을 통해 나타냄으로서 하드웨어를 줄일 수 있다. 특히 표시할 내용들이 많으면 더욱더 필요성이 강조되며 전력 소비를 줄이는 데 효과가 있을 것이다. 그러나 단점은 한 번에 한 개의 내용을 표시한다는 것이다. 많은 응용에서 이것은 큰 결점은 아니다. 기계적인 스위칭 기능 배열은 먼저 한 카운터를 표시하는 데 사용되고 다른 카운터는 디코더/드라이버와

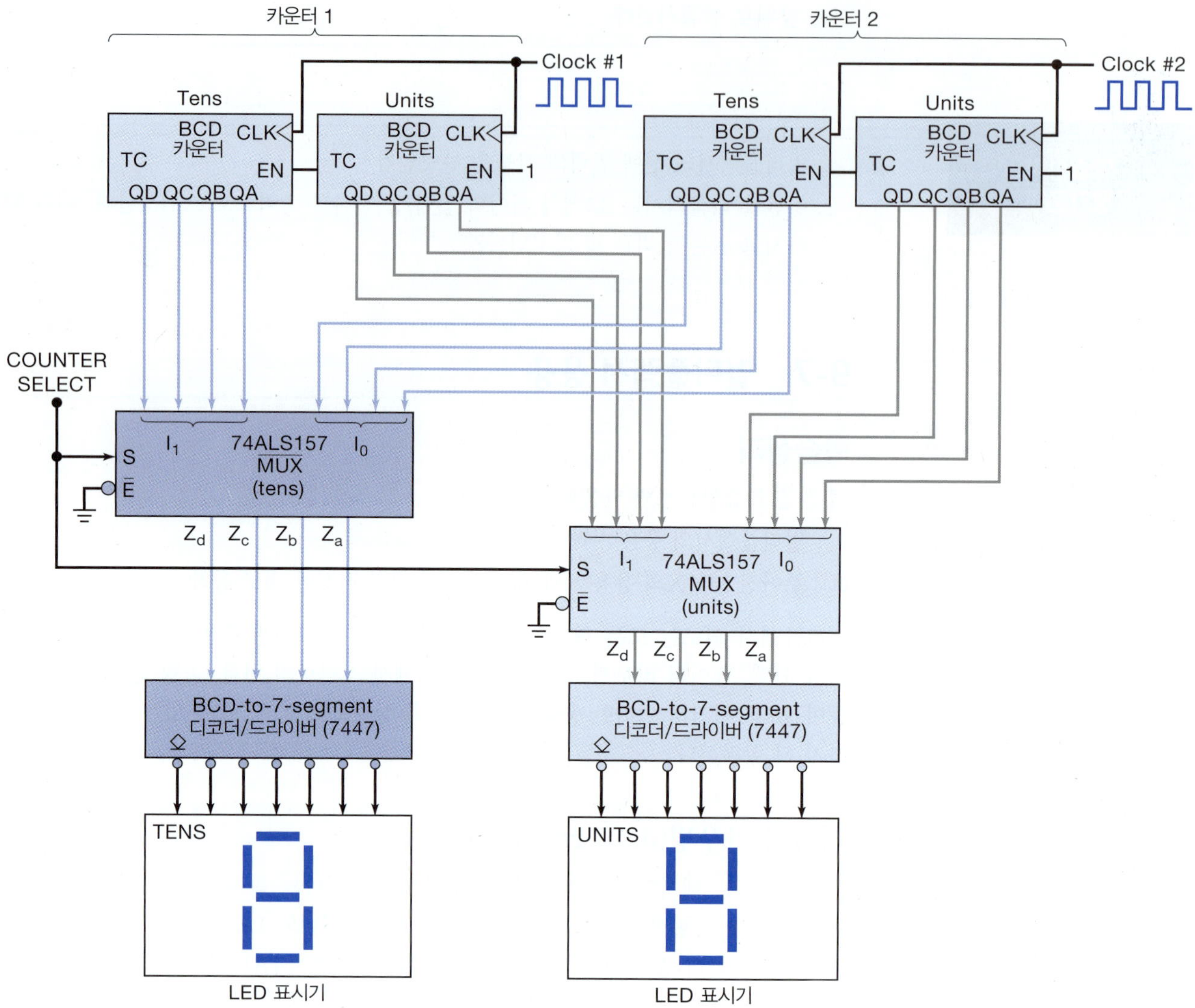

그림 9-24 한 번에 2개의 숫자를 표시하는 BCD 카운터 시스템.

표시 장치들로 스위칭하는 기능을 수행하기 위해 사용될 수 있다. 그러나 많은 수의 스위치 접촉이 요구되고, 선들이 복잡해지고 물리적인 크기 때문에 그림 9-24와 같은 완전한 논리로 구현하기에는 불리한 점도 있다.

병렬-직렬 변환

대부분의 디지털 시스템이 2진 데이터를 병렬로 처리(모든 비트를 동시에)하는 이유는 속도가 빠르기 때문이다. 그러나 데이터 전송이 장거리일 때는 병렬 배열은 많은 수의 전송 선이 필요하므로 적합하지 못하다. 그러므로 먼 거리를 전송할 때에는 병렬의 2진 데이터나 정보를 직렬로 변환한다. **병렬-직렬 변환(parallel-to-serial conversion)**을 멀티플렉서를 사용하여 변환시키는 방법을 그림 2-25에서 보여주고 있다.

데이터는 병렬 형태로 X 레지스터 출력에서, 8 입력의 멀티플렉서에 전달된다. 3비트 카운트(MOD-8)는 선택 코드 비트 $S_2S_1S_0$을 가지므로, 클럭 펄스가 인가되면 000에서 111까지 순환한다. 이러한 방법으로 멀티플렉서의 출력은 첫 클럭 펄스 주기 동안 X_0이 되고 두 번째 주기 동안 X_1이 된다. 나머지도 마찬가지이다. 출력 Z는 병렬 입력 데이터의 직

그림 9-25
(a) 병렬-직렬 변환기. (b) $X_7X_6X_5X_4X_3X_2X_1X_0 =$ 10110101일 때의 파형.

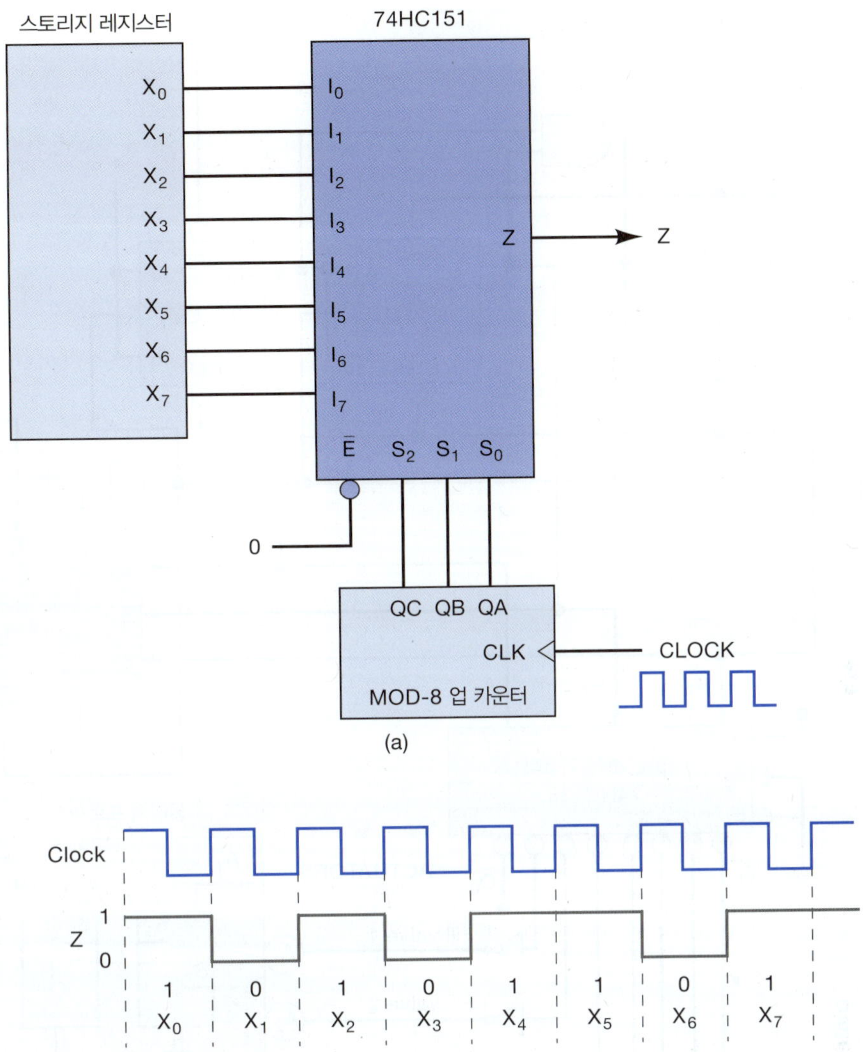

(b)

렬 형태로 나타나고 $X_7X_6X_5X_4X_3X_2X_1X_0 =$ 10110101일 경우 그림에서와 같은 파형이 생긴다. 이 변환 과정에는 총 8개의 클럭 펄스가 필요하다. X_0(LSB)가 첫 번째로 전송되고, X_7(MSB)이 마지막에 전송된다.

처리 순서

그림 9-26의 회로에는 7개 단계를 거치는 순차 제어기의 일부분으로서 8 입력 멀티플렉서가 사용되었는데, 이는 실제적인 처리를 제어하는 회로의 일부분으로 동작한다. 한 예로서 두 개의 액체 내용물을 섞는 과정과 그것을 조리하는 과정을 들 수 있다. 또한 이 회로는 3선-8선 디코더와 MOD-8 2진 카운터를 이용한다. 동작을 기술하면 다음과 같다.

1. 카운터를 000 상태로 초기화한다. 카운터 출력은 디코더 입력과 멀티플렉서의 선택 입력에 인가된다. 그래서 디코더의 출력 $\overline{O}_0 = 0$이며, 다른 것은 모두 1이 되므로 프로세서의 ACTUATOR 입력은 LOW이다. 프로세스의 SENSOR 출력은 모두 LOW로 시작한다. S 입력은 000이므로 멀티플렉서의 출력 $\overline{Z} = \overline{I}_0 = 1$이다.
2. START 펄스는 플립플롭 Q_0을 HIGH로 세팅함으로써 순차 동작을 초기화하고 카운

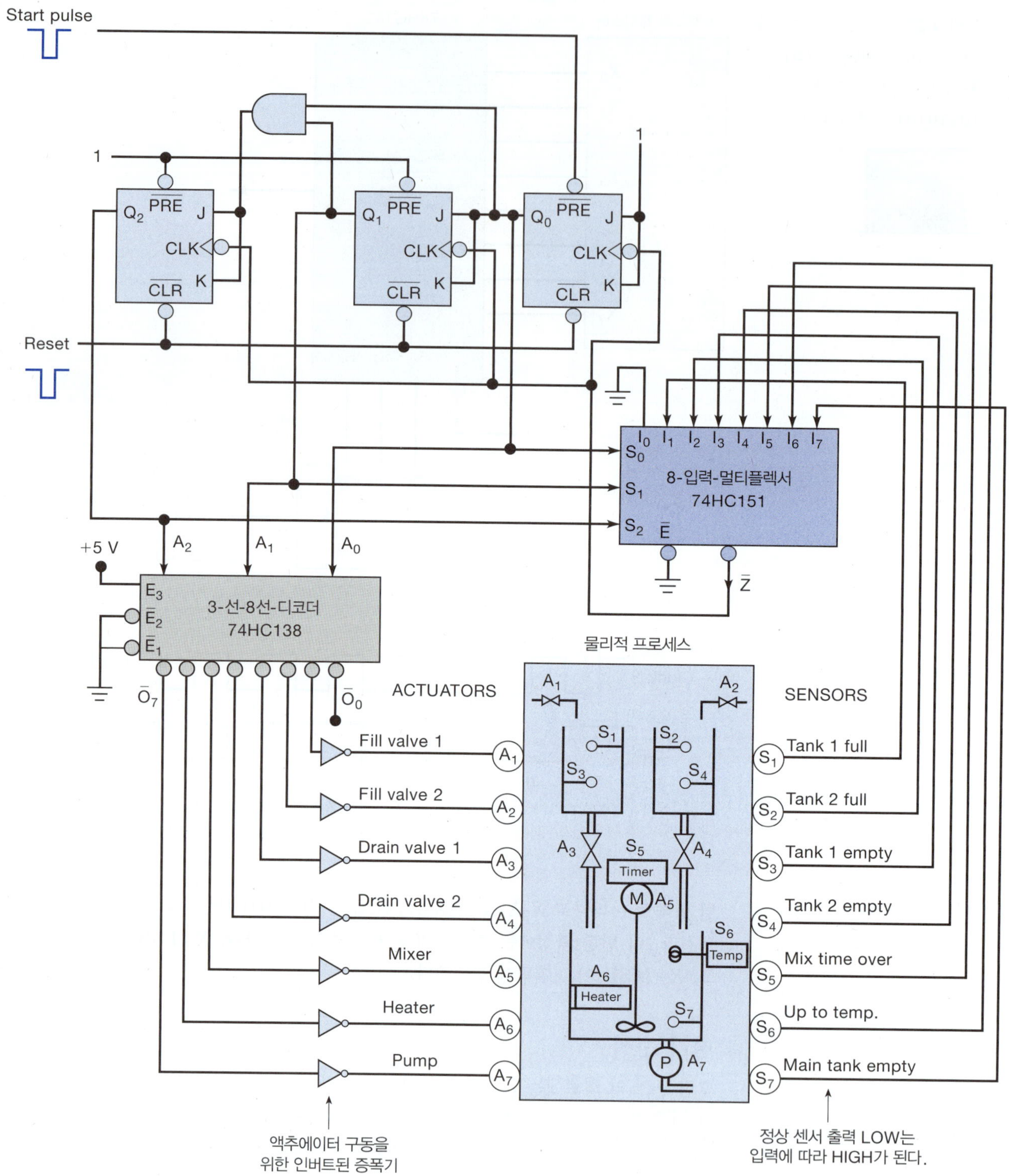

그림 9-26 7단계 제어 순차기.

터를 001 상태로 한다. 이는 디코더의 출력 $\overline{O}_1$을 LOW로 되게 함으로써 이 프로세서의 첫 단계인 ACTUATOR 1을 동작시킨다(1번 밸브를 연다).

3. 얼마 후 SENSOR 출력 1은 첫 단계의 완료를 나타내는 HIGH 상태가 된다(물탱크 문이 닫힌다). 이 HIGH는 멀티플렉서의 입력 I_1에 인가한다. 카운터로부터 선택 입력

이 001이므로 역변환하여 출력 $\overline{Z}$에 전달된다.

4. 플립플롭의 Q_0의 *CLK* 입력에 $\overline{Z}$의 값이 LOW로 된다. 음의 방향 천이가 카운터를 010 상태로 만든다.
5. 디코더의 출력 $\overline{O}_2$가 LOW로 되고 두 번째 과정인 ACTUATOR 2가 작동한다(2번 밸브를 연다). $\overline{Z}$는 $\overline{I}_2$(선택 코드 010)와 같게 된다. 그러므로 SENSOR 출력 2는 LOW 상태에 머물고 $\overline{Z}$는 HIGH가 된다.
6. 두 번째 절차가 완료되면 SENSOR 2는 HIGH가 되고, $\overline{Z}$에서 LOW가 되어 카운터는 011이 된다.
7. 이와 같은 동작이 다른 과정에서도 반복된다. 7번째 절차가 완료되면, SENSOR 출력 7은 HIGH가 되고, 카운터는 111에서 000으로 된다. 여기서 다른 START 펄스가 새로 초기화될 때까지 이 상태에 머문다.

논리 함수 발생

멀티플렉서는 진리표에서 직접 논리 기능을 구현하는 데 사용할 수 있다. 멀티플렉서가 이러한 목적으로 사용될 때 선택 입력은 논리 변수로 사용되고, 각 데이터 입력은 진리표에 따라 입력을 HIGH 또는 LOW 상태로 고정한다.

그림 9-27은 주어진 진리표를 만족하는 논리회로를 실현하기 위해 8입력 멀티플렉서가 어떻게 사용될 수 있는지 설명하고 있다. 입력 변수 A, B, C는 각각 S_0, S_1, S_2와 연결되므로 입력 레벨은 어떤 데이터 입력이 출력 Z에 보내지는지 결정한다. 진리표에 따라 $CBA = 000$일 때 Z는 LOW로 가정한다. 그러므로 멀티플렉서 입력 I_0는 LOW와 연결된다. Z도 마찬가지로 $CBA = 011, 100, 101, 110$에서는 LOW이어야 한다.그러므로 입력 I_3, I_4, I_5와 I_6도 역시 LOW로 연결되어야 한다. 다른 CBA 조건에 의해서 $Z = 1$로 가정하면, 멀티플렉서의 입력 I_1, I_2, I_7은 HIGH로 고정된다.

3개의 변수를 갖는 진리표는 8 입력 멀티플렉서로 쉽게 구현된다. 이런 구현 방법은 개개의 논리소자를 사용하여 구성하는 것보다 효과적이다. 예를 들어, 그림 9-27의 진리표에 대해 곱의 합 형식은 다음과 같다.

$$Z = A\overline{B}\overline{C} + \overline{A}B\overline{C} + ABC$$

그림 9-27 진리표에 의해 논리 기능을 구현하는 데 사용한 멀티플렉서.

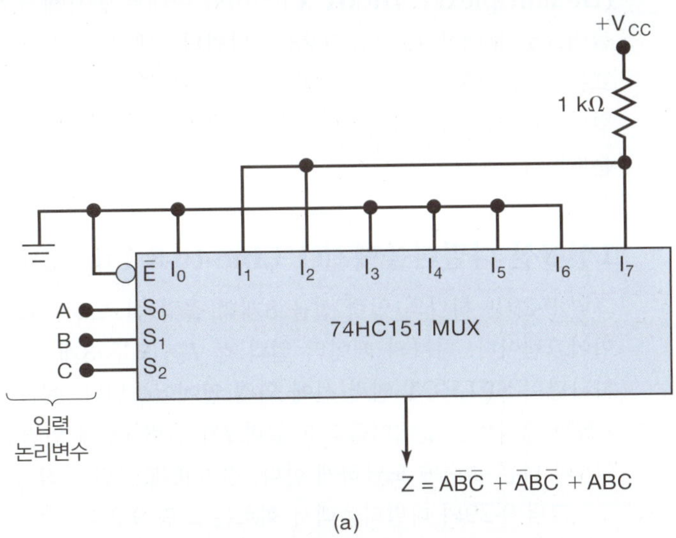

C	B	A	Z
0	0	0	0
0	0	1	1
0	1	0	1
0	1	1	0
1	0	0	0
1	0	1	0
1	1	0	0
1	1	1	1

(b)

이는 대수적이나 K 맵핑(mapping)으로 간소화되지 않고, 게이트 구현은 3개의 인버터, 4개의 NAND 게이트가 필요하므로 전체적으로 2개의 IC가 필요하다.

논리회로를 구현하는 데 있어서 멀티플렉서를 이용하는 것이 효과적이다. 논리회로 설계자들은 4개의 변수를 가진 논리 기능을 실현하는 데 있어서 74HC151과 같은 3개의 선택 입력이 있는 멀티플렉서를 이용한다. 이 방법을 연습문제 9-37에서 다룬다.

곱의 합 표현을 구현하기 위해서 MUX 사용 시 얻을 수 있는 가장 중요한 것은 MUX 입력에 1과 0으로 간단히 바꿈으로써 쉽게 논리 기능을 변환시킬 수 있다. 즉 MUX는 프로그램 논리장치(PLD)로 사용될 수 있다는 것을 보여준다. 많은 PLD는 일반적으로 말하는 룩업테이블(LUT)의 하드웨어의 블럭으로 사용된다. 룩업테이블에 대해서는 12장과 13장에서 보다 더 자세하게 다룰 것이다.

학습성과 평가문제

1. 멀티플렉서의 중요한 응용 분야는 무엇인가?
2. 다음 문장의 참, 거짓을 구분하라. 멀티플렉서가 논리 기능 구현에 사용될 때 논리 변수를 데이터 입력에 인가한다.
3. 병렬에서 직렬 변환기에 MUX를 사용할 때 선택 입력으로 사용하는 회로의 종류는 무엇인가?

9-8 디멀티플렉서(데이터 분배기)

학습성과

이 절을 학습함으로써 다음을 할 수 있다.

- 디멀티플렉서의 용어 정의
- 디멀티플렉서의 입력과 출력의 역할
- 디멀티플렉서의 인에이블 입력의 역할

멀티플렉서는 여러 개의 입력을 받아들여 그중 **하나**를 출력으로 전송한다. **디멀티플렉서(Demultiplexer: DEMUX)**는 이와 반대로 동작해서 하나의 입력을 받아들여 여러 개의 출력으로 분배한다. 그림 9-28는 디멀티플렉서의 기능 다이어그램이다. 입출력의 큰 화살표는 하나 이상의 선을 표시한다. 선택 입력은 데이터 입력의 출력을 정한다. 다시 말해 디멀티플렉서는 하나의 입력을 받아들여 다중 스위치처럼 1부터 *N*까지의 출력 채널을 선택 분배한다.

1선-8선 디멀티플렉서(1 Line-to-8 Line Demultiplexer)

그림 9-29는 하나의 입력 선을 8개의 출력 선으로 분배하는 디멀티플렉서에 대한 논리 다이어그램이다. 하나의 데이터 입력 선 *I*는 모두 8개의 AND 게이트와 연결되지만, 이 중 하나만이 SELECT 입력 선에 의해 인에이블된다. 예를 들어, $S_2S_1S_0 = 000$일 때 0번의 AND 게이트는 인에이블되고 입력 *I*가 출력 O_0에 연결된다. 다른 SELECT 코드들은 입력 *I*가 다른 출력에 도달하게 한다. 진리표에 이런 동작을 나타내었다.

그림 9-29의 디멀티플렉서 회로는 그림 9-2의 3선-8선 디코더와 비교해서, 4번째 입력

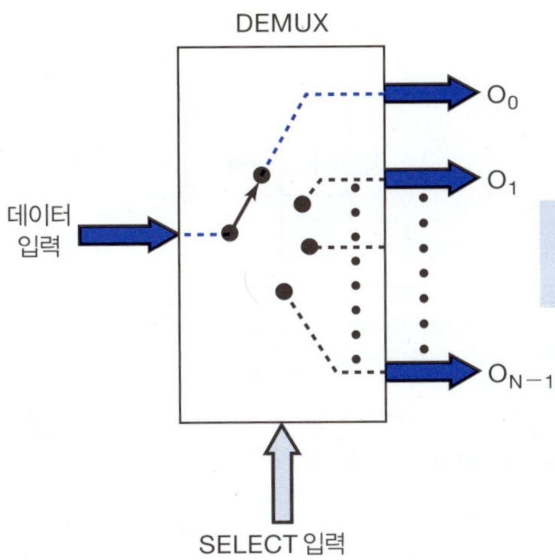

그림 9-28 일반적인 디멀티플렉서.

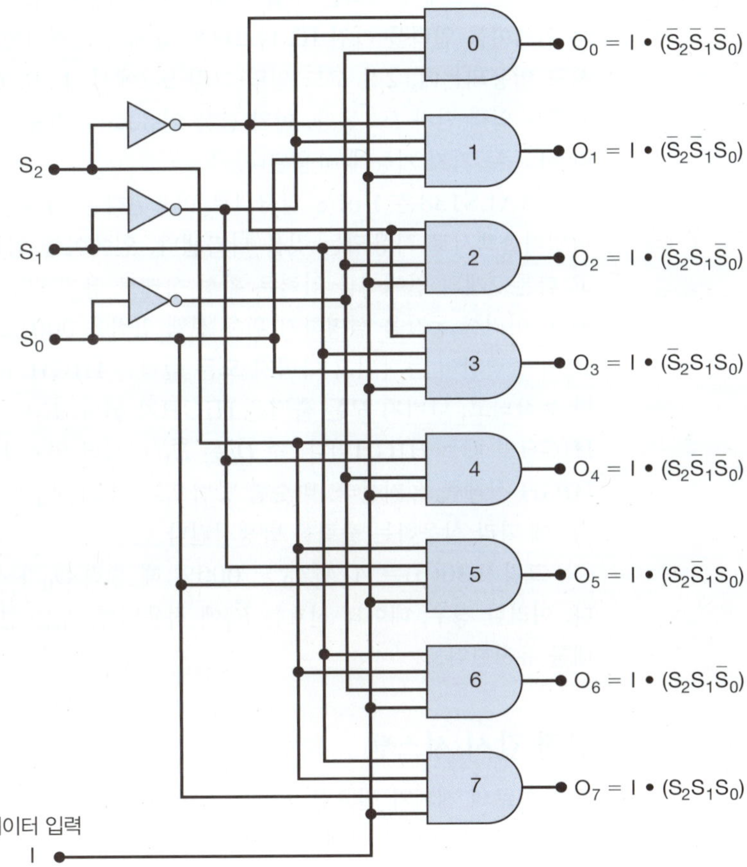

그림 9-29 1선-8선 디멀티플렉서.

Select Code			Outputs							
S_2	S_1	S_0	O_7	O_6	O_5	O_4	O_3	O_2	O_1	O_0
0	0	0	0	0	0	0	0	0	0	I
0	0	1	0	0	0	0	0	0	I	0
0	1	0	0	0	0	0	0	I	0	0
0	1	1	0	0	0	0	I	0	0	0
1	0	0	0	0	0	I	0	0	0	0
1	0	1	0	0	I	0	0	0	0	0
1	1	0	0	I	0	0	0	0	0	0
1	1	1	I	0	0	0	0	0	0	0

주의: I는 data 입력

그림 9-30 (a) 데이터 입력 $\overline{E}_1$을 사용해 디멀티플렉서 기능을 갖는 74ALS138 디코더. (b) 선택 코드 $A_2A_1A_0 = 000$일 때 $\overline{E}_1$에 대한 데이터 입력 I와 동일한 $\overline{O}_0$ 파형.

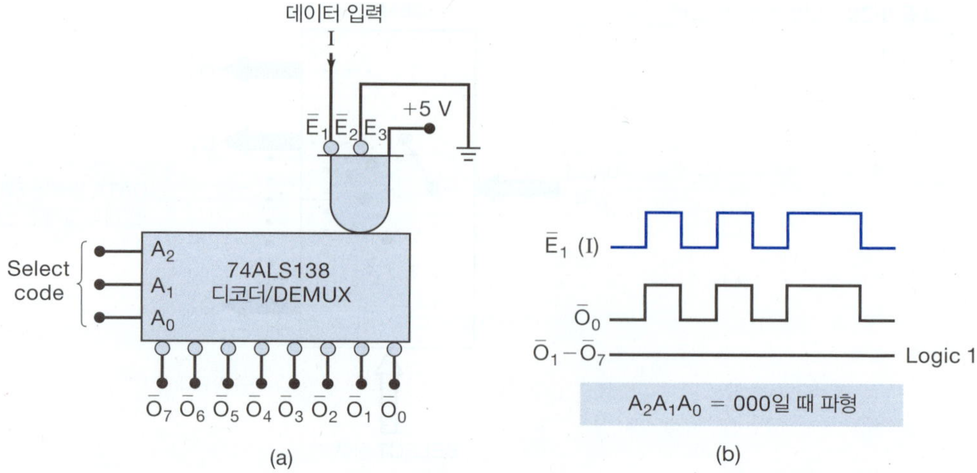

I가 각 게이트에 첨가되는 것을 제외하고는 유사하다. 외부 입력이 디코더 게이트에 첨가되는 인에이블 입력을 가진 IC 디코더는 앞에서 설명하였다. 이러한 디코더 칩이 디멀티플렉서로 이용되는데, 2진 코드 입력(그림 9-2에서 A, B, C)은 SELECT 입력으로 인에이블 입력은 입력 단자 I로 된다. 이와 같은 이유로 두 기능을 가지는 소자를 디코더/디멀티플렉서라 하고 두 가지 기능에 사용된다.

74ALS138은 1-of-8 디코더로 이용된다는 사실을 살펴보았다. 그림 9-30은 이 칩이 디멀티플렉서로 사용되는 것을 나타낸다. 인에이블 입력 $\overline{E}_1$은 데이터 입력 I로서 사용되고 다른 2개의 인에이블 입력은 활성 상태로 유지된다. $A_2A_1A_0$ 입력은 선택 코드로 사용된다. 이러한 동작을 설명하기 위해 선택 입력을 000으로 가정하자. 이러한 입력 코드일 때 $\overline{O}_0$의 출력만이 동작되고 나머지 모든 출력은 HIGH가 된다. $\overline{E}_1$이 LOW일 때 $\overline{O}_0$의 출력만 동작되고, 나머지 모든 출력은 HIGH가 된다. $\overline{E}_1$이 LOW일 때 $\overline{O}_0$는 LOW이고, $\overline{E}_1$이 HIGH일 때는 HIGH이다. 즉 $\overline{O}_0$는 $\overline{E}_1$(데이터 입력 I)의 신호와 같게 되고 나머지 출력은 HIGH 상태를 유지한다. 비슷한 방법으로, $A_2A_1A_0$에 적용된 다른 선택 코드는 데이터 입력 I에 따라 상응하는 출력을 발생시킨다.

그림 9-30(b)는 $A_2A_1A_0 = 000$일 때 출력 $\overline{O}_0$가 선택되어 나타나는 전형적인 파형이다. 이러한 경우, 데이터 신호는 $\overline{E}_1$에 적용되어 $\overline{O}_0$를 천이시키고 나머지 출력은 HIGH 상태를 유지한다.

안전 감시 시스템

많은 통로의 개폐가 필요한 곳을 감시하는 산업 공장에서 안전 감시의 경우를 고려하면, 각각의 문은 스위치의 상태에 따라 제어되고, 안전 감시소에 설치된 원거리용 모니터 판의 각 LED에 스위치의 상태를 표시할 필요성이 있다. 이를 위한 하나의 방법은 모니터 판의 LED와 각 문의 스위치로부터 신호를 분리해 실행하는 것이다. 이는 원거리에 많은 선을 설치하여야 한다. 더 좋은 방법은 멀티플렉서/디멀티플렉서를 이용함으로써 모니터 판의 배선을 줄이는 것이다. 그림 9-31은 8개의 문을 조작할 수 있는 시스템을 나타내고 있다.

예제 9-11

그림 9-31의 동작을 설명하라.

풀이

8개의 문 스위치가 MUX의 데이터 입력이고, 이들은 문이 열릴 때 HIGH이고 문이 닫힐 때 LOW이다. MOD-8 카운터가 MUX의 선택 입력을 공급하고, 원거리용 모니터 판의 DEMUX에도 선택 입력으로 공급된다. 각 DEMUX의 출력은 지시기인 LED와 연결되어 출력이 LOW일 때 ON된다. 클럭 펄스는 선택 입력에서 000부터 111까지 순차적으로 카운터하게 한다. 각각의 카운터에 일치하는 문 스위치 상태는 MUX에 의해 역변환되어 출력 $\overline{Z}$로 전달된다. 그다음 $\overline{Z}$의 입력이 DEMUX 입력에 전달되고, 이 신호는 카운터에 일치하는 출력에 전달하여 표시기를 점등한다.

예를 들어 카운터가 110(6)을 카운터하면 문 6은 닫히게 된다. I_6가 LOW이면 MUX를 통해 역변환되므로 HIGH가 된다. HIGH는 DEMUX를 통해 $\overline{O}_6$가 출력되어 LED 6가 OFF된다. 이는 문 6이 닫혔음을 의미한다. 문 6이 열리면 $\overline{Z}$와 $\overline{O}_6$는 LOW가 되고, LED 6는 ON되면 문 6이 열렸음을 나타내게 된다. 물론 $\overline{O}_6$가 동작되는 동안 다른 LED는 OFF된다.

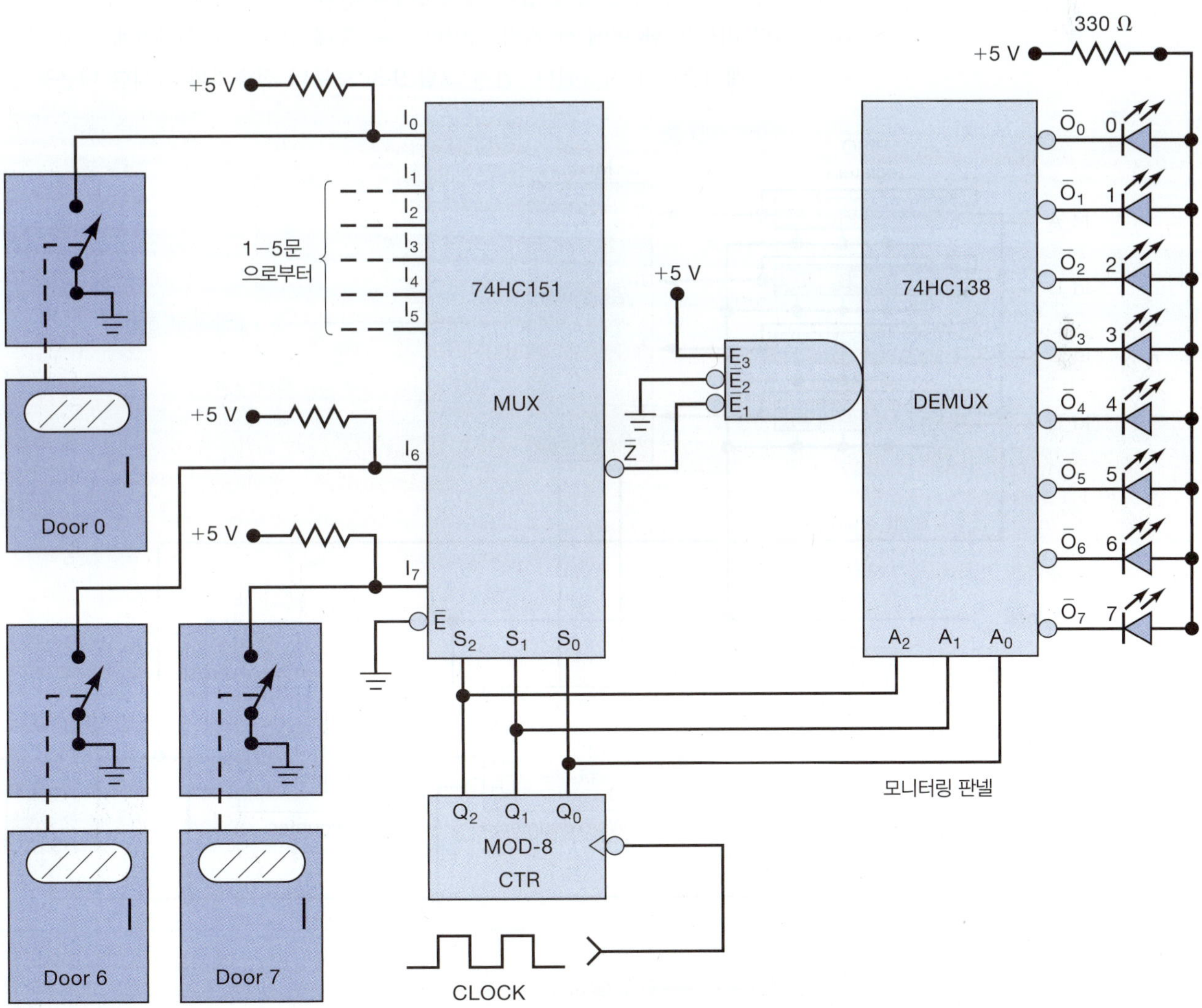

그림 9-31 안전 감시 시스템.

카운터가 000부터 111까지 8개의 상태로 클럭되므로, LED는 8개의 문의 상태를 순차적으로 나타내게 된다. 만약 모든 문이 닫히는 경우에 LED가 ON되는 일은 어떠한 경우에서도 없다. 문이 열리면 카운터가 카운트하는 것에 따라 LED가 ON되고 나머지는 OFF된다. 따라서 LED는 문이 열리면 ON, OFF되면서 발광한다. 발광 시간은 클럭의 주파수를 변화시킴으로써 조정이 가능하다.

"문 감지(door sensing)" 회로와 원거리 모니터 판 사이에는 출력 $\overline{Z}$와 3개의 선택 선, 즉 4개의 신호 선만이 있다. 이것은 문 하나당 1개의 선을 갖는 방법과 비교하면 4개의 선을 절약할 수 있다. MUX/DEMUX는 병렬 대신에 직렬로 각 문의 상태를 LED로 표시할 때 사용한다.

동기식 데이터 전송 시스템

그림 9-32와 9-33은 전송기로부터 원거리 수신기까지 직렬로 4개의 4비트 데이터 워드(data words)를 전송할 때 이용되는 동기식 데이터 전송 시스템(synchronous data transmission system)의 논리 다이어그램이다. 이 시스템의 동작을 살펴보면 4개의 데이터의 워드는 송신기 블럭의 입력 레지스터의 병렬로 저장되고 전송 신호가 활성화된다. 16 데이터 비트는 한 번에 한 개씩 데이터 선을 통해 전송되고 수신기에 의해 다시 재조합되어 출력 레지스터에 저장된다. 먼저 그림 9-32로부터 전송기의 자세한 내용을 살펴보자.

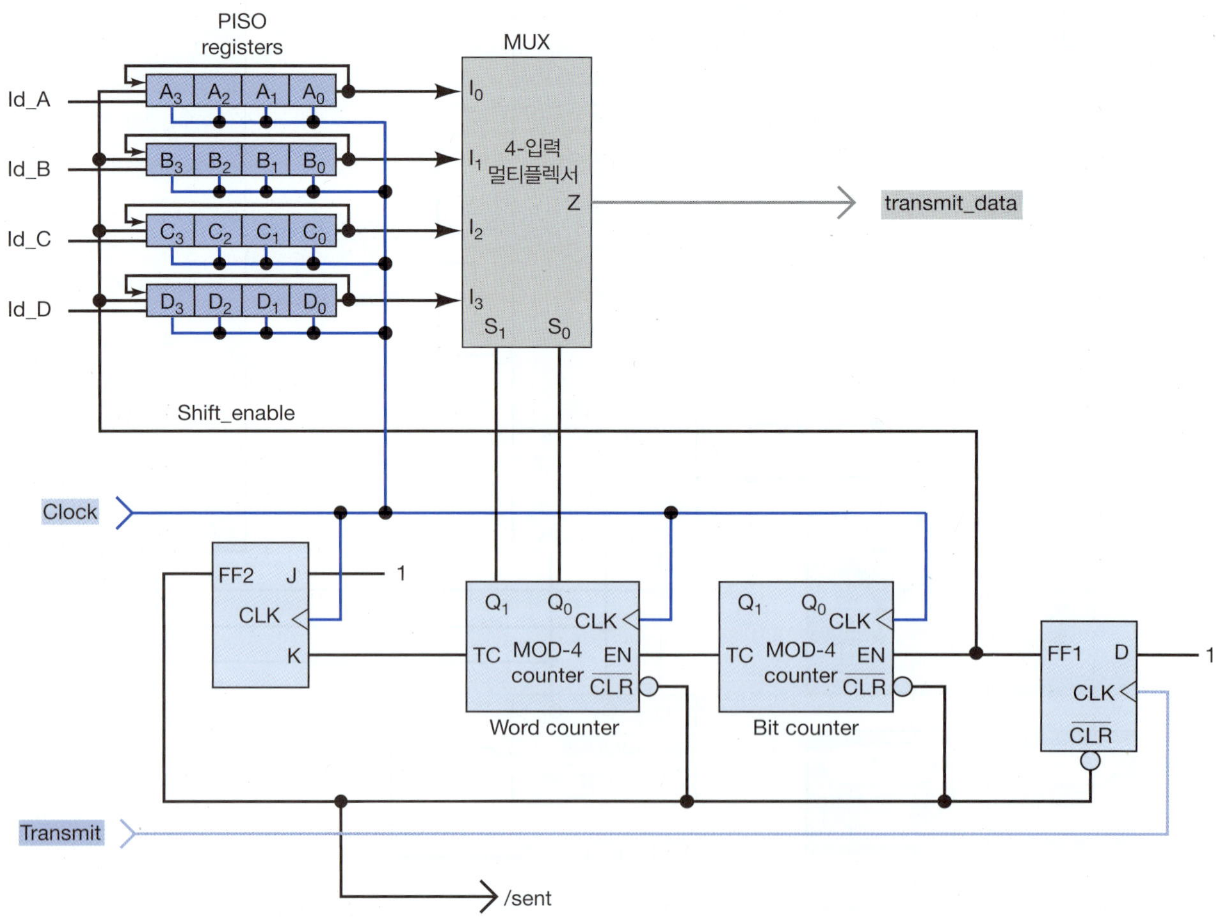

그림 9-32 동기화 데이터 전송 시스템의 송신기 블럭.

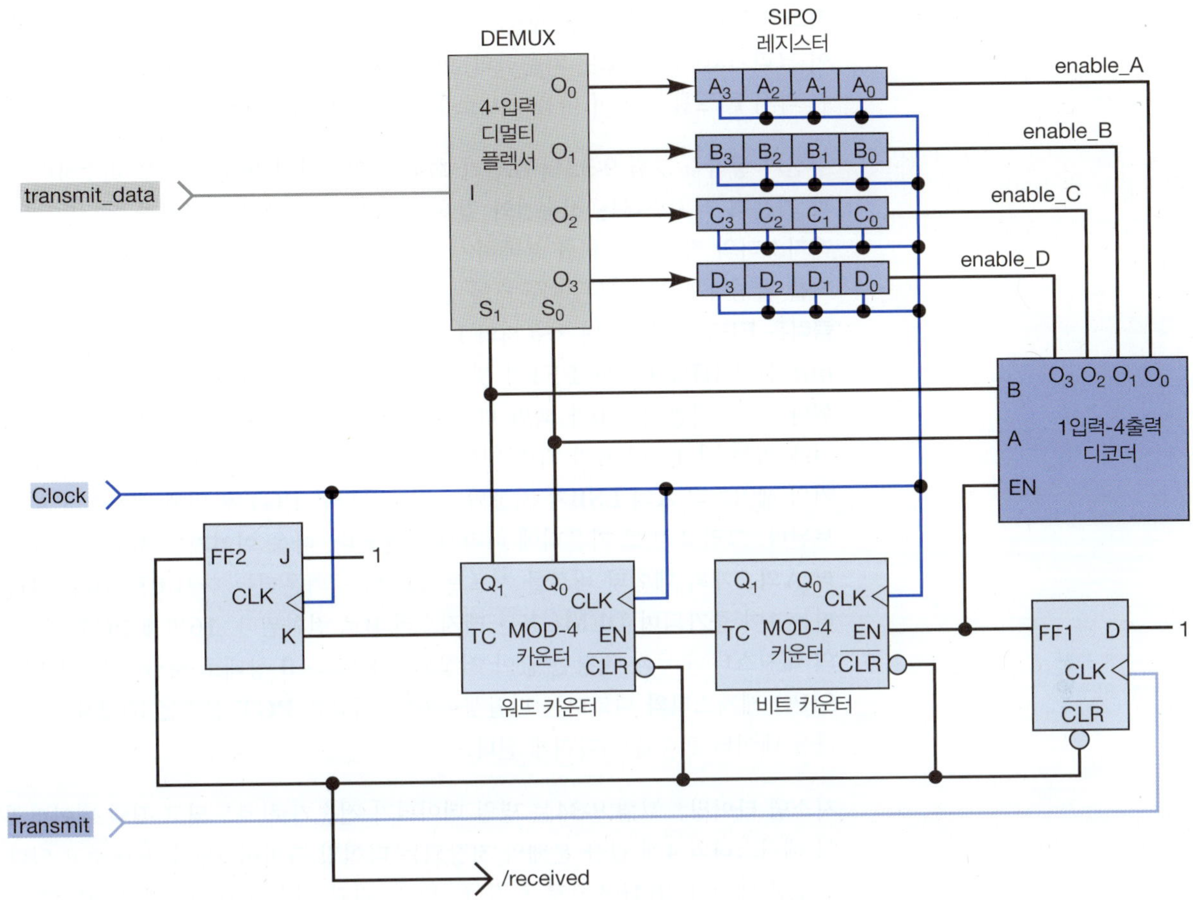

그림 9-33 동기화 데이터 전송시스템의 수신기 블럭

클럭 입력은 고주파이고 지속적으로 신호가 나오고 있으며 그 신호에 따라 시스템의 동작을 동기화시켜 준다. 4비트의 데이터 워드는 적절한 *ld_x* 입력이 활성화되었을 때 개별적으로 PISO 레지스터에 저장된다. 간단하게 표현하기 위해서 PISO레지스터의 병렬 데이터 입력은 그림에서 나타나지 않았다. 이들 입력 레지스터들은 오른쪽으로 시프트되며 LSB에서부터 MSB로 순환된다. 이와 같은 순환 시프트로 직렬 출력되며 4개의 클럭 이후로는 다시 원위치된다.

전송기 동작 그림 9-32에서 초기치로 모든 플립플롭과 2개의 MOD-4 카운터가 모두 클리어되어 있다고 가정한다. 클럭의 다음 PGT에 대해서 FF2가 SET되고 카운터와 FF1으로부터 비동기식 클리어 명령어가 제거된다. *transmit* 신호가 HIGH 일 때 FF1이 SET되며 모든 시프트 레지스터는 시프트 상태로 된다. MOD-4 워드 카운터가 0이기 때문에 MUX는 0을 선택한다(레지스터 A). 이때 레지스터 A의 LSB는 *transmit_data* 선을 통해 전송된다. 다음 3개의 클럭 펄스는 레지스터 A의 나머지 피트를 시프트시켜 직렬 출력으로 내보낸다. 결과적으로 레지스터 A의 출력은 *transmit_data* 선을 통해서 한 번에 한 피트씩 LSB에서 MSB로 전송된다. 4번째 PGT에 대해서 피트 카운터는 0으로 돌아오며 워드 카운터는 1로 증가된다. 그리고 시프트 레지스터의 값은 원래의 위치로 돌아오며 MUX는 레지스터 B로부터 LSB를 선택하여 *transmit_data* 선으로 출력을 내보낸다. 이어지는 3개의 클럭은 레지스터 B의 내용을 시프트 시켜 출력으로 내보내며 레지스터 C, 레지스터 B도 이와 같이 동작한다. 16번째 PGT에 대해서는 FF2가 0 상태로 토글되고 FF1이 크리어되므로서 모든 카운터의 값들이 리셋되고 더 이상 카운터되지 않는다. 다음 PGT는 다시 FF2를 셋하며 다음의 새로운 데이터와 *transmit* 신호가 입력되기를 기다린다.

수신기 동작 그림 9-33의 수신기 회로는 전송기의 동작과 매우 비슷하다. 모든 플립플롭과 카운터 레지스터는 전송기와 같은 클럭을 사용함에 주목하라. 수신기는 적절한 SIPO 레지스터의 직렬 데이터를 분배하기 위하여 DEMUX를 사용하며 한 번에 한 개의 레지스터를 활성화시킨다. 모든 카운터와 플립플롭의 초기값을 0으로 하여 동작을 시작한다. 다음 클럭은 FF2를 셋시키며 카운터와 FF1으로부터 비동기 클리어 명령어를 제거한다. *transmit* 선이 HIGH일 때 FF1이 셋되며 비트카운터와 워드 카운터 그리고 디코드가 활성화된다. 워드 카운터가 0가 되면 디코더하는 레지스터 A를 활성화시키고 DEMUX는 수신기에 있는 레지스터 A의 직렬 데이터의 입력을 직렬 데이터 라인에 연결시킨다(현재 송신기의 레지스터 A의 LSB가 저장되어 있다). 다음 PGT에 의해 레지스터 A의 LSB가 시프트된다. 그리고 비트 카운터에 따라서 진행된다. 다음 이어지는 3개의 PGT 신호는 레지스터 A의 3개의 데이터 비트를 시프트하고 비트 카운터는 다시 0로 된다. 그리고 워드 카운터는 1이 증가되며 DEMUX는 레지스터 B로 전환된다. 16번째 PGT 신호 이후에는 4개의 레지스터 모두가 적당한 값이 저장되고 FF2는 0 상태로 토글되며 FF1은 클리어, 모든 SIPO 레지스터와 디코더는 비활성화된다. 다음의 PGT 신호는 FF2를 셋시키고 시스템은 다음 데이터 전송을 기다리게 된다.

시스템 타이밍 그림 9-34는 병렬 데이터가 전송기로 로드되고 직렬 데이터의 흐름과 수신기 레지스터의 4개 값을 분배와 저장되는 타이밍 다이어그램을 보여주고 있다. $t_1 \sim t_4$ 클럭은 2진 데이터 값(16진으로 3, 5, 6, D)을 각각 전송기 레지스터 A, B, C, D로 적재한다. t_5에서 *transmit* 선이 HIGH일 때까지 시스템은 대기상태에 있다. 이 시점에서 레지스터 A는 벌써 *transmit_data* 선에 올라와 있다. $t_5 \sim t_8$ 클럭에서는 DEMUX의 출력 $\overline{O_0}$가 *transmit_data* 선에 연결된다. 이것은 DEMUX가 시프트 레지스터 A로 *transmit_data* 선으로 분배하는 것이다. t_6 클럭에서 PGT는 수신기 레지스터 A의 A_0를 수신기 레지스터의 MSB로 시프트되어 모든 데이터가 시프트되며(타이밍 다이어그램에는 나타나 있지 않음), 데이터 비트 A_1은 *transmit_data* 선에 나타난다. 타이밍 다이어그램 t_7, t_8, t_9에서는 나머지 다른 3개의 비트를 레지스터 A로 시프트한다. T_9 클럭 이후에는 수신기 레지스터 A의 데이터 내용이 전송 레지스터 A로부터 저장된다. 그림에서 보는 것처럼 DEMUX는 레지스터 B로 데이터를 분배할 수 있게 연결하는 역할을 한다, 이것은 DEMUX 출력 O_1은 타이밍 t_9에서부터 t_{11} 사이에 *transmit_data* 선으로 보내진다. t_{10}의 기점으로 수신기 레지스터 B로 시프트되고 t_{11}에서는 전송 레지스터 B에 저장된다. 레지스터 C와 레지스터 D는 각각 t_{11}과 t_{12} 그리고 t_{12}와 t_{13} 각각에서 전송되어 저장된다.

시분할 멀티플렉싱

여러 개의 독립된 디지털 신호를 유선이나 광섬유 케이블, 혹은 무선 주파수를 통해 동시에 같은 통신 매체를 이용하여 먼 거리로 데이터를 보낼 경우가 종종 있다. 이럴 경우 같은 통신선로를 교대로 사용해야만 할 것이며 이때, 멀티플렉싱과 디멀티플렉싱 기술이 사용되는 것은 자명하다. 아주 간단한 것 같이 보이지만, 만약에 같은 통신선로를 통해 모든 신호가 동시에 어떻게 수신 단말에 도달할 수 있을까? 재미있는 예로서, 각각 4사람이 동시에 송수신 무전기를 사용하여 수신 쪽의 4사람과 대화를 나눈다고 가정하자. 한 커플이 대화를 하

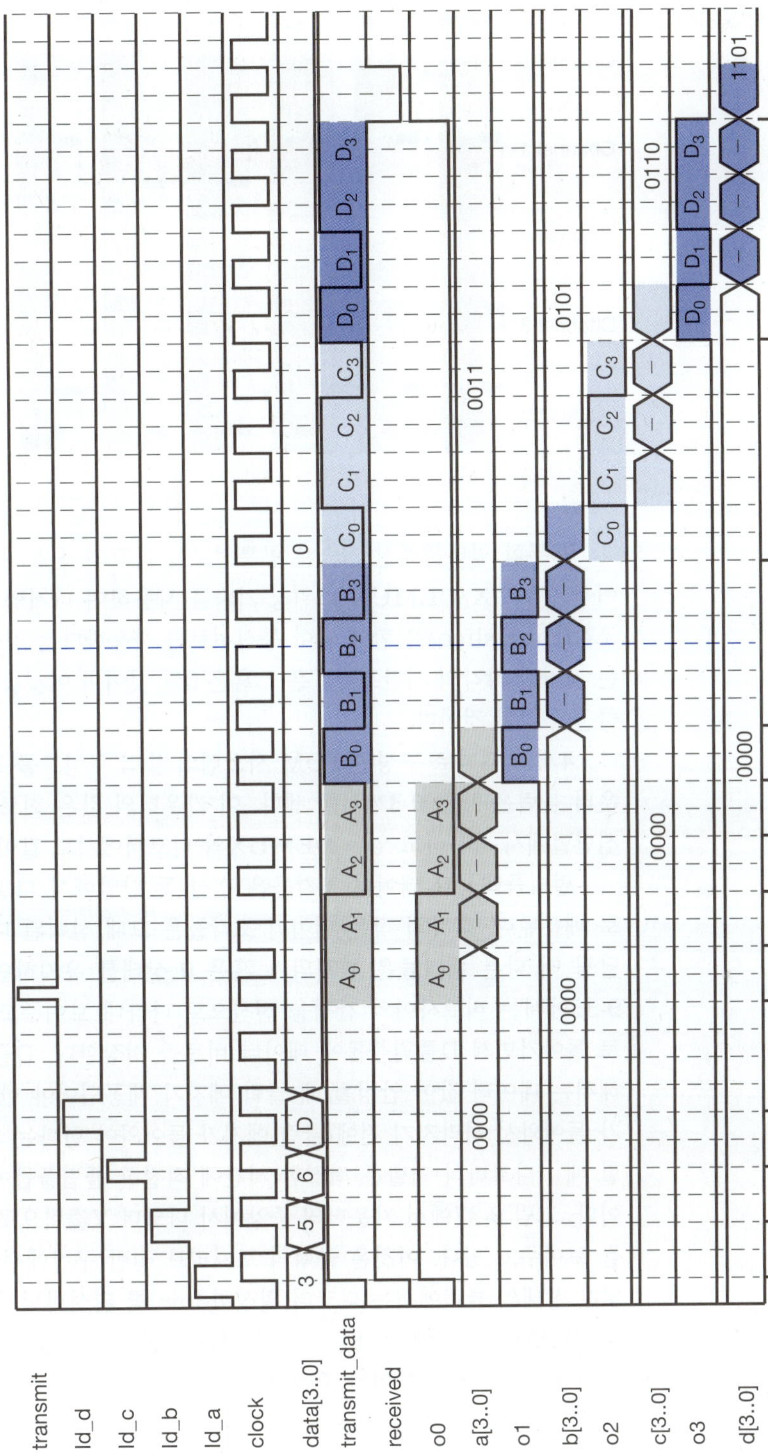

그림 9-34 완전한 1개의 전송 사이클에 대한 타이밍 다이어그램.

는 동안 다른 3사람은 자신의 차례가 돌아올 때까지 기다려야만 한다. 만약, 현재의 전화기가 이렇게 동작한다면 많은 사용자가 교대로 사용하는 것에 만족할 수 있을까? 사실은 현재의 전화 시스템은 한 개의 광섬유 선로를 통해 멀리 떨어진 곳으로 많은 사람들이 동시에 통화가 가능하다. 광케이블에서 보면 하나의 시점에서 1 혹은 0만 존재하는데 어떻게 동시에 많은 대화들이 가능할까? 이 절에서는 바로 이 문제를 풀 수 있는 전략으로 **시분할 멀티플렉싱(time division multiplexing: TDM)** 기술을 소개한다.

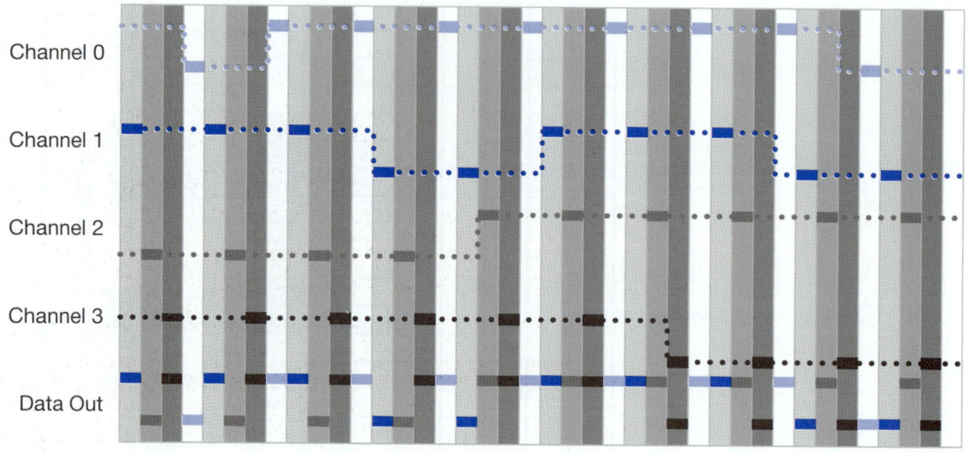

그림 9-35 한 개의 통신선로에 4개 채널이 멀티플렉싱 되는 파형

시분할 멀티플렉싱 기술은 공통선로를 각각의 신호가 아주 짧은 시간동안만 사용한다. 이것은 MUX/DEMUX 스위칭 기술을 사용하여 디지털 주파수 파형에서 아주 짧은 시간조각(time slice)을 할애 받아 통신선로를 사용한다는 것이다. 그림 9-35에서 나타내고 있는 것처럼 각각의 시간조각들은 1 혹은 0일 것이며 이것들이 모여 완전한 디지털 신호 사이클을 구성할 것이다.

4개의 채널로 구성된 TDM 시스템의 블럭 구성도를 그림 9-36에서 보여주고 있다. 카운터 블럭은 채널 0-3까지를 센다. 이 카운터의 값은 회로를 간단하게 구성하기 위해서 수신단말에서 사용하고 있는 DEMUX와 디코더에서도 같이 사용된다.

멀티플렉싱된 데이터 조각들은 수신 쪽 단말에서 디멀티플렉서를 통해 적절한 목적지로 배분된다. 각각의 작은 데이터 조각들은 그때 선택된 디멀티플렉서를 통해 데이터가 전달될 때 다른 채널들은 현재의 1 혹은 0 상태를 유지하면서 순서를 기다릴 것이다. 그림 9-35에서는 비트사이의 간격을 점선으로 나타내 보여주고 있다. 이 값들은 채널이 순서대로 돌아가면서 D플립플롭에 데이터 비트를 저장한다. D플립플롭에 데이터를 저장하기 위해서는 데이터 값이 안정될 때 클럭 에지가 제공되어야 한다. 다르게 표현하면 데이터신호가 들어와서 사라지기 전에 클럭 에지가 들어와야 한다는 의미다(DEMUX가 다시 스위칭할 때). 디코더의 역할은 적절한 시간에 적절한 플립플롭에 클럭 에지를 전달되게 하는 것이다. 그림 9-37에서 카운터의 중앙에서 디코더 Y출력으로 상승 에지가 어떻게 전달되는지를 보여주고 있다. 이것은 클럭의 포지티브 절반 구간에서 채널 번호를 증가시키며 동시에 낮은 상태의 클럭에서는 디코더(활성화-low)를 활성화되게 한다.

TDM 시스템에서 가장 중요한 점은 채널의 스위칭과 신호의 샘플링이다. 이와 같은 시스템에서는 정해진 데이터 중에서서 가장 짧은 시간 간격 동안에 4개의 클럭 사이클을 보장하기 위해서는 클럭 속도가 충분히 빨라야한다. 이런 클럭 속도에서는 채널에서 다음 샘플링 때까지의 천이로부터의 지연시간 때문에 입력 파형으로부터 출력 파형이 약간 왜곡이 일어날 수 있다. 일반적으로 클럭 주파수가 높으면 높을수록 출력 파형은 입력파형과 비슷하게 된다.

여기서는 TDM시스템의 개념을 설명하기 위해 간략하게 만들었다. 실제 시스템에서는 송신기와 수신기에 각각의 분리된 클럭 신호 발생시켜야 한다. 그리고 송신기와 수신기는 각각의 카운터와 클럭을 서로 동기화가 이루어져야 한다. 디지털 통신에 대해서 고급 단계에서는 우리가 배운 현재의 기본적인 블럭도에서 문제를 어떻게 풀어 가는지 보여 줄 것이다.

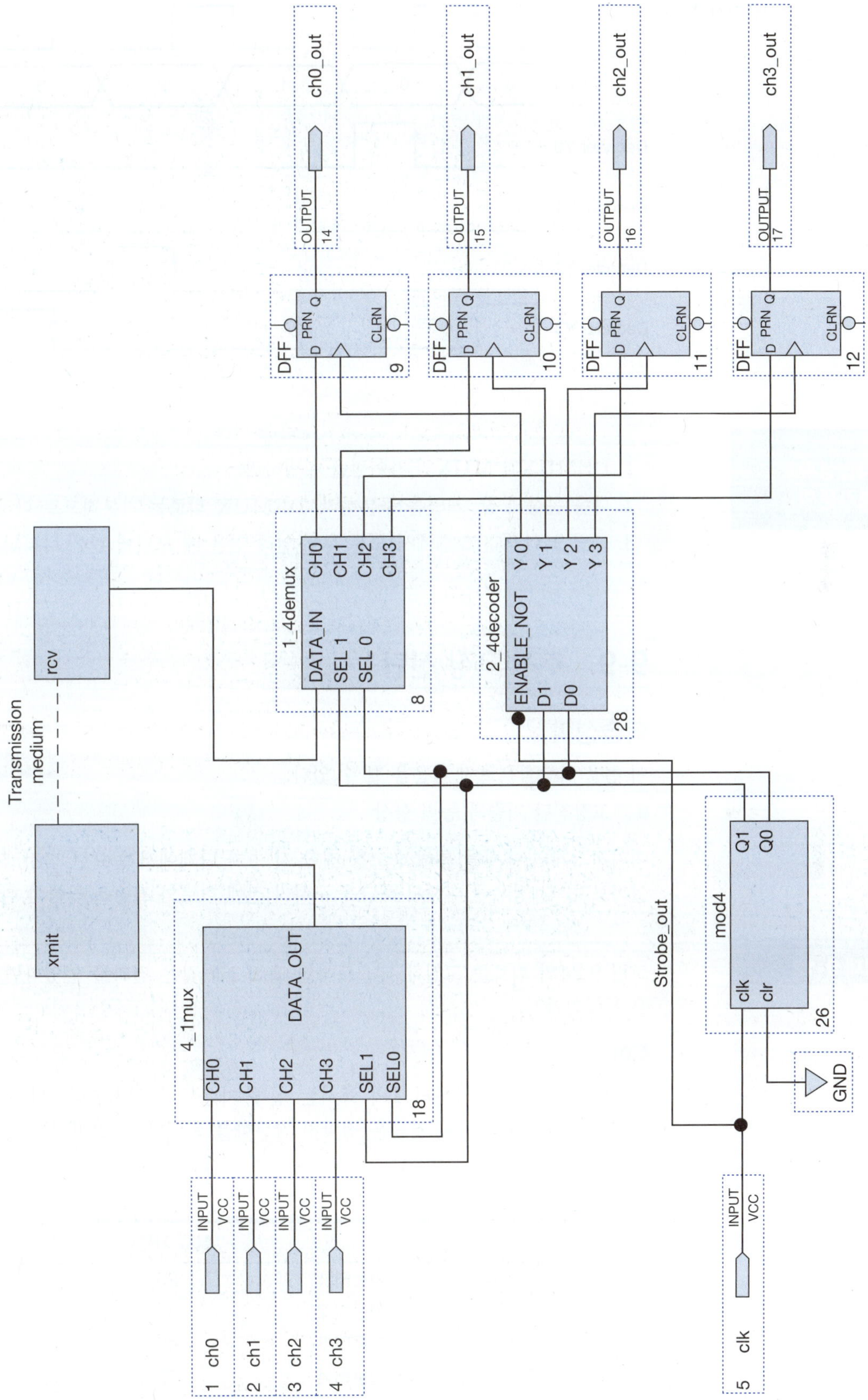

그림 9-36 시분할 멀티플렉서/디멀티플렉서 시스템

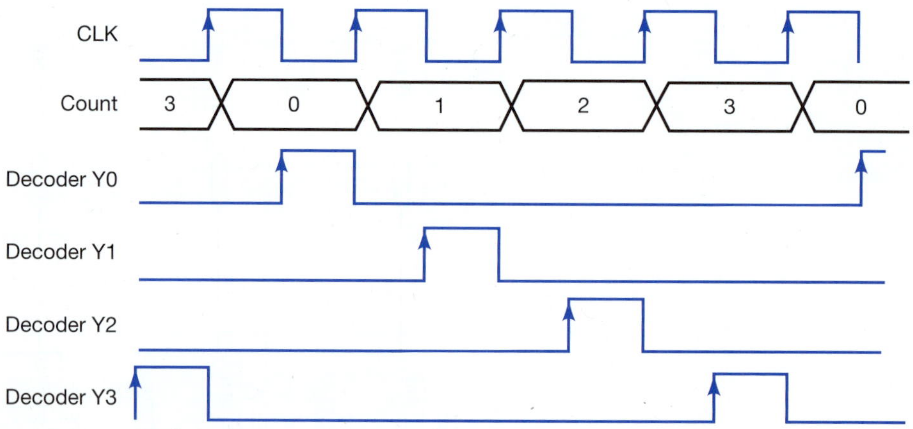

그림 9-37 디멀티플렉서의 유효 데이터에 대한 디코더의 출력 타이밍도

학습성과 평가문제

1. DEMUX와 MUX의 차이점을 설명하라.
2. 다음 문장의 참, 거짓을 구분하라. DEMUX 회로는 기본적으로 디코더와 같다.
3. 그림 9-31의 시스템에서 모든 문이 열려 있을 때 모니터 판에 나타나는 것은 무엇인가?

9-9 추가 고장 진단

학습성과

이 절을 학습함으로써 다음을 할 수 있다.

- 고장진단 기술과 능력 향상

여기서 3개의 예제를 통해서 고장 진단 시 초기 단계에서 중요한 점검/진단 과정에 대해서 살펴보자. 각 경우에 대해서 해답을 구하기 전에 회로의 결점을 찾아야 한다.

예제 9-12

그림 9-24의 회로를 고찰해 테스트하면 표 9-3과 같은 결과를 얻었다면 회로의 잘못된 점은 무엇인가?

풀이

각 테스트의 경우, 카운터 1의 표시는 실제 카운트와 일치한다. 이는 I_1의 입력과 모든 MUX의 출력과 표시된 것들은 정확히 작동함을 의미한다. 반면에 카운터 2에서 10의 자릿수는 정확히 일치하지만 1의 자릿수는 일치하지 않는다. 이는 카운터 2의 1의 자리 출력

표 9-3

		실제 카운트	표시된 카운트
경우 1	카운터 1	25	25
	카운터 2	37	35
경우 2	카운터 3	49	49
	카운터 4	72	79
경우 3	카운터 5	96	96
	카운터 6	14	16

표 9-4

	실제 카운트	표시된 카운트
경우 1	0111 (7)	0010 (2)
경우 2	0100 (4)	0101 (5)
경우 3	1001 (9)	0110 (6)

과, MUX의 I_0 입력 어떤 부분에 결함이 있음을 의미한다. 카운트 2의 1의 자리에 표시된 실제값과 표시된 값의 2진수의 패턴을 비교할 필요가 있다(표 9-4). 변하지 않는 하나의 비트(LOW 또는 HIGH를 유지)나 교환된 2개의 비트(상호 교차 연결)를 살펴보아야 한다. 그러나 이러한 방법으로 해결하기는 쉽지 않다. 표 9-4의 데이터가 확실한 패턴을 나타내는 것은 아니다.

기록된 테스트 결과값을 다른 측면에서 살펴보면 카운트 2의 1의 자릿수에 표시된 값은 항상 카운트 1의 자릿수의 값과 같다. 이것은 MUX의 입력 선택 선에 항상 같은 논리값 HIGH 값이 들어간다는 의미다. 입력 선택 선에 일정한 HIGH 값은 MUX에 10의 자리 입력 선과 1의 자리 입력 선의 어느 한 곳이 개방되었기 때문이다. 이것은 V_{CC}가 반드시 단락되었다는 것을 의미하는 것은 아니다. 왜냐하면 MUX의 10의 자리에 일정한 HIGH 입력을 유지하기 때문이다. 그리고 MUX의 10의 자리는 제대로 동작하고 있기 때문이다.

예제 9-13

그림 9-31의 안전 감시 시스템을 테스트한 결과는 표 9-5와 같다. 이런 결과를 나오게 한 잘못된 점은 무엇인가?

풀이

다시 말하거니와, 결점을 찾기 위한 탐색 범위를 회로의 일부분으로 좁히는 데 도움이 될 만한 패턴이 있는지 알아보기 위해 데이터를 자세히 검토해야 한다. 표 9-5의 데이터에서 알 수 있듯이 문 4에서 문 7까지 LED는 정확한 불이 켜져 있다. 불이 켜진 문 0에서 문 3까지의 LED 번호는 문 번호보다 4만큼 많고, LED 0부터 3까지는 항상 OFF 상태이다. 이것은 DEMUX의 선택 입력 단자의 MSB인 A_2에 의해 야기되었고, 선택 코드를 항상 4 이상으로 만들면 0에서 3까지의 선택 코드에 4를 더하게 하였다.

그러므로 두 가지의 가능성이 있다. 즉 A_2가 V_{CC}와 단락되거나 A_2에서 개방된 상태이다. 이러한 가능성을 배제할 수도 있다. 왜냐하면 이것은 MUX의 S_2를 항상 HIGH로 고정시키기 때문이다. 그렇다면 문 0에서 3까지의 상태는 MUX를 통하여 DEMUX로 전해지지 않게 된다. 이것은 어느 하나의 문이라도 열려 있을 때 DEMUX 출력에 영향을 끼치므로 사실이 아니다.

표 9-5

상태	LED
모든 문 닫힘	모든 LED OFF
문 0 열림	LED 4 켜짐
문 1 열림	LED 5 켜짐
문 2 열림	LED 6 켜짐
문 3 열림	LED 7 켜짐
문 4 열림	LED 4 켜짐
문 5 열림	LED 5 켜짐
문 6 열림	LED 6 켜짐
문 7 열림	LED 7 켜짐

예제 9-14

고장 진단의 원리에 대해서 9-5절에서 소개되었던 분할과 정복은 고장 진단에 있어 가장 중요한 원리이다. 이 원리는 반드시 군사전략에서만 사용되는 것은 아니다. 주어진 회로에서 정상적으로 동작하고 있는 모든 부품들을 하나씩 제거하여 고장 난 부품을 찾는 가장 효과적인 방법으로 인식되고 있다. 만약 그림 9-32의 4개의 전송 레지스터로 데이터가 적재되었고 전송 펄스가 인가되었다. 그러나 다음의 16개의 펄스 이후에 아무런 새로운 데이터가 그림 9-33의 수신기 레지스터에 나타나지 않았다고 가정하자. 이 회로에서 문제점을 찾기 위한 가장 효과적인 방법은 무엇인가?

풀이

간단하지 않는 기능을 가진 동기식 디지털 시스템에서 가장 먼저 확인해야 하는 것은 전원 공급장치와 클럭일 것이다. 이것은 마치 사람이 바닥에 쓰러져 있을 때 맥박을 확인하는 것과 같다. 그러나 만약 클럭이 정상적으로 동작하고 있다면 다음 단계에서 정상적인 신호를 내고 있는지를 확인하는 작업을 계속할 것이다. 무작위로 한 지점을 선택하여 확인하면서 고장 지점을 찾는 것보다 훨씬 효과적인 방법이 될 것이다. 문제가 있는 회로에 시험할 때 절반은 정상적으로 동작을 하고 있다면 그 절반은 고려의 대상에서 제외할 수 있다. 이 회로에서 우리가 가장 먼저 찾아보아야 할 곳은 *transmit_data* 선이다. 논리 프로브를 가지고 *transmit_data* 선에 대고 전송 신호가 정상적으로 동작하는지를 확인해야 한다. 만약 프로브에 연속적인 신호가 잡히면 전송부는 정상적으로 동작하고 있다는 것을 의미한다. 만약 데이터가 부정확한 데이터일 수도 있다고 생각한다면 수신기는 부정확한 데이터를 받기보다는 오히려 아무런 데이터를 받지 않을 것이라는 것을 기억하라. 그러나 연속된 펄스가 나타나지 않으면 그땐 송신부에 문제가 있는 것이 확실하다.

그림 9-38에서 보는 것처럼 고장 진단 도식을 통해 회로의 문제점을 찾는다면 도움이 될 것이다. *transmit_data*에 아무런 펄스가 나타나지 않는다고 가정하자. 그럼 전송기의 반쪽 부분이 정상적으로 동작하는지를 확인하기 위해서 전송부를 시험해 보아야 할 것이다. 이런 경우 회로에서 정확하게 절반으로 쉽게 나눌 수 없다. 이 때 좋은 방법은 워드 카운터를 확인하는 것일 것이다. 논리 프로브를 MUX의 선택입력단자에 대고 *transmit* 신호를 확인한다. 전송 후 즉시 펄스가 나타나면 제어회로 전체(두 개의 카운터와 2개의 플립플롭으로 구성)는 정상적으로 동작하는 것이므로 다른 곳을 보아야 한다. 그럼, 다음으로 살펴보아야 할 곳은 PISO 출력 단자(MUX의 데이터 입력)이다. 만약, *transmit*가 활성화된 후 입력선에 데이터 펄스가 나타난다면 문제는 MUX에 있다. 만약 그렇지 않다면 PISO 부분을 다시 세밀히 점검해야 한다. 점검을 통해 남아 있는 많은 점검해야 할 회로 가운데 문제점을 가지고 있는 회로로 범위를 좁혀나가야 한다.

9-10 크기 비교기

학습성과

이 절을 학습함으로써 다음을 할 수 있다.

- 크기 비교기의 용어 정의
- 크기 비교기의 입력과 출력에 각각의 역할에 대한 정의와 식별
- 크기 비교기 모듈간의 상호연결

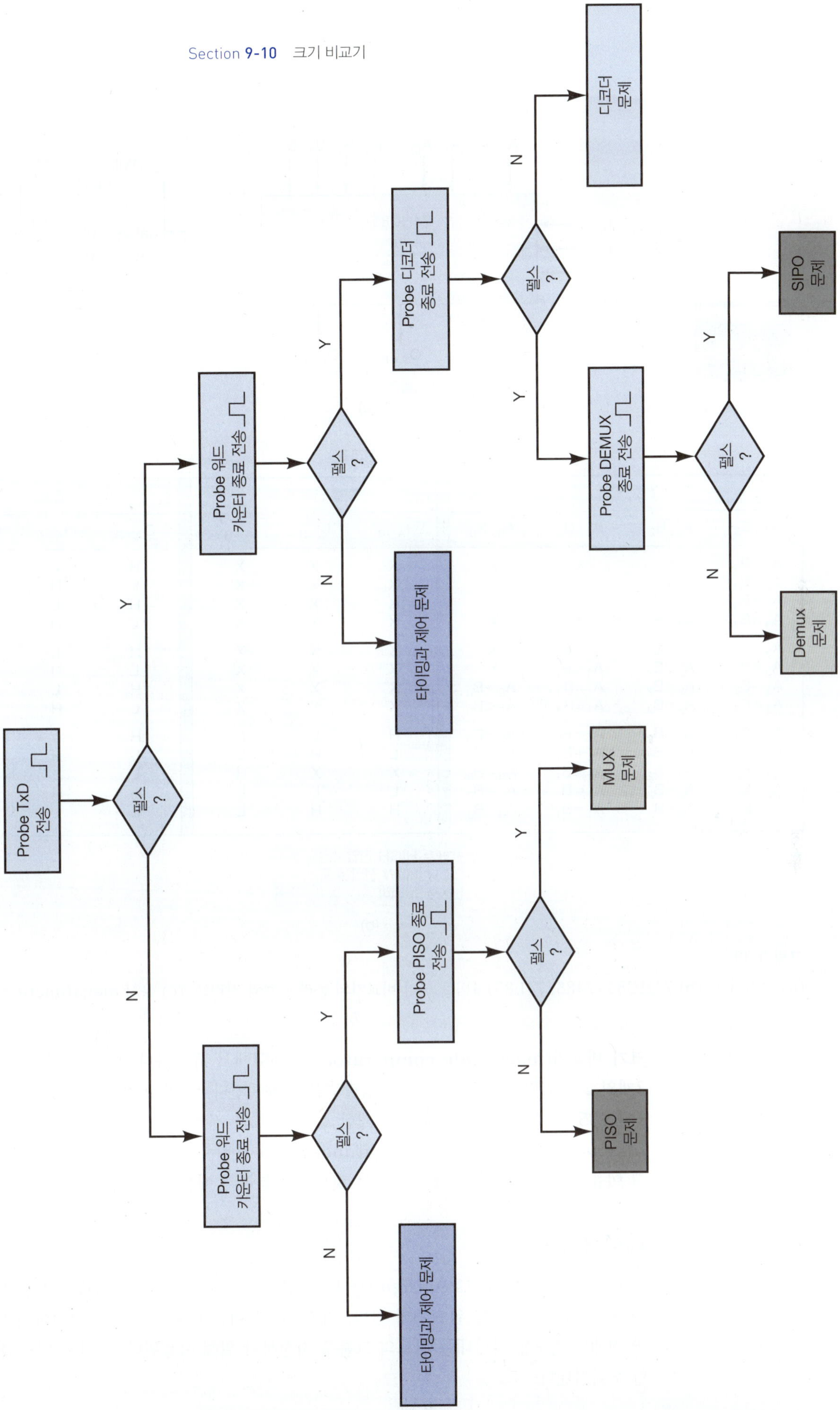

그림 9-38 예제 9-14: 고장 진단 다이어그램.

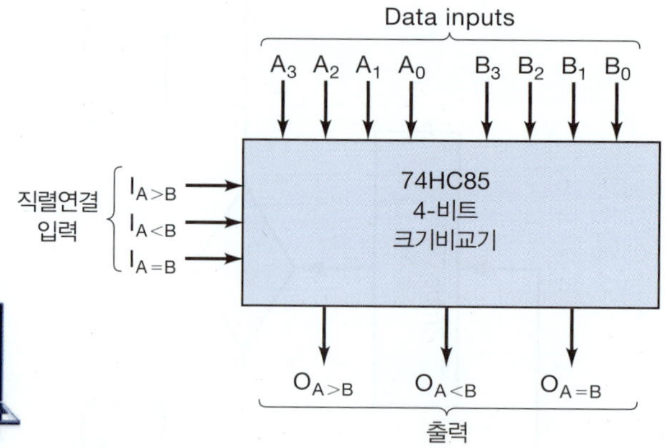

(a)

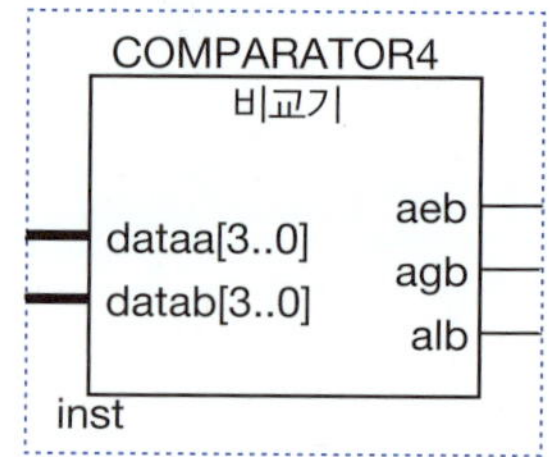

(c)

진리표

비교 입력				직렬 연결 입력			출력		
A_3, B_3	A_2, B_2	A_1, B_1	A_0, B_0	$I_{A>B}$	$I_{A<B}$	$I_{A=B}$	$O_{A>B}$	$O_{A<B}$	$O_{A=B}$
$A_3>B_3$	X	X	X	X	X	X	H	L	L
$A_3<B_3$	X	X	X	X	X	X	L	H	L
$A_3=B_3$	$A_2>B_2$	X	X	X	X	X	H	L	L
$A_3=B_3$	$A_2<B_2$	X	X	X	X	X	L	H	L
$A_3=B_3$	$A_2=B_2$	$A_1>B_1$	X	X	X	X	H	L	L
$A_3=B_3$	$A_2=B_2$	$A_1<B_1$	X	X	X	X	L	H	L
$A_3=B_3$	$A_2=B_2$	$A_1=B_1$	$A_0>B_0$	X	X	X	H	L	L
$A_3=B_3$	$A_2=B_2$	$A_1=B_1$	$A_0<B_0$	X	X	X	L	H	L
$A_3=B_3$	$A_2=B_2$	$A_1=B_1$	$A_0=B_0$	H	L	L	H	L	L
$A_3=B_3$	$A_2=B_2$	$A_1=B_1$	$A_0=B_0$	L	H	L	L	H	L
$A_3=B_3$	$A_2=B_2$	$A_1=B_1$	$A_0=B_0$	X	X	H	L	L	H
$A_3=B_3$	$A_2=B_2$	$A_1=B_1$	$A_0=B_0$	L	L	L	H	H	L
$A_3=B_3$	$A_2=B_2$	$A_1=B_1$	$A_0=B_0$	H	H	L	L	L	L

H = HIGH 전압 수준
L = LOW 전압 수준
X = 무의미

(b)

그림 9-39

(a) 논리기호. (b) 74HC85 (7485, 74L85) 4비트 크기 비교기의 논리 기호와 진리표. (c) 유사 megafunction.

크기 비교기(magnitude comparator)는 MSI에서 유용하다. 이는 조합 논리회로로서 2개의 2진 입력의 크기를 비교하여 출력을 발생시킨다. 그림 9-39(a)와 (b)는 74HC85, 74LS85의 4비트 크기 비교기에 대한 논리 기호와 진리표이다. 그림 9-39(c)는 megafunction 기호를 나타낸다. Megafunction 기호에는 직렬 입력을 나타낼 필요가 없다. 그 이유는 입력 포트를 크게 표시하는 것으로 충분하기 때문이다.

데이터 입력

74HC85는 2개의 무부호(*unsigned*) 4비트 2진수를 비교한다. 그중 $A_3A_2A_1A_0$를 워드 A라 하고, $B_3B_2B_1B_0$를 워드 B라 한다. 워드라는 용어는 디지털 컴퓨터 분야에서 일부 특정한 형태의 정보를 나타내는 비트의 그룹을 지칭하기 위해 사용된다. 여기서 워드 A, B는 수량을 나타낸다.

출력

74HC85는 3개의 활성 HIGH 출력을 갖는다. 출력 $O_{A>B}$는 워드 A의 크기가 워드 B의 크기보다 클 때 HIGH이다. 출력 $O_{A<B}$는 워드 A의 크기가 워드 B의 크기보다 작을 때 HIGH이다. 출력 $O_{A=B}$는 워드 A, B가 동일할 때 HIGH이다.

직렬 입력

2개 이상의 4비트 비교기를 직렬로 연결함으로써 4비트 이상의 비교 동작을 수행할 수 있다. 직렬로 연결된 입력은 출력과 같은 방법으로 표시한다. 4비트의 비교가 그림 9-40(a)와 같이 이루어질 때, 직렬로 연결된 입력은 비교기가 정확한 출력을 발생시키기 위해 그림과 같이 연결된다.

2개의 비교기가 직렬로 연결된 때 하위 비교기의 출력은 상위 비교기에 대응하는 입력과 연결된다. 그림 9-40(b)에서 보는 바와 같이 왼쪽의 비교기는 2개의 8비트 워드($A_7A_6A_5A_4A_3A_2A_1A_0$와 $B_7B_6B_5B_4B_3B_2B_1B_0$) 중 하위 4비트를 비교한다. 이 출력은 오른쪽 비교기의 입력과 직렬로 연결되어 상위 비트를 비교한다. 상위 비교기의 출력은 8비트 비교의 결과를 가리키는 최종적인 출력이다.

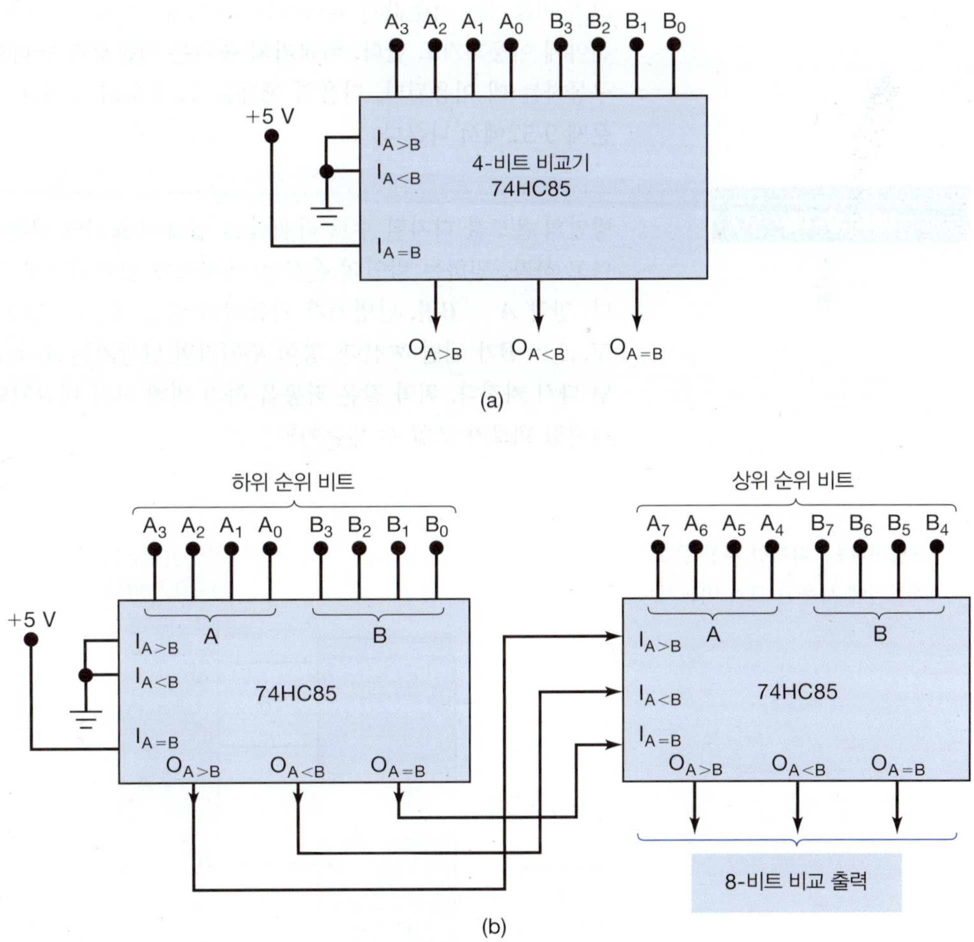

그림 9-40 (a) 4비트 비교기로 구성된 74HC85. (b) 8비트 비교를 수행하기 위한 2개의 74HC85의 직렬 연결.

예제 9-15

다음과 같은 경우 그림 9-40(b)의 8비트 비교 입력 값에 따른 동작을 설명하라.

(a) $A_7A_6A_5A_4A_3A_2A_1A_0 = 10101111$; $B_7B_6B_5B_4B_3B_2B_1B_0 = 10110001$
(b) $A_7A_6A_5A_4A_3A_2A_1A_0 = 10101111$; $B_7B_6B_5B_4B_3B_2B_1B_0 = 10101001$

풀이

(a) 상위 비교기는 하위 비교기로부터 직렬 연결된 입력 레벨에 관계없이 $A_7A_6A_5A_4 = 1010$과 $B_7B_6B_5B_4 = 1011$을 비교하여 $O_{A<B} = 1$을 출력한다. 즉 상위 비트에서 크기의 차이가 발생하면 하위 비트의 결과에 관계없이 출력을 발생시킨다. 다르게 표현하면 상위 비트 비교기는 2개의 상위 비트 입력을 먼저 비교한다. 이는 하위 비트들의 크기를 비교하는 것 없이 크기가 결정되기 때문이다

(b) 상위 비교기가 $A_7A_6A_5A_4 = B_7B_6B_5B_4 = 1011$일 때는 하위 비교기의 결과를 조사하여야 한다. 하위 비교기는 $A_3A_2A_1A_0 = 1111$, $B_3B_2B_1B_0 = 1001$을 가지므로, 상위 비교기의 $O_{A>B}$ 출력과 $I_{A>B}$ 입력에서 1을 생성한다. 상위 비교기는 1을 감지하여 $O_{A>B}$에서 HIGH를 출력함으로써 8비트 비교의 결과를 가리킨다.

응용

크기 비교기는 기준값과 물리적인 값(위치, 속도, 온도)에 대해 2진수를 비교함으로써 제어 분야에 이용되기도 한다. 비교기의 출력은 기준값과 물리적 측정값을 비교하여 실제 회로를 구동하는 데 이용된다. 다음의 예제는 그 응용의 예이다. 또 다른 비교기의 응용 예는 연습문제 9-52에서 다룬다.

예제 9-16

방안의 온도를 디지털 수로 바꿔서 A 입력 비교기에 넣는 디지털 자동 온도 조절 장치가 있다고 하자. 원하는 방안의 온도는 키패드에 입력되고 B 입력에 연결된 레지스터에 저장된다. 만약 $A < B$면, 난방기가 가동되어 방을 데운다. 난방기는 $A = B$가 될 때까지 가동되고, $A > B$가 되면 꺼진다. 방이 추워지면 난방기는 $A = B$일 때 꺼져 있다가, $A < B$가 되면 다시 켜진다. 위와 같은 작동을 하기 위해 크기 비교기와 난방기를 조합하는 데에는 어떤 디지털 회로가 쓰일 수 있는가?

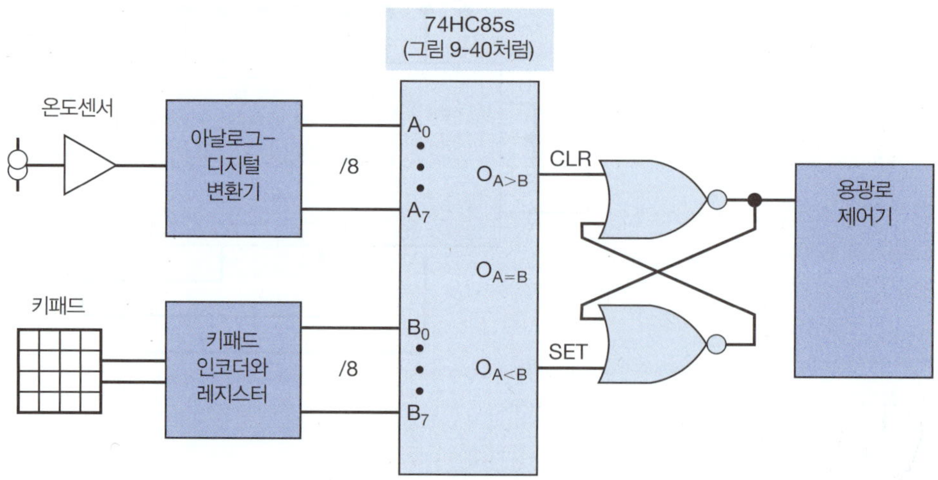

그림 9-41 디지털 자동 온도 조절기에 사용된 크기 비교기.

풀이

$O_{A<B}$에 출력을 사용해서 바로 난방기를 가동시키는 것은 값이 같아지면 바로 꺼지는 원인이 된다. 이것은 실제 온도가 $A < B$와 $A = B$ 사이의 경계선에 아주 가까울 때, 난방기가 주기적으로 ON/OFF를 반복하게 될 수 있다는 것이다. 그림 9-41과 같이 NOR 게이트 SET-CLEAR 래치 회로(5장 참조)를 이용하면 시스템이 위에 기술한 대로 작동할 것이다. $O_{A<B}$는 SET 입력에 연결되어 있고, $O_{A>B}$는 래치의 CLEAR 입력에 연결되어 있다. 온도가 희망 온도보다 높을 때 래치를 클리어하고 난방기를 차단한다. 온도가 희망 온도보다 낮을 때, 래치를 셋하고 난방기를 켠다.

학습성과 평가문제

1. 74HC85에서 입력을 직렬로 연결하는 이유는 무엇인가?
2. 다음과 같은 입력일 때 74HC85의 출력은 무엇인가? $A_3A_2A_1A_0 = B_3B_2B_1B_0 = 1001$, $I_{A>B} = I_{A<B} = 0$, $I_{A=B} = 1$
3. Quartus 비교기의 megafunction에서 다단계의 입력이 왜 없는가?

9-11 코드 변환기

학습성과

이 절을 학습함으로써 다음을 할 수 있다.

- 코드 상호간의 변환 방법

표 9-6 일반적 변환

BCD-7-세그먼트
BCD-2진
2진-BCD
2진-그레이 코드(Gray Code)
그레이 코드-2진

코드 변환기는 2진 코드를 다른 형태의 2진 코드로 변화시키는 논리회로이다. 앞에서 살펴본 BCD-7-세그먼트는 LED로 표시하기 위해서, BCD 입력 코드를 7-세그먼트로 변화시키기 때문에 코드 변환기의 일종이라고 할 수 있다. 여기서 일반적인 코드 변환에 대해 알아보자. 일반적 코드 변환의 일부 리스트를 표 9-6에 나타내었다.

코드 변환기의 예로, BCD-2진 변환기를 살펴보자. 회로 구현에 앞서 BCD 표현을 살펴보자. 10진수 00부터 99까지를 2개의 4비트 코드로 표현한다. 예를 들어 57_{10}은

$$\overbrace{0101}^{5}\;\overbrace{0111}^{7} \qquad \text{(BCD)}$$

10진수 57을 2진수로 표현하면

$$57_{10} = 111001_2$$

두 자리의 10진수의 중 가장 큰 수인 99를 BCD로 표현하면

$$99_{10} = 10011001\ \text{(BCD)} = 1100011_2$$

여기서 2진수를 표현하는 데는 7비트만 필요하다.

기본 개념

그림 9-42는 2개의 숫자를 나타내는 BCD-2진 변환기의 기본 개념을 나타내고 있다. 변환기의 입력은 10^0 또는 1의 자릿수를 나타내는 $D_0C_0B_0A_0$와 10^1 또는 10의 자릿수를 나

그림 9-42 두 자리 BCD-2진 변환기의 기본 개념.

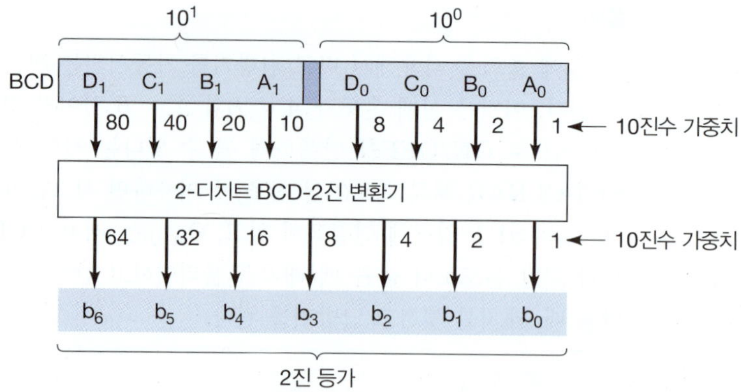

타내는 $D_1C_1B_1A_1$의 2개의 4비트 코드로 되어 있다. 변환기의 출력은 $b_6b_5b_4b_3b_2b_1b_0$로 10진수와 등가의 7비트의 2진수로 되어 있다. 주의할 점은 BCD와 2진수 비트의 가중치 차이이다.

BCD-2진 변환기의 전형적인 사용 예로서 DMM(Digital Multimeter)과 같은 기기들을 들 수 있다. 데이터는 컴퓨터 ALU에 의해 2진 상태에서 처리되도록 하기 위해 2진수로 변환되어야 한다. ALU에서는 BCD 데이터를 처리할 능력이 없기 때문이다. BCD-2진 변환은 하드웨어에 의한 방법과 소프트웨어에 의한 방법이 있다. 하드웨어 방법은 일반적으로 속도가 빠르지만 추가 회로가 필요하다. 소프트웨어 방법은 추가적인 회로가 필요 없지만 시간이 많이 걸린다. 어느 방법을 선택하느냐는 응용분야에 있어 속도의 중요성 여부에 달려 있다.

변환 처리

BCD 표현에서 각 코드에 대한 가중치는 8, 4, 2, 1이지만 다음 자릿수(10 이상인 수)부터는 그 값이 다르다. 그림 9-42는 두 자리의 BCD에 대한 비트의 가중치를 나타내고 있다.

BCD에서 각 비트의 10진 가중치는 똑같이 2진수로 변환된다. 이 결과를 표 9-7에 나타내었다. 이러한 가중치를 이용함으로써 BCD-2진 변환을 간단히 할 수 있다.

BCD 표현에서 1인 비트들의 2진수 표현식의 2진 합을 계산하라.

다음 예제를 통해 자세히 알아보자.

표 9-7 각 BCD 비트에 대한 10진 가중치와 동일한 2진수.

BCD 비트	10진수 가중치	등가 2진수						
		b_6	b_5	b_4	b_3	b_2	b_1	b_0
A_0	1	0	0	0	0	0	0	1
B_0	2	0	0	0	0	0	1	0
C_0	4	0	0	0	0	1	0	0
D_0	8	0	0	0	1	0	0	0
A_1	10	0	0	0	1	0	1	0
B_1	20	0	0	1	0	1	0	0
C_1	40	0	1	0	1	0	0	0
D_1	80	1	0	1	0	0	0	0

예제 9-17

01010010(10진수 52에 대한 BCD)을 2진수로 변환하라. 10010101(10진수 95)에 대해서도 반복하라.

풀이

BCD에서 모든 1을 2진수 표현으로 적는다. 그리고 모두 더한다.

0 1 0 1 0 0 1 0 (BCD)
→ 0000010 (2의 이진수)
→ 0001010 (10의 이진수)
→ + 0101000 (40의 이진수)
0110100 (52의 이진수)

1 0 0 1 0 1 0 1 (BCD)
→ 0000001 (1의 이진수)
→ 0000100 (4의 이진수)
→ 0001010 (10의 이진수)
→ + 1010000 (80의 이진수)
1011111 (95의 이진수)

회로 구현

위의 변환 처리를 실현시키는 방법으로서 2진 가산기 회로를 이용할 수 있다. 그림 9-43은 2개의 74HC83 4비트 병렬 가산기를 이용한 변환 수행을 나타내고 있다. 필요시 6-14절에 있는 이 IC의 동작 원리를 참조하기 바란다.

2개의 가산기 IC가 표 9-7과 같이 덧셈을 수행한다. 예를 들어 표 9-7에서 A_0는 LSB인 b_0의 값과 동일하다. 그러므로 A_0는 출력 b_0와 직접 연결된다. 또한 표에서 BCD 비트 B_0와 A_1은 2진 출력 비트 b_1과 관계된다. 이들 2개의 비트는 위의 가산기와 결합하여 출력 b_1을 생성한다. 또한, BCD 비트 D_0, A_1, C_1만이 비트 b_3와 관계한다. 위 가산기는 D_0와 A_1을 결합하여 Σ_2를 발생시키고, 이는 아래의 가산기와 연결된다. 여기서 C_1이 더해져서 b_3를 생성한다.

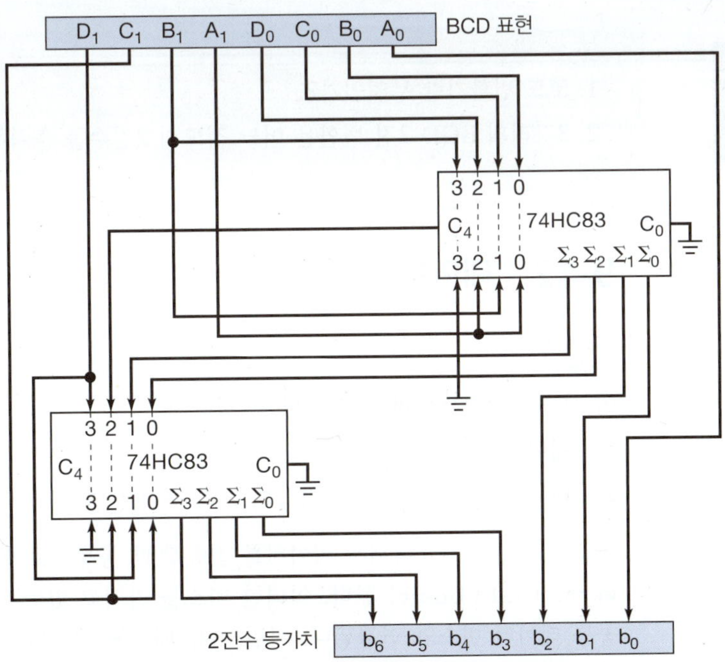

그림 9-43 74HC83 4비트 병렬 가산기로 구현된 BCD-2진 변환기.

예제 9-18

그림 9-43의 변환기에 BCD로 표현된 10진수 56이 주어질 때, 각각의 가산기 출력 Σ와 최종적인 2진 출력을 구하라.

풀이

회로도에서 BCD 표현은 01010110이다. 따라서 $A_0 = 0$이고 출력 b_0 비트는 0이다.

위 가산기의 상위 입력은 0011이고 하위 입력은 0101이다. 이는 다음과 같이 된다.

$$\begin{array}{r} 0011 \\ +\underline{0101} \\ 1000 \end{array} = \Sigma_3\Sigma_2\Sigma_1\Sigma_0 \quad \text{위 가산기의 출력}$$

여기서 Σ1, Σ0 비트는 각각의 2진 출력 b_2, b_1이 된다. Σ3와 Σ2 비트는 아래 가산기와 연결된다. 그러므로 아래 가산기의 상위 입력은 0010이고 하위 입력은 0101이다. 이는 다음과 같다.

$$\begin{array}{r} 0010 \\ +\underline{0101} \\ 0111 \end{array} = \Sigma_3\Sigma_2\Sigma_1\Sigma_0 \quad \text{아래 가산기의 출력}$$

아래 가산기의 출력 비트는 각각 $b_6b_5b_4b_3$가 된다.

그러므로 10진수 56에 대해 정확한 2진수는 $b_6b_5b_4b_3b_2b_1b_0 = 0111000$이다.

기타 코드 변환기의 구현

모든 종류의 코드 변환기는 논리 게이트, 가산기 회로, 다른 조합 논리회로로 구성되므로 다소 복잡하고 IC화를 필요로 한다. ROM(Read-Only Memory) 또는 PLD (Programmable Logic Device)를 이용하여 코드 변환기를 만들 수 있다. 12, 13장에서 알 수 있듯이 이러한 소자들은 수백 개의 논리 게이트로 구성되어 있어 다양한 논리 기능을 구현할 수 있다.

학습성과 평가문제

1. 코드 변환기란 무엇인가?
2. 3자리의 BCD-2진 변환은 어느 정도의 2진수를 출력하는가?

9-12 데이터 버싱

학습성과

이 절을 학습함으로써 다음을 할 수 있다.

- 데이터 버스 정의
- 데이터 버스와 장치간의 3상태 논리 게이트 연결

현재 대부분의 컴퓨터에서 데이터를 전송할 때 공통으로 연결된 선을 이용하는데 이를 **데이터 버스(data bus)**라 한다. 이러한 버스를 가지고 있는 컴퓨터에서 많은 소자의 입출력이 공통 데이터 버스와 연결된다. 이런 이유 때문에 데이터 버스에 연결된 소자들은 3상태 출력을 가지며, 3상태 버퍼를 통하여 데이터 버스와 연결된다.

일반적으로 데이터 버스와 공통으로 연결된 몇몇의 기기는 (1) 마이크로프로세서, (2) 12장에서 다둘 반도체 메모리 칩, (3) 11장에서 논의할 디지털-아날로그 변환기(DAC) 그리고 아날로그-디지털 변환기(ADC) 등이 있다.

그림 9-44은 마이크로프로세서(마이크로컴퓨터의 CPU)가 8개의 데이터 버스와 디바이스가 연결된 전형적인 상황을 그림으로 나타내고 있다. 데이터 버스는 디지털 데이터가 하나의 디바이스로부터 다른 디바이스로 데이터를 전송하기 위한 전송 선로이다. 각각의 디바이스는 8비트 출력을 8개의 데이터 버스 라인을 통해 마이크로프로세서 입력으로 보내진다. 이 세 개의 디바이스의 출력은 동일한 마이크로프로세서에 데이터 버스를 통하여 연결되어 있으므로 버스 충돌 문제를 안게 된다(8-12절). 그러므로 버스를 차지하려는 충돌 문제는 각각의 디바이스의 3상태 출력 버퍼로 버스에 연결시킴으로써 해결할 수 있다. 각각의 디바이스의 출력 인에이블 입력(OE)을 사용하여 한 번에 한 디바이스 출력만 인에이블되게 한다.

예제 9-19

(a) 그림 9-44에서, 디바이스 3으로부터 마이크로프로세서로 데이터를 전송하기 위해 필요한 조건을 써라.

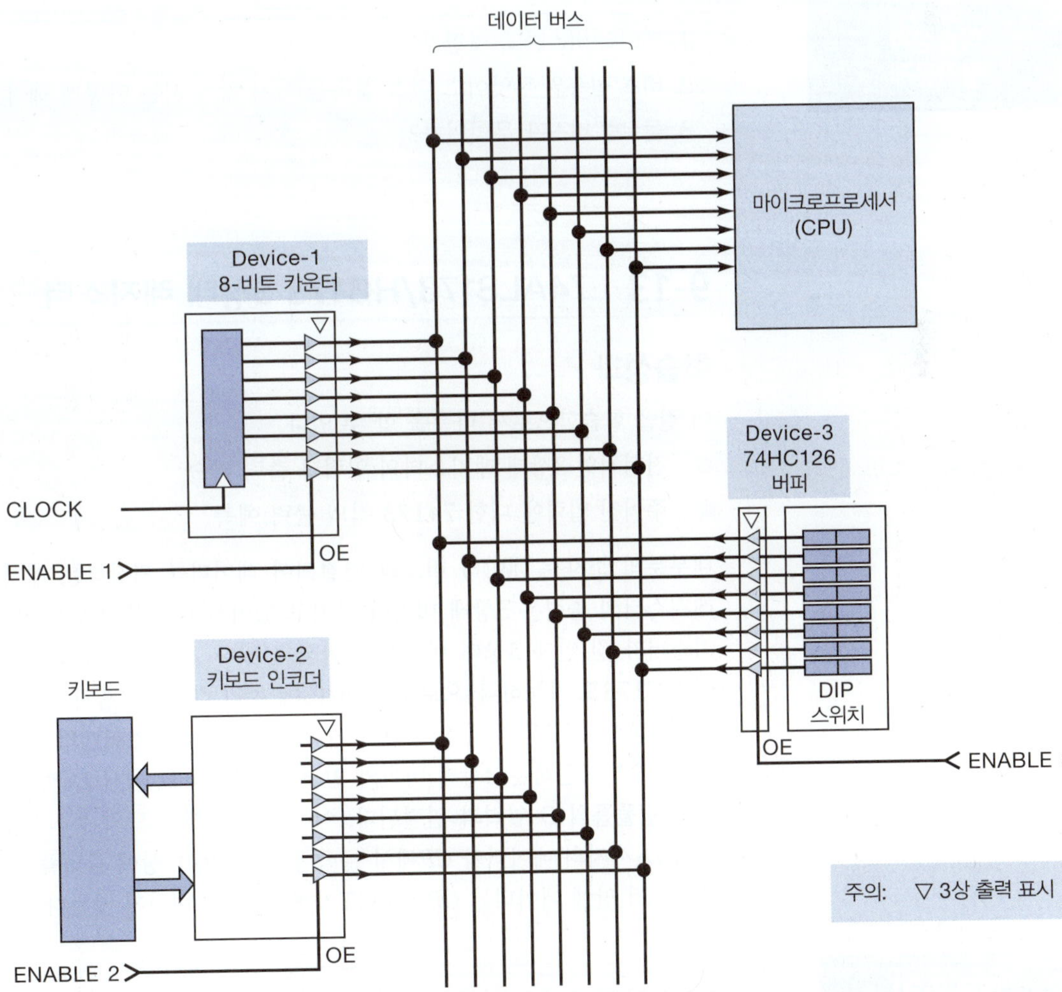

그림 9-44 세 개의 다른 디바이스의 8비트 데이터들을 8개의 데이터 버스를 통해 마이크로프로세서로 전송할 수 있다. 버스 충돌을 막기 위해 한 번에 하나의 디바이스만 인에이블된다.

(b) 활성화된 디바이스가 하나도 없을 때, 데이터 버스의 상태는 어떻게 되는가?

풀이

(a) ENABLE 3은 활성 상태이어야 한다. ENABLE 1과 ENABLE 2는 비활성 상태에 있어야 한다. 이것은 디바이스 1과 디바이스 2의 출력을 Hi-Z 상태에 놓고 버스로부터 그들을 단절시킨다. 디바이스 3의 출력은 그들의 논리 레벨이 마이크로프로세서의 입력을 전송하도록, 그리고 데이터 버스 라인에 나타나도록 활성화시킨다. 디바이스 1과 디바이스 2를 마치 회로에서 분리된 것처럼 보이게 한다. 그러면 데이터 버스에 디바이스 3 하나만 마이크로프로세서에 연결된다.

(b) 디바이스 인에이블 입력이 모두 비활성화 상태에 있으면 디바이스 출력 모두가 Hi-Z 상태가 될 것이다. 이것은 버스로부터 모든 디바이스 출력을 끊는다. 따라서 어떠한 데이터 버스 라인도 정확한 논리 레벨은 없다. 이런 상태를 **플로팅 버스(floating bus)** 라고 말하며 각각의 데이터 버스 라인은 플로팅 상태에 있다고 말한다. 플로팅 버스 라인을 오실로스코프로 관찰 시 출력은 예측할 수가 없다. 논리 칩은 비결정의 논리 레벨을 나타낸다.

학습성과 평가문제

1. 데이터 버스란 무엇인가?
2. 버스 접속은 무엇이고 버스 접속을 하지 않을 시는 어떻게 해야 하는가?
3. 플로팅 버스란 무엇인가?

9-13 74ALS173/HC173 3상태 레지스터

학습성과

이 절을 학습함으로써 다음을 할 수 있다.

- 전형적인 3상태 레지스터의 입력과 출력 기술
- 주어진 입력에 대한 74173 칩의 출력 예측

대부분의 소자는 데이터 버스와 연결되어 데이터를 저장하는 레지스터를 가지고 있다. 이 레지스터의 출력은 3상태 버퍼를 가지고 있어서 데이터 버싱을 가능하게 한다. 많은 IC 레지스터가 칩 안에 3상태 버퍼를 포함하고 있다. 이 중 하나가 TTL 74ALS173 (CMOS 74HC173도 가능하다)으로 그림 9-45에 논리 다이어그램과 진리표를 나타내었다.

74ALS173은 병렬 입출력이 가능한 4비트 레지스터이다. 플립플롭 출력은 출력 O_0부터 O_3까지 공급하는 3상태 버퍼와 연결된다. 또한 D_0에서 D_3까지의 데이터 입력은 레지스터 플립플롭의 D 입력과 연결된다. 이 논리는 2개 모드의 동작을 한다. (1) 로드, 입력 D_0에서 D_3까지의 데이터가 CP에서 클럭 펄스의 PGT 상에 플립플롭으로 전송된다. (2) 홀드, 레지스터 안에 데이터는 CP의 PGT가 발생할 때 변하지 않는다.

예제 9-20

74ALS173에 대한

(a) 로드 동작을 하게 하는 입력 조건은 무엇인가?

(b) 홀드 동작을 하게 하는 입력 조건은 무엇인가?

(c) 내부 레지스터 출력이 O_0에서 O_3에 나타나게 하는 입력 조건은 무엇인가?

풀이

(a) 그림 9-45의 진리표에서 아래 2개의 입출력 조건을 보면 *CP*에서 PGT가 발생하고, *MR*이 LOW일 때와 $\overline{IE}_1$, $\overline{IE}_2$가 LOW일 때 출력은 현재 값 *D* 입력을 유지하고 있다.

Inputs					FF Outputs
MR	CP	$\overline{IE}_1$	$\overline{IE}_2$	D_n	Q
H	X	X	X	X	L
L	L	X	X	X	Q_0
L	↑	H	X	X	Q_0
L	↑	X	H	X	Q_0
L	↑	L	L	L	L
L	↑	L	L	H	H

$\overline{OE}_1$ 또는 $\overline{OE}_2$가 HIGH일 때 출력은 OFF 상태가 된다. 그러나 이것은 레지스터의 순차적인 동작이나 내용에는 변화를 주지 않는다.

H = HIGH 전압수준
L = LOW 전압수준
X = 무의미
Q_0 = PGT 이전의 출력

논리 다이어그램

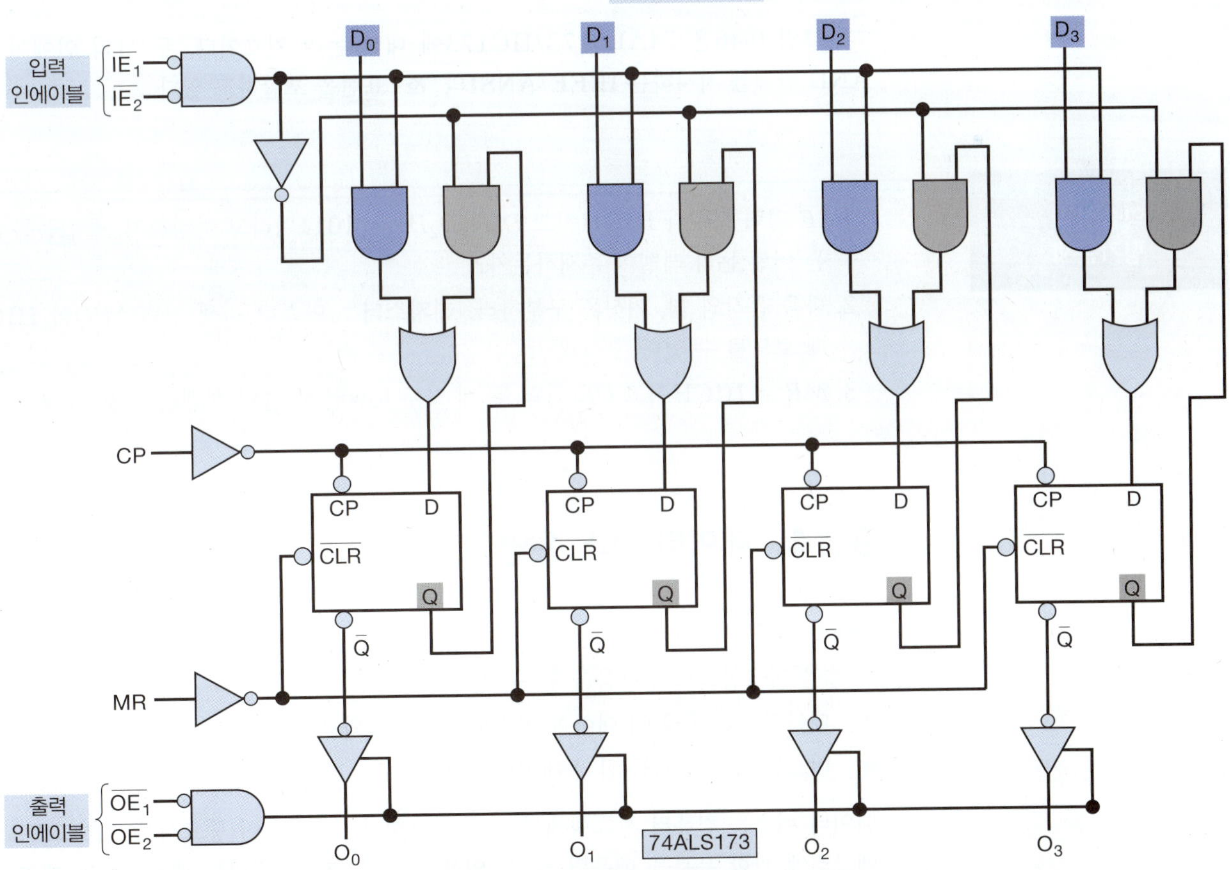

그림 9-45 74ALS173 3상태 레지스터에 대한 진리표와 논리 다이어그램.

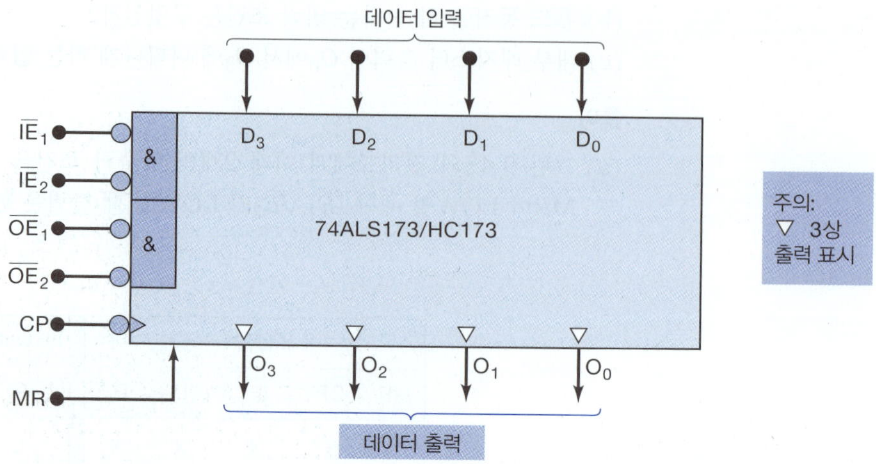

그림 9-46 74ALS173/HC173 IC의 논리 기호.

(b) 진리표의 3번째, 4번째를 살펴보면, D 입력에 관계없이 PGT가 발생할 때 출력은 $\overline{IE}$ 입력이 HIGH인 경우에 현재 상태를 유지한다.

(c) 출력 버퍼는 출력 인에이블 입력인 $\overline{OE}_1$과 $\overline{OE}_2$가 LOW인 경우에 인에이블된다. 이것은 레지스터 출력을 외부 출력 O_0~O_3로 통과시킨다. 만약 출력 인에이블 입력이 HIGH이면 버퍼는 동작되지 않고 출력은 Hi-Z 상태가 된다.

$\overline{OE}$ 입력은 데이터 로드 동작에 영향을 미치지 않는다. 다만 레지스터 출력이 외부 출력으로 전송되는가를 제어할 때 사용한다.

그림 9-46은 74ALS173/HC173에 대한 논리 기호이다. 두 쌍의 인에이블 입력의 AND 관계를 지시하는 IEEE/ANSI의 “&” 표현을 포함하고 있다.

학습성과 평가문제

1. $\overline{IE}$ 입력 모두가 HIGH이고 $D_0D_1D_2D_3$ = 1011이라고 가정하자. 플립플롭 D 입력에는 어떤 논리 레벨이 존재하는가?
2. 다음 문장의 참, 거짓을 구분하라. 레지스터는 마스터 리셋 입력(MR)이 HIGH로 될 때 로드될 수 없다.
3. MR = HIGH이고 OE 입력 두 개 모두 low일 때 출력 레벨은 무엇인가?

9-14 데이터 버스 운영

학습성과

이 절을 학습함으로써 다음을 할 수 있다.

- 데이터 버스 동작에 대한 타이밍도의 도식화와 서술
- 버스를 통한 장치들 간의 데이터 전송

데이터 버스는 컴퓨터 시스템에서 매우 중요하다. 그리고 이 중요성은 마이크로프로세서와 메모리에 관한 부분을 배우면 알 수 있을 것이다. 지금, 우리는 레지스터와 레지스터 사이

그림 9-47 데이터 버스와 연결된 3상태 레지스터.

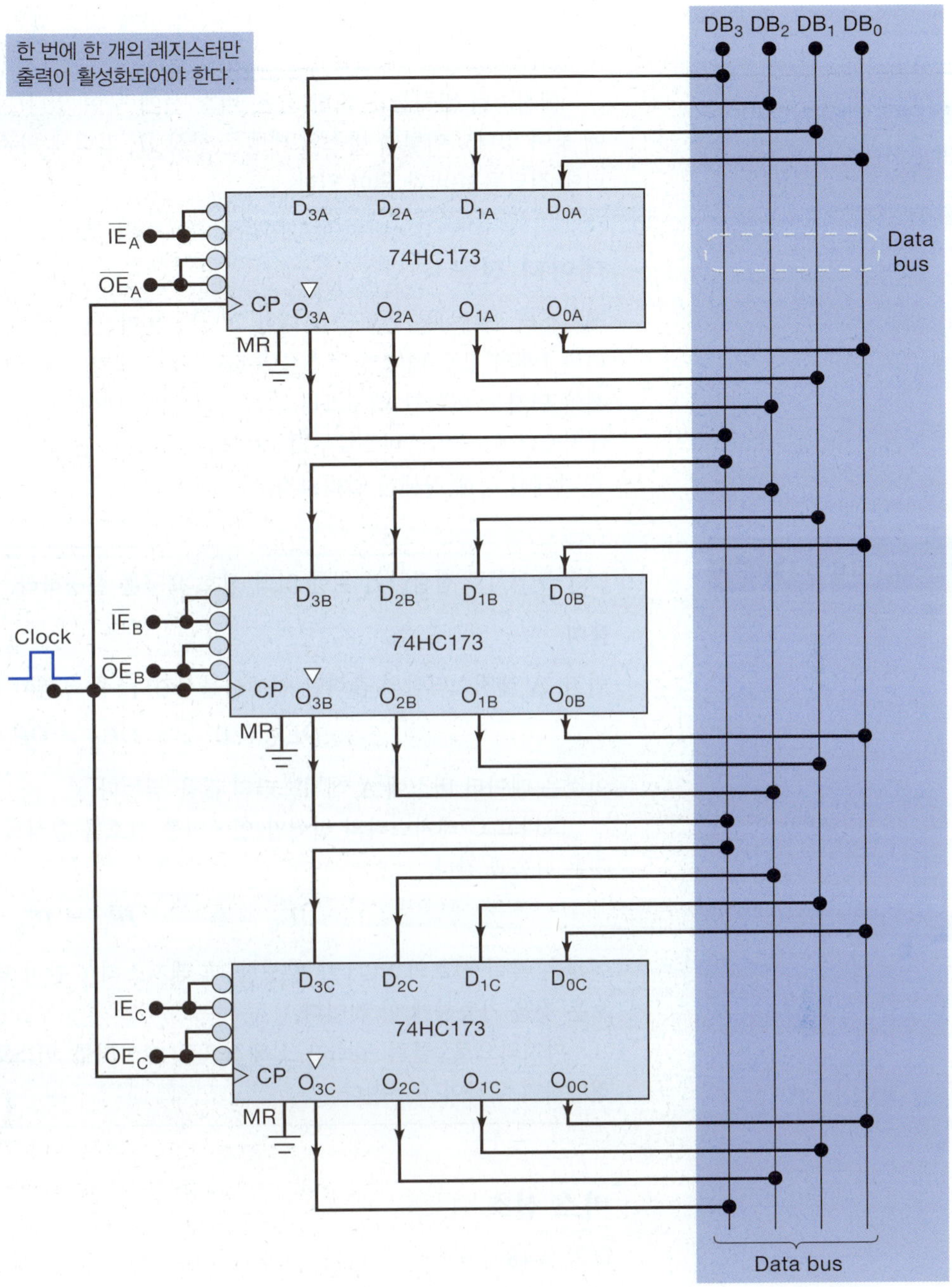

의 데이터 전달에 관한 데이터 버스 운영을 설명할 것이다. 그림 9-47는 3개의 74HC173 3상태 레지스터의 버스 운영 시스템을 보여주고 있다. 각각의 레지스터는 두 개의 $\overline{OE}$ 입력과 출력을 갖고 있다. 그리고 $\overline{IE}$ 입력에 대해서도 마찬가지다. 또한 레지스터들은 위부터 아래로 레지스터 A, B, C로 불린다는 것을 기억하라. 이것은 각각의 입력과 출력 단에 쓴 문자에 의해 표시된다.

이러한 배열에서, 데이터 버스는 레벨 DB_0에서 DB_3까지의 4개의 선으로 구성되어 있다. 각 레지스터의 출력들은 같은 데이터 버스 선에 연결되어 있다(예를 들면, O_{3A}, O_{3B}, O_{3C}는 DB_3에 연결되어 있다). 3개의 레지스터들의 출력이 함께 버스에 연결되어 있기 때문에 단지 1개의 레지스터가 인에이블된 출력을 가지고, 다른 2개의 레지스터 출력은 높은 임피던스 상태로 되어야 한다. 그렇지 않으면 버스 경쟁이 일어날것이다(2 혹은 그 이상의 출력이 서로 경쟁). 버스의 상태가 불확실하게 되고 레지스터 출력 버퍼에 손상을 입힐 수도 있다.

레지스터 입력들은 또한 같은 버스 선에 묶여 있다(예를 들면 D_{3A}, D_{3B}, D_{3C}는 DB_3에 묶여 있다). 이렇게 버스의 레벨은 항상 $\overline{IE}$ 입력에 의존하여 하나 또는 그 이상의 레지스터에 전달될 준비가 되어 있다.

데이터 전송

레지스터 인에이블 입력들에 대한 적당한 논리값의 설정을 통해서 3개의 레지스터 중의 어떠한 1개의 값을 데이터 버스를 통하여 다른 레지스터에 병렬로 전송이 가능하다. 컴퓨터의 제어 단자는 어떠한 레지스터의 데이터 값을 데이터 버스에 실을 것인지를 결정하고 어느 레지스터에 데이터 버스로부터 데이터를 로드할 것인가를 선택하는 신호를 발생시킨다. 다음 예제를 통해 자세히 알아보자.

예제 9-21

[A] → [C]로 전달하기 위한 입력 신호 요구를 설명하라.

풀이

먼저, A 레지스터만의 출력만 인에이블시킨다. 즉 우리가 필요한 것은 다음과 같다.

$$\overline{OE}_A = 0 \qquad \overline{OE}_B = \overline{OE}_C = 1$$

이것은 데이터 버스에 A 레지스터의 값을 싣는다.

그리고 C 레지스터의 입력만 인에이블 신호를 활성화시킨다. 이렇게 하기 위해 필요한 것은 다음과 같다.

$$\overline{IE}_C = 0 \qquad \overline{IE}_A = \overline{IE}_B = 1$$

이것은 클럭 신호의 PGT가 발생할 때 레지스터 C만이 데이터 버스로부터 데이터를 얻어오는 것을 가능하게 할 것이다.

마지막으로, 클럭 펄스가 실제적으로 데이터를 버스로부터 레지스터 C 플립플롭으로 전달하기 위하여 요구된다.

버스 신호

그림 9-48에서 타이밍 다이어그램은 레지스터 A에서 레지스터 C까지 데이터 1011의 전달을 포함한 다양한 신호들을 보여주고 있다. 보이지 않은 $\overline{IE}$ 선과 $\overline{OE}$ 선은 비활성 HIGH 단계에 있다고 가정한다. t_1 시간 이전, $\overline{IE}_C$와 $\overline{OE}_A$ 선이 또한 HIGH이다. 그래서 레지스터 출력의 모두가 디스에이블되고 레지스터 중 어떠한 것도 버스 선 위에 데이터를 싣지 못할 것이다. 반면에 데이터 버스를 높은 임피던스 상태에 있거나 또는 타이밍 다이어그램에서 빗금 쳐진 선에 의해서 표시된 것처럼 플로팅(floating) 단계에 있다. 높은 임피던스 상태는 어떠한 특별한 전압 레벨에도 응답하지 않는다.

t_1 시간에 $\overline{IE}_C$와 $\overline{OE}_A$ 입력들은 활성화된다. 레지스터 A의 출력은 인에이블되고, DB_0를 통해서 높은 임피던스 상태로부터 논리값 1011로 데이터 버스선 DB_3을 변화시키기 시작한다. 버스를 안정화시키기 위하여 논리 레벨이 요구하는 시간 후에, 클럭의 PGT는 t_2 시간에 적용한다. $\overline{IE}_C$가 활성화되기 때문에 이 PGT는 이 논리값을 레지스터 C로 전달할 것이다. 데이터 버스가 유효한 데이터를 가지기 전에 PGT가 발생한다면, 예측할 수 없

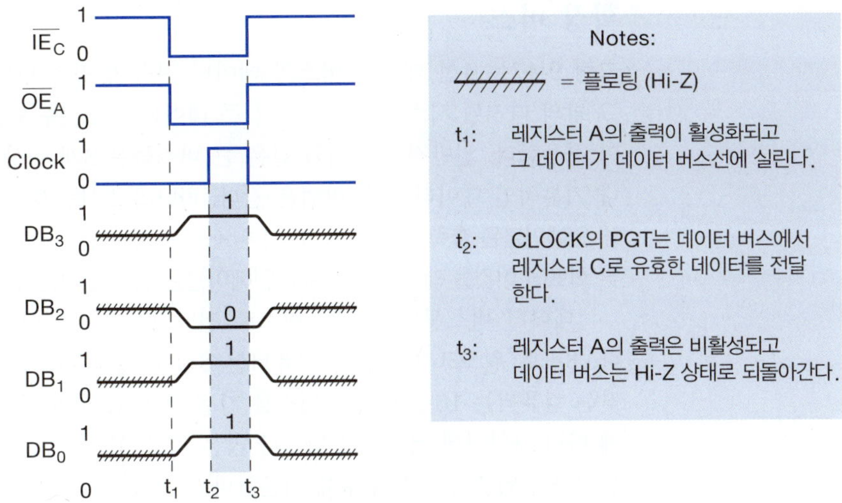

그림 9-48 레지스터 A에서 레지스터 C로의 데이터 1011을 전송하는 파형.

는 데이터가 C 레지스터에 전달될 것이다.

t_3 시간에 $\overline{IE}_C$와 $\overline{OE}_A$ 선은 비활성 상태로 되돌아간다. 결과적으로, 레지스터 A의 출력은 높은 임피던스 상태가 된다. 이것은 레지스터 A의 데이터를 버스선으로부터 제거하며 높은 임피던스 상태로 되돌아간다.

레지스터 A의 출력이 인에이블될 때의 시간간격 동안만 데이터 버스선은 유효한 논리 레벨을 보인다는 것을 기억하라. 모든 그 이외의 시간에는 데이터 버스선은 플로팅 되고 오실로스코프로 측정하더라도 출력을 쉽게 예측할 수 없다. 로직 프로브로 플로팅된 버스를 측정하더라도 "측정불가"로 나타난다. 또한 데이터 버스의 신호들이 변화와는 상대적으로 느린 속도에 주목하라. 다소 그림에서 과장되었을지라도, 이것은 버스의 기생 커패시턴스와 선에 연결된 각각의 입출력에 의해서 발생하는 커패시턴스 때문에 나타나는 현상이다.

단순화된 타이밍 다이어그램

그림 9-48의 타이밍 다이어그램은 4개의 데이터 버스선들의 신호를 보인다. 이와 같은 신호의 변화는 8, 16 또는 32선의 많은 공통 데이터 버스를 통하여 발생한다. 많은 버스선의 수에 대해서 그림 9-48처럼 타이밍 다이어그램을 적는다면 많은 수의 데이터 버스를 그려야 할 것이다. 그래서 보다 단순화된 방법으로 버스 신호 변화를 표시하는 방법을 사용한다. 그림 9-49은 데이터 버스 신호 변화를 한꺼번에 표현한 것이다. 특히, 1011의 유효 데이터를 타이밍 다이어그램에서 t_2~t_3 간격 사이에 표시한다. 일반적으로 단순화된 버스 타이밍 다이어그램을 많이 사용한다.

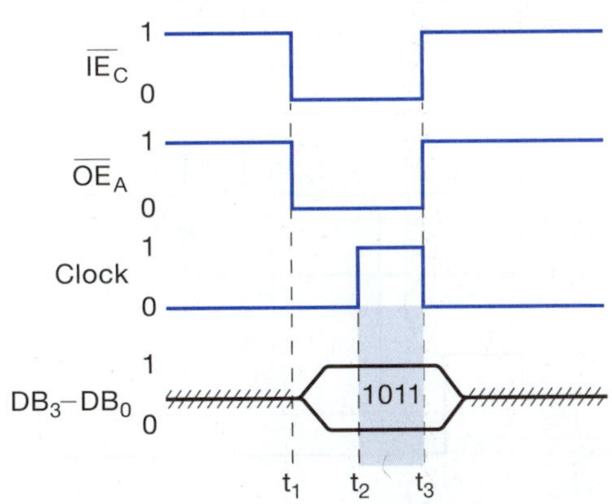

그림 9-49 데이터 버스선의 간략한 신호표시.

확장 버스

그림 9-47는 4선 데이터 버스의 데이터 전달 방법을 나타내고 있지만 대부분의 컴퓨터와 그 밖의 디지털 시스템에서는 좀더 큰 데이터 버스, 즉 보통 8, 16, 32선 데이터 버스를 많이 사용한다. 일반적으로 이와 같은 큰 버스들은 3개 이상의 디바이스들이 묶여 있다. 그러나 기본적인 데이터 전송 방법은 같다. 하나의 소자는 이 데이터가 데이터 버스에 놓여지기 위해 인에이블된 출력을 갖는다. 또 다른 소자는 버스에 이 데이터를 놓고 적당한 클럭 에지에서 내부 회로에 이것을 래치시키기 위해 인에이블된 입력을 갖는다.

데이터 버스선들의 수는 버스로 전달되어지는 데이터 **워드(word)**의 크기에 달려 있다. 8비트 워드크기를 갖는 컴퓨터는 8선 데이터 버스를 가질 것이고 16비트 워드크기를 갖는 컴퓨터는 16선 데이터 버스를 가질 것이다. 데이터 버스에 연결된 소자의 수는 컴퓨터에 따라 다양한데 컴퓨터가 얼마나 많은 메모리를 가지고 있고 데이터 버스를 통해 CPU와 통신하는 입출력 소자의 수에 의존한다.

모든 소자의 출력은 3상태 버퍼들을 통해서 버스에 묶여져야 한다. 74173 레지스터 같은 몇몇 소자들은 같은 칩 상에 이 같은 버퍼들을 가진다. 다른 소자들은 **버스 드라이버(bus driver)**라고 불리는 IC를 통해서 버스에 연결될 필요가 있을 것이다. 버스 드라이버 IC의 출력 임피던스는 매우 작아 버스가 가지고 있는 커패시턴스를 충전하고 방전하는데 매우 빠르게 이루어질 수 있다. 이 버스 커패시턴스는 버스에 묶여진 다른 입출력의 모든 기생 커패시턴스에 누적되어 크게 나타난다. 그래서 만약 이것이 임피던스가 낮은 신호원으로 구동되지 않는다면 버스에 신호전달시간을 아주 나쁘게 만들 수 있다. 그림 9-50은 8비트 ADC의 출력을 데이터 버스에 연결한 8비트 버스 드라이버 IC 74HC541을 나타낸다. ADC는 3상태 출력을 가지고 있지만 버스 커패시턴스를 충분히 충전할 수 있는 능력이 부족하다(접지와 버스 사이에 기생 커패시터를 그려놓았다). 데이터 비트 0은 버스 드라이버의 도움 없이 직접적으로 버스를 운용한다면 변환 시간이 너무 느려 출력 전압은 허락된 시

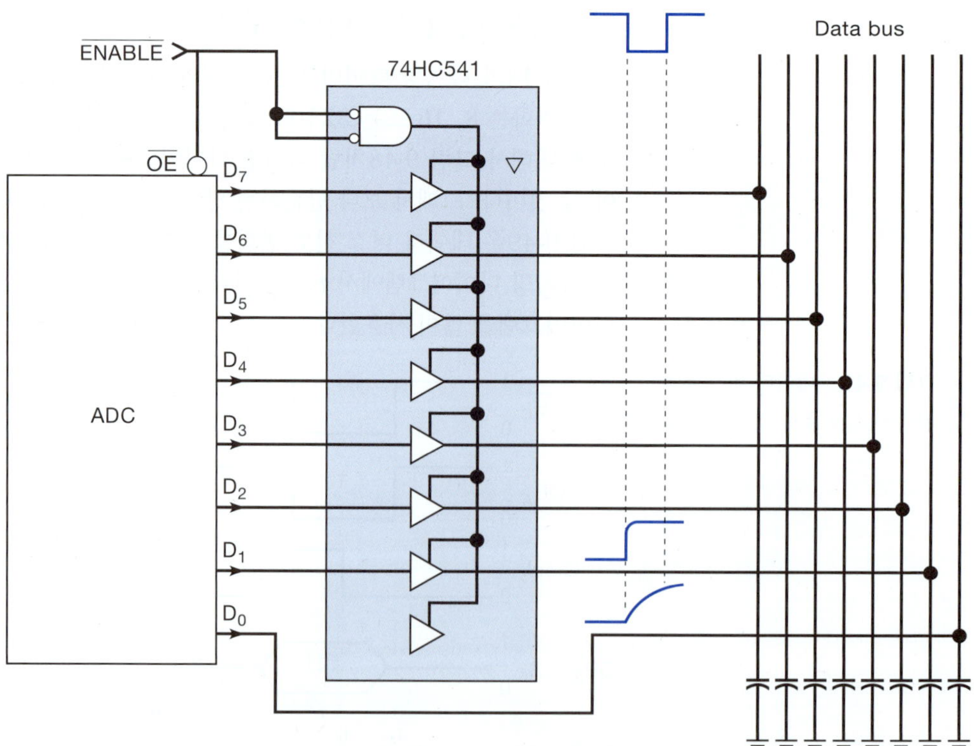

그림 9-50 8비트 ADC의 출력을 데이터 버스에 연결한 8비트 버스 드라이버 IC 74HC541. D0 출력이 버스에 직접연결돼 커패시터 효과를 보인다.

간 내에 결코 빨리 올라갈 수 없다. 버스 드라이버의 두 개의 가능한 입력은 LOW가 된다. 공통 인에이블 선의 LOW가 그들이 전달할 수 있는 곳으로부터 다른 소자까지 버퍼와 데이터 버스를 통해서 ADC의 출력을 발생하도록 하기 위하여, 이 버스 드라이버의 2개의 인에이블 입력이 함께 묶여 있다.

단순화한 버스 표현

보통 많은 소자들은 같은 데이터 버스에 연결되어 있다. 이와 같은 회로를 표현할 때 많은 선들의 연결은 보는 사람을 혼란스럽게 만든다. 이런 이유로 회로 도식이나 블럭 다이어그램을 그릴 때 버스의 선과 연결을 간략하게 표현하기도 한다. 보다 단순화된 데이터 접속의 표현은 그림과 같이 표시한다. 단순하게 버스를 표현하는 방법이 그림 9-51에 나타나 있다.

데이터 버스로부터의 연결은 넓은 화살표로 표현되었다. 괄호 안의 수는 레지스터의 입력과 출력의 버스에 접속된 선의 수뿐만 아니라 각각의 레지스터가 담고 있는 비트의 수를 가리킨다.

회로도에서 버스를 표현하는 또 다른 공통된 방법은 8선 데이터 버스를 나타낸 그림 9-52에서 볼 수 있다. 이것은 함께 묶여서 1개의 선으로 보이는 D_7~D_0가 표시된 74HC541 버스 드라이버로부터의 8개의 각 출력 선을 나타낸다. 이 묶인 데이터 출력 선은 데이터 버스에 연결된다. 그리고 이 버스 또한 1개의 선으로 보인다(즉 8개의 데이터 버스 선은 함께 묶인다). "/8" 표시는 각 묶음에 의해 표현된 선의 수를 가리킨다. 이 묶는 방법은 데이터 버스로부터 8마이크로프로세서 데이터 입력까지의 연결을 나타내는 데 사용된

그림 9-51 단순하게 표시한 버스 표시 배열.

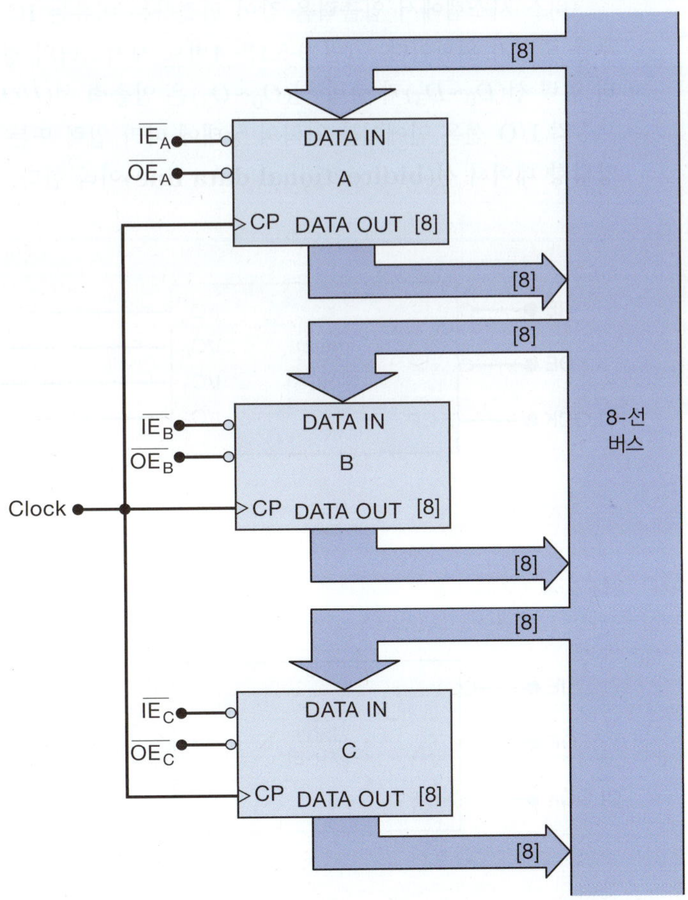

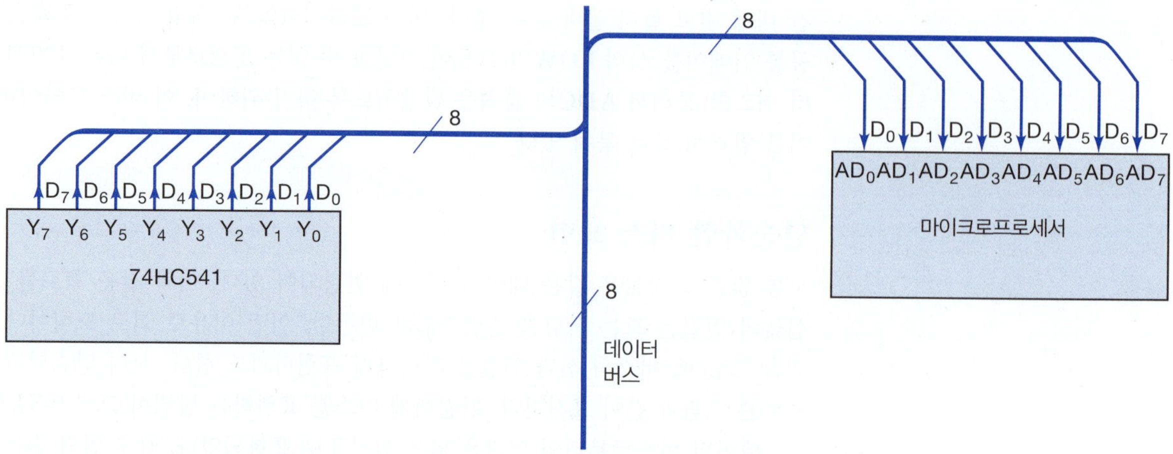

그림 9-52 하나의 선을 사용한 버스의 단순화한 표현. '/8은' 8선 버스를 의미한다.

다. 이렇게 선들을 묶음으로 표시할 때 한꺼번에 묶인 선의 끝에 표시하는 것이 중요하다. 왜냐하면 다이어그램에는 연결 부분이 자세하게 표시되지 않기 때문이다.

양방향 버스

그림 9-47의 레지스터는 데이터 버스와 입력, 출력이 함께 연결되어 있다. 예를 들어, 각 레지스터의 출력 O_2는 입력 D_2와 연결되므로 공통 접속은 DB_2가 된다. 집적회로에서는 이와 같은 방법으로 입력핀과 출력핀이 모두 그럴 필요는 없다.

버스 시스템에서 입출력을 같이 연결하는 이유는 IC 제조 시 IC 핀 수와 버스의 접속 수를 줄이기 위함이다. 그림 9-53은 4비트 레지스터의 경우를 나타내고 있다. 분리된 데이터 입력 선(D_0~D_3)과 출력 선(O_0~O_3)은 입출력 선(I/O_0~I/O_3)으로 교체된다.

각 I/O 선은 인에이블 입력의 상태에 따라 입력 또는 출력 기능을 한다. 그러므로 이를 **양방향 데이터 선(bidirectional data line)**이라 한다. 74ALS299는 공통 I/O 선을 갖

그림 9-53 데이터 버스에 연결된 양방향 레지스터.

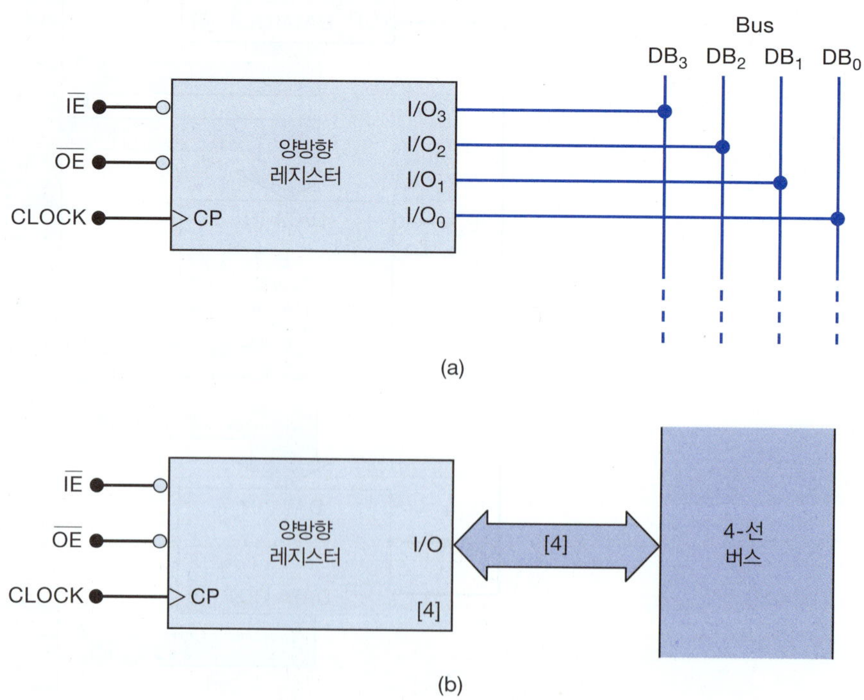

는 8비트 레지스터이다. 대부분의 메모리 IC와 마이크로프로세서는 데이터를 양방향으로 전송한다.

12장에서 데이터 버스의 중요한 부분에 관해 다시 다루기로 한다.

학습성과 평가문제

1. 그림 9-47에서 $\overline{OE}_A = \overline{OE}_B =$ LOW가 되면 어떻게 되겠는가?
2. 버스에 연결된 장치 모두가 디스에이블 상태가 되면 버스의 논리 상태는 어떻게 되는가?
3. 버스 드라이버의 기능은 무엇인가?
4. 레지스터가 공통 I/O 선을 갖는 이유는 무엇인가?
5. 하나의 버스 선을 사용해 그림 9-53(a)를 그려라. (해답은 그림 9-54이다.)

그림 9-54 데이터 버스선을 한 개의 묶음으로 표현.

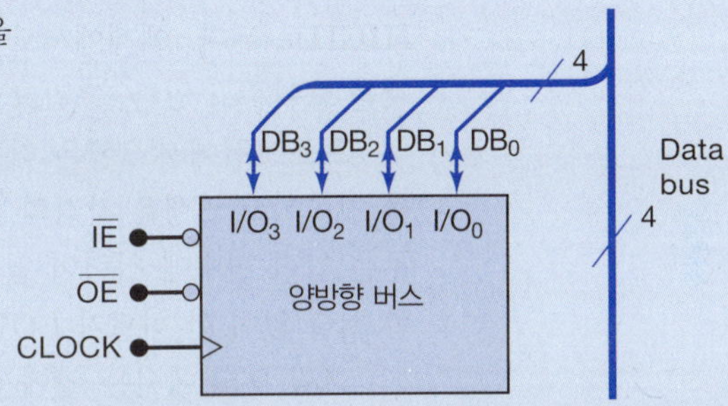

9-15 HDL을 사용한 디코더

학습성과

이 절을 학습함으로써 다음을 할 수 있다.

- 디코더의 HDL 표현

우리는 9-1절에서 디코더를 소개하였다. 특히 74138 1 × 8 디코더를 설명하였으며, 이 회로는 3비트 2진수 입력에 대한 8개의 출력 가운데 한 개를 활성화시킨다. 이 장에서 언급한 디지털 디바이스들을 HDL로 구현함으로써 배워보자. 이미 이전에 언급했던 전통적인 MSI 부품에 초점을 맞춘다. 이들 디바이스에 대한 동작원리는 이미 이 책에서 언급을 했고 또한 참고자료는 데이터 북에 나와 있다. 모든 경우에서 HDL을 분석하기 전에 디바이스의 동작을 이해하는 것이 선행되어야 한다.

실질적인 실습에서는 74138 디코더를 구현하기 위해서 새로운 코드를 작성하는 것을 추천하지는 않는다. 디코더 같은 디바이스들은 이미 매크로 기능으로 HDL의 표준 부품에 들어 있다. 하나의 예제로써 디코더를 HDL로 표현하는 것으로 공부를 시작하자. 몇몇 경우에는 이미 표현된 회로에 자기 나름의 형식을 추가할 수도 있다. 혹은 HDL에서 혼돈을 피하면서 핵심적인 원리에 초점을 맞추어 표현할 수도 있다.

입출력을 정의하기 위한 방법에서 각각의 입력과 출력에 대한 사용 목적을 고려해야 한다. 그림 9-3에 표현된 74138과 같은 1-of-8 디코더의 경우에 3개의 인에이블 입력($\overline{E}_1$, $\overline{E}_2$, E_3)에 대해서 각각의 입력으로 기술해야 한다. 한편 A_2, A_1, A_0로 디코드 된 2진 입력은 3비트 숫자로 기술되어야 한다. 8개의 각 출력 비트를 지정하거나 혹은 8비트 배열로써 기술이 가능하다 . 즉 배열의 첫 번째 비트를 출력 0으로 표현하고 마지막 8번째 비트를 출력 7로 표현한다. 보통 각 비트를 지정하여 사용하는 것이 프로그램하기에 편리한 점을 가지고 있다.

디코더와 같은 특정한 응용 프로그램에서는 입력 변수 조합에 대해 일정한 출력을 발생시키므로 이런 경우에는 CASE나 TABLE 문을 사용하는 것이 편리하다. 디코더에서는 출력을 생성하기 위해 모든 인에이블 신호가 활성화되어야 한다. 인에이블 신호 중 어떤 하나라도 활성화되지 않으면 출력은 HIGH가 된다. 아래의 각 예를 통해 **모든** 인에이블 신호가 활성화될 때, 입력 신호에 대해서 디코더 하는 방법을 자세히 볼 수 있을 것이다.

AHDL 디코더

그림 9-55에서 보여주는 AHDL 디코더는 모든 인에이블 신호가 활성화된 상태에서 동작되며 CASE 문으로 구현하였다. 인에이블 신호가 비활성화되는 경우는 출력이 즉시 HIGH로 된다. 예제에서도 각각의 출력값을 명확하게 할당하는 것 없이도 잘 동작한다는 것을 보여주고 있다. 그리고 각각 출력 비트에 이름을 붙여 사용하였다.

프로그램에서 3행은 디코더할 3비트 2진 입력 숫자이다. 그리고 4행은 3개의 인에이블 입력이고, 5행은 각각의 출력을 나타낸다. AHDL 10행에서 13행까지의 **DEFAULTS** 문은 입력 변수에 입력이 없을 때 출력을 정의해준다. 이 문장들은 각 경우 수에 따라 특별한 서술 없이 한 비트가 LOW로 되게 하며 다른 비트는 모든 HIGH가 되게 한다.

그림 9-56에서는 앞에서 설명한 것과 같은 디코더를 진리표를 사용하여 기술하고 있다. *y[7]*에서 *y[0]*는 출력 배열로 정의했다. 이 코드의 특징은 진리표에서 무정의 조건

그림 9-55 74138 디코더의 AHDL 프로그램.

```
1  SUBDESIGN fig9_55
2  (
3      a[2..0]                   :INPUT;  -- binary inputs
4      e3, e2bar, e1bar          :INPUT;  -- enable inputs
5      y7,y6,y5,y4,y3,y2,y1,y0   :OUTPUT; -- decoded outputs
6  )
7  VARIABLE
8      enable                    :NODE;
9  BEGIN
10     DEFAULTS
11        y7=VCC;y6=VCC;y5=VCC;y4=VCC;
12        y3=VCC;y2=VCC;y1=VCC;y0=VCC;  -- defaults all HIGH out
13     END DEFAULTS;
14     enable = e3 & !e2bar & !e1bar;  -- all enables activated
15     IF enable THEN
16        CASE a[] IS
17           WHEN 0    =>    y0 = GND;
18           WHEN 1    =>    y1 = GND;
19           WHEN 2    =>    y2 = GND;
20           WHEN 3    =>    y3 = GND;
21           WHEN 4    =>    y4 = GND;
22           WHEN 5    =>    y5 = GND;
23           WHEN 6    =>    y6 = GND;
24           WHEN 7    =>    y7 = GND;
25        END CASE;
26     END IF;
27 END;
```

그림 9-56 TABLE 문을 사용한 AHDL 디코더.

```
1  SUBDESIGN fig9_56
2  (
3      a[2..0]                :INPUT;      -- decoder inputs
4      e3, e2bar, e1bar       :INPUT;      -- enable inputs
5      y[7..0]                :OUTPUT;     -- decoded outputs
6  )
7  VARIABLE
8     inputs[5..0]            :NODE;       -- all 6 inputs combined
9
10 BEGIN
11    inputs[] = (e3, e2bar, e1bar, a[]);  -- concatenate the inputs
12    TABLE
13       inputs[]        =>      y[];
14       B"0XXXXX"       =>      B"11111111";     -- e3 not enabled
15       B"X1XXXX"       =>      B"11111111";     -- e2bar disabled
16       B"XX1XXX"       =>      B"11111111";     -- e1bar disabled
17       B"100000"       =>      B"11111110";     -- Y0 active
18       B"100001"       =>      B"11111101";     -- Y1 active
19       B"100010"       =>      B"11111011";     -- Y2 active
20       B"100011"       =>      B"11110111";     -- Y3 active
21       B"100100"       =>      B"11101111";     -- Y4 active
22       B"100101"       =>      B"11011111";     -- Y5 active
23       B"100110"       =>      B"10111111";     -- Y6 active
24       B"100111"       =>      B"01111111";     -- Y7 active
25    END TABLE;
26 END;
```

(don't-care) 값을 사용하였다는 것이다. 11행은 변수 *inputs[ ]*들을 나열하여 붙여 놓았다. Table의 14행, 15행, 16행은 1 혹은 0의 값을 갖는 한 비트 변수이다. 나머지들은 무정의 조건(X)이다. 14행에서는 *e1*이 활성화되지 않는 한 입력에 상관없이 출력은 항상 HIGH가 됨을 말해 주고 있다. 15행과 16행도 *e1*과 같이 *e2bar* 또는 *e3bar*가 HIGH(비활성)일 때 출력은 HIGH이다. 인에이블 신호에 1번째 3비트가 "100"일 때 17행 문장에서 24행 문장까지는 입력 *inputs[ ]*에 따라 출력된다.

VHDL 디코더

그림 9-57에서는 진리표를 사용하여 VHDL로 구현하였다. 이 프로그램의 구현에서 특징은 11행에 2진 입력 *a*와 3개의 인에이블 변수(*e1*, *e2bar*, *e3bar*)가 나열되어 있다는 것이다. VHDL의 선택된 신호 배정문은 특정한 입력조합이 표현될 때 한 개의 신호에 한 개의 값을 배정한다. 12행(WITH inputs SELECT)은 *y*의 값을 결정하기 위해 중간값으로 입력 신호값을 사용한다는 것을 나타내고 있다. 출력 *y*값은 13~20행에서 나타낸다. 13~20행의 WHEN 문장 이후에 100이 나타내는 조합으로 시작한다. *e3*, *e2bar*, *e1bar*의 조합이 각각을 활성화시키는 데 필요하다. 21행은 입력에 100이 아닌 다른 조합이 나타나면 각각의 출력을 비활성화 상태로 만든다.

```
ENTITY fig9_57 IS
PORT(
    a                   :IN BIT_VECTOR  (2 DOWNTO 0);
    e3, e2bar, e1bar  :IN BIT;
    y                   :OUT BIT_VECTOR (7 DOWNTO 0)
    );
END fig9_57;
ARCHITECTURE truth OF fig9_57 IS
SIGNAL inputs: BIT_VECTOR (5 DOWNTO 0); --combine enables w/ binary in
   BEGIN
      inputs <= e3 & e2bar & e1bar & a;
      WITH inputs SELECT
         y  <= "11111110"  WHEN "100000",  --Y0 active
               "11111101"  WHEN "100001",  --Y1 active
               "11111011"  WHEN "100010",  --Y2 active
               "11110111"  WHEN "100011",  --Y3 active
               "11101111"  WHEN "100100",  --Y4 active
               "11011111"  WHEN "100101",  --Y5 active
               "10111111"  WHEN "100110",  --Y6 active
               "01111111"  WHEN "100111",  --Y7 active
               "11111111"  WHEN OTHERS;    --disabled
END truth;
```

그림 9-57 74138 디코더의 VHDL 프로그램.

학습성과 평가문제

1. 74138의 입력 *e3*, *e2bar*, *e1bar*의 역할은 무엇인가?
2. 디코더 동작을 서술하기 위한 두 가지 AHDL 방법을 기술하라.
3. 디코더 동작을 서술하기 위한 두 가지 VHDL 방법을 기술하라.

9-16 HDL 7-세그먼트 디코더/드라이버

학습성과

이 절을 학습함으로써 다음을 할 수 있다.

- 디코더/드라이버의 HDL 표현

9-2절에서는 BCD-7-세그먼트 디코더/드라이버를 설명하였으며 7447은 대표적인 회로이다. 이 절에서는 7447에서와 같은 기준을 만족시키는 회로를 기술하기 위해 필요한 HDL 코드를 설명한다. $\overline{BI}$ (blanking input)는 입력 레벨에 상관없이 모든 세그먼트를 OFF 시킨다. $\overline{LT}$ (lamp test) 입력은 표시 장치에 있는 모든 세그먼트들을 밝게 함으로써 세그먼트들을 시험하는 데 쓰인다. $\overline{RBO}$ (ripple blanking output)은 $\overline{RBI}$ (ripple blanking input)가 LOW이고, BCD 입력 값이 0일 때 LOW가 되도록 설계되어 있다. 일반적

으로, 여러 자리의 숫자를 표시하는 장치에서는 각 $\overline{RBO}$ 핀은 바로 오른쪽에 있는 $\overline{RBI}$ 핀에 연결된다. 이렇게 연결함으로써 어떤 숫자의 앞자리에 표시되는 0은 표시되지 않게 한다. 예를 들면, 2002 숫자는 2002로 표시하지만, 0002 숫자는 0002로 표시하지 않고 _ _ _ 2로 표시되게 한다. HDL에서 표현하는 데 다소 어려울지 모르지만 7447의 특징인 입력/출력은 $\overline{BI}/\overline{RBO}$로 사용된다. 여기서는 프로그램을 간단히 하기 위해서 입력($\overline{BI}$)와 출력($\overline{RBO}$)를 분리시켜 다른 핀에 할당한다. 그럼으로써 7447에서는 9 이상의 값에 대해서는 모든 세그먼트를 표시하지 않는 특징을 그대로 가질 수 있다.

이와 같이 회로를 디자인할 때는 여러 개의 요소들이 결정되어야 한다. 그 첫 번째로, 사용하고자 하는 표시 장치 종류를 결정해야 한다. 만일 그 표시 장치가 공통 캐소드를 사용하면 LED 세그먼트는 논리 1일때 ON된다. 그러나 만약 공통 애노드를 사용하면 논리 0이 각 세그먼트를 ON시킨다. 다음으로 입력, 출력, 그리고 중간변수의 종류를 결정해야 한다. 각각 세그먼트의 출력은 비트 변수(a~g)를 할당한다. 이렇게 함으로써 표시장치를 IC 소자에 연결할 때 보다 명확해질 수 있다. 이 각각의 비트들은 AHDL에서처럼 2진 값을 세트로 그룹화가 가능하고 VHDL에서는 중간변수 비트 배 열 값을 이용해 7개의 비트 레벨을 한 개의 문장으로 할당함으로써 편리하게 사용 가능하다. BCD 입력 값은 4비트의 숫자이며, blanking 제어는 각각의 비트로 한다. HDL 코드에서 비트 패턴에 크게 영향을 미치는 것은 세그먼트 변수 a~g의 임의의 변수 배정이다. 가장 왼쪽 비트에 세그먼트 a를 할당하고 왼쪽에서 오른쪽으로 알파벳 순서에 따라 비트 패턴을 할당한다.

그 외에도 중요한 제어 요소가 있다. 예를 들면 $\overline{LT}$ (램프 테스트)는 정상적인 표시기에 덮어쓰기를 가능하게 한다. 그리고 $\overline{BI}$ (blanking 입력)은 표시 장치의 테스트 램프 입력을 덮어쓰게 한다. 설명에서처럼 IF/ELSE 제어 구조는 우선순위를 결정하기 위해서 사용한다. 그 첫 번째 조건에서 참으로 판단되면 다른 입력 레벨에 상관없이 출력을 만들어 낸다. 그 아래에 있는 ELSE 문장은 코드가 $\overline{BI}$, $\overline{LT}$, $\overline{RBI}$를 먼저 테스트하기 때문에 영향을 주지 못한다. 그래서 정확한 세그먼트 패턴 표시가 가능하다.

AHDL 디코더/드라이버

여기 회로에 대한 AHDL 코드를 그림 9-58에서 보여주고 있다. AHDL에서는 콤마로 구분된 비트의 괄호로 묶여진 그룹으로 출력을 나타낸다. 9행과 11행, 13행, 15행에 보인 것처럼 2진수 상태의 그룹으로 이들 비트를 각각 직접 변수에 할당할 수 있다. 이 문장은 중간변수의 할당이 필요치 않으며 8개의 구분된 할당 문장을 사용하는 것보다 훨씬 짧게 프로그램할 수 있다. AHDL에서 TABLE 문은 BCD 입력을 7세그먼트 비트 패턴으로 바꾸는 데 아주 유용하게 사용된다.

```
SUBDESIGN fig9_58
(
   bcd[3..0]             :INPUT;       -- 4-bit number
   lt, bi, rbi           :INPUT;       -- 3 independent controls
   a,b,c,d,e,f,g,rbo     :OUTPUT;      -- individual outputs
)
BEGIN
    IF !bi THEN
        (a,b,c,d,e,f,g,rbo) = (1,1,1,1,1,1,1,0);    % blank all %
    ELSIF     !lt THEN
        (a,b,c,d,e,f,g,rbo) = (0,0,0,0,0,0,0,1);    % test segments %
    ELSIF !rbi & bcd[] == 0  THEN
        (a,b,c,d,e,f,g,rbo) = (1,1,1,1,1,1,1,0);    % blank leading 0's %
    ELSIF bcd[] > 9 THEN
        (a,b,c,d,e,f,g,rbo) = (1,1,1,1,1,1,1,1);    % blank non BCD input %
    ELSE
        TABLE                          % display 7 segment Common Anode pattern %
        bcd[]       =>      a,b,c,d,e,f,g,rbo;
        0           =>      0,0,0,0,0,0,1,1;
        1           =>      1,0,0,1,1,1,1,1;
        2           =>      0,0,1,0,0,1,0,1;
        3           =>      0,0,0,0,1,1,0,1;
        4           =>      1,0,0,1,1,0,0,1;
        5           =>      0,1,0,0,1,0,0,1;
        6           =>      1,1,0,0,0,0,0,1;
        7           =>      0,0,0,1,1,1,1,1;
        8           =>      0,0,0,0,0,0,0,1;
        9           =>      0,0,0,1,1,0,0,1;
        END TABLE;
    END IF;
END;
```

그림 9-58 AHDL 7-세그먼트 BCD 표시 디코더.

VHDL 디코더/드라이버

이 회로에 대한 VHDL 코드는 그림 9-59에서 보여주고 있다. 여기의 설명에서는 VARIABLE 문장을 SIGNAL의 반대로 사용되고 있음을 보여주고 있다. VARIABLE을 비유한다면 잠시 주어진 숫자를 기록하는 메모장으로 생각할 수 있다. 반면에 SIGNAL 문장은 회로에서 두 지점을 연결하는 연결 선으로 간주할 수 있다. 12행에서 VARIABLE 문장은 7비트로 된 비트 벡터의 세그먼트 선언으로 사용된다. 이 변수에 대한 인덱스는 순서를 나타낸다. 즉 0 TO 6로 선언할 수 있다. 이 말은 2진 비트 패턴의 가장 왼쪽에 0 요소가 나타나고, 가장 오른쪽에 6 요소가 나타난다는 의미다. 이것은 지금까지 정의한 변수 할당의 대다수의 예에서와는 반대가 된다. 그러나 VHDL에서의 선언문의 의미가 중요하다는 것을 말해준다. 여기 설명에서처럼 세그먼트 a는 비트 0(왼쪽)이고 세그먼트 b는 비트 1(오른쪽)이다.

3행에서 보인 것처럼 BCD 입력은 INTEGER로 선언되었다. 이것은 제한된 2진 숫자의 비트 패턴을 참조하는 것보다 10진 숫자의 값을 입력으로 간주한다는 의미다. PROCESS에서 다른 값보다 입력의 우선권을 주기 위해 IF/ELSE 구조를 사용했다. 민

```
ENTITY fig9_59 IS
PORT (
        bcd                 :IN INTEGER RANGE 0 TO 15;
        lt, bi, rbi         :IN BIT;
        a,b,c,d,e,f,g,rbo   :OUT BIT
      );
END fig9_59;

ARCHITECTURE vhdl OF fig9_59 IS
BEGIN
PROCESS (bcd, lt, bi, rbi)
VARIABLE segments          :BIT_VECTOR (0 TO 6);
    BEGIN
       IF bi = '0' THEN
          segments := "1111111";   rbo <= '0'; -- blank all
       ELSIF lt = '0' THEN
          segments := "0000000";   rbo <= '1'; -- test segments
       ELSIF (rbi = '0' AND bcd = 0) THEN
          segments := "1111111";   rbo <= '0'; -- blank leading 0's
       ELSE
          rbo <= '1';
          CASE bcd IS     -- display 7 segment Common Anode pattern
             WHEN 0       => segments := "0000001";
             WHEN 1       => segments := "1001111";
             WHEN 2       => segments := "0010010";
             WHEN 3       => segments := "0000110";
             WHEN 4       => segments := "1001100";
             WHEN 5       => segments := "0100100";
             WHEN 6       => segments := "1100000";
             WHEN 7       => segments := "0001111";
             WHEN 8       => segments := "0000000";
             WHEN 9       => segments := "0001100";
             WHEN OTHERS => segments := "1111111";
          END CASE;
       END IF;
    a <= segments(0); --assign bits of array to output pins
    b <= segments(1);
    c <= segments(2);
    d <= segments(3);
    e <= segments(4);
    f <= segments(5);
    g <= segments(6);
      END PROCESS;
 END vhdl;
```

그림 9-59 VHDL 7-세그먼트 BCD 표시 디코더.

감 리스트에는 모든 입력을 가지고 있다는 것에 주목하라. PROCESS 내에 있는 코드는 민감 리스트에 포함된 입력의 변화에 따른 회로의 동작 방법을 기술하고 있다. 이 프로그램의 설명에서 또 다른 중요한 점은 변수에 대한 연산자의 배정이다. 예를 들면, 15행에 있는 *segments*: = "*1111111*"을 주시하라. 변수 배정 연산자 :=는 변수 할당에 사용되며 연산자는 신호 배정 문장에서 사용된다. 36~42행에서 IF/ELSE에 따라서 각각의 비트들은 해당하는 출력 비트들에 할당된다.

학습성과 평가문제

1. 7447의 어느 기능이 PLD 하드웨어와 HDL로 코드화하는 데 어려운 점이 있는가?
2. 여기에 예제들이 공통 애노드 혹은 공통 캐소드 7 세그먼트 표시 장치를 설명하려고 시도하고 있는가?
3. 이 절에서 보통입력(RBI 등)에 비해 우선순위를 가지고 있는 어떤 입력(lamp test 등)이 어떻게 HDL로 코드화되었는가?

9-17 HDL을 사용한 인코더

학습성과

이 절을 학습함으로써 다음을 할 수 있다.

- 인코더의 HDL 표현
- AHDL과 VHDL에서 우선순위에 의한 다수의 입력들의 활성화에 따른 중재
- AHDL과 VHDL에서 3상태 출력의 표현

9-4절에서 인코더와 우선순위 인코더를 설명하였다. 물론 인코더와 디코더는 비슷한 점이 있다. 디코더는 2진 입력에 대해 해당하는 한 개의 출력을 활성화시키고 인코더는 이 과정의 역순이다. 즉 입력 가운데 하나가 활성화되면 그 활성화된 입력에 대해 2진 숫자를 출력한다. 만약 한 개 이상의 입력이 동시에 활성화되면 우선순위 인코더에서는 활성화된 입력 중에 낮은 차수의 입력은 무시된다. 그 뜻은 보다 중요한 차수의 입력이 낮은 차수의 입력보다 우선한다는 것이다. 이 절에서는 그와 같은 특성을 가진 인코더를 기술하기 위한 HDL의 사용 방법을 설명한다.

8장에서 서술한 다른 중요한 개념은 3상태 출력 회로이다. 3상태 출력을 가진 디바이스는 출력이 활성화될 때 논리 HIGH와 논리 LOW를 만든다. 그러나 이 회로에서는 출력이 비활성화될 때에는 디바이스를 회로로부터 절단시키거나 높은 임피던스 상태로 만든다. 이것은 9-12절에서 설명한 것처럼 공통 버스를 연결하는 데 아주 중요한 디바이스의 상태이다. 그럼 "HDL를 사용하여 3상태 출력을 어떻게 구현할 것인가?" 이 절에서는 인코더의 중요한 이 특성을 논의하기 위하여 활성 HIGH 3상태 출력을 가진 74147 우선순위 인코더를 애뮬레이트한다. 입력과 출력을 직렬 연결(cascade)할 수 있는 기능(74148에서 가지고 있는 기능)은 나중에 스스로 시도해 보기 바란다. 이 회로에 대한 기호는 그림 9-60에서 보여주고 있다. 입력에 비트 배열 기호를 사용하는 것과 비슷한 방법으로 라벨이 붙어 있으므로 인코더 입력을 표현하기 위해 비트 배열을 사용하는 것은 일리가 있다. 그림에서처럼 3상태 인에이블 신호는 한 개의 비트이고 인코드된 출력은 10진 숫자값으로 표현된다.

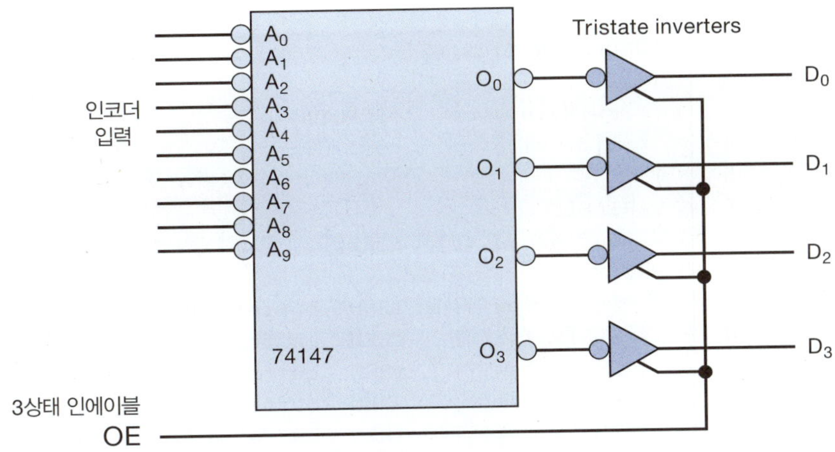

그림 9-60 3상태 출력을 가지는 인코더의 표시 방법.

AHDL 인코더

I/O 할당과 함께 우선 순위에 대한 기술 방법을 그림 9-61에서 보여주고 있다. AHDL의 입력/출력 기술에서 정수에 대한 독립된 형태로 제공하기보다는 정수로서 언급된 2진 배열로 할당한다. 4행은 비트 배열로써 출력을 표현하고 있다. 여기 설명에서 TABLE 문장은 회로의 동작을 기술해 놓은 데이터북에서 자주 보이는 TABLE과 유사하다. 이 TABLE에서의 핵심은 입력 항으로 무정의 조건(X)를 사용하는 것이다. 프로그램의 15행에서 활성 입력(입력 *a[4]*가 LOW)이 되는 순간보다 낮은 차수의 입력에 대해서는 영향을 미치지 못한다. 출력은 4가 된다. 3상태 출력은 기본 내장 함수로 구현이 가능하다(6행에 있는

그림 9-61 3상태 출력을 가지는 우선순위 인코더의 AHDL.

```
1   SUBDESIGN fig9_61
2   (
3      a[9..0], oe              :INPUT;
4      d[3..0]                  :OUTPUT;
5   )
6   VARIABLE buffer[3..0]       :TRI;
7   BEGIN
8      TABLE
9         a[]              => buffer[].in;
10        B"1111111111"   => B"1111";     -- no input active
11        B"1111111110"   => B"0000";     -- 0
12        B"111111110X"   => B"0001";     -- 1
13        B"11111110XX"   => B"0010";     -- 2
14        B"1111110XXX"   => B"0011";     -- 3
15        B"111110XXXX"   => B"0100";     -- 4
16        B"11110XXXXX"   => B"0101";     -- 5
17        B"1110XXXXXX"   => B"0110";     -- 6
18        B"110XXXXXXX"   => B"0111";     -- 7
19        B"10XXXXXXXX"   => B"1000";     -- 8
20        B"0XXXXXXXXX"   => B"1001";     -- 9
21     END TABLE;
22     buffer[].oe = oe;      -- hook up enable line
23     d[] = buffer[].out;    -- hook up outputs
24  END;
```

```
1  SUBDESIGN fig9_62
2  (
3     sw[9..0], oe    :INPUT;
4     d[3..0]         :OUTPUT;
5  )
6  VARIABLE
7     buffers[3..0]   :TRI;
8  BEGIN
9     IF    !sw[9]   THEN  buffers[].in = 9;
10    ELSIF !sw[8]   THEN  buffers[].in = 8;
11    ELSIF !sw[7]   THEN  buffers[].in = 7;
12    ELSIF !sw[6]   THEN  buffers[].in = 6;
13    ELSIF !sw[5]   THEN  buffers[].in = 5;
14    ELSIF !sw[4]   THEN  buffers[].in = 4;
15    ELSIF !sw[3]   THEN  buffers[].in = 3;
16    ELSIF !sw[2]   THEN  buffers[].in = 2;
17    ELSIF !sw[1]   THEN  buffers[].in = 1;
18    ELSE                 buffers[].in = 0;
19    END IF;
20    buffers[].oe = oe & sw[]!=b"1111111111";   -- enable on any input
21    d[] = buffers[].out;                       -- connect to outputs
22 END;
```

그림 9-62 IF/ELSE 문을 사용한 우선순위 인코더의 AHDL.

TRI). 이 행은 버퍼라고 이름 붙인 변수에 3상태 기능을 할당한다. AHDL에서는 플립플롭에 대해서도 같은 방법으로 기술한다. 3상태 버퍼의 포트는 프로그램에서 보는 것처럼 쉽게 작성이 가능하다. 입력은 *in*, 출력은 *out*, 3상태 출력 인에이블은 *oe*로 표시한다.

그림 9-62에서처럼 IF/ELSE 구조는 우선순위를 기술하는 데 사용하며 이것은 7 세그먼트 디코더 예제에서 설명한 것과 같은 방법이다. 첫 번째로 IF 조건이 참일 때, THEN 문장에 있는 3상태 버퍼 입력에 해당하는 값을 출력한다. 우선순위는 IF 조건문에서 기술된 순서에 따라 설정된다. 따라서 입력 9는 가장 높은 우선순위 입력이다. 이는 모든 입력이 비활성화될 때, 출력은 높은 임피던스 상태로 된다는 것을 의미한다. 20행에서는 *oe* 핀이 활성화될 때, 출력 인에이블이 활성화된다. 여기 설명에서 또 다른 점은 각각의 입력을 표현하는 데 비트 배열 표현 방법을 사용한다는 것이다. 예를 들면, 9행에서 IF 스위치가 활성화(LOW)이면 3상태 버퍼의 입력은 9를 할당한다(물론 2진수로).

VHDL 인코더

우선순위 인코더를 기술하는 데 2개의 중요한 VHDL의 기술이 있다. 그 첫 번째로 VHDL에서 3상태 출력을 사용하는 것이고, 두 번째로는 우선순위를 기술하는 새로운 방법이다. 그림 9-63은 인코더 회로의 입력/출력에 대한 정의를 보여주고 있다. 6행에서 입력 스위치는 인덱스 9에서 0까지의 번호를 가지고 있는 비트 벡터로 정의한다. 그리고 *d* 출력은 IEEE 표준 비트 배열로 정의한다(std_logic_vector type). 이 정의는 출력에 있어서 높은 임피던스 상태를 사용할 수 있다. 그리고 1행과 2행에서는 LIBRARY와 USE 문장에 대한 필요성을 설명한다. 앞에서 언급한 것처럼 입력에 대한 선행 조건을 서술하는 방법은 매우 중요하다. 이 코드는 14행부터 24행 사이에 있는 **조건부 신호 배정문**

(**conditional signal assignment statement**)을 사용한다. 14행에서, <=는 오른쪽에 있는 값들을 왼쪽에 있는 변수 *d*로 할당한다. 단, WHEN이 참일 때 일어난다. 만약 이 문장이 참이 아니면 ELSE 문이 활성화되면서 참이 될 때까지 한 번에 하나씩 검증한다. 조건부 신호 배정문에서 중요한 점은 순서적으로 검증한다는 것이다. 이 문장에서 필요로 하는 순서를 설정하는 것이 선행되어야 한다. 이와 같이 14행에 있는 첫 번째 조건이 시험되면 3상태 출력을 인에이블한다. 8장에서 배운 것처럼 3상태 출력은 HIGH, LOW 그리고 높은 임피던스 3가지이다. 여기서 높은 임피던스는 Z로 표시한다. "ZZZZ" 값이 출력에 할당되었을 때 각 출력은 높은 임피던스 상태에 있다. 만약 출력이 비활성화(높은 Z)이면 어떤 입력도 인코딩하지 않는다. 15행에서는 가장 높은 우선순위를 가진 입력을 시험한다. 이것은 *sw* 입력 배열의 9번째 비트이다. 만약 이것이 활성(LOW)이면, 동시에 활성화된 다른 입력이 무엇이든 상관없이 출력에는 9의 값을 내보낸다.

```
1   LIBRARY   ieee;
2   USE ieee.std_logic_1164.ALL;
3
4   ENTITY fig9_63 IS
5   PORT(
6       sw     :IN BIT_VECTOR (9 DOWNTO 0);  -- standard logic not needed
7       oe     :IN BIT;                      -- standard logic not needed
8       d      :OUT STD_LOGIC_VECTOR (3 DOWNTO 0)   -- std logic for hi-Z
9     );
10  END fig9_63;
11
12  ARCHITECTURE a OF fig9_63 IS
13    BEGIN
14      d <=    "ZZZZ"   WHEN   ((oe = '0') OR (sw = "1111111111")) ELSE
15              "1001"   WHEN   sw(9)  = '0' ELSE
16              "1000"   WHEN   sw(8)  = '0' ELSE
17              "0111"   WHEN   sw(7)  = '0' ELSE
18              "0110"   WHEN   sw(6)  = '0' ELSE
19              "0101"   WHEN   sw(5)  = '0' ELSE
20              "0100"   WHEN   sw(4)  = '0' ELSE
21              "0011"   WHEN   sw(3)  = '0' ELSE
22              "0010"   WHEN   sw(2)  = '0' ELSE
23              "0001"   WHEN   sw(1)  = '0' ELSE
24              "0000"   WHEN   sw(0)  = '0';
25  END a;
```

그림 9-63 조건부 신호 배정문을 사용한 우선순위 인코더의 VHDL.

학습성과 평가문제

1. 우선순위 입력에 주어졌을 때, AHDL에서 사용하는 두 가지 방법을 기술하라.
2. 우선순위 입력에 주어졌을 때, VHDL에서 사용하는 두 가지 방법을 기술하라.
3. AHDL에서 어떻게 3상태 출력을 구현하는가?
4. VHDL에서 어떻게 3상태 출력을 구현하는가?

9-18 HDL 멀티플렉서와 디멀티플렉서

학습성과

이 절을 학습함으로써 다음을 할 수 있다.

- 멀티플렉서와 디멀티플렉서의 HDL 표현

멀티플렉서는 여러 개의 디지털 신호에 대해서 한 개의 신호를 선택하는 장치이다. 선택 입력은 출력에 연결할 입력 채널을 선택하는 데 필요하다. 디멀티플렉서는 이와 반대 방향으로 동작한다. 즉 한 개의 디지털 신호를 입력으로 받아들여 출력에 연결시키는 기능을 한다. 4개의 데이터 입력채널을 가지는 멀티플렉서와 디멀티플렉서 시스템을 그림 9-64에서 보여주고 있다. 이들 장치는 처음에 이 장에서 설명한 멀티플렉서와 디멀티플렉서와는 정확하게 같지는 않지만 같은 동작을 한다. 이 그림의 설명에서는 주어진 위치에서 다른 위치로 데이터를 전송하기 위해서 4개의 디지털 신호가 한 개의 공통 "파이프라인"을 사용하고 있다. 선택 입력은 어느 한순간에 파이프라인을 통해서 신호를 전달하기 위해서 사용된다.

이 절에서는 멀티플렉서와 디멀티플렉서 둘 다 구현한 코드를 작성한다. HDL에서는 MUX와 DEMUX을 위해 주어진 조건 아래서 신호를 배정하는 것이 필요하다. DEMUX에 대해서는 출력 가운데 어떤 출력도 선택되지 않을 경우에 출력 상태를 결정하는 것이 필요하다. 다른 말로 말하면 출력이 데이터를 보내기 위해서 어느 출력도 선택되지 않을 경우, 모든 출력을 HIGH로 만들거나 혹은 LOW로 만들거나 혹은 3상태로 비활성화시킬 것인지를 결정해야 한다. 여기서의 기술에서는 선택 입력이 주어지지 않을 때, 모든 출력을 HIGH로 만든다.

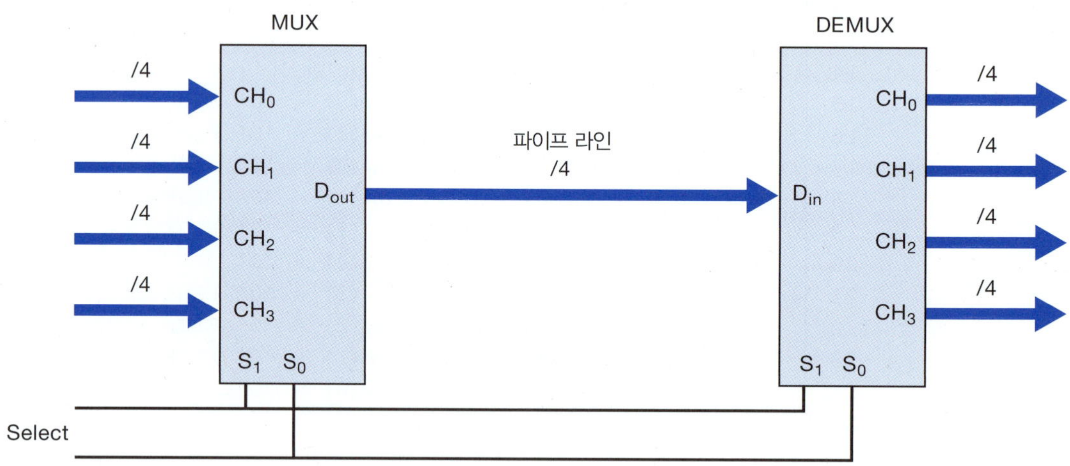

그림 9-64 한 개의 공통 데이터 버스를 이용한 4채널.

AHDL

AHDL 멀티플렉서와 디멀티플렉서

먼저 멀티플렉서를 구현하기로 한다. 그림 9-65는 각각 4비트에 대한 4개의 입력을 가지는 멀티플렉서를 설명하고 있다. 각각의 입력 채널은 채널의 숫자에서 나타내어진 순서 그대로이다. 이 그림에서 각 입력은 4개의 비트 배열로 기술되고, 선택입력(*s[ ]*)은 4개의 채널(0~3)을 지정하기 위해 2비트를 필요로 한다. CASE 문장은 조건부로 출력 핀에 입력 채널을 할당한다. 예를 들면, 9행에 있는 선택 입력(*s[ ]*)이 0으로 되면 회로의 출력은 채널 0번의 데이터가 연결된다. 연결문이 주어질 때 신호의 도착지는 = 기호의 왼쪽에 오고, 출발지는 오른쪽에 온다.

디멀티플렉서 코드도 이와 비슷하게 동작하지만 차이점은 한 개의 입력 채널에 대해서 4개의 출력 채널이 있다는 것이다. 그리고 입력이 없을 때, 출력은 모두 **HIGH**가 되어야 한다. 그림 9-66에서 입력과 출력은 3행에서 5행 사이에 선언되었다. 각 채널에 대한 디폴트 조건은 **DEFAULTS** 문장 이하에서 기술한다. 16행에서 19행은 입력 신호를 선택된 출력 채널에 연결하는 문장이다. 결과적으로 출력 채널은 = 기호의 왼쪽에 놓이고, 오른쪽에는 입력 신호가 놓인다.

```
SUBDESIGN fig9_65
(
   ch0[3..0], ch1[3..0], ch2[3..0], ch3[3..0]:INPUT;
   s[1..0]                                   :INPUT; -- select inputs
   dout[3..0]                                :OUTPUT;
)
BEGIN
   CASE s[] IS
         WHEN 0 =>     dout[] = ch0[];
         WHEN 1 =>     dout[] = ch1[];
         WHEN 2 =>     dout[] = ch2[];
         WHEN 3 =>     dout[] = ch3[];
   END CASE;
END;
```

그림 9-65 4비트 3 4채널 MUX의 AHDL.

```
1  SUBDESIGN fig9_66
2  (
3     ch0[3..0], ch1[3..0], ch2[3..0], ch3[3..0]   :OUTPUT;
4     s[1..0]                                      :INPUT;
5     din[3..0]                                    :INPUT;
6  )
7  BEGIN
8     DEFAULTS
9        ch0[] = B"1111";
10       ch1[] = B"1111";
11       ch2[] = B"1111";
12       ch3[] = B"1111";
13    END DEFAULTS;
14
15    CASE s[] IS
16          WHEN 0 =>    ch0[] = din[];
17          WHEN 1 =>    ch1[] = din[];
18          WHEN 2 =>    ch2[] = din[];
19          WHEN 3 =>    ch3[] = din[];
20    END CASE;
21 END;
```

그림 9-66 4비트 3 4채널 DEMUX의 AHDL.

VHDL 멀티플렉서와 디멀티플렉서

그림 9-67는 채널당 4비트를 가지는 4채널 MUX 코드를 보여주고 있다. 입력은 3행에서 비트 배열로 선언된다. 이것은 0에서 15까지 범위에서의 정수로서 선언된다. 어떤 방법으로 입력이 선언되든 출력은 같은 종류로 선언되어야 한다. 4행에서 선택 입력 *s*는 0부터 3까지(2진수 00에서 11)의 10진 정수로 선언된다. 이것은 코드에서 10진수 채널 숫자를 사용할 수 있다는 의미다. 11행에서 15행은 적당한 입력에서 출력으로의 연결을 구현하는 배정문이다. 이것은 선택 입력에 따라 결정된다. 예를 들면, 15행에서 선택 입력이 3으로 입력되면 채널 3이 데이터 출력에 연결된다.

디멀티플렉서 코드도 이와 같이 동작한다. 다만, 한 개의 입력에 대해 4개의 출력이 있다는 것만 다르다. 그림 9-68에서처럼 입력과 출력은 3행에서 5행 사이에서 선언된다. 선택 입력 *s*는 정수로서 그림 9-67에 있는 MUX 코드와 같다. 디멀티플렉서의 동작은 여러 개의 조건부 신호 배정문을 사용하여 기술하는 게 보다 쉽다. 11행에서 14행의 문장은 이를 보여주고 있다. DEMUX에서 출력이 선택되지 않을 때에는 모든 출력은 HIGH가 되

그림 9-67 4비트 × 4채널 MUX의 VHDL.

```
1   ENTITY fig9_67 IS
2   PORT    (
3             ch0, ch1, ch2, ch3   :IN BIT_VECTOR (3 DOWNTO 0);
4             s                    :IN INTEGER RANGE 0 TO 3;
5             dout                 :OUT BIT_VECTOR (3 DOWNTO 0)
6           );
7   END fig9_67;
8
9   ARCHITECTURE selecter OF fig9_67 IS
10      BEGIN
11         WITH s SELECT
12         dout    <= ch0 WHEN 0,   -- switch channel 0 to output
13                    ch1 WHEN 1,   -- switch channel 1 to output
14                    ch2 WHEN 2,   -- switch channel 2 to output
15                    ch3 WHEN 3;   -- switch channel 3 to output
16      END selecter;
```

그림 9-68 4비트 × 4채널 DEMUX의 VHDL.

```
1   ENTITY fig9_68 IS
2   PORT    (
3             s                    :IN INTEGER RANGE 0 TO 3;
4             din                  :IN BIT_VECTOR (3 DOWNTO 0);
5             ch0, ch1, ch2, ch3   :OUT BIT_VECTOR(3 DOWNTO 0)
6           );
7   END fig9_68;
8
9   ARCHITECTURE selecter OF fig9_68 IS
10      BEGIN
11         ch0 <= din WHEN s = 0  ELSE "1111";
12         ch1 <= din WHEN s = 1  ELSE "1111";
13         ch2 <= din WHEN s = 2  ELSE "1111";
14         ch3 <= din WHEN s = 3  ELSE "1111";
15      END selecter;
```

어야 한다. 이것은 ELSE 문장을 통해서 구현이 가능하다. 만약 ELSE 문장이 사용되지 않는다면 출력 값은 자동적으로 모두 LOW가 될 것이다. 예를 들어, 13행에서는 선택 입력이 2로 입력되면 채널 2가 데이터 입력을 내보낸다. 만약 *s*가 다른 값으로 설정되면, 채널 2의 모든 비트는 HIGH가 된다.

학습성과 평가문제

1. 4채널 MUX에 의한 4비트에 대해서 4개 채널 가운데 한 개의 채널을 선택하기 위한 데이터 입력, 데이터 출력, 그리고 제어 기술을 기술하라.
2. 4채널 DEMUX에 의한 4비트에 대해서 4개 채널 가운데 한 개의 채널을 선택하기 위한 데이터 입력, 데이터 출력, 그리고 제어 기술을 기술하라.
3. AHDL 예에서 선택되지 않은 채널에 대해서 어떻게 논리 상태가 결정되는가?
4. VHDL 예에서 선택되지 않은 채널에 대해서 어떻게 논리 상태가 결정되는가?

9-19 HDL 크기 비교기

학습성과

이 절을 학습함으로써 다음을 할 수 있다.

- 크기 비교기의 HDL 표현

9-10절에서 7485 크기 비교기 칩을 배웠다. 이 칩은 두 개 2진 숫자의 크기를 비교하는 것이며, 두 숫자 사이의 관계를 표시한다(크거나 작거나 같다). 제어 입력은 이 칩들을 서로 연결시키고자 할 때 사용된다. 그림 9-40에서처럼, 이들 칩들은 서로 연결되어 있는데, 낮은 차수의 비트를 비교하는 칩은 자신의 출력이 다음 높은 차수 칩의 제어 입력에 연결되게 한다. 가장 높은 차수에서 입력 데이터의 크기가 같다고 판명될 때는 다음 낮은 차수의 입력을 비교한다. 이때 낮은 차수의 비교를 통해서 최종 출력이 결정된다. 이것은 회로 설계 시 HDL을 사용하여 설계하는 것과 전통적으로 논리회로 IC를 가지고 설계하는 것에 대한 차이점을 여기서 찾아볼 수 있다. 만약 보다 더 큰 값을 비교하려고 한다면 HDL 사용 시에는 간단히 비교기의 필요한 수만큼 입력 포트 수를 늘려주면 가능하지만 실제 회로에서는 여러 개의 4 비트비교기를 직렬로 연결함으로 해결이 가능하다. 결과적으로 HDL에서는 제어 입력을 직렬로 연결할 필요가 없다.

비교문의 동작을 가지고 표현하는 방법은 여러 가지가 있다. 그러나 IF 문장이 두 수의 관계를 평가할 수 있으므로 IF/ELSE 문장을 사용하는 것이 최선의 방법이다. CASE 문장처럼 한 개의 변수에 한 개의 값을 입력할 경우는 반대이다. 비교될 두 개의 입력들은 숫자로 선언되어야 한다. 3개의 연결된 제어 입력과 3개의 비교기 출력은 각각의 비트 목적에 맞게 변수를 붙이고 선언한다.

AHDL 비교기

그림 9-69의 AHDL 코드는 IF/ELSE 구조를 사용한 알고리즘을 설명하고 있다. 3행에서 데이터 값은 4비트 수로 선언되었고, 제어 입력과 출력은 각각의 비트로 선언되었다. 8, 10, 11행의 문장은 IF 문이 참일 때의 회로 동작을 기술하고 있다. 각 문장은 출력 레벨을

결정하기 위해 사용된다. 이들 세 문장은 동시에 고려되어야 하고, 나열된 순서에는 아무 차이가 없다. 예를 들어, 8행의 문장은 *A*가 *B*보다 클 때, *agtb*가 HIGH로 되고, 동시에 다른 두 출력 (*altb*, *aeqb*)은 LOW가 된다.

```
1   SUBDESIGN fig9_69
2   (
3      a[3..0], b[3..0]    :INPUT;
4      agtb, altb, aeqb    :OUTPUT;
5   )
6   BEGIN
7      IF    a[] > b[] THEN
8               agtb = VCC;  altb = GND;  aeqb = GND;
9      ELSIF a[] < b[] THEN
10              agtb = GND;  altb = VCC;  aeqb = GND;
11     ELSE     agtb = GND;  altb = GND;  aeqb = VCC;
12     END IF;
13  END;
```

그림 9-69 크기 비교기의 AHDL.

VHDL 비교기

그림 9-70에 있는 VHDL 코드는 IF/ELSE 구조를 사용한 알고리즘을 설명하고 있다. 2행에서 데이터 값은 4비트 수로 선언되었고, 제어 입력과 출력은 각각의 비트로 선언 되었다. VHDL에서는 IF/ELSE 구문은 반드시 PROCESS 내에서만 사용 가능하다. 이 경우에 입력이 인가되면 PROCESS 구문에서 테스트한다. 결국 각각의 입력은 괄호 안에 들어 있는 판단 기준 리스트에 의해 평가된다. 10, 11, 12행의 문장은 IF 문이 참일 때의 회로 동작을 기술하고 있다. 각 문장은 출력 레벨을 결정하기 위해 사용된다. 여기 세 문장은 동시에 고려되어야 하고, 나열된 순서에는 아무런 차이가 없다. 예를 들어서, 11행의 문장은 *A*가 *B*보다 클 때, *agtb*가 HIGH로 되고, 동시에 다른 두 출력(*altb*, *aeqb*)은 LOW가 된다.

```
1   ENTITY fig9_70 IS
2   PORT (  a, b              : IN INTEGER RANGE 0 TO 15;
3           agtb, altb, aeqb  : OUT BIT);
4   END fig9_70
5
6   ARCHITECTURE vhdl OF fig9_70 IS
7   BEGIN
8      PROCESS (a, b)
9      BEGIN
10        IF    a < b THEN      altb <= '1';  agtb <= '0';  aeqb <= '0';
11        ELSIF a > b THEN      altb <= '0';  agtb <= '1';  aeqb <= '0';
12        ELSE                  altb <= '0';  agtb <= '0';  aeqb <= '1';
13        END IF;
14     END PROCESS;
15  END vhdl;
```

그림 9-70 크기 비교기의 VHDL.

학습성과 평가문제

1. 비교기의 데이터 입력은 어떤 종류의 데이터 객체로 선언되어야 하는가?
2. 비교기를 서술하기 위한 주요 제어 구조는 무엇인가?
3. 주요 연산자는 무엇인가?

9-20 HDL 코드 변환기

학습성과

이 절을 학습함으로써 다음을 할 수 있다.

- 코더 변환기의 HDL 표현

9-11절에서는 결코 직관적이지 아닌 방법으로 가산기 회로를 사용하여 BCD-2진 변환기 설계 방법을 설명하였다. 6장에서는 가산기 회로에 대해 논의하였고, 그림 9-43의 회로는 이미 우리가 알고 있듯이, HDL 그리고 7483의 매크로 기능이나 가산기 기능을 사용하여 구현이 가능하다. 그러나 이것은 HDL이 제공할 수 있는 엄청난 이점을 지적할 수 있는 아주 좋은 기회이다. 왜냐하면 HDL은 회로를 가장 이해하기 좋은 방식으로 서술할 수 있게 해주기 때문이다. BCD-2진 변환의 경우에, 가장 먼저 생각나는 변환 방법은 초등학교 때 배운 10진법의 개념을 이용하는 것이다. 아마 275라는 숫자가 사실은 다음과 같이 이루어졌음을 배운 적이 있을 것이다.

$$\begin{array}{rcrcr} & 2 \times & 100 & = & 200 \\ + & 7 \times & 10 & = & 70 \\ + & 5 \times & 1 & = & \underline{5} \\ & & & & 275 \end{array}$$

우리는 이 책에서 BCD 수 체계에 대해 공부했고 275는 BCD로 0010 0111 0101이라는 것을 알고 있다. 각 자릿수는 단순히 2진법으로 표현되었다. 만약 이들 2진 자릿수에 10진 가중치(2진법으로 표현된)를 곱하고 그것들을 모두 더하면 BCD 수량과 등가인 2진수가 나올 것이다. 예를 들어, 275에 대한 BCD 표현을 사용해 보자.

BCD	10진 가중치	부분 곱하기
0010 ×	1100100 =	11001000
+ 0111 ×	1010 =	01000110
+ 0101 ×	1 =	0101
		$100010011 = 275_{10}$

HDL에서 등가 이진수로 표현된 8비트 BCD 코드를 두 자릿수의 10진수로 변환한다. 풀이는 다음의 방법으로 구할 수 있다.

> **최상위 BCD 자릿수(10의 자리)를 가져 와서 10을 곱한다. 최하위 BCD 자리와 곱하기한 값을 더한다(1의 자리).**

결과는 2진수로 표시된 BCD 수가 된다. HDL 컴파일러에서는 실질적으로 곱하기 회로를 구현할 필요가 없다. 그것은 가장 합리적인 방법으로 설계자가 기술할 수 있도록 도와준다.

AHDL BCD-2진 코드 변환기

이 코드 변환에 있어서 가장 중요한 점은 10을 곱하는 것이다. AHDL에서는 곱하기 연산자가 제공되지 않는다. 그러므로 여기에서는 변환 방법에 대해서 다소 수학적 기교를 필요로 한다. 곱하기를 수행한다는 것은 비트를 시프트함으로써 이루어질 수 있으며, 대수학에서 10을 곱하는 것은 분배 특성을 이용하면 된다. 10진 숫자를 한 자리수 왼쪽으로 이동함으로써 10을 곱한 효과를 볼 수 있다. 이와 같이, 2진 숫자에서도 오른쪽에서 왼쪽으로 시프트함으로써 곱하기 2의 효과를 얻을 수 있다. 2진 숫자에서 4배를 하려면 두 번 시프트하면 된다. 그리고 8을 곱하려면 3번 시프트하면 된다. 다음은 분배 특성을 살펴보자.

$$\text{num} \times 10 = \text{num} \times (8 + 2) = (\text{num} \times 8) + (\text{num} \times 2)$$

다음 도전은 AHDL에서 BCD 자릿수를 왼쪽으로 시프트하는 것이다. AHDL에서는 변수들을 세트로 묶을 수 있기 때문에 열의 오른쪽 끝에 0을 추가하면서 비트들을 시프트할 수 있다.

AHDL를 사용하여 BCD 숫자를 왼쪽으로 시프트해 보자. AHDL에서 변수들의 배열을 시프트하기 위해서는 각 비트를 시프트하고 배열의 맨 오른쪽에 0을 추가한다. 예를 들면, 숫자 BCD 5(0101)가 있을 때 3비트를 시프트하면 제일 왼쪽 자릿수에 000을 추가해야 한다. 즉

(B"0101", B"000") = B"0101000"

그림 9-71에 있는 AHDL 코드에서는 1의 자리와 10의 자릿수의 BCD 입력을 선언하고 있다. 2진 출력은 99_{10}를 나타내기 위해서는 7비트가 필요하다. 그리고 10을 곱한 BCD 결과를 저장할 수 있는 변수도 필요하다. 프로그램의 5행에서 7비트 수로 이 변수를 선언하고 있다. 8행은 *tens[ ]* 배열을 3번 시프트한다. 그리고 *tens[ ]* 배열을 한 번 시프트한 값과 더한다. 첫 번째 숫자에 7비트의 두 번째 숫자를 더하기 위해서는 왼쪽에 B"00"를 추가해야 한다. 10행에서는 8행의 BCD 결과를, 2진 형태의 출력을 만들기 위해 0을 첨가한 1의 자리에 더한다.

```
1   SUBDESIGN fig9_71
2   (  ones[3..0], tens[3..0]      :INPUT;
3      binary[6..0]                :OUTPUT;  )
4
5   VARIABLE times10[6..0]         :NODE;    % variable for tens digit times 10%
6
7   BEGIN
8      times10[] = (tens[],B"000") + (B"00",tens[],B"0");
9            % shift left 3X (times 8) + shift left 1X (times 2) %
10     binary[] = times10[] + (B"000",ones[]);
11           % tens digit times 10 + ones digit %
12  END;
```

그림 9-71 BCD-2진 코드 변환기의 AHDL.

VHDL BCD-2진 코드 변환기

그림 9-72에 있는 VHDL 결과는 프로그램 언어에 있는 강력한 수학 연산자를 사용함으로써 프로그램이 매우 간단하다. 입력과 출력은 반드시 정수로 선언되어야 한다. 그 이유는 그 정수를 가지고 산술 연산을 수행하기 때문이다. 두 개 자릿수를 사용함으로써 가장 큰 유효한 BCD 숫자를 기본적으로 정의할 필요가 있다. 9행에서는 10의 자릿수에 10을 곱하고, 10행에서는 BCD 입력의 2진 등가 값에 1의 자릿수를 더한다.

그림 9-72 BCD-2진 코드 변환기의 VHDL.

```
1   ENTITY fig9_72 IS
2   PORT (    ones, tens    :IN INTEGER RANGE 0 TO 9;
3             binary        :OUT INTEGER RANGE 0 TO 99);
4   END fig9_72;
5
6   ARCHITECTURE vhdl OF fig9_72 IS
7   SIGNAL times10          :INTEGER RANGE 0 TO 90;
8   BEGIN
9     times10 <= tens * 10;
10    binary <= times10 + ones;
11  END vhdl;
```

학습성과 평가문제

1. 두 자리의 BCD 숫자(8비트)에 대해서 최상위 자릿수에 10진 가중치는얼마인가?
2. AHDL에서 곱하기 10 연산은 어떻게 수행되는가?
3. VHDL에서 곱하기 10 연산은 어떻게 수행되는가?

요약

1. 디코더는 어떤 특정한 2진 입력 코드 조합에 따라 해당하는 한 개의 출력을 활성화시키는 장치이다. 많은 MSI 디코더들은 여러 개의 출력을 가지고 있다. 각각의 출력은 여러 개의 입력 조합 중 한 개에 해당하는 출력이다.
2. 디지털 시스템은 종종 10진수를 나타내야 할 때가 있다. 이것은 7 세그먼트 표시 장치를 이용하는데, 2진수를 디코드해서 사용자들에게 10진수로 표현하는 세그먼트 패턴으로 변형한다. 세그먼트 구성들로는 LED, LCD, 또는 네온 가스관을 전극 튜브로 사용한다.
3. 그래픽 LCD는 큰 화면에 영상을 표현하기 위해서 매트릭스 형태의 화소라고 불리는 작은 점들을 사용한다. 매트릭스의 행과 열이 공통으로 만나는 화소를 활성화시킴으로써 제어한다. 각 화소의 밝기 정도는 비디오 기억 장치 내에 2진 숫자로 저장되어 있다. 꽤 복잡한 디지털 회로에서는 비디오 기억 장치를 스캔하고, 스캔한 값을 행과 열의 조합을 통해서 표시하고, 각 화소의 빛의 밝기를 제어한다.
4. 인코더는 각각의 입력에 대한 해당하는 2진 코드를 발생시키는 장치이다.
5. 디지털 시스템에서 고장 진단은 관찰과 분석으로 가능성 있는 원인을 찾아내고, 그 원인

들을 하나씩 가려내고 식별하기 위해 분할과 정복의 과정을 거친다.

6. 멀티플렉서는 다수의 입력 중에 한 개의 입력을 출력에 지정하고 연결하는 디지털화된 제어 스위치와 같은 것이다. 순서를 바꿔가면서, 멀티플렉서를 이용하여 각기 다른 데이터 신호들이 한 개의 데이터 경로를 통하여 전달하는 데 사용할 수 있다. 디멀티플렉서는 한 개의 입력에 대해 여러 개의 데이터 경로 중에 한 개를 선택 입력으로 선택하여 거기에 맞는 목적지에 배분하는 장치이다.
7. 크기 비교기는 두 2진수를 >, <, =에 따라 출력을 지정하는 데 쓰인다.
8. 종종 2진수로 수량을 표시하는 방법들을 변형하는 것도 필요하다. 코드 변환기는 한 형식의 2진수를 불러들여 다른 형식으로 전환하는 장치이다.
9. 디지털 시스템에서 많은 장치들은 같은 데이터 경로를 써야 한다. 이런 데이터 경로는 종종 **데이터 버스**라 불린다. 이처럼 많은 디바이스가 버스에 연결되어 있지만 한 번에 한 디바이스만 연결 가능하며 데이터를 실을 수 있다.
10. 한 디바이스가 다른 디바이스에 데이터를 전달하기 위해서는 버스를 이용한다. 이때 데이터 전송에 관여되지 않는 디바이스는 버스에서 3상태 출력을 통해 차단되어야 한다. 이를 구현하기 위해 디바이스는 양의 전원 전압과 접지 이외에 높은 임피던스 상태가 있다. 이 상태를 유지함으로써 버스로부터 차단을 가능케 한다.
11. PLD는 MSI 회로로서 디지털 시스템을 구현할 수 있는 범용 회로이다. 부울 함수를 구현하는 데 이들 회로를 사용할 수 있다. 그러나 HDL 역시 고급 언어 구조를 제공한다.
12. HDL의 매크로 기능은 많은 MSI 표준 부품을 기술하는 데 유용하다.
13. 이 장에서 설명한 공통 논리 기능을 표현하기 위해서는 HDL에서는 맞춤 코드를 작성할 수 있다.
14. HDL에서는 진리표에 있는 무정의 조건(don't-care) 항과 IF/ELSE 문을 사용하여 우선 조건 그리고 선행 조건을 실행할 수 있다. VHDL에서는 조건 신호 배정문이나 혹은 IF/ELSE, CASE 문을 포함하고 있는 PROCESS를 사용하여 구현할 수 있다.
15. 3상태 출력은 HDL에서 구현이 가능하다. AHDL에서 TRI 항으로 출력을 구동할 수 있다. VHDL에서는 *Z*(높은 임피던스)를 STD_LOGIC 출력에 대해서 유효한 상태로 배정할 수 있다.
16. AHDL에서 DEFAULTS 문장은 코드에서 명확히 정의되지 않는 출력에 대해서 적당한 레벨을 정의하는 데 사용될 수 있다.
17. VHDL에서 조건 신호 배정문의 ELSE 구문은 출력의 디폴트 상태를 정의하는 데 사용된다.

주요 용어

공통 애노드(common anode)
공통 캐소드(common cathode)
관찰/분석(observation/analysis)
데이터 버스(data bus)
디멀티플렉서(demultiplexer: DEMUX)
디코더(decoder)
멀티플렉서(multiplexer: MUX)
멀티플렉싱(multiplexing)
버스 드라이버(bus driver)
병렬-직렬 변환(parallel-to-serial conversion)
분할과 정복(divide-and-conquer)

시분할 멀리플렉싱(TDM)
액정 표시 장치(liquid-crystal dispaly: LCD)
양방향 데이터 선(bidirectional data lines)
우선순위 인코더(priority encoder)
워드(word)
인코더(encoder)
인코딩(encoding)
조건부 신호 배정문(conditional signal assignment statement)
플로팅 버스(floating bus)
화소(pixel)
후면판(backplane)
BCD-10진 디코더(BCD-to-decimal decoder)
BCD-7-세그먼트 디코더/드라이버(BCD-to-7-segment decoder/driver)
DEFAULTS

연습문제

9-1절

B 9-1. 그림 9-3에서 다음과 같은 입력 조건을 가질 때 각 디코더의 출력 레벨을 구하라.
(a)*모든 입력이 LOW일 때
(b)*E_3 = HIGH를 제외한 모든 입력이 LOW일 때
(c) $\overline{E}_1 = \overline{E}_2$ = LOW를 제외한 모든 입력이 HIGH일 때
(d) 모든 입력이 HIGH일 때

B 9-2.*64개의 서로 다른 입력 조합이 가능한 디코더의 입출력 개수는 얼마인가?

B 9-3. 74ALS138에 대해서 어떤 입력 조건일 때 다음의 출력을 만드는가?
(a)*$\overline{O}_6$이 LOW
(b)*$\overline{O}_3$이 LOW
(c) $\overline{O}_5$가 LOW
(d) $\overline{O}_0$과 $\overline{O}_7$이 동시에 LOW

D 9-4. 74LS138이 1-of-16 디코더에 어떻게 사용되는지를 보여라.

9-5.*그림 9-73은 제어 신호의 발생에 있어서 디코더가 어떻게 사용되는지 나타내고 있다. 시간 t_0에서 리셋 펄스가 발생할 경우 32개의 클럭 펄스에 대한 제어 파형을 구하라.

D 9-6. 제어 파형이 t_{20}~t_{24} 동안 LOW가 되도록 그림 9-73의 회로를 변경하라. (힌트: 변경에서 추가적인 논리는 필요하지 않다.)

9-7. (a)*그림 9-5의 7442 디코더는 인에이블(enable) 입력이 없다. 그러나 출력 $\overline{O}_8$과 $\overline{O}_9$를 사용하지 않고, D 입력을 인에이블로 사용함으로써 1-of-8 디코더로 동작시킬 수 있다. 이것을 그림 9-74에 나타내었다. 이 배열이 어떻게 인에이블된 1-of-8 디코더로 동작하는지를 설명하고, D의 레벨이 어떻게 출력을 인에이블 또는 디스에이블(disable)시키는지 설명하라.
(b) megafunction을 사용하여 인에이블 신호를 가지는 10진 디코더를 만들어라.

9-8. 그림 9-75의 파형들을 고려해서 이 신호들을 다음 조건에 따라 74LS138에 적용하라.

$$A \rightarrow A_0, \qquad B \rightarrow A_1, \qquad C \rightarrow A_2, \qquad D \rightarrow E_3$$

$\overline{E}_1$과 $\overline{E}_2$가 LOW에 연결될 경우, 출력 $\overline{O}_0$, $\overline{O}_3$, $\overline{O}_6$, $\overline{O}_7$의 파형을 그려라.

*표시된 문제는 교재 뒤편에 해답이 있다.

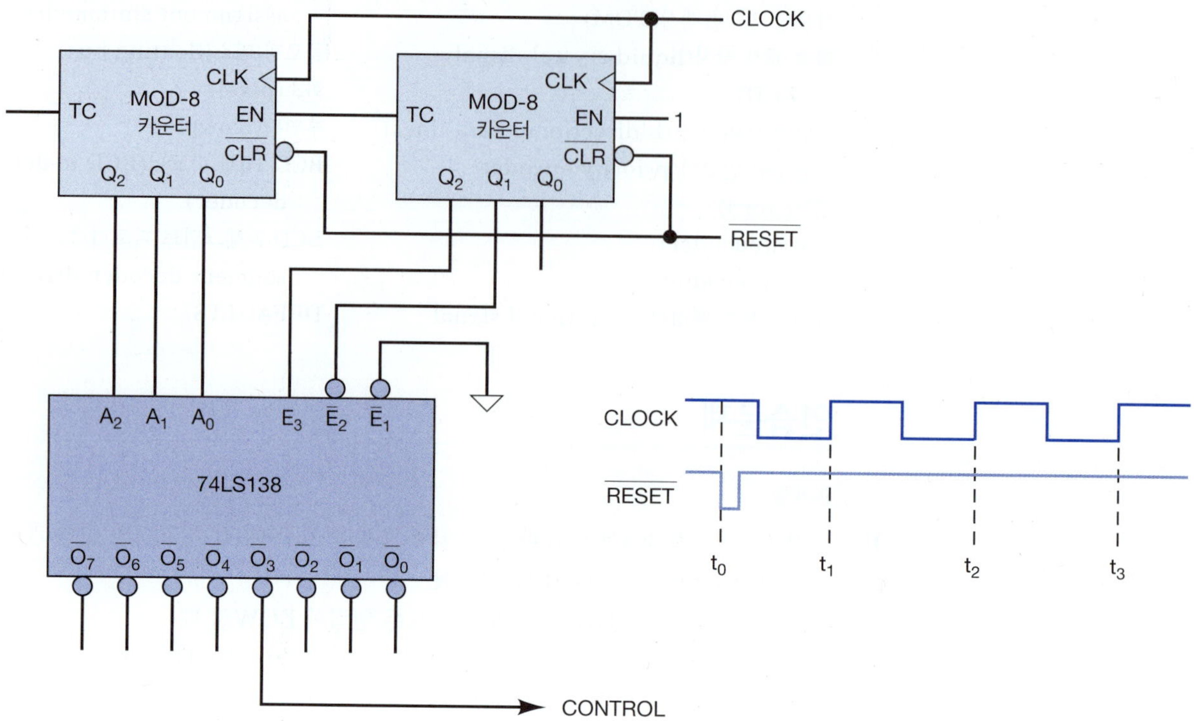

그림 9-73 연습문제 9-5, 9-6.

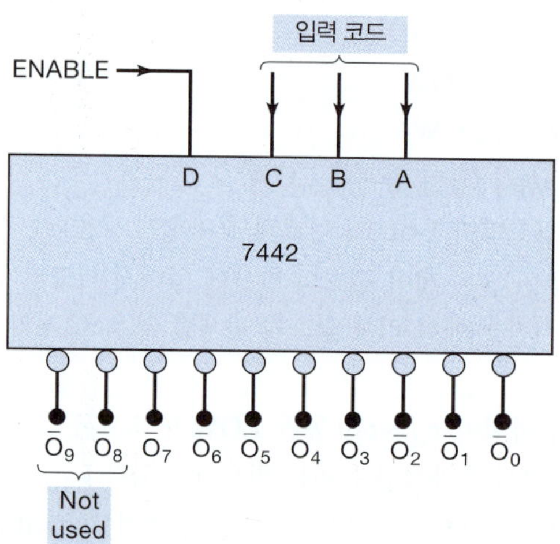

그림 9-74 연습문제 9-7.

D 9-9. 계전기 K_1이 PGT 3에서 PGT 5로 갈 때 동작되고 K_2가 PGT 6에서 PGT 9로 갈 때 동작되도록 그림 9-6의 회로를 변경하라. (힌트: 변경시 추가되는 회로는 없다.)

9-2절과 9-3절

B, D 9-10.* 분과 시간을 나타내는 그림 7-22의 클럭 회로에서 BCD-7-세그먼트 디코더/드라이버와 LED 7-세그먼트를 접속하는 방법을 설명하라. 단, 각 세그먼트는 대략 2.5 V, 10 mA에서 동작한다.

B 9-11. (a) 그림 9-10에 대해 설명하고 CONTROL = 0일 경우 접지와 관련된 세그먼트

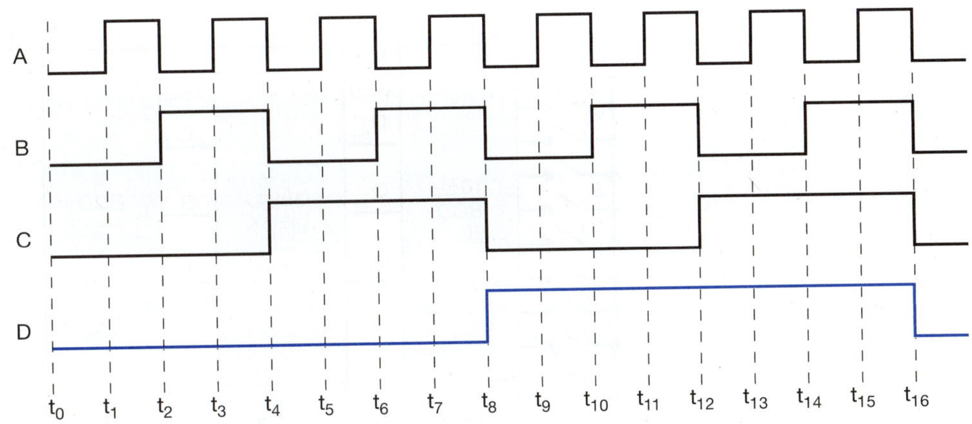

그림 9-75 연습문제 9-8, 9-15, 9-41.

와 후면판의 파형을 그려라. 그리고 후면판 전압과 관련된 세그먼트 전압의 파형을 그려라.

(b) CONTROL = 1일 경우에 대해서 (a)를 반복하라.

C, D 9-12.* 그림 9-8의 BCD-7-세그먼트 디코더/드라이버는 적절한 BCD 입력에 대해 각 세그먼트가 동작하는 논리를 포함한다. g 세그먼트가 동작하는 논리를 설계하라.

9-4절

B 9-13.* **반복연습문제**

다음 각 문장의 설명이 디코더인지, 인코더인지를 답하라.

(a) 출력보다 많은 입력을 가진다.

(b) 키 동작을 2진 코드로 변환하는 데 사용된다.

(c) 한 번에 오직 하나의 출력만이 활성화될 수 있다.

(d) BCD 입력을 LED 표시 장치와 연결시키는 데 사용될 수 있다.

(e) 종종 큰 전류, 전압을 다루기 위한 드라이버 형태의 출력을 갖는다.

9-14. $\overline{A}_8 = \overline{A}_4 = 0$, 다른 모든 입력들은 HIGH일 때 74147 인코더의 출력 레벨을 결정하라.

9-15. 다음의 조건에 따라 그림 9-75의 신호를 74147 입력에 적용하라. 인코더의 출력 파형을 그려라.

$A \rightarrow \overline{A}_7$ $B \rightarrow \overline{A}_4$ $C \rightarrow \overline{A}_2$ $D \rightarrow \overline{A}_1$

C, D 9-16. 그림 9-76은 복사기에서 복사의 수를 제어하는 데 사용되는 논리회로도이다. 복사기 사용자는 스위치 S_1~S_9 중 하나를 닫음으로써 원하는 복사의 수를 선택한다. 이 수는 인코더를 이용해 BCD로 인코딩되고 비교기에 전송된다. 사용자가 START 스위치를 누르면 카운터가 지워지고 HIGH OPERATE 출력이 초기화되어 복사하라는 신호를 보낸다. 복사가 진행되면 카피 펄스가 만들어지고 BCD 카운터에 보내진다. 카운터 출력은 비교기에 의해 계속해서 스위치 인코더 출력과 비교된다. 2개의 BCD 수가 일치하면 원하는 복사의 수를 복사하고 비교기 출력 $\overline{X}$는 LOW가 된다. 그리고 OPERATE 레벨도 LOW가 되어 더 이상 복사하지 않도록 기계가 멈춘다. START 스위치는 이러한 처리를 반복하는 역할을 한다. 비교기와 이 시스템의 제어부에 대한 논리회로를 설계하라.

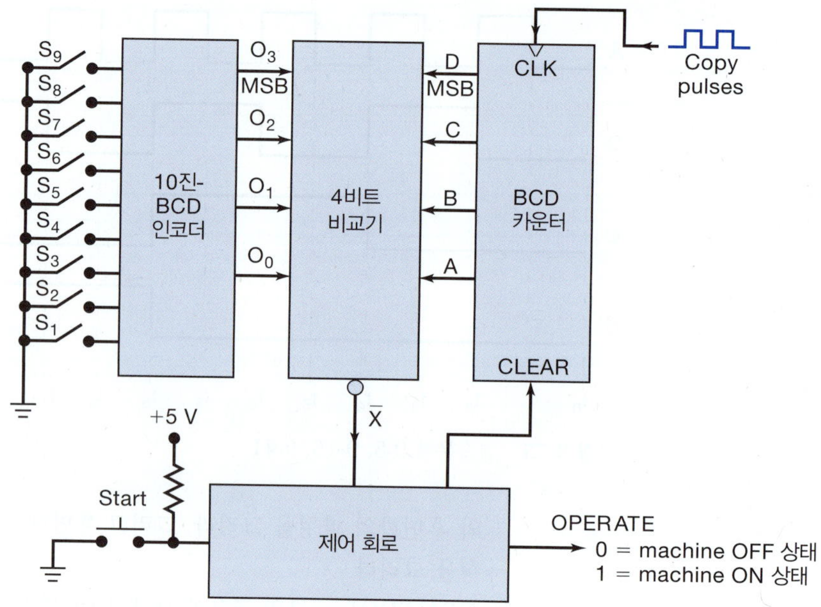

그림 9-76 연습문제 9-16, 9-52.

C, D 9-17.* 그림 9-16의 키보드 회로는 3자릿수 10진수를 받아들이도록 설계되어 있다. 만약 4자리 숫자 키가 입력되면(예를 들어 3095) 어떻게 되겠는가? 3자리의 수가 입력된 후에는 CLEAR 키가 입력되기 전까지의 더 이상의 숫자는 무시되도록 필요한 논리를 회로에 첨가하여 설계하라. 만약 3095가 키보드에 입력되면 출력 레지스터는 309를 표시하고 회로가 클리어될 때까지 5와 다른 숫자들은 무시할 것이다.

9-5절

T 9-18.* 그림 9-16에 있는 키보드 입력 회로에서 3자릿수로 이루어진 일련의 숫자를 입력함으로써 회로 동작을 시행하려고 한다. 때때로 입력한 자릿수 대신에 0이 입력이 되는 것을 알았다. 그리고 이것은 무작위로 일어나며 몇몇 키에서는 보다 자주 발생한다. 입력자가 모든 IC를 교체하고 난 후에도 오작동은 계속된다. 다음의 관찰 중 어느 것이 고장의 원인인가? 각 항목을 설명하라.

(a) 회로 기술자는 OR 게이트의 사용하지 않는 입력을 접지하지 않았다.

(b) one-shot 회로의 Q 대신에 실수로 $\overline{Q}$를 사용했다.

(c) 입력 키의 스위치 바운스(bounce)가 20 ms 이상 지속된다.

(d) 출력의 Y와 Z가 서로 단락되었다.

T 9-19. 다음의 증상을 가지고 문제 9-18을 반복하라. 키가 몇 번이 눌리든지 상관이 없이 레지스터와 표시 장치는 여전히 0을 표시한다.

T 9-20.* 9-16 회로를 테스트할 때, 기술자는 홀수를 입력할 때는 정확하게 입력이 되나 짝수 키를 입력할 때는 다른 키의 숫자가 입력이 된다. 증상은 다음과 같다. 0을 입력하면 1이 들어가고, 2를 입력하면 3이 들어가고, 4를 입력하면 5가 들어간다. 그리고 이와 같이 계속된다. 이 같은 오동작을 일으키는 가능한 원인으로 아래에 있는 각 항목을 고려해 보자. 각 항목에 대해서 왜 그것이 원인인지 혹은 그것이 실질적 원인이 되지 않는지 설명해 보라.

(a) LSB 인버터 출력으로부터 플립플롭의 D 입력으로의 연결이 끊겼다.

(b) 플립플롭 Q_8의 입력 D 내부적으로 V_{CC}에 연결되었다.

(c) 납땜 불량이 $\overline{O}_0$를 접지시켰다.

T 9-21.* 예제 9-7에서 설명한 그림 9-4의 회로를 기술자가 시험하여 다음과 같은 결과를 얻었다: 출력 $\overline{O}_{16}$에서 $\overline{O}_{19}$, $\overline{O}_{24}$에서 $\overline{O}_{27}$은 영구히 HIGH이고, 나머지 출력은 정상 동작한다. 이때, 회로의 가장 가능성이 높은 고장의 원인은 무엇인가?

T 9-22. 예제 9-7에서 설명한 것처럼 그림 9-4의 회로를 기술자가 테스트한 결과, 표 9-8에 있는 내용을 제외하고는 모든 가능한 입력에 대해서 출력이 정확하게 동작한다는 것을 알았다. 이 표의 내용을 점검하고 가능한 오동작의 원인을 찾아라.

표 9-8.

출력 코드					
A4	A3	A2	A1	A0	활성화된 출력
1	0	0	0	0	$\overline{O}_{16}$과 $\overline{O}_{24}$
1	0	0	0	1	$\overline{O}_{17}$과 $\overline{O}_{25}$
1	0	0	1	0	$\overline{O}_{18}$과 $\overline{O}_{26}$
1	0	0	1	1	$\overline{O}_{19}$과 $\overline{O}_{27}$
1	0	1	0	0	$\overline{O}_{20}$과 $\overline{O}_{28}$
1	0	1	0	1	$\overline{O}_{21}$과 $\overline{O}_{29}$
1	0	1	1	0	$\overline{O}_{22}$과 $\overline{O}_{30}$
1	0	1	1	1	$\overline{O}_{23}$과 $\overline{O}_{31}$

T 9-23.* 그림 9-8에 있는 *g* 세그먼트에 실수로 22 V 저항을 사용하였다. 표시 장치에 어떤 영향을 미치겠는가? 어떤 문제가 발생할 가능성이 있는가?

T 9-24. 아래에 나타낸 표시 장치의 순서에 대해서 예제 9-8을 반복하라.

COUNT	0	1	2	3	4	5	6	7	8	9
관찰된 표시	0	1	2	3	8	9	c	ɔ	4	5

T 9-25.* 다음에 나타낸 표시 장치의 순서에 대해서 예제 9-8을 반복하라.

COUNT	0	1	2	3	4	5	6	7	8	9
관찰된 표시	0	7	2	3	9	9	8	7	8	9

T 9-26.* 그림 9-10의 회로를 시험하기 위해서 기술자는 74HC4511 입력에 BCD 카운트를 연결하고 낮은 주파수의 카운트 펄스를 인가하였다. 이때, *f* 세그먼트는 정상적으로 동작하지 않으며 그 증상이 어떤 특정한 패턴을 보이지 않는다. 이때, 가능한 오동작의 원인은 무엇일 수 있는가? (힌트: IC가 CMOS인 것에 주의하라.)

9-6절과 9-7절

B 9-27. 그림 9-77에서 타이밍 다이어그램을 그림 9-19에 입력할 때 출력 파형 *Z*를 그려라.

9-28. 그림 7-73은 1에서 8클럭 주기동안에 한 번의 신호가 지연되는 8비트 시프트 래지스터이다. 요구된 Q출력과 $6 \times T_{clk}$ 동안의 지연을 만들기 위해 입력선택 신호가 요구하는 신호를 만들기 위해 시프트 래지스터에 74151을 사용하여 회로를 만들어라.

9-29.* 그림 9-78의 회로는 3개의 2-입력 멀티플렉서(그림 9-19)를 사용한다. 이 회로의 기능을 설명하라.

그림 9-77 연습문제 9-27.

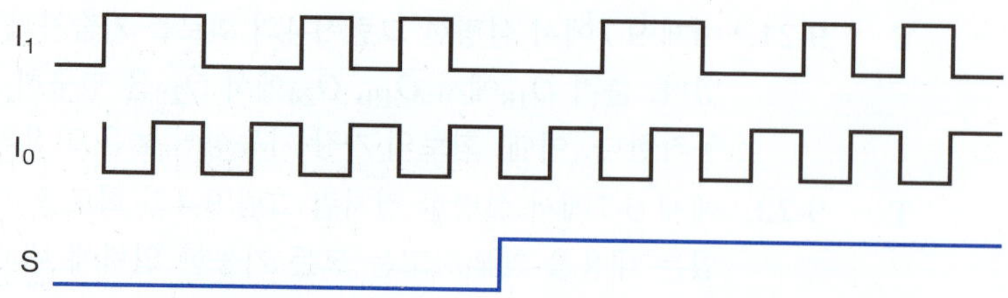

그림 9-78 연습문제 9-29.

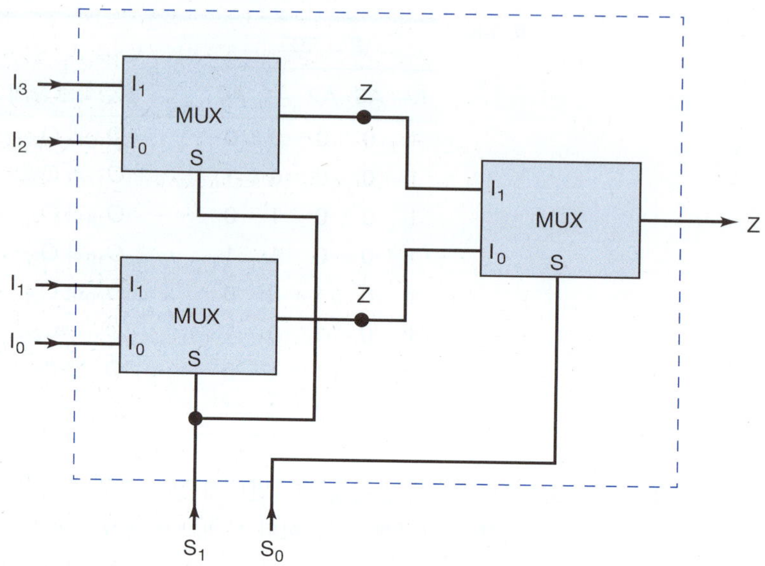

D 9-30. (a) 연습문제 9-29를 참고하여 여러 74151 1-of-8 멀티플렉서를 1-of-64 멀티플렉서에 배열하라.

(b) Quartus II megafunction을 이용하여 1-of-2 MUX, 1-of-4MUX, 1-of-8 MUX를 만들어라.

C, D 9-31. (a)*74157 두 개와 74151 한 개를 사용하여 다른 논리가 필요 없는 1-of-16 멀티플렉서를 형성할 수 있음을 보이고, 입력 $I_0 \sim I_{15}$에 대응하는 선택 코드를 표시하라.

(b) megafunction을 사용하여 1-of-16 멀티플렉서를 설계하라.

D 9-32. (a) 2개의 3상태 BCD 카운터의 내용이 표시되도록 그림 9-24의 회로를 확장하라.

(b)*이 회로에서의 접속 횟수와 디코더/드라이버와 각 카운터의 절차에 사용되었던 표시기를 분리할 경우에 요구되는 횟수를 비교하라.

9-33.*그림 9-79은 원하는 형태의 논리 파형을 만드는 데 필요한 멀티플렉서이다. 논리 파형의 형태는 8개의 SPDT 스위치를 사용하도록 프로그램되었고, 파형은 MOD-8 카운터 펄스에 의해 반복적으로 생성된다. 주어진 스위치 위치에 대해 Z에서의 파형을 그려라.

9-34. 그림 9-79에서 MOD-8 카운터를 MOD-16 카운터로 바꾸고, MSB를 멀티플렉서 $\overline{E}$ 입력에 접속하라. Z 파형을 그려라.

D 9-35.*논리함수 $Z = AB + BC + AC$를 생성하기 위해서는 74151을 어떻게 사용해야 하는가?

D 9-36. 함수 $Z = \overline{A}\overline{B}\overline{C}D + BCD + A\overline{B}\overline{D} + AB\overline{C}D$를 생성하기 위해서는 74150과 같은 16-입력 멀티플렉서를 어떻게 이용하여야 하는가?

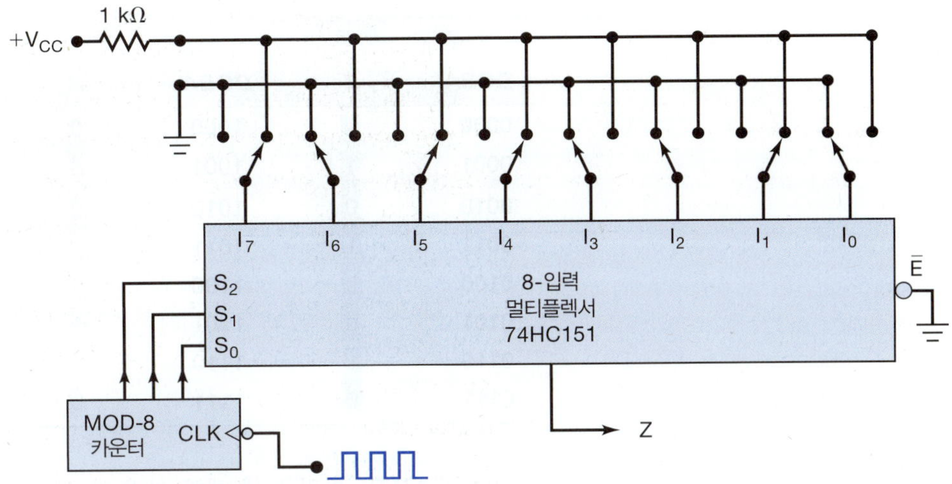

그림 9-79 연습문제 9-33, 9-34.

N 9-37.* 그림 9-80의 회로는 8-입력 MUX가 어떻게 단지 3개의 선택 입력만을 가지는 MUX가 4-변수 논리 함수를 생성하는 데 사용 가능한지 보여주고 있다. 3개의 논리 변수 A, B, C는 선택 입력에 연결되어 있다. 4번째 변수 D와 그 역인 $\overline{D}$는 얻고자 하는 논리 함수를 위해 MUX의 선택된 데이터 입력에 연결된다. 다른 MUX 데이터 입력들은 함수에 의해서 LOW나 HIGH에 연결된다.

(a) 16개의 입력 변수의 조합에 대한 출력 Z의 진리표를 구하라.

(b) Z를 곱의 합 형식으로 쓰고 아래의 식처럼 되도록 간략화하라.

$$Z = \overline{C}B\overline{A} + D\overline{C}\overline{B}A + \overline{D}C\overline{B}\overline{A}$$

9-38. 그림 9-80에서 사용된 하드웨어 방법은 4개의 논리 변수의 함수로 표현될 수 있다. 예를 들어 $Z = \overline{D}\overline{B}\overline{C}A + \overline{C}BA + DC\overline{B}A + CB\overline{A}$는 다단계에 따라 구현 가능하다.

1. 표 9-9처럼 두 개의 열로 이루어진 진리표를 작성하라. 표의 왼쪽 절반은 $D = 0$일 때 CBA의 모든 입력 조합 수에 대한 표이고 나머지 오른쪽 절반은 $D = 1$일 때 CBA의 조합을 나타낸다.
2. $D = 0$일 때와 $D = 1$일 때 4 비트의 조합에 대한 Z의 값을 적어라.

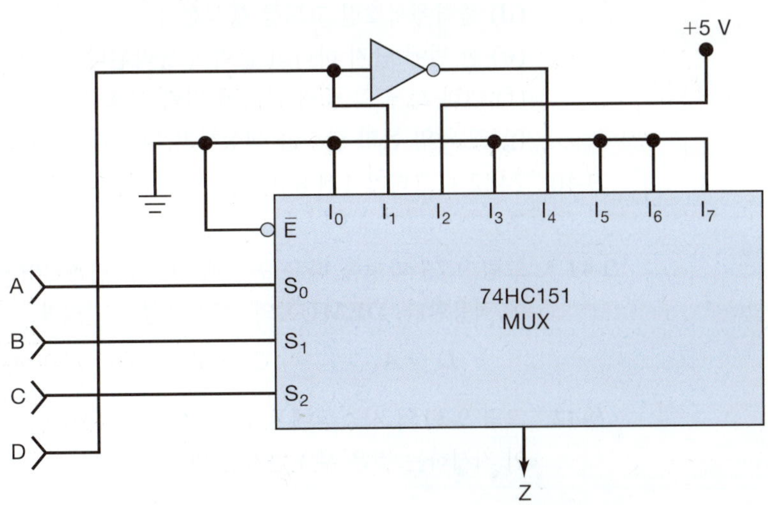

그림 9-80 연습문제 9-37, 9-38.

표 9-9

D = 0		D = 1		
DCBA	Z	DCBA	Z	I_n
0000	0	1000	0	$I_0 = 0$
0001	1	1001	0	$I_1 = \overline{D}$
0010	0	1010	0	$I_2 = 0$
0011	1	1011	1	$I_3 = 1$
0100	0	1100	0	$I_4 = 0$
0101	0	1101	1	$I_5 = D$
0110	1	1110	1	$I_6 = 1$
0111	0	1111	0	$I_7 = 1$

3. 8개의 MUX 입력 I_n에 대한 연결 방법을 나타내도록 표의 오른쪽 열을 작성하라.
4. 표에서 각 항목에서 $D = 0$일 때와 $D = 1$일 때 Z값을 비교하라. 다음처럼 I_n에 대해서 적당한 정보를 작성하라;

$D = 0$이거나 혹은 1에 관계없이 $Z = 0$일 때 $I_n = 0$이다. (GND)

$D = 0$이거나 혹은 1에 관계없이 $Z = 1$일 때 $I_n = 1$이다. (VCC)

$Z = 0$이고 $D = 0$, $Z = 1$, $D = 1$일 때 $I_n = D$이다.

$Z = 1$이고 $D = 0$, $Z = 0$, $D = 1$일 때 $I_n = \overline{D}$이다.

(a) 이 같은 방법으로 그림 9-80의 설계를 증명하라.

(b) 위의 방법을 사용하여 4개의 입력 변수가 모두 같은 레벨에 있거나 혹은 B와 C가 서로 다른 레벨에 있을 때 HIGH가 되게 함수를 구현하라.

9-8절

B 9-39.* 반복연습문제

다음의 각 문장이 디코더, 인코더, MUX, DEMUX 중 어느 것을 설명하는 것인지 답하라.

(a) 출력보다 많은 입력을 가진다.

(b) 선택 입력을 사용한다.

(c) 병렬-직렬 변환에 사용될 수 있다.

(d) 출력에서 2진 코드를 생성한다.

(e) 한 번에 단지 하나의 출력이 동작된다.

(f) 여러 개 출력 중의 하나에 입력 신호를 전달하는 데 사용한다.

(g) 임의의 논리 함수를 생성하기 위해 사용한다.

9-40. 7442 디코더가 1선-8선 디멀티플렉서로 이용됨을 보여라. (힌트: 연습문제 9-7 참조)

9-41.* 그림 9-75 파형을 다음 조건에 따라 그림 9-30(a)의 74LS138 DEMUX의 입력에 적용한다. DEMUX의 출력 파형을 그려라.

$$D \rightarrow A_2 \qquad C \rightarrow A_1 \qquad B \rightarrow A_0 \qquad A \rightarrow \overline{E}_1$$

9-42. 그림 9-31의 시스템에서 클럭 주파수는 10 pps이다. 다음의 경우에 모니터 패널이 지시하는 것은 무엇인지 설명하라.

(a) 모든 문이 닫힘

(b) 모든 문이 열림

(c) 문 2와 6이 열림

C, D 9-43.* 그림 9-31의 시스템을 16개의 문을 다루기 위한 것으로 변경하라. 74150 16-입력 MUX와 2개의 74LS138 DEMUX를 이용하라. 원거리 모니터 패널에 연결되는 선들의 수는 얼마인가?

9-44. 그림 9-32의 전송 레지스터에 다음의 데이터가 로드될 때 transmit_data와 그림 9-33의 DEMUX 출력 O_0, O_1, O_2, O_3의 파형을 그려라. $[A] = 0011$, $[B] = 0110$, $[C] = 1001$, $[D] = 0011$.

9-45. 그림 9-81에서 2개의 74HC138을 한 개는 디코더로, 다른 한 개는 디멀티플렉서로 사용하여 그리드를 제어하는 8 × 8 그래픽 LCD 표시 장치를 보여주고 있다. 48 Hz 클럭 입력과 그림에 나타나 있는 화소를 표시하기 위해 필요한 데이터 입력을 그려라.

9-9절

T 9-46. 그림 9-26의 제어 순서기를 살펴보자. 아래에 있는 고장이 동작에 어떤 영향을 미치는지 설명하라.

(a)*MUX의 I_3 입력이 접지되었다.

(b) 센서 3과 4로부터 MUX로 가는 연결 선이 서로 바뀌었다.

T 9-47.* 그림 9-24의 회로를 살펴보자. 회로를 테스트한 결과 표 9-10을 얻었다. 오동작을

그림 9-81 연습문제 9-45.

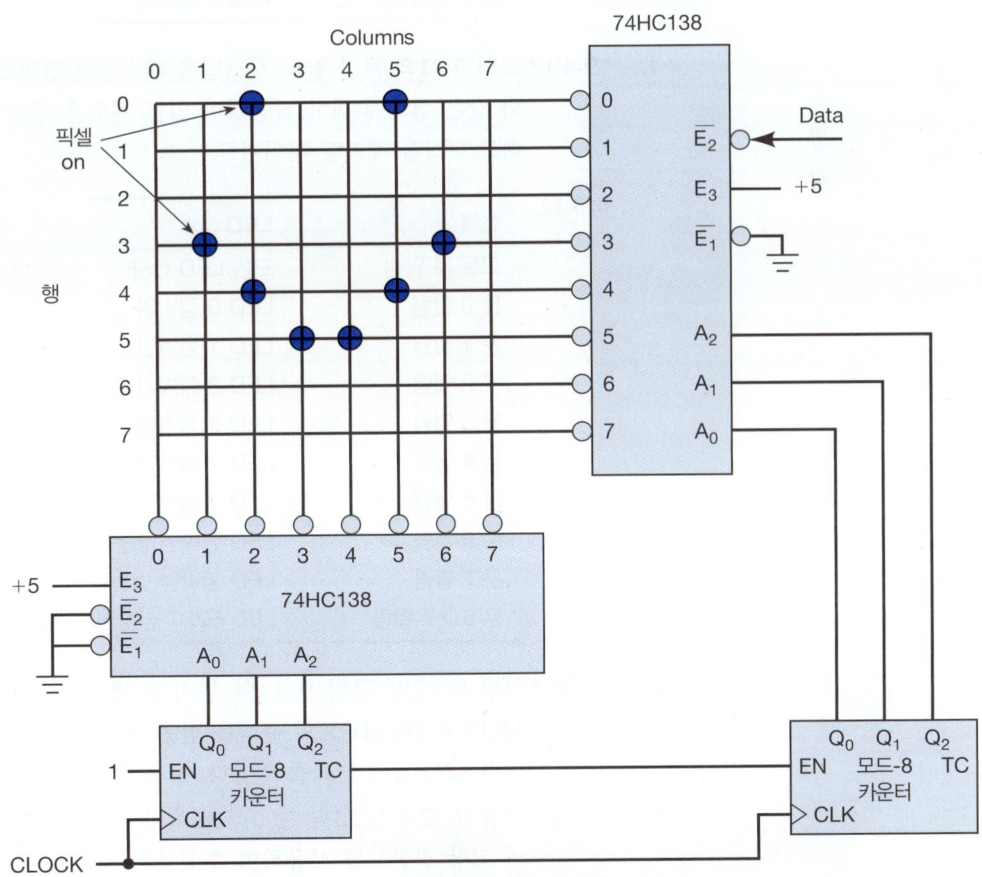

일으키는 가능한 원인이 무엇인가?

표 9-10.

		실제 카운트	표시된 카운트
경우 1	카운터 1	33	33
	카운터 2	47	47
경우 2	카운터 3	82	02
	카운터 4	64	64
경우 3	카운터 5	63	63
	카운터 6	95	15

T 9-48.* 그림 9-31의 보안 감시 시스템을 테스트한 결과 표 9-11에 있는 결과를 얻었다. 이와 같은 결과에 대한 가능성이 있는 원인은 무엇인가?

표 9-11.

상태	LED
모든 문 닫힘	모든 LED OFF
문 0 열림	LED 0 깜박임
문 1 열림	LED 2 깜박임
문 2 열림	LED 1 깜박임
문 3 열림	LED 3 깜박임
문 4 열림	LED 4 깜박임
문 5 열림	LED 6 깜박임
문 6 열림	LED 5 깜박임
문 7 열림	LED 7 깜박임

T 9-49.* 그림 9-31의 보안 감시 시스템을 테스트한 결과 표 9-12에 있는 결과를 얻었다. 이와 같은 결과에 대한 가능성이 있는 원인은 무엇인가? 그리고 어떻게 이것을 입증하고 고장을 제거할 것인가?

표 9-12.

상태	LED
모든 문 닫힘	모든 LED OFF
문 0 열림	LED 0 깜박임
문 1 열림	LED 1 깜박임
문 2 열림	LED 2 깜박임
문 3 열림	LED 3 깜박임
문 4 열림	LED 4 깜박임
문 5 열림	LED 5 깜박임
문 6 열림	LED 깜박임 없음
문 7 열림	LED 깜박임 없음
문 6과 7 열림	LED 6과 7 깜박임

T 9-50.* 그림 9-32와 그림 9-33의 동기식 데이터 전송 시스템이 오동작을 하고 있다. MUX와 DEMUX의 출력을 전송 사이클 동안에 오실로스코프로 살펴본 결과 그림 9-82와 같은 결과를 얻었다. 오동작의 가능성이 있는 원인은 무엇인가?

T 9-51. 그림 9-32과 9-33의 동기식 데이터 전송 시스템이 오동작하고 있으며,그림 9-38의 고장 진단도를 사용하여 수신부의 타이밍 다이어그램과 제어 부분으로 국한시

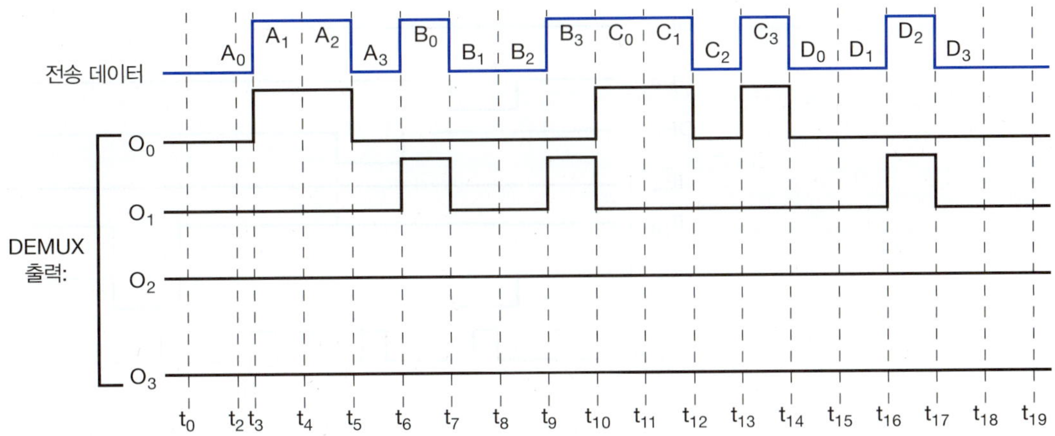

그림 9-82 연습문제 9-50.

킨다. 그 부분에서 4개의 블럭 가운데 한 개로 문제를 좁혀 나가도록 고장 진단 다이어그램을 그려라(FF1, 비트 카운터, 워드 카운터, 혹은 FF2). 그림에서 보는 것처럼 모든 연결선은 제대로 연결되어 있다고 가정하고 연결선 에러는 없다고 본다.

9-10절

C, D 9-52. 74HC85 크기 비교기를 이용해서 연습문제 9-16의 회로를 다시 설계하라. 원하는 수의 복사를 끝냈을 때 OPERATE 출력이 기계를 멈추게 하지 못하면 ALARM 출력이 동작되도록 하는 "카피 오버플로" 기능을 추가하라.

D 9-53.* (a) 2개의 10비트의 수를 비교하기 위해 74HC85를 어떻게 접속하는지 보여라.
(b) megafunction을 사용하여 10비트 비교기를 설계하라.

9-11절

9-54. 69라는 BCD 입력이 그림 9-43의 코드 변환기에 입력된다고 가정하자. 각 Σ 출력과 최종적인 2진 출력의 레벨을 구하라.

T 9-55.* 그림 9-43의 코드 변환기를 테스트한 결과 다음과 같다. 회로의 결함은 무엇인가?

입력 *BCD*	출력 이진수
52	0110011
95	1100000
27	0011011

9-12~9-14절

B 9-56. **반복연습문제**

다음 문장의 참, 거짓을 구분하라.

(a) 데이터 버스에 연결된 디바이스는 3상태 출력을 갖는다.
(b) 버스 충돌은 하나보다 더 많은 소자가 버스로부터 데이터를 얻을 때 발생한다.
(c) 4선 데이터 버스보다 8선 데이터 버스에서 더 큰 단위의 데이터를 전송할 수 있다.
(d) 버스 드라이버 IC는 일반적으로 고출력 임피던스를 갖는다.
(e) 양방향성 레지스터와 버퍼는 공통 입출력 선을 갖는다.

9-57.* 그림 9-47의 버스 배열에서 레지스터 C의 내용을 다른 두 개의 레지스터에 동시에

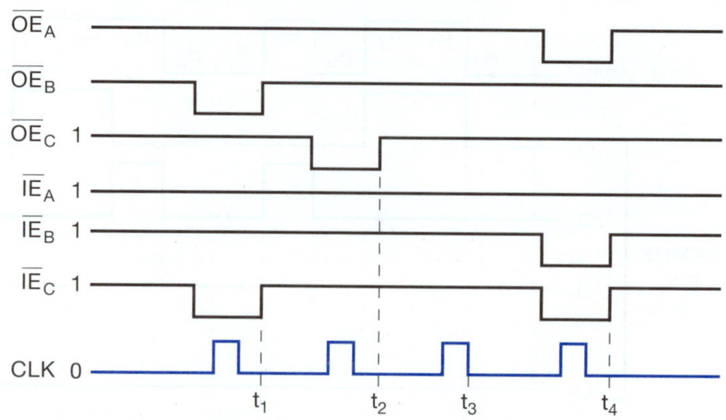

그림 9-83 연습문제 9-58과 9-59.

전송하려면 입력 신호를 어떻게 해야 하는지 설명하라.

9-58. 그림 9-47의 레지스터의 초기치가 [A] = 1011, [B] = 1000, [C] = 0111일 경우 그림 9-83의 신호를 레지스터 입력에 인가한다.

(a) 시간 t_1, t_2, t_3, t_4일 때 각 레지스터의 내용을 구하라.

(b) 세 번째 클럭 펄스가 발생할 때 $\overline{IE}_A$가 LOW라면 어떻게 되는지 설명하라.

9-59. 연습문제 9-58과 동일한 초기 조건일 경우 그림 9-83의 파형에 대해 DB_3 상의 신호를 그려라.

9-60. 그림 9-84은 그림 9-47의 데이터 버스에 추가된 2개 이상의 소자를 나타내고 있다. 하나는 버스 레지스터에 수작업으로 데이터를 입력하는 데 사용되는 버퍼화된 스위치의 집합이다. 다른 소자는 데이터가 연산을 전송하고 LED의 집합에 그것들을 표시하는 동안 버스 상에 데이터를 래치하는 데 이용하는 출력 레지스터이다.

(a) 모든 레지스터는 0000으로 가정한다. 스위치로부터 다음의 데이터를 레지스터에 로드하는 데 필요한 연산의 순서를 간략히 설명하라. [A] = 1011, [B] = 0001, [C] = 1110.

(b) 이 순차적 연산에서 LED의 최종 상태는 무엇이 되겠는가?

C 9-61. 그림 9-85의 회로는 그림 9-47의 데이터 버스에 총 5개의 소자를 추가한 것이다. 그림 9-85(a)의 회로는 데이터 버스로 서로 다른 데이터를 전송하는 데 필요한 인에이블 신호를 발생시키는 데 사용된다. 그것은 활성 LOW 인에이블을 가지는 2개의 동일한 독립적인 1-of-4 디코더를 포함하는 74HC139 칩을 사용한다. 위의 디코더는 데이터 버스에 데이터를 싣는 소자를 선택(출력 선택)하는 데 사용되고, 아래의 디코더는 데이터 버스로부터 데이터를 가져오는 소자를 선택(입력 선택)하는 데 사용된다. 디코더의 출력은 데이터 버스와 연결된 소자의 인에이블 입력에 대응하여 연결되어 있다. 모든 레지스터는 시간 t_0에서 0000으로 초기화되어 있고, 스위치는 그림 9-84에서 보이는 바와 같이 위치해 있다.

(a)*그림 9-85(b)의 파형에 대해서 시간 t_1, t_2, t_3의 각 레지스터의 내용을 구하라.

(b) 이 회로에서 버스 충돌이 발생할 수 있는가? 설명하라.

9-62. 74HC541(그림 9-50)이 어떻게 그림 9-84과 같은 회로에서 사용될 수 있는지 보여라.

마이크로컴퓨터 응용

C, N 9-63.*그림 9-86는 마이크로프로세서(MPU)와 메모리 모듈을 연결하는 기본적인 회로를 나타내고 있다. 메모리 모듈은 MPU로부터 데이터를 받거나(WRITE 연

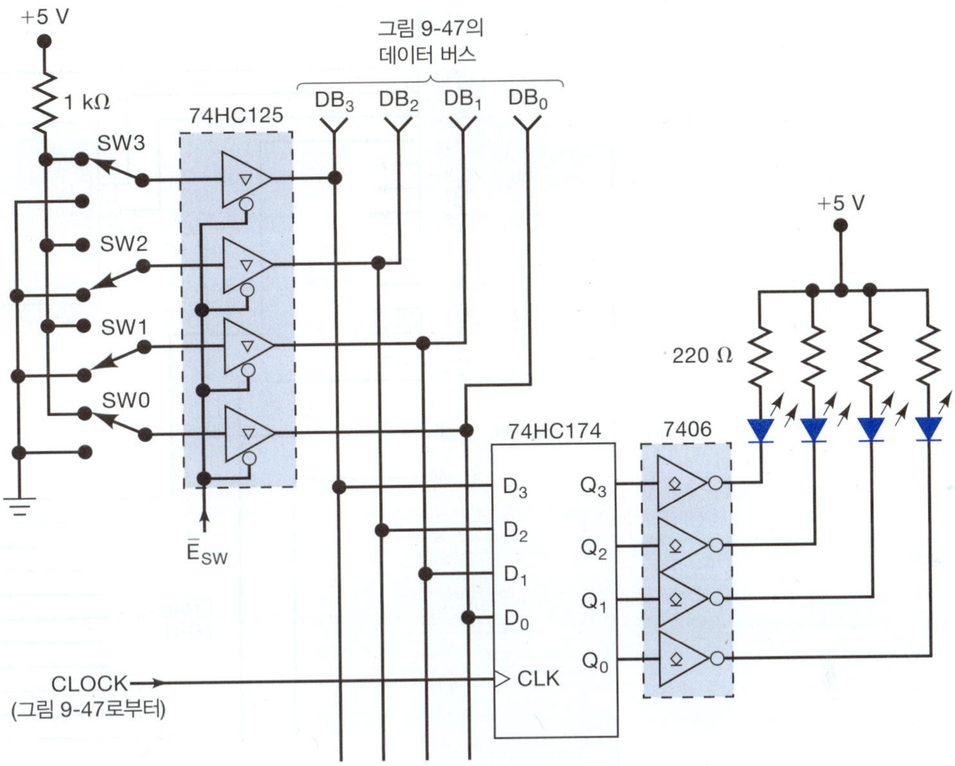

그림 9-84 연습문제 9-60, 9-61, 9-62.

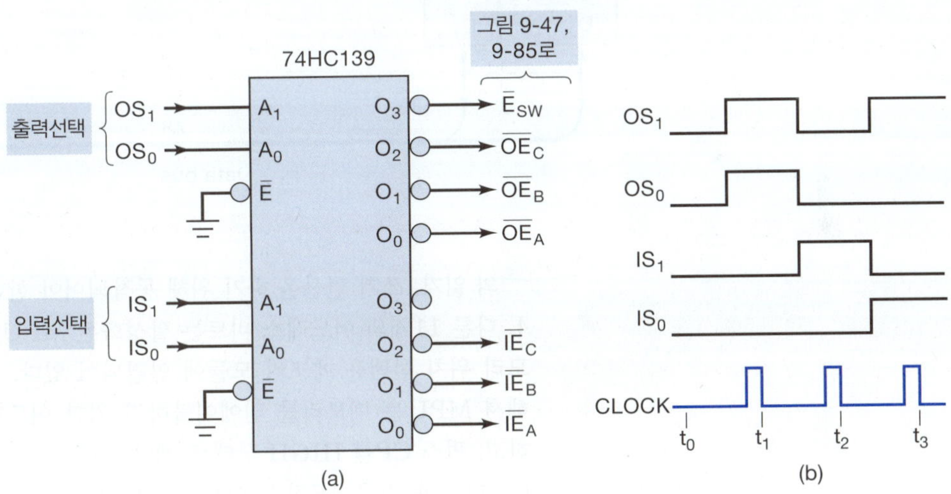

그림 9-85 연습문제 9-61.

산) MPU에 데이터를 보낼(READ 연산) 수 있는 하나 이상의 메모리 IC(12장)를 포함하고 있다. 데이터는 8-선 데이터 버스로 전송된다. MPU의 데이터 선과 메모리의 입출력 데이터 선은 공통 버스에 연결되어 있다. MPU가 READ 또는 WRITE 연산을 위해 메모리 모듈의 선택을 어떻게 제어하는가는 다음과 같다.

1. MPU는 어드레스 출력 선 A_{15}~A_0에 메모리 주소를 위치시킨다.
2. 연산이 수행되었음을 메모리 모듈에 알리기 위해 MPU는 $R/\overline{W}$ 신호를 발생한다. READ에 대해 $R/\overline{W} = 1$, WRITE에 대해 $R/\overline{W} = 0$.
3. MPU 어드레스 선의 위의 5개 비트는 메모리 모듈의 인에이블 입력을 제어하는 74ALS138에 의해 디코더된다. 인에이블 입력은 메모리 모듈에 대해 입력

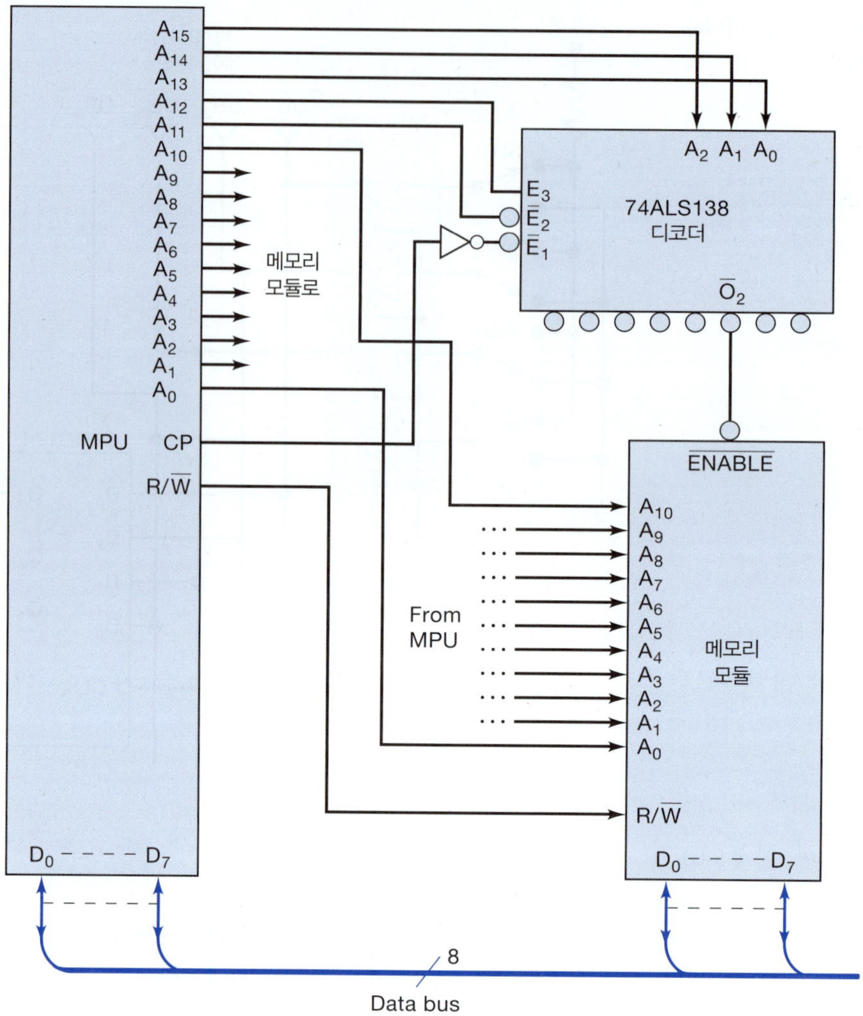

그림 9-86 연습문제 9-63의 기본적인 마이크로프로세서에서 메모리 인터페이스 회로.

의 읽기, 쓰기 연산을 하기 위해 동작되어야 한다.

4. 다른 11개의 어드레스 비트는 활성화된 MPU에 의해 액세스되는 특정 내부 메모리 위치 선택용 메모리 모듈에 연결되어 있다. 메모리 모듈로부터 읽거/쓰기 위해서 MPU는 메모리를 인에이블하기 위한 어드레스 선에 정확한 주소를 놓아야 하고, 펄스 CP를 HIGH 상태로 해야 한다.

(a) 다음과 같은 16진수 어드레스가 메모리 모듈을 활성화시키는지 설명하라. 607F, 57FA , 5F00.

(b) 메모리를 활성화시키는 16진 어드레스의 범위를 설명하라. (힌트: 메모리에 입력 A_0~A_{10}의 조합을 이용할 수 있다.)

(c) 동일한 두 번째 메모리 모듈은 디코더 출력 $\overline{O}_4$와 연결된 인에이블 입력을 제외한 어드레스, R/$\overline{W}$, I/O 선이 정확히 첫 번째 모듈과 같은 방법으로 연결되어 있다. 두 번째 모듈을 동작시키는 16진 어드레스의 범위는?

(d) 동시에 2개 모듈로부터 MPU의 읽기/쓰기 동작이 가능한가? 설명하라.

설계 문제

C, D 9-64. 그림 9-16의 키보드 입력 회로는 다음과 같이 동작하는 전기 디지털 자물쇠의 일

부분으로 쓰인다. 가동되었을 때 UNLOCK 출력은 HIGH로 된다. 이 HIGH는 볼트를 수축시키고 문이 열리도록 하는 솔레노이드에 전압을 인가한다. UNLOCK을 가동하기 위해서는 사용자가 CLEAR를 누르고, 정확한 세 자리 수를 입력하여야 한다.

(a) 74HC85 비교기와 다른 필요한 논리가 위와 같이 CLEAR-3-5-8의 키순서로 디지털 자물쇠 동작을 만들어 내기 위해 어떻게 키보드 입력 회로에 더해질 수 있는지 보여라.

(b) 만약 사용자가 정확한 세 자리가 아닌 다른 것을 입력하면 ALARM 출력이 작동되도록 회로를 변경하라.

9-15~9-20절

H, D 9-65*. BCD-10진 디코더(7442 등가)에 대해서 HDL 코드를 적어라.

H, D 9-66. 7 세그먼트 표시 장치의 HEX 디코더/드라이버에 대한 HDL 코드를 적어라. 첫 번째 10개의 문자는 그림 9-7에서 나타난 것처럼 보여야 한다. 마지막 6개의 문자는 그림 9-87에 나타낸 것처럼 보여야 한다.

그림 9-87 연습문제 9-66에 대한 HEX 문자.

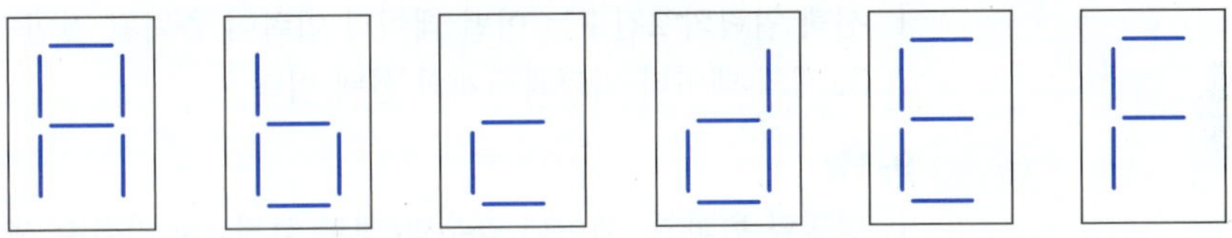

B, H 9-67. 두 개의 숫자가 동시에 입력이 되면 가장 낮은 숫자에 대해서 인코더하는 낮은 우선순위 ENCODER를 기술하라.

H 9-68. 매크로 기능을 사용하지 않고, 8비트 비교기를 제작하기 위해서 그림 9-69 혹은 그림 9-70의 4비트 비교기의 코드를 다시 적어라.

H 9-69. 4비트 2진 숫자를 두 개의 자리 BCD 코드로 바꾸는 변환기를 HDL로 기술하라.

H 9-70. 3자리 BCD 코드를 8비트 2진 숫자로 바꾸는 변환기(최대 BCD 입력은 255)를 HDL을 사용하여 기술하라.

학습성과 평가문제 해답

9-1절

1. 아니오 2. 인에이블 입력은 디코더 논리가 입력 2진수에 반응하는지 제어한다.
3. 7445는 30 V와 80 mA를 다룰 수 있는 개방-컬렉터 출력을 가진다.
4. 24핀: 2개의 인에이블, 16개의 입력, 4개의 출력, V_{CC} 그리고 접지

9-2절

1. a, b, c, f, g 2. 참

9-3절

1. LED: (a), (e), (f). LCD: (b), (c), (d), (e)
2. (a) 4비트 BCD, (b) 7 또는 8비트 ASCII, (c) 화소 강도에 따른 2진수 값

9-4절

1. 인코더는 활성화된 입력에 대응하는 출력을 만들어 낸다. 디코더는 적용된 입력 코드에

대응하는 하나의 출력을 발생시킨다.

2. 상위 인코더에서, 출력 코드는 활성화된 입력 중 가장 높은 숫자와 일치한다.
3. 보통의 BCD = 0110
4. (a) 키가 눌려졌을 때 PGT를 만든다. (b) 키의 작용을 BCD 코드로 전환한다. (c) 링 카운터를 트리거하기 위해, 바운스 없는(Bounce-free) 펄스를 발생한다. (d) 출력 레지스터를 연속적으로 클럭하는 링 카운터를 형성한다. (e) 키 작용에 의해 발생된 BCD 코드를 저장한다.
5. $\overline{E}_1$과 $\overline{E}_0$는 직렬로 사용되고 $\overline{GS}$는 활성 입력을 가리킨다.

9-5절

1. 관찰/분석과 분할과 정복
2. 증상을 관찰하고 가능성 있는 원인에 대한 시스템 분석
3. 회로는 2개의 부분으로 나누어진다 : 그 중 한 부분은 적절히 동작하고 있다는 것을 입증하는 것이고 다른 하나는 결함을 포함하고 있는 것이다.

9-6절

1. 선택 입력의 2진수는 어떤 데이터 입력이 출력될 것인지 결정한다.
2. 32개의 데이터 입력과 5개의 선택 입력

9-7절

1. 병직렬 변환기, 데이터 라우팅(경로 설정), 논리함수 생성, 동작 순서
2. 거짓; 그것은 선택 입력에 적용된다.
3. 카운터

9-8절

1. MUX는 다양한 입력 신호 중 하나를 출력으로 선택한다. DEMUX는 많은 출력 중 하나를 입력 신호로 받아들이도록 선택한다.
2. 참. 디코더는 인에이블 입력을 가진다.
3. LED는 순서대로 ON, OFF된다.

9-10절

1. 비교 연산을 4비트 이상으로 늘리기 위한 방법을 제공하기 위해서이다.
2. $O_{A=B} = 1$, 다른 출력들은 0이다.
3. 더 큰 숫자로 확장하기 위해서는 입력 비트 수가 더 필요하다.

9-11절

1. 코드 변환기는 한 종류의 2진수 코드로 표현된 입력 데이터를 받아들여, 다른 종류의 2진수 코드로 바꾼다.
2. 3자릿수는 10진수의 999까지 표현할 수 있다. 999를 2진수로 표현하기 위해서는 10비트가 필요하다.

9-12절

1. 입력과 출력의 여러 다른 종류의 디바이스들이 연결될 수 있는 연결 선의 묶음
2. 버스 충돌은 하나 이상의 디바이스 출력이 한 버스에 동시에 연결되어 구동되었을 때 일어난다. 디바이스 인에이블 입력을 제어함으로써 문제를 해결할 수 있다.
3. 버스에 연결된 모든 디바이스들이 Hi-Z 상태에 있는 것

9-13절

1. 1011 2. 참 3. 0000

9-14절

1. 버스 충돌(bus contention) 2. 부동, Hi-Z 3. 3상태 저속 임피던스(low-impedance) 출력을 제공 4. IC핀 수와 데이터 버스에 연결된 수를 줄인다. 5. 그림 9-54 참조

9-15절

1. 인에이블 입력, 모든 입력이 활성화되어야 한다. 2. CASE와 TABLE 3. 선택된 신호 배정문 그리고 CASE

9-16절

1. 입력/출력 핀 BI/RBO의 조합
2. 공통 애노드. 출력은 캐소드에 연결되고, 세그먼트를 ON시키기 위해서 LOW로 한다.
3. IF/ELSE 제어문은 순서적으로 시험되어야 하고, 주어진 판단을 시험하기 위해서는 순서에 우선순위가 주어져야 한다.

9-17절

1. 진리표와 IF/ELSE 제어 구조에서 무정의 조건(don't care) 항
2. IF/ELSE 제어문과 조건 신호 배정문 3. TRI 항과 OE 값의 할당에 의해서
4. *Z*가 가질 수 있는 가능한 값의 데이터 종류 IEEE STD_LOGIC 또는 STD_ LOGIC_VECTOR의 사용에 의해서

9-18절

1. 입력: *ch0*, *ch1*, *ch2*, *ch3*; 출력: *dout*, 제어 입력(Select): *s* 2. 입력 *din*; 출력: *ch0*, *ch1*, *ch2*, *ch3*; 제어 입력(Select): *s* 3. DEFAULTS 4. ELSE

9-19절

1. 수치 데이터 객체(VHDL에서 INTEGER 등) 2. IF/ELSE
3. 관계 연산자(<, >)

9-20절

1. 10 2. 8 + 2에 의한 곱하기. BCD 숫자의 왼쪽으로 3번 시프트하는 것은 8배하는 것이다. 같은 BCD 숫자를 왼쪽으로 한 비트 시프트하는 것은 2배하는 것이다. 그 결과를 더하는 것은 10을 곱하는 것이다. 3. VHDL 곱하기는 * 연산자를 사용한다.

CHAPTER 10

HDL을 이용한 디지털 시스템 프로젝트

Digital System Projects Using HDL

개요

10-1 작은 프로젝트 관리

10-2 스테퍼 전동기 구동 프로젝트

10-3 키패드 인코더 프로젝트

10-4 디지털 시계 프로젝트

10-5 마이크로웨이브 오븐 프로젝트

10-6 주파수 카운터 프로젝트

학습목표

이 장을 학습함으로써 다음을 할 수 있다.

- 이 책의 전 장에서 다루었던 여러 가지 컴포넌트로 이루어진 시스템 동작의 분석
- 한 개의 HDL 파일로 전체 프로젝트를 설명
- 계층적 프로젝트 관리를 작성
- 하나의 프로젝트를 다루기 쉬운 작은 단위로 분리
- 계층적 모듈 프로젝트의 구현을 위한 Quartus II 소프트웨어 사용
- 디지털 회로의 동작 시험을 위한 전략 수립

서론

이 책의 1장부터 9장까지에서 디지털 시스템의 기본적인 구성 블럭들을 설명하였다. 각 블럭들을 자세히 살펴보았지만 그것이 끝은 아니다. 이 블럭들을 가지고 무엇인가를 제작해보자. 각 회로들의 동작을 보여주기 위해 사용된 몇몇 예제들은 그 자체로도 실제 디지털 시스템이며, 우리는 그것들이 어떻게 동작하는지 공부하였다. 이번 장에서는 제작 과정에 좀 더 집중하고자 한다.

졸업생들을 조사해 보면 전기, 컴퓨터 공학 기술 분야에서 종사하는 대부분의 전문가들은 프로젝트 관리에 대한 책임을 지고 있는 것을 알 수 있다. 또한 학생들을 통해 살펴보면 프로젝트를 관리하는 가장 효율적인 방법이 모든 사람에게 직관적으로 명확한 것이 아니라는 것도 알 수 있다. 이것이 많은 사람이 시행착오를 겪게 되는 이유이기도 하다. 이번 장에서는 디지털 시스템과 그의 개발을 위해 쓰이는 현대적인 개발 도구들을 공부하면서 여러분에게 프로젝트 관리를 위한 전략적인 방법을 알려준다. 여기서 사용된 원리들은 디지털 또는 일반적인 전기 프로젝트에 한하는 것이 아니다. 이것들은 집을 짓거나 여러분의 사업에 응용할 수 있을 것이다. 이것들은 명백히 성공률을 높일 것이며 실패할 요소를 줄일 것이다.

하드웨어 설명 언어(Hardware description language)는 실제로는 대규모 디지털 시스템의 관리(문서화, 시뮬레이션 실험, 회로 합성)를 위한 목적으로 만들어졌다. 알테라 소프트웨어 도구들도 이 교재에서 다루는 범위를 훨씬 넘어선 프로젝트들을 관리하기 위해서 특별히 설계되어있다. 우리는 작은 프로젝트를 개발하는 과정을 통해서 알테라 소프트웨어의 몇 가지 특징을 설명할 것이다. 4장에서 소개했던 모듈화 계층적 프로젝트 개발 개념이 이번 장에서 연속된 예제들를 통해 보여질 것이다.

10-1 작은 프로젝트 관리

학습성과

이 절을 학습함으로써 다음을 할 수 있다

- 프로젝트 관리 단계 기술
- 각 단계에서 하위 작업, 전략, 목적을 확인

여기서 설명하는 첫 프로젝트들은 소수의 빌딩 블럭들로 이루어진 비교적 작은 시스템들이다. 이 프로젝트들은 별도의 모듈로 개발될 수도 있지만 그런 접근은 복잡도만 더해질 것이다. 전체 프로젝트가 작기 때문에 1개의 HDL 설계 파일에 구현하는 것으로 충분하다. 하지만 이것은 프로젝트를 완료하기 위해 구조화된 과정을 따르지 않아도 된다는 것을 의미하지는 않는다. 사실 모듈화된 큰 프로젝트에서 사용되는 대부분의 과정이 이번 예제들에서 적용될 수 있다. 이 과정은 (1) 전체적인 정의, (2) 프로젝트를 작은 조각으로 나눌 전략적 계획(문제의 분해), (3) 각 조각의 합성과 테스트, (4) 시스템 통합과 테스트 등의 단계를 밟게 된다.

정의

어떤 프로젝트에서도 첫 번째 단계는 프로젝트의 범위에 대해 정확한 정의를 하는 것이다. 이 단계에서는 다음과 같은 문제들이 결정되어야 한다.

- 몇 비트의 데이터가 필요한가?
- 출력에 의해서 몇 개의 장치가 제어되는가?
- 각각의 입력과 출력의 이름은 무엇인가?
- 입력과 출력은 HIGH에서 활성화 되는가, LOW에서 활성화되는가?
- 속도 요구조건은 무엇인가?
- 이 장치가 어떻게 동작하는지 정확히 알고 있는가?
- 프로젝트가 완성되었다는 것을 무엇으로 알 수 있는가?

이 단계에서 프로젝트 전체에 걸친 동작, 입력과 출력의 정의, 성능과 한계에 대한 명확한 수치적 명세가 완벽하고 철저하게 설명되어야 한다.

전략적 계획/문제 분해

두 번째 단계는 전체 프로젝트를 다룰 수 있는 작은 조각으로 나누는 것이다. 이 과정은 전체 기능이 몇 개의 좀 더 간단한 기능 블럭으로 정의되기 때문에 종종 문제 분해(problem decomposition)라고 불린다. 각 조각들에는 다음과 같은 것이 요구된다.

- 각 조각을 테스트하는 방법이 개발되어야만 한다.
- 각 조각들을 합하여 전체 시스템이 만들어져야 한다.
- 각 조각들을 연결하는 모든 신호의 특성을 알고 있어야 한다.
- 각 블럭의 정확한 동작은 철저하게 정의되고 이해되고 있어야만 한다.
- 각 블럭을 어떻게 동작시킬지에 대해 명확하게 알고 있어야 한다.

마지막 항목은 일견 당연해 보이지만, 에너지 보존 법칙과 같은 아주 기초적인 법칙을 무시하거나 아직 발견되지 않은 기술적인 기적을 포함하는 블럭들을 중심으로 계획되는 프로젝트가 얼마나 많은지 놀랄 정도이다. 이 단계에서 각 하위 시스템은 그 자체로 하나의 프로젝트가 되며 그 안에서 다시 하위 시스템이 정의될 수 있다. 이것이 계층적 설계의 개념이다.

합성과 테스트

각 하위 시스템은 가장 간단한 레벨에서 시작하여 제작되어야 한다. HDL을 사용하여 디지털 시스템을 설계한다는 것은 몇 조각의 코드를 쓰는 것을 의미하며, 또한 그 코드가 모든 조건을 만족하는지 테스트할 계획을 개발하는 것을 의미한다. 이것은 보통 일종의 시뮬레이션을 통해서 이루어진다. 컴퓨터에서 회로가 시뮬레이트될 때, 설계자는 실제 회로에서 발생되는 여러 시나리오를 만들어야 하며 이러한 시나리오 입력에 대한 적절한 결과들을 알고 있어야만 한다. 이러한 테스트는 종종 많은 생각을 필요로 하며 간과해서는 안될 부분이다. 여러분이 할 수 있는 최악의 실수는 기본적인 블럭이 완벽하게 수행된다는 결론을 내렸는데 나중에야 몇몇 상황에서 실패한다는 것을 발견하는 것이다. 이러한 것은 여러분이 많은 블럭들에 대해서 다시 생각하게 만들 것이고, 결국은 여러분의 작업을 무의미하게 할 것이다.

시스템 통합과 테스트

마지막 단계는 여러 블럭들을 모아서 하나의 단위로써 그것들을 테스트하는 것이다. 전체 프로젝트가 동작할 때까지 각 단계별로 블럭들을 추가하면서 테스트를 수행한다. 이 부분은 종종 사소하게 여겨지지만 그렇게 쉽지는 않다. 여러분이 모든 것을 신경 써서 상세히 했더라도 아무도 생각 못했을 상황에 처해 버릴 것이다.

프로젝트의 설계와 관리 중 몇몇 부분은 이 책의 범위를 넘어선다. 그 중 하나가 여러분의 응용 분야에 가장 적합한 하드웨어 플랫폼을 선택하는 것이다. 13장에서 디지털 시스템의 넓은 분야를 살펴 볼 것이며 PLD의 성능과 제한사항을 구체적으로 살펴볼 것이다. 프로젝트 관리에서 시간은 또 하나의 중요한 문제이다. 여러분의 상관이 프로젝트를 완성하는데 일정 시간을 줄 것이고 여러분은 이것에 대한 마감 시간을 지키기 위해서 계획을 짜야만 한다. 이 책에서는 시간 관리에 대해서 다루지는 않지만 대부분의 프로젝트가 시작할 때 생각했던 것보다 2, 3배 더 시간이 걸린다는 것을 알게 될 것이다.

학습성과 평가문제

1. 프로젝트 관리 단계를 제시하라.
2. 어떤 단계에서 성공의 측정 기준을 결정할 것인가?

10-2 스테퍼 전동기 구동 프로젝트

학습성과

이 절을 학습함으로써 다음을 할 수 있다

- 스테퍼 전동기 구동 시스템의 요구조건 기술
- 각 입력과 출력의 정의
- HDL을 사용 시스템의 논리 동작을 표현

이번 절의 목적은 디코딩 회로와 결합된 카운터의 전형적인 응용을 보여주는 것이다. 디지털 시스템은 대부분의 경우 특정 순서를 반복하는 카운터를 가지고 있고, 그 카운터의 출력 상태를 조합 논리 회로로 디코딩하여 시스템 동작을 순서대로 제어한다. 또한 많은 응용에서는 시스템의 동작 모드를 다양하게 변화시키는 외부 입력이 존재한다. 이번 절에서는 스테퍼 전동기의 제어를 이용하여 이런 모든 특징들에 대해 논한다.

실제 프로젝트에서는 정의하는 첫 번째 단계에 종종 프로젝트 관리자 부분에 대한 고려가 포함된다. 이 프로젝트에서는 우리가 스테퍼 전동기를 제어하는 회로를 제작하기 전에 그것이 무엇인지 이해하고 그것들이 어떻게 동작하는지 아는 것이 매우 중요하다. 7-10절에서 스테퍼 전동기를 구동시키는 데 사용될 수 있는 간단한 동기식 카운터를 어떻게 설계하는지 보여주었다. 7-10절에서 보여준 순서를 풀 스텝 시퀀스(*full-step sequence*)라고 부른다. 여러분의 기억대로 거기에는 2개의 플립플롭과 전동기의 네 개 코일을 구동하는 Q와 $\overline{Q}$의 출력을 포함한다. 풀 스텝 시퀀스는 시퀀스상의 어느 상태에서도 항상 스테퍼 전동기의 코일 2개에 전압이 가해지며, 일반적으로 한 스텝당 15°의 축 회전을 야기한다. 그러나 다른 시퀀스들도 스테퍼의 회전을 일으킬 수 있다. 표 10-1에 보인 풀 스텝 시퀀스를 살펴보면, 각 상태 변화는 1개의 코일이 꺼짐과 동시에 다른 코일이 켜짐을 포함한다. 예를 들어 풀 스텝 시퀀스의 처음 상태(1010)를 보자. 시퀀스에서 두 번째 상태로 바뀔 때 코일 1이 꺼지고 코일 0이 켜진다. 하프 스텝 시퀀스(*half-step sequence*)는 표 10-1 중간 열에 보이는 것과 같이 풀 스텝 사이에 오직 1개의 코일에 전압이 걸리는 상태를 삽입했을 때 생성된다. 이 시퀀스에서는 1개의 코일에 전압이 걸리기 전에 다른 코일의 전압이 꺼진다. 처음 상태 1010과 두 번째 상태 1000은 코일 0이 켜지기 한 스텝 전에 코일 1이 꺼지는 것을 의미한다. 이 중간 상태는 풀 스텝 시퀀스가 15° 정도 축 회전을 야기하는 것의 반 정도(7.5°)의 축 회전을 야기한다. 하프 스텝 시퀀스는 회전당 스텝 수가 좀 더 많을지라도 좀 더 작은 스텝이 필요할 때 사용된다. 한 번에 1개의 코일에 전압이 인가되는 중간 상태만을 적용하면, 스텝 전 동기는 풀 스텝 시퀀스(스텝당 15°)와 같은 방법으로 회전한다. 웨이브 드라이브 시퀀스(*wave-drive sequence*)라고 하는 이 시퀀스는 적은 토크를 가지지만, 풀 스텝 시퀀스보다 적당한 속도에서 좀 더 부드럽게 작동한다. 웨이브 드라이브 시퀀스는 표 10-1의 오른쪽 열에 있다.

표 10-1 스테퍼 전동기 코일 구동 시퀀스

풀 스텝 시퀀스 Coil 3210	하프 스텝 시퀀스 Coil 3210	웨이브 드라이브 시퀀스 Coil 3210
1010	1010	
	1000	1000
1001	1001	
	0001	0001
0101	0101	
	0100	0100
0110	0110	
	0010	0010

문제 정의

마이크로프로세서 실험에는 스테퍼 전동기를 구동하기 위한 보편적 인터페이스를 필요로 한다. 스테퍼 전동기를 구동하는 마이크로 제어기를 실험하기 위하여 스테퍼 전동기에 연결된 1개의 보편적 인터페이스 IC를 이용한다. 이 회로는 마이크로 제어기로부터 전형적인 형태의 스텝 구동 신호를 받아 원하는 방법으로 전동기를 움직이도록 할 필요가 있다. 인터페이스는 네 가지 중 한 가지 모드로 동작해야 한다. 즉 디코드된 풀 스텝(decoded full-step), 디코드된 하프 스텝(decoded half-step), 디코드된 웨이브 드라이브(decoded wave-drive), 디코드 안 된 다이렉트 드라이브(nondecoded direct drive)이다. 각 모드의 선택은 *M1*, *M0* 입력 핀의 논리 레벨을 제어함으로써 이루어진다. 처음 세 가지 모드에서 인터페이스는 마이크로 제어기로부터 2개의 제어 비트(스텝 펄스와 방향 제어 비트)를 받는다. 매번 스텝 입력의 상승 에지에서, 회로는 방향 비트의 현재 레벨에 따라 시계 방향 또는 반시계 방향으로 전동기를 한 증가분만큼 움직이게 해야 한다. IC의 모드에 따라, 출력은 표 10-1의 모터 코일 구동 시퀀스에 따른 상태 변화로서 각 스텝 펄스에 반응해야 한다. 이 회로의 네 번째 동작 모드는 마이크로 제어기가 전동기의 와인딩을 직접 조정할 수 있게 해야 한다. 이 모드에서 회로는 마이크로 제어기로부터 4개의 제어 비트를 받아 그 논리 레벨을 스텝 코일에 전압을 인가하기 위해 사용되는 출력에 직접 전달한다. 4개의 모드는 표 10-2에 요약되었다.

모드 0, 1, 2에서 출력은 스텝 입력의 상승 모서리에서 해당되는 카운트 순서에 따라 카운트한다. 표 10-2에 보인 방향 입력은 출력 시퀀스가 표 10-1의 상태들을 따라 위로 또는 아래로 움직일 방향을 정해서, 전동기가 시계 혹은 반시계 방향으로 움직이게 한다. 이 설명으로부터 우리는 이 프로젝트에 대해 몇 가지 결정을 내릴 수 있다.

입력

스텝: 상승 모서리 트리거

방향: 0 = 표의 위쪽 방향, 1 = 표의 아래쪽 방향

cin0, *cin1*, *cin2*, *cin3*, *m1*, *m0*: HIGH 활성 제어 입력

출력

cout0, *cout1*, *cout2*, *cout3*: HIGH 활성 제어 입력

전략적 계획/문제 분해

이 프로젝트에는 필요한 두 가지 요구조건이 있다. 3개의 모드에서 출력을 제어할 순차 카운터 회로가 필요하며, 마지막 모드에서 출력은 카운터를 따르지 않고 제어 입력을 따라야 한다. 이러한 요구 사항을 만족시키며 이 프로젝트를 나누는 방법이 많지만, 우리는 카운터와 디코더의 두 가지 기능 블럭으로 나눌 것이다. 첫 번째는 스텝과 방향 입력에 반응하는 간단한 상/하향 2진 카운터이며, 두 번째 블럭은 이진 카운트를 모드 입력 세팅에 따라 해

표 10-2 스테퍼 구동을 위한 모드 정의

모드	M1	M0	입력 신호	출력
0	0	0	스텝, 방향	풀 스텝 카운트 시퀀스
1	0	1	스텝, 방향	웨이브 드라이브 카운트 시퀀스
2	1	0	스텝, 방향	하프 스텝 카운트 시퀀스
3	1	1	4개의 제어 입력	제어 입력에서 다이렉트 드라이브

석하여 적절한 출력 상태를 만드는 것이다. 또한 이 회로는 모드가 3이면 카운터 입력을 무시하고 제어 입력을 출력으로 직접 전달한다. 회로도는 그림 10-1에 있다.

이것의 개발과 테스트 계획은 간단하다. 첫 번째 스텝은 상/하향 카운터를 만드는 것이다. 이 카운터는 오직 방향과 스텝 입력만을 사용하여 시뮬레이터에서 테스트되어야 한다. 그 다음은 각각의 디코드된 시퀀스가 카운터와 개별적으로 동작하도록 한다. 그리고 모드 입력이 디코더 시퀀스 중에 1개를 선택하도록 하고, 다이렉트 드라이브 옵션(direct-dirve option)을 추가한다(이것은 무척 간단하다). 회로가 각 모드 시퀀스에서 표 10-1에 보인 상태를 따라 양방향을 움직이고, 모드 3에서 *cin* 신호를 *cout*으로 직접 전달하면 성공한 것이다.

합성과 테스트

그림 10-2와 그림 10-3의 코드는 개발의 첫 단계인 상/하향 카운터의 설계와 테스트를 보여준다. 카운터 값으로 정수 변수를 사용하고 *q*에 카운트를 직접 출력함으로써 테스트한다. 이 부분의 설계를 테스트하기 위하여 이 변수가 8개의 상태로 상/하향이 되는지 확인하면 된다. 그림 10-4는 시뮬레이션한 결과이다. 단지 클럭 펄스를 제공하고 방향 제어 신호를 만들면 시뮬레이터가 카운터의 반응을 보여준다.

다음 단계는 디코드된 출력을 하나 추가해서 테스트하는 것인데, 이때 4비트의 *cout* 출력을 추가하는 것이 필요하다. MOD-8 카운터의 *q* 출력 비트는 연속성을 유지하기 위하여 보존된다. 그림 10-5는 이번 단계의 테스트를 AHDL 코드로, 그림 10-6은 같은 단계의 테스트를 VHDL 코드로 보여주고 있다. CASE 구성이 카운터를 디코드하고 출력을 구동하기 위해 사용됨을 주목하라. VHDL 코드에서 *cout* 출력은 2진 비트패턴으로 할당하기 위해 비트-벡터 타입으로 선언되었다. 그림 10-7은 카운터 상/하향 사이클 전체를 테스트하기 위해 충분한 클럭 사이클을 포함해서 그것의 동작을 시뮬레이션한 것을 보여주고 있다.

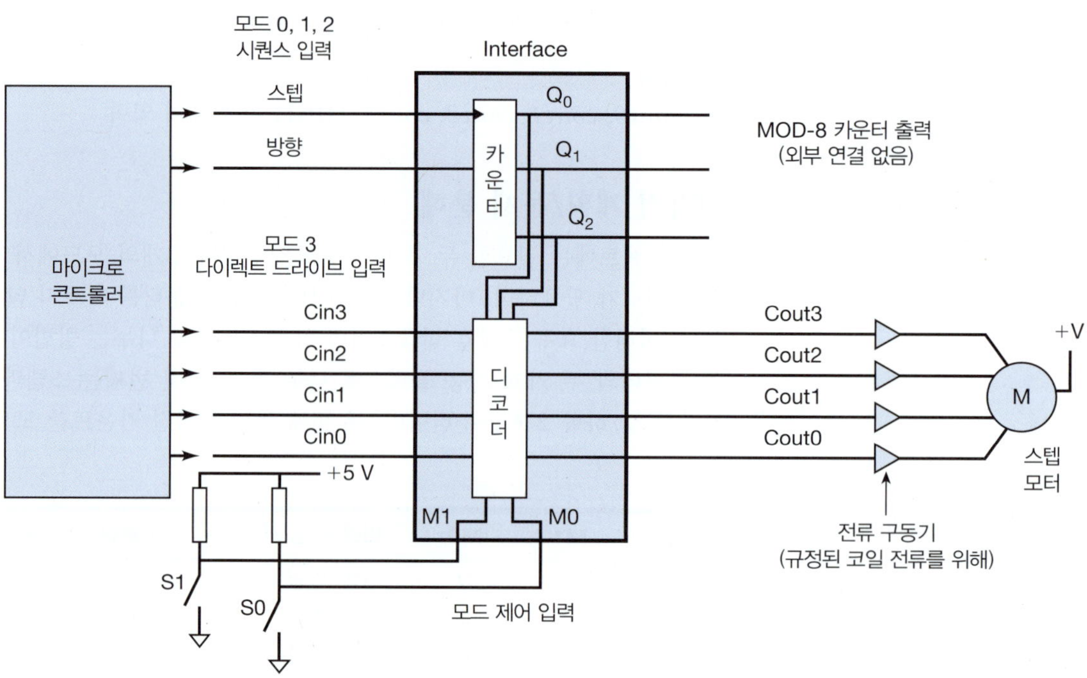

그림 10-1 일반적인 스테퍼 전동기 인터페이스 회로.

```
SUBDESIGN fig10_2
(
  step, dir      :INPUT;
  q[2..0]        :OUTPUT;
)
VARIABLE
count[2..0]      : DFF;

BEGIN
  count[].clk = step;
  IF dir THEN count[].d = count[].q + 1;
  ELSE        count[].d = count[].q - 1;
  END IF;
  q[] = count[].q;
  END;
```

그림 10-2 AHDL MOD-8.

```
ENTITY fig10_3 IS
PORT( step, dir   :IN BIT;
      q           :OUT INTEGER RANGE 0 TO 7);
END fig10_3;

ARCHITECTURE vhdl OF fig10_3 IS
BEGIN
   PROCESS (step)
   VARIABLE count  :INTEGER RANGE 0 TO 7;
   BEGIN
      IF (step'EVENT AND step = '1') THEN
        IF dir = '1' THEN count:= count + 1;
        ELSE              count:= count - 1;
        END IF;
      END IF;
      q <= count;
   END PROCESS;
END vhdl;
```

그림 10-3 VHDL MOD-8.

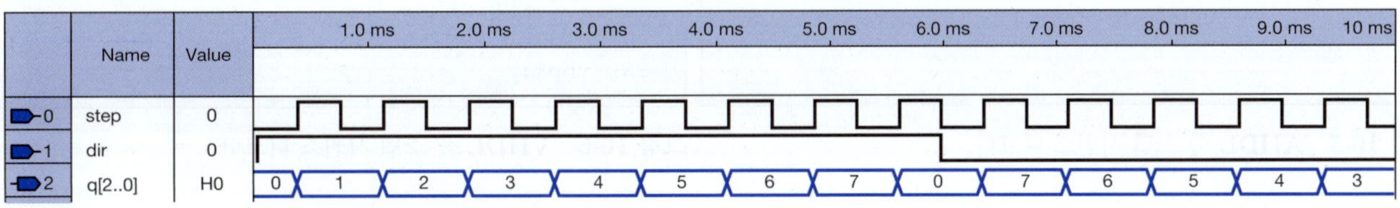

그림 10-4 기본적인 MOD-8 시뮬레이션 테스트.

다른 카운트 시퀀스는 우리가 방금 테스트한 코드의 단순한 변형이다. 각각을 개별적으로 테스트하는 것은 아마도 필요하지 않을 것이므로, 따라서 지금이 모드 선택 입력(*m*)과 직접 구동 코일 제어 입력(*cin*)을 추가할 좋은 시점이다. 새로운 입력이 그림 10-8(AHDL)과 그림 10-9(VHDL)에 정의되었음을 주목하라. 모드 제어는 네 가지의 가능한 상태를 가지고 있고 각 상태에서 다른 동작을 해야 하기 때문에, CASE 구조가 가장 적합하다. 즉, 모드를 선택하기 위해 CASE 구조를 사용하고, 각 모드 내에서 적절한 출력을 선택하는 데 CASE 구조를 사용한다. 한 구조 속에 다른 1개의 구조를 사용하는 것을 **네스팅(nesting)**이라고 한다. 들여쓰기는 코드의 구조와 논리를 보여주기 위해서 매우 중요하다. 특히 네스팅이 사용될 때는 더욱 그렇다.

그림 10-10의 시뮬레이션은 회로가 적절하게 작동하고 있음을 증명한다. 그림 10-10의 (a)는 모드 0(full-step)에서 각 상태의 디코딩과 양방향으로 사이클을 완료하는 것을 보여준다. 모드 (*m*)이 01_2로 변한 후, 출력(*cout*)은 웨이브 드라이브 시퀀스로 디코드된다. 그림 10-10(b)는 양방향 웨이브(모드 1) 시퀀스를 보여주고, 모드를 10_2로 바꿔 MOD-8 카운터로부터 디코드된 하프 스텝 시퀀스를 보여준다. 마지막으로 그림 10-10(c)는 하프 스텝 모드가 시이클을 오르다가 다시 내려가기 시작하는 것을 보여준다. 7.5 ms에서 모드 3(direct-drive)으로 바뀌고, *cin*에 있는 데이터는 비동기적으로 출력에 전달된다. *cin* 값으로 선택된 값들은 각 비트가 HIGH 혹은 LOW가 될 수 있도록 함에 유의하라.

```
SUBDESIGN fig10_5
(
   step, dir       :INPUT;
   q[2..0]         :OUTPUT;
   cout[3..0]      :OUTPUT;
)
VARIABLE
   count[2..0]     : DFF;

BEGIN
   count[].clk = step;
   IF dir THEN count[].d = count[].q + 1;
   ELSE        count[].d = count[].q - 1;
   END IF;
   q[] = count[].q;
   CASE count[] IS
      WHEN B"000"   => cout[] = B"1010";
      WHEN B"001"   => cout[] = B"1001";
      WHEN B"010"   => cout[] = B"0101";
      WHEN B"011"   => cout[] = B"0110";
      WHEN B"100"   => cout[] = B"1010";
      WHEN B"101"   => cout[] = B"1001";
      WHEN B"110"   => cout[] = B"0101";
      WHEN B"111"   => cout[] = B"0110";
   END CASE;
END;
```

그림 10-5 AHDL 풀 스텝 시퀀스 디코더.

```
ENTITY fig10_6 IS
PORT (  step, dir   :IN BIT;
        q           :OUT INTEGER RANGE 0 TO 7;
        cout        :OUT BIT_VECTOR (3 downto 0));
END fig10_6;

ARCHITECTURE vhdl OF fig10_6 IS
BEGIN
   PROCESS (step)
   VARIABLE count :INTEGER RANGE 0 TO 7;
   BEGIN
     IF (step'EVENT AND step = '1') THEN
        IF dir = '1' THEN count := count + 1;
        ELSE              count := count - 1;
        END IF;
        q <= count;
     END IF;
        CASE count IS
           WHEN 0   => cout <= B"1010";
           WHEN 1   => cout <= B"1001";
           WHEN 2   => cout <= B"0101";
           WHEN 3   => cout <= B"0110";
           WHEN 4   => cout <= B"1010";
           WHEN 5   => cout <= B"1001";
           WHEN 6   => cout <= B"0101";
           WHEN 7   => cout <= B"0110";
        END CASE;
      END PROCESS;
END vhdl;
```

그림 10-6 VHDL 풀 스텝 시퀀스 디코더.

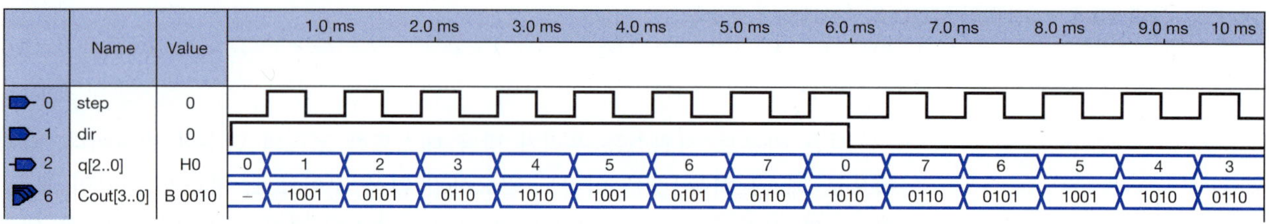

그림 10-7 디코드된 시퀀스의 시뮬레이션 테스트.

최종 통합과 테스트는 단순한 시뮬레이션 이상을 포함해야 한다. 실제 스테퍼 전동기와 전류 구동기가 회로에 연결되고 실험되어야 한다. 이 경우 시뮬레이션에서 사용한 스텝 속도는 실제 스테퍼 전동기가 다룰 수 있는 것보다 아마도 좀 더 빨라서 실제 하드웨어 기능 테스트를 위하여 속도를 늦추는 것이 필요할 것이다.

그림 10-8 AHDL 스테퍼 드라이버.

```
SUBDESIGN fig10_8
(
   step, dir               :INPUT;
   m[1..0], cin[3..0]      :INPUT;
   cout[3..0], q[2..0]     :OUTPUT;
)
VARIABLE
   count[2..0]    : DFF;
BEGIN
   count[].clk = step;
   IF dir THEN count[].d = count[].q + 1;
   ELSE        count[].d = count[].q - 1;
   END IF;
   q[] = count[].q;
   CASE m[] IS
   WHEN 0 =>
         CASE count[] IS           -- FULL STEP
         WHEN B"000"   => cout[] = B"1010";
         WHEN B"001"   => cout[] = B"1001";
         WHEN B"010"   => cout[] = B"0101";
         WHEN B"011"   => cout[] = B"0110";
         WHEN B"100"   => cout[] = B"1010";
         WHEN B"101"   => cout[] = B"1001";
         WHEN B"110"   => cout[] = B"0101";
         WHEN B"111"   => cout[] = B"0110";
         END CASE;
   WHEN 1 =>
         CASE count[] IS           -- WAVE DRIVE
         WHEN B"000"   => cout[] = B"1000";
         WHEN B"001"   => cout[] = B"0001";
         WHEN B"010"   => cout[] = B"0100";
         WHEN B"011"   => cout[] = B"0010";
         WHEN B"100"   => cout[] = B"1000";
         WHEN B"101"   => cout[] = B"0001";
         WHEN B"110"   => cout[] = B"0100";
         WHEN B"111"   => cout[] = B"0010";
         END CASE;
   WHEN 2 =>
         CASE count[] IS           -- HALF STEP
         WHEN B"000"   => cout[] = B"1010";
         WHEN B"001"   => cout[] = B"1000";
         WHEN B"010"   => cout[] = B"1001";
         WHEN B"011"   => cout[] = B"0001";
         WHEN B"100"   => cout[] = B"0101";
         WHEN B"101"   => cout[] = B"0100";
         WHEN B"110"   => cout[] = B"0110";
         WHEN B"111"   => cout[] = B"0010";
         END CASE;
   WHEN 3 =>  cout[] = cin[];  -- Direct Drive
   END CASE;
END;
```

```
ENTITY fig10_9 IS
PORT (   step, dir     :IN BIT;
         m             :IN BIT_VECTOR (1 DOWNTO 0);
         cin           :IN BIT_VECTOR (3 DOWNTO 0);
         q             :OUT INTEGER RANGE 0 TO 7;
         cout          :OUT BIT_VECTOR (3 DOWNTO 0));
END fig10_9;

ARCHITECTURE vhdl OF fig10_9 IS
BEGIN
   PROCESS (step)
   VARIABLE count      :INTEGER RANGE 0 TO 7;
   BEGIN
      IF (step'EVENT AND step = '1') THEN
         IF dir = '1' THEN count := count + 1;
         ELSE              count := count - 1;
         END IF;
      END IF;
      q <= count;
   CASE m IS
      WHEN "00" =>                    -- FULL STEP
         CASE count IS
            WHEN 0   => cout <= "1010";
            WHEN 1   => cout <= "1001";
            WHEN 2   => cout <= "0101";
            WHEN 3   => cout <= "0110";
            WHEN 4   => cout <= "1010";
            WHEN 5   => cout <= "1001";
            WHEN 6   => cout <= "0101";
            WHEN 7   => cout <= "0110";
         END CASE;
      WHEN "01" =>                    -- WAVE DRIVE
         CASE count IS
            WHEN 0   => cout <= "1000";
            WHEN 1   => cout <= "0001";
            WHEN 2   => cout <= "0100";
            WHEN 3   => cout <= "0010";
            WHEN 4   => cout <= "1000";
            WHEN 5   => cout <= "0001";
            WHEN 6   => cout <= "0100";
            WHEN 7   => cout <= "0010";
         END CASE;
      WHEN "10" =>                    -- HALF STEP
         CASE count IS
            WHEN 0   => cout <= "1010";
            WHEN 1   => cout <= "1000";
            WHEN 2   => cout <= "1001";
            WHEN 3   => cout <= "0001";
            WHEN 4   => cout <= "0101";
            WHEN 5   => cout <= "0100";
            WHEN 6   => cout <= "0110";
            WHEN 7   => cout <= "0010";
         END CASE;
      WHEN "11" =>   cout <= cin;--Direct Drive
   END CASE;
   END PROCESS;
END vhdl;;
```

그림 10-9 VHDL 스테퍼 드라이버.

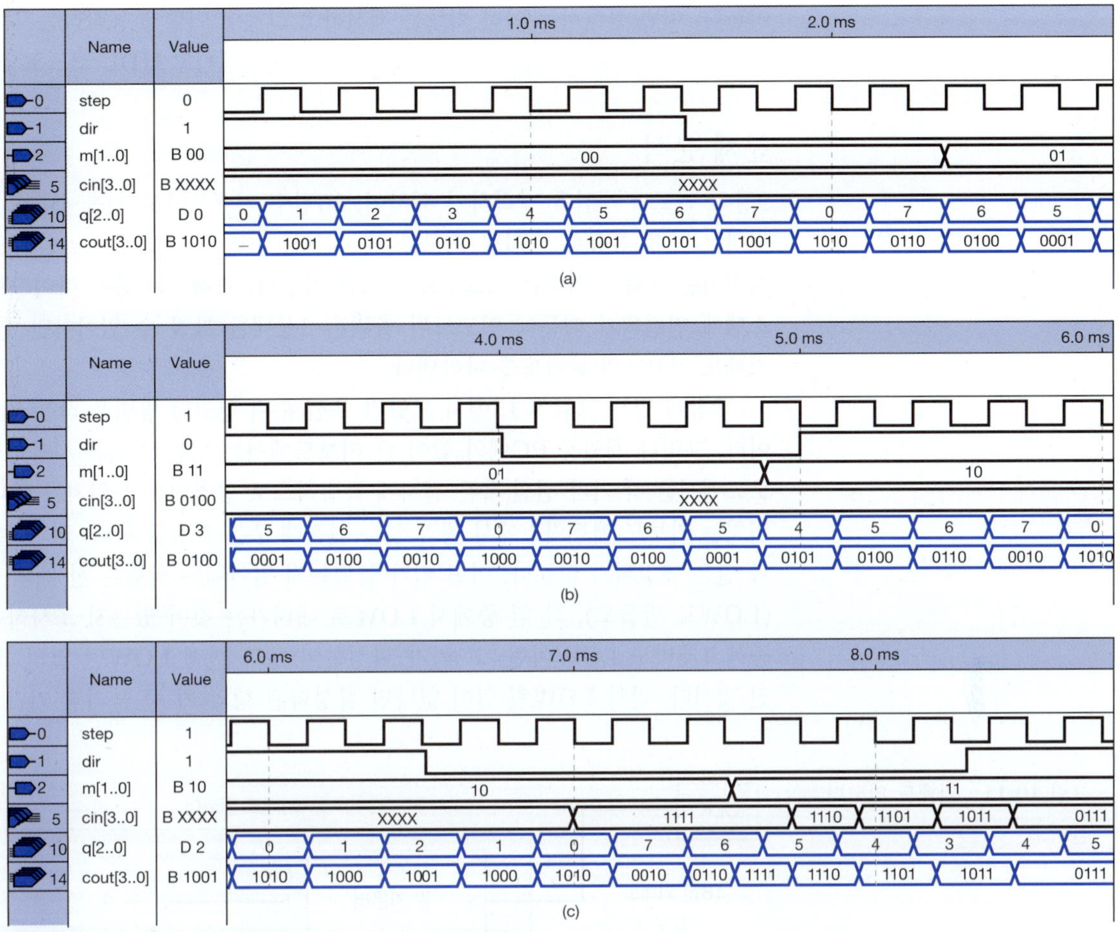

그림 10-10 전체 스테퍼 드라이버에 대한 시뮬레이션 테스트.

학습성과 평가문제

1. 이 스테퍼 전동기 구동기의 네 가지 동작 모드는 무엇인가?
2. 다이렉트 드라이브 모드의 입력은 무엇인가?
3. 웨이브 드라이브 모드의 입력은 무엇인가?
4. 하프 스텝 시퀀스에는 몇 개의 상태가 있는가?

10-3 키패드 인코더 프로젝트

학습성과

이 절을 학습함으로써 다음을 할 수 있다

- 키패드 인코더 프로젝트의 요구조건 기술
- 각 입력과 출력의 정의
- HDL을 사용 시스템의 논리 동작을 표현

우리가 보완하고자 하는 또 하나의 중요한 기술은 회로 분석이다. 아날로그 교과서에 나오는 이야기 같지만 우리는 기존의 디지털 회로가 어떻게 동작하는지를 분석하고 이해할 수 있어야한다. 이번 절에서는 어떤 회로를 제시하고 그것이 어떻게 동작하는지를 분석한다. 그리고 우리가 이미 배운 기술을 이용하여 그 회로를 재설계하고 HDL 코드로 작성할 것이다.

문제 분석

9장의 인코딩 개념을 강화하기 위하여, 16진수 키패드(16-키)를 4비트 2진 출력으로 인코딩하는 매우 유용한 디지털 회로를 제시한다. 이러한 인코더는 일반적으로 키가 눌려지고 떼어지는 때를 알려주는 스트로브 출력을 가진다. 키패드는 종종 마이크로컴퓨터의 버스 시스템에 연결되기 때문에 인코드된 출력은 3상태를 가질 수 있어야만 한다. 그림 10-11은 키패드 인코더의 블럭도를 나타낸다.

9장에 있는 그림 9-15에서 보았던 우선 순위 인코더 방법은 작은 키패드에서는 효과적이다. 그러나 개인용 PC에와 같이 큰 키보드에서는 다른 방법을 사용해야 한다. 이러한 키보드에서는 각 키가 전원 혹은 접지에 독립적으로 연결되는 스위치가 아니라, 대신 각 키 스위치는 키보드 메트릭스에서 행과 열을 연결해 주는 역할을 한다. 키가 눌리지 않았을 때 행과 열은 연결되지 않는다. 어떤 키가 눌렸는지 알아내는 방법은 한 개의 행을 활성화시키고(LOW로 만들고), 각 열 중에서 LOW로 내려가는 것이 있는지 조사하는 것이다. 만약 열 중에 1개라도 LOW이면, 그 키가 활성화된 행과 현재 LOW인 열의 교차 지점에서 눌려진 것이다. 만약 LOW인 열이 없다면 활성화된 행의 키 중 눌려진 키가 없으므로, 다음 행

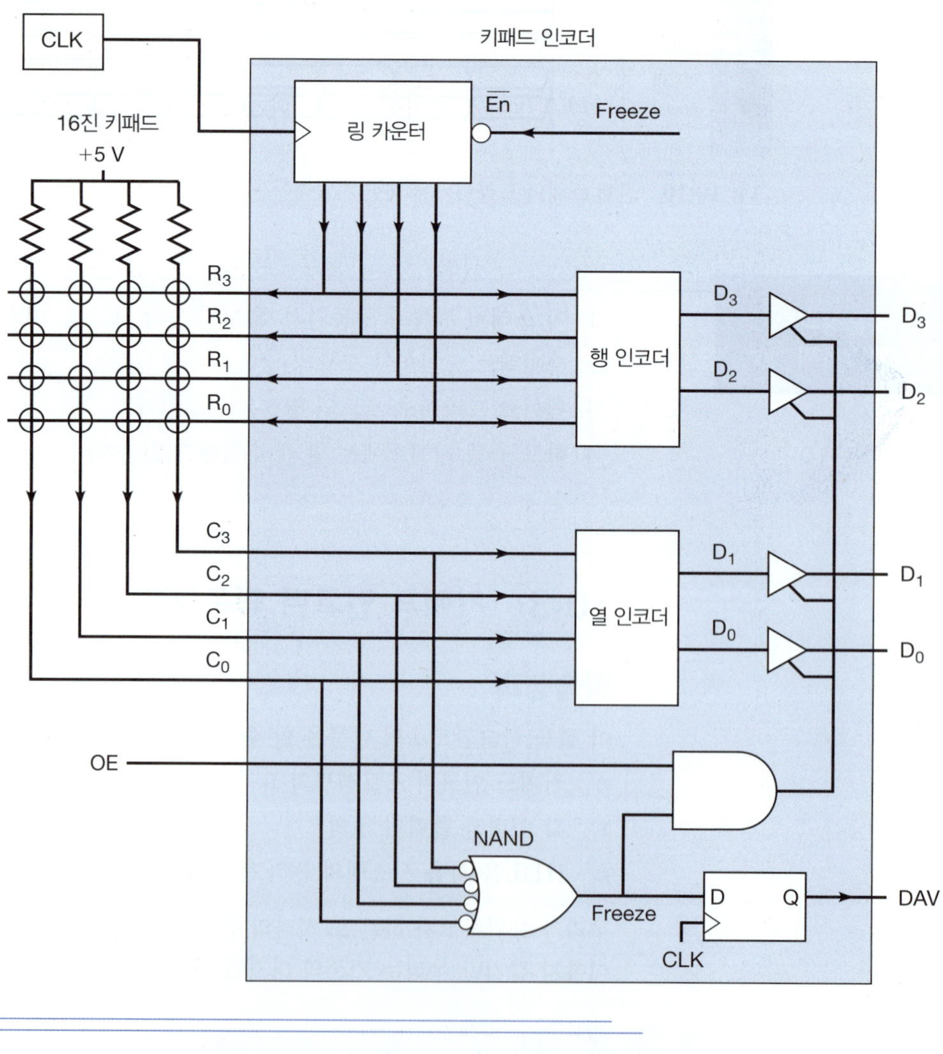

그림 10-11 키패드 인코더 블럭도.

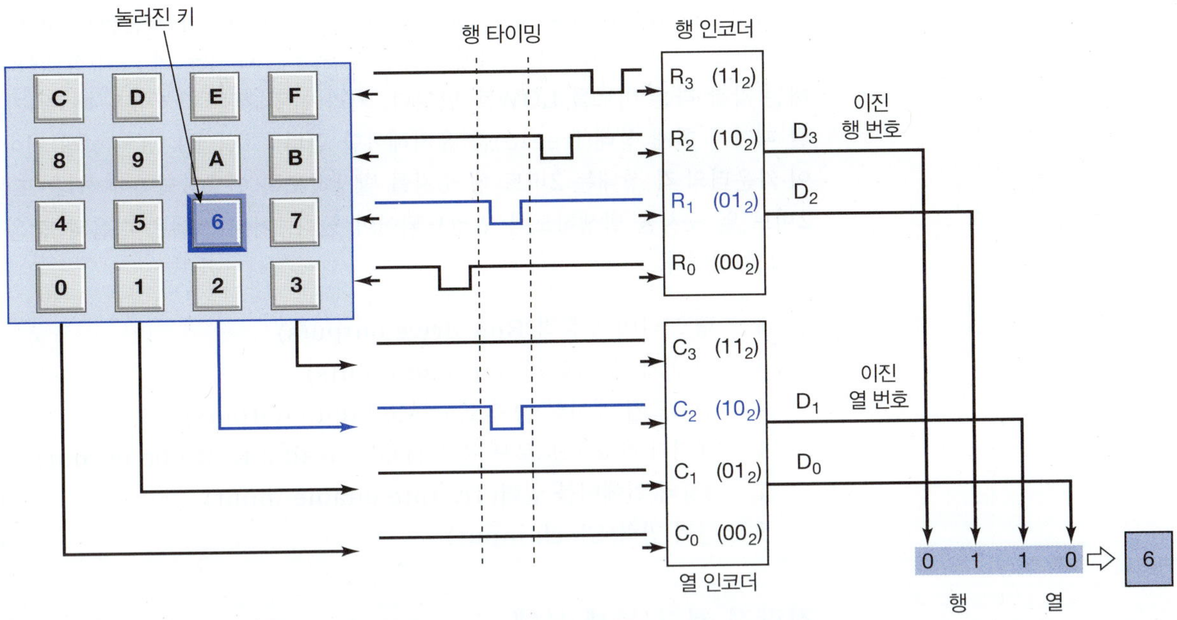

그림 10-12 '6'이 눌렸을 때 인코더 작동.

을 LOW로 만들어서 조사한다. 순차적으로 행을 활성화시키는 것을 키보드 스캐닝(*scanning*)이라 한다. 이 방법의 장점은 키패드와의 연결을 줄일 수 있다는 것이다. 이 경우 16개의 키를 8개의 입/출력을 이용해서 인코딩할 수 있다.

각각의 키는 행과 열의 단일 조합으로 나타낸다. 전략적으로 행과 열에 숫자를 매김으로써 그림 10-12에서와 같이 2진의 행과 열 숫자를 조합하여 16진수를 만들 수 있다. 이 그림에서 1행(01_2)이 LOW로 되었고, 열 인코더의 데이터는 10_2이므로, 1번 행 2번 열의 버튼이 눌린 것이다. 그림 10-11에 있는 NAND 게이트는 열 중에서 LOW가 있는지 없는지 결정하기 위해 사용하는데, 이것은 현재 활성화된 행 중에서 한 키가 눌렸음을 의미한다. 이 게이트의 출력은 키가 눌렸을 때 링 카운터가 멈추고 키가 떨어질 때까지 스캐닝을 정지시키기 때문에 *Freeze*라고 이름 붙여졌다. 인코더가 전파 지연 시간을 지나고 3상태 버퍼가 인에이블되면 데이터 출력은 천이 상태가 된다. 다음 클럭의 상승 모서리에서 D 플립플롭은 HIGH 신호를 *Freeze*에서 *DAV*로 전달함으로 써 키가 눌려 있고 데이터가 유효함을 나타낸다.

그림 10-13 열 드라이브 링 카운터 상태도.

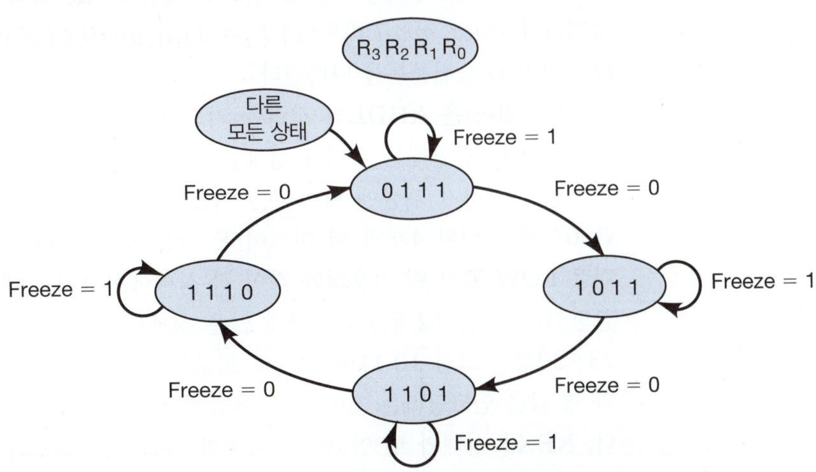

7장에서 공부한 것과 같은 시프트 레지스터 카운터(링 카운터)가 4개의 행에 대한 순차적인 스캐닝을 발생시키기 위해 사용된다. 카운트 순서는 네 가지 상태를 사용하며, 각 상태는 각각 다른 비트를 LOW로 만든다. 키가 눌린 것을 감지했을 때 링 카운터는 키가 풀릴 때까지 현재 상태(freeze)를 유지해야만 한다. 그림 10-13은 상태 천이도를 나타낸다. 이 카운터의 각 상태는 2비트 행 숫자를 발생하도록 인코드되어야 한다. 또한 각 열의 값도 2비트 열 숫자를 발생하도록 인코드되어야 한다. 이 시스템은 다음과 같은 입력과 출력이 필요할 것이다.

4	행 드라이브 출력(Row drive outputs)	$R_0 \sim R_3$
4	열 읽기 입력(Column read inputs)	$C_0 \sim C_3$
4	인코드된 데이터 출력(Encoded data outputs)	$D_0 \sim D_3$
1	데이터 유효 스트로브 출력 (Data available strobe output)	*DAV*
1	3상태 인에이블 입력(Tristate enable input)	*OE*
1	클럭 입력(Clock input)	*CLK*

전략적 계획/문제 분해

이 회로는 이미 구조화되어 있어서 우리가 시스템의 각 부분을 에뮬레이션하기 위한 HDL 코드를 쉽게 쓸 수 있다. 주요 블럭들은 다음과 같다:

LOW 활성 출력 링 카운터
행, 열 숫자를 위한 인코더 2개
키 눌림 감지와 3상태 인에이블 회로

이 회로들은 이전 장에서 살펴보았기 때문에 여기서 각 블럭의 개발과 테스트는 다루지 않을 것이다. 바로 프로젝트의 통합과 테스트 단계로 건너뛴다.

AHDL

AHDL 솔루션

그림 10-14에서 입력과 출력은 3~8행에서 정의되었고 회로도를 분석한 결과로부터 얻어진 설명을 따른다. VARIABLE 영역은 이 인코더 회로의 몇몇 특징들을 정의한다. *freeze* 비트는 키가 언제 눌렸는지 감지한다. 데이터 노드는 행과 열의 인코더 데이터를 조합하기 위해 사용된다. *ts* 비트 배열(13행)은 9장에서 공부했듯이 3상태 버퍼를 나타낸다. 이 버퍼의 각 비트가 입력(*ts[ ].IN*), 출력(*ts.OUT*), 그리고 출력 인에이블 (*ts[ ].OE*)을 갖는 것을 상기하라. *data_avail* 비트(14행)는 *data_avail.CLK data_avail.D*, 출력 *data_avail.Q*를 가진 D 플립플롭을 나타낸다.

15~20행은 AHDL의 강력한 기능인 상태 머신(state machine)을 정의하는 것을 보여주는데 각 상태는 우리가 필요한 비트 패턴을 갖는다. 15행에서 상태 머신은 링 카운터처럼 동작하기 때문에 링이라는 이름이 붙여졌다. 이 링 카운터를 이루고 있는 비트들은 6행에 정의된 4개의 행 비트이다. 이들 상태는 *s1~s4*로 표시되었고, 이것의 비트 패턴은 LOW 활성 링 카운터와 같이 각 상태에서 4개의 비트 중 한 비트가 LOW가 되도록 할당된다. 다른 12개는 유효하지 않은 상태임을 나타내도록 *f*로 시작하게 이름 붙여졌다. 23~30행은 그림 10-11에 그려진 회로처럼 모든 컴포넌트를 연결한다. 링 카운터 시퀀스와 행 값을 인코딩하는 것이 32~38행에 설명되어 있다. 링의 각 상태 값인 PRESENT마다, NEXT 상태와 행 인코더의 적절한 출력 값이(*data[3..2]*) 정의되어 있다. 37행은 이

```
SUBDESIGN fig10_14
(
   clk            :INPUT;
   col[3..0]      :INPUT;
   oe             :INPUT;    --tristate output enable
   row[3..0]      :OUTPUT;
   d[3..0]]       :OUTPUT;
   dav            :OUTPUT;   --data available
)
VARIABLE
freeze             :NODE;
data[3..0]         :NODE;
ts[3..0]           :TRI;
data_avail         :DFF;
ring: MACHINE OF BITS (row[3..0])
WITH STATES (s1 = B"1110", s2 = B"1101", s3 = B"1011", s4 = B"0111",
                      % s = ring states %
             f1 = B"0001", f2 = B"0010", f3 = B"0011", f4 = B"0100",
             f5 = B"0101", f6 = B"0110", f7 = B"1000", f8 = B"1001",
             f9 = B"1010", fa = B"1100", fb = B"1111", fc = B"0000");
                  % f = unused states --> self-correcting design %
BEGIN
   ring.CLK = clk;
   ring.ENA = !freeze;
   data_avail.CLK = clk;
   data_avail.D = freeze;
   dav = data_avail.Q;
   ts[].OE = oe & freeze;
   ts[].IN = data[];
   d[] = ts[].OUT;

   CASE ring IS
      WHEN s1 =>   ring = s2;    data[3..2] = B"00";
      WHEN s2 =>   ring = s3;    data[3..2] = B"01";
      WHEN s3 =>   ring = s4;    data[3..2] = B"10";
      WHEN s4 =>   ring = s1;    data[3..2] = B"11";
      WHEN OTHERS =>  ring = s1;
   END CASE;

   CASE col[] IS
      WHEN B"1110" =>    data[1..0] = B"00";     freeze = VCC;
      WHEN B"1101" =>    data[1..0] = B"01";     freeze = VCC;
      WHEN B"1011" =>    data[1..0] = B"10";     freeze = VCC;
      WHEN B"0111" =>    data[1..0] = B"11";     freeze = VCC;
      WHEN OTHERS  =>    data[1..0] = B"00";     freeze = GND;
   END CASE;
END;
```

그림 10-14 AHDL 스캐닝 키패드 인코더.

카운터가 *s1~s4*가 아닌 다른 상태에서는 스스로 *s1*에 보냄으로써 카운트의 시작을 보장한다. 열 값의 인코딩은 40~46행에서 설명된다. 이 설계에서 *freeze* 신호의 발생은 그림 10-11을 정확히 따르지는 않는다는 것을 주목하라. 이 설계에서는 열들을 NAND 하는 대신 CASE 구조가 오직 1개의 열만이 LOW일때 *freeze*를 활성화시킨다. 만약 같은 행에서 여러 개의 키들이 눌렸다면, 인코더는 눌려진 어떠한 키도 유효하지 않다고 인식하고, *dav*를 활성화하지 않는다.

VHDL

VHDL 솔루션

그림 10-15의 VHDL 표현과 그림 10-11에 그려진 회로를 비교해 보라. 입/출력은 5~9행에 정의되어 있고 설계도의 분석으로부터 얻어진 설명을 따른다. 이 설계를 위해 2개의 SIGNAL이 13, 14행에 정의되었다. *freeze* 비트는 키가 눌렸을 때를 감지한다. *data* 신호는 눌려진 키를 나타내는 4비트 값을 만들기 위한 행과 열 인코더 데이터를 조합하기 위해 사용된다. 링 카운터는 *clk* 입력에 반응하는 PROCESS를 사용함으로 구현된다. 26행은 이 카운터가 링 시퀀스가 아닌 다른 상태에서는 스스로를 '1110' 상태로 보냄으로써 동작의 시작을 보장한다. 20행을 보면 링의 다음 상태를 할당하기 위해 사용되는 CASE문 전에 *freeze*의 상태를 조사한다. 이것이 이 설계에서 카운트 인에이블이 구현되는 방법이다. 29행에서 데이터 유효 출력(*dav*)이 *freeze*의 값에 동기되어 갱신된다. 활성 클럭 모서리를 감지하는 IF 구조(19~30행) 속에 들어 있기 때문에 동기가 되는 것이다. 나머지 문장(31~52행)은 활성화 클럭 모서리에 의존적이지 않지만 회로가 클럭의 모서리에서 어떤 행동을 할지를 설명한다.

행 값의 인코딩은 33~39행에 설명되었다. 각 링의 PRESENT 상태에 대해 행 인코더 데이터의 출력(3 DOWNTO 2)이 정의되었다. 열 값의 인코딩은 41~47행에 설명되었다. 이 설계에서 *freeze* 신호의 발생은 그림 10-11의 회로를 정확하게 따르지 않는다는 것을 주목하라. 이 설계에서는 열들을 NAND 하는 대신 CASE 구조가 오직 1개의 열만이 LOW일때 *freeze*를 활성화시킨다. 만약 같은 행에서 여러 개의 키들이 눌렸다면, 인코더는 눌려진 어떠한 키도 유효하지 않다고 인식하며 *dav*를 활성화하지 않는다.

그림 10-16은 프로젝트의 시뮬레이션이다. 열 값(*col*)은 행이 스캔되는 동안 키패드의 열로부터 읽어들인 값을 시뮬레이트하는 테스트 입력으로서 설계자에 의해 입력된다. 모든 열이 HIGH(즉 *col*의 값이 16진수 값 F일 때)일 동안에는, 링 카운터는 인에이블되어 카운팅을 하고, *dav*는 LOW이며, 출력 *d*는 Hi-Z 상태이다. 3.0 ms 표시 직전에 *col* 입력으로써 열 중의 1개가 LOW가 되었다는 것을 의미하는 7이 시뮬레이트된다. 이것은 키가 눌려진 것이 키패드 매트릭스의 가장 큰 열(C3)에서 감지되는 것을 시뮬레이트한다. 열이 LOW가 되는 결과로써, 다음 상승 클럭에서 *dav*는 HIGH로 되고, 링 카운터는 상태가 변하지 않는다. 키가 눌려 있는 한 다음 상태로 가는 것은 디스에이블된다. 이 시점에서 행 값은 가장 작은 열(R0)이 링 카운터에 의해서 LOW가 되었음을 의미하는 16진수 E(1110_2)이다. 행 인코더는 이것을 2진행 숫자(00)로 해석한다. 가장 작은 행(00_2)와 가장 큰 열(11_2)의 교차점에 위치한 키는 3이다(그림 10-12). 이때 출력 *d*는 인코드된 키 값 3(0011_2)을 유지한다. 4 ms 시점 후에 시뮬레이션은 키의 해제를 의미하는 16진수 F로 열 값을 되돌리고, 따라서 출력 *d*가 Hi-Z 상태로 변한다. 다음 클럭 상승 모서리에서 *dav*는 LOW가 되고 링 카운터는 카운트 시퀀스를 다시 시작한다.

그림 10-15
VHDL 스캐닝 키패드 인코더.

```
LIBRARY ieee;
USE ieee.std_logic_1164.all;

ENTITY fig10_15 IS
PORT (   clk          :IN STD_LOGIC;
         col          :IN STD_LOGIC_VECTOR (3 DOWNTO 0);
         row          :OUT STD_LOGIC_VECTOR (3 DOWNTO 0);
         d            :OUT STD_LOGIC_VECTOR (3 DOWNTO 0);
         dav          :OUT STD_LOGIC                      );
END fig10_15;

ARCHITECTURE vhdl OF fig10_15 IS
SIGNAL freeze         :STD_LOGIC;
SIGNAL data           :STD_LOGIC_VECTOR (3 DOWNTO 0);
BEGIN
   PROCESS (clk)
   VARIABLE ring      :STD_LOGIC_VECTOR (3 DOWNTO 0);
   BEGIN
      IF (clk'EVENT AND clk = '1') THEN
         IF freeze = '0' THEN
            CASE ring IS
               WHEN "1110" => ring := "1101";
               WHEN "1101" => ring := "1011";
               WHEN "1011" => ring := "0111";
               WHEN "0111" => ring := "1110";
               WHEN OTHERS => ring := "1110";
            END CASE;
         END IF;
         dav <= freeze;
      END IF;
      row <= ring;

      CASE ring IS
         WHEN "1110" => data(3 DOWNTO 2) <= "00";
         WHEN "1101" => data(3 DOWNTO 2) <= "01";
         WHEN "1011" => data(3 DOWNTO 2) <= "10";
         WHEN "0111" => data(3 DOWNTO 2) <= "11";
         WHEN OTHERS => data(3 DOWNTO 2) <= "00";
      END CASE;

      CASE col IS
         WHEN "1110" => data(1 DOWNTO 0) <= "00";     freeze <= '1';
         WHEN "1101" => data(1 DOWNTO 0) <= "01";     freeze <= '1';
         WHEN "1011" => data(1 DOWNTO 0) <= "10";     freeze <= '1';
         WHEN "0111" => data(1 DOWNTO 0) <= "11";     freeze <= '1';
         WHEN OTHERS => data(1 DOWNTO 0) <= "00";     freeze <= '0';
      END CASE;

      IF freeze = '1' THEN d <= data;
      ELSE                 d <= "ZZZZ";
      END IF;
   END PROCESS;
END vhdl;
```

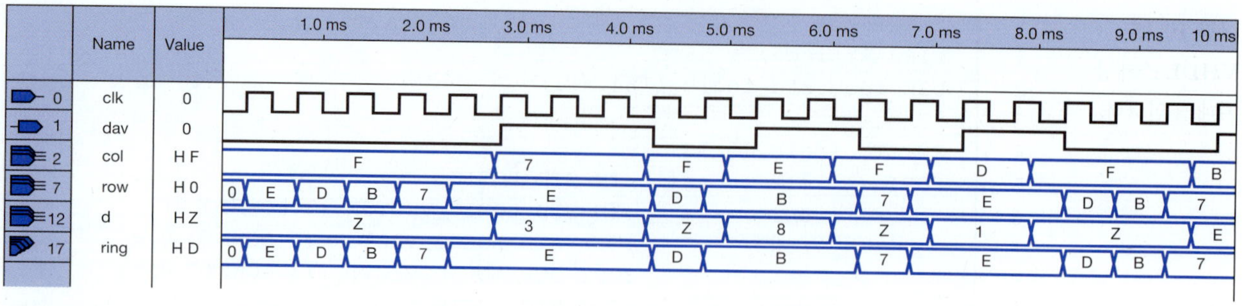

그림 10-16 스캐닝 키패드 인코더 시뮬레이션.

학습성과 평가문제

1. 스캔되는 키보드에서 어느 한 순간에 활성화되는 행은 몇 개인가?
2. 만약 같은 열에서 2개의 키가 동시에 눌렸다면 어떤 키가 인코드되겠는가?
3. DAV 핀에서 D 플립플롭의 목적은 무엇인가?
4. 키가 눌리는 시간과 DAV가 HIGH로 되는 시간은 항상 같은가?
5. 언제 데이터 출력 핀은 Hi-Z 상태에 있는가?

10-4 디지털 시계 프로젝트

학습성과

이 절을 학습함으로써 다음을 할 수 있다

- 디지털 시계 프로젝트의 요구조건 기술
- 더 작은 블럭으로 프로젝트 분해
- 각 블럭의 입력과 출력의 정의
- HDL을 사용 시스템의 논리 동작을 표현
- 그래픽과 HDL 기술을 사용 블럭들을 통합

카운터의 가장 일반적인 응용 제품 중에 하나는 시, 분, 초를 표시하는 디지털 시계이다. 정확한 디지털 시계를 만들기 위해, 정확하게 제어되는 기본 시계 주파수가 요구된다. 배터리에 의해 동작되는 디지털 시계의 기본 주파수는 일반적으로 수정 진동자를 사용한 발진기로부터 얻는다. 교류 전력으로 동작되는 디지털 시계에서는 기본 시계 주파수로써 *60 Hz*의 전력 주파수를 사용할 수 있다. 두 가지 경우 모두 기본 주파수가 1 Hz 혹은 1 pps(pulse per second)가 되도록 나누어져야만 한다. 그림 10-17은 *60 Hz*로 동작하는 디지털 시계의 기본 블럭도이다.

60 pps의 구형파를 만들기 위해 *60 Hz* 신호를 슈미트-트리거 회로로 보낸다. 이 60 pps 파형은 60 pps에서 1 pps로 나누어지는 데 사용되는 MOD-60 카운터로 전달된다. 1 pps 신호는 동기되어 직렬로 연결된 모든 카운터에 동기 클럭으로써 사용된다. 첫 번째 단은 0부터 9까지 초를 보여주고 카운트하는 초 영역이다. *BCD* 카운터는 초당 1 씩을 카운트한다. 9초에 이르렀을 때 BCD 카운터는 터미널 카운트 출력(*tc*)을 활성화시키고 다음 클럭 모서리에서 다시 0으로 된다. BCD 터미널 카운트는 MOD-6 카운터를 인에이블시키고 동시에 1 카운트 증가시킨다. 이러한 과정은 59초 동안 계속되고, 59초가 되면 MOD-6

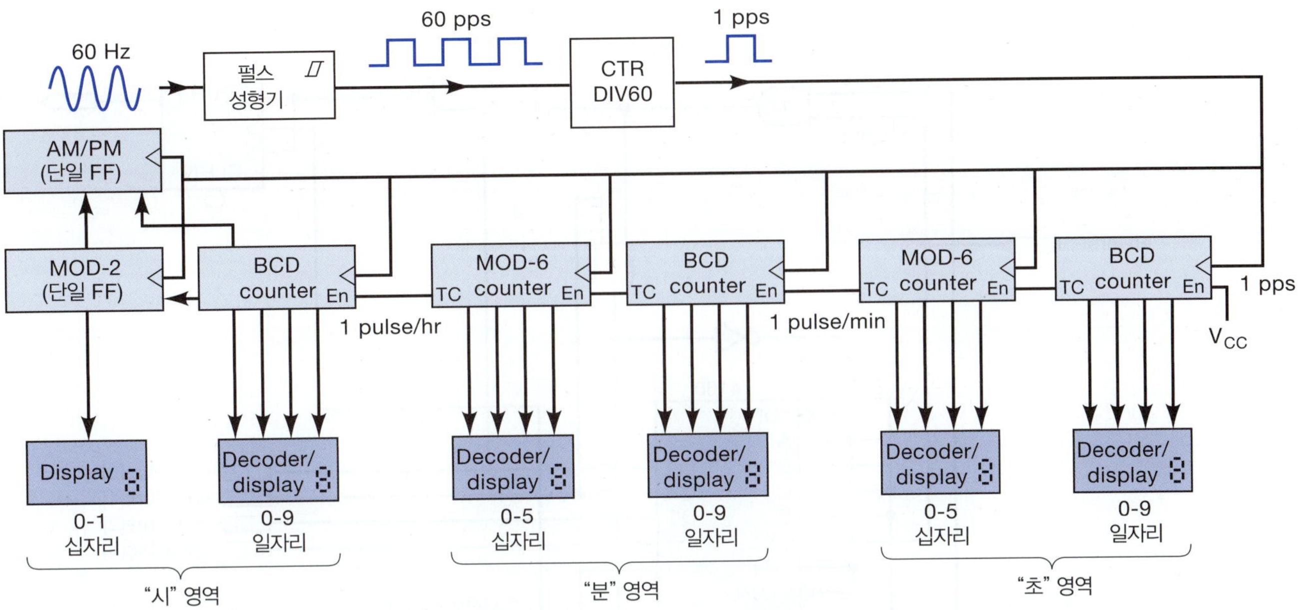

그림 10-17 디지털 시계 블럭도.

카운터가 101(5)이고 BCD 카운터가 1001(9)이 되어서, 디스플레이에 59초가 나타나고, 모드-6의 *tc*가 HIGH로 된다. 다음 펄스에서 BCD 카운터와 MOD-6 카운터가 0으로 된다(MOD-6은 0부터 5까지 카운트함을 기억하라).

초 영역에서 MOD-6 카운터의 *tc* 출력은 분당 1펄스의 주기를 갖는다(즉 MOD-6 은 60초마다 반복된다). 이 신호는 0부터 59까지 카운트하고 디스플레이하는 분 영역에 공급된다. 분 영역은 초 영역과 동일하고 정확하게 같은 방법으로 동작한다.

분 영역에서 MOD-6 카운터의 *tc* 출력은 시간당 1펄스의 주기를 갖는다(즉 MOD-6은 60분마다 반복된다). 이 신호는 1부터 12까지 카운트하고 디스플레이하는 시간 영역에 공급된다. 시간 영역은 절대로 0 상태로 가지 않기 때문에 초, 분 영역과는 다르다. 이 영역의 회로는 일반적인 것이 아니기 때문에 좀 더 자세히 살펴보자.

그림 10-18에서 시간 영역에 포함된 회로를 자세히 보여준다. 시간 단위의 카운트를 하는 BCD 카운터와 10자리의 시간을 카운트하기 위한 싱글 플립플롭(MOD-2)을 포함한다. BCD 카운터로는 74160을 사용했는데, 74160은 2개의 HIGH 활성 입력 ENT와 ENP를 갖는데, 이 두 입력은 내부적으로 AND되어 카운트를 인에이블하기 위해 사용된다. 또한 ENT 입력은 BCD 터미널 카운트 9를 감지하는 HIGH 활성 출력인 ripple carry 출력(RCO)을 인에이블시킨다. 그러므로 ENT 입력과 RCO 출력은 카운터를 동기식으로 연결하기 위해서 사용될 수 있다. ENP 입력은 HIGH로 묶어서 ENT가 HIGH일 때는 언제든지 카운터가 증가하도록 한다.

시간 카운터는 매 시간마다 1클럭 펄스 동안만 분과 초 영역에 의해서 인에이블된다. 이러한 조건이 발생할 때 ENT는 HIGH이고 분:초는 59:59이다. 9:59:59를 예를 들어 10자리의 시간 플립플롭은 0, 74160은 1001_2(9), RCO 출력은 HIGH가 되어, 10자리 시간 플립플롭이 SET 모드가 된다. 시간을 위한 두 숫자 표시는 09를 나타낸다. 다음 상승 모서리에서 BCD 카운터는 다음 상태인 0000_2으로 되고, RCO는 LOW가 된다. 10자리 시간 플립플롭은 1이 되어 현재 시간은 숫자 10으로 표시된다.

11:59:59일때 AND 게이트 1은 10자리 시간이 1이고 인에이블 입력이 활성화되었다

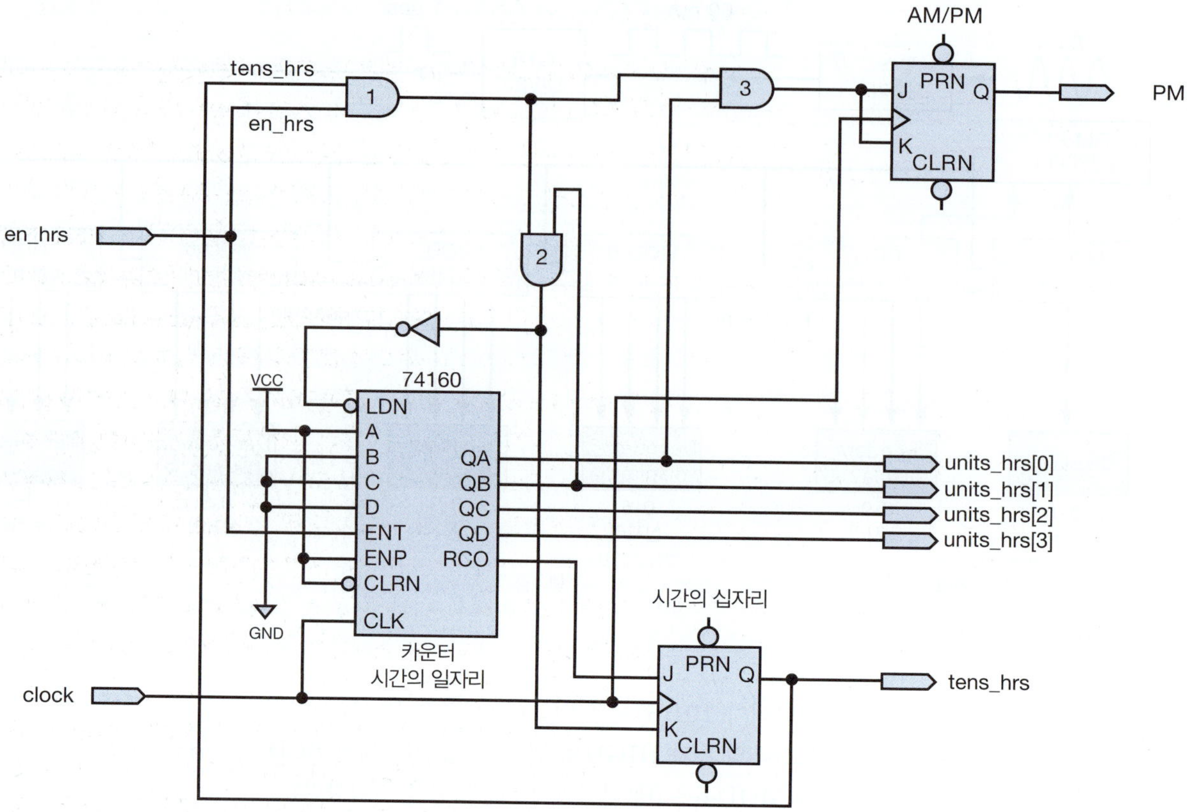

그림 10-18 "시" 영역에 대한 세부 회로.

는 것(전 단계가 59:59)을 감지한다. AND 게이트 3은 AND 게이트 1의 상태와 BCD 카운터가 0001_2인 상태를 조합한다. AND 게이트 3의 출력은 11:59:59에서만 HIGH가 된다. 다음 클럭 펄스에서 정오(HIGH)와 자정(LOW)을 나타내는 AM/PM 플립플롭이 토글된다. 동시에 BCD 카운터는 2가 되고 분:초는 00:00이 되어 BCD 표시는 12:00:00이 된다. 12:59:59에서 AND 게이트 1은 10자리 숫자가 1이고 시간을 증가시킬 때임을 감지한다. AND 게이트 2는 BCD 카운터가 2임을 감지한다. AND 게이트 2의 출력은 다음 클럭 모서리에서 2개의 작업을 준비한다. 10자리 시간 플립플롭을 리셋하고 0001_2 값을 74160 카운터에 로드한다. 다음 클럭 펄스 후에 01:00:00이 된다.

이제 카운터 회로의 동작을 이해하였을 것이며, 디지털 시계를 만들기 위해 MSI 칩을 어떻게 연결하는지 잘 파악하였을 것이다. 시계를 만들기 위해 전략적으로 서로 연결된 몇몇의 작고 상대적으로 간단한 회로로 구성하고 있음을 주목하라. 4장에서 모듈화, 계층적인 디지털 시스템의 설계 개발에 대한 개념을 간단히 언급했던 것을 상기 하라. 지금이 알테라사의 QuartusII 개발 시스템을 사용하여 여러분이 이해한 범위에서 이 원리들을 프로젝트에 적용할 시간이다. 여러분은 HDL을 사용해서 시계를 설계하기 전에 방금 언급했던 회로의 동작을 이해하고 있어야만 한다. 이것들을 복습하는 시간을 갖도록 하라.

하향식 계층 설계

문제가 크고 복잡할 경우, 여러 단계로 문제를 분해할 필요가 있다. 이 여러 단계를 계층(hierarchy)이라고 부른다. 문제의 복잡도가 증가할수록 그 문제를 어떻게 분해할 것인가 하는 전략적 측면이 중요해진다. 각각의 단계에서는 각 블럭의 동작과 그것을 테스트할 계획을 분명하게 정하고, 한 번 완성되면 다른 곳에서도 사용될 수 있는 공통 요소를 염두에 두며, 블럭들 간의 연결은 최대한 단순하게 되도록한다. 위에서 설명한 시계는 이미 작은 블럭들로 분해되어있고 "상향식 방법"으로 분석되었다. 이 절에서는 위에서 시작하는 하향식 설계방법을 보여준다.

하향식 설계는 계층(hierarchy)에서 가장 복잡한 최상층 레벨에서 시작하는 것을 의미하며, 모든 프로젝트가 입/출력이 달린 닫힌 검은 상자 안에 들어있다고 생각하는 것이다. 상자 안에 무엇이 있는지 아직 모른다. 단지 이 시점에서 그 상자가 잘 동작하기를 원할 뿐이다. 디지털 시계가 선택된 이유는 우리가 시계의 마지막 동작의 결과에 익숙하기 때문이다. 이 단계의 설계 과정 중 중요한 것은 프로젝트의 범위를 확립하는 것이다. 예를 들면 이 디지털 시계는 시간 설정, 알람 설정, 알람 해제, 스누즈 기능 등 잠을 깰 때 쓰이는 다른 기능들은 없을 것이다. 이런 기능들을 추가하는 것은 우리의 목적에 불필요한 복잡성으로 혼란스럽게 할 뿐이다. 우리는 또한 60 Hz 사인 파형을 60 pps 디지털 파형으로 변환하는 것이나 디코더/디스플레이 회로는 포함하지 않는다. 이 프로젝트에는 다음과 같은 세부 사항들이 포함된다.

입력: 60 pps CMOS에 적합한 파형(정확도는 전원 라인 주기에 의존)
출력: BCD Hours: 1 bit TENS 4 bits UNITS
BCD Minutes: 3 bits TENS 4 bits UNITS
BCD Seconds: 3 bits TENS 4 bits UNITS
PM 지시자

Minutes and Seconds sequence: BCD MOD 60
00~59(BCD의 10진수 표현)
Hours sequence BCD MOD 12
01~12(BCD의 10진수 표현)
디스플레이의 전체적인 범위
01:00:00-12:59:59
12:00:00에서 토글되는 AM/PM 지시자

계층(hierarchy)은 크기, 중요성 혹은 복잡성 순으로 정렬된 객체들의 그룹이다. 프로젝트의 전체적인 블럭도(계층의 최상위 레벨)는 그림 10-19에 보인다. 각 BCD 단위 출력은 4비트이고, 분과 초 BCD 10단위 출력은 단지 3비트임에 유의하라. 10자리에 대한 BCD의 최대 숫자는 $5(101_2)$이기 때문에 3비트만 필요하다. 또한 시간에 대한 10자리(HR_TENS)는 오직 1비트임을 주목하라. 이것은 0 혹은 1 이외의 값은 절대 가지지 않을 것이다.

다음 단계는 이 문제를 좀 더 다루기 쉬운 영역들로 쪼개는 것이다. 먼저 60 pps의 입력을 받아 이것을 1 pps 신호로 변환하는 것이 필요하다. 기준 주파수에서 시스템이 필요로 하는 주파수로 나누는 회로를 **프리스케일러**(prescaler)라고 한다. 그 다음은, 초, 분, 시간 카운터에 대해 개별적인 영역이 필요하다. 이렇게 하면 계층도는 그림 10-20과 같이 되며, 4개의 영역으로 프로젝트가 쪼개졌다.

주파수 프리스케일러 영역의 목적은 60 pps 입력을매 초당 1펄스로 나누는 것이다. 이것은 MOD-60 카운터를 요구하며 카운트의 순서는 중요하지 않다. 이 예에서 분과 초 영역은 둘다 00에서 59까지를 카운트하는 MOD-60 카운터를 필요로 한다. 이와 같이 유사한 것을 찾는 것은 설계 과정에서 매우 중요하다. 이 경우 주파수 프리스케일러, 분 카운터,

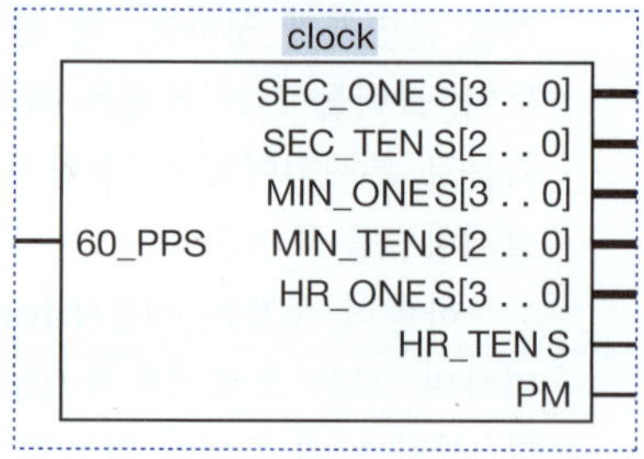

그림 10-19 계층의 최상위 블럭.

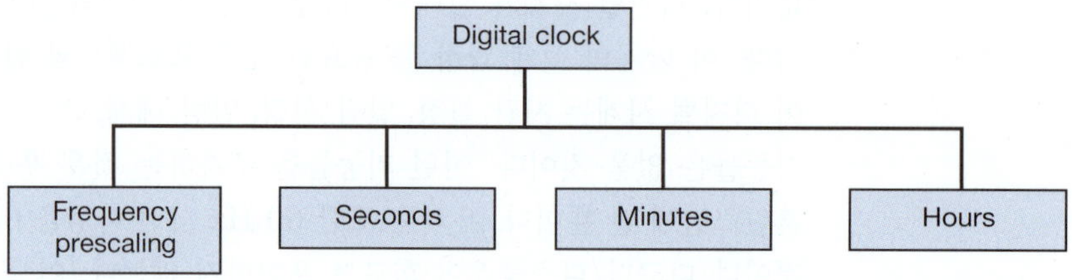

그림 10-20 계층의 두 번째 레벨에 있는 네 개의 서브섹션.

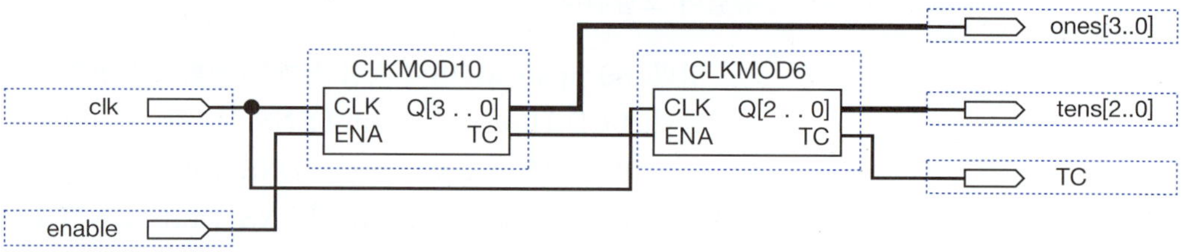

그림 10-21 MOD-60 영역 내부 블럭.

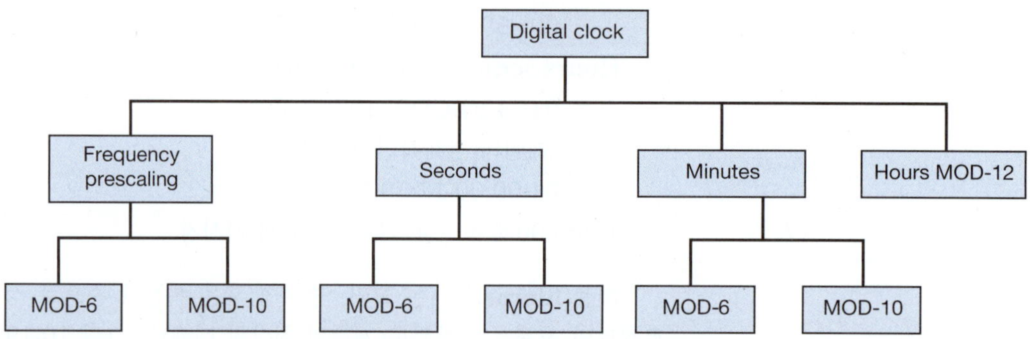

그림 10-22 시계 프로젝트의 전체 계층도.

초 카운터의 구현에 똑같은 설계 회로를 사용할 수 있다.

MOD-60 BCD 카운터는 그림 10-17에서 보듯이 MOD-6 카운터에 직렬로 MOD-10(decade) 카운터를 연결함으로써 쉽게 만들 수 있다. 이것은 이 MOD-60 블럭들의 내부에는 그림 10-21과 유사한 다이어그램이 들어 있음을 의미한다. 이제 프로젝트의 계층은 그림 10-22에 나타난 것처럼 되었다

마지막 설계 결정은 그림 10-18에서 보여준 것과 같이 시간 부에 쓰인 MOD-12 부분을 두 부분으로 나눌 것이냐는 것이다. 한 가지 선택은 이전 장에서 설명한 것과 같이 HDL 라이브러리로부터 표준 부품의 매크로 함수를 연결하는 것이다. 이 회로는 다소 특이하기 때문에 하나의 HDL 모듈을 사용하여 MOD-12 시간 카운터를 서술하기로 한다. 또한 MOD-6과 MOD-10 빌딩 블럭들도 HDL을 사용하여 서술한다. 전체 시계 회로는 이 세 가지 기초 회로 표현을 사용하여 설계될 수 있다. 물론 이 블럭들은 더 작은 플립플롭 블럭

으로 나누어, 회로 입력 기능을 사용하여 설계할 수 있지만, 이 단계에서는 HDL을 사용하는 것이 더 쉽다.

하위부터 블럭 설계하기

여기서 기본 블럭들 각각은 AHDL과 VHDL 둘 다로 표현하였다. 7장에 설명된 MOD-5 동기 카운터의 간단한 변형으로 MOD-6을 서술한다(그림 7-43와 7-44을 보라). 이 코드를 수정하여 MOD-10 카운터를 만들고, 마지막으로 MOD-12 시간 카운터를 설계한다. 이 세 가지 기초 블럭들로 전체 시계를 구성한다.

MOD-6 카운터 AHDL

그림 7-43에 나타나지 않았지만 이 설계에서는 필요한 부가적인 기능은 그림 10-23에서 보인 카운트 *enable* 입력과 터미널 카운트 (*tc*) 출력뿐이다. I/O 정의에 포함된 추가 입력(*enable*, 3행)과 출력(*tc*, 4행)을 주목하라. 구조 설명 부분의 새로운 행(11행)은 카운터의 값을 어떻게 업데이트할 것인지 결정하기 전에 *enable*을 테스트한다(12~15행). 만약 *enable*이 LOW라면, ELSE 분기(16행)에 의해 모든 클럭 모서리에서 count에 같은 값이 유지된다. 15행과 17행처럼 IF와 END IF는 항상 매치되는 것을 기억하라. 터미널 카운트(tc, 18행)는 *count* == 5가 *true*이고 *enable*이 활성화될 때 HIGH일 것이다. AHDL에서 같다는 것을 나타내기 위해서 동등 기호(==)를 두 번 사용하는 것에 유의하라.

```
1   SUBDESIGN fig10_23
2   (
3      clock, enable       :INPUT;     -- synch clock and enable.
4      q[2..0], tc         :OUTPUT;    -- 3-bit counter
5   )
6   VARIABLE
7      count[2..0]    :DFF;   -- declare a register of D flip-flops.
8
9   BEGIN
10     count[].clk = clock;       -- connect all clocks to synchronous source
11     IF enable THEN
12        IF count[].q < 5 THEN
13           count[].d = count[].q + 1;  -- increment current value by one
14        ELSE count[].d = 0;            -- recycle,force unused states to 0
15        END IF;
16     ELSE count[].d = count[].q;       -- not enabled: hold at this count
17     END IF;
18     tc = enable & count[].q == 5;     -- detect maximum count if enabled
19     q[] = count[].q;                  -- connect register to outputs
20  END;
```

그림 10-23 AHDL을 사용한 MOD-6 설계.

MOD-6 카운터 VHDL

그림 7-44에 나타나지 않았지만 이 설계에 필요한 부가적인 기능은 그림 10-24에서 보인 카운트 *enable* 입력과 터미널(terminal) 카운트 (*tc*) 출력뿐이다. I/O 정의에 포함된 추가 입력(*enable*, 2행)과 출력(*tc*, 4행)을 주목하라. 구조 설명부분의 새로운 행(15행)은 카운터의 값을 어떻게 업데이트 할 것인가를 결정하기 전에 *enable*을 테스트 한다(16~20행). enable이 LOW인 경우에는, 현재 값이 변수 *count*에 유지되고 증가하지 않는다. 20~22행과 같이 IF와 END IF가 매치된다는 것을 항상 기억해라. 터미널 카운트 지시자(*tc*, 24~25행)는 *count* = 5가 *true*이고 *enable*이 활성화될 때 HIGH일 것이다.

```
1   ENTITY fig10_24 IS
2   PORT( clock, enable       :IN BIT ;
3         q                   :OUT INTEGER RANGE 0 TO 5;
4         tc                  :OUT BIT
5       );
6   END fig10_24;
7
8   ARCHITECTURE a OF fig10_24 IS
9   BEGIN
10     PROCESS (clock)                          -- respond to clock
11     VARIABLE count    :INTEGER RANGE 0 TO 5;
12
13     BEGIN
14        IF (clock = '1' AND clock'event) THEN
15           IF enable = '1' THEN               -- synchronous cascade input
16              IF count < 5 THEN               -- < max (terminal) count?
17                 count := count + 1;
18              ELSE
19                 count := 0;
20              END IF;
21           END IF;
22        END IF;
23        IF (count = 5) AND (enable = '1') THEN        -- synch cascade output
24              tc <= '1';                              -- indicate terminal ct
25        ELSE  tc <= '0';
26        END IF;
27        q <= count;                                   -- update outputs
28     END PROCESS;
29  END a;
```

그림 10-24 VHDL을 사용한 MOD-6 설계.

그림 10-25에 보인 MOD-6 카운터의 시뮬레이션 테스트는 이 회로가 0에서 5까지 카운트하고, *enable*이 LOW이면 클럭 펄스를 무시하고 카운트를 정지함으로써 카운터 활성 입력에 반응한다는 것을 보여준다. 또한, 최대 카운트가 5에서 활성화되어 있으면 *tc* 출력을 발생한다.

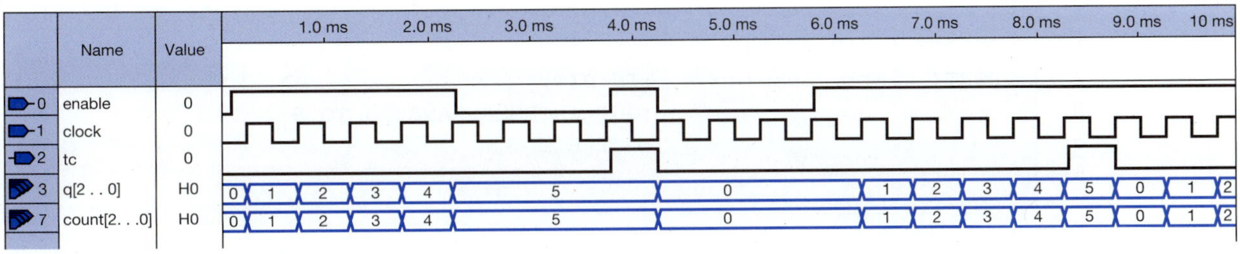

그림 10-25 MOD-6 카운터 시뮬레이션.

MOD-10 카운터 AHDL

MOD-10 카운터는 그림 10-23에 설명된 MOD-6과는 조금 차이가 있다. 출력 포트와 레지스터(VARIABLE 영역에서)의 비트 수와 카운터가 반복되기 전 도달하는 최대 값이 바뀌었다. 그림 10-26은 MOD-10의 설계를 나타낸다.

```
SUBDESIGN fig10_26
(
   clock, enable        :INPUT;       -- synch clock and enable.
   q[3..0], tc          :OUTPUT;      -- 4-bit Decade counter
)
VARIABLE
   count[3..0] :DFF;             -- declare a register of D flip flops.

BEGIN
   count[].clk = clock;          -- connect all clocks to synchronous source
   IF enable THEN
      IF count[].q < 9 THEN
         count[].d = count[].q + 1;    -- increment current value by one
      ELSE count[].d = 0;              -- recycle,force unused states to 0
      END IF;
   ELSE count[].d = count[].q;         -- not enabled: hold at this count
   END IF;
   tc = enable & count[].q == 9;       -- detect maximum count
   q[] = count[].q;                    -- connect register to outputs
END;
```

그림 10-26 AHDL을 사용한 MOD-10 설계.

MOD-10 카운터 VHDL

MOD-10 카운터는 그림 10-24에 설명된 MOD-6과는 조금 차이가 있다. 출력 포트와 변수 *count*(INTEGER RANGE를 사용)의 비트 수와 카운터가 반복되기 전 도달하는 최대 값이 바뀌었다. 그림 10-27은 MOD-10의 설계를 나타낸다.

```
ENTITY fig10_27 IS
PORT( clock, enable     :IN BIT;
      q                 :OUT INTEGER RANGE 0 TO 9;
      tc                :OUT BIT
    );
END fig10_27;

ARCHITECTURE a OF fig10_27 IS
BEGIN
   PROCESS (clock)                              -- respond to clock
   VARIABLE count    :INTEGER RANGE 0 TO 9;

   BEGIN
      IF (clock = '1' AND clock'event) THEN
         IF enable = '1' THEN                   -- synchronous cascade input
            IF count < 9 THEN                   -- decade counter
               count := count + 1;
            ELSE
               count := 0;
            END IF;
         END IF;
      END IF;
      IF (count = 9) AND (enable = '1') THEN       -- synch cascade output
            tc <= '1';
      ELSE tc <= '0';
      END IF;
      q <= count;                                  -- update outputs
   END PROCESS;
END a;
```

그림 10-27 VHDL을 사용한 MOD-10 설계.

MOD-12 설계

시간 카운터는 HDL을 사용하여 단일 설계 파일로 만들 것을 이미 결정하였다. 이 MOD-12 BCD 카운터는 시계의 시간 순서 (1~12)를 따르고 AM/PM 표시를 제공해 주어야 한다. 초기 설계 단계로부터 생각했듯이 BCD 출력은 1자리에는 4비트 배열을, 10자리에는 하나의 비트를 필요로 한다. 이 카운터 회로를 설계하기 위해서, 이것이 어떻게 동작해야 하는지 생각해보자. 카운트의 순서는 다음과 같다.

01 02 03 04 05 06 07 08 09 10 11 12 01 . . .

이 순서를 살펴보면, 적합한 다음 상태를 만들기 위한 필요 동작들을 정의하는 데 4개의 중요한 영역이 있음을 알 수 있다.

1. 값이 01에서 08일 때는, 낮은 자리는 증가시키고 높은 자리는 같은 수로 유지한다.
2. 값이 09일 때는, 낮은 자리는 0으로 재설정(reset)하고 높은 자리는 1로 만든다.
3. 값이 10이나 11일 때는, 낮은 자리는 증가시키고 높은 자리는 같은 수로 유지한다.
4. 값이 12일 때는, 낮은 자리는 1로, 높은 자리는 0으로 재설정한다.

이러한 조건들은 값의 범위를 평가할 필요가 있기 때문에, CASE 구조보다는 IF/

ELSIF 구조를 사용하는 것이 적합하다. 또한 AM/PM 표시기를 언제 토글할 것인지 확인할 필요가 있다. 이때는 시간의 상태가 11이고 enable이 HIGH일 때, 즉 하위의 카운터들이 최대 값(59:59)일 때이다.

AHDL을 사용한 MOD-12 카운터

AHDL 카운터는 낮은 자리 BCD 수를 위해 4개의 D 플립플롭들의 뱅크(bank)가 필요하고, 높은 자리 BCD 수에 대해서는 그 값이 항상 0 또는 1이기 때문에 1개의 D 플립플롭이 필요하다. 또한 A.M.과 P.M.을 기억할 1개의 플립플롭이 필요하다. 이것들은 그림 10-28의 7~9행에 선언되어 있다. 또한 이 설계에서 출력 포트들을 위해 같은 이름이 사용되었음에 주목하라. 이것은 AHDL의 편리한 기능이다. 인에이블 입력 (*ena*)이 활성화될 때, 회로는

```
1  SUBDESIGN fig10_28
2  (
3     clk, ena            :INPUT;
4     low[3..0], hi, pm   :OUTPUT;
5  )
6  VARIABLE
7     low[3..0]     :DFF;
8     hi            :DFF;
9     am_pm         :JKFF;
10    time          :NODE;
11 BEGIN
12    low[].clk = clk;          -- synchronous clocking
13    hi.clk = clk;
14    am_pm.clk = clk;
15    IF ena THEN               -- use enable to count
16       IF low[].q < 9 & hi.q == 0   THEN
17          low[].d = low[].q + 1; --inc lo digit
18          hi.d = hi.q; -- hold hi digit
19       ELSIF low[].q == 9 THEN
20          low[].d = 0;
21          hi.d = VCC;
22       ELSIF hi.q == 1 & low[].q < 2 THEN
23          low[].d = low[].q + 1;
24          hi.d = hi.q;
25       ELSIF hi.q == 1 & low[].q == 2 THEN
26          low[].d = 1;
27          hi.d = GND;
28       END IF;
29    ELSE
30       low[].d = low[].q;
31       hi.d = hi.q;
32    END IF;
33    time = hi.q == 1 & low[3..0].q == 1 & ena;    -- detect 11:59:59
34    am_pm.j = time;        -- toggle am/pm at noon and midnight
35    am_pm.k = time;
36    pm = am_pm.q;
37 END;
```

그림 10-28 AHDL을 사용한 MOD-12 시간 카운터.

16~28행의 IF/ELSE 문장들을 수행하여, BCD 수의 위와 아래 니블(nibble)에 적당한 동작을 실행한다. 인에이블 입력이 LOW일 때는, 30행과 31행에서 보여준 것과 같이 같은 값이 유지된다. 33행은 카운터가 인에이블되는 동안 11에 도달했는지 탐지한다. 이 신호는 11:59:59에서 토글되도록 am_pm 플립플롭의 *J*와 *K* 입력에 연결된다.

VHDL을 사용한 MOD-12 카운터

그림 10-29의 VHDL 카운터는 낮은 자리 BCD 수를 위해 4비트의 출력이 필요하고, 높은 자리 BCD 수에 대해서는 그 값이 항상 0 또는 1이기 때문에 1개의 출력이 필요하다. 이

```
ENTITY fig10_29 IS
PORT( clk, ena       :IN BIT ;
      low            :OUT INTEGER RANGE 0 TO 9;
      hi             :OUT INTEGER RANGE 0 TO 1;
      pm             :OUT BIT             );
END fig10_29;

ARCHITECTURE a OF fig10_29 IS
BEGIN
   PROCESS (clk)                          -- respond to clock
   VARIABLE am_pm :BIT;
   VARIABLE ones  :INTEGER RANGE 0 TO 9;  -- 4-bit units signal
   VARIABLE tens  :INTEGER RANGE 0 TO 1;  -- 1-bit tens signal
   BEGIN
      IF (clk = '1' AND clk'EVENT) THEN
         IF ena = '1' THEN                -- synchronous cascade input
            IF (ones = 1) AND (tens = 1) THEN   -- at 11:59:59
               am_pm := NOT am_pm;              -- toggle am/pm
            END IF;
            IF (ones < 9) AND  (tens = 0) THEN  -- states 00-08
                ones := ones + 1;         -- increment units
            ELSIF ones = 9 THEN           -- state 09...set to 10:00
               ones := 0;                 -- units reset to zero
               tens := 1;                 -- tens bump up to 1
            ELSIF (tens = 1) AND (ones < 2) THEN-- states 10, 11
               ones := ones + 1;          -- increment units
            ELSIF (tens = 1) AND (ones = 2) THEN -- state 12
               ones := 1;                 -- set to 01:00
               tens := 0;
            END IF;
   -----------------------------------------------------------
   -- This space is the alternate location for updating am/pm
   -----------------------------------------------------------
         END IF;
      END IF;
      pm <= am_pm;
      low <= ones;                           -- update outputs
      hi <= tens;
   END PROCESS;
END a;
```

그림 10-29 VHDL을 사용한 MOD-12 시간 카운터.

출력들(3, 4행)과 출력들을 만드는 변수들(12, 13행)은 변수 값에 단순히 1을 더함으로써 'counting'이 가능해야 하기 때문에 정수들로 선언된다. 각 활성화된 클럭의 모서리에서 인에이블 입력이 활성화될 때, 회로는 시간의 1자리를 나타내는 BCD 카운터, 1비트짜리로서 시간의 10자리를 나타내는 카운터, 그리고 AM/PM 플립플롭에 대해 무엇을 해야 하는지 결정할 필요가 있다.

이 예는 설계자가 최종 하드웨어 회로의 동작을 정확하게 설명할 수 있도록 해주는 VHDL의 고급 기능을 잘 보여준다. 이전 장에서, PROCESS 안에서 문장들이 순차적으로 평가되는 것에 대한 문제를 언급하였다. PROCESS 밖의 문장은 동시에 수행되어서 설계 파일에 기록된 순서는 최종 회로의 동작에 영향을 미치지 않는다는 것을 상기하라. 이 예제에서, 현재 상태를 평가해서 AM/PM 표시기를 토글해야 하는지와 카운터를 다음 상태로 전진시킬 것인지 결정해야 한다. 다음과 같은 사항을 생각해보자.

1. VHDL에서 현재 카운트 값을 어떻게 "기억"하나?
2. 현재 카운트 값을 평가하여 카운트 값이 11인지 확인하고(AM/PM 플립플롭을 토글할 필요가 있는지 결정하기 위해서) 12로 증가시킬 것인가, 또는 11에서 12로 카운트 상태를 증가시키고 카운트를 평가하여 12인지 확인할 것인가(AM/PM 플립플롭을 토글할 필요가 있는지 알기 위해서)?

첫 번째 문제에 관해서는, VHDL에 카운터의 현재 상태를 기억하기 위한 두 가지 방법이 있다. SIGNAL와 VARIABLE은 모두 그들이 변경될 때까지 그들의 값을 유지한다. 일반적으로, SIGNAL은 회로에서 전선처럼 노드들(nodes)을 연결하기 위해 사용되고, VARIABLE은 업데이트 사이 사이에서 데이터를 저장하기 위해 레지스터처럼 사용된다. 따라서, 일반적으로 VARIABLE은 카운터를 구현하는 데 사용된다. 주요 차이는 그들이 선언된 PROCESS에서 VARIABL은 국지적이고 SIGNAL은 전역적이라는 것이다. 또한, VARIABLE은 PROCESS 내의 문장 순서에서 즉시 업데이트되는 반면, SIGNAL은 사용한 PROCESS가 정지될 때 업데이트된다. 이 예에서는 클럭 모서리가 발생될 때 무엇이 일어나야 하는지 설명하는 PROCESS에 국지적인 VARIABLE의 사용을 선택하였다.

두 번째 문제에 대해서는, 이 두 가지 방법 모두 동작할 것이지만, VHDL을 사용하여 그들을 어떻게 표현할 것인가? 만약 카운터 업데이트 전에 11을 탐지하여(동기식 cascade와 같이) A.M.과 P.M.을 토글하는 회로를 원한다면, 이 테스트는 코드 중에서 VARIALBE이 업데이트되기 전에 해야 한다. 이 테스트는 그림 10-29 설계 파일의 17~19행에 보인다. 다른 한편으로, 만약 클럭 모서리 후에 12시가 되었는지 탐지하여(리플 cascade와 같이) A.M.과 P.M.을 토글하는 회로를 원한다면, VARIABLE은 12인지를 테스트하기 전에 업데이트되어야 한다. 이렇게 하도록 그림 10-29의 설계를 수정하려면, 17~19행의 IF 구조를 31~33행 사이의 비어 있는 칸으로 이동하고, 아래와 같이 수정하면 된다.

```
31   IF (ones = 2) AND (tens = 1) THEN -- at 12:00:00
32      am_pm := NOT am_pm;            -- toggle am/pm
33      END IF;
```

문장과 디코드되는 변수의 순서는 회로가 어떻게 동작하는지에 대해 많은 차이를 만든다. 36~38행에서, *am_pm* VARIABLE은 *pm* 포트에 연결되고, 1자리 BCD 수는 출력

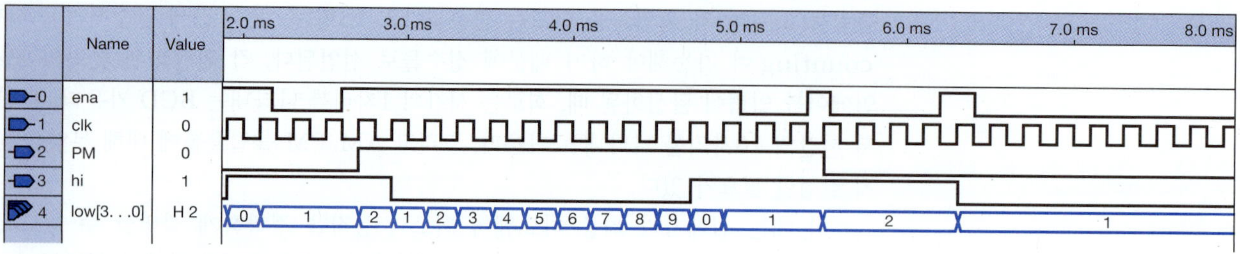

그림 10-30 MOD-12 시간 카운터 시뮬레이션.

의 하위 4비트들(*low*)에 적용되고, 10자리(한개의 비트 변수)는 출력 포트의 가장 큰 자릿수(*hi*)에 적용된다. 모든 VARIABLE들은 국지적이기 때문에 모든 문장은 39행에 END PROCESS전에 발생되어야 한다.

설계가 컴파일된 후에, 특히 중요 부분에서 동작을 확인하기 위해 시뮬레이션을 해야 한다. 그림 10-30은 이 카운터를 테스트하기 위한 시뮬레이션의 예를 보여준다. 타이밍도의 왼쪽 부분에 카운터는 디스에이블(disable)되어있고 11시 값을 가지고 있다. *hi* 자릿수는 1이고 *low[ ]* 자릿수는 1이기 때문이다. *enable*이 활성화된 후 클럭의 상승 모서리에서 시간이 11에서 12로 변하고, PM 지시기가 HIGH로 되며 정오를 의미하게 된다. 다음 활성 모서리에서 카운트는 12에서 01로 변화된다. 타이밍도의 오른쪽 절반에서 동일한 시퀀스가 시뮬레이션되고, 시간 증가 사이에서 많은 클럭 펄스들을 실제로 보여준다. 클럭 사이클이 증가되기 전에, 인에이블은 이전 단계의 종료 카운트에 의해 HIGH가 된다.

그래픽으로 블럭 연결하기

프로젝트의 빌딩 블럭들이 정의되고 생성되었으며, 그들이 정확하게 동작하는지 확인하기 위해 하나하나 시뮬레이션되었다. 이제 블럭들을 조합하여 영역을 만들고 마지막으로 영역을 조합하여 마지막 결과물을 만든다. 알테라의 소프트웨어는 프로젝트의 모든 부분들을 통합하기 위한 몇 가지 방법을 제공한다. 4장에서 서로 다른 타입의 디자인 파일들(AHDL, VHDL, VERILOG, Schematic)을 그래픽적으로 조합할 수 있음을 언급하였다. 이 기술은 특정 디자인 파일을 표현하기 위해 기호(symbol)을 생성할 수 있는 기능으로 구현할 수 있다. 예를 들어 그림 10-24의 VHDL로 작성된 MOD-6 카운터 디자인 파일은 그림 10-31(a)와 같이 소프트웨어에서 회로 블럭으로 표현할 수 있다. Quartus II 소프트웨어는 버튼 클릭으로 이 기호를 만든다. 그 시점부터, 이 기호는 HDL 코드에 명시되어 있는 설계에 따라 동작하는 것으로 인식된다. 그림 10-31(b)의 기호는 그림 10-26의 MOD-10 카운터에 대한 AHDL 파일로부터 만들어졌고, 그림 10-31(c)의 기호는 그림 10-29의 MOD-12 카운터에 대한 VHDL 파일로부터 만들어졌다(이 회로 블럭들이 그림 번호로 이

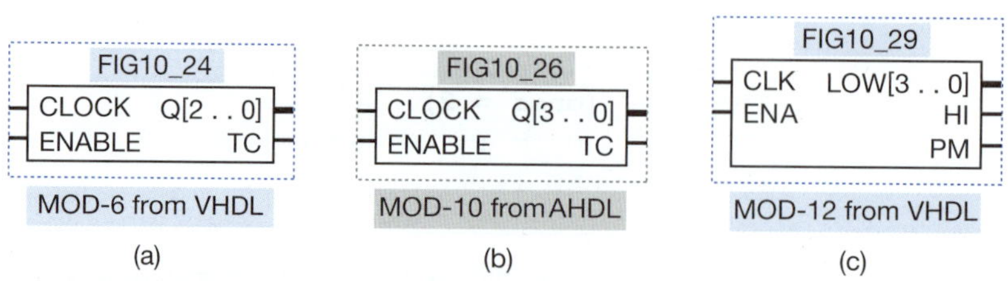

그림 10-31 HDL 디자인 파일로부터 만들어진 그래픽 블럭 기호. (a) MOD-6 VHDL (b) MOD-10 AHDL (c) MOD-12 VHDL.

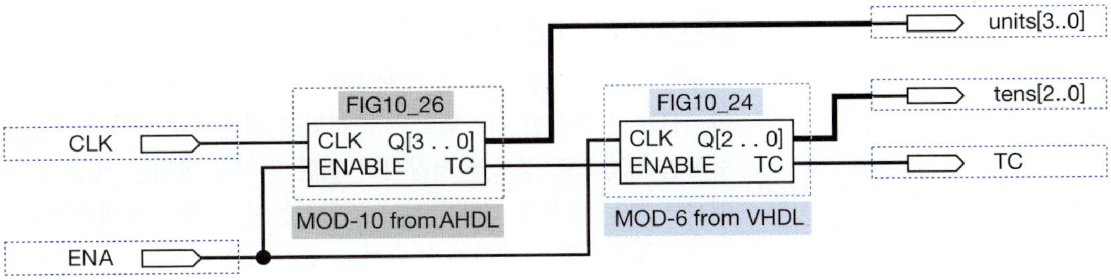

그림 10-32 MOD-60을 만드는 HDL의 그래픽 조합.

름 붙여진 이유는 웹 사이트에서 설계 파일들의 위치를 더 쉽게 찾도록 하기 위한 것이다. 실제 설계 환경[교과서가 아닌]에서는 MOD6, MOD10, CLOCK_HOURS의 이름과 같이 그 목적에 따라 이름이 붙여져야 한다).

우리가 만들어 놓은 설계 계층에 따라, 다음 단계는 MOD-60 블럭을 만들기 위해 MOD-6과 MOD-10 카운터를 조합한다. Quartus II 소프트웨어는 입력포트, 기호, 출력 포트를 연결하는 선으로 블럭 기호들을 조합하기 위해 블럭 설계 파일(.bdf)를 사용한다. 그림 10-32는 그 결과인데 Quartus II 에서의 BDF파일을 나타낸다. 이 블럭 설계 파일은 컴파일되어 MOD-60 카운터의 동작을 시뮬레이션하기 위해 사용될 수 있다. 디자인이 정확하게 동작하는 것이 확인되면, Quartus II 시스템은 이 회로를 사용하여 그림 10-33에 보여준 것과 같은 블럭 기호를 만들 수 있도록 한다.

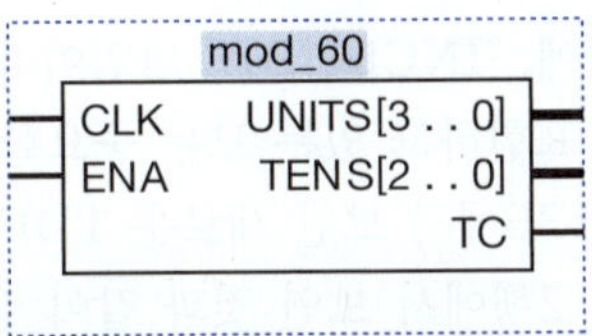

그림 10-33 MOD-60 카운터.

MOD-60 기호는 그림 10-34에서 보여준 시스템 레벨 블럭 기호도를 만들기 위해 MOD-12 기호와 함께 반복적으로 사용될 수 있다. 이 시스템 레벨 다이어그램도 그림 10-35와 같이 전체적인 프로젝트를 위해 블럭 기호로써 표현될 수 있다.

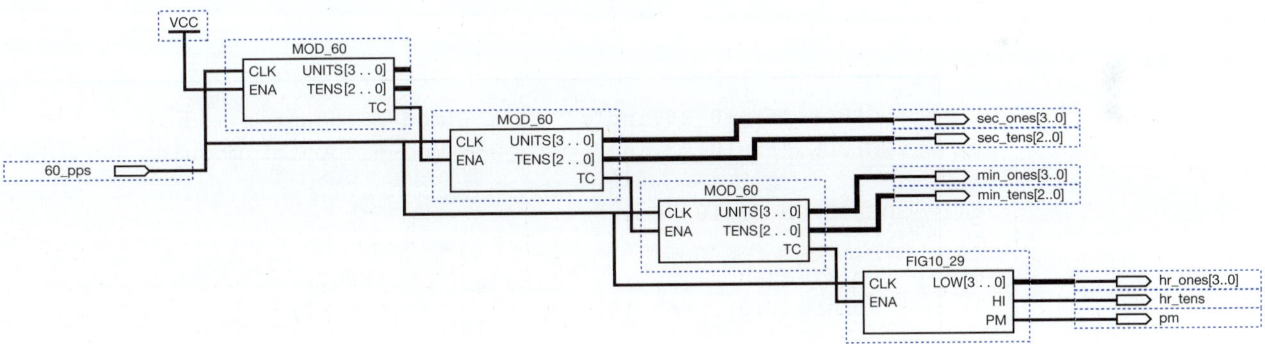

그림 10-34 블럭 기호를 사용하여 연결된 전체 시계 프로젝트.

그림 10-35 1개 기호로 나타낸 전체 시계.

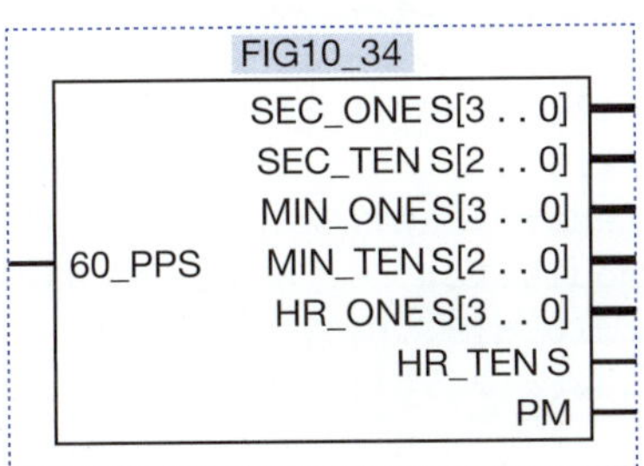

HDL만을 사용하여 블럭 연결하기

그래픽 방법은 이용 가능하고 목적에 적합하기만 하면 잘 동작한다. 전에 언급했던 것과 같이, HDL은 복잡한 시스템들의 문서화를 위해서나 시간에 제한적이지 않고, 소프트웨어 독립적인 방법으로 정보를 저장하기 위한 편리한 방법을 제공하기 위해 개발되었다. AHDL에서는 하부 설계의 그래픽적인 조합기능이 언제나 알테라로부터 툴로 제공된다고 보면되지만, VHDL의 사용자에 대해서 그렇지 못하다. 많은 VHDL 개발 시스템들은 알테라의 그래픽 블럭 조합과 동등한 것을 제공하지 못한다. 이것이 왜 모듈화, 계층적 개발, 프로젝트 통합 같은 개념을 텍스트 기반 언어 툴만 사용하여 설명하는 것이 중요한 이유이다. 우리의 AHDL 통합의 설명 범위는 그래픽 방법이 일반적으로 더 선호되기 때문에, VHDL의 적용 범위의 깊이만큼은 아닐 것이다.

AHDL 모듈 조합

MOD-6과 MOD-10 카운터들에 대한 2개의 AHDL 파일들로 돌아가 보자. 텍스트 기반의 AHDL을 사용하여 이 파일들을 조합해 MOD-60 카운터를 어떻게 만들 수 있을까? 이 방법은 그래픽 통합(graphic integration)의 것과 매우 유사하다. MOD-6과 MOD-10 파일들의 "기호(symbol)" 표현을 만드는 것 대신에, "INCLUDE" 파일이라 부르는 새로운 종류의 파일을 만든다. 이것은 AHDL 파일이 표현하고 있는 모든 중요한 정보를 포함한다. MOD-60 카운터를 표현하기 위해, 그림 10-36에서 보인 새로운 TDF 파일을 연다. 빌딩 블럭 파일들(building block files)은 1, 2행에서 보인 것과 같이 상단에 "included"된다. 다음에, 블럭들에 사용된 이름들은 변수의 성질을 정의하기 위하여 라이브러리 콤포넌트나 프리미티브처럼 사용된다. 10행에서 변수 *mod10*은 다른 모듈(그림 10_26)에 있는 *MOD-10* 카운터를 표현하기 위해 사용된다. MOD10은 그림 10_26.tdf

```
1   INCLUDE "fig10_26.inc";        -- mod-10 counter module
2   INCLUDE "fig10_23.inc";        -- mod-6 counter module
3
4   SUBDESIGN fig10_36
5   (
6      clk, ena                          :INPUT;
7      ones[3..0], tens[2..0], tc        :OUTPUT;
8   )
9   VARIABLE
10     mod10           :fig10_26;        -- mod-10 for units
11     mod6            :fig10_23;        -- mod-6 for tens
12  BEGIN
13     mod10.clock = clk;                -- synchronous clocking
14     mod6.clock = clk;
15     mod10.enable = ena;
16     mod6.enable = mod10.tc;           -- cascade
17     ones[3..0] = mod10.q[3..0];       -- 1s
18     tens[2..0] = mod6.q[2..0];        -- 10s
19     tc = mod6.tc;                     -- Make terminal count at 59
20  END;
```

그림 10-36 MOD-10과 MOD-6으로부터 만든 MOD-60의 AHDL 표현.

에 설명된 모든 특징들(입력들, 출력들, 기능적인 동작)을 가지고 있다. 마찬가지로 11행에서 변수 *mod6*은 그림 10_23.tdf의 MOD-6 카운터의 특징들이 주어진다. 13~19행은 다른 컴포넌트들과 입/출력들을 서로 연결하기 위해 BDF file에 선들을 그리는 것과 같은 작업을 실행한다.

이 파일(그림 10_36.TDF)은 컴파일러에 의해서 “include” 파일(그림 10_36.inc)로 번역될 수 있고, 시스템을 구성하기 위해 주요 부분들의 상호연결을 설명하는 또 다른 tdf 파일에서 사용될 수 있다. 이 계층의 각 단계는 하위 단계의 관계된 모듈에서 다시 참조된다.

VHDL 모듈 조합

그림 10-24와 그림 10-27 각각에서 보여준 MOD-6과 MOD-10 카운터들에 대한 2개의 VHDL 파일들로 돌아가 보자. 텍스트 기반의 VHDL만을 사용하여 어떻게 이 파일들을 조합하여 MOD-60 카운터로 만들 수 있을까? 이 방법은 그래픽 통합의 것과 매우 유사하다. MOD-6과 MOD-10 파일들의 기호(symbol) 표현을 만드는 대신에, 5장에서 연

```
ENTITY fig10_37 IS
PORT( clk, ena        :IN BIT ;
      tens            :OUT INTEGER RANGE 0 TO 5;
      ones            :OUT INTEGER RANGE 0 TO 9;
      tc              :OUT BIT              );
END fig10_37;

ARCHITECTURE a OF fig10_37 IS
SIGNAL cascade_wire   :BIT;
COMPONENT fig10_24                                   -- MOD-6 module
PORT( clock, enable   :IN BIT ;
      q               :OUT INTEGER RANGE 0 TO 5;
      tc              :OUT BIT);
END COMPONENT;
COMPONENT fig10_27                                   -- MOD-10 module
PORT( clock, enable   :IN BIT ;
      q               :OUT INTEGER RANGE 0 TO 9;
      tc              :OUT BIT);
END COMPONENT;

BEGIN
   mod10:fig10_27
      PORT MAP(   clock => clk,
                  enable => ena,
                  q  => ones,
                  tc => cascade_wire);

   mod6:fig10_24
      PORT MAP(   clock => clk,
                  enable => cascade_wire,
                  q  => tens,
                  tc => tc);

END a;
```

그림 10-37 MOD-10과 MOD-6으로부터 만든 MOD-60의 VHDL 표현.

구해왔던 것과 같이 설계 파일들은 COMPONENT로 표현된다. VHDL 파일이 표현하고 있는 것에 관한 모든 중요한 정보를 포함한다. MOD-60 카운터를 설명하기 위해, 그림 10-37에서 보여준 새로운 VHDL 파일을 연다. 빌딩 블럭 파일들은 구조 기술에 있는 10~14행및 15~19행에서 보여준 것과 같이 "component"로 표현된다. 다음, 빌딩 블럭들(components)을 위해 사용되는 이름들은 이 성분들의 상호연결을 설명하기 위해 PORT MAP 예약어와 함께 사용한다. PORT MAP 부분의 정보는 BDF 파일의 회로도 그림 위에 선들을 그리는 것과 같은 동작을 표현한다.

마지막으로, 계층의 상단 블럭을 표현한 VHDL 파일은 그림 10-37(MOD-60)과 그림 10-29(MOD-12)로부터의 컴포넌트들을 사용하여 만들어진다. 이 파일은 그림 10-38에서 보여준다. 아래와 같은 일반적인 형태를 주목하라:

I/O 정의: 1~7행

신호들의 정의: 10~11행

컴포넌트들의 정의: 12~23행

컴포넌트들의 설명과 연결: 27~52행

```
1   ENTITY fig10_38 IS
2   PORT( pps_60                            :IN BIT ;
3         hour_tens                         :OUT INTEGER RANGE 0 TO 1;
4         hour_ones, min_ones, sec_ones     :OUT INTEGER RANGE 0 TO 9;
5         min_tens, sec_tens                :OUT INTEGER RANGE 0 to 5;
6         pm                                :OUT BIT                 );
7   END fig10_38;
8
9   ARCHITECTURE a OF fig10_38 IS
10  SIGNAL cascade_wire1, cascade_wire2, cascade_wire3    :BIT;
11  SIGNAL enabled                                        :BIT;
12  COMPONENT fig10_37     -- MOD-60
13  PORT( clk, ena         :IN BIT ;
14        tens             :OUT INTEGER RANGE 0 TO 5;
15        ones             :OUT INTEGER RANGE 0 TO 9;
16        tc               :OUT BIT           );
17  END COMPONENT;
18  COMPONENT fig10_29     -- MOD-12
19  PORT( clk, ena         :IN BIT ;
20        low              :OUT INTEGER RANGE 0 TO 9;
21        hi               :OUT INTEGER RANGE 0 TO 1;
22        pm               :OUT BIT           );
23  END COMPONENT;
24  BEGIN
25     enabled <= '1';
26
27     prescale:fig10_37         -- MOD-60 prescaler
28        PORT MAP(   clk    => pps_60,
29                    ena    => enabled,
30                    tc     => cascade_wire1);
31
```

그림 10-38 VHDL로 완성된 시계.

```
    second:fig10_37                -- MOD-60 seconds counter
       PORT MAP(   clk   => pps_60,
                   ena   => cascade_wire1,
                   ones  => sec_ones,
                   tens  => sec_tens,
                   tc    => cascade_wire2);

    minute:fig10_37                -- MOD-60 minutes counter
       PORT MAP(   clk   => pps_60,
                   ena   => cascade_wire2,
                   ones  => min_ones,
                   tens  => min_tens,
                   tc    => cascade_wire3);

    hour:fig10_29                  -- MOD-12 hours counter
       PORT MAP(   clk   => pps_60,
                   ena   => cascade_wire3,
                   low   => hour_ones,
                   hi    => hour_tens,
                   pm    => pm);
  END a;
```

그림 10-38 (계속)VHDL로 완성된 시계.

학습성과 평가문제

1. 계층적인 설계의 상위 단계에서 정의된 것은 무엇인가?
2. 설계 과정 시작은 어디인가?
3. building 과정의 시작은 어디인가?
4. 시뮬레이션 테스트는 어느 단계에서 완료해야 하는가?

10-5 마이크로웨이브 오븐 프로젝트

학습성과

이 절을 학습함으로써 다음을 할 수 있다

- 마이크로웨이브 오븐 시스템 프로젝트의 요구조건 기술
- 좀더 간단한 블럭으로 시스템 분해
- 각 블럭의 입력과 출력 정의
- HDL을 사용 시스템의 논리 동작을 표현

지금까지 디지털 시스템의 주요한 빌딩 블럭들에 대해 논했고, 이 블럭들을 사용한 간단한 시스템 예를 살펴보았다. 이번 절에서는 모든 사람이 사용자 입장에서 익숙한, 완성된 프로젝트(마이크로웨이브 오븐)를 다룬다. 이 시스템은 모든 디지털 시스템들을 구성하는 많은 빌딩 블럭들을 포함하고 있으며, 이것들이 어떻게 조합되어 생활에 큰 변혁을 가져온 발명품을 제어하는지 보여준다.

마이크로웨이브 오븐은 충분한 전력을 갖는 전파 발생기를 사용하여 음식 내부의 분자를 자극하여 열을 발생시킨다. 1960년대 마이크로웨이브 요리법이 처음 발명된 이후 이 장치의 기본 구성품 네 가지는 크게 변하지 않았다. 고전압 변환기, 다이오드, 캐패시터, 그리고 마그네트론 튜브. 이 회로에 대해 기억해야 할 중요한 것이라고는 120 VAC를 트랜스포머에 가하면 오븐은 당신의 음식을 요리하고, 120 VAC를 차단하면 오븐이 꺼진다는 것 정도이다. 다른 말로 하면 1과 0으로 조정이 가능하다는 것이다. 마이크로웨이브 오븐을 제어하는 회로는 세월이 지나면서 단순한 기계식 타이머에서 복잡한 디지털 시스템으로 바뀌었다. 우리가 설계할 제어기는 사용자가 원하는 요리 시간을 분과 초로 입력할 수 있고, 그림 10-39(a)에 보인 사진과 같이 전형적인 오븐의 기본 사용자 제어를 제공한다.

프로젝트 정의

최상층에서 시작하여 마이크로웨이브 제어기의 입출력을 정의해보자. 이 프로젝트의 의도는 그림 10-39(b)에 보인것 같이 알테라 DE1 보드(또는 DE 2 또는 유사한 것) 위에 구현하는 것이다. 시스템의 실제의 논리 레벨이 알테라 보드의 하드웨어 자원(스위치와 표시기)과 일치하므로, 10개의 개별 스위치를 그림 9-15에 보인 인코더와 비슷한 키패드 입력을 나타내는 데 사용하기로 한다. 다른 방법으로는 그림 10-3과 같은 외부 매트릭스 키패드를 사용할 수 있다. 이 예에서는 개발 보드 이외의 외부 하드웨어는 되도록 사용하지 않기로 한다. 그림 10-40의 블럭도에 이 프로젝트의 범위를 정의하였고, 표 10-3에 자세한 명세를 보였다.

이 시스템은 일반적인 마이크로웨이브 오븐처럼 동작해야 할 것이다. 오븐이 음식을 조리하고 있지 않을 때는, 키패드의 키들을 눌러서 원하는 요리 시간을 입력할 수 있어야 한다. 눌러진 키는 표시기의 맨 오른쪽에 보여지고 다른 숫자들은 왼쪽으로 이동한다. 시작 버튼이 눌려지고 도어가 닫혀있다면, 마그네트론이 작동되고 숫자의 분 초가 카운트 다운된다. 표시기상에서 선두의 0(zero)은 표시되지 않는다. 도어가 열렸거나 정지 버튼이 눌려지면, 시간은 현재 값을 유지하고 마그네트론은 멈춘다. 클리어 버튼을 누르면 언제나 카운트를 0으로 만든다. 카운트가 0이 되면, 마그네트론은 꺼지고 시간에는 0이 표시된다. 만일

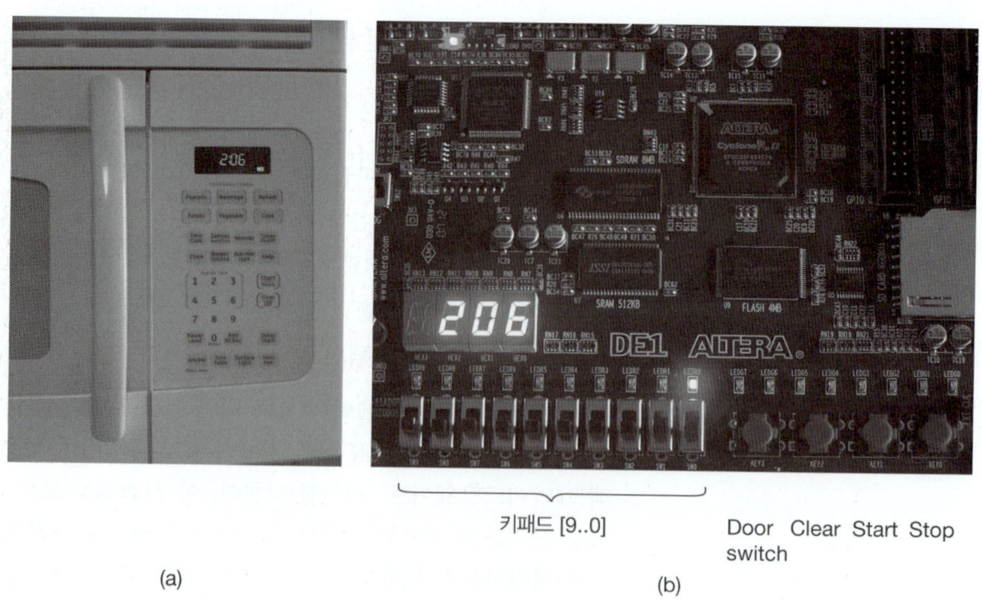

그림 10-39 (a) 전형적인 마이크로웨이브 오븐. (b) DE1 보드로 된 마이크로웨이브 오븐 프로젝트.

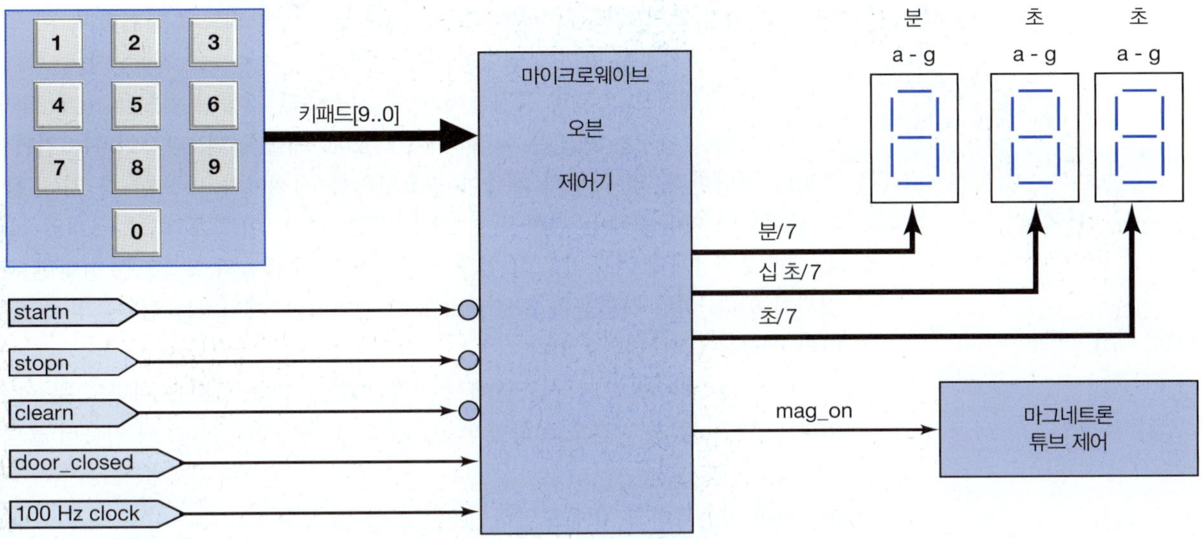

그림 10-40 마이크로웨이브 오븐의 시스템 블럭도.

표 10-3 마이크로웨이브 신호 명세서.

입력 신호	신호 명세
clock	100 Hz, 3.3 V 표준 논리 레벨
startn, stopn, clearn	평소에 HIGH, LOW-활성 순간 푸시 버튼, 3.3 V 표준 논리 레벨
door_closed	door가 열리면 HIGH, 닫히면 LOW
ketpad(0~9)	10개의 개별 키패드 버튼: HIGH-활성(DE1에서는 슬라이드 스위치)

출력 신호	신호 명세
mag_on	마그네트론 회로에 120 VAC를 인가하는 HIGH-활성 출력
min_segs(a~g)	상위(분) 표시기 숫자 LOW-활성 출력: 각각의 a~g 세그먼트
sec_tens_segs(a~g)	중간(10초) 표시기 숫자 LOW-활성 출력: 각각의 a~g 세그먼트
sec_ones_segs(a~g)	하위(1초) 표시기 숫자 LOW-활성 출력: 각각의 a~g 세그먼트

사용자가 59보다 큰 값(즉, 60~99)을 초의 값으로 입력하여도, 초 카운터는 00이 될 때까지 카운트 다운해야 한다.

전략적 계획/문제 분해

첫 번째 전략적 결정은 마이크로콘트롤러를 사용할 것인지 맞춤설계된 디지털 회로를 사용할 것인지가 될 것이다. 이번 응용에서 오븐을 제어하기 위해 마이크로콘트롤러를 사용하지 못할 이유가 없다. 사실 당신의 마이크로웨이브 오븐은 이 목적을 위해 아마도 마이크로콘트롤러를 사용하고 있을 것이다. 마이크로콘트롤러는 한 개의 칩에 들어간 작은 컴퓨터 시스템임을 상기하자. 이것은 설계자가 메모리에 저장한 명령들을 순서대로 수행한다. 각 입력을 검사하고, 어떤 계산을 수행하고, 출력을 갱신하는 명령들은 인간이 버튼을 누르고 떼는 것보다 빠르게 수행될 수 있다. 어떤 마이크로콘트롤러의 속도도 인간의 동작을 따라가는 데는 충분하므로, 이 응용에서는 맞춤설계된 디지털 회로의 속도가 필요하지 않다. 그러나 이 책은 디지털 시스템 교과서이므로 이 해법에서 되도록 많은 디지털 시스템의 빌딩 블럭들을 포함하기로 한다. 마이크로웨이브 오븐은 마이크 로콘트롤러를 사용하는 대신 필드 프로그래머블 게이트 에레이(FPGA)를 이용한 디지털 회로로 구현한다. 이 결정은 프로젝트의 블럭을 계획하는 방법에 영향을 준다.

마이크로웨이브 오븐의 특징들에서 이 시스템의 기능 블럭들을 쉽게 찾아낼 수 있다. 어느 시스템을 나누는 방법은 여러 가지가 있다. 예를 들면, 디자이너는 얼마나 많은 기능 블럭이 적당한지, 몇 레벨의 계층이 필요한지를 정해야하고, 또한 각 기능 블럭을 해결하는 난이도에 영향을 주는 전략적 결정들을 해야 한다. 이 프로젝트는 3개의 계층 레벨이 있고 레벨 2에 4개의 기능 블럭이 있도록 구성된다. 블럭들의 복잡도는 간단한 것부터 어려운 것까지 있다. 어떤 작업들이 프로젝트 팀에 주어지면, 매니저는 팀원들의 경험/기술 수준에 따라 작업들을 배치할 수 있다.

마이크로웨이브 오븐 시스템에서 가장 명확한 기능 블럭은 아마도 분/초 타이머일 것이다. 이것은 일 초 간격으로 하향 카운트하는 간단한 회로이다. 이 카운터 블럭의 필요사항은 다음과 같다.

- 하향 카운트하고, 0에 도달하면 카운트를 멈춘다
- 한 번에 한 개씩의 BCD 숫자(분과 초)를 입력받아야 한다. 숫자는 왼쪽으로 움직인다
- 클리어시킬 수 있어야한다.
- (현재 카운트 값을 유지하며) 정지시킬 수 있어야 한다

여기에서 두 번째 전략적 결정을 해야 한다. 이 설계에서 오븐의 타이머로 순수한 이진 카운터를 사용할 것인가 또는 BCD 카운터를 사용할 것인가? 순수한 이진 카운터는 표현하기도 쉽고 만들기도 쉽지만, 키가 눌릴 때마다 어떻게 올바른 이진 숫자를 적재할 것인가? 각 키 입력은 단순히 한 개의 BCD 숫자를 만들어냄을 기억하자. BCD 숫자를 이진수로 바꾸고 이를 카운터에 적재하는 회로는 약간 복잡한 계산 동작을 필요로 할 것이다. 출력 측에서 보면, 이진수(카운터에서 나온)를 7-세그먼트 BCD로 바꾸는 회로 블럭도 역시 복잡할 것이다. 이진 카운터를 쓰는 것은 좋은 생각이 아닌 것 같다. 반면에 만일 직렬로 연결된 BCD 단으로 카운터가 동작하도록 한다면, 카운터 블럭은 단순한 이진 카운터보다는 약간 더 복잡해진다. 그러나 데이터를 적재하고 표시하는 것은 훨씬 간단해진다. 모든 결정은 여러 결과가 따름을 기억하자. 따라서 당신 결정의 결과들에 대해 생각할 시간을 충분히 갖는 것은 좋은 투자이다. 우리는 BCD 카운터를 사용하기로 결정하였다. 결과적으로 필요한 입력들은 그림 10-41에 보인 것처럼 한 개의 BCD 수(즉 4 비트 데이터 값), *load* 제어 선, *clock*, *enable*, 그리고 *clear* 선이다. 이름에서 알 수 있듯이 *loadn*과 *clearn* 선은 LOW-활성이고 *enable*은 HIGH-활성이다. 출력은 세 개의 BCD수와 카운터가 0에 도달한 것을 나타내는 한 개의 신호 선(zero)이 있다.

분/초 카운터 블럭을 기능 모듈들로 좀 더 나누어서 계층의 3번째 레벨을 만들자. 그림 10-42에 3개의 BCD 카운터 단이 직렬로 연결되어 어떻게 이 기능을 만드는지를 그래픽으로 보였다. 각 단은 한 개의 BCD 하향 카운터이다. 하지만 초를 위한 카운터는 59에서 00

그림 10-41 마이크로웨이브 오븐의 분/초 카운터 블럭.

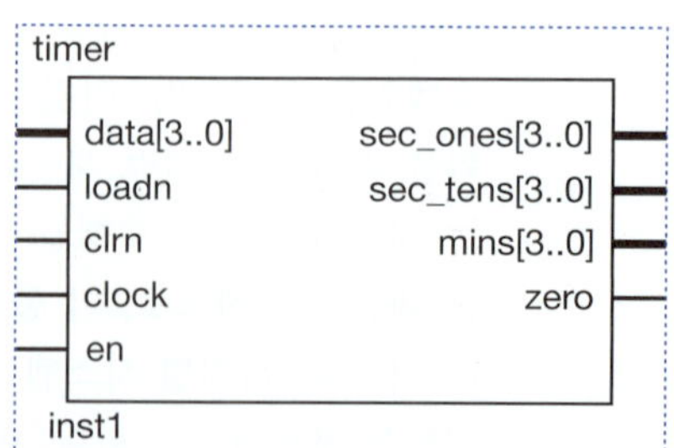

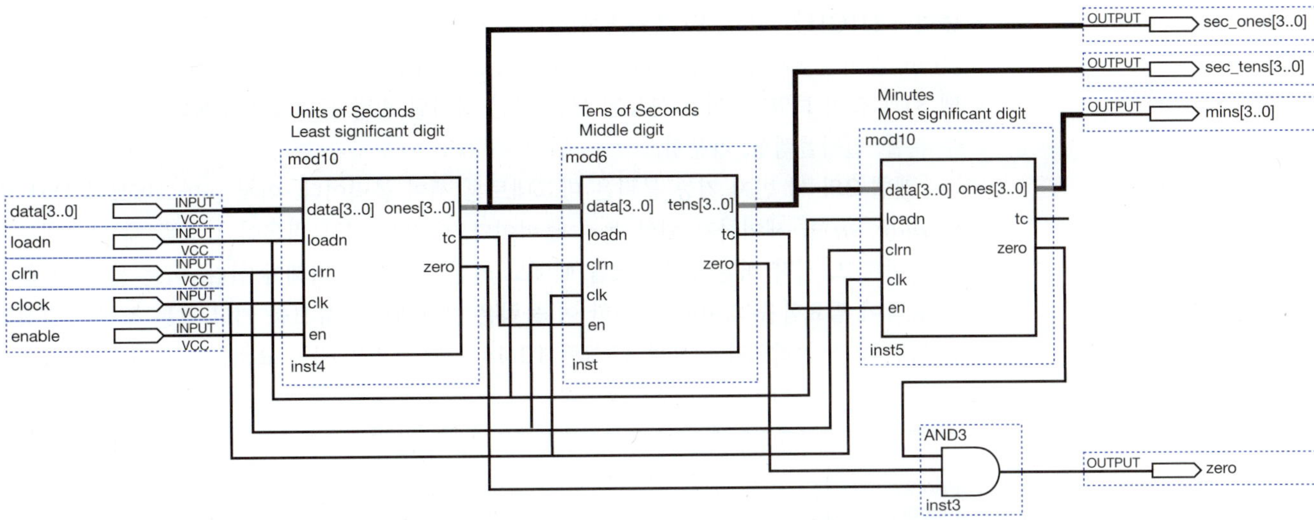

그림 10-42 레벨3: 분과 초를 위한 3자리 BCD 하향 카운터 블럭.

으로 하향 카운트해야 하므로, 초의 10단위 카운터(가운데 숫자)는 MOD 6 BCD 카운터여야 한다. 나머지 2개 단(초의 1 단위와 분 카운터)은 같은 MOD 10 카운터이다. 이제 문제는 다음과 같은 기능을 갖는 MOD-N BCD 하향 카운터를 만드는 것으로 줄었다. 각 단은 LOW-활성 loadn 제어를 갖는 동기식 병렬 load 기능이 있어야 한다. *clearn* 기능은 비동기이고 LOW-활성이며, *enable* (en)은 HIGH-활성이다. 모든 *load*, *clear*와 *clock*는 공통으로 묶여있고, 해당하는 입력 신호에 의해 구동된다. 각 블럭은 *TC*(Terminal Count)라고 불리는 출력이 있다. TC의 목적은 카운터 숫자가 최소 값(0)이고 다음 클럭에서 최대 값으로 돌아가는 때를 표시하는 것이다. 카운터가 활성화되어 있을 때, 값이 0에 도달하면 *TC*가 HIGH로 된다.

이 세 개 카운터의 직렬 연결은 하위 단의 *TC*를 다음 상위 단의 enable에 연결하는 것으로 이루어진다. 이렇게 하면, 제일 하위 단이 정지할 때 모든 다른 단들이 현재 값을 유지하게 된다. 또한 제일 하위 단의 BCD 출력이 중간 단의 BCD 데이터 입력에 연결되어 있고, 중간 단의 BCD 출력이 상위 단의 BCD 데이터 입력에 연결되어 있음에 유의하라. 이것은 새로운 숫자가 입력 될 때마다 데이터 전송 또는 시프트 동작을 하도록 하기 위한 것이다.

시스템의 두 번째 기능 블럭(계층의 레벨 2)은 타이머 입력/제어 블럭이다. 이것은 키 입력을 인식하고 카운터를 제어하는 역할을 한다. 이 설계 블럭은 키패드의 10개 키를 입력으로 가지고 있고, 100 Hz *clock*이 있으며, 키패드 인코더를 동작하게 하고 카운터 블럭의 클럭 입력에 어떤 신호를 보낼 것인지를 정하는 LOW-활성의 *enablen*을 갖는다. 마그네트론이 동작할 때는 1 Hz 클럭 파형이 카운터의 clock이어야 한다. 마그네트론이 정지 상태이고, 조리 시간 입력을 위해 키가 눌려지면 카운터 블럭의 클럭 입력은 각 키가 눌려진 수 밀리 초 후에 한 개의 PGT를 받아야 한다. 그 키가 떼어지기 전에는 다른 PGT를 받으면 안된다. 그렇지 않으면 한번의 키 입력으로 여러 번의 숫자를 입력받게 된다. 각 스위치 움직임마다 깨끗한 한 개의 입력을 보장하는 것을 디바운싱(*debouncing*)이라고 하며, 5장에서 배웠다. 이 경우 키가 눌려진 후 카운터에 BCD 수를 보내기 위한 PGT를 발생시키기 전에 수 밀리 초를 기다리는 것으로 디바운싱을 한다. 이 지연을 만들기 위해, 키가 눌려지면 반복하지 않는 3비트 카운터가 카운트를 시작한다. 카운터가 4가 되면(40 ms 후)

출력이 HIGH가 되고, PGT가 발생한다. 카운터는 카운트를 계속하여 7에서 키가 풀려서 clear 제어신호가 활성화될 때까지 머문다. 그림 10-43에 이 제어 블럭을 기능 요소들(레벨 3)과 같이 보였다. 여기 사용된 모든 다른 디지털 빌딩 블럭들을 주목하라. 인코딩, 주파수 분할, 멀티플렉싱, 카운팅.

레벨 2의 세 번째 기능 블럭은 마그네트론 제어 블럭이다. 이것은 마그네트론 튜브 출력(*mag_on*)을 제어하기 위한 논리 블럭이다. 이것은 시작 버튼이 눌렸을 때 마그네트론을 켜야하고, 시작 버튼이 떨어졌을 때에도 켜진 상태를 기억해야 한다. 이는 블럭 안에 래치 동작이 필요함을 의미한다. 또한 이 블럭은 마그네트론 튜브를 키고 끄는 조건을 결정하는 약간의 조합 회로가 필요하다. 그림 10-44에 이 블럭의 기능 요소들을 보였다. 입력들은

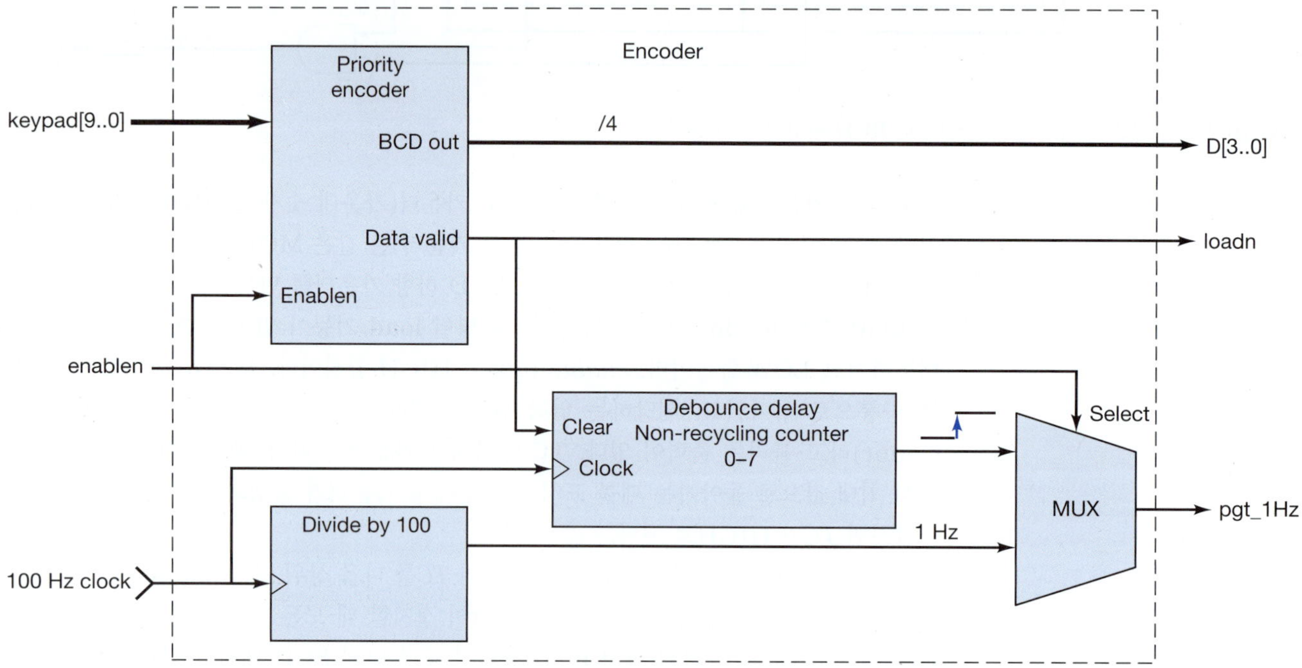

그림 10-43 기초 기능 블럭으로 나눈 인코더/타이머 입력 제어 블럭.

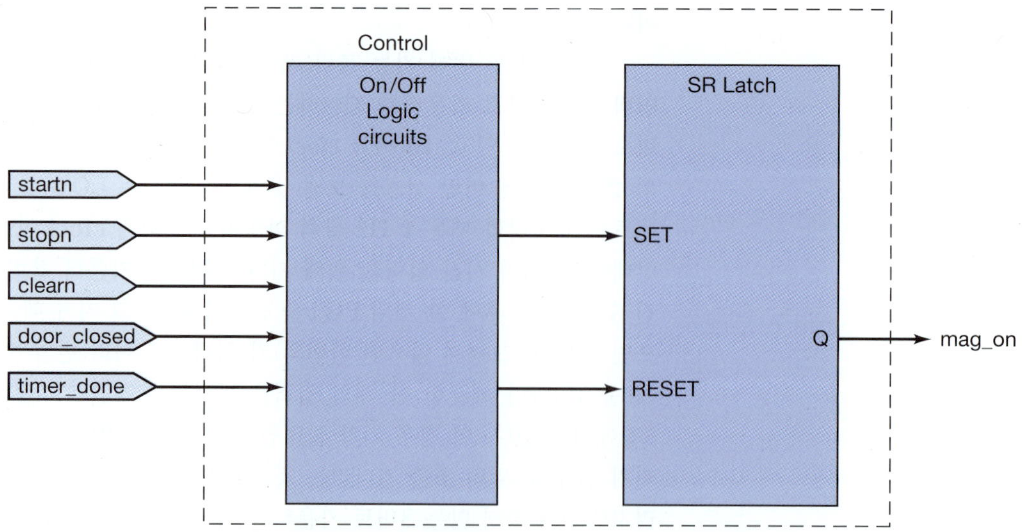

그림 10-44 기초 기능 블럭으로 나눈 마그네트론 제어 블럭.

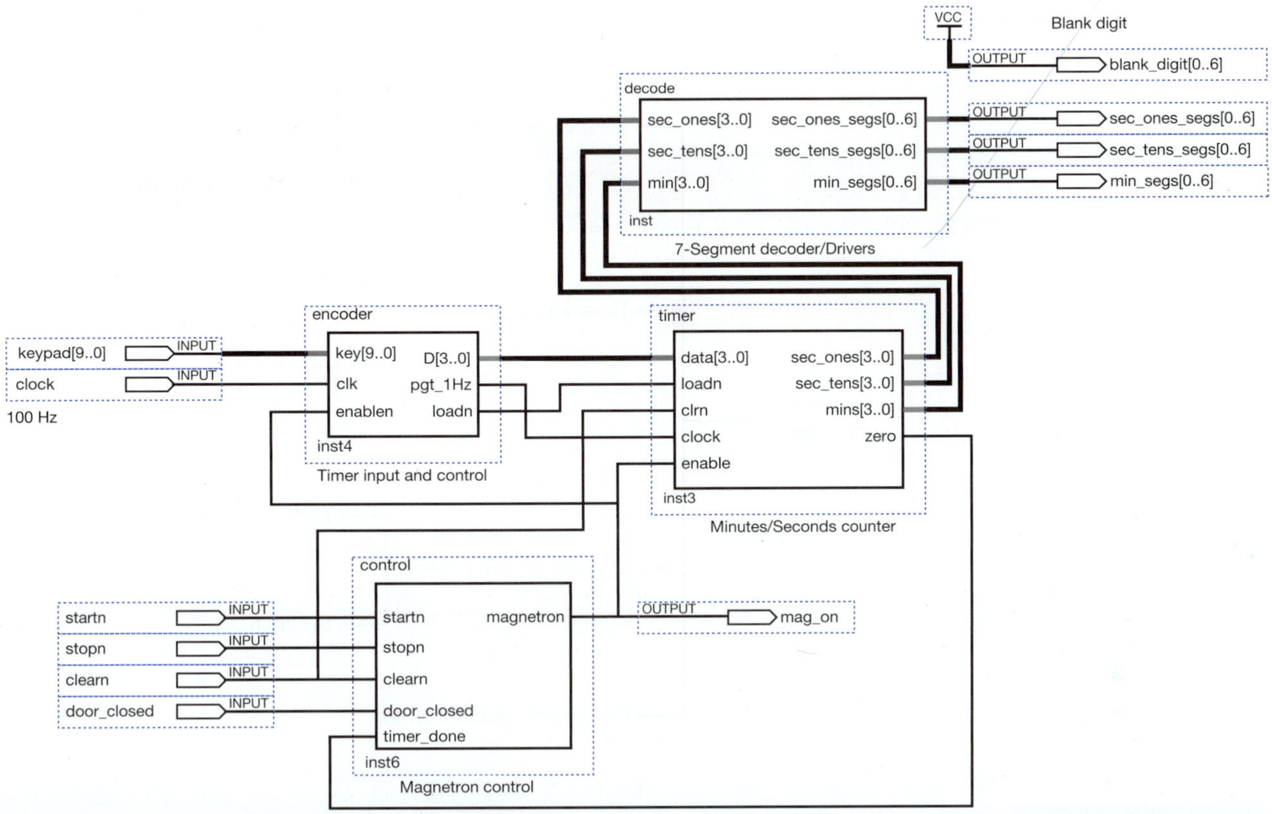

그림 10-45 블럭과 신호들을 보여주는 계층의 레벨 2.

네 개의 시스템 입력 스위치(사용자 제어)와 타이머가 완료되었음을 표시하는 신호(*timer_done*)가 있다.

네 번째 기능 블럭은 BCD 숫자를 디코드하고, 7-세그먼트를 LED 표시기를 구동하며, 선두 0 제거 기능을 제공하여야 한다. 디코드 블럭은 9장에서 다룬 7447 디코더/드라이버 세 개로 나눌 수 있다(계층의 레벨 3). 디코드 블럭의 모든 기능들은 한 개의 HDL 소스 파일로 쉽게 구현할 수 있어서 계층의 세 번째 레벨은 필요 없게 된다.

그림 10-45에 모든 연결 신호들과 함께 계층의 레벨 2의 전체 블럭도를 보였다.

합성/조합과 테스트

마이크로웨이브 오븐 프로젝트는 이제 그림 10-46처럼 계층의 세 레벨처럼 나누어졌다. 최하위 레벨(레벨 3)에는 익숙한 기초 기능 블럭들만 있음에 주목하라. 이 각각의 기능 블럭들은 이 책의 다른 예에서와 비슷하게 TTL IC들의 모델들(maxplus2 functions)을 사용하여 구현할 수 있다. Qurtus megafunction, 또는 HDL을 사용한 동작 표현. 작은 블럭들을 합성하고, 각각을 테스트하고, 시스템을 조합하는 것은 이제 여러분 몫이다. 만일 이 프로젝트가 알테라의 DE1(또는 DE2)보드에서 구현된 다면, 주목할 것이 두 가지 더 있다. 그림 10-45의 오른쪽 위에 있는 VCC에 연결된 포트들은 최상위 7-segment 표시기의 세그먼트들이다(Blank digit). 이것은 사용하지 않는 4번째 수를 끄기 위한 것이다. 또한 100 Hz 클럭은 외부 클럭 입력을 통해 공급하거나, 또는 보드상의 50 MHz 크리스탈을 7장에서 설명한 megafunction 카운터로 500,000 분주(prescaling)하여 공급할 수 있다.

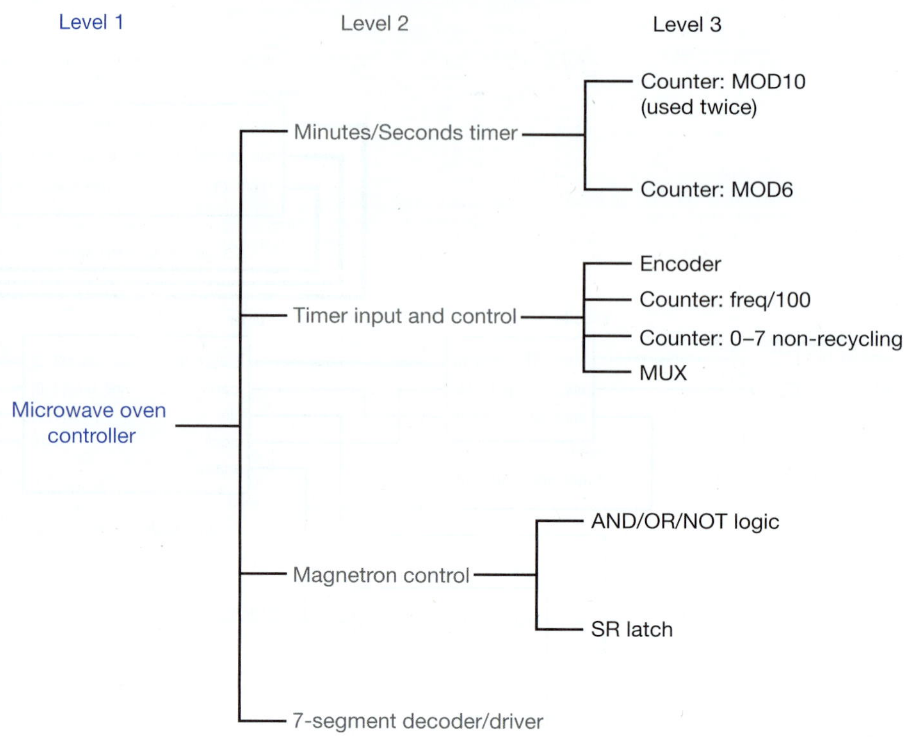

그림 10-46 프로젝트를 계층의 세 개 레벨로 분해.

학습성과 평가문제

1. 마이크로웨이브 오븐 계층 레벨 2의 기능 블럭들의 이름은 무엇인가?
2. 키패드의 버튼이 아무 것도 눌려지지 않았을 때 분/초 타이머의 클럭 입력을 구동하는 신호에 대해 설명하시오.
3. 키패드의 버튼이 눌려졌을 때 분/초 타이머의 클럭 입력을 구동하는 신호에 대해 설명하시오.

10-6 주파수 카운터 프로젝트

학습성과

이 절을 학습함으로써 다음을 할 수 있다

- 주파수 카운터 시스템 프로젝트의 요구조건 기술
- 좀더 간단한 블럭으로 시스템 분해
- 각 블럭의 입력과 출력 정의

이 절에서 다룰 프로젝트는 주파수 카운터라고 불리는 시스템을 구성하면서 카운터들의 사용과 다른 표준 논리 함수들의 사용을 보여준다. 주파수 카운터는 아마도 여러분이 연구실에서 사용해 본 적이 있는 테스트 장비 중의 하나 일 것이다. 동작 이론은 일반적인 MSI 논리 디바이스들의 관점에서 설명될 것이고, HDL을 사용하여 개발될 수 있는 빌딩 블럭들과 연계될 것이다. 대부분 프로젝트들과 같이, 이 예제는 앞선 장들에서 연구해 왔던 몇몇 회로들로 구성된다. 이들은 여기서 특정한 목적을 지닌 디지털 시스템으로 조합된다. 먼저 주파수 카운터를 정의하자.

주파수 카운터(**frequency counter**)는 신호의 주파수를 측정하고 보여줄 수 있는 회로이다. 알다시피, 주기적인 파형의 주파수는 단순히 초당 주기의 수이다. 모르는 주파수의 각 주기를 디지털 펄스로 변형하면 디지털 회로를 사용하여 주기를 셀 수 있다. 주파수를 측정하는 일반적인 방법은 입력되는 파형(pulse)의 주기 수를 **샘플링 간격**(**sampling interval**)이라고 부르는 정확하게 지정된 시간 간격 동안 카운트하도록 카운터를 인에이블하는 것이다. 샘플링 간격의 길이는 측정 가능한 주파수의 범위를 결정한다. 긴 간격은 낮은 주파수를 위해 정확도를 제공하지만, 높은 주파수에서는 카운터를 넘치게 할 것이다. 짧은 샘플링 간격에서는 낮은 주파수 측정의 정확도가 감소하지만, 카운터의 최대 값에 초과 없이 높은 최대 주파수를 측정할 수 있다.

예제 10-1

주파수 카운터가 4자릿수 BCD 카운터를 사용한다고 가정한다. 아래의 샘플 간격들을 사용하여 측정될 수 있는 최대 주파수를 결정하라.

(a) 1초 (b) 0.1초 (c) 0.01초

풀이

(a) 1초의 샘플링 간격으로 4자릿수 카운터는 9999펄스를 카운트할 수 있다. 주파수는 1초당 9999펄스 또는 9.999 kHz이다.

(b) 0.1초의 샘플링 간격 중에 카운터는 9999펄스를 카운트할 수 있다. 이것은 1초당 99,990펄스의 주파수 또는 99.99 kHz이다.

(c) 0.01초의 샘플링 간격 중에 카운터는 9999펄스를 카운트할 수 있다. 이것은 1초당 999,900펄스의 주파수 또는 999.9 kHz이다.

예제 10-2

만약 3792 pps의 주파수가 주파수 카운터의 입력에 입력된다면, 아래 각각의 샘플 간격에 따라 카운터의 출력은 무엇인가?

(a) 1초 (b) 0.1초 (c) 10 ms

풀이

(a) 1초의 샘플링 간격 동안, 카운터는 3792주기를 카운트할 것이다. 주파수는 3.792 kpps이다.

(b) 0.1초의 샘플링 간격 동안, 카운트되는 펄스들의 수는 샘플 간격이 어디서 시작되느냐에 따라 379이나 380주기가 된다. 주파수는 03.79 kpps 또는 03.80 kpps이다.

(c) 0.01초의 샘플링 간격 동안, 카운트되는 펄스들의 수는 샘플 간격이 어디서 시작되느냐에 따라 37이나 38주기가 된다. 주파수는 003.7 kpps 또는 003.8 kpps이다.

주파수 카운터를 구성하기 위한 가장 직접적인 방법 중의 하나는 그림 10-47에서 블럭도로 보여주고 있다. 주요 블럭들은 카운터, 디스플레이 레지스터, 디코더/디스플레이 그리고 타이밍과 제어부이다. 카운터 블럭은 클럭 입력에 들어오는 알지 못하는 신호로부터 만들어지는 펄스들의 수를 카운트하기 위해 사용된 몇 개의 직렬 BCD 카운터들을 포함하고 있다. 카운터 블럭은 카운트 인에이블과 클리어 제어를 가지고 있다. 카운트하기 위한 시간 주기(샘플 간격)는 타이밍과 컨트롤 블럭에 의해 만들어진 인에이블 신호에 의해 제어된다. BCD 카운터들이 인에이블되는 시간 길이는 타이밍과 컨트롤 블럭의 범위 선택 입력으로 선택될 수 있다. 이것은 사용자가 측정할 주파수의 범위를 정하고 디지털 표시기에서 소

그림 10-47 기본 주파수 카운터의 블럭도.

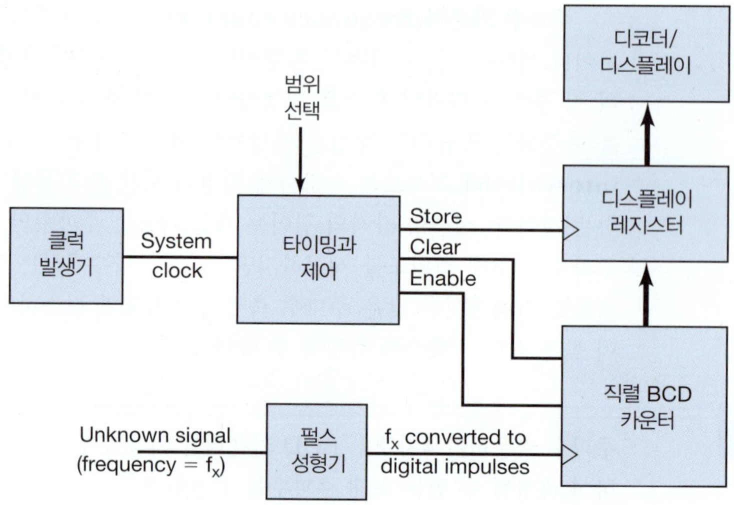

수점의 위치를 효과적으로 정할 수 있게 한다. 인에이블 신호의 펄스 폭(샘플 간격)은 정확한 주파수 측정을 하기 위해 중요하다. 카운터는 알지 못하는 신호의 새로운 주파수 측정을 위해 인에이블 되기 전에 클리어되어야 한다. 새로운 카운트가 완료되면, 카운터는 디스에이블되고 가장 최근에 측정한 주파수가 디스플레이 레지스터에 저장된다. 디스플레이 레지스터의 출력은 디코더와 디스플레이 블럭의 입력이 되고, 그 곳에서 BCD 값은 디지털 표시기를 위한 10진으로 변환된다. 별도의 디스플레이 레지스터를 사용하는 것은 주파수 카운터가 뒤에서 새로운 측정을 할 수 있도록 하기 위해서다. 그래서 새로운 측정을 위해 펄스들의 수가 합계 되는 동안 사용자가 카운터를 볼 수 없도록 한다. 대신에 디스플레이는 최종 주파수 값 을 주기적으로 업데이트된다.

이 주파수 카운터의 정확성은 대부분 카운터 인에이블 신호에 쓰일 적절한 펄스 폭을 만들기 위해 사용되는 시스템 클럭 주파수의 정확성에 달려 있다. 그림 10-47에서 수정 진동자를 사용한 클럭 발진기가 타이밍과 컨트롤 박스에 대한 정확한 시스템 클럭을 생성하기 위해 사용되었다.

펄스 성형 블럭(pulse shaper block)은 측정할 주파수를 가지는 알려지지 않은 신호가 카운터 블럭의 클럭 입력과 호환될 수 있도록 하기 위해 필요하다. 슈미트-트리거 회로는 알려지지 않은 신호가 충분히 크다면 구형파가 아닌 파형(사인파, 삼각파 등)을 변형하는 데 사용될 수 있다. 만약 알려지지 않은 신호의 크기가 슈미트-트리거와 호환이 안 될 정도로 크거나 작다면, 자동 이득 제어와 같은 부가적인 아날로그 신호 조정 회로가 펄스 성형 블럭에서 요구될 것이다.

주파수 카운터의 컨트롤에 대한 타이밍도는 그림 10-48에서 보여주었다. 제어 클럭은 컨트롤과 타이밍 블럭에 포함된 주파수 분할기들에 의해 시스템 클럭 신호로부터 얻어진다. 제어 클럭 신호의 주기는 원하는 인에이블 펄스 폭을 만들기 위해 사용된다. 컨트롤과 타이밍 블럭 안에 있는 반복하는 컨트롤 카운터는 제어 클럭 신호에 의해 클럭된다. 반복되는 제어 신호 순서(clear, enable, 그리고 store)를 생성하기 위해 선택된 상태가 디코드된다. 카운터(직렬 연결된 BCD 부분)는 먼저 클리어된다. 다음에 카운터는 알려지지 않은 신호와 같은 주파수를 갖고 있는 디지털 펄스들을 카운트하기 위해 알맞은 샘플 간격 동안 인에이블된다. 카운트가 디스에이블된 후에, 새로운 카운트는 디스플레이 레지스터에 저장된다.

카운터, 디스플레이 레지스터 그리고 디코더/디스플레이 부분들은 여기서 더 이상 설명하지 않는다. 타이밍과 컨트롤 블럭은 주파수 카운터에서 "두뇌"에 해당하기 때문에 그 동

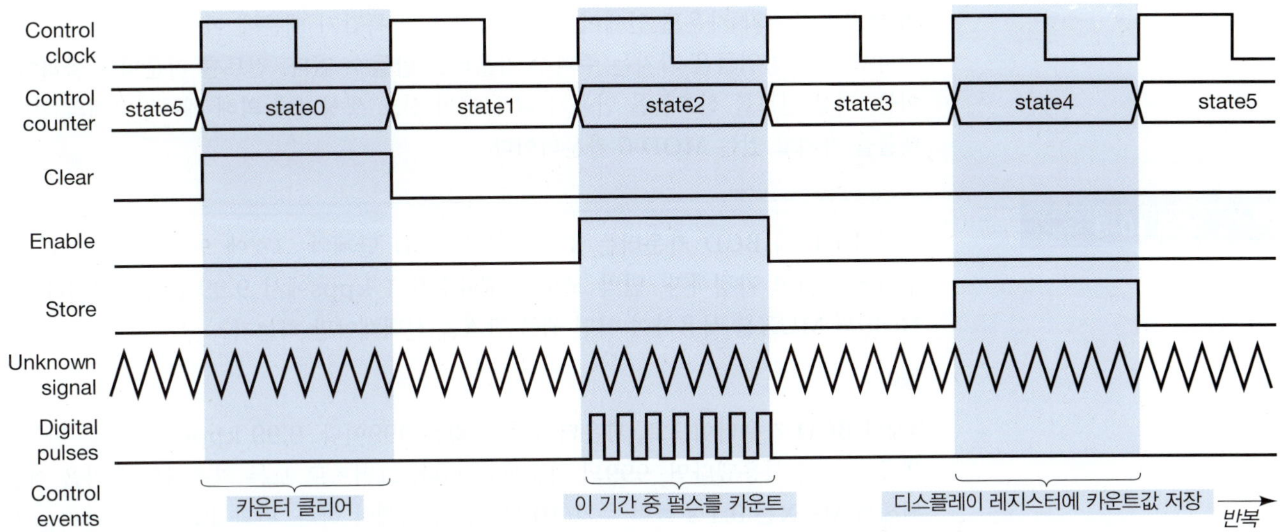

그림 10-48 주파수 카운터 타이밍도.

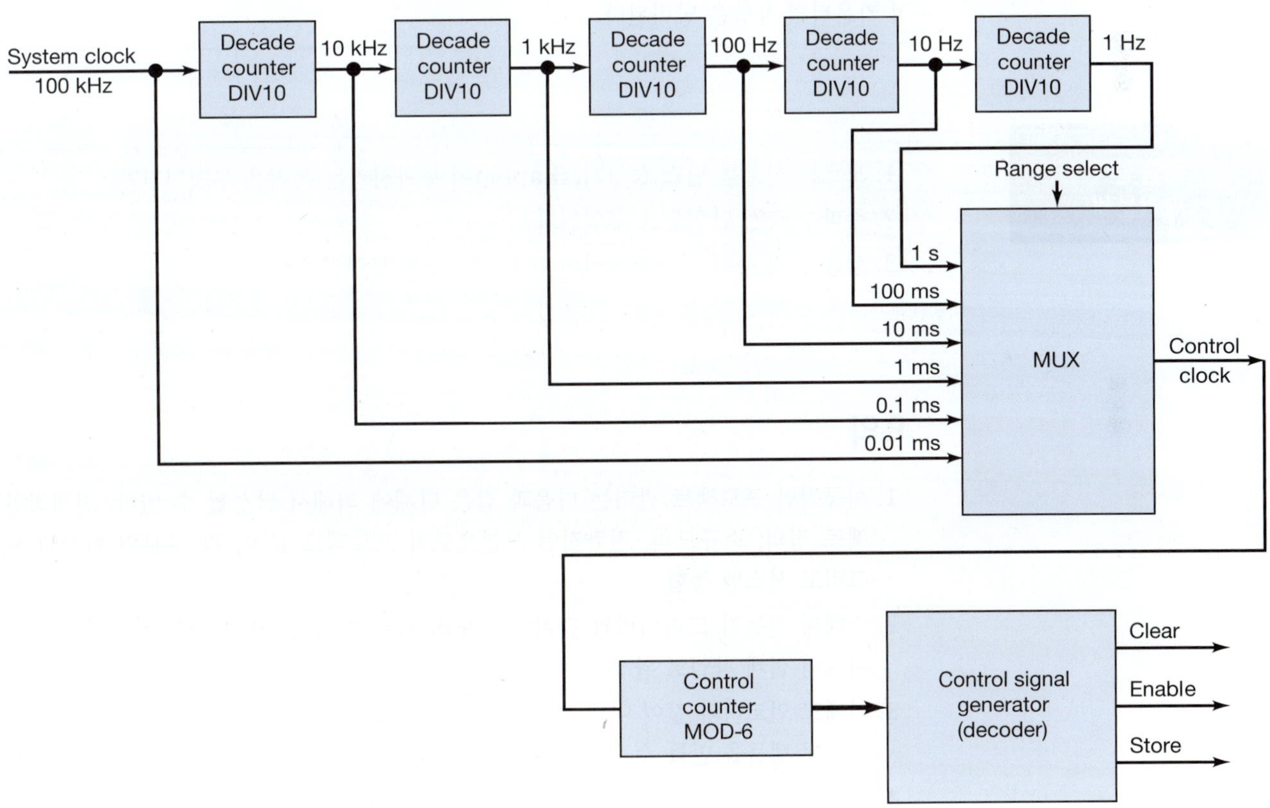

그림 10-49 주파수 카운터를 위한 타이밍과 제어 블럭.

작을 좀 더 설명하겠다. 그림 10-49는 타이밍과 컨트롤 블럭 내의 하부블럭들을 보여준다. 여기의 설계 예에서는, 클럭 발진기가 100 kHz 시스템 클럭 신호를 만든다고 가정할 것이다. 시스템 클럭 주파수는 5개의 직렬 연결된 십진 카운터(MOD-10)에 의해 분류된다. 이것은 범위 선택 제어를 사용하여 선택될 수 있는 6개의 다른 주파수들을 사용자에게 제공하는데, 이것은 제어 클럭 주파수를 위한 멀티플렉서(multi- plexer)를 통해 이루어진다. 제어 클럭의 주기가 카운트 인에이블의 펄스의 폭과 똑같기 때문에 이것으로 6개의 서로 다른 주파수 측정 범위들을 가지는 주파수 카운터를 만들수 있다. 컨트롤 카운터는 클리어, 인에이블, 저장 컨트롤 신호들을 만들기 위해 제어 신호 생성기에 의해 해독된 3개의 선택된 상태들을 가지고 있는 **MOD-6** 카운터이다.

예제 10-3

그림 10-47에 BCD 카운터는 3개의 직렬 BCD 단계와 그것에 연결된 디스플레이로 구성되어 있다고 가정하자. 만약 모르는 주파수가 1 kpps에서 9.99 kpps 사이라면, 그림 10-49의 MUX를 사용하여 어떤 샘플 간격을 선택해야만 하는가?

풀이

3개의 BCD 카운터이므로, 카운터의 총 용량은 999이다. 9.99 kpps 주파수는 만약 0.1 s 샘플 간격이 사용됐다면, 999의 카운트가 된다. 그러므로 모든 카운터의 용량을 사용하기 위해서 MUX는 0.1 s 클럭 주기(10 Hz)를 선택해야 한다. 만약 1s 샘플링 간격을 사용했다면, 카운터 용량은 제시된 범위에서 주파수들을 항상 초과하게 될 것이다. 만약 짧은 샘플 간격을 사용했다면, 카운터는 단지 1에서 99사이에서 카운트되고, 2개의 숫자들만 읽혀지고 카운터의 용량은 낭비된다.

학습성과 평가문제

1. 모르는 신호를 펄스 성형기(shaper)에 통과시키는 목적은 무엇인가?
2. 주파수 측정 단위들은 무엇인가?
3. 샘플 간격 동안 디스플레이에 표시되는 것은 무엇인가?

요약

1. 성공적인 프로젝트 관리는 다음과 같은 단계에 의해서 달성될 수 있다: 전체적인 프로젝트 정의; 소규모의, 전략적인 부분으로의 프로젝트 분할; 각 부분의 합성과 테스팅; 그리고 시스템 통합.
2. 스테퍼 전동기 드라이버와 같이 소규모의 프로젝트들은 비록 모듈로 개발되어 있지만, 하나의 설계 파일로 완성될 수 있다.
3. 키패드 인코더와 같이 여러 개의 단순한 빌딩 블럭들로 구성된 프로젝트들은 매우 유용한 시스템들을 만들 수 있다.
4. 디지털 클럭이나 마이크로웨이브 오븐과 같은 좀 더 큰 규모의 프로젝트들은 전체적인 설계에서 반복적으로 사용될 수 있는 표준 종합 모듈들을 이용할 수 있다.
5. 프로젝트들은 가장 낮은 계층 단계에 시작하여 모듈로 만들고 테스트해야 한다.
6. 기존의 모듈들은 그래픽이나 텍스트 기반의 표현 방법을 사용 새로운 모듈로 쉽게 조합될 수 있다.
7. 알테라 설계 툴들을 사용하여 모듈들은 조합되어져서 다음 높은 계층 단계의 블럭 하나로 표현될 수 있다.

주요 용어

계층(hierarchy)
네스팅(nesting)
샘플링 간격(sampling interval)
주파수 카운터(frequency counter)
프리스케일러(prescaler)

연습문제

10-1절

B 10-1. 9장 9-8절의 보안 모니터링 시스템은 프로젝트로 만들 수 있다.
(a) 이 시스템에 대한 정의와 함께 프로젝트 규격을 작성해라.
(b) 이 프로젝트의 세 가지 주요 블럭들을 정의하라.
(c) 블럭들을 서로 연결할 수 있는 신호들을 확인하라.
(d)*2.5 Hz 발광율을 내려면 발진기는 어떤 주파수에서 동작해야 하는가?
(e)*모든 8개의 LED들에 대해 단지 하나의 전류 제한 저항을 사용하는 것이 합리적인 이유는 무엇인가?

10-2절

연습문제 10-2에서 10-8까지는 10-2절에서 설명된 스테퍼 전동기들에 관한 것이다.

B 10-2.*한 번의 순환이 끝나기 위해서 얼마나 많은 풀 스텝(full-step)들이 발생되어야 하는가?

B 10-3.*표 10-1에 있는 풀 스텝 시퀀스를 한 주기 완료하면 회전 각도는 얼마나 발생하는가?

B 10-4. 표 10-1에 있는 하프 스텝 시퀀스를 한 주기 완료하면 회전 각도는 얼마나 발생하는가?

B 10-5. 그림 10-1의 *cout* 선들은 1010에서 시작하여 다음과 같은 순서에 따라 진행된다: 1010, 1001, 0101, 0110.
(a)*얼마나 많은 각도로 축이 회전하는가?
(b) 어떤 순서를 쓰면 회전이 반대되고 축이 원래의 위치로 돌아가는가?

B 10-6. 아래의 모드에서 스탭퍼 드라이버를 테스트하기 위한 방법을 설명하라.
(a) 풀 스텝(full-step) 모드
(b) 하프 스텝(half-step) 모드
(c) 웨이브 드라이브(wave-drive) 모드
(d) 다이렉트 드라이브(direct-drive) 모드

D, H 10-7. CASE 문장의 사용 없이 그림 10-8 또는 그림 10-9의 스텝퍼 드라이버 설계 파일을 다시 작성하라. 좋아하는 HDL을 사용하라.

D, H 10-8. enable = 0일 때 출력을 Hi-Z 상태로 만드는 enable 입력을 더하기 위해 그림 10-8이나 10-9의 스텝퍼 설계 파일을 수정하라.

10-3절

B 10-9. 그림 10-11에 보이고 그림10-13에서 설명된 링(ring) 카운터에 대한 상태 표를

*가 표시된 문제는 교재 뒤편에 해답이 있다.

작성하라.

B 10-10.*눌려진 키가 없다면, c[3..0]에 나타나는 값은 무엇인가?

B 10-11. 누군가가 7 키를 눌렀을 때 링 카운터는 0111 상태에 있다고 가정하자. 링 카운터는 다음 상태로 진행되는가?

B 10-12. 9 키가 입력되고 DAV = 1일 때까지 유지된다고 가정하자.

(a)*링 카운터에 값은 무엇인가?

(b) 행 인코더에 의해 인코드되는 값은 무엇인가?

(c) 열 인코더에 의해 인코드되는 값은 무엇인가?

(d) D[3..0] 선의 2진 숫자는 무엇인가?

B 10-13.*연습문제 10-12에서, 데이터는 DAV의 하강 모서리에서 유효한가?

B, D 10-14. 만약 74174 레지스터로 키패드로부터의 데이터가 래치되길 원한다면, 키패드로부터의 어떤 신호를 레지스터의 클럭에 연결하겠는가? 회로를 그려라.

T 10-15.*키패드가 그림 10-50에 보인 것과 같이 74373 8진 투과 래치에 연결된다. 출력은 키가 눌려 있는 동안은 정확하다. 그러나 키 입력 사이에 데이터를 래치하는 것은 불가능하다. 이 회로가 정확하게 동작하지 않는 이유는?

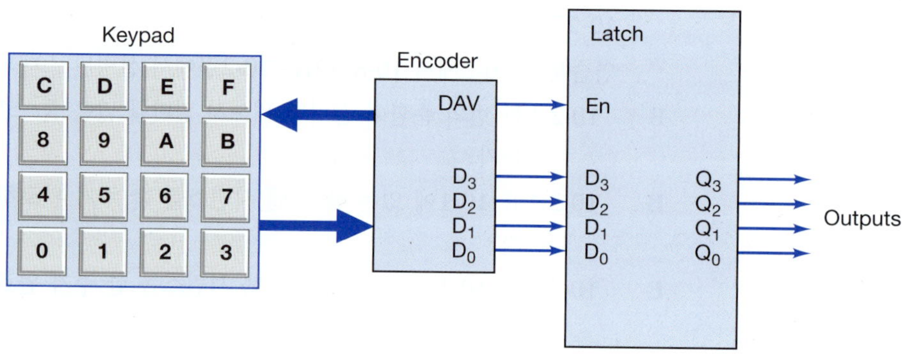

그림 10-50 연습문제 10-15.

10-4절

B 10-16. 1 Hz 클럭이 그림 10-17에서 클럭의 두 번째 단에 가해진다고 가정하자. MOD-10 *unit of seconds* 카운터의 터미널 카운트(*tc*) 출력을 그림 10-51에서 보여준다. 아래의 각 카운터에 대해 *tc* 출력 펄스 사이의 클럭 주기 수를 보이기 위한 유사한 다이어그램을 그려라.

(a)*Tens of seconds 카운터

(b) Units of minutes 카운터

(c) Tens of minutes 카운터

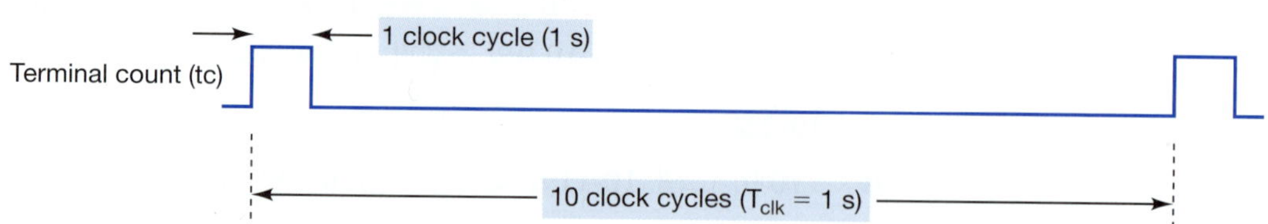

그림 10-51 연습문제 10-16.

B 10-17.* 24시간 동안 60 Hz 전력 선의 주기가 얼마나 많이 발생할 것인가? 만약 모든 클럭 회로의 동작을 시뮬레이션하기 위해 시도된다면 무슨 문제가 초래될 것인가?

D 10-18.* 많은 디지털 시계들은 버튼이 눌러져 있는 동안 카운트를 빠르게 하여 시간을 맞춘다. 이 기능을 추가하기 위해 설계를 수정하라.

D, H 10-19. 그림 10-18의 시간 단계를 24시간제(00~23)로 표시하기 위해 수정하라.

10-5절

D, N 10-20. 그림 10-42를 보시오. 이 그림에서 각 카운터 블럭은 이 프로젝트를 위해 만들어진 계층의 최하위 레벨을 나타낸다(primary functional block). 그것의 명세는 다음과 같다. MOD-10(또는 6), BCD 하향 카운터, LOW-활성 동기 load, LOW-활성 비동기 클리어, HIGH-활성 enable, 상승 모서리 트리거의 HIGH-활성 터미널 카운트 출력(enable 신호로 단속되는), HIGH-활성 디코드 제로 출력.

(a) 이 블럭을 구현하기위한 알테라 megafunction을 만들라.

(b) 이 블럭을 구현하기위한 AHDL 코드를 작성하라.

(c) 이 블럭을 구현하기위한 VHDL 코드를 작성하라.

D, N 10-21. 그림 10-43을 보시오. 서브 블럭들(인코더, 분할 카운터, 재순환 안 되는 카운터, MUX)은 이 프로젝트의 계층 중 3번째 레벨에서 별도의 블럭들로 구현될 수 있다. 조금만 변경하면 이 블럭에 사용할 수 있는 코드를 지난 예에서 찾을 수 있을 것이다. 이 기능 요소들은 한 개의 HDL 파일로 조합될 수도 있다. 전체 인코더/타이머 제어 블럭을 위한 코드를 작성하라.

(a) AHDL

(b) VHDL

D, N 10-22. 그림 10-44를 보시오. 왼쪽의 블럭은 마그네트론 튜브를 켜고 끄는 S-R 래치를 제어해야 하는 조합 회로일 뿐이다.

(a) 이 회로를 구현하기 위한 로직 회로를 케이트만을 사용하여 그려보라.

(b) AHDL을 사용하여 이 블럭을 표현하라.

(c) VHDL을 사용하여 이 블럭을 표현하라.

D, N 10-23. 그림 10-45를 보시오. 이 블럭은 타이머 블럭에서 나온 3개의 BCD 수를 디코드하여, LOW-활성 7-세그먼트 LED 표시기를 구동한다. 또한 선두의 제로를 표시하지 않는 역할도 한다.

(a) 7447 표준 로직 블럭을 이용하여 이 블럭을 구현하라.

(b) AHDL을 사용하여 이 블럭을 구현하라.

(c) VHDL을 사용하여 이 블럭을 구현하라.

10-6절

B 10-24. 주파수 카운터 프로젝트에 대한 계층적인 다이어그램을 그려라.

D, H 10-25. 그림 10-49에서 MOD-6 컨트롤 카운터와 컨트롤 신호 생성기를 위해 HDL 코드를 작성하라.

D, H 10-26.* 그림 10-49의 MUX에 대해 HDL 코드를 작성하라.

D 10-27. 그래픽 설계 기술과 그림 10-31에서 설명된 BCD 카운터, MUX, 그리고 컨트롤 신호 발생기 설계를 사용하여 주파수 카운터 프로젝트에 사용될 전체 타이밍과 컨트롤 블럭을 설계하라.

D, H 10-28. 주파수 카운터의 타이밍과 제어 부분에 대해 HDL 코드를 작성하라.

학습성과 평가문제 해답

10-1절

1. 정의, 전략적 계획/문제 분해, 합성과 테스트, 시스템 통합과 테스트
2. 정의 단계

10-2절

1. 풀 스텝(full-step), 하프 스텝(half-step), 웨이브 드라이브(wave-drive), 다이렉트 드라이브(direct-drive)
2. cin_0-cin_3[모드 선택기 스위치 (1,1)]
3. 단계, 방향[모드 선택기 스위치 (0,1)]
4. 8개 상태

10-3절

1. 단지 하나
2. 눌린후 처음 스캔된 것(보통 처음 눌려진 것)
3. 데이터가 안정된 후에 DAV를 HIGH로 만들기 위해
4. 아니다. 키가 눌린 후에 다음 클럭에서 HIGH로 간다.
5. 언제든지 OE가 LOW이거나 키가 눌리지 않을 때

10-4절

1. 전체적인 동작 규격과 시스템 입력과 출력들
2. 계층의 상위에서
3. 하위에서, 가장 간단한 블럭 먼저
4. 모듈러 구현의 각 단계에서

10-5절

1. 분/초 카운터; 타이머 입력/제어, 마그네트론 제어, 7 세그먼트 디코더/드라이버
2. 1 Hz 주파수의 클럭 파형
3. 키가 눌려진 후 40 ms에 발생한 한 개의 PGT. 키가 눌려진 동안 HIGH 유지

10-6절

1. 아날로그 신호의 모양을 같은 주파수의 디지털 신호로 바꾸기 위해서이다.
2. 초당 주기(Hz) 또는 초당 펄스(pps)
3. 이전 샘플 간격 동안에 측정된 주파수를 보여준다.

CHAPTER 11

아날로그 세계와의 접속

Interfacing with the Analog World

개요

학습목표

이 장을 학습함으로서 다음을 할 수 있다.

- 여러 형태의 디지털-아날로그 변환기(DAC) 동작 이론과 회로 제약조건의 서술
- 다양한 DAC 제작 내역의 해석 및 이해
- DAC 회로의 고장 점검을 위한 여러 가지 검사 과정의 활용
- 디지털램프 아날로그-디지털 변환기(ADC), 연속근사 ADC, 플래시 ADC들 사이의 장점 및 단점 비교
- ADC와 연결된 컴퓨터에 의한 아날로그 신호의 디지털화 및 디지털 데이터로부터 아날로그 신호를 복원하는 과정 분석
- ADC와 연결된 표본추출보유회로의 필요성 이해
- 아날로그 다중화 시스템의 동작 설명
- 디지털 신호처리의 기본 개념 이해

11-1 디지털 대 아날로그 복습

학습성과

이 절을 학습함으로서 다음을 할 수 있다.

- 디지털 제어 시스템의 각 구성 요소의 역할에 대한 서술

디지털 양(**digital quantity**)은 0 또는 1, LOW 또는 HIGH, 참 또는 거짓 등과 같이 두 가지 가능한 값 중 하나의 정해진 값을 가진다. 실제로 전압과 같은 디지털 양은 정해진 범위 내의 특정한 값이며, 주어진 범위 내에서는 동일한 디지털 값으로 정의한다. 예를 들어, TTL 논리에서는

$$0\text{ V} \sim 0.8\text{ V} = \text{논리 } 0$$
$$2\text{ V} \sim 5\text{ V} = \text{논리 } 1$$

인 것으로 알고 있다. 0 V에서 0.8 V사이의 어떤 전압값이 되던 디지털 값은 0이며, 2 V에서 5 V사이의 전압은 디지털 값 1이 할당된다. 주어진 범위 내의 전압값에 대해 디지털 회로는 동일하게 응답하므로, 정확한 전압값은 중요한 것이 아니다.

반면, **아날로그 양**(**analog quantity**)은 연속적인 범위에 걸쳐 임의의 값을 취할 수 있고, 가장 중요한 것은 그것의 정확한 값이 의미가 있다는 것이다. 예를 들어, 아날로그 온도-전압 변환기의 출력이 2.76 V로 측정되었다면, 이는 특정 온도 27.6°C를 나타낸다. 만약 전압이 2.34 V나 3.78 V와 같이 다르게 측정되었다면, 이는 완전히 다른 온도를 나타낸다. 다시 말해서, 아날로그 양에서 각각의 가능한 값은 서로 다른 의미를 가진다는 것이

다. 또 다른 예로는 스피커로 들어가는 음성 증폭기의 출력 전압이 있다. 이 전압은 각각의 가능한 값들이 스피커에서 서로 다른 응답을 만들어내기 때문에 아날로그 양이다.

대부분의 물리적 변화량은 아날로그이며 연속적인 값을 가진다. 온도, 압력, 광도, 음성 신호, 위치, 순환속도, 유동률 등이 그 예이다. 디지털 시스템은 모두 디지털 회로 및 디지털 연산을 사용하는 내부 연산을 수행한다. 디지털 시스템으로 입력되어야 하는 모든 정보는 먼저 디지털 형태로 바뀌어야 한다. 마찬가지로 디지털시스템의 출력 또한 항상 디지털 형태이다. 컴퓨터와 같은 디지털 시스템이 물리적 처리과정을 모니터 또는 제어하기 위해 사용될 때에는, 컴퓨터의 디지털 성질과 처리되는 변수의 아날로그 성질의 차이점이 다루어지게 된다. 그림 11-1은 이러한 상황을 보여주고 있다. 그림은 아날로그 양이라고 생각되는 물리적 변수를 컴퓨터가 모니터하고 제어할 때 수반되는 다섯 가지 요소를 나타내고 있다.

1. **트랜스듀서**: 물리적 변수는 보통 전기적인 양이 아니다. **트랜스듀서(transducer)**는 물리적 변수를 전기적 변수로 변환하는 소자이다. 일반적인 트랜스듀서로는 서미스터(thermister), 광전지, 발광다이오드, 유량계, 압력변환기, 속도계 등이 있다. 트랜스듀서의 전기적 출력은 관측된 물리적 변수에 비례하는 전류나 전압의 아날로그 양이다. 예를 들어, 온수와 냉수 파이프로부터 물이 공급되는 커다란 탱크의 수온은 물리적 변수이다. 수온이 80°F에서 150°F까지 변한다고 하면, 서미스터와 그에 관련된 회로는 이 수온을 800 mV에서 1500 mV사이의 범위에 걸친 전압으로 바꾼다. 트랜스듀서의 출력은 온도에 직접적으로 비례하여 각 1°F마다 10 mV의 출력을 만들어낸다. 이 비례인수는 편의상 선택된 것이다.
2. **아날로그-디지털 변환기(ADC)**: 트랜스듀서의 전기적 아날로그 출력은 ADC (**analog-to-digital converter**)의 아날로그 입력으로 공급된다. ADC는 이 아날로그 입력을 디지털 출력으로 변환한다. 디지털 출력은 아날로그 입력값을 표현하는 여러 비트로 구성되어 있다. 예를 들어, ADC는 트랜스듀서의 800 mV에서 1500 mV사이의 아날로그 값을 01010000(80)에서 10010110(150) 사이의 2진수 값으로 변환한다. ADC의 2진수 출력은 아날로그 입력 전압에 비례하므로 디지털 출력의 각 단위는 10 mV를 나타낸다.
3. **컴퓨터**: 디지털로 표현된 처리 변수는 ADC에서 디지털 컴퓨터로 전송되며, 컴퓨터는 디지털 값을 저장하고 실행 프로그램에 따라 처리한다. 프로그램은 디지털로 표현된 온도의 계산이나 다른 연산을 수행하여 온도 제어에 사용될 디지털 출력이 되도록 한다.
4. **디지털-아날로그 변환기(DAC)**: 컴퓨터로부터의 디지털 출력은 **DAC (digital-to-analog converter)**에 연결되어 있고, DAC는 그것에 비례하여 아날로그 전압이나 전류

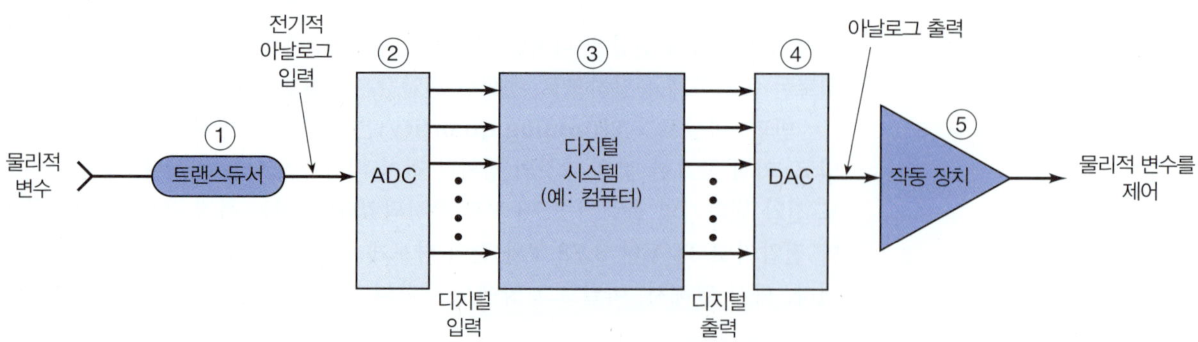

그림 11-1 컴퓨터가 물리적 변수를 모니터하고 제어하는 컴퓨터와 아날로그 세계의 접속 형태가 되도록 아날로그-디지털 변환기(ADC)와 디지털-아날로그 변환기(DAC)가 사용되었다.

로 변환한다. 예를 들어, 컴퓨터가 00000000에서 11111111 사이의 디지털 출력을 내면, DAC는 0에서 10 V사이의 전압으로 변환시키는 것이다.

5. **작동장치**: DAC의 출력인 아날로그 신호는 물리적 변수를 제어하는 작동장치(actuator)로 취급되는 다른 장치나 회로에 연결되기도 한다. 앞서 기술한 수온에 대한 예를 들면, DAC에서 만들어진 전압에 따라 탱크로 들어오는 온수의 흐름을 조절하는 전기적 제어밸브가 작동장치이다. 물의 흐름은 아날로그 전압에 따라 변하며, 0 V에서는 흐름이 없고 10 V에서는 최대의 흐름을 보인다.

그러므로, ADC와 DAC가 컴퓨터와 같은 완벽한 디지털 시스템과 아날로그 세계 사이의 접속(*interface*) 기능을 함을 볼 수 있다. 이전에는 컴퓨터 제어가 가능해 보이지 않았던 처리 제어 영역에 값싼 마이크로컴퓨터가 도입됨에 따라 이러한 기능은 중요성이 더욱더 증가하게 되었다.

학습성과 평가문제

1. 트랜스듀서의 기능은 무엇인가?
2. ADC의 기능은 무엇인가?
3. ADC로부터 수신한 데이터를 가지고 컴퓨터는 무엇을 하는가?
4. DAC가 수행하는 기능은 무엇인가?
5. 작동장치의 기능은 무엇인가?

11-2 디지털–아날로그 변환

학습성과

이 절을 학습함으로서 다음을 할 수 있다.

- DAC의 최대출력 결정
- 주어진 디지털 입력에 대한 아날로그 출력의 계산
- 주어진 아날로그 출력에 대한 디지털 입력의 계산
- DAC의 계단크기 또는 분해능의 결정
- 백분율 분해능의 계산

이제 디지털-아날로그(D/A) 변환과 아날로그-디지털(A/D) 변환에 대해 알아보자. 많은 A/D 변환법이 D/A 변환 과정에 이용되므로 D/A 변환을 먼저 알아보자.

기본적으로, D/A 변환은 디지털코드(2진수 또는 BCD)로 표현된 값을 취하여 이를 디지털값에 비례하는 전압이나 전류로 바꾸는 과정이다. 그림 11-2(a)는 전형적인 4비트 D/A 변환기를 보여주고 있다. 내부 회로는 다음에 다루기로 하고 여기서는 입/출력 관계의 변화를 알아보자.

입력의 기준전압은 V_{ref}이며, 이 입력은 D/A 변환기가 만들어내는 **최대출력(full-scale output)**이나 최대값을 결정하는데 사용된다. 디지털 입력 D, C, B, A는 일반적으로 디지털 시스템의 출력 레지스터에서 얻어진다. 4비트로 표현되는 $2^4 = 16$개의 서로 다른 2진수는 그림 11-2(b)에 나열되어 있다. 각각의 입력에 대해 D/A 변환기의 출력전압은 하나의 값으로만 나타난다. 실제로 이 경우 아날로그 출력전압 V_{OUT}은 입력 2진수와 같은

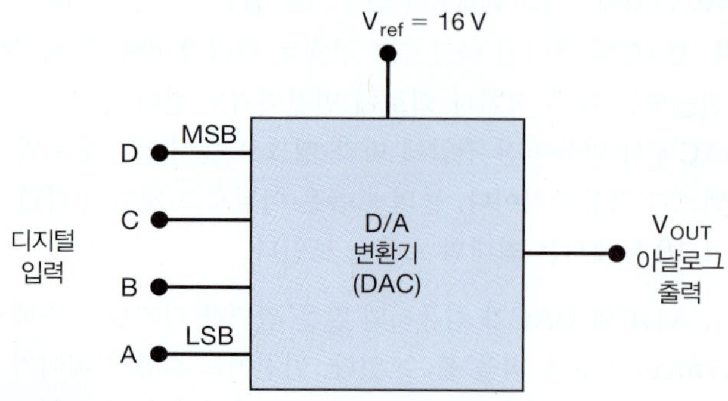

(a)

D	C	B	A	V_{OUT}	
0	0	0	0	0	전압
0	0	0	1	1	
0	0	1	0	2	
0	0	1	1	3	
0	1	0	0	4	
0	1	0	1	5	
0	1	1	0	6	
0	1	1	1	7	
1	0	0	0	8	
1	0	0	1	9	
1	0	1	0	10	
1	0	1	1	11	
1	1	0	0	12	
1	1	0	1	13	
1	1	1	0	14	
1	1	1	1	15	전압

(b)

그림 11-2 전압 출력을 갖는 4비트 DAC

크기의 전압이며 2진수의 배수일 수 있다. 이런 개념은 D/A 출력이 전류 I_{OUT}일 때도 동일하다.

일반적으로,

$$\text{아날로그출력} = K \times \text{디지털출력} \qquad \textbf{(11-1)}$$

이며, 여기서 K는 비례인수로서 고정된 기준전압이 연결되어 있는 DAC에 따라 주어지는 상수값이다. 물론, 아날로그 출력은 전압이나 전류이다. 출력이 전압이면 K는 전압 단위를 갖고, 출력이 전류이면 K는 전류 단위를 갖는다. 그림 11-2의 DAC에서 $K = 1$ V이면,

$$V_{OUT} = (1\text{ V}) \times \text{디지털입력}$$

이다. 어떤 디지털 입력값에 대해서도 이 식을 사용할 수 있다. 예를 들어, $1100_2 = 12_{10}$의 디지털 입력에 대해

$$V_{OUT} = 1\text{V} \times 12 = 12\text{ V}$$

을 얻을 수 있다.

예제 11-1A

출력이 전류인 5비트 DAC는 디지털 입력 10100에 대해 10 mA의 전류를 출력시킨다고 한다. 디지털 입력이 11101일 때 I_{OUT}는 얼마인가?

풀이

디지털 입력 10100_2는 십진수 20과 같다. 이 경우 I_{OUT} = 10mA이므로 비례인수는 0.5 mA이다. 따라서 $11101_2 = 29_{10}$와 같은 디지털 입력에 대해 아래와 같이 I_{OUT}을 구할 수 있다.

$$\begin{aligned} I_{OUT} &= (0.5\text{ mA}) \times 29 \\ &= 14.5\text{ mA} \end{aligned}$$

비례인수 K는 DAC에 따라 변하며 기준전압에 의존한다.

예제 11-1B

디지털 입력 00110010에 대해 1.0 V를 만드는 8비트 DAC의 최대 출력 전압값은 얼마인가?

풀이

$$00110010_2 = 50_{10}$$
$$1.0 \text{ V} = K \times 50$$

이므로

$$K = 20 \text{ mV}$$

이다. 따라서 최대 출력은 입력이 $11111111_2 = 255_{10}$일 때이며

$$V_{OUT}(\max) = 20 \text{ mV} \times 255 = 5.10 \text{ V}$$

이다.

아날로그 출력

그림 11-2에서 V_{ref}가 상수이면 V_{OUT}이 16가지 가능한 전압 레벨로 표현되는 것과 같이 특정 값만을 가질 수 있으므로 DAC의 출력은 기술적으로는 아날로그 양이 아니다. 따라서, 실제로는 디지털이라는 의미이다. 그러나, 입력 비트의 수를 증가시켜, 출력 가능한 값들의 수를 증가시킬 수도 있고 연속되는 출력값의 차이를 줄일 수도 있다. 이는 일정 범위 내에서 연속적으로 변하는 아날로그 양과 거의 비슷하게 출력을 얻을 수 있게 한다. 다시 말해서, DAC 출력은 "의사 아날로그(pseudo-analog)" 양인 것이다. 따라서, 이 출력은 순수 아날로그 양의 근사치라는 것을 상기하면서 계속 아날로그로 취급한다.

입력 가중치

그림 11-2의 DAC에서 각 디지털 입력은 서로 다른 양의 아날로그 출력으로 나타난다. 이는 하나의 입력만이 HIGH(표 11-1)인 경우를 보면 쉽게 알 수 있다. 각 디지털 입력은 그것의 위치에 따라 가중치가 주어진다. 따라서, LSB인 A는 1 V의 가중치(*weight*)를 가지며, B는 2 V, C는 4 V, MSB인 D는 최고의 가중치 8 V를 가진다. 가중치는 LSB에서 시작하여 각 비트별로 두 배가 된다. 따라서, V_{OUT}은 디지털 입력에 대한 가중치의 합으로 취급할 수 있다. 예를 들어, 디지털 입력 0111에 대한 V_{OUT}은 C, B, A 비트의 가중치를 합하여 4 V + 2 V + 1 V = 7 V와 같이 구할 수 있다.

표 11-1 V_{OUT}에 나타나는 비트별 가중치

D	*C*	*B*	*A*		V_{OUT}(V)
0	0	0	1	→	1
0	0	1	0	→	2
0	1	0	0	→	4
1	0	0	0	→	8

예제 11-2

5비트 D/A 변환기는 디지털 입력 00001에 대해 $V_{OUT} = 0.2$ V를 만든다. 입력 11111에 대한 V_{OUT}을 구하라.

풀이

LSB의 가중치가 0.2 V임이 분명하므로, 다른 비트의 가중치는 각각 0.4 V, 0.8 V, 1.6 V, 3.2 V이다. 따라서 디지털 입력 11111에 대한 V_{OUT}은 3.2 V + 1.6 V + 0.8 V + 0.4 V + 0.2 V = 6.2 V가 된다.

분해능(계단크기)

D/A 변환기의 **분해능**(**resolution**)은 디지털 입력의 변화에 따라 아날로그 출력에서 발생되는 최소의 변화로 정의한다. 그림 11-2와 관련된 표를 보면, 디지털 입력값이 변함에 따라 V_{OUT}은 1 V씩 변하므로 분해능이 1 V임을 알 수 있다. 분해능은 보통 LSB의 가중치와 일치하고, 디지털 입력값이 한 단계씩 변함에 따라 변하는 V_{OUT}의 양이므로 **계단크기**(**step size**)라 하기도 한다. 이는 그림 11-3에 잘 나타내었는데, 여기서는 4비트 2진 카운터의 출력이 DAC의 입력으로 공급되고 있다. 카운터가 클럭 신호에 의해 16개의 상태를 연속적으로 순환하므로, DAC 출력은 계단마다 1 V씩 증가하는 **계단**(**staircase**)파형이다. 카운터가 1111일 때, DAC의 출력은 최대값인 15 V이며 이것이 변환기의 최대출력(full-scale output)이다. 카운터가 0000으로 재순환하면, DAC의 출력은 0 V로 되돌아간다. 분해능 또는 계단크기란 계단파형에서의 도약 크기이며, 이 경우에는 1 V이다.

계단은 16개의 입력 상태에 따라 16개의 레벨을 갖지만, 0 V와 최대출력 사이에는 15개의 계단 또는 도약만을 갖는다. 일반적으로는 N비트 DAC에 대해 서로 다른 레벨의 수는 2^N이며, 계단의 수는 $2^N - 1$이다.

분해능(계단크기)은 DAC 입/출력 관계

$$\text{아날로그 출력} = K \times \text{디지털 입력}$$

에서의 비례인수와 같다는 것을 이미 알고 있다. 이 표현은 디지털 입력은 계단 수와 같고, K는 계단별 전압(또는 전류)의 양이며, 아날로그 출력은 이 둘의 곱으로 해석된다. 따라서

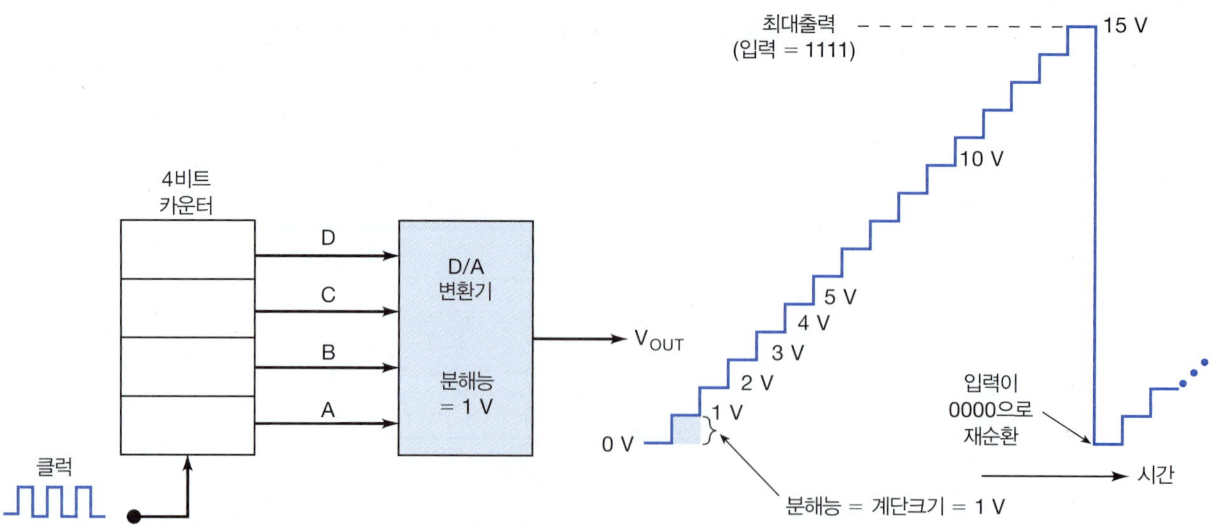

그림 11-3 2진 카운터에 의해 입력이 공급되는 DAC의 출력 파형

D/A에 대해서 K값을 간편하게 계산할 수 있다.

$$\text{분해능} = K = \frac{A_{fs}}{(2^N - 1)} \tag{11-2}$$

여기서 A_{fs}는 아날로그 최대출력이며, N은 비트 수이다.

예제 11-3A

예제 11-2의 DAC가 갖는 분해능(계단크기)은 얼마인가? 이 DAC의 계단신호 출력모양을 설명하라.

풀이

이 변환기의 LSB의 가중치는 0.2 V이다. 이것이 바로 분해능 또는 계단크기이다. 계단파형은 DAC 입력에 5비트 카운터를 연결함으로서 만들 수 있다. 계단파형은 0 V에서 6.2 V의 최대출력까지 32개의 레벨을 가지며, 각 계단의 높이가 0.2 V인 31개의 계단이 있다.

예제 11-3B

예제 11-2의 DAC에서 디지털 입력 10001에 대한 V_{OUT}을 구하라.

풀이

계단크기는 0.2 V이며 이것이 비례인수 K이다. 디지털 입력이 $10001 = 17_{10}$이므로

$$\begin{aligned} V_{OUT} &= (0.2\text{ V}) \times 17 \\ &= 3.4\text{ V} \end{aligned}$$

와 같이 구해진다.

백분율 분해능

분해능은 각 계단에 대한 전압이나 전류의 양으로 표현될 수 있지만, 최대출력의 백분율(percentage)로 표현하는 것도 유용하다. 그림 11-3의 DAC는 최대 최대출력이 15 V(디지털 입력이 1111일때)이다. 계단크기는 1 V이므로 백분율 분해능은

$$\begin{aligned} \text{백분율 분해능} &= \frac{\text{계단 크기}}{\text{최대 출력(F.S.)}} \times 100\% \\ &= \frac{1\text{ V}}{15\text{ V}} \times 100\% = 6.67\% \end{aligned} \tag{11-3}$$

와 같이 주어진다.

예제 11-4

10비트 DAC의 계단크기가 10 mV라 한다. 최대출력 전압과 백분율 분해능을 구하라.

풀이

10비트일 경우, 10 mV의 계단이 $2^{10} - 1 = 1023$개 있다. 따라서 최대출력은 10 mV × 1023 = 10.23 V이며

$$\text{백분율 분해능} = \frac{10\text{ mV}}{10.23\text{ V}} \times 100\% \approx 0.1\%$$

가 된다.

예제 11-4는 입력 비트의 수가 증가할수록 백분율 분해능이 감소한다는 것을 보여주고 있다. 실제로, 백분율 분해능은

$$\text{백분율 분해능} = \frac{1}{\text{계단의 총수}} \times 100\% \qquad \textbf{(11-4)}$$

의 형태로도 계산할 수 있다. N비트 2진 입력코드의 총 계단 수는 $2^N - 1$이므로 예제 11-4에 적용하면

$$\begin{aligned}\text{백분율 분해능} &= \frac{1}{2^{10} - 1} \times 100\% \\ &= \frac{1}{1023} \times 100\% \\ &\approx 0.1\%\end{aligned}$$

이다. 이는 오직 입력 비트의 수에 의해 백분율 분해능이 결정된다는 것을 의미한다. 각 계단은 최대출력전압의 작은 일부분에 해당하므로, 최대출력의 비트의 수가 증가하면 최대출력에 도달하는 계단의 수가 증가한다. 대부분의 DAC 제작회사는 비트 수로 분해능을 설명하고 있다.

분해능의 의미는?

DAC는 연속적인 출력값을 만들지 못한다. 정확히 말해서 DAC의 출력은 실제로 아날로그가 아니다. DAC는 유한한 출력값을 만든다. 11-1절의 수온 예에서 컴퓨터는 전기적 제어 밸브에 0 V와 10 V 사이의 아날로그 전압을 공급하기 위해 디지털 출력을 만든다. DAC의 분해능(비트의 수)은 컴퓨터가 얼마나 많은 전압값을 밸브에 보낼 수 있는지를 결정한다. 6비트 DAC가 사용되면 0 V와 10 V 사이에 0.159 V의 계단이 63개 있는 것이고, 8비트 DAC가 사용되면 0 V와 10 V 사이에 0.039 V의 계단이 255개 있는 것이다. 비트 수가 증가하면 할수록 분해능은 더욱 우수해지며 계단크기는 더 작아진다.

시스템 설계자는 기본적으로 요구되는 시스템 성능을 위해 어느 정도의 분해능이 필요한지를 결정하여야 한다. 분해능은 DAC 출력이 주어진 아날로그 값에 얼마나 접근할 것인지를 제한하고 있다. 일반적으로 DAC의 비용은 비트 수에 따라 증가하므로 설계자는 필요한 비트 수만을 사용하여야 한다.

예제 11-5

그림 11-4는 컴퓨터가 모터의 속도를 제어하고 있는 것을 나타낸다. DAC에서 나오는 0에서 2 mA 사이의 아날로그 전류는 모터의 속도를 0에서 1000 rpm(resolution per minute)까지 만들기 위해 증폭된다. 모터의 속도를 원하는 속도의 2 rpm 이내로 만들 수 있게 하기 위해서 컴퓨터는 몇 비트를 사용하여야 하는가?

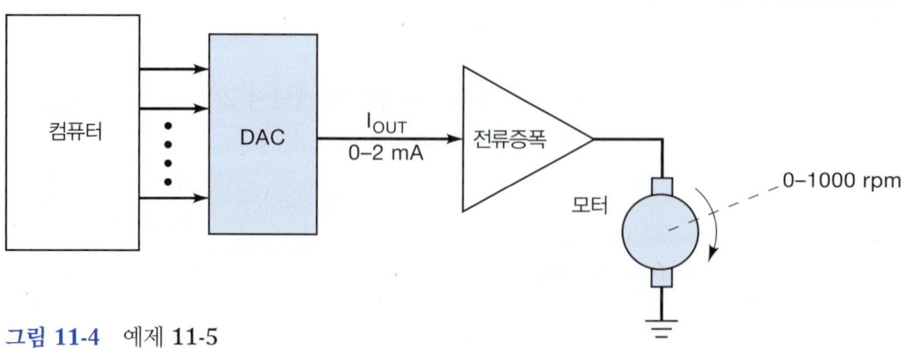

그림 11-4 예제 11-5

풀이

DAC가 0에서 최대출력으로 변해감에 따라 모터의 속도는 0에서 1000 rpm의 범위에 있게 된다. DAC 출력의 각 계단은 모터 속도의 계단에 의해 만들어진다. 계단크기가 2 rpm을 넘지 못하도록 하여야 하므로 적어도 500(1000/2)개의 계단이 필요하다. 0에서 최대출력까지 적어도 500개의 계단을 만들기 위해 몇 비트가 필요한지 결정하여야 한다. 계단의 수는 $2^N - 1$임을 알고 있으므로

$$2^N - 1 \geq 500$$

또는

$$2^N \geq 501$$

이 된다. $2^8 = 256$이고 $2^9 = 512$이므로, 적어도 500개의 계단을 만들기 위한 최소의 비트 수는 9이다. 9비트 이상을 사용할 수 있으나, DAC의 가격이 비싸지게 된다.

예제 11-6

9비트를 사용할 때, 모터의 속도를 326 rpm에 가깝게 하기 위해 어떻게 하여야 하는가?

풀이

9비트인 경우, 511($2^9 - 1$)개의 계단이 있다. 따라서 모터의 속도는 계단마다 1000 rpm/511 = 1.957 rpm 씩 증가한다. 326 rpm에 도달하기 위한 계단 수는 326/1.957 = 166.58이다. 이는 정수가 아니기 때문에 계단 수로는 부적합하므로, 167이 되어야 한다. 167번째 계단에서의 실제 모터 속도는 $167 \times 1.957 = 326.8$ rpm이다. 따라서, 컴퓨터는 시스템의 분해능 내에서 요구되는 모터 속도를 만들 수 있도록 167_{10}과 같은 크기의 9비트 2진수를 출력하여야 한다.

모든 예를 통하여, DAC는 정확하게 2진 입력에 전적으로 비례하는 아날로그 출력을 만들며, 요구되는 아날로그 값에 얼마나 가깝게 접근할 수 있는지의 한계를 결정하는 것은 분해능뿐이라고 생각하였다. 물론 이것은 모든 소자들이 정밀하지 못하므로 현실과는 거리가 있다. 11-3절과 11-4절에서는 DAC 부정확성의 원인과 영향을 살펴보기로 한다.

양극성 DAC

지금까지는 DAC에 가해지는 2진 입력이 부호가 없는 수이고 DAC의 출력이 양의 전압 또는 전류라고 생각하였다. 많은 DAC들은 DAC 출력 아날로그 회로를 조금 바꾸어서 음의 전압을 만들 수 있다. 이 경우 2진 입력(예를 들어, 00000000부터 11111111까지)의 범위는 대략 $-V_{ref}$에서 $+V_{ref}$에 걸쳐있다. 10000000은 0 V의 출력으로 변환된다. 부호가 있는 2진 보수 디지털 시스템의 출력은 MSB를 바꾸어 이런 형태의 DAC로 바뀔 수 있으며, 표 11-2에서 보는 바와 같이 부호 있는 2진수를 DAC의 적당한 값으로 변환한다.

다른 DAC들은 내부에 특정 회로를 가지고 있어서 부호 있는 2진 보수를 입력으로 받아들인다. 예를 들어, 2진 보수 체계를 사용하고 분해능이 0.2 V인 6비트 양극성 DAC

표 11-2 DAC 입력이 요구하는 부호있는 수로 변환

	부호 있는 2진수	DAC 입력	DAC V_{out}
최대 양수	01111111	11111111	$\sim +V_{ref}$
영	00000000	10000000	0 V
최대 음수	10000000	00000000	$\sim -V_{ref}$

가 있다 하자. 100000(−32)에서 011111(+31) 사이의 2진 입력값은 −6.4 V에서 +6.2 V 사이의 아날로그 출력을 만들며, 음과 양의 한계치 사이에는 0.2 V 크기의 계단이 63(2^6 − 1)개 있다.

학습성과 평가문제

1. 어떤 8비트 DAC는 입력이 01100010일 때, 출력이 3.92 mA이다. DAC의 분해능과 최대출력은 얼마인가?
2. 문제 1의 DAC에서 MSB의 가중치는 얼마인가?
3. 8비트 DAC의 백분율 분해능은 얼마인가?
4. 12비트 DAC는 몇 가지 출력전압을 만들 수 있는가?
5. 그림 11-4의 시스템에서 컴퓨터가 0.4 rpm 내에서 모터의 속도를 제어한다면, 몇 비트가 사용되어야 하는가?
6. 참 또는 거짓 : DAC의 백분율 분해능은 비트 수에만 의존한다.
7. 더 작은(우수한) 분해능의 장점은 무엇인가?

11-3 DAC 회로도

학습성과

이 절을 학습함으로서 다음을 할 수 있다.

- D/A 변환을 수행하는데 사용되는 아날로그 회로의 해석
- DAC의 변환 정밀도에 영향을 주는 요인의 서술

지금까지 기술한 D/A 변환 동작을 수행하기 위한 방법과 회로는 여러 가지가 있다. 여기에 사용되는 개념을 알아보기 위해 몇 가지 기본 구조에 대해 설명하겠다. D/A 변환기는 IC나 캡슐 형태로 포장되어 구입할 수 있어서 회로에 대한 지식은 필요하지 않으므로, 다양한 회로의 구조에 익숙하다는 것은 중요한 것이 아니다. 대신에, DAC를 효율적으로 사용할 수 있도록 그것의 중요한 성능의 특성을 아는 것이 중요하다. 이는 11-4절에서 설명하겠다.

그림 11-5(a)는 4비트 DAC 중 한 형태의 기본 회로를 보여주고 있다. 입력 A, B, C, D는 0 V 또는 5 V의 값을 갖는 2진 입력으로 가정하였다. 가산증폭기(summing amplifier)로 연산증폭기(*operational amplifier*)가 사용되었는데, 이는 입력전압에 대한 가중치의 합을 만든다. 가산증폭기는 각 입력전압에 귀환저항(feedback resistor) R_F와 입력저항 R_{IN}의 비를 곱한다. 이 회로에서는 R_F = 1 kΩ이고 입력저항은 1 kΩ에서 8 kΩ 범위이다. 입력 D에 연결된 입력저항이 R_{IN} = 1 kΩ이므로 가산증폭기는 D의 전압을 감쇠시키지 않고 통과시키며, 입력 C에 대해서는 R_{IN} = 2 kΩ이므로 $\frac{1}{2}$로 감쇠되고, 입력 B는 $\frac{1}{4}$, 입력 A는 $\frac{1}{8}$로 감쇠된다. 따라서 증폭기 출력은

$$V_{OUT} = -(V_D + \tfrac{1}{2}V_C + \tfrac{1}{4}V_B + \tfrac{1}{8}V_A) \qquad (11\text{-}5)$$

와 같이 표현할 수 있다. 가산증폭기는 극성반전(polarity-inverting) 증폭기이므로 음 부호가 나타나지만, 그것은 우리의 관심사가 아니다.

그림 11-5(b)의 표에서 보듯이, 분명히 가산증폭기의 출력은 디지털 입력의 가중치 합으로 표현되는 아날로그 전압이다. 이 표에는 모든 가능한 입력 조건과 증폭기 출력전압의

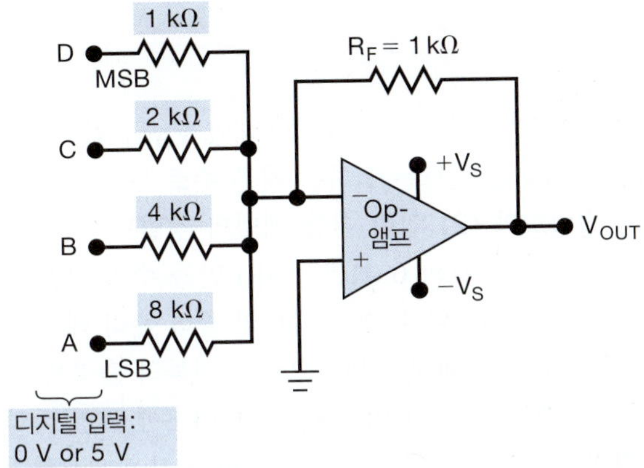

(a)

입력 코드

D	C	B	A	V_{OUT} (전압)
0	0	0	0	0
0	0	0	1	−0.625 ← LSB
0	0	1	0	−1.250
0	0	1	1	−1.875
0	1	0	0	−2.500
0	1	0	1	−3.125
0	1	1	0	−3.750
0	1	1	1	−4.375
1	0	0	0	−5.000
1	0	0	1	−5.625
1	0	1	0	−6.250
1	0	1	1	−6.875
1	1	0	0	−7.500
1	1	0	1	−8.125
1	1	1	0	−8.750
1	1	1	1	−9.375 ← 최대 출력

(b)

그림 11-5 2진으로 가중치가 주어지는 연산증폭 가산기를 사용한 간단한 DAC

결과를 수록하였다. 0 V 또는 5 V를 적절히 입력에 부가함으로서 어떤 입력 조건에 대해서도 출력을 구할 수 있다. 예를 들어, 디지털 입력이 1010이면 $V_D = V_B = 5\text{V}$이고 $V_C = V_A = 0\ \text{V}$이다.

따라서 식 (11-5)를 사용하면

$$\begin{aligned} V_{OUT} &= -(5\ \text{V} + 0\ \text{V} + \tfrac{1}{4} \times 5\ \text{V} + 0\ \text{V}) \\ &= -6.25\ \text{V} \end{aligned}$$

가 된다. 이 변환기의 분해능은 LSB의 가중치인 $\frac{1}{8} \times 5\ \text{V} = 0.625\ \text{V}$와 같다. 표에서 보듯이 2진수 입력이 한 단계 올라감에 따라 아날로그 출력은 0.625 V씩 증가한다.

예제 11-7

(a) 그림 11-5(a) 에서 각 입력 비트의 가중치를 구하라.

(b) R_F를 250 Ω으로 바꾸어서 최대출력을 구하라.

풀이

(a) MSB는 이득 = 1로 통과되므로 출력에서 그것의 가중치는 5 V이다. 따라서

MSB → 5V
두 번째 MSB → 2.5V
세 번째 MSB → 1.25V
네 번째 MSB = LSB → 0.625V

이다.

(b) R_F가 $\frac{1}{4}$로 줄어 250 Ω이 되면, 각 입력 가중치는 이전 값의 4배로 줄어든다. 그러므로 최대출력은 같은 비율로 줄어들어 $-9.375/4 = -2.344$ V가 된다.

그림 11-5에서 입력 저항값을 살펴보면 그것들이 2진으로 가중(*binarily weighted*) 되는데, 이는 예기치 못할만한 것은 아니다. 다시 말해서, MSB 저항에서부터 저항값은 2배씩 증가하는 것이다. 물론 이것은 전압출력이 요구하는 가중치를 만들어낸다.

변환 정밀도

그림 11-5(b)의 표는 다양한 입력에 대한 이상적인 V_{OUT} 값을 나타내고 있다. 회로가 이 값들에 얼마나 가까운 출력을 만드는가 하는 것은 주로 두 가지 요인에 따라 결정된다: (1) 입력과 귀환저항의 정밀도와 (2) 입력 전압 레벨의 정밀도. 저항은 트리밍(trimming)에 의해 매우 정밀하게(요구되는 값의 0.01% 이내) 만들 수 있지만, 입력전압 레벨은 다양하게 조절되어야 한다. 플립플롭이나 논리 게이트의 출력 논리 레벨은 0 V나 5 V와 같이 정확한 값이 아니고 주어진 범위 내에서 변하므로 이것들의 출력에서 디지털 입력을 바로 얻을 수는 없다는 것은 명백하다. 이런 이유로, 그림 11-6에 보인 바와 같이 가산증폭기의 각 디지털 입력과 입력저항 사이에 다른 회로를 추가하는 것이 필요하다.

각 디지털 입력은 8장에서 학습한 CMOS 전송 게이트와 같은 반도체 스위치를 제어한다. 입력이 HIGH이면, 스위치는 닫히고 입력저항에 정밀기준전압(*precision reference supply*)이 연결된다; 입력이 LOW이면 스위치는 열린다. 기준전압에는 정확한 아날로그 출력을 생성하는데 필요한 매우 안정되고 정밀한 전압이 공급된다.

전류출력 DAC

그림 11-7(a)은 2진 입력에 비례하는 아날로그 출력전류를 생성하는 기본적인 구조를 보여주고 있다. 이 회로는 2진 가중치를 가지는 저항을 사용한 4비트 DAC이다. 회로는 병렬로 된 4개의 전류 경로를 사용하며, 각각 CMOS 전송 게이트와 같은 반도체 스위치에 의해 제어된다. 각 스위치의 상태는 2진 입력으로 주어지는 논리 레벨에 의해 제어된다. 각 경로를 통과하는 전류는 정확한 기준전압 V_{REF}와 경로상의 정밀 저항에 의해 결정된다. 저항이 2

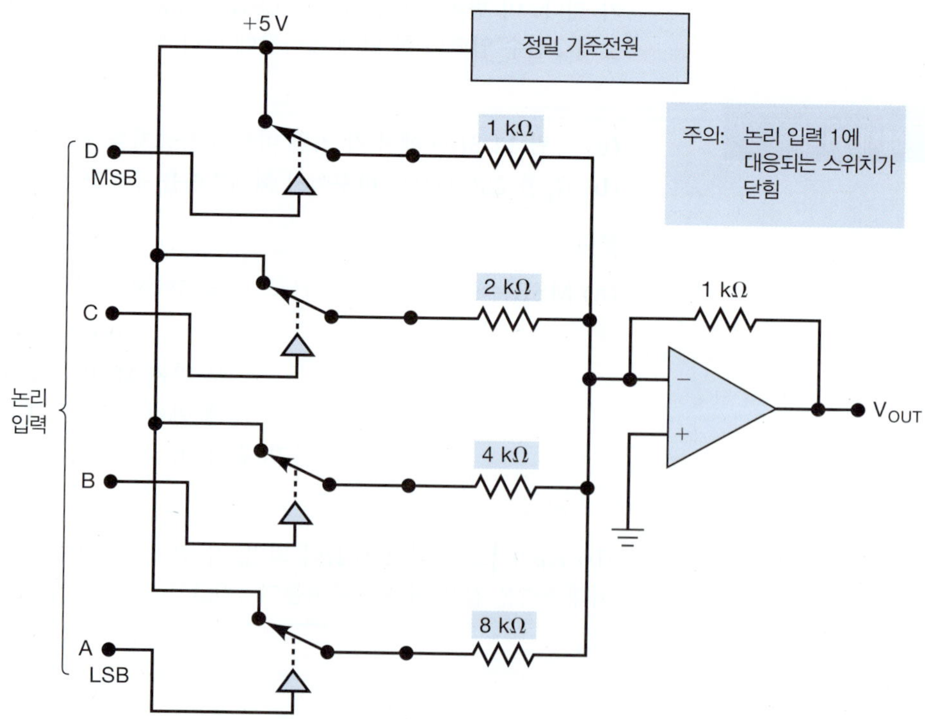

그림 11-6 정밀기준전압이 연결된 완전한 4비트 DAC

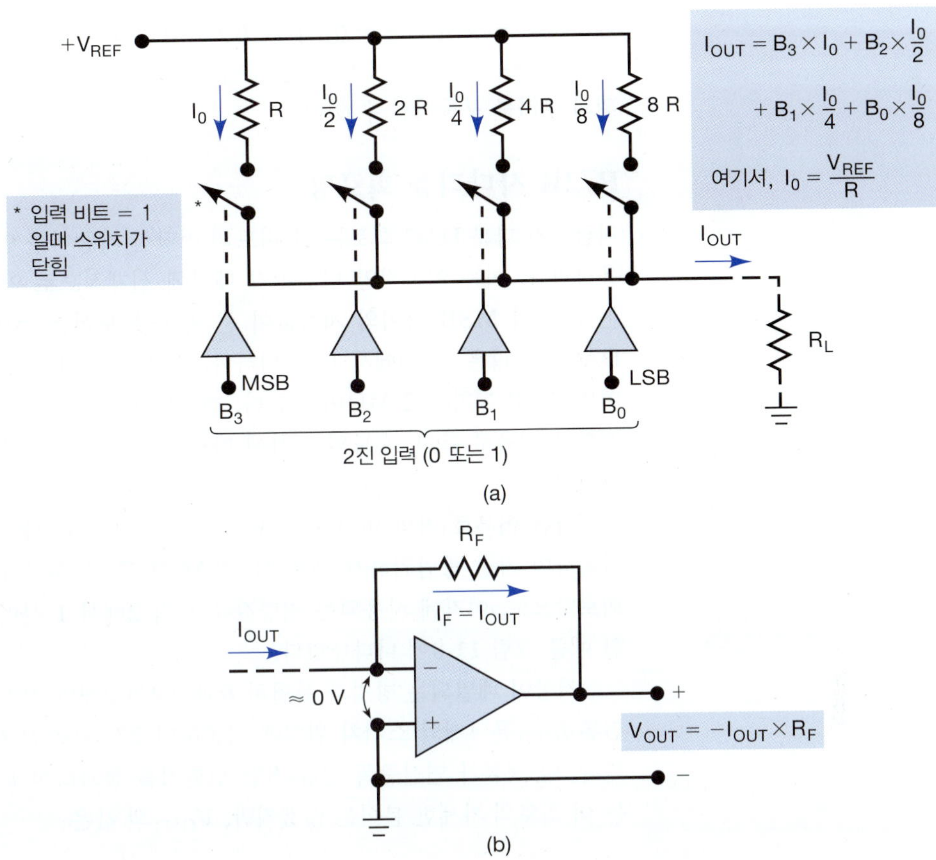

그림 11-7 (a) 기본적인 전류출력 DAC; (b) 연산증폭기가 연결된 전류-전압 변환기

진으로 가중되므로 전류도 다양하게 2진으로 가중되고, 전체 전류 I_{OUT}는 각 전류의 합이다. MSB 경로에는 최소 저항 R이 있다; 다음 경로에는 그 값이 두 배인 저항이 있다; 차례로 저항값이 두 배로 증가한다. 출력전류는 R보다 매우 작은 부하 R_L을 통해 흐르도록 만들어질 수 있으므로 전류값에는 영향을 미치지 못한다. 이상적으로는 R_L이 접지되어야 한다.

예제 11-8

$V_{REF} = 10$ V이고 $R = 10$ kΩ이며 R_L이 R보다 매우 작다고 가정하자. 이 DAC의 분해능과 최대출력을 구하라.

풀이

$I_{OUT} = V_{REF}/R = 1$ mA이다. 이것이 MSB의 가중치이다. 다른 세 가지 전류값은 0.5 mA, 0.25 mA, 0.125 mA이다. LSB는 0.125 mA이며, 이것이 분해능이다. 2진 출력이 모두 HIGH일 때 최대출력이 얻어지는데, 각 전류 스위치가 닫히면

$$I_{OUT} = 1 + 0.5 + 0.25 + 0.125 = 1.875 \text{ mA}$$

가 된다. 출력전류는 V_{REF}에 비례한다. V_{REF}가 증가하거나 감소하면, 분해능과 최대출력은 비례해서 변하게 된다.

I_{OUT}이 정확하려면 R_L은 접지되어야 한다. 이렇게 하기 위한 보통의 방법은 그림 11-7(b)에 보인 바와 같이 전류-전압 변환기로 연산증폭기를 사용하는 것이다. 여기서 DAC에서 나오는 I_{OUT}은 연산증폭기의 "−" 입력에 연결되는데 이것은 가상 접지이다. I_{OUT}과 같은 크기의 전류가 연산증폭기에서 부귀환(negative feedback)되어 R_F를 통

해 흐르므로 $V_{OUT} = -I_{OUT} \times R_F$가 만들어진다. 그러므로, V_{OUT}은 DAC의 2진 입력에 비례하는 아날로그 전압이 될 것이다. 이 아날로그 출력은 부하를 줄이지 않아도 넓은 범위의 부하를 구동시킬 수 있다.

R/2R 사다리꼴 회로망

지금까지 다룬 DAC 회로는 각 비트의 적당한 가중치를 만들기 위해 2진 가중치 저항을 사용하였다. 이는 이론적인 방법이기 때문에 실제적으로 약간의 제한이 있다. 가장 큰 문제는 LSB와 MSB 사이의 저항값이 큰 차이를 보이는 것이며, 특히 높은 분해능을 가지는 DAC(즉, 많은 비트)에서 더욱 더하다. 예를 들어, 12비트 DAC에서 MSB 저항이 1 kΩ이면, LSB 저항은 2 MΩ이 넘는다. 현재의 IC 제조 기술로는 넓은 범위에 걸쳐 저항값을 정확한 비율로 특히, 온도의 변화에 따라 정확하게 저항값을 유지하도록 만드는 것은 매우 어렵다.

이런 이유로 거의 비슷한 값을 갖는 저항을 사용하는 회로가 바람직하다. 이런 요구를 만족하며 가장 광범위하게 사용되는 DAC 회로 중 하나가 *R*/2*R* 사다리꼴(*R*/2*R ladder*) 회로망으로, 여기에 사용되는 저항값은 오직 2에서 1 사이의 범위이다. 이와 같은 DAC의 한 예를 그림 11-8에 나타내었다.

저항이 배열되는 방법과 특별히 *R*과 2*R*의 2개의 저항값만 사용된다는 것에 주목하라. 전류 I_{OUT}은 4개의 스위치 위치에 의존하며 2진 입력 $B_3B_2B_1B_0$는 스위치의 상태를 제어한다. 이 전류가 연산증폭 전류-전압 변환기를 통과하여 V_{OUT}이 만들어지게 된다. 여기서는 이 회로의 자세한 분석은 않겠지만, V_{OUT}의 값은

$$V_{OUT} = \frac{-V_{REF}}{16} \times B \quad \text{(11-6)}$$

으로 표현된다는 것은 쉽게 알 수 있고, 여기서 *B*는 0000(0)과 1111(15) 사이의 2진 입력값이다.

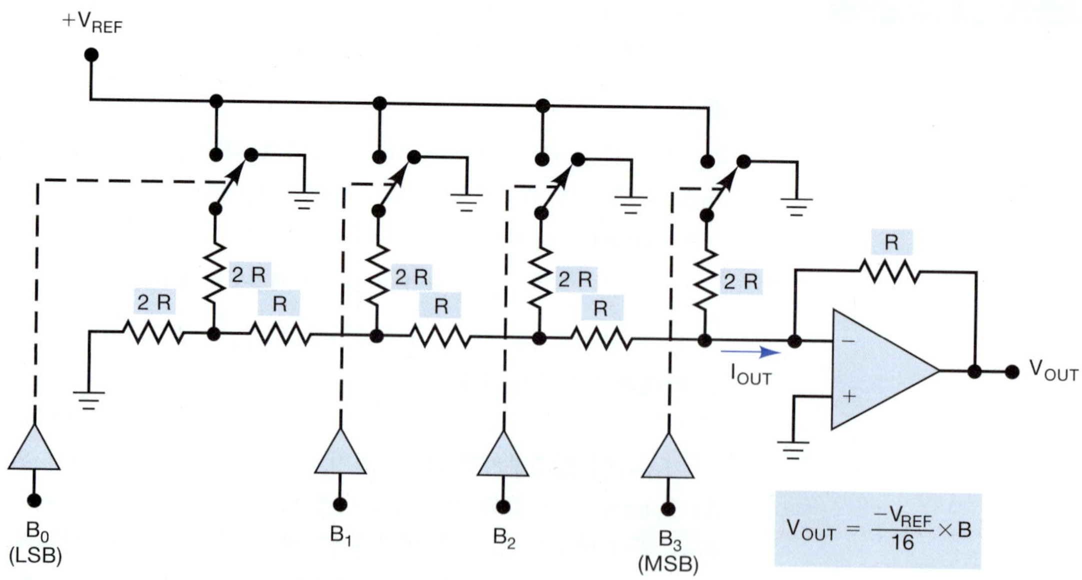

그림 11-8 기본적인 *R*/2*R* 사다리꼴 DAC

예제 11-9

그림 11-8의 DAC에서 $V_{REF} = 10$ V라 가정하다. 이 변환기의 분해능과 최대출력은 얼마인가?

풀이

분해능은 LSB의 가중치와 같아서, $B = 0001 = 1$로 놓고 식 (11-6)을 이용하면 구할 수 있다:

$$\text{분해능} = \frac{-10\ \text{V} \times 1}{16} = -0.625\ \text{V}$$

최대출력은 $B = 1111 = 15_{10}$일 때이다. 다시 식(11-6)을 이용하면

$$\text{최대출력} = \frac{-10\ \text{V} \times 15}{16} = -9.375\ \text{V}$$

가 된다.

학습성과 평가문제

1. 2진 가중치 저항을 사용한 DAC에 비해 $R/2R$ 사다리꼴 DAC의 장점은 무엇인가?
2. 어떤 6비트 DAC는 2진 가중치 저항을 사용하고 있다. MSB 저항이 20 kΩ이면 LSB 저항은 얼마인가?
3. 그림 11-5에서 R_F를 800 Ω으로 바꾸면 분해능은 얼마가 되는가?
4. V_{REF}가 20% 증가하면 분해능과 최대출력은 어떻게 되는가?

11-4 DAC 내역

학습성과

이 절을 학습함으로서 다음을 할 수 있다.

- DAC와 관련된 용어들의 정의
- DAC 제조자가 제공하는 제작 내역

다양한 종류의 DAC는 일반적으로 IC 또는 자체로 완비되어 캡슐에 포장된 형태로 구입이 가능하다. 특별한 응용에 관해 DAC를 평가하기 위해서는 더욱 중요한 제작 내역을 잘 알고 있어야 한다.

분해능

앞에서 언급한 바와 같이, DAC의 백분율 분해능은 오직 비트의 수에만 의존한다. 따라서, 제작자는 보통 DAC의 분해능을 비트의 수로 내역서에 기입하고 있다. 10비트 DAC는 8비트 DAC보다 우수한(작은) 분해능을 가진다.

정밀도

DAC 제작자는 여러 가지 방법으로 정밀도를 내역서에 기입한다. 가장 보편적인 두 가지는

최대오차(**full-scale error**)와 **선형오차**(**linearity error**)인데, 이는 보통 변환기 최대출력의 백분율(% F.S.)로 표현한다.

최대오차는 최대출력의 백분율로 표현되는 DAC 출력의 기대값(이상적)에 대한 최대 편차이다. 예를 들어 그림 11-5의 DAC가 ±0.01%의 정밀도를 가지고 있다고 가정하자. 이 변환기의 최대출력은 9.375 V이므로 백분율로 변환하면

$$\pm 0.01\% \times 9.375\text{ V} = \pm 0.9375\text{ mV}$$

가 된다. 이것은 이 DAC의 출력이 언제든지 그것의 기대값보다 0.9375 mV 만큼의 오차가 있을 수 있음을 의미한다.

선형오차는 이상적인 계단크기에 대한 계단크기의 최대 편차이다. 예를 들어, 그림 11-5의 DAC는 기대되는 계단크기가 0.625 V이다. 만약 이 변환기가 ±0.01%의 선형오차를 가진다면, 이는 실제 계단크기가 0.9375 mV 만큼 오차가 생길 수 있다는 것을 의미한다.

DAC의 정밀도와 분해능이 양립해야 한다는 것을 이해하는 것은 중요하다. 1%의 분해능과 0.1%의 정밀도를 갖는다거나 또는 그 반대로 말하는 것은 모순이다. 정밀도는 완벽하다고 가정하고 1%의 분해능과 10 V의 최대출력을 가지는 DAC가 어떤 요구되는 값에 대해서도 0.1 V 이내의 출력 아날로그 전압을 만들 수 있음을 예로 들어보자. 분해능이 이미 바라는 값의 오차를 0.1 V에 가깝게 제한한다면, 0.01% F.S.(또는 1 mV)의 값비싼 정밀도를 가진다는 것은 의미가 없다. 정밀도는 형편없지만 분해능이 매우 작은(많은 비트) 경우에도 똑같은 말을 할 수 있다; 이는 입력 비트를 낭비하는 것이다.

예제 11-10

어떤 8비트 DAC는 최대출력이 2 mA이고 최대오차가 ±0.5% F.S.이다. 입력 10000000에 대해 가능한 출력의 범위는 얼마인가?

풀이

계단크기는 2 mA/255 = 7.84 μA이다. 10000000 = 128_{10}이므로, 이상적인 출력은 128 × 7.84 μA = 1004 μA가 된다. 오차는

$$\pm 0.5\% \times 2\text{ mA} = \pm 10\ \mu\text{A}$$

정도이다. 따라서, 실제 출력은 이상치 1004 μA에서 이 양 만큼 벗어날 수 있으므로, 994 μA에서 1004 μA 사이에 있게 된다.

오프셋오차

이상적으로 2진 입력이 모두 0일 때, DAC의 출력은 0 V이어야 한다. 하지만 실제로는, 이 경우에 아주 작은 출력전압이 존재하는데, 이를 **오프셋오차**(**offset error**)라 한다. 교정할 수 없다면, 모든 입력 상황에서 이 오프셋오차는 기대되는 DAC 출력에 더해질 것이다. 예를 들어, 4비트 DAC가 +2 mV의 오프셋오차와 100 mV의 완벽한 계단크기를 가진다 하자. 표 11-3은 여러 가지 입력 상황에 대해 이상적인 출력과 실제 출력을 보이고 있다. 실제 출력이 기대되는 출력보다 2 mV 크다; 이것은 오프셋오차 때문이다. 오프셋오차는 음일 수도 있고 양일 수도 있다.

많은 DAC에는 오프셋이 0이 되도록 하는 외부 오프셋 조정장치가 있다. 이는 보통 DAC의 모든 입력을 0으로 하고 출력을 관찰하여 출력이 0에 가까워질 때까지 오프셋조정

표 11-3 2 mV 오프셋오차가 보여주는 출력 예

입력코드	이상적인 출력(mV)	실제출력(mV)
0000	0	2
0001	100	102
1000	800	802
1111	1500	1502

전위차계(*offset adjustment potentiometer*)를 조정함으로서 달성할 수 있다.

정착시간

DAC의 속도는 보통 그것의 **정착시간(settling time)**에 의해 규정되는데, 이는 2진 입력이 모두 0에서 모두 1로 변함에 따라 DAC 출력이 0에서 최대출력이 될 때까지 요구되는 시간이다. 실제로, 정착시간은 DAC의 출력이 최종값의 $\pm\frac{1}{2}$ 계단크기(분해능) 이내에 도달하기까지 걸리는 시간이다. 예를 들어, DAC의 분해능이 10 mV라 하면, 정착시간은 출력이 최대출력 값의 5 mV 이내에 도달하기까지의 시간이다.

정착시간의 대표적인 값은 50 ns에서 10 μs 범위에 있다. 일반적으로 말해서, 전류출력을 갖는 DAC는 전압출력을 갖고 있는 DAC에 비해 정착시간이 짧다. 예를 들면, DAC1280은 전류 또는 전압을 출력할 수 있는데, 전류출력 양식에서는 정착시간이 300 ns이고, 전압출력 양식에서는 정착시간이 2.5 μs이다. 이러한 차이의 주요 원인은 전류-전압 변환기에 사용되는 연산증폭기의 응답시간 때문이다.

단조성

2진 입력이 다음 값으로 증가함에 따라 DAC의 출력이 증가한다면 DAC는 **단조롭다(monotonic)**고 말한다. 이를 다르게 설명하면, 2진 입력이 0에서 최대값까지 증가할 때, 계단출력이 아래로 향하지 않는다는 것을 의미한다.

학습성과 평가문제

1. 최대오차(*full-scale error*)를 정의하라.
2. 정착시간(*settling time*)이란 무엇인가?
3. 오프셋오차와 그것이 DAC 출력에 미치는 영향을 설명하라.
4. 일반적으로 전압 DAC가 전류 DAC에 비해 느린 이유는 무엇인가?

11-5 집적회로 DAC

학습성과

이 절을 학습함으로서 다음을 할 수 있다.

- 디지털 시스템에서 8-비트 DAC AD7524의 사용
- 각 입력의 역할에 대한 설명
- AD7524 DAC의 제약 조건에 대한 서술

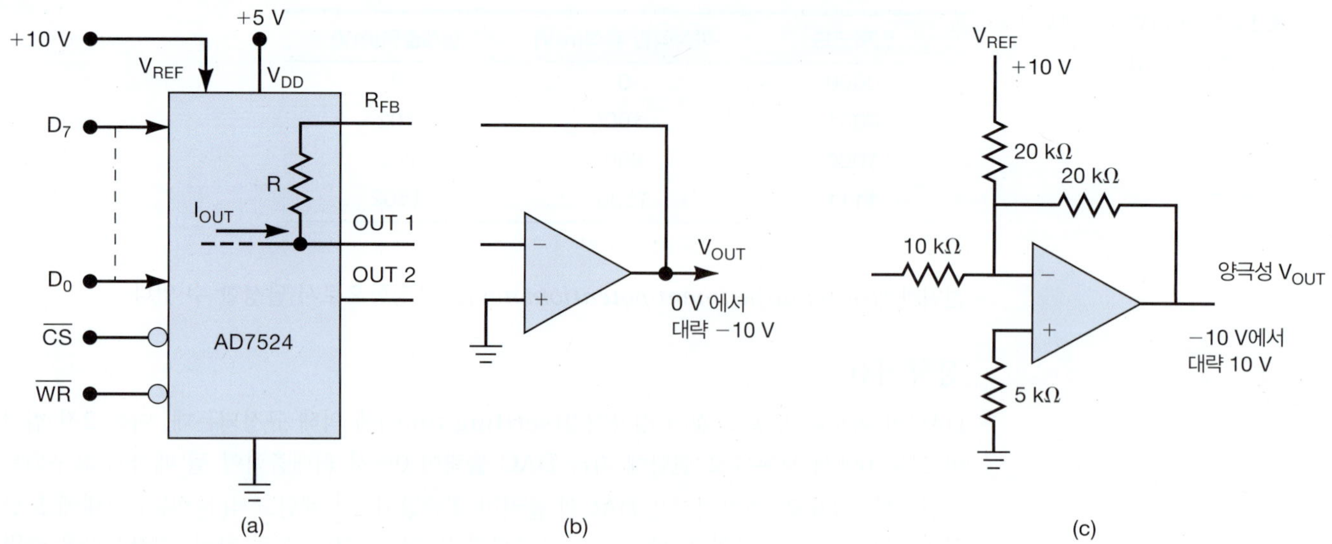

그림 11-9 (a) 래치 입력을 갖고 있는 8비트 DAC AD7524; (b) 0 V에서 대략 −10 V 사이의 전압을 제공하는 전류-전압 연산증폭기; (c) −10 V에서 대략 +10 V 사이의 양극성 출력을 만드는 연산증폭기 회로

여러 IC 제품 형태로 구입할 수 있는 CMOS IC인 AD7524는 $R/2R$ 사다리꼴 회로망을 사용하는 8비트 D/A변환기이다. 이것의 블럭기호는 그림 11-9(a)에 주어져 있다. 이 DAC는 내부적으로 칩선택($\overline{CS}$)과 WRITE($\overline{WR}$) 입력에 의해 제어되어 래치되는 8개의 입력을 가지고 있다. 이 두 가지 제어 입력이 모두 LOW일 때, 디지털 데이터 입력 D_7-D_0는 아날로그 출력전류 *OUT 1*을 만든다(*OUT 2* 단자는 보통 접지된다). 두 제어 입력이 HIGH가 될 때, 디지털 입력 데이터는 래치되고 아날로그 출력은 래치된 디지털 데이터에 대응되는 레벨로 고정된다. 계속해서 디지털 입력이 변화하여도 이 래치된 상태에 대한 출력인 *OUT 1*에는 영향을 미치지 않는다.

AD7524의 최대 정착시간은 대체적으로 100 ns이며, 정밀도의 최대범위는 ±0.2% F.S.이다. V_{REF}는 양 또는 음의 값으로 0 V에서 25 V 사이 범위의 값일 수 있으므로, 양극성의 아날로그 출력전류를 만들어 낼 수 있다. 그림 11-9(b)와 같이 연산증폭기를 연결하여 출력전류를 전압으로 변환할 수 있다. 연산증폭기(op-amp)의 귀환저항은 DAC 칩 속에 이미 만들어져 있다는 것을 유념하라. 그림 11-9(c)에 보인 연산증폭기는 $-V_{REF}$(입력이 00000000일 때)에서 $+V_{REF}$(입력이 11111111일 때)의 범위를 갖는 양극성 출력을 만들 수 있다.

학습성과 평가문제

1. AD7524를 3-상태 버스와 연결할 수 있는가?
2. AD7524에서 WR 선의 역할은 무엇인가?
3. AD7524의 세 가지 제약을 열거하라.

11-6 DAC 응용

학습성과

이 절을 학습함으로서 다음을 할 수 있다.

- 대표적인 DAC 응용의 확인

디지털 회로의 출력이 아날로그 소자를 활성화하기 위해 아날로그 전압이나 전류를 공급해야 할 때, DAC는 언제나 사용된다. 가장 보편적인 응용 몇 가지를 아래 단락에 설명하였다.

제어

모터의 속도 또는 용광로의 온도를 조절하기 위해서, 혹은 여러 가지 물리적 변화량을 제어하기 위해서 컴퓨터의 디지털 출력은 아날로그 제어 신호로 변환될 수 있다.

자동점검

컴퓨터는 아날로그 회로의 점검을 위해 필요한 아날로그 신호(DAC를 통하여)를 생성할 수 있도록 프로그램할 수 있다. 점검 회로의 아날로그 출력 응답은 보통 ADC에 의해 디지털 값으로 변환될 것이며, 컴퓨터에 전달되어 저장되고, 디스플레이되며, 때로는 해석된다.

신호복원

많은 응용 분야에서, 아날로그 신호는 **디지털화(digitized)** 된다; 즉, 신호의 연속적인 점들이 등가의 디지털 값으로 바뀌고 메모리에 저장된다. 이 변환은 아날로그-디지털 변환기(ADC)에 의해 수행된다. DAC는 저장된 디지털 데이터를 다시 아날로그로 변환하기 위해 사용한다. 원래의 신호로 복원하기 위해 한번에 한 점씩 변환한다. 이러한 디지털화와 복원의 결합은 디지털 저장 오실로스코프, 오디오 컴팩트 디스크 시스템, 디지털 음성과 영상의 기록에 사용된다. ADC에 대해 학습한 후 이것들에 대해 살펴볼 것이다.

A/D변환

ADC의 여러 형태는 DAC를 회로의 일부분으로 사용하며, 11-8절에서 살펴볼 것이다.

디지털 크기 제어

DAC들은 그림 11-10에 보인 바와 같이 아날로그 신호를 V_{REF} 입력에 연결함으로서 아날로그 신호의 크기를 줄이는데 사용할 수 있다. 2진 입력에 의해 V_{REF}에 입력되는 신호의 크기가 조절된다: $V_{OUT} = V_{REF} \times$ 2진 입력$/2^N$. 최대 2진 입력값이 인가되었을 때, 출력은 입력 V_{REF}와 거의 같게 된다. 그러나 최대값의 반에 해당하는 입력(예를 들어, 양극성 8비트 변환기의 경우 10000000)이 인가되면 출력은 V_{REF}의 반이 된다. 만약 V_{REF}가 기준 전압의 범위에서 변하는 신호(예를 들어, 정현파)라면, 출력은 DAC에 인가되는 2진수에 대응되는 크기를 갖는 전체 아날로그 파형과 같은 모양이다. 이런 방법으로 디지털 시스템은 오디오 시스템의 볼륨 또는 함수발생기의 크기 같은 것을 제어할 수 있다.

직렬 DAC

이와 같은 DAC의 응용 중 많은 부분에서 마이크로프로세서를 필요로 한다. 앞에서 설명한 병렬 데이터 DAC의 사용에 따른 주요 문제는 DAC가 마이크로컴퓨터의 꽤 많은 포트를

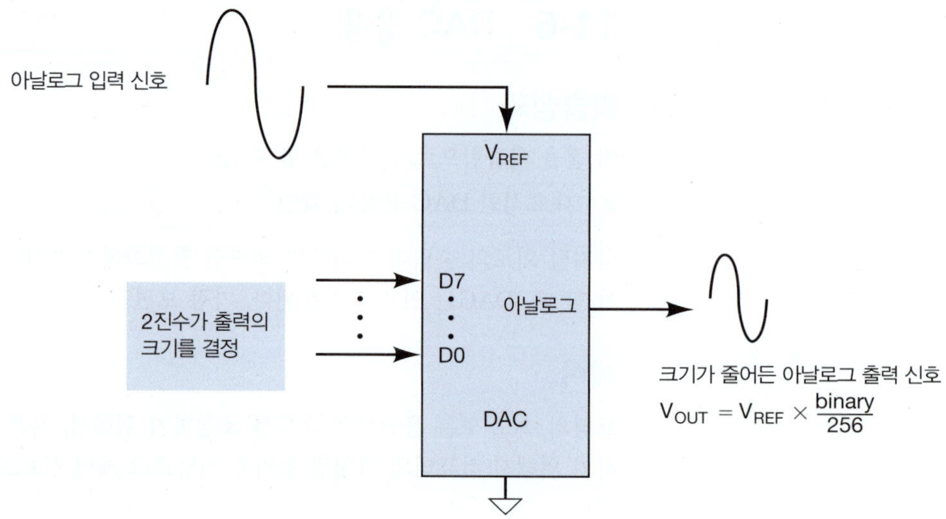

그림 11-10 아날로그 신호의 크기를 제어하기 위해 사용하는 ADC

점유하고 있다는 것이다. 데이터 전달 속도가 별로 문제되지 않는 경우는 마이크로프로세서가 직렬로 접속되어 DAC에 디지털 값을 출력시킬 수도 있다. 직렬 DAC는 이미 제작된 직렬입력/병렬출력 시프트 레지스터를 가지고 쉽게 만들 수 있다. 이런 소자 중 많은 것은 같은 칩 속에 여러 개의 DAC를 가지고 있다. 그래서, 어떤 DAC를 요구하는지를 규정하는 코드와 함께 디지털 데이터는 한번에 한 비트씩 칩으로 보내진다. DAC 입력에 각 비트가 나타나면, 비트가 시프트될 수 있도록 펄스가 직렬 클럭입력에 가해진다. 몇 번의 클럭펄스가 가해진 후, 데이터 값은 래치되고 그것의 아날로그 값으로 변환된다.

학습성과 평가문제

1. DAC 응용 세 가지를 열거하라.

11-7 DAC 고장진단

학습성과

이 절을 학습함으로서 다음을 할 수 있다.

- DAC와 관련된 공동 결함 유형과 부정확의 확인
- DAC 검사

DAC는 디지털일 수도 있고 아날로그일 수도 있다. 논리 프로브나 펄스는 디지털 입력에 사용될 수 있지만, 계량기나 오실로스코프는 아날로그 출력에서 사용되어야 한다. DAC의 동작을 검사하기 위한 두 가지 기본적인 방법으로는 정적정밀도검사(*static accuracy test*)와 계단검사(*staircase test*)가 있다.

정적정밀도검사에는 2진 입력값을 고정시키고 높은 정밀도의 측정기로 아날로그 출력을 측정하는 것이 필연적으로 수반된다. 이 검사는 DAC가 정하는 정밀도에 일관되게, 출력값이 기대치 범위 이내가 되는지를 알아보기 위해 사용된다. 그렇지 않다면, 여러 가지 원인이 있을 수 있는데 여기서는 그들 중 몇 가지를 소개한다:

- 온도, 노화(aging), 또는 다른 요인으로 인한 DAC의 내부 구성 요소 값(예를 들어, 저

항값)들의 특성 변화(drift). 이는 기대되는 정밀도를 벗어난 출력값을 만들 수 있다.

- 2진 입력의 개방 또는 단락. 이는 아날로그 출력에 입력의 가중치가 더해지지 못하게 하거나 출력에 입력의 가중치가 계속해서 나타나는 원인이 된다. 특히, 하위 비트에서 이런 문제가 생길수록 발견하기가 힘들다.
- 기준전압의 결함. 아날로그 출력은 V_{REF}에 직접적으로 의존하므로, 잘못된 결과가 나타날 수 있다. 외부 기준전압을 사용하는 DAC에서는 디지털 전압계로 기준전압을 쉽게 점검할 수 있다. 많은 DAC는 내부 기준전압을 가지고 있는데, IC의 핀에 기준전압을 공급하는 몇몇 DAC를 제외하고는 점검할 수가 없다.
- 구성 요소의 노화 및 온도에 의한 과도한 오프셋오차. 이는 안정된 양을 벗어난 출력을 만든다. DAC가 외부 오프셋을 조정할 수 있는 능력을 가지고 있다면, 이런 종류의 오차는 초기에 제거될 수 있지만, 동작 온도의 변화에 따라 오프셋오차가 다시 나타날 수 있다.

계단검사는 DAC의 단조성을 확인하기 위해 사용된다. 즉, 그림 11-3과 같이 2진 입력이 증가함에 따라 출력이 단계별로 증가하는지 검사하는 것이다. 계단의 높이는 모두 같아야 하며 최대 높이에 도달할 때까지 빠지는 부분이나 아래로 향하는 계단이 없어야 한다. 이 검사는 입력이 출력에 영향을 주지 못한다거나 계속된 영향으로 인해 발생되는 내 · 외부적 결함을 발견할 수 있도록 한다. 이런 내용을 아래 예에서 살펴보자.

예제 11-11

그림 11-3의 DAC에서 입력 *C*가 개방되었을 때, 계단파형은 어떻게 나타나는가? DAC 입력은 TTL 호환으로 가정하라.

풀이

*C*가 개방되어 있으면 DAC에서는 항상 논리 1로 판단한다. 그러므로 DAC 출력에 일정하게 4 V가 영향을 주게 되어 출력파형은 그림 11-11과 같이 나타난다. 점선은 DAC가 올바르게 동작하였을 때의 계단파형이다. 입력 비트 *C*가 정상적으로 HIGH인 동안만 잘못된 출력파형과 일치하는 것에 주목하라.

그림 11-11 예제 11-11

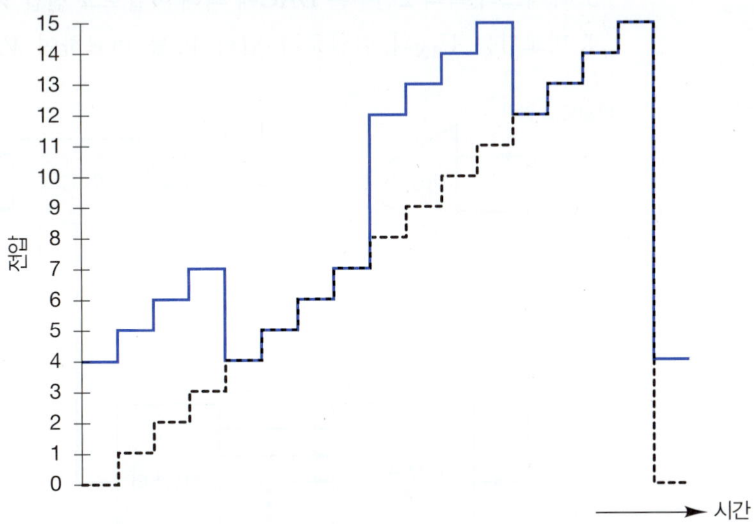

학습성과 평가문제

1. DAC와 관련된 공동 결함 유형을 세 가지 열거하라.

11-8 아날로그-디지털 변환

학습성과

이 절을 학습함으로서 다음을 할 수 있다.

- A/D 변환기 내에서 DAC의 역할 설명
- ADC 동작 방법에 대한 일반적 모형의 설명

아날로그-디지털 변환기(analog-to-digital converter)는 아날로그 입력전압을 받아들여, 어느 정도 시간이 경과한 후 이에 상응하는 디지털 출력코드를 만들어 낸다. A/D 변환 과정은 일반적으로 D/A 변환 과정에 비해 복잡하고 시간이 많이 소요되며, 여러 가지 많은 다양한 방법이 개발되어 사용되고 있다. ADC(완전히 제품화된 단위로 구입이 가능)를 설계하거나 구성하는 것이 결코 필요하지 않더라도, 이들 중 몇 가지를 상세히 살펴보기로 하자. 그렇게 함으로서 기술적으로 어떤 요소가 ADC의 성능을 결정하는지 한 눈에 알 수 있게 된다.

여러 가지 중요한 형태의 ADC는 DAC를 회로의 일부분으로 사용한다. 그림 11-12는 이런 종류의 ADC에 대한 일반적인 블럭도이다. 동작 시간은 입력 클럭신호가 제공한다. 제어부에는 변환 과정을 시작하게 하는 START COMMAND에 응답하여 적절한 동작 순서를 생성하는 논리회로가 포함되어 있다. 연산증폭 비교기에는 두 개의 아날로그 입력과 어느 아날로그 입력이 더 큰가에 따라 상태가 바뀌는 디지털 출력이 있다.

이런 유형의 ADC의 기본 동작은 아래와 같은 단계로 이루어진다:

1. START COMMAND 펄스로 동작을 초기화한다.
2. 클럭에 의해 결정되는 속도로 제어부는 연속해서 레지스터에 저장되는 2진수를 수정한다.
3. 레지스터 속의 2진수는 DAC에 의해 아날로그 전압 V_{AX}로 변환된다.
4. 비교기는 V_{AX}와 아날로그 입력 V_A를 비교하여 $V_{AX} < V_A$이면 비교기의 출력은

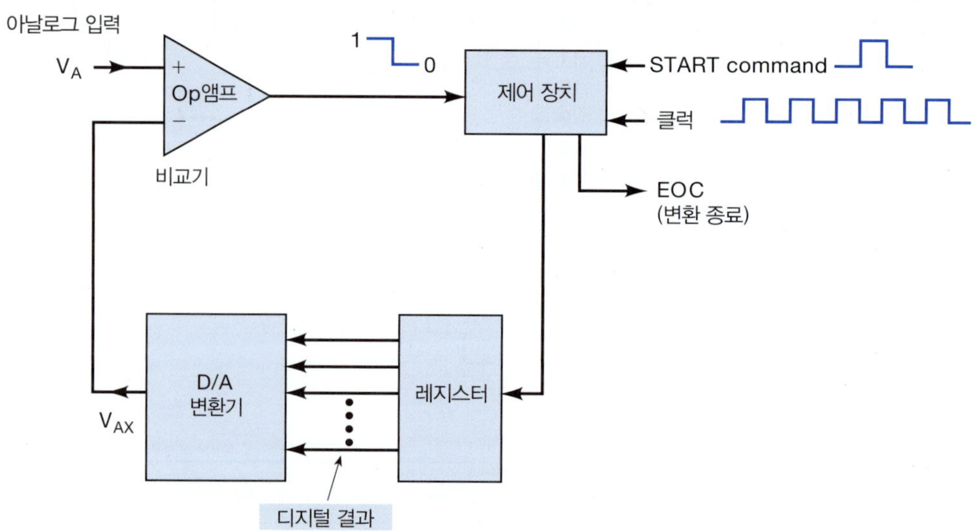

그림 11-12 ADC의 일반적인 블럭도

HIGH를 유지한다. V_{AX}가 V_A를 최소한 문턱전압(threshold voltage) V_T 만큼 초과하면, 비교기의 출력은 LOW가 되고 레지스터의 2진수를 수정하는 동작을 멈춘다. 이 시점에 V_{AX}는 V_A의 근사치가 된다. V_{AX}와 디지털 등가인 레지스터의 2진수가 시스템의 분해능과 정밀도 내에서의 V_A의 디지털 등가 근사치인 것이다.

5. 제어 논리는 변환이 완료되면 변환종료 신호, *EOC*를 활성화한다.

이와 같은 여러 가지 다양한 A/D 변환 방법은 주로 제어부가 연속적으로 레지스터 내의 2진수를 수정하는 방법에 있어서 차이가 있다. 하지만, 변환 과정이 완료되었을 때 원하는 디지털 출력을 레지스터에 남겨 둔다는 기본적인 개념은 같다.

학습성과 평가문제

1. ADC에서 비교기의 기능은 무엇인가?
2. 변환이 완료되었을 때 V_A의 디지털 등가 근사치는 어디에 있는가?
3. *EOC* 신호의 기능은 무엇인가?

11-9 디지털램프 ADC

학습성과

이 절을 학습함으로서 다음을 할 수 있다.

- 디지털램프 ADC의 동작 설명
- 양자화 오차의 설명
- ADC의 분해능과 정밀도의 결정과 비교

그림 11-12와 같은 일반적인 ADC의 가장 간단한 형태에서는 2진 카운터를 레지스터로 사용하여 카운터가 클럭에 따라 $V_{AX} \geq V_A$까지 한 계단씩 증가하도록 한다. 그림 11-13에 보인 것과 같이 V_{AX}의 파형이 단계적으로 경사(정확히 계단파형)를 이루기 때문에 **디지털램프(digital-ramp) ADC**라 한다. 이것을 카운터형(*counter-type*) ADC라 부르기도 한다.

그림 11-13은 디지털램프 ADC의 블럭도로 카운터, DAC, 아날로그 비교기, 제어용 AND 게이트 등이 내장되어 있으며, 비교기 출력은 LOW에서 동작하는 변환종료 신호 $\overline{EOC}$를 공급하고 있다. 변환될 아날로그 전압 V_A가 양의 값이라 가정하면 동작 순서는 다음과 같다.

1. 카운터를 0으로 리셋시키기 위해 START 펄스가 가해진다. 동시에 START의 HIGH 상태는 클럭펄스가 AND 게이트를 통과하여 카운터에 공급되는 것을 막는다.
2. DAC의 입력이 모두 0일 때, 출력은 $V_{AX} = 0$ V가 된다.
3. $V_A > V_{AX}$이므로, 비교기 출력 $\overline{EOC}$는 HIGH 상태이다.
4. START가 LOW 상태로 되돌아가면, AND 게이트는 인에이블되어 클럭펄스가 카운터에 공급된다.
5. 카운터 값이 증가함에 따라, DAC 출력 V_{AX}는 그림 11-13(b)에서와 같이 한 계단씩 증가한다.
6. V_{AX}가 V_T(대체로 10에서 100 μV 사이) 이상으로 V_A를 초과할 때까지 이 과정은 계

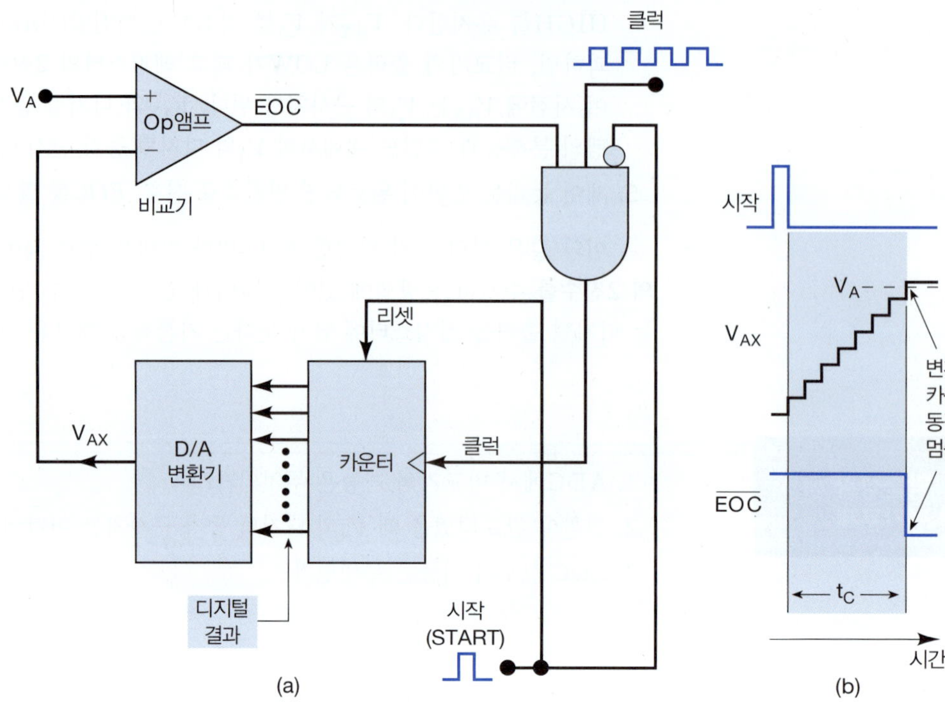

그림 11-13 디지털램프 ADC

속된다. 결국 $\overline{EOC}$는 LOW가 되고 펄스의 유입을 막아 카운터는 동작을 멈춘다.

7. $\overline{EOC}$가 HIGH에서 LOW로 전환되는 신호에 의해 변환 과정은 완료되며, 카운터의 내용은 V_A의 디지털 값이 된다.
8. 다음 START 펄스에 의해 새로운 변환으로 초기화될 때까지 카운터는 디지털 값을 유지하게 된다.

예제 11-12

그림 11-13에서 클럭주파수 = 1 MHz, V_T = 0.1 mV이며, DAC의 입력은 10비트이고 최대출력이 10.23 V라 가정하자. 아래 값을 구하라.

(a) V_A = 3.728 V에 대한 디지털 등가

(b) 변환 시간

(c) 이 변환기의 분해능

풀이

(a) DAC는 입력이 10비트이고 최대출력이 10.23 V F.S.이다. 따라서 가능한 총 계단수는 $2^{10} - 1 = 1023$개이고 계단크기는

$$\frac{10.23 \text{ V}}{1023} = 10 \text{ mV}$$

이다. 이는 0에서 상향 카운터함에 따라 단계별로 10 mV 증가함을 의미한다. V_A = 3.728 V이고 V_T = 0.1 mV이므로, V_{AX}가 3.7281 V에 도달하게 되었을 때, 또는 그 이상이 되기 전에 비교기는 LOW로 전환된다. 이렇게 되기까지는

$$\frac{3.7281 \text{ V}}{10 \text{ mV}} = 372.81 = 373 \text{ 계단}$$

이 필요하다. 변환이 끝났을 때, 카운터는 373의 2진 등가인 0101110101를 유지하고 있다. 이것이 이 ADC에 의해 만들어진 $V_A = 3.728$ V의 디지털 값이다.

(b) 변환이 완전히 이루어지기까지는 373계단이 필요하다. 따라서, 클럭펄스는 1 μs에 1개씩 373개가 발생되어야 하므로 총 변환시간은 373 μs이다.

(c) 이 변환기의 분해능은 DAC의 계단크기와 같은 10 mV이다. 백분율로는 1/1023 × 100% ≈ 0.1%이다.

예제 11-13

예제 11-12에서와 같은 ADC에서 디지털 값의 결과가 $0101110101_2 = 373_{10}$이 되는 아날로그 입력전압의 범위를 결정하라.

풀이

표 11-4 여러 가지 계단에 대한 이상적인 출력 전압

계단	V_{AX}(V)
371	3.71
372	3.72
373	3.73
374	3.74
375	3.75

표 11-4는 373번째 주위의 여러 가지 계단에 대한 이상적인 DAC 출력 전압, V_{AX}를 보여주고 있다. V_A가 3.72 V보다 조금 작다면(V_T보다 작은 양), V_{AX}가 3.72 V 계단에 도달하였을 때 $\overline{EOC}$는 LOW가 되지 않지만 3.73 V 계단에서는 LOW가 된다. 그리고, V_A가 3.73 V 보다 조금 작다면(V_T보다 작은 양), V_{AX}가 3.74 V 계단에 도달할 때까지 $\overline{EOC}$는 LOW가 되지 않는다. 그러므로, V_A가 3.72 V와 3.73 V 사이의 근사값이면, V_{AX}가 3.73 V 계단에 도달했을 때 LOW로 전환된다. 정확한 V_A 값의 범위는

$$3.72\text{ V} - V_T\text{에서 } 3.73\text{ V} - V_T$$

이다. 그러나 V_T가 아주 작기 때문에 대략 3.72 V에서 3.73 V 사이라고 말할 수 있다. 이 범위는 10 mV이고 이것이 DAC의 분해능이다. 그림 11-14에 이를 나타내었다.

그림 11-14 예제 11-13

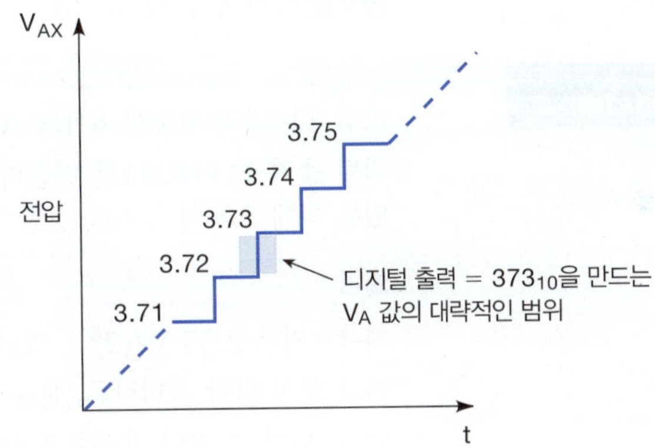

A/D 분해능과 정밀도

여러 종류의 측정과 관련되어 만들어지는 오차를 이해하는 것은 매우 중요하다. 디지털램프 방법에서 불가피한 오차의 근원은 내부의 DAC가 가지는 계단크기 또는 분해능이 가장 작은 측정 단위이기 때문이다. 1피트의 간격으로 선이 그어진 눈금자 옆에 농구 선수들을 세워 놓고 그들의 머리보다 높은 눈금을 읽어서 눈금 단위로 키를 측정한다고 생각해 보자. 6피트를 넘는 사람은 키가 7피트로 측정될 것이다! 마찬가지로, 출력 전압 V_{AX}는 그것이 입력 전압 V_A를 넘을 때까지 이산적으로 올라가는 계단파형이다. 계단크기를 작게 만들면, 잠재하고 있는 오차를 줄일 수 있다. 그러나, 실제(아날로그) 양과 그것에 할당되는 디지털 값 사이에는 항상 차이가 있다. 이것을 **양자화 오차(quantization error)**라 한다. 따라서

V_{AX}는 V_A의 근사값이며, 분해능(계단크기)이 10 mV일 때, 우리가 기대할 수 있는 최상의 V_{AX}는 V_A의 10 mV 이내이다. 카운터와 DAC의 비트 수를 증가시킴으로서 줄일 수 있는 양자화오차는 때로 +1 LSB 크기의 오차로 규정되는데, 결과가 LSB의 가중치만큼 벗어날 수 있음을 보여주고 있다.

더욱 일반적으로 분해능의 정수 배만큼 대칭적으로 만들어지는 양자화 오차는 $\pm\frac{1}{2}$ LSB 만큼의 양자화 오차를 만든다. 이는 출력이 명목상의 입력 전압보다 분해능 $\frac{1}{2}$ 아래 또는 위에서 바뀐다는 것을 의미한다. 예를 들어, 분해능이 10 mV이면 A/D 출력은 이상적으로 5 mV에 0에서 1로, 15 mV에 1에서 2로 전환된다. 디지털 값 1을 나타내는 명목상의 수치(10 mV)는 이상적으로는 항상 실제 입력 전압의 5 mV($\frac{1}{2}$ LSB) 이내이다. 연습문제 11-28은 이것이 이루어지는 방법을 알아보게 해준다. 어떤 경우든, 똑같은 디지털 출력을 만들게 되는 작은 입력 전압의 범위가 존재한다.

정확한 내역은 모든 ADC의 출력이 정확히 정해진 입력 전압에 어떤 2진 값에서 다음 값으로 옮겨가지 않는다는 사실을 반영한다. 기대했던 전압보다 조금 높은 전압에서 변하거나, 조금 낮은 전압에서 변한다. 이러한 부정확성과 불일치는 저항. 비교기, 전류 스위치 등 소자의 정확도가 불완전하기 때문이다. 정밀도는 DAC와 같이 최대입력의 몇%로 표현될 수 있다. 그러나 더 일반적으로는 $\pm n$ LSB로 나타낸다. 여기서 n은 분수 또는 1이다. 예를 들어, 분해능이 10 mV이며 정밀도가 $\pm\frac{1}{4}$ LSB로 표시되어 있고, 출력이 5 mV에 0에서 1로 이상적으로 전환된다고 가정하면, 출력은 임의의 입력 전압 2.5 mV와 7.5 mV 사이에 0에서 1로 바뀐다는 것을 알고 있다. 이 예의 경우, 7.25 mV와 12.5 mV 사이의 전압에서 정확하게 1을 만드는 것이 확실하다. 그러나 최악의 경우, 실제 2.5 mV가 인가되었을 때 2진수 1의 출력은 양자화 오차와 정밀도의 합인 $\frac{3}{4}$ 비트 오차가 있는 명목상의 수치 10 mV를 나타낼 수 있다.

예제 11-14

그림 11-13과 비슷한 8비트 ADC는 최대입력이 2.55 V(예를 들어, V_A = 2.55 V는 디지털 출력 11111111를 만든다)이고, $\pm\frac{1}{4}$ LSB의 내역 오차를 갖는다. 측정에서 나타날 수 있는 최대 오차의 크기를 결정하라.

풀이

계단크기는 2.55 V/(2^8 − 1)이며 정확히 10 mV이다. 이는 DAC가 부정확한 요소를 가지고 있지 않다 하더라도, V_{AX}가 10 mV 계단씩 변하므로 출력 V_{AX}는 10 mV 만큼 벗어날 수 있다; 이것이 양자화오차이다. $\pm\frac{1}{4}$ LSB의 내역 오차는 $\pm\frac{1}{4} \times$ 10 mV = 2.5 mV이다. 이것은 구성요소의 부정확 때문에 V_{AX} 값이 2.5 mV 만큼 벗어날 수 있음을 뜻한다. 그러므로, 발생 가능한 전체오차는 10 mV + 2.5 mV = 12.5 mV 정도이다.

예를 들어, 아날로그 입력이 1.268 V이었다고 가정하자. DAC 출력이 완벽하게 정확하다면, 127번째 계단(1.27 V)에서 멈출 것이다. 그러나, V_{AX}가 −2 mV 만큼 벗어나 127번째 계단에서 1.268 V이었다면 이는 변환을 멈출 만큼 충분하지 못하다; 변환은 128번째 계단에서 멈출 것이다. 따라서, 아날로그 입력 1.268 V에 대한 디지털 출력은 12 mV의 오차가 있는 $10000000_2 = 128_{10}$이 된다.

변환시간, t_C

변환시간이란 그림 11-13(b)에 보인 바와 같이 START 펄스의 끝과 $\overline{EOC}$ 출력이 활성화되는 시점 사이의 시간 간격이다. 카운터는 0에서 시작하여 V_{AX}가 V_A를 초과할 때까지 상향 카운터하게 되고, 이 시점에 변환 과정이 끝나도록 $\overline{EOC}$는 LOW가 된다. 변환시간, t_C는 V_A에 의존하는 것이 틀림없다. 입력값이 크면 계단전압이 V_A를 넘을 때까지 더 많은 계단이 필요하다.

최대 변환시간은 V_A가 최대값 바로 아래의 값이어서 $\overline{EOC}$를 활성화하기 위해 V_{AX}가 마지막 계단을 올라갈 때 이다. 따라서 N비트 변환기에 대한 최대 변환시간은

$$t_C(\text{max}) = (2^N - 1) \text{ 클럭주기}$$

이다. 예를 들어, 예제 11-12의 ADC는 최대 변환시간이

$$t_C(\text{max}) = (2^{10} - 1) \times 1\ \mu\text{s} = 1023\ \mu\text{s}$$

이다. 때때로, 최대 변환시간의 절반 값을 평균 변환시간이라 한다. 디지털램프 변환기에 대해서는 평균 변환시간이

$$t_C(\text{avg}) = \frac{t_C(\text{max})}{2} \approx 2^{N-1} \text{ 클럭주기}$$

이다.

디지털램프 변환법은 카운터의 비트 수가 늘어날 때마다 변환시간은 필수적으로 두 배가 되는 큰 단점을 갖고 있기 때문에, 분해능을 개선하기 위해서는 변환시간이 길어질 수밖에 없다. 따라서 빠르게 변하는 아날로그 신호에 대해 반복적으로 A/D변환을 수행해야 하는 응용 분야에는 이런 형태의 ADC가 적합하지 않다. 반면에 저속의 변환에서는 회로가 복잡한 고속의 ADC보다 상대적으로 회로가 간단한 디지털램프 변환기가 유리하다.

예제 11-15

아날로그 입력 V_A가 최대값보다 크다면, 디지털램프 ADC의 동작은 어떻게 되겠는가?

풀이

그림 11-13을 참조하면, 계단전압은 V_A를 초과할 수 없으므로 틀림없이 비교기의 출력은 LOW로 전환될 수 없다. 따라서 카운터에 펄스는 계속해서 공급되고, 0에서 최대치까지의 카운터를 반복하게 된다. 결국 V_{AX}에서는 0에서 최대출력까지의 계단파형이 반복적으로 만들어지며, 이는 V_A가 최대값 이하로 감소할 때까지 계속된다.

학습성과 평가문제

1. 디지털램프 ADC의 기본 동작을 설명하라.
2. 양자화오차를 설명하라.
3. 아날로그 입력 전압값에 따라서 변환시간이 증가하는 이유는 무엇인가?
4. 참 또는 거짓: 8비트 ADC에 비해 변환시간이 더 긴 것을 제외하고는 그 밖의 모든 것이 같다면 10비트 디지털램프 ADC는 더 나은 분해능을 가진다.
5. 디지털램프 ADC의 장점과 단점을 한 가지씩 말하라.
6. 예제 11-12의 변환기에서 V_A = 1.345 V와 V_A = 1.342 V에 대한 디지털 출력을 각각 구하라.

11-10 데이터 획득

학습성과

이 절을 학습함으로서 다음을 할 수 있다.

- 전형적인 데이터 획득 기술 설명
- A/D와 D/A를 사용한 신호 복원의 한계 서술
- 에일리어싱에 대한 설명
- 표본화 주파수와 아날로그 신호 주파수에 대한 에일리어스 주파수 결정
- 에일리어싱을 피하기 위한 최소 표본화 주파수 결정

아날로그 데이터는 많은 응용 분야에서 디지털화(디지털로 변환)되어 컴퓨터의 기억 장치로 전송된다. 이러한 디지털로 변한 아날로그 데이터를 컴퓨터가 취하는 과정을 데이터 획득(*data acquisition*)이라 한다. 데이터 값을 획득하는 것을 아날로그 신호의 **표본화**(**sampling**)라 하며 데이터 점을 보통 표본(*sample*)이라 한다. 컴퓨터는 이 데이터를 가지고 응용 분야에 따라 다양한 일을 수행하게 된다. 디지털 오디오 녹음, 비디오 녹화, 또는 디지털 오실로스코프와 같은 데이터 저장 분야에서는 내부의 마이크로컴퓨터가 데이터를 저장하고 원래의 아날로그 신호로 재생하기 위해 DAC로 데이터를 전송하게 된다. 프로세스 제어 분야에서는 어떤 제어 출력을 만들어야 할지를 결정하기 위해 컴퓨터는 데이터를 검사하기도 하고 계산을 수행하기도 한다.

그림 11-15(a)는 데이터 획득을 위해 마이크로컴퓨터와 디지털램프 ADC가 어떻게 연결되는지를 보여 주고 있다. 컴퓨터는 새로운 A/D 변환을 시작하게 하는 START 펄스를 생성한다. ADC에서 컴퓨터로 $\overline{EOC}$(end-of-conversion) 신호가 공급된다. 컴퓨터는 현행 A/D 변환이 완료되는 시점을 알기 위해 $\overline{EOC}$를 확인한다; 변환이 종료되면 컴퓨터는 디지털 데이터를 ADC 출력으로부터 메모리로 전송한다.

그림 11-15(b)의 파형은 컴퓨터가 아날로그 신호 V_A의 디지털 변환을 포착하는 방법을 보여주고 있다. 예를 들어 보이기 위해 내부의 ADC에서 발생되는 계단전압 V_{AX}를 V_A의 파형에 겹쳐서 나타내었다. A/D 변환의 한 주기를 시작하기 위해 컴퓨터가 START 펄스를 생성하는 시점 t_0에 변환 과정이 시작되어, 계단파형이 처음으로 V_A를 넘어서 $\overline{EOC}$가 LOW가 되는 시점 t_1에 변환이 완료된다. $\overline{EOC}$의 이런 NGT는 a 점에서 V_A의 값을 표현하는 디지털 출력을 지금 ADC가 나타내고 있다는 것을 컴퓨터에 알려주게 되고, 컴퓨터는 이 데이터를 메모리에 저장하게 된다.

컴퓨터는 두 번째 변환 주기를 초기화하기 위해 t_1에 이어 곧바로 새로운 START 펄스를 발생시킨다. START 펄스는 ADC의 카운터를 0으로 리셋시키므로 계단출력도 0이 되고 $\overline{EOC}$는 HIGH 상태로 되돌아간다. 두 번째 변환은 다시 계단파형이 V_A를 넘어서는 시점인 t_2에 끝난다. 컴퓨터는 b 점에 대응되는 디지털 데이터를 메모리에 저장한다. 이런 단계별 과정이 t_3, t_4 등에서 반복된다.

컴퓨터가 START 펄스를 발생시키고, $\overline{EOC}$를 조사하며, ADC 데이터를 메모리에 저장하는 과정은 컴퓨터가 실행하는 프로그램의 제어에 의해 수행된다. 이러한 데이터 획득 프로그램은 아날로그 신호로부터 얼마나 많은 데이터 점들을 컴퓨터 메모리에 저장해야 하는지를 결정한다.

그림 11-15 (a) 전형적인 컴퓨터 데이터 획득 시스템; (b) 컴퓨터가 각각의 새로운 변환 주기에 따라 초기화되고 변환 완료 시점에 디지털 데이터를 메모리에 저장하는 방법을 보여주는 파형

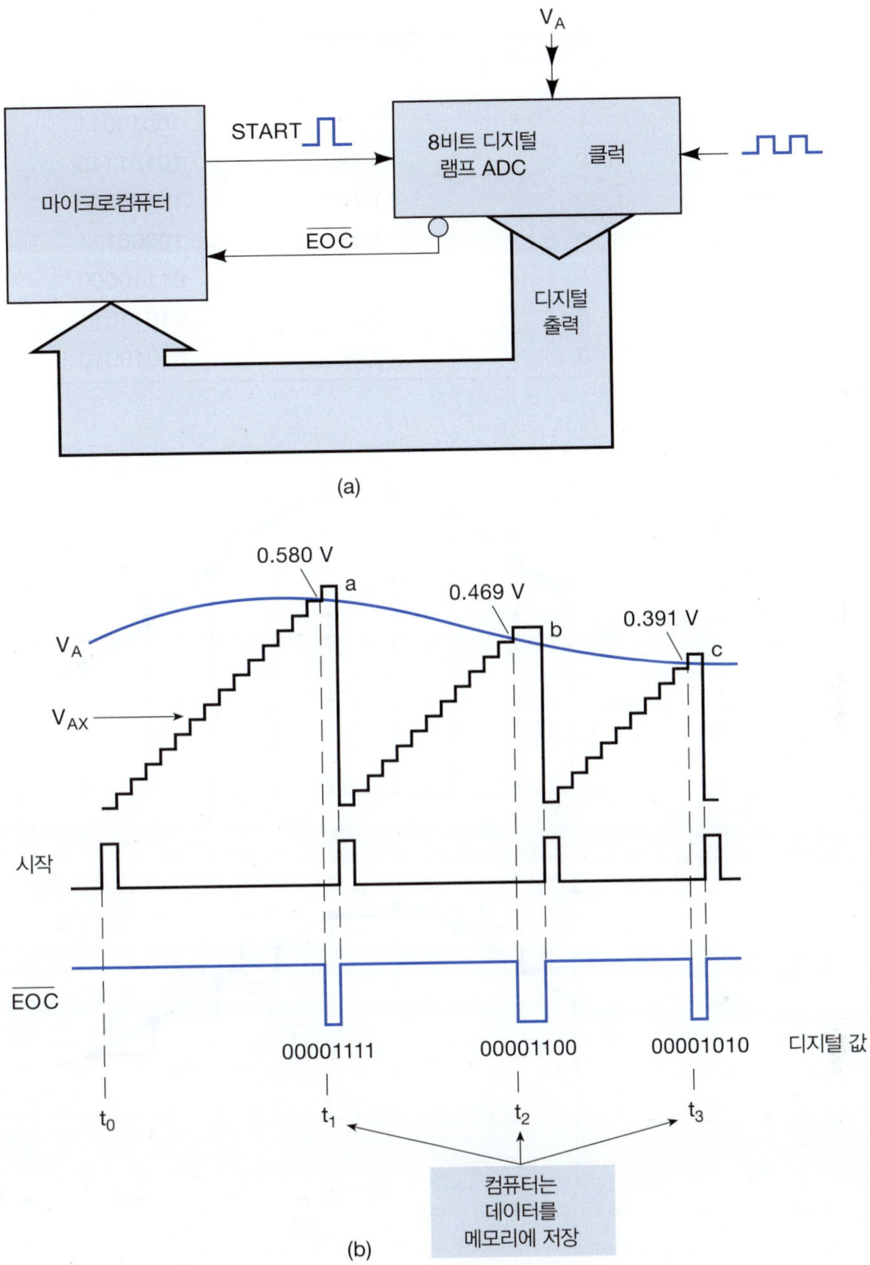

디지털화된 신호의 복원

그림 11-15(b)에서, 컴퓨터가 바로 이전의 변환에서 ADC 출력 데이터를 획득한 후에 곧바로 새로운 START 펄스를 생성시켜야하므로 ADC는 최대 속도로 동작해야 한다. 아날로그 입력값이 변하므로 변환시간이 일정하지 않음에 유의하라. 이런 방법으로 파형을 저장하기 때문에 파형을 복원하기 위해 파생되는 문제는 각 데이터 값이 출력되어야 할 시점을 알아야 한다는 것이다. 보통, 디지털로 바뀐 파형을 저장할 때 표본들은 아날로그 신호의 최고 주파수보다 적어도 두 배 큰 비율의 고정된 간격을 갖는다. 디지털 시스템은 파형을 표본 데이터 값의 목록으로 저장한다. 표 11-5는 그림 11-16(a)의 신호가 디지털로 변환되었다고 가정할 때 저장된 데이터의 목록을 보여주고 있다.

그림 11-16(a)는 *a*, *b*, *c*, *d* 등의 위치에서 아날로그 신호를 디지털화하기 위해 ADC

표 11-5 디지털화된 데이터 표본

점	실제 전압(V)	디지털 등가
a	1.22	01111010
b	1.47	10010011
c	1.74	10101110
d	1.70	10101010
e	1.35	10000111
f	1.12	01110000
g	0.91	01011011
h	0.82	01010010

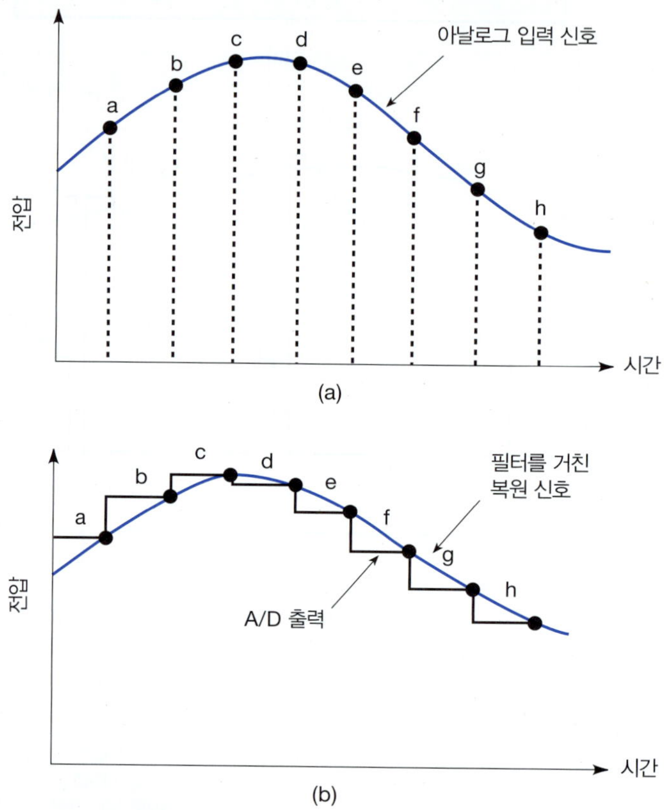

그림 11-16 (a) 아날로그 신호의 디지털화; (b) 디지털 데이터로부터 신호의 복원

가 연속적으로 변환을 수행하는 과정을 보여주고 있다. 이 디지털 데이터들이 신호의 복원에 사용되면 결과는 그림 11-16(b)와 같을 것이다. 이산적인 파형은 실제 D/A 변환기에서 나오는 전압 파형을 표시한 것이며, 곡선은 간단한 저역통과 RC필터를 거친 신호의 파형이다. 아날로그 신호가 디지털 데이터 사이에서 급격한 변화를 하지 않기 때문에 곡선은 원래 아날로그 신호와 비교할 때 꽤 좋은 복원 결과를 보이고 있다. 만약, 아날로그 신호가 높은 주파수의 변화를 갖는다면, ADC는 이 변화를 따르지 못하게 되고 복원의 정확도는 떨어지게 된다.

에일리어싱

신호의 복원에서 명백한 목표는 원래의 아날로그 신호와 아주 일치하게 복원하는 것이다. 정보의 손실을 막기 위해서는 나이퀴스트(Nyquist)가 증명한 바와 같이 입력신호에 포함되어 있는 최고 주파수 성분의 두 배보다 높은 비율로 입력신호를 표본화하여야 한다. 예를 들어, 오디오 시스템의 최고 주파수가 10 kHz 이하라고 확신한다면, 신호를 복원할 수 있도록 하기 위해서는 오디오 신호를 초당 20,000개의 표본으로 표본화하여야 한다. 이런 표본을 얻을 수 있는 주파수를 **표본화 주파수**(**sampling frequency**), F_S라 한다. 어떤 이유로 입력 신호에 12 kHz의 음질(tone)이 존재한다면 어떻게 되겠는가? 불행하게도, 시스템은 그것이 너무 높다고 단순히 묵살하지 않는다! 오히려 에일리어싱(*aliasing*)이라는 현상이 발생한다. 나이퀴스트에 의해 확인된 최소 비율(최대 입력주파수의 두 배)이하로 신호를 표본화함으로써 신호의 **에일리어스**를 만들어낸다. 이 경우에는 10 kHz를 초과하는 주파수에 대해 에일리어스 주파수(alias frequency)가 만들어진다. 에일리어스 주파수는 항상 표본화 주파수 F_S(20 kHz)와 양자화된 입력 주파수(12 kHz)의 차이이다. 복원된 신호에서는 12 kHz의 음질을 듣지 못하고 원래 신호에는 없었던 8 kHz의 음질을 듣게 된다.

에일리어싱이 어떻게 발생하는지 알아보기 위해 그림 11-17의 정현파(sine wave)를 생각해 보자. 이것의 주파수는 1.9 kHz이다. 점들은 500 μs(F_S = 2 kHz)마다 표본화된 파형의 위치를 보여주고 있다. 점을 연결하면 표본화된 파형이 만들어지며, 주기가 10 ms이고 주파수가 100 Hz인 여현파(cosine wave)가 나타난다. 이는 에일리어스 주파수는 표본화 주파수와 입력 주파수의 차이와 같다는 것을 명확하게 나타내 보이고 있다. 이런 데이터 획득의 결과로 만들어진 출력을 들어보면, 1.9 kHz 같은 소리가 아니고 100 Hz 같은 소리일 것이다.

저표본화(**undersampling**)($F_S < 2\ F_{in}$ max)가 갖는 문제는 디지털 시스템이 실제 입력에 나타나는 더 높은 주파수의 존재를 인식하지 못한다는 것이다. 단순히 입력을 표본화하여 데이터를 저장할 뿐이다. 신호가 복원되었을 때, 원래의 1.9 kHz는 사라지며 에일리어스 주파수(100 Hz)가 생기고, 복원된 신호는 같은 소리가 아니다. 이것이 데이터 획득 시스템에서 입력에 F_S의 절반보다 높은 주파수가 존재하지 않아야 하는 이유이다.

직렬 ADC

이 절에서 보듯이, ADC에 의한 데이터 획득은 마이크로컴퓨터를 사용하는 시스템 제어와 데이터 수집에 많이 응용되고 있다. 앞의 DAC 응용에서 언급한 바와 같이, 마이크로컴퓨터와의 병렬 데이터 접속에서 입력 데이터를 위해 많은 포트 비트가 필요하다. 현재, 많은 ADC 칩은 출력 데이터가 직렬이 되도록 설계하고 있어서 데이터 획득 시스템의 나머지를 가지고 더욱 저렴하게 접속을 제공하고 있다. 이런 ADC에는 클럭에 맞추어 마이크로컴퓨터 칩에 직렬로 입력되도록 데이터를 비트 스트림으로 바꾸는 병렬입력/직렬출력(PISO; parallel in/serial out) 시프트 레지스터가 있다.

그림 11-17 저표본화로 인한 에일리어스 신호

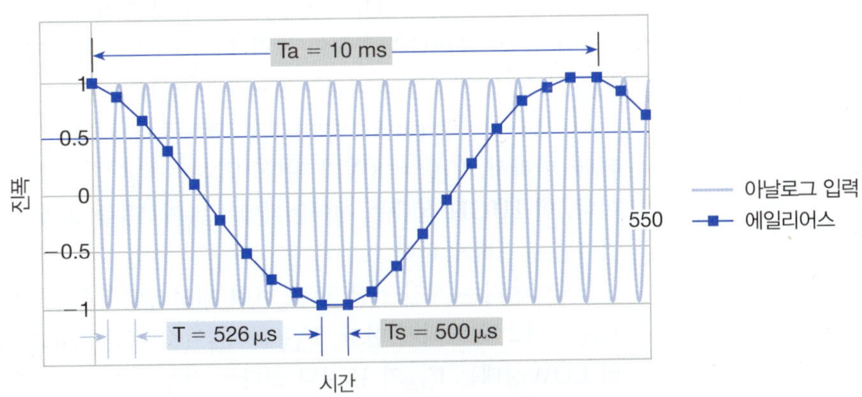

학습성과 평가문제

1. 신호의 디지털화란 무엇인가?
2. 컴퓨터의 데이터 획득 과정을 단계별로 설명하라.
3. 아날로그 신호를 복원하기 위해 필요한 최소 표본화 주파수는 얼마인가?
4. 문제 3의 최소 주파수보다 낮게 신호가 표본화된다면 어떤 일이 발생하는가?

11-11 연속근사 ADC

학습성과

이 절을 학습함으로서 다음을 할 수 있다.

- 연속근사 ADC의 동작 설명
- 연속근사 ADC의 변환시간 결정
- ADC 계획 수립의 특성 비교
- 데이터 획득 시스템 내부의 사양에 맞는 ADC0804의 사용
- ADC0804의 각 입력과 출력의 역할 기술
- ADC의 분해능 결정

연속근사 변환기(successive-approximation converter)는 ADC 중에서 가장 널리 사용되는 것으로 디지털램프 ADC에 비해 회로적으로는 복잡하나, 변환시간이 짧다. 그리고, 연속근사 변환기(SAC)는 아날로그 입력값에 관계없이 고정된 변환시간을 갖는다.

그림 11-18(a)의 기본적인 배치는 디지털램프 ADC와 비슷하다. 그러나, SAC는 DAC 블럭에 입력을 공급하기 위해 카운터를 사용하지 않고 레지스터를 사용한다. 제어논리는 레지스터의 데이터가 변환기의 분해능 내에서 아날로그 입력 V_A와 등가인 디지털 값이 될 때까지 한 비트씩 레지스터의 내용을 수정한다. 기본적인 동작순서는 그림 11-18(b)에 흐름도로 나타내었다. 그림 11-19에 보인 예는 이 흐름도에 따라 동작한다.

예를 들어 설명하기 위해 계단크기가 1 V인 간단한 4비트 변환기를 선택하였다. 대부분의 실제적인 연속근사 변환기는 이보다 비트 수가 많고 분해능은 작지만 기본동작은 정확히 똑같다. DAC에 공급되는 4개의 레지스터 비트는 각각 8 V, 4 V, 2 V, 1 V의 가중치를 갖는다는 것을 알 수 있다.

아날로그 입력이 V_A = 10.4 V라고 가정하자. 제어논리에 의해 모든 레지스터 비트가 0, 즉 $Q_3 = Q_2 = Q_1 = Q_0 = 0$이 되면 동작이 시작된다. 이를 $[Q]$ = 0000라 표현하자. 이 입력은 DAC의 출력이 그림 11-19에서와 같이 시간 t_0에 V_{AX} = 0 V가 되게 하며, $V_{AX} < V_A$이기 때문에 비교기 출력은 HIGH가 된다.

그 다음(시간 t_1)에, 제어논리는 레지스터의 MSB가 1이 되도록 하여 $[Q]$ = 1000가 된다. 따라서, V_{AX} = 8 V가 된다. $V_{AX} < V_A$이기 때문에 비교기의 출력은 여전히 HIGH이다. 이 HIGH 상태는 제어논리에 V_{AX}가 V_A를 초과하지 않았음을 알려주게 되어 MSB가 1을 유지하게 한다.

제어논리는 시간 t_2에 다음 하위 비트 Q_2가 1이 되도록 하여 $[Q]$ = 1100를 만들고 V_{AX} = 12 V가 되게 한다. $V_{AX} > V_A$이기 때문에, COMP 출력은 LOW로 바뀐다. 이때의 LOW상태는 V_{AX}가 V_A보다 크다는 것을 제어논리에 알려주어 시간 t_3에 Q_2를 0으로 전

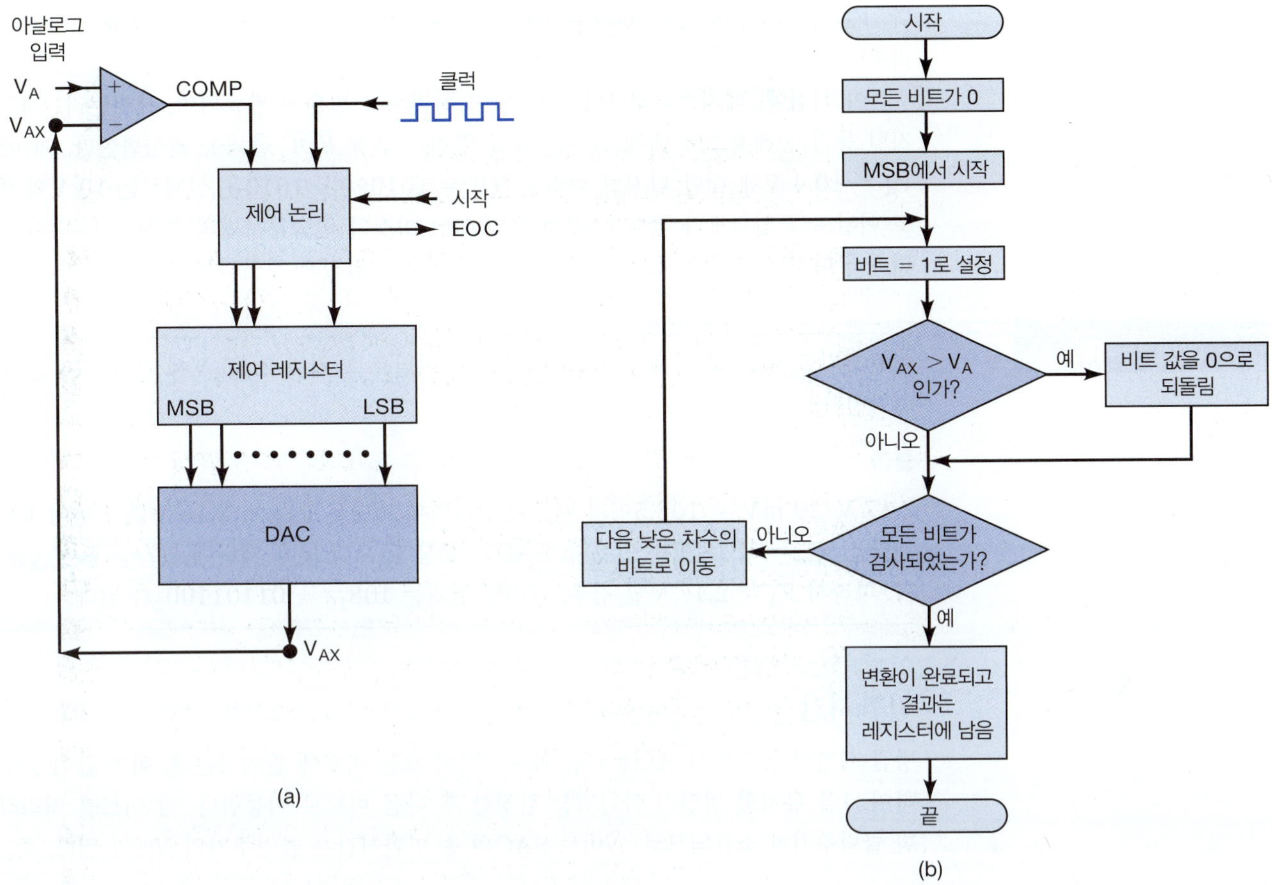

그림 11-18 연속근사 ADC: (a) 간략한 블럭도; (b) 동작의 흐름도

그림 11-19 계단크기가 1 V 이고 V_A = 10.4 V인 DAC를 사용한 4비트 SAC의 동작 예

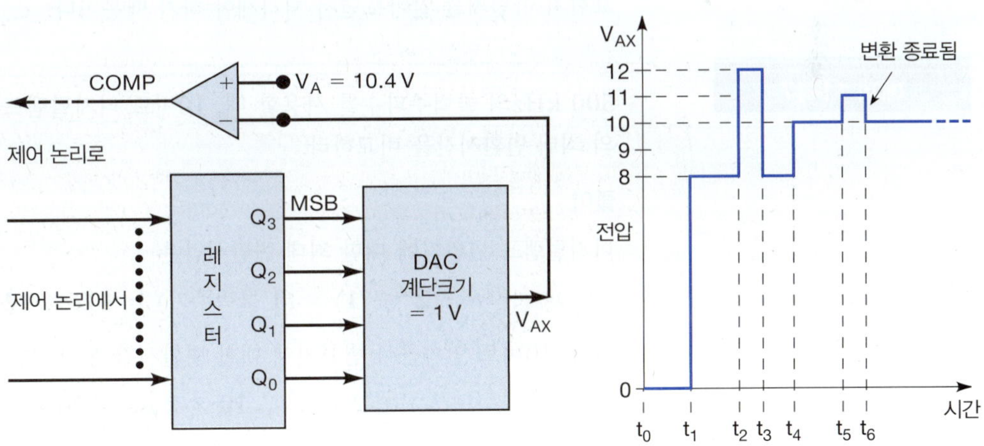

환시킨다. 그러므로 t_3에 레지스터의 내용이 1000으로 되돌아가고 V_{AX}도 8 V로 되돌아가게 된다.

t_4에, 제어논리는 다음 하위 비트 Q_1을 1이 되게 하여 $[Q]$ = 1010가 되고 V_{AX} = 10 V가 된다. $V_{AX} < V_A$이기 때문에 COMP는 HIGH 상태이고 제어논리는 Q_1이 1을 유지하게 한다.

마지막 단계 t_5에, 제어논리는 Q_0를 1이 되게 하여 $[Q]$ = 1011이며 V_{AX} = 11 V이

다. $V_{AX} > V_A$이므로, COMP는 LOW가 되고 V_{AX}가 V_A보다 크다는 것을 제어논리에 알려주어 t_6에 Q_0을 0으로 되돌아가게 한다.

이 시점에, 레지스터의 모든 비트들이 처리되고 변환이 완료되며, 제어논리는 V_A의 디지털 등가가 레지스터 내에 있다는 것을 알리기 위해 $\overline{EOC}$ 출력을 활성화한다. 이 예에서, V_A = 10.4 V에 대한 디지털 출력은 $[Q]$ = 1010이다. 1010은 실제로는 10 V와 일치하고 아날로그 입력보다 작다는 것에 유의하라; 이것이 연속근사법의 특징이다. 디지털 램프법에서 디지털 출력은 항상 V_A의 바로 윗 단계의 전압값과 같았다는 것을 상기하라.

예제 11-16

어떤 8비트 SAC의 분해능이 20 mV이다. 아날로그 입력 2.17 V에 대한 디지털 출력은 얼마인가?

풀이

2.17 V/20 mV = 108.5이기 때문에 108번째 계단은 V_{AX} = 2.16 V를 만들며 109번째 계단은 V_{AX} = 2.18 V를 만든다. SAC는 항상 V_A보다 낮은 계단에 있는 최종 V_{AX}를 만든다. 따라서 V_A = 2.17 V일 경우, 디지털 결과는 $108_{10} = 01101100_2$가 된다.

변환시간

방금 설명한 동작에서 제어논리는 레지스터의 모든 비트에 관여하는데, 비트 값이 1이 되게 하여, 1을 유지할 것인지 아닌지를 결정한 후 다음 비트로 이동한다. 각 비트를 처리하는데 한 클럭주기가 소요되므로, N비트 SAC의 총 변환시간은 클럭주기의 N배가 된다. 즉,

$$\text{SAC의 } t_C = N \times 1 \text{ 클럭주기}$$

가 된다. 이 변환시간은 V_A의 값에 관계없이 일정하다. 이는 제어논리가 각 비트마다 1이 필요한지 아닌지를 알아보면서 처리해야 하기 때문이다.

예제 11-17

500 kHz의 클럭주파수를 사용할 때, 10비트 디지털램프 ADC와 10비트 연속근사 ADC의 최대 변환시간을 비교하라.

풀이

디지털램프 변환기에 대한 최대 변환시간은

$$(2^N - 1) \times (1 \text{ 클럭주기}) = 1023 \times 2\ \mu s = 2046\ \mu s$$

이다. 10비트 연속근사 변환기에 대한 변환시간은 항상 클럭주기의 10배이므로

$$10 \times 2\ \mu s = 20\ \mu s$$

이다. 따라서, 연속근사 변환기가 디지털램프 변환기에 비해 약 100배 빠르다.

SAC는 상대적으로 빠른 변환시간을 갖기 때문에, 데이터 획득 응용분야에 사용하면 주어진 시간 간격에 더 많은 데이터 값을 획득할 수 있게 해 준다. 이런 특징은 아날로그 데이터가 상대적으로 빠른 비율로 변화될 때 매우 중요할 수 있다.

많은 SAC들이 IC의 형태로 구입되므로, 제어논리회로에 대한 설계는 그렇게 필요하지 않아 여기서는 다루지 않는다. 제어논리에 대한 자세한 사항에 관심이 있는 사람에게는, 많은 제작회사의 데이터 북이 충분한 내용을 제공해 줄 것이다.

실제 IC: 연속근사 ADC ADC0804

ADC는 폭 넓은 동작특성과 모양을 갖는 여러 IC 제품의 형태로 구입할 수 있다. 시스템 응용에서 무엇이 실제로 사용되는지에 대한 개념을 얻기 위해, 보다 일반적인 소자 중의 하나에 대해 살펴보고자 한다. 그림 11-20은 연속근사법을 사용하여 A/D변환을 수행하는 20핀짜리 CMOS IC인 ADC0804의 핀 배열이다. 이것의 주요 특성은 다음과 같다.

- 차동입력(differential inputs)을 허용하는 2개의 아날로그 입력 $V_{IN}(+)$와 $V_{IN}(-)$를 가지고 있다. 다시 말해서, 실제 아날로그 입력 V_{IN}은 핀에 공급되는 전압의 차이이다[아날로그 $V_{IN} = V_{IN}(+) - V_{IN}(-)$]. 하나의 입력만을 사용하여 측정할 경우, $V_{IN}(+)$에 아날로그 입력이 공급되고 $V_{IN}(-)$는 아날로그 접지에 연결되어 있다. 보통의 동작에서 변환기는 기준전압으로 $V_{CC} = +5$ V를 사용하며 아날로그 입력은 0에서 5 V까지의 범위를 갖는다.
- 아날로그 입력전압은 8비트의 3상태 디지털 출력으로 변환된다. 내부 회로는 명목상의 값 $\pm\frac{1}{2}$ LSB에 출력 값 사이를 변환하기 위해 그림 11-19에 나타낸 것 보다 조금 복잡하다. 예를 들어, 10 mV의 분해능을 가진 A/D의 출력은 5 mV에 0에서 1로, 15 mV에 1에서 2로 전환되어야 한다. 이 변환기는 분해능이 $V_{REF}/256$로 계산되며 $V_{REF} = 5.00$ V이므로, 19.53 mV이다. 명목상의 최대입력은 $255 \times 19.53 = 4.98$ V이며, 11111111의 출력을 만든다. 이 변환기는 대략 4.971 V에서 4.990 V 사이의 아날로그 입력에 대해 11111111의 출력을 만든다.
- $f = 1/(1.1RC)$의 주파수를 만들어내는 내부 클럭발생회로가 있으며 R과 C는 외부에서 접속되는 요소의 값이다. 대표적인 클럭주파수는 $R = 10\ \text{k}\Omega$과 $C = 150$ pF를 사용한 606 kHz이다. 원한다면 CLK IN 핀에 외부 클럭 신호를 연결하여 사용할 수도 있다.
- 606 kHz의 클럭주파수를 사용할 경우에 변환시간은 근사치로 100 μs이다.
- 디지털 전압과 아날로그 전압에 대해 서로 다른 접지를 갖고 있다. 8번 핀은 아날로그 전압을 발생시키는 아날로그 회로의 공통 기준점에 연결되어 있는 아날로그 접지이다. 10번 핀은 시스템 내에서의 모든 디지털 소자에 의해 사용되는 디지털 접지이다.(서로

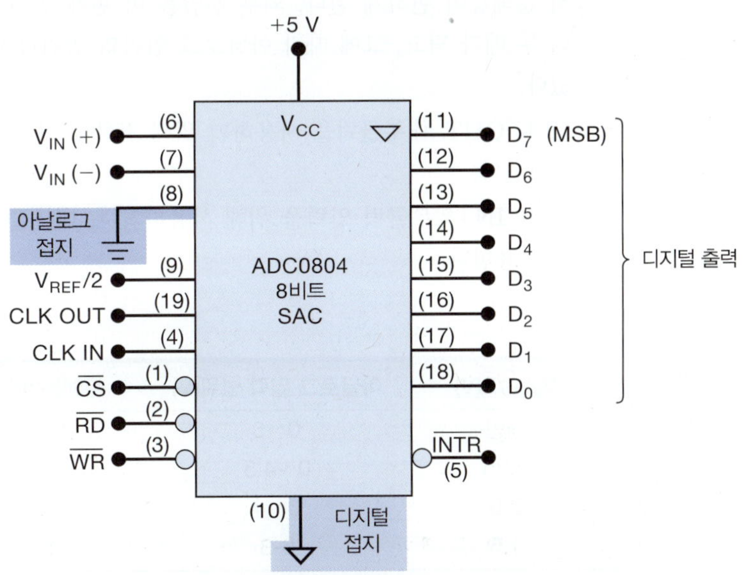

그림 11-20 3상태 출력을 갖는 8비트 연속근사 ADC ADC0804. 괄호 안의 수는 IC의 핀 번호이다.

다른 접지에 대해 다른 기호가 사용되었음에 주의하라.) 디지털 접지는 디지털 소자의 상태가 변함에 따라 급격한 전류의 변화가 생기므로 본래부터 잡음이 존재한다. 분리된 아날로그 접지를 사용하는 것이 필요하지 않을지는 모르지만, 그렇게 함으로서 ADC 내부에서 아날로그 비교기가 너무 일찍 전환함에 따라 야기되는 디지털 접지로부터의 잡음을 막는다.

이 IC는 마이크로프로세서의 데이터 버스와 쉽게 접속되게 설계되어 있다. ADC0804의 입력과 출력 중 몇 가지는 명칭이 마이크로프로세서와의 접속 기능에 기반을 두고 있다. 이런 입력과 출력의 기능은 다음과 같이 정의한다:

- $\overline{CS}$ (Chip Select). $\overline{RD}$나 $\overline{WR}$ 입력이 실행되기 위해서는 이 입력이 LOW 상태이어야 한다. $\overline{CS}$가 HIGH이면, 디지털 출력은 Hi-Z 상태가 되고 변환이 일어나지 않는다.
- $\overline{RD}$ (READ). 이 입력은 디지털 출력 버퍼가 동작가능 상태가 되도록 하기 위해 사용한다. $\overline{CS} = \overline{RD} =$ LOW 상태가 되면, 디지털 출력 단자는 최근에 행해진 A/D 변환의 결과를 나타내는 논리 레벨이 된다. 이때 마이크로컴퓨터는 시스템 데이터 버스를 통해 디지털 데이터 값을 읽을(가져올) 수 있다.
- $\overline{WR}$ (WRITE). 새로운 변환의 시작을 알리기 위해 이 입력에 LOW 펄스가 공급된다. 이것이 실제 변환개시 입력이다. 대표적인 응용 분야에서 마이크로컴퓨터는 이 입력을 구동할 WRITE 펄스(메모리에 쓰기 동작을 위해 사용된 것과 비슷하다)를 만들기 때문에 이를 **WRITE** 입력이라 부른다.
- $\overline{INTR}$ (INTERRUPT). 이 출력 신호는 변환이 시작될 때 HIGH로 전환되고 변환이 끝났음을 알리기 위해 LOW로 되돌아간다. 이것은 실제 변환종료 출력 신호이지만, 대표적인 경우 마이크로프로세스의 주의를 환기시키고 ADC의 데이터를 읽을 준비가 되었음을 알게 하기 위해 마이크로프로세스의 인터럽트 입력에 이것을 전송되기 때문에 INTERRUPT라 부른다.
- $V_{REF}/2$. 이것은 내부의 기준전압을 줄여서 변환기가 조종할 수 있는 아날로그 입력의 범위를 바꿀 수 있게 하는 선택 입력이다. 이 입력이 개방되어 있으면, V_{CC}가 기준전압으로 사용되기 때문에 전압은 V_{CC}의 $\frac{1}{2}$이 된다. 실제로 V_{CC}에 5 V가 인가되므로 $V_{REF}/2$는 2.5 V이다. V_{CC}가 실제 값에서 벗어나면 V_{REF}가 다른 값을 만들고 따라서 분해능이 변하게 된다. 외부 전압을 이 핀에 연결시키면, 내부 기준전압은 그 전압의 두 배가 되고, 그에 따라 아날로그 입력의 범위가 변한다. 표 11-6은 이를 나타내고 있다.
- CLK OUT. 내부클럭을 사용하기 위해 저항을 이 핀에 연결한다. 이 핀에 클럭신호가 나타난다.
- CLK IN. 외부클럭 입력을 위해 사용하거나, 내부클럭이 사용될 때 콘덴서 연결을 위해 사용한다.

표 11-6 V_{REF}, V_{IN} 범위, 분해능과 관련된 예

$V_{REF}/2$(V)	아날로그 입력 범위(V)	분해능(mV)
개방	0~5	19.5
2.25	0~4.5	17.6
2.0	0~4	15.6
1.5	0-3	11.7

예제 11-18

ADC0804가 10 mV의 분해능을 요구하는 응용에 사용되고 있다.

(a) $V_{REF}/2$ 핀에 인가되어야 하는 전압은 얼마인가?

(b) 이 회로에서 디지털화될 수 있는 아날로그 입력의 범위는?

(c) 명목상의 최대 입력 전압은 얼마인가?

(d) 최대출력을 만드는 최소 입력 전압은 얼마인가?

(e) 아날로그 입력 2.00 V에 대한 2진 출력은 무엇인가?

풀이

(a) 명확한 분해능은

$$10\ \text{mV} = \frac{V_{REF}}{256}$$

이므로

$$V_{REF} = 256 \times 10\ \text{mV} = 2.56\ \text{V}$$
$$\frac{V_{REF}}{2} = \frac{2.56\ \text{V}}{2} = 1.28\ \text{V}$$

이다.

(b) 아날로그 입력 범위는 0~2.56 V이다.

(c) 최대출력은

$$255 \times 10\ \text{mV} = 2.55\ \text{V}$$

에 의해 만들어진다.

(d) 최대출력을 위한 최소 입력 전압은

$$2.55\ \text{V} - \tfrac{1}{2}\ \text{LSB} = 2.55\ \text{V} - \tfrac{1}{2} \times 10\ \text{mV} = 2.545\ \text{V}$$

이다.

(e) 출력은

$$\frac{2.00\ \text{V}}{10\ \text{mV}} = 200_{10} = 11001000_2$$

이다.

그림 11-21(a)는 데이터획득 응용 분야에서 ADC0804와 마이크로컴퓨터 사이의 전형적인 결선을 보여주고 있다. 마이크로컴퓨터는 $\overline{CS}$와 $\overline{WR}$ 신호를 발생시킴으로써 변환이 일어나는 시기를 조절하며, 변환종료를 알리는 $\overline{INTR}$의 NGT를 인지한 후 $\overline{CS}$와 $\overline{RD}$ 신호를 발생시킴으로써 ADC의 출력 데이터를 획득하게 된다. 그림 11-21(b)의 파형은 데이터획득 과정동안 신호들의 움직임을 나타낸다. $\overline{CS}$와 $\overline{WR}$가 LOW일 때 $\overline{INTR}$은 HIGH로 되돌아가지만, $\overline{WR}$이 HIGH로 되돌아올 때까지 변환과정은 시작되지 않는다는 것을 유의하라. 또한 마이크로컴퓨터가 $\overline{CS}$와 $\overline{RD}$를 활성화시킬 때까지 ADC 출력 데이터라인은 Hi-Z상태에 머물게 됨을 유의하라; 그때 ADC의 데이터 버퍼는 인에이블되어 데이터 버스를 통해 ADC의 데이터가 마이크로컴퓨터로 보내진다. $\overline{CS}$와 $\overline{RD}$가 HIGH로 되돌아오면 데이터라인도 Hi-Z상태로 돌아가게 된다.

이 ADC0804의 응용에서 입력 신호는 0.5 V에서 3.5 V 범위에서 변한다. 8비트 분해능을 최대로 사용할 수 있게 하기 위해, A/D는 아날로그 신호 내역과 일치하여야 한다. 이 경우, 최대범위는 3.0 V이다. 그러나, 접지와 0.5 V 만큼의 오프셋이 존재하므로, 0.5 V의 오프셋은 음 입력 $V_{IN}(-)$에 공급되고 이것이 기준값을 0이 되게 한다. $V_{REF}/2$에 1.5 V를 공급함으로서 3.0 V의 범위가 정해지며, V_{REF}를 3.0 V가 되게 한다. 입력이 0.5 V이면 디지털 값 00000000이 만들어지고, 입력이 3.5 V(또는 3.482보다 큰 값)이면 11111111이 만들어지는 것이다.

디지털 신호와 아날로그 신호의 인터페이스에서 다른 주요한 관심사는 잡음이다. 디지털 접지 경로와 아날로그 접지 경로는 분리되어 있다. 분리되어 있는 두 접지를 A/D 변

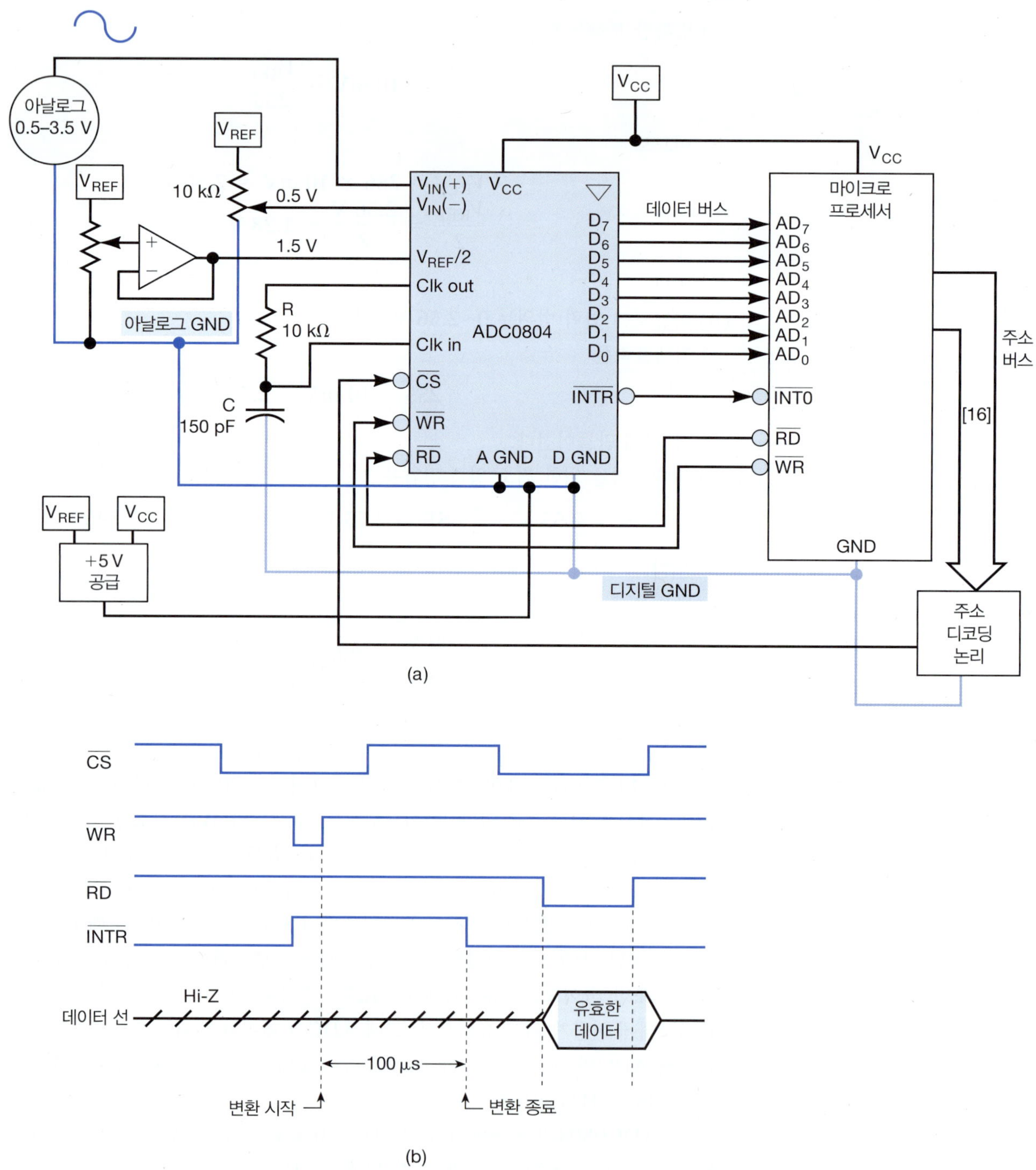

그림 11-21 (a) ADC0804의 응용; (b) 데이터획득 과정 동안의 전형적인 타이밍 신호

환기와 아주 가까운 지점에 묶는다. 이 지점에서 곧바로 전원의 음전극으로 가는 저항값이 매우 작은 경로를 연결하면 된다. 전원의 양전극을 분리하여 디지털 소자와 아날로그 소자로 가는 경로를 만들고 접지와 각 칩의 전원 연결과 매우 가까운 지점 사이에 디커플링(decoupling) 콘덴서(0.01 μF)를 사용하는 것도 현명한 방법이다.

예제 11-19

그림 11-21의 ADC0804에 대해 다음을 구하라.
(a) 아날로그 입력이 1.168 V일 때 만들어지는 2진 출력
(b) 출력 01100111을 만들어 내는 명목상의 아날로그 입력 전압
(c) 출력 01100111을 만들어 내는 아날로그 입력 값의 범위

풀이

(a) 이 회로에 있는 ADC는 두 아날로그 입력 차이의 전압을 변환한다.

$$V_{IN}(+) - V_{IN}(-) = 1.168 \text{ V} - 0.5 \text{ V} = 0.668 \text{ V}$$

분해능은

$$\frac{V_{REF}}{256} = \frac{2 \times 1.5 \text{ V}}{256} = 11.7 \text{ mV}$$

이고, 2진 출력은

$$\frac{0.668 \text{ V}}{11.7 \text{ mV}} = 57_{10} = 00111001_2$$

이다.

(b) 출력은

$$01100111_2 = 103_{10}$$

이고, 실제 아날로그 입력은

$$V_{IN}(+) = (103 \times 11.7 \text{ mV}) + 0.5 \text{ V} = 1.705 \text{ V}$$

이다.

(c) 아날로그 입력 범위는 실제 인력 전압 $\pm\frac{1}{2}$LSB이다.

$$1.705 \text{ V} \pm (\tfrac{1}{2} \times 11.7 \text{ mV}) = 1.699\text{에서 } 1.711 \text{ V 까지}$$

학습성과 평가문제

1. 디지털램프 ADC를 능가하는 SAC의 주 장점은 무엇인가?
2. 디지털램프 변환기와 비교하여 연속근사 변환기의 주요한 단점은 무엇인가?
3. 참 또는 거짓: SAC의 변환시간은 아날로그 전압이 증가함에 따라 길어진다.
4. ADC0804에 대해 다음 물음에 답하라.
   (a) 분해능은 몇 비트인가?
   (b) 보통 아날로그 입력전압의 범위는 얼마인가?
   (c) $\overline{CS}$, $\overline{WR}$, $\overline{RD}$ 입력의 기능을 설명하라.
   (d) $\overline{INTR}$ 출력의 기능은 무엇인가?

(e) 분리된 두개의 접지를 갖는 이유는 무엇인가?

(f) $V_{IN}(-)$의 목적은 무엇인가?

11-12 플래시 ADC

학습성과

이 절을 학습함으로서 다음을 할 수 있다.

- 플래시 ADC의 동작 설명
- ADC 계획 수립 비교

플래시 변환기(flash converter)는 ADC 중에서 가장 빠른 변환속도를 갖지만, 다른 변환기에 비해 회로가 복잡하다. 예를 들어, 6비트 플래시 ADC는 63개, 8비트 장치는 255개, 10비트 변환기는 1023개의 아날로그 비교기가 각각 필요하다. 많은 수의 비교기 때문에 플래시 변환기의 크기는 제한된다. IC 플래시 변환기는 일반적으로 2비트에서 8비트 사이의 장치가 사용되고 있고, 9비트와 10비트 장치도 많이 제작되어 공급되고 있다.

실행 가능한 수준에서의 회로 설계를 위해 3비트 플래시 변환기에 대해서 동작 원리를 설명하겠다. 3비트 변환기를 이해하게 되면, 기본적 원리를 비트 수가 많은 변환기로 확장시키는 것은 쉬운 일일 것이다.

그림 11-22(a)는 3비트의 분해능과 1 V의 계단크기를 갖는 플래시 변환기이다. 전압 분배기는 각 비교기의 기준 레벨을 1 V(LSB의 가중치), 2 V, 3 V, … , 7 V(최대치)에 대응되는 7개의 레벨에 맞춘다. 아날로그 입력 V_A는 각 비교기의 다른 입력에 연결되어 있다.

$V_A < 1$ V이면, C_1에서 C_7까지의 모든 비교기 출력은 HIGH가 된다. $V_A > 1$ V이면, 하나 이상의 비교기 출력이 LOW가 된다. 비교기 출력은 LOW상태에서 동작하는 우선순위 인코더(priority encoder)에 공급되며 인코더는 출력이 LOW인 비교기들 중 숫자가 가장 높은 비교기 출력에 대응하는 2진 출력을 발생시킨다. 예를 들어, V_A가 3 V에서 4 V 사이의 값이면 C_1, C_2, C_3의 출력이 LOW가 되고 나머지는 HIGH 상태로 남게 된다. 우선순위 인코더는 C_3의 LOW출력에만 응답하여 2진 출력 $CBA = 011$을 만들어내게 되며, 이는 분해능 1 V 내에서의 V_A에 대한 디지털 등가를 표시한다. V_A가 7 V보다 큰 경우에는, C_1에서 C_7까지 모두 LOW가 되고 인코더는 V_A의 디지털 등가로 $CBA = 111$을 출력으로 낸다. 그림 11-22(b)의 표는 가능한 모든 아날로그 입력값에 대한 응답을 보여주고 있다.

그림 11-22의 플래시 ADC는 디지털 출력이 다음 계단으로 옮겨가기 위해서는 아날로그 입력이 1 V 변해야하기 때문에 분해능이 1 V이다. 더욱 세밀한 분해능을 얻기 위해서는 입력 전압 레벨(즉, 더 많은 전압분배기 저항의 사용)의 수와 비교기의 수를 증가시켜야 한다. 예를 들어, 8비트 플래시 변환기는 0 V를 포함하여 $2^8 = 256$개의 전압 레벨이 필요하다. 이는 256개의 저항과 255개의 비교기가 필요하게 된다(0 V 레벨에는 비교기가 없다). 255개의 비교기 출력은 LOW상태인 상위 비교기 출력에 대응하여 8비트 코드를 만드는 우선순위 인코더 회로에 공급된다. 일반적으로 N비트 플래시 변환기는 $2^N - 1$개의 비교기와 2^N개의 저항, 그리고 인코더 논리회로가 필요하다.

그림 11-22 (a) 3비트 플래시 ADC; (b) 진리표.

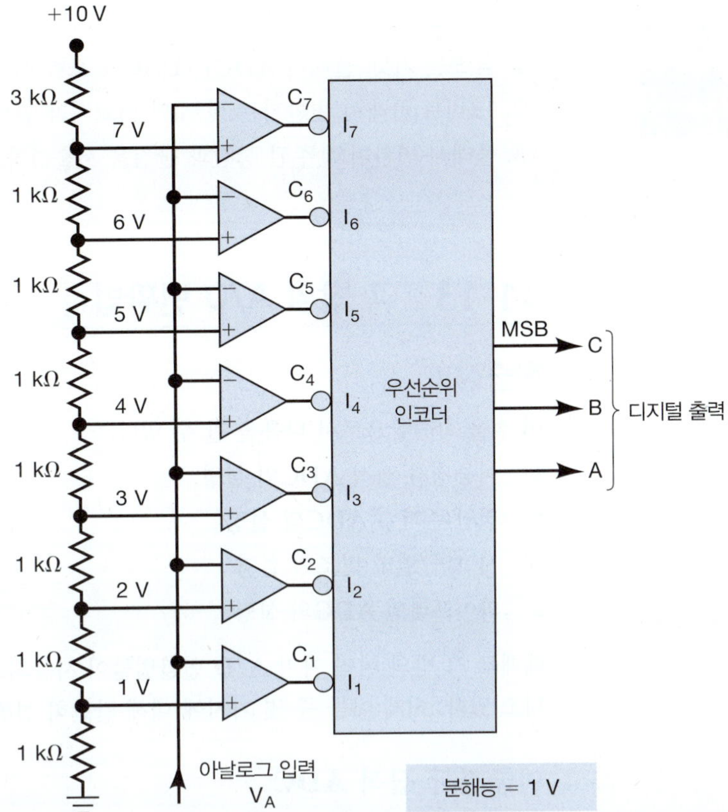

(a)

아날로그 입력	비교기 출력							디지털 출력		
V_A	C_1	C_2	C_3	C_4	C_5	C_6	C_7	C	B	A
0–1 V	1	1	1	1	1	1	1	0	0	0
1–2 V	0	1	1	1	1	1	1	0	0	1
2–3 V	0	0	1	1	1	1	1	0	1	0
3–4 V	0	0	0	1	1	1	1	0	1	1
4–5 V	0	0	0	0	1	1	1	1	0	0
5–6 V	0	0	0	0	0	1	1	1	0	1
6–7 V	0	0	0	0	0	0	1	1	1	0
> 7 V	0	0	0	0	0	0	0	1	1	1

(b)

변환시간

플래시 변환기는 타이밍이나 순서가 필요하지 않기 때문에 클럭 신호를 사용하지 않는다. 변환은 연속적으로 이루어진다. 아날로그 입력값이 변하면, 비교기 출력이 변하고, 이는 결국 인코더 출력 변화의 원인이 된다. 변환시간은 V_A의 변화에 응답하여 새로운 디지털 출력이 나타나는데 걸리는 시간이며, 비교기와 인코더 논리의 전파지연에만 의존한다. 이런 이유로, 플래시 변환기는 변환시간이 매우 짧아서 데이터 획득, 통신, 레이더 탐지, 표본화 오실로스코프 같이 매우 높은 대역폭(즉, 높은 주파수)으로 디지털화가 필요한 응용 분야에 적합하다. 그러나 플래시 변환기는 매우 비싸고, 비교적 분해능이 낮고 전력 소모가 많은 경향이 있다.

학습성과 평가문제

1. 참 또는 거짓: 플래시 ADC는 DAC를 포함하고 있지 않다.
2. 12비트 플래시 변환기는 몇 개의 비교기가 필요한가? 저항은 몇 개 필요한가?
3. 플래시 변환기의 주된 장점과 단점을 서술하라.

11-13 그 밖의 A/D 변환법

학습성과

이 절을 학습함으로서 다음을 할 수 있다.

- 이중경사 집적 ADC의 설명
- 전압-주파수 ADC의 설명
- 시그마/델타 변조의 설명
- 파이프라인 ADC의 설명

때때로 그 밖의 여러 가지 A/D 변환법들이 사용되고 있는데, 나름대로의 장점과 단점을 지니고 있다. 이제 이들 중 몇 가지에 대해 간단히 설명하고자 한다.

이중경사 집적 ADC

이중경사 변환기(dual-slope converter)는 변환시간이 가장 느린(대표적으로 10 ms에서 100 ms) 것 중 하나이지만, DAC나 VCO와 같은 정밀한 소자가 필요 없기 때문에 상대적으로 가격이 저렴한 장점이 있다. 이 변환기의 기본 동작은 적분회로(그림 11-23(a) 참조)를 사용하는 콘덴서의 선형적인 충전과 방전을 수반하고 있다. 먼저, 그림 11-23(b)에 보인 바와 같이, 고정된 시간 동안 아날로그 입력전압 V_A에 비례하는 일정한 전류로 콘덴서를 충전한다. 따라서, 이 고정된 충전시간이 끝나면, 콘덴서의 전압은 V_A에 비례하여 나타난다. 그때, 콘덴서는 정밀한 기준전압 $-V_{ref}$에서 유도되는 일정한 전류값으로부터 선형적인 방전을 일으킨다. 콘덴서의 전압이 0이 될 때, 선형적 방전은 끝난다. 방전되는 동안, 카운터에는 디지털 기준 주파수가 공급되고 카운트가 수행된다. 방전 지속시간 간격은 최초의 콘덴서 전압에 비례한다. 따라서, 방전이 끝나는 시점에 카운터는 최초의 콘덴서 전압에 비례하는 카운트 값을 보유하게 되며, 이 값은 앞서 말한 V_A에 비례한다.

변환기의 가격이 저렴한 것에 더하여, 이중경사 ADC는 좁은 대역폭(즉, 높은 주파수)을 갖는 아날로그 신호의 변환으로 높은 분해능을 제공한다. 이중경사 ADC의 다른 장점은 온도 변화에 따른 변환기의 소자 성능의 변동과 잡음에 덜 민감하다는 것이다. 변환시간이 느리기 때문에 이중경사 ADC는 데이터획득 응용분야에는 좀처럼 사용되지 않는다. 하지만, 디지털 전압계나 멀티미터(multimeter)와 같은 응용에서는 느린 변환시간이 문제되지 않으며 이것이 이중경사 변환기의 주된 응용분야이다.

전압-주파수 ADC

전압-주파수 ADC(voltage-to-frequency ADC)는 DAC를 사용하지 않기 때문에 다른 ADC에 비해 간단하다. 그 대신에 입력전압에 비례하는 출력주파수를 만들어내는 선형 전압제어발진기(*voltage-controlled oscillator, VCO*)를 사용한다. 변환되어야 할 아날로그

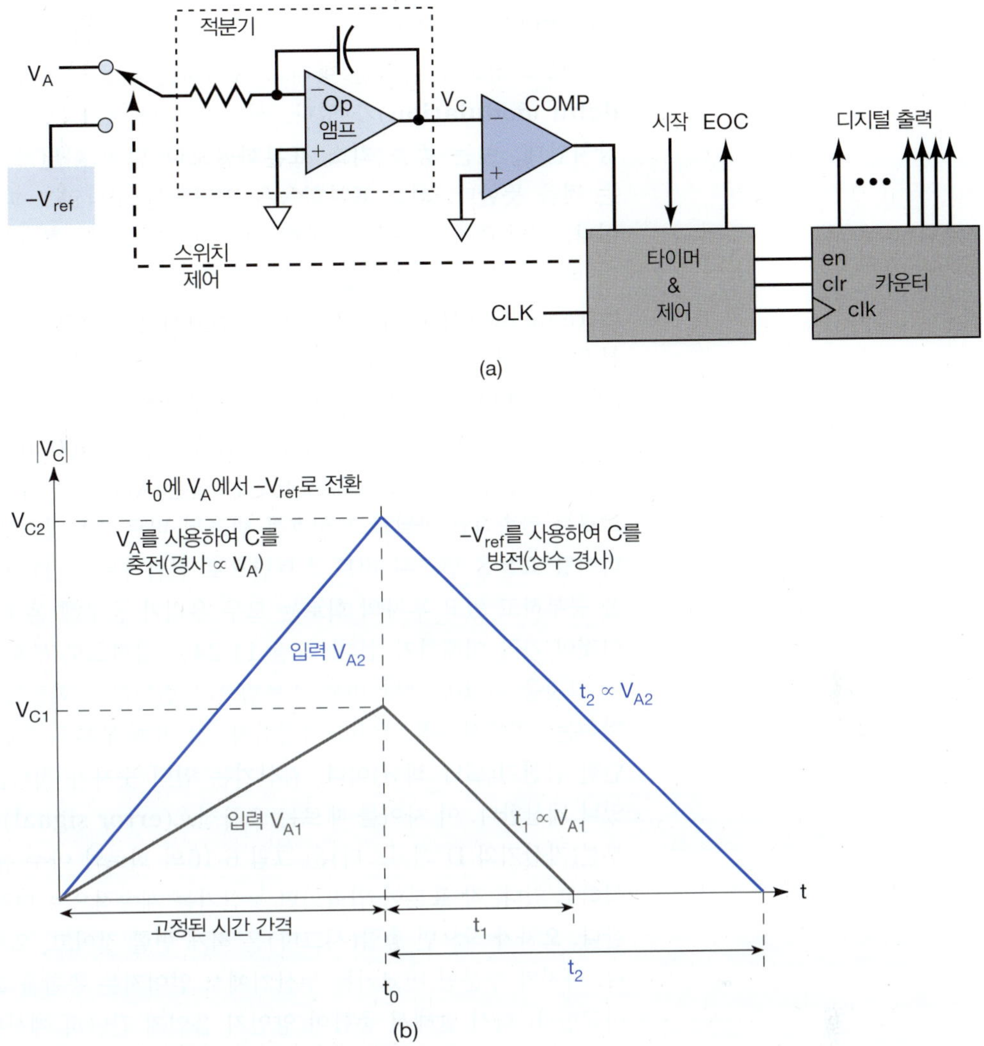

그림 11-23 이중경사 적분 ADC. (a) 블럭도; (b) 충전/방전 콘덴서

전압은 출력주파수를 만들어내기 위해 VCO에 공급된다. 이 주파수는 고정된 시간 동안 카운터에 공급되고 카운트가 실행된다. 마지막 카운트가 아날로그 전압값에 비례한다.

예를 들어 설명하기 위해, VCO가 1 V마다 10 kHz의 주파수를 만들어낸다고 가정하자(즉, 1 V는 10 kHz, 1.5 V는 15 kHz, 2.73 V는 27.3 kHz를 만들어낸다). 만약 아날로그 입력전압이 4.54 V이면, VCO 출력은 45.4 kHz 신호가 될 것이다. 가령, 10 ms 동안 카운터를 구동시킨다면, 10 ms 동안 카운트한 후에 카운터는 4.54 V의 디지털 값을 나타내는 454를 유지하고 있을 것이다.

비록 이 변환법이 간단하긴 하지만, 0.1%이상의 정밀도를 갖는 VCO를 설계하는 것이 어렵기 때문에, 높은 정밀도를 갖는 것은 어렵다.

이런 형태의 변환기가 주로 응용되는 분야는 작은 아날로그 신호가 변환기회로에서 제어 컴퓨터로 전송되어야 하는 잡음이 심한 작업 환경이다. 만약, 작은 아날로그 신호가 제어 컴퓨터로 직접 전송된다면, 이 신호들은 잡음에 의해 심각하게 영향을 받을 수 있다. 좋은 접근 방법은 VCO에 아날로그 신호를 공급하는 것으로, VCO는 아날로그 입력에 따라 출력주파수가 변하는 디지털 신호를 발생시킨다. 이 디지털 신호가 컴퓨터에 전송되어 잡음의 영향을 덜 받게 되는 것이다. 제어 컴퓨터의 회로는 원래의 아날로그 입력과 등가인 디지털 값을 얻기 위해 디지털 펄스(즉, 주파수 카운트 기능을 수행)를 카운트하게 된다.

시그마/델타 변조

아날로그 정보를 디지털 형태로 표현하는 다른 접근법으로 **시그마/델타 변조(sigma/delta modulation)**가 있다. 시그마/델타 A/D 변환기는 과표본화(oversampling) 장치인데, 이는 종종 최소 표본화율보다 많이 아날로그 정보를 효과적으로 표본화하는 것을 뜻한다. 최소 표본화율은 입력되는 아날로그 파형의 가장 높은 주파수의 두 배이다. 전압-주파수 변환과 같이, 시그마/델타 변조를 이용한 변환은 각 표본에 대해 여러 비트의 숫자를 바로 만드는 것이 아니다. 대신 연속 데이터에 대한 단일 비트 스트림(stream)내에서 논리 1의 밀도를 변화시켜 아날로그 전압을 표현한다. 파형의 양의 부분을 표현하기 위해서 1의 밀도가 높은 비트 스트림이 ADC에 의해 생성된다(예를 들면, 01111101111101111110111). 음의 부분을 표현하기 위해서는 1의 밀도가 낮은(즉. 0의 밀도가 높은) 비트 스트림이 생성된다(예를 들면, 00010001000010001000).

시그마/델타 변조는 D/A 변환은 물론 A/D 변환에 이용된다. 시그마/델타 변조기 회로로는 연속적인 아날로그 신호를 변조된 비트 스트림으로 변환하는 것(A/D)과 연속되는 디지털 표본을 변조된 비트 스트림으로 변환하는 것(D/A)이 있다. 우리는 디지털 시스템을 공부하고 있고 후자의 회로는 모두 우리가 공부해 온 디지털 소자로 이루어져 있으므로 이것이 가장 이해하기 쉽다. 그림 11-24은 입력으로 부호가 있는 5비트 디지털 변수를 받아 그것을 시그마/델타 비트 스트림으로 변환하는 회로를 보여주고 있다. 이 회로의 입력 범위는 −8에서 +8 사이라 가정하자. 첫 번째 부분은 그림 6-14에서 배운 것과 비슷한 간단한 감산기(델타 섹션)이다. 감산기는 입력 숫자가 최대값 또는 최소값과 얼마나 떨어져 있나 계산한다. 이 차이를 때로는 오차신호(error signal)라 한다. 두 번째에 있는 두 개의 부분(가산기와 D 레지스터)은 그림 6-10의 회로와 아주 유사한 누산기(시그마 섹션)를 구성하고 있다. 각 표본이 입력되면 누산기는 계속적으로 더해진 총합에 차이(오차신호)를 더한다. 오차가 작으면 총합(시그마)은 적게 변할 것이고, 오차가 크면 총합은 많이 변할 것이다. 마지막 부분인 비교기는 누산기에서 얻어지는 총합을 고정된 임계값(이 경우에는 0)과 비교한다. 다시 말해서 총합이 양인지 음인지 간단히 계산한다. 이는 시그마의 MSB(부호

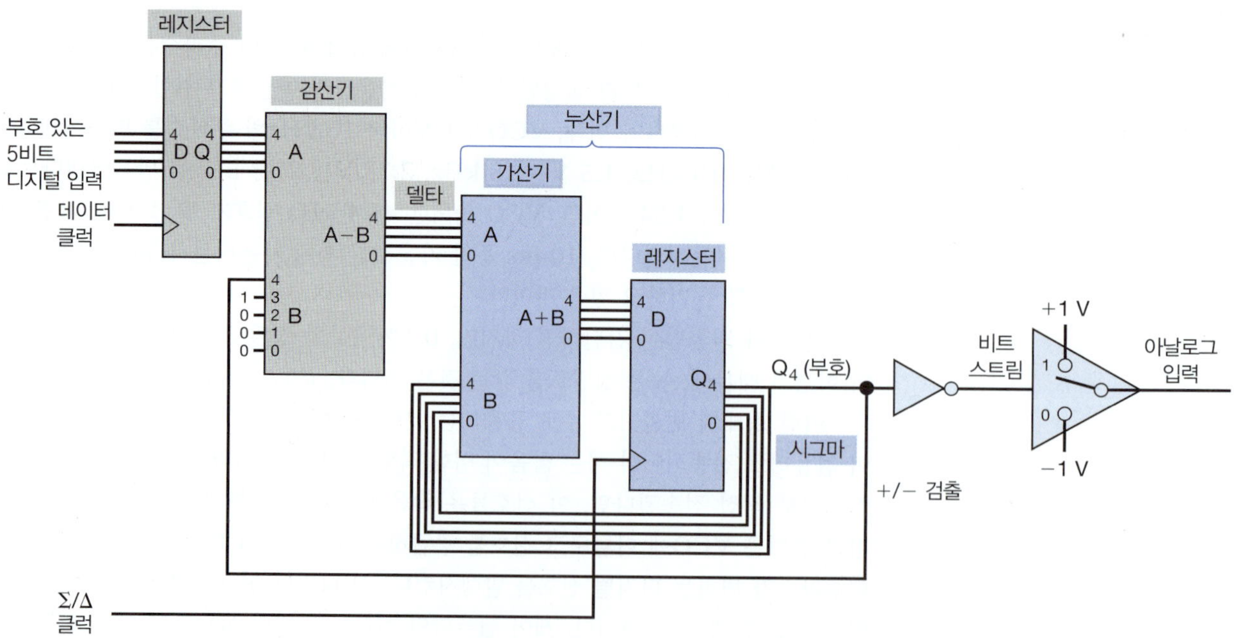

그림 11-24 D/A 변환기 속에 있는 시그마/델타 변조기

비트)를 사용하여 수행된다. 총합이 양수가 되자마자 MSB는 LOW가 되고 델타 섹션으로 최대의 양수(+8)를 귀환(feedback)시킨다. 시그마의 MSB가 음수가 되면 최소의 음수 (−8)를 귀환시킨다.

예를 통하여 시그마/델타 DAC의 동작을 조사해 보자. 표 11-7은 입력이 0일 때 변환되는 동작을 보여주고 있다. 비트 스트림 출력은 1과 0이 교대로 나타나며 아날로그 출력의 평균값은 0 V임을 주목하라. 표 11-8은 디지털 입력이 4일 때 일어나는 동작 상황을 보여주고 있다. 최대 크기가 8이라면 이는 $\frac{4}{8} = 0.5$를 나타낸다. 세 개의 표본에 대해서는 출력이 HIGH이고 하나의 표본에 대해서는 LOW이며, 네 개의 표본마다 하나의 패턴이 반복된다. 아날로그 출력의 평균값은 $(1 + 1 + 1 - 1)/4 = 0.5$V이다.

마지막 예로서 입력이 −5라고 하자. 이는 $-\frac{5}{8} = -0.625$를 나타낸다. 표 11-9는 출력 결과를 보여준다. 비트 스트림의 패턴은 주기적이지 않다. 시그마 열에서, 주기적인 패턴은 16개의 표본을 가짐을 볼 수 있다. 어떤 형태의 비트 밀도를 가지던 16개의 표본에 대한 아날로그 출력의 평균값을 계산하면 −0.625임을 알 수 있을 것이다. 일반적으로 CD 플레이어와 MP3 플레이어는 이런 유형으로 동작하는 시그마/델타 변환기를 사용하고 있다. 16비트 디지털 숫자가 CD에서 직렬로 만들어진다; 이 때 이들은 병렬 데이터 패턴을 구성하게 되고 변환기에 클럭에 맞추어 입력된다. 변환기에 입력되는 숫자가 변함에 따라 그것에 따라 아날로그 출력의 평균값이 변한다. 그 다음 아날로그 출력은 저역필터라 불리는 회로를 통과하여 갑작스런 변화를 매끄럽게 만들고 비트 스트림의 평균값인 매끄러운 전압의 변화를 만들어낸다. 헤드폰에서는 이 아날로그 신호의 변화가 원래의 녹음과 같은 소리를 울리게 한다. 시그마/델타 A/D도 이와 비슷한 방법으로 동작하지만 아날로그 전압을 변조된 비트 스트림으로 변환한다. N비트 2진수로 디지털화된 데이터를 저장하기 위해서는 2^N개의 비트 스트림 표본의 평균 비트 밀도가 계산되어야 한다.

표 11-7 입력이 0인 시그마/델타 변조기

표본(n)	디지털 입력	델타	시그마	비트 스트림 출력	아날로그 출력	귀환
1	0	−8	0	1	1	8
2	0	8	−8	0	−1	−8
3	0	−8	0	1	1	8
4	0	8	−8	0	−1	−8
5	0	−8	0	1	1	8
6	0	8	−8	0	−1	−8
7	0	−8	0	1	1	8
8	0	8	−8	0	−1	−8

표 11-8 입력이 4인 시그마/델타 변조기

표본(n)	디지털 입력	델타	시그마	비트 스트림 출력	아날로그 출력	귀환
1	4	−4	4	1	1	8
2	4	−4	0	1	1	8
3	4	12	−4	0	−1	−8
4	4	−4	8	1	1	8
5	4	−4	4	1	1	8
6	4	−4	0	1	1	8
7	4	12	−4	0	−1	−8
8	4	−4	8	1	1	8

표 11-9 입력이 −5인 시그마/델타 변조기

표본(*n*)	디지털 입력	델타	시그마	비트 스트림 출력	아날로그 출력	귀환
1	−5	3	−5	0	−1	−8
2	−5	3	−2	0	−1	−8
3	−5	−−13	1	1	1	8
4	−5	3	−12	0	−1	−8
5	−5	3	−9	0	−1	−8
6	−5	3	−6	0	−1	−8
7	−5	3	−3	0	−1	−8
8	−5	13	0	1	1	8
9	−5	3	−13	0	−1	−8
10	−5	3	−10	0	−1	−8
11	−5	3	−7	0	−1	−8
12	−5	3	−4	0	−1	−8
13	−5	3	−1	0	−1	−8
14	−5	−13	2	1	1	8
15	−5	3	−11	0	−1	−8
16	−5	3	−8	0	−1	−8
17	−5	3	−5	0	−1	−8
18	−5	3	−2	0	−1	−8

파이프라인 ADC

파이프라인 ADC(pipelined ADC)는 두 개 이상의 부영역단(subranging stage)을 사용한다. 각 부영역단은 그림 11-25(a)에 보인 바와 같이 *n*-비트 ADC와 *n*-비트 DAC로 이루어진다. 첫 번째 단에서는 아날로그 입력에 대해 매우 거친 변환이 수행되며 디지털 출력에 사용될 MSB를 만든다. 이 디지털 결과는 DAC에 의해 내부 아날로그 전압으로 재변환된다. DAC의 출력은 원래의 아날로그 입력에서 뺄셈을 한다. 입력 신호와 DAC 출력의

그림 11-25 파이프라인 ADC: (a) 단일 부영역단 블럭도; (b) 복합 부영역단 파이프라인

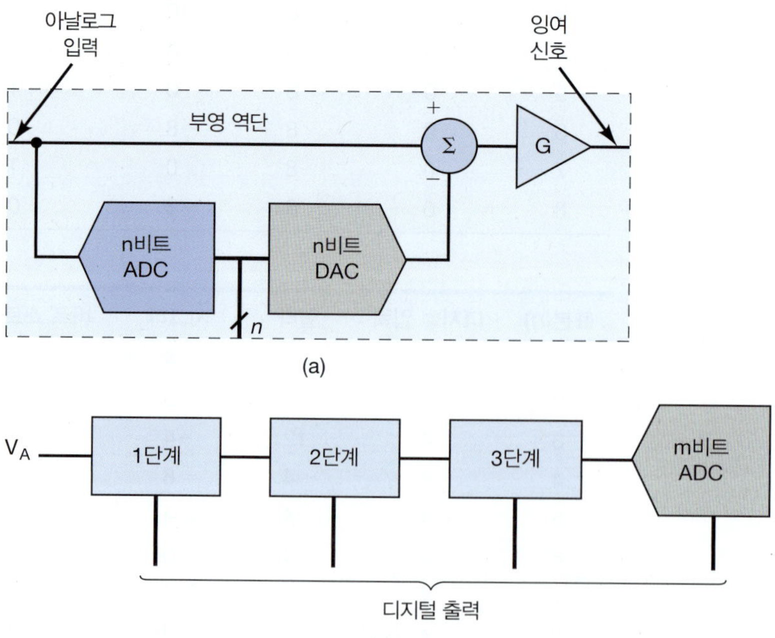

차이는 이득 G만큼 증폭된다. 증폭된 차이는 잉여 신호(residue signal)로 취급되며 다음 단계의 파이프라인 단(그림 11-25(b) 참조)에 의해 우수한 분해능으로 변환이 진행된다. 각 부영역단은 아날로그 입력의 우수한 분해능을 만들어 낸다. 마지막 부영역단이 만드는 잉여 신호는 최종 ADC 블럭에 의해 디지털화되어 파이프라인 ADC에 의해 가장 우수한 분해능을 제공한다. 파이프라인 ADC는 본질적으로 바로 그 다음 MSB보다 중간 변환된 비트 집합으로 이루어진 참조 신호를 피드백하는 연속근사 ADC를 개량한 것이다 부영역단 속에 3 또는 4-비트 플래시 ADC를 사용하면 이런 파이프라인 ADC는 빠르고, 우수한 분해능을 가질 수 있고 비교적 저렴하다. 이 기술은 점점 일반화되어 가고 있다.

학습성과 평가문제

1. 파이프라인 ADC에서 복합 부영역단은 무엇을 만드는가?
2. 전압-주파수 ADC의 주된 구성요소는 무엇인가?
3. 이중경사 ADC의 장점 두 가지와 단점 한 가지를 써라.
4. DAC를 사용하지 않는 ADC의 명칭을 세 가지 들어라.
5. 시그마/델타 변조기의 출력 데이터 비트는 몇 비트인가?

11-14 ADC 구조의 대표적 응용

학습성과

이 절을 학습함으로서 다음을 할 수 있다.

- 다양한 ADC 계획 사례의 구분
- 대표적 응용에 대한 유형별 분석

대부분의 ADC 응용은 네 영역 중 하나의 영역으로 쏠리는 경향이 있다(요구되는 변환 속도가 최고 낮은 것부터 빠른 순서로): 정밀 개별 측정, 음성/오디오, 데이터 획득, 빠른 속도, 낮은 표본화율, 우수한 분해능, 이중경사 적분 ADC의 뛰어난 잡음 배제는 직류 신호를 관찰하기 위한 이상적인 특성이다. 센서 탐지와 모니터 제어를 포함한 변조 대역폭과 높은 분해능을 요구하는 다양한 종류의 개별 측정 응용은 시그마/델타 ADC를 사용한다. 우수한 분해능과 고유의 과표본화로 인해 현재는 시그마/델타 ADC가 음성과 오디오 응용 부분을 지배하고 있다. 연속 근사는 다양한 아날로그 데이터 채널의 디지털화가 필요한 복잡한 데이터 획득 시스템에서 절대 다수의 주된 구조이다. 파이프라인 구조는 디지털 오실로스코프, 스펙트럼 분석기, 의료 형상화, 디지털 영상(DTV와 HDTV), 레이더, 통신, 디지털 카메라를 포함한 많은 고속 응용 분야에서 일반적으로 선택되고 있다. 초고속의 응용에는 ADC를 위해 플래시 구조가 필요하겠지만 비교적 비싸고 분해능이 낮다.

학습성과 평가문제

1. 시그마/델타 A/D 변환기의 응용 사례를 열거하라.
2. 이중경사 집적 A/D 변환기의 응용 사례를 열거하라.
3. 파이프라인 ADC의 응용 사례를 열거하라.
4. 마이크로컨트롤러 기반 데이터 획득 시스템에 가장 적합한 ADC는 무엇인가?

11-15 표본추출보유회로

학습성과

이 절을 학습함으로서 다음을 할 수 있다.

- 표본추출보유회로의 역할 설명

아날로그 전압이 ADC의 입력에 직접 연결되는 경우, 변환시간 동안 아날로그 전압이 변하면 변환과정에 나쁜 영향을 끼치게 된다. A/D변환이 일어나는 동안 일정한 아날로그 전압을 보유하기 위해 **표본추출보유(S/H)회로(sample-and-hold circuit)**를 사용하여 변환과정의 안정도를 개선할 수 있다. 표본추출보유(S/H)회로를 간단하게 그림 11-26에 나타내었다.

S/H회로는 아날로그 신호에 대해 높은 임피던스를 나타내며 보유 콘덴서 C_h를 빠르게 충전시킬 수 있게 하는 낮은 출력 임피던스를 갖는 단위이득 버퍼 증폭기 A_1을 포함하고 있다. 디지털 제어 스위치가 닫히면 콘덴서는 A_1의 출력에 연결된다. 이를 표본추출(*sample*) 동작이라 한다. 스위치는 C_h가 아날로그 입력에 해당하는 전류값을 충전할 때까지 충분히 닫혀 있을 것이다. 예를 들어, 스위치가 시간 t_0에서 닫히면, A_1 출력은 C_h를 전압 V_0까지 빠르게 충전시킬 것이다. 스위치가 개방되면, C_h는 이 전압을 계속 유지(*hold*)하게 되고 A_2의 출력은 이 값을 ADC로 인가하게 된다. 증폭기 A_2는 ADC의 변환시간 동안 콘덴서 전압이 방전되지 않게 하는 높은 입력 임피던스를 갖고 있기 때문에, ADC는 결국 직류 입력 전압 V_0을 수신하게 되는 것이다.

앞에서 언급한 것과 같은 컴퓨터제어 데이터획득 시스템에서는 추출보유 스위치가 컴퓨터에서 오는 디지털 신호에 의해 제어된다. 컴퓨터 신호는 아날로그 전압의 새로운 표본으로 C_h를 충전하기 위해 스위치를 닫히게 한다; 스위치가 닫혀 있어야 하는 시간을 **획득시간(acquisition time)**이라 하며, C_h의 값과 S/H회로의 특성에 의존한다. 컴퓨터 신호는 C_h가 그 값을 유지할 수 있도록 스위치가 열리게 하고 A_2의 출력에 비교적 일정한 아날로그 전압이 생기게 한다.

AD781은 최대 획득시간이 700 ns인 S/H 집적회로이다. 보유시간 동안, 콘덴서의 전압은 0.01 μV/μs 비율로 떨어진다(방전된다). 표본화 간격 동안에 방전되는 전압은 LSB의 가중치보다 작아야 할 것이다. 예를 들어, 최대출력이 10 V인 10비트 변환기는 LSB의 가중치가 대략 10 mV이다. 콘덴서가 방전되어 ADC의 LSB의 가중치와 같아지기 전에 1

그림 11-26 간단하게 표현한 표본추출보유회로

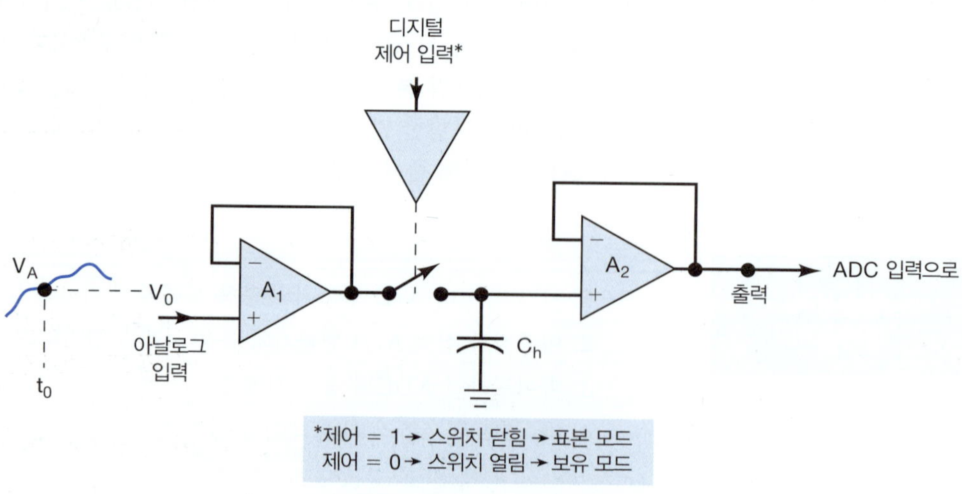

이 만들어 질 것이다. 그러나 변환을 수행 과정에서 이렇게 긴 시간 동안 언제나 표본을 보유해야 할 필요가 있을 것 같지 않다.

학습성과 평가문제

1. 표본추출보유회로의 기능을 설명하라.
2. 참 또는 거짓: S/H회로의 증폭기는 전압 증폭을 위해 사용된다.

11-16 다중화

학습성과

이 절을 학습함으로서 다음을 할 수 있다.

- 다채널 ADC의 사용
- 다채널 ADC 내의 아날로그 MUX의 역할 설명

정보원으로부터 오는 여러 가지 아날로그 입력이 변환되어야 할 때에는, 하나의 ADC를 시분할하는 다중화(multiplexing) 기법을 사용한다. 4-채널 획득 시스템에 대한 기본적인 구성이 그림 11-27에 나타나 있다. 각 아날로그 입력 신호가 한번에 차례로 ADC에 입력되도록 개폐시키기 위해 회전 스위치 *S*가 사용된다. 제어회로는 MOD-4 카운터로부터 얻어지는 선택주소(*select address*) 비트 A_1, A_0에 따라 스위치 위치를 제어한다. 예를 들어, $A_1A_0 = 00$일 때 스위치는 V_{A0}를 ADC 입력에 연결하고, $A_1A_0 = 01$일 때 V_{A1}을 ADC 입력에 연결하며, 다른 것도 같은 방법으로 연결한다. 각 입력 채널은 언제 그 채널을 ADC와 연결해야 하는지를 알려주는 특정한 주소 코드를 갖고 있다.

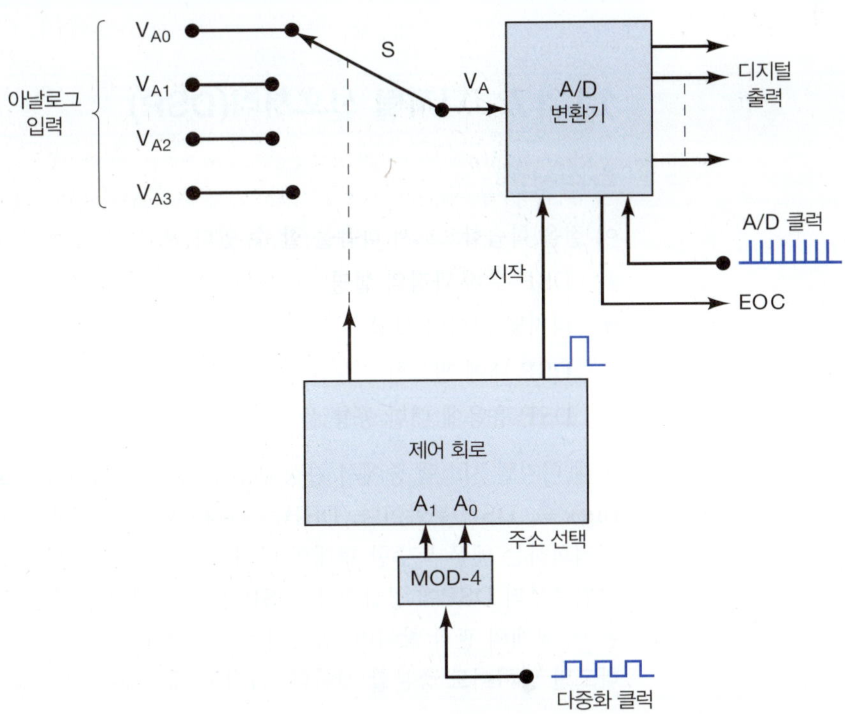

그림 11-27 하나의 ADC에 의해 다중화되는 아날로그 입력 4개의 변환

동작 과정은 아래와 같다.

1. 선택주소 = 00일 때 V_{A0}는 ADC 입력에 연결된다.
2. V_{A0}를 디지털 등가로 변환하는 초기화를 위하여 제어 회로가 START 펄스를 생성한다.
3. 변환이 완료되었을 때, *EOC*는 ADC 출력 데이터가 준비되었음을 알린다. 대체로 이 데이터들은 데이터 버스를 통해 컴퓨터로 전송된다.
4. 다중화 클럭이 선택주소를 01로 증가시키고, V_{A1}를 ADC에 연결시킨다.
5. V_{A1}의 디지털 등가가 ADC 출력에 나타나도록 단계 2와 3이 반복된다.
6. 다중화 클럭이 선택주소를 10으로 증가시키고, V_{A2}가 ADC에 연결된다.
7. V_{A2}의 디지털 등가가 ADC 출력에 나타나도록 단계 2와 3이 반복된다.
8. 다중화 클럭이 선택주소를 11로 증가시키고, V_{A3}가 ADC에 연결된다.
9. V_{A3}의 디지털 등가가 ADC 출력에 나타나도록 단계 2와 3이 반복된다.

다중화 클럭은 아날로그 신호가 ADC에 차례대로 연결되는 속도를 제어한다. 최대 속도는 스위치의 지연시간과 ADC의 변환시간에 의해 결정된다. 스위치의 지연시간은 8장에서 설명된 CMOS 양방향 스위치와 같은 반도체 스위치에 의해 최소화될 수 있다. 만약 ADC 변환 과정 동안에 아날로그 입력이 심하게 변한다면, ADC의 입력에 표본추출보유 회로를 연결하는 것이 필요하다.

많은 집적 ADC들은 ADC와 같은 칩상에 다중화회로를 포함하고 있다. 예를 들어, ADC0808은 8개의 다른 아날로그 입력을 하나의 ADC로 다중화할 수 있다. 이 칩은 ADC에 연결되는 아날로그 입력을 결정하기 위해 3비트의 선택입력 코드를 사용한다.

학습성과 평가문제

1. 이런 다중화 구조의 장점은 무엇인가?
2. 만약 8개의 아날로그 입력이 있다면 주소 카운터는 어떻게 변하는가?

11-17 디지털 신호처리(DSP)

학습성과

이 절을 학습함으로서 다음을 할 수 있다.

- DSP 수행 과정의 설명
- 디지털 필터의 설명
- DSP 내에 필요한 기능 블럭의 설명
- DSP 응용에 대한 공통 용어 정의

현재 디지털 시스템 중에서 가장 활발한 영역은 **디지털 신호처리(digital signal processing)** 즉, DSP 분야이다. DSP는 디지털화된 데이터 스트림의 계속적인 계산을 수행하여 최적화하는 매우 특수한 형태의 마이크로프로세서이다. 디지털화된 데이터가 항상 A/D 변환기로부터 DSP에 공급된다. DSP가 이런 데이터 값을 처리하게 하는 수학을 설명하는 것은 이 교재의 관심 밖이며, 입력되는 새로운 데이터 점들에 대해 계산이 매우 빠르게 수행된다고만 말하여도 충분할 것이다. 이러한 계산에는 가장 최근의 데이터 점뿐 아니라 바로 앞의 여러 가지 데이터 표본들이 사용된다. 계산의 결과 새로운 출력 데이터 점이 만들어지며, 이것은 항상 D/A 변환기로 보내진다. DSP 시스템은 그림 11-1에 보인 블럭도와 비슷하다. 크게 다른 점은 컴퓨터 부분에 특수한 하드웨어를 포함하고 있는 것이다.

DSP의 주된 응용분야는 아날로그 신호의 필터링(filtering)과 조절(conditioning)이다. 매우 간단한 예로서, DSP는 오디오 프리앰프(preamplifier) 출력과 같은 아날로그 파형을 취하여 일정 주파수 아래의 주파수 성분만 출력으로 통과하도록 프로그램할 수 있다. 높은 주파수성분은 모두 필터(filter)에 의해 약해진다. 아마 이 같은 동작을 저항과 콘덴서로 만들어진 저역통과 필터에 의해 수행할 수 있음을 아날로그 회로의 학습을 통해 알고 있을 것이다. 저항과 콘덴서로 만들어진 필터보다 DSP의 장점은 소자를 바꾸지 않아도 임계주파수(critical frequency)를 변화시킬 수 있는 유연성이다. 즉, 필터의 응답을 바꾸기 위해 단순히 계산 회수를 바꾸면 된다. PA(장내방송) 시스템이 삑하는 소리를 낼 때 공연장에 가본 적이 있는가? 이런 현상은 재생되는 귀환주파수를 필터링할 수 있다면 막을 수 있다. 그러나 불행하게도 삑하는 소리의 원인이 되는 주파수는 공연장에 있은 청중의 수, 그들이 입고 있는 옷, 그리고 많은 다른 요인에 따라 변한다. DSP에 기반을 둔 오디오 이퀄라이저(equalizer)에서는 발진주파수(oscillation frequency)를 탐지할 수 있어서 필터는 강력하게 이런 소리가 나지 않도록 바로잡을 수 있다.

디지털 필터

디지털 필터를 이해하는데 도움을 주기 위해, 주식을 사거나 파는 것을 상상해 보라. 언제 사고 팔 것인지 판단하기 위해서는 시장의 동향을 알아야 한다. 갑작스럽거나, 짧은 기간(높은 주파수)의 변화는 무시하고, 전반적인 추세(30일 평균)에 반응한다. 매일 신문을 읽고, 가지고 있는 주식에 대한 종가의 표본을 취하고, 기록한다. 그리고 공식을 사용하여 마지막 30일 동안의 가격에 대한 평균을 계산한다. 이 평균값을 그림 11-28와 같이 점을 연결하여 도면을 작성하고 최종 도표는 결정에 사용된다. 이것이 주식시장 경기를 나타내는 디지털 신호(데이터 표본의 계열)를 필터링하는 방법이다.

주가의 표본 대신에, A/D 변환기를 사용하는 마이크의 오디오(아날로그) 신호를 표본화하는 디지털 시스템을 상상해 보라. 이 시스템은 하루에 하나의 표본을 취하는 것이 아니라, 매 초 20,000번(50 μs마다) 샘플을 취하게 된다. 각 샘플에 대한 **가중치 평균(weighted average)**의 계산은 마지막 256개의 데이터 표본을 사용하여 수행되며 하나의 출력 데이터 점이 만들어진다. 가중치 평균이란 데이터 점 중 몇 개가 다른 것보다 더 중요하게 간주되는 것을 의미한다. 이러한 평균의 계산이 오디오 신호의 가공(필터링)이다.

그림 11-28 주식시장 경기에 대한 디지털 필터링

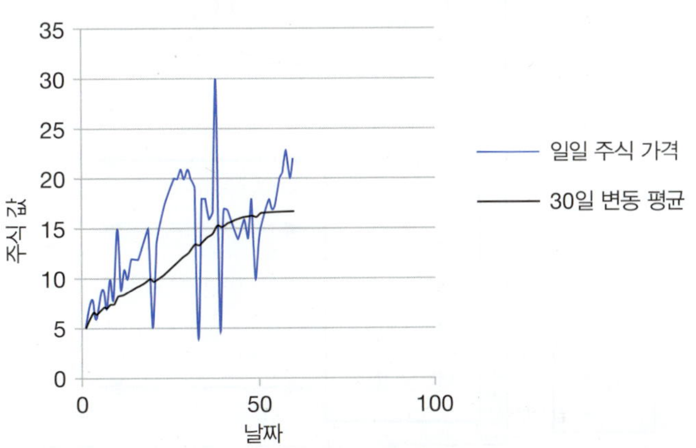

이 방식의 DSP에서 가장 중요한 것은 원하는 필터의 특성을 얻기 위한 평균 계산을 위해 정확한 가중치 상수를 결정하는 것이다. 다행스럽게도, 이것을 매우 쉽게 해결할 수 있는 PC용 소프트웨어가 많이 있다. 특수한 DSP 하드웨어는 아래 작업을 수행하여야 한다.

A/D로부터 가장 최근의 표본(새로운 숫자 하나)을 읽는다.
가장 오래된 표본(256개 중)을 A/D로부터 얻어진 새 표본으로 대체한다.
256개의 표본에 각 표본에 대응되는 가중치 상수를 곱한다.
곱한 결과를 모두 합한다.
D/A로 곱의합(숫자 하나) 결과를 출력한다.

그림 11-29는 DSP의 기본 구조이다. **MAC**(multiply and accumulate) 부분이 모든 DSP에서 중추적인 역할을 하며 대부분의 응용에 사용된다. 데이터 표본과 가중치를 저장하는 메모리 시스템을 구현하기 위해서는 12장에서 배울 특수한 하드웨어가 사용된다. **산술논리장치**(**arithmetic logic unit**)와 **배럴시프터**(**barrel shifter**)(시프트 레지스터)는 신호의 처리과정에서 2진수 체계를 다룰 필요가 있으므로 제공되고 있다.

DSP의 또 다른 유익한 응용으로 **과표본화**(**oversamlping**) 또는 **보간필터링**(**interpolation filtering**)이라 부르는 것이 있다. 잘 알듯이 복원된 파형은 양자화 오차에 기인한 원래 신호의 근사치이다. 또한 하나의 데이터 점에서 다음 데이터 점으로 갑자기 계단 변화를 일으키면 복원된 신호에 높은 주파수의 잡음이 생긴다. DSP는 디지털 신호에 보간 데이터 점을 삽입할 수 있다. 그림 11-30은 4배(4X)의 과표본 보간필터링에 의해 파형이 어떻게 매끄럽게 되는지 보여주고 있으며 간단한 아날로그 회로를 사용하여 최종 필터링이 가능하게 된다. CD 플레이어가 탁월한 오디오 복원을 제공하는데 DSP가 이 역할을 담당하고 있다. 둥근 점은 CD상에 디지털로 기록된 데이터를 표시하며, 삼각형은 최종 아날로그

그림 11-29 디지털 신호 처리기의 구조

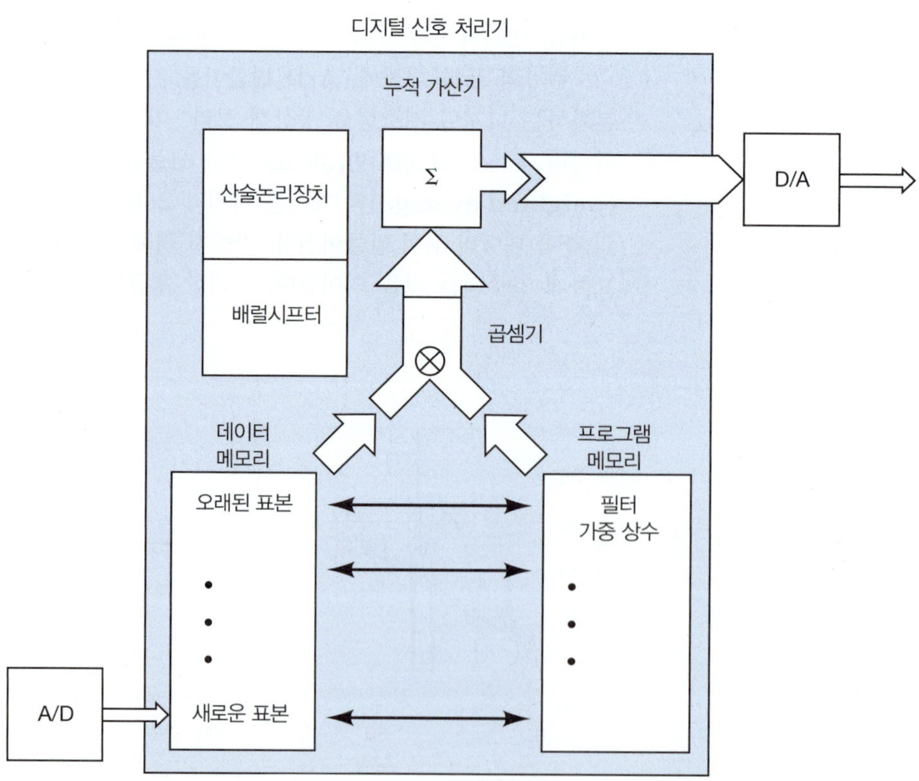

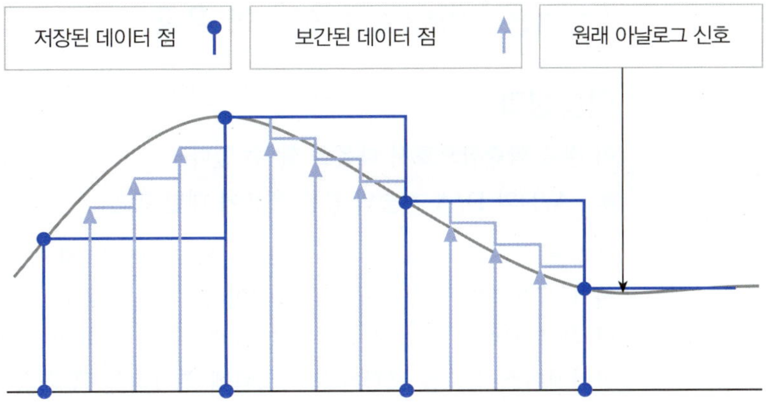

그림 11-30 잡음을 줄이기 위해 디지털 신호에 삽입된 보간 데이터 점

출력 필터 이전에 CD 플레이어에 있는 디지털 필터에 삽입된 보간 데이터 점을 표시한다.

DSP로 나아가야 한다는 것을 이해하는데 필요한 중요한 개념들은 이 장과 앞 장에서 언급된 바 있다. A/D와 D/A 변환 방법, 데이터 획득에 관한 하드웨어, 그리고 표본화의 개념은 절대적으로 필요한 것이다. 부호화 2진수 표현(소수 포함), 부호화 2진수 덧셈과 곱셈(6장에서 학습), 시프트 레지스터(7장)와 같은 논제는 DSP의 프로그램과 하드웨어를 이해하는데 필수적이다. 다음 장에 있는 메모리 시스템의 개념도 역시 중요하다.

DSP는 잘 아는 바와 같이 많은 보통의 시스템 속에 집적화되어 있다. MP3 플레이어는 파일에서 읽혀진 디지털 데이터를 압축하기 위해 필터링하고 음악을 디지털로 변환하면서 불가피하게 야기된 양자화 잡음을 최소화하기 위해 DSP를 사용한다. 전화 시스템은 전화선상의 에코(echo)를 제거하기 위해 DSP를 사용한다. 기타 및 다른 악기를 위한 특수효과 장치는 DSP를 사용하여 에코, 잔향, 페이징, 그 외의 다른 효과음을 만든다. DSP를 사용하는 많은 디지털 제어 시스템은 필터링과 제어 알고리즘을 구현하기 위한 제어기의 핵심이다. DSP의 응용은 1980년대 초 마이크로프로세스 응용의 성장 속도와 같은 속도로 성장하고 있다. 이런 성장은 많은 전통적인 아날로그 문제를 해결하는 디지털 솔루션(solution)을 제공하고 있다. 다른 응용 예로는 음성인식, 전기통신 데이터의 암호화, FFT(Fast Fourier Transform), 디지털 TV의 이미지 처리, 의용전자의 초음파 빔형성(beam forming) 등이 있다. 이런 추세가 계속되면 머지않아 모든 전자 시스템에는 디지털 신호처리 회로가 포함되게 될 것으로 예상된다.

학습성과 평가문제

1. DSP의 주된 응용분야는 무엇인가?
2. DSP가 처리하는 대표적인 디지털 데이터의 공급원은 무엇인가?
3. DSP 필터는 아날로그 필터회로에 비해 어떤 장점이 있는가?
4. DSP의 중추적인 하드웨어 장치는 무엇인가?
5. 4X의 과표본 디지털 필터링을 수행할 때, 표본 사이에 몇 개의 보간 데이터 점이 삽입되는가? 8X 과표본에서는 몇 개인가?

11-18 아날로그 접속의 응용

학습성과

이 절을 학습함으로서 다음을 할 수 있다.

- A/D와 D/A 기술의 공통 응용에 대한 확인

우리를 둘러싼 세계는 근본적으로 아날로그이다. 하지만, 아날로그 정보를 다루는 우리의 전자 시스템은 주로 디지털로 되어있다. 그것은 물론, 전체 시스템의 아날로그 부분과 디지털 부분 사이의 인터페이스 회로를 제공하는 것이 필요하다는 것을 의미한다. 시스템에서 인터페이스 회로를 포함하면 시스템에 추가적인 복잡성, 비용, 그리고 프로세싱 지연이 발생할 것이다. 디지털 채택에 대한 동기는 디지털 시스템이 작업 속도, 시스템 크기, 처리된 데이터의 정확도와 정밀도, 쉬운 시스템 설계, 전반적인 시스템의 낮은 비용 등과 같은 매우 중요한 시스템 특성에서 아날로그 이상의 고유한 이점을 가지고 있기 때문이다. 뿐만 아니라, 디지털 시스템은 동등한 아날로그 회로보다 훨씬 더 다루기 쉽다. 디지털 시스템에서 아날로그 접속에 활용되는 몇 가지 일반적인 응용을 살펴보자.

데이터 획득 시스템

디지털 정보를 수집하고 저장하는 과정을 데이터 획득이라 부른다. 아날로그 데이터는 ADC로 변환되며, 이진 값의 결과는 메모리에 저장된다. 데이터 획득 시스템은 환경, 산업 공정, 또는 오디오와 비디오 정보와 같은 다양한 것들을 모니터링 할 수 있다. 수집된 데이터는 일반적으로 컴퓨터에 의해 처리되고, 종종 디스플레이의 여러 형태로 출력된다. 결과는 또한 시스템이나 프로세스의 작동을 제어하는데 사용할 수 있다. 컴퓨터 기반의 측정 시스템은 다양한 응용 프로그램에 사용된다.

데이터 획득 시스템의 일반적인 블럭도는 그림 11-31에 나타나 있다. 트랜스듀서(또는 센서)는 전압 또는 저항 등의 전기 수량으로 물리적 현상 또는 속성(예로, 온도, 응력, 압력, 또는 빛)의 한 형태를 변환해주는 장치이다. 변환기와 ADC 특징은 데이터 획득 시스템의 정확도 및 분해능을 결정한다. 이러한 특징은 또한 측정 시스템의 많은 신호 요구사항을 정의한다. 트랜스듀서의 신호는 항상 증폭, 감쇠, 절연으로 형태가 변경되어야 하며 또는 전기적 브릿지 배치에 사용되기도 한다. 이것들이 신호-조절(signal-conditioning) 블럭에 의해 수행되는 모든 일반적인 기능이다. 표본추출/보유(sample-and-hold) 블럭은 아날로그-디지털 변환 과정 중에 변화하는 아날로그 신호를 포착하는데 사용된다. ADC의 디지털 출력은 저장과 처리를 위한 컴퓨터에 직렬 또는 병렬로 전송된다.

다중 아날로그 입력 신호의 데이터 수집을 위한, 다중 입력 채널과 ADC는 별도의 트랜스듀서, 신호 조절, 그리고 각각의 아날로그 신호에 대한 표준추출보유 블럭과 함께 사용

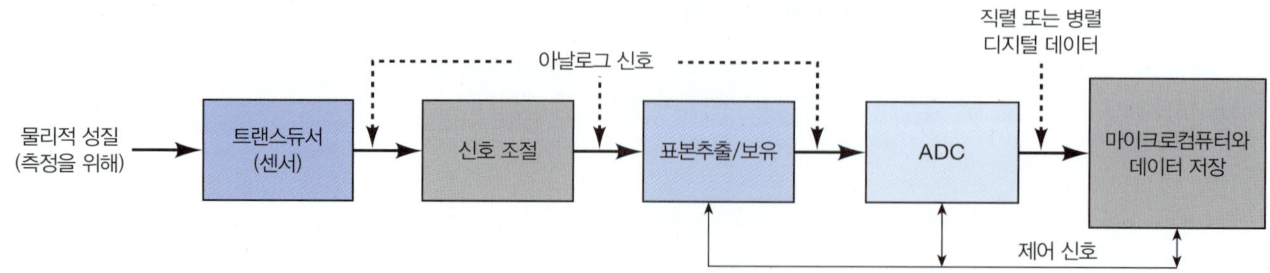

그림 11-31 데이터 획득 시스템 블럭도

할 수 있다. 병원에서 우연히 발견되는 심장 모니터, 그리고 여러분의 연구실에 있을 수 있는 디지털 저장 오실로스코프는 데이터 획득 시스템이다. 오실로스코프는 직접 입력 전압을 측정하도록 설계되었다. 그래서 다이어그램에는 트랜스듀서 블럭이 포함되어 있지 않다.

디지털 카메라

디지털 시스템에 아날로그 장치를 접속시킨 잘 알려진 다른 응용은 디지털 카메라이다. 디지털 카메라의 간략화된 블럭도는 그림 11-32에 나타나 있다. 이 전자 시스템은 이전에 설명한 데이터 획득 시스템과 매우 유사하다. 디지털 카메라에 사용되는 트랜스듀서는 일반적으로 전하 결합 소자(charge-coupled device;CCD)이다. CCD는 아날로그 시프트 레지스터를 형성하기 위해 함께 연결되어 있는 콘덴서의 2차원 배열로 구성되어 있다. 영상은 CCD의 표면으로 카메라의 렌즈를 통해 투영된다. 빛 에너지는 각 콘덴서 해당 위치에서 빛의 강도에 비례하는 전기를 축적하게 된다. 아날로그 신호는 드라이버와 타이밍 회로의 제어 하에 연속적으로 콘덴서에 충전된 전기 이동을 통해 CCD 밖으로 읽어낼 수 있다. 콘덴서 충전에 의해 만들어진 연속적인 아날로그 전압은 증폭(신호 조절)되고, ADC에 의해 디지털화된다. DSP 블럭은 메모리 장치에 정보를 저장하기 전에 디지털 데이터 결과에 영상 신호처리 알고리즘을 적용한다. 디지털 데이터는 일반적으로 압축된다. 그래서 저장 공간이 적게 필요하다. **데이터 압축(data compression)**은 원래 데이터를 더 적은 비트로 표현하여 정보를 인코딩 하는 과정이다. 데이터 압축은 정보의 발신자와 수신자가 모두 특정 인코딩 방식을 알면 작동한다.

다양한 인코딩 방식이 있다. 그래서 적용된 방법을 알아야 압축된 정보를 디코딩 할 수 있다. 사진 이미지에 대한 일반적인 데이터 압축방식은 JPEG이며, 표준을 만든 위원회 이름(Joint Photographic Experts Group)을 따서 명명되었다. 이 압축방식은 평소에 손실이 발생한다. 이는 일부 원본 이미지 정보가 손실되며 복원할 수 없음을 의미하며, 따라서 이미지 품질에 영향을 미친다. 데이터 압축에 사용할 수 있는 무손실 방식도 있다. 데이터 압축 방식을 선택하여 사용할 때 고려해야 할 요소는 데이터 압축의 정도, 손실 압축 기법 사용에 소개된 왜곡의 크기, 그리고 데이터를 압축하고 압축을 복원하는데 요구되는 전산 방식이다.

디지털 휴대폰

디지털 시스템에 아날로그의 인터페이스를 필요로 하는 장치의 마지막 예로, 디지털 휴대폰를 살펴보자. 디지털 휴대폰의 간략화된 블럭도는 그림 11-33에 나타나 있다. 아날로그 음성 신호는 마이크로부터 얻어지며 ADC에 의해 디지털화되기 전에 대역폭을 줄이기 위해 증폭되고 필터를 통과해야 한다. 마찬가지로, 수신된 디지털 정보는 DAC에 의해 아날로그 신호로 다시 변환되어야 한다. DAC의 아날로그 출력은 저역통과필터를 통해 낮은-주

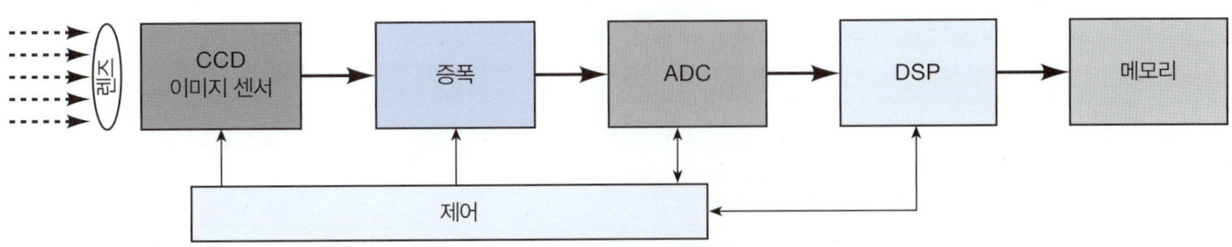

그림 11-32 디지털 카메라 블럭도

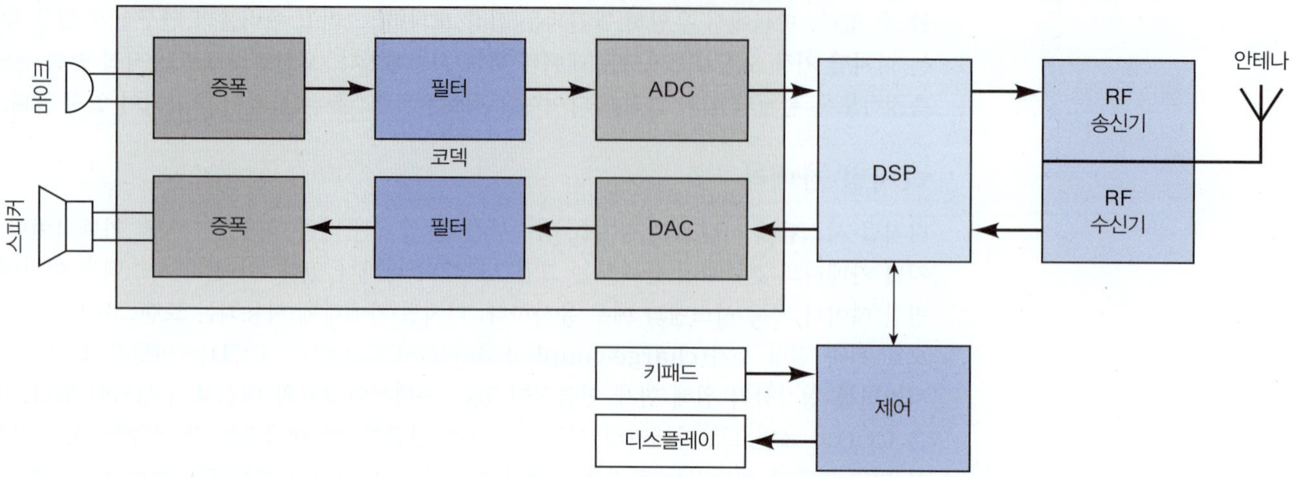

그림 11-33 디지털 휴대폰의 간략한 블럭도

파수 음성 정보를 복구하고 증폭하여 휴대폰 스피커를 통해 들을 수 있다. 디지털 형식으로 아날로그 음성 정보는 인코딩되고 음성 코덱에 의해 처리되는 아날로그 출력으로 다시 디코딩된다. 하드웨어 **코덱**은 한 개의 복잡한 IC 칩에 신호조절뿐만 아니라 코더(ADC)와 디코더(DAC)기능을 겸비하고 있다. DSP 블럭은 ADC(또는 텍스트와 그림 데이터)로부터 얻어진 디지털 음성정보의 데이터 압축과 암호화를 포함하는 여러 데이터 처리 기능을 수행한다. 데이터 압축은 전송을 위해 요구되는 대역폭을 줄이고, 데이터를 안전하게 전송하기 위해 암호화 기능을 제공한다. RF 송신기 블럭은 휴대폰 기지국으로 전송되는 무선-주파수 신호의 변조 및 증폭을 수행한다. RF 수신기 블럭은 휴대폰 기지국에서 수신된 무선-주파수 신호를 복조 및 증폭하고, 그런 다음 DSP 블럭에 의해 처리되는 디지털 정보를 얻을 수 있다. DSP 블럭은 수신된 음성 정보 또는 우리의 전화로 전송되는 다른 데이터의 복호화 및 데이터 압축 풀기를 제공한다.

여러분이 걱정하지 않고 휴대폰을 사용할 수 있는 이면에는 몇 가지 중요한 다른 작업이 있다. 여러분의 휴대폰이 시스템 내에 있다는 것을 알게 하기 위해 가장 가까운 기지국과 통신한다; 전화 통화를 위해 자동으로 통신 채널을 선택한다; 그리고 여러분과 휴대폰이 다른 셀로 이동하면 전화 통화를 다른 기지국으로 넘겨준다. 그것은 정말로 매우 놀라운 전자공학의 한 부분이다!

학습성과 평가문제

1. 아날로그 접속의 응용 세 가지를 열거하라.

요약

1. 온도, 압력, 습도, 속도 등과 같이 우리가 측정하고자 하는 물리적 변수는 연속적으로 변하는 양이다. 이것을 물리적 변수에 비례하여 변동하는 전압 또는 전류의 전기적 신호로 변환하기 위해 트랜스듀서가 사용된다. 이렇게 연속적으로 변하는 전압 신호 또는 전류 신호를 아날로그 신호라 한다.
2. 물리적 변수를 측정하기 위해 디지털 시스템은 그 순간에 주어진 아날로그 값에 2진수를 할당하여야 한다. 이는 A/D변환기에 의해 수행된다. 물리적 처리를 제어할 수 있는 가변 전압값 또는 전류값을 생성하기 위해 디지털 시스템은 2진수를 전압 또는 전류의 크기로 변환하여야 한다. 이것은 D/A변환기에 의해 수행된다.
3. n비트 D/A변환기는 아날로그 값(전압 또는 전류)의 범위를 $2^n - 1$개의 조각으로 나눈다. 각 조각의 치수 또는 크기는 LSB의 아날로그 등가 가중치이다. 이것을 분해능 또는 계단크기라 한다.
4. 대부분의 D/A변환기는 임의의 2진 전류입력이 인가되었을 때 가중치 만큼의 전류를 흐르게 하는 저항회로망을 사용한다. 흐르는 전류의 양은 각 입력 비트의 2진 가중치에 비례한다. 이러한 가중치 전류는 아날로그 출력신호를 만들게 된다.
5. A/D변환기는 아날로그(연속적인 변수) 양에 2진수를 할당하여야 한다. 이런 변환을 수행할 수 있는 A/D변환기의 정밀도는 얼마나 넓은 범위의 아날로그 값에 얼마나 많은 다른 수를 할당하는가에 달려 있다. A/D변환기가 측정할 수 있는 가장 작은 아날로그 값의 변화를 분해능이라 하며, 이는 LSB의 가중치이다.
6. 입력으로 들어오는 아날로그 신호를 반복해서 표본화함으로서 디지털로 변환되고, 메모리 소자에 디지털 값이 저장되어, 아날로그 파형이 디지털 값으로 바뀐다. 신호를 복원하기 위해, 디지털 값이 저장된 표본화율과 같은 비율로 메모리 소자에서 디지털 값을 읽게되고 이것이 D/A변환기에 인가된다. 이때, DAC의 출력은 계단파형을 매끄럽게 필터링하여 원래 파형으로 재생한다. 표본화된 신호의 대역폭은 $\frac{1}{2}F_S$로 제한된다. 입력되는 주파수가 $\frac{1}{2}F_S$보다 크면 입력 주파수와 F_S의 정수 배에 가장 가까운 주파수의 차이와 같은 주파수를 가지는 에일리어스를 만들어낸다. 이 차이는 항상 $\frac{1}{2}F_S$이하이다.
7. 디지털램프 ADC는 이해하기는 간단하지만 변환시간이 변하기 때문에 자주 사용하지 않는다. 연속근사 변환기는 변환시간이 일정하여 가장 보편적으로 사용되는 변환기이다.
8. 플래시 변환기는 아날로그 입력에 디지털 값을 할당하기 위해 아날로그 비교기와 우선순위 인코더를 사용한다. 이 변환기는 전파지연에 의해서만 지연되므로 가장 빠른 변환기이다.
9. 다른 대중적인 A/D변환법으로는 상/하향 추적, 집적, 전압-주파수 변환, 시그마/델타 변환이 있다. 각 변환기는 그 나름대로의 응용 분야를 가지고 있다.
10. 어떤 D/A변환기에는 동시에 변환되어야 할 몇 개의 아날로그 신호 중에서 하나를 선택하는 아날로그 멀티플렉서 같은 회로가 사용된다. 표본추출보유회로는 변환이 일어나는 동안 빠르게 변하는 아날로그 신호를 "동결"(freeze)하는데 사용된다.
11. 디지털 신호처리는 전자공학에서 흥미롭고 새롭게 발전하는 분야이다. 이 소자는 많은 아날로그 필터회로의 동작을 디지털로 모방구현(emulate)하기 위해 빠르게 계산이 수행될 수 있도록 한다. DSP의 주요한 구조적 특색은 한 쌍의 수를 곱하면서 이런 곱

들의 연속적인 총계(합)를 누적할 수 있는 하드웨어 승산기와 가산기 회로이다. 이 회로는 디지털 필터와 다른 DSP 함수의 구현에 이용되는 가중치 평균의 능률적인 계산에 사용된다. DSP는 고성능 오디오, HDTV, 전기통신 분야가 최근 많은 발전을 하는데 일익을 담당하고 있다.

주요 용어

가중치 평균(weighted average)
계단(staircase)
계단크기(step size)
과표본화(oversampling)
단조성(monotonicity)
데이터 압축 코덱(data compression codec)
디지털-아날로그 변환기(DAC)
디지털램프 ADC(digital-ramp ADC)
디지털 신호처리(digital signal processing, DSP)
디지털 양(digital quantity)
디지털화(digitization)
배럴시프터(barrel shifter)
보간필터링(interpolation filtering)
분해능(resolution)
산술논리장치(arithmetic logic unit)
선형오차(linearity error)
시그마/델타 변조(sigma/delta modulation)
아날로그-디지털 변환기(ADC)
아날로그 양(analog quantity)
양자화오차(quantization error)
에일리어스(alias)
연속근사 ADC(successive-approximation ADC)
오프셋오차(offset error)
이중경사 ADC(dual-slop ADC)
저표본화(undersampling)
전압-주파수 ADC(voltage-to-frequency ADC)
정착시간(settling time)
차동입력(differential inputs)
최대오차(full-scale error)
최대출력(full-scale output)
코덱(codec)
트랜스듀서(transducer)
파이프라인 ADC(pipelined ADC)
표본추출보유회로(sample-and-hold(S/H) circuit)
표본화(sampling)
표본화 주파수(sampling frequency), F_S
플래시 ADC(flash ADC)
획득시간(acquisition time)
MAC(multiply and accumulate)
WRITE

연습문제

11-1절, 11-2절

B 11-1. 반복연습문제

(a) DAC의 입력과 출력을 비교 설명하라.
(b) DAC의 계단크기를 정의하라.
(c) DAC의 분해능을 정의하라.
(d) 최대출력을 정의하라.
(e) 백분율 분해능을 정의하라.
(f)*참 또는 거짓: 10비트 DAC는 같은 크기의 최대출력을 갖는 12비트 DAC에 비해 작은 분해능을 갖는다.

*가 표시된 문제는 교재 뒤편에 해답이 있다.

(g)*참 또는 거짓: 10 V의 최대출력을 갖는 10비트 DAC는 12 V의 최대출력을 갖는 10비트 DAC에 비해 작은 분해능을 갖는다.

B 11-2. 01100100의 입력에 대해 2.0 V의 출력을 만드는 8비트 DAC에서, 10110011의 입력에 대한 출력 V_{OUT}은 얼마인가?

B 11-3.* 연습문제 11-2의 DAC에서 각각의 입력 비트에 대한 가중치를 구하라.

B 11-4. 연습문제 11-2의 DAC에서의 분해능과 백분율 분해능은 얼마인가?

B 11-5.* 최대출력이 5 V인 10비트 DAC의 분해능은 얼마인가?

B 11-6. DAC의 F.S.출력이 10 mA이고 분해능이 40 μA이하가 되게 하려면, 입력 비트가 몇 개 필요한가?

B 11-7.* 그림 11-34의 DAC는 백분율 분해능이 얼마인가? 최고 계단이 2 V일 때 계단크기는 얼마인가?

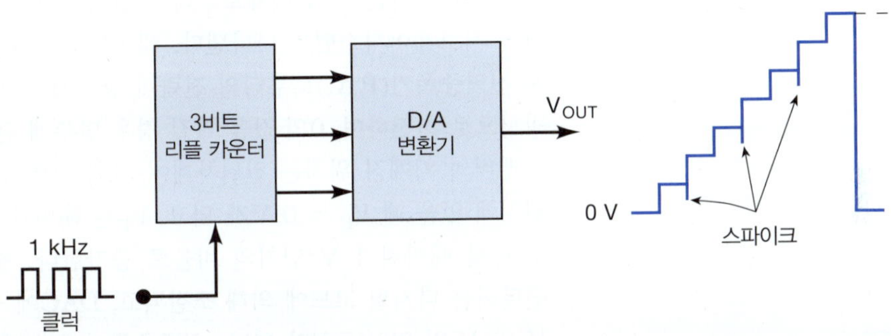

그림 11-34 연습문제 11-7과 11-8

C 11-8. 그림 11-34에서 V_{OUT} 파형의 음방향 스파이크의 원인은 무엇인가?(힌트: 카운터는 리플카운터이고, 스파이크는 두 계단마다 한 번씩 일어난다.)

B 11-9.* 12비트 DAC가 완벽한 정밀도를 갖는다고 가정하면, 그림 11-4의 모터 속력을 어떻게 250 rpm에 근접시킬 수 있는가?

11-10. BCD입력을 갖는 12비트(3-디지트) DAC가 15.0 V의 최대출력을 갖는다고 할 때, 계단크기, 백분율 분해능, 입력이 011010010101 일 때의 V_{OUT} 값을 구하라.

11-11.* 어떤 마이크로컨트롤러가 DAC를 구동하는데 사용되며 8비트 출력 포트를 가지고 있다. DAC는 입력으로 10비트가 사용 가능하며 최대출력은 10 V이다. 응용에 필요한 전압은 50 mV보다 작은 계단을 가지며 범위는 0에서 10 V 사이이다. 10비트 DAC의 어떤 8비트가 출력 포트와 연결되어야 하는가?

11-12. 분해능이 20 mV 이하인 DAC에서 12 V를 측정하여야 한다. 몇 비트가 필요한가?

11-3절

D 11-13.* 그림 11-5의 DAC의 계단크기는 R_F의 값을 변화시켜 바꿀 수 있다. 계단크기 0.5 V에 필요한 R_F의 값을 구하라. 새로운 R_F의 값은 백분율 분해능을 변화시키는가?

D 11-14. 그림 11-7(a)에서 DAC의 출력이 그림 11-7(b)의 연산증폭기에 연결되어 있다고 가정하자.

(a) $V_{REF} = 5$ V, $R = 20$ kΩ, $R_F = 10$ kΩ일 때, V_{OUT}의 계단크기와 최대출력을 구하라.

(b) V_{OUT}의 최대출력이 -2 V가 되도록 R_F의 값을 변화시켜라.

(c) 이 새로운 R_F 값을 사용할 때, $V_{OUT} = K(V_{REF} \times B)$에서 비례인수 K를 구하라. (B는 2진 입력 값이다.)

11-15.* 특별히 많은 수의 입력 비트를 갖는 경우, 그림 11-7에 비해 그림 11-8의 DAC는 장점이 무엇인가?

11-4절에서 11-6절까지

11-16. 8비트 DAC가 0.2% F.S.의 최대출력오차를 가진다. 최대출력이 10 mA라고 하면, 어떤 디지털 입력에 대한 최대오차는 얼마인가? 디지털 입력 00000001에 대한 D/A의 출력이 50 μA로 나타났다면, 이는 변환기 정밀도 범위 내에 포함되는가?(오프셋오차는 없다고 가정한다.)

C 11-17. 오차 신호가 존재하면 기계 소자를 조정하기 위해 설계된 모터인 서보모터(*servomotor*)에 의해 위치 소자의 제어가 이루어질 수 있다. 그림 11-35는 컴퓨터나 자기테이프와 같은 출력 매체로부터 직접 전달되는 디지털 입력에 의해 제어되는 간단한 서보제어시스템을 나타낸다. 레버는 서보모터에 의해 상하로 움직이고, 모터는 전력증폭기(P.A.)로부터의 전력이 양인지 음인지에 따라 시계방향 또는 반시계 방향으로 회전하며, 0의 값을 가질 경우 멈추게 된다.

레버의 기계적 위치는 전위차계에 의해 직류 전압으로 변환되는데, 레버가 기준 위치에 있을 때 $V_P = 0$ V가 되고, V_P는 레버가 최고위치(10인치)에서 $V_P = 10$ V가 될 때까지 1 V/인치의 비율로 증가한다. 원하는 레버의 위치는 컴퓨터에서 전달되는 디지털 코드에 의해 조절되고, DAC에 공급되어 V_A의 값을 만들어 낸다. V_P와 V_A의 차이(오차라 함)는 차동증폭기에 의해 만들어지고, 오차 신호가 0으로 감소되게 하는 방향으로 모터를 구동시키기 위해 P.A.에 의해 증폭되며 $V_P = V_A$

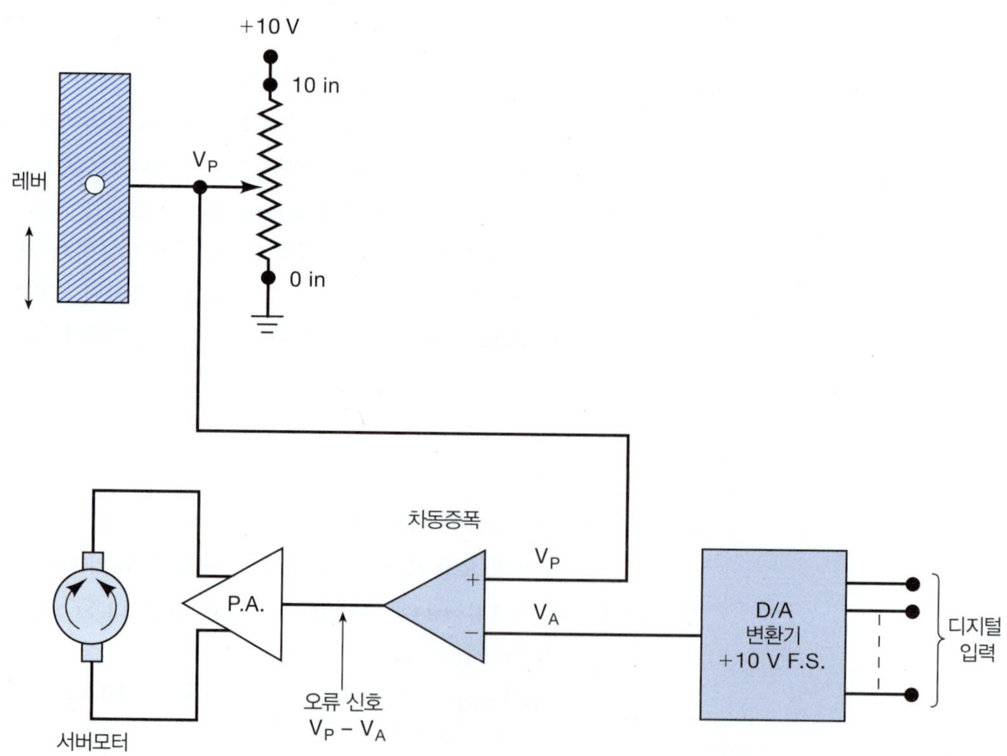

그림 11-35 연습문제 11-17

일 때까지 레버가 움직인다.

(a)*레버를 0.1인치의 분해능 이내에 위치하게 하기 위해서는 몇 비트의 디지털 입력이 필요한가?

(b) 실제의 동작에서, 특히 권선(*wire-wound*) 전위차계가 사용될 때, 레버는 원하는 위치에서 조금씩 진동하게 된다. 그 이유를 설명하라.

B 11-18. 반복연습문제

(a) 2진 가중치 저항회로망을 정의하라.

(b) *R*/2*R* 사다리꼴회로망을 정의하라.

(c) *DAC*의 정착시간을 정의하라.

(d) 최대출력오차를 정의하라.

(e) 오프셋오차를 정의하라.

11-19.*6비트 DAC가 1.260 V의 최대출력, ±0.1% F.S.의 정밀도, ±1 mA의 오프셋오차를 갖는다. 오프셋오차는 0으로 나타난 적이 없다고 가정하자. 이 DAC의 측정 결과(표 11-10)를 고려할 때, 어느 것이 변환기의 내역내에 포함되지 않는 값인가? (힌트: 오프셋오차는 구성요소의 부정확성에 의해 발생되는 오차에 더해진다.)

표 11-10 연습문제 11-19의 데이터

입력코드	출력
000010	41.5 mV
000111	140.2 mV
001100	242.5 mV
111111	1.258 V

11-7절

T 11-20. 어떤 DAC가 8비트의 분해능, 2.55 V의 최대출력, 2 mV 이하의 오프셋오차, ±0.1% F.S.의 정밀도를 나타낸다. 정적인 검사 결과 이 변환기가 표 11-11과 같은 결과를 만들었다. 고장의 원인은 무엇인가?

표 11-11 연습문제 11-20의 데이터

입력코드	출력
00000000	8 mV
00000001	18.2 mV
00000010	28.5 mV
00000100	48.3 mV
00001111	158.3 mV
10000000	1.289 V

T 11-21.*표 11-12 측정 데이터를 이용하여 연습문제 11-20을 반복하라.

표 11-12 연습문제 11-21의 데이터

입력코드	출력
00000000	20.5 mV
00000001	30.5 mV
00000010	20.5 mV
00000100	60.6 mV
00001111	150.6 mV
10000000	1.300 V

그림 11-36 연습문제 11-22

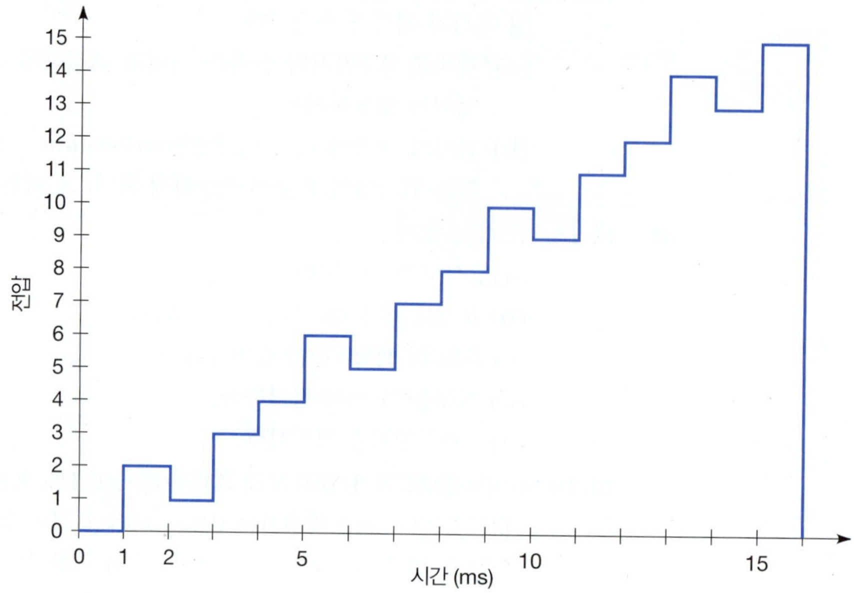

T 11-22.★1 kHz 클럭신호를 사용하여 계단파형을 점검하기 위해 카운터를 그림 11-3의 DAC에 연결하였다. 결과는 그림 11-36에 나타내었다. 부정확한 계단 신호의 원인은 무엇인가?

11-8절, 11-9절

11-23. 반복연습문제

그림 11-13의 디지털램프 ADC에 대한 설명에서 빈칸을 채워라. 각 빈칸에는 한 개 또는 여러 개의 단어가 들어간다.

START 펄스는 카운터를 ______하기 위해 그리고, AND게이트를 통해서 ______로 공급되는 ______를 막기 위해 공급된다. 이때 DAC 출력, V_{AX}는 ______이고, $\overline{EOC}$는 ______가 된다.

START 펄스가 ______로 돌아오면 AND게이트가 ______되고, 카운터는 ______할 수 있게 된다. V_{AX} 신호는 V_A보다 ______될 때까지 한 번에 한 ______ 증가한다. 이 때 ______는 LOW로 되고 ______로부터 펄스가 공급되는 것을 ______한다. 변환 과정이 끝나면 ______에 V_A의 디지털 등가가 나타나게 된다.

B 11-24. 40 mV의 분해능을 가진 8비트 디지털램프 ADC가 2.5 MHz의 클럭주파수와 V_T = 1 mV의 비교기를 사용하고 있다. 다음 값들을 구하라.

(a)★V_A = 6.000 V에 대한 디지털출력

(b) V_A = 6.035 V에 대한 디지털출력

(c) 이 ADC의 최대변환시간과 평균변환시간

B 11-25. 연습문제 11-24의 (a)와 (b)의 디지털출력이 같은 이유는 무엇인가?

D 11-26. 연습문제 11-24에서 V_A = 10.853 V의 아날로그 입력이 인가된다면 ADC에 어떠한 결과가 발생하는가? DAC의 출력에는 어떠한 파형이 나타나는가? V_A가 너무 클 때마다 "초과크기" 신호가 만들어지도록, 필요한 논리를 이 ADC에 결합시켜라.

B 11-27.★어떤 ADC가 12비트의 분해능, 0.03%F.S.의 최대출력오차, +5 V의 최대출력을 갖는다.

(a) 양자화오차는 몇 볼트인가?

(b) 가능한 오차의 총합은 몇 볼트인가?

C 11-28. 그림 11-13에서와 같은 ADC의 양자화오차는 V_{AX}의 값이 V_A를 초과하여야 비교기 출력이 상태를 바꾸기 때문에 항상 양의 값을 갖는다. 이는 V_{AX}의 값이 V_A에 비해 LSB의 가중치만큼 클 수 있다는 것을 의미한다. 이 양자화오차는 V_{AX}가 V_A의 $\pm\frac{1}{2}$ LSB 값 이내로 수정될 수 있는데, 이는 V_{AX}에 $\pm\frac{1}{2}$ LSB($\pm\frac{1}{2}$ 계단)와 일치하는 고정전압을 더해줌으로써 수행된다. 그림 11-37은 이를 10 mV의 계단크기를 갖는 변환기에 대해 나타낸 것이다. +5 mV의 고정전압이 가산증폭기의 입력이 되는 D/A출력에 더해지고, 결과적으로 V_{AY}가 V_T = 1 mV인 비교기에 공급된다.

이와 같은 수정된 변환기에서 다음과 같은 V_A 값들에 대한 디지털출력을 구하라.

(a)* V_A = 5.022 V

(b) V_A = 50.28 V

V_{AX}와 V_A를 비교하여 각 경우의 양자화오차를 결정하라. 한 경우에는 오차가 양이고, 다른 경우에는 음임을 주목하라.

C 11-29. 그림 11-37의 ADC에서 0100011100의 디지털출력을 만드는 아날로그입력의 범위를 결정하라.

11-10절

N 11-30. 그림 11-38(a)의 아날로그 신호는 25 μs마다 1 V의 비율로 증가하는 계단파형을 갖는 8비트 디지털램프변환기를 사용하여 연속적인 A/D변환을 실행함으로서 디지털화 된다고 가정하자. 디지털화 과정 중에서 얻어진 데이터를 사용하여 복원된 신호를 스케치하고 이를 원래의 신호와 비교하고, 어떻게 하면 보다 정확하게 표현할 수 있는지 설명하라.

C 11-31.* 그림 11-38(b)의 정현파 상에 플래시 A/D변환기에 의해 추출되는 표본의 위치를 75 μs(원점에서 출발) 간격으로 표시하라. 그리고 D/A변환기로부터 복원되는 출

그림 11-37 연습문제 11-28과 11-29

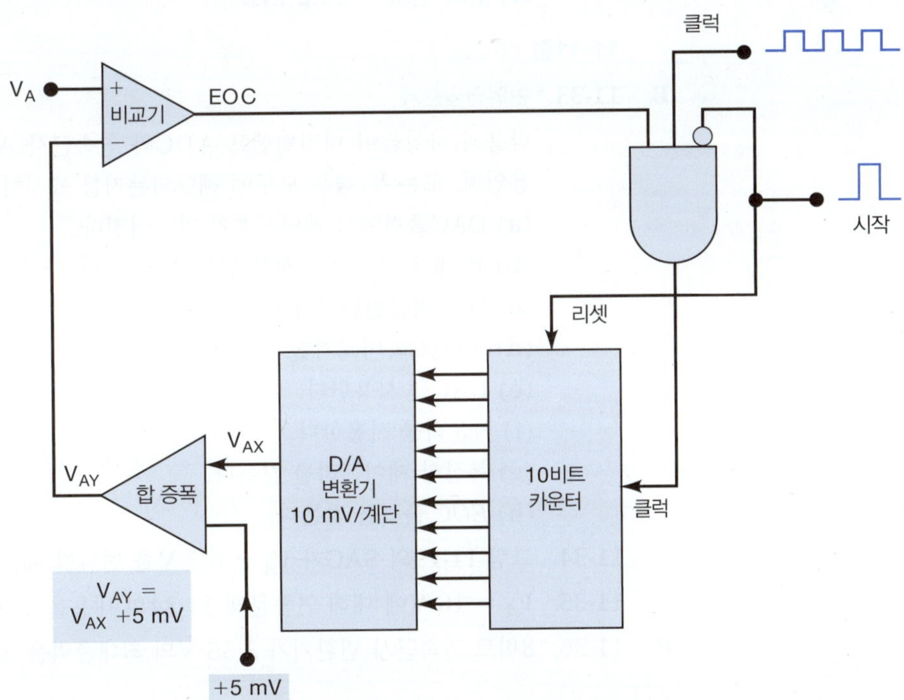

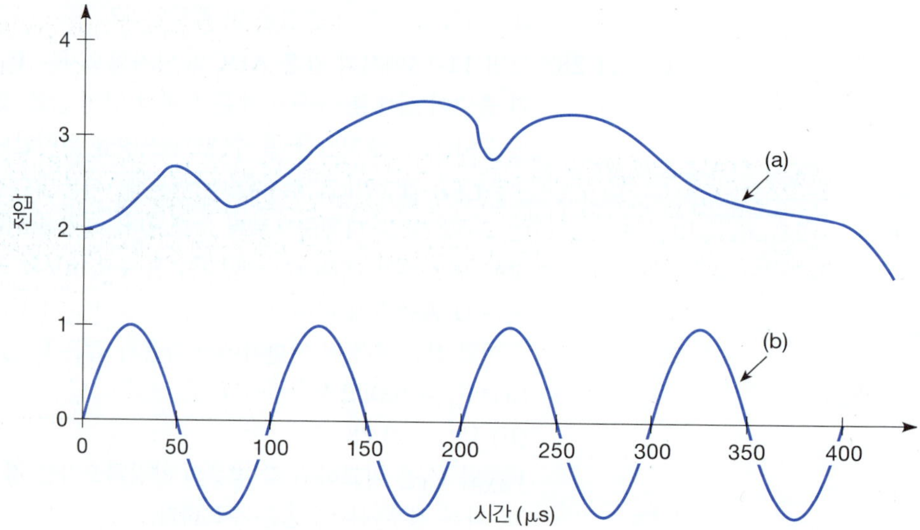

그림 11-38 연습문제 11-30, 11-31, 11-41

력을 그려라(필터링됨을 보이기 위해 표본점을 직선으로 연결). 표본화 주파수, 입력 정현파 주파수, 이것의 차이를 계산하라. 결과적으로 복원될 파형의 주파수와 비교하라.

11-32. 오디오 신호를 디지털로 변환하기 위해 데이터 표본 획득시스템이 사용된다. 표본화 주파수 F_S를 20 kHz라 가정하자. 아래의 각 입력 주파수에 대해 출력 주파수를 구하라.

(a)*입력 신호 = 5 kHz

(b)*입력 신호 = 10.1 kHz

(c) 입력 신호 = 10.2 kHz

(d) 입력 신호 = 15 kHz

(e) 입력 신호 = 19.1 kHz

(f) 입력 신호 = 19.2 kHz

11-11절

B 11-33.* 반복연습문제

다음의 사항들이 디지털램프 ADC와 연속근사 ADC 중에서 어디에 해당하는 내용인지, 또는 두 경우 모두에 해당되는지를 표시하라.

(a) DAC출력에서 계단신호가 만들어진다.

(b) V_A에 관계없이 일정한 변환시간을 갖는다.

(c) 짧은 평균변환시간을 갖는다.

(d) 아날로그 비교기를 사용한다.

(e) DAC를 사용한다.

(f) 카운터를 사용한다.

(g) 복잡한 제어논리를 갖는다.

(h) $\overline{EOC}$ 출력을 갖는다.

11-34. 그림 11-19의 SAC가 V_A = 6.7 V를 변환할 때, V_{AX}의 파형을 그려라.

11-35. V_A = 16 V에 대해 연습문제 11-34의 내용을 반복하라.

B 11-36.*8비트 연속근사 변환기가 2.55 V의 최대출력을 갖는다. V_A = 1 V에 대한 변환시

간이 80 μs일 때, $V_A = 1.5$ V에 대한 변환시간은 얼마인가?

11-37. 그림 11-39는 변환주기가 완료되는 동안 계단크기가 40 mV인 6비트 SAC에 대해 V_{AX}의 파형을 나타낸 것이다. 시간 t_0에서 t_5까지 어떤 상황이 발생되는지 설명하라. 디지털출력의 결과를 결정하라.

그림 11-39 연습문제 11-37

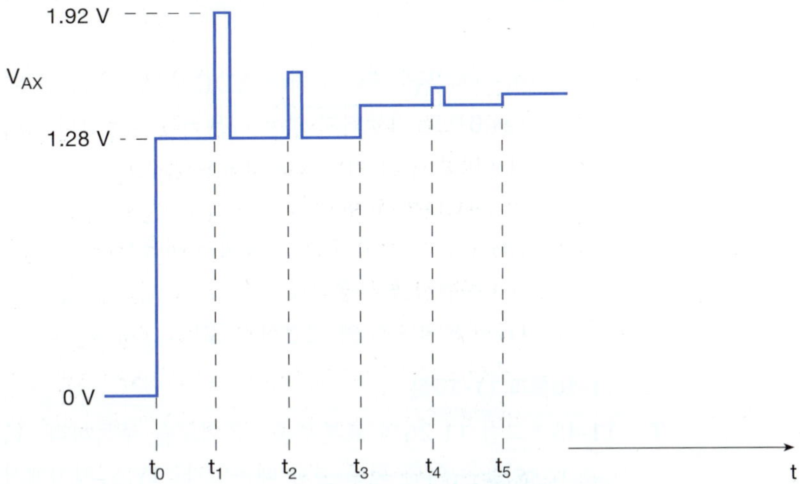

B 11-38.* 그림 11-21에서 $\overline{RD}$가 LOW일 때 마이크로컴퓨터의 데이터 버스가 10010111의 상태라면 아날로그입력의 근사값은 얼마인가?

D 11-39. $V_{REF}/2$에 2.0 V의 기준전원을 연결하여 연습문제 11-38을 반복하라.

C, D 11-40.* LM34 온도 센서를 사용한 디지털 자동온도조절장치와 ADC0804를 접속하여 ADC를 설계해 보자. 이 시스템은 50°F에서 101°F까지 정밀하게(±0.2°F) 측정하여야 하며 LM34는 1°F(0°F = 0 V)당 0.01 V를 출력한다.

(a) 최상의 분해능으로 50°F의 디지털 값은 무엇인가?

(b) $V_{IN}(-)$에 인가되어야 하는 전압은 얼마인가?

(c) 입력되는 최대전압은 얼마인가?

(d) $V_{REF}/2$에 인가되어야 하는 전압은 얼마인가?

(e) 72°F를 나타내는 2진 값은 무엇인가?

(f) °F로 분해능은 얼마인가? 전압으로는 얼마인가?

11-12절

B 11-41. 1 μs의 변환시간을 갖는 플래시 ADC는 연습문제 11-30과 같은 상황에서 어떻게 동작되는지 설명하라.

D 11-42. 0.1 V의 분해능과 BCD출력을 갖는 4비트 플래시 변환기의 회로도를 그려라. 정확히 +5 V의 전압이 공급되는 것으로 가정한다.

반복연습문제

B 11-43. 아래 사항은 디지털램프 ADC, SAC, 플래시 ADC 중에서 어느 것에 해당하는 내용인지 밝히시오.

(a) 가장 빠른 변환방법이다.

(b) START 펄스가 필요하다.

(c) 복잡한 회로가 필요하다.

(d) DAC를 사용하지 않는다.
(e) 계단형 신호를 발생시킨다.
(f) 아날로그 비교기를 사용한다.
(g) V_A에 관계없이 비교적 고정된 변환시간을 갖는다.

11-13절

B 11-44. 반복연습문제

아래 사항은 어떤 형태의 ADC에 대한 내용인지 밝히시오.
(a) 0으로 리셋되지 않는 카운터를 사용한다.
(b) 많은 수의 비교기를 사용한다.
(c) VCO를 사용한다.
(d) 잡음이 심한 작업 환경에서 사용한다.
(e) 콘덴서를 사용한다.
(f) 비교적 온도에 민감하지 않다.

11-15절과 11-16절

T 11-45.* 그림 11-26의 표본추출보유회로를 주목하라. V_{OUT}이 정확히 V_A와 같게 보이는 이유는 어떤 회로 결함 때문인가? V_{OUT}이 0에서 움직이지 못하는 것은 어떤 결함 때문인가?

C, D 11-46. 그림 11-27의 스위칭 장치에 CMOS 4016 IC(8-15절)를 사용하였고, 각 아날로그 입력이 순차적으로 디지털 등가로 변환되게 하기 위해 필요한 제어 논리로 설계하였다. ADC는 10비트이며, 50 kHz 클럭 신호를 사용하는 연속근사형이고, 각 변환을 시작하기 위해 지속시간이 10 μs인 펄스가 필요하다. 다음 아날로그 입력으로 전환되기 전에 디지털 출력은 완전히 변환이 이루어진 후 100 μs 동안 안정되게 유지되어야 한다. 적합한 다중화 클럭주파수를 결정하라.

마이크로컴퓨터 응용

C, D 11-47.* 그림 11-21은 ADC0804와 마이크로컴퓨터가 인터페이스된 것을 나타낸다. 여기에는 마이크로컴퓨터에서 ADC로 가는 3개의 제어신호 $\overline{CS}$, $\overline{RD}$, $\overline{WR}$이 있다. 이 들 신호는 각각의 새로운 A/D 변환을 시작하여 ADC의 출력데이터를 데이터버스를 통해 마이크로컴퓨터로 읽기(전송) 위해 사용된다.

그림 11-40은 주소 디코딩 논리가 구현되는 방법을 보여주고 있다. ADC 0804를 구동하는 $\overline{CS}$ 신호는 MPU 주소버스의 상위 8개의 주소선을 이용하여 발생시킨다. MPU가 ADC 0804와 교신하고자 할 때마다, MPU는 ADC0804의 주소를 주소버스에 싣게되고 디코딩 논리는 $\overline{CS}$ 신호가 LOW 상태로 되게 한다. 주소선과 함께 시간조절과 제어신호(ALE)가 인에이블 입력 $\overline{E_2}$에 연결된다. ALE가 LOW가 될 때까지(이 시간에 주소는 유효하고 안정되어 있다) 디코더는 디스에이블되므로, ALE가 HIGH가 될 때마다 잠재적으로는 주소가 전송되는 것을 의미한다. 이것은 시간조절을 목적으로 제공되며 ADC의 주소에는 영향을 미치지 않는다.

(a) ADC0804의 주소를 결정하라.
(b) 주소 E8XX에 ADC0804가 위치하도록 그림 11-40을 수정하라.
(c) 주소 FFXX에 ADC0804가 위치하도록 그림 11-40을 수정하라.

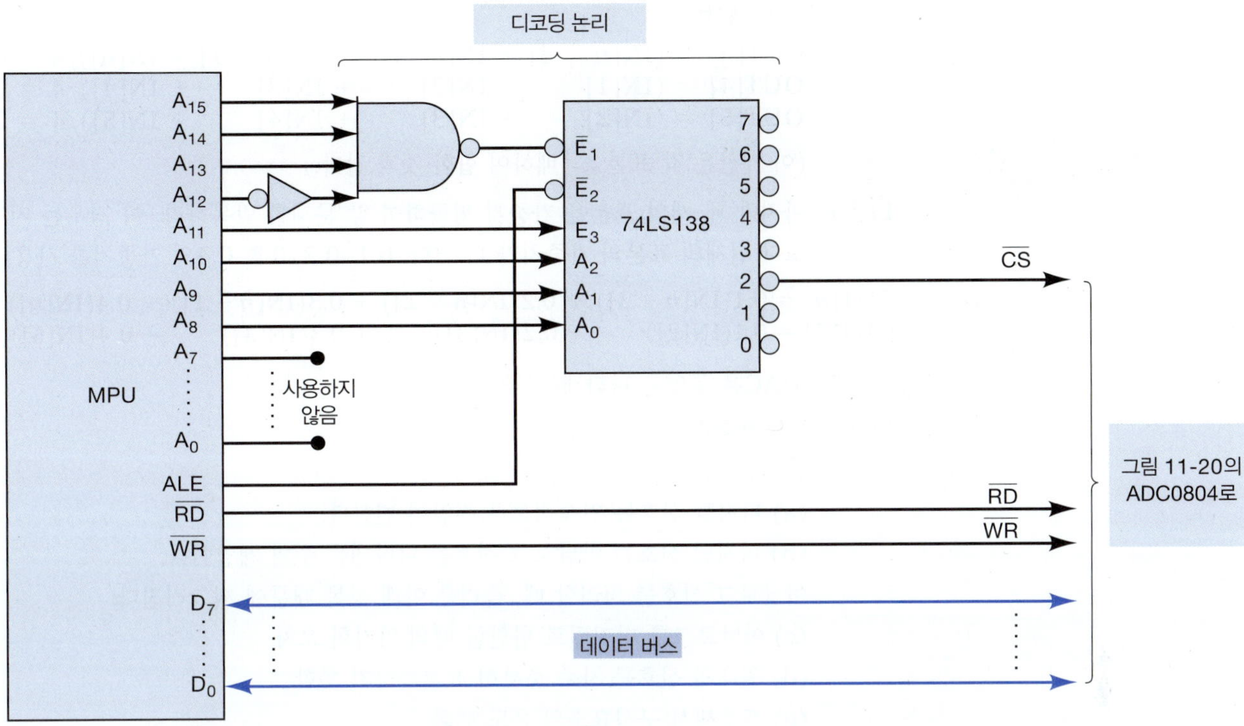

그림 11-40 연습문제 11-47: 그림 11-20의 ADC0804와 접속된 MPU

D 11-48. 10비트 SAC A/D변환기(AD573)는 구입이 가능하다. 하지만 시스템은 8비트의 분해능만을 요구하고 있어서 마이크로프로세스에 사용 가능한 포트의 수는 8개이다. 이 A/D 변환기는 사용할 수 있는가? 가능하다면, 10개의 데이터 선 중 어느 것이 포트와 접속되어야 하는가?

11-17절

11-49. 표 11-13의 데이터는 A/D 변환기에서 얻어진 입력 표본들이다. 입력 데이터를 그려보면, 디지털 신호가 상승하는 것과 같은 간단한 계단함수를 나타낸다. OUT[4]에서 OUT[10]까지 가장 최근의 데이터 점 네 개의 평균을 구하라. 그림 11-41과 같이 표본 수 n에 대해 IN과 OUT의 값을 표시하라.

표 11-13

표본 *n*	1	2	3	4	5	6	7	8	9	10
IN[*n*] (V)	0	0	0	0	10	10	10	10	10	10
OUT[*n*] (V)	0	0	0							

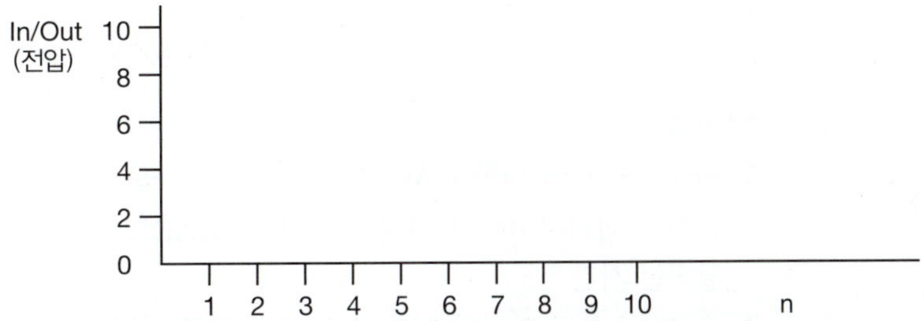

그림 11-41 문제 11-49와 11-50에 대한 도표판

표본 계산:

$$\begin{aligned}\text{OUT}[n] &= (\text{IN}[n-3] + \text{IN}[n-2] + \text{IN}[n-1] + \text{IN}[n])/4 = 0\\ \text{OUT}[4] &= (\text{IN}[1] + \text{IN}[2] + \text{IN}[3] + \text{IN}[4])/4 = 0\\ \text{OUT}[5] &= (\text{IN}[2] + \text{IN}[3] + \text{IN}[4] + \text{IN}[5])/4 = 2.5\end{aligned}$$

(이 계산은 각 표본을 $\frac{1}{4}$배하여 합한 것과 같다.)

11-50. 마지막 네 개의 표본을 가중치 평균하여 앞 문제를 반복하라. 이 경우는 지난 표본보다 현재의 표본의 가중치가 더 크다. 0.1, 0.2, 0.3, 0.4의 가중치를 사용하라.

$$\begin{aligned}\text{OUT}[n] &= 0.1(\text{IN}[n-3]) + 0.2(\text{IN}[n-2]) + 0.3(\text{IN}[n-1]) + 0.4(\text{IN}[n])\\ \text{OUT}[5] &= 0.1(\text{IN}[2]) + 0.2(\text{IN}[3]) + 0.3(\text{IN}[4]) + 0.4(\text{IN}[5]) = 4\end{aligned}$$

11-51. MAC은 무엇을 나타내는가?

11-52.* 반복연습문제

참 또는 거짓:

(a) 디지털 신호는 연속적으로 전압이 변한다.

(b) 디지털 신호는 아날로그 신호를 나타내는 수의 계열이다.

아날로그 신호를 처리할 때, 출력은 아래 항목 때문에 찌그러진다:

(c) 아날로그를 디지털로 변환할 때의 양자화 오차

(d) 원래의 신호를 자주 충분히 표본화하지 못함

(e) 프로세서 구성요소의 온도 변화

(f) DAC 전압출력이 갑자기 변하여 야기되는 높은 주파수 성분

(g) 공급되는 전력의 전기적인 잡음

(h) 디지털 시스템에서 생기는 에일리어스 신호

학습성과 평가문제 해답

11-1절

1. 비전기적인 물리적 양을 전기적인 양으로 변환한다.
2. 아날로그 전압 또는 전류를 디지털 표현으로 변환한다.
3. 데이터를 저장하고 계산이나 다른 연산을 수행한다.
4. 디지털 데이터를 아날로그 표현으로 변환한다.
5. 전기적 입력 신호에 따르는 물리적 변수를 제어한다.

11-2절

1. 40 μA; 10.2 mA　2. 5.12 mA　3. 0.39%　4. 4096　5. 12　6. 참

7. 0과 최대출력사이에서 더 많은 수의 아날로그 출력을 만들 수 있다.

11-3절

1. 크기가 다른 두 가지 저항만을 사용한다.

2. 640 kΩ　3. 0.5 V　4. 20% 증가한다.

11-4절

1. 이상적인 값에 대한 DAC 출력의 최대 편차로서 최대출력의 백분율로 표현된다.
2. 디지털 입력이 0에서 최대로 변할 때 DAC의 출력이 최대출력의 $\frac{1}{2}$ 계단크기 이내에 도달하는 시간
3. 오프셋오차는 임의의 디지털 입력에 대한 아날로그 출력의 기대값에 작은 양 또는 음의

일정한 값을 더한다.

4. 연산증폭 전류-전압 변환기의 응답시간 때문이다.

11-5절

1. 예
2. 입력 데이터의 래치를 위해 인에이블 신호를 제공한다. 래치는 CS와 WR이 활성화되었을 때 인에이블된다.
3. V_{REF}가 +/−25 V 범위, 8비트 분해능, 정밀도 = /−0.2%F.S., 정주시간이 100 ns

11-6절

1. 제어, 자동점검, 신호복원, A/D 변환

11-7절

1. 특성 변화, 입력의 개방/단락, 자동점검, V_{REF}의 결함, 오프셋오차

11-8절

1. DAC의 출력이 아날로그 입력을 초과하였을 때 제어논리에 신호를 보낸다.
2. 레지스터의 모든 출력
3. 변환의 완료와 V_A의 디지털 등가가 레지스터 출력에 나타나 있음을 알려준다.

11-9절

1. DAC의 계단출력이 아날로그 입력을 초과할 때까지 DAC에 입력되는 디지털값은 증가한다.
2. V_{AX}가 연속적으로 증가하지 않고 DAC의 분해능과 같은 크기를 갖고 단계별로 늘어나기 때문에 발생되는 오차이다. 최종 V_{AX}는 V_A와 비교할 때 계단수치만큼 다를 수 있다.
3. V_A가 증가하면 V_{AX}가 처음으로 V_A를 초과하기까지 더 많은 시간이 요구되기 때문이다.
4. 참
5. 회로가 간단하다; V_A가 변함에 따라 비교적 긴 변환 시간이 요구된다.
6. 두 경우 모두 $0010000111_2 = 135_{10}$이다.

11-10절

1. 아날로그 신호 상의 점들을 디지털로 변환하고 나중에 사용하기 위해 저장하는 과정을 말한다.
2. 컴퓨터는 아날로그 신호의 A/D 변환을 시작하게 하는 START 신호를 발생시킨다. $\overline{EOC}$가 LOW로 전환될 때, 컴퓨터에 변환이 완료되었음을 알린다. 컴퓨터는 메모리에 ADC의 출력을 저장한다. 아날로그 신호의 다음 데이터 점에 대해 이런 과정을 반복한다.
3. 입력신호에 있는 가장 높은 주파수의 두 배
4. 출력에 에일리어스 주파수가 나타난다.

11-11절

1. SAC는 변환시간이 짧고 V_A에 따라 변하지 않는다.
2. 더욱 복잡한 제어논리가 필요하다.
3. 거짓
4. (a) 8 (b) 0~5V (c) $\overline{CS}$는 $\overline{RD}$와 $\overline{WR}$ 신호의 실행을 제어한다; $\overline{WR}$은 새로운 변환의 시작에 사용된다; $\overline{RD}$는 출력 버퍼를 인에이블시킨다. (d) LOW 상태가 됨으로서 변환이 완료됨을 알린다. (e) 아날로그 입력 신호에 영향을 주지 않도록 하기 위해서 잡음이 존재하는 디지털 접지를 아날로그 접지와 항상 분리시킨다. (f) 이 핀을 기준으로

$V_{in}(+)$으로 통하는 모든 아날로그 전압이 측정된다. 이렇게 함으로써 입력 범위가 접지로부터 상쇄(offset)된다.

11-12절

1. 참 2. 4095개의 비교기와 4096개의 저항
3. 주된 장점은 변환속도이며, 단점은 실지로 응용되는 분해능을 위한 회로 구성 요소의 수이다.

11-13절

1. 아날로그 입력의 더 세밀한 분해능 2. VCO
3. 장점: 가격이 저렴하다. 온도에 민감하지 않다. 단점: 변환시간이 느리다.
4. 플래시 ADC, 전압-주파수 ADC, 이중경사 ADC 5. 1

11-14절

1. 오디오, 모터 제어, 센서 2. DC 전압과 DVM
3. 비디오, 오실로스코프, 의료영상 4. 연속근사 ADC

11-15절

1. 아날로그 전압 신호의 표본을 추출하여 콘덴서에 저장한다.
2. 거짓; 높은 입력 임피던스와 낮은 출력 임피던스를 갖는 이득이 1인 버퍼이다.

11-16절

1. ADC를 하나만 사용한다.
2. MOD-8 카운터가 된다.

11-17절

1. 아날로그 신호의 필터링 2. A/D 변환기
3. 응답에 변화를 주기 위해, 소자의 하드웨어를 바꾸는 것이 아니라 단순히 프로그램 소프트웨어의 계산 회수를 바꾸면 된다.
4. MAC 장치 5. 3; 7

11-18절

1. 데이터 획득, 디지털 카메라, 휴대폰

CHAPTER 12

메모리 소자

Memory Devices

개요

학습목표

이 장을 학습함으로서 다음을 할 수 있다.

- 메모리 시스템과 관련된 용어의 정의
- 읽기/쓰기 메모리와 읽기 전용 메모리의 차이점의 설명
- 휘발성 메모리와 비휘발성 메모리의 차이점의 논의
- 입/출력으로부터 메모리 소자 용량의 결정
- CPU가 메모리를 읽거나 써넣을 때 발생하는 동작 순서의 개요
- 다양한 형태의 ROM 분류와 일반적인 응용과의 구분
- 정적RAM과 동적RAM의 구조와 동작 이해
- EPROM, EEPROM, 플래시메모리의 상대적인 장단점 비교
- 보다 큰 용량의 메모리 모듈을 구성하기 위한 메모리 IC의 결합

서론

아날로그 시스템에 비해 디지털 시스템의 중요한 장점은 짧거나 긴 시간 동안 많은 디지털 정보와 데이터를 보다 쉽게 저장할 수 있다는 것이다. 이러한 기억능력은 다방면의 디지털 시스템에 응용할 수 있다. 예를 들어, 디지털 컴퓨터는 내부의 주기억장치에 모든 가능한 상황하에서 컴퓨터가 할 일을 지시해 주는 명령을 저장하고 있어서, 컴퓨터는 최소의 인간 간섭만으로도 일을 처리하게 된다.

이 장에서는 가장 일반적으로 사용되는 메모리소자의 종류와 시스템을 살펴보도록 한다. 메모리 소자인 플립플롭에 대해 이미 잘 알고 있다. 또한 레지스터라고 칭하는 플립플롭 집단이 정보를 저장하기 위해 어떻게 사용되는지, 이 정보들을 다른 장소에 어떻게 전송하는지 알고 있다. 플립플롭 레지스터들은 디지털 컴퓨터의 내부 동작에 광범위하게 사용되는 고속의 기억소자이며, 디지털 정보는 연속적으로 한 장소에서 다른 장소로 이동하게 된다. LSI와 VLSI 기술의 발전은 다양한 메모리 배열 형태로 단일 칩상에 많은 수의 플립플롭이 배치될 수 있도록 하였다. 이러한 양극성 반도체 메모리와 MOS 반도체 메모리가 가장 빠른 메모리 소자이며 이들의 가격은 LSI 기술 발전으로 하락세를 보이고 있다.

디지털 데이터는 콘덴서에 충전하여 저장할 수 있으며, 가장 중요한 형태의 반도체 메모리는 저전력 소모에 고밀도로 저장하기 위해 이 원리를 사용한다.

컴퓨터(그림 12-1)의 **주기억장치(main memory)**로 반도체 메모리가 사용되며, 여기서는 고속 연산이 중요하다. 컴퓨터의 주기억장치는 작업기억장치(*working memory*)라고도 불리며 명령 프로그램이 실행될 때 중앙처리장치(CPU)와 일정한 통신을 수행한다. 어떤 프로그램과 데이터는 컴퓨터가 그 프로그램을 운영하는 동안 주기억장치에 있는 프로그램을 사용한다. RAM과 ROM(간단히 정의하여)이 주기억장치를 구성하고 있다.

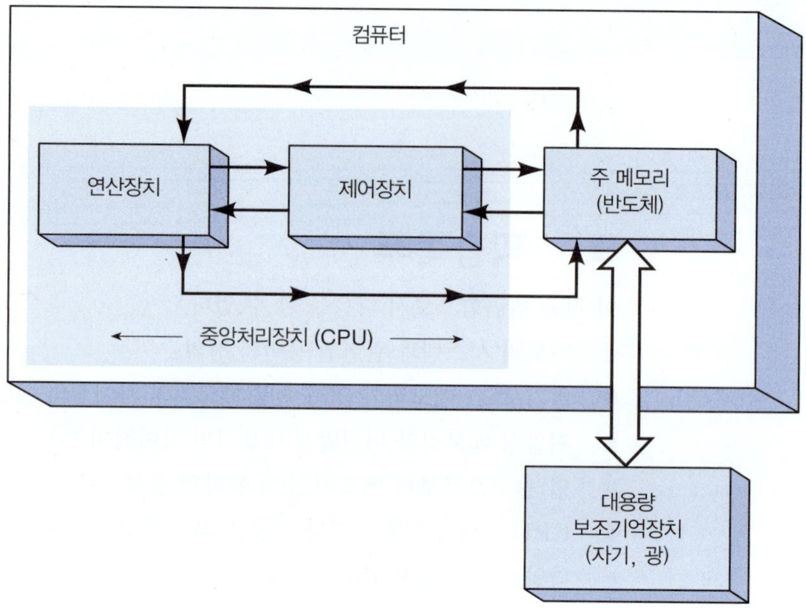

그림 12-1 고속 주기억장치와 저속의 외부 보조기억장치를 사용한 일반적인 컴퓨터 시스템

컴퓨터에는 또 다른 기억장치는 **보조기억장치(auxiliary memory)**(그림 12-1)가 수행하고 있으며, 주기억장치와는 분리되어 있다. 대용량 저장장치(mass storage)라고도 불리는 보조기억장치는 전력소모 없이 많은 양의 데이터를 저장할 수 있다. 보조기억장치는 주기억장치보다 동작속도가 느리며, CPU에서 사용하지 않는 프로그램과 데이터를 저장한다. 이 정보는 컴퓨터가 필요로 할 때 주기억장치로 전송된다. 일반적인 보조기억장치로는 자기 디스크와 컴팩트 디스크(CD)가 있다.

컴퓨터 내부메모리로 사용되는 가장 일반적인 기억 소자의 특성에 대해 상세히 살펴볼 것이다. 먼저 메모리 시스템에 사용되는 일반적인 몇몇 용어들의 정의를 알아보자.

12-1 메모리 용어

학습성과

이 절을 학습함으로서 다음을 할 수 있다.

- 메모리 시스템의 공통 용어의 정의

기억 소자와 시스템 연구 분야는 때때로 독자들에게 위압감을 주는 용어들로 가득 차있다. 메모리에 관한 포괄적인 논의를 하기 전에 몇 가지 기본적인 용어의 의미를 파악해서 기억해 두는 것이 도움이 될 것이다. 다른 새로운 용어들은 그것이 논의될 때 정의하기로 한다.

- **메모리 셀(memory cell)**: 단일 비트(0 또는 1)를 저장하기 위해 사용되는 소자 또는 전기회로이다. 메모리 셀의 예를 들면 플립플롭, 충전된 콘덴서, 자기 테이프나 디스크상의 한 점 등이 있다.
- **메모리 워드(memory word)**: 메모리상에서 여러 형태의 구조나 데이터로 표현되는 비트(셀)들의 집합이다. 예를 들면, 8개의 플립플롭으로 구성된 레지스터는 8비트 워드를 저장하는 메모리로 생각할 수 있다. 최근 컴퓨터의 워드 크기는 컴퓨터 용량에 따라 다르지만 일반적으로 8비트에서 64비트 범위이다.
- **바이트(byte)**: 8비트 워드에 대해 사용되는 특별한 용어이다. 바이트는 항상 8비트로

구성된다. 워드 크기는 비트와 마찬가지로 바이트로 표현될 수 있다. 예를 들면, 8비트는 1바이트이고, 16비트는 2바이트이다.

- **용량(capacity)**: 특수한 메모리 소자나 완전한 메모리 시스템에 저장될 수 있는 비트의 수를 기술하는 방법이다. 예를 들어 설명하기 위해, 4096개의 20비트 워드를 저장할 수 있는 메모리가 있다고 가정하자. 이는 총 용량이 81,920비트임을 의미한다. 또한 이 메모리의 용량을 4096×20으로 표현하기도 한다. 이렇게 표현할 때, 첫 번째 숫자(4096)는 워드의 수를, 두 번째 숫자(20)는 워드당 비트수(워드크기)를 나타낸다. 메모리 워드의 수는 일반적으로 1024의 배수이다. 메모리 용량에 관해 언급할 때, $1024 = 2^{10}$를 표현하기 위해 "1K"라는 기호를 일반적으로 사용한다. 따라서 메모리가 $4K \times 20$의 저장 용량을 가지고 있다는 것은 4096×20 메모리인 것이다. 대용량의 메모리가 개발됨으로써 $2^{20} = 1,048,576$을 표기하기 위해 "1M" 또는 "1메그(meg)"라는 명칭도 생겼다. 따라서 $2M \times 8$의 용량을 가진 메모리는 실제로 $2,097,152 \times 8$의 용량을 가진 것이다. "기가(giga)"라는 명칭은 $2^{30} = 1,073,741,824$을 말한다.

예제 12-1A

어떤 반도체 메모리칩이 $2K \times 8$로 표기되어 있다. 이 칩에는 얼마나 많은 워드가 저장될 수 있는가? 또 워드크기는 얼마인가? 이 칩이 저장할 수 있는 총 비트의 수는 얼마인가?

풀이

$$2K = 2 \times 1024 = 2048\text{워드}$$

가 저장될 수 있고 각 워드는 8비트이다. 따라서 비트의 총수는 다음과 같다.

$$2048 \times 8 = 16,384\text{비트}$$

예제 12-1B

$5M \times 8$ 메모리와 16비트 워드크기로 1M 워드를 저장할 수 있는 메모리 중 어떤 것이 더 많은 비트를 저장하는가?

풀이

$$5M \times 8 = 5 \times 1,048,576 \times 8 = 41,943,040\text{비트}$$
$$1M \times 16 = 1,048,576 \times 16 = 16,777,216\text{비트}$$

이므로 $5M \times 8$ 메모리가 더 많은 비트를 저장한다.

- **밀도(density)**: 용량에 대한 또 다른 용어. 하나의 메모리 소자가 다른 메모리 소자에 비해 더 큰 밀도를 가진다는 것은 동일한 공간에 더 많은 비트를 저장할 수 있다는 것을 의미하며, 이는 좀더 조밀하게 저장됨을 뜻한다.
- **주소(address)**: 메모리에서 워드의 위치를 식별할 수 있는 숫자. 메모리 소자나 시스템에 저장된 각각의 워드는 고유의 주소를 가진다. 주소는 2진수 또는 8진수나 16진수로 디지털 시스템에 존재하고, 쉽게 주소를 나타내기 위해 10진수를 사용하기도 한다. 그림 12-2는 8개의 워드로 구성된 작은 메모리를 설명하고 있다. 이 8개의 워드들은 000에서 111까지 3비트로 표현되는 고유한 주소를 갖는다. 메모리상의 특별한 워드위치를 나타낼 때마다, 그것을 식별하기 위해 주소코드를 사용한다.
- **읽기동작(read operation)**: 특정 메모리 위치(주소)에 저장된 2진 워드가 감지되어

그림 12-2 각 워드 위치는 특정 2진 주소를 갖는다.

주소	
000	Word 0
001	Word 1
010	Word 2
011	Word 3
100	Word 4
101	Word 5
110	Word 6
111	Word 7

다른 소자에 전달되는 동작. 예를 들어, 어떤 목적으로 그림 12-2에 있는 메모리의 워드4를 사용하려면, 주소 100에서 읽기동작을 실행하여야만 한다. 한 워드를 메모리로부터 가져오기 때문에 읽기동작은 페치(*fetch*)동작이라고도 한다. 여기서는 두 가지 용어를 모두 사용할 것이다.

- **쓰기동작(write operation)**: 새로운 워드를 특정한 메모리 위치에 두는 동작. 이 동작은 저장동작이라고도 말한다. 하나의 새로운 워드가 메모리 위치에 쓰여질 때마다 그것이 이전에 그 위치에 저장되어 있던 워드와 대체된다.
- **액세스시간(access time)**: 메모리 소자 동작속도의 측정치로서 읽기동작을 수행하는데 필요한 시간. 좀더 명확히 말하자면, 새로운 주소를 입력하는 순간부터 메모리 내용의 출력 순간까지의 시간이다. 액세스시간의 표현으로 t_{ACC}기호를 사용한다.
- **휘발성 메모리(volatile memory)**: 정보를 저장하기 위해서 전력이 필요한 메모리 유형. 전력이 공급되지 않으면 메모리에 저장되어 있던 모든 정보들은 소멸된다. 많은 반도체 메모리들이 휘발성 메모리이다. 반면에 모든 자성체 메모리들은 비휘발성(*non-volatile*)으로 전력 없이도 정보를 저장할 수 있음을 뜻한다.
- **랜덤액세스메모리(random-access memory, RAM)**: 어떤 위치에서 읽거나 쓰는데 걸리는 시간이 메모리 워드의 실제 물리적인 위치에 영향을 받지 않는 메모리. 다시 말해서, 메모리의 어떠한 주소에서도 액세스시간이 동일하다는 것이다. 대부분의 반도체 메모리는 RAM이다.
- **순차액세스메모리(sequential-access memory, SAM)**: 액세스 시간이 일정하지 않고 주소위치에 따라 변하는 메모리 유형. 요구하는 주소에 도달할 때까지 모든 주소위치를 순차적으로 찾게 된다. 이것으로 인해 랜덤액세스메모리보다 액세스 시간이 더 길다. 순차액세스메모리는 액세스 해야하는 데이터가 항상 긴 연속적인 워드계열 속에 있을 경우 사용된다. 예를 들어, 비디오 메모리는 컴퓨터 스크린에 이미지를 리프레시하기 위해 되풀이 해서 같은 순서로 그 내용을 출력해야 한다. 다른 두 가지 순차액세스메모리 예는 자기테이프 백업 시스템과 DVD이다. SAM과 RAM의 차이점을 설명하기 위해 DVD(Digital Video Disc)에 정보를 저장한다고 생각해 보라. DVD 영화는 메뉴에서 선택될 수 있도록 여러 부분으로 나누어져 있다. 사용자는 아무 곳에서나 시작할 수 있다. 그러나, 특정 장면을 보기 위해서는 순차액세스메모리 처럼 모든 장면을 순차적으로 스캔하기 위해 앞으로 또는 뒤로 이동하면서 탐색하여야 한다.
- **읽기/쓰기 메모리(read/write memory, RWM)**: 쉽게 읽고 쓸 수 있는 메모리.
- **읽기전용 메모리(read-only memory, ROM)**: 쓰기동작에 비해 읽기동작이 훨씬 많

은 응용분야를 위해 설계된 반도체 메모리의 한 종류. 기술적으로, ROM은 단지 한번만 쓸(프로그래밍에 의해) 수 있고, 이러한 동작은 일반적으로 제품 생산시에 이루어진다. 그 후에 정보는 메모리로부터 읽혀지기만 한다. ROM의 다른 형태들은 실지로 RMM(read-mostly memories)이며, 이것은 한번 이상 쓰기동작이 가능하다. 그러나 쓰기동작은 읽기동작보다 훨씬 더 복잡하고 빈번하게 이루어지는 것은 아니다. ROM의 다양한 형태들에 대해서는 뒤에서 다시 논할 것이다. 모든 *ROM*은 비휘발성이며 전력이 공급되지 않아도 데이터를 저장하고 있다.

- **정적메모리소자(static memory devices)**: 전원이 인가되는 동안, 주기적으로 메모리에 데이터를 다시 써넣을 필요 없이 영구적으로 데이터가 저장되는 반도체 메모리 소자.
- **동적메모리소자(dynamic memory devices)**: 메모리에 데이터를 주기적으로 다시 쓰지 않으면, 전원이 공급되어도 데이터를 영구적으로 저장하지 못하는 반도체 메모리 소자. 주기적으로 다시 써넣는 동작을 리프레시(*refresh*) 동작이라 한다.
- **주기억장치(main memory)**: 컴퓨터의 작업메모리(*working memory*)라고도 한다. 주기억장치는 CPU가 현재 작업하고 있는 명령과 데이터를 저장하고 있다.
- **캐시메모리(cache memory)**: 컴퓨터의 속도를 최적화하기 위해 주기억장치와 CPU 사이에서 동작하는 고속의 메모리 블럭. 캐시메모리는 물리적으로 CPU 또는 마더보드 상에 또는 두 군데 모두에 위치한다.
- **보조기억장치(auxiliary memory)**: 주기억장치의 외부에 대량의 정보를 저장하기 때문에 대용량 저장장치(*mass storage*)라고도 한다. 주기억장치보다 속도는 느리지만 비휘발성의 특성을 가지고 있다.

학습성과 평가문제

1. 다음 용어를 정의하라.
   (a) 메모리 셀
   (b) 메모리 워드
   (c) 주소
   (d) 바이트
   (e) 액세스시간
2. 어떤 메모리가 8K × 16의 용량을 가지고 있다. 각 워드는 몇 비트인가? 저장할 수 있는 워드의 량은 얼마인가? 이 메모리가 가지고 있는 메모리 셀은 몇 개인가?
3. 읽기와 쓰기동작의 차이점을 설명하라.
4. 참 또는 거짓: 휘발성 메모리는 전원이 차단될 때 저장된 데이터를 잃어버린다.
5. SAM과 RAM의 차이점을 설명하여라.
6. RWM과 ROM의 차이점을 설명하여라.
7. 참 또는 거짓: 동적메모리는 전력이 인가되는 동안 데이터가 유지된다.

12-2 일반적인 메모리 동작

학습성과

이 절을 학습함으로서 다음을 할 수 있다.

- 반도체 메모리 소자의 읽기와 쓰기에 사용되는 프로세서의 설명
- 반도체 메모리 소자에 대한 제어 입력의 역할 정의
- IC 핀 수와 메모리 구성과의 관계

각 메모리마다 내부동작은 다르지만, 모든 메모리 시스템에서 특정한 기본 동작원리는 동일하다. 이러한 기본 개념의 이해는 각 메모리 소자를 연구하는데 도움이 될 것이다.

모든 메모리 시스템은 아래의 기능을 실행하기 위해서 여러 가지 다른 형태의 입/출력선이 필요하다.

1. 액세스될 메모리 위치의 2진 주소를 의뢰한다.
2. 제어입력에 반응할 메모리 소자를 인에이블시킨다.
3. 내부 데이터 선에 지정된 주소에 저장된 데이터를 위치시킨다.
4. 읽기동작의 경우에는 출력 핀에 데이터를 공급하는 3상태 출력을 인에이블시킨다.
5. 쓰기동작의 경우에는 데이터 입력 핀에 저장될 데이터를 공급한다.
6. 지정된 위치에 데이터를 저장하기 위한 쓰기동작을 인에이블시킨다.
7. 읽기 또는 쓰기동작이 완료되면 읽기 또는 쓰기 제어동작을 비활성화시키고 메모리 IC를 디스에이블시킨다.

4비트 워드 32개를 저장하는 32 × 4 메모리의 간단한 구성도인 그림 12-3(a)은 이 같은 기본 기능들을 보여주고 있다. 워드크기가 4이므로, I_0에서 I_3까지 4개의 데이터 입력선이 있고, O_0에서 O_3까지 4개의 데이터 출력선이 있다. 쓰기동작 동안에 메모리에 저장될 데이터는 데이터 입력선으로 인가되어야만 한다. 읽기동작 동안에는 메모리로부터 읽혀진 워드가 데이터 출력선에 나타난다.

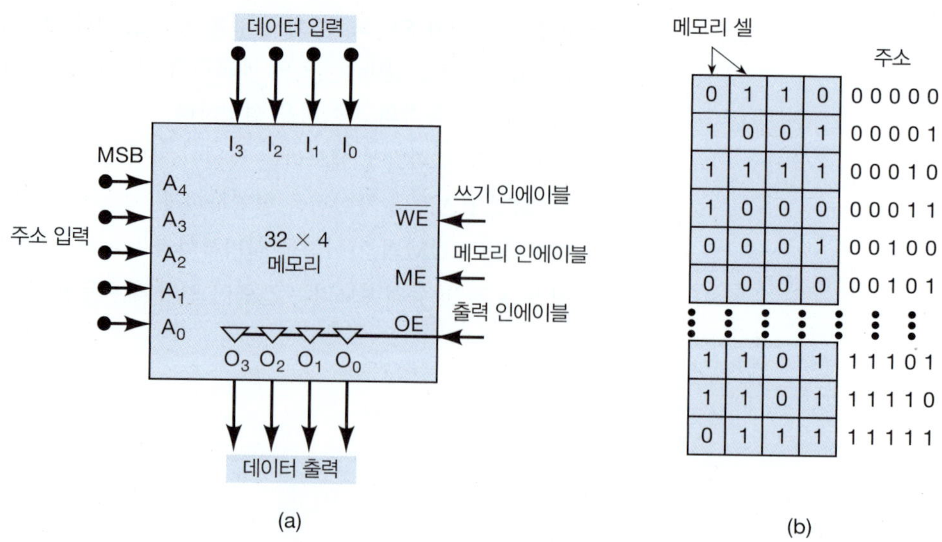

그림 12-3 (a) 32 × 4 메모리의 구성도; (b) 32개 4비트 워드 메모리 셀의 가상 배치도.

주소입력

이 메모리(그림 12.3)는 32개의 워드를 저장하기 때문에, 32개의 서로 다른 저장장소가 있으며 00000에서 11111(십진수 0에서 31)까지 32개의 서로 다른 2진 주소를 갖고 있다. 따라서, 주소입력(address input)은 A_0에서 A_4까지 5비트이다. 읽기나 쓰기동작을 위해 어떤 메모리 위치에 엑세스하기 위해서는 특정 위치에 대한 5비트 주소코드가 주소 입력선에 인가된다. 일반적으로, 2^N개의 워드 용량을 갖고 있는 메모리에는 N개의 주소 입력선이 필요하다.

그림 12-3(a)은 32개의 레지스터로 배열된 메모리를 나타내고 있으며, 각 레지스터는 그림 12-3(b)와 같은 4비트 워드를 담고 있다. 각 주소위치는 4개의 메모리 셀로 구성되어 있고, 그 위치에 저장된 데이터 워드를 구성하는 1과 0들이 들어있다. 예를 들어, 데이터 워드 0110이 주소 00000에 저장되어 있고, 데이터 워드 1001이 주소 00001에 저장되어 있으며, 나머지도 마찬가지 방식으로 저장되어 있다.

$\overline{WE}$ 입력

메모리가 데이터를 저장하도록 $\overline{WE}$(write enable) 입력이 활성화된다. $\overline{WE}$ 위의 윗줄(bar)은 $\overline{WE} = 0$일 때 쓰기동작이 발생됨을 의미한다. 때로는 이 입력에 다른 형식의 표시가 사용되기도 한다. 보다 일반적으로 사용되는 표시 중 두 가지는 $\overline{W}$(write)와 $R/\overline{W}$이다. 다시 말하지만, 윗줄은 입력이 LOW일 때 쓰기동작이 발생함을 나타낸다. 어떤 형태의 표시이던지 읽기동작을 수행할 때에는 이 입력이 HIGH이어야 한다. 일반적으로 제어 신호가 $\overline{WE}$에 연결되고 시스템은 데이터 버스 상에 안정된 데이터를 위치시켜 메모리에 데이터를 저장한다.

그림 12-4는 읽기와 쓰기동작에 대한 간단한 설명을 보여주고 있다. 12-4(a)는 데이터 워드 0100이 주소가 00011인 메모리 레지스터에 써 넣어지고 있음을 보여준다. 이 데이터 워드는 메모리 데이터 입력선에 공급되고 주소 00011에 저장되어 있던 이전의 데이터와 교체된다. 12-4(b)는 주소 11110으로부터 읽혀지는 데이터워드 1101을 나타내고 있다. 읽기동작을 한 후에 데이터워드 1101은 주소 11110에 여전히 저장된 상태로 존재한다. 다시 말해서, 읽기동작은 저장되어 있는 데이터를 바꾸지 않는다.

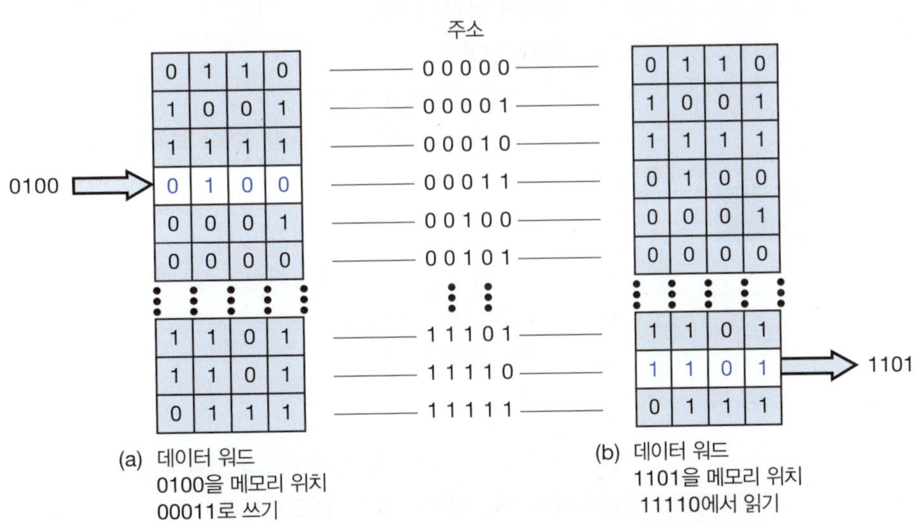

그림 12-4 32 × 4 메모리에서 읽기와 쓰기동작에 대한 간단한 설명; (a) 메모리위치 00011에 데이터워드 0100 쓰기; (b) 메모리위치 11110으로부터 데이터워드 1101 읽기.

출력 인에이블(*OE*)

대부분의 메모리 소자는 3상태 버스 상에서 동작되도록 설계되므로 데이터가 메모리에서 읽혀지지 않을 때에는 항상 출력 구동장치를 디스에이블시킬 필요가 있다. *OE* 핀은 3상태 버퍼를 인에이블시키기 위해 활성화되고 버퍼가 Hi-Z 상태가 되도록 비활성화된다. 제어 신호가 *OE*에 연결되고 버스는 메모리로부터 데이터를 수신할 준비를 마치게 된다.

메모리 인에이블

많은 메모리 시스템들은 원하지 않는 입력에는 응답하지 않도록 메모리의 전체 또는 일부분을 완전하게 디스에이블(disable)시키기 위한 몇 가지 방법을 가지고 있다. 이것은 메모리 시스템에 따라 *CE*(chip enable)나 *CS*(chip select) 등의 다른 명칭으로도 사용될 수 있으나, 그림 12-3에서는 메모리 인에이블(*memory enable*) 입력으로 나타내었다. 여기서는 이 입력이 HIGH를 유지할 때, 메모리가 정상적인 기능을 하도록(enable) 하는 동적-HIGH 입력 형태이다. 입력이 LOW이면 주소, 데이터, $\overline{WE}$, *OE* 입력에 반응하지 않도록 메모리의 기능을 억제(disable)한다. 이런 입력형태는 여러 메모리 모듈이 결합되어 보다 큰 메모리를 구성할 때 유용하다. 이는 후에 논의될 것이다.

예제 12-2

주소위치 00100의 내용이 읽혀질 때 각 입력과 출력상태를 설명하여라.

풀이

주소입력: 00100
데이터 입력: xxxx(사용하지 않음)
$\overline{WE}$: HIGH
메모리 인에이블: HIGH
데이터 출력: 0001

예제 12-3

데이터워드 1110이 주소 위치 01101에 쓰여질 때 입력과 출력의 상태를 설명하여라.

풀이

주소입력: 01101
데이터 입력: 1110
$\overline{WE}$: LOW
메모리 인에이블: HIGH
데이터 출력: xxxx(사용하지 않음; 보통 Hi-Z)

예제 12-4

4K × 8 용량을 가지는 메모리가 있다.
(a) 데이터 입력선과 데이터 출력선은 몇 개인가?
(b) 주소선은 몇 개인가?
(c) 용량은 몇 바이트인가?

풀이

(a) 워드크기가 8이므로 각각 8개의 선을 갖는다.
(b) 메모리는 4K = 4 × 1024 = 4096개의 워드를 저장한다. 따라서 4096개의 메모리

주소가 있다. 4096 = 2^{12}이므로 4096개의 주소들 중 하나를 지정하기 위해서는 12 비트의 주소코드가 필요하다.

(c) 1바이트는 8비트이다. 이 메모리의 용량은 4096바이트이다.

그림 12-3의 메모리는 일반적인 메모리 시스템의 중요한 입/출력 기능을 설명하고 있다. 물론 여러 형태의 메모리들은 그들 고유의 입력선과 출력선을 가질 수도 있다. 이는 각 메모리 형태에 대해 논하면서 설명될 것이다.

학습성과 평가문제

1. 16K × 12 메모리는 몇 개의 주소선과 데이터 입력선 및 출력선이 필요한가?
2. $\overline{WE}$ 입력의 기능은 무엇인가?
3. 메모리 인에이블 입력의 기능은 무엇인가?

12-3 CPU와 메모리의 연결

학습성과

이 절을 학습함으로서 다음을 할 수 있다.

- 읽기 및 쓰기 사이클 동안 컴퓨터 시스템에서 데이터의 송신과 수신 사이의 구분
- 읽기 및 쓰기 동작에 필요한 동작 순서의 열거
- 이러한 목적을 위한 컴퓨터 시스템과 상태에 대한 주된 버스의 식별

앞에서 지적한 바와 같이, 이 장의 중요 부분은 최근 컴퓨터들의 주기억장치로 사용되는 반도체 메모리이다. 이 주기억장치는 지속적으로 CPU와 통신을 하고 있다. 여기서는 CPU의 세부동작에 대한 설명은 필요하지 않고, CPU와 메모리사이의 인터페이스를 간략하게 설명함으로써 메모리 소자에 대한 이해를 보다 잘 할 수 있도록 한다.

컴퓨터의 주기억장치는 RAM과 ROM IC로 만들어져 있으며 세 종류의 신호선 묶음 또는 버스(bus)로 CPU와 연결되어 있다. 이는 주소선 또는 주소버스, 데이터선 또는 데이터버스, 제어선 또는 제어버스로써 그림 12-5에 나타내었다. 이들 각각의 버스는 몇 개의 선으로 구성되어 있으며, 각 버스선의 수는 컴퓨터마다 다르다. 이들 세 종류의 버스는 메모리로부터 데이터를 읽거나 메모리에 데이터를 쓰기 위해 CPU의 필요부분을 동작시킨다.

그림 12-5 CPU에 메모리 IC를 연결하는 세 종류의 선(버스)

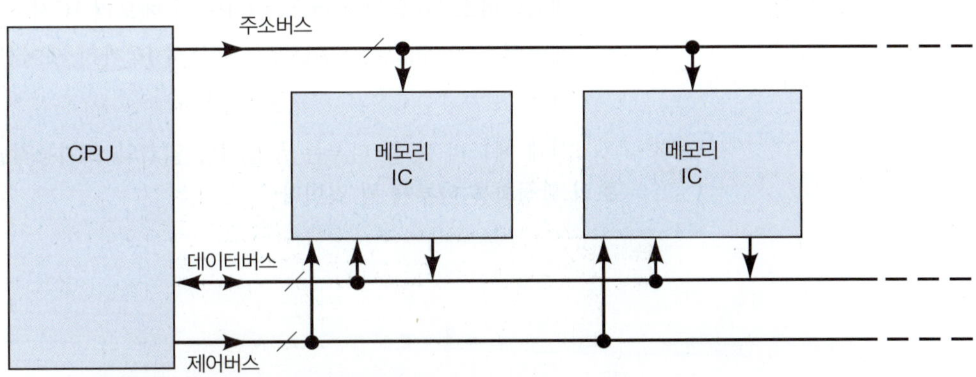

컴퓨터가 명령 프로그램을 실행할 때, CPU는 수행되어야 할 명령을 표현하는 프로그램 코드와 실행되어야 할 데이터를 저장하고 있는 메모리의 특정 장소로부터 정보를 연속적으로 페치(읽기)한다. 그리고 CPU는 프로그램 명령어에 의해 지시된 메모리 위치에 데이터를 저장할 것이다. CPU는 특정 메모리 위치에 데이터를 쓸 때마다 아래와 같은 단계를 밟는다:

쓰기동작

1. CPU는 데이터가 저장될 메모리 위치의 2진 주소를 공급하며, 이 주소가 주소 버스선에 실리게 한다.
2. 주소 디코더는 메모리 소자의 입력(CE 또는 CS)을 활성화한다.
3. CPU는 데이터 버스선에 저장될 데이터를 싣는다.
4. CPU는 메모리 쓰기동작(예를 들어, $\overline{WR}$ 또는 $R/\overline{W}$)을 위해 보통 메모리 IC의 $\overline{WE}$에 연결되는 적절한 제어 신호선을 활성화한다.
5. 메모리 IC들은 쓰기동작을 위해 선택되어야 할 위치를 결정하기 내부에서 2진 주소를 해독한다.
6. 데이터버스에 있는 데이터는 선택된 메모리 위치로 전송된다.

CPU가 특정 메모리 위치에서 데이터를 읽기 원할 때마다 아래와 같은 단계를 밟는다:

읽기동작

1. CPU는 데이터를 읽어야 할 위치의 2진 주소를 공급하며, 주소 버스선에 이 주소가 실리게 한다.
2. 주소 디코더는 메모리 소자의 입력(CE 또는 CS)을 활성화한다.
3. CPU는 메모리 읽기동작(예를 들어, $\overline{RD}$)을 위해 보통 메모리 IC의 $\overline{OE}$에 연결되는 적절한 제어 신호선을 활성화한다.
4. 메모리 IC들은 읽기동작을 위해 선택되어야 할 위치를 결정하기 내부에서 2진 주소를 해독한다.
5. 메모리 IC들은 선택된 메모리 위치로부터 데이터버스에 데이터를 올려놓음으로서 CPU로 데이터가 전송된다.

위의 단계들은 각 시스템 버스들의 기능을 명확히 하고 있다:

- **주소버스**: 이 단방향 버스는 CPU에서 한 개의 메모리 위치가 선택된 메모리 IC까지 2진 주소를 운반한다.
- **데이터버스**: 이 양방향 버스는 CPU와 메모리 IC사이에서 데이터를 운반한다.
- **제어버스**: 이 버스는 CPU에서 메모리 IC까지 제어신호(예를 들어, $\overline{RD}$, $\overline{WR}$)를 운반한다.

실제 메모리 IC를 다루는 부분에서 읽기와 쓰기동작을 위해 버스 상에서 나타나는 신호의 활성화를 다루게 될 것이다.

학습성과 평가문제

1. CPU와 내부 메모리를 연결하는 세 가지 종류의 선 묶음은 무엇인가?
2. CPU가 메모리로부터 읽을 때 발생하는 동작을 단계별로 간단히 기술하라.
3. CPU가 메모리에 쓸 때 발생하는 동작을 단계별로 간단히 기술하라.

12-4 읽기전용 메모리

학습성과

이 절을 학습함으로서 다음을 할 수 있다.

- ROM의 입력과 출력에 대한 설명
- 휘발성 메모리과 비휘발성 메모리의 비교
- ROM의 프로그램 과정에 대한 정의

ROM(read-only memory)은 반도체 메모리의 한 형태로서 데이터를 영구적으로 저장하거나 쉽게 바꿀 수 없도록 설계되어 있다. 정상적인 동작 중에 새로운 데이터가 ROM에 저장될 수는 없고, 단지 읽기동작만이 가능하다. 대부분의 ROM은 제조과정에서 데이터의 저장이 이루어지고, 일부 ROM은 전기작용으로 데이터를 저장할 수도 있다. 데이터 입력과정을 **프로그래밍(programming)** 또는 ROM에 굽는다(*burning-in*)라고 표현한다. 어떤 ROM은 한번 프로그램된 데이터를 변경할 수 없다. 다른 형태들은 원하면 지우거나 다시 프로그램할 수 있다. 나중에 이들 여러 종류의 ROM에 대해 자세히 살펴보게 될 것이다. 지금은 ROM에 데이터가 저장되어 있거나 프로그램되어 있다고 가정하자.

ROM은 시스템 동작 중 변하지 않는 데이터나 정보를 저장하기 위해 사용된다. ROM의 중요한 용도는 마이크로컴퓨터에 프로그램을 저장하는 것이다. 모든 ROM은 비휘발성이므로 이런 프로그램들은 마이크로컴퓨터의 전원을 꺼도 소멸되지 않는다. 마이크로컴퓨터에 전원이 인가되면 ROM에 저장된 프로그램은 즉시 실행이 시작될 것이다. 또한, ROM은 전자식 금전등록기나 설비 또는 보안 시스템과 같이 마이크로프로세서로 제어되는 장치에서 데이터와 프로그램을 저장하는데 사용된다.

ROM 블럭도

ROM의 일반적인 블럭도를 그림 12-6(a)에 나타내었다. ROM은 3개의 신호집합, 즉 주소입력, 제어입력, 데이터출력으로 구성된다. 앞에서 설명하였듯이 이 ROM은 $2^4 = 16$개의 주소를 가지므로 16개의 워드를 저장할 수 있다. 그리고 8개의 데이터출력이 있으므로 각 워드는 8비트이다. 따라서 이것은 16 × 8 ROM이다.

대부분 ROM IC의 데이터출력은 메모리 확장을 위해, 같은 데이터 버스에 많은 ROM 칩이 연결될 수 있도록 하는 3상태 출력이다. ROM의 데이터 출력수는 대부분 4비트이거나 8비트인데, 8비트가 가장 일반적이다.

제어입력 $\overline{CS}$는 **칩 선택**을 나타낸다. 본래 이 입력은 ROM 출력을 인에이블하거나 디스에이블시키는 인에이블 입력이다. 어떤 제작업체들은 제어입력에 대해 *CE*(chip enable) 또는 *OE*(output enable)와 같은 다른 명칭을 사용한다. 대부분의 ROM은 2개 이상의 제어입력을 가지고 선택된 주소로부터 데이터를 읽어 올 수 있도록 데이터출력을

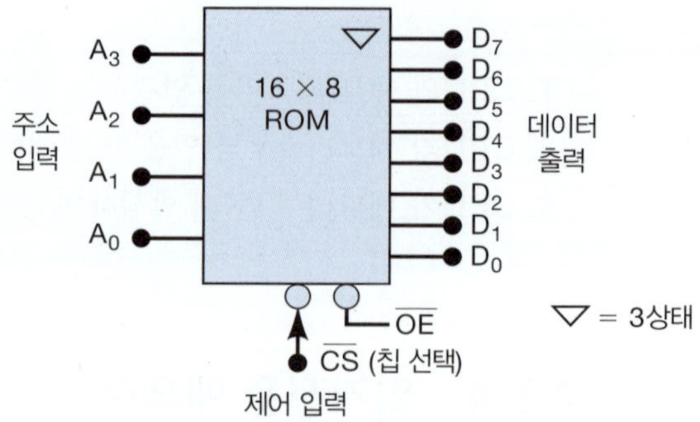

(a)

	주소				데이터							
Word	A_3	A_2	A_1	A_0	D_7	D_6	D_5	D_4	D_3	D_2	D_1	D_0
0	0	0	0	0	1	1	0	1	1	1	1	0
1	0	0	0	1	0	0	1	1	1	0	1	0
2	0	0	1	0	1	0	0	0	0	1	0	1
3	0	0	1	1	1	0	1	0	1	1	1	1
4	0	1	0	0	0	0	0	1	1	0	0	1
5	0	1	0	1	0	1	1	1	1	0	1	1
6	0	1	1	0	0	0	0	0	0	0	0	0
7	0	1	1	1	1	1	1	0	1	1	0	1
8	1	0	0	0	0	0	1	1	1	1	0	0
9	1	0	0	1	1	1	1	1	1	1	1	1
10	1	0	1	0	1	0	1	1	1	0	0	0
11	1	0	1	1	1	1	0	0	0	1	1	1
12	1	1	0	0	0	0	1	0	0	1	1	1
13	1	1	0	1	0	1	1	0	1	0	1	0
14	1	1	1	0	1	1	0	1	0	0	1	0
15	1	1	1	1	0	1	0	1	1	0	1	1

(b)

	주소	데이터
Word	A_3 A_2 A_1 A_0	D_7–D_0
0	0	DE
1	1	3A
2	2	85
3	3	AF
4	4	19
5	5	7B
6	6	00
7	7	ED
8	8	3C
9	9	FF
10	A	B8
11	B	C7
12	C	27
13	D	6A
14	E	D2
15	F	5B

(c)

그림 12-6 (a) 전형적인 ROM 블럭 심볼; (b) 각 주소위치의 2진 데이터 표; (c) 동일한 16진 데이터 표

인에이블한다. 어떤 ROM IC에서는 ROM을 사용하지 않을 때 저전력 대기모드(standby mode)가 되도록 제어입력(보통 *CE*)을 사용한다. 이렇게 함으로서 시스템의 전력손실을 줄인다.

그림 12-6(a)의 $\overline{CS}$는 LOW 상태에서 활성화된다. 그러므로, ROM 데이터가 데이터 출력에 나타나도록 인에이블시키기 위해서는 LOW 상태여야 한다. 정상동작 중에는 ROM에 데이터를 쓸 수 없기 때문에, $\overline{WE}$(write enable) 입력이 없다는 것을 주목하라.

읽기동작

ROM이 그림 12-6(b) 표에 나타낸 데이터로 프로그램되어 있다고 가정하자. 16개의 서로 다른 데이터 워드가 16개의 주소에 각각 저장된다. 예를 들면, 주소 0011에 저장되는 데이터 워드는 10101111이다. 물론, 데이터는 ROM 내부에 2진수로 저장되지만, 프로그램된 데이터를 능률적으로 보기 위해 16진수를 사용한다. 이는 그림 12-6(c)에 나타내었다.

ROM으로부터 데이터 워드를 읽기 위해 두 가지 사항이 필요하다: (1) 적당한 주소입력을 인가한 다음 (2) 제어입력을 활성화시킨다. 예를 들어, 그림 12-6의 ROM에서 주소 0111번지에 저장된 데이터를 읽고 싶다면, 주소입력에 $A_3A_2A_1A_0$ = 0111을 인가하고, $\overline{CS}$에 LOW를 인가하여야 한다. 주소입력은 $\overline{OE}$가 활성화(LOW)되기 전에 D_7에서 D_0에 걸쳐 나타날 올바른 데이터 워드 11101101을 선택하기 위해 ROM 내에서 해독될 것이다.

만약 $\overline{CS}$가 HIGH를 유지한다면, ROM출력은 디스에이블되고 Hi-Z 상태가 될 것이다.

학습성과 평가문제

1. 참 또는 거짓: 모든 ROM은 비휘발성이다.
2. ROM으로부터 데이터를 읽는 과정을 설명하라.
3. ROM을 프로그래밍한다거나 또는 굽는다는 것은 무엇을 의미하는가?

12-5 ROM 구조

학습성과

이 절을 학습함으로서 다음을 할 수 있다.

- ROM을 만드는 부 블럭과 각각의 역할에 대한 설명
- ROM 내부에서 데이터의 실제 위치와 주소와의 관계

ROM IC의 내부 시스템 구성(구조)은 매우 복잡하지만 모든 것을 상세히 알 필요는 없다. 그러나 그림 12-7에 보인 바와 같은 16 × 8 ROM에 대한 간단한 내부 구조의 구성도를 살펴보는 것은 도움이 될 것이다. 이 그림은 레지스터 배열(*register array*), 행 디코더(*row decoder*), 열 디코더(*column decoder*), 출력버퍼(*output buffer*)와 같이 4개의 기본 부분으로 이루어져 있다.

레지스터 배열

레지스터 배열은 프로그램된 데이터를 ROM에 저장한다. 각 레지스터는 워드크기와 같은 수의 메모리 셀로 구성된다. 레지스터는 대부분의 반도체 칩에서처럼 정방행렬 배열로 배치된다. 특정 행과 열에 메모리 셀이 존재하도록 각 레지스터의 위치를 지정할 수 있다. 예를 들면, 레지스터 0은 0열, 0행이고, 레지스터 9는 1행, 2열이다.

레지스터의 8개 데이터 출력은 내부 데이터 버스에 연결되어 있다. 각 레지스터는 2개의 인에이블 입력(E)을 갖고 있다. 레지스터의 데이터가 버스에 인가되기 위해서는 둘 다 HIGH가 되어야 한다.

주소 디코더

인가된 주소코드 $A_3A_2A_1A_0$은 메모리 배열내의 어떤 레지스터를 인에이블시켜 그것의 8비트 데이터 워드가 버스에 실릴 수 있도록 할 것인가를 결정한다. 주소비트 A_1A_0은 하나의 행선택선(row-select line)을 활성화시키는 1-of-4 디코더에 인가되고, 주소비트 A_3A_2는 두 번째 1-of-4 디코더로 인가되어 하나의 열선택선(column-select line)을 활성화시킨다. 주소입력에 의해 행과 열이 선택되면 오직 하나의 레지스터만 선택되고, 이 레지스터가 인에이블된다.

예제 12-5

어떤 레지스터가 입력주소 1101에 의해 인에이블되는가?

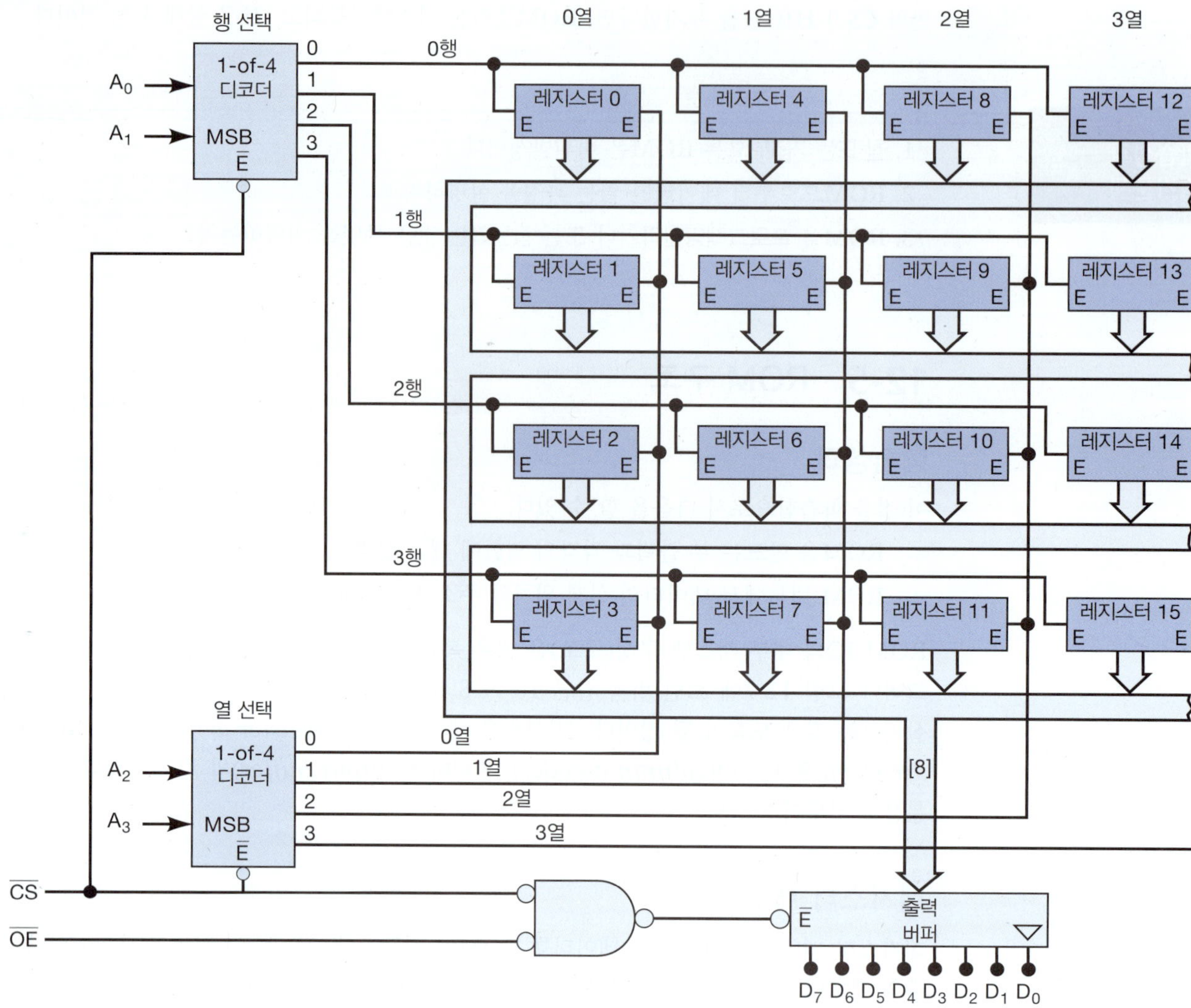

그림 12-7 16 × 8 ROM의 구조. 각 레지스터는 8비트 워드 하나를 저장한다.

풀이

$A_3A_2 = 11$는 열 디코더가 3열 선택선을 활성화하도록 하고, $A_1A_0 = 01$은 행 디코더가 1행 선택선을 활성화하도록 한다. 이는 레지스터 13의 인에이블 입력이 HIGH가 되게 하여, 데이터 출력을 버스에 인가되도록 한다. 3열의 다른 레지스터들은 단지 하나의 인에이블 입력만 활성화되고, 1행의 다른 레지스터들도 마찬가지이다.

예제 12-6

어떤 입력주소에 의해 레지스터 7이 인에이블되는가?

풀이

이 레지스터의 인에이블 입력은 3행, 1열의 선택선에 각각 연결되어 있다. 3행을 선택하기 위해 A_1A_0 입력은 11이어야 하고, 1열을 선택하기 위해 A_3A_2 입력은 01이어야 한다. 그러므로 필요한 주소는 $A_3A_2A_1A_0 = 0111$이다.

출력버퍼

주소입력에 의해 인에이블된 레지스터는 데이터버스에 데이터를 보낸다. $\overline{CS}$와 $\overline{OE}$가 LOW가 되면 데이터를 외부로 출력하는 출력버퍼에 데이터가 보내진다. $\overline{CS}$ 또는 $\overline{OE}$가 HIGH이면, 출력버퍼는 Hi-Z상태가 되며, D_0~D_7는 공중에 떠(floating) 있게 된다.

그림 12-7에 나타낸 구조는 대부분 ROM IC들의 구조와 유사하다. 저장되는 데이터 워드의 수에 의존하기 때문에, 어떤 ROM의 레지스터들은 정방행렬로 배치되지 않는다. 예를 들면, Intel 2C764는 8192개의 8비트 워드를 저장하는 CMOS ROM이다. 이것의 8192개 레지스터는 256행 × 32열의 배열로 배치되어 있다.

예제 12-7

4K 바이트를 저장하는 정방형 레지스터 배열을 사용하는 ROM의 내부 구조를 설명하라.

풀이

4K는 실제 $4 \times 1024 = 4096$이다. 따라서 이 ROM은 4096개의 8비트 워드를 저장할 수 있다. 각 워드는 8비트 레지스터에 저장된다고 생각할 수 있고, 4096개의 레지스터는 칩 내부의 공통 데이터버스에 연결된다. $4096 = 64^2$이므로 레지스터는 64×64 배열로 배치된다. 즉, 행이 64개, 열이 64개 있다. 행을 선택하기 위해 6개의 주소입력을 만들려면 1-of-64 디코더가 필요하고, 열을 선택하기 위해 6개의 주소입력을 만들려면 다른 1-of-64 디코더가 필요하다. 따라서, 총 12개의 주소입력이 필요하다. 마찬가지로 $2^{12} = 4096$이므로 4096개의 서로 다른 주소가 있다.

학습성과 평가문제

1. 그림 12-7에서 레지스터 9로부터 데이터를 읽기 위해서 요구되는 입력 주소코드는 무엇인가?
2. ROM구조에서 행선택 디코더, 열선택 디코더, 출력버퍼의 기능을 설명하라.

12-6 ROM 타이밍

학습성과

이 절을 학습함으로서 다음을 할 수 있다.

- ROM 동작의 제한사항을 정의하는 타이밍도의 이해

읽기동작 동안에 ROM의 주소 입력과 데이터 출력 사이에는 전파지연(propagation delay)이 생긴다. 이 지연시간을 **액세스시간(access time)** t_{ACC}라고 하며 ROM의 동작 속도에 의해 결정된다. 액세스시간을 그림 12-8에 파형을 사용하여 그림으로 설명하였다.

제일 위 파형은 주소입력을 나타낸다; 중간 파형은 동적-LOW 출력 인에이블 $\overline{OE}$와 동적-LOW 칩선택 $\overline{CS}$의 활성화를 나타낸다; 아랫부분은 데이터 출력을 나타낸다. 시간 t_0에 주소입력은 어떤 특정한 레벨, HIGH 또는 LOW이다. $\overline{OE}$ 또는 $\overline{CS}$ 중 하나가 HIGH일 경우에는 ROM 데이터 출력이 Hi-Z 상태(사선으로 표현)이다.

t_1의 바로 앞에서 주소입력은 새로운 읽기동작을 위해 새 주소로 바뀐다. t_1에는 새로운 입력이 유효하다; 즉, 각 주소입력은 유효한 논리레벨에 있게 되고, 그리고 $\overline{CS}$는 활성화

그림 12-8 ROM 읽기동작 동안의 전형적인 타이밍

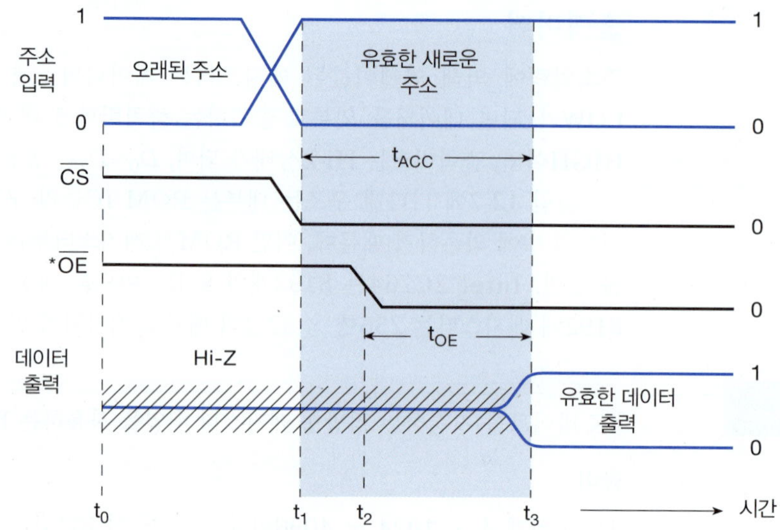

*t_{OE}는 $\overline{CS}$와 $\overline{OE}$가 모두 활성화되는 시간부터 측정된다.

된다. 이 시점에 내부 ROM회로는 출력버퍼로 데이터를 보내는 레지스터를 선택하기 위해 새로운 주소입력을 디코딩하기 시작한다. t_2에 $\overline{CS}$와 $\overline{OE}$ 입력은 모두 출력버퍼를 인에이블하기 위해 활성화된다. 마지막으로 t_3에 출력은 Hi-Z상태로부터 특정한 주소에 저장된 2진수를 나타내는 유효한 데이터로 변한다.

새로운 주소가 유효하게 되는 t_1과 데이터 출력이 유효하게 되는 t_3 사이의 시간지연이 액세스시간 t_{ACC}이다. 전형적인 양극성(bipolar) ROM은 액세스시간의 범위가 30 ns에서 90 ns 정도이다. NMOS 소자의 액세스시간의 범위는 35 ns에서 500 ns이다. CMOS 기술의 향상으로 액세스시간을 20 ns에서 60 ns 범위로 할 수 있게 되었다. 그 결과, 양극성 소자나 NMOS 소자로는 새로운(큰) ROM을 좀처럼 생산하지 않는다.

또 다른 중요한 시간 파라미터는 출력 인에이블 시간 t_{OE}이다. 이것은 $\overline{CS}$ 입력과 유효한 데이터 출력 사이의 지연시간이다. t_{OE} 값은 항상 액세스 시간보다 짧다. 이 시간 파라미터(t_{OE})는 주소입력이 이미 새로운 값으로 바뀐 상황에서 유효하지만, ROM 출력은 아직 인에이블되어 있지 않다. 출력을 인에이블하기 위해 $\overline{OE}$가 LOW로 될 때, 지연은 t_{OE}가 될 것이다.

학습성과 평가문제

1. 보통 ROM의 OE 입력과 연결되는 마이크로컨터롤러에서는 어떤 신호가 나오는가?
2. CPU가 새로운 주소를 내놓을 때부터 RD 펄스가 끝날 때까지의 최소 시간을 정의하는 타이밍 용어는 무엇인가?

12-7 ROM의 종류

학습성과

이 절을 학습함으로서 다음을 할 수 있다.

- ROM의 발달에 기인한 기술의 설명

- 주어진 ROM의 셀에 1 또는 0을 저장하는 방법에 대한 서술
- 각종 ROM의 특징을 묘사하는 기능별 특색의 서술
- 각 기술의 강점과 약점의 확인

ROM 소자의 내부구조와 동작을 이해하고자 한다. ROM 소자의 내부구조와 동작을 이해하기 위해 여러 형태의 ROM을 통하여 프로그램되고, 지워지고, 다시 프로그램되는 방법에 있어서 어떤 차이가 있는지를 살펴보기로 한다.

마스크 프로그램 ROM(MROM)

마스크 프로그램(mask-programmed) ROM은 집적회로가 공장에서 생산될 때 정보가 저장된다. 그림 12-9에서 보듯이, ROM들은 사각형의 트랜지스터 배열로 만들어 진다. 트랜지스터의 소스가 출력 열과 연결되었는지 또는 연결되지 않았는지에 따라 정보가 저장된다. 공정과정의 마지막 단계는 이런 전도 상태 또는 연결 상태가 되도록 하는 것이다. 등사판 원지와 분무 물감을 사용하는 것과 비슷한 방법으로 공정과정에는 실리콘 위에 금속을

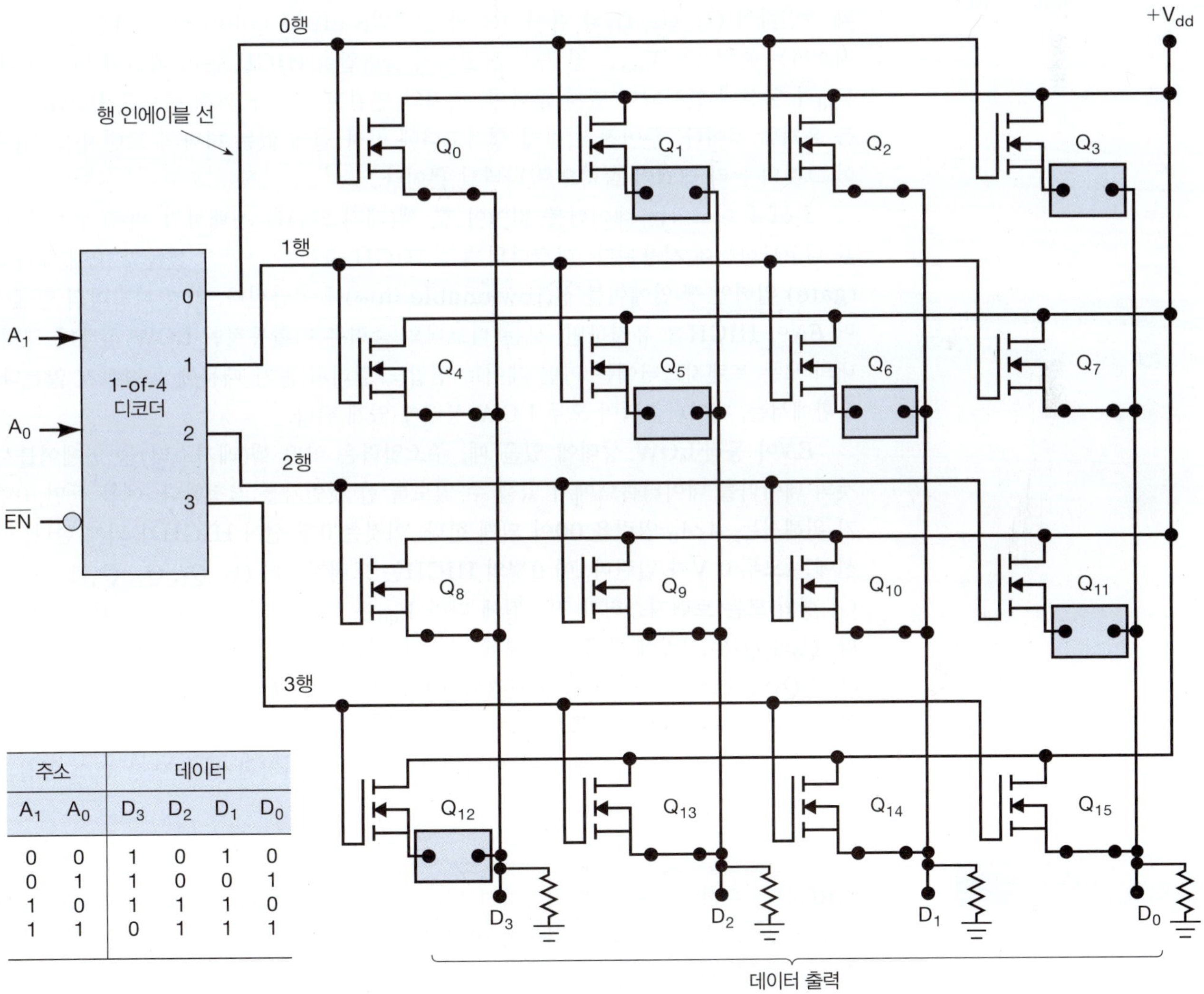

주소		데이터			
A_1	A_0	D_3	D_2	D_1	D_0
0	0	1	0	1	0
0	1	1	0	0	1
1	0	1	1	1	0
1	1	0	1	1	1

그림 12-9 각 메모리 셀에 하나의 MOSFET가 사용된 MOS MROM의 구조. 소스가 개방된 것은 "0"이 저장되고, 소스가 연결된 것은 "1"이 저장된다.

올려놓아 연결 상태를 만들기 위해 "마스크(mask)"를 사용한다. 마스크는 매우 정밀하고 고가이므로, 2진 정보를 정정하고자 하는 특별한 고객에게 만들어 준다. 따라서 이런 형태의 ROM은 정확히 똑같은 정보를 가지는 많은 ROM을 만들 때 경제적이다.

마스크 프로그램 ROM은 보통 일반적인 ROM으로 취급되지만, ROM이라는 말이 보통 읽기동작만이 가능한 소자로 알려져 있기 때문에 혼동이 올 수 있다. 따라서 마스크 프로그램 ROM을 언급할 때 MROM이라는 명칭을 사용한다.

그림 12-9는 소규모 MOS MROM의 구조를 나타내며, 4개의 셀이 있는 행 4개를 나열한 16개의 메모리로 구성되어 있다. 각 셀은 공통-드레인(drain) 형태(입력이 게이트, 출력이 소스)로 연결된 N-채널 MOSFET 트랜지스터로 되어 있다. 셀의 맨 윗쪽 행(0행)은 4비트 레지스터로 구성되어 있다. 이 행에 있는 트랜지스터 중 몇 개(Q_0와 Q_2)는 출력 열선(column line)에 소스(source)가 연결되어 있는 반면에 다른 것(Q_1과 Q_3)은 그렇지 않다는 것을 주목하라. 다른 행의 셀들도 마찬가지이다. 이 소스 연결의 유무에 따라 셀에 1이 저장되어 있는지, 0이 저장되어 있는지가 결정된다. 각 소스 연결상태는 사용자 제공 데이터에 기초한 사진 마스크(photographic mask)에 의해 생산되는 동안 제어된다.

데이터 출력은 열선(column line)에 연결되어 있음을 주의하라. 예를 들어, 출력 D_3와 관련하여 Q_0, Q_4, Q_8와 같이 소스와 출력열(output column)이 연결되어 있는 트랜지스터는 출력으로 V_{dd}를 전달할 수 있어서 출력열을 HIGH 논리 레벨이 되게 한다. 만일 V_{dd}가 열선에 연결되어 있지 않다면, 접지와 연결된 저항에 의해 출력은 LOW 논리 레벨을 유지할 것이다. 주어진 시간에 행디코더에 따라 열에 있는 하나의 트랜지스터가 결정되어 그것의 논리 레벨이 출력으로 나타날 뿐이다.

1-of-4 디코더는 데이터를 읽어야 할 행(레지스터)을 선택하기 위해 주소입력 A_1A_0을 디코드하는데 사용된다. 디코더의 동적-HIGH 출력은 다양한 셀들의 행에 대한 게이트(gate) 입력인 행-인에이블 선(row-enable line)에 공급된다. 만일 디코더의 인에이블 입력 $\overline{EN}$이 HIGH를 유지하면, 모든 디코더의 출력은 비활동적인 LOW 상태가 되며, 배열 내의 모든 트랜지스터에는 어떤 게이트 전압도 걸리지 않기 때문에 동작하지 않는다. 이런 상황에서는, 데이터출력이 모두 LOW 상태에 있게 된다.

$\overline{EN}$이 동적-LOW 상태에 있을 때, 주소입력은 어떤 행(레지스터)을 인에이블시켜 그것의 데이터를 데이터출력에서 읽을 수 있도록 할 것인가를 결정한다. 예를 들면, 0행을 읽기 위해서는, A_1A_0 입력을 00이 되게 한다. 이것은 0행 선이 HIGH가 되게 한다; 다른 행 선에는 모두 0 V가 걸린다. 이 0행의 HIGH는 트랜지스터 Q_0, Q_1, Q_2, Q_3를 동작하게 한다. 행의 모든 트랜지스터가 전도됨에 따라 V_{dd}는 각 트랜지스터 소스 도선에 전달될 것이다. Q_0와 Q_2는 그것에 대응되는 열에 연결되어 있으므로 출력 D_3과 D_1은 HIGH가 된다. Q_1과 Q_3의 소스 도선은 그 열에 연결되어 있지 않으므로 D_2와 D_0는 여전히 LOW이다. 마찬가지로 다른 주소의 코드를 인가하면 이에 대응되는 레지스터의 데이터가 출력된다. 그림 12-9에 있는 표는 각 주소에 대한 데이터를 나타낸다. 다양한 셀에 대한 소스 연결과 출력과의 상관관계를 볼 수 있다.

예제 12-8

MROM은 수학함수의 표를 저장하기 위하여 사용할 수 있다. 그림 12-9에 있는 MROM이 $y = x^2 + 3$을 저장하기 위하여 어떻게 사용되는지 보여라. 여기서 x는 입력 주소값이고, y는 출력 데이터값이다.

풀이

첫 번째 단계는 각 입력에 대하여 원하는 출력을 나타내는 표를 만드는 것이다. 입력 2진수 x는 주소 A_1A_0를 나타내며, 출력 2진수는 y가 요구하는 값이다. 예를 들어, $x = A_1A_0 = 10_2 = 2_{10}$일 때, 출력은 $2^2 + 3 = 7_{10} = 0111_2$이다. 완성된 표는 표 12-1에 나타내었다. 이 표는 MROM의 제작자에게 제공되어 공정과정에서 메모리 셀 내부를 적절히 연결해 주는 마스크를 만들 수 있도록 한다. 예를 들어, 표의 첫 번째 행은 Q_2와 Q_3의 소스에 대한 연결은 이루어지지만 Q_0와 Q_1에 대해서는 연결되지 않는다는 것을 의미한다.

표 12-1 예제 12-8의 ROM 데이터

x		$y = x^2 + 3$			
A_1	A_0	D_3	D_2	D_1	D_0
0	0	0	0	1	1
0	1	0	1	0	0
1	0	0	1	1	1
1	1	1	1	0	0

대체적으로 MROM은 9장에서 언급한 바와 같은 버스 시스템에 사용될 수 있도록 3상태 출력을 가진다. 그러므로, 3상태 출력을 인에이블 또는 디스에이블시키는 제어 입력이 있어야 한다. 이 제어 입력을 보통 OE(출력 인에이블에 사용)라고 표시한다. 이 3상태 인에이블 입력과 주소 디코더 인에이블 입력을 구별하기 위해 후자는 보통 칩 인에이블(CE)이라 부른다. 칩 인에이블은 주소 디코더를 인에이블시키는 것 이상의 동작을 수행한다. CE가 디스에이블 되면, 3상태 출력을 포함하여 칩의 모든 기능이 디스에이블 된다. 그리고 전체 회로가 전원 공급원으로부터 아주 적은 전류가 흐르게 되는 **전원다운(power-down)** 모드로 바뀐다. 그림 12-10은 32K × 8 MROM을 보여 주고 있다. 15개의 주소선(A_0~A_{14})은 2^{15}(32, 767 또는 32K)개의 기억 장소를 식별할 수 있다. 각 기억 장소는 칩이 인에이블 되고 출력이 인에이블 될 때 데이터 선 D_7~D_0에 나타나게 되는 8비트 데이터 값을 가지고 있다.

그림 12-10 32K × 8 MROM에 대한 논리기호

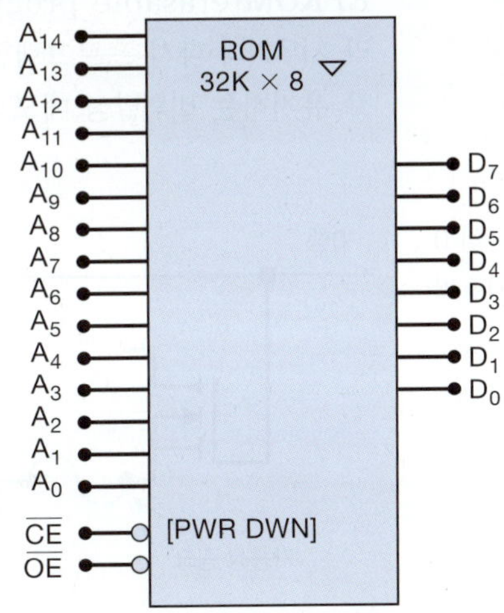

프로그램 가능한 ROM(PROM)

마스크 프로그램 ROM은 매우 비싸기 때문에 많은 논리 소자가 사용되는 대용량(high-volume)의 응용분야를 제외하고는 잘 사용되지 않는다. 저용량의 응용분야에 적용하기 위해, 제작자들은 사용자가 프로그램할 수 있는 **가용성 링크(fusible-link)** PROM(programmable ROM)을 개발하였다. 즉, 제작과정에 프로그램되는 것이 아니라 사용자에 의하여 프로그램되는 ROM이다. 그러나 한번 프로그램된 PROM은 지우거나 다시 프로그램하지 못하기 때문에 MROM과 유사하다. 따라서 PROM에 있는 프로그램이 불완전하거나 또는 바꾸어야 한다면, PROM은 버려야만 한다. 이런 이유로 이 소자를 "한번만 프로그램할 수 있는(one-time programmable: OTP)" ROM이라고 한다.

가용성링크 PROM의 구조는 1이나 0으로 각 메모리 셀을 프로그램하기 위해서 연결된 상태를 원래대로 남겨두거나 끊는다는 점에서 MROM구조와 매우 유사하다. PROM은 공장에서 생산될 때, 모든 트랜지스터 소스에 얇은 가용성 링크가 연결되어 있다. 이 경우, 모든 트랜지스터에는 1이 저장된다. 어떤 트랜지스터에 0을 저장할 필요가 있으면, 사용자는 퓨즈를 끊을 수 있다. 특히, 행을 선택하고 주소 입력에 원하는 주소를 인가하고 데이터 핀에 원하는 데이터를 인가하여 데이터를 프로그램하거나 PROM에 구워 넣을(burn into) 수 있다. 이때 IC 상의 프로그래밍 핀에 펄스가 가해진다. 그림 12-11은 이것이 어떻게 내부에서 이루어지는지 보여준다.

선택된 행(0 행)에 있는 트랜지스터들은 동작하게 되고, 드레인 도선에 V_{PP}가 가해진다. 논리 0을 갖는 트랜지스터(예를 들어, Q_1)의 열(데이터 선)에는 가용성 링크를 통해 고전류가 흘러 퓨즈를 녹이고 개방되므로, 그곳에는 논리 0이 영구적으로 저장된다. 논리 1을 갖는 열(예를 들어, Q_0)은 퓨즈의 한쪽에는 V_{pp}가 인가되고 다른 한쪽에는 V_{dd}가 인가되어 적은 전류가 흐르고 퓨즈는 그대로 남아 있게 된다. 이런 방법으로 모든 주소의 위치가 프로그램되면, 데이터들은 PROM에 영구적으로 저장되고 관련 주소를 액세스할 때마다 읽혀질 수 있다. 한번 끊어진 가용성 링크는 다시 연결되는 일은 생기지 않으므로 PROM 칩에 전원이 공급되지 않아도 데이터는 변하지 않는다.

소거 및 프로그램 가능한 ROM(EPROM)

EPROM(erasable programmable ROM)은 사용자가 프로그램할 수 있고 필요에 따라 지우거나 다시 프로그램할 수 있다. 한번 프로그램된 EPROM은 저장된 데이터를 그대로 유지하는 비휘발성 메모리이다. EPROM의 프로그래밍 과정은 PROM의 경우와 동일

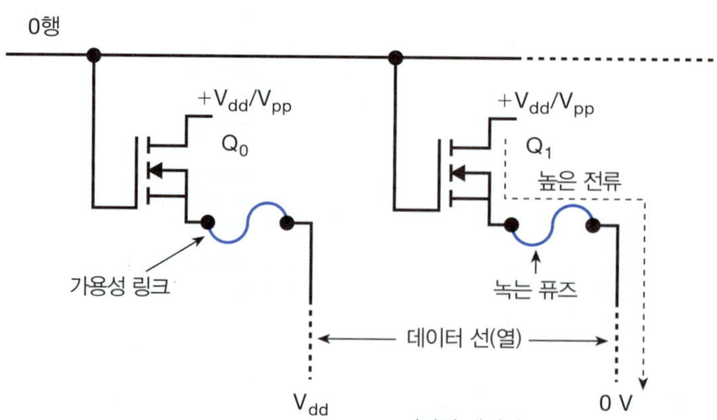

그림 12-11 한 셀에 논리 0을 프로그램하기 위해 사용자가 선택적으로 끊을 수 있는 가용성 링크를 사용한 PROM

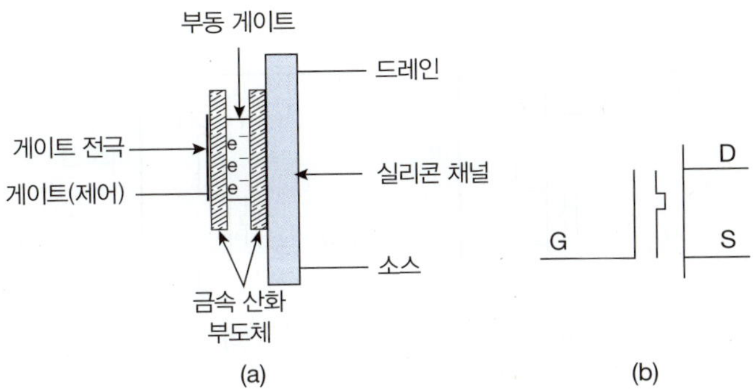

그림 12-12 (a) 부동 게이트 MOSFET; (b) 회로 심볼

하다.

EPROM에 있는 저장 셀은 전기적 연결은 없으나(예를 들어, 부동게이트) 전극과는 매우 가까운 실리콘 게이트가 있는 MOS 트랜지스터이다(그림 12-12). 정상상태에서, 부동게이트에는 전하가 축적되지 않고 주소 디코더에 의해 선택될 때마다 트랜지스터에는 논리 1이 생긴다. 0을 프로그램하기 위해서는 부동게이트가 전하로 꽉 차게 하기 위해 고전압 펄스가 사용된다. 셀이 선택되면 이 전하로 인해 트랜지스터의 출력은 논리 0이 된다. 전하는 부동게이트에 갇혀있고 방전 통로가 없기 때문에 논리 0은 그것이 지워질 때까지 남아있게 된다. 데이터는 모든 셀에 논리 1을 다시 저장함으로서 지워진다. 이를 위해, 몇 분 동안 아주 강렬한 자외선(ultraviolet, UV)에 실리콘을 노출시킴으로서 부동전극에 있는 전하는 없어진다. UVEPROM은 실리콘에 자외선이 쪼일 수 있도록 하는 유리창이 있다. IC는 회로에서 다른 곳으로 옮겨져야 하며 약 20분 동안 강력한 UV 램프 아래에 놓아두어야 지워진다.

UVEPROM은 한물간 기술이 되어가고 있으나, 부동 게이트 트랜지스터 기술은 현재의 디지털 시스템 도처에 비휘발성 메모리 기술 발전의 기초를 마련한 대단한 기술 혁신이다.

전기적으로 소거가능한 PROM(EEPROM)

EPROM의 개량으로 인해 **전기적으로 소거가능한 PROM**(**electrically erasable PROM, EEPROM**)이 개발되어 EPROM의 단점이 해결되었다. EEPROM은 EPROM과 마찬가지로 부동게이트 구조로 되어있지만, MOSFET 메모리 셀의 드레인 위에 매우 얇은 산화막을 첨가하여 본질적으로는 다른 MOS 트랜지스터 스위치를 구현하는 것이다. 그림 12-13은 이것의 회로도이다. 이런 변경으로 EEPROM이 전기적으로도 소거가 가능하도록 하는 주요한 특성을 갖게 된다. MOSFET의 게이트와 드레인 사이에 높은 전압을 인가함으로써 부동게이트에 전하가 유도된다. 전하는 전력이 제거되더라도 계속 남아 있게 된다. 동일한 역전압은 부동게이트에 있는 전하를 제거하고 셀을 지운다. 이러한 전하 전송 기법은 매우 낮은 전류를 필요로 하기 때문에 자외선이나 특수한 PROM 프로그래머 장치 없이 회로내에서 EEPROM의 소거나 프로그래밍이 가능하다.

셀을 지우기 위해서는 전하가 부동 게이트 위에 모이게 한다. 그림 12-13(a) 와 같이 비트 선을 접지시키고 보통의 프로그래밍 전압(V_{pp})보다 높은 전압을 워드 선과 제어 게이트에 인가함으로서 이루어진다. 그림의 위쪽 트랜지스터는 ON되고 게이트에서 채널로 높은 전압이 나타나 부동게이트 위에 전하가 모이게 되고, 논리 '1'을 저장한다.

EEPROM 셀에 '0'을 저장하기 위해서는 그림 12-13(b)와 같이 제어 게이트를 접지시키고 비트 선과 워드 선에 프로그래밍 전압(V_{pp})을 인가한다. 위쪽 트랜지스터가 ON되

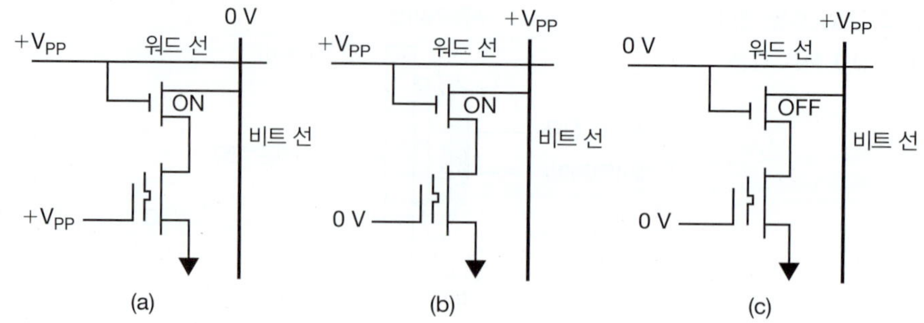

그림 12-13 (a) 셀 소거하기/전하떼기; (b) '0' 써넣기; (c) '1' 써넣기

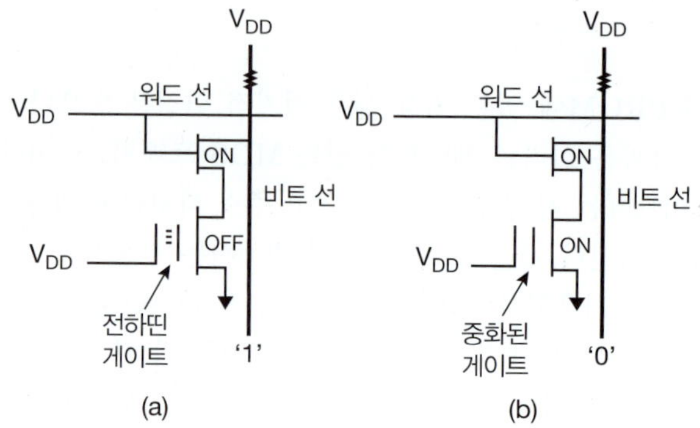

그림 12-14 (a) 논리 '1' 읽기; (b) 논리 '0' 읽기

어 있어서 본질적으로 부동 게이트 영역에 역전압이 걸리고 부동 게이트로부터 전하가 제거되어 중화된다.

그림 12-13(c)는 쓰기 사이클 동안 EEPROM 셀에 어떻게 '1'을 저장하는지 보여주고 있다. 지워진 후에는 셀에 써넣을 수만 있다는 것에 유의하라. 프로그래밍 전압은 비트 선에만 인가된다. 워드 선과 제어 게이트에는 0 V가 인가된다. 위쪽 트랜지스터는 OFF되고 역전압이 인가되지 않는다. 그러므로 소거 동작 동안 모였던 전하는 사라지게 된다.

셀을 읽기 위해서는 보통의 논리 레벨 전압(V_{DD})이 워드 선과 제어 게이트에 인가된다. 부동 게이트에 전하가 모이면, 제어 게이트 전압(V_{DD})은 부동 게이트 MOSFET를 작동시키지 못하고 출력은 그림 12-14(a)에서 보인 바와 같이 논리 '1'이다. 그림 12-14(b)와 같이 부동 게이트가 중화되면, 제어 게이트에 걸려 있는 논리 전압으로 부동 게이트 MOSFET가 작동하게 되고 비트 선은 접지가 되고 출력은 논리 '0'이 된다.

EPROM에 비해 EEPROM의 또 다른 장점은 메모리 배열상에서 전기적 소거와 개별 바이트(8비트 워드)의 재입력이 가능하다는 것이다. 쓰기동작 동안 내부 회로는 새로운 데이터를 써 넣기 전에 주소위치에 있는 모든 셀 내용을 자동적으로 지운다. 이러한 바이트별 소거기능은 EEPROM에 저장된 데이터를 좀더 쉽게 바꿀 수 있도록 한다.

학습성과 평가문제

1. 참 또는 거짓: MROM은 사용자에 의하여 프로그램될 수 있다.
2. PROM은 MROM과 어떤 차이점이 있는가? 지우거나 다시 프로그램할 수 있는가?
3. 참 또는 거짓: 가용성링크가 손상되지 않은 상태일 때 PROM은 논리 1을 저장한다.
4. EPROM은 어떻게 소거하는가?
5. 참 또는 거짓: EPROM 메모리는 일부만을 소거할 수 있다.
6. PROM과 EPROM 프로그래머에 의해 수행되는 기능은 무엇인가?

7. EEPROM에 의해 EPROM의 어떤 단점이 극복될 수 있는가?
8. EEPROM의 주된 결점은 무엇인가?
9. 한번에 한 바이트씩 소거할 수 있는 ROM의 형태는 무엇인가?
10. UVEPROM 셀 속에 논리 1을 어떻게 표시하는가?
11. EEPROM 셀 속에 논리 1을 어떻게 표시하는가?

12-8 플래시 메모리

학습성과

이 절을 학습함으로서 다음을 할 수 있다.

- 플래시 메모리 내에 0 또는 1을 저장하는 데 사용되는 기술의 서술
- 플래시 메모리 IC의 입력과 출력의 역할 확인
- NAND 플래시 및 NOR 플래시 소자와 그것의 특성 비교

EPROM은 비휘발성이며, 읽기 액세스시간이 빠르고, 비트당 밀도가 높으며, 비용이 저렴하다. 그러나, 지우고 다시 프로그래밍하기 위해서는 이를 회로/시스템에서 꺼내어야 한다. EEPROM은 비휘발성이며, 읽기 액세스시간이 빠르고, 회로상에서 각각의 바이트에 대한 전기적인 소거와 재프로그래밍이 신속하게 이루어진다. 하지만 EPROM보다 밀도가 낮고 훨씬 비싼 것이 단점이다.

반도체공학자들은 EEPROM과 같이 회로내에서 전기적인 소거능력을 갖지만, 밀도와 비용은 EPROM과 비슷하고, 읽기 액세스시간이 고속인 비휘발성 메모리를 제조하고자 노력하였다. 그 결과가 **플래시 메모리(flash memory)**이다.

구조적으로, 플래시 메모리 셀은 간단한 단일 트랜지스터 EPROM 셀과 비슷하며(더 복잡한 두 개의 트랜지스터 EEPROM 셀과는 같지 않다), 단지 조금 크다. 플래시 메모리에는 전기적 소거를 가능하게 하는 얇은 게이트 산화물 층(gate-oxide layer)이 있지만, EEPROM보다 훨씬 높은 밀도를 갖도록 제조할 수 있다. 플래시 메모리의 가격은 EEPROM보다 훨씬 낮으며, EPROM에 비해서는 비록 아직까지 상대적으로 비싸지만 플래시 메모리 기술이 발전함에 따라 EPROM의 가격에 근접하게 될 것이다. 그림 12-15는 다양한 반도체 비휘발성 메모리에 대한 상충관계(trade-off)를 나타낸다. 소거/프로그래밍의 유연성이 증가함에 따라(삼각형의 정점으로 올라갈수록), 복잡성과 비용도 증가한다. MROM과 PROM은 가장 단순한 소자이지만, 소거와 재프로그래밍 할 수 없다. EEPROM은 회로내에서 바이트별로 지우거나 다시 프로그래밍 할 수 있기 때문에 가장 복잡하고 값비싼 소자이다.

플래시 메모리는 소거와 쓰기시간이 빠르기 때문에 붙여진 이름이다. 대부분의 플래시 칩은 칩상의 모든 셀들이 동시에 소거되는 벌크삭제(*bulk erase*)동작 또는 섹터삭제(*sector erase*)모드를 수행할 수 있으며, 이 모드에서는 특정 메모리 배열(예를 들어, 512바이트)의 섹터가 동시에 삭제될 수 있다. 이것은 메모리의 일부분만을 갱신하고자 할 때, 모든 셀들을 소거하고 재프로그래밍하는 것을 피할 수 있게 해준다. 플래시 메모리는 EPROM 또는 EEPROM 보다 더 빠르게 써 넣을 수 있다. 최신 IC 제작 기술은 엄청나게 플래시 메모리의 비트 당 가격을 낮추고 있다. 플래시 메모리와 EEPROM의 장점으로 EPROM,

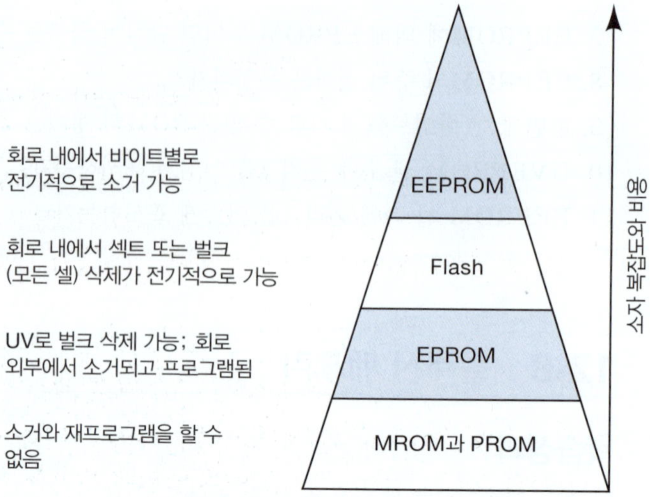

그림 12-15 소거와 프로그래밍의 유연성이 증가함에 따라 복잡성과 비용이 증가함을 보이는 반도체 비휘발성 메모리에 대한 상충관계(trade-offs)

MROM, PROM 기술이 더 이상 쓸모가 없게 만들었다. EEPROM은 플래시 메모리보다 비싸고 낮은 정밀도가 장점으로 정당화되는 곳에 아직까지 사용되고 있다.

대표적인 CMOS 플래시 메모리 IC

그림 12-16은 알테라/테라직(Altera/Terasic) DE1 보드에 있는 용량이 4M × 8 또는 2M × 16인 IC와 비슷한 CMOS 플래시 메모리 칩의 논리 기호이다. 그림에서 서로 다른 메모리 주소를 선택하기 위해서 21개의 주소입력(A_0~A_{20})이 필요함을 보여주고 있다; 즉 2^{21} = 2M = 2,097,152이다. 열 여섯 개의 입/출력 핀(DQ_0~DQ_{15})은 메모리 쓰기동작 동안에 입력으로 사용되고, 메모리 읽기동작 동안에는 출력으로 사용된다. 이런 데이터 핀들은 칩이 선택되지 않았을 때($\overline{CE}$ = HIGH) 또는 출력이 디스에이블($\overline{OE}$ = *HIGH*)일 때 Hi-Z상태로 떠 있다. 쓰기 인에이블입력($\overline{WE}$)은 메모리 쓰기동작을 제어하기 위해 사용된다.

제어입력($\overline{CE}$, $\overline{OE}$, $\overline{WE}$)은 2864 EEPROM과 거의 같은 방식으로 데이터 핀에서 어떤 일이 발생하는가를 제어한다. 쓰기동작 동안에, 데이터는 보통 마이크로프로세서에서 버스를 통해 칩에 전송된다. 읽기동작 동안에, 칩내의 데이터는 데이터버스를 통해 마이크로

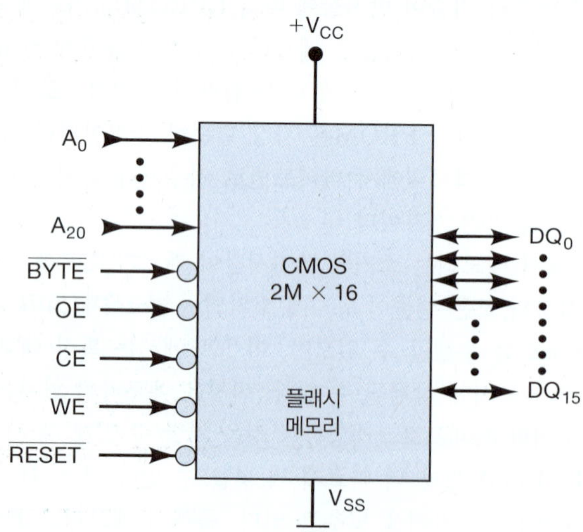

그림 12-16 대표적 플래시 메모리 칩의 논리 기호

프로세서까지 전송된다.

이 플래시 메모리 칩의 동작은 내부구조를 살펴봄으로써 이해를 증진시킬 수 있다. 그림 12-17은 주요 기능별 블럭을 보여주는 대표적 플래시 메모리 칩에 대한 것이다. 이 구조의 독특한 특징은 모든 칩기능을 관리하는데 사용하는 명령 레지스터(*command register*)이다. 명령코드는 칩 내부에서 발생하는 동작(예를 들어, 소거, 소거검사, 프로그램, 프로그램 검사)을 제어하기 위해 이 레지스터에 써 넣어진다. 이런 명령코드는 대개 마이크로프로세서로부터 데이터버스를 통해 전달된다. 상태제어논리는 명령레지스터의 내용을 검사하고 단계별로 동작을 수행하기 위해서 나머지 칩 회로에 대한 논리신호 및 제어신호를 발생시킨다.

플래시 기술: NOR와 NAND

메모리 소자가 더 큰 용량을 갖거나, 동작이 빠르고, 전력소모가 적고, 현재보다 값이 저렴해야 하는 기술적인 진보에 대한 추진력이 요구되고 있다. 처음에 플래시 소자는 EEPROM을 바이트 삭제 보다 블럭 삭제의 형태로 만들고자 하는 개선의 시도에서 출발하여 고안되었다. 이러한 플래시 소자는 ***NOR* 플래시(*NOR flash*)** 기술과 관련이 있다. 최근의 NOR 플래시 IC는 일반적으로 Altera/Terasic DE1과 DE2 보드에 사용되는 스팬션(Spansion) S29AL032D이다.

NOR 플래시 기술은 그림 12-18(a)와 같이 비트 선(매트릭스의 열)과 접지 사이의 서로 간에 병렬로 배치되는 부동 게이트 MOSFETS(FGMOSFET)에 활용된다. 각각의 워

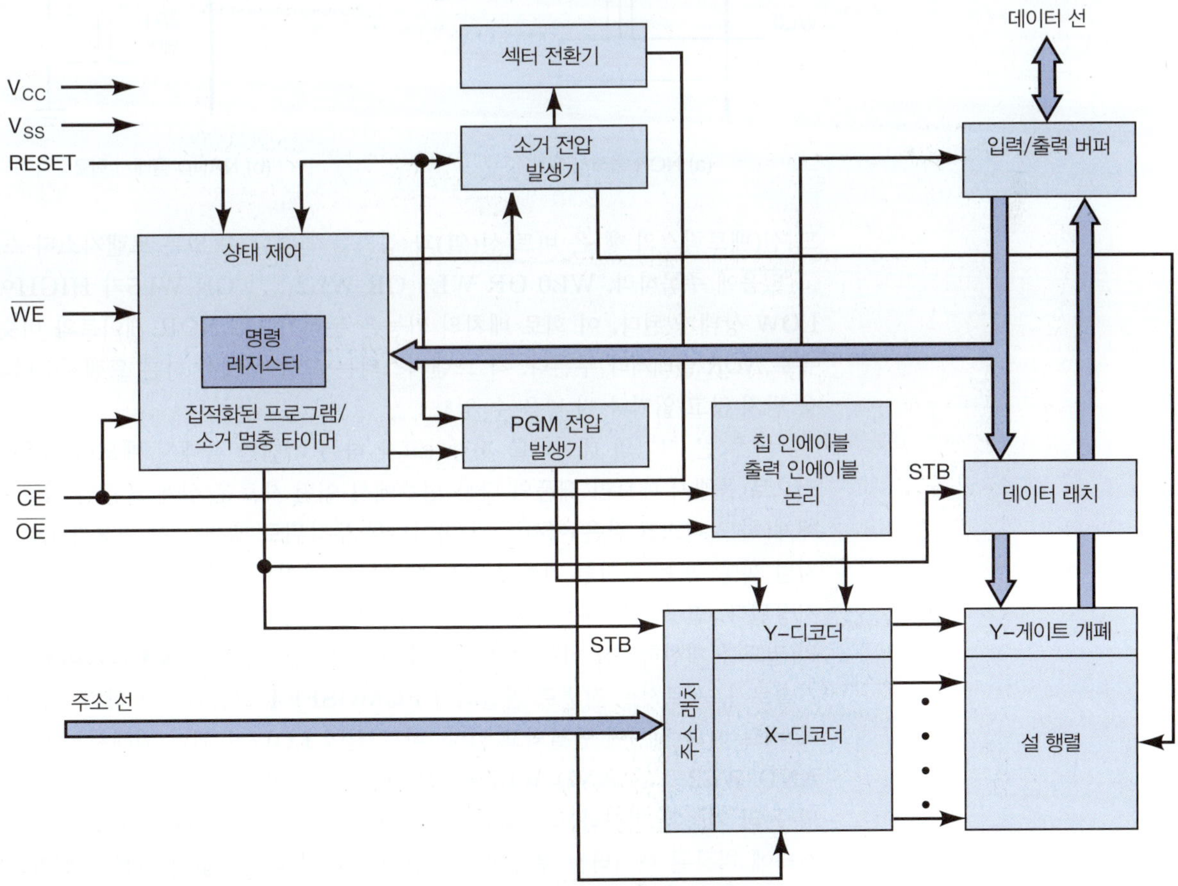

그림 12-17 플래시 메모리 칩의 기능도

그림 12-18 (a) 임의의 "ON" 트랜지스터가 비트 선을 LOW로 만든다; (b) 비트 선을 LOW로 만들기 위해서는 트랜지스터가 "ON"이어야 한다.

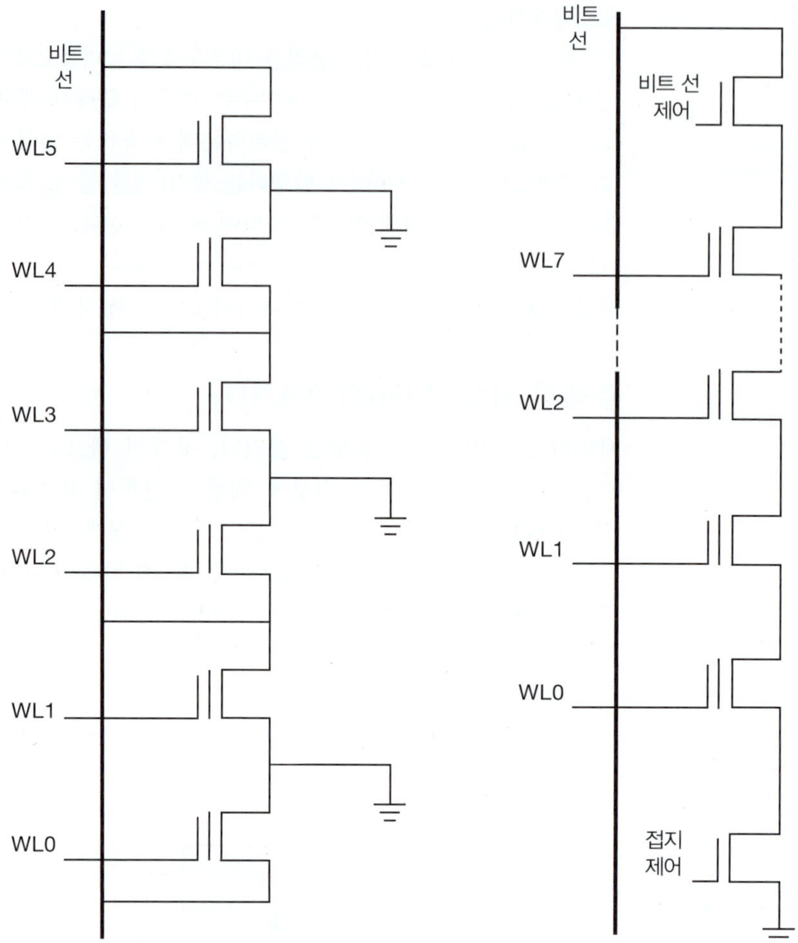

(a) NOR 플래시 회로 (b) NAND 플래시 회로

드 선(매트릭스의 행)은 비트 선(열)과 접지를 연결할 수 있는 트랜지스터 스위치를 제어하고 있음에 주목하라. WL0 OR WL1 OR WL2 . . . OR WL5가 HIGH이면, 비트 선은 LOW 상태가 된다. 이 회로 배치의 기능은 논리적으로 NOR 게이트와 비슷하고, 이런 이유로 *NOR* 플래시라 부른다. 각 트랜지스터는 그룹 내에서 다른 트랜지스터의 상태에 영향을 받지 않고 읽거나 써 넣을 수 있다.

매우 큰 크기의 데이터를 저장하고자 하는 기법인 플래시 메모리 사용의 욕망은 결과적으로 플래시 메모리 제품의 다른 범주에서 어떤 새로운 설계 표준이 되었다. 대용량 저장매체(하드 디스크 같은)에서는 각 바이트를 무작위로 액세스 할 필요가 없다. 문서 파일, 디지털 화상, 또는 디지털 기록의 모든 데이터는 바이트 또는 섹트의 그룹 형태로 순차적으로 저장된다. 연구 개발자는 랜덤 액세스 능력을 생각하지 않고 대용량 저장매체 플래시 소자의 밀도를 개선하고자 하는 측면에서 출발하였다. 이 결과가 ***NAND* 플래시(*NAND flash*)** 기술로서, 서로서로 직렬로 연결되어 FGMOSFET 그룹을 사용하며 그림 12-18(b)와 같이 비트 선과 접지에 연결되고 있다. 비트 선이 LOW가 되기 위해서는 WL0 AND WL1 AND WL2 . . . AND WL7이 HIGH가 되어야 함에 주목하라. 이는 NAND 게이트의 논리 기능과 비슷하므로 *NAND* 플래시라 부른다. NAND 플래시 회로에서, 각 트랜지스터에 저장된 데이터는 부동게이트 상의 전하량에 상관없이 다른 트랜지스터가 동작되도록 하는 충분히 큰 제어 게이트 전압에 의해 활성화되는 그룹 속의 다른 워드 선과 공동으

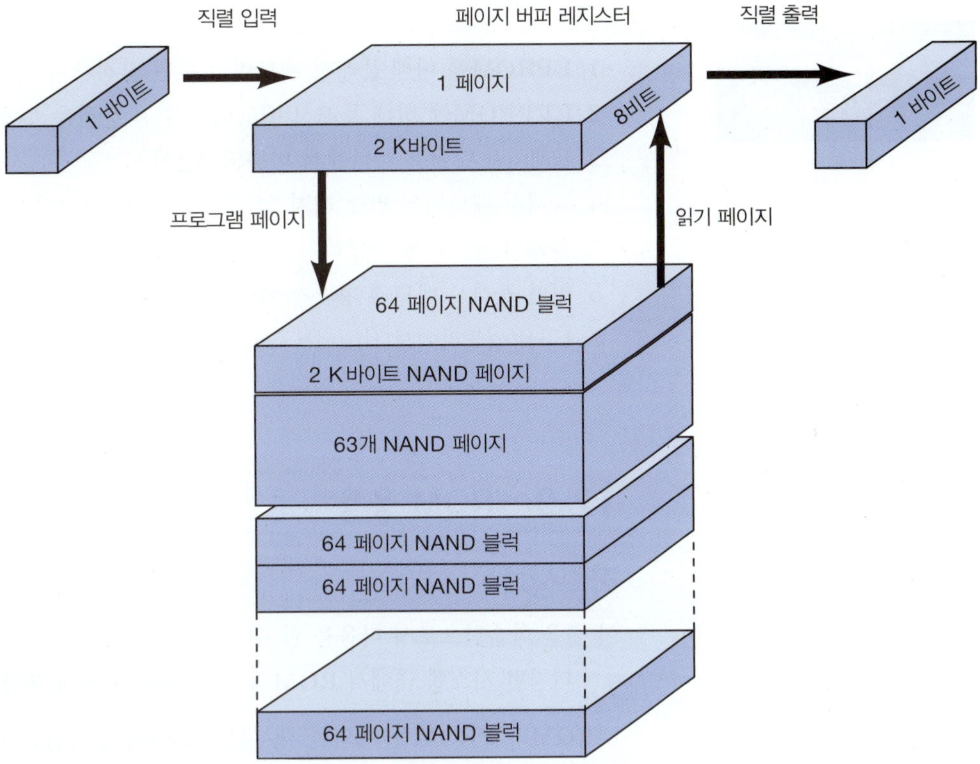

그림 12-19 NAND 플래시 구조

로 액세스되어야 한다. 예를 들어, WL1에 연결된 트랜지스터 상의 데이터를 읽기 위해서는 통상적인 제어 전압이 WL1에 가해져야 하며, 그렇게 함으로서 논리 0이 저장되었다면 MOSFET는 켜지고 논리 1이 저장되었다면 변함없이 꺼진 상태가 된다. 동시에, 다른 트랜지스터는 워드 선(WL0, WL2-WL7) 상의 높은 전압에 의해 동작에 영향을 받게되어(결과적으로 소스와 드레인 사이에 매우 낮은 저항이 발생함), 낮은 저항 경로를 형성할 수 있게 되며 WL1의 MOSFET의 데이터를 효율적으로 비트 선의 전압으로 제어할 수 있게 된다.

NAND 셀을 지우고/프로그램하고/읽기 위해서는 그림 12-19와 같이 페이지 버퍼 레지스터가 각 NAND 셀의 블럭과 연결되어야 한다. 데이터는 한 번에 워드 한 개가 페이지 버퍼 레지스터로 입력되거나 레지스터에서 출력되어야 한다. 메모리 IC 속 디지털 회로도에서 데이터를 FGMOSFET에서 페이지 버퍼 레지스터로 전송(읽기 위해)하거나 버퍼 레지스터에서 FGMOSFET로 전송(쓰기 위해)한다. 또한 각 레지스터에 1을 저장함으로서 데이터를 지울 수 있다. 복잡도의 증가에 대한 정당화는 이 기술의 공간 절약에 달려있다. NAND 플래시 메모리는 실리콘 웨이퍼에 아주 작은 부분으로 구현할 수 있다.

NAND 플래시와 NOR 플래시 기술은 둘 다 장점과 단점이 있다. NAND 플래시 회로는 빠르게 지우고 프로그램 할 수 있지만 데이터가 블럭으로 처리되어야 한다. NOR 플래시는 더 빠르게 읽고 무작위로 액세스할 수 있다. 결론적으로, NOR 플래시는 보통 컴퓨터의 BIOS 칩과 같은 것에 사용되며, NAND 플래시는 그림, 음악의 대용량 저장매체, 그리고 디지털 카메라, MP3 플레이어, USB 플래시 소자 같은 장치의 파일 저장을 위해 사용되고 있다. 차츰 진화하는 기술은 NAND 플래시가 더 높은 밀도와 비트당 가격이 낮아지는 장점이 생기는 방향으로 발전하고 있으며, 동시에 NOR 플래시는 더 많이 응용되도록 그 만큼의 성능을 발휘하고 있다.

학습성과 평가문제

1. EPROM에 비해 플래시 메모리의 주된 장점은 무엇인가?
2. EEPROM에 비해 플래시 메모리의 주된 장점은 무엇인가?
3. 플래시란 단어는 어디에서 비롯되었는가?
4. 플래시 메모리의 명령 레지스터의 기능은 무엇인가?
5. 플래시 메모리를 설명하기 위해 논리 기능 NAND/NOR를 사용하는 이유는?
6. 어떤 플래시 메모리 형태가 바이트 소거가 가능한가?
7. USB 썸드라이브(thumb drive)에 어떤 형태의 플래시 메모리가 사용되는가?

12-9 ROM 응용

학습성과

이 절을 학습함으로서 다음을 할 수 있다.

- 디지털 시스템 내에서 ROM의 몇몇 공통 응용에 대한 열거와 설명

MROM과 PROM을 제외한 대부분의 ROM 소자들은 다시 프로그램할 수 있으므로, 기술적인 측면에서 ROM은 읽기전용 메모리가 아니다. *ROM*이라는 용어는 이미 EPROM, EEPROM, 플래시메모리 등을 포함하여 사용되고 있다. 왜냐하면, 정상적인 동작 동안에는 이 소자에 저장된 내용들은 읽기동작의 회수만큼 자주 변하지 않기 때문이다. 그래서 ROM은 모든 반도체 메모리 소자 및 비휘발성 메모리 소자들을 포함하며, 정보, 데이터, 프로그램코드들의 비휘발성 저장이 요구되며 저장된 데이터가 거의 변화하지 않는 응용분야에 사용된다. 가장 일반적인 응용분야 몇 가지들 소개한다.

임베디드 마이크로 컨트롤러 프로그램 메모리

마이크로 컨트롤러는 현재 시장에서 많은 소비재 전자 제품에 널리 퍼져있다. 자동차의 자동 브레이크 시스템과 엔진 제어부, 핸드폰, 디지털 캠코더, 전자렌지, 그 외 많은 전자제품들은 전자장치의 중추부에 마이크로 컨트롤러가 있다. 이러한 작은 컴퓨터는 프로그램 명령을 ROM이라는 다른 이름으로 비휘발성 메모리 속에 저장하고 있다. 현재 대부분의 임베디드 마이크로 컨트롤러는 CPU와 같은 IC 속에 플래시 ROM이 집적화되어 있다. 또한 많은 것들이 바이트 소거 및 비휘발성 메모리의 특징을 제공하는 EEPROM 영역을 차지하고 있다.

데이터 전송과 이동성

현재, 많은 양의 2진 정보를 저장하고 전송하기 위해서는 저전력 동작 시스템을 요구하고 있다. 휴대폰에는 사진과 비디오 클립을 저장한다. 디지털 카메라는 이동할 수 있는 메모리 장치에 많은 사진을 저장한다. 플래시 소자를 컴퓨터의 USB 포트에 연결하고 수 기가 바이트의 정보를 저장한다. MP3 플레이어는 음악을 로딩하고 배터리만으로 하루 종일 동작한다. 휴대폰(cell phone)은 약속 정보, e-메일, 주소, 심지어는 책 전체를 저장한다. 이런 모든 일반적인 전자 기계장치는 회로 속에서 플래시 메모리로 통용되는 쓰기 기능을 가진 비

휘발성 저장장치가 저전력, 저비용, 고밀도가 되기를 요구하고 있다.

부트스트랩 메모리

많은 마이크로컴퓨터와 대부분의 대형 컴퓨터들은 그들의 운영시스템 프로그램을 ROM에 저장하지 않는다. 대신 이런 프로그램들은 일반적으로 자기디스크 같은 외부 대용량 메모리에 저장한다. 그러면 이러한 컴퓨터들은 전원이 켜졌을 때 무엇을 할 것인지를 어떻게 아는가? **부트스트랩 프로그램**(bootstrap program)이라고 하는 상대적으로 작은 프로그램이 ROM에 저장되어 있다. 컴퓨터가 켜졌을 때, 부트스트랩 프로그램내에 있는 명령이 실행된다. 이러한 명령들은 CPU로 하여금 시스템 하드웨어를 초기화하도록 한다. 그리고 부트스트랩 프로그램은 대용량 저장매체(디스크)로부터 운영시스템 프로그램을 주기억장치로 로드한다. 이 시점에 컴퓨터는 운영시스템 프로그램을 실행시키고 사용자 명령에 응답하도록 준비한다. 이 시작과정을 보통 "시스템을 부팅(booting up)한다"라고 한다.

많은 디지털 신호처리 칩은 전원이 켜졌을 때 외부의 부트스트랩 ROM으로부터 내부 프로그램 메모리를 로드한다. 또한 좀더 발전된 PLD들은 외부 ROM에서 PLD 속의 RAM 영역으로 논리회로를 형성하는 프로그램 정보를 로드한다. 이 또한 전력이 인가될 때 이루어진다. 이런 방법으로 PLD 칩을 바꾸지 않고 부트스트랩 ROM을 바꿈으로써 PLD는 다시 프로그램된다.

데이터 표

ROM은 삼각함수(사인, 코사인 등)표나 코드변환표와 같이 변하지 않는 데이터표를 저장하는데도 종종 사용된다. 디지털 시스템은 정확한 값을 "찾기"(look-up)위해 이러한 데이터표를 사용한다. 예를 들어, ROM은 0°에서 90° 사이의 사인함수값을 저장하기 위해 사용될 수 있다. ROM은 7개의 주소입력과 8개의 데이터출력을 가진 128 × 8의 형태로 구성되어 있다. 주소입력은 약 0.7°씩 증가되는 각도를 표현한다. 예를 들면, 주소 0000000은 0°, 0000001은 0.7°, 0000010은 1.41°, . . . , 1111111은 89.3°가 된다. 주소가 ROM에 인가될 때 데이터출력은 각도에 대한 사인값을 나타낸다. 예를 들어, 입력주소가 1000000(약 45°)인 데이터출력은 10110101이 될 것이다. 사인값은 1이하이기 때문에, 이 데이터는 소수로 해석된다. 즉, 0.10110101을 10진수로 바꾸면 0.707(sin 45°)이다. 이런 ROM의 사용자는 데이터의 저장형태를 이해하는 것이 매우 중요한 일이다.

예전에는 이와 같은 함수에 대한 표준 조견표(look-up table) ROM은 TTL 칩으로 손쉽게 얻어질 수 있었다. 현재는 조견표에 의한 등가의 수치를 필요로 하는 많은 시스템이 마이크로프로세서를 포함하고 있고 이런 데이터는 프로그램 명령이 들어있는 ROM에 함께 저장되어 있다.

데이터 변환기

데이터 변환기(data converter)회로는 코드의 형태로 표현되는 데이터를 취해서 이를 다른 형태의 코드로 변환시키는 회로이다. 예를 들어, 컴퓨터가 2진 코드로 출력된 데이터를 7세그먼트 LED 상에 나타내기 위하여 BCD로 변환하고자 할 때 코드변환기가 필요하다.

가장 쉬운 코드변환방법 중의 하나는 ROM을 사용하는 것인데, 특정 주소(낡은 코드)를 인가하여 새로운 코드에 상응하는 데이터 출력을 만들 수 있게 한다. 74185는 6비트 2진 입력에 대한 2진-BCD코드 변환장치을 내장하고 있는 TTL ROM이다. 예를 들어,

그림 12-20 ROM과 DAC를 이용한 함수발생기

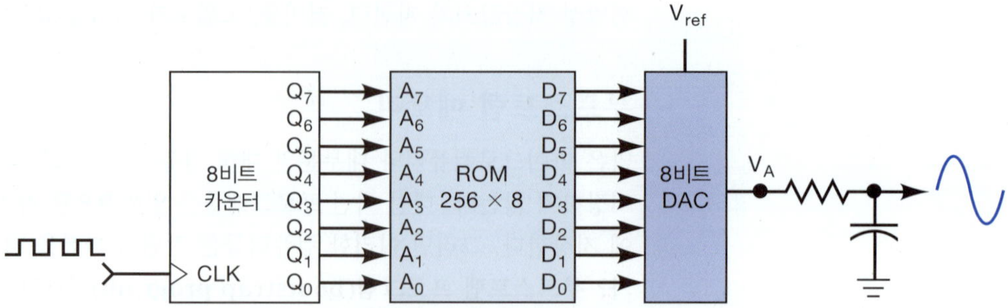

100110(10진수 38)의 2진 주소입력은 데이터 출력 00111000을 만드는데, 이는 10진수 38에 대한 BCD코드이다.

함수발생기

함수발생기(function generator)는 정현파, 톱니파, 삼각파, 구형파와 같은 파형을 만드는 회로이다. 그림 12-20은 ROM 조견표와 DAC가 정현파를 발생시키기 위해 어떻게 사용되는가를 나타낸다.

ROM은 각각 다른 파형값(예를 들어, 정현파의 다른 전압점)에 대응하는 256개의 서로 다른 8비트를 저장하고 있다. 8비트 카운터는 ROM에 순차적으로 주소입력을 공급하기 위해 클럭신호에 따라 변한다. 카운터가 256개의 다른 주소를 카운트함에 따라 ROM은 256개의 데이터를 DAC로 출력한다. DAC의 출력은 데이터점에 대응되는 256개의 다른 아날로그 전압값을 갖는 계단파형이 될 것이다. 저역여파기(low-pass filter)는 DAC의 계단파형을 완만한 파형이 되게 한다.

학습성과 평가문제

1. 컴퓨터는 부트스트랩 프로그램을 어떻게 사용하는지 설명하라.
2. 코드변환기란 무엇인가?
3. 함수발생기의 주요 요소는 무엇인가?

12-10 반도체 RAM

학습성과

이 절을 학습함으로서 다음을 할 수 있다.

- 일반적으로 사용되는 RAM의 정의
- 시스템 내의 RAM 역할에 대한 설명

*RAM*이라는 용어는 어떤 메모리 주소가 다른 위치의 주소처럼 쉽게 액세스할 수 있음을 의미하는 임의접근메모리(*random-access memory*)를 나타낸다는 것을 상기하라. 여러 형태의 메모리는 무작위로 액세스를 할 수 있는가에 따라 분류되며, *RAM*이란 용어가 반도체 메모리로 사용된다면, 일반적으로 ROM에 반대되는 읽기/쓰기 메모리라는 뜻이다. 반도체 RWM을 뜻하는 RAM을 사용하는 것이 일반적인 관습이므로, 이제부터는 이와 같은 뜻으로 RAM을 사용하도록 하겠다.

RAM은 컴퓨터에서 프로그램과 데이터의 일시적인 저장을 위해 사용된다. 많은 RAM 주소의 내용은 컴퓨터가 프로그램을 수행함에 따라 읽고 쓰여질 것이다. 빠른 컴퓨터의 동작을 위해서는 RAM의 읽기와 쓰기 사이클 시간이 빨라야 한다.

RAM의 주된 단점은 휘발성이어서 전원이 차단되거나 꺼져버리면 저장된 정보를 잃는다는 것이다. 그러나 대기모드(읽기 또는 쓰기동작이 발생하지 않는)에서 아주 적은 양의 전력을 사용하는 CMOS RAM은 주 전원이 차단될 때마다 배터리에서 전원을 공급받는다. 물론, RAM의 주 장점은 쉽고 빠르게 읽고 쓸 수 있다는 것이다.

RAM과 ROM의 기본 개념은 두 메모리 형태에 있어서 공통적이기 때문에 다음에서 기술하는 RAM에 대한 설명은 ROM에서 다루었던 사항과 유사하다.

학습성과 평가문제

1. RAM은 휘발성 메모리인가?
2. RAM과 ROM은 어떻게 다른가?
3. 참 또는 거짓: RAM은 무작위로 엑세스되는 유일한 메모리 소자이다.

12-11 RAM 구조

학습성과

이 절을 학습함으로서 다음을 할 수 있다.

- RAM IC를 만드는 기능별 블럭에 대한 설명
- 읽기 및 쓰기 위해 RAM 의 제어 입력에서 수행되는 동작의 순서 설명
- RAM IC의 핀 번호 배치에 대한 확인

ROM처럼 RAM은 많은 레지스터로 구성되어 있고, 데이터 워드를 저장하고 있으며, 유일한 주소를 갖고 있다고 생각하면 도움이 될 것이다. RAM은 의 워드용량과 1비트, 4비트, 8비트의 워드크기를 갖는다. 나중에 알게 되겠지만 워드 용량과 워드크기는 메모리칩을 결합하여 확장할 수 있다.

그림 12-21은 각 4비트의 워드 64개를 저장하는(64 × 4 메모리) RAM의 간단한 구조를 나타낸다. 이 워드들은 0에서 63_{10} 사이의 주소를 갖는다. 64개의 주소 중 하나를 선택하기 위해, 2진 주소코드가 디코더회로에 인가된다. $64 = 2^6$이므로, 디코더는 6비트 입력코드를 요구한다. 각 주소코드는 이에 대응하는 레지스터를 인에이블하는 특별한 디코더 출력을 만든다. 예를 들어, 다음과 같은 주소코드를 인가한다고 가정하자.

$$A_5A_4A_3A_2A_1A_0 = 011010$$

$011010_2 = 26_{10}$이므로, 디코더출력 26이 HIGH가 되고, 읽기 또는 쓰기 위해 레지스터 26을 선택한다.

읽기동작

읽기 또는 쓰기 위해 주소코드는 메모리칩 내의 한 레지스터를 선택한다. 선택된 레지스터

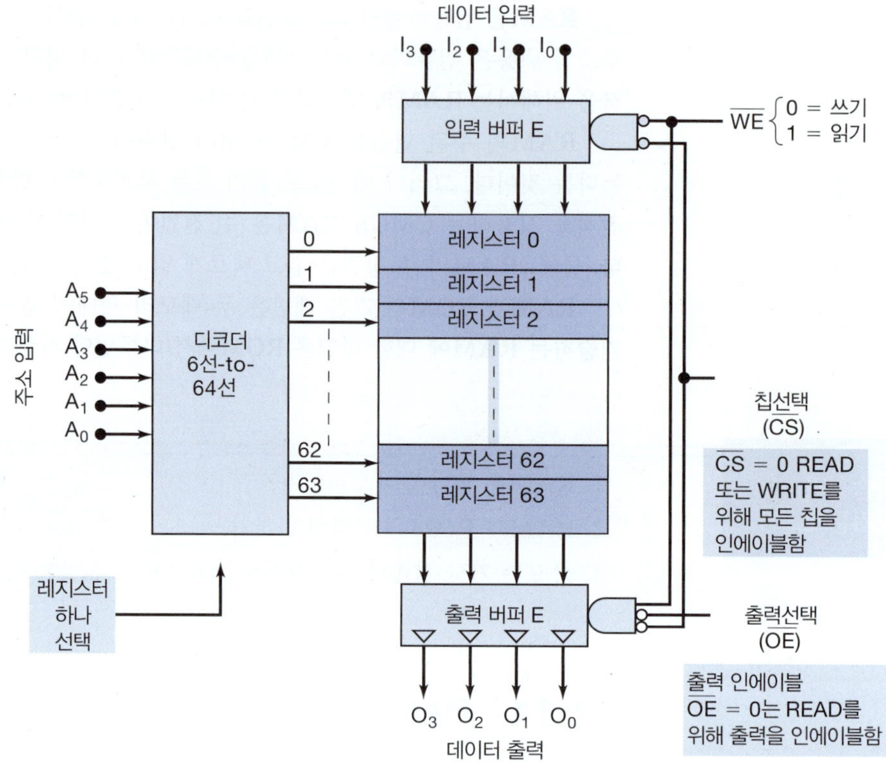

그림 12-21 64 × 4 RAM 의 내부 구조

의 내용을 읽기 위하여, 쓰기 인에이블(write enable)($\overline{WE}$)* 입력은 1이어야 한다. 또한, 칩 선택(chip select)($\overline{CS}$) 입력은 활성화(이 경우는 0)되어야 한다. $\overline{WE}$ = 1, $\overline{CS}$ = 0, 그리고 $\overline{OE}$ = 0의 조합에 의해 출력버퍼가 인에이블되어, 선택된 레지스터의 내용이 4개의 데이터출력에 나타나게 된다. 또한 $\overline{WE}$ = 1은 입력버퍼를 디스에이블시키므로 읽기 동안에 데이터입력은 메모리에 아무런 영향을 주지 않는다.

쓰기동작

새로운 4비트 워드를 선택된 레지스터에 쓰기 위해서는 $\overline{WE}$ = 0, $\overline{CS}$ = 0이 되도록 하여야 한다. 이 조합에 의해 입력버퍼가 인에이블되고, 데이터입력으로 인가된 4비트 워드는 선택된 레지스터에 저장된다. 또한 $\overline{WE}$ = 0은 3상태인 출력버퍼를 디스에이블시키고 데이터출력은 쓰기동작 동안에 Hi-Z 상태가 된다. 물론, 쓰기동작은 그 주소에 먼저 저장되어 있던 워드를 지워버린다.

칩 선택

대부분의 메모리칩은 모든 칩을 인에이블시키거나 디스에이블시키는데 사용하는 한 개 이상의 *CS* 입력을 가진다. 디스에이블 모드에서는, 모든 데이터입력과 출력들은 디스에이블되어서(Hi-Z) 읽기나 쓰기 어느 것도 할 수 없게 된다. 이 모드에서는 메모리의 내용에 아무런 영향을 주지 않는다. 더 큰 메모리을 얻기 위하여 메모리칩들을 결합할 때 입력의 역할은 확실해진다. 많은 제작자들은 이 입력을 칩 인에이블(*chip enable*) (*CE*)이라고 한다. *CS*나 *CE* 입력이 활성화되어 있을 때, 메모리칩이 선택되었다고 하고, 그렇지 않으면 선택되

* 어떤 제작자는 $\overline{WE}$ 대신 심볼 $R/\overline{W}$(읽기/쓰기) 또는 $\overline{W}$를 사용한다. 어떤 경우든 동작은 같다.

지 않았다라고 한다. 많은 메모리 IC들은 선택되지 않은 상태에서는 매우 낮은 전력을 소비하도록 설계되어 있다. 주어진 메모리 동작에 대해, 대규모 메모리시스템에서는 하나 이상의 칩들이 선택될 것이다. 이것에 대해서는 나중에 더욱 자세하게 설명될 것이다.

공통 입/출력핀

IC패키지에서 핀을 줄이기 위하여, 제조업자들은 공통 입/출력핀을 이용하여 데이터입력과 출력 기능을 공유하게 한다. $\overline{OE}$와 $\overline{WE}$ 입력은 이런 I/O핀들의 기능을 제어한다. $\overline{WE}$ = 1이고 $\overline{OE}$ = 0인, 읽기동작 동안에 I/O핀들은 선택된 주소위치의 내용을 재생하는 데이터 출력으로 동작한다. $\overline{WE}$ = 0이고 $\overline{OE}$ = 1인, 쓰기동작 동안에 I/O핀들은 공급된 데이터를 써넣는 데이터입력으로 동작한다.

그림 12-21에 있는 칩을 보면 이것이 왜 그렇게 되는가를 알 수 있다. 입/출력 핀을 분리할 경우, 전체 19개의 핀이 필요하다(접지와 전원을 포함하여). 4개의 공통 I/O핀을 사용하면, 15핀만이 필요하다. 핀 수를 줄이는 것은 워드크기가 큰 칩의 경우에는 매우 중요한 문제가 된다.

모든 응용분야에서, 메모리 소자는 9장에서 학습한 양방향 데이터 버스를 사용한다. 이런 형태의 시스템은 메모리칩의 입력핀과 출력핀이 서로 떨어져 있어도, 이들은 같은 데이터 버스에 함께 묶여 있다. 입력과 출력핀이 떨어져 있는 RAM을 듀얼 포트(dual-port) RAM이라 한다. 이들은 속도가 매우 중요하며 데이터의 출력보다 다른 소자로부터 데이터가 입력되어야 하는 응용분야에 사용된다. 좋은 예가 PC의 비디오 RAM이다. RAM은 화면을 새롭게 만들기 위해 비디오 카드로부터 계속해서 읽어야 하고 끊임없이 시스템 버스로부터 갱신되는 새로운 정보로 채워져야 한다.

학습성과 평가문제

1. 특정 RAM 주소위치로부터 워드를 읽기 위해 필요한 입력상태를 설명하라.
2. 몇몇 RAM 칩들은 왜 공통 I/O핀을 갖는가?
3. *CS* 입력 하나, $R/\overline{W}$ 입력 하나, 전원, 접지, 그리고 공통 I/O를 갖고 있는 64K × 4 RAM은 얼마나 많은 핀이 필요한가?

12-12 정적 RAM(SRAM)

학습성과

이 절을 학습함으로서 다음을 할 수 있다.

- RAM 셀에 1과 0을 저장하는 방법의 설명
- 양극성, NMOS, CMOS 메모리 소자 내에서 메모리 셀로 사용되는 회로에 대한 서로의 비교
- 정적의 정의
- RAM에 대해 읽기 및 쓰기 사이클 동작 순서의 설명
- RAM의 제어 신호와 관련된 제약 조건을 정의한 타이밍도의 이해

지금까지 논의하고 있는 RAM의 동작을 칩에 전원이 공급되는 한 데이터를 저장할 수 있

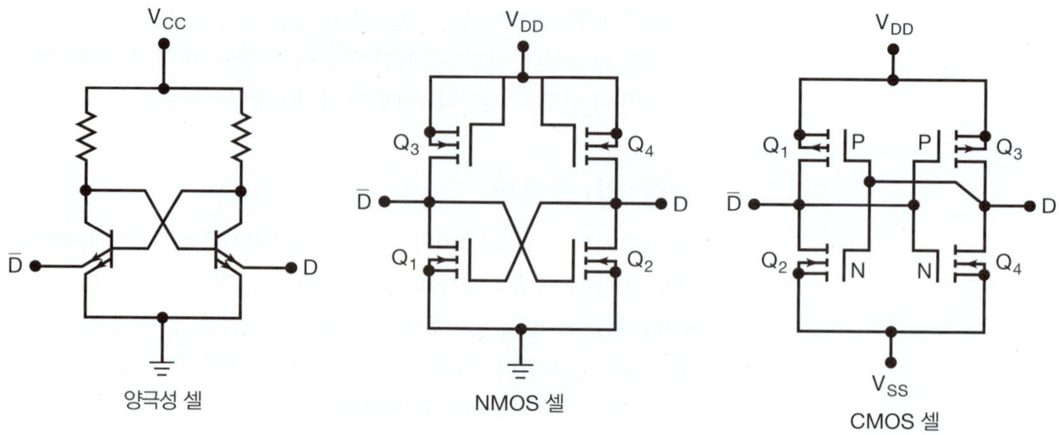

그림 12-22 대표적인 양극성, NMOS, CMOS 정적 RAM 셀

는 **정적 RAM(static RAM)**에 적용하자. SRAM 메모리 셀은 본질적으로 회로에 전원 공급을 중단하지만 않으면, 주어진 상태(비트를 저장)를 유지하는 플립플롭이다. 콘덴서에 충전시킴으로써 데이터를 저장하는 **동적 RAM(dynamic RAM)**은 12-13절에서 설명할 것이며, 콘덴서의 방전으로 인해 동적 RAM에 저장된 데이터는 점차적으로 사라지기 때문에, 주기적으로 데이터를 **리프레시(refresh)** 시키는 것이 필수적이다(예를 들어, 콘덴서의 재충전).

정적 RAM(SRAM)은 양극성(bipolar), MOS, BiCMOS 기술로 제작되고 있다; 현재 대부분의 응용에는 CMOS RAM이 사용된다. 논리회로에서 이런 기술의 특징을 나타내는 동일한 장점과 단점이 다음과 같이 메모리에 적용된다. 그림 12-22는 양극성, NMOS, CMOS 기술이 사용된 기본적인 래치 회로도를 보여준다. 양극성 셀은 빠르고, 전력소모가 많으며, 양극성 트랜지스터가 MOSFET 보다 더 복잡하고 저항이 비교적 크기 때문에 실콘 웨이퍼의 넓은 부분을 차지한다. MOSFET(Q_3와 Q_4)를 풀업(pull-up) 저항으로 사용하는 NMOS 셀은 보다 적게 만들어지고 저항 값은 전력소모를 줄일 수 있게 한다. 그러나, 이런 셀은 모두 래치 회로의 한 쪽 또는 다른 쪽을 통해 항상 전류가 흐른다. CMOS 셀은 P형과 N형 MOSFET를 사용하여 이런 문제를 없앴다. CMOS 래치의 어떤 상태에서도 V_{DD}에서 V_{SS}로 전류가 거의 흐르지 않는다. 그래서, 소비전력이 가장 적고, 고속으로 동작하지만, 회로도가 복잡해지므로 실콘 웨이퍼 상에서 넓은 부분을 차지한다. 편의상 셀을 선택하기 위한 워드 선이 고려된 트랜지스터는 이 그림에는 보이지 않았으나, 동적 RAM 셀에 추가되어야 한다.

정적 RAM 타이밍

RAM IC는 컴퓨터의 내부메모리로 가장 많이 사용된다. CPU(중앙처리장치)는 CPU의 처리한계에 의해 결정되는 매우 빠른 속도로 이 메모리에 읽기와 쓰기동작을 끊임없이 수행한다. CPU에 인터페이스 되어 있는 메모리 칩은 CPU의 읽기 및 쓰기명령에 응답할 수 있을 정도로 충분히 빨라야 하며, 컴퓨터 설계자는 RAM의 다양한 시간특성에 유의하여야 한다.

모든 RAM이 똑같은 시간특성을 갖지는 않지만, 대부분 비슷하므로, 예시적으로 대표적인 특성 몇 개를 이용할 것이다. 다른 시간 파라미터에 대한 명칭은 제작자마다 다양하지만, 각 파라미터의 의미는 대개 RAM 데이터 시트 상의 메모리 타이밍도로부터 쉽게 결정

그림 12-23 정적 RAM의 대표적인 타이밍: (a) 읽기 사이클; (b) 쓰기 사이클

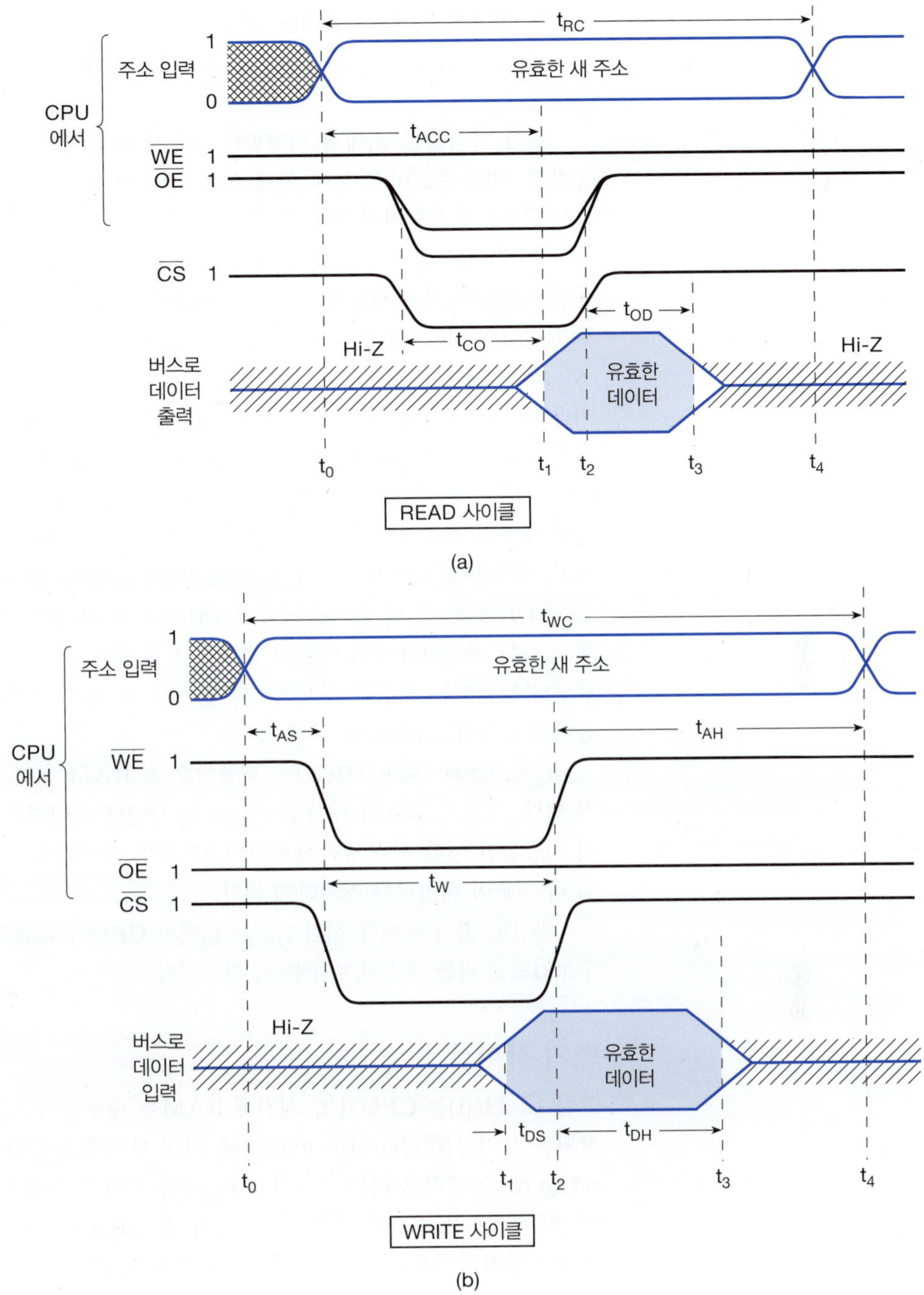

된다. 그림 12-23은 대표적인 RAM 칩의 완전한 읽기 사이클과 쓰기 사이클에 대한 타이밍도를 나타낸다.

읽기 사이클

그림 12-23(a)의 파형은 메모리 읽기 사이클(read cycle) 동안, 주소, $\overline{WE}$, $\overline{OE}$, 칩선택 입력이 어떻게 동작하는지를 나타낸다. 주지한 바와 같이, 특정한 RAM 주소위치로부터 데이터를 읽고자 할 때, CPU는 이 입력신호를 RAM에 인가한다. 비록 RAM은 CPU의 주소버스로부터 들어오는 많은 주소입력을 갖고 있으나, 타이밍도에는 단지 두 가지만 나타

내었다. RAM의 데이터출력도 나타내었다; 특별히 RAM이 한 개의 데이터출력을 갖는다고 가정한다. RAM의 데이터출력은 CPU의 데이터버스에 연결된다는 것을 상기하라(그림 12-5).

읽기 사이클은 t_0에서 시작한다. 이 시간에 앞서, 어떠한 주소든지 주소입력은 앞선 동작에 의해 주소버스 상에 있게 된다. RAM의 칩 선택이 동작하지 않기 때문에, "이전(old)"주소에 응답하지 않을 것이다. t_0에 앞서서 $\overline{WE}$ 선이 HIGH이고, 읽기 사이클 동안 계속 HIGH를 유지하는 것에 유의하라. 대부분의 메모리시스템에서, $\overline{WE}$는 쓰기 사이클 동안 LOW인 것을 제외하고는 보통 HIGH 상태를 유지한다. $\overline{CS} = 1$이고 $\overline{OE} = 1$이므로 RAM의 데이터출력은 Hi-Z 상태에 있다.

t_0에, CPU는 RAM입력에 새로운 주소를 공급한다; 이것은 읽고자 하는 위치의 주소이다. 주소신호가 안정된 후에, $\overline{CS}$ 선은 활성화된다. 그림에서 출력 인에이블은 동시에 활성화된다. 어떤 위치의 메모리도 액세스되고 3상태 드라이버가 각각 동작되도록 하기 위해 $\overline{CS}$와 $\overline{OE}$는 둘 다 활성화되어야 함을 상기하라. RAM은 t_1에 주소가 위치하는 곳의 데이터를 데이터 출력선에 옮기는 응답을 한다. t_0와 t_1 사이의 시간은 RAM 액세스시간 t_{ACC}이고, 새로운 주소의 인가와 유효 출력데이터 출현사이의 시간이다. 타이밍 파라미터 t_{CO}는 $\overline{CS}$와 $\overline{OE}$ 또는 둘 다 활성화되어 RAM 출력이 Hi-Z에서 유효 데이터 레벨까지 도달하는데 걸리는 시간이다. $\overline{CS}$ 이후에 출력이 유효해지는 시간과 데이터가 유효해질 때까지 $\overline{OE}$로부터 분리되는 시간은 구체적으로 명시할 수 있을 것이다. 간단히 말해서, 두 가지 모두 같다고 가정하고 t_{CO}라고 부른다.

t_2에, $\overline{CS}$와 $\overline{OE}$는 HIGH로 되돌아오고, RAM 출력은 시간간격 t_{OD} 후에 Hi-Z 상태가 된다. 그래서, RAM 데이터는 t_1과 t_3 사이에 데이터버스 상에 있게 될 것이다. CPU는 이 시간동안 어떤 시점에도 데이터버스로부터 데이터를 가져올 수 있으며 내부레지스터 중의 하나에 이 데이터들 래치하게 된다.

완전한 읽기 사이클 시간 t_{RC}는 t_0에서 CPU가 다음의 읽기 또는 쓰기 사이클을 위해 주소입력을 다른 주소로 바꾸는 t_4 사이이다.

쓰기 사이클

그림 12-23(b)는 CPU가 t_0 시간에 RAM에 새로운 주소를 인가할 때 신호의 활성화가 시작되는 쓰기 사이클(write cycle)에 대해 보여주고 있다. CPU는 주소설정시간(*address setup time*)이라고 하는 시간간격 t_{AS}만큼 기다린 후에 $\overline{WE}$와 $\overline{CS}$ 선이 LOW가 되게 한다. 이는 새로운 주소에 대하여 응답하기 위한 RAM의 주소 디코더시간이다. $\overline{WE}$와 $\overline{CS}$는 쓰기 시간간격이라고 하는 시간간격 t_W 동안 LOW를 유지한다.

쓰기 시간간격 동안, 시간 t_1에 CPU는 RAM에 쓰여질 유효데이터를 데이터버스에 인가한다. 이 데이터는 $\overline{WE}$와 $\overline{CS}$가 활성화되지 않은 t_2에 앞서 적어도 시간간격 t_{DS} 동안, 그리고 적어도 시간간격 t_{DH} 이후까지 RAM 입력에서 유지되어야 한다. t_{DS} 간격은 데이터설정시간(*data setup time*)이라 하고, t_{DH}는 데이터유지시간(*data hold time*)이라 한다. 비슷하게, 주소입력은 t_2 후에 주소유지 시간간격 t_{AH} 동안 안정된 상태를 유지하여야 한다. 어떤 설정시간 또는 유지시간의 요구가 충족되지 않으면, 쓰기동작은 확실하게 일어나지 않는다.

완전한 쓰기사이클 완료시간 t_{WC}는 CPU가 다음 읽기 또는 쓰기사이클을 위하여 새로운 주소로 주소선을 바꾸는 t_0에서 t_4 사이이다.

읽기사이클 시간 t_{RC}와 쓰기사이클 시간 t_{WC}는 본질적으로 메모리칩이 얼마나 빨리 동작할 수 있을 것인가를 결정한다. 예를 들면, 실제응용에서 CPU는 종종 메모리로부터 순서대로 연속적인 데이터워드를 읽게 될 것이다. 만일 메모리가 50 ns의 t_{RC}를 갖는다면, CPU는 50 ns에 한 워드씩, 또는 초당 2천만 개의 워드를 읽을 수 있다; t_{RC} = 10 ns이면, CPU는 초당 1억 개의 워드를 읽을 수 있다.

학습성과 평가문제

1. 정적 RAM 셀과 동족 RAM 셀은 어떻게 다른가?
2. 최저전력을 소비하기 위해 일반적으로 어떤 메모리기술을 사용하는가?
3. 어떤 소자가 읽기사이클 동안 데이터를 데이터버스 상에 싣는가?
4. 어떤 소자가 쓰기사이클 동안 데이터를 데이터버스 상에 싣는가?
5. 어떤 RAM 타이밍 파라미터가 동작속도를 결정하는가?

12-13 동적 RAM(DRAM)

학습성과

이 절을 학습함으로서 다음을 할 수 있다.

- DRAM에 1과 0을 저장하는 방법의 설명
- DRAM 응용의 확인
- 다른 메모리 소자와 상대적인 DRAM의 강점과 한계점

동적 RAM(dynamic RAM)의 출현은 1960년대 쯤이다. 그 이후 기술은 용량, 밀도, 속도면에서 엄청나게 발전하였으나, 기본적인 동작 원리는 근본적으로 똑같이 유지되고 있다. 예를 들어 컴퓨터나 휴대용 소자에서 동작하는 DRAM 칩에 비해 상대적으로 용량이 매우 작은 것에 사용될 것이다. 기본적인 차이점은 주소선 수이다.

동적 RAM은 MOS기술을 이용하여 만들며, 용량이 크고 전력소모가 적으며 적당한 동작속도를 가진다는 것을 유념하라. 앞에서 언급한 것처럼, 플립플롭에 정보가 저장되어 있는 SRAM과는 달리, 동적 RAM은 작은 용량의 MOS 콘덴서(대표적으로 수 pF)를 충전하여 0과 1을 저장하고 있다. 이런 충전은 일정시간 후에 방전되기 때문에, 동적 RAM은 메모리 셀을 주기적으로 재충전하여야 한다. 이것을 동적 RAM을 리프레시한다(*refreshing*)고 한다. 동적 RAM 칩은 각 셀이 리프레시되어야 하는 특정한 시간 간격이 있다. 이것은 오래된 DRAM의 2 ms에서부터 현재의 이중 데이터율(double data rate, DDR) DRAM의 64 ms 까지의 범위를 갖고 있다.

정적 RAM과 비교할 때 동적 RAM의 단점은 리프레시하기 위해 외부 지원회로를 필요로 한다는 것이다. 몇몇 DRAM칩은 특별한 외부 하드웨어를 요구하지 않는 대신에 칩 입력 제어신호의 특별한 타이밍을 요구하는 단일 리프레시 제어회로를 가지고 있다. 그 외에도 우리가 알고 있는 것처럼 DRAM의 주소입력은 SRAM보다 더 복잡하며, DRAM을 사용하는 시스템의 설계는 SRAM을 사용하는 것보다 더 복잡하다. 그러나 큰 용량과 적은 소비전력으로 인해, 크기, 비용, 소비전력을 낮추는 것이 가장 많이 고려되어야 하는 시스템 설계에서는 DRAM 메모리를 사용하게 만든다.

비용, 크기, 전력소모보다 속도와 복잡도를 줄이는 것이 더 중요한 응용분야에서는

SRAM이 아직 더 많이 사용된다. SRAM은 DRAM보다 빠르고 리프레시 동작도 필요하지 않으며 설계도 간단하다. 그러나 DRAM의 용량과 전력소모 면에서는 SRAM과 비교될 수 없다.

간단한 셀 구조 때문에, DRAM의 밀도는 대체로 SRAM 밀도의 4배 정도이다. 이것은 메모리 용량의 4배를 단일 기판에 배치할 수 있도록 하며, 동일한 메모리에 대해 1/4의 공간을 요구한다. DRAM 저장의 비트당 비용은 SRAM의 1/5에서 1/4정도이다. DRAM의 소비전력은 SRAM에 비해 1/6에서 1/2정도이다.

SRAM의 주요 응용분야는 작은 메모리 용량을 요구하는 분야 또는 빠른 속도를 요구하는 분야이다. 많은 마이크로프로세서 제어장치는 매우 작은 메모리 용량을 요구한다. 디지털 오실로스코프와 논리분석기와 같은 장비들은 매우 빠른 속도의 메모리가 필요하다. 이러한 응용분야에 SRAM이 보통 사용된다.

용량이 크고, 전력소비가 적기 때문에 대부분의 개인용 컴퓨터(예를 들어, 노트북, 태블릿PC나 휴대폰)의 중요한 내부메모리는 DRAM이 사용된다. 그러나, 비디오그래픽, 조견표, 캐시(cache)메모리처럼 빠른 속도를 필요로 하는 부분에서는 SRAM을 사용한다.

학습성과 평가문제

1. 정적 RAM과 비교하여 동적 RAM의 주된 단점은 무엇인가?
2. 정적 RAM과 비교하여 동적 RAM의 장점을 열거하시오.
3. PC의 주 메모리 모듈 상에는 어떤 형태의 RAM이 있을 것으로 기대되는가?

12-14 동적 RAM의 구조와 동작

학습성과

이 절을 학습함으로서 다음을 할 수 있다.

- DRAM의 읽기, 쓰기, 리프레싱 과정에 대한 해설
- 주소 다중화의 필요성에 대한 설명
- 입력 핀 수에 관련된 환경 설정
- 제어버스 입력의 역할 기술

동적 RAM의 내부 구조는 그림 12-24에서 설명된 것처럼 단일 비트 셀의 배열로 구성되며, 그림에는 16,384개의 셀이 128 × 128로 배치되어 있다. 각 셀은 배열내에서 특정한 행과 열에 위치해 있다. 14개의 주소입력들에 의해서 셀(2^{14} = 16,384)이 선택된다. 즉, 하위 주소비트 A_0~A_6은 행을 선택하고, 상위 비트 A_7~A_{13}은 열을 선택한다. 각 14비트 주소는 읽거나 써넣을 특정 셀을 선택한다. 그림 12-24에 있는 구조는 16K × 1 DRAM 칩이다. 현재, DRAM 칩은 다양한 형태로 구입이 가능하다. 워드크기가 4비트(또는 그 이상)인 DRAM은 배열에 있는 각 위치가 4개의 셀을 포함하고 있으며, 인가되는 주소가 읽기와 쓰기동작을 위해 4개의 셀을 동시에 선택하는 것을 제외하고는 그림 12-24와 비슷한 셀 배열을 갖는다. 이후에 기술하겠지만, 워드크기가 더 큰 것은 적절한 배열로 몇 개의 칩을 결합함으로써 얻을 수 있다.

그림 12-24 16K × 1 DRAM의 셀 배열

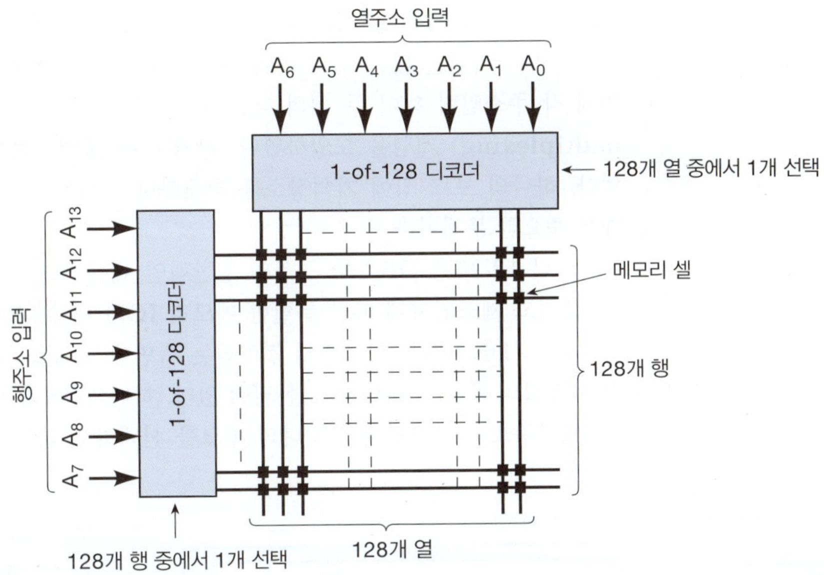

그림 12-25는 DRAM 셀과 관련회로를 나타내고 있다. 회로의 세부적인 면은 나타내지 않았지만, DRAM으로부터 읽고 쓰는 것을 포함하여 기본적인 동작을 설명하는데 사용할 것이다. 실제로 모든 스위치는 다양한 주소디코더의 출력과 $\overline{WE}$ 신호에 의해 제어되는 MOSFET이다. 물론 콘덴서가 사실상의 저장 셀이다. 하나의 센서증폭기(sense amplifier)는 메모리 셀의 한 열 전체에 제공되지만, 선택된 행에 있는 비트만 동작한다.

셀에 데이터를 쓰기 위해 SW3과 SW4가 개방되어 있는 동안, 주소 디코더 신호와 읽기/쓰기 논리에 의해 SW1과 SW2는 닫힌다. 이렇게되어 *C*에 입력데이터가 연결된다. 데이터입력이 논리 1이면 *C*는 충전되고, 논리 0이면 방전된다. 스위치가 개방되면 *C*는 회로 연결이 끊어진다. 이상적으로는 *C*가 충전을 영구히 유지하지만, 끊어져 있는 스위치를 통해 누전경로가 만들어지므로 스위치가 개방되어 있을 때도 점진적으로 방전된다.

셀로부터 데이터를 읽기 위해, 스위치 SW2, SW3, SW4를 닫고 SW1은 개방한다. 이것은 센서증폭기에 저장된 콘덴서 전압을 연결하는 것이다. 센서증폭기는 논리가 0인지 1인지를 결정하기 위해서 몇 가지 참조값과 전압을 비교하고, 데이터출력에 대하여 0 V나 5 V를 만든다. 이 데이터출력은 또한 *C*에 연결되고(스위치 SW2와 SW4가 닫힌다) 재충전이나 재방전에 의하여 콘덴서 전압을 리프레시한다. 다시 말하면, 메모리 셀에 있는 데이터 비트는 읽을 때마다 리프레시된다.

주소 다중화

그림 12-24의 16K × 1 DRAM 배열은 거의 쓰지 않는다. 단지 몇몇 제작자들이 이 같이 적은 용량으로 DRAM을 생산하고 있다. 16K × 1 DRAM은 14개의 주소입력이 있고 64K × 1 DRAM은 16개의 주소입력이 있다. 1M × 4 DRAM은 20개의 주소입력이

그림 12-25 동적 메모리의 심볼표현. 쓰기동작 동안, 반도체 스위치 SW1과 SW2는 닫힌다. 읽기동작 동안, SW1을 제외하고 모든 스위치는 닫힌다.

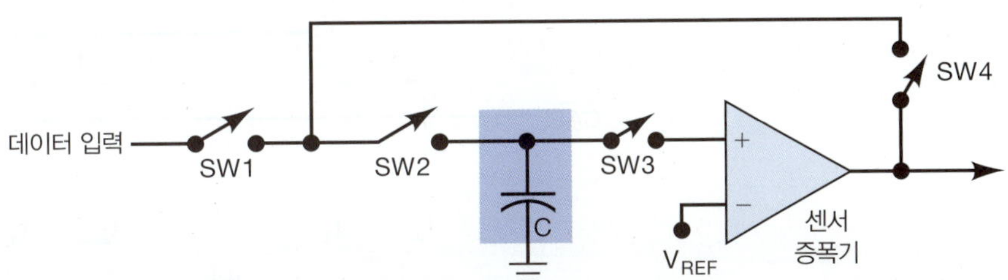

필요하고 4M × 1은 22개의 주소입력이 필요하다. 각 주소입력이 분리된 핀을 요구한다면 대용량 메모리칩은 많은 수의 핀이 필요하게 된다. 대용량 DRAM 칩은 핀의 수를 줄이기 위해 각 주소입력 핀이 두 개의 다른 주소비트를 수용할 수 있도록 **주소 다중화(address multiplexing)** 개념을 도입하였다. 핀의 수를 줄임으로써 IC의 크기가 현저하게 축소되었다. 하나의 보드 상에 기억장소를 최대화하기 원하는 대용량의 메모리 보드에는 이것이 매우 중요한 문제이다.

그림 12-26은 DRAM 구조의 일반적인 예를 보인 것이다. 용량, 위치당 데이터 비트 수, 그리고 제조업자에 따라 특별한 메모리 IC의 내부적인 구성은 조금 다르다; 그러나, 우리는 모든 DRAM은 공통적일 것이라는 측면에 초점을 맞출 것이다. 메모리 셀은 몇몇 사각형 배열의 뱅크(bank)에 정돈되어 있다. 하나의 행(각 뱅크당)은 행 디코더에 의해 선택된다. 열주소는 디코딩되어 하나의 뱅크를 선택하고 데이터 워드의 각 비트에 대응하는 하

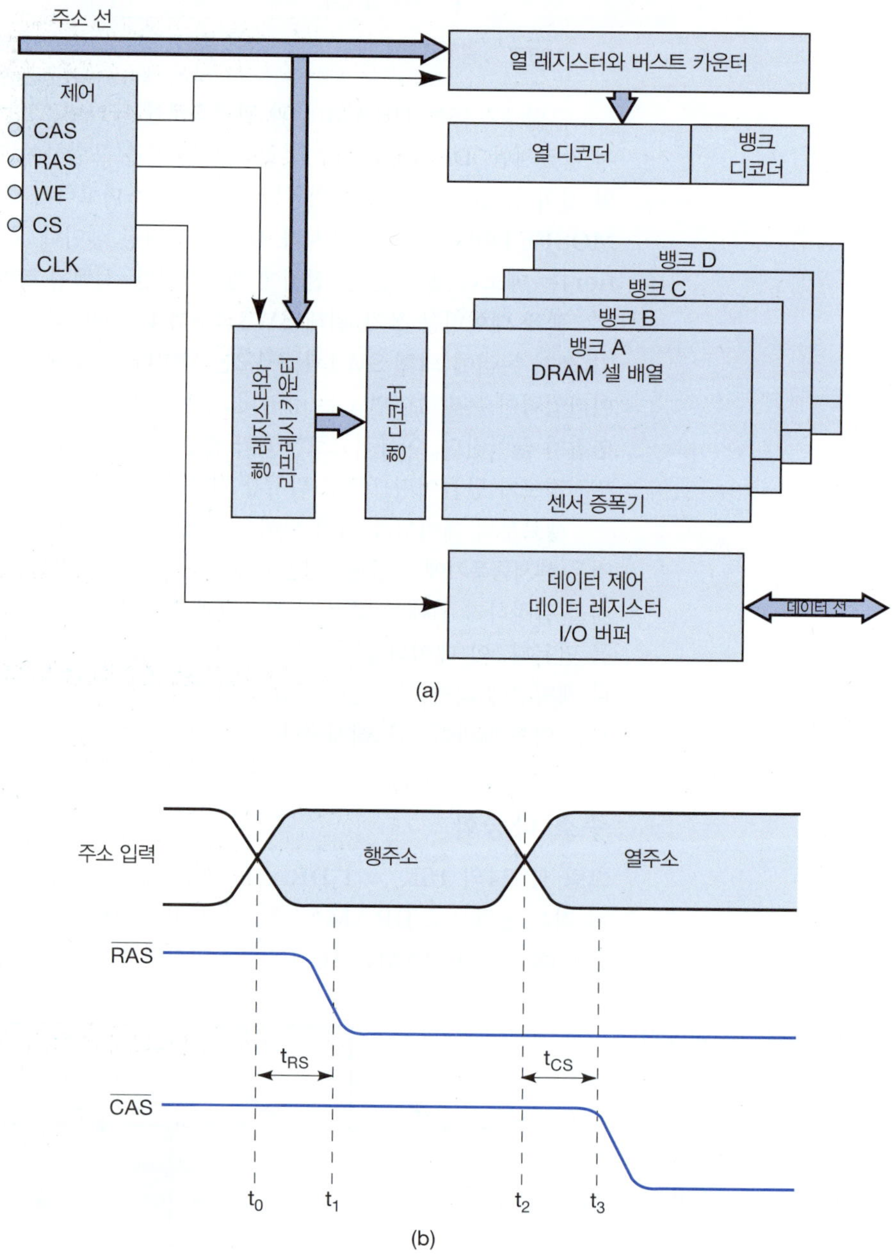

그림 12-26 (a) 대표적인 DRAM의 간단한 구조; (b) $\overline{RAS}/\overline{CAS}$ 타이밍.

나의 열을 선택한다. 예를 들어, 이 소자가 8비트 데이트 워드를 사용한다면, 주어진 열주소는 8비트의 메모리 위치를 만드는 8개의 열을 인에이블시킬 것이다. 앞에서 언급한 주소 다중화에서는 완전한 주소가 한번에 인가될 수 없다. 정확히 말하면, 두 부분으로 나누어져 인가된다: 행주소 다음에 열주소. 주소선이 열주소 레지스터와 행주소 레지스터에 직접 연결된다는 것을 유념하라. 행 레지스터는 주소의 앞부분을 저장하고 열 레지스터는 뒷부분을 저장한다. 주소 정보가 이런 레지스터로 래치될 때, 제어하기 위해 두 가지 매우 중요한 타이밍 신호가 사용된다. **행주소 스트로브(row address strobe)**($\overline{RAS}$)는 행주소 레지스터 속으로 주소 입력의 내용을 저장하고 **열주소 스트로브(column address strobe)**($\overline{CAS}$)는 열주소 레지스터 속으로 주소 입력의 내용을 저장한다.

전체 주소는 특정 DRAM에 $\overline{RAS}$와 $\overline{CAS}$를 이용하여 두 단계로 주어진다. 이 타이밍을 그림 12-26(b)에 보였다. 처음에, $\overline{RAS}$와 $\overline{CAS}$는 둘 다 HIGH이다. t_0 시간에 행주소(즉, 전체 주소의 앞부분 반)가 주소 입력에 주어진다. 행주소 레지스터가 필요로 하는 셋업시간(t_{RS})이 지난 후, $\overline{RAS}$ 입력은 t_1에 LOW가 된다. 이 NGT에 행주소 레지스터 속에 행주소를 로드하게 되고 행 디코더 입력에 윗 부분 주소 비트가 나타나게 된다. $\overline{RAS}$의 LOW는 행 디코더를 인에이블시키고 행주소를 해석하여 배열 중 하나의 행을 선택한다.

시간 t_2에 열주소(즉, 전체 주소의 뒷부분 반)가 주소 입력에 주어진다. t_3에 $\overline{CAS}$ 입력은 열주소 레지스터로 열주소가 로드되게 LOW가 된다. $\overline{CAS}$ 역시 열 디코더를 인에이블시키고 열주소를 해석하여 배열 중 하나의 열을 선택한다.

주소의 두 부분이 각각 그들의 레지스터에 들어가는 시점에 디코더는 행주소와 열주소와 관련이 있는 데이터 셀을 선택하기 위해 이들을 해석하게 되며, 읽기 동작과 쓰기 동작이 동적 RAM 바로 위의 셀에서 수행될 수 있게 된다.

여러분도 알고 있듯이, DRAM에 저장되는 데이터가 실제로 출력에 나타나기 전에 수행되어야 하는 동작이 여러 가지 있다. 이러한 동작을 수행하는데 필요한 시간을 설명하기 위해 **잠복(latency)**이라는 용어를 종종 사용한다. 각 동작에는 어느 정도의 시간이 걸리고, 이것이 메모리에서 데이터를 액세스할 수 있는 최대 속도를 결정한다.

간단한 컴퓨터 시스템에서, 메모리 시스템에 대한 주소입력은 중앙처리장치(CPU)로부터 온다. CPU가 특정한 메모리를 액세스하고자 할 때, 완전한 주소를 생성하고 주소버스(address bus)를 구성하는 주소선상에 이것을 위치시킨다. 그림 12-27(a)는 용량이 64K 워드인 소형 컴퓨터 메모리를 나타내는데, CPU에서 메모리로 직접 연결된 16개의 주소선이 필요하다.

이 배열은 ROM이나 SRAM에서는 가능하지만, 다중화된 주소를 사용하는 DRAM에서는 수정되어야 한다. 메모리가 64K DRAM이라면, 8개의 주소입력을 갖고 있을 것이다. 이는 CPU 주소버스의 16개 주소선이 메모리 주소입력에 8개의 주소비트를 전송하는 멀티플렉서회로에 연결되어야 함을 의미한다. 이것을 그림 12-27(b)에 나타내었다. MUX라고 표시된 멀티플렉서 선택입력은 DRAM의 주소입력으로 나타날 CPU 주소선이 $A_0 \sim A_7$인지 $A_8 \sim A_{15}$인지를 제어한다.

MUX 신호의 타이밍은 DRAM으로 주소를 인가하는 클럭 $\overline{RAS}$와 $\overline{CAS}$와 동기가 맞추어져야 한다. 이것을 그림 12-28에 나타내었다. $\overline{RAS}$가 LOW로 되었을 때 MUX는 LOW가 되어야 하고, $\overline{RAS}$의 NGT에 로드하기 위해 CPU로부터 $A_8 \sim A_{15}$의 주소선은 DRAM 주소입력에 도달하게 된다. 마찬가지로 $\overline{CAS}$가 LOW되었을 때 MUX는 HIGH가 되어야 하고, CPU로부터 $A_0 \sim A_7$은 $\overline{CAS}$의 NGT에 로드하기 위해 DRAM 주소입력에 나타나게 될 것이다.

그림 12-27 (a) ROM이나 정적 RAM을 구동하는 CPU 주소버스; (b) DRAM에 입력되는 CPU 주소선을 다중화하는 멀티플렉서를 구동하는 CPU 주소

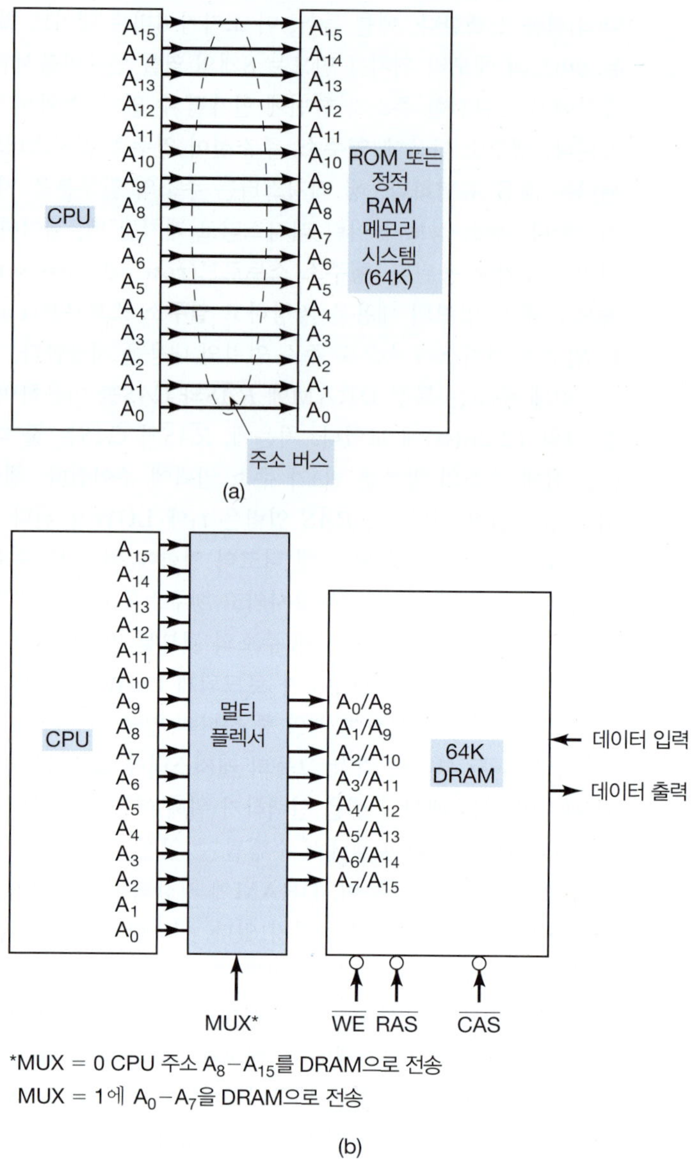

그림 12-28 주소 다중화에 요구되는 타이밍

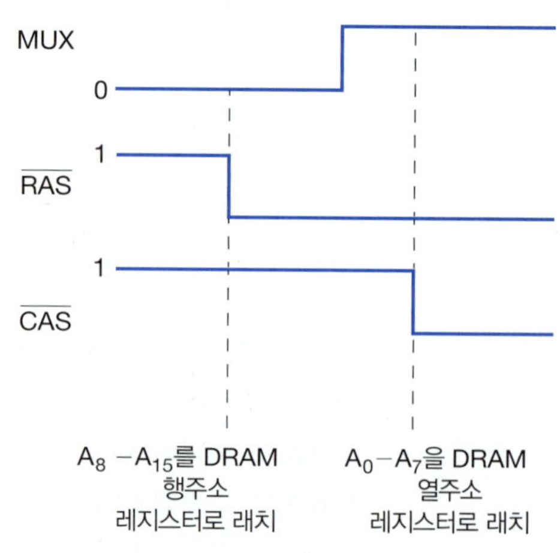

실제 다중화와 타이밍회로는 여기에 나타내지 않고 연습문제(연습문제 12-26과 12-27)로 남겨 놓는다.

학습성과 평가문제

1. 64K × 1 DRAM의 배열 구조를 설명하라.
2. 주소 다중화의 장점은 무엇인가?
3. 1M × 1 DRAM칩에는 얼마나 많은 주소입력이 필요한가?
4. $\overline{RAS}$와 $\overline{CAS}$ 신호의 기능은 무엇인가?
5. *MUX* 신호의 기능은 무엇인가?

12-15 DRAM 읽기/쓰기 사이클

학습성과

이 절을 학습함으로서 다음을 할 수 있다.

- DRAM 상에서 읽기와 쓰기를 수행하는 동작 순서의 설명

DRAM의 읽기와 쓰기동작에 대한 타이밍은 SRAM보다 더 복잡하며, DRAM 메모리 설계자가 고려해야 할 중요한 타이밍 요건이 많이 있다. 이 시점에서 이와 같은 요건을 상세히 다룬다는 것은 아마도 혼동이 야기될 수도 있다. 우선 그림 12-27(b)와 같은 DRAM시스템에 대한 읽기와 쓰기동작을 위한 기본적인 순서를 알아보자.

DRAM 읽기 사이클

그림 12-29은 읽기동작 동안의 대표적인 신호를 나타낸다. $\overline{WE}$는 동작이 이루어지는 동안 HIGH상태에 있다고 가정한다. 다음은 타이밍도 상에 표시된 시간에 일어나는 동작과정을 단계별로 설명한 것이다.

- t_0: *MUX*는 DRAM 주소입력에서 행주소 비트(A_8~A_{15})를 인가하기 위하여 LOW

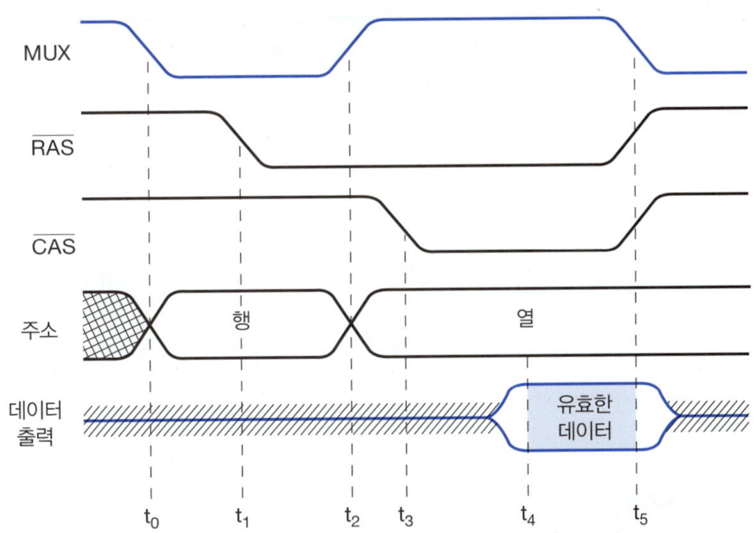

그림 12-29 DRAM의 읽기 동작에 대한 신호. $\overline{WE}$ 입력은 HIGH로 가정한다.

상태로 된다.

- t_1: $\overline{RAS}$는 DRAM에서 행주소를 로드하기 위하여 LOW 상태가 된다.
- t_2: *MUX*는 DRAM 주소입력에서 열주소(A_0~A_7)를 인가하기 위하여 HIGH 상태가 된다.
- t_3: $\overline{CAS}$는 DRAM에 열주소를 로드하기 위하여 LOW 상태가 된다.
- t_4: DRAM은 유효데이터를 선택된 메모리 셀에서 DATA OUT선에 실어줌으로써 응답한다.
- t_5: *MUX*, $\overline{RAS}$, $\overline{CAS}$, DATA OUT은 초기상태로 되돌아간다.

DRAM 쓰기 사이클

그림 12-30은 DRAM 쓰기동작 동안의 신호를 나타낸다. 단계별로 발생하는 동작은 다음과 같다.

- t_0: *MUX*가 LOW일 때 DRAM 입력에 행주소가 인가된다.
- t_1: $\overline{RAS}$의 NGT는 행주소를 DRAM으로 로드한다.
- t_2: *MUX*는 DRAM 입력에 열주소를 인가하기 위해 HIGH 상태가 된다.
- t_3: $\overline{CAS}$의 NGT는 열주소를 DRAM으로 로드한다.
- t_4: 써넣을 데이터가 DATA IN 선에 위치한다.
- t_5: $\overline{WE}$는 선택된 셀에 데이터를 쓰기위해 LOW가 된다.
- t_6: 입력데이터는 DATA IN에서 제거된다.
- t_7: *MUX*, $\overline{RAS}$, $\overline{CAS}$, $\overline{WE}$는 초기상태로 되돌아간다.

그림 12-30 DRAM의 쓰기 동작에 대한 신호

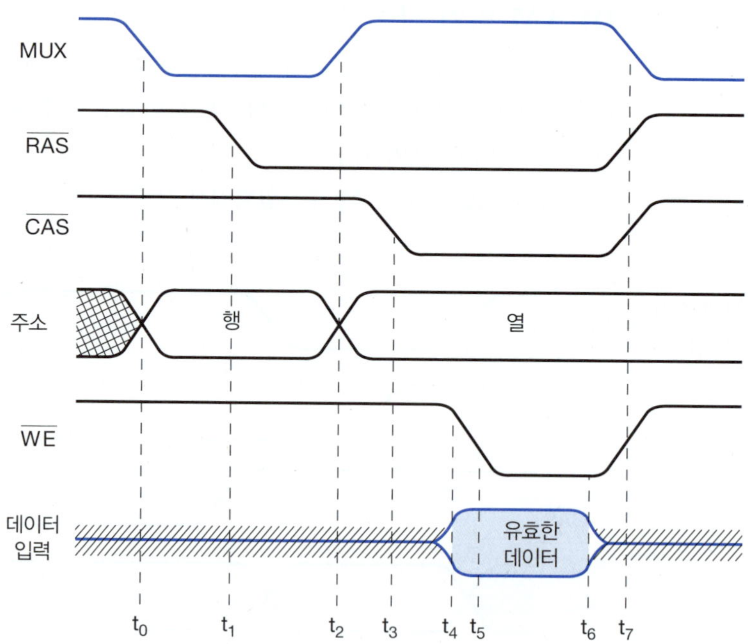

학습성과 평가문제

1. 참 또는 거짓:
   (a) 읽기 사이클 동안 $\overline{CAS}$ 신호 전에 $\overline{RAS}$ 신호가 활성화된다.
   (b) 쓰기 사이클 동안 $\overline{RAS}$ 신호 전에 $\overline{CAS}$ 신호가 활성화된다.
   (c) 전체 쓰기동작 동안 $\overline{WE}$는 LOW를 유지한다.
   (d) DRAM의 주소입력은 읽기 또는 쓰기동작동안 두 번 변한다.
2. 그림 12-27(b)에서 DRAM 입력에 완벽한 주소가 정확히 분배되도록 하는 것은 어떤 신호인가?

12-16 DRAM 리프레시

학습성과

이 절을 학습함으로서 다음을 할 수 있다.

- DRAM에서 셀을 리프레시 하는 과정 설명
- DRAM 주변에 있어야 하는 하드웨어에 대한 설명

DRAM 셀은 각 셀에서 읽기동작을 수행할 때마다 리프레시된다. 각 메모리셀이 주기적(여기서 기술되는 용량의 소자에 대해, 대체적으로 2 ms에서 8 ms 마다)으로 리프레시되지 않으면 데이터는 사라진다. 이러한 요구조건은 대용량의 DRAM에 직면하면 극단적으로 어려울 수 있다. 예를 들어, 1M × 1 DRAM은 10^{20} = 1,048,576개의 셀을 가지고 있고, 1024행 × 1024열로 배열되어 있다. 각 셀이 4 ms 안에 리프레시되기 위해서는 읽기동작이 4ns(4ms/1,048,576 ≈ 4ns)마다 한번의 비율로 성공적으로 이루어져야 한다. 이것은 어떤 DRAM에 있어서는 너무 빠른 속도이다. 다행히도, 제작자들은

한 셀에서 읽기동작이 일어날 때마다 동일한 행에 있는 모든 셀이 리프레시되도록

DRAM 칩을 설계한다. 따라서, DRAM 배열의 각 행에서 읽기동작을 하기 위해서는 배열의 각 셀이 4ms에 한번씩 리프레시되면 된다. 어떤 주소가 행주소 레지스터에 스트로브되면 그 행에 있는 1024개의 셀은 모두 자동적으로 리프레시된다.

틀림없이 이런 행 리프레시 특성은 모든 DRAM 셀을 좀더 쉽게 리프레시할 수 있게 한다. 그러나 DRAM이 작동하는 시스템의 정상적인 동작 동안, 리프레시 시간내에 읽기동작이 DRAM의 각 행에서 수행될 것 같지 않다. 따라서 리프레시 제어 논리가 DRAM 칩의 외부나 내부 회로의 일부분으로 필요하다. 두 경우 모두 버스트(*burst*) 리프레시와 분산(*distributed*) 리프레시라고 하는 두 가지 리프레시 모드가 있다.

버스트 리프레시 모드의 경우, 정상적인 메모리 동작이 중지되고 이어서 모든 행이 성공적으로 리프레시될 때까지 DRAM의 각 행이 리프레시된다. 분산 리프레시 모드의 경우, 행 리프레시는 메모리의 정상적인 동작과 함께 이루어진다.

DRAM 리프레시의 가장 보편적인 방식은 **$\overline{RAS}$ 리프레시($\overline{RAS}$-only refresh)**이다. 이것은 $\overline{CAS}$와 $\overline{WE}$가 HIGH인 동안 $\overline{RAS}$를 행주소에 스트로브함으로써 수행된다. 그림 12-31은 어떻게 $\overline{RAS}$ 리프레시가 1024행을 가진 DRAM의 버스트 리프레시에 이용되는가를 설명하고 있다. 0000000000(0행)에서 시작하는 10비트 열주소가 DRAM 주

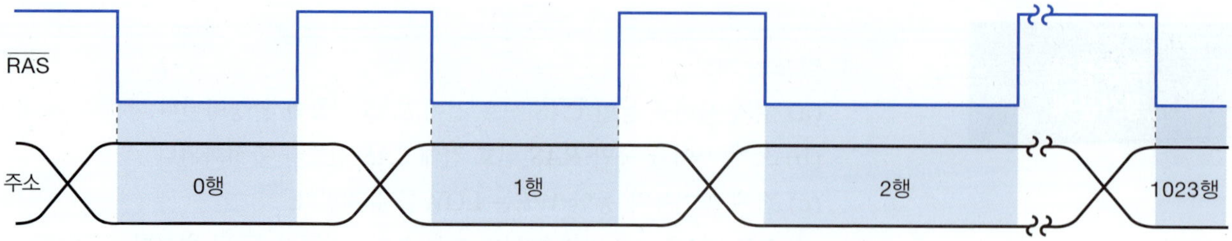

* R/$\overline{W}$와 $\overline{CAS}$ 선은 HIGH를 유지

그림 12-31 $\overline{RAS}$ 리프레시 방식은 DRAM에 행주소를 로드하고 행에 있는 모든 셀을 리프레시하기 위해 $\overline{RAS}$ 신호만 사용한다. $\overline{RAS}$ 리프레시는 그림과 같이 버스트 리프레시를 수행하기 위해 사용된다. 리프레시 카운터는 0행에서 1023행까지 순차적으로 행주소를 제공한다.

소입력에 공급되도록 하기 위해 **리프레시 카운터(refresh counter)**를 사용한다. $\overline{RAS}$는 DRAM에 주소를 로드하기 위해 LOW가 된다. 그리고 양쪽 뱅크의 0행은 리프레시된다. 카운터는 증가되고 리프레시는 주소 1111111111(1023행)까지 반복된다.

리프레시 카운터의 개념은 간단해 보이지만, 정상적인 읽기/쓰기동작이 이루어지는 동안에는 리프레시 카운터의 행주소가 CPU로부터 전달되는 주소와 인터페이스될 수 없음을 인식하여야 한다. 이러한 이유로 리프레시 카운터 주소는 CPU주소와 다중화되어야 하고 적절한 DRAM 주소 소스가 적절한 시간에 활성화되도록 하여야 한다.

이러한 컴퓨터 CPU의 부담을 줄이기 위해 종종 **DRAM 제어기(DRAM controller)**라는 특수 칩을 사용한다. 최소한, 이 칩은 컴퓨터를 프로그램하는 사람과 다른 논리회로에 $\overline{RAS}$와 $\overline{CAS}$에 대한 타이밍과 *MUX* 신호를 발생시키지 않으면서, 주소 다중화를 수행하고 카운터 계열 발생을 리프레시한다. 다른 DRAM 제어기들은 완전 자동이며 입력은 SRAM이나 ROM과 매우 비슷해 보인다. 이들은 메모리를 보존하고, 주소버스를 다중화하고, $\overline{RAS}$와 $\overline{CAS}$ 신호를 발생시키고, CPU 읽기/쓰기 사이클과 국부적인 리프레시 동작 사이의 DRAM 제어 중재에 충분하게 리프레시 신호를 종종 자동적으로 발생한다. 현재의 개인용 컴퓨터에는 DRAM 제어기와 다른 높은 수준의 제어기회로가 "칩셋"(chip set)이라 부르는 VLSI 회로로 IC화되어 있다. 더욱 새로운 DRAM 기술이 개발되면서 칩셋은 최신의 진보된 기술로 설계되었다. 많은 경우 그 기술을 후원하는 칩셋이 시장에 얼마나 현존하는(또는 예상되는)가에 따라 제작자들이 투자할 DRAM 기술이 결정된다.

요즈음 생산되는 DRAM 칩의 대부분은 외부에서 리프레시 주소를 공급할 필요가 없이 칩에 리프레시 기능을 내장시킨다. 예를 들어, 이런 방식중의 하나가 $\overline{CAS}$-후-$\overline{RAS}$ 리프레시($\overline{CAS}$-*before*-$\overline{RAS}$ *refresh*)이다. 이 방법에서는 $\overline{CAS}$ 신호가 먼저 LOW가 되고 $\overline{RAS}$가 LOW가 될 때까지 그 값을 유지한다. 이런 순서에 의해 메모리 배열 중 하나의 행이 리프레시되며 행주소를 발생하는 내부 카운터는 증가한다. 이러한 특성을 이용하여 버스트 리프레시를 수행하기 위해서는, 모든 것이 리프레시될 때까지 각 행에 대해 한번씩 $\overline{RAS}$가 펄스를 공급하는 동안 $\overline{CAS}$는 LOW를 유지할 수 있다. 리프레시 사이클 동안 모든 외부주소는 무시된다. 내장된 행 카운터가 리프레시가 필요한 다음 행의 트랙을 간직하고 있으므로 이런 소자를 갖고 있는 분산 리프레시는 더 쉽다. 메모리 제어기는 리프레시 동작 동안 이러한 행 리프레시가 발생하는 것을 충분히 보장하여야만 한다.

학습성과 평가문제

1. 참 또는 거짓:
   (a) 대부분의 DRAM에서 열에 있는 모든 셀을 리프레시하기 위해 각 열에서 오직 하나의 셀을 읽는 것이 필요하다.
   (b) 버스트 리프레시 모드에서 전체 배열은 하나의 $\overline{RAS}$ 펄스에 의해 리프레시 된다.
2. 리프레시 카운터의 기능은 무엇인가?
3. DRAM 제어기가 수행하는 기능은 무엇인가?
4. 참 또는 거짓:
   (a) $\overline{RAS}$ 리프레시 모드에서 $\overline{CAS}$ 신호는 LOW를 유지한다.
   (b) $\overline{CAS}$-후-$\overline{RAS}$ 리프레시는 칩상에 리프레시 회로가 있는 DRAM에만 사용될 수 있다.

12-17 DRAM 기술*

학습성과

이 절을 학습함으로서 다음을 할 수 있다.

- 컴퓨터에 사용되는 DRAM 모듈을 위한 몇몇 공통 패키지에 대한 확인
- 현재의 DRAM 시스템을 선도하는 기술에 대한 몇 가지 점진적인 변화에 대한 설명

시스템을 위해 특별한 RAM을 선택함에 있어서, 설계자는 몇 가지 어려운 결정을 하게 된다. 단일형태의 RAM으로는 요구하는 특성의 모든 것을 극대화할 수 없기 때문에 용량(가능한 크게), 속도(가능한 빠르게), 소비전력(가능한 적게), 비용(가능한 저렴하게), 밀도(가능한 높게), 그리고 편리성(가능한 바꾸기 쉽게) 등이 적절한 균형을 유지하게 하여야 한다. 반도체 RAM 시장은 다양한 응용을 위해 요구되는 이들 특성이 이상적인 조화를 이루어 생산되기를 끊임없이 바라고 있다. 이 절에서는 RAM 기술에 관련되어 요즘 사용되는 용어들에 대해 설명할 것이다.

메모리 모듈

개인용 컴퓨터의 마더보드(motherboards) 생산회사들은 표준 메모리 인터페이스 컨넥터를 채택해오고 있다. 카드의 양 측면에 접촉부분이 있는 작은 인쇄회로카드(printed circuit card)를 이 컨넥터에 접속시킨다. 이러한 모듈 카드는 컴퓨터의 메모리 소자를 쉽게 설치하고 교체할 수 있도록 한다. SIMM(single-in-line memory module)은 카드 양 측면에 기능적으로 동등한 72개의 접촉부분이 있는 회로카드이다. 이런 모듈은 걸-윙 표면장착 또는 J-리드 패키지에 1에서 16M 비트의 다른 용량을 갖는 5V용 DRAM 칩을 사용한다. 메모리 모듈은 1M바이트에서 32M바이트의 다양한 용량을 갖는다.

새롭게 개발된 DIMM(dual-in-line memory module)은 카드의 양 측면에 각각 기능적으로 독특한 접점이 있다. DIMM 카드는 168핀에서 240핀 사이의 범위이다. 최신 PC에서 보는 바와 같이 DIMM은 64비트 데이터 버스에 접속되어야 하므로 별도의 핀

* 이 내용은 생략하더라도 이 책의 나머지에 대한 연속성에 영향을 미치지 않는다.

이 필요하다. 3.3 V와 5 V 용이 있다. 이 모듈의 용량은 모듈에 탑재되는 DRAM에 따라 달라진다. DRAM 용량이 증가하면 DIMM의 용량도 증가할 것이다. 시스템에서 사용되는 칩셋과 마더보드가 설계됨에 따라 여기서 사용할 수 있는 DIMM의 형태가 결정된다. 휴대용 컴퓨터와 같이 소형 컴퓨터 응용에 SODIMM(small-outline, dual-in-line memory module)이 유용하게 사용된다.

개인용 컴퓨터 산업의 근본적인 문제는 적절한 레벨의 가격을 유지하면서 마이크로프로세서가 충분히 빠른 클럭속도를 유지하는 메모리 시스템을 제공하는 것이다. 특수한 형태는 그들의 전체 대역폭을 넓힐 수 있는 기본 DRAM 소자를 추가하는 것이다. 비록 이러한 성능개선 방법이 끊임없이 변하더라도 다음 용어들은 메모리 관련 문헌들에서 광범위하게 사용될 것이다.

FPM DRAM

FPM(fast page mode)는 현재 "페이지(page)"에서 임의의 메모리 위치를 신속하게 액세스할 수 있게 한다. 페이지는 단순히 동일한 상위주소 비트를 가진 메모리 주소의 범위를 말한다. 현재 페이지 상에서 데이터를 액세스하기 위해서는 단지 하위 주소선이 바뀌어야 한다. FPM DRAM은 지난 몇 년 동안 DRAM 산업의 주된 부분이었다.

EDO DRAM

EDO(extended data output) DRAM은 FPM DRAM의 개량된 형태이다. 주어진 페이지를 액세스하기 위해 현재 메모리 위치에 있는 데이터가 감지되어 출력핀으로 래치된다. FPM DRAM에서 센서증폭기는 래치하지 않고 출력을 구동시키며, 데이터가 유효해질 때까지 $\overline{CAS}$는 LOW를 유지해야 한다. EDO의 경우는, 이런 데이터가 출력에 나타나는 동안, $\overline{CAS}$는 자신의 사이클을 완료하고, 현재 페이지의 새로운 주소가 디코딩될 수 있으며 데이터 경로회로는 다음 액세스를 위해 리셋된다. 따라서 메모리 제어기에 의해 현재의 워드를 읽는 시간에 다음 주소가 출력된다.

SDRAM

동기식 DRAM(synchronous DRAM)은 고속시스템을 위한 차세대 표준으로 여겨진다. 데이터값은 동일 페이지 내에 있는 메모리 위치의 버스트에서 시스템 클럭($\overline{CAS}$ 제어선 대신)에 의해 출력된다. 내부적으로, SDRAM은 두 개의 뱅크로 구성되어 있다. 각각의 뱅크는 교대로 액세스됨으로 매우 빠른 속도로 데이터를 읽어낼 수 있다. 모든 특성과 융통성을 제공하기 위해서는 이런 형태의 DRAM으로 광범위한 시스템 요구조건을 충족시켜야 하며, SDRAM 내의 회로는 좀더 복잡해진다. 버스트 길이, 연속 데이터 또는 인터리버(interleave)된 데이터, 그리고 $\overline{CAS}$-후-$\overline{RAS}$ 모드 또는 자기리프레시 모드와 같은 옵션이 필요한 SDRAM에 전달되는 명령순서가 필요하다. 자기리프레시 모드는 메모리 소자가 셀을 리프레시하기 위해 필요한 모든 기능을 수행할 수 있도록 한다.

DDRSDRAM

DDRSDRAM(Double Data Rate SDRAM)은 종종 컴퓨터 문헌에서 주목받는 메모리 IC의 한 종류이다. 이 명칭은 메모리 모듈과 PC 버스의 접속과 관련이 있다. DDR

은 동기식 DRAM 기술에 사용되며 시스템 클럭의 상승과 하강 시에 데이터를 전송하여 시스템에 높은 데이터 율을 제공한다. DDR은 본질적으로 오래된 DRAM 보다 수 배 빠른 속도로 버스트(burst) 전송율을 제공한다. DDR 기술은 네 차례에 걸쳐 개선되었으며 DRR4가 가장 마지막 기술이다. 각 세대의 기술은 컴퓨터 동작의 속도를 개선하는 방법으로 발전하였다.

학습성과 평가문제

1. SIMM은 DIMM으로 교체할 수 있는가?
2. 메모리의 "페이지"란 무엇인가?
3. 왜 "페이지 모드"가 더 고속인가?
4. *EDO*는 무엇을 나타내는가?
5. 연속적인 메모리 위치를 액세스하는데 사용되는 용어는 무엇인가?
6. DDR은 어떻게 데이터율(data rate)이 두 배가 되게 하는가?
7. DDR에서 DDR2로 DDR3로 DDR4로 옮겨가는 가장 중요한 개선점은 무엇인가?

12-18 다른 메모리 기술

학습성과

이 절을 학습함으로서 다음을 할 수 있다.

- 실리콘 IC 기술에 기초하지 않은 메모리를 새롭게 만드는 방법에 대한 설명

우리는 지금까지 정보 저장의 방법으로 가용성 링크, 부동 게이트 MOSFET, 커패시터, 그리고 플립-플롭(래치) 회로를 언급했다. 데이터 저장에는 다른 방법이 널리 사용되고 있으며, 새로운 방법을 끊임없이 연구하고 있다.

자기 저장장치

디지털 정보의 자기(magnetic) 저장 기술은 최초의 컴퓨터 시스템으로 거슬러 올라간다. 처음에는 오디오 레코딩 산업으로부터 적용된 기술로서 컴퓨터 프로그램 및 데이터 파일의 장기적인 저장과 검색을 위해 자기 테이프의 릴을 사용했다. 다음으로 개선된 것이 자기 매질로 코팅된 경질(하드) 디스크와 읽고/쓰기 하는 자기 헤드가 디스크를 방사상으로 이동하는 디스크 회전에 관련된 것이다. 이것은 디스크 표면에 있는 모든 위치에서 데이터의 매우 빠른 랜덤 액세스를 제공한다.

원래 하드 디스크 드라이브는(1950년대부터) 동일한 방법으로 만들지만, 오늘날의 표준에 비해 상대적으로 세탁기처럼 크고, 1/2 마력 축 모터 드라이브, 그리고 데이터 저장 용량은 매우 작은 양인 대략 5M 바이트였다. 다음으로 "플로피 디스크"와 "디스켓"의 형태가 나왔고, 기본적으로 하드 디스크와 같은 동일한 기술을 사용하였다. 그리고 점차 USB 플래시 드라이브가 지배적인 휴대용 저장 매체가 되었다. 자기 디스크 기술은 주로 1 과 0의 저장(읽기) 밀도에서 향상되었고 지금은 개별적인 자기 영역의 크기는 물리적인 제한에 가깝다. 대부분의 문제는 일반적으로 데이터의 거대한 볼륨을 처리하는 것으로 극복되었다.

예를 들어, 하드 드라이브에서 비트 오류 검출과 수정 방법은 데이터의 패킷에서 여러 오류를 복구할 수 있다. 기계적 신뢰도는 기계의 크기가 감소하는 동안 크게 향상되었다.

데이터는 원래 주파수 변조를 사용하여 1과 0으로 서로 다른 두 개의 오디오 주파수에 의해 표현되어 저장된다. 현대의 하드 드라이브는 오디오 톤을 사용하지 않는다. 대신에 1에 대한 하나의 극성 및 0에 대한 반대 극성과 함께 매체의 자기 영역에 극성을 준다. 이러한 드라이브에서 읽을 수 있는 주요 정보는 오히려 각 데이터 비트 자체를 읽기보다는 0을 1로 또는 1을 0으로 변환한다. 이러한 작업을 하기 위해, 데이터는 길이가 제한된 다수의 연속적인 1 또는 0을 반드시 인코딩해야 한다. 이것을 RLL(Run Length Limited) 인코딩이라 부른다. RLL 방식은 데이터 저장 밀도를 크게 증가시킨다.

MRAM 초창기 컴퓨터에는 고속, 랜덤 액세스, 비휘발성 자기적 저장할 수 있는 데이터를 위해 "자기 코어" 기술의 사용이 시도되어 졌다. 이것은 작은 전자석의 행과 열을 포함하고 있으며 어느 방향으로든 편광될 수 있다. 크기와 가격, 전력요구 때문에 이 기술은 빠르게 반도체 메모리로 대체되었다. 놀랍게도, 이 기본 기술은 최근에 **자기저항 RAM(magnetoresistive RAM, MRAM)**의 형태로 되돌아 왔다. 반도체 메모리에서 공부했던 것과 같이 저장 셀의 행과 열과 같은 격자를 회상하라. 행과 열의 각 교차점에 트랜지스터 회로를 갖는 대신에, 두 가지 가능한 방법 중 하나로 편광(회전하는)된 자기 나노입자를 생각해 본다. 행에 액세스 되고, 열 라인을 통해 전류가 흐를 때, 자기장은 자기적 저장 셀의 극성과 동일하거나 반대로 만들어진다. 두 극성의 상호 작용은 전선에서 전류의 흐름에 저항으로 영향을 준다. 비트 값(1 또는 0)의 저장은 열 라인을 통하는 저항(전류 흐름의 양)을 기반으로 검출된다. 데이터는 자기적 비트 위치의 극성이나 회전을 변경하여 작성된다. 이 장치는 현재 상업적으로 사용되고 있지만, 여전히 매우 비싸다. 빠른 시간 안에 MRAM을 대량 생산할 수 있도록 자본 환경이 좋아지기를 희망하며, 이상적인 메모리 기술이 되어 기계적인 하드 드라이브, 플래시 메모리 및 DRAM을 대체할 수 있기를 바란다. 실제 MRAM은 비휘발성이며, 아직 빠른 읽기/쓰기 시간은 DRAM 이상의 장점을 제공하고 있다. 플래시 메모리는 쓰기 사이클의 횟수가 제한적이며, MRAM은 무제한 쓰기를 제공한다. 플래시 메모리 쓰기 사이클는 역시 MRAM보다 훨씬 더 느리다. 하드 드라이브는 매우 느리며, 이동 부분이 마모되게 된다.

광학 메모리

광학 디스크는 매우 중요한 디지털 저장 메모리 기술이다. 디지털 오디오 컴팩트 디스크(CD)는 1980년대 초반에 사용하기 시작했고, 이 기술은 컴퓨터 데이터 저장의 요구를 충족하기 위해, 디지털 비디오(DVD), 그리고 가장 최근에 블루레이 디스크(BD)가 전파되었다. 모든 광학 저장 형식은 기본적으로 동일한 기술을 사용하고, 기본적으로는 디스크에서 저장/검색할 수 있는 정보의 형식과 밀도는 다르다. 디스크는 높은 반사 표면으로 제조된다. 디스크에 데이터를 저장하기 위해, 매우 강한 레이저 빔을 디스크에 아주 작은 지점에 초점을 맞춘다. 이 빔은 빛을 반사할 수 없는 표면의 빛 분산 속성을 변경한다. 디지털 데이터(1과 0)는 회전하는 디스크에 레이저를 켰다 껐다 쪼임으로써 한 번에 하나가 디스크에 저장된다. 정보는 디스크의 중앙을 시작으로 바깥쪽으로 데이터가 연속적인 나선형으로 배치된다. 레이저 빔의 정밀함은 디스크에 데이터(CD에 최대 바이트)를 저장할 수 있다.

데이터를 읽기 위해서, 훨씬 덜 강한 레이저 빔을 디스크의 표면 쪽으로 초점을 맞추고, 반사된 빛을 측정한다. 어느 지점에서 반사된 빛이 1또는 0으로 감지된다. 이 광학 시스템은 디스크 회전으로 데이터의 나선형 패턴과 디스크의 반경을 따라 앞뒤로 이동하는 기계적인 운반체가 탑재된다. 데이터는 직렬 데이터 흐름에서 한 번에 하나의 비트를 광학 시스템으로부터 가져온다. 나선형 변화의 반경으로 디스크의 각속도를 제어하여 들어오는 데이터는 일정한 속도를 유지한다. 데이터 스트림은 디코딩되고, 데이터 워드로 그룹화 된다.

쓰기 가능한 CD와 DVD는 하드 드라이브로부터 백업 파일 데이터의 많은 양을 저장할 수 있고, 영화 장면을 만들고, 매우 저렴한 매체에서 편리하게 디지털 사진을 공유할 수 있다. CDR 디스크는 레이저를 쏠 때 영구적으로 속성을 바꾸지 못하게 하는 코팅이 되어 있다. CD RW 디스크는 이전의 데이터를 덮어 쓸 수 있다. 이것은 1과 0 사이에 앞뒤로의 반사/굴절 특성을 변경할 수 있는 특수한 층에 두 개의 서로 다른 열처리를 적용하는 레이저를 사용하여 수행된다.

블루레이 디스크 기술은 양질의 빔을 생산하는 짧은 파장의 레이저를 사용하고, 보다 높은 비트 밀도는 CD와 DVD 형식의 붉은 파장 레이저로 사용이 가능하다. 블루레이 기술은 한 면당 25G 바이트까지 저장하여 고화질 영화 전체를 단일 디스크에 저장하여 판매할 수 있다.

위상변화 RAM(PRAM)

이 기술은 위상을 쉽게 변하게 할 수 있는 물질을 사용한다. 다르게 말하면, 만약 물질이 물이라면, 액체에서 증기로 쉽게 왔다갔다 할 수 있다. 물질의 위상 변화는 매우 낮은 저항을 나타내는 결정성(정돈된 상태)과 매우 높은 저항을 나타내는 비결정성(정돈되지 않은 상태)의 두 가지 상태가 있다. 물질은 비교적 긴 펄스의 낮은 전류가 인가된 후 결정적이 되고, 비교적 짧은 펄스의 높은 전류가 인가된 후에는 비결정적으로 변한다. 여러 가지의 위상 변화에 영향을 주는 물질과 방법은 연구되어 있다. 문제점들이 극복될 때, 이 기술이 FLASH와 DRAM을 대체할 수 있을 것으로 많은 사람은 믿고 있다.

강유전체 RAM(FRAM)

이 기술은 데이터를 전하의 형태로 저장하는 DRAM과 매우 비슷하다. 기존의 커패시터를 사용하고 유전체에 전하를 저장하는 대신, 강유전성 물질을 사용한다. DRAM에 있는 전통적인 커패시터 같이 전하가 유출되지 않기 때문에 리프레시가 필요 없고 비휘발성이다.

학습성과 평가문제

1. 현재 사용하고 있는 가장 평범한 자기저장 소자는 무엇인가?
2. 많은 현존하는 기술이 소위 "만능 메모리"로 대체될 것 같은 반도체 메모리 기술은 어떤 형태인가?
3. 디지털 정보를 저장하기 위해 CD와 DVD를 사용하는 주된 장점은 무엇인가?

12-19 워드크기와 용량의 확장

학습성과

이 절을 학습함으로서 다음을 할 수 있다.

- 소형 다중 블럭을 사용한 형태의 메모리 시스템 형성
- 시스템의 메모리 맵 상의 불완전한 주소 디코딩의 영향에 대한 설명

많은 메모리 응용분야에서, 원하는 RAM 또는 ROM의 메모리 용량이나 워드크기를 하나의 메모리칩으로는 만족될 수 없다. 대신, 원하는 용량과 워드크기를 제공하기 위해서는 몇 개의 메모리칩들이 결합되어야 한다. 마이크로프로세서에 메모리칩이 인터페이스될 때 필요한 주요 개념을 설명하고 몇 가지 예를 통해 이것이 어떻게 이루어지는지 살펴볼 것이다. 다음 예는 교육을 목적으로 한 것이고, 사용되는 메모리칩 크기는 공간을 유지할 수 있도록 선택된다. 제시된 바와 같은 기술은 좀더 큰 메모리칩으로 확대할 수 있다.

워드크기 확장

8비트 워드 16개를 저장할 수 있는 메모리가 필요한데, 공통 I/O선을 가진 16 × 4메모리로 배열된 RAM칩을 가지고 있다고 가정하자. 원하는 메모리를 만들기 위하여 16 × 4칩 2개를 결합할 수 있다. 그림 12-32에서 이것을 볼 수 있다. 이 그림을 통해 무엇을 발견할 수 있는지 주의 깊게 살펴보자.

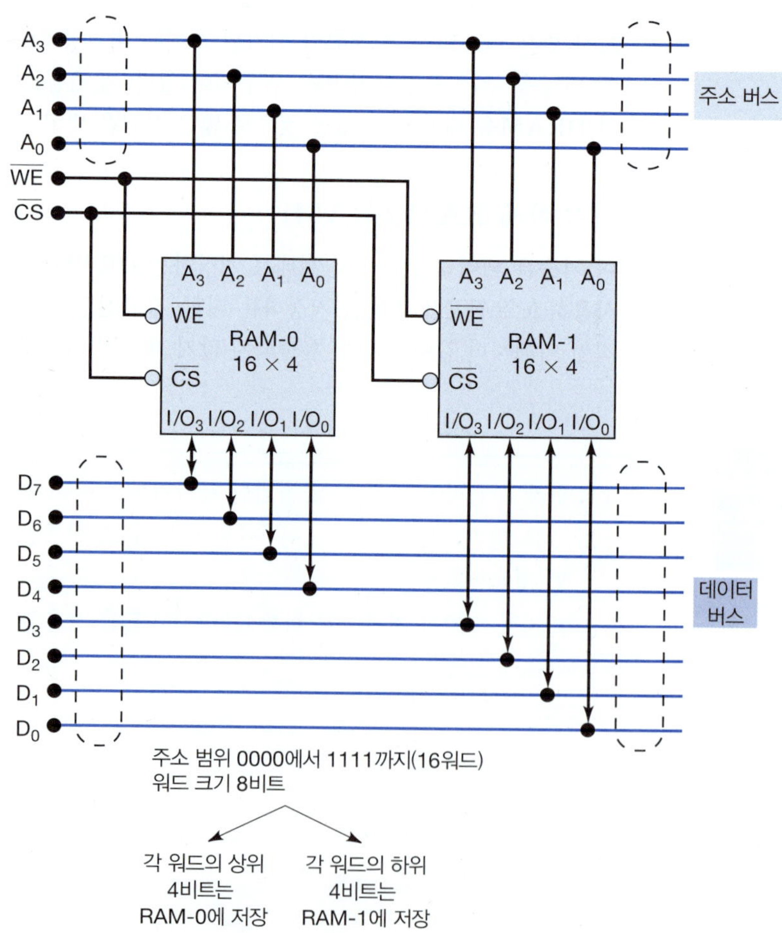

그림 12-32 16 × 8 모듈을 위한 2개의 16 × 4 RAM의 결합

각 칩은 4비트 워드 16개를 저장할 수 있는데 8비트 워드 16개를 저장하려고 하기 때문에, 워드의 반이 각 칩에 저장되도록 한다. 즉, RAM-0은 16비트 워드의 4개 상위비트를 저장하고, RAM-1은 하위비트 4개를 저장한다. 완전한 8비트 워드는 데이터버스에 연결된 RAM 출력을 이용하여 얻을 수 있다.

4개의 선으로 구성된 주소버스(A_3, A_2, A_1, A_0)에 적절한 주소코드를 인가함으로써 16워드 중 하나가 선택된다. 주소선들은 CPU에 연결되어 있다. 각 주소 버스선은 각 칩에 대응하는 주소입력에 연결되어 있음을 유의하라. 이것은 일단 주소코드가 주소버스에 실리면, 같은 주소코드가 두 칩에 인가되어 각 칩의 같은 위치가 같은 시간에 액세스된다는 것을 의미한다.

일단 주소가 선택되면, 공통 $\overline{WE}$와 $\overline{CS}$ 선의 제어로 이 주소에서 읽고 쓸 수 있다. 읽기 위해서는 $\overline{WE}$가 HIGH가 되어야 하고, $\overline{CS}$는 LOW가 되어야 한다. 이것은 RAM I/O선이 출력으로 동작하게 한다. RAM-0은 선택된 4비트 워드를 상위 4개의 데이터 버스선상에 위치시키고, RAM-1은 하위 4개의 데이터 버스선에 선택된 4비트 워드를 위치시킨다. 그래서 데이터 버스는 다른 소자(보통 CPU에 있는 레지스터)에 전송될 수 있는 완전한 8비트 워드를 갖게 된다.

쓰기 위해서는, $\overline{WE} = 0$이고 $\overline{CS} = 0$가 되어야 하며 RAM I/O선이 입력으로 동작한다. 써넣게 될 8비트 워드는 외부 소자에서 데이터 버스(보통 CPU에 의해)에 인가된다. 상위 4비트는 RAM-0의 선택된 위치에 쓰여질 것이고, 하위 4비트는 RAM-1에 쓰여질 것이다.

본질적으로, RAM칩 두 개의 결합은 한 개의 16 × 8 메모리칩처럼 동작한다. 이 결합을 16 × 8 메모리 모듈(*memory module*)이라고 한다.

워드크기의 확장에 대한 기본적인 개념은 여러 다른 상황에 대해서도 동일하다. 다음 예를 읽고 해를 보기 전에 시스템이 어떻게 나타날 것인지에 대한 대략적인 도형을 그려 보라.

예제 12-9

2125A는 SRAM IC로서 1K × 1의 용량과 하나의 동적 LOW 선택입력, 그리고 분리된 데이터입력과 출력을 갖고 있다. 1K × 8 모듈을 만들기 위하여 몇 개의 2125A IC를 어떻게 결합하여야 하는지 보여라.

풀이

배열은 그림 12-33과 같으며, 8개의 2125A 칩이 1K × 8 모듈로 사용된다. 각 칩은 1024개의 8비트 워드에 대해 각각 1비트를 저장한다. $\overline{WE}$와 $\overline{CS}$ 입력은 모두 함께 연결되고, 10개의 선으로 구성된 주소버스는 각 칩의 주소입력에 연결됨을 유의하라. 또한 2125A는 데이터의 입력과 출력핀이 분리되어 있기 때문에, 각 칩의 입/출력핀은 같은 데이터 버스선에 묶여 있음을 주목하라.

용량확장

4비트 워드 32개를 저장할 수 있는 메모리가 필요하고, 16 × 4칩을 가지고 있다고 가정하자. 그림 12-34에 나타낸 것과 같이 2개의 16 × 4칩을 결합하여 원하는 메모리를 만들 수 있다. 이 그림을 해석하여 이전에 설명되었던 것으로 어떤 것을 결정할 수 있는지 알아보자.

각 RAM은 4비트 워드 16개를 저장하기 위해 사용된다. 각 RAM의 데이터 I/O핀은 4개의 선으로 된 데이터 버스에 연결된다. RAM칩은 한번에 하나만이 선택(인에이블)되므

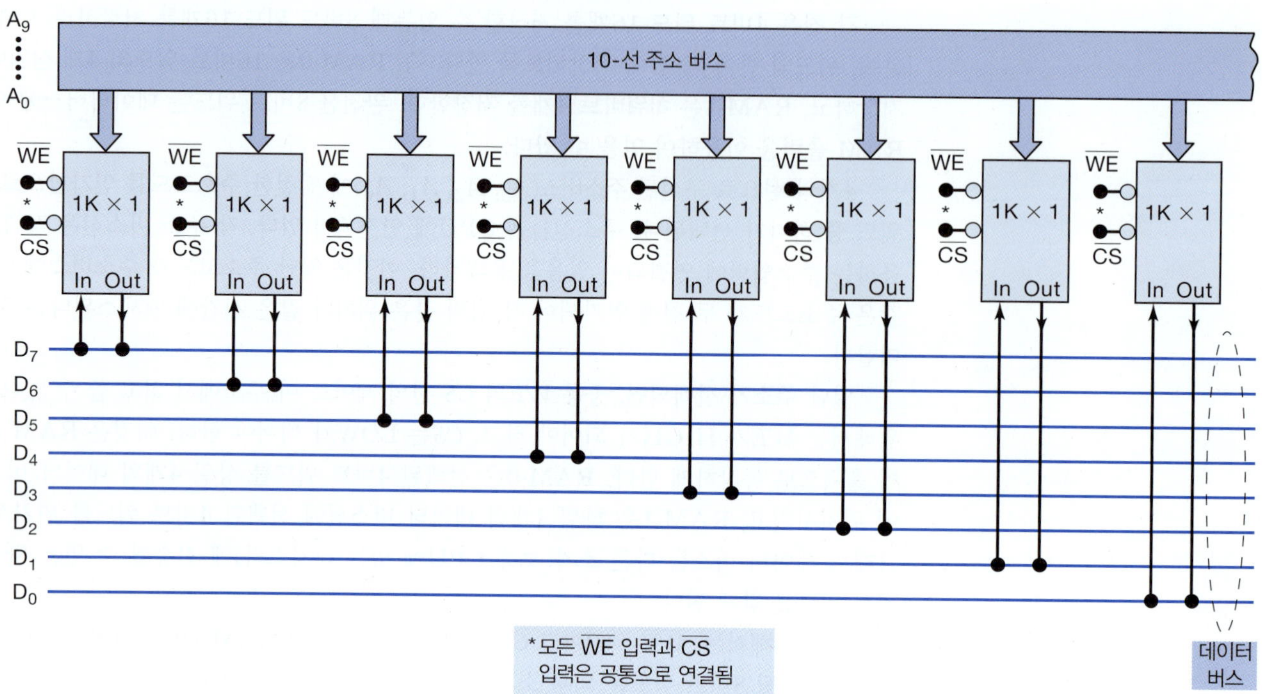

그림 12-33 8개의 2125A 1K × 1칩이 배열된 1K × 8메모리

그림 12-34 32 × 4 메모리를 위한 2개의 16 × 4칩의 결합

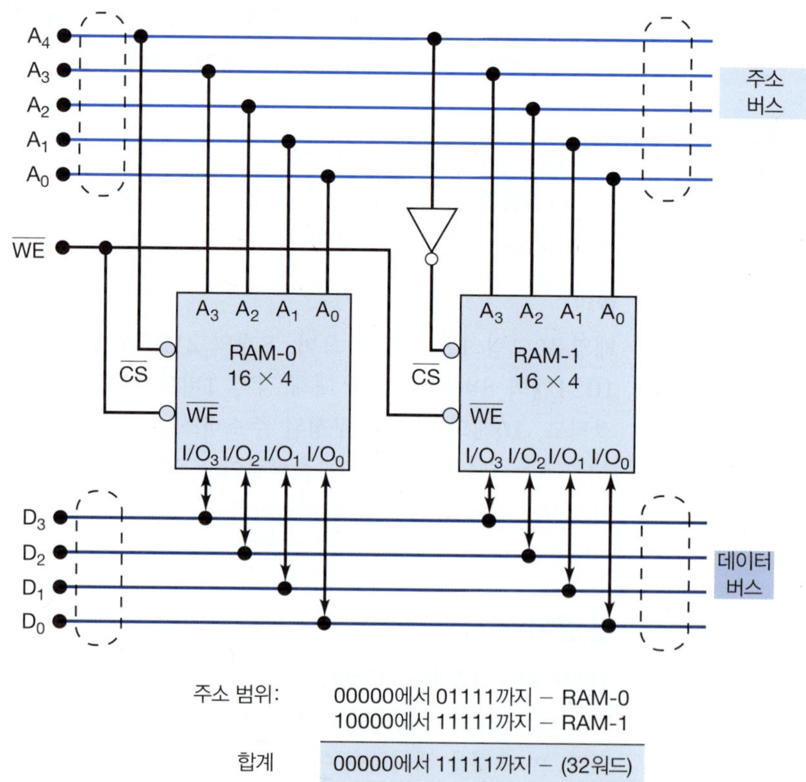

로 버스충돌 문제는 없다. 이것은 서로 다른 논리신호에 의해 $\overline{CS}$ 입력을 구동시킴으로써 보장된다.

이 메모리모듈은 전체 용량이 32 × 4이므로 32개의 다른 주소가 존재하며, 다섯 개의 주소 버스선을 요구한다. 상위 주소선 A_4는 읽거나 쓰여지게 되는 RAM 중의 하나를 선택(입력을 통하여)하기 위하여 사용된다. 다른 4개의 주소선 A_0~A_3은 선택된 RAM 칩에 대해서 16개의 메모리 위치 중 하나를 선택할 때 사용된다.

예를 들어 $A_4 = 0$일 때, RAM-0의 $\overline{CS}$는 읽거나 쓰기가 가능하도록 칩을 인에이블시킨다. 이때, RAM-0에 있는 임의의 주소위치는 A_0~A_3에 의하여 액세스된다. 이 4개의 주소선은 원하는 위치를 선택하기 위하여 0000에서 1111까지의 범위를 갖는다. 따라서 RAM-0에서 주소 위치범위는

$$A_4A_3A_2A_1A_0 = 00000\text{에서 }01111\text{까지}$$

이다. 주목할 점은, $A_4 = 0$일 때, RAM-1의 $\overline{CS}$는 HIGH가 되는 것이며, 따라서 이것의 I/O선들은 디스에이블(Hi-Z)되고 데이터 버스와 데이터를 주고받을 수 없다.

$A_4 = 1$일 때 RAM-0와 RAM-1의 역할이 바뀐다는 것은 명백하다. RAM-1이 인에이블되면 A_0~A_3 선들은 메모리 위치 중 하나를 선택한다. 따라서 RAM-1에 있는 주소 범위는 다음과 같다.

$$A_4A_3A_2A_1A_0 = 10000\text{에서 }11111\text{까지}$$

예제 12-10

전체 8K × 8의 용량을 만들기 위하여 2K × 8 PROM을 몇 개 서로 결합하고자 한다. PROM 칩 몇 개가 필요한가? 주소버스선은 얼마나 필요한가?

풀이

8K 워드 중 각 칩에 2K를 저장하기 위해 PROM 칩이 4개 필요하다. 8K = 8 × 1024 = 8192 = 2^{13}이므로, 13개의 주소선이 필요하다.

예제 12-10의 메모리 구조는 그림 12-34의 32 × 4 메모리와 비슷하다. 그러나 $\overline{CS}$ 입력 신호를 만들기 위한 디코더 회로가 필요하기 때문에 조금 더 복잡하다. 8192 × 8 메모리에 대한 블럭도를 그림 12-35(a)에 나타내었다.

ROM 블럭의 전체 용량은 8192 바이트이다. 메모리 블럭을 갖고 있는 이 시스템은 16비트의 주소 버스를 가지고 있으며, 이것이 소규모 마이크로 컨트롤러 기반 시스템의 전형적인 모습이다. 이 시스템의 디코더는 A_{15}와 A_{14}가 LOW이고 E가 HIGH에만 인에이블된다. 이는 16진수 4000이하의 주소만 디코딩됨을 의미한다. 그림 12-35(b)의 메모리 맵을 보면 쉽게 이해할 수 있을 것이다. 16진수 4000이하의 주소가 되기 위해 위 두 개의 MSB는 항상 LOW임을 알 수 있다. 주소선 A_{13}~A_{11}은 디코더 입력 C~A에 각각 연결된다. 이 세 개의 비트는 디코딩되어 메모리 IC들 중에서 하나를 선택하는데 사용된다. 그림 12-35(b)의 비트 맵에서 PROM-0에 연결될 수 있는 주소는 $A_{13}, A_{12}, A_{11} = 0, 0, 0$으로 모든 주소가 0임을 주목하라; 이 비트 값이 0, 0, 1일 때에는 PROM-1이 선택된다; 0, 1, 0일 때는 PROM-2; 0, 1, 1일 때에는 PROM-3. 어떤 PROM이 선택되더라도 주소선 A_{10}~A_0은 모두 0에서부터 모두 1의 범위에 있을 수 있다. 이 시스템의 주소 구성을 정리해 보면, 상위 두 비트는 디코더를 선택하는데 사용되며, 그 다음 세 비트(A_{13}~A_{11})는 4개의 PROM 중에서 하나를 선택하는데 사용되고, 그 이하 11비트의 주소선은 인에이블되어

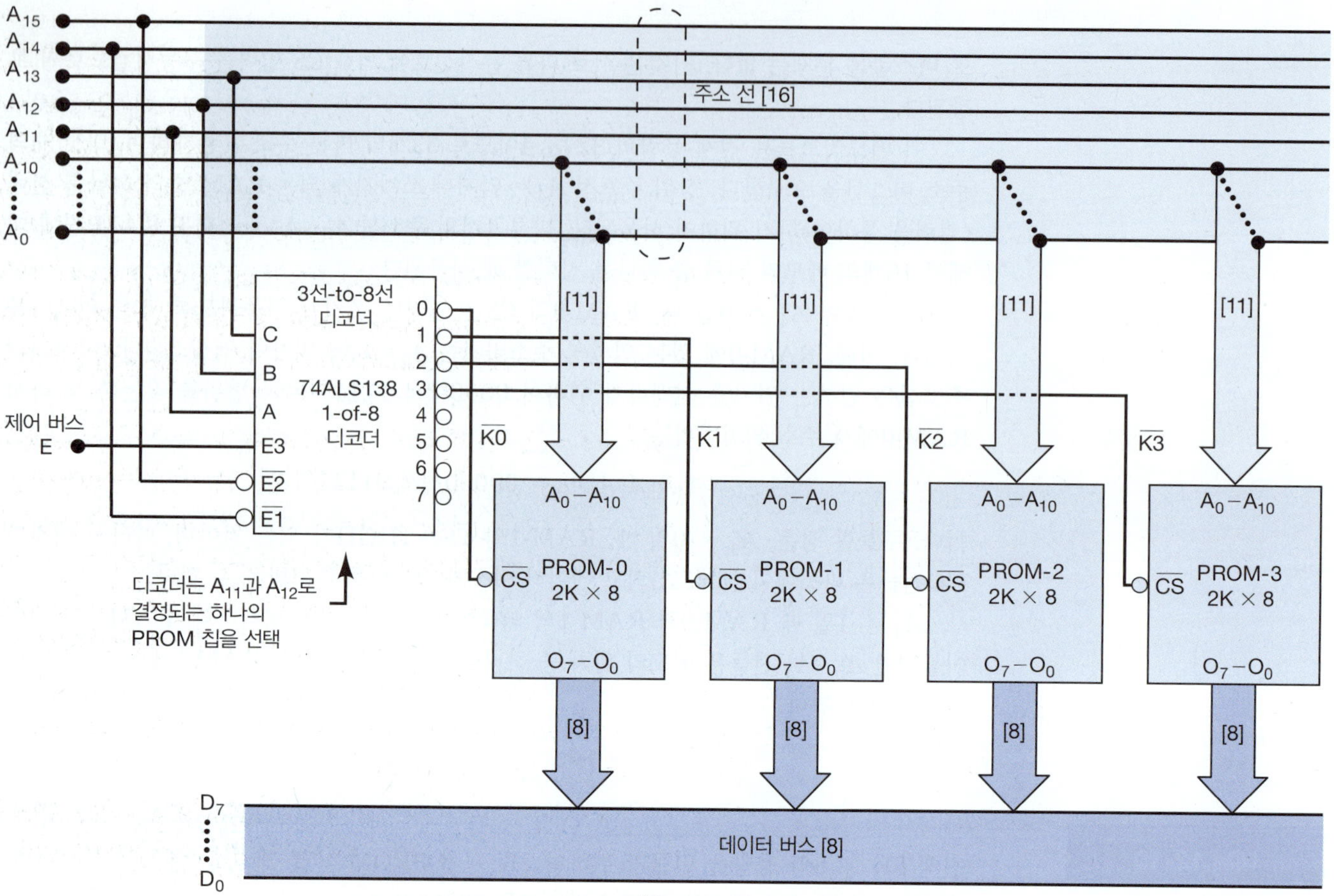

(a)

A_{15}	A_{14}	A_{13}	A_{12}	A_{11}	A_{10}	A_9	A_8	A_7	A_6	A_5	A_4	A_3	A_2	A_1	A_0	주소	시스템 맵	
0	0	0	0	0	0	0	0	0	0	0	0	0	0	0	0	0000	PROM-0	2K
0	0	0	0	0	1	1	1	1	1	1	1	1	1	1	1	07FF		
0	0	0	0	1	0	0	0	0	0	0	0	0	0	0	0	0800	PROM-1	2K
0	0	0	0	1	1	1	1	1	1	1	1	1	1	1	1	0FFF		
0	0	0	1	0	0	0	0	0	0	0	0	0	0	0	0	1000	PROM-2	2K
0	0	0	1	0	1	1	1	1	1	1	1	1	1	1	1	17FF		
0	0	0	1	1	0	0	0	0	0	0	0	0	0	0	0	1800	PROM-3	2K
0	0	0	1	1	1	1	1	1	1	1	1	1	1	1	1	1FFF		
0	0	1	0	0	0	0	0	0	0	0	0	0	0	0	0	2000	O_4 디코딩 확장	8K
		1	0	1													O_5	
		1	1	0													O_6	
0	0	1	1	1	1	1	1	1	1	1	1	1	1	1	1	3FFF	O_7	
0	1	0	0	0	0	0	0	0	0	0	0	0	0	0	0	4000	사용 가능	48K
1	1	1	1	1	1	1	1	1	1	1	1	1	1	1	1	FFFF		

(b)

그림 12-35 (a) 8K × 8 용량을 만들기 위해 배열된 4개의 2K × 8 PROM; (b) 전체 시스템의 메모리 맵

있는 PROM 속에서 2048 바이트 크기의 메모리 위치 중 하나를 선택하는데 사용된다.

4000이상의 시스템 주소가 주소 버스 상에 있을 때에는 인에이블되는 PROM이 하나도 없다. 그러나 메모리 시스템의 용량을 확장시키려면 더 많은 메모리 칩을 인에이블시키기 위해 디코더 출력 4~7이 사용될 수 있다. 그림 12-35(b)의 오른쪽에 있는 메모리 맵은 이 메모리 블럭이 차지하고 있지 않은 48K의 시스템 공간을 보여주고 있다. 이 영역의 메모리 맵으로 확장시키기 위해서는 더 많은 디코딩 논리가 필요하다.

예제 12-11

그림 12-35 메모리를 32K × 8로 확장시키기 위해서는 무엇이 필요한가? 어떤 주소선이 사용되는지 기술하라.

풀이

32K 용량은 2K PROM 칩이 16개 필요하다. 4개는 이미 보였고 4개 더 디코더 출력의 O_4~O_7에 연결될 수 있다. 이것은 전체 시스템의 반에 해당한다. 나머지 PROM 칩 8개로는 다른 74ALS138 디코더가 추가로 선택될 수 있으며 $A_{15} = 0$이고 $A_{14} = 1$일 때에만 인에이블된다. 이는 A_{15}는 $\overline{E_1}$에 바로 연결되지만 A_{14}와 $\overline{E_2}$ 사이에는 반전시킨 것을 연결함으로서 이루어진다. 다른 연결은 현재 디코더의 경우와 동일하다.

불완전한 주소 디코딩

동일한 메모리 시스템에 다양한 메모리 소자를 사용할 필요가 많이 있다. 예를 들어, 자동차의 디지털 계기판(dashboard) 시스템을 생각해 보자. 이런 시스템은 일반적으로 마이크로프로세서를 사용해서 실현된다. 따라서 프로그램 명령을 저장하기 위해 비휘발성 ROM이 필요하다. 속도, RPM, 연료 등을 나타내는 수치를 저장하기 위해 읽기/쓰기 메모리가 필요하며, 유압, 엔진 온도, 배터리 전압 등을 표현하는 다른 디지털 값도 저장되어야 한다. 또한 배터리가 연결되지 않을 때마다 주행기록이 0으로 리셋되거나 임의의 값으로 된다면 바람직하지 못하므로 주행기록계를 판독하기 위한 비휘발성 읽기/쓰기 저장장치(EEPROM)가 필요하다.

그림 12-36은 마이크로컴퓨터 시스템을 사용한 메모리 시스템이다. 여기서 주목할 것은 ROM 부분이 두 개의 8K × 8소자(ROM-0, ROM-1)로 되어 있다는 것이다. RAM 부분은 단일 8K × 8 소자가 필요하다. EEPROM은 2K × 8소자 하나만으로 충분하다. 메모리 시스템은 어떤 시간에 오직 하나의 소자만을 선택하기 위해 디코더가 필요하다. 이 디코더는 전체 메모리 공간(16 주소비트로 가정)을 8K 주소 블럭으로 분리한다. 다시 말해서 각 디코더 출력은 8192 (8K)개의 다른 주소들에 의해 활성화된다. 상위 3개의 주소선이 디코더를 제어한다. 13개의 하위 주소선은 메모리칩의 주소입력에 직접 인가된다. 11개의 주소선을 갖고 있고 용량이 바이트인 EEPROM은 예외다. 만일 이 EEPROM의 주소(16진수)가 6000에서 67FF의 범위가 되도록 하면, 의도한대로 이 주소들에 응답할 것이다. 그러나 주소선 A_{11}과 A_{12}는 이 칩의 디코딩에 영향을 미치지 않는다. 디코더 출력($\overline{K3}$)은 8K개의 주소를 활성화시키지만, 연결되어 있는 칩은 2K개의 주소위치만 저장하고 있다. 결과적으로, EEPROM은 디코더된 메모리 블럭에 있는 다른 6K개의 주소에도 응답할 것이다. EEPROM의 동일한 내용이 6800-6FFF, 7000-77FF, 7800-7FFF 주소에도 나타난다. 이와 같이 소자의 불완전한 주소 디코딩으로 쓸데없이 차지하고 있는 메모리 영역을 **메모리 폴드백(memory fold-back)** 영역이라 부른다. 이런 일은 주소공간이 풍부하고

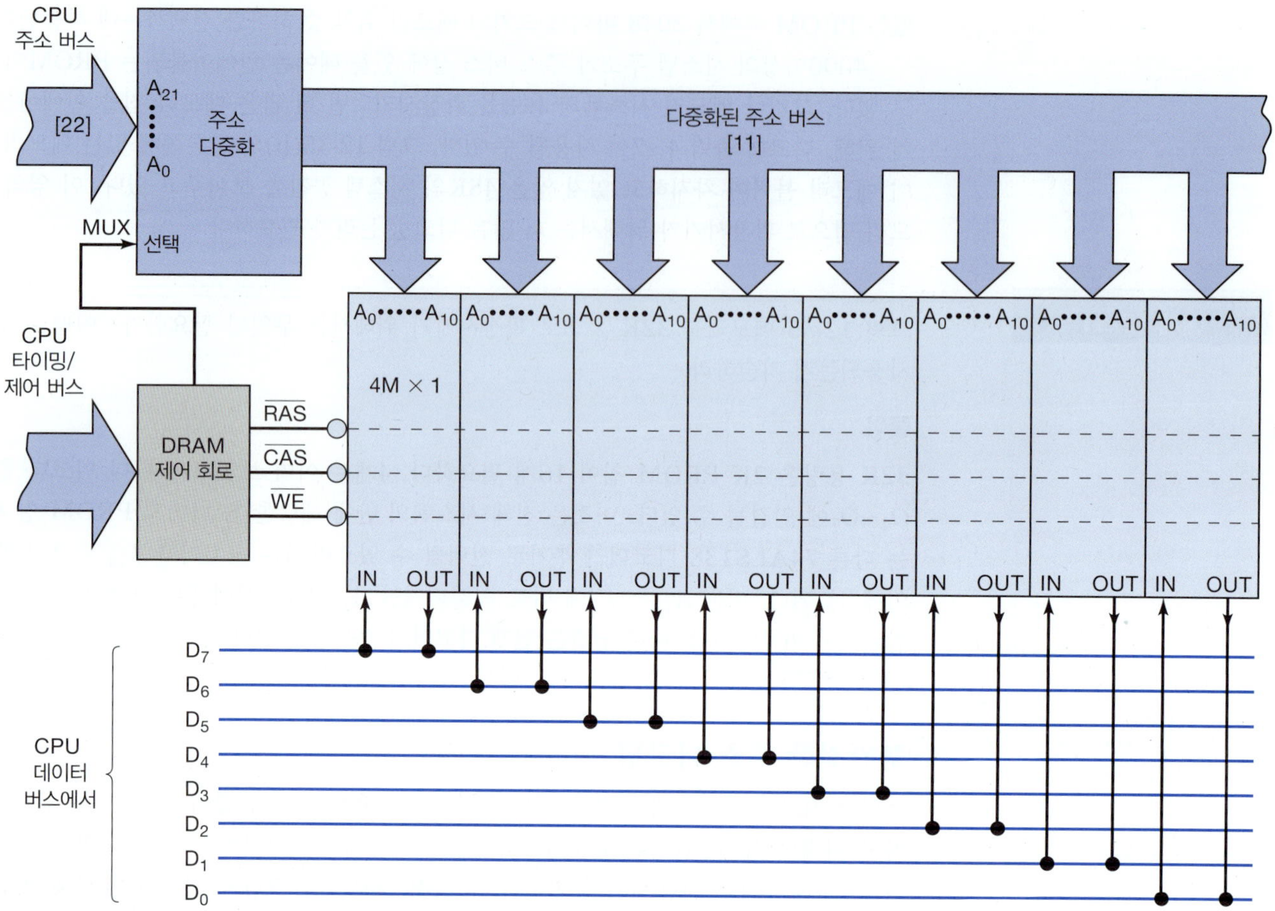

그림 12-36 불완전한 주소 디코딩을 가진 시스템

디코딩 논리가 최소한으로 필요한 시스템에서 빈번하게 발생한다. 그림 12-37는 이 시스템의 **메모리 맵(memory map)**을 나타낸 것으로, 각 소자에 할당되는 주소뿐 아니라 확장하여 이용할 수 있는 메모리 공간을 간명하게 보여준다.

DRAM 칩 결합

DRAM IC는 이따금 워드크기가 1비트 또는 4비트이다. 따라서 좀더 큰 워드크기 모듈을 형성하기 위해 여러 개를 결합할 필요가 있다. 그림 12-38은 4M × 8 모듈을 형성하기 위해 8개의 DRAM을 어떻게 결합하는가를 나타낸다. 각 칩은 4M × 1의 용량을 가지고 있다.

주목할 점이 몇 가지 있다. 첫째, $4M = 2^{22}$이므로 TMS44100 칩은 열 한 개의 주소 입력을 가지고 있다; DRAM이 주소입력의 다중화에 사용됨을 기억하라. 주소 멀티플렉서는 22개의 선으로 된 CPU 주소버스를 DRAM 칩을 위해 11개의 선으로 된 주소버스로 바꾼다. 둘째, 8개의 칩은 모두 $\overline{RAS}$, $\overline{CAS}$, $\overline{WE}$ 입력에 함께 연결되어 있다. 따라서 모든 칩은 각 메모리 동작에 대해 동시에 활성화된다. 마지막으로, 많은 DRAM IC는 칩 상에 리프레시 제어회로가 있으므로 외부 리프레시 카운터는 필요하지 않다는 것을 상기하라.

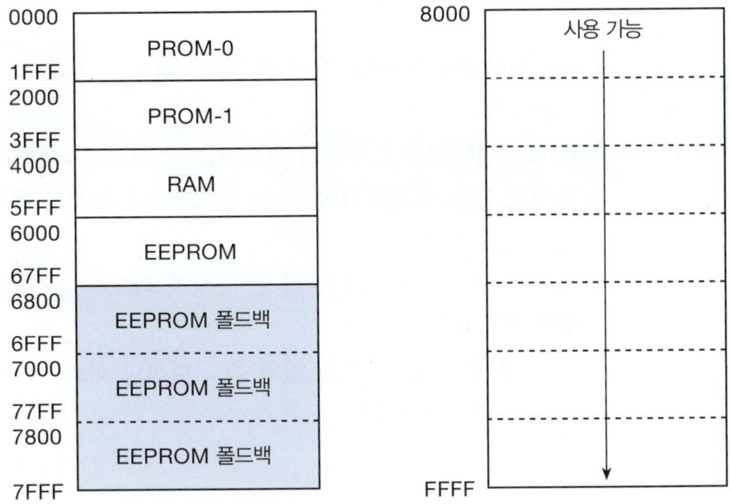

그림 12-37 디지털 계기판 시스템의 메모리 맵

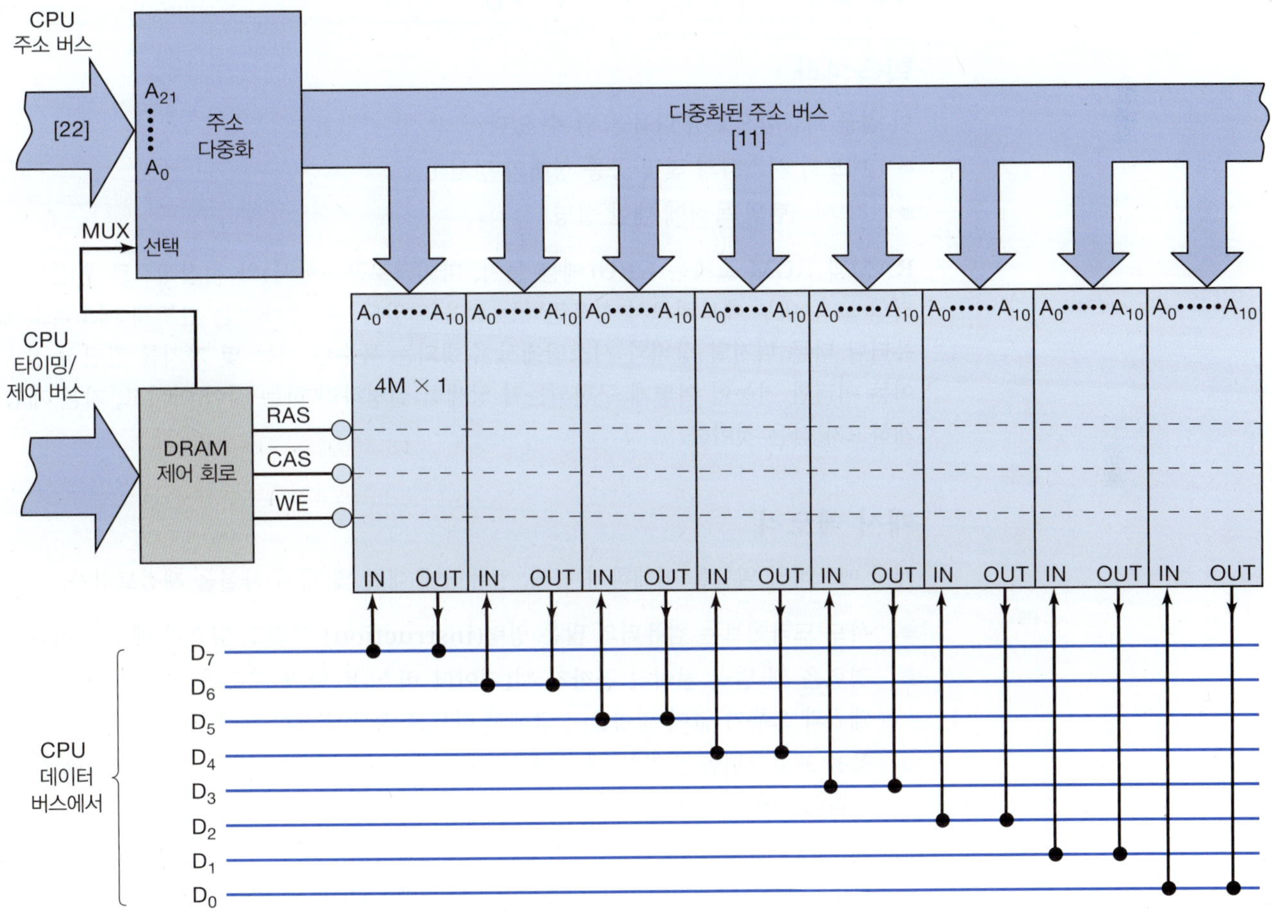

그림 12-38 4M × 8 메모리 모듈을 구성하기 위한 4M × 1 DRAM의 결합

학습성과 평가문제

1. MCM6209C는 64K × 4 정적 RAM이다. 1M × 4 모듈을 만들기 위해 몇 개가 필요한가?
2. 64K × 16 모듈을 만들기 위해서는 몇 개가 필요한가?
3. 참 또는 거짓: 메모리칩이 더 큰 워드크기나 용량을 가진 모듈형태로 결합될 때, 각 칩의 *CS* 입력은 항상 함께 연결된다.
4. 참 또는 거짓: 메모리칩을 더 큰 용량이 되도록 결합시킬 때, 각 칩은 같은 데이터 버스 선에 연결된다.
5. 두 개의 주소선이 메모리 칩의 주소 디코딩 회로와 차단되면 몇 개의 메모리 블럭이 같은 칩을 점유하는가?

12-20 특수한 메모리 기능

학습성과

이 절을 학습함으로서 다음을 할 수 있다.

- 메모리 시스템의 몇몇 공통 형태의 정의
- 각 시스템의 목적에 대한 설명

RAM과 ROM 소자는 CPU(예를 들어, 마이크로프로세서)와 직접적으로 통신하는 컴퓨터의 고속 내부 메모리로서 사용된다는 것을 알았다. 이 절에서는 반도체 메모리소자가 컴퓨터나 다른 디지털 장비와 시스템에서 수행되는 특수한 기능 몇 가지를 간단히 설명한다. 이는 이러한 기능이 어떻게 구현되는지 상세히 설명하려 하는 것이 아니고, 기본 개념을 소개하고자 하는 것이다.

캐시 메모리

캐시 메모리의 역할을 이해하기 위해, 컴퓨터에 대한 몇 가지 사실을 재검토하자.

- 하드 드라이브는 컴퓨터의 많은 명령(instruction)을 갖고 있으나 매우 느리다.
- 명령은 꽤 멀리 떨어진 곳까지 선(데이터 버스)을 따라 이동하여야 한다. 데이터 선은 왜곡과 오류가 없이 명령을 전달해야 하므로 속도에 제한을 준다.
- 응용 프로그램을 클릭할 때, 응용 프로그램(수 메가바이트 정도)의 코드 일부분이 하드 드라이브에서 워킹 드라이브로 로드된다.
- 대부분의 컴퓨터 CPU는 매우 높은 속도(2GHz 이상)로 동작할 수 있다.
- DRAM은 하드 드라이브보다 매우 빠르지만, CPU에 비하면 매우 느리다. 데이터는 DRAM에서 CPU로 선을 통해 전달된다. 따라서, 버스의 클럭 주파수는 CPU의 클럭 주파수보다 매우 느리다.

컴퓨터가 갖고 있는 문제는 CPU가 DRAM으로부터 가져오는 명령보다 더 빠르게 명령을 처리해야 하는 것이다. CPU의 빠른 속도에 대한 장점을 유지하기 위해서 메모리는 가지고 오는 것과 비슷한 속도로 명령을 공급할 수 있어야 한다. 이는 물리적인 메모리 회로는 빨라야 하고 CPU에 근접하여야 함을 의미한다. CPU 속에 모든 워킹 메모리를 둘 이유가 없으므로 컴퓨터 설계자는 다음과 같이 한다. CPU 코어(core) 속에 매우 빠른 SRAM으로 작은 캐시 메모리(K바이트)를 만든다. 이 캐시 메모리는 곧 바로 CPU가 필요로 할 명령을 갖고 있다. CPU 코어의 아주 가까이에 있으며 레벨1(L1) 캐시라 부른다. 이 캐시의 내용은 CPU에 의해 매우 빠르게 액세스될 수 있다.

오늘날 많은 CPU들은 같은 IC 위에 여러 개의 CPU 코어를 갖고 있다. 이 코어는 자기만의 L1 캐시를 갖고 있다. 공통 버스 인터페이스를 공유하고 있고 이 역시 같은 IC 위에 있다. 공통 버스 인터페이스 유니트와 관련된 메모리의 다른 블럭은 L2 캐시로 알려져 있다. L2는 용량이 수 메가바이트이고, 같은 IC 위에 있으며, 필요하다면 바로 L1 캐시를 제공한다. L2 캐시는 마더보드의 DRAM으로부터 명령을 공급하거나, 시스템은 마더보드(L2 캐시와 DRAM 사이)에 L3을 만들며 DRAM보다 빠르다.

CPU는 L1 캐시에서 매우 빠른 속도로 명령을 취한다. L1 캐시에 들어있지 않은 명령이 필요할 때, CPU는 그것을 찾으러 L2 캐시로 간다. 이렇게 하기에는 시간이 조금 걸린다. 필요한 것을 L2 캐시에서 찾지 못하면 L3 캐시로 갈 필요가 있거나 심지어는 시스템 DRAM은 캐시를 다시 로드할 필요가 있다. 데이터가 전달되어야 하는 거리와 DRAM의 잠복때문에 시스템 버스가 매우 늦게 동작하므로 이 경우 더 많은 시간이 걸린다.

이 과정을 부엌에서 요리하는 방법과 매우 비슷하게 생각해 보라. 확실한 재료들은 손이 닿을 수 있는 곳에 있다. 무엇인가 필요하면 요리사는 기본적인 물품이 있는 곳으로 간다. 그것이 그곳에 없으면, 외부의 공급자에게 주문해야 한다. 비용은 어떻든 효율성의 증가를 위해 각 레벨에서 품목이 관리된다. 같은 이유로 컴퓨터 속에 캐시 메모리를 사용하는 것이 필수적이다.

FIFO 메모리

FIFO 메모리 시스템에서는 RAM 저장 영역에 쓰여진 데이터는 데이터가 쓰여진 순서와 같은 순서로 읽혀진다. 다시 말하면, 메모리 블럭에 먼저 쓰여진 것이 먼저 읽혀진다는 것이다. 따라서 이를 FIFO(first-in first-down)라 한다. 그림 12-39에 이 개념을 나타내었다.

그림 12-39(a)는 메모리 블럭에 3바이트를 쓰는 과정을 보여 준다. 새로운 각 바이트가 1 위치에 쓰여짐에 따라 다른 바이트는 다음 위치로 이동된다. 그림 12-39(b)는 FIFO 블럭에서 읽는 순서를 보여 준다. 읽혀지는 첫 번째 바이트는 첫 번째 쓰여진 바이트와 같다. FIFO 동작은 데이터가 쓰여지고 읽혀지는 위치의 자취를 유지하도록 하는 특별한 주소 지정 레지스터(*address pointer register*)에 의해서 제어된다.

FIFO는 상당히 다른 비율로 데이터를 전송하는 시스템 사이의 **데이터율 버퍼(data-rate buffer)**로 유익하게 사용된다. 한 예로서 컴퓨터에서 프린터로의 데이터전송을 들 수 있다. 컴퓨터는 프린터로 10 μs당 1바이트 정도의 매우 빠른 속도로 문자 데이터를 보낸다. 이러한 데이터는 프린터에 있는 FIFO 메모리에 가득 차게 된다. 이때, 프린터는 5 ms당 1바이트 정도의 느린 속도로 FIFO로부터 데이터를 읽어온다. 그리고 컴퓨터로부터 받은 것과 같은 순서로 문자를 인쇄한다.

마찬가지로, FIFO는 키보드와 같은 느린 장치와 빠른 컴퓨터간의 버퍼로도 사용된다. FIFO는 키보드로부터 느린 속도로 데이터를 입력받고 컴퓨터는 저장된 데이터를 빠르게 읽어들인다. 이런 방법으로 컴퓨터는 FIFO에 느리게 데이터가 차는 동안 다른 작업을 수행할 수 있다.

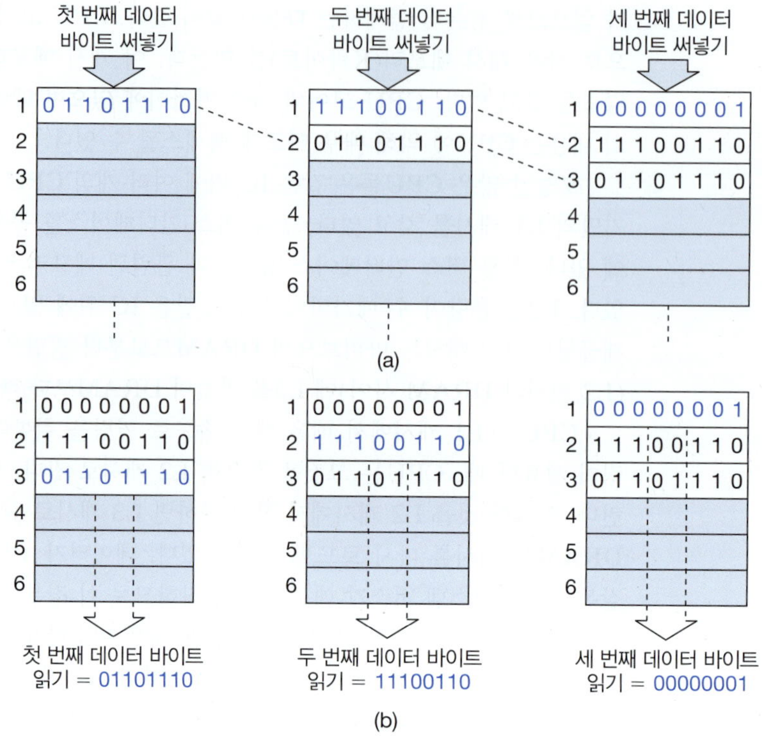

그림 12-39 FIFO에서 메모리(a)에 쓰여진 데이터는 동일한 순서로 메모리 (b)에서 읽혀진다.

순회버퍼

데이터율 버퍼(FIFO)는 흔히 **선형버퍼(linear buffer)**라 부른다. 버퍼의 모든 위치가 채워지면, 버퍼가 비워질 때까지 더 이상의 입력은 만들어지지 않는다. 이 방법에서는 "이전(old)" 정보를 버리지 않는다. 비슷한 메모리 시스템으로 **순회버퍼(circular buffer)**라 부르는 것이 있다. 이 메모리 시스템에서는 입력된 마지막 n개의 값만 저장한다. 여기서 n은 버퍼에 있는 메모리 위치의 수이다. 매번 새로운 값이 순회버퍼에 저장되며, 가장 이전의 값 위에 덮어(대체) 쓴다. 순회버퍼는 MOD-n 주소 카운터에 의해 주소가 주어진다. 결과적으로, 가장 높은 주소에 도달하면, 주소 카운터는 "한바퀴 돌아서(wrap around)" 다음 위치는 가장 낮은 주소가 된다. 11장에서 보듯이, 디지털 여파와 DSP 동작은 최근 표본들을 사용하여 계산함으로써 이루어진다. DSP에는 메모리에서 순회버퍼의 구현이 쉽게 이루어지도록 하는 특수 하드웨어가 포함되어 있다.

학습성과 평가문제

1. 캐시 메모리를 사용하는 근본적인 이유는 무엇인가?
2. *FIFO*의 의미는 무엇인가?
3. 데이터율 버퍼란 무엇인가?
4. 순회버퍼와 선형버퍼의 차이점은 무엇인가?

요약

1. 모든 메모리 소자는 배열 구조에 2진 논리레벨(0이나 1)을 저장한다. 각 2진 워드의 크기는 메모리 소자에 따라 다르게 저장된다. 이들 2진 값을 데이터라고 한다.
2. 데이터가 저장되는 메모리 소자내의 장소(위치)는 주소를 가리키는 2진수와 관계가 있다. 각 메모리 위치는 유일한 주소를 갖는다.
3. 모든 메모리 소자는 동일한 방식으로 동작한다. 메모리에 데이터를 쓰기 위해서는 액세스될 주소가 주소입력에 인가되어야 하고, 저장될 데이터는 데이터입력에 인가되어야 한다. 그리고 제어신호는 데이터의 저장을 조절한다. 메모리로부터 데이터를 읽을 경우 주소가 인가되고, 제어신호가 조절되어 출력핀에 데이터가 나타난다.
4. 메모리 소자는 주소와 제어신호를 발생하고 저장될 데이터를 제공하거나 메모리로부터 데이터를 사용하는 마이크로프로세서 CPU와 함께 주로 사용된다. 읽기와 쓰기는 항상 CPU에 의해 실행된다. 쓰기는 메모리에 데이터를 넣는 것이고 읽기는 메모리에서 데이터를 꺼내오는 것이다.
5. 대부분의 ROM(read-only memory)은 한번만 데이터를 입력할 수 있고 그러고 나면 다시는 바꿀 수 없다. 이러한 저장과정을 프로그래밍이라 한다. 제조과정에서 프로그램된 MROM 소자는 전력이 제거되더라도 자신의 데이터를 잃어버리지 않는다. PROM은 사용자에 의해 한번 프로그램될 수 있다. EPROM은 PROM과 마찬가지이지만 자외선을 이용해 데이터를 소거할 수 있다. EEPROM과 플래시메모리는 전기적인 소거기능이 있고 여러 차례 프로그래밍이 가능하다.
6. RAM(random access memory)은 데이터를 쉽게 저장하고 읽어낼 수 있는 소자에 대한 포괄적인 용어이다. RAM은 전원이 공급되는 동안에만 데이터를 유지하고 있다.
7. SRAM(static RAM)은 기본적으로 래치회로인 저장요소를 사용한다. 한번 저장된 데이터는 칩에 전원이 공급되는한 변하지 않는다. SRAM은 DRAM에 비해 사용하기 편리하지만 비트당 가격이 비싸고 더 많은 전력을 소비한다.
8. DRAM(dynamic RAM)은 충전 또는 방전에 의해 데이터를 저장하는 콘덴서를 사용한다. DRAM은 많은 데이터를 저장할 수 있다. 콘덴서의 전하는 규칙적으로 리프레시되어야 하므로 DRAM은 SRAM보다 사용하기가 불편하다. DRAM 시스템은 읽기, 쓰기, 리프레시 사이클을 조절하기 위해 외부 회로가 종종 사용되기도 한다. 많은 새로운 소자들은 이러한 특성을 DRAM 칩 자체로 통합하고 있다. DRAM 기술의 목표는 빠르게 응답하고, 소비전력이 적은, 작은 실리콘 조각 위에 더 많은 비트들을 저장하는 것이다.
9. MROM은 기능한 두 방향 중 한 방향에 매우 작은 자성을 띤 입자가 극성을 띠게 하여 데이터를 저장한다. 셀이 읽혀질 때, 극성은 열선의 저항에 영향을 미친다. 저항은 1 또는 0으로 판독된다.
10. 메모리 시스템은 광범위한 다른 형태를 요구한다. 시스템이 위치당 더 많은 비트를 요구하거나 더 많은 워드용량을 필요로 할 때마다 원하는 형태를 실행하기 위해 결합될 수 있다. 다양한 형태의 ROM과 RAM은 동일한 메모리 시스템 내에서 결합될 수 있다.

주요 용어

가용성링크(fusible link)
데이터버스(date bus)
데이터율 버퍼(data-rate buffer)
동적 RAM(dynamic RAM)
리프레시(refresh)
리프레시 카운터(refresh counter)
메모리 맵(memory map)
메모리 셀(memory cell)
메모리 워드(memory word)
메모리 폴드백(memory foldback)
밀도(density)
바이트(byte)
보조기억장치(auxiliary memory)
부트스트랩 프로그램(bootstrap program)
선형버퍼(linear buffer)
순회버퍼(circular buffer)
쓰기동작(write operation)
액세스시간(access time)
열주소 스트로브(column address strobe: CAS)
용량(capacity)
읽기동작(read operation)
잠복(latency)
전원다운(power-down)
정적 RAM(static RAM)
제어버스(control bus)
주기억장치(main memory)
주소(address)
주소 다중화(address multiplexing)
주소버스(address bus)
칩선택(chip select)
캐시 메모리(cache memory)
프로그래밍(programming)
플래시 메모리(flash memory)
행주소 스트로브(row address strobe: RAS)
휘발성 메모리(volatile memory)
DRAM 제어기(controller)
EEPROM(electrically erasable PROM)
FIFO
MRAM(magnetoresistive RAM)
NAND 플래시(flash)
NOR 플래시(flash)
RAM(random access memory)
$\overline{RAS}$ 리프레시($\overline{RAS}$-only refresh)
ROM(read-only memory)
RWM(read/write memory)
SAM(sequential-access memory)

연습문제

12-1절에서 12-3절까지

B 12-1.* 16K × 32의 용량을 갖는 메모리가 저장할 수 있는 메모리워드의 수는 얼마인가? 워드당 비트수는 얼마인가? 메모리 셀은 몇 개 들어 있는가?

B 12-2. 연습문제 12-1의 메모리는 주소가 몇 개 필요한가?

B 12-3.* 16개의 주소 입력, 4개의 데이터 입력, 그리고 4개의 데이터 출력이 있는 메모리의 용량은 얼마인가?

B 12-4. 8K × 16비트 워드를 저장하는 메모리가 있다. 데이터 입력과 데이터 출력선은 몇 개 있는가? 주소선은 몇 개인가? 용량은 바이트로 얼마인가?

반복연습문제

12-5. 다음 용어들을 정의하라.

B (a) RAM

(b) RWM

(c) ROM

*가 표시된 문제는 교재 뒤편에 해답이 있다.

(d) 내부메모리
(e) 보조메모리
(f) 용량
(g) 휘발성
(h) 밀도
(i) 읽기
(j) 쓰기

B 12-6. (a) 컴퓨터 메모리 시스템에서 사용하는 3개의 버스는 무엇인가?
(b) 메모리 위치를 선택하기 위해 CPU가 사용하는 버스는 어느 것인가?
(c) 읽기동작 동안 메모리로부터 CPU로 데이터를 옮기기 위해 사용되는 버스는 어느 것인가?
(d) 쓰기동작 동안 데이터 버스상에 있는 데이터의 근원은 무엇인가?

12-4에서 12-5절까지

B 12-7.* 그림 12-6에서 다음과 같은 입력조건에 대한 데이터출력을 구하라.
(a) $[A] = 1011; \overline{CS} = 1, \overline{OE} = 0$
(b) $[A] = 0111; \overline{CS} = 0, \overline{OE} = 0$

B 12-8. 그림 12-7에서
(a) 입력주소 1011에 의해 어떤 레지스터가 인에이블되는가?
(b) 어떤 입력주소 코드가 레지스터 4를 선택하는가?

B 12-9.* 어떤 ROM의 용량이 16K × 4이고 내부구조가 그림 12-7과 같다.
(a) 배열에는 몇 개의 레지스터가 있는가?
(b) 각 레지스터에는 몇 개의 비트가 있는가?
(c) 어떤 크기의 디코더가 요구되는가?

반복연습문제

B 12-10. (a) 참 또는 거짓: ROM은 지워지지 않는다.
(b) ROM을 프로그래밍한다 또는 굽는다는 것의 의미는 무엇인가?
(c) ROM의 액세스시간을 정의하라.
(d) 1024 × 4 ROM은 데이터 입력, 데이터 출력, 주소입력이 몇 개 필요한가?
(e) ROM 칩에 있는 디코더의 기능은 무엇인가?

12-6절

C, D 12-11.* 그림 12-40은 데이터가 ROM으로부터 외부 레지스터로 전송되는 방법을 나타낸 것이다. ROM은 $t_{ACC} = 250$ ns, $t_{OE} = 120$ ns의 시간 파라미터를 갖는다. TRANSFER 펄스가 발생되기 500 ns 전에 새로운 주소입력이 ROM에 인가되었다면, 신뢰성 있는 데이터 전송이 이루어지기 위한 TRANSFER 펄스의 최소 지속시간은 얼마인가?

C, D 12-12. 전송펄스에 70 ns 앞서 주소입력이 변하였다고 가정할 때, 연습문제 12-11의 내용을 반복하라.

12-7에서 12-8절까지

B 12-13. 반복연습문제
다음 설명은 MROM, PROM, EPROM, EEPROM, 플래시 중 어떤 형태의 메

그림 12-40 연습문제 12-11

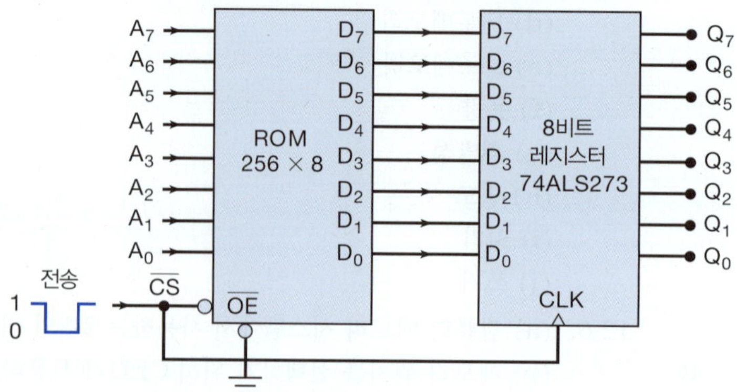

모리에 해당하는가? 어떤 설명은 한가지 이상의 메모리 형태에 대응될 수 있다.

(a) 사용자에 의해 프로그램될 수 있으나 지울 수 없다.

(b) 제작자에 의해 프로그램된다.

(c) 휘발성이다.

(d) 반복해서 지우고 다시 프로그램할 수 있다.

(e) 각 워드 단위로 지우고 다시 쓸 수 있다.

(f) 자외선으로 지워진다.

(g) 전기적으로 지워진다.

(h) 녹기 쉬운 링크를 사용한다.

(i) 벌크(bulk) 또는 512바이트의 섹터를 지울 수 있다.

(j) 지우거나 다시 프로그램하기 위해 시스템으로부터 이동하면 안 된다.

(k) 다시 프로그램하기 위해 특별한 전원이 필요하다.

(l) 지우는 시간은 약 15~20분이다.

B 12-14. 그림 12-9에서 $A_1 = A_0 = 1$이고 $\overline{EN} = 0$일 때 어떤 트랜지스터가 전도되는가?

12-15.* 그림 12-9의 MROM이 함수 $y = 3x + 5$를 저장하도록 MROM의 연결을 변경하라.

D 12-16. 그림 12-41은 수동으로 프로그램되는 2732EPROM에 대한 간단한 회로를 보이

그림 12-41 연습문제 12-16

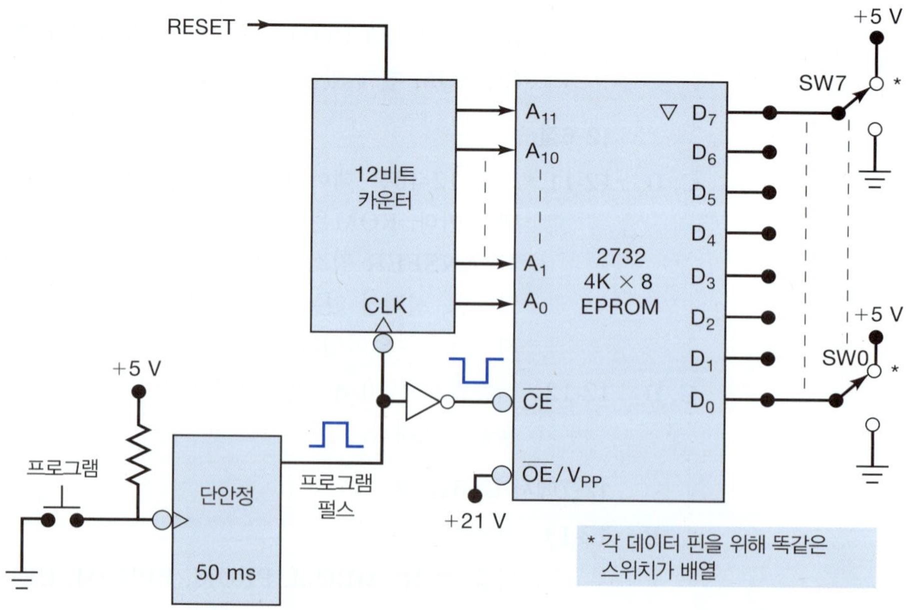

고 있다. 각 EPROM 데이터 핀은 1 또는 0레벨로 조정되는 스위치에 연결된다. 주소입력은 12비트 카운터에 의해 구동된다. 프로그램 버튼을 누를 때마다 50 ms의 프로그래밍 펄스가 단안정(one-shot)으로부터 공급된다.

(a) 원하는 데이터로 EPROM의 저장장소를 순차적으로 프로그램하기 위해 이 회로가 어떻게 사용되는지 설명하라.

(b) 74293과 74121로 이 회로를 구현하기 위해 사용되는 방법을 보여라.

(c) 스위치 바운스(bounce)가 회로동작에 어떤 영향을 주는가?

N 12-17. 그림 12-42는 작은 플래시 메모리 칩이 데이터 버스와 주소버스를 통해 CPU와 연결되어 있는 것을 보이고 있다. CPU는 원하는 메모리 주소를 보내고 칩에 적당한 제어신호를 발생시킴으로서 플래시메모리 배열로부터 읽을 수도 있고 써 넣을 수도 있다. CPU는 안정된 주소가 출력에 나타나는 것이 완료되고 메모리 소자에서 데이터를 읽기 원할 때 $\overline{RD}$ 선을 활성화한다. CPU는 안정된 주소가 출력에 나타나는 것이 완료되고 저장도리 데이터가 데이터 버스 상에 위치한 후에 $\overline{WR}$ 선을 활성화한다.

(a) 이 플래시 메모리 배열이 8000_{16}과 $FFFF_{16}$ 사이의 주소를 사용할 수 있게 하려면 어떤 제어 논리가 필요한가?

(b) 어떤 버스가 CPU에서 플래시 메모리 칩으로 명령 코드를 운반하는가?

(c) 제어 코드를 플래시 메모리 칩으로 보내기 위해 어떤 형태의 버스 사이클이 실행되는가?

12-9절

12-18. 타이밍신호와 제어신호를 발생시키기 위해 ROM을 사용하였다. 그림 12-43에 보인 16 × 8 ROM은 입력펄스가 증가함에 따라 ROM 주소가 증가하는 MOD-16 카운터에 의해 구동되는 주소입력을 갖고 있다. ROM이 그림 12-6에서와 같이 프로그램된다고 가정할 때, 펄스의 인가에 따른 각 ROM 출력의 파형을 그려라. 단, ROM의 지연시간은 무시한다. 카운터는 0000에서 시작하는 것으로 한다.

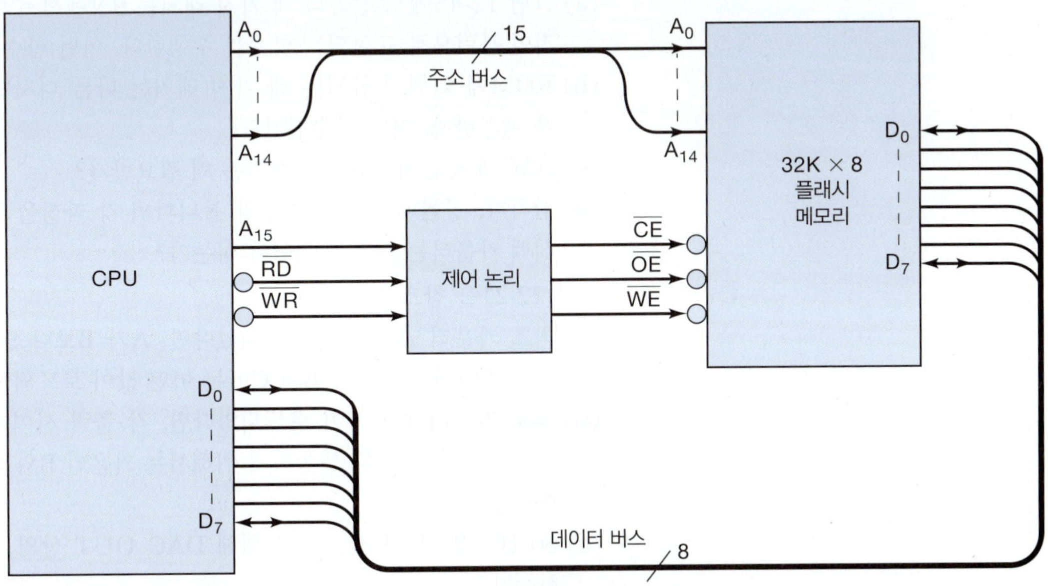

그림 12-42 연습문제 12-17

그림 12-43 연습문제 12-18

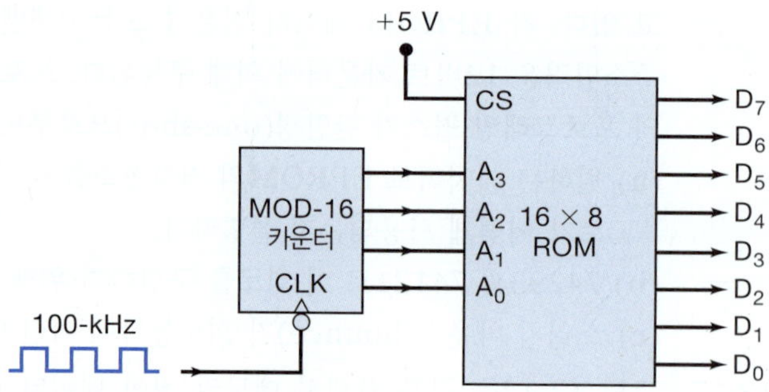

D 12-19.* 그림 12-44과 같은 D_7파형을 발생시키도록 연습문제 12-18의 ROM에 저장된 프로그램을 바꾸어라.

그림 12-44 연습문제 12-19

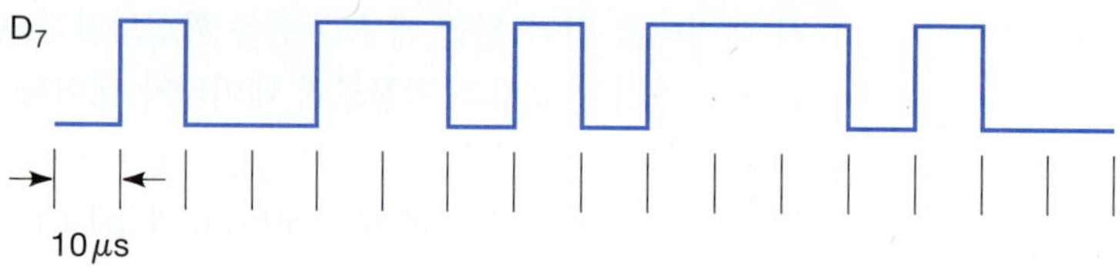

D 12-20.* 그림 12-20의 함수발생기에 대해 알아보자.

(a) 출력에서 100 Hz 정현파가 나타나려면 클럭주파수는 얼마인가?

(b) 정현파의 진폭을 변경시키기 위해 어떤 방법을 사용할 수 있는가?

N, C 12-21. 그림 12-45에 보인 시스템은 파형(함수) 발생기이다. 각 정현파(주소 000~0FF)의 한 주기, 양 톱니파(주소 100~1FF), 음 톱니파(200~2FF), 그리고 삼각파(300~3FF)를 저장하기 위해 1-K바이트 ROM 속에 4개의 256-점 조견표를 사용한다. 출력 채널 3개 사이의 위상 관계는 카운터에 로드된 초기값에 의해 제어된다. 임계 타이밍 파라메타는 $t_{pd(ck\text{-}Q \text{ and } OE\text{-}Q \text{ max})}$, 카운터 = 10 ns, 래치 = 5 ns, t_{ACC} ROM = 20 ns이다. 어떻게 동작하는지 이해할 때까지 그림을 살펴보고 아래에 답하라.

(a) 그림 12-45에서 왼쪽의 세 가지 래치는 9장에서 주어진 디지털 시스템의 기본적인 블럭으로 표현되는 함수를 수행한다. 어떤 함수인가?

(b) ROM에 의해 공급되는 네 가지 래치는 다른 디지털 시스템의 기본적인 블럭을 제공한다. 어떤 함수인가?

(c) DAC에 공급되는 8비트 래치는 왜 필요한가?

(d) 삼각파, 정현파, 음 톱니파, 양 톱니파의 각 파형을 만들기 위해 MOD-4 함수 선택 카운터는 어떤 수이어야 하는가?

C 12-22.* 문제 12-21을 참조하라.

(a) 최초 카운터 A에 0이 로드되었다면, A가 B보다 90° 늦고 A가 C보다 180° 늦기 위해서는 카운터 B와 C에는 어떤 값이 로드되어야 하는가?

(b) 최초 카운터 A에 0이 로드되었다면, 각 출력 사이에 120° 위상차가 있는 세 가지 위상 정현파를 생성하기 위해서는 카운터 B와 C에는 어떤 값이 로드되어야 하는가?

(c) 60 Hz 정현파를 생성하기 위해 DAC_OUT 상의 펄스 주파수는 얼마이어야 하는가?

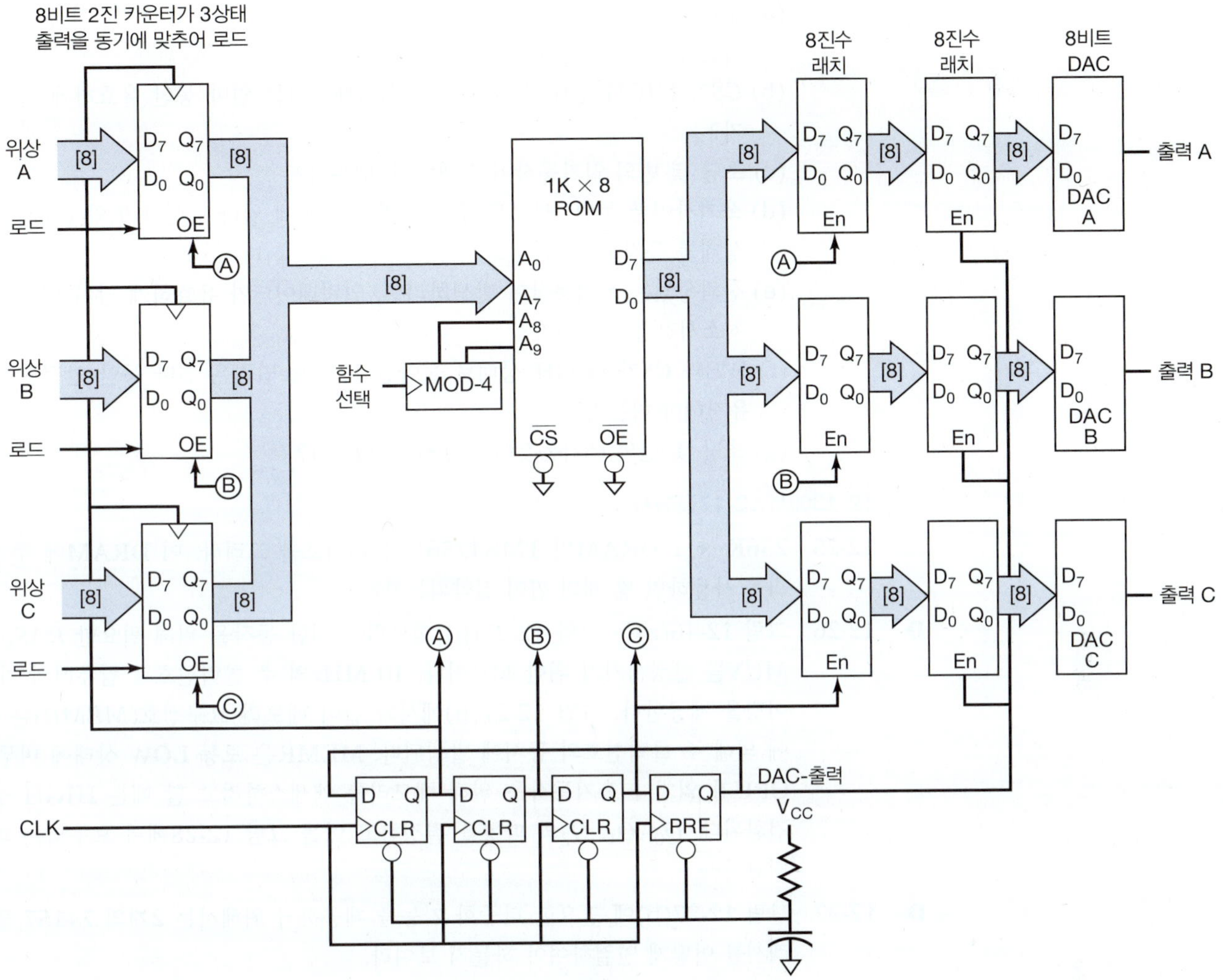

그림 12-45 연습문제 12-21과 12-22

(d) CLK 입력의 최대 주파수는 얼마인가?

(e) 출력 파형의 최대 주파수는 얼마인가?

(f) 함수 선택 카운터의 목적은 무엇인가?

12-11절

12-23. (a) 분리된 데이터 입/출력과 LOW에서 출력이 인에이블되는 256K × 4로 구성된 CMOS SRAM인 MCM101514의 논리기호를 그려라.

(b) LOW 활성 칩 인에이블, LOW 활성 출력 칩 인에이블, 공통의 I/O를 갖는 1M × 4로 구성된 CMOS SRAM MCM6249의 논리기호를 그려라.

12-12절

12-24.* 어떤 SRAM이 다음과 같은 파라미터를 갖는다.(단위는 ns)

$t_{RC} = 100$	$t_{AS} = 20$
$t_{ACC} = 100$	t_{AH} = 주어지지 않음
$t_{CO} = 70$	$t_W = 40$
$t_{OD} = 30$	$t_{DS} = 10$
$t_{WC} = 100$	$t_{DH} = 20$

(a) 읽기사이클 동안, 주소선이 안정된 뒤 얼마 후에 유효한 데이터가 출력에 나타나는가?

(b) $\overline{CS}$가 HIGH 상태로 돌아간 뒤 출력데이터는 얼마 동안 유효하게 남아 있는가?

(c) 초당 몇 번의 읽기동작이 수행될 수 있는가?

(d) 쓰기사이클 동안, 새로운 주소가 안정된 후에 얼마 동안 $\overline{WE}$와 $\overline{CS}$는 HIGH 상태를 유지하는가?

(e) 신뢰성있는 쓰기동작이 발생하려면, 입력데이터가 유효하게 남아 있어야 하는 최소시간은 얼마인가?

(f) $\overline{WE}$와 $\overline{CS}$가 HIGH 상태로 돌아간 뒤, 주소입력은 얼마 동안 안정된 상태를 유지해야 하는가?

(g) 초당 몇 번의 쓰기동작이 수행될 수 있는가?

12-13에서 12-17절까지

12-25. 256K × 1 DRAM인 TMS4256의 논리기호를 그려라. 이 DRAM에 주소다중화를 사용하면 몇 개의 핀이 절약되는가?

D 12-26. 그림 12-46(a)는 그림 12-27(b) 회로의 적절한 동작을 위해 필요한 $\overline{RAS}$, $\overline{CAS}$, MUX를 발생시키기 위한 회로이다. 10 MHz의 주 클럭신호로 컴퓨터의 기본 타이밍을 제공한다. 그림 12-27(b)에서와 같이 메모리 요구신호($MEMR$)는 CPU에 의해 주 클럭신호와 동시에 발생된다. MEMR은 보통 LOW 상태에 머무르고, CPU가 읽기나 쓰기동작을 위해 메모리를 액세스하려고 할 때는 HIGH 상태로 전환된다. Q_0, $\overline{Q}_1$, Q_2의 파형을 결정하고 이를 그림 12-28에서 요구되는 파형과 비교하라.

D 12-27. 그림 12-27(b)에 필요한 다중화 기능을 제공하기 위해서는 2개의 74157 멀티플렉서를 어떻게 연결하여야 하는지 보여라.

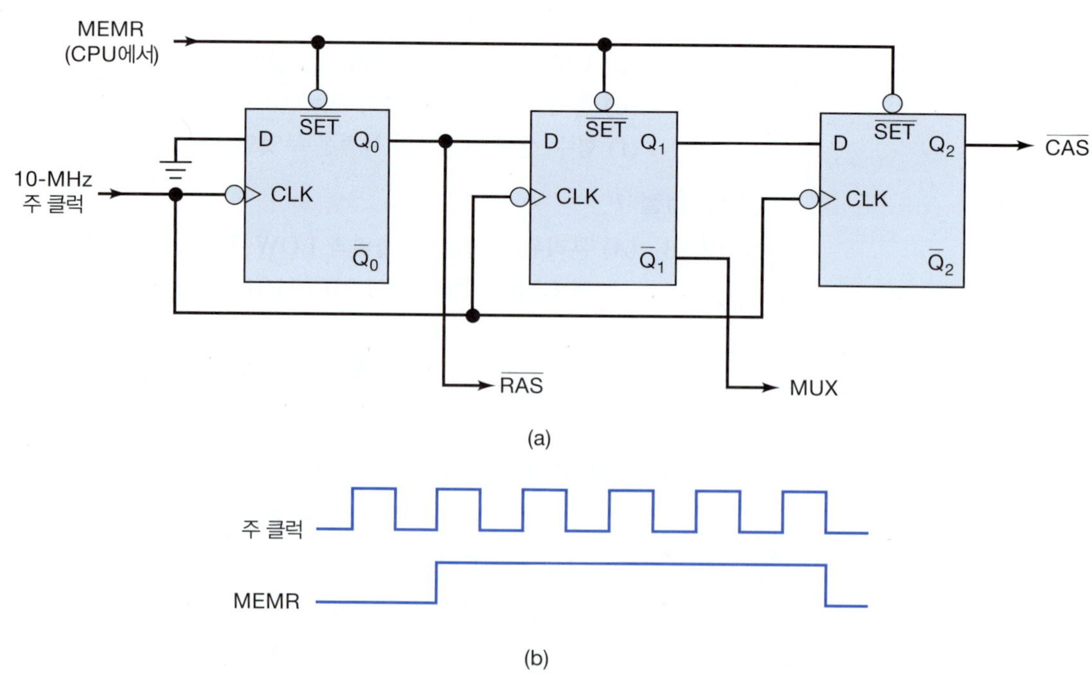

그림 12-46 연습문제 12-26

12-28. 그림 12-29의 신호에 대해 시간위치에서 어떤 일이 발생하는지 설명하라.

12-29. 그림 12-30에 대해 연습문제 12-28을 반복하라.

C 12-30.* 21256은 셀이 512 × 512 배열로 구성된 256K × 1 DRAM이다. 셀은 데이터를 유지하기 위해서 4 ms 내에 리프레시되어야 한다. $\overline{CAS}$-전-$\overline{RAS}$ 리프레시 사이클이 발생하는 각 시간마다 칩상의 리프레시 회로는 리프레시 카운터에 의해 결정지어지는 열주소에 있는 배열의 열을 리프레시할 것이다. 각 리프레시 후 카운터는 증가된다. 모든 데이터를 유지하기 위하여 $\overline{CAS}$-전-$\overline{RAS}$ 사이클은 얼마나 자주 공급되어야 하는가?

N 12-31. Terasic 사의 DE1 보드 상에는 8 M 바이트 SDRAM이 들어 있다. 이 IC는 12 비트 주소(A_{11}~A_0)가 있다. 모든 12비트 주소는 $\overline{RAS}$에 의해 행주소 레지스터에 래치된다. IC는 어떤 뱅크가 액세스되어야 할 것인지를 지정하는 두 개의 입력 핀이 있다.

(a) 이 IC이는 몇 개의 뱅크가 있는가?
(b) 각 뱅크에는 몇 개의 바이트가 있는가?
(c) 이 SDRAM 상에 몇 개의 행이 리프레시되어야 하는가?
(d) 선택된 뱅크 속에 저장될 하나의 메모리 바이트를 선택하기 위해 몇 비트가 열주소 레지스터에 래치되어야 하는가?

12-19절

D 12-32. 8K × 16 모듈을 만들기 위해 2개의 6206 RAM 칩(인터넷에서 데이터 시트를 찾아 사용하라)이 어떻게 결합되어야 하는지 보여라.

D 12-33. 16K × 8 RAM 모듈을 만들기 위해 6264 RAM 칩(인터넷에서 데이터 시트를 찾아 사용하라) 2개를 어떻게 연결해야 하는지를 보여라. 회로에는 다른 부가 논리가 필요하지 않다. 각 RAM 칩의 주소배열을 나타내는 메모리맵을 그려라.

D 12-34.* 동일한 형태의 PROM 칩을 사용하여 전체 용량이 16K × 8이 되도록 그림 12-35의 회로를 변형하는 방법을 설명하라.

D 12-35. 그림 12-35의 디코딩회로가 16선 주소버스(A_{13}, A_{14}, A_{15}를 추가)로부터 동작하도록 변형시켜라. 4개의 PROM은 같은 16진 주소범위를 유지한다.

C 12-36. 그림 12-36의 메모리 시스템에서 CPU가 시스템 주소 4000_{16}에 1바이트의 데이터를 저장하고 있다고 가정하자.

(a) 어떤 칩에 이 바이트가 저장되어 있는가?
(b) 이 데이터 바이트를 액세스할 수 있는 다른 주소가 이 시스템에 있는가?
(c) CPU가 주소 6007에 한 바이트를 저장하고 있다고 가정했을 때 (a)와 (b)에 답하라.(힌트: EEPROM은 완전하게 디코딩될 수 없다.)
(d) 프로그램이 EEPROM에 연속적인 데이터 바이트를 저장하고 있고 주소 67FF에 2048번째 바이트가 완성되었다고 가정하자. 만일 프로그래머가 주소 6800에 1개이상의 바이트를 저장할 수 있다면, 첫 번째 2048 바이트에는 어떠한 영향을 미치는가?

D 12-37. 64K × 4의 용량, 공통의 입/출력선, 2개의 동적 LOW 칩선택입력이 있는 RAM 칩을 사용하는 256K × 8메모리에 대해 완전한 회로도를 그려라.(힌트: 2개의 인버터(펄스 메모리 칩)만을 사용하여 회로를 설계할 수 있다.)

학습성과 평가문제 해답

12-1절

1. 본문 참조
2. 워드당 16비트; 8192워드; 131,072비트 또는 셀
3. 읽기동작에서는 워드를 메모리 위치에서 가져와서 다른 소자로 전송한다. 쓰기동작에서는 새로운 워드를 메모리 위치에 써넣으며 그 이전에 저장되어 있던 것과 대치된다.
4. 참
5. SAM: 액세스시간이 상수는 아니지만 액세스될 워드의 물리적 위치에 의존한다. RAM: 액세스시간이 어떤 주소 위치나 똑 같다.
6. RWM은 읽기와 쓰기동작을 모두 쉽게 할 수 있는 메모리이다. ROM은 주로 읽기동작만하고 아주 드물게 쓰기동작을 하는 메모리이다.
7. 거짓: 데이터는 주기적으로 리프레시되어야 한다

12-2절

1. 14, 12, 12 2. 읽기동작 또는 쓰기동작을 수행하도록 메모리에 명령한다.

3. 이것이 동적인 상태에 있을 때, 이 입력은 메모리를 인에이블시켜 $\overline{WE}$ 입력에 의해 선택되는 읽기동작 또는 쓰기동작을 수행하도록 한다. 동적인 상태가 아닐 때는 읽기나 쓰기가 수행될 수 없도록 이 입력은 메모리를 디스에이블시킨다.

12-3절

1. 주소버스, 데이터버스, 제어버스 2. 본문 참조 3. 본문 참조

12-4절

1. 참
2. 원하는 주소입력을 인가한다; 제어입력을 활성화한다; 데이터출력에 데이터가 나타난다.
3. ROM에 데이터를 써넣는 과정

12-5절

1. $A_3A_2A_1A_0 = 1001$
2. 행선택 디코더는 선택된 행에 있는 모든 레지스터의 인에이블 입력 중 하나를 활성화한다. 열선택 디코더는 선택된 열에 있는 모든 레지스터의 인에이블 입력 중 하나를 활성화한다. 출력버퍼는 $\overline{CS}$와 $\overline{OE}$ 입력이 활성화되었을 때, 내부의 데이터버스에서 ROM 출력핀으로 데이터를 통과시킨다.

12-6절

1. RD 2. t_{ACC}

12-7절

1. 거짓: 제작자에 의해 프로그램된다.
2. PROM은 사용자에 의해 한번 프로그램 할 수 있다. 지우거나 다시 프로그램 할 수 없다.
3. 참 4. 자외선에 노출시킨다. 5. 참
6. 한 주소씩 메모리셀에 데이터를 자동적으로 프로그램한다.
7. EEPROM은 전기적으로 지울 수 있고 회로에서 꺼내지 않고 프로그램할 수 있으며 EPROM보다 아주 빠르게 프로그램 된다.
8. 밀도가 낮다; 가격이 비싸다. 9. EEPROM 10. 한 비트

11. 음전하가 부동게이트에 모인다.

12-8절

1. 전기적으로 지울 수 있고 회로내에서 프로그램이 가능하다.
2. 밀도가 높고, 가격이 저렴하다 3. 지우고 프로그램하는 시간이 짧다.
4. 이 레지스터의 내용이 모든 내부 칩의 기능을 제어한다.
5. 메모리 셀의 전기적인 외형은 NAND 게이트 또는 NOR 게이트 기능을 하는 회로와 비슷하다.
6. NOR 7. NAND

12-9절

1. 전원이 공급되면, ROM으로부터 부트스트랩 프로그램을 실행하여 시스템 하드웨어를 초기화하고 대용량의 저장장치(디스크)로부터 동작시스템(OS)을 로드한다.
2. 임의의 코드 형태로 표현된 데이터를 받아들여 다른 형태의 코드로 변환하는 회로.
3. 카운터, ROM, DAC, 저역통과 필터

12-11절

1. 원하는 주소를 주소입력에 인가한다; ; $\overline{WE} = 1$; $\overline{CS}$ 또는 $\overline{CE}$를 활성화시킨다; $\overline{OE}$를 활성화시킨다. 2. 핀의 수를 줄이기 위해. 3. V_{CC}와 접지를 포함하여 24개.

12-12절

1. SRAM은 플립플롭을 사용하고, DRAM은 콘덴서를 사용한다.
2. CMOS 3. 메모리 4. CPU 5. 읽기 사이클 시간과 쓰기 사이클 시간

12-13절

1. 일반적으로 속도가 늦고 리프레시가 필요하다.
2. 전력소모가 적고, 용량이 크며, 비트당 가격이 저렴하다. 3. DRAM

12-14절

1. 256행 × 256열 2. 칩의 핀 수를 절약한다.
3. 1M = 1024K = 1024 × 1024. 따라서 행열이다. 1024 = 2^{10}이므로, 칩은 주소입력이 10개 필요하다.
4. $\overline{RAS}$는 DRAM의 행주소 레지스터에 행주소를 래치하는데 사용한다. $\overline{CAS}$는 열주소 레지스터에 열주소를 래치하는데 사용한다.
5. *MUX*는 DRAM에 입력하기 위해 전체 주소를 행주소와 열주소로 다중화한다.

12-15절

1. (a) 참 (b)거짓 (c) 거짓 (d) 참 2. *MUX*

12-16절

1. (a) 참 (b) 거짓 2. 리프레시하는 동안 DRAM에 행주소를 제공한다.
3. 주소 다중화와 리프레시 동작 4. (a) 거짓 (b) 참

12-17절

1. 교체할 수 없다 2. 같은 상위주소를 갖는 메모리 위치(같은 행)
3. 열주소만 래치되어야 하기 때문 4. 데이터 출력의 확장. 5. 버스트(burst)
6. 클럭의 상승모서리와 하강모서리에 데이터를 전송한다.
7. 시스템의 속도

12-18절

1. 대부분의 컴퓨터 속 하드 디스크 드라이브　　2. MRAM
3. 낮은 가격, 높은 용량, 휴대성

12-19절

1. 16개　　2. 4개
3. 거짓; 메모리 용량을 확장할 때, 각 칩은 다른 디코더 출력에 의해 선택된다(그림 12-35 참조).
4. 참　　5. 4개

12-20절

1. 속도대비 가격의 최적화
2. 데이터는 써 넣어진 순서대로 메모리에서 읽혀진다.
3. FIFO는 소자의 동작 속도가 아주 많이 다른 것 사이의 데이터 전송에 사용된다.
4. 순회버퍼는 가장 높은 주소에서 가장 낮은 주소로 한 바퀴 돌게 되고, 항상 가장 새로운 데이터가 가장 이전 데이터에 대체된다.

CHAPTER 13

프로그램 가능한 논리 소자 구조*

Programmable Logic Device Architectures

개요

*이 장에 소개된 알테라 소자의 도형은 알테라(주)의 승인을 거쳐 다시 복사되었다.

학습목표

이 장을 학습함으로써 다음을 할 수 있다.

- 여러 가지 부류의 디지털 시스템 소자에 대한 설명
- 여러 가지 유형의 PLD에 대한 설명
- PLD 데이터 규격집에 대한 해석
- PLD 용어 정의
- PLD에 사용된 여러 가지의 프로그래밍 기술 비교
- 여러 가지 유형의 PLD 구조 비교
- 알테라 CPLD와 FPGA의 특징 비교

서론

이 책의 각 장을 거쳐오는 동안 매우 다양한 디지털 회로들을 접해왔다. 이제 디지털 시스템의 구성 요소가 어떻게 동작하는지와 그것들을 어떻게 조합하는지 알고 있으므로 다방면의 디지털 문제들을 해결할 수 있다. 마이크로컴퓨터나 디지털 신호 처리기와 같은 좀 더 복잡한 디지털 시스템에 대해서도 간단히 서술했었다. 마이크로컴퓨터/DSP와 다른 디지털 시스템의 차이점을 규정하면 전자는 설계자가 명시한 프로그램된 명령어의 순차를 따른다. 많은 응용분야에서는 마이크로컴퓨터/DSP 구조가 수용할 수 있는 것보다 더 빠른 응답을 필요로 한다. 이러한 경우 일반적인 디지털 시스템 회로를 사용해야만 한다. 현재의 빠르게 발전하는 기술 시장에서, 대부분의 일반적인 디지털 시스템은 단순한 게이트나 MSI 유형의 기능만을 갖는 표준 디지털 논리 소자 칩을 사용하여 구현되지 않는다. 대신 논리 함수를 만드는 데 필요한 회로를 내장하고 있는 프로그램 가능한 논리 소자(PLD)가 디지털 시스템을 구현하는 데 사용된다. 이들 소자들은 컴퓨터나 DSP처럼 일련의 명령어로 프로그램되지 않는다. 대신에 그들의 내부 하드웨어는 회로에 있는 접촉점을 전기적으로 연결하고 끊음으로써 구성된다.

PLD가 그렇게 많은 시장을 장악하고 있는 이유는 무엇일까? 프로그램 가능한 부품을 사용하면, 동일한 기능을 여러 개의 개별 논리 칩 대신에 한 개의 IC를 사용하여 구현할 수 있다. 이러한 특징으로 인해 기판 면적 감소, 전력 소모 감소, 신뢰성 향상, 재고품 감소, 그리고 종합적으로 제조 비용 감소의 효과를 얻을 수 있다.

앞의 장들을 통해 AHDL이나 VHDL을 이용하여 PLD를 프로그래밍하는 과정에 익숙해졌다. 또한 디지털 시스템의 모든 구성 요소에 대해 배웠다. 지금까지는 디지털 회로의 PLD 구현은 "블랙박스"로 나타내었다. PLD를 동작시키기 위해 그 안에서 어떤 일이 일어나는지에 대해서는 신경 쓰지 않았다. 블랙박스 내부의 모든 회로를 알고 있기 때문에, 이제는 그 내부를 들여다보며 그것이 어떻게 동작하는지 검토할 것이다. 이것은 문제를 풀 때 PLD를 선택하고 적용할 때 최적의 결정을 할 수 있도록 해줄 것이다. 이 장에서는 디지털 시스템의 설계에 유용한 다양한 유형의 하드웨어를 살펴볼 것이다. 그리고 여러 가지의 PLD 계열을 소개할 것이다.

13-1 디지털 시스템 체계도

학습성과

이 절을 학습함으로써 다음을 할 수 있다.

- 디지털 시스템 구현을 위한 다양한 기술적 해법 분류
- 부류들의 기술적 강점과 한계 비교
- 디지털 시스템에서 공통된 용어와 약어 정의

이 장의 주요 목표는 PLD 구조를 조사하는 것이지만, 디지털 시스템 설계자가 사용할 수 있는 여러 가지 하드웨어 선택에 대해 알아보는 것도 유익하다. 왜냐하면 그것은 현대의 디지털 하드웨어 대안에 대한 다소 나은 통찰력을 주기 때문이다. 원하는 회로의 기능은 보통 여러 다른 유형의 디지털 하드웨어를 사용함으로써 만들어진다. 이 책을 통해, 우리는 표준 논리 소자와 프로그램 가능한 논리 소자가 어떻게 동일한 기능 블럭들을 만드는데 사용될 수 있는지 설명했다. 마이크로컴퓨터와 DSP 시스템도 필요한 일련의 명령어(즉, 응용 프로그램)를 사용하여 원하는 회로 기능을 얻는 데 적용될 수 있다. 설계 공학적인 결정에는 회로의 동작 속도, 제조 비용, 시스템 전력 소모, 시스템 크기, 제품 설계에서 생산까지 허용된 총 시간 등의 많은 요소들을 고려하여야 한다. 대부분의 복잡한 디지털 설계들은 실제로는 다른 부류의 하드웨어들을 포함한다. 하나의 디지털 시스템을 설계하기 위해서는 여러 유형의 하드웨어의 적정성을 검토해 보아야 한다.

현재 이용 가능한 대부분의 하드웨어 선택을 보여주는 디지털 시스템 체계도(그림 13-1)는 많은 디지털 소자의 부류를 분류하는 데 도움이 될 것이다. 그림 상의 도표는 모든 상세한 것까지 보여주지는 않는다. 좀 더 복잡한 소자 유형은 많은 추가적인 하위 세부 부류들을 가지며, 오래되고 시대에 뒤처진 소자 유형은 명확성을 위해서는 생략했다. 주요 디지털 시스템 부류에는 표준 논리, 주문형 반도체(ASICs), 마이크로프로세서/디지털 신호 처

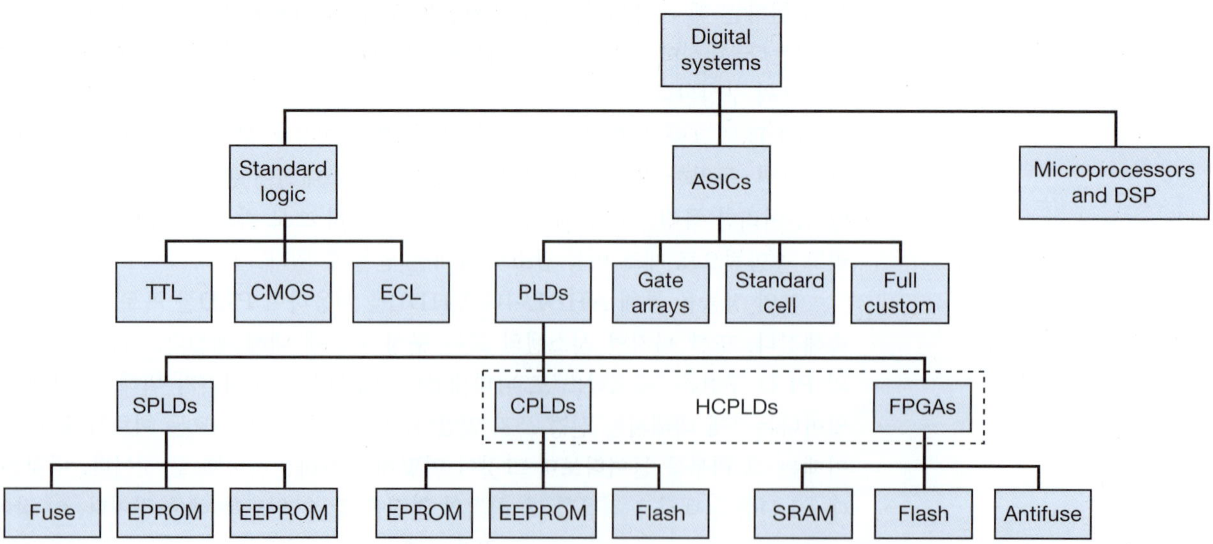

그림 13-1 디지털 시스템 체계도.

리(DSP) 소자들이 있다.

첫 번째 부류인 **표준 논리** 소자(**standard logic** device)는 SSI, MSI 칩 형태로 공급되는 기본 기능의 디지털 소자들(게이트, 플립플롭, 디코더, 멀티플렉서, 레지스터, 카운터 등)을 말한다. 이들 소자들은 수 년(어떤 것은 45년 이상)동안 복잡한 디지털 시스템을 설계하는 데 사용되어 왔다. 명백한 단점은 시스템이 사실상 수백 개의 칩으로 구성될지도 모른다는 것이다. 이 저렴한 소자들은 설계가 그리 복잡하지 않다면 여전히 유용할 수 있다. 8장에서 논의된 것처럼 논리 소자에 대한 두 가지 주요 기술은 TTL과 CMOS이다. TTL은 여러 해 동안의 사용을 통해 발전된 수많은 하위 계열을 가진 성숙한 기술이다. TTL 논리가 새로운 설계에 적용되는 경우는 매우 적지만, TTL 소자가 포함된 디지털 시스템은 여전히 매우 많다. CMOS는 주로 낮은 전력 소비 때문에 오늘날 가장 많이 사용되는 논리 소자 기술이다. 표준 논리 소자들은 아직도 디지털 설계자들에게 유용하지만, 응용이 매우 복잡한 경우에는 많은 SSI/MSI 칩들을 필요로 할 것이다. 이 방법은 오늘날 설계 요구를 만족시키기 어렵다.

마이크로프로세서/DSP(Microprocessor/Digital Signal Processing) 부류는 디지털 시스템 설계에 대한 매우 색다른 접근 방법이다. 이들 소자들은 본문에서 논의되었던 다양한 유형의 기능 블럭들을 실제로 포함하고 있다. 마이크로컴퓨터/DSP 시스템을 사용하면 소자들은 전자적으로 제어될 수 있으며, 데이터는 그 응용을 위해 기억시킨 명령어 프로그램의 실행에 의해서 처리될 수 있다. 프로그램을 바꿔주기만 하면 되기 때문에 마이크로컴퓨터/DSP 시스템은 매우 큰 융통성을 지닌다. 디지털 시스템에서 이 부류의 주요 단점은 속도이다. 디지털 시스템 설계에서 하드웨어 방법을 사용하는 것이 소프트웨어 방법보다 항상 더 빠르다.

디지털 시스템의 세 번째 주요 부류는 **주문형 반도체(Application-Specific Integrated Circuits: ASIC)**이다. 이 폭넓은 부류는 디지털 시스템을 위한 최신의 하드웨어 설계 방법을 대표한다. 그 이름이 의미하듯이 집적 회로는 특정 용도의 응용을 구현하기 위해서 설계된다. 디지털 시스템을 만들기 위한 ASIC 소자로는 프로그램 가능한 논리 소자(PLD), 게이트 배열(gate array), 표준셀(standard-cell), 완전 주문형(full-custom)의 네 가지 세부 부류가 있다.

현장 프로그램 가능 논리 소자(Field programmable logic device: FPLD)라고도 불리는 **프로그램 가능 소자(Programmable Logic Device: PLD)**는 간단한 논리 게이트에서부터 복잡한 디지털 시스템까지 어떤 원하는 디지털 회로를 만들기 위해 주문형으로 구성될 수 있다. 여러 가지 PLD 설계의 예는 앞의 장들에서 주어졌다. 설계자 입장에서 이 ASIC을 선택하는 것은 다른 세 가지의 세부 부류의 경우와는 매우 다르다. 비교적 적은 투자로 회사는 그들의 디지털 설계를 위해 PLD를 프로그램하기 위한 개발 소프트웨어와 하드웨어를 구매할 수 있다. 반면에 게이트 배열, 표준셀 혹은 완전 주문형 ASIC을 만들기 위해서는, 대부분의 회사가 원하는 IC 칩을 제작하기 위해 IC 제작 공장과 계약할 필요가 있다. 이러한 선택은 극단적으로 비쌀 수 있어, 대량으로 구매해야만 가격 효과가 있다.

게이트 배열(Gate Array)은 수십만 게이트를 제공하는 ULSI 회로다. 원하는 논리 기능은 이미 만들어져 있는 게이트의 상호 연결로 만들어진다. 특정 응용을 위해 주문 설계된 마스크는 마스크 프로그램된 ROM 에 저장된 데이터처럼 게이트의 상호 연결을 결정한다. 이러한 이유로, 그것들은 종종 마스크 프로그램된 게이트 배열(Mask-Programmed Gate arrays, MPGA)이라고 불린다. 개별적으로 이들 소자들은 비슷한 게이트 수의 PLD보다 덜 비싸지만, 칩 제조업자에 의한 주문 프로그래밍 공정이 매우 비싸며, 매우 긴 소요 시간이 필요하다.

표준셀(**Standard-Cell**) **ASIC**은 원하는 디지털 시스템을 만들기 위해 셀(Cell)이라고 불리는 사전 정의된 논리 함수 구성 요소를 사용한다. 각 셀의 IC 레이아웃은 미리 설계되었고, 사용할 수 있는 셀의 라이브러리는 컴퓨터 데이터베이스에 저장되어 있다. 원하는 응용을 위해 필요한 셀들을 배치하고, 셀들 간의 상호 배선을 결정한다. 소자 및 상호 연결을 정의하는 모든 IC 제작 마스크가 주문 설계되기 때문에 표준셀 ASIC의 설계 가격은 MPGA에 대한 것보다 더 비싸다. 추가되는 마스크를 제작하기 위해서는 더 긴 소요 시간이 필요하다. 표준셀은 게이트 배열보다 상당한 장점을 갖는다. 셀 기반의 기능은 게이트 배열의 등가 기능보다 매우 작게 설계할 수 있어서, 일반적으로 더 빠른 동작 속도와 더 저렴한 가격의 제작이 가능하다.

완전 주문형(**Full-Custom**) **ASIC**은 최선의 ASIC 선택이라고 여겨진다. 이름이 의미하듯이, 모든 소자(트랜지스터, 레지스터, 캐패시터)와 그들 사이의 연결이 IC 설계자에 의해서 주문 설계된다. 이 설계는 많은 시간과 비용을 필요로 한다. 그러나 이렇게 설계된 IC는 가능한 최고 속도로 동작할 수 있고 가장 작은 형판(개별 IC 칩) 면적을 갖는다. IC 칩의 크기가 더 작기 때문에 실리콘 웨이퍼에 더 많은 칩을 만들 수 있다. 따라서 IC의 제작 단가를 상당히 낮출 수 있다.

PLD 보충

이 장은 주로 PLD에 대한 것이므로, PLD 계열을 좀 더 살펴볼 것이다. PLD 기술은 첫 번째 PLD가 35년 전에 출현한 이래 끊임없이 발전해 왔다. 초창기의 소자들은 수백 개에 상당하는 게이트를 포함했으나, 오늘날에는 수백만 게이트를 포함하는 소자들을 사용할 수 있다. 예전 소자들은 제한된 논리 용량으로 인해 몇 개의 입력과 몇 개의 출력을 처리할 수 있었다. 현재는 수백 개의 입력과 출력을 처리할 수 있는 PLD들이 있다. 원래의 소자들은 단지 한 번만 프로그램될 수 있었다. 만약 설계가 변경되면 예전의 PLD를 회로로부터 제거하고, 새로 바뀐 설계로 프로그램된 새로운 것을 그 자리에 끼워 넣어야 했다. 새로운 소자로는 전자 시스템의 인쇄 회로 기판에 칩을 그대로 연결한 상태에서 내부 논리 설계를 빠르게 바꿀 수 있다.

일반적으로 PLD는 **간단한 프로그램 가능한 논리 소자**(**Simple Programmable Logic Device: SPLD**), **복잡한 프로그램 가능한 논리 소자**(**Complex Program-mable Logic Device: CPLD**), **현장 프로그램 가능한 게이트 배열**(**Field Progr-ammable Gate Array: FPGA**)의 세 유형이 있다. 많은 다른 계열의 PLD 소자들이 여러 제작사에서 생산되고 있으며 제작사마다 조금씩 그 구조가 다르다. 여기서는 각 유형의 일반적인 특징을 검토할 것이다. 그러나 그 차이는 명확하지 않다. CPLD와 FPGA의 차이는 애매한 경우가 많은데, 이것은 제작사들이 끊임없이 새롭게 개선된 구조를 설계하고 영업 목적으로 주위를 종종 혼란하게 하기 때문이다. CPLD와 FPGA는 종종 **대용량 프로그램 가능한 소자**(**High-Capacity Program-mable Logic Device: HCPLD**)로 불려진다. PLD 소자의 프로그래밍 기술은 실제로는 여러 유형의 반도체 메모리에 바탕을 두고 있다. 새로운 유형의 메모리가 개발되면, 같은 기술이 새로운 유형의 PLD 소자를 만드는 데 적용되어 왔다.

이용할 수 있는 논리 자원의 양이 SPLD와 HCPLD를 구별하는 주요 특징이다. 오늘날 SPLD는 600개 또는 그 이하에 상당하는 게이트를 포함하는 반면, HCPLD는 수천에서 수십만의 게이트를 갖는다. 내부의 프로그램이 가능한 신호 경로 자원은 SPLD의 경우 훨씬 더 제한적이다. SPLD는 보통 HCPLD보다 훨씬 덜 복잡하고 훨씬 더 저렴하다. 많은 작은 디지털 응용들은 단지 SPLD 정도의 자원이면 충분하다. 반면 HCPLD는 완전한 복잡한 디지털 시스템을 위한 회로 자원을 제공할 수 있으며, 매년 더 크고 정교한 HCPLD 소자가 설계되고 있다.

SPLD 부류에는 초기의 PLD 소자들이 포함된다. 초기의 PLD에 포함되었던 논리 자원의 양은 현재의 기준으로 보면 비교적 적지만, 그것들은 몇 개의 표준 논리 소자를 대신할 수 있는 주문형 IC를 쉽게 만들 수 있는 능력 면에서 의미 있는 기술 단계로 볼 수 있다. 시간이 지나면서 반도체 기술이 상당히 발전함에 따라 다른 유형의 SPLD들이 만들어졌다. 회로 설계자들의 관심을 모은 최초의 PLD 유형은 프로그래밍 행렬에서 선택된 퓨즈들을 실제로 태워 개방함으로써 프로그램되었다. 이들 **1회 프로그램 가능한(One-Time Programmable: OTP)** 소자에서 본래대로 남아 있는 퓨즈가 AND/OR 회로를 전기적으로 연결하여 원하는 기능을 생성한다. 이 논리 소자는 PROM 메모리 기술(12-7절을 보라)의 퓨즈 연결에 기초하며, 보통 프로그램 가능한 논리 배열(Programmable Logic Array: PLA)이라고 불린다. PLD는 1970년대 후반에 **프로그램 가능한 배열 논리(Programmable Array Logic: PAL)**라고 불리는 소자가 소개되기 전까지 디지털 설계자들 사이에서 많이 사용되지 않았다. PAL에서의 프로그램 가능한 퓨즈 연결은 고정된 OR 게이트에 배선되어 있는 일련의 AND 게이트로의 입력 연결을 결정하기 위해 사용된다. 1980년 중반에 자외선으로 소거할 수 있는 PROM 개발과 함께 PLD에 기초한 EPROM이 나왔고, 곧이어 전기적으로 소거할 수 있는 (EEPROM) 기술을 사용한 PLD가 뒤이어 나왔다.

CPLD는 일반적으로 동일한 칩에 PAL유형 소자들의 배열을 결합한 소자이다. 대부분의 CPLD들은 대부분의 PAL 소자보다는 적은 곱(product)항을 갖는 “프로그램 가능한 AND/고정된 OR” 형태의 논리 회로를 가진 논리 블럭을 포함한다. 각 논리 블럭(종종 **매크로셀**(macro cell)이라 불림)은 일반적으로 많은 입력 변수들을 처리하며, 내부의 프로그램 가능한 논리 신호 경로 자원은 칩 전체에 걸쳐 매우 균일하게 분포되어 있어, 일관된 신호 지연을 생기게 한다. 곱 항이 더 필요할 때는, 논리 블럭 공동으로 게이트를 공유하거나 몇 개의 논리 블럭을 결합하여 표현식을 구현할 수 있다. 매크로 셀의 레지스터를 구현하기 위해 사용되는 플립플롭은 D, JK, T(토글), 또는 SR 동작을 하도록 구성되어 있다. 어떤 CPLD 구조에서는 입력과 출력 핀이 특정 매크로 셀과 결합되어 있으며, 일반적으로 특별한 매크로셀들은 숨겨져(즉, 핀에 연결되지 않은)있다. 또 다른 CPLD 구조에서는 입력되거나 출력되는 데이터를 래치하는 데 사용될 수 있는 내장 레지스터를 갖춘 별도의 I/O 블럭을 갖기도 한다. CPLD 소자에 사용되는 프로그래밍 기술은 모두 비휘발성이며, EPROM, EEPROM, 플래쉬 기술을 포함한다. 일반적으로 EEPROM 기술이 가장 많이 쓰인다. 이 모든 세 가지 기술은 프로그램을 지우고 다시 쓸 수 있다.

FPGA도 역시 공유되는 몇 가지 기본적인 특징을 갖는다. 그것들은 일반적으로 서로 연결하여 더 큰 기능을 만들 수 있는 여러 개의 다소 작고 독립적인 프로그램 가능한 논리 모듈들로 구성되어 있다. 각 모듈은 보통 네 개나 다섯 개까지의 입력 변수를 처리할 수 있다. 대부분의 FPGA 논리 모듈은 원하는 논리 함수를 만들기 위해 **대조표(Look-Up Table: LUT)** 방식을 사용한다. LUT는 원하는 조합 함수를 만들기 위해 입력의 각 조합에 대해 적합한 1 또는 0을 저장함으로써 출력을 프로그램할 수 있는 진리표와 같은 역할을 한다. 칩 내부의 프로그램 가능한 신호 경로 자원은 이용할 수 있는 많은 다른 경로들이 있기 때문에 완전히 변경되는 경향이 있다. 설계에 따른 신호의 지연은 프로그래밍 소프트웨어에 의해서 선택된 실제 신호 경로에 의해 좌우된다. 논리 모듈은 또한 프로그램 가능한 레지스터를 포함한다. 논리 모듈은 어떤 I/O 핀과도 관련되지 않는다. 대신, 각 I/O 핀은 프로그램 가능한 입/출력 블럭에 연결되어 있으며, 이것은 결국 선택된 경로 선을 따라 논리 모듈에 연결된다. I/O 블럭은 입력, 출력 혹은 쌍방향성 기능을 갖도록 구성될 수 있고, 내장된 레지스터는 입력되거나 출력되는 데이터를 래치하기 위해 사용될 수 있다. FPGA의 일반 구조는 그림 13-2와 같다. 모든 논리 블럭과 입/출력 블럭은 거의 대부분의 논리 회로를 구현하도록 프로그램될 수 있다. 프로그램 가능한 상호연결은 논리 블럭들 사이의 채널에서 행과 열로 이어지는 선들을 통해 이루어진다. 몇몇 FPGA는 큰 RAM 메모리 블럭들을 포함하고, 다른 것은 그렇지 않다.

FPGA 소자에서 사용되는 프로그래밍 기술은 SRAM, 플래시, 반퓨즈(Antifuse)를 포함하며, SRAM이 가장 많이 쓰인다. SRAM 기반 소자는 휘발성이어서, 전원 공급 시 FPGA를 재구성(프로그램)해야 한다. 각 논리 블럭이 어떻게 동작하고, 어느 I/O 블럭이 입력과 출력이고, 블럭들이 어떻게 연결되는지를 정의하는 프로그램 정보는 전원 공급 시 SRAM 기반 FPGA로 다운로드되어 어떤 유형의 외부 메모리에 저장된다. 반퓨즈 소자는 한 번만 프로그램 가능하므로 비휘발성이다. 반퓨즈 메모리 기술은 현재 메모리 소자에 사용되지 않지만, 그 이름이 의미하는 대로, 그것은 퓨즈 기술의 정반대이다. 퓨즈를 끊어서 신호의 연결을 못하게 하는 대신, 연결 사이의 절연체에 전기적 단락을 일으켜 신호 연결을

그림 13-2 FPGA 구조.

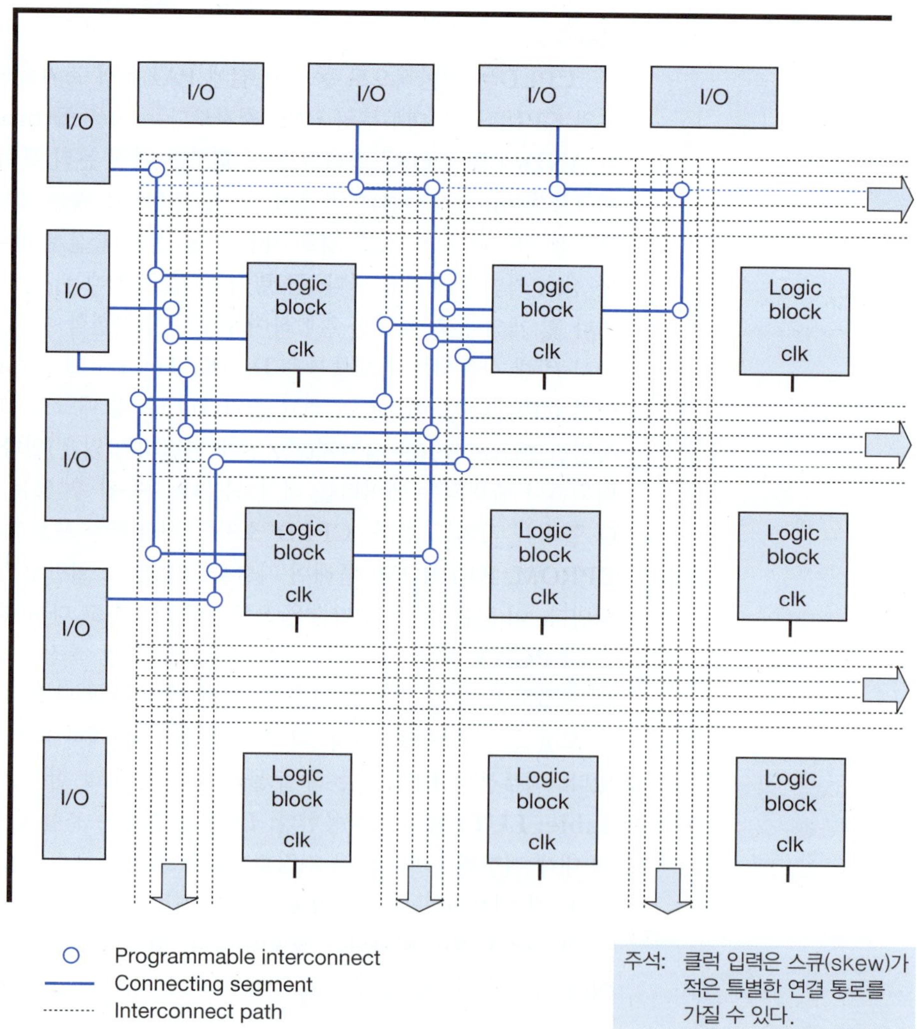

만들어낸다. 반퓨즈 소자는 사용자나 제작자 또는 중간 판매인에 의해 소자 프로그램 장치를 이용하여 프로그램된다.

다른 HCPLD 제작자 간에 그리고 같은 제작자의 다른 소자 계열 간에 존재하는 CPLD와 FPGA의 구조적 차이는 특정한 응용을 위한 설계 구현의 효율에 영향을 미칠 수 있다. 그러나 복잡한 디지털 시스템에 사용하기 위해 어느 구조가 최선의 선택인지를 예측하는 것은 매우 어렵다. 사용 가능한 게이트들 중 일부만 활용될 수도 있다. 큰 설계를 위해 얼마나 많은 등가의 게이트들이 필요하게 될지를 알 수 없다. 신호 경로 자원의 기본 설계가 얼마나 많은 PLD 논리 자원이 활용될 수 있는지에 영향을 끼칠 수 있다. FPGA에서 자주 사용되는 분할된 상호연결은 인접한 논리 블럭들 사이에 짧은 지연을 생기게 하지만, 멀리 떨어진 블럭에 대해서는 대부분의 CPLD에서 사용되는 연속적인 유형의 상호연결에 의한 지연보다 더 긴 지연을 생기게 하기도 한다.

FPGA들을 비교할 때 고려해야할 또 하나의 주요 요소는 **지적 재산(Intellectual Property: IP)**의 입수 가능성이다. IP는 응용에 필요한 요구를 만족시키기 위해 설계 블럭과 함께 사용될 수 있는 미리 정의된 복잡한 디지털 블럭의 설계를 나타낸다. IP 블럭은 특정 FPGA 제조사나 제3의 출처로부터 구할 수 있을 것이다. 알테라사의 IP 설계의 예로는 Nios® II라고 불리는 다양한 임베디드 프로세서 계열을 들 수 있다. 종종 비용을 지불하지 않고 IP 코드를 설계에 사용하여 평가해 볼 수 있지만, 일반적으로 제품에 그것을 사용할 때는 인가 수수료를 지불하여야 한다. FPGA 소자에서 사용할 수 있는 IP들의 유형에는 여러 가지의 임베디드 프로세서, DSP 구성 요소, 주변 장치와 인터페이스 기능을 위한 표준 핵심(core) 회로들이 있다. 새로운 기술 발전과 차세대 제품 기능의 빠른 진전으로 전자 제품의 생명 주기는 점점 더 짧아지고 있다. 새로운 제품을 설계하고 개발하는 주기를 줄이는 방법을 찾는 것이 설계자에게 점점 더 중요해지고 있다. IP 자원을 이용하면 새로운 제품을 설계하는 데 걸리는 시간을 많이 줄일 수 있어서, 회사가 제품을 시장에 내놓아 소비자가 구매할 수 있도록 하는 데 걸리는 시간을 단축할 수 있다.

지금까지 살펴보았듯이, PLD 분야는 상당히 다양하며 끊임없이 변화한다. 이제 PLD 데이터 시트를 해석하고 그것들에 대해 더 배우기 위해 필요한 다양한 유형과 기술에 대한 기본 지식을 습득하였다.

학습성과 평가문제

1. 디지털 시스템의 세 가지 주요 부류는 무엇인가?
2. 마이크로프로세서/DSP 설계의 주요 단점은 무엇인가?
3. ASIC은 무엇의 약자인가?
4. ASIC의 네 가지 유형은 무엇인가?
5. HCPLD는 무엇인가?
6. CPLD와 FPGA의 두 가지 주요 차이점은 무엇인가?
7. 휘발성이란 무엇을 말하는가?

13-2 PLD 회로의 기초

학습성과

이 절을 학습함으로써 다음을 할 수 있다.

- 프로그램 가능한 논리 회로를 구현하기 위한 구조적 방법 설명
- PLD 기술 정보의 공통된 기호 규약 확인 및 사용

그림 13-3은 간단한 PLD 소자이다. 4개의 OR 게이트는 각각 2개의 입력 변수 A와 B의 함수인 출력을 생성할 수 있다. 각 출력 함수는 AND 게이트와 각각의 OR 게이트 사이에 위치한 퓨즈로 프로그램된다.

각각의 입력 A와 B는 변수 그대로의 형태와 반전된 형태를 만들기 위해 비반전 버퍼와 반전 버퍼에 입력된다. 이것들은 AND 게이트 배열로의 입력 선이다. 각 AND 게이트는 2개의 서로 다른 입력선에 연결되어 입력 변수들의 유일한 곱을 생성한다. AND 출력을 곱선(*product lines*)이라 한다.

각 곱 선은 퓨즈 연결을 통해 각 OR 게이트의 4개 입력 중 하나에 연결된다. 초기에는 모든 퓨즈가 연결되어 있으므로 각 OR 출력은 상수 1이 될 것이다. 증명하면 다음과 같다.

$$\begin{aligned} O_1 &= \overline{A}\,\overline{B} + \overline{A}B + A\overline{B} + AB \\ &= \overline{A}(\overline{B} + B) + A(\overline{B} + B) \\ &= \overline{A} + A = 1 \end{aligned}$$

4개의 출력 O_1, O_2, O_3, O_4는 적절한 퓨즈를 선택적으로 끊어줌으로써 A와 B의 어떤 함수가 되도록 프로그램될 수 있다. PLD는 끊어진 OR 입력이 논리 0으로 동작하도록 설계되어 있다. 예를 들어 OR 게이트 1에 있는 1번, 4번 퓨즈를 끊어버리면 출력 O_1은 다음과 같다.

$$O_1 = 0 + \overline{A}B + A\overline{B} + 0 = \overline{A}B + A\overline{B}$$

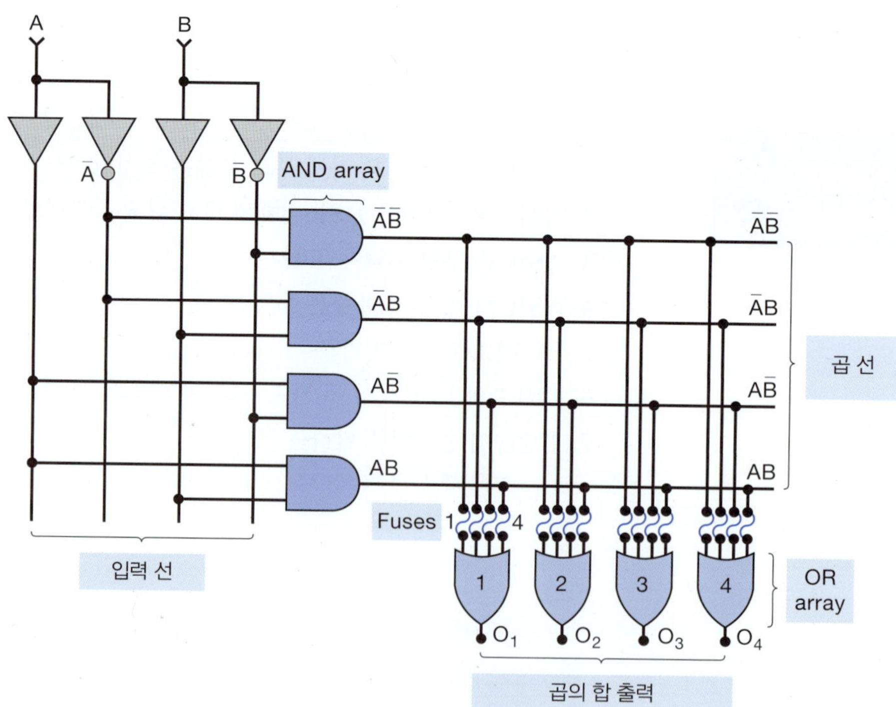

그림 13-3 PLD의 예.

같은 방법으로 각 OR 출력을 원하는 함수가 되도록 프로그램할 수 있다. 일단 모든 출력이 프로그램되면, 소자는 선택된 출력 함수를 영구적으로 생성한다.

PLD 기호

그림 13-3의 예는 입력 변수가 단지 2개이지만, 회로 도형은 이미 매우 어수선하다. 아주 많은 입력을 갖는 PLD에 대한 도형은 얼마나 복잡할지 상상할 수 있을 것이다. 이러한 이유로 PLD 제작자들은 이들 소자들의 내부 회로를 표현하기 위해 단순화된 기호를 채택한다.

그림 13-4는 그림 13-3을 단순한 기호로 표현한 PLD 회로이다. 입력 버퍼는 2개의 출력을 갖는 하나의 버퍼로 표현되었으며, 하나는 반전된 출력이고 다른 하나는 비반전된 출력이다. AND 게이트로 가는 *1*개의 선은 4개의 입력을 나타낸다. 열 방향 선이 하나의 행을 교차하는 것은 AND 게이트로의 개별 입력을 표현한다. 입력 변수 선으로부터 AND 게이트 입력으로의 연결은 점으로 표현되었다. 그 점은 AND 게이트 입력으로의 연결이 고정 배선(hard-wired) 즉, 변경될 수 없게 배선되어 있다는 것을 의미한다. 얼핏 보면 입력 변수가 서로 연결되어 있는 것처럼 보이지만, 하나의 행 방향 선은 AND 게이트로의 다수의 입력을 나타낸다.

각각의 OR 게이트로의 입력들 역시 1개의 선으로 나타내며 모든 4개의 입력을 의미한다. X 표시는 곱 선이 OR 게이트의 하나의 입력으로 연결하는 연결된 퓨즈를 나타낸다. 행과 열이 만나는 지점에 X 표시(또는 점)가 없으면 퓨즈가 끊겼다는 것을 의미한다. OR 게이트 입력에 대해서 끊겨진 퓨즈(연결 안된 입력)는 LOW, AND 게이트 입력에 대해서 끊겨진 퓨즈는 HIGH라고 가정되었다. 이 예에서 출력은 다음과 같이 프로그램된다.

$$O_1 = \overline{A}B + A\overline{B}$$
$$O_2 = AB$$
$$O_3 = 0$$
$$O_4 = 1$$

그림 13-4 단순화된 PLD 기호.

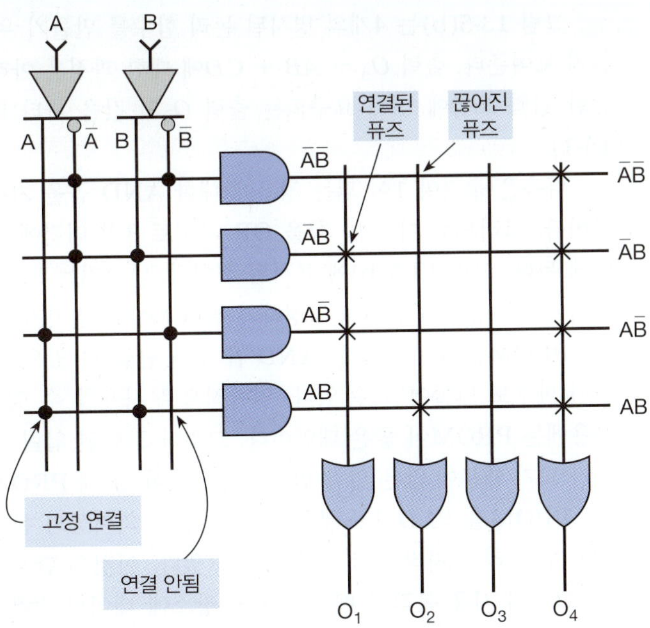

학습성과 평가문제

1. PLD가 무엇인가?
2. 그림 13-3에서 만약 퓨즈 1과 2가 끊겼다면 출력 O_1의 값은 무엇인가?
3. PLD 도형에서 X는 무엇을 나타내는가?
4. PLD 도형에서 점은 무엇을 나타내는가?

13-3 PLD 구조

학습성과

이 절을 학습함으로써 다음을 할 수 있다.

- 여러 가지 프로그램 가능한 소자의 하드웨어 구조 분석
- 임의의 논리 함수에 대한 하드웨어 설정 규정
- 다른 소자들의 강점과 한계 확인

PLD에 대한 개념은 이들 소자들의 내부 회로에 대해 많은 상이한 구조적 설계로 이어졌다. 이 절에서는 PLD 구조의 기본적 차이점을 살펴본다.

PROM

이전 절에서 프로그램 가능한 회로의 구조는 OR 게이트로의 연결을 프로그램하는 것을 포함한다. AND 게이트는 그림 13-5(a)와 같이 입력 변수의 모든 가능한 조합을 디코딩하기 위해 사용된다. 어떤 입력 조합에 대해서도 거기에 해당하는 행이 활성화(HIGH)된다. 만약 OR 입력이 그 행에 연결되어 있다면 HIGH가 OR 출력에 나타난다. 만약에 그 입력이 연결되어 있지 않다면, LOW가 OR 출력에 나타난다. 이와 유사한 그림 12-9를 참조하라. 입력 변수를 주소 입력으로, 연결된/끊어진 퓨즈를 저장된 1과 0으로 간주하면, PROM의 구조라는 것을 알 수 있다.

그림 13-5(b)는 4개의 명시된 논리 함수를 만들기 위해 PROM이 어떻게 프로그램되는지 보여준다. 출력 $O_3 = AB + \overline{CD}$에 대한 과정은 아래와 같다. 첫 번째 단계는 모든 가능한 입력 조합에 대해 요구되는 출력 O_3의 값을 나타내는 진리표를 구성하는 것이다(표 13-1).

다음은 출력이 1이 되는 경우에 대한 AND 곱을 기록한다. 출력 O_3은 이 곱들의 OR 합이다. 그러므로 이들 곱 항을 OR 게이트 3의 입력에 연결하는 퓨즈들만 본래대로 남아 있게 된다. 그림 13-5(b)에 표시된 것처럼, 나머지는 모두 끊어지게 된다. 다른 OR 게이트 입력에서의 퓨즈의 상태를 결정하기 위해 똑같은 절차가 뒤따른다.

PROM은 모든 가능한 AND 곱 항을 만들 수 있으므로 입력 변수에 대한 어떤 가능한 논리 함수도 만들어낼 수 있다. 일반적으로 사용할 수 있는 모든 입력 조합을 필요로 하는 응용에는 PROM이 좋은 대안이다. 그러나 포함된 입력 변수 각각에 대해 퓨즈의 수가 두 배가 되기 때문에 많은 입력 변수를 수용해야 할 때 PROM은 비실용적이다.

PROM을 PLD라고 부르는 것은 단지 의미상의 문제이다. PROM은 프로그램이 가능하며, 논리 소자라는 것을 이미 알고있다. 이것은 단지 PROM을 다루는 하나의 방식이며, 그것의 사용 목적이 메모리 저장 장소에 데이터 값을 저장하는 것이라기 보다는 SOP

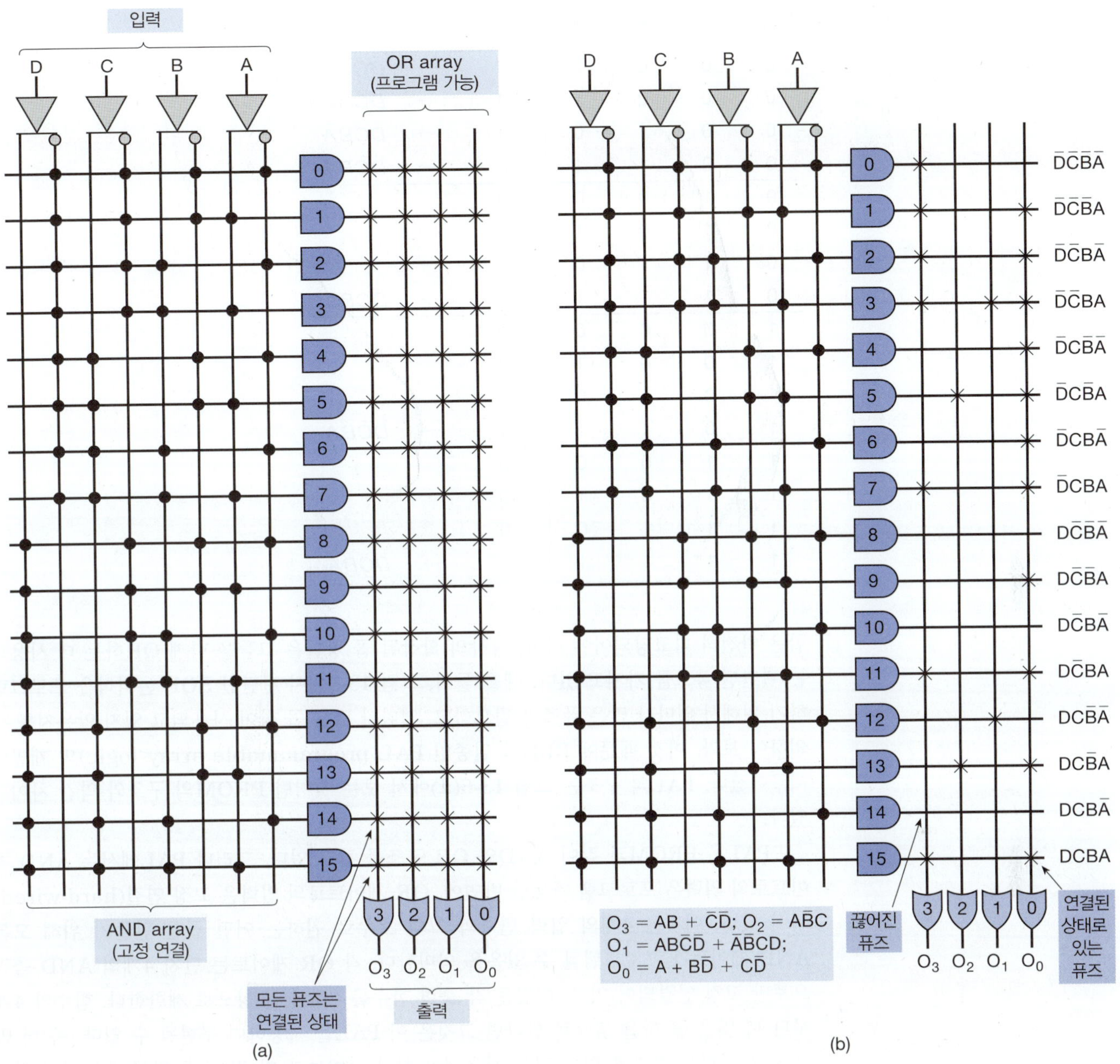

그림 13-5 (a) PROM 구조는 PLD에 적합하다. (b) 퓨즈는 주어진 함수에 대한 출력을 프로그램 하기 위해 끊어진다.

논리식을 구현하는 것이라고 생각하는 하나의 습관이다. 실질적인 문제는 논리식을 주어진 PROM의 퓨즈 맵으로 바꾸는 것이다. SPLD를 프로그램하도록 설계된 범용 논리 컴파일러는 지원할 수 있는 PROM 소자 목록을 가지고 있다. 만약 오래된 EPROM을 PLD 용도로 사용하려면 직접 비트맵을 생성시켜야 할지 모르며, 이는 대단히 지루한 일이다.

프로그램 가능한 배열 논리(PAL)

PROM 구조는 출력 함수를 만들기 위해 입력의 모든 가능한 조합이 요구되는 응용에 매우 적합하다. 예로는 12장에서 다루었던 코드 변환기와 데이터 저장(대조) 표가 있다. 하지만 SOP 논리식을 구현할 때는 회로를 매우 효율적으로 활용할 수 없다. 주소 입력들의 각 조

표 13-1 O_3의 논리 함수를 생성하기 위해 사용된 PROM

D	C	B	A	O_3		
0	0	0	0	1	→	$\overline{D}\overline{C}\overline{B}\overline{A}$
0	0	0	1	1	→	$\overline{D}\overline{C}\overline{B}A$
0	0	1	0	1	→	$\overline{D}\overline{C}B\overline{A}$
0	0	1	1	1	→	$\overline{D}\overline{C}BA$
0	1	0	0	0		
0	1	0	1	0		
0	1	1	0	0		
0	1	1	1	1	→	$\overline{D}CBA$
1	0	0	0	0		
1	0	0	1	0		
1	0	1	0	0		
1	0	1	1	1	→	$D\overline{C}BA$
1	1	0	0	0		
1	1	0	1	0		
1	1	1	0	0		
1	1	1	1	1	→	$DCBA$

합은 완전히 디코딩되어야 하고, 각각의 확장된 곱 항들은 그들을 함께 OR하는 데 사용되는 관련된 퓨즈를 가지고 있다. 예를 들어, 그림 13-5에서 간단한 SOP 논리식을 프로그램하기 위해서 얼마나 많은 퓨즈가 필요하고, 얼마나 많은 곱 항이 사용되고 있지 않는지를 주의하여 보라. 이것 때문에 PLD의 일종인 PAL(programmable array logic)의 개발이 이루어졌다. PAL의 구조는 그림 13-6(a)에서 보는 것처럼 PROM의 구조와 약간 차이가 있다.

PAL은 PROM과 같이 AND와 OR 구조를 갖고 있다. 그러나 PAL에서는 AND 게이트로의 입력은 프로그램 가능한 반면에, OR 게이트로의 입력은 고정 연결(hard-wired)되어 있다. 이것은 4개의 입력 변수와 그의 보수로 원하는 어떤 곱을 만들기 위해 모든 AND 게이트가 프로그램될 수 있음을 의미한다. 각 OR 게이트는 단지 4개의 AND 출력으로만 고정 연결되어 있다. 이것은 각 출력 함수를 4개의 곱 항으로 제한한다. 함수가 4개보다 더 많은 곱 항을 필요로 한다면 그것은 이 PAL을 사용하여 구현될 수 없다. 즉 더 많은 OR 입력을 가지고 있는 것을 사용해야 한다. 4개보다 더 적은 곱 항이 요구되면 필요 없는 것은 0이 되도록 하면 된다.

그림 13-6(b)는 이 PAL이 4개의 특정한 논리 함수를 만들기 위해 어떻게 프로그램되는지 나타낸다. 출력 $O_3 = AB + \overline{C}\overline{D}$에 대한 과정을 살펴보자. 첫 번째는, OR 게이트의 입력이 4개이므로, 출력을 4개 항의 OR 합으로 표현해야 한다. 이를 위해 0을 식에 포함시키면 다음과 같이 표현할 수 있다.

$$O_3 = AB + \overline{C}\overline{D} + 0 + 0$$

그 다음, 올바른 곱 항을 OR 게이트 3에 공급하기 위해 AND 게이트 1, 2, 3, 4로의 입력을 어떻게 프로그램할 것인가를 결정해야 한다. 이것을 항별로 수행한다. 첫 번째 항 AB는 입력 A, B를 AND 게이트 1에 연결하는 퓨즈만 남겨두고, 그 선상의 다른 모든 퓨즈는 끊어버림으로써 얻을 수 있다. 마찬가지로 두 번째 항 $\overline{C}\overline{D}$는 입력 $\overline{C}$와 $\overline{D}$를 AND 게이트 2에 연결하는 퓨즈만을 연결 상태로 남겨둠으로써 얻을 수 있다. 세 번째 항은 0이다. 상수 0은

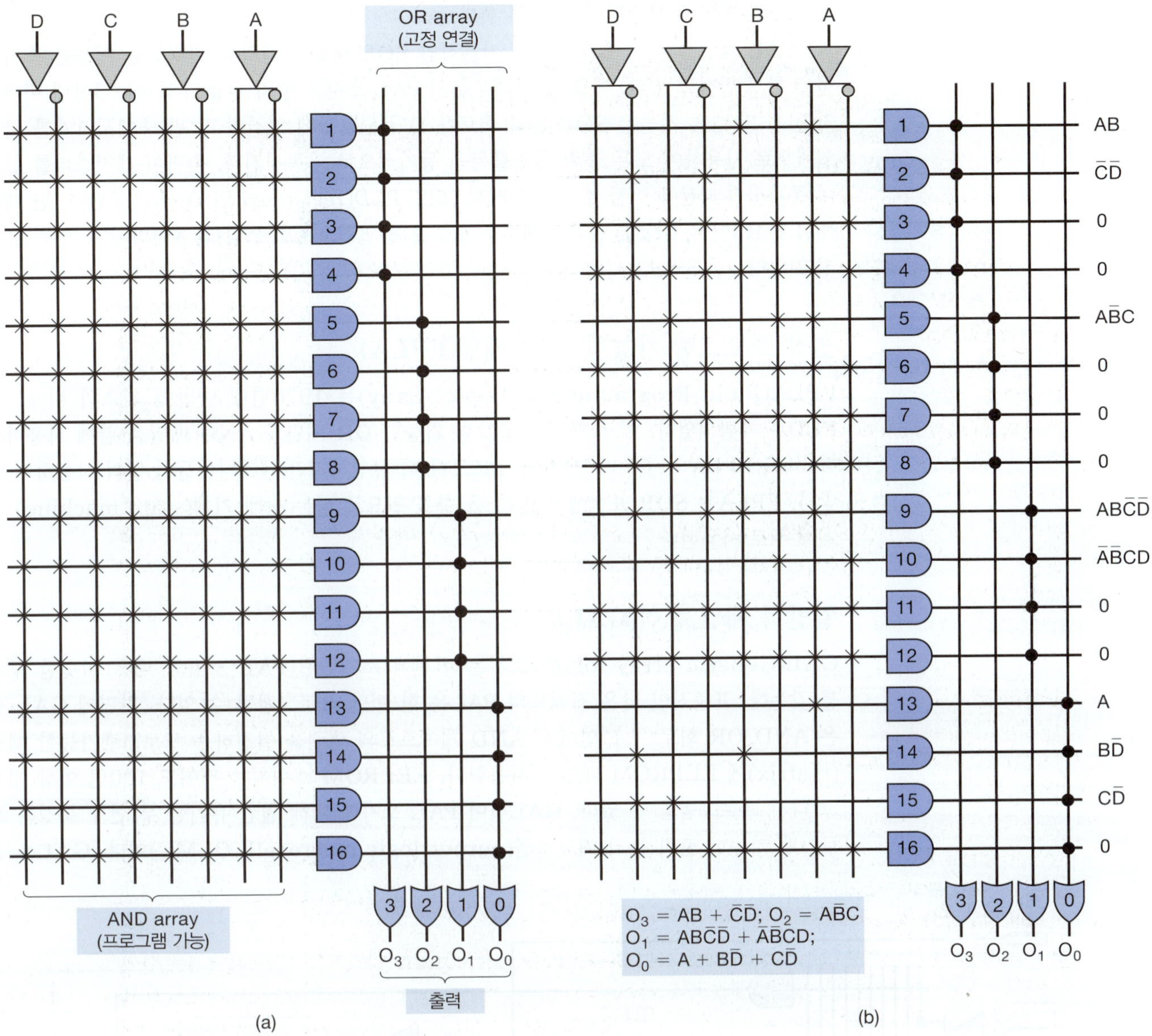

그림 13-6 (a) 전형적인 PAL 구조. (b) 주어진 함수로 프로그램된 PAL.

AND 게이트 3의 모든 입력 퓨즈를 그대로 남겨둠으로써 그의 출력에서 생성된다. 이것은 $A\bar{A}B\bar{B}C\bar{C}D\bar{D}$의 출력을 생성하며, 그것은 0이 된다. 네 번째 항 역시 0이므로 AND 게이트 4로의 입력 퓨즈 역시 그대로 남겨둔다.

다른 AND 게이트로의 입력들도 다른 출력 함수를 생성하기 위해 마찬가지로 프로그램된다. 많은 AND 게이트들이 0을 생성할 필요가 있으므로 그들의 모든 입력 퓨즈가 연결 상태로 그대로 남겨두었다는 것을 주목하라.

실제 PAL IC의 예로는 PAL16L8이 있으며, 이것은 10개의 논리 입력과 8개의 출력 함수를 갖고 있다. 각 출력 OR 게이트는 7개의 AND 게이트 출력으로 고정 연결되어 있으므로 이것은 7개의 항까지 포함하는 함수를 만들 수 있다. 이 특정한 PAL의 추가적인 특징은 8개의 출력 중 6개가 AND 배열로 귀환되며, 그곳에서 그들은 어떤 AND 게이트로의 입력으로 연결될 수 있다는 것이다. 이러한 특징은 PAL이 모든 종류의 조합 논리를 만드는 데 매우 유용하게 사용될 수 있도록 한다.

PAL 계열은 이미 설명되었던 기본적인 SOP 회로의 다양한 변형들을 이용한 소자들을 또한 포함하고 있다. 예를 들어 대부분의 PAL 소자는 출력 핀을 구동하는 3상태 버퍼를 가진다. 또 다른 것들은 SOP 논리 회로를 D 플립플롭에 연결하고, 핀 중에서 1개를 클럭 입력으로 사용하여 모든 출력 플립플롭을 동기식으로 구동시킨다. 출력이 레지스터를 통하여 통과하기 때문에 이들 소자들은 레지스터드 *PLD(registered PLD)*라고 불린다. 한 예는 PAL16R8이며, 이것은 8개의 레지스터드 출력(입력으로도 쓰임)과 8개의 전용 입력을 가지고 있다.

현장 프로그램 가능한 논리 배열(FPLA)

FPLA(Field Programmable Logic Array)는 1970년대 중반에 최초의 비메모리 PLD로 개발되었다. 이 소자는 프로그램 가능한 OR 배열과 AND 배열을 함께 사용하였다. 비록 FPLA의 구조가 PAL의 구조보다 더 유연하지만 엔지니어들이 널리 사용하지 않았다. FPLA는 SOP 표현에서 많은 곱 항을 필요로 하는 상태 기계(state machine) 설계에 주로 사용된다.

일반적 배열 논리(GAL)

GAL(Generic array logic) 소자는 이전에 소개했던 PAL 소자와 매우 비슷한 구조를 갖는다. 표준적인 낮은 집적도의 PAL은 한 번만 프로그램될 수 있다. 반면에 GAL 칩은 AND/OR 회로 구조 안에서 AND 게이트로의 연결을 결정하는 프로그램가능한 행렬(matrix)에 EEPROM 배열을 사용한다. EEPROM 스위치는 적어도 100번 이상 지우고 다시 프로그램할 수 있다. GAL칩이 PAL 소자에 비해 훨씬 유리한 두 번째 특징는 프로그램 가능한 출력 논리 매크로셀(output logic macrocell: OLMC)이다. GAL은 곱

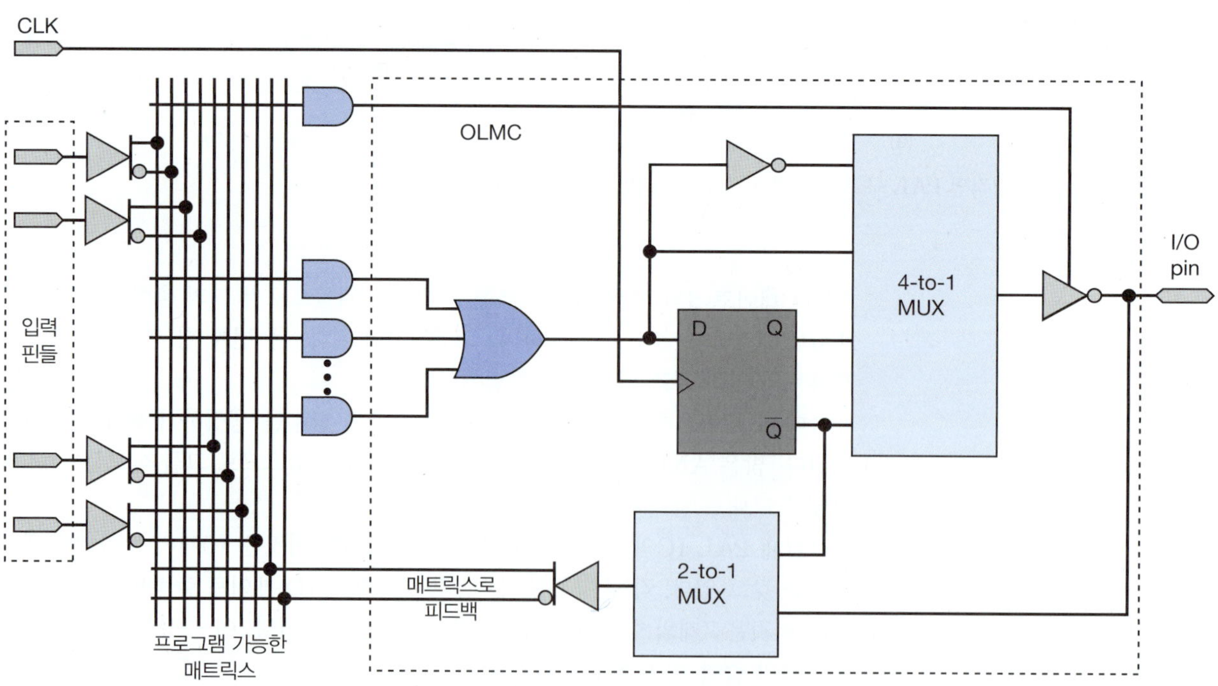

그림 13-7 GAL 장치의 프로그램 가능한 AND 매트릭스와 OLMC의 블럭도.

의 합 함수를 제공하는데 사용되는 AND와 OR 게이트들 뿐만 아니라 레지스터와 카운터 응용을 위한 플립플롭과 출력을 위한 3상태 버퍼, 그리고 여러 동작 모드를 선택하는 데 사용되는 제어 멀티플렉서들이 내장하고 있다(그림 13-7). 결과적으로 GAL 소자들은 대부분의 PAL 소자들에 대한 일반적이고 핀 호환의 대용품으로 사용될 수 있다. OLMC의 OR 게이트를 구동하는 AND 게이트들에 의해 생성된 곱 항들은 SOP 함수를 만드는데, 이것은 조합 함수로서 출력에 전달되거나 또는 레지스터드 출력을 위해 D 플립플롭을 구동시킨다. EEPROM 메모리 배열의 특정 장소는 칩에 대한 프로그램 가능한 연결과 옵션들을 제어하기 위해 사용된다. 프로그래밍 소프트웨어는 모든 세부 사항을 처리한다. GAL 칩은 저렴하고 용도가 넓은 SPLD 소자이다.

학습성과 평가문제

1. 그림 13-5(b)에서 O_2, O_1과 O_0 함수에 대해서 퓨즈가 제대로 절단되었는지를 확인하라.
2. PAL은 고정 연결된 _____ 배열과 프로그램 가능한 _____ 배열을 갖고 있다.
3. PROM은 고정 연결된 _____ 배열과 프로그램 가능한 _____ 배열을 갖고 있다.
4. 그림 13-5(b)에서 AND 게이트 14로부터의 모든 퓨즈가 원래대로 연결되어 있다면, 출력 O_1의 식은 어떻게 되는가?
5. PAL 소자와 비교해서 GAL 소자의 두 가지 장점은 무엇인가?

13-4 알테라 MAX 및 MAX II 계열

학습성과

이 절을 학습함으로써 다음을 할 수 있다.

- SPLD와 MAX7000S 계열 CLD 사이의 유사성과 차이점 설명
- 논리 요소에 대한 하드웨어 해법으로써 AND/OR 배열로부터 LUT로의 전환 설명
- EEPROM으로부터 SRAM 구조로의 전환 설명

알테라 MAX7000S 계열 CPLD는 GAL 칩 이후 프로그램 가능한 논리 분야에서 다음의 주요한 발전 단계를 대표한다. 이 계열의 일부는 교육기관에서 널리 보급된 알테라 UP2 개발 보드에 사용되었다. 이들 소자들은 이제 구식이 되었지만 기술이 어떻게 발전되어 왔는지를 보여주는데 도움이 된다. 이 계열은 GAL 칩에 대해 앞 절에서 설명한 구조와 매우 유사한 매크로셀의 구조를 사용했다. 이들 매크로셀들의 16개 그룹들을 **논리 배열 블럭(Logic Array Block: LAB)**이라고 정의한다. 하나의 논리 배열 블럭은 16개 매크로셀들을 포함하는 GAL 칩과 매우 유사하게 동작한다. 그러나, 이들 CPLD에는 **프로그램 가능한 상호 연결 배열(Programmable Interconnect Array: PIA)**을 통해 상호 연결된 많은 LAB들이 있다. 이들 소자들은 회로에 장착된 상태에서 표준 4-선 JTAG 직렬 인터페이스를 통해 구성되거나, 또는 회로 보드에서 소자들을 제거한 후 프로그래머를 사용하여 구성될 수 있다. 최신의 프로그램 가능한 소자들은 더 복잡하고 더 조밀하게 장착됨(표면 실장 기술)에 따라 그들을 더 이상 제거할 수 없다. JTGA 인터페이스를 통한 회로-실장(in-circuit) 프로그래밍은 PLD, 메모리 소자, 마이크로컨트롤러를 프로그래밍/구성하는

데 널리 사용되는 방법이 되었다. 새로운 소자 계열임에도 불구하고 속도 증진, 에너지 효율 개선, 비용 절감과 더불어 앞 세대에서 개발한 구조를 통합하고, 구조를 개선하고, 칩 내부 회로의 집적도를 증진시키는 방향으로 나아가고 있다는 것을 주목하라.

CPLD 중 최신의 알테라 MAX II 계열은 매우 다른 구조를 가진다. MAX7000S 소자에서 사용되는 매크로셀의 "프로그램 가능한-AND/고정된-OR" 게이트 배열과 전역 배선 PIA 대신에, 이 계열은 대조표(LUT) 구조와 적은 면적을 차지하는 행과 열 신호 경로 구조를 사용한다. 대조표는 원하는 함수의 출력 결과를 논리 함수에 대한 진리표와 같이 SRAM 기반 메모리에 저장함으로써 논리 함수를 생성하며, 본질적으로 논리 함수에 대한 진리표처럼 동작한다. PLD를 위한 SRAM 기술은 비록 휘발성이지만 EEPROM 기반 소자보다 훨씬 더 빠르게 프로그램할 수 있고, 또한 더 큰 PLD를 프로그램하기 위해 사용되는 매우 높은 밀도의 저장 셀을 제공한다. MAX II 소자의 프로그램이 표면적으로는 "비휘발성처럼" 보이게 하기위해서 설계 응용의 구성(configuration) 정보는 칩에 만들어져 있는 구성용 플래시 메모리(configuration flash memory: CFM)에 실제로 저장된다.

LUT의 개념을 고찰해 보자. LUT는 조합 함수를 생성하는 프로그램 가능한 논리 블럭의 일부분이다(그림 13-8을 보라). 이 함수는 논리 블럭의 출력으로 사용되거나 저장된다(내부의 MUX에 의해서 제어된다). LUT 자체는 함수를 위해 필요한 진리표를 저장하는 플립플롭의 집합으로 구성된다. LUT는 일반적으로 다소 작으며, 전형적으로 4개의 입력 변수들을 다룬다. 그러므로 그 진리표는 총 16개의 조합을 갖는다. 16개의 함수 값을 각각 저장하기 위한 플립플롭이 필요하다(그림 13-9를 보라). 예의 LUT에서 4개까지의 입력 변수가 프로그램 가능한 상호 연결을 사용하여 디코더 블럭의 데이터 입력으로 연결된다. 적용된 입력 조합은 16개의 플립플롭 중 어느 것을 선택할 지를 결정하고, 선택된 플립플롭의 상태 값이 3상태 버퍼를 거쳐 출력된다. LUT는 기본적으로 16 × 1 SRAM 메모리 블럭이다. 원하는 함수(4개 입력 변수 이하의)를 만들기 위해서는 LUT의 플립플롭에 0과 1의 적절한 조합을 저장하기만 하면 된다. 이것이 기본적으로 이런 유형의 PLD를 프로그램하기 위해서 하는 일이다. 플립플롭은 휘발성이기 때문에(그것은 SRAM이다) PLD에 전원이 공급될 때마다 원하는 함수를 LUT 메모리에 로딩할 필요가 있다. 이 과정을 PLD를 구성하는 것이라고 한다. 소자의 다른 부분도 프로그래밍 정보를 저장하기 위해 다른 SRAM 메모리 비트를 사용하여 동일한 방법으로 프로그램 된다. 이것은 논리 요소(Logic Element: LE)라고 불리는 MAX II 소자에서 볼 수 있는 논리 블럭을 위한 기본 프로그래밍 기술이다.

MAX II 구조는 논리 배열 블럭(Logic array block: LAB)이라고 불리는 구조

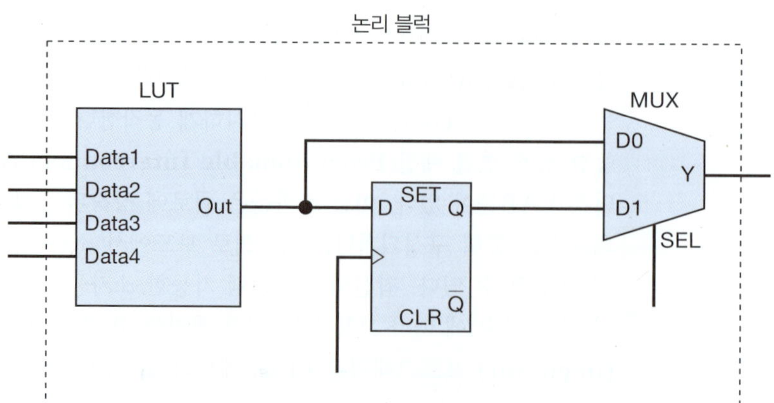

그림 13-8 LUT를 사용한 프로그램 가능한 논리 블럭의 단순화된 도형.

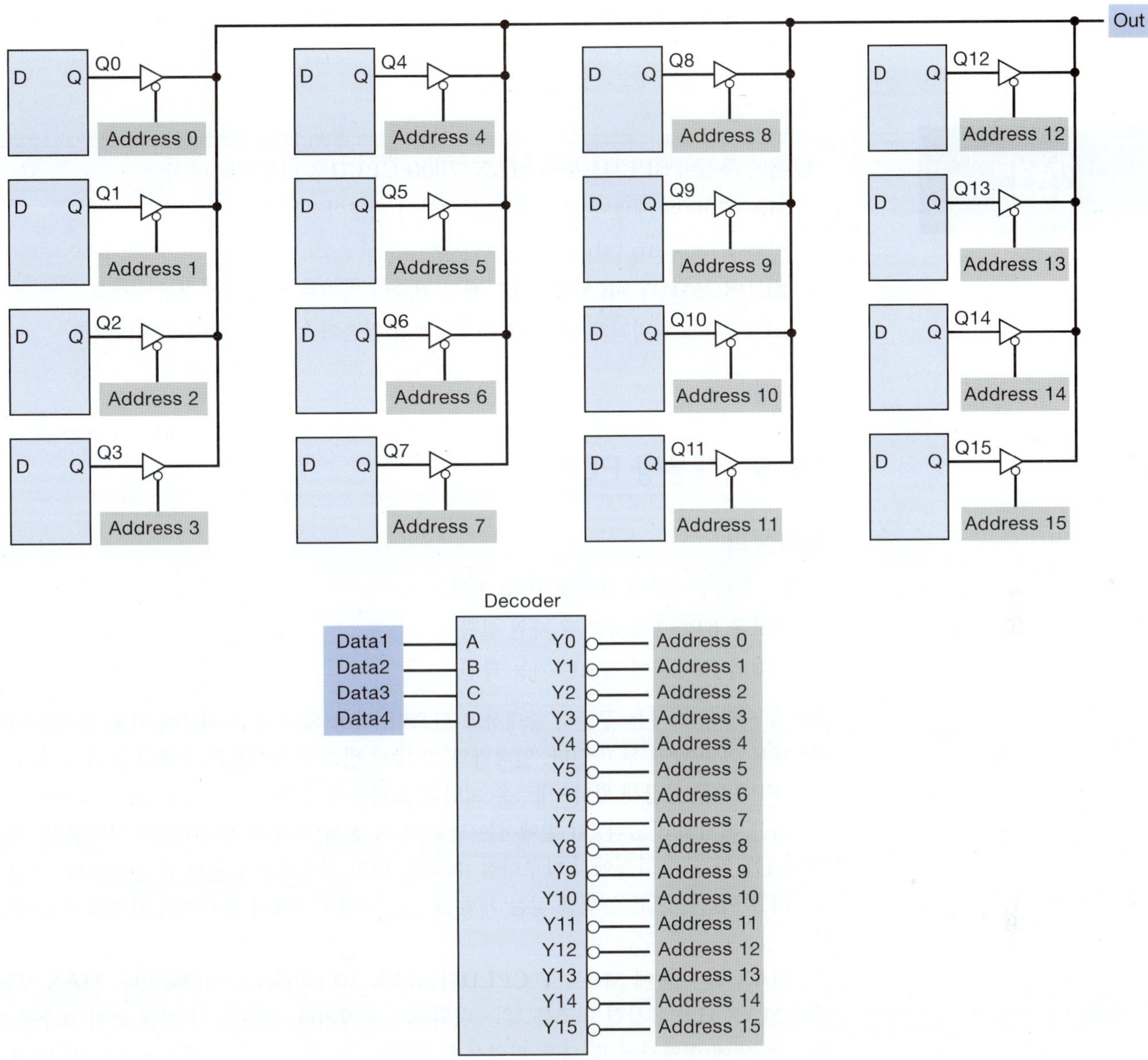

그림 13-9 LUT의 기능 블럭 도형.

에 함께 배열된 10개 LE들의 그룹을 포함하고 있다. LAB들은 행과 열로 배치되어 있고, MultiTrack 이라고 불리는 신호 상호 연결 시스템이 LAB의 행과 열 사이에 위치해 있다. MAX II 소자의 I/O 핀들은 칩 주변에 위치한 입력/출력 요소(input/output element: IOE)들에 연결되어있다. IOE들도 또한 각 행과 열의 끝에서 인접한 LAB들에 연결되어 있다. 원하는 표준 I/O 특성들은 그것이 구성될 때 소자에 프로그램된다.

각 MAX II 소자는 플래시 메모리 블럭을 포함하고 있다. 이 플래시 메모리의 대부분은 구성용 플래시 메모리(configuration flash memory: CFM) 블럭 전용이며, 이 블럭은 모든 SRAM 구성 정보에 대해 비휘발성 저장 기능을 제공한다. CFM은 전원 공급 시 논리와 I/O를 자동적으로 다운로드하고 구성하기 때문에 거의 즉각적인 동작 시작 기능을 제공한다. 플래시 메모리의 나머지 부분은 사용자 플래시 메모리(user flash memory: UFM) 블럭이라고 불리며, 이 블럭은 8,192 비트의 범용 사용자 저장 공간을 제공한다.

UFM은 데이터를 읽고 쓰기 위해 논리 배열에 연결되는 프로그램 가능한 포트 연결을 가지고 있다.

학습성과 평가문제

1. 어떤 특성이 SPLD로부터 MAX/7000 CPLD로 이월되었는가?
2. MAX7000S 계열에 어떤 새로운 개선이 이루어졌는가?
3. 대조표(look-up table)란 무엇인가?
4. EEPROM보다 SRAM 프로그래밍 기술이 가지는 장점은 무엇인가?
5. EEPROM과 비교해 SRAM 프로그래밍 기술이 가지는 단점은 무엇인가?

13-5 대용량 PLD

학습성과

이 절을 학습함으로써 다음을 할 수 있다.

- 새로운 FPGA에 추가된 자원 설명
- 미래의 FPGA에 필요한 기능 확인

소비재 시장의 요구는 꾸준히 증대하고 있으며, 가장 의미 있는 최근의 기술 혁신은 디지털 시스템을 그 바탕에 두고 있다. 알테라와 그 밖의 반도체 회사들은 수백만 논리 소자를 포함하는 FPGA를 공급해 왔다. 새로운 계열의 소자들이 꾸준히 개발되고 있으며, 구식 계열의 소자들은 폐지되고 있다. 이 절에서는 단순히 그 진행 과정을 개략적으로 살펴본다. 최근의 FPGA는 한 학기 과정에서 다루어질 수 있는 어떤 시스템보다 훨씬 더 강력하다. 그럼에도 불구하고 이러한 모든 능력을 갖는 개발 보드는 교육기관에서 합리적인 가격으로 구매할 수 있다.

MAX II 다음에 MAX V CPLD와 MAX 10 FPGA가 개발되었다. MAX V는 여전히 MAX II와 유사한 구조를 갖는 비휘발성 소자이다. 개발은 더 많은 논리 요소를 제공하는 것 외에 설계자의 또 다른 편의성을 포함시키는데 초점이 맞춰졌다. 플래시 및 RAM 메모리, 발진기, PLL의 전용 블럭들이 이들 FPGA 소자에 통합되었다. MAX 10은 이들 기능에 ADC, DSP 블럭, DDR3 DRAM 메모리 제어기를 추가하여 개선되었으며, 더 작고, 더 빠르고, 전력 소모가 더 적고, 더 저렴하다.

싸이크론(Cyclone) 계열은 실험 과목에서 널리 사용되었던 Terasic DE0 Nano (Cyclone IV), DE1, DE2(Cyclone II) 개발 보드에 폭넓게 보급되고 있었다. 이들 보드들은 모두 개선되어 더 강력한 최근의 FPGA를 사용한다. Cyclone V는 이제 DE1 SoC, DE0 Nano SoC, 그리고 여러 가지 다른 저렴한 개발 보드의 핵심이다. 이들 소자들은 대용량이므로 FPGA 내부에 곱셈기 같은 많은 주변 장치 블럭, ADC, 메모리, 메모리 제어기, PLL 등을 포함하는 마이크로컨트롤러를 만들 수 있다. SoC는 시스템 온 칩(System on Chip)의 약어이며, 칩 자체로 시스템을 구현한다는 의미이다. 이 장의 전반부에서는 표준 논리, ASIC, 또는 마이크로프로세서/DSP를 사용하여 디지털 시스템을 구현하는 많은 방법을 설명하였다. 이제 FPGA는 하나의 IC 내에 이들 기능들을 모두 포함시킬 수 있다.

싸이크론 계열 FPGA의 기본 구조는 MAX II 계열의 구조와 유사하다. 싸이크론 소자에서 논리 함수들은 4-입력 SRAM-기반 LUT와 프로그램 가능한 레지스터(플립플롭)을 포함하는 LE(논리 요소)에서 구현된다. LE들은 LAB들 안에 집단으로 나뉘어져 있으며, 신호 경로 자원은 MultiTrack, DirectLink, 그리고 국부적인 상호 연결을 포함한다. MAX II 계열과는 달리 싸이크론 소자들은 휘발성이며, 전원이 공급될 때 재구성되어야 한다. 싸이크론 소자들은 외부 제어기(비휘발성 PLD 또는 마이크로프로세서 같은), 구성 메모리 소자, 또는 PC로부터의 다운로드 케이블을 사용하여 구성될 수 있다.

Arria 및 Stratix 계열 FPGA는 디지털 시스템들의 급격한 증가와 속도, 크기, 효율, 비용의 개선에 대한 끊임없는 욕구 때문에 요구되는 기능들을 지속적으로 제공하였다. 디지털 시스템 분야는 매우 역동적이다. 진정으로 대변혁을 초래하고 사고방식을 바꾸는 기술 혁신에 기여할 기회는 충분히 열려 있다. 이제 디지털 시스템 설계를 위한 기반은 마련되어 있으며, 원하는 모든 것들을 만들기 위한 재료들은 입수 가능하다.

학습성과 평가문제

1. 어떤 디지털 시스템을 더 잘 구현하기 위해 대부분의 FPGA IC에 추가된 3개의 방안은 무엇인가?
2. 최신 FPGA에서 개선된 것은 무엇인가?

요약

1. 프로그램 가능한 논리 소자(PLD)는 미래 디지털 시스템의 핵심 기술이다.
2. PLD를 사용함으로써 부품 재고를 줄이고, 시제품 회로를 단순화하고, 개발 주기를 짧게 하고, 제품의 크기와 전력 소모를 감소시키고, 회로의 하드웨어를 쉽게 업그레이드할 수 있다.
3. 주요 디지털 시스템 부류에는 표준 논리, 주문형 반도체(ASIC), 마이크로프로세서/디지털 신호 처리(DSP) 소자가 있다.
4. ASIC 소자에는 PLD, 게이트 배열, 표준셀, 완전 주문형 소자가 있다.
5. PLD는 개발하는데 가장 저렴한 유형의 ASIC이다.
6. 간단한 PLD(SPLD)는 600개 또는 그 이하에 상당하는 게이트를 포함하고 있으며, 퓨즈, EPROM, EEPROM 기술로 프로그래밍된다.
7. 대용량 PLD(HCPLD)는 구조에 따라 복잡한 프로그램 가능 논리 소자(CPLD)와 현장 프로그램 가능한 게이트 배열(FPGA)로 분류된다.
8. 가장 일반적인 CPLD 프로그래밍 기술은 비휘발성인 EEPROM과 플래시이다.
9. 가장 일반적인 FPGA 프로그래밍 기술은 휘발성의 SRAM이다.
10. 알테라 MAX7000S 계열 CPLD는 JTAG를 통해 회로-실장 상태에서 프로그램되는 매크로셀들의 상호 연결된 집단들을 다수 포함한다.
11. 알테라 MAX7000S 계열 CPLD는 비휘발성이며, 시스템-실장 프로그램이 가능(ISP)하다.
12. SRAM 프로그래밍 기술은 휘발성이므로 전원 공급 시 재구성되어야 한다. 그러나 그것은 더 큰 PLD을 프로그램하는 데 사용되는 초고밀도의 저장 셀들을 갖추고 있다.

13. 알테라 MAX II 계열 CPLD는 전원 공급 시 소자를 자동으로 구성하기 위해 칩-실장 플래시 메모리를 사용한다.
14. 알테라 Cyclone 계열 FPGA는 휘발성이다.

주요 용어

간단한 PLD(simple PLD: SPLD)
게이트 배열 표준 셀 ASIC(gate array standard cell ASIC)
논리 배열 블럭(logic array block: LAB)
논리 요소(logic element: LE)
대용량 PLD(high-capacity PLD: HCPLD)
대조표(look-up table: LUT)
디지털 신호 처리(digital signal processing: DSP)
마이크로프로세서(microprocessor)
매크로셀(macrocell)
복잡한 PLD(complex PLD: CPLD)
완전 주문형 ASIC(full-custom ASIC)
주문형 반도체(application-specific integrated circuit: ASIC)
지적 재산(intellectual property: IP)
표준 논리(standard logic)
프로그램 가능한 논리 소자(programmable logic device: PLD)
프로그램 가능한 배열 논리(programmable array logic: PAL)
프로그램 가능한 상호연결 배열(programmable interconnect array: PIA)
현장 프로그램 가능한 게이트 배열(field programmable gate array: FPGA)
1회 프로그램 가능한(one-time programmable: OTP)

연습문제

13-1절

13-1. 다음의 주요 디지털 시스템의 부류 각각에 대해 설명하라.
(a) 표준 논리
(b) ASIC
(c) 마이크로프로세서/DSP

13-2.* 설계 공학적 결정을 할 때 일반적으로 고려되는 세 가지 요소는 무엇인가?

13-3. 왜 마이크로프로세서/DSP 시스템은 설계에 대한 소프트웨어 해법이라고 일컫는가?

13-4.* 소프트웨어 해법과 비교해서 하드웨어 설계 해법의 주요 장점은 무엇인가?

13-5. 다음 네 가지 ASIC의 세부 부류들을 각각 설명하라.
(a) PLD
(b) 게이트 배열(gate array)
(c) 표준셀(standard-cell)
(d) 완전 주문형(Full-custom)

13-6.* 완전 주문형(full custom) ASIC의 주요 장점과 단점은 무엇인가?

13-7. 여섯 개 PLD 프로그래밍 기술을 제시하라. 어느 것이 단 1회만 프로그래밍 가능한가? 어느 것이 휘발성인가?

*가 표시된 문제들은 교재 뒤편에 해답이 있다.

13-8.*SRAM 기반 PLD의 프로그래밍은 다른 프로그래밍 기술과 어떻게 다른가?

13-4절

13-9. 알테라 MAX7000S 계열에서 볼 수 있는 다음의 구조적 체계 각각에 대한 기능을 설명 하라.
(a) LAB
(b) PIA
(c) 매크로셀(macrocell)

13-10.*MAX7000S 계열 소자를 프로그램하기 위해 사용되는 두 가지 방법은 무엇인가?

13-11. MAX7000S 계열을 시스템-실장(in-system) 프로그램하기 위해 사용된 표준 소자 인터페이스는 무엇인가?

13-12.*MAX II 계열에서 LUT는 무엇인가?

13-13. MAX7000S와 MAX II 계열에서 조합 함수를 생성하기 위해 사용되는 논리블럭 구조들 간의 차이점은 무엇인가?

13-14. MAX II 계열의 LE에서는 어떤 유형의 프로그래밍 기술이 사용되는가?

13-15. MAX II CPLD는 어떻게 전원 공급 시 "즉시 동작(instant on)"을 하는가?

학습성과 평가문제 해답

13-1절

1. 표준 논리, ASIC, 마이크로프로세서 2. 속도
3. 주문형 반도체(Application-specific integrated circuit)
4. 프로그램 가능한 논리 소자, 게이트 배열, 표준셀, 완전 주문형
5. 대용량 프로그램 가능한 논리 소자
6. (1) 논리 블럭: "프로그램 가능한-AND/고정된-OR" CPLD 대 대조표 FPGA (2) 신호 경로 자원: 일정한 CPLD 대 다양한 FPGA
7. 휘발성이란 PLD(혹은 메모리 소자)가 전원이 끊겼을 때 저장된 정보를 잃는지 아닌지의 여부이다.

13-2절

1. 특정 기능을 실행하도록 사용자에 의해 상호연결이 변형될 수 있는 많은 게이트들을 포함하는 IC이다. 2. $O_1 = A$ 3. 손상되지 않은 퓨즈 4. 고정 연결

13-3절

2. 고정 연결 OR, 프로그램 가능 AND 3. 고정 연결 AND, 프로그램 가능 OR
4. $O_1 = AB\overline{C}\overline{D} + \overline{A}\overline{B}CD + \overline{A}BCD = AB\overline{C}\overline{D} + \overline{A}CD$
5. 지울 수 있고 다시 프로그램할 수 있다. OLMC를 가지고 있다.

13-4절

1. MAX 계열은 유사한 AND 배열과 매크로셀 구조를 사용하였지만, 그들 대부분을 논리 배열 블럭(LAB)으로 분류하고 그들을 PIA를 사용하여 상호 연결하였다.
2. 대조표(LUT) 구조와 적은 면적을 차지하는 행열 신호 경로 구조를 사용하였다.
3. 대조표는 간단한 논리 함수에 대한 출력 논리 값을 저장하기 위해 사용되는 전형적인

16 × 1 SRAM 배열이다.

4. SRAM은 EEPROM에 비해 더 빠르게 프로그램되고 더 높은 논리 셀 밀도를 갖는다.
5. SRAM은 휘발성이어서 소자에 전원이 공급될 때 다시 구성되어야한다.

13-5절

1. SRAM과 플래시 메모리 블럭, PLL, 곱셈기, DAC, ADC
2. FPGA는 더 조밀(즉, 작은 면적에 더 많은 논리 회로를 포함)하게 되었다. 그리고 그것은 더 빠르고, 더 적은 전력을 소모하고, 더 저렴하다.

용어해설

가산기/감산기 (Adder/Subtractor) 피연산자들 중 하나를 보수화(부정)함으로써 뺄셈을 할 수 있는 덧셈 회로. 병렬/가산기 참조.

가수 (Addend) 다른 수에 더해지는 수.

가용성 링크(가변 연결) (Fusible Link) 많은 전류를 통과시킴으로써 부전도(즉, 개방)될 수 있는 도전 물질.

가중치 평균 (Weighted Average) 각 표본 값에 다른 가중치(0.0과 1.0 사이)를 할당한 표본 값들의 집단에 대한 평균 계산.

감수 (Subtrahend) 피감수로부터 감해지는 수.

감지 목록 (Sensitivity List) PROCESS에 있는 문장들의 순차를 시행하기 위해 사용되는 신호들의 목록.

개방-컬렉터 출력 (Open-Collector Output) 부동 컬렉터를 갖는 단 하나의 트랜지스터가 사용되는 TTL 회로의 출력 구조.

객체 (Object) 모든 HDL 코드에서 데이터를 나타내는 다양한 방법.

게이트 배열 (Gate Array) 요구되는 디지털 회로를 만들기 위해 제조 공정의 마지막 단계에서 주문 연결될 수 있는 미리 제조된 수십만 기본 게이트들로 구성된 응용-주문형 집적 회로(ASIC).

결정 제어 구조 (Decision Control Structure) 코드에서 2개 또는 더 많은 옵션들 중 선택하는 방법을 기술하는 문장 또는 구문.

경쟁(경합) (Contention) 함께 연결된 2개(또는 더 많은)의 출력 신호들이 공통 지점을 다른 전압 값으로 구동시키는 것. 버스 연결 참조.

계단 크기 (Step Size) 분해도 참조.

계단 테스트 (Staircase Test) 디지털-아날로그 변환기의 디지털 입력을 증가시키고 그의 출력을 측정하여 그것이 계단 모양인지 또는 아닌지를 판정하는 과정.

계단 파형 (Staircase Waveform) 디지털-아날로그 변환기의 디지털 입력 신호가 증가될 때 그의 출력에서 생성되는 파형.

계층 (Hierarchy) 크기, 중요도, 또는 복잡도의 순위에 따라 정리된 과제들의 집단.

계층적 설계 (Hierarchical Design) 설계를 구성 모듈들로 나누어 설계하는 방법. 각 구성 모듈들은 더 간단한 구성 모듈들로 나누어질 수 있다.

고리 묶기(루핑) (Looping) 곱의 합 논리식을 간소화할 목적으로 1을 포함하는 카르노 맵의 인접 사각형을 결합하는 것.

곱의 합 (SOP) 형태 (Sum-of-Products (SOP) Form) 함께 OR되는 2개 또는 더 많은 AND 항(곱)들로 구성된 논리식.

공통 애노드 (Common Anode) 세그먼트 LED들의 모든 애노드가 함께 결합된 LED 디스플레이.

공통 캐소드 (Common Cathode) 세그먼트 LED들의 모든 캐소드가 함께 결합된 LED 디스플레이.

과도 상태 (Transient State) 하나의 안정된 상태로부터 다른 안정된 상태로 변경하는 중에 신호들이 디지털 시스템을 통해 전파할 때 매우 짧은 시간 동안 나타나는 비트 조합.

과 표본화 (Oversampling) DAC로부터 나오는 파형의 거친 모서리들을 더 쉽게 제거하기 위해 디지털 신호에서 표본추출된 데이터 사이에 데이터들을 삽입하는 것.

관찰/분석 (Observation/Analysis) 고장 진단 장비를 선택하기 전에 가능한 결함들을 예측하기 위해 회로 또는 시스템의 고장 원인을 찾는데 필요한 과정. 이 과정에서 고장 진단을 하는 사람은 회로 동작을 이해하고, 고장의 증세를 관찰하고, 동작을 통해 추론해야 한다.

광 디스크 메모리 (Optical Disk Memory) 특별하게 코팅된 디스크에 쓰고, 디스크로부터 읽기 위해 레이저 빔을 사용하는 대용량 메모리 소자.

구문 (Syntax) 주어진 언어에 대한 핵심어와 그들의 배열, 사용법, 구두점, 그리고 형식을 정의하는 규칙.

구조적 수준 추상화 (Structural Level of Abstraction) 모듈들의 포트들을 신호들과 연결하는데 초점을 맞춰 디지털 회로를 기술하는 기법.

국지(국부) 신호 (Local Signal) 숨겨진 노드(Buried Node) 참조.

규정되지 않은(무정의) (Indeterminate) 논리 0 또는 논리 1에 대해 요구되는 전압 범위의 바깥쪽 논리 전압 값.

그레이 코드 (Gray Code) 하나의 상태에서 또 다른 상태로 진행할 때 단 하나의 비트만 변경되는 코드.

글리치 (Glitch) 전압에서의 순간적이고, 짧고, 비논리적이고, 급격한 특성을 나타내는 변화.

기능적으로 등가 (Functionally Equivalent) 2개의 다른 IC들에 의해 수행되는 논리 기능들이 정확히 같을 때.

기억 (Memory) 상태가 제거되도록 하는 입력 조건 이후에도 회로의 출력이 하나의 상태에 남아 있을 수 있는 능력.

기억(메모리) 장치 (Memory Unit) 입력 장치로부터 수신된 명령과 데이터, 산술/논리 장치로부터의 결과들을 저장하는 컴퓨터의 부속품.

기판 (Substrate) 모든 디지털 IC의 구성 요소의 일부분인 반도체 물질 부분.

내장형 마이크로컨트롤러 (Embedded Microcontroller) VCR 또는 기기와 같은 시판되는 제품에 내장된 마이크로컨트롤러.

내재(중첩) (Nested) 하나의 제어 구조가 또 다른 제어 구조에 내포된.

넘침 (Overflow) 부호 있는 2진수들의 덧셈 과정에서 합의 크기가 워드 크기에 비해 너무 크며 부정확하다는 표시를 생성할 때.

논리 레벨(값) (Logic Level) 전압 변수의 상태. 상태 1(HIGH)과 0(LOW)는 디지털 소자의 2개의 사용 가능한 전압 범위에 상응한다.

논리 배열 블럭: LAB (Logic Array Block: LAB) 알테라 회사가 CPLD의 기능 블럭들을 기술하기 위해 사용하는 용어. 각 LAB는 복잡도에 있어서 SPLD와 유사하다.

논리 상태 (Logic State) 디지털 시스템에서 비트 또는 비트들의 집단에 대한 논리 상황(참/거짓, 1/0).

논리 요소 (Logic Element) 알테라 회사가 RAM-기반 대조표처럼 프로그램되는 PLD 기능 블럭들을 기술하기 위해 사용하는 용어.

논리 펄스 발생기(펄서) (Logic Pulser) 손으로 작동될 때 짧은 간격의 펄스를 발생하는 테스트 도구.

논리 프로브 (Logic Probe) 회로의 특정 지점에서의 논리 값을 감지하고 표시하는 디지털 고장진단 도구.

논리 프리미티브(기본 요소) (Logic Primitive) 라이브러리들 중 Quartus II 시스템에 내재되어 있는 기본적인 구성 요소에 대한 회로 서술.

논리 함수 생성 (Logic Function Generation) 멀티플렉서와 같은 디지털 IC를 사용하여 진리표로부터 직접 논리 함수를 구현하는 것.

논리 회로 (Logic Circuit) 논리 규칙에 따라 동작하는 모든 회로.

누산기 레지스터 (Accumulator Register) 산술/논리 장치(ALU)의 주요한 레지스터.

니블 (Nibble) 4개 비트들의 집단.

다단 카운터 (Multistage Counter) 더 큰 계수 범위 또는 주파수 분주의 목적을 이루기 위해 한 단계의 출력이 다음 단계의 클럭 입력으로 공급되도록 여러 단계의 카운터들이 연결된 카운터.

다운 로딩 (Downloading) 출력 파일들을 프로그래밍 설비로 전달하는 과정.

다운 카운터 (Down Counter) 최대 계수로부터 0까지 계수하는 카운터.

단극성 IC (Unipolar IC) 쌍극성 전계-효과 트랜지스터(MOSFET)들이 주요한 회로 요소인 집적 회로.

단순한 PLD: SPLD (Simple PLD: SPLD) 수백 개의 논리 게이트와 어쩌면 약간의 프로그램 가능한 매크로셀들을 갖는 PLD.

단안정 멀티바이브레이터 (Monostable Multivibrator) 원-샷(one-shot) 참조.

단조성 (Monotonicity) 디지털-아날로그 컨버터의 출력이 2진 입력이 증가함에 따라서 증가하는 특성.

대안(대체) 논리 기호 (Alternate Logic Symbol) 입력과 출력의 활성 값을 표시하는 논리적으로 등가인 기호.

대용량 PLD: HCPLD (High-Capacity PLD: HCPLD) 수천 개의 논리 게이트와 많은 프로그램 가능한 매크로셀 자원, 매우 유연한 상호 연결 자원을 가진 PLD.

대용량 저장 (Mass Storage) 많은 양의 데이터 저장; 컴퓨터의 내부 메모리의 부속품이 아님.

대조표: LUT (Look-Up Table: LUT) 입력 변수들의 특정 조합 각각에 상응하는 적절한 출력 논리 상태를 메모리 위치에 저장하여 하나의 논리 함수를 구현하는 방법.

데이터 (Data) 디지털 시스템에서 수치 값 또는 비수치 정보의 2진 표현. 데이터는 컴퓨터 프로그램에서 사용되며 종종 변경된다.

데이터-율(전송속도) 버퍼 (Data-Rate Buffer) 순차적인 데이터가 어떤 전송 속도로 기록되고 다른 전송 속도로 읽히는 FIFO의 응용.

데이터 버스 (Data Bus) CPU와 메모리 사이 또는 CPU와 I/O 소자들 사이에서 데이터를 전송하는 양방향 선.

데이터 분배기 (Data Distributor) 디멀티플렉서 참조.

데이터 선택기 (Data Selector) 멀티플렉서 참조.

데이터 압축 (Data Compression) 큰 데이터 파일들이 훨씬 더 적은 메모리 공간에 저장되도록 하는 기법.

데이터 전송 (Data Transfer) 병렬 데이터 전송 또는 직렬 데이터 전송 참조.

데이터 획득 (Data Acquisition) 컴퓨터가 디지털화된 아날로그 데이터를 얻는 과정.

도식적 캡쳐 (Schematic Capture) 그래픽 기호들과 신호 연결들을 기계 언어로 해석하고 그들을 논리 관계들로 번역할 수 있는 컴퓨터 프로그램.

동기식 시스템 (Synchronous System) 회로의 출력들이 클럭의 천이에서만 상태들을 바꿀 수 있는 시스템.

동기식 전송 (Synchronous Transfer) 플립-플롭의 동기식 클럭 입력들을 사용하여 수행되는 데이터 전송.

동기식 제어 입력 (Synchronous Control Input) 동기식 입력 참조.

동기식 카운터 (Synchronous Counter) 모든 플립-플롭들이 동시에 구동되는 카운터.

동시(병행) (Concurrent) 동시에(같은 시간에) 발생하는 사건. HDL에서 병행 문에 의해 생성된 회로들은 코드에 있는 문장들의 순서 또는 순차에 의해 영향을 받지 않는다.

동시(병행) 할당 문 (Concurrent Assignment Statement) 병행 문으로 기술된 모든 다른 회로들과 함께 동시에 동작하는 회로를 기술하는 AHDL 또는 VHDL 문장.

동작적 수준 추상화 (Behavioral Level of Abstraction) 회로가 그의 입력에 대해 어떻게 반응하는가에 초점을 맞춘 디지털 회로 서술 기법.

동적 RAM: DRAM (dynamic RAM: DRAM) 데이터를 주기적으로 리플래시될 필요가 있는 커패시터의 충전으로 저장하는 반도체 메모리.

듀티 사이클 (Duty Cycle) 백분율로 나타낸 주기적인 펄스 파형이 활성화된 또는 단언된 상태에 있는 시간 구획. HIGH-활성 신호에서 그것은 HIGH 시간을 주기로 나눈 것이다.

드라이버 (Driver) IC의 출력들이 일반적인 표준 IC보다 더 큰 전류와/또는 전압 한계에서 동작할 수 있다는 것을 나타내기 위해 IC의 설명에 부가되는 기술 용어.

드모르간 정리 (DeMorgan's Theorems) (1) 합(OR 연산)의 보수는 보수들의 곱(AND 연산)과 같다. (2) 곱(AND 연산)의 보수는 보수들의 합(OR 연산)과 같다.

디멀티플렉서 (Demultiplexer: DEMUX) 선택 입력들의 상태에 따라 데이터 입력을 여러 개의 데이터 출력들 중 하나로 보내는 논리 회로.

디스에이블 (Disable) 입력 신호를 출력으로 통과시키는 것과 같은 정상적인 기능을 수행하지 못하게 하는 작동.

디지털-램프 ADC (Digital-Ramp ADC) 변환을 위해 내부 계단 파형이 생성되고 이용되는 아날로그-디지털 변환기. 이 유형의 아날로그-디지털 변환기에 대한 변환 시간은 입력 아날로그 신호의 값에 따라 변한다.

디지털-아날로그 변환기: DAC (Digital-to-Analog Converter: DAC) 디지털 입력을 상응하는 아날로그 출력으로 변환하는 회로.

디지털 스토리지 오실로스코프 (Digital Storage Oscilloscope) 아날로그 전압 파형을 표본추출하고, 디지털화하고, 저장하고, 디스플레이하는 장비.

디지털 시스템 (Digital System) 디지털 형태로 표현되는 물리적 양을 처리하기 위해 설계된 소자들의 조합.

디지털 신호 처리: DSP (Digital Signal Processing: DSP) 연속적으로 입력되는 디지털 데이터 워드들에 대해 반복적인 계산을 수행하여 어떤 형태의 신호 조절을 달성하는 방법. 데이터는 일반적으로 아날로그 신호의 디지털화된 표본 값들이다.

디지털 양 (Digital Quantity) 불연속적으로만 변할 수 있는 변수의 값.

디지털 원-샷 (Digital One-Shot) 시간 기준으로 RC 회로 대신에 카운터와 클럭을 사용한 원-샷.

디지털 집적 회로 (Digital Integrated Circuit) 여러 가지 집적 회로 제조 기술들 중의 하나를 사용하여 만들어진 독립적인 디지털 회로.

디지털 컴퓨터 (Digital Computer) 산술 및 논리 연산을 수행하고, 데이터를 처리하고, 결정을 하는 하드웨어 시스템.

디지털 표현 (Digital Representation) 값들의 범위에서 불연속적으로 변하는 양의 표현.

디지털화 (Digitization) 아날로그 신호가 디지털 데이터로 변환되는 과정.

디코더 (Decoder) 입력 2진 코드를 상응하는 신호 활성 출력으로 변환하는 디지털 회로.

디코딩 (Decoding) 특정 2진 조합(코드)의 값을 디스플레이하거나 그의 존재를 인지하기 위해 특정 2진 조합(코드)을 판정하는 행위.

라이브러리 (Librariy) 설계 파일에서 모듈들로 이용될 수 있는 공통적으로 사용되는 하드웨어 회로 표현들의 모임.

래치 (Latch) 플립-플롭의 유형; 또한, 논리 회로 출력이 입력 값을 받아서 저장하는 동작.

래치-업 (Latch-Up) CMOS IC에서 소자의 입력과 출력 핀에서의 고전압 스파이크 또는 링잉(ringing)에 기인하는 위험할 정도로 높은 전류의 상태.

레벨 트리거 (Level Triggered) 트리거 입력이 활성 값에 있을 때마다 제어 입력들에 반응하는 디지털 회로.

레지스터 (Register) 데이터를 저장할 수 있는 플립-플롭들의 집단.

로드 동작 (Load Operation) 플립-플롭, 레지스터, 카운터, 또는 메모리 위치로의 데이터의 전송.

리드 피치 (Lead Pitch) IC에서 인접한 핀들의 중심 사이의 거리.

리터럴 (Literals) VHDL에서 데이터 객체에 할당될 스칼라(sclar) 값 또는 비트 형태.

리플래시 카운터 (Refresh Counter) DRAM 리플래시 동작 동안에 행 주소를 지속적으로 추적하는 카운터.

리플래싱 (Refreshing) 동적 메모리의 셀들을 재충전하는 과정.

리플 카운터 (Ripple Counter) 비동기식 카운터 참조.

링 카운터 (Ring Counter) 마지막 플립-플롭의 출력이 첫 번째 플립-플롭의 입력으로 연결된 시프트 레지스터.

마이크로컨트롤러 (Microcontroller) 기계 장치, 장비, 또는 공정을 위한 전용 제어기로 사용되는 작은 마이크로컴퓨터.

마이크로컴퓨터 (Microcomputer) 마이크로프로세서 칩, 메모리 칩, I/O 인터페이스 칩으로 구성된 최신 컴퓨터 계열. 어떤 경우에는 앞에서 기술한 모든 것들이 하나의 IC에 있다.

마이크로프로세서 (Microprocessor: MPU) 중앙 처리 장치(CPU)를 포함하는 LSI 칩.

매스크-프로그램 가능한 ROM: MROM (Mask-Programmed ROM: MROM) 고객의 사양서에 따라서 제작자에 의해 프로그램되는 ROM. 그것은 지워지거나 다시 프로그램될 수 없다.

매크로셀 (Macrocell) 프로그램을 통해 PLD에서 상호 연결될 수 있는 AND 게이트, OR 게이트, 3-상태 제어 회로와 같은 기본 디지털 구성 요소들의 집단으로 구성된 회로.

매크로 함수 (Macrofunction) 표준 IC 부품들을 나타내는 라이브러리에 미리 규정된 하드웨어 표현을 언급하기 위해 알테라 회사가 사용한 용어.

멀티플렉서: MUX (Multiplexer: MUX) 선택 입력들의 상태에 따라서 여러 개의 데이터 입력들 중 하나를 출력으로 연결하는 논리 회로.

멀티플렉싱(다중화) (Multiplexing) 여러 개의 입력 데이터 중 하나를 선택하고, 선택된 데이터를 하나의 출력 채널로 전송하는 과정.

메가함수 (Megafunction) 알테라 라이브러리에서 이용할 수 있는 복잡한 또는 고-수준의 구성 블럭. 매개 변수화된 모듈의 라이브러리(LPM)에서 이용할 수 있는 다양한 함수들을 언급하기 위해 Quartus II가 사용하는 이름.

메모리 맵 (Memory Map) 확장을 위해 이용 가능한 메모리 공간과 더불어 모든 존재하는 메모리 소자의 주소 범위를 보여주는 메모리 시스템의 도표.

메모리 셀 (Memory Cell) 하나의 비트를 저장하는 소자.

메모리 워드 (Memory Word) 명령 또는 어떤 유형의 데이터를 나타내는 메모리 내의 의 비트들의 집단.

메모리 폴드백(되접기) (Memory Foldback) 불완전한 주소 디코딩의 결과로 하나 이상의 주소 범위에서 메모리 소자를 중복 사용하는 것.

명령 (Instruction) 컴퓨터에게 어떤 동작을 수행할지를 알리는 2진 코드. 프로그램은 정돈된 명령들의 순차로 구성된다.

모드 (Mode) 디지털 회로의 포트(port)를 입력, 출력, 또는 양방향으로 정의하는 포트의 속성.

무정의(무관) 조건 (Don't-Care Condition) 주어진 입력 조건들의 집합에 대해 회로의 출력 값이 1 또는 0으로 할당될 수 있는 상황.

밀도 (Density) 주어진 총 공간에서 비트들을 저장하기 위한 용량의 상대적 척도.

바이트 (Byte) 8개 비트들의 집단.

반가산기: HA (Half Adder: HA) 2개의 입력과 2개의 출력을 갖는 논리 회로. 입력은 피가수로부터의 비트와 가수로부터의 비트이다. 출력은 가수로부터의 비트와 피가수로부터의 비트를 더하여 생성되는 합 비트와 결과로 생긴 다음 단에 더해질 자리올림(C_{OUT}) 비트이다.

반복 루프 (Iterative Loop) 반복 연산과 정해진 수의 반복들을 수반하는 제어 구조.

배럴 시프터 (Barrel Shifter) 2진수를 임의 수의 비트 위치만큼 왼쪽과 오른쪽으로 매우 효율적으로 자리 이동시킬 수 있는 시프트 레지스터.

배타적-NOR(XNOR) 회로 (Exclusive-NOR(XNOR) Circuit) 입력들이 같을 때만 HIGH 출력을 생성하는 2-입력 논리 회로.

배타적-OR(XOR) 회로 (Exclusive-OR(XOR) Circuit) 입력들이 다를 때만 HIGH 출력을 생성하는 2-입력 논리 회로.

백분율 분해능 (Percentage Resolution) 디지털-아날로그 변환기의 최대 값에 대한 계단 크기의 비율. 백분율 분해능은 디지털-아날로그 변환기의 최대 계단 수의 역수로도 정의될 수 있다.

버블 (Bubble) 논리 회로 기호들의 입력 또는 출력 선에 있는 작은 원으로써 특정 신호의 반전을 나타낸다. 버블이 있으면 입력 또는 출력은 LOW-활성이라고 한다.

버스 (Bus) 관련된 정보의 비트들을 전달하는 배선들의 집단.

버스 경합(경쟁) (Bus Contention) 2개 또는 더 많은 활성 소자들의 출력들이 같은 시간에 동일한 버스 선에 놓이는 상황.

버스 드라이버 (Bus Driver) 공통 버스에 연결된 소자들의 출력들을 완충하는 회로; 많은 수의 소자들이 공통 버스를 공유할 때 사용된다.

버퍼/드라이버 (Buffer/Driver) 일반 논리 회로보다 더 큰 출력 전류 와/또는 전압 출력을 갖도록 설계된 회로.

버퍼 레지스터 (Buffer Register) 디지털 데이터를 임시로 저장하는 레지스터.

병렬－직렬 변환 (Parallel-to-Serial Conversion) 모든 데이

터 비트들이 회로의 입력에 동시에 제공된 다음에 한 번에 하나의 비트를 출력으로 전송하는 과정.

병렬 가산기 (Parallel Adder) 전가산기들로 만들어지며, 가수와 피가수로부터의 모든 비트들을 동시에 함께 더하기 위해 사용되는 디지털 회로.

병렬 데이터 전송 (Parallel Data Transfer) 데이터의 여러 비트들이 카운터 또는 레지스터로 동시에 전송되는 동작.

병렬 입력/병렬 출력 (Parallel In/Parallel Out) 병렬 데이터가 적재될 수 있고, 병렬 출력들을 이용할 수 있는 레지스터.

병렬 입력/직렬 출력 (Parallel In/Serial Out) 병렬 데이터가 적재될 수 있고, 단 하나의 직렬 출력을 갖는 레지스터.

병렬 적재(로드) (Parallel Load) 병렬 데이터 전송 참조.

병렬 전송 (Parallel Transmission) 하나의 장소에서 또 다른 장소로 2진수의 모든 비트들의 동시 전송.

병렬 카운터 (Parallel Counter) 동기식 카운터 참조.

보간 필터링 (Interpolation Filtering) 과-표본추출(over-sampling)의 또 다른 이름. 보간은 파형을 매끄럽게 하기 위해 디지털 신호에 삽입되는 중간 값들을 일컫는다.

보수 (Complement) 반전 참조.

보조 기억장치(메모리) (Auxiliary Memory) 컴퓨터의 주 동작 메모리와 독립된 컴퓨터 메모리의 부속품. 일반적으로 자기 디스크와 같은 고밀도이고 대용량이다.

복잡한 PLD: CPLD (Complex PLD: CPLD) 상호 연결될 수 있는 PAL-유형 블럭들의 배열을 포함하는 PLD.

부울 대수 (Boolean Algebra) 디지털 시스템의 설계와 분석에서 도구로써 사용되는 대수적 과정. 부울 대수에서 단 2개(0과 1)의 값만 가능하다.

부울 정리 (Boolean Theorem) 논리식을 간소화하기 위해 부울 대수에 적용될 수 있는 규칙.

부정화 (Negation) 양의 수를 음의 등가 또는 그 반대로 변환하는 동작. 부호 있는 2진 수는 2의 보수 연산에 의해 부정된다.

부트스트랩 프로그램 (Bootstrap Program) 전원 공급 시 컴퓨터가 실행하는 ROM에 저장된 프로그램.

부호-크기 체계 (Sign-Magnitude System) 가장 큰 비트는 수의 부호를 나타내고 나머지 비트들은 순수한 2진 값(크기)을 나타내는 부호있는 2진수들을 표현하는 체계.

부호 비트 (Sign Bit) 2진수의 가장 왼쪽 위치에 부가되어 수가 양 또는 음의 양인지를 나타내는 2진 비트.

분할-정복 (Divide-and-Conquer) 오동작의 모든 가능한 원인들 중 일부분을 제거하는 테스트들이 시행되는 고장진단 기술.

분해능 (Resolution) 디지털-아날로그 변환기에서 디지털 입력의 변경에 대해 출력에 나타날 수 있는 가장 작은 변화; 계단 크기라고도 일컫는다. 아날로그-디지털 변환기에서 디지털 출력에 변경을 주기 위해 아날로그 입력이 변해야 하는 최소 양.

비동기식 입력 (Asynchronous Input) 동기식과 클럭 입력과는 무관하게 플립-플롭의 동작에 영향을 줄 수 있는 플립-플롭 입력.

비동기식 전송 데이터 (Asynchronous Transfer Data) 클럭 없이 수행되는 전송.

비동기식 카운터 (Asynchronous Counter) 각 플립-플롭의 출력이 연속적인 다음의 플립-플롭에 대한 클럭 입력 신호로 공급되는 카운터.

비안정 멀티바이브레이터 (Astable Multivibrator) 두 개의 불안정한 출력 상태 사이에서 발진하는 디지털 회로.

비주기의 (Aperiodic) 일정하고 일관된 주기를 갖지 않는 파형.

비트 (Bit) 2진 체계에서의 숫자.

비트 배열 (Bit Array) 비트들의 집단을 나타내는 방법으로써 비트들의 집단에 이름을 부가하고 각 비트의 위치에 요소(element) 수를 할당한다. 이와 동일한 구조를 때로는 비트 벡터라고 한다.

비휘발성 RAM (Nonvolatile RAM) 동일 IC에서의 RAM 배열과 EEPROM 또는 플래시의 조합. EEPROM은 RAM에 대한 비휘발성 백업(backup)의 역할을 한다.

비휘발성 메모리 (Nonvolatile Memory) 전원이 없어도 정보를 저장하는 메모리.

사슬잇기(연쇄) (Concatenate) 2개 또는 더 많은 객체들을 정돈된 집합들로 배열 또는 연결하는 것을 기술하는데 사용되는 용어.

산술/논리 장치: ALU (Arithmetic/Logic Unit: ALU) 여러 가지 산술 및 논리 연산들을 수행하기 위해 컴퓨터에서 사용되는 디지털 회로.

상수 (Constant) 고정된 수(스칼라)의 값들을 나타내기 위해 사용될 수 있는 기호 이름.

상승 에지 (Positive Edge) 상승 천이.

상승 천이 (Positive-Going Transition: PGT) 클럭 신호가 논리 0에서 논리 1로 변경될 때.

상태-기계(장치) (State Machine) 여러 가지 정의된 상태들을 진행하는 순차 회로.

상태 천이도 (State Transition Diagram) 각 플립-플롭 상태들의 순차와 하나의 상태로부터 다음 상태로의 천이에 필요한 조건들을 보여주는 순차 2진 회로의 동작에 대한 도식적 표현.

상태표 (State Table) 순차 2진 회로에 대한 각 플립-플롭 상태(즉, 0 또는 1)들의 순차를 나타내는 표.

샘플링(표본추출) 간격 (Sampling Interval) 주파수 카운터가 표본추출을 하고, 그것으로 미지의 주파수를 측정하는 동안의 시간 창.

선-입력, 선-출력 (FIFO) 메모리 (First-In, First-Out (FIFO) Memory) 데이터 워드들이 기록된 순서대로 읽히는 반도체 순차-접근 메모리.

선택적 신호 할당 (Selected Signal Assignment) 식의 값에 따라서 여러 신호원들 중 하나로부터의 값이 데이터 객체에 할당되도록 하는 VHDL 문장.

선형 버퍼 (Linear Buffer) 어떤 속도로 채워지고 또 다른 속도로 비워지는 선-입력, 선-출력 메모리 시스템. 그것이 채워진 후에는 데이터가 버퍼로부터 읽혀질 때까지는 데이터가 저장될 수 없다. 선-입력, 선-출력(FIFO) 메모리 참조.

선형 오차 (Linearity Error) 디지털-아날로그 변환기 제작자들이 소자의 정확도를 명시하기 위해 사용하는 용어. 그것은 이상적인 계단 크기로부터 최대 계단 크기의 편차로 정의된다.

셋업(준비) 시간 (Setup Time: t_S) 클럭 신호의 활성 천이에 앞서 제어 입력이 적절한 값을 유지해야 하는 시간 간격.

쇼트키 TTL (Schottky TTL) 더 빠른 스위칭을 위해 각 트랜지스터의 베이스와 컬렉터 사이에 연결된 쇼트키 장벽 다이오드(SBD)를 사용한다는 것을 제외하고는 기본 TTL 표준 회로를 사용하는 TTL 세부 계열.

수정-제어 클럭 발진기(발생기) (Crystal-Controlled Clock Generator) 정확한 주파수의 클럭 신호를 생성하기 위해 수정을 사용하는 회로.

순수한 2진 코딩 (Straight Binary Coding) 10진수의 등가 2진수 표현.

순차 (Sequential) 어떤 순서로 차례로 발생하는 것. HDL에서 순차 문에 의해 생성되는 회로들은 코드에 있는 문장들의 순서에 따라서 다르게 동작한다.

순차-접근 메모리: SAM (Sequential-Access Memory: SAM) 접근 시간이 데이터의 저장 위치에 따라서 변하는 메모리.

순차 회로 (Sequential Circuit) 출력들이 주기적인 클럭 신호와 동기화되어 상태들을 변경할 수 있는 논리 회로. 출력의 새로운 상태는 그의 현재 상태뿐만 아니라 다른 출력들의 현재 상태들과 제어 입력들에 인가된 논리 값들에 의해 좌우된다.

순환 시프트 레지스터 (Circulating Shift Register) 마지막 플립-플롭의 출력들 중 하나가 첫 번째 플립-플롭의 입력으로 연결된 시프트 레지스터.

순회(원형) 버퍼 (Circular Buffer) 기록된 마지막 n개 데이터 값들을 항상 포함하는 메모리 시스템. 새로운 데이터 값이 저장될 때마다 그것은 버퍼에서 가장 오래된 값을 덮어 쓴다.

숨겨진 마디(노드) (Buried Node) 그 회로의 외부로부터 접근할 수 없는 회로에 정의된 지점.

슈미트 트리거 회로 (Schmitt Trigger Circuit) 느리게 변하는 입력 신호를 받아들여 출력에서 빠르고 발진이 없는 천이를 생성하는 디지털 회로.

슈퍼컴퓨터 (Supercomputer) 최대 속도 및 계산 능력을 갖는 컴퓨터.

스트로브 (Strobe) 값을 레지스터로 받아들이기 위해 일반적으로 사용되는 인에이블 입력에 대한 또 다른 이름.

스트로빙 (Strobing) 디코딩 스파이크를 제거하는데 종종 사용되는 기법.

스파이크 (Spike) 글리치(glitch) 참조.

시그마/델타 변조 (Sigma/Delta Modulation) 아날로그 신호를 표본추출하고 그 데이터를 직렬 데이터의 비트 연속으로 변환하는 방법.

시뮬레이터 (Simulator) 논리 회로의 서술과 현재의 입력들에 근거하여 논리 회로의 정확한 출력 상태들을 계산하는 컴퓨터 프로그램.

시프트 레지스터 (Shift Register) 어떤 입력원으로부터 2진 데이터를 받아들인 다음에 이들 데이터를 일련의 플립-플롭들을 통해 한 번에 한 비트씩 자리 이동시키는 디지털 회로.

쌍극 DAC (Bipolar DAC) 부호 있는 2진수들을 입력으로 받아들이고 상응하는 양 또는 음의 아날로그 출력 값을 생성하는 디지털-아날로그 변환기.

쌍극 IC (Bipolar IC) NPN과 PNP 트랜지스터가 주된 회로 요소인 집적화된 디지털 회로.

쓰기 동작 (Write Operation) 새로운 워드가 특정 메모리 위치에 배치되는 동작.

아날로그-디지털 변환기: ADC (Analog-to-Digital Converter: ADC) 아날로그 입력을 상응하는 디지털 출력으로 변환하는 회로.

아날로그 시스템 (Analog System) 아날로그 형태로 나타낸 물리적 양을 처리하도록 설계된 소자들의 조합.

아날로그 양 (Analog Quantity) 연속적으로 변할 수 있는 변수의 값.

아날로그 전압 비교기 (Analog Voltage Comparator) 2개의 아날로그 입력 전압을 비교하고 어느 입력이 더 큰지를 나타내는 출력을 발생시키는 회로.

아날로그 표현 (Analog Representation) 연속적인 범위의 값으로 변하는 양의 표현.

아스키(ASCII) 코드: 정보 상호교환용 미국 표준 코드 (ASCII Code: American Standard Code for Information Interchange) 대부분의 컴퓨터 제작자가 사용하는 7-비트 알파벳숫자 코드.

알테라 하드웨어 기술 언어: AHDL (Altera Hardware Description Language: AHDL) 알테라 회사의 프로그램 가능한 논리 소자를 프로그램하기 위해 그 회사에서 개발한 회사 소유의 HDL.

알파벳뉴메릭 코드 (Alphanumeric Codes) 숫자, 문자, 구두점 표시, 특수 문자들을 기술하는 코드.

액추에이터 (Actuator) 물리적 변수를 제어하는 전기적으로 제어되는 장치.

양극 스위치 (Bilateral Switch) 입력 논리 값에 의해 제어되는 SPST(single-pole single-throw) 스위치와 같이 동작하는 CMOS 회로.

양방향 데이터 선 (Bidirectional Data Line) 데이터 선이 인에이블 입력의 상태에 따라서 입력 또는 출력 선 역할을 할 때 사용되는 용어.

양자화 오차 (Quantization Error) 아날로그-디지털 변환기의 0이 아닌 분해능에 기인하는 오차. 그것은 소자 고유의 오차이다.

억제 회로 (Inhibit Circuit) 입력 신호의 출력으로의 통과를 제어하는 논리 회로.

업/다운 카운터 (Up/Down Counter) 입력이 어떻게 활성화되는지에 따라서 상향 또는 하향으로 계수할 수 있는 카운터.

업 카운터 (Up Counter) 0으로부터 최대 계수까지 상향으로 계수하는 카운터.

에일리어스 (Alias) 입력 신호에 포함된 최대 주파수의 2배보다 더 느린 속도로 입력 신호를 표본 추출함으로써 발생하는 디지털 신호.

에지 (Edge) 파형의 LOW로부터 HIGH 또는 HIGH로부터 LOW로의 천이.

에지-검출 회로 (Edge-Detector Circuit) 클럭 입력 펄스의 활성 천이와 동시에 생기는 짧은 양(positive)의 스파이크를 발생시키는 회로.

에지-트리거 (Edge-Triggered) 플립-플롭이 신호 천이에 의해 활성화되는 방식. 플립-플롭은 양(positive)- 또는 음(negative)-에지-트리거 플립-플롭이다.

역(반전) (Inversion) 논리 값이 반대의 상태가 되게 한다.

연속-근사 ADC (Successive-Approximation ADC) 변환을 수행하기 위해 내부 병렬 레지스터와 복잡한 제어 논리가 사용되는 아날로그-디지털 변환기. 이 유형의 아날로그-디지털 변환기에 대한 변환 시간은 입력 아날로그 신호의 값에 관계없이 항상 동일하다.

열거형 (Enumerated Type) 신호 또는 변수에 대한 VHDL 사용자-정의 유형.

오프셋 오차 (Offset Error) 디지털-아날로그 변환기의 입력이 모두 0일 때 출력에 나타나는 이상적인 0 V로부터의 편차. 실제로 이 상황에서 매우 작은 출력 전압이 있다.

옥텟 (Octet) 카르노 맵에서 서로 인접한 8개 1들의 집단.

와이어드(결선, 배선화)-AND (Wired-AND) 개방-컬렉터 출력들이 함께 결합될 때 만들어진 논리 함수를 기술하기 위해 사용된 용어.

완전 주문형 ASIC (Full-Custom ASIC) 트랜지스터, 다이오드, 커패시터와 같은 전자 소자들의 기본적인 요소들로 전부 설계되고 제조되는 응용-주문형 집적 회로(ASIC).

용량 (Capacity) 비트들의 수 또는 워드들의 수로 나타내는 메모리 저장 공간의 양.

우선 순위 인코더 (Priority Encoder) 2개 또는 더 많은 입력들이 동시에 활성화될 때를 감지한 다음에 가장 큰 수의 입력에 상응하는 코드를 생성하는 특수 유형의 인코더.

우선 입력 (Override Input) "비동기식 입력"과 같은 뜻.

워드 (Word) 어떤 정보 단위를 나타내는 비트들의 집단.

워드 크기 (Word Size) 디지털 시스템이 사용하는 2진 워드에서 비트들의 수.

원-샷 (One-Shot: OS) 플립-플롭 계열에 속하지만 단 하나의 안정된 상태(보통은 $Q = 0$)를 갖는 회로.

위치-값 시스템 (Positional-Value System) 숫자의 값이 그의 상대적 위치에 좌우되는 시스템.

유형 (Type) 컴퓨터-기반 언어에서 변수의 크기와 변수가 어떻게 사용될 수 있는지를 정의하는 변수의 속성.

음의(부) 에지 (Negative Edge) 하강 천이 참조.

이중-경사 ADC (Dual-Slope ADC) 일정한 시간 동안 VA에 비례하는 전류로 커패시터를 선형적으로 충전한 다음에 커패시터가 0으로 선형적으로 방전될 때 카운터를 증가시키는 아날로그-디지털 변환기.

이중 인라인 패키지: DIP (Dual-in-Line Package: DIP) 소켓으로 또는 인쇄 회로 기판에서 구멍이 뚫린 홀들을 통해 삽입되도록 2개의 병렬 행 핀들을 갖는 매우 일반적인 IC 패키지.

인-시스템(시스템-실장) 프로그램 가능한: ISP (In-System Progra-mmable: ISP) 프로그래밍 정보를 저장하기 위해 칩이 회로 기판으로부터 제거될 필요가 없는 방법.

인버터 (INVERTER) NOT 회로라고도 한다; NOT 연산을 실행하는 논리 회로. 인버터는 단 하나의 입력을 가지며, 출력 논리 값은 항상 입력 논리 값의 반대이다.

인에이블 (Enable) 입력 신호를 출력으로 통과시키는 것과 같은 일반적인 기능을 회로가 수행하도록 하는 작동.

인코더 (Encoder) 어떤 입력이 활성화되는지에 따라 상응하는 출력 코드를 생성하는 디지털 회로.

인코딩 (Encoding) 숫자, 문자, 또는 단어들을 표현하기 위해 기호들의 집단을 사용하는 것.

인터페이싱 (Interfacing) 호환성 있고 공동 작용할 수 있는 방식으로 기능할 수 있도록 하는 다른 소자들의 결합; 어떤 시스템의 출력을 다른 전기적 특성을 갖는 또 다른 시스템의 입력으로 연결하는 것.

읽기 (Read) CPU가 다른 소자로부터 데이터를 읽는 상황을 기술하기 위해 사용되는 용어.

읽기-전용 메모리: ROM (Read-Only Memory: ROM) 읽기 동작과 쓰기 동작의 비율이 매우 큰 응용들을 위해 설계된 메모리 소자.

읽기/쓰기 메모리: RWM (Read/Write Memory: RWM) 쉽게 읽혀질 수 있고 써 넣어질 수 있는 메모리.

읽기 동작 (Read Operation) 특정 메모리 위치의 워드가 판독되고 어쩌면 또 다른 소자로 전송되는 동작.

임의-접근 메모리 (Random-Access Memory: RAM) 위치에 관계없이 접근 시간이 동일한 메모리.

입력 장치 (Input Unit) 컴퓨터의 메모리 장치 또는 ALU로의 정보 입력을 용이하게 하는 컴퓨터의 부속품.

입력 항 망 (Input Term Matrix) 입력들이 선택적으로 내부 논리 회로로 연결되게 하거나 내부 논리 회로로부터 끊어지게 하는 프로그램 가능한 논리 소자의 부속품.

자기 디스크 메모리 (Magnetic Disk Memory) 회전하는 평판 디스크 표면에 자화된 작은 점으로 데이터를 저장하는 대용량 저장 메모리.

자기저항 RAM: MRAM (Magnetoresistive RAM: MRAM) 매우 작은 자성 영역들의 극성 또는 스핀(spin)을 변경함으로써 1과 0을 저장하는 메모리 기술. 정보는 자성 영역을 통해 흐르는 전류의 양을 측정함으로써 다시 읽혀진다(즉, 스핀 극성은 셀의 저항에 영향을 준다).

자리올림 (Carry) 두 수가 더해지고 그 결과가 사용되는 수 체계에 대한 기수(base)보다 더 클 때 생성되는 숫자 또는 비트.

자리올림 리플 (Carry Ripple) 자리올림 전파 참조.

자리올림 예견 (Look-Ahead Carry) 병렬 가산기가 자리올림이 전가산기들을 통해 전파하는 것을 기다리지 않고 덧셈을 할 것인지 아닌지를 예측하는 능력. 전체 전파 지연을 줄인다.

자리올림 전파 (Carry Propagation) 자리올림 비트(C_{OUT})와 덧셈 결과가 동시에 출력되지 못하게 하는 일부 병렬 가산기들의 내부 회로 지연.

자체-정정 카운터 (Self-Correcting Counter) 초기 상태에 관계없이 의도된 순차로 항상 진행하는 카운터.

잠복(대기) (Latency) DRAM으로부터 데이터를 읽는데 관련된 본래의 지연. 이것은 행과 열 주소를 공급하는데 필요한 시간과 데이터 출력이 안정되는 시간에 기인한다.

잡음 (Noise) 주변에 존재하고 디지털 회로를 오동작하게 하는 비논리적인 전압 변동.

잡음 내성(면역) (Noise Immunity) 입력에서의 잡음 전압을 견딜 수 있는 회로의 능력.

잡음 여유 (Noise Margin) 잡음 면역의 양적인 크기.

재트리거 할 수 없는 OS (Nonretriggerable OS) 준-안정 상태인 동안에 트리거 입력 신호에 응답하지 않는 원-샷.

재트리거 할 수 있는 OS (Retriggerable OS) 준-안정 상태에 있는 동안에도 트리거 입력에 반응하는 원-샷.

잼 전송 (Jam Transfer) 비동기식 전송 참조.

저-전력 쇼트키 TTL: LS-TTL (Low-Power Schottky TTL: LS-TTL) 동일한 쇼트키 TTL 회로를 사용하지만 더 큰 저항 값들을 갖는 TTL 세부 계열.

저전압 기술 (Low-Voltage Technology) 3.3 V 또는 더 작은 정격 공급 전압으로 동작하는 새로운 논리 소자.

저전압 차등 시그널링: LVDS (Low-Voltage Differential Signaling: LVDS) 저-전압 시스템에서 HIGH와 LOW를 구별하기 위해 2개의 도선을 사용하여 극성을 서로 바꾸는 고속 데이터 선들을 구동하기 위한 기술.

저 표본화 (Undersampling) 신호에 포함된 최대 주파수의 2배보다 더 작은 속도로 신호의 표본들을 획득하는 것.

전가산기: FA (Full Adder: FA) 3개의 입력과 2개의 출력을 갖는 회로. 입력은 각각 앞 단으로부터의 자리올림 비트(C_{IN}), 피가수로부터의 비트, 가수로부터의 비트이다. 출력은 합 비트와 가수로부터의 비트, 피가수로부터의 비트, 그리고 C_{IN}을 더하여 생성된 자리올림 출력 비트(C_{OUT})이다.

전기적으로 지울 수 있는 PROM: EEPROM (Electrically Erasable PROM: EEPROM) 전기적으로 프로그램될 수 있고, 지워질 수 있고, 다시 프로그램될 수 있는 ROM.

전기적으로 호환성 있는 (Electrically Compatible) 다른 논리 계열을 갖는 2개의 IC가 적절한 동작을 보장하기 위한 어떤 특별한 조치 없이 직접 연결될 수 있을 때.

전달 게이트 (Transmission Gate) 양방향 스위치 참조.

전류-공급 트랜지스터 (Current-Sourcing Transistor) TTL 회로의 출력 트랜지스터(Q_3)에 주어진 이름. 이 트랜지스터는 출력 논리 값이 HIGH일 때 도통된다.

전류-소싱(공급) (Current-Sourcing) 논리 회로의 출력은 그것이 구동하는 논리 회로의 입력으로부터 전류를 공급한다.

전류-싱킹(흡수) (Current-Sinking) 논리 회로의 출력은 그것이 구동하는 논리 회로의 입력으로부터 전류를 흡수한다.

전류-흡수 트랜지스터 (Current-Sinking Transistor) TTL 회로의 출력 트랜지스터(Q_4)에 주어진 이름. 이 트랜지스터는 출력 논리 값이 LOW일 때 도통된다.

전류 과도 현상 (Current Transient) TTL 회로의 토템-폴(totem-pole) 출력 구조에서 트랜지스터(Q_3와 Q_4)가 동시에 도통될 때 발생되는 전류 스파이크.

전압-값 변환기 (Voltage-Level Translator) 하나의 입력 전압 값들의 집합을 받아들여 그것을 다른 출력 값들의 집합으로 변환하는 회로.

전압-제어 발진기 (Voltage-Controlled Oscillator: VCO) 입력에 인가된 전압에 비례하는 주파수를 갖는 출력 신호를 생성하는 회로.

전압-주파수 ADC (Voltage-to-Frequency ADC) 아날로그 전압을 펄스 주파수로 변환하고 그것이 계수되어 디지털 출력을 생성하는 아날로그-디지털 변환기.

전원-공급 디커플링(전원 결합도 경감) (Power-Supply Decoupling) 회로 기판의 TTL 집적 회로에 인접한 접지와 V_{CC} 사이에 작은 RF 커패시터의 연결.

전원 차단 (Power-Down) 칩이 사용되지 않아 칩이 완전히 사용될 때보다 훨씬 더 적은 전력을 소모하는 동작 모드.

전파 지연: t_{PLH}/t_{PHL} (Propagation Delay: t_{PLH}/t_{PHL}) 신호가 인가된 시간으로부터 출력이 변경되는 시간까지의 지연.

접근(액세스) 시간 (Access Time) 읽기 동작에서 메모리가 새로운 입력 주소를 수신한 때부터 출력 데이터가 입수 가능하게 된 때까지의 시간.

접촉 바운스(접점 반동) (Contact Bounce) 모든 기계적 스위치에서 스위치가 새로운 위치로 변경되었을 때 스위치가 진동하는 성향. 진동은 진동이 안정될 때까지 회로를 반복적으로 접촉시키고 차단시킨다.

정적 RAM (Static RAM: SRAM) 주기적으로 리플래시될 필요가 없는 플립-플롭 셀에 정보를 저장하는 반도체 RAM.

정적 정확도 테스트 (Static Accuracy Test) 고정된 2진 값이 디지털-아날로그 변환기로 인가되고 아날로그 출력이 정밀하게 측정되는 테스트. 측정된 결과는 디지털-아날로그 변환기 제작자에 의해 명시된 기댓값 범위 내에 있어야 한다.

정전 방전: ESD (Electrostatic Discharge: ESD) 정전기(즉, 정전 충전)가 하나의 표면으로부터 또 다른 표면으로 전달되는 유해한 작용. 이러한 전류의 임펄스(impulse)는 전자 소자들을 파괴할 수 있다.

정착 시간 (Settling Time) 디지털-아날로그 변환기의 입력이 모두 0으로부터 모두 1로 변경될 때 출력이 0으로부터 최대 값의 1/2 계단 크기 이내로 들어가는데 걸리는 시간.

제어 버스 (Control Bus) CPU와 개별 μC 소자들의 동작을 동기화하기 위해 사용되는 신호 선들의 집합.

제어 입력 (Control Input) 플립-플롭의 출력 상태를 동기식 또는 비동기식으로 결정하는 입력 신호.

제어 장치 (Control Unit) 프로그램 명령의 디코딩과 그러한 명령의 실행을 위해 필요한 타이밍과 제어 신호들을 제공하는 컴퓨터의 부속품.

조건부 신호 배정(조건적 신호 할당) (Conditional Signal Assignment) 신호에 할당할 적절한 값을 결정하기 위해 연속된 조건들을 순차적으로 평가하는 VHDL 병행 구조. 평가된 첫 번째 참 조건이 할당될 값을 결정한다.

조건적 천이 (Conditional Transition) 상태 천이 도형에서 2개 또는 더 많은 화살표가 버블을 떠날 때. 각 화살표에는 천이를 일으키는 변수의 "조건"이 표시된다.

조합 (Set) 연관된 변수들 또는 신호들의 집단화.

조합 논리 회로 (Combinational Logic Circuit) 출력으로부터 입력으로의 귀환이 없는 논리 게이트들의 조합으로 구성된 회로.

존슨 카운터: 꼬인 링 카운터 (Johnson counter: twisted ring counter) 마지막 플립-플롭의 반전된 출력이 첫 번째 플립-플롭의 입력으로 연결된 시프트 레지스터.

종속 연결 (Cascading) 한 회로의 출력이 다음 회로의 입력을 구동하고 계속적으로 같은 동작을 반복하는 직렬 방식으로 논리 회로들을 연결하는 것.

주기 (Period: *T*) 주기적인 사건 또는 파형에서 하나의 완전한 순환에 필요한 시간의 양.

주 기억장치(메모리) (Main Memory) 컴퓨터가 현재 작업하고 있는 프로그램과 데이터를 저장하는 컴퓨터 메모리의 고속 부분. 작업 메모리라고도 한다.

주기의 (Periodic) 시간 또는 형태에 있어서 정기적으로 자신을 반복하는 순환.

주문형 집적 회로: ASIC (Application-Specific Integrated Circuit: ASIC) 응용의 요구조건들을 만족시키기 위해 특별히 설계된 IC. 세부 부류에는 PLD, 게이트 배열, 표준 셀, 완전 주문형 IC가 있다.

주석 (Comment) 일반적으로 코드 또는 코드에 있는 개별 문장들의 목적과 동작을 기술하기 위해 HDL 설계 파일 또는 컴퓨터 프로그램에 부가되는 문장. 입안자, 날짜, 수정 등에 관한 문서가 주석에 또한 포함될 수 있다.

주소 (Address) 메모리에서 워드의 위치를 특유의 방법으로 찾는 수.

주소 다중화 (Address Multiplexing) IC 핀들을 절약하기 위해 동적 RAM에서 사용되는 다중화. 그것은 완전한 주소의 절반 각각을 별개의 단계로 IC로 받아들이는 것을 필요로 한다.

주소 버스 (Address Bus) 주소 코드를 CPU로부터 메모리와 I/O 소자로 전달하는 양방향 선.

주장하는(단언) (Asserted) 논리 신호의 상태를 기술하기 위해 사용되는 용어; "활성"과 같은 뜻.

주장하지 않은(비단언) (Unasserted) 논리 신호의 상태를 기술하기 위해 사용되는 용어; "비활성"과 같은 뜻.

주파수 (Frequency: *F*) 주기 파형의 단위 시간당 주기 수.

주파수 분할(분주) (Frequency Division) 플립-플롭 회로들을 사용하여 주파수가 입력 클럭 주파수를 어떤 정수 값으로 나눈 것과 같은 출력 파형을 생성하는 것.

주파수 카운터 (Frequency Counter) 신호의 주파수를 측정하고 디스플레이할 수 있는 회로.

준-안정 상태 (Quasi-Stable State) 원-샷이 안정된 상태(보통은 $Q = 0$)로 되돌아가기 전에 일시적으로 트리거되는 상태(보통은 $Q = 1$).

준안정 상태 (Metastable State) 타이밍 제약이 지켜지지 않을 때 출력에 일시적으로 나타날 수 있는 비정상적인 전압.

중앙 처리 장치: CPU (Central Processing Unit: CPU) 산술/논리 장치(ALU)와 제어 장치로 구성된 컴퓨터의 부속품.

지수 (Index) 비트 배열에서 어떤 주어진 비트의 요소 수에 대한 또 다른 이름.

지울 수 있는 프로그램 가능한 ROM: EPROM (Erasable Programmable ROM: EPROM) 사용자에 의해 전기적으로 프로그램 될 수 있는 ROM. 그것은 지워질 수 있으며(일반적으로 자외선을 사용하여) 필요할 때마다 다시 프로그램 될 수 있다.

지적 재산권: IP (Intellectual Property: IP) 설계자들이 정당하게 그들의 것이라고 권리를 주장하는 어떤 것에 대한 아이디어, 설계 또는 서술. 예를 들면, HDL로 기술된 복잡한 회로들(마이크로프로세서 같은)은 지적 재산으로 간주된다.

직렬 데이터 전송 (Serial Data Transfer) 하나의 장소로부터 또 다른 장소로 한 번에 한 비트씩 데이터 전송.

직렬 입력/병렬 출력 (Serial In/Parallel Out) 데이터가 직렬로 적재될 수 있고 병렬 출력들을 이용할 수 있는 레지스터.

직렬 입력/직렬 출력 (Serial In/Serial Out) 데이터가 직렬로 적재될 수 있고 단 하나의 직렬 출력을 갖는 레지스터.

직렬 전송 (Serial Transmission) 하나의 장소로부터 또 다른 장소로 한 번에 한 비트씩 2진 정보 전송.

진리표 (Truth Table) 회로 입력에서의 다양한 논리 값 조합들에 대한 회로의 출력 응답을 표현하는 논리 표.

차동 입력 (Differential Input) 아날로그 회로가 두 입력들 사이의 전압 차에 의해 동작하도록 아날로그 신호를 아날로그 회로의 1 및 2 입력에 연결하는 방식.

초고속 집적 회로 (VHSIC) 하드웨어 기술 언어: VHDL (Very High Speed Integrated Circuit (VHSIC) Hardware Description Language: VHDL) 복잡한 디지털 시스템을 구성하고, 시뮬레이션하고, 합성하기 위해 미국 국방성에 의해 개발된 하드웨어 기술 언어.

최대 오차 (Full-Scale Error) 디지털-아날로그 변환기의 정확도를 명시하기 위해 제작자들이 사용하는 용어. 그것은 디지털-아날로그 변환기 출력의 예상되는 이상적인 값으로부터 디지털-아날로그 변환기 출력의 최대 편차로 정의된다.

최대 출력 (Full-Scale Output) 디지털-아날로그 변환기의 최대 가능 출력 값.

최대 클럭 주파수: f_{MAX} (Maximum Clocking Frequency: f_{MAX}) 플립-플롭의 클럭 입력에 인가되어 플립-플롭을 신뢰성 있게 트리거할 수 있는 최대 주파수.

최상위 비트: MSB (Most Significant Bit: MSB) 2진 표현된 양의 가장 왼쪽 2진 비트(가장 큰 가중치).

최상위 숫자: MSD (Most Significant Digit: MSD) 특정 수에서 가장 큰 가중치를 갖는 숫자.

최하위 디지트: LSD (Least Significant Digit: LSD) 특정 수에서 가장 작은 가중치를 가진 숫자.

최하위 비트: LSB (Least Significant Bit: LSB) 2진 표현된 양의 가장 오른쪽 비트(가장 작은 가중치).

출력 논리 매크로셀: OLMC (Output Logic Macrocell: OLMC) 다양한 방법으로 구성될 수 있는 PLD 내부에 있는 논리 요소들(게이트, 멀티플렉서, 플립-플롭, 버퍼)의 집단.

출력 장치 (Output Unit) 메모리 장치 또는 ALU로부터 데이터를 수신하고 그것을 밖으로 보내는 컴퓨터의 부속품.

칩 선택 (Chip Select) 소자가 그의 기능을 수행할지 또는 수행하지 않을지의 여부를 제어하는 디지털 소자 입력. 칩 인에이블 참조.

카르노 맵 (Karnaugh Map: K Map) 곱의 합 논리식을 간소화하는데 사용되는 2-차원 형태의 진리표.

카운터 (Counter) 상태들의 순차로 동작하는 플립-플롭들로 구성된 순차 논리 회로. 순차 또는 계수 순차는 종종(항상은 아니지만) 연속적인 정수이다.

카운트 허용(인에이블) (Count Enable) 출력들이 활성 클럭 천이에 응답할 것인지 또는 활성 클럭 천이를 무시할 것인지를 제어하는 동기식 카운터의 입력.

캐시 메모리 (Cache Memory) 저속 시스템 DRAM으로부터 적재될 수 있고 고속 CPU에 의해 빠르게 접근될 수 있는 고속 메모리 시스템.

컴파일러 (Compiler) 고급 언어로 기록된 텍스트 파일을 PLD 또는 컴퓨터 메모리와 같은 프로그램 가능한 소자로 적재될 수 있는 2진 파일로 변환하는 프로그램.

컴퓨터 워드 (Computer Word) 컴퓨터에서 주요한 정보 단위를 형성하는 2진 비트들의 집단.

코덱 (Codec) 코드/디코드를 의미한다. 아날로그-디지털(코딩)과 디지털-아날로그(디코딩) 변환을 수행하는 소자.

크기 비교기 (Magnitude Comparator) 두 입력들의 2진 양을 비교하고, 입력들이 같은지, 또는 같지 않으면 어느 것이 더 큰지를 나타내는 출력들을 발생시키는 디지털 회로.

클럭 (Clock) 동기식 시스템에서 사건들의 타이밍을 제어하는 디지털 신호.

클럭 스큐 (Clock Skew) 전파 지연의 결과로 플립-플롭들의 클럭 입력에 클럭 신호가 서로 다른 시간에 도착하는 것.

클럭 입력을 갖는(구동) D 플립-플롭 (Clocked D Flip-Flop) D(데이터) 입력이 동기식 입력인 플립-플롭.

클럭 입력을 갖는(구동) J-K 플립-플롭 (Clocked J-K Flip-Flop) 입력 J와 K가 동기식 입력인 플립-플롭.

클럭 입력을 갖는(구동) S-R 플립-플롭 (Clocked S-R Flip-Flop) 입력 S와 R이 동기식 입력인 플립-플롭.

클럭 입력을 갖는(구동) 플립-플롭 (Clocked Flip-Flop) 클럭 입력을 갖는 플립-플롭.

클럭 천이 시간 (Clock Transition Time) IC 제작자가 명시한 특정 IC의 클럭 신호 천이에 대한 최소 상승 및 하강 시간.

클리어 상태 (Clear State) 플립-플롭의 $Q = 0$ 상태.

타이밍도 (Timing Diagram) 시간에 관련시킨 논리 값들의 묘사.

테스트 벡터 (Test Vector) PLD가 프로그램되기 전에 PLD 설계를 테스트하기 위해 사용되는 입력들의 조합.

토글링 (Toggling) 하나의 2진 상태로부터 다른 2진 상태로 변경하는 과정.

토글 모드 (Toggle Mode) 각 클럭 펄스에 대해 플립-플롭이 상태들을 변경하는 방식.

토템-폴 출력 (Totem-Pole Output) 대부분의 TTL 회로들의 출력에 2개의 트랜지스터가 배열된 방식을 묘사하기 위해 사용된 용어.

통과 (Transparent) D 래치에서 Q 출력이 D 입력을 따라가도록 동작하는 것.

트랜스듀서 (Transducer) 물리적 변수를 전기적 변수로 변환하는 소자(예를 들면, 광전지 또는 열전대).

트리거 (Trigger) 제어 신호들의 조건에 따라서 출력이 상태들을 변경하도록 하는 플립-플롭 또는 원-샷 입력 신호.

파라미터(매개변수) 모듈 라이브러리: LPM (Library of Parameterized Modules: LPM) 특정 설계 요구 조건(즉, 비트 수, 모드(mod) 수, 제어 옵션)을 만족시키기 위해 포함될 수도 있고 생략될 수도 있는 변수 특성들(매개 변수들)을 가지고 있는 일반 함수 논리 블럭들의 집단.

파이프라인 ADC (Pipelined ADC) 두 개 또는 더 많은 단계에서 고속 플래시 변환기들을 사용하는 변환 기법. 각 단계는 최상위 단계에서 시작하여 2진 결과의 일부를 각각 결정한다.

패리티 검사기 (Parity Checker) 데이터 비트들(패리티 비트를 포함한)의 집합을 받아들이고, 그것이 올바른 패리티를 갖는지를 확인하기 위해 검사하는 회로.

패리티 발생기 (Parity Generator) 데이터 비트들의 집합을 받아들이고, 데이터에 대한 올바른 패리티 비트를 생성하는 회로. 데이터의 전송 동안에 오류 검출을 위해 사용되는 패리티 방법.

패리티 방법 (Parity Method) 데이터의 전송 중에 오류 검출을 위해 사용되는 기법.

패리티 비트 (Parity Bit) 전송될 전체 1의 수가 항상 짝수(또는 홀수)가 되도록 각 코드 집단에 첨부되는 부가적인 비트.

팬-아웃 (Fan-Out) 디지털 회로의 출력이 신뢰성 있게 구동할 수 있는 최대 표준 논리 입력 수.

펄스 (Pulse) 디지털 시스템에서 사건을 나타내는 논리 상태의 일시적인 변경.

펄스-방향조정 회로 (Pulse-Steering Circuit) 회로의 입력에 있는 논리 값에 따라서 입력 펄스의 도착지를 선택하는데 사용될 수 있는 논리회로.

표면 장착(실장) (Surface Mount) IC들이 기판 표면의 도전 패드(pad)에 납땜되는 회로 기판 제작 방법.

표본추출-보유(S/H) 회로 (Sample-and-Hold (S/H) Circuit) 아날로그-디지털 변환 중 입력을 안정하게 유지시키기 위해 커패시터와 함께 단위-이득 버퍼 증폭기를 사용하는 회로.

표본화(추출) (Sampling) 아날로그 신호로부터 주어진 순간에 데이터를 획득하고 디지털화하는 것.

표본화(추출) 주파수 (Sampling Frequency: *Fs*) 아날로그 신호가 디지털화되는 속도(초당 추출 표본 수).

표준 논리 (Standard Logic) MSI, SSI 칩과 같은 다양한 기술에 이용할 수 있는 대량의 기본 디지털 IC 구성 요소.

표준 셀 ASIC (Standard Cell ASIC) 시스템 설계 단계에서 상호 연결되는 표준 셀 설계들의 라이브러리로 만들어진 미리 설계된 논리 블럭들로 구성되고 하나의 IC에 제조되는 응용-주문형 집적 회로 (ASIC).

풀-다운 트랜지스터 (Pull-Down Transistor) 전류-흡수 트랜지스터 참조.

풀-업 트랜지스터 (Pull-Up Transistor) 전류-공급 트랜지스터 참조.

프로그래머 (Programmer) PLD와 PROM 칩들을 프로그램하기 위해 적절한 전압을 그들에게 공급하는데 사용되는 설비.

프로그래밍 (Programming) 동작적 특성을 구성하기 위해 프로그램 가능한 소자에 1과 0을 저장하는 행위.

프로그램 (Program) 컴퓨터에 의해 특정 과제를 달성하기 위해 설계된 2진-코드화 된 명령들의 순차.

프로그램 가능한 ROM: PROM (Programmable ROM: PROM) 사용자에 의해 전기적으로 프로그램될 수 있는 ROM. 그것은 지워질 수 없으며 다시 프로그램될 수 없다.

프로그램 가능한 논리 배열: PLA (Programmable Logic Array: PLA) 프로그램 가능한 소자들의 부류. AND 및 OR 배열은 모두 프로그램이 가능하다. 현장 프로그램 가능한 논리 배열(FPLA)라고도 일컫는다.

프로그램 가능한 논리 소자: PLD (Programmable Logic Device: PLD) 많은 수의 상호 연결된 논리 함수들을 포함한 IC. 사용자는 고유한 상호 연결들을 선택적으로 끊음으로써 특정 기능을 위한 IC를 프로그램할 수 있다.

프로그램 가능한 배열 논리: PAL (Programmable Array Logic: PAL) 프로그램 가능한 소자들의 부류. AND 배열은 프로그램이 가능한 반면 OR 배열은 고정-연결되어 있다.

프로그램 가능한 상호 연결 배열: PIA (Programmable Interconnect Array: PIA) LAB들을 상호 연결하기 위해, 또한 LAB들을 입력/출력 모듈들과 상호 연결하기 위해 사용되는 자원들을 기술하기 위해 알테라 회사가 사용하는 용어.

프로그램 가능한 출력 극성 (Progranlmable Output Polarity) 극성 퓨즈를 갖는 XOR 게이트를 사용하여 설계자가 소자 출력을 반전할지 또는 비반전할지를 선택할 수 있는 많은 PLD들의 특성.

프리미티브(기본 요소) (Primitive) Quartus II 소프트웨어를 이용하여 회로를 설계하는데 사용되는 기본 기능 블럭들 중 하나.

프리셋(미리 조절 가능한) 카운터 (Presettable Counter) 동기식 또는 비동기식으로 어떤 시작 계수로 미리 조절될 수 있는 카운터.

프리스케일러(전치 분주기) (Prescaler) 기본 기준 주파수를 받아들여 시스템에서 요구하는 비율에 이르기까지 주파수를 분주함으로써 주파수를 감소시키는 카운터 회로.

플래시 ADC (Flash ADC) 최대 동작 속도를 가진 아날로그-디지털 변환기.

플래시 메모리 (Flash Memory) 고속 접근과 EEPROM의 회로-실장 지우기를 할 수 있으면서 고밀도와 저비용 특성을 갖는 비휘발성 메모리 IC. 플립-플롭 (Flip-Flop) 논리 값을 저장할 수 있는 메모리 소자.

플로팅(부동) 버스 (Floating Bus) 데이터 버스에 연결된 모든 출력들이 Hi-Z 상태일 때.

플로팅(부동) 입력 (Floating Input) 논리 회로에서 연결되지 않고 남겨진 입력 신호.

플로팅(부동, 떠있는) (Floating) 어느 것에 의해서도 구동되지 않는 회로의 포트(port) 또는 노드(node)를 기술하는데 사용되는 용어.

피가수 (Augend) 가수가 더해지는 수.

피감수 (Minuend) 감수가 빼어지는 수.

피드백(귀환) (Feedback) 출력 정보를 회로의 입력으로 공급하는 일반적인 수단. 귀환은 모든 순차 논리 회로의 핵심이다.

핀 호환 (Pin-Compatible) 두 개의 다른 IC들의 상응하는 핀들이 동일한 기능을 가질 때.

하강 에지 (Falling Edge) 하강 천이 참조.

하강 천이 (Negative-Going Transition) 클럭이 1에서 0으로 갈 때.

하드 디스크 (Hard Disk) 대용량의 저장을 위해 사용되는 정밀한 금속 자기 디스크.

하드웨어 기술 언어: HDL (Hardware Description Language: HDL) 데이터 객체들와 제어 구조들을 표현하기 위해 엄격한 구문에 따라서 디지털 하드웨어를 기술하는 문서-기반 방법.

하향식 (Top-Down) 전체 시스템 수준에서 시작하여 모듈들의 계층을 정의하는 설계 방법.

함수 발생기 (Function Generator) 다른 파형들을 발생시키는 회로. 그것은 ROM, DAC, 그리고 카운터를 사용하여 구성될 수 있다.

합의 곱 (POS) 형태 (Product-of-Sums (POS) Form) 함께 AND되는 2개 또는 더 많은 OR 항(합)들로 구성된 논리식.

현장 프로그램 가능한 게이트 배열: FPGA (Field Programmable Gate Array: FPGA) 매우 유연하게 상호 연결될 수 있는 복잡한 논리 셀들의 배열을 포함하고 있어 고-수준의 논리 회로들을 구현할 수 있는 PLD.

현장 프로그램 가능한 논리 배열: FPLA (Field Programmable Logic Array: FPLA) 프로그램 가능한 AND 배열과 프로그램 가능한 OR 배열 모두를 사용하는 PLD.

현재 상태-다음 상태 표 (Present State-Next State Table) 순차(카운터) 회로에 대한 각각의 가능한 현재 상태를 목록으로 만들고, 상응하는 다음 상태를 확인하는 표.

혼성 시스템 (Hybrid System) 아날로그와 디지털 기술 모두를 포함하는 시스템.

홀드(유지, 보유) 시간 (Hold Time: t_H) 제어 입력이 적절한 값으로 유지되어야 하는 클럭 신호의 활성 천이 바로 다음의 시간 간격.

화소(픽셀) (Pixel) 화면 표시기의 화면 영상을 구성하는 광원의 작은 점들.

활성 논리 값 (Active Logic Level) 회로가 활성화된 것으로 간주되는 논리 값. 회로 기호가 버블(bubble)을 포함하면 회로는 LOW-활성이다. 반면에 버블을 포함하지 않으면 회로는 HIGH-활성이다.

회로 여기표 (Circuit Excitation Table) 회로의 현재 상태로부터 다음 상태로의 천이와 각 플립-플롭에서 요구되는 J와 K의 값들을 보여주는 표.

획득 시간 (Acquisition Time) 표본추출 및 보유(sample-and-hold) 회로가 그의 입력에 나타나는 아날로그 값을 획득하는데 요구되는 시간.

후면판 (Backplane) LCD의 모든 세그먼트에 공통인 전기적인 연결.

휘발성 메모리 (Volatile Memor) 정보를 저장된 상태로 유지하기 위해 전원을 필요로 하는 메모리.

10-출력_1-활성 디코더 (1-of-10 Decoder) BCD-10진 디코더 참조.

10진 체계(법) (Decimal System) 양을 표현하기 위해 10개의 다른 숫자 또는 기호를 사용하는 수 체계.

10진 카운터 (Decade Counter) 10개의 다른 논리 상태들을 거칠 수 있는 임의의 카운터.

16진수 체계 (Hexadecimal Number System) 기수 16을 갖는 수 체계. 16진수를 표현하기 위해 숫자 0에서 9에 문자 A부터 F가 덧붙여져 사용된다.

1의 보수 형태 (1's-Complement Form) 2진수의 각 비트가 보수화될 때 얻어지는 결과.

1회 프로그램 가능한: OTP (One-Time Programmable: OTP) 연결을 영구적으로 끊음(즉, 퓨즈 소자를 녹임)으로써 프로그램 되는 프로그램 가능한 구성 요소들의 부류.

2의 보수 형태 (2's-Complement Form) 1의 보수 형태인 2진수의 가장 오른쪽 비트 위치에 1이 더해질 때 얻어지는 결과.

2진 소수점 (Binary Point) 2진 양의 정수 부분과 소수 부분을 분리하는 표시.

2진수 체계 (Binary Number System) 단지 2개의 가능한 숫자 값(0과 1)들이 있는 수 체계.

2진 숫자 (Binary Digit) 비트.

2진 카운터 (Binary Counter) 플립-플롭들의 상태가 카운터의 입력에서 발생한 펄스들의 수와 같은 2진수를 나타내는 특유의 배열로 연결된 플립-플롭들의 집단.

2진화 10진 코드: BCD (Binary Coded Decimal Code: BCD) 10진수의 각 숫자를 4-비트 2진 등가로 나타내기 위해 사용되는 4-비트 코드.

3상태 (Tristate) 세 가지 유형의 출력 상태들을 허용하는 출력 구조; HIGH, LOW, 고-임피던스(Hi-Z).

4-입력 10-출력 디코더 (4-to-10 Decoder) BCD-10진 디코더 참조.

555 타이머 (555 Timer) 원-샷과 비안정 멀티바이브레이터와 같은 여러 가지 다른 방식으로 동작하도록 배선될 수 있는 IC.

8진수 체계 (Octal Number System) 8의 기수(base)를 갖는 수 체계; 0부터 7까지의 숫자가 8진수를 표현하는데 사용된다.

AND 게이트 (AND Gate) AND 연산을 실행하는 디지털 회로. 이 회로의 출력은 그의 모든 입력들이 HIGH일 때만 HIGH(논리 값 1)이다.

AND 연산 (AND Operation) 2개 또는 더 많은 논리 변수들을 AND하는 것을 나타내기 위해 기호가 사용되는 부울 대수 연산. AND 연산의 결과는 모든 변수들이 HIGH인 경우만 HIGH(논리 값 1)가 된다.

ARCHITECTURE 회로 블럭(ENTITY)의 동작을 정의하는 코드 구역을 시작하기 위해 사용되는 VHDL 핵심어.

BCD-10진 디코더 (BCD-to-Decimal Decoder) BCD 입력을 하나의 10진 출력 등가로 변환하는 디코더.

BCD-7-세그먼트 디코더/드라이버 (BCD-to-7-segment

Decoder/Driver) 4-비트 BCD 입력을 받아들이고 등가의 10진 숫자를 7-세그먼트 표시기에 디스플레이하는데 필요한 출력들을 구동시키는 디지털 회로.

BCD 카운터 (BCD Counter) 다시 순환하기 전에 0000_2로부터 1001_2까지 계수하는 2진 카운터.

BIT VHDL에서 하나의 2진 숫자(비트)를 나타내는 데이터 객체 유형.

BIT_VECTOR VHDL에서 비트 배열을 나타내는 데이터 객체 유형이다. 비트 배열 참조.

CAS-before-RAS 내장(built-in) 리플래시 카운터를 갖는 DRAM을 리플레시하기 위한 방법. *CAS* 입력이 LOW로 되고 *RAS*가 LOW로 된 후에도 그 상태를 유지할 때 내장 리플래시 카운터에 의해 주어진 행(row) 주소에서 내부 리플래시 동작이 수행된다.

CAS: 열 주소 스트로브 (CAS: Column Address Strobe) 열(column) 주소를 DRAM으로 받아들이기 위해 사용되는 신호.

CASE 데이터 객체의 값을 기반으로 회로의 동작을 기술할 때 여러 가지 선택들 중 하나를 선택하는 제어 구조.

CLEAR $Q = 0$을 만들기 위해 사용되는 래치 또는 플립-플롭 입력.

CMOS: 상보형 금속-산화물-반도체 (CMOS: Complementary Metal-Oxide-Semiconductor) 주요한 회로 요소로 MOSFET를 사용하는 집적 회로 기술. 이 논리 계열은 단극 디지털 IC의 부류에 속한다.

COMPONENT 라이브러리 구성 요소에 대한 정보를 제공하기 위해 설계 파일의 맨 위에서 사용되는 VHDL 핵심어.

DEFAULTS 코드가 명시적으로 값을 지정하지 않을 때 사례들에 대한 조합 신호에 대해 기정(default) 값을 설정하기 위해 사용되는 AHDL 핵심어.

DRAM 제어기 (DRAM Controller) DRAM 시스템에서 요구되는 리플래시와 주소 다중화 동작들을 처리하기 위해 사용되는 IC.

D 래치 (D Latch) 1개의 NAND 게이트 래치와 2개의 방향조정 NAND 게이트를 포함하는 회로.

D 플립-플롭 (D Flip-Flop) 클럭 구동 D 플립-플롭 참조.

ELSE 조건이 거짓인 경우에 교체 동작을 수행하기 위해 IF/THEN과 함께 사용되는 제어 구조. IF/THEN/ELSE는 두 개의 동작 중 하나를 항상 수행한다.

ELSIF 관련 식이 참 또는 거짓인지에 근거하여 회로의 동작을 기술하는데 있어서 여러 옵션들 중 하나를 선택하기 위해 IF 문장 다음에 여러 번 사용될 수 있는 제어 구조.

ENTITY 회로의 기본 블럭 구조를 정의하기 위해 사용되는 VHDL 핵심어. 이 단어 다음에는 블럭 이름과 그의 입력/출력 포트들의 정의가 온다.

EVENT 신호의 천이를 검출하기 위해 신호에 부가된 속성으로 사용되는 VHDL 핵심어. 일반적으로 하나의 사건은 상태가 변경된 신호를 의미한다.

FOR 루프 (FOR Loop) 반복 루프 참조.

GENERATE 다수의 유사한 구성 요소들을 반복적으로 정의하고 그들을 상호 연결하기 위해 FOR 구조와 함께 사용되는 VHDL 핵심어.

GSI 'Giga-scale integration'의 약어, 기가-규모 집적화(1,000,000개 게이트 또는 더 많은).

HIGH(LOW)-활성 디코더 (Active-HIGH(LOW) Decoder) 검출이 발생할 때 출력에 논리 HIGH(LOW)를 발생시키는 디코더.

IEEE/ANSI 'Institute of Electrical and Electronics Engineers/American National Standards Institute'의 약어. 전기 및 전자 공학자 협회/미국 국가 표준 기구. 표준을 제정하는 전문 기관.

IF/THEN 조건을 평가하고, 조건이 참이면 동작을 수행하고, 조건이 거짓이면 동작을 수행하지 않고 계속하는 제어 구조.

INTEGER VHDL에서 수의 값을 표현하는 데이터 객체 유형.

J-K 여기표 (J-K Excitation Table) 하나의 J-K 플립-플롭에 대한 각각의 가능한 상태 천이에 요구되는 J와 K 조건을 보여주는 표.

JTAG 'Joint Test Action Group'의 약어. 이것은 테스트, 제어, 프로그래밍 목적을 위해 IC의 내부 동작에 접근하도록 하는 표준 인터페이스를 만든다.

LCD 'Liquid-Crystal Display'의 약어. 액정 표시기.

LED 'Light-Emitting Diode'의 약어. 발광 다이오드.

LPM_ADD_SUB 라이브러리에서 이용할 수 있는 덧셈 또는 뺄셈을 할 수 있는 함수.

LPM_FF 라이브러리에서 이용할 수 있는 플립-플롭 함수.

LPM_LATCH 라이브러리에서 이용할 수 있는 레벨 트리거 래치 함수.

LPM_MULT 라이브러리에서 이용할 수 있는 곱셈을 할 수 있는 함수.

LPM_SHIFTREG 라이브러리에서 이용할 수 있는 시프트 레지스터 함수.

LPM COUNTER 라이브러리에서 이용할 수 있는 카운터 함수.

LSI 'Large-Scale Integration'의 약어, 대규모 집적(100개 ~ 9999개 게이트)

MAC 'Multiply Accumulate Unit'의 약어. 곱셈 누산 장치. 표본을 계수와 곱한 다음에 연속적인 이들 전체 곱들을 축적하는(합하는) DSP의 하드웨어 부문.

MACHINE 설계 파일에서 상태 기계(장치)를 생성하는데 사용되는 AHDL 핵심어.

maxplus2 함수 (maxplus2 Function) 74XX 계열로부터 TTL 부품들을 모방하는 라이브러리 함수들을 언급하기 위해 Quartus II가 사용하는 이름.

Mealy(밀리) 모델 (Mealy Model) 출력 신호들이 순차 회로의 상태와 조합 입력들에 의해 제어되는 상태-머신 모델.

MOD 수 (MOD Number) 카운터가 차례로 나열할 수 있는 다른 상태들의 수; 카운터의 주파수 분주율.

Moore(무어) 모델 (Moore Model) 출력 신호들이 순차 회로 출력들에 의해서만 제어되는 상태-머신 모델.

MOSFET 'Metal-Oxide-Semiconductor Field-Effect Transistor'의 약어. 금속-산화물-반도체 전계효과 트랜지스터.

MSI 'Medium-Scale Integration'의 약어. 중규모 집적(12대 ~ 99개 게이트).

N-MOS: N-채널 금속-산화물 반도체 (N-MOS: N-Channel Metal-Oxide-Semiconductor) 주요한 회로 요소로써 N-채널 MOSFET를 사용하는 집적 회로 기술.

NAND 게이트 (NAND Gate) AND 게이트 다음에 인버터가 따라오는 것과 같이 동작하는 논리 회로. NAND 게이트의 출력은 모든 입력들이 HIGH(논리 값 1)인 경우만 LOW(논리 값 0)이다.

NAND 게이트 래치 (NAND Gate Latch) 2개의 교차-연결된 NAND 게이트들로 구성된 플립-플롭.

NAND 플래시 메모리 (NAND Flash Memory) 플래시 메모리 셀(부동-게이트 트랜지스터)들을 연결하는 방식으로써 NAND 게이트 회로와 유사하며 임의 접근 속도를 희생하는 대신에 집적도가 매우 높다.

NODE 세부 설계에 한정되는 중간 변수(데이터 객체)를 선언하기 위해 사용되는 AHDL 핵심어.

NOR Gate Latch 2개의 교차-연결된 NOR 게이트들로 구성된 플립-플롭.

NOR 게이트 (NOR Gate) OR 게이트 다음에 인버터가 따라오는 것과 같이 동작하는 논리 회로. NOR 게이트의 출력은 어떤 또는 모든 입력들이 HIGH(논리 값 1)일 때 LOW(논리 값 0)이다.

NOR 플래시 메모리 (NOR Flash Memory) 플래시 메모리 셀(부동-게이트 트랜지스터)들을 연결하는 방식으로써 NOR 게이트 회로와 유사하며 실리콘 웨이퍼에서의 면적을 희생하는 대신에 고속의 임의 접근이 가능하다.

NOT 연산 (NOT Operation) 오버바(‾) 또는 프라임(′) 부호를 사용하여 하나 또는 더 많은 논리 변수들의 반전을 나타내는 부울 대수 연산.

NOT 회로 (NOT Circuit) 인버터 참조.

OR 게이트 (OR Gate) OR 연산을 수행하는 디지털 회로. 이 회로의 출력은 어떤 또는 모든 입력들이 HIGH(논리 값 1)이면 HIGH이다.

OR 연산 (OR Operation) 기호 +를 사용하여 2개 또는 더 많은 논리 변수들의 OR를 나타내는 부울 대수 연산. OR 연산의 결과는 하나 또는 더 많은 변수들이 HIGH(논리 값 1)이면 HIGH이다.

P-MOS: P-채널 금속-산화물 반도체 (P-MOS: P-channel Metal Oxide Semiconductor) 주요한 회로 구성 요소로 P-채널 MOSFET를 사용하는 집적 회로 기술.

PACKAGE 다른 모듈들에서 이용할 수 있는 전역(global) 요소들의 집합을 정의하기 위해 사용되는 VHDL 핵심어.

PORT MAP 구성 요소들 사이의 명시된 연결 목록의 앞에 있는 VHDL 핵심어.

PRESET 즉시 $Q = 1$이 되게 하는 비동기식 입력.

PROCESS 어떤 신호(감지 목록에 있는)들이 상태를 변경할 때마다 반응해야 하는 회로를 기술하는 코드 블럭의 시작을 정의하는 VHDL 핵심어. 모든 순차문들은 프로세스 내에 존재해야 한다.

R/2R 사다리형 DAC (R/2R Ladder DAC) 내부 저항 값들이 단지 2 대 1의 범위에 있는 디지털-아날로그 변환기.

RAS-Only 리플래시 (RAS-Only Refresh) DRAM을 리플래싱하기 위한 리플래시 방법으로써 단지 행 주소들만이 RAS 입력을 사용하여 DRAM에 입력된다.

RAS: 행 주소 스트로브 (RAS: Row Address Strobe) 행 주소를 DRAM 칩으로 받아들이기 위해 사용되는 신호.

RESET "CLEAR"와 같은 뜻의 용어.

RESET 상태 (RESET State) 플립-플롭의 $Q = 0$ 상태.

S-R 래치 (S-R Latch) SET(S), RESET(R), 그리고 Q 출력을 갖는 회로. Q 출력은 입력에서 단언되었던 마지막 활성 명령을 기억한다.

SBD 'Schottky Barrier Diode'의 약어. 모든 쇼트키 TTL 계열에서 사용되는 쇼트키 장벽 다이오드.

SET $Q = 1$이 되도록 하는데 사용되는 래치 또는 플립-플롭 입력.

SET 상태 (SET State) 플립-플롭의 $Q = 1$ 상태.

Sigma (Σ) 덧셈을 나타내고, 병렬 가산기의 합 출력 비트들에 명칭을 붙이는데 종종 사용되는 그리스 문자.

SSI 'Small-Scale Integration'의 약어, 소규모 집적(12개 게이트 이하)

STD_LOGIC VHDL에서 IEEE 표준으로 정의된 데이터 유형. 그것은 BIT 유형과 비슷하지만 단지 1 또는 0보다는 더 많은 가능한 값들을 표현한다.

STD_LOGIC_VECTOR VHDL에서 IEEE 표준으로 정의된 데이터 유형. 그것은 BIT_VECTOR 유형과 비슷하지만 각 구성 요소에 대해 단지 1 또는 0보다는 더 많은 가능한 값들을 표현한다.

SUBDESIGN 회로 서술을 시작하기 위해 사용되는 AHDL 핵심어.

TTL: 트랜지스터/트랜지스터 논리 (TTL: Transistor/Transistor Logic) 주요한 회로 요소로 쌍극성 트랜지스터를 사용하는 집적 회로 기술.

ULSI 'Ultra-Large-Scale Integration'의 약어. 극대규모 집적(100,000개 또는 더 많은 게이트).

VARIABLE 데이터 객체와 라이브러리 기본 요소의 이름과 유형을 정의한 코드의 한 구획을 시작하기 위해 사용되는 AHDL 핵심어. PROCESS 내의 국부적인 데이터 객체를 선언하기 위해 VHDL에서 사용되는 핵심어.

VLSI 'Very Large-Scale Integration'의 약어. 초대규모 집적 (10,000개에서 99,999개 게이트).

WRITE CPU가 다른 구성 요소로 데이터를 보낼 때 조건을 기술하기 위해 사용되는 용어.

ZIF 소켓 (ZIF Socket) 'Zero-Insertion-Force Socket'의 약어. 무-삽입력 IC 소켓.

연습문제 해답*

CHAPTER 1

1-5. (a) 문_개방　　(c) 승객_착석

1-6.

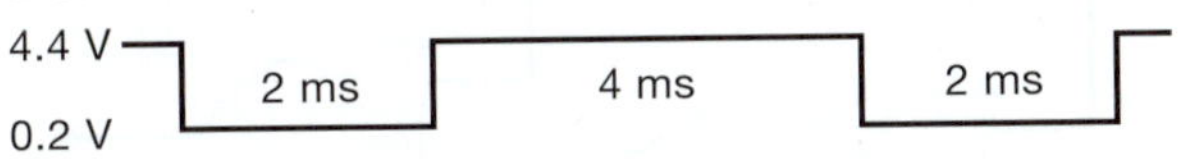

1-7. T = 7 ms; F = 143 Hz; DC = 71.4%

1-11. (a) 및 (c)는 디지털; (b), (c), 그리고 (d)는 아날로그

1-13. (a) 25　　(b) 9.5625　　(c) 1241.6875

1-15. 000, 001, 010, 011, 100, 101, 110, 111

1-17. 1023

1-19. 9 비트

1-22. (a) $2^N - 1 = 15$ 이므로 $N = 4$; 그러므로 병렬 전송을 위해 4개의 라인이 필요하다.　　(b) 직렬 전송을 위해 단 하나의 라인이 필요하다.

CHAPTER 2

2-1. (a) 22　　(c) 2313　　(e) 255　　(g) 983
(i) 38　　(k) 59

2-2. (a) 100101　　(c) 10111101　　(e) 1001101
(g) 11001101　　(i) 111111111

2-3. (a) 255

2-4. (a) 1859　　(c) 14333　　(e) 357　　(g) 2047

2-5. (a) 3B　　(c) 397　　(e) 303　　(g) 10000

2-6. (a) 11101000011　　(c) 11011111111101
(e) 101100101　　(g) 0111111111111

2-7. (a) 16　　(c) 909　　(e) FF　　(g) 3D7

2-9. $2133_{10} = 855_{16} = 100001010101_2$

2-11. (a) 146　　(c) 12,634　　(e) 15　　(g) 704

2-12. (a) 4B　　(c) 800　　(e) 1C4D　　(g) 6413

2-15. 4095_{10}

2-16. (a) 10010010　　(c) 0011011111111101
(e) 1111　　(g) 1011000000

2-17. 280, 281, 282, 283, 284, 285, 286, 287, 288, 289, 28A, 28B, 28C, 28D, 28E, 28F, 290, 291, 292, 293, 294, 295, 296, 297, 298, 299, 29A, 29B, 29C, 29D, 29E, 29F, 2A0

2-19. (a) 01000111　　(c) 000110000111
(e) 00010011　　(g) 10001001011000100111
(i) 01110010　　(k) 01100001

2-21. (a) 9752　　(c) 695　　(e) 492

2-22. (a) 64　　(b) FFFFFFFF　　(c) 999,999

2-25. 78, A0, BD, A0, 33, AA, F9

2-26. (a) BEN SMITH

2-27. (a) 101110100 (parity bit on the left)
(c) 11000100010000100 (e) 0000101100101

2-28. (a) 오류 없음　　(b) 1-비트 오류
(c) 2-비트 오류　　(d) 오류 없음

2-30. (a) 10110001001　　(b) 11111111　　(c) 209
(d) 59,943　　(e) 9C1　　(f) 010100010001　　(g) 565
(h) 10DC　　(i) 1961　　(j) 15,900　　(k) 640
(l) 952B　　(m) 100001100101　　(n) 947
(o) 10001100101　　(p) 101100110100　　(q) 1001010
(r) 01011000 (BCD)

2-31. (a) 100101　　(b) 00110111　　(c) 25
(d) 0110011 0110111

2-32. (a) 16진수　　(b) 2　　(c) 숫자　　(d) 그레이
(e) 패리티; 1-비트 오류　　(f) ASCII
(g) 16진수　　(h) 바이트

*주석: 어떤 연습문제에 대한 해답은 웹싸이트 'www.pearsonhighered.com/electronics'에 있다.

2-33. (a) 1000
2-34. (a) 1011_2
2-35. (a) 777A (c) 1000 (e) A00
2-36. (a) 7778 (c) OFFE (e) 9FE
2-37. (a) 1,048,576 (b) 5 (c) 000FF
(d) 2k = 0-204710 = 0-7FF16
2-39. 8

CHAPTER 3

3-1. (a)

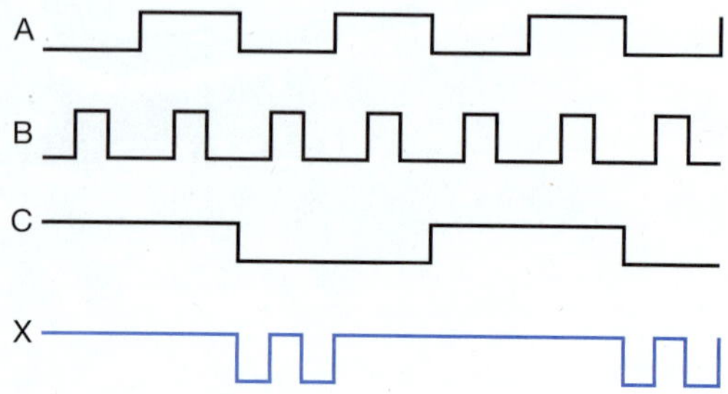

3-1. (c) x는 항상 HIGH가 될 것이다.
3-6. (a) x는 A, B, 그리고 C가 모두 HIGH일 때만 HIGH이다.
3-7. OR 게이트를 AND 게이트로 바꾸어라.
3-8. OUT은 항상 LOW이다.
3-12. (a) $x = (\overline{\overline{A} + \overline{B}})BC$. x는 ABC = 111일 때만 HIGH이다.
3-13. $EDCBA$ = 10101, 10110, 그리고 10111인 경우를 제외하고, E = 1인 모든 경우에 X는 HIGH이다.
3-14. (a) $x = D \cdot (\overline{AB + C}) + E$
3-16.

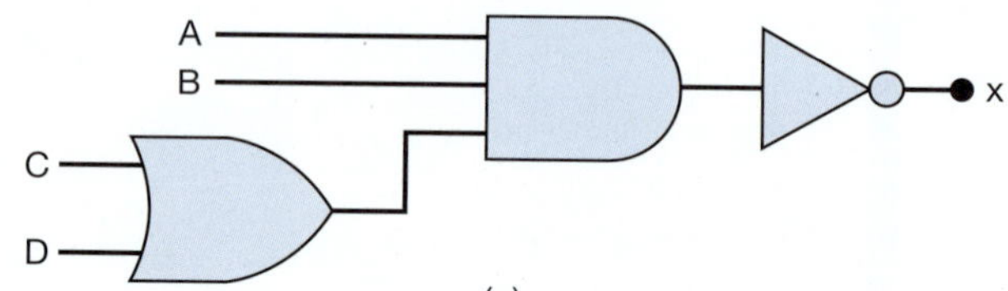

(a)

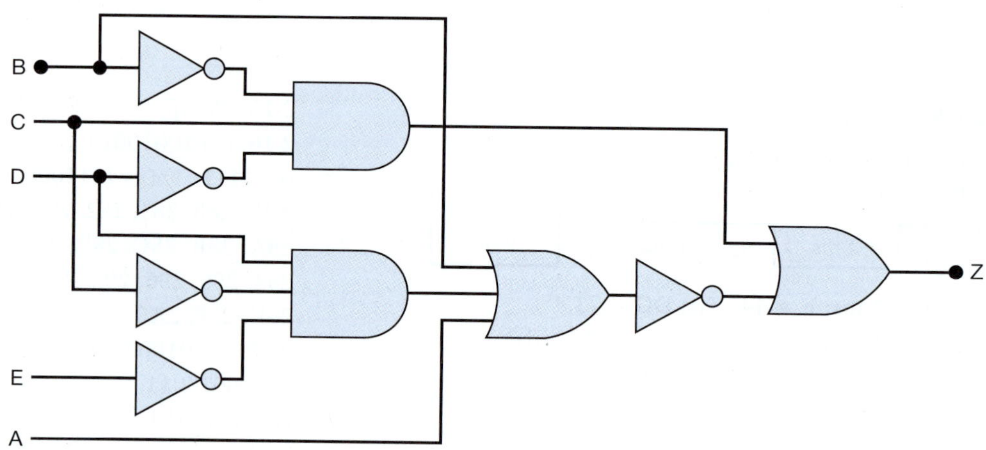

(b)

3-17.

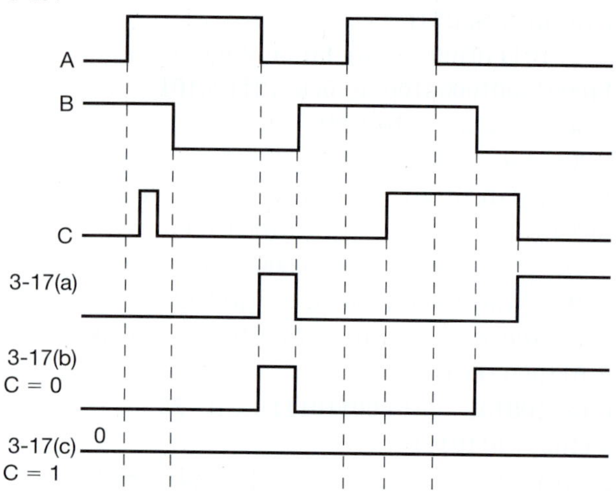

3-19. $x = \overline{(\overline{A + B}) \cdot (\overline{B + \overline{C}})}$
$A = B = 0$, $C = 1$일 때만 $x = 0$이다.
3-23. (a) 1 (b) A (c) 0 (d) C (e) 0
(f) D (g) D (h) 1 (i) G (j) y
3-24. (a) $MP\overline{N} + \overline{M}\overline{P}N$
3-26. (a) $A + \overline{B} + C$ (c) $\overline{A} + \overline{B} + CD$ (e) $A + B$
(g) $\overline{A} + B + \overline{C} + \overline{D}$
3-27. $A + B + \overline{C}$
3-32. (a) T = 1일 때 그리고 P = 1 또는 R = 0 일 때 W = 1이다.
3-35. (a) NOR (b) AND (c) NAND
3-37. (a)

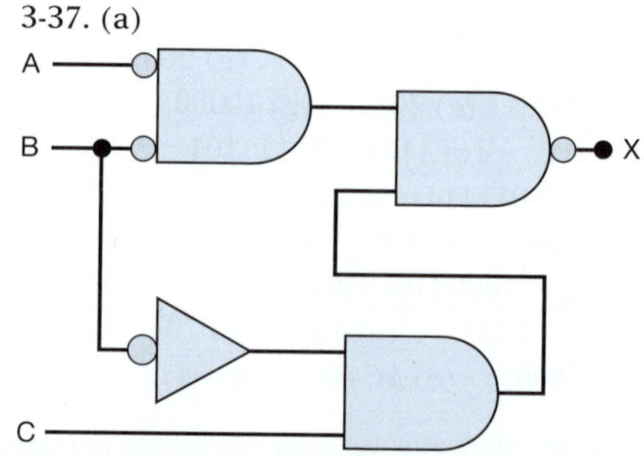

3-40. $E = 1$ 또는 $D = 0$ 또는 $B = C = 0$일 때, 또는 $B = 1$ 그리고 $A = 0$일 때 X는 HIGH로 갈 것이다.
3-41. (a) HIGH (b) LOW
3-43. $A = B = 0$ 또는 $A = B = 1$일 때 $\overline{\text{LIGHT}} = 0$
3-45. (a) 거짓 (b) 참 (c) 거짓 (d) 참
(e) 거짓 (f) 거짓 (g) 참 (h) 거짓
(i) 참 (j) 참
3-47. 해답은 웹싸이트를 검색하라.
3-49. 인버터를 74HC30의 A_7, A_5, A_4, A_2 입력에 붙인다.
3-51. 6개의 2-입력 NAND 게이트를 필요로 한다.

CHAPTER 4

4-1. (a) $C\overline{A} + CB$ (b) $\overline{Q}R + Q\overline{R}$ (c) $C + \overline{A}$
(d) $\overline{R}\,\overline{S}\,\overline{T}$ (e) $BC + \overline{B}(\overline{C} + A)$
(f) $BC + \overline{B}(\overline{C} + A)$ 또는 $BC + \overline{B}\,\overline{C} + A\overline{B}$
(g) $\overline{D} + A\overline{B}C + \overline{A}BC$
(h) $x = ABC + AB\overline{D} + \overline{A}BD + \overline{B}\,\overline{C}\,\overline{D}$
4-3. $MN + Q$
4-4. 하나의 해답: $\overline{x} = \overline{B}C + AB\overline{C}$. 또 다른: $x = \overline{A}B + \overline{B}\,\overline{C}$. 또 다른: $BC + \overline{B}\,\overline{C} + \overline{A}C$
4-7. $x = \overline{A}_3(A_2 + A_1A_0)$
4-9.

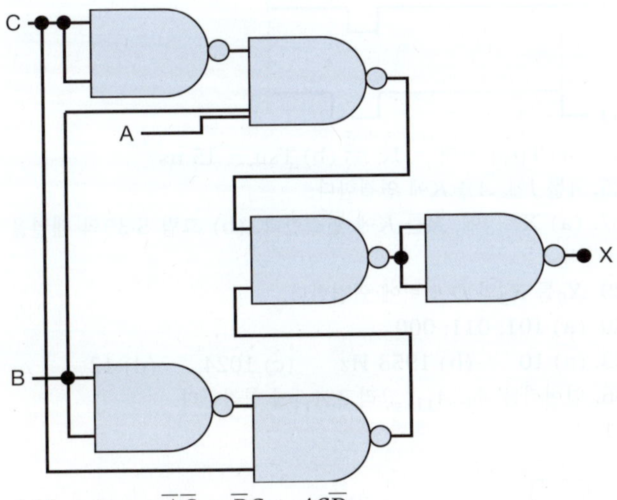

4-11. (a) $x = \overline{A}\,\overline{C} + \overline{B}C + AC\overline{D}$

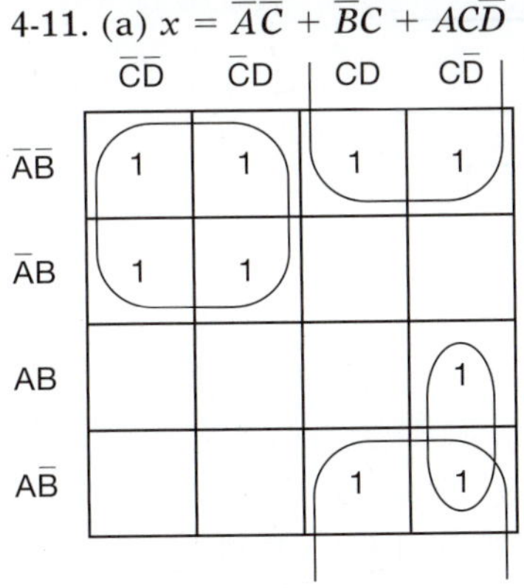

4-14. (a) $x = BC + \overline{B}\,\overline{C} + AC$; 또는 $x = BC + \overline{B}\,\overline{C} + A\overline{B}$
(c) 하나의 가능한 루핑:
$x = \overline{A}BD + ABC + AB\overline{D} + \overline{B}\,\overline{C}\,\overline{D}$, 또 다른:
$x = ABC + \overline{A}BD + A\overline{C}\,\overline{D} + \overline{B}\,\overline{C}\,\overline{D}$
4-15. $x = \overline{A}_3A_2 + \overline{A}_3A_1A_0$
4-16. (a) 최선의 해답: $x = B\overline{C} + AD$
4-17. $x = \overline{S}_1\overline{S}_2 + \overline{S}_1\overline{S}_3 + \overline{S}_3\overline{S}_4 + \overline{S}_2\overline{S}_3 + \overline{S}_2\overline{S}_4$
4-18. $z = \overline{B}C + \overline{A}B\overline{D}$
4-21. $A = 0, B = C = 1$
4-23. 하나의 가능성은 아래와 같다.

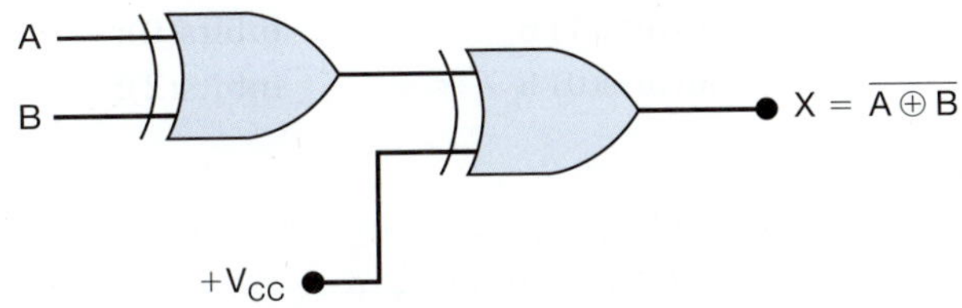

4-24. 4개의 XNOR를 AND 게이트에 연결한다.
4-26. 4개의 출력(여기서 z_3은 MSB이다)
$z_3 = y_1y_0x_1x_0$ $z_2 = y_1x_1(\overline{y}_0 + \overline{x}_0)$
$z_1 = y_0x_1(\overline{y}_1 + \overline{x}_0) + y_1x_0(\overline{y}_0 + \overline{x}_1)$
$z_0 = y_0x_0$
4-28. $x = AB\overline{(C \oplus D)}$
4-30. N−S $= \overline{C}\,\overline{D}(A + B) + AB(\overline{C} + \overline{D})$; E−W = N-S
4-33. (a) 아니오 (b) 아니오
4-35. $x = A + BCD$
4-38. $z = x_1x_0y_1y_0 + x_1\overline{x}_0y_1\overline{y}_0 + \overline{x}_1x_0\overline{y}_1y_0 + \overline{x}_1\overline{x}_0\overline{y}_1\overline{y}_0$
간소화 안 됨
4-40. (a) 무정의 (b) 1.4−1.8 V (c) 아래와 같다.

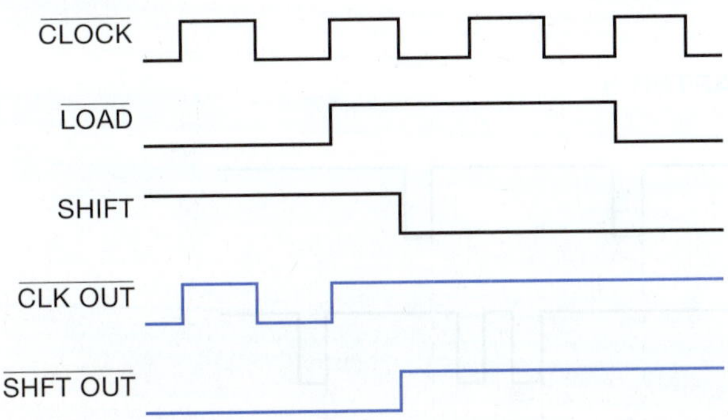

4-43. 가능한 결함: V_{CC} 결함 또는 Z2 접지; Z2-1 또는 Z2-2가 내부적으로 또는 외부적으로 개방; Z2-3가 내부적으로 개방
4-44. 예: (c), (e), (f). 아니오: (a), (b), (d), (g).
4-46. Z2-6과 Z2-11이 단락
4-48. 가장 가능성이 있는 결함: Z1의 접지 또는 V_{CC} 결함; Z1이 거꾸로 연결됨; Z1이 내부적으로 손상됨
4-49. 가능한 결함: Z1-13이 V_{CC}에 단락됨; Z2-8이 V_{CC}에 단락됨; Z2-13으로의 연결이 끊김; Z2-3, Z2-6, Z2-9, 또는 Z2-10이 접지에 단락됨
4-50. (a) 참 (b) 참 (c) 거짓 (d) 거짓 (e) 참
4-54. 부울 방정식; 진리표; 도식적 도형
4-56. (a) AHDL: gadgets[7..0] :OUTPUT;
VHDL: gadgets :OUT BIT_VECTOR (7 DOWNTO 0);
4-57. (a) AHDL: H"98" B"10011000" 152

VHDL: X"98" B"10011000" 152

4-58. AHDL: outbits[3] = inbits[1];
outbits[2] = inbits[3];
outbits[1] = inbits[0];
outbits[0] = inbits[2];
VHDL: outbits(3) 6 <= inbits(1);
outbits(2) 6 <= inbits(3);
outbits(1) 6 <= inbits(0);
outbits(0) 6 <= inbits(2);

4-60.

```
BEGIN
     IF digital_value[]<10 THEN
          z = VCC; --output a 1
     ELSE z = GND; --output a 0
     END IF;
END;
```

4-62.

```
PROCESS (digital_value)
    BEGIN
          IF (digital_value < 10) THEN
                z < = '1';
          ELSE
                z < = '0';
          END IF;
END PROCESS
```

4-65. S=!P#Q&R

4-68. (a) 00 to EF

CHAPTER 5

5-1.

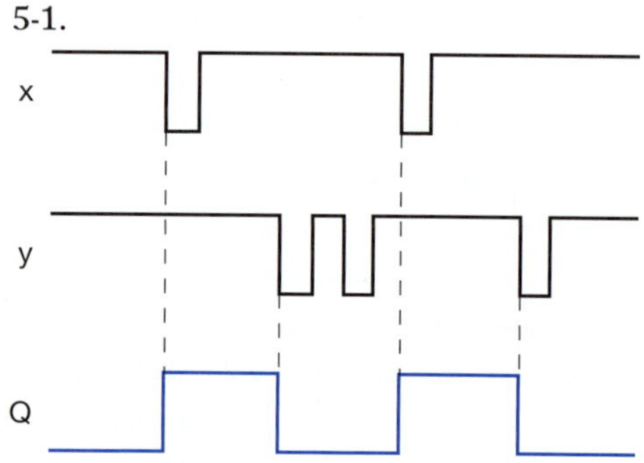

5-3.

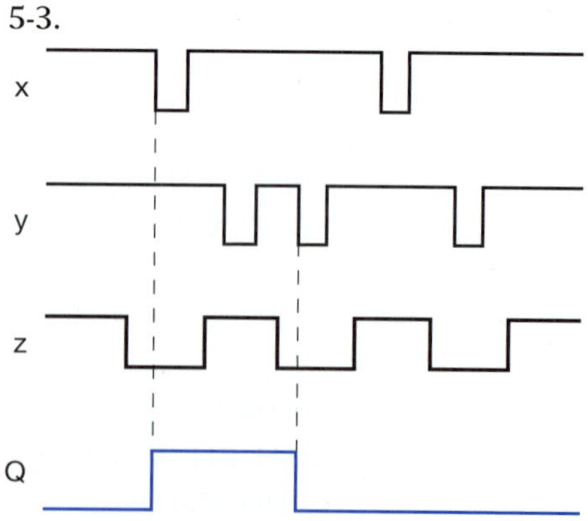

5-6. Z1-4 HIGH로 고정

5-9. 초기에 $Q = 0$으로 가정한다. PGT FF: Q는 클럭의 첫번째 PGT에서 HIGH로 갈 것이다. NGT FF: Q는 클럭의 첫번째 NGT에서 HIGH, 두번째 NGT애서 LOW, 그리고 네번째 NGT에서 또 다시 HIGH로 갈 것이다.

5-11.

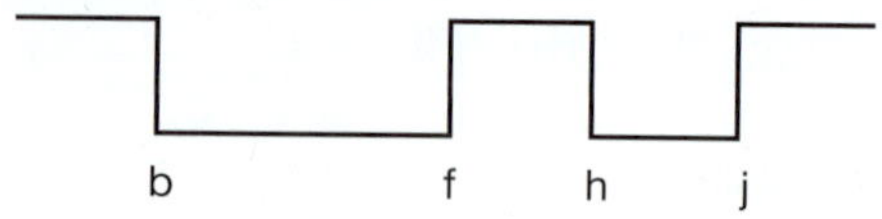

5-12. (a) 5-kHz 펄스파

5-14. (a)

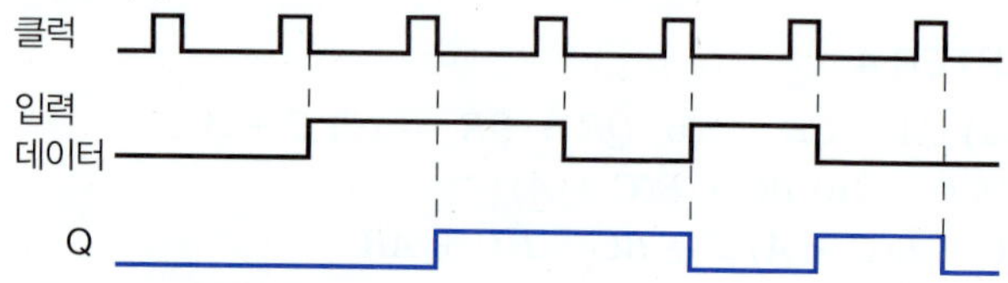

5-16. 500-Hz 펄스파

5-21.

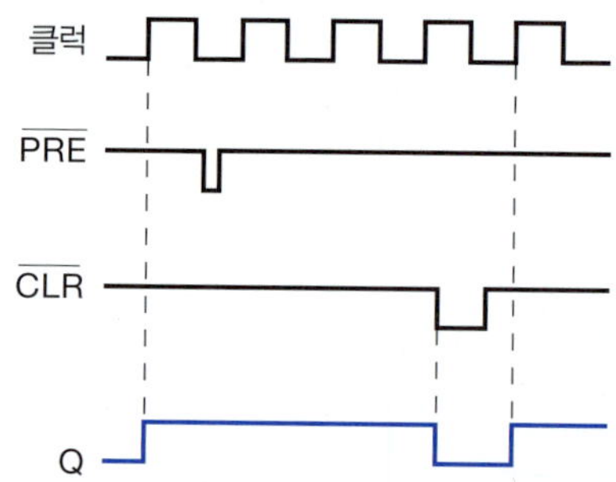

5-23. (a) Tplh 최대 = 16 ns (b) Tsu = 15 ns

5-25. A를 J에, $\overline{A}$를 K에 연결한다.

5-27. (a) X를 J에, $\overline{X}$를 K에 연결한다. (b) 그림 5-39의 배열을 사용한다.

5-29. X_0를 X_2의 D 입력에 연결한다.

5-30. (a) 101; 011; 000

5-33. (a) 10 (b) 1953 Hz (c) 1024 (d) 12

5-36. 인버터를 A_8, A_{11}, 그리고 A_{14}에 연결한다.

5-41.

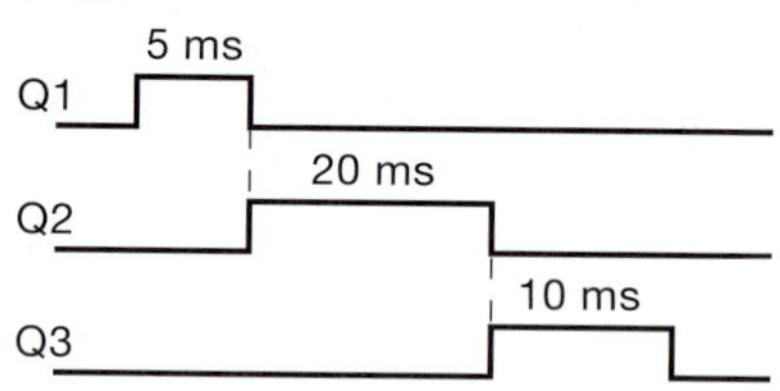

5-43. (a) PGT가 B에 발생할 때 A_1 또는 A_2는 LOW이어야 한다.

5-45. 하나의 가능성은 $R = 1\ k\Omega$ 그리고 $C = 80$ nF.

5-50. (a) 아니오 (b) 예

5-51. (a) 예

5-53. (a) 아니오 (b) 아니오

5-55. (a) 아니오 (b) 아니오 (c) 예

5-56. (a) NAND 및 NOR 래치 (b) J-K (c) D 래치 (d) D 플립-플롭

5-59. 해답은 웹싸이트를 검색하라.

5-61. 해답은 웹싸이트를 검색하라.

5-66. 해답은 웹싸이트를 검색하라.

CHAPTER 6

6-1. (a) 10101 (b) 10010 (c) 1111.0101 (j) 11 (k) 101 (l) 111.001

6-2. (a) 00100000 (부호 비트 포함) (b) 11110010 (c) 00111111 (d) 10011000 (e) 01111111 (f) 10000001 (g) 01011001 (h) 11001001

6-3. (a) +13 (b) −3 (c) +123 (d) −103 (e) +127

6-5. $-16_{10} \sim 15_{10}$

6-6. (a) 01001001; 10110111 (b) 11110100; 00001100

6-7. (a) 0 ~ 1023; −512 ~ +511

6-9. (a) 00001111 (b) 11111101 (c) 11111011 (d) 10000000 (e) 00000001

6-11. (a) 100011 (b) 1111001

6-12. (a) 11 (b) 111

6-13. (a) 10010111 (BCD) (b) 10010101 (BCD) (c) 010100100111 (BCD)

6-14. (a) 6E24 (b) 100D (c) 18AB

6-15. (a) 0EFE (b) 229 (c) 02A6

6-17. (a) 119 (b) +119

6-19. SUM = $A \oplus B$; CARRY = AB

6-21. $[A]$ = 1111, or $[A]$ = 000 (if $C_0 = 1$)

6-25. $C_3 = A_2B_2 + (A_2 + B_2)\{A_1B_1 + (A_1 + B_1)[A_0B_0 + A_0C_0 + B_0C_0]$

6-27. (a) SUM = 0111

6-32.

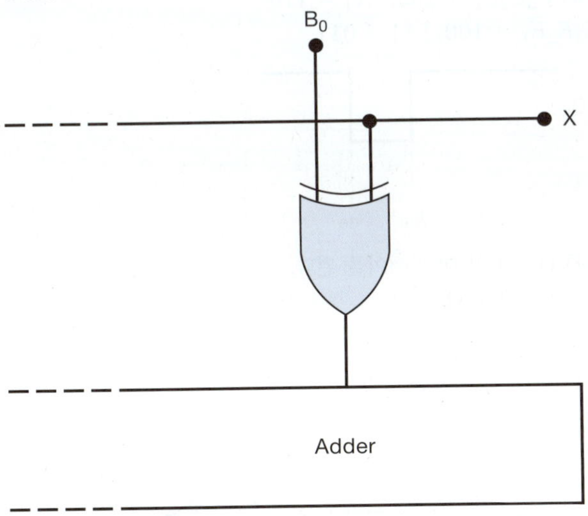

6-33.

	[F]	C_{N+4}	OVR
(a)	1001	0	1

6-35. (a) 00001100

6-37. (a) 0001 (b) 1010

6-39. (a) 1111 (b) HIGH (c) 변화 없음 (d) HIGH

6-43. (a) 00000100 (b) 10111111

6-45. (a) 0 (b) 1 (c) 0010110

6-46. **AHDL**

z[6..0] = a[7..1];

z[7] = a[0];

VHDL

z(6..0) < = a(7..1);

z(7) < = a(0);

6-53. D 플립-플롭을 사용한다. $\overline{(S_3 + S_2 + S_1 + S_0)}$를 0 FF의 D 입력에; C_4를 캐리 FF의 D 입력에; S_3를 부호 FF의 D 입력에 연결한다.

6-54. 0000000001001001; 1111111110101110

Chapter 7

7-1. (a) 250 kHz; 50% (b) (a)와 같다. (c) 1 MHz (d) 32

7-3. 10000_2

7-5. 1000 그리고 0000 상태는 결코 발생하지 않는다.

7-7. (a) 해답은 웹싸이트를 검색하라. (b) 33 MHz

7-11. 모든 FF의 CLR을 구동하는 4-입력 NAND를 Q5, Q4, Q1 입력을 갖는 3-입력 NAND로 바꾼다.

7-13. 해답은 웹싸이트를 검색하라.

7-15. Counter switches states between 000 and 111 on each clock pulse

7-17. 해답은 웹싸이트를 검색하라.

7-19. 해답은 웹싸이트를 검색하라.

7-21. (a) 0000, 0001, 0010, 0011, 0100, 0101, 0110, 0111, 1000, 1001, 1010, 1011, and repeat (b) MOD-12 (c) Frequency at QD (MSB) is 1/12 of CLDK frequency (d) 33.3%

7-23. (a) 해답은 웹싸이트를 검색하라. (b) MOD-10 (c) 10 down to 1 (d) Can produce MOD-10, but not same sequence

7-25. 해답은 웹싸이트를 검색하라.

7-27. 해답은 웹싸이트를 검색하라.

7-29.

출력:	QA	QB	QC	QD	RCO
주파수:	3 MHz	1.5 MHz	750 kHz	375 kHz	375 kHz
듀티 사이클:	50%	50%	50%	50%	6.25%

7-31. f_{out1} = 500 kHz, f_{out2} = 100 kHz

7-33. 12M/8 = 1.5M, 1.5M/10 = 150k, 1.5M/15 = 100k. 또한 해답은 웹싸이트를 검색하라.

7-35. 해답은 웹싸이트를 검색하라.

7-37. 해답은 웹싸이트를 검색하라.

7-39. 해답은 웹싸이트를 검색하라.

7-41. 해답은 웹싸이트를 검색하라.

7-43. (a) $J_A = B\,\overline{C}$, $K_A = 1$, $J_B = C\,A + \overline{C}\,\overline{A}$, $K_B = 1$, $J_C = B\,\overline{A}$, $K_C = B + \overline{A}$
(b) $J_A = B\,\overline{C}$, $K_A = 1$, $J_B = K_B = 1$, $J_C = K_C = B$

7-45. $J_A = K_A = 1$, $J_B = C\,\overline{A} + D\,\overline{A}$, $K_B = \overline{A}$, $J_C = D\,\overline{A}$, $K_C = \overline{B}\,\overline{A}$, $J_D = \overline{C}\,\overline{B}\,\overline{A}$, $K_D = \overline{A}$

7-47. $D_A = \overline{A}$, $D_B = B\,A + \overline{B}\,\overline{A}$, $D_C = C\,A + C\,B + \overline{C}\,\overline{B}\,\overline{A}$

7-49. 해답은 웹싸이트를 검색하라.
7-51. 해답은 웹싸이트를 검색하라.
7-53. 해답은 웹싸이트를 검색하라.
7-55. 해답은 웹싸이트를 검색하라.
7-57. 해답은 웹싸이트를 검색하라.
7-59. 해답은 웹싸이트를 검색하라.
7-61. 해답은 웹싸이트를 검색하라.
7-63. 해답은 웹싸이트를 검색하라.
7-65. 해답은 웹싸이트를 검색하라.
7-67. 74166은 칩에 8개의 FF이 있으므로 74166을 직렬로 로드하기 위해 8개의 클럭 펄스가 필요하다.
7-69. 해답은 웹싸이트를 검색하라.
7-71. 해답은 웹싸이트를 검색하라.
7-73. 해답은 웹싸이트를 검색하라.
7-75. 해답은 웹싸이트를 검색하라.
7-77. 3-입력 AND 또는 FF D 입력 J, K가 접지에 단락, FF D 출력이 접지에 단락, FF D의 CLK 입력이 개방, NAND B 입력이 개방
7-79. 해답은 웹싸이트를 검색하라.
7-81. 해답은 웹싸이트를 검색하라.
7-83. 해답은 웹싸이트를 검색하라.
7-85. 해답은 웹싸이트를 검색하라.
7-87. 해답은 웹싸이트를 검색하라.
7-89. (a) 병렬 (b) 2진 (c) MOD-8 하강
(d) MOD-10, BCD, 10진 (e) 비동기식, 리플
(f) 링 (g) 존슨 (h) 모든 카운터 (i) 프리셋 가능
(j) 상승/하강 (k) 비동기식, 리플 (l) MOD-10, BCD, 10진 (m) 비동기식, 병렬

CHAPTER 8

8-1. (a) *A*; *B* (b) *A* (c) *A*
8-2. (a) 39.4 mW, 18.5 ns (b) 65.6 mW, 7.0 ns
8-3. (a) 0.9 V
8-4. (a) I_{IH} (b) I_{CCL} (c) t_{PHL} (d) V_{NH}
(e) 표면-실장 (f) 전류 싱킹 (g) 팬-아웃
(h) 토템-폴 (i) 싱킹 트랜지스터 (j) 4.75 ~ 5.25 V (K) 2.5 V; 2.0 V (l) 0.8 V; 0.5 V
(m) Sourcing
8-5. (a) 0.7 V; 0.3 V (b) 0.5 V; 0.4 V (c) 0.5 V; 0.3 V
8-6. (b) AND, NAND (c) 연결되지 않은 입력
8-7. (a) 40 (b) 33
8-8. (a) 20 μA/0.4 mA
8-9. (a) 30/15 (b) 24 mA
8-11. 어느 것도 팬-아웃은 초과되지 않는다.
8-13. 60 ns; 38 ns
8-14. (a) 2 kΩ
8-15. (b) 4.7-kΩ 저항은 너무 크다.
8-19. *a*, *c*, *e*, *f*, *g*, *h*
8-21. 12.6 mW
8-27. $AB + CD + FG$
8-29. (a) 5 V (b) R_S = 110 Ω(20 mA의 LED 전류에 대해)
8-30. (a) 12 V (b) 40 mA
8-33. 링 카운터
8-36. 1.22 V; 0 V
8-37.

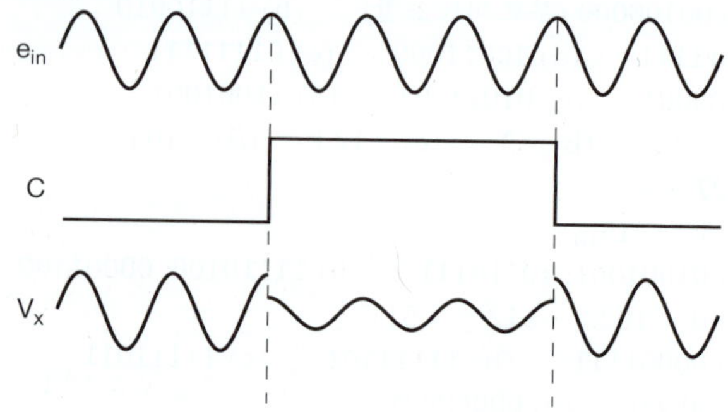

8-38. −1 그리고 −2
8-39. (a) 74HCT (b) 논리 전압을 바꾼다.
(c) CMOS는 TTL 전류를 흡수할 수 없다. (d) 거짓
8-41. (a) 불가함
8-44. 74HC00의 팬-아웃은 초과되었다; 7402의 핀 3을 분리하고 그것을 접지에 연결한다.
8-46. R_2 = 1.5 kΩ, R_1 = 18 kΩ
8-49. (b)는 가능성이 있는 결합이다.
8-50. 0 V에서 −11.25 V 그리고 −6 V로 상태로 돌아간다.

CHAPTER 9

9-1. (a) 모두 HIGH (b) $\overline{O}_0$ = LOW
9-2. 6개 입력, 64개 출력
9-3. (a) $E_3\overline{E}_2\overline{E}_1 = 100$; [A] = 110
(b) $E_3\overline{E}_2\overline{E}_1 = 100$; [A] = 011
9-5.

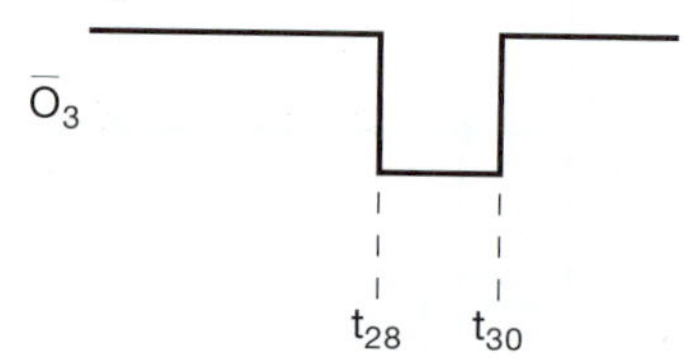

9-7. (a) D = 0일 때 인에이블 된다.
9-10. 저항은 250 Ω.
9-12.

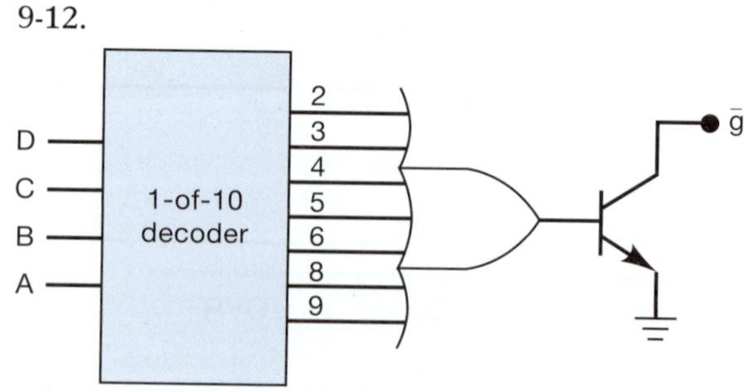

9-13. (a), (b) 인코더 (c), (d), (e) 디코더
9-17. 네번째 키 동작이 MSD 레지스터에 입력될 것이다.
9-18. (b)를 선택한다.
9-20. (a) 예 (b) 아니오 (c) 아니오

9-21. A_2 버스 라인이 Z2 와 Z3 사이에서 개방되어 있다.

9-23. g 세그먼트가 너무 밝다: 세그먼트 LED 또는 디코더 출력 트랜지스터가 타버릴 것이다.

9-25. 디코더 출력: a와 b가 단락되었다.

9-26. 디코더/드라이버로부터 XOR 게이트로의 연결 'f'가 개방되어 있다.

9-29. 4-입력_1-출력 MUX

9-31. (a)

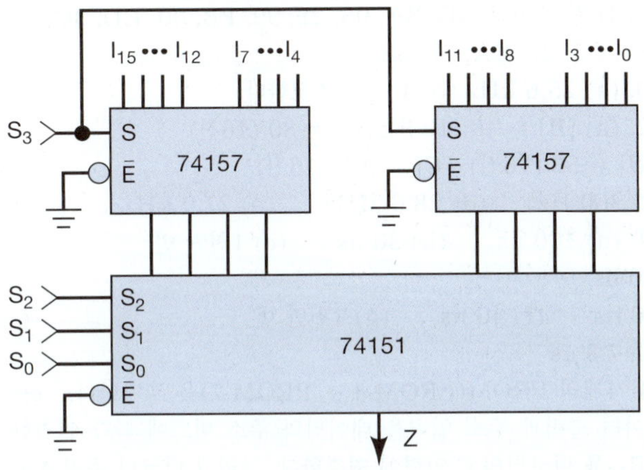

9-32. (b) MUX를 사용한 회로에서 총 연결 수는 63개이다(V_{CC}, GND, 그리고 카운터 클럭 입력 연결은 포함하지 않음). 개별 디코더/드라이버를 사용한 회로에서 총 연결 수는 66개이다.

9-33.

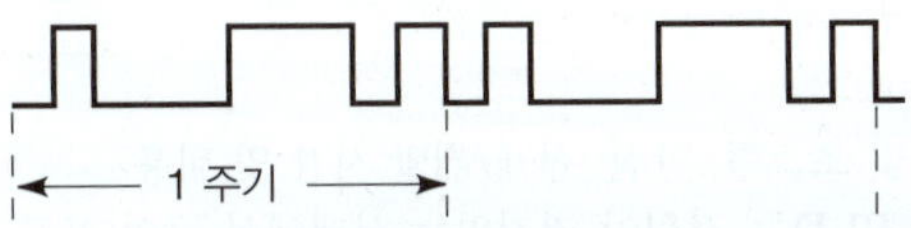

9-35.

A	*B*	*C*	
0	0	0	$0 \Rightarrow I_0$
0	0	1	$0 \Rightarrow I_2$
0	1	0	$0 \Rightarrow I_2$
0	1	1	$1 \Rightarrow I_3$
1	0	0	$0 \Rightarrow I_4$
1	0	1	$1 \Rightarrow I_5$
1	1	0	$1 \Rightarrow I_6$
1	1	1	$1 \Rightarrow I_7$

9-37. $DCBA$ = 0010, 0100, 1001, 1010에 대해 Z = HIGH

9-39. (a) 인코더, MUX (b) MUX, DEMUX (c) MUX (d) 인코더 (e) 디코더, DEMUX (f) DEMUX (g) MUX

9-41. 각 DEMUX 출력은 순차적으로 한번에 하나씩 LOW로 간다.

9-43. 5개 라인

9-46. (a) 액츄에이터 3이 동작한 후 순차가 정지한다.

9-47. 예상되는 결함은 tens MUX의 MSB와 접지와의 단락이다.

9-48. Q_0와 Q_1이 아마도 바뀌었다.

9-49. MUX의 입력 6과 7이 아마도 단락되었다.

9-50. S_1이 LOW로 고정되었다.

9-53. (a) 3개의 74H85를 사용한다.

9-55. A_0와 B_0가 아마도 바뀌었다.

9-57. $\overline{OE}_C = 0$, $\overline{IE}_C = 1$; $\overline{OE}_B = \overline{OE}_A = 1$; $\overline{IE}_B = \overline{IE}_A = 0$; 클럭 펄스를 인가한다.

9-61. (a) t_3에서 각 레지스터는 1001을 유지한다.

9-63. (a) 57FA (b) 5000 ~ 57FF (c) 9000 ~ 97FF (d) 아니오

9-65. 해답은 웹싸이트를 검색하라.

CHAPTER 10

10-1. (d) 20 Hz (e) 언제든지 단 하나의 LED가 켜질 것이다.

10-2. 24

10-3. 4개의 상태 = 4개의 단계 * 15°/단계 = 60° 회전

10-5. 3개의 상태 천이 * 15°/단계 = 45° 회전

10-10. 1111

10-12. (a) 1011

10-13. 아니오

10-15. DAV가 LOW로 가기 전에 데이터는 Hi-Z로 간다. Hi-Z 상태가 래치된다.

10-16.

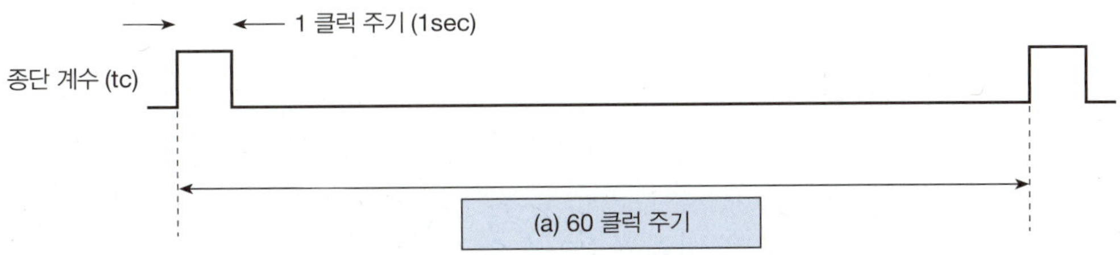

10-17. 60주기/초 * 60초/분 * 60분/시 * 24시/일 = 5,184,000주기/일. 시뮬레이션 파일을 생성하기에는 너무 긴 시간이 걸린다.
10-18. 설정 입력이 동작할 때 전치 분주기를 우회하고 60-Hz 클럭을 초 카운터로 직접 입력한다.
10-26. 해답은 웹싸이트를 검색하라.

CHAPTER 11

11-1. (f), (g) 거짓
11-3. LSB = 20 mV
11-5. 약 5 mV
11-7. 14.3 %, 0.286 V
11-9. 250.06 rpm
11-11. 8개 MSB: PORT[7..0] ⇒ DAC[9..2]
11-13. 800 Ω; 아니오
11-15. 더 작은 다른 R 값을 사용한다.
11-17. (a) 7
11-19. 242.5 mV는 사양서 범위 내에 들지 않는다.
11-21. DAC의 비트 1은 개방 또는 HIGH에 고정된다.
11-22. 비트 0과 1이 바뀌었다.
11-24. (a) 10010111
11-27. (a) 1.2 mV (b) 2.7 mV
11-28. (a) 0111110110
11-31. 재구성된 파형 주파수는 3.33 kHz.
11-32. (a) 5 kHz (b) 9.9 kHz
11-33. 디지털 램프: *a*, *d*, *e*, *f*, *h*. SAC: *b*, *c*, *d*, *e*, *g*, *h*
11-36. 80 μs
11-38. 2.276 V
11-40. (a) 00000000 (b) 500 mV (c) 510 mV (d) 255 mV (e) 01101110 (f) 0.199°F; 1.99 mV
11-45. 스위치가 닫혀있다, 스위치가 열려있다, 또는 커패시터가 단락되었다.
11-47. (a) 주소는 EA*xx*.
11-52. 거짓: a, e, g; 참: b, c, d, f, h

CHAPTER 12

12-1. 16,384; 32; 524,288
12-3. 64K × 4
12-7. (a) Hi-Z (b) 11101101
12-9. (a) 16,384 (b) 4 (c) 2개의 128-입력 디코더
12-11. 120 ns
12-15. 다음의 트랜지스터는 개방 소스 연결을 가질 것이다: Q_0, Q_2, Q_5, Q_6, Q_7, Q_9, Q_{15}.
12-19. 16진 데이터: 5E, BA, 05, 2F, 99, FB, 00, ED, 3C, FF, B8, C7, 27, EA, 52, 5B
12-20. (a) 25.6 kHz (b) V_{ref}를 조정한다.
12-22. (a) [B] = 40 (16진); [C] = 80 (16진) (b) [B] = 55 (16진); [C] = AA (16진) (c) 15,360 Hz (d) 28.6 MHz (e) 27.9 kHz
12-24. (a) 100 ns (b) 30 ns (c) 1천만 번 (d) 20 ns (e) 30 ns (f) 40 ns (g) 1천만 번
12-30. 7.8 μs
12-34. 4개의 PROM(PROM-4 ~ PROM-7)을 추가한다. 그들의 데이터 출력과 주소 입력을 데이터와 주소 버스에 각각 연결한다. AB_{13}을 디코더의 C 입력에 연결한다, 그리고 디코더 출력 4 ~ 7을 PROM 4 ~ 7의 CS 입력에 각각 연결한다.

CHAPTER 13

13-2. 회로의 연산 속도, 제조 비용, 시스템 전력 소모, 시스템 크기, 제품 설계 시간 등
13-4. 연산 속도
13-6. 장점: 초고속 및 초소형; 단점: 설계/개발 시간 및 비용
13-8. SRAM-기반 PLD는 전원이 켜져있는 상태에서 구성(프로그램)되어야 한다.
13-10. PLD 프로그래머 또는 시스템-장착(JTAG 인터페이스를 통해)
13-12. LUT는 대조표이며, SRAM 메모리를 사용하여 논리 기능을 정의하는데 사용된다.

IC 찾아보기

74XX

7400	2-입력 NAND 게이트 4개
7402	2-입력 NOR 게이트 4개
7404	인버터 6개
7406	개방 컬렉터 고전압 출력을 가지는 인버터 버퍼/드라이버 6개
7407	개방 컬렉터 고전압 출력을 가지는 버퍼/드라이버 6개
7408	2-입력 AND 게이트 4개
7413	슈미트 트리거 입력을 가지는 4-입력 NAND 게이트 2개
7414	슈미트 트리거 인버터 6개
7442	BCD → 10진 디코더
7445	BCD → 10진 디코더/드라이버
7446	BCD → 7-세그먼트 디코더/드라이버
7447	BCD → 7-세그먼트 디코더/드라이버
7483	4비트 전가산기(병렬 가산기)
7486	2-입력 EX-OR 게이트 4개
7485	4비트 크기 비교기
74112	프리셋과 클리어 를 가지며 에지 트리거되는 J-K 플립플롭 2개
74121	재트리거할 수 없는 원-샷 1개
74122	재트리거할 수 있는 원-샷 1개
74123	재트리거할 수 있는 원-샷 2개
74138	8-출력_1-활성 디코더/디멀티플렉서
74147	10진 → BCD 우선순위 인코더
74148	8진 → 2진 우선순위 인코더
74160	BCD 카운터
74161	동기식 MOD-16 카운터
74162	동기식 10진 카운터
74163	동기식 MOD-16 카운터
74173	3-상태 출력을 가지는 4비트 D 유형 레지스터
74175	클리어를 가지는 4개의 D 유형 플립플롭 4개
74185	6비트 2진 → BCD 코드 변환기
74190	4비트 동기식 업/다운 카운터
74191	4비트 동기식 업/다운 카운터
74221	재트리거할 수 없는 원-샷 2개
74283	4비트 병렬 가산기
74375	쌍안정 래치 4개
74382	ALU (산술 논리 장치)

74ACXX

74AC02	2-입력 NOR 게이트 4개
74AC11004	인버터 6개

74ACTXX

74ACT02	2-입력 NOR 게이트 4개
74ACT11293	4비트 2진 카운터

74AHCXX

74AHC74	에지 트리거되는 D 플립플롭 2개
74AHC126	비반전 3-상태 버퍼 4개

74ALSXX

74ALS00	2-입력 NAND 게이트 4개
74ALS04	인버터 6개
74ALS14	슈미트 트리거 인버터 6개
74ALS138	8-출력_1-활성 디코더/디멀티플렉서
74ALS151	8-입력 멀티플렉서
74ALS157	2-라인 → 1-라인 데이터 선택기/멀티플렉서 4개
74ALS160	동기식 10진 카운터
74ALS161	동기식 MOD-16 카운터
74ALS162	동기식 10진 카운터
74ALS163	동기식 MOD-16 카운터
74ALS164	8비트 직렬 입력/병렬 출력 쉬프트 레지스터
74ALS165	8비트 병렬 입력/직렬 출력 쉬프트 레지스터
74ALS166	8비트 직렬 입력/직렬 출력 쉬프트 레지스터
74ALS173	3-상태 출력을 가지는 4비트 D 유형 레지스터
74ALS174	6비트 병렬 입력/병렬 출력 레지스터
74ALS190	4비트 동기식 업/다운 카운터
74ALS191	4비트 동기식 업/다운 카운터
74ALS192	4비트 동기식 업/다운 카운터
74ALS193	4비트 동기식 업/다운 카운터
74ALS273	8비트 레지스터
74ALS299	공통 I/O 라인을 가지는 8비트 레지스터

74ASXX

74AS04	인버터 6개
74AS20	4-입력 정논리-NAND 게이트 2개
74AS74	에지 트리거 되는 D 플립플롭 2개

74AUCXX

74AUC08	2-입력 AND 게이트 4개

74AVCXX

74AVC08	2-입력 AND 게이트 4개
74AVC1T45	이중 전원 값 변환기
74CXX	
74C02	2-입력 NOR 게이트 4개
74C74	에지 트리거되는 D 플립플롭 2개
74C86	2-입력을 EX-OR 게이트 4개
74C266	2-입력을 EX-NOR 게이트 4개

74FXX

74F04	인버터 6개

74HCXX

74HC00	2-입력 NAND 게이트 4개
74HC02	2-입력 NOR 게이트 4개
74HC04	인버터 6개
74HC05	개방 드레인 유형 인버터 6개
74HC08	2-입력 AND 게이트 4개
74HC13	슈미트 트리거 입력을 가지는 4-입력 NAND 게이트 2개
74HC14	슈미트 트리거 인버터 6개
74HC42	BCD → 10진 디코더
74HC83	4비트 전가산기
74HC85	4비트 크기 비교기
74HC86	2-입력 EX-OR 게이트 4개
74HC123	재트리거할 수 있는 원-샷 2개
74HC125	비반전 3-상태 버퍼 4개
74HC126	비반전 3-상태 버퍼 4개
74HC138	8-출력_1-활성 디코더/디멀티플렉서
74HC139	LOW 활성 인에이블을 가지는 4-출력_1-활성 디코더/디멀티플렉서
74HC147	10진 → BCD 우선순위 인코더
74HC148	8진 → 2진 우선순위 인코더
74HC151	8-입력 멀티플렉서
74HC157	2-라인 → 1-라인 데이터 선택기/멀티플렉서 4개
74HC160	동기식 10진 카운터
74HC161	동기식 MOD-16 카운터
74HC162	동기식 10진 카운터
74HC163	동기식 MOD-16 카운터
74HC164	8비트 직렬 입력/병렬 출력 쉬프트 레지스터
74HC165	8비트 병렬 입력/직렬 출력 쉬프트 레지스터
74HC166	8비트 직렬 입력/직렬 출력 쉬프트 레지스터
74HC173	3-상태 출력을 가지는 4비트 D 유형 레지스터
74HC174	6비트 병렬 입력/병렬 출력 레지스터
74HC181	ALU (산술 논리 장치)
74HC190	4비트 동기식 업/다운 카운터
74HC191	4비트 동기식 업/다운 카운터
74HC192	4비트 동기식 업/다운 카운터
74HC193	4비트 동기식 업/다운 카운터
74HC221	재트리거할 수 없는 원-샷 2개
74HC266	2-입력 EX-NOR 게이트 4개
74HC283	4비트 전가 산기(병렬 가산기)
74HC382	ALU (산술 논리 장치)
74HC541	버스 드라이버 8개
74HC881	ALU (산술 논리 장치)
74HC4016	쌍방향 스위치 4개
74HC4017	존슨 카운터
74HC4022	존슨 카운터
74HC4316	쌍방향 스위치 4개
74HC4511	BCD → 7 세그먼트 디코더/드라이버
74HC4543	LCD 숫자 디스플레이 디코더/드라이버

74HCTXX

74HCT02 2-입력 NOR 게이트 4개
74HCT04 인버터 6개
74HCT74 에지 트리거되는 D 플립플롭 2개
74HCT293 4비트 2진 카운터

74LSXX

74LS00 2-입력 NAND 게이트 4개
74LS01 개방 컬렉터 유형 2-입력 NAND 게이트 4개
74LS04 인버터 6개
74LS05 개방 드레인 유형 인버터 6개
74LS08 2-입력 NAND 게이트 4개
74LS13 슈미트 트리거 입력신호를 가지는 4-입력 NAND 게이트 2개
74LS14 슈미트 트리거 인버터 6개
74LS20 4-입력 NAND 게이트 2개
74LS32 2-입력 OR 게이트 4개
74LS37 2-입력 NAND 게이트(버퍼) 4개
74LS42 BCD → 10진 디코더
74LS74 에지 트리거되는 D 플립플롭 2개
74LS83A 4비트 전가산기(병렬 가산기)
74LS85 4비트 크기 비교기
74LS86 2-입력 EX-OR 게이트 4개
74LS112 에지 트리거되는 J-K 플립플롭 2개
74LS122 재트리거할 수 있는 원-샷
74LS123 재트리거할 수 있는 원-샷 2개
74LS125 비반전 3-상태 버퍼 4개
74LS126 비반전 3-상태 버퍼 4개
74LS138 8-출력_1-활성 디코더/디멀티플렉서
74LS147 10진 → BCD 우선순위 인코더
74LS148 8진 → 2진 우선순위 인코더
74LS181 ALU (산술 논리 장치)
74LS193 4비트 동기식 업/다운 카운터
74LS221 재트리거할 수 없는 원-샷 2개
74LS266 2-입력 EX-NOR 게이트 8개
74LS283 4비트 전가산기(병렬 가산기)
74LS374 D 플립플롭 레지스터 8개
74LS382 ALU (산술 논리 장치)
74LS881 ALU (산술 논리 장치)

74LVCXX

74LVC07 버퍼/드라이버(오픈 컬렉터 타입) 8개
74S00 2-입력 NAND 게이트 4개
74S04 인버터 6개
74S112 에지 트리거되는 J-K 플립플롭 2개

기타 IC

555 타이머
2125A 1K × 1 SRAM
27C64 8K × 8 MOS ROM
2732 4K × 8 EPROM
4001B 2-입력 NOR 게이트 4개
4016 쌍방향 스위치 4개
4049B 인버터 6개
4316 쌍방향 스위치 4개
AD781 집적화된 샘플-홀드 회로
AD7524 8비트 DAC
ADC0804 연속-접근형 ADC
ADC0808 연속-접근형 ADC
EMP7128SLC84 알테라 PLD
LM34 온도 측정 소자
LM339 아날로그 전압 비교기 4개
MAX7000S 알테라 ALTERA CPLD 군
MCM101514 256K × 4 CMOS SRAM
MCM6209C 64K × 4 SRAM
MCM6249 1M × 4 CMOS SRAM
PAL16R8 8개의 레지스터 출력을 가지는 PLD
TMS4256 256K × 1 DRAM

찾아보기

ㄷ

ㄹ

ㅁ

ㅇ

ㅌ

ㅍ

ㅎ

기타

A

D

E

F

G

H

I

부울 대수

1. $x \cdot 0 = 0$
2. $x \cdot 1 = x$
3. $x \cdot x = x$
4. $x \cdot \bar{x} = 0$
5. $x + 0 = x$
6. $x + 1 = 1$
7. $x + x = x$
8. $x + \bar{x} = 1$
9. $x + y = y + x$
10. $x \cdot y = y \cdot x$
11. $x + (y + z) = (x + y) + z = x + y + z$
12. $x(yz) = (xy)z = xyz$

13a. $x(y + z) = xy + xz$

13b. $(w + x)(y + z) = wy + xy + wz + xz$

14. $x + xy = x$

15a. $x + \bar{x}y = x + y$

15b. $\bar{x} + xy = \bar{x} + y$

16. $\overline{x + y} = \bar{x}\,\bar{y}$
17. $\overline{xy} = \bar{x} + \bar{y}$

논리 게이트 진리표

A	B	OR $A + B$	NOR $\overline{A + B}$	AND $A \cdot B$	NAND $\overline{A \cdot B}$	XOR $A \oplus B$	XNOR $\overline{A \oplus B}$
0	0	0	1	0	1	0	1
0	1	1	0	0	1	1	0
1	0	1	0	0	1	1	0
1	1	1	0	1	0	0	1

논리 게이트 기호

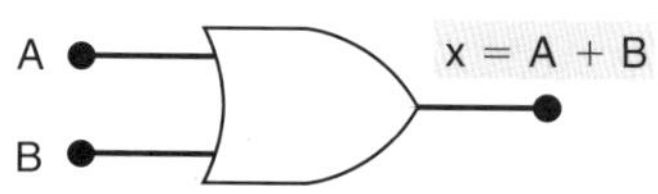

OR 게이트

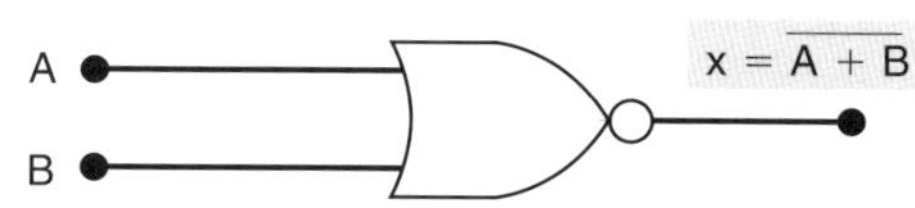

NOR 게이트

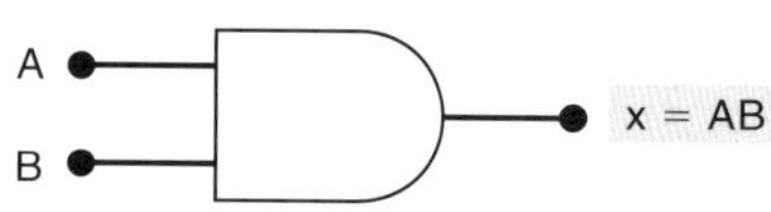

AND 게이트

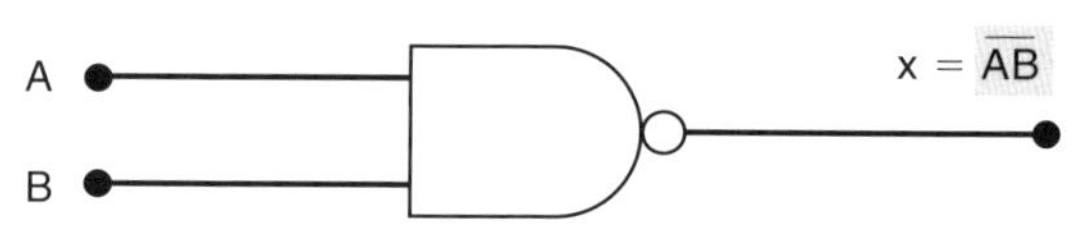

NAND 게이트

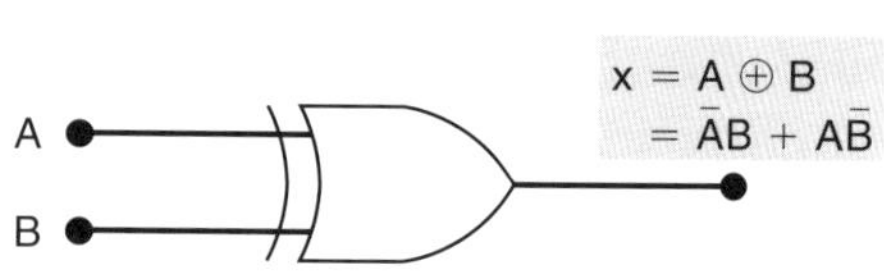

XOR

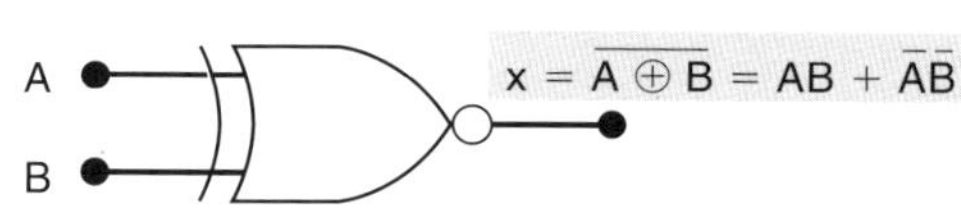

XNOR

플립-플롭

NOR 래치

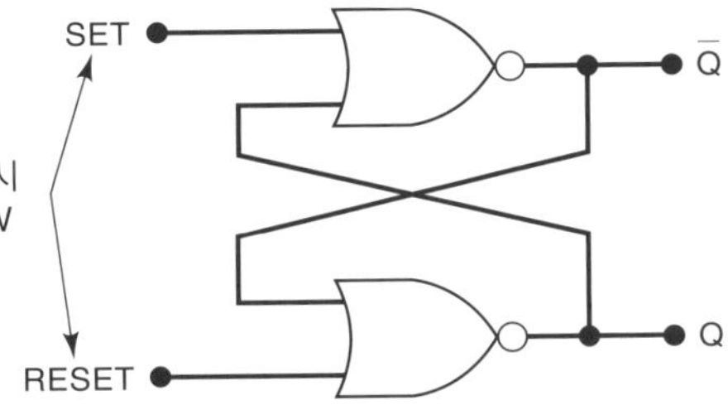

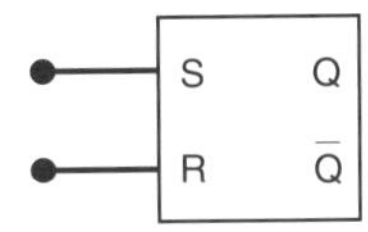

(교체 기호)

S	R	Q
0	0	No change
1	0	Q = 1
0	1	Q = 0
1	1	Invalid

NAND 래치

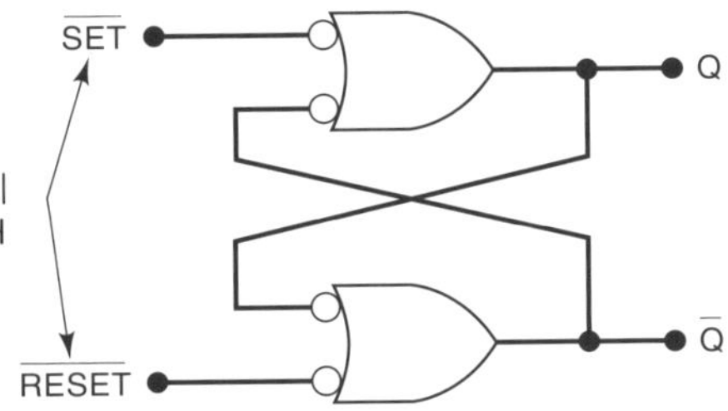

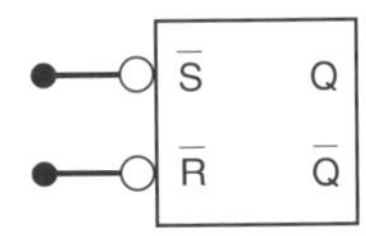

(교체 기호)

$\overline{S}$	$\overline{R}$	Q
0	0	Invalid
1	0	Q = 0
0	1	Q = 1
1	1	No change

클럭 구동 S-R

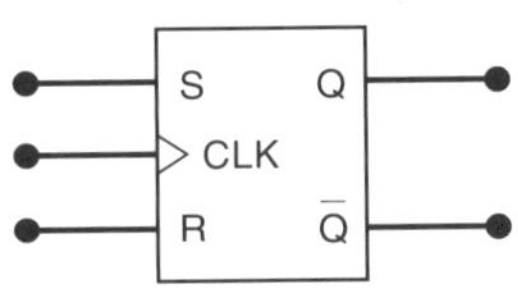

S	R	CLK	Q
0	0	↑	Q_0 (no change)
1	0	↑	1
0	1	↑	0
1	1	↑	Ambiguous

↓ of CLK has no effect on Q

클럭 구동 J-K

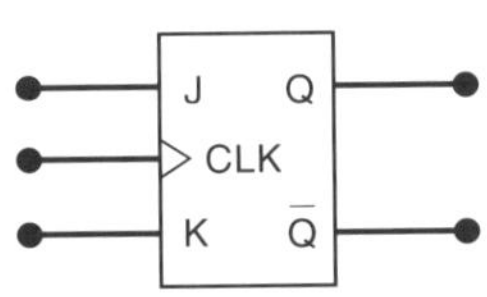

J	K	CLK	Q
0	0	↑	Q_0 (no change)
1	0	↑	1
0	1	↑	0
1	1	↑	$\overline{Q_0}$ (toggles)

↓ of CLK has no effect on Q

클럭 구동 D

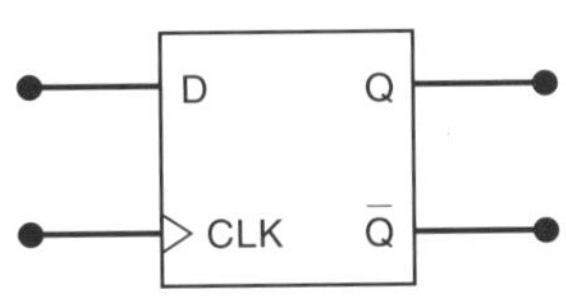

D	CLK	Q
0	↑	0
1	↑	1

↓ of CLK has no effect on Q

D 래치

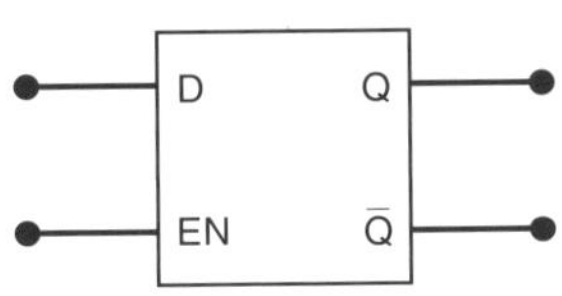

EN	D	Q*
0	X	No change
1	0	0
1	1	1

*Q follows D input while EN is HIGH

비동기식 입력

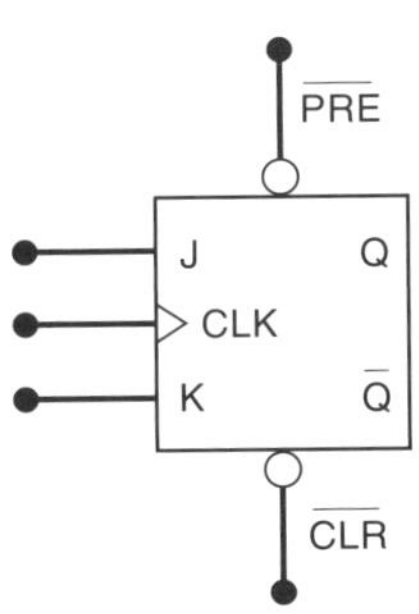

$\overline{\text{PRE}}$	$\overline{\text{CLR}}$	Q*
1	1	No effect; FF can respond to J, K and CLK
1	0	Q = 0 independent of J, K, CLK
0	1	Q = 1 independent of J, K, CLK
0	0	Ambiguous (not used)

*CLK can be in any state